LEXIKON DER BIOLOGIE
6

HERDER
LEXIKON DER BIOLOGIE

Sechster Band
Minamata-Krankheit
bis Prädisposition

Spektrum Akademischer Verlag
Heidelberg · Berlin · Oxford

Redaktion:
Udo Becker
Sabine Ganter
Christian Just
Rolf Sauermost (Projektleitung)

Fachberater:
Arno Bogenrieder, Professor für Geobotanik an der Universität Freiburg
Klaus-Günter Collatz, Professor für Zoologie an der Universität Freiburg
Hans Kössel, Professor für Molekularbiologie an der Universität Freiburg
Günther Osche, Professor für Zoologie an der Universität Freiburg

Autoren:
Arnheim, Dr. Katharina (K.A.)
Becker-Follmann, Johannes (J.B.-F.)
Bensel, Joachim (J.Be.)
Bergfeld, Dr. Rainer (R.B.)
Bogenrieder, Prof. Dr. Arno (A.B.)
Bohrmann, Dr. Johannes (J.B.)
Breuer, Dr. habil. Reinhard
Bürger, Dr. Renate (R.Bü.)
Collatz, Prof. Dr. Klaus-Günter (K.-G.C.)
Duell-Pfaff, Dr. Nixe (N.D.)
Emschermann, Dr. Peter (P.E.)
Eser, Prof. Dr. Albin
Fäßler, Peter (P.F.)
Fehrenbach, Heinz (H.F.)
Franzen, Dr. Jens Lorenz (J.F.)
Gack, Dr. Claudia (C.G.)
Ganter, Sabine (S.G.)
Gärtner, Dr. Wolfgang (W.G.)
Geinitz, Christian (Ch.G.)
Genaust, Dr. Helmut
Götting, Prof. Dr. Klaus-Jürgen (K.-J.G.)
Gottwald, Prof. Dr. Björn A.
Grasser, Dr. Klaus (K.G.)
Grieß, Eike (E.G.)
Grüttner, Dr. Astrid (A.G.)
Hassenstein, Prof. Dr. Bernhard (B.H.)
Haug-Schnabel, Dr. habil. Gabriele (G.H.-S.)
Hemminger, Dr. habil. Hansjörg (H.H.)
Herbstritt, Lydia (L.H.)
Hobom, Dr. Barbara
Hohl, Dr. Michael (M.H.)
Huber, Christoph (Ch.H.)
Hug, Agnes (A.H.)
Jahn, Prof. Dr. Theo (T.J.)
Jendritzky, Dr. Gerd (G.J.)

Jendrsczok, Dr. Christine (Ch.J.)
Kaspar, Dr. Robert
Kirkilionis, Dr. Evelin (E.K.)
Klein-Hollerbach, Dr. Richard (R.K.)
König, Susanne
Körner, Dr. Helge (H.Kör.)
Kössel, Prof. Dr. Hans (H.K.)
Kühnle, Ralph (R.Kü.)
Kuss, Prof. Dr. Siegfried (S.K.)
Kyrieleis, Armin (A.K.)
Lange, Prof. Dr. Herbert (H.L.)
Lay, Martin (M.L.)
Lechner, Brigitte (B.Le.)
Liedvogel, Dr. habil. Bodo (B.L.)
Littke, Dr. habil. Walter (W.L.)
Lützenkirchen, Dr. Günter (G.L.)
Maier, Dr. Rainer (R.M.)
Maier, Dr. habil. Uwe (U.M.)
Markus, Dr. Mario (M.M.)
Mehler, Ludwig (L.M.)
Meineke, Sigrid (S.M.)
Mohr, Prof. Dr. Hans
Mosbrugger, Prof. Dr. Volker (V.M.)
Mühlhäusler, Andrea (A.M.)
Müller, Wolfgang Harry (W.H.M.)
Murmann-Kristen, Luise (L.Mu.)
Neub, Dr. Martin (M.N.)
Neumann, Prof. Dr. Herbert (H.N.)
Nübler-Jung, Dr. habil. Katharina (K.N.)
Osche, Prof. Dr. Günther (G.O.)
Paulus, Prof. Dr. Hannes (H.P.)
Pfaff, Dr. Winfried (W.P.)
Ramstetter, Dr. Elisabeth (E.F.)
Riedl, Prof. Dr. Rupert
Sachße, Dr. Hanns (H.S.)
Sander, Prof. Dr. Klaus (K.S.)

Sauer, Prof. Dr. Peter (P.S.)
Scherer, Prof. Dr. Georg
Schindler, Dr. Franz (F.S.)
Schindler, Thomas (T.S.)
Schipperges, Prof. Dr. Dr. Heinrich
Schley, Yvonne (Y.S.)
Schmitt, Dr. habil. Michael (M.S.)
Schön, Prof. Dr. Georg (G.S.)
Schwarz, Dr. Elisabeth (E.S.)
Sitte, Prof. Dr. Peter
Spatz, Prof. Dr. Hanns-Christof
Ssymank, Dr. Axel (A.S.)
Starck, Matthias (M.St.)
Steffny, Herbert (H.St.)
Streit, Prof. Dr. Bruno (B.S.)
Strittmatter, Dr. Günter (G.St.)
Theopold, Dr. Ulrich (U.T.)
Uhl, Gabriele (G.U.)
Vollmer, Prof. Dr. Dr. Gerhard
Wagner, Prof. Dr. Edgar (E.W.)
Wagner, Prof. Dr. Hildebert
Wandtner, Dr. Reinhard
Warnke-Grüttner, Dr. Raimund (R.W.)
Wegener, Dr. Dorothee (D.W.)
Welker, Prof. Dr. Dr. Michael
Weygoldt, Prof. Dr. Peter (P.W.)
Wilmanns, Prof. Dr. Otti
Wilps, Dr. Hans (H.W.)
Winkler-Oswatitsch, Dr. Ruthild (R.W.-O.)
Wirth, Dr. Ulrich (U.W.)
Wirth, Dr. habil. Volkmar (V.W.)
Wuketits, Dozent Dr. Franz M.
Wülker, Prof. Dr. Wolfgang (W.W.)
Zeltz, Patric (P.Z.)
Zissler, Dr. Dieter (D.Z.)

Grafik:
Hermann Bausch
Rüdiger Hartmann
Klaus Hemmann
Manfred Himmler
Martin Lay
Richard Schmid
Melanie Waigand-Brauner

Die Deutsche Bibliothek – CIP-Einheitsaufnahme

Herder-Lexikon der Biologie / [Red.: Udo Becker ... Rolf Sauermost (Projektleitung). Autoren: Arnheim, Katharina ... Grafik: Hermann Bausch ...]. – Heidelberg ; Berlin ; Oxford : Spektrum, Akad. Verl.
   ISBN 3-86025-156-2
NE: Sauermost, Rolf [Hrsg.]; Lexikon der Biologie
   6. Minamata-Krankheit bis Prädisposition. – 1994

Alle Rechte vorbehalten – Printed in Germany
© Spektrum Akademischer Verlag GmbH, Heidelberg · Berlin · Oxford 1994
Die Originalausgabe erschien in den Jahren 1983–1987 im Verlag Herder GmbH & Co. KG, Freiburg i. Br.
Bildtafeln: © Focus International Book Production, Stockholm, und Spektrum Akademischer Verlag Heidelberg
Satz: Freiburger Graphische Betriebe (Band 1–9), G. Scheydecker (Ergänzungsband 1994), Freiburg i. Br.
Druck und Weiterverarbeitung: Freiburger Graphische Betriebe
ISBN 3-86025-156-2

Minamata-Krankheit, eine durch ↗Methylquecksilber, das über die Nahrungskette in die menschl. Nahrung (z. B. Fisch) gelangt, ausgelöste Krankheit (chron. Quecksilbervergiftung), die erstmals um 1956 bei Fischern der Minamata-Bucht auf Kyushu (S-Japan) auftrat; wurde später auch außerhalb Japans beobachtet. Symptome: Nerven- u. Muskelschädigungen, Störungen des Tastsinns, Verkleinerung des Gesichtsfelds; oft mit tödl. Ausgang. Verursacher: Getreidebeizmittel, chem. Holzschutzmittel u. Laugen der Cellulose-Ind. mit ihren quecksilberhalt. Abwässern.

Minchinellidae [Mz.], Fam. der Kl. ↗Kalkschwämme; bekannteste Art *Plectroninia hindei*.

Mindel-Eiszeit *w* [ben. nach rechtem Nebenfluß der Donau], (A. Penck u. E. Brückner 1901–1909), mittelpleistozäne Kälteperiode zw. Cromer- u. Holstein-Warmzeit, ermittelt nach geolog. Klimazeugnissen in S-Dtl.; in N-Dtl. entspr. etwa die Elster-Eiszeit. [T] Pleistozän.

Mindel-Riß-Interglazial *s*, dem norddt. ↗Holstein-Interglazial entspr. mittelpleistozäne Wärmezeit (↗Interglazial) im Voralpengebiet. [T] Pleistozän.

Mindorobüffel, *Tamarau, Bubalus arnee mindorensis,* kleinste U.-Art des Wasserbüffels (Schulterhöhe 1,20 m; nach hinten gerichtete spießart. Hörner); der M., das seltenste Wildrind der Erde, lebt nur auf der Philippineninsel Mindoro.

Minen [Mz.; aus dem Kelt. über frz. mine = Bergwerk], *Hyponomien, Nomien,* durch Fraß *(Minierfraß)* v. Insekten (↗Minierer) in parenchymführenden Pflanzenteilen entstandene Hohlräume, deren Form oft schon die Identifikation der Erzeuger (Dipteren, Kleinschmetterlinge, Käfer, Blattwespen) ermöglicht. In einigen Fällen (durch ↗Zuckmücken erzeugt) auch in Wasserpflanzen. Die Abgrenzung zu normalen Fraßgängen ist fließend. Die meisten M. sind nach Form, Pflanze bzw. deren Befallsort einteilbar. Hierbei ist zu berücksichtigen, daß viele Minierer im Laufe ihres Larvallebens oft mehrere M.typen nebeneinander bzw. ineinander übergehend erzeugen, gelegentl. sogar die Pflanze wechseln. Wenn die Pflanze v. ihrer Wuchsform her nur einen bestimmten Fraßtyp ermöglicht (z. B. Gräser), spricht man v. Pantonomien. Die häufigste Übergangsmine ist das Ophistigmatonomium, die zunächst als Gang-, später als Platzmine angelegt wird.

Mineralboden, ein überwiegend aus mineral. Bestandteilen (Ton, Schluff, Sand) bestehender Boden (☐ Bodenarten) im Ggs. zu Böden mit hohem Anteil organ. Substanz (Moor, Anmoor).

Mineraldünger, die ↗anorganischen Dünger; ↗Dünger ([T]).

Mineralhaushalt, *Mineralstoffwechsel,* ↗Stoffwechsel.

Mineralien	
Anteil einzelner M. am Aufbau der Erdkruste (in Prozent)	eisen, Spinell, Eisenhydroxide u. a.)
	4 Halogenide (Steinsalz, Flußspat u. a.)
Feldspate 55	
Meta- u. Orthosilicate 15	**5** Carbonate (Kalkspat- u. Aragonitgruppe)
Quarz, Opal, Chalzedon 12	**6** Nitrate
Glimmer 3	**7** Borate
Tonmineralien 1,5	**8** Sulfate (wasserfreie u. wasserhaltige Sulfate)
sonstige M. 4,5	
freies u. gebundenes Wasser 9	**9** Molybdate u. Wolframate
Gliederung nach Klassen	**10** Chromate
1 Elemente (Metalle, Metalloide, Nichtmetalle)	**11** Phosphate, Arsenate (wasserfreie u. wasserhaltige Phosphate)
2 Sulfide u. Sulfosalze (Kiese, Glanze, Fahle, Blenden)	**12** Silicate (Insel-, Gruppen-, Ring-, Ketten-, Band-, Schicht- u. Gerüstsilicate)
3 Oxide u. Hydroxide (Quarz, Magnet-	

Mineralien [Mz.; aus dem Kelt. über frz. minerai = Erz, minéral = Gestein], *Minerale,* natürl. entstandene, meist kristallbildende chem. Verbindungen od. Elemente, die am Aufbau der Erdkruste beteiligt sind (vgl. Tab.). ↗Mineralstoffe.

Mineralisation [Ztw.: *mineralisieren*], *Mineralisierung,* **1)** vollständ. ↗Abbau organ. Stoffe, hpts. durch Mikroorganismen (↗Destruenten) zu mineralischen (anorgan.) Verbindungen; dadurch wird der primär durch Photosynthese in ↗Biomasse festgelegte Kohlenstoff wieder als CO_2 frei (↗Kohlenstoffkreislauf) u. der organisch gebundene Stickstoff, Schwefel u. das Phosphat als oxidierte od. reduzierte anorgan. Verbindungen abgespalten (↗Stickstoffkreislauf, ↗Schwefelkreislauf), so daß sie den Pflanzen erneut als Nährstoffe verfügbar sind. Unter aeroben Bedingungen werden alle v. Organismen (biosynthetisch) aufgebauten Verbindungen wieder

---

Minen
Einteilung und Benennung von Pflanzenminen

1) Nach dem Ort ihrer Entstehung:
Blatt-M. (Phyllonomium)
Stengel-M. (Caulonomium)
Blüten-M. (Anthonomium)
Frucht-M. (Carponomium)

2) Nach dem Erzeuger, z. B.:
Dipteronomium
Lepidoperonomium

3) Nach der Form:
Gang-M. (Ophionomium)
Spiral-M. (Heliconomium)
Stern-M. (Asteronomium)
Blasen-M. (Physonomium)
Platz-M. (Stigmatonomium)
Falten-M. (Ptychonomium)

4) Übergänge:
z. B. Ophistigmatonomium

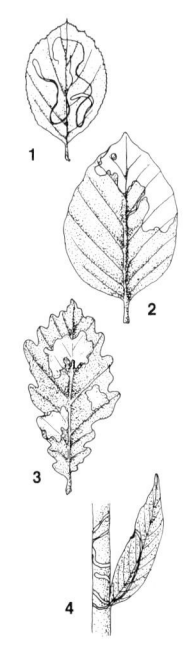

Minen

1 Gangmine der Schlangenminiermotte *(Lyonetia clerkella);* **2** Platzmine des Buchenspringrüßlers *(Rhynchaenus fagi);* **3** Blasenmine der Eichenminiermotte *(Tischeria complanella);* **4** Stengelmine der Schneckenmotte *Phyllocnistis saligna*

Mineralisation

Mineralisation

Im Atmungsstoffwechsel aller heterotrophen Organismen werden viele organ. Verbindungen zu Kohlendioxid (CO_2) u. Wasser abgebaut (↗Atmung). Einige polymere Naturstoffe, wie Cellulose od. Lignin, können dagegen fast nur von Mikroorganismen (hpts. Bakterien u. Pilze) zersetzt werden (↗celluloseabbauende Mikroorganismen). — In Habitaten ohne Sauerstoff (z. B. Faulschlamm, Faulturm v. Kläranlagen, Pansen v. Wiederkäuern) verläuft der Polymerenabbau stufenweise, u. als Endprodukte entstehen Methan und CO_2 oder Schwefelwasserstoff (H_2S) und CO_2. In dieser „anaeroben Nahrungskette" sind verschiedene physiolog. Bakteriengruppen beteiligt (vgl. Abb.):
Als erstes (Gärungsstufe Ia) werden die Polymeren durch Exoenzyme in kleinere Bruchstücke u. teilweise bis zu den monomeren Bausteinen zerlegt (z. B. durch *Clostridium*, *Bacteroides*, *Ruminococcus*). Es schließen sich verschiedene ↗Gärungen anaerober Bakterien (↗Anaerobier) an (Stufe Ib), in denen einfache organ. Verbindungen ausgeschieden u. bereits CO_2 u. Wasserstoff (H_2) freigesetzt werden. (Bei Anwesenheit v. Sulfat entsteht auch Schwefelwasserstoff (H_2S) durch ↗Sulfat- od. Schwefelatmung.) In Faultürmen od. in Faulschlamm werden die niedermolekularen Gärungsendprodukte (Alkohole, Fettsäuren) zu Essigsäure, H_2 und CO_2 umgewandelt (Stufe II). Dabei sind die obligat symbiontischen, H_2-bildenden ↗acetogenen Bakterien beteiligt (↗Interspezies-Wasserstoff-Transfer). Im Pansen wirkt diese Bakteriengruppe nicht am Abbau mit, da die niederen Fettsäuren v. Wiederkäuern resorbiert u. dann veratmet werden. — In der letzten Stufe treten entweder hpts. CO_2 und Methan (IIIa und c) oder, bei Vorliegen v. viel Sulfat (Meeressedimente), hpts. CO_2 und H_2S (IIIb und d) als Endprodukte auf (↗Methanbildung, ↗Sulfatatmung).

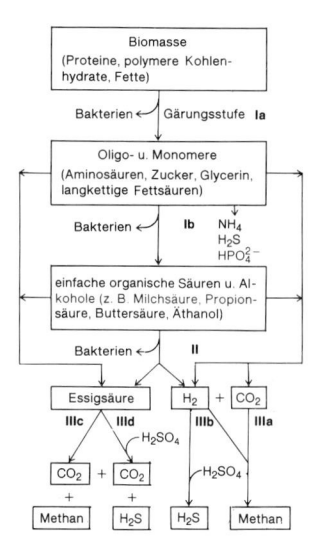

```
      Biomasse
(Proteine, polymere Kohlen-
      hydrate, Fette)
         │
Bakterien ← Gärungsstufe Ia
         ↓
   Oligo- u. Monomere
(Aminosäuren, Zucker, Glycerin,
    langkettige Fettsäuren)
         │
Bakterien ← Ib    $NH_4$
                  $H_2S$
                  $HPO_4^{2-}$
         ↓
einfache organische Säuren u. Al-
kohole (z. B. Milchsäure, Propion-
säure, Buttersäure, Äthanol)
         │
Bakterien ← II
         ↓
Essigsäure    $H_2$ + $CO_2$
  IIIc  IIId      IIIb    IIIa
         — $H_2SO_4$
$CO_2$ + $CO_2$      — $H_2SO_4$
   +       +
Methan   $H_2S$   $H_2S$   Methan
```

abgebaut (↗Atmung). Bes. wichtig ist die Fähigkeit v. Bakterien u. Pilzen, komplexe, polymere Verbindungen (z. B. Cellulose, Chitin, Lignin) u. Ausscheidungsprodukte v. Tieren zu zersetzen, die höhere Organismen nicht od. nur begrenzt abbauen können. Die „Universalität" bei der M. bezieht sich nicht auf eine Mikroorganismenart, sondern auf die Gesamtheit der Mikroorganismen; es gibt Bakterien, die sehr viele Verbindungen abbauen können (z. B. ↗*Pseudomonas*-Arten) od. die nur wenige Substrate verwerten (z. B. ↗methanbildende oder ↗methanoxidierende Bakterien). Außer verschiedenen, vom Menschen künstl. hergestellten Verbindungen (↗abbauresistente Stoffe), zersetzen sich auch eine Reihe natürl. vorkommender organ. Substanzen nur sehr langsam (↗Huminstoffe). Unter Luftabschluß, bei Fehlen v. Sauerstoff, werden nicht alle natürl. vorkommenden Verbindungen abgebaut; so kommt es zur Anhäufung stark reduzierter Verbindungen, wie v. ↗fossilen Brennstoffen (Erdöl, Kohle, Erdgas). Der Abbau polymerer Stoffe durchläuft eine „anaerobe Nahrungskette", in der verschiedene physiolog. Bakteriengruppen wirksam sind (vgl. Spaltentext); in der letzten Stufe entstehen als Endprodukte entweder Kohlendioxid u. Methan (↗Methanbildung) od. Kohlendioxid u. Schwefelwasserstoff, wenn Sulfat od. Schwefel vorliegen (↗Sulfatatmung); in geringerem Maße kann auch bei Anwesenheit v. viel Nitrat eine M. über eine ↗Nitratatmung stattfinden. — Die M. pflanzl. und tier. Materials sowie v. Ausscheidungsprodukten (Exkrementen) erfolgt wahrscheinl. zu ca. 90% durch Bakterien u. Pilze, zu etwa 10% durch andere Organismen (*Saprozoen*, z. B. Ciliaten, Rädertierchen, Nematoden) u. durch Verbrennungsprozesse. 2) die ↗Biomineralisation. G. S.

Mineralocorticoide [Mz.; v. frz. minéral = Gestein, lat. cortex = Rinde], *Mineralosteroide*, *Halosteroide*, in der Zona glomerulosa der ↗Nebennieren-Rinde (Cortex) aus ↗Cholesterin (☐) (↗Glucocorticoide, ☐) synthetisierte Steroidhormone (↗Corticosteroide), die an der Regulation des Elektrolyt- u. Wasserhaushalts beteiligt sind. Typischer Vertreter der M. ist das ↗Aldosteron u. bei vielen Nichtsäugern das ↗Cortisol. M. fördern die Reabsorption von Na^+ in den Nierentubuli, der ein passiver Wasserrückstrom folgt, u. die Ausscheidung von K^+ und Phosphat mit dem Urin. Ferner bewirken sie die Ausscheidung von Na^+ an den Kiemen der Fische u. den Salzdrüsen der Vögel. Die Aldosteronproduktion wird v. der Niere selbst über das ↗Renin-Angiotensin-System reguliert u. über das Na^+/K^+-Verhältnis direkt kontrolliert. Eine Bestimmung dieser Parameter gibt damit Hinweise auf die Nebennierenrindenfunktion. [T] Hormone.

Mineralsalze, die ↗Mineralstoffe.

Mineralstoffe, *Mineralsalze*, durch Verwitterung aus Gestein gebildete (z. B. in Mineralquellen gelöst vorkommende) anorgan. Salze, die essentielle Nährelemente (↗essentielle Nahrungsbestandteile, ↗Bioelemente, ↗Makronährstoffe, ↗Mikronährstoffe) enthalten u. daher für die ↗Ernährung v. pflanzl. und tier. Organismen notwendig sind. Sie dienen sowohl als direkte Bausteine für Bildung v. Gerüstsubstanz (Mineral-↗Skelette, ↗Knochen usw.) u. zum Aufbau biol. wichtiger organ. Verbindungen (z. B. Hämoglobin, Cytochrom) als auch zur Regulation des osmot. Drucks u. des Elektrolythaushalts (↗Elektrolyte). Bei ungenügender Aufnahme von M.n können Mangelerscheinungen auftreten (z. B. Iodmangel). ↗Dünger, ↗Stoffwechsel.

Mineraltheorie, *Mineralstofftheorie*, von C. S. Sprengel und J. v. ↗Liebig aufgestellte Theorie, wonach sich die Pflanzen ausschl. von anorgan. Substanzen u. nicht von organ. Humus (wie von A. ↗Thaer in seiner *Humustheorie* angenommen) ernähren.

Minierer, Erzeuger v. ↗Minen, die definitionsgemäß unter der Epidermis bzw. im Parenchym v. Pflanzenteilen fressen. Hierher gehören nur Larven, selten auch Imagines v. Insekten aus den Ord. Schmetterlinge, Zweiflügler, Käfer u. Hautflügler. Gelegentl. werden Fransenflügler in Minen gefunden, die wohl stets Sekundärbewohner (Inquilinen) sind. Durch Platzmangel in den sehr beengten Fraß- u. Aufenthaltsräumen haben diese Larven Anpassungen entwickelt, die oft mit einer drastischen Änderung der Körperform einhergehen. Rückbildung v. Beinen, Abflachung des Körpers u. prognathe Kopfstellung sind üblich. Unter den Schmetterlingen sind M. v. a. bei Motten (Zwergmotten, Miniermotten), aber auch bei Palpenmotten, Fransenmotten, Rundstirnmotten, einigen Zünslern u. Wicklern verbreitet. Die Raupen der Miniersackmotten sind nur als Junglarven M. Unter den Zweiflüglern sind es v. a. die Fam. ↗Minierfliegen (□) u. viele Vertreter der *Acalyptrata*. Aber auch viele Echte Fliegen od. Kotfliegen haben Larven als M. In Wasserpflanzen treten Zuckmückenlarven auf. Unter den Hautflüglern finden sich nur bei Larven der Blattwespen M. Auch bei Käfern sind M. eher selten. Am häufigsten finden sich M. bei Blattkäfern (*Zeugophora*, viele Erdflöhe u. Igelkäfer), Rüsselkäfern *(Rhynchaenus)* u. Prachtkäfern *(Trachys)*.

Minierfliegen, *Agromycidae, Agromyzidae,* Fam. der ↗Fliegen mit weltweit über 1000 Arten, davon ca. 350 in Europa. Die M. sind 2 bis 3 mm große, unscheinbare, dunkel gefärbte Insekten. Die Weibchen legen ihre Eier in pflanzl. Gewebe, das sie mit dem Legebohrer anstechen. Die Larven fressen sich durch das Gewebe u. verursachen dadurch Gänge u. Höhlen (↗Minen). Form u. Ort der Minen unterscheiden sich v. Art zu Art erheblich. Die M. machen v. allen minierenden Insektenarten etwa die Hälfte aus. Ihre Minen legen sie meist in Schwammparenchym der Blätter an, aber auch Stengel, Rinde, Blüten u. Früchte können befallen werden. Mit kräft. Mundhaken werden die Pflanzenzellen in der Mine seitl. abgeschabt u. zur Mundöffnung transportiert. Da die Larve dabei, im Ggs. zu allen anderen minierenden Insektenarten, sich auf der Seite liegend durch das Blatt bewegt u. nur auf ihrer Ventralseite frißt, entsteht eine gekrümmte Fraßspur, in der bei M.-Larven immer Kotreste zu erkennen sind. Eine solche ↗Gangmine kann eine Spiralform erhalten oder, wenn sich die Larve umdreht, die Richtung ändern. Sog. Platzminen entstehen, wenn die Larve denselben Gang noch einmal in umgekehrter Richtung bearbeitet u. so den Hohlraum erweitert. Die Epidermen der Blätter bleiben immer erhalten u. schaffen eine Art Treibhausklima, das die Entwicklung begünstigt. Die Verpuppung findet je nach Art innerhalb od. außerhalb der Pflanze statt. Die meisten M. sind monophag. Im Kambium verschiedener Baumarten minieren Arten der Gatt. *Phytobia*, was die Holzqualität beeinträchtigen kann. An Getreide

Minierfliegen
Fraßbild v. *Phytomyza aconitella* (linke Blatthälfte) und *P. aconitophila* (rechte Blatthälfte) beim Eisenhut *(Aconitum spec.)*

wird zuweilen *Phytobia fuscula* schädlich. Die Kleine Spargelminierfliege *(Melanagromyza simplex)* miniert im Stengel v. Spargelpflanzen. [↗Gracilariidae.

Miniermotten, *Gracilariinae*, U.-Fam. der **Miniersackmotten,** *Incurvariidae*, Schmetterlingsfam. mit etwa 100 Arten, in Mitteleuropa ca. 30 Vertreter; kleine Falter, Spannweite 7–19 mm, vorwiegend tagaktiv, Raupen minieren meist in den ersten Stadien in Blättern, Blüten, Trieben u. a. an verschiedenen Laubhölzern, später oft freilebend in einem flachen Sack aus Pflanzenmaterial am Boden v. welken Blättern lebend. Eine bekannte Art ist die Himbeermotte od. Himbeer-„Schabe" *(Incurvaria rubiella)*, Falter dunkelbraun mit gelbem Kopf u. Flecken auf den Flügeln, Flugzeit Juni–Juli, Spannweite um 14 mm; Eiablage in Himbeerblüten, die rötl. Larven fressen zunächst im Fruchtboden, später an Knospen u. in der Triebspitze, können dadurch schädl. werden.

Minimalmedium ↗Nährboden.

Minimumgesetz [v. lat. minimum = das wenigste], von C. S. Sprengel (1839) ausgehendes und von J. v. ↗Liebig (1855) formuliertes Ertragsgesetz, das besagt, daß der jeweils in relativ geringster Menge vorhandene Wachstumsfaktor (Minimumfaktor) den Ertrag begrenzt, od. anders ausgedrückt: die Steigerung des Minimumfaktors erhöht den Ertrag am meisten. Zunächst nur auf Nährstoffe bezogen, wurde das M. von A. Mayer (1869) auf alle Wachstumsfaktoren (auch Licht, Temp. usw.) ausgedehnt u. seit Anfang des 20. Jh. auch in der Tierzucht angewendet. Das M. ist in dieser Form heute nicht mehr gültig. Es wurde zunächst vom ↗Optimumgesetz, später vom ↗Mitscherlich-Gesetz abgelöst.

Mink *m* [engl., = Nerz], *Mustela vison*, ↗Nerze.

Minois *w* [v. gr. Minōïs = myth. Tochter des kret. Königs Minos], Gatt. der ↗Augenfalter (T); ↗Waldportier.

Mintai, *Alaskapollack, Theragra chalcogramma*, bis 80 cm langer, schlanker Dorschfisch der Küstengebiete des nördl. Pazifik; v. a. in O-Asien bedeutender Speisefisch.

Minuartia *w* [ben. nach dem span. Arzt u. Botaniker J. Minuart, 1693–1768], die ↗Miere.

Minuta-Form [v. lat. minutus = verringert, winzig], Modifikationsform der Amöbe ↗*Entamoeba histolytica*.

Minute-Technik [mainjut-; v. engl. minute = sehr klein], bei der Taufliege ↗*Drosophila melanogaster* genet. Technik zur Herstellung rasch wachsender Zellklone in langsamer wachsender Umgebung. Beruht auf ↗somatischem Crossing over in Individuen, die heterozygot für ein dominantes wachstumshemmendes Allel sind. Die homozygoten Wildtyp-Tochterzellen vermeh-

Minutenvolumen

ren sich rascher; ihre großen Klone gestatten ein Erkennen v. ↗Kompartiment-Grenzen auch nach später ↗Klon-Induktion. ↗Klonanalyse. [men.

Minutenvolumen, das ↗Herzminutenvolu-

Minyas *m* [ben. nach dem myth. König Minyas], Gatt. der ↗Endomyaria.

Minze *w* [v. lat. mentha = Minze über ahd. minza], *Mentha,* über die N-Halbkugel u. Austr. verbreitete, insbes. im Mittelmeerraum u. Vorderasien heim. Gatt. der Lippenblütler mit rund 20, durch häufige Bastardierung z. T. sehr formenreichen Ar-

Pfefferminze (Mentha piperita)

Minze

Verschiedene Arten der M. wurden schon im Altertum als Gewürz- u. Heilpflanzen geschätzt. Größte Bedeutung besitzt heute die in vielen Ländern der Erde in einer Vielzahl v. Sorten angebaute Pfefferminze *(Mentha piperita).* Ihre Blätter werden frisch als Gewürz für Soßen (mint sauce) u. Salate verwendet, während sie getrocknet zur Zubereitung v. Tee dienen. Das durch Wasserdampfdestillation aus den Drüsenhaaren der Blätter u. des Stengels gewonnene, stark duftende, äther. *Pfefferminzöl* enthält zwischen 50 u. 86% 1-Menthol (Pfefferminzcampher), 7–25% Menthon sowie Menthenon, Cineol, Terpene, Terpenalkohole u. -aldehyde. Seine Menge u. Zusammensetzung hängen jedoch stark v. Klima, Standort u. Erntezeit ab. Pfefferminzöl wird wegen seines erfrischenden Geruchs u. Geschmacks v. a. zur Aromatisierung v. Mundpflegemitteln (Zahnpasta, Mundwasser usw.), Genußmitteln (Likör, Tabak, Schnupftabak usw.), Bonbons u. Kaugummi sowie Arzneimitteln verwendet. In der Heilkunde wird die insbes. auf Menthol, Gerb- u. Bitterstoffe zurückzuführende, antisept., stark spasmolyt., gallentreibende sowie antidiarrhoische Wirkung der Pfefferminze v. a. zur Behandlung v. Erkrankungen der Atemwege sowie der Verdauungsorgane genutzt. Außer der Pfefferminze wird, v. a. in Japan, auch die sog. Japan. M. *(M. arvensis* var. *piperascens)* angebaut. Insbes. in N-Amerika, England und S-Europa wird auch die Krause M., *M. spicata* var. *crispa* (spearmint), kultiviert. Ihr mentholfreies äther. Öl findet u. a. als Geschmacksstoff für Kaugummis Verwendung.

---

ten. Ausdauernde, Ausläufer bildende, stark aromat. duftende Kräuter mit kreuzgegenständ., breiteiförm. bis lanzettl., am Rande gekerbten bis gesägten Blättern und zahlr., in blattachselständ., oft kopfig oder ährenförm. zusammengedrängten Scheinquirlen stehenden, kleinen Blüten. Blütenkrone meist blaßrötl. bis violett, mit kurzer Röhre u. nahezu radiärem, 4spalt. Saum. Die 4 Staubblätter ragen oft über die Kronröhre hinaus. In Mitteleuropa zu finden sind v. a. die Acker-M., *M. arvensis* (in Naßwiesen u. den Unkrautfluren feuchter Äcker), die Wasser-M., *M. aquatica* (in Röhricht- u. Großseggen-Ges., an Ufern u. Gräben, in nassen Wiesen, Wäldern u. Gebüschen) sowie die Roß-M., *M. longifolia* (in Pionier-Ges. an Ufern, in Naßwiesen, an Gräben usw.). In Gärten kultiviert wird die aus dem westl. Mittelmeerraum stammende, gelegentl. auch verwilderte Grüne M. oder Ähren-M. *(M. spicata)* sowie die Pfefferminze, *M. piperita* (B Kulturpflanzen VIII), ein steriler, sich durch Ausläufer vermehrender Bastard zwischen *M. aquatica* und *M. spicata.*

Miombowald, lichter Trockenwald des südafr. Sommerregengebiets mit langen Dürrezeiten u. einer zieml. kurzen, aber recht niederschlagsreichen Vegetationsperiode. Die regengrünen Baumarten *(Brachystegia, Marquesia, Pterocarpus)* wer-

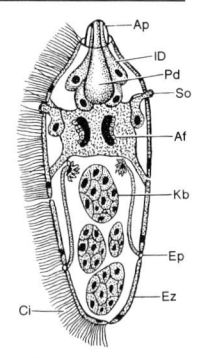

Miracidium

M.-Larve des Großen Leberegels *(Fasciola hepatica),* Cilien auf der rechten Seite weggelassen
Af Augenfleck, Ap Apikalpapille, Ci Cilium, Ep Exkretionsporus, Ez Epithelzelle, Kb Keimballen, lD laterale Drüse, Pd „Penetrationsdrüse", So Seitenorgan

---

den an der Trockengrenze des Baumwuchses ergänzt von zahlr. Exemplaren des wasserspeichernden Affenbrotbaums *(Adansonia digitata).* Große Gebiete der Miombowälder liegen im Bereich des Wanderackerbaus (shifting cultivation). Dabei werden jeweils kleinere Flächen der Bestände geschlagen od. niedergebrannt u. dann für einen kurzfrist. Anbau v. Feldfrüchten verwendet. Nach 3–5 Jahren werden die Felder wegen des starken Ertragsrückgangs aufgelassen u. der Wald beginnt sich zu regenerieren. ↗Afrika.

Miozän *s* [v. gr. meiōn = kleiner, kainos = neu], von Ch. Lyell 1832 unter dem Gesichtspunkt begr. jüngere Epoche des ↗Tertiärs, daß in ihr bereits 17% der heute lebenden Mollusken-Arten vorhanden waren. Das M. war v. entscheidender Bedeutung für die Ausprägung der heutigen Topographie u. Lebewelt. – Stufengliederung: Aquitanium, Burdigalium, Langhium, Serravallium, Tortonium, Messinium. B Erdgeschichte.

Mirabelle *w* [v. gr. myrobalanos = Behennuß über frz. mirabelle], *Prunus domestica* ssp. *syriaca,* ↗Prunus. [derblume.

Mirabilis *w* [lat., = wunderbar], die ↗Wun-

Miracidium *s* [v. gr. meirakidion = Bübchen], die aus dem Ei schlüpfende, frei schwimmende Larve der 1. Generation der Saugwürmer. Größe je nach Art 50–200 µm. Kennzeichen: artspezif. Anzahl bewimperter Epidermiszellen, Drüsensystem, das auf apikaler, vorstülpbarer Papille mündet, Augenflecken u. laterale Sinnespapillen, Protonephridialsystem mit artspezif. Exkretionsporen, Apikalganglion, locker im Parenchym liegende Keimballen, aus denen sich Tochtersporocysten bzw. Redien entwickeln; ein Darm fehlt. ☐ Fasciolasis, B Plattwürmer.

Miraculin *s* [v. lat. miraculum = Wunder], Glykoproteid (relative Molekülmasse 42000–48000) aus den Früchten der westafr. Pflanze *Richardella dulcifera;* das selbst nicht süß schmeckende M. bewirkt, daß saure od. ungesüßte Speisen im Mund scheinbar süß schmecken. Aufgrund dieser Eigenschaft, eine für 1–2 Std. anhaltende Geschmacksumwandlung hervorzurufen, werden die Früchte der Pflanze Wunderbeeren (miracle fruit) genannt.

Miramella *w,* Gatt. der ↗Catantopidae.

Miridae [Mz.; v. lat. mirus = sonderbar], die ↗Weichwanzen.

Mirikina *m* [indian.-brasil.], ↗Nachtaffen.

Mirounga *w* [v. austral. miouroung = Elefantenrobbe], die ↗See-Elefanten.

Mischerbigkeit, die ↗Heterozygotie.

mischfunktionelle Oxygenasen, die ↗Hydroxylasen.

Mischinfektion, gleichzeit. ↗Infektion eines Wirtes mit mehreren Arten v. Parasiten od. pathogenen Organismen.

Mischkultur, 1) Bot.: gleichzeit. Anbau

mehrerer Arten v. Nutzpflanzen (↗Kulturpflanzen) auf der gleichen Fläche, wobei v. a. solche Pflanzen ausgewählt werden, die sich gegenseitig fördern. 2) Medizin: Keimarten aus einer ↗Mischinfektion. 3) Mikrobiol.: natürliche Mikroorganismen-Gemeinschaften, in denen zw. den Arten i. d. R. verschiedene (synergistische od. auch antagonistische) Wechselbeziehungen bestehen (z. B. Symbiose, Syntrophismus). Biotechnologisch werden oft definierte M.en durch Zusammenmischen v. bestimmten ↗Reinkulturen gewonnen; sie dienen zur Herstellung verschiedener Produkte, z. B. Sauerteig, Rohwurst, Sauermilchprodukten, Käse.

Mischling, allg. Bez. für Nachkommen v. Eltern, die verschiedenen Rassen angehören; auch Halb-↗Blut und bes. Form des ↗Bastards.

Mischococcales [Mz.; v. gr. mischos = Frucht-, Blattstiel, kokkos = Kern, Beere], Ord. der ↗*Xanthophyceae*, einzellige Algen mit fester (kokkale Organisationsstufe, B Algen I), vielfach verkieselter u. skulpturierter Zellwand; einzeln od. in Kolonien; meist plastidenhaltig; ähneln den ↗*Chlorococcales*; artenreiche u. inhomogene Gruppe. Die Gatt. *Pleurochloris* (ca. 10 Arten) enthält die einfachsten kokkalen *Xanthophyceae;* Zellen einzeln od. in Kolonien; Bodenalgen. *Chloridella* ähnelt sehr *Chlorella* (↗ *Oocystaceae*), hat aber einen bis mehrere gelbgrüne Plastiden. Die 5 Arten der Gatt. *Mischococcus* bilden verzweigte bäumchenart. Kolonien; häufigste Art ist *M. sphaerocephalus.* Die 7 Arten der Gatt. *Bumilleriopsis* leben einzeln. Die 10 Arten v. *Chlorothecium* leben epibiontisch auf Fadenalgen; meist gestielte, keulenförm. Zellen mit zweiteil. Zellwand; in moorigen Tümpeln häufig. *Chlorobotrys regularis,* Zellen in geschichteter Gallerte zu Kolonien vereint.

Mischwald, Wald, der aus 2 oder mehreren Baumarten besteht *und* dessen Artenzusammensetzung (im Ggs. zur ↗Monokultur) die verschiedenen Standortsansprüche der Bäume widerspiegelt. Vorzüge des M.es: Erhaltung u. Verbesserung des Bodenzustands, bessere Möglichkeit für die natürl. Verjüngung des Waldes, mehr Widerstandsfähigkeit gg. Sturm, Insekten, Feuer, Schnee u. a.

Misgurnus *m* [v. gr. misgein = mischen], Gatt. der ↗Schmerlen.

Mispel *w* [v. gr. mespilē = Mispel über ahd. mespila], *Mespilus,* monotypische Gatt. der Rosengewächse mit *M. germanica;* baumartiger Strauch, urspr. Vorderasien, S- und SO-Europa. Einzelne, weiße Blüten, die v. Kelchzipfeln überragt werden; unterseits dicht behaarte, längl. Blätter. Mittelalterl. Obstpflanze, heute im Gebiet nur noch verwildert. Die pektinreichen Früchte sind erst nach Frost genießbar. B Kulturpflanzen VII.

Mißbildung, die ↗Fehlbildung.

Missense-Mutation, eine Punkt-Mutation (↗Basenaustauschmutationen, ☐) in einem Protein-codierenden Gen, durch die in m-RNA an Stelle eines Aminosäure-Codons ein für eine andere Aminosäure codierendes Trinucleotid entsteht, wobei der resultierende Aminosäureaustausch im allg. zur Störung der Funktion des betreffenden Proteins führt.

missing links [Mz.; engl., = fehlende Bindeglieder], werden theoretisch erwartete, aber fossil noch nicht nachgewiesene Arten gen., die im „Übergangsfeld" zw. zwei systemat. Großgruppen durch ↗additive Typogenese u. nachfolgende ↗adaptive Radiation entstanden sind. Solche Arten sind dadurch charakterisiert, daß sie noch nicht alle evolutiven Neuheiten (↗Apomorphie) erworben haben, durch die die „jüngere" der beiden Großgruppen gekennzeichnet ist. Werden solche missing links gefunden, so werden sie als *connecting links* bezeichnet.

Mist ↗Stallmist.

Mistel, *Viscum,* Gatt. der Mistelgewächse mit ca. 60 überwiegend trop. Arten. In Dtl. nur die Weiße M. *(V. album),* ein immergrüner ↗Hemiparasit (↗Mistelgewächse, B Parasitismus I). Eingeschlecht., unscheinbare Blüten; klebr., weißl. Scheinbeeren, die durch Vögel verbreitet werden. Man unterscheidet 3 U.-Arten: Laubholz-M. *(V. a.* ssp. *album),* Tannen-M. *(V. a.* ssp. *abietis),* Kiefern-M. *(V. a.* ssp. *austriacum),* die sich v. a. durch ihre Wirtspflanzen unterscheiden. Mittelalterl. Schutzmittel gg. Blitzschlag, Krankheit u. Verhexung; heiliges Zeichen der Druiden. Das Aufhängen v. M.zweigen als Weihnachtsgrün ist ein aus England stammender Brauch. B Europa XII.

Mistelgewächse, *Loranthaceae,* Fam. der Sandelholzartigen mit 40 Gatt. und ca. 1400 Arten; Verbreitung in den gesamten Tropen u. Subtropen. Überwiegend ↗Hemiparasiten, die ihren Wirten Wasser u. Mineralsalze entziehen. Der Keimling sitzt dem Wirt mit einer aus dem Hypokotyl entstandenen Haftscheibe auf, die durch oft beträchtl. verzweigte Senker Anschluß an das Leitgewebe des Wirtes findet (B Parasitismus I). Bekannteste Gatt. ist die ↗Mistel *(Viscum).* Die Gatt. *Loranthus* (500 Arten) ist bei uns mit der Riemenblume *(L. europaeus)* vertreten, die auf Eichen in wärmeliebenden Eichenmischwäldern wächst. Der einzige Wurzelparasit der M. ist der Flammenbaum *(Nuytsia floribunda,* SW-Australien), ein bis 12 m hoher Baum mit reichblüt., gelbroten Blütenständen. Zur Gattung *Struthanthus* zählen Arten, die Citrus-, Mango- u. Kaffeekulturen beträchtl. schädigen. [lidae.

Mistfliegen, die ↗Scatophagidae; ↗Cypse-

Mistkäfer, *Coprophaga,* Gruppe der dung- u. kotfressenden (koprophagen) ↗Blatt-

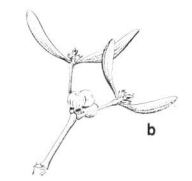

Mistel
Der Keimling der Weißen M. (*Viscum album;* a M.zweig, b Blüten u. Beeren) sitzt mit einer aus dem Hypokotyl entstandenen Haftscheibe dem Wirt auf u. findet durch daraus auswachsende Senker Kontakt zum Leitgewebe, aus dem Wasser u. Mineralsalze entzogen werden.

hornkäfer, die weltweit sehr artenreich ist; in Mitteleuropa etwa 140 Arten. Sie zeichnen sich durch oft intensive Brutfürsorge aus, indem sie, nachdem sie olfaktorisch einen ihnen passenden Kot- od. Dunghaufen eines Säugers (selten auch eines Vogels od. einer Schildkröte) gefunden u. sich verpaart haben, entweder direkt darunter od. in der Nähe Gänge in den Boden graben. Das Ende eines Ganges u./od. weiterer Seitengänge wird mit diesem Kot vollgestopft u. jede Brutkammer mit einem Ei belegt. Die Anlage der Brutstätten wird entweder nur vom Weibchen od. von beiden Geschlechtern vorgenommen. Bes. in letzterem Fall sind die Männchen oft stark sexualdimorph; sie haben auf dem Kopf u./od. Halsschild kleine od. mächtige Hörner, mit denen in Schiebekämpfen der Konkurrent vertrieben werden soll. Hierher gehören bei uns v.a. Vertreter der U.-Fam. *Geotrupinae*, *Scarabaeinae* u. *Aphodiinae*, die sich innerhalb der Fam. *Scarabaeidae* (Eigentliche Blatthornkäfer) u.a. durch kräftige Grabbeine u. eine oft zu einer Grabschaufel vorgezogene, gezähnte Stirn auszeichnen. – 1) *Geotrupinae*: M. i. e. S., Roßkäfer, Arten der Gatt. *Geotrupes* (B Insekten III), 10–26 mm, meist dunkel schwarzbläulich, gelegentl. mit blauem od. grünl. Metallschimmer; Körper hochgewölbt; leben bei uns v.a. am Kot u. Pflanzenfressern (bei uns v.a. Rinder u. Pferde). Frühlings-M. (*G. vernalis*), 12–20 mm, bei uns überall. Wald-M. (*G. stercorosus*), 12–20 mm, bei uns die häufigste Art, überall; v.a. in Wäldern, wo er im Frühjahr seine bis 10 cm tiefen Gänge anlegt u. mit Kot vollstopft; Larvalentwicklung ca. 10 Monate. Stierkäfer oder Dreihorn-M. (*Typhoeus typhoeus*), 15–25 mm, Männchen mit 3 nach vorne gerichteten Hörnern auf dem Halsschild, Weibchen ohne Hörner; bei uns v.a. in Sandgebieten, wo er bereits im sehr zeitigen Frühjahr einen tiefen (1–1,5 m) Stollen in die Erde gräbt, der mehrere Nebengänge mit den Brutpillen aufweist; es wird bevorzugt Kaninchenkot eingetragen. Rebschneider od. Rebenschneider (*Lethrus apterus*), mit großem Kopf, der oben abgeflachte u. scheibenartig vortretende, sehr prominente Mandibeln trägt; 15–25 mm, schwarz, matt glänzend; die bei uns nur im südöstl. Mitteleuropa vorkommende Art liebt trockensandige Steppengebiete, in denen sie Gänge bis 50 cm Tiefe mit Seitenabzweigungen gräbt; diese stopft der Käfer mit frischen Pflanzentrieben voll, um sie nach einem Gärungsprozeß für seine Larven verfügbar zu machen; er stellt sich den Kot gewissermaßen selbst her; da er hierbei gelegentl. auch frische Rebentriebe abbeißt, gab man ihm den dt. Namen Rebenschneider. 2) *Scarabaeinae*: hierher der ↗ Pillendreher (B Insekten III) u. der nach der ↗ Roten Liste „stark gefährdete" Mond-

mitochondr- [v. gr. mitos = Faden, chondros = Korn, Knorpel (Diminutiv: chondrion = Körnchen)].

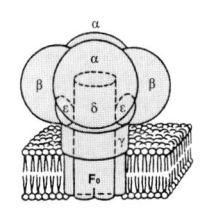

mitochondrialer Kopplungsfaktor

Aufbau des mitochondrialen ATP-Synthase Komplexes:

Der F_1-Faktor besteht aus 2α-, 2β-, je 1γ- und δ- und wahrscheinl. 2 ε-Untereinheiten. Der F_0-Anteil setzt sich zus. aus dem DCCD-bindenden Protein, das wahrscheinl. als Hexamer vorliegt u. den Rückfluß der Protonen v. der E-Seite der inneren Mitochondrienmembran zur P-Seite unter gleichzeitiger ATP-Synthese im F_1-Anteil des Komplexes erlaubt (DCCD = Dicyclohexylcarbodiimid, inhibiert den Protonentransport). Mit dem F_0-Komplex assoziiert ist ein lösl. Protein, das OSCP, das seinen Namen ebenfalls einem Inhibitor verdankt (Oligomycin sensitivity conferring protein; das Antibiotikum Oligomycin verhindert die ATP-Synthese). Zum F_0-Faktor zählen wahrscheinl. noch weitere Proteine. Die relative Molekülmasse des Gesamtkomplexes beträgt ca. 500 000.

hornkäfer (*Copris lunaris*), schwarz, stark gewölbt u. glänzend, Kopf beim Männchen mit einem nach oben gerichteten Horn, Halsschild mit vierzipfeligem Buckel; Weibchen ohne Kopfhorn u. mit nur schwachen Halsschildbuckeln; bei uns nur noch lokal verbreitet; v.a. unter Rindermist. In S-Europa findet sich daneben der ähnl., aber viel größere *Copris hispanicus*, bei dem das Männchen ein noch mächtigeres Kopfhorn aufweist. Die Gatt. der Kotfresser od. Kotkäfer (*Onthophagus*) umfaßt bei uns etwa 20 Arten, die kleine (4–5 mm) od. Tiere bis etwa 15 mm Körpergröße umfassen; Geschlechtsdimorphismus ist oft ausgeprägt; meist sind sie schwarz, braungelb od. metallisch-braun gefärbt; die Brutstollen werden v.a. von den Weibchen angelegt, denen die Männchen nur wenig helfen. 3) *Aphodiinae*: Dungkäfer, Arten der Gatt. *Aphodius*, kleine bis mittelgroße (3–15 mm), längl., oft parallelseitige Vertreter, bei uns über 80 Arten; die vielfach auf bestimmte Kotsorten spezialisierten Weibchen legen ihre Eier meist direkt in das Substrat; *A. porcus* („stark gefährdet") betätigt sich als Brutparasit beim Wald-M., indem er seine Eier in dessen Brutstollen legt. *H. P.*

Mistpilzartige Pilze, *Bolbitiaceae*, Fam. der Blätterpilze mit kleinen, zerbrechl. bis mittelgroßen, zentralgestielten Fruchtkörpern u. meist hygrophanem Hut. Das Sporenpulver ist rost- od. tabakbraun (= Rostblättrige Pilze). Vertreter der Gatt. *Agrocybe* (Ackerlinge, Erdschüpplinge) wachsen auf Holz od. Erde, die der Gatt. *Bolbitius* (Mistpilze) auch auf Mist, z.B. der Goldene Mistpilz (*B. vitellinus* Fr.). Die artenreiche Gatt. *Conocybe* (Samthäubchen; in Europa ca. 30 Arten) kommt auf Erde, Holz, gedüngten Äckern, Exkrementen u. in Gewächshäusern vor; *C. siligineoides* Heim gilt als einer der heiligen ↗ Rauschpilze Mexikos.

Mistwurm, *Eisenia foetida*, ↗ Eisenia.

Misumena w [v. gr. misoumenos = verhaßt], ↗ Blütenspinnen.

Mitchell [mitsch^el], *Peter Dennis*, engl. Biochemiker, * 29. 9. 1920 Mitcham (Surrey); arbeitet seit 1964 bei den Glynn Research Laboratories, Bodmin/Cornwall; entwickelte um 1961 die heute weitgehend akzeptierte chemiosmot. Hypothese (*M.-Hypothese*) zur Bildung von ATP an der inneren Mitochondrienmembran (↗ Atmungskette, □); erhielt 1978 den Nobelpreis für Chemie.

mitochondriale DNA w [v. *mitochondr-], die in ↗ Mitochondrien enthaltene DNA; ↗ Chondrom.

mitochondrialer Kopplungsfaktor [v. *mitochondr-], F_1-*Faktor*, *ATP-Synthase*, *Elementarpartikel*, die mit der inneren ↗ Mitochondrien-Membran assoziierten Partikel (⌀ 8,5 nm). Der gesamte Komplex, zu dem auch noch der sog. F_0-*Faktor* zählt (ein integraler Membranproteinkomplex, der als Anheftungsstelle für den F_1-Faktor u. als Protonentranslokator dient), ist aus mehreren Untereinheiten aufgebaut (vgl. Abb.) u. für die Kopplung v. Elektronentransport u. oxidativer Phosphorylierung verantwortlich. Das bedeutet, daß die Energie eines elektrochem. Protonengradienten, der über der inneren Mitochondrienmembran liegt und letztl. aus der Umwandlung der Redox-Energie aus der Atmungskette resultiert, dazu benutzt wird, chem. Energie in Form von ATP zu gewinnen (chemiosmotische Hypothese, ↗Atmungskette). F_1-Partikel lassen sich relativ leicht v. der inneren Mitochondrienmembran bzw. von submitochondrialen Partikeln ablösen u. getrennt v. der intakten Membran untersuchen. Sie können ATP nicht mehr synthetisieren, sondern nur noch hydrolysieren (deshalb auch die Bez.: F_1-ATPase, ATPase-Komplex). Interessanterweise werden einige Polypeptide des F_0-Komplexes auf der mt-DNA codiert. Auf der mt-DNA der Hefe sind es das DCCD-bindende Protein (relative Molekülmasse $M_r \approx 10700$) u. ein weiteres Polypeptid ($M_r \approx 25000$). Einen ganz entsprechenden ATP-Synthase-Komplex findet man auch in der Thylakoidmembran der ↗Chloroplasten. Der in Analogie CF_0/CF_1-genannte Komplex (C = Chloroplast) wandelt den während der Photosynthese-Reaktionen aufgebauten elektrochem. Protonengradienten in chem. Energie in Form von ATP um. Auf der Plastiden-DNA codiert sind in diesem Fall die Untereinheiten α, β und ε des CF_1-Anteils sowie die Untereinheiten I und III des CF_0-Anteils. Die Komponente III bildet als Hexamer den Protonenkanal. Es handelt sich bei diesem ebenfalls DCCD-bindenden Protein um eine sehr konservative Struktur, denn auch bei bakteriellen ATP-Synthasen besitzt die entspr. Komponente eine ähnl. Aminosäuresequenz, der wohl in der Evolution ein gemeinsames Gen zugrunde liegt. Auch in Bakterien – etwa in der Cytoplasmamembran von *Escherichia coli* – befindet sich eine ATP-Synthase mit entspr. Aufbau. Alle zum Aufbau dieses bakteriellen F_1/F_0-Komplexes benötigten Polypeptide sind in einem gemeinsamen Operon auf dem Bakterienchromosom codiert. B. L.

mitochondriale RNA w [v. *mitochondr-], die in ↗Mitochondrien enthaltene od. an der DNA v. Mitochondrien gebildete RNA.

Mitochondrien [Mz.; v. *mitochondr-], die für die ↗Atmung, d.h. die Summe der Funktionen v. Citratzyklus, Elektronentransportkette u. oxidativer Phosphorylierung, verantwortl. Organelle aller Eucyten – die „Kraftwerke" der Eukaryoten-Zelle. Einzige bekannte Ausnahme ist die Sumpfamöbe *Pelomyxa palustris:* Sie besitzt keine M., dafür aber endosymbiont. Bakterien. Diese sind jedoch kein M.ersatz, liefern also kein ATP an die Amöbe, sondern sichern deren anaerobe Lebensweise, indem sie das glykolytisch gebildete Lactat, das für den Stoffwechsel der Amöbe toxisch wäre, abbauen u. weiterverarbeiten. Die Dimensionen der meist länglich geformten M. entsprechen etwa denen v. Prokaryoten (2–8 μm × 0,2–1 μm). Zum Grundbauplan aller M. gehören wie bei den Plastiden (B Chloroplasten) eine doppelte Hüllmembran, deren innere u.a. Sitz der Atmungskettenenzyme (Atmungskette), vieler Translokatoren für Metaboliten sowie der ATP-Synthase-Komplexe ist. Die Oberfläche dieser *inneren Membran* wird im allg. durch Invaginationen in den Matrix-Raum (s. u.) hinein stark vergrößert; diese ↗Cristae ( ) können flächig, tubulusförmig od. unregelmäßig sein. – Je nach Größe u. Energiebedarf der Eucyten kann die M.zahl sehr verschieden sein: Rattenleberzellen z.B. enthalten über 1000 M., die ca. 20% des Zellvolumens einnehmen; bei den bes. atmungsaktiven Herzmuskelzellen (↗Herzmuskulatur) kann der Volumenanteil der M. am Zellvolumen auf 50% ansteigen. Bei manchen Oocyten finden sich mehr als 100000 M., während viele Protozoen (wie z.B. die parasit. Trypanosomen) nur ein einziges, wenn auch sehr großes Mitochondrion enthalten. Für die jeweilige Zellspezies ist die Zahl der M. jedoch verhältnismäßig konstant. Auch die Ausbildung der Cristae hängt vom jeweiligen Aktivitätszustand der Zelle ab. In atmungsintensiven Organen wie den ↗Muskeln sind sie bes. reichhaltig ausgebildet; dagegen fehlen sie in den M. fakultativ anaerob lebender Hefezellen fast völlig, werden aber bei Rückkehr zum aeroben Stoffwechsel erneut ausgebildet. Eine extreme Oberflächenvergrößerung der inneren Membranen hat man z.B. beim Flugmuskel der Schmeißfliege gefunden: die wie in einer Autobatterie regelmäßig angeordneten Membranflächen durchziehen das gesamte Innere der M. – *Mitochondrien-DNA:* Wie die Plastiden werden auch die M. als *semiautonome Organelle* bezeichnet, da sie ein eigenes, ringförmig angeordnetes Genom *(mt-DNA)* besitzen, dessen begrenzte Codierungskapazität für ein autonomes Eigenleben bei weitem nicht ausreicht (↗Chondrom). Seinen Ausgang nahm die mitochondriale Genetik mit der Entdeckung der ↗*petite*-Mutanten bei der Hefe ↗*Saccharomyces cerevisiae*

Mitochondrien

M. lassen sich in gepufferten, isotonischen Medien aus einem Gewebehomogenat isolieren u. stehen dann im sog. *in vitro*-System für die Bearbeitung vieler Fragestellungen zur Verfügung. So können z. B. die mitochondriale Atmung (d. h. der Sauerstoffverbrauch) od. Transportphänomene an solchen isolierten Organellen untersucht werden. Die elektronenmikroskop. Aufnahme zeigt eine M.fraktion aus einem pflanzl. Gewebe (Maßstab 21000:1).

mitochondr- [v. gr. mitos = Faden, chondros = Korn, Knorpel (Diminutiv: chondrion = Körnchen)].

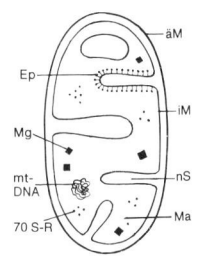

Mitochondrien

Schemat. Querschnitt eines Mitochondriums mit den wesentl. Strukturen. äM äußere Membran (Monoaminoxidase, NADH-Cytochrom c-Reductase, Cholesterin), Ep Elementarpartikel (ATP-Synthase), iM innere Membran (Succinat-Dehydrogenase, Cytochrom-Oxidase, Cardiolipin), Ma Matrix (Citratzyklus), Mg Matrixgranula (Ca^{2+}, Mg^{2+}), mt-DNA mitochondriale DNA, nS nichtplasmatischer Spalt, 70 S-R 70 S-Ribosomen

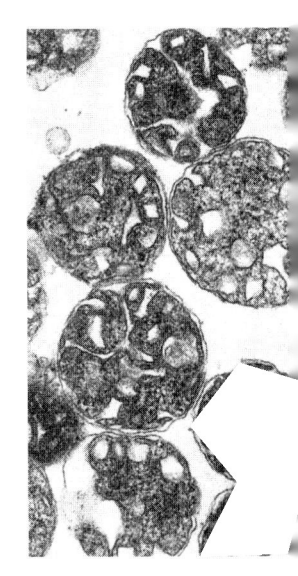

Mitochondrien

Mitochondrien

Zusammensetzung der mitochondrialen Genome der Hefe (äußerer Kreis) u. des Menschen (innerer Kreis). Auf diesen *Genkarten* sind bekannte Genprodukte schwarz, noch unbekannte Genprodukte bzw. Introne als helle Bereiche und t-RNA-Gene als Kreise eingezeichnet. Nicht-codierende Bereiche sind als einfache Linien dargestellt. Stellen, an denen die Transkriptionsrichtung entgegen dem Uhrzeigersinn verläuft, sind durch Pfeile markiert. – COI-III: Untereinheiten der Cytochrom-Oxidase; ATPase 6 und 9: Untereinheiten des ATP-Synthase-Komplexes (interessanterweise fehlt ATPase 9 auf der menschl. mt-DNA, sie muß dort kerncodiert sein); Cyt b: Apocytochrom b. Auf der mt-DNA der Hefe liegen die Gene COI und Cyt b als Mosaikgene vor, die Exonen sind von 1–6 bzw. 1–8 durchnumeriert. Die kompakte Genanordnung auf der mt-DNA des Menschen erlaubt keine Introne. var 1 stellt ein ribosomales Protein dar.

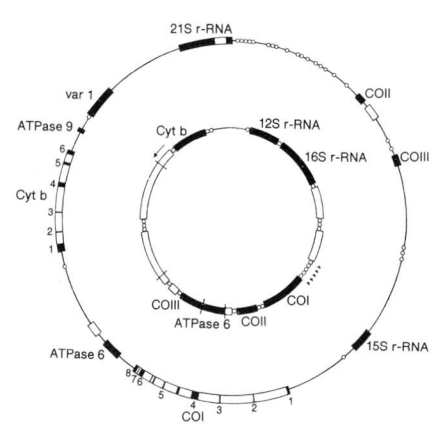

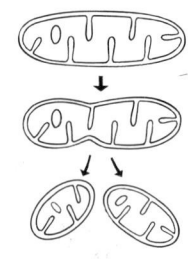

Schema der Mitochondrienteilung

mito- [v. gr. mitos = Faden].

sog. Miniringen (0,3–0,8 µm Konturlänge) u. wenigen Maxiringen (9–11 µm Konturlänge). Transkription scheint nur an den Maxiringen stattzufinden, während über die Bedeutung der genet. offenbar informationslosen Miniringe noch nichts bekannt ist. Jedes Mitochondrion besitzt mehrere bis viele in ihrem Informationsgehalt ident. DNA-Moleküle; pro Hefezelle sind etwa 50–100 mt-DNA-Moleküle vorhanden, während z. B. in Kultur gehaltene menschl. Zellen bis 8000 solcher DNA-Ringe enthalten können. – Wie das genet. System der Plastiden (↗Chloroplasten) weicht auch das der M. stark vom nucleoplasmatischen der Eukaryoten ab u. weist viele Bezüge zum prokaryotischen auf: Histon-freie zirkuläre DNA, die an der inneren Organellenmembran verankert ist, Fehlen v. ↗Capping-Strukturen am 5'-Ende der m-RNAs, ↗Mitoribosomen vom prokaryotischen 70S-Typ. Diese Befunde können durch die ↗*Endosymbiontenhypothese* zwanglos erklärt werden, die besagt, daß die M. (wie auch die Plastiden) v. ehemals freilebenden Prokaryoten abstammen. – *Genese:* Die Vermehrung der M. geschieht durch Zweiteilung, indem etwa in der Mitte des Organells ein Septum eingezogen wird. Wegen der bereits erwähnten geringen Codierungskapazität der mt-DNA müssen die meisten M.-Proteine aus dem Cytoplasma importiert werden. Überschlagsmäßig werden allein für das mitochondriale Replikations-, Transkriptions- und Translationssystem sowie die ribosomalen Proteine etwa 100 Proteine benötigt, weitere 100 nimmt man für die übrigen enzymat. Aktivitäten der M. an. Diese Proteine, die an freien 80S-Ribosomen des Cytoplasmas entstehen, werden als längerkettige Präkursoren synthetisiert; sie tragen am Aminoterminus eine zusätzl. Aminosäurensequenz (relative Molekülmasse einige Tausend), die vermutl. verschiedene Aufgaben erfüllen kann: Zum einen kann diese Sequenz als richtungweisendes Signal für den Bestimmungsort, näml. die M., dienen (man nimmt rezeptorähnl. Strukturen auf der M.oberfläche an); sie kann zweitens dafür sorgen, daß die enzymat. Aktivitäten der Proteine im Cytoplasma noch nicht zum Tragen kommen, u. schließlich könnte sie die an sich im wäßrigen Milieu unlösl. ↗Membranproteine, um die es sich dabei u. a. handelt, während dieses Transportvorgangs in Lösung halten. Die Phänomene dieser posttranslationalen Vorgänge, die man auch *„vektorielles Processing"* (im Ggs. zur vektoriellen Translation am rauhen endoplasmat. Reticulum) nennt, wurden v. a. von der Arbeitsgruppe um G. Schatz detailliert untersucht. Das sog. Transit-Peptid am Aminoterminus wird nach seiner Passage, die einen elektrochem. Protonengradienten über der in-

durch B. Ephrussi (1949); er entdeckte, daß bei der Plattierung von Hefe 1–2% der heranwachsenden Kolonien wegen ihres langsameren Wachstums sehr viel kleiner blieben („petite") als die übrigen. Sie erwiesen sich als atmungsdefekt, u. Kreuzungen zw. normalen (Wildtyp) u. *petite*-Stämmen verliefen nach einem nicht mendelnden Mechanismus (↗cytoplasmatische od. extrachromosomale Vererbung). In DNA-Doppelhelices interkalierende (↗Interkalation) Acridin-Farbstoffe (z. B. Acriflavin) erhöhten die Mutationsrate noch erheblich. Erst Anfang der 60er Jahre wurde dann tatsächlich DNA in M. nachgewiesen, u. heute sind bereits viele mt-DNAs durchsequenziert (Mensch, Rind, Maus), was zur Aufstellung detaillierter Genkarten geführt hat. Die Untersuchung aller bisher bekannten mt-DNAs hat ergeben, daß der Informationsgehalt unabhängig v. ihrer apparenten Größe (Hefe-mt-DNA: 25 µm Konturlänge ≙ 78 000 Basenpaare (BP), *Tetrahymena*: 15 µm ≙ 47 000 BP, Mensch: 5 µm ≙ 16 569 BP) überall gleich ist u. nur für maximal 5% der mitochondrialen Proteine codiert. Damit ist die mt-DNA in ihrer Funktionalität äußerst konservativ, was wohl auch durch die enge strukturelle u. biochem. Ähnlichkeit der M. bedingt ist. Möglicherweise weicht die mt-DNA höherer Pflanzen v. der übl. Organisation etwas ab, indem sie deutl. größer zu sein u. auch für mehr Proteine zu codieren scheint. In einer eigenart. Form liegt auch die mt-DNA der Trypanosomiden (parasit. Protozoen) vor: In dem einzigen Mitochondrion pro Zelle liegt die DNA in der Nähe des ↗Basalkörpers der Geißel (Kinetoplast). Die *Kinetoplasten-DNA* besteht aus Tausenden v. ineinandergreifenden

Aufbau der Mitochondrien

Mitochondrienmembranen: Durch die äußere u. innere M.membran werden vom Cytoplasma 2 Kompartimente abgetrennt, nämlich der zw. diesen Membranen liegende nicht-plasmat. Raum und das v. der inneren Membran eingeschlossene ↗ *Mitoplasma (Matrix).* Die unterschiedl. chemische Zusammensetzung kommt bereits im Protein-Lipid-Verhältnis beider Membranen zum Ausdruck (äußere M.membran 1,1:1; innere M.membran 3,2:1). Die äußere M.membran enthält neben Phospholipiden bezeichnenderweise relativ viel Cholesterin. Für Metabolite bis zu einer relativen Molekülmasse M_r von 6000 ist sie recht gut permeabel. Diese für Membranen ungewöhnl. Eigenschaft geht auf das Vorhandensein v. ↗ Membranporen zurück, die v. einem Poren bildenden Protein, dem sog. mitochondrialen Porin ($M_r \approx 30000$), aufgebaut werden. Spezielle Transportsysteme fehlen der äußeren M.membran. Die eigtl. Permeationsbarriere zum Cytoplasma stellt die innere M.membran dar. Der hohe Proteingehalt steht mit der Fülle der hiermit assoziierten enzymat. Aktivitäten in Zshg. Neben einem insgesamt geringeren Phospholipidanteil u. dem Fehlen v. Cholesterin zeichnet sich diese Membran durch den Besitz v. ↗ Cardiolipin aus, einem typisch bakteriellen Phospholipid (↗ Endosymbiontenhypothese). In Form v. integralen ↗ Membranproteinen sind die Enzyme der Elektronentransportkette (↗ Atmungskette, □) in die innere M.membran eingebettet. Die genaue Topologie dieses komplexen Systems aus ca. 50 Polypeptiden u. anderen Konstituenten ist noch weitgehend unbekannt. Bei den beteiligten Komponenten handelt es sich u.a. um NADH- u. Flavin-abhängige Dehydrogenasen, Eisen-Schwefel-Proteine (Fe-S-Zentren), Cytochrome u. Ubichinone. Diese Redoxverbindungen konnten in Form von 4 Multiprotein-Komplexen isoliert werden: I. NADH-Ubichinon-Oxidoreductase, II. Succinat-Ubichinon-Oxidoreductase, III. Ubichinon-Cytochrom-c-Oxidoreductase, IV. Cytochrom-c-Sauerstoff-Oxidoreductase. Einziger nicht Membran-integraler Bestandteil ist das Cytochrom c (↗ Cytochrom), das als peripheres Membranprotein an der Außenseite der inneren M.membran lokalisiert ist. In einer Folge v. Redoxreaktionen werden Elektronen schrittweise vom Niveau des NADH bzw. noch reduzierter Flavoproteins (Succinat-Dehydrogenase, Komplex II) schließl. auf Sauerstoff übertragen, der zu Wasser reduziert wird (↗ Atmungskette, □). Mit dem Elektronentransport gekoppelt ist in intakten M. die Phosphorylierung von ADP zu ATP (↗ Adenosintriphosphat). Essentielle Komponente für die ATP-Bildung ist der sog. ↗ *mitochondriale Kopplungsfaktor (F_1-ATPase)*, der mit Hilfe der Negativkontrastierungstechnik im Elektronenmikroskop sichtbar gemacht werden kann. Man kann auf der Innenseite der inneren Membran gestielte Partikel („*inner membrane spheres*") erkennen ($\varnothing$ 8,5 nm). Der Begriff F_1-ATPase rührt von in-vitro-Versuchen her, bei denen z.B. durch Ultrabeschallung der inneren M.membran entstandene Vesikel zur Untersuchung dieses Komplexes verwendet wurden (die Kopplungsfaktoren sind dann auf der Außenseite gelegen), u. die dann ATP nicht mehr synthetisieren, sondern nur noch hydrolysieren können. Vor allem E. Racker und Mitarbeiter haben den M.-Kopplungsfaktor sehr intensiv untersucht. Die Verankerung des F_1-Faktors in der Membran besorgt der sog. F_0-Anteil (F_0-Faktor). Der gesamte F_1/F_0-Komplex wird zus. mit einem löslichen Protein OSCP (*Oligomycin sensitivity conferring protein:* das Antibiotikum ↗ Oligomycin unterbindet die ATP-Synthese) als *ATP-Synthase* bezeichnet. Der Gesamtkomplex ist aus 18 Polypeptiden zusammengesetzt ($M_r \approx 500000$). Angetrieben wird die ATP-Synthase v. einem *elektrochem. Protonengradienten*, der im Verlauf des Elektronentransports entlang der inneren M.membran aufgebaut wird. Entspr. den für die Atmungskette formulierten 3 größeren Potentialsprüngen nimmt man die Translokation v. jeweils 2 Protonen durch die innere Membran nach außen an. Der Protonenrücktransport verläuft dann offensichtl. durch eine Art Protonenkanal, der durch Komponenten des F_0-Faktors gebildet wird; er führt letztl. zur ATP-Synthese im F_1-Faktor. Die antreibende Kraft für die ATP-Gewinnung ergibt sich aus dem an der inneren M.membran anliegenden ↗ Membranpotential u. der pH-Differenz über der Membran. Beide zus. bilden den *elektrochem. Protonengradienten* (protonenmotorische Kraft, *proton motive force*). Die diesen Vorgängen zugrundegelegte *chemiosmotische Hypothese* der Energiewandlung wurde im wesentl. von P. ↗ Mitchell entwickelt. – Neben dem F_0-Faktor zur Protonentranslokation besitzt die innere M.membran eine Menge weiterer spezif. Transportsysteme (Translokatoren, ↗ Membrantransport). Der am intensivsten untersuchte ist der ↗ Adenylattranslokator, der ATP und ADP transportiert. Weitere Antiport-Systeme existieren für Dicarbonsäuren (Malat, Succinat, Fumarat; auch Phosphat wird im Antiport transportiert) und Tricarbonsäuren (Citrat, Isocitrat, auch Malat); wichtig ist auch der Fettsäuretranslokator, der Fettsäuren in Form v. ↗ Acylcarnitin durch die Membran schafft (Carnitin-shuttle).

Matrix: Bereits 1949 wurde von E. P. Kennedy und A. L. Lehninger entdeckt, daß der ↗ Citratzyklus sowie die β-Oxidation der ↗ Fettsäuren (□) in den M. lokalisiert sind. (Bei Pflanzen findet die Fettsäure-Oxidation auch oder evtl. ausschließlich in den microbodies statt.) In den Citratzyklus fließen neben den Produkten des Kohlenhydrat- und Fettsäure-Abbaus (Acetyl-Coenzym A) auch verschiedene Derivate des Aminosäure-Stoffwechsels ein. (Pyruvat aus der Glykolyse wird über einen eigenen Translokator eingeschleust u. über den mitochondrialen Pyruvat-Dehydrogenase-Komplex zu Acetyl-CoA umgewandelt.) Auch ein Teil des ↗ Harnstoffzyklus läuft im M.-Inneren ab, allerdings nur in den Leber-M. ureotelischer Organismen. Für das einzutransportierende ↗ Ornithin – es wird durch Carbamylphosphat zum Citrullin umgewandelt – existiert sogar ein spezieller Translokator in der inneren M.membran. Außerdem befinden sich in der Matrix natürl. die Ribosomen (↗ Mitoribosomen), Nucleinsäuren u. die sonstige lösl. Enzyme des mitochondrialen Transkriptions-, Translations- u. Replikationsapparates. In elektronenmikroskop. Bildern kann man neben den Ribosomen öfters elektronendichte Granula erkennen, die z.T. als Ca^{2+}-Depot angesehen werden. Relativ große Einschlüsse in den M. von ↗ Amphibienoocyten sind Dotterkristalle. Diese Kristalle sind jedoch v. einer Membran (der inneren M.membran) umgeben, so daß man annehmen muß, daß sich die Kristalle nicht in der eigtl. Matrix, sondern in dem Raum zw. äußerer u. innerer Membran befinden. Die Bedeutung dieser Dottereinschlüsse ist noch unklar.

neren M.membran voraussetzt, v. einer Matrix-ständigen Proteinase („Maturase") abgespalten. B Zelle. B.L.

Mitochondriom s [v. *mitochondr-], das ↗ Chondriom.

Mitogameten [Mz.; v. *mito-, gr. gametēs = Gatte], Gameten, die mitotisch gebildet werden; sind die Regel bei ↗ Haplonten u. Pflanzen mit ↗ Generationswechsel.

Mitogene [Mz.; v. *mito-, gr. gennan = erzeugen], Substanzen, welche die Kernteilung (↗ Mitose) u. damit auch die Zellteilung (↗ Cytokinese) stimulieren; als M. wirken z.B. physiolog. Effektoren wie das Hormon Somatomedin u. eine Reihe v. Wachstumsfaktoren; aber auch Lectine, die normalerweise keinen Einfluß auf den Zellzyklus haben, können unter bestimmten Umständen die Zellteilung anregen. Die Wirkungsmechanismen der M. sind noch weitgehend ungeklärt.

Mitomycine [Mz.; v. *mito-, gr. mykēs = Pilz], v. *Streptomyces caespitosus* und *S. verticillatus* produzierte bakterizide und cytotoxische Antibiotika, die gg. grampositive u. gramnegative Bakterien, Mykobakterien, Viren, Askariden u. Rickettsien wirken. Von den M.n *A*, *B* und *C* ist Mitomycin *C* am besten untersucht. Es inhibiert die DNA-Synthese (Replikation), da es die beiden DNA-Stränge durch alkylierende Reaktionen kovalent quervernetzt. Trotz relativ hoher Toxizität ($LD_{50} = 1,0–2,5$ mg/kg Ratte parenteral) wird Mitomycin zur Behandlung v. Karzinomen, Sarkomen, Lymphomen, Leukämie u. Hodgkinscher Erkrankung eingesetzt.

Mitoplasma s [v. *mito-, gr. plasma = Ge-

Mitomycine

Mitomycin A:
$R_1 = -OCH_3$,
$R_2 = -OCH_3$, $R_3 = -H$

Mitomycin B:
$R_1 = -OCH_3$,
$R_2 = -OH$, $R_3 = -CH_3$

Mitomycin C:
$R_1 = -NH_2$,
$R_2 = -OCH_3$, $R_3 = -H$

Mitopus

bilde], die plasmat. Phase der ↗Mitochondrien (mitochondriale Matrix), die v. der inneren Mitochondrienmembran begrenzt wird. In Eukaryotenzellen kann man 3 (bei Tieren) bzw. 4 (bei Pflanzen) unterschiedl. Plasmen unterscheiden: neben dem *Cyto-* u. *Karyoplasma,* die über Kernporen miteinander in Verbindung stehen, das *Plastoplasma* u. das *M.* (↗Kompartimentierungsregel).

Mitopus *m* [v. *mito-, gr. pous = Fuß, Bein], Gatt. der ↗Phalangiidae.

Mitoribosomen [Mz.; v. *mito-, Anagramm aus Arabinose, gr. sōma = Körper], die ↗Ribosomen der Mitochondrien. Die in der mitochondrialen Matrix, dem ↗Mitoplasma, gelegenen M. stehen wie alle Ribosomen im Dienst der Protein-Biosynthese. Dort findet die Translation der auf der mitochondrialen DNA codierten Polypeptide statt (↗Mitochondrien). Eine Eukaryotenzelle kann bis zu 3 verschiedene Ribosomensorten beinhalten: entspr. den verschiedenen Plasmen dieser Zelle unterscheidet man Cyto-, Plasto- (in Pflanzenzellen) und Mitoribosomen. Während Plastoribosomen den Prokaryoten-Ribosomen stark ähneln, wie das nach der ↗Endosymbiontenhypothese zu postulieren ist, weichen die variableren M. oft stark v. diesen ab. Trotzdem kann man die M. eindeutig dem prokaryot. Typus der 70S-Ribosomen zurechnen (Beginn der Proteinsynthese mit formyliertem Methionin, Hemmbarkeit der M. durch für prokaryot. Ribosomen spezif. Inhibitoren, z. B. Chloramphenicol).

Mitose [v. gr. mitoein = Fäden spannen], *indirekte Kernteilung, Karyokinese, ↗Äquationsteilung* (i. e. S.), die der Zellteilung (↗Cytokinese) vorausgehende Teilung des ↗Zellkerns, aus der zwei i. d. R. erbgleiche Tochterkerne hervorgehen. Vor Beginn einer M. wird in der S-Phase des ↗Zellzyklus (B 11) die DNA, der Träger der Erbinformation, ident. verdoppelt (↗Replikation), so daß jedes ↗Chromosom zu Beginn der M. aus zwei ident. Spalthälften, den ↗Chromatiden, besteht. Die beiden Chromatiden jedes Chromosoms werden mit Hilfe eines Spindelmechanismus (↗Spindelapparat) auf die zwei Zellpole verteilt, wo sich dann die zwei Tochterkerne konstituieren. Die Entwicklung eines mehrzelligen Organismus aus einer Zygote, das Regenerationswachstum u. die vegetative Vermehrung bei Pflanzen u. niederen Tieren basieren auf wiederholten mitot. Teilungen. Eine M. verläuft in vier charakterist. Phasen (B 11) u. dauert ca. ½–4 Stunden. Die erste Beobachtung einer M. gelang 1875 E. Strasburger und O. Bütschli. ↗Meiose.

mito- [v. gr. mitos = Faden].

Mitosegifte, *Mitosehemmstoffe,* Stoffe, die die Zellkernteilung (↗Mitose) hemmen; z. B. wird durch ↗Colchicin der Spindelmechanismus (↗Spindelapparat) unterdrückt, so daß die Zellen stark wachsen, aber Kernteilungen unterbleiben, u. die Entstehung v. ↗Polyploidie möglich ist (↗C-Mitose).

Mitoseindex *m* [v. ↗Mitose, lat. index = Anzeiger], der Prozentsatz v. Zellen, die gerade eine Mitose durchlaufen, an der Gesamtzahl v. ausgewerteten Zellen eines bestimmten Gewebes.

Mitosekern, *Teilungskern,* Bez. für den Zustand des ↗Zellkerns während der ↗Mitose; im M. liegen die Chromosomen im Ggs. zum ↗Arbeitskern der ↗Interphase in ihrer Transportform vor; d. h., die Chromo-

---

Mitose

Wandel der Chromosomenform im Zellzyklus

Interphase: **1** weitgehend ausgestreckte Funktionsform im Interphasekern, an mehreren Stellen Genexpression in der G₁-Phase, anschließend ident. Reduplikation der Nucleofilamente (= DNA-Faden plus begleitende Proteine) in der S-Phase; **2** ident. Reduplikation ist auf der ganzen Länge der Nucleofilamente abgeschlossen (G₂-Phase). *Mitose:* **3–5** fortschreitende Aufschraubung u. Auffaltung der Nucleofilamente zu den bereits lichtmikroskopisch erkennbaren Chromatiden während der Prophase (= Überführung in die Transportform); **6** extreme Verkürzung der Chromatiden in der Metaphase; **7** Trennung der Chromatiden in der Anaphase; **8** Entkondensierung, d. h. Umwandlung der Transportform in die Funktionsform während der Telophase.

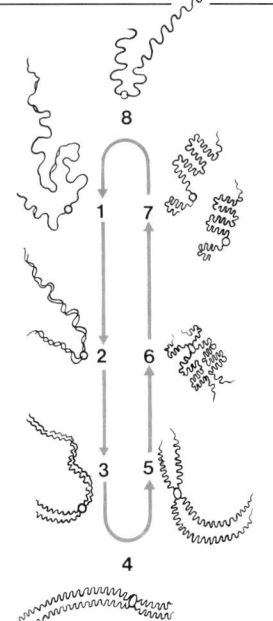

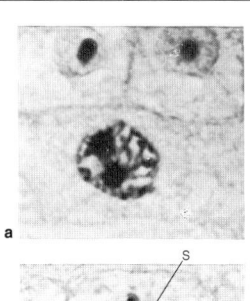

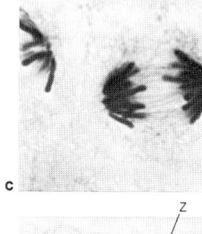

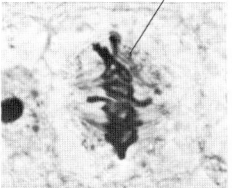

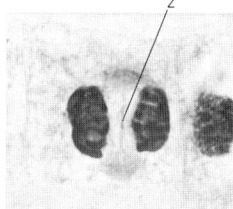

Mitose

Lichtmikroskopische Aufnahmen (780fache Vergrößerung) der vier M.-Stadien einer Pflanzenzelle. **a** *Prophase:* Chromosomen werden sichtbar; **b** *Metaphase:* Spindelfasern (S) greifen an den Chromosomen an; **c** *Anaphase:* Polwanderung der Chromosomen; **d** *Telophase:* Rekonstitution der Kerne u. Bildung der neuen Zellwand (Z)

MITOSE

Neue Zellen entstehen nur, indem sich eine vorhandene Mutterzelle teilt. Auf diesem Vorgang der Zellteilung beruhen weitgehend Wachstum und vor allem Fortpflanzung. Eine teilungsbereite Zelle schnürt sich jedoch nicht einfach in der Mitte durch. Vorweg geht eine Kernteilung, bei der in der vorhergehenden Interphase alle Chromosomen genau reduplizert wurden. Da in den Chromosomen die gesamte genetische Information lokalisiert ist, bekommen die Tochterzellen die vollständige Erbinformation. Den Vorgang der Kernteilung nennt man Mitose, die sich in der Regel anschließende Zellteilung Cytokinese.

Phasen einer Mitose

a) Zelle mit Zellkern vor der Mitose. Im Verlauf der *Prophase* (**b** und **c**) werden die das Chromatingerüst des Arbeitskerns bildenden Chromosomen aus ihrer Funktionsform durch Spiralisierung und Auffaltung in die Transportform des Mitosekerns überführt: zunächst werden fädige Strukturen sichtbar, die sich dann weiter verkürzen und verdicken (Chromosomenkontraktion, Chromosomenkondensation). In der späten Prophase beginnt, bei tierischen Zellen unter Vermittlung des Centriols, die Ausbildung des Spindelapparates. Zahlreiche Spindelmikrotubuli wandern auf die Kernmembran zu, die schließlich, ebenso wie der Nucleolus, zerfällt. In der anschließenden *Metaphase* (**d**) ordnen sich die Chromosomen in der Äquatorialebene (Symmetrieebene senkrecht zur Achse der Teilungsspindel) an; der Spindelapparat vervollständigt sich. Es wird deutlich, daß jedes Chromosom aus zwei Spalthälften, den Chromatiden, besteht, die jeweils im Bereich des Centromers noch zusammenhängen. Mit der vollständigen Teilung der Ausgangschromosomen durch Trennung der Chromatiden auch im Centromerbereich endet die Metaphase. In der *Anaphase* (**e–g**) wandern die beiden Chromatiden eines Ausgangschromosoms, die jetzt als Tochterchromosomen aufzufassen sind, durch Vermittlung der Spindelfasern, die jeweils am Centromer ansetzen, zu entgegengesetzten Zellpolen. Dort entschrauben und entfalten sich die Chromosomen (*Telophase*, **h** und **i**), d. h., sie werden von der kompakten Transportform wieder in die aufgelockerte Funktionsform überführt. Kernmembran und Nucleolus werden neu gebildet. – Falls sich eine Zellteilung unmittelbar an die M. anschließt, entsteht zw. den beiden Tochterkernen in der Äquatorialebene eine neue Zellmembran (**k**).

Zellzyklus

Bei den Einzellern oder im sich wiederholt teilenden Gewebe durchläuft die Zelle nach einer Mitose und Zellteilung eine nicht umkehrbare Aufeinanderfolge von charakteristischen physiologischen Phasen während der Interphase. Der *Mitose* und *Cytokinese* (M + Z) schließt sich die G_1-*Phase* (von engl. gap = Lücke, Zeitspanne) an, die Wachstumsphase der Zelle im engeren Sinne. RNA- und Proteinsynthese laufen an, die durch die Cytokinese verringerten Plasmabestandteile werden durch Synthesen in ihrer Zahl aufreguliert, unter anderem auch die DNA-Polymerase-Moleküle. Erst in der *S-Phase* (S von Synthese) erfolgt auch die Reduplikation der DNA und ihrer Begleitproteine. Ebenso verdoppeln sich in der S-Phase die Centriolen. Nach dieser S-Phase verstreicht noch eine gewisse Zeit, bevor die Mitose mit der Prophase beginnt. In dieser G_2-*Phase* erfolgt noch weiteres Zellwachstum. Die Mitose ist als kürzester Vorgang in den Zellzyklus zwischen G_2- und G_1-Phase eingefügt. Verliert eine Zelle ihre Teilungsaktivität, indem sie in einen endgültigen Differenzierungszustand oder in einen Ruhezustand längerer Dauer (Knospen, Samen, Sporen) übergeht, so wird der Zellzyklus vor der S-Phase abgestoppt. Die Zelle tritt in eine stabile G_0-*Phase* ein. Reembryonalisierung solcher Zellen in der Dauerphase, z. B. bei Regenerationserscheinungen oder Krebsbildung, bedeutet bezüglich des Zellzyklus den Übertritt von der G_0-Phase in die S-Phase.

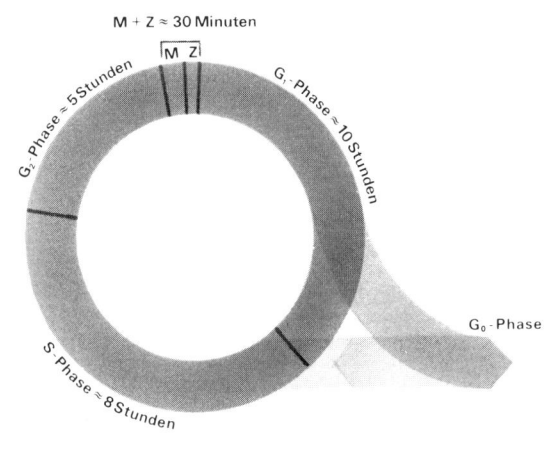

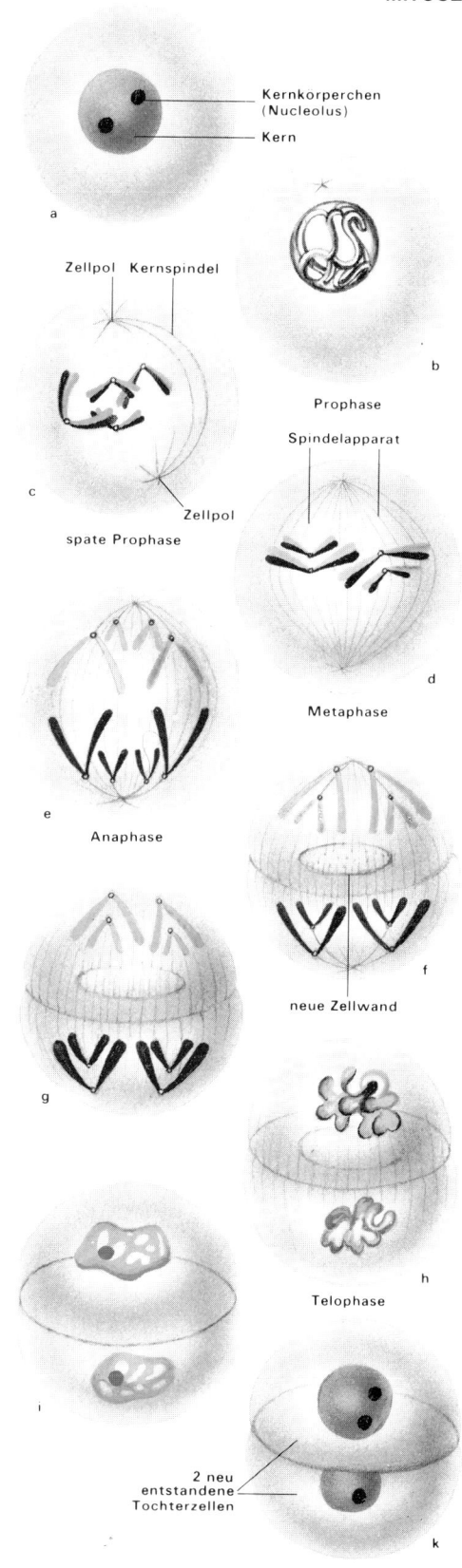

Mitosezyklus

somen sind maximal aufspiralisiert, was ihre Verteilung auf die beiden Spindelpole in der ↗Anaphase der Mitose ermöglicht.

Mitosezyklus [v. ↗Mitose, gr. kyklos = Ring] ↗Zellzyklus; B Mitose.

Mitosporen [Mz.; v. *mito-, gr. spora = Same], einzellige pflanzl. Fortpflanzungskörper, die durch mitotische Teilungen gebildet werden; z.B. bei der Grünalge *Ulothrix,* oder die Karposporen der ↗Rotalgen. [mützen.

Mitra w [v. *mitr-], Gatt. der ↗Bischofs-

Mitralklappe [v. *mitr-], ↗Herz (B), □ Herzklappen.

Mitraria w [v. *mitr-], *M.-Larve,* ↗Trochophora-Larve bestimmter Polychaeten *(Oweniidae)* mit monociliaren Epidermiszellen u. langen, larvalen Schwebeborsten, die die Sinkgeschwindigkeit herabsetzen.

Mitrastemon m [v. *mitr-, gr. stēmōn = Kette am Webstuhl], Gatt. der ↗Rafflesiaceae.

Mitrophora w [v. *mitr-, gr. -phoros = -tragend], Gatt. der ↗Morcheln.

Mitrula w [lat., = kleine Kopfbinde], *Haubenpilze,* Gatt. der Erdzungen *(Geoglossaceae),* zierl. Pilze mit keulen- bis birnenförm., gestieltem Fruchtkörper, lebhaft gefärbt, meist gelb od. orange; überwiegend auf faulenden, toten, einige auch parasit. auf lebenden Pflanzen wachsend. *M. paludosa* Fr., der Sumpf-Haubenpilz, findet sich häufig einzeln od. gesellig auf modrigen Blättern od. Sphagnen in stehendem od. fließendem Wasser (Wald-, Moorgräben, Quellsümpfe); er ist ca. 4 cm hoch (Köpfchen hellorange-gelb, 1–2 cm; Stiel 2–3 cm lang, ⌀ 0,2–0,3 cm).

Mitscherlich-Gesetz, das von E. A. Mitscherlich (1874–1956) formulierte *Gesetz vom abnehmenden Ertragszuwachs* („Wirkungsgesetz der Wachstumsfaktoren"). Es besagt, daß der Pflanzenertrag durch die Steigerung eines jeden Wachstumsfaktors (Produktionsfaktors) erhöht wird, u. zwar proportional zu dem am Höchstertrag fehlenden Ertrag, d.h., bei gleichbleibender Zunahme eines Wachstumsfaktors (z.B. Düngungssteigerung) verringert sich der Ertragszuwachs langsam, die Kurve strebt schließl. einem Höchstertrag zu u. sinkt (nach Überschreiten des Optimums) darüber hinaus sogar wieder ab. ↗Minimumgesetz, ↗Optimumgesetz.

Mitschurin, *Iwan Wladimirowitsch,* russ.-sowjet. Botaniker u. Pflanzenzüchter, * 27. 10. 1855 Dolgoje (Gouv. Rjasan), † 7. 6. 1935 Mitschurinsk (bis 1932: Koslow); züchtete über 300 neue Obstsorten; glaubte dabei nachgewiesen zu haben, daß bei Pfropfung „junge, noch labile Pflanzenteile durch alte, stabile beeinflußbar sind" (Mentormethode). Auf seinen Vorstellungen basieren die stark lamarckistisch geprägten (u. heute widerlegten) Arbeiten u. Ideen verschiedener sowjet. Wissenschaftler (Schule des „schöpferi-

mitr- [v. gr. mitra = Binde, Kopfbinde, Haube; davon der Name für die liturg. Kopfbedeckung der kath. Bischöfe („Bischofsmütze")].

Mittagsblumengewächse

Wichtige Gattungen:
↗ Faucaria
↗ Fenestraria
↗ Lithops
↗ Mesembryanthemum
↗ Pleiospilos

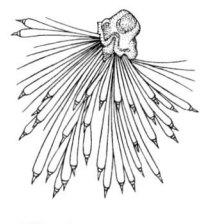

Mitraria
M.-Larve (⌀ des Körpers 0,22 mm)

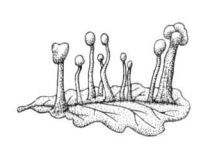

Mitrula
Sumpf-Haubenpilz (*M. paludosa* Fr.)

I. W. Mitschurin

schen Darwinismus"), unter ihnen bes. ↗Lyssenko.

Mitsukurinidae [Mz.; ben. nach dem jap. Zoologen K. Mitsukuri, † 1909], die ↗Nasenhaie. [themum.

Mittagsblume, die Gatt. ↗Mesembryan-

Mittagsblumengewächse, *Aizoaceae,* Fam. der Nelkenartigen mit 143 Gatt. (vgl. Tab.) und ca. 2300 Arten, v.a. im südl. Afrika verbreitet, aber z.B. auch im Mittelmeergebiet; oft sukkulente Kräuter od. kleine Sträucher. Die Blüten, häufig einzeln od. in Di- bzw. Pleiochasien, besitzen meist 5 Kelchblätter u. viele, aus Staminodien entstandene Kronblätter. Der Fruchtknoten hat meist 5 Narben. Viele M. sind Pflanzen v. Trockengebieten. Als Anpassung daran findet man: Reduzierung der Blattzahl u. -oberfläche, z.T. mit ↗Fensterblättern (z.B. ↗Fenestraria, ↗Lithops), Pflanze dann nur wenig über den Erdboden ragend; große, wasserspeichernde Zellen durch Zuckergehalt mit hohem osmot. Wert; Hygrochasie, Öffnen der Fruchtkapseln nur bei Feuchtigkeit u. damit guten Keimbedingungen; diurnaler Säurerhythmus ähnl. wie bei Kakteen.

Mittelachsentiere, die ↗Mesaxonia.

Mittelauge, das ↗Naupliusauge.

Mitteldarm, *Mesodaeum, Mesenteron,* mittlerer Teil des Darmkanals, der bei Wirbeltieren vom Anfang des Magens bis zum Dickdarm reicht (auch *Chylusdarm* gen.) u. bei Säugern in Zwölffingerdarm, Leerdarm u. Krummdarm unterteilt wird. Bei Wirbellosen der entodermale Teil des Verdauungstrakts, der im Ggs. zu den ektodermalen vorderen u. hinteren Anteilen bei der Häutung nicht erneuert wird. ↗Darm, ↗Verdauung.

Mitteldarmdrüse, mehrfach unabhängig bei verschiedenen Kl. der Wirbellosen entwickeltes Zentralorgan im Stoffwechsel, das z.T. funktionell der ↗Leber der Wirbeltiere vergleichbar ist. Sie ist wichtigste Enzymproduktionsstätte der Mollusken, Krebstiere, Spinnentiere u. Seesterne; bei den meisten Schnecken (v.a. Käferschnecken), einigen Kopffüßern, wie *Octopus* u. *Sepia,* und Krebstieren auch Hauptresorptionsort mit ausgeprägter Phagocytose *(Hepatopankreas)* u. Speicherorgan für Reservestoffe. Bei Insekten ist keine wohlentwickelte M. ausgebildet; sie wird funktionell durch das Mitteldarmepithel bzw. den Fettkörper ersetzt.

Mitteleuropäische Grundsukzession, der in weiten Teilen Mitteleuropas in den Grundzügen gleiche Ablauf der Vegetationsentwicklung während des Spät- u. Postglazials ab ca. 10500 v. Chr. (Beginn des Postglazials ca. 8000 v. Chr.). Die Aufklärung der M.n G. erfolgte mit Hilfe der ↗Pollenanalyse u. der Auswertung subfossiler, gut erhaltener Pflanzenreste. Nach den jeweils vorherrschenden Pflanzen, insbes. der Gehölze, unterscheidet man in dieser zeitl. Abfolge: Ältere Tundrenzeit, Ältere Kiefernzeit (↗ Allerödzeit), Jüngere Tundrenzeit, Jüngere Birken-Kiefern-Zeit, Haselzeit (↗ Boreal), Eichenmischwaldzeit (↗ Atlantikum), Buchenzeit (↗ Subatlantikum) u. die Zeit der Wirtschaftsforste, die bis zur Ggw. anhält. In verschiedenen Gebieten ist die M. G. überlagert v. den Einwanderungen weiterer Holzarten wie Fichte, Tanne u. Hainbuche (aus den ↗ Eiszeitrefugien). So trat die Fichte im Bayer. Wald während der Haselzeit, im Harz erst während der Eichenmischwaldzeit auf. Im Schwarzwald ist die Tanne seit der Eichenmischwaldzeit nachweisbar. ↗ Dryaszeit, ↗ Glazialflora. [tremitäten, ↗ Fuß [T]].

Mittelfuß, *Metatarsus,* ↗ Autopodium, ↗ Ex-

Mittelgebirgsstufe, *montane Stufe, Bergwaldstufe,* ↗ Höhengliederung.

Mittelhand, *Metacarpus,* ↗ Extremitäten, ↗ Autopodium, ↗ Hand.

Mittelhirn, *Mesencephalon,* umfaßt das primäre Sehzentrum (↗ Tectum) u. die vorderen Teile des Tegmentums (↗ Gehirn). Das M. ist kein eigenständ. Gehirnabschnitt, sondern eine mehr hist. zu verstehende Bez. aus der deskriptiven Anatomie. Das Tectum ist v. a. bei Hühnerembryonen, die lange Zeit Hauptobjekt der Erforschung der Hirnentwicklung waren, sehr mächtig entwickelt. Zw. Endhirn- u. Rautenhirnanlage gelegen, hat es daher Anlaß zur Benennung als M. gegeben. Vergleichend anatomisch ist das „M." hingegen eindeutig als vorderster Abschnitt des Rautenhirns anzusprechen. [B] Wirbeltiere I.

Mittelkatzen, wenig gebräuchliche Sammelbez. für einige mittelgroße Katzen, die systemat. den Kleinkatzen (z. B. ↗ Puma, ↗ Goldkatzen, ↗ Nebelparder) od. den Großkatzen (z. B. ↗ Schneeleopard) zugerechnet werden.

Mittelkiefer, bei den ↗ Mundwerkzeugen der Gliederfüßer die Maxille I, bei Insekten die Maxille. [Körper, ↗ Cytokinese.

Mittelkörper, *mid-body,* der Flemming-

Mittelkrebse, die ↗ Anomura.

Mittellamelle, Bez. für die bei der Teilung pflanzl. Zellen durch Verschmelzen v. Golgi-Vesikeln entstehende *Zellplatte,* wenn die Tochterzellen die ersten Wandlamellen angelagert haben, die schon Cellulose enthalten (wenn auch in geringer Menge).

Mittelmeerfauna, die Tierwelt des Mittelmeeres. Das heutige Mittelmeer ist ein sekundär abgegliedertes Teilstück des im Mesozoikum u. Alttertiär existierenden Tethys-Meeres (☐ Kontinentaldrifttheorie), das die Erde umzog u. Verbindungen zu trop. Meeren hatte, die erst im mittleren Tertiär unterbrochen wurden. Die ursprüngliche trop. und subtrop. M. starb während der Eiszeiten weitgehend aus und wurde durch nördlich-(boreal-)atlantische Arten ersetzt. (Etwa 60% der Meerestiere Norwegens kommen auch im Mittelmeer vor.) Nach den letzten Eiszeiten wanderten Arten aus dem Atlantik und aus subtrop. und trop. Meeren und gg. Ende des 20. Jh. über den Suezkanal auch Formen aus dem Roten Meer ein. Als Charakterarten des Mittelmeers, die allerdings auch auf angrenzende Meere ausstrahlen, gelten u. a.: die ↗ Edelkoralle *(Corallium rubrum),* die ↗ Seespinne *(Maja verrucosa),* die ↗ Felsenkrabbe *Pachygrapsus marmoratus,* die ↗ Jakobsmuschel *(Pecten jacobaeus).* Auf das Mittelmeer beschränkt (endemisch) sind zahlr. Arten v. ↗ Schleimfischen *(Blenniidae),* z. B. *Blennius sphinx, B. adriaticus, B. canevae, B. dalmatinus.* Von den ↗ Stachelhäutern sind etwa 25% der Arten endemisch. Eine typische Tiefseefauna (Abyssalfauna) fehlt im Mittelmeer weitgehend, da der Kontakt zur Tiefsee des Atlantik durch die Schwelle bei Gibraltar (maximal 320 m tief gelegen) unterbrochen ist. Herkunft typ. Vertreter der M. vgl. Tabelle. ↗ Mediterranregion ([B] I–IV).

Mittelmeer-Fruchtfliege, *Ceratitis capitata,* ↗ Bohrfliegen.

Mittelmeerregion, die ↗ Mediterranregion.

Mittelmeersandschnecke, *Theba pisana,* Landlungenschnecke aus der Fam. Helicidae mit gedrücktkugel. Gehäuse (bis 2 cm ⌀), weiß bis rötl.; Junge gekielt, Adulte leicht geschultert; an trockenen Standorten um das Mittelmeer u. entlang der ostatlant. Küsten, oft an Pflanzenstielen.

Mittelmeertrüffel, Terfeziaceae, Fam. der Echten Trüffel, deren Arten vorwiegend in S-Europa, N-Afrika u. dem Vorderen Orient wachsen; ca. 8 Gatt., von denen 3 *(Hydnobolites, Picoa* u. *Choiromyces)* auch nördl. der Alpen vorkommen. In Dtl., besonders S-Dtl., findet sich am häufigsten die Weißtrüffel *(Choiromyces maeandriformis* Vitt.), deren kartoffelähnl., unregelmäßig kugeliger, höckerig-falt. Fruchtkörper (4–12 cm) außen weißl.-gelbbräunl. gefärbt ist; die Gleba ist anfangs weißl., später rötl.-braun mit mäandrischen (Name!), gelbbraunen Bändern u. bei der Reife mit aromat. Geruch; sie wächst meist in Laubwäldern (bes. Buchenwald) in tonigem, lehmigem, kalkreichem Boden; häufig mit dem Scheitel aus dem Boden hervortretend; wurde fr. in O-Europa mit Hilfe v. Bären gesucht. Die meisten anderen M. leben wie die Gatt. *Terfezia* parasitisch (vielleicht auch als Wurzelsymbionten) in der Mittelmeer-Macchie (z. B. auf Cistrosengewächsen). Die Löwentrüffel *(Terfezia leonis)* wird im afr. Mittelmeergebiet als *Terfez* od. *Kamé* gehandelt; der Geschmack ist jedoch nicht so gut wie der der echten ↗ Speisetrüffel.

Mittelohr, der mittlere Teil des ↗ Gehörorgans [B] bei Wirbeltieren u. Mensch, in dem über die ↗ Gehörknöchelchen die Übertragung der Schallwellen auf das ↗ Innenohr mit den Rezeptoren des auditiven Systems erfolgt. ↗ Ohr (☐).

Mittelmeerfauna

Typische Vertreter der Mittelmeerfauna

a) *Reste der alten Tethysfauna:*
Sackbrassen (*Pagrus, Sparus*)
Schnepfenfisch (*Macrorhamphosus*)
Bandfisch (*Cepola*)
Sterngucker (*Uranoscopus*)

b) *Vertreter der boreo-atlantischen Fauna:*
Dornhai (*Acanthias acanthias*)
Nagelrochen (*Raja clavata*)
Sprotte (*Clupea sprattus*)
Knurrhahn (*Eutrigla gurnardus*)
Eisseestern (*Marthasterias glacialis*)
Krebs (*Nephrops norvegicus*)

c) *postglaziale Zuwanderer aus subtrop. und trop. Meeren:*
Thunfisch (*Thunnus thynnus*)
Schwertfisch (*Xiphias gladius*)
Meeräsche (*Mugil cephalus*)
Seepferdchen (*Hippocampus*)
Pfauenlippfisch (*Thalassoma pavo*)
Großer Einsiedlerkrebs (*Pagurus arrosor*)

d) *Zuwanderer aus dem Schwarzen Meer:*
Stör (*Acipenser stellatus*), nur in der Adria
Hausen (*Huso huso*), nur in der Adria

e) *Zuwanderer aus dem Roten Meer (über Suezkanal):*
Krabbe (*Portunus pelagicus*)
zahlr. Fischarten

Mittelplatte

Mittelschnecken

Überfamilien:
↗ *Cyclophoroidea*
Viviparoidea
(↗ Sumpfdeckelschnecken)
Valvatoidea (↗ Federkiemenschnecken)
↗ *Littorinoidea*
↗ Kleinschnecken
(*Rissoidea*)
Architectonicoidea
(↗ Perspektivschnecken)
↗ Nadelschnecken
(*Cerithioidea*)
Epitonioidea (↗ *Epitonium*, ↗ Wendeltreppen)
↗ Zungenlose
(*Aglossa*)
↗ Flügelschnecken
(*Stromboidea*)
↗ *Hipponicoidea*
↗ Pantoffelschnecken (*Calyptraeoidea*)
↗ Blättchenschnecken (*Lamellarioidea*)
↗ *Cypraeoidea*
↗ Kielfüßer (*Heteropoda* = *Atlantoidea*)
Nabelschnecken (*Naticoidea*), ↗ Bohrschnecken
↗ *Tonnoidea*

mixo- [v. gr. mixis = (Ver-)Mischung].

Mittelwald

Die M.wirtschaft ist in W- und S-Europa vorherrschend, in der BR Dtl. nur noch selten (Griechenland 40%, Frankreich 29%, Belgien 28%, Italien 21%, Spanien 14%, BR Dtl. 1,5%; Stand: 1955 FAO). Inzwischen schreitet die Umwandlung der Mittelwälder in Hochwälder fast überall rasch fort, so daß deren Anteil an der Gesamtwaldfläche ständig sinkt. Mittelwälder sind wegen ihrer Vielfalt an Pflanzen bevorzugte Rückzugsgebiete für seltene Tiere. Die Erhaltung solcher Wälder als kulturhist. Dokumente gehört mit zu den Aufgaben modernen Naturschutzes.

Mittelplatte, 1) mittleres Feld des sich in Richtung der Querachse gliedernden ↗ Keimstreifs der Insekten. 2) *Medianplatte,* Teil des Flügelgelenks der Insekten; ↗ Insektenflügel (☐).

Mittelschnecken, *Mesogastropoda,* Ord. der Vorderkiemerschnecken mit meist spiralig rechtsgewundenem, selten mützenförm., bei einigen völlig reduziertem Gehäuse; mit Dauerdeckel, der manchmal verkalkt. Der Kopf trägt einen Rüssel (Proboscis) u. Fühler, an deren Basis Augen liegen. Die Mantelhöhle ist asymmetr.: das Atemwasser strömt v. links ein, geht durch einen röhrenförm. Sipho, passiert das zweiseit. gefiederte (bipectinate) Osphradium u. erreicht die allein erhaltene linke, einseitig gefiederte (monopectinate) Kieme, die den landlebenden M. fehlt. Von den zunächst paarigen ↗ Hypobranchialdrüsen wird die linke rückgebildet. Die meist pflanzenfressenden M. sind ↗ Bandzüngler mit 1–2 Paar großen Speicheldrüsen, ↗ Kristallstiel u. gewundenem Darm (B Darm). Das Herz hat 1 Vorhof (den linken); von den urspr. paarigen Nieren ist die rechte meist reduziert od. in den Genitaltrakt einbezogen. M. sind meist getrenntgeschlechtl.; die ♂♂ haben vorn rechts am Kopf einen nichtrückziehbaren Penis; meist innere Befruchtung. Das Nervensystem ist chiastoneur (↗ Chiastoneurie) mit Tendenz zur Konzentration der Ganglien. Die M. leben im Meer, im Süßwasser u. auf dem Land; die weniger als 10 000 Arten werden 17 Überfam. zugeordnet (vgl. Tab.).

Mittelsegment, *Propodeum, Epinotum, Mediansegment,* bei den Hautflüglern mit Wespentaille (↗ *Apocrita*) das an den Thorax angegliederte 1. Abdominalsegment; die Wespentaille befindet sich zw. diesem u. dem folgenden 2. Abdominalsegment.

Mittelsteinzeit, *Mesolithikum,* reicht vom Ende der Eiszeit bis zum Beginn bäuerl. Kulturen; Übergang vom Wildbeuter- zum Züchterstadium, etwa 10 000–8000/6000 Jahre vor heute. Gekennzeichnet durch Beile aus Hirschgeweih anstelle der Rengeweihbeile der ausgehenden ↗ Altsteinzeit u. der geschliffenen Steinbeile der folgenden ↗ Jungsteinzeit. Typisch sind ungeschliffene sog. Scheibenspalter aus Feuerstein.

Mittelwald, forstwirtschaftl. Betriebsart, zw. ↗ Nieder- und ↗ Hochwald vermittelnd. Der M. hat eine untere, niedrig bleibende Bestandesschicht (*Unterholz*), die aus ↗ Stockausschlägen od. ↗ Wurzelbrut hervorgeht, u. eine Oberschicht (*Oberholz*), die aus Kernwüchsen (d. h. aus Sämlingen hervorgegangen), seltener aus hochgewachsenen Stockausschlägen (sog. Laßreitel) entsteht. Die seit dem 13. Jh. nachweisbare M.wirtschaft war die typ. Betriebsart v. Bauernwäldern. Das aus ausschlagfähigen Holzarten bestehende Unterholz (Hasel, Linde, Erle, Hainbuche, Eiche, Eßkastanie, Robinie, die meisten Weiden- u. Pappelarten) wird in Abständen von 15–30 Jahren geschlagen u. zu Brennholz od. ↗ Faschinen verarbeitet. Einige Bäume bleiben als *Überhälter* über mehrere Umtriebszeiten hin als Samenbäume (z. B. für die Eichelmast) od. Bauholz stehen. Die lichten Wälder mit reicher Feldschicht waren für die Waldweide begehrt.

Mitteniaceae [Mz.], Laubmoos-Fam. der ↗ *Bryales* mit 1 Gatt. *Mittenia* u. nur 2 Arten, die in SO-Australien u. Tasmanien vorkommen; *M. plumula* besitzt auf der Oberfläche linsenförm. Zellen, die ähnl. wie *Schistostega* Licht reflektieren.

mittleres Keimblatt, das ↗ Mesoderm.

Mixia w, Gatt. der ↗ *Taphrinales* (Schlauchpilze), deren Arten auf Farnen parasitieren.

Mixocoel s [v. *mixo-, gr. koilos = hohl], die ↗ Leibeshöhle der Gliederfüßer.

Mixophyes m [v. gr. mixophyēs = von gemischter Natur], Gatt. der Austral. Südfrösche, ↗ *Myobatrachidae*.

Mixoploidie w [v. *mixo-, gr. -plous = -fach], das Auftreten v. verschiedenen Ploidiegraden innerhalb v. Geweben, Organen od. Organismen.

Mixopterygium s [v. *mixo-, gr. pterygion = kleiner Flügel, Flosse], *Pterygopodium,* ↗ Begattungsorgan männl. Knorpelfische; ↗ Gonopodium.

Mixotricha w [v. *mixo-, gr. triches = Haare], Gatt. der U.-Ord. *Trichomonadida;* das Geißeltierchen *M. paradoxa* lebt im Darm einer urspr. Termite. Neben Geißeln sitzen an der Zelloberfläche Bakterien u. Spirochäten; die Spirochäten führen deutlich koordinierte Bewegungen aus u. treiben die Zelle vorwärts; die Geißeln haben nur noch steuernde Funktion. Das Phänomen wird als Bewegungssymbiose interpretiert.

Mixotrophie w [Bw. *mixotroph;* v. *mixo-, gr. trophe = Ernährung], *mixotrophe Ernährungsweise,* 1) allg.: Wachstumsstoffwechsel fakultativ autotropher Organismen unter Kulturbedingungen, bei denen sowohl heterotrophe als auch autotrophe Stoffwechselwege funktionsfähig sind. 2) Stoffwechselform, bei der Energie durch Oxidation reduzierter *anorganischer* Substrate od. durch Photosynthese gewonnen wird (↗ Chemolithotrophie, ↗ Photolithotrophie) u. gleichzeitig *organische* Substrate als Kohlenstoffquelle zur Bildung v. Zellsubstanz genutzt werden (C-heterotroph); verbreitet bei vielen fakultativ autotrophen Organismen.

Miyagawanella w [ben. nach dem jap. Bakteriologen Y. Miyagawa, 1885–1959], die ↗ Chlamydien.

M-Linie, elektronenmikroskopisch erkennbare schmale dunkle Bande aus Gerüstproteinen in der Mitte der H-Zone eines Sarkomers quergestreifter Muskeln. B Muskelkontraktion I.

Mn, chem. Zeichen für ⟶ Mangan.
Mnemiopsis *w* [v. gr. mnēma = Denkmal, opsis = Aussehen], Gatt. der ⟶ Lobata.
Mniaceae [Mz.; v. *mni-], Sternmoose, Fam. der ⟶ Bryales mit ca. 3 Gatt.; Laubmoose, die v.a. an feucht-schatt. Standorten gemäßigter Zonen gedeihen. Die 80 Arten der Gatt. *Mnium* sind weltweit verbreitet, viele Arten sind Bodenzeiger; *M. undulatum* wächst auf frischen, schatt. Waldböden; *M. affine* bevorzugt mineralhalt. Mull- u. Moderstandorte, *M. stellare* Kalkböden. [Gatt. der ⟶ Calypogeiaceae.
Mnioloma *s* [v. *mni-, gr. lōma = Saum],
Mnium *s* [v. *mni-], Gatt. der ⟶ Mniaceae.
Mniumtyp *m* [v. *mni-], ein bestimmter Bau- u. Funktionstyp des Spaltöffnungsapparats bei einigen Farnen u. Moosen. ⟶ Spaltöffnungen.
MN-System, *MN-Blutgruppensystem,* von K. ⟶ Landsteiner und P. Levine 1927 entdecktes Blutgruppen-Antigensystem bei Menschen u. Affen; auf Erythrocyten u. Thrombocyten. Man unterscheidet die ⟶ Blutgruppen ([T]) M, N und MN (vgl. Tab.). Durch zahlr. Varianten der entspr. Antigene stellt es ein kompliziertes System dar. Es ist bei der Geburt bereits voll ausgereift u. ist u.a. für den gerichtsmed. Vaterschaftsausschluß (⟶ Abstammungsnachweis) v. großer Bedeutung. Mit 4 Antiseren lassen sich 9 Phänotypen nachweisen. ⟶ AB0-System, ⟶ Rhesusfaktor.
Mo, chem. Zeichen für ⟶ Molybdän.
Moas [Mz.], polynes. Name für † Laufvögel von z. T. gigant. Wuchs (Ord. *Dinornithiformes*), die mindestens zw. dem Unterpliozän und 16. Jh. n. Chr. in 19 bis 28 Arten u. mehreren Gatt. auf den Neuseeländ. Inseln gelebt haben. Höhe bis 3,60 m, Gewicht bis 250 kg; Eier dünnschalig u. bis 7 kg schwer. Das Fehlen von natürl. Feinden u. Nahrungskonkurrenten begünstigte den Riesenwuchs. Die M. waren Pflanzenfresser u. lebten in offener Baum- od. Buschlandschaft in kleinen Familienverbänden. Postpleistozäne Klimaverschlechterung u. heftige Vulkanausbrüche dürften ihren Niedergang eingeleitet haben, dem nach Einwanderung der Maoris um 1350 n. Chr. schon ca. 300 Jahre später die totale Ausrottung folgte. Ihre Reste finden sich überwiegend in Höhlen u. Mooren. Außer dem Skelett kennt man Federn, mumifizierte Weichteile, Mageninhalte, Eierschalen u. Spuren. Der Riesen-Moa (*Dinornis maximus*) wurde 3,60 m, der Zwerg-M. (*Megalapteryx hectori*) nur wenig über 1 m groß. – Manche Bearbeiter sehen nahe Beziehungen der M. zu den Kiwis *(Apterygidae)* u. vereinigen beide zum Taxon *Apteryges*.
Mobilia [Mz.; v. lat. mobilis = beweglich], artenarme U.-Ord. der ⟶ Peritricha; Wimpertierchen, die im Ggs. zu den anderen Peritrichen nicht festsitzend sind (sekundär), sondern stets solitär leben. Bekannte Süßwasserart: ⟶ Polypenlaus.

mni- [v. gr. mnion = im Wasser wachsendes Moos, Meergras].

MN-System
Häufigkeitsverteilung der M-, N- und MN-Blutgruppen in der Bevölkerung der BR Deutschland:
Gruppe M   30,14%
Gruppe N   20,34%
Gruppe MN 49,52%

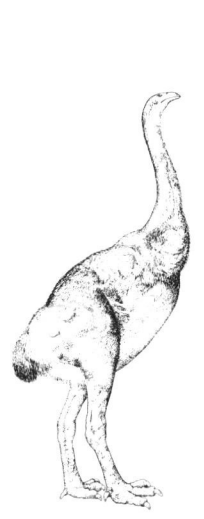

Moas
Riesen-Moa *(Dinornis maximus)*, bis 3,6 m hoch

Mobilität *w* [v. lat. mobilitas = Beweglichkeit], Bez. für die v. einem Individuum od. einer Population in einem bestimmten Zeitraum vollführten Ortsveränderungen, z.B. bei der Neu- od. Wiederbesiedlung einer Lebensstätte. Man kann die M. untergliedern in die *intrapopulare M.* (Ortsveränderungen innerhalb des besiedelten Raums), die ⟶ *Migration* (einzelne Individuen verlassen den Siedlungsraum od. dringen v. außen ein) u. die *Translokation* (die gesamte Population sucht einen neuen Siedlungsplatz auf, wie z.B. beim Vogelzug). ⟶ Emigration, ⟶ Immigration.
Möbius, *Karl August,* dt. Zoologe, * 7. 2. 1825 Eilenburg (Provinz Sachsen), † 26. 4. 1908 Berlin; seit 1868 Prof. in Kiel, ab 1887 Dir. des Museums für Naturkunde in Berlin; Arbeiten über marine Tiere, künstl. Austernzucht, 1874–75 Expedition nach Mauritius u. den Seychellen; prägte nach seinen Untersuchungen an Austern den Begriff „Lebensgemeinschaft" (Biozönose) u. war entscheidend an der Etablierung des Faches Meeresökologie beteiligt (Errichtung des ersten Meeresaquariums in Hamburg, Aufbau des Zool. Museums in Kiel), ferner zus. mit J.V. ⟶ Carus und L. ⟶ Döderlein Erarbeitung v. Regeln für die zool. Nomenklatur. WW „Die Fauna der Kieler Bucht" (2 Bde., Leipzig 1865–72).
Mobulidae [Mz.], die ⟶ Teufelsrochen.
Mochocidae [Mz.], die ⟶ Fiederbartwelse.
modaler Bewegungsablauf [v. lat. modus = Art und Weise], neu eingeführter Begriff für einfache Verhaltenselemente, die bisher meist ⟶ Erbkoordinationen gen. wurden. Ein m. B. ist allein durch die immer ähnl. Art u. Weise seiner Ausführung erkennbar, ohne daß zu seiner Charakterisierung die Funktion od. die Ontogenese des Verhaltens herangezogen werden müssen. Ein m. B. läßt sich nicht weiter in Unterabläufe aufteilen, obwohl einzelne Züge auch in anderen m. B.en auftreten können. Beispiele sind der Zubiß eines jagenden Raubtiers, der Flügelschlag eines Vogels, der Rückzug einer Gehäuseschnecke in ihr Haus usw.
Modalität *w* [v. lat. modus = Art und Weise], Gesamtheit der Reizqualitäten (Gruppe ähnl. Sinneseindrücke) eines Sinnes od. Sinnesorgans. Unabhängig davon, ob ein adäquater od. inadäquater Reiz ein Sinnesorgan trifft, werden immer nur Empfindungen einer M. ausgelöst (im Ohr z. B. Tonhöhe u. Klangfarbe, im Auge Licht u. Farbe). Die Anzahl der M.en ist größer als die der zugehörigen Sinnesorgane bzw. Rezeptoren. So ordnet man die Kälte- u. Wärmeempfindung verschiedenen M.en zu; Vibrations- u. Schmerzempfindung sind weitere M.en. Auch Hunger u. Durst, die nicht einem spezif. Sinnesorgan zuzuordnen sind, sondern als Allgemeinempfindung wahrgenommen werden, werden über M.en innerer Rezeptoren ausgelöst.

Modell

Modell s [v. lat. modulus = Maß], 1) allg.: Muster, Vorbild. 2) Wissenschaftliche, dem Verständnis od. der Anschauung dienende Darstellung v. Strukturen, Prozessen od. Gedankengängen (Denk-M.), meist vereinfachend, hypothet. oder in der Dimension geändert u. in verbaler, graphischer od. mathemat. Form. Beispiele für M.e sind in Physik u. Chemie Atom- oder ↗ Molekül-M., in der Biol. ↗ Membran-M., kybernetische M.e (Regelkreis), M.e des ↗ Populationswachstums, ↗ Lotka-Volterra-Gleichungen, multidisziplinär ↗ Welt-M.e. – Im Ggs. zur Vielfalt, Komplexität u. Variabilität lebender Systeme gehen biol. M.e oft zunächst v. konstanten Zuständen des Gegenstands der M.bildung aus („deterministische" M.e). Stochastische (probabilistische) M.e versuchen demgegenüber die Wahrscheinlichkeit v. Schwankungen der Parameter u. Einflußgrößen des untersuchten Objekts einzurechnen. Sie werden dadurch so komplex, daß sie nur mit Computerunterstützung durchgerechnet werden können (↗ Systemanalyse). M.e bedürfen ständ. Prüfung an der realen Situation des betreffenden Systems und ggf. der Ergänzung u. Modifikation. Je besser die auf der Basis des M.s gemachten Voraussagen in der Natur zutreffen, desto brauchbarer ist das Modell. ↗ Erkenntnistheorie und Biologie, ↗ Erklärung in der Biologie.

Moder m [v. mdt. moder = verwesender Körper, Schlammerde], ↗ Bodenentwicklung.

Moderbuchenwälder ↗ Luzulo-Fagion.

Moderfäule, eine Form der ↗ Braunfäule, die bes. in ständig v. Wasser benetztem Holz auftritt; die Pilze, hpts. Schlauchpilze (z. B. *Chaetomium*-Arten) u. Fungi imperfecti (z. B. *Trichoderma*), wachsen im Innern der Wandungen v. Holzfasern u. greifen die Cellulose an; das befallene Holz nimmt eine graue bis dunkelbraune Färbung an, wird weich u. bei Austrocknung querrissig.

Moderholz, *M.eulen,* Vertreter der Gatt. *Xylena* der Schmetterlingsfam. ↗ Eulenfalter.

Moderkäfer, 1) *Lathridiidae,* Fam. der polyphagen Käfer, in Mitteleuropa ca. 65, weltweit über 1100 Arten. Sehr kleine (0,8–3 mm), längl., oft bräunl. Käfer mit fadenförm. Fühlern, die eine 3gliedrige Keule aufweisen. Sie ernähren sich einschl. ihrer Larven v. Mycel u. Sporen v. a. niederer Pilze; deshalb finden sich M. an allen erdenkl. Stellen, sofern diese nur Bedingungen für Pilzbefall gewährleisten, z. B. in feuchten Wohnungen, Stallungen u. Kellern, neben ihren natürl. Habitaten im Freiland. Sie sind auch an verschimmelten Vorräten anzutreffen u. werden auf diese Weise auch immer wieder eingeschleppt. So findet man bei uns gelegentl. Arten der Gatt. *Holoparamecus* an Reis od. getrockneten Pilzen. Hefekäfer *(Cartodere)* leben an schimmeligem Heu, im Mulm v. Bäumen, synanthrop auch in feuchten Wohnungen (schimmelige Tapeten). Auch *Corticaria pubescens* tritt gelegentl. massenhaft in Wohnungen auf. **2)** Bez. für einige Arten der ↗ Kurzflügler.

Moderlieschen, *Zwerglaube, Leucaspius delineatus,* bis 10 cm langer, mittel- u. osteur., geselliger Weißfisch stehender Gewässer mit Pflanzenwuchs; beliebter Aquarienfisch. B Fische XI.

Modermilben, Bez. für einige Arten der ↗ Vorratsmilben, die von organ. Abfällen leben.

Moderpflanzen, die ↗ Saprophyten.

Modifikation w [v. lat. modificatio = Umformung], **1)** allg. in der Biol.: nicht-erbliche Änderung v. Form, Gestalt u. Eigenschaften (Phänotyp) v. Lebewesen durch Umwelteinflüsse *(M.sfaktoren, Modifikatoren,* z. B. Licht, Temp., Nahrung, Sauerstoffpartialdruck, Salinität). Die Variationsbreite der M.en *(M.sbreite)* ist durch eine erblich bedingte Reaktionsnorm festgelegt und bei verschiedenen Arten unterschiedl. groß (↗ Dauer-M.). ↗ Adaptation. **2)** Biochemie: a) bei Nucleinsäuren: ↗ Basenmethylierung, ↗ Basen-M., ↗ modifizierte Basen; b) bei Aminosäuren u. Proteinen: die posttranslationale, enzymat. gesteuerte Veränderung v. einzelnen Aminosäuren, z. B. durch Glykosylierung (Glykoproteine) od. Phosphorylierung (z. B. Histone); die M. von Proteinen ist eine Möglichkeit zur Regulierung ihrer Funktionen.

Modifikationsenzyme, die an der ↗ Modifikation v. Nucleinsäuren u. Proteinen beteiligten Enzyme.

Modifikationsgene, *Modifikatoren,* nicht-allele Gene, die die phänotyp. Wirkung eines Hauptgens modifizieren, ohne sich selbst phänotypisch zu manifestieren; z. B. gibt es außer einem Hauptgen, das überhaupt über die Scheckung eines Rindes entscheidet, M., die das Ausmaß der Scheckung bestimmen.

Modifikatoren, 1) die ↗ Modifikationsgene, **2)** ↗ Modifikation.

modifizierte Basen, *seltene Basen,* die v. den vier Standard-↗ Basen Adenin, Cytosin, Guanin u. Uracil durch verschiedene enzymatisch gesteuerte Reaktionen wie Methylierung, Hydrierung, Umlagerung, Acetylierung, Einführung v. schwefelhaltigen Gruppen u. a. Reaktionstypen abgeleiteten Basen, die bes. in t-RNA (in Extremfällen bis zu 20% der enthaltenen Basen), jedoch auch in r-RNA (bis etwa 1%) u. in eukaryot. m-RNA lediql. als 5'-terminales 7-Methylguanin (↗ Capping) vorkommen. Die in der DNA vorkommenden m.n B. leiten sich ausschl. durch Methylierung v. Standardbasen ab (↗ Basenmethylierung). [↗ Bartmuschel.

Modiolus m [lat., = Trinkgeschirr], die

Modulation w [Ztw. *modulieren*; v. lat. mo-

---

moeri- [ben. nach dem antiken ägypt. Moeris-See (heute Birket Qârûn?) bei El Faiyûm].

Modifikation

Beispiele:

Bei geringem Sauerstoffpartialdruck nehmen bei Säugetieren die Zahl der roten Blutkörperchen u. der Hämoglobingehalt individuell zu.

Die Muskulatur kann durch Training verstärkt werden.

Pflanzen zeigen unter erhöhter UV-Einstrahlung einen veränderten Wuchs.

Bei Aufzucht v. Sämlingen in Dunkelheit fehlt später das Blattgrün.

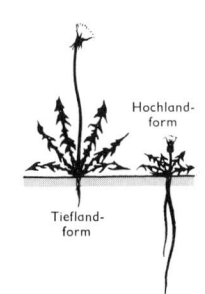

Hochlandform

Tieflandform

Modifikation

Umwelteinflüsse auf zwei durch Teilung (mit Messer) aus einer Pflanze entstandene Löwenzahnpflanzen

dulatio = Takt, Rhythmus], in der Biol. die reversible Veränderung des Charakters differenzierter Zellen durch äußere Einflüsse; so sezernieren z. B. Hautepithelzellen in vitro bei Überschuß an Vitamin A Schleim, während sie bei Mangel Keratin bilden. Auch hormonabhängige Funktionsänderungen, z. B. Milchproduktion (↗ Lactation), beruhen auf Modulation.

Modulidae [Mz.; v. lat. modulus = Maß], Fam. der Nadelschnecken mit 1 Gatt. *Modulus* u. 6 Arten; festes, bis 15 mm hohes, kreiselförm. Gehäuse, weite Mündung, dünner Deckel; ♂♂ ohne Penis, mit offenem Samengang; innere Befruchtung; im Flachwasser u. in Felstümpeln warmer Meere; herbivor.

Moehringia w [ben. nach dem dt. Arzt P. H. G. Moehring, 1710–91], die ↗ Nabelmiere.

Moenkhausia w, Gatt. der ↗ Salmler.

Moeripithecus m [v. *moeri-, gr. pithēkos = Affe], (Schlosser 1911), † schlecht dokumentierte, problemat. Gatt. aus dem Unteroligozän v. Ägypten, die meist als früher Seitenzweig der ↗ Hundsaffen *(Cercopithecoidea)* betrachtet wird.

Moeritherium s [v. *moeri-, gr. thērion = Tier], (Andrews 1901), vielfach als Stammform der ↗ Mastodonten- und somit der ↗ Elefanten-Entwicklung überhaupt betrachtete „Rüsseltier"-Gatt. aus dem Obereozän/Oligozän von N-Afrika: Widerristhöhe bis 70 cm, postcraniales Skelett extrem lang; 2. Incisiven des Ober- u. Unterkiefers zu massigen Hauern verlängert, alle Backenzähne brachyo-oligobunodont u. gleichzeitig in Funktion; oft wurde ein kurzer, tapirart. Rüssel vermutet. Skelett u. Fundumstände deuten auf semiaquat. Lebensweise in Küstennähe hin. Neuere Bearbeiter sehen in *M.* eher einen Verwandten der Seekühe *(Sirenia)* als der Rüsseltiere *(Proboscidea).*

Mohl, *Hugo* von, dt. Botaniker, * 8. 4. 1805 Stuttgart, † 1. 4. 1872 Tübingen; seit 1832 Prof. in Bern, 1835 in Tübingen; Arbeiten über Pflanzenanatomie, Histologie u. Physiologie insbes. der Farne, Palmfarne u. Palmen; unterschied als erster den wäßrigen „toten" Zellsaft v. der eigtl. lebenden kolloidalen Zellsubstanz u. gab ihr die noch heute gültige Bez. „Protoplasma" (der Begriff taucht allerdings erstmalig bei ↗ Purkinje auf).

Mohn, *Papaver,* Gatt. der Mohngewächse mit ca. 100 Arten in der nördl. gemäßigten Zone. Einjähr. od. Stauden mit fiederteil. Blättern, endständ. Blüten u. scheibenförmiger Narbe; Pollenblume; Porenkapseln. Wichtigste Art: *P. somniferum,* der Schlaf-M. (B Kulturpflanzen X), bis 1 m, einjährig, mit rosa Blütenblättern u. blaugrün bereiften Blättern. Herkunft O-Asien od. von der mediterranen Art *P. setigerum* abstammend. Alte Kulturpflanze mit Formen, deren Kapseln (B Früchte) ge-

Mohngewächse
Wichtige Gattungen:
Argemone
Bocconia
Hornmohn
(Glaucium)
Kappenmohn
(Eschscholtzia)
↗ Mohn *(Papaver)*
Romneya
↗ Schöllkraut
(Chelidonium)

Kappenmohn *(Eschscholtzia californica)*

Mohngewächse

Mohn

1 Klatsch-M. *(Papaver rhoeas)* mit Fruchtkapsel. 2 Samen des Schlaf-M.s *(P. somniferum),* ca. 25fach vergrößert

schlossen bleiben: Schließ-M. Der Milchsaft unreifer geritzter Kapseln enthält ca. 25 ↗ Alkaloide (↗ Isochinolin, ↗ Opiumalkaloide), u. a. 5–15% Morphin, Narcotin u. Codein u. liefert nach Lufttrocknung Roh-↗ Opium; Herstellung hpts. in Kleinasien, Iran, China u. Japan. ↗ Morphin wird auch aus trockenen Kapseln hergestellt. Der alkaloidfreie Samen dient als Gewürz, Nahrungsmittel u. zur Herstellung des wertvollen *M.öls.* Der Klatsch-M. *(P. rhoeas)* mit roten Blüten ist ebenso wie der Saat-M. *(P. dubium)* ein einjähr. Unkraut. Der Klatsch-M. ist weltweit verschleppt, v. a. in Getreidefeldern. Der Alpen-M. *(P. alpinum,* B Polarregion II) ist eine ausdauernde alpine Art der Steinschuttfluren, eine Charakterart der Thlaspietetum rotundifolii in der weißblühenden ssp. *sendtneri* u. der gelbblühenden ssp. *rhaeticum* (B Alpenpflanzen). Zahlreiche M.-Arten sind Gartenpflanzen.

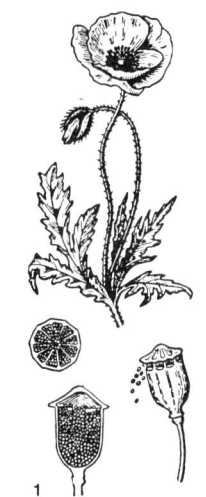

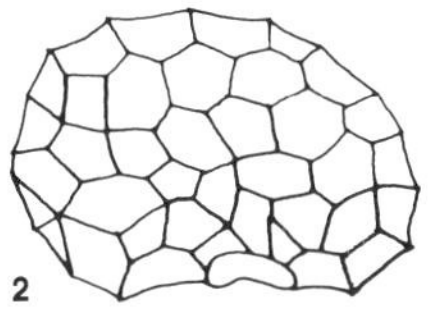

Mohnartige, *Papaverales,* Ord. der *Magnoliidae* mit den beiden Fam. ↗ Mohngewächse *(Papaveraceae)* u. ↗ Erdrauchgewächse *(Fumariaceae)* und ca. 47 Gatt. Meist krautige Pflanzen der nördl. Halbkugel mit 2 (3) gliedrigen Kelch- u. Kronblattwirteln; coenokarpe Fruchtknoten mit parietaler Placentation. Die Frucht (T Fruchtformen) ist eine Kapsel od. Schote (B Früchte). Kennzeichnend sind gegliederte Milchröhren od. Schlauchzellen. Der Milchsaft enthält meist ↗ Isochinolin-Derivate (↗ Opiumalkaloide).

Mohnbiene, *Osmia papaveris,* Gatt. der ↗ Megachilidae.

Mohngewächse, *Papaveraceae,* Fam. der Mohnartigen mit 26 Gatt. (vgl. Tab.) und ca. 250 Arten in der nördl. Hemisphäre. Kräuter, selten Sträucher (Gatt. *Bocconia);* ↗ Blütenformel K2 C2+2A∞G(2–20); radiäre Blüten mit ungespornten Blütenblättern; oberständ. Fruchtknoten mit parietaler Placentation; Kelchblätter fallen früh ab. Die Frucht ist eine Poren- od. Spaltenkapsel; Blätter gegenständig; typ. sind Schlauchzellen mit meist weißem Milchsaft. Zu den M.n gehören außer den wichtigen Gatt. ↗ Mohn u. ↗ Schöllkraut der nordam. Kappenmohn *(Eschscholtzia californica,* B Nordamerika II) mit kappenförmig verwachsenem Kelch, zerschlitzten graugrünen Blättern u. gelben od. roten Blüten; die am. Gatt. *Argemone* mit 10 Arten, u. a. die das Distelöl liefernde *A. mexicana* mit stachel. Blättern; die mediterrane und asiat. Gatt. Hornmohn *(Glaucium)* mit 25 Arten als beliebte Gartenpflanzen u.

Moholi

Romneya, eine weißblühende Steppenpflanze Kaliforniens mit fiederteil. Blättern u. glasigem Milchsaft.

Moholi *m* [v. Bantu mogwêlê], *Galago senegalensis*, ↗ Galagos ([T]).

Möhre, *Daucus,* Gatt. der Doldenblütler mit ca. 60, überwiegend im Mittelmeergebiet verbreiteten Arten. Recht häufig ist die in Fettwiesen u. Magerrasen verbreitete Wilde M. *(D. carota)*, eine bis zu 80 cm tief wurzelnde Pionierpflanze mit relativ geringem Futterwert. Sie besitzt 2–4fach gefiederte Blätter ([B] Blatt III) u. zur Blütezeit in der Mitte der Dolde eine schwarz-purpurne Einzelblüte („Möhrenblüte"). Die Kulturform *D. carota* ssp. *sativus* (Mohrrübe, Gelbe Rübe, Karotte, [B] Kulturpflanzen IV) ist wohl aus Kreuzung mit der mediterranen Riesen-M. *(D. maximus)* entstanden. Die fleischige Rübe setzt sich aus einem kurzen Hypokotylabschnitt u. der Hauptwurzel zus.; sie ist ein carotin- u. vitaminhaltiges (B_1, B_2) Gemüse v. hohem Nährwert. ☐ Gibberelline.

Möhren-Bitterkrautgesellschaft, *Dauco-Picridetum,* Assoz. der ↗ Onopordetalia.

Mohrenfalter, *Erebien,* Schwärzlinge, *Erebia,* größte europäische Gatt. der ↗ Augenfalter, in Mitteleuropa etwa 28 Arten; überwiegend Gebirgstiere, die bis über 3000 m vorkommen, v. a. in den Alpen verbreitet, oft nur kleine Areale besiedelnd, hoher Anteil endem. Arten, z. T. nur in bestimmten Höhenstufen fliegend; Flügel zieml. einheitlich dunkel schwarzbraun mit hellerer Randbinde, in der Augenflecken stehen, erste Ader am Vorderflügel blasig aufgetrieben; Falter klein bis mittelgroß, fliegen in einer Generation im Sommer; Raupen grün bis gelbl., dunkler gestreift, hinten stark verjüngt; an Gräsern, tagsüber versteckt lebend, Junglarve überwintert; Biol. der ersten Stadien oft noch ungenügend erforscht.

Möhrenfliege, *Psila rosae,* ↗ Nacktfliegen.

Mohrenhirse, *Sorgho, Sorghum,* Gatt. der Süßgräser (U.-Fam. *Andropogonoideae*) mit ca. 60 schwer unterscheidbaren, in den Tropen u. Subtropen angebauten Arten. Diese 1–5 m hohen Gräser mit stark verzweigten behaarten Rispen sind neben Reis in trop. und subtrop. Ländern die wichtigsten Getreide. Sie sind bes. dürreresistent. Die kleinen runden Körner („Kaffernkorn", „Durrha") werden zu Brei u. Fladenbrot verarbeitet. Hauptanbaugebiete sind das trop. Afrika, Indien u. China. Neben den wichtigsten Arten Durrha-Hirse *(S. bicolor,* [B] Kulturpflanzen I) mit kurzem behaartem Blatthäutchen u. dem Kaffernkorn *(S. caffrorum)* wird wegen ihres Zuckergehalts die Zuckerhirse *(S. saccharatum)* angebaut. *S. dochna* var. *technicum* liefert die Reisbesen. Manche *S.*-Arten werden auch als wertvolles Grünfutter angebaut. [↗ Alligatoren.

Mohrenkaimane, *Melanosuchus,* Gatt. der

Möhre
Dolden der Wilden M. *(Daucus carota),* rechts unten fruchtend

Mohrenfalter (Erebia spec.)

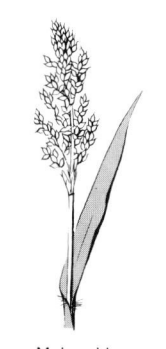

Mohrenhirse (Sorghum bicolor)

Mokassinschlangen, die ↗ Dreieckskopfottern.

Moko *m,* Berg- od. *Felsenmeerschweinchen, Kerodon rupestris,* südam. Meerschweinchen mit verdickten Zehenballen u. breiten Zehennägeln; der kletterngewandte M. bewohnt trockene, steinige Berglandschaften.

Mol, Kurzzeichen mol, die Basiseinheit der Stoffmenge; 1 mol ist die Stoffmenge eines Systems (z. B. chem. Verbindung), das ebenso viele Teilchen (näml. $6{,}022 \cdot 10^{23}$ *Avogadro-Zahl*) enthält, wie Atome in 12 g des Kohlenstoffnuklids $^{12}_{6}C$ enthalten sind. Dies ist gleichbedeutend mit der Stoffmenge, die der relativen ↗ Molekülmasse (↗ Atommasse) des betreffenden Stoffs in Gramm entspricht; z. B. ist 1 mol Kohlendioxid, $CO_2 = (1 \times 12 + 2 \times 16)\,g = 44\,g$, 1 mol Essigsäure (Äthansäure), $C_2O_2H_4 = (2 \times 12 + 2 \times 16 + 4 \times 1)\,g = 60\,g$.

Mola *w* [lat., = Mühlstein], **1)** Gatt. der ↗ Mondfische. **2)** die ↗ Kauplatte.

Molalität *w,* ↗ Lösung ([T]).

Molaren [Mz.; v. lat. molares = Mahlsteine], *Dentes molares, D. tritores,* hintere „echte" ↗ Backenzähne in der Funktion als Mahl- od. Kauzähne (↗ Höckerzähne), die keine Vorläufer im ↗ Milchgebiß haben. Zur Effektivität des Kauens gehört die Überdeckung der M. durch Wangen.

Molarisierung *w* [v. lat. molaris = Mahlstein], stammesgesch. Angleichung der Praemolaren (↗ Backenzähne) an Gestalt u. Funktion der Molaren eines Säugetiergebisses; geht stets v. hintersten Praemolaren aus. Beispiel: Pferd.

Molarität *w,* ↗ Lösung ([T]).

Molche [Mz.; v. ahd. mol (molm, molt) = Salamander, Eidechse], **1)** *Wasser-M.,* verschiedene Gatt. der ↗ *Salamandridae,* die einen guten Teil (bis zur Hälfte) ihres Lebens im Wasser, den Rest auf dem Land zubringen. In Europa u. Asien Arten der Gatt. *Triturus* (vgl. Tab.), in N-Amerika die Gatt. *Notophthalmus.* I. w. S. werden auch noch andere Gatt. der *Salamandridae* als M. bezeichnet, wie die *Neurergus*-Arten, die ↗ Gebirgs-M. der Gatt. *Euproctus,* die Asiat. Feuerbauch-M. der Gatt. *Cynops, Paramesotriton, Hypselotriton* u. a. und die nordam. *Taricha*-Arten. – Die Wasser-M. der Gatt. *Triturus* unterscheiden sich v. allen anderen ↗ Schwanzlurchen durch den hohen, bunten Flossensaum u. das farbenprächt. Paarungskleid, das die Männchen zur Fortpflanzungszeit ausbilden. Die Fortpflanzung erstreckt sich über mehrere Monate vom Frühjahr bis in den Sommer, u. die Tiere paaren sich immer wieder, wobei das Männchen seine prächt. Farben u. Formen zur Schau stellt u. dem Weibchen Sexuallockstoffe zufächelt. Das Weibchen wird nicht geklammert; es folgt dem Männchen u. nimmt die Spermatophore auf. Jedes Ei wird einzeln in ein zusammengefaltetes Blatt gelegt. Von den 4 einheim.

Arten ist der nach der ↗Roten Liste „gefährdete" Kamm-M. *(T. cristatus)* der größte (14 bis 18 cm), der Faden-M. *(T. helveticus)* der kleinste (bis 9 mm) u. der Berg-M. *(T. alpestris)* der farbenprächtigste. Nach der Fortpflanzung werden die Tiere wieder schlichtfarben u. gehen an Land. Die M. anderer Gatt. haben keinen so auffälligen Sexualdimorphismus, u. ihre Paarungszeit ist kürzer. Eine Besonderheit ist der in O N-Amerikas lebende grüne Wasser-M. *Notophthalmus (Diemictylus) viridescens.* Nach der Metamorphose geht diese Art an Land u. bleibt dort 3 bis 4 Jahre als Rot-M.-Stadium; es ähnelt der terrestr. Phase eines Teich-M.-Weibchens, ist aber mehr rötl. gefärbt. Nach dieser Zeit sucht das Tier wieder das Wasser auf u. bleibt dort bis an sein Lebensende. Es ist in diesem Grün-M.-Stadium grünl. gefärbt mit einzelnen roten Flecken. 2) Bez. für verschiedene andere ↗Schwanzlurche, z. B. ↗Winkelzahn-M., ↗Querzahn-M., ↗Furchen-M., ↗Gebirgs-M., ↗Rippen-M. u. andere. [B] Amphibien I, II; [B] Chordatiere, [B] Biogenetische Grundregel, [B] Induktion.

molecular engineering, *genetic engineering,* ↗Genmanipulation, ↗Gentechnologie.

Molekularbiologie, eine erst in der Mitte dieses Jh. begründete Teildisziplin der Biologie, die die Lebenserscheinungen im molekularen Bereich, bes. im Bereich der informationstragenden Makromoleküle (DNA, RNA, Proteine), untersucht u. versucht, Lebensvorgänge auf der Ebene v. Struktur, Funktion u. Umwandlung dieser Moleküle zu erklären. M. ist sowohl inhaltl. als auch method. ein interdisziplinäres, zw. Biologie, Chemie u. Physik (u. auch Medizin) stehendes Fach, weshalb eine Abgrenzung zu ↗Biochemie bzw. ↗Biophysik nicht mögl. ist und z. T. sogar erhebl. Überlappungen mit diesen Fächern bestehen. [T] Desoxyribonucleinsäuren, [T] Gentechnologie.
Lit.: *Bautz, E. K.:* Einführung in die Molekularbiologie. Heidelberg 1980. *Sengbusch, P. v.:* Molekular- und Zellbiologie. Berlin 1979.

molekulare Genetik, *Molekulargenetik, biochem. Genetik,* Teilgebiet der ↗Genetik, in dem die Struktur u. Wirkungsweise der genet. Information auf der Ebene v. Molekülen, bes. der informationstragenden Makromoleküle DNA, RNA u. Proteine, untersucht werden. Die stürm. Entwicklung der m.n G. während der vergangenen Jahrzehnte hat bes. zur detaillierten Kenntnis der DNA-↗Replikation als molekularer Grundlage zur Weitergabe der genet. Information bei den Generationsfolgen u. zur Aufklärung der Mechanismen der ↗Transkription u. ↗Translation (↗genet. Code) als molekulare Grundlagen der ↗Genexpression u. damit der phänotyp. Ausprägung der genet. Information geführt. Die Entwicklung der ↗Gentechnologie ([T]) ist als jüngster Beitrag der m.n G. zu nennen. ↗Desoxyribonucleinsäuren ([T]), ↗Genmanipulation, ↗Ribonucleinsäuren, ↗Proteine.
Lit.: ↗Genetik.

molekulare Maskierung, Vorhandensein v. Wirts-↗Antigenen in der Oberfläche v. Parasiten, die demzufolge v. den ↗Antikörpern gg. den Parasiten nicht als „fremd" erkannt u. nicht angegriffen werden. Oft handelt es sich um Oberflächenrezeptoren der Wirtserythrocyten. M. M. kann z. B. dadurch bewiesen werden, daß die in einem Rhesusaffen überlebenden Pärchenegel *(Schistosoma)* nach Transplantation in einen anderen Rhesusaffen nicht mehr v. Antikörpern angegriffen werden, im Ggs. zu aus Mäusen stammenden Pärchenegeln. Der weniger wahrscheinl., nicht sicher bewiesene Fall, daß Parasiten selbst wirtsähnl. Antigene synthetisieren, wird *molekulare Mimikry* (auch „Eklipse" = Verbergen) genannt. ↗Antigenvariation, ↗Eklipse.

Molekulargewicht, die relative ↗Molekülmasse.

Moleküle, veraltete Bez. *Molekeln,* Materieteilchen, die aus 2 oder mehr gleichartigen od. ungleichartigen ↗Atomen (↗chem. Elemente) aufgebaut sind. Die Vereinigung v. Atomen zu M.n erfolgt durch ↗chem. Bindung. Die M. einer ↗chem. Verbindung sind die kleinsten Teilcheneinheiten, die noch die wesentl. stoffl. Eigenschaften der betreffenden Verbindung besitzen. Anzahl u. Art der Atome in den M.n wird durch die ↗chem. Formel ([T]) angegeben (z. B. H_2O = 2 Atome Wasserstoff u. 1 Atom Sauerstoff). Die Masse der M. liegt zw. 10^{-24} und 10^{-20} g, bei *Makro-M.n* wie DNA, RNA u. Proteinen (↗makromolekulare chem. Verbindungen) jedoch erhebl. darüber. Die Größe einfacher M. beträgt etwa 0,2 nm, Makro-M. sind dagegen oft schon im Elektronenmikroskop erkennbar ([ ] Chromatin, [ ] Desoxyribonucleinsäuren).

Molekülmasse, *relative M., Molekularmasse,* unkorrekte Bez. *Molekulargewicht,* relatives Maß für die Masse der Moleküle einer chem. Verbindung im Vergleich zu einem Zwölftel der Masse des Kohlenstoffisotops $^{12}_{6}C$, also die Summe der (relativen) ↗Atommassen („Atomgewichte") der Atome eines Moleküls. Z. B. ist die M. des Wassers (H_2O) 18 (= $2 \times 1 + 1 \times 16$), die des Kohlendioxids (CO_2) 44 (= $1 \times 12 + 2 \times 16$). In der Biochemie wird die M. häufig noch mit der (nichtgesetzl.) Einheit *Dalton* (Kurzzeichen d) bzw. bei Makromolekülen auch Kilodalton (= 10^3 Dalton, Kurzzeichen kd) angegeben: 1 d = $1,66018 \cdot 10^{-27}$ kg. ↗Mol.

Molekülmodelle, Darstellung v. Molekülstrukturen, d. h. der geometr. Anordnung der Atome in Molekülen (in der Biochemie bes. v. Makromolekülen), in dreidimensionaler Form durch „Baukasten"-Elemente.

Molche

Wichtige Arten der Europäischen Wassermolche (Gatt. *Triturus*):
Marmormolch *(T. marmoratus),* S-Frankreich u. Spanien
Kammolch *(T. cristatus),* Europa bis Kaukasus u. Zentralasien; fehlt in Spanien, S-Frankreich, S-Griechenland, Irland u. auf den Mittelmeerinseln
Bergmolch, Alpenmolch *(T. alpestris),* W-Rußland bis O-Frankreich, Dänemark bis N-Italien, N-Griechenland
Karpatenmolch *(T. montandoni),* Karpaten u. Tatra
Teichmolch *(T. vulgaris),* Europa außer Spanien, S-Frankreich u. Mittelmeerinseln
Fadenmolch *(T. helveticus),* W-Europa bis N-Spanien u. Schottland
T. boscai, W- und Zentral-Iberien
Italienmolch *(T. italicus),* Italien
Bandmolch *(T. vittatus),* Kleinasien

Molekülmasse

Relative M.n biologisch wichtiger Moleküle
DNA: 2 Mill.–120 Mrd.
RNA: 30 000–1 Mill.
Proteine: 10 000–100 000
Kohlenhydrate: 100–10 000
Fette: 100–1000
Salze/Ionen: 50
Wasser: 18

---

molekül-, molekular- [v. lat. *moles* = Masse über frz. *molécule (molekül)* = kleine Masse].

Molekülverbindungen

Beispiele: [B] Desoxyribonucleinsäuren I, [B] Photosynthese I; ☐ Membran.
Molekülverbindungen, Zusammenlagerungen (Assoziationen) v. Molekülen durch z. B. van der Waalssche Kräfte od. Wasserstoffbrückenbindung (↗ chem. Bindung); u. a. sind die aus mehreren Untereinheiten aufgebauten Proteine, die Multienzymkomplexe od. die Ribosomen als M. aufzufassen. [↗ Mondfische].
Molidae [Mz.; v. lat. mola = Mondkalb], die
Molinia w [v. *molini-], das ↗ Pfeifengras.
Molinietalia [Mz.; v. *molini-], *Feucht-, Naß- u. Streuwiesen,* Ord. der Kulturrasen (↗ *Molinio-Arrhenatheretea*) mit mehreren Verb. (vgl. Tab.). Die Zugehörigkeit der Feuchtpionierrasen (↗ *Agropyro-Rumicion crispi*) u. der Bachuferfluren (↗ *Filipendulion*) zu dieser Ord. ist umstritten. Der intensivsten Nutzung durch den Menschen unterliegen die gedüngten Feucht- bzw. Naßwiesen des Verb. *Calthion.* Die reichl. Nährstoffgaben ermöglichen mindestens zweimalige Mahd im Jahr. Der Verb. weist kaum eigene Charakterarten auf, selbst die namengebende Sumpfdotterblume *(Caltha palustris)* kann nicht als solche gelten. Die Bestände sind jedoch an einer Fülle v. Feuchte- u. Nässezeigern, wie z. B. der Kuckucks-Lichtnelke *(Lychnis flos-cuculi),* dem Schlangenknöterich *(Polygonum bistorta),* dem Großen Wiesenknopf *(Sanguisorba officinalis)* od. dem Wiesenschaumkraut *(Cardamine pratensis),* leicht zu erkennen, wenn zugleich Arten der Fettwiesen u. der Streuwiesen fehlen. Darüber hinaus variiert die Artenzusammensetzung in feiner Abstimmung auf den Basengehalt u. den Wasserhaushalt des Bodens, das Klima u. den Bewirtschaftungsgang. Weitverbreitete Ges. basenreicher Naßböden der tieferen Lagen ist im südwestl. Mitteleuropa die grasreiche Kohldistel-Wiese *(Angelico-Cirsietum).* Sie wird in der submontanen-montanen Stufe v. der Trollblumen-Bachdistelwiese *(Trollio-Cirsietum)* abgelöst. Im östl. und südöstl. Mitteleuropa dominiert in entspr. Rasenschmielen-Feuchtwiesen *Deschampsia caespitosa.* Sie wird hier durch Beweidung im Anschluß an die Mahd gefördert. Auch auf basenarmem Untergrund des nordwesteur. Flachlandes u. der Silicatgebirge sind die Feucht- u. Naßwiesen vielfältig, wohl aber artenärmer entwickelt. Sie sind hier vorwiegend durch Entwässerung aus Seggensümpfen bzw. durch Intensivierung der Bewirtschaftung aus Pfeifengras-Streuwiesen hervorgegangen. Den Feucht- u. Naßwiesen des *Calthion* standörtl. verwandt sind die Brenndolden-Wiesen *(Cnidion)* in den Stromtälern des östl. Mitteleuropa. Die Düngung erfolgt hier jedoch auf natürl. Weg durch sinkstoffreiche Hochwasser. Ohne zusätzl. Nährstoffgaben gedeihen hingegen die Bestände des *Molinion,* die besonders reich an gefährdeten

Molekülmodelle
Schemat. Darstellungen v. Molekülen durch Kugelabschnitte heißen *Kalottenmodelle.* Die etwa zweihundertmillionenfach vergrößerten Kugelradien entsprechen den Wirkungsradien der Atome, die den Raumbedarf eines Atoms angeben. In farbigen K.n sind den Atomen folgende Farben zugeordnet: Wasserstoff ≙ Weiß, Kohlenstoff ≙ Schwarz, Stickstoff ≙ Blau, Sauerstoff ≙ Rot, Phosphor ≙ Gelb, Schwefel ≙ Gelb. – Kalottenmodell v. Lecithin: ☐ Membran.

Molinietalia
Verbände:
↗ *Agropyro-Rumicion crispi* (Feuchtpionierrasen, Flutrasen, Kriechrasen)
Calthion (Gedüngte Feuchtwiesen, Naßwiesen)
Cnidion (Brenndolden-Wiesen)
↗ *Filipendulion* (Bachuferfluren, Bachhochstaudenfluren, Mädesüß-Bachuferfluren, nasse Staudenfluren)
Molinion coeruleae (Pfeifengras-Streuwiesen)

Molinio-Arrhenatheretea
Ordnungen:
↗ *Arrhenatheretalia* (Fettwiesen)
↗ *Molinietalia* (Feucht-, Naß- und Streuwiesen, Bachhochstaudenfluren)
↗ *Trifolio-Cynosuretalia* (Fettweiden)

molini- [ben. nach dem span. Missionar u. Pflanzensammler J. I. Molina, 1740 bis 1829; bot.-lat. Molinia = Pfeifengras].

Sumpfarten sind. Ehemals wurden sie als Streuwiesen bewirtschaftet, d. h. 1mal jährl. im Spätsommer od. Herbst gemäht, um das trockene Stroh als Einstreu in den Ställen zu nutzen. Der späte Mahdtermin am Ende der Vegetationsperiode bedeutet kaum einen Nährstoffentzug u. gibt sich spät entwickelnden, hochwüchs. Arten Lebensraum. Allerdings ist diese traditionelle Nutzung durch die moderne Stallhaltung überflüssig geworden, so daß die Streuwiesen entweder umgewandelt od. aufgegeben wurden. Hieraus ergibt sich der starke Flächenrückgang der Bestände u. die Bedrohung ihrer Arten. Ähnl. wie bei den gedüngten Feuchtwiesen lassen sich auch bei den Streuwiesen verschiedene Ausbildungsformen in Abhängigkeit v. Basengehalt u. Wasserhaushalt der Böden unterscheiden. *R. Bü.*
Molinio-Arrhenatheretea [Mz.; v. *molini-, gr. arrhēn = männlich, athēr = Halm, Granne], *Kulturrasen, Wirtschaftsgrünland.* Kl. der Pflanzenges. mit 3 Ord. (vgl. Tab.) und zahlr. Verbänden. Umfängl. Gruppe standörtl. fein differenzierter, durch den wirtschaftenden Einfluß des Menschen bedingter od. zumindest geprägter Grünlandges. Die Zugehörigkeit der bachbegleitenden Hochstaudenfluren (↗ *Filipendulion*) u. der Feuchtpionierrasen (↗ *Agropyro-Rumicion crispi*) ist umstritten. Sieht man v. ihnen ab, so ist für die Ausbildung der verschiedenen M.-Ges. neben den natürl. Standortfaktoren, wie Wasserhaushalt u. Basengehalt des Bodens od. Höhenlage, v. a. der wirtschaftende Einfluß des Menschen entscheidend. Demgemäß werden gedüngte, mäßig trockene bis frische, gemähte Grünlandbestände zur Ord. der Fettwiesen (↗ *Arrhenatheretalia*), entsprechende beweidete Grünlandbestände zur Ord. der Fettweiden (↗ *Trifolio-Cynosuretalia*) zusammengefaßt. Auf feuchten bis nassen Standorten, deren Bestände i. d. R. gemäht werden, finden sich je nach Bewirtschaftungsintensität Streuwiesen od. Feucht- bzw. Naßwiesen der Ord. ↗ *Molinietalia* ein. Die Grünlandges. reagieren also in ihrer Artenzusammensetzung sehr spezif. auf standörtl. Unterschiede u. zudem sehr rasch auf bewirtschaftungsbedingte Standortveränderungen. Hieraus resultiert ihr feiner ökolog. Zeigerwert u. die hohe Plastizität der Formation an sich. Sehr intensive Bewirtschaftung mit hohen Düngergaben u. mehrfacher Mahd im Jahr führen jedoch zu florist. Verarmung mit der Folge v. einseitigem Futterangebot bis hin zu Mangelerscheinungen für das Vieh. Die heute übl. Intensivgrünlandnutzung ist daher nicht nur aus dem Blickwinkel v. Ökologie u. Naturschutz, sondern auch aus qualitativ landw. Gründen bedenklich.
Molinion coeruleae s [v. *molini-, lat. caeruleus = blau], ↗ Molinietalia ([T]).

Molke w [v. mhd. molken = Käsewasser], nach dem Ausfällen v. Casein aus der Milch verbleibender Überstand; entsteht als Abfallprodukt bei der Herstellung v. ↗Käse; enthält die *M.nproteine*. ↗Milch.

Mollicutes [Mz.; v. lat. mollis = weich, cutis = Haut], frühere Gruppe (Division III), heute Klasse I (in der Division III, *Tenericutes*, nach Bergey's Manual of Systematic Bacteriology, 1984); die *M.* umfassen Bakterien unterschiedl. Abstammung, die keine Zellwand besitzen; allg. als *Mykoplasmen* bezeichnet. [T] Gram-Färbung.

Mollienisia w [ben. nach dem frz. Staatsmann F.-N. Mollien, 1758–1850], frühere Bez. für eine Gatt. der Kärpflinge, ↗Molly.

Mollison, *Theodor*, dt. Anthropologe, * 31. 1. 1874 Stuttgart, † 1. 3. 1952 München; seit 1916 Prof. in Heidelberg, 1918 Breslau, 1926 München; wicht. Arbeiten zur Abstammungslehre u. Verwandtschaftsforschung; begr. die Serodiagnostik als Methode der Tiersystematik u. Anthropologie. [tiere.

Mollusca [Mz.; v. *mollusc-], die ↗Weich-

Molluscoidea [Mz.; v. *mollusc-, gr. eidés = ähnlich], *Muschellinge*, veraltete Sammelbez. für ↗*Tentaculata* (Moostierchen, *Phoronida* u. Brachiopoden) u. zuweilen auch für die mit ihnen nicht verwandten *Tunicata* wegen einiger oberfläch. Ähnlichkeiten mit den ↗Weichtieren.

Mollusken, *Mollusca*, die ↗Weichtiere.

Molluskengeld [v. *mollusc-], früher als Währung dienende Schalen v. Weichtieren, v. a. seltene u. schöne Schneckengehäuse (z. B. ↗Geldschnecke, fälschl. „Kaurimuschel" gen.) od. zu Ketten verarbeitete Schalenteile.

Molluskizide [Mz.; v. *mollusc-, lat. -cidus = -tötend], gg. Schnecken (v. a. Ackerschnecken) eingesetzte Schädlingsbekämpfungsmittel; verbreitete Anwendung als Fraß- u. Kontaktgift findet *Metaldehyd*, der Schleimabsonderung, Lähmung u. Tod hervorruft. Von untergeordneter Bedeutung sind gebrannter Kalk, Kalkstickstoff u. Kupfer(II)-sulfat-Pentahydrat.

Molly w [Abk. von ↗Mollienisia], *Amazonen-M., Poecilia* (fr. *Mollienisia*) *formosa*, bis 10 cm langer Lebendgebärender Zahnkärpfling in Küstengebieten u. im Süßwasser v. Texas und NO-Mexiko, der nur als Weibchen vorkommt. Die Weibchen werden v. Männchen anderer Zahnkärpflinge begattet, wodurch die Eier ohne Befruchtung zur Entwicklung angeregt werden (↗Gynogenese). Ein beliebter Aquarienfisch ist die bis 12 cm lange Black Molly, eine tiefschwarze Zuchtform des v. Texas bis Kolumbien verbreiteten Spitzmaulkärpflings *(P. sphenops)*.

Moloch *m* [ben. nach der semit. Gottheit], *Dornteufel, Wüstenteufel, Moloch horridus*, einzige Art der gleichnam. Agamen-Gatt.; Gesamtlänge 21 cm; in den Trokkengebieten Mittel- u. S-Australiens behei-

mollusc-, mollusk- [v. lat. molluscus = weich], in Zss.: Weichtier-.

Moloch *(M. horridus)*

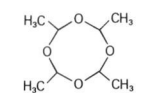

Molluskizide
Strukturformel des *Metaldehyds*

mon-, mono- [v. gr. monos = allein, einzeln, einzig].

matet; rotbraun u. gelb gemustert (stark dem Boden angepaßt); gesamter Körper v. großen Stachelschuppen bedeckt (Kopf mit 2 bes. großen; im Nacken stacheliger Buckel als Fettspeicher); ernährt sich v. a. von Ameisen (zermalmt bis über 1500 Stück pro Mahlzeit mit seinen Backenzähnen) od. Termiten, seltener v. Pflanzen. Paarung Okt./Nov.; Weibchen legt 6–8 Eier ans Ende eines Bodenganges. Harmlos; langsame Fortbewegung.

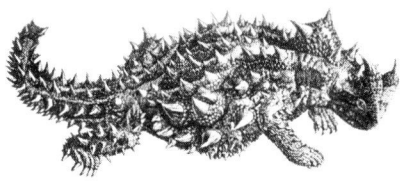

Molothrus *m*, Gatt. der ↗Stärlinge.

Molpadiida [Mz.; nach der gr. Göttin Molpadia], (U.-)Ord. der ↗Seewalzen, meist über 10 cm lang; Substratfresser, die mit schräg nach unten gerichtetem Vorderende im Boden stecken u. mit ihrem stark verschmälerten Hinterende („Schwanz") Verbindung zum Meerwasser (Atmung: Wasserlungen) halten. Verbreitet v. der Strandregion bis in etwa 9000 m Tiefe; ca. 85 Arten in 4 Fam.: *Molpadiidae, Caudinidae* (Gatt. *Caudina, Paracaudina*), *Gephyrothuriidae, Eupyrgidae*. [bus.

Moltbeere, *Rubus chamaemorus*, ↗Rubus.

Molukkenkrebs [ben. nach der indones. Inselgruppe], Art der Gatt. *Tachypleus*, ↗*Xiphosura*.

Molva w, die Gatt. ↗Leng.

Molybdän *s* [v. gr. molybdaina = Bleimasse], chem. Zeichen Mo, ein relativ seltenes Schwermetall, das in oxidierter Form (Mo^{4+} oder Mo^{6+}) Bestandteil mancher Enzyme *(M.-Enzyme)* ist. So enthält die zur Stickstoff-Fixierung erforderl. ↗Nitrogenase M. (neben Eisen), weshalb M. ein zur Luftstickstoffbindung essentielles Spurenelement ist. Weitere M.-Enzyme sind Nitratreductase, Xanthin-, Aldehyd- u. Sulfitoxidase.

Mombinpflaume [aus einer karib. Sprache über am.-span. mombin], Frucht der Gatt. *Spondias*, ↗Sumachgewächse.

Momordica w [v. lat. mordere = beißen (so Linné)], im trop. und subtrop. südl. Afrika u. in SO-Asien heim. Gatt. der Kürbisgewächse mit rund 60 Arten. Der Balsamapfel *(M. balsamina)* u. die Balsambirne *(M. charantia)* werden heute in den Tropen weltweit angebaut wegen ihrer saftig-fleischigen, breit-eiförm. bzw. längl., an der Oberfläche höckerig-knotigen Früchte. In grünem, unreifem Zustand sind sie ein beliebtes Gemüse.

Momotidae [Mz.; v. gr. mōmos = Spott], die ↗Sägeracken.

Momphidae [Mz.; v. gr. momphē = Tadel], die ↗Fransenmotten.

monacanthin [v. *mon-, gr. akanthos =

Monacanthus

mon-, mono- [v. gr. monos = allein, einzeln, einzig].

Stachel], (Hill 1936), heißen einfache ⟶Trabekel in Septen v. ⟶Rugosa, bei denen die Calcitfasern v. einer gemeinsamen Achse aus aufwärts u. auswärts abstrahlen. ⟶holacanthin, ⟶rhabdacanthin.

Monacanthus m [v. *mon-, gr. akantha = Stachel], Gatt. der ⟶Drückerfische.

Monacha w [v. gr. monachē = alleinlebend; Nonne], Gatt. der *Helicidae*, ⟶Kartäuserschnecke.

Monachinae [Mz.; v. gr. monachos = Mönch], die ⟶Mönchsrobben.

Monantennata [Mz.; v. *mon-, lat. antenna = Segelstange], Gruppe der ⟶Gliederfüßer mit nur einem Paar Antennen (1. Antennen); hierher die ⟶Tausendfüßer u. ⟶Insekten (= *Tracheata*).

Monarch m [v. gr. monarchos = Alleinherrscher], M.falter, *Danaus plexippus*, bekannteste Art der Tagfalter-Fam. ⟶*Danaidae*, weit verbreitet, außer N- und S-Amerika seit dem letzten Jh. auch in Austr., auf Neuguinea, den Kanaren u. a., als seltener Zuwanderer auch an eur. W-Küsten; Falter groß, Spannweite um 90 mm, mit leuchtend orangener u. schwarzweißer Warnfärbung, vor Freßfeinden durch Giftstoffe geschützt, die die Raupen mit der Futterpflanze (Schwalbenwurzgewächse) aufnehmen u. speichern; der M. ist daher Vorbild für viele mimetische Nachahmer (⟶Mimese) aus anderen Schmetterlings-Fam. (⟶Batessche Mimikry); in N-Amerika spektakuläre jährl. Massenwanderungen, Flug kraftvoll, segelnd u. ausdauernd, fliegen oft zu Tausenden im Herbst südwärts zu den Überwinterungsquartieren in Kalifornien u. Mexiko, wo sie in einigen Gebieten immer dieselben unter Naturschutz stehenden „Schmetterlingsbäume" aufsuchen, an denen sie, in großen Trauben hängend, eine Touristenattraktion darstellen; Reproduktion auf der Rückwanderung im Frühjahr, diese weniger auffällig; Falter fliegen einzeln bis nach S-Kanada, einzelne Tiere wurden schon Hunderte von Kilometer weitab jeder Küste auf offener See beobachtet. Larven warnfarben schwarzweiß u. gelb geringelt, mit 2 schwarzen vorderen u. hinteren Fortsätzen, 50 mm lang, Stürzpuppe gedrungen, rundlich, jadegrün mit goldglänzenden Flecken. B Insekten IV.

Monarda w [ben. nach dem span. Arzt N. Monardes, 1493–1578], Gatt. der ⟶Lippenblütler.

Monardsches Prinzip [ben. nach dem schweizer. Hydrobiologen A. Monard], das ⟶Konkurrenzausschlußprinzip.

Monas w [gr., = Einheit], Gatt. der ⟶Ochromonadaceae.

Monascidien [Mz.; v. *mon-, gr. askidion = kleiner Schlauch], ⟶Seescheiden, die im Ggs. zu den ⟶Synascidien solitär leben; ihre Knospen lösen sich stets ab. M. bilden keine systemat. Einheit. Hierher gehören Arten verschiedenster Verwandtschaftszugehörigkeit, z. B.: *Ascidia mentula*, ca. 14 cm lang, milchigweiß mit dickem Mantel, mit leicht gebogener Körperachse; mediterranboreal. *Ciona intestinalis*, ca. 8 cm lang, meist völlig transparent; häufiger Kosmopolit. *Dendrodoa grossularia*, die Tangbeere, 1,5 cm ⌀, kugelig, meist lebhaft gefärbt; in Nordsee u. Atlantik weit verbreitet, wächst in Gruppen auf Tangen, Steinen u. Schalen. *Halocynthia papillosa*, die Rote Seescheide, 6–10 cm lang, mit intensiv rotem, hartem, rauhem Mantel, Ausstromöffnung armartig abgesetzt und 2lappig; häufig im Mittelmeer; beliebtes Aquarientier. Ähnlich *Halocynthia (Tethyum) pyriforme*, der Seepfirsich. *Microcosmus sulcatus*, ca. 15 cm lang, mit schrumpelig faltigem Mantel, graugrün od. schwarz u. stets mit vielen Epizoen bewachsen; häufig im Mittelmeer; der Eingeweidesack wird oft gegessen. *Phallusia mammillata*, die Warzenascidie, ca. 12 cm lang, milchig trüb, mit dickem, knorpeligem Mantel; häufig im Mittelmeer u. Atlantik.

Monaster m [v. *mon-, gr. astēr = Stern], solitär ausgebildete, sternähnl. Plasmastrahlung („Polstrahlen", ⟶Asteren) um ein ungeteilt gebliebenes Centriol. ⟶Diaster.

Monatszyklus ⟶Lunarperiodizität.

Monaxonida [Mz.; v. *mon-, gr. axōn = Achse], die ⟶Ceractinomorpha.

Mönche, *Cucullia*, artenreiche Gatt. der ⟶Eulenfalter, in Mitteleuropa mit 24 mittelgroßen Vertretern; Falter recht einheitl., z. T. schwer unterscheidbar, Vorderflügel lang, schmal u. zugespitzt, meist braungrau gefärbt, Hinterflügel klein; Abdomen lang, oft wie der Thorax mit Rückenschöpfen, Flügel in Ruhe dachförmig, gut getarnt ruhend; die M. sind nachtaktiv u. Blütenbesucher; Larven oft auffällig bunt, aber auch sehr gut getarnte Vertreter; z. B. ist die Raupe des Beifuß-Mönchs (*C. artemisiae*) im Blütenstand der Futterpflanze kaum zu entdecken; anders die im Mai–Juli v. a. an Blüten u. Früchten v. *Verbascum* u. *Scrophularia* fressenden bunten Larven des Braunen od. Wollkraut-Mönchs (*C. verbasci*), grünl. weiß, auf jedem Segment eine Querbinde aus orangegelben u. schwarzen Flecken; Verpuppung der M. in festem Erdkokon.

Mönchsgeier, *Aegypius monachus*, ⟶Altweltgeier.

Mönchskraut, *Nonea, Nonnea*, Gatt. der Rauhblattgewächse mit ca. 30, überwiegend im östl. Mittelmeergebiet heim. Arten. Ein- oder mehrjähr. Kräuter mit einfachen, wechselständ. Blättern u. in beblätterten Doppelwickeln stehenden Blüten mit trichterförm., 5zipfliger Krone. In Getreidefeldern, Brachen sowie an Weg- u. Ackerrändern wächst das seltene, nach der ⟶Roten Liste „stark gefährdete" Braune M. (*N. pulla*) mit dunkel-purpurbraunen Blüten. Das aus den Kaukasusländern stammende Rosenrote M. (*N. rosea*)

Monascidien

1 Tangbeere (*Dendrodoa grossularia*),
2 Rote Seescheide (*Halocynthia papillosa*)

wird bisweilen als Zierpflanze gezogen u. wächst z. T. eingebürgert in Unkraut-Ges.

Mönchsrobben, *Monachinae,* urspr. und geolog. älteste U.-Fam. der Hundsrobben (Fam. *Phocidae*) mit 3 vom Aussterben bedrohten Arten. Im Mittelmeer, Schwarzen Meer u. vor der NW-Küste Afrikas leben kleine Restbestände der Mittelmeer-M. (*Monachus monachus;* Gesners „Meermönch"). Die Karibische M. (*M. tropicalis;* Karibik, Golf von Mexiko) ist wahrscheinl. ausgerottet. Der Bestand der Laysan-M. (*M. schauinslandi;* Hawaii- u. Laysan-Inseln) wird auf z.Z. über 1300 Tiere geschätzt. M. sind die einzigen Robben, die ständig trop. und subtrop. Meere bewohnen.

Mondaugen, *Hiodontidae,* Fam. der ↗Messerfische.

Mondbechermoos, *Lunularia,* Gatt. der [↗Lunulariaceae.

Mondbein, *Os lunatum, Lunatum, Semilunare,* mittlerer der drei proximalen Handwurzelknochen der Säuger, etwa halbmondförmig (Name); homolog dem ↗Intermedium der niederen Tetrapoden. ↗Hand (T, ▢).

Mondfäule, durch Pilzbefall hervorgerufene ↗Fäule im sog. *Mondringholz* bei Eiche u. Lärche. Die M. ist Folge einer unvollständ. ↗Verkernung nach langer Frosteinwirkung u. tritt als heller, ring- od. sichelförm., splintart., jedoch nicht die Funktion des ↗Splints übernehmender Bezirk im dunkler gefärbten ↗Kernholz auf.

Mondfisch, *Lampris regius,* ↗Glanzfische.

Mondfische, *Molidae,* Fam. der Kugelfischartigen mit 3 Gatt.; große, weltweit in trop. und gemäßigten Meeren verbreitete Hochseefische, deren großer Kopf u. Körper eine seitl. abgeplattete Scheibe bilden, an der sich Rücken- u. Afterflosse gegenüberliegen u. über den weitgehend reduzierten Schwanzteil meist durch eine lappenart. Schwanzflosse verbunden sind. M. haben ein kleines bezahntes Maul u. fressen v.a. Großplankton; etwa 2 cm lange Jungtiere sind stachelig. Hierzu der bis 3,5 m lange u. bis 900 kg schwere M. oder Klumpfisch (*Mola mola,* B Fische IV), der auch in die Nordsee vordringt, u. der bis 3 m lange, gestrecktere Sonnenfisch od. Spitzschwanz-M. (*Masturus lanceolatus).* [spinner.

Mondfleck, *Phalera bucephala,* ↗Zahn-

Mondhornkäfer, *Copris lunaris,* ↗Mistkäfer.

Mondmuscheln, *Lucinidae,* Fam. der Venusmuscheln mit linsen- bis eiförm. Schale, konzentr. gestreift; einige Arten über 10 cm lang; Weichbodenbewohner gemäßigter u. warmer Meere mit ca. 200 Arten in 28 Gatt.

Mondraute, *Botrychium,* fast weltweit verbreitete Gatt. der Natternzungengewächse mit ca. 35 Arten; steriler Blatteil i.d.R. ein- bis mehrfach gefiedert, Fiederblättchen mit Gabelnervatur; fertiler Blatteil ebenfalls gefiedert, ohne Lamina, Sporangien unmittelbar an den Fiederachsen sitzend. Von den 7 in Europa heimischen, aber stets sehr seltenen Arten ist die Gemeine M. (*B. lunaria;* Blätter einfach gefiedert; Verbreitung: N-Hemisphäre mit Ausnahme der Tropen, ferner Patagonien, Austr.; nach der ↗Roten Liste gefährdet) noch am häufigsten zu finden. Als Charakterart der Borstgras-Rasen (↗Nardetalia) kommt sie auf Magerwiesen u. an Böschungen (in den Alpen bis 3000 m) vor. In ihren ökolog. Ansprüchen sehr ähnl., aber wesentl. seltener ist die Ästige M. (*B. matricariifolium;* nach der ↗Roten Liste „vom Aussterben bedroht"). Alle M.n-Arten sind in der BR Dtl. geschützt.

Mondsamengewächse, die ↗Menispermaceae.

Mondschnecken, *Nabelschnecken,* die ↗Bohrschnecken.

Mondspinner, *Actias selene,* ↗Pfauenspinner.

Mondviole *w* [v. lat. viola = blaues Veilchen], ↗Silberblatt.

Mondvogel, *Phalera bucephala,* ↗Zahnspinner.

Monellin *s,* ein in den roten Beeren (Serendipity-Beeren) des im Sudan, in Zaire u. Rhodesien vorkommenden Gewächses *Dioscoreophyllum cuminsii* enthaltenes, süß schmeckendes Protein (relative Molekülmasse 10000), das die 3000fache Süßwirkung der Saccharose besitzt.

Monera [Mz.; v. gr. monērēs = einfach], die ↗Prokaryoten.

Monetaria *w* [v. lat. monetarius = als Münze dienend], Gatt. der Porzellanschnecken, ↗Geldschnecke.

Mongolenfalte, *Nasenlidfalte, Indianerfalte,* hpts. bei mongoliden Rassen (↗Mongolide) auftretende, schräg verlaufende Hautfalte des Augenoberlids am Augeninnenrand; kann den Lidrand u. z.T. die Wimpern verdecken. Bei Lidschluß verstreicht die M. (im Ggs. zum ↗Epikanthus); beim Seitwärtsblicken entsteht das sog. mongolide Scheinschielen (Pseudostrabismus mongolicus). Patholog. Auftreten einer „M." beim ↗Down-Syndrom (▢).

Mongolenfleck, *Steißfleck, Sakralfleck, Blauer Fleck,* pfennig- bis tellergroßer Pigmentfleck (Anhäufungen v. Chromatophoren im Coriumgewebe) in der Kreuzbeinregion des Menschen. Der meist blaugraue M. tritt hpts. bei Mongoliden (seltener auch bei den anderen Rassen) auf; schon vor der Geburt vorhanden, verblaßt in den ersten Lebensjahren.

Mongolide, Großrasse des ↗*Homo sapiens,* gekennzeichnet durch ein flaches Gesicht mit flacher Nase u. Schlitzaugen (↗„Mongolenfalte"), ausgeprägte Fettpolsterung der Wangen, gelbl. Haut u. pechschwarzes strähniges Haar sowie relativ kurze Extremitäten. Verbreitet über das zentrale u. östl. Asien bis nach Japan, als

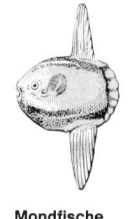

Mondfische
Mondfisch
(*Mola mola*)

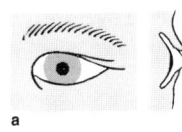

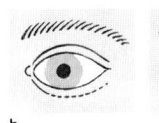

Mongolenfalte
a Menschl. Auge mit M. in Vorder- u. Seitenansicht im Vergleich zum Europäerauge (b)

Mongolisches Refugium

↗Eskimide u. ↗Indianide auch nach Grönland u. über ganz Amerika. [B] Menschenrassen.

Mongolisches Refugium, eines der Glazialrefugien (↗Eiszeitrefugien) für die arktotertiäre Fauna u. Flora (↗arktotertiäre Formen) während des ↗Pleistozäns. Es liegt in Mittelsibirien und ist nach N durch halbkreisförmig angeordnete Gebirge (Altai, Tannu-Ola- und Changai-Gebirge) abgeschirmt u. daher einigermaßen klimat. begünstigt. Es hat wohl nur in der Würm-Eiszeit eine Rolle für relativ kälteresistente Arten gespielt. Von ihm aus hat sich nacheiszeitl. der boreale Nadelwald (Taiga) nach W ausgebreitet. Die vom M. R. sich ausbreitende Tierwelt bleibt auch in ihren neuen Verbreitungsgebieten an Lebensräume mit kühlerem Klima gebunden. ↗Europa, ↗Mandschurisches Refugium.

Mongolismus, mongoloider Schwachsinn, das ↗Down-Syndrom.

mongoloid, an ↗Mongolide erinnernde menschl. Rassenmerkmale.

Mongozmaki m [v. Hindi mūgūs], *Lemur mongoz,* ↗Lemuren.

Monhystera w [v. *mon-, gr. hystera = Gebärmutter], Gatt. der Fadenwürmer; zahlr., höchstens 2 mm lange marine, limnische und terrestr. Arten. Im Ggs. zum allg. Bauplan der ↗Fadenwürmer (□) ist nur der vordere weibl. Genitaltrakt vorhanden (Name!). – Namengebend für die Ord. *Monhysterida,* zu der die Über-Fam. *Monhysteroidea* u. *Siphonolaimoidea* gehören; bisweilen werden auch die *Axonolaimoidea* (u. a. ↗*Araeolaimus*) u. die aberranten *Desmoscolecoidea* (↗*Desmoscolex,* □ Fadenwürmer) dazugerechnet. Insgesamt ca. 140 Gatt. mit über 1000 Arten.

Moniezia w [ben. nach dem frz. Arzt R.-L. Moniez, † 1936], Bandwurm-Gatt. der *Cyclophyllidea* ([T]); *M. expansa,* bis 10 m lang, Endwirt Schaf, Zwischenwirt Hornmilben.

Monilia w [v. *monil-], 1) Formgatt. der *Moniliales* (Fungi imperfecti) mit Blastosporen; v. einigen Vertretern sind sexuelle Stadien bekannt; als *M.* wird dann nur noch die Nebenfruchtform, der Konidientyp, bezeichnet, z. B. von *Neurospora*-Arten (Ord. *Sphaeriales*) od. *Monilinia*- u. *Sclerotinia*-Arten (Ord. *Helotiales*), Erregern v. „Moniliakrankheiten" (Moniliafäulen) an Pflanzen [↗Fruchtfäule (hpts. Kernobst), Braunfäule, Spitzendürre u. Blütenfäule (hpts. Steinobst)]. 2) veraltete Benennung (bes. in medizin. Lit.) für imperfekte Hefen, die heute der Formgatt. ↗*Candida* zugeordnet werden; Erreger der Candidiose (Soor), früher Moniliasis.

Moniliakrankheit ↗Monilia.

Moniliales [Mz.; v. *monil-], *Hyphomycetes, Fadenpilze,* größte Formord. der Fungi imperfecti, ca. 10000 Arten, bei denen die Konidien direkt am Mycel od. an bes. Trägern entstehen (nicht in Fruchtlagern od. Fruchtkörpern). Zu den *M.* zählen die meisten pilzl. Krankheitserreger des Menschen, sehr viele Pflanzenparasiten u. Nahrungsschädlinge sowie saprophyt. Boden- u. Dungbewohner; viele werden auch industriell genutzt, z. B. zur Antibiotika- u. Säureherstellung. Die *M.* können nach Mycel- u. Konidienfärbung sowie der Anordnung der Konidienträger in 4 Formfam. unterteilt werden: Die *Moniliaceae* haben ein farbloses od. nur leicht pigmentiertes Mycel (keine Melanine); die *Dematiaceae* besitzen durch Melanine gefärbte Hyphen u. Konidienträger; bei den *Stilbellaceae*

mon-, mono- [v. gr. monos = allein, einzeln, einzig].

monil- [v. lat. monile = Halsband, Gliederkette].

Moniliales	Sympodulosporae (mit Sympodulokonidien)	Blastosporae (mit Blastokonidien)
Einteilung der *M.* nach der Konidienentstehung u. einige wichtige Formgatt.:	*Cercosporella* *Cercospora* *Beauveria*	↗*Monilia* *Cladosporium* *Rhynchosporium* *Arthrinium*
Arthrosporae u. Meristem-Arthrosporae (mit ↗Arthrokonidien) *Geotrichum* *Oidium*	Phialosporae (mit Phialokonidien, ↗Konidien) *Aspergillus* *Cephalosporium* *Penicillium* *Paecilomyces* *Verticillium* *Trichoderma* *Fusarium*	Botryoblastosporae (mit Blastosporen an differenzierten Zellen) ↗*Botrytis* *Phymatotrichum*
Aleuriosporae (mit Aleuriokonidien, ↗Aleuriosporen) *Microsporum* *Histoplasma* *Trichophyton* *Pithomyces*	Annellosporae (mit Annellokonidien) *Ceratosporella*	Porosporae (mit Porokonidien) *Alternaria* *Drechslera* *Helminthosporium*

(*Stilbaceae*) sind die Konidienträger zu Koremien vereinigt, u. bei den Vertretern der *Tuberculariaceae* stehen die Konidienträger in Sporodochien zusammen. Die Formgatt. werden nach Form, Zellzahl u. Farbe der Konidien eingeteilt. In moderneren taxonom. Systemen richtet sich die Einteilung nach der Konidienentstehung (vgl. Tab.); alle Einteilungsarten sind jedoch mehr od. weniger künstlich. Aus prakt. Gründen wird auch noch oft die Nebenfruchtform (Konidienform) v. Schlauch- od. Ständerpilzen mit dem Namen des entspr. imperfekten Fadenpilzes belegt. In einigen taxonom. Einteilungen werden auch die konidienlosen ↗*Mycelia sterilia* (als *Agonomycetales*) den *M.* (bzw. *Hyphomycetes*) zugeordnet.

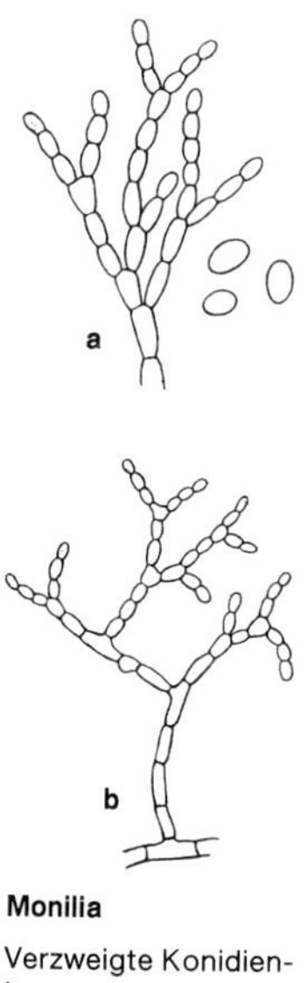

Moniliformis m [v. *monil-, lat. forma = Gestalt], Gatt. der ↗*Acanthocephala* aus der Ord. ↗*Archiacanthocephala*.

Monilinia w [v. *monil-], ↗Monilia.

Monimiaceae [Mz.; ben. nach der pontischen Königin Monimē], Fam. der Lorbeerartigen mit 30 Gatt. und ca. 450 Arten, hpts. in den Tropen u. Subtropen verbreitet. Die oft am Rande gesägten, immergrünen Blätter der Bäume, Sträucher, selten Lianen, sind gegenständig angeordnet. Oft einzeln od. in einer Traube stehen die meisten eingeschlecht., radiären Blüten. Sie bestehen aus 4 bis vielen wirtelig gestellten Blütenblättern, wenigen bis zahlr. Staubblättern u. einem oberständ., aus vie-

Monilia
Verzweigte Konidienketten vom *M.*-Typ
a *M. americana* (= Nebenfruchtform v. *Monilinia fructicola*);
b *M. sitophila* (= Nebenfruchtform v. *Neurospora sitophila*)

len Fruchtblättern zusammengesetzten Fruchtknoten. Die Frucht ist ein (bei einigen Arten eßbares) Nüßchen. Die *M.* sind mit den *Magnoliaceae* nahe verwandt. Aus den Blättern und der Rinde gewinnt man äther. Öle für Parfüms u. Heilmittel.

Monimolimnion *s* [v. gr. monimos = ausharrend, limnē = See], das Tiefenwasser meromiktischer Seen, das nicht v. der Zirkulation erfaßt wird. ↗Limnion.

Moniz [munisch], *António Caetano de Abreu Freire Egas,* portugies. Neurologe u. Neurochirurg, * 29. 11. 1874 Avanca, † 13. 12. 1955 Lissabon; seit 1911 Prof. in Lissabon, 1918–19 Außen-Min.; führte die Leukotomie ein (1935) u. wurde dadurch zum Begr. der Psychochirurgie; förderte die Arteriographie der Hirngefäße (mit Kontrastmittelinjektion); erhielt 1949 zus. mit W. R. Hess den Nobelpreis für Medizin.

Monoamin-Oxidasen, *Monoamino-Oxidasen,* Abk. *MAO,* mitochondriale u. relativ unspezif. Enzyme, durch die Monoamine (z. B. Methylhistamin, ein Umwandlungsprodukt v. ↗Histamin, u. andere ↗biogene Amine, wie die Neurotransmitter Adrenalin, Dopamin u. Noradrenalin, bzw. deren Methylderivate) dehydriert werden, wobei zwei Wasserstoffatome auf NAD^+ oder molekularen Sauerstoff (unter Bildung v. H_2O_2) übertragen werden; die entstehenden Monoimine hydrolysieren anschließend zu freiem Ammoniak u. den entspr. Aldehyden. Auf diese Weise werden die entspr. Hormone inaktiviert; ihr Hauptabbauprodukt ist die Vanillinmandelsäure, deren Auftreten im Harn daher ein Maß für die Aktivität der Catecholamine ist (von diagnost. Bedeutung).

Monoblepharidales [Mz.; v. *mono-, gr. blepharides = Wimpern], Ord. der ↗*Chytridiomycetes* (Niedere Pilze) mit ca. 20 Arten; die sexuelle Fortpflanzung ist eine Oogamie; die Hyphen des verzweigten filzigen Mycels können durch Querwände unregelmäßig in vielkern. Abschnitte unterteilt sein. *Monoblepharis polymorpha* besiedelt im Wasser liegende Pflanzenreste, meist Zweige, andere leben auf Pflanzenresten in feuchter Erde.

monobrachial [v. *mono-, gr. brakchion = Arm] ↗telozentrisch.

Monobryozoon *s* [v. *mono-, gr. bryon = Moos, zōon = Tier], die einzige Gatt. solitärer (= nicht-kolonialer) Moostierchen. *M. ambulans* (1,5 mm groß) lebt in der Nordsee im Sandlücken-System. An der Basis des sackförm. Körpers entspringen 10–15 Haftfortsätze, mit denen sich *M.* langsam fortbewegen u. an Sandkörnern festkleben kann. An einem Fortsatz (Stolo) findet Knospung statt. Aufgrund mehrerer Merkmale wird *M.* in die Ord. *Ctenostomata* (↗Moostierchen) gestellt; die solitäre Lebensweise wird deshalb nicht als ursprünglich interpretiert, sondern als stark abgeleitet: *M.* ist demnach der Extremfall

mon-, mono- [v. gr. monos = allein, einzeln, einzig].

Monoamin-Oxidasen
Unter den Psychopharmaka spielen M.-Hemmer *(MAO-Blocker)* eine gewisse (allerdings abnehmende) Rolle als Antidepressiva, da sie den Catecholaminspiegel stabilisieren u. damit psychomotorisch aktivierend wirken. Ihre Nebenwirkungen sind jedoch nicht unerheblich.

Monochromat
M.e wurden früher v. a. in der UV-Mikroskopie (Ultramikroskopie) u. Ultramikrospektrographie verwandt, werden aber heute ersetzt durch leistungsfähigere u. breiter korrigierte UV-durchlässige (230–700 nm) Objektive mit kombinierten Quarz-Flußspat-Linsensystemen.

einer Kolonie: ein Elterntier u. ein gerade sprossendes Tochtertier.

Monocelididae [Mz.; v. *mono-, gr. kēlidos = Flecken], Fam. der Strudelwurm-Ord. *Proseriata* mit ca. 17 Gatt.; bekannteste Gatt. *Monocelis.*

Monocentridae [Mz.; v. *mono-, gr. kentron = Stachel, Sporn], die ↗Tannenzapfenfische.

Monochamus *m* [v. *mono-, gr. chamos = Angelhaken], *Monohamus,* die ↗Langhornböcke.

Monochasium *s* [v. *mono-, gr. chasis = Spalt], Form der Verzweigung bei sympodialen Sproßsystemen mit gegenüber der ↗Abstammungsachse geförderten Seitensprossen. Im Ggs. zum ↗Dichasium (□) setzt beim M. nur jeweils ein Seitenzweig die Verzweigung fort. Dabei übergipfelt er seine Abstammungsachse, u. es entsteht ein Verzweigungssystem mit einer Scheinachse (↗Sympodium), die sich aus Seitensprossen verschiedener Ordnungen aufbaut. Zeigt diese Scheinachse ein gerades Wachstum, weil die ihre Entwicklung einstellenden Enden der jeweiligen Abstammungsachsen zur Seite gedrängt werden u. somit Seitenzweige vortäuschen, so ist dieses sympodiale System kaum v. einem monopodialen (↗Monopodium) zu unterscheiden. Viele unserer Laubhölzer besitzen solche monochasialen Sympodien, die ein monopodiales Verzweigungssystem (↗monopodiales Wachstum) vortäuschen; z. B.: Hasel, Birke, Linde, Ulme. ↗Blütenstand.

Monochromasie *w* [v. gr. monochrōmatos = einfarbig], *Achromasie,* völlige Farbenblindheit durch Fehlen v. Lichtrezeptoren unterschiedl. spektraler Empfindlichkeit ([B] Farbensehen); viele Tiere sind natürlicherweise monochromatisch, z. B. fast alle nachtaktiven Tiere, unter den Säugern die Raubtiere, Huftiere, Insektenfresser u. andere, nicht aber die Primaten. Beim Menschen tritt M. als erbl. ↗Farbenfehlsichtigkeit in zwei Formen auf (Stäbchen- u. Zapfenmonochromaten).

Monochromat *m* [v. *mono-, gr. monochrōmatos = einfarbig], Typ mikroskop. Objektive (↗Mikroskop), deren chromat. ↗Aberration (□) nur für einen bestimmten Wellenlängenbereich (gewöhnlich UV-Licht) korrigiert ist.

Monocirrhus *m* [v. *mono-, lat. cirrus = Franse], Gatt. der ↗Nanderbarsche.

Monocondylia [Mz.; v. gr. monokondylos = mit 1 Gelenk], Gruppe der ↗Insekten, die eine Mandibel mit nur einem Gelenkhöcker (Condylus) besitzen; hierher die ↗*Entognatha* u. ↗Felsenspringer. ↗Dicondylia.

monocyclisch [v. gr. monokyklos = einkreisig], *einjährig,* Bez. für einjährige Pflanzen; ↗Annuelle.

monocyclische Verbindungen, organ. Verbindungen mit nur 1 Ring im Molekül.

Monocystidae

Monocystidae [Mz.; v. *mono-, gr. kystis = Blase], *acephale Gregarinen,* Fam. der Ord. ↗ *Gregarinida,* Sporentierchen, die ungegliederte Gamonten haben. Sie leben v. a. in den Samenblasen von Oligochaeten, z. B. Regenwurm-Arten. Sporozoiten dringen in die Samenbildungszellen des Wirtes ein; hat der Parasit eine bestimmte Größe erreicht, schlüpft er heraus u. entwickelt sich im Lumen der Samenblase weiter; die Sporen gelangen in den Boden, wenn der Wirt verwest, u. werden v. neuen Wirten gefressen. Bekannte u. häufige Gatt. in Regenwurm-Arten ist *Monocystis.*

Monocyten [Mz.; v. *mono-, gr. kytos = Höhlung (heute: Zelle)], *Blutmakrophagen, Blutwanderzellen,* amöboid bewegl., sehr große (ca. 12 μm) Zellen des Abwehrsystems der Wirbeltiere u. des Menschen, bes. im strömenden Blut auftretend (3–5% der ↗ Leukocyten), die wie die ↗ Histiocyten als ↗ Makrophagen (☐) wirken. Starke Erhöhung der M.zahl im Blut zeigt sich bei infektiöser ↗ Mononucleose (Pfeiffersches Drüsenfieber). ☐ Blutzellen.

monocytogene Fortpflanzung [v. *mono-, gr. kytos = Höhlung (heute: Zelle), gennan = erzeugen], ↗ Fortpflanzung mit Ein*zel*zellen, d. h. mit ↗ Agameten od. mit ↗ Gameten; letzteres wird auch als *di*cytogen bezeichnet, weil für die Zygoten-Bildung *zwei* Gameten erforderl. sind. Ggs.: polycytogene Fortpflanzung.

Monod [mono], *Jacques Lucien,* frz. Biochemiker, * 9. 2. 1910 Paris, † 31. 5. 1976 Cannes; seit 1959 Prof. in Paris, ab 1971 Dir. des Inst. Pasteur ebd.; beteiligte sich an grundlegenden Arbeiten zum Mechanismus der Genexpression (Entdeckung v. m-RNA), der Genregulation (Operon-Modell) u. der alloster. Umwandlung v. Proteinen; erhielt 1965 zus. mit F. ↗ Jacob u. A. ↗ Lwoff den Nobelpreis für Medizin.

Monodactylus *m* [v. gr. monodaktylos = einfingerig], die Fisch-Gatt. ↗ Silberflossenblatt.

Monodelphis *m* [v. *mono-, gr. delphys = Gebärmutter], Gatt. der ↗ Beutelratten.

Monodonta *w* [v. gr. monodous = mit einem Zahn], Gatt. der Kreiselschnecken mit dickem Gehäuse u. Zahn an der Spindel; Felsbewohner der Gezeitenzone. *M. turbinata,* 35 mm hoch, ist an den Küsten des Mittelmeers u. der Iber. Halbinsel häufig.

Monodontidae [Mz.; v. *mon-, gr. odous, Gen. odontos = Zahn], die ↗ Gründelwale.

monoenergide Zelle [v. *mono-, gr. energēs = wirksam], Bez. für eine Zelle mit nur einem Zellkern. Ggs.: polyenergide Zelle. ↗ Energide.

Monogamie *w* [v. gr. monogamia =], *Einehe,* dauerhafte ↗ Fortpflanzungsgemeinschaft für eine Fortpflanzungsperiode, nur für eine Brut od. für längere Zeit, im Extrem für die Lebensdauer eines Partners (↗ Dauerehe; ↗ Eheform, ↗ Paarbindung). Lebenslange M. wurde v. der Graugans u. vom Kolkraben beschrieben, bei Vögeln ist M. (meist v. kürzerer Dauer) die häufigste Form der sexuellen Paarbindung. Bei Säugern kommt M. dagegen selten vor; sie wurde bei einigen Raubtieren (Schakal, Fuchs u. a. Caniden), einigen Nagern (Biber), Huftieren (Klippspringer) u. Primaten (Gibbon) gefunden. M. tritt dabei fast stets verbunden mit einer gemeinsamen ↗ Brutpflege beider Eltern auf. Außerdem ist sie mit dem individuellen Kennen des Partners verbunden. In einigen Fällen überdauert die Paarbindung durch die gemeinsame Bindung v. Zugvögeln an einen Ort: Weißstörche kehren nach dem getrennten Winteraufenthalt an dasselbe Nest zurück u. verbinden sich mit demselben Partner, den sie vermutl. neu kennenlernen müssen (anonyme M., „Ortsehe"). Auch v. einigen Wirbellosen (Wüstenasseln) wurde M. bekannt. Ggs.: ↗ Polygamie.

---

mon-, mono- [v. gr. monos = allein, einzeln, einzig].

Monogenea

Ordnungen (nach Odening, 1984) und wichtige Gattungen:
Microbothriidea
Dactylogyridea
　Dactylogyrus
　Tetraonchus
Gyrodactylidea
　Gyrodactylus
Monocotylidea
Polyopisthocotylea
　Chimaera
　Diclybothrium
　Mazocraes
　Discocotyle
　Diplozoon
　Polystomum
　Oculotrema

Monogenea [Mz.; v. *mono-, gr. genea = Geburt, Abstammung], *Pectobothrii, Hakensaugwürmer,* neben den ↗ *Aspidobothrea* (Aspidogastraea) u. den ↗ *Digenea* bisher u. vielfach auch noch beibehalten (Mehlhorn, 1985) als eine Ord. oder U.-Kl. der *Trematoda* (↗ Saugwürmer) geführt, neuerdings jedoch von Ax (1984) u. Ehlers (1984) zus. mit den *Cestoda* (↗ Bandwürmer) als *Cercomeromorpha* (Hakenplattwürmer) den *Trematoda* (Aspidobothrea u. Digenea) gegenübergestellt. Beide, *Trematoda* u. *Cercomeromorpha,* besitzen nach Ax u. Ehlers eine nur ihnen gemeinsame Stammart u. bilden daher das Monophylum ↗ *Neodermata.* Die *M.* als Kl. umfassen 5 Ord. (vgl. Tab.), von denen die ersten 4, als ↗ *Monoopisthocotylea* zusammengefaßt, gegenüber der 5. Ord. ↗ *Polyopisthocotylea* abgegrenzt werden können. – Die etwa 2000 bisher bekannten u. weltweit verbreiteten Arten, die im allg. Längen zw. 0,15 und 20 mm erreichen (eine der größten Arten: *Chimaericola leptogaster,* 4 cm), dorsoventral abgeflacht u. von spindel- bis zigarrenförm. Körperumriß sind, leben meist ekto-, einige auch endoparasitisch an od. in Meeres- u. Süßwasserfischen, Amphibien, Wasser-Reptilien u. in Ausnahmen auch an fischparasit. Asseln u. in Säugern (↗ *Polyopisthocotylea*). Die Ektoparasiten finden sich v. a. an den Kiemen od. auf der Haut, die Endoparasiten in Körperhöhlen, die mit der Außenwelt in Verbindung stehen (Mund- u. Rachenhöhle, Harnblase, Kloake, selten Coelom). Sie sind streng wirtsspezifisch, wobei Haupt- u. (nur vorübergehend genutzte) Nebenwirte zu beobachten sind; Wirtswechsel im Laufe der Entwicklung findet jedoch nicht statt, wie auch die Ontogenese direkt, ohne Generationswechsel (Name Monogenea!) verläuft. Mit Hilfe eines hinteren muskulösen u. mit Haken, Klappen, Gruben u. Drüsen versehenen Haftorgans *(Opisthaptor)* sind die *M.* am

Wirt verankert; getrennt vom Wirt sind sie nicht lebensfähig. Je nach dem Bau des Opisthaptors unterscheidet man zw. ↗ *Monoopisthocotylea* u. ↗ *Polyopisthocotylea*. Am vorderen Körperende ist ein *Prohaptor* ausgebildet, der v. a. mit Hilfe eines Sekrets aus den Kopfdrüsen ein vorübergehendes Anheften des Vorderkörpers am Wirt während der Nahrungsaufnahme ermöglicht. Als Nahrung dienen Gewebe, Schleim u. Blut der Wirte. – Das Integument ist eine syncytiale „Epidermis", deren Kerne in Perikaryen liegen. Ontogenet. stellt es eine ↗ Neodermis dar u. bildet mit der ihm unterlagerten Ring-, Diagonal- u. Längsmuskulatur einen Hautmuskelschlauch. Wie für Plattwürmer typisch, fungiert das die Leibeshöhle ausfüllende Parenchym als Hydroskelett. Der mit einem muskulösen Pharynx beginnende u. immer afterlose Darm teilt sich meist in 2 Schenkel auf, die verzweigt sein können, blind enden od. sich hinten ringförmig vereinigen. Die Exkretionsorgane sind Protonephridien. Das Nervensystem besteht aus einem Kopfganglion od. einem Ring um den Oesophagus und 3–4 nach vorn und hinten ziehenden Paaren v. Nervensträngen. Fast immer, auch während des Larvenstadiums, sind Augen ausgebildet. Die zwittrigen Geschlechtsorgane umfassen ein, zwei u. mehr Hoden, ein Germarium u. meist ein Paar Vitellarien. Das Kopulationsorgan ist ein bestachelter od. unbestachelter muskulöser Penis od. ein Cirrus. Bei den *Polyopisthocotylea* ist ein Ductus genito-intestinalis ausgebildet. Mit Ausnahme der viviparen *Gyrodactylidea* sind alle *M.* ovipar. In der Eikapsel entwickelt sich ein bewimpertes ↗ Oncomiracidium, das sich nach Ausschlüpfen innerhalb von 24 Std. auf einem Wirt festsetzt, das Wimpernkleid abwirft u. über eine Metamorphose in den Adultus übergeht. – Nicht wenige *M.* sind Krankheitserreger an Nutzfischen (Forelle, Karpfen, Hecht, Heilbutt, Seezunge).

Lit.: *Ax, P.*: Das Phylogenetische System. Systematisierung der lebenden Natur aufgrund ihrer Phylogenese. Stuttgart 1984. *Ehlers, U.*: Phylogenetisches System der Plathelminthes. Verh. naturwiss. Ver. Hamburg (NF) 27, 291–294, 1984. *Mehlhorn, H.*: Classis Trematodes, Saugwürmer. In: R. Siewing (Hg.): Lehrbuch der Zoologie, Bd. 2 Systematik. Stuttgart 1985. *Odening, K.*: Stamm Plathelminthes. In: H.-E. Gruner (Hg.) Lehrbuch der Speziellen Zoologie, Bd. I: Wirbellose Tiere. Stuttgart 1984. D. Z.

monogenes Merkmal [v. gr. monogenēs = einzig], ein Merkmal, das v. einem einzigen Gen gesteuert wird. Ggs.: ↗ polygenes Merkmal.

Monogenie w [v. gr. monogenēs = einzelngeboren], Bez. für die Entstehung v. nur männlichen od. nur weiblichen Nachkommen. ↗ Arrhenogenie, ↗ Thelygenie.

Monogermsamen [v. *mono-, lat. germen = Keim], durch Züchtung *(genetische M.)* oder mechan. Zerkleinerung gewonnenes einkeimiges Saatgut v. a. der Runkel- u. Zuckerrübe (↗ *Beta*). Durch Verwendung v. M. wird ein nachträgl. Ausdünnen der sonst als Bündel zu je zwei bis vier aufgehenden Sämlinge überflüssig.

Monogonie w [v. gr. monogonos = allein geboren], die ↗ asexuelle Fortpflanzung; ↗ Fortpflanzung.

Monogononta [Mz.; v. *mono-, gr. gonē = Erzeugung, Fortpflanzung], U.-Kl. der ↗ Rädertiere *(Rotatoria)*, in der die ♀♀ ein unpaares Ovar besitzen.

Monograptiden [Mz.; v. *mono-, gr. graptos = geschrieben], *Monograptidae* (Lapworth 1873), † Fam. der ↗ Graptolithen (□), auf deren geraden od. gebogenen Rhabdosomen die Theken einzeilig (uniserial) angeordnet sind. M. sind wicht. Leitfossilien für Silur u. Unterdevon.

Monogynie w [Bw. *monogyn*; v. *mono-, gr. gynē = Frau], die ↗ Haplometrose.

Monohaploidie w [v. *mono-, gr. haploos = einfach], Bez. für den haploiden Zustand (↗ Haploidie), wenn die haploiden (n) Formen (mit „halbem" Chromosomensatz) z. B. parthenogenetisch aus diploiden Arten (↗ Diploidie) hervorgegangen sind (2n → n). Polyhaploidie liegt vor, wenn die Formen mit „halbem" Chromosomensatz aus polyploiden Arten (↗ Polyploidie) entstanden sind (z. B. 4n → 2n).

monohybrid [v. *mono-, lat. hybrida = Mischling], Bez. für Kreuzung od. ↗ Erbgang, bei dem sich die Eltern in nur einem Allelenpaar unterscheiden, bzw. für den Bastard *(Monohybride)*, der für dieses eine Gen heterozygot ist. ↗ Mendelsche Regeln (B).

Monokarpium s [v. *mono-, gr. karpos = Frucht], Bez. für eine Frucht, die nur v. einem Fruchtblatt gebildet wird, z. B. die Steinfrüchte v. Steinobst.

monoklin [v. *mono-, gr. klinein = neigen], ↗ Androgynie, ↗ Blüte.

monoklonale Antikörper [v. *mono-, gr. klōn = junger Zweig, Schößling], spezifisch nur gg. eine einzige antigene Determinante (↗ Antigene) des zur Immunisierung verwendeten Materials gerichtete ↗ Immunglobuline, deren Produktion letztl. auf einen einzigen B-Lymphocyten-Klon zurückgeht (↗ Lymphocyten, □). Damit unterscheiden sich die m.n A. von konventionellen Antiseren, die gg. *alle* antigenen Determinanten gerichtet sind *(polyklonale Antikörper)*. Die gezielte Produktion m.r A. erfolgt mit der sog. *Hybridomtechnik*. Das Prinzip dieser Technik besteht darin, einen einzigen Antikörper-produzierenden B-Lymphocyten in Kultur zu klonieren, so daß uniforme (monoklonale) Antikörper in großen Mengen erhalten werden können. Da normalerweise B-Lymphocyten nur kurz in Kultur überleben, werden einzelne Antikörper-produzierende B-Lymphocyten einer gg. ein bestimmtes Antigen immunisierten Maus mit Zellen eines unbegrenzt teilungs-

mon-, mono- [v. gr. monos = allein, einzeln, einzig].

monoklonale Antikörper

Menschliche m. A. könnten sich in der Therapie v. Infektionskrankheiten, bes. bei der Behandlung akuter Infektionen, für die noch keine wirksamen Antibiotika od. Chemotherapeutika existieren (z. B. bestimmte Pilzinfektionen, Malaria), als überaus nützl. erweisen. Für die Tumortherapie erscheint der Einsatz m.r A. noch rein spekulativ, da spezif. Tumormarker (etwa auf der Oberfläche entarteter Zellen), die nicht mit normalem Gewebe kreuzreagieren, bisher nicht gefunden worden sind. ↗ Immuntoxin, ↗ Krebs.

fähigen B-Lymphocytentumors (Myelom) fusioniert. Aus den entstandenen Fusionsprodukten werden durch Verwendung komplizierter Selektionsmedien diejenigen Hybridzellen selektioniert, die einerseits den gewünschten Antikörper produzieren u. anderseits die Fähigkeit erworben haben, sich in Kultur unbegrenzt zu teilen. Jede einzelne dieser *Hybridomzellen* ist nun Ausgangspunkt eines individuellen Zellklons, der permanent wächst u. dabei einen bestimmten m.n A. produziert. In Kultur sezernieren solche Hybridomzellen 10–15 µg Antikörper pro ml Medium, in Mäuse injiziert, wachsen sie als Tumoren u. erzeugen bis 10 mg Antikörper pro ml Körperflüssigkeit. M. A. sind damit zu analyt. Reagenzien höchster Spezifität geworden (RIA-Test, Immunfluoreszenz). ↗ Immuntoxin, ↗ Krebs.

monokondyles Gelenk [v. gr. monokondylos = mit 1 Gelenk], Gelenk mit nur einem ↗ Condylus (Gelenkhöcker); so z.B. alle Kugelgelenke. ↗ Gelenk.

Monokotyledonen [Mz.; v. *mono-, gr. kotyledōn = Becher], *Monokotylen, Monokotyledonae*, die ↗ Einkeimblättrigen Pflanzen.

monokulares Sehen [v. spätlat. monoculus = einäugig], *einäugiges Sehen*, ermöglicht nur sehr beschränkt eine räuml. Wahrnehmung der Umwelt. Dabei müssen scheinbare Gegenstandsgrößen, perspektivische Verkürzungen, Linienüberschneidungen, „Durchsichtigkeit" der Luft, Akkommodationsgrad u. Relativbewegungen durch Kopfbewegung zu Hilfe genommen werden. Diese Faktoren bestimmen auch beim ↗ binokularen Sehen bei weiter entfernten Gegenständen (ab 6 m) die Tiefenwahrnehmung. ↗ Auge.

Monokultur [v. *mono-, lat. cultura = Anbau], durch ein bestimmtes Produktionsziel bedingte Form der land- u. forstwirtschaftl. ↗ Bodennutzung, bei der *eine* Pflanzenart vorherrscht mit maximaler Ausnutzung der standörtl. Möglichkeiten. Nachteile: zunehmend erhöhtes Ertragsrisiko durch Begünstigung spezif. Boden- u. Pflanzenschädlinge sowie Pflanzenkrankheiten, Erschöpfung der organ. und anorgan. Nährstoffreserven u.v.a. ↗ Ackerbau, ↗ Forstpflanzen, ↗ Kulturpflanzen.

Monolayer s [-leie; v. *mono-, engl. layer = Schicht], von Einzelzellen ausgehende Kultur einschicht. Zellrasen auch durchsicht., glattem Substrat (Deckglas, Objektträger, Kulturschalenboden), die mit einer dünnen Schicht Nährlösung überschichtet ist. M. eignen sich bes. gut zur mikroskop. Beobachtung wachsender, evtl. experimentell beeinflußter Zellkulturen, bes. unter dem inversen ↗ Mikroskop.

Monomastix w [v. *mono-, gr. mastix = Geißel], Gatt. der Ord. *Monomastigales* (Kl. *Cryptophyceae*); begeißelte, einzellige Grünalge mit festem, zylindr. Zellkörper.

mon-, mono- [v. gr. monos = allein, einzeln, einzig].

monophyletisch
Andere Definitionen für diesen Begriff: Zusammenfassung aller Arten, die Nachkommen einer nur ihnen gemeinsamen Stammart sind. – Alle u. die alleinigen Deszendenten einer einzigen Stammart. – Die Vereinigung einer Stammart mit allen ihren Folgearten. – Da auch paraphyletische Gruppen Nachkommen einer gemeinsamen Stammart umfassen, gelten sie bei manchen Autoren ebenfalls als m. (i.w.S.). Zur eindeut. Kennzeichnung für m.e Gruppen *i. e. S.* wurde deshalb das Wort *holophyletisch* vorgeschlagen. – Strenge Anhänger der phylogenet. Systematik (↗ Hennigsche Systematik) lassen in der Klassifikation nur m.e (holophyletische) Taxa gelten u. betrachten z.B. die Turbellarien als paraphyletische Gruppe „ohne Realität in der Natur" (↗ Klassifikation, ↗ Systematik).

Monomere [Mz.; Bw. *monomer;* v. gr. monomerēs = einteilig, einfach], die am Aufbau v. Makro-Molekülen (↗ makromolekulare chemische Verbindungen) beteiligten Grundeinheiten, wie z.B. Mononucleotide (auch in aktivierter Form als Nucleosidtriphosphate) für Nucleinsäuren, Aminosäuren für Proteine, Monosaccharide für Polysaccharide, jedoch auch die einzelnen Untereinheiten v. multimeren, aus mehreren Untereinheiten *(Protomeren)* aufgebauten Proteinen. Ggs.: Polymere.

monomerer Fruchtknoten [v. gr. monomerēs = einteilig], Bez. für den einfächerigen Fruchtknoten (↗ Blüte), der durch Verwachsen der Ränder des einzigen Fruchtblatts entsteht.

monomiktisch [v. *mono-, gr. miktos = gemischt], Bez. für Seen, die nur eine Zirkulation im Jahr aufweisen. Man unterscheidet *kalt monomiktische Seen* der polaren u. subpolaren Gebiete, deren Wasser nur während der Sommermonate vollständig durchmischt wird, u. *warm monomiktische Seen* der Subtropen, die nur während der Wintermonate nach genügender Abkühlung des Oberflächenwassers vollständig zirkulieren.

Monomorium s [v. *mono-, gr. morion = Glied], Gatt. der ↗ Knotenameisen.

Monomorphismus m [v. *mono-, gr. morphē = Gestalt], *Monomorphie*, allg.: Gleichgestaltigkeit, in der Biologie z.B. Bez. für den einheitl. Bau v. Geweben u. Organen. ↗ Polymorphismus.

Monomyaria [Mz.; v. *mono-, gr. mys = Muskel], Muscheln mit *einem* Schließmuskel (der vordere wird zurückgebildet); M. sind z.B. Austern, Feilen-, Kamm-, Perl- u. Samtmuscheln. ↗ Dimyaria.

Monenchus m [v. *mon-, gr. ogkos = Krümmung, Haken], Gatt. der Fadenwürmer, namengebend für die U.-Ord. *Monenchina:* ca. 30 Gatt. in 5 Fam.; die verschiedenen Arten sind einige mm groß, leben in feuchtem Boden u. Süßwasser u. fressen mit ihrer großen tonnenförm. Mundhöhle andere Fadenwürmer u.a. Kleinstlebewesen. Die *Monenchina* werden in die Ord. *Dorylaimidae* (↗ Dorylaimus) gestellt, neuerdings sogar in eine eigene Ord. *Monenchida.*

Mononecta [Mz.; v. *mono-, gr. nēktos = schwimmend], ältere systemat. Bez. für eine Teilgruppe der ↗ Staatsquallen, die nur eine Schwimmglocke u. keinen Gasbehälter haben. Hierher gehört z.B. die Gatt. *Muggiaea* (↗ Calycophorae, T).

Mononucleose w [v. *mono-, lat. nucleus = Kern], *infektiöse M., Pfeiffersches Drüsenfieber, Monocytenangina, kissing disease, Mononucleosis infectiosa,* gutart., durch das ↗ Epstein-Barr-Virus hervorgerufene Infektionserkrankung des Menschen, die sich durch generalisierte, schmerzhafte Lymphknotenschwellung, nekrotisierende Angina, Milzschwellung,

Fieber, Abgeschlagenheit u. schweres allg. Krankheitsgefühl manifestiert; im Differentialblutbild zeigen sich auffallend viele Monocyten; tritt bes. bei Jugendlichen auf. Die Übertragung erfolgt durch Tröpfcheninfektion, bes. engen Kontakt (z. B. Küssen, „Kußkrankheit"). Heilt meist spontan aus; komplizierte Verläufe mit Leberbefall u. Ikterus sind möglich.

Mononucleotide [Mz.; v. *mono-, lat. nucleus = Kern], die Grundbausteine der Oligonucleotide, Polynucleotide u. Nucleinsäuren sowie der Nucleotiden aufgebauten Coenzyme wie NAD u. FAD (⇗Dinucleotide, ▢). M. sind durch die kovalente Verknüpfung einer Nucleobase, eines Zuckerrestes (Ribose od. Desoxyribose) u. eines Phosphorsäurerestes definiert. Zu den M.n zählen die ⇗Ribonucleosidmonophosphate AMP, CMP, GMP, UMP *(Ribo-M.)* sowie die ⇗2'-Desoxyribonucleosidmonophosphate dAMP, dCMP, dGMP, dTMP *(Desoxyribo-M.)*, aber auch z. B. FMN (⇗Flavin-M.). M. entstehen sowohl durch Neusynthese aus einfacheren Grundbausteinen als auch durch Abbau v. Nucleinsäuren u. Oligonucleotiden; die in letzterem Fall entstehenden M. können den Phosphorsäurerest auch an der 3'-Position (oder 2'-Position bei Ribo-M.) aufweisen, wie z. B. im ⇗Adenosin-3'-(oder 2'-)monophosphat. Die Nucleosiddiphosphate u. Nucleosidtriphosphate sind als aktivierte M. aufzufassen.

Monoopisthocotylea [Mz.; v. *mono-, gr. opisthen = hinten, kotylē = Napf], je nach systemat. Auffassung U.-Kl. oder Ord. der ⇗*Monogenea* (Hakensaugwürmer); Opisthaptor großer ungegliederter, meist kreisförm. Saugnapf mit 1–3 Paar großen inneren Haken und 12–16 randständ. kleineren Haken; Prohaptor in Form v. Kopforganen u. Drüsen. Mund im allg. nicht v. einem Saugnapf umgeben; wenn Saugnäpfe vorhanden, dann außerhalb des Mundes. Ductus genito-intestinalis fehlt. ⇗*Polyopisthocotylea*.

Monopeltis w [v. *mono-, gr. peltē = Schild], Gatt. der ⇗*Doppelschleichen*.

monophag [Hw. *Monophagie*; v. *mono-, gr. phagos = Fresser], *univor*, als Pflanzenfresser od. Räuber nur v. *einer* anderen Organismenart lebend. Im Falle des Parasitismus ist der Begriff *monoxen* gebräuchlicher. Ggs.: polyphag. ⇗*Ernährung*.

Monophlebidae [Mz.; v. *mono-, gr. phlebes = Adern], Fam. der ⇗*Schildläuse*.

monophyletisch [v. gr. monophylos = aus einem Stamme], Bez. für ein Taxon, das *sämtliche* Nachkommen einer (im allg. hypothetischen) Stammart umfaßt. Oft beschränkt man sich nur auf die rezenten Nachkommen (Abb. 1). Es handelt sich somit um eine geschlossene Abstammungsgemeinschaft, ein sog. *Monophylum* (⇗*Klassifikation*); Beispiele: Säugetiere, Vögel, Mollusken, Bandwürmer, Insekten.

Die Angehörigen einer m.en Gruppe sind durch *Synapomorphien* (gemeinsame, *einmalig* entstandene Apomorphien, d. h. abgeleitete Merkmalsausprägungen) gekennzeichnet: z. B. unter den ⇗Insekten (▢) die Pterygota durch die Flügel u. die Holometabola durch die Einschaltung eines Puppenstadiums in die Entwicklung. Auch die Angehörigen eines *paraphyletischen* Taxons haben eine letzte gemeinsame Stammart, aber diese ist *nicht nur ihnen gemeinsam* (Abb. 2); z. B. ist die Stammart der Turbellarien auch die aller übrigen Plattwürmer, näml. der Trematoden u. Bandwürmer; die Stammart der Fische i. w. S. ist zugleich Stammart aller übrigen Wirbeltiere; auch die ⇗Archicoelomata (▢ Archicoelomatentheorie) u. die Dicotyledonae (⇗Zweikeimblättrige Pflanzen) sind paraphyletisch. Paraphyletische Gruppen sind durch *Symplesiomorphien* (gemeinsame Plesiomorphien, d. h. ursprüngliche Merkmalsausprägungen) gekennzeichnet, z. B. die Fische durch ⇗Flossen u. die Apterygota unter den Insekten durch das primäre Fehlen v. Flügeln. – Werden Gruppen aufgrund v. *Konvergenzen* (unabhängig entstandene Apomorphien) zusammengefaßt, so sind die so gebildeten „künstlichen" Gruppen (Abb. 3) entweder ⇗*diphyletisch* (z. B. „Dickhäuter" = Elefanten + Nashörner) od. *polyphyletisch*, wie z. B. „Torpedo-Wirbeltiere" = Haie + Thunfisch + Fischsaurier + Pinguine + Delphine (▢ Konvergenz, ⇗*Lebensformtypus*), die ⇗Archiannelida unter den Ringelwürmern u. die ⇗Sympetalae unter den Blütenpflanzen.

Monophyllaea w [v. gr. monophyllos = einblättrig], Gatt. der ⇗*Gesneriaceae*.

Monophyllites m [v. *mono-, gr. phyllon = Blatt], (Mojsisovics 1879), der † Ord. *Phylloceratida* angehörende Ammoniten-Gatt. (⇗*Ammonoidea*) mit scheibenförm.-evolutem Gehäuse von rundl. Windungsquerschnitt, Anwachsstreifung sigmoidal; Lobenlinie mit 4 einblättrigen Sätteln, 1. Lateralsattel irregulär dreiblättrig. Typus-Art: *M. sphaerophyllus* (Hauer) 1850; Artenabgrenzung problematisch. Verbreitung: Anisium bis Karnium der Pelag. ⇗*Trias*, weltweit.

monophyodont [v. gr. monophyēs = aus einem Wuchs, odontes = Zähne], Bez. für ein Säuger-⇗*Gebiß* (weitgehend) ohne Zahnwechsel (z. B. Beuteltiere).

Monoplacophora [Mz.; v. *mono-, gr. plax = Platte, -phoros = -tragend], (W. Wenz in Knight 1952), *Napfschaler, Urmützenschnecken*, systemat. Umgrenzung ungewiß; paläontolog. derzeit meist als Kl. der Weichtiere *(Mollusca)* eingestuft; zuvor oft als Kl. (U.-Stamm *Conchifera*) den beiden Kl. *Aplacophora* u. *Polyplacophora* (U.-Stamm *Amphineura*) gegenübergestellt od. als Superfam. *Tryblidiacea* der Ord. *Archaeogastropoda* zugeordnet (Wenz

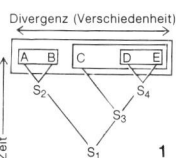

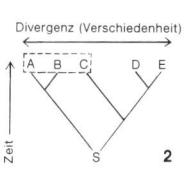

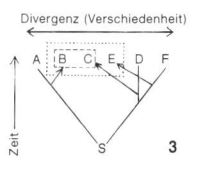

Monoplacophora

monophyletisch

Veranschaulichung der Begriffe monophyletisch, paraphyletisch sowie di- und polyphyletisch. **1** *monophyletisch;* eingerahmt: die 4 möglichen m.en Gruppen; S_1, S_2, S_3, S_4: die Stammarten dieser 4 Gruppen. **2** *paraphyletisch;* die gestrichelt eingerahmte Gruppe ist paraphyletisch, da v. ihrer letzten gemeinsamen Stammart S auch noch die Gruppen D und E abstammen: A + B + C umfaßt demnach nicht sämtliche Nachkommen von S. **3** *di- und polyphyletisch;* die Zusammenfassung nur aufgrund v. Konvergenzen (Pfeile) führt zu diphyletischen (gestrichelt) od. polyphyletischen Gruppen (gepunktet). – Andere Definitionen für den Begriff *monophyletisch* vgl. Spaltentext S. 28.

mon-, mono- [v. gr. monos = allein, einzeln, einzig].

Monoploidie

1938), z. T. als Synonym der Überord. *Amphigastropoda* aufgefaßt; neontolog. – unter ausschl. Berücksichtigung der rezenten Formen – auch als Kl. *Tryblidiacea* bezeichnet. – Die phylogenet. so bedeutungsvollen M. waren bis zur Entdeckung der rezenten ↗ *Neopilina galatheae* (1952) nur fossil bekannt. Sichere Nachweise reichen v. Oberkambrium (Gatt. *Kiringella*) bis zum Mitteldevon. (Zweifelhafte Vertreter weisen bis ins Unterkambrium zurück; die Dokumentationslücke bis zur Ggw. entspricht etwa 375 Mill. Jahren.) Bekannt sind weniger als 50 Gatt. mit 100 bis 150 Arten, alle spärlich belegt. *Neopilina* gilt mit ca. 150 erbeuteten Exemplaren, die sich auf mehrere Spezies verteilen, als seltenstes u. zugleich bestbekanntes Weichtier der Ggw., ferner als „lebendes Fossil". – Die fossilen Taxa stützen sich auf den Bau der überlieferten Schalen. Diese sind kalkig, einteilig, mützen- od. napfförmig, meist bilateralsymmetr.; Apex subzentral bis vorn liegend, auf der Innenseite bis zu 8 Paar Haftmuskeleindrücke; diese bei einer Art (*Archaeopraga*) auf 1 Paar reduziert u. stark verlängert. Die Vielzahl der Muskelpaare gab Veranlassung, sie als anatom. Metamerismus zu deuten u. die M. stammesgeschichtl. zu Ringelwürmern u. Gliederfüßern in Beziehung zu setzen. Die genauere Kenntnis der Weichteile v. *Neopilina* löste jedoch Zweifel am Vorliegen einer echten Coelom-Metamerie und den phylogenet. Ableitungen aus. Vermutl. bilden die M. eine Brücke zw. Käferschnecken u. den übrigen *Conchifera*; ihre unpaare Schale wäre demnach aus der Verschmelzung mehrzähliger Schalenplatten hervorgegangen. – Gilt *Neopilina* aufgrund ihres derzeit bekannten Lebensraums zw. 2500 u. 6500 m Meerestiefe (neuerdings auch aus 320 bis 411 m Tiefe bekannt) als Tiefseebewohner, so sprechen ökolog. Kriterien für die Annahme, daß die fossilen Formen flaches bis sehr flaches Wasser v. normaler Salinität bevorzugten, teilweise sogar Riffbewohner waren. Der Rückzug in die Tiefsee könnte ihr Überleben u. die große zeitl. Dokumentationslücke erklären. B lebende Fossilien.

Monoploidie w [v. *mono-, gr. -ploos = -fach], Bez. für das Vorliegen eines Chromosomensatzes, dessen Chromosomenzahl der ↗ Grundzahl entspricht; i. e. S. die niedrigste haploide Chromosomenzahl innerhalb einer Serie v. verschieden polyploiden Varietäten einer Art.

monopodiales Wachstum [v. gr. monopodios = einfüßig], *monopodiale racemöse Verzweigung*, Bez. für die Ausbildung eines pflanzl. Verzweigungssystems, bei dem die Hauptachse (Monopodium) die Dominanz behält u. die Seitenachsen od. beim Fadenthallus die Seitenfäden stets untergeordnet bleiben, z. B. bei Tanne u. Fichte. Ggs.: sympodiales Wachstum.

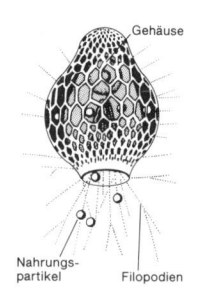

Monopylea
Habitus von *Cyrtocalpis*

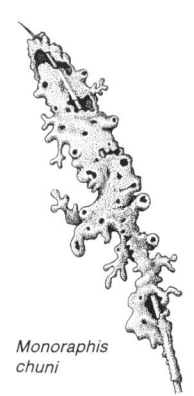

Monoraphis chuni

Monosaccharide

Triosen:
Glycerinaldehyd
Dihydroxyaceton

Tetrosen:
Erythrose
Threose
Erythrylose

Pentosen:
Ribose
Arabinose
Xylose
Lyxose
Ribulose
Xylulose

Hexosen:
Allose
Altrose
Glucose
Mannose
Gulose
Idose
Galactose
Talose
Psicose
Fructose
Sorbose
Tagatose

Monostilifera
Wichtige Gattungen:
↗ *Amphiporus*
↗ *Carcinonemertes*
↗ *Geonemertes*
Oerstedia
Ototyphlonemertes
↗ *Prostoma*
(*Stichostemma*)

Monopodium s [v. gr. monopodios = einfüßig], 1) das pflanzl. Verzweigungssystem, dessen Hauptachse an seiner Spitze unbegrenzt weiterwächst u. den Seitenzweigen gegenüber gefördert bleibt (↗ Akrotonie, ☐). 2) die Hauptachse eines monopodialen Verzweigungssystems (↗ monopodiales Wachstum). Ggs.: Sympodium.

monoprionidisch [v. *mono-, gr. priōn = Säge], (Barrande 1850), heißen einzeilig (uniserial) mit Theken besetzte ↗ Graptolithen (Monograpten).

Monopylea [Mz.; v. *mono-, gr. pylē = Tor], *Nassellaria*, U.-Ord. der ↗ *Radiolaria* (Strahlentierchen); Vertreter sind durch eine einzige, ein Porenfeld darstellende Öffnung in der Zentralkapsel gekennzeichnet; bekannte Gatt. sind *Cystidium* u. *Cyrtocalpis*.

Monoraphis w [v. *mono-, gr. raphis = Nadel], Gatt. der Glasschwamm-Fam. *Semperellidae*. *M. chuni*, zentrales Skelett aus einer einzigen bleistiftdicken u. bis 3 m langen Kieselnadel; Vorkommen: Somali-Küste in ca. 1000 m Tiefe.

Monosaccharide [Mz.; v. *mono-, gr. sakcharon = Zucker], einfache, durch Hydrolyse nicht spaltbare Zucker, allg. Formel $C_nH_{2n}O_n$; die wichtigsten M. sind die ↗ *Pentosen*, $C_5H_{10}O_5$, u. die ↗ *Hexosen*, $C_6H_{12}O_6$. ↗ Kohlenhydrate (B).

Monoselenium s [v. *mono-, gr. selēnion = Halbmond], Gatt. der ↗ *Marchantiaceae*.

Monosomie [v. *mono-, gr. sōma = Körper], ↗ Chromosomenanomalien; ↗ Aneuploidie, ↗ Hyperploidie.

Monospermie w [v. *mono-, gr. sperma = Same], Besamung durch nur *ein* Spermium; nachdem dieses mit der Eizelle bzw. Oocyte verschmolzen ist (Plasmogamie), können weitere Spermien nicht mehr eindringen, u. a. wegen der Ausbildung der „Befruchtungs"-Membran (☐ Befruchtung). Ggs.: ↗ Polyspermie.

monostemon [v. *mono-, gr. stēmōn = Aufzug am Webstuhl], Synonym zu ↗ haplostemon.

Monostilifera [Mz.; v. *mono-, lat. stilus = Griffel, -fer = -tragend], U.-Ord. der Schnurwurm-Ord. *Hoplonemertea*; Rüssel mit einem Stilett auf kegelförm. Basis; Vorderarm mündet nahezu immer durch das Rhynchodaeum aus. Gatt. vgl. Tabelle.

Monostromataceae [Mz.; v. *mono-, gr. strōmata = Schichten], Grünalgen-Fam. der ↗ *Ulotrichales*, oft den ↗ *Ulvaceae* zugeordnet. Die Gatt. *Monostroma* hat einschicht., flächigen, bis über 20 cm langen Thallus, u. a. heteromorphen Generationswechsel; im Frühjahr häufig auf steinigem Untergrund des Litorals der Meere; häufige Arten *M. grevillei* und *M. undulatum*, in O-Asien u. Japan Nahrungsmittel.

monosymmetrische Blüte [v. *mono-, gr. symmetros = ebenmäßig, parallel], die ↗ zygomorphe Blüte.

Monoterpene [Mz.; v. *mono-, gr. terebinthos = Terpentinbaum, -harz], zu den Isoprenoiden zählende, meist flüchtige Naturstoffe (↗Terpene) mit 10 C-Atomen (entspr. 2 Isopren-Einheiten), die die Hauptinhaltsstoffe der ↗äther. Öle darstellen. Einige M. haben bei tier. Organismen, die die M. im allg. nicht selbst synthetisieren können, sondern mit pflanzl. Nahrung aufnehmen, als ↗Pheromone Bedeutung. Auch unter den ↗Bitterstoffen u. ↗Alkaloiden finden sich Derivate der M. Ihre Biosynthese erfolgt aus Geranylpyrophosphat (☐ Isoprenoide) u. führt zunächst zu den acycl. M.n. Aus ihnen werden durch Reduktion, Dehydratation, allyl. Umlagerungen usw. M.-Alkohole u. -Phenole, M.-Aldehyde u. -Ketone, M.-Oxide u. -Peroxide sowie durch Cyclisierungsreaktionen die mono- und bicycl. M. gebildet.

monothalam [v. *mono-, gr. thalamos = Hochzeitslager], *unilokular,* Bez. für einkammerige Schalen v. *Protozoa,* v. a. ↗*Foraminifera.* Ggs.: polythalam (multilokular).

Monothēca *w* [v. *mono-, gr. thēkē = Behältnis], Gatt. der ↗Plumulariidae.

Monotocardia [Mz.; v. gr. monotēs = Einheit, kardia = Herz], *Ctenobranchia, Pectinibranchia,* die ↗Kammkiemer; so gen., weil sie nur 1 Herzvorhof haben. Ggs.: ↗*Diotocardia.*

Monotop *m* [v. *mono-, gr. topos = Ort], Habitat einer Organismenart od. eines Individuums mit ganz bestimmten Lebensbedingungen (↗Monozön); die Art od. das Individuum können ihrerseits *monotop* (auf eine Lebensstätte begrenzt, Ggs.: *polytop*) sein.

Monotoplanidae [Mz.; v. *mono-, gr. ous, Gen. ōtos = Ohr, planēs = umherschweifend], Fam. der Strudelwurm-Ord. *Proseriata* mit nur 2 Arten der Gatt. *Monotoplana.* Kennzeichen: multiple männl. Kopulationsorgane, jedoch nur 1 Paar großer Hoden, 1 Paar Ovarien und 1 Paar längl. Vitellarien; die männl. Geschlechtsöffnung, die permanent sein kann, liegt vor der weibl., der eine Vagina fehlt; eine relativ große Statocyste. Beide, nur selten gefundenen Arten leben in der Gezeitenzone u. in tieferen Küstenbereichen in N-Europa u. der Adria.

Monotremata [Mz.; v. *mono-, gr. trēmata = Löcher], die ↗Kloakentiere.

monotrich [v. *mono-, gr. triches = Haare] ↗Bakteriengeißel (☐).

Monotropa *w* [v. gr. monotropos = alleinlebend, Einsiedler], Gatt. der ↗Wintergrüngewächse.

Monotrysia [Mz.] ↗Schmetterlinge.

monotypisch [v. *mono-, gr. typikos = typisch], ein Taxon, das nur ein einziges subordiniertes (untergeordnetes) Taxon enthält, z. B. eine Gattung mit nur einer Art (T Gattung) od. eine Art mit nur einer Unterart. Auch höherrangige Taxa können monotypisch sein, z. B. die Säugetier-Ord.

Monoterpene
M. der äther. Öle:

Acyclische M.:
 Kohlenwasserstoffe: Ocimen, Myrcen
 Alkohole u. Phenole: Nerol, Geraniol, Linalool, Citronellol
 Aldehyde u. Ketone: Citral, Citronellal

Monocyclische M.:
 Kohlenwasserstoffe: Terpinen, Terpinolen, Limonen, Phellandren, Cymen
 Alkohole u. Phenole: Menthol, Terpineol, Thymol, Carvacrol, Carveol, Cymol
 Aldehyde u. Ketone: Menthon, Perillaldehyd, Pulegon, Piperiton, Diosphenol, Carvon, Eucarvon, Cuminal, Safranal
 Oxide u. Peroxide: Cineol, Ascaridol, Menthofuran

Bicyclische M.:
 Kohlenwasserstoffe: Sabinen, Caren, Pinen, Thyjen, Camphen
 Alkohole u. Phenole: Sabinol, Myrtenol, Borneol, Thujol
 Aldehyde u. Ketone: Thujon, Pinocarvon, Campher, Fenchon

Zu den *Bitterstoffen* zählende M.-Derivate:
 Amarogentin, Asperulosid, Aucubin, Foliamenthin, Gentiopikrosid, Harpagosid, Loganin, Swerosid

Zu den *Alkaloiden* zählende M.-Derivate:
 Gentianaalkaloide, Valerianaalkaloide

Als *Pheromone* wirkende M.:
 Citral, Citronellal, Geranial, Geraniol, Limonen, Neral, Pinen, Terpinolen

---

mon-, mono- [v. gr. monos = allein, einzeln, einzig].

Tubulidentata mit der einzigen Fam. *Orycteropidae* u. der einzigen Gattung *Orycteropus* (darin nur eine Art, das ↗Erdferkel).

monovoltin [v. *mono-, lat. volvere = umdrehen], *univoltin,* Bez. für Tiere, bes. Insekten, die nur eine Generation im Jahr durchlaufen, weil die Entwicklung zeitweise unterbrochen ist (Diapause) od. niedere Temp. kein schnelleres Wachstum zulassen. Ggs.: bivoltin, polyvoltin (plurivoltin).

Monözie *w* [Bw. monözisch; v. *mon-, gr. oikia = Haus], *Gemischtgeschlechtigkeit,* bei Algen, Moosen u. Farnen die Ausbildung von ♂ und ♀ Geschlechtszellen auf dem gleichen Organismus; bei Pilzen Hyphen, die sowohl als Kerndonator wie als Kernakzeptor fungieren können (↗homothallisch). Bei Samenpflanzen wird M. synonym zu *Einhäusigkeit* verwendet, d. h. für die Ausbildung v. nur staubblatt- bzw. nur fruchtblatttragenden Blüten auf der gleichen Pflanze (z. B. Kiefer, Hasel). Ggs.: ↗Getrenntgeschlechtigkeit. ↗Blüte.

Monozön *s* [v. *mono-, gr. koinos = gemeinsam], ökolog. Beziehungsgefüge einer einzigen Art. Für biozönolog. Betrachtung schwer analysierbare Abstraktion, da natürl. Systeme immer aus vielen Arten zusammengesetzt sind. ↗Monotop.

Monsonia *w* [ben. nach der engl. Adligen A. Monson, die Linné diese Pfl. aus Indien brachte], Gatt. der ↗Storchschnabelgewächse.

Monstera *w* [nicht erklärte Bildung Adansons, viell. v. frz. monstre = Ungeheuer], Gatt. der ↗Aronstabgewächse.

Monsunwald, laubwerfender, regengrüner Wald der Monsungebiete, ursprünglich v. a. auf dem indischen Subkontinent u. in Hinterindien weit verbreitet. Da in diesem Gebiet die Wirkung des Monsuns von SO nach NW abnimmt, gibt es alle Übergänge v. den immergrünen Regenwäldern bis zur Halbwüste. Die wirtschaftl. wichtigsten Baumarten der Monsunwälder sind Teak *(Tectona grandis)* und Salbaum *(Shorea robusta).* ↗Asien.

Montacuta *w* [v. lat. mons, Gen. montis = Berg, acutus = spitz], Gatt. der *Montacutidae* (U.-Ord. Verschiedenzähner), Muscheln mit zerbrechl. Schale (unter 2 cm), die N.- u. Ost- vom Mantel überdeckt wird; 2 Arten an eur. W-Küsten, oft als Kommensalen an Irregulären Seeigeln.

montan [v. lat. montanus = Berg-], *montane Stufe,* ↗Höhengliederung.

Montanwachs [v. lat. montanus = Berg-], aus Harzen u. Fetten fossiler Pflanzen entstandenes dunkelbraunes, festes Wachs, hart, spröde, muschelig brechend; das M. besteht aus Estern der *Montansäure* ($C_{27}H_{55}COOH$) mit Montanalkohol; enthält zu ca. 47% Paraffin u. wird u. a. zu Schuhcreme, Kabelwachsen u. Schmierfetten verwendet.

Montia

Montia w [ben. nach dem it. Botaniker G. Monti, 1682–1760], Gatt. der ↗Portulakgewächse. [↗Merlen.

Monticola m [lat., = Bergbewohner], die **Monticuli** [Mz.; lat., = kleine Berge], 1) bei ↗Stromatoporen als Synonym v. ↗Mamelonen verwendet (Shrock u. Twenhofel 1953); 2) aus der Kolonie-Oberfläche herausragende Teile v. ↗Hexacorallia; 3) überragende Gruppen v. Zooecien in der ↗Moostierchen-Ord. *Trepostomata* Ulrich 1882.

Montifringilla w [v. lat. montes = Berge, lat. fringilla = Fink], Gatt. der ↗Sperlinge.

Montio-Cardaminetea [Mz.; v. ↗Montia, gr. kardaminē = Art Kresse], *Quellfluren*, Kl. der Pflanzenges. mit 1 Ord. (*Montio-Cardaminetalia*) und 2 Verb. (s. u.). Algen- u. moosreiche Bestände im unmittelbaren Quellbereich auf ständig überrieselten Gesteins- od. Rohböden. Das Wasser ist hier sauerstoffreich u. gleichmäßig kühl, selten od. nie gefrierend. Entspr. finden sich kaltstenotherme Arten nord. alpiner Herkunft, meist als ↗Eiszeitrelikte neben frostempfindl. Arten mit atlant. oder submediterranem Verbreitungsschwerpunkt. Deutl. lassen sich die Silicatquellfluren (↗*Cardamino-Montion*) von den Kalkquellfluren (↗*Cratoneurion commutati*) unterscheiden.

Montmaurin [moñmoräñ], Höhle v. M., Fundstelle (Hte. Garonne/S-Fkr.) eines menschl. Unterkiefers aus der letzten od. vorletzten Zwischeneiszeit, der zeitl. und morpholog. zw. dem ↗*Homo erectus* (archaischen *Homo sapiens*) u. dem ↗Neandertaler vermittelt. [wächse.

Montrichardia w, Gatt. der ↗Aronstabgewächse.

Moor, Ökosystem mit wenigstens teilweise torfbildender Vegetation an feuchtem Standort (↗Feuchtgebiete) über ↗*Torf*. Haupt-M.typen sind: *Hoch-M.* (engl. bog; Moos, Filz) u. *Nieder-M. (Flach-M.;* engl. fen; Ried, Fehn, Bruch). Hoch-M.e sind *ombrotroph*, d. h. v. Regen, Schnee, darin gelösten Stoffen u. Staub (u. a. Pollen), die auf ihre Oberfläche fallen, abhängig. Nieder-M.e sind *minerotroph*, d. h., Wasser war in Kontakt zu Böden od. Gestein, bevor es den Torfkörper erreicht; daher sind saure bis basische, oligo- bis eutrophe Bedingungen mögl. Die Grenze zw. Hoch-M. und Nieder-M. wird durch die äußersten Vorkommen v. *Mineralbodenwasserzeigern* (z. B. *Menyanthes trifoliata, Molinia coerulea*) markiert (sog. *MBWZ-Grenze*). *Übergangs-M.e (Zwischen-M.e)* haben hochmoorart. Vegetation mit einigen eingesprengten Nieder-M.arten und M.bäumen. – Nieder-M.e entstehen bei der Verlandung v. Seen (verschiedene Stadien, z. B. Röhricht, Großseggenbestände, Kleinseggenrieder, Schwingrasen, d. h. schwimmende Torfmoosdecken), durch Torfakkumulation in feuchten Wäldern u. in Quellsümpfen. Wölbt sich das M. durch das Wachstum der Torfmoose auf, nimmt der Einfluß des Grundwassers ab, u. die Entwicklung zum Hoch-M. setzt ein. Auf armen Böden (z. B. ↗Stagnogley) stellt sich rasch hochmoorart. Vegetation ein. – M.e entstehen v. a. in Gebieten mit niederschlagsreichem u. kühlem Klima. Die eur. M.e mit Hoch-M.anteil gliedern sich in: ↗*Palsen-M.e* der Tundren- u. Waldtundrenzone, ↗*Aapa-M.e* der Taigazone, echte ↗*Hoch-M.e*, ↗*Decken-M.e* im ozean. W, *Plateau-* u. ↗*Waldhoch-M.e* im kontinentaleren O. Bes. im N und O ist die Torfdecke in Erhebungen (Palsen, Stränge, Bulten) u. Senken (Schlenken, Rimpis) strukturiert. Ein zykl. Wechsel zw. Bulten u. Schlenken, wie er in der sog. Regenerationshypothese angenommen wurde, konnte in zahlr. M.en nicht nachgewiesen werden. Da in den Torfen Pollen u. pflanzl. Großreste konserviert sind, geben M.e Aufschluß über die nacheiszeitl. Vegetationsentwicklung (↗Pollenanalyse). Intakte wachsende M.e sind heute in Dtl. sehr selten. ⬛ Bodenzonen.

Moorantilopen ↗Wasserböcke.

Moorbeere ↗*Vaccinium*.

Moorbinse, *Isolepis*, kleine, taxonomisch unklare Gatt. (Arten häufig zu *Scirpus* od. *Schoenoplectus* gestellt) der Sauergräser, in Dtl. mit 2 Arten vertreten. Die Gatt. besitzt höchstens 5 mm lange Ährchen mit zwittr. Blüten. Bei der Borsten-M. *(I. setacea)* bilden mehrere Ährchen scheinbar seitenständ. Köpfchen; wächst in nur wenige cm hohen Horsten – als Pionierart v. a. in Zwergbinsen-Ges. Die Flut-M. od. Flutende M. *(I. fluitans)* mit kriechendem Stengel u. einzelnen, lang gestielten, blattachselständ. Ährchen ist kosmopolit. ozeanisch verbreitet; wächst in Heidetümpeln u. Moorgräben; nach der ↗Roten Liste „stark gefährdet".

Moorböden, organ. Böden, deren Humushorizont mindestens 30 cm, oft mehrere Meter mächtig ist u. die mindestens 30%, meist wesentl. mehr organ. Substanz enthalten, da der mikrobielle Abbau der Streu durch Wasserüberschuß, d. h. Luftmangel, gehemmt ist u. daher ↗*Torf* akkumuliert werden kann. M. haben mit 80–95% Porenvolumen eine hohe Wasserkapazität, sind aber meist wassergesättigt. ↗Bodenentwicklung, ↗Moor; ⬛ Bodenzonen, ⊞ Bodentypen.

Moorbrandkultur, *Moorbrandwirtschaft*, altes Verfahren der ↗Brandkultur zur Ge-

---

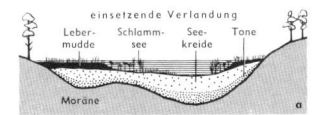

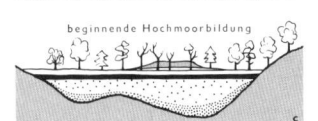

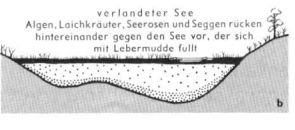

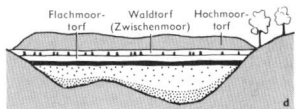

Moor

a und b Entstehung eines *Flach-M.es* aus einem Moränensee; c und d Entstehung eines *Hoch-M.es* aus dem Flach-M.

Moor

Moorvegetation: In Hoch-M.en ↗*Oxycocco-Sphagnetea*; in Schlenken ↗*Scheuchzerio-Caricetea nigrae* (z. B. *Caricetum limosae*) In Nieder-M.en Röhrichte des ↗*Phragmition*, ↗*Magnocaricion*; ↗*Cladietum marisci*; saure Braunseggen-Flach-M.e (↗*Caricetalia nigrae*), Kalkflach-M.e (↗*Tofieldietalia calyculatae*), M.wälder.

winnung v. Acker- u. Weideland auf ↗Hochmooren (z. B. Hafer- u. Buchweizenanbau). Dabei wird das Moor oberflächl. entwässert, aufgehackt, gebrannt u. die Asche eingepflügt.

Moordeckkultur, eine Flach-↗Moorkultur, bei der das Moor nach Entwässerung u. Einebnung mit Sand bedeckt, evtl. gedüngt u. zur Vermischung mehrmals gepflügt wird.

Moore [mu^{er}], *Stanford,* am. Biochemiker, * 4. 9. 1913 Chicago, † 23. 8. 1982 New York; seit 1952 Prof. in New York; Arbeiten über den räuml. Aufbau u. die Wirkungsweise v. Enzymen; erhielt 1972 zus. mit C. B. Anfinsen und W. H. Stein den Nobelpreis für Chemie für die Strukturaufklärung des Enzyms Ribonuclease.

Mooreiche, Bez. für sehr lange in Wasser od. Mooren gelegenes Eichenholz, das infolge natürl. Imprägnierung (Verbindung v. Gerbsäuren mit Humin). Huminsäurevorstufen) dunkelgrau bis blauschwarz gefärbt ist u. als Furnier- u. Schnittholz für Möbel geschätzt wird. Neigt bei Trocknung allerdings zur Rißbildung.

Mooreidechse, die ↗Bergeidechse.
Moorfrosch, *Rana arvalis,* ↗Braunfrösche.
Moorgelbling, *Colias palaeno,* ↗Weißlinge.
Moorglöckchen, *Wahlenbergia,* Gatt. der ↗Glockenblumengewächse.
Moorkarpfen, *Carassius carassius,* ↗Karauschen.
Moorkultur, Umwandlung v. ↗Moor in landw. nutzbaren Boden. Die verschiedenen Verfahren (vgl. Tab.) wenden u. a. Entwässerung, Abtorfung, Umbruch u. Düngung an. Durch den Rückgang v. Moorgebieten in Dtl. steht die M. heute im Widerspruch zu Naturschutzzielen.
Moortönnchen, *Amphitrema,* Gatt. der ↗Testacea. [↗Ledo-Pinion.
Moorwälder ↗Betulion pubescentis,
Moorweiden-Gebüsche, *Salicion cinereae,* Verb. der ↗Alnetea glutinosae.
Moosbeere, *Oxycoccus,* in Eurasien und N-Amerika verbreitete Gatt. der Heidekrautgewächse, die oft mit der Gatt. *Vaccinium* vereint wird, sich v. dieser jedoch durch die 4 (5) tief geteilten, zurückgeschlagenen Kronblätter u. frei herausragenden Antheren ihrer Blüte unterscheidet. Bekannteste Art ist die auf Hochmoor-Bulten, in Torfmoospolstern u. Zwischenmooren wachsende Gewöhnl. M., *O. vulgaris (O. palustris, O. quadripetalus* od. *Vaccinium oxycoccus).* Sie wächst als niederliegender, immergrüner Halbstrauch mit weit kriechendem, dünnem Stengel, sehr kleinen, eiförm.-längl., oberseits dunkelgrünen, unterseits bläul. bereiften (xeromorphen) Blättern sowie nickenden, langgestielten, hellroten Blüten. Ihre tiefroten, kugel- bis birnenförm., saftigen Früchte (mehrsamige Beeren) werden bis zu 1,5 cm dick u. enthalten reichl. Vitamin C. Als begehrte Wildfrüchte werden sie

S. Moore

Moorkultur
Kulturverfahren:
↗Moorbrandkultur,
↗Fehnkultur, ↗Deutsche Hochmoorkultur, ↗Sandmischkultur auf Hochmooren;
↗ Schwarzkultur,
↗Moordeckkultur auf Flachmooren

Moosbeere
(Oxycoccus vulgaris)

entweder roh od. zu Marmelade, Kompott, Saft od. Likör verarbeitet genossen. B Europa VIII.

Moose, *Bryophyta,* Abt. des Pflanzenreiches, umfaßt die beiden Kl. der ↗Leber-M. *(Hepaticae)* u. der ↗Laub-M. *(Musci).* Die M. sind grüne, thallophytische ↗Landpflanzen, die i. d. R. kein Stütz- u. Leitgewebe ausbilden. Sie haben noch keinen regulierbaren Wasserhaushalt wie die „echten" Landpflanzen (Farne u. Samenpflanzen) u. sind deshalb überwiegend an feuchte Standorte gebunden. Nur einige wenige Arten sind austrocknungsfähig u. können, wie z. B. *Tortula desertorum,* in den transkaspischen Wüstengebieten od., wie einige Leber-M. der Gatt. *Riccia,* in der Karroo-Wüste S-Afrikas gedeihen. Einige Arten sind sekundär wieder zum Wasserleben übergegangen. Im Ggs. zu den ↗Algen sind bei den M.n die Gametangien u. Sporangien mehrzellig. Das ♀ Gametangium, das ↗ *Archegonium* (☐), besteht aus einer Hülle steriler Wandzellen, die im bauchig erweiterten basalen Teil eine Eizelle umschließen, u. in dem sich darüber flaschenhalsartig verjüngenden Teil einer Reihe steriler Zellen, bestehend aus einer Bauchkanalzelle u. mehreren Halskanalzellen. Das keulenförmige ♂ Gametangium, das ↗ *Antheridium,* ist kurz gestielt; die geschlechtszellbildenden, spermatogenen Zellen sind ebenfalls v. einer sterilen Zellwandschicht umgeben (B 34). Im *Sporangium* (Sporogon, Kapsel) liegt das sporenbildende Gewebe, das ↗Archespor, vielfach um einen zentralen Komplex steriler Zellen, die ↗Columella (☐). Die Sporangienwand ist mehrschichtig. – *Entwicklung der M.:* In ihrer Individualentwicklung durchlaufen die M. einen heterophasischen, heteromorphen, d. h. einen mit Kernphasen- u. Gestaltwechsel verbundenen ↗Generationswechsel (B 35). Die einzellige haploide Moosspore wächst zu einem Gametophyten aus, der entweder band- bis lappenförmig od. fädig-verzweigt ist. Letzteres ist bei den Laub-M.n die Regel. Hierbei entwickeln sich aus einzelnen Zellen dieses fädigen Protonemas blatt- u. sproßartig gegliederte, vielfach aufrechte Thalli, die die eigtl. Moospflanze bilden. Auf den Gametophyten werden an den Spitzen der Haupt- od. Seitentriebe die Geschlechtsorgane in Gruppen zusammenstehend („Moosblüte") angelegt. Die M. sind entweder getrenntgeschlechtlich (diözisch) od. gemischtgeschlechtlich (monözisch). Im letzten Fall können beide Geschlechtsorgane in *einer* „Moosblüte" vereint sein, was als synözisch bezeichnet wird, oder sie liegen getrennt auf verschiedenen Trieben des gleichen Gametophyten; man spricht dann von autözischen M.n. Mitunter ist mit der Diözie auch ein Geschlechtsdimorphismus verbunden (z. B. bei den Gatt. *Buxbaumia* od. *Macro-*

MOOSE I–II

Marchantia polymorpha

Gametangienträger

Assimilationsgewebe
Speicherzellen
Rhizoide (einzellig)
Ventralschuppe (mehrzellig)
Atemöffnung

Das *Lebermoos, Marchantia polymorpha*, besitzt einen gabelig verzweigten vielschichtigen Thallus. Die Geschlechtsorgane *(Gametangien)* sind bei diesen auf lang gestielten, schirmartigen Thallusauswüchsen *(Gametangienträger)* angelegt. Die männlichen Geschlechtszellen werden durch zerspritzende Regentropfen zu den auf anderen Schirmen (getrenntgeschlechtlich) gelegenen Eizellen übertragen. Der Thallus selbst weist eine für Moose hohe Gewebedifferenzierung auf. Der Gasaustausch erfolgt über kaminartige Atemöffnungen. Rhizoide und Ventralschuppen dienen zur Wasser- und Nährsalzaufnahme.

Assimilatoren
Sporenkapsel

Die *Torfmoose (Sphagnum)* bilden in Hochmooren dichte, büschelartige Polster. Durch allmähliches Absterben der Pflanze von unten herauf werden Seitentriebe vom Ursprungstrieb abgelöst und können als selbständige Pflanzen weiterwachsen. Die Torfmoose sind sehr empfindlich gegen Austrocknung; deshalb dienen große tote Zellen in den einschichtigen Blättchen als Wasserspeicher.

assimilierende Zellen
wasserspeichernde Zellen

Sporenkapsel
wasserleitende Zellen

Der *Widerton (Polytrichum commune)* ist eines der morphologisch am höchsten entwickelten *Laubmoose*. Die Moosstämmchen können über 10 cm groß werden und besitzen im Inneren einige langgestreckte Zellen zur Wasserleitung. Die mehrschichtigen Blätter tragen auf ihrer Oberseite kurze, chloroplastenreiche Zellsäulchen *(Assimilatoren)*. Bei Trockenheit rollen sich die Blättchen ein, so daß die dünnwandigen assimilierenden Zellen nicht austrocknen.

Sphagnum

Polytrichum commune

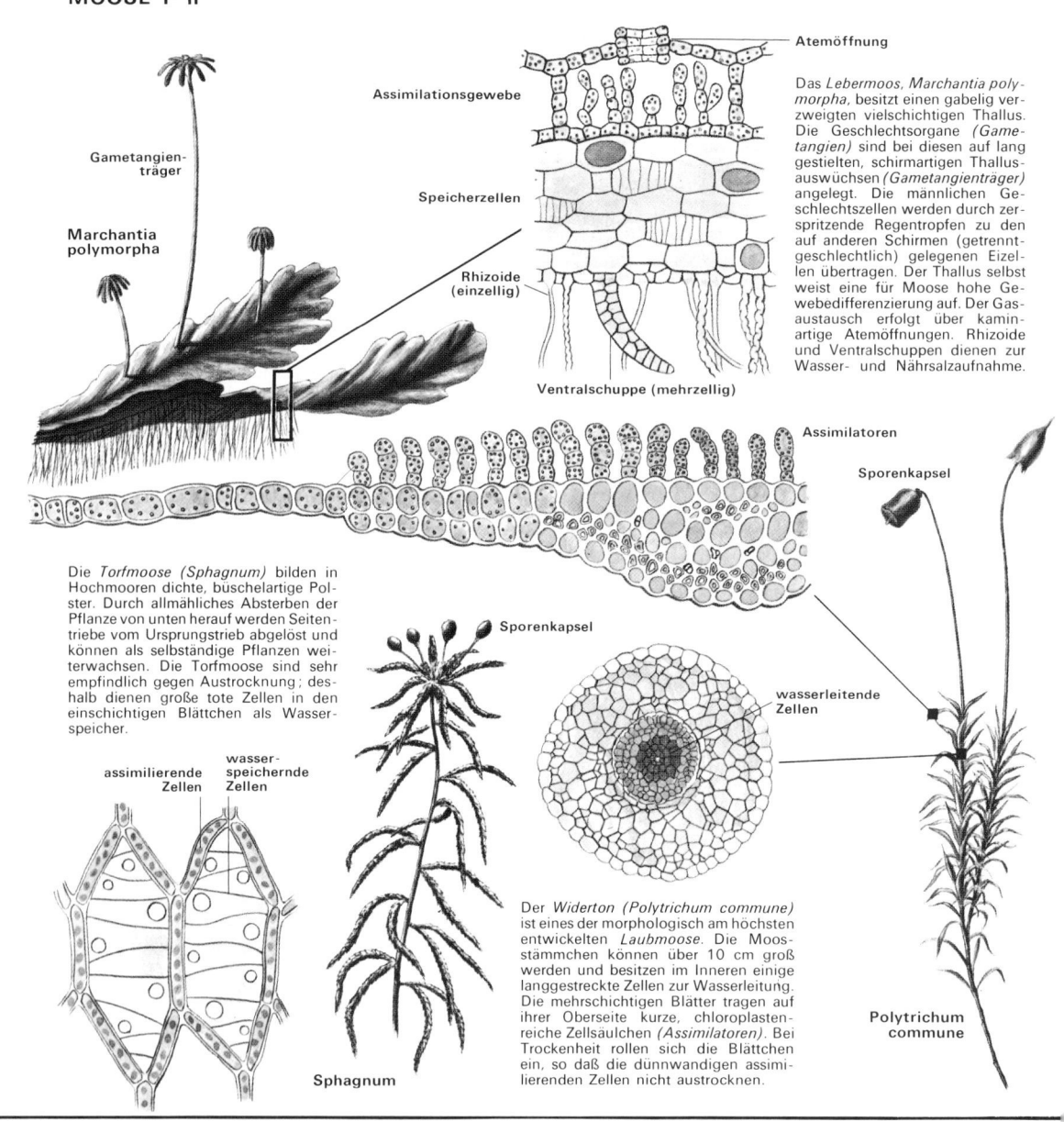

mitrium). – Für die Übertragung der ♂ Gameten ist bei den M.n noch liquides Wasser erforderl. (meist zerspritzende Regentropfen). Nach erfolgter Befruchtung entwickelt sich ohne Ruhepause die befruchtete Eizelle (Zygote) zum diploiden Sporophyten. Dieser wird nicht selbständig, sondern verbleibt zeitlebens auf dem Gametophyten u. wird v. diesem ernährt. Anfangs wächst der junge Sporophyt im Schutz der sich etwas vergrößernden Archegoniumwandung (↗ Embryotheka) heran, bis – nach weiterer Streckung des Sporophyten – diese auseinanderreißt u. der obere Teil als häubchenart. ↗ Calyptra auf dem sich entwickelnden Sporogon verbleibt. Der fertige Sporophyt besteht aus dem Sporangium (Sporogon), einer mehr od. weniger langen stielart. Seta u. dem Haustorium (↗ Haustorien), einem Gewebe, mit dem der Sporophyt im Gametophyt verankert ist. – In Verbindung mit meiot. Teilungen gehen aus Archesporzellen die (Meio-)Sporen hervor, die vielfach in Tetraden vereint bleiben. Die Verbreitung der Sporen erfolgt nach Aufreißen des Sporogons meist durch den Wind. – Eine ↗ asexuelle Fortpflanzung durch ein- od. mehrzellige ↗ Brutkörper ist selten; allg. aber zeichnen sich die Mooszellen durch eine hohe Regenerationsfähigkeit aus, so daß aus kleineren Thallusbruchstücken neue Pflanzen entstehen können. Eine Anpassung ans Landleben ist auch die Ausbildung v. Rhizoiden, die sowohl zur Verankerung wie auch zur Wasseraufnahme dienen. Lignifizierte Wasserleit- u. Stützelemente sind nur in wenigen (unsicheren) Fällen nachgewiesen. Einige höhere Laub-M. haben ein zentrales Leitungssystem entwickelt (z. B. *Polytrichum*), ansonsten erfolgt der Wassertransport bei den meisten M.n, insbes. den Laub-M.n, kapillar in den Räumen zw. Stämmchen u. Blättchen. (Auf dieses äußere Wasserleitsystem wies erstmals K. F. ↗Schimper hin.) Eine Cuticula ist allg. nur schwach entwickelt. – Ökologische Bedeutung der M.: Eine nicht zu überschätzende Bedeutung, bes. in den Wäldern, haben die M. als Wasserspeicher. Sie können z. T. das 6–7fache ihres Gewichts an Wasser festhalten und allmähl. an den Boden abgeben. Viele Arten sind gute Standortanzeiger (↗Bodenzeiger), u. a. für Feuchtigkeit u. Säuregrade der Böden. Einige Formen können auch als Erstbesiedler (Pionierpflanzen, ↗Erstbesiedlung) auf nackten Böden u. Gesteinen gedeihen. Eine bes. Bedeutung haben die ↗Torfmoose als Torfbildner. – *Evolution der M.:* Wegen ihrer schlechten Fossilisierbarkeit ist wenig über M. früherer Erdperioden bekannt. Man nimmt heute an, daß die M. sich vor ca. 400–450 Mill. Jahren aus grünen Algen (mit Generationswechsel) der Gezeitenzone entwickelt haben. Aus dem oberen Karbon wurden die lebermoosähnl. kleine Gatt. *Hepaticites* und laubmoosähnl. Formen, die Gatt. *Muscites,* beschrieben. Aus dem Perm (Kusnezkbecken, UdSSR) wurden in Kohleschichten zahlr. fossile Laub-M. gefunden, darunter 9 bisher unbekannte Arten, während andere Arten rezenten Gatt. *(Mnium, Bryum)* od. rezenten Torf-M.n ähneln. Aus dem Mesozoikum sind wenige fossile M. bekannt, hingegen aus dem Tertiär, insbes. dem Miozän, viele. Die fossilen M. aus dem Pliozän ähneln den heutigen derart, daß sie mit ihnen als artidentisch angesehen werden. Die Zahl der rezenten Moosarten wird auf ca. 25 000 geschätzt; davon entfallen ca. 10 000 auf die Leber-M., 15 000 auf die Laub-M. *R. B.*

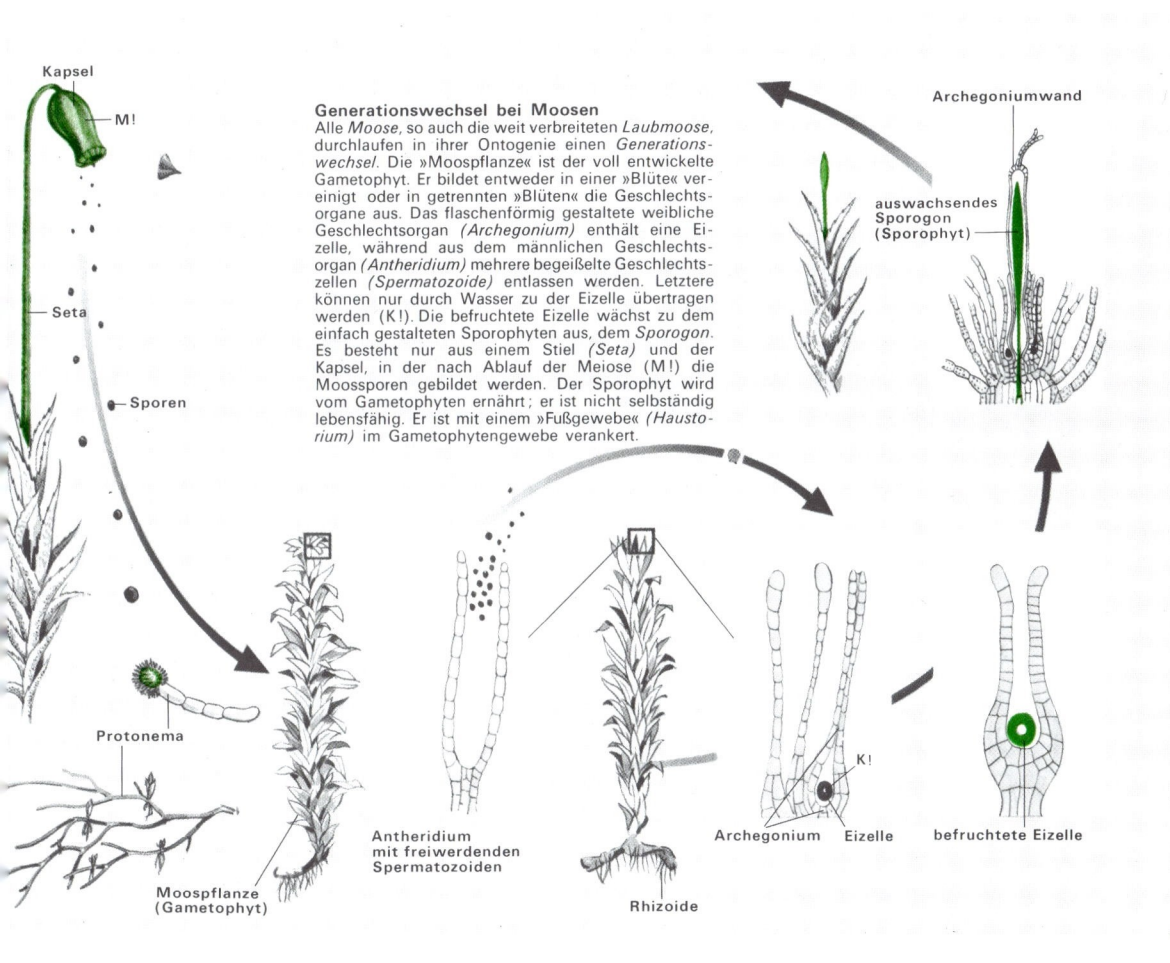

Generationswechsel bei Moosen
Alle *Moose*, so auch die weit verbreiteten *Laubmoose*, durchlaufen in ihrer Ontogenie einen *Generationswechsel*. Die »Moospflanze« ist der voll entwickelte Gametophyt. Er bildet entweder in einer »Blüte« vereinigt oder in getrennten »Blüten« die Geschlechtsorgane aus. Das flaschenförmig gestaltete weibliche Geschlechtsorgan *(Archegonium)* enthält eine Eizelle, während aus dem männlichen Geschlechtsorgan *(Antheridium)* mehrere begeißelte Geschlechtszellen *(Spermatozoide)* entlassen werden. Letztere können nur durch Wasser zu der Eizelle übertragen werden (K!). Die befruchtete Eizelle wächst zu dem einfach gestalteten Sporophyten aus, dem *Sporogon*. Es besteht nur aus einem Stiel *(Seta)* und der Kapsel, in der nach Ablauf der Meiose (M!) die Moossporen gebildet werden. Der Sporophyt wird vom Gametophyten ernährt; er ist nicht selbständig lebensfähig. Er ist mit einem »Fußgewebe« *(Haustorium)* im Gametophytengewebe verankert.

Moosfarnartige, *Selaginellales,* Ord. krautiger, heterosporer Bärlappe mit Ligula und i. d. R. anisophyllen Sprossen; hierher nur die beiden Fam. ↗ Moosfarngewächse *(Selaginellaceae)* und ↗ *Miadesmiaceae* (nur Oberkarbon).

Moosfarngewächse, *Selaginellaceae,* Fam. der ↗ Bärlappe (Ord. ↗ Moosfarnartige, *Selaginellales*) mit der einzigen rezenten Gatt. *Selaginella* (Moosfarn) u. etwa 700 v. a. tropisch verbreiteten Arten; fossil mit den Gatt. *Selaginellites* u. *Sellaginella* ab dem Oberkarbon belegt. Die M. sind krautig u. besitzen kriechende od. aufrechte, anisotom-dichotom verzweigte u. meist anisophyll, dekussiert 4zeilig beblätterte Sproßachsen, deren Leitbündel z. T. Treppentracheen enthalten; an den Gabelungsstellen entspringen Rhizophore (Wurzelträger), die am distalen Ende Wurzelbüschel hervorbringen. Die typ. mikrophyllen Blätter tragen eine (z. T. mit Tracheiden in Verbindung stehende u. daher wohl der Wasseraufnahme dienende) Ligula. Kennzeichnend für die M. ist eine ↗ Heterosporie mit stark reduzierten Prothallien. Die Mikro- u. Megasporophylle stehen in monoklinen-monözischen Blütenzapfen u. besitzen jeweils nur 1 Sporangium, wobei das Megasporangium 4 Megasporen, das Mikrosporangium zahlr. Mikrosporen enthält. Die Entwicklung der Prothallien verläuft vollständig innerhalb der Sporenmembran. Das Mikroprothallium besteht aus 8 wandständigen Zellen und 2–4 zentralen Zellen, aus denen die 2geißligen Spermatozoiden hervorgehen. Das weniger stark reduzierte Megaprothallium bildet an der Aufreißstelle der Sporenmembran einige Rhizoidbüschel u. Archegonien. Bei einigen Formen kann die Entwicklung sogar bis zur Embryobildung noch auf der Mutterpflanze u. im Megasporangium erfolgen (Tendenz zur Samenbildung). – Systematisch wird *Selaginella* in die U.-Gatt. *Homoeophyllum* (50 Arten, Sprosse isophyll) u. *Heterophyllum* (650 Arten, Sprosse anisophyll) untergliedert. Die meisten Formen leben am Boden an feuchten Stellen der subtrop. und trop. Wälder, manche sind Epiphyten od. Kletterpflanzen, u. es existieren selbst einige besonders trockenheitsresistente Arten. So rollt sich die in Kalifornien, Texas u. Mexiko beheimatete „Auferstehungspflanze" *(S. lepidophylla)* bei Trockenheit ein u. nimmt bei Regen, auch noch nach Jahren, das Wachstum wieder auf. Von den 5 in Europa vorkommenden Arten gehört nur der Dornige Moosfarn *(S. selaginoides)* mit noch undeutl. abgesetzter Sporophyllähre zur U.-Gatt. *Homoeophyllum.* Er wächst als arkt.-alpines Element in der alpinen bis subalpinen Stufe auf meist kalkalb. Böden in Rasen-Ges. und Quellmooren; wie die Pollenanalyse belegt, war die Art in den späteiszeitl. Tundren in Mitteleuropa weit

Moosfarngewächse
Moosfarn *(Selaginella),* W = Wurzelträger

Moostierchen
U.-Kl.
PHYLACTO-
LAEMATA
(= LOPHOPODA),
Armwirbler,
Süßwasser-M.

4 Fam.

↗ *Cristatella*
↗ *Fredericella*
↗ *Hyalinella*
↗ *Lophopus*
↗ *Pectinatella*
↗ *Plumatella*

U.-Kl.
GYMNOLAEMATA
i. w. S.
(= STELMATO-
PODA), Kreiswirbler,
Meeres-M.

ca. 100 Fam.

verbreitet. Der Schweizer Moosfarn *(S. helvetica;* U.-Gatt. *Heterophyllum)* kommt im alpinen bis präalpinen Bereich Europas u. im mittleren O-Asien in Kalk-Magerrasen u. an beschatteten Felsen vor. V. M.

Moosglöckchen, Erdglöckchen, *Linnaea,* nur die Art *L. borealis* umfassende Gatt. der Geißblattgewächse. Bis ca. 20 cm hoher Halbstrauch mit fadenförm., kriechendem Stengel, kleinen rundl., am Rande leicht gekerbten Blättern sowie duftenden, meist zu zweien an langen, aufrechten Stielen nickenden, blaßrosa Blüten mit glockiger, 5lapp. Krone. Charakterist. Art des nördl. Nadelwaldgürtels mit Hauptverbreitung in den kühl-gemäßigten und subarkt. Gebieten Europas, Asiens u. Amerikas sowie den Hochgebirgen der nördl. Hemisphäre. In Mitteleuropa nur sehr selten in moosreichen Nadelwäldern anzutreffen, wird *L. borealis* nach der ↗ Roten Liste als „potentiell gefährdet" eingestuft. B Europa IV. [↗ Segellibellen].

Moosjungfern, *Leucorrhinia,* Gatt. der
Moosmücken, 1) *Cylindrotomidae,* Fam. der Mücken, auch als U.-Fam. der Stelzmücken aufgefaßt. Die M. sind ca. 15 mm groß u. ähneln mit ihren langen Beinen u. einem langen, schmalen Hinterleib den Schnaken aus der Fam. *Tipulidae.* Die Eier einiger Arten werden an die Blättchen v. Moosen gelegt, von denen sich die Larven ernähren. 2) *Heteropezidae,* Fam. der Mücken, auch als U.-Fam. der Gallmücken aufgefaßt; nur ca. 15 Arten in Europa. Die Imagines sind klein u. unscheinbar. Die Larven können unter bestimmten Ernährungsbedingungen parthenogenet. wieder Larven hervorbringen (Pädogenese). Die Larven der meisten Arten ernähren sich v. Pilzmycel. [↗ Rose.

Moosrose, ↗ Sorten von *Rosa centifolia.*
Moosschraube, *Chondrina avenacea,* ↗ *Chondrina.*

Moosskorpione, die Gatt. ↗ *Neobisium.*
Moosstärke, das ↗ *Lichenin.*
Moostierchen, *Bryozoa,* Bryozoa ectoprocta, Ectoprocta, Polyzoa, sessile Metazoen, die als Strudler im Meer od. Süßwasser Kolonien (Zoarien) bilden, die meist aus Tausenden v. Individuen (Zoiden) bestehen; wegen der geringen Größe der Zoide (oft unter 1 mm) sind die Kolonien meist nur einige cm groß. Es sind bisher etwa 4000 rezente und ca. 15 000 fossile Arten bekannt. M. bilden als Klasse zus. mit den Armfüßern (↗ Brachiopoden) u. Hufeisenwürmern (↗ Phoronida) den Stamm ↗ *Tentaculata.*

Körperbau (☐ 38): Der Körper ist äußerl. in Polypid u. Cystid gegliedert. Das *Polypid* besteht aus Tentakelkranz (hufeisenförmig od. kreisförmig angeordnete Tentakel auf dem Lophophor = Tentakelträger), ↗ *Epistom* („Oberlippe") u. dem U-förmig gebogenen Darm. Das *Cystid* sitzt mehr od. weniger breit dem Substrat

(Steine, Muschelschalen, Krebspanzer, Tange, Seegras usw.) bzw. den benachbarten Cystiden auf. Bei vielen M. ist die v. der Cystid-Epidermis abgeschiedene chitinige Cuticula durch z. T. starke Kalk-Einlagerungen versteift, so daß ein festes Gehäuse, das Zo(o)ecium, entsteht. Ein bes. Abschnitt der Cystid-Wand ist bei der Ord. *Cheilostomata* zu einem Deckel umgewandelt (Operculum, analog zu dem der Vorderkiemer). Ein starker Rückziehmuskel kann das gesamte Polypid in das Cystid zurückziehen. Als Antagonist wirkt die gesamte Körperwandmuskulatur, bei deren Kontraktion eine Erhöhung des Binnendrucks u. dadurch ein Ausstrecken des Polypids erfolgt. Bei Arten mit verkalktem Gehäuse sind andere Mechanismen entwickelt, am kompliziertesten bei der U.-Ord. *Ascophora* (☐ 38): hier wird der Binnendruck im Cystid indirekt dadurch erhöht, daß Muskeln einen „Wassersack" (Ascus, steht mit dem umgebenden Meerwasser in offener Verbindung) erweitern. – Das *Coelom* füllt den gesamten Raum zw. Körperwand u. Darm aus. In Anlehnung an die Situation bei den ↗ *Phoronida* wird es als trimeres Coelom gedeutet (↗ Archicoelomata, ↗ Enterocoeltheorie, ☐): 1) winziges Protocoel im ↗ Epistom, jedoch nicht vom Mesocoel abgetrennt; 2) kleines Mesocoel an der Basis der Tentakelkrone, zieht auch in den Lophophor u. von dort in jeden einzelnen Tentakel; 3) großes Metacoel, erfüllt das übrige Polypid u. das gesamte Cystid; das Dissepiment zw. Meso- u. Metacoel ist durchbrochen; vom Mesocoel führt ein Supraneuralporus nach außen, es besteht also wie bei Stachelhäutern eine Verbindung zw. Coelomflüssigkeit u. Meerwasser. – Der Rest eines Mesenteriums ist der ↗ *Funiculus*, der als Strang vom Magenblindsack zur Cystid-Basis zieht u. dessen winziges Lumen neuerdings als Rest eines Blutgefäßes gedeutet wird. Ansonsten *fehlen Blutgefäße* ebenso wie *Nephridien*. Bei manchen M. werden am Magen Abfallstoffe gesammelt, das gesamte Polypid degeneriert zum „Braunen Körper", u. ein aus einer Knospe neu gebildetes Polypid befördert alles nach außen, d. h. eine bes. Form der *Exkretion*. Die *Atmung* erfolgt bei Arten ohne Gehäuse über die gesamte Körperwand, ansonsten nur über die zarthäut. Abschnitte (Tentakel, Ascus). Das *Nervensystem* besteht aus einem Zentrum („Ganglion") zw. Mund u. After, einem Nervenring um den Mund (mit abzweigenden motor. und sensor. Nerven in die Tentakel) u. einem Nervennetz unter der Epidermis. *Sinnesorgane* fehlen den erwachsenen Tieren; bei einigen Larven gibt es Augenflecken.

Fortpflanzung: a) *sexuelle Fortpflanzung:* Die meisten M. sind ♂; die Keimzellen entwickeln sich am Coelomepithel: die ♂ am Funiculus, die ♀ an der Cystidwand. Oft fehlt ein eigtl. Hoden; die frühen Spermatogonien lösen sich vom Funiculus u. machen ihre weitere Entwicklung frei in der Coelomflüssigkeit durch (ähnl. bei den Ringelwürmern). Vom Metacoel gelangen die reifen Spermien ins Mesocoel u. in die Tentakelspitzen, wo sie durch feinste Poren nach außen dringen (bisher nur bei *Electra* u. wenigen anderen Gatt. untersucht); über einen modifizierten Supraneuralporus gelangen sie in ein anderes Individuum (im gewissen Sinne: innere Besamung ohne Kopulation). Bei anderen Gatt. wird das noch verformbare Ei durch den Supraneuralporus ins freie Meerwasser entleert od. in eine Aussackung am Cystid, in die Ovicelle, das O(o)ecium, transportiert. Dort findet Brutpflege mit z. T. Placenta-artigen Strukturen statt. Bisweilen wandelt sich auch das ganze Individuum zu einem Gonozoid um. Bei den *Stenostomata* tritt Polyembryonie auf. Eine ↗ *Cyphonautes*-Larve gibt es bei mehreren Gatt. der *Ctenostomata* u. *Cheilostomata*; es ist eine Trochophora-artige Larve mit folgenden Sondermerkmalen: birnenförmiges Organ, ein bes. Haftorgan, zwei seitl. Schalenklappen, ohne Coelome, ohne Nephridien. Andere Larven ohne Darm u. ohne Schalen sind davon ableitbar. Noch stärker abgewandelt sind die „Larven" der Süßwasser-M. (wie bei fast allen Süßwasser-Bewohnern sind die Primär-↗ Larven in der Stammesgeschichte reduziert worden): die ausschlüpfende „Larve" hat schon 2 Polypide u. ist somit bereits eine Kleinst-Kolonie! b) Die *asexuelle Fortpflanzung* ist bei M. bes. stark ausgeprägt, ganz allg. am Cystid od. an bes. Ausläufern, den Stolonen; diese Knospung ist überhaupt erst Voraussetzung für die Koloniebildung. Eine Sonderform sind die *Statoblasten* bei Süßwasser-M.: am Funiculus sammelt sich ektodermales u. mesodermales Gewebe, wird mit Hartsubstanz umgeben, z. T. auch noch mit Schwimmeinrichtungen u. Widerhaken. Die bohnen- od. linsenförm. Gebilde werden nach Absterben der Kolonie frei u. dienen der Überdauerung u. auch der passiven Ausbreitung durch Wasserströmung u. Vögel (Konvergenz zu der ↗ Gemmula der ↗ Schwämme); aus ihnen keimt nach Ablauf des Winters bzw. der Trockenperiode ein neues Individuum.

Polymorphismus: Auch wenn es kein durchgehendes Gastrovaskularsystem wie bei den Hydrozoen-Kolonien gibt, findet genügend Stoffaustausch zw. benachbarten Individuen statt, so daß neben den ↗ Autozoiden (normal gebaute Zoide) die schon erwähnten Gonozoide u. auch andere, darmlose ↗ Heterozoide auftreten können, z. B. die nur aus Cystid-Anteil bestehenden ↗ Kenozoide u. Rhizoide, die der Verankerung der Kolonie am Boden dienen. Bes. differenziert sind die zwei-

Moostierchen

A) STENOSTOMATA, Engmünder
Ord.:
Cystoporata †*
Cryptostomata †
Trepostomata †
  ↗ *Archimedes* †
  ↗ *Fenestella* †
  Leioclema
Cyclostomata
U.-Ord.
Articulata
(z. B. ↗ *Crisia*)
Cancellata
(↗ *Hornera*)
Cerioporina
(*Cerioropa* †,
Heteropora)
Rectangulata
(↗ *Lichenopora*)
Tubuliporina
(↗ *Tubulipora*)

B) GYMNOLAEMATA i. e. S.
(= Eurystomata, Cteno-Cheilostomata)
Ord. *Ctenostomata* (Kammünder)
U.-Ord.:
Alcyonellea
  Alcyonidium
  Flustrella (jetzt
  Flustrellidra)
  Paludicellea
  (Brack-
  u. Süßwasser)
  Nolella
  ↗ *Paludicella*
  Victorella
Stolonifera
  Amathia
  Bowerbankia
  ↗ *Monobryozoon*
  Triticella
  Vesicularia
  Walkeria
  Zoobothryon

Ord. *Cheilostomata* (Lippenmünder)
(„Lippe" = Operculum)

ca. 70 Fam.

U.-Ord.
Anasca
  Aetea
  ↗ *Bugula*
  Callopora
  Cellaria
  Conopeum
  Electra
  ↗ *Flustra*
  Lunulites †
  Membranipora
  (↗ Seerinde)
Ascophora
  Cellepora
  ↗ *Hippodiplosia*
  ↗ *Hippothoa*
  Myriapora
  (↗ *Myriozoum*)
  Retepora
  (= *Sertella*,
  ↗ Netzkoralle)
Cribrimorpha
(überwiegend †)

*† = ausgestorben

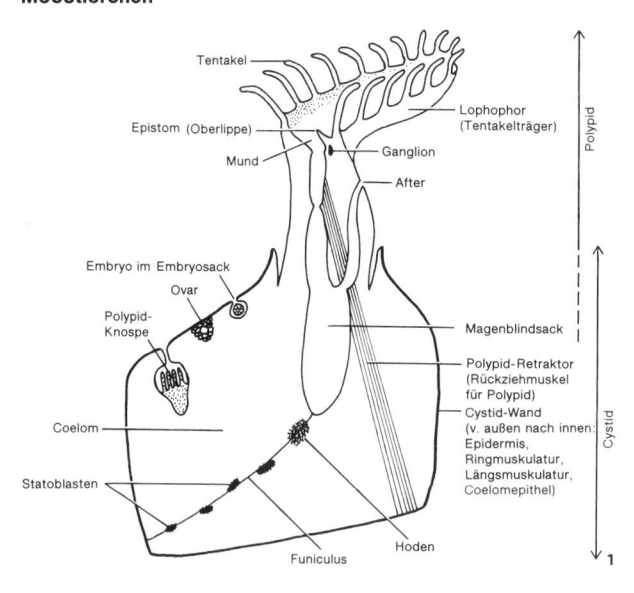

Moostierchen

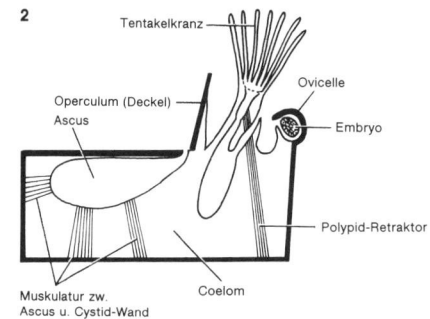

Moostierchen

1 *Süßwasser-M.* (U.-Kl. *Phylactolaemata*); 2 *Meeres-M.* (U.-Kl. *Gymnolaemata* i.w.S.): ein Vertreter aus der U.-Ord. *Ascophora* (Kontraktion der Muskeln am Ascus führt zur Erhöhung des Binnendrucks u. damit indirekt zum Ausstrecken des Polypids). 3 Beispiele für M.-Kolonien: **a** *Plumatella repens* (Einzeltier 2 mm) auf einem Stück Holz im Süßwasser; **b** *Bugula avicularia* (Kolonie 2 cm); **c** *Myriapora truncata* (bis 10 cm); **d** *Flustra foliacea* (bis 15 cm)

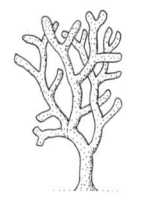

zoon treten M. nur als Kolonien auf; deren Größe liegt im Bereich v. Millimetern u. Zentimetern; wenige erreichen die Größenordnung v. einem Meter. Einige Typen v. Kolonie-Formen (vgl. Abb. 3): a) *klumpenförmig*, meist gallertig; hierzu gehören viele Süßwasser-M.; bei der Gatt. ↗ *Cristatella* kann sich die ganze Kolonie mit ihrer Kriechsohle langsam fortbewegen. Zu diesem Typ gehört auch das M. *Pectinatella magnifica*, das bis zu 1 kg schwere Kolonien bildet. (Ebenfalls gallertig ist das „Gallert-M." *Alcyonidium*, dessen Gesamtwuchsform jedoch mehr geweihartig ist.) – b) *krustenförmig*, wie eine Flechte flach dem Substrat anliegend. – c) *fein verzweigt* u. insgesamt an ein Moos erinnernd (daher der Name der ganzen Klasse). – d) *korallenartig:* Einige M. sind kaum v. Korallen *(Anthozoa)* zu unterscheiden, z.B. die Falsche Koralle *Myriapora* (↗ *Myriozoum),* ↗ *Hornera* u.a. (↗ Korallen 2). – e) *blattförmig*, z.B. Blätter-M. ↗ *Flustra*. System u. Verwandtschaft: In allen System-Vorschlägen sind die auf das Süßwasser beschränkten, nur 4 Fam. umfassenden Armwirbler (*Lophopoda, Phylactolaemata*, Tentakelkranz hufeisenförmig) eine gesonderte U.-Kl. (bzw. eigene Kl. bei solchen Autoren, die in den M. einen eigenen Stamm sehen). Die übrigen 100 Fam., die „Meeres-M.", deren Tentakel kreisförmig angeordnet sind, bilden die zweite U.-Kl., die Kreiswirbler (*Gymnolaemata* i.w.S., *Stelmatopoda*). In anderen Systemen gelten die *Stenostomata* u. die *Gymnolaemata i.e.S.* als eigene U.-Kl. ([T] 36, 37). Allgemein anerkannt ist die phylogenet. *Verwandtschaft* der M. mit den beiden anderen Tentakulaten-Klassen; die v.a. bei den *Phoronida* deutl. ausgebildete Trimerie der Coelome erleichtert es, das Epistom der Süßwasser-M. als Prosoma zu interpretieren. Probleme für die Phylogenetik ergeben sich aus dem Fehlen mancher Organsysteme (Kreislauf, Nephridien, Sinnesorgane), was zwar leicht als Folge der Verzwergung zu deuten ist, aber den Vergleich in diesen Organsystemen unmöglich macht. Manche Autoren greifen frühere Vermutungen über eine nähere Verwandtschaft mit den ↗ *Kamptozoa* (Bryozoa entoprocta) auf. Schließl. läßt das Vorkommen v. Lophophoren bei den ↗ *Pterobranchia* daran denken, daß vielleicht gewisse „Tentakulaten-Merkmale" ursprünglich für alle Archicoelomaten kennzeichnend waren.

Die *wirtschaftl. Bedeutung* der M. ist gering. ↗ *Paludicella* u.a. Gatt. können sich als „Leitungsmoos" in Wasserleitungen ansiedeln und diese ggf. verstopfen, analog zur ↗ Wandermuschel *Dreissena*. Als Aufwuchs auf Schiffen erhöhen M. genauso wie alle anderen auf festem Substrat siedelnden Tiere (z.B. Seepocken) u. Pflanzen den Reibungswiderstand.

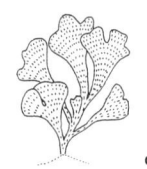

klappigen ↗ *Avicularien* (sog. „Vogelköpfchen"); ihre Zange ist eine Konvergenz zu den zwei- od. dreiklappigen ↗ Pedicellarien v. Seesternen u. Seeigeln. Der bewegl. Arm ist dem Operculum homolog, der unbewegl. Arm ist ein Auswuchs des übrigen Gehäuses. Bei *Vibracularien* ist das Operculum noch stärker abgewandelt: es bildet einen Stab, der zehnmal so lang wie das Cystid sein kann; das Polypid ist winzig u. fungiert nur noch wie eine Sinnesborste. Der lange steife Stab ist so bewegl. eingelenkt, daß er beinahe einen vollen Kreisbogen über die Kolonie-Oberfläche „fegen" kann. Avicularien u. Vibracularien haben wie Pedicellarien die Aufgabe, das Festsetzen v. anderen sessilen Tieren u. Algen zu verhindern.

Formenvielfalt: Abgesehen v. ↗ *Monobryo-*

Lit.: Ryland, J. S.: Bryozoans, London 1970. Ryland, J. S.: Bryozoa; in Parker, S. P.: Synopsis and Classification of Living Organisms, Bd. 2. New York 1982. Wollacott, R. M., Zimmer, R. L. (Hg.): Biology of Bryozoans. New York 1977. U. W.

Mopalia w, Gatt. der *Mopaliidae* (Ord. *Ischnochitonida*), Käferschnecken mit behaartem Gürtel, ohne Schuppen, oft intensiv gefärbt; 19 Arten in der Gezeitenzone des nördl. Pazifik.

Mopsfledermaus, *Barbastella barbastellus,* zu den Glattnasen (Fam. *Vespertilionidae*) rechnende Fledermaus-Art der gemäßigten Breiten Europas; schlank, Schnauze u. Ohren kurz u. breit (Name!); Kopfrumpflänge 4,5–5,5 cm. Die i. d. R. nicht gesellige M. lebt in bergig-bewaldetem Gelände, Parks u. Obstgärten. Sommerquartier: Baumhöhlen, Viehställe, Mauerrisse; Winterquartier: Keller, Felshöhlen. Nach der ↗Roten Liste „vom Aussterben bedroht".

Mopsköpfigkeit, Schädeldeformation, bei der Teile des Neurocraniums u. des Oberkiefers verkürzt u./od. gestaucht sind; kann z. B. bei Inzucht auftreten.

Mora w, Gatt. der ↗Hülsenfrüchtler.

Moraceae [Mz.; v. lat. morus = Maulbeerbaum], die ↗Maulbeergewächse.

Moraxella w [ben. nach dem frz. Arzt V. Morax, 1866–1935], Gatt. der ↗Neisseriaceae, gramnegative, unbewegl., Oxidase-positive Bakterien, stäbchenförmig (= U.-Gatt. *Moraxella*) od. kokkenförmig (= U.-Gatt. *Branhamella*), parasitisch auf Mensch u. Tier. Die häufig paarig auftretende *M. lacunata* (= *Diplobacterium Morax-Axenfeld*) verursacht eine chronisch infektiöse Bindehautentzündung (Blepharoconjunctivitis angularis), andere *M.*-Arten wurden v. Augen verschiedener Tiere isoliert (z. B. *M. bovis* u. Rind u. Pferd). *M. (Branhamella) catarrhalis* besiedelt hpts. den Nasenraum des Menschen; wurde auch v. Entzündungsherden z. B. der Nase u. des Mittelohrs isoliert.

Morbidität w [v. lat. morbus = Krankheit], *Erkrankungsrate,* Häufigkeit einer bestimmten Erkrankung in einem bestimmten Zeitabschnitt, bezogen auf die Gesamtbevölkerung.

Morbillivirus [v. lat. morbillus = kleine Krankheit], Gatt. der ↗Paramyxoviren.

Morchellaceae [Mz.; v. dt. Morchel], die ↗Morcheln.

Morcheln, *Morchelartige Pilze, Morchellaceae,* Fam. der *Helvellales* (Lorchelpilze) od. eigene Ord. *Morchellales,* fr. auch bei den *Pezizales* (Becherpilze) eingeordnet; ihre Vertreter gehören zu den morpholog. höchstentwickelten u. größten (30 cm u. höher) Schlauchpilzen. Der Fruchtkörper kann scheibenförmig *(Disciotis)* od. in einem hohlen Stiel mit Hut, glockenförmig *(Verpa)* od. kopfförmig *(Morchella)* gegliedert sein. Der Kopfteil geht mehr od. weniger direkt in den (jedoch deutl. abgegrenzten) Stiel über (ähnl. wie bei Hutpilzen). Die Fruchtschicht (Hymenium) ist auf der Hutaußenseite bei *Morchella* grubig-wabig, die Waben sind durch sterile Leisten an den Kanten getrennt (B Pilze I). Alle M. sind im fertilen Bereich gelbbraun-schwarzbraun gefärbt. Im Unterschied zu den Lorcheln enthalten die Ascosporen keine auffälligen Öltropfen. M. sind weltweit verbreitet, meist aber auf der nördl. Halbkugel. Da das Aussehen sich durch Umwelteinflüsse stark verändern kann, ist die Arteneinteilung z. T. umstritten. Sie erscheinen bereits im Frühjahr an graswachsenen Waldrändern, in lockerer Bodenstreu, Auenwäldern, Parkanlagen, Gebüschen, Böschungen u. Gärten, oft auf kalkhalt. Boden, u. können auch künstl. ausgepflanzt werden, bevorzugt in Obstgärten unter Apfel- u. Kirschbäumen. M. werden als aromat. Speisepilze (auch getrocknet) geschätzt. B Pilze IV. [ßen), die ↗Stachelkäfer.

Mordellidae [Mz.; v. lat. mordere = bei-
Mörderbiene, *Adansonibiene, Apis mellifera adansoni,* im trop. Afrika verbreitete U.-Art der Honigbiene; wie die Honigbiene gebaut u. gefärbt, jedoch mit rotgelbem Hinterleibsende; gilt als bes. stechlustig.

Mördermuschel, *Tridacna gigas,* ↗Riesenmuscheln.

Mörderwal, *Mordwal, Orcinus orca,* ↗Schwertwale. [gen.

Mordfliegen, *Laphria,* Gatt. der ↗Raubflie-
Mordraupen, Bez. für Larven einiger Schmetterlinge, die z. T. im Freiland, v. a. aber bei Zuchten unter bestimmten Umständen (Feuchtemangel, enge Behälter) zu Kannibalismus neigen; kommen bes. bei den ↗Eulenfaltern vor. [↗Reizker.

Mordschwamm, *Lactarius turpis* Fr.,
Mordwanze, *Rote M., Rhinocoris iracundus,* ↗Raubwanzen.

Morelia w, Gatt. der ↗Pythonschlangen.

Morgagni [-ganji], *Giovanni Battista,* it. Arzt, * 25. 2. 1682 Forlì, † 6. 12. 1771 Padua; seit 1711 Prof. in Padua; wurde mit seinem HW „De sedibus et causis morborum per anatomen indagatis" (2 Bde., Venedig 1761) zum Begr. der mikroskop. pathol. Anatomie.

Morgan [mår gen], *Thomas Hunt,* am. Biologe, * 25. 9. 1866 Lexington (Ky.), † 4. 12. 1945 Pasadena (Calif.); seit 1904 Prof. in New York (Columbia Univ.), 1928 Prof. in Pasadena, dort Gründung des Departments für Biol. am Calif. Inst. of Technology. Zunächst Arbeiten über marine Wirbellose u. in diesem Zshg. verschiedentl. Aufenthalte an eur. Meeresstationen (Helgoland, Neapel – Zusammenarbeit mit ↗Driesch); seit 1907 cytogenet. Versuche mit der Taufliege ↗*Drosophila melanogaster* (die er als heute nicht mehr wegzudenkendes Objekt in die Genetik einführte); entdeckte dabei die ↗Geschlechtschromosomen-gebundene Vererbung, die lineare Anordnung der Gene

---

Morcheln

Gattungen:

Disciotis (Flachmorchel, Morchelbecherling)

Verpa (Glockenmorchel, Verpel)

Ptychoverpa (Falten- od. Runzelverpel)

Mitrophora (Käppchen- od. Glockenmorchel)

Morchella (Morchel, Kopfmorchel)

Morcheln

Bekannte Vertreter der Gatt. *Morchella*

Speisemorchel (*M. esculenta*): ockergelber bis hellbrauner, eiförm. Kopf; März bis Mai; in lichten Wäldern

Spitzmorchel (*M. conica*): brauner, kegelförm. Kopf; auf Grasplätzen

Käppchenmorchel (*M. rimosipes* = *Mitrophora semilibera*): olivbraun, spitzkegelig bis glockig; mit freiem, vom Stiel abstehenden „Hut"-Rand; in lichten Wäldern

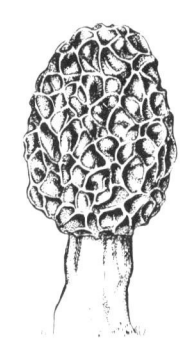

Morcheln

Speisemorchel (*Morchella esculenta*)

Morganella

auf den Chromosomen (B Chromosomen II) u. ermittelte ihre relative Lage zueinander mit der Methode des ⁊Crossing over (⁊Austauschhäufigkeit); veröff. 1911 die erste Chromosomenkarte v. *Drosophila;* erhielt 1933 den Nobelpreis für Medizin. Mit M. begann die Amerikanische Schule der modernen Genetik (⁊Bridges, H. J. ⁊Muller). B Biologie I.

Morganella *w* [ben. nach dem brit. Bakteriologen H. De Riemer Morgan, 1863 bis 1931], Gatt. der *Enterobacteriaceae* mit 1 Art, *M. morganii* (= *Proteus m.);* die Bakterien sind stäbchenförmig (Größe 0,6–0,7 × 1,0–1,7 µm), beweglich (peritriche Begeißelung), können fakultativ anaerob wachsen, vergären aber keine Lactose. Sie kommen im Darm v. Mensch, Hund, anderen Säugern u. Reptilien vor. Außerhalb des Darms können sie als opportunist. Krankheitserreger auftreten, bes. bei Infektionen des Urogenitaltrakts. Umstritten ist die Annahme, daß sie auch für (Kinder-)Diarrhöen verantwortl. seien.

Morgan-Gesetze, die v. der Arbeitsgruppe v. Th. H. ⁊Morgan gefundenen Gesetzmäßigkeiten über die Anordnung v. ⁊Genen auf ⁊Chromosomen: 1) Gene sind auf Chromosomen lokalisiert; die zu einem Chromosom gehörenden Gene bilden eine Koppelungsgruppe; 2) die Gene sind linear auf den Chromosomen angeordnet; 3) während der Meiose können zw. homologen Chromosomen Gene ausgetauscht werden; die ⁊Austauschhäufigkeit ist ein Maß für den Abstand zw. zwei Genen auf einem Chromosom. B Chromosomen II.

Morganide, *Morgan-Einheit,* ⁊Austauschhäufigkeit.

Morganucodon *m* [ben. nach T. H. ⁊Morgan, v. gr. ouk = nicht, odōn = Zahn], (Kühne 1949), Typus-Gatt. der den *Prototheria* (Ord. *Triconodonta*) zugeordneten † Fam. *Morganucodontidae.* M. ist durch mehrere fast vollständige Skelette relativ gut belegt u. zählt zu den frühesten, zugleich primitivsten Säugetieren überhaupt, die nahe der Wurzel aller *Prototheria* u. wohl auch aller *Theria* stehen. Wahrscheinl. Zahnformel:

$$I\frac{4?}{4-6}, C\frac{1}{1}, P\frac{4-5?}{4-5}, M\frac{4-5?}{4-5}.$$

Die Zahl der Backenzähne scheint noch nicht fixiert; vordere Backenzähne (P) fallen später aus, ihre Alveolen schließen sich, u. hinten treten neue Molaren an, die über 3 Spitzen in Längsreihe u. Cingula (⁊Cingulum) verfügen. Im Unterkiefer sind noch Reptilknochen vorhanden, u. sowohl das primäre (Quadratum/Articulare) wie auch das sekundäre (Squamosum/Dentale) Kiefergelenk sind in Funktion; Schultergürtel mit Scapula, Coracoid u. Praecoracoid. – Verbreitung: obere Trias (Rhät) von W-Europa (Engl.) und O-Asien (Yünnan/China). [⁊Jochblattgewächse].

Morgenstern, *Tribulus terrestris,* Art der

T. H. Morgan

Moridae [Mz.], Fam. der ⁊Dorsche.

Morin *s* [v. lat. morus = Maulbeerbaum], ⁊Flavone (T).

Morinda *w* [v. lat. morus = Maulbeerbaum, Indicus = indisch], Gatt. der ⁊Krappgewächse.

Moringaceae [Mz.; von Malayalam muriṅṅa(?)], *Bennußgewächse,* Fam. der Kapernartigen mit einer 12 Arten umfassenden Gatt. Von N-Afrika über die Arab. Halbinsel bis nach Indien sowie in SW-Afrika u. Madagaskar verbreitete, relativ kleine, laubwerfende Bäume mit glatter Rinde, oftmals recht dicken, flaschenförm. Stämmen, mehrfach gefiederten Blättern u. großen, achselständ. Blütenrispen. Die duftenden, cremefarbenen od. roten Blüten sind zwittrig, 5zählig u. zygomorph. Ihre Staubblätter (5) u. Staminodien (5) sind an der Basis zu einem becherförm. Diskus vereint, der oberständ., aus 3 verwachsenen Fruchtblättern bestehende Fruchtknoten enthält zahlr. Samenanlagen. Die Frucht ist eine längl.-kantige, 3klapp. aufspringende Kapsel mit geflügelten od. ungeflügelten, rundl., schwarzen Samen. Als Besonderheit weist der Stamm der *M.* Myrosinzellen sowie Gummi führende Gänge u. Hohlräume auf. Von wirtschaftl. Bedeutung ist der in den Tropen weitverbreitete u. vielseitig genutzte Meerrettichbaum *(Moringa oleifera),* dessen wasserlösl. Rindengummi als Appretur Verwendung findet, während die scharf würzig schmeckenden Wurzeln, Blätter u. jungen Früchte (Bestandteil des Curry) als Gemüse verzehrt werden. Aus den Samen von *M. oleifera* wird, wie aus den Samen des Echten Bennußbaums *(M. peregrina),* fettes Öl gepreßt. Letzteres, das sehr haltbare Ben- od. Behenöl, wurde fr. als Salbengrundlage bzw. feines Schmieröl (z. B. in der Uhren-Ind.) benutzt u. dient heute als Speiseöl bzw. zur Herstellung v. Seife.

Moringuidae [Mz.; v. tamilisch malaṅku(?) = Aal], Fam. der ⁊Aale 1).

Mormolyce *w* [v. gr. mormolykē = Gespenst], ⁊Gespenstlaufkäfer.

Mormyrasten [Mz. v. gr. mormyrein = stark fließen], Elektrorezeptoren bei ⁊elektr. Fischen.

Mormyriformes [Mz.; v. gr. mormyros = ein Seefisch, lat. forma = Gestalt], die ⁊Nilhechte.

Moroteuthis *w* [v. gr. mōros = stumpf, teuthis = Tintenfisch], Gatt. der *Onychoteuthidae,* Kalmare, die über 4 m lang werden u. kraftvolle Schwimmer des offenen Pazifik sind; tagsüber in großen Tiefen, steigen sie nachts zur Oberfläche empor; werden v. Pottwalen verzehrt; 5 Arten.

Morphactine [Mz.; v. *morph-, gr. aktines = Strahlen], synthet. Derivate der Fluoren-9-carbonsäure, die bereits in sehr geringen Konzentrationen das Wachstum u. die Formbildung v. Höheren Pflanzen hemmen od. modifizieren. Die Wirkung der M. um-

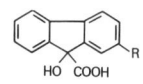

Morphactine

R = H: *Flurenol* (9-Hydroxy-fluoren-9-carbonsäure),
R = Cl: *Chlorflurenol* (2-Chlor-9-hydroxy-fluoren-9-carbonsäure)

faßt neben der allg. Wuchshemmung (Verzwergung) auch weitere physiol. Effekte, wie die Aufhebung der Apikaldominanz, Verkürzung der Internodien, Parthenokarpie u. Beeinflussung v. Geo- u. Phototropismus (antitropist. Substanzen) u. der Bildung v. Frucht- u. Staubblättern. Die Hemmung reicht über einen weiten Konzentrationsbereich, ohne daß phytotox. Nebenwirkungen auftreten. Diese morphogenet. Effekte sind dadurch verursacht, daß M. den polaren Transport v. IES (↗Auxine, ☐) hemmen u. Mitoseintensität u. Zellteilung in den Meristemen sowie die Orientierung der Teilungsspindel stören. Bes. bekannte M. sind *Flurenol* u. *Chlorflurenol*, die als Bestandteil v. Mischherbiziden zur Unkrautbekämpfung prakt. Anwendung finden.

Morphallaxis *w* [v. *morph-, gr. allaxis = Vertauschung], ↗Regeneration.

Morphen [Mz.; v. *morph-], *Morpha,* Bez. für individuelle Varianten innerhalb einer Art, die i. d. R. genetisch bedingt sind. Die Verwendung des Begriffs ist nicht einheitlich u. wird oft synonym mit „Form" (Forma, ↗Abart) gebraucht. ↗Polymorphismus, ↗Polyphänie, ↗Kaste. [phofalter.

Morphidae [Mz.; v. *Morpho], die ↗Mor-

Morphin *s* [ben. nach dem gr. Traumgott Morpheus], *Morphium,* wichtigster Vertreter der ↗*Opiumalkaloide;* v. Sertürner 1806 als erstes Pflanzen-↗Alkaloid isoliert. Im ↗Opium, wo es zu 3–23% enthalten ist, liegt M. teilweise salzartig an Mekonsäure, Milchsäure, Fumarsäure od. Schwefelsäure gebunden vor. Auch in Kuhmilch, Salat u. a. Pflanzen konnten Spuren von M. nachgewiesen werden. Strukturell leitet sich M. vom ↗Isochinolin (☐) ab u. besitzt das Grundgerüst des ↗Phenanthrens. Auch heute noch wird M. aus Opium u. Mohnstroh gewonnen (Welt-Jahresproduktion ca. 150 t) (techn. Synthese ist ohne Bedeutung) u. dient hpts. (80%) zur Herstellung v. ↗*Codein* (☐), das durch Methylierung von M. entsteht. M. gehört zu den wirksamsten, zentral angreifenden Analgetika. Es wirkt dämpfend auf das Atemzentrum u. den Hustenreiz u. hemmend auf die Darmperistaltik. Je nach Dosis wirkt M. hypnotisch (20–30 mg), narkotisch (50–100 mg) bzw. in höheren Dosen toxisch u. letal (Tod durch Atemlähmung). Als Antidot bei *M.vergiftungen* verwendet man Weckamine u. N-Allylnor-M. (↗Nalorphin). Aufgrund der Gefahr phys. Abhängigkeit (Suchtwirkung, *Morphinismus,* „M.hunger") wird M. nur noch begrenzt in Form seines Hydrochlorids als schmerzstillendes u. schlafbringendes Mittel verwendet. (Zum molekularen Wirkungsmechanismus ↗Opiatrezeptor, ↗Opiumalkaloide, ↗Opiate). – Ebenfalls als gefährl. Suchtmittel wirkt das Diacetylderivat des M.s, das ↗*Heroin* (☐). ↗Drogen u. das Drogenproblem.

Morpho [v. gr. Morphō = die Schönheitsspenderin, Name der Aphrodite].

morph-, morpho- [v. gr. morphē = Gestalt, Form].

Morphin

morphogenet- [v. gr. morphē = Gestalt, Form, genesis = Erzeugung, Hervorbringen].

Morpho, einige Gatt. der ↗Morphofalter.

Morphofalter [v. *Morpho], *Morphidae,* neotropische Tagfalterfam. mit nur etwa 80 großen bis sehr großen Arten (Spannweite 80–200 mm), die alle der Gatt. *Morpho* angehören, v. Mexiko bis S-Brasilien, v. a. im Amazonasgebiet, aber auch über 2000 m Höhe verbreitet; einige unscheinbare braune od. grünweiße Arten, bekannter aber die prachtvollen, metall. blau schillernden „Morphos" – der Inbegriff des trop. Schmetterlings –; die Färbung geht auf die bes. Struktur der ↗Flügelschuppen zurück, ähnl. unserem ↗Schillerfalter entstehen die Farben durch Lichtbrechung (Struktur-↗Farbe); auf der Unterseite der im Verhältnis zum Körper sehr großen Flügel stehen Augenfleckenreihen. Die M. sind tagaktiv, fliegen in den Baumkronen, seltener an der Erde, saugen gerne an faulem Obst u. an Pfützen; wegen ihrer Farbenpracht wurden sie schon v. den Eingeborenen zu Schmuckzwecken gefangen; heute werden sie gezüchtet u. zu „kunstgewerbl. Gegenständen" u. Souvenirs verarbeitet; neuerdings in einigen Ländern teilweise geschützt, nicht jedoch ihre Biotope im trop. Regenwald. Die Eier der M. sind bis 2 mm groß, Larven mit auffällig bunten Haarpinseln, auch Brennhaaren, ähnl. den näher verwandten ↗Augenfaltern mit gegabeltem Hinterleibsende; leben gesellig in Gespinsten an Schlingpflanzen, v. a. Leguminosen, hoch oben in den Baumwipfeln; Sturzpuppe gedrungen, gelb od. grün. Ⓑ Insekten IV.

Morphogen *s* [v. *morphogenet-], Stoff, der in sehr geringer Konzentration vorkommt u. die ↗Musterbildung beeinflußt (↗morphogenet. Signal); wird vielfach gefordert, konnte bisher aber nur in wenigen Fällen isoliert u. charakterisiert werden (z. B. ↗Acrasin, spezif. Hemmstoffe u. tentakelinduzierende Substanzen beim Süßwasserpolypen *Hydra,* ↗Induktionsfaktoren bei Amphibien). Häufig wird angenommen, daß M.e lokal begrenzt im Randbereich v. ↗morphogenet. Feldern produziert werden, diffusibel sind u. daher im Feld als Konzentrationsgradient vorliegen. Die örtl. Konzentration könnte den Zellen ↗Positionsinformation liefern. Diese verbreitete Vorstellung ist aber noch weitgehend hypothetisch.

Morphogenese *w* [v. *morpho-, gr. genesis = Entstehung], *Morphogenie, Formbildung,* Bez. für die Gestaltbildung im Bereich lebender Strukturen. So sind die durch Zellvermehrung u. arbeitsteilige Differenzierung entstandenen Gewebe in einem Organismus nicht willkürl. verteilt, sondern liegen in einer für jede Organismengruppe charakterist. räumlichen Anordnung vor. Für die M. vielzelliger *pflanzlicher* Organismen spielt das Zellteilungsmuster u. damit die Regulation der Zellteilungsrichtungen eine entscheidende

Rolle. Daneben sind die Zellform u. die Adhäsion der Zellwände untereinander v. Bedeutung. Bei *tierischen* Vielzellern kommen zu den gen. morphogenetischen Vorgängen die Wanderung u. Verschiebung v. Zellen u. Zellkomplexen (↗morphogenet. Bewegungen) u. Wechsel spezif. und z. T. zeitlich begrenzter Zelladhäsionen als wesentl. gestaltbildende Erscheinungen hinzu. M. i. w. S. schließt hier vorausgehende Vorgänge der ↗Induktion, ↗Musterbildung u. Zell-↗Differenzierung mit ein. – Die M. wird einerseits endogen durch das Erbgut gesteuert, andererseits exogen durch verschiedene äußere Faktoren im Rahmen der durch das Genom festgelegten Reaktionsnorm beeinflußt od. auch nur induziert (↗morphogenet. Signal). Ein komplexes räuml. und zeitl. Wechselspiel der inneren u. äußeren Faktoren ist dabei die Regel. Je nach den wirksamen Außenfaktoren spricht man bei den entspr. Gestaltbildungsvorgängen von Tropho-, Hydro-, Thermo-, Photo-M. und photoperiodisch bedingter M. Das Phänomen der M. ist nicht auf vielzellige Organismen beschränkt, sondern ist als das Zustandekommen einer räuml. Ordnung in und zw. Makromolekülen, Zellorganellen, Zellen, Geweben u. Organen zu verstehen. Makromoleküle u. Aggregate v. Makromolekülen bilden oft aufgrund ihrer molekularen Eigenschaften „von selbst" geordnete Strukturen *(self-↗assembly)*.

morphogenetische Bewegungen, *Gestaltungsbewegungen,* Lageveränderungen v. Zellen od. Zellverbänden gegenüber anderen Komponenten des embryonalen Systems; beruhen häufig auf erstaunlich komplexen u. koordinierten Veränderungen verschiedener Zellparameter, wie Zellform, Zellskelett u. Zelladhäsivität. Beispiele liefern Gastrulation, Neurulation u. Wanderung der Neuralleistenzellen bei Wirbeltieren.

morphogenetisches Feld, Systemeigenschaft eines i. d. R. embryonalen Zellverbands; befähigt diesen weitgehend unabhängig v. seiner Größe (Zellzahl) zu einer bestimmten Muster- od. Formbildungsleistung. Z. B. kann ein Molchembryo aus der Hälfte od. dem Zweifachen der normalen Zellzahl der Blastula entstehen (nach Blastomeren-Trennung bzw. -Verschmelzung). M. F. ist *kein* topographischer Begriff: der Ort des betreffenden Zellverbands sollte daher als sein Areal od. Territorium bezeichnet werden. Die physiolog. Grundlagen der Feldeigenschaft sind bisher allenfalls ansatzweise verstanden. ↗Morphogen, ↗Musterbildung, ↗Positionsinformation.

morphogenetisches Signal, Sammelbez. für Signale, die die ↗Morphogenese steuern, u. a. 1. Signale zur Steuerung der Differenzierung benachbarter Zellen od. Gewebe, z. B. bei der ↗Induktion (☐) v.

morph-, morpho- [v. gr. morphē = Gestalt, Form].

morphogenet- [v. gr. morphē = Gestalt, Form, genesis = Erzeugung, Hervorbringen].

Morphologie

Ein Vergleich verschiedener Organismen kann betrieben werden:
a) Als ↗*Homologieforschung:* Diese versucht, durch Anwendung v. ↗Homologiekriterien die wesentl. Übereinstimmungen im Bau verschiedener Gruppen v. Organismen zu erfassen, die diese v. einem gemeinsamen Ahnen erworben haben (↗Homologie). Sie liefert dadurch wesentl. Material für die Evolutionsforschung (↗Phylogenetik) u. ↗Systematik. Die Gesamtheit der homologen Organe ergibt den morpholog. (systemat.) Typus einer Gruppe, z. B. den „Grundplan" der Wirbeltiere (Vertebrata) od. der Samenpflanzen (Spermatophyta).
b) Als ↗*Analogieforschung:* Hier werden Übereinstimmungen im Bau v. Strukturen erfaßt, die nicht auf Homologie, sondern auf ↗Analogie beruhen, d. h. auf (unabhängig voneinander erfolgter) ↗Anpassung an gleichart. Funktionen. Führt diese zu weitgehend gleichgestalteten Organen, so spricht man v. ↗Konvergenz. Die Gesamtheit der Konvergenzen verschiedener (systemat. nicht näher verwandter) Organismen ergibt deren ↗Lebensformtypus.

Neuralgewebe durch das Urdarmdach beim Molch; 2. Hormone, die im Verlauf der ↗Metamorphose Aufbau, Umbau od. Abbau v. Geweben auslösen; 3. Stoffe od. supramolekulare Strukturen, die im Ei lokalisiert vorliegen u. bei der Furchung bestimmten Tochterzellen zugeteilt werden, deren Entwicklung v. ihnen beeinflußt wird, so beispielsweise ↗Determinanten der ↗Keimbahn bei Insekten; 4. ↗Morphogen.

Morphologie *w* [v. *morpho-, gr. logos = Kunde], Formenlehre, Gestaltlehre,* eine Disziplin der Biologie, die sich mit der Körpergestalt (↗Gestalt), dem Aufbau u. den Lageverhältnissen der Organe (bei Einzellern der Organelle) v. Lebewesen befaßt (↗Bauplan). Der Begriff M. wurde von J. W. v. ↗Goethe 1795 in die Wiss. eingeführt, und zwar im Sinne der ↗*idealistischen* M. Man hat vielfach die wiss. Erforschung der äußeren Gestalt als ↗*Eidonomie,* die des Baues der inneren Organe als ↗*Anatomie* unterschieden. Zur M. gehört auch die (vergleichende) Embryologie, die die unterschiedl. Formstadien (darunter auch reine Embryonalorgane) in der Individualentwicklung untersucht (↗Embryonalentwicklung), deren Kenntnis für die Homologisierung wichtig sein kann. Hinweise geben kann (↗Biogenetische Grundregel). Auch die Untersuchung von ↗Fehlbildungen fällt in den Bereich der M. und liefert u. U. wichtige Hinweise auf die stammesgesch. Entwicklung einer bestimmten Organisation (↗Atavismus). I. w. S. sind auch Gewebelehre (↗Histologie) u. die Lehre vom Feinbau der Zelle (↗Cytologie) Teilgebiete der M. Neben einer *deskriptiven M.,* die eine exakte Beschreibung des Baues der Körper u. Organe gibt, liegt die Hauptbedeutung der M. im Vergleich verschiedener Organismen *(vergleichende M.* od. *vergleichende Anatomie).* Ein solcher Vergleich kann als Homologieforschung od. als Analogieforschung betrieben werden (vgl. Spaltentext). Die *Funktions-M.* untersucht u. beschreibt die Anpassung v. Organen u. Strukturen an ihre spezielle Funktion. Sie betont den „Apparatecharakter" organismischer Strukturen, die ja „zweckmäßig gebaute" Funktionsstrukturen sind (↗Leben). Im Vergleich mit techn. Konstruktionen kann dabei untersucht werden, inwieweit ein bestimmtes Organ einer bestimmten Funktion „optimal" angepaßt ist. Da die Mehrzahl der Organe v. Organismen mehreren Funktionen dienen (Multifunktionalität), stellt ihr Bau allerdings häufig einen Kompromiß an die unterschiedl. Anforderungen dar. Zu beachten ist, daß sowohl bei Pflanzen (z. B. ↗Blume) als auch bei Tieren bestimmte Organe v. a. Signalfunktion haben u. als ↗Auslöser wirksam sind, Funktionen, deren Erforschung in den Bereich der Verhaltensforschung (↗Ethologie) fällt.

morphologische Differenzierung, ↗ Differenzierung, die sich auf Zellform od. -struktur auswirkt; z. B. Bildung des Neuriten der Nervenzelle, des kontraktilen Apparats bei Muskelzellen, aber auch der Form v. Organen usw.

Morphometrie w [v. *morpho-, gr. metran = messen], in der Biol.: messende Erfassung der Oberflächengestalt, Form u. Struktur v. Organismen, Organen, Zellen od. Zellbestandteilen (quantitative Strukturanalyse). Die M. bedient sich des gesamten Spektrums mikroskop., elektronenmikroskop. und makroskop. Methoden zur Messung v. Strecken u. Flächen zur dreidimensionalen Strukturrekonstruktion *(Stereologie)* aus zweidimensionalen Bildebenen, zur Bestimmung absoluter u. relativer Volumina z. B. von Zellorganellen mit dem Zweck einer statist. Funktionsanalyse. Entspr. wird die M. auch in der Geologie, Paläontologie u. anderen morpholog. Disziplinen angewandt.

Morphosen [Mz.; v. spätgr. morphōsis = Gestaltung], durch Umweltfaktoren *(morphogenetische Reize)* hervorgerufene, nicht erbl. Merkmalsvariationen bei Pflanzen (↗ Modifikation, ↗ Morphogenese). Die (morpholog.) Baueigentümlichkeiten werden auch *Morphien* gen. (↗ Hydromorphie). In der Physiologie versteht man unter M. Vorgänge, die sich auf dem Niveau der Organe, Gewebe, Zellen, Zellorganellen u. Moleküle abspielen. Die Ausbildung der M. hängt ab v. der Stärke, Dauer, der Richtung u. Qualität der einwirkenden Reize. Diese Differenzierungen können auch reversibel sein (↗ Modulation). M. finden sich bei höheren u. niederen Pflanzen. Je nach auslösendem Faktor unterscheidet man: a) *Photo-M.:* lichtinduzierte Modifikationen; Bez. für alle Merkmalsänderungen, die eine im Licht gekeimte Pflanze im Ggs. zu einem Dunkelkeimling zeigt. Photo-M. sind auch Differenzierungen, die durch die Lichtintensität gesteuert werden. Beispiele sind die Ausbildung v. ↗ Licht- u. ↗ Schattenblättern u. die Abstimmung des Photosyntheseapparates auf den ↗ Lichtgenuß einer Pflanze. Bei manchen Arten (z. B. Rundblättrige Glockenblume) ist die Blattform abhängig v. der Lichtstärke. Photo-M. auf Molekülebene sind Synthesen vieler Enzyme u. Pigmente (↗ Chlorophylle, ↗ Anthocyane). Für die Ausbildung bestimmter Merkmale ist meist nur ein kleiner Spektralbereich verantwortlich: z. B. bilden Pilze nur bei Vorhandensein v. Blaulicht und UV Gametangien. b) *Thermo-M.:* Temp. als Umweltreiz; diese M. sind relativ selten; bei manchen Arten wird die Blattgestalt od. der Verzweigungsgrad der Temp. gesteuert. c) *Geo-M.:* Schwerkraft als Umweltreiz; Gladiole u. Weidenröschen bilden dorsiventrale Blüten nur unter dem Einfluß der Schwerkraft, das gleiche gilt für die Torsion der Orchideen-Fruchtknoten. d) *Thigmo-(Hapto-)M.:* durch Berührungsreize verursacht; manche Algen bilden bei Kontakt mit der Unterlage Rhizoide, die Ranken des Wilden Weins bilden nach Berührung Haftscheiben. e) *Hydro-, Hygro-, Xero-M.:* Wasserversorgung der Pflanzen bzw. Wasser als morphogenet. Reiz. Von *Hydro-M.* spricht man, wenn flüss. Wasser der auslösende Faktor ist (Beispiel: manche Wasserpflanzen bilden unter u. über Wasser verschieden gestaltete Blätter aus; ↗ Heterophyllie); *Hygro-M.* dagegen sind durch hohe Luftfeuchte bestimmt; Kennzeichen sind hier lange Internodien u. Blattstiele, große u. dünne Blattspreiten; sie finden sich bei manchen Schatten- u. Tropenpflanzen. Bei ungünst. Wasserhaushalt findet man *Xero-M.:* verstärkte Cuticula, geringe Zahl an Spaltöffnungen, verstärktes Wasserleitungs- u. Festigungsgewebe. f) *Chemo-M.:* Chemikalien als morphogenet. Reiz; bekannt sind viele M., die durch Herbizide, Wuchsstoffe usw. verursacht werden; in gewisser Weise gehören hierzu auch die Hydro-M. g) *Tropho-M.:* Nahrungsangebot als Umweltreiz. Ein Beispiel ist die Unterdrückung v. Fortpflanzungsorganen bei vielen niederen Pflanzen bei geringem Nahrungsangebot. Umstritten ist, ob die als *Peino-M.* bezeichneten Merkmale v. Hochmoorpflanzen (Zwergwuchs, Dickblättrigkeit, kleine Blattspreiten) auf Nährstoff-, insbes. Stickstoffmangel zurückzuführen sind od. Xero-M. darstellen. h) *Phyto-M., Zoo-M.:* durch pflanzl. bzw. tier. Parasiten verursachte Formänderungen der Wirtspflanze; Beispiele: die Ausbildung von ↗ Hexenbesen u. ↗ Gallen. i) *Mechano-M.:* mechan. Kräfte als morphogenet. Reiz; Beispiele sind Fahnenwuchs v. Baumkronen bei einseit. Windeinwirkung u. Säbelwuchs infolge v. Rutschungen u. Schneedruck. *Ch. H.*

Morphospezies w [v. *morpho-, lat. species = Art], ↗ Art.

Mortalität w [v. lat. mortalitas = Sterblichkeit], *M.squote, M.srate, Sterberate,* Verhältnis der Anzahl von Todesfällen einer bestimmten Individuengruppe, einer Population od. Art innerhalb einer Zeiteinheit zu der Gesamtindividuenzahl der untersuchten Gruppe.

Mörtelbiene, *Chalicodoma muraria,* ↗ Megachilidae.

Mortierella w [v. frz. mortier = Mörser], [Gatt. der ↗ Mucorales.

Morula w [v. lat. morum = Maulbeere], **1)** die ↗ Maulbeerschnecken. **2)** *Maulbeerkeim,* frühes Entwicklungsstadium vielzelliger Tiere, bei dem die Furchungszellen noch als rundl. Klumpen beieinanderliegen (☐ Entwicklung, B Furchung). Aus der M. bildet sich eine ↗ Blastula (Blasenkeim) durch Auseinanderweichen der Zellen im Innern. ↗ Embryonalentwicklung.

Morus w [lat., =], der ↗ Maulbeerbaum.

Mosaikbastard, *Mosaiktier, Mosaik,* Individuum mit Arealen genet. verschiedener

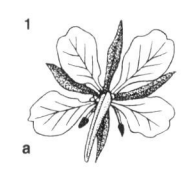

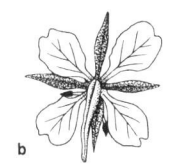

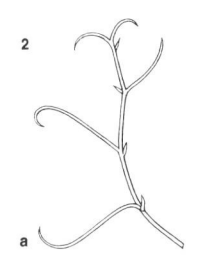

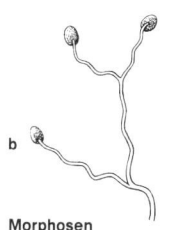

Morphosen

1 *Geomorphose* beim Wald-Weidenröschen *(Epilobium angustifolium):* **a** Bildung dorsiventraler Blüten unter dem Einfluß der Schwerkraft; **b** Ausbildung radiärer Blüten bei Entwicklung auf dem Klinostaten (Schwerkraft nicht wirksam). 2 *Thigmomorphose* beim Wilden Wein *(Parthenocissus hederacea):* **a** Ranken frei; **b** Bildung v. Haftscheiben an den Ranken nach Berührung

mosaik- [v. arab. musaik = geschmückt über it. mosaico = Bildwerk aus bunten Steinen].

Mosaikei

Zellen, die aber aus derselben Zygote hervorgegangen sind (im Ggs. zur ↗Chimäre); die Unterschiede können durch Verlust eines Chromosoms (↗Gynander v. *Drosophila*) od. durch Homozygotisierung eines Allels aus einer heterozygoten Mutterzelle entstehen (↗somatisches Crossing over).

Mosaikei ↗Mosaiktyp, ↗Entwicklungstheorien.

Mosaikentwicklung, 1) in der Ontogenese v. Tieren ab demjenigen Stadium erfolgende Entwicklung, in dem die verschiedenen Teile eines Embryos oder einer Organanlage (↗Imaginalscheiben) zu ↗autonomer Differenzierung befähigt sind. Der Beginn der M. hängt vom angelegten Kriterienraster ab (Mosaik v. Keimblättern, Organen, Organteilen usw.). M. vom Eistadium an gibt es nur bei sehr grobem Kriterienraster (vorn/hinten, Keimbahn/Soma usw.); ↗Mosaiktyp, ↗Entwicklungstheorien. **2)** *evolutive M.,* ↗Mosaikevolution.

Mosaikevolution, *evolutive Mosaikentwicklung,* von de Beer 1954 geprägter Begriff für einen Evolutionsablauf, bei dem einige Organe bzw. Organsysteme eine starke Umgestaltung erfuhren, während andere weitgehend unverändert blieben. Als wicht. Beispiele gelten die bekannten Zwischenformen (connecting links) wie ↗*Ichthyostega* (Fische – Amphibien), ↗*Seymouria* (Amphibien – Reptilien), ↗*Archaeopteryx* (Reptilien – Vögel) u. die ↗*Ictidosauria* u. ↗*Cynognathus* (Reptilien – Säugetiere), die ein Mosaik aus abgeleiteten u. urspr. Merkmalen aufweisen. So ist *Archaeopteryx* hinsichtl. Gehirn, bekrallten Vorderbeinen, Zähnen u. Schwanzwirbeln noch Reptilien-artig, andererseits schon Vogel-artig mit Federn, Bau des Hinterbeins u. zur Furcula (↗Gabelbein) verschmolzenen Schlüsselbeinen. Die Existenz solcher Zwischenformen ist damit zu erklären, daß neue ↗Baupläne nicht schlagartig (Makromutation), sondern schrittweise (↗additive Typogenese) entstanden sind. – Von *M. (Heterobathmie, Spezialisationskreuzung)* wird aber auch gesprochen, wenn beim Vergleich zw. nah verwandten Arten od. höherrangigen Taxa ursprüngliche (plesiomorphe) u. abgeleitete (apomorphe) ↗Merkmale in entgegengesetzter Verteilung auftreten, z.B. bei den Bartenwalen: Blauwal (urspr.: Halswirbel frei wie bei den übrigen Säugetieren, abgeleitet: nur 4 Finger), Grönlandwal (urspr.: 5 Finger wie im Grundplan aller Tetrapoden, abgeleitet: alle 7 Halswirbel miteinander verschmolzen).

Mosaikfurchung, frühe gesetzmäßige Zerteilung der Eizelle in Blastomeren (↗Furchung) mit vorhersagbarem Entwicklungsschicksal (z.B. bei Fadenwürmern, Manteltieren). Zumindest bei letzteren erfolgt die Verteilung der ↗Determinanten erst *nach* der Besamung, das Ei ist also kein vergleichbar detailliertes Mosaik (↗Mosaiktyp).

Mosaikgene, die aus intervenierenden Sequenzen *(Introns)* u. *Exonen* (↗Exon) mosaikartig aufgebauten Gene. Die Primärtranskripte von M.n enthalten in je einer RNA-Kette kovalent verknüpft abwechselnd die v. Exonen u. Introns codierten Sequenzen (↗Genmosaikstruktur, ☐). Durch ↗Spleißen werden die intervenierenden RNA-Sequenzen aus den Primärtranskripten entfernt, weshalb in den gereiften Transkripten nur die v. Exonen codierte RNA zurückbleibt u. für die *Ex*pression der betreffenden Gene wirksam ist (daher die Bez. *Ex*on). M. wurden bes. für Protein-codierende Gene, aber auch für r-RNA- und t-RNA-Gene gefunden; sie wurden zuerst bei viralen Genen u. an vielen eukaryot. Genen beobachtet. Jedoch zeigen häufig auch mitochondriale u. plastidäre Gene Mosaikstruktur. Neuerdings sind auch einzelne M. aus bakteriellen Systemen (z.B. im Genom des Bakteriophagen T_4) bekannt geworden. [↗Edellibellen.

Mosaikjungfern, *Aeschna,* Gatt. der

Mosaikkrankheiten, Viruskrankheiten vieler Kulturpflanzen, bei denen die Blattspreite eine mosaikart. Marmorierung (hellgrüne bis hellgelbe Verfärbungen durch Chlorophyllschäden) aufweist; oft auch verkümmerte u. gekräuselte Blätter, verkleinerter Stengel, mißgebildete Blüten u. Früchte. ↗Tabakmosaik.

Mosaikschwanzriesenratten, *Uromys,* in Austr. u. Neuguinea vorkommende Gatt. der Echten ↗Mäuse *(Murinae)* mit mosaikartig aneinander- (u. nicht dachziegelartig übereinander-)liegenden Schwanzschuppen; gleiches gilt für die Mosaikschwanzmäuse od. -ratten der Gatt. *Melomys.*

Mosaiktyp, *Mosaikei,* ↗Eityp, bei dem die Eizelle schon im Ovar mit einem räuml. Mosaik v. ↗Determinanten für die einzelnen Körperteile des Embryos ausgestattet sein soll (Neopräformation). Diese Vorstellung beruht auf einer Fehlinterpretation v. Versuchsergebnissen. ↗Entwicklungstheorien.

Mosaikzwitter, der ↗Gynander.

Mosasaurier [Mz.; v. lat. Mosa = Maas, gr. sauros = Eidechse (v. Cuvier als das „Grand animal de Maestricht" bezeichnet)], *Mosasauridae* (Gervais 1853), *Maassaurier,* den Schuppenechsen *(Squamata)* angeschlossene, räuberische, dem Leben im Meer angepaßte † Reptilien-Fam. bis 12 m Länge; Extremitäten zu paddelartigen Flossen umgestaltet; der varanoide Schädel war gestreckt-dreieckig u. dorsal abgeflacht; Orbiten mit Sklerotikalring; Bezahnung kräftig; 115 bis 135 procoele Wirbel,

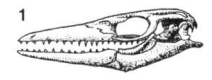

Mosasaurier
1 Schädel des M.s *Clidastes* (ca. 52 cm lang); 2 *Tylosaurus* aus der oberkretazischen Niobrara-Kreide v. Kansas (bis 8 m lang)

mosaik- [v. arab. musaik = geschmückt über it. mosaico = Bildwerk aus bunten Steinen].

Hand u. Fuß vollständig verknöchert, Fuß mit 4 Zehen. M. sind wegen ihrer raschen Evolution während der Oberkreide u. ihrer ausgedehnten geograph. Ausbreitung die einzigen mesozoischen Saurier von stratigraph. Bedeutung. Verbreitung: N- und S-Amerika, W-Europa, Vorderer Orient, Timor u. Neuseeland.

Moschinae [Mz.; v. *moschus-], die ↗Moschushirsche.

Moschops w [v. gr. moschos = Sproß, ōps = Auge, Gesicht] (Broom 1911), zur Ord. ↗Therapsida gehörende synapside † Reptil-Gatt., Individuen bis nashorngroß u. plump; Schädel kurz u. niedrig, nach hinten ansteigend; Gebiß ohne Caninen u. Gaumenzähne, Kieferzähne groß, aboral abnehmend; Extremitäten säugetierartig, im Alter oft pachyostot. verdickt. Verbreitung: mittleres Perm (*Tapinocephalus*-Stufe) von S-Afrika. Belegt durch vollständ. Skelette.

Moschus m, 1) einige Gatt. der ↗Moschushirsche. 2) *Bisam*, während der Brunstzeit v. männl. Moschushirschen aus den M.drüsen (M.beutel) abgesondertes, stark riechendes Drüsensekret v. eigentümlichem Geruch, der durch die Duftstoffe *Muscon* u. *Zibeton* bedingt wird; M. wird seit alters als kostbarer Zusatz bei der Parfümherstellung verwendet. Zur Sekretgewinnung wurden bis vor kurzem noch die M.hirsche getötet; heute betreibt man in China M.tierfarmen u. gewinnt durch Ausschaben der Drüse jährl. 6–8 g Sekret pro M.hirsch. – Auch andere Säuger (z. B. M.böckchen, M.ochse, Bisamratte u. Desmane) sondern ähnl. riechende Duftstoffe ab.

Moschusbock, *Aromia moschata*, eur. Art der ↗Bockkäfer; 22–33 mm groß, metallisch grün, seltener blau od. purpur; gibt aus einer Metathorakaldrüse ein nach Moschus (hier v. a. aus der Futterpflanze stammender Salicylaldehyd) riechendes Sekret ab. Käfer am Saftfluß v. Bäumen, seltener auf Blüten; Entwicklung mehrjährig im Holz v. Weiden. B Käfer I.

Moschusböckchen, *Neotragus moschatus*, zierl. Kleinantilope O-Afrikas; Kopfrumpflänge 70 cm; Schulterhöhe 30 cm; oberseits dunkelbraun, Unterseite weiß; Männchen mit kurzen Hörnern; besitzt Moschusdrüsen.

Moschushirsche, *Moschinae*, U.-Fam. der Hirsche (Fam. *Cervidae*) mit nur 1 Art, dem in Inner- und O-Asien beheimateten u. als recht urspr. angesehenen, in beiden Geschlechtern geweihlosen Moschustier (*Moschus moschiferus*); Kopfrumpflänge 80–100 cm; Hinterkörper kräftig („überbaut") im Vergleich zum kleineren Vorderkörper mit kurzen Vorderbeinen u. kleinem Kopf; männl. Tiere mit hauerart. oberen Eckzähnen, die im Rivalenkampf eingesetzt werden (B Kampfverhalten), u. mit Moschusbeutel bauchseits vor den Ge-

moschus- [v. altind. muṣkaḥ = Hode über spätlat. muscus = Bibergeil, Moschus].

Moschops, Länge ca. 2 m

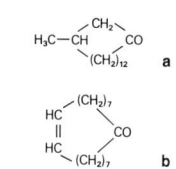

Moschus Strukturformeln von a *Muscon* und b *Zibeton*

Moschushirsch (*Moschus moschiferus*)

Moschusochse (*Ovibos moschatus*)

Moschuspolyp (*Ozaena moschata*)

schlechtsorganen (↗Moschus). Das Moschustier besitzt als einzige Hirschart eine Gallenblase. M. leben einzeln oder in nur kleinen Trupps in dichten Wäldern u. Rhododendronbüschen; tagsüber ruhen sie in einem selbstgescharrten Lager; ihre Nahrung besteht aus verschiedenen Pflanzenteilen. Einige Zool. Gärten halten u. züchten Moschushirsche.

Moschuskörneröl, *Ambretteöl*, Öl mit Moschus- u. Ambraduft aus Samen v. ↗Abelmoschus.

Moschuskrautgewächse, *Adoxaceae*, Fam. der Kardenartigen mit der einzigen Art Moschuskraut (↗*Adoxa*).

Moschusochse, *Ovibos moschatus*, Wiederkäuer der arkt. Tundra, fr. als Wildrind angesehen; neuere Untersuchungen ergaben jedoch mehr Ähnlichkeit mit Schafen u. Ziegen, u. so wird der M. heute den Ziegenverwandten (U.-Fam. *Caprinae*) zugeordnet. Kopfrumpflänge 190–230 cm, Schulterhöhe 120–150 cm (Weibchen kleiner als Männchen); Körperbau gedrungen (kurzbeinig); fast bodenlanges, zottiges Fell v. brauner bis schwarzbrauner Färbung; beide Geschlechter mit abwärts geschwungenem Gehörn. M.n lebten noch in hist. Zeit von N-Alaska bis zur Hudson Bay, auf den nördl. und westl. Inseln der kanad. Arktis u. in Grönland, während der Eiszeiten auch im nördl. Eurasien; eingebürgert hat man M.n u. a. in Norwegen u. auf Spitzbergen. M.n leben in Herden v. meist 10–20 Tieren. Bei Gefahr formieren sie sich, mit den Köpfen nach außen gerichtet, zu einer kreis- od. halbkreisförm. „Igelstellung", wobei die Kälber geschützt im Zentrum stehen. Diese arttyp. Verteidigungsstellung der M.n ist ein wirkungsvoller Schutz vor Bären u. Wölfen, nicht jedoch vor dem Menschen. Nach starkem Rückgang des M.n zu Anfang dieses Jh.s (durch Walfänger, Robbenschläger, Arktisexpeditionen) wird der Gesamtbestand heute wieder auf etwa 25 000 Tiere (v. a. im nördl. Kanada u. in Grönland) geschätzt. B Polarregion I.

Moschuspolyp, *Ozaena moschata*, *Eledone moschata*, Krake aus der Fam. *Octopodidae* (mit Armen 40 cm) mit einer Reihe v. Saugnäpfen auf den Armen; bräunl. gefleckt; an Felsküsten des Mittelmeers unter 10 m Tiefe; riecht nach Moschus.

Moschusratte, die ↗Bisamratte.

Moschusschildkröten, *Sternotherus*, Gatt. der ↗Schlammschildkröten.

Moschusschwein ↗Pekaris.

Moschustier 1) *Moschus moschiferus*, ↗Moschushirsche; 2) Wasser-M., *Hyemoschus aquaticus*, ↗Hirschferkel.

Moskitos [Mz.; v. port. mosquito = Fliege, Mücke], *Mosquitos*, die ↗Stechmücken.

Motacillidae [Mz.; v. lat. motacilla = weiße Bachstelze], die ↗Stelzen.

Motilin s [v. lat. motus = Bewegung], Peptidhormon des Gastrointestinaltrakts der Wirbeltiere, das, in der Schleimhaut des

Motilität

Duodenums u. Jejunums gebildet, die Magen- u. Darmmotorik anregt.

Motilität w [v. lat. motus = bewegt], **1)** Bewegungsfähigkeit v. Organismen u. Zellorganellen; auch die Beweglichkeit v. Populationen (Mobilität). **2)** Gesamtheit der unwillkürl. Bewegungsvorgänge, die durch Rückenmarksreflexe od. vegetativ gesteuert werden. ↗Motorik.

Motivation w [v. mlat. motivum = Beweggrund], in der Psychologie weit gefaßte Bez. für die inneren Ursachen einer Handlung bis hin zu den bewußten Gründen, in der Ethologie synonym zu Antrieb, Trieb, Drang, Stimmung, Gestimmtheit, spezif. Handlungsbereitschaft. ↗Bereitschaft (B).

Motivationsanalyse, Bez. für die Untersuchung der inneren Bedingungen des Verhaltens, der Verhaltensbereitschaft eines Tieres mit den Methoden der ↗Ethologie. Die ↗Bereitschaften sind nicht direkt meßbar und müssen daher, ebenso wie die Wirkung von Außenreizen, endogenen

legene ↗Vorderhornzellen mit efferenten Fasern (↗Efferenz), die für die Steuerung der Skelettmuskeln (somato-motor. Anteil, *motor. Nerven* i.e.S.) bzw. Eingeweidemuskeln u. Drüsen (vegetativ-motor. Anteil) verantwortl. sind. M. besitzen eine für ↗Nervenzellen beträchtl. Größe (Somadurchmesser bis 100 µm); an ihrem Soma u. ihren Dendriten greifen zahlr. (bis zu mehreren Tausend) erregende u. hemmende ↗Synapsen v. meist zentralen Neuronen an, deren postsynapt. Potentiale (EPSP) sich hier bes. gut experimentell untersuchen lassen. Die M., die die ↗Muskulatur im Bereich außerhalb der ↗Muskelspindeln (extrafusal) innervieren, werden als *Aα-Fasern (α-Fasern* bzw. α*-Motoneurone)* bezeichnet u. von den wesentl. dünneren *Aγ-Fasern (γ-Fasern* bzw. γ*-Motoneurone),* die zu den Muskelspindeln (intrafusal) ziehen, unterschieden. Der Anteil der γ-M. beträgt etwa ⅓ aller M. Bei den α-M.n gibt es funktionell bedeutende Grö-

---

Motivationsanalyse

Vereinfachtes, idealisiertes Funktionsschaltbild der Motivation für die *Nahrungsaufnahme* beim Hund. Das Rechteck stellt die Regelgröße, den Versorgungszustand des Organismus mit Nährstoffen, dar. Das Zeichen für Sinnesorgan (Halbkreis) im Rechteck symbolisiert den Fühler für negative Regelabweichungen, also den Rezeptor, der einen Versorgungsmangel an das Zentralnervensystem meldet. Diese Meldung hat eine Verstärkung der Bereitschaft zur Folge, Nahrung zu suchen und aufzunehmen (Verhalten). Weil sich – wenn dies gelingt – der Versorgungszustand verbessert, entsteht dadurch ein Regelkreis mit negativer Rückkopplung, in dem das Verhalten das Stellglied bildet. Außerdem wirkt schon der bloße Vollzug des Verhaltens (das Fressen od. Schlucken) antriebssenkend, bevor sich die Nährstoffversorgung dadurch verbessert. Es gibt also neben der langsamen Rückkopplung über den Versorgungszustand eine schnelle Rückkopplung über eine laterale Abzweigung vom motor. Signal (od. über Sinnesmeldungen aus dem eigenen Körper; diese Frage ist ungeklärt). Die schnelle Rückmeldung wird durch die hemmende Abzweigung zur Bereitschaftsinstanz gezeigt. Weiterhin steigern auch Sinnesreize (der Anblick beliebten Futters) die Bereitschaft; bei genügender Attraktivität können sie allein zum Fressen führen, ohne daß eine physiolog. Unterversorgung vorliegt. Außerdem wirken noch rhythm. Vorgänge mit, die durch eine weitere Instanz symbolisiert werden, die

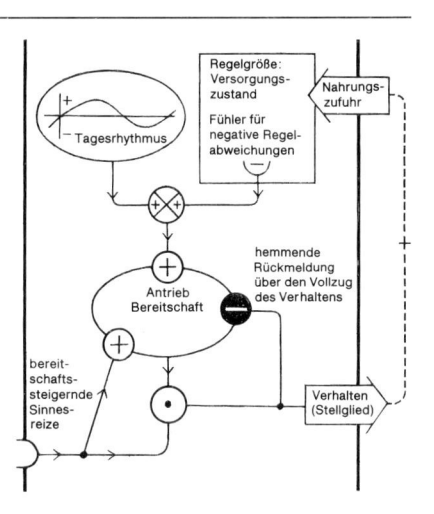

je nach Tageszeit die Bereitschaft steigert od. senkt (innere Bedingungen des Verhaltens werden durch Ellipsen symbolisiert). Der Kreis mit Punkt stellt ein Koinzidenzglied dar: Es gibt dann eine Meldung weiter, wenn auf beiden Eingangskanälen ein Signal eintrifft (↗doppelte Quantifizierung, ☐). Nach Hassenstein (1980), verändert.

Motoneurone

Der engl. Physiologe Ch. S. ↗Sherrington erkannte um die Jahrhundertwende das Motoneuron als die *gemeinsame Endstrecke der Motorik,* da es die vielen postsynapt. Potentiale der zahlr. hemmenden u. erregenden Synapsen verrechnet u. nur dann mit einem ↗Aktionspotential antwortet, wenn die Summe der erregenden postsynapt. Potentiale überschwellig ist. ↗Nervensystem.

Rhythmen, Hormonen, Versorgungszuständen usw., aus dem Verhaltensmuster erschlossen werden. Dazu werden die Korrelation zw. den Häufigkeiten der einzelnen Verhaltenselemente, die Intensität, die Dauer u. das Erscheinungsbild einer Handlung ebenso herangezogen wie die Auswirkungen verschiedener Umweltänderungen. Durch das ↗Funktionsschaltbild (☐) ist heute eine genauere Darstellung der (stets hypothet.) Ergebnisse einer M. möglich als in der frühen Zeit der Ethologie.

Motoneurone [Mz., v. lat. motus = bewegt, neuron = Nerv], ventral in der ↗grauen Substanz des ↗Rückenmarks ge-

ßenunterschiede. Große α-M. mit großem Axondurchmesser u. hoher Erregungsleitungsgeschwindigkeit innervieren die über 1000 „weiße", schnell kontrahierende Muskelfasern u. fassen sie zu großen ↗*motorischen Einheiten* zus. Da diese M. schnell an eine Erregung adaptieren, werden sie *phasische M.* genannt. Kleinere α-M. mit dünnen Axonen sind typ. für die Versorgung v. „roten" Muskelfasern, die sich langsam kontrahieren u. schnell einen Tetanus (↗Muskelzuckung) erreichen. Dieser Typ M. adaptiert nach einer ↗Depolarisation nur sehr langsam; sie werden daher als *tonische M.* bezeichnet. ↗Nervensy-

MOTIVATIONSANALYSE

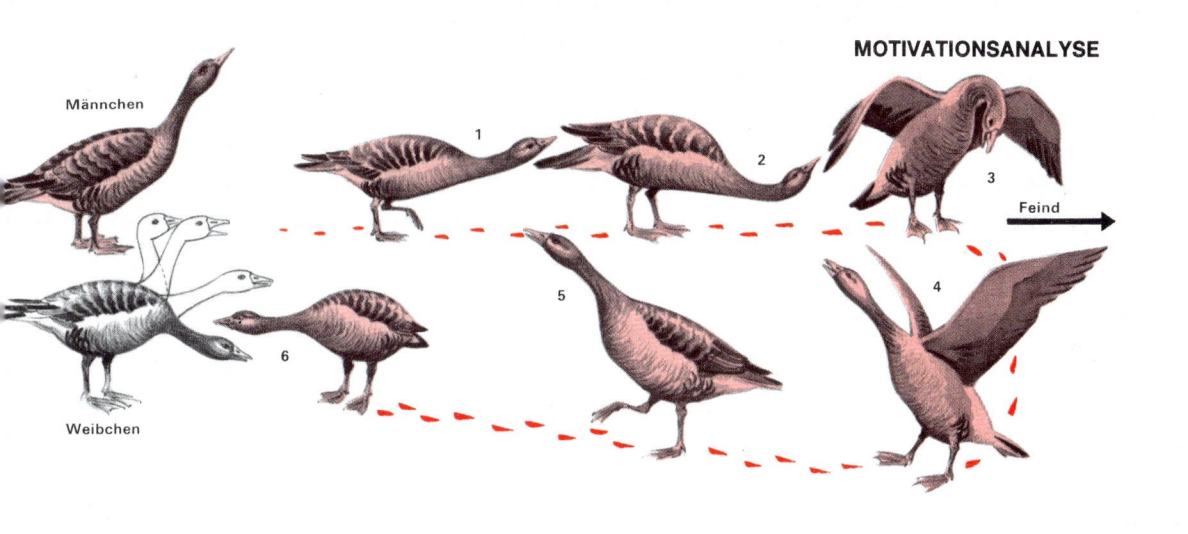

Das Schnattern der Graugans

Wenn man ein Verhaltenselement findet, das nur in ganz bestimmten, überschaubaren Situationen auftritt, so kann eine Motivationsanalyse die Bedeutung dieses Verhaltens für das Tier zeigen. Besonders geeignet dafür sind soziale Verhaltensweisen, die nur in der Interaktion mit Sozialpartnern auftreten.

Ein derartiges Verhalten ist das Schnattern der *Graugans*, das nur zwischen den Partnern eines Paars und gegenüber eigenen Jungen vorkommt. Man beobachtet es oft im folgenden Zusammenhang (oben): Zunächst stehen Männchen und Weibchen zusammen. In 1 und 2 stößt das Männchen gegen einen Feind vor und hat ihn in 3 vertrieben. Dann wendet es sich um und kehrt in Imponierhaltung (4) und rollend (schmetternder Ruf) zum Weibchen zurück. Wenn sie zusammen sind, geht das gemeinsame Rollen (5) in *Schnattern* über (6).

Die Motivation des Schnatterns kann man nicht in einem geschlossenen Raum unter konstanten Reizbedingungen untersuchen, da diese Lautäußerung unter so unnatürlichen Umständen gar nicht vorkommt. Anderseits läßt sich die Häufigkeit der Verhaltensweise im Vergleich mit anderen im Freien nur in grobem Umfang bestimmen. Man ist daher für die Motivationsanalyse neben der Untersuchung von Form und Ontogenese des Verhaltens vor allem auf die Beobachtung der Umweltsituationen angewiesen, in denen es auftritt.

Man findet schon beim *Gänseküken* oder *Gössel* eine Parallele zum Schnattern: Trifft ein Gössel nach einer Trennung wieder auf einen seiner Eltern, so äußert es ein leises »Wi«. Hohe Intensität dieses Grußlauts ist von einem Halsvorstrecken begleitet. Diese Bewegungsform entspricht genau dem Schnattern erwachsener Gänse. Auch die Situationen, in denen beide ausgelöst werden, sind gleich. Es handelt sich in beiden Fällen um das Zusammentreffen mit dem Partner nach einer Trennung.

Vergleicht man die Intensitätsstufen vom leisen · Stimmfühlungslaut bis zum intensiven Schnattern erwachsener Gänse mit den Haltungen des Gössel beim »Wi«-Laut, so werden die Übereinstimmungen noch deutlicher. Ähnliche Intensitäten der Lautäußerungen entsprechen ähnlichen Körperhaltungen.

Die formale Ähnlichkeit zwischen Schnattern und »Wi«-Laut sowie ihren verschiedenen Intensitätsstufen, die Gleichheit der diese Bewegung auslösenden Situationen und die Unabhängigkeit von Verhaltensweisen anderer Funktionskreise sprechen für eine besondere, den beiden gemeinsame Motivation. Da dem Schnattern und dem »Wi«-Laut ein eigenes Appetenzverhalten zugeordnet ist, kann man diese Motivation eine *Bereitschaft* nennen. Sie dient der Bindung zwischen den Partnern und kann daher als *Bindungsbereitschaft* bezeichnet werden.

Motorik

stem; [B] mechanische Sinne I, [B] Nervenzelle I, ☐ Kniesehnenreflex.

Motorik w, Gesamtheit der willkürl. Bewegungsvorgänge, die sowohl der Stabilisierung der Körperhaltung *(Halte- und Stütz-M.)* als auch der gerichteten Ortsveränderung v. Körper od. Körperteilen *(Bewegungs- und Ziel-M.)* dienen. ↗Motilität.

motorisch, Bewegungsvorgänge betreffend, den Bewegungen dienend.

motorische Bahnen, allg. Bez. für Nervenbahnen, die an der Steuerung v. Bewegungsabläufen beteiligt sind. ↗Pyramidenbahn, ↗extrapyramidales System; ↗Nervensystem.

motorische Einheit; alle ↗Muskelfasern, die v. einem ↗Motoneuron innerviert werden, bilden mit diesem zus. eine m. E. Das Verhältnis zw. Muskelfasern u. Motoneuronen ist keinesfalls 1:1, da sich die motor. Nerven innerhalb des Muskels mehr od. weniger stark verzweigen, entsprechend viele od. wenige Muskelfasern innervieren u. damit zu gleichzeit. Kontraktion (↗Muskelkontraktion) veranlassen. Je größer die m. E., desto „gröber" arbeitet der Muskel. Eine m. E. des Bizeps umfaßt z. B. etwa 750 Muskelfasern, die des Unterschenkels sogar ca. 1700 Fasern; der äußere Augenmuskel dagegen bildet m. E.en mit nur 7 Muskelfasern. Über die m.n E.en können die Muskelkraft u. Kontraktionsgeschwindigkeit abgestuft werden. Je mehr m. E.en aktiviert werden, desto größer ist die Muskelkraft (Rekrutierung). Da die v. tonischen Motoneuronen innervierten „roten" Muskelfasern im Ggs. zu den „weißen", von phasischen Motoneuronen innervierten, schon bei niedrigerer Erregungsfrequenz (ca. 20 Hz) einen Tetanus (↗Muskelzuckung) ausbilden, sind sie es, die bei zunehmender Arbeitsleistung des Muskels zuerst aktiviert werden. Kleine m. E.en arbeiten also wesentl. häufiger als große.

motorische Prägung, eine ↗Prägung auf motor. Koordinationen im Unterschied zur *Objektprägung*, durch die ein Auslöser für bestimmte Verhaltensweisen erlernt wird. Das bekannteste Beispiel für eine m. P. ist die ↗Gesangsprägung bei Singvögeln. Es ist fragl., ob dabei wirkl. die motor. Ausführung des Gesangs gelernt wird, od. ob lediglich ein *Sollmuster* gelernt wird, dessen Erreichung später als Belohnung wirkt u. so das motor. Lernen ausrichtet. Dann wäre der Unterschied zur Objektprägung nicht bedeutsam.

Motten, lepidopterologisch uneinheitl. benutzter Begriff: als Sammelbez. für überwiegend nachtaktive Schmetterlingsfam. mit sehr kleinen Arten; dabei gelten als M. i. e. S. die Echten M. (↗*Tineidae*). Mitunter wird der Begriff fälschl. zu weit gefaßt gleichbedeutend mit ↗Nachtfalter (entsprechend engl. „moth"); ugs. auch Bez. für alle nachtaktiven, unscheinbar graubraunen Falter unabhängig v. ihrer Größe.

motor- [v. lat. motorius = voller Bewegung, lebhaft].

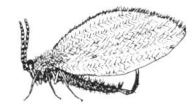

Mottenmücken
Psychoda phalaenoides

Mottenkraut, *Chenopodium botrys*, ↗Gänsefuß.

Mottenläuse, die ↗Aleurodina.

Mottenmilbe, *Pyemotes herfsi*, ↗Kugelbauchmilben.

Mottenmücken, *Schmetterlingsmücken, Psychodidae*, Fam. der Mücken mit ca. 400 Arten, davon ca. 20 in Mitteleuropa. Die M. sind 1 bis 5 mm groß und unterschiedl. gefärbt; die oft schuppenart. Behaarung v. Körper u. Flügeln führt mit den in der Ruhe dachförmig aufgestellten Flügeln zu einem schmetterlingsähnl. Erscheinungsbild. Ausstülpungen aus Chitin u. drüsige Anhänge bei den Männchen vieler Arten spielen wahrscheinl. bei der Balz eine Rolle. Die Larven der M. entwickeln sich je nach Art in sehr unterschiedl. Bereichen. Die Imagines der meisten M.-Arten ernähren sich v. Blütennektar. Einige Arten, bes. in den Tropen, ernähren sich jedoch v. Blut, das sie mit einem Stechrüssel aufnehmen. Arten der Gatt. *Sycorax* saugen an Fröschen. Lästig u. als Überträger v. Krankheiten auch gefährl. können die Sandmücken (Gatt. *Phlebotomus*) vielen Wirbeltieren u. dem Menschen werden. So werden in Asien u. Afrika die Krankheiten ↗Orientbeule u. ↗Kala-Azar durch die Aufnahme der verursachenden ↗*Leishmania*-Arten mit dem Blut u. Weitergabe an neue Wirte durch Stich der Mücke verbreitet. Die Pappatacimücke *(Phlebotomus papatasii)* überträgt das ↗Dreitagefieber. In S-Amerika wird das Oroyafieber (↗Bartonellose) übertragen. Wegen der Winzigkeit dieser M. schützen auch die normalen Moskitonetze nicht vor den Phlebotomen. Durch kot- u. harnartige Gerüche werden die Abortfliegen (Abtrittfliegen, Gatt. *Psychoda*) angelockt, die auch in Mitteleuropa häufig vorkommen, aber nicht stechen.

Mottenschildläuse, die ↗Aleurodina.

Mottenspinner, *Heterogynidae*, Schmetterlingsfam. mit nur knapp 10 Arten, mediterran verbreitet. Einziger mitteleur. Vertreter: *Heterogynis penella*, nördl. bis in die Schweiz u. das Elsaß vorkommend; stark geschlechtsdimorph; Männchen tagaktiv, unscheinbar braungrau u., im Ggs. zum Weibchen, geflügelt (Spannweite um 20 mm) u. mit stark gekämmten Fühlern, Rüssel rückgebildet; Begattung des madenförm., stummelfüßigen Weibchens noch in dessen Puppengespinst, darin auch Eiablage; Larven ernähren sich zunächst v. Eischalen u. Resten der Mutter, später an Ginster-Arten, an denen sie sich nach Überwinterung in einem weißl. Gespinst verpuppen.

Mougeotia w [ben. nach dem frz. Botaniker J. B. Mougeot (muscho), 1776–1858], Gatt. der ↗Zygnemataceae.

Mousseron *m* [mußrõn; frz., = Maischwamm (vgl. engl. mushroom = Pilz)], *Marasmius scorodonius* Fr., ↗Knoblauchpilz.

Moustérien s [musterjä̱n; ben. nach ↗Le Moustier (Dép. Dordogne)], Kulturstufe u. typisches Geräteinventar des ↗Neandertalers, gekennzeichnet durch das Überwiegen v. ↗Abschlaggeräten, darunter v. a. charakteristisch geformte, kleine dreieckige Handspitzen („Moustierspitzen").

Moustier-Mensch [mustje-], ↗Le Moustier, ↗Neandertaler.

Möwen, *Laridae,* Fam. gewässerbewohnender Vögel mit 43 Arten, die weltweit, hpts. jedoch in der nördl. Hemisphäre an Meeresküsten, Flüssen u. Seen vorkommen. 28–81 cm groß (Spannweite 65–170 cm), weiß u. grau gefärbt, teilweise mit schwarzen Abzeichen an Kopf, Flügeln u. Schwanz; die Jungvögel tragen 1–4 Jahre lang ein anfangs vorwiegend braunes Jugendkleid. Kräftig gebaut, der starke Schnabel ist an der Spitze leicht gekrümmt. Zugespitzte Flügel, die den M. kraftvollen Ruderflug, Segeln u. akrobat. Flugmanöver auf engem Raum ermöglichen. Die 3 Vorderzehen sind mit einer Schwimmhaut verbunden. Schwanz relativ kurz, gerade endend od. keilförmig eingeschnitten wie bei der Schwalbenmöwe *(Larus sabini)* od. der Gabelschwanzmöwe *(Creagus furcatus,* B Südamerika VIII). Geschlechter gleich gefärbt, manchmal sind die Männchen größer u. besitzen ein kantigeres Kopfprofil. Das ganze Jahr über gesellig. Nisten kolonieweise an felsigen u. sandigen Küsten, auf Inseln u. im Verlandungsbereich v. Flüssen u. Seen. Nest kann umfangreich aus Stengeln, Halmen u. Algen gebaut sein od. auch praktisch völlig fehlen wie bei der felsbrütenden ↗Dreizehenmöwe *(Rissa tridactyla).* Die 2–3 grünl. Eier sind dunkel gesprenkelt. Nach 21–26 Tagen schlüpfen die Jungen, die zu sekundären Nesthockern geworden sind. Als Allesfresser sind M. äußerst anpassungsfähig, auch Müllplätze suchen sie häufig zur Nahrungssuche auf. Die größte eur. Möwe ist die Mantelmöwe *(L. marinus)* mit bis zu 79 cm Länge u. fast schwarzer Oberseite; tiefe Stimme. Von nahezu gleichem Aussehen, aber kleiner ist die 56 cm große Heringsmöwe *(L. fuscus),* skand. Rasse dunkler als die britische. Die gleichgroße Silbermöwe *(L. argentatus,* B Europa I) ist die häufigste Möwe der eur. Küsten; v. der hellgrauen Oberseite heben sich die schwarz-weißen Flügelspitzen ab; wie bei den anderen Groß-M. besitzt der Unterschnabel einen roten Fleck, den die Jungen mit dem Schnabel antippen u. damit die Fütterung auslösen; gut untersuchtes Studienobjekt der Evolutions- u. Verhaltensforschung (B Attrappenversuch). Die heller gefärbte Polarmöwe *(L. glaucoides,* B Polarregion I) besiedelt Grönland u. Baffinland u. dringt im Winter bis nach Island, Irland u. Schottland vor. Die 41 cm große Sturmmöwe *(L. canus,* B Europa VII) sieht wie eine kleine Silbermöwe aus, besitzt jedoch keinen roten Schnabelfleck; sie bewohnt außer den Meeresküsten auch Binnengewässer. Die 38 cm große Lachmöwe *(L. ridibundus,* B Europa VII, □ Flugbild, □ Aggression, □ Konfliktverhalten) brütet in Sümpfen, auf verschilften Inseln u. feuchten Wiesen vorwiegend des Binnenlandes; sie weist einen Saisondimorphismus auf: v. der schwarzbraunen Kopfmaske des Sommers bleibt im Winter lediglich ein dunkler Ohrfleck zurück; überwintert an Seen u. Flüssen auch vieler Großstädte. Die mit 28 cm kleinste Art ist die Zwergmöwe *(L. minutus),* sommers ebenfalls mit schwarzer Kopfmaske; ihr leichter Flug erinnert an Seeschwalben.

M. N.

M-Phase, die Mitose-Phase des ↗Zellzyklus, während der die ↗Mitose (B) abläuft.

m-RNA, *mRNA,* Abk. für ↗messenger-RNA; ↗Ribonucleinsäuren.

MSH, Abk. für *m*elanocyten*s*timulierendes *H*ormon, ↗Melanotropin.

mt-DNA, Abk. für ↗mitochondriale DNA.

MTOC, Abk. für *M*icro*t*ubule *O*rganizing *C*enters, ↗Mikrotubuli.

mt-RNA, Abk. für ↗mitochondriale RNA.

Mucilago *w* [spätlat., = schleimiger Saft], Gatt. der ↗Didymiaceae.

Mucine [Mz.; v. lat. mucus = Schleim], die ↗Mucoproteine.

Mücken, *Nematocera,* U.-Ord. der ↗Zweiflügler mit über 15 000 Arten in ca. 30 Fam. (T 50). Der *Körper* der Imagines ist im Ggs. zu den gedrungen wirkenden ↗Fliegen (□) eher länglich u. schmal. Er ist je nach Art ganz unterschiedl. gefärbt u. weist die typ. Dreigliederung der ↗Insekten (□) in Kopf, Brust u. Hinterleib auf. Die Körperlänge kann je nach Art zw. einigen mm u. mehreren cm betragen. Der Kopf trägt im Ggs. zu den Fliegen meist lange, fadenförm. Fühler (Antennen), die aus 6 bis 70 Gliedern bestehen können (□ Gehörorgane, B Homologie). Die ↗Mundwerkzeuge (B Verdauung II) sind meist stechend-saugend, womit die Imagines, wenn überhaupt, je nach Art Pflanzensäfte, Blütennektar od. Blut aufnehmen, wie z. B. die ↗Stech-M. Wie auch bei den Fliegen, ist das zweite Flügelpaar an der Brust zu Schwingkölbchen (Halteren, □ Fliegen) umgewandelt, die zur Steuerung u. Aufrechterhaltung des Gleichgewichts beim Flug dienen. Dieser erreicht bei den meisten M. nicht die Geschwindigkeit u. Wendigkeit wie der vieler Fliegen u. wirkt oft (z. B. bei den *Tipulidae*) träge u. flatterhaft. An den drei Paar Beinen kann man die typ. Gliederung des Insektenbeins (□ Extremitäten) erkennen. Sie sind meist lang, wenig spezialisiert u. mehr zum Festhalten als zum Laufen geeignet. Zur schlanken Gestalt der M. trägt der meist dünne, zylinder- od. spindelförmige Hinterleib bei, der sich aber bei blutsaugenden Fam. (z. B. Stech-M.) durch die Nahrungsaufnahme erwei-

Moustérien

Abschlaggeräte des M.: **a** ein Seitenschaber, **b** eine M.-Spitze („Moustierspitze")

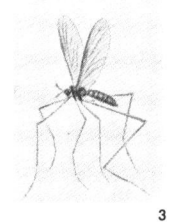

Mücken

1 Stechmücke (Fam. *Culicidae*), **2** Gartenhaarmücke *(Bibio hortulans),* **3** Lidmücke (Fam. *Blepharoceridae*)

Mückenfresser

tern kann. *Entwicklung:* Der Kopulation der M. geht häufig eine Schwärmphase voraus; die Eier werden oft in großer Anzahl häufig in od. an Gewässer abgelegt. Die holometabole Entwicklung findet im Ggs. zu der vieler höherer Fliegen meist im Wasser statt, es gibt aber auch terrestr. Entwicklung, wie z. B. bei den Motten-M. oder Haar-M. Die *Larven* (B Larven II) entspr. nicht dem Typ der Made, sondern besitzen eine kräftige, oft dunkler gefärbte Kopfkapsel sowie manchmal auch gut ausgebildete Beine. In Anpassung an ihre Lebensweise ist die Gestalt u. Ernährung der M.-Larven sehr mannigfaltig. So haben M.-Larven in stark strömenden Fließgewässern (☐ Bergbach) Saugnäpfe (Lid-M.) od. Haftgespinste (*Tipuliidae*) ausgebildet od. bauen Wohnröhren (einige Gatt. der Zuck-M.). Zur Nahrungsaufnahme kommen Borstenfächer (Kriebel-M.) und Strudelorgane (Stech-M.) vor; es gibt aber auch räuberische M.-Larven (z. B. bei den *Tipulidae*) od. reine Pflanzenfresser. Die Atmung unter Wasser findet vorwiegend über die ganze Körperoberfläche statt, aber auch Analkiemen (*Tipulidae*) od. Atemröhren kommen vor. Die Puppe der M. ist eine oft zur Bewegung befähigte Mumienpuppe, aus der die Imagines durch einen präformierten, T-förmigen Spalt schlüpfen, ähnl. wie die Spaltschlüpfer unter den Fliegen (*Orthorrhapha*, ☐ Fliegen, 6a). – Die Bedeutung der M. liegt v. a. in der Nahrungsgrundlage für viele andere Lebewesen, als Larven (z. B. Zuck-M.-Larven) für Fische, als Imagines für viele Vögel, Fledermäuse, Spinnen od. Libellen. Für den Menschen sind die blutsaugenden M. bei uns nur lästig, gefährl. dagegen in vielen trop. Gebieten als Überträger v. Krankheiten, wie z. B. die ↗*Anopheles*-M. v. ↗Malaria (↗Stech-M.). Innerhalb der Gruppe der ↗Zweiflügler zählen die M. zus. mit den niederen Fliegen zur primitiveren Gruppe. Die systemat. Einordnung in die Fam. ist in vielen Fällen noch nicht endgültig. B Genaktivierung, B Insekten II. *G. L.*

Mückenfresser, *Conopophagidae,* Familie südam. Sperlingsvögel mit 2 Gatt. und 11 Arten; 12–14 cm groß, rundl., wenig auffallend gefärbt; suchen rotkehlchenartig am Boden u. im Buschwerk Insekten u. Spinnen; Nest in Bodennähe mit i. d. R. wohl 2 Eiern.

Mückenhafte, *Bittacidae,* Fam. der Schnabelfliegen mit ca. 70 Arten. In Mitteleuropa nur die Art *Bittacus italicus,* ca. 1,5 cm groß, schlank u. mit den langen, dünnen Beinen v. schnakenähnl. Gestalt; die 2 Paar schmalen Flügel sind glasklar. Die M. ernähren sich räuberisch v. kleinen Insekten u. Spinnen, die sie, an den Vorderbeinen hängend, mit bes. ausgebildeten Fußgliedern der Hinterbeine fangen. Die raupenförm. Larven sind braun gefärbt u. stark beborstet.

Mücken
Wichtige Familien:
↗ Bartmücken (Heleidae, Ceratopogonidae)
↗ Dungmücken (Scatopsidae)
↗ Dunkelmücken (Orphnephilidae, Thaumaleidae)
↗ Faltenmücken (Liriopeidae, Liriopidae, Ptychopteridae)
↗ Fenstermücken (Pfriemenmücken, Anisopodidae, Rhyphidae, Phryneidae)
↗ Gallmücken (Cecidomyiidae, Itonididae)
↗ Haarmücken (Bibionidae)
↗ Kriebelmücken (Gnitzen, Melusinidae, Simuliidae)
↗ Langhornmücken (Macroceridae)
↗ Lidmücken (Netzmücken, Blepharoceridae)
↗ Moosmücken (Cylindrotomidae u. Heteropezidae)
↗ Mottenmücken (Schmetterlingsmücken, Psychodidae)
↗ Pilzmücken (Fungivoridae, Mycetophilidae)
↗ Sciophilidae
↗ Stechmücken (Culicidae)
↗ Stelzmücken (Limnobiidae, Limoniidae)
↗ Tipulidae (Schnaken, Kohlschnaken)
↗ Trauermücken (Sciaridae, Lycoriidae)
↗ Wintermücken (Trichoceridae, Petauristidae)
↗ Zuckmücken (Chironomidae, Tendipedidae)

muco- [v. lat. mucus = Schleim, Rotz].

Mückenwanze, *Empicoris vagabundus,* ↗Raubwanzen.

Mucocysten [Mz.; v. *muco-, gr. kystis = Blase], membranumschlossene, vesikuläre Strukturen bei Protisten (z. B. dem Ciliaten *Tetrahymena*) direkt unterhalb der Plasmamembran mit parakristalliner Feinstruktur. Die Vesikelmembranen können auf einen Reiz hin mit der Plasmamembran fusionieren u. die M. unter Volumenausdehnung nach außen entlassen (extrusive Organelle), wobei ein präexistentes Netzwerk v. Filamenten entfaltet wird. Die Bildung der M. geschieht über das Endomembransystem. Bei den Ciliaten (↗Wimpertierchen) scheinen die M. eine Rolle bei der ↗Encystierung zu spielen; bei den *Actinopoda* (↗Strahlenfüßer) vermutet man, daß die Klebrigkeit der Zelloberfläche v. ausgeschiedenen M. herrührt u. dadurch der Beutefang erleichtert wird.

Mucopolysaccharide [Mz.; v. *muco-, gr. polys = viel, sakcharon = Zucker], *Glykosaminglykane,* die aus unverzweigten Disaccharideinheiten aufgebauten Polysaccharidkomponenten der besonders in Haut-, Binde- u. Knorpelgewebe enthaltenen ↗Proteoglykane. M. sind gallertart., klebrige od. „glitschige" Substanzen, die als interzelluläre Schmierstoffe u. flexible Kitte fungieren. Wichtige Vertreter der M. sind die Chondroitin-4-(bzw. -6-)Sulfate (↗Chondroitin, ☐), ↗Hyaluronsäure (☐), ↗Heparin u. ↗Keratansulfat. Wegen der enthaltenen Säuregruppen werden diese M. als *saure M.* bezeichnet. Die heute anstelle von M. vielfach übliche Bez. Glykosaminglykane wurde geprägt, da sich einer der beiden Zuckerreste der repetierenden Disaccharideinheit immer v. einem Aminozucker (N-Acetylglucosamin od. N-Acetylgalactosamin) ableitet. Aufgrund v. Carboxyl- u./od. Sulfatestergruppen sind M. wasserlösl. Polyanionen. Ihre Kettenlängen liegen im Bereich v. 30–300 Monomerbausteinen, ausgenommen die aus mehreren Tausend Monomereinheiten aufgebaute ↗Hyaluronsäure, die auch hinsichtl. anderer Eigenschaften eine Sonderstellung einnimmt. Die Synthese von M.n erfolgt, ausgehend v. Glucose, über deren Umwandlung zu UDP-N-Acetylglucosamin bzw. UDP-Glucuronsäure, die als aktivierte Monomere wirken. Die Sulfatreste werden während der Synthese der M.-Ketten v. Phosphoadenosinphosphosulfat übertragen. Der Abbau von M.n erfolgt hydrolyt. durch lysosomale Hydrolasen. Der genet. bedingte Defekt dieser Enzyme führt zu vermindertem Abbau von M.n (sog. *Mucopolysaccharidose*), was sich in Deformationen vieler Gewebe, bes. des Skeletts, u. in geistiger Retardierung äußert.

Mucoproteine [Mz.; v. *muco-], *Mucine,* veraltete Bez. *Mucoide,* die ↗Proteoglykane mit sauren ↗Mucopolysacchariden als Zuckerkomponenten.

Mucor *m* [lat., = Schimmel], Gatt. der ↗Mucorales.

Mucorales [Mz.; v. lat. mucor = Schimmel], Ord. der *Zygomycetes* (Jochpilze) mit zahlreichen Gatt. (vgl. Tab.), Niedere Pilze, die mit verzweigtem Substratmycel wachsen, das i. d. R. aus unseptierten Hyphen mit vielen (haploiden) Kernen besteht. Manche Arten bilden gelegentl. sich schnell ausbreitende Hyphen-Ausläufer (Stolonen), die sich vom Substrat abheben u. dann wieder mit Haftorganen (Rhizoiden) festsetzen. An kurzen Seitenästen des Mycels entwickeln sich Sporangien, in denen Sporangiosporen zur Verbreitung gebildet werden. Sporangien können vielfält. Formen aufweisen, bis zur Reduzierung zu einsporigen Sporangiolen. Zur ungeschlechtl. Vermehrung können sich auch Chlamydosporen, Gemmen od. in flüss. Medium hefeart. Sproßzellen *(Kugelhefen)* entwickeln. Zur geschlechtl. Fortpflanzung müssen Plus- u. Minushyphen von genetisch unterschiedl. Mycelien zusammentreffen *(Heterothallie)*; es bilden sich Gametangien, aus denen ein Zygosporangium mit einer Zygospore hervorgeht ([B] Pilze II). Seltener können Gametangien aus Hyphen desselben Mycels miteinander kopulieren *(Homothallie)*. Die *M.* wachsen meist saprophytisch (schimmelpilzartig) auf vielen tier. und pflanzl. Substraten, oft auf Kompost, Küchenabfällen, Samenschalen, Exkrementen od. auf dem Erdboden; sie leben auch als Hyperparasiten auf anderen *M.*; einige sind fakultative Erreger von z. T. lebensgefährlichen Mykosen bei Warmblütern (z. B. *Absidia*

muco- [v. lat. mucus = Schleim, Rotz].

Mucorales
Wichtige Gattungen:
↗ *Rhizopus* (↗Brotschimmel)
Mucor (*M. mucedo* = Köpfchenschimmel)
↗ *Phycomyces*
↗ *Choanephora*
↗ *Absidia*
Blakeslea
Chaetostylum
↗ *Chaetocladium*
Mortierella
Piptocephalis
↗ *Pilobolus*
Cunninghamella

Mucorales *(Zygomycetes)*

Sporangienformen:

a Echtes Sporangium mit Columella (1) u. Apophyse (2) u. vielen Sporangiosporen bei *Rhizopus*; ohne Erweiterung des Sporangienträgers (= Apophyse) bei *Mucor*.
b Büschel v. Sporangien ohne Columella mit zahlr. Sporangiosporen bei *Mortierella biramosa*.
c Kleines, nur wenige Sporangiosporen od. sogar nur eine Sporangiospore enthaltendes Sporangium (= Sporangiole) bei *Mortierella angusta*.
d Einsporige Sporangiolen, die samt der Sporangienwand abfallen (daher auch als „Konidien" bezeichnet), bei *Haplosporangium fasciculatum*

corymbifera, *Rhizomucor pusillus*, *Rhizopus*-Arten); eingeatmete Sporen können sich in den Atemwegen festsetzen, auskeimen u. von den Nasennebenhöhlen bis ins Gehirn wachsen; außerdem können die Sporen auch allerg. Reaktionen verursachen. Einige Formen sind Pflanzenparasiten (z. B. *Rhizopus stolonifer*: Wattefäule auf Erdbeeren, Weichfäule bei Bataten; ↗ *Choanephora cucurbitarum*: an Kürbisblüten u. -früchten). Große Bedeutung haben *M.* in der Biotechnologie zur Herstellung v. Enzymen (z. B. Proteasen, Lipasen, Glucoamylase, Rennin), organ. Säuren (z. B. Citronensäure, Fumarsäure), Fetten u. Fettsäuren, β-Carotin u. Steroiden (zur ↗Biotransformation). *Mucor*-Arten sind an der Fermentation des chines. Frischkäses „Sufu" beteiligt, der aus Sojaprotein hergestellt wird, u. *Rhizopus*-Arten werden zur Produktion des indones. „Tempeh" aus Sojabohnen eingesetzt. Bemerkenswert sind der Sporangienschleuderapparat v. ↗ *Pilobolus* u. der Phototropismus v. ↗ *Phycomyces*. [B] Pilze I.

Mucosa *w* [v. lat. mucosus = schleimig], die ↗Schleimhaut.

Mucoviscidose *w* [v. *muco-, lat. viscidus = zähflüssig], *cystische Pankreasfibrose, Dysporia enterobronchopancreatica congenita familiaris*, rezessiv erbl. Erkrankung exokriner Drüsen, bes. des Pankreas, der Bronchialschleimhaut, des Darms u. der Speichel- u. Schweißdrüsen; die Kranken selbst sind homozygot. Erstmanifestation im Säuglingsalter. Aufgrund eines Enzymdefekts gelangt kein Wasser in die Drüsen; dadurch wird der Schleim z. B. in den Bronchien sehr zäh; Folge sind Erweiterung des Bronchialsystems, chron. Entzündungen, retardierte Entwicklung. Durch die Mangelfunktion des Pankreas kommt es zu Verdauungsstörungen u. schweren Durchfällen. Die Therapie erfolgt symptomatisch.

Mucro *m* [lat., = Spitze], distales Ende der Sprunggabel der ↗Springschwänze.

Mucronati [Mz.; v. lat. mucronatus = mit einer Spitze versehen], Bez. für ↗Belemniten der oberen Kreide („Mucronaten-Senon"), deren stumpfes Rostrum in einer aufgesetzt erscheinenden Spitze endet; namengebend: *Belemnitella mucronata* (v. Schloth.). [↗Hülsenfrüchtler.

Mucuna *w* [v. Tupi mucunán], Gatt. der

Mudde *w*, *Mud*, feinzerteilte organogene Ablagerung in stehenden Gewässern; unterschiedl. Beimengungen mineral. Sedimente ergeben verschiedene Formen: z. B. Sand-, Ton-, Kalk-, Torfmudde. ↗Dy, ↗Gyttja, ↗Sapropel.

Muehlfeldtia *w* [ben. nach dem östr. Malakologen J. K. Megerle v. Muehlfeld, 1765 bis 1840], ↗Mergelia.

Muffel *m*, ↗Nasenspiegel.

Mufflon *m* [v. kors. mufrone über frz. mouflon = Wildschaf], *Muffelwild*, Eur. Wild-

Muggiaea

schaf, *Ovis ammon musimon,* kleinste U.-Art des Wildschafs (Kopfrumpflänge 110–130 cm, Schulterhöhe 65–80 cm); Widder mit stattl. kreisbogenförmigem Gehörn („Schnecke"), Schafe mit kurzem, leicht rückwärts gebogenem Gehörn od. hornlos; Felloberseite braun, -unterseite weiß. Der M. ist die Stammform des eur. Hausschafes; noch zu Anfang der Jungsteinzeit reichte sein Verbreitungsgebiet v. Ungarn, Mähren und S-Dtl. bis zum Mittelmeerraum. Nacheiszeitl. kamen M.s nur noch auf Korsika u. Sardinien wild vor; heute nur kleine Restbestände. Der M. ist Tag- u. Dämmerungstier u. lebt in kleinen, gemischten Rudeln unter Führung eines alten Mutterschafes urspr. in Bergwäldern. In vielen Mittelgebirgsgegenden des eur. Festlands wurde der M. als begehrtes Jagdwild, z.T. nach Kreuzung mit Hausschafen (z.B. dem osteur. Zackelschaf), ausgesetzt. – Auf Zypern lebt noch ein geringer Restbestand des Zyprischen M.s *(O.a.ophion)* in unterholzreichen Mittelgebirgswäldern.

Muggiaea w, Gatt. der ↗Calycophorae.

Mugharet el-Aliya, *Höhle v. M.,* ↗Neandertaler-Fundstelle (Zähne u. Schädelreste von 2 Individuen) an der marokkan. Atlantikküste.

Mugiloidei [Mz.; v. lat. mugil = Meeräsche, gr. -oeidēs = -ähnlich], die ↗Meeräschen.

Mühlenbeckia w [ben. nach dem dt. Botaniker H. G. Mühlenbeck, 1798–1845], Gatt. der Knöterichgewächse (↗Knöterichartige), mit ca. 15 Arten im trop. Amerika und Austr. verbreitet. Die Kletterpflanzen der Gatt. sind eng mit der Gatt. ↗ *Coccoloba* verwandt, zu der hier *M. platyclados* gestellt wird. *M. axillaris,* ein kriechender kleiner Strauch, wird in Steingärten gezogen.

Mühlkoppe, *Cottus gobio,* ↗Groppen.

Mulch m, Abdeckung des Bodens mit gemähten Gründüngungspflanzen, Gras, Stroh od. zerkleinerten Holz- u. Rindenstücken. Dadurch soll die ↗Bodengare gefördert u. ein Schutz gg. Verunkrautung, Verdunstung, Verschlämmung u. ↗Bodenerosion (↗Erosionsschutz) gewährleistet werden. Die organ. Substanz wird entweder im Verlauf einiger Wochen v. den ↗Bodenorganismen vollständig aufgenommen od. je nach Notwendigkeit leicht in die Oberfläche eingearbeitet.

Mulga w [Eingeborenenname], *M. Scrub,* offene Trockengehölzvegetation im Innern ↗Australiens.

Mulgedium s [v. lat. mulgere = melken], der ↗Milchlattich.

Mull m [v. mittelniederdt. mül = lockere Erde, Staub], ↗Bodenentwicklung; ☐ Bodenorganismen, B Bodentypen.

Mull, Bez. für zahlr. vorwiegend unterird. lebende Kleinsäuger unterschiedl. systemat. Zugehörigkeit (↗Konvergenz). Als M.

Mufflon-Bock (Ovis ammon musimon)

J. P. Müller

bezeichnet man den Eur. Maulwurf u.a. Insektenfresser wie den ↗Stern-M. u. die ↗Gold-M.e. Die ↗Beutel-M.e sind Beuteltiere. Zu den Nagetieren gehören Bleß-, Grau-, ↗Nackt-M. (↗Sandgräber), die ↗Blind-M.e und die M.-↗Lemminge.

Mull-Buchenwälder ↗Asperulo-Fagion.

Muller [mal^{er}], *Hermann Joseph,* am. Zoologe u. Genetiker, * 21. 12. 1890 New York, † 5. 4. 1967 Indianapolis; Prof. in Moskau, Edinburgh u. Bloomington; erzeugte als erster 1926 Mutationen mit Röntgenstrahlen an Taufliegen *(Drosophila)* u. bewies damit die Mutagenität v. Röntgenstrahlen; erhielt 1946 den Nobelpreis für Medizin.

Müller, 1) *Fritz,* dt. Zoologe, * 31. 3. 1821 Windischholzhausen bei Erfurt, † 21. 5. 1897 Blumenau (Brasilien); Prof. in Desterro; gab eine Begründung der Biogenet. Grundregel u. versuchte, die Darwinsche Theorie durch Untersuchung der Stammesgesch. der Krebstiere zu erhärten. 2) *Johannes Peter,* dt. Anatom u. Physiologe, * 14. 7. 1801 Koblenz, † 28. 4. 1858 Berlin. Schon als Student veröff. M. eine v. der Univ. Bonn preisgekrönte Arbeit: „De respiratione foetus" u. promovierte (1822) mit einer Dissertation über die Gesetze der tier. Bewegung; seit 1826 Prof. in Bonn; 1833 in Berlin Lehrstuhl für Anatomie u. Physiologie. Trat M. zunächst mit Arbeiten hervor, die durchaus noch einem naturphilosophisch-romant. Wissenschaftsverständnis verhaftet waren, so wurde er spätestens in Berlin zum Begr. der exakten, mit chem. und physikal. Methoden arbeitenden Physiologie, ohne jedoch seine vitalist. Vorstellungen aufzugeben. Noch vor seiner Berliner Zeit erschien (1830) „De glandularum secernentium structura", wo erstmalig die Funktion der Drüsen richtig beschrieben wird. Auf einer Parisreise (1831) traf er mit Dutrochet, Milne-Edwards und A. v. Humboldt zus. u. brachte zahlr. Anregungen aus der frz. Schule der Physiologie (↗Bichat, ↗Magendie) mit, die er u. seine Schüler (bes. ↗Du Bois-Reymond) bearbeiteten: neben Problemen der tier. Elektrizität Fragen des Blutes u. der Lymphe (Lymphherzen, am Frosch entdeckt), Gesetze der Stimmbildung, Gehör u.v.a. Sie sind zus. mit dem gesamten physiolog. Wissen der Zeit in das Müllersche „Handbuch der Physiologie des Menschen" (2 Bde., Koblenz 1833–40) eingegangen, das wohl eines der bedeutendsten physiolog. Werke des 19. Jh. darstellt. Gleichberechtigt u. in den späteren Berliner Jahren mehr in den Vordergrund tretend sind M.s vergleichend-anatom. und morpholog. Arbeiten (Monographie der Rundmäuler, Knorpel- u. Knochenfische, Revision des Systems der Fische; Entdeckung der Larvalstadien der Stachelhäuter, Bildung der Sinnesorgane v. Insekten). M. darf ferner als einer der Begr. der meereszool. Forschung angesehen werden; nach

ihm heißt das Planktonnetz „Müller-Gaze". Unter seinen Berliner Mitarbeitern u. Schülern finden sich zahlr. bedeutende Biologen, v. denen Henle, Schwann, Brücke, Helmholtz, Virchow, Miescher u. Haeckel die bekanntesten sind. B Biologie I, III.
3) *Otto Frederik,* dän. Biologe, * 2. 3. 1730 Kopenhagen, † 26. 12. 1784 ebd.; einer der frühen Mikroskopiker; klassifizierte die Bakterien nach seinen mikroskop. Beobachtungen in verschiedene Gruppen u. führte die Bezeichnungen „Bacillus" u. „Spirillen" ein; weitere Arbeiten über Insekten u. Krebstiere. 4) *Paul Hermann,* schweizer. Pharmakologe, * 12. 1. 1899 Olten, † 13. 10. 1965 Basel; Vize-Dir. der pharmazeut. Firma J. R. Geigy AG in Basel; arbeitete über die Struktur u. toxische Wirkung v. chlorierten Kohlenwasserstoffen, entdeckte die starke Wirkung des 1939 v. ihm entwickelten DDTs als Kontaktgift gg. Insekten; erhielt 1948 den Nobelpreis für Medizin. K.-G. C.

Müller, *Polyphylla fullo,* ↗ Blatthornkäfer.
Müllersche Körperchen ↗ Ameisenpflanzen.
Müllersche Larve [ben. nach J. P. ↗ Müller], *Protrochula-Larve,* mit 8 bewimperten Fortsätzen versehene, freischwimmende Larve mariner ↗ Polycladida (Strudelwürmer); erinnert in gleicher Weise wie die ↗ Goettesche Larve an die Trochophora-Larve der Anneliden u. Weichtiere u. bes. an die Pilidium-Larve der Schnurwürmer.
Müllersche Mimikry [ben. nach F. ↗ Müller], eine Form der ↗ Mimikry; liegt vor, wenn zwei od. mehr Arten durch Ungenießbarkeit, Wehrhaftigkeit od. ähnl. Eigenschaften vor einem gemeinsamen Räuber geschützt sind u. sich in ihren Warnsignalen täuschend ähneln. Lernt der Signalempfänger (E) an einer Art, das Warnsignal mit der unangenehmen Eigenschaft zu verknüpfen, wird er in Zukunft auch jede andere Art meiden, die das gleiche Warnsignal sendet. Die Verluste der einzelnen Art sind daher um so geringer, je mehr Arten das gleiche Signal verwenden. Die beteiligten Arten bilden einen *M.-M.-Ring.* E wird im Ggs. zur ↗ *Batesschen Mimikry* nicht über die Eigenschaft des Signalsenders getäuscht. Damit handelt es sich bei M.r M. nicht um Mimikry nach der allg. Definition, sondern um Signalnormierung. Dennoch gibt es auch Beispiele M.r M. von polymorphen Arten, deren Morphen unterschiedl. Warnsignale verwenden. So besitzen etliche Morphen des Tagfalters *Heliconius melpomene* (↗ Heliconiidae) je ein Gegenstück in einer Morphe von *H. erato.* Jedes dieser Morphenpaare trägt eine eigene Warntracht. Da die Mitglieder eines M.-M.-Ringes für einen Räuber kaum gleichwertig sein dürften, was Wehrhaftigkeit od. Ungenießbarkeit betrifft, lassen sich M. M. u. Batessche Mimikry nicht immer klar voneinander abgrenzen.

P. H. Müller

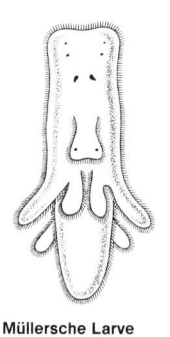

Müllersche Larve
Ventralansicht einer älteren Larve von *Yungia* mit Wimperschnüren, die die Lappenbildungen säumen; etwa 0,15 mm lang

Müllerscher Gang [ben. nach J. P. ↗ Müller], embryonale Vorstufe des Eileiters der Wirbeltiere; ↗ Oviduk.
Müller-Thurgau [ben. nach dem schweizer. Weinbauforscher H. Müller-Thurgau, 1850–1927], Sorte v. *Vitis vinifera,* ↗ Weinrebe.
Mullidae [Mz.], die ↗ Meerbarben.
Müllkompostierung, Verfahren zur Kompostierung der organ. Bestandteile der häusl. Abfälle mit od. ohne Klärschlamm (↗ Kläranlage). ↗ Kompost.
Mulloidichthys *m* [v. lat. mullus = Meerbarbe, gr. -oeidēs = -ähnlich, ichthys = Fisch], Gatt. der ↗ Meerbarben.
Mullus *m* [lat., = Meerbarbe], Gatt. der ↗ Meerbarben.
Mulmbock, *Ergates faber,* ↗ Bockkäfer.
Mulmnadeln, *Acicula,* Gatt. der *Aciculidae* (Überfam. Kleinschnecken), terrestr. Vorderkiemer ohne Kiemen; unter 6 mm hohes, zylindr.-turmförm. Gehäuse mit dünnem Deckel; getrenntgeschlechtl. Bandzüngler, die in Wäldern der W-Paläarktis unter Laub, Holz, Steinen leben u. sich v. Pilzen u. Schneckeneiern ernähren. 2 Gatt.; in Europa ca. 10 Arten.
Multiceps *m* [spätlat., = vielköpfig], Gatt. der Bandwurm-Fam. Taeniidae (Ord. *Cyclophyllidea*). Bekannte Art *M. multiceps* = *Polycephalus m.* = *Coenurus m.* = *Taenia m.* (Quesenbandwurm), 0,6–1 m lang u. 5 mm breit, lebt als Adultus im Darm v. Hund u. Fuchs (Endwirt), während die Finne (Coenurus) sich im Gehirn v. Pflanzenfressern, z. B. Schafen, entwickelt und die ↗ Drehkrankheit (Coenurosis) hervorruft.
Multienzymkomplexe, aus zwei od. mehreren strukturell u. funktionell verschiedenen ↗ Enzymen (☐) durch nichtkovalente Aneinanderlagerung aufgebaute, hochmolekulare Komplexe, an denen mehrere Reaktionsschritte einer Stoffwechselkette nach dem „Fließbandprinzip", d. h. ohne Ablösung der umgesetzten Substrate nach jeder Reaktion (mit Ausnahme der letzten Reaktion), ablaufen können. Dadurch brauchen die Zwischenstufen einer Reaktionskette nicht in einer bestimmten Mindestkonzentration vorzuliegen, um durch Diffusion die Enzym-Substrat-Bindung in zeitl. vertretbarer Abfolge zu sichern. Es reicht so für jedes Teilenzym ein einzelnes Substratmolekül. M. sichern nicht nur die Reaktionsabfolge, sondern verbessern auch sehr wirksam die Ökonomie der Zelle. Bes. gut untersuchte Beispiele sind der *Fettsäure-Synth(et)ase*-Komplex, der aus 7 verschiedenen Enzymen u. dem Acyl-Carrier-Protein besteht (☐ Fettsäuren), u. der aus 3 Teilenzymen aufgebaute Pyruvat-Dehydrogenase-Komplex (↗ Pyruvat-Dehydrogenase).
Multifiden *s,* Sexuallockstoff der ↗ Braunalge *Cutleria multifida;* chem. Verbindung: cis-4-Vinyl-5-cis-buten-1-yl-cyclopenten.

multilokular (v. *multi-, lat. locularis = örtlich], ↗polythalam.

Multinet-Wachstum [malti-; engl.; v. lat. multi = viel, engl. net = Netz (hier: Wandlamelle)], *Multi-net-growth*, Bez. für den Ablauf des ↗Zellwand-Wachstums. Nach der Multinet-Konzeption wächst die Zellwand durch zusätzl. Anlagerung neuer Wandlamellen auf die alten. Die Ablagerung neuer Lamellen erfolgt dabei vom Protoplasten ausschl. auf die Innenseite der schon bestehenden Wand. Es wird also kein Wandmaterial zw. schon vorhandenes *ein*gelagert (= ↗Intussuszeptions-Hypothese). Die Mikrofibrillen der Cellulose haben bei den neugebildeten Lamellen eine zur Hauptwachstumsrichtung der Zelle vorwiegend querverlaufende Orientierung. Die älteren Lamellen werden während des weiteren Zellwachstums nur noch passiv gedehnt, wobei sich ihre Textur auflockert u. umorientiert. Die ursprüngl. bevorzugte Querorientierung geht über in eine Streutextur u. sogar unter Umständen in eine Textur mit überwiegend längsausgerichteten Fibrillen.

multiple Allele *w* [v. gr. allēlos = gegenseitig], ↗Allel.

multiple Sklerose *w* [v. *multiple, gr. sklēros = hart, steif], *Encephalomyelitis disseminata*, degenerative Erkrankung des Zentralnervensystems, die durch einen herdförm. Zerfall der Myelinscheiden gekennzeichnet ist; die Axone sind nicht betroffen. Die Erkrankung verläuft chronisch in zeitl. oft weit auseinanderliegenden Schüben, oft mit Rückbildungen der klin. Symptomatik, kann aber auch langsam kontinuierl. progredient verlaufen. Die Symptome sind vielseitig, je nach dem Ausfall des jeweils befallenen Teils des Nervensystems, z. B. Doppelbilder durch Augenmuskellähmung, Zittern, Schwindelanfälle, Muskelschwäche, Inkontinenz, Sensibilitäts- u. Sprachstörungen, psych. Veränderungen. Als Ursache wird eine „slow-virus"-Infektion od. eine Autoimmunerkrankung diskutiert. Frauen erkranken häufiger als Männer, Ersterkrankung zw. dem 20. und 40. Lebensjahr. Die m. S. ist mit einer Inzidenz von etwa 5 auf 100 000 Einwohner/Jahr in Mitteleuropa die häufigste neurolog. Erkrankung. Therapie mit Cortison oder ACTH sowie mit physikal. Maßnahmen, Heilgymnastik u. a.; eine kurative Therapie ist nicht bekannt.

multiple Teilung, *Vielfachteilung, Mehrfachteilung*, Modifikation der Zellteilung (↗Cytokinese), in deren Verlauf eine Mutterzelle nicht in zwei, sondern in viele Tochterzellen aufgeteilt wird, nachdem sich der Zellkern entspr. oft geteilt hat (↗Mitose).

multipolare Neurone [Mz.; v. *multi-, gr. polos = Drehpunkt, neuron = Nerv] ↗Nervenzelle.

multitrich [v. *multi-, gr. triches = Haare],

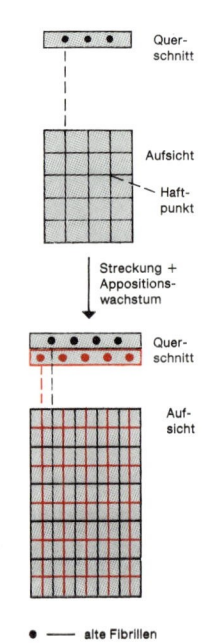

Multinet-Wachstum
Schema v. Streckung u. Apposition beim Multinet-Wachstum

• — alte Fibrillen
• — neue Fibrillen

multiple [v. spätlat. multiplus = vielfach].

multi- [v. lat. multi = viele].

[↗polytrich.

Multitubercultheorie [v. *multi-, lat. tuberculum = kleiner Höcker], (F. Major, Anthony u. Friant), *Polybuny Theory*, die Annahme, daß die urspr. Molarenform der Säugetiere nicht in dreihöckerigen *(Tritubercultheorie)*, sondern im mehrhöckerigen Backenzahn zu sehen sei, aus dem sich die triterculäre Zahnform durch Reduktion der Höckerelemente entwickelt habe. Fossile Belege stützen die M. nicht.

Multituberculata [Mz.; v. *multi-, lat. tuberculum = kleiner Höcker], (Cope 1884), zunächst irrtüml. den *Marsupialia*, heute mit ↗*Triconodonta* u. *Monotremata* meist der U.-Kl. *Prototheria* zugezählte † Ord. überwiegend mesozoischer Säuger mit der längsten Lebensdauer aller Mammalier-Ord. (ca. 200 Mill. Jahre); manchmal einer U.-Kl. ↗*Allotheria* zugewiesen. Bekannt 44 Gatt. mit über 128 Arten, die meist nur durch isolierte Zähne belegt sind. Ökolog. hatten die *M.* die Rolle heutiger herbivorer Nagetiere inne; wegen ihrer großen taxonom. ↗Diversität infolge rascher Evolution u. stellenweisen Häufigkeit (bis 75% des Säugetier-Fundgutes) kommt ihnen stratigraph. Bedeutung zu. *M.* waren überwiegend klein mit Körperlängen um 15 cm, Ausnahmen erreichten 1,10 m Länge und 40 kg Gewicht. Gebiß wahrscheinl. monophyodont mit urspr. 3 Schneidezähnen u. fehlenden Caninen; Prämolaren oft zu vergrößerten Kammzähnen umgebildet, Molaren mit 5 od. mehr Höckern in 2 bis 3 Längsreihen (Name!), ↗Zahnformel z. B. $\frac{3 \cdot 0 \cdot 6 \cdot 2}{1 \cdot 0 \cdot 3 \cdot 3}$ (*Paulchoffatia*), $\frac{2 \cdot 0 \cdot 1 \cdot 2}{1 \cdot 0 \cdot 0 \cdot 3}$ (U.-Ord. *Taeniolabidoidea*). *M.* bilden 3 U.-Ord.: *Plagiaulacoidea, Ptilodontoidea* u. *Taeniolabidoidea*. – Verbreitung: Rhät bis Unteroligozän nördl. der Tethys (N-Amerika, Europa, N-Asien).

Multivalent *s* [v. *multi-, lat. valere = wert sein], in der ↗Meiose ein Paarungsverband aus mehr als zwei (↗Bivalent) Chromosomen (Tri-, Quadri-, Quinquevalent usw). Die an der Bildung eines M.s beteiligten Chromosomen können völlig homolog (im Fall v. ↗Autopolyploidie), partiell homolog (bei Segment-↗Allopolyploidie od. reziproken Translokationen) od. nicht homolog sein. M.e können zur Störung der Meiose u. somit zur Herabsetzung der Fertilität führen. [↗polyphag.

multivor [v. lat. vorare = verschlingen].

Mumie *w* [v. *mumi-], 1) urspr. im Altertum durch Austrocknungsverfahren, Einbalsamierung u. Umhüllung mit Binden *(Mumifizierung)* erhaltungsfähig gemachte Leichen v. Mensch u. Tier. ↗Mumifikation. 2) In der Paläontologie werden durch Verzögerung od. Verhinderung v. Fäulnis u. Verwesung aufgrund v. Kälte (z. B. Gefrieren im Dauerfrostboden), Austrocknung (z. B. in südam. Höhlen), Durchtränkung mit salzhalt. Lauge (z. B. in Salzsümpfen) u. Huminsäuren (z. B. in Mooren) od. Versinken in Pech- od. Asphaltsümpfen od. -seen (z. B. Rancho La Brea bei Los Angeles) mit Weichteilen erhaltene fossile Leichen als M.n bezeichnet. 3) Geolog.-paläontolog. wurde der Ausdruck M. seit Steinmann (1880) auch verwendet für „vollständig durch andere Organismen eingehüllte Schalenreste unter teilweiser Beibehaltung der Form des eingeschlossenen Körpers" (z. B. Schneckenschalen mit Umhüllung v. Cyanophyceen = „Onkoide"). Eine Anhäufung derart. M.n im südtl. Dogger (↗Jura) nannte man „M.nbank".

Mumienpseudomorphosen [v. *mumi-, gr. pseudos = Täuschung, morphōsis = Gestaltung], entstehen durch Ausfüllung v. Hohlräumen mit Fremdmaterial, die nach Einbettung u. anschließender Zerstörung v. Leichen im Sediment verbleiben u. die urspr. Körperform der Organismen widerspiegeln (z. B. *Anatosaurus*-M. aus der Kreide v. Wyoming [N-Amerika]). Als künstl. M. sind bei Grabungsarbeiten angefertigte Gipsausgüsse beim Vesuvausbruch 79 n. Chr. in Pompeji umgekommener Menschen u. Tiere zu bezeichnen. ↗Mumie.

Mumienpuppe, *bedeckte Puppe, Pupa obtecta*, Puppenform mit nicht freien Flügelscheiden u. Extremitäten (bei Schmetterlingen, einigen Zweiflüglern u. Käfern). ↗Puppe.

Mumifikation *w* [v. *mumi-], 1) Biol.: Konservierung v. Organismen, Organen od. Geweben ohne große Ansprüche an eine lebensechte Strukturerhaltung u. unter starker Schrumpfung durch Wasserentzug, entweder durch einfaches Austrocknen od. durch Tränken in verwesungs- u. fäulnishemmenden Lösungen (Harze, Pech, Humussäuren) u. anschließendes Trocknen. ↗Mumie. 2) Medizin: trockenes Absterben v. Geweben u. Organen („trockene Gangrän"), z. B. nach Erfrierung.

Mummel *w*, die ↗Teichrose.

Mumps *m*, ugs. meist *w* [engl., =], *Ziegenpeter, Parotitis epidemica*, infektiöse Viruserkrankung des Menschen mit Entzündung der Ohrspeicheldrüse (auch anderer drüs. Organe); Erreger ist ein durch Tröpfcheninfektion übertragenes *Myxovirus* (↗Paramyxoviren); Inkubationszeit 8–22 Tage; befallen werden meist Kinder u. Jugendliche; Symptome: angeschwollene Ohrspeicheldrüsen, Fieber um 38° C; Komplikationen: Hodenentzündung (kann bei Erwachsenen zu Unfruchtbarkeit führen), Hirnhautentzündung (M.meningitis), Schwellungen der Tränen- u. Schilddrüsen.

Mund, *Os*, vordere Öffnung des ↗Darm-Traktes (M.öffnung, [B] Verdauung I); wenn vorhanden, auch die direkt folgende Erweiterung (M.höhle). Der M. entsteht ontogenet. aus einer ektodermalen Einbuchtung (↗M.bucht). – *M.öffnung:* a) Öffnung des Darmtraktes am Vorderende des Körpers bei den ↗Bilateria; dient der Nahrungsaufnahme, bei Fischen auch der Zufuhr des Atemwassers. Die M.öffnung ist meist mit Hilfsstrukturen versehen: ↗Lippen (Säuger), ↗Tentakel (Hohltiere, Weichtiere), ↗Saugnäpfe (Strudelwürmer, Egel), ↗Cirren (Amphioxus), Hornränder (Vögel, Schildkröten), Kieferapparat (Seeigel) u. a. – b) Öffnung des Gastralraums bei den Hohltieren; dient der Nahrungsaufnahme u., mangels eines Afters, auch der Abgabe v. Nahrungsresten u. der Exkretion. – c) *M.höhle, Cavum oris, Buccalhöhle:* bei den Chordaten auf die M.öffnung folgende Weitung des ektodermalen Vorderdarms. Wird begrenzt v. den ↗Lippen, den ↗Wangen, dem M.boden mit der ↗Zunge, dem harten u. dem weichen Gaumen (↗Munddach). Dieser bildet die Grenze gg. den zum entodermalen Mitteldarm gehörenden Rachen (↗Pharynx). In der M.höhle sind Hilfsstrukturen für den Nahrungserwerb bzw. die erste Bearbeitung der Nahrung sowie Sinnesorgane ausgebildet: ↗Kiefer mit ↗Zähnen (↗Kauapparat), eine Zunge, die muskulös u. mit ↗Geschmacksknospen besetzt (Säuger) od. verhornt sein kann (Vögel), mehrere ↗Speicheldrüsen, ↗Gaumenleisten, ↗Barten (Wale), Hornlamellen (Seihapparat bei Vögeln), das ↗Jacobsonsche Organ (Reptilien, Säuger), u.a. – Bei Mollusken liegt in der Buccalhöhle die charakterist. Raspelzunge (↗Radula). – Bei Gliederfüßern bilden die ↗M.werkzeuge i. Teile der Kopfsegmente oft einen ↗M.vorraum (Praeoralhöhle). – Das Osculum der Schwämme ist kein M. – Bei Tetrapoden werden der M. und seine Hilfsstrukturen auch zur mimischen u. akustischen Kommunikation (↗Lautäußerung) eingesetzt.

Mundbucht, *Stomodaeum*, ektodermaler Vorderdarm (↗Darm), bei Deuterostomiern eine Einbuchtung im Ventralbereich des Vorderpols, anfangs durch eine Membran (Rachenmembran) vom entodermalen ↗Kopfdarm getrennt. Erst mit dem Durchbruch dieser Membran treten M. und Kopfdarm in offene Verbindung miteinander. – Beim Menschen entsteht aus der M. die Mundhöhle bis zum Hinterrand des ↗Gaumensegels. ↗Mund.

Munddach, *Gaumen, Palatum*, dorsale Begrenzung (Dach) der Mundhöhle (↗Mund) bei kiefertragenden Wirbeltieren (Gnathostomata). a) *primäres M.:* entsteht urspr. aus den Knochen Vomer, Palatinum, Pterygoid u. Ektopterygoid; ist bei allen Gnathostomata, z.T. in reduzierter Form, vorhanden. Es bildet den Boden der Riechhöhle u. den Vorderteil des Bodens der Hirnhöhle. b) *sekundäres M.:* Neubildung unterhalb des primären M,s, konvergent entwickelt bei Säugern, Krokodilen u. (schwächer ausgeprägt) bei Schildkröten. Das sekundäre M. besteht aus median verwachsenen, plattenartigen seitl. Auswüchsen v. Praemaxillare u. Maxillare sowie dem

mumi- [v. arab. mūmīya = einbalsamiert].

Palatinum (↗Gaumenbein), das als röhrenförm. Knochen auch am primären M. beteiligt ist. Bei Krokodilen ist das sekundäre M. zusätzl. durch das Pterygoid verlängert. – Der Effekt eines sekundären M.s liegt in der Trennung v. Luft- u. Speisewegen sowie der Verlagerung der ↗Choanen tiefer in den Rachen. Auch dient es als Widerlager beim Erfassen der Nahrung. Das sekundäre M. wird als *harter Gaumen* (Palatum durum) bezeichnet, im Ggs. zum *weichen Gaumen* (Palatum molle), dem ↗Gaumensegel. ↗Gaumenbögen, ↗Gaumenleisten. □ Gaumenmandel.

Mundflora, Mikroorganismen, die normalerweise die (gesunde) Mundhöhle besiedeln, hpts. Bakterien (vgl. Tab.), häufig auch Pilze (z. B. *Candida albicans*) u. Protozoen (z. B. *Entamoeba gingivalis, Trichomonas tenax*). Die Zusammensetzung der M. ist spezifisch; einige Arten sind nur im Mund gefunden worden, doch kann die M. sich in Abhängigkeit v. den äußeren Bedingungen (z. B. Ernährungszustand, Zahnzustand, Zahnpflege, Alter usw.), auch qualitativ ändern. Die verschiedenen Arten sind nicht gleichmäßig über die Mundhöhle verteilt, vielmehr sind viele Arten an spezif. Mundoberflächen gehäuft. Von bes. Bedeutung für ↗Zahnkaries u. a. Zahn- bzw. Zahnfleischerkrankungen sind die schleimbildenden Bakterien (z. B. *Streptococcus mutans*). Bei der Geburt ist die Mundhöhle normalerweise steril; die Besiedlung erfolgt aus der Umgebung (z. B. Vagina, mit Nahrungsaufnahme). Anfangs sind relativ wenige Arten zu beobachten, hpts. aus den Gatt. *Streptococcus* (bes. *S. salivarius*), *Staphylococcus, Neisseria* u. *Veillonella*. Bei Beginn des Zahnwachstums u. später in der Pubertät verändert sich die M. sehr stark. Einige Vertreter der M. sind opportunistische Krankheitserreger.

Mundgliedmaßen, die ↗Mundwerkzeuge.

Mundhaken, ein Paar hakenförm. Chitingebilde im Schlundgerüst acephaler Zweiflüglerlarven, die den Mandibeln entsprechen.

Mundhöhle ↗Mund.

Mundsegel, *Mundlappen, Velarlappen,* blattförm. Anhänge neben der Mundöffnung der Muscheln, meist von dreieck. Umriß; leiten die Nahrung zum Mund. Bei den Nußmuscheln sind sie bes. lang u. aus der Schale vorstreckbar; mit ihnen wird Nahrung aufgetupft.

Mundspeicheldrüsen ↗Speicheldrüsen.

Mundvorraum, *praeoraler Raum,* ein vor der eigtl. Mundöffnung befindl. Raum bei verschiedenen Tieren. Bei Insekten eine Höhlung, die v. Mundteilen u. vorderen Kopfabschnitten umgeben ist. Der hier hineinragende ↗Hypopharynx (↗Mundwerkzeuge) unterteilt den M. in ein oberes *Cibarium* u. ein unteres *Salivarium*. Viele Spinnentiere bilden einen M. durch enges Aneinanderrücken der Oberlippe u. der Hüften der Pedipalpen.

Mundflora
Einige häufig auftretende Bakteriengattungen bzw. -arten:
Streptococcus
  S. mutans
  S. salivarius
Micrococcus
  M. mucilagenosus
Actinomyces
  A. israelii
Lactobacillus
  L. casei
  L. acidophilus
Arachnia
  A. propionica
Rothia dentocariosa
Eubacterium saburreum
Bifidobacterium dentium
Veillonella alkalescens
Neisseria-Arten
Haemophilus
  H. influenzae
  H. parainfluenzae I, II, III
Eikenella corrodens
Bacteroides
  B. oralis
  B. corrodens
  B. ruminicola
Selenomonas sputigena
Vibrio succinogenes
Fusobacterium nucleatum
Simonsiella-Arten
Leptotrichia buccalis
Spirochäten
  Treponema denticola
  T. microdentium
  T. oralis
Mykoplasmen
  Mycoplasma salivarium

Mundwerkzeuge

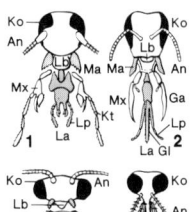

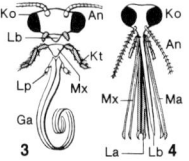

1 Kauende M. einer Schabe, 2 leckendsaugende M. der Honigbiene, 3 saugende M. eines Schmetterlings, 4 stechendsaugende M. einer Stechmücke. (Abkürzungen vgl. S. 57)

Mundwerkzeuge, *Mundteile, Mundgliedmaßen, Freßwerkzeuge,* bei Gliederfüßern am ↗Kopf, oft auch an folgenden Rumpfsegmenten sitzende (dann *Kieferfüße, Maxillipeden* oder ↗*Gnathopoden* gen.), in Anpassung an die Art des Nahrungserwerbs umgebildete ↗Extremitäten. Diese Anpassung erfolgte bei den einzelnen Gliederfüßergruppen in unterschiedl. Weise. Dennoch lassen sich die Abwandlungen gut homologisieren (↗Gliederfüßer, [B] Homologie). So haben die ↗Trilobiten alte ventrale Nahrungsrinne zw. den Coxen aller nicht modifizierten Extremitäten. Lediglich die des 1. Kopfsegments (Prosocephalon) sind zum unpaaren *Labrum* (Oberlippe) verschmolzen, wie es für alle Gliederfüßer typisch ist. Vorderer Kopfbereich u. Labrum bilden gewissermaßen ein Epistom. ↗Spinnentiere haben die Extremität des Tritocephalons in Anpassung an eine räuber. Lebensweise zu einer stechend-beißenden ↗*Chelicere* modifiziert. Bei ↗Skorpionen u. ↗Pseudoskorpionen sind außerdem die Pedipalpen zu großen Scheren umgewandelt. ↗Krebstiere haben wie alle ↗*Mandibulata* die Extremität des 4. Kopfsegments zur *Mandibel* (Oberkiefer) umgebildet, die primär monocondyl ist. Sie ist eine Beiß- u. Kaumandibel u. dient der Zerkleinerung fester Nahrung. Ihr folgen nach hinten 1. und 2. *Maxillen* (Unterkiefer), die oft zus. mit weiteren Thoraxextremitäten (Thorakopoden) als M. fungieren können. Hierbei werden teilweise mächtige Scheren (↗*Chela*) ausgebildet. So ist die Schere des Flußkrebses od. Hummers eine Bildung des 4. Thorakopoden (= 1. Pereiopode, ↗Krebstiere). Bei ↗Tausendfüßern ist die Mandibel meist gegliedert u. hat keinerlei Anhänge (etwa Palpus). Die 2. Maxillen zeigen die Tendenz zur Verwachsung zu einem *Labium* (Unterlippe). Bei ↗Doppelfüßern wird eine solche Unterlippe durch totale Verwachsung der 1. Maxillen *(Gnathochilarium)* gebildet, da die 2. Maxillen vollständig reduziert sind. ↗Hundertfüßer haben als Mundextremität zu einer ↗*Giftklaue (Chilopodium)* umgebildet, die analog zur Chelicere der Spinnentiere arbeitet. Die vielfältigsten Ausprägungen u. Umbildungen zu spezialisierten M.n finden sich bei Insekten. Der beißend-kauende Grundtyp (s. u.) entspr. dem Bau, wie er bei ↗Insekten dargestellt ist: unpaares Labrum, dessen membranöse Innenseite *Epipharynx* gen. wird; ein Paar Mandibeln, die primär monocondyl (↗*Monocondylia*), sekundär u. bei der Mehrzahl aller Insekten dicondyl *(↗Dicondylia)* am Kopf befestigt sind. Erst dadurch ist ein kräft. Zubeißen u. Zerkauen der Nahrung möglich. Bei Pflanzenfressern hat die Mandibel auf ihrer basalen Innenfläche oft eine Kauplatte *(Mola),* die für die Zerkleinerung der Nahrung gerippt od. fein gezähnelt sein kann. Als *Incisivi* bezeichnet man

Zähne an der Mandibelspitze. Zw. Incisivi u. Mola befindet sich gelegentl. ein bewegl. Fortsatz (*Lacinia mobilis*, bei vielen Käferlarven u. unter den Krebstieren bei den ↗ *Peracarida*). Die 1. Maxillen bestehen aus einem Basalstück, dem distal ein 3–4gliedriger Maxillentaster (Maxillarpalpus, Kiefertaster, *Palpus maxillaris*) u. 2 Kauladen (= Endite), die Innenlade *(Lacinia)* u. die Außenlade *(Galea)*, ansitzen. Das Basalstück (= Coxopodit) besteht aus dem basalen *Cardo* u. dem distalen *Stipes*, der oft zweigeteilt ist in einen den Palpus tragenden *Palpifer* u. den eigtl. Stipes. Die 2. Maxillen sind immer zum unpaaren Labium verwachsen. Ihr Grundbau entspr. der Maxille, die Benennungen sind jedoch verschieden: basales *Postmentum* (≙ Cardo), distales *Praementum* (≙ Stipes), an dem rechts u. links jeweils ein Lippentaster (Labialpalpe, Labialtaster, *Palpus labialis*) u. median innen jeweils eine *Glossa* (Zunge ≙ Lacinia) u. eine Paraglossa (≙ Galea) inserieren. Das Postmentum ist häufig in ein basales *Submentum* u. ein distales *Mentum* (Kinn) unterteilt. Das Praementum hat oft eine weitere Abgliederung, die den Palpus trägt, den *Palpifer*. Glossa u. Paraglossa verschmelzen gelegentl. zu einem unpaaren Gebilde, der *Ligula*. Die Innenseite des Labiums wird *Hypopharynx* genannt. Er unterteilt den ↗ Mundvorraum in eine dorsale Mundhöhle *(Cibarium)* mit der eigtl. Mundöffnung u. eine ventrale Höhlung *(Salivarium)*, in welche die Speicheldrüse mündet. Zur Erschließung der vielfältigen Nahrungsressourcen haben die verschiedenen Insektengruppen diesen sog. *orthopteroiden* Grundtyp der beißend-kauenden M. abgewandelt. – Funktionell kann man die Typen der M. in verschiedener Weise einteilen: in *ento-* u. *ektognathe M*. (↗ Entognatha, ↗ Ectognatha). Nach der Lage der M. und der damit korrelierten Kopfstellung spricht man von 1) ↗ *prognathen M.n:* M. nach vorn gerichtet (meist bei Räubern), 2) ↗ *orthognathen M.n:* nach ventral gerichtet (bei Pflanzenfressern), 3) ↗ *hypognathen M.n:* nach unten hinten gerichtet (bei Pflanzensaftsaugern), 4) ↗ *hypergnathen M.n:* nach vorne oben gerichtet (bei räuber. Larven der Käfer-Fam. *Hydrophilidae*). – Unterteilung in Funktionstypen: 1) *beißend-kauende M.*, 2) *leckend-saugende M.*, 3) *stechend-saugende M.* In Anpassung an diese sehr unterschiedl. Ernährungsweisen wurden die M. immer wieder konvergent u. in unterschiedl. Weise umgewandelt. Beißendkauende Typen finden sich bei den meisten urspr. Vertretern. Leckend-saugende od. nur saugende M. sind v.a. bei ↗ Schmetterlingen in Form eines aus 2 Halbröhren (Galeae) zusammengesetzten Saugrohres, bei ↗ Bienen in Form eines aus einem komplizierten Labiomaxillarkomplex bestehenden Rüssels, bei ↗ Zweiflüglern in Form eines Tupfrüssels, bestehend aus einem rinnenförm. Labrum, dem verlängerten Hypopharynx u. v. a. den mit saugfähigen Pseudotracheen besetzten Spitzen der Labialtaster (↗ Haustellum), vorhanden. Selten finden sich leckendsaugende M. auch bei Käfern: bei den Ölkäfern der Gatt. *Leptopalpus* (Saugrohr aus den beiden Maxillarpalpen) u. *Nemognatha* (Saugrohr aus den beiden Galeae, ↗ Käferblütigkeit). Solche M. dienen der Aufnahme flüssiger Nahrung, z. B. Nektar. Stechend-saugende M. sind bei vielen blutsaugenden Insekten verbreitet. ↗ Stechmücken u. ↗ Bremsen haben einen Rüssel aus 6 Stechborsten (Abb. 5b). ↗ Flöhe besitzen stechborstenart. paarige Laciniae u. den Epipharynx. Die ↗ *Rhynchota* bilden ihren Rüssel aus den das Nahrungsrohr umschließenden Laciniae, den Mandibeln, die in der Ruhe zus. im unpaaren Labium eingelegt werden. Stechend-saugende Rüssel gibt es vereinzelt auch bei trop. Nachtfaltern, die Früchte anstechen, Blut od. Augenwasser aufsaugen. Unter den Käfern haben die Larven der Schwimmkäfer u. der Weichkäferartigen eine dolchförm. Saugmandibel, die wie eine Injektionskanüle zum Aussaugen ihrer Beute eingesetzt wird. Die Larven der ↗ Netzflügler besitzen ebenfalls eine Saugmandibel, deren Saugkanal aber durch Unterlegen der Maxille entstanden ist. Rüsselbildung kann auch nur durch Verlängerung des Vorderkopfes entstehen. Hierbei werden die M. entweder vollständig an die Spitze dieses Rüssels verlagert (Rüsselkäfer) od. bei dieser Kopfverlängerung mit verlängert (Schnabelfliegen). Außer zur Nahrungsaufnahme od. -zerkleinerung können M. auch zum Graben od. Gänge-Anlegen im Substrat (Bohrgänge, Erdtunnel) eingesetzt werden. Zahlr. Käfer haben hierfür Grabmandibeln (Kopfkäfer). Viele Bienen u. Wespen legen im Boden senkrechte Brutröhren an, die sie meist mit den Mandibeln ausgraben. Bes. bei im Boden grabenden Käferlarven findet dabei eine Verschmelzung v. Labrum u. *Clypeus* (*Clipeus*, Kopfschild) zu einem *Clypeolabrum* statt, das oft Schiebezähne aufweist. Andererseits kann der Clypeus zweigeteilt sein in einen hinteren Post- und einen vorderen Anteclypeus (*Clypeolus, Clipeolus*), z. B. bei den *Rhynchota*. B Verdauung II, T Gliederfüßer. *H. P.*

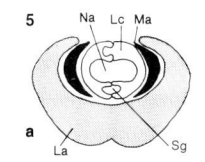

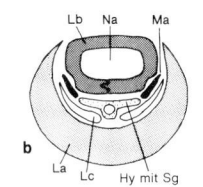

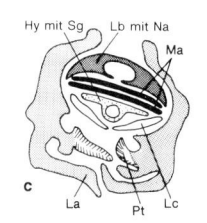

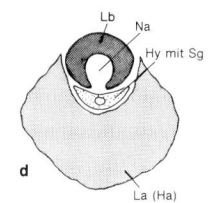

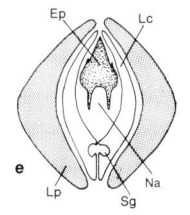

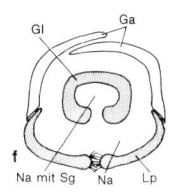

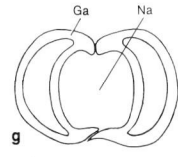

5 Querschnitte durch saugende und stechend-saugende Mundwerkzeuge (Rüssel) bei Insekten:

a Wanze; **b** Stechmücke (6 Stechborsten: 1 Labrum, 2 Mandibeln, 2 Laciniae, 1 Hypopharynx); **c** Bremse (wie bei **b**, aber Nahrungsrohr von Labrum u. Mandibel gebildet); **d** Stubenfliege (Nahrungsrohr vom Hypopharynx abgeschlossen, Mandibeln fehlend); **e** Floh (Mandibeln fehlend); **f** Honigbiene; **g** Schmetterling.

An Antennen, Ep Epipharynx, Ga Galea (Außenlade), Gl Glossa („Zunge"), Ha Haustellum, Hy Hypopharynx, Ko Komplexauge, Kt Kiefertaster, La Labium (Unterlippe), Lb Labrum (Oberlippe), Lc Lacinia (Innenlade), Lp Labialpalpus (Lippentaster), Ma Mandibel (Oberkiefer), Mx Maxille (Unterkiefer), Na Nahrungsrohr, Pt Pseudotrachee, Sg Speichelgang.

Mungos

Mungos [Mz.; v. Marathi mangūs = Mungo], Bez. für 2 unterschiedlichen U.-Fam. zugeordnete Schleichkatzen *(Viverridae):* ↗Ichneumons, ↗Madagaskar-Mungos.

Muntiacinae [Mz.], die ↗Muntjakhirsche.

Muntjakhirsche [v. javan. mindjangan (?) = Tier], *Muntiacinae,* recht urspr. U.-Fam. der Hirsche *(Cervidae)* mit nur 2 relativ kleinwüchs. Arten in O- und SO-Asien; typ. sind die hauerartig verlängerten oberen Eckzähne der M., die im Rivalenkampf mehr eingesetzt werden als das Geweih (B Kampfverhalten). Der Muntjak *(Muntiacus muntjak;* Kopfrumpflänge 90–135 cm, Schulterhöhe 40–65 cm), dessen kurze Geweihstangen langen Rosenstöcken aufsitzen, lebt in mehreren U.-Arten in Indien, Ceylon, Mittelchina u. Formosa. Der Schopfhirsch *(Elaphodus cephalophus;* Kopfrumpflänge 110–160 cm, Schulterhöhe 50–70 cm), dessen unscheinbares Geweih in einem Stirnhaarschopf verborgen ist, kommt von N-Burma bis Mittelchina vor. Den gen. rezenten Vertretern waren die †Gatt. *Dicrocerus, Stephanocemas, Palaeoplatycerus* u. *Paracervulus* bereits sehr ähnlich. – Verbreitung: Untermiozän bis rezent; Europa, Asien.

Münzsteine, volkstüml. Bez. für aus dem Muttergestein körperl. herausgewitterte, münzenartig aussehende ↗Nummuliten.

Mu-Phage *m* [Abk. v. lat. mutator = Veränderer, v. gr. phagos = Fresser], temperenter ↗Bakteriophage, der gleichzeitig alle Eigenschaften eines prokaryoten ↗Transposons besitzt. Im Ggs. zu anderen temperenten Phagen (z. B. ↗Lambda-Phage) wird die DNA des Mu-Phagen obligatorisch in das Wirtsgenom eingebaut, d. h. nicht nur als Prophage bei Lysogenisierung der Bakterienzelle, sondern auch im lytischen Infektionszyklus. Die Integration erfolgt zufällig in beliebige Stellen des Bakterienchromosoms; dies kann zur Inaktivierung v. Genen u. damit zur Mutation der lysogenen Wirtszelle führen (daher Name des Phagen). Mu-Phagen können verschiedene Enterobakterien (u. a. *Escherichia coli, Salmonella typhimurium*) infizieren. Die Phagenpartikel bestehen aus einem ikosaederförm. Kopf (∅ 60 nm) u. einem kontraktilen Schwanz. Die aus Phagenpartikeln isolierte Mu-DNA (Gesamtgröße ca. 39 000 Basenpaare) ist linear u. doppelsträngig; sie besitzt eine gewisse Heterogenität, da die einzelnen DNA-Moleküle an ihren Enden (c und S) verschiedene bakterielle Sequenzen unterschiedl. Länge tragen (50–100 Basenpaare am c-Ende, 500–3200 Basenpaare am S-Ende; durchschnittl. Länge der variablen S-Enden: 1700 Basenpaare). Nach erneuter Infektion gehen diese bakteriellen Sequenzen während der Integration der Phagen-DNA in das Wirtschromosom verloren. Das Phagengenom (ca. 37 700 Basenpaare) läßt sich in 3 Abschnitte unterteilen: α-Segment (33 000 Basenpaare, enthält das Repressorgen, die frühen Gene, sämtl. Gene für die Phagenkopfproteine sowie die meisten Phagenschwanzgene), G-Segment (3000 Basenpaare, enthält die Gene S, S', U und U') und β-Segment (1700 Basenpaare, Gene gin und mom). Das G-Segment wird von 34 Basenpaare großen invertierten Sequenzwiederholungen (inverted repeats) eingerahmt u. liegt im Genom in 2 Orientierungen (+ und −) vor. Die Inversion des G-Segments findet im Prophagenzustand statt u. ist v. der Expression des gin-Gens abhängig. Die Orientierung des G-Segments beeinflußt den Wirtsbereich des Mu-Phagen. Die Replikation der Mu-DNA im lytischen Zyklus verläuft unter ↗Transposition; am Zielort im Bakterienchromosom kommt es zur Duplikation einer 5 Basenpaare langen Oligonucleotidsequenz. Die Transposition der Mu-DNA führt zu verschiedenen Veränderungen im Bakterienchromosom (Deletionen, Inversionen, Duplikationen u. Transpositionen v. Wirts-DNA-Segmenten). Die Verpackung der Mu-DNA in Phagenköpfe geht v. den verstreut im Wirtsgenom vorliegenden, integrierten Mu-Kopien aus. Durch den Verpackungsmechanismus (engl. head full, Kapazität pro Phagenkopf ca. 39 000 Basenpaare) werden die variablen S-Enden der Mu-DNA erzeugt. *E. S.*

Muraenesocidae [Mz.; v. *muraen-, lat. esoces = Hechte], Fam. der ↗Aale.

Muraenidae [Mz.; v. *muraen-], die ↗Muränen.

Muraenolepioidei [Mz.; v. *muraen-, gr. lepis = Schuppe], die ↗Aaldorsche.

Muramidase *w* [v. *mur-], das ↗Lysozym.

Muraminsäure [v. *mur-], als ↗N-Acetyl-M. (↗Glucosamin) wicht. Baustein der Zellwände v. Bakterien. ↗Bakterienzellwand, ↗Lysozym, ↗Murein.

Muränen [v. *murän-], *Muraenidae,* Fam. der U.-Ord. Aale mit 12 Gatt. und ca. 120 Arten; haben aalähnl., seitl. etwas abgeflachten, schuppenlosen, oft auffällig gemusterten Körper, saumartl. Rücken- u. Afterflosse, fehlende Brust- u. Bauchflossen, meist großes Maul u. Giftdrüsen in der Gaumenschleimhaut u. an der Basis der kräft. Fangzähne; meist um 1 m lang; leben versteckt in Felsspalten od. Korallenriffen in trop. und warmen gemäßigten Meeren; viele sind sehr aggressiv. Hierzu die bis 1,3 m lange, wirtschaftl. genutzte Mittelmeer-M. *(Muraena helena,* B Fische VII) aus dem Mittelmeer und O-Atlantik; die schlanke, auf dunklem Grund hell geringelte, ca. 1 m lange, stumpfzähn. Zebra-M.

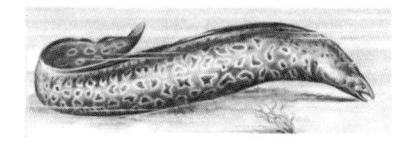

---

muraen-, murän- [v. gr. myraina über lat. murena = Muräne].

mur-, muri-, muro- [v. lat. murus = Mauer, Wand, Wandung].

Muntjakhirsch *(Muntiacus muntjak)*

Mu-Phage
Wichtige *Gene* und ihre Funktionen:
c: Repressorprotein
ner: negative Regulation der frühen Transkription
A: Transposase
B: Replikation
C: positive Regulation der späten Genexpression
lys: Lyse der Wirtszelle
D, E, H, F, T, J: Phagenkopfproteine
K, L, M, Y, N, P, Q, V, W, R, S, S', U, U': Phagenschwanzproteine
gin: Inversion der G-Region
mom: Modifikation der Mu-DNA zum Schutz gg. Restriktion

Muränen
Muraena helena

(*Echidna zebra*) aus dem trop. Indopazifik; die an der am. Ostküste v. Florida bis Brasilien häufige, dunkelgefleckte Riff-M. (*Gymnothorax moringua*) u. die größte M., die bis gut 3 m lange, indopazif. Riesen-M. (*Thyrsoidea macrurus*).

Murchison-Meteorit [mörtschisn-; ben. nach dem Ort Murchison (W-Australien)] ↗Meteorit, ↗extraterrestrisches Leben.

Murein *s* [v. *mur-], *Peptidoglykan*, ein netzart., aus Polysaccharidketten u. quervernetzenden Peptiden aufgebautes Makromolekül, das als Stützskelett der Zellwand der meisten Bakterien (↗Bakterienzellwand, ☐) fungiert u. daher Festigkeit u. Form v. Bakterienzellen bestimmt.

W. P. Murphy

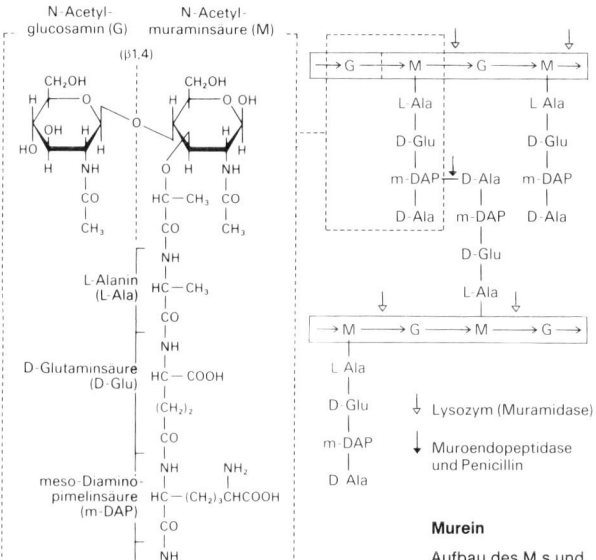

Es stellt wahrscheinl. für jede Zelle ein einziges riesiges Molekül in Form eines dreidimensionalen Netzwerks dar, das deshalb auch als M.-Sacculus bezeichnet wird. Die Polysaccharidketten sind alternierend aus N-Acetylglucosamin u. N-Acetylmuraminsäure aufgebaut; sie bilden den Angriffspunkt für die Lyse v. Bakterien durch ↗Lysozym (☐). Die quervernetzenden Oligopeptide variieren in ihren Sequenzen v. Art zu Art u. enthalten neben L-Aminosäuren auch die in Proteinen nicht vorkommenden D-Aminosäuren bzw. ↗Diaminopimelinsäure (☐), Ornithin od. Diaminobuttersäure. Die Synthese der M.-Bausteine erfolgt im bakteriellen Cytoplasma, von wo sie durch die Cytoplasmamembran an die Oberfläche der Zelle transportiert u. in die wachsende Zellwand eingebaut werden.

Murex *m*, Gatt. der ↗Pupurschnecken.

Muricoidea [Mz.; v. lat. murex, Mz. murices = Purpurschnecke], die ↗Stachelschnecken.

Murein
Aufbau des M.s und Art der Verknüpfung der heteropolymeren Muropolysaccharidketten durch kurze Peptidketten. (↓↓ = Angriffspunkte von Enzymen, z. B. Lysozym, und Penicillin.) Die sich wiederholende Grundeinheit (linker Teil der Abb.) wird als *Muropeptid* (eigtl. wegen der Zuckerreste korrekter Muroglykopeptid) od. Muropeptideinheit bezeichnet. Sie bildet sich aus M. durch Einwirkung von Lysozym u. Muroendopeptidase.

Muscalur

Muridae [Mz.; v. lat. mures = Mäuse], die Eigentl. ↗Mäuse.

muriform [v. *muri-, lat. forma = Gestalt], Mykologie: mauerartig, durch Längs- u. Querwände septiert, z. B. Pilzsporen.

Murmeltiere [v. lat. mus montanus = Bergmaus, über rätoroman. murmont u. frz. marmotte = Murmeltier], *Marmota*, hpts. in Gebirgen u. Steppen lebende Nagetiere v. gedrungenem, plumpem Körperbau; Kopfrumpflänge 40–60 cm; leben meist gesellig, graben Erdbaue u. halten Winterschlaf. Die Gatt. *Marmota* (11 Arten) bildet zus. mit Präriehunden (Gatt. *Cynomys*) u. Zieseln (Gatt. *Citellus*) die Gruppe der Erdhörnchen (*Marmotini*) innerhalb der Hörnchen (Fam. *Sciuridae*). In N-Amerika kommen das Eisgraue M. (*M. caligata*) u. das Gelbbäuchige M. (*M. flaviventer*) vor; daneben das Wald-M. (*M. monax*), das sich als Einzelgänger u. durch seinen Lebensraum v. anderen M.n unterscheidet. Das nach der ↗Roten Liste „potentiell gefährdete" Alpen-M. (*M. marmota*, B Europa XX) bevorzugt offenes Gebirgsgelände, vorwiegend zw. 1400 und 2700 m Höhe; es lebt tagaktiv in kleinen Kolonien. „Wachtposten" sitzen aufrecht auf den Hinterbeinen; ihr schriller Warnpfiff läßt alle Artgenossen im Bau verschwinden. Murmeltierfett gilt in der alpenländ. Volksmedizin als Heilmittel. Während der Eiszeiten schloß sich das Verbreitungsgebiet des Bobak od. Steppen-M.s (*M. bobak*) nördl. an das Alpen-M.s an. In geschichtl. Zeit ständig weiter nach O abgedrängt, kommt der Bobak heute v. Polen im W bis nach O-Sibirien vor; in der Mongolei ist sein Fell seit langem von wirtschaftl. Bedeutung.

Muropeptid *s* [v. *muro-], ↗Murein (☐).

Murphy [mörfi], *William Parry*, am. Mediziner, * 6. 2. 1892 Stoughton (Wis.); seit 1928 Prof. in Boston; untersuchte die therapeut. Wirkung des Insulins bei Zuckerkrankheit; Mitentdecker der Leberbehandlung bei Perniziöser Anämie; erhielt 1934 zus. mit G. R. Minot und G. H. Whipple den Nobelpreis für Medizin.

Murrayonidae [Mz.; ben. nach dem brit. Naturforscher J. Murray, 1841–1914], Fam. der Kalkschwämme. Bekannte Art: *Petrobiona massiliana*, zapfenartig, ca. 3 cm hoch und 1 cm stark; basaler Anteil u. Zentrum werden v. einem toten Kalkskelett gebildet, dem das lebende Körper aufsitzt. Bewohner lichtloser Höhlen im Mittelmeer.

Mus *m* u. *w* [lat., = Maus], Gatt. der Nagetiere, die ↗Mäuse i. e. S.; hierzu u. a. die ↗Hausmaus.

Musaceae [Mz.; v. arab. mauzah = Banane], die ↗Bananengewächse.

Musangs [Mz.; malaiisch], *Paradoxurus*, Gatt. der ↗Palmenroller.

Muscalur *s* [v. *musca-], *Muscamon, cis-9-Tricosen*, Sexuallockstoff (↗Pheromone) der Stubenfliege (*Musca domestica*).

Muscardinus *m* [v. lat. mus = Maus über frz. muscardin =], ↗Haselmaus.

Muscari *s* [v. pers. mušk = Moschus], die ↗Träubelhyazinthe.

Muscaridin *s* [v. *musca-], Inhaltsstoff des ↗Fliegenpilzes; die acycl. Vorstufe des ↗Muscarins.

Muscarin *s* [v. *musca-], gift. Alkaloid, das bis zu 0,037% in ↗M.pilzen vorkommt, so daß (je nach Toxingehalt) 40–500 g Frischpilze bereits eine tox. Dosis von M. enthalten. M. tritt auch als Inhaltsstoff des ↗Fliegenpilzes auf, jedoch in toxikolog. unbedeutender Konzentration (0,0002%) (Vergiftungen durch Fliegenpilze: ↗Fliegenpilzgifte). Eine M.-Vergiftung führt zu Magen-Darm-Krämpfen, Erbrechen, Speichelfluß, Pupillenverengung, Muskelzittern u. Tod durch Herzlähmung. Ursache ist eine Dauererregung, die dadurch zustande kommt, daß M. den Neurotransmitter Acetylcholin bei der Reizübertragung verdrängt, jedoch im Ggs. zu diesem nicht abgebaut wird.

Muscarinpilze [v. *musca-], Gift- u. Rauschpilze, die das Gift ↗Muscarin enthalten, z.B. der Rote ↗Fliegenpilz, viele Rißpilze (mindestens 40 Arten) u. eine Reihe v. Trichterlingen (vgl. Tab.).

Muschelgeld ↗Molluskengeld.

Muschelgifte, in Muscheln (bes. *Saxidomus-, Ostrea-* u. *Mytilus*-Arten) enthaltene Toxine, die v. den Muscheln mit der Nahrung aufgenommen u. angereichert werden. Beim Menschen führen sie zu gastrointestinalen, erythematösen od. Lähmungs-Vergiftungen (nicht zu verwechseln mit den durch Kontamination mit Bakterien hervorgerufenen Lebensmittelvergiftungen). Einzelne Vertreter der M. sind ↗ *Saxitoxin,* ↗ *Mytilotoxin, Dinophysistoxin, Gonyautoxin* u. *Brevetoxin.*

Muschelinge, *Hohenbuehelia*, Gatt. der *Tricholomataceae* (Ritterlingsartige Pilze); wachsen auf Holz u. Erdboden, meist mit stiellosem oder seitl., selten zentral gestieltem Fruchtkörper. Bekannt ist der Gelbstielige M. (Muschel-Seitling, *H. serotina* Sing.), der eine gelbgrüne bis olivbräunl. Hutoberfläche besitzt; er tritt von Sept. bis Dez., einzeln od. rasig, an Stubben v. Laubhölzern (auch Obstbäumen) auf.

Muschelkalk, 1) allg. Bez. für carbonathaltige Gesteine (↗Kalk), deren reicher Fossilinhalt überwiegend aus Muschelschalen besteht. 2) *M.zeit,* mittlere Epoche der ↗Trias. [B] Erdgeschichte.

Muschelknacker, *Cymatoceps nasutus,* ↗Meerbrassen.

Muschelkrebse, *Ostracoda,* U.-Kl. der ↗Krebstiere. Nach der Artenzahl (12 000, davon 2000 rezent) eine große u. wichtige Gruppe kleiner (meist ca. 1 mm), muschelähnl. Krebse mit extrem verkürztem Körper u. einem Carapax, der eine 2klappige Schale bildet. Der Carapax umhüllt das Tier

---

musca- [v. lat. musca = Fliege; muscarius = Fliegen-].

$$\begin{array}{c} CH_3 \\ | \\ HO-CH \\ | \\ HO-CH \\ | \\ CH_2 \\ | \\ CH_2 \\ | \\ CH_2 \\ | \\ H_3C-N^{\oplus}-CH_3 \\ | \\ CH_3 \end{array}$$

Muscaridin

$(CH_3)_3N^{\oplus}-CH_2-\underset{CH_3}{\overset{OH}{\bigcirc}}$

Muscarin

Muscarinpilze

Wichtige Arten:
Roter Fliegenpilz
(Amanita muscaria)
Rißpilze:
Ziegelroter R.
(Inocybe patouillardii)
Rötender R.
(I. godeyi)
Rübenstieliger R.
(I. napipes)
Kegeliger R.
(I. fastigiata)
Erdblättriger R.
(I. geophylla)
Trichterlinge:
Feld-T.
(Clitocybe dealbata)
Giftiger Wiesen-T.
(C. rivulosa)
Blätter-T.
(C. phyllophila)
Blauweißer T.
(C. cerussata)
Rettich-Helmling
(Mycena pura)

---

muschel- [v. lat. musculus = Mäuschen, Muskel, Miesmuschel].

---

vollständig. Seine beiden Hälften sind stark verkalkt. Wie bei der Schale der Muscheln bilden sie ventral, wo sie auseinanderklaffen können, einen Falzrand, der ein vollkommenes Aneinanderpassen der beiden Hälften ermöglicht, u. dorsal ein Schloß mit zahnart. Vorsprüngen an einer u. Vertiefungen an der anderen Seite sowie ein elast. Ligament, das die Schale öffnet, wenn der Carapax-Adduktor nicht kontrahiert ist. Dieser Muskel ist ein Homologon des Pleurotergit-Muskels des 2. Maxillensegments. Da v. fossilen M.n meist nur die Schalen konserviert sind, spielen wie bei Muscheln Schalenskulptur, -form u. der Bau des Schlosses eine wicht. Rolle bei der Bestimmung der Arten. – Der *Körper* besteht aus dem Kopf u. bis zu 3 weiteren Segmenten. Außer den typ. Kopfextremitäten trägt er meist noch 1 bis 2 Thorakopodenpaare (fehlen bei den *Cladocopina*) u. endet mit einer ventral eingeschlagenen Furca, die wie eine unpaare Extremität od. wie ein Nachschieber eingesetzt werden kann. Beide *Antennen* dienen, außer als Träger von Sinnesorganen, als Bewegungsorgane. Sie werden bei schwimmenden Arten – viele bodenlebende Arten u. solche des Grundwassers u. aus Fließgewässern können nicht schwimmen – in einer für Krebstiere einzigart. Weise eingesetzt: Jede Antenne beschreibt eine kreisende Bewegung; dabei schlagen die 1. Antennen seitwärts u. nach oben u. hinten u. die 2. Antennen seitwärts nach unten u. hinten. Bei den *Myodocopina* hat die Schale vorn jederseits einen Schlitz für die Antennen; bei anderen M.n ist die Schale ganzrandig. – In der *inneren Organisation* zeigt sich eine zunehmende Vereinfachung. Ein Herz besitzen nur noch die *Myodocopina*. Infolge der Verkleinerung des Körpers werden Teile der Organe, Blindsäcke od. Schlingen der Maxillendrüsen, der Mitteldarmdrüsen u. der Gonaden in die Schalenduplikatur verlagert. Als Atmungsorgane dienen die weichhäutigen Innenwände der Carapaxfalten. Wichtige *Sinnesorgane* sind Komplex- u. Naupliusaugen. Gestielte Komplexaugen gibt es nur bei den *Myodocopina*. Sie liegen innerhalb der Schale, die über den Augen durchsichtig ist. Die *Podocopida* haben nur Naupliusaugen, deren 3 Einzelocellen oft weit voneinander entfernt liegen, je eines an jeder Seite u. das 3. vorn in der Mitte. – *Fortpflanzung und Entwicklung:* M. sind getrenntgeschlechtig; die ♂♂ sind oft an einer anderen Schalenform zu erkennen, außerdem besitzen sie riesige Kopulationsorgane, die vielleicht einem 3. Thorakopodenpaar homolog sind. Mit ihnen werden merkwürdig gestaltete, riesige (bei *Pontocypris,* der 0,8 mm lang ist, 6 mm lange) Spermatozoen übertragen. Bei vielen *Cyprididae* gibt es geogr. Parthenogenese: In Mitteleuropa fehlen ♂♂,

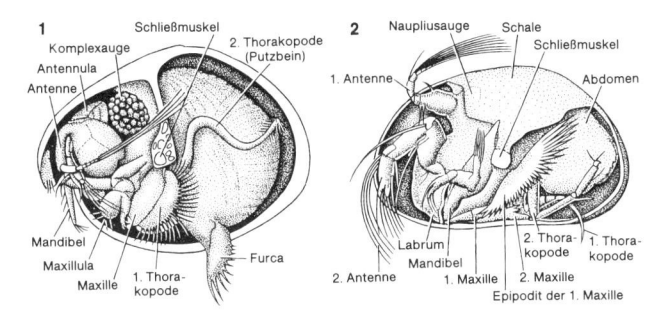

Muschelkulturen

Muschelkrebse

1 Bauplan von *Cypridina levis* (U.-Ord. *Myodocopina*); 2,5 mm lang. 2 *Cypridopsis vidua* (U.-Ord. *Podocopina*), linke Schale entfernt; 0,7 mm lang

nach S zu werden sie häufiger, u. in N-Afrika ist das Geschlechterverhältnis 1:1. Die Eier werden bei vielen *Myodocopina* u. einigen *Cytheridae* im hinteren Teil der Schale getragen, bei anderen, z. B. bei allen *Cyprididae* des Süßwassers, an Pflanzen od. Steinen abgelegt. *Cypris* u. verwandte Gatt. produzieren Eier, die austrocknen u. einfrieren können (z. T. auch müssen) u. im getrockneten Zustand vom Wind verweht werden können. Den Eiern entschlüpft ein Nauplius mit schon voll entwickelter, 2klappiger Schale. Er entwickelt sich über 8 Häutungen zum Adultus, der sich nicht mehr häutet. *Vorkommen:* M. haben die größte Arten- u. Formenvielfalt im Meer; sie besiedeln alle marinen u. die meisten limn. Lebensräume. Die meisten Arten findet man im Litoral u. nahe am Boden. Dauerschwimmer des Hochseeplanktons sind nur die *Halocypridae* mit den Gatt. *Halocypris* u. *Conchoecia*, ca. 1 mm lange, durchsicht. Tiere, deren Schalen nicht verkalkt sind. Die größten Arten findet man unter den *Cypridinoidea*. *Cypridina* u. *Philomedes* erreichen 3 mm, *Gigantocypris* aus der Tiefsee 23 mm. *Philomedes* entwickelt sich am Meeresboden, die Adulten schwimmen im Plankton u. paaren sich an der Meeresoberfläche. Die begatteten ♀♀ gehen wieder zum Bodenleben über; sie beißen sich die Schwimmborsten ab u. können danach nicht mehr schwimmen. Im Süßwasser fehlen plankt. Arten, aber alle übrigen limn. Lebensräume bis hin zu ephemeren Pfützen, Phytothelmen, Brunnen, Grundwasser, ja sogar nasser Boden u. Moospolster werden besiedelt. Ebenso mannigfaltig ist ihre Ernährung: Planktonarten filtrieren, Arten des Bodens nehmen Sediment mit Diatomeen u. a. auf, andere sich zersetzendes pflanzl. Material u. Aas, an dem sie sich oft in Massen ansammeln. *Notodromas* hängt sich mit dem Rücken nach unten an die Wasseroberfläche u. filtriert Organismen vom Oberflächenhäutchen. – Einige M. können leuchten (↗ Bioluminszenz). Arten der Gatt. *Cypridina* produzieren in verschiedenen Oberlippendrüsen Luciferin u. Luciferase. Werden die Sekrete ins Wasser abgegeben, entsteht eine Leuchtwolke. Das Luciferin-Luciferase-System v. *Cypridina* war das erste, dessen chem. Natur aufgeklärt wurde. Getrocknet u. pulverisiert, hat diese Art im 2. Weltkrieg in Japan auch militär. Bedeutung erlangt: Etwas Wasser, z. B. ein Tropfen Speichel, genügt, um das Pulver zum Leuchten zu bringen u. eine Meldung zu lesen, ohne eine für den Feind sichtbare Lampe anzuzünden. – M. sind eine alte Gruppe, die schon im Kambrium nachzuweisen ist. 70 Fam. und ca. 592 Gatt. sind nur fossil bekannt. Als Leitfossilien spielen sie eine wicht. Rolle bei der Erdölsuche u. anderen geolog. Untersuchungen. *P. W.*

Muschelkrebse

Ordnungen, Unterordnungen, Überfamilien u. einige (von über 50) Familien sowie die beschriebenen Gattungen:

Myodocopida (rein marin)
  Myodocopina
    Cypridinoidea
      Cypridina
      Gigantocypris
      Philomedes
    Halocyprioidea
      Halocypris
      Conchoecia
  Cladocopina
Podocopida (marin u. Süßwasser)
  Platycopina (marin)
  Podocopina (marin u. Süßwasser)
    Bairdiidae (marin)
    Darwinulidae (Süßwasser)
    Cyprididae (Süßwasser, wenige marin, einige terrestrisch)
      Cypris
      Pontocypris
      Notodromas
    Cytheridae (Süßwasser, marin)

Muschelkulturen, Anlagen zur Gewinnung u. Mästung v. Speise- u. Perlmuscheln. Die M. dienen nicht nur zur Erhöhung der Ausbeute, sondern auch dem Schutz der natürl. Bestände. In Europa u. Amerika werden Austern u. Miesmuscheln kultiviert, im Bereich des Indopazifik auch Grün- (*Perna viridis*) u. Schuhmuscheln (*Choromytilus chorus*, beide Fam. Miesmuscheln) sowie Kamm- u. Seeperlmuscheln. Die Kultur beginnt im allg. mit der Gewinnung v. „Brut" aus dem Meer. Dazu werden Gestelle aus Holz od. Kunststoff ausgebracht, an denen das eigtl. Ansatzmaterial für die metamorphosebereiten Muschellarven befestigt ist: Rutenbündel, Netzstreifen, gekalkte Dachziegel, leere Muschelschalen, Kunststoffplatten o. ä. Auf der Suche nach geeignetem Hartsubstrat heften sich die späten Muschellarven (Pediveliger) daran fest; man läßt sie einige Zeit wachsen, löst sie dann ab u. setzt sie als „Saat" in die Kulturflächen ein. ↗ Austern werden entweder in Körbe gebracht, die an Gestellen befestigt sind, od. sie werden direkt auf den Meeresboden ausgelegt (bis zu 100 Muscheln/m²), später oft noch in bes. „Mastteiche" umgesetzt (3–5 Tiere/m²). Bei hohen Konzentrationen v. Kieselalgen nehmen die Austern deren Farbe an (Grüne Austern, bes. in Fkr. beliebt). ↗ Miesmuscheln u. verwandte Arten, die sich mit dem Byssus anspinnen, aber auch Seeperlmuscheln werden oft an Flößen kultiviert; im Vergleich zu den „Bänken" am Boden wachsen die Muscheln besser u. sind leichter vor Feinden u. Nahrungskonkurrenten zu schützen. Als solche treten andere Muscheln u. Pantoffelschnecken auf; Feinde sind v. a. Bohrschnecken, Seesterne u. Krabben. Über die gelegentl. vorkommenden bakteriellen Erkrankungen bei Muscheln ist bisher wenig bekannt; der Handelswert kann auch durch Parasiten (Saugwurmlarven, Ruderfußkrebse) beträchtl. gemindert werden. In neuerer Zeit wird zunehmend versucht, die Muscheln in Brutanstalten zur Fortpflanzung zu bringen, um v. den Einflüssen im natürl. Lebensraum unabhängig zu sein u. um die Fortpflanzungsperiode (z. B. durch Temp.-Änderungen) steuern zu können. Der Erfolg ist bisher nicht ausreichend. In der Versuchsphase befinden

Muschellinge

muschel- [v. lat. musculus = Mäuschen, Muskel, Miesmuschel].

Muschellinge

sich Kultivierungen v. Kammuscheln (z. B. *Argopecten purpuratus*, Chile, Peru) u. verschiedenen Venusmuscheln (z. B. *Mercenaria mercenaria*). Nicht korrekt, aber üblich ist es, auch die Kulturen v. Meerohren zu den M. zu rechnen. K.-J. G.

Muschellinge ↗ Mollusccoidea.

Muschelmilben, Vertreter der Gatt. *Unionicola* (Ord. *Trombidiformes*). Bei *U. aculeata* leben die Adulten (ca. 1 mm) als Räuber im Süßwasser. Das Weibchen legt die Eier ins Bindegewebe der Einströmöffnung v. Süßwassermuscheln (*Unio, Anodonta*) ab, die schlüpfenden Larven verlassen den Wirt. Nach einigen Wochen dringt die Larve erneut, jetzt ins Kiemengewebe der Muschel ein u. häutet sich zur Deutonymphe, die ebenfalls den Wirt verläßt u. ihn zur Adulthäutung wieder aufsucht. Empfindl. Stadien sind ins Innere eines Wirts verlegt, der keinerlei Schädigung erleidet. Andere Arten leben parasit. in den Muscheln, nur die Larve wird frei. *U. crassipes* (Schwammilbe) legt die Eier in die Dermalschicht v. Süßwasserschwämmen; Adulte u. Deutonymphen leben frei.

Muscheln, *Bivalvia*, auch *Acephala, Cormopoda, Lamellibranchia, Pelecypoda*, Kl. wasserlebender ↗ Weichtiere mit reduziertem Kopf u. seitl. abgeflachtem Körper, der von 2 lateralen *Mantel*-Lappen eingehüllt wird; diese scheiden eine zweiklapp. *Schale* ab (↗ Gehäuse), die den Weichkörper meistens vollständig umschließt. Die Schale besteht überwiegend aus $CaCO_3$-Schichten verschiedener Kristallisationsformen, außen v. der Schalenhaut (Periostrakum) bedeckt. Die *Klappen* werden in Rückenmitte durch das elast. *Ligament* (Scharnierband) bewegl. verbunden; der benachbarte Klappenrand bildet durch ineinandergreifende Leisten u. Vorsprünge („Zähne") ein *Scharnier* (früher: *Schloß*), das seitl. Verschiebung einschränkt (u. Kriterien für die systemat. Gliederung der M. bietet). Der Flächenzuwachs der Schalen erfolgt am Rande; daher sind M. meist konzentr. zum ältesten Teil, den *Wirbeln* (Umbonen), gestreift. Die Manteloberfläche lagert Kalk v. innen an die Schalenflächen u. verdickt sie dadurch. Die Klappen werden untereinander u. mit dem Weichkörper durch urspr. 2 *Schließmuskeln* verbunden, v. denen einer bei manchen M. reduziert wird (*Aniso-, Monomyaria*). Ligament (oft unterstützt durch einen Schließknorpel = Resilium) u. Schließmuskeln wirken beim Öffnen u. Schließen der Klappen antagonist. zusammen; Steuerung durch die Cerebropleuralganglien. Die Schließmuskeln sind aus einem schnellen Schließer u. einem trägen Sperrmuskel aufgebaut, der mit geringem Energieaufwand die Klappen lange geschlossen halten kann. Der Mantelrand ist im allg. in 3 Falten gegliedert: von der inneren gehen Muskelfasern aus, die in der „Mantellinie" an der Schale ansetzen; die mittlere enthält zahlr. Sinneszellen, trägt manchmal Augen u. Tentakeln; die äußere bildet die Schale. Meist verwachsen die Mantelränder so, daß nur 1 Durchtrittsstelle für den Fuß, 1 Ein- und 1 Ausströmöffnung für das Wasser offen bleiben. Die beiden letztgen. Öffnungen können an die Spitze von röhrenförm. Mantelrandfortsätzen, den *Siphonen*, verlagert sein. Der Wassereinstrom wird durch Wimpern bewirkt, die auf den in der Mantelhöhle gelegenen *Kiemen* inserieren. Das Atemwasser führt gleichzeitig Partikel heran, die an den Kiemen durch Schleimnetze abfiltriert werden; die unverdaul. werden aussortiert u. als „Pseudofaeces" verworfen, die brauchbaren gelangen über Wimperbahnen zum Mund u. durch den Oesophagus in den Magen. Hier wird die Nahrung mit Enzymen aus dem ↗ Kristallstiel vermischt u. in den anschließenden Magendivertikeln resorbiert. Die Reste gelangen über Mittel- u. Enddarm in die Mantelhöhle u. ins Freie. Der Enddarm zieht bei vielen M. durch das Herz, das aus 1 Kammer und 2 Vorhöfen besteht. Aus der Kammer gelangt das Blut in eine vordere u. eine hintere Aorta, von da in Lakunen, sammelt sich in Sinus, kommt in Nieren, Kiemen u. Vorhöfe. Blutfarbstoff ist Hämocyanin, selten Hämoglobin. Die Kiemen sind sehr verschieden u. werden zur Gruppierung der M. benutzt (vgl. Tab.). Sie beherbergen oft Eier od. Embryonen, bes. bei Süßwasser-M. Die primäre Exkretion erfolgt in den Herzbeutel, aus dem die schlauchförm. Nieren mit einem Wimpertrichter entspringen. Außerdem werden Exkret-Konkremente im Gewebe eingelagert. Die Keimdrüsen sind paarig, oft gelappt od. verästelt. Getrenntgeschlechtl. und ♀ Ar-

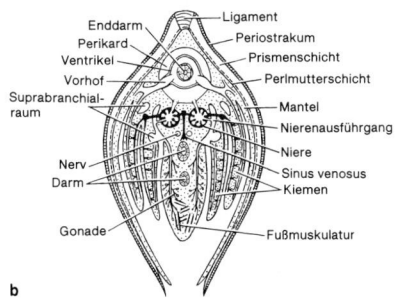

Muscheln

Ordnungen:
↗ Fiederkiemer (*Protobranchia*)
Fadenkiemer (↗ *Filibranchia*)
↗ Blattkiemer (*Eulamellibranchia*)
↗ Verwachsenkiemer (*Septibranchia*)

Muscheln

Bauplan einer Muschel in Seitenansicht (**a**) und im Querschnitt (**b**)

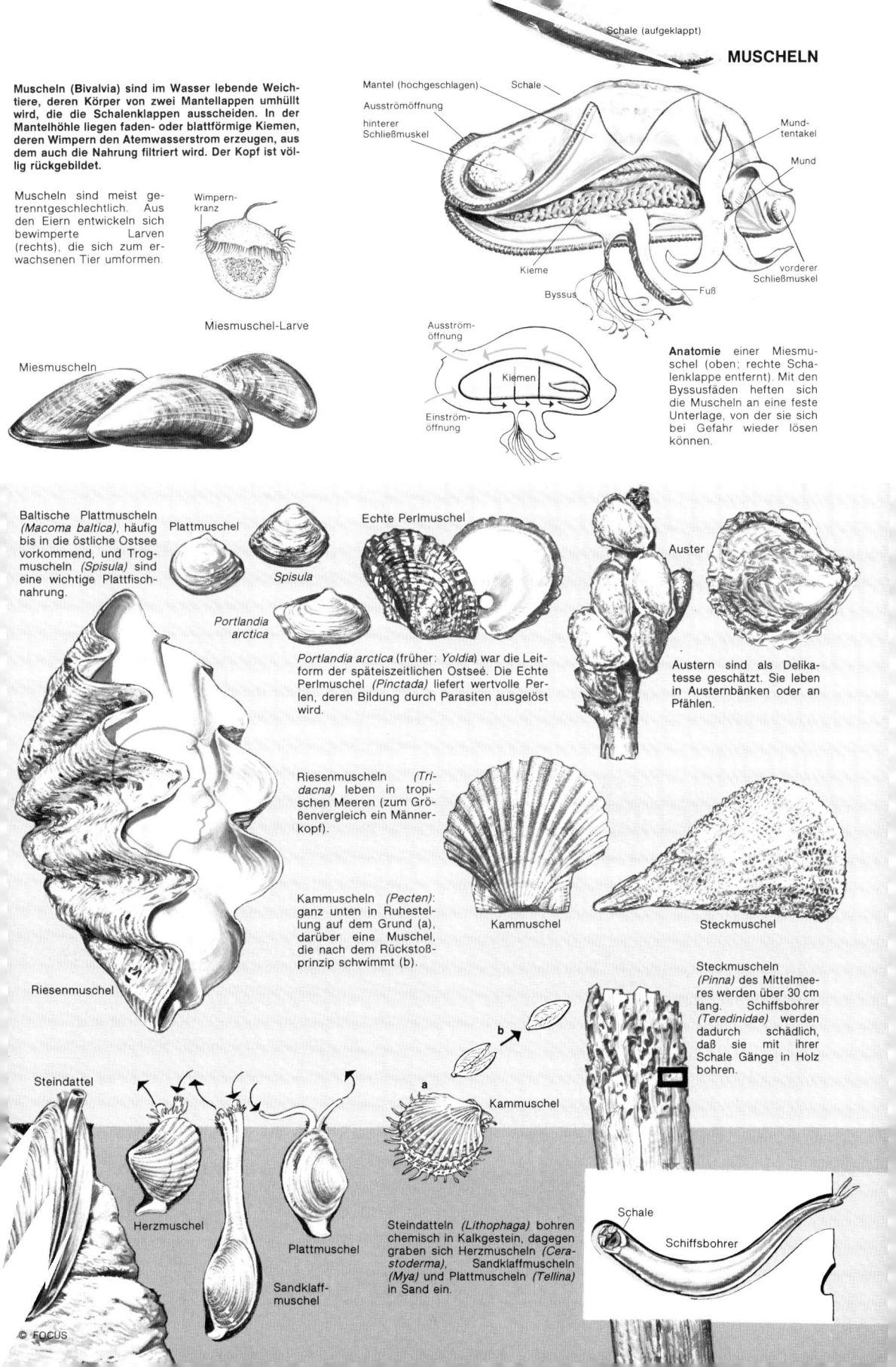

MUSCHELN

Muscheln (Bivalvia) sind im Wasser lebende Weichtiere, deren Körper von zwei Mantellappen umhüllt wird, die die Schalenklappen ausscheiden. In der Mantelhöhle liegen faden- oder blattförmige Kiemen, deren Wimpern den Atemwasserstrom erzeugen, aus dem auch die Nahrung filtriert wird. Der Kopf ist völlig rückgebildet.

Muscheln sind meist getrenntgeschlechtlich. Aus den Eiern entwickeln sich bewimperte Larven (rechts), die sich zum erwachsenen Tier umformen.

Miesmuschel-Larve

Miesmuscheln

Anatomie einer Miesmuschel (oben; rechte Schalenklappe entfernt). Mit den Byssusfäden heften sich die Muscheln an eine feste Unterlage, von der sie sich bei Gefahr wieder lösen können.

Baltische Plattmuscheln (*Macoma baltica*), häufig bis in die östliche Ostsee vorkommend, und Trogmuscheln (*Spisula*) sind eine wichtige Plattfischnahrung.

Portlandia arctica (früher: *Yoldia*) war die Leitform der späteiszeitlichen Ostsee. Die Echte Perlmuschel (*Pinctada*) liefert wertvolle Perlen, deren Bildung durch Parasiten ausgelöst wird.

Austern sind als Delikatesse geschätzt. Sie leben in Austernbänken oder an Pfählen.

Riesenmuscheln (*Tridacna*) leben in tropischen Meeren (zum Größenvergleich ein Männerkopf).

Kammuscheln (*Pecten*): ganz unten in Ruhestellung auf dem Grund (a), darüber eine Muschel, die nach dem Rückstoßprinzip schwimmt (b).

Steckmuscheln (*Pinna*) des Mittelmeeres werden über 30 cm lang. Schiffsbohrer (*Teredinidae*) werden dadurch schädlich, daß sie mit ihrer Schale Gänge in Holz bohren.

Steindatteln (*Lithophaga*) bohren chemisch in Kalkgestein, dagegen graben sich Herzmuscheln (*Cerastoderma*), Sandklaffmuscheln (*Mya*) und Plattmuscheln (*Tellina*) in Sand ein.

© FOCUS

Muschelpflaster

ten können in einer Gatt. nebeneinander vorkommen; ↗Austern wechseln ihr Geschlecht mehrmals. Die Genitalöffnungen liegen neben den Exkretionsöffnungen; die Keimzellen werden mit dem Atemwasserstrom ausgestoßen. Befruchtung erfolgt im Wasser (seltener in der Mantelhöhle); es entsteht nach einer Spiralfurchung eine ↗ Hüllglocken- od. eine ↗ Veliger-Larve; beide leben planktisch (Ausnahme: ↗ Glochidien). Sie legen eine einheitl. Schale an, die später seitl. umbiegt u. so zweiklappig wird. Der ↗Fuß ist früh entwickelt; er hat meist eine Drüse (↗Fußdrüsen), die ↗ Byssus produziert, mit dem sich die Jungmuschel festheftet. Anschließend können durch allometr. Wachstum auch sehr aberrante Formen entstehen (z. B. ↗Schiffsbohrer). Das Nervensystem ist relativ einfach; Zentren sind die paarigen Cerebropleural-, Pedal- u. Visceralganglien, die weitgehend selbständig sind; nur erstere haben auch koordinierende Funktion. Sinneszellen sind im gesamten Weichkörper verteilt; an Sinnesorganen gibt es Statocysten, Osphradien u. Augen von unterschiedl. Entwicklungsstufe (↗Kammuscheln). Das Verhaltensinventar ist einfacher als bei anderen Weichtieren u. entspricht der überwiegend festsitzenden Lebensweise. – Die M. leben auf od. im Sediment, im Süß-, Meer- u. Brackwasser, auch in großen Tiefen; hohe Bestandsdichten werden in „Bänken" erreicht (Austern, Mies-M.). Wenige Arten können schwimmen (Feilen-, Kamm-M.), viele bohren in weichem Substrat (↗Bohr-M., ☐ Fortbewegung). Als Filtrierer bewirken die M. die Festlegung v. Schwebeteilchen des Wassers in ihren Faeces u. Pseudofaeces u. tragen damit zur Wasserreinigung u. zur Sedimenterhöhung bei. Wegen ihrer spezif. Ansprüche werden viele M. als Leitformen für Biozönosen benutzt; viele dienen als menschl. Nahrung (Auster, Herz-, Mies-M.). Zu den M. gehören weniger als 8000 Arten, die auf 4 Ord. (T 62) verteilt werden. B 63, B Weichtiere.

Lit.: *Dance, S. P., Cosel, R. v.:* Das große Buch der Meeres-M. Stuttgart 1977. *Franc, A.:* Classe des Bivalves. In: Grassé, Traité de Zool. *5*, II. Paris 1960. *Götting, K. J.:* Malakozoologie. Stuttgart 1974. *Lindner, G.:* M. und Schnecken der Weltmeere. München 1975. *Nordsieck, F.:* Die eur. Meeres-M. Stuttgart 1969. *Salvini-Plawen, L. v.:* Grabfüßer u. M. In: Grzimeks Tierleben 3. Zürich 1970. *Solem, A.:* The Shell Makers. New York 1974. *Yonge, C. M., Thompson, T. E.:* Living Marine Molluscs. London 1976. *Ziegelmeier, E.:* Die M. der dt. Meeresgebiete. Hamburg 1957. K.-J. G.

Muschelpflaster, *Muschelschalenpflaster,* durch Transport entstandene flächenhafte Anhäufung v. Molluskenschalen od. -gehäusen (überwiegend Muscheln, auch Schnecken u. *Ammonoidea*) in Küstennähe; Klappen der Muscheln meist isoliert, z.T. sortiert u. meist eingeregelt (↗Einkippung).

Muschelschaler
Familien und Gattungen:
Lynceidae
 Lynceus (Eurasien u. N-Amerika)
Limnadiidae
 Limnadia (Europa, N-Amerika, Australien)
Leptestheriidae
 Leptestheria (Europa, N-Amerika)
Cyzicidae
 (N-Amerika)
Cyclestheriidae (Indien, Sri Lanka, Australien)

Muschelschaler
Bauplan von *Limnadia lenticularis,* 1 cm lang

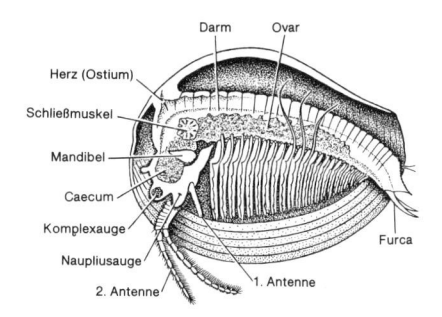

muschel- [v. lat. musculus = Mäuschen, Muskel, Miesmuschel].

Muschelschaler, *Conchostraca,* Ord. der ↗ *Phyllopoda* mit 5 Fam. (vgl. Tab.), oft auch als U.-Ord. aufgefaßt u. mit den ↗Wasserflöhen in der Ord. *Onychura* zusammengefaßt. Etwa 180 Arten 5 bis 17 mm langer Krebstiere, deren Körper (Ausnahme Gatt. *Lynceus*) in dem zweiklappigen, Muschelschalen-ähnlichen Carapax eingeschlossen werden kann. Der Carapax kann mit einem Adduktor, dem Homologon des Pleurotergit-Muskels des 2. Maxillensegments, geschlossen werden. Er besitzt charakterist. Zuwachsstreifen, durch die sich die M. v. anderen Krebstieren mit zweiklappigem Carapax (↗Wasserflöhe, ↗Muschelkrebse, ↗ *Leptostraca*) unterscheiden. Sie entstehen dadurch, daß bei jeder Häutung die Außenwand des alten Carapax nicht abgeworfen wird, sondern auf der nächstfolgenden, größeren liegenbleibt. Bei der Gatt. *Limnadia* ist der Carapax weich u. durchsichtig, bei anderen Arten wird er durch Kalkeinla-

gerung härter. Der wurmförmig langgestreckte Körper ist nur an einer kleinen Stelle am Rücken mit dem Carapax verwachsen. Er trägt 10 bis 32 Paare v. Blattfüßen, die nach hinten zunehmend kleiner werden, u. endet wie bei den Wasserflöhen mit einer krallenähnl. Furca. Hauptbewegungsorgan ist wie bei den Wasserflöhen die zweiästige 2. Antenne, mit der die Tiere ruckweise schwimmen. Die Thorakopoden sind Filterbeine, mit denen die Tiere Plankton od. mit der Furca aufgewühltes Sediment filtrieren u. über eine ventrale Nahrungsrinne nach vorn unter die große Oberlippe führen. M. leben im Litoral v. Seen u. Teichen und v. a., ähnlich wie die *Anostraca* u. *Notostraca,* in ephemeren Gewässern. Ihre Dauereier können (u. müssen) austrocknen. In der inneren Organisation ähneln die M. den Wasserflöhen, aber ihr Herz ist noch länger u. besitzt 3 bis 4 Ostienpaare. Die Komplexaugen sind median zu einem unpaaren, versenkten Komplexauge verschmolzen; davor liegt das Naupliusauge. – M. sind getrenntgeschlechtlich; einige, z. B. *Limnadia,* pflanzen sich parthenogenet. fort. Die Eier werden bis zur nächsten Häutung im Carapax getragen, meist an fadenförm. Anhängen der hinteren Thorakopoden. Ihnen entschlüpft ein Nauplius. Der Metanauplius entwickelt aus einer zunächst paar. Anlage den Carapax, der zuerst, wie bei den Wasserflöhen, nur den Rumpf einschließt u. den Vorderkopf frei läßt. Bei *Lynceus* bleibt der Vorderkopf zeitlebens frei. *P. W.*

Muschelseide ↗Byssus.

Muscheltierchen, *Stylonychia mytilus,* ↗Stylonychia.

Muschelwächter, *Pinnotheridae,* Fam. der ↗*Brachyura;* kleine, kugelförm. Krabben mit weichem Carapax u. winzigen Augen. Die Gatt. *Pinnotheres* enthält ca. 120 Arten, die kommensalisch in Muscheln, Seescheiden, Wurmröhren od. ähnlichem leben. *P. pisum,* die Erbsenkrabbe (♂ 1 cm, ♀ 1,8 cm), und *P. pinnotheres* leben im östl. Atlantik u. Mittelmeer frei in der Mantelhöhle v. *Pinna* u. anderen Muscheln, *P. ostreum* (4 bis 15 mm) im westl. Atlantik in Austern. Das auf die Megalopa folgende 1. Krabbenstadium hat Schwimmhaare an den Laufbeinen; es sucht nach dem Wirt. Das darauffolgende Stadium ist weichhäutig u. schwimmunfähig u. bleibt im Wirt. Das 3. Stadium ist wieder hart u. hat Schwimmborsten; es kann den Wirt verlassen, u. die ♂♂ suchen nach ♀♀. Bei manchen Arten sterben die ♂♂ nach der Paarung. Die ♀♀ werden danach wieder weich u. bleiben zeitlebens in ihrer Muschel. Im 6. Stadium ist *P. ostreum* geschlechtsreif u. legt mehrere tausend Eier. *Pinnixia chaetopterana* lebt in den Röhren v. *Chaetopterus.* Die M. fressen v. der eingestrudelten Nahrung ihrer Wirte; sie können indirekt zu Schädigungen, zum Absterben v. Kiementeilen, führen.

Musci [Mz.; lat., = Moose], die ↗Laubmoose.

Muscicapidae [Mz.; v. *musca-, lat. capere = fangen], die ↗Fliegenschnäpper.

Muscidae [Mz.; v. *musca-], *Echte Fliegen,* Fam. der ↗Fliegen mit insgesamt über 3000 weltweit verbreiteten Arten, in Mitteleuropa einige hundert. Die M. sind mittelgroße, meist dunkel gefärbte Insekten; sie verkörpern die typ. plump wirkende Fliegengestalt (☐ Fliegen): Der Kopf trägt zwei kurze, borstenförm. Fühler, zwei große Komplexaugen sowie den für viele Fam. der Fliegen typ. Rüssel. Das hintere Flügelpaar am Brustabschnitt ist durch zwei Schwingkölbchen (Halteren) ersetzt. Mit den 3 Paar Beinen können die M. auch auf glatten Unterlagen mittels Haftballen (↗Extremitäten, ☐ Haftorgane) u. Sekreten schnell laufen. Der gedrungene Hinterleib wird in der Ruhe v. den zurückgelegten Flügeln etwas überragt. Die Larve (B Larven I) entspricht der charakterist. organisierten Made der höheren Fliegen, wie auch die Tönnchenpuppe, bei der die Imagines beim Schlüpfen den Deckel längs einer präformierten Naht absprengen (Deckelschlüpfer, *Cyclorrhapha,* ☐ Fliegen, Abb. 6). – Die weitaus bekannteste Art ist die

Muschelwächter
Pinnotheres ostreum, ca. 11 mm lang

Muscidae
Wichtige Gattungen und Arten:
Hausfliege (*Muscina stabulans*)
Siphona irritans
Stubenfliege (*Musca domestica*)
Tsetsefliegen (Zungenfliegen, *Glossina spec.*)
Wadenstecher (*Stomoxys calcitrans*)

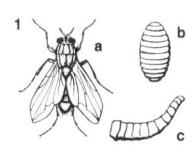

Muscidae
1a Stubenfliege (*Musca domestica*), **b** Tönnchenpuppe, **c** Made. **2** Tsetsefliege (*Glossina spec.*), **a** nüchterne, **b** vollgesogene Fliege

musca- [v. lat. musca = Fliege; muscarius = Fliegen-].

Stubenfliege (*Musca domestica,* B Insekten II), die im Gefolge des Menschen in fast allen Klimazonen vorkommt. Sie wird ca. 8 mm groß; der grauschwarze Körper trägt auf dem Brustabschnitt 4 dunklere Längsstreifen. Der Rüssel wird im Ruhezustand unter dem Kopf eingeklappt u. befördert beim Saugen die Nahrung – alle Arten gelöstes od. durch Speichel aufgelöstes organ. Material, wie faulende Substanzen, Lebensmittel, aber auch Exkremente – in eine Art Kropf. Von diesem Reservoir gelangt die Nahrung zur Verdauung in den Mitteldarm. Da dabei oft ein Tröpfchen der Flüssigkeit wieder an die Rüsselspitze gelangt, können mit der Nahrung aufgenommene Keime wieder abgegeben werden. Dieser Vorgang fördert, wie auch die starke Behaarung des Körpers, die Verschleppung u. Ausbreitung v. Krankheitserregern. Bes. in wärmeren Gebieten überträgt die Stubenfliege z. B. Amöbenruhr, Diarrhöen u. Typhus, was ihr auch den Namen Typhusfliege eintrug. Die Eier werden mit einer ausstülpbaren Legeröhre in faulendes Pflanzenmaterial, Mist u. (nicht menschl.) Fäkalien in oft riesigen Mengen abgelegt; schon nach 2 bis 3 Wochen schlüpfen die Imagines. Auch im menschl. Wohnbereich kommt die ähnl. Hausfliege od. Stallfliege (*Muscina stabulans*) vor. Die Augenfliege od. Gesichtsfliege (*Musca autumnalis*) tupft bei Rindern Sekret an den Augenschleimhäuten. Viele Gatt. der M. ernähren sich v. Blut der Wirbeltiere, das sie mit einem Stechrüssel saugen. In Mitteleuropa kommt der Wadenstecher (*Stomoxys calcitrans*) vor, mit dunkler Zeichnung auf Brust u. Hinterleib. In der Sitzstellung unterscheidet er sich v. der Stubenfliege durch einen etwas aufgerichteten Vorderkörper. An Rindern wird zuweilen die kleinere Stechfliege *Siphona irritans* lästig. Als Blutsauger u. Krankheitsüberträger sind in Afrika die 20 Arten der bis 14 mm großen Tsetsefliegen od. Zungenfliegen (Gatt. *Glossina,* B Insekten II) berüchtigt. Sie klappen ihren Rüssel nicht ein, sondern tragen ihn waagrecht vor dem Kopf. Die Larven entwickeln sich bis kurz vor der Verpuppung im Hinterleib des Weibchens, werden dort durch Futterdrüsen ernährt u. schließlich an bestimmten Brutplätzen geboren. Als wichtigste Überträger der ↗Schlafkrankheit u. der ↗Nagana-Seuche der Rinder gelten die Tsetsefliegen *G. morsitans* und *G. palpalis.* ☐ Flugmechanik. *G. L.*

Muscimol *s* [v. *musca-], ↗Fliegenpilzgifte.

Muscon *s* [v. pers. mušk =], ↗Moschus.

Musculium *s* [v. lat. musculus = Miesmuschel], Gatt. der Kugelmuscheln, ↗Häubchenmuscheln.

Musculus *m* [lat., = Mäuschen, Muskel, Miesmuschel], **1)** die ↗Bohnenmuscheln. **2)** der Muskel, ↗Muskeln.

Museumskäfer, *Anthrenus,* Gattung der ↗Speckkäfer.

mus<u>i</u>visches S<u>e</u>hen [v. lat. musivus = Mosaik-], ↗Komplexauge.

Muskatblüte ↗Muskatnußgewächse.

Muskat<u>e</u>ller, *Muskat,* Sorte v. *Vitis vinifera,* ↗Weinrebe.

Muskatnußgewächse, *Myristicaceae,* relativ große Fam. der Magnolienartigen, mit 16 Gatt. und ca. 380 Arten pantropisch, vorwiegend in den Regenwäldern der Tieflagen, verbreitet. Das Areal der einzelnen Gatt. ist jeweils auf einen Kontinent beschränkt. Die M. sind meist Bäume, seltener Sträucher mit wechselständ., nebenblattlosen, häufig ungeteilten, ganzrand. Blättern. Sämtl. Arten sind diözisch. Die Blüten sind häufig zu Rispen, Dolden od. Köpfchen zusammengefaßt. Sie sind meist klein u. auch farbl. nicht sehr auffällig. Die Blüten weisen in vieler Hinsicht abgeleitete Merkmale auf: die Blütenorgane sind wirtelig angeordnet, die Hülle ist nur einfach u. besteht aus 2–5 Blütenblättern. Diese sind, ebenso wie die häufig sehr zahlr. Staubblätter des ♂ Blüten, meist untereinander verwachsen. Die ♀ Blüte besitzt nur 1 Fruchtknoten mit einer einzigen Samenanlage. Die daraus hervorgehende Frucht zeichnet sich durch einige charakterist. Besonderheiten aus: Die fleischige bis holzige Frucht springt bei der Reife auf u. gibt den v. einem auffällig gefärbten ↗Arillus (fleischiger Samenmantel) umgebenen Samen frei. Dieser Samenmantel wird mitsamt dem darin enthaltenen Samen gerne v. Vögeln (z. B. Kakadus, Nashornvögeln) gefressen; dabei wird der Same unversehrt wieder ausgeschieden u. dadurch verbreitet. Der im Samen enthaltene Embryo ist klein u. von viel stärke- u. fettreichem Endosperm umgeben. Das Endosperm ist meist v. andersfarbigen Gewebesträngen durchsetzt; es wird als ruminiert bezeichnet. – Wirtschaftl. wichtigster Vertreter der M. ist die Echte Muskatnuß (*Myristica fragrans,* B Kulturpflanzen IX), ein immergrüner, bis 15 m hoher Baum, der auf den Molukken heimisch ist. Die *Muskat„nuß"* (bot. gesehen eine Balgfrucht) war schon im MA ein begehrtes Gewürz. Der Muskatnußbaum wird in Indonesien, Indien, auf den Westind. Inseln u. in Brasilien angebaut. Der weiße Überzug der im Handel erhältl. Samen kommt durch Eintauchen in Kalkmilch zustande u. soll gg. Insektenfraß schützen. Als Gewürz verwendet wird neben dem eigtl. Samen auch der abgetrennte u. getrocknete Samenmantel, der als *Muskatblüte* od. *Macis* gehandelt wird. Als wicht. Inhaltsstoffe enthalten Same u. Samenmantel bis zu 16% äther. Öle, die vorwiegend aus Terpenen u. Phenolen, z. B. Myristicin, bestehen. Früher wurde die Muskatnuß in Europa auch als Heilmittel verwendet; heute weiß man, daß sie, in größeren Mengen genos-

muskat- [v. altind. mus̩kah̩ = Hode über pers. mus̩k = Moschus zu spätlat. muscatus = moschusartig].

muskel-, muskul- [v. lat. musculus = Mäuschen, übertragen: Muskel].

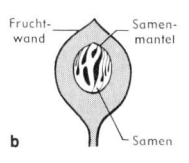

Muskatnußgewächse
a Blütenzweig der Echten Muskatnuß (*Myristica fragrans*), rechts unten Frucht, links Same („Muskatnuß"), b Frucht im Längsschnitt

sen, eine narkotisierende toxische Wirkung zeigt. Ein wicht. Produkt ist die vorwiegend aus Fetten bestehende *Muskatbutter,* die aus den Samen abgepreßt wird u. für die Kosmetik- u. Arzneimittelherstellung eine Rolle spielt. A. G.

Muskatnußschnecken, die ↗Gitterschnecken. [↗Muskulatur.

Muskelerschlaffung ↗Muskelkontraktion,

Muskelfaser, vielkernige (bis zu 10 000 Kerne) zelläquivalente Baueinheit der quergestreiften Skelett-↗Muskulatur der Gliederfüßer u. Wirbeltiere. Die M.n sind spindelförmig u. erreichen bei Wirbeltieren bis zu mehreren cm Länge. Sie entstehen aus einkern. ↗Myoblasten mesodermaler Herkunft. Diese lagern sich in Ketten halb ausdifferenzierter Muskelzellen *(Myotuben)* aneinander, verschmelzen nach Auflösung ihrer Zellmembranen zu ↗Syncytien u. wachsen schließl. unter fortwährenden inneren Kernteilungen zu den nun plasmodialen Fasern heran.

Muskelfibrillen [Mz.; v. lat. fibra = Faser], die ↗Myofibrillen.

Muskelfilamente [Mz.; v. lat. filamentum = Fadenwerk], *Myofilamente,* ↗Muskulatur; ↗Actinfilament, ↗Myosinfilament.

Muskelflosser, die ↗Fleischflosser.

Muskelgewebe, Typ der Grund-↗Gewebe aller *Eumetazoa,* das als kontraktiles Gewebe der Bewegungserzeugung dient. Je nach der Struktur der einzelnen Zellen od. Zelläquivalente unterscheidet man *glattes, schräggestreiftes* (Wirbellose), *quergestreiftes Herz-M.* und *quergestreiftes Skelett-M.* ↗Muskulatur.

Muskelkater, Muskelschmerzen aufgrund von zahlr. Mikroverletzungen nach Überbeanspruchung eines Muskels. Diese entstehen durch ATP-Mangel in einzelnen Muskelfasern, sobald deren Energiereserven in Form v. Glykogen aufgezehrt sind. Eine solche Energieverarmung führt zur Bildung starrer ↗Actomyosin-Komplexe (↗Muskulatur), die eine Erschlaffung der betreffenden Fasern verhindern, so daß diese bei passiver Dehnung im Wechselspiel antagonist. Muskeln aus ihrer bindegewebigen Verankerung gerissen werden. Der M. geht zugleich mit einer Übersäuerung des Muskelgewebes einher, da die Arbeitsenergie bes. ↗weißer Muskeln durch Milchsäuregärung (Glykolyse) bereitgestellt wird. Ruhigstellung des Muskels u. damit eine Minderdurchblutung verzögert die Synthese neuer Energiereserven u. damit die Heilung der Verletzungen, während eine Durchblutungsförderung durch sanfte Bewegung u. Massage die Heilung der Verletzungen fördert.

Muskelkontraktion *w* [v. lat. contractio = Zusammenziehung], Zusammenziehung (Verkürzung) v. Muskeln. Jegliche M. ist das Resultat zahlr. asynchron verlaufender Verkürzungen der einzelnen Muskelzellen od. -fasern eines ↗Muskels, letztl. ihrer

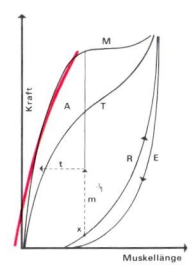

Muskelkontraktion

subzellulären kontraktilen Elemente, der ↗Myofibrillen, u. sie erfolgt bei allen Muskeltypen unter ATP-Verbrauch aufgrund der gleichen molekularen Grundprozesse (↗kontraktile Proteine, ↗Muskelproteine), welche an der hochgeordneten quergestreiften ↗Muskulatur der Wirbeltiere am besten untersucht auch. Lichtmikroskop. erscheint die M. als eine Verkürzung der einzelnen *Sarkomere* (↗Muskulatur), d.h. ein Zusammenrücken der Z-Scheiben, wobei die I-Zonen der Querbänderung schmäler werden u. im Extremfall verschwinden. Wie aus hochauflösenden elektronenmikroskop. Aufnahmen zu erschließen ist, geht die M. mit einem zykl. Binden u. Lösen v. Querbrücken zwischen ↗*Actin*- u. ↗*Myosinfilamenten* einher. Dabei hangeln sich die letzteren mit ihren bewegl. und seitl. abstehenden HMM-Köpfen an den umgebenden Actinfilamenten entlang, so daß Actin- und Myosinfilamente zunehmend weiter zwischeneinandergleiten (↗sliding-filament-Mechanismus). Der einzelne *Kontraktionszyklus* verläuft folgendermaßen: Im Ausgangszustand der ruhenden ATP-reichen Muskelfaser liegen Actin- u. Myosinfilamente getrennt vor u. können passiv aneinander entlanggleiten *(Muskelerschlaffung)*, da ↗Actin durch ATP aus einer mögl. Bindung an die Myosinköpfe verdrängt ist. Die ATP-beladenen Myosinmoleküle ihrerseits sind in einer energiereichen gestreckten Konformation „vorgespannt". Da die korrespondierenden ↗Myosin-Bindeorte am Actin durch ↗*Tropomyosin*/↗*Troponin* sterisch blockiert sind, bleibt die actinaktivierbare Myosin-ATPase (↗Adenosintriphosphatasen) inaktiv. Eine momentane Erhöhung (s.u.) der Ca^{2+}-Konzentration (↗Calcium) im ↗Sarkoplasma von ca. 10^{-8} auf 10^{-5} mol/l führt zur alloster. Umlagerung der Troponin-Tropomyosin-Komplexe am Actinfilament u. gibt die Myosin-Bindestellen am Actin frei, aktiviert damit also indirekt die Myosin-ATPase, die dann als Actomyosin-ATPase das aktive Enzym bildet (elektromechan. Koppelung); dieses benötigt als Cofaktor Mg^{2+}. Unter Hydrolyse von ATP zu ADP + P (☐ Adenosintriphosphat) kann nun jeder Myosinkopf eine Bindung mit dem nächstgelegenen Actin eingehen, wobei die „Vorspannungsenergie" des Myosins in kinet. Energie umgewandelt wird, so daß die Myosinmoleküle in ihre energieärmere, stärker abgewinkelte Konformation zurückschnellen u. die gebundenen Actinfilamente um einen Betrag von etwa 10 nm an sich entlangziehen. Eine erneute Bindung von ATP löst die ↗*Actomyosin*-Komplexe wieder u. bereitet den nächsten Kontraktionszyklus vor. Die Zyklen folgen aufeinander, solange genügend ATP im Muskel zur Verfügung steht, u. sie werden gesteuert durch kurzfristig wechselnde Ca^{2+}-Konzentrationen im Sarkoplasma. Im Ruhezustand bleibt das Calcium in den Zisternen des sarkoplasmat. Reticulums (L-System, ↗Muskulatur) gespeichert. Seine Freigabe erfolgt auf nervösen Reiz hin. Auf die Muskelmembran (↗Myolemm) auftreffende motorische Nervenimpulse (motorische ↗Endplatte) pflanzen sich als Depolarisationswelle bis in die Tiefen der T-Tubuli (T-System, ↗Muskulatur) fort. An den gap-junction-artigen Berührungsstellen zwischen T- und L-System springen sie auf das letztere über u. lösen dort durch eine kurzfrist. Permeabilitätsänderung einen Calcium-Ausstrom aus. Unmittelbar nach Abklingen des nervösen Impulses befördern ↗Calciumpumpen in den Membranen des L-Systems das Ca^{2+} in die L-Zisternen zurück bis zur Auslösung des nächsten Zyklus. – Innerhalb des einzelnen Sarkomers laufen die einzelnen Actin-Myosin-Interaktionen nicht synchron ab, sondern in metachronen Wellen wie etwa die Beinbewegungen eines Tausendfüßers. Wenngleich der einzelne Actomyosin-Zyklus nur etwa 1/100 Sek. dauert, ist die Kontraktionsfrequenz der gesamten Muskelfaser od. gar eines Muskels doch i.d.R. wesentlich niedriger. Sie ist für verschiedene Muskeltypen unterschiedlich u. hängt v. der Struktur des T- und L-Systems in der einzelnen Muskelfaser, der Repolarisations- u. Pumpgeschwindigkeit der beteiligten Membranen u. der Innervation ab. Überschreitung der Aktionsfrequenz durch zu rasch aufeinanderfolgende Erregungsimpulse führt zur energieaufwendigen Dauerkontraktion (*Tetanus*, ↗Muskelzuckung) des einzelnen Muskels. – Wenngleich auch die Kontraktion glatter Muskelzellen nach dem gleichen Prinzip verläuft, so fehlt dort das Ca^{2+}-abhängige Tropomyosin-Troponin-Steuersystem, u. die Regulation der Abfolge der einzelnen Kontraktionszyklen geschieht Calcium-unabhängig auf eine bis jetzt noch nicht bekannte Weise. – Die Energie für die M.en wird in rasch arbeitenden, allerdings auch rasch ermüdenden (weißen) Muskelfasern hpts. durch ↗Glykolyse v. Kohlenhydraten zu Lactat (↗Milchsäure) bereitgestellt, in den weniger rasch arbeitenden, dafür aber dauerbelastbaren, an ↗Myoglobin reichen (roten) Muskelfasern jedoch auf aerobem Wege aus oxidativer Phosphorylierung gewonnen. Die Verarmung v. Muskelfasern an ATP nach Überlastung führt zur vorübergehenden Bildung fester Actomyosin-Komplexe u. läßt die betreffenden Fasern erstarren (↗Muskelkater), was beim völligen Erlöschen der ATP-Produktion nach dem Tod der Zelle die ↗Leichenstarre bewirkt. – Man unterscheidet in der Physiologie zweierlei Arten von M.en, eine sog. *isotonische M.*, wie sie bei fortschreitender Muskelverkürzung unter gleichbleibendem Kraftaufwand vor sich geht, und eine ↗*isometrische M.*, die bei konstanter Muskel-

Muskelkontraktion

Die *mechanischen Eigenschaften* des quergestreiften Muskels lassen sich an dem Arbeitsdiagramm ablesen. Die Verlängerung des Muskels bei Belastung wird durch die Ruhedehnungskurve R, die Kontraktion nach Entfernen der Last durch die Entdehnungskurve E wiedergegeben. Bei *tetanischer Kontraktion* erfolgt zunächst die isometrische Phase m (Spannungsentwicklung ohne Verkürzung), dann die isotonische Phase t (Verkürzung bei konstanter Spannung). Die verschiedenen Kontraktionen bei gegebenem Ausgangszustand (x) liegen auf der Arbeitskurve A. Sie liegt zw. den Grenzwertkurven für vorwiegend *isotonische Kontraktion* T (Verkürzung gg. frei hängendes Gewicht) und für vorwiegend *isometrische Kontraktion* M (Kraftanstieg bei Last ≥ Muskelkraft).

MUSKELKONTRAKTION I

Im Lichtmikroskop läßt die Skelettmuskelfaser eine deutliche Querstreifung erkennen. Das elektronenmikroskopische Bild zeigt aufeinanderfolgende aufgehellte Zonen zweier Filamenttypen, die einander teilweise überlappen, der dicken *Myosin-* und der dünnen *Actinfilamente.* Die letzteren sind mit einem Ende jeweils in einer *Z-Scheibe* (Z-Linie) verankert und erstrecken sich im erschlafften Muskel über die isotrope *(I-)Zone* (I-Bande) bis in die anisotrope *(A-)Bande* aus Myosinfilamenten. Deren mittlerer Bereich, die aufgehellte *H-Zone,* bleibt jedoch von der Überlappung ausgespart und besteht nur aus Myosinfilamenten. Bei der Muskelkontraktion gleiten die beiden Filamenttypen weiter zwischeneinander, so daß I- und H-Zone verschwinden, ohne daß die einzelnen Filamente ihre Länge verändern *(sliding-filament-Mechanismus, Gleitfasermechanismus).*

Elektronenmikroskopisches Bild eines Längsschnitts durch einige Muskelfibrillen

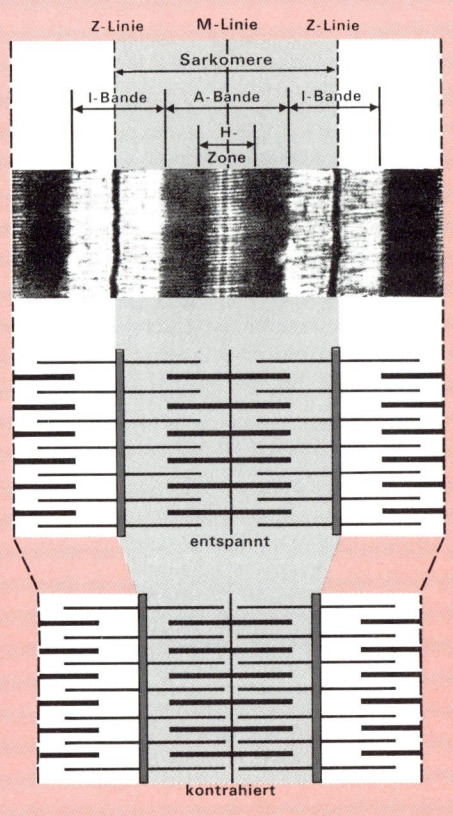

Änderung des Sarkomerenbildes bei der Muskelkontraktion durch zunehmende Überlappung der Filamenttypen. Die Actinfilamente werden durch den α-Actinin-Faserfilz der Z-Scheiben, die Myosinfilamente durch Quervernetzung in der *M-Linie* in einer festen hexagonalen Anordnung zueinander gehalten.

Muskelkoordination

Störungen der M.: Asynergie (Unfähigkeit, einen komplexen Bewegungsablauf koordiniert durchzuführen – „Bewegungsdekomposition"), Hypotonus (zu geringer Muskeltonus, Muskelschwäche), Störungen des ↗Nystagmus, Sprachstörungen, Tremor (= Zittern; Intentionstremor, der bei gerichteten Bewegungen auf ein Ziel auftritt). Störungen im Bereich der ↗Basalganglien führen ebenfalls zu Beeinträchtigungen der M., Beispiel: die Parkinsonsche Krankheit, gekennzeichnet durch Einschränkung der Bewegungsfähigkeit, Rigor (zu hoher Muskeltonus) u. Ruhetremor.

länge u. tetanischer Kontraktion dann auftritt, wenn die Muskelspannung im Gleichgewicht steht mit einem unüberwindbar hohen Widerstand, der eine Verkürzung verhindert. Eine Sonderform der *Muskeldauerkontraktion* bei minimalem Energieverbrauch ist v. manchen Wirbellosen-Muskeln, z.B. den Schließmuskeln mancher Muscheln (sog. Paramyosincatch- od. Sperrmuskeln) bekannt. Ihre Myosinfilamente bestehen zu einem beträchtl. Anteil aus dem Begleitprotein *Paramyosin,* das auf eine bis jetzt noch unbekannte Weise die Lösung v. Actin-Myosin-Bindungen regulieren u. so einen Muskel in Dauertonus ohne weiteren Energieverbrauch „einfrieren" kann. – Der sliding-filament-Mechanismus wurde 1957 von dem engl. Anatomen H. E. Huxley, die Kontraktionssteuerung u. a. von seinem Vetter A. F. ↗Huxley aufgeklärt. P. E.

Muskelkoordination w [v. lat. co- = zusammen-, ordinatio = Ordnung], geordnetes Zusammenwirken der ↗Muskulatur, das durch das Zentralnervensystem gesteuert wird. Eine bes. Aufgabe kommt dabei dem ↗Kleinhirn zu, das die anderen motor. Zentren unterstützt u. koordiniert. Störungen des Kleinhirns führen demgemäß zu schweren Beeinträchtigungen der M. (vgl. Spaltentext). [↗Hechte.

Muskellunge, *Esox masquinongy,* Art der

Muskelmagen, posteriorer Teil des Vogelmagens, der sich an den ↗Drüsenmagen anschließt u. der Nahrungszerkleinerung dient. Die Innenseite ist durch ein erhärtetes Sekret gegen mechan. Verletzung geschützt, so daß selbst Glasscherben in kurzer Zeit zerrieben werden können. Die Stärke der Auskleidung nimmt v. den Körnerfressern über die Insektenfresser, Fleischfresser bis zu den Früchtefressern ab. Bei Körnerfressern befinden sich im M. zusätzlich Steine zur Nahrungszerkleinerung, die eigens aufgenommen werden müssen. ↗Kaumagen.

Muskeln, *Musculi* [Ez. *Musculus*], abgegrenzte, bei höheren Tieren u. beim Menschen v. einer bindegewebigen Hülle (↗Faszie, Epimysium) umgebene und gewöhnl. an beiden Enden über ↗Sehnen mit anderen Geweben (z.B. Skelett) verbundene kontraktile Organe, die aus einzelnen *Muskelzellen* (glatte u. schräggestreifte

MUSKELKONTRAKTION II

Tropomyosin   Troponin

Actinfilament (Myosin-Bindeorte durch Troponin/Tropomyosin blockiert)

Bindeorte am Actin durch Troponin/Tropomyosin blockiert

$[Ca^{2+}]$ $< 10^{-8}$ M

Ac- tin

Myosin

$\geq 10^{-5}$ M

Ac- tin

Myosin

Bindeorte am Actin frei: Tropomyosin unter Ca^{2+}-Einfluß verlagert

[ADP + P]

Myosinfilament

Actin und Myosinkopf im Querschnitt

Lösung der Actomyosin-Bindung durch ATP — ①

[ATP]

ATP
② ADP + P, Vorspannung des HMM

10 nm

Actin-Myosin-sliding-filament-Zyklus und dessen Regelung durch Ca^{2+}

● ● alte Bindestelle   ⊘ ⊘ neue Bindestelle

[ADP + P]

Rückschnellen des HMM in energiearme Stellung: Zugbewegung
④

③ Ca^{2+} 10^{-8} M
10^{-5} M
ADP
P

● ⊘ Myosin-Bindeorte am Actin unter Erhöhung von $[Ca^{2+}]$ auf 10^{-5} M frei

● ⊘ Myosin-Bindeorte am Actin durch Troponin/ Tropomyosin blockiert

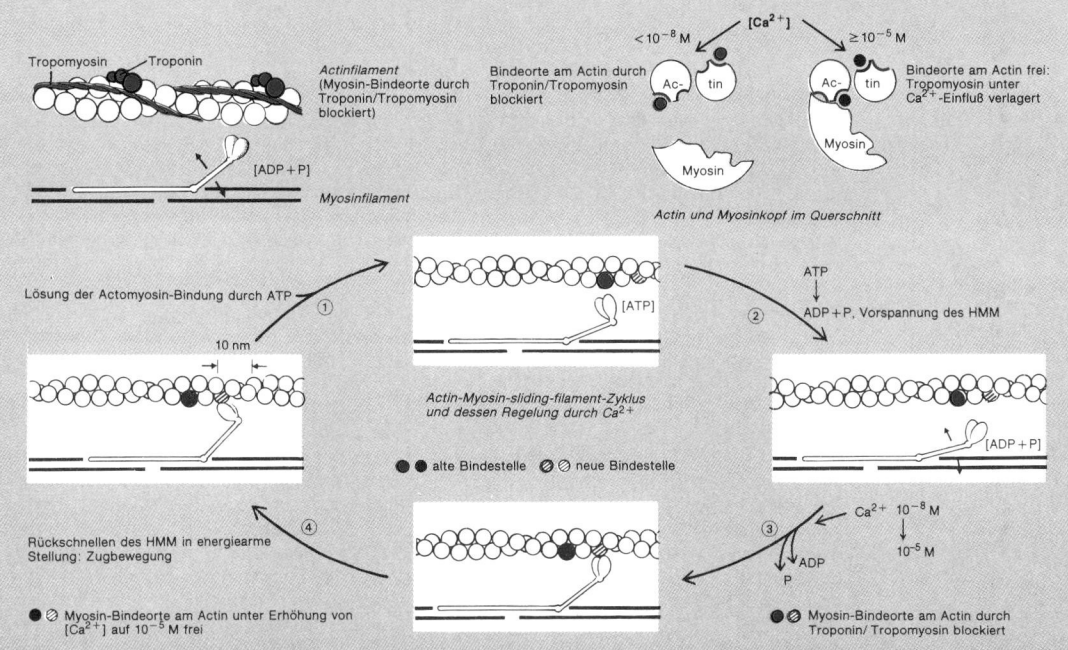

Abb. links oben: Ausschnitt aus einem Actin- und Myosinfilament im ruhenden Muskel. Die Myosinbindeorte am Actin sind durch Troponin/Tropomyosin blockiert. Der HMM-Anteil des Myosins (Myosinkopf) ist durch gebundenes, aber bereits in ADP + P gespaltenes ATP energiereich vorgespannt (wenig abgeknickt) und oszilliert etwa 10000mal in der Sekunde.
Abb. rechts oben: Querschnitt durch ein Actinfilament und den HMM-Kopf eines Myosinmoleküls. Bei einer Ca^{2+}-Konzentration unter 10^{-8} M (M = Mol/l) blockieren Tropomyosinmoleküle die möglichen Bindeorte des HMM am Actin; Myosin kann keine Bindung mit dem Actin eingehen. Bei einer Ca^{2+}-Konzentration über 10^{-5} M ändert sich die Lage des Tropomyosinmoleküls am Actin, und die Bindeorte für Myosin werden freigegeben. Myosin wird an Actin gebunden, und es erfolgt eine Muskelkontraktion.
Abb. unten: Bewegungszyklus benachbarter Actin- und Myosinfilamente. Schritt 1: Myosinköpfe werden durch Bindung an ATP aus ihrer Bindung an Actin gelöst. Schritt 2: Myosin-ATPase spaltet ATP zu ADP + P; durch die aufgenommene Energie wird das HMM vorgespannt und oszilliert etwa 10000 mal in der Sekunde hin und her. Actinbindeorte sind durch Tropomyosin/ Troponin blockiert. Schritt 3: Auf nervöse Erregung hin springt eine Erregungswelle vom Myolemm über das T-System auf die Membranen des L-Systems über und setzt Ca^{2+} frei. Bei Erhöhung der Ca^{2+}-Konzentration von 10^{-8} auf etwa 10^{-5} M gibt das Tropomyosin unter Vermittlung des Troponins die HMM-Bindeorte am Actin frei, und das vorgespannte Myosin wird an Actin gebunden (Actomyosin-ATPase; ADP und P werden abgegeben). Schritt 4: Das HMM schnellt in seine energiearme, stark abgeknickte Konfiguration zurück; dabei wird das Actin um einen Betrag von etwa 10 nm am Myosin entlanggezogen (sliding-filament-Mechanismus, Gleitfasermechanismus).

↗ Muskulatur v. Wirbellosen u. Wirbeltieren, ↗ Herzmuskulatur bei Wirbeltieren) od. Bündeln vielkerniger ↗ Muskelfasern (quergestreifte M. der Wirbeltiere) bestehen.
Muskelproteine, Sammelbez. für alle nicht wasserlösl. Proteine v. Muskelzellen, die am Aufbau des kontraktilen Apparates (↗ kontraktile Proteine, ↗ Muskelkontraktion) beteiligt sind. Im wesentl. sind dies das ↗ Myosin (enzymat. spaltbar in 2 Meromyosin-Komponenten), das 80% der kontraktilen Substanz des Muskels ausmacht, das G- und F-↗ Actin, ↗ Para- und ↗ Tropomyosin, ↗ Troponin, α- und β-↗ Actinin, ↗ Desmin und zwei noch nicht genau in ihrer Struktur bekannte Proteine, das C- und das M-Linien-Protein.
Muskelsegmente, die ↗ Myomeren.
Muskelspindeln, bis zu 3 mm lange, v. einer lockeren Bindegewebshülle umgebene Bündel bes. differenzierter, sog. intrafusaler Muskelfasern (↗ Motoneurone) innerhalb v. Skelettmuskeln bei Wirbeltieren u. Mensch. Die M. geben als Dehnungsmeßorgane (↗ Dehnungsrezeptoren) nervöse Signale über den Dehnungszustand u. Kontraktionsverlauf der betreffenden Muskeln an das Zentralnervensystem (vgl. dagegen ↗ Sehnenspindeln) u. können über eine ↗ Reflexbogen-Schaltung Verlauf u. Ende einer ↗ Muskelkontraktion einem vorgegebenen Sollwert anpassen. Die intrafusalen Muskelfasern der M. sind plasmareich. Myofibrillen sind nur jeweils beidseits an den Faserenden ausgebildet, während die Fasern in der Mitte v. einem Gespinst sensibler Nervenendigungen spiralig umsponnen werden, an ihren kontraktilen Enden jedoch über motorische ↗ Endplatten wie die umgebenden extrafusalen Muskelfasern motorisch innerviert sind. Im Verlauf einer Muskelkontraktion werden die intrafusalen Spindelfasern gleichzeitig mit den übrigen Muskelfasern motorisch erregt u. verkürzen sich mit diesen, wobei die sensibel innervierte Mittelzone ungedehnt bleibt. Beim Auftreten einer Kontraktionsdifferenz zw. intra- u. extrafusalen Fasern, etwa durch Erhöhung des äußeren Widerstands gg. die Muskelverkürzung, werden die Spindelfasern in ihrem myofibrillenfreien Mittelbereich gedehnt. Die Erregung der sensiblen Nervenendigungen löst reflektorisch verstärkte

muskel-, muskul- [v. lat. musculus = Mäuschen, übertragen: Muskel].

Muskeltonus

muskel-, muskul- [v. lat. musculus = Mäuschen, übertragen: Muskel].

motorische Signale an den Muskel aus, bis sich nach dessen verstärkter Kontraktion die intrafusalen Fasern wieder entdehnt haben u. ein Gleichgewicht zw. Kontraktions-Soll- und -Meßwert eingestellt ist. In Zusammenarbeit mit den M.n geben in die ↗Sehnen eingebaute Spannungsrezeptoren (Sehnenspindeln) gleichzeitig Meldungen über den Spannungszustand des Muskels an das Zentralnervensystem. ↗Mechanorezeptoren; B mechanische Sinne I.

Muskeltonus m [v. gr. tonos = Spannung], Spannungs-(Kontraktions-)zustand des Muskels (↗Muskelkontraktion). Auch im Ruhezustand werden ständig einzelne motorische Einheiten fast aller Muskeln unwillkürl. nervös gereizt, so daß ein gewisser M. resultiert, der im übrigen v. geistiger Arbeit od. Emotionen abhängig ist.

Muskelzellen ↗Muskeln, ↗Muskulatur.

Muskelzuckung, Antwort des Muskels auf einen einzelnen (elektr.) Reiz (↗Muskelkontraktion); dabei reagiert die einzelne Muskelfaser nach dem ↗Alles-oder-Nichts-Gesetz. Die Dauer der M., die sich aus der Kontraktionszeit u. Erschlaffungszeit zusammensetzt, hängt vom Typ der Muskelfasern ab (etwa 1,5 s bei quergestreiften, bis 600 s bei glatten Muskeln). Jede einzelne Muskelfaser spricht auf den Reiz erst nach einer gewissen *Latenzzeit* (0,004–0,01 s) an und ist nach der M. für die Dauer der *Refraktärzeit* (in der Größenordnung der Latenzzeit) unerregbar. Wird die Reizfrequenz dergestalt erhöht, daß der zweite Reiz vor der vollständ. Erschlaffung der Muskelfaser eintrifft, so überlagern sich die M.en, und die Kontraktionskraft erhöht sich. Diese *Summation* der Einzelzuckungen geht bei noch höherer Reizfrequenz in einen *Tetanus* über, in dem die Faser (od. der Muskel) ständig kontrahiert bleibt. In diesem Zustand sind ständig Ca^{2+}-Ionen (↗Calcium) in der Muskelzelle vorhanden, da die Zeit zw. den Einzelreizen nicht ausreicht, um sie wieder in das Longitudinalsystem des ↗sarkoplasmatischen Reticulums (↗Muskulatur) zurückzupumpen. Da ein Muskel aus mehreren ↗motorischen Einheiten zusammengesetzt ist, deren Einzelfasern auf verschiedene Reizschwellen ansprechen, ist die Kontraktionskraft einer M. des ganzen Muskels (im Ggs. zur Einzelfaser) sehr wohl v. der Reizstärke abhängig. B Nervenzelle I.

Muskulatur, System kontraktiler Zellen bei allen ↗*Eumetazoa*, welches diesen aktive Körperbewegungen (↗Bewegung, ↗Fortbewegung) ermöglicht. Bei ↗Hohltieren (B I) noch aus plurifunktionellen kontraktilen Epithelzellen (Epithelmuskelzellen, ↗Myoepithelzellen) bestehend, bildet die M. bei allen höher organisierten Tieren einen eigenen Gewebetyp (↗Gewebe) aus spindel- od. faserförmigen, seltener verzweigten Zellen, die ontogenet. meist dem ↗Mesoderm entstammen. Sie können sich zu einzelnen Muskelsträngen, räuml. Muskelnetzen, massiven epithelähnl. Muskelschichten (↗Hautmuskelschlauch) od. – namentl. bei Weichtieren, Gliederfüßern u. Wirbeltieren – kompliziert gebauten ↗*Muskeln* als einzelnen Organen des ↗Bewegungsapparates zusammenschließen. M. kann sich aktiv kontrahieren (↗Muskelkontraktion), nie jedoch aktiv dilatieren (Muskelerschlaffung), so daß sie nur im Wechselspiel mit antagonist. wirkenden Zugkräften zu arbeiten vermag, entweder gg. den elast. Binnendruck (↗Hydroske-

Muskelzuckung Die Auslösung der Einzelzuckung an einer quergestreiften Skelettmuskelfaser wird durch einen Nervenimpuls (präsynaptischer Impuls, **a**) eingeleitet, der am Endfuß des Axons den Transmitterstoff *Acetylcholin* freisetzt. Dieser wandert zur postsynaptischen Membran und erzeugt dort ein *Endplattenpotential* (EPP), das einen AoN-Impuls (↗Alles-oder-Nichts-Gesetz) hervorruft (**b**), welcher die Erregung mit hoher Geschwindigkeit über die ganze Muskelfaser verteilt und die *Muskelzuckung* (**c**) auslöst. Die Diagramme **d** und **e** zeigen die Reaktion von schnellen *Zuckmuskeln* und *langsamen Muskeln* bei verschiedenen Impulsfolgefrequenzen.

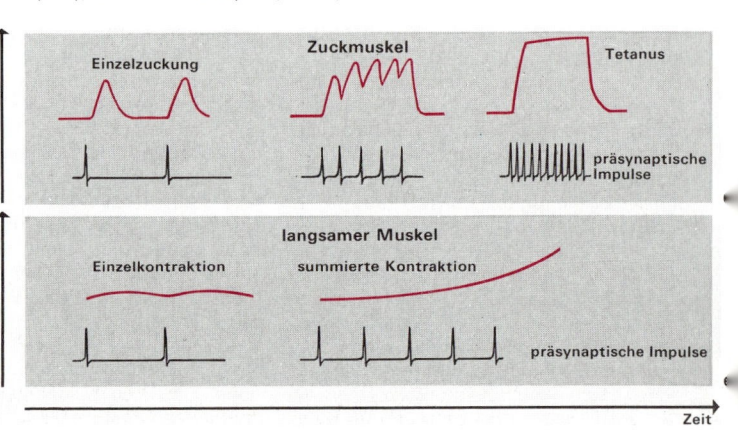

lett, ↗Biomechanik) einer turgeszent flüssigkeitserfüllten Körperhöhle (Hautmuskelschlauch, Myoepithel der Hohltiere) od. als antagonist. Muskelpaare, die an einem ↗Exo- od. ↗Endoskelett ansetzen. Nach ihrer zellulären Struktur unterscheidet man mehrere M.-Typen: Am einfachsten gebaut ist die – bis auf wenige Fälle bei Tieren mit syncytialen Geweben (z. B. Rädertierchen) – gewöhnl. zellulär gegliederte ↗glatte M. (☐). Sie besteht meist aus kleinen (Länge 15–20 µm), spindelförm. und plasmareichen Zellen ohne eine erkennbare Binnenmente) bestehen zw. der ↗schräggestreiften (helikalen od. helikoidalen) M. vieler Wirbelloser u. der ↗quergestreiften M., wie sie vereinzelt bei Wirbellosen (Kinorhyncha, Kamptozoa, Bryozoa u. a.), generell aber als Körper-M. der Gliederfüßer sowie als ↗Skelett- u. ↗Herz-M. der Wirbeltiere ausgebildet ist. Die quergestreifte M. stellt das höchstgeordnete kontraktile System unter allen M.-Typen dar u. vermag sich am raschesten zu kontrahieren bei allerdings geringerem Verkürzungsgrad und i. d. R. geringerer Dauerbelastbarkeit als

MUSKULATUR

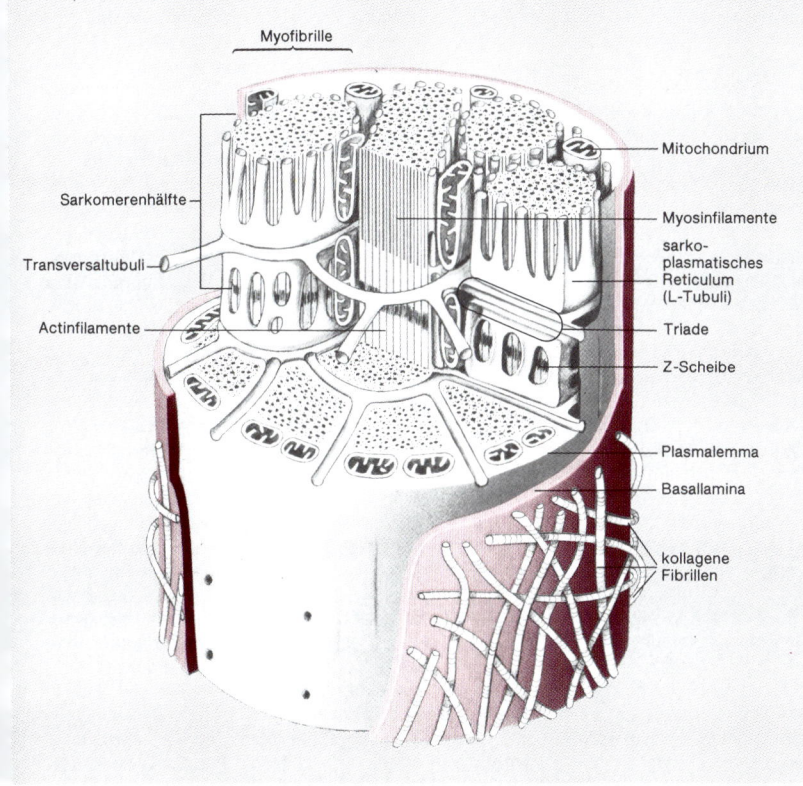

Die *quergestreifte Muskelfaser* ist von dichtgepackten *Myofibrillen* erfüllt, so daß das Plasma und die Mitochondrien auf Spalträume zwischen diesen und vor allem in die Faserperipherie verdrängt sind. Die einzelnen Myofibrillen sind der Länge nach in eine Folge von *Sarkomeren* gegliedert, die jeweils von zwei *Z-Scheiben* begrenzt werden. Diese bestehen aus einem dichten Faserfilz des Proteins α-Actinin. Darin verankerte *Actinfilamente* ragen mit ihren freien Enden beidseits zu den Sarkomerenmitten und überlappen sich dort mit den dickeren *Myosinfilamenten*. Alle Sarkomere einer Muskelfaser sind gleich lang und liegen bei benachbarten Fibrillen im Register. Dadurch erscheint die gesamte quergestreifte Muskelfaser in charakteristischer Weise quergebändert. Jede Myofibrille ist netzartig von Längskanälen des *sarkoplasmatischen Reticulums* (Longitudinal-(L-)-Tubuli; Ca^{2+}-Speicher) umsponnen. Quer zu diesen durchziehen in regelmäßigen Intervallen tubuläre Plasmalemmaeinstülpungen die Faser und bilden das erregungsleitende Netzwerk der *Transversal-(T-)-Tubuli*. An den Berührungsflächen zwischen T- und L-Tubuli sind – meistens in Höhe der Z-Scheiben – Membrankontaktstrukturen, sog. *Triaden*, ausgebildet, die der Erregungsübertragung dienen.

ordnung ihrer subzellulären kontraktilen Elemente. Sie ist bei Wirbellosen weit verbreitet u. findet sich bei Wirbeltieren bes. in den vom vegetativen Nervensystem innervierten u. unwillkürlich arbeitenden Muskelwandungen v. Hohlorganen (Darm, Atemtrakt, Gefäßwände, Uterus, Harntrakt), ebenso im Auge als ↗Ciliar-M. (☐ Akkommodation, [B] Linsenauge) und als ektodermale Haarbalg- (Mm. arrectores pilorum, ↗Haare, ☐) u. Pupillenmuskeln (Sphinkter u. Dilatator pupillae, ↗Iris). In der Uteruswand der Säuger können glatte Muskelzellen eine Länge v. mehreren mm erreichen. – Fließende Übergänge in der Anordnung der kontraktilen Elemente (↗Myofibrillen, ↗Actin- u. ↗Myosinfila-glatte u. helikoidale M. Bei Gliederfüßern u. Wirbeltieren setzt sie sich nicht aus Einzelzellen, sondern aus zelläquivalenten, plasmodialen ↗Muskelfasern zus. Diese entstehen als Verschmelzungsprodukte zahlr. embryonaler Muskelzellen (Myotuben), die jedoch in der Folge erst nach weiteren inneren Kernteilungen zu ihrer endgültigen Größe heranwachsen. Jede dieser spindelförm. Fasern ist v. einem Netzgeflecht v. ↗kollagenen Fasern umhüllt, welche der Zugübertragung auf die ↗Sehnen dienen. Bündel solcher Muskelfasern sind v. gefäßführenden Bindegewebsscheiden (Endomysium) umgeben, zahlr. dieser Primärbündel wiederum durch eine gemeinsame derbe Bindegewebshülle (Perimysium u.

Muskulatur

Muskulatur
Bau und Kontraktion der *glatten Muskelzelle* (schematisch):
In den glatten Muskelzellen liegen die Actinfilamente (a) zwar in kleinen Bündeln parallel ausgerichtet vor, doch verlaufen diese Bündel nicht parallel zueinander. Sie bilden vielmehr, da sie durch ellipsoide Befestigungsplatten (c) miteinander und mit dem Plasmalemma verbunden sind, ein dreidimensionales Netz um das Zentral- oder Endoplasma mit Kern (nicht eingezeichnet). Zwischen den Bündeln v. Actinfilamenten liegen im erschlafften (1) Zustand nur wenige, im kontrahierten (2) Zustand aber bedeutend mehr, im Vergleich zu Skelettmuskelfasern viel kürzere Myosinfilamente (b).
Nach dem zum Teil noch hypothet. Modell des Kontraktionsmechanismus gleiten die Actinfilamente weiter zwischeneinander, wobei sie von den kurzen Myosinfilamenten wie Zahnstangen von einem Zahnrad gegeneinander bewegt werden. Über die Befestigungsplatten wird diese Bewegung auf die ganze Zelle übertragen (2). Die Regulationsmechanismen der Kontraktion sind noch unbekannt.

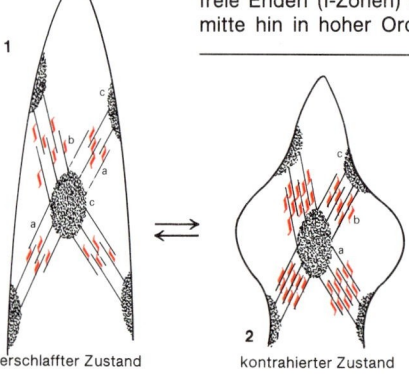

1 erschlaffter Zustand
2 kontrahierter Zustand

↗Faszie) zu einem Muskel zusammengefaßt (Enkapsisbauweise). Die Faszie geht an beiden Enden des Muskels in die zugübertragenden Sehnen über, die den Kontakt zum Skelett herstellen. Der intrazelluläre kontraktile Apparat der quergestreiften Muskelfaser besteht aus Bündeln parallel geordneter u. die Faser in ihrer ganzen Länge durchziehender ↗Myofibrillen (⌀ 1–2 μm), welche in sich eine regelmäßige Querbänderung (Periode je nach Kontraktionszustand 1,5–3,5 μm) aufweisen u. durch ihre exakte Parallelanordnung eine homogene Querstreifung der ganzen Muskelfaser vortäuschen. Plasma u. Kerne werden durch die dichtgepackten intrazellulären Fibrillenbündel auf einen peripheren schmalen Randsaum unter dem Plasmalemm (↗Myolemm) verdrängt. Das ↗endoplasmat. Reticulum (↗sarkoplasmat. Reticulum) der Muskelfasern besteht aus einem Netzwerk überwiegend längsverlaufender Kanäle (*Longitudinal-(L-)System*, Ca^{2+}-Speicher, ↗Calcium), die die einzelnen Myofibrillenbündel umspinnen. Quer zur Faserachse strahlen in der Periode der Querbänderung schlauchförm. Plasmalemmeinstülpungen *(Transversal-(T-)System)* radiär in die Fasern ein u. bilden mit den Röhren des L-Systems ↗gap-junction-artige Kontaktzonen *(Triaden)* aus. Sie dienen der Übertragung nervöser Erregungsimpulse in das Faserinnere. – *Bau der Myofibrillen:* In der Querbänderung der einzelnen Myofibrillen wechseln stärker anfärbbare u. optisch doppelbrechende (anisotrope) Zonen *(↗A-Banden)* mit helleren, einfachbrechenden (isotropen) ↗*I-Banden* ab. Jede I-Zone ist in der Mitte durch eine feine Linie (Z-Scheibe, ↗Z-Streifen) unterbrochen, während in der Mitte jeder A-Bande ein aufgehellter Bereich (H-Zone) erscheint. Jedes Z-Z-Intervall stellt eine kontraktile Einheit *(Sarkomer)* dar, deren Feinstruktur im Elektronenmikroskop erkennbar wird. Die Z-Scheiben bestehen aus einem Filz fädiger Proteinmoleküle (↗α-Actinin, vernetzt durch ↗Desmin). In diesem Geflecht sind beidseits haarnadelförmig gekrümmte ↗Actin-filamente (□) verankert, deren freie Enden (I-Zonen) sich zur Sarkomermitte hin in hoher Ordnung mit dickeren ↗Myosinfilamenten (A-Zone) überlappen, so daß im Querschnittbild jeweils ein Myosinfilament von 6 Actinfilamenten umgeben ist. Zw. Actinen u. Myosinen können elektronenoptisch sichtbare Querbrücken (↗Myosin, HMM-Köpfe) ausgebildet sein. Bei der Kontraktion eines Sarkomers gleiten Actin- u. Myosinfilamente unter ständ. Lösen u. Schließen der Brückenbindungen zwischeneinander (↗Muskelkontraktion), bis die Enden der Myosinfilamente an die Z-Scheiben anstoßen (↗sliding-filament-Mechanismus). Die Summe der Elementarkontraktionen aufeinanderfolgender Sarkomere ergibt die Gesamtkontraktion der Muskelfaser. – Eine Sonderform der quergestreiften M. stellt die ↗*Herz-M.* der Wirbeltiere dar, die zellulär gegliedert ist u. aus verzweigten, selbst erregungsleitenden Zellen besteht. – Die *helikale M.* der Wirbellosen unterscheidet sich im Feinbau v. der quergestreiften M. im wesentlichen dadurch, daß anstelle der Z-Scheiben nur radiär vom Plasmalemm in das Zellinnere ragende Z-Stäbe ausgebildet sind, zw. denen die Filamentenzüge in Schraubenwindungen verlaufen. In diesem Fall kommt es bei der Kontraktion nicht zu einem Stau der Myosinfilamente an den Z-Strukturen, was eine stärkere Verkürzung der einzelnen Zelle erlaubt, wobei allerdings wegen des niedrigeren Ordnungsgrades der kontraktilen Elemente auch die Kontraktionsgeschwindigkeit geringer ist. In der *glatten M.* fehlen erkennbar geordnete Myofibrillen. Actinfilamente u. Myosinmoleküle durchziehen die Zelle als räuml. Netzwerk. Die Verankerungsstrukturen der Actinfilamente bestehen aus über den ganzen Zellkörper verteilten Z-Knoten. Helikale wie glatte M. sind in einkernige Zellen, nie in vielkernige Fasern gegliedert. Eine Sonderform der glatten M. stellen die *Paramyosin-* od. *Sperr-Muskeln* mancher Mollusken, namentl. der Muscheln, dar (↗Muskelkontraktion). P. E.

Musophagidae [Mz.; v. arab. mauzah = Banane, gr. phagos = Fresser], die ↗Turakos.

Mussurana w [v. Tupí über port. muçurana], *Clelia clelia,* bodenbewohnende Trugnatter in Mittel- u. im nördl. S-Amerika; über 2 m lang; mit glatten Schuppen, einfarbig blauschwarz, weißl. Längsband auf der Bauchmitte; verzehrt große und gefährl. Giftschlangen (z. B. Grubenottern), nach Biß – meist hinter dem Kopf – umschlingt sie das Opfer fest mit ihrem gesamten Körper.

Mustangs [Mz.; v. mexikan.-span. mestengo], die Nachfahren v. aus Europa eingeführten Hauspferden, die in den nordam. Prärien verwilderten. Vor 200 Jahren lebten zw. 2 und 4 Mill. M., heute nur noch etwa 20 000, v. a. in den SW-Staaten.

Mustela w [lat., = Wiesel, Marder], *Erd- u. Stinkmarder,* Gatt. der Wieselartigen (*Mu-*

stelinae); hierzu die U.-Gatt. der ↗Wiesel (*M.* i.e.S.), ↗Nerze *(Lutreola)* u. ↗Iltisse *(Putorius).*

Mustelidae [Mz.; v. lat. mustela = Wiesel, Marder], die ↗Marder.

Mustelus *m* [v. lat. mustela = gefleckter Hai], Gatt. der ↗Marderhaie.

Muster *s* [v. it. mostra = Zeigen], gesetzmäßige Anordnung unterschiedl. Teile (M.elemente). Man unterscheidet zeitliche u. räumliche M. Beispiele: zeitl. Abfolge der Elemente einer ↗Gesangs-Strophe beim Vogel od. der Spikes (Zacken) beim ↗Elektrokardiogramm, räuml. Anordnung der Segmente im Körper der Gliederfüßer. In der Ontogenese können zeitliche in räumliche M. übersetzt werden. Beispiel: „Ringel-M." wildfarbiger Säugerhaare (↗M.bildung).

Musterbildung, in der Entwicklungsbiol. grundlegender Vorgang, der ein zuvor einfacheres System in ein komplexer strukturiertes mit gesetzmäßiger räuml. Anordnung seiner Komponenten (↗Muster) übergehen läßt. Beispiel: Untergliederung des ↗Epiblasten während u. nach der Gastrulation in die 3 Keimblätter, die sich dann ihrerseits in Organanlagen untergliedern (Neuralrohr, Epidermis, Chorda, Somiten, Seitenplatten usw.; B Embryonalentwicklung I, Abb. 1b–5b). Die M. schließt jene „Zunahme wahrnehmbarer Mannigfaltigkeit" (W. Roux) ein, die seit der Antike als philosoph. Grundproblem der Ontogenese gesehen wird; sie äußert sich durch selektive Expression verschiedener Anteile des Genoms. Begriffl. kann man die M. unterteilen in *Musterspezifikation* (Entstehung des unsichtbaren ↗Determinationsmusters) u. *Musterrealisation* (Sichtbarwerden des Musters, z. B. durch Pigmentbildung, ↗morphogenetische Bewegungen usw.). Biologische M. kann innerhalb v. Einzelzellen u. in Zellverbänden stattfinden. Bei letzteren empfiehlt sich die begriffl. Unterscheidung zw. Zelldifferenzierung (Auftreten v. Unterschieden gegenüber einem früheren Zustand, ↗Determination 2) u. ↗Diversifizierung (auch räuml. ↗Differenzierung genannt = Verschiedenwerden v. ehemals gleichart. Zellen). Diese Vorgänge müssen bei der M. räumlich u. zeitlich koordiniert ablaufen. Die Fähigkeit zu ihrer Koordination ist das Charakteristikum musterbildender Systeme. Sie läßt sich (wie alle Systemeigenschaften) nicht aus den Eigenschaften der isolierten Komponenten voraussagen; entscheidend sind vielmehr die Regeln für deren Zusammenspiel. Deshalb sind formale Analysen u. Simulation von M.svorgängen im Sinne der ↗Kybernetik od. ↗Synergetik zum Verständnis der M. ebenso unentbehrlich wie zellbiol., biochem. und genet.-molekularbiol. Untersuchungen. – M. ausschließlich anhand der genet. Information, als self-↗assembly v. Molekülen und/oder Zellen, muß als Ausnahmefall gelten. I. d. R. wird die notwend. ↗differentielle Genexpression der Zellen kombinatorisch gesteuert, durch ↗epigenetische Information in Form ungleich verteilter Außenfaktoren od. außerhalb des Zellkerns gelegener Systemkomponenten (im Extremfall als Mosaik ausgebildet, ↗Mosaiktyp); die Gene des Individuums sind dann zwar notwendig, aber nicht hinreichend für die M. Als Außenfaktoren kommen u.a. Licht u. Feuchtigkeit in Betracht. Epigenetisch wirksame Systemkomponenten können strukturelle Polaritäten od. örtlich angereicherte Moleküle im Plasmalemma, ↗Cortex, Cytoplasma (Beispiel: ↗Determinanten in Eizellen) od. im überzelligen System sein. Eine gradientenartige Verteilung solcher Faktoren z. B. entlang einzelner ↗Eiachsen gilt als Möglichkeit zur Festlegung eines Vorzugsbereichs (z. B. ↗Differenzierungszentrum) od. zur Vermittlung v. ↗Positionsinformation; auch hier sind kombinator. Wirkungen denkbar (☐ Induktion). Diese Vorstellungen beruhen jedoch noch weitgehend auf indirekter Evidenz. – Die zur M. führenden Wechselwirkungen im System lassen sich begriffl. als global od. lokal unterscheiden. Über das ganze System ausgedehnte (globale) Wechselwirkungen scheinen v.a. bei den anfängl. Mustervorgängen eine Rolle zu spielen (↗morphogenetisches Feld). Mit zunehmender Komplexität des Musters dürften lokale Wechselwirkungen zw. benachbarten Zellen od. Zellgruppen an Bedeutung gewinnen (↗Zellkommunikation). Die regenerative M. scheint vorwiegend auf örtl. Wechselwirkungen zw. Zellen mit bereits festgelegtem Positionswert zu beruhen (↗Musterkontrolle). – Evolutionsbiol. unterliegen die Mechanismen der M. z. T. anderen Selektionsdrücken als ihr ontogenet. Endprodukt – der funktionsfähige Körper. Daher können homologe Strukturen durch (partiell) verschiedene M.smechanismen entstehen. Sichtbar ist dies z. B. beim Insekten-Keimstreif (↗Kurz- bzw. ↗Langkeimentwicklung, ↗Eitypen) od. bei der Amnionbildung (Spalt- bzw. Faltamnion, ↗Embryonalhüllen). *K. S.*

Musterkontrolle, Summe der Vorgänge, die ein räuml. ↗Muster nach seiner Entstehung (↗Musterbildung) gg. den thermodynam. zu erwartenden Zerfall schützen. Die Kontrollmechanismen können bei gröberen Musterstörungen (z. B. durch Verletzung od. Amputation) zur regenerativen Musterbildung führen.

Mutabilität *w* [v. lat. mutabilitas = Veränderlichkeit], Eigenschaft v. Genen, durch Mutationen veränderbar zu sein; die M. einzelner Gene kann sehr unterschiedl. sein u. wird in ↗Mutationsspektren zusammengefaßt.

Mutabilitätsmodifikatoren [v. lat. mutabilitas = Veränderlichkeit, modificare = um-

Mutagene

muta- [v. lat. mutare = verändern, mutari = sich verändern].

Mutagene

Als M. werden alle Substanzen (chemische M.) sowie Strahlung u. Temperatur (physikalische M.) bezeichnet, die Mutationen auslösen können.
Die *chemischen M.* können z. B. eine Änderung der Nucleotidbasen der DNA bewirken (*desaminierende M.*, z. B. Nitrit; *alkylierende M.*, z. B. Äthylmethansulfonat, Alkylnitrosamine, Aflatoxine; ↗Basenaustauschmutationen, ☐), od. sie können aufgrund ihrer Ähnlichkeit mit den Nucleotidbasen an deren Stelle in die DNA eingebaut werden (z. B. Brom-, Iod- und Fluoruracil; ↗Basenanaloga, ↗Basenaustauschmutationen) u. damit u. U. die genet. Information verfälschen.
Als *physikalische M.* wirken: Ultraviolettstrahlung (Wirkungsmaximum bei 260 nm Wellenlänge, bei der auch die Nucleotidbasen der DNA ihr Absorptionsmaximum aufweisen), Röntgen- und Gammastrahlung, kosmische Strahlung u. erhöhte Temperatur.

formen], *Mutationsmodifikatoren,* Gene, welche die Mutationsrate eines Genotyps erhöhen od. herabsetzen; die meisten M. wirken nicht spezif. auf einzelne Gene, sondern beeinflussen die Mutationsrate sämtl. Gene des Genoms in gleichem Umfang.

Mutagene [Mz.; Bw. *mutagen;* v. *muta-, gr. gennan = erzeugen], Faktoren (Chemikalien, Strahlung u. erhöhte Temp.), die Mutationen auslösen u. dadurch die natürl. Mutationsrate erhöhen (vgl. Spaltentext). M. wirken i. d. R. auch ↗cancerogen (☐ Krebs).

Mutagenese *w* [v. *muta-, gr. genesis = Entstehung], die Entstehung einer Mutation in einem Organismus.

Mutagenität *w* [v. *muta-, gr. gennan = erzeugen], die Fähigkeit v. ↗Mutagenen, in einem Organismus Mutationen zu induzieren bzw. die natürl. Mutationsrate zu erhöhen.

Mutagenitätsprüfung, Untersuchung der ↗Mutagenität; die M. hat an Bedeutung gewonnen, nachdem erkannt wurde, daß mutagene Faktoren auch ↗cancerogen wirken können. Die bekanntesten unter einer ganzen Reihe v. Testverfahren sind der ↗*Ames-Test* u. der ↗*Spot-Test,* die jeweils Genmutationen erfassen. Inzwischen wurden auch Verfahren zum Test auf Chromosomenmutationen entwickelt.

Mutante *w* [v. lat. mutans = verändernd], Individuum od. Stamm, der mindestens ein mutiertes Gen trägt u. dadurch phänotypisch v. „Wildtyp" abweicht. ↗Mangelmutante.

Mutasen [Mz.; v. *muta-], *Phospho-M.,* veraltete Bez. für ↗Isomerasen, welche die intramolekulare Übertragung v. Phosphatgruppen katalysieren.

Mutation [Ztw. *mutieren;* v. lat. mutatio = Veränderung], spontane, d. h. natürlich verursachte, od. durch ↗*Mutagene* induzierte Veränderung des Erbguts (Veränderung der ↗Basensequenz), die sich i. d. R. phänotypisch (z. B. in Form einer „Degeneration") manifestiert. Cytologisch lassen sich M.en in 3 Gruppen einteilen: Genom-M.en, Chromosomen-M.en und Gen- od. Punkt-M.en. *Genom-M.en* (numerische ↗Chromosomenanomalien) sind charakterisiert durch eine Veränderung der Gesamtchromosomenzahl eines Zellkerns als Folge einer Polyploidisierung, Haploidisierung od. eines Non-disjunction während Meiose od. Mitose. Zu den Genom-M.en zählen ↗Aneuploidie, ↗Euploidie, die wiederum in ↗Autopolyploidie, ↗Allopolyploidie (bei Pflanzen von bes. Bedeutung) u. ↗Haploidie unterteilt wird, sowie ↗Endopolyploidie u. ↗Mosaik-Bildung. Bei *Chromosomen-M.en* (↗Chromosomenaberrationen; strukturelle ↗Chromosomenanomalien) kommt es zu Veränderungen der ↗Chromosomen-Struktur durch Deletion, Duplikation, Inversion od. Translokation (☐ Chromosomenaberrationen). Im Fall der *Gen-M.* bleiben die Veränderungen des Erbguts auf einen bestimmten Abschnitt eines ↗Gens beschränkt. Zu den Gen-M.en zählen ↗Basenaustausch-M.en (☐), die durch ↗Basenanaloga, desaminierende Agenzien, durch ↗alkylierende Substanzen od. fehlerhaftes „proofreading" der ↗DNA-Polymerasen induziert werden können, sowie ↗Insertionen (z. B. auch von ↗transponierbaren Elementen) und Deletionen, die nur wenige Basenpaare umfassen. Bei Protein-codierenden Genen (↗Ein-Gen-ein-Enzym-Hypothese, B) wird durch Insertionen u. Deletionen das Leseraster der ↗Translation verändert, sofern nicht ein DNA-Fragment inseriert bzw. deletiert wird, das 3 od. ein ganzzahl. Vielfaches v. 3 Basenpaaren enthält. Punkt-M.en können durch echte *Rück-M.en* (Wiederherstellung des urspr. Zustands im betreffenden Genlocus) wieder rückgängig gemacht werden (genotypisch u. phänotypisch). Ihre phänotyp. Wirkung kann aber auch durch kompensierende M.en (M.en an einem anderen Ort im Genom), wie ↗Restaurierung u. ↗Suppression, unterdrückt werden. Zwischen Gen- u. Chromosomen-M.en (früher auch als *Klein-* bzw. *Groß-M.en* bezeichnet) bestehen außer der cytolog. Erkennbarkeit keine prinzipiellen Unterschiede. Vielmehr sind zw. bestimmten Punkt-M.en u. kleinen Deletionen/Insertionen u. den ab etwa 50 kb (kb = Kilobasen = 1000 Basen) cytolog. erkennbaren Chromosomen-M.en alle Übergänge möglich. – Die spontane *M.srate* (*M.shäufigkeit:* Anteil der in einem Generationszyklus neu mutierten Zellen – häufig auf einzelne Gene bezogen) liegt bei $10^{-5} - 10^{-9}$. Dieser niedrige Wert ist eine Folge der effizienten *M.sreparatur* (↗DNA-Reparatur, ☐) unter natürl. Bedingungen. Durch Mutagene (Chemikalien, Strahlung od. Temp.) kann die M.srate erhebl. gesteigert werden. Dabei sind die M.en nicht gleichmäßig auf das Genom verteilt, sondern häufen sich an bestimmten Stellen im Genom (↗*hot spots*). – Das Auftreten von M.en ist v. entscheidender Bedeutung für die ↗Evolution der Lebewesen. Unter ↗Selektions-Bedingungen können bestimmte M.en ihren Trägern einen

---

Mutation

Mutationsraten (in Klammern) bei einigen Krankheiten:

Dominante Mutationen
Chondrodysplasie ($1,3 \cdot 10^{-5}$)
Aniridie ($0,26 \cdot 10^{-6}$)
Retinoblastom ($6-7 \cdot 10^{-6}$)
Neurofibromatose ($1 \cdot 10^{-4}$)

Marfan-Syndrom ($4,2-5,8 \cdot 10^{-6}$)
Osteogenesis imperfecta ($0,7 \cdot 10^{-5}$)
Akrocephalosyndaktylie ($4 \cdot 10^{-6}$)
Cystennieren ($6,5-12 \cdot 10^{-5}$)

X-chromosomal rezessive Mutationen
Hämophilie A Hamburg ($4,1-5,7 \cdot 10^{-5}$)

Finnland ($3,2 \cdot 10^{-5}$)
Hämophilie B Hamburg ($0,3 \cdot 10^{-5}$)
Finnland ($0,2 \cdot 10^{-5}$)
X-chromosomale Muskeldystrophie Südbaden ($3,2-4,0 \cdot 10^{-5}$)
Nordirland ($5,5 \cdot 10^{-5}$)
Utah ($9,5 \cdot 10^{-5}$)

MUTATION

Genommutation

A, B und D symbolisieren haploide Chromosomensätze zu je sieben Chromosomen. Die *Evolution des Weizens* beginnt mit dem Wildeinkorn *Triticum boeoticum* (AA). Aus ihm entstand einerseits das Kultureinkorn, anderseits durch Einkreuzen der Wildgräser *Aegilops speltoides* (BB) und *Aegilops squarrosa* (DD) über den Wild- und den Kulturemmer schließlich der Kulturweizen *Triticum aestivum* (AABBDD). Die Evolution verläuft unter Polyploidisierung der beim Einkreuzen der Wildgräser erhaltenen sterilen Artbastarde (AB und ABD) von diploiden (AA, BB, DD) über allotetraploide (AABB) zu allohexaploiden (AABBDD) Formen.

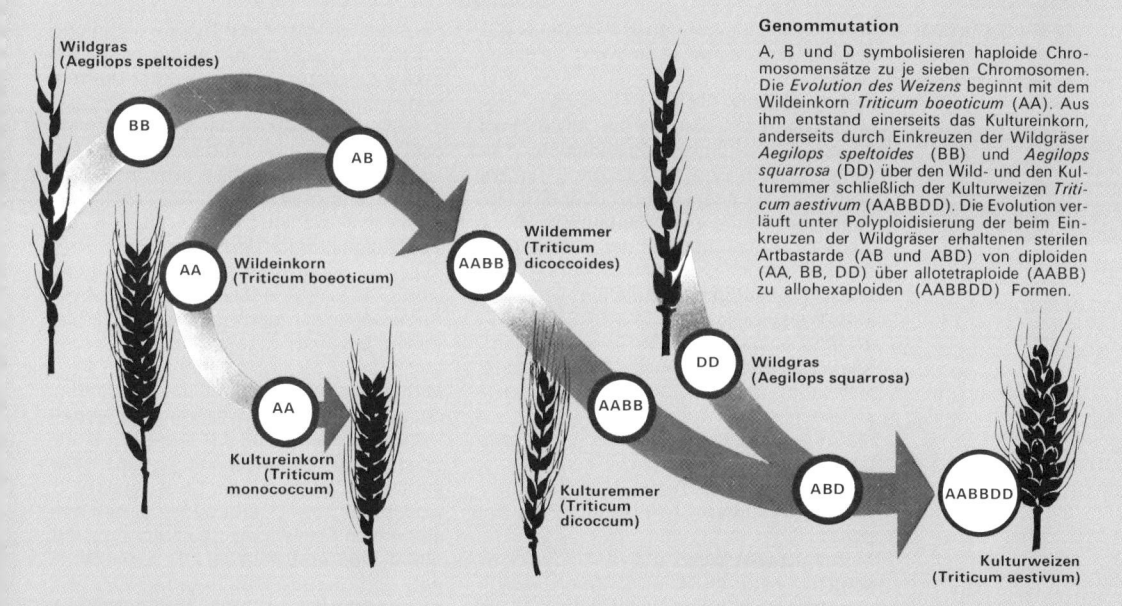

Wildgras (Aegilops speltoides) — BB
Wildeinkorn (Triticum boeoticum) — AA
AB
Kultureinkorn (Triticum monococcum) — AA
Wildemmer (Triticum dicoccoides) — AABB
Kulturemmer (Triticum dicoccum) — AABB
Wildgras (Aegilops squarrosa) — DD
ABD
Kulturweizen (Triticum aestivum) — AABBDD

Chromosomenmutation

Bei Chromosomenmutationen unterscheidet man die vier Typen: *Deletion, Duplikation, Inversion* und *Translokation*. In jeder Gruppe gibt es wieder verschiedene Möglichkeiten.

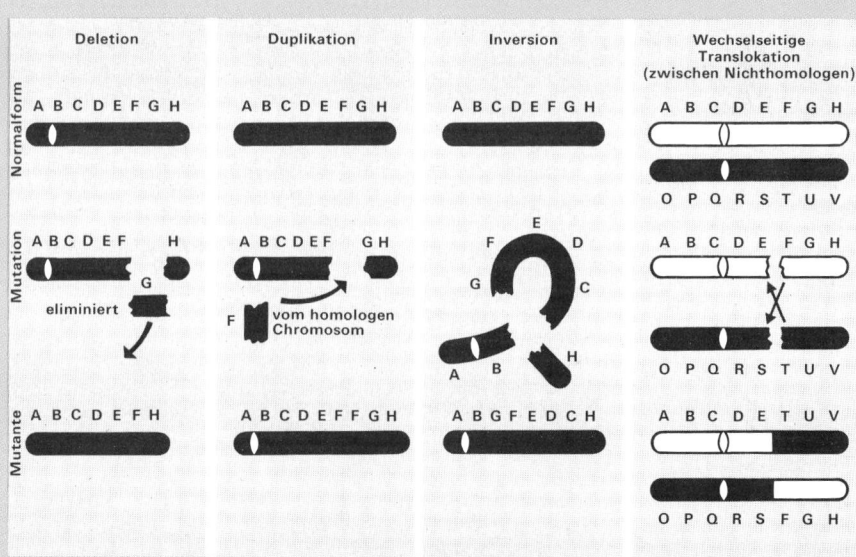

Deletion | **Duplikation** | **Inversion** | **Wechselseitige Translokation (zwischen Nichthomologen)**

Normalform: A B C D E F G H

Mutation:
- Deletion: A B C D E F H, G eliminiert
- Duplikation: A B C D E F G H, F vom homologen Chromosom
- Inversion: F E D G C, A B H
- Translokation: A B C D E F G H / O P Q R S T U V

Mutante:
- A B C D E F H
- A B C D E F F G H
- A B G F E D C H
- A B C D E T U V / O P Q R S F G H

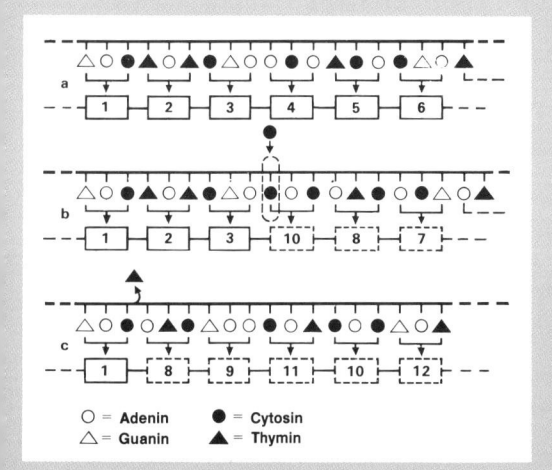

Genmutation

Die Abbildung zeigt zwei Austauschtypen in der Basensequenz der DNA, die zu Genmutationen führen können *(Reading frame mutations)*.

a) Normale Basensequenz der DNA (nur einer der beiden komplementären Stränge ist notiert), die über die Synthese von m-RNA (nicht aufgeführt) eine Aminosäuresequenz kontrolliert; die Aminosäuren sind mit 1, 2, 3 usw. symbolisiert, jede wird von drei Basenpaaren (Codon) kontrolliert.

b) *Insertion* (Neueinfügung) einer Base (Cytosin); Folgen: mutierte Basensequenz durch Rasterverschiebung von der Position der eingefügten Base an nach rechts → abgeänderte Aminosäuresequenz von derselben Position an → funktionsloses Protein.

c) *Deletion* (Entfernung) einer Base (Thymin); gleiche Folgen wie bei der Insertion (b).

○ = Adenin   ● = Cytosin
△ = Guanin   ▲ = Thymin

Mutationsdruck

mutations- [v. lat. mutatio = Veränderung].

Vorteil gegenüber solchen Individuen verschaffen, die diese M.en nicht besitzen. B 75. *G. St.*

Mutationsdruck, die auf unterschiedl. Mutationsraten (↗Mutation) der Allele eines Gens zurückzuführende Zunahme der ↗Allelhäufigkeit in einer Population. Steigt die Häufigkeit des Allels A gegenüber der Häufigkeit des Allels a, so besteht ein M. für das Allel A. Dem M. wirkt der ↗Selektionsdruck entgegen. ↗Evolutionsfaktoren.

Mutationshäufigkeit ↗Mutation.

Mutationsisoallele [Mz.; v. *mutations-, gr. isos = gleich, allēlōs = gegenseitig], Allele, die genetisch ähnl. Wirkung haben, sich aber in ihrer Mutationsrate unterscheiden.

Mutationsmodifikatoren, die ↗Mutabilitätsmodifikatoren.

Mutationsrate ↗Mutation.

Mutationsreparatur ↗Mutation, ↗DNA-Reparatur (☐).

Mutationsspektrum s [v. *mutations-, spätlat. spectrum = Bild, Erscheinung], die Verteilung unterschiedl. hoher Mutationshäufigkeiten (↗hot spots) auf dem Genom od. innerhalb einzelner Gene bzw. Gengruppen eines Organismus; das M. ist für verschiedene Mutagene unterschiedlich.

Mutationstheorie, auf de Vries (1901, 1903) zurückgehende Evolutionstheorie. Sie beruht auf zwei falschen Grundannahmen: 1. Es gibt zwei voneinander völlig unabhängige Formen der Variation, die kontinuierliche od. individuelle Variation u. die diskontinuierliche od. Mutationsvariation. 2. Der überwiegende Anteil der individuellen Variation ist nicht erblich. – Die M. hat die wiss. Diskussion über die ↗Evolution der Arten belastet. Die auf der Grundlage der M. argumentierenden Mendelisten glaubten, daß die M. die Theorie der geogr. ↗Artbildung ersetzt hätte. Sie leugneten die evolutionsbiol. Bedeutung der Umweltbedingungen u. glaubten an die „Allkraft" der Makromutationen bei der Entstehung der Arten (↗additive Typogenese). Die Artentstehung u. jede andere evolutive Änderung beruht nach der M. auf einer diskontinuierlichen genet. Änderung. Die ↗Selektion ist nach der M. nur für die Elimination v. nachteiligen Mutationen verantwortl. Die M. erklärt alle evolutiven Änderungen nur durch das Wirken v. Mutationen. Sie wird heute als typolog. Theorie abgelehnt.

Mutationszüchtung, Züchtungsverfahren, dessen Prinzip die Erweiterung der genet. Variabilität durch künstl. induzierte ↗Mutationen u. die nachfolgende, an einem bestimmten Zuchtziel orientierte Auslese u. weitere züchter. Bearbeitung der neu entstandenen Genotypen (Mutanten) ist. Die Mutationen werden dabei z. B. durch Röntgen- od. Neutronenstrahlen, Kälte- od. Wärmeschocks od. chem. Mutagene (z. B. ↗Äthylmethansulfonat) ausgelöst, denen in der ↗Pflanzenzüchtung bei Pflanzen, die sich generativ vermehren, die Samen od. Pollen ausgesetzt werden. Die meisten Mutationen sind rezessiv u. manifestieren sich in der 2. Generation nach der Behandlung, in der dann die Auslese (↗Auslesezüchtung) der für die Weiterzüchtung (z. B. Kombination mit bereits vorhandenen Genotypen, ↗Kreuzungszüchtung) geeigneten Mutanten beginnt. Bei der Nutzung v. Mutationen im somat. Gewebe sich vegetativ vermehrender Pflanzen werden die Organe den Mutagenen ausgesetzt, durch die die Vermehrung erfolgt (z. B. Steckreiser od. Knollen). Die Ausbeute an Mutanten mit positivem Zuchtwert ist, insgesamt

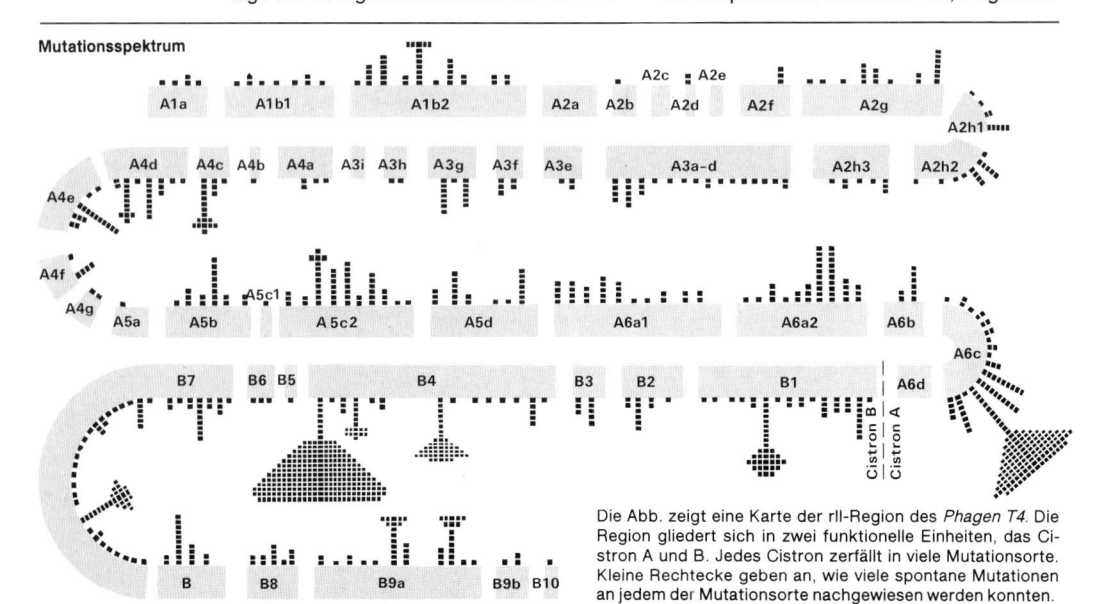

Die Abb. zeigt eine Karte der rII-Region des *Phagen T4*. Die Region gliedert sich in zwei funktionelle Einheiten, das Cistron A und B. Jedes Cistron zerfällt in viele Mutationsorte. Kleine Rechtecke geben an, wie viele spontane Mutationen an jedem der Mutationsorte nachgewiesen werden konnten.

gesehen, nur sehr gering. Im Rahmen der M. sind sowohl Genmutationen als auch Chromosomenmutationen u. Genommutationen (↗Mutation) v. Bedeutung. Nach Herstellung v. Mutantensortimenten v. ↗Kulturpflanzen (in entspr. Instituten existieren z. B. 7000 Reismutanten, 1800 Tomatenmutanten) mit verschiedenen *Genmutationen* können z. B. durch Kreuzung entsprechender Mutanten (↗Kreuzungszüchtung) Sorten gewonnen werden, bei denen eine günstige genet. Gesamtkonstitution (z. B. hoher Ertrag) mit aktuellen Zuchtzielen (z. B. Resistenz gg. Krankheiten, Frühreife) kombiniert ist (z. B. mehltauresistente Gerste, bitterstoffarme Lupinen). Sehr erfolgreich ist die M. bei industriell genutzten niederen Pflanzen. So existiert z. B. eine *Claviceps-purpurea*-Mutante (↗Mutterkornpilze) mit erhöhten Syntheserate für pharmazeut. verwertbare ↗Mutterkornalkaloide. Wegen der einfachen Kultur u. des schnellen Generationswechsels können viele Organismen den Mutagenen ausgesetzt werden, u. es entstehen entspr. viele Mutanten, so daß die Wahrscheinlichkeit, nutzbare Mutanten zu erhalten, hoch ist. Unter den *Chromosomenmutationen* finden z. B. Translokationen züchter. Verwendung. So wird z. B. eine Gersten-Mutante genutzt, deren Nachkommen aufgrund einer induzierten Translokation auf einem zusätzl. Chromosom pollensterile Pflanzen mit weißen Spelzen od. pollenfertile mit schwarzen Spelzen sind, so daß die Erhaltung pollensteriler Linien für die ↗Hybridzüchtung vereinfacht ist. Züchterisch genutzte *Genommutationen* sind z. B. künstl. induzierte ↗Autopolyploidie zur Gewinnung v. Pflanzen mit ↗Gigaswuchs (sinnvoll bei Pflanzen, deren vegetativer Teil genutzt wird, z. B. bei Futterpflanzen wie Klee) od. künstl. induzierte ↗Allopolyploidie zur Wiederherstellung der Fertilität v. Interspezies-↗Hybriden (= *Polyploidiezüchtung*). In der Haustierzucht (↗Haustierwerdung) wird wegen der geringen Reproduktionsrate, des großen Generationsintervalls u. der größeren Häufigkeit v. Letalmutationen bei Tieren kaum mit dem Zuchtverfahren der M. gearbeitet. D. W.

Mutatorgen s [v. lat. *mutator* = Veränderer, gr. *gennan* = erzeugen], *Mutator,* Gen, das die Mutationsrate anderer Gene, aber nicht unbedingt aller Gene des Genoms in verschieden starkem Ausmaß erhöhen kann. Das Enzym DNA-Polymerase, das an der Replikation u. Reparatur v. DNA beteiligt ist, sowie Enzyme, die den Ein-, Aus- u. Umbau v. transponierbaren Elementen steuern (z. B. ↗Insertionselemente), sind als Produkte von M.en bekannt.

Mutatormutanten [Mz.], selten vorkommende Organismen mit sehr hoher spontaner Mutationsrate; tragen i. d. R. Mutationen in ↗Mutatorgenen.

Mutelidae [Mz.], Fam. der *Schizodonta* mit 4 Gatt., afr. Süßwassermuscheln mit glänzender Oberfläche, innen perlmuttrig; getrenntgeschlechtlich, larvipar, mit Brutraum an Innenkiemen; entwickeln sich über „Lasidien", die an Fischen parasitieren.

Mutillidae [Mz.; v. lat. *mutilus* = verstümmelt], die ↗Spinnenameisen.

Mutinus m [lat., = Penis], die ↗Hundsrute.

Mutisia w [ben. nach dem span. Botaniker J. B. Mútis, 1732–1808], Gatt. der ↗Korbblütler.

Muton s [v. lat. *mutare* = verändern], nur noch wenig gebräuchliche Bez. für die kleinste Einheit des Erbmaterials, dessen Veränderung eine ↗Mutation darstellt; das M. entspricht 1 Nucleotid.

Mutterboden, humushaltiger ↗Oberboden, A_h-Horizont; ↗A-Horizont, □ Bodenprofil.

Muttergang, der bei der Brutfürsorge der ↗Borkenkäfer (□) vom Weibchen angelegte Bohrgang unter der Rinde, in dem seitl. Eier abgelegt werden.

Mutter-Kind-Bindung, Bez. für die bes. enge gegenseit. ↗Bindung, die durch die Elternbindung des Jungtiers (bzw. Kindes, s. u.) an die Mutter u. die entspr. Jungenbindung der Mutter zustande kommt. Eine ausgeprägte M. ist für viele polygame Säugetiere typisch; z. B. kennen junge Seelöwen ihre Mütter u. warten auf sie an Land, während diese im Meer fischen. Umgekehrt säugt jede Mutter nur ihr eigenes Junges u. lehnt alle anderen ab. Eine ähnliche M., aber unter ständigem räuml. Kontakt, gibt es bei Huftieren wie Pferden u. Ziegen. Bei ihnen wurde bewiesen, daß die Bindung der Mutter durch eine ↗Prägung unmittelbar nach der Geburt zustande kommt, während der Lernprozeß beim Jungtier länger dauert, aber ebenfalls prägungsähnl. Züge hat. Bei den Primaten spielt die M. der langen Entwicklungszeit des Jungen wegen eine bes. große Rolle; dazu kommt, daß der Kontakt zw. Mutter u. Kind bei den meisten Affen bes. eng ist, da das Junge getragen wird (Tragling). Die M. bildet bei den Primaten die Grundlage von obligator. sozialen Lernprozessen, wie Deprivationsexperimente gezeigt haben (↗Deprivationssyndrom). – Auch das menschl. Kind entwickelt sich, obwohl es nicht mehr ständig getragen wird, aufgrund einer ähnl. starken M. Diese Bindung steht im Mittelpunkt humanpsycholog. Forschungen zur Kindesentwicklung. ↗Jugendentwicklung.

Mutterkorn ↗Mutterkornpilze.

Mutterkornalkaloide, *Clavicepsalkaloide, Ergotalkaloide, Ergolinalkaloide, Secalealkaloide,* v. dem auf Roggen u. anderen Gramineen parasitären Pilz *Claviceps purpurea* (↗Mutterkornpilze) gebildete u. in bes. hoher Konzentration in dessen Dauerformen (Sklerotien), die als *Mutterkorn*

Mutterkornalkaloide

Ergolin (Grundgerüst der Mutterkornalkaloide)

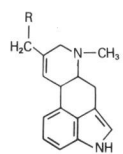

Clavinalkaloide
Agroclavin: R = H
Elymoclavin: R = OH

Lysergsäurealkaloide

Säureamidalkaloide:
Ergin: R = H
Ergometrin (Ergobasin):
R = CH—CH$_2$—OH
        |
        CH$_3$

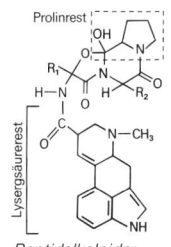

Prolinrest
Lysergsäurerest

Peptidalkaloide:
Ergotamingruppe:
Ergotamin:
R$_1$ = —CH$_3$
R$_2$ = —CH$_2$—⌬

Ergosin:
R$_1$ = —CH$_3$
R$_2$ = —CH$_2$—CH$\genfrac{}{}{0pt}{}{CH_3}{CH_3}$

Ergotoxingruppe:
Ergocristin:
R$_1$ = —CH$\genfrac{}{}{0pt}{}{CH_3}{CH_3}$
R$_2$ = —CH$_2$—⌬

Ergocryptin:
R$_1$ = —CH$\genfrac{}{}{0pt}{}{CH_3}{CH_3}$
R$_2$ = —CH$_2$—CH$\genfrac{}{}{0pt}{}{CH_3}{CH_3}$

Ergocornin:
R$_1$ = —CH$\genfrac{}{}{0pt}{}{CH_3}{CH_3}$
R$_2$ = —CH$\genfrac{}{}{0pt}{}{CH_3}{CH_3}$

Mutterkornpilze (Secale cornutum, frz. ergot) bezeichnet werden, vorkommende Gruppe v. über 30 ↗Indol-Alkaloiden. Früher führte der Genuß v. mutterkornhaltigem Getreidemehl zu schweren Vergiftungen (*Ergotismus*, Brandseuche, ignis sacer, St.-Antonius-Feuer), die sich durch schmerzhafte, spast. Kontraktionen der Muskeln u. Gefäße, Pelzigkeitsgefühl u. Kribbeln der Haut sowie Gangrän u. Absterben v. Gliedmaßen äußerten. Vom gemeinsamen Grundgerüst des *Ergolins* leiten sich zwei Gruppen von M.n ab: die *Lysergsäurealkaloide* u. die *Clavinalkaloide*. Bei den Lysergsäurealkaloiden ist die Carboxylgruppe der ↗Lysergsäure entweder amidartig mit NH_3, 2-Aminoäthanol od. 2-Aminopropanol verknüpft (Säureamidalkaloide, z. B. *Ergin* u. *Ergometrin* = *Ergobasin*) od. mit einem cycl. Tripeptid verbunden (Peptidalkaloide). Am Aufbau des Tripeptids ist stets Prolin beteiligt. Bei der *Ergotamingruppe* (z. B. *Ergotamin* u. *Ergosin*) treten zusätzl. α-Hydroxyalanin, Phenylalanin u. Leucin, bei der *Ergotoxingruppe* (z. B. *Ergocristin*, *Ergocryptin* u. *Ergocornin*) zusätzl. α-Hydroxyvalin, Phenylalanin, Leucin u. Valin auf. Die Carboxylgruppe der Lysergsäure ist entweder mit Alanin (Ergotamintyp) od. Valin (Ergotoxintyp) verknüpft. Bei den Clavinalkaloiden (z. B. *Agroclavin*, *Elymoclavin*, *Penniclavin* u. *Chanoclavin*) ist die Carboxylgruppe der Lysergsäure durch eine Hydroxymethylod. Methylgruppe ersetzt. – Die Gewinnung der M. erfolgt aus Wildvorkommen oder künstl. parasit. oder saprophyt. Kulturen v. *Claviceps purpurea*, wobei jedoch nur die Lysergsäurealkaloide v. therapeut. Bedeutung sind (↗Mutationszüchtung). Ergometrin wird als Wehenmittel zur Einleitung der Geburt verwendet, da es rhythm. Kontraktionen des Uterus erzeugt (die wehenfördernde Wirkung der M. war bereits im MA bekannt). Ergotamin u. Ergotoxin dagegen rufen Dauerkontraktionen hervor u. sind daher nur zur Blutstillung nach der Geburt geeignet. Außerdem kommt den Peptidalkaloiden unter den M.n eine sympathikolyt. Wirkung zu. Sie hemmen sowohl die Adrenalin- als auch die Noradrenalin- u. Serotoninwirkung u. werden u. a. bei Basedow-Krankheit, Tachykardie, Migräne, Hypertonie und Durchblutungsstörungen angewandt. ☐ 77.

Mutterkornpilze, Schlauchpilze der Gatt. *Claviceps* (Ord. *Clavicipitales*); entwickeln wie die Arten der Gatt. ↗ *Epichloë* u. *Cordyceps* (↗Kernkeulen), die zur selben Ord. gehören, Perithecien im fleischigen, gestielten hutförm. Stroma; die schmalen, inoperculaten Asci besitzen einen verdickten Ringwulst im Scheitel; die Ascosporen sind fadenförmig u. zerfallen oft in kurze Segmente. Vertreter der *Clavicipitales* parasitieren auf Pflanzen (z. B. *Claviceps*, *Epichloë*) od. Insekten (*Cordyceps*); mit

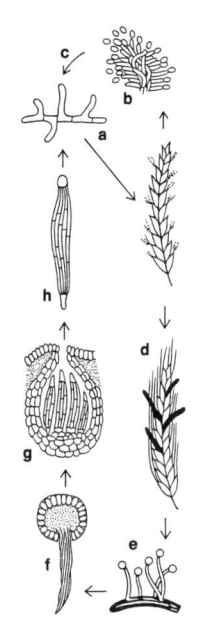

Entwicklung der Mutterkornpilze

Ascosporen gelangen im Frühjahr an Narben v. Roggen sowie v. Wildgräsern u. keimen. Es bilden sich Hyphen (**a**), die in den Fruchtknoten eindringen, ihn unter Zerstörung des Gewebes durchwuchern u. in eine dichte Mycelmasse umwandeln. Am Mycel entstehen nach kurzer Zeit Konidien in großen Massen (**b**). Gleichzeitig wird eine süße Flüssigkeit (Honigtau) zum Anlocken v. Insekten ausgeschieden, die die äußerlich haftenden Konidien auf andere Blüten übertragen, wo diese keimen u. Infektionshyphen bilden (**c**). Aus dem Mycel wächst später, wenn die nicht befallenen Fruchtknoten zu Samen reifen, ein Pilzmycel in die Länge u. bildet ein weit aus der Ähre ragendes, hornart., dunkelpurpurfarbiges, pseudoparenchymat. Sklerotium, das *Mutterkorn* (beim Roggen bis 4 cm lang, **d**). Die zur Erntezeit auf den Boden fallenden od. mit ungereinigtem Saatgut ausgesäten Sklerotien keimen im folgenden Frühjahr mit zahlr. gestielten, köpfchenförm., purpur bis violett gefärbten Stromata aus (**e**). In jedem Stromaköpfchen (**f**) entstehen viele flaschenförm., eingesenkte Perithecien (**g**), deren Bildung durch Kopulation zw. mehrkernigem Ascogon u. Antheridien eingeleitet wird. Aus den paarkernigen, ascogenen Hyphen entwickeln sich lange, dünne, diploide Asci (**h**), in denen durch Reduktionsteilung die fädigen Ascosporen gebildet werden.

Mutterkornpilze
Mutterkorn an Roggen

dieser Ord. sind die Ord. *Orthropales* u. *Graphidales* der Flechtenpilze nahe verwandt. – Wichtigste Art der M. ist *Claviceps purpurea*, der eigtl. Mutterkornpilz; er lebt als fakultativer Parasit auf Wildgräsern u. Getreide, bes. Roggen, gelegentl. epidemieartig. Im Spätsommer u. Herbst bildet der Pilz in den Ähren das *Mutterkorn*, ein hornartig gebogenes Sklerotium (= *Secale cornutum*), das eine Reihe toxischer Alkaloide enthält (↗Mutterkornalkaloide). Durch den Verzehr mutterkornhalt. Getreides traten in früheren Jhh. schwerste bis tödl. Erkrankungen auf. In der Humanmedizin finden die toxischen Stoffe der M. als wehenfördernde Mittel Anwendung; kommerziell werden die M. auf künstl. infiziertem Roggen gezüchtet. Vorstufen der Alkaloide werden auch aus Mycelien v. *Claviceps*-Arten extrahiert, die in Fermentern kultiviert wurden; die gewünschten Verbindungen lassen sich durch chem. Modifikationen erhalten. Weltweit sind ca. 30 *Claviceps*-Arten beschrieben. B Pilze I.

Mutterkraut, *Chrysanthemum parthenium*, ↗Wucherblume.

Mutterkuchen, die ↗Placenta.

mütterliche Vererbung, die ↗maternale Vererbung.

Muttermilch, Brustmilch, Frauenmilch, ↗Milch, ↗Kolostrum.

Mutterpflanze, in der Pflanzenzucht Ausgangspflanze bei ungeschlechtl. Vermehrung. B asexuelle Fortpflanzung I.

Mutterwurz, Alpen-M., *Ligusticum mutellina*, Doldenblütler-Art; 10–20 m hoch; würzig duftend; Blätter 3fach gefiedert; Blüten weiß od. rosa; gute Futterpflanze; in alpinen Magerweiden u. auf Schneeböden.

Mutualismus *m* [v. lat. mutuus = gegenseitig], *mutualistische Symbiose*, Bez. für eine Wechselbeziehung zw. artverschiedenen Organismen, bei der (im Ggs. zur Konkurrenz oder Räuber/Beute-Beziehung) *beide* Partner aus Strukturen, Produkten od. Verhaltensweisen Nutzen ziehen; oft (v. a. in der am. Lit.: *mutualism*) synonym für ↗Symbiose i. e. S. gebraucht. Einige Autoren unterscheiden zw. symbiont. M. (wenn beide Partner zusammenleben) u. nichtsymbiont. M. (z. B. ↗Zoogamie, ↗Zoochorie).

Mützenlorcheln, *Gyromitroideae,* U.-Fam. der Echten Lorcheln *(Helvellales)* mit wenigen Arten. In Nadelwäldern, auf Sandböden u. Kahlschlägen wächst v. März bis Mai die einzige gift. Lorchel, *Gyromitra esculenta* Fr. (Frühjahrs- od. Giftlorchel, irreführend auch „Speiselorchel" od. fälschlicherweise Rund- od. Stockmorchel gen.); sie besitzt einen rot- bis kaffeebraunen, wulstigen, gehirnartig gewundenen Hut (2–10 cm) u. einen hellen Stiel (3–6 cm); Geruch u. Geschmack sind angenehm, doch ist der Pilz roh u. gekocht stark giftig; die Annahme, daß das Gift *(Gyromitrin)* durch Trocknen u. längeres Lagern verschwindet, ist umstritten (vgl. Spaltentext). Die eßbare Bischofsmütze (*G. infula* Fr.) besitzt einen leicht welligen, sattelförmig eingetieften Hut, der in 2–4 aufwärtsgebogenen, später auslaufenden Lappen ausgezogen ist (Name!); sie wächst an mulmigen Holzresten (z. B. Baumstümpfen). [B] Pilze IV.

Mützenquallen, *Nuda,* ältere Bez. für die ↗Atentaculata.

Mützenrobbe, die ↗Klappmütze.

Mützenschnecken, 1) ↗Fluß-M., 2) die ↗Kappenschnecken.

Mya w [gr., = Miesmuschel], Gatt. der Sandklaffmuscheln mit 5 Arten in nördl. Meeren; graben sich ein u. stellen mit langen, verwachsenen Siphonen eine Verbindung zur Sedimentoberfläche her. Linke Klappe innen mit löffelförm. Fortsatz; Mantellinie tief gebuchtet. 2 Arten in der Nordsee: *M. arenaria* (hinten spitz zulaufend, 12 cm lang) u. *M. truncata* (hinten abgestutzt, 7 cm). [B] Muscheln.

Myasthenie w [v. gr. mys = Muskel, astheneia = Schwäche], *Myasthenia,* 1) krankhafte Muskelschwäche. 2) *Myasthenia gravis pseudoparalytica,* Muskelerkrankung vorwiegend der Extremitäten- u. Gesichtsmuskeln, die durch rasche Ermüdung u. Lähmungen der Muskeln nach zunehmender Belastung gekennzeichnet ist; nach Ruhe tritt rasche Erholung ein. Als Ursache wird eine Hemmung des Acetylcholins od. ein Abbau an der motorischen Endplatte vermutet. Ein Überschuß an Acetylcholin-Esterase ist beschrieben. Häufig ist die M. mit Thymustumoren assoziiert. Vermutl. gehört die M. in den Kreis der ↗Autoimmunkrankheiten u. steht mit thymusabhängigen Reaktionen im Zshg. Die Erkrankung tritt zw. dem 10. und 50.

myc-, myk- [v. gr. mykēs, Mz. mykētes = Pilz].

Mützenlorcheln

Die Frühjahrslorchel *(Gyromitra esculenta)* wird zu den bes. schmackhaften Pilzen gerechnet; trotz Abkochen u. Abgießen des Kochwassers treten aber immer wieder tödl. Vergiftungsfälle auf. Ursache ist das hochgiftige *Gyromitrin;* es wird durch Erhitzen nur z. T. zerstört, so daß immer die Gefahr einer Vergiftung durch die Restdosis besteht. Erste Vergiftungssymptome (nach 2–24 h, meist 6–8 h) äußern sich in Mattigkeit, Übelkeit u. Kopfschmerzen; meist folgen ein unstillbares, anhaltendes Erbrechen, heftige Leibschmerzen u. Benommenheit; es kommt zur Gelbsucht (nach ca. 40 h); in schweren Fällen treten eine akute toxische Leberdegeneration, Delirium, Kreislaufkollaps, schwere Atemstörungen u. Bewußtlosigkeit auf; etwa 3 Tage nach dem Verzehr des Pilzes kann der Tod eintreten. Leichtere Vergiftungen führen nach wenigen Tagen zur Genesung. – Durch Trocknen u. längeres Lagern soll sich das Gift verflüchtigen, so daß Trockenmorcheln als Delikatesse Fleischgerichten zugesetzt werden. Untersuchungen getrockneter Frühjahrslorcheln zeigten jedoch, daß sie auch nach mehrmonat. Lagerzeit noch Gyromitrin enthalten können u. somit Vergiftungen nicht auszuschließen sind. Der Verkauf des Pilzes ist daher in einigen Ländern verboten.

Lebensjahr auf u. betrifft Frauen häufiger als Männer. Erstes Symptom sind meist Lähmungen der Augenmuskeln mit Doppelbildern. Der Verlauf ist schleichend u. kann schubweise erfolgen. Die Therapie erfolgt mit Hemmern der Cholinesterase.

Mycalidae [Mz.; ben. nach dem ion. Kap Mykalē gegenüber der Insel Samos], Schwamm-Fam. der *Demospongiae. Mycale massa,* mit massigem u. unregelmäßigem Körper, rosa, orange od. grau, von 15–200 m Tiefe; Mittelmeer.

Mycangien [Mz.; v. *myc-, gr. aggeion = Gefäß], die ↗Mycetangien.

Mycel s [v. *myc-], *Mycelium, Pilzlager, Pilzgeflecht* aus ↗Hyphen (☐), das den Thallus der meisten Pilze bildet. Nach Form u. Funktion können verschiedene M.-Arten unterschieden werden. Das *Substrat-M.* wächst auf od. im Substrat u. dient der Nahrungsaufnahme u. der Anheftung; es kann bes. differenziert sein bzw. spezialisierte Hyphen enthalten: ↗Haustorien dienen als Saugorgane, ↗Appressorien als Haftorgane, schleimige Fanghyphen finden sich bei räuber. Pilzen, ↗Stolonen (Laufhyphen) erheben sich eine gewisse Strecke über das Substrat u. wachsen dann wieder mit Rhizoiden (wurzelähnl. Hyphen) auf der Unterlage; ↗Rhizomorphen (Hyphenbündel) können mehrere Meter lang werden. Das ↗*Luft-M.* wächst vom Substrat-M. in den Luftraum u. dient hpts. der Vermehrung. *Pseudomycelien* bestehen aus langgestreckten Sproßzellen, die einem echten M. ähnlich sind, aber nicht wie diese durch nachträgl. Septenbildung (Querwände) unterteilt wurden. [B] Pilze II.

Mycelfresser [Mz.; v. *myc-], die ↗Baumschwammkäfer.

Mycelhefen [v. *myc-], ↗Hefen, die zusätzl. zum Sprossungswachstum Pseudomycelien od. echte Mycelien ausbilden können.

Mycelia sterilia [Mz.; v. *myc-, lat sterilis = unfruchtbar], *Agonomycetes* bzw. *Agonomycetales,* Gruppe der ↗*Fungi imperfecti* (fr. dort auch bei den Hyphomycetes eingeordnet), in der Pilze zusammengefaßt werden, die sich morpholog. charakterisieren lassen, v. denen jedoch weder geschlechtl. noch ungeschlechtl. Vermehrungsformen bekannt sind.

Mycelis w [unklare Bildung Cassinis (v. gr. myia = Fliege, kēlis = Fleck ?)], der ↗Mauerlattich.

Mycena w [v. *myc-], die ↗Helmlinge.

Mycetangien [Mz.; v. *myc-, gr. aggeion = Gefäß], *Mycangien,* taschenförm. Differenzierungen der Cuticula des Kopfes od. der Brustsegmente Pilze züchtender Käfer (↗Ambrosiakäfer, ↗Ektosymbiose). Die i. d. R. nur bei den weibl. Käfern vorhandenen M. sind Pilzdepots; die in ihnen befindl. Pilzzellen dienen dem Beimpfen der Brutgänge u. damit der Weitergabe des Ambrosiapilzes (↗Ambrosia) an die näch-

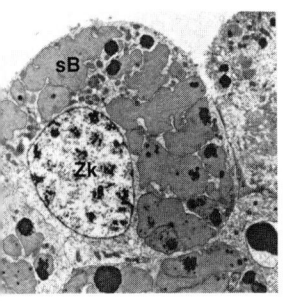

Mycetocyten

Mycetocyt aus dem Symbiontenorgan (↗Mycetome) einer Zikade. sB symbiontische Bakterien, Zk Zellkern

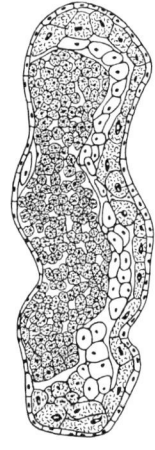

Mycetome

Mycetom einer Zikade (Längsschnitt) mit 3 von je 1 Symbiontensorte bewohnten Zonen

Mycoplasmen

Mycoplasma-Zellen

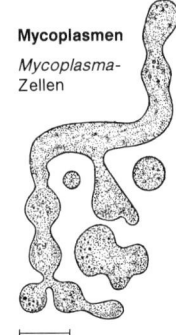

0,5 µm

myc-, myk- [v. gr. mykēs, Mz. mykētes = Pilz].

ste Käfergeneration. In den M. halten Borsten u. Drüsensekrete die Pilzzellen fest u. schützen sie vor Austrocknung. Je nach Lage der M. spricht man v. Kiefer-, Schlund-, Kehl-, Notal-, Coxaltaschen usw.
Mycetocyten [Mz.; v. *myc-, gr. kytos = Höhlung (heute: Zelle)], Zellen (v. a. bei Insekten), die in ihrem Cytoplasma Endosymbionten, z. B. hefeartige Pilze od. Bakterien, beherbergen (↗Endosymbiose). Enthalten die M. symbiontische Bakterien, so spricht man auch von *Bakteriocyten*. M. können z. B. aus Zellen des Darmepithels od. des Fettkörpers durch Besiedlung mit Endosymbionten hervorgehen. Häufig (v. a. bei ↗Pflanzensaftsaugern) differenzieren sie sich bereits während der Embryonalentwicklung u. lagern sich zu einem eigenen Organ (↗Mycetome) zusammen.
Mycetome [Mz.; v. *myc-], *Pilzorgane,* von K. Šulc 1910 geprägte Bez. für der Symbiontenunterbringung dienende Organe (↗Endosymbiose, B) bei Insekten, da man zunächst alle Insekten-Endosymbionten für Pilze (Saccharomyceten od. „Hefen") hielt. M. können, in getrennten Organbereichen, bis zu 6 verschiedene Symbiontentypen (z. B. bei manchen Zikaden) beherbergen. Die meisten M. liegen in der Leibeshöhle des Abdomens; sie bestehen aus den symbiontenführenden Zellen (↗*Mycetocyten),* werden u. Tracheen versorgt u. von einem Epithel umhüllt; im männl. Geschlecht können sie reduziert sein. Gestalt, Anzahl, Bau u. Lage der M. sind wie bei anderen Organen erbl. fixiert. – *Transitorische* M. dienen nur der vorübergehenden Aufnahme v. Symbionten (z. B. während der Embryonalentwicklung), bevor diese in definitive Organe umgesiedelt werden. *Filial-M.* bilden manche Insekten zusätzl. im weibl. Geschlecht zur intraovarialen Symbiontenübertragung auf die nächste Wirtsgeneration. B Endosymbiose.
Mycetophagen [Mz.; v. *myc-, gr. phagos = Fresser], *Mykophagen*, pilzfressende Organismen, finden sich v. a. unter den Insekten (z. B. ↗Pilzmücken, ↗Ambrosiakäfer) u. Schnecken. ↗Pilzgärten.
Mycetophagidae [Mz.; v. *myc-], die ↗Baumschwammkäfer.
Mycetophilidae [Mz.; v. *myc-, gr. philos = Freund], die ↗Pilzmücken.
Mycetozoa [Mz.; v. *myc-, gr. zōa = Lebewesen], die ↗Myxomycetidae.
Mycobacteriaceae [Mz.; v. *myc-, gr. baktērion = Stäbchen], Fam. der *Actinomycetales* mit nur 1 Gatt., *Mycobacterium,* deren Vertreter nur ausnahmsweise leicht zerfallende Mycelien ausbilden (↗Mykobakterien). Die geraden od. leicht gekrümmten Bakterienzellen lassen manchmal Ansätze v. Verzweigungen erkennen u. sind zumindest in einigen Entwicklungsphasen nach einer Anfärbung säurefest (↗Ziehl-Neelsen-Färbung). Alle *M*. enthalten Mykolsäuren (α-verzweigte-β-Hydroxy-Fettsäuren). *M.* zeigen molekularbiol. große Ähnlichkeit mit den Corynebakterien u. den mycelbildenden Nocardien, so daß diese Fam. neuerdings in der Gruppe der „Nocardiaformen" zusammengefaßt werden.
Mycobakterien [Mz.; v. *myc-, gr. baktērion = Stäbchen] ↗Mykobakterien.
Mycobiont *m* [v. *myc-, gr. bioein = leben], Pilzpartner in einer ↗Flechte.
Mycocaliciaceae [Mz.; v. *myc-, lat. calix = Schüssel, Becher], Fam. der ↗Caliciales.
Mycophaga [Mz.; v. *myc-, gr. phagos = Fresser], *Myxophaga,* U.-Ord. der ↗Käfer.
Mycophyta [Mz.; v. *myc-, gr. phyta = Gewächse], die ↗Pilze.
Mycoplasma *s* [v. *myc-, gr. plasma = Gebilde], Gatt. der ↗Mycoplasmen.
Mycoplasmaähnliche Organismen, *mycoplasma-like-organisms,* ↗Mycoplasmen.
Mycoplasmataceae [Mz.; v. *myc-, gr. plasmata = Gebilde] ↗Mycoplasmen.
Mycoplasmaviren [v. *myc-, gr. plasma = Gebilde], Viren, die ↗Mycoplasmen infizieren; gehören verschiedenen Fam. der Bakteriophagen an: *Ino-, Plasma-, Podo-* u. *Myoviridae*. Je nach Wirts-Gatt. werden sie auch als Acholeplasma-, Mycoplasma- u. Spiroplasmaviren bezeichnet.
Mycoplasmen [Mz.; v. *myc-, gr. plasma = Gebilde], *Mykoplasmen,* Abt. *Tenericutes* (Kl. *Mollicutes*), isoliert stehende Gruppe v. Bakterien, die keine Zellwand besitzen u. auch keine Vorstufen des Mureins bilden, so daß sie durch zellwandwirksame Antibiotika nicht geschädigt werden (z. B. Penicillin). Größe u. Form der Zellen variieren sehr stark: von großen veränderl. Zellen bis zu sehr kleinen, durch normale ↗Bakterienfilter hindurchgehenden Elementen ($\varnothing$ 0,2–0,3 µm); es sind die kleinsten freilebenden Organismen, die zur Selbstvermehrung (Selbst-Reduplikation) fähig sind. Die Vermehrung erfolgt durch Fragmentierung von Filamenten, sprossungsartige Vorgänge u./od. Zweiteilung. Einige Gruppen zeigen eine gewisse Formstabilität, die durch innere Strukturen aufrechterhalten wird. Normalerweise sind M. unbewegl.; einige weisen eine Art gleitende Bewegung auf. Überdauerungsstadien sind unbekannt. Auf festen Nährböden bilden sich charakteristische „Spiegelei-Kolonien" ($\varnothing$ 10–600 µm), ähnlich den ↗L-Formen „normaler" Bakterien. Für ein Wachstum benötigen die meisten M. sehr komplexe Nährböden (Serumzusatz) mit langkettigen Fettsäuren sowie Cholesterin, das für die meisten M. eine charakterist. Komponente der dreischicht. Cytoplasmamembran ist (Ausnahme *Acholeplasmataceae*). Als Substrate dienen organ. Substrate, die aerob u./od. anaerob im Gärungsstoffwechsel abgebaut

werden (keine Cytochrome). Das Genom ist ein ringförm. ↗Bakterienchromosom, im Unterschied zu normalen (zellwandbesitzenden) Bakterien jedoch i.d.R. kleiner (relative Molekülmasse $0{,}5 – 1{,}0 \cdot 10^9$, von *E. coli*: ca. $2{,}8 \cdot 10^9$), so daß die Synthesefähigkeit begrenzt ist. – Die meisten M. werden in der Ord. *Mycoplasmatales* zusammengefaßt, die in 3 Fam. unterteilt wird (vgl. Tab.). – M. sind Saprophyten, extrazelluläre Parasiten (bes. auf Schleimhäuten) u. auch Krankheitserreger in Mensch, Tieren u. Pflanzen. M. (Gatt. *Mycoplasma*) wurden erstmals 1898 (Nocard u. Roux) als Erreger der Rinder-Pleuropneumonie (Rinderseuche) nachgewiesen u. zellfrei kultiviert; die später entdeckten, ähnl. Organismenformen wurden daher als „pleuropneumonia-like-organisms" *(PPLO)* bezeichnet, bevor die endgültige Klassifizierung der M. erfolgte (Edward u. Feucht, 1956). *Mycoplasma pneumoniae* kann im Menschen eine Form der Lungenentzündung u. andere Entzündungen verursachen; eine Reihe weiterer M. lebt wahrscheinl. saprophytisch auf Schleimhäuten des Menschen. M. sind v. großer ökonom. Bedeutung, da viele v. ihnen schwere Erkrankungen beim Vieh u. a. Haustieren verursachen. Sehr viele Zellkulturen sind mit M. kontaminiert, die v. den Ursprungszellen od. aus Nährbodenbestandteilen für die Gewebezüchtung stammen. Meist sind keine auffälligen Änderungen der befallenen Zellen zu erkennen, doch werden ihre biol. Eigenschaften verändert, z.B. Verhalten gg. Viren. Organismen, die den M. ähnlich, aber noch nicht zellfrei kultivierbar u. somit noch nicht zu bestimmen sind, werden als „mycoplasma-like-organisms" bezeichnet *(MLO)*. Die Erreger vieler Pflanzenkrankheiten, früher wegen ihrer Filtrierbarkeit für Viren gehalten, sind heute als MLO erkannt worden. Hpts. als Pflanzenparasiten leben auch die *Spiroplasma*-Arten *(↗Spiroplasmataceae)*. Strikt anaerob saprophytisch (einige auch bakterienauflösend) leben die *Anaeroplasma*-Arten (Fam. *Anaeroplasmataceae*) im Rinder- u. Schafspansen. *G. S.*

Mycosphaerellaceae
Einige Pflanzenparasiten u. Name der Nebenfruchtform:
Mycosphaerella fragariae
(Weißfleckenkrankheit der Erdbeere)
M. pinodes
(= *Ascochyta pinodes*,
Fuß- u. Brennfleckenkrankheit an Erbsen)
M. musicola
(Sigatoka-Krankheit der Banane)
M. tassiana
(= *Cladosporium herbarum*, Schwärzepilz des Getreides)
Didymella exitialis
(= *Aschochyta tritici*, Blattdürre an Getreide)
D. applanata
(Rutensterben der Himbeere)
Cymadothea trifolii
(= *Polythrincium trifolii*, Schwarzfleckenkrankheit des Klees [= Kleeschwärze])

Mycoplasmen
Taxonomische Einteilung:
Abt. Tenericutes
(Kl. Mollicutes)
Ord. *Mycoplasmatales*:
Fam. I *Mycoplasmataceae*
  Gatt. I *Mycoplasma*
  (über 50 ben. Arten)
  Gatt. II *Ureoplasma*
  (1 ben. Art)
Fam. II *Acholeplasmataceae*
  Gatt. I *Acholeplasma*
  (7 ben. Arten)
Fam. III ↗*Spiroplasmataceae*
  Gatt. I *Spiroplasma*
  (1 ben. Art)
Angegliederte Gattungen
↗*Thermoplasma**
Anaeroplasma

* wegen der ribosomalen RNA-Zusammensetzung u.a. Eigenschaften den ↗Archaebakterien zuzuordnen

---

Mycoplasmen
Krankheitserreger (Auswahl):
Mycoplasma pneumoniae
(atypische Pneumonie beim Menschen)
M. salivarium
(an Entzündungsprozessen beim Menschen mitbeteiligt)
M. mycoides ssp. *capri*
(Pleuropneumonie bei Ziegen)
M. agalactiae
(Erreger vieler Krankheiten bei Schaf u. Ziege)
M. gallisepticum
(chron. Respirationskrankheit bei Huhn u. Truthahn)
M. mycoides ssp. *mycoides*
(Rinder-Pleuropneumonie)

---

myel- [v. gr. myelos = Mark; davon: myelinos = aus Mark, markig].

Mycosphaerellaceae [Mz.; v. *myc-, gr. sphaira = Kugel], Fam. der bituniculaten Schlauchpilze (↗*Dothideales*, ↗*Bituniculatae*) mit Saprophyten u. wirtschaftl. wichtigen Pflanzenparasiten (vgl. Tab.). Die artenreichste Gatt. *Mycosphaerella* umfaßt ca. 1000 Arten; davon sind einige Pflanzenparasiten; v. vielen *M.* sind Nebenfruchtformen bekannt.

Mycota [Mz.; v. *myc-], die ↗Pilze.

Myctophoidei [Mz.], die ↗Laternenfische.

Mydasfliegen [Mz.; v. gr. mydos = Feuchtigkeit], *Mydaeidae*, mit den Luchsfliegen verwandte Fam. der Fliegen mit ca. 200 meist trop. Arten; gehören mit einer Körpergröße bis 6 cm zu den größten Zweiflüglern. Die Imagines ernähren sich v. Pflanzensäften, die Larven leben räuberisch v. Insektenlarven.

Myelencephalon *s* [v. *myel-, gr. egkephalon = Gehirn], ↗verlängertes Mark.

Myelin *s* [v. *myel-], von ↗Glia-Zellen gebildete, aus Lipiden (ca. 80%) und Proteinen bestehende, isolierende Substanz in der ↗Markscheide v. ↗Axonen bei Wirbeltieren. ↗Nervenzelle (B II).

Myelinscheide [v. *myel-], die ↗Markscheide; ↗Nervenzelle (B).

Myelitis *w* [v. *myel-], *Rückenmarksentzündung,* entzündl. Erkrankung des Rückenmarks, die zu einer Zerstörung des Myelins führt (z.B. durch Virusinfektion, Leptospiren).

Myeloblasten [Mz.; v. *myel-, gr. blastos = Keim], unreifste, im Knochenmark gelegene Vorstufe der ↗Granulocyten. ↗Blutbildung.

Myelocyten [Mz.; v. *myel-, gr. kytos = Höhlung (heute: Zelle)], Knochenmarkszellen, direkte Vorstufe der ↗Granulocyten, gehen aus den ↗Myeloblasten hervor.

Myelomproteine [v. *myel-, gr. prōtos = erster], von Tumorzellen (Myelomzellen) produzierte Antikörper einer ganz bestimmten Spezifität, deren Antigen-Partner jedoch meist unbekannt ist. Als *Myelom* bezeichnet man einen Tumor, der sich v. transformierten ↗Lymphocyten herleitet. Solche Myelome produzieren relativ große Mengen völlig einheitl. Antikörper (↗monoklonale Antikörper) bzw. nur bestimmte Anteile von Immunglobulin-Molekülen. So scheiden etwa Patienten mit Myelomen, die ungewöhnl. viele L-Ketten produzieren, freie L-Ketten in ihrem Urin aus (*Bence-Jones-Proteine*). Bei der Aufklärung der Antikörperstruktur (↗Immunglobuline) haben M. eine wichtige Rolle gespielt.

Myiasis *w* [v. gr. myia = Fliege], die ↗Fliegenlarvenkrankheit.

Mykobakterien [v. *myk-, gr. baktērion = Stäbchen], *Mycobakterien, Mycobacterium,* Gatt. der *Mycobacteriaceae* (eingeordnet in der Gruppe der ↗„Actinomyceten und verwandte Organismen", *Nocardiaforme).* M. sind unbewegliche, gerade oder leicht gekrümmte, stäbchenförmige,

Mykoholz

sporenlose grampositive Bakterienzellen (0,2–0,6 × 1–10 µm); es können auch mycelartige od. filamentöse Formen auftreten, die aber leicht in stäbchen- od. kokkenförmige Zellen zerfallen. Typisch ist die säurefeste Anfärbung (↗ Ziehl-Neelsen-Färbung), die zumindest in einigen Entwicklungsstadien zu beobachten ist. Auffällig ist auch der hohe Lipidgehalt der Zellen (bis 60% der Trockensubstanz), bes. der Zellwand, die wachsartige Substanzen, z. B. Mykolsäure, enthält. Diese *Tuberculo-Lipide* sind z. T. verantwortlich für die säurefeste Anfärbung, für die hohe Resistenz gg. physikalische u. chemische Einwirkungen sowie Virulenz u. Schutz vor intrazellulärer Phagocytose. M. besitzen einen aeroben chemoorganotrophen Energiestoffwechsel. Sie leben als obligate Parasiten im Gewebe v. Mensch u. Tieren, als opportunist. Krankheitserreger od. reine Saprophyten in Boden u. Wasser. Einige parasit. Formen lassen sich noch nicht außerhalb eines Organismus kultivieren (z. B. Lepraerreger, s. u.). Früher wurden die M. nach ihrer Wachstumsgeschwindigkeit u. der Farbstoffbildung in 4 Gruppen unterteilt (vgl. Tab.); heute erfolgt die Identifizierung u. taxonomische Einordnung vorwiegend nach biochem. Merkmalen. – *Mycobacterium leprae*, der Erreger der ↗ Lepra, 1874 v. Hansen entdeckt *(Hansen-Bacillus)*, zeichnet sich durch ein sehr langsames Wachstum u. lange Inkubationszeit aus (z. T. viele Jahre); eine Kultur auf künstl. Nährböden ist noch nicht gelungen; die Züchtung erfolgt in Mäusen od. Ratten u. in Gürteltieren („Armachillo"); Generationszeit mindestens 12 Tage. *M. tuberculosis* (Tuberkelbacillus, Kochsches Bakterium), der Erreger der ↗ Tuberkulose im Menschen, wurde 1882 von R. ↗ Koch isoliert u. in Reinkultur gezüchtet; die experimentelle Übertragung der Infektion aus pathogenem Material gelang bereits Klencke (1843) u. Villemin (1865). *M. bovis*, der Erreger der Rindertuberkulose, wurde von T. Smith (1898) als eigene Art abgegrenzt; eine Infektion des Menschen erfolgt gewöhnl. durch Trinken v. infizierter Milch. Andere M. als diese beiden Tuberkuloseerreger, sowohl die opportunist. Krankheitserreger als auch reine Saprophyten, wurden fr. klinisch als *„atypische M."* bezeichnet. Die Pathogenität u. Virulenz der M. ist abhängig vom jeweiligen Erregerstamm u. von der Wirtsspezies; notwendig für eine Infektion scheint auch eine verminderte Resistenz des Organismus (z. B. Immunschwäche) zu sein.   G. S.

Mykoholz [v. *myk-], von Ständerpilzen bis zu einem gewissen Grade abgebautes Holz, das, mit Kunstharz imprägniert, als leicht bearbeitbares Holz vielseitig (v. a. für Zeichengeräte) verwendet wird.

Mykoïne [Mz.; v. *myk-], das Wachstum v. Bakterien (bes. *Brucella*) hemmende

Mykobakterien

Mycobacterium-Mycel u. Einzelzellen auf festem Nährboden

Mykobakterien

Klassische Einteilung der „atypischen M." (Gatt. *Mycobacterium*) nach Runyon (Gruppen)

I *photochromogene Mykobakterien*:
  langsames Wachstum, im Dunkeln farblos, im Licht gelb pigmentierte Zellen (z. B. *M. kansasii*)

II *skotochromogene Mykobakterien*:
  meist langsames Wachstum, auch im Dunkeln pigmentiert (z. B. *M. aquae*)

III *nicht (photo-) chromogene Mykobakterien*:
  relativ schnelles Wachstum, keine Pigmentbildung (z. B. *M. avium*)

IV *schnell wachsende Mykobakterien*:
  schon innerhalb einer Woche deutl. Koloniebildung, fast alle Saprophyten (z. B. *M. phlei*)

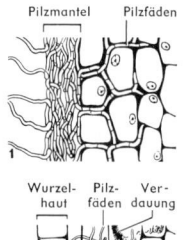

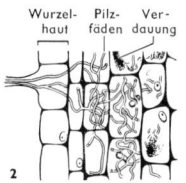

Mykorrhiza

1 *ektotrophe M.* (Längsschnitt durch die Wurzelspitze einer Buche), 2 *endotrophe M.* (Pilzwurzel des Widerbarts)

Gruppe v. Antibiotika, die v. Pilzen der Gatt. *Penicillium, Aspergillus, Fusarium, Cephalosporium, Microsporum* u. a. gebildet werden.

Mykologie w [v. *myk-], die Pilzkunde.

Mykophagen [Mz.; v. *myk-, gr. phagos = Fresser], die ↗ Mycetophagen.

Mykophenolsäure [v. *myk-, gr. phainein = glänzen], von *Penicillium*-Arten produziertes, bes. gegen Pilze wirkendes Antibiotikum mit breitem Wirkungsspektrum.

Mykoplasmen [Mz.; v. *myk-, gr. plasma = Gebilde] ↗ Mycoplasmen.

Mykoporphyrin s [v. *myk-, gr. porphyra = Purpur], das ↗ Hypericin.

Mykorrhiza w [v. *myk-, gr. rhiza = Wurzel], (Frank 1855), ↗ Symbiose (↗ Endosymbiose) zw. Pilzen u. den Wurzeln Höherer Pflanzen. Diese enge morpholog. und stoffwechselphysiolog. Gemeinschaft ist bei mehr als 90% der Pflanzen-Taxa zu finden. Es wird zw. *Ekto-M.* (ektotrophe M.), *Endo-M.* (endotrophe M.) u. *Ektendo-M.* (ektendotrophe M.) unterschieden. – Die *ektotrophe M.* tritt v. a. in kühlen u. gemäßigten Klimazonen auf, fast ausschl. an Kurzwurzeln v. Bäumen, vornehml. bei bestimmten Nadelbäumen (z. B. Fichte, Kiefer, Lärche), auch bei Laubbäumen (z. B. Birke, Buche, Weide, Eiche). Charakterist. Merkmale sind: 1. Ausbildung eines pseudoparenchymat. ↗ Hyphen-Geflechts (= Pilzmantel) von unterschiedl. Dicke (20–100 µm) um die Kurzwurzeln; 2. *interzelluläres* Wachstum v. Pilzhyphen meist im äußeren Rindengewebe, wo sie ein interzelluläres Hyphengeflecht (↗ *Hartigsches Netz*) bilden; die Pilzhyphen wachsen höchstens bis zur Endodermis u. dringen normalerweise nicht in die Pflanzenzellen ein; 3. Veränderungen des Wurzelwachstums nach der Infektion; es werden keine Haarwurzeln sowie keine Wurzelhaube mehr ausgebildet. Die mykorrhizierte Wurzel (= Pilzwurzel) ist kurz u. verdickt, oft treten bestimmte Verzweigungsformen der Wurzeln auf, die ohne M. nicht zu beobachten sind. Pilzmantel, inneres Hartigsches Netz u. Boden-↗ Mycel sind mit vielen Hyphen miteinander verbunden. Es sind ca. 5000 M.-Pilzarten bekannt, vorwiegend Basidiomyceten. Die Pilzpartner in einer ektotrophen M. sind für eine Fruchtkörperbildung oft spezifisch auf bestimmte Baumarten angewiesen. *Obligate* M.-Pilze können Fruchtkörper nur in Symbiose ausbilden. *Fakultative* M.-Pilze sind zur Fruchtkörperbildung nicht auf eine M. angewiesen, doch ist diese durch eine Symbiose erhöht. Für einige Baumarten ist die M. unter natürl. Wachstumsbedingungen, bes. an extremen Standorten, zur normalen Entwicklung notwendig. Die Infektion erfolgt meist durch keimende Pilzsporen, aber auch v. Mycel. Durch die Symbiose verlängert sich die Aktivität v. Wurzeln u. Pilzen. Die Pilzinfektion erfolgt

Mykorrhiza

myc-, myk- [v. gr. mykēs, Mz. mykētes = Pilz].

Mykorrhiza

in jedem Jahr neu. Das komplexe symbiont. Gleichgewicht in der ektotrophen M. kann durch unterschiedl. Einflüsse gestört werden: Eine Schwächung der Bäume od. nicht standortgemäße Faktoren können zu einem parasitären Angriff des Pilzes führen. Andererseits hemmt eine zu geringe Virulenz der Pilze die M.-Ausbildung; dabei kann es zu einer vollständ. Abwehr des Pilzes kommen. Niedrige Lichtintensitäten u. eine übermäßige Nährstoffversorgung im Boden können die M.-Bildung behindern od. sogar verhindern. Lang andauernde, extreme Trockenheit u. permanente Staunässe schränken die M. ebenfalls ein. Der optimale Säurewert im Boden für eine M. liegt zwischen pH 4,0 und 5,0, über 7,0 wird kaum noch M. gebildet; so können sowohl der „saure Regen" als auch eine intensive Bodenkalkung langfristig Probleme schaffen. Für die Pflanze scheint die M. überall dort v. Vorteil zu sein, wo die Mineralstoff- u. möglicherweise auch die Wasserversorgung eingeschränkt sind. Der Pilzmantel mit seinem Bodenmycel vergrößert die resorbierende Oberfläche beträchtl. Durch den Pilz wird der Boden besser erschlossen u. die Löslichkeit v. Bodenmineralien erhöht. Die Bodennährstoffe (z.B. Phosphat, Ammonium, Calcium, Zink, Kupfer) werden durch den Pilz auch besser aufgenommen u. in die Pflanze weitergeleitet. Wahrscheinl. werden auch Wuchsstoffe (z.B. Auxine, Gibberelline, Cytokinine) an die Pflanze abgegeben. Die Abwehr pathogener Infektionen im Wurzelbereich ist gleichfalls verbessert: Der Pilzmantel stellt bereits eine Schutzschicht gg. Infektionen dar, insbesondere gg. Hallimasch (*Armillariella mellea*), Wurzelschwamm (*Fomes annosus* [*Heterobasidion*]) sowie Wurzelfäule- u. Rotfäuleerreger. Vermutl. werden vom Pilz auch Antibiotika ausgeschieden und, als Reaktion auf die M., von der Pflanze Tannine, Terpene u. andere Hemmstoffe gebildet. Der Pilzpartner erhält von der Höheren Pflanze organ. Nährstoffe, hpts. Kohlenhydrate (monomere Zucker, z.B. Glucose), die vom Pilz soweit nicht veratmet, in Verbindungen umgewandelt werden, die vom Wirt nur noch schlecht od. gar nicht mehr genutzt werden können (z.B. Mannit, Trehalose, Glykogen). M.-Pilze haben durch ihren Stoffwechsel u. die Ausscheidungsprodukte einen starken Einfluß auf die Zusammensetzung der Mikroflora im Wurzelbereich der Bäume. Durch Umweltgifte od. andere Schadstoffe, die auf die Pilze einwirken, kann es auch zu einer Schädigung oder Erkrankung der Bäume kommen. Wird hierdurch die Assimilationsleistung der Blätter herabgesetzt, gibt es eine negative Rückwirkung auf die M.-Pilze, so daß sich die Mikroflora weiter verändern u. die Zahl der pathogenen Formen erhöhen kann. – Charakterist. für die *endotrophe M.* sind das ausgedehnte Mycelwachstum im Wirt, die tiefer in das Pflanzengewebe eindringenden Pilzhyphen u. das *intrazelluläre* Wachstum im Rindenbereich. Um die Wurzeln wird *kein* Pilzmantel gebildet, nur ein

Mykorrhiza

Wichtige Pilzgattungen, in denen Arten mit ektotropher M.-Symbiose bekannt sind (kleine Auswahl):

Basidiomycetes
 Lepiota
 Amanita
 Boletinus
 Boletus
 Gyrodon
 Leccinum
 Suillus
 Xerocomus
 Cortinarius
 Inocybe
 Paxillus
 Lactarius
 Russula
 Cantharellus
 Hydnum

Gasteromycetes
 Geastrum
 Lycoperdon
 Phallus

Ascomycetes
 Elaphomyces
 Helvella
 Otidea
 Gyromitra
 Terfezia

Phycomycetes
 Endogone

MYKORRHIZA

Die Wurzeln zahlreicher Pflanzen leben in Symbiose mit Pilzen (Mykorrhiza). Bei unseren Waldbäumen sind die Wurzeln oft dicht mit einem Geflecht von Hyphen von Hutpilzen überwuchert, wobei die Wurzeln kurz-verdickt und korallenförmig werden (Abb. oben). Die Pilzfäden wachsen zwischen den Rindenzellen der Wurzel und dringen in der Regel nicht in das Zellinnere ein *(ektotrophe Mykorrhiza)*. Bei der Orchideen-Mykorrhiza wird kein dichter Pilzmantel um die Zellen ausgebildet; die Pilzfäden dringen aber in die Zellen des Wirtsgewebes ein *(endotrophe Mykorrhiza)*.

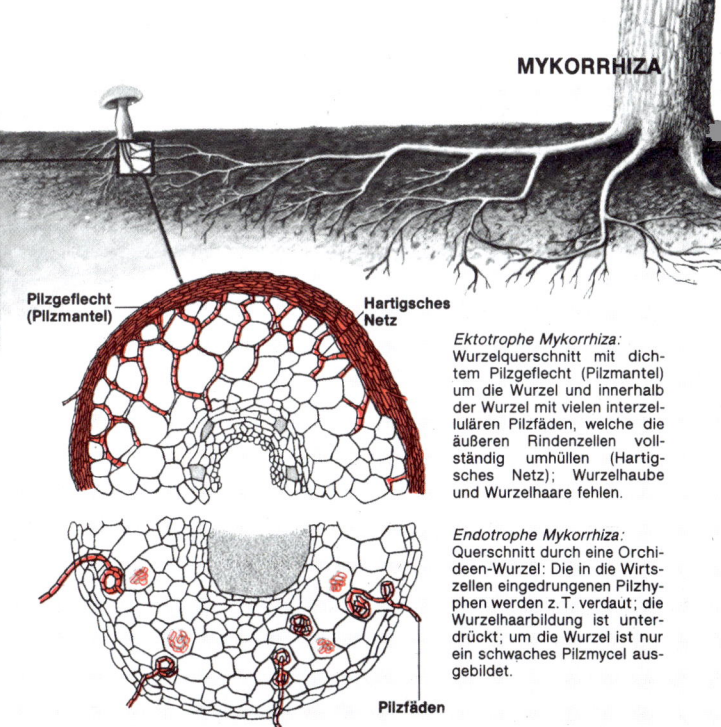

Pilzgeflecht (Pilzmantel) — Hartigsches Netz

Pilzfäden

Ektotrophe Mykorrhiza: Wurzelquerschnitt mit dichtem Pilzgeflecht (Pilzmantel) um die Wurzel und innerhalb der Wurzel mit vielen interzellulären Pilzfäden, welche die äußeren Rindenzellen vollständig umhüllen (Hartigsches Netz); Wurzelhaube und Wurzelhaare fehlen.

Endotrophe Mykorrhiza: Querschnitt durch eine Orchideen-Wurzel: Die in die Wirtszellen eingedrungenen Pilzhyphen werden z.T. verdaut; die Wurzelhaarbildung ist unterdrückt; um die Wurzel ist nur ein schwaches Pilzmycel ausgebildet.

© FOCUS/HERDER

Mykorrhiza

> **Mykorrhiza**
> Nach ihrem Wirtsspektrum kann man 3 Gruppen von M.-Pilzen unterscheiden:
>
> 1. *Spezialisierte M.-Pilze* sind an bestimmte Baumarten fest gebunden (nur ausnahmsweise an anderen Baumarten), z. B. Goldgelber Lärchenröhrling *(Suillus grevillei)* u. Hohlfuß-Röhrling *(Boletinus cavipes)* an Lärchen.
> 2. *Geringfügig spezialisierte M.-Pilze* bevorzugen bestimmte Baumarten, z. B. Butter-Röhrling *(Suillus luteus)* bei Nadelhölzern, bes. Kiefern
> 3. *Nicht spezialisierte M.-Pilze* sind an vielen Baumarten anzutreffen, z. B. Fliegenpilz *(Amanita muscaria)* bei Laub- u. Nadelbäumen

lockeres Hyphennetz. Außenmycel u. innere Hyphen sind miteinander verbunden. Am weitesten verbreitet, bes. in den Tropen (auch in gemäßigten Zonen), ist der *vesikulär-arbuskuläre* Typ der endotrophen M. *(VA-M.)*, der in ca. 80% der Pflanzen (Wild- u. Kulturpflanzen) ausgebildet wird. Nur wenige Pflanzen-Fam. und -Gatt. haben Vertreter ohne VA-M. Fossile Funde zeigen, daß schon bei den ältesten ↗ Landpflanzen dieser M.-Typ ausgebildet wurde. Sicher bekannt sind ca. 30 Pilzarten, die eine VA-M. eingehen, begrenzt auf Vertreter der ↗ *Endogonales* (Gatt. *Glomus* [früher *Endogone*], *Gigaspora*, *Acaulospora* u. *Sclerocystis*); eine Reinkultur dieser M.-Pilze ist noch nicht gelungen. Die Pilze infizieren weitgehend unspezif. viele Pflanzen. Die in die Wirtszellen eindringenden, *unseptierten* Hyphen erweitern sich zu bläschenförm. Vesikeln od. verzweigen u. verästeln sich zu Arbuskeln; diese pilzl. Saugorgane können vom Wirt verdaut werden. Im Ggs. zu den anderen M.-Typen ist die Wurzelhaarbildung nicht unterdrückt. – Eine weitere wicht. Variation der endotrophen M. liegt bei Orchideen vor, deren Keimlingsentwicklung meist v. bestimmten M.-Pilzen abhängt. In Erdorchideen werden durch die Symbionten Reservestoffe des Samens gelöst; später können chlorophyllhaltige Orchideen autotroph leben. Verschiedene heterotrophe Arten mit wenig od. ohne Chlorophyll (z. B. Korallenwurz, *Corallorhiza*) sind zur Ernährung immer auf den Pilzpartner angewiesen. Die M.-Pilze sind normale Bodenpilze od. Pflanzenparasiten, die auch polymere Kohlenhydrate abbauen können u. deren bekannte Arten zur Gruppe der Basidiomyceten, z. B. *Thanetephorus*-Arten (= *Rhizoctonia*), gehören. Nach der Infektion der Wurzeln u. Rhizome dringen die Hyphen in die Wirtszellen ein, wo sie Pilzknäuel bilden, die vom Wirt verdaut werden. – Eine besondere endotrophe M. bildet sich auch bei den Heidekrautgewächsen aus. Septierte Hyphen, wahrscheinl. spezif. Ascomyceten *(Pezizella ericae)*, wachsen in die Wurzelzellen ein, wo sie auch Knäuel bilden. Es wird kein echter Pilzmantel gebildet, doch kann sich außen an den Wurzeln ein umfangreiches Mycel entwickeln. – Übergänge zwischen Endo- und Ekto-M. finden sich in der *ektendotrophen M.*, die Merkmale beider M.-Formen aufweist. Sie kommt v. a. in Wurzeln junger Nadelhölzer (1–3jährig) vor; aber auch an Langwurzeln älterer Bäume. Es bildet sich nur ein dünner Hyphenmantel; innerhalb der Wurzeln sind die Hyphen stark entwickelt; sie dringen auch in Rindenzellen ein, wo sie absterben u. zerfallen. B 83. G. S.

> **Mykosepilze**
> Die Unterteilung der humanpathogenen Pilze erfolgt in der Praxis meist nach Erregertypen:
> 1. Dermatophyten,
> 2. Hefen, 3. Schimmelpilze u. sonstige Pilze
>
> Einige wichtige Beispiele:
>
> Dermatophyten:
> *Trichophyton*-Arten
> *Microsporum*-Arten
> *Epidermophyton floccosum*
> *Keratinomyces ajelloi*
> (alle verursachen Dermatophytosen)
>
> Hefen:
> *Candida*
> (Soor, Candidiasis)
> *Cryptococcus*
> (Cryptococcose)
>
> Schimmelpilze u. sonstige Pilze:
> *Aspergillus*
> (Aspergillose)
> *Histoplasma*
> (Histoplasmose)
> *Coccidioides*
> (Coccidioidomykose)
> *Blastomyces*
> (Blastomykose)
> *Mucor*
> (Mucormykose)

> **myc-, myk-** [v. gr. mykēs, Mz. mykētes = Pilz].

> **myl-** [v. gr. mylē = Mühle, Mühlrad, Scheibe; Mz.: mylai = Backenzähne].

> **myo-** [v. gr. mys, Gen. myos = Maus; Muskel].

Mykose *w* [v. *myk-], *Mycosis,* Überbegriff für Infektionskrankheiten bei Tieren u. Mensch, die durch Pilze (bes. Deuteromyceten, ↗ Fungi imperfecti, ↗ M.pilze) hervorgerufen werden. Es wird zw. „primärer" u. „sekundärer" M. unterschieden: Primäre M.n werden meist durch obligat pathogene Pilze verursacht; die Infektion kann auch erfolgen, ohne daß der Mensch auf irgendeine Weise in seiner Abwehr geschwächt ist. Sekundäre M.n treten allg. erst dann ein, wenn ein Grundleiden od. ein Grundschaden die Abwehrkräfte des Menschen vermindert hat. – *Endogene M.n* werden durch Pilze hervorgerufen, die urspr. als Saprophyten im Menschen lebten; *exogene M.n* werden dagegen durch Pilze verursacht, die urspr. nicht im menschl. Organismus vorkommen. – Manifestation der M.n bes. an der Haut (*Dermato-M.n*, ↗ Dermatophyten), in der Lunge u. an den Schleimhäuten des Mundes u. der Speiseröhre. Durch hämatogene Streuung kann sich eine Pilzinfektion im gesamten Körper ausbreiten. In Europa meist hervorgerufen durch *Candida albicans* (Candidiasis, ↗Soor), *Cryptococcus neoformans,* ↗ *Aspergillus* (Aspergillose). Diese Keime sind nicht obligat pathogen u. befallen oft z. B. Tumorpatienten, Mangelernährte u. alte Menschen. Im Ggs. zu den gen. Erregern sind die außereur. Erreger obligat pathogen, z. B. ↗ *Histoplasma capsulatum* (↗Histoplasmose), *Coccidioides immitis, Blastomyces* (= *Zymonema*) *dermatitis, Paracoccidioides brasiliensis.* Therapie u. a. mit Antibiotika.

Mykosepilze [v. *myk-], Pilze, die Krankheiten bei Tieren u. Mensch (vgl. Tab.) verursachen (↗Mykose); ↗Dermatophyten (Hautpilze), ↗Fungi imperfecti.

Mykostatin *s* [v. *myk-, gr. statos = stehend], das ↗Nystatin.

Mykosterine [Mz.; v. *myk-, gr. stear = Fett], in Pilzen u. deren Sporen vorkommende, meist C_{28}-Sterine (↗Sterine, ↗Steroide), deren Hauptvertreter bei den Pilzen das ↗Ergosterin ist.

Mykotoxikosen [Mz.; v. *myk-, gr. toxikon = (Pfeil-)Gift], durch ↗Mykotoxine (v. a. ↗Aflatoxine) aus pilzbefallenen Futter- bzw. Nahrungsmitteln hervorgerufene, häufig tödl. verlaufende Vergiftungen bei warmblüt. Tieren u. Mensch.

Mykotoxine [Mz.; v. *myk-, gr. toxikon = (Pfeil-)Gift], bisher über 100 bekannte, meist hitzestabile Stoffwechselprodukte von Pilzen (Schimmelpilze), die auf höhere Tiere, Pflanzen u. Menschen toxisch wirken. Hauptproduzenten der M., die zu den verschiedensten chem. Stoffgruppen gehören können, sind *Penicillium*-, *Aspergillus*- u. *Fusarium*-Arten. Da M. hpts. in pflanzl. Nahrungsmitteln gebildet werden, sind sie häufig die Ursache v. ↗Nahrungsmittelvergiftungen. Bes. toxisch u. außerdem ↗cancerogen sind die ↗Aflatoxine.

Mykotrophie w [Bw. *mykotroph;* v. *myk-, gr. trophē = Ernährung], (Stahl, 1900), pflanzl. Ernährungsform, an der Pilze mitbeteiligt sind (↗Mykorrhiza).

Myleus m [v. *myl-], Gatt. der ↗Salmler.

Mylia w [v. *myl-], Gatt. der ↗Jungermanniaceae.

Myliobatidae [Mz.; v. *myl-, gr. batis = Stachelrochen], die ↗Adlerrochen.

Myliobatoidei [Mz.], U.-Ord. der ↗Rochen.

Mylopharyngodon m [v. *myl-, gr. pharygx = Kehle], Gatt. der Weißfische, Schwarz-↗Karpfen.

Mymaridae [Mz.; v. gr. mymar = Schandfleck], die ↗Zwergwespen.

Myobatrachidae [Mz.; v. *myo-, gr. batrachos = Frosch], *australische Südfrösche,* Fam. der Froschlurche mit 3 U.-Fam. (vgl. Tab.), oft auch als U.-Fam. der paraphyletischen *Leptodactylidae* (↗Südfrösche) aufgefaßt. Die *M.* sind neben den austr. Laubfröschen (↗*Pelodryadidae*) die herrschende Froschgruppe Australiens; nur wenige Arten in Neuguinea. Sie bilden Formen, die an die südam. *Leptodactylus*-Arten erinnern u. wie diese ihre Eier in Schaumnestern ablegen; das sind die Mehrzahl der *Limnodynastinae,* bes. die Gatt. *Limnodynastes, Lechriodus* u.a. Daneben gibt es jedoch auch höchst merkwürdige Brutpflegeweisen: der Magenbrütende Frosch ↗*Rheobatrachus* verwandelt vorübergehend seinen Magen in einen Brutsack, und der Beutelfrosch *Assa darlingtoni* hat seitliche Bruttaschen über den Hüften, die die frisch geschlüpften Larven aktiv aufsuchen, wenn sich das Männchen auf das Gelege setzt. Fast alle *M.* können graben und unterird. die Trockenzeit überleben. Bes. spezialisierte Gräber sind der ↗Katholikenfrosch u.a. Arten u. die ↗Grabfrösche, v.a. aber die Gatt. ↗*Myobatrachus.* Gatt. wie *Crinia, Kyarranus, Taudactylus* u.a. bilden Kleinformen, die im Bodenlaub od. an Bächen leben. Generell bilden die *M.* in Austr. ähnliche Nischen wie die Südfrösche in S-Amerika u. dazu noch Formen, die an Kröten erinnern, die in Austr. ursprünglich fehlen. Das sind v.a. die kleinen Scheinkröten der Gatt. *Pseudophryne* mit warz. Haut; *P. corroboree* ist leuchtend schwarz-gelb gestreift. Schließl. gibt es auch eine rein wasserlebende Art, den Magenbrütenden Frosch ↗*Rheobatrachus silus.* Der Wasserreservoirfrosch u.a. Arten der Gatt. *Cyclorana* werden neuerdings zu den Laubfröschen (↗*Pelodryadidae*) gestellt.

Myobatrachus m [v. *myo-, gr. batrachos = Frosch], Gatt. der ↗*Myobatrachidae,*

Mykotoxine
Einige M. und wichtige Produzenten:
↗Aflatoxine
(*Aspergillus flavus, A. parasiticus*)
Byssochlaminsäure
(*Byssochlamys fulva*)
Cladosporinsäure
(*Cladosporium epiphyllum, C. fagi*)
Fusariogenine
(*Fusarium poae*)
Ochratoxine (*Aspergillus ochraceus*)
Patulin (*Penicillium expansum, Aspergillus clavatus, Byssochlamys nivea*)
Penicillinsäure
(*Penicillium martensii, P. puberulum, Aspergillus ochraceus*)

Myobatrachidae
Unterfamilien und Gattungen (Artenzahlen in Klammern):

Limnodynastinae
  Heleioporus (6) (↗Grabfrösche), Australien
  Mixophyes (1), Australien
  Neobatrachus (5), Australien
  Notaden (3) (↗Katholikenfrosch), Australien
  ↗*Adelotus* (6), Australien
  Limnodynastes (5–8), Australien, Tasmanien
  Lechriodus (4), Neuguinea, O-Australien
  Kyarranus (2), Australien
  ↗*Philoria* (1), Australien
Myobatrachinae
  Crinia (17), Australien, Neuguinea, Tasmanien
  Assa (1), Beutelfrosch, O-Austr.
  Pseudophryne (Scheinkröten) (10), Australien, Tasmanien
  Taudactylus (1), Queensland
  Glauertia (2), Australien
  Uperoleia (4), Australien
  Metacrinia (1), Australien
  ↗*Myobatrachus* (Schildkrötenfrosch) (1), Australien
Rheobatrachinae
  ↗*Rheobatrachus* (1), der Magenbrütende Frosch

mit nur 1 Art, dem Schildkrötenfrosch (*M. gouldii*), in W-Austr.; sehr merkwürdiger, kleiner (bis 34 mm) Frosch, der mit seiner flachen, breiten Gestalt, seinen seitl. abstehenden, kurzen Beinen u. seinem abgesetzten Kopf eher an eine Schildkröte erinnert; lebt vollständig unterirdisch, grabend; auch die Eier werden in feuchtem Sand abgelegt u. entwickeln sich direkt; ernährt sich v. Termiten.

Myoblasten [Mz.; v. *myo-, gr. blastanein = bilden], *Muskelbildungszellen,* dem embryonalen Mesenchym entstammende Zellen, die sich im Laufe der Embryonalentwicklung zu Muskelzellen differenzieren.

Myocastoridae [Mz.; v. *myo-, gr. kastōr = Biber], *Sumpfbiber,* Fam. der Meerschweinchenverwandten (*Caviomorpha*); einzige Art die ↗Nutria.

myocerate Antenne [v. *myo-, gr. keras = Horn], die ↗Gliederantenne.

Myocyten [Mz.; v. *myo-, gr. kytos = Höhlung] ↗Schwämme.

Myodochidae [Mz.; v. *myo-, gr. dochos (?) = fassend], die ↗Langwanzen.

Myoepithel s [v. *myo-, gr. epi = auf, thēlē = Brustwarze], aus ↗M.zellen bestehendes, einschicht. Epithel bei Tieren, z. B. Hohltieren.

Myoepithelzellen, *Epithelmuskelzellen,* kontraktile Epithelzellen, die zeitlebens ihren ↗Epithel-Charakter behalten, basal aber myofibrillenhaltige Fortsätze ausbilden. M. sind typ. für die Körpermuskulatur aller ↗Hohltiere, auch für die Hautmuskulatur der ↗Acoela unter den Strudelwürmern; darüber hinaus kommen sie weit verbreitet im ↗Coelom-Epithel zahlr. Wirbelloser vor. Bei Wirbeltieren werden auch spezialisierte Epithelzell-Abkömmlinge als M. bezeichnet, die sekundär ihren Epithelcharakter verloren haben u. als korbart. Geflechte zw. Drüsenzellen u. Basallamina Drüsenalveolen umspinnen (↗Basalzellen). Ebenso besteht die ↗Iris-Muskulatur im Auge der Wirbeltiere teils aus echten M. (*Musculus dilatator pupillae*), teils aus zu Muskelzellen umgewandelten M. (*Musculus sphincter pupillae*), die dem inneren Irisepithel (Pigmentepithel) entstammen.

Myofibrillen [Mz.; v. *myo-, lat. fibrillum = Fäserchen], *Muskelfibrillen,* kontraktile Strukturen in quergestreiften Muskelzellen bzw. -fasern (↗quergestreifte Muskulatur). Die M. sind im Lichtmikroskop sichtbar und haben einen $\varnothing$ von 1–2 μm. Sie setzen sich aus hochgeordneten Bündeln nur elektronenmikroskop. darstellbarer Myofilamente zus. ↗Actin, ↗Myosin, ↗Muskulatur, ↗Muskelkontraktion. ⌐B⌐ Muskulatur.

Myofilamente [Mz.; v. *myo-, lat. filamentum = Fadenwerk], ↗Muskulatur.

Myoglobin s [v. *myo-, lat. globus = Kugel], *Myohämoglobin,* das Sauerstoff bindende Protein des Muskels; globuläres Protein mit der relativen Molekülmasse 16 700; besteht aus einer Peptidkette v.

Myokard

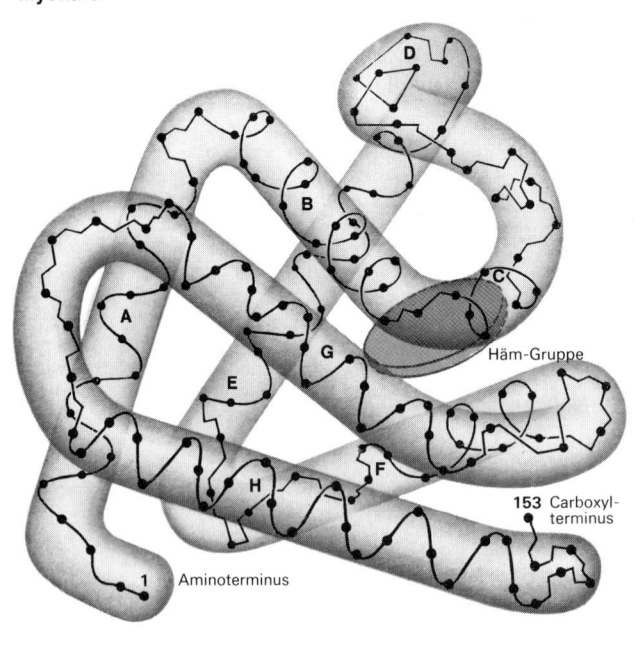

Konformation des Myoglobins

Die acht starren α-Helix-Teile (A–H) sind gegenüber den „weichen" interhelikalen Teilen in der räuml. Faltung hervorgehoben. Angegeben sind die Positionen der ersten (N-terminalen) und der letzten (C-terminalen) Aminosäure der Gesamtkette. Die ellipt. Scheibe kennzeichnet die Lage der fest, aber nicht kovalent gebundenen Häm-Gruppe mit einem Eisen-Zentralatom. Die Konformation der vier Proteinketten im Hämoglobin ist für jede von ihnen sehr ähnlich.

myo- [v. gr. mys, Gen. myos = Maus; Muskel].

153 Aminosäuren u. enthält eine ↗Häm-Gruppe pro Molekül. Die Tertiärstruktur des M.s konnte 1960 von Kendrew durch Röntgenstrukturanalyse als eine der ersten Protein-Tertiärstrukturen ermittelt werden. M. fungiert als Sauerstoffspeicher des Muskelgewebes, durch den Sauerstoff bei Arbeitsleistung des Muskels rasch für die biol. Oxidation (↗Atmungskette) mobilisiert werden kann. Bes. reich an M. (bis zu 8%) sind die Herzmuskeln tauchender Meeressäuger (Wale, Robben) u. die Flugmuskeln der Vögel, wodurch die Sauerstoffspeicherkapazität den bes. Bedürfnissen dieser Tiere angepaßt ist. (Der Herzmuskel des Hundes enthält dagegen nur 0,5% M.) M. zeigt strukturelle u. funktionelle Homologie zu ↗Hämoglobin; während der Evolution haben sich aus dem phylogenet. älteren M. vor etwa 600 Mill. Jahren die Hämoglobine abgezweigt. – Sauerstoffaffinität des M.s: B Hämoglobin. B Proteine.

Myokard s [v. *myo-, gr. kardia = Herz], *Herzmuskel,* Muskelwand des ↗Herzens, die insgesamt einen Muskel darstellt, dessen einzelne Faserzüge in spiraligen Bahnen sowohl die Herzkammern wie die Vorkammern umziehen (↗Herzmuskulatur). Außen ist das M. vom bindegewebigen *Epikard* überzogen, innen vom gleichfalls bindegeweb. *Endokard* ausgekleidet.

Myokinase w [v. *myo-, gr. kinein = bewegen], die ↗Adenylat-Kinase.

Myokommata [Mz.; v. *myo-, gr. kommata = Abschnitte], die ↗Myomeren.

Myolemm s [v. *myo-, gr. lemma = Rinde Schale], Zellmembran (Plasmalemma) der Muskelzellen u. Skelettmuskelfasern; bes. in älterer Lit. wird als lichtmikroskop. sichtbares M. auch der die Muskelfasern umspinnende „Strumpf" aus Bindegewebsfäserchen bezeichnet. ↗Sarkolemm.

Myologie w [v. *myo-, gr. logos = Kunde], die Muskellehre.

Myomeren [Mz.; v. *myo-, gr. meros = Teil], *Myokommata, Muskelsegmente,* segmentale Muskelabschnitte der Rumpfmuskulatur entlang der Körperlängsachse aller segmentierten ↗ *Coelomata* (↗Gliedertiere, ↗Chordatiere), die an den Segmentgrenzen jeweils durch Sehnen od. Sehnenplatten (*Myosepten,* ↗*Myoseptum*) miteinander verbunden sind. Bei den Chordatieren werden die M. embryonal in Form einzelner ↗Myoblasten-Pakete beiderseits der ↗Chorda dorsalis (↗*Myotome*) angelegt. Bes. deutlich sind die M. in der Rumpfmuskulatur des Lanzettfischchens, der Rundmäuler u. Fische zu erkennen, rudimentär auch noch in der Wirbelmuskulatur u. der Gliederung des Bauchmuskels (Musculus rectus abdominis, gegliedert durch die Inscriptiones tendineae) der Säuger.

Myomerie w [v. *myo-, gr. meros = Teil], segmentale Gliederung der Rumpfmuskulatur bei allen segmental gegliederten ↗ *Coelomata* (↗Gliedertiere, ↗Chordatiere), die äußerer Ausdruck der metameren Körpergliederung (↗Metamerie) ist u. auch bei den Wirbeltieren noch auf deren Herkunft v. metamer gegliederten Formen hinweist.

Myoneme [Mz.; v. *myo-, gr. nēma = Faden], *Kinoplasma,* kontraktile fädige Strukturen im Corticalplasma zahlr. ↗Wimpertierchen, als *Spasmoneme* auch in den Stielen der ↗Glockentierchen (☐). Die M. bestehen aus quergestreiften Filamentbündeln des Proteins *Spasmin.* Dieses zeigt weder in seiner Zusammensetzung noch in seinen Eigenschaften Ähnlichkeiten mit den anderen kontraktilen Zellproteinen, Actin u. Myosin. Die molekulare Grundlage der Kontraktion der Spasminbündel ist bis heute unbekannt. Man vermutet, daß eine Umordnung, Spiralisierung od. Auffaltung der einzelnen Moleküle für die Kontraktion verantwortl. sind.

Myophilie w [v. gr. myia = Fliege, philia = Freundschaft], die ↗Fliegenblütigkeit.

Myophoria w [v. *myo-, gr. -phoros = -tragend], (Bronn in Alberti 1834), für die ↗Trias sehr charakteristische marine „Dreiecksmuschel" mit schizodontem Schloß. Typus-Art: *M. vulgaris* (v. Schloth. 1820). Verbreitung: untere bis obere Trias v. Europa, Asien u. N-Afrika.

Myopie w [v. gr. myōpia =], die Kurzsichtigkeit, ↗Brechungsfehler (☐).

Myoporaceae [Mz.; v. gr. myōps = Stachel, poros = Pore], Fam. der Braunwurzartigen mit 4 Gatt. und rund 150, v. a. in Austr., aber auch in S-Afrika, O-Asien und W-Indien heim. Arten. Sträucher od. kleine Bäume mit meist wechselständ., ganzrand. oder gezähnten, oft behaarten od. mit Öldrüsen versehenen Blättern u. einzeln od.

in Büscheln in den Blattachseln stehenden Blüten. Diese zwittrig, zygomorph bis nahezu radiär, mit glockiger bis röhrenförm., 5zipfliger Krone und 4 mit der Krone verwachsenen Staubblättern. Der oberständ., aus 2 verwachsenen Fruchtblättern bestehende Fruchtknoten wächst zu einer Steinfrucht heran. Die auf Austr. beschränkte Gatt. *Eremophila* ist mit über 100 Arten die größte der Fam. Ihre Arten besitzen farbenprächtige, röhrenförm., oft 2lipp. Blüten u. werden z.T. als Zierpflanzen kultiviert; manche *E.*-Arten liefern auch gutes Nutzholz. Die Blätter von *E. maculata* enthalten sehr hohe Konzentrationen von an das Glucosid Prunasin gebundener Blausäure. Die Gatt. *Myoporum* ist gekennzeichnet durch relativ kleine, schmale Blätter, kleine gelbl. bis lavendelfarbene Blüten u. gelbl. oder purpurne Steinfrüchte. Auch ihre Arten sind z.T. als Zierpflanzen od. Nutzholzlieferanten geschätzt. *M. acuminatum* und *M. deserti* enthalten die roten Blutkörperchen schädigende u. daher auch für das Weidevieh (Rinder u. Schafe) gift. Substanzen.

Myopsida [Mz.; v. gr. myein = schließen, ōps = Auge], *Schließaugenkalmare*, U.-Ord. der Kalmare mit Augen, deren Vorderkammer durch die Cornea fast od. ganz geschlossen ist (vgl. Abb.); leben küstennah u. haben wirtschaftl. Bedeutung. 2 Fam.: *Loliginidae* u. *Pickfordiateuthidae*.

Myoseptum s [v. *myo-, lat. saeptum = Scheidewand], bindegewebige bzw. sehnige Trennschicht, die bei metamer gegliederten Tieren (↗Gliedertiere, ↗Chordatiere) jeweils einzelne ↗Myomeren miteinander verbindet. *M. horizontale:* horizontale bindegewebige Trennwand zw. ventralem u. dorsalem Coelom beim Lanzettfischchen; bei allen Wirbeltieren sehnige Trennschicht zw. ventralem (hypaxonischem) u. dorsalem (epaxonischem, ↗epaxonisch) Anteil der Rumpfmuskulatur.

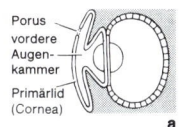

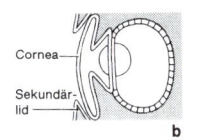

Myopsida
Längsschnitt durch das Auge von **a** *Loligo*, **b** *Sepia*

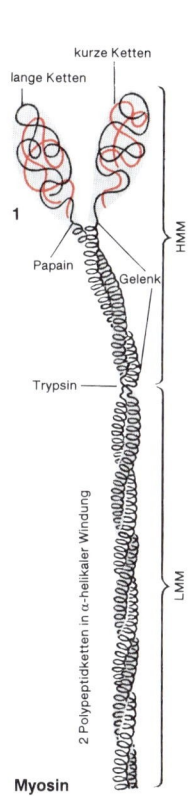

Myosin
1 Aufbau des M.-Moleküls; 2 Elektronenmikroskopische Aufnahmen einzelner M.-Moleküle

Myosinfilament
Aufbau eines Myosinfilaments

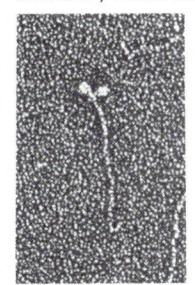

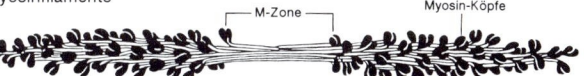

Myosin s [v. *myo-], ausschl. in eukaryot. Zellen u. dort regelmäßig vorkommendes Protein, das in Wechselwirkung mit ↗Actin an der Erzeugung jegl. Art v. Plasma-Bewegung in Eucyten beteiligt ist (↗kontraktile Proteine, ↗Muskelproteine, ↗Muskelkontraktion, ↗sliding-filament-Mechanismus). M. ist mit einer relativen Molekülmasse von 470000 u. einer Moleküllänge von 145 nm zugleich das schwerste u. längste bekannte natürl. Protein. Im Elektronenmikroskop erscheinen die M.-Moleküle in Form von Hockey-Schlägern. Ihr Schaft, 134 nm lang und 2 nm dick, besteht aus 2 in sich α-helikalen (↗Proteine) u. zudem umeinander gewundenen ident. Proteinketten, die an ihrer aminoterminalen Seite über ein kurzes gelenkiges Halsstück in 2 seitlich abgewinkelte und bewegl., globulär aufgeknäuelte Köpfchen von 11 nm Länge übergehen. In die verknäuelten Proteinkettenenden der Köpfchen sind je 2 weitere kürzerkettige Proteine hineingewunden, so daß das ganze Molekül ein Hexamer darstellt. Durch ↗Trypsin lassen sich der leichtere Schaft (*LMM* = *l*ight *mero*myosin) und die schwerere Hals-Kopfzone (*HMM* = *h*eavy *mero*myosin) voneinander trennen; unter Einwirkung v. ↗Papain kann man die globulären Köpfe vom Molekülrest abtrennen. Die LMM-Schäfte neigen in Salzlösungen physiolog. Konzentrationsbereiche zur Bildung bündelförm. Aggregate (↗*M.filament*), während die HMM-Köpfe spontan G-Actin zu binden vermögen (↗*Actomyosin*-Komplex) und zugleich die enzymat. Funktion einer actininduzierten ATPase erfüllen. ⓑ Muskelkontraktion.

Myosinfilament s [v. *myo-, lat. filamentum = Fadenwerk], funktionelles Bauelement der kontraktilen ↗Myofibrillen in schräg- u. quergestreifter ↗Muskulatur. Jedes M. erreicht bei einer Dicke von 10–20 nm eine Länge von etwa 1,6 μm und besteht aus etwa 200–400 einzelnen ↗*Myosin*-Molekülen. Diese sind in 2 Bündeln in umgekehrter Polarität mit ihren Schäften zusammengesteckt, so daß die jeweils in gegenständ. Paaren wie Stacheldrahtzinken allseits schräg aus dem Filament herausragenden Myosinköpfchen an beiden Filamentenden in entgegengesetzte Richtungen weisen. In der Filamentmitte *(M-Zone)* sind die einzelnen Moleküle durch ein Hilfsprotein miteinander vernetzt u. so in ihrer Anordnung fixiert. Aufeinanderfolgende Paare von Myosinköpfchen haben einen Abstand von 14,3 nm voneinander u. sind im Winkel von jeweils 60° spiralig gegeneinander versetzt, so daß in Perioden von 43 nm jeweils 2 Paare von Myosinköpfchen in der gleichen Ebene stehen. In konzentrierten Salzlösungen (KCl) zerfallen die M. reversibel in ihre Einzelmoleküle, reaggregieren jedoch in Lösungen physiolog. Konzentration wieder zu Filamenten. Durch Interaktion zw. den Myosinköpfchen der M. und den in Z-Stäben od. Z-Scheiben (↗Muskulatur) verankerten ↗Actinfilamenten kommt die Kontraktion schräg- od. quergestreifter Muskelzellen zustande. ↗Muskelkontraktion (ⓑ).

Myosotis

myo- [v. gr. mys, Gen. myos = Maus; Muskel].

myri- [v. gr. myrios = unzählig, unermeßlich, tausendfach].

myric- [v. gr. myrikē = Tamariske].

myrme- [v. gr. myrmēx, Mz. myrmēkes = Ameise].

Myriangiaceae (Auswahl)

Elsinoë veneta (an Himbeerruten)
Elsinoë piri (auf Blättern u. Früchten v. Birnbäumen)
*Anhellia-, Diplotheca-, Myriangium-*Arten (Parasiten höherer Pflanzen)
*Uleomyces-*Arten (Hyperparasiten auf blattbewohnenden Pilzen)

Myosotis w [v. gr. myosōtis = Mäuseohr], das ↗Vergißmeinnicht.

Myosoton s [v. gr. myosōton = Mäuseohr (eine Pfl.)], die ↗Wassermiere.

Myospalax m [v. *myo-, gr. spalax = Maulwurf], die ↗Blindmulle.

Myosurus m [v. *myo-, gr. oura = Schwanz], der ↗Mäuseschwanz.

Myotis w [v. *myo-, gr. ous, Gen. ōtos = Ohr], Gatt. der ↗Glattnasen.

Myotome [Mz.; v. *myo-, gr. tomos = Teil], in der Körperlängsachse segmental aufeinanderfolgende embryonale Anlagen der Rumpfmuskulatur bei ↗Chordatieren. ↗Myomeren; ↗Urwirbel, ↗Ursegmente.

Myotonie w [v. *myo-, gr. tonos = Spannung], Übererregbarkeit der Muskulatur, vermutl. infolge Störung der Repolarisation der Zellmembran od. des muskulären Anteils der motor. Endplatte.

Myotuben [Mz.; v. *myo-, lat. tubus = Röhre], Frühstadien bei der Bildung v. Skelettmuskelfasern der Wirbeltiere; entstehen durch Verschmelzung (Syncytium) kettenartig hintereinander angeordneter ↗Myoblasten. In den M. setzt die Differenzierung der Myofibrillen (↗Muskulatur) ein, die als einzelne quergestreifte Fibrillen im Plasma der M. erkennbar sind. Die Ausdifferenzierung der M. zu ↗Muskelfasern geht unter starkem Wachstum bei gleichzeitig anhaltender Kernteilungsaktivität u. Kernvermehrung ohne nachfolgende Zellteilung (plasmodiale Entwicklung) vor sich.

Myoxocephalus m [v. gr. myoxos = Haselmaus, kephalē = Kopf], Gatt. der ↗Groppen.

Myrcen s [v. lat. myrtus = Myrte], in vielen äther. Ölen vorkommendes acycl. ↗Monoterpen, das bei Borkenkäfern als Pheromon wirkt.

Myriangiaceae [Mz.; v. *myri-, gr. aggeion = Gefäß], Fam. der bitunicaten Schlauchpilze (Ord. *Dothideales* od. eigener Ord. *Myriangiales*). Die Arten leben meist auf Baumrinden u.a. Pflanzenteilen, auf zuckerhalt. Ausscheidungen v. Blatt- u. Schildläusen od. als Parasiten auf Schildläusen u. Pflanzen (vgl. Tab.), vorwiegend in wärmeren Gebieten. M. entwickeln besondere, unregelmäßig polsterförm. Fruchtkörper (*Myriothecien*), die im mehr od. weniger gelatinösen Grundgeflecht zahlr. kugelige Ascoma-Höhlungen (= Loci, entweder unregelmäßig verteilt od. in einer Schicht) mit jeweils einem Ascus enthalten. Oft besitzen die Fruchtkörper eine harte Deckschicht, die bei der Sporenreife aufreißt u. abbröckelt.

Myrianida w [v. *myri-, lat. anus = Ring], Gatt. der Ringelwurm-(Polychaeten-)Fam. ↗Syllidae.

Myriapoda [Mz.; v. *myri-, gr. podes = Füße], die ↗Tausendfüßer.

Myrica w [v. *myric-], der ↗Gagelstrauch.

Myricales [Mz.; v. *myric-], die ↗Gagelartigen.

Myricaria w [v. *myric-], Gatt. der ↗Tamariskengewächse.

Myricetin s [v. *myric-], ↗Flavone [T].

Myricylalkohol [v. *myric-], *Melissylalkohol*, $H_3C-(CH_2)_{29}-CH_2-OH$, höherer Alkohol, dessen Ester mit ↗Cerotinsäure u. ↗Palmitinsäure Hauptbestandteile des ↗Bienenwachses sind.

Myrientomata [Mz.; v. *myri-, gr. entomos = Insekt], alte Bez. für die ↗Beintastler.

Myriochele w [v. *myri-, gr. chēlē = Kralle, Schere, Nadel], Gatt. der Ringelwurm-(Polychaeten-)Fam. *Oweniidae,* ohne Kiemenmembran u. ohne Tentakel.

Myriophyllum s [v. gr. myriophyllon = eine Wasserpflanze], das ↗Tausendblatt.

Myriostoma s [v. *myri-, gr. stoma = Mund], die ↗Siebsterne.

Myriozoum s [v. *myri-, gr. zōon = Lebewesen], neuerdings *Myriapora,* Gatt. der Moostierchen mit *M. truncatum,* im Mittelmeer; die bis über 10 cm hohen, geweihartig verzweigten Kolonien sind stark verkalkt u. leuchtend rot u. wirken dadurch wie eine Koralle (↗Korallen 2).

Myristicaceae [Mz.; v. gr. myristikos = zum Salben geeignet], die ↗Muskatnußgewächse.

Myristinsäure (v. gr. myristikos = zum Salben geeignet), *Tetradecansäure*, $H_3C-(CH_2)_{12}-COOH$, eine in gebundener Form in Fetten, bes. aus Muskatnußgewächsen *(Myristicaceae),* in Ölen u. Wachsen enthaltene ↗Fettsäure ([T]).

Myrmarachne w [v. *myrme-, gr. arachnē = Spinne], die ↗Ameisenspinne (i. e. S.)

Myrmeciidae [Mz.; v. *myrme-], Fam. der ↗Ameisen.

Myrmecobiidae [Mz.; v. gr. myrmēkobios = von Ameisen lebend], ↗Ameisenbeutler.

Myrmecophagidae [Mz.; v. *myrme-, gr. phagos = Fresser], die ↗Ameisenbären.

Myrmecophilidae [Mz.; v. *myrme-, gr. philos = Freund], die ↗Ameisengrillen.

Myrmekochorie [v. *myrme-, gr. chōrein = fortbewegen], *Ameisenverbreitung,* Verbreitung v. Samen u. Früchten bestimmter Pflanzen durch verschiedene Ameisen-Arten. Die Samen vieler Pflanzen tragen protein- u. fettreiche Fraßkörperchen (↗*Elaiosomen*) u. werden deshalb v. Ameisen mitgeführt u. verschleppt. Diese Form der ↗Zoochorie (Tierverbreitung) findet sich v. a. bei Pflanzen des Waldbodens, z. B. bei Veilchen-, Lerchensporn- u. Windröschen-Arten.

Myrmekologie w [v. *myrme-, gr. logos = Kunde], die Lehre v. den ↗Ameisen.

Myrmekophagen [Mz.; v. *myrme-, gr. phagos = Fresser], die ↗Ameisenfresser.

Myrmekophilen [Mz.; v. *myrme-, gr. philos = Freund], die ↗Ameisengäste.

Myrmekophilie w [v. *myrme-, gr. philia = Freundschaft], Vergesellschaftung v. bestimmten Gliederfüßern mit Ameisen. ↗Ameisengäste.

Myrmekophyten [Mz.; v. *myrme-, gr. phyton = Gewächs], die ↗Ameisenpflanzen.
Myrmeleonidae [Mz.; v. *myrme-, gr. leōn = Löwe], die ↗Ameisenjungfern.
Myrmicidae [Mz.; v. *myrme-], die ↗Knotenameisen.
Myrobalanen [Mz.; v. gr. myrobalanos = Behennuß], Bez. für einige meist gerbstoffreiche (↗Gerbstoffe), als Heil- od. Nahrungsmittel verwendete Früchte. M. wurden schon im Altertum genutzt. Folgende Arten liefern M.: a) *Prunus cerasifera* (Kirschpflaume): die Steinfrüchte sind braun bis gelbrot gefärbt, das Fruchtfleisch ist gekocht eßbar; die in W-Asien beheimatete Art wurde v. den Römern in Mitteleuropa eingeführt. b) *Terminalia chebula* u. *Terminalia bellirica*: die v.a. in Indien heim. Arten der Fam. *Combretaceae* liefern 25–45% Gerbstoffe enthaltende, birnenförm. Früchte, die in großen Mengen geerntet und hpts. zur Gewinnung v. Gerbstoffen verwendet werden, in der Medizin aber auch als Adstringens Verwendung finden. c) *Balanites aegyptica*, Zachunbaum, (Fam. *Zygophyllaceae*): die fleischigen Früchte dieser in Afrika u. in S-Asien verbreiteten Art sind eßbar; aus den ölhalt. Samen (bis 40% Öl) werden Salben hergestellt. d) *Phyllanthus emblica* (Fam. *Euphorbiaceae*): Heimat O-Asien; die Früchte (Graue M.) werden in der Heilkunde verwendet.
Myrocongridae [Mz.; v. *myro-, lat. conger = Meeraal], Fam. der ↗Aale.
Myronsäure [v. *myro-] ↗Sinigrin.
Myrosinase w [v. *myro-], in den *Myrosinzellen* vieler ↗Kapernartiger (z.B. Kapern, Senf, Rettich) vorkommendes pflanzl. Enzym, das bei Verletzung der Pflanze die in anderen Zellen enthaltenen Senfölglykoside in Senföle (Alkylisothiocyanate; bedingen den charakterist. scharfen Geschmack) u. Zucker spaltet. Auch die Umsetzung v. ↗Glucobrassicin (☐) wird durch die M. katalysiert.
Myroxylon s [v. *myro-, gr. xylon = Holz], Gatt. der ↗Hülsenfrüchtler.
Myrrhe w [v. gr. myrrha = balsamartiger Saft der arab. Myrrhe], *Myrrha*, aus unregelmäßig geformten, gelbl. od. rötl. braunen Körnern mit glänzender Oberfläche, aromat. Geruch u. bitterem Geschmack bestehendes Gummiharz (↗Harze), das aus den M.nsträuchern (*Commiphora*-Arten, Fam. ↗*Burseraceae*) durch Einschnitte in die Rinde gewonnen wird. An den verletzten Stellen tritt der gelbe Milchsaft aus, der an der Luft zum Gummiharz erstarrt. Inhaltsstoffe von M. sind äther. Öle (2–10%, mit den Bestandteilen Pinen, Limonen, Eugenol, Kresol sowie Sesquiterpenen), Harzbestandteile (25–40%, v.a. Harzsäuren, z.B. Commiphorsäure) u. Rohschleim (50–60%, enthält Arabinose, Galactose, 4-O-Methylglucuronsäure u. Aldobiuronsäure). M. wurde bereits im Altertum (häufig zus. mit Weihrauch-Olibanum) zu Salben, Arzneien u. Einbalsamierungen verwendet. Heute findet M. aufgrund seiner adstringierenden u. desinfizierenden Eigenschaften hpts. in Form v. alkohol. Tinkturen Verwendung zu Hautpinselungen u. Mundspülungen bei Entzündungen der Mund- u. Rachenhöhle.
Myrrhidendron s [v. gr. myrrha = Myrrhe, dendron = Baum], Gatt. der ↗Doldenblütler.
Myrrhis w [gr., = ein wie Myrrhe duftendes Kraut], monotyp. Gatt. der ↗Doldenblütler.
Myrsinaceae [Mz.; v. gr myrsinē = Myrtenzweig], in den trop., subtrop. und warmgemäßigten Zonen verbreitete Fam. der Primelartigen mit rund 1000 Arten in 32 Gatt. Vorwiegend Sträucher u. kleine Bäume mit einfachen, oft immergrünen, ledr. Blättern und i.d.R. büschelig od. rispig angeordneten kleinen, oft stark duftenden Blüten. Letztere 4–6zählig, radiär, zwittrig od. diklin (dann meist diözisch verteilt) mit tellerförm. Krone. Die fleischigen, bis kirschgroßen, roten Steinfrüchte besitzen meist nur einen einzigen dunklen Samen u. sind häufig eßbar. Laubblätter, Rinde, Mark u. Blüten der M. enthalten schizogene Sekretlücken. Einige M. werden als Zierpflanzen gezogen (↗Ardisia). Die Gatt. ↗*Aegiceras* umfaßt typ. Mangrovepflanzen.
Myrtaceae [Mz.; v. *myrt-], die ↗Myrtengewächse. [gen.
Myrtales [Mz.; v. *myrt-], die ↗Myrtenartigen.
Myrte w [v. *myrt-], *Myrtus*, Gatt. der Myrtengewächse mit ca. 100 vorwiegend süd-am. Arten; immergrüne Sträucher od. Bäume mit ledr. Blättern, weißen Blüten u. Beeren. Die Braut-M. (*M. communis*), mit duftendem Laub, ist Zierpflanze aus dem Mittelmeergebiet (Hartlaubgebüsch der Macchie); ihre Beeren dienen als Magenmittel, ihr Holz für Möbel u.a. ⓑ Mediterranregion I.
Myrtenartige [v. *myrt-], *Myrtales*, Ord. der *Rosidae* mit 11 Fam. (vgl. Tab.); Blütenhülle aus Kelch u. Krone zusammengesetzt; sekundär vermehrte Staubblätter; unterständ. Fruchtknoten; bikollaterale Leitbündel.
Myrtengewächse [v. *myrt-], *Myrtaceae*, Fam. der Myrtenartigen mit 100 Gatt. (vgl. Tab.) und ca. 3000 Arten in den Tropen u. Subtropen; immergrüne, meist hartlaub. Holzgewächse mit ungeteilten Blättern; bikollaterale Leitbündel, lysigene Ölbehälter. Zur Gatt. *Callistemon* zählen Ziergehölze, die auch als „Zylinderputzer" bezeichnet werden; der Name bezieht sich auf die an bestimmten Astabschnitten dicht stehenden Blüten, deren Schauwirkung durch lange, gefärbte Staubfäden erzielt wird. Früchte mehrerer Arten der Gatt. *Eugenia* (Kirschmyrte) sind eßbar. Von der Gewürznelke (*Syzygium aromaticum*, ⓑ Kulturpflanzen IX), ein immergrüner Baum

Myrtengewächse

Myrte
(*Myrtus communis*)

Myrtenartige

Wichtige Familien:
↗ *Combretaceae* (Strandmandelgewächse)
↗ Granatapfelgewächse (*Punicaceae*)
↗ *Melastomataceae* (Schwarzmundgewächse)
↗ Myrtengewächse (*Myrtaceae*)
↗ Nachtkerzengewächse (*Onagraceae*)
↗ *Rhizophoraceae* (Mangrovengewächse)
↗ Seidelbastgewächse (*Thymelaeaceae*)
↗ *Sonneratiaceae*
↗ Wassernußgewächse (*Trapaceae*)
↗ Weiderichgewächse (*Lythraceae*)

Myrtengewächse

Wichtige Gattungen:
Callistemon
↗ *Eucalyptus*
Eugenia
Leptospermum
Melaleuca
Metrosideros
↗ Myrte (*Myrtus*)
Pimenta
Psidium
Syzygium

myro- [v. gr. myron = Salbe, Salböl, Balsam].

myrt- [v. gr. myrtos = Myrte; myrton = Myrtenbeere].

Myrtus

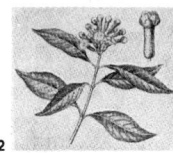

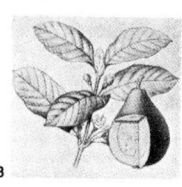

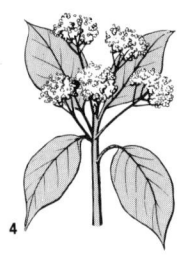

Myrtengewächse

1 Blütenstände v. *Callistemon*. 2 Zweig der immergrünen Gewürznelke *(Syzygium aromaticum)* mit weiß-rosa Blütendolde u. Blütenknospe. 3 Blütenzweig u. Frucht (Guayave) v. *Psidium guajava*. 4 Piment *(Pimenta dioica)*

Mysidacea

a *Boreomysis arctica* (25 cm), b Schwanzfächer aus Telson u. Uropoden mit Statocyste

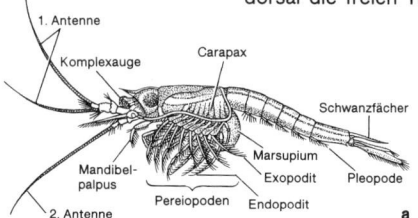

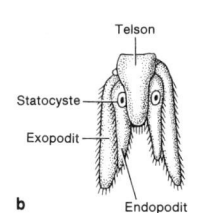

(urspr. Molukken, heute v.a. Kultur auf Sansibar, Madagaskar), sind bei uns die getrockneten Blütenknospen (enthalten bis 20% äther. Öl, v.a. ⁊Eugenol, „Nelkenöl") u. die junge Frucht (Mutternelke) im Handel; kam bereits im 4. Jh. n. Chr. nach Europa. Der Rosenapfel (*S. jambo*, urspr. Indomalesien) wird in den gesamten Tropen wegen seiner Früchte kultiviert. Eine ebenfalls heute in den gesamten Tropen geschätzte, in vielen Sorten angebaute Obstart ist *Psidium guajava* (urspr. trop. Amerika); ihre Frucht, die etwa apfelgroße *Guayave* od. *Guave,* hat mit 350 mg% einen hohen Vitamin-C-Gehalt (Verwendung: Frischobst, Marmelade, Saft). Blätter der Sträucher od. kleinen Bäume der Gatt. *Leptospermum* (25 Arten in Austr. und Indomalaysien) enthalten äther. Öle. Die Gatt. *Melaleuca* umfaßt ca. 100, v.a. australische, überwiegend strauch. Arten; *M. leucadendron* ist ein Baum mit weißer, abblätternder Rinde, aus dessen weißen, in Ähren stehenden Blüten *Kajeputöl* gewonnen wird; Hauptbestandteil davon ist Lineol. Von Neuseeland bis zu den Sandwichinseln ist die Gatt. *Metrosideros* beheimatet; *M. polymorpha* ist ein im neuseeländ. Gebirge bestandbildender Baum, der sehr hartes Holz (Eisenholz) liefert. Die unreifen, getrockneten, pfefferart. Beeren des Piment- oder Nelkenpfefferbaums *(Pimenta dioica,* urspr. Zentralamerika, heute Anbau v. a. Jamaika) werden als Gewürz *(Piment)* verwendet.

Myrtus *m* [lat. (v. *myrt-), =], die ⁊Myrte.

Mysella *w* [v. gr. mys = Miesmuschel], Gatt. der *Montacutidae;* die Linsenmuschel, *M. bidentata* (5 mm lang), lebt kommensal an verschiedenen Tieren in Atlantik, Mittelmeer u. Nordsee.

Mysidacea [Mz.; v. *mysi-], *Glaskrebse,* Ord. der ⁊*Peracarida* mit 2 U.-Ord. (vgl. Tab.) und ca. 450 meist kleinen (1–3 cm langen), garnelenähnl. Arten, die der Grundorganisation der *Peracarida* noch nahestehen u. früher aufgrund v. Symplesiomorphien zus. mit den ⁊*Euphausiacea* als Spaltfußkrebse *(Schizopoda)* vereinigt wurden. Sie unterscheiden sich v. diesen jedoch dadurch, daß ihr Carapax dorsal nur mit höchstens 3 Thorakalsegmenten verwachsen ist, und v. a. durch die Synapomorphien der *Peracarida* (Marsupium, spezielle Art direkter Entwicklung, *Lacinia mobilis).* Der Habitus erinnert an Garnelen u. Euphausiaceen. Der Carapax überdeckt dorsal die freien Thorakomeren. Vorn bildet der Kopf ein oft langes Rostrum zw. den Stielaugen. Die 1. Antennen sind zweigeißelig; der Exopodit der 2. Antennen ist schuppenartig. Von den 8 Paar Thorakopoden fungiert das 1. Paar als Maxillipeden; dieses u. die folgenden Pereiopoden sind Spaltfüße. – Besonders urspr. sind die *Lophogastrida.* Ihre Thorakopoden tragen als Kiemen fungierende, verzweigte Epipodite. Außerdem besitzen sie noch Epimeren am Pleon, voll ausgebildete Pleopoden sowie einen Rest des 7. Pleonsegments. Allerdings ist das letzte Extremitätenpaar, die Uropoden, schon nach hinten verlagert u. bildet zus. mit dem Telson einen Schwanzfächer. Auch in der inneren Organisation zeigen die *Lophogastrida* besonders urspr. Verhältnisse (□ Krebstiere). Das Herz ist lang; es besitzt zwar nur 3 Paar Ostien, aber 9 Paare v. Seitenarterien. Als Exkretionsorgane fungieren Antennen- u. Maxillendrüsen. – Die *Mysida* sind stärker abgeleitet. Ihnen fehlen die Kiemen an den Thorakopoden; als Atmungsorgan ist die innere Carapaxwand stark durchblutet. Ferner ist ihr Pleon drehrund, u. die Pleopoden sind beim ♀ auf kleine Stummel zurückgebildet; beim ♂ sind 1 oder 2 Paar lang u. dienen als Kopulationsorgane. Ferner besitzen die *Mysida* mit der Außenwelt kommunizierende Statocysten in den Endopoditen der Uropoden. Auch in der inneren Organisation sind sie abgeleitet. Das Herz ist kürzer u. hat nur 2 Ostienpaare, das Arteriensystem ist vereinfacht. Von den Exkretionsorganen ist nur die Antennendrüse geblieben. Viele *M.* sind durchsichtig. Tiere, deren Exoskelett nicht verkalkt ist. Sie haben eine feste Zahl v. Chromatophoren u. können sich auf dunklem Untergrund dunkel färben. Die meisten *M.* ernähren sich filtrierend. Die Exopodite der Thorakopoden, die bei den *Mysida,* wo sie die einzigen Schwimmorgane sind, bes. kräftig sind, erzeugen einen Wasserstrom, der durch eine ventrale Nahrungsrinne nach vorn in eine v. den Maxillen u. Maxillipeden gebildete Filterkammer strömt. Bodenlebende Arten können dabei weiches Sediment aufwühlen. Außerdem können mit den Endopoditen der Thorakopoden größere Beutestücke gezielt ergriffen werden. Die Arten der Gatt. *Eucopia* aus der Tiefsee besitzen kein Filter; sie sind Räuber, deren Endopodite der Pereiopoden 5 bis 7 stark verlängerte, subchelate Fangbeine sind. Die Paarung findet nachts nach einer Parturialhäutung statt, wenn das ♀ voll ausgebildete Oostegite hat; äußere Besamung; das Sperma wird in das Marsupium gespritzt, kurz darauf werden 10–40 Eier gelegt, aus denen fertig entwickelte Jungtiere schlüpfen. Bei den *Lophogastrida* wird das Marsupium aus 7 Paar Oostegiten gebildet, bei den meisten *Mysida* nur aus 2 bis 3 Paar. – Mit Ausnahme v. *Mysis relicta* sind die *M.* marin. Die *Lophoga-*

strida sind Dauerschwimmer, die nur mit Hilfe der Pleopoden schwimmen; die Exopodite der Thorakopoden erzeugen einen Atemwasserstrom. *Gnathophausia* lebt in 500 bis 2600 m Tiefe u. erreicht 18 cm Länge; *G. ingens* kann als einziger Vertreter der Ord. leuchten: Drüsen an den 2. Maxillen produzieren ein Leuchtsekret. Auch bei den *Mysida* gibt es Tiefseeformen, wie *Arachnomysis,* 8 cm lang, in 500 bis 3000 m Tiefe. Die meisten Arten leben jedoch im Litoral. Die euryhaline *Neomysis integer* (bis 25 mm) bildet riesige Schwärme in den Flußmündungen der Nord- u. Ostsee. Gatt. wie *Praunus* u. *Gastrosaccus* leben mehr am Boden oder zw. Pflanzen. Eine abweichende Lebensweise haben die Gatt. *Antromysis* in Costa Rica u. verschiedene Arten v. *Heteromysis: A. anophelinae* lebt im Brackwasser am Grunde der Wohngänge v. Landkrabben, stets zus. mit Larven v. Stechmücken; *H. harpax* lebt kommensalisch in v. Einsiedlerkrebsen bewohnten Schneckenschalen, *H. actiniae* usw. den Tentakeln der Seeanemone *Barthelomea annulata*. Verschiedene Arten u. Gatt. mit rückgebildeten Augen leben in Höhlen in S-Europa. Das Reliktkrebschen *Mysis relicta* (21–25 mm) ist wahrscheinl. ein Relikt, das im Pleistozän v. seinen marinen Vorfahren abgespalten wurde. Es besiedelt norddt., skand. und nordam. Seen u. hält sich als kaltestenotherme Art im Sommer in größeren Tiefen (bis 270 m) auf. Zur Fortpflanzung kommen die Tiere im Winter, bei Temp. unter 7 °C, an die Wasseroberfläche. *M. relicta* wird v. manchen Autoren für eine U.-Art von *M. oculata* aus dem N-Atlantik gehalten. P. W.

Mysidobdella *w* [v. *mysi-, gr. bdella = Egel], Gatt. der Ringelwurm-(Egel-)Fam. *Piscicolidae,* saugt an Krebsen.

Mysis *w* [v. *mysi-], Gatt. der ↗*Mysidacea.*

Mysis-Stadium [v. *mysi-], Entwicklungsstadium langschwänziger Zehnfußkrebse (*Natantia* u. *Astacura* der ↗*Decapoda),* das auf die Zoëa folgt; ähnelt einer *Mysis* (↗*Mysidacea);* besitzt schon alle Thorakopoden u. schwimmt, wie *Mysis,* mit deren Exopoditen. Auf das M. folgt das *Decapodit-Stadium* (↗*Decapoda),* das mit den Pleopoden schwimmt.

Mystacocarida [Mz.; v. gr. mystax = Schnurrbart, karis = länglicher Seekrebs], U.-Kl. der Krebstiere mit nur 3 Arten winziger (bis 0,5 mm), schlanker Bewohner des marinen Küstengrundwassers, v. denen die erste 1943 an der nordam. O-Küste entdeckt wurde. Ohne Carapax; der Rumpf besteht aus 10 fast gleichart. Segmenten, v. denen die vorderen 5 Thorakopoden tragen, u. endet mit einer zangenähnl. Furca; das 1. Thorakopodenpaar bildet Maxillipeden, die 4 folgenden sind Rudimente aus nur 1 Glied; das Naupliusauge besteht aus 4 weit voneinander getrennten Ocellen. Die

Mysidacea
Unterordnungen, Familien und Gattungen:
Lophogastrida
 Lophogastridae
  Lophogaster
  Gnathophausia
 Eucopiidae
  Eucopia
Mysida
 Petalophthalmindae
 Mysidae
  Mysis
  Neomysis
  Gastrosaccus
  Praunus
  Arachnomysis
  Heteromysis
  Antromysis
 Lepidomysidae
 Stygiomysidae

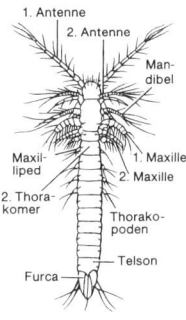

Mystacocarida
Derocheilocaris remanei (0,35 mm), Dorsalansicht

myrt- [v. gr. myrtos = Myrte; myrton = Myrtenbeere].

mysi- [v. gr. mysis = das Zusammendrükken (der Augen, Lippen usw.); v. myein = schließen].

myxa-, myxo- [v. gr. myxa = Schleim].

M. leben im Kapillarwasser zw. Sandkörnern u. ernähren sich v. Detritus u. Mikroorganismen, die sie v. den Sandkörnern abbürsten. *Derocheilocaris typicus* an der nordam. Atlantikküste, *D. remanei* an den südfrz. und afr. Mittelmeer- u. Atlantikküsten, *D. galvarini* in Chile im Litoral.

Mystacoceti [Mz.; v. gr. mystax = Schnurrbart, kētos = Seeungeheuer, Wal], *Mysticeti,* die ↗Bartenwale.

Mystriosaurus *m* [v. gr. mystrion = Löffel, sauros = Eidechse], (Kaup 1835), im schwäb. Posidonienschiefer (Lias ε) häufig gefundenes † Krokodil (U.-Ord. *Mesosuchia* Huxley 1875); Länge bis 4,80 m; in einigen Exemplaren nachgewiesene Magensteine, die nur im Küstenbereich aufgenommen worden sein können, legen den Schluß nahe, daß die Eiablage des marin lebenden *M.* auf dem Festland erfolgte. Bekannteste Art: *M. bollensis* Jaeger. Verbreitung: oberer Lias von Dtl., England u. Argentinien.

Mystriosuchus *m* [v. gr. mystrion = Löffel, souchos = Nilkrokodil], (E. Fraas 1896), Gavial-artiger † Phytosaurier (Ord. *Thecodontia*) aus dem Keuper (Stubensandstein) Württembergs, Schädellänge bis 90 cm; gelegentl. zum Synonym v. *Termatosaurus* Plieninger 1844 und *Belodon* H. v. Meyer 1842 erklärt.

Mystus *m* [v. gr. mystax = Bart], Gatt. der ↗Stachelwelse.

Mytilotoxin *s* [v. lat. mitulus, mytilus = Miesmuschel, gr. toxikon = (Pfeil-)Gift], ein Giftstoff der ↗Miesmuscheln, der sich bei Muscheln in ruhendem Gewässer ansammelt; wird beim Aufkochen zerstört.

Mytilus *m* [lat., = Miesmuschel], Gatt. der ↗Miesmuscheln.

Myxacium *s* [v. *myxa-], die ↗Schleimfüße.

Myxamöben [Mz.; v. *myxa-, gr. amoibē = die Wechselhafte], *Myxoamöben,* nackte, amöboid bewegl. Zellen der Schleimpilze (*Myxomycota,* ↗*Myxomycetidae,* ↗Echte Schleimpilze). [schnecke.

Myxas *w* [v. *myxa-], die ↗Mantel-

Myxillidae [Mz.; v. *myxa-], Schwamm-Fam. der *Demospongiae* mit 10 Gatt. Bekannte Arten: *Myxilla rosacea,* Gezeitenbewohner in Mittelmeer, Atlantik u. Arktis; *Iophon nigricans* und *Tedania ignis,* an der Küste v. Florida, Dermatitis erzeugend.

Myxinen [Mz.; v. gr. myxinos = Schleimfisch], *Myxinidae,* die ↗Inger.

Myxobacterales [Mz.; v. *myxo-, gr. baktērion = Stäbchen], die ↗Myxobakterien.

Myxobakterien [v. *myxo-, gr. baktērion = Stäbchen], *Myxobacterales,* Ord. der einzelligen (farblosen) ↗gleitenden Bakterien (↗*Flexibacteriae);* characterist. sind die gleitende Bewegung (z. B. auf Agaroberflächen), die Umwandlung v. vegetativen Zellen zu Dauerzellen (*Myxosporen*) u. die morpholog. Differenzierung v. Zellverbänden zu Fruchtkörpern (10–700 μm groß), die durch koordiniertes Zusammenwirken

Myxochloris

v. Millionen Zellen entstehen (zellulärer Entwicklungszyklus ↗ *Stigmatella*). Die Myxosporen können in einfachen Schleimhaufen eingebettet sein, od. es entstehen komplexere Fruchtkörperformen, in denen sie sich innerhalb einer Extrahülle (Sporangiole, Cyste) entwickeln. Es können auch Stiele (↗*Cystophoren*) aus Schleim (od. Bakterien u. Schleim) ausgebildet werden, die den sporentragenden Teil (Sporangiolen) emporheben *(Stigmatella);* die Stiele können sich sogar verzweigen (*Chondromyces*-Arten). Die Myxosporen zeigen Resistenz gg. Trockenheit, UV-Licht und mechan. Belastung, aber nicht gg. Hitze. – M. sind weltweit verbreitet, auch an Extremstandorten (z.B. Salzböden, Vulkanschlacken, Arktis, Steppen). Es sind hpts. Bodenbakterien, die vorwiegend in neutralen od. leicht alkal. Böden leben, v. a. auf zerfallendem organ. Material. Sie besiedeln auch Rhizosphären, verrottendes Holz, sich zersetzendes Pflanzenmaterial, Kot v. Pflanzenfressern (z. B. Wildkaninchen). *Polyangium parasiticum* parasitiert auf Süßwasseralgen *(Cladophora)*. M. kommen nicht in marinen Habitaten vor. Auf festen Nährböden bilden sie flache, meist ausgebreitete, oft bunt gefärbte Kolonien aus. M. sind mesophile (6–38 °C), strikt aerobe Bakterien mit einem Atmungsstoffwechsel. Sie leben überwiegend als „Mikroräuber": durch Ausscheidung v. Exoenzymen werden andere Mikroorganismen, bes. Bakterien, lysiert (bakteriolyt.-peptolyt. Arten). Wenige Arten bauen auch polymere Kohlenhydrate ab, wie Agar *(Nannocystis)* od. Cellulose (*Sorangium,* fr. *Polyangium* gen.). Der Zellwandaufbau der M. ähnelt dem gramnegativer Bakterien; zusätzl. besitzen sie Schleimhüllen (Glykokalyx). – M. werden in 2 U.-Ord. gegliedert: 1. *Sorangineae* mit zylindr. an den Enden abgerundeten Zellen (0,6–1,0 × 2–6 µm); die Myxosporen unterscheiden sich nur wenig von den vegetativen Zellen. 2. *Cystobacterineae* mit schlanken, oft ziemi. langen Stäbchen, deren Enden deutl. verjüngt sind (0,6–0,8 × 3–8 µm); ihre Myxosporen unterscheiden sich deutl. von den vegetativen Zellen u. sind i. d. R. von einer Kapsel umgeben. Die Gatt. und Arten der M. werden nach der Fruchtkörperausprägung unterschieden (vgl. Tab.).

Myxochloris *w* [v. *myxo-, gr. chlōros = gelbgrün], eine Gattung der ↗*Rhizochloridales.*

Myxochrysidaceae [Mz.; v. *myxo-, gr. chrysis = goldenes Kleid], Fam. der ↗*Rhizochrysidales;* rhizopodiale, gelbgrüne Algen mit Plasmodienbildung. *Myxochrysis paradoxa* ähnelt mehrkern. Amöbe mit brauner, eisenhalt. Hülle; entsteht durch Verschmelzung mehrerer einkern. Amöben; mehrere Plastiden u. pulsierende Vakuolen.

Myxochytridiales [Mz.; v. *myxo-, gr. chy-

Myxobakterien
Unterordnungen, Familien u. Gattungen (Auswahl):

Cystobacterineae
 ↗ *Myxococcaceae*
  Myxococcus
  Corallococcus
  (= *Chondrococcus*)
 ↗ *Archangiaceae*
  Archangium
 ↗ *Cystobacteraceae*
  Cystobacter
  ↗ *Melittangium*
  ↗ *Stigmatella*

Sorangineae
 ↗ *Sorangiaceae*
 (↗ *Polyangiaceae*)
  Sorangium
  Polyangium
  Chondromyces
  Nannocystis

Myxococcaceae
Gattungen:
Angiococcus
Corallococcus
(fr. *Chondrococcus*)
Myxococcus

Myxomycetidae
Ordnungen:
Echinosteliales
Liceales
Physarales
*(Ceratiomyxales)**
Stemonitales
Trichiales

* heute mit den *Protosteliales* in der U.-Kl. ↗ *Protostelidae* vereinigt

myxa-, myxo- [v. gr. myxa = Schleim].

tridion = kleiner Trichter], frühere Ord. der ↗ *Chytridiomycetes;* neuerdings werden diese niederen Pilze in der Ord. ↗ *Chytridiales* eingeordnet, obwohl ihr Entwicklungszyklus sich teilweise v. dem der anderen *Chytridiales* unterscheidet (z.B. haben sie zeitweise einen nackten Thallus). *M*. sind intrazelluläre Parasiten v. Algen, Pilzen, Pollenkörnern u. wirbellosen Tieren (z.B. Rädertierchen) u. kommen vorwiegend in Süßwasser u. Erdboden vor. Von großer wirtschaftl. Bedeutung sind ↗ *Synchytrium endobioticum,* der Erreger des ↗Kartoffelkrebses, u. ↗ *Olpidium brassicae,* der Erreger v. Umfallkrankheiten der Kohlarten.

Myxococcaceae [Mz.; v. *myxo-, gr. kokkos = Kern, Beere], Fam. der ↗*Myxobakterien (Myxobacterales).* Die vegetativen Zellen sind schlank, boot-, spindel- oder zigarrenförmig mit mehr oder weniger zugespitzten Enden (3,5–7 µm lang, 0,6–0,8 µm breit). Im strikt aeroben Energiestoffwechsel werden verschiedene polymere Substrate abgebaut, z.B. Proteine, Stärke, Nucleinsäuren, auch ganze Bakterien. Die Fruchtkörper sind meist einfach rundl., manchmal gestielt *(Myxococcus, Angiococcus)* od. sehr variabel, etwa korallenförmig (z.B. *Corallococcus,* früher *Chondrococcus*). Die rundl. oder ellipsoid. Myxosporen sind nicht in Cysten eingeschlossen. *M*. können aus dem Erdboden, aus Dung, v. Herbivoren u. aus verrottendem Holz isoliert werden.

Myxödem *s* [v. *myxa-, gr. oidēma = Geschwulst], i. w. S.: Anreicherung von schleimart. Substanzen im Gewebe (meist Polysaccharide, Mucopolysaccharide); i. e. S.: bei Hypothyreose (Unterfunktion der Schilddrüse) entstehende teigige, wachsart. Verdickung der Haut im Gesicht u. auf den Handrücken.

Myxoflagellaten [Mz.; v. *myxo-, lat. flagellum = Geißel], die durch Geißeln bewegl. Zoosporen der Schleimpilze (*Myxomycota,* ↗ *Myxomycetidae,* ↗Echte Schleimpilze).

Myxomatose *w* [v. *myxo-], *Kaninchenseuche,* seuchenart., meist tödl. verlaufende, meldepflicht. Viruserkrankung der Kaninchen u. Hasen, die v. Insekten übertragen wird; wurde urspr. von Fkr. nach Dtl. eingeschleppt; in Austr. eingeführt zur Bekämpfung der Kaninchenplage. Inkubationszeit 4–6 Tage; Symptome: eitrige Bindehautentzündung, Schwellungen am Kopf, der Gliedmaßen u. in der Aftergegend; in den letzten Jahren Rückgang der M. durch zunehmende Resistenz der Tiere.

Myxomycetes [Mz.; v. *myxo-, gr. mykētes = Pilze], die ↗Echten Schleimpilze.

Myxomycetidae [Mz.; v. *myxo-, gr. mykētes = Pilze], U.-Kl. der ↗Echten Schleimpilze *(Myxomycetes)* mit ca. 400 Arten. Der vegetative Thallus ist ein mehrkern. Plasmodium (Plasmamasse), ein feines Netzwerk od. auch ein festeres Gebilde, mikrosk. klein od. bis mehrere Handtel-

Myxomycetidae

Entwicklungszyklus eines Echten Schleimpilzes (z. B. *Physarum polycephalum*):

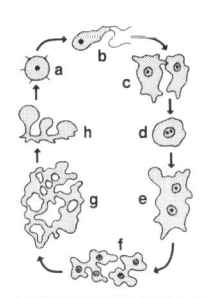

Aus der haploiden Spore (**a**) schlüpfen meist 2 Zoosporen *(Myxoflagellaten)*, die 2 ungleich lange (akrokonte) Geißeln besitzen (**b**). Sofort od. nach mehreren Teilungen kopulieren 2 Zoosporen, und es entsteht eine diploide Zygote, die bald die Geißeln verliert (diploide *Myxamöbe*); anstelle der Zoosporen können aus den Sporen auch geißellose, haploide Myxamöben freigesetzt werden, od. die Zoosporen wandeln sich in Myxamöben um (**c**), ehe sie zur Zygote zusammenfließen (**d**). Die Zygote wächst unter Nahrungsaufnahme, u. ihre Zellkerne teilen sich fortwährend mitotisch (**e**). Dadurch entsteht ein vielkern., ungegliedertes, amöboid-bewegl. *Plasmodium* (**f** und **g**). Bei ungünst. äußeren Bedingungen (z. B. Trockenheit) kann sich das Plasmodium in ein hartes *Sklerotium* umwandeln. Verbessern sich die Wachstumsbedingungen, wird das Plasmodium zurückgebildet. Normalerweise schließt sich der vegetativen Plasmodium-Phase eine sexuelle Phase unter Bildung v. *Fruchtkörpern* an, die in Stiel u. Sporangium differenziert sind (**h**). In den Sporangien, die außen v. einer Hüllschicht *(Peridie)* umgeben sind, entwickelt sich ein charakterist. Netzwerk *(Capillitium)*, zw. dem sich die Sporen ausbilden *(Innensporer)*: der diploide Kern von einkern. Plasmaportionen teilt sich meiotisch; 3 Tochterkerne degenerieren, u. nur 1 Kern überlebt u. wird zum Sporenkern. Die haploiden Sporen sind v. einer charakterist. cellulosehalt. Zellwand umgeben u. werden beim Zerfall des Sporangiums freigesetzt.

ler groß. Die typ., strömende Beweglichkeit des Plasmodiums beruht chem. auf ↗*Myxomyosin*. Die Plasmodien differenzieren sich zu pilzähnl. Fruchtkörpern (Sporokarpe) von vielfält. Aussehen: einfache, gestielte od. sitzende Sporangien, zusammengesetzte (meist ungestielte) Äthalien (Gruppen v. Sporangien) u. Plasmodiokarpe (sitzende, unregelmäßig verzweigte od. vernetzte Sporokarpe), die direkt aus dem gesamten Plasmodium durch Zusammenziehen entstehen. In der Entwicklung treten *Myxoflagellaten* auf. Stets findet ein Kernphasenwechsel statt (vgl. Abb.). M. kommen vornehml. auf sich zersetzendem organ. Material vor, feuchtem Laub, verrottenden Baumstümpfen, gelegentl. auf faulenden Rasen. Sie ernähren sich durch endogene Verdauung v. Nahrungspartikeln (z. B. Bakterien); unverdaul. Teile werden wieder ausgeschieden. – Da M. mehrere tier. Merkmale besitzen (z. B. Phagocytose, Bewegungsmechanismus), werden sie auch als *Mycetozoa* bezeichnet.

Myxomycophyta [Mz.; v. *myxo-, gr. mykēs = Pilz, phyton = Gewächs] ↗Schleimpilze.

Myxomycota [Mz.; v. *myxo-, gr. mykēs = Pilz], Abt. der pilzähnl. Protisten (Niedere Pilze) mit 2 Kl.: *Myxomycetes* (↗Echte Schleimpilze, auch als *Eumycetozoa* bezeichnet) u. *Acrasiomycetes* (↗Zelluläre Schleimpilze).

Myxomyosin *s* [v. *myxo-, gr. mys = Muskel], ein in seiner Struktur u. seinen chem. Eigenschaften dem ↗*Myosin* der glatten ↗Muskulatur sehr ähnl. Protein, das zus. mit dem ↗Actin-verwandten Schleimpilz-Actin den kontraktilen Apparat der Schleimpilze (↗*Myxomycetidae*) bildet.

Myxophaga [Mz.; v. *myxo-, gr. phagos = Fresser], U.-Ord. der ↗Käfer ([T]).

Myxophyceae [Mz.; v. *myxo-, gr. phykos = Seetang], die ↗Cyanobakterien.

Myxosporen [v. *myxo-, gr. sporos = Same], Ruhezellen *(Mikrocysten)* v. ↗Myxobakterien, die gg. Austrocknung beständig sind u. auch eine gewisse Resistenz gg. UV-Strahlung u. Ultraschall aufweisen; gg. Hitze sind sie nur geringfügig resistenter als die vegetativen Zellen (58°–62°C für 10–60 min). Sie haben unterschiedl. Formen u. werden in einfachen „Fruchtkörpern" gebildet od. in *Sporangiolen* (auch *Cysten* gen.), Teilen komplexer Fruchtkörper.

Myxosporidia [Mz.; v. *myxo-, gr. sporos = Same], Gruppe der ↗Cnidosporidia ([T]).

Myxotheca *w* [v. *myxo-, gr. thēkē = Behälter], Gatt. der ↗Foraminifera ([T]).

Myxoviren [Mz.; v. *myxo-], früher Sammelbez. für Influenzaviren u. andere, in einigen Eigenschaften ähnl. Viren (Masern-, Mumps-, Parainfluenzavirus). Die spätere Entdeckung wesentl. Unterschiede zw. diesen Viren veranlaßte die Unterteilung in die 2 Fam. Ortho-M. (↗Influenzaviren) und ↗Para-M.

Myzobdella *w* [v. *myzo-, gr. bdella = Egel], Gatt. der Ringelwurm-(Egel-)Fam. *Piscicolidae. M. moorei*, soll unter der Bez. „sea cucumber" = Seegurke (nicht zu verwechseln mit den zu den Stachelhäutern zählenden *Holothuria* = Seegurken) in China als menschl. Nahrungsmittel genutzt werden.

Myzocytose *w* [v. *myzo-, gr. kytos = Höhlung (heute: Zelle)], von E. Schnepf vorgeschlagene Bez. für eine bes. Form der ↗Endocytose, wie sie bei dem parasit. von marinen Kieselalgen lebenden Dinoflagellaten („Geißelalge") *Paulsenella* beobachtet wurde. *Paulsenella* durchstößt mit einer Art „Rüssel" das Plasmalemma der Kieselalge u. schließt dabei Kieselalgen-Cytoplasma in eine Nahrungsvakuole ein; das aufgesogte Cytoplasma ist danach nicht v. einer eigenen (d. h. Kieselalgen-) Membran umgrenzt. Auch intrazelluläre Endosymbionten, welche nur durch 1 Membran. v. Wirtscytoplasma getrennt sind, könnten durch M. aufgenommen worden sein.

Myzostomida [Mz.; v. *myzo-, gr. stoma = Mund], je nach systemat. Auffassung als Ord. der ↗*Polychaeta* oder Kl. der ↗Ringelwürmer *(Annelida)* geführt. Die etwa 150 Arten, die sich, bei Wertung der *M.* als Kl., auf 7 Fam. und die beiden Ord. ↗*Proboscidea* u. ↗*Pharyngidea* (vgl. Tab.) verteilen, leben als Kommensalen od. Ekto-, seltener als Endoparasiten auf bzw. in v. a. Haar-, aber auch See- u. Schlangenster-

---

Myzostomida

Ordnungen und Familien:

↗ Proboscidea
↗ Myzostomidae

↗ Pharyngidea
↗ Cystimyzostomidae
↗ Pulvinomyzostomidae
↗ Mesomyzostomidae
↗ Protomyzostomidae
↗ Asteriomyzostomidae
↗ Stelechopodidae

myzo- [v. gr. myzein = saugen, einsaugen].

Myzostomida

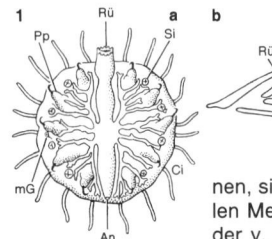

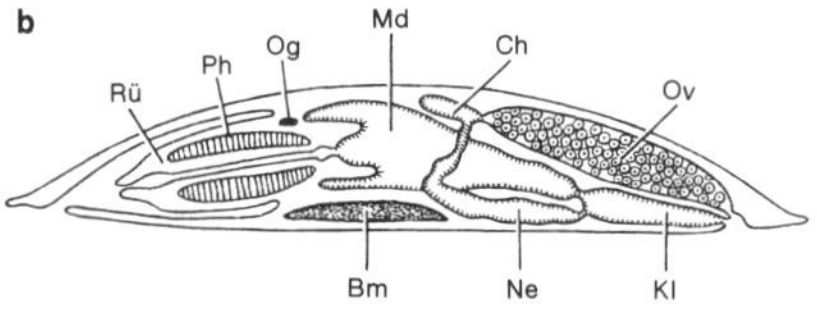

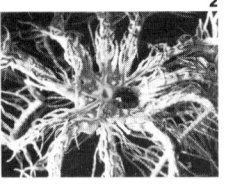

Myzostomida

1 Bauplan von *Myzostomum spec.*; **a** Ventralansicht, mit ausgestülptem „Rüssel" u. den Umrissen des Darmsystems; **b** Sagittalschnitt. An Anus, Bm Bauchmark, Ch Coelomhöhle, Ci Cirrus, Kl Kloake, Md Mitteldarm, mG männl. Geschlechtspapille, Ne Nephridium, Og Oberschlundganglion, Ov Ovidukt mit Eiern, Ph Pharynx, Pp Parapodium mit hakenförm. Borste, Rü „Rüssel", enthält auch das Prostomium, Si laterales Sinnesorgan.
2 *Myzostoma glabrum* auf der Mundscheibe v. *Antedon mediterranea*

myzo- [v. gr. myzein = saugen, einsaugen].

nen, sind folgl. rein marin u. kommen in allen Meeren vor. Sie sind bereits aufgrund der v. ihnen an Stachelhäutern erzeugten Gewebewucherungen („Gallen") aus dem Devon bekannt. Ihr vom Bauplan der Ringelwürmer beachtl. abweichender Körper – zweifellos eine Anpassung an ihre seit Jahrmill. bestehende Lebensweise – ist im allg. eine dorsoventral abgeflachte, kreisförm. oder ovale, oft bunt gefärbte u. mit langen Cirren besetzte Scheibe mit einem ⌀ von durchschnittl. 4 mm (größte Art *Promyzostomum polynephris*, 3 cm), an der keinerlei äußere Segmentierung zu erkennen ist. Doch sind 5 Paar Parapodien – jedes einzelne mit einer Acicula u. einer S-förmig gekrümmten Borste – sowie 4 Paar vorstülpbare Lateralorgane ausgebildet. Die Lateralorgane stehen jeweils zw. den Parapodien u. enthalten große Sinneszellen unbekannter Funktion. Die Anzahl der Parapodien läßt auf einen Körperbau aus 5 Segmenten schließen, auch wenn eine innere Organometamerie fehlt. Die Segmente gehen direkt, also nicht teloblastisch (↗Teloblastie), aus der Trochophora-Larve hervor. Die Urmesoblasten bilden keine segmentalen Coelomhöhlen, sondern lediglich eine dorsale, mit seitl. Aussackungen versehene Kammer, die als Gonadenhöhle dient u. die Wimpertrichter der beiden Metanephridien enthält. Ferner liefert das Mesoderm Muskulatur u. ein Parenchym, das als Binnenskelett die Leibeshöhle zw. Hautmuskelschlauch u. Darm erfüllt. Der Hautmuskelschlauch besteht aus einer meist bewimperten, weniger häufig mit einer Cuticula versehenen (↗Asteriomyzostomidae, ↗Protomyzostomidae, ↗Stelechopodidae) zellulären Epidermis u. einer ihr unterlagerten Muskulatur, die, je nach der Lebensweise der Tiere, sehr unterschiedl. gestaltet sein kann u. bei vielen sessilen Formen in radiäre, zw. den Parapodien verlaufenden Septen gegliedert ist. Da diese Muskelsepten bisher nicht mit Coelomwänden homologisiert werden konnten, muß man sie als funktionell bedingte sekundäre Bildungen ansehen. Das Darmsystem besteht aus einem muskulösen Pharynx, dem Mitteldarm mit einer je nach systemat. Zugehörigkeit unterschiedl. Anzahl u. Art v. Darmdivertikeln sowie einem Enddarm, der dadurch, daß die Geschlechtsorgane u. Metanephridien in ihn münden, zur Kloake wird. Bei den *Proboscidea* ist der Pharynx Teil des Vorderkörpers, der als Introvert in eine Scheide des Rumpfes eingelassen ist u. zum Nahrungserwerb als Rüssel aus der Scheidenöffnung hervorgestülpt wird. Bei den *Pharyngidea*, die keinen Introvert besitzen, wird der Pharynx aus der Mundöffnung ausgestülpt. In den Pharynx münden Gruppen einzelliger Drüsen, die als Speicheldrüsen ben. sind. Über dem Pharynx liegt ein wenigzelliges Gehirn, das durch Schlundkonnektive mit dem Bauchmark verbunden ist. Dadurch, daß die Ganglien u. Nervenfasern des Bauchmarks zu einer einheitl. Masse verschmolzen sind, ist die für das Nervensystem der Gliedertiere typ. Strickleiterform verschwunden. Vom Bauchmark gehen jeweils 5 Haupt- und 6 Nebennerven aus. Die Hauptnerven versorgen die Parapodien, Cirren, die Körperdecke u. Teile der männl. Geschlechtsorgane, die Nebennerven die Muskulatur, Darm, Nephridien, Lateralorgane u. ebenfalls Geschlechtsorgane. Atmungsorgane fehlen ebenso wie ein Blutgefäßsystem. Als Exkretionsorgane dienen die Darmdivertikel; die Metanephridien leiten offenbar nur überschüssige Geschlechtsprodukte aus. – Das Fortpflanzungsgeschehen der simultan (= funktionell) od. protandrisch hermaphroditen M. ist einzigartig im Tierreich u. zudem nur lückenhaft bekannt. Bei *Myzostoma* findet eine wechselseit. Begattung statt, indem die Partner sich gegenseitig Spermatophoren an den Körper heften, die neben den mit Spermatozoen gefüllten Spermiocysten auch Podocysten mit je 4 Podocyten enthalten. Spermiocysten, Podocysten u. Podocyten entstehen offensichtl. auch im Hoden u. sind vermutl. bes. differenzierte männl. Geschlechtszellen. Nach Anheften der Spermatophore verschmelzen Spermiocysten u. Podocysten zu einem Spermasyncytium, das die Spermatophore wie die Körperwand des Geschlechtspartners durchbohrt u. mit einem Pseudopodium in den Körper eindringt. Dabei verzweigt sich das Syncytium zunächst zu einem Spermarhizom, um dann in mehrere Sekundärrhizome zu zerfallen, die, Amöben gleich, unter Pseudopodienbildung durch den Körper wandern und schließl. im dorsalen Coelom in die Ovarien eindringen. Hier treten die Spermatozoen aus den Spermiocysten aus u. besamen die im Coelom liegenden Eier. Über den unpaaren Ovidukt (Coelomodukt) gelangen die Eier ins Wasser. Auf die Spiralfurchung folgt eine Gastrulation durch Epibolie. Nach offenbar spätestens 30 Std. ist eine Trochophora-Larve entstanden, die sich nach 8 Tagen, wenn sie bereits eine Länge von 150 µm erreicht u. 2 Paar Parapodienanlagen mit Hakenborsten gebildet hat, auf einem Wirt festsetzt, um hier zum 4 mm großen Adultus heranzuwachsen. D. Z.

Myzostomidae [Mz.; v. *myzo-, gr. stoma = Mund], Ringelwurm-Fam. der ↗*Myzostomida* mit nur der namengebenden Gatt. *Myzostoma*. Körper scheibenförmig mit kreisrundem od. ovalem Umriß; Epidermis verstreut mit Wimperzellen; kurzes Bauchmark; meist 4 Paar Lateralorgane; Hoden ventral u. in viele Follikel aufgeteilt; funktionelle Hermaphroditen (Begattung ↗ *Myzostomida*). *Myzostoma cirriferum*, bis 4 mm lang, lebt vagil auf *Antedon*-Arten; *M. parasiticum*, bis 4 mm lang, an der Körperscheibe v. *Comatulida*; *M. platypus* bildet Cysten an Tiefsee-Haarsternen.

N, 1) chem. Zeichen für ↗ Stickstoff. **2)** Abk. für ↗ Asparagin. **3)** in der Anatomie Abk. für *Nervus* (Nerv).
n, Chemie: Abk. für „normal", ↗ Normallösung.
Na, chem. Zeichen für ↗ Natrium.
Nabel, 1) Bot.: das ↗ Hilum. **2)** Zool.: Bauch-N., *Umbilicus*, *Omphalos*, bei Säugern eingezogene Narbe in der Mittellinie des Bauches, die vom Ansatz der ↗ N.schnur gebildet wird u. in der Bauchwand eine Sehnenlücke hinterläßt.
Nabelbruch, *physiologischer N.*, embryonaler Zustand, bei dem einige Darmschlingen ventral aus der zu kleinen Leibeshöhle herausragen. Von den meisten Säugern u. Vögeln als normales Stadium durchlaufen.
Nabelflechten, im Umriß mehr od. weniger kreisförmige, unterseits zentral an einer Stelle (Nabel) am Gestein festgewachsene Laubflechten, v.a. die Fam. *Umbilicariaceae* u. die Gatt. *Dermatocarpon*.
Nabelinge, *Omphalina*, Gatt. der Ritterlingsartigen Pilze *(Tricholomataceae)*, mit kleinen bis sehr kleinen, meist häut. Fruchtkörpern, deren Hut nabelförm. vertieft ist; die Lamellen laufen am mittelständ. Stiel herab; der Sporenstaub ist weiß. N. wachsen auf Erdboden od. faulendem Holz; in Mitteleuropa über 30 Arten.
Nabelmiere, *Moehringia*, Gatt. der Nelkengewächse mit 20 Arten, bes. im gemäßigten Europa verbreitet; die heim. Arten sind kleine Kräuter mit lineal. oder eiförm. Blättern u. weißer Krone. Die Dreinervige N. *(M. trinervia)* ist eine Pflanze krautreicher Mischwälder (Stickstoffzeiger).
Nabelnüßchen, *Gedenkemein*, *Omphalodes*, Gatt. der Rauhblattgewächse mit etwa 25, v.a. im Mittelmeergebiet u. dem gemäßigten Asien heim. Arten. Niedrige Kräuter od. Ausläufer bildende Stauden mit mehr od. weniger langgestielten, blauen od. weißen, Vergißmeinnicht-ähnl. Blüten sowie schüssel- oder krugförm. Nüßchen mit eingezogenem Rand. In Mitteleuropa nur das in artenreichen Laubmisch- u. Auenwäldern wachsende, nach der ↗ Roten Liste „gefährdete" Wald-N. *(O. scorpioides)*. *O. verna*, das Frühlings-N., ist eine beliebte, gelegentl. verwildernde Gartenzierpflanze.
Nabelschnecken, die ↗ Bohrschnecken.
Nabelschnur, *Nabelstrang*, *Funiculus umbilicalis*, verbindet den Säugerembryo mit der ↗ Placenta, in der der Stoffaustausch zw. mütterlichem u. fetalem Blut stattfindet (B Embryonalentwicklung III–IV). Beim Menschen entsteht die N. aus dem ↗ Haftstiel, der vom ↗ Amnion umschlossen wird. Er enthält die *N.gefäße (Umbilicalgefäße*, homolog den Allantoisgefäßen der Sauropsiden): beim Menschen eine *N.vene (Umbilicalvene)*, die Sauerstoff u. Nährstoffe zum Fetus führt, und zwei *N.arterien (Umbilicalarterien)*, die Stoffwechselprodukte des Fetus abführen *(↗ fetaler Kreislauf)*. Bei der ↗ Geburt schwillt das gallertige ↗ Bindegewebe (B) der N. *(Whartonsche Sulze)* an u. drückt die N.gefäße ab. Nach der Geburt trocknet die N. ein u. fällt nach einigen Tagen am ↗ Nabel ab, soweit sie nicht zuvor entfernt od. (bei vielen Säugern, z.B. Nagetieren) zus. mit der Placenta vom Muttertier verschlungen wird.
Nabelschweine, die ↗ Pekaris.
Nabelwand, bei Ammoniten *(↗ Ammonoidea)* die eingesenkte Wand des Nabeltrichters, die nach außen durch eine Nabelkante begrenzt sein kann.
Nabidae [Mz.; ben. nach dem grausamen König Nabis v. Sparta], die ↗ Sichelwanzen.
Nachahmung, *Imitation*, Lernen durch Wahrnehmung, die Übernahme ledigl. wahrgenommener (gesehener od. gehörter) Verhaltensweisen in das eigene Verhaltensrepertoire (↗ Lernen). Spezialisierte N. gibt es v.a. auf akust. Gebiet bei verschiedenen Vogelarten, z.B. das „Sprechen" der Papageien od. das Spotten einiger Singvögel. Eine generelle Fähigkeit zur N. tritt dagegen nur bei höheren Affen auf, bes. bei Menschenaffen u. beim menschl. Kind. Nicht in den Bereich des individuellen Lernens, sondern in den der stammesgesch. Anpassung gehört die „Nachahmung" durch ↗ Mimikry (B).
Nachbalz, *Balznachspiel*, *Paarungsnachspiel*, *Begattungsnachspiel*, nach der ↗ Kopulation auftretende, der ↗ Balz ähnelnde Verhaltensweisen unbekannter, möglicherweise v. Art zu Art verschiedener Funktion. Evtl. dient die N. dazu, zw. den Partnern aufkommende Flucht- bzw. Angriffstendenzen abzubauen u. damit eine zumindest zeitweise Bindung herzustellen. Es scheint auch Fälle zu geben, wo die N. das Weibchen zum Verbleib im Revier des Männchens veranlaßt, so daß es zu weiteren Kopulationen kommen kann. Die frühere Erklärung, die N. baue unverbrauchte Energien ab, wird heute abgelehnt.
Nachbarn, *Vicini*, ↗ Alieni.
Nachbild, opt. Wahrnehmung, die nach Beendigung eines Lichtreizes bestehen bleibt. *Negatives N.:* bei längerer Betrachtung eines Bildes erscheinen bei Schwarz-

Weiß-Darstellungen die hellen Teile dunkel u. die dunklen hell. Bei farbigen Abb. entsteht ein N. in den Gegenfarben (sukzessiver Helligkeits- bzw. Farb-↗Kontrast). *Positives N.:* eine kurze intensive Belichtung der Netzhaut bewirkt ein N. mit Farbqualitäten, die dem Lichtreiz entsprechen. Später schlägt es in ein negatives N. um. ☐ Kontrast.

Nachdarm, *Dauerdarm, Metagaster,* Bez. für den sekundären Darm der Wirbeltiere im Ggs. zum primären Urdarm des Embryos.

Nacheiszeit, *Postglazial(zeit),* der erdgesch. Zeitabschnitt zw. Ende der pleistozänen ↗Eiszeit (↗Pleistozän, ca. 10 000 Jahre vor heute) u. heute; entspr. dem ↗Holozän.

Nachempfängnis ↗Superfetation.

Nachempfindung, eine über den Reiz hinaus weiterbestehende, allmähl. nachlassende Erregung eines Sinnesorgans bzw. des Nervensystems, zum Beispiel Nachgeschmack, Nachklang.

Nachfolgereaktion, Verhalten v. Jungtieren brutpflegender Arten, das die räuml. Nähe zu den Eltern aufrechterhält. Eine N. tritt bei Jungfischen auf, die nach dem Ausschlüpfen bzw. dem Verlassen des Nests od. des Mauls (↗Maulbrüter) dem pflegenden Elternteil einige Tage folgen. Bei nestflüchtenden Vogelarten ist die N. als Nachlaufen sehr ausgeprägt; sie umfaßt auch Kontaktlaute, Suchverhalten usw. Junge v. Huftierarten, die der Mutter ständig folgen (Pferdefohlen, Ziegen), zeigen ebenfalls eine N. Die N. spielte, da sie leicht untersuchbar ist, in der Geschichte der Ethologie eine große Rolle. ↗Prägung; ↗Jugendentwicklung: Tier-Mensch-Vergleich. ☐ Auslöser.

Nachfrucht, *Nachkultur,* Bez. für die in der ↗Fruchtfolge auf eine bestimmte Nutzpflanze *(Vorfrucht)* folgende Kultur, die sich mit der Hauptkultur arbeitswirtschaftl. und fruchtfolgetechn. ergänzen soll.

Nachgeburt, *Secundinae,* bei Säugern die ↗Placenta mit den „Eihäuten" (Embryonalhüllen: Amnion u. Chorion) samt einem Teil der ↗Nabelschnur und ggf. ↗Decidua (↗Deciduata), die in der N.speriode im Zshg. ausgestoßen werden (beim Menschen 20–30 Min. nach der ↗Geburt). Viele Tiere verschlingen ihre N.

Nachgelege, Eier v. Vögeln, die bei Störung od. Verlust des ersten Geleges meist in einem neuen Nest abgelegt werden; oft sind N. kleiner als die urspr. ↗Gelege.

Nachhirn, *Metencephalon,* veraltete Bez. *Derencephalon,* in der deskriptiven Anatomie der Teil des Rautenhirns, der das Kleinhirn als übergeordnetes Zentrum ausbildet (bei den Säugern auch die Brücke = Pons). N. ist ein synthet. Begriff, da sich der umschriebene Bezirk strukturell u. funktionell als Teil des ↗Rautenhirns zu erkennen gibt. ↗Gehirn.

Nachkommenschaft, Gesamtheit der Individuen, die als Produkt einer geschlechtl. (sexuellen) od. ungeschlechtl. (asexuellen, vegetativen) ↗Fortpflanzung v. einem Individuum im Verlauf seines Lebens (u. U. in mehreren Fortpflanzungsperioden) hervorgebracht wurde.

Nachkommenschaftsprüfung, Analyse des Genotyps eines Individuums an Hand seiner Nachkommen, z. B. nach Testkreuzung des zu analysierenden Individuums mit einem Kreuzungspartner, dessen Genotyp bekannt ist.

Nachkultur, die ↗Nachfrucht.

Nachniere, *Dauerniere, Metanephros,* die eigtl. Niere der *Amniota,* im Ggs. zur ↗Vorniere (Pronephros) u. ↗Urniere (Mesonephros). ↗Nierenentwicklung.

Nachpotential, bei manchen ↗Aktionspotentialen auftretende verlangsamte Repolarisationsphase. Ein *negatives* od. *depolarisierendes N.* tritt bei Muskelfasern u. Motoneuronen auf, bei denen die Endabfallgeschwindigkeit des Aktionspotentials mehr od. weniger abrupt abnimmt. Bei einigen Zelltypen, z. B. den Riesenaxonen, kommt es zu einem *positiven* od. *hyperpolarisierenden N.,* einem Nachschwingen des Aktionspotentials über den Ausgangswert – das ↗Ruhepotential – hinaus (↗Hyperpolarisation).

Nachreife, Bez. für die häufig durch Klimafaktoren beeinflußten entwicklungsphysiolog. Vorgänge, die bei einer Reihe v. Samen u. Früchten nach Ablösung v. der Mutterpflanze noch erfolgen müssen, bevor die ↗Keimfähigkeit bzw. die *Genußreife* od. *Vollreife* erlangt wird. Bei Samen kann sie in einer verzögerten Ausbildung des Embryos, z. B. beim Lerchensporn od. bei der Esche, in einem zunächst noch zu erfolgenden Abbau v. ↗Keimungshemmstoffen, z. B. bei Kern- u. Steinobstarten, in einer noch weiter zu erfolgenden Wassergehaltsabnahme od. in einer noch zu erlangenden Quellbarkeit durch Abbau v. Hartschaligkeit begr. sein. Beim sog. *Lagerobst* wird durch einen fruchteigenen Stoffwechsel erst nach der Ablösung v. Mutterpflanze der Nährgehalt, der Wohlgeschmack u. die volle Ausfärbung erreicht. Hierbei spielt ↗Äthylen eine steuernde Rolle. Ein Beispiel ist der Boskopapfel.

Nachschieber, *Pygopodium, Postpedes,* bei vielen Insektenlarven am 10. Abdominalsegment vorhandene ventrale Anhänge, die wohl meist homolog den dortigen Extremitäten sind, v. a. bei Raupen u. vielen Käferlarven. ↗Afterfuß. ☐ Extremitäten.

Nächste-Nachbarschafts-Analyse ↗Basennachbarschaft.

Nachtaffen, *Aotes,* Gatt. der zu den neuweltl. Breitnasen rechnenden Kapuzineraffen i. w. S. (Fam. *Cebidae,* U.-Fam. *Aotinae*) mit nur 1 Art, *A. trivirgatus* (Nachtaffe oder Mirikina; Kopfrumpflänge etwa 35 cm, Schwanzlänge 50 cm). Diese ein-

Nachtaffe
(Aotes trivirgatus)

zige nachtaktive Affenart lebt paarweise im südam. Tropenwald u. ernährt sich hpts. von Früchten u. Insekten.

nachtaktive Tiere, *Nachttiere,* Tiere, die ihre Hauptaktivität während der Dämmerung (eigtl. dämmerungsaktive Tiere) bzw. nachts haben u. tagsüber meist versteckt schlafen; häufig unscheinbar dunkel gefärbt u. oft mit bes. gut entwickelten Sinnesorganen, wie Augen mit einer reich mit Stäbchen versehenen Netzhaut u. stark erweiterungsfähigen Pupillen (allerdings sind viele n. T. farbenblind!), großen Ohrmuscheln (Fledermäuse), Schnurrhaaren (Katzen), Tastborsten, langgekämmten Fühlern (männl. Nachtfalter) u. a. Oft werden ehemals tagaktive Tiere durch wiederholte menschl. Störungen zu dämmerungsaktiven Tieren. Die urspr. Säugetiere waren zum großen Teil nachtaktiv.

Nachtbaumnattern, *Boiga,* Gattung der ↗Trugnattern.

Nachtblindheit, *Hemeralopie,* eine Störung des Stäbchensystems im Auge, bei der die ↗Dunkeladaptation (↗Dämmerungssehen) stark eingeschränkt ist. Ursache kann ein Mangel an Vitamin A in der Nahrung sein, aus dem das Retinal, eine Vorstufe des Sehfarbstoffs Rhodopsin, gebildet wird. Seltener handelt es sich um eine angeborene, dominant vererbl. Störung des photorezeptor. Mechanismus.

Nachtblüher, Bez. für Pflanzenarten, deren Blüten sich zur Nacht öffnen od. nachts Nektar spenden u. Duftstoffe abgeben. Sie haben meist rein weiße (z. B. Stechapfel, Weiße Lichtnelke) od. unscheinbare grüne Blütenblätter (z. B. Zwergorchis) u. werden v. Nachtfaltern, in den Tropen auch v. Fledermäusen, bestäubt. Ggs.: Tagblüher.

Nachtechsen, *Xantusiidae,* Fam. der Skinke mit 4 Gatt. und 12 Arten; bis 15 cm lang; meist versteckt in Felsspalten, unter Wurzeln, Rinde od. Geröll in den südwestl. Gebieten der USA, auf einigen Pazifikinseln vor Kalifornien, in Mittelamerika u. im SW Kubas lebend. Eidechsenähnlich; Augenlider vergleichsw., miteinander verwachsen, mit transparenter „Brille" (wie bei Geckos); braun od. grau gefärbt; kleine Rücken- u. Seitenschuppen; Bauchschilder vergrößert, rechteckig; Schwanz sehr lang; ernähren sich v. a. von Spinnen, Insekten u. a. Kleintieren (die Insel-N., *Klauberina riversiana,* nur auf 3 Inseln vor Kalifornien verbreitet, verzehrt z. T. auch Sämereien u. Blütenblätter). Vorwiegend nachtaktiv; lebendgebärend (Junge werden über eine Placenta vom mütterl. Organismus vor der Geburt ernährt; ♀ gebiert – soweit bisher bekannt – nach einer Tragzeit v. etwa 3 Monaten, zw. 1 und 9 Junge). Zur Gatt. *Xantusia* (3 Arten) gehört der bekannteste N.-Vertreter, die Yucca-N. *(X. vigilis)* aus den südwestl. Trockengebieten der USA; lebt in den morschen Stämmen u. oft gemeinsam mit Waldratten in deren

nachtaktive Tiere
Einige nachtaktive Tiere u. Tiergruppen:
Nachtfalter
Leuchtkäfer
sehr viele Geckos
viele Insektenfresser
Fledermäuse
Halbaffen
Gürteltiere
Erdferkel
viele Nagetiere
viele Raubtiere

Nachtechsen
Gattungen:
Cricosaura
Klauberina
Lepidophyma
Xantusia

Nachtigall
(Luscinia megarhynchos)

Gewöhnliche Nachtkerze *(Oenothera biennis)*

Löchern am Fuße v. Palmlilien od. Agaven. Ein verhältnismäßig kleines Areal bewohnt als einzige N.-Art Kubas die sehr seltene Kuba-N. *(Cricosaura typica).* Artenreichste (7) Gatt. der N. ist *Lepidophyma;* ihre Vertreter leben im feuchten trop. Flachland Mittelamerikas.

Nachtfalter, *Nachtschmetterlinge, Heterocera,* häufig benutzter klass. Begriff in der lepidopterologischen Lit. zur Einteilung der ↗Schmetterlinge; kein systemat. Begriff, da die hierin zusammengefaßten Fam. im Ggs. zu den ↗Tagfaltern nicht nach ihrer Verwandtschaft gruppiert sind. Die N. umfassen näml. alle Schmetterlinge, die keine Tagfalter sind; sie haben u. a. im Ggs. zu diesen keinen einheitl. Fühlerbau. Obwohl die meisten Vertreter tatsächl. dämmerungs- u. nachtaktiv sind u. tags versteckt ruhen, gibt es auch viele Arten und Fam., die ausschl. tags fliegen, wie z. B. die ↗Widderchen, ↗Glasflügler, viele ↗Sackträger, einige ↗Schwärmer und die ↗Tageulen. [hunde.

Nachthunde, *Rousettus,* Gatt. der ↗Flug-

Nachtigallen, zu den Drosseln gehörende Singvögel, ca. 17 cm groß, oberseits braun, unterseits graubraun, rötlichbrauner Schwanz. Die beiden sehr ähnl. aussehenden Zwillingsarten Nachtigall *(Luscinia megarhynchos)* u. Sprosser *(L. luscinia,* nach der ↗Roten Liste „potentiell gefährdet") unterscheiden sich in der Verbreitung: Die Nachtigall bewohnt Mittel- u. S-Europa, NW-Afrika und SW-Asien, das Vorkommen des Sprossers schließt sich östl. daran bis nach W-Sibirien an; in Pommern leben beide Arten sympatrisch. Besiedeln Auwälder, Parks u. die Buschvegetation v. Flußufern. Sehr wohltönender, abwechslungsreicher Gesang, der tags u. nachts vorgebracht wird. Nest aus Halmen, Laub u. Haaren dicht über od. am Boden mit 4–6 olivbraunen Eiern (B Vogeleier I). Zugvögel, die v. Mitte April bis Sept. im Brutgebiet bleiben u. den Winter in den Savannen u. Dornbuschsteppen Afrikas südl. der Sahara verbringen.

Nachtkatze, *Chilenische Waldkatze, Leopardus guigna,* südam. Kleinkatze, die Wald- u. Baumlandschaften als Lebensraum bevorzugt; Kopfrumpflänge 40 bis 50 cm, Fellfärbung ockerbraun mit kleinen schwärzl. Flecken.

Nachtkerze, *Oenothera,* Gatt. der Nachtkerzengewächse mit ca. 200 Arten, urspr. in Amerika, seit Anfang des 17. Jh. auch in Europa vertreten; viele Arten sind hier durch Neukombination entstanden. Alle einheim. Arten sind 2jähr., aufrechte Stauden mit gelbl. Blüten in endständ. Blütenständen u. mit längl. Blättern; überwiegend Selbstbestäubung; am. Arten hingegen Schwärmer- u. Bienenblumen; Pollenkörner durch Viscin-Fäden aneinander geheftet. Die N. ist für genet. Untersuchungen v. Interesse, da eine Ringbildung der Chro-

Nachtkerzengewächse

mosomen bewirkt, daß der väterl. u. mütterl. Chromosomensatz unvermischt in Geschlechtszellen der 1. Filialgeneration übertragen werden; hoher Anteil extrachromosomalen Erbguts. Gewöhnliche N. *(O. biennis)*, bis 1 m hoch, dichte Blattrosette auf dem Boden; Blüten gelb, Kronblätter länger als Kelchblätter; Vorkommen an Ruderalstandorten, bes. Bahndämmen u. Schuttplätzen; eßbare (Pfahl-)Wurzel. Kleinblütige N. *(O. parviflora)*, Sammelart; Blütenblätter so lang wie Kelchblätter; Blattrosette über dem Boden; in Unkrautges., v. a. an Fluß- u. Bahndämmen.

Nachtkerzengewächse, Onagraceae, Oenotheraceae, Fam. der Myrtenartigen mit 18 Gatt. (vgl. Tab.) und 650 Arten (gemäßigte Zone, Subtropen). Kräuter od. Stauden mit gegenständ. Blättern, meist 4zähl., radiäre Blüten; Blütenachse oft weit über den Fruchtknoten hinaus verlängert; unterständ. Fruchtknoten; Ölkörper in Epidermiszellen. Zu den N.n zählt u. a. die Gatt. *Jussiaea,* Sumpf- u. Wasserpflanzen der Tropen mit rhizombürtigen Atemwurzeln. Bei uns als Gartenpflanzen kultiviert werden Arten der Gatt. *Clarkia* u. *Godetia,* z. B. *G. grandiflora,* die einjähr., sonnenliebende Atlasblume (Kalifornien).

Nachtnelke, die ↗ Lichtnelke.

Nachtpfauenauge, bekannte Vertreter der Schmetterlingsfam. ↗ Pfauenspinner, ähnl. dem verwandten ↗ Tagpfauenauge mit auffälligen Augenflecken auf den Flügeln. Bei uns häufig ist das Kleine N. *(Eudia pavonia),* eurasiat. verbreitet; Männchen auf den Vorderflügeln graubraun, Hinterflügel gelbl., alle Flügel mit helleren Querlinien u. Augenflecken, Spannweite um 50 mm; Fühler auffällig gekämmt; fliegen tags im Frühjahr in stürm. Zickzack-Flug auf Partnersuche auf Waldlichtungen, Schlägen, an warmen Lehnen, in Gärten u. Parks; werden durch die größeren nachts fliegenden Weibchen durch Sexuallockstoffe geleitet; die Falter nehmen keine Nahrung auf, ihr Rüssel ist reduziert; Eiablage in Gruppen um Stengel der Futterpflanzen Schlehe, Weißdorn, Heidekraut, Him- u. Brombeere u. a.; Raupe anfangs schwarz, später grün mit gelben od. roten Warzen u. schwarzen Streifen u. Borsten; Verpuppung u. Überwinterung in flaschenförm. braunem Kokon, dessen Öffnung durch eine Reuse verschlossen ist. Der größte eur. Schmetterling ist das Wiener od. Große N. *(Saturnia pyri),* mit etwa 150 mm Spannweite; S-Europa, nördl. bis Wien u. Elsaß; Raupe grün mit blauen Warzen u. kolbigen Haaren, an Obstbäumen u. a. Gehölzen.

Nachtschatten, *Solanum,* Gatt. der Nachtschattengewächse mit ca. 1500 fast über die gesamte Erde verbreiteten, insbes. aber in den Tropen u. Subtropen S-Amerikas heim. Arten. Einjähr. bis ausdauernde Kräuter, Halbsträucher od. Bäume mit un-

Nachtkerzengewächse

Wichtige Gattungen:
Clarkia
↗ Fuchsie *(Fuchsia)*
Godetia
↗ Hexenkraut *(Circaea)*
Jussiaea
↗ Nachtkerze *(Oenothera)*
↗ Weidenröschen *(Epilobium)*

Nachtschatten

Sowohl der Schwarze als auch der Bittersüße N. enthalten gift. Substanzen (das Glyko-Alkaloid Solanin sowie dessen Aglykon Solanidin bzw. die Alkaloide Soladulcidin, Solasodin, Tomatidenol u. die Saponine Tigogenin, Diosgenin u. Yamogenin), die bei Verzehr zu starken, jedoch selten tödl. Vergiftungserscheinungen (Durchfall, Erbrechen, Krämpfe, Pupillenerweiterung u., nach zentraler Erregung, Lähmungen) führen können.

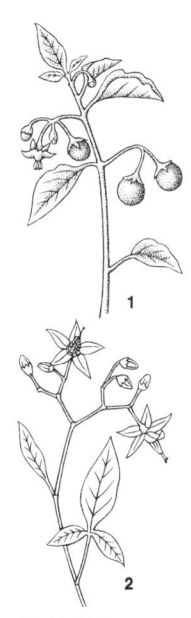

Nachtschatten

1 Schwarzer N. *(Solanum nigrum)*,
2 Bittersüßer N. *(S. dulcamara)*

geteilten od. gefiederten Blättern u. meist doldig, rispig od. traubig angeordneten Blüten. Diese 5zählig, i. d. R. mit stern- oder radförm. Krone sowie zu einem Kegel bzw. einer Röhre angeordneten Antheren. Der 2fächerige Fruchtknoten wird zu einer kugeligen bis längl. Beere. Zur Gatt. *S.* gehören so wichtige Kulturpflanzen wie *S. tuberosum,* die ↗ Kartoffelpflanze, *S. lycopersicum* (= *Lycopersicon esculentum),* die ↗ Tomate, sowie *S. melongena,* die Eierpflanze od. ↗ Aubergine. Von lokaler Bedeutung sind u. a. die Früchte der in den Anden heim. Arten *S. muricatum* („Pepino") und *S. quitoense* (Lulo od. „Orange v. Quito"). Eine bekannte Zierpflanze ist *S. pseudocapsicum,* der ↗ Korallenstrauch (Korallenbäumchen). – Wichtigste einheim. Arten sind der Schwarze N. *(S. nigrum)* sowie der Bittersüße N. *(S. dulcamara).* Der nahezu weltweit verbreitete Schwarze N. ist eine in lückigen Unkrautfluren, an Wegrändern u. auf Schutt wachsende, 1jähr., weiß blühende Pflanze mit eiförm., meist buchtig gezähnten Blättern u. erbsengroßen, schwarz glänzenden Beeren. Der in Eurasien und N-Afrika heim. Bittersüße N. wächst als niederliegender od. kletternder Halbstrauch in feuchten bis nassen Gebüschen u. Wäldern sowie an Ufern u. Gräben. Er besitzt violette Blüten und eiförm., zunächst bitter, dann süßl. schmeckende, giftige, scharlachrot glänzende Früchte.

Nachtschattengewächse, Solanaceae, Fam. der *Polemoniales* mit rund 90 Gatt. (vgl. Tab.) u. etwa 2500 weltweit verbreiteten, bes. reich jedoch in Mittel- und S-Amerika vertretenen Arten. Vorwiegend Kräuter, seltener Sträucher od. Bäume mit sehr unterschiedl. gestalteten Blättern u. einzeln stehenden in cymösen (oft wickeligen) Blütenständen angeordneten, zwittrigen Blüten. Diese 5zählig, schwach asymmetr. (meist aber radiär erscheinend), mit rad- bis glocken- od. röhrenförm. Krone und i. d. R. 5 Staubblättern, deren Antheren sich oft berühren. Der oberständ. Fruchtknoten besteht im allg. aus 2 verwachsenen Fruchtblättern u. reift zu einer vielsamigen Beere, seltener zu einer Kapsel od. Steinfrucht heran. Der häufig an der Frucht verbleibende Kelch kann sich zur Reifezeit vergrößern u. sogar die ganze Frucht umhüllen (↗ Judenkirsche). Einige N. sind Nahrungslieferanten von z. T. beträchtlicher wirtschaftl. Bedeutung, so einige Arten der Gatt. *Solanum* (↗ Nachtschatten) u. die ↗ Paprika *(Capsicum annuum).* Als vorwiegend auf das trop. Amerika beschränkte Kulturpflanzen sind u. a. die Ananaskirsche od. Kapstachelbeere *(Physalis peruviana),* die Baumtomate *(Cyphomandra betacea)* mit pflaumengroßen, violettroten Früchten, der „Pepino" *(Solanum muricatum)* sowie die Quito-Orange od. Lulo *(Solanum quitoense)* zu nennen. Wichtige Gewürz- bzw.

Genußpflanzen sind ↗Paprika u. ↗Tabak *(Nicotiana tabacum)*. Die ↗Petunie *(Petunia)*, die ↗Judenkirsche *(Physalis)* sowie Zierformen des Tabaks, ↗Stechapfels *(Datura)*, ↗Nachtschattens *(Solanum)* u. ↗Bocksdorns *(Lycium)* werden als Gartenpflanzen geschätzt. Auch die aus Peru stammende Blasen-Giftbeere *(Nicandra physaloides)*, einzige Art ihrer Gatt., wird bei uns wegen ihrer hellblauen, glockigen Blüten u. der vom blasig aufgetriebenen Kelch umschlossenen Frucht in Gärten kultiviert u. verwildert bisweilen. N. sind gekennzeichnet durch das Vorkommen einer Reihe v. meist stark giftigen, med. z.T. sehr wertvollen ↗Alkaloiden (↗Hyoscyamin, ↗Scopolamin, ↗Atropin, ↗Nicotin, ↗Solanin, ↗Capsaicin u.v.a.). Charakteristische Giftpflanzen der Fam. sind v.a. die ↗Tollkirsche *(Atropa belladonna)*, der ↗Stechapfel *(Datura stramonium)* u. das Schwarze ↗Bilsenkraut *(Hyoscyamus niger)*.

Nachtschwalben, die ↗Ziegenmelker.
Nachtschwalbenschwanz, *Ourapteryx sambucaria,* ↗Spanner.
Nachtsheim, *Hans,* dt. Zoologe u. Genetiker, * 13.6.1890 Koblenz, † 24.11.1979 Boppard; seit 1923 Prof. in Berlin; zahlr. Arbeiten zur Erbbiologie u. -pathologie der Haustiere u. des Menschen u. zu Fragen der Domestikation; trug wesentl. dazu bei, die Vererbungslehre in Dtl. zu einem selbständ. Forschungsbereich zu entwickeln; die als „Morgan-Nachtsheim" bekannte, 1921 erschienene Übersetzung des Lehrbuches „The physical basis of heredity" v. Morgan war lange Zeit eine unentbehrl. Lektüre zur Einführung in die *Drosophila-*Genetik.
Nachttiere, die ↗nachtaktiven Tiere.
Nachtviole, *Hesperis,* Gatt. der Kreuzblütler mit 24, v.a. im Mittelmeergebiet heim. Arten; ein- oder mehrjähr., behaarte Pflanzen mit ungeteilten oder fiederspalt. Blättern u. violetten oder weißl., in lockeren Trauben angeordneten Blüten. Verschiedene N. werden als Gartenzierpflanzen kultiviert. Am bekanntesten hiervon ist die in Auenwäldern u. -gebüschen sowie (verwildert) an Wegen u. Zäunen wachsende Art *H. matronalis,* mit eiförm. bis lanzettl. Blättern u. duftenden Blüten.
Nacken, das ↗Genick; ↗Hals.
Nackengabel, *Osmaterium,* auffällig buntes, meist gelbes od. rotes, gegabeltes Organ bei Raupen der ↗Ritterfalter, wird u.a. bei Störungen zw. Kopf u. erstem Brustsegment durch Hämolymphdruck ausgestülpt u. durch Muskeln zurückgezogen. Die drüsigen Schläuche geben einen fauligen bis aromat. riechenden Stoff ab, der wohl der Feindabwehr u. Exkretion dient.
Nackenhaut, weiche Haut zw. Kopf und Prothorax der ↗Insekten (☐), die dem Kopf Bewegungsfreiheit ermöglicht; die hierfür verantwortl. Muskeln inserieren an

Nachtschattengewächse
Wichtige Gattungen:
↗Alraune *(Mandragora)*
↗Bilsenkraut *(Hyoscyamus)*
↗Bocksdorn *(Lycium)*
Cyphomandra
↗Judenkirsche *(Physalis)*
↗Nachtschatten *(Solanum)*
Nicandra
↗Paprika *(Capsicum)*
↗Petunie *(Petunia)*
↗Stechapfel *(Datura)*
↗Tabak *(Nicotiana)*
↗Tollkirsche *(Atropa)*

Nachtschattengewächse
Blasen-Giftbeere *(Nicandra physaloides)*

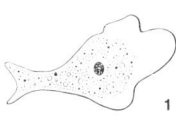

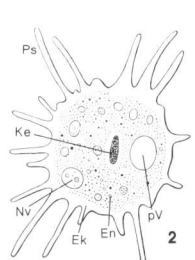

Nacktamöben
1 Limax-Amöbe *(Vahlkampfia),* 2 Fingeramöbe *(Dactylosphaerium).* Ek Ektoplasma, En Endoplasma, Ke Kern, Nv Nahrungsvakuole, Ps Pseudopodium, pV pulsierende Vakuole

kleinen Chitinplatten, den *Cervicalia* od. *Cervicalskleriten* (Kehlplatten, Halsplatten, Halssklerite).
Nackenring, *Occipitalring, Annulus occipitalis,* hinterstes Spindelsegment des ↗Trilobiten-Cephalons; vorn begrenzt durch die Nackenfurche (Sulcus occipitalis), lateral durch die Axialfurchen, distal durch den Hinterrand des Cephalons. Der N. gleicht, da als letzter v. der ↗Cephalisation erfaßt, meist dem Spindelring eines Thorakalsegments.
Nacktamöben [v. gr. amoibē = die Wechselhafte], *Wechseltierchen, Amoebina,* Ord. der Wurzelfüßer ohne feste Körpergestalt, oft aber mit Polarität, u. ohne Gehäuse od. Schale. Das Plasma ist häufig deutl. in ein granuläres ↗Endo- u. ein hyalines ↗Ektoplasma gesondert. Die Pseudopodien („Scheinfüßchen") treten meist in Form v. Lobopodien auf. Die Fortpflanzung ist eine asexuelle Zwei- od. Vielfachteilung (☐B asexuelle Fortpflanzung I), Sexualprozesse sind nicht bekannt. Die N. sind eine schwer abgrenzbare Gruppe. Manche Arten können begeißelte Stadien ausbilden (↗Geißelamöben), andere leben als vielkern. Plasmodien od. bilden Sporenträger (↗Kollektive Amöben). Die meisten leben solitär, marin od. limnisch, einige Arten können Krankheiten hervorrufen (↗Darmamöben, ↗Limax-Amöben). Bekannte Gattungen sind ↗*Amoeba* (☐), ↗*Pelomyxa* u. ↗*Vampyrella.* ☐ Aufgußtierchen.
Nacktaugenkalmare ↗Oegopsida.
nacktblütig ↗achlamydeisch.
nackte Knospen, Bez. für Knospen ohne Ausbildung v. Knospenschuppen, so daß die junge Seitensproß- od. Blütenanlage mit den jungen Blättchen offen liegt. Beispiel: Wolliger Schneeball.
Nacktfarne, die ↗Urfarne.
Nacktfliegen, *Psilidae,* Fam. der Fliegen mit ca. 30 Arten in Europa; 4 bis 9 mm groß, meist gelbl., wenig beborstet (Name); Larven fressen im Innern v. Pflanzen. Bei uns kommt die Möhrenfliege *(Psila rosae)* vor; Imago ca. 4 mm lang, schwarz mit gelben Beinen. Die Larve *(Eisenmade)* legt u.a. in Möhre, Sellerie, Kümmel u. Rüben ca. 2 mm breite, durch Kot bräunl. gefärbte Fraßgänge an *(Eisenmadigkeit, Rostfleckenkrankheit,* sichtbar durch Verfärbung u. Welken der Blätter).
Nacktgetreide, Getreide ohne Spelzenschluß, d.h., bei denen Vor- u. Deckspelze nicht mit der Frucht verwachsen sind: Saatweizen u. Roggen. Es gibt aber heute auch v. den Spelzgetreiden (Hafer, Gerste, Reis) Kulturformen ohne Spelzenschluß, z.B. Nackthafer u. Nacktgerste.
Nackthunde, aus verwilderten Haushunden entstandene, fast völlig haarlose, terriergroße Hunde, die in einigen trop. Ländern gezüchtet werden.
Nacktkiemer, *Nudibranchia,* Sammelbez. für 4 Ord. der Hinterkiemerschnecken (vgl.

Nacktlauben

Nacktkiemer
Ordnungen:
↗ *Arminacea*
Dendronotacea
(↗ *Dendronotus*)
↗ *Doridacea*
↗ Fadenschnecken
(*Aeolidiacea*)

Tab.), die keine Schale haben u. äußerl. (bis auf die Lage einiger Körperöffnungen) bilateralsymmetr. sind; mit Kiemenkranz um den dorsomedianen Anus od. ohne Kiemen, Anus dann auch rechts; keine Mantelhöhle. Die Rhinophoren sind stabförm., die linke Mitteldarmdrüse ist größer als die rechte. Die N. sind oft farbenprächtig; sie ernähren sich v. Schwämmen, Nesseltieren (↗ Kleptocniden), Moos- u. Manteltieren; Entwicklung meist über freie Veligerlarven. Zu den N. gehören ca. 800 Arten. [linge.

Nacktlauben, *Swamba*, Gatt. der ↗ Bärb-

Nacktmull, *Heterocephalus glaber*, zu den Sandgräbern (Fam. *Bathyergidae*) rechnendes Nagetier, das durch nahezu völliges Fehlen v. Körperbehaarung u. Pigmentierung im Aussehen einem neugeborenen Tier ähnelt; Kopfrumpflänge 8–9 cm, Schwanzlänge 3–4 cm; Augen winzig, Ohrmuscheln fehlen. N.e leben unterirdisch, in kleinen Kolonien in trockenen Steppen u. Savannen O-Afrikas, z.B. in Somalia u. Äthiopien.

Nacktried, *Elyna myosuroides* (= *Kobresia m.* = *K. bellardii*), Art der Sauergräser; holarktisch verbreitete Tundrenpflanze, kommt auch in den Alpen vor u. besiedelt dort windgefegte Grate der hochalpinen Stufe (Charakterart des Elynetum, ↗ Elynetea). Das N. besitzt rinnig borstenförm. Blätter u. einen einständ., dünnährigen Blütenstand; die Blüten sind eingeschlechtig, jede Deckspelze trägt aber jeweils eine ♂ und eine ♀ Blüte.

Nacktriedrasen, die ↗ Elynetea.

Nacktsamer, *Gymnospermae*, Organisationsstufe der Samenpflanzen mit den beiden U.-Abt. der ↗ *Coniferophytina* (nadelblättrige N.) und ↗ *Cycadophytina* (wedelblättrige N.). Die N. traten bereits im Oberdevon auf, waren vom Oberperm bis zur Unterkreide vorherrschend u. wurden dann v. den ↗ Bedecktsamern *(Angiospermae)* zunehmend verdrängt. Sie sind heute nur noch mit etwa 800 Arten vertreten, werden aber v. a. in der borealen Nadelwaldzone u. in den Gebirgen nahe der Waldgrenze durchaus vegetationsbeherrschend. Wirtschaftl. sind sie für die Holz-Ind. (T Holz, B Holzarten) v. sehr großer Bedeutung (rund 200 Arten, v. a. Nadelhölzer, werden forstl. kultiviert), daneben finden vereinzelt auch Harze, Samen u. andere Pflanzenteile Verwendung. – Die zu den *Coniferophytina* u. *Cycadophytina* führenden Entwicklungslinien haben sich bereits sehr früh getrennt (s. u.); dennoch besitzt die Organisationsstufe „Nacktsamer" im vegetativen wie im reproduktiven Bereich einen gemeinsamen Merkmalskomplex. So sind alle N. Holzpflanzen. Ihr im Vergleich zu den Bedecktsamern urspr. ↗ Holz ist homoxyl, besteht also nur aus Holz- u. Markstrahlparenchym und v. a. Tracheiden mit Hoftüpfeln (Tracheen bei den ↗ *Gnetatae*); bei einigen N.n sind Harzgänge eingeschaltet (☐ Holz). Insgesamt urspr. bleibt auch der aus Siebzellen gebildete Siebteil. Die Blätter sind bei den *Coniferophytina* gabelig, band- od. nadelförmig, bei den *Cycadophytina* fiedrig gebaut. Die Sporophylle stehen in diklinen Blüten zus., allerdings existieren einige wenige Ausnahmen: Blütenbildung fehlt bei ♀-Zapfen v. *Cycas revoluta* u. zahlr. Fossilformen, v. a. Farnsamern; monokline Blüten treten bei den *Bennettitatae* u. manchen *Ephedra*-Arten auf. Mikro- u. Megasporophylle sind recht vielgestaltig, bei den *Cycadophytina* im allg. aber stärker wedelblattähnl., bei den *Coniferophytina* dagegen meist bis auf einen, die Mikrosporangien bzw. Samenanlagen tragenden Stiel reduziert. Die Samenanlagen haben (mit Ausnahme der *Gnetatae* u. vielleicht auch *Cycadales*) nur 1 Integument u. werden als namengebendes Merkmal frei an den Megasporophyllen getragen, also nicht in ein Fruchtblatt od. einen Fruchtknoten eingeschlossen; auch hier können aber bei abgeleiteten Formen als „angiospermoides Merkmal" zusätzl. Samenhüllen entwickelt werden, z. B. bei *Gnetatae*, Eibengewächsen (*Taxaceae*) u. *Podocarpaceae*. Die Gametophyten sind im Vergleich zu den Farnpflanzen weiter rückgebildet, gleichzeitig aber ursprünglicher als bei den Bedecktsamern. Die Entwicklung des ♀ Gametophyten aus der Megaspore (einkerniger ↗ Embryosack; die Sporenwand ist oft noch nachweisbar) beginnt mit zahlr. freien Kernteilungen u. nachfolgender Zellwandbildung; in der Nähe der Mikropyle entstehen mehrere eingesenkte Archegonien mit Eizelle, Halswandzelle u. Bauchkanalzelle (bzw. -kern). Der ♀ Gametophyt lagert unabhängig v. der Befruchtung Reservestoffe ein u. dient als „primäres Endosperm" (vgl. die ökonomischere, weil befruchtungsabhängige Bildung des sekundären ↗ Endosperms bei den Bedecktsamern). Bei der Bildung des ♂ Gametophyten entstehen aus dem einkernigen Pollenkorn zunächst 1 oder 2, selten auch mehrere Prothalliumzellen (bei *Araucariaceae* bis zu 40) und 1 Antheridium-Mutterzelle, aus der wiederum 1 vegetative Zelle (Pollenschlauchzelle) und 1 generative Zelle (Antheridiumzelle) hervorgeht. Nach der Bestäubung wächst die vegetative Zelle zum Pollenschlauch aus, die generative Zelle erzeugt 1 Stielzelle und 1 spermatogene Zelle, aus der durch weitere Teilung schließ. 2 Spermazellen entstehen, die durch den Pollenschlauch direkt bis zur Eizelle gelangen (Pollenschlauchbefruchtung). Bei *Ginkgo* u. den Cycadeen als den ursprünglichsten rezenten N.n (vermutl. auch bei den entsprechenden Fossilformen) entwickeln sich aus den Spermazellen aber polyciliate Spermatozoide, die aus dem Pollenschlauch im Be-

NACKTSAMER

Entwicklung bei Nackt- und Bedecktsamern. *Nackt-* und *Bedecktsamer* besitzen grundsätzlich den gleichen heteromorphen, heterophasischen Generationswechsel: In den Mikro- bzw. Mega-(Makro-)sporangien (Pollensack bzw. Nucellus) entwickeln sich durch Meiose (M!) Mikro- bzw. Mega-(Makro-)sporen (einkerniges Pollenkorn bzw. einkerniger Embryosack), aus denen Mikro- bzw. Mega-(Makro-)gametophyten (reifes Pollenkorn, Pollenschlauch bzw. mehrkerniger Embryosack) hervorgehen; nach der Bestäubung und der Befruchtung der Eizelle entsteht aus dieser ein neuer Sporophyt. Der Entwicklungsgang der Nacktsamer ist in vielem ursprünglicher, während der Generationswechsel der Bedecktsamer durch viele Reduktionen gekennzeichnet ist.

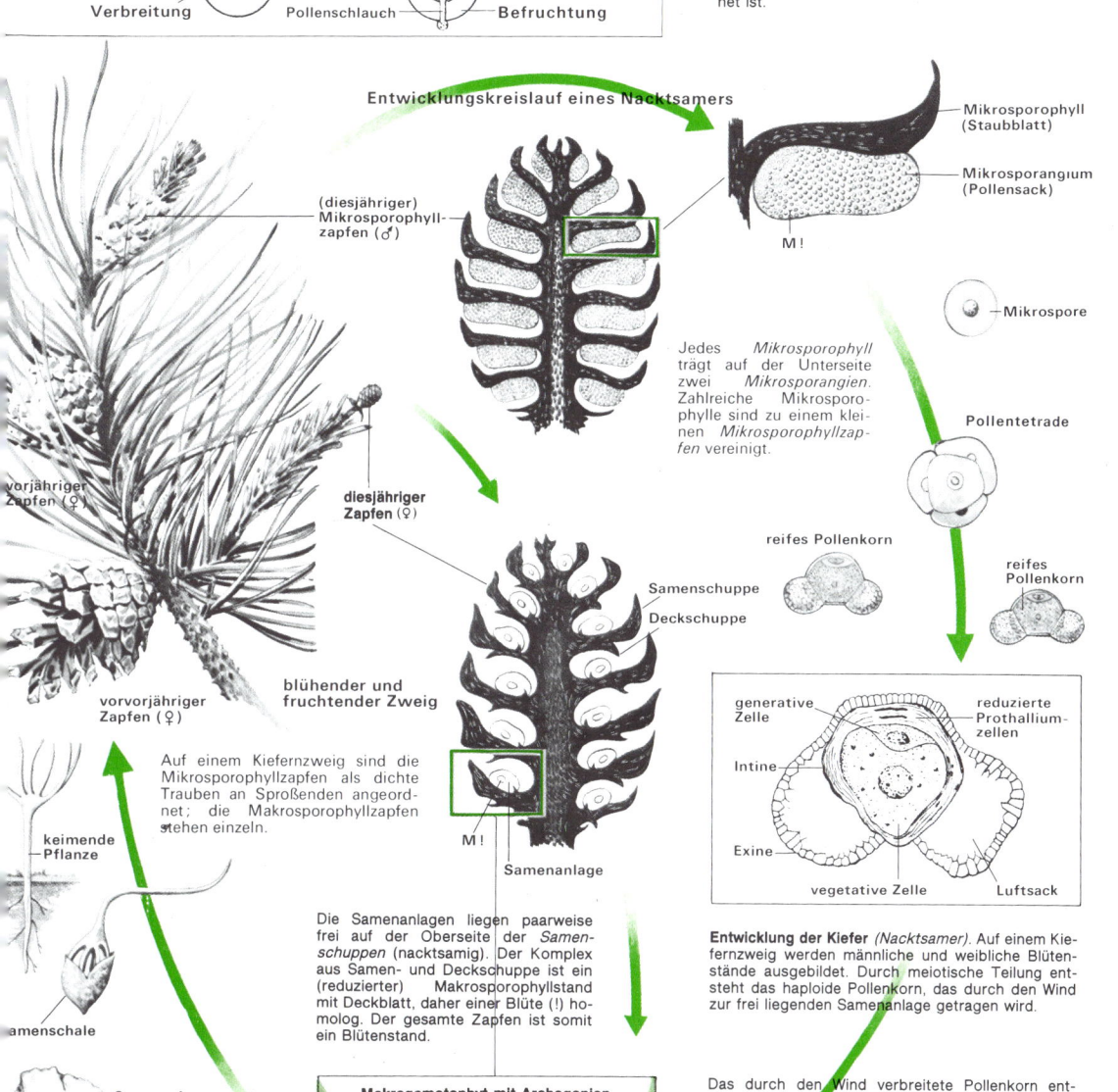

Jedes *Mikrosporophyll* trägt auf der Unterseite zwei *Mikrosporangien*. Zahlreiche Mikrosporophylle sind zu einem kleinen *Mikrosporophyllzapfen* vereinigt.

Auf einem Kiefernzweig sind die Mikrosporophyllzapfen als dichte Trauben an Sproßenden angeordnet; die Makrosporophyllzapfen stehen einzeln.

Die Samenanlagen liegen paarweise frei auf der Oberseite der *Samenschuppen* (nacktsamig). Der Komplex aus Samen- und Deckschuppe ist ein (reduzierter) Makrosporophyllstand mit Deckblatt, daher einer Blüte (!) homolog. Der gesamte Zapfen ist somit ein Blütenstand.

Entwicklung der Kiefer *(Nacktsamer).* Auf einem Kiefernzweig werden männliche und weibliche Blütenstände ausgebildet. Durch meiotische Teilung entsteht das haploide Pollenkorn, das durch den Wind zur frei liegenden Samenanlage getragen wird.

Das durch den Wind verbreitete Pollenkorn entspricht schon einem jungen männlichen (Mikro-)Gametophyten. Er besteht aus einigen degenerierten Prothalliumzellen, einer großen vegetativen Zelle und einer kleineren generativen Zelle. Der Gametophyt entwickelt sich erst weiter, wenn er in die unmittelbare Nähe einer befruchtungsreifen Eizelle gelangt. Hierbei wächst die vegetative Zelle als Pollenschlauch aus, in den hinein die generative Zelle wandert, die sich hier in die zwei Spermazellen teilt. Der weibliche Gametophyt *(Makroprothallium)* hat sich innerhalb der Samenanlage ausgebildet, und einer der Spermazellkerne verschmilzt mit dem Eizellkern (K!). Es können mehrere der ausgebildeten Eizellen befruchtet werden und zu jungen Embryonen auswachsen. Sie sterben aber alle bis auf einen ab, der dann im Samen eingeschlossen verbreitet wird.

Nacktschnecken

reich des Nucellus entlassen werden (Spermatozoidbefruchtung). Die N. sind (mit Ausnahme wohl der Bennettiteen u. einiger *Ephedra*-Arten) anemogam u. haben sehr unterschiedl. Anpassungen an diesen Bestäubungsmodus entwickelt (z. B. Produktion großer Pollenmengen, Pollenkörner mit Luftsäcken als Schwebeeinrichtung, Bestäubungstropfen auf der Mikropyle). Die Keimung der Pollenkörner erfolgt auf der Mikropyle od. bei *Ginkgo*, den Cycadeen u. den entsprechenden Fossilformen (v. a. Farnsamern) in einer vom Nucellus gebildeten Pollenkammer. Die Diaspore ist i. d. R. der Same, doch können auch ganze Zapfen (z. B. bei *Ephedra*, Wacholder) od. Schuppen-Samenkomplexe (z. B. *Araucaria, Podocarpaceae*) als Verbreitungseinheit dienen. Ferner ist vielfach ein Übergang v. der allg. verbreiteten Anemochorie (Samen oft mit Flügel) zur Endozoochorie mit fruchtanalogen Diasporen zu beobachten; dabei wird das „Fruchtfleisch" vom Integument (*Cephalotaxaceae*, Cycadeen, *Ginkgo*), einem Arillus *(Taxaceae)* od. von Schuppen bzw. deren Auswüchsen gebildet (*Ephedra*, Wacholder, *Podocarpaceae*). Die Keimlinge der N. besitzen 2 bis zahlr. Keimblätter. – Hinsichtl. der Phylogenie der N. besteht keine völlige Klarheit. Gut begründet ist die Annahme, daß sich die *Cycadophytina* u. *Coniferophytina* unabhängig voneinander aus mittel- bis oberdevonischen ↗ Progymnospermen entwickelt haben. Innerhalb der *Cycadophytina* bilden die ↗ Farnsamer die Basisgruppe, aus der sich vermutl. die *Cycadatae* (↗ *Cycadales*) u. *Bennettitatae* (↗ *Bennettitales*) entwickelt haben; die ↗ *Gnetatae* sind vielleicht v. den *Bennettitatae* abzuleiten. Bei den *Coniferophytina* lassen sich die ↗ Nadelhölzer u. ↗ Eibengewächse über die Cordaiten *(*↗ *Cordaitidae)* an die Progymnospermen anschließen, u. vermutl. gehen auch die ↗ *Ginkgoatae* als eigene Linie unmittelbar auf die Progymnospermen zurück.

Lit.: *Bold, H. C.,* u. a.: Morphology of plants and fungi. New York ⁴1980. *Chamberlain, J. M.:* Gymnosperms: structure and evolution. Chicago 1937. *Sporne, K. R.:* The morphology of gymnosperms. London 1969.　　　　　　　　　　　　*V. M.*

Nacktschnecken, Bez. für nichtverwandte Gruppen v. Schnecken, die kein Gehäuse ausbilden. 1) *Meeres-N.:* marine Hinterkiemer (z. B. ↗ Nacktkiemer), die vorwiegend im Aufwuchs leben, v. dem sie sich ernähren; oft bizarr gestaltet u. prächtig gefärbt, geschützt durch ihre Färbung, durch Sekrete u. ↗ Kleptocniden. 2) *Land-N.:* Schale so zurückgebildet, daß sie äußerl. nicht sichtbar ist od. völlig fehlt. Am bekanntesten sind die Ackerschnecken, Kiel-N., Schnegel und Wurm-N. Bei den Rucksack- u. einigen Glanzschnecken ist ein reduziertes Gehäuse am Hinterende erhalten; sie werden daher auch als Halb-N. bezeichnet.

Nadelhölzer
Ordnungen und Familien:
↗ *Voltziales* (†)
Kiefernartige *(Pinales)*
　↗ *Araucariaceae*
　↗ *Cephalotaxaceae*
　↗ Kieferngewächse *(Pinaceae)*
　↗ *Podocarpaceae*
　↗ Sumpfzypressengewächse *(Taxodiaceae)*
　↗ Zypressengewächse *(Cupressaceae)*

Nadelschnecken
Wichtige Familien der *Cerithioidea:*
↗ Brackwasser-Schlammschnecken *(Potamididae)*
↗ *Cerithiidae*
↗ Flachspindelschnecken *(Planaxidae)*
Melanopsidae *(*↗ *Melanopsis)*
↗ Modulidae
↗ Thiaridae
↗ Turmschnecken *(Turritellidae)*
↗ Wurmschnecken *(Vermetidae)*

Nacktstäublinge, *Liceaceae*, Fam. der ↗ Li- [ceales.
Nacktweizen ↗ Weizen.
Nacktwühlen, *Gymnopis*, Gatt. der ↗ Blindwühlen (T).

Nacrosepten [Mz.; v. frz. nacré = perlmutterartig, lat. saeptum = Scheidewand], (Erben, Flajs u. Siehl 1969), die aus Perlmutt-Kristalliten aufgebauten Sekundärsepten v. Ammoniten (Pro- u. Primärseptum sind prismatisch).

NAD⁺, *NAD,* Abk. für ↗ Nicotinamidadenin- [dinucleotid.
Nadelblatt, *Nadel,* ↗ Blatt.
Nadelfische, *Carapidae*, Fam. der ↗ Eingeweidefische.

Nadelhölzer, Koniferen, Pinidae, Coniferae, U.-Kl. der *Pinatae* (U.-Abt. ↗ *Coniferophytina;* Nacktsamer) mit den beiden Ord. *Voltziales* (nur fossil) u. *Pinales* (Kiefernartige); im strengen Sinne gehören also die *Taxidae* mit den ↗ Eibengewächsen nicht zu den N.N. Außer durch ihre nadelförm., seltener parallelnervig-bandförm. Blätter sind die N. v. a. durch den Blütenbau charakterisiert. Die ♂ Blütenzapfen bestehen aus schraubig angeordneten Sporophyllen, die unterseits die Pollensäcke tragen. Die ♀ Zapfen bilden dagegen mehr od. weniger stark reduzierte Blütenstände: An der Zapfenachse stehen wenige bis zahlr. Deckschuppen, in deren Achseln die Samenschuppen mit den Samenanlagen entspringen; dabei entspricht die Deckschuppe einem Tragblatt, die Samenschuppe einem Kurzsproß (Blüte) mit Schuppenblättern, die teils steril, teils aber mit den kurzgestielten Samenanlagen (den eigtl. „Sporophyllen") verwachsen u. somit „fertil" sind. Für diese Deutung sprechen zum einen der ♀ Zapfen v. ↗ *Cryptomeria,* zum anderen aber die fossilen ↗ *Voltziales:* bei diesen ist der Samenschuppenkomplex noch deutl. als Kurzsproß erkennbar u. besteht aus mehreren freien Schuppen; auch ist innerhalb der *Voltziales* eine zunehmende Reduktion dieses Kurzsprosses erkennbar (B 103). Kennzeichnend für die N. ist ferner die frühe Embryonalentwicklung. Von den wenigen bis kaum. Archegonien wird durch den Pollenschlauch meist nur eines befruchtet (wenn mehrere: polyzygotische Polyembryonie). Aus der befruchteten Eizelle entsteht zunächst ein Proembryo mit 4 langen, ins Prothalliumgewebe vordringenden Zellreihen (Suspensoren), die an ihrer Spitze je 1 Embryo tragen (monozygotische Polyembryonie). Insgesamt kommt aber stets nur 1 Embryo pro Same zur Entwicklung. – Phylogenetisch lassen sich die N. über die im Oberkarbon auftretenden *Voltziales* an die ↗ *Cordaitidae* anschließen; aus den *Voltziales* gingen dann offensichtl. die rezenten *Pinales* hervor, die mit 6 Fam. (vgl. Tab.) und etwa 600 Arten die heute bei weitem dominierende Gymnospermen-Gruppe darstellen. Sie haben eine weltweite Verbreitung mit Schwerpunkt auf der N-Halbkugel, bleiben aber in den Tropen vergleichsweise selten. Größte wirtschaftl. Bedeutung besitzen die rezenten N. als Nutzhölzer, z.T. werden auch die bei vielen Formen in den Stämmen u. Blättern gebildeten Harze u. andere Pflanzenteile genutzt. [↗Venuskamm.

Nadelkerbel, *Scandix pecten veneris,*
Nadelschnecken, volkstüml. Bez. für mehrere, nichtverwandte Schneckengruppen. 1) ↗Blindschnecke; 2) ↗Mulmnadeln; 3) die Überfam. *Cerithioidea* der Mittelschnecken, mit turm-, kegel-, scheibenförm., auch unregelmäßigem röhrenförm. Gehäuse; conchinöser Deckel; tiefe Mantelhöhle mit einseit. gefiederter Kieme; Bandzüngler, oft mit Kristallstiel; die meisten sind herbivor, doch gibt es auch Filtrierer u. Schwammesser; getrenntgeschlechtl.; weltweit mit 15 Fam. verbreitet (vgl. Tab. S. 102).

Nadelstreu, in vier- (Kiefern) bis siebenjährigem (Fichte) Rhythmus mehr od. weniger ganzjährig anfallender ↗Bestandsabfall in Nadelwäldern. Aufgrund des weiten ↗C/N-Verhältnisses (40–50/1), der schwer zersetzbaren Substanzen (Wachse, Harze, Lignin), des hohen Säuregrades (pH-Wert $\leq 3{,}5$) sowie durch das Vorhandensein von Hemmstoffen der mikrobiellen Aktivität (meist Phenol- und Chinonderivate) ist der mikrobielle Abbau der organ. Substanz stark gehemmt. Dies führt über längere Zeiträume zu mehr od. weniger dicken Rohhumusauflagen.

Nadelwald, Pflanzengemeinschaft, in der ↗Nadelhölzer vorherrschen (im Ggs. zu Misch- und Laubwald). Der natürl. Anteil des N.s an der Gesamtwaldfläche läge in der BR Dtl. unter 10%; durch forstwirtschaftl. Maßnahmen ist der Anteil des N.s jedoch auf 62% gestiegen (Stand: 1984). Gründe für die Umforstung sind die Schnellwüchsigkeit u. damit die wirtschaftl. Nutzung. ↗borealer Nadelwald.

Nadelwaldzone, breiter, zirkumpolarer Nadelwaldgürtel der N-Hemisphäre. ↗Europa, ↗Asien, ↗Nordamerika.

NADH, Abk. für die reduzierte Form v. ↗Nicotinamidadenindinucleotid.

NADH-Dehydrogenase, *NADH-D.-Komplex, NADH-Q-Reductase(-Komplex), NADH-CoQ-Oxidoreductase,* ein aus mindestens 16 Polypeptidketten aufgebauter Enzymkomplex (auch als Komplex I bezeichnet), der die ersten Teilschritte der ↗Atmungskette (☐) katalysiert. Dabei wird Wasserstoff von NADH zunächst auf Flavinmononucleotid (FMN), eine der prosthetischen Gruppen des Enzymkomplexes, unter Bildung von NAD^+ und $FMNH_2$ übertragen; anschließend werden durch Elektronenübertragung u. unter Rückbildung von FMN die ↗Eisen-Schwefel-Proteine des Enzyms in mehreren Schritten u. unter ATP-Bildung reduziert; erst im abschließenden Schritt der Redoxkaskade,

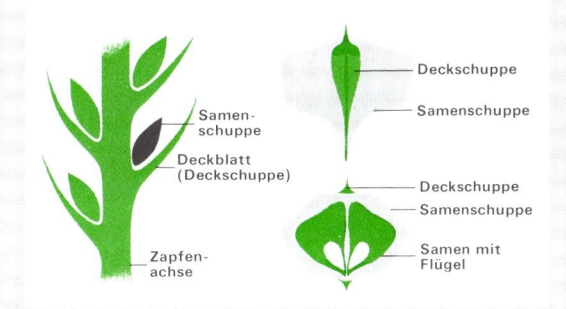

NADELHÖLZER

Die Ausbildung des ♀ *Coniferenzapfens* ist ein klassisches Beispiel für die Lösung von Evolutionsproblemen anhand von Fossilien. Bei den heutigen *Coniferen* (oben) sind die Zapfenschuppen zweigliedrig: große, harte Samenschuppe und kleinere Deckschuppe. Die Deckschuppe wurde als das Fruchtblatt, die Samenschuppe als Auswuchs hiervon gedeutet. Damit wäre der Zapfen eine Ansammlung von Fruchtblättern, d.h. eine „Blüte". Diese Theorie wird durch die fossilen Coniferen widerlegt. Als Ausgangspunkt einer Entwicklungslinie ist die paläozoische *Lebachia* (unten) wichtig. Die *Samenschuppe* der heutigen *Coniferen* ist durch Reduktion und Verwachsung eines vielteiligen *Schuppenkomplexes* entstanden.

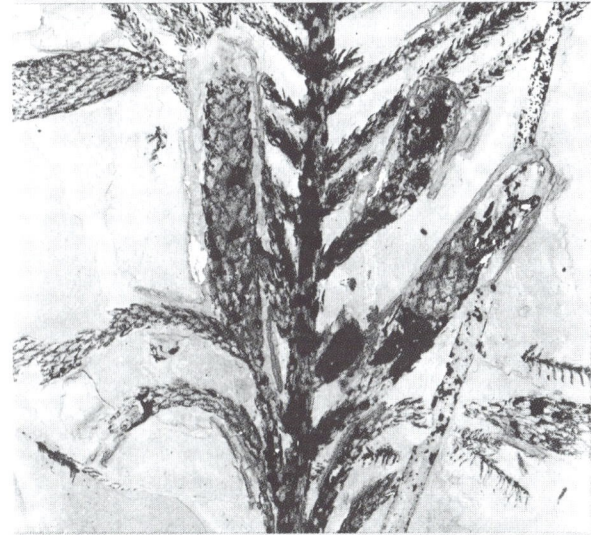

An der Achse des ♀ Zapfens von *Lebachia piniformis* stehen spiralig Blätter, in deren Achseln Kurztriebe (unten). An diesen Kurztrieben aufgereiht sind derbe sterile Schuppen und eine (bei anderen mehrere) fertile Schuppe. Der *Kurztrieb* selbst ist also eine Blüte (mit »Kelch-« und »Fruchtblättern«), der gesamte Zapfen ein Blütenstand.

NADP+

die sich weitgehend innerhalb des NADH-D.-Komplexes abspielt, werden die letztl. von NADH stammenden Reduktionsäquivalente auf Coenzym Q übertragen, von wo aus die Atmungskette weiterläuft.

NADP+, *NADP*, Abk. für ↗Nicotinamidadenindinucleotidphosphat.

NADPH, Abk. für die reduzierte Form v. ↗Nicotinamidadenindinucleotidphosphat.

Nadsonia w, Gatt. der ↗Echten Hefen (U.-Fam. *Nadsonioideae*); *N. elongata* kommt im Saftfluß v. Bäumen vor.

Naegeli, Carl Wilhelm von, schweizer. Botaniker, * 26. 3. 1817 Kilchberg b. Zürich, † 10. 5. 1891 München; seit 1849 Prof. in Zürich, 1852 Freiburg i. Br., 1856 Zürich, 1857 München u. Dir. des Bot. Gartens; mikroskop.-anatom. Arbeiten über Phanerogamen, Entwicklung v. Pollen u. Eizelle; erkannte (neben Pringsheim) den Pollenschlauch als männl. Organ u. klärte damit den Irrtum ↗Schleidens, der ihn der weibl. Keimsubstanz zuordnete; gelangte über das Studium der primären u. sekundären Meristeme zur Theorie der Scheitelzelle, vermutete (1858) die Faktoren der Vererbung im Eiplasma (↗Micellartheorie), unterschied dabei aber schon zw. erblicher Variation u. nichterblicher Modifikation. Begr. (1846) der „Zeitschrift für wiss. Botanik" (Mit-Hg. Schleiden). B Biologie I.

Naegleria [Mz.] ↗Geißelamöben, ↗Limax-Amöben.

NAG, Abk. für *n*icht-*ag*glutinierbare-Vibrionen, ↗Vibrio.

Naganaseuche [v. Zulu u-nakane], *Nagana, Ngana, Tsetsekrankheit*, Befall v. Rindern, anderen Huftieren u. Carnivoren im trop. Afrika mit den Geißeltierchen *Trypanosoma congolense* und *T. brucei*; Überträger ist die Tsetsefliege *Glossina* (Fam. ↗*Muscidae*). Krankheitssymptome sind Fieber, Anämie, Abmagerung u. nach Vordringen des Parasiten ins Nervensystem Paralyse (↗Schlafkrankheit). Für Rinder ist *T. congolense* der wesentl. gefährlichere Parasit.

Nagegebiß, in Anpassung an ähnl. Ernährungsweise stammesgeschichtl. mehrmals u. unabhängig voneinander (konvergent) entstandene Gebißausprägung (z. B. ↗Nagezähne, keine Eckzähne). Ein N. haben die ↗Nagetiere (Ord. *Rodentia*) u. die ↗Hasentiere (Ord. *Lagomorpha*), aber auch ↗Wombats (Beuteltiere) u. ↗Fingertiere (Halbaffen) sowie die heute ausgestorbenen Multituberculaten (Gatt. *Taeniolabis*) u. Tillodonten (Gatt. *Trogosus*).

Nagekäfer, die ↗Klopfkäfer.

Nagel, *Unguis,* 1) Bot.: stielartig verschmälerter unterer Teil vieler Blütenkronblätter, der sich vom äußeren verbreiterten Teil, der Spreite od. der Platte, absetzt; z. B. bei vielen Nelkengewächsen. 2) Zool.: der ↗Fingernagel.

Nagelfleck, *Aglia tau*, bekannter u. häufiger Vertreter der Schmetterlingsfam.

↗Pfauenspinner, manchmal auch in die Fam. *Syssphingidae* gestellt; Flügel ockergelb mit schwarzblauen Augenflecken, in denen eine weiße T- oder nagelförm. Zeichnung steht, Saum mit dunkler Binde, Spannweite 60–85 mm; charakterist. Art des Buchenwaldes; die kleineren Männchen fliegen zur Zeit des Laubaustriebs im Sonnenschein in stürmischem Flug nach den am Boden sitzenden Weibchen; diese locken mit abdominalen Duftdrüsen, Saugrüssel reduziert; Falter kurzlebig, Weibchen nachtaktiv, träge; Raupe grün mit hellen Seitenstreifen, jung mit bizarren rötl., gegabelten Fortsätzen; Puppe überwintert in lockerem Gespinst an der Erde.

Nagelhaie, *Alligatorhaie, Echinorhinidae,* Fam. der Stachel-↗Haie mit nur 2 Arten. Grundhaie, die meist in Tiefen von 400 bis 900 m des trop. und gemäßigten Atlantik u. des Indopazifik leben; sie haben Schuppen mit nagelart. Stacheln, kleine, weit hinten stehende, stachellose Rückenflossen u. eine große Schwanzflosse; die Afterflosse fehlt. Hierzu gehört der bis 3 m lange und 230 kg schwere N. *(Echinorhinus brucus),* der gelegentl. auch in die Nordsee vordringt.

Nagetiere, *Nager, Rodentia,* nach Anzahl der Arten u. Individuen größte u. damit „erfolgreichste" Säugetier-Ord.: Walker (1983) nennt 1687 (andere bis 3000) rezente Arten, 380 Gatt. und 29 Fam. Die Kopfrumpflänge der N. reicht von 5 cm (↗Zwergmaus) bis über 1 m (↗Capybara). Gestalt sehr verschieden: Kopf klein bis groß, Augen groß bis verkümmert u. fellüberwachsen, Ohren groß bis fehlend, Beine kurz bis lang, Zehenzahl 4–5/3–4, Schwanz fehlend bis überkörperlang (z. T. mit Schuppen bedeckt, z. B. ↗Biber, ↗Nutria, ↗Ratten). Viele N. verfügen über einen ausgeprägten Geruchssinn, nur wenige über gutes Sehvermögen; ↗Echoorientierung kommt bei Mäusearten vor. Das Gehirn der N. ist relativ einfach gebaut, meist mit glatter Oberfläche, gefurcht nur bei größeren Arten (z. B. Biber, Murmeltiere, Capybara). Hervorragend ist die Lernfähigkeit mancher N. (z. B. Ratten als Versuchstiere für Lernversuche). Viele Kleinnager haben eine hohe Vermehrungsrate durch rasche Generationenfolge und beachtl. Wurfgrößen. Die Jungen der meisten N. sind Nesthocker, die der Meerschweinchen u. ihrer Verwandten Nestflüchter. Die Lebensdauer ist bei Kleinnagern i. d. R. kürzer als 2 Jahre; große N., z. B. Stachelschweine, können 12–18 Jahre alt werden. Einige N. halten Winterschlaf (z. B. ↗Bilche, ↗Hamster, ↗Murmeltiere, ↗Ziesel). – Kennzeichnend für alle N. ist ihr ↗Nagegebiß: Im Ober- u. Unterkiefer befinden sich je 2 scharfe ↗Nagezähne; durch das Fehlen v. Eck- u. vorderen Backenzähnen kommt eine große Lücke (Diastema) zw. Nage- u. Backenzähnen zustande. Die Ge-

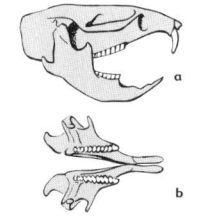

Nagetiere
Unterordnungen:
Hörnchenverwandte (*Sciuromorpha,* ↗Hörnchen)
↗Mäuseverwandte (*Myomorpha*)
↗Meerschweinchenverwandte *(Caviomorpha)*
↗Stachelschweinverwandte *(Hystricomorpha)*

Nagetiere
Schädel der Feldmaus *(Microtus arvalis),* **a** von der Seite, **b** Unterkiefer

samtzahl der Zähne beträgt maximal 22, nur in der Gatt. *Heliophobius* (↗Erdbohrer) 28. Fehlt die natürl. Abnutzung der zeitlebens nachwachsenden Nagezähne, so entstehen Zahnmißbildungen (z. B. spiralförm. Wuchs). Wegen der auffallenden Ähnlichkeit mit dem Gebiß der ↗Hasentiere *(Lagomorpha)* hat man fr. die N. (als U.-Ord. *Simplicidentata,* weil nur 1 Schneidezahn pro Kieferhälfte) mit den Hasentieren (als U.-Ord. *Duplicidentata,* weil 2 Schneidezähne pro Kieferhälfte) in einer Ord. zusammengefaßt; heute sieht man die Nagegebisse beider Gruppen als konvergente Entwicklungen an. – Die systemat. Untergliederung der N. basiert hpts. auf der Ausbildung der Kiefermuskulatur u. damit zusammenhängenden Schädelmerkmalen. Danach unterscheidet man gewöhnl. 4 U.-Ord. (vgl. Tab.). – N. sind fossil seit dem Paleozän nachgewiesen *(Paramys);* sie leiten sich vermutl. von primitiven Insektivoren ab, die frühen Primaten nahestanden. – In allen Erdteilen (Ausnahme: Antarktis) beherbergt fast jeder Lebensraum auch mehrere Arten N.; zu ihrer weltweiten Verbreitung trug auch der Mensch bei (z. B. durch Schiffsverkehr). Die meisten N. sind bodenlebend, einige hausen unterirdisch, andere klettern auf Bäumen; es gibt mit einer Flughaut ausgestattete Gleitflieger (z. B. ↗Dornschwanzhörnchen, ↗Gleithörnchen) u. semiaquatisch lebende N. mit Schwimmhäuten zw. den Zehen (z. B. Biber, Capybara, Nutria). N. ernähren sich vielseitig, jedoch vorwiegend v. Pflanzensamen u. a. harten pflanzl. Stoffen; auf Insektennahrung sind die Grashüpfermäuse (Gatt. *Onychomys*) spezialisiert. Von einigen N.n (z. B. Meerschweinchen) ist die Abgabe u. Wiederaufnahme v. ↗Blinddarmkot (Coecotrophie) bekannt.

H. Kör.

Nagezähne, auf das Abraspeln v. Nahrung spezialisierte, meißelart. verlängerte, wurzellose Schneidezähne bei Säugetieren mit ↗Nagegebiß. Eine dicke, harte Schmelzschicht auf der Vorderseite führt in Verbindung mit dauerndem Nachwachsen und natürl. Abnutzung zu ständigem Nachschärfen der N.

Nähfliege, *Arge rosae,* ↗Argidae.
Nähragar ↗Nährboden.
Nährboden, *Kulturmedium, Nährmedium,* Substratgemisch zur Kultivierung v. ↗Mikroorganismen; alle zum Wachstum (↗mikrobielles Wachstum) erforderl. Nährstoffe zum Aufbau v. Zellsubstanz u. zum Energiegewinn müssen in Form verwertbarer Verbindungen vorliegen. Die industriell hergestellten *Trocken-N.n* enthalten alle N.-Bestandteile in Pulverform; es muß nur noch Wasser zugesetzt werden. *Selektiv-N.* sind so zusammengesetzt (z. T. mit Hemmstoffen), daß bestimmte Arten oder physiologische Gruppen im Wachstum gefördert u. unerwünschte Keime in der Ent-

Nagetiere
Durch ihre Vielseitigkeit in der Ernährung wird für N. die Nahrung nur selten zum begrenzenden Faktor. In Verbindung mit hohen Fortpflanzungsraten können deshalb manche Kleinnager bei guter Ernährungslage (z. T. vorübergehend) zu großen Bestandsdichten gelangen („Mäusejahre", „Lemmingjahre") u. auch in Nahrungskonkurrenz zum Menschen geraten: v. a. Mäuse u. Ratten verursachen in vielen Ländern alljährl. wirtschaftlich bedeutsame Verluste an Getreide. Als Krankheitsüberträger treten wiederum v. a. Ratten u. Mäuse in Erscheinung. Auf der anderen Seite verdankt die biol.-med. Forschung viele ihrer Erkenntnisse dem Einsatz von N.n (z. B. Mäusen, Ratten, Meerschweinchen u. Goldhamstern) als Laboratoriumstieren.

Nährlösung
Synthetische N. für ein einfaches chemoorganotrophes Bakterium (z. B. *Escherichia coli*):

Glucose	5,0 g
K$_2$HPO$_4$	0,5 g
NH$_4$Cl	1,0 g
MgSO$_4$ · 7 H$_2$O	0,2 g
FeSO$_4$ · 7 H$_2$O	0,01 g
CaCl$_2$ · 2 H$_2$O	0,01 g
(NaCl)	5,0 g
Wasser	1000 ml
pH ca. 7,2	

wicklung gehemmt werden (↗Anreicherungskultur). *Synthetische N.* enthalten nur definierte chem. Verbindungen. Enthält der N. nur die allernotwendigsten Verbindungen, spricht man v. einem *Minimalmedium* ([B] Genwirkketten I). Für viele anspruchsvolle Mikroorganismen ist das Nährstoffbedürfnis noch nicht bekannt; sie benötigen *komplexe N.,* die nicht genau definierbare Verbindungen enthalten u. unter Zusatz v. Hefeextrakt, Pepton, Würze, Möhrensaft, Maiskeimquellwasser od. anderen Substratgemischen hergestellt werden. *Flüssige N.* werden meist ↗Nährlösung gen. *Feste N.* (N. i. e. S.) können Kartoffel- od. Apfelscheiben sein od. durch Zusatz v. ↗Agar *(Nähragar)* oder ↗Gelatine *(Nährgelatine)* gelartig verfestigte Substratgemische.
Nährbouillon, *Bouillon,* flüssiger, Fleischextrakt- u. Pepton-haltiger ↗Nährboden (Nährlösung) zum Kultivieren v. Mikroorganismen.
Nährdotter, *Nahrungsdotter,* der ↗Dotter.
Nähreier, Eizellen, die den sich entwickelnden Geschwisterembryonen als Nahrung dienen, z. B. bei manchen Prosobranchiern (Vorderkiemern) od. beim Alpensalamander.
Nährgewebe, das mit Reservestoffen wie Stärke, Öle u. Proteinen angefüllte ↗Endosperm der Samenpflanzen. Darüber hinaus wird bei einigen Bedecktsamergruppen wie den *Nymphaeaceae* auch das Nucellusgewebe als ↗Perisperm zum N. für den jungen Sporophyten umdifferenziert, bei den *Cariophyllales* wird sogar nur ein Perisperm allein gebildet.
Nährhefe ↗Eiweißhefe.
Nährlösung, künstl. hergestellte, aus anorgan. und/oder organ. Substanzen bestehende Lösung (Lösungsmittel: destilliertes Wasser). N.en werden eingesetzt zur Kultivierung v. Mikroorganismen (↗Nährboden), parasit. Organismen sowie tier. und pflanzl. Geweben, zur Untersuchung des Mineralstoffwechsels sowie in der Pflanzenzucht (↗Hydrokultur). Die Zusammensetzung einer N. ist modifizierbar, um den individuellen Ansprüchen einer Art gerecht zu werden *(synthetische N.en* und *komplexe N.en* ↗Nährboden). Zur Beobachtung v. Mangelerscheinungen werden *Mangel-N.en* eingesetzt, denen ein od. mehrere Bestandteile fehlen bzw. in unzureichender Menge vorhanden sind. Durch Zusatz gelierender Stoffe lassen sich feste ↗Nährböden herstellen. Bekannt für die Anzucht v. Pflanzen sind die um 1860 entwickelte ↗Knopsche N. ([T]) und die auf Amon u. Hoagland (1940) zurückgehende, v. Cumming (1967) modifizierte *Hoaglandsche N.,* die auch Mikroelemente enthält. Spezielle N.en sind die Spurenelement-N. (↗A–Z-Lösung, [T]) nach Hoagland u. Vitaminlösungen für Mikroorganismen. *Universal-N.en* enthalten zusätzliche organ.

Nährmedium

Bestandteile wie Hormone, Amine, Kohlenhydrate usw.

Nährmedium, der ↗Nährboden.

Nährpolypen, *Freßpolypen, Trophozoide*, Polypen, die in den Kolonien der ↗*Hydrozoa* Beute verdauen u. den Stock (z. B. auch die auf andere Funktionen spezialisierten Polypen) ernähren. N. haben einen Mund, Tentakeln u. ein gut entwickeltes Verdauungssystem. ☐ Arbeitsteilung.

Nährsalze, zur ↗Ernährung v. Pflanzen notwendige, in Salzform vorliegende ↗Bioelemente (↗Makronährstoffe, ↗Mikronährstoffe, ↗Mineralstoffe). Pflanzen können die N. nur wassergelöst (in Ionenform) durch die Wurzel od. (v. a. bei niederen u. submersen Pflanzen) mit der ganzen Oberfläche aufnehmen, entweder als ↗Anion (Nitrat NO_3^-, Carbonat HCO_3^-, Sulfat SO_4^{2-}, Phosphat HPO_4^{2-} oder $H_2PO_4^-$, Borat BO_3^{3-} oder HBO_3^- oder $H_2BO_3^-$, Molybdat MoO_4^{2-}, Silicat $H_2SiO_4^{2-}$, Chlorid Cl^-) oder ↗Kation (Kalium K^+, Calcium Ca^{2+}, Magnesium Mg^{2+}, Eisen Fe^{2+} oder Fe^{3+}, Mangan Mn^{2+}, Zink Zn^{2+}, Kupfer Cu^{2+}, Kobalt Co^{2+}, Natrium Na^+, Ammonium NH_4^+). Bei ungenügender Zufuhr an N.n kommt es zu Mangelerscheinungen (↗Chlorose, ↗Nekrose). ↗Nährstoffhaushalt.

Nährstoffbilanz, *Mineralstoffbilanz*; die N. eines Bestandes ergibt sich aus der Differenz v. Nährstoffzufuhr (input) u. Nährstoffentzug (output). *Nährstoffzufuhr* erfolgt durch Verwitterung des Bodens, über die Luft (atmosphär. Staub u. Gase), Niederschläge, Grundwasser u. beim Stickstoff durch die Bindung elementaren Stickstoffs. *Nährstoffentzug* erfolgt durch Entnahme v. Biomasse, Auswaschung, Erosion u. beim Stickstoff durch Entweichen gasförm. Substanzen (N_2, NH_3).

Nährstoffe, die ↗Nahrungsstoffe.

Nährstoffhaushalt, *N. des Bodens;* Nährelemente werden nach ihrer Bedeutung für die Pflanzen (↗Nährsalze) beurteilt als ↗*Makronährstoffe* (C, O, H, N, P, S, K, Ca, Mg) oder, falls sie nur in Spuren benötigt werden, als ↗*Mikronährstoffe* (u. a. Mn, Cu, Zn, Mo, Cl, B). Diese Einteilung entspr. auch etwa ihrer Häufigkeit im Boden. Dort werden sie in Form verschiedener Verbindungen festgelegt: als Salze, als austauschbare Ionen adsorbiert an Tonminerale od. Huminstoffe, als Bestandteil der toten organ. Substanz, der Biomasse, des Ausgangsgesteins od. der Tonminerale. Je nach dem Ausgangsgestein, den verschiedenen Bodeneigenschaften, aber auch abhängig v. Vegetation, Klima od. Bewirtschaftung kann der Nährstoffgehalt erhebl. schwanken. Als nährstoffreichste u. damit ertragreichste Böden gelten Schwarzerden. – Zu *Nährstoffverlusten* kommt es, wenn Ionen mit dem Sickerwasser ausgewaschen od. verlagert werden. Dies gilt insbes. für leicht lösl. Verbindungen, z. B. ↗Nitrate. Stickstoff ist aus diesem Grunde

Nährstoffhaushalt

Jeder Nährstoff befindet sich in einem ständ., ihm eigenen Umwandlungsprozeß, einem *Nährstoffkreislauf*. Dieser beginnt damit, daß das Nährelement in verfügbarer Form, meist als Ion (↗Nährsalze), v. der Pflanze aufgenommen u. über die ↗Nahrungskette Bestandteil der ↗Biomasse wird. Nach dem Absterben der Lebewesen wird die tote *organ*. Substanz durch die Tätigkeit der ↗Bodenorganismen humifiziert (↗Humifizierung) u. schließl. mineralisiert (↗Mineralisation, ☐), d. h. zu einfachen anorgan. Verbindungen abgebaut. Dadurch werden die Nährstoffe erneut verfügbar. Die Nährstoffkreisläufe im Boden stehen in Wechselbeziehung mit ihrer Umgebung. Mit der Atmosphäre können gasförm. Verbindungen ausgetauscht werden od. Nährstoffe als ↗Immissionen eingebracht werden (↗Luftverschmutzung).

häufig Mangelfaktor. Nährstoffverluste durch Ernte werden in der Landw. durch künstl. Nährstoffzufuhr kompensiert (↗Düngung, ↗Dünger). Allerdings muß ein ausgewogenes ↗*Nährstoffverhältnis* angestrebt werden, da sich die Nährelemente in ihrer Verfügbarkeit gegenseitig beeinflussen u. bei Fehldüngung Ertragseinbußen auftreten. Überschreitung gewisser Nährstoffkonzentrationen bei Überdüngung kann auf Nutzpflanzen ebenfalls schädl. wirken. Außerdem können angrenzende Ökosysteme nachhaltig gestört werden (z. B. ↗Eutrophierung). Besonderheiten des N.s lassen sich oft an der Vegetation erkennen (↗Bodenzeiger, ☐).

Nährstoffverhältnis, das für die Ertragsbildung der Pflanzen aus Düngungsversuchen ermittelte optimale Mengenverhältnis der Pflanzennährstoffe Stickstoff, Phosphor u. Kalium. Für unsere Kulturpflanzen liegt es in der Größenordnung von N : P_2O_5 : K_2O = 1 : 0,8 : 1,6 (bezogen auf die Atome 1 : 0,2 : 0,7). Das optimale N. muß jedoch für jede Art bzw. Sorte ermittelt werden *(NPK-Verhältnis)*. ↗Nährstoff-

Nahrung ↗Nahrungsmittel. [haushalt.

Nahrungsangebot, die einem Organismus als Substrat für seine ↗Ernährung maximal zur Verfügung stehende Menge an organ. und anorgan. Material. Das N. unterliegt sowohl in Qualität wie Zusammensetzung jahresperiod. Schwankungen; ferner beeinflussen klimat. Veränderungen sowie Eingriffe in den natürl. Lebensraum das N. ↗Nahrungsmangel, ↗Bevölkerungsentwicklung (☐).

Nahrungsaufnahme, erste Stufe der Ernährung, bei der die Nahrung mittels spezialisierter Organe od. in seltenen Fällen direkt durch die Körperoberfläche in den Organismus eingebracht wird. Aufnahme flüss. Nahrung über Osmose durch die Körperoberfläche ist typisch für Einzeller u. Parasiten (Bandwürmer, Acanthocephalen, parasit. Rankenfüßer). Partikelförm. Nahrung bis hin zu größeren Nahrungsstücken erfordert die Ausbildung spezieller Einrichtungen, über die die Nährstoffe in verdauende Hohlräume gebracht werden. ↗Ernährung (☐T☐), ↗Kauapparat, ↗Mund, ↗Verdauung (☐B☐ I–III).

Nahrungskette, Aufeinanderfolge v. in der ↗Ernährung (z. B. als Räuber u. Beute) voneinander abhängigen Organismen, die auf autotrophen Pflanzen, aber auch auf nahrungsreichen Detritus aufbauen kann. Unter natürl. Bedingungen gibt es N.n im strengen Sinne nur in artenarmen Lebensgemeinschaften (z. B. Blaualge *Oscillatoria*–Ruderfußkrebs–Flamingo im afr. Nakuru-See). Bei Vorhandensein vieler Organismenarten und vielfält. Nahrungsbeziehungen ist das Bild eines *Nahrungsnetzes* zutreffender; allerdings können auch in Nahrungsnetzen bestimmte Beziehungen quantitativ vorherrschend, andere nebensächlich sein. Quantitative und über alle N.n summierte Darstellung der aufeinanderfolgenden Ernährungs-(Trophie-)Ebenen führt zur ↗ Nahrungspyramide. – Weiterhin sind N.n Teil der biotischen Abschnitte („Biozyklen") biogeochemischer ↗ Stoffkreisläufe.

Nahrungsmangel, unzureichendes Angebot (↗ Nahrungsangebot) od. für die ↗ Nahrungsaufnahme (↗ Ernährung) ungünst. Qualität (z. B. Trockenheit des Substrats) der ↗ Nahrungsstoffe, so daß der Nahrungsbedarf eines Organismus nicht vollständig gedeckt werden kann. N. führt z. B. bei Insekten oft zu einer Verkürzung des Larvalstadiums (Notverpuppung) mit kleineren Imagines, deren Nachkommenzahl verringert ist. Begleitet wird N. von Änderungen der Körperproportionen (allometrische Ausbildung der Mandibeln bei Insekten, des Kopfes od. der Darmlänge bei Wirbeltieren). Beim Menschen führt N. zu den typ. Symptomen der ↗ Unterernährung (↗ Mangelkrankheit). ↗ Nahrungsmittel, ↗ Hunger.

Nahrungsmittel, Gesamtheit der v. einem Organismus in festem, gequollenem od. gelöstem Zustand aufgenommenen mineralischen und organ. Substanzen, die einerseits zur Aufrechterhaltung der Körperfunktionen u. ↗ Stoffwechsel-Prozesse dienen, andererseits als ↗ Ballaststoffe vom Körper wieder ausgeschieden werden (↗ Exkretion, ↗ Fäkalien). Es lassen sich die reinen, physiol. wirksamen N. (für den Menschen z. B. Milch, Brot, Eier, Fleisch, deren Gehalt an Protein, Fett u. Kohlenhydraten u. damit an „Kalorien" bedeutsam ist) unterscheiden v. solchen, die Appetit u. Nahrungsausnutzung anregen. Zu den ersten gehören die ↗ essentiellen Nahrungsbestandteile ([T]), welche in relativ großen Mengen [mg/(kg Körpergewicht · Tag)] benötigt werden. Sie bestehen aus ↗ Nahrungsstoffen, Vitaminen, Salzen, Spurenelementen u. Wasser, die bei einer ausgewogenen Nahrung des Menschen zu 2/3 aus pflanzl. und zu 1/3 aus tier. Kost stammen. Chem. lassen sich nach Art u. Zusammensetzung folgende Stoffklassen unterscheiden: 1. ↗ Aminosäuren u. ↗ Proteine sind sowohl in tier. wie pflanzl. Nahrung (allerdings in unterschiedl. Ausnutzbarkeit für die Baustoffsynthese) enthalten. Ein Maß für die Verwertbarkeit ist die ↗ biologische Wertigkeit ([T]) der Proteine. 2. ↗ Fette sind zum größten Teil tier. Herkunft; eine Reihe mehrfach ungesättigter ↗ Fettsäuren ([T]), v. a. ↗ Linol- u. ↗ Linolensäure u. der sechswertige Alkohol myo-↗ Inosit sind essentielle Nährstoffe. Die optimale Fettzufuhr beträgt etwa 25% des gesamten Energiebedarfs. 3. ↗ Kohlenhydrate stammen bevorzugt aus pflanzl. Kost u. sind i. d. R. in ausreichendem Maße verfügbar. 4. ↗ Vitamine müssen als essentielle Nahrungsstoffe in der Größenordnung von µg/(kg · Tag) mit der Nahrung aufgenommen werden. Ihr Bedarf läßt sich im Experiment

---

Nahrungskette

Innerhalb der N. kann es zur *Anreicherung* (↗ Akkumulierung) von schwer abbaubaren Schadstoffen (↗ Abbau) kommen (u. a. ↗ Blei, ↗ Cadmium, ↗ Quecksilber; ↗ DDT, ↗ Chlorkohlenwasserstoffe; ↗ Itai-Itai-Krankheit, ↗ Minamata-Krankheit). Wegen der Verzweigung der N. und der nichtspezialisierten Ernährungsweise ist der Mensch durch diese Anreicherung nicht so hart betroffen wie Nahrungsspezialisten.

Beispiel für die Schadstoffakkumulierung:

Anreicherung von DDT in den N.n im Meer (Angaben in ppm = mg pro kg Körpergewicht):

Kleinkrebs (Primärkonsument)	0,04
Kleinfisch	0,23
Raubfisch	2,07
Seeschwalbe (Fischfresser)	3,15–6,40
Möwe (Allesfresser)	3,50–18,50
Fischadler (Fischfresser)	13,80
Kormoran (Fischfresser)	25,40

Bei den Fischfressern ist der DDT-Gehalt um so größer, je mehr Fisch der betreffende Räuber konsumiert u. je ausschließlicher er sich v. Fisch ernährt.

Nährstoffgehalt und Nährwert einiger Nahrungsmittel

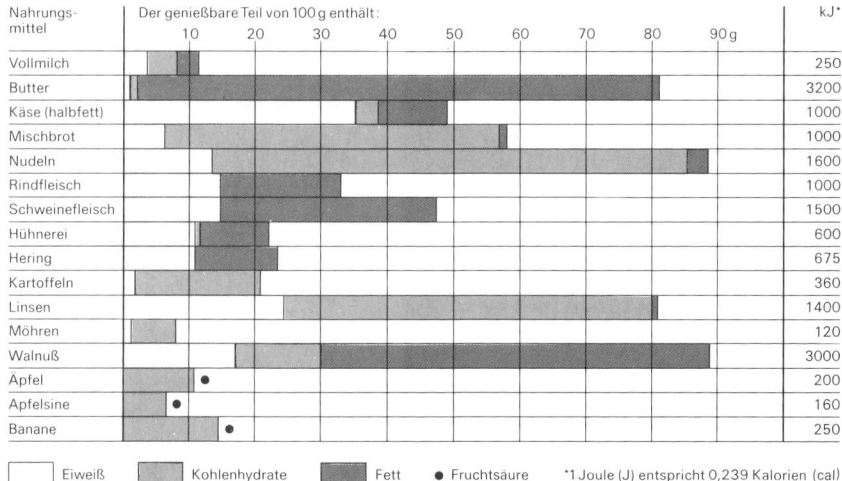

Nahrungsmittel	Der genießbare Teil von 100 g enthält (g)	kJ*
Vollmilch		250
Butter		3200
Käse (halbfett)		1000
Mischbrot		1000
Nudeln		1600
Rindfleisch		1000
Schweinefleisch		1500
Hühnerei		600
Hering		675
Kartoffeln		360
Linsen		1400
Möhren		120
Walnuß		3000
Äpfel		200
Apfelsine		160
Banane		250

Legende: ☐ Eiweiß ▨ Kohlenhydrate ▰ Fett ● Fruchtsäure

*1 Joule (J) entspricht 0,239 Kalorien (cal); 1 kJ = 1000 Joule

Nahrungsmittelvergiftungen

an Mangelerscheinungen untersuchen, die bei Aufzucht auf Vitamin-defizienten Medien auftreten. 5. Der Bedarf an ↗ *Mineralstoffen* wird im allg. mit der aufgenommenen Nahrung gedeckt, lediglich bei Tieren mit NaCl-armer Nahrung u. nach körperl. Anstrengung werden Salzquellen aktiv aufgesucht. – Dere Tagesbedarf an N.n ist abhängig v. der Ausnutzbarkeit u. Verdaulichkeit u. beim Menschen zusätzl. durch die Art der Aufarbeitung bedingt. Tier. Nahrung ist gut ausnutzbar, für die menschl. ↗ Ernährung am wertvollsten sind die ↗ Milchproteine, während pflanzl. Kost wegen ihres hohen ↗ Cellulose-Gehalts ein *Aufschließen* der Nahrung (↗ Verdauung) erschwert. Der *Sättigungswert* der Nahrung ist gegeben durch die Verweildauer in Magen u. Darm u. ist beim Menschen für Fleisch, Brot u. Hülsenfrüchte am höchsten, hängt aber zudem v. der Zubereitungsart ab. Neben den reinen N.n müssen appetitanregende u. verdauungsfördernde Stoffe angeboten werden, die durch bes. Geruchs- u. Geschmacksstoffe, wie äther. Öle, Säuren, Salze, Röst-, Extraktiv- u. Würzmittel, die Absonderung v. Speichel sowie v. Magen- u. Verdauungssekreten anregen u. eine ↗ Nahrungsaufnahme stimulieren. Andererseits erzielen einige N. wegen ihres hohen Fett- od. Zuckergehalts einen verdauungshemmenden Effekt u. rufen dadurch ein länger anhaltendes Sättigungsgefühl hervor. – Der individuelle Ernährungszustand eines Organismus wird über die Allgemeinempfindungen ↗ *Hunger* u. ↗ *Durst* reguliert. Ist das Verhältnis v. Energiezufuhr zu Energiebedarf über längere Zeit unausgeglichen, treten Störungen auf; bei Energieunterversorgung (↗ Nahrungsmangel, ↗ Unterernährung) kommt es zum Abbau von Körpersubstanz u. damit Gewichtsverlust, bei zu hoher Energiezufuhr werden ↗ Depotfette angelegt (Überernährung). ↗ *Lebensmittel*. *L. M.*

Nahrungsmittelvergiftungen, Erkrankungen u. Vergiftungen, die nach dem Genuß v. ↗ Nahrungsmitteln auftreten (allg. *Lebensmittelvergiftungen* gen.). Es werden 3 Hauptgruppen unterschieden: 1) N. durch chemische, von außen aufgenommene ↗ Gifte (z. B. ↗ Schwermetalle, ↗ Biozide u. a. Umweltgifte); 2) N. durch den Verzehr gift. Organismenarten (↗ Giftige Fische, ↗ Muscheln, ↗ Giftpflanzen, ↗ Giftpilze), die auch Allergien (z.B. Nesselfieber) hervorrufen können; 3) Vergiftungen (*Intoxikationen* = N. i. e. S.) durch mikrobielle Toxine (↗ Bakterientoxine) in den Nahrungsmitteln od. ↗ *Infektionen* mit Krankheitserregern durch infizierte Nahrungsmittel. Etwa 90% der N. sind auf Mikroorganismen zurückzuführen. Nahrungsmittel können entweder nur als Träger pathogener Keime fungieren, ohne daß eine Vermehrung stattfindet, od. die Keimzahl erhöht sich. Infektionen beim Menschen können sich auf den Ma-

Nahrungsmittelvergiftungen
Erreger (Krankheit):
Bacillus cereus (Gastroenteritis)
Clostridium botulinum (↗ Botulismus)
Clostridium perfringens (↗ Gasbrandbakterien)
Salmonella enteritidis, S. typhimurium, S. cholerae-suis u.a. *S.*-Arten (Salmonellen-Enteritis)
Shigella dysenteriae, S. sonnei u.a. *S.*-Arten (Bakterienruhr, ↗ Shigellose)
Staphylococcus aureus (Staphylokokken-Enterotoxikose)
Streptococcus faecalis,
Vibrio parahaemolyticus,
„Schimmelpilze" (Mykotoxin-Vergiftungen, ↗ Mykotoxikosen)
Claviceps purpurea (Mutterkorn-Vergiftungen)
*Escherichia-coli-*Stämme (Reisediarrhö)
Klebsiella-Arten,
Pseudomonas aeruginosa,
Proteus-Arten,
Yersinia enterocolitis (u. a. Enteritis, Enterocolitis, Diarrhöe)

gen-Darm-Trakt beschränken od. invasiv andere Organe u. Gewebe erfassen. Die mikrobielle Intoxikation ist v. einer Vermehrung der Keime in den Nahrungsmitteln abhängig. Die Toxine können bereits in den Nahrungsmitteln freigesetzt werden, so daß eine Vergiftung auch nach Abtötung der Keime eintreten kann. Oft genügen wenige Stunden zur Bildung hoher Toxinmengen in vorher einwandfreien Nahrungsmitteln (z. B. in Mayonnaisen); dabei können Aussehen, Geschmack u. Geruch völlig unauffällig sein. Bei den wichtigsten u. häufigsten N., den *Salmonellosen,* werden die Toxine im Darmtrakt v. den Bakterien ausgeschieden. Abhängig v. der Keimart können verschiedene Toxinarten wirksam sein: bakterielle ↗ Exotoxine (Neuro- u. ↗ Enterotoxine) u. ↗ Endotoxine sowie ↗ Mykotoxine v. Kleinpilzen (z. B. ↗ Aflatoxine od. ↗ Mutterkornalkaloide); als Gifte können bei ↗ Fleisch- u. Fischvergiftungen (↗ Fischgifte) auch Protein-Abbauprodukte (Fäulnisgifte; ↗ Fäulnis, ↗ Fleischfäulnis) entstehen. Die häufigsten Symptome der bakteriellen N. sind Durchfall u. Erbrechen, die auf Magen- u. Darmentzündungen hinweisen. Die Verunreinigung der Nahrungsmittel kann bereits v. den Rohstoffen ausgehen od. sekundär durch mangelnde Hygiene u. Fehler bei der Herstellung od. unzureichende ↗ Konservierung eintreten. Das vermehrte Auftreten von N. in den letzten Jahren ist durch veränderte Eßgewohnheiten, Gemeinschaftsverpflegung (Großküchen) u. den zunehmenden int. Handel v. Futter- u. Lebensmitteln bedingt. – Pilzvergiftungen sind bereits aus der Antike bekannt, Wurstvergiftungen (↗ Botulismus) seit dem 9. Jh. Die bakterielle Ursache *(Salmonella enteritidis)* für Fleischvergiftungen wurde v. Gärtner (1888) entdeckt, der Erreger des Botulismus durch E. P. van Ermengem (1897) isoliert; die Gefährlichkeit v. Mykotoxinen aus Schimmelpilzen (Aflatoxine) wurde v. 1960 erkannt. *G. S.*

Nahrungsnetz, netzartig verknüpfte Nahrungsbeziehungen zw. den Organismen eines Ökosystems; ↗ Nahrungskette.

Nahrungspyramide, Überbegriff für graph.

Nahrungspyramide
N. im Meer, schematisiert:
a Produzenten (= Phytoplankton),
b–g Konsumenten,
b Zooplankton,
c Planktonfresser,
d Raubfische, **e** Robben, **f** Schwertwal,
g Bartenwal („Abkürzung" der N. durch Planktonnahrung)

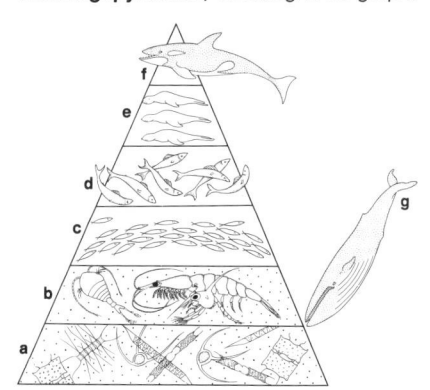

Darstellungen der Aufeinanderfolge v. Organismen eines Ökosystems auf verschiedenen Trophie-Ebenen (↗Nahrungskette). Auf die ↗Produzenten (meist grüne Pflanzen), die autotroph organism. Substanz aufbauen, folgen die heterotrophen ↗Konsumenten wachsender Größenordnung. Dargestellt werden die Zahlen (↗Zahlenpyramide), die Biomassen (↗Biomassenpyramide) oder die Energiegehalte (↗Energiepyramide) der aufeinanderfolgenden Stufen (Trophieebenen). Zur Spitze der N. nehmen im allg. Individuenzahl, Biomasse, Energie u. Reproduktionsrate ab, Körpergröße u. Aktionsradius der Organismen hingegen zu. Ausnahmen sind Lebensgemeinschaften mit wenigen großen Produzenten (z. B. Bäumen), denen viele kleinere Konsumenten folgen, od. mit Parasiten, die sich in großer Zahl v. wenigen, größeren Wirtstieren nähren, ferner mengenmäßig schwache, aber sehr vermehrungsaktive Organismen, auf die sich in der höheren Trophiestufe eine größere Biomasse aufbauen kann.

Nahrungsrohr, der für die Nahrungsaufnahme vorhandene Hohlraum in den saugenden ↗Mundwerkzeugen der Insekten.

Nahrungsspezialisten, heterotrophe Organismen (↗Heterotrophie), die auf eine bestimmte Art, Zusammensetzung u. Angebotsform der ↗Nahrungsstoffe angewiesen sind. Da der *Nahrungsbedarf* der einzelnen Vertreter des Tierreiches aufgrund gleicher Zell-Stoffwechselwege nahezu ident. ist, beruht die *Nahrungswahl* der N. auf angeborenen Verhaltensweisen, die den einzelnen Tierarten getrennte Nahrungsquellen erschließen (↗ökologische Nische). Bei Umgehung dieses starren Verhaltensschemas (z. B. durch Aufbringen von sog. Phagostimulantien auf sonst nicht angenommene Nahrung) kann es zum *Nahrungswechsel* auf andere Futterquellen kommen. N. i. e. S. (*Monophage,* ↗Ernährung) nehmen nur eine einzige chem. Verbindung (Wachs, Keratin) als Nahrung auf, wobei zur Ernährung des Organismus die Aktivität v. Darm-Mikroorganismen (↗Darmflora) allerdings nicht auszuschließen ist. Der Übergang von N. i. w. S. *(Stenophage),* die je nach Verbreitungsgebiet vorwiegend eine Nahrungsquelle erschließen od. hinsichtlich der mechan. Eigenschaften der Nahrung spezialisiert sind (↗Nahrungsaufnahme), zu Allesfressern od. *Omnivoren (Polyphage)* ist fließend. – Die Spezialisierung auf eine bestimmte Nahrung ist weitgehend v. deren Verfügbarkeit abhängig, so daß saisonal ↗euryphage Tiere temporäre N. sein können (Bären, Füchse). Die Wahl bestimmter Nahrungsstoffe wird oft durch Geruchs- u. Geschmacksstoffe vermittelt (↗chemische Sinne, T, B). – Grüne Pflanzen als autotrophe Organismen (↗Autotrophie) stellen nur hinsichtl. ihrer mineral.

Nahrungsspezialisten
Beispiele für Nahrungsspezialisten i. w. S.:

Bären
Flamingos

Kotfresser
Früchtefresser
Samenfresser
Pflanzensaftsauger
Blutsauger
Blattfresser
Fleischfresser
Nektarsauger
Aasfresser

Einige Nahrungsspezialisten i. e. S.
Larve der Wachsmotte *Galleria* (Bienenwachs)
einige Käfer (Keratin)
Kleidermotte *(Tineola)* (Keratin)
holzbohrende Muscheln *(Teredo)* (Cellulose)
Urinsekten *(Lepisma)* (Cellulose)
Bockkäferlarve *(Cerambyx)* (Cellulose)
Flagellaten u. Ciliaten (Cellulose) endosymbiont. Flagellaten u. Ciliaten (Cellulose)
Ektoparasiten (Blut nur einer Tierart)
Oleanderschwärmer (Oleander)
Koala (einige *Eucalyptus*-Arten)
Lemming (einige Moose)

Ernährung spezif. Anforderungen u. gedeihen z. T. nur auf bestimmten Böden.

Nahrungsstoffe, *Nährstoffe,* die in der Nahrung (↗Nahrungsmittel) vorhandenen energiereichen Verbindungen wie ↗Kohlenhydrate, ↗Fette u. ↗Proteine, aber auch Mineralien (↗Mineralstoffe) und Sauerstoff, die, über die Körperoberfläche od. den Verdauungstrakt aufgenommen (↗Nahrungsaufnahme), vom Organismus verwertet werden können (↗Ernährung). Sie bilden die Grundstoffe für die Biosynthese der Körpersubstanz u. für den Energiestoffwechsel (↗Energieumsatz, T). Maßeinheit für die pro g bzw. kg aus den N.n freiwerdende Energie ist der physiologische ↗Brennwert (T). ↗essentielle Nahrungsbestandteile, ↗Makronährstoffe, ↗Mikronährstoffe, ↗Nährwert.

Nahrungsvakuole ↗Endocytose ( ), B Endosymbiose.

Nährwert, *Nahrungswert,* der in Kalorien bzw. Joule (↗Energie) ausgedrückte Kennwert eines ↗Nahrungsmittels als Bau- od. Betriebsstoff eines Organismus, abhängig vom physiolog. ↗Brennwert (T) u. der Zusammensetzung sowie Bekömmlichkeit. 1 g Protein od. Kohlenhydrat liefert 17,2 kJ (4,1 kcal), 1 g Fett 39 kJ (9,3 kcal). Der N. ist eine wicht. Kenngröße bei Abmagerungskuren, bei denen die tägl. Energiezufuhr so gering gehalten werden sollte (meist unter ca. 8400 kJ ≙ 2000 kcal), daß der Organismus eigene Reserven (Körperfett) abbaut. ↗Energieumsatz (T). Nahrungsmittel, T Obst.

Nährzellen, *Trophocyten,* Zellen, die der heranwachsenden Eizelle (Oocyte) Biosyntheseprodukte liefern. Bei Insekten meist Schwesterzellen der Oocyte; der Ei-Nährzellverband entsteht durch ein- od. mehrfache unvollständ. Teilung einer Keimbahnzelle u. enthält daher 2^n Zellen (n = Zahl der Mitosen). Die Tochterzellen bleiben durch Cytoplasmabrücken verbunden, durch die der Stofftransport zur Oocyte erfolgt. ↗Ovariolen, ↗Oogenese.

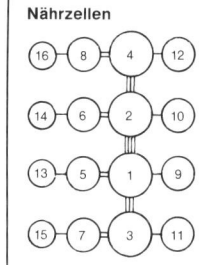

Nährzellen — Schema des Ei-Nährzellenverbands bei Fliegen (z. B. *Drosophila*). Er entsteht durch 4 Mitosezyklen aus einer Mutterzelle. Wegen unvollständ. Zellteilung bleiben die Tochterzellen durch Cytoplasmabrücken (Ringkanäle) miteinander verbunden. Die Cytoplasmabrücke aus der ersten Mitose ist durch 4 Parallelstriche markiert, jede Brücke aus der 4. Mitose durch einen einzelnen Strich. Eine der beiden Zellen mit 4 Brücken (Nr. 1 oder 2) wird zur Oocyte, die 15 anderen dienen als Nährzellen.

Nährzoide [Mz.; v. gr. zōidion = kleines Tier], *Trophozoide, Gast(e)rozoide,* der Ernährung dienende Individuen in Tierstöcken u. Kolonien, z. B. bei Hydrozoen (↗Nährpolypen; Arbeitsteilung, bes. ausgeprägt bei Staatsquallen) und Salpen (↗*Cyclomyaria*).

Naht, 1) *Sutur, Sutura,* die Verschmelzungslinie sich berührender Windungen bei spiral gewundenen Molluskengehäusen (Schnecken, Kopffüßer mit Außenschale). 2) ⇗ Häutungsnähte.
Nahtlobus *m* [v. gr. lobos = Lappen], *Suturallobus,* in der ⇗ Lobenlinie v. Ammoniten *(⇗ Ammonoidea)* im Bereich der ⇗ Naht auftretender Lobus. [⇗ Blauschaf.
Nahur *m* [wohl v. nepales. nahūr], das
Naididae [Mz.; *najad-], Fam. der Ringelwürmer (Oligochaeten) mit 22 Gatt. (vgl. Tab.); kleiner, nicht selten durchsichtiger Körper; Prostomium in einigen Fällen mit Fortsatz; Segmente mit 4 (Ausnahme: *Chaetogaster* nur 2) Borstenbündeln, die in den vorderen Segmenten fehlen können; kein Kaumagen; Gonaden im 5. und 6. od. 7. und 8. Segment; Receptacula seminis im 5. Segment; Clitellum im Bereich der Genitalsegmente. Fortpflanzung weitestgehend ungeschlechtlich. Meist limnisch, einige litoral. Bekannte Arten der namengebenden Gatt. *Nais: N. variabilis, N. elinguis.*
Naja *w* [v. Sanskrit nāga = Schlange], die Echten ⇗ Kobras; z.B. die ⇗ Brillenschlange.
Najadaceae [Mz.; *najad-], *Nixenkrautgewächse,* Fam. der *Najadales* mit der einzigen Gatt. *Najas* (Nixenkraut) und ca. 50 Arten kleiner untergetauchter Süß- u. Brackwasserpflanzen, fast weltweit verbreitet; die lineal. Blätter stehen in Scheinquirlen am Stengel; die diklinen Blüten sind stark reduziert (A1 G1). *N. marina,* das Meer-Nixenkraut, kommt auch in Dtl. vor, z.B. in ruhigem Altwasser u. Seebuchten; wie manche anderen *N.* auch marin; nach der ⇗ Roten Liste „gefährdet".
Najadales [Mz.; *najad-], *Nixenkrautartige,* Ord. der *Alismatidae,* hier in 11 Fam. (vgl. Tab.) aufgeteilt; vielgestalt. Sippe v. Wasser- u. Sumpfpflanzen; Blüten oft stark reduziert (ohne Perianth). Größte Fam. der *N.* sind die ⇗ Laichkrautgewächse.
Najaden [Mz.; *najad-], veraltete Sammelbez. für die ⇗ Fluß- u. ⇗ Flußperlmuscheln.
Nalorphin *s* [Kw.], N-Allylnormorphin, synthet. Derivat des ⇗ Morphins mit analget. und halluzinogenen sowie hustendämpfenden Eigenschaften. N. wirkt antagonist. zu Morphin, da es aufgrund seiner Allylgruppe eine höhere Affinität zu den Rezeptoren (⇗ Opiatrezeptor) besitzt als Morphin. Die bei akuter Morphinvergiftung auftretende Atemlähmung kann durch Gaben von N. (5–10 mg intravenös) aufgehoben werden; höhere Dosen wirken ähnl. wie Morphin.
Nanderbarsche, *Nandidae,* Fam. der Barschfische, meist unter 20 cm lange,

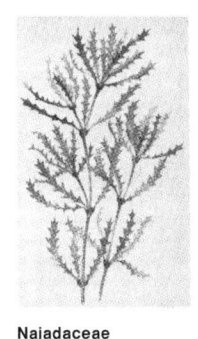

Naididae
Wichtige Gattungen:
Allodera
Aulophorus
Chaetogaster
⇗ *Dero*
Nais
⇗ *Ophidonais*
⇗ *Paranais*
⇗ *Pristina*
⇗ *Ripistes*
⇗ *Slavina*
⇗ *Stylaria*

Naididae
Nais elinguis

Najadaceae
Nixenkraut *(Najas)*

Najadales
Familien:
⇗ Aponogetonaceae
⇗ Blasenbinsengewächse (Scheuchzeriaceae)
⇗ Cymodoceaceae
⇗ Dreizackgewächse (Juncaginaceae)
⇗ Laichkrautgewächse (Potamogetonaceae)
⇗ Lilaeaceae
⇗ Posidoniaceae*
⇗ Ruppiaceae*
⇗ Seegrasgewächse (Zosteraceae)*
⇗ Teichfadengewächse (Zanichelliaceae)

* z.T. auch zu den Laichkrautgewächsen gerechnet

naja-, najad- [v. gr. Naias (poet. Naḯs), Mz. naiades = Wassernymphe].

räuberische, trop. Süßwasserfische im nördl. S-Amerika, in W-Afrika und SO-Asien mit hochrückigem, seitl. abgeflachtem Körper, vorn jeweils stachel. Rücken- u. Afterflosse, stark vorstülpbarem Maul u. meist guter Tarnung. Hierzu der bis 10 cm lange Blattfisch *(Monocirrhus polyacanthus)* aus dem Stromgebiet des Amazonas, der durch Aussehen u. Schwimmweise (als treibendes Blatt getarnt) seiner Beute auflauert; der als Aquarienfisch geschätzte, bis 8 cm lange vorderasiat. Kleine Blaubarsch *(Badis badis),* dessen Männchen Brutpflege treiben; der ebd. heimische, auch im Brackwasser lebende, bis 25 cm lange N. *(Nandus nandus).*
Nandidae [Mz.; v. Sanskrit nāndī (?) = Fröhlichkeit], die ⇗ Nanderbarsche.
Nandinia *w* [aus einer afr. Sprache], ⇗ Pardelroller.
Nandus [Mz.], *Rheiformes,* Ord. südam. Laufvögel mit 1 Fam. *(Rheidae)* und 2 Arten. Braunes Gefieder, 3 Zehen, Schwanz fehlt, Flügel gut entwickelt, die z.B. bei der Flucht als Steuer zum Hakenschlagen eingesetzt werden; können bis 50 km/h schnell laufen. Leben in den Steppengebieten Argentiniens, Paraguays, Uruguays u. im S Brasiliens u. Perus; vertreten dort ökolog. die in Afrika heim. Strauße; sind kleiner als diese. Der im Tiefland vorkommende Nandu *(Rhea americana,* B Südamerika IV) besitzt 1,70 m Gesamthöhe; der etwas kleinere Darwin-N. *(Pterocnemia pennata)* bewohnt die Andenhochflächen u. ist recht kälteresistent. Die N. ernähren sich v. Gras, Kräutern u. zusätzl. Insekten. Das Männchen versammelt während der Paarungszeit zw. Sept. und Dez. 4–7 Weibchen um sich; der Name ist Klangbild des tiefen Balzrufes „nan-du". Die Weibchen legen insgesamt etwa 20 Eier in die flache Nestmulde; bis zu 80 Eier pro Gelege wurden beobachtet, die oft unterschiedl. groß sind u. aus denen auch nicht durchweg Junge schlüpfen. Das Männchen brütet allein etwa 40 Tage u. führt die Jungen, die nach einem halben Jahr auf die Größe der Eltern herangewachsen u. nach 2–3 Jahren geschlechtsreif sind. Außerhalb der Brutzeit schließen sich Gruppen v. 50–60 Tieren zusammen. [⇗ Zwergwuchs.
Nanismus *m* [v. lat. nanus = Zwerg], der
Nannacara *w* [v. *nann-], Gatt. der ⇗ Buntbarsche.
Nannippus *m* [v. *nann-, gr. hippos = Pferd], (Matthew 1926), v. ⇗ *Merychippus* abstammender dreizehiger † Equide (Fam. echter Pferde); Verbreitung: Unterpliozän bis unteres Pleistozän von N-Amerika. ⇗ Pferde (Evolution).
Nannizzia *w* [v. *nann-], ⇗ Microsporum.
Nannocharax *m* [v. *nanno-, gr. charax = Pfahl], Gatt. der ⇗ Salmler.
Nannochromis *m* [v. *nanno-, gr. chroma = Farbe], Gatt. der ⇗ Buntbarsche.
Nannoconus *m* [v. *nanno-, gr. kōnos =

Kegel], (Kamptner 1931), winzige, überwiegend 15 bis 20 μm lange, kegel- bis bienenkorbförm. kalkige Körper mit Zentralkanal od. -höhle ungewisser systemat. Stellung; evtl. handelt es sich um Skelettreste plankt. *Protozoa*, z. T. den ↗Coccolithen zugeordnet; bilden zus. mit Tintinniden u. Radiolarien als N.-Fazies den biogenen Schlamm am Boden des ↗Tethys-Meeres; stellenweise massenhaft im oberen Jura bis in die obere Kreide v. Europa, N-Afrika u. Zentralamerika.

Nannocystis w [v. *nanno-, gr. kystis = Blase], Gatt. der ↗ Myxobakterien; die einzige Art *N. exdens* ist weltweit in fast allen Böden verbreitet; auf Agarplatten bilden sie typische Schwärmkolonien u. zersetzen den Agar.

Nannofossilien [Mz.; v. *nanno-, lat. fossilis = ausgegraben], *Kleinstfossilien*, Klassifizierung kleinster plankt. ↗Fossilien (unter 40 μm Größe mit künstl. Abgrenzung gg. ↗Mikrofossilien) allein aufgrund ihrer minimalen Größe. Die Termini ↗Coccolithen u. kalkige N. werden als äquivalent angesehen u. finden Anwendung auf alle Taxa, die als ↗*Haptophyceae* zusammengefaßt werden. N. haben für die ↗Stratigraphie des Meso- u. Neozoikums große Bedeutung erlangt; bekannt ab dem oberen Paläozoikum.

Nannoplankton s [v. *nanno-, gr. plagktos = umherschweifend], ↗Plankton.

Nannopterum s [v. *nanno-, gr. pteron = Feder, Flügel], Gatt. der ↗Kormorane.

Nannostomus m [v. *nanno-, gr. stoma = Mund], Gatt. der ↗Salmler. [phorae.

Nanomia w [v. *nano-], Gatt. der ↗Physo-

Nanorana w [v. *nano-, lat. rana = Frosch], Gatt. der ↗*Ranidae* (echte Frösche) mit einer kleinen (4 cm) Art (*N. pleskei*) in den östl. Himalaya-Hochebenen in 3000 bis 4300 m.

Nanosomie w [v. *nano-, gr. sōma = Körper], der ↗Zwergwuchs.

Nanozoide [Mz.; v. *nano-, gr. zōon = Lebewesen], bei ↗Moostierchen solche ↗Heterozoide, deren Polypid stark verkleinert ist u. nur noch 1 Tentakel trägt zum „Wegfegen" v. Detritus v. der Kolonie-Oberfläche.

Napfschaler, die ↗Monoplacophora.

Napfschildläuse, *Lecaniidae*, *Coccidae*, Fam. der Schildläuse mit ca. 40 Arten in Mitteleuropa. Die Weibchen sind 3 bis 6 mm groß; der v. einem napfförm., halbkugeligen, lackart. Schild bedeckte Körper sitzt festgesaugt auf Zweigen u. Blättern vieler Pflanzen. Die Männchen sind geflügelt u. entwickeln sich unter einem durchscheinenden Schild; sie durchlaufen meist 5, die Weibchen 4 Larvenstadien; die Eier werden vom eintrocknenden Körper bedeckt. Die N. ernähren sich v. Pflanzensäften u. können an vielen Kulturpflanzen schädl. werden. Häufig ist die ca. 5 mm große, bräunl. gefärbte Gemeine Napf- od.

Napfschildläuse
Weibchen der Gemeinen Napfschildlaus (*Eulecanium corni*)

Napfschnecken
Gattungen:
↗ *Cellana*
↗ *Helcion*
Nacella
Patella

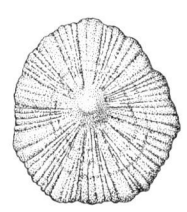

Gewöhnliche Napfschnecke (*Patella caerulea*)

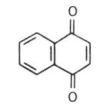

Naphthalin

1,4-Naphthochinon

nann-, nanno- [v. gr. nannos = Zwerg].

nano- [v. lat. nanus = Zwerg].

Zwetschgenschildlaus (*Eulecanium corni*) an verschiedenen Laubbäumen u. Sträuchern; sie pflanzt sich auch parthenogenet. fort; die bis 3000 Eier befinden sich unter dem Rückenschild. Etwas gewölbter u. größer ist das Weibchen der Haselnuß-Schildlaus (*E. coryli*). Nicht nur an Weinreben kommt die braun gefärbte, ca. 6 mm große Wollige Rebenschildlaus od. Wollige Napfschildlaus (*Pulvinaria vitis*) vor. Die Art *Coccus hesperidum* wurde aus trop. Zonen weltweit verschleppt u. kommt bei uns in Gewächshäusern u. an Zierpflanzen in Wohnungen vor; die Weibchen sind ca. 4 mm groß, gelb bis braun gefärbt u. flachoval gestaltet. Die glänzend-braunen Fichtenquirl-Schildläuse der Gatt. *Physokermes* scheiden ↗Honigtau ab.

Napfschnecken, *Patellidae*, Fam. der Altschnecken (Gattungen vgl. Tab.) mit dickschal., napfförm. Gehäuse, meist unter 6, ausnahmsweise bis 35 cm (*Patella mexicana*) lang; Schalenmuskel hufeisenförmig; sekundäre Mantelkiemen; Balkenzüngler, deren Zahnspitzen mineralisiert werden; schaben Algenaufwuchs vom Substrat. ⚥ mit äußerer Befruchtung; Lebenserwartung ca. 15 Jahre; typ. Felsbewohner der Gezeitenzone; nachtaktiv u. reviertreu. Europäische N. (*Patella vulgata*), 6 cm, an den W-Küsten Europas, bei Helgoland als Irrläufer; protandr. ⚥; Oberfläche radial gerippt; Form vom Lebensraum abhängig. Im Mittelmeer sind die Gewöhnliche N. (*P. caerulea*), 7 cm, häufig. ↗Flußmützenschnecken.

Naphthalin s [v. gr. naphtha = Erdöl], im Steinkohlenteer vorkommender u. aus diesem gewinnbarer aromat. Kohlenwasserstoff mit charakterist. Geruch („Mottenpulver"). N. bildet das Grundgerüst vieler Sesquiterpene u. kann v. bestimmten Mikroorganismen als Substrat verwertet werden. Verwendung als wicht. Rohstoff für die chem. Industrie, z. B. zur Herstellung v. Farbstoffen.

Naphthochinone [Mz.], eine Gruppe von Oxidationsprodukten des Naphthalins. 1,4-Naphthochinon ist der Grundkörper vieler Naturstoffe, z. B. Alkannin (↗Alkanna), ↗Juglon, Vitamin K (↗Phyllochinon), Lawson, Lomatiol u. Plumbagin. N. werden vielfach als Ausgangsverbindungen für chem. Synthesen verwendet.

Naphthylessigsäure ↗Auxine.

Naraspflanze [aus dem Hottentott.], *Acanthosicyos horridus*, ↗Acanthosicyos.

Narbe w, 1) Bot.: *Stigma*, das für die Aufnahme der Pollenkörner aus papillösem Drüsengewebe aufgebaute u. durch Sekrete (↗*N.nsekret*) schleimig klebrige Areal der Fruchtblätter bei den ↗Bedecktsamern ([B] I). Gestalt u. Ausbildung zeigen eine große Vielfalt entspr. der oft erstaunl. ausgeklügelt erscheinenden Mechanismen zur Sicherung der ↗Bestäubung. Häufig befindet sich die N. am Ende eines mehr

Narbensekret

nard- [v. gr. nardos = Narde (bes. die Echte Narde, aber auch andere aromat. Gräserarten Vorderasiens)].

Narcomedusae

Vertreter der *N.* im Mittelmeer:

Solmaris flavescens, 15 mm große Art mit 12–17 grünl. Tentakeln mit gelber Spitze, rote Statocysten in den Randlappen, rosa Gonaden.

Solmissus albescens, 10 mm große Art ohne Randkanal, mit 12–16 weißl. Tentakeln; die rechteckigen Randlappen tragen je 5–8 Statocysten.

Solmundella bitentaculata, nur 2 mm große häufige Art mit 2 steil emporgereckten Tentakeln und zahlr. Statocysten in den breiten Randlappen; die bläul. Qualle hat 4 paarige, gelbe Magentaschen.

Narcotin

od. weniger langen ↗ *Griffels*, der sie in einer für die Pollenaufnahme günst. Position hält. Gelegentl. sitzt sie aber auch als *sitzende N.* direkt dem Fruchtknoten auf. Auf der N. keimt das Pollenkorn aus u. treibt einen Pollenschlauch zum Embryosack in den Samenanlagen vor (↗ Blüte, B). N. und N.sekret lassen nur die Keimung arteigenen Pollens zu; häufig sichern sie durch genet. ↗ Inkompatibilität dabei auch eine Fremdbefruchtung. **2)** Zool.: *Cicatrix*, längl., rundl. oder andersgestaltete Eindellung am Apikalpol der ↗ Anfangskammer v. Cephalopoden; bei Nautiliden meistens, bei Ammoniten seltener ausgebildet. Von Hyatt (1883) urspr. als Öffnung eines hypothet. Protoconchs gedeutet, wahrscheinl. aber Ansatzstelle v. Sipho od. Prosipho (Schindewolf 1933); die Schalenschichten sind an der N. nicht unterbrochen. **3)** Medizin: *Cicatrix*, ein (bei der Heilung v. Gewebsdefekten) durch faseriges ↗ Bindegewebe ersetzter Substanzverlust des Körpers; ↗ Granulationsgewebe.

Narbensekret, die klebrige Flüssigkeit, die v. der ↗ Narbe der Blüte ausgeschieden wird; beeinflußt die Pollenkeimung, wobei die Keimung artfremden Pollens und oft auch die der Pollen derselben Pflanze verhindert wird.

Narceïn *s* [v. gr. narkē = Erstarrung], $C_{23}H_{27}O_8N$, ein zu 0,1–0,2% im ↗ Opium enthaltenes ↗ Benzylisochinolinalkaloid; kann als krampflinderndes Mittel verwendet werden. [zisse.

Narcissus *m* [v. gr. narkissos =], die ↗ Narzisse.

Narcomedusae [Mz.; v. gr. narkē = Erstarrung, Lähmung, Medousa = schlangenhaarige Gorgone], U.-Ord. der ↗ *Trachylina* mit ca. 65 Arten. Characterist. für diese Hohltiere ist, daß keine Radiärkanäle vorhanden sind, sondern der Magen Taschen bildet, die oft bis an den Schirmrand reichen. Die Gonaden sitzen dementsprechend über dem Magen. Bei den *N.* setzen die Tentakel oberhalb des Schirmrandes an. Jeder Tentakel ist über eine Spange mit dem Rand verbunden, der dadurch gelappt wird. Manche *N.* entwickeln sich aus dem Ei über eine Actinula-Larve. Bei anderen leben die Larven parasitisch (Gatt. ↗ *Cunina*, ↗ *Polypodium*). Bei der Gatt. *Pegantha* bleiben die Larven in den Magentaschen des Muttertieres. Einige Arten kommen auch im Mittelmeer vor (vgl. Spaltentext). *N.* sind meist Hochseetiere; die Gatt. ↗ *Halammohydra* (□) lebt im Mesopsammon.

Narcotin *s* [v. gr. narkōtikos = betäubend], *Noscapin*, ein zu 2–12% im ↗ Opium enthaltenes ↗ Benzylisochinolinalkaloid, das als hustenstillendes Mittel verwendet wird. N. selbst besitzt weder analget. noch narkot. Eigenschaften, verstärkt jedoch die Wirkung v. ↗ Morphin, weshalb es gelegentl. mit diesem kombiniert wird.

Narde *w* [v. gr. nardos = N.], *Nardostachys jatamansii*, ↗ Baldriangewächse.

Nardenöl, das ↗ Spiköl; ↗ Lavendelöl.

Nardetalia [Mz.; v. *nard-], *Borstgras-Rasen, Borstgras-Magerrasen*, Ord. der ↗ *Nardo-Callunetea* mit 2 Verb. Nährstoffarme, bodensaure Rasenges., die Entstehung u. Erhalt einer extensiven, ungeregelten Beweidung verdanken. Da das Borstgras *(Nardus stricta)* v. den Tieren nur im Frühjahr gefressen wird, gelangt es nach u. nach zur Dominanz. Weitere Charakterarten sind Arnika *(Arnica montana)* u. Katzenpfötchen *(Antennaria dioica)*. Die Melioration der artenarmen, ausgehagerten ↗ *Triften* gelingt, wenn neben Düngungsmaßnahmen die moderne Umtriebsweide eingeführt wird, bei der das Vieh in Koppeln nacheinander über mehrere Tage hinweg auf kleineren Teilflächen steht u. Weideunkräuter durch Nachmahd eingedämmt werden. Innerhalb der *N.* lassen sich 2 nach Höhenstufen differenzierte Verb. unterscheiden: Die Borstgras-Rasen der Hochlagen *(Nardion, Eu-Nardion)*, zu denen z.B. im Schwarzwald das *Leontodo-Nardetum* zählt, verarmen in den tieferen Lagen zum Verb. des *Violion caninae* od. *Violo-Nardion*. Bes. die Bestände der Tieflagen sind durch Düngung, Aufforstung u. Brachlegung mit nachfolgender Versauung u. Verbuschung durch Wacholder *(Juniperus communis)*, Weißdorn *(Crataegus monogyna)* u. Elsbeere *(Sorbus aria)* stark bedroht u. daher schutzbedürftig.

Nardia *w* [v. *nard-], Gatt. der ↗ Jungermanniaceae.

Nardo-Callunetea [Mz.; v. *nard-, bot. Calluna = Besenheide], *Borstgras-Rasen u. Ginsterheiden, Zwergstrauchheiden*, Kl. der Pflanzenges. mit 2 Ord. (s. u.) und 5 Verbänden. Jahrtausendealte, anthropogen durch altertüml. Trift- od. Hutweide aus bodensauren Waldges. entstandene Magerrasen u. Zwergstrauchheiden. In letzteren erfolgte zusätzl. Nährstoffentzug, indem ↗ Plaggen (ganze Soden aus Heidekraut mit Streu und Rohhumus) losgehackt u. als Stallstreu verwendet wurden. Dieser Plaggenhieb erfolgte im Abstand von 15–20 Jahren u. bewirkte nicht nur eine Aushagerung der Böden (↗ Plaggenesch), sondern verhinderte auch das Aufkommen v. Bäumen u. Sträuchern u. die Überalterung der Heidebestände. Auf den abgeplaggten Flächen konnte sich Heidekraut-Jungwuchs neu ausbilden. Nachdem die traditionelle Bewirtschaftung aufgegeben wurde (Ackernutzung, Aufforstung), sind die Ges. der *N.* in ihrem Bestand bedroht. Bei Unterschutzstellung bedürfen sie einer Pflege, die die alten Verhältnisse zumindest imitiert. In der Kl. der *N.* sind 2 Ord. zusammengefaßt: Die Borstgras-Rasen (↗ *Nardetalia*) u. die auf ozean. Klima beschränkten Calluna-Heiden (↗ *Calluno-Ulicetalia*). [Gatt. der ↗ Baldriangewächse.

Nardostachys *w* [gr., = Nardenähre],

Nardus *m* [v. *nard-], das ↗Borstgras.
Naringin *s*, *Naringenin-7-O-neohesperidosid*, ein zu den ↗Flavonoiden zählender Inhaltsstoff v. Pomeranzenschalen.
Narkose *w* [v. gr. narkōsis = Betäubung], künstl. durch ↗*Narkotika* herbeigeführte, reversible Ausschaltung des Bewußtseins u. der Schmerzempfindung. Die N. verläuft in verschiedenen Stadien: 1) *Analgesiestadium* mit Herabsetzung der Schmerzempfindung mit noch teilweise erhaltenem Bewußtsein. 2) *Excitationsstadium* mit Hemmung der höheren motor. Zentren u. somit Enthemmung der niederen motor. Zentren u. dadurch der motor. Hyperaktivität. 3) *Toleranzstadium* mit Hemmung der Großhirnzentren u. des Rückenmarks bei erhaltener Kreislauf- u. Atmungsfunktion. 4) *Paralytisches Stadium* mit Lähmung der Atmungsfunktion; in diesem Stadium muß künstl. beatmet werden. Beim Aufwachen werden alle Stadien in umgekehrter Reihenfolge durchlaufen. Durch rasch wirkende Narkotika, die schnell in ihrer Wirkung nachlassen, u. Kombination v. Inhalations- u. Injektionsnarkotika ist eine N. gut steuerbar, so daß je nach Bedarf des Chirurgen die Dauer u. die Tiefe der N. sehr präzise bestimmt werden können. Zur Muskelrelaxation wird oft ↗Curare verabreicht; in diesem Fall muß künstl. beatmet werden. Eine Sonderform ist die *Neuroleptanalgesie*, bei der Inhalationsnarkotika mit einem stark wirkenden Analgetikum (schmerzstillendes Mittel) u. einem Neuroleptikum (Psychopharmakon) kombiniert werden. Hierdurch können Operationen im N.stadium 1 durchgeführt werden, so daß Atmung u. Kreislauf weniger belastet sind als in den weiteren Stadien. ↗Anästhesie, ↗Betäubung, ↗Hypothermie (Spaltentext).
Narkotika [Mz.; v. gr. narkōtikos = betäubend], *Narkosemittel, Anästhetika,* narkot. wirkende Mittel, d. h. Substanzen, die bei entspr. Dosierung eine reversible Lähmung des Zentralnervensystems bewirken, so daß Bewußtsein, Schmerzempfindung, Abwehrreflexe u. Muskelspannung weitgehend ausgeschaltet sind, die lebenswicht. Zentren des verlängerten Marks zw. Gehirn u. Rückenmark (Medulla oblongata) aber möglichst unbeeinflußt bleiben (↗Narkose). *Inhalations-N.,* z.B. Stickoxydul (N₂O, Lachgas), Diäthyläther, Chloroform u. Halothan, werden über die Lunge aufgenommen u. mit dem Blutstrom sämtl. Organen zugeführt. Nach Abstellen der N.-Zufuhr werden sie über die Lunge wieder ausgeatmet. *Injektions-N.,* z.B. ultrakurzwirkende Barbitursäurederivate, werden intravenös zugeführt. Ihre Wirkung klingt schnell ab; ihr Abbau (Entgiftung) erfolgt allmähl. in der Leber.
Narrenkrankheit, *Taschenkrankheit, Narrentaschenkrankheit,* Pilzkrankheit der Zwetschge; Erreger ist *Taphrina pruni* (Schlauchpilz); befallene, heranwachsende Früchte wachsen schneller als nichtbefallene u. sind mißgestaltet, steinlos, langgestreckt, flach, gekrümmt (*Narrentaschen,* vgl. Abb.); später bildet sich ein weißer Sporenbelag auf den Früchten, die im Spätsommer braun werden, schrumpfen u. meist eintrocknen; der Pilz überwintert auf den Früchten (Entwicklung ähnlich wie v. *Taphrina deformans,* ↗Kräuselkrankheit).
Narthecium *s* [v. gr. narthēkion = Salbenbüchse], der ↗Beinbrech.
Narwal *m* [v. isländ. nárhvalur], *Einhornwal, Monodon monoceros,* dem ↗Weißwal nahe verwandter Zahnwal; Kopfrumpflänge 4–5 m (ohne Stoßzahn). Adulte N.e haben nur 2 Zähne im Oberkiefer (juvenile 4). Der linke Zahn ist beim männl. N. als 1,8 bis 2,5 m langer, gerader, rechtsgedrehter Stoßzahn entwickelt; seine biol. Bedeutung ist noch ungeklärt. Als vermeintl. „Horn" des ↗Einhorns wurde der N.-Stoß-

Narwal
(*Monodon monoceros*)

zahn im MA z. T. höher als Gold gehandelt. N.e haben ihre hpts. Verbreitung in den polaren Meeren zw. 70° und 80° n. Br. und sind damit neben den Eisbären die am weitesten im N lebenden Säugetiere.
Narzisse *w* [v. gr. narkissos = N.], *Narcissus,* mediterrane Gatt. der Amaryllisgewächse mit ca. 30 Arten; Artabgrenzung durch zahlr. Zuchtformen u. das Auftreten fertiler Bastarde schwierig. In Mitteleuropa sind wahrscheinl. nur 2 Gebirgsarten heimisch: Die nach der ↗Roten Liste „gefährdete" Osterglocke (*N. pseudonarcissus,* z. B. Vogesen) vorwiegend in montanen bis subalpinen Borstgrasrasen u. die „stark gefährdete" (weiß-blühende) Sternblütige N. (*N. radiiflorus = N. exsertus = N. angustifolius*) mit einer kleinen gelben Nebenkrone auf nährstoffreichen frischen Böden der montanen bis subalpinen Lage. Die Gatt. *N.* zeichnet sich durch im basalen Teil röhrig verwachsene Perigonblätter aus; am Grunde des freien Teils der Perigonblätter ist eine Nebenkrone ausgebildet. Die 6 Staubblätter sind mit der Kronröhre verwachsen; aus dem 3fächrigen Fruchtknoten entwickelt sich eine vielsamige Kapsel. Die meisten unserer Gartenformen gehen auf mediterran-asiat. Wildarten zurück. Dazu gehört die Dichter-N. (*N. poeticus,* B Mediterranregion I) mit weißer Krone u. orangefarb. Nebenkrone. Sie unterscheidet sich von *N. radiiflorus* durch 2 verschieden hoch in die Blütenröhre eingefügte Staubblattkreise. Eine häufige Zierpflanze ist die Zweiblütige N. (*N. biflorus*), der Bastard zw. *N. poeticus* u. der mediterranen *N. tazetta.* Schon 1926 (Parkinson) waren 94 N.sorten bekannt; bis heute hat

Narzisse
(*Narcissus*)

Narrenkrankheit
links normale, rechts verunstaltete, ungenießbare Früchte (*Narrentaschen, Narren*)

Narzissenfliegen

sich ihre Zahl vervielfacht. Viele der Zuchtformen verwildern unter dem Schutz des Menschen leicht u. werden teilweise durch Mahd od. Beweidung gefördert.

Narzissenfliegen, die Gatt. *Eumerus* und *Lampetia* der ↗ Schwebfliegen.

Narzissengewächse, die ↗ Amaryllisgewächse. [wächse.

Nasale *s* [v. lat. nasalis = zur Nase gehörend], *Os nasale, Nasenbein,* Deckknochen des Wirbeltierschädels, über den Oberkieferknochen gelegen. Die äußeren Nasenöffnungen (Nasenlöcher) liegen i. d. R. am Vorderrand des N. Je nach Schädelform einer Tierart ist das N. schmal u. langgestreckt (Reptilien, Huftiere, Raubtiere, Ameisenbär) od. kurz u. mehr flächenhaft (viele Primaten einschl. Mensch). Bei Vögeln bildet es nur zum hinteren Schnabelteil am Übergang zum Stirnbein. – Das N. ist an der Oberflächenvergrößerung der Riechhöhle (Nasenhöhle) mit den *Nasoturbinalia* (↗ Turbinalia) beteiligt.

Nase, *Nasus,* chem. Sinnesorgan (↗ chem. Sinne) der Wirbeltiere u. des Menschen zur Geruchswahrnehmung (olfaktorische Wahrnehmung). Die N. dient der Prüfung v. Atemwasser, Atemluft u. Nahrung. Sinneszellen der N. sind stets primäre Sinneszellen. Sie bilden zus. mit Stützzellen ein einschicht. Epithel, das Teile der N.nhöhle auskleidet. Die Innervierung der Sinneszellen erfolgt durch den I. ↗ Hirnnerv (☐) (↗ Olfactorius). – Die † *Ostracodermata* u. die rezenten Kieferlosen *(Agnatha)* besitzen eine einfache (unpaare) N. in Form eines U-förm. Ganges mit je einer vorderen u. hinteren N.nöffnung. Kiefertragende Wirbeltiere *(Gnathostomata)* haben eine doppelte (paarige) N. Stammesgeschichtlich tritt erstmals bei *Rhipidistia* eine Verbindung v. der N. zum Rachen auf, der paarige *Nasen-Rachen-Gang* (Ductus naso-pharyngeus); die Mündungen im Rachen sind die inneren N.nöffnungen od. ↗ *Choanen.* Bei Tetrapoden verkümmert der Gang v. der Riechhöhle zur hinteren äußeren N.nöffnung u. wird zum ↗ *Tränen-Nasen-Gang* (Ductus naso-lacrimalis). Der Vergrößerung des Riechepithels u. damit der Leistungssteigerung des Geruchsvermögens dienen generell Erweiterungen der Riechhöhle u. Auffaltungen des Epithels. – Bei manchen Säugern bildet die N. einen mehr od. weniger deutl. Vorsprung gegenüber Lippen- u. Wangenregion. Dieser wird als *äußere N.* von der *N.nhöhle* od. *inneren N.* unterschieden. Beim Menschen wird die äußere N. durch das paarige *N.nbein* (Os nasale, ↗ Nasale), den unpaaren *N.nscheidewandknorpel* (Cartilago septi nasi), die an dessen Spitze gelegenen bogenförm. *N.nknorpel,* die die *N.nöffnungen* (*N.nlöcher,* Nares) begrenzen, sowie die muskulösen *N.nflügel* gebildet. Bei Affen u. vielen anderen Tieren dagegen ragt die N. kaum vor, sondern bildet meist eine Einheit mit der mehr od. weniger stark vorspringenden Schnauze. Nur bei Elefanten u. Tapiren sind N. und Oberlippe zu einem ↗ *Rüssel* ausgewachsen. – Die innere N. od. N.nhöhle (Cavum nasi) ist der Bereich des eigtl. Riechorgans. Die N.nhöhle wird durch die *N.nscheidewand* (Septum nasi) – aus septumartigen Auswachsungen v. Siebbein (Ethmoid), Pflugscharbein (Vomer) sowie dem N.nscheidewandknorpel – in eine rechte u. linke Hälfte geteilt. In jede Hälfte ragen mehrere, beim Menschen als ↗ *N.nmuscheln* (Conchae nasales), beim Tier als ↗ *Turbinalia* bezeichnete Knochenlamellen, die v. Schleimhaut überzogen sind u. die innere Oberfläche vergrößern. Nur bestimmte Bereiche der N.nhöhle enthalten in der Schleimhaut Riechzellen. Beim Menschen ist diese olfaktorische Region das Dach der N.nhöhle u. die Medianseite der oberen N.nmuschel. – Bei Vögeln ist das Geruchsvermögen im allg. sehr schlecht ausgebildet. Die N. hat bei manchen Arten einen Funktionswechsel erfahren: einige Seevögel regulieren ihren Salzhaushalt durch eine in der N.nhöhle gelegene ↗ *Salzdrüse.* ↗ Makrosmaten; ⃞ chemische Sinne I. *A. K.*

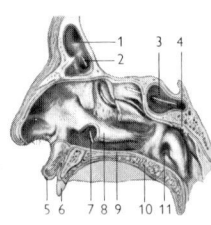

Nase
N. des Menschen, rechte Nasenhöhle nach Wegnahme der Nasenscheidewand; 1 Stirnhöhle, 2 Sonde im Stirn-Nasenhöhlen-Kanal, 3 Keilbeinhöhle, 4 Rachenmandel, 5 Oberlippe, 6 Zahnreihe, 7 Sonde im Tränen-Nasen-Kanal, 8 untere Nasenmuschel, 9 harter, 10 weicher Gaumen, 11 Tubenmündung

Nasen, *Chondrostoma,* Gatt. der Weißfische mit der mittel- und osteur., bis 50 cm langen, olivgrünen Nase od. Näsling *(C. nasus),* v. a. im Stromgebiet v. Rhein u. Donau; hat ein unterständ., querstehendes Maul mit scharfkant., hornigen Lippen, mit denen v. a. Algen abgeweidet werden.

Nasenaffen, 3 Gatt. der altweltl. Schlankaffen *(Colobidae),* kräftiger gebaut als die Languren, mit auffallender, z. T. menschenähnl. Ausbildung der Nasenweichteile. Zu den stupsnasigen Stumpfnasenaffen (Gattung *Rhinopithecus;* Kopfrumpflänge 52–83 cm) rechnen je nach Auffassung 2 bis 4 Arten; kälteunempfindl. durch ihr dichtes, langhaar. Fell, leben sie in den Hochgebirgswäldern Chinas. Der Pagehstumpfnasenaffe *(Simias concolor;* Kopfrumpflänge etwa 55 cm) kommt in den Sumpfwäldern einiger Inseln der Metawaigruppe westl. v. Sumatra vor. Grotesk erscheint der in den Wäldern Borneos beheimatete eigtl. Nasenaffe *(Nasalis larvatus;* Kopfrumpflänge 60–75 cm) durch die bei männl. N. gurkenförmig auswachsende Nase, die wahrscheinl. als Schallverstärker dient. ⃞ Genitalpräsentation; ⃞ Asien VIII.

Nasenaffe
(Nasalis larvatus)

Nasenbären, *Coatis, Nasua,* Gatt. der ↗ Kleinbären.

Nasenbeutler, *Beuteldachse, Bandikuts, Peramelidae,* austr. Beuteltier-Fam. mit 8 Gatt. und 19 Arten, v. Ratten- bis Dachsgröße; Hinterbeine länger als Vorderbeine, daher von känguruhart. Gestalt; Schnauze lang u. spitz (Name!); Beutel nach hinten geöffnet. N. sind bodenbewohnende Nachttiere der Savannen u. Halbwüsten, die hpts. von Kleintieren, einige auch v. Pflanzenkost, leben; manche N. graben

Wohnröhren. Lang-N. (Gatt. *Perameles*) bilden als einzige Beuteltiere eine Placenta aus Chorion u. Allantois aus.

Nasenbremsen, *Nasendasseln, Oestrus,* Gatt. der ↗ Dasselfliegen.

Nasenfrosch, gelegentl. Bez. (wegen seiner lang ausgezogenen Nasenspitze) für den ↗ Darwinfrosch. [scheln.]

Nasengänge, *Meatus nasi,* ↗ Nasenmu-

Nasenhaie, *Scapanorhynchidae, Mitsukurinidae,* Fam. der Echten Haie mit der einzigen, bis 4,2 m langen Art *Mitsukurina owstoni;* mit nasen- od. schaufelartig vorspringender Stirn, vorstülpbarem Maul, langen nadelförm. Zähnen und 2 Rückenflossen; lebt meist in Tiefen um 500 m.

Nasenkröten, *Rhinophrynidae,* urtümliche Fam. der ↗ Froschlurche mit nur 1 Art, *Rhinophrynus dorsalis,* ein eiförmiger, ca. 7 cm langer, unterird. lebender Frosch in Steppen u. Halbwüsten Mexikos; ernährt sich v. Ameisen u. Termiten, die mit einem spezialisierten Kiefer- u. Zungenmechanismus gefangen werden: die Zunge wird nicht, wie bei anderen Fröschen, herausgeklappt, sondern durch Blutdrucksteigerung versteift u. vorgestreckt; die N. kommt bei starken Regenfällen an die Oberfläche u. laicht in ephemeren Gewässern.

Nasenmuscheln, *Conchae nasales* (Humanmedizin), seitl. in die Nasenhöhle (↗ Nase) vorspringende, leicht eingerollte, v. Schleimhaut überzogene Knochenlamellen, den ↗ *Turbinalia* der übrigen Säuger entsprechend. – In die rechte wie die linke Nasenhöhle des Menschen ragen je drei N. hinein. Die beiden oberen sind Auswachsungen des Siebbeins (Ethmoid), die untere ist ein selbständ. Knochen. Die N. reichen in der Mitte fast bis an die Nasenscheidewand heran. Die durch sie v. der übrigen Nasenhöhle abgegrenzten Bereiche werden als *Nasengänge* bezeichnet. Von ihnen führen kanalartige Durchgänge zu den seitlich u. oberhalb gelegenen ↗ Nebenhöhlen. Im unteren Nasengang mündet zudem der ↗ Tränen-Nasen-Gang. – Beim Menschen dient die Schleimhaut auf den beiden unteren N. sowie in deren Umgebung der Vorwärmung u. Befeuchtung der Atemluft. Riechzellen bedecken nur das Dach der Nasenhöhle u. die Medianseite der oberen N.

Nasennebenhöhlen, die ↗ Nebenhöhlen.

Nasen-Rachen-Gang, *Nasen-Hypophysen-Gang, Ductus naso-pharyngeus,* ↗ Nase, ↗ Choanen.

Nasenratten, *Rhynchomyinae,* U.-Fam. der Mäuse *(Muridae)* mit nur 1 Art, der auf der Philippinen-Insel Luzon in 2000 bis 2500 m Höhe lebenden u. noch wenig bekannten Nasen- od. Spitzmausratte *(Rhynchomys soricoides;* Kopfrumpflänge etwa 20 cm, Schwanzlänge 14–15 cm). Spitzmausartige Schnauze u. die spitzen Zähne deuten auf Insektennahrung hin.

Nasensoldaten, die ↗ Nasenträger.

Nasenspiegel, Schleimhautbezirk um die äußeren Nasenöffnungen vieler Säuger, bei einigen Großsäugern auch *Muffel* gen.; meist unbehaart (Ausnahme: Moschusochse, Weißschwanz-Stachelschwein).

Nasentierchen, die Gatt. ↗ Didinium.

Nasentiere, die ↗ Makrosmaten.

Nasenträger [Mz.], *Nasensoldaten, Nasuti,* Kaste der ↗ Termiten mit Stirnzapfen.

Nasenwurm, *Linguatula serrata,* eine seltene eur. Art der Zungenwürmer (↗ Pentastomiden); parasit., bis über 10 cm lang, mit fast 100 Körperringen. Als urspr. Endwirte gelten Füchse u. Wölfe; jetzt v.a. in Stirn- u. Nasenhöhle v. Hunden gefunden, selten auch bei Pferd, Schaf u. Ziege, extrem selten beim Menschen. Zwischenwirte sind Huf- u. Nagetiere. Andere Arten der Gatt. *Linguatula* sind häufige Parasiten in afr. Wiederkäuern (Zwischenwirte) u. Raubtieren (Endwirte).

Nashörner, *Rhinocerotidae,* Fam. der Unpaarhufer *(Perissodactyla;* U.-Ord. *Ceratomorpha);* bis über 4 m lange, plump aussehende, dreizehige (B Homologie) Säugetiere mit 1 oder 2 hintereinanderstehenden epidermalen Hörnern (aus Keratin) auf dem Nasenrücken (☐ Horngebilde) u. dicker, nur wenig behaarter Haut (starke Hautfalten bei den asiatischen N.n). N. sind meist Einzelgänger, die sich v. Gras u. Laub ernähren; nach einer Tragzeit v. 420–570 Tagen bringen N. jeweils nur 1 Junges zur Welt. Fossil kennt man etwa 170 Arten; ihre Blütezeit (mit – z. T. hornlosen – Riesenformen als größte Landsäuger, z. B. ↗ *Indricotherium,* ☐) lag im Tertiär, als N. auch in N-Amerika u. in Europa lebten. Heute gibt es nur noch 5 Arten, 3 in Asien und 2 in Afrika, die – v. a. durch Biotopzerstörung u. die aus Aberglaube für ihr Horn („Aphrodisiakum") gezahlten Phantasiepreise – in ihrem Fortbestand gefährdet sind. – Unmittelbar vor dem Aussterben befindet sich das wie eine „Kleinausgabe" des Ind. Panzernashorns aussehende Javanashorn *(Rhinoceros sondaicus;* männl. N. mit schwachem, weibl. N. oft ohne Horn), das fr. von Hinterindien bis Java vorkam; von ihm leben nur noch etwa 60 Tiere im Udjung-Kulon-Reservat in W-Java. Vom großen Ind. Panzernashorn *(Rhinoceros unicornis;* Kopfrumpflänge 2,1 – 4 m, 1 Horn; B Asien VII) mit seinen an genietete Stahlplatten erinnernden Hautplatten gibt es heute in Indien u. Nepal noch etwa 1500 Individuen, hpts. in Reservaten; fr. war es von N-Indien bis Assam verbreitet; Zuchterfolge in einigen Zool. Gärten (z. B. Basel). Das einst in ganz SO-Asien vorkommende Sumatranashorn *(Dicerorhinus sumatrensis;* 2 Hörner) lebt heute nur noch vereinzelt in Sumatra, Malaysia u. Burma (Gesamtbestand wahrscheinl. unter 250); es ist die ursprünglichste u. kleinste Art (Kopfrumpflänge etwa

Nashörner

Panzernashorn
(Rhinoceros unicornis)

Nashornfische

2,5 m), stärker behaart als alle anderen u. näher verwandt mit dem eiszeitl. Wollnashorn (↗ *Coelodonta*). – In Afrika leben noch maximal 9000 Spitzmaul-N. (*Diceros bicornis*, „Schwarzes Nashorn"; Kopfrumpflänge 3–3,7 m, 2 Hörner), verteilt auf 18 Staaten (davon in Tansania 3000 bis 4000 Tiere) und 78, für den langfrist. Bestand z.T. zu kleine Populationen; mit der fingerart. Oberlippe (Name!) umfaßt es die Zweige bei der Nahrungsaufnahme. Das einst weitverbreitete afr. Breitmaulnashorn (*Ceratotherium simum*, „Weißes Nashorn"; Kopfrumpflänge 3,6–4 m, 2 Hörner; B Afrika IV) kommt gegenwärtig noch in 2 U.-Arten vor; mit seinen fast quadrat. Lippen (Name!) ist es an das Grasfressen angepaßt. Die südl. U.-Art *(C. s. simum)* lebt in einem Restbestand v. etwa 3000 Tieren hpts. in der Südafrikan. Republik (Umfolozi-Reservat) u. scheint durch intensive Schutzmaßnahmen im Fortbestand vorläufig gesichert; im Ggs. zur nördl. U.-Art *(C. s. cottoni*; früher: Kongo, Zaire, Uganda, Sudan), v. der wild z.Z. nur noch etwa 15 Tiere im Garamba-Nationalpark (Zaire) existieren. H. Kör.

Nashornfische, *Naso*, Gatt. der ↗ Doktorfische.

Nashornkäfer, *Oryctes nasicornis*, Art der ↗ Blatthornkäfer-Gruppe ↗ Riesenkäfer *(Dynastinae);* 25–45 mm, glänzend mittelbraun; große Männchen mit einem stattl. Horn, Weibchen u. kleine Männchen nur mit einem kleinen Horn auf der Stirn. Bei uns v.a. in S-Dtl. verbreitet, wo er seine vieljähr. Larvalentwicklung in Eichenmulm u. Sägemehl, aber vielfach auch in Komposthaufen u. Mistbeeten durchmacht. Die ausgewachsene Larve kann fast 10 cm Körperlänge erreichen; Verpuppung in einem Mulmkokon meist im Frühjahr, gelegentl. auch im Herbst. Die nachtaktiven Käfer schwärmen im Sommer auf der Suche nach Partnern u. Eiablageplätzen. B Insekten III.

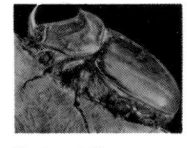

Nashornleguan, *Cyclura cornuta*, ↗ Wirtelschwanzleguane. [ottern.

Nashornviper, *Bitis nasicornis*, ↗ Puff-

Nashornvögel, *Bucerotidae*, Fam. altweltl. Rackenvögel mit etwa 45 Arten. 33–160 cm lang; große, z.T. leuchtend gefärbte Schnäbel mit helm- oder hornart. Höckern. Trotz der wucht. Aussehens ist der Schnabelaufsatz leicht, da er nur aus einer dünnen Hornschicht besteht u. mit lockerem, schwammart. Gewebe gefüllt ist; lediglich. beim Schildhornvogel *(Rhinoplax vigil)*, der auf Sumatra u. Borneo lebt, besteht er aus einer massiven elfenbeinart. Masse; dadurch ist der Vogel im Flug so stark kopflastig, daß die Ausgleich der mittleren Schwanzfedern stark verlängert sind u. einzeln gemausert werden müssen. Viele Arten mit auffällig gefärbten Kehlsäcken, die aufgeblasen werden können. S-Asien, Malaiischer Archipel, Mittel- und S-Afrika

Nashornkäfer
(Oryctes nasicornis)

Nashornvögel

Doppelhornvogel
(Buceros bicornis)

sind die Heimat der N. Bis auf die bodenlebenden, langbein. Hornraben *(Bucorvus)* sind es Baumvögel, die sich gemischt v. Früchten, Körnern u. Insekten ernähren u. auch kleine Wirbeltiere jagen; der lange Schnabel dient zum Aufweichen der Nahrung. Außerdem ermöglicht er als „verlängerter Arm", Früchte v. dünnen Zweigen zu holen, auf denen die Vögel wegen ihres Gewichtes nicht sitzen können. Leben außerhalb der Brutzeit gesellig u. bilden auch Schlafgemeinschaften. Führen eine lebenslange Einehe. Bis auf die Hornraben brüten alle in Baumhöhlen. Brutauslöser in Trockengebieten ist die Regenzeit. Wenn das Weibchen die 2–5 weißen Eier bebrütet, wird der Eingang der Höhle vom Männchen od. beiden Partnern bis auf eine schmale Öffnung mit Erde u. Kot zugemauert, vermutl. zum Schutz vor Feinden. Während dieser Wochen bis Monate dauernden „Gefangenschaft" wird das Weibchen u. später meist auch die geschlüpften Jungen vom Männchen gefüttert. Gleichzeitig mausert das Weibchen sein Gefieder im Schutz der Höhle. Bei den relativ kleinen Tokos *(Tockus)* verläßt das Weibchen vor den Jungen die Höhle u. beteiligt sich an der Fütterung; die Jungen mauern sich selbst sofort wieder ein. Der schwarzweiß-gelbe Doppelhornvogel *(Buceros bicornis*, B Asien VII) ist häufig in Zoos zu sehen.

Näsling, *Chondrostoma nasus*, ↗ Nasen.

Naso *m* [v. lat. *nasus* = Nase], Gatt. der ↗ Doktorfische.

Nasobem *s* [v. lat. *nasus* = Nase, gr. *bēma* = Schreiten], *Nasobema lyricum*, der Leyer C. Morgensterns entsprungener Vertreter der ↗ *Rhinogradentia*.

Nassarius *m* [v. lat. *nassa* = Reuse], Gatt. der ↗ Netzreusenschnecken.

Nassellaria [Mz.; v. lat. *nassa* = Reuse], die ↗ Monopylea.

nasse Staudenfluren, *nasse Hochstaudenfluren*, ↗ Filipendulion.

Naßfäule, 1) Zersetzung feuchten Holzes durch Pilze (z.B. Kellerschwamm). 2) Erkrankung vorwiegend wasserreicher Pflanzenorgane (Rhizome, Rüben, Kartoffelknollen od. Früchte [↗ Fruchtfäule]), bei der die befallenen Teile in eine breiige, oft übelriechende Masse umgewandelt werden; Erreger sind Bakterien (z.B. ↗ *Erwinia*) od. Pilze, die mazerierende Enzyme (Pektinase, Hemicellulase, Cellulase u.a.) abgeben, durch die Mittellamellen u. Zellwände des pflanzl. Gewebes aufgelöst werden; bes. als Nacherntenschaden in Lagern (↗ Lagerfäule) wirtschaftl. wichtig.

Nassula *w* [v. lat. *nassa* = Reuse], artenreiche Gatt. der ↗ *Gymnostomata*; ellipt. Wimpertierchen, die oft durch ihre Algennahrung od. Stoffwechselprodukte auffällig gefärbt sind; im Süß-, Brack- u. Meerwasser u. im Moos. In mesosaproben Gewässern lebt *N. ornata* (ca. 250 μm).

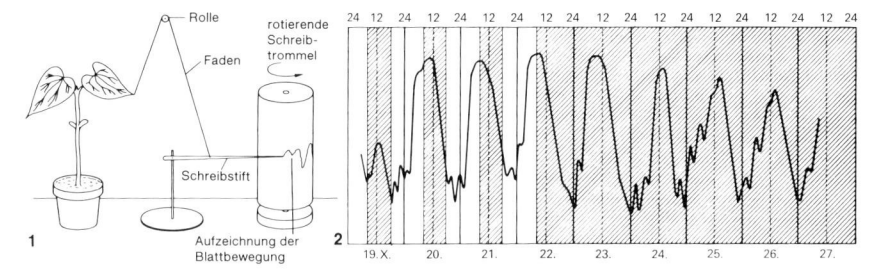

Nastie

1 Vorrichtung zur Registrierung der *nyktinastischen Bewegungen* v. Bohnenblättern. Einer Hebung des Blattes entspr. eine Senkung des Kurvenzuges auf der Schreibtrommel, einer Senkung des Blattes eine Hebung des Kurvenzuges.
2 Registrierung nyktinastischer Bewegungen der Laubblätter der Jackbohne *(Canavalia ensiformis)*. Nach anfänglich normalem Licht-Dunkel-Wechsel wurde erstmals am 18. X. während der Nacht beleuchtet und am Tage verdunkelt (in der Abb. sind die Dunkelzeiten schraffiert). Die Pflanze stellt sich um, wie sich schon am 19. X. zeigt: Tagstellung der Blätter bei Belichtung, Schlafstellung bei Verdunkelung. Da die Bewegung sich ab 22. X. auch im Dauerdunkel fortsetzt, liegt ein endogener Rhythmus vor, der durch einen äußeren Licht-Dunkel-Zyklus als Zeitgeber synchronisiert werden kann.

Naßwiesen, *Calthion,* Verb. der ↗Molinietalia.

Nastie *w* [v. gr. nastos = festgedrückt], Bewegungen v. Pflanzenorganen, die durch einen Außenfaktor (vgl. Tab.) ausgelöst werden, bei denen jedoch die Bewegungsrichtung v. der Struktur (physiologisch od. morphologisch, ↗dorsiventral) der Organe festgelegt ist u. *nicht* v. der Reizrichtung (Ggs.: ↗Tropismus) abhängt. Die N.n können auf differentiellem Wachstum der Organflanken od. auf Turgordruckschwankungen beruhen.

Nasturtium *s* [lat., = eine Art Kresse], die ↗Brunnenkresse.

Nasua *w* [v. lat. nasus = Nase], Gatt. der ↗Kleinbären.

Nasuti [Mz.; v. lat. nasutus = großnasig], die ↗Nasenträger.

Nasutitermes *m* [v. lat. nasutus = großnasig, termes = Holzwurm], Gatt. der ↗Termiten.

Natalfrosch [ben. nach der südafr. Prov. Natal], *Natalobatrachus bonebergi,* monotypische Gatt. der ↗Ranidae; kleiner (ca. 4 cm), agiler Frosch in S-Afrika, lebt in der Nähe v. Bächen an Steinen u. Felsspalten; Eier werden über dem Wasser abgelegt; die Larven fallen ins Wasser.

Natalität *w* [v. lat. natalis = Geburts-], ↗Fruchtbarkeit.

Natalobatrachus *m* [ben. nach der südafr. Prov. Natal, v. gr. batrachos = Frosch], ↗Natalfrosch.

Natamycin *s* [v. lat. natare = schwimmen, gr. mykēs = Pilz], das ↗Pimaricin.

Natantia [Mz.; v. lat. natans = schwimmend], *Garnelen,* U.-Ord. der ↗Decapoda (Zehnfußkrebse) mit mehr als 2000 Arten. Ihr Körper ist im Ggs. zu dem der ↗Reptantia fast immer seitl. zusammengedrückt u. höher als breit. Das Exoskelett ist nicht od. kaum mineralisiert u. meist durchsichtig. Das Pleon ist groß, oft doppelt so groß wie der Cephalothorax, muskulös u. trägt seitliche Epimeren, zw. denen kräft. Pleopoden inserieren. Das 1. Pleonsegment ist so lang (od. länger) wie die folgenden. Der Cephalothorax bildet vorn ein oft langes Rostrum. Die 1. Antennen sind zweiästig, der Exopodit der 2. Antenne bildet eine große Schuppe, den Scaphoceriten. Die Pereiopoden sind dünn u. lang, die vorderen 2–3 Paar oft mit Scheren. – Die *N.* gliedern sich in 3 Abt. (Sektionen, T 118). Urspr. sind die *Penaeidea* mit kaum ventrad abgeknicktem Pleon u. ähnlich ausgebildeten Epimeren. Sie besitzen noch stummelförm. Reste v. Exopoditen an den Pereiopoden. Ihre Kiemen sind Dendrobranchien. Sie sind außerdem die einzigen *Decapoda,* die sich noch über einen freischwimmenden Nauplius entwickeln. Fast alle sind Planktonformen, einige Tiefseearten, die ihre Eier einfach ins Wasser fallen lassen. Innerhalb von 12 Std. schlüpft daraus der Nauplius, der sich über Protozoëa, Zoëa, Mysis-Stadium, Decapodit-Stadium zur jungen Garnele entwickelt. Die *Penaeidea* enthalten große Arten. Die Geißelgarnelen *Penaeus setiferus* und *P. trisulcatus* im Atlantik erreichen 18 cm. Sie sind von großer wirtschaftl. Bedeutung als Speisegarnelen: ca. 100 000 t werden jährl. gefangen. *Plesiopenaeus edwardsianus* erreicht sogar 31 cm. Die Arten der Gatt. *Sergestes* (bis 11 cm) sind Leuchtgarnelen mit Leuchtorganen auf dem Körper u. auf den Extremitäten. Den Vertretern der Fam. *Sergestidae* fehlen Scheren u. manchmal auch das letzte od. die beiden letzten Pereiopodenpaare. Die Mehrzahl der *N.* gehört zur Abt. *Caridea* (= *Eucyphidea*). Bei ihnen sind die beiden ersten Pereiopoden chelat od. (seltener) subchelat; das 3. Paar ist immer ohne Schere. Ihr Pleon ist stärker ventrad abgeknickt, u. die Epimeren des 2. Pleonsegments sind vergrößert u. überdecken die des 1. und 3. Segments teilweise. Ihre Kiemen sind Phyllobranchien. Die Eier werden an die Pleopoden gekittet u. bis zum Schlüpfen der Zoëa od. bei Süßwasserarten der jungen Garnele getragen. Hierher gehört die Mehrzahl der bekannten

Natantia

Nastie

Thermonastie
Wachstumsbewegungen, ausgelöst durch Temperaturänderungen, Öffnungs- oder Schließbewegungen, z.B. bei Tulpen- oder Krokusblüten

Hygronastie
durch Luftfeuchtigkeitsänderungen ausgelöste Krümmungsbewegungen

Photonastie
durch Intensitätsschwankungen des Lichts Wachstumsbewegungen, z.B. bei Blütenköpfchen vieler Korbblütler

Haptonastie
durch Berührungsreize, z.B. bei den Tentakeln vieler Insektivoren

Chemonastie
durch chem. Reize, z.B. bei den Tentakeln vieler Insektivoren

Seismonastie
durch Turgor-Änderungen von Zellen bestimmter Gewebezonen, z.B. Staubblattbewegungen u. Bewegungen der Blätter der Sinnpflanze *(Mimosa pudica)*

Elektronastie
durch Elektrostimulation ausgelöste Bewegungen, z.B. bei *Mimosa pudica*

Epinastie
verstärktes Wachstum der Oberseite eines Blattes

Hyponastie
verstärktes Wachstum der Unterseite eines Blattes

Nyktinastie
period. ↗Blattbewegungen v. Pflanzen, deren Blattspreiten sich während des Tages horizontal der Sonne darbieten, während der Nacht sich jedoch vertikal in sog. ↗Schlafbewegungen zusammenfalten (↗Chronobiologie)

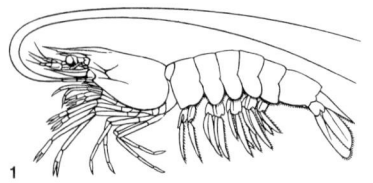

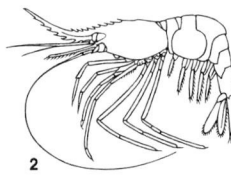

Natantia

Natantia
1 *Penaeus setiferus* (Abt. *Penaeidea*),
2 *Pandalus propinguus* (Abt. *Caridea*)

Garnelen, wie die zuweilen wirtschaftl. genutzte Ostseegarnele *Palaemon adspersus* (= *P. squilla*, ca. 6 cm), die Brackwassergarnele *Palaemonetes varians* (4 bis 5 cm), die manchmal in die dt. Flüsse eindringt, Fels- u. Sägegarnelen der Gatt. *Leander* u. v. a. In der Tiefsee leben Tiefseegarnelen der Gatt. ↗ *Acanthephyra* u. a. Verschiedene Garnelen kommen im Süßwasser vor, so die ↗ Atyidae, von denen *Atyaephyra* manchmal im Rhein gefunden wird, manche Arten der Gatt. *Leander* u. *Macrobrachium* u. andere. *M. rosenbergi*, mit stark verlängerten 2 Scherenfüßen, erreicht 24 cm und wird in trop. Ländern als Speisegarnele gezüchtet. Zu den *Caridea* gehören ferner etwas abweichend gestaltete Garnelen, wie die Nordseegarnelen der Fam. ↗ *Crangonidae*, die ↗ Harlekingarnele u. die ↗ Knallkrebse. Auch blinde Höhlengarnelen gibt es, wie die Gatt. *Typhlocaris* in S-Amerika. Manche Arten leben kommensalisch auf Schwämmen, Korallen u. Seerosen, so u. a. die Gatt. *Periclimenes* u. *Harpilius*. *P.*-Arten leben zw. den Tentakeln v. Aktinien (Seerosen); bei Gefahr schmiegen sie sich eng einer Tentakel an u. werden dabei fast unsichtbar. Die 3. Abt. bilden die *Stenopodidea*. Ihr Körper ist nicht seitl. zusammengedrückt, die Epimeren der 2. Pleonsegments sind nicht vergrößert. Die ersten 3 Pereiopodenpaare tragen Scheren; die des 3. Paares sind stark vergrößert. Die Kiemen sind Trichobranchien. Hierher gehören einige der ↗ Putzergarnelen. – Die meisten *N.* sind getrenntgeschlechtlich, manche Arten der Gatt. *Pandalus* sind hingegen proterandri-sche Zwitter; junge, kleine Tiere sind ♂♂, im Alter von ca. 2 Jahren wandeln sie sich in ♀♀ um. *P. W.*

D. Nathans

Natica cruentata

Nathans [näßenß], *Daniel*, am. Mikrobiologe u. Biochemiker, * 30. 10. 1928 Wilmington (Del.); seit 1962 Prof. in Baltimore; leistete Pionierarbeit in der Anwendung der v. Arber entdeckten Restriktionsenzyme in der Molekulargenetik (z. B. auf dem Gebiet der Genmanipulation); erhielt dafür 1978 zus. mit W. Arber und H. O. Smith den Nobelpreis für Medizin.

Nathorstiana *w* [ben. nach dem Paläobotaniker u. Geologen A. G. Nathorst, 1850–1921], Gatt. der ↗ Pleuromeiales.

Natica *w* [v. lat. natis = Hinterbacke], Gatt. der ↗ Bohrschnecken mit kugeligem Gehäuse und kalk. Deckel; in allen Meeren verbreitet. *N. cruentata* (6 cm ⌀) u. die kleinere, aber häufigere *N. stercusmuscarum* leben in Weichböden des Mittelmeers.

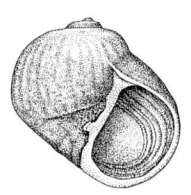

Naticoidea [Mz.; v. lat. natis = Hinterbacke], *Nabelschnecken*, Überfam. der Mittelschnecken mit der einzigen Fam. ↗ Bohrschnecken.

Nationalparke, großraum. Naturlandschaften von bes. Eigenart, die sich in einem v. Menschen nicht od. wenig beeinflußten Zustand befinden bzw. die vornehml. der Erhaltung eines möglichst artenreichen Pflanzen- u. Tierbestandes dienen; müssen laut den Konventionen v. London (1923) u. Washington (1942) eine große natürl. Bedeutung haben, der öffentl. Kontrolle (Verwaltung u. Finanzierung durch die jeweil. Regierungen) u. strengem, gesetzl. Schutz (keine nichtgenehmigten Eingriffe bzw. Veränderungen!) unterliegen; ferner sollen sie dem Menschen – wenn z. T. auch in beschränktem Umfang – der Bildung u. Erholung dienen. In der BR Dtl. lt. BNat. SchG., § 14, 1 v. 20. 12. 1976 wie ↗ Naturschutzgebiete geschützt. Zur Zeit bestehen weltweit ca. 1200 N. u. gleichwertige Reservate in 136 Ländern, davon über 400 in Europa (in der BR Dtl. 3, in der Schweiz 1 N.; in Östr. wurde 1984 der N. Hohe Tauern gegründet). B 120–121.

nativ [*nativ-], 1) angeboren. 2) dem natürl. Zustand entsprechend bzw. auf diesen bezogen, daher weitgehend synonym mit „natürlich"; z. B. bezeichnet man als *n.e Konformation* v. Makromolekülen (bes. der Nucleinsäuren, Proteine u. Polysaccharide) deren in der Zelle vorkommende räuml. Strukturen. Ggs.: denaturiert (↗ Denaturierung).

nativistisch [v. *nativ-], angeboren, erblich; ↗ kongenital.

Nativpräparat *s* [v. *nativ-, lat. praeparare = vorbereiten], *Lebendpräparat*, ↗ mikroskopische Präparationstechniken.

Natricinae [Mz.; v. lat. natrices = Wasserschlangen], die ↗ Wassernattern.

Natrium *s* [v. ägypt. ntry über arab. natūn = Lauge(nsalz)], chem. Zeichen Na, chem. Element (Alkalimetall), das als eines

Natantia		
Abteilungen (Sektionen), wichtige Familien u. Gattungen:	Oplophoridae ↗ *Acanthephyra* Pandalidae *Pandalus* Alpheidae (↗ Knallkrebse) *Alpheus* (Pistolenkrebs) *Synalpheus* *Athanas* Hippolytidae *Hippolyte* Palaemonidae *Palaemon*; *P. adspersus* (Ostseegarnele) *Palaemonetes*; *P. varians* (Brackwassergarnele) *Leander* (Fels- u. Sägegarnelen)	*Typhlocaris* (Höhlengarnele) *Periclimenes* (Partnergarnelen) *Harpilius* *Macrobrachium* ↗ Crangonidae *Crangon*; *C. crangon* (Nordseegarnele) Glyphocrangonidae Stenopodidea Stenopodidae *Spongicola* *Stenopus* (↗ Putzergarnelen)
Penaeidea Penaeidae *Penaeus* (Geißelgarnelen) *Plesiopenaeus* Sergestidae *Sergestes* (Leuchtgarnelen) ↗ *Lucifer* Caridea (= Eucyphidea) Pasiphaeidae ↗ Atyidae (Süßwassergarnelen) *Atyaephyra*		

der reaktionsfähigsten Elemente in der Natur nur gebunden u.a. im ↗N.chlorid, ↗Chilesalpeter, Natron- u. Kalknatronfeldspat vorkommt. N. ist in Form des Na⁺-Kations einer der mengenmäßig wichtigsten extrazellulären ↗Elektrolyte (☐). Neben seiner Bedeutung bei der ↗Osmoregulation ist Na⁺ essentiell (↗essentielle Nahrungsbestandteile) für den über die N.-Kalium-Pumpe erfolgenden Aufbau v. ↗Membranpotentialen (↗Aktionspotential), die wiederum Voraussetzung für Transportprozesse (↗aktiver Transport, ☐) u. für die ↗Erregungsleitung der ↗Nervenzellen (B) sind. Für manche Enzyme (z. B. Pyruvatkinase) wirkt Na⁺ hemmend u. damit negativ regulierend. Der menschl. Körper enthält etwa 100 g Na⁺, wovon ca. 4 g Na⁺ pro Tag umgesetzt werden; die Ausscheidung von Na⁺ erfolgt hpts. durch die Niere (3,5 g/Tag), daneben auch über die Haut (0,3 g/Tag) u. den Darm (0,2 g/Tag). ↗N.stoffwechsel. ☐ Atom, T Bioelemente.

Natriumchlorid, *Kochsalz, Steinsalz,* NaCl, kommt in riesigen Mengen im ↗Meer-Wasser gelöst (2,7%) vor sowie in kristalliner Form in mächtigen unterird. Lagern (meist zus. mit Kalisalzen, Magnesiumsalzen u. Gips), die Eintrocknungsrückstände v. Meeren früherer geolog. Epochen sind. NaCl ist mengenmäßig wichtigster Mineralstoff der Organismen zur Deckung des Bedarfs an Na⁺- und Cl⁻-Ionen (↗Natrium, ↗Chlor). Hohe NaCl-Konzentrationen sind schädl. für Landpflanzen, weshalb die Verwendung von NaCl als Streusalz zunehmend eingeschränkt wird. ☐ chemische Bindung.

Natriumcyclamat *s, Natriumcyclohexansulfamat,* ein Süßstoff; ↗Cyclamate.

Natrium-Kalium-Pumpe ↗aktiver Transport.

Natriumnitrat *s, Natronsalpeter, salpetersaures Natrium,* NaNO₃, ein v. a. im ↗Chilesalpeter natürl. vorkommendes Salz; findet Verwendung in Düngemitteln (↗Dünger), zum ↗Pökeln od. Röten v. Fleisch, zur HNO₃-Gewinnung, Herstellung v. Farbstoffen usw.

Natriumpumpe, aktiver Transport v. Natrium in die Zelle. Die Mechanismen sind großenteils noch ungeklärt, sind aber an einen Transport v. Protonen od. Glucose gekoppelt. Teilweise wird diese Bez. auch für die gekoppelte Natrium-Kalium-Pumpe verwendet (↗aktiver Transport).

Natriumstoffwechsel, Teil des Mineral-↗Stoffwechsels aller lebenden Organismen. Na⁺-Ionen werden aus Salzen bei Pflanzen über das Wurzelsystem, bei landlebenden Tieren im Darmkanal, bei Wassertieren über die Körperoberfläche od. Kiemenepithelien resorbiert. Häufig wird durch aktive Transportvorgänge (↗Natriumpumpe) auch bei geringen Außenkonzentrationen eine selektive Resorption u. Anreicherung erreicht. Die Körperflüssigkeit höherer Pflanzen ist im Ggs. zu der v. Tieren u. Mensch, wo Na⁺ das wichtigste Kation darstellt (☐ Elektrolyte), gewöhnl. arm an Na⁺ (↗Natrium). Bei Tieren wird Na mit Hilfe einer Natriumpumpe (vermutl. eine Na-K-ATPase, ↗Adenosintriphosphatasen) ausgeschieden.

Natrix *w* [lat., = Wasserschlange], Gatt. der ↗Wassernattern.

Nattern, *Colubridae,* artenreichste Fam. der Schlangen mit 11 U.-Fam. (vgl. Tab.), ca. 270 Gatt. u. rund 2500 Arten; weltweit in fast allen Lebensräumen verbreitet. Gesamtlänge 0,3–3,7 m; meist schlank u. mit langem, spitz auslaufendem Schwanz. Kleiner Kopf längl., meist deutl. v. Hals abgesetzt; Augen verhältnismäßig groß, Pupille senkrecht-oval od. rund; Maul weit dehnbar, da Schädelknochen bewegl. miteinander verbunden (↗Kraniokinetik); beide Kiefer mit zahlr. glatten od. gefurchten Zähnen; Körper mit glatten od. gekielten Schuppen, unterseits mit Schildern; besitzen nur einen rechten Lungenflügel u. keine Beckenreste. Die N. ernähren sich bes. von kleinen Wirbeltieren (v. a. Kriechtiere u. Lurche, teilweise kleine Nagetiere od. Vögel bzw. größere Fische); ungiftig, z. T. (↗Trugnattern) auch giftig, jedoch für den Menschen weitgehend ungefährlich. Das Weibchen legt im Frühsommer bis zu 50 pergamentschalige Eier an feuchtwarmen Orten ab u. überläßt das Ausbrüten der Sommerwärme; einige Arten ovovivipar. Die meisten N. sind tagaktiv; schnelle Schlängelbewegungen am Boden, schwimmen oft gewandt, graben sich mitunter in die Erde ein, teilweise gute Kletterer. Die urtümlichen N. traten erstmals bereits im Eozän auf. – Zur U.-Fam. *Colubrinae* gehören – da sie am stärksten in die gemäßigte Zone vorgedrungen sind – die meisten europäischen Arten; sie ist zudem auch die gattungsreichste unter den N.; die wichtigsten Gatt. sind: Asiatische ↗Rattenschlangen *(Ptyas),* ↗Eirenis (Zwerg-N.), ↗Gras-N. *(Opheodrys),* ↗Grün-N. *(Chlorophis),* ↗Indigoschlangen *(Drymarchon),* ↗Kletter-N. *(Elaphe,* mit der einheim. ↗Äskulap-N.), ↗Königs-N. *(Lampropeltis),* ↗Ratten-N. *(Zaocys),* ↗Renn-N. *(Drymobius),* ↗Schling-N. *(Coronella,* mit der einheim. Glatt-N.) u. die ↗Zorn-N. *(Coluber).* Die kleinen, eierlegenden Vielzahn-N. (U.-Fam. *Sibynophinae)* besitzen als Besonderheit eine große Zahl (im Oberkiefer 50–112) ungefurchter, abgeflachter, kleiner Zähne; der zahntragende Teil des Unterkiefers ist durch ein Gelenk mit den übrigen Abschnitten bewegl. verbunden; ernähren sich v. von Skinken; 3 Gatt.: *Scaphiodontophis* in Mittel- u. S-Amerika (Vorderkörper mit abwechselnd gestellten, halbseitigen schwarzen, gelben u. roten Querstreifen; hinterer Rumpfabschnitt mit dunkelfleckigen Längsstreifen), *Liophi-*

Nattern

nativ- [v. lat. *nativus* = angeboren, natürlich, ursprünglich].

Nattern

Unterfamilien:

Colubrinae
↗Eierschlangen *(Dasypeltinae)*
↗Höckernattern *(Xenoderminae)*
↗Schneckennattern *(Pareinae/Dipsadinae)*
↗Trugnattern *(Boiginae)*
Ungleichzähnige Nattern *(Xenodontinae)*
Vielzahnnattern *(Sibynophinae)*
↗Wassernattern *(Natricinae)*
↗Wassertrugnattern *(Homalopsinae)*
↗Wolfszahnnattern *(Lycodontinae)*
↗Zwergschlangen *(Calamarinae)*

Die bedeutendsten Nationalparke der Erde

EUROPA

Norwegen

Øvre Anarjåkka: ca. 1400 km²; Prov. Finnmark; 1975 gegr.; fast unberührtes Waldgebiet; Bär.
Stabbursdalen: 96 km²; Prov. Finnmark; 1970 gegr.; nördlichster Kiefernwald der Erde (Bäume z.T. 500 Jahre alt); Elch, Ren, Vielfraß, Gänsesäger, Seeadler, Merlin, Bergfink, Lachs.
Dovrefjell: 265 km²; Gebirgszug in O-W-Richtung nahe der Grenze zw. den Prov. Oppland, Sør-Trondelag u. Møre og Romsdal, höchste Erhebung Snøhetta (2286 m); 1974 gegr.; moorig-steppenart. Tundra, niedr. Birkenwald; Ren, Moschusochse.
Rondane: 572 km²; Prov. Oppland u. Hedmark, Gebirgshochfläche zw. Gudbrandsdal u. Østerdal, höchste Erhebung Rondslottet (2183 m); 1962/1970 gegr. (1. Nationalpark Norwegens); Ren, Vielfraß, Elch, Nerz, Schneehuhn, Lapplandmeise, Blaukehlchen.

Finnland

Lemmenjoki: 355 km²; N-Finnland, an der norweg. Grenze, 240 km nördl. v. Rovanniemi, rezente Vergletscherung; 1956 gegr.; große Moor- u. Heideflächen; Elch, Ren, Braunbär, Vielfraß, Luchs, Wolf, Schneehase, Schnee-Eule, Moorschneehuhn, Seidenschwanz.

Schweden

Padjelanta/Sarek/Stora Sjöfallet: 5340 km²; Prov. Norrbotten, südwestl. Kiruna, an der norweg. Grenze, größter Hochgebirgs-Nationalpark Europas; 1909 gegr.; Elch, Ren, Bär, Vielfraß, Luchs, Eisfuchs, Schneehase, Steinadler, Gerfalk, Schnee-Eule, Blaukehlchen.

Großbritannien

Peak District: östl. v. Manchester; Moorlandschaft; Großer Brachvogel.

Niederlande

De Hoge Veluwe: nördl. v. Arnheim; Wälder, Heidelandschaft; Wildschwein, Iltis, Hermelin, Grauwürger, Ziegenmelker.

Bundesrepublik Deutschland

Wattenmeer: 2650 km²; Nordseeküste zw. dän. Grenze u. Elbemündung; 1985 gegr.; mit 3 Schutzzonen, intensivste („Ruhezone") umfaßt jedoch nur ca. 30% der Gesamtfläche u. selbst diese nicht frei von wirtschaftl. (etwa fischereil.) Nutzungen; Seehundbänke, Brut- u. Nahrungsplätze v. Seevögeln.
Bayerischer Wald: 131 km²; entlang der bayer.-tschech. Grenze; 1970 gegr.; größtes Waldgebirge Mitteleuropas mit Hoch- u. Übergangsmooren; Birk- u. Haselhuhn, Uhu, Wespenbussard, Wildkatze.
Berchtesgaden: 208 km²; Königsseegebiet, grenzt auf 3 Seiten an Österreich; 1978 gegr.; Bergflora; Stein- u. Rotwild, Gemse, Murmeltier, Schneemaus, Steinadler, Ringdrossel, Schneehuhn, Schneefink, Alpenmolch, Apollofalter.

Österreich

Hohe Tauern: 50 km²; O-Alpen; Krimmler Wasserfälle, Gletscher bis in die Täler; 1984 gegr.; Gemse, Murmeltier, Steinadler, Bartgeier, Schneefink.

Schweiz

Schweizerischer Nationalpark: 169 km²; Graubünden, Zernez, im Gebiet des Ofenpasses, 1400–3170 m hoch gelegen, im S an den it. Nationalpark Stelvio grenzend; 1914 gegr.; nur wildlebende Pflanzen in natürl. Gesellschaften; Stein- u. Rotwild, Gemse, Murmeltier, Schneehase, Steinadler, Auer-, Stein-, Hasel-, Schneehuhn.

Polen

Białowieza: 47 km²; Wojewodschaft Białystok; 1947 gegr.; größter Urwald Polens; Elch, Wisent, Braunbär, Biber, Schwarzstorch, Uhu.
Hohe Tatra: 214 km² – weitere 511 km² auf dem Gebiet der ČSSR – bis südl. Krakau, höchste Erhebung Rysy (2499 m); 1930/1954 gegr.; alpine Pflanzenwelt; Braunbär, Gemse, Murmeltier, Wolf, Luchs, Steinadler, Uhu.

Italien

Stelvio: Im N an den Schweizer. Nationalpark grenzend, größter it. Nationalpark, Höhen bis 3900 m; Steinbock, Steinadler, Auerhuhn.

Naturparke der Bundesrepublik Deutschland

Bundesforschungsanstalt für Naturschutz und Landschaftsökologie
Institut für Landschaftspflege und Landschaftsökologie
Bonn - Bad Godesberg

Stand 1.1.1985 Größe in Hektar
Quelle Naturparkarchiv der BFANL

Naturpark	Größe (ha)
Hüttener Berge	26 000
Westensee	26 000
Aukrug	38 000
Lauenburgische Seen	44 400
Harburger Berge	3 800
Lüneburger Heide	20 000
Elbufer-Drawehn	75 000
Wildeshauser Geest	96 500
Südheide	50 000
Dümmer	47 210
Steinhuder Meer	31 000
Elm-Lappwald	34 000
Nördlicher Teutoburger Wald Wiehengebirge	121 950
Weserbergland Schaumburg-Hameln	111 626
Harz	95 000
Eggegebirge und Südlicher Teutoburger Wald	59 300
Solling-Vogler	52 750
Hohe Mark	104 000
Arnsberger Wald	44 760
Homert	55 000
Münden	37 300
Schwalm-Nette	43 500
Ebbegebirge	77 736
Diemelsee	33 436
Habichtswald	47 428
Meißner-Kaufunger Wald	42 058
Bergisches Land	169 697
Kottenforst-Ville	16 000
Rothaargebirge	135 500
Siebengebirge	4 200
Hessische Rhön	70 000
Hochtaunus	120 165
Hoher Vogelsberg	38 447
Bayerische Rhön	109 000
Frankenwald	111 600
Rhein-Westerwald	44 600
Nordeifel	176 315
Nassau	56 000
Hessischer Spessart	71 000
Fichtelgebirge	100 400
Südeifel	42 610
Rhein-Taunus	80 788
Haßberge	77 800
Steinwald	25 000
Saar-Hunsrück	167 147
Bergstraße-Odenwald	162 850
Bayerischer Spessart	167 000
Steigerwald	128 000
Nördlicher Oberpfälzer Wald	167 000
Pfälzerwald	179 300
Neckartal-Odenwald	129 200
Hessen. u. Manteler Wald	
Fränkische Schweiz Veldensteiner Forst	234 600
Frankenhöhe	107 027
Oberpfälzer Wald 1 Oberviechtach	23 584
2 Nabburg	23 525
3 Neunburg	25 275
Oberer Bayerischer Wald	151 292
Stromberg-Heuchelberg	33 000
Schwäbisch-Fränkischer Wald	90 400
Bayerischer Wald	203 000
Altmühltal	290 800
Schönbuch	15 564
Augsburg Westliche Wälder	117 500
Obere Donau	84 000

Gran Paradiso: 800 km²; N-Teil der Grajischen Alpen, an den frz. Vanoise-Nationalpark grenzend; 1919 gegr.; Steinbock, Gemse, Schneehase, Murmeltier.

Frankreich

Vanoise: 570 km²; Grajische Alpen, grenzt an den it. Gran-Paradiso-Nationalpark; mit Höhen über 3500 m; 1964 gegr.

NATIONAL- UND NATURPARKE I–II

Spanien

Ordesa: grenzt an den frz. Pyrenäen-Nationalpark; 1918 gegr.; Iberien-Steinbock, Pyrenäen-Gemse, -Desman, Steinadler, Bartgeier.
Coto Doñana: 750 km^2; Feuchtgebiet im Mündungsdelta des Guadalquivir; Damhirsch, Wolf, Pardelluchs, Kaiseradler, zahlr. Reiher- u. Limikolenarten, Sumpfschildkröte, Stülpnasenotter.

Jugoslawien

Plitvicer Seen (Plitvicka jezera): 192 km^2; Bezirk Gospic in der Landschaft Lika; 1949 gegr.; Buchen-, Tannen-, Fichtenwälder; Rotwild, Braunbär, Wolf, Dachs, Fischotter, Auerhuhn.

AFRIKA

Obervolta/Benin/Niger

W-du-Niger: 12054 km^2; Name nach der W-förmigen Biegung des Niger, südl. v. Niamey; 1952/1953 gegr.; ausgedehntes Baumsavannengebiet; Afr. Steppenelefant, Flußpferd, Löwe, Gepard, Warzenschwein, Pferde-, Leier-, Moor-, Schirrantilope, Kongoni, Bleichböckchen, Wasser-, Riedbock, Kaffernbüffel, Pavian.

Kenia

Mt. Kenia: 581 km^2; in Äquatornähe, höchste Erhebung Batian (5686 m); 1949 gegr.; komplette Abfolge der Höhenstufen (Regenwälder bis zur trop.-alpinen Stufe); Spitzmaulnashorn, Elefant, Kaffernbüffel, Schirrantilope, Schwarzstirn-, Kronenducker, zahlr. Vogelarten (u. a. Kleiner Habichts-, Kronenadler, Kongopapagei, Seidenhollenturako, Waldfrankoline, Nektarvögel).
Lake Nakuru: am Nakuru-See (ca. 61 km^2), einem sodahalt. Gewässer, mit angrenzende Uferzone südl. der gleichnam. Stadt im Rift-Valley; 1960 gegr.; Akazienwälder im N; Flamingo, Zwergflamingo u. Rosapelikan in großer Zahl, Weißbrustkormoran, Reiher (Brutkolonien), Schreisee-, Habichts-, Schopfadler, Leopard, Flußpferd, Wasser-, Riedbock, Schirrantilope, Anubis-Pavian.
Nairobi: 114 km^2; 8 km südl. v. Nairobi; 1946 gegr.; Baumsavanne, Grassteppe; Spitzmaulnashorn, Löwe, Gepard, Leopard, Massaigiraffe, Böhms Steppenzebra, Kongoni, Thomson-, Grant-, Elenantilope, Impala, Östl. Weißbartgnu, Kampf-, Schlangenadler, Kronenkranich, Marabu, Strauß, Nektarvögel.
Amboseli: 3223 km^2; am Fuß des Kilimandscharo (5895 m); 1948 gegr.; halbtrockene Gras- u. Buschsavanne, Moor- u. Sumpfgebiete; Krokodil, Flußpferd, Löwe, Gepard, Leopard, Kaffernbüffel, Massaigiraffe, Böhms Steppenzebra, Kongoni, Elenantilope, Impala, Thomson-, Grantgazelle, Ellipsen-Wasserbock, Östl. Weißbartgnu, Elefant, verschiedene Arten v. Wasser- u. Webervögeln.
Tsavo: 22727 km^2; in SO-Kenia, einer der größten Nationalparke der Erde; 1948 gegr.; typ. Savannenlandschaft; Krokodil, Elefant (zahlr., „roter" Elefant durch Schlamm- u. Staubbäder in den roten Erde), Löwe, Gepard, Leopard, Spitzmaulnashorn, Giraffengazelle, Ostafr. Spießbock, Elenantilope, Kleiner Kudu, zahlr. Vogelarten (u. a. Starweber, Hornvögel, Glanzstare, Trappen).

Tansania

Serengeti: 14336 km^2; N-Tansania, 9 km südöstl. v. Viktoria-See; 1940/1959 gegr.; Baumsavanne od. reines Grasland, fels. Erhebungen bis 2000 m; Elefant, Löwe, Gepard, Leopard, Massaigiraffe, Spitzmaulnashorn, Kaffernbüffel, Böhms Steppenzebra, Pferde-, Elenantilope, Ostafr. Spießbock, Impala, Thomsongazelle, Topi, Weißbartgnu, Ellipsen-, Defassa-Wasserbock, Hyänenhund, Streifenhyäne, Erdwolf, Kongoni, Bienenfresser, Marabu, Hammerkopf, Sekretär, Schmutzgeier, Nilgans.

Sambia

Kafue: 22403 km^2; westl. v. Lusaka; 1950 gegr.; Trockenwälder, Savannen, Elefant, Flußpferd, Spitzmaulnashorn, Kaffernbüffel, Warzenschwein, Zebra, Löwe, Leopard, Rappen-, Elen-, Pferde-, Kuhantilope, Sitatunga, Gnu, Kudu, zahlr. Antilopenarten, Klippspringer, Wasserbock, Hyänenhund.

Zimbabwe

Wankie: 14348 km^2; nordwestl. v. Bujawayo; 1928/1949 gegr.; Savannen, Wälder, Sümpfe; Elefant, Löwe, Leopard, Gepard, Kaffernbüffel, Spitz-, Breitmaulnashorn, zahlr. Antilopenarten.

Namibia (Südwestafrika)

Etoscha: 20700 km^2; im N von SW-Afrika, unzugängl. Trockengebiet, während der Regenzeit überschwemmt; Elefant, Nashorn, Giraffe, Löwe, Gepard, Leopard, Bergzebra, Kudu, Gnu, Impala, Hyäne, Flamingo.

Südafrika

Krüger: 20400 km^2; im NO der Prov. Transvaal, an der Grenze nach Moçambique; 1892/1936 gegr.; Buschsavanne; Breitmaulnashorn, Elefant, Flußpferd, Giraffe, Löwe, Leopard, zahlr. Antilopenarten.

NORDAMERIKA

Kanada

Wood Buffalo: 45000 km^2; zw. dem Großen Sklaven- u. Athabascasee; 1922 gegr.; ausgedehnte Prärien u. Wälder; Bison, Elch, Wapiti, Grizzlybär, Baribal, Wolf, Stachelschwein, Vielfraß, Kanadaluchs.
Jasper: 10920 km^2; an der O-Seite der Rocky Mountains, westl. v. Edmonton, Hochgebirgsketten, durch breite Täler getrennt, höchste Erhebung Mt. Columbia (3747 m), zahlr. Gletscher; 1907 gegr.; Nadelwald; Grizzlybär, Maultierhirsch, Elch, Karibu, Dickhornschaf.

USA

Mt. McKinley: 7848 km^2; Teil der Alaska-Kette mit der höchsten Erhebung N-Amerikas (McKinley, 6193 m); 1917 gegr.; Misch- u. Nadelwälder, Tundra, Karibu, Elch, Grizzlybär, Wolf, Stachelschwein, Vielfraß, Schnee-Eule, zahlr. Vogelarten während der Brutzeit.
Olympic: 3426 km^2; Halbinsel im NW des Bundesstaates Washington, zum Pazifik abfallende W-Seite des Gebirgsmassivs (höchste Erhebung Mt. Olympus 2428 m), sehr niederschlagsreich, im O sehr trocken; 1938 gegr.; große Regenwälder mit bis zu 100 m hohen Bäumen (uralte Douglastannen) im W, zw. Waldzone u. den Gipfeln Grasland; Wapiti, Baribal, Puma, Murmeltier, an der Küste im Meer Seelöwe, See-Elefant, auf den vorgelagerten kleinen Inseln u. Riffen nisten Tausende v. Seevögeln.
Mt. Rainier: 978 km^2; im Bundesstaat Washington, Teil des Kaskadengebirges (höchste Erhebung Mt. Rainier 4392 m, ein Vulkan, der heute v. einem Eismantel aus 25 Gletschern bedeckt ist); 1899 gegr.; dichte Nadelwälder; Wapiti, Baribal, Puma, Präriewolf, Waschbär, Urson, Eisgraues Murmeltier, Biber, Schneeziege, ca. 130 Vogelarten.
Glacier: 4100 km^2; in N-Montana u. im Hochgebirge der Rocky Mountains; 1910 gegr.; urwüchsige Nadelwälder; Wapiti, Elch, Weißwedel-, Maultierhirsch, Grizzlybär, Baribal, Vielfraß, Schneeziege, Schneehuhn, Biber, Dickhornschaf, Schneeziege, Murmeltier.
Grand Teton: 1250 km^2; im NW des Bundesstaates Wyoming in den Rocky Mountains; 1929 gegr.; 1950 vergrößert; Hochgebirge; Bison, Wapiti, Grizzlybär, Baribal, Maultierhirsch, Elch, Dickhornschaf, Präriewolf, Murmeltier.
Yellowstone: 8992 km^2; in NW-Wyoming, im Herzen der Rocky Mountains, nördl. v. Grand Teton, vulkan. Ursprungs, etwa 10000 heiße Quellen, ca. 3000 Geysire, Canyons, Seen; 1872 gegr.; ältester Nationalpark der Erde u. der größte der USA; große Nadelwälder, Grasland; Wapiti, Elch, Bison (ca. 1000 Exemplare), Grizzlybär, Baribal, Stachelschwein, Maultierhirsch, Gabelbock, Dickhornschaf, Biber, Wildkatze, Präriewolf, über 200 Vogelarten (u. a. Fischadler, Trompeterschwan).
Wind Cave: 70 km^2; im Bundesstaat S-Dakota; 1903 gegr.; Prärien, Mischwälder, Wapiti, Bison, Weißwedelhirsch, Gabelbock, Präriehund, Schwarzfußiltis.

Yosemite: 3073 km^2; Kalifornien, Mittelpunkt ist das v. Merced-Fluß durchzogene, bis 1,6 km breite Yosemite-Tal mit bis zu 1300 m hohen Steilwänden, „Granitdome" (kahle Kuppeln aufgewölbter Granitberge); 1890 gegr.; Nadelwald, ca. 500 Mammutbäume; über 80 Säugetier- (u. a. Baribal, Maultierhirsch) u. 200 Vogelarten.
Sequoia- u. King's Canyon: zus. 3391 km^2; beide Nationalparke miteinander verbunden, in der südl. Sierra Nevada (1000–3000 m) im Bundesstaat Kalifornien; 1890/1940 gegr.; Hochgebirgslandschaft mit zahlr. See, Mammutbäume (über 100 m hoch, $\varnothing$ über 8 m, Alter mehr als 3000 Jahre); Maultierhirsch, Dickhornschaf, Urson, Eisgraues Murmeltier.
Grand Canyon: 2600 km^2; N-Arizona, Kernstück ist eine ca. 175 km lange, bis 1,6 km tiefe u. an den oberen Kanten bis 15 km breite Schlucht, die der Colorado-River in das Coconinofelsplateau eingegraben hat; Steilstürze, bizarre Zacken, in roten od. gelben Farben leuchtend; 1919 gegr.; in tiefen Lagen herrschen Wüstenbedingungen, auf den Plateau Nadelwald; 60 Säugetier- (u. a. Maultierhirsch, Puma, Präriewolf, Dickhornschaf) u. 180 Vogelarten.
Everglades: 5960 km^2; S-Florida, größtes Sumpfgebiet N-Amerikas im trop. Klimabereich, v. zahlr. Wasserläufen durchzogen; 1947 gegr.; Palmen, Zypressen, an der Küste Mangrovewälder; Baribal, Weißwedelhirsch, Puma, Opossum, Spitzkrokodil, Mississippi-Alligator, viele Sumpf- u. Wasservogel- (u. a. Rosalöffler), zahlr. Schlangen- u. seltene Amphibienarten.

SÜDAMERIKA

Venezuela

Henry Pittier: 900 km^2; in der Küstenkordillere am Karib. Meer gelegen; 1957 gegr.; trop. Regenwald; Affen, Faultier, über 500 Vogelarten (bes. Kolibris).

Ecuador

Galapagos: 7800 km^2; im Pazif. Ozean ca. 900 km westl. v. Ecuador, Archipel vulkan. Inseln; 1959 gegr.; Halbwüsten, viele endem. Pflanzenarten; Meerechse, Drusenkopf, G.-Riesenschildkröte, G.-Habicht, G.-Bussard, G.-Kormoran, 13 Arten v. Darwinfinken, G.-Albatros, Prachtfregattvogel, G.-Seebär.

Brasilien

Iguaçu: 2050 km^2; am Iguaçu-River, an den gleichnam. argentin. Nationalpark angrenzend; 1939 gegr.; urspr. Wälder, subtrop. Vegetation; Wasserschwein, Jaguar, Puma, Brüllaffe, zahlr. Vogelarten.

AUSTRALIEN

Lamington: 20 km^2; südl. v. Brisbane; 1915 gegr.; subtrop. Regenwald an den Hängen des ostaustr. Randgebirges (Mc Pherson Range); Koala, Schnabeltier, Baumkänguruh, Wallaby, Rabenkakadu, Königssittich.
Wyperfeld: 560 km^2; NW-Victoria; 1921 gegr.; offene Dornbuschsavanne; verschiedene Känguruharten, Emu, Papageien.

ASIEN

Indien

Gir-Forst: auf der Halbinsel Kathiawar nordwestl. v. Bombay; baumbestandene Steppe; Ind. Löwe (ca. 50 Exemplare), Leopard, Sambar-, Axishirsch, Hirschziegen-, Vierhorn-, Nilgauantilope, viele Vogelarten.
Kanha: 252 km^2; 55 km südwestl. v. Mandla im zentralind. Hochland gelegen; waldreiche Steppenlandschaft; Tiger, Leopard, Lippenbär, Barasingha-, Axis-, Sambarhirsch, Muntjak, Gaur, ca. 90 Vogelarten.

Sri Lanka (Ceylon)

Wilpattu: 653 km^2; an der W-Küste gelegen; 1938 gegr.; dichter Dschungel, Grasland, Sümpfe, 40 Seen; Elefant, Sambarhirsch, Leopard, zahlr. Vogelarten.

Natternhemd

dium auf Madagaskar u. die südostasiat. Gatt. *Sibynophis*. Bei den Ungleichzähnigen N. (U.-Fam. *Xenodontinae*) sind die hinteren Oberkieferzähne stark vergrößert, aber ungefurcht; fressen hpts. Kröten; mit den neuweltl. Gatt. *Xenodon, Lystrophus* u. den ↗Haken-N. *(Heterodon).* — Die ↗Gift-N. *(Elapidae)* bilden eine eigene Familie.

Natternhemd, die bei der↗Häutung abgestreifte verhornte äußere Hautschicht v. Schlangen.

Natternkopf, *Echium,* Gatt. der Rauhblattgewächse, mit ca. 50, v. a. in Makaronesien sowie im Mittel- u. Schwarzmeergebiet heim. Arten. Meist mehr od. weniger xeromorphe, 2jähr. Stauden od. Halbsträucher mit wechselständ., behaarten Blättern u. in Wickeln stehenden, dorsiventralen Blüten. Diese mit meist blauer, violetter od. roter, schief trichterförm., 5zipfl. Krone u. häufig aus der Kronröhre hervorragenden Staubblättern. In Mitteleuropa ist der in sonn. Unkrautfluren (an Wegen, Bahn- u. Hafenanlagen, Felsfluren u. Steinbrüchen) wachsende Gemeine N. oder Stolzer Heinrich *(E. vulgare)* mit lineal-lanzettl., rauhhaarigen Blättern u. zunächst roten, dann blauen Blüten zu finden. Manche Arten des N.s werden bisweilen als Zierpflanzen kultiviert.

Natternkopf-Gesellschaft, *Echio-Meliloletum,* Assoz. der ↗Onopordetalia.

Natternzunge, *Ophioglossum,* Gatt. der Natternzungengewächse mit etwa 45 Arten in den gemäßigten bis trop. Breiten; steriler Blatteil mit Netznervatur, ungeteilt, seltener geteilt, fertiler Blattabschnitt ährenartig, mit zweireihig ansitzenden, eingesenkten Sporangien. Die in Mitteleuropa heim., nach der ↗Roten Liste „stark gefährdete" Gewöhnliche N. *(O. vulgatum)* wächst meist in Herden (vegetative Vermehrung durch Wurzelbrut) u. gedeiht als Charakterart des Molinion coeruleae v. a. in kalkhalt., feuchten, lückigen Mager- u. Moorwiesen.

Natternzungengewächse, *Ophioglossaceae,* in eine eigene Ord. *(Ophioglossales)* gestellte Fam. eusporangiater, isosporer Farne mit den rezenten Gatt. ↗Mondraute *(Botrychium;* 35 Arten), ↗Natternzunge *(Ophioglossum;* 45 Arten) u. ↗*Helminthostachys* (nur 1 Art). Die kurzen, unterird. Stämmchen (bei *Botrychium* mit wenig sekundärem Dickenwachstum!) wachsen aufrecht (bei *Helminthostachys* kriechend) u. bilden jährl. meist nur 1 räuml. verzweigtes, in der Jugend nicht eingerolltes (!) Blatt, das aus einem sterilen u. einem dazu senkrechten fertilen Teil besteht. Die Sporangien enthalten zahlr. Sporen, besitzen keinen Anulus u. öffnen sich durch einen Querriß. Die kleinen knollenförm. Prothallien leben unterird. saprophytisch mit Hilfe von Mykorrhizapilzen. Da die N. fossil nahezu unbekannt sind, ist über ihre Phylo-

Gemeiner Natternkopf *(Echium vulgare)*

Gewöhnliche Natternzunge *(Ophioglossum vulgare)*

Naturdenkmale
Einige Beispiele:
Externsteine (im Teutoburger Wald bei Horn-Bad Meinberg)
Dolinen-Karstquellen (im Veldensteiner Forst bei Neuhaus a. d. Pegnitz)
Hünengräber (bei Eckernförde)
Mammutbäume (im Pfälzer Wald bei Landstuhl)
Rheinfall (bei Schaffhausen/Schweiz)
Krimmler Wasserfälle (im Pinzgau/Östr.)

genie wenig bekannt. Insgesamt weisen sie die meisten Beziehungen zu den paläozoischen ↗Primofilices (insbes. *Botryopteridaceae*) auf.

Natur *w* [v. lat. natura = Beschaffenheit, Natur], der Kosmos mit all seiner Materie u. seinen Kräften, soweit sie vom Menschen nicht beeinflußt sind. Man unterscheidet die *unbelebte* N. (z. B. Mineralien, Wasser, Luft) v. der *belebten* N. (den Organismen, ↗Leben). Der ↗Mensch ist als Lebewesen ein Teil der belebten N., gleichzeitig aber auch ein Schöpfer v. ↗*Kultur,* als einer erst durch ihn geschaffenen „künstlichen" Welt. Die Erfassung der Erscheinungsformen u. Gesetze der N. ist Aufgabe der *Naturwissenschaften,* die der Kultur im wesentl. Gegenstand der *Geisteswissenschaften.* ↗N.gesetze.

Naturboden, unkultivierter Boden.

Naturdenkmale, bemerkenswerte einzelne Naturschöpfungen (Felsen, Quellen, Wasserfälle, erdgesch. Aufschlüsse, Standorte alter Bäume, v. Pflanzen usw.), die aufgrund ihrer Seltenheit, Eigenart, wiss. oder völkerkundl. Bedeutung erhalten bleiben sollen u. deshalb unter Schutz gestellt worden sind. In der BR Dtl. z. Z. über 35 000 N. (vgl. Spaltentext).

Naturfarbstoffe, natürliche Farbstoffe, im Tier- u. Pflanzenreich weit verbreitete natürl. organ. ↗Farbstoffe (↗Farbe, ↗Pigmente). Je nach Vorkommen unterscheidet man bei Pflanzen die ↗Blütenfarbstoffe, ↗Blattfarbstoffe, Farbstoffe der Hölzer (↗Farbhölzer), bei Tieren die Blutfarbstoffe (↗Atmungspigmente), Farbstoffe der Haut (↗Hautfarbe), ↗Haare u. Augen (↗Augenpigmente, ↗Sehfarbstoffe) sowie Farbstoffe der ↗Algen, Bakterien (↗Bakteriochlorophylle, ↗Bakteriorhodopsin), Pilze, Flechten (↗Färbeflechten, ↗Flechtenfarbstoffe) usw. Aufgrund ihrer chem. Struktur können die N. eingeteilt werden in ↗Anthrachinone, ↗Anthocyane, ↗Betalaine, ↗Carotinoide, ↗Chlorophylle, ↗Chinone, ↗Flavonoide, Hämfarbstoffe (↗Hämoglobine), ↗Melanine, ↗Ommochrome, ↗Phycobiline, ↗Pteridine, ↗Tetrapyrrole usw. In der Natur übernehmen die N. vielfältige Aufgaben, z. B. physiolog. Funktionen wie Schutz vor UV-Licht (↗Albinismus), Umwandlung v. Lichtenergie (↗Photosynthese) od. Wirkung als Lock-, Schreck- od. Tarnfarben (vgl. physiolog. u. etholog. Funktionen der ↗Farbe). Manche N. sind auch Stoffwechselendprodukte ohne erkennbare äußere Funktion. Früher spielten N. eine wicht. Rolle in der Färberei. Zu den ältesten, z. T. bereits im Altertum bekannten N.n zählen ↗Alizarin (ein ↗Krappfarbstoff), Alkannin aus ↗Alkanna, Cochenille v. der ↗Cochenille-Schildlaus, ↗Curcumin, ↗Carthamin (Saflor-Rot), ↗Crocin aus Safran, ↗Indigo, Kermes (unechte Cochenille), ↗Lackmus, Orseille (aus Flechten) u. Orlean. Heute werden

vorwiegend *synthetische Farbstoffe* verwendet.
Naturgas, das ↗ Erdgas.
Naturgesetze, jene unter gleichen Bedingungen immer gleichen meßbaren Verhaltensweisen, die schon mit dem Wesen der materiellen Dinge u. Kräfte (↗ Natur) gesetzt sind u. aus ihm mit Notwendigkeit hervorgehen. Sie sind nur durch Beobachten (Experiment) möglichst vieler ähnl. Einzelfälle zu entdecken u. bewirken nicht das Weltgeschehen, sondern sind Aussagen über dessen regelmäßigen Ablauf; sie zeigen einen Kausalzusammenhang u. erlauben daher Vorausberechnung künftiger Ereignisse aus gegebenen Vorbedingungen. Der Mensch gestaltet durch Anwendung erkannter N. weitgehend seine Umwelt. ↗ Erklärung in der Biologie.
Naturheilkunde, *Physiatrik, Biomedizin,* Lehre v. den Heilverfahren, die eine Steigerung der körpereigenen Abwehrkräfte bewirken, wobei natürl. Reizquellen angewandt werden, wie Sonne, Luft, Wasser, Klimareize, ferner Ruhe u. Bewegung sowie „naturgemäße" Ernährung. Die Grundlagen der modernen N. wurden bereits im 19. Jahrhundert u.a. von V. Prießnitz, S. Kneipp und J. Schroth gelegt. Ihre Methoden wurden wiss. begründet u. von Ärzten wie H. Lahmann, M. Bircher-Benner, A. Brauchle und H. Malten in die Medizin eingeführt. Die N. wird heute v.a. bei der Vorsorge u. der Nachbehandlung v. Krankheiten angewandt.
Naturherdinfektion, Infektion des Menschen mit Krankheitserregern in einem Gebiet, in dem diese auch unabhängig vom Menschen durch geeignete Bedingungen (z. B. Überträger, Reservoirwirte) über längere Zeit ihren Lebenszyklus aufrechterhalten können. Beispiele: ↗ Leishmaniosen, ↗ Trypanosomiasen.
Naturlandschaft, Urlandschaft (Wüsten, Urwälder, Polargebiete, Teile des Hochgebirges usw.) bzw. vom Menschen heute wirtschaftl. noch nicht od. kaum gestaltetes Gebiet.

natürliche Auslese ↗ Selektion.
natürliche Vegetation, Gesamtheit der Pflanzengesellschaften, die sich im Gleichgewicht mit den aktuellen standörtl. Gegebenheiten eines Wuchsgebietes (Klima, Nährstoffangebot, Wasserhaushalt usw.) natürlicherweise einstellen. In Mitteleuropa würde die n. V. fast überall aus Wald bestehen. Nur die Küstenregionen, See- u. Flußufer, die Moore, schroffe Felswände u. die hohen Gebirgslagen wären ausgenommen. Tatsächl. aber hat der Mensch durch Land- u. Forstwirtschaft, Siedlung, Verkehr u. Ind. diese n. V. verdrängt und z.T. durch *anthropogene Vegetation* mit ↗ *Ersatzgesellschaften* wie Wiesen, Weiden, Heiden, Rasen, Hecken od. Unkrautfluren, aber auch durch Monokulturen ersetzt. Die n. V. ist also nicht mehr real vorhanden, sondern nur als *potentielle n. V.* vorstellbar u. entwicklungsfähig; d.h., sie würde sich v. selbst einstellen, sobald der Einfluß des Menschen ausbliebe.
natürliche Zuchtwahl ↗ Selektion.
natürliches System, das auf Homologien (↗ Homologie) beruhende u. dadurch den verwandtschaftl. Beziehungen entspr. System; Ggs.: ↗ künstliches System. ↗ Klassifikation, ↗ Systematik.
Naturparke, in sich geschlossene, natürl., möglichst weiträum. Landschaftsbereiche, die sich aufgrund ihrer Schönheit sowie ihrer Voraussetzungen für die Erholung der Menschen (Lehrpfade, Wanderwege, Schutzhütten usw.) bes. eignen u. die im gegenwärt. Zustand erhalten bleiben sollen. Erstmalige (1909) u. für längere Zeit einzige Gründung in Dtl.: Naturschutzpark Lüneburger Heide. In der BR Dtl. gibt es 65 N. mit einer Gesamtfläche von 53 156 km^2 (Stand 1. 1. 1985); einige v. ihnen greifen als internationale N. über die dt. Grenze hinaus. In Östr. bestehen z. Z. 19, in der Schweiz 4 Naturparke. B 120.
Naturrassen, die ↗ Landrassen.
Naturreservate, Bez. für Naturschutzgebiete, v. a. im engl. und frz. Sprachraum.

Naturschutz

Der Begriff Naturschutz läßt sich am besten durch die Ziele kennzeichnen, welche man mit dieser Tätigkeit verfolgt: Kernpunkt ist die Erhaltung der freilebenden Pflanzen- und Tierarten und der von ihnen aufgebauten Lebensgemeinschaften. Deren Gefährdung liegt fast immer in einer Zerstörung ihrer Lebensräume; diese zu schützen, ist daher die entscheidende Aufgabe. Darüber hinaus sollen „die Leistungsfähigkeit des Naturhaushalts", „die Nutzungsfähigkeit der Naturgüter" sowie „die Vielfalt, Eigenart und Schönheit von Natur und Landschaft" „nachhaltig gesichert" werden, wie es in der BR Dtl. das Bundesnaturschutzgesetz (Rahmengesetz für die Länder) ausdrückt.

Die entscheidende Aufgabe: Schutz der Lebensräume

Weil der Schützer der Natur – so vergleichsweise bescheiden die Ansprüche an Flächen und finanzielle Mittel auch sind – unvermeidlich in Interessenkollisionen mit den vielen Nutzern der Natur gerät, sind Raumplanungen unabdingbar. Weil viele Eingriffe Wunden in die Landschaft schlagen, hat man sich ferner um Hilfsmaßnahmen zu bemühen (z. B. Bepflanzung von jungen Straßenböschungen), wobei allerdings der vorherige oder gar ein biologisch besserer Zustand selten erreicht werden. Solche planerischen und landschaftsgestaltenden Maßnahmen obliegen der Landschaftspflege (in der freien Landschaft) bzw. der Grünordnung (im Siedlungsbereich). Diese beiden Arbeitsberei-

Naturschutz

che werden mit dem (sog. erhaltenden) Naturschutz i. e. S. zusammengefaßt unter den Bezeichnungen *Landespflege* oder Naturschutz i. w. S. Auf diesen bezieht sich auch das Naturschutzrecht.

Eng mit dem Begriff Naturschutz ist der Begriff *Umweltschutz* verknüpft. Er schließt neben dem Naturschutz im weiteren Sinne, dem Biologisch-ökologischen Umweltschutz, als zweiten Bereich den Technisch-hygienischen Umweltschutz ein, der sich auf die Wirkung des industriell tätigen Menschen bezieht. Die unvermeidbar unscharfe Abgrenzung der Begriffe entspricht der sachlich engen Verbindung der beiden Teilgebiete.

Je schwieriger es ist, die Ziele des Naturschutzes in der Praxis durchzusetzen, desto wichtiger ist eine Besinnung auf seine Argumente.

1. Ethisches Argument: Es steht in der Macht des modernen Menschen, die Natur zu zerstören und damit über Sein oder Nichtsein aller anderen Arten zu entscheiden. Wir anerkennen es als eine Forderung der Ethik, das Recht auf Leben auch der nichtmenschlichen Organismen zu achten. Dies gilt unabhängig von Nützlichkeitserwägungen (siehe auch Argument 3).

2. Theoretisch-wissenschaftliches Argument: Die Elemente der Natur, seien es Arten, Biozönosen oder Landschaften als Ganzes, sind Gegenstand unseres Erkenntnisstrebens, vor allem der Bio- und Geowissenschaften. Sehr viele Probleme sind prinzipiell nur in langfristig ungestörten Gebieten als solche erkennbar und studierbar, nicht in Laboratorien. Beispiele sind die zahlreichen Biozönosen, die spezifischen Böden und Mikroklimafaktoren verschiedener Standorte; andere Beispiele sind Phänologie, Populationsdynamik, Ausbreitungsstrategien, Vogelzug und andere ethologische Fragen; Beispiele, die sowohl Biologie als auch Geowissenschaften betreffen, sind Grundwasserbildung, Erosion, Auenentwicklung u. v. a.

3. Pragmatisches Argument: Die Menschheit benötigt die sog. Naturgüter *(natural ressources)* zum Leben und Überleben; wir können sie nicht heute verschwenden, ohne daß morgen die Kulturen zusammenbrechen würden. Dies gilt besonders für erschöpfbare Quellen, wie es Pflanzen- und Tierarten sind. Am bekanntesten ist die wirtschaftliche Bedeutung von Wildformen unserer Kulturpflanzen, welche ein reiches genetisches Potential für die Einkreuzung von Genen, z. B. zur Erhöhung von Schädlingsresistenzen, besitzen. Dies lehrt auch, daß der Schutz nicht nur Arten, sondern auch niederen systematischen Einheiten (Lokalrassen z. B.) zuteil werden muß. Auch mit potentiellen Arzneipflanzen ist zu rechnen, zumal erst weniger als 10% der Pflanzenarten auf Wirksamkeit geprüft sind.

Die 5 wichtigsten Argumente für den Naturschutz

4. Anthropobiologisches Argument: Der Mensch (zumindest gilt dies für viele Menschen) erlebt in einer in sich harmonischen freien Landschaft unmittelbare innere Bereicherung; es kommt zu einer „Verkümmerung der Lebensquellen" (A. Portmann) als Folge mangelnder Beziehung zur Natur. Ferner wird das physische Bedürfnis nach Ausgleich und Anregung in der Natur um so stärker, je naturferner das Leben des Menschen wird. Zum Identitätsbewußtsein des Individuums gehört auch die Bindung an eine beständige Heimatlandschaft.

5. Historisch-kulturelles Argument: Naturschutz bezieht sich keineswegs nur auf Landschaften oder Landschaftsteile, die vom Menschen bisher wenig berührt worden sind, sondern auch auf die durch Jahrhunderte bäuerlicher Tätigkeit geprägten Kulturlandschaften. Diese sind oft reich strukturell gegliedert und biologisch mannigfaltig – oder waren es bis vor kurzem. Sie bilden als Naturdokumente bewahrenswerte Zeugnisse unserer Geschichte.

Die Dringlichkeit des Naturschutzes beruht auf dem rapiden Schwund von freier Landschaft durch Überbauung (in der BR Dtl. jährlich eine Fläche von der Größe des Bodensees), auf den schleichenden Veränderungen der Vegetation und damit der Tierwelt durch Intensivierung der Nutzung und Zerstörung von wenig genutzten Kleinstandorten und auf der Irreversibilität der meisten Eingriffe. Eine Besserung der Situation ist nur zu erhoffen, wenn sowohl persönlicher Einsatz und politischer Wille als auch die naturschutzbezogene Grundlagenforschung intensiviert werden. Der Bedeutung des Naturschutzes für die Forschung (siehe Argument 2) entspricht die der Forschung für den Schutz der Natur (s. u.). Das Ziel, die Ergebnisse anzuwenden, ändert nichts an der Tatsache, daß noch sehr viele – auch als solche wertvolle – Basisdaten erhoben werden müssen.

Die vorstehenden Erwägungen verdeutlichen, daß dem ökologisch ausgerichteten Biologen im Naturschutz eine Pionier- und Schlüsselrolle zufällt; doch gibt es in zahlreichen anderen Disziplinen, wie Geowissenschaften, Chemie, Forst- und Landwirtschaft, auch Rechtswissenschaft und Technik Naturschutz-bezogene Aspekte.

Die klassischen Instrumente des Naturschutzes

Die klassischen Instrumente des Naturschutzes sind der Artenschutz und der Flächen- oder Biotopschutz; hinzugekommen sind landschaftspflegerische Möglichkeiten. Speziell biologische Aufgaben der letzteren sind die Auswahl standorts- und zugleich zweckgerechter Pflanzen im sog. Lebendbau (wie Hangsicherung, Böschungsbefestigung gegen Rutschungen, Uferschutz), bei Haldenbegrünung, Straßenbegleitpflanzungen u. a. Das pflanzensoziologische Studium der gesetzmäßigen spontanen Entwicklung der Vegetation schafft hier Entscheidungsgrundlagen für den konkreten Fall.

Eingehender sei das notwendige Wissen des Biologen im erhaltenden Naturschutz dargestellt; dies ist gleichbedeutend mit weiteren Forschungsaufgaben, denn vertiefte Kenntnisse können die Durchsetzungskraft steigern; dies aber ist angesichts der vielen und harten Interessengegensätze vordringlich.

Die Vielfalt der Aufgaben läßt sich an den folgenden Schritten verdeutlichen:

a) Aus der Erhebung (Inventarisierung, Dokumentation) ergibt sich der Schluß auf Schutzbedürftigkeit von Sippen oder Biozönosen;

b) durch ihre Bewertung und Reihung (Evaluation) ergibt sich ihre abgestufte Schutzwürdigkeit;

c) aus ihrer Ökologie lassen sich Maßnahmen zu ihrem materiellen und formellen Schutz ableiten; dies lehrt, ob überhaupt Schutzfähigkeit gegeben ist.

Die Aufgabenvielfalt für den Biologen:
a) *Inventarisierung, Dokumentation*
b) *Evaluation*
c) *Schutzfähigkeits-Fragen*

zu a) Die Bestimmung der Häufigkeit ist bisher nur für die Arten Höherer Pflanzen, der Moose, Flechten und der Wirbeltiere mit befriedigender Genauigkeit möglich und dies nur in den gemäßigten Zonen. Zur Beurteilung der Gefährdung sind dazu typisch biologische Fragen zu klären, so die Populationsentwicklung (Größe, natürliche Verjüngung), vor allem aber die Bedrohung des Biotops; denn in den meisten Fällen sind nicht direkte Zugriffe entscheidend, sondern indirekte durch Standortszerstörung (wie Entwässerung, Eutrophierung, Eliminierung von Kleinstrukturen u. ä., hierzu s. H. Sukopp et al.). So lassen sich – mittlerweile weltweit – *Rote Listen* von Arten verschiedenen Gefährdungsgrades aufstellen (verschollen, vom Aussterben bedroht, stark, mäßig, nicht gefährdet). Dieser rapide Verarmungsprozeß ist völlig verschieden von dem allmählichen Aussterben von Arten im Laufe der Evolution, das durch Neubildungen überkompensiert wurde und über die Jahrmillionen hin zu größerer Diversität führte. Es sind auch bereits die ersten Roten Listen von Pflanzengesellschaften erstellt. Sie basieren auf der Erfassung von ökologisch-biologisch bedeutenden Biozönosen und deren Standorten (Biotop-Kartierungen in mehreren Bundesländern, der Schweiz u. a.). Als besonders stark bedroht erweisen sich in Mitteleuropa die Lebensgemeinschaften der oligotrophen Feuchtgebiete (der nicht durch Düngung beeinflußten Gewässer, Sümpfe und Moore) und der Magerrasen (ungedüngter, blumenbunter Wiesen- und Weidegesellschaften auf ohnehin produktionsschwachen, trockenen oder bodensauren Standorten). Für Nicht-Wirbeltiere ist schon dieser erste Schritt der Inventarisierung und Dokumentation schwer und nur von Spezialisten durchführbar. Um so wichtiger ist es, die Bindung der einzelnen Tierarten (oder sogar Entwicklungsstadien) an bestimmte, durch ihre Vegetation charakterisierbare Lebensräume zu kennen, um sie gleichsam „automatisch" mit deren Mosaik zu schützen.

zu b) Wenn wir jeder Art ihr Recht auf Leben zugestehen, ist auch jede schützenswert, wenn es auch im konkreten Fall Unterschiede gibt (s. auch bei Argument 3). Deutlicher wird der Zwang zur Bewertung bei den Beständen eines bestimmten Biozönosetyps (z. B. von Halbtrockenrasen einer Landschaft) oder von Vegetationsmosaiken aus mehreren, gesetzmäßig verbundenen Gesellschaften (z. B. Mooren mit Bulten, Schlenken, Torfstichen, Moorrandwäldern). Eine Lebensgemeinschaft kann ja mehr oder weniger vollständig entwickelt sein, d. h. in ihrer typischen Artenkombination oder nur (noch) fragmentarisch; sie kann auch verschiedene Sukzessionsstadien bilden, was für die zugehörige Fauna wichtig ist. So sind zahlreiche Bewertungskriterien aufgestellt worden. Zwar ist jede Inwertsetzung subjektiv, die Anerkennung durch eine große Personengruppe macht sie „pseudo-objektiv"; aber die Kriterien dafür sind in unserem Falle objektiv, faßbare, zumeist biologische Basisdaten. Sie können als substantiell in den Biozönosen und ihren Komplexen selbst liegen; in der Praxis spielen organisatorische, juristische, finanzielle Voraussetzungen für die Erhaltung eines Gebietes (als akzidentelle Kriterien) eine oft entscheidende Rolle.

Wichtige substantielle Kriterien sind: Mannigfaltigkeit (an typischen Arten und Gesellschaften) – Seltenheit (des bestimmten Typs in einem bestimmten Gebiet oder gar absolut) – Repräsentativität (im Sinne der für die Region bezeichnenden Ausprägung) – Bedeutung als biologische Ressource (z. B. als Lebensraum bedrohter Arten oder potentieller Nutzpflanzen) – natur- und kulturhistorische Bedeutung – synökologische Bedeutung (durch Einfluß auf die Umgebung, z. B. Wasserretention, Uferschutz) – Erlebniswert (meist ungenau als Ästhetischer Wert bezeichnet, s. Argument 4).

zu c) Die Schutzfähigkeit wird von rechtlichen und vor allem praktischen Möglichkeiten bestimmt. Bedenkt man die verschiedenen Gefährdungsursachen, etwa Trophäensammelei, Übernutzung von Fischbeständen, Biotopzerstörung durch Gewässerausbau oder Überbauung, Standortsänderungen durch Aufgabe der bisherigen Nutzung, veränderte Wirtschaftsweisen wie Biozid-Einsatz und so fort, so ist es klar, daß auch die Schutzmaßnahmen verschiedener Art sein müssen. Das traditionelle Instrumentarium der Pflück-, Sammel-, Handels- und Jagdverbote greift nur in Fällen direkter Gefährdung einer Art. Internationale Absprachen

Naturschutzgebiete

sind notwendig und zu begrüßen, doch zeigt die häufige Übertretung, daß sie verschärft werden müssen. Der zentrale Punkt ist vielmehr der Flächenschutz! Da in sehr vielen Fällen nicht die natürlichen Schlußgesellschaften, bei uns also meist Wälder, Schutzziel sind, sondern Vegetationstypen früherer Wirtschaftsweisen, z. B. Magerrasen, sind Pflegemaßnahmen nötig, welche diese nachahmen.

Gewiß lassen sich nur verhältnismäßig kleine Flächen (zur Zeit sind es rund 1% der Fläche der BR Dtl.) formell unter Schutz stellen (sehen wir von dem in diesem Zusammenhang wirkungslosen Landschaftsschutz ab); und auch diese Gebiete sind vielfach durch anderweitige Nutzungen wie Tourismus und Landwirtschaft geschädigt. Die bloße Neuanlage geeigneter Biotope (Kiesgruben, Strauchstreifen) bewirkt nichts, wenn nicht Lebewesen erhalten geblieben sind oder aus der Nachbarschaft einwandern können. So ist auch die moderne Forderung zu verstehen, für eine Vernetzung einander ähnlicher Standorte in der Landschaft zu sorgen; dies ist freilich nur mit ohnehin linienhaften und häufigen Standorttypen wie Böschungen und Gräben möglich. Bei Sonderstandorten wie Mooren und Trockenrasen sind Ungestörtheit und Ausdehnung der Schutzgebiete um so wichtiger. Solange sich die allgemeinen Bewirtschaftungsziele in der freien Landschaft nicht mit den Zielen des Naturschutzes decken, bleibt die Ausweitung von Naturschutzgebieten eine absolute Notwendigkeit. Nur so besteht die Chance, Arten und Lebensgemeinschaften zu erhalten und günstigenfalls eine spätere Ausbreitung zu ermöglichen.

Absolute Notwendigkeit: die Ausweitung von Naturschutzgebieten

Lit.: *Blab, J.:* Biotopschutz für Tiere. Greven 1982. *Buchwald, K., Engelhardt, W.:* Landschaftspflege und N. in der Praxis. München 1973. *Olschowy, G.* (Hg.): Natur- und Umweltschutz in der BR Dtl. Hamburg – Berlin 1978. *Sukopp, H. u. a.:* Auswertung Rote Liste Blütenpflanzen (Kurztitel). Schriftenreihe für Vegetationskunde. 12, 138 S. Bonn 1978. *Tüxen, R.:* Die Bedeutung des N.es für die Naturforschung. Mitteilungen der Floristisch-soziologischen Arbeitsgemeinschaft N.F. 6/7, 329–334. Stolzenau 1957. *Wilmanns, O.:* Ökologische Pflanzensoziologie. Heidelberg ³1984. *Otti Wilmanns*

Naturschutzgebiete
Hinweisschild auf ein Naturschutzgebiet

Naturstoffe
(Auswahl)

Einteilung nach chem. Konstitution:
Fettsäuren, Aminosäuren, Einfachzucker, Nucleotide, Lipide, Proteine (z. B. Enzyme, Kollagen usw.), Polysaccharide (z. B. Cellulose, Stärke, Glykogen, Chitin), Nucleinsäuren (DNA und RNA), Alkaloide, Isoprenoide (Terpene u. Steroide)

Einteilung nach Funktion:
Antibiotika, Antikörper, Hormone, Vitamine, Naturfarbstoffe, natürl. Gifte

Naturstoffgemische:
Harze, Balsame, Wachse, Fette, Öle

Naturschutzgebiete, rechtsverbindl. festgesetzte Landschaftsabschnitte – in der BR Dtl. durch ein dreieckiges, grün-weißes Schild mit einem fliegenden Adler gekennzeichnet –, in denen lt. BNat. SchG. v. 20. 12. 76 „ein bes. Schutz v. Natur u. Landschaft in ihrer Ganzheit od. in einzelnen Teilen 1. zur Erhaltung v. Lebensgemeinschaften od. -stätten bestimmter wildwachsender Pflanzen od. wildlebender Tierarten, 2. aus wiss., naturgeschichtl. oder landeskundl. Gründen oder 3. wegen ihrer Seltenheit, bes. Eigenart od. hervorragenden Schönheit erforderl. ist" (§ 13,1). Die Schutzvorschriften sind in N. bes. weitreichend; verboten sind „alle Handlungen, die zu einer Zerstörung, Beschädigung od. Veränderung des N. oder seiner Bestandteile od. zu einer nachhalt. Störung führen können" (§ 13,2). Für Besucher bedeutet dies: kein Ausgraben od. Pflücken v. Pflanzen, kein Sammeln v. Mineralien u. Versteinerungen; Sperrverbote für Kraftfahrzeuge, Reiter, Zelten, Feuerstellen beachten; jedes Lärmen vermeiden. In der BR Dtl. gibt es über 1200 N., die ca. 1% der Landesfläche umfassen (neben wenigen großen ist die Mehrzahl kleinflächig). In Östr. bedeutsame N.: u.a. Karwendel, die Niederen Tauern, Trögener Klamm, Donau-March-Auen, Lobau, das Pürgschachener Moor u. Bangser Ried. In der Schweiz: Tal des Doubs, der Schweizer Jura, Klingnauer Stausee, die Höllochhöhle zw. Schwyz u. Glarus, das Kaltbrunner Ried, der Aletschwald, Grimsel u. Monte San Giorgio. ↗Landschaftsschutzgebiete, ↗Nationalparke; ↗Naturschutz.

Naturstoffe, i. w. S. Bez. für alle anorgan. und organ. chem. Verbindungen od. deren Gemische, die in der belebten u. in der unbelebten Natur vorkommen; i. e. S. die Verbindungen u. Gemische, die in der belebten Natur auftreten od. von lebenden Organismen produziert werden (↗organisch). Die Einteilung der N. kann nach verschiedenen Gesichtspunkten erfolgen (vgl. Tab.). ↗Biomoleküle, ↗Biopolymere.

Naturvölker, Menschengruppen, die in ihren Lebensformen in größerer Abhängigkeit v. der Natur stehen als die Angehörigen der i. e. S. geschichtl. Kulturen. Unter N. faßt man die sog. schriftlosen Völker, Völker ohne geschriebene Geschichte, zusammen. Sie haben eine Vielzahl unterschiedl. Wirtschafts- u. Kulturformen entwickelt. Viele N. sind ausgestorben od. haben durch die Kolonisation od. Berührung mit der Zivilisation ihre Ursprünglichkeit eingebüßt. Ihre Erforschung ist Aufgabe der *Ethnologie.* – N. sind für die Ethologie v. großem Interesse. ↗Kultur.

Naturwaldreservate, *Naturwaldzellen,* die ↗Waldschutzgebiete.

Naturwissenschaften, die Gesamtheit der Wiss., die sich mit der Erforschung der unbelebten u. belebten ↗Natur befassen.

Naucoridae [Mz.; v. gr. naus = Schiff, koris = Wanze], die ↗Schwimmwanzen.

Naucrates *m* [v. gr. naukratēs = ein Fisch, der sich an Schiffen festhält], Gatt. der ↗Stachelmakrelen.

Naufraga *w* [v. lat. naufragus = schiffbrüchig], monotypische Gatt. der ↗Doldenblütler.

Naumanniella *w* [ben. nach dem dt. Mineralogen C. F. Naumann, 1797–1873], Gatt. der ↗Siderocapsaceae.

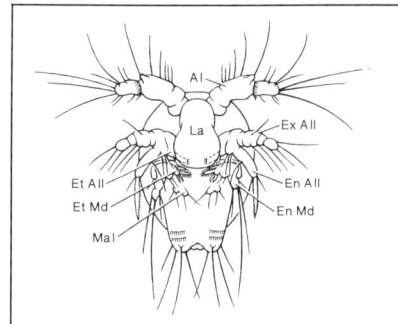

Nauplius
N. eines Copepoden (Ruderfußkrebs)
A I, A II: 1. bzw. 2. Antennen, En A II Endopodit der 2. Antenne, En Md Endopodit der Mandibel, Et A II Endit der 2. Antenne, Et Md Endit der Mandibel, Ex A II Exopodit der 2. Antenne, La Labrum (Oberlippe), Ma I: 1. Maxille

Nauplius m [v. *naupl-], *N.larve*, Primärlarve der ↗Krebstiere. Der N. ist eine oligomere od. Kurzkeimlarve mit nur 3 Extremitätenpaaren, den 1. und 2. Antennen und den Mandibeln; ihre Gestalt ist birnen- od. kugelförmig; ventral hat sie eine große Oberlippe (Labrum) u. am Hinterende eine präanale Sprossungszone. Der N. lebt planktisch. Die 1. Antennen sind Träger v. Sinnesorganen u. helfen bei der Fortbewegung. Wichtigstes Fortbewegungsorgan sind die 2. Antennen, die gleichzeitig zus. mit den Mandibeln einen Fang- u. Filterapparat bilden, der beim Schwimmen kleinere Planktonorganismen ergreift u. unter die große Oberlippe befördert. Auffälligstes Sinnesorgan ist das ↗N.auge, das urspr. aus 4, bei den meisten Krebstieren jedoch nur aus 3 Pigmentbecherocellen besteht. Die caudale Sprossungszone liefert teloblastisches Material für weitere Segmente, u. im Verlauf v. mehreren Häutungen wird der N. länger, u. neue Segmente werden v. vorn nach hinten fortschreitend ausdifferenziert. So wird aus dem N. der *Meta-N.*, der schon die Anlagen postmandibulärer Extremitäten trägt. Nach einer für die verschiedenen U.-Kl. und Ord. festgelegten Anzahl v. Häutungen findet eine Metamorphose statt, u. der larvale Bewegungs- u. Filterapparat wird durch den definitiven ersetzt, od. es treten intermediäre Zwischenstadien auf. Ein N. kommt bei allen U.-Kl. der Krebstiere vor, unter den ↗*Malacostraca* jedoch nur noch bei den *Euphausiacea* und urspr. *Natantia*. ☐ Krebstiere.

Naupliusauge [v. *naupl-], *Medianauge, Mittelauge*, einfach aufgebautes ↗Auge (Pigmentbecherocelle), das bei niederen Krebsen ständig, bei höheren nur während des ↗Nauplius-Stadiums vorhanden ist (↗Krebstiere, ☐). Es handelt sich um eine in der Medianebene gelegene Dreiergruppe, bei urspr. Krebstieren um eine Vierergruppe. ↗Einzelaugen, ↗Frontalorgan, ↗Ocellen.

Nausịthoë w [ben. nach der Nereide Nausithoë], Gatt. der ↗Tiefseequallen.

Nautịlida [Mz.; v. *nautil-], die ↗Perlboote.

Nautiliden [Mz.; v. *nautil-], die ↗Nautiloidea.

naupl- [v. gr. nauplios (lat. nauplius) = ein Schaltier, das seine Schale wie ein Schiff gebraucht].

nautil- [v. gr. nautilos = Seefahrer, Schiffer].

Nautilus-Gehäuse

nautiloịd [v. *nautil-], *nautilicon*, heißen spiral eingerollte Gehäuse v. Nautiliden, deren Windungen sich längs einer Linie berühren *(advolut)* od. überdecken *(convolut)*.

Nautiloịdea [Mz.; v. *nautil-], (Agassiz 1847), *Nautiloiden, Nautiliden*, U.-Kl. kleiner bis großer ↗Kopffüßer, die rezent nur noch durch die Gatt. ↗*Nautilus* (↗Perlboote) vertreten wird; ihre Repräsentanten weisen ein gerades od. gekrümmtes bis spirales Außen-Gehäuse auf *(↗Ectocochlia)*, dessen gekammerter Teil (Phragmoconus) v. einem Sipho in – je nach Taxon – wechselnder Lage u. Weite durchzogen wird; Lobenlinien einfach, ca. 715 Gatt. Die *N*. gelten, entspr. dem rezenten *Nautilus*, als tetrabranchiat. Ihre systemat. Gliederung ist nicht abgeklärt. Manche Autoren beziehen in die *N*. auch ↗*Endoceratoidea* u. ↗*Actinoceratoidea* ein, andere werten diese als eigene U.-Kl. – Aufgrund unterschiedl. Muskeleindrücke in fossilen Schalen gliederte Mutvei (1964) die fossilen „Nautiloiden" in 3 Gruppen, denen er den gleichen systemat. Rang wie den *Ammonoidea* u. *Belemnoidea* einräumte: *Oncoceratomorphi, Nautilomorphi* u. *Orthoceratomorphi*. – Der Fund eines silurischen *Michelinoceras* mit Radula bot J. Mehl (1984) Veranlassung, die gänzl. Aufgabe des Begriffs „*N*." zu empfehlen od. auf *Nautilus* u. nachweisl. nahe Verwandte zu beschränken. – Verbreitung: ? unteres Kambrium, oberes Kambrium bis rezent.
Lit.: Mutvei, H.: On the relations of the principal muscles to the shell in Nautilus and some fossil nautiloids. Ark. Miner. og Geol., K. Svenska Vet. Akad. 2: 219–254, Stockholm 1957. – Mehl, J.: Radula u. Fangarme bei *Michelinoceras* sp. aus dem Silur v. Bolivien. Paläont. Z. 58: 211–229, Stuttgart 1984.

Nautịlus m [v. *nautil-], (Linné 1758), *Perlboot, Schiffsboot*, einzige noch lebende Gatt. der ↗Kopffüßer mit gekammertem, vom Mantel abgeschiedenem Außengehäuse (↗*Ectocochlia*, ↗*Nautiloidea*); als nächster rezenter Verwandter der formenreichen ↗*Ammonoidea* gilt er als höchst bedeutsames ↗lebendes Fossil, dessen Erforschung eine spezielle Zeitschrift gewidmet ist („Chambered Nautilus Newsletter"). Das Tier bewohnt den vorderen, ontogenet. jüngsten Teil (= Wohnkammer) des spiralig aufgerollten Gehäuses. Anatom. gliedert man in Kopf, Fuß, Mantel, Eingeweidesack u. Gehäuse. Kopf u. Fuß bilden morpholog. im strengen Sinne ventral gelegenes, „Cephalopodium". Die Mundöffnung liegt in der Mitte des abgesetzten Kopfes, sie wird umgeben von 2 Kränzen, insgesamt etwa ca. 90, tentakelart. Arme ohne Häkchen u. Saugnäpfe, u. von einem relativ großen Kieferapparat, dessen Elemente fossil als Rhyncholithen bzw. Conorhynchen bezeichnet werden. Die Scheiden der 4 vordersten, oben liegenden Arme sind zur fleischigen ↗Kopf-

Nautococcaceae

kappe umgebildet, welche in Ruhestellung die Mündung abdeckt u. – entgegen mancher Fehlinterpretation – den Aptychen (↗Aptychus) der *Ammonoidea* homolog sein dürfte. Die Radula besteht aus 13 Elementen pro Querreihe. Der Trichter dient der Fortbewegung nach dem Rückstoßprinzip. N. besitzt 4 Kiemen *(Tetrabranchiata)* in paariger Anordnung, die meist auch den übrigen *Nautiloidea* zugeschrieben wurden. – Das Gehäuse besteht aus 2 übereinanderliegenden Schichten: Porzellanschicht (außen), Perlmutterschicht (innen). Hinter der Wohnkammer folgt der gekammerte Teil des Gehäuses (Phragmoconus), der v. aus Perlmutter bestehenden Scheidewänden (Septen) gegliedert u. von einem Sipho durchzogen wird; dieser sorgt für den Ausgleich des hydrostat. Drucks u. regelt den ↗Auftrieb. – N. lebt als nächtl. Bodenjäger in Meerestiefen zw. 50 und 650 m; seine Nahrung besteht aus Krebsen u. verschiedenem Aas. N. zeigt Paarungsverhalten u. legt birnenförm. Eier auf den Boden, deren Entwicklung unbekannt ist. – Systemat. werden bis zu 6 Arten unterschieden, v. denen *N. pompilius* die bekannteste ist. Ihre Verbreitung beschränkt sich heute auf den indopazif. Raum, leere Gehäuse können weit verdriftet werden; zeitl. Verbreitung: Oligozän bis heute. B Kopffüßer, B lebende Fossilien, B Weichtiere.

Nautococcaceae [Mz.; v. gr. nautēs = Schiffer], Fam. der ↗*Tetrasporales*, einzeln lebende od. zu unregelmäßigen Gruppen zusammengelagerte Grünalgen; leben planktisch od. im Neuston, z. B. die 3 Arten der Gatt. *Nautococcus*.

Naviculaceae [Mz.; v. lat. navicula = Schiffchen, Boot], Fam. der ↗*Pennales* (Kieselalgen, U.-Ord. *Biraphidinae*); beide Valvae mit echter, symmetr. Raphe (B Algen II), schiffchenförmig. Häufige Gattungen: *Navicula*, ca. 1000 Arten im Süß- u. Meerwasser, artenreichste Gatt. der Kieselalgen, Raphen gerade, an Enden leicht umgeknickt; häufige Süßwasserarten *N. oblonga* und *N. cuspidata*. *Stauroneis*, ca. 35 Arten im Süß- u. Meerwasser, Valvae schiffchenförmig, Pleuralansicht rechteckig, bilden kurze bandförm. Kolonien. *Diploneis*, 65 Arten, meist marin, Valvae breit, elliptisch, häufig in der Mitte eingeschnürt. *Pinnularia*, ca. 200 Arten im Süß- u. Meerwasser, Valvae lineal-ellipt. mit breiten Rippen. *Caloneis*, ca. 40 Arten im Süß- u. Meerwasser, Valvae mit fein gefiederten Strukturen, durch 1 od. mehr Längslinien gekreuzt. *Gyrosigma* („Sigmaalge"), ca. 30 Arten im Süß- u. Meerwasser, Valvae S-förmig gebogen, Valvarstrukturen kreuzen sich rechtwinklig. *Pleurosigma*, ca. 40 marine Arten, Valvae S-förmig, Querstrukturen der Valvae von 2 schräglaufenden Streifen gekreuzt; *P. angulatum*, Testobjekt für Mikroskopobjektive. *Amphora*, ca.

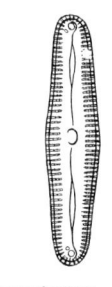

Naviculaceae
Pinnularia

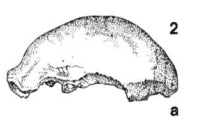

Neandertaler
1 Neandertaler;
2 Schädeldach aus dem Neandertal,
a von der Seite,
b von vorn

150 meist marine Arten, sichelförm. Valvae liegen geneigt zueinander, konvexe Seite breiter (ähnl. Apfelsinenscheibe). *Cymbella*, ca. 100 Arten, meist Süßwasserformen, Valvae schiffchenartig, in Längsachse schwach gebogen; in Altwässern u. Quellen häufig *C. ventricosa*, bildet durch Gallertausscheidung gelbbraune, mehrere cm große Kolonien. *Gomphonema*, ca. 100 Arten, meist Süßwasserformen, Valvae keilförmig, Zellen mittels Gallertstiel am Substrat verhaftet; bilden z. T. dichte Überzüge.

Navigation w [v. lat. navigatio = Schiffahrt], die sich u. a. nach dem Stand der Gestirne (↗Astrotaxis), dem Erdmagnetfeld (↗magnetischer Sinn) od. dem polarisierten Himmelslicht (↗Komplexauge) orientierende Kursbestimmung bei Tieren, z. B. Zugvögeln (↗Vogelzug), wandernden Fischen, Honigbienen (↗Bienensprache). ↗Kompaßorientierung, ↗Chronobiologie.

Nawaschin, *Sergei Gawrilowitsch*, russ.-sowjet. Botaniker, * 14. 12. 1857 Zarewstschin, † 10. 11. 1930 Detskoje bei Leningrad; seit 1894 Prof. in Kiew, 1918 Tiflis, 1923 Moskau; cytolog. Arbeiten über die Bedeutung der Chromosomen, wies die Chalazogamie nach, entdeckte 1898 bei *Lilium* u. *Fritillaria* die „doppelte Befruchtung".

NC-Vibrionen, Abk. *NCV* (*n*on-*c*holera *v*ibrios), ↗Vibrio.

Neandertaler, *Homo neanderthalensis*, „Moustier-Mensch", Gruppe zahlr. Urmenschenfunde aus der letzten Eiszeit (Würm-Eiszeit) Europas, des Nahen Ostens u. N-Afrikas; Alter: ca. 90000–30000 Jahre. Heute meist als U.-Art des ↗*Homo sapiens* angesehen, unterscheidet sich der N. vom älteren ↗*Homo erectus* durch ein wesentl. größeres Gehirnvolumen von 1145–1795 cm^3 sowie einen ausgesprochen langen Schädel v. rundl. Querschnitt. Gegenüber dem modernen *Homo sapiens* zeichnet sich der N. bei durchschnittl. höherem Gehirninhalt durch einen kräft. durchgehenden Augenbrauenwulst (↗Augenbraue, -bogen), eine fliehende Stirn u. ein fliehendes Kinn aus. Typus ist das 1856 von J. C. ↗Fuhlrott im Neandertal bei Düsseldorf entdeckte fragmentar. Skelett.

Neandertaloide, ↗Neandertaler-ähnliche Urmenschenfunde aus dem Jungpleistozän v. Fkr. (Malarnaud bei Arcy-sur-Cure, Dep. Yonne), der ČSSR (Šal'a bei Preßburg) u. der UdSSR (Staroselje, Krim).

Neanthes *m* [v. gr. neanthēs = frisch blühend], Gatt. der Ringelwurm-(Polychaeten-)Fam. *Nereidae* mit 50 Arten. Einige sind Arten der Gatt. *Nereis* synonym. *N. virens* = *Nereis virens*, *N. succinea* = *Nereis succinea*.

Neanthropinen [Mz.; v. gr. neos = neu, anthrōpinos = menschlich], die anatomisch modernen Menschen *(Homo sapiens sapiens)*.

Nearktis w [v. gr. neos = neu, arktos = Norden], *nearktische Region,* eine biogeographische Region der ↗Holarktis; umfaßt den nordam. Subkontinent bis zum mexikan. Staat Sonora, wo die N. an die nach S anschließende Neotropis grenzt. Während der pleistozänen Vereisungen u. der damit verbundenen Absenkung des Meeresspiegels (↗eustatische Meeresspiegelschwankung) war die N. über die sog. Behringbrücke (↗Brückentheorie) landfest mit der ↗Paläarktis, d.h. mit Eurasien, verbunden. Die Tier- u. Pflanzenwelt der N. und der Paläarktis weisen daher vielfach enge Beziehungen auf (↗Europa, ↗Nordamerika). Nach dem Auftauchen der mittelam. Landbrücke gg. Ende des Tertiärs wurde auch ↗Südamerika v. der N. aus besiedelt (↗Neotropis).

Nebalia w, Gatt. der ↗Leptostraca.

Nebela w, Gatt. der ↗Testacea.

Nebelflechten, Strauchflechten, die ihren Wasserhaushalt überwiegend über Aufnahme v. Nebelniederschlag u. Wasserdampf bestreiten, kommen z.B. in Nebelwüsten vor, z. B. Arten v. *Ramalina, Teloschistes, Usnea.* [krähe (☐).

Nebelkrähe, *Corvus corone cornix,* ↗Aas-

Nebelparder [v. gr. pardalis = Panther, Pardel], *Neofelis nebulosa,* bräunl.-aschgrau gefleckte, kletterwandte Kleinkatze der immergrünen Wälder Vorder- u. Hinterindiens, Sumatras u. Borneos. Durch seine Körpergröße (Kopfrumpflänge bis 1 m, Schwanzlänge 70–90 cm), einige anatom. Merkmale (Schädelbau u. Bezahnung Leopard-ähnl.) u. Verhaltensweisen (z. B. geringes Putzverhalten, Nahrungsaufnahme im Liegen) zeigt der N. Ähnlichkeit mit Großkatzen u. wird teilweise auch diesen zugeordnet.

Nebelwald, immergrüner Regenwald der trop.-subtrop. Gebirgsstufe, v.a. im Luv v. quer zur Hauptrichtung der Meereswinde stehenden Gebirgsriegel; gekennzeichnet durch häufige Nebelniederschläge u. Epiphytenreichtum. Ihre Höhenlage wechselt je nach Wassersättigung und Temp. der feuchtigkeitsbeladenen Meerwinde, übersteigt aber selten den Bereich zw. 2000 und 3000 m. Durch die adiabat. Abkühlung der aufsteigenden Luftmassen bilden sich bei Unterschreitung des Taupunkts zahlr. Wassertröpfchen, die v. der Vegetation förml. ausgekämmt werden u. eine zusätzl. von normalen Niederschlagsmessern nur unzureichend erfaßte Niederschlagsmenge liefern. Von ihr profitieren die epiphyt. Moose, Flechten und zahlr. Baumfarne der Nebelwälder. ↗Südamerika.

Nebelwüste, küstennahe Wüste im Bereich kalter Meeresströmungen. Das kalte Auftriebswasser hat zur Folge, daß landeinwärts dringende Treibnebel und nächtl. Bodennebel das Wettergeschehen bestimmen. Sie sorgen für eine lokale Aufbesserung der z.T. außerordentl. geringen u. oft über mehrere Jahre völlig aussetzenden Niederschläge. ↗Afrika, ↗Südamerika.

Nebenaugen, seitl. gelegene ↗Einzelaugen (Punktaugen) (2–3 Paar) der Spinnen u. Skorpione, die für die Lokalisation (d.h. das Objekt in den Sehbereich bringen, während die Hauptaugen die Identifikation übernehmen) u. die allg. Raumorientierung verantwortl. sind, aber auch „Bewegungsempfindlichkeit" besitzen. ↗Ocellen.

Nebenblattdornen, zu Dornen umgewandelte ↗Nebenblätter.

Nebenblätter, *Stipeln, Stipulae,* blattart. Auswüchse des Blattgrundes (↗Blatt, ☐). Ihr Vorhandensein od. Fehlen ist typ. für viele Pflanzengruppen. Bei zahlr. Arten sind sie braune, häutige Gebilde, die frühzeitig abfallen (z.B. Eiche, Linde, Buche). In anderen Fällen sind sie größer u. grün, ja sogar den eigtl. Blättern gleich (z.B. Labkraut-Arten). Bei einigen Formengruppen verwachsen sie in medianer Stellung zu einem zungen- oder kapuzenförm. Gebilde, den *Axillar-* oder *Medianstipeln.* Durch Verwachsung können sie auch eine Röhre od. Manschette (*Nebenblattscheide,* Ochrea) bilden. Zuweilen sind sie zu Dornen (*Nebenblattdornen*) umgewandelt (Robinie).

Nebeneierstock, *Epoophoron, Epovarium, Parovarium, Rosenmüller-Organ,* funktionslose, epithelausgekleidete Spalträume u. Epithelstränge im Aufhängeband v. Eierstock (↗Ovar) u. Eileitern bei Säugern, bes. bei Fleischfressern u. Wiederkäuern, beim Menschen weniger ausgeprägt. Der N. besteht aus Überbleibseln der embryonalen Urnierenkanälchen (Homologon zum Nebenhoden), kann z.T. noch mit Resten des früheren Urnieren-(Wolffschen) Ganges in Verbindung stehen *(Gartnerscher Gang)* u. bildet mit ihm zus. das „Rete ovarii". Weiter caudal gelegene Urnierenrudimente werden als *Beieierstock (Paroophoron)* bezeichnet. Im ♂ Geschlecht bleiben Urnierenkanälchen u. ↗Wolffscher Gang als Samenkanälchen u. Samenleiter erhalten.

Nebenfruchtformen, asexuelle Fruktifikation (*Anamorph,* Imperfektform) im vollständ. Entwicklungszyklus v. Pilzen, bei denen die Vermehrungszellen *(Mitosporen)* nur durch mitotische Teilungen (ohne Kernphasenwechsel) gebildet werden (z.B. Konidien); die sexuelle Fruktifikation wird dann als *Hauptfruchtform* (*Teleomorph,* Perfektform) bezeichnet, bei der Kernverschmelzung u./od. Reduktionsteilung (Meiose) eintreten u. Meiosporen, z.B. Ascosporen od. Basidiosporen, gebildet werden. ↗*Fungi imperfecti.*

Nebengelenktiere, *Xenarthra,* ↗Zahnarme.

Nebenherzen, bei Insekten außerhalb des Rückengefäßes (Herzschlauch) selbständig pulsierende Gefäßabschnitte („akzessorische Herzen"), die der Hämolymphversorgung v. Körperanhängen (Beine, Fühler, Flügel) dienen. ↗Herz, ↗Blutkreislauf.

Nebelparder (Neofelis nebulosa)

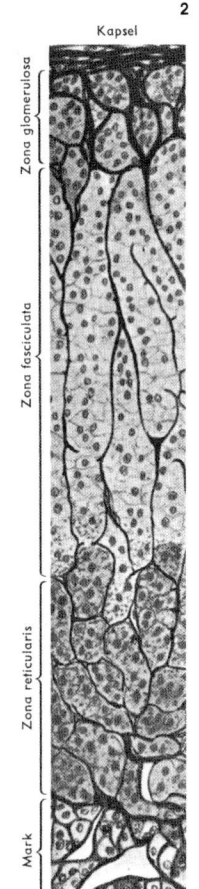

Nebenhoden, *Epididymis,* ↗ Hoden.
Nebenhöhlen, *Nasen-N., Sinus paranasales, Sinus pneumatici,* mit der Nasenhöhle (↗Nase) in Verbindung stehende Hohlräume, die sich in Oberkiefer, Keilbein, Stirnbein u. Siebbein befinden u. jeweils nach diesen Knochen ben. werden. Die N. sind embryonal nur als kleine Ausbuchtungen der Nasenhöhle angelegt u. dehnen sich während der ersten beiden Lebensjahrzehnte zu ihrer vollen Größe aus. Die Funktion der mit Schleimhaut ausgekleideten N. wird im Mitwirken bei der Vorwärmung der Atemluft gesehen, außerdem üben sie eine Resonatorwirkung auf die Klangfarbe der Stimme aus. Sie münden zw. den ↗Nasenmuscheln in die Nasenhöhle u. sind schwer zugängl.; bei Infektionen erschwert dies die Therapie, weshalb eine operative Eröffnung der N. und mechan. Entfernung v. Eiterherden notwendig werden kann. ↗Kieferhöhle.
Nebenkern, 1) der ↗Nucleolus; **2)** der ↗Mikronucleus; **3)** *Paranucleus,* die im Laufe der Spermiogenese (↗Spermien) zu 1–3 zunächst kugelförmigen, später längl. Strukturen fusionierten Mitochondrien; kommt v. a. bei verschiedenen Gruppen der Gliederfüßer vor. Die aus der frühen Zeit der Lichtmikroskopie stammende dt. Bez. ist inzwischen ins Englische übernommen worden.
Nebenkrone, *Paracorolla,* das kronenart. Gebilde in der ↗Blüte neben der eigtl. Blütenblattkrone bei einigen Bedecktsamer-Gruppen. Sie kann durch einen größeren Auswuchs (Ligula) auf der Oberseite der dann in Nagel u. Platte gegliederten Blütenblätter zustandekommen (z.B. einige Vertreter der Nelkengewächse), od. sie wird durch verbreiterte u. gefärbte Auswüchse an den Staubblattstielen (Filamenten) aufgebaut, die häufig miteinander verwachsen (z.B. Narzissen).
Nebenniere, *Glandula suprarenalis, Corpus suprarenale, Epinephron,* ein nach Genese, Feinbau u. Art seiner Hormone (*N.nhormone,* [T] Hormone) aus zwei verschiedenen Teilen, dem aus dem Grenzstrang des Sympathikus hervorgegangenen *Adrenalorgan* u. dem dem Coelomepithel entstammenden ↗*Interrenalorgan,* zusammengesetztes endokrines Organ der Wirbeltiere u. des Menschen, das bei den Fischen zunächst noch in getrennten Anteilen vorkommt u. von den Tetrapoden an i.d.R. zu einem Organ zusammengeschlossen ist. Bei allen Amnioten sind die N.n zu paarigen, mit Bindegewebskapseln umgebenen Organen zusammengeschlossen, die bei Sauropsiden als längl. Körper den Gonaden, bei Säugetieren der Nachniere anliegen. Nur bei den Säugetieren bildet das Adrenalorgan ein inneres Mark (*N.nmark,* Abk. NNM; 20%), das Interrenalorgan eine dicke Rindenschicht (*N.nrinde,* Abk. NNR; 80%). Das Mark besteht großenteils aus ehemaligen Ganglienzellen ohne Ausläufer, die sich mit Chrom färben lassen (↗ chromaffines od. phaeochromes Gewebe) u. dann durch ↗Fluoreszenzmikroskopie nachweisbar sind, sowie zu einem geringeren Teil aus multipolaren Ganglienzellen des Sympathikus. Im N.nmark werden die Hormone ↗*Adrenalin* u. ↗*Noradrenalin* gebildet u. an das Blut abgegeben. Es läßt sich ohne größeren Schaden für den Gesamtorganismus entfernen, da andere chromaffine Zellen im Bauchraum seine Funktion übernehmen können. Die N.nrinde (Cortex) gliedert sich in die äußere schmale subkapsuläre *Zona glomerulosa* u. die breite *Zona fasciculata,* die in Marknähe in die innerste gefäßreiche *Zona reticularis* übergeht. Je nach Entwicklungsstadium sind die Zonen verschieden stark ausgebildet. Die N.nrinde produziert unter Kontrolle des ↗adrenocorticotropen Hormons zwei Gruppen v. ↗*Corticosteroiden* (*N.nrindenhormone*), die ↗*Glucocorticoide* u. die ↗*Mineralocorticoide.* – Erkrankungen, die auf einer Überfunktion der N. beruhen, sind z.B. ↗adrenogenitales Syndrom (☐), ↗Conn-Syndrom, ↗Cushing-Syndrom; Zerstörung der N.nrinde (z.B. durch Tuberkulose, Tumoren) ist Ursache der ↗Addisonschen Krankheit.
Nebennierenhormone ↗Nebenniere.
Nebennierenrindenhormone, die ↗Corticosteroide.
Nebenpigmentzellen, Zelltyp im ↗Komplexauge (☐) der Insekten.
Nebenschilddrüse, *Beischilddrüse, Epithelkörperchen, Parathyreoidea, Glandula parathyreoidea,* ↗branchiogenes Organ der Tetrapoda, das aus Epithelkörperchen der 2. bis 4. Kiementasche entsteht und in 1–2 linsengroßen Paaren nahe den unteren Pols der Schilddrüse (Vögel) bzw. in deren rückseitiges Gewebe eingebettet (Säuger) vorkommt. Ergastoplasma-reiche, von Kapillaren dicht umsponnene Zellhaufen bilden das *N.nhormon* (↗Parathormon, [B] Hormone). Während Trächtigkeit (Schwangerschaft), Lactation, Eiproduktion ist die N. infolge hohen Calciumbedarfs hoch aktiv.
Nebenwirt, Wirtsart (od. -individuum), in der ein Parasit verhältnismäßig selten anzutreffen ist. Ggs.: Hauptwirt. ↗Hilfswirt.
Nebenwurzeln, die ↗Beiwurzeln.
Nebenzellen, 1) Bot.: die an die Schließellen der Spaltöffnungsapparate (↗Spaltöffnungen) angrenzenden Zellen. Sie heben sich sehr häufig durch ihre Gestalt u. ihre

---

Nebenniere
Die N.n des Menschen sind etwa 12–18 g schwer, v. halbmondförm. bis dreieckiger, abgeplatteter Gestalt u. sitzen dem oberen Teil der Nieren – mit denen sie in keinerlei Beziehung stehen – kappenförmig auf **(1)**. **2** Histolog. Schnitt durch die N. mit ihren verschiedenen Zonen.

Beziehung zu den Schließzellen v. den übrigen Epidermiszellen des ↗Blattes (□) ab. In diesen Fällen sind sie zus. mit den Schließzellen an der Regulation der Spaltöffnungsweite beteiligt. **2)** Zool.: schleimbildende Zellen im ↗Magen (□).
Nebenzunge, die ↗Paraglossa; ↗Mundwerkzeuge.
Necator *m* [lat., = Mörder], ↗Hakenwurm.
Neckeraceae [Mz.; ben. nach dem frz. Botaniker N. J. de Necker, 1729–93], Fam. der ↗*Isobryales* mit 2 Gatt., Laubmoose mit charakterist. flachen Stämmchen, deren Blättchen senkrecht zum Lichteinfall ausgerichtet sind. Die Arten der Gattung *Neckera* weisen monopodiale bis sympodiale Wuchsformen auf. Die Arten der Gatt. *Neckeropsis* kommen nur in trop. und subtrop. Regionen vor.
Necridien [Mz.; v. *necr-] ↗Hormogonien.
Necrobia *w* [v. *necro-, gr. bios = Leben], Gatt. der ↗Corynetidae.
Necrolemur *m* [v. *necro-, lat. lemures = Nachtgeister], (Filhol 1873), urspr. zu den *Tarsioidea* (Makis) gestellte u. nur durch Schädel bekannte Typus-Gatt. der † Fam. *Necrolemuridae* (U.-Ord. *Lemuroidea*). Verbreitung: mittleres bis oberes Eozän v. Europa.
Necrolestes *m* [v. *necro-, gr. lēstēs = Räuber], (Ameghino 1891), meist den *Insectivora* zugeordneter, aber wohl zu den † *Borhyaenidae* gehörender südam. Raubbeutler (Ord. *Marsupialia*) mit grabender Lebensweise. Verbreitung: unteres Miozän v. Patagonien (S-Amerika).
Necrophorus *m* [v. gr. nekrophoros = Totengräber], Gatt. der ↗Aaskäfer; ↗Totengräber.
Nectariniidae [Mz.], die ↗Nektarvögel.
Nectochaeta *w* [v. *necto-, gr. chaitē = Haar, Borste], langgestreckte Metatrochophora-Larve bei Polychaeten *(Polynoidae, Phyllodocidae, Nereidae, Eunicidae)* mit wenigstens 3 Paar Borstenbündeln, die den Sinkwiderstand erhöhen, u. Parapodien; Lokomotion erfolgt aber noch durch den Prototroch.
Nectonema *s* [v. *necto-, gr. nēma = Faden], einige marine Gatt. der ↗Saitenwürmer.
Nectonemertes *m* [v. *necto-, ben. nach der Nereide Nēmertēs], Schnurwurm-Gatt. der Ord. ↗*Hoplonemertea*, bis 6 cm lang.
Nectophryne *w* [v. *necto-, gr. phrynē = Kröte], Gatt. der ↗Kröten; ↗Baumkröten.
Nectophrynoides *m* [v. *necto-, gr. phrynoeidēs = krötenartig], „Falsche Baumkröten", Gatt. der Kröten mit 5 z.T. lebendgebärenden Arten in Afrika. Unscheinbare, kleine Kröten mit merkwürd. Paarung, Bauch-an-Bauch-Amplexus u. innerer Besamung. Die Gatt. zeigt alle Stadien v. der Oviparie zur Viviparie. *N. osgoodi* hat noch freilebende Kaulquappen; die Eier werden nur kurze Zeit im Uterus behalten u. im Neurula-Stadium abge-

necr-, necro- [v. gr. nekros = tot, unbelebt, Leichnam; nekroein = töten, absterben, nekrōsis = Tod; Tötung; Absterben].

Nectriaceae
Einige Gattungen und Arten:
Nectria episphaera (Parasit auf Kernpilzen)
N. cinnabarina (Rotpustelpilz, auf Laubhölzern u. Sträuchern)
N. fuckeliana (Nadelholz-Pustelpilz, auf Rinde, abgestorbenen Ästen u. Stämmen v. Nadelhölzern)
N. galligena (↗Obstbaumkrebs)
Gibberella moricola (Maulbeeren-Pustelpilz, auf Ahorn, Feige, Maulbeerbaum)
Hypomyces chrysospermus (↗Goldschimmel)

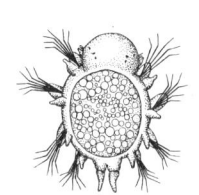

Nectochaeta
Nectochaeta-Larve von *Nereis diversicolor,* 0,4 mm lang

necto- [v. gr. nēktos = schwimmend].

legt. *N. malcolmi* legt terrestrische Eier, die sich direkt entwickeln, in feuchter Vegetation. Die Tiere haben regelrechte Balzplätze, auf denen schließl. die Gelege vieler Weibchen liegen. *N. tornieri* und *N. viviparus* sind ovovivipar; die Eier sind dotterreich, entwickeln sich im Uterus u. fertig metamorphosierte Jungfrösche werden geboren. *N. occidentalis* schließl. ist vivipar; die Eier sind dotterarm, u. die Embryonen werden mit Nährstoffen versorgt, die v. der Uteruswand sezerniert werden. Alle *N.*-Arten sind im Bestand gefährdet.
Nectriaceae [Mz.; v. gr. nēktris = Schwimmerin], *Pustelpilze,* Fam. der *Sphaeriales* (auch bei *Hypocreales* eingeordnet); die über 30 Arten leben saprophytisch od. parasitisch (vgl. Tab.); auf Holz bilden sie meist mehr od. weniger entwickelte, polsterart. Stromata, die anfänglich Konidien-Fruchtlager *(Sporodochien)* tragen, die oft als farbige Pusteln auftreten; später entstehen Perithecien mit Asci u. Ascosporen, die im Frühjahr neue Infektionen hervorrufen.
Necturus *m* [v. *necto-, gr. oura = Schwanz], die ↗Furchenmolche. [tion.
Needhamsche Regel [nihdhäm-] ↗Exkre-
Needham-Schläuche [nihdhäm-], die kompliziert gebauten, bei einer *Octopus*-Art sogar 1 m langen ↗Spermatophoren der Kopffüßer; 1745 von dem engl. Naturforscher J. T. Needham (1713–81) erstmals beschrieben.
Neelidae [Mz.], die ↗Zwergspringer.
Neencephalisation *w* [v. gr. neos = jung, neu, egkephalos = Gehirn], ↗Neopallium, ↗Telencephalon.
Negaprion *m* [v. lat. negare = verneinen, gr. priōn = Säge], Gatt. der ↗Blauhaie.
Negentropie *w* [v. lat. negare = verneinen, gr. entrepein = umwenden], durchschnittl. *Informationsgehalt* des Einzelzeichens innerhalb einer gegebenen Zeichenmenge. Damit ist N. gleichbedeutend mit ↗Entropie im informationstheoret. Sinne (↗Information und Instruktion). Die im Wort N. enthaltene *Negation* soll *diese* Bedeutung des Begriffs Entropie v. dessen anderen Bedeutungen abheben; ob sie dies logisch korrekt leistet, ist umstritten u. muß dahingestellt bleiben.
Negerhirse, die Gatt. ↗Pennisetum.
Negride [Mz.; v. span. negro = schwarz], Großrasse des ↗*Homo sapiens,* gekennzeichnet durch dunkle Haut-, Haar- u. Augenfarbe, rundl. Stirn, breite Nase, wulstige Lippen u. eine vorspringende Mundpartie sowie einen langgliedr. Körper. Entstanden in den Steppen u. Savannen südl. der Sahara, sind die N. außer über Afrika infolge des Sklavenhandels heute auch über weite Teile N-, S- und Mittelamerikas verbreitet. |B| Menschenrassen.
Negritos [Mz.; v. span. negro = schwarz], eigenständige Zwergrasse SO-Asiens mit teilweise negroiden Merkmalen, wie dunk-

ler Haut u. Kraushaar, in den Körperproportionen kindl. wirkend; i. e. S. die Aëtas der Philippinen.

negroid [v. span. negro = schwarz, gr. -eidēs = -artig], an ↗Negride erinnernde menschl. Rassenmerkmale, wie dunkles Kraushaar, wulstige Lippen u. breite Nasen, wie sie teilweise bei ↗Weddiden, ↗Melanesiden, ↗Australiden, ↗Khoisaniden, ↗Nilotiden u. ↗Negritos auftreten.

Neididae [Mz.], die ↗Stabwanzen.

Neisseria w [ben. nach dem dt. Dermatologen A. Neisser, 1855–1916], Gatt. der ↗Neisseriaceae mit über 10 Arten; die gramnegativen, aeroben, seltener fakultativ anaeroben, chemoorganotrophen Bakterien besitzen kokkenförm. Zellen ($\varnothing$ 0,6–1 μm), typischerweise paarweise (Diplokokken), aber auch als Tetraden od. einzeln auftretend; sie sind sehr empfindlich gg. Austrocknung u. Sonnenlicht. *N. gonorrhoeae* (= *Gonococcus*) ist u. a. Erreger der Gonorrhoe (↗Geschlechtskrankheiten). *N. meningitidis* (= *Meningococcus,* Meningokokken) ist einer der häufigsten Erreger der bakteriellen ↗Meningitis (Meningokokken-Meningitis), einer übertragbaren Genickstarre. Beide pathogenen Arten besitzen „semmelförmige" Zellen u. können nur auf sehr komplexen Nährböden mit Serum- od. Blutzusatz kultiviert werden; zur *Gonococcus*-Anzucht ist ein CO_2-Gehalt von 5–10% notwendig. Weitere *N.*-Arten kommen regelmäßig auf den Schleimhäuten des Nasen-Rachen-Raums (↗Mundflora) und z. T. im Genitaltrakt (↗Vaginalflora) vor; fast alle diese Arten können auf einfacheren Nährböden wachsen.

Neisseriaceae [Mz.], Fam. der gramnegativen aeroben Stäbchen u. Kokken, kokkenförmige (einzeln, paarweise, in Haufen) od. plump-stäbchenförmige, unbewegl., sporenlose Bakterien (vgl. Tab.) mit aerobem Stoffwechsel; einige Stämme zeigen auch schwaches anaerobes Wachstum; zur Anzucht sind i. d. R. komplexe Nährböden notwendig. *N.*-Arten sind Parasiten in Warmblütern (alle Oxidase-positiven Formen), außer der Gatt. ↗*Acinetobacter*, deren Arten hpts. saprophytisch in Boden u. Wasser leben; *A. calcoaceticus* var. *anitratus* tritt jedoch in den letzten Jahren häufiger als Hospitalkeim auf (↗Hospitalismus), bes. auf Intensivstationen; er kann verschiedene Infektionen u. Entzündungen hervorrufen (z. B. Harnwegs- u. Wundinfektionen). Wicht. Krankheitserreger finden sich in der Gatt. ↗*Neisseria;* die Arten der Gatt. ↗*Moraxella (Branhamella)* u. ↗*Kingella* haben dagegen eine große Bedeutung als Erreger von Krankheiten.

Nekralschicht [v. *nekr-], Schicht aus toten verbackenen Hyphen, z. T. auch Algenzellen, v. a. an der Oberfläche v. Flechtenlagern, ausgeprägt hpts. an trockenen, lichtreichen Standorten, führt zu einer Min-

nekr-, nekro- [v. gr. nekros = tot, unbelebt, Leichnam; nekroein = töten, absterben; nekrōsis = Tod; Tötung; Absterben].

Neisseriaceae
Gattungen:
↗ *Acinetobacter*
↗ *Kingella*
↗ *Moraxella (Branhamella)*
↗ *Neisseria*

Nekrose
Ursachen u. Arten von N.n bei Pflanzen:
Unzureichende Nährstoffversorgung (z. B. *Blattrand-N.* bei Kaliummangel), Einwirkung v. (meist pilzl.) Krankheitserregern (z. B. ↗ *Blattbräune*), Einwirkung v. Giften aus dem Boden (z. B. *Blattrand-N.* an Linden durch Bodenvergiftung mit Streusalz) u. der Luft (z. B. *Rand-* und *Spitzen-N.n* bei Buche u. Hainbuche durch Fluorwasserstoff). *Rinden-N.n* können infolge strenger Kälte (z. B. *Frostleisten* bei der Eiche, ↗*Frostrisse*), Hitzeeinwirkung (z. B. *Rindenbrand* bei Buche), biotische Faktoren (z. B. *Buchenrindensterben,* verursacht durch die Buchenwollschildlaus) u. a. auftreten. Die N.stellen werden v. der lebenden Rinde durch Bildung eines Wundperiderms abgegrenzt u. breiten sich nicht weiter aus.

derung der Lichtintensität im Bereich der Algenschicht.

Nekrobiose w [v. *nekro-, gr. biōsis = Leben], 1) Wiss., die sich mit den Vorgängen während des Sterbens v. Lebewesen beschäftigt; 2) langsames Absterben v. Zellen infolge örtl. Stoffwechselstörungen (↗Nekrose).

Nekrohormone [Mz.; v. *nekro-, gr. hormōn = antreibend], die ↗Wundhormone.

Nekrophagen [v. *nekro-, gr. phagos = Fresser], *Nekrophaga, Nekrotrophe, Nekrovore, Nekrobionten,* Tiere, die v. den Leichen anderer Tiere leben, z. B. der ↗Aaskäfer *Necrophorus;* ↗Rekuperanten. Auf toten Organismen lebende Pflanzen werden als *Nekrophyten* bezeichnet. ↗Aasfresser.

Nekroplankton s [v. *nekro-, gr. plagktos = umherschweifend], (J. Walther), postmortal verdriftete Organismen, die aufgrund v. gasgefüllten Hüllen Schwebfähigkeit erlangt haben (z. B. Radiolarien, Globigerinen, Ammoniten).

Nekrose w [v. *nekro-], *Gewebstod,* 1) Medizin: Absterben v. Gewebe od. Organteilen durch örtl. Stoffwechselstörungen aufgrund v. schlechter Durchblutung u. Schäden durch Gifte, Wärme, Kälte, Strahlen u. Traumata. 2) Bot.: allmähl. Absterben v. Gewebepartien, deren Zellen noch miteinander verbunden bleiben; erkennbar an Nadeln u. Blättern durch meist bräunl., irreversible Verfärbungen (Ursachen u. Arten vgl. Spaltentext).

nekrotisch [v. *nekro-], a) die ↗Nekrose betreffend; 2) bes. in der Paläontologie gebrauchte Bez. für alle den Tod v. Lebewesen, seine Ursachen u. seinen Verlauf betreffenden Vorgänge.

Nekrotische Rübenvergilbungs-Virusgruppe, *beet yellows, Closterovirus-Gruppe,* Pflanzenviren mit linearer, einzelsträngiger RNA (Plusstrang-Polarität, relative Molekülmasse $2{,}2–4{,}7 \cdot 10^6$, entspr. 7300–15500 Nucleotiden). Die Viruspartikel sind gewellte Stäbchen mit spiraliger Symmetrie (Länge 600–2000 nm, $\varnothing$ 10 nm), die in Phloemzellen oft Aggregate bilden. Symptome sind hpts. Vergilbungen mit nekrot. Flecken.

Nekrozönose w [v. *nekro-, gr. koinos = gemeinsam], die ↗Liptozönose; ↗Grabgemeinschaft.

Nektar m, zuckerhalt., flüssige Ausscheidung v. Pflanzen, Grundlage des v. der Honigbiene produzierten ↗Honigs. a) *floraler (nuptialer) N.:* innerhalb der Blüte *(Blüten-N.)* an verschiedensten Stellen *(N.drüsen,* ↗Nektarien) abgegebener N., der als Nahrung für die Bestäuber (↗Bestäubung) dient (↗Blütennahrung). Im N. gelöst sind v. a. Saccharose, Glucose u. Fructose. Diese Zucker sind für die Bestäuber schnell in Energie umsetzbar u. erlauben ihnen eine hohe (Flug-)Aktivität. Mengenmäßig spielen andere Inhaltsstoffe nur eine geringe Rolle (Proteine, Aminosäuren, Vitamine u. a.). Sie können aber u. U. für die Bestäuber wichtige (essentielle) Stoffe darstellen. Die Zucker-Konzentration von N. kann je nach Pflanzenart sehr verschieden sein (Kaiserkrone 8%, Dost 76%). Auch die Menge des pro Blüte abgegebenen N.s variiert je nachdem, von welchem Bestäuber die Blüte besucht wird. Fledermausblumen u. Vogelblumen enthalten z. B. sehr viel mehr N. als Blüten, die v. Insekten angeflogen werden. (Die fledermausblüt. Kulturbanane *[Musa paradisea]* sezerniert bis 130 ml N. pro Nacht.) b) *extrafloraler (extranuptialer) N.:* an verschiedensten Stellen der Pflanze (Blatt, Blattstiele u. a.) abgegebener N., der oft eine andere Zusammensetzung als der florale N. hat, aber auch Zucker enthält. Beispiele aus der heimischen Flora: Schwarzer Holunder, Zaunwicke (Nebenblätter), Gemeiner Schneeball, Süßkirsche (Blattstiele). Manchmal sind die Austrittsstellen optisch markiert (z. B. bei der Zaunwicke). – Die Bedeutung der extrafloralen N.sekretion ist bis heute umstritten. physiolog. Erklärung: Abgabe v. Stoffwechselüberschuß; ökolog. Erklärung: Abhalten v. Insekten, die nicht den floralen N. fressen sollen, z. B. Ameisen). Die Abscheidung extrafloralen N.s tritt bereits bei Farnen auf. B Symbiose.

Nektarblumen, Blüten, die als Nahrung für die Bestäuber ↗ Nektar sezernieren.

Nektardiebe, *Nektarräuber,* Insekten, die ↗ Nektar aus Blüten gewinnen, ohne dabei die besuchten Blüten zu bestäuben. Man unterscheidet *primäre N.,* wozu in Mitteleuropa v. a. kurzrüßlige Hummeln *(Bombus terrestris, B. mastrucatus)* gehören, v. *sekundären N.n,* z. B. Honigbienen u. Ameisen. Die primären N. beißen mit Hilfe der Mandibeln v. außen Löcher in langröhrige Blüten (Wachtelweizen, Beinwell u. a.) u. saugen daran unter Umgehung des „normalen" Weges den Nektar. Sekundäre N. nutzen bereits gebissene Löcher, da ihre Mundwerkzeuge zu schwach sind. In den Tropen treten auch Vögel als N. auf.

Nektarhefen, volkstüml. Bez. für Hefen, die im Nektar der Blüten vorkommen, z. B. *Candida reukaufii.*

Nektarien [Mz.; v. *nektar-], *Nektardrüsen, Honigdrüsen,* pflanzl. Drüsen od. Drüsenhaare, die zuckerreiche Sekrete (↗ *Nektar)* ausscheiden u. damit Insekten anlocken. Sie kommen v. a. in Blüten *(florale od. nuptiale N.),* aber auch *extrafloral* an Blattstielen (z. B. *Prunus)* od. Nebenblättern (z. B. *Vicia)* vor. Ihr Bau ist recht verschieden. Neben Haaren sind es umgebildete Epidermiszellen od. Nektarspalten (abgewandelte Spaltöffnungsapparate mit darunterliegenden, den Nektar ausscheidenden Drüsenzellen). ↗ Honigblätter.

Nektarine w [v. *nektar-], *Prunus persica* var. *nectarina,* ↗ Prunus.

nektar- [v. gr. nektar = in der gr. Mythologie der Trank der Götter].

Nektarien
N. bei der Blüte der Weinraute *(Ruta graveolens)*

Nelke
1 Gartennelke *(Dianthus caryophyllus),*
2 Bartnelke *(D. barbatus)*

Nektarsporn, mit Nektar gefüllter ↗ Blütensporn.

Nektarvögel, *Honigsauger, Nectariniidae,* trop. Fam. der Singvögel mit 108 Arten. Blütenbesucher mit prächtig metall. schillerndem Gefieder. Die äußere Ähnlichkeit mit den ↗ Kolibris beruht auf ↗ Konvergenz (B); die N. vertreten diese stellenäquivalent in der Alten Welt (Afrika, S-Asien, Indomalaysien, Melanesien und Austr.). Leben im Wald, in Savannen, Parks, Gärten u. auch im Gebirge bis 4000 m Höhe, wie der langschwänzige Feuerschwanz-Nektarvogel *(Aethopyga ignicauda)* des Himalaya. Anpassungen an das Nektarsaugen sind der lange, leicht gekrümmte Schnabel u. die an der Spitze zu zwei Saugröhren umgebildete Zunge, die zum Nektarsaugen tief in die Blüte eindringen kann. Fressen auch Insekten. Können sich flügelschlagend im Flug vor der Blüte halten, beherrschen aber keinen Schwirrflug wie die Kolibris. 9–22 cm groß, die meisten Arten mit Geschlechtsdimorphismus; Federn des Männchens grün, blau, violett od. bronzefarben, manchmal mit gelben od. roten Federbüscheln an der Brustseite. Der westafr. Pracht-Nektarvogel *(Nectarinia superba)* ist eine der größten u. schillerndsten Arten. Bes. farbenprächtig ist auch der Königsnektarvogel *(Cinnyris regius,* B Afrika III). Teilweise wechseln die Männchen zw. Pracht- u. Schlichtkleid. Die N. bauen hängende, aus Pflanzenteilen u. Insektengespinst gewebte kleine Beutelnester mit seitl. Eingang an Bäumen u. Büschen, oft in Nähe eines Wespennestes. Das Gelege umfaßt 1–3 gefleckte Eier, Brutpflege erfolgt durch Weibchen od. beide Eltern.

Nekton s [v. gr. nēktós = schwimmend], Sammelbez. für im freien Wasserraum lebende Organismen, die einen *aktiven* Ortswechsel (im Ggs. zum Plankton) durchführen können, ohne durch die Wasserbewegung behindert zu werden. In Seen zählen zum N. nur die Fische, im Meer auch Kopffüßer, einige Krebse, Reptilien u. Säuger.

Nektophoren [Mz.; v. gr. nēktós = schwimmend, -phoros = -tragend], die *Schwimmglocken* der ↗ Siphonanthae (Staatsquallen).

Nelke w [v. mittelniederdt. negelken = kleiner Nagel; Gewürznelke), 1) *Dianthus,* Gatt. der Nelkengewächse, mit 300 Arten in Eurasien u. den trop. Gebirgen Afrikas verbreitet. Die kraut. od. Halbstrauch-Pflanzen besitzen schmale, grasart. Blätter, die am Grund scheidig verwachsen sind. Die Krone ist weiß od. rot, der röhrige Kelch von 2–3 Hochblättern umgeben. Häufig wachsen die N.n auf Felsstandorten; viele N.n sind Zierpflanzen: z. B. in Steingärten die wohlriechende Garten-N. *(D. caryophyllus,* B Mediterranregion III), in vielen Farben kultiviert, urspr. mediterran; die Feder-N. *(D. plumarius)* mit tief

Nelkenartige

eingeschnittenen Kronblättern u. die Bartnelke *(D. barbatus)* mit roter gefleckter Krone, beide urspr. ost-präalpin; od. *D. chinensis* aus China. Einheimische N.n sind u. a.: die Kartäuser-N. *(D. carthusianorum)* mit roten Blüten u. trockenhäut. Hochblättern, kommt in Kalkmagerrasen vor; die Pracht-N. *(D. superbus)* mit hellroter, zerschlitzter Krone, z. B. auf Moorwiesen od. in lichten Eichenwäldern. Die Heide-N. *(D. deltoides)* ist selten u. findet sich in (Silicat-)Magerrasen; die Alpen-N. *(D. alpinus)* wächst auf ostalpinen Steinrasen. ⬛ Alpenpflanzen, ⬛ Europa XIX.
2) Gewürz-N., *Syzygium aromaticum,* ↗ Myrtengewächse.

Nelkenartige, *Caryophyllales, Centrospermae,* Ord. der ↗ *Caryophyllidae* mit 10 Fam. (vgl. Tab.); wegen der z. T. noch chorikarpen Fruchtknoten an den Anfang der *Caryophyllidae* gestellt. Die v. a. krautigen N.n sind oft sukkulent und haben z. T. anormales sekundäres Dickenwachstum mit mehreren Bündelringen. Die Blüten sind urspr. 5zählig. Wichtig ist der Übergang v. chorikarpen zu parakarpen Fruchtknoten mit zentraler Placentation (Scheidewände zw. den einzelnen Fruchtblättern aufgelöst). Der Same wird meist nicht v. Endosperm, sondern v. Nucleusgewebe ernährt (Perisperm). Die Siebröhrenplastiden der N.n speichern v. a. Proteine (P-Typ-Plastiden) u. nicht Stärke. Die meisten Fam. besitzen ↗ Betalaine statt der Anthocyane.

Nelkeneulen, *Hadena,* Gatt. der ↗ Eulenfalter, holarkt. verbreitet; Larven in Stengeln, Wurzeln, meist aber in Samenkapseln od. an Blüten v. Nelkengewächsen fressend; Falter mittelgroß, Weibchen mit vorstreckbarer Legeröhre. Einheim. Beispiel: Weißbindige N. *(H. compta)*, Spannweite um 30 mm, Vorderflügel schwarz mit weißer Querbinde; fliegt im Sommer auf warmen Lehnen u. in Gärten; Raupen fressen nachts in Samenkapseln v. Kartäusernelke u. a. Arten; verstecken sich tagsüber am Boden.

Nelkengewächse, *Caryophyllaceae,* Fam. der ↗ Nelkenartigen, mit ca. 80 Gatt. (vgl. Tab.) u. 2000 Arten weltweit verbreitet (Zentrum im Mittelmeerraum u. in gemäßigten Gebieten). Die einfachen Blätter, fast durchweg kreuzgegenständig, sind

Nelkenartige
Familien:
↗ Basellaceae
↗ Didiereaceae
↗ Fuchsschwanzgewächse *(Amaranthaceae)*
↗ Gänsefußgewächse *(Chenopodiaceae)*
↗ Kakteengewächse *(Cactaceae)*
↗ Kermesbeerengewächse *(Phytolaccaceae)*
↗ Mittagsblumengewächse *(Aizoaceae)*
↗ Nelkengewächse *(Caryophyllaceae)*
↗ Portulakgewächse *(Portulaccaceae)*
↗ Wunderblumengewächse *(Nyctaginaceae)*

Echte Nelkenwurz *(Geum urbanum)*

meist schmal u. ganzrandig u. am Grund zu je zwei verwachsen; Nebenblätter fehlen oft. Der typ. Blütenstand ist ein ↗ Dichasium (☐), jedoch z. T. durch Unterdrückung einzelner Verzweigungen abgewandelt. Die N. besitzen als Grundform (etwa: Kornrade) radiäre Blüten mit der ↗ Blütenformel K5 C5 A5+5 G($\underline{5}$), Reduktionen kommen in allen Blütenkreisen vor, z. B. zu C4 oder K4; die Krone kann sogar ganz ausfallen. Charakterist. für die N. ist eine Gliederung der Krone in einen dünnen Nagel u. eine verbreiterte Platte mit Schaufunktion. Die Kronblätter sind oft zweilappig od. gefranst. Häufig sind die Scheidewände im Fruchtknoten reduziert; es bildet sich die für die N. typische Zentralplacenta. Die Frucht ist meist eine Kapsel. Im Ggs. zu anderen Fam. der Nelkenartigen besitzen die N. keine ↗ Betalaine u. werden deshalb systemat. abgehoben.

Nelkenkorallen, die Gatt. ↗ *Caryophyllia*.

Nelkenöl, *Oleum Caryophylli,* äther. Öl aus den Blütenknospen der Gewürznelke *(Eugenia caryophyllata, Syzygium aromaticum);* enthält ↗ Eugenol (80–88%), Aceteugenol (10–15%), Humulen (5–12%) sowie α- und β-Caryophyllene. Für den erfrischenden Geruch des N.s ist der Begleitstoff Methylamylketon verantwortlich. N. wird aufgrund seiner lokalanästhet., desinfizierenden u. ätzenden Wirkung in der Zahnmedizin zur Kariestherapie sowie als Zusatz v. Mundwässern, Zahnpasten usw. verwendet; außerdem wird N. in der Histologie u. in der Parfümerie eingesetzt.

Nelkenringflecken-Virusgruppe, *carnation ringspot, Dianthovirus-Gruppe,* Pflanzenviren mit zweiteiligem RNA-Genom (einzelsträngig, Plusstrang-Polarität, relative Molekülmasse $1{,}5 \cdot 10^6$ und $0{,}5 \cdot 10^6$, entspr. 5000 und 1700 Nucleotiden).

Nelkenwickler, *Tortrix pronubana,* zur Schmetterlingsfam. ↗ Wickler gehörender, mediterran verbreiteter Falter, Spannweite knapp 20 mm, Flügel braun mit dunklerer Binde, Hinterflügel lebhaft ockergelb-rotbraun; die polyphagen gelbl. Raupen sind gelegentl. an Ziernelken-Kulturen durch Knospen u. Blattfraß schädl.

Nelkenwurz, *Geum,* Gatt. der Rosengewächse mit über 50 Arten, in gemäßigten bis kühlen Zonen verbreitet; rosettenbildende Stauden mit gefingerten Blättern; Blüten meist gelb; verlängerter, gefiederter Griffel. Bei uns heimisch sind: die Bach-N. *(G. rivale)*, mit mehreren, nickenden, rötl. Blüten am Stiel; in Naßwiesen der Gebirge, Berg-Auenwäldern, Flachmooren. Die Berg-N. *(G. montanum)*, Pflanze ohne Ausläufer, pro Stengel eine gelbe Blüte; im Zwergstrauch-Gestrüpp der subalpinen u. alpinen Stufe u. in sauren Magerrasen. Die Echte N. *(G. urbanum)*, gelbe Blüten, Griffel an den Früchten hakig gekrümmt; großes, blattart. Nebenblatt; unter Gebüsch u. an schatt. Zäunen u.

Nelkengewächse Wichtige Gattungen:		
↗ Bruchkraut *(Herniaria)*	↗ Lichtnelke *(Lychnis)*	↗ Salzmiere *(Honkenya)*
↗ Gipskraut *(Gypsophila)*	↗ Lichtnelke *(Melandrium)*	↗ Schuppenmiere *(Spergularia)*
↗ Hornkraut *(Cerastium)*	↗ Mastkraut *(Sagina)*	↗ Seifenkraut *(Saponaria)*
↗ Knäuelkraut *(Scleranthus)*	↗ Miere *(Minuartia)*	↗ Spörgel *(Spergula)*
↗ Kornrade *(Agrostemma)*	↗ Nelke *(Dianthus)*	↗ Spurre *(Holosteum)*
↗ Leimkraut *(Silene)*	↗ Pechnelke *(Viscaria)*	↗ Sternmiere *(Stellaria)*
	↗ Sandkraut *(Arenaria)*	↗ Wassermiere *(Myosoton)*

Mauern. Die Gletscher-N. *(G. reptans)*, gelbe Blüten, grau-grüne Blätter; Pflanze mit Ausläufern; seltenes Kraut in Steinschuttfluren der alpinen Stufe.

Nelkenzimt, Handelsbez. für die fr. oft als Gewürz verwendete, nach Nelken riechende Rinde v. *Dicypellium caryophyllatum* aus der Fam. der Lorbeergewächse.

Nelumbo *w* [v. singhal. nelumbu = Lotosblume], Gatt. der Seerosengewächse *(Nymphaeaceae)* mit 2 Arten. Die Ind. Lotosblume *(N. nucifera,* B Asien VI) hat ihr natürl. Vorkommen in Asien und Austr.; die wohlriechenden weißen u. rosarot schattierten Blüten ragen hoch über die breit trichterförm. Blätter hinaus; die sehr langlebigen Samen u. das stärkehalt. Rhizom sind eßbar. Im Buddhismus ist *N.* ein Symbol für die Unsterblichkeit u. dient als Tempelschmuck. Hierzu gehört außerdem *N. lutea* aus N- und Mittelamerika.

Nelumbo
Indische Lotosblume
(N. nucifera)

Nema *s* [Mz. *Nemata;* gr., = Faden], (Lapworth 1897), fadenart. Verlängerung des Apex der Prosicula v. ↗Graptolithen, die nach Lapworth der Befestigung v. Rhabdosomen im Jugendstadium diente. Bei zwei- und sekundär einzeiligen Formen wird das *N.* in das Rhabdosom einbezogen u. heißt dann *Virgula* (= Achsenfaden).

Nemacaulus *m* [v. *nema-, gr. kaulos = Stengel], (Ruedemann 1904), jüngeres Synonym v. ↗Nema.

Nemalionales [Mz.; v. *nema-, gr. kaulos bilden keine ↗Auxiliarzellen. Wichtige Arten: *Nemalion helminthoides,* Thallus nach Springbrunnentyp gebaut, häufig an Brandungsküsten des Atlantik. *Bonnemaisonia asparagoides,* häufig an Felsküsten des Atlantik u. Mittelmeeres, Thallus nach Zentralfadentyp; bis 30 cm hohe, karminrote, fädige Büschel, wächst mit zweischneid. Scheitelzelle. *Batrachospermum,* ca. 50 Süßwasserarten; *B. moniliforme* (Froschlaichalge, B Algen III) bildet am Zentralfaden wirtelige Kurztriebbüschel; festsitzend in sauberen, kühlen, schnellfließenden Gewässern. *Lemanea,* ca. 15 Arten, Thallus nach Zentralfadentyp; die Seitentriebe bilden einen röhrenförm. festen Hohlthallus mit borstenart. Habitus, bis 15 cm lang; festsitzend in reinen, schnell fließenden Gewässern; häufige Arten: *L. nodosa, L. fluviatilis.*

Nemastomatidae [Mz.; v. *nema-, gr. stomata = Münder], die ↗Fadenkanker.

Nemata [Mz.; v. *nema-], die ↗Fadenwürmer.

Nemathelminthes [Mz.; v. *nemato-, gr. helminthes = Eingeweidewürmer], *Aschelminthes, Pseudocoelia, Schlauchwürmer, Rundwürmer i.w. S.,* Tierstamm (bzw. Superphylum) mit folgenden 8 Klassen (bzw. Stämmen) sog. „niederer" Wirbelloser: *Nematoda* (↗Fadenwürmer; marin, limnisch, terrestrisch, parasitisch), *Nematomorpha* (↗Saitenwürmer; parasi-

nema-, nemato-
[v. gr. nēma, Gen. nēmatos = Faden].

tisch), ↗*Gastrotricha* (Bauchhaarlinge; marin u. limnisch), ↗*Loricifera* (marin, erst vor wenigen Jahren entdeckt), ↗*Kinorhyncha* (Hakenrüßler; marin), ↗*Priapulida* (marin), ↗*Rotatoria* (Rädertierchen; marin u. limnisch) u. ↗*Acanthocephala* (Kratzer; parasitisch). In manchen Systemen gelten nur die drei ersten u. die *Rotatoria* als *N.,* bisweilen sogar nur die *Nematoda* u. *Nematomorpha.* – *Nematoda* u. *Rotatoria* sind artenreich, die übrigen Kl. enthalten jeweils nur einige bis wenige hundert Arten. Die *N.* sind keineswegs alle wurmförmig (z. B. *Rotatoria*). Es ist umstritten, ob die *N.* überhaupt ↗monophyletisch sind u. wie die einzelnen Kl. phylogenetisch zueinander stehen. Einigermaßen anerkannt ist die engere Verwandtschaft v. *Gastrotricha, Nematoda* u. *Nematomorpha* (Übereinstimmungen in Pharynx, Embryonalentwicklung u. a., ↗*Gastrotricha*); weniger gesichert gilt die v. *Priapulida, Kinorhyncha* u. *Loricifera* einerseits u. die v. *Rotatoria* u. *Acanthocephala* andererseits. – Der Anschluß der *N.* an die anderen *Bilateria* (↗*Archicoelomata*) ist ebenfalls unklar. Die wichtige Frage, ob die Leibeshöhle („Pseudocoel") der *N.* stammesgesch. aus einer sekundären Leibeshöhle (↗Coelom) hervorgegangen ist, wird immer mehr bejaht; denn bei den ↗*Gastrotricha* gibt es Strukturen, die als Rudimente v. Coelomepithelien gedeutet werden können (falsch jedoch ist die Meldung über solche Epithelien bei *Nematoda*). ↗*Bilateria.*

Nematizide [Mz.; v. *nemato-, lat. -cidus = tötend], *Nematozide,* chem. Präparate zur Bekämpfung v. tier- u. humanpathogenen (Anthelminthika) bzw. phytopathogenen Fadenwürmern (Nematoden). ↗Schädlingsbekämpfungs-Mittel.

Nematoblastem *s* [v. *nemato-, gr. blastēma = Keim], Thallusform bei einigen heterotrichalen Braunalgen, z. B. *Spermatochnus paradoxus;* hierbei legen sich kleinzellige Seitentriebe dicht (zylinderartig) um die großlumigen Zellen eines zentralen Zellfadens, wobei der Thallus einen parenchymat. Habitus bekommt. Die kleinen Seitentriebzellen haben Assimilationsfunktion.

Nematobrycon *m* [v. *nemato-, gr. brykōn = beißend], Gatt. der ↗Salmler.

Nematocera [Mz.; v. *nema-, gr. keras = Horn], die ↗Mücken.

Nematochrysis *w* [v. *nemato-, gr. chrysis = goldenes Kleid], Gatt. der ↗Phaeothamniales.

Nematocysten [Mz.; v. *nemato-, gr. kystis = Blase], die ↗Cniden.

Nematoda [Mz.; v. gr. nēmatōdēs = fadenförmig], *Nematoden,* die ↗Fadenwürmer.

Nematodenfäule [v. gr. nēmatōdēs = fadenförmig], die ↗Älchenkrätze.

Nematodirus *m* [v. *nemato-, gr. deira = Hals], Gatt. der *Trichostrongylidae* (↗Ma-

Nematogene

genwürmer, Fadenwurm-Ord. ↗ *Strongylida*). Die verschiedenen Arten sind 1–2 cm lang u. leben im Dünndarm v. Wiederkäuern, mehr od. weniger wirtsspezifisch, z. B. *N. battus* nur im Schaf, die weltweit verbreitete Art *N. filicollis* in Schaf, Rind, Ziege, Gemse, Reh u. a.

Nematogene [Mz.; v. *nemato-, gr. genesis = Entstehung], Entwicklungsstadium der *Rhombozoa (Dicyemida)*, einer Kl. der ↗ *Mesozoa*.

Nematoloma *s* [v. *nemato-, gr. lōma = Saum], die ↗ Schwefelköpfe.

Nematomorpha [Mz.; v. *nemato-, gr. morphē = Gestalt], die ↗ Saitenwürmer.

Nematophoren [Mz.; v. *nemato-, gr. -phoros = -tragend], Wehrpolypen mancher ↗ *Hydrozoa*, die fadenförmig sind u. einen soliden Entodermstrang enthalten; sie dienen dem Beutefang u. der Abwehr, können aber auch mit Pseudopodien ihrer Epidermis auf der Stockoberfläche entlanggleiten u. Algen, Sediment u. a. entfernen.

Nematoplanidae [Mz.; v. *nemato-, gr. planēs = umherschweifend], Strudelwurm-Fam. der Ord. *Proseriata;* namengebende Gatt. *Nematoplana;* wichtige Arten *N. coelogynoporoides, N. nigrocapitula.*

Nematopsis *w* [v. *nemato-, gr. opsis = Aussehen], Gatt. der ↗ Polycystidae.

Nematospermium *s* [v. *nemato-, gr. sperma = Same], „Fadenspermium", frühere Bez. für ↗ Flagellospermium. Ggs.: *Anematospermium* = aflagellates Spermium.

Nematospora *w* [v. *nemato-, gr. spora = Same], Gatt. der ↗ Echten Hefen (Fam. *Spermophthoraceae*). *N. coryli* bildet neben sprossenden Zellen auch ein echtes Mycel; sie lebt parasit. auf einigen trop. und subtrop. Kulturpflanzen (z. B. Kaffee, Citrusfrüchten, Baumwolle); die Infektion erfolgt durch Insekten (Schnabelkerfe).

Nematozide [Mz.; v. *nemato-, lat. -cidus = tötend], die ↗ Nematizide.

Nemeobiidae [Mz.; v. gr. nemos = Hain, bios = Leben], *Riodinidae, Erycinidae*, Tagfalterfam. mit über 1000 vielmeist neotrop. verbreiteten Arten, in Europa nur 1 Art; näher verwandt mit den ↗ Bläulingen, manchmal auch als U.-Fam. dieser Gruppe angesehen; Falter klein bis mittelgroß, 20–65 mm Spannweite, sehr variabel in Flügelform u. Färbung, viele Arten v. a. in den Tropen farbenprächtig u. mit metall. Fleckenzeichnungen; Vorderbeine bei den Männchen stark reduziert, träge Flieger, ruhen oft mit ausgebreiteten Flügeln auf Blattunterseiten; Raupen asselförmig, Stürzpuppen mit Gürtelfaden. Einzige einheim. Art: Perlbinde, Brauner Würfelfalter, auch Frühlingsscheckenfalter *(Hamearis lucina)*, dunkelbraun mit gelbbraunen Fleckenreihen, ähnelt den ↗ Scheckenfaltern od. ↗ Perlmutterfaltern; Hinterflügelunterseite mit 2 Reihen weißer Flecken, fliegt im Mai–Juni auf Waldlichtungen, an Laubwaldrändern u. auf buschigen Lehnen; Larve an Primeln; Rückgang durch Zerstörung der Waldsäume u. Aufforstung (nach der ↗ Roten Liste „gefährdet").

Nemertesia *w* [v. *nemert-], Gatt. der ↗ Plumulariidae. [die ↗ Schnurwürmer.

Nemertini [Mz.; v. *nemert-], *Nemertinea,*

Nemertodermatida [Mz.; v. *nemert-, gr. dermata = Häute], Ord. der Strudelwürmer mit 3 Gatt. (vgl. Tab.); kein Darmlumen, Darmparenchym zellulär, Statocyste mit 2 Statolithen, Spermium monoflagellat. Bekannteste Art: *Meara stichopi*, parasit. in Darm u. Leibeshöhle der Seewalze *Stichopus.*

Nemertoplanidae [Mz.; v. *nemert-, gr. planēs = umherschweifend], Strudelwurm-Fam. der Ord. *Proseriata;* 2 Gatt.: *Nemertoplana, Tabaota.*

Nemertopsis *w* [v. *nemert-, gr. opsis = Aussehen], Schnurwurm-Gatt. der Ord. *Hoplonemertea* mit 4 Arten: *N. flavida* (= *N. tenuis), N. exilis, N. bivittata, N. gracilis.*

Nemesia *w* [ben. nach der Rachegöttin Nemesis], Gatt. der ↗ Falltürspinnen.

Nemestrinidae [Mz.; nach Nemestrinus, dem röm. Gott der Haine], die ↗ Netzfliegen.

Nemichthyidae [Mz.; v. *nema-, gr. ichthys = Fisch], Fam. der ↗ Aale 1).

Nemobius *m* [v. gr. nemos = Hain, bios = Leben], Gatt. der ↗ Gryllidae.

Nemopteridae [Mz.; v. *nema-, gr. pteron = Flügel], Fam. der ↗ Netzflügler.

nemorale Zone [v. lat. nemus, Gen. nemoris = Hain], die ↗ Laubwaldzone.

Nenia *w*, Gatt. der Schließmundschnecken des nördl. S-Amerika.

Neoammonoidea [Mz.], (Wedekind), „Neuammoniten", die Ammoniten (↗ *Ammonoidea*) der Jura- u. Kreidezeit, gekennzeichnet durch „ammonit. ↗ Lobenlinien" (Loben u. Sättel geschlitzt); ihr Ursprung ist nicht befriedigend geklärt. ↗ *Palaeoammonoidea*, ↗ *Mesoammonoidea.*

Neoamphitrite *w* [ben. nach der gr. Meeresgöttin Amphitritē], Gatt. der Ringelwurm-(Polychaeten-)Fam. *Terebellidae*. *N. figulus*, 15–25 cm lang, 8–12 mm breit, rötl. oder bräunl., lebt in U-förm. Gängen von 2–3facher Körperlänge nahe der Niedrigwasserlinie u. tiefer in Schlamm, zw. Seegras u. den Rhizoiden v. Laminarien. Nordsee u. westl. Ostsee.

Neoaplectana *w* [v. gr. aplektos = ungeflochten], Gatt. der Fadenwurm-Ord. ↗ *Rhabditida* (Fam. *Steinernematidae*). Am bekanntesten ist *N. carpocapsae;* obligate Insekten-Parasiten, insbes. in Käfer- u. Schmetterlingslarven. Die Jungtiere von *N.* dringen über den Darmtrakt od. die Tracheen bis in die Hämolymphe des Wirts vor u. entlassen dort aus ihrem Darm eine spezif. Bakterienart *(Xenorhabdus nematophilus)*; deren Vermehrung führt innerhalb von 2 Tagen zum Tod des Insekts. Die Wür-

---

Nemertodermatida
Gattungen:
Flagellophora
Meara
Nemertoderma

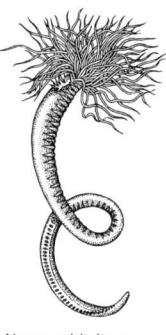

Neoamphitrite figulus

nema-, nemato- [v. gr. nēma, Gen. nēmatos = Faden].

nemert- [ben. nach der Nereide (= Tochter des Meeresgottes Nereus) Nēmertēs].

neo- [v. gr. neos = jung, neu; ungewöhnlich; davon neon = Jugendzeit].

mer ernähren sich v. den Bakterien u./od. den Zerfallsprodukten des Insektenkörpers u. pflanzen sich zweimal fort; die Jungtiere der 2. Generation verlassen das tote Insekt u. dringen in neue Wirte ein. – N. wird zunehmend in der ⤴biol. Schädlingsbekämpfung eingesetzt (Vorteil: wirts-*un*spezifisch; Nachteil: nur in feuchtem Boden od. in wäßr. Lösung überlebensfähig).

Neobatrachia [Mz.; gr. batracheios = Frosch-] ⤴Froschlurche.

Neobatrachus *m* [gr. batrachos = Frosch], Gatt. der ⤴Myobatrachidae.

Neobisium *s*, *Moosskorpione*, Gattung 2,5–3,4 mm großer ⤴Pseudoskorpione mit 4 Augen u. großen Cheliceren; *N. muscorum*, ein Bewohner der Streuschicht v. Wäldern, ist die häufigste Art in Mitteleuropa; *N. maritimum* lebt an der Meeresküste unter Steinen.

Neoblasten [Mz.; v. gr. blastos = Keim], morpholog. wenig differenzierte, pluripotente Zellen, die bei der ungeschlechtl. Vermehrung mancher Tiere eine entscheidende Rolle spielen (z.B. Ringelwürmer, Seescheiden); ihre Beteiligung an Regenerationsvorgängen (z.B. bei Strudelwürmern) ist jedoch umstritten.

Neobunodontia [Mz.; v. gr. bounos = Hügel, odontes = Zähne], 1899/1900 von H. G. Stehlin geschaffenes, neuerdings meist verworfenes Taxon (der U.-Ord. *Euartiodactyla*), in dem die Schweine u. Flußpferde zusammengeschlossen wurden; Veranlassung dazu bot die stammesgesch. begründete Einsicht, daß die stumpfkon. Zahnhöcker der *N.* nicht dem urspr. bunodonten Ausgangszustand entsprechen, sondern aus einem protoselenodonten Vorläuferstadium hervorgegangen sind (*Neobunodontie*). – Die Gliederung der *Artiodactyla* in die 3 U.-Ord. *Hypoconifera, Caenotheriidae* u. *Euartiodactyla* gilt als widerlegt.

Neocentromeren [Mz.; v. gr. kentron = Mittelpunkt, meros = Teil], zusätzl. zu den normalen ⤴Centromeren auftretende Bewegungszentren an od. in der Nähe der Chromosomenenden, an denen Spindelfasern angreifen, so daß die Chromosomenenden während der Anaphase vorauseilen.

Neoceratodus *m* [v. gr. keras = Horn, odous = Zahn], Gatt. der ⤴Lungenfische.

Neocerebellum *s* [v. lat. cerebellum = kleines Gehirn], ⤴Kleinhirn.

Neochanna *w* [v. gr. channē = Meeresfisch mit weitem Maul], Gatt. der ⤴Hechtlinge.

Neochmia *w* [v. gr. neochmos = neu, ungewöhnlich], Gatt. der ⤴Prachtfinken.

Neocortex *m* u. *w* [v. lat. cortex = Rinde], ⤴Neopallium.

Neocribellatae [Mz.; v. lat. cribellum = kleines Sieb], Gruppe der ⤴Cribellatae.

Neocyclotidae [Mz.; v. gr. kyklōtos = kreisförmig gebogen], Fam. terrestrischer Mittelschnecken (Überfam. *Cyclophoroidea*) Mittel- u. S-Amerikas u. der Antillen; getrenntgeschlechtl.; Samenrinne des ♂ verläuft offen zur Spitze des kopfständ. Penis.

Neodarwinismus
Weismanns grundlegender Beitrag war sein in der ⤴Keimplasmatheorie begründeter Widerspruch gegen jegliche Vererbung erworbener Eigenschaften.

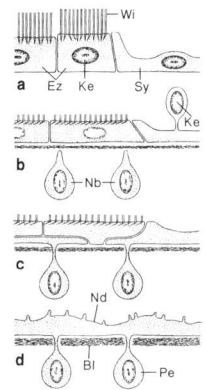

Neodarwinismus, die in ihren Anfängen auf A. Weismann zurückgehende ⤴Evolutionstheorie (⤴Darwinismus), die durch die Gesetze der Genetik u. Populationsbiologie erweitert ist (vgl. Spaltentext).

Neodermata [Mz.; v. gr. derma = Haut], auf der Grundlage der ⤴Hennigschen Systematik von U. Ehlers 1984 (⤴*Monogenea*) eingerichtetes Plathelminthen-Taxon; umfaßt die *Trematoda* (= ⤴*Aspidobothrea* u. ⤴*Digenea;* ⤴Saugwürmer) und die *Cercomeromorpha* (= *Monogenea* u. *Cestoda*). Bes. Kennzeichen: Am Ende der Larvalphase wird die Epidermis abgestoßen u. durch eine ⤴*Neodermis* ersetzt, die als entscheidende Autapomorphie (⤴Systematik) für das Monophylum *N.* gilt.

Neodermis *w* [v. gr. derma = Haut], von U. Ehlers 1984 eingeführte Bez. für die die während der Ontogenese degenerierende Epidermis ersetzende sekundäre Körperdecke der daher so ben. ⤴*Neodermata*. Das bewimperte, zelluläre Deckepithel wird am Ende der Larvalphase abgeworfen (vgl. Abb.). Cytoplasmat. Ausläufer v. Neoblasten aus dem Körperinnern durchstoßen die Basallamelle, breiten sich auf dem v. der primären Epidermis befreiten Körper aus u. verschmelzen zu einem syncytialen Tegument; die Perikaryen verbleiben in ihrer subepithelialen Lage.

Neodrepanis *w* [v. gr. drepanē = Sichel], Gatt. der ⤴Lappenpittas.

Neoechinorhynchus [v. gr. echinos = (See-)Igel, rhygchos = Rüssel], Gatt. der ⤴Eoacanthocephala.

Neoeuropa *s* (H. Stille 1920), *Jungeuropa*, durch Anfaltung der alpinen Gebirge an Mesoeuropa entstandene Landmasse, die der heutigen Topographie Europas bereits ähnl. war. [parder.

Neofelis *w* [v. lat. felis = Katze], ⤴Nebel-

Neofibularia *w* [v. lat. fibula = Klammer], Gatt. der Schwamm-Fam. *Esperiopsidae*. *N. nolitangere*, der Brennschwamm der Karibik; *N. mordens*, der Brennschwamm der austr. Küste.

Neogäa *w* [v. gr. gaia = Erde], 1) ⤴Megagäa. 2) biogeographisches Reich, das nur eine Region, die ⤴Neotropis, umfaßt; ⤴Südamerika.

Neogastropoda [Mz.; v. gr. gastēr = Magen, Bauch, podes = Füße], die ⤴Neuschnecken.

Neogen *s* [v. gr. neogenēs = neu entstanden], (M. Hoernes 1856), *Jungtertiär*, Zusammenfassung der erdgesch. Epochen ⤴Miozän u. ⤴Pliozän als jüngerer Abschnitt der ⤴Tertiär-Periode von ca. 20 Mill. Jahre Dauer (Ggs.: ⤴Paläogen). Die Untergrenze wird noch nicht einheitl. gezogen; Bestrebungen gehen dahin, das ⤴Quartär

Neodermis
Degeneration der bewimperten, zellulären Epidermis u. Bildung der wimperlosen, syncytialen N. in der Ontogenese der *Monogenea*:
a junger Embryo; primäre Körperbedeckung aus bewimperten Epidermiszellen u. Arealen wimperlosen Syncytiums.
b älterer Embryo; Degeneration der Kerne in den bewimperten Epidermiszellen u. Abstoßung der Kerne aus dem Syncytium.
c freischwimmende Larve (Oncomiracidium); unter der kernlosen Epidermis breiten sich flache Cytoplasmafortsätze der Neoblasten aus.
d Jungwurm; nach Abwurf der primären Epidermis ist der Körper mit syncytialen, bewimperten N. bedeckt. (Aus Ehlers 1984, verändert.)
Bl Basallamelle, Ez Epidermiszelle, Ke Kern, Nb Neoblasten, Nd Neodermis, Pe Perikaryon, Sy Syncytium, Wi Wimper

Neoglaziovia

aufgrund seiner zeitl. Kürze dem N. anzugliedern. [wächse.
Neoglaziovia w, Gatt. der ↗Ananasge-
Neogossea w, Gatt. der ↗ *Gastrotricha* (T) mit 5 parthenogenet. und halbplanktonischen Arten, mit langen paarigen Sinnestentakeln am Kopfende; leben verbreitet in Tümpeln u. im Pflanzendickicht in der Uferzone vieler Süßgewässer.
Neohattoria w, Gatt. der ↗Jubulaceae.
Neohipparion s [v. gr. hipparion = Pferdchen], (Gidley 1903), v. ↗ *Merychippus* abstammende dreizehige † Pferde-Gatt. Verbreitung: unteres bis oberes Pliozän von N-Amerika.
Neolamarckismus, Begriff, unter dem verschiedene antidarwinist. ↗Evolutions-Vorstellungen zusammengefaßt werden. Diesen ist gemeinsam, daß sie auf 2 Annahmen v. ↗Lamarck zurückgehen (↗Lamarckismus): 1. erworbene Eigenschaften v. Individuen können vererbt werden; 2. Evolution ist ausschl. Änderung u. Verbesserung v. Anpassungen. Der N. vernachlässigt (wie Lamarck selbst) die Ursachen der ↗Mannigfaltigkeit. ↗Darwinismus. [↗Jungsteinzeit.
Neolithikum s [v. gr. lithikos = Stein-], die
Neoloricata [Mz.; v. lat. loricatus = gepanzert], die U.-Kl. der rezenten ↗Käferschnecken. [sorgen], die ↗Brutpflege.
Neomelie w [v. gr. melesthai = für etwas
Neomenia w [v. gr. neomēnia = zunehmender Mond], Gatt. der *Neomeniidae*, ↗Furchenfüßer mit kurzem, abgestutztem Körper; dicke Cuticula mit Dörnchen; ohne Reibzunge; Mantelhöhle mit sekundären Atemfalten, ☿ mit einem Paar Kopulationsstacheln; weitverbreitet. *N. carinata*, im O-Atlantik u. Mittelmeer, legt in mehreren Schüben Eier mit Embryonen; Entwicklung über Hüllglockenlarven.
Neomeris w [v. gr. meros = Teil], Gatt. der ↗Dasycladales.
Neometabola [Mz.; v. gr. metabolē = Veränderung], Insekten mit unvollkommener Verwandlung (Teilgruppe der ↗ *Hemimetabola*) innerhalb der *Pterygota*. Für diese *Neometabolie* ist kennzeichnend, daß erst in den beiden letzten od. nur im letzten Larvenstadium äußere Flügelanlagen erscheinen. Dabei können puppenähnl. larvale Ruhestadien auftreten. Man unterscheidet: 1) *Homometabola:* nur letztes Larvenstadium mit Flügelanlagen (= Nymphe); bei geflügelten Weibchen einiger Blattläuse. 2) *Remetabola:* auch das vorletzte Stadium mit Flügelanlagen (= Pronymphe); bei Fransenflüglern. 3) *Parametabola:* mit bewegl. oder unbewegl. Pronymphe u. Nymphe, die als puppenähnl. Stadien keine Nahrung aufnehmen; bei Männchen der Schildläuse. 4) *Allometabola:* alle Larvenstadien ohne Flügelanlagen; aus dem letzten schlüpft die geflügelte Imago; bei Mottenläusen. ↗Metamorphose.

Neomycin B

neo- [v. gr. neos = jung, neu; ungewöhnlich; davon neon = Jugendzeit].

Neomycine [Mz.; v. gr. mykēs = Pilz], von *Streptomyces fradiae* gebildete ↗Antibiotika mit breitem Wirkungsspektrum (B Antibiotika); man unterscheidet *Neomycin A (Neamin), Neomycin B (Framycetin, Streptothricin B II)* und *Neomycin C (Streptothricin B I).* N. sind aus Aminozuckern aufgebaute u. daher basisch reagierende Tetrasaccharide, die durch Anlagerung an die kleine Untereinheit der prokaryot. Ribosomen die bakterielle Proteinbiosynthese hemmen. Von den N.n ist Neomycin B das wirksamste Antibiotikum. Aufgrund v. Nebenwirkungen ist die med. Anwendung (Lokaltherapie v. Haut-, Ohren- u. Augenfektionen) begrenzt. [serspitzmäuse.
Neomys w [v. gr. mys = Maus], die ↗Was-
Neonfische [ben. nach den „Neon"-Leuchtstofflampen], verschiedene Gatt. kleiner, schwarmbildender Salmler mit meist leuchtend roter u. grünblauer Färbung, die in den dunklen Urwaldgewässern der Arterkennung dient; beliebte Aquarienfische. Hierzu der 4 cm lange Echte Neon (*Paracheirodon innesi,* B Aquarienfische I) aus dem oberen Amazonasstromgebiet; der Rote Neon (*Cheirodon axelrodi*) v.a. aus dem oberen Río Negro, bei dem das rote Längsband bereits am Kopf beginnt; der ihm ähnl., aber nur entfernt verwandte, seltene, südam. Falsche Neon (*Hyphessobrycon similis*).
Neonkrankheit [ben. nach dem Neonfisch] ↗Plistophora-Krankheit.
Neontologie [v. gr. ōn = seiend, logos = Kunde], jener Zweig der Biol., der sich mit den heute lebenden (rezenten) Organismen beschäftigt. Ggs.: ↗Paläontologie.
Neoophora [Mz.; v. gr. ōophoros = Eier tragend], Gruppe von Ord. der Strudelwürmer (*Turbellaria*), die durch 3 als abgeleitet zu deutende Eigenschaften ausgezeichnet sind: 1. ein in Keim- u. Dotterstock unterteiltes Ovarium, 2. ektolecithale, zusammengesetzte Eier, 3. einen Furchungsmodus, bei dem nur noch die ersten Teilungen nach dem Spiraltyp (Spiral-↗Furchung, B) verlaufen, folgl. die Ontogenie stark v. der für Spiralia typischen abweicht. Die Gruppe N. umfaßt die *Prolecithophora, Lecitoepitheliata, Seriata* u. *Neorhabdocoela*.
Neopallium s [v. lat. pallium = Mantel], ein nur bei Säugetieren vorhandener Abschnitt des Endhirns, der bei hoch entwickelten Säugern (z.B. Mensch) die Hauptmasse des Großhirns bildet. Das N. entwickelte sich schon bei mesozoischen Säugern (Kreidezeit) als neues Assoziationsgebiet des Endhirns zw. den Althirnabschnitten *Archipallium* u. *Palaeopallium* (↗Gehirn). In der Evolution der Säuger hat das N. eine sehr starke Massenentfaltung erfahren und zahlr. Funktionen der urspr. Hirngebiete übernommen. So enden die Sehbahnen der Säugetiere nicht mehr im Tectum opticum des ↗Mittelhirns, sondern in der Area striata des N.s. Das N. ist in

eine Vielzahl sensorischer u. motorischer Areale aufgegliedert. Zw. diesen liegen ⁊ Assoziationsfelder, die der Verknüpfung v. Informationen dienen. – Die starke Entfaltung des N.s mit einer massiven Zunahme der Neuronenzahl u. der Menge der ableitenden Fasern hat zu einer weitgehenden Durchdringung alter u. neuer Hirnabschnitte geführt. So sind z.B. die aus dem N. entspringenden Fasern der Willkürmotorik, die direkt zu den motor. Endgebieten im Rückenmark verlaufen, als ⁊ Pyramidenbahn im Hirnstamm u. dem Rückenmark zu verfolgen (⁊ Nervensystem). Die konstruktive Umgestaltung des Gehirns bei den Säugern durch den Einbau neopallialer Strukturen wird als *Neencephalisation* (Neuhirnbildung) bezeichnet (⁊ Telencephalon). – Das N. unterscheidet sich auch im mikroskop. Bild durch seinen Aufbau aus 6 Zellschichten als *Neocortex* (Neuhirnrinde) v. der nur 2schichtigen Althirnrinde. [der ⁊ Seelöwen.

Neophoca *w* [v. gr. phōkē = Robbe], Gatt.
Neophron *m* [ben. nach dem in einen Geier verwandelten myth. Neophrōn], Gatt. der ⁊ Altweltgeier.
Neophyten [Mz.; v. gr. neophytos = neu gepflanzt], ⁊ Adventivpflanzen, die erst in jüngerer hist. Zeit, etwa seit dem 16. Jh. (d.h. nach der Entdeckung der Neuen Welt), fester Bestandteil unserer Flora geworden sind. Ggs.: ⁊ Archäophyten.
Neophytikum *s* [v. gr. phytikos = Pflanzen-], das ⁊ Känophytikum.
Neopilina *w* [v. gr. pilos = Filz(hut)], einzige rezente Gatt. der ⁊ *Monoplacophora* (Napfschnecken) mit napfförm. Schale, die durch 8 Paare dorsoventraler Muskeln mit dem Weichkörper verbunden ist. *N. galatheae* (37 mm ⌀) wurde berühmt als erste lebend entdeckte Art der Klasse, die zahlr. fossile Formen umfaßt: sie wurde 1952 durch die dän. „Galathea"-Expedition vor der W-Küste Mittelamerikas aus 3590 m Tiefe geholt. Inzwischen wurden weitere 8 Arten bekannt, die 2 U.-Gatt. zugeordnet werden: *N.* mit 5, *Vema* mit 6 Paar Kiemen. *N.* lebt kriechend auf Schlammboden beiderseits des Äquators u. der Antarktis in Tiefen von 174–6500 m; sie ernährt sich v. Diatomeen, Radiolarien u. Foraminiferen. B lebende Fossilien.
Neoptera [Mz.; v. gr. pteron = Flügel], Gruppe der geflügelten ⁊ Insekten (T), die durch ein 4. Flügelgelenkstück (Pterale 4) und damit korrelierte Thoraxumbauten ihre Flügel nach hinten legen können. Hierher alle Ord. geflügelter Insekten (⁊ Fluginsekten) außer den ⁊ *Palaeoptera* (Libellen, Eintagsfliegen).
Neopterin *s*, ⁊ Pteridine.
Neoptile [Mz.; v. gr. ptilon = Flaumfeder], die ⁊ Nestdunen.
Neopulmo *m* [v. lat. pulmo = Lunge], ⁊ Atmungsorgane (B III).
Neorhabdocoela [Mz.; v. gr. rhabdos = Rute, koilos = hohl], Ord. der Strudelwürmer, aus der früheren Ord. *Rhabdocoela* durch Abtrennung der *Catenulida, Macrostomida* u. *Haplopharyngia* gebildet; Kennzeichen: stabförm. Darm ohne Divertikel.
Neorickettsia *w* [ben. nach dem am. Pathologen H. T. Ricketts, 1871–1910], Gatt. der Rickettsien (Gruppe der *Ehrlichiae*, ⁊ *Ehrlichia*), rickettsienähnl. Bakterien, die parasit. (intracytoplasmatisch) in *Canidae* (Hundeartigen) leben. *N.* kann nicht zellfrei od. in Hühnerembryonen kultiviert werden.
Neornithes [Mz.; v. gr. ornithes = Vögel], (Gadow 1893), U.-Kl. der Vögel, welche einige Vertreter der Kreidezeit sowie die tertiären u. jüngeren Vögel umfaßt; hierzu rechnen nicht die zu den ⁊ *Archaeornithes* gehörenden *Archaeopterygiformes*. Alle *N.* sind mit unbezahnten Kiefern u. Hornschnäbeln ausgestattet, manche sekundär flügellos. Verbreitung: Unterkreide (Alb) bis rezent. ⁊ *Odontognathae*.
Neoscopelidae [Mz.; v. gr. skopelos = Klippe], Fam. der ⁊ Laternenfische.
Neostethidae [Mz.; v. gr. stēthos = Brust, Inneres] ⁊ Ährenfische.
Neostriatum *s* [v. lat. stria = Vertiefung, Streifen], *Neustreifenkörper* der Wirbeltiere, ist als Abkömmling der ⁊ Basalganglien des Endhirns bei Reptilien, Vögeln u. Säugern entwickelt. Bei Vögeln ist es wicht. Assoziationsgebiet u. Koordinationszentrum des Instinktverhaltens. Das *N.* der Säuger erscheint durch das Einwachsen v. Faserbahnen des Neuhirns in zwei Teile untergliedert (Caudatum u. Putamen). Das *N.* arbeitet aber auch bei Säugern als funktionell einheitl., übergeordnetes Hirngebiet der unwillkürl. Motorik (Automatismen, Mitbewegungen, Muskeltonus; Zentrum des extrapyramidal-motorischen Systems). ⁊ Telencephalon.
Neostyriaca *w* [v. nlat. Styriacus = steiermärkisch], *Graciliaria*, Gatt. der Schließmundschnecken; die 11 mm hohe Kalkfelsen-Schließmundschnecke *(N. corynodes)* lebt an feuchten Kalkfelsen der Alpen.
Neotenie *w* [v. gr. teinein = spannen], *Neotänie, Progenese*, Erreichen der Geschlechtsreife unter Beibehaltung v. Larvalmerkmalen (⁊ Larvalentwicklung, ⁊ Larven). Beispiel: viele Schwanzlurche, die auch geschlechtsreif im Wasser verbleiben u. über äußere Kiemen atmen. Das Ausbleiben der ⁊ Metamorphose kann unterschiedl. Gründe haben. Beim normalerweise neotenen ⁊ Axolotl ist es eine Unterfunktion der Schilddrüse, beim ⁊ Grottenolm hingegen reagieren die Gewebe nicht mehr auf Metamorphosehormone. Die *N.* kann möglicherweise zur Entstehung völlig neuer Tiergruppen führen. Es wird z.B. diskutiert, ob die Vorfahren der Wirbeltiere sich aus Larvenformen Ascidien-ähnlicher Ur-Chordaten unter Beibehaltung der Larvalmerkmale Chorda,

neo- [v. gr. neos = jung, neu; ungewöhnlich; davon neon = Jugendzeit].

Ruderschwanz u. nicht-sessile Lebensweise entwickelt haben.
Neotenin s [v. gr. teinein = spannen], das ↗Juvenilhormon. [die ↗Böckchen.
Neotraginae [Mz.; v. gr. tragos = Bock],
Neotremata [Mz.; v. gr. trēmata = Löcher], (Beecher 1891), Ord. inarticulater ↗Brachiopoden (T) mit überwiegend hornig-phosphat., seltener kalkig-phosphat., bei *Craniacea* nur aus Kalk bestehender Schale; Stielloch nahe dem Wirbel der mehr od. weniger kegelförm. Stielklappe. Verbreitung: unteres Kambrium bis rezent, Blütezeit im unteren Paläozoikum.
Neotrigonia w [v. gr. trigōnos = dreieckig], Gatt. der *Trigoniidae* (U.-Ord. *Schizodonta*), austr., dickschalige Meeresmuscheln mit Rest einer Byssusdrüse; ca. 6 herzmuschelähnl. Arten.
Neotropis w [v. gr. tropē = Sonnenwende], tiergeographische Region *(neotropische Region)* bzw. *(neotropisches) Florenreich,* das die neuweltlichen Tropen, d. h. S-Amerika mit Zentralamerika und Westindien sowie den südlichen Teil von Mexiko umfaßt. Viele mit Afrika gemeinsame (pantropische) Fam. weisen auf eine bis ins Alttertiär reichende Verbindung zur ↗Paläotropis (↗Afrika) hin. Da die N. über große Zeiträume des Tertiär von N-Amerika getrennt war (die mittelam. Landbrücke bestand zu dieser Zeit nicht), hat sich dort (ähnl. wie in ↗Australien) eine sehr eigenständ. Pflanzen- u. Tierwelt entwickelt, die nach dem Auftauchen der mittelam. Landbrücke erst durch aus N-Amerika einwandernde Gruppen vermehrt wurde, während große Teile der alten Flora u. Fauna ausstarben. ↗Südamerika.
Neottia w [gr., = Nest], die ↗Nestwurz.
Neoturris w [v. lat. turris = Turm], Gatt. der ↗Pandeidae.
Neotypus m [v. gr. typos = Typ], ein in der ↗Nomenklatur sekundär festgelegter Typus, z. B. wenn das urspr. Typen-Material vernichtet od. verschollen ist. Der N. ist also nur ein Ersatz-Typus im Ggs. zum ↗Lectotypus, der aus der urspr. Serie v. Syntypen stammt.
Neovitalismus m [v. lat. vitalis = Lebenskraft besitzend], durch das Unvermögen, zahlr. Fragen, insbes. aus der Entwicklungsphysiologie u. Genetik, aber auch im Bereich der Deszendenztheorie, kausalanalyt. zu klären, entstandene Strömung in der biol. Forschung des ausgehenden 19. und frühen 20. Jh.s, die an das Gedankengut der Vitalisten (Mechanismus-Vitalismus-Streit, ↗Vitalismus – Mechanismus) anknüpfte und morpholog.-idealist. sowie neolamarckist. Züge besaß. Als Begr. des N. gilt H. ↗Driesch, der zur Erklärung v. Regenerationsprozessen, der Keimesentwicklung und insbes. der Entdeckung, daß ganze Organismen aus halben Eiern entstehen können, teleolog. „Gestaltungskräfte" heranzog, v. Selbstdifferenzierung,

neo- [v. gr. neos = jung, neu; ungewöhnlich; davon neon = Jugendzeit].

nephel- [v. gr. nephelē = Nebel, Wolke, auch Menge; nephelion = Wölkchen].

prospektiver Potenz u. prospektiver Bedeutung v. Keimregionen sprach u. eine ihnen innewohnende „elementare ↗Entelechie" postulierte. Auch die Arbeiten ↗Teilhard de Chardins enthalten Gedankengut des N. [↗Känozoikum.
Neozoikum s [v. gr. zōikos = Tier-], das
Nepa w [lat. (= afr. Wort), = Skorpion], Gatt. der ↗Skorpionswanzen.
Nepenthaceae [Mz.; v. gr. nēpenthēs = Kummer stillend], die ↗Kannenpflanzengewächse.
Nepenthes w [v. gr. nēpenthēs = Kummer stillend], Gatt. der ↗Kannenpflanzengewächse.
Nepeta w [lat., =], die ↗Katzenminze.
Nephelis w [v. *nephel-], *Erpobdella,* Gatt. der ↗Erpobdellidae.
Nephelium s [v. *nephel-], Gatt. der ↗Seifenbaumgewächse.
Nephelopsis w [v. *nephel-, gr. opsis = Aussehen], Gatt. der Ringelwurm-(Egel-) Fam. ↗Erpobdellidae, endemisch in N-Amerika.
Nephila w [v. gr. nein = spinnen, philē = Freundin], die ↗Seidenspinnen.
Nephridialkanal [v. gr. nephridios = Nieren-], tubulärer Abschnitt der Proto- u. Meta-↗Nephridien (↗Exkretionsorgane), in dem durch Prozesse der Sekretion u. Rückresorption der Endharn bereitet wird. Auch die Nierentubuli (↗Niere) werden verschiedentl. als Nephridialkanäle bezeichnet, ferner die in den Ampullen einmündenden tubulären Abschnitte der kontraktilen Vakuolen v. Ciliaten (Wimpertierchen).
Nephridien [Mz.; v. gr. nephridios = Nieren-], ↗Exkretionsorgane (B) wirbelloser Tiere, die als Meta-N. oder Proto-N. gestaltet sind u. im einzelnen mannigfalt. Differenzierungen erfahren haben. Vielfach werden die *Meta-N.,* die meist mit einem *Flimmer-* oder *Wimpertrichter* ausgestattet sind (fehlt bei Dekapoden) u. Differenzierungen des Coeloms darstellen, als urspr. N. angesehen. Sie bilden mit einem ektodermalen vielfach aufgewundenen Kanal eine funktionelle (exkretor.) Einheit; der ↗Nephridialkanal transportiert bei verschiedenen Tieren neben den Exkreten zusätzl. Keimzellen. Meta-N. kommen bei Phoroniden, Brachiopoden, Sipunculiden, Echiuriden, Mollusken, Tentakulaten, Anneliden u. Arthropoden vor. Die ↗Bojanusschen Organe der Muscheln, ↗Antennendrüsen verschiedener höherer Krebse u. ↗Coxaldrüsen der Spinnen u. anderer Arthropoden sind ebenfalls abgewandelte Meta-N., untereinander also homolog. *Proto-N.* sind zum Körperinnern hin blind geschlossene Schläuche ektodermaler Herkunft, die oft den gesamten Körper des Tieres durchziehen (Leberegel) u. deren Filtrationseinrichtung durch einen hochdifferenzierten terminalen Abschnitt aus zwei od. mehreren Zellen (↗Cyrtocyten, ↗Choanocyten) gebildet wird. Im Innern

der Schläuche schlägt eine *Wimperflamme*. Proto-N. transportieren keine Keimzellen. Typische Proto-N. besitzen die Plathelminthen; sie sind bei ihnen ins Bindegewebe eingelagert; des weiteren finden sich Proto-N. bei Polychaeten, Kamptozoen u. Rotatorien. Unter den Polychaeten kommen auch beide Typen der N. nebeneinander vor *(Protonephromixien)*, wobei dann über den coelomat. Metanephridienanteil Geschlechtsprodukte über den Nephroporus nach außen abgegeben werden können. Bei einigen Polychaeten sind die Proto-N. als *Solenocytenorgane* ausgebildet, die oft in Gruppen angeordnet, die Exkrete in einen gemeinsamen Nephridialkanal abgeben u. deren Filtrationsantrieb eine einzelne Geißel übernimmt. Bes. komplizierte Proto-N. mit umgewandelten Solenocytenorganen sind schließl. die als *Cyrtopodocyten* bezeichneten Exkretionsorgane des ↗Lanzettfischchens. Sie sind segmental angeordnet, haben keinen Bezug zum Coelom u. öffnen sich zur Körperoberfläche hin. Möglicherweise bilden sie den Typ der urspr. Exkretionsorgane der Wirbeltier-Vorläufer im Meer, sind aber mit deren Höherentwicklung verlorengegangen. Demgemäß können auch primitive tubuläre Strukturen, die bei niederen Wirbeltieren u. embryonal angelegt gefunden werden („Archinephros"), nicht homologisiert werden, obwohl sie mit ihren bewimperten Trichtern, die mit dem Coelom kommunizieren, Metanephridien-ähnlich sind. Ihre Ausführungsgänge (Wolffscher Gang, Ductus deferens) transportieren z. T. ebenfalls (wie Meta-N.) Geschlechtsprodukte. *K.-G. C.*

Nephrocoeltheorie [v. *nephro-, gr. koilos = hohl], neben der ↗Gono- u. der ↗Schizocoeltheorie die dritte der ↗Coelomtheorien, die unter der Annahme, die Plattwürmer *(Plathelminthes)* seien Ahnen der *Coelomata*, v. einem kompakten Vorstadium, d. h. einer mit Mesenchym erfüllten Blastula, ausgeht. – Nicht ohne Vorläufer (Lankester 1874), wurde sie v. a. von H. E. Ziegler (1898) formuliert. Sie nimmt an, daß das Coelom v. den Exkretionsorganen aus entstanden od. von Anfang an als Exkretionsorgan angelegt ist, d. h., daß die Coelomhöhle als ein erweiterter Teil des Terminalorgans eines Protonephridiums od. als eine Aussackung an einem Protonephridium, ein Nephrocoel, aufzufassen ist. Da jedoch bei einer Reihe v. Tieren (z. B. zahlr. *Polychaeta, Echiurida*) alle Formen v. Protonephridien gleichzeitig mit großen Coelomräumen vorkommen u. zudem ontogenetisch Protonephridien u. Coelom sich aus völlig verschiedenen Anlagen entwickeln, sind Exkretion u. Osmoregulation ebenso als primäre Funktion des Coeloms wie auch als Ursache seiner Entstehung auszuschließen. So hat die N. im Prinzip nur noch hist. Bedeutung.

Lit.: *Lankester, E. R.*: Observations on the development of the pond snail (Lymnaea stagnalis), and on the early stages of other Mollusca. Quart. J. micr. Sci. 14, 365–391, 1874.

Nephrocyten [Mz.; v. *nephro-, gr. kytos = Höhlung (heute: Zelle)], *Speichernieren*, mesoblast. Zellen der Exkretablagerung bei Arthropoden, die einzeln od. in Klumpen in der Hämolymphbahn liegen.

Nephrolepis *w* [v. *nephro-, gr. lepis = Schuppe], Gatt. der ↗Davalliaceae.

Nephromataceae [Mz.; v. *nephro-], Fam. der *Peltigerales*, mit 1 Gatt. (*Nephroma*, 35 Arten), beiderseits berindete Laubflechten mit eingesenkten Apothecien auf der Unterseite v. aufgebogenen Thalluslappen, mit mehrfach querseptierten, braunen Sporen; Blaualgenflechten (mit *Nostoc*) mit braunem bis braungrauem Lager od. Grünalgenflechten (mit *Coccomyxa*) mit hellgrünem Lager u. *Nostoc*-Algen in Cephalodien, kosmopolit., hpts. in ozeanisch getönten Gebieten; in Mitteleuropa 6 Arten.

Nephromixien [Mz.; v. *nephro-, gr. mixis = Mischung], Segmentalorgane der ↗Ringelwürmer, bei denen ein als Exkretionsorgan fungierendes Protonephridium mit einem der Ausführung der frei in die Leibeshöhle entlassenen Genitalprodukte dienenden Genitaltrichter vereinigt ist.

Nephron *s* [v. *nephro-], Bauelement (exkretorische Einheit, ↗Exkretionsorgane) der Niere, in seiner am weitesten differenzierten Form bestehend aus *Malpighischem Körperchen* (↗Bowmansche Kapsel u. ↗Glomerulus), *proximalem Tubulus*, ↗*Henlescher Schleife* u. *distalem Tubulus*. Zahlr. Abwandlungen u. Rückbildungen einzelner Teile des N.s stehen mit physiolog. Anpassungen an das Salz-, Süßwasser od. Landleben im Zshg. und sind überdies phylogenet. zu erklären. Einige Pro-Chordaten (z. B. die Gatt. *Balanoglossus* der ↗Enteropneusten) haben sehr kurze, an Metanephridien (↗Nephridien) erinnernde Nephren, deren proximales (bewimpertes) Ende sich über eine weite Gefäßaussackung („Glomerulus") in das Coelom öffnet. Dieser urspr. Typ des N.s ist bei Wirbeltieren noch embryonal zu finden. Den urspr. Typ des N.s der Nieren v. adulten Wirbeltieren besitzen die Süßwasserfische (in Übereinstimmung mit der Vorstellung, daß die Wirbeltiere v. diesem Lebensraum aus das Meer besiedelt haben) mit einem gut ausgebildeten Malpighischen Körperchen, proximalem u. distalem Tubulus; er ist bei Amphibien, Knochenfischen und – mit einer bes. spezialisierten Region zur Reabsorption v. Harnstoff – bei Elasmobranchiern zu finden. Abwandlungen v. diesem Typ gibt es in Anpassung an trockene Habitate (Reptilien) bzw. an die Gefahr des Wasserverlustes in das hypertone Meerwasser (marine Knochenfische). In beiden Fällen ist das Malpighische Körperchen re-

nephro- [v. gr. nephros = Niere].

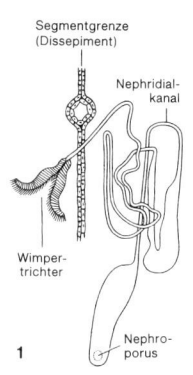

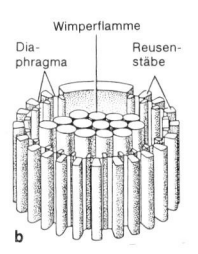

1

2a

b

Nephridien

1 *Metanephridium* eines Anneliden (Regenwurm), das die langen gewundenen Abschnitte des Nephridialkanals zeigt. Wimpertrichter u. Nephroporus sind jeweils durch ein Segment getrennt. **2a** Terminales Ende eines *Protonephridiums* mit 2 Zellen (Terminalzelle, Kanalzelle), die den Reusenapparat bilden, in dem die Wimperflamme schlägt; **b** Querschnitt durch den Reusenapparat

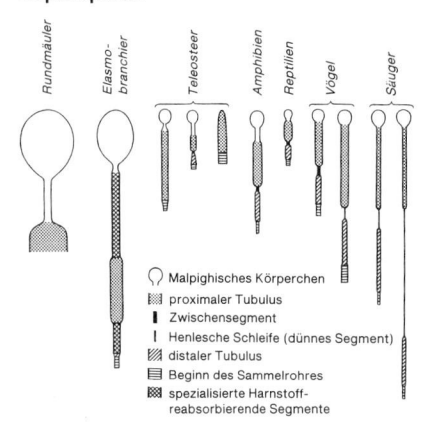

Nephroporus

Rundmäuler, Elasmobranchier, Teleosteer, Amphibien, Reptilien, Vögel, Säuger

○ Malpighisches Körperchen
▨ proximaler Tubulus
▮ Zwischensegment
▯ Henlesche Schleife (dünnes Segment)
▨ distaler Tubulus
▤ Beginn des Sammelrohres
▩ spezialisierte Harnstoffreabsorbierende Segmente

duziert od. ganz verschwunden (aglomeruläre Nieren verschiedener Teleosteer, bei denen auch der distale Tubulus fehlt). Die Ausbildung einer Henleschen Schleife (angefangen bei Vögeln u. weiter differenziert bei Säugern) zur Harnkonzentrierung ist als eine andere Anpassung an begrenzte Wasserzufuhr phylogenet. zu verstehen. ↗Niere (B), ↗Osmoregulation. B Exkretionsorgane.

Nephroporus *m* [v. *nephro-, gr. poros = Öffnung], *Nephridioporus, Nephridialporus,* Mündung der distal blind geschlossenen Tubuli der ↗Protonephridien ins Außenmedium. ☐ Nephridien.

Nephrops *m* [v. *nephro-, gr. ōps = Auge, Gesicht], Gatt. der ↗Hummer.

Nephrostom *s* [v. *nephro-, gr. stoma = Mund], *Nephridiostom,* zum Coelom hin offener Wimpertrichter der Metanephridien zahlr. Arthropoden. ↗Exkretionsorgane.

Nephrotom *s* [v. *nephro-, gr. tomē = Schnitt], ↗Nierenentwicklung.

Nephthyidae [Mz.; ben. nach der ägypt. Göttin Nephthys], Fam. der Ringelwürmer (Kl. *Polychaeta*) mit 4 Gatt. Prostomium klein, mit 4 Antennen, keine Palpen, ein od. zwei Paar kleine Tentakelcirren, Parapodien zweiästig u. gelappt; Rüssel ausstülpbar, ein Paar kleiner Kiefer. Typ. Sand- u. Schlickbewohner ohne feste Gangsysteme, kriechen rasch u. schwimmen gut; pelag. Larven. *Nephthys hombergii,* bis 20 cm lang, carnivor bis omnivor; *N. ciliata,* bis 30 cm lang, Detritusfresser; *N. cirrosa,* bis 10 cm lang.

Nepidae [Mz.; v. lat. (= afr. Wort) nepa = Skorpion], die ↗Skorpionswanzen.

Nepo-Virusgruppe ↗Tabakringflecken-Virusgruppe.

Nepticulidae [Mz.; v. lat. nepticula = Enkelin], die ↗Zwergmotten.

Neptunea *w* [ben. nach dem röm. Meeresgott Neptunus], Gatt. der Wellhornschnecken in nördl. Meeren. Das Neptunshorn (*N. antiqua*) kommt auch in Nord- u. Ostsee auf Schlick vor u. ist hier die größte Schnecke (20 cm hoch); carnivor.

Nephron
Schema der Nephren verschiedener Wirbeltiere, im gleichen Maßstab dargestellt, um die unterschiedl. Größe der einzelnen Abschnitte zu zeigen. Das Zwischensegment wird bei verschiedenen Vögeln u. allen Säugern zur Henleschen Schleife.

Nereidae
Wichtige Gattungen:
Micronereis
Namalycastis
Namanereis
↗ *Nereis*
Perinereis
Platynereis

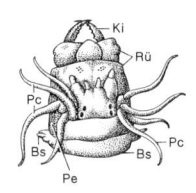

Nereis
Vorderende, mit vorgestülptem Rüssel; 4 mm ⌀
Bs erstes Borstensegment (urspr. drittes Segment), Ki Kiefer, Pc vier Paar Peristomial- od. Tentakelcirren, Pe Peristomium, Rü Rüssel mit Paragnathen

nephro- [v. gr. nephros = Niere].

nere-, neri- [ben. nach Nēreus = gr. Meeresgott, Nēreis (Mz. Nēreïdes) = Nereide].

nereit-, nerit- [v. gr. nēreïtēs bzw. nērītēs = eine bunte Meeresschnecke mit Deckel].

Neptunsgehirne, die ↗Mäanderkorallen; als N. i. e. S. wird manchmal die Gatt. *Diploria* bezeichnet.

Neptunsgräser ↗Posidoniaceae.

Nereidae [Mz.; v. *nere-], *Lycoridae,* Fam. der Ringelwürmer (Kl. *Polychaeta*) mit 32 Gatt. (vgl. Tab.). Prostomium mit 2 frontalen Antennen u. 2 dicken, zweigliedr. Palpen; meist 4 Paar Tentakelcirren; Kiemen selten verzweigt; Parapodien meist zweiästig u. mit zusätzlichen zungenförm. Lappen; vorstülpbarer Rüssel mit 2 gezähnten Kiefern u. Paragnathen in bestimmt. Anordnung (☐ *Nereis*). Entwicklung über pelagische u. hemipelagische Larven. Fortpflanzung durch pelagische Sexualstadien (↗Epitokie).

Nereimorpha [Mz.; v. *nere-, gr. morphē = Gestalt], als U.-Ord. geführte Sammelgruppe v. Ringelwürmern (Kl. *Polychaeta*) aus der Ord. ↗ *Errantia.* Beide Einteilungen sind nicht mehr gebräuchl.; heute in die Ord. ↗ *Phyllodocida* u. ↗ *Eunicida* aufgelöst.

Nereis *w* [v. *nere-], namengebende Gatt. der Ringelwurm-(Polychaeten-)Fam. ↗ *Nereidae. N. (Neanthes) virens,* bis 50 cm lang, gräbt U-förmige Gänge, die mit Hautschleim ausgekleidet werden; Pflanzenfresser; schwärmt an der Nordseeküste u. bei Helgoland Mitte April nachts zur Abgabe der Geschlechtszellen u. geht dann zugrunde. *N. diversicolor,* bis 20 cm lang; omnivor, ernährt sich zeitweilig als Netzfänger, indem er aus Sekretfäden der Parapodialdrüsen des Vorderkörpers am Eingang des Grabganges ein Trichternetz spinnt u. darin Nahrungspartikel fängt; Nahrungspartikel u. Netz werden zus. verschlungen; keine epitoken Stadien (↗Epitokie). *N. fucata,* bis 20 cm lang, Kommensale in v. Einsiedlerkrebsen bewohnten Wellhornschneckenhäusern. *N. pelagica,* 3–12 cm lang, auf Hartböden zw. Algen u. Miesmuscheln; Mittelmeer, Atlantik, Ärmelkanal, in der Nordsee häufig, in der Ostsee verbreitet. *N. (Neanthes) succinea,* bis 10 cm lang, dringt bis ins Süßwasser vor, in der Nordsee selten. *N. vitabunda,* terrestr. auf Sumatra, ca. 50 km vom Meer entfernt in Erdgängen gefunden.

Nereites *m* [v. *nereit-], (Mac Leay 1839), ausschl. fossil bekannte mäandrierende ↗Spuren, die aus einer medianen Furche bestehen, die beidseits von blattart. symmetr. Mulden flankiert wird. Die sich eng berührenden Schleifen deutete R. Richter (1924) als „geführte ↗Mäander" u. Weidespuren v. Würmern. Massenvorkommen von N. bezeichnen die bathyale bis abyssale „N.-Fazies" (Seilacher 1967), deren bathymetr. Ausdeutung erneut zur Diskussion steht. Als Urheber der N.-Spuren wurden Würmer, Schnecken u. Krebstiere vermutet. Verbreitung: Ordovizium bis Karbon, Kreide u. Eozän.

Nereocystis *w* [v. *nere-, gr. kystis = Blase], Gatt. der ↗Laminariales.

Nerillidae [Mz.; v. *neri-], Ringelwurm-(Polychaeten-)Fam. der Ord. ⟶ *Archiannelida* mit 9 Gatt. Sehr klein, meist weniger als 10 Segmente; in einigen Fällen ein Paar Tentakelcirren vorhanden; Prostomium mit 2 oder 3 oder ohne Antennen, jedoch mit 2 Palpen; Bauchseite mit Wimperstreifen, zudem manchmal auf der Rückenseite metamere Wimperhalbringe; Parapodien zweiästig; Rüssel vorstülpbar, mit od. ohne Kiefer; im Meer-, Brack- u. Süßwasser. Die meisten Arten wurden in Seewasser-Aquarien entdeckt. Wichtige Gatt. *Nerilla*, 1–2 mm lang; *Nerillidium* kleiner als 1 mm; ⟶ *Troglochaetus*.

Nerine w [v. *neri-], Gatt. der Ringelwurm-(Polychaeten-)Fam. *Spionidae*. *N. fuliginosa*, bis 1 cm lang, grün od. lachsfarben, vorn mit Schwarz, unterer Parapodienast des 30. bis 45. Borstensegments mit je 4 bis 5 Hakenborsten; Gezeitengürtel u. tiefer, Nordsee.

Nerita w [v. *nerit-], Gatt. der Nixenschnecken mit dickwand. Gehäuse u. meist flachem Gewinde; spiralgerippt; Spindel gezähnt, Deckel mit kleinem Fortsatz; meist nachtaktive Weidegänger warmer Meere, seltener im Brackwasser; ca. 100 Arten. [schnecken.

Neritidae [Mz.; v. *nerit-], die ⟶ Nixen-

Neritina w [v. *nerit-], Gatt. der Nixenschnecken in trop. Meer-, Brack- u. Süßwasser; Spindel glatt od. fein gezähnelt.

neritisch [v. *nerit-], (Haug 1908–11), bezeichnet den Flachmeerbereich von 0 bis 200 m Tiefe, d.h. von der Küste (litoral) bis zum Oberrand des Kontinentalabhangs; Zone des durchlichteten u. bewegten Wassers mit reichen Pflanzen- u. Tiergesellschaften; Boden meist dicht besiedelt.

Neritodryas w [v. *nerit-, gr. Dryas = Baumnymphe], indopazif. Gatt. der Nixenschnecken; zeitweilig außerhalb des Wassers in der Ufervegetation weidend.

Nerium s [lat., =], der ⟶ *Oleander*.

Nernst, *Walther Hermann*, dt. Physiker u. Chemiker, * 25.6. 1864 Briesen (Westpreußen), † 18.11. 1941 Ober-Zibelle bei Muskau (Niederschlesien); seit 1891 Prof. in Göttingen, 1905–33 in Berlin; entdeckte 1887 den galvanomagnet. *N.-Effekt*, entwickelte 1889 die *N.sche Theorie* der galvan. Stromerzeugung, gab 1899 eine Theorie der elektr. Nervenreizung *(N.-Gleichung);* weitere Arbeiten über Lösungen, spezif. Wärmen, Dissoziation v. Elektrolyten u. chem. Gleichgewichte; v. großer Bedeutung ist das 1906 aufgestellte *N.sche Wärmetheorem;* erhielt dafür 1920 den Nobelpreis für Chemie.

Nernstsche Gleichung [ben. nach W.H. ⟶ *Nernst*], ⟶ *Membranpotential*.

Nerol s, rosenartig riechendes, in äther. Ölen (z.B. ⟶ *Neroliöl*, ⟶ *Bergamottöl* u. ⟶ *Citrusölen*) vorkommendes acycl. Monoterpen; cis-trans-isomer mit ⟶ *Geraniol*. □ Blütenduft.

Neroliöl [über frz. néroli, ben. nach dem it. Fürstengeschlecht Nerola], äther. Öl aus den Blüten der Pomeranze *(Citrus aurantium)*, das (im Ggs. zum Orangenblütenöl) durch Wasserdampfdestillation gewonnen wird. N. enthält ca. 35% Terpenkohlenwasserstoffe (Ocimen, Dipenten u. Pinen), 30% Alkohole (Linalool), 11% Ester (Linalylacetat) sowie Nerolidol, Geraniol, Nerol u. Terpineol. Verwendung als Duft- u. Aromastoff.

Nerophis m [v. gr. nēros = feucht, ophis = Schlange], Gatt. der ⟶ *Seenadeln*.

Nertera w [v. gr. nerteros = niedrig], Gatt. der ⟶ *Krappgewächse*.

nerval [v. lat. nervalis = Nerven-], das Nervensystem betreffend, durch Nervenfunktionen bewirkt.

Nervatur w [v. *nerv-], *Aderung*, **1)** Bot.: Bez. für die Gesamtheit der Nerven (Leitbündel) eines ⟶ *Blattes* in ihrer charakterist. Anordnung; z.B. Netzaderung (Netz-N., Parallel-N.). **2)** Zool.: Adersystem auf dem ⟶ Insektenflügel (□).

Nerve growth factor [nerv grouß fäkt^{er}; engl.; =], *Nervenwachstumsfaktor*, Abk. *NGF*, Protein, das in Kulturen v. Neuroblasten das Auswachsen v. Nervenfasern stark fördert.

Nerven [v. *nerv-], Bez. für die zu Bündeln zusammengefaßten Ausläufer (⟶ *Axone*) v. ⟶ *Nervenzellen*. ⟶ *Nervensystem*.

Nervenbahnen, *Leitungsbahnen, Nerventraktus*, Bez. für Bündel v. ⟶ *Nervenfasern* im Zentralnervensystem v. Wirbeltieren u. Mensch; verbinden einzelne Hirnabschnitte miteinander wie auch Gehirn u. Rückenmark (z.B. Pyramidenbahn). ⟶ *Nervensystem*.

Nervenfaser, Bez. für parallel verlaufende Ausläufer (⟶ *Axone*) v. Nervenzellen, die v. einer gemeinsamen Bindegewebshülle umgeben sind.

Nervengase, nervenschädigende Kampfstoffe (⟶ *Giftgase*); meist halogenhalt. Ester der Phosphorsäure, die als Hemmstoffe der ⟶ *Acetylcholin-Esterase* wirken (z.B. Sarin, Tabun). ⟶ *Neurotoxine*.

Nervengeflecht, *Nervenplexus*, netzart. Verknüpfung v. Nerven verschiedener Rückenmarkssegmente, z.B. der ⟶ *Solarplexus* (Sonnengeflecht). ⟶ *Nervennetz*, ⟶ *Nervensystem*.

Nervengewebe, ausschl. tierisches bzw. menschl. ⟶ *Gewebe*, das der Aufnahme, Verarbeitung u. Leitung exogener ebenso wie endogen in den ⟶ *Nervenzellen* erzeugter Signale (Erregung) dient u. so das Substrat zum Bau v. ⟶ *Nervensystemen* liefert. Bei Tieren mit höher organisierten Nervensystemen u. beim Menschen bilden die erregungsleitenden Bauelemente, die Nerven- od. Ganglienzellen ektodermaler Herkunft, eine enge funktionelle u. räumliche Einheit mit der ⟶ *Glia* ([B] Bindegewebe), einem Stütz-, Nähr- u. Isoliergewebe. Die urspr. Form des N.s ist das

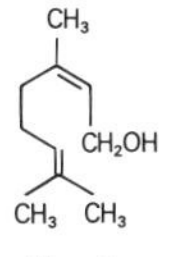

Nervengewebe

CH$_3$
CH$_2$OH
CH$_3$ CH$_3$
Nerol

1

2

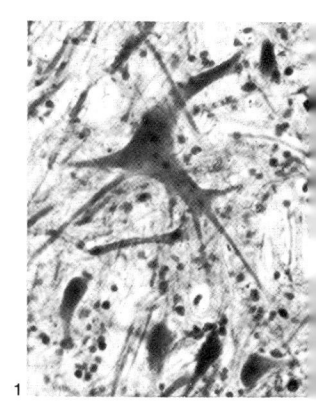

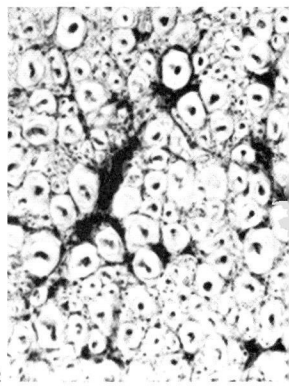

Nervengewebe

1 Mikroskop. Aufnahme einer Ganglienzelle mit mehreren Fortsätzen inmitten eines Filzes aus Nervenfasern u. Gliagewebe (ca. 300fach vergrößert). **2** Querschnitt durch ein Bündel markhalt. Nervenfasern; röhrenförmige Querschnitte = Markscheiden (Gliahülle); in deren Mitte jeweils als dunkler Punkt ein Nervenzellfortsatz (Axon, Neurit).

nerv- [v. lat. nervus = Sehne, Muskel, Band, Lebenskraft].

NERVENSYSTEM I

Nervensysteme der Wirbellosen

Die dargestellten Nervensysteme der verschiedenen Tiergruppen stellen in der vorliegenden Reihenfolge keine realen Evolutionswege dar. Die (vereinfacht) beschriebenen Nervensysteme sind bewährte und in hohem Maße angepaßte Systeme heute lebender Organismen und damit, bezogen auf die Jetztzeit, jeweils Endpunkt einer Entwicklungslinie. Die typischen Organisationsmerkmale heute lebender Organismen können aber als Modelle zur Rekonstruktion von Entwicklungsabläufen herangezogen werden. Fossilfunde, die dies belegen könnten, fehlen.

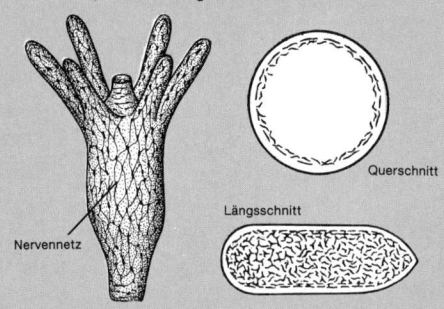

Das Nervensystem der Hohltiere *(Coelenterata)* ist ein diffuses *Nervennetz* (Abb.: Süßwasserpolyp), in dem die Nervenzellen Aktionspotentiale in alle Richtungen leiten können. Ein übergeordnetes Zentrum ist nicht ausgebildet. Ein solches diffuses Nervensystem wird in der Evolution der Organismen als ursprünglicher Zustand angesehen, aus dem sich durch Zusammenfassen von Nervenzellen zu Ganglien und den sie verbindenden Nervensträngen ein hierarchisch gegliedertes Nervensystem ausbildete.

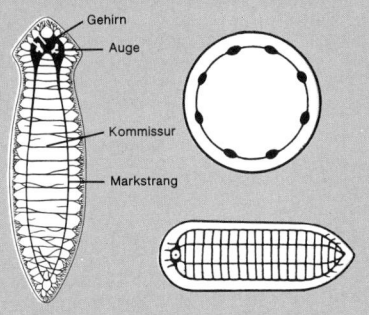

Die Plattwürmer *(Plathelminthes)* sind durch den Besitz eines orthogonal gegliederten Nervensystems *(Orthogon)* ausgezeichnet, in dem 8 Markstränge den Körper der Länge nach durchziehen (Abb.: Bachplanarie). Die Markstränge sind durch Kommissuren miteinander verbunden. Am Kopfende ist ein Gehirn ausgebildet, das vor allem die Sinnesorgane (Augen) versorgt.

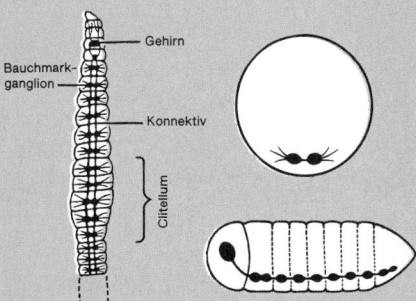

Das Nervensystem der Ringelwürmer *(Annelida,* hier dargestellt am Beispiel der Wenigborster = *Oligochaeta*; Abb.: Regenwurm) läßt sich schematisch aus dem Orthogon der Plattwürmer herleiten – durch einen verstärkten Ausbau der beiden ventralen Stränge und Reduktion der übrigen 6 Stränge. Durch die Zusammenfassung der Nervenzellen in Bauchmarkganglien kommt es zur Ausbildung eines typischen *Strickleiternervensystems*, in dem die meist zu einem einheitlichen Nervenknoten verschmolzenen Bauchmarkganglien durch jeweils 2 Konnektive miteinander verbunden sind.

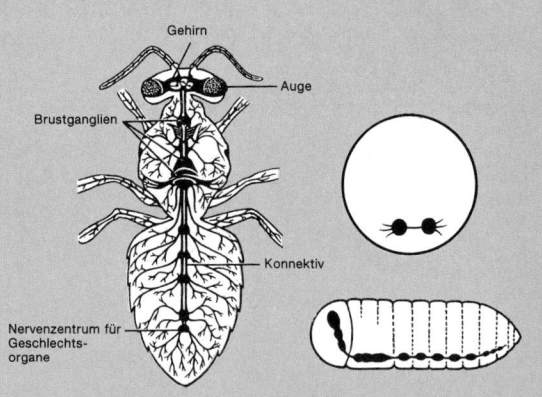

Insekten *(Insecta)* besitzen ein in der Grundkonstruktion des Bauchmarks den Ringelwürmern vergleichbares Nervensystem, doch sind entsprechend den hoch entwickelten Sinnesleistungen und dem komplexen Verhaltensrepertoire hierarchisch übergeordnete Strukturen stärker ausgebildet. Außer dem Gehirn sind häufig auch die Ganglien des Brustabschnitts und des Hinterleibs zu großen Nervenknoten verschmolzen und haben zum Teil auch integrative Funktionen übernommen.

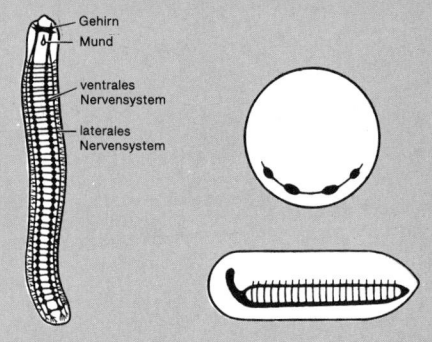

Die *Amphineura* zeigen als einfach organisierte Gruppe der Weichtiere *(Mollusca)* strukturelle Anklänge an eine orthogonale Organisation des Nervensystems. 4 Markstränge, deren Nervenzellkörper nicht zu Ganglien zusammengefaßt sind, durchziehen den Körper der Länge nach. Am Kopfende ist ein einfaches Gehirn ausgebildet.

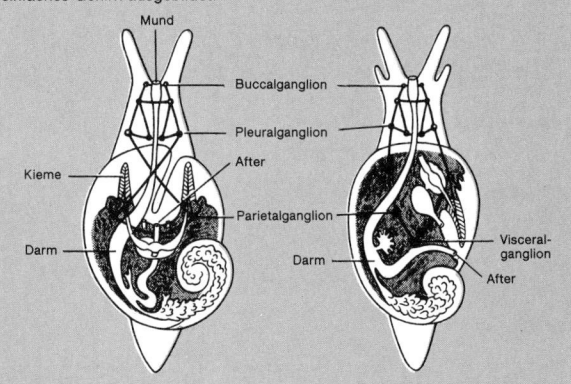

Links: Gekreuztnervigkeit (Chiastoneurie) am Beispiel einer Vorderkiemerschnecke *(Diotocardia)*; durch Drehung des Eingeweidesacks kommt es zur Überkreuzung der zum Parietalganglion und Visceralganglion führenden Nervenstränge. – Rechts: Geradnervige Schnecke *(Euthyneura)*.

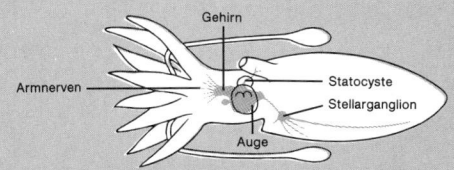

Im Nervensystem der Kopffüßer *(Cephalopoda)* sind die einzelnen Ganglien zu einem großen hierarchisch übergeordneten Nervenknoten zusammengefaßt.

NERVENSYSTEM II

Nervensysteme von Wirbeltieren und Mensch

Die höchste Entwicklung in der Evolution haben die Nervensysteme der Wirbeltiere und des Menschen erfahren, wobei *Gehirn* und *Rückenmark* zum *Zentralnervensystem* (ZNS) zusammengefaßt werden. Das gesamte übrige nervöse Gewebe bezeichnet man als *peripheres Nervensystem*. Entsprechend seinen verschiedenen Aufgaben lassen sich beim Nervensystem zwei Funktionssysteme unterscheiden. Der Teil, der eine Kommunikation des Organismus mit seiner Umwelt ermöglicht, d. h. Reize aus der Umwelt aufnimmt, verarbeitet und die Reaktion steuert, wird als *animales Nervensystem* bezeichnet. Diesem dem Willen unterworfenen Teil (Ausnahmen: viele reflektorisch gesteuerte Reaktionen) steht das *vegetative („autonome") Nervensystem*, bestehend aus sympathischem (Sympathikus) und parasympathischem (Parasympathikus) Anteil, gegenüber, das die Steuerung und Koordination der Organfunktionen vermittelt, d. h. die Regulation von Lebensfunktionen wie Atmung, Verdauung, Sekretion, Wasserhaushalt, Körpertemperatur, Fortpflanzung usw. In beiden Funktionssystemen werden die zum Zentralnervensystem ziehenden Bahnen als afferente Bahnen *(Afferenzen)* und die vom Zentralnervensystem kommenden Bahnen als efferente Bahnen *(Efferenzen)* bezeichnet.

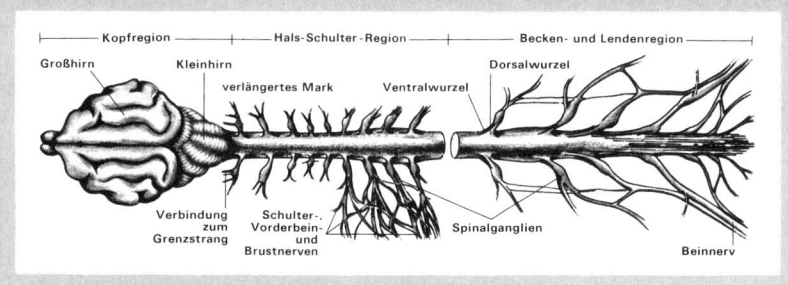

Abb. links: Nervensystem einer Katze mit dem Zentralnervensystem, bestehend aus dem Gehirn (Kopfregion) und dem Rückenmark (Hals-Schulter- bis Becken- und Lendenregion), und den von dem bzw. zum Zentralnervensystem ziehenden peripheren Nerven (stark vereinfacht dargestellt). Rückenmark und Gehirn liegen gut geschützt, bei höheren Wirbeltieren von Flüssigkeit (Cerebrospinalflüssigkeit) umgeben, in der Wirbelsäule bzw. der Schädelkapsel eingebettet.

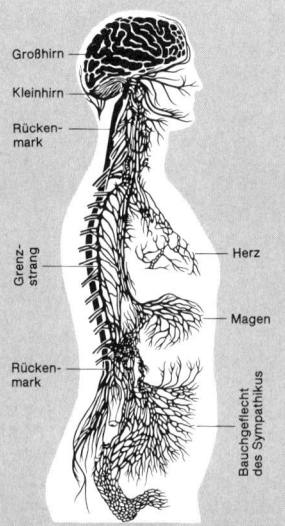

Abb. rechts: Schematische Darstellung des Zusammenhangs von Zentralnervensystem und vegetativem Nervensystem mit dessen sympathischen und parasympathischen Anteilen. Die Wirkung des *Sympathikus* auf den Organismus kann allgemein als anregend (Vorbereitung von hoher Leistung, Flucht, Angriff, Verteidigung, extremer Anstrengung), die des *Parasympathikus* als beruhigend (Vorbereitung von Phasen der Ruhe, Erholung, Schonung) bezeichnet werden. Diese häufig antagonistisch genannte Wirkung beider Teilsysteme ist jedoch nur bedingt richtig, da Sympathikus und Parasympathikus in der Regel nicht wechselweise, sondern meist gleichzeitig arbeiten, so daß deren Wirkung eher als synergistisch zu bezeichnen ist.

Abb. oben: Zentralnervensystem des Menschen und sympathischer Anteil des vegetativen Nervensystems. Die paarweise angeordneten Ganglien des Sympathikus liegen außerhalb des Zentralnervensystems und sind von oben nach unten durch Nervenstränge miteinander verbunden. Diese Ganglienketten werden als linker und rechter *Grenzstrang* bezeichnet. Die Bezeichnung *autonomes* (nicht dem Willen unterworfen) statt *vegetatives Nervensystem* ist nur bedingt richtig, da einige Funktionen des vegetativen Nervensystems dem Willen unterworfen sind, z.B. Entleeren der Harnblase oder Frequenzänderung des Herzschlags (bei Training möglich).

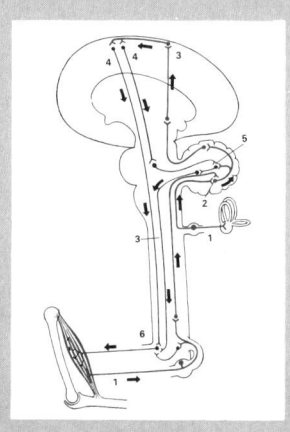

Abb. links: Teil der komplexen Nervenverbindungen, welche die halb unbewußte Kontrolle der Körperhaltung durch den Muskeltonus ausüben. Impulse von den Muskelspindeln (1) und vom Gleichgewichtsorgan (1) werden im Kleinhirn (2) koordiniert. Von dort ziehen Impulse zur Großhirnrinde, wo die Positionsänderungen bewußt werden, und zu den Nervenzellen des Rückenmarks (3), welche die Spannung (Tonus) in den Muskeln kontrollieren. Die Großhirnrinde (4) wiederum beeinflußt die Koordinationstätigkeit des Kleinhirns (5) und die muskelkontrollierenden Nervenzellen im Rückenmark (6).

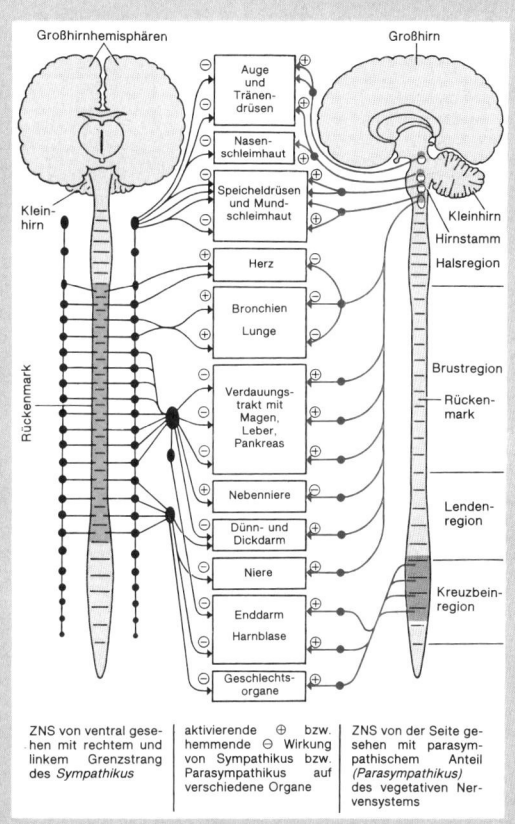

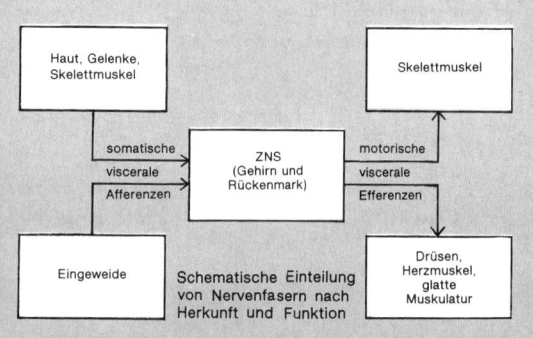

ZNS von ventral gesehen mit rechtem und linkem Grenzstrang des *Sympathikus*

aktivierende ⊕ bzw. hemmende ⊖ Wirkung von Sympathikus bzw. Parasympathikus auf verschiedene Organe

ZNS von der Seite gesehen mit parasympathischem Anteil *(Parasympathikus)* des vegetativen Nervensystems

Schematische Einteilung von Nervenfasern nach Herkunft und Funktion

Nervengifte

nerv- [v. lat. nervus = Sehne, Muskel, Band, Lebenskraft].

Nervensystem
Riesenfasern:
In fast allen Gruppen wirbelloser Tiere läßt sich gegenüber dem allgemeinen N. ein System von sog. Riesenfasern (↗Kolossalfasern) abgrenzen. *Riesenfaser-Systeme* sind nervöse „Notsysteme", deren Leitungsgeschwindigkeit aufgrund des hohen Leitungsdurchmesser stark erhöht ist; sie vermitteln stereotype, nicht variierbare *Schreckreaktionen.* – Bei vielen *Ringelwürmern* finden sich im dorsalen Bereich des Bauchmarks drei Riesenfasern, die über dessen gesamte Länge verlaufen. Die Riesenfasern sind, analog den Myelinscheiden der Wirbeltiere, v. einer isolierenden Bindegewebsschicht umgeben. Die mittlere der drei Fasern leitet v. vorne nach hinten. Sie ist an ihrem Vorderende mit Sinneszellen verbunden, die bei adäquater Reizung ein Aktionspotential der Faser auslösen. Am Hinterende des Tieres ist die mittlere Riesenfaser mit der Längsmuskulatur des Hautmuskelschlauchs u. mit der Borstenmuskulatur so verschaltet, daß eintreffende Potentiale Kontraktionen der Längsmuskulatur u. der Borstenmuskulatur auslösen, so daß der Wurm sich im Boden verankert u. nach hinten gezogen wird. Die beiden seitl. Riesenfasern sind entspr. ihrer Leitungsrichtung v. hinten nach vorne geschaltet. Verknüpfungen des Riesenfaser-Systems mit dem allgemeinen N. bestehen nicht. Es ist ein funktionell selbständiges System, das keine integrativen Fähigkeiten hat.

↗*Neuroepithel.* Erst im Verlauf der Evolution komplexerer, ins Körperinnere verlagerter Nervensysteme bei höher organisierten Tieren (↗Cephalisation, ↗Cerebralisation) differenzierte sich das N. zu einem eigenen Gewebetyp aus einem kompliziert verschalteten Filz v. Glia-umhüllten Nervenfortsätzen (weiße Substanz), in den die Zellkörper der einzelnen Nervenzellen, entweder in scheinbar regelloser Verteilung od. zusammengefaßt zu „Körnerschichten" od. Ganglien (graue Substanz), eingebettet sind.

Nervengifte, die ↗Neurotoxine.

Nervenimpuls, ein ↗Aktionspotential, das über die Nervenfaser weitergeleitet wird (↗Erregung, ↗Erregungsleitung); dabei können Geschwindigkeiten bis ca. 100 m/s auftreten. ↗Impuls, ↗Nervenzelle (B I–II), ↗Nervensystem (□), ↗Reiz.

Nervenkerne ↗Nucleus.

Nervenknoten, das ↗Ganglion.

Nervenleitung ↗Erregungsleitung, ↗Nervensystem, ↗Nervenzelle (B I–II).

Nervennetz, 1) ursprüngliche Form eines ↗Nervensystems, bei der einzelne Nervenzellen netzartig miteinander verknüpft sind u. übergeordnete Zentren (Ganglien, Gehirn) fehlen; v.a. bei Hohltieren, Bartträgern (Pogonophora) u. einigen anderen urspr. Tiergruppen. 2) Bei der Innervierung innerer Organe kann als abgeleiteter Zustand wiederum ein N. ausgebildet werden, z. B. im vegetativen Nervensystem der Wirbeltiere die Nervenplexus (↗Nervengeflecht, ↗Nervensystem).

Nervenphysiologie, *Neurophysiologie,* ↗Hirnforschung.

Nervenplexus *m* [v. lat. plexus = geflochten], das ↗Nervengeflecht.

Nervensystem, das den Metazoen-Organismus entweder netzförmig durchziehende od. in höher differenziertem Zustand hierarchisch gegliederte System v. Nervenzellkomplexen, dessen funktionelle u. strukturelle Einheit die ↗*Nervenzelle* (Neuron) ist. Mit der Fähigkeit zur *Reizaufnahme, Erregungsleitung* u. -verarbeitung ist es neben dem *Hormonsystem* (↗Hormone) das zweite, die Aktivitäten des Metazoen-Organismus koordinierende Informationssystem, ohne allerdings streng v. diesem getrennt zu sein. – Die *Evolution* des N.s läßt sich nur theoret. erschließen, da fossile Nachweise für das N. weitgehend fehlen. Ein Vergleich heute existierender, einfach organisierter Tierformen (z. B. Schwämme, Hohltiere, Plattwürmer) soll daher die diesen gemeinsamen Merkmale eines ursprünglichen N.s verdeutlichen. Hierdurch lassen sich Modellvorstellungen über die theoretisch mögl. Evolutionswege des N.s gewinnen. – Den ↗Schwämmen *(Porifera)* als einer sehr einfach organisierten Tiergruppe wurde lange Zeit die Existenz eines N.s abgesprochen, doch besitzen auch sie langgestreckte, mehrfach verzweigte (multipolare) Zellen, die Erregung in Form elektr. Impulse weiterleiten. Die Erregungsübertragung zw. den einzelnen Zellen erfolgt durch chem. Übertragersubstanzen *(↗Neurotransmitter).* Die Erregungsleitung ist sehr langsam u. scheint bei der Kontraktion des Schwammkörpers eine Rolle zu spielen. – Ein N. in dem eingangs beschriebenen Sinne ist bei den ↗Hohltieren *(Coelenterata)* ausgebildet. Das N. dieser Tiere liegt an der Basis der äußeren, den Körper bedeckenden Zellschicht *(epitheliales N.).* Es besteht aus zahlr. multipolaren Zellen, die an ihren Ausläufern miteinander in Kontakt treten u. so ein netzförm. N. *(↗Nervennetz)* aufbauen. Eine Konzentration v. Nervenzellen zu einem Ring um den Schlund findet sich bei den Polypen bzw. am Schirmrand der Medusen. Eine physiolog. Besonderheit des diffusen Nervennetzes ist, daß die ↗*Synapsen* zw. den Nervenzellen Erregungen in *beide* Richtungen weiterleiten. Dadurch kann sich in dem Nervennetz eine Erregung v. jedem beliebigen Punkt aus gleichmäßig in alle Richtungen ausbreiten. Bei zwei Gruppen der Hohltiere, den ↗*Hydrozoa* u. den ↗*Scyphozoa,* wurden zwei morpholog. getrennte Nervennetze beschrieben: eines im Zshg. mit der Fortbewegung, das andere im Zshg. mit den Fangbewegungen. Aktivität des einen Nervennetzes hemmt das andere u. umgekehrt. Die Bedeutung der bilateralen Körperorganisation u. der gerichteten Fortbewegung läßt sich deutl. schon am Beispiel der ↗Plattwürmer *(Plathelminthes)* darstellen. An dem Körperende, das bei der Fortbewegung als erstes mit der Umwelt in Berührung kommt, sind vermehrt Sinnesorgane ausgebildet (↗Cephalisation, ↗Gehirn). Das N. besteht im typ. Fall aus 8 Marksträngen (enthalten Zellkörper u. Fasern – also noch keine Ganglienbildung), die durch zahlr. Kommissuren miteinander verbunden sind. Am Vorderende ist in bezug zu den Sinnesorganen ein Kopfganglion (↗Gehirn) zu finden, das auch Kontakt zu den Längssträngen hat. Ein solches N. wird aufgrund der gleichmäßigen Ausrichtung der Längsstränge ↗*Orthogon* genannt. – Das typische N. der ↗Ringelwürmer *(Annelida)* ist ein ↗*Strickleiter-N.,* das sich aus vielen paarigen u. segmental angeordneten Ganglien zusammensetzt. Die Ganglien sind durch querverlaufende ↗*Kommissuren* u. längsverlaufende ↗*Konnektive* miteinander verbunden. Von jedem Ganglion gehen 3 „segmentale" Nerven aus (□ Gehirn). Diese innervieren aber, entspr. der die Segmentgrenzen übergreifenden Anlage der Muskulatur, auch Gebiete, die jenseits des Segments liegen, v. dessen Ganglion sie entspringen. Die Nerven fassen sensible u. motorische Anteile zus. Nervenimpulse werden dort über Zwischenneurone

(Interneurone) auf ab- od. aufsteigende Nervenfasern umgeschaltet, so daß Impulsübertragung auch auf andere Ganglien mögl. ist. Der Verlauf einzelner Fasern konnte experimentell über bis zu 30 Segmenten verfolgt werden. – Die *Bauchmarkganglien* erfüllen wicht. integrative Leistungen u. scheinen auch für das Lernvermögen der Ringelwürmer von bes. Bedeutung zu sein. Entfernung des Gehirns beeinträchtigt zumindest keine der Fähigkeiten. Das Gehirn der Ringelwürmer entsteht durch Verschmelzung der vordersten Bauchmarkganglien (↗Gehirn). Gehirn wie Bauchmarkganglien besitzen einen Rindenbau, d.h., eine äußere Rinde enthält die Zellkörper, während das innere Mark v. auf- u. absteigenden Faserbahnen erfüllt ist. – Vom Gehirn entspringen die Nerven des Eingeweide-N.s *(stomatogastrisches N.)*. Dieses bildet ein dichtes Nervengeflecht um Schlund u. Eingeweide; es scheint v. den sensiblen u. motorischen Systemen des Strickleiter-N.s weitgehend unabhängig zu sein. Funktionell völlig unabhängig vom allg. motorischen N. ist das *Riesenfaser-System* des Bauchmarks (↗Kolossalfasern). Im ventralen Nervenstrang liegen meist 3 Nervenfasern, deren ⌀ bis zu 75 µm beträgt u. damit den Querschnitt „normaler" Fasern um das ca. 10fache übersteigt. Damit verbunden ist eine Erhöhung der Leitungsgeschwindigkeit für elektr. Impulse (↗Aktionspotential, ↗Erregungsleitung). – Das N. der ↗Gliederfüßer *(Arthropoda* = Spinnen, Krebstiere, Tausendfüßer, Insekten) stimmt in seiner Grundorganisation mit dem Strickleiter-N. der Ringelwürmer überein (☐ Insekten). In einigen urspr. Gruppen zeigt es noch diesen charakterist. Bau, während in allen abgeleiteten Gruppen eine verstärkte Zusammenlegung u. Konzentrierung der Ganglien u. die Herausbildung weiterer übergeordneter Zentren zu beobachten sind. So sind z.B. bei Webspinnen, vielen Insekten u. einigen Krebstieren (Krabben) die Ganglien des Bauchmarks zu einem einheitl. großen Nervenknoten verschmolzen. – Auch das Gehirn der Gliederfüßer erfährt mit zunehmendem Differenzierungsgrad eine weitere Ausgestaltung (↗Gehirn, ☐; ↗Oberschlundganglion). Die Bauchmarkganglien des Rumpfes u. des Hinterleibs entsenden in jedem Segment Axone zu den Muskeln des Rumpfes, der Gliedmaßen u. der Atemöffnungen, in den flügeltragenden Segmenten auch zu den Flügelmuskeln u. im Hinterleib zum Herzen. Umgekehrt empfangen die Bauchmarkganglien sensible Nervenfasern v. den Sinnesorganen der Beine, der Flügel, Cerci, v. den inneren Streckrezeptoren usw. Zahlreiche Interneurone in den Ganglien verschalten die Neurone miteinander. Den Bauchmarkganglien kommt eine bedeutende integrierende Funktion zu. So liegen

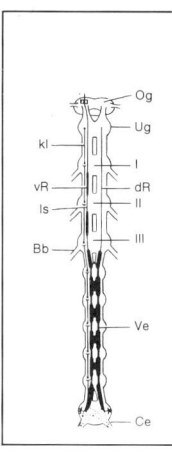

Organisation der *Riesenfasern* im N. der Amerikanischen Schabe *(Periplaneta americana).* Bb Beinbasis, Ce Cercalnerven, dR dorsale Riesenfasern, Is Isthmus der ventralen Riesenfaser, kI kurzes Interneuron, Og Oberschlundganglion, Ug Unterschlundganglion, Ve Verengung der Riesenfaser, vR ventrale Riesenfaser; I, II und III Pro-, Meso- u. Metathorakalganglion

die Bewegungsmuster des motor. Apparates (u.a. Flügel- u. Beinbewegung) in den Ganglien codiert vor u. werden nur durch Impulse vom Gehirn ein- bzw. ausgeschaltet (↗Gehirn). Wie auch bei den Ringelwürmern lassen sich im Bauchmark der Gliederfüßer Riesenfasern feststellen. – Das *Eingeweide-N. (sympathisches N., viscerales N.)* versorgt unabhängig vom motor. N. die inneren Organe. Es besteht bei Insekten aus 3 Teilsystemen: dem stomatogastrischen N. (Frontalganglion, Frontalkonnektive, Hypocerebralganglion, Nervus recurrens), dem unpaaren ventralen N. (Ventralnerv mit eigenen segmentalen Ästen) u. dem sympathischen caudalen N. (unpaarer Nerv des letzten Abdominalganglions). – Eine bes. Ausbildung hat bei den Gliederfüßern die Verknüpfung des N.s mit dem Hormonsystem (↗Hormone, ↗Insektenhormone) erfahren. Hieran sind zum einen neurosekretor. Zellen (↗Neurosekrete) des N.s beteiligt, die z.B. in der Pars intercerebralis u. in fast allen Bauchmarkganglien zu finden sind, zum anderen aber auch endokrine Drüsen außerhalb des N.s. Die Koppelung der Systeme erfolgt über die ↗*Neurohämalorgane.* – Die in dem Stamm der ↗Weichtiere *(Mollusca* = Muscheln, Schnecken, Kopffüßer) ausgeprägte Vielfalt der Lebensformen spiegelt sich in einer entspr. Mannigfaltigkeit in der Ausbildung des N.s wider. Der gemeinsame Grundbauplan aller Weichtierklassen beschreibt 6 Paar klar definierter Ganglien: die Oberschlund- od. Cerebralganglien, Pedal-, Pleural-, Buccal-, Intestinal- u. Visceralganglien. Alle Ganglien sind durch Kommissuren u. Konnektive miteinander verbunden. In fast allen Kl. der Weichtiere wird jedoch der Lagebezug der Ganglien verändert, und (oder) es kommt zu Verschmelzungen. Bei den beiden ursprünglichsten Kl. der Weichtiere, den ↗*Amphineura* u. den ↗*Monoplacophora,* zeigen sich noch morpholog. Anklänge an ein Orthogon. Bei diesen beiden Gruppen besteht das N. ausgehend vom Oberschlund-

Nervensystem

Das Riesenfaser-System der *Insekten* ist am besten bei den *Schaben* untersucht (vgl. Abb.). Bei diesen Tieren verlaufen die Riesenfasern v. dem letzten Ganglion des Hinterleibs aus, wo sie mit zahlr. sensiblen Fasern der Schwanzanhänge verknüpft sind, durch das gesamte Bauchmark bis zum Ober- bzw. Unterschlundganglion-Komplex. Am Gehirn enden sie u.a. an den Antennenmuskeln. In den beintragenden Segmenten des Brustabschnitts verjüngen sich die Riesenfasern; dort entsenden sie Abzweigungen zu den Bein-Motoneuronen. – Die Riesenfasern leiten „Gefahrensignale", die auf die Schwanzanhänge (Cerci) treffen, rasch nach vorne, wo sie ein Niederschlagen der Fühler bewirken („Hab-acht-Stellung"). Gleichzeitig wird ein Alarmsystem im Gehirn ausgelöst, das die Fluchtreaktion einleitet. Die seitl. Abzweigungen in den Segmenten des Brustabschnitts haben gleichzeitig durch ihre hemmende Wirkung auf die Bein-Motoneurone die gerade stattfindende Beinbewegung unterbrochen u. für die Fluchtreaktion vorbereitet. Unterbrechung der Beinbewegung u. Auslösung der Fluchtreaktion finden ungefähr gleichzeitig statt, da das Signal vom Riesenaxon über die Synapsen bis zum Motoneuron der Beine gleich lang braucht wie die ungehinderte, aber durch die Reduktion des Leitungsdurchmessers auch verlangsamte Weiterleitung des Signals auf der Riesenfaser zum Gehirn. Der ganze Vorgang, vom Auslösen des Impulses an den Cerci bis zum Beginn der Schreckreaktion (Wegspringen der Schabe), dauert ca. 20 ms.

Nervensystem

ganglion, aus 2 Paar Nervensträngen, 1 Paar lateralen und 1 Paar ventralen, die durch zahlr. Kommissuren verbunden sind. – Die ↗Schnecken *(Gastropoda)* zeigen einerseits die Anlage des Grundbauplans (6 Ganglienpaare) sehr deutl., unterliegen aber andererseits durch die Drehung des ↗Eingeweidesacks einer Umkonstruktion, die zu einer Überkreuzung der zu den Parietal- u. Visceralganglien führenden Konnektive führt *(↗ Chiastoneurie).* Eine Besonderheit ist das vom Pedalganglion (☐ Gehirn) ausgehende Nervennetz des Fußes (pedaler Nervenplexus). Im Ggs. zum primitiven Nervennetz der Hohltiere handelt es sich hier um eine hochspezialisierte Form der Innervierung (sekundäres Nervennetz). Das Nervennetz des Fußes steht unter dem zentralnervösen Einfluß des Pedalganglions, zeigt komplizierte sensomotor. Verschaltungen, die die Wellenbewegung des Fußes koordinieren, u. scheint

Funktionsweise des Nervensystems

Das N. dient der Aufnahme, Verarbeitung u. dem Transport v. Information sowie der Koordination v. Organfunktionen im Organismus u. Tieren u. Mensch. Seine zellulären Bausteine, die ↗ *Nervenzellen* (Neurone), besitzen die Fähigkeit der *Erregbarkeit* (↗Erregung), d. h., sie leiten Information in Form von elektrischen ↗Impulsen (↗Nervenimpulsen; ↗Aktionspotential; ↗Membranpotential, ↗Rezeptorpotential; B Nervenzellen I–II). Diese Impulse werden v. den Rezeptoren (u. a. Chemorezeptoren, Mechanorezeptoren, Photorezeptoren), den „persönl. Meßinstrumenten v. Mensch u. Tier" (R. A. ↗Granit), oder v. vorgeschalteten Nervenzellen übernommen u. lösen in der Empfängerregion der Nervenzelle (Dendriten u. Perikaryon) eine Potentialänderung aus, die bei ausreichender Intensität an der Generatorregion der Nervenzelle zur selbständigen Bildung eines ↗ *Aktionspotentials* führt. Dieses gehorcht dem ↗ *Alles-oder-Nichts-Gesetz*, wird entlang der ↗Axonen (↗Erregungsleitung) zu den ↗Synapsen geleitet u. von dort auf nachgeschaltete Nervenzellen od. ↗Erfolgsorgane (z. B. Muskeln, Drüsen) übertragen. Diese Übertragung kann direkt, d. h. durch ein „Überspringen" der Impulse (elektr. Erregungsübertragung, ↗elektr. Organe), od. mit Hilfe chem. Substanzen, den *Transmittern* (↗Neurotransmitter, s. u.), erfolgen. Diese in den Vesikeln (kleinen Bläschen) der Synapsen gespeicherten Substanzen werden bei Erregung der Synapsen in den synaptischen Spalt entlassen (☐ Acetylcholinrezeptor), an Rezeptoren der postsynapt. Membran gebunden u. bewirken hier, durch Veränderung der Permeabilitätseigenschaften der Membran, die Entstehung eines postsynapt. Potentials (PSP). Nach diesen vereinfacht dargestellten Prinzipien, erfolgen Aufnahme, Transport u. Verarbeitung v. Information in den N.en aller Organismen, wobei die einzelnen Nervenzellen selbständige Einheiten des Gesamtsystems darstellen. Für diese Eigenständigkeit der Nervenzellen, die im wesentl. durch die Arbeiten von His, Forel, Geuchten u. Rámon y Cajal nachgewiesen wurde, prägte Waldeyer-Hartz 1891 den Begriff der *Neuronentheorie (Neuronenlehre).* Diese Theorie setzte sich nur langsam gg. die etwa zur selben Zeit v. Gerlach, Golgi u. Held vertretene *Reticulartheorie* durch, wonach das N. aus einem syncytialen Gewebsverband besteht. Heute schließt die allg. anerkannte Neuronentheorie auch die Hypothese ein, daß die Leistungen der übergeordneten Steuerzentren (↗ *Gehirn*) in erster Linie durch die Wechselwirkungen zw. den Neuronen erbracht werden, während die nichtneuronalen Strukturen des N.s (z. B. ↗Glia-Zellen) nur indirekt an diesen beteiligt sind. – Mit zunehmender höherer Organisation der Tiere geht auch eine Steigerung in der Fähigkeit der Wahrnehmung, Verarbeitung u. Beantwortung v. Umweltreizen einher, wobei nicht nur mehr verschiedene, sondern auch bestimmte Reize besser ausgewertet werden (z. B. bei Licht nicht nur eine Hell-Dunkel-Wahrnehmung, sondern auch noch eine Auswertung nach dessen Intensität, Richtung u. spektraler Zusammensetzung; ↗Farbensehen). Diese Leistungssteigerung wird erreicht durch: 1) Verbesserungen auf der Ebene der Rezeptoren, 2) besondere Eigenschaften der Neurone und 3) Verschaltung einzelner Neurone untereinander zu funktionellen Einheiten mit ganz bestimmten Aufgaben (z. B. Reflexbögen, assoziative Zentren im Zentral-N.). Die Höherentwicklungen auf der Rezeptorebene bestehen darin, daß für jeden ↗ *Reiz* entsprechende ↗ *Rezeptoren* entwickelt werden, das Antwortverhalten des Rezeptors (linear od. logarithmisch) der Intensitätsbreite des Reizes angepaßt wird u. durch räuml. Anordnung der Rezeptoren im Organismus eine Richtungslokalisation des Reizes ermöglicht wird. Allen Rezeptoren ist gemeinsam, daß sie den ihnen ↗adäquaten Reiz umsetzen in elektr. Impulse, die der efferenten Fasern (↗Afferenzen) den Steuerzentralen (Zentral-N., Gehirn) zugeleitet werden. Die dort verarbeiteten Impulse werden über efferente Fasern (Efferenzen) zu den Erfolgsorganen geführt, die dann die Reaktion des Organismus auf den Reiz ausführen. – Bei der Umsetzung des Reizes in elektr. Impulse wird die Reizintensität in die Amplitudenhöhe des Rezeptorpotentials codiert. Dieses wiederum löst in Abhängigkeit v. seiner Höhe an den efferenten Fasern eine mehr od. weniger große Zahl v. Aktionspotentialen aus, so daß letztl. die Reiz*intensität* umgesetzt wird in die *Frequenz* der fortgeleiteten Aktionspotentiale (Impulsfrequenzmodulation od. Impulsintervallmodulation). (Abb. 1: Reaktion einer opt. Nervenfaser auf einen Lichtreiz von jeweils 1 s Dauer, dessen Intensität [v. oben nach unten] jeweils um das Zehnfache zunimmt.) Der zeitl. Abstand der einzelnen Aktionspotentiale wird bestimmt durch die *Refraktärzeit*, d. h. die Zeitspanne, in der eine Membran unerregbar ist. Diese Zeit ist für die einzelne Zelle eine konstante Größe, kann aber in verschiedenen Organen od. Tieren sehr stark variieren. Die funktionelle Bedeutung der Refraktärzeit liegt darin, daß hierdurch die Richtungsspezifität der Aktionspotentiale gewährleistet ist, d. h., diese verlaufen immer in dieselbe Richtung, nämlich vom Reizort zu den verarbeitenden Zentren. Eine bes. Funktion hat die ausgesprochen lange Refraktärzeit der Aktionspotentiale der verschiedenen Herzzellen (Erregungszentren wie auch Muskelzellen; ↗Herzmuskulatur). Hier besteht eine weitgehende zeitl. Überlappung zw. der Refraktärzeit u. der Dauer einer ↗ Muskelkontraktion, so daß eine Tetanisierbarkeit des Herzmuskels ausgeschlossen ist. – Alle Nervenzellen sind in der Lage, chem. Substanzen (Transmitter, Neurotransmitter) zu synthetisieren. Diese lösen an der postsynapt. Membran erregendes (excitatorisches, EPSP) od. hemmendes (inhibitorisches, IPSP) Potential aus. Diesen Eigenschaften entsprechend, werden die Synapsen selbst als *erregende* bzw. *hemmende Synapsen* bezeichnet. Funktionell ist somit die Möglichkeit gegeben, Neurone zu antagonistisch wirkenden Regelkreisen zu verschalten. Bezogen auf die Transmitter ↗Acetylcholin u. ↗Adrenalin (↗Noradrenalin), wurden die beiden sowohl synergistisch als auch antagonistisch arbeitenden Anteile des vegetativen N.s als cholinerges *(Parasympathikus)* u. adrenerges System *(Sympathikus)* bezeichnet. Dies hat jedoch nur bedingt Gültigkeit, da nur die die Erfolgsorgane innervierenden Nervenzellen des Sympathikus Noradrenalin als Transmitter besitzen, die Interneurone dieses Systems jedoch Acetylcholin. Neben diesen gibt es noch mehrere andere Botenstoffe, die häufig charakterist. sind für bestimmte Teile des N.s bzw. Zentral-N.s (↗Neurotransmitter). – Eine weitere Leistungssteigerung des N.s besteht in der Zunahme neuronaler Verschaltungen, die dem Organismus die Koordination einzelner Organe unabhängig voneinander (häufig aber gleichzeitig) sowie der Reizqualität u. -intensität angepaßte Reaktionen ermöglichen. Die einfachsten Schaltprinzipien sind die der ↗Konvergenz u. Divergenz. *Konvergenz* beinhaltet, daß zahlr. Ausläufer verschiedener Nervenzellen auf einem Neuron zusammentreffen. Eine auf-

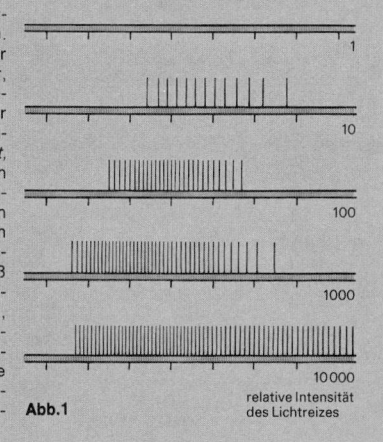

Abb.1

	1
	10
	100
	1000
	10000
	relative Intensität des Lichtreizes

eigene Impulszentren zu besitzen. Ein stomatogastrisches N. ist in Form eines Magen-Darm-Plexus ausgebildet, der über die Buccal- u. Visceralganglien innerviert wird. – Das N. der ↗Kopffüßer *(Cephalopoda)* weist eine für Wirbellose einmalige Zentralisation auf. Die in den anderen Kl. einzeln gelegenen Ganglien verschmelzen zu einem großen Komplexgehirn (☐ Gehirn), das zu erstaunl. integrativen Leistungen (einsicht. Handeln, Lernen) befähigt ist. Auch bei Kopffüßern gibt es ein Riesenfaser-System, das als „Notsystem" unabhängig arbeitet u. schnelle Fluchtreaktionen auslöst. –

Das N. der ↗Wirbeltiere *(Vertebrata)* u. des *Menschen* weist einen völlig anderen Bauplan als die bisher besprochenen N.e auf. Grundelemente des *Zentral-N.s* (ZNS) sind ein entlang der Längsachse des Tieres dorsal im Körper gelegenes *Nervenrohr* (↗Neuralrohr), das *Rückenmark* u. ein

fallend konvergente Verschaltung ist in den Licht- u. Gehörsinnesorganen der Wirbeltiere u. des Menschen anzutreffen. Den ca. 130 Mill. Lichtsinneszellen des menschl. Auges stehen z. B. nur ca. 1 Mill. Fasern im Sehnerv (↗Opticus) gegenüber, wobei die Lichtsinneszellen der Fovea centralis, der Zone des schärfsten Sehens (↗Netzhaut), auf jeweils eine afferente Faser geschaltet, die Lichtsinneszellen der Netzhautperipherie jedoch durch Konvergenz zu rezeptiven Feldern zusammengefaßt sind. Dieser peripheren Konvergenz steht gewöhnl. eine zentrale *Divergenz* gegenüber, wodurch im Zentral-N. eine differenzierte u. exakte Auswertung der ankommenden Nervenimpulse ermöglicht wird. Eine derartige Schaltung ist dadurch verwirklicht, daß sich die Axone in viele Verzweigungen *(Kollaterale)* aufteilen, die mehrere nachgeschaltete Nervenzellen od. Effektoren innervieren können. Dabei ist bemerkenswert, daß an der Verzweigung ankommende Aktionspotentiale mit der gleichen Stärke auf jeder Kollateralen weiterlaufen. (Auf die Technik übertragen, eine Utopie, da dies bedeuten würde, daß man ein stromführendes Kabel bis zu einige hundertmal aufteilen könnte, u. in jeder Aufteilung läge dieselbe Stromstärke vor wie in dem gemeinsamen Ausgangskabel.) So können im Extremfall bis zu 10000 Synapsen mit den Dendriten u. dem Perikaryon einer Nervenzelle in Kontakt treten. Dieser hohe Vernetzungsgrad erfordert für einen ungestörten gerichteten Informationsfluß, daß die Erregung bestimmter Bahnen gleichzeitig die Inhibierung v. Fasern bewirkt, die den Informationsfluß stören od. diesen fehlleiten würden (z. B. gleichzeitige Erregung v. ↗Agonisten u. Antagonisten). Diese notwendige Regelung wird dadurch erreicht, daß die auf ein Neuron treffenden Synapsen z. T. excitatorisch bzw. inhibitorisch wirken. Der Erregungszustand des betreffenden Neurons hängt dann in jedem Augenblick v. dem Verhältnis zw. erregten (excitatorischen) u. hemmenden (inhibitorischen) Synapsen ab. Dabei folgen sowohl die depolarisierenden wie auch hyperpolarisierenden Einflüsse den Gesetzmäßigkeiten der ↗Bahnung. Diese Verschaltung der hemmenden ↗Interneurone, nämlich der direkte Kontakt v. hemmenden Synapsen mit nachfolgenden Nervenzellen, wird allg. als *postsynaptische Hemmung* bezeichnet (Abb. 2). Je nach Lage der inhibierenden Interneurone bzw. der v. diesen gehemmten Fasern unterscheidet man bei diesem Hemmtyp die ↗*afferente kollaterale Hemmung* (Abb. 2a; z. B. beim ↗Kniesehenreflex, ☐), die *Umfeldhemmung* (Abb. 4; ↗*laterale Inhibition*, z. B. bei ↗Kontrast-Verschärfung, ☐) u. die *rückläufige (rekurrente) Hemmung* (Abb. 2b). Bei letzterem Hemmtyp wird über eine Kollaterale ein Hemmungsneuron erregt, das rückläufig die Ausgangszelle od. andere gleichartige Zellen hemmt (z. B. bei den Renshaw-Zellen im Rückenmark v. Säugern). Dieser postsynaptischen Hemmung steht die *präsynaptische Hemmung* (Abb. 3) gegenüber, bei der die hemmenden Synapsen mit den Synapsen excitatorischer Neurone verschaltet sind, wobei unter deren Einfluß eine Transmitterausschüttung verhindert wird. *H. W.*

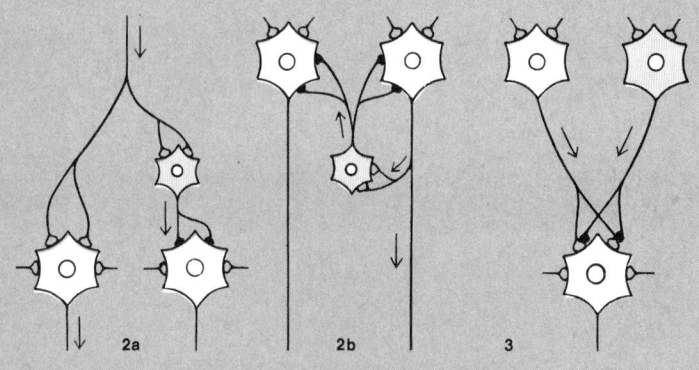

Abb. 2: *postsynaptische Hemmungen:*
a afferente kollaterale Hemmung,
b rückläufige (rekurrente) Hemmung

Abb. 3: *präsynaptische Hemmung* (grau dargestellte Zellen = hemmende Interneurone)

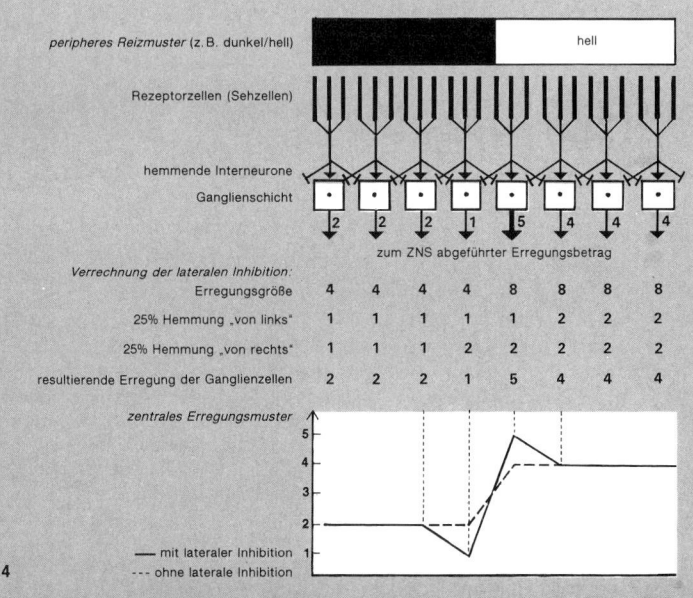

peripheres Reizmuster (z. B. dunkel/hell)	dunkel				hell		
Rezeptorzellen (Sehzellen)							
hemmende Interneurone							
Ganglienschicht							
zum ZNS abgeführter Erregungsbetrag	2	2	2	1	5	4	4	4

Verrechnung der lateralen Inhibition:

Erregungsgröße	4	4	4	4	8	8	8	8
25% Hemmung „von links"	1	1	1	1	1	2	2	2
25% Hemmung „von rechts"	1	1	1	2	2	2	2	2
resultierende Erregung der Ganglienzellen	2	2	2	1	5	4	4	4

zentrales Erregungsmuster

— mit lateraler Inhibition
--- ohne laterale Inhibition

Abb. 4: Schematische Darstellung der *lateralen (Vorwärts-)Inhibition.* Zur Veranschaulichung des Prinzips wurde die durch diese Hemmung verursachte ↗Kontrast-Überhöhung anhand v. Zahlenbeispielen dargestellt. Vereinfachend wurde eine Linearität zw. Reizintensität u. Erregungsgröße angenommen. Die von den Rezeptoren kommende Erregung wird an die Ganglienzellen weitergegeben, wobei über Kollaterale gleichzeitig hemmende Interneurone erregt werden. Diese wirken mit einer angenommenen Hemmung von 25% (bezogen auf die Erregungsgröße der Rezeptoren) auf die benachbarten Ganglien ein.

Nervensystem

Nervensystem
Wirkung des *Sympathikus* u. *Parasympathikus* auf verschiedene Organe

Organ	Sympathikusreiz	Parasympathikusreiz
Herzfrequenz	Beschleunigung	Verlangsamung
Gefäße	Konstriktion	Dilatation
Koronargefäße	Dilatation	Konstriktion
Pupillen	Erweiterung	Verengung
Bronchien	Dilatation	Konstriktion
Speiseröhre	Erschlaffung	Kontraktion
Magen	Hemmung	Anregung
Dünn- und Dickdarm	Hemmung	Anregung
Leber	Förderung des Glykogenabbaus	–
Blase	Harnretention, Hemmung des Detrusors, Erregung des Sphinkters	Harnentleerung, Anregung des Detrusors, Erschlaffung des Sphinkters
Genitalien	Vasokonstriktion	Vasodilatation und Erektion
Nebennieren	Anregung der Adrenalinsekretion	Hemmung der Adrenalinsekretion
Stoffwechsel	Steigerung der Dissimilation	Steigerung der Assimilation
Pankreas (Insulinsekretion)	Hemmung	Anregung
Schilddrüse (Sekretion)	Anregung	Hemmung

Nervensystem
Beispiel für die Anzahl der Ganglien u. der Nerven eines Insekts. *Acrolytus insubricus* besitzt 17 Ganglien und ca. 500 Nerven.

Kopf:
9 Ganglien (5 Ganglien des stomatogastrischen N.s)
49 Nerven (20 Nerven des stomatogastrischen N.s)

Thorax:
3 Ganglien
184 Nerven

Abdomen:
5 Ganglien
239 Nerven (davon 20 Nerven des unpaaren ventralen sympathischen N.s, 7 Dorsalnerven, 10 Nerven des caudalen sympathischen N.s)

↗ *Gehirn* (B) am Vorderende (↗Kopf). Der Wirbeltierkörper zeigt eine fundamentale Gliederung in 4 Körperregionen, die sich auch in der Zuordnung peripherer Bereiche des N.s zu Abschnitten des ZNS widerspiegelt: 1) Die Leibeswand *(somatisches Gebiet)* wird über die Spinalnerven des Rückenmarks versorgt. 2) Deutlich getrennt v. der Leibeswand ist das Eingeweide-N. *(viscerales Gebiet),* dessen Innervierung einerseits über den Grenzstrang des Sympathikus erfolgt u. das somit über die Rami communicantes mit den visceralen Neuronen des Rückenmarks verbunden ist *(sympathisches N.).* Andererseits findet eine nervöse Versorgung der inneren Organe auch über Seitenzweige der ↗Hirnnerven, insbes. des Vagus, statt *(parasympathisches N.).* 3) Der ↗Kiemendarm *(branchiales Gebiet)* u. seine Derivate bei landlebenden Wirbeltieren (↗branchiogene Organe, ↗Kehlkopf) werden v. Hirnnerven (Branchialnerven) versorgt. 4) Die großen Sinnesorgane des Vorderkopfes (Nase, Augen, statoakustisches Organ) stellen eine gesonderte „Sinnes-Peripherie" dar u. sind über die Hirnnerven I, II und VIII mit den ihnen zugeordneten Gebieten im Gehirn verbunden. – Das *Rückenmark* durchzieht als mächtiger Strang den Wirbelkanal. Es ist nervöses Zentralorgan für zahlr. Reflexe u. Automatismen u. zugleich Leitungsweg vieler Nervenfasern, die die übergeordneten Zentren des Gehirns mit der Peripherie verbinden. Entsprechend deutl. läßt sich auch anatom. eine Untergliederung in einen Eigenapparat u. einen Verbindungsapparat feststellen. Der *Eigenapparat* wird v. anatomisch fest verschalteten ↗Reflexbögen aufgebaut, die über Interneurone miteinander verbunden sind. Er ist ohne Beteiligung des Gehirns zu selbsttätigen Leistungen fähig, die ein Grundmuster v. Bewegungsabläufen, Halte- u. Stellreaktionen od. Schreckreaktionen repräsentieren (↗Reflex). Diese Schaltwege legen auf der spinalen Ebene elementare motorische Programme fest, deren Ablauf v. höheren Zentren nur regulierend beeinflußt wird. Der *Verbindungsapparat* des Rückenmarks verknüpft sensible bzw. motorische Neurone mit den übergeordneten Zentren des Gehirns. Bei Säugetieren u. Mensch tritt ein Verbindungszug, die *Pyramidenbahn,* bes. hervor. Sie verbindet die Zentren der Willkürmotorik in der Großhirnrinde direkt, ohne Umschaltung, mit ↗Motoneuronen im Rückenmark. Auf dieser Bahn werden bewußte, dem Willen unterliegende Bewegungssignale geleitet. Kopien dieser Signale gelangen zum ↗Kleinhirn, das eine Koordination der Bewegungsmuster vornimmt u. regelnde Signale entsendet. Die motorischen Kleinhirnsignale werden auf Parallelbahnen der Pyramidenbahn geleitet, zuvor aber noch mehrfach in den Kerngebieten des ↗Rautenhirns umgeschaltet. Dieses System unterliegt nicht dem Willen u. wird dem Pyramidenbahn-System als *extrapyramidales System* an die Seite gestellt. Zw. beiden bestehen über Nebenschlußbahnen enge Verbindungen. – Das *vegetative* od. *autonome N.* innerviert die inneren Organe, Herz u. Blutgefäße sowie die Drüsen. Es arbeitet vom Willen weitgehend unabhängig (Name!) u. tätigt eine Steuerung des „inneren Milieus" (Atmung, Verdauung, Blutkreislauf, Körpertemperatur, Hormondrüsentätigkeit). Das vegetative N. ist zentral eng mit dem somatisch-motorischen System verknüpft. Im Zentral-N. sind daher die Anteile der beiden Systeme morpholog. nicht zu trennen. Eine deutl. Trennung zeigt sich aber in der Peripherie: das *periphere* vegetative N. gliedert sich in einen sympathischen *(Sympathikus, sympathisches N.)* u. einen parasympathischen *(Parasympathikus, parasympathisches N.)* Anteil. Die Zellkörper eines Teils der sympathischen Neurone liegen im Brust- u. Lendenbereich des Rückenmarks. Von dort entsenden sie Axone zu den Ganglien des ⁊ Grenzstrangs u. den Bauchganglien, in denen die Erregungsmuster auf Neurone umgeschaltet werden, die zu den Bestimmungsorganen leiten. Die Zellkörper der parasympathischen Neurone liegen in der Beckenregion des Rückenmarks u. im Hirnstamm. Ihre Fasern führen zu Ganglien nahe bei den Bestimmungsorganen. Dort werden sie auf Folgeneurone umgeschaltet, die direkt auf das Organ einwirken. Viele innere Organe werden sowohl durch den Sympathikus als auch durch den Parasympathikus innerviert. Sympathikus u. Parasympathikus bilden in der Wandung zahlr. Hohlorgane (z. B. Herz, Magen), die in ihrer Funktion eine gewisse Selbständigkeit aufweisen, ein Geflecht vegetativer Nervenfasern u. Ganglien, die in der topographischen Anatomie als *intramurales N.* beschrieben werden. Während der Sympathikus funktionell vorwiegend auf energieverbrauchende u. abbauende Prozesse einwirkt (sog. ergotrope Wirkung), hat die parasympathische Innervation eher Beziehungen zur Erholung u. Energiespeicherung (trophotrope Wirkung, vgl. Tab.). Daraus resultiert in einigen Fällen eine antagonistische Wirkung der beiden Systeme. Durch die jedoch gleichzeitige Wirksamkeit dieser beiden Systeme entsteht unter normalen Bedingungen keine dauernde einseitige Funktionsänderung, sondern letztl. eher eine synergistische Arbeitsweise. – An der Zusammenarbeit der verschiedenen Teile des N.s sind immer Sekrete beteiligt. Sie können als ⁊ Neurotransmitter direkt auf postsynaptische Membranen wirken, aber auch, z. B. als ⁊ Neurohormone, entferntere Orte im Körper erreichen. Diese Form der ⁊ *Neurosekretion* (⁊ Neurosekrete) des N.s ist phylogenet. sicher sehr alt u. zeigt, daß nervöse u. humorale Koordination urspr. beide an das N. geknüpft waren. Auch nach der Entwicklung echter endokriner Drüsen hat das N. seine übergeordnete Funktion beibehalten u. steuert die Ausschüttung der Hormone. B 144–145.

Lit.: *Boeckh, J.:* Nervensysteme und Sinnesorgane der Tiere. Freiburg ²1977. *Eccles, J. C.:* Das Gehirn des Menschen. München ⁴1979. *Kaestner, A.* (Hg.): Lehrbuch der speziellen Zoologie, Bd. I, 1; I, 2; I, 3; I, 4; I, 5. Stuttgart 1973–84. *Reisinger, E.:* Die Evolution des Orthogons der Spiralier und das Archicoelomatenproblem. Z. zool. Syst. Evolut.-forsch. 10: 1–43. 1972. *Romer, A. S., Parsons, T. S.:* Vergleichende Anatomie der Wirbeltiere. Hamburg ⁵1983. *Starck, D.:* Vergleichende Anatomie der Wirbeltiere, Bd. 3. Berlin 1982. *Weidner, H.:* Insecta-Morphologie, Anatomie und Histologie, in Handbuch der Zoologie, 4 (2) 1/11; Hg.: *Helmcke, J. G., Starck, D., Wermuth, H.* Berlin 1982. *M. St.*

Nerventrophik *w* [v. gr. *trophē* = Ernährung], Fähigkeit gewisser Nervenfasern, die innervierten Organe am Leben zu erhalten, wobei nicht die Ernährung der Zelle eine Rolle spielt, sondern eine Produktion u. Abgabe v. noch unbekannten Substanzen, die morphogenet. eine Kontrolle ausüben u. für die Erhaltung normal innervierter Zellen notwendig sind. Muskeln atrophieren, wenn der versorgende motorische Nerv durchtrennt wird. Durchtrennung v. Nerven bei jungen Katzen, die „schnelle" u. „langsame" Muskeln versorgen u. anschließend wieder kreuzweise vernäht werden, bewirken, daß die vormals schnellen Muskeln langsam werden u. die langsamen schnell. Weder Nervenimpulse noch Transmitter sind für diese Vorgänge verantwortl., da sowohl efferente als auch afferente Neurone eine Kontrolle ausüben.

Nervenzelle, *Ganglienzelle,* selbständ. strukturelles Bauelement u. funktionelle Schalteinheit *(Neuron)* v. ⁊ Nervensystemen der Tiere u. des Menschen. Aufgrund ihrer ⁊ Membran-Struktur (⁊ Ionenpumpen, ⁊ aktiver Transport) sind N.n ausgeprägter als andere Zellen in der Lage, entweder exogene elektr. ⁊ Impulse od. spezifische chem. Reize aufzunehmen und in elektr. ⁊ Erregung umzuwandeln od. endogen durch bestimmte Stoffwechselprozesse Erregung selbst zu erzeugen u. diese in Form schwacher elektr. Ströme polar gerichtet über größere Strecken an andere Zellen weiterzuleiten (⁊ Erregungsleitung). In Form u. Größe (∅ im Extrem bis 100 μm)

nerv- [v. lat. *nervus* = Sehne, Muskel, Band, Lebenskraft].

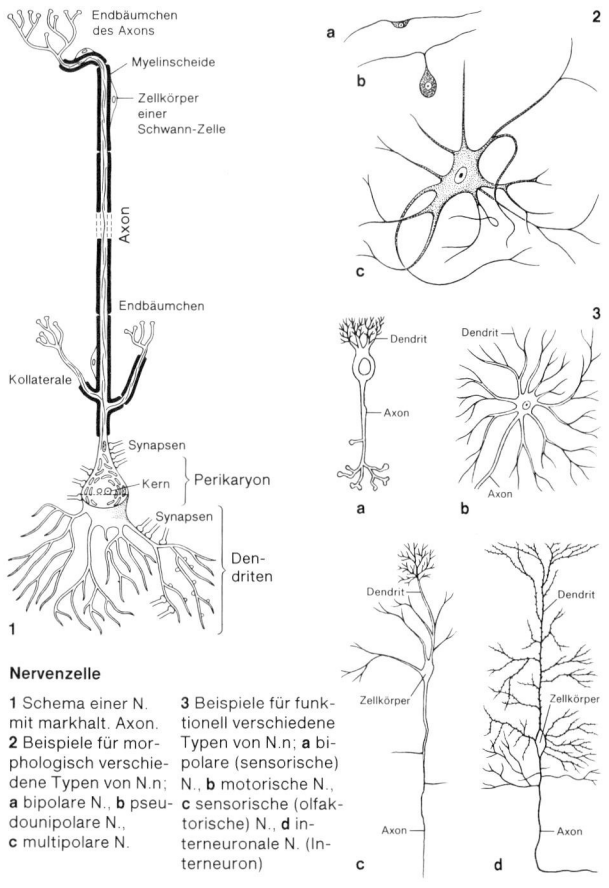

Nervenzelle

1 Schema einer N. mit markhalt. Axon.
2 Beispiele für morphologisch verschiedene Typen von N.n; **a** bipolare N., **b** pseudounipolare N., **c** multipolare N.
3 Beispiele für funktionell verschiedene Typen von N.n; **a** bipolare (sensorische) N., **b** motorische N., **c** sensorische (olfaktorische) N., **d** interneuronale N. (Interneuron)

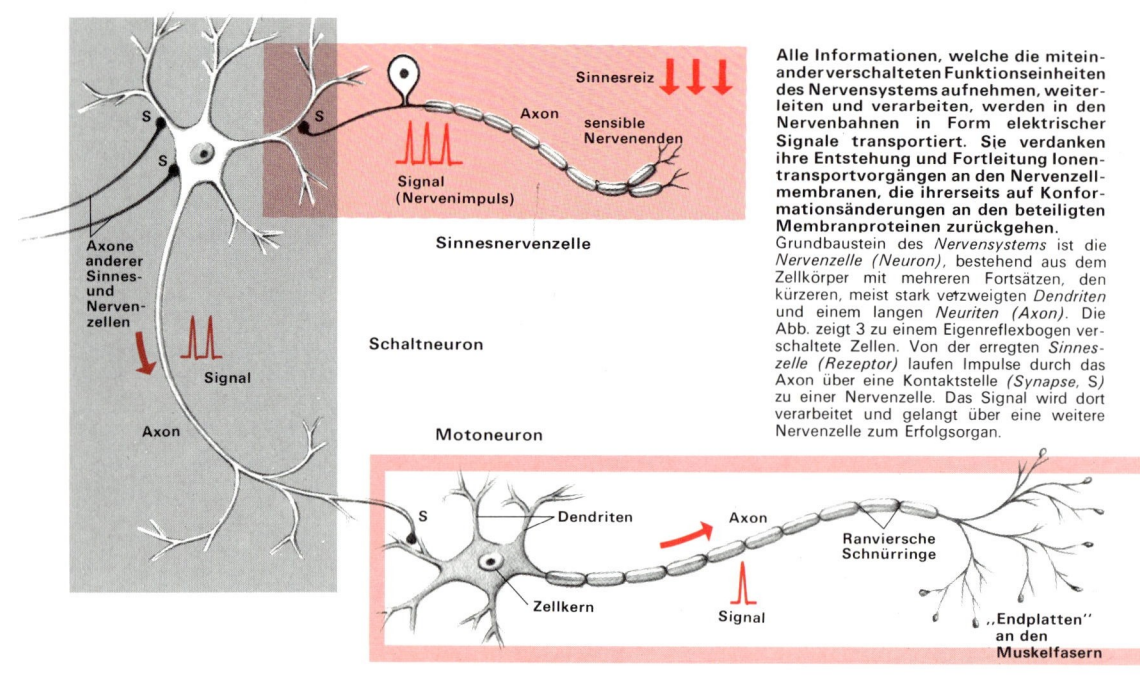

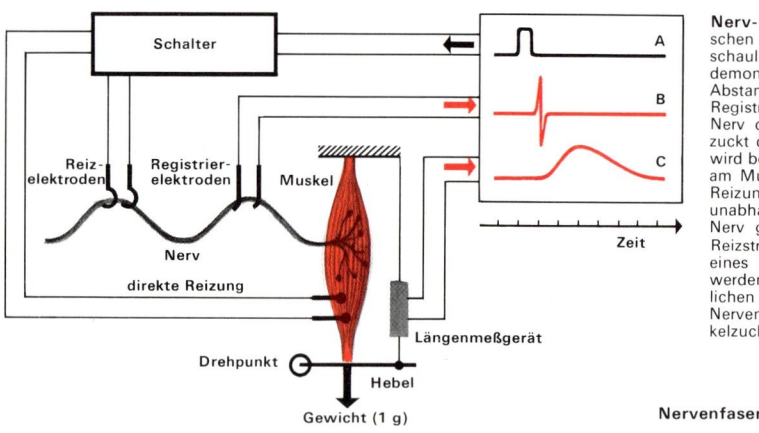

Alle Informationen, welche die miteinander verschalteten Funktionseinheiten des Nervensystems aufnehmen, weiterleiten und verarbeiten, werden in den Nervenbahnen in Form elektrischer Signale transportiert. Sie verdanken ihre Entstehung und Fortleitung Ionentransportvorgängen an den Nervenzellmembranen, die ihrerseits auf Konformationsänderungen an den beteiligten Membranproteinen zurückgehen.

Grundbaustein des *Nervensystems* ist die *Nervenzelle (Neuron)*, bestehend aus dem Zellkörper mit mehreren Fortsätzen, den kürzeren, meist stark verzweigten *Dendriten* und einem langen *Neuriten (Axon)*. Die Abb. zeigt 3 zu einem Eigenreflexbogen verschaltete Zellen. Von der erregten *Sinneszelle (Rezeptor)* laufen Impulse durch das Axon über eine Kontaktstelle *(Synapse*, S*)* zu einer Nervenzelle. Das Signal wird dort verarbeitet und gelangt über eine weitere Nervenzelle zum Erfolgsorgan.

Nerv-Muskel-Präparat. Die bioelektrischen Vorgänge lassen sich besonders anschaulich am Wadenmuskel eines Frosches demonstrieren. Der Nerv ist in einigem Abstand vom Muskel mit je zwei Reiz- und Registrierelektroden verbunden. Wird der Nerv durch einen Stromimpuls gereizt, so zuckt der Muskel. Dieselbe *Muskelzuckung* wird beobachtet, wenn die Elektroden direkt am Muskel angeschlossen werden (direkte Reizung). Die Stärke der Muskelzuckung ist unabhängig davon, an welcher Stelle der Nerv gereizt wird. Unmittelbar nach dem Reizstromstoß kann am Nerv die Entstehung eines *Nerven-Aktionspotentials* registriert werden. Die Diagramme zeigen den zeitlichen Verlauf des Reizstroms (A), des Nerven-Aktionspotentials (B) und der Muskelzuckung (C).

Die Ionentheorie der Erregung. Ein Membranpotential kommt durch ungleiche Verteilung verschiedener Ionen beiderseits der Nervenmembran zustande. Abb. rechts: *Riesenaxon* eines *Tintenfisches* mit Verteilung der für das Membranpotential wichtigen Ionen (in Millimol/Liter). Das Innere der Nervenfaser ist durch diese ungleiche Ionenverteilung um ca. 60 mV negativ gegenüber dem Außenmedium. Dieses *Membranruhepotential* wird durch eine *Ionenpumpe* (Abb. unten) aufrechterhalten, die ständig (durch die Membran) in das Zellinnere diffundierte Na^+-Ionen in den Außenraum und in den Außenraum diffundierte K^+-Ionen in das Zellinnere befördert. Wird die Nervenfaser nun durch einen ausreichend starken Reiz erregt – in physiologischer oder in unphysiologischer Weise (z. B. durch einen Stromstoß) –, so nimmt die Permeabilität der Membran für Na^+-Ionen kurzzeitig um etwa das 500fache zu. Es kommt zu einem starken Natrium-Einstrom in das Zellinnere, das sich dadurch gegenüber dem Außenmedium positiv auflädt, d.h., das Membranpotential ändert kurzzeitig seine Richtung *(Aktionspotential, Nervenimpuls)*. Der Ausgangszustand wird in zwei Schritten wieder erreicht. Als erstes wird (schnell) durch einen dosierten K^+-Ionen-Ausstrom das normale Membranpotential hergestellt. Schließlich wird durch die Arbeit der Natrium-Kalium-Pumpe (langsam) die Störung in den Ionenkonzentrationen beseitigt.

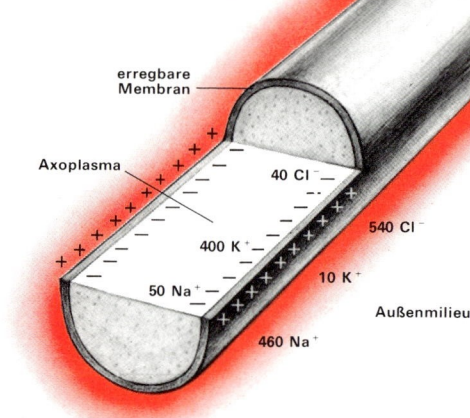

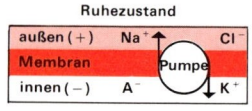

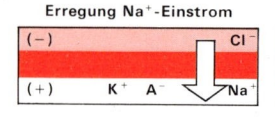

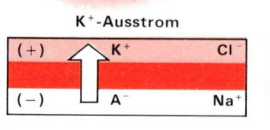

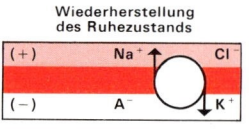

© FOCUS/HERDER

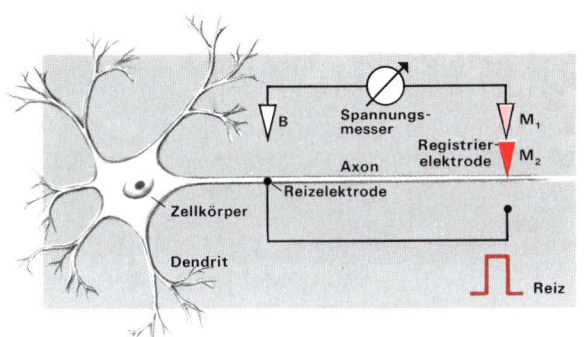

NERVENZELLE I–II

Registrierung des Nerven-Membranpotentials. Das *Membranpotential* einer Nervenzelle kann mit einer intrazellulär eingeführten Mikroelektrode (M) gegen eine Bezugselektrode (B) gemessen werden (Abb. oben). Die Aktionspotentiale werden durch Anlegen eines Reizstroms zwischen Zellinnerem und Außenmedium ausgelöst. Das Diagramm zeigt die Schwankung des Membranpotentials bei Reizung mit drei Stromstößen verschiedener Stärke. Der schwächste Reiz vermag kein fortgeleitetes Aktionspotential auszulösen. Erst wenn die Reizstärke die Auslöseschwelle übersteigt, antwortet die Faser mit der Bildung eines *Nervenimpulses (Aktionspotential)*, dessen Amplitude unabhängig von der Stärke jedes überschwelligen Reizstromimpulses ist.

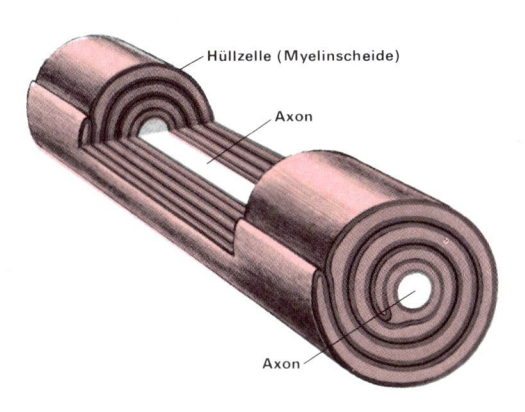

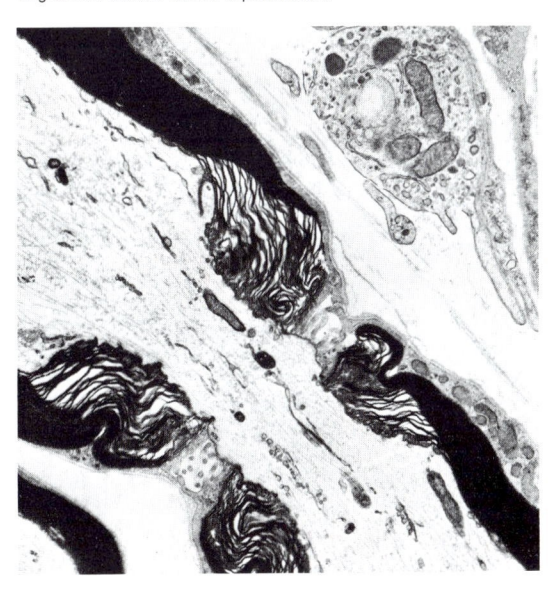

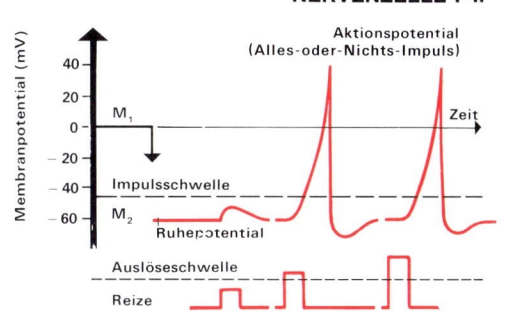

Die Leitungsgeschwindigkeit einer Nervenfaser hängt von ihrem Bau und Durchmesser ab. Nervenfasern mit einer Markscheide (Myelinscheide) und (oder) großem Durchmesser leiten besser als solche ohne Markscheide und (oder) mit kleinem Durchmesser. Abb. unten zeigt diese Verhältnisse für eine Leitungsgeschwindigkeit von 25 m/s an vier verschiedenen Nervenfasern. (Die beiden linken Fasern müßten bei maßstabgetreuer Darstellung 10mal größer gezeichnet werden.)

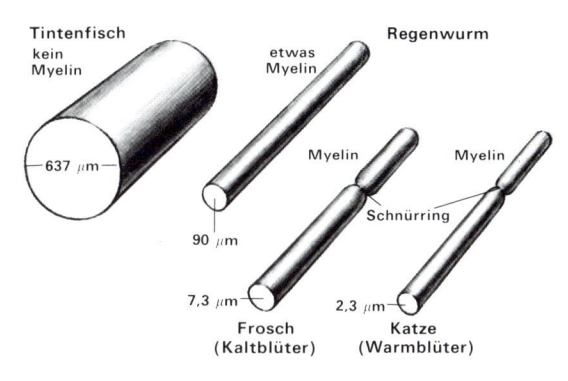

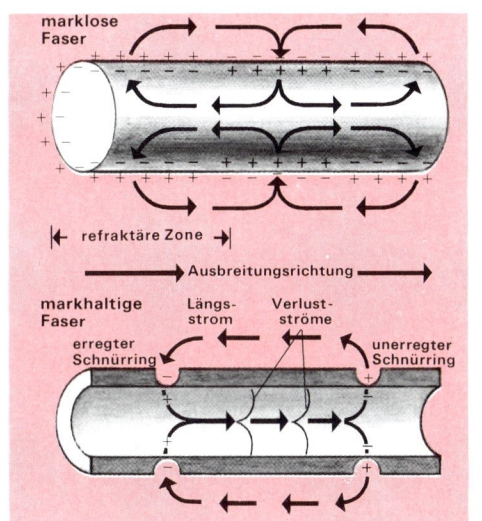

Markhaltige Nervenfasern sind von einer in mehreren Lagen um das Axon gewickelten Hüllzelle, der *Myelin-* oder *Markscheide*, umgeben (Abb. oben). Das elektronenmikroskopische Bild eines *Ranvierschen Schnürrings* (Photo unten) zeigt, daß die elektrisch gut isolierende, dunkel erscheinende Markscheide für eine kleine Strecke unterbrochen ist. Hier können die Stromschleifen aus dem erregten Nachbarschnürring die Nervenfaser wieder depolarisieren.

Erregungsleitung in Nervenfasern. Wird eine Nervenfaser an einer Stelle erregt, so entsteht dort ein *Aktionspotential*, das auf den benachbarten Faserabschnitt übergreift, dessen Membran depolarisiert und somit auch dort zur Erregungsbildung führt usw. Die Erregung der zunächst unerregten Nachbarregion erfolgt nach der *Strömchentheorie* durch kleine Ströme, die zwischen der erregten Stelle und der unerregten Nachbarregion fließen. Bei marklosen Fasern läuft die Erregung *kontinuierlich* über die Nervenfaser (Abb. oben). Nervenfasern mit einer elektrisch isolierenden Markscheide zeigen eine *saltatorische Erregungsleitung*: die Erregung wird *sprunghaft* von Schnürring zu Schnürring übertragen.

© FOCUS/HERDER

Nervenzelle

sehr variabel, gliedern N.n sich generell in einen plasmareichen kernhalt. *Zellkörper* (*Perikaryon*, fr. auch *Soma*) u. eine wechselnde Zahl erregungsleitender *Zellfortsätze*. Das Perikaryon zeichnet sich gewöhnl. durch ein reichlich ausgebildetes rauhes ↗endoplasmat. Reticulum (Nissl-Schollen, Tigroid-Substanz; ↗Nissl-Färbung) aus, während die Leitungsfortsätze bis auf – je nach Kaliber mehr od. weniger dicke – Längsbündel v. ↗Mikrotubuli (Neurotubuli; ↗Neurotubuli) u. ↗Actinfilamenten sowie Vesikel mit ↗Neurotransmittern fast organellenfrei sind. Die *Neurotubuli* dienen als „Förderbänder" für den Transmittertransport (↗axonaler Transport). Je nach Richtung der Erregungsleitung unterscheidet man gewöhnlich kürzere, bäumchenförmig verästelte Fortsätze *(Dendriten),* über die die N. Erregungsimpulse v. anderen N.n oder Sinneszellen aufnimmt, von – jeweils nur einem – erregungsableitenden *Neuriten (↗Axon)* pro N., über den nervöse Signale an andere N.n od. ↗Erfolgsorgane (Muskelzellen, Drüsenzellen) weitergeleitet werden. Das Axon ist i. d. R. erheblich länger als die Dendriten (1 m und mehr bei motorischen N.n im Rückenmark der Wirbeltiere) u. dünner als diese. Es kann in seiner ganzen Länge kürzere Seitenäste *(Kollaterale)* abgeben u. verzweigt sich meist erst an seinem äußersten Ende in mehrere Äste *(Endbäumchen, Neurodendrium).* Zudem unterscheidet es sich v. jenen durch Struktur u. Eigenschaften seiner Membran. Im gefärbten Präparat ist es an seinem organellenfreien Ursprungskegel am Perikaryon kenntlich. Die Erregungsübertragung zw. vorgeschalteten N.n oder Sinneszellen u. den Endverzweigungen der Dendriten bzw. v. den Axonenden auf nachgeschaltete Zellen verläuft über spezielle interzelluläre Kontaktstrukturen, die ↗*Synapsen.* Alle N.n und ihre Fortsätze sind lückenlos umhüllt v. einem Isoliergewebe aus ↗Glia-Zellen. Bei Wirbeltieren werden besonders rasch leitende, *markhaltige* Axone von ↗Myelin-reichen Membranduplikaturen spezieller Gliazellen (Schwannsche Zellen) manschettenartig umwickelt (Schwannsche Scheide, Markscheide, Myelinscheide). Diese ↗*Markscheiden,* irreführend auch als ↗Neuri- od. Neurolemm bezeichnet, werden jeweils an den Grenzen zweier Gliazellen in Abständen von 1–2 mm von Einschnürungen, den Ranvierschen Schnürringen, unterbrochen. Bei der Erregungsleitung wird die Axonmembran nur an diesen Stellen erregt; die elektr. Impulse springen v. Schnürring zu Schnürring *(saltatorische Erregungsleitung).* Morphologisch lassen sich N.n nach der Anzahl ihrer Dendriten in *multipolare N.n* mit zahlr. Dendriten, *bipolare N.n* mit nur einem zuleitenden Dendriten neben dem ableitenden Neuriten u. *pseudounipolare*

nerv- [v. lat. nervus = Sehne, Muskel, Band, Lebenskraft].

$$\begin{array}{c} CH_3 \\ | \\ (CH_2)_7 \\ | \\ CH \\ \| \\ CH \\ | \\ (CH_2)_{13} \\ | \\ COOH \end{array}$$
Nervon

Europäischer Nerz *(Lutreola lutreola)*

N.n unterteilen, bei denen nur ein gemeinsamer Fortsatz aus dem Perikaryon entspringt, der sich erst in einiger Entfernung vom Zellkörper funktionell in einen Dendriten u. einen Neuriten gabelt, welche aber beide Axonstruktur (Markscheiden) aufweisen. ↗Nervengewebe. B 152–153. *P. E.*

Nervon *s* [v. *nerv-], ein ↗Cerebrosid, enthält als Fettsäurekomponente *N.säure (Tetrakosensäure),* eine einfach ungesättigte Fettsäure.

nervös [v. lat. nervosus = nervig, kräftig], a) unruhig, übererregt; b) gelegentl. Bez. für ↗nerval.

Nervus *m* [lat., =], der Nerv.

Nerze [Mz.; v. ukrain. noryza = Taucher über spätmhd. norz = Wasserwiesel], *Lutreola,* U.-Gatt. der Marder mit 2 Arten; Kopfrumpflänge 30–40 cm; mittel- bis dunkelbraunes Fell kurzhaarig, dicht, weich u. glänzend; kurze Schwimmhäute zw. den Zehen. N. leben meist in Wassernähe, können gut schwimmen u. tauchen. – Der Europäische Nerz *(Mustela (Lutreola) lutreola,* Sumpfotter, Krebsotter; weiße Oberlippe) lebte urspr. in fast ganz Europa, heute nur noch im O und in W-Frankreich. Noch Anfang dieses Jh.s waren N. in N- und NO-Dtl. nicht selten; inzwischen gilt die Art in Dtl. als ausgestorben (letzter Nachweis: 1940 bei Göttingen). – Der Amerikanische Nerz *(M. (L.) vison,* Mink, Vison; keine weiße Oberlippe; B Nordamerika I) ist über ganz N-Amerika, außer im hohen N und tiefen S, verbreitet; in den skand. Ländern u. in Asien wurden Amerikan. N. ausgesetzt. Etwa seit 1910 werden Amerikan. N. für die Pelz-Ind. (v. a. in Kanada) in Farmen gezüchtet; es gelang in wenigen Jahrzehnten, mehrere Farbvarianten (z. B. weiß, schwarz, „platin", „saphir") herauszuzüchten. Bei vereinzelt in Dtl. wild auftauchenden N.n handelt es sich um entkommene od. ausgesetzte Amerikanische [Nerze.

Neslia *w,* der ↗Finkensame.

Nesomantis *w* [v. gr. nēsos = Insel, mantis = Seherin], Gatt. der ↗Seychellenfrösche.

Nesovitrea *w* [v. gr. nēsos = Insel, lat. vitreus = gläsern], Gatt. der Glanzschnecken. Die Streifen-Glanzschnecke *(N. hammonis)* hat ein transparentes, bräunl. Gehäuse (4,2 mm ⌀), flach gewunden, ziemlich weit genabelt; paläarkt. weitverbreitet. Die nach der „Roten Liste "potentiell gefährdete" Weiße Streifen-Glanzschnecke *(N. petronella),* mit farblosem bis grünl. Gehäuse, kommt in N-Europa u. den Alpen vor.

Nesselfalter, der ↗Kleine Fuchs.
Nesselhaar, das ↗Brennhaar.
Nesselkapseln, die ↗Cniden.
Nesselkrankheit, 1) *Nesselsucht, Nesselausschlag, Urticaria,* akuter Hautausschlag, der sich in stark juckenden Quaddeln äußert, manchmal mit Fieber (Nesselfieber); kann hervorgerufen wer-

den durch Insektenstiche, Brennhaare, Allergene (Medikamente, Krebse, Fisch, Erdbeeren u. a., auch Tierhaare) u. parasit. Würmer, Magen-Darm- u. Stoffwechselstörungen sowie Herderkrankungen (z. B. chron. Mandelentzündung). **2)** Hopfenkrankheit, die durch verschiedene Viren (Mischinfektion) verursacht wird; Symptome sind u. a. Entwicklungshemmungen u. Blattmißbildungen; evtl. Verlust der Windefähigkeit.

Nesselquallen, die Gatt. ↗ Cyanea.

Nesseltiere, *Cnidaria,* Stamm der ↗ Hohltiere mit den Kl. ↗ *Hydrozoa,* ↗ *Scyphozoa* u. ↗ *Anthozoa* (ca. 10000 Arten). N. sind i. d. R. marin lebende, solitäre od. stockbildende Hohltiere (☐ Arbeitsteilung), die sich durch den Besitz v. *Nesselkapseln* (↗ Cniden, ☐) auszeichnen. Diese dienen der Abwehr v. Feinden u. der Überwältigung v. Beute. Einige Nesselkapseltypen enthalten starke Gifte, welche Beute paralysieren u. töten. Viele N. können dadurch auch dem Menschen gefährl. werden (↗ *Chironex,* ↗ Portugiesische Galeere, ↗ Seewespe, ↗ *Cyanea*). Die Toxine gehören in die Gruppe der Polypeptide u. Proteine. N. treten in 2 Habitustypen auf: *Polyp* (festsitzend) u. *Meduse* (freischwimmend), die durch den Prozeß der ↗ Metagenese in Verbindung stehen: Medusen entstehen durch ungeschlechtl. Knospung am Polypen u. stellen ihrerseits die geschlechtl. Generation dar (↗ Generationswechsel). Je eine der beiden Generationen kann bei verschiedenen Gruppen der N. betont od. reduziert sein (grobe Regel: *Hydrozoa* – Polypengeneration betont, kleine Medusen; *Scyphozoa* – Polypengeneration unterdrückt, große Medusen; *Anthozoa* – nur Polypengeneration). Der Polyp hat eine schlauchförm. Gestalt mit Fußscheibe, Rumpf (Mauerblatt) u. Mundscheibe (Peristom); zw. Rumpf u. Mundscheibe sitzen Tentakel an. Oft ist ein Mundrohr ausgebildet. Die Meduse stellt einen „in der Längsachse gestauchten Polypen" dar. Die Fußscheibe entspricht der Oberseite (Exumbrella), die Mundscheibe der Unterseite (Subumbrella) der Meduse. Die Ränder des Mundes sind meist zu einem Mundrohr (Manubrium) ausgezogen, das den Magen enthält. Da die Mesogloea stark entwickelt wird, ist der Magen meist klein. Er entsendet Kanäle (Radiärkanäle) zu einem Ringkanal, der am Schirmrand verläuft (↗ Gastrovaskularsystem). Zw. den Kanälen ist die Gastrodermis zusammengedrückt (Kathamalplatten). Die Hauptmasse der Meduse bildet die gallertige, oft eingewanderte Zellen enthaltende Mesogloea (98% Wasser). In Anpassung an die frei bewegl. Lebensweise haben die Medusen zusätzl. Strukturen entwickelt: Dem schnellen Schwimmen dienen Ringmuskeln am Glockenrand (teilweise quergestreift), die die Glocke kontrahieren.

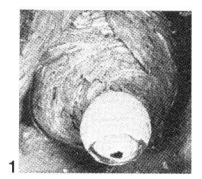

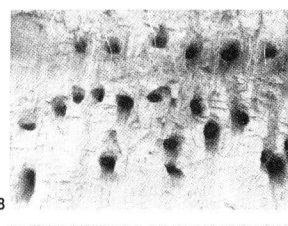

Dieses Rückstoßschwimmen wird bei manchen Arten durch eine ektodermale Falte (Velum, Craspedon), die irisblendenartig die Glockenöffnung verengt, noch verstärkt. Auch spezielle Sinnesorgane (relativ primitive Lichtsinnesorgane, Schweresinnesorgane) sind als Anpassungen an das freie Schwimmen zu verstehen. Zw. Gastro- u. Epidermis liegen die ekto- od. entodermal gebildeten Gonaden (Medusen sind zwittrig od. getrenntgeschlechtlich). Die Geschlechtszellen werden normalerweise durch Platzen der Gonadenhüllen frei. Die Entwicklung erfolgt über eine planktontische Planulalarve, die sich mit dem aboralen Pol festsetzt, Tentakel sproßt u. zu einem Polypen auswächst (bei Süßwasserpolypen ist die Larve unterdrückt: direkte Entwicklung). – Die ontogenet. Entwicklungsstadien (Blastula, Gastrula) können als Modelle für hypothet. Ahnenformen (Blastaea, Gastraea) der *Metazoa* dienen (↗ *Gastraea*-Theorie von Haeckel). Die phylogenet. Gruppierung der Klassen der N. ist bis heute nicht geklärt. Während fr. die einfach gebauten *Hydrozoa* als urspr. angesehen wurden, tendiert man heute mehr dazu, die *Anthozoa* an die Basis der N. zu stellen. – N. sind eine erdgeschichtl. sehr alte Gruppe. Im Erdaltertum gab es bereits *Hydrozoa* (Stromatoporen) mit verschiedensten Wuchstypen sowie viele Steinkorallenarten. B Hohltiere I–III. C. G.

Nesselzellen, *Cnidocyten,* ↗ Cniden.

Nest, *Nidus,* von Tieren erbaute Behausung, vorwiegend zur Aufnahme u. Aufzucht der Brut, auch Wohnstätte für erwachsene Tiere, die sie vor Feinden u. Witterungseinflüssen schützt. – Einfache, mit Schleim verfestigte Wohnröhren graben im Wasser lebende *Ringelwürmer* od. bauen freistehende N.er aus Körpersekreten u. eingelagertem Kalk od. Steinchen. Die *Spinnen* bauen ihre Wohn- u. Brut-N.er

---

Nestformen

Umhülltes Wabennest: **1** Faltenwespe; das diesjährige Nest ist an das letztjährige angeklebt. *Nestartige Unterlage:* **2** Sandregenpfeifer; aus Kieseln u. Muschelschalen. *Offenes Napfnest:* **3** Eiderente; am Boden, mit Dunenpolster. **4** Teichrohrsänger; an drei Schilfstengeln angeflochten. *Kugelnest:* **5** Afr. Webervögel. *Töpfernest:* **6** Töpfervögel; aus Lehm, 25 cm breit. **7** Saatkrähe; in Kolonien, hoch in Bäumen, ca. 60 cm breit. *Bruthöhle:* **8** Uferschwalbe; Nest am Ende der 4–6 cm weiten, bis 1 m tief in die Lehmwand eingegrabenen Röhren. *Schwimmnest:* **9** Haubentaucher; schwimmend, 30–60 cm breit. *Überdachte Laichgrube:* **10** Dreistachel. Stichling. Männchen führt Weibchen zur Eiablage in das Nest.

aus dem Sekret ihrer Spinndrüsen. Der N.bau bei *Insekten* ist mannigfaltig: Borkenkäfer minieren in Rinde u. Holz (Brutkammern); Termiten mauern ihre Bauten aus Tonerde u. Speichel; Baustoff der Wespen ist das regenfeste „Papier", zerkaute, mit Speichel verkittete Holzfasern; Bienen fertigen Waben *(Waben-N.er)* aus körpereigenem Wachs; das N. der Hummeln aus Wachs u. Pollen ist zugleich Nahrung für die Larven; Ameisen bauen N.er mit Wohn-, Brut- u. Vorratskammern in der Erde unter Steinen, Erdkuppeln od. Haufen aus Tannennadeln u. Ästchen (Wärme- u. Feuchteregulation!) od. ↗ „Karton"-N.er aus Holzfasern, Erde u. Speichel. In Felsspalten lebende *Muscheln* bauen flaschenförmige N.er aus Steinchen u. Schalentrümmern. Der Stein-*Seeigel* höhlt sich durch abgesonderte Säure kugelige Wohn-N.er in das Kalkgestein. *Fische* haben einfache Laichgruben (Forellen, Lachse), Brut-N.er aus verrotteten, mit Nierensekret verkitteten Pflanzenteilen (Stichlinge), Schlammhöhlen (Lungenfische), *Schaum-N.er* (Großflosser), *Amphibien* wühlen Wohnlöcher in feuchte Erde, *Reptilien* Erdlöcher zur Eiablage und Überwinterung. – *Vögel* bauen sich *Brut-N.er*, seltener auch *Schlaf-N.er*. Das N. dient neben dem Schutz vor Feinden der Temp.-Regulierung u. kann Gonadenreifung u. Entwicklung des Brutpflegeverhaltens synchronisieren. Es wird v. Männchen u./od. Weibchen gebaut – in tage- bis wochenlanger Arbeit. Das arttyp. N.bauverhalten ist angeboren, kann jedoch durch Lernen modifiziert werden. Die Nistplatzauswahl erfolgt meist durch das Weibchen (↗ Nisthilfen), manchmal wählt dieses aus mehreren angebotenen N.ern aus (Zaunkönig, Beutelmeise, Webervögel). Standort, N.typ u. Nistmaterial ergänzen sich. Großfußhühner schichten Haufen von Pflanzenteilen auf u. lassen die darin vergrabenen Eier durch die Zersetzungswärme der Fäulnis ausbrüten. Viele Seevögel (Möwen, Regenpfeifer), Hühnervögel u. Ziegenmelker legen die Eier ohne Unterlage auf den Boden. Flamingos formen aus Schlamm u. Pflanzenresten kegelstumpfförmige N.er. Höhlenbrüter nehmen natürl. od. künstl. Höhlen (↗ Nisthöhle) an (Kleiber, Meisen, Star), hacken sie in Baumstämme (Spechte) od. graben sie in lehmige Erde (Eisvogel, Bienenfresser, Uferschwalbe). Einfache flache N.er aus kreuz u. quer liegenden Ästen bauen Tauben, Haubentaucher u.a., feste Reisighorste Störche, Reiher, Greif- u. Rabenvögel. Die *Napf-N.er* der Singvögel haben einen gröberen Außenbau aus Zweigen, Halmen od. Blättern u. sind innen mit Tierhaaren (Grasmücken, Ammern), Wollfasern (Fliegenschnäpper), Federn (Laubsänger) od. Erde (Singdrossel) ausgekleidet. Die N.er sind in Zweiggabeln von Sträuchern, Büschen od. Bäumen eingefügt, an Zweigen (Rohrstengeln) angeflochten (Pirol, Rohrsänger) od. liegen unter Gras- u. Seggenbüscheln am Boden (Pieper, Lerchen). Die Schneidervögel nähen Blattränder mit Pflanzenfasern zus. u. bauen in diese Taschen ihre N.er. Die zierl. Kolibri-N.er bestehen aus Pflanzenwolle, Moos u. Flechten. *Kugel-N.er* mit Schlupflöchern od. -röhren bauen Webervögel, Nektarvögel, Beutelmeise, Zaunkönig u.a. Die *Töpfer-N.er* sind aus Lehm gemauert (Schwalben, Töpfervögel), aus mit Speichel verkitteten Pflanzenteilen u. Federn (Segler) od. bei den Salanganen nur aus erhärtetem Speichel geklebt. Laubenvögel bauen zur Balz *Spiel-N.er* (Lauben), die sie mit bunten Federn, Steinchen u.ä. kunstvoll schmücken. Die N.er stehen einzeln (z.B. Laub- u. Rohrsänger, Grasmücken) od. in Kolonien (z.B. Saatkrähen, Reiher, Lummen). Kleinvögel bauen für jede Brut i.d.R. ein neues Nest, da das alte stark v. Parasiten befallen ist. Größere Vögel (Störche, Reiher, Greifvögel) benutzen dasselbe N. oft viele Jahre hintereinander, einige beziehen die verlassenen N.er anderer Arten, z.B. der Turmfalke alte Krähen-N.er.

Nestdunen, *Nestlingsdunen, Neoptile,* Federn nestjunger Vögel, die befiedert schlüpfen; sitzen den definitiven Federn auf, d.h., sie sind keine selbständige Federgeneration, sondern speziell strukturierte Teile der Konturfedern. Ihre Funktion besteht in erster Linie im Wärmeschutz. ↗ Dunen.

Nestflüchter, *Autophagen,* von L. ↗ Oken geprägter Fachausdruck für diejenigen Vogeljungen, die weit entwickelt, mit Daunenkleid u. offenen Augen schlüpfen, den Eltern sofort folgen können u. selbständig Nahrung aufnehmen. Den gegensätzl. Typus nannte Oken *Nesthocker:* Jungen dieser Arten schlüpfen nackt, mit geschlossenen Augen u. unfähig zu normaler Fortbewegung aus dem Ei u. halten sich noch mindestens einige Tage, meist länger, in einem Nest auf, wo sie v. den Eltern gefüttert werden. Der Jungentypus ist bei den Vögeln für jede Ord. kennzeichnend; so sind u.a. die Strauße, Hühnervögel und Enten N., Singvögel sind Nesthocker. Es gibt auch Übergangstypen: Die Jungen v. Möwen u. Alken schlüpfen weit entwickelt, bleiben aber trotzdem noch einige Tage im Nest u. werden gefüttert; man hat sie als „Platzhocker" bezeichnet. Die Jungen der Greifvögel u. Eulen bleiben lange Zeit im Nest, schlüpfen aber mit Daunenkleid u. offenen Augen. Insgesamt stellt der N. bei den Vögeln den urspr. Jungentypus dar, der sich vermutl. direkt v. den Verhältnissen bei den Reptilien herleitet, bei denen die Jungen immer als verkleinerte Abbilder der adulten Tiere schlüpfen u. völlig selbständig sind. Der Nesthocker bildet dagegen das Ergebnis einer weiteren Evolution,

---

Nest
Einige *Säugetiere* bauen Brut-, Wohn- u. Flucht-N.er aus Reisern, Halmen u.ä. (Eichhörnchen, Bilche). Unterirdische Bauten aus Röhren u. Kesseln haben Fuchs, Wildkaninchen, Mäuse, Biber, Murmeltier, Spitzmäuse, Maulwurf, Fischotter, Dachs. Einfache, mitunter ausgescharrte Wohn- u. Brutlager benützen Hasen, Rehe u. a.

in deren Verlauf sich auch die Zahl der Jungen pro Brut reduzierte. Der Unterschied von N.n und Nesthockern hat daneben auch ökolog. Gründe; z. B. scheint das Bodenleben N. zu begünstigen, das Baumleben Nesthocker: Die baumbrütenden Störche sind Nesthocker, die relativ nahe verwandten bodenbrütenden Kraniche aber N. – Beide Begriffe werden auch auf Säugetiere angewandt, um den Unterschied zw. dem Jungentypus z. B. der Huftiere (Nestflüchter) u. dem vieler Nagetiere wie Mäuse (Nesthocker) zu bezeichnen. Auch ein Rehkitz od. ein junger Elefant wird weit entwickelt, mit offenen Augen u. motorisch ausgereift geboren u. kann der Mutter sofort nachfolgen. Junge Mäuse od. Kaninchen kommen dagegen nackt, blind u. praktisch fortbewegungsunfähig zur Welt u. benötigen den Schutz eines Nestes oder Baues. Von der Mutter müssen sie dort zurückgelassen werden, wenn diese den Bau verläßt. Allerdings treten die beiden Typen bei den Säugern nicht so systemat. geordnet auf wie bei den Vögeln, obwohl alle Huftiere zu den N.n gehören. Bei den Nagetieren gibt es dagegen Nesthocker u. N. (Biber), ebenso bei den Hasenartigen (Kaninchen sind Nesthocker, Feldhasen N.) und bei den Insektenfressern (Spitzmaus u. Igel). Die Jungen der Raubtiere u. Robben stellen einen weiter entwickelten Typus des Nesthockers dar; so werden junge Katzen zwar blind, aber behaart geboren, u. ihre Motorik ist weiter entwickelt als die junger Ratten. Im Ggs. zu den Vögeln stellt bei den Säugern der Nesthocker die stammesgeschichtl. ursprüngliche, der N. die abgeleitete Form dar. Die Jungenzahlen sind bei den N.n kleiner – im Extrem bei vielen Huftieren nur ein Junges pro Wurf. Hinzu kommt bei den Säugetieren ein dritter Jungentypus, der stammesgeschichtl. ebenfalls als abgeleitet zu betrachten ist, der *Tragling* der Affen u. anderer (meist baumbewohnender) Säugetiere, wie Koala- u. Ameisenbär, Faultier. Traglinge werden weit entwickelt geboren u. gleichen N.n, können aber den Eltern nicht selbst folgen, sondern werden am Körper mitgetragen. Die Beuteltiere mit ihrer völlig abweichenden Ontogenese lassen sich schlecht in das Schema Nesthocker–Nestflüchter einordnen. ↗Jugendentwicklung; Tier-Mensch-Vergleich. *H. H.*

Nesthocker, *Insessoren,* ↗Nestflüchter.
Nesticus *m* [v. gr. nēstikē = Spinnkunst], Gatt. der ↗Höhlenspinnen 1).
Nestkäfer, *Catopidae,* Fam. der polyphagen Käfer, 1–9 mm (bei uns bis 6,5 mm) große, meist gelbbraune od. braunschwarze Tiere, die bevorzugt in Säugetiernestern u. -gängen, aber auch in Höhlen od. einfach in der tieferen Bodenspreu leben; weltweit verbreitet, in Mitteleuropa über 60 Arten. Hierher gehören auch viele echte Höhlentiere (U.-Fam. *Ba-*

Nestpilze
Bekannte Gattungen:
Crucibulum (Tiegelteuerling)
Cyathus (Teuerling)

Fruchtkörper des Gestreiften Teuerlings (*Cyathus striatus* Willd.) auf moderndem Laub (1–1,5 [–3] cm hoch, ⌀ 0,8–1,0 cm); vorn reifer Fruchtkörper mit Peridiolen (10–18)

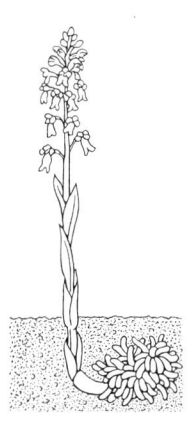

Nestwurz *(Neottia nidus-avis),* mit Wurzelstock

Nestflüchter
Auch das menschl. Kind zeigt Merkmale eines Traglings, obwohl die großen Besonderheiten seiner extrem langen Entwicklung zu abweichenden Zügen geführt haben. Von A. Portmann wurde das menschl. Kind sogar als „sekundärer Nesthocker" bezeichnet.

thysciinae), die v. a. in südeur. Höhlen mit vielen Arten verbreitet sind. In Kärntner Höhlen u. Stollen leben z. B. die völlig blinden N. *Aphaobius milleri* v. *Lotharia angulicollis.* In Dtl. ist nur *Choleva septentrionis* ein Höhlentier, das bisher ledigl. aus der Segeberger Höhle in Holstein bekannt ist.
Nestling, ein noch nicht flugfähiger Jungvogel im Nest.
Nestlingsdunen, die ↗Nestdunen.
Nestor *m* [ben. nach dem greisen Nestōr v. Pylos], Gatt. der ↗Papageien.
Nestparasitismus, der ↗Brutparasitismus.
Nestpilze, *Nidulariaceae,* Familie der ↗Bauchpilze (Ord. *Nidulariales);* bilden typische topf-, tiegel- od. becherförmige Fruchtkörper, vor der Reife mit einem Deckel od. einer dünnen Haut verschlossen; innerhalb des Fruchtkörpers befinden sich *Peridiolen,* die die Basidien mit den Basidiosporen einschließen; die Peridiolen können als selbständige, v. einer Wand umschlossene Glebakammern aufgefaßt werden. N. wachsen auf faulendem Holz, morschen Strohdächern, modernden Blättern od. auf bloßem Erdboden.
Nestwurz, *Neottia,* Gatt. der Orchideen, mit 9 Arten in ganz Eurasien verbreitet. Aufgrund der saprophyt. Lebensweise fehlt Chlorophyll – die Blätter sind zu Schuppen umgewandelt. In Dtl. ist *N. nidus-avis* als Schattenpflanze in Buchenwäldern (Fagion-Charakterart) auf nährstoff- u. basenreichen, meist kalkhalt. Böden weit verbreitet. Die gelbbraune Pflanze mit 10–30 ungespornten Blüten ist zieml. unauffällig. Der Name bezieht sich auf die fleischigen (Wurzelpilz!), nestartig verflochtenen Wurzeln.
Netrium *s* [v. gr. nētron = Spindel], Gatt. der ↗Mesotaeniaceae.
Netta *w* [v. gr. nētta = Ente], Gatt. der ↗Tauchenten.
Nettophotosynthese *w, Nettoassimilation,* ↗Bruttophotosynthese.
Nettoprimärproduktion, Produktion organ. Substanz durch Photo- od. Chemosynthese, abzügl. des Verlustes durch Atmung. N. wird meist auf Bestände der betreffenden pflanzl. Organismen u. die Zeitdauer eines Jahres bezogen. In Gewässern wird sie mit Hilfe des Vergleichs der Vorgänge in lichtdurchlässigen u. lichtgeschützten Flaschen (Primärproduktion minus Respiration bzw. nur Respiration) ermittelt, der durch Zugabe radioaktiven Kohlenstoffs ($NaH^{14}CO_3$) methodisch verbessert werden kann. ↗Bruttophotosynthese. B Kohlenstoffkreislauf.
Netzauge, das ↗Komplexauge.
Netzblatt, der ↗Kriechstendel.
Netzfalter, das ↗Landkärtchen.
Netzfleckenkrankheit, Pilzkrankheit der Gerste; Erreger ist der Schlauchpilz *Pyrenophora teres* (Konidienform: *Drechslera teres = Helminthosporium t.);* bes. in gemäßigt humiden Gebieten allg. verbreitet;

Netzfliegen

in Mitteleuropa treten wenig Schäden auf, in Kanada ist die N. dagegen wichtigste, samenbürtige Gerstenerkrankung. Typisch ist bei Befall die Ausbildung bräunl. Streifen, die später zu einem Netzwerk verbundener Flecken auswachsen (B Pflanzenkrankheiten I). Bekämpfung durch Saatgutbeizung u. Züchtung resistenter Sorten.

Netzfliegen, *Nemestrinidae,* Fam. der Fliegen mit nur 1 Art (Gatt. *Hirmoneura*) in Mitteleuropa; mittelgroße Insekten mit auffällig stark geäderten Flügeln (Name); die Imagines ernähren sich mit einem oft sehr langen Saugrüssel v. Blütennektar; die Larven parasitieren in anderen Insekten.

Netzflügler, N. i. e. S., *Planipennia,* Ord. der Insekten mit ca. 5000 Arten in insgesamt 17 Fam. (vgl. Tab.). Viele urspr. zu den N.n gestellte Fam. mit netzart. geäderten Flügeln wurden als eigene Ord. abgetrennt (↗Neuroptera, ↗Neuropteroidea). Zu den N.n gehören Insekten von 2 mm bis 8 cm Körperlänge. Der Kopf der Imagines ist rundl. mit halbkugelförm. Komplexaugen u. meist beißend-kauenden Mundwerkzeugen. Der deutlich dreigliedr. Brustabschnitt trägt 3 Beinpaare, die bei den meisten N.n (Ausnahme: Fanghafte) wenig spezialisiert sind. Die 2 Paar meist gleichgestalteten, reich geäderten Flügel, die in der Ruhe dachförm. über den Hinterleib gelegt werden, befähigen die N. zu einem flatternden, meist trägen Flug. Sie können eine Flügelspannweite von 5 mm bis 16 cm aufweisen. Der Hinterleib ist deutl. in 10 Segmente gegliedert u. trägt an den beiden letzten Segmenten mehr od. weniger kompliziert gebaute Geschlechtsorgane. Die Zahl der längl.-ovalen Eier, die das Weibchen je nach Fam. auf verschiedene Substrate ablegt, schwankt zw. 50 und 8000; sie sind bei vielen Fam. (z. B. Florfliegen, Fanghafte) typ. gestielt. Die Larven durchlaufen eine holometabole Entwicklung von unterschiedl. Dauer mit i. d. R. drei Stadien. Zur Verpuppung verspinnen sich die Larven vieler Arten in Kokons. Die Imagines ernähren sich wie die Larven ausschl. räuberisch v. Insekten u. sind z. B. durch die Vertilgung v. Blattläusen nützlich. Hpts. in Afrika kommen die Fadenhafte *(Nemopteridae)* vor, deren Hinterflügel zu langgestreckten, fadenförm. Anhängen umgebildet sind. B Insekten II.

Netzhaut, *Retina,* der den Lichtreiz aufnehmende u. in Nervenerregung umwandelnde Teil des ↗Linsenauges (□; ↗Auge, □) u. damit Ort der Lichtperzeption. Bei allen Wirbeltiergruppen ist der Aufbau recht einheitlich. Man unterscheidet in der N. drei Schichten. Da es sich beim *Wirbeltier-Auge* um ein *inverses* Auge handelt (↗Linsenauge), fällt das Licht zuerst durch die Schicht der Ganglienzellen (Nervenfaserschicht) u. durch die der Schaltneuronen (innere Körnerschicht, s. u.), bevor es auf

Netzflügler

Wichtige Familien:
↗Ameisenjungfern *(Myrmeleonidae)*
↗Bachhafte *(Osmylidae)*
↗Fanghafte *(Mantispidae)*
Fadenhafte *(Nemopteridae)*
↗Florfliegen *(Chrysopidae)*
↗Schmetterlingshafte *(Ascalaphidae)*
↗Schwammfliegen *(Sisyridae)*
↗Staubhafte *(Coniopterygidae)*
↗Taghafte *(Hemerobiidae)*

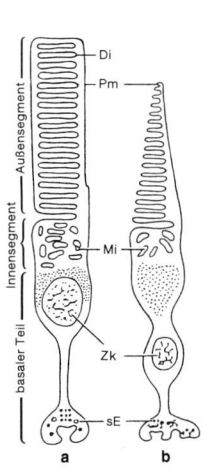

Netzhaut

Aufbau der *Sehzellen* (Photorezeptoren):
a schemat. Darstellung eines *Stäbchens*, **b** eines *Zapfens*
Das Außensegment enthält Membranstapel (Discs, Di), die dicht mit Sehfarbstoff besetzt sind (Pm Plasmamembran); Innensegment mit Zellorganellen (Mi Mitochondrien); basaler Teil mit Zellkern (Zk) und synaptischen Endigungen (sE)

die Photorezeptoren (Sehzellen) trifft. – *Photorezeptorschicht:* Nach der Funktion u. der Form unterscheidet man 2 Klassen v. Photorezeptoren (Duplizitätstheorie des Sehens, ↗Auge), die schlankeren, langgestreckten, für das ↗Dämmerungssehen verantwortl. *Stäbchen* (im menschl. Auge ca. 120 Mill.) u. die gedrungeneren, kürzeren, für das Tages- bzw. ↗Farbensehen verantwortl. *Zapfen* (6 Mill.), die ihrerseits in 3 Typen vorliegen, entspr. den unterschiedl. lichtempfindl. ↗Sehfarbstoffen (Rhodopsine, ↗Farbensehen, □, B). Die Außensegmente eines Photorezeptors bestehen hpts. aus Membranen, die sog. *Discs* bilden (↗Membranproteine, □; ↗Calcium); ein Außensegment eines Stäbchens enthält etwa 1000 solcher Discs, Zapfen besitzen weniger. Bei den Zapfen sind die Membranstapel Einschnürungen der Zellmembranen, bei den Stäbchen liegen die Discs intrazellulär. Die Membranen bestehen aus einer Lipiddoppelschicht, in der die einzelnen Moleküle senkrecht zur Membranebene stehen. Die Rhodopsine liegen mit ihrem hydrophilen Kohlenhydratanteil an der äußeren Membranoberfläche. Der Übergang vom Außen- zum Innensegment ist verengt u. zeigt Ciliarstruktur. Das Innenglied der Sehzelle besteht hpts. aus Mitochondrien u. anderen Zellorganellen, im basalen Teil liegt der Zellkern; die Schicht der Zellkerne wird *äußere Körnerschicht* gen. Über Ausläufer wird synapt. die Verbindung zu den Nervenfasern der inneren Körnerschicht hergestellt. – *Innere Körnerschicht:* Die Schaltneuronen dieser Schicht (B Farbensehen) sind meist bipolar. Sie sind für die direkte Weiterleitung der Erregung v. den Sehzellen zu den Ganglienzellen verantwortl. Daneben sorgen Horizontalzellen und sog. amakrine Zellen (multipolare Nervenzellen mit kurzen Fortsätzen) für die Querverschaltungen in der N., die Horizontalen im synapt. Bereich zw. den Bipolaren u. den Photorezeptoren, die Amakrinen im Bereich zw. Bipolaren u. Ganglienzellen. In der Körnerschicht liegen außerdem die Kerne der *Müllerschen Stützzellen,* deren Ausläufer sich überall zw. den Zellen aller N.schichten ausbreiten u. die an der N. innen u. außen eine Grenzmembran bilden. Die innere grenzt die N. gegen den Glaskörper ab, durch die äußere Grenzmembran schieben sich die Stäbchen- u. Zapfen-Außenglieder in Salträume des anschließenden Pigmentepithels. Bei starker Belichtung können sich bei manchen Tierarten die lichtempfindl. Zapfen tief in dieses Epithel hineinschieben (↗Retinomotorik, ↗Hell-Dunkel-Adaptation). – *Nervenfaserschicht:* Die Gliazellen der innersten Schicht stehen sowohl mit den Bipolaren als auch mit den Amakrinen in Verbindung u. geben die Information in dieser Schicht über marklose Neurite weiter.

NETZHAUT

Die hintere Innenfläche des Augapfels wird von der Netzhaut (Retina) ausgekleidet, in der die lichtempfindlichen Sehzellen liegen. Die nur ca. 0,4 mm dicke Retina setzt sich aus einer Vielzahl von Sehzellen zusammen, bei denen z. B. beim Menschen zwei Typen unterschieden werden können: die schlanken, langgestreckten Stäbchen und die etwas kürzeren und dickeren Zapfen.

Die *Zapfen* und *Stäbchen* sind gruppenweise über Verbindungsneurone auf verschiedene Ganglienzellen verschaltet, deren Ausläufer als Sehnervenfasern zum Gehirn ziehen. Nur in der *Fovea (Sehgrube)*, der Stelle der größten Rasterdichte und des höchsten Auflösungsvermögens, ist jede Sehzelle durch eine eigene Bahn mit dem Gehirn verbunden. Die Netzhaut mit ihren über 100 Millionen Sehzellen und den zahlreichen quer und längs verlaufenden Nervenleitungen stellt sich als ein außerordentlich kompliziertes Netzwerk dar, aus dem die Abb. unten einen schematischen Ausschnitt zeigt. Man beachte, daß das Licht erst nach Durchdringen der transparenten Schicht aus Nervenzellen und -leitungen auf die Sehzellen fällt. Das Photo rechts zeigt einen Ausschnitt aus der Retina eines Rhesusaffen (P = Pigmentepithel, Z = Zapfen, S = Stäbchen, G = Ganglienzellen, G_1 = Verbindungsneurone zwischen Seh- und Ganglienzellen, S_1 = Sehnervenfasern).

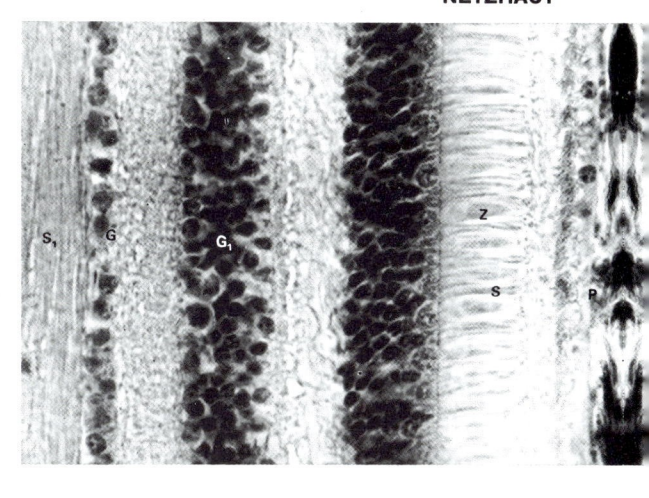

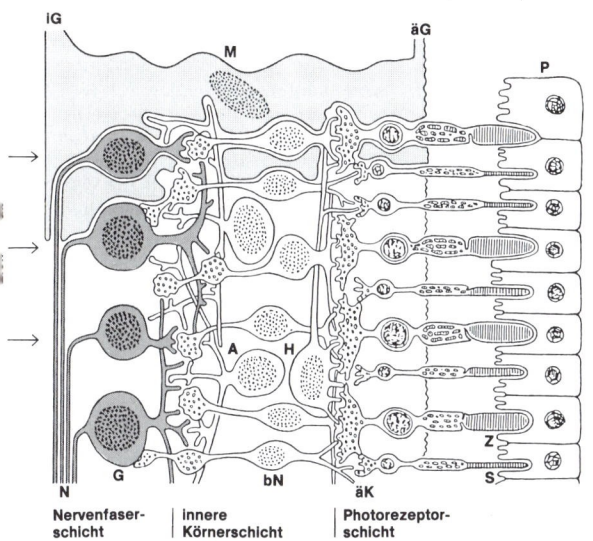

Ausschnitt aus der Retina von Wirbeltieren (inverses Auge)
A = Amakrine, äG = äußere Grenzmembran, äK = äußere Körnerschicht, bN = bipolare Nervenzellen, G = Ganglienzellen mit Nervenfasern (N), H = Horizontale, iG = innere Grenzmembran, M = Müllersche Stützzellen, P = Pigmentepithel, S = Stäbchen, Z = Zapfen

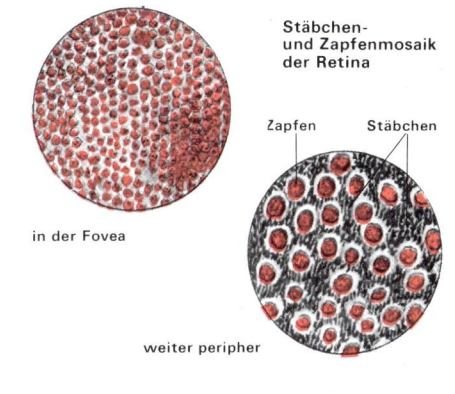

Nervenfaserschicht | innere Körnerschicht | Photorezeptorschicht

Stäbchen- und Zapfenmosaik der Retina

in der Fovea

weiter peripher

Die Sehzellen sind ungleichförmig über die Netzhaut verteilt. So finden sich in der *Fovea* pro mm² über 100 000 kleine, sehr eng nebeneinanderliegende Zapfen. Außerhalb der Fovea stehen größere Zapfen und Stäbchen (Abb. oben). An der Peripherie der Netzhaut befinden sich nur Stäbchen. Während die Zapfen dem Farben- und Hell-Dunkel-Sehen bei Tageslicht dienen, werden die nicht farbempfindlichen Stäbchen für das Hell-Dunkel-Sehen bei schwacher Beleuchtung eingesetzt. Beim Fixieren eines Gegenstands wird das Auge durch Kopfdrehung bzw. entsprechende Einstellung der Augenmuskeln so ausgerichtet, daß das Bild auf die Netzhautregion größter Auflösung (Fovea) fällt.

Das Auge der hochentwickelten *Tintenfische* (Abb. unten) enthält eine zweigeteilte Linse. Im Gegensatz zum Wirbeltierauge ist die Sehzellschicht dem durch die Linse einfallenden Licht direkt zugänglich. Die *Rhabdomere* von je vier Sehzellen setzen sich zu einem *Rhabdom* zusammen. Die *Mikrovilli* an den Rhabdomeren von je zwei einander gegenüberliegenden Sehzellen haben gleiche Orientierung (Abb. rechts).

Ausschnitt aus der Retina eines Tintenfisches (everses Auge)

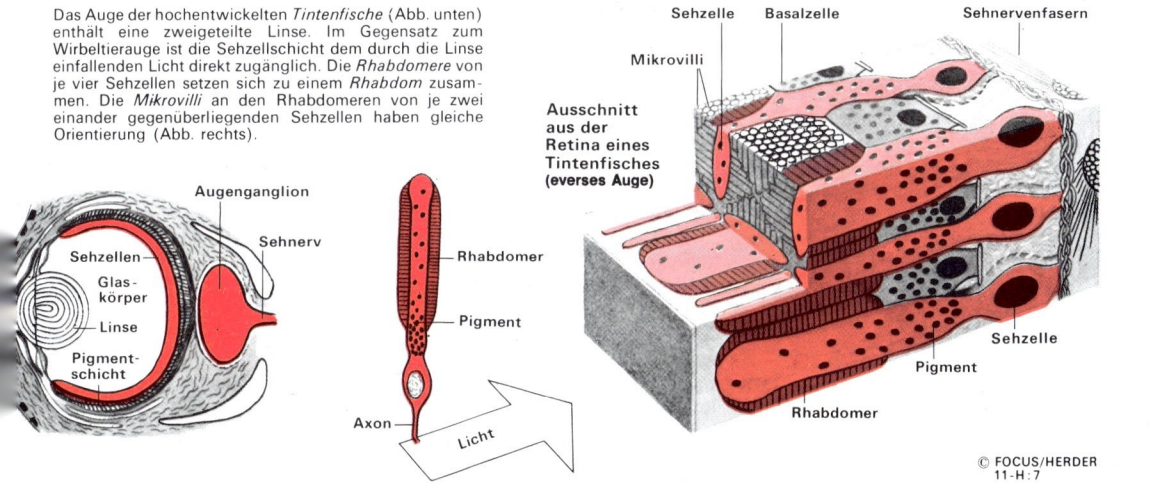

© FOCUS/HERDER

Netzhaut

Die Neurite ziehen zu einer Austrittsstelle, dem *blinden Fleck* (☐ Linsenauge), u. durchbrechen die Lederhaut nach außen, werden markhaltig u. ziehen als *Sehnerv* (Nervus opticus, ↗Opticus; ☐ Hirnnerven) zum Gehirn. Diese Stelle ohne Sinneszellen macht sich beim Sehen normalerweise nicht störend bemerkbar: Auf der einen

Netzhaut
Figur zum Nachweis der Existenz des *blinden Flecks*: beim Fixieren des Kreuzes mit dem rechten Auge u. langsamen Heranführen bzw. Entfernen des Buches vom Auge verschwindet (bei abgedecktem linken Auge) der Kreis bei einer bestimmten Distanz (ca. 15 cm)

Seite reagiert das Gehirn mit entspr. Überbrückungsfunktionen, indem das „Sehloch" mit Eindrücken der Umgebung ergänzt wird; zum anderen wird der blinde Fleck durch das ↗binokulare Sehen u. durch die rasche „Bewegungsunruhe" der Augen mit Auslenkungen v. wenigen Winkelsekunden (Frequenz zw. 20 und 200 Hz) nicht wahrgenommen. Eine andere markante Stelle in der N. ist der ↗ *gelbe Fleck* (Macula lutea), in dessen Mittelpunkt eine Vertiefung liegt, die *Fovea centralis* (Zentralgrube; ☐ Auge, ☐ Linsenauge). Im gelben Fleck – eine bei rotfreiem Licht gelb aussehende Stelle – sind vorwiegend Zapfen zu finden. In diesem Bereich ist der Mensch farbtüchtig; voll farbtüchtig ist er in der Fovea centralis, in der die Zapfen (es gibt hier keine Stäbchen) am dichtesten stehen (bis 140 000 pro mm^2). Hier treten die beiden inneren N.schichten zur Seite, ledigl. die Photorezeptorschicht ist vorhanden; jede Sehzelle ist zudem nur mit einem bipolaren Neuron verbunden u. dieses nur mit einer Gliazelle. Da es keine konvergente Verschaltung (↗Konvergenz, ↗Nervensystem) gibt, ist hier der Ort des höchsten räuml. ↗Auflösungsvermögens (☐); dagegen ist dieser Bereich relativ lichtunempfindlich. Zur Peripherie hin nimmt die Dichte der Zapfen ab u. die der Stäbchen zu. Die peripheren Bereiche sind für das ↗Dämmerungssehen zuständig, nehmen aber auch am Tage am ↗Bewegungssehen teil u. erkennen Helligkeitskontraste (↗Kontrast, ☐) u. grobe Muster. Tiere, die dämmerungs- od. nachtaktiv sind bzw. in großer Meerestiefe leben, haben fast reine (z. B. Katzen, Eulen) od. völlig reine Stäbchenretinae (Fledermaus, Maulwurf, Tiefseefische). Die Zahl der Sehzellen pro mm^2 ist bei diesen Tieren außergewöhnl. hoch: der Tiefseefisch *Lionurus pumiliceps* besitzt 20 Mill. pro mm^2; die Zahl der bipolaren Zellen u. der Ganglienzellen ist hingegen relativ niedrig (hohe Konvergenz), womit ein Verlust an Sehschärfe verbunden ist, der nur z. T. durch Vergrößerung der Augen wieder ausgeglichen werden kann; teilweise ist zw. der N. und der Pigmentschicht ein sog. *Tapetum lucidum* (↗Augenpigmente, ↗Augenleuchten) ausgebildet, welches das ins Auge fallende Licht reflektiert u. so 2mal die N. passiert. Eine Eule kann mit $^1/_{100}$ der für das menschl. Auge nötigen Lichtintensität auskommen u. von 2 m Entfernung zielsicher eine Beute schlagen. Tagaktive Tiere haben dagegen z. T. eine reine Zapfenretina, wie Ringelnatter, Mauersegler und viele Schildkröten. Bei niederen Fischen, Amphibien u. tagaktiven Vögeln findet man Übergangsformen zw. Stäbchen u. Zapfen od. gepaarte Sehzellen. Eine weitere Besonderheit einiger Vögel ist das Vorkommen zweier Foveae, die ein hohes Auflösungsvermögen in der frontalen u. gleichzeitig in der lateralen Blickrichtung erlauben. – Das ↗Linsenauge der höheren *Tintenfische* ähnelt zwar im Aufbau dem der Wirbeltiere, die N. beider Tiergruppen unterscheidet sich aber erheblich. Die N. der Tintenfische ist bedeutend einfacher gebaut u. gleicht eher den Retinulae der Ommatidien im ↗Komplexauge (☐). Sie ist einschichtig, u. die Nervenfasern gehen direkt v. den Sehzellen ab; sie enthält also keine Ganglienzellen od. Bipolaren. Da es sich um ein *everses* Auge handelt (↗Linsenauge), sind die lichtperzipierenden Teile der Sehzellen dem einfallenden Licht zugewandt. Hier tragen sie an zwei einander gegenüberliegenden Seiten Rhabdomere; jeweils 4 Rhabdomere bilden ein Rhabdom. Der distale Bereich der Sehzelle wird vom proximalen durch eine unterbrochene Membran abgesetzt. Hier liegen die Zellkerne. In der Sehzellen sind vorwiegend oberhalb der Membran Pigmente eingelagert; zw. die Sehzellen schieben sich Basalzellen, die ebenfalls Pigmente enthalten. Die Retina v. *Octopus* enthält etwa $2 \cdot 10^6$ (etwa 70 000 Sehzellen pro mm^2) Rhabdomere, was etwa der Stäbchen-Zahl im Wirbeltierauge entspricht. *E. K.*

Netzkoralle, *Retepora*, neuerdings *Sertella*, Gatt. der Moostierchen, vom Nordmeer bis ins Mittelmeer verbreitet; die Kolonie wächst flächig, hat viele Durchbrechungen (Name!) u. hebt sich vom Substrat ab; sie wirkt wie ein gefältelter, stark durchlöcherter Trichter.

Netzmagen, *Haube, Reticulum*, Teil des Vormagensystems der Wiederkäuer (↗Wiederkäuer-Magen) mit längs- u. querverbundenen Schleimhautfalten, in dem nach der Vergärung im ↗Pansen feine von groben Nahrungsbestandteilen getrennt u., zu Ballen geformt, durch den ↗Oesophagus (Speiseröhre) erneut dem Kauapparat zugeführt werden. ☐ Magen, ☐ Pansensymbiose; ☐ Verdauung III.

Netzmücken, die ↗Lidmücken.

Netzreusenschnecken, *Nassariidae*, Fam.

der Stachelschnecken mit eiförm., mehr od. weniger hoch gewundenem Gehäuse u. kurzem Siphonalkanal; Spindelwand zu einem Kallus od. Schild verdickt; großer Fuß, Mantelhöhle mit einseit. gefiederter Kieme, zweiseit. gefiedertem Osphradium u. Hypobranchialdrüse ohne Purpursekret; getrenntgeschlechtl.; Eier werden in Kapseln eingehüllt; freier Veliger bis zu 1 Monat im Plankton; meist carnivore Schmalzüngler, die auf Schlick u. Sand bis 200 m Tiefe v. a. in warmen Meeren vorkommen; fast alle marin. Die Gewöhnlichen N. *(Nassarius reticulatus),* 35 mm hoch, axialgerippt u. spiralgestreift, auch in Nord- u. Ostsee, graben sich so ein, daß nur der Sipho über die Sedimentoberfläche ragt, mit dem sie Aas, Würmer u.ä. wittern (auf 30 cm Entfernung). Weitere Gatt.: ↗*Bullia,* ↗*Cyclope.*

Netzsalamander ↗ Querzahnmolche.

Netzschleimpilze, *Labyrinthulomycetes,* Mikroorganismen mit spindelförm. oder ovalen, nackten, einkern. Zellen, die Schleimfäden absondern; die Schleimfäden vieler Zellen sind zu einem Netz *(Netzplasmodium)* verbunden; möglicherweise ist dieses Netz zellulärer Natur; es wird daher auch „ektoplasmatisches Fadennetz" od. „Filipodiensystem" gen. Bei der Gatt. *Labyrinthula* treten zur Sporenbildung Zellen zu Gruppen zus., runden sich ab u. umgeben sich mit dünnen Wänden; dann entstehen Sori, in denen sich Zoosporen entwickeln, die einen Augenfleck und 2 ungleich lange Geißeln (biflagellat-pleurokont) besitzen. Die meisten N. leben saprophytisch od. parasitisch. *Labyrinthula algeriensis* wächst parasit. in der Meeresalge *Laminaria iberia; Labyrinthula macrocystis* ist Erreger einer schweren Schädigung des Seegrases *Zostera marina.* Die verwandtschaftl. Beziehungen der N. sind unklar; möglicherweise stammen sie v. autotrophen Algen ab. [brariaceae.]

Netzstäublinge, *Dictydium,* Gatt. der ↗ Cri-

Netzstern, *Patiria miniata,* bis 12 cm großer Seestern aus der Fam. *Asterinidae,* mit 5 relativ kurzen Armen am dicken Rumpf, deshalb auch als „Falscher amerikan. Kissenstern" bezeichnet; leuchtend rot, bisweilen mit netzförm. Muster; an der Pazifik-Küste v. Alaska bis Kalifornien; ernährt sich sowohl räuberisch als auch mikrophag.

Netzwanzen, die ↗ Gitterwanzen.

Netzwühlen, *Blanus,* Gatt. der Eigentlichen Doppelschleichen mit 4 Arten, v. denen die Maurische N. *(B. cinereus)* der einzige eur. Vertreter ist; auf der Pyrenäenhalbinsel u. in NW-Afrika beheimatet; ca. 22 cm lang; bräunlich od. rötlichgrau gefärbt; Körperringelung regenwurmähnlich; lebt meist versteckt in selbstgegrabenen Erdgängen u. ernährt sich hpts. v. Tausendfüßlern; ovipar.

Neubergsche Gärungsformen [ben. nach dem dt. Biochemiker C. Neuberg, 1877–1956], Abwandlungen der ↗alkohol. Gärung (= I.N.G.) zur Bildung v. ↗Glycerin (☐): nach der II. N. G. wird während der Gärung Natriumhydrogensulfit (NaHSO₃) zugegeben, das den während der Gärung entstehenden Acetaldehyd bindet; nach der III. N. G. wird der pH-Wert der Nährlösung erhöht, dadurch dismutiert Acetaldehyd zu Acetat u. Äthanol; in beiden Fällen steht Acetaldehyd den Hefen nicht mehr zur Beseitigung der überschüssigen Elektronen (NADH-Reoxidation) zur Verfügung; an seiner Stelle wird Dihydroxyacetonphosphat zu Glycerophosphat reduziert, das nach einer Dephosphorylierung Glycerin ergibt.

Neubürger, Tier- u. Pflanzenarten, die in histor. Zeit in einem bestimmten Gebiet neu hinzugekommen sind; pflanzl. N. werden auch *Neophyten* gen. ↗ Adventivpflanzen, ↗ Archäophyten.

Neugierverhalten ↗Erkundungsverhalten.

Neuguinea-Weichschildkröten, *Carettochelys,* ↗ Papua-Weichschildkröten.

Neumann, Ernst, dt. Pathologe, * 30.1. 1834 Königsberg, † 6.3. 1918 ebd.; beschrieb 1868 das Knochenmark als Ort der Blutbildung u. postulierte bereits das Stammzellenkonzept der Hämatopoese; Erstbeschreiber der akuten myeloischen Leukämie; u. a. Beiträge zur Entzündungslehre.

Neunaugen, *Petromyzonidae,* Fam. der Rundmäuler mit 8 Gatt. u. 26 Arten in gemäßigten u. kalten Gewässern beider Hemisphären; mit aalförm. Körper, unpaarer Nasenöffnung oben am Kopf, gut entwickelten Augen, 7 Kiemenöffnungen (diese 9 markanten, fr. als „Augen" ben., beiderseits erkennbaren Punkte erklären den Namen), kreisförm., bezahnten, v. Cirren umgebenem Saugmund, Spiraldarm, ohne Schuppen und paar. Flossen; der Nasengang endet blind. Ihre 1–5 Jahre lang im Süßwasser, meist in Schlammröhren lebenden, blinden u. zahnlosen, geringelten, wurmart. Larven *(Ammocoetes* od. *Querder)* filtern aus dem vorbeiströmenden Wasser Kleinlebewesen; erst nach der Metamorphose zum räuber. lebenden Alttier wandern die meisten Arten ins Meer u. kehren nur zum Laichen ins Süßwasser zurück. Hierzu das bis 1 m lange, parasit. lebende Meer- od. See-N. *(Petromyzon marinus)* der westl. und östl. Küstengewässer des N-Atlantik u. der Großen Seen in N-Amerika, das als Larve in den zuführenden Flüssen lebt; es saugt sich an Fische an u. frißt Löcher in deren Haut u.

Neubergsche Gärungsformen

Die Abwandlungen der Alkoholgärung sind als *II.* und *III. N. G.* bekannt; die normale Alkoholgärung ist die *I. N. G.* – Glycerinbildung aus Dihydroxyacetonphosphat:
☐ Glycerin

Neunaugen

Meer-N. *(Petromyzon marinus)* und (unten) Bach-N. *(Lampetra planeri)*

Neuntöter

Muskeln. Das nach der ↗ Roten Liste „stark gefährdete", bis 50 cm lange Fluß-N. od. die Pricke *(Lampetra fluviatilis)* lebt als Larve in nordwesteur. Flüssen u. wandert als parasit. Adulttier in die angrenzenden Küstengewässer; hier bringt es oft mehrere Jahre zu, stellt dann das Fressen ein, zieht zum Laichen in den Oberlauf der Flüsse u. stirbt dann. Nur ca. 15 cm lang wird das „gefährdete" Bach-N. od. die Zwergpricke *(L. planeri,* B Fische X); es lebt nur im Oberlauf westeur. Fließgewässer nördl. der Pyrenäen u. Alpen; metamorphosierte Bach-N. fressen nicht mehr; sie laichen bald u. sterben danach. Die wegen der Gewässerverschmutzung heute vielerorts selten gewordenen N. waren fr. als Laichwanderer außer in Amerika geschätzte Speisefische.

Neuntöter, *Lanius collurio,* ↗ Würger.

Neuradoideae [Mz.; v. gr. neuras = eine die Nerven erregende Pflanze], U.-Fam. der ↗ Rosengewächse.

neural [v. *neur-], die Nerven bzw. das Nervensystem betreffend.

Neuralbögen, bei Wirbeltieren u. Mensch v. jedem Wirbelkörper nach dorsal ragendes Paar knorpeliger od. knöcherner Bögen, die dorsal miteinander verschmolzen sind und zw. sich u. dem Wirbelkörper den *Neuralkanal* einschließen, in dem das Rückenmark liegt. Im Bereich der Schwanz- ↗ Wirbelsäule verschwindet der Neuralkanal. Jeder N. trägt einen seitl. *Querfortsatz* (Processus transversus od. Diapophyse), an dem eine Rippe ansetzt. Die beiden N. jedes Wirbels laufen dorsal in einen gemeinsamen, unpaaren *Spinalfortsatz* (Processus spinosus od. Neurapophyse) aus. Bei Tetrapoden u. manchen Fischen stehen die N. untereinander durch *Gelenkfortsätze,* die ↗ Zygapophysen, in Verbindung. ↗ Wirbel, ↗ Hämalbögen. B Wirbeltiere II.

Neuralkanal, *Rückenmarkskanal, Wirbelkanal, Wirbelloch, Foramen vertebrale,* ↗ Neuralbögen.

Neuralleiste, in der Frühentwicklung der Wirbeltiere u. des Menschen eine Zellpopulation, die sich zu beiden Seiten der Neuralrinne aus den *Neuralwülsten* entwickelt u. bei ↗ Neuralrohr-Schluß ins Körperinnere wandert. Die N.nzellen legen im Embryo z. T. weite Strecken zurück u. differenzieren sich an ihren Zielorten zu unterschiedl. Zell- u. Gewebetypen: 1. Zellen des peripheren Nervensystems (sensor. Neurone in den Spinalganglien, sympathische Neurone im vegetativen Nervensystem, periphere Gliazellen, z. B. Schwannsche Zellen); 2. Nebennierenmark; 3. Ektomesoderm (Knorpel- u. Knochenzellen); 4. sämtl. Pigmentzellen außer der Pigmentschicht des Auges (↗ Melanoblasten); 5. Zahnbeinbildner (Odontoblasten).

Neuralplatte, *Medullarplatte,* ↗ Neuralrohr.
Neuralrinne, *Medullarrinne,* ↗ Neuralrohr.

neur-, neuro- [v. gr. neura, neuron = Sehne, Schnur, Spannkraft, Nerv], in Zss.: Nerven-.

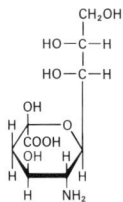

Neuraminsäure

Neuralrohr, *Medullarrohr,* bei Wirbeltieren u. dem Menschen die Anlage des Zentralnervensystems. Das N. entsteht bei der ↗ *Neurulation* (im *Neurula*-Stadium, B Embryonalentwicklung I–II). Der v. Zellen der oberen Urmundlippe unterwanderte Ektodermbereich, das ↗ *Neuroektoderm,* verdickt sich u. bildet die v. *Neuralwülsten* (Medullarwülsten) begrenzte *Neuralplatte* (Medullarplatte). Sie tieft sich zur *Neuralrinne* (Medullarrinne) ein u. schließt sich zum N. Das N. ist im zukünft. Kopfbereich schon breiter angelegt u. differenziert sich dort zur Hirnanlage; weiter hinten ist es schmaler u. wird zum Rückenmark. Die seitl. Neuralwülste gehen großenteils in die ↗ *Neuralleiste* über, deren Zellen beim Schluß des N.s ins Körperinnere abwandern u. die verschiedensten Differenzierungswege einschlagen. B Chordatiere.

Neuralwülste, *Medullarwülste,* ↗ Neuralrohr.

Neuraminidase *w,* ein im Blutplasma, in Lysosomen tier. Gewebe, bes. aber in Viren (z. B. Myxoviren, Influenzaviren) u. verschiedenen Bakterien (z. B. Choleraerreger) vorkommendes Enzym, das N-Acetylneuraminsäure v. Gangliosiden u. Glykoproteinen hydrolyt. abspaltet. Die physiolog. Bedeutung dieser Reaktion liegt bei Viren in der damit verursachten Auflösung der schützenden Schleimschicht der befallenen Organe.

Neuraminsäure, als ↗ N-Acetyl-N. Bestandteil v. ↗ Gangliosiden (☐) u. Glykoproteinen.

Neurapophyse [v. gr. apophysis = Auswuchs] ↗ Neuralbögen.   [das ↗ Axon.
Neuraxon *s* [v. *neur-, gr. axōn = Achse],
Neurergus *m* [v. *neur-, gr. ergon = Werk],* Salamanderartige Bergmolche,* Gatt. der ↗ *Salamandridae.* 3 Arten in ariden Gebieten in der Türkei, in Irak u. Iran: *N. crocatus* (Urmia-Molch), *N. kaiseri* und *N. strauchi* von 13 bis 17 cm Länge, halten sich während der Vegetationsperiode fast ausschl. in kühlen Bergbächen auf; Paarung ähnl. wie bei den ↗ Molchen, Männchen aber immer ohne Hautkämme.

Neurilemm *s* [v. *neur-, gr. lemma = Rinde, Schale], *Neurolemm,* 1) Plasmalemma v. Nervenzellen, bes. der Axone. 2) irreführende Bez. für die Schwannsche Scheide, zuweilen für die gesamten Schwannschen Zellen od. Satellitenzellen, die die Axone u. Nervenzellen umgeben; z. T. werden gar die Basalmembran der Schwannschen Zellen u. eine umhüllende Bindegewebsscheide in den Begriffsinhalt mit einbezogen.

Neurit *m* [v. gr. neuritēs = sehnig, nervig], das ↗ Axon.

Neurobiologie *w,* die Lehre v. den Nerven u. vom Nervensystem; dazu zählen u. a. die Neuroanatomie und Neurophysiologie. ↗ Hirnforschung.

Neuroblasten [Mz.; v. *neuro-, gr. blastos

= Keim], a) bei Wirbeltieren u. Mensch morpholog. noch nicht differenzierte, nicht mehr teilungsfähige Nervenzellen, die durch inäquale Teilung v. Neuroepithelzellen entstehen. b) bei Insekten Stammzellen im Ektoderm, die durch aufeinanderfolgende inäquale Teilungen einen Strang v. zukünftigen Nervenzellen abgeben.

Neurocranium *s* [v. *neuro-, gr. kranion = Schädel], i. e. S. das neurale ↗Endocranium, i. w. S. die gesamte Hirnkapsel (↗Hirnschädel) der Wirbeltiere u. des Menschen.

Neurocyt *m* [v. *neuro-, gr. kytos = Höhlung (heute: Zelle)], *Neuron,* die ↗Nervenzelle.

Neurodendrium *s* [v. *neuro-, gr. dendron = Baum], *Telodendrium, Endbäumchen,* bei den meisten Wirbeltieren u. beim Menschen vorkommende feinste, bäumchenartige Aufzweigungen am Ende eines ↗Axons; das N. selbst ist marklos (↗Markscheide). ☐ Nervenzelle.

Neuroektoderm *s* [v. *neuro-, gr. ektos = außen, derma = Haut], *neurales Ektoderm,* in der frühen ↗Embryonalentwicklung (B I–II) der Wirbeltiere u. des Menschen derjenige Anteil des Ektoderms, der das ↗Neuralrohr u. die Neuralwülste bildet.

neuroendokrines System *s* [v. *neuro-, gr. endon = innen, krinein = absondern], hierarchisch strukturierter, sowohl ↗Neurosekrete (*neurosekretorisches System*) als auch ↗Hormone produzierender Bereich im Zentralnervensystem v. Gliederfüßern, Wirbeltieren u. Mensch. Bei Gliederfüßern am besten untersucht ist der Protocerebrum-(Pars intercerebralis-)Corpora-cardiaca-Corpora-allata-Prothoraxdrüsen-Komplex der Insekten, bei dem die Pars intercerebralis als Kerngebiet Neurosekrete (↗Insektenhormone, T) axonal zu den ↗Corpora cardiaca als ↗Neurohämalorgan transportiert u. die ↗Prothoraxdrüse die untergeordnete echte endokrine Drüse ist. Das v. den Corpora cardiaca in die Hämolymphe abgegebene Sekret fungiert als Neurohormon (↗Häutung, ☐; ↗Häutungsdrüsen). Bei Krebstieren entspr. dem Protocerebrum funktionell der Augenstiel-Y-Organ-Komplex mit bestimmten Kerngebieten (Augenstiel-X-Organ), die Neurosekrete (↗Augenstielhormone) axonal zur Sinusdrüse, dem den Corpora cardiaca entspr. Neurohämalorgan, transportieren. Die untergeordnete endokrine Drüse ist hier das Y-Organ, das seine Informationen über Neurohormone aus der Sinusdrüse erhält. Bei Wirbeltieren u. Mensch ist das ↗hypothalamisch-hypophysäre System (☐) ein n. S. mit der ↗Neurohypophyse als Neurohämalorgan.

Neuroepithel *s,* stammesgeschichtlich urspr. Form des ↗Nervengewebes, bestehend entweder aus Epithelzellen mit basalen Fortsätzen zur Erregungsleitung od. intra- bzw. subepithelialen Abkömmlingen solcher Zellen. N.-Netze bilden ein einfaches Erregungsleitungssystem bei vielen Schwämmen u. ebenso das Sinnes- und Erregungsleitungsnetz (Nervennetz) der Hohltiere. I. w. S. kann man auch die intraepithelialen Nervensysteme bei *Gastrotricha, Kinorhyncha* u. vielen *Archicoelomata (Hemichordata)* sowie die ektoneuralen Anteile des Nervensystems bei Stachelhäutern (Armnerven der Haar-, Schlangen- u. Seesterne), ebenso die im ganzen Tierreich, bes. bei den Chordatieren, verbreitet auftretenden primären Sinneszellen als N. bezeichnen. ↗Nervensystem.

Neurofibrillen [Mz.; v. *neuro-, lat. fibra = Faser], lichtmikroskopisch nach einer Silberimprägnation erkennbare fädige Strukturen in der ↗Nervenzelle, die sich bei elektronenmikroskop. Analyse in *Neurotubuli* u. *Neurofilamente* differenzieren. Die Neurotubuli – morpholog. vergleichbar mit den ↗Mikrotubuli anderer Zellen – haben eine wicht. Funktion beim schnellen intraneuronalen Transport v. neuronalen Bausteinen. Den Neurofilamenten wird dagegen vornehmlich eine Stützfunktion der Nervenfaser zugesprochen.

Neurofilamente [Mz.; v. *neuro-, lat. filamentum = Fadenwerk] ↗Neurofibrillen.

neurogen [v. *neuro-, gr. gennan = erzeugen], in Nervenzellen entstehend, v. diesen ausgehend.

Neuroglia *w* [v. *neuro-, gr. glia = Leim], die ↗Glia; ↗Bindegewebe.

Neurohämalorgane [Mz.; v. *neuro-, gr. haima = Blut], zu Zentren zusammengefaßte, v. Bindegewebe umgebene terminale Abschnitte neurosekretor. tätiger Neurone, die mit dem Blut- bzw. Hämolymphsystem in Verbindung stehen u. auf verschiedene Reize hin das in den terminalen Abschnitten gespeicherte ↗Neurosekret als ↗Neurohormon ausschütten, das seinerseits echte endokrine Drüsen beeinflussen kann od. direkt auf Erfolgsorgane wirkt. Bei Gliederfüßern kann man 2 Typen von N.en unterscheiden: eine „primitive" Form, die im Gehirn lokalisiert ist u. nur Neurosekrete speichert, u. eine abgeleitete Form mit eigenen sekretor. tätigen Zellen, die im allg. im Thorax-Abdomen-Bereich zu finden u. oft segmental angeordnet sind. Zum ersten Typ gehören u. a. die ↗Sinusdrüsen der Krebstiere, der sog. Tropfenkomplex verschiedener terrestr. Cheliceraten, die Cerebraldrüse v. Doppelfüßern u. das Perikardialorgan v. Tausendfüßern. Dem zweiten Typ gehören u. a. die stomatogastrischen Ganglien der Skorpione, die Schneiderschen Organe terrestr. Cheliceraten, die Cerebraldrüsen der Hundertfüßer u. die Corpora cardiaca der Insekten an. Neben den ↗Corpora cardiaca sind in jüngerer Zeit noch die perisympathetischen Organe, an das Bauchmark angelagerte, segmental angeordnete u.

neur-, neuro- [v. gr. neura, neuron = Sehne, Schnur, Spannkraft, Nerv], in Zss.: Nerven-.

durch lokale Anschwellungen erkennbare Strukturen v. hoher Variabilität in Lage u. Morphologie, als N. erkannt worden. Möglicherweise stellt auch die Wand der Kopfaorta v. Insekten ein N. dar, da auch dort neurosekretor. Material gefunden wurde. Das N. der Wirbeltiere u. des Menschen ist die ↗Neurohypophyse (↗Hypophyse, ↗hypothalamisch-hypophysäres System).

Neurohormone [Mz.; v. *neuro-, gr. hormōn = antreibend], ↗Neurosekrete (meist Peptide), die v. speziellen Nervenzellen des Menschen, der Wirbeltiere u. Wirbellosen synthetisiert u. über den Axon zum terminalen Teil des Neurons transportiert werden (↗axonaler Transport). Sie werden dort gespeichert (wobei die terminalen Abschnitte der Neuronen oft zu ↗Neurohämalorganen zusammengefaßt sind) u. auf Reize an das Blut bzw. die Hämolymphe abgegeben. Da die Axone der hormonproduzierenden Nervenzellen jedoch nicht generell an der Blutbahn enden, sondern auch Synapsen mit Muskelzellen od. Drüsen bilden können, u. da ferner die Wirkung der produzierten N.e die eines ↗Neurotransmitters, ↗Neuromodulators od. eines „echten" ↗Hormons (↗Insektenhormone) auf andere endokrine Drüsen od. Zielorgane sein kann, ist eine Abgrenzung innerhalb der Neurosekrete heute nicht mehr möglich.

Neurohypophyse w [v. *neuro-, gr. hypo = darunter, physis = Wuchs], *Hypophysenhinterlappen, Lobus posterior*, nervöser Teil der ↗Hypophyse (☐) u. Teil des ↗hypothalamisch-hypophysären Systems (☐). Die N. ist ein ↗Neurohämalorgan, in dem die im Nucleus supraopticus u. Nucleus paraventricularis des ↗Hypothalamus (☐) gebildeten ↗Hormone (T) ↗Oxytocin u. ↗Adiuretin, an die Trägersubstanz Neurophysin (T Neuropeptide) gebunden, gespeichert u. nach Erregung der entspr. neurosekretorischen Zellen an die Blutbahn abgegeben werden. ↗Adenohypophyse.

Neurolemm s [v. *neuro-, gr. lemma = Rinde, Schale], das ↗Neurilemm.

Neurologie w [v. *neuro-, gr. logos = Kunde], die Lehre v. Bau u. Funktion der Nerven u. des Nervensystems sowie v. deren Erkrankungen als Fachgebiet der Medizin.

Neuromasten [Mz.; v. *neuro-, gr. mastos = Brustwarze], sekundäre Sinneszellen in den ↗Seitenlinienorganen v. Fischen u. im Wasser lebenden Amphibien.

Neuromeren [Mz.; v. *neuro-, gr. meros = Teil], segmentale Abschnitte des sich entwickelnden Zentralnervensystems.

Neuromodulatoren [Mz.; v. *neuro-, lat. modulatio = Takt, Rhythmus], ↗Neuropeptide (z. B. ↗Endorphine, Enkephaline, ↗Angiotensin, ↗Adiuretin u. a.), die, in die Blutbahn ausgeschüttet od. im Extrazellulärraum verteilt, auf einzelne Neurone od.

Neuropeptide
Neben den bei ↗Insektenhormonen beschriebenen Peptiden sind eine Reihe weiterer N. bei Insekten gefunden worden: *Proctolin*, das als Neurotransmitter u. Neuromodulator wirkt, *hypertrehalosämische Faktoren*, 2 N.e, die die Tönnchenbildung bei Dipteren kontrollieren, Herzschlag-aktivierende Faktoren (*Neurohormon D*, das große Ähnlichkeit mit dem ↗adipokinetischen Hormon besitzt), Peptide, die Pigmentwanderungen in den Chromatophoren regulieren („Dunkelfaktor", „Hellfaktor"), und sog. *neurohormonale Faktoren*, die Mitosen u. Meiosen während der Oogenese kontrollieren, deren chem. Strukturen aber noch nicht exakt gesichert sind. Bei Mollusken sind 2 N.e beschrieben worden (*egg laying-, egg releasing-hormone*), die das Verhalten bei der Eiablage steuern.

Gruppen v. Neuronen wirken u. deren ↗Neurotransmitter-Aktion auf verschiedene Weise „modulieren" können. Sie sind bisher nicht einheitl. definiert u. umfassen Peptide, die 1. die Wirkung der Neurotransmitter nach deren Sekretion modifizieren, 2. die Ausschüttung eines Transmitters an der präsynapt. Membran blockieren und 3. die Umsatzrate v. Neurotransmittern beeinflussen.

Neuron s [v. *neuro-], die ↗Nervenzelle; ↗Nervensystem.

Neuronentheorie, *Neuronenlehre*, ↗Nervensystem.

Neuropeptide [Mz.; v. *neuro-, gr. peptos = verdaut], *Gehirnpeptide*, Sammelbez. für eine große Zahl v. in jüngerer Zeit entdeckten u. sicher noch nicht vollständig erfaßten Peptiden, die in verschiedenen, z. T. nur sehr kleinen Arealen des Zentralnervensystems (ZNS) lokalisiert sind u. über ihre Wirkung als ↗Neurotransmitter, ↗Neurosekrete (bzw. ↗Neurohormone) u. ↗Neuromodulatoren das Verhalten sowie die Homöostase des Organismus in vielfält. Weise beeinflussen. Die meisten N. der Wirbeltiere sind urspr. nicht im ZNS, sondern in anderen Geweben – häufig im Gastrointestinaltrakt – u. in der ↗Adenohypophyse nachgewiesen worden, so daß für jedes einzelne N. zu klären war bzw. ist, ob seine Synthese im ZNS selbst stattfindet, od. ob es v. peripheren Organen synthetisiert u. anschließend zu Gehirnbereichen, die über entspr. Rezeptoren verfügen, transportiert wird. – Bereits bei Prokaryoten u. Einzellern kommen Peptide vor, die den N.n sehr stark ähneln, was den Schluß nahelegt, daß – ähnlich wie bei den ↗Hormonen – die spezif. Funktionen der N. über eine Evolution spezif. ↗Rezeptoren zu erklären ist. Nur so wird verständl., daß ähnliche N. in verschiedenen Organismen völlig unterschiedl. Funktionen haben. Andererseits kann ein u. dasselbe N. auch in einem Organismus die genannten verschiedenen Funktionen haben. Dies gilt insbes. für N., aus denen durch enzymat. Katalyse Teilstücke abgespalten werden, die ihrerseits N. mit unterschiedl. Aufgaben darstellen („Peptidfamilien"). So werden aus dem Proopiomelanocortin-Precursor-Molekül (POMC) der Wirbeltiere durch tryptische Hydrolyse je nach Bedarf u. Lokalisation des Precursor-Moleküls (in ZNS, Gastrointestinaltrakt, Placenta, Lymphocyten, Lunge oder männl. und weibl. Geschlechtsorganen) 9 aktive N. freigesetzt, darunter das ↗Lipotropin, ↗adrenocorticotrope Hormon = ACTH, ↗β-Endorphin und ↗Melanotropin (T) Hormone). Auch für ↗Adiuretin, ↗Oxytocin und ↗Somatostatin sind entsprechende Precursor-Moleküle gefunden worden, für viele andere N. sind sie zu erwarten; zahlr. „Peptidfamilien" existieren ebenso bei Wirbellosen. Da N. an verschiedenen Stellen des Organis-

Neuropeptide von Wirbeltieren und Mensch

Hypothalamische Releasing-Hormone
(auch außerhalb des Hypothalamus)
  Thyreotropin-RH (TRH)
  Gonadotropin-RH
  Somatostatin
  Corticotropin-RH (CRH)
  Wachstumshormon-RH

Neurohypophysenhormone
(* nicht nur in der Neurohypophyse als dem Neurohämalorgan gespeichert)
  Adiuretin* (Vasopressin)
  Oxytocin*
  Neurophysin(e)

Adenohypophysenpeptide
(* durch proteolyt. Abspaltung v. einem gemeinsamen „Precursor-Molekül" (Proopiomelanocortin, Abk. POMC) entstanden, Synthese im Gehirn gesichert; ** Synthese im Gehirn wahrscheinlich – od. Transport aus der Adenohypophyse)
  adrenocorticotropes Hormon*
  luteinisierendes Hormon**
  Wachstumshormon**
  Thyreotropin*
  β-Endorphin*
  Melanotropin*
  Prolactin**

Gastrointestinalpeptide
(ursprüngl. im Gastrointestinaltrakt nachgewiesen; * sowohl in endokrinen Zellen als auch in dort vorhandenen Nerven; ** hier nur in endokrinen Zellen; *** hier nur in Nerven)
  vasoaktives Intestinal-Polypeptid (VIP)***
  Cholecystokinin*
  Gastrin*
  Insulin**
  Glucagon**
  Bombesin***
  Sekretin**
  TRH*
  Motilin**

(Ursprünglich in Nervengewebe beschrieben, aber auch im Gastrointestinaltrakt vorkommend):
  Substanz P***
  Neurotensin
  Methionin-Enkephalin***
  Leucin-Enkephalin***
  Somatostatin*

Andere Peptide
  Angiotensin II
  Bradykinin
  Carnosin
  Schlafpeptide
  Calcitonin
  CGRP („Calcitoningenverwandtes Produkt")
  Neuropeptide Y$_y$

„*Wirbellosen-Peptide*"
(* bei Wirbeltieren sowohl im Gastrointestinaltrakt als auch im Nervengewebe; ** bisher bei Wirbeltieren nur im Nervengewebe)
  „Hydra-Kopfaktivator"*
  (Phe-Ala-Met-Arg-Phe-Ala-Amid)
  Mollusken-cardioexcitatorisches Peptid**

---

mus vorkommen und auch in einzelnen Arealen des ZNS durchaus mehrere N. nebeneinander lokalisiert sind, ist es derzeit noch außerordentl. schwierig, ihnen eine klare u. eindeutige Funktion zuzuordnen. Dennoch lassen sich einzelne Gruppen von N.n nach ihren Aufgaben zusammenfassen, ohne daß das höchstkomplizierte Zusammenspiel zwischen N.n untereinander u. mit anderen Wirkstoffen genauer bekannt ist. Bei Krebstieren kennt man 5 N., die auf die ↗Chromatophoren einwirken u. den ↗Farbwechsel kontrollieren (Pigment-Effektor-Hormone), daneben das hyperglykämische Hormon (↗Insektenhormone, T) und das „Neurodepressing-Hormon" (letzteres beeinflußt die lokomotorische Aktivität); alle diese N. sind in der Sinusdrüse lokalisiert; ferner 2 Peptide aus dem Perikardialorgan (wie die Sinusdrüse ein ↗Neurohämalorgan), v. denen eines große Ähnlichkeit mit dem die Muskelaktivität beeinflussenden Proctolin (ein Pentapeptid) der Insekten besitzt. Die überaus zahlr. N. der Insekten kontrollieren – wie bei den Wirbeltieren – die Aktivität endokriner Drüsen, beeinflussen aber stärker noch als das N. der Wirbeltiere ohne Zwischenschaltung v. ↗Hormondrüsen direkt physiol. Prozesse (Diapause, Reproduktion, Farbwechsel), rhythmische Prozesse (circadiane Aktivität, Flug, Schlüpfen), Arbeit der Visceralmuskeln, Osmoregulation u. Stoffwechsel. N. der Wirbeltiere spielen eine wicht. Rolle bei der Regulation der Schmerzempfindung (Substanz P, Enkephalin u. verwandte endogene ↗Opiate, Somatostatin, vasoaktives Intestinal-Polypeptid = VIP, Cholecystokinin, Angiotensin, Neurotensin, Bombesin, TRH, Oxytocin), bei kognitiven Funktionen (ACTH, Adiuretin), Regulation der Nahrungsaufnahme (Opioide-fördernd, Cholecystokinin-hemmend, Insulin, Bombesin, Calcitonin, TRH, CRF-hemmend), Temperaturregulation (TRH-hyperthermisch, β-Endorphin-hypothermisch, endogene Opiate bei der Temperaturanpassung, MSH-, ACTH-hypothermisch), Blutdruck (Angiotensinsteigernd, Opioide). Schließl. sind zahlr. psychische Krankheiten durch Veränderung der Konzentration an N.n gekennzeichnet; auch hier sind bes. endogene Opiate (v. a. bei Schizophrenie) u. das Somatostatin (bei Alzheimerscher Krankheit) beteiligt. K.-G. C.

Neurophysiologie w [v. *neuro-, gr. physis = Natur, logos = Kunde], ↗Hirnforschung.

Neuropil s [v. *neuro-, gr. pilos = Filz], *Neuropilem*, Faser- u. Netzwerk der feinsten Nervenfibrillen.

Neuropodium s [v. *neuro-, gr. podion = Füßchen], ventraler Abschnitt der ↗Extremität (Parapodium) der ↗Ringelwürmer, der den Ventralcirrus trägt.

Neuroporus m [v. *neuro-, gr. poros = Öffnung], die sich spät schließende vordere u. hintere Öffnung des ↗Neuralrohrs. Der N. verbindet bei Amnioten das Neuralrohrlumen mit der Amnionhöhle. Beim Menschen schließt sich der vordere N. etwa am 25., der hintere am 27. Entwicklungstag. Bei manchen Amphibien umfassen die Ausläufer der Neuralwülste den Urmund, der dann als Porus im Boden des Neuralrohrs dessen Lumen vorübergehend mit dem Darmlumen verbindet (Canalis neurentericus, rudimentär auch beim Menschen).

Neuropsychologie w, Teilgebiet der Psychologie, das die Zshg.e von neurophysiolog. Prozessen u. nervösen Strukturen mit psych. Vorgängen erforscht.

Neuroptera [Mz.; v. *neuro-, gr. pteron = Flügel], *Netzflügler (i. w. S.)*, nicht mehr gebräuchliche Bez. für eine Über-Ord. der Insekten; hierzu die Ord. ↗Kamelhalsfliegen *(Raphidioptera)*, ↗Netzflügler i. e. S. *(Planipennia)* u. ↗Schlammfliegen *(Megaloptera)*. ↗Neuropteroidea, ↗Mecopteroidea.

Neuropteris w [v. *neuro-, gr. pteris = Farn], Gatt.-Name für bestimmte Beblätterungsformen der ↗Medullosales.

Neuropteroidea [Mz.; v. *neuro-, gr. pteron = Flügel], Über-Ord. der Insekten mit den Ord. ↗Flöhe *(Siphonaptera)*, ↗Kamelhalsfliegen *(Trichoptera)*, ↗Netzflügler i. e. S. *(Planipennia)*, ↗Schlammfliegen

---

Neuropeptide

Konservative Strukturen der N.

Peptide bei Prokaryoten u. Einzellern zeigen Sequenzhomologien mit Neuropeptiden v. Wirbeltieren:

z. B. *Saccharomyces cerevisiae* (Bäckerhefe): Alphafaktor (ein Pheromon) – LH-RH des Hypothalamus

Escherichia coli: ein Insulin-ähnliches Peptid

Tetrahymena pyriformis (Ciliata): ACTH-, β-Endorphin-, Vasotocin-, Somatostatin-, Relaxin-ähnliche Peptide

---

neur-, neuro- [v. gr. *neura*, *neuron* = Sehne, Schnur, Spannkraft, Nerv], in Zss.: Nerven-.

Neurosekrete

(Megaloptera), ↗Schnabelfliegen (Mecoptera), ↗Schmetterlinge (Lepidoptera), ↗Zweiflügler (Diptera). ↗Mecopteroidea, ↗Neuroptera.

Neurosekrete [Mz.; v. *neuro-, lat. secretus = abgesondert], zahlr. Wirkstoffe verschiedener chem. Struktur, die v. Nervenzellen synthetisiert werden u. als ↗Neurotransmitter, ↗Neurohormone od. ↗Neuromodulatoren fungieren. Durch verschiedene Färbemethoden können sie in den Zellen sichtbar gemacht u. die entspr. Neurone danach in *cholinerge, catecholaminerge* u. *peptiderge Neurone* unterteilt werden, wobei aber die Vielfalt der N. nicht erfaßt wird.

Neurosekretion *w* [v. *neuro-, lat. secretio = Aussonderung], *Neurokrinie,* Produktion u. Abgabe v. ↗Neurosekreten, die in bestimmten Neuronen des ↗Nervensystems gebildet und i.d.R. von deren Axonen zum Ausschüttungsort transportiert werden. N. ist insbes. bei Wirbellosen verbreitet; bei Wirbeltieren u. Mensch ist der ↗Hypothalamus ein wicht. Zentrum der N. ↗Neuropeptide, ↗Neurohormone, ↗Neuromodulatoren, ↗Neurotransmitter.

neurosensorisch [v. *neuro-, lat. sensus = Sinn], auf einen (sensiblen) Nerv bezüglich, der an der Sinneswahrnehmung beteiligt ist.

Neurospora *w* [v. *neuro-, gr. spora = Same], Schlauchpilz-Gatt. der Ord. *Sphaeriales* (auch bei den *Xylariales* eingeordnet), Fam. *Sordariaceae* (od. eigene Fam. *Neurosporaceae*). Bekannt ist der „Rote ↗Brot-" oder „Bäckerschimmel" *(N. sitophila* und *N. crassa),* der hohe Temp. (75°C) ertragen kann und fr. hohe Verluste in Bäckereien verursacht hat; auf feuchtem od. schlecht durchbackenem Brot werden vom wattigen Mycel in großen Massen orangefarbige bis rosarote, in Ketten verbundene Makrokonidien gebildet; es treten auch Mikrokonidien auf. Bei der sexuellen Fortpflanzung muß das Ascogon v. Kernen (z.B. Spermatium) eines Partnermycels befruchtet werden, da eine Unverträglichkeit (↗Inkompatibilität) eine Selbstbefruchtung ausschließt. *N.* ist ein bewährtes Forschungsobjekt der Genetik u. Physiologie. B Genwirkketten I, ☐ Mangelmutante.

Neurotensin *s* [v. *neuro-, lat. tensio = Spannung], ↗Neuropeptid der Wirbeltiere, bestehend aus 13 Aminosäuren, mit ↗Neurotransmitter-Funktion.

Neurotoxine [Mz.; v. *neuro-, gr. toxikon = (Pfeil-)Gift], *Nervengifte,* allg. Bez. für Substanzen, die in erster Linie auf das Nervensystem toxisch wirken. Zu den N.n zählen z.B. die ↗Bakterientoxine ↗Botulinustoxin u. ↗Tetanustoxin, tier. Gifte (↗Gifttiere) wie die ↗Schlangengifte ↗Bungarotoxin u. Taipoxin, das ↗Fischgift ↗Tetrodotoxin u. das äußerst giftige Toxin der Schwarzen Witwe sowie einige Alkaloide

neur-, neuro- [v. gr. neura, neuron = Sehne, Schnur, Spannkraft, Nerv], in Zss.: Nerven-.

(↗Curare u. ↗Strychnin), Schwermetalle (u.a. ↗Blei) u. ↗Giftgase (z.B. Diisopropylphosphofluoridat; ↗Nervengase). Ihre Wirkung beruht auf einer Blockierung od. übermäßigen Stimulierung der ↗Erregungsleitung des Nervensystems, wobei der Angriff präsynaptisch (z.B. Botulinustoxin), postsynaptisch (z.B. Curare), in der Synapse (z.B. Tetrodotoxin) od. an der ↗Acetylcholin-Esterase (z.B. Diisopropylphosphofluoridat) erfolgen kann.

Neurotransmitter [v. *neuro-, lat. transmittere (engl. transmit) = überbringen], *Überträgerstoffe,* i.e.S. Substanzen, die an der präsynapt. Membran der Neurone freigesetzt werden, nach Diffusion durch den synapt. Spalt auf die postsynapt. Membran wirken u. dort eine Potentialänderung (↗Membranpotential) hervorrufen (↗Synapse, B). Ihre Wirkungsdauer beträgt nur Millisekunden u. ist streng auf den synapt. Bereich begrenzt; sie wird entweder durch enzymat. Spaltung des N.s oder durch seine Wiederaufnahme in die präsynapt. Membran beendet. – I.w.S. werden auch ↗Neuropeptide, ↗Neurohormone u. ↗Neuromodulatoren als N. bezeichnet, da sich ihre Funktionen nicht scharf voneinander abgrenzen lassen. Die Bez. ↗Neurosekrete umfaßt alle diese Substanzen. – *N. i.e.S.:* N. können hemmende u. erregende Funktionen haben, wobei es v. der Eigenschaft der postsynapt. Membran abhängt, welche Wirkung sie entfalten. Jedes Neuron besitzt nur einen N. (Dale-Prinzip, ↗Dale), der entweder erregend *oder* hemmend wirkt (Konzept der funktionellen Spezifität v. ↗Eccles). Beim Dale-Prinzip scheint es jedoch Ausnahmen zu geben: nach neueren Ergebnissen wurden aus einigen Synapsen verschiedene Transmitter isoliert; ob diesen aber auch funktionell verschiedene Aufgaben zukommen,

Vorkommen und Wirkung von Neurotransmittern

Neurotransmitter	Vorkommen	Wirkung auf die postsynaptische Membran
Acetylcholin	Zentralnervensystem (ZNS) der Wirbeltiere, Motoneurone, präganglionäre sympathische Fasern, prä- u. postganglionäre parasympathische Fasern „cholinerg"	hauptsächlich erregend
Noradrenalin, Adrenalin	Insekten u. Ringelwürmer, Wirbeltiere (hintere Hirnregionen, Hypothalamus), postganglionäre sympathische Fasern „adrenerg"	erregend und hemmend
Serotonin	ZNS der Wirbeltiere u. Wirbellosen	erregend und hemmend
Dopamin	ZNS der Wirbeltiere	hauptsächlich hemmend
Glutaminsäure, Asparaginsäure	Wirbeltiere u. Wirbellose, ZNS, Motoneurone	erregend
γ-Aminobuttersäure (GABA), Glycin	Wirbeltiere, Krebstiere, Insekten	hemmend

konnte bisher noch nicht geklärt werden. – Der am längsten bekannte (1920) u. wegen des experimentell gut zugängl. Ortes seiner Ausschüttung (Muskelendplatte) am besten untersuchte N. ist das ↗ Acetylcholin (↗ Acetylcholinrezeptor, ☐). Acetylcholin wirkt auch bereits an den Präsynapsen v. ↗ Motoneuronen, die mit ↗ Interneuronen im Vorderhorn verschaltet sind (Renshaw-Zellen), u. sowohl im sympath. Teil des autonomen Nervensystems als sicher auch an cholinergen Synapsen (↗ cholinerge Fasern) des übr. Zentralnervensystems, ohne daß diese bisher genau lokalisiert worden wären. Man schätzt, daß 5 bis 10% aller Synapsen im Gehirn des Menschen cholinerger Natur sind. Gut untersucht sind ferner die ↗ Catecholamine ↗ Adrenalin, ↗ Noradrenalin u. ↗ Dopamin, die mit ↗ Serotonin als Monoamine zusammengefaßt werden u. an verschiedensten Stellen des Zentralnervensystems gefunden wurden. Wie beim Acetylcholin die ↗ Acetylcholin-Esterase, so dienen bei den Monoaminen die ↗ Monoamin-Oxidase u. die Catechol-O-Methyltransferase dem schnellen Abbau der N.; die Wiederaufnahme durch die präsynapt. Membran (ein Ca^{2+}-unabhängiger ↗ aktiver Transport) ist aber im Falle der Monoamine der bedeutendere Mechanismus, um den N. zu inaktivieren. Die Monoamine (mit Ausnahme des Adrenalins, das in höheren Anteilen vorkommt) belegen jeweils etwa 0,5% der Synapsen im menschl. Gehirn. Wesentl. mehr Synapsen (25 bis 40%) werden durch Aminosäuren (Glutaminsäure u. die aus ihr gebildete γ-Aminobuttersäure GABA sowie Asparaginsäure u. in – kleineren Bereichen – Glycin) belegt. Ob auch ↗ Histamin als N. i. e. S. angesehen werden kann, ist noch nicht eindeutig geklärt. K.-G. C.

Neurotubuli [Mz.; v. *neuro-, lat. tubuli = kleine Röhren], ↗ Nervenzelle, ↗ axonaler Transport, ↗ Neurofibrillen.

Neurula w [v. *neur-], ↗ Neuralrohr.

Neurulation w [v. *neur-], Formbildungsvorgang im Anschluß an die Gastrulation der ↗ Chordatiere, der die Anlage des Zentralnervensystems liefert. ↗ Neuralrohr.

Neuschnecken, *Neogastropoda*, Ord. der Vorderkiemerschnecken mit den beiden U.-Ord. ↗ Schmalzüngler *(Stenoglossa)* u. ↗ Giftzüngler *(Toxoglossa)*; mit spiraligem Gehäuse v. verschiedener Form; die Mündungsränder sind nach vorn zu einem oft langen Siphonalkanal ausgezogen, der den Einströmsipho aufnimmt; mit Dauerdeckel. In der asymmetr. Mantelhöhle liegen das zweiseit. gefiederte (bipectinate) Osphradium u. die einseit. gefiederte (monopectinate) Kieme. Die N. sind z.T. Schmal-, z.T. Giftzüngler mit 1–2 Paar Speicheldrüsen u. einem relativ kurzen Darm, was der meist carnivoren Lebensweise entspricht. Die wichtigsten Ganglien sind ringförm. um den Schlund konzentriert. Getrenntge-

schlechtl. Tiere; aus dem Sekret einer Fußdrüse formt das ♀ Eikapseln, in denen die Entwicklung bis zu einer schwimm- u. kriechfähigen Larve (Veliconcha, Pediveliger) od. zum Kriechstadium erfolgt. Fast alle der ca. 5000 Arten sind marin, wenige limnisch.

Neuseeland-Fledermäuse, *Mystacinidae*, Fledermaus-Fam. mit nur 1 Art, der lediglich. auf Neuseeland vorkommenden, insektenfressenden *Mystacina tuberculata*, die durch kurze, stabile Beine, spitze Krallen an Zehen u. Daumen u. einen bes. Einfaltungs-Mechanismus der Flughäute v. allen Fledermäusen am besten an laufende u. kletternde Fortbewegung angepaßt ist.

Neuseeländischer Flachs, *Phormium*, Gatt. der ↗ Liliengewächse.

Neuseeländische Subregion, eine biogeographische Subregion der ↗ australischen Region (↗ Australis), die die Neuseeländischen Inseln umfaßt. Vor erdgeschichtl. langer Zeit abgetrennt u. heute weit (ca. 1600 km) von Austr. entfernt, weist die N. S. eine typisch eigene Flora u. Fauna auf. Unter den *Pflanzen* zeigen sich v. a. bei den Farnen u. Orchideen, deren winzige Sporen bzw. Samen durch den Wind leicht u. weit verbreitet werden können, Beziehungen zur Flora von Austr., während die dort verbreiteten Eucalyptus- u. Akazienarten in der N.n S. völlig fehlen. Ansonsten weist die N. S. viele nur hier verbreitete (endemische) Arten auf. Etwa 80% der höheren Pflanzen sind endemisch. – Die *Tierwelt* der N.n S. zeichnet sich urspr. durch das Fehlen vieler Tiergruppen aus, auch solcher, die in ↗ Australien verbreitet sind. So fehlen Säugetiere urspr. nahezu völlig, ebenso wie die Kloakentiere u. Beuteltiere; lediglich. eine Fledermausart (Fam. *Mystacinidae*, ↗ Neuseeland-Fledermäuse) kommt vor. Ebenso fehlen Schlangen, Schildkröten u. echte Süßwasserfische völlig. Auch manche Insekten-Ord. sind nur mit wenigen Arten vertreten. Im übrigen sind 95% der Schmetterlings- u. Käferarten endemisch. Die Frösche sind nur durch 3 Arten der Gatt. *Leiopelma* vertreten, ursprüngliche Formen, deren nächste Verwandte die Urfrösche (↗*Ascaphidae*) N-Amerikas u. Kanadas sind. Auch unter den Reptilien hat die N. S. eine urtüml. Form bewahrt: die ↗ Brückenechse *Sphenodon punctatus*, die als einzige noch lebende Art einer stammesgesch. alten Ord. *(Rhynchocephalia*, ↗ lebende Fossilien) u. auf eine Anzahl Inseln vor N-Neuseeland beschränkt ist. – Bes. reich an auf die N. S. beschränkten Gruppen ist die Vogelwelt (vgl. Tab.). Eine Reihe v. Vogelarten sind sekundär flugunfähig geworden, so die ↗ Moas *(Dinornithiformes)*. Unter den lebenden Vertretern sind die Kiwis, Eulenpapageien u. die Rallen *(Notornis hochstetteri* u. *Gallirallus australis)* nahezu od. völlig flugunfähig – eine Entwicklung, die nur der

Neuseeländische Subregion

Auf die N. S. beschränkte Vogelgruppen (Endemismen):

Kiwis *(Apterygidae)* (3 Arten)

Eulenpapagei *(Strigopinae)* (1 Art)

Nestorpapageien *(Nestorinae)* (4 Arten, davon 2 ausgerottet)

Neuseeland-Pittas *(Xenicidae)* (4 Arten)

Lappenkrähen *(Callaeidae)* (3 Arten in 3 Gatt.)

Von den 40 Arten von Süßwasserfischen sind 30 endemisch

Auf Neuseeland durch den Menschen eingebürgerte Arten:

Für die Sportfischerei: Forellen, Barsch, Karpfen

Europäische Vögel: Höckerschwan *(Cygnus olor)*

Fasan *(Phasianus colchicus)*

Saatkrähe *(Corvus frugilegus)*

Felsentaube *(Columba livia)*

Amsel *(Turdus merula)*

Grünfink *(Chloris chloris)*

Distelfink *(Carduelis carduelis)*

Feldlerche *(Alauda arvensis)*

Birkenzeisig *(Acanthis flammea)*

Haussperling *(Passer domesticus)*

Star *(Sturnus vulgaris)* u. a.

aus anderen Kontinenten:

Pfau *(Pavo pavo)*

Truthahn *(Meleagris gallopavo)*

Wellensittich *(Melopsittacus undulatus)*

Eingebürgerte Säugetiere:

aus Australien: Känguruh *(Wallabia bicolor)*

Fuchskusu *(Trichosurus vulpecula)*

aus Südasien: Sambahirsch *(Rusa unicolor)*

Thar *(Hemitragus jemlahicus)*

aus Nordamerika: Springhirsch *(Odocoileus virginianus)*

Fortsetzung nächste Seite

Neuseeland-Pittas

fehlenden Bodenfeinde wegen eintreten konnte. Die Neuseeland-Pittas *(Xenicidae)* haben sich in 4 recht unterschiedl. Arten differenziert, die an unsere Meisen, Zaunkönige u. Kleiber erinnern (↗adaptive Radiation). Durch den Menschen sind außer seinen z. T. verwilderten (z. B. Ziege) Haustieren insgesamt etwa 40 Säugetierarten u. etwa 30 Vogelarten eingebürgert worden (vgl. Tab.), die sich z. T. enorm vermehrt haben (Hirsch, Gemse, Wiesel) u. so als Weidegänger der Flora u. als Konkurrenten bzw. Räuber der alteinheim. Fauna Neuseelands gefährl. werden, so daß zu deren Schutz umfangreiche Regulierungsmaßnahmen notwendig sind. G. O.

Neuseeland-Pittas, *Xenicidae,* kleine neuseeländ. Sperlingsvögel aus der Gruppe der Schreivögel mit 4 Arten, wovon 1 bereits ausgerottet ist *(Traversia lyalli);* um 10 cm groß, kurzschwänzig, kräftige Beine; ernähren sich v. Kerbtieren, die sie an Baumrinden od. auf dem Boden fangen.

Neusticurus *m* [v. gr. neustikos = schwimmfähig, oura = Schwanz], Gatt. der ↗Schienenechsen.

Neuston *s* [v. gr. neustos = schwimmend], Lebensgemeinschaft v. Mikroorganismen, z. B. Algen, Bakterien, Pilze, die sich im Bereich des Oberflächenhäutchens des Wassers aufhalten; leben sie auf dem Häutchen, bezeichnet man sie als *Epi-N.,* leben sie darunter, spricht man v. *Hypo-N.* ↗Pleuston.

neutral [Hw. *Neutralität;* v. *neutr-], a) die Eigenschaft v. wäßrigen Lösungen bzw. von in Wasser gelösten (z. B. Salze) od. suspendierten (z. B. Zellaufschlüsse, Körperflüssigkeiten, Bodenproben) Stoffen, weder sauer noch alkalisch zu reagieren, d. h. einen ↗pH-Wert von 7 aufzuweisen. b) *elektroneutral,* die Eigenschaft v. Molekülen, entweder keine ionischen Gruppen od. gleich viel anionische wie kationische Gruppen zu enthalten u. daher im elektr. Feld nicht zu wandern.

Neutralfette, die ↗Acylglycerine.

Neutralisation *w,* die Vereinigung einer Säure mit einer Base unter Bildung v. Salz u. Wasser.

Neutralrot, *Toluyenrot,* synthet., in Wasser u. Alkohol mit roter Farbe lösl. Farbstoff; findet Verwendung als Indikator (bei pH

Neutralrot H₃C—N(CH₃)—[Ring N=CH₃, NH₂] Cl⁻

6,8–8 Farbumschlag v. Rot nach Gelb), in der Mikroskopie als Farbstoff zur Darstellung granulärer Zelleinschlüsse u. als Zusatz zu Nährböden.

Neutralsalze, Salze, deren Ionen v. gleichstarken Säuren u. Basen abgeleitet sind (z. B. bei Kochsalz Cl⁻ von HCl, eine starke Säure; Na⁺ von NaOH, eine gleichstarke Base) u. die daher in wäßriger

Fortsetzung von Seite 167:
aus Europa:
Rothirsch *(Cervus elephas)*
Damhirsch *(Dama dama)*
Gemse *(Rupicapra rupicapra)*
Wildschwein *(Sus scrofa)*
Feldhase *(Lepus europaeus)*
Hausmaus *(Mus musculus)*
Hausratte *(Rattus rattus)*
Wanderratte *(Rattus norvegicus)*
Iltis *(Putorius putorius)*
Hermelin *(Mustela erminea)*
Wiesel *(Mustela nivalis)*
Igel *(Erinaceus europaeus)*

Neuston
Einige Vertreter des Neustons:
Epineuston
 Raubspinnen
 Wasserläufer
 Taumelkäfer
 manche Springschwänze
Hyponeuston
 Süßwasserpolypen
 Planarien
 Mückenlarven
 Wasserlungenschnecken

Neuweltgeier
Arten:
Truthahngeier *(Cathartes aura)*
Kleiner Gelbkopfgeier *(Cathartes burrovianus)*
Großer Gelbkopfgeier *(Cathartes melambrotus)*
Königsgeier *(Sarcorhamphus papa)*
Rabengeier *(Coragyps atratus)*
Anden-↗Kondor *(Vultur gryphus)*
Kaliforn. Kondor *(Gymnogyps californianus),* ↗Kondor

Lösung ↗neutral reagieren. Ggs.: *saure Salze* (v. starker Säure u. schwacher Base abgeleitet, z. B. Ammoniumchlorid) u. *basische Salze* (v. schwacher Säure u. starker Base abgeleitet, z. B. Natriumcarbonat).

neutrophil [v. *neutr-, gr. philos = Freund], Färbungs-Verhalten v. Zellstrukturen od. Plasmaarealen, die sich weder ↗acidophil noch ↗basophil anfärben, z. B. bei n.en ↗Granulocyten im Ggs. zu basophilen oder ↗eosinophilen Granulocyten (☐ Blutzellen). ↗mikroskopische Präparationstechniken.

Neuweltaffen, die ↗Breitnasen(affen) Mittel- und S-Amerikas.

Neuweltgeier, *Cathartidae,* große fleischfressende Vögel des am. Doppelkontinents; die Fam. wird neuerdings aufgrund morpholog., biochem. u. Verhaltensmerkmale (↗Kondor) nicht mehr zu den Greifvögeln, sondern zu den Störchen gerechnet. Die äußere Ähnlichkeit mit den ↗Altweltgeiern ist durch ↗Konvergenz bedingt (↗Lebensformtypus). Zu den N.n gehören die größten flugfähigen Vögel; eiszeitl. Knochenfunde lassen auf eine † Form mit einer Flügelspannweite von 5 m schließen. N. ernähren sich hpts. von Aas, gelegentl. werden lebende Vögel od. Säugetiere gefangen; Ablage der 1–2 Eier ohne Nest auf dem Boden, in Baumhöhlen od. Felsnischen. Von den 7 Arten (vgl. Tab.) ist der 90 cm große Königsgeier *(Sarcorhamphus papa,* B Nordamerika VIII) bes. bunt gefärbt; er bewohnt die trop. Urwälder v. Mexiko bis Uruguay u. besitzt vermutl. ein gut entwickeltes Geruchsvermögen zum Aufsuchen v. Aas, ebenso wie der weit verbreitete Truthahngeier *(Cathartes aura,* B Nordamerika VI). Der 60 cm große, dunkel gefärbte Rabengeier *(Coragyps atratus)* ist gesellig u. hält sich oft in der Nähe menschl. Siedlungen auf, wo er außer Aas auch Abfälle beseitigt.

Newcastle-disease [njukaßl disis; ben. nach Newcastle-on-Tyne/Engl.; engl. disease = Krankheit], *atypische Geflügelpest,* durch das *N.-d.-Virus* (↗Paramyxoviren) hervorgerufene, anzeigepflicht. Krankheit des Geflügels mit oft tödl. Verlauf; Kontaktinfektion ruft beim Menschen Bindehautentzündung und grippeähnl. Symptome hervor („Hühnerinfluenza").

Ngandongmensch [ben. nach dem Fundort Ngandong auf Java], der ↗Homo soloensis.

Ni, chem Zeichen für ↗Nickel.

Niacin *s,* veraltete Bez. für ↗Nicotinsäure.

Nicandra *w* [ben. nach dem gr. Arzt Nikandros, 2. Jh. v. Chr.], Gatt. der ↗Nachtschattengewächse.

Niceforonia *w* [v. gr. nikêphoros = siegreich], Gatt. der ↗Südfrösche.

Nichols-Stamm [nikᵉls-; ben. nach dem amerikan. Bakteriologen H. H. Nichols, 1877–1927] ↗Treponema.

Nichtblätterpilze, *blätterlose Pilze, Aphyllophorales, Poriales* (i.w.S.), Ord. der Ständerpilze mit zahlreichen Fam. (vgl. Tab.); die oberird. wachsenden (gymnokarpen) Fruchtkörper haben ein freiliegendes Hymenium, dessen Träger (Hymenophor) i.d.R. nicht blätter-(lamellen-)förm. ausgebildet ist. Die einzelligen, zylindr. od. keuligen Basidien sind ungeteilt (Holobasidien) u. keimen mit Keimschläuchen (Gruppe ↗ *Homobasidiomycetidae*). Die meist gut ausgebildeten Fruchtkörper können sehr unterschiedl. aussehen: krusten-, keulen-, korallen-, zungen-, geweihförmig u. gelappt; die Konsistenz ist ledrig, korkig, zähfleischig od. holzig; das Hymenophor kann glatt, rippenförmig, wabig, grubig, stachelig od. porig aussehen (Ggs.: ↗ *Blätterpilze*). – Ständerpilze ohne blätterart. Hymenophor, aber mit *sprossender Keimung* u. meist mit *Phragmobasidien,* werden v. den N.n abgegrenzt u. in einigen taxonom. Einteilungen in der Gruppe ↗ *Heterobasidiomycetidae* (= *Heterobasidiomycetes,* Gallertpilze [↗Zitterpilze]) zusammengefaßt. Weitere Pilzgruppen mit nichtblättr. Hymenophor sind die ↗ *Boletales* (↗ *Röhrenpilze*) u. *Gasteromycetes* (↗ *Bauchpilze*).

Nicht-Häm-Eisen-Proteine, Abk. *NHI-Proteine* (v. engl. *non-hem-iron-proteins),* Proteine wie NADH-Dehydrogenasen, Succinat-Dehydrogenasen, Ferredoxin u.a., die 2–8 Eisenatome in nicht Häm-gebundener Form enthalten; N.-H.-E.-P. sind auch an der Photosynthese und an der Stickstoffixierung beteiligt; weitgehend ident. mit den ↗ *Eisen-Schwefel-Proteinen.*

Nicht-Histon-Proteine, *Nicht-Histon-Chromatin-Proteine,* neben den basischen ↗ Histonen den Proteinanteil des ↗ Chromatins bildende saure Proteine; die Menge an N.-H.-P.n ist gewebsspezifisch u. vom physiolog. Zustand der jeweiligen Zelle abhängig. N.-H.-P. sind z.B. Enzyme, die an der Histonmodifikation u. an der DNA-Synthese beteiligt sind.

nicht-kompetitive Hemmung, die allosterische Hemmung v. Enzymaktivitäten; ↗ Allosterie, ↗ Enzyme.

nichtlineare Systeme; die Systemtheorie unterscheidet zw. linearen und n.n S.n. Ein System ist *linear,* wenn der Ausgang dem Eingang proportional ist (↗ Black-box-Verfahren, ☐). Sind z.B. den Eingangswerten x_1 und x_2 die Ausgangswerte y_1 und y_2 zugeordnet, so ergibt sich für den Eingangswert (x_1+x_2) im linearen System der Ausgangswert (y_1+y_2). Gilt diese Beziehung nicht, so liegt ein *nichtlineares* System vor. Die meisten biol. Systeme sind nichtlinearer Natur.

nick [engl., = Kerbe], durch Spaltung od. Nichtbildung einer einzelnen Internucleotid-Bindung bedingter Einzelstrangbruch in einem doppelsträngigen DNA-Molekül. Als *nicking* bezeichnet man das Einführen v. einem od. mehreren nicks in doppelsträngige DNA durch chem. (z.B. durch Säure) oder enzymat. (z.B. durch DNase) Spaltung einzelner Phosphodiesterbindungen. Die so eingeführten Einzelstrangbrüche liegen über beide DNA-Stränge statistisch verteilt vor, jedoch so, daß das DNA-Molekül nicht in Fragmente zerlegt wird. ↗ nicked circle.

nicked circle *m* [nɪkd bɔ̈rkl], topolog. Form eines ringförm. doppelsträngigen DNA-Moleküls, das einen od. mehrere nicks (↗ nick) enthält. Superhelikale Konformationen (↗ supercoil) gehen durch Einführen v. nicks spontan in die entspannte u. daher energet. begünstigte n.-c.-Ringstruktur über. ↗ DNA-Topoisomerasen.

Nickel, chem. Zeichen Ni, in Form des zweiwertigen Kations Ni^{2+} ein Spurenelement, das für Pflanzen u. manche Tierarten (Hühner, Ratten, Schweine) essentiell ist. Für den Menschen konnte bisher keine essentielle Wirkung von N. nachgewiesen werden. Dämpfe u. Stäube von N. gelten als ↗ cancerogen. [T] Schwermetalle.

Nickhaut [v. lat. nictare = blinzeln], *Membrana nictitans,* Bindehautfalte in den Augen mancher Haie u. Amphibien, ebenso bei Reptilien u. Vögeln, die bedeckt v. den äußeren Augenlidern (↗ Lid) durch Muskeln vom inneren Augenwinkel her als 3. Augenlid über den Augapfel gezogen werden kann. Bei Säugern ist die N. rudimentär, zuweilen noch als Plica semilunaris ausgebildet.

Nickhautdrüsen, *Harder-Drüsen,* akzessorische Tränendrüsen bei Tieren, die eine ↗ Nickhaut besitzen; münden am inneren Augenwinkel unter der Nickhaut u. befeuchten die Vorderfläche des Augapfels.

nicking-closing-Enzyme [-kloᵘsing-], ↗ DNA-Topoisomerasen.

Nicolea *w,* Gatt. der Ringelwurm-(Polychaeten-)Fam. *Terebellidae. N. venustula,* 30–60 mm lang, 2–5 mm breit, rot mit weißen Flecken, mit 2 Paar Kiemen; Gezeitengürtel u. tiefer; Nordsee, westl. Ostsee.

Nicolle [nikol], *Charles Jules Henri,* frz. Bakteriologe, * 21. 9. 1866 Rouen, † 28. 2. 1936 Tunis; seit 1903 Dir. des Inst. Pasteur in Paris; Arbeiten über Diphtherie u. Tuberkulose; entdeckte 1909 die Übertragung des Fleckfiebers durch die Kleiderlaus; erhielt 1928 den Nobelpreis für Medizin.

Nicomache *w* [ben. nach dem gr. Frauennamen Nikomachē], Gatt. der Ringelwurm-(Polychaeten-)Fam. ↗ *Maldanidae.*

Nicotiana *w* [v. *nicot-], der ↗ Tabak.

Nicotianaalkaloide, *Tabakalkaloide,* eine Gruppe v. giftigen Pyridinalkaloiden, die v.a. in der ↗ Tabak-Pflanze *(Nicotiana tabacum)* auftreten. Hauptalkaloid ist i.d.R. ↗ *Nicotin,* begleitet v. *Nornicotin, Nicotyrin* u. ↗ *Anabasin.* In nicotinarmen *Nicotiana*-Arten überwiegen die N. Anabasin u. Nornicotin. Der geringere Nicotingehalt dieser Tabakpflanzen beruht darauf, daß das ge-

---

neutr- [v. lat. neuter, neutra, neutrum = keiner (keine, keines) von beiden; sächlich].

nicot- [ben. nach dem frz. Diplomaten J. Nicot (nikɔ), um 1530–1600; brachte 1560 den Tabak nach Frankreich].

Nichtblätterpilze
Wichtige Familien*:
↗ Erdwarzenpilze *(Thelephoraceae)*
↗ Fältlinge *(Meruliaceae)*
↗ Hymenochaetaceae
↗ Korallenpilze *(Clavariaceae, Clavulinaceae)*
↗ Leistenpilze *(Cantharellaceae)*
↗ Porlinge *(Poriaceae, Polyporaceae* i.w.S.)
↗ Reischlinge *(Fistulinaceae)*
↗ Rindenpilze *(Corticiaceae)*
↗ Rindenschichtpilze *(Stereaceae) Sparassidaceae (↗Sparassis)*
↗ Stachelpilze *(Hydnaceae)*
↗ Warzenschwämme *(Coniophoraceae)*
↗ Ziegenbärte *(Ramariaceae, Gomphaceae)*

* in einigen taxonom. Zusammenstellungen als selbständige Ord. aufgefaßt

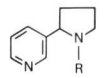

Nicotin (R = CH_3)
Nornicotin (R = H)

Nicotyrin

Anabasin

Nicotianaalkaloide

Nicotin

bildete Nicotin enzymat. in Nornicotin umgewandelt wird. Die Biosynthese der N. erfolgt aus Nicotinsäure u. läuft hpts. in den Wurzeln der Tabak-Pflanze ab.

Nicotin s [v. *nicot-], ein hpts. in der ↗Tabak-Pflanze *(Nicotiana tabacum),* aber auch bei Schachtelhalm, Bärlapp u. anderen Pflanzen vorkommendes hochgift. Pyridinalkaloid (T Alkaloide), der Hauptvertreter der ↗*Nicotianaalkaloide* (□). N., dessen Biosynthese in den Wurzeln abläuft, wird in allen Teilen der Pflanze gefunden. Der N.gehalt der Blätter schwankt je nach Tabaksorte zw. 0,05 und 10%. N. kann durch Inhalation (Rauchen), oral od. über die Haut rasch im Körper aufgenommen werden u. greift sowohl sympath. als auch parasympath. Ganglien an, so daß seine Wirkung der ↗Muscarin, aber auch dem ↗Adrenalin ähnl. sein kann. Während geringe Mengen N. auf das Nervensystem anregend wirken, führen hohe Dosen zu Kreislaufkollaps, Erbrechen, Durchfall u. Krämpfen u. bei Überschreiten der letalen Dosis (beim Menschen 1 mg/kg) zum Tod durch Atemlähmung. Subletale N.-Dosen unterliegen einem raschen oxidativen Abbau durch den Organismus (Halbwertszeit 2 Stunden), dessen Rate bei chron. N.zufuhr noch gesteigert ist. Folgen von chron. N.mißbrauch sind bes. Herzinfarkt, Arteriosklerose, Gastritis, Magengeschwür, Gefäßspasmen u. Gangrän („Raucherbein"); jedoch sind nicht alle sog. Raucherschäden auf die N.wirkung allein zurückzuführen. Außer als Genußgift hat N. Bedeutung als Ausgangsverbindung für die techn. Darstellung v. N.säure und N.säureamid u. als eines der ältesten bekannten Schädlingsbekämpfungsmittel. ↗Anabasin.

Nicotinamid s, *Nicotinsäureamid, Niacinamid,* in den Coenzymen NAD^+, NADH, $NADP^+$ u. NADPH enthaltener Baustein; Vitamin der B_2-Gruppe. ↗Nicotinsäure, ↗Nicotinamidadenindinucleotid.

Nicotinamidadenindinucleotid, Abkürzungen NAD^+ (oxidierte Form) und *NADH* (reduzierte Form), ein an vielen Dehydrogenase-katalysierten Redoxreaktionen beteiligtes Cosubstrat bzw. Coenzym, das aus diesem Grund v. zentraler Bedeutung für den Stoffwechsel aller Organismen ist. Z.B. beginnt die ↗Atmungskette (□) mit der Dehydrierung von NADH durch ↗NADH-Dehydrogenase. Die Synthese von NAD^+ erfolgt in Bakterien ausgehend v. ↗Nicotinsäure, die mit Hilfe v. Phosphoribosylpyrophosphat zu Nicotinsäureribonucleotid umgesetzt wird; diese reagiert mit ATP unter Freisetzung v. Pyrophosphat zu Nicotinadenindinucleotid (Desamido-NAD), das in einem abschließenden Schritt mit Glutamin als Amidgruppendonor zu NAD^+ amidiert wird. In Säugern kann dagegen auch freies Nicotinamid, ein Vitamin B_2, als Ausgangsprodukt für die Synthese

Nicotinamidadenindinucleotid

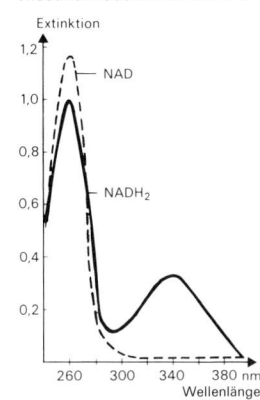

Die Abb. zeigt Absorptionsspektren des *NAD* (NAD^+) und seiner reduzierten Form $NADH_2$ *(NADH)*

Beispiel: Messung der Aktivität *(opt. Test)* der *Lactat-Dehydrogenase* (LDH) bei der Umwandlung von Pyruvat zu Lactat (□ Lactat-Dehydrogenase-Reaktion)

Für jedes Mol gebildetes Lactat wird 1 Mol $NADH_2$ verbraucht. Man pipettiert in eine Küvette Pyruvat, Puffer, $NADH_2$, mischt und setzt die Reaktion durch Einmischen von Enzymlösung (z.B. Organhomogenat) in Gang. Die Abnahme der Extinktion von $NADH_2$ kann am Photometer bei 340 nm Wellenlänge mit der Zeit verfolgt werden. Die ↗Extinktion von 1 Mol $NADH_2$ ist bekannt; aus der Extinktionsabnahme kann daher direkt auf die verbrauchte Menge $NADH_2$ und damit auf die umgesetzte Menge Pyruvat pro Zeiteinheit geschlossen werden.

Nicotin

Eine Zigarette (ca. 1 g Tabak) enthält etwa 5–10 mg salzartig gebundenes N. (eine Zigarre, 6 g Tabak, etwa 90 mg N.), das beim Rauchen allmähl. als Base freigesetzt wird. Beim Inhalieren können aus einer Zigarette 3–8 mg N. resorbiert werden, so daß bereits 15–20 Zigaretten einer tödl. Dosis von N. entsprechen. Eine akute Vergiftung wird nur durch die rasche Abbaurate im Organismus verhindert.

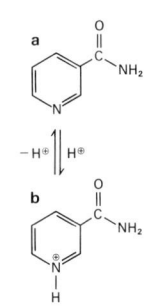

Nicotinamid

b ist die protonierte Form, von der sich die Nicotinamid enthaltenden Coenzyme ableiten.

von NAD^+ umgesetzt werden, wobei *Nicotinamidmononucleotid* (NMN) als Zwischenstufe durchlaufen wird u. der bei Bakterien abschließende Amidierungsschritt entfällt. Die reduzierte Form zeigt charakterist. Absorption bei 340 nm Wellenlänge, was vielfach zur opt. Messung des Gleichgewichts $NAD^+ + 2H \rightleftharpoons NADH + H^+$ u. der davon abhängigen enzymat. Reaktionen ausgenützt wird (opt. Enzymtest, vgl. Abb.). □ 171.

Nicotinamidadenindinucleotidphosphat, Abk. $NADP^+$ (oxidierte Form) u. *NADPH* (reduzierte Form), wie NAD^+/NADH (↗Nicotinamidadenindinucleotid), jedoch in anderen Redoxreaktionen, vorwiegend bei reduktiven Synthesen, beteiligtes Cosubstrat bzw. Coenzym v. zentraler Bedeutung für den Stoffwechsel. Z.B. werden die Redoxäquivalente der ↗Photosynthese in Form von NADPH in die Reaktionsfolgen des ↗Calvin-Zyklus (□) eingeschleust. $NADP^+$ bildet sich aus NAD^+ durch Phosphorylierung der 2'-Hydroxylgruppe des Adenosinrests, wobei der γ-Phosphatrest von ATP in einer Kinase-katalysierten Reaktion übertragen wird. Auch NADPH zeigt charakterist. Absorption bei 340 nm Wellenlänge, was zum opt. Test von $NADP^+$-abhängigen enzymat. Reaktionen ausgenützt wird.

Nicotinamidmononucleotid, Abk. *NMN,* Baustein v. ↗Nicotinamidadenindinucleotid (□) und ↗Nicotinamidadenindinucleotidphosphat. □ 171.

Nicotinsäure, *Niacin, Pyridin-3-carbonsäure,* ein Vitamin der B_2-Gruppe; Baustein bzw. Vorstufe der Coenzyme NAD^+ und $NADP^+$. Die meisten Organismen können N. durch einen v. ↗Tryptophan ausgehenden, in mehreren Stufen über ↗3-Hydroxyanthranilsäure (□) verlaufenden Stoffwechselweg selbst aufbauen. Die auf N.-Mangel beruhenden Krankheiten (z.B. ↗Pellagra) treten daher v.a. bei Tryptophanmangel (proteinarme Kost) auf. Die Bez. N. geht auf die 1867 erstmalig beschriebene Isolierung von N. durch Oxida-

Oxidierte und reduzierte Form von Nicotinamidadenindinucleotid

Nicotinamidadenindinucleotid (oxidierte Form, NAD⊕)

Nicotinamidadenindinucleotid (reduzierte Form, NADH)

Die Abb. zeigt die Hydridionenübertragung von einem Substratmolekül auf ein Molekül NAD⁺. Die „Seite" der Hydridübertragung auf den Pyridinring wird von verschiedenen Enzymen unterschiedlich gewählt.
Die Strukturen enthalten neben der reaktionstragenden Einheit (grau unterlegt) „überflüssigerweise" auch eine Adenosindiphosphatgruppe, ähnl. wie bei dem als Coenzym bzw. Cosubstrat wirkenden ↗Flavinadenindinucleotid.

Nicotinamidmononucleotid (NMN)

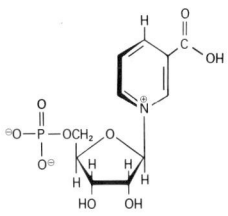

Nicotinsäureribonucleotid

tion des Tabakalkaloids ↗Nicotin zurück. N. zeigt jedoch aufgrund seiner veränderten Struktur keine Nicotin-ähnlichen Wirkungen. Die Salze u. Ester der N. sind die Nicotinate.
Nicotinsäureamid, das ↗Nicotinamid.
Nicotinsäureribonucleotid, *Desamido-NMN*, eine Vorstufe beim Aufbau v. ↗Nicotinamidadenindinucleotid.
Nicrophorus [v. gr. nekrophorus = Totengräber], *Necrophorus*, der ↗Totengräber.
Nidamentaldrüsen [v. lat. nidamentum = Nistmaterial], *Eischalendrüsen,* Drüsen mit Brutpflegefunktionen bei verschiedenen Tieren. Viele Tintenfische *(Tetrabranchiata, Sepioidea, Teuthoidea)* besitzen paarige N., die in die Mantelhöhle münden u. deren klebriges Sekret gallertige Eihüllen (Kokon) bildet; bei manchen Arten der Gatt. *Sepia* und *Alloteuthis*, welche statt der Tinte auch ein Leuchtsekret ausspritzen können, dienen akzessorische N. auch als Kulturkammern für Leuchtbakterien (↗Leuchtsymbiose). – Bei manchen ↗*Phoronida* (Hufeisenwürmern) liefern N. wahrscheinlich ein Klebsekret, das dem Festkleben der Eier in paarigen Bruttaschen (Lophophororgan) im ↗Lophophor dient. Bei viviparen Knorpelfischen schließl. scheiden N. in der Uteruswand ein Nährsekret für die Embryonen ab.
Nidation *w* [v. lat. nidus = Nest], *Implantation, Einnistung* der ↗Blastocyste in die Uterusschleimhaut mit Hilfe proteolyt. Enzyme aus dem ↗Trophoblasten; beim Menschen am 5. bis 6. Tag nach der Befruchtung. ↗Empfängnisverhütung, ↗Insemination; ↗Embryonalentwicklung (☐, B III), ↗Menstruationszyklus (☐, B).
Nidikole [Mz.; Bw. *nidikol;* v. lat. nidus = Nest, colere = bewohnen], *Nestgäste,* Tiere wie z. B. Milben u. Flöhe, die bevorzugt in Nestern v. Warmblütern leben; sie finden dort ausgeglichene Temp.-Verhältnisse u. Nahrung (z. B. Nestmaterial, Schimmelpilze) vor; häufig Ektoparasiten.
Nidulariaceae [v. lat. nidulus = Nestchen], die ↗Nestpilze.
Nidus *m* [lat., =], das ↗Nest.
Niederblätter, *Kataphylla,* ↗Blatt.
Niedere Chordatiere, Bez. für die ↗Manteltiere u. ↗Schädellosen; bilden zus. mit den ↗Wirbeltieren die ↗Chordatiere.
Niedere Pflanzen ↗Pflanzen.
Niedere Pilze, 1) Gruppe v. Pilzen, deren Hyphen normalerweise keine Querwände ausbilden u. vielkernig sind (coenocytischer Thallus), dem Umfang nach ident. mit den *Phycomyces* (↗Algenpilze); die meisten Formen bilden in der Entwicklung aktiv bewegl. Stadien. 2) in neueren taxonom. Einteilungen nur die Ord. von 1), deren Vertreter bewegl. Stadien ausbilden können; die *Zygomycetes (Zygomycota)* werden daher den ↗Höheren Pilzen zugeordnet; zusätzl. werden die Netzschleimpilze *(Labyrinthulomycota)* den N. n. P. n angegliedert, da sie wahrscheinl. keine verwandtschaftl. Beziehungen zu den Schleimpilzen *(Myxomycota)* haben. N. P. u. Schleimpilze *(Myxomycota)* werden neuerdings unter dem Namen *pilzähnliche Protoctista* (pilzähnliche Protisten) zusammengefaßt. ↗Pilze.
Niedere Tetrapoden [Mz.; v. gr. tetrapous = vierfüßig], (F. v. Huene 1956), paläontolog. begründete Zusammenfassung der neontolog. trennbaren Taxa Amphibien u. Reptilien, die „in den ältesten Zeiten ... anatom. nicht getrennt werden können".
Niedere Tiere, die ↗Wirbellosen.
Niedermoor ↗Moor.
Niedermoor- und Schlenkengesellschaften ↗Scheuchzerio-Caricetea nigrae.
Niederschlag, 1) Meteorologie: Teil des hydrolog. Kreislaufs (↗Wasserhaushalt), in dem das Wasser, das durch ↗*Evaporation* (Meere, Seen, Flüsse, Sümpfe) u. ↗*Tran-*

Niederschlag

Niedere Pilze

1) In älteren taxonom. Einteilungen (= *Phycomycetes*)
Chytridiomycetes
Hyphochytriomycetes
Oomycetes
Zygomycetes

2) In neueren taxonom. Einteilungen folgende Abt. der pilzähnlichen Protisten
Labyrinthulomycota (↗Netzschleimpilze)
Oomycota (↗Oomycetes)
Hyphochytriomycota (↗Hyphochytriomycetes)
Chytridiomycota (↗Chytridiomycetes)

nicot- [ben. nach dem frz. Diplomaten J. Nicot (nikọ), um 1530–1600; brachte 1560 den Tabak nach Frankreich].

Niederstamm

Niederschlag

N.sformen in der Atmosphäre:

1) flüssig:

Niesel, ⌀ der Tröpfchen 0,05–0,25 mm, Bildung nicht über Eisphase, schwache N.sintensitäten

Regen, ⌀ der Tröpfchen 0,25–3 mm, breites Spektrum v. Tropfengrößen, Entstehung u. a. durch Eiskerne, mäßige bis starke N.sintensitäten (bis hin zum „Wolkenbruch")

2) fest:

Schnee, Eiskristalle einzeln od. in Flokken, Bildung über Gefrierkerne

Graupel, Schnee- u. Eiskristalle mit gefrorenen Wolkentröpfchen

Hagel, Zentimeter- bis Dezimetergröße (in den Tropen), Eisklumpen, bedingt durch ungleichmäßig verteilten Wassergehalt in einer Wolke

Eiskörner, gefrorene Regentropfen

N. in Form eines *Beschlages:*

Durch direkte Kondensation bzw. Sublimation v. Wasserdampf am Boden od. Oberflächen der Vegetation bildet sich *Tau* bzw. *Reif,* durch Anlagerung v. Nebeltröpfchen je nach Temp. *Nebeltau* od. verschiedene *Frostablagerungen.* Unterkühlter Regen führt zu kräftigem *Eisbelag.* ↗Frost, ↗Frostresistenz, ↗Frostschäden.

spiration (Vegetation, Poren des Bodens) als Wasserdampf in die Atmosphäre gelangt, dem Boden wieder zugeführt wird. Die Beziehungen von N., Abfluß u. Verdunstung entscheiden über den Klimacharakter nach ↗arid, ↗humid und ↗nival (☐ Klima). Durch N. werden Luftbeimengungen über die Prozesse „*rain-out*" (Beimengung ist Bestandteil des Tropfens) od. „*wash-out*" (Tropfen nimmt Beimengung im Fall auf) aus der Atmosphäre entfernt (↗saurer Regen). Der gefallene N. wird weltweit routinemäßig in Gefäßen mit definiertem Auffangquerschnitt gesammelt u. die N.smenge in „Millimeter Wasserhöhe" (bei festem N. nach Einschmelzen: Wasserwert) angegeben. 1 mm bedeutet dabei 1 l pro m². Bekanntgewordene Extremwerte: 198 mm in 15 Min. auf Jamaica, in Cherrapunji (Indien) 9300 mm in einem Monat und 26461 mm in einem Jahr, in Dtl. in Mühldorf a. Inn 134,9 mm an einem einzigen Tag bei einem vieljährigen Jahresmittel von nur 862 mm. **2)** Chemie: *Präzipitat,* mehr od. weniger feinverteilte Feststoffe, die sich bei Zugabe eines ↗Fällungs-Mittels aus einer ↗Lösung absetzen od. durch Zentrifugation abgesetzt werden.

Niederstamm ↗Obstbaumformen.

Niederwald, forstwirtschaftl. Betriebsart, bei der in kurzfrist. Turnus, alle 5–30 Jahre, die gesamten Gehölze abgeschlagen u. zu Brennholz, Faschinen od. Eichen-Lohrinde verarbeitet werden; der Wald verjüngt sich durch ↗Stockausschlag. Nur solche Holzarten, die das „Auf-den-Stock-Setzen" vertragen, halten sich: Weide, Hasel, Linde, Erle, auch Eiche u. Hainbuche, wenig die Buche, keine Nadelhölzer. Der N. stellt eine sehr alte Betriebsart dar, die schon v. den Römern praktiziert wurde u. im MA weit verbreitet war. Der N. ist heute in der BR Dtl. so gut wie hist. geworden; nur ca. 1% der Waldfläche wird als N. bewirtschaftet (v. a. als Erlen-N.). Unrentabel gewordene Niederwälder läßt man durchwachsen od. wandelt die Bestände durch Neupflanzung u. intensive „Kulturreinigung" in leistungsfähige Hochwaldbestände um. ↗Hochwald, ↗Mittelwald.

Niederwild, die nicht zur hohen ↗Jagd rechnenden Wildarten, z.B. Hasen, Rebhühner, Enten u.a. (Ggs.: ↗Hochwild).

Niehans, *Paul,* schweizer. Chirurg, * 21. 11. 1882 Bern, † 1. 9. 1971 Montreux; befaßte sich mit Hormon- u. Drüsenforschung; begr. die ↗Frischzellentherapie.

Niere, *Ren, Nephros,* i.w.S. Bezeichnung für zahlr. funktionell ähnl., aber nicht homologe ↗Exkretionsorgane wie ↗Nephridien (Proto- u. Metanephridien), ↗Antennendrüsen v. Krebsen, ↗Malpighi-Gefäße v. Insekten, ↗Bojanussche Organe v. Muscheln. – l. e. S. Exkretions- u. osmoregulatorisches Organ der Wirbeltiere u. des Menschen. Die außerhalb des Peritoneums (Bauchfell) dorsal gelegenen paarigen bohnenförm. N.n sind unbeschadet ihres geringen Anteils (0,4–1%) am Körpergewicht mit einem Zustrom von 25% des pro Zeiteinheit aus dem Herzen gepumpten Blutes die relativ am besten mit Blut versorgten Organe (Werte für den Menschen, ☐ Blutkreislauf), was bereits auf die große Regulationsleistung hinweist. Im grob *anatom. Aufbau* lassen sich v. außen nach innen die Bereiche *N.rinde* (Cortex), *N.mark* (Medulla) und das hohle *N.becken* (Pelvis) unterscheiden. Die Medulla ist an zahlr. Stellen zum N.becken ausgebuchtet *(N.papillen).* An diesen Stellen fließt der gebildete *Harn* (s. u.), ohne weiter in seiner Zusammensetzung verändert zu werden, in die trichterförm. Enden *(N.nkelche)* des *Harnleiters.* Im Feinbau dominieren zahlr. tubuläre Abschnitte, deren funktionale Einheit das ↗*Nephron* (Harnkanälchen, beim Menschen mit einer Gesamtlänge von ca. 100 km) ist. Die Anzahl der Nephren einer N. reicht v. einigen hundert in niederen Wirbeltieren bis zu mehr als 1 Mill. beim Menschen u. anderen großen Säugern. Das am höchsten differenzierte *Nephron der Säugetiere* steht mit dem Blutgefäßsystem über sein blind geschlossenes, ein Kapillarknäuel (↗ *Glomerulus*) umgreifendes Ende (↗Bowmansche Kapsel) in Verbindung u. bildet an dieser Stelle das *N.nkörperchen* (Malpighisches Körperchen). Nach einem kurzen Zwischensegment schließt sich an das Malpighische Körperchen der *proximale Tubulus* an, der zunächst im Bereich des N.nkörperchens (cortical) stark aufgewunden ist (Pars convoluta) u. dann in geradem Strang in Richtung zum N.nmark zieht (Pars recta). Im elektronenmikroskop. Bild stellen sich die Zellen des proximalen Tubulus als typ. einschichtige transportierende ↗Epithel-Zellen mit ausgeprägtem ↗Mikrovillisaum, zahlr. Mitochondrien u. einem bis weit in den Zellkörper reichenden basalen Labyrinth dar. Der proximale Tubulus verjüngt sich u. geht in die *Henlesche Schleife* über, zunächst in einem absteigenden Ast weiter medullawärts, dann in einem dem ersteren eng u. parallel anliegenden aufsteigenden Ast (Haarnadelprinzip) wieder in Richtung auf die N.nrinde. Die Henleschen Schleifen sind sowohl im N.nmark als auch nur in der N.nrinde zu finden u. dort kürzer. Unter den Vögeln u. Säugetieren (nur dort kommen Henlesche Schleifen vor) haben diejenigen Arten die längsten Schleifen, die an extremen Wassermangel angepaßt sind. Dem aufsteigenden Ast der Henleschen Schleife schließt sich der wieder weitlumige *distale Tubulus* an, der zunächst weiterhin gerade verläuft u. dann im Bereich des Malpighischen Körperchens aufgeknäult ist. Mehrere distale Tubuli inserieren in ein *Sammelrohr,* das zwar funktionell zum Nephron gehört, indem es an der Harnbereitung beteiligt ist, ontogenet.

NIERE

Bauelemente der Niere des Menschen
1 Frontalschnitt durch die Niere. Durch eine gemeinsame Eintrittsstelle *(Nierenhilus)* wird die Niere mit arteriellem Blut versorgt und innerviert; ebenfalls durch den Hilus ziehen Venen, Harnleiter und Lymphgefäße nach außen. Die Niere selbst ist in *Nierenmark* mit im wesentlichen gestreckt verlaufenden Kanälen und *Nierenrinde* mit aufgeknäuelten Kanälen und den *Malpighischen Körperchen* gegliedert. **2** *Nierenläppchen* (Nierenlobus). Im erwachsenen Zustand sind die Nierenläppchen im Bereich der Nierenrinde völlig verschmolzen. Zu erkennen sind einzelne *Nephren*, die vom *Glomerulus* ihren Ausgang nehmen, mit ihren *Henleschen Schleifen* bis weit ins Nierenmark hineinziehen und deren distaler Teil sich wieder dem Malpighischen Körperchen nähert. Im rechten Bilddrittel ist die Blutversorgung angedeutet. **3** Verlauf von *Blutgefäßen* und *Tubuli* in Nierenmark und Nierenrinde. Im Bereich der äußeren Rindenschicht verzweigen sich die wegführenden (efferenten) Arteriolen in ein Kapillarnetz, das die Malpighischen Körperchen und die in diesem Bereich verlaufenden tubulären Abschnitte eng umspinnt und sich zu einer gemeinsamen Vene vereinigt. In der Region des Nierenmarks verzweigen sich die Arterien stärker, bilden um die Malpighischen Körperchen ebenfalls Kapillarnetze, laufen aber in Richtung auf das Nierenbecken als *Vasa recta* streng parallel zu den tubulären Abschnitten und wie diese in Form von Haarnadelschleifen mit Gegenstromaustauscherfunktion. **4** Kapillarnetzwerk und Tubulusknäuel um ein *Malpighisches Körperchen* und Einmündung in ein *Sammelrohr*. **5** Einzelner *Glomerulus* mit afferenter und efferenter Arteriole, deren Kapillarknäuel die Basalmembran der *Bowmanschen Kapsel* bedeckt. Die Kapillarnetze sind in glomerulären Lobuli geordnet. **6** *Juxtaglomerulärer Apparat*, der für die Reninausschüttung verantwortlich ist und aus distalen Tubulusabschnitten (*Macula densa*, Chemorezeptoren) besteht, die Kontakt mit spezialisierten Zellen (*juxtaglomeruläre Zellen*, Druckrezeptoren) der afferenten Arteriolen haben. **7** Feinstruktur des Glomerulus-Filters. Epithelzellen (Ep, Podocyten) mit zahlreichen Fortsätzen stehen mit der Flüssigkeit in der Bowmanschen Kapsel in Kontakt und bilden die äußere Filterschicht (Fi); sie liegen der (nichtzellulären) Basalmembran (Bm) auf, die wahrscheinlich als Barriere für die Plasmaproteine dient und ihrerseits ein gefenstertes Kapillarrohr (Ka) bedeckt (Porendurchmesser etwa 0,1 µm), das aus dem Cytoplasma von Endothelzellen (En) gebildet wird. **8** Feinstruktur des *proximalen Tubulus*; typischer Aufbau eines *transportierenden Epithels* mit stark ausgeprägtem basalen Labyrinth, zahlreichen Mitochondrien und Mikrovillisaum.

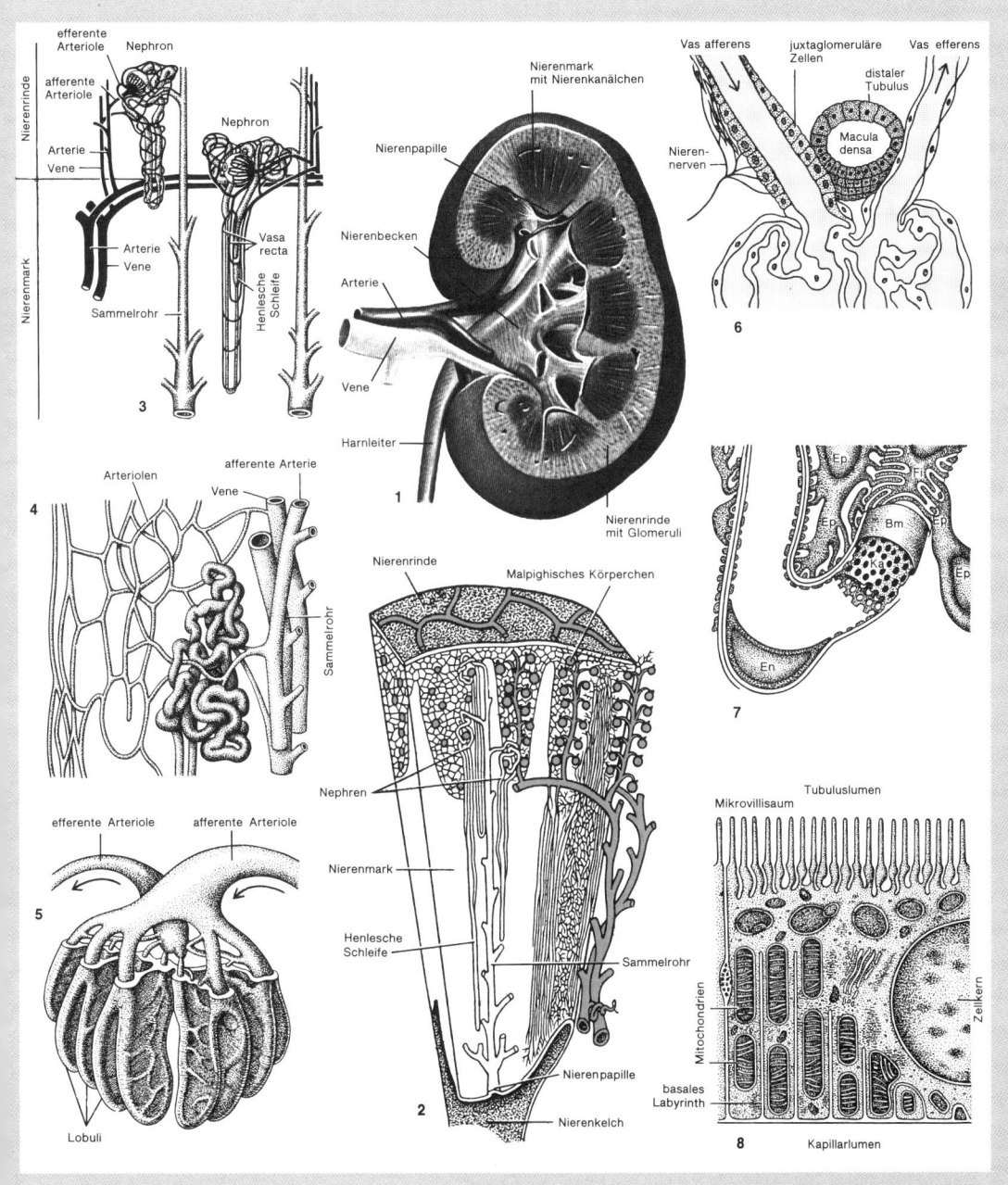

Niere

Niere

Die Filtereigenschaft des Glomerulus, der wahllos alle Moleküle bis zu einer relativen Molekülmasse v. etwa 5000 passieren läßt, so daß der Organismus viele davon wieder aus den Tubuli zurücktransportieren muß, hat entgegen dem ersten Anschein den großen Vorteil einer problemlosen Beseitigung von schädl. Stoffen. Tubuläre Transportmechanismen existieren nur für Stoffe, die der Körper benötigt, und sind daher selektiv. Über ↗ Entgiftungs-Mechanismen in der Leber werden zusätzl. dem Körper unbekannte Stoffe in eine „erkennbare" Form transformiert (↗ Biotransformation) u. können dann ebenfalls über selektive Transportmechanismen in die Tubuli sezerniert werden.

aber eine andere Herkunft hat. Mehrere Sammelrohre vereinigen sich im N.mark zu Papillarrohren (Ductus Bellini), die sich ins Becken öffnen. – Die Funktion des Nephrons ist nicht ohne die spezif. Anordnung der die Tubuli umgebenden Blutgefäße zu denken. Hierbei unterscheidet sich die Gefäßversorgung im Cortexbereich deutl. von der im N.nmark. Den Anfang des Glomerulus bilden relativ weitlumige Arteriolen, die zudem über glatte Muskulatur sowohl im hinführenden (afferenten) als auch aus dem Glomerulus herausführenden (efferenten) Teil ihr Lumen ändern können und damit den hydrostat. Druck des Blutes (der v. essentieller Bedeutung für die Filtration des Primärharns ist, s.u.) variieren. Ein Teil des aufgeknäuelten distalen Tubulus (Macula densa) hat Kontakt mit den afferenten Arteriolen, die den Glomerulus des entspr. Nephrons versorgen, u. bildet mit ihm den *juxtaglomerulären Apparat*. Die efferenten Arteriolen im corticalen Bereich umspinnen in einem engen Netz alle Abschnitte eines Nephrons u. des Sammelrohres u. stehen auch mit benachbarten Nephren in Verbindung. Die Arteriolen in der N.nrinde hingegen bilden im Bereich der proximalen u. distalen Tubuli sowie der Henleschen Schleifen den Tubulusabschnitten parallellaufende, haarnadelförm. Gegenstromaustauscher (Vasa recta). Schließlich wird die N.nrinde von zahlr. verzweigten Lymphgefäßen durchzogen. – Die ↗ *Harn-Bereitung* in der N. beginnt mit einer *Filtration* (↗ Exkretionsorgane) des Blutplasmas aus den glomerulären Kapillaren in die Bowmansche Kapsel. Dabei müssen mehrere Filterschichten überwunden werden, deren „Porenweite" so klein ist, daß Moleküle mit einer relativen Molekülmasse über etwa 5000 sie nicht passieren können (↗Inulin, ↗Clearance, ☐) und ein nahezu proteinfreies

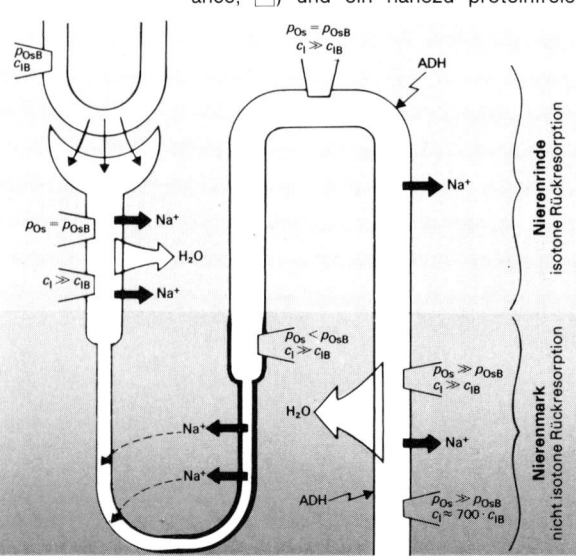

Ultrafiltrat als *Primärharn* abgepreßt wird (Protein im Endharn deutet immer auf eine Störung der Filtrationseinrichtung hin). Treibende Kraft für die ↗ *Druckfiltration* ist der hydrostat. Druck in den glomerulären Arteriolen, v. dem aber nur ein bestimmter Betrag als *effektiver Filtrationsdruck* wirken kann, da ihm der ↗ kolloidosmot. Druck des Blutes u. der hydrostat. Druck im Kapselraum entgegengerichtet sind. Der abgepreßte Primärharn ist durch Sekretions- u. Reabsorptionsprozesse in den tubulären Abschnitten des Nephrons mannigfalt. Veränderungen unterworfen u. wird bei Vögeln u. Säugern in Abhängigkeit v. den physiolog. Gegebenheiten mehr od. weniger stark konzentriert. Der Vorgang der *Harnkonzentrierung* läßt sich experimentell über die Injektion des zwar filtrierbaren, aber nicht reabsorbierbaren ↗ *Inulins* u. die Messung der osmot. Konzentrationen aus mit feinsten Kapillaren den einzelnen Tubulusabschnitten entnommenen Proben verfolgen (vgl. Abb.). Im proximalen Tubulusabschnitt werden bereits bis zu 70% des filtrierten Wassers aus dem Blutplasma zurückgewonnen; dies erfolgt durch aktiven Natriumionen-Transport (↗aktiver Transport) in das Interstitium (↗Flüssigkeitsräume), dem Wasser passiv folgt *(isotonische Rückresorption)*. Die Wiederaufnahme des Wassers in die Blutbahn u. sein Abtransport werden dadurch erleichtert, daß die glomerulären Arteriolen, nachdem sie das Wasser, aber nicht die Plasmaproteine abgepreßt haben u. nun die Tubuli umspinnen, einen hohen kolloidosmot. Druck besitzen. Harnproben, die aus Nephren, die tief ins N.nmark ziehen, entnommen werden, werden zunehmend konzentrierter in Richtung auf das N.nbecken; sie sind dagegen am Beginn des distalen Tubulus bluthypoton, im Bereich der Eintrittsstellen in die Sammelrohre blutisoton u. werden dann in den Sammelrohren in Richtung auf das N.nbekken wieder stark hyperton. Die Hypotonizität im Bereich des ersten distalen Tubulusabschnitts ist das Ergebnis eines aktiven Natriumtransports aus dem aufsteigenden Ast der Henleschen Schleife, dem aber

Harnbereitung

In Proben, die mit Mikrokapillaren aus den verschiedenen tubulären Abschnitten gewonnen werden, läßt sich der osmotische Druck (p_{Os}) sowie die Inulinkonzentration (c_I) messen und mit den entspr. Blutplasmawerten (p_{OsB} und c_{IB}) vergleichen. ↗ Inulin ist ein Polysaccharid, das filtriert, aber nicht reabsorbiert wird. Seine Konzentrationszunahme ist daher ein Maß für die Harnkonzentrierung. Das Hormon ↗ *Adiuretin* verändert die Membranpermeabilität der distalen Tubuli und der Sammelrohre und regelt damit die Menge und Konzentration des ausgeschiedenen Harns. Nach neuen Untersuchungen ist es zweifelhaft geworden, ob Na^+-Ionen aktiv transportiert werden und Cl^--Ionen nur passiv folgen. Für das Prinzip der Harnbereitung spielt dies jedoch keine Rolle.

kein Wasser folgt *(nicht-isotonische Rückresorption)*. Ihre anatom. Eigentümlichkeit mit einem Wasser-impermeablen aufsteigenden Ast verleiht ihr die Fähigkeit, als *Gegenstrommultiplikator* (↗Gegenstromprinzip) einen osmotischen ↗Gradienten innerhalb des N.nmarks auszubilden, der seine höchsten Werte an den Papillenspitzen hat u. sich über alle ↗Flüssigkeitsräume im N.nmark, also auch über die Arteriolen der Vasa recta (aber mit Ausnahme des aufsteigenden Schleifenastes), erstreckt. Da auch die Sammelrohre in den Gradienten mit einbezogen sind, fließt aus ihnen ein stark konzentrierter Harn ins N.nbecken. Dem osmot. Gradienten im N.mark folgt auch durch (passive) ↗Diffusion Harnstoff (mit Ausnahmen). Der Gradient kann nur aufrechterhalten werden, wenn die rückresorbierten Stoffe samt dem Wasser abtransportiert werden; dies muß in einer Geschwindigkeit geschehen, die es erlaubt, einen Konzentrationsausgleich zw. den als Gegenstromaustauscher angelegten Vasa recta u. dem umgebenden Medium herzustellen. – Die erwähnten Reabsorptions- u. Sekretionsprozesse dienen einerseits dazu, die zahlr. „nützlichen" Substanzen, die nur aufgrund ihrer Molekülgröße den Glomerulus passiert haben, dem Körper wieder zuzuführen, andererseits „schädliche" Substanzen zusätzl. dem Primärharn zuzufügen u. schließlich die ionale Zusammensetzung des Harns so zu regulieren, daß das ↗innere Milieu des Körpers konstant gehalten wird (Pufferfunktion und pH-Regulation). Die dazu benötigten Transportprozesse sind teils aktiver, teils passiver Natur. Aktiv werden z. B. Glucose, Aminosäuren, Phosphat, Sulfat u. organische Säuren transportiert; Wasser, Chlorid und im allg. Harnstoff folgen einem osmot. Gradienten passiv; Energie wird aber beim Aufbau des Gradienten (über einen aktiven Natriumtransport, s. o.) dennoch verbraucht. – Die N. ist neben dem Atmungssystem der zweite Ort der *Regulation des Säuren-Basen-Gleichgewichts*. Hierfür ist die Regulation der Ausscheidung u. Resorption von ↗Hydrogencarbonat (HCO_3^-) als Antwort auf eine metabolische ↗Acidose (Übersäuerung) od. ↗Alkalose (vermehrter Anfall v. Basen) im Organismus v. zentraler Bedeutung. An der Ausscheidung, Reabsorption und zusätzl. Bereitstellung von Hydrogencarbonat sind Ionenaustauschprozesse u. die Bildung v. Ammoniak beteiligt. Wird viel Hydrogencarbonat filtriert, so daß es wieder reabsorbiert werden muß, kommt es zu aktiver Sekretion von H^+ (intrazellulärer Kohlensäure entstammend) in das (proximale) Tubuluslumen; Na^+ diffundiert im Ionenaustausch in die Tubuluszelle u. wird aktiv in die umgebenden Kapillaren gepumpt. Damit kann im Lumen aus dem vorhandenen Hydrogencarbonat und H^+ Kohlensäure (H_2CO_3) gebildet werden, die sogleich in H_2O und CO_2 (Kohlendioxid) zerfällt. Das CO_2 diffundiert in die Tubuluszelle u. wird dort unter Katalyse einer ↗Carboanhydrase wieder zu Kohlensäure umgewandelt (☐ Blutgase). Durch deren Zerfall in H^+ und Hydrogencarbonat steht zum einen neues H^+ zum Transport ins Lumen u. zum anderen Hydrogencarbonat zum Rücktransport ins Blut zur Verfügung. Überschüssiges H^+ kann in Form v. monobasischem Phosphat ($H_2PO_4^-$) ausgeschieden werden; hierzu verbindet sich sezerniertes H^+ im Tubuluslumen mit abfiltrierten HPO_4^{2-}-Ionen, das Phosphat wirkt ebenso wie das Hydrogencarbonat als Puffer. Eine Stabilisierung des Säuren-Basen-Gleichgewichts wird schließl. durch die Produktion v. Ammoniak (NH_3) in den N.tu-

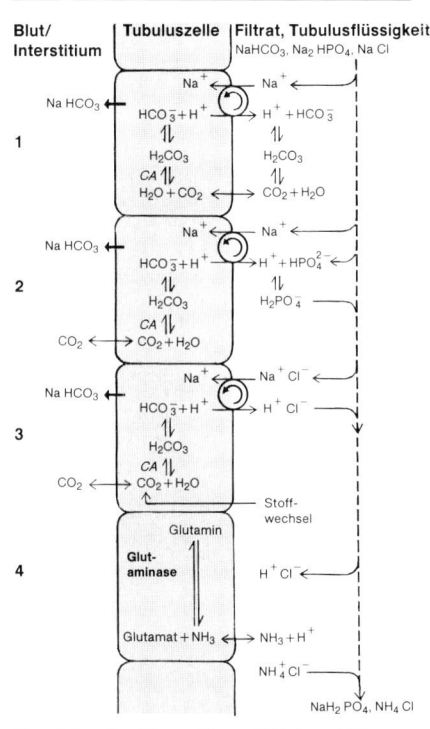

Regulation des Säuren-Basen-Gleichgewichts in der Niere

1 Reabsorption v. Hydrogencarbonat (HCO_3^-) bei vermehrter Filtration. H^+ wird in das proximale Tubuluslumen sezerniert u. bildet mit Hydrogencarbonationen Kohlensäure (H_2CO_3); das aus ihrem spontanen Zerfall resultierende CO_2 diffundiert in die Tubuluszelle u. wird wiederum, hier aber mittels einer Carboanhydrase *(CA)*, in Hydrogencarbonat überführt; H^+ wird nicht ausgeschieden. **2** Im Überschuß anfallendes H^+ wird in das Tubuluslumen sezerniert u. nach Bindung an HPO_4^{2-}-Ionen als monobasisches Phosphat ausgeschieden. **3** In das Tubuluslumen sezerniertes H^+ kann auch als solches ausgeschieden werden; aus 2 und 3 setzt sich die titrierfähige Säure im Endharn zusammen. **4** Eine erhöhte Ammoniakbildung (NH_3) in der Tubuluszelle fördert ebenfalls die H^+-Ausscheidung (bei ungenügend vorhandenem Hydrogencarbonat od. Phosphat) über die Bildung von NH_4^+-Ionen.

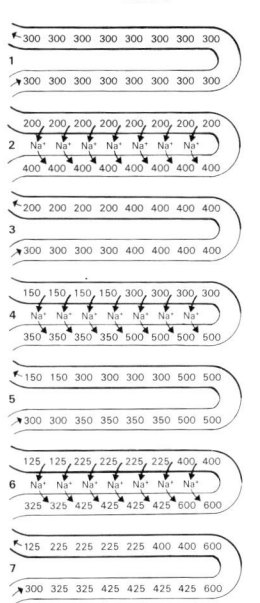

Niere

Gegenstrommultiplikation:

In den *Henleschen Schleifen* wird der Harn im *Gegenstrom* konzentriert (↗Gegenstromprinzip). Der kontinuierliche Konzentrationsvorgang ist in der Abb. in die beiden Teilvorgänge „Harnfluß" (**1, 3, 5, 7**) und „Konzentrierung" infolge des aktiven Natriumtransports aus dem wasserimpermeablen aufsteigenden Ast der Schleifen in das Interstitium und den absteigenden Ast (**2, 4, 6, 8**) aufgegliedert, wobei die Zahlen für osmotische Werte stehen.

Nierenbecken

buli erreicht – insbes. dann, wenn bei metabolischer Acidose keine Hydrogencarbonat- od. Phosphatpuffer im Tubuluslumen zur Verfügung stehen. NH_3 wird aus Glutamin gebildet (unter Abspaltung von α-Ketoglutarat), andere Aminosäuren können in diesen Weg eingespeist werden. NH_3 diffundiert ins Tubuluslumen u. fängt dort die H^+-Ionen ab, die somit als Ammoniumionen (NH_4^+) mit dem Harn ausgeschieden werden. Für die *Osmo-* u. *Volumenregulation* der N. sind wesentl. Hormone verantwortl., die einerseits die Tubuluspermeabilität (im distalen Tubulus u. Sammelrohr) verändern bzw. auf die Natriumrückresorption Einfluß nehmen (↗Adiuretin, ↗Aldosteron), andererseits vasoaktive (gefäßverengende) Substanzen (↗Renin-Angiotensin-Aldosteron-System), deren Ausschüttung (Renin) v. Chemorezeptoren in der Macula densa (Na^+-sensitiv) u. Druckrezeptoren in speziellen Zellen der afferenten Arteriolen des juxtaglomerulären Apparats gesteuert wird. ↗N.nentwicklung. B 173. K.-G. C.

Nierenbecken, *Pelvis renalis, Sinus renalis,* Teil der ↗Niere, in den der gebildete ↗Harn abfließt u. dann in seiner Zusammensetzung nicht mehr verändert wird.

Nierenentwicklung; die ↗Nieren der Wirbeltiere (u. des Menschen) entstehen aus dem intermediären Mesoderm zw. Ursegmenten (Somiten) u. Seitenplatten (B Embryonalentwicklung I). Es ist im Halsbereich segmental gegliedert (Somitenstiele, *Nephrotome*), bildet weiter hinten aber einen durchgehenden Strang *(nephrogener Strang).* Die Nierenanlage der Wirbeltiere differenziert die räuml. und zeitl. nacheinander aktiven *Nierengenerationen:* bei allen Wirbeltier-Embryonen übernimmt zuerst der vorderste Teil der Nierenanlage *(Nephrotom)* als *Vorniere (Pronephros)* Osmoregulation u. Ausscheidung der N_2-haltigen Exkretionsprodukte, funktio-

---

Nierenentwicklung

Schema der räuml. und zeitl. nacheinander aktiven Bereiche der Niere eines Amnioten. Oben die zuerst aktive, vorderste *Vorniere Vn (Pronephros)* mit offenen Coelomtrichtern; darunter die später aktive *Urniere Un (Mesonephros)* mit teils offenen Coelomtrichtern, teils echten Nierenkörperchen. Vorniere u. Urniere leiten über den primären Harnleiter ab; im männl. Geschlecht tritt der Hoden mit dem vordersten Teil der Urniere in Verbindung (↗Urogenitalsystem, ☐), die Spermien werden im adulten Tier über den primären Harnleiter (jetzt Samenleiter) ausgeleitet. Im hintersten Teil der Nierenanlage (in der Abb. unten) erhöht sich die Anzahl der ↗Nephrone; diese *Nachniere Nn (Metanephros)* bleibt als definitive Niere der adulten Amnioten erhalten u. leitet die Exkretionsprodukte über den sekundären Harnleiter (Ureter) ab.
ä. Gl. äußerer Glomerulus, Ao Aorta, Ed Enddarm, i. Gl. innerer Glomerulus, Kl Kloake, M. G. Müllerscher Gang, Nn Nachniere, pHl primärer Harnleiter (Wolffscher Gang, Urnierengang), sHl sekundärer Harnleiter, Tr Trichter der Vornieren- u. Urnierenkanälchen, Un Urniere, Vn Vorniere

---

Niere

Harnstoff unterliegt nicht generell einer passiven ↗Diffusion, sondern wird in Anpassung an unterschiedl. Lebensweisen vermehrt reabsorbiert od. sezerniert. Marine Elasmobranchier, bei denen Harnstoff eine wicht. Rolle für die ↗Osmoregulation spielt, besitzen aktive Transportmechanismen. Bei Wiederkäuern, deren Symbionten Harnstoff als Stickstoffquelle nutzen können, kann durch erhöhte Tubuluspermeabilität vermehrt Harnstoff ins Interstitium u. Blut zurückdiffundieren. Einige Amphibien können Harnstoff aktiv ins Tubuluslumen sezernieren.

Nieswurz
Christrose
(Helleborus niger)

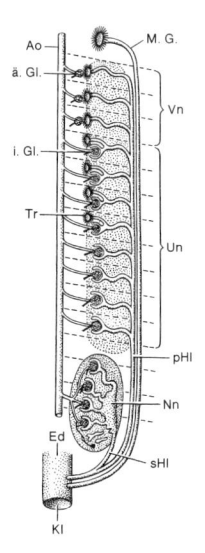

---

niert aber z. B. auch noch bei Amphibienlarven. Die sich caudal anschließenden Teile *(Opisthonephros)* bilden bei Anamniern (Fische, Amphibien) die bleibende Niere. Im männl. Geschlecht tritt bei Tetrapoden der vorderste Teil des Opisthonephros mit den Hoden in Verbindung, die (primären) Harnleiter fungieren deshalb als Harnsamenleiter (z. B. Amphibien). Bei den Amnioten differenziert sich der hinterste Teil des Opisthonephros zur definitiven Niere *(Nachniere, Metanephros)* u. erhält einen eigenen Ausführgang, den sekundären ↗Harnleiter (Ureter). Die Verbindung der Hoden mit dem exkretorisch funktionslos gewordenen vorderen Teil des Opisthonephros *(Urniere, Mesonephros)* bleibt als Nebenhoden erhalten; der urspr. primäre Harnleiter wird hier zum Samenleiter. ↗Urogenitalsystem.

Nierenfleck, *Thecla betulae,* ↗Zipfelfalter.

Nierenkörperchen, *Malpighi-Körperchen, Corpuscula renis,* Teil des ↗Nephrons der ↗Niere, bestehend aus dem ↗Glomerulus u. der ↗Bowmanschen Kapsel. ↗Exkretionsorgane (B). B Niere.

Nierenpfortader-Kreislauf, Abschnitt des ↗Blutkreislauf-Systems der Fische, Amphibien u. Sauropsiden, durch den neben der arteriellen Blutversorgung der Niere über ein zweites zuführendes venöses Gefäß, die *Nierenpfortader,* ein Teil des abdominalen Körperblutes durch die Niere zum Herzen zurückströmt.

Nierensamengewächse, die Familie ↗Cochlospermaceae.

Niesreflex, ein ↗Fremdreflex; das *Niesen* besteht in einer stoßartigen Ausatmung durch Nase u. Mund bei Reizung der sensiblen Nerven der Nase (Trigeminus), meist durch Staub; dient der Nasenreinigung.

Nieswurz, *Helleborus,* Gatt. der Hahnenfußgewächse mit ca. 25 Arten, von W-Asien bis Mittel- und S-Europa verbreitet; ausdauernde Kräuter mit im Umriß nierenförm., tief handförmig geteilten Grundblättern (B Blatt III); im Innern der 5 weißen, grünen od. roten Perigonblätter befinden sich 5–15 trichterförmige, gestielte kurze Honigblätter; die 3–8 Balgfrüchte sind bei unseren einheim. Arten verwachsen. Am bekanntesten ist die nach der ↗Roten Liste „gefährdete" Christrose od. Schneerose *(H. niger),* die als Gartenpflanze gehalten wird; diese wärmeliebende Art wächst wild auf steinigen, kalkhalt. Böden der kollinen bis subalpinen Stufe; sie ist nur 1–2blütig u. wintergrün. Die Stinkende N. *(H. foetidus)* hat hingegen verzweigte Blütenstände mit grünen glockigen Blüten; die oberen Stengelblätter sind ganzrandig; man findet sie vereinzelt in krautreichen Buchen- u. Eichenwäldern wintermilder Klimate. Die Grüne N. *(H. viridis)* mit stets gezähnten Stengelblättern ist nur sommergrün; sie wurde fr. ebenso wie *H. niger* als Heilpflanze verwendet (Inhaltsstoffe *Helle-*

nif-Operon
Ausschnitt aus dem nif-Operon v. *Klebsiella pneumoniae*. Die aufgeführten Gene codieren für die im Text beschriebenen Proteine (Kp I und II = Komponente I und II der Nitrogenase; UE 1 und 2 = Untereinheit 1 und 2). Außerdem ist der regulierende Einfluß der Glutaminsynthetase auf die Expression des n.-O.s angedeutet.

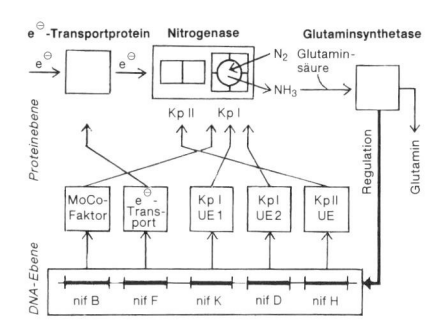

borin u. *Helleborein*, ein Herzglykosid; Niespulver aus dem Wurzelstock).

nif-Gene, Abk. von engl. *ni*trogene *f*ixing genes, Gene, die für Enzyme der ↗ Stickstoffixierung codieren. ↗ nif-Operon.

nif-Operon *s* [v. lat. operare = ins Werk setzen], Abschnitt auf dem Genom Stickstoff-fixierender Prokaryoten (z. B. ↗ Knöllchenbakterien, ↗ *Azotobacteraceae*, Cyanobakterien od. einige phototrophe Bakterien), der für die einzelnen Komponenten sowie regulator. Faktoren des ↗ *Nitrogenase*-Komplexes codiert und zusätzl. die Kontrollelemente für die Transkription der Gene umfaßt. Nach heutiger Kenntnis (1986) besteht das n.-O. aus 13 Genen in folgender Reihenfolge: nif Q, nif B, nif A, nif F, nif M, nif V, nif S, nif N, nif E, nif K, nif D, nif H und nif J. Die Gene nif K und nif D codieren für die α- bzw. β-Untereinheit der Komponente I *(Molybdoferredoxin)* der Nitrogenase. Weiterhin besteht die Komponente I aus einem Molybdän-Cofaktor, der durch das Gen nif B codiert wird. nif H stellt das Strukturgen für Komponente II *(Azoferredoxin;* aus 2 ident. Untereinheiten bestehend) der Nitrogenase dar. nif F ist für die Bildung eines Elektronentransportproteins verantwortl., das Elektronen auf Komponente II überträgt. nif A entspricht einem Gen, dessen Produkt bei der Regulation der Expression v. nif-Genen beteiligt ist. Im Ggs. zu anderen Operonen (↗ Arabinose-Operon, ↗ Galactose-Operon, ↗ Lactose-Operon) werden nicht sämtl. Gene des n.-O.s cotranskribiert (weshalb die Bez. Operon eigtl. falsch ist); es werden mono- u. polycistronische Messenger gebildet, die die Information für 1-3 Proteine enthalten. So werden z. B. nif K, nif D und nif H gemeinsam transkribiert. Über die Regulation der Expression des n.-O.s bei dem Bakterium ↗ *Klebsiella pneumoniae* ist bekannt, daß Glutaminsynthetase, das Enzym, das gebildetes NH_3 durch die Synthese v. Glutamin fixiert, in seiner aktiven Form als Aktivator wirkt; NH_3 reprimiert die Expression der Gene. ↗ Stickstoffixierung.

Nigella *w* [lat., =], der ↗ Schwarzkümmel.

Nigellastrum *s* [v. lat. nigellus = schwärzlich, astrum = Stern], Gatt. der ↗ Sertulariidae.

Nigrismus *m* [v. lat. niger = schwarz],

nif-Operon
Nicht bei allen Bakterien sind die für die Bildung u. Funktion der Nitrogenase notwend. Gene zu einem Operon zusammengefaßt (z. B. sind sie bei *Azotobacter vinelandii* über das Gesamtgenom verstreut).

spezielle Ausprägung des ↗ Melanismus bei Schmetterlingen (u. a. Insekten), bei der vorhandene dunkle Flecken u. Zeichnungen vergrößert sind. ↗ Abundismus.

Nigritella *w* [v. lat. niger = schwarz], das ↗ Kohlröschen.

Nilbarsch, *Lates niloticus,* ↗ Glasbarsche.

Nilgauantilope *w* [v. Hindi nīlgāw = blauer Stier], *Boselaphus tragocamelus,* zu den Waldböcken (U.-Familie *Tragelaphinae*) rechnende stattl. Antilope O-Pakistans u. Indiens; Kopfrumpflänge 180–210 cm, Schulterhöhe 120–150 cm; lebt in kleinen Rudeln in Buschland u. in Grassteppen mit einzelnen Busch- u. Waldstücken. B Antilopen.

Nilhechte, *Mormyriformes,* Ord. der Knochenfische mit 2 Fam., 14 Gatt. und ca. 150 Arten. Stark spezialisierte afr. Süßwasserfische, die nur in NW- und S-Afrika fehlen; mit meist seitl. abgeplattetem Körper, oft rüsselart. verlängerter Schnauze u. Kinnfortsatz als Tastorgan, kleiner Mundöffnung, kleinen Augen, physostomer Schwimmblase, schwachen, im Schwanzstiel liegenden ↗ elektr. Organen (↗ elektr. Fische), die zus. mit zahlr. besonderen Elektrorezeptoren in der Haut *(Mormyrasten, Mormyromasten)* der Orientierung im meist schlamm. Lebensraum dienen, u. mit riesigem Kleinhirn. N. sind bereits aus altägypt. Abb. bekannt. Hierzu die Fam. Groß-N. *(Gymnarchidae)* mit der einzigen aalförm., bis 1,6 m langen Art *Gymnarchus niloticus,* die sumpfige Gebiete des Tschad, Niger u. des oberen Nils bewohnt; sie hat eine saumart. Rückenflosse, fadenförm. Schwanzende, keine Schwanz-, After- u. Bauchflosse, kleine Schuppen u. eine stark verästelte, zur Luftatmung geeignete Schwimmblase. Zur Fam. Eigtl. N. *(Mormyridae)* gehören z. B. die zieml. großen, langschnauzigen Nasen-N. *(Mormyrus)* mit dem 60 cm langen Elefantenfisch od. Elefanten-N. *(M. proboscyrostris,* B Fische IX) aus dem oberen Kongo u. dem bis 80 cm langen Tapirrüsselfisch *(M. kannume)* aus dem Nilgebiet; die Langnasen-N. *(Campylomormyrus),* deren rüsselart. Schnauze oft halbe Körperlänge hat; die ca. 20 cm langen Kinnrüsselhechte *(Gnathonemus),* mit dem als Aquarienfisch bekannten Spitzbartfisch *(G. petersi),* haben einen fingerart. Kinnfortsatz; die artenreichen, hochrück. Papageien-N. *(Marcusenius)* mit papageischnabelart. Kopfform, die wie die ähnl. gestalteten Boxer-N. *(Petrocephalus)* in kleinen Schwärmen leben; und die langgestreckten Aal-N. *(Isichthys)* in westafr. Küstengebieten.

Nilotide [Mz.; v. gr. Neilōtis = vom Nil], menschl. Mischrasse zw. ↗ Europiden (↗ Orientaliden) u. ↗ Negriden (Haarform, Lippen, Hautfarbe) aus dem Gebiet des oberen Nil; schlankwüchsig u. groß.

Nilpferd, *Hippopotamus amphibius,* ↗ Flußpferde.

Nilssoniales

Nilssoniales [Mz.], von der oberen Trias bis in die Oberkreide verbreitete Ord. fossiler Nacktsamer (U.-Abt. ↗ *Cycadophytina*, Kl. *Cycadatae*); Blätter mit haplocheilen Stomata, ganzrandig (z. B. *Taeniopteris*-Typ) od. fiederteilig (z. B. *Nilssonia*-Typ), die ♂ und ♀ Blütenzapfen (Form-Gatt. *Androstrobus* bzw. *Beania*) ähnl. denen der ↗ *Cycadales*, aber wesentl. lockerer gebaut. Die größte Vielfalt erreichten die N. im Jura u. in der Unterkreide. B Cycadophytina.

Nimbaum, *Azadirachta indica,* Art der *Meliaceae* (urspr. Indien, heute S-Asien und S-Afrika); seit alters ein den Hindus heiliger Baum; Heilpflanze mit vielerlei Verwendung, z. B. wird aus den Samen ein Öl zur Behandlung v. Hautkrankheiten gewonnen. Heute bes. beachtet als Objekt der biol. Schädlingsbekämpfung: Extrakte des N.s mindern die Freßlust v. Insekten, beeinträchtigen die Häutung v. Insektenlarven (speziell der aus den Samen gewonnene Wirkstoff *Azadirachtin*) u. vermindern die Fertilität bei weibl. Insekten. Die insektizide Wirkung wird einem Gemisch aus Triterpenen zugeschrieben.

Nimmersatte, *Ibis,* Gatt. der Störche mit gekrümmtem Schnabel u. nacktem Gesicht; leben v. Fischen u. anderen Wassertieren, die überwiegend mit Hilfe des Tastsinns erbeutet werden. 3 Arten: der Afrika-Nimmersatt *(I. ibis)* besitzt gelben Schnabel u. rotes Gesicht, besiedelt Afrika u. Madagaskar; der relativ häufige Ind. Nimmersatt *(I. leucocephalus)* ist bunt gefärbt, der Malaien-Nimmersatt *(I. cinereus)* hingegen weitgehend weiß. Eine eigene Gatt. bildet der fast völlig weiße Amerika-Nimmersatt *(Mycteria americana).*

Nimravus *m,* (Cope 1879), v. manchen Autoren den † *Palaeofelidae* zugewiesene, löwengroße Säbelzahnkatzen, deren M₁ (M = Molar) kein Metaconid, aber noch ein schneidendes Talonid besitzt (↗ Trituberkulartheorie); M₂ ist weitgehend reduziert. Verbreitung: oberes Oligozän bis unteres Miozän von N-Amerika u. Europa.

Ninhydrin-Reaktion, wicht. Farbreaktion zum Nachweis v. ↗ Aminosäuren; in der mehrstuf. Reaktion werden die Aminogruppen der Aminosäuren als Ammoniak frei, das mit Ninhydrin (Triketohydrindenhydrat) zu einem blauen Farbstoff reagiert. Die Carboxylgruppe der Aminosäuren wird

M. W. Nirenberg

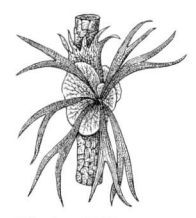

Nischenblätter
N. beim Elchfarn *(Platycerium alcicorne),* einem Vertreter der Geweihfarne

Nimmersatt *(Ibis)*

Nimravus
Schädel von *N.* mit „Säbelzähnen"

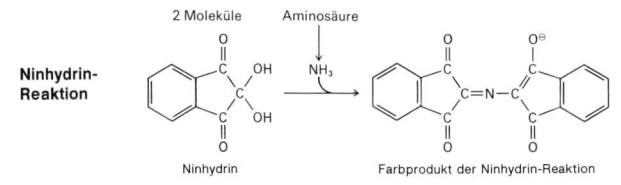

Ninhydrin-Reaktion

als CO_2 frei; das restl. Aminosäuregerüst bildet sich zum entspr. Aldehyd.

Nipa *w* [v. malaiisch nipah = eine ostind. Palme], ↗ Fiederpalme.

Niphargus *m* [v. gr. niphargēs = schneeweiß], der ↗ Brunnenkrebs.

Niptus *m* [Anagramm aus ptinus, v. gr. ptenos = befiedert], Gatt. der ↗ Diebskäfer.

Nirenberg [nairinberg], *Marshall Warren,* am. Biochemiker, * 10. 4. 1927 New York; seit 1957 am National Inst. of Health in Bethesda (Md.); führte 1961 zus. mit Matthaei mittels einer künstl. hergestellten messenger-RNA (Polyuridylsäure) die erste zellfreie Peptidsynthese (Polyphenylalanin) durch u. entdeckte 1964 (mit P. Leder) die ↗ Bindereaktion. Durch beide Reaktionen hat N. die Voraussetzung zur Entschlüsselung des genet. Codes geschaffen, an der er wesentl. mitbeteiligt war; erhielt 1968 zus. mit W. Holley und H. G. Khorana den Nobelpreis für Medizin.

Nische ↗ ökologische Nische, ↗ adaptive Radiation, ↗ Lebensformtypus.

Nischenblätter, Bez. für die herzförm., dem Substrat angeschmiegten Blätter der Geweihfarne *(Platycerium),* die neben den geweihartig verzweigten u. in den Luftraum ragenden Laubblättern gebildet werden (↗ Heterophyllie). Sie sterben schnell ab, bleiben aber durch ihren Gerbstoffgehalt lange erhalten. In großer Zahl gebildet, stellen ihre Zwischenräume Sammelstellen für Staub u. Wasser dar. Auch beherbergen letztere die Wurzeln dieser epiphyt. Arten.

Nischenbrüter ↗ Felsbrüter, ↗ Höhlenbrüter.

Nisin *s,* von bestimmten ↗ Milchsäurebakterien, z. B. *Streptococcus lactis,* gebildetes, aus den Komponenten A, B, C und D zusammengesetztes Polypeptidantibiotikum, das gg. grampositive Bakterien, bes. der Gatt. *Bacillus* u. *Clostridium,* wirkt. N. wird in der Lebensmittel-Ind. (v. a. Käserei u. Milchwirtschaft) verwendet; therapeutisch ohne Bedeutung.

Nissen [Mz.; v. ahd. hniz = Läuseei], in Fell u. Haare geklebte Eier der ↗ *Anoplura;* ↗ Kopflaus (☐).

Nissl-Färbung [ben. nach dem dt. Neurologen F. Nissl, 1860–1919], Methode zur Anfärbung v. a. von Nervenzellen mit bas. Anilinfarbstoffen (Methylenblau und Anilinöl). Namentlich saure ribosomenreiche (RNA) Plasmaareale, wie rauhes endoplasmat. Reticulum (Ergastoplasma), binden den Farbstoff stark u. treten als sog. Tigroid- od. *Nissl-Schollen* in Erscheinung.

Nissl-Schollen, *Nissl-Substanz, Tigroid-Schollen,* ↗ Nissl-Färbung.

Nisthilfen, künstl. Vorrichtungen, die ↗ Nest-Bau u. Eiablage v. Vögeln mögl. machen od. erleichtern; das Anbieten von N. ist ein Aufgabenfeld des klass. Vogelschutzes. N. werden dort eingesetzt, wo die natürl. Nestbaugrundlagen weitgehend verschwunden sind, der Lebensraum aber dennoch ausreichend Nahrungsmöglichkeiten bietet. *Nistkästen* aus Holz od. Holzbeton (witterungsbeständiger) ersetzen den Verlust an natürl. Baumhöhlen (↗Höhlenbrüter, ↗Nisthöhle) in durchforsteten Wirtschaftswäldern; auf diese Weise lassen sich Meisen, Kleiber, Baumläufer, Fliegenschnäpper, Rotschwänze, Eulen u. a. ansiedeln u. zur ↗biol. Schädlingsbekämpfung einsetzen. Andere N. sind Nistkörbe für Weißstorch u. Greifvögel, künstl. Schwalbennester, Kiesschüttungen für Flußregenpfeifer, schwimmende Inseln für Seeschwalben u. a.

Nisthöhle, weitgehend geschlossener Brutraum v. Vögeln in Bäumen (Baumhöhle), an Steilufern od. in Felswänden (↗Felsbrüter). Die Einflugöffnung wird meist so gewählt, daß Feinde u. Witterungseinflüsse ferngehalten werden. Eier v. ↗Höhlenbrütern (B Vogeleier I–II) erfordern keine bes. Schutzfärbung; sie sind häufig ganz weiß od. nur wenig pigmentiert (Spechte, Eulen, Hohltaube, Star, Meisen).
Nistkasten ↗Nisthilfen. [↗Nisthilfen.
Nitella w [v. lat. nitela = Glanz, Schimmer], Gatt. der ↗Characeae.
Nitidulidae [Mz.; v. lat. nitidus = glänzend], die ↗Glanzkäfer.
Nitophyllum s [v. lat. nitor = Glanz, gr. phyllon = Blatt], Gatt. der ↗Rhodomelaceae. [gewächse.
Nitraria w [v. *nitr-], Gatt. der ↗Jochblatt-
Nitratassimilation w, die ↗assimilatorische Nitratreduktion.
Nitratatmung, dissimilatorische Nitratreduktion, anaerober Energiestoffwechsel von fakultativ anaeroben Bakterien (Nitratatmer), in dem Nitrat (NO_3^-) anstelle v. Sauerstoff als Wasserstoffakzeptor dient („↗anaerobe Atmung"). Als Substrat werden meist organ. Verbindungen, oft auch molekularer Wasserstoff, seltener andere anorgan. Verbindungen oxidiert. Der Energie-(ATP-)Gewinn erfolgt durch eine oxidative Phosphorylierung an einer Elektronentransportkette (vgl. Abb.), die z.T. andere Bestandteile, z. B. andere Cytochrome od. membrangebundene Enzyme, als die aerobe Atmungskette (↗aerobe Atmung) enthält. Der wichtigste Typ der N. ist die ↗Denitrifikation, in der Nitrat bis zum molekularen Stickstoff (N_2) reduziert wird. Eine Reihe v. Bakterien, z. B. viele ↗Enterobacteriaceae, können Nitrat nur bis zum Nitrit (NO_2^-) reduzieren (Nitrat-Nitrit-Atmung); Nitrit wird ausgeschieden oder, in mehreren Stufen, weiter bis zum Ammonium (Nitratammonifikation) reduziert (z. B. v. Bacillus-Arten); diese Reduktionen sind aber nicht mehr mit einer ATP-Bildung verbunden.

Nitratbakterien, Nitrit oxidierende Bakterien, ↗nitrifizierende Bakterien.
Nitrate [Mz.], wasserlösl. Salze der Salpetersäure (HNO_3). N. werden mit Hilfe v. ↗nitrifizierenden Bakterien durch Umsetzen stickstoffhalt. Substanzen (u. a. Ammonium) im Boden gebildet u. kommen in Gewässern vor, wo sie die wichtigsten

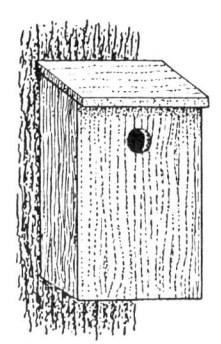

Nisthilfen
Nistkasten

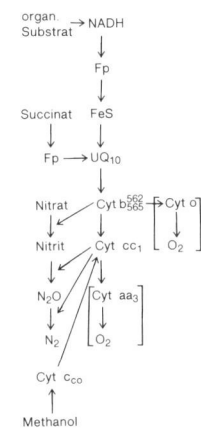

organ. Substrat → NADH
↓
Fp
↓
Succinat FeS
↓
Fp → UQ_{10}
↓
Nitrat → Cyt b_{565}^{562} → Cyt o
↓   ↓
Nitrit → Cyt cc_1 O_2
↓
N_2O Cyt aa$_3$
↓   ↓
N_2 O_2
↓
Cyt c_{co}
↓
Methanol

Nitratatmung
Komponenten der Atmungskette v. *Paracoccus denitrificans* mit den verschiedenen Wasserstoff-(Elektronen-)Endakzeptoren; Mechanismen des Energie-(ATP)Gewinns: ☐ Atmungskette. Cyt Cytochrom, FeS Schwefeleisenprotein, Fp Flavoprotein, UQ_{10} Ubichinon

nitr- [v. (urspr. ägypt. ntry) gr. nitron über lat. nitrum = Laugensalz, Soda, Natron], in Zss. meist: Stickstoff-.

Nitrate
Wegen der krebserregenden Wirkung der ↗Nitrosamine wurden von der WHO für *Nitrate*, aus denen mit *Nitrit* als Zwischenverbindung Nitrosamine entstehen können, bestimmte Grenzwerte empfohlen bzw. von den einzelnen Ländern zugelassen. Der Grenzwert für den zuläss. Gehalt an N.n im Trinkwasser beträgt in der EG 50 mg/l, von der WHO werden als Maximalwert 25 mg/l empfohlen (Stand 1986).

Stickstofflieferanten für photoautotrophe Pflanzen sind, die N. in wechselnder Menge aufnehmen. Allerdings gelangen bei starker Nitrat-↗Düngung mit dem ablaufenden Niederschlagswasser soviel N. in die Gewässer, daß es zu einer ↗Eutrophierung kommen kann. Bei übermäßigen Düngen gelangen N. auch ins Grund- u. Trinkwasser (↗Kläranlage) u. treten in verschiedenen ↗Gemüsen vermehrt auf. N. können leicht zu ↗Nitriten reduziert werden, die im Blut das Eisen des ↗Hämoglobins oxidieren, das dadurch Sauerstoff nicht mehr reversibel binden kann (↗Methämoglobin). Hohe Nitrit-Konzentrationen führen daher bei Säuglingen u. U. zu Atemnot u. der lebensgefährl. Blausucht. Durch Verbindung v. Nitriten mit (z. B. in Käse, Fisch u. Fleisch vorkommenden) sekundären ↗Aminen entstehen z. B. im Magen die cancerogenen ↗Nitrosamine.
Nitratpflanzen, Nitratzeiger, Pflanzen überdurchschnittl. nitrathaltiger Böden; urspr. beheimatet in Überschwemmungsauen, Spülsäumen usw.; heute im Gefolge des Menschen als Ackerunkräuter od. Ruderalarten oft weit verbreitet. Im Ggs. zur ↗Ammonifikation tritt ↗Nitrifikation v. a. in neutralen bis basischen Böden auf; deshalb sind ausgesprochene N. auf sauren Böden zieml. selten. Viele N. speichern bei entspr. Stickstoffangebot hohe Mengen an ↗Nitraten, was bei einigen Kulturpflanzen (Spinat, Rote Beete) im Falle starker Überdüngung nicht unbedenkl. ist (↗Gemüse).
Nitrat-Reductase, ein in grünen Pflanzen u. vielen Mikroorganismen vorkommendes Enzym, das die Reduktion v. Nitrat (NO_3^-) zu Nitrit (NO_2^-), den ersten Schritt der ↗assimilator. Nitratreduktion (☐) bzw. der ↗Denitrifikation (☐) u. a. anaeroben ↗Nitratatmungen, katalysiert. N.-R. enthält Molybdän u. überträgt Wasserstoff bzw. Elektronen in Pflanzen v. NADPH über FAD u. Molybdän auf NO_3^--Ionen.
Nitratreduktion w, ↗assimilatorische N., ↗Denitrifikation, ↗Nitratatmung.
Nitrifikation w [Ztw. nitrifizieren; v. *nitr-, lat. -ficatio = -machung], *Nitrifizierung,* biol. Ammonium- u. Nitritoxidation zu Nitrat. 1) (*autotrophe*) *N.:* chemolithotropher Energiestoffwechsel durch ↗nitrifizierende Bakterien. 2) *heterotrophe N.:* Oxidation v. reduzierten Stickstoffverbindungen zu Nitrit bzw. Nitrat durch heterotrophe Mi-

Nitrifikationsinhibitoren

kroorganismen (einige Bakterien u. Pilze); dabei wird keine Energie gewonnen; vermutl. ist die N. eine Nebenreaktion (Co-Oxidation) im Stoffwechsel; die Umsatzrate ist viel geringer als die der autotrophen N.; möglicherweise in sauren Böden v. etwas größerer Bedeutung.

Nitrifikationsinhibitoren [Mz.; v. *nitr-, lat. -ficatio = -machung, inhibere = hemmen] ↗ nitrifizierende Bakterien.

nitrifizierende Bakterien, *Nitrifizierer, Nitrifikanten, Salpeterbakterien,* gramnegative, aerobe, begeißelte od. unbegeißelte, chemolithotrophe (↗ Chemolithotrophie) Bakterien (Fam. *Nitrobacteraceae*), die im Energiestoffwechsel ↗ Ammonium (NH_4^+, ↗ Ammoniak) zu ↗ Nitrit (NO_2^-) u. weiter zu ↗ Nitrat (NO_3^-) bzw. Salpetersäure (HNO_3) oxidieren. Sie gehören zu den wichtigsten Organismen im ↗ *Stickstoffkreislauf* ([B]) der Natur, da sie das bei der ↗ Mineralisation organ. Stoffe anfallende NH_4^+ in das leicht lösliche NO_3^- umwandeln. Sie sind überall im Boden (↗ Bodenorganismen) sowie in Süß- u. Meerwasser anzutreffen, wo NH_4^+ (bzw. NO_2^-) zur Verfügung steht und Sauerstoff (O_2) vorhanden ist. Ein gutes Wachstum ist nur bei neutralen od. alkalischen pH-Werten möglich; sie können aber auch aus sauren Böden (pH 4) isoliert werden. Die höchsten Bakterienkonzentrationen finden sich in den oberen Bodenschichten (ca. 10 cm), in Flüssen u. Tropfkörpern sowie Belebungsbecken v. ↗ Kläranlagen; in marinen Gewässern werden sie in den oberen 200 m oder an der Sediment-Wasser-Grenzschicht gefunden. – Die n.n B. werden nach ihrem Stoffwechsel in 2 physiolog. Gruppen unterteilt: 1) Die *Ammoniumoxidierer,* deren Gatt.-Namen mit *Nitroso-* beginnen, oxidieren NH_4^+ bis zu NO_2^- (z. B. *Nitrosomonas europaea*). 2) Die *Nitritoxidierer,* deren Gatt.-Namen mit *Nitro-* beginnen, wandeln NO_2^- weiter zu NO_3^- um (z. B. *Nitrobacter winogradskyi*). Es ist kein Bakterium bekannt, das chemolithotroph NH_4^+ direkt bis zum NO_3^- umsetzen kann. Die Oxidation dieser reduzierten, anorgan. Stickstoffverbindungen ist mit einem Energie-(ATP-)Gewinn an einer (verkürzten) ↗ Atmungskette verbunden. Viele Formen besitzen ein ausgeprägtes inneres Membransystem, das die Komponenten der Atmungskette enthält. Die n.n B. sind C-autotroph (↗ Autotrophie, [T] Ernährung) u. assimilieren Kohlendioxid (CO_2) im ↗ Calvin-Zyklus (wie grüne Pflanzen). Zur Umwandlung von CO_2 zu Zellsubstanz sind neben ATP noch Reduktionsäquivalente (NADH) notwendig. Da der Wasserstoff (bzw. Elektronen) zur Reduktion nicht direkt vom NH_4^+ (NH_2OH) bzw. NO_2^- auf NAD^+ übertragen werden können (zu große Unterschiede im Redoxpotential), gewinnen die Zellen NADH wahrscheinlich in einem rückläufigen Elektronentransport an einer Atmungskette (vgl. Abb.), die durch ATP (aus der Oxidation) angetrieben wird. Der geringe Energiegewinn u. der hohe Energieverbrauch zur NADH-Bildung sind Ursache für das langsame Wachstum der n.n B. (Generationszeit: 7–14 Stunden, ↗ mikrobielles Wachstum), obwohl der Substratumsatz sehr hoch ist. Die meisten n.n B. sind obligat chemolithoautotroph (obligat autotroph) u. können keine organ. Substanzen als Energiequelle nutzen; z.T. werden aber organ. Substanzen in Zellbestandteile (neben CO_2) eingebaut (mixotroph, ↗ Mixotrophie). Einige Arten (z. B. *Nitrobacter*) sind fakultativ chemolithoautotroph; sie verwerten wenige organ. Substrate (z. B. Acetat, Pyruvat, Formiat) als Kohlenstoff- u. Energiequelle. – Früher wurde in der Landw. angenommen, daß n. B. die ↗ Bodenfruchtbarkeit fördern, da durch die Salpetersäurebildung der Boden angesäuert u. damit die Löslichkeit der Mineralien (z. B. K^+, Mg^{2+}, PO_4^{3-}) gesteigert wird. Heute versucht man – sogar unter Einsatz v. *Nitrifikationsinhibitoren* (z. B. „N-serve" = 2-Chlor-6-trichlormethyl-pyridin) – die n.n B. zu hemmen, um die Nitratbildung im Boden zu verhindern, da Nitrat leichter ausgewaschen wird als Ammonium. N. B. sind auch an der Zerstörung v. Bauten (Denkmälern) aus Kalkstein od. Zement (Beton) beteiligt, da sie an ihrer Oberfläche Ammoniak aus der Luft od. tier. Exkrementen zu Salpetersäure oxidieren. In Kläranlagen wird die ↗ Nitrifikation möglichst gefördert, da dann durch eine anschließende ↗ Denitrifika-

nitrifizierende Bakterien

Wichtige n. B.:

Ammoniumoxidierer

Nitrosomonas europaea
(Stäbchen, $0{,}8–1{,}0 \times 1{,}0–2{,}0$ μm)

Nitrosovibrio tenuis
(gekrümmte Stäbchen, $0{,}3–0{,}4 \times 1{,}1–3{,}0$ μm)

Nitrosococcus oceanus
(Kokkus, $\varnothing$ 1,8–2,2 μm)

Nitrosospira briensis
(Spirillum, $\varnothing$ 0,3–0,4 μm)

Nitrosolobus multiformis
(unregelmäßig rundlich, $\varnothing$ 1,0–1,5 μm)

Nitritoxidierer

Nitrobacter winogradskyi
(Stäbchen, $0{,}6–0{,}8 \times 1{,}0–2{,}0$ μm)

Nitrococcus mobilis
(Kokkus, $\varnothing$ 1,5–1,8 μm)

Nitrospira gracilis
(Stäbchen, $0{,}3–0{,}4 \times 2{,}6–6{,}5$ μm)

---

nitrifizierende Bakterien

Verkürzte *Atmungskette* **1** von Ammoniumoxidierern (*Nitrosomonas,* Oxidation v. Hydroxylamin) und **2** v. Nitritoxidierern (*Nitrobacter,* Oxidation v. Nitrit):

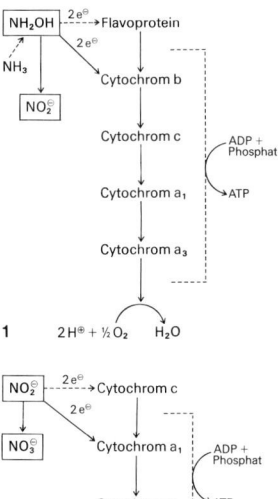

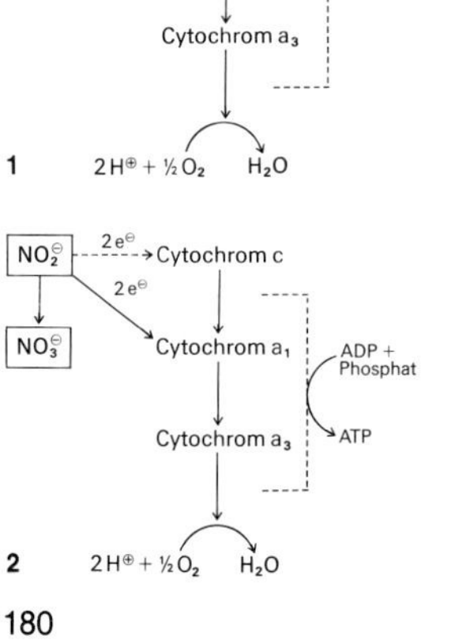

1 Die Oxidation v. Ammonium zu Nitrit durch die *Ammoniumoxidierer* erfolgt in 2 Stufen: Ammonium wird erst zu Hydroxylamin (NH_2OH) umgesetzt; diese Reaktion ist leicht endergonisch (energieverbrauchend) u. kann daher keinen ATP-Gewinn ergeben. In der 2. Reaktionsfolge, bei der Oxidation v. Hydroxylamin zu Nitrit, gewinnen die Zellen Energie. Die ATP-Bildung erfolgt an einer Atmungskette; doch können die Elektronen wahrscheinl. erst auf der Stufe der Cytochrome (möglicherweise auch über Flavoprotein) in die Atmungskette eintreten, weil das Redoxpotential von NH_2OH/NO_2^- ($+0{,}07$ V) positiver ist als von $NAD^+/NADH$ ($-0{,}32$ V). Der Energiegewinn ist dementsprechend geringer als bei der Oxidation von NADH.

2 Die *Nitritoxidierer* nutzen nur einen sehr kleinen Teil der Atmungskette aus, da das Redoxpotential von NO_2^-/NO_3^- bei $+0{,}4$ V liegt. Die Elektronen können daher erst auf der Stufe des Cytochroms a_1 (möglicherweise auch schon am Cytochrom c) von der Atmungskette aufgenommen werden. Dementsprechend wird bei der Oxidation von NO_2^- zu NO_3^- nur 1 ATP gewonnen.

nitrifizierende Bakterien
Rückläufiger Elektronentransport zur NADH-Bildung in Nitrobacter

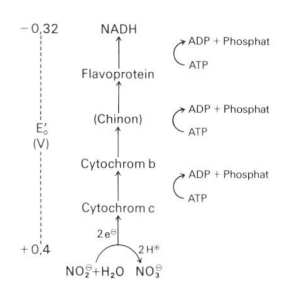

Bei *Nitrobacter* werden die Elektronen vom Nitrit auf Cytochrome übertragen. Der größte Teil der Elektronen wird zum ATP-Gewinn die Atmungskette abwärts zu O_2 geleitet; ein geringerer Teil der Elektronen wird stufenweise die Atmungskette aufwärts bis auf NAD^+ emporgehoben – unter Verbrauch von ATP, das im unteren Abschnitt der Atmungskette gewonnen wurde. Es ist noch unbekannt, ob die Elektronen, abhängig vom NADH- und ATP-Gehalt der Zellen, abwechselnd an einer Atmungskette zum O_2 oder NAD^+ geleitet werden oder ob verschiedene Ketten entspr. dem Bedarf an Energie und Reduktionskraft in Funktion sind.

tions-Stufe der Stickstoff als molekularer Stickstoff (N_2) aus dem Abwasser beseitigt werden kann. – Bemerkenswert ist, daß die n.n B. sowohl verwandtschaftl. Beziehungen zu methanoxidierenden als auch zu phototrophen Purpurbakterien zeigen. G. S.

Nitrile [Mz.; v. *nitr-], chem. Verbindungen, die die funktionelle Gruppe $-C\equiv N$ (Nitrilgruppe, gleichbedeutend mit Cyangruppe) enthalten, wie z. B. die cyanogenen Glykoside (↗Amygdalin).

Nitritbakterien, *Ammoniumoxidierer,* ↗nitrifizierende Bakterien.

Nitrite [Mz.], die Salze der salpetrigen Säure (HNO_2). N. sind Zwischenstufen bei der ↗assimilatorischen Nitratreduktion u. bei der ↗Denitrifikation (↗Nitratatmung, ↗Nitrat-Reductase); die bei diesen Prozessen erfolgende Reduktion von N.n, bei der in mehreren Stufen Reduktionsäquivalente (z. B. bei Pflanzen) v. reduziertem Ferredoxin über $NADP^+$ und FAD^+ auf NO_2^--Ionen übertragen werden, wird durch *Nitrit-Reductasen* katalysiert. N. reagieren mit primären Aminen zu Diazoniumverbindungen, die unter Freisetzung v. molekularem Stickstoff leicht zerfallen u. so letztlich zur ↗Desaminierung führen:

$R-NH_2 + HNO_2 \rightarrow R-N\equiv N-OH \rightarrow R-OH + N\equiv N$
primäres Amin   ↘ H_2O Desaminierungsprodukt

Diese Reaktionsfolge führt z. B. bei RNA zur Umwandlung $C \rightarrow U$ und ist daher, zus. mit anderen Desaminierungsreaktionen u. durch analoge Reaktionen an DNA, Ursache für die mutagene Wirkung von N.n bzw. von salpetriger Säure (↗Basenaustauschmutationen, ☐). Mit sekundären Aminen reagieren N. (bzw. salpetrige Säure) zu den cancerogenen ↗Nitrosaminen:

$R_1-NH-R_2 + HNO_2 \rightarrow R_1-\overset{N=O}{N}-R_2 + H_2O$
sekundäres Amin   N-Nitrosamin

Nitritmutanten [Mz.; v. *nitr-, lat. *mutans* = verändernd], durch Behandlung mit ↗Nitrit entstandene Mutanten. ↗Basenaustauschmutationen (☐).

nitrifizierende Bakterien
Energiestoffwechsel:
Nitrosomonas europaea
$NH_4^+ + \tfrac{1}{2} O_2 \rightarrow NH_2OH + H^+$
$NH_2OH + O_2 \rightarrow NO_2^- + H_2O + H^+$ + Energie

Nitrobacter winogradskyi
$NO_2^- + \tfrac{1}{2} O_2 \rightarrow NO_3^-$ + Energie

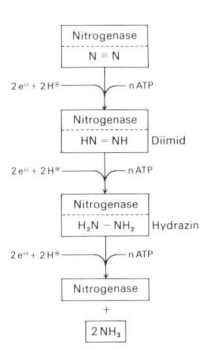

Nitrogenase
Reduktion von Stickstoff (N_2) zu Ammoniak (NH_3) durch Nitrogenase

Nitrogenase $N\equiv N$
$\downarrow 2e^- + 2H^+ \quad \sim n\,ATP$
Nitrogenase $HN=NH$ Diimid
$\downarrow 2e^- + 2H^+ \quad \sim n\,ATP$
Nitrogenase H_2N-NH_2 Hydrazin
$\downarrow 2e^- + 2H^+ \quad \sim n\,ATP$
Nitrogenase
$+$
$2 NH_3$

nitr- [v. (urspr. ägypt. ntry) gr. nitron über lat. nitrum = Laugensalz, Soda, Natron], in Zss. meist: Stickstoff-.

Nitritoxidierer ↗nitrifizierende Bakterien.

Nitrobacteraceae [Mz.; v. *nitr-, gr. baktron = Stab], Fam. der gramnegativen, chemolithotrophen Bakterien mit den ↗nitrifizierenden Bakterien.

Nitrogenase w, der die Umwandlung v. molekularem Stickstoff (N_2) zu Ammoniak (NH_3), d. h. die ↗Stickstoff-Fixierung, katalysierende Multienzymkomplex. Die durch N. katalysierte Reaktion erfordert 6 Reduktionsäquivalente (v. reduziertem Ferredoxin stammend) u. Energie in Form von ATP.

$N\equiv N \rightarrow 2\,NH_3$
$H-C\equiv N \rightarrow CH_4 + NH_3$
(u. wenig H_3C-NH_2)

$H_3C-N^\oplus\equiv Cl^\ominus \rightarrow H_3C-NH_2 + CH_4$
(u. wenig $C_2H_4 + C_2H_6$)

Verbindungen, deren Reduktion von N. katalysiert wird:
$N\equiv N^\oplus \overline{O}|^\ominus \rightarrow N\equiv N + H_2O$
$H-\overline{N}^\ominus-N^\oplus\equiv N \rightarrow NH_3 + N\equiv N$
$H-C\equiv C-H \rightarrow \overset{H}{\underset{H}{>}}C=C\overset{H}{\underset{H}{<}}$
$2H^\oplus \rightarrow H_2$

Zwischenstufen sind wahrscheinl. das Diimid u. Hydrazin, die jedoch beide nicht faßbar sind. N. besteht aus 2 Proteinen, wovon das eine Molybdän, Eisen u. Schwefel (sog. Molybdän-Eisen-Schwefel-Protein, Abk. Mo-Fe-Protein, auch *Molybdoferredoxin* gen.), das andere nur Eisen (sog. Eisen-Protein, Abk. Fe-Protein, auch *Azoferredoxin* gen.) enthält. Der aktive N.-Komplex besteht aus 1 Mo-Fe-Protein und 2 Fe-Proteinen. Die Bildung von N. ist auf Gen-Ebene (↗*nif-Operon*) reguliert. N. kann neben N_2 eine Reihe anderer Substrate mit Mehrfachbindungen umsetzen. Die Reduktion von Acetylen ($HC\equiv CH$) zu Äthylen ($H_2C=CH_2$) ist die wichtigste Methode zur Messung von N.-Aktivität. N. ist sehr empfindl. gegenüber molekularem Sauerstoff (O_2), weshalb bei N_2-fixierenden Organismen bes. Mechanismen od. Kompartimente ausgebildet sind, die das Enzymsystem vor zu hohem Sauerstoffpartialdruck schützen. ↗Heterocysten (☐), ↗Knöllchenbakterien (☐).

Nitrogenium s, der ↗Stickstoff.

nitrophil [v. gr. philos = Freund], *stickstoffliebend,* Bez. für Organismen, die stickstoffreiches Substrat bevorzugen od. obligat darauf angewiesen sind; Ggs. *nitrophob.* Die Endungen „-phil" bzw. „-phob" kennzeichnen den physiolog. Präferenzbereich, für das synökolog. Verhalten wird dagegen das Suffix „-phytisch" verwendet (↗Nitrophyten). Viele pflanzl. Organismen vermögen Stickstoff sowohl in anion. (NO_3^-) als auch in kation. Form (NH_4^+) aufzunehmen; einige können jedoch wegen ihrer überwiegenden oder ausschl. Bevorzugung einer der beiden Ionenarten als Ammonium- oder Nitratzeiger bezeichnet werden.

Nitrophoska s, Gruppe v. Volldüngern (↗Dünger) mit den Bestandteilen Stickstoff (Nitrogenium), Phosphor u. Kalium (Name!).

Nitrophosphate, unspezif. Bez. für NP- u. NPK-Düngemittel (↗Dünger).

Nitrophyten [Mz.; v. gr. phyton = Pflanze], Bez. für Pflanzen auf überdurchschnittl. stickstoffhaltigen Böden. Die Endung „-phytisch" kennzeichnet das Verhalten unter Konkurrenzbedingungen, nicht das physiolog. Optimum. Nicht jede nitrophytische Pflanze ist auch ↗nitrophil. Beispiele für N. sind Brennessel, die meisten Arten der ↗Lägerflur, viele ↗Ruderalpflanzen, Bärenklau, Wiesenkerbel u. a. ⊤ Bodenzeiger.

Nitrosamine [Mz.], aus sekundären ↗Aminen u. ↗Nitriten entstehende Verbindungen (funktionelle Gruppe ↗Nitrite, ☐). N. gehören zur Klasse der krebsauslösenden Stoffe (Carcinogene). Nitrit wird bei der Konservierung und Farberhaltung von Lebensmitteln (Fleisch, Wurst) verwendet und kann auch durch Denitrifikation in (nitratgedüngtem) Gemüse auftreten, wenn dieses so aufbewahrt wird, daß der Luftzutritt begrenzt ist (z. B. in Plastiktüten). Sekundäre Aminogruppen können andererseits in Naturstoffen (z. B. Prolin, Sarkosin) u. ihren Abbauprodukten (z. B. Dimethylamin) enthalten sein, was die Bildung von N.n begünstigt. In Tierversuchen wurden für einfache N. (z. B. N-Nitrosodimethylamin) Grenzkonzentrationen, die keine carcinogene Wirkung mehr zeigen, im Bereich von 1–5 ↗ppm gemessen. Die in Nahrung u. Getränken enthaltenen Mengen liegen jedoch erhebl. darunter in Bereichen bis zu 10 ppb, weshalb sie für eine krebsauslösende Wirkung wahrscheinl. zu gering sind (vgl. Spaltentext).

Nitrosobakterien, *Ammoniumoxidierer,* ↗nitrifizierende Bakterien.

Nitrosomonas w, Gatt. der ↗nitrifizierenden Bakterien.

Nitzschiaceae [Mz.; ben. nach dem dt. Naturforscher C. L. Nitzsch, 1782–1837], Fam. der ↗Pennales (↗Kieselalgen), U.-Ord. *Biraphidineae;* Valvae mit echten Raphen, Raphen gg. Rand verschoben. *Nitzschia,* ca. 600 Arten im Süß- u. Meerwasser, Zellen allg. linear-lanzettl., Querschnitt rhombisch; leben in verschiedenen Biotopen. *Hantzschia,* ca. 10, meist Süßwasserarten, Valvae ungleichseit. gebogen; *H. amphioxys* häufig. *Bacillaria,* 4 Arten im Brach- u. Salzwasser; Zellen stabförmig, bilden tafelart. Kolonien.

nival [v. lat. nivalis = Schnee-], a) *n.e Stufe, n.e Zone,* ↗Höhengliederung; b) *n.es Klima,* ↗humid, ☐ Klima.

Nixenkrautartige, die ↗Najadales.

Nixenkrautgewächse, die ↗Najadaceae.

Nixenschnecken, *Neritoidea,* Überfam. der Altschnecken mit der gleichnam. Fam. *Neritidae;* kugel- bis napfförm. Gehäuse (im allg. unter 3 cm), dickwandig, meist abgeflachtes Gewinde; letzter Umgang sehr groß; die verdickte Spindelwand verengt die Mündung; Deckel mit Fortsatz (Mus-

nitr- [v. (urspr. ägypt. n̩try) gr. nitron über lat. nitrum = Laugensalz, Soda, Natron], in Zss. meist: Stickstoff-.

Nitrosamine

Es ist noch nicht mit letzter Sicherheit auszuschließen, daß N. durch Zusammenwirken mit bestimmten anderen Stoffen (Co-Carcinogene) auch bei geringeren Konzentrationen krebsauslösend wirken. In speziellen Bieren (z. B. Rauchbier) wurden N.-Konzentrationen bis zu 68 ppb gemessen, weshalb Bier 1979 vorübergehend „ins Gerede kam". Die im Bier enthaltenen N. entstehen beim Erhitzen (sog. Darren) des Malzes (↗Bier). Obwohl auch die urspr. höheren N.-Konzentrationen noch weit unterhalb der schädl. Grenzkonzentration waren, wurde inzwischen der Herstellungsprozeß sicherheitshalber so geändert, daß durch eine geringere Temp. beim Darren niedrigere N.-Werte erzielt werden.

Nixenschnecken

Familien u. wichtige Gattungen:

Helicinidae
 (↗*Helicina*)
Hydrocenidae
Neritidae
 ↗*Nerita*
 ↗*Neritina*
 ↗*Neritodryas*
 Theodoxus
 (↗Flußnixenschnecken)
Neritopsidae
Phenacolepadidae
Titiscaniidae
 (↗*Titiscania*)

kelansatz); tiefe Mantelhöhle mit linker, zweiseit. gefiederter, sekundärer Kieme u. einer rechten Hypobranchialdrüse; 2 Herzvorhöfe; nur linke Niere, diese jedoch unterteilt; getrenntgeschlechtl., ♂♂ bilden Spermatophoren; kopfständiger Penis rechts; Eier werden in Kapseln eingeschlossen, die manchmal an das eigene Gehäuse geklebt werden; Entwicklung über Veliger, die bei Süßwasserarten in der Kapsel bleiben; herbivore Fächerzüngler im Küstenbereich; knapp 200 Arten.

Njarasamensch, *Eyasimensch,* zahlr. Schädelfragmente des frühen anatomisch modernen *Homo sapiens,* 1935 u. 1938 in jungpleistozänen Schichten am Ufer des Njarasasees – jetzt Eyasisee gen. – in O-Afrika (heute Tansania) entdeckt. Eyasi 1 ist der Holotypus des *Palaeoanthropus njarasensis* Reck u. Kohl-Larsen 1936 (= *Africanthropus* Weinert 1939).

n-Lösung, Abk. für ↗Normallösung.

NMN, Abk. für ↗Nicotinamidmononucleotid.

Nocardiaceae [Mz.], Fam. der ↗„Actinomyceten u. verwandte Organismen"; aerobe Actinomyceten, meist mit rudimentärem Mycel, z. T. mit Luftmycel; Hauptgatt.: *Nocardia* (↗Nocardien) u. *Rhodococcus.*

Nocardien [Mz.; ben. nach dem frz. Veterinärmediziner E. Nocard, 1850–1903], *Nocardia,* Gatt. der ↗„Actinomyceten u. verwandte Organismen" (Fam. *Nocardiaceae);* N. bilden primär ein Mycel (meist ru-

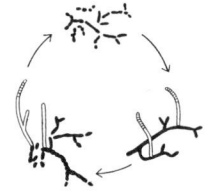

Nocardien

Nocardia-Mycel u. Einzelzellen; helle Hyphen = Luftmycel, dunkle Hyphen = Substratmycel

dimentär), das in älteren Kolonien in stäbchen- oder kokkenförm. Zellen zerfällt (deswegen auch als *Proactinomyceten* bezeichnet). Normalerweise bildet sich ein Luftmycel ($\varnothing$ 0,5–1 μm) aus, das sich zu Arthrosporen entwickeln kann. Die Zellen sind grampositiv, säurefest od. teilweise säurefest (↗Ziehl-Neelsen-Färbung) u. enthalten charakterist. Mykolsäuren; der Stoffwechsel ist aerob; verschiedene Formen können Wasserstoff, niedere od. längerkettige Fettsäuren sowie komplexe organ. Stoffe (z. B. Kautschuk) verwerten. Unter den N. gibt es bedeutende (v. a. opportunistische) Krankheitserreger im Menschen (*Nocardiosen, Actinomycetome,* vgl. Tab.). Wichtigste Eintrittspforten der pathogenen Formen sind der Atmungstrakt u. Wunden. N. sind auch für viele Krankheiten bei Tieren verantwortl. (z. B. bei Rindern, Hunden). Im Erdboden können bis zu $7,3 \cdot 10^4$ Zellen pro g Trockengewicht gefunden werden; sie leben auch in Gemeinschaft mit blutsaugenden Arthropoden, auf dem Schaum v. Belebungsbekken in Kläranlagen u. in natürl. Gewässern. Wegen der säurefesten Anfärbung u. der molekularen Ähnlichkeit (S_{AB}-Wert, ↗ Ähnlichkeitskoeffizient) werden N., ↗ Mykobakterien, ↗ *Corynebacterium* u. ↗ *Rhodococcus* zus. als *Nocardiaforme* bezeichnet.

Noctiluca *w* [lat., = Nachtleuchte], Gatt. der ↗ *Gymnodiniales* mit der Art *N. miliaris* (= *N. scintillans);* marine, bis 2 mm große, kosmopolit. Geißeltierchen, die den größten Teil des ↗ Meeresleuchtens hervorrufen. *N.* lebt, oft in ungeheuren Mengen, dicht unter der Wasseroberfläche. Der Körper besteht aus einer Gallertkugel, die v. Plasmafäden durchzogen wird. Die Vermehrung erfolgt meist durch zweigeißelige Zoosporen. An einem klebrigen Tentakel bleiben Beutetiere hängen u. werden verschlungen.

Noctuidae [Mz.; v. lat. noctua = Nachteule], die ↗ Eulenfalter.

Nodaviren, *Nodaviridae, Nodamura-Virusgruppe* [ben. nach Nodamura = Ort in Japan, an dem der typ. Vertreter dieser Virusgruppe isoliert wurde], Insektenviren (↗ Arthropodenviren) mit ikosaederartigen Virionen (⌀ 29 nm) u. einem zweiteiligen RNA-Genom (einzelsträngig, relative Molekülmasse $1{,}15 \cdot 10^6$ und $0{,}46 \cdot 10^6$, entspr. ca. 3800 und 1500 Nucleotiden). Beide RNA-Moleküle werden zur Infektion benötigt. Die Vermehrung der N. erfolgt im Cytoplasma der Zellen.

Nodium *s* [v. lat. nodus = Knoten], der Blatt-↗ Knoten; ↗ Internodium.

Nodosaria *w* [v. lat. nodosus = knotig], Gatt. der ↗ Foraminifera (☐).

Nodularia *w* [v. lat. nodulus = Knötchen], Gatt. der *Nostocaceae* (bzw. Gatt. der Sektion IV der ↗ Cyanobakterien, T); die kurz-scheibenförm. Zellen dieser Cyanobakterien sind zu Fäden mit zerfließender Scheide vereinigt; es werden ↗ Heterocysten ausgebildet; in den Zellen treten ↗ Gasvakuolen auf. *N. spumigena* bildet große schaumige Massen in Teichen u. Brackwasser (Ostsee).

Nodus *m* [Mz. *Nodi;* lat., = Knoten], **1)** Anatomie: Bez. für knotenförm. Gebilde im Organismus, z. B. *Nodi lymphatici*, die ↗ Lymphknoten. **2)** Bot.: der Blatt-↗ Knoten *(Nodium);* ↗ Internodium.

Noguchi [-tschi], *Hideyo,* jap. Bakteriologe, * 24. 11. 1876 Fukuschima, † 21. 5. 1928 Accra (Ghana); seit 1904 Prof. in New York; Arbeiten über Tropenkrankheiten u. Kinderlähmung; wies 1913 den Erreger der Syphilis im Gehirn bei Paralyse u. im Rückenmark bei Tabes dorsalis nach.

Nolella *w* [v. lat. nola = Glöckchen], Gatt. der Moostierchen, mit einigen marinen, nahezu kosmopolit. Arten. Die Kolonien von *N. alta* besitzen mit fast 5 mm großen Einzeltieren (Zoiden) die größten aller Moostierchen.

Nolinae [Mz.], U.-Fam. der ↗ Bärenspinner.

Nocardien
Einige Erreger u. Krankheiten:
Nocardiosen:
Nocardia asteroides (viele Biovarietäten)
N. brasiliensis (Lungenabszeß, Bronchopneumonie, Hirnabszeß, Abszeß verschiedener innerer Organe [z. B. Nieren], Meningitis, Sepsis, Schleimhautinfektion, Augeninfektion)

Actinomycetome:
N. brasiliensis
(*N. asteroides, N. otitidis-caviarum*) (chronische, tumorart. Prozesse mit Knochenbeteiligung, Madura-Fuß, Drüsenbildung)

Einige antibiotikabildende Arten:
N. mediteranei (Rifamycine)
N. lurida (Ristocetin)
N. uniformis (Nocardicin)
Verschiedene *N.*-Arten (Ansamitocine)

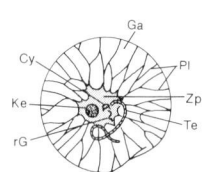

Noctiluca
N. miliaris
Cy Cytostom, Ga Gallerte, Ke Kern, Pl Plasmastränge, rG rudimentäre Geißel, Te Tentakel, Zp Zentralplasma

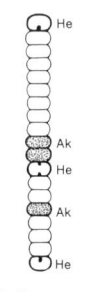

Nodularia
Ak Akineten,
He Heterocysten

Nomada *w* [v. gr. nomades = Nomaden], Gatt. der ↗ *Andrenidae*.

Nomenklatur *w* [v. lat. nomenclatura = Namenverzeichnis], allg.: Wörter-, Namenverzeichnis. **1)** Biol.: Die Kennzeichnung u. Benennung der systemat. (taxonom.) Gruppen (*Taxa,* ↗ Klassifikation) nach int. festgelegten Regeln, für Zool., Bot. und Mikrobiologie (Bakteriologie) geringfügig unterschiedlich. Das Arbeiten im Bereich der N. ist die elementare Stufe der ↗ Taxonomie (sog. „Alpha-Taxonomie"). Jede ↗ Art ist durch den (im allg. latinisierten) ↗ Gattungs-Namen u. den darauffolgenden eigtl. Artnamen (↗ *Epitheton*, lat. Adjektiv, Genitiv, seltener Nominativ) *binominal* benannt (↗ *binäre N.,* ↗ Linné), z. B. *Pinus silvestris, Homo sapiens, Loxodonta africana, Coluber novaehispaniae, Panthera leo.* Das Epitheton bleibt im allg. erhalten, auch wenn die Art später in eine andere Gatt. eingeordnet werden sollte. Ist eine Gatt. in U.-Gatt. eingeteilt, so kann der Name der U.-Gatt. zwischen Gatt.-Name u. Epitheton in Klammern hinzugefügt werden, z. B. *Equus (Asinus) asinus* (Wildesel) u. *Equus (Equus) przewalskii* (Wildpferd). – Die meisten Arten mit weitem od. stark zersplittertem Verbreitungsgebiet werden in U.-Arten (geogr. Rassen) aufgegliedert (sog. polytypische Arten); für sie gibt es die *trinäre N.* (ternäre N.), z. B. für die Rassen des Afr. ↗ Elefanten *(Loxodonta africana): Loxodonta africana africana* (Kapelefant), *L. a. oxyotis* (Steppenelefant) und *L. a. cyclotis* (Waldelefant); od. für die ↗ Aaskrähe *(Corvus corone): Corvus corone corone* (Rabenkrähe), *C. c. cornix* (Nebelkrähe), *C. c. shrapii* (Sibir. Nebelkrähe) und 3 weitere Rassen. – Wichtig ist die sog. ↗ *Prioritätsregel,* nach der der zuerst in gedruckter Form veröff. Name Vorrang hat vor allen späteren Namen für dasselbe Taxon. Dies gilt auch, wenn der erste Name ungenau (z. B. *„maximus"* = der größte für eine nur mittelgroße Art) od. sogar falsch ist (z. B. *„indicus"* für eine nur in Afrika lebende Art oder der Gatt.-Name *Hydrolimax* = „Wasser-Nacktschnecke" für einen Vertreter der Strudelwürmer). Jeder spätere Name für dieselbe Art oder Gatt. wird als *Synonym* geführt. Die Beachtung des erst seit Anfang dieses Jh. strenger gefaßten Prioritätsprinzips hat zu manchen unliebsamen Namensänderungen geführt (z. B. wurde der bekannte Name *Amphioxus* für das ↗ Lanzettfischchen ersetzt durch *Branchiostoma*), dient aber doch auf lange Sicht der Eindeutigkeit u. Stabilität der N. – In der zool. N. sind bisweilen Epitheton und Gatt.-Name identisch *(Tautonymie),* z. B. *Meles meles* (Dachs), *Lutra lutra* (Otter), *Rattus rattus* (Hausratte). In der bot. N. sind Tautonymien nicht erlaubt; deshalb mußte das ↗ Leberblümchen, urspr. als *Anemone hepatica* beschrieben, nach Einordnung in eine eigene

Nomenklatur

Nomenklatur

Standardisierte bot. N. für höherrangige Taxa (P = für Pilze, A = für Algen):

Taxon	Endung	Beispiel
Abteilung	– phyta	*Spermatophyta*
	– mycota (P)	*Ascomycota*
Unterabteilung	– phytina	*Magnoliophytina*
		(= *Angiospermae*)
	– mycotina (P)	*Ascomycotina*
Klasse	– opsida od. – atae	*Magnoliatae*
		(= *Dicotyledoneae*)
	– phyceae (A)	*Chrysophyceae*
	– mycetes (P)	*Ascomycetes*
Unterklasse	– idae	*Asteridae*
	– phycidae (A)	
	– mycetidae (P)	*Ascomycetidae*
Ordnung	– ales	*Asterales*
Unterordnung	– ineae	
Familie	– aceae	*Asteraceae*
		(= *Compositae*)
Unterfamilie	– oideae	
Tribus	– eae	
Untertribus	– inae	

Gatt. *Hepatica* ein anderes Epitheton bekommen, denn *Hepatica hepatica* ist als Pflanzenname nicht zulässig. Das Nebeneinander von bot. und zool. N. hat einen weiteren kleinen Nachteil: ident. Gatt.-Namen dürfen einerseits für Pflanzen, andererseits für Tiere verwendet werden, z. B. ist *Prunella* die Braunelle (Vogel) u. zugleich die Brunelle, ein Lippenblütler (↗ Homonym). – Die höherrangigen Taxa bestehen (ebenso wie der Gatt.-Name) nur aus einem Wort (*uninominal*). In der bot. N. sind neuerdings die Endungen standardisiert (vgl. Tab.) u. stets vom Namen einer Typus-Gatt. abgeleitet. Im Rahmen dieser Standardisierung wurden viele herkömmliche ↗Familien-Namen ersetzt, z. B. heißen die *Compositae* (Namengebung nach den Blütenständen: „Korbblütler") jetzt *Asteraceae* (nach der Typus-Gatt. *Aster*). In der zool. N. sind nur die Endungen der Fam. (-idae) u. Überfam. (-oidea) festgelegt u. gehen auf Gatt.-Namen zurück; alle übrigen sind meist nach Eigenschaften der Gruppe benannt, z. B. Ordnungen (z. B. *Coleoptera, Rodentia, Primates*), Klassen (*Gastropoda, Turbellaria*) u. Stämme (*Mesozoa, Nemathelminthes, Arthropoda*). – Ein weiteres wicht. Prinzip der N. ist das ↗ Typus-Verfahren. **2)** Chemie, Biochemie, Pharmazie: die N. anorgan. Substanzen wurde 1959 von der int. N.-Kommission festgelegt; die N. organ. Substanzen geht auf die *Genfer N.* von 1892 zurück. Die N. biochem. Verbindungen wurde 1964 durch eine Kommission der International Union of Biochemistry erarbeitet. ↗Enzyme. **3)** Medizin: die med. N. ist streng genommen keine N., sondern eine *Terminologie* der anatom. Begriffe, nämlich die Baseler Nomina Anatomica (BNA, 1895), die Jenaer N. A. (JNA, 1935) u. die Pariser N. A. (PNA, 1955, aktualisiert Tokio 1975).

Lit.: Hentschel, E., Wagner, G.: Zoologisches Wörterbuch. Jena ²1984. Mayr, E.: Grundlagen der zoologischen Systematik. Hamburg, Berlin 1975.

Nomenklatur

Einige Beispiele aus der zool. N., die den weiten Rahmen u. die Möglichkeiten für die Namengebung zeigen:

Axelboeckiakytodermogammarus:
Gatt. von Flohkrebsen aus dem Baikalsee, ben. nach Axel Boeck; dieser u. ä. Namen wurden inzwischen von der N.-Kommission für ungültig erklärt (sog. Suppression von Namen)

Anophthalmus hitleri:
ein blinder Höhlenkäfer, entdeckt in Slowenien, 1937 so benannt; der Name ist nomenklatorisch weiterhin gültig

Hammerschmidtiella diesingi:
ein Fadenwurm, bei dem sowohl der Gatt.-Name als auch das Epitheton nach Forschern des letzten Jh. benannt sind

Walklea:
eine Landschnecken-Gatt., ben. nach Dr. h. c. *Walter* *Klemm*

Neopilina galatheae:
ben. nach einem Expeditionsschiff

International Code of Botanical Nomenclature. Utrecht, Amsterdam 1983. International Code of Zoological Nomenclature. London ³1985 (dt. Übers. 1986). Schubert, R., Wagner, G.: Pflanzennamen u. botanische Fachwörter. Melsungen ⁸1984.

Nomeus *m* [gr., = Hirte], Gatt. der ↗Erntefische.

Nomien [Mz.], die ↗Minen.

Nominat-Taxon *s* [v. lat. nominatus = benannt, gr. taxis = Ordnung], dasjenige v. mehreren Subtaxa (U.-Taxa), das den Namen des unterteilten höherrangigen Taxons trägt; z. B. ist *Corvus corone corone* die *Nominat-U.-Art* („Nominatform") der Art *Corvus corone* (↗ Aaskrähe), od. die U.-Gatt. *Equus* (Pferd) ist die *Nominat-U.-Gatt.* der Gatt. *Equus* (Pferde, Esel, Zebras).

Nomina vernacularia [Mz.; v. lat. nomina = Namen, vernaculus = inländisch, einheimisch], Vulgärnamen (engl. vernacular names) in der jeweiligen Landessprache; für sie gibt es im Ggs. zu den wiss. Namen keine int. festgelegte ↗Nomenklatur. Bisweilen werden mit demselben dt. Namen verschiedene Pflanzen bzw. Tiere bezeichnet, z. B. ↗Butterblume, ↗Blasenschnecken, od. – bes. verwirrend – der Name ↗ „Schnaken" (↗Homonym). Die N. v. können auch hinsichtl. der verwandtschaftl. Beziehungen irreführend sein: ↗See*hasen* (Meeresschnecken!), Blau*specht* (= Kleiber), ↗Bleß*huhn* (eine Ralle), ↗Netz*koralle*, Pfeilschwanz*krebs* = Königs*krabbe* (↗Limulus), ↗Lanzett*fischchen*, ↗Silber*fischchen*. Bei vielen Tieren u. bei den meisten „niederen" Pflanzen gibt es gar keine eingebürgerten dt. Namen; hier wurden neuerdings Kunstnamen geschaffen: entweder eine direkte Übersetzung des wiss. Namens, z. B. Kleine Schließmundschnecke (= ↗ *Clausilia parvula*), od. ein auf den Eigenschaften beruhender Name,

Nomina vernacularia

Die N. mancher *Naturvölker* können sich sehr gut mit der wiss. Nomenklatur hinsichtl. Vollständigkeit messen: Ein Volksstamm in Neuguinea hatte 137 Namen für die 138 dort lebenden Vogel-Arten! – Die Vereinheitlichung der *dt. Tiernamen* erfolgte in 3 Perioden:
1) Im MA hatten v. a. die Jagd- u. Nutztiere einheitl. Namen, am Beginn der Neuzeit zusammengestellt bei ↗Gesner.
2) Viele andere „höhere" Tiere, insbes. Wirbeltiere u. auffällige Insekten, hatten auch schon sehr früh volkstüml. Namen, jedoch oft regional unterschiedlich (z. B. Spechtmeise, Blauspecht, Holzhacker, Baumhacker, -picker, -ritter, -rutscher, Maispecht, Chlän, Gottler für den Kleiber). In der Mitte des vorigen Jh. kam es durch „Brehms Tierleben" u. durch Leunis' „Synopsis" zu einer gewissen Vereinheitlichung.
3) Die letzte u. entscheidende Stufe war die Verwendung dt. Namen in weit verbreiteten Bestimmungsbüchern (Kosmos-Naturführer, Feldführer u. ä.), in Fernsehsendungen u. in „Grzimeks Tierleben". Im Rahmen der Naturschutzarbeit (Zusammenstellung gefährdeter Arten in ↗Roten Listen) erhielten schließl. auch die weniger populären Vertreter der einheim. Fauna durchgehend dt. Namen.

z. B. Einseitswendiges Kleingabelzahnmoos (= *Dicranella heteromalla*, ↗ Dicranaceae). Bei Tieren ferner Länder beruhen die dt. Namen meist auf der Übersetzung der schon etwas fr. vereinheitlichten engl. Namen.

Nonansäure, *Pelargonsäure*, $H_3C-(CH_2)_7-COOH$, in den Blättern v. *Pelargonium*, im Hopfenöl, Rosenöl usw. meist in veresterter Form vorkommende Carbonsäure mit ungerader Anzahl von C-Atomen. N. tritt auch als Oxidationsprodukt v. Ölsäure in ranz. Fetten auf.

non-disjunction [-dschanktsch^en; engl., = Nicht-Trennung], die Nicht-Trennung eines Chromosomenpaares während der Meiose *(meiotisches non-disjunction)* bzw. der Schwesterchromatiden eines Chromosoms während der Mitose *(mitotisches non-disjunction)*. Als Folge des meiotischen non-disjunction wandern beide homologe Chromosomen zum gleichen Zellpol, u. es entstehen Gameten mit einem überzähligen od. fehlenden Chromosom u. nach Befruchtung solcher Gameten entspr. aneuploide (↗ Aneuploidie) Organismen (z. B. bei Diplonten nach non-disjunction trisome bzw. nullisome Organismen). Als Folge eines mitotischen non-disjunction wandern beide Schwesterchromatiden eines Chromosoms zum gleichen Zellpol, u. es entstehen Tochterzellen mit überzähligem bzw. fehlendem Chromosom, die Zellinien mit entspr. veränderter somat. Chromosomenzahl begründen, so daß Mosaike (↗ Chromosomenmosaike) entstehen.

Nonea w [ben. nach dem dt. Botaniker J. P. Nonne (?), 1729–72], das ↗ Mönchskraut.

Nonne, *Fichtenspinner, Lymantria monacha*, wicht. Forstschädling aus der Schmetterlingsfam. ↗ Trägspinner (verheerende Schäden v. a. in Fichtenmonokulturen), in eurasiat. Nadelwaldzone verbreitet, nach N-Amerika verschleppt; Vorderflügel weiß mit schwarz gezackten Querlinien, Saum schwarz gefleckt, bis 5 cm spannend; zunehmend melanist. Exemplare auftretend; fliegt im Juli bis Aug.; Falter ruhen tags am Stamm, Eiablage häufchenweise in Rindenritzen, 100–200 Stück, Überwinterung im Eistadium, Junglarven werden durch rege Spinntätigkeit mit dem Wind verdriftet, die variabel gefärbten graubraunen Raupen fressen an Nadelhölzern, aber auch Laubbäumen; Bekämpfung durch Insektizide, natürl. Feinde insbes. Vögel, Laufkäfer, Ameisen, Raupenfliegen, Schlupfwespen u. a.; natürlicher Zusammenbruch v. Massenvermehrungen auch durch Viren (Polyederkrankheit). ⓑ Schädlinge.

Nonnen, *Lonchura*, ↗ Prachtfinken.

Nonruminantia [Mz.; v. lat. non = nicht, (animalia) ruminantia = Wiederkäuer], *Nichtwiederkäuer*, den eigtl. Wiederkäuern

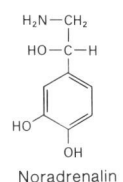

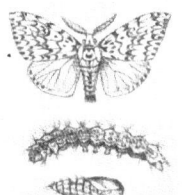

Noradrenalin

Nonne
N. *(Lymantria monacha)*, oben ♂ Falter, Mitte Raupe, unten Puppe

(U.-Ord. *Ruminantia*) u. den ebenfalls wiederkäuenden Schwielensohlern (U.-Ord. *Tylopoda*; ↗ Kamele) gegenübergestellte U.-Ord. der Paarhufer mit 3 Fam.: ↗ Schweine, ↗ Pekaris, ↗ Flußpferde.

Nonsense-Mutation w [nansens-; v. engl. nonsense = Unsinn, lat. mutatio = Veränderung], eine Punkt-Mutation in einem Protein-codierenden Gen, die zur Einführung eines *Nonsense-Codons* (↗ Codon) anstelle eines Aminosäure-Codons der entspr. m-RNA u. damit zum vorzeit. Abbruch der Synthese des entspr. Proteins führt. ↗ Amber-Codon, ↗ Ochre-Codon, ↗ Opal-Codon. ↗ Missense-Mutation.

Nonylaldehyd m, *Nonanal, Pelargonaldehyd*, $H_3C-(CH_2)_7-CHO$, orangeartig riechender Inhaltsstoff v. Citronenöl, Ingweröl, Mandarinenöl u. a.

Noradrenalin s, *Arterenol, Norepinephrin, Levarterenol, 1-(3,4-Dihydroxyphenyl)-2-aminoäthanol*, aus Tyrosin über DOPA (↗ Dihydroxyphenylalanin) und Dopamin synthetisiertes ↗ Catecholamin der Wirbeltiere u. des Menschen; Bildungsorte sind das Nebennierenmark, Teile des Stammhirns u. die Synapsen postganglionärer sympath. Nervenfasern. N. verursacht eine längerfristige Blutdrucksteigerung u. vermindert die Herzfrequenz; führt bei Krebstieren zum Farbwechsel. Präganglionäre Ausschüttung v. ↗ Acetylcholin bewirkt beim Nebennierenmark direkt u. bei den sympath. Nervenzellen indirekt über die Auslösung eines Aktionspotentials die Sekretion des Hormons. In Ruhe ist der N.spiegel im Blut 2–3fach höher als der ↗ *Adrenalin*-Spiegel u. läuft beim Einsetzen motor. Aktivität dem Anstieg des Adrenalins voraus. N. wirkt wie Adrenalin als „first messenger"; die Organ- u. Wirkungsspezifität wird durch unterschiedl. Rezeptorsysteme erreicht (Alpha-, Beta-Rezeptoren), wobei die z. B. für Vasokonstriktion verantwortl. Beta-Rezeptoren bevorzugt auf N., andere für Lipolyse, Herzleistung, Koronardilatation zuständige Beta-Rezeptoren gleich gut auf Adrenalin u. N. ansprechen. ⓣ Hormone.

Nordamerika, der nördl. Teil des Doppelkontinents Amerika, zu dem geogr. auch Grönland gerechnet wird. Durch die Beringstraße ist es v. Asien getrennt. N. umfaßt einschl. Grönland u. Mexiko eine Fläche von 23,47 Mill. km². Die N-S-Erstreckung (Kap Barrow in Alaska – Golf v. Tehuantepec) beträgt ca. 7200 km, die W-O-Erstreckung etwa 6000 km.

Biogeographisch gehört N. zu einer Subregion der ↗ *Holarktis*, die als ↗ *Nearktis* bezeichnet wird u. außer dem gesamten nordam. Kontinent alle arkt. Inseln sowie Neufundland u. Grönland u. im S noch das kühle Hochplateau v. Mexiko umfaßt, um dort schmal an die ↗ *Neotropis* zu grenzen. Klimatisch reicht es vom arkt. über den gemäßigten bis in den subtrop. Bereich. Das

1 Sommergrüne Wälder	
2 Regengrüne Wälder	
3 Immergrüne Regenwälder	
4 Feuchte warmtemperierte Wälder	
5 Hartlaubgehölze	
6 Boreale Nadelwaldzone	
7 Savannen, Grasland	
8 Heiße Halbwüsten und Wüsten	
9 Winterkalte Halbwüsten und Wüsten	
10 Tundra	
11 Gebirge	

Nadelwaldzone Nordamerikas. Die Flora und Fauna zeigt verwandtschaftliche Züge mit Eurasien, weist aber eine größere Artenzahl auf.

1 Weymouths-Kiefer, Strobe *(Pinus strobus)*
2 Balsam-Tanne *(Abies balsamea)*
3 Schwarz-Fichte *(Picea mariana)*
4 *Larix laricina*
5 Schimmel-Fichte *(Picea glauca)*

Wapiti *(Cervus elaphus)*

Nordamerikanischer Rotfuchs *(Vulpes vulpes fulva)*

Kanadischer Luchs *(Lynx lynx canadensis)*

Schreikranich *(Grus americana)*

Streifenskunk *(Mephitis mephitis)*

Urson *(Erethizon dorsatum)*

Kanadagans *(Branta canadensis)*

Amerikanischer Nerz *(Mustela vison)*

© FOCUS

NORDAMERIKA I–II

Die Nadelwälder der feucht-gemäßigten Küstenzone am Pazifischen Ozean haben aufgrund ihrer Mammutbäume, von denen der Küsten-Mammutbaum (Redwood) bis 110 m hoch wird, eine besondere Berühmtheit erlangt.

1 Küsten-Mammutbaum *(Sequoia sempervirens)*
2 Riesen-Lebensbaum *(Thuja plicata)*
3 Ponderosa-Kiefer *(Pinus ponderosa)*
4 Sitka-Fichte *(Picea sitchensis)*
5 Riesen-Mammutbaum *(Sequoia dendron giganteum)*
6 Hemlocktanne *(Tsuga heterophylla)*
7 Douglasie *(Pseudotsuga menziesii)*

Kappenmohn *(Eschscholtzia californica)*

Weißkopf-Seeadler *(Haliaeëtus leucocephalus)*

Grizzlybär *(Ursus arctos horribilis)*

Kodiakbär *(Ursus arctos middendorfi)*

Dickhornschaf *(Ovis canadensis)*

Schneeziege *(Oreamnos americanus)*

Seeotter *(Enhydra lutris)*

Vielblättrige Lupine *(Lupinus polyphyllus)*

Clarkia elegans

Penstemon, Fünffaden *(Penstemon hartwegii)*

© FOCUS

Nordamerika

Nordamerika

Oberfläche:
Beherrschend im morpholog. Aufbau des Kontinents ist das System der Kordilleren mit dem Felsengebirge u. den Westl. Sierren, die die ganze Westküste einnehmen. Die Appalachen bilden die östl. Begrenzung. Beide Gebirgssysteme öffnen sich fächerartig nach S und schließen ein großes Tiefland ein, welches durch das Flußsystem des Mississippi entwässert wird. Der tekton. Kern des Kontinents sind die Granit- u. Gneismassen des ↗ Kanad. Schilds, der im N in die Inselwelt des Kanad.-arkt. Archipels übergeht. – Die größte Höhe (Mount McKinley) beträgt 6198 m, die tiefste Depression (Death Valley) −85 m.
Klima: N. hat Anteil an allen Klimazonen der Erde, vom polaren bis zum trop. Typ. Wegen der Offenheit im N und S reichen polare u. subtrop. Einflüsse weit in das Innere des Kontinents: aus dem Nördl. Eismeer u. der Hudsonbai kommen Kaltlufteinbrüche (Northers u. Blizzards), Hitzewellen aus dem Karib. Meer lösen Wirbelstürme (Tornados) aus. Die Niederschlagshöhe nimmt v. jährl. ca. 2000 mm an den Küsten gg. das Binnenland ab u. sinkt zw. dem 100. Längengrad u. den Kordilleren unter 500 mm.

südl. Florida (begünstigt durch den Golfstrom) u. Niederkalifornien weisen trop. Klima auf.

Pflanzenwelt

Die florist. Unterschiede der *Nearktis* gegenüber ↗ Europa und O-↗ Asien werden von N nach S fortschreitend immer deutlicher – ein Hinweis auf die Tatsache, daß die Wanderungsmöglichkeiten für Tier- u. Pflanzensippen im N der heute getrennten Kontinente erst wesentl. später unterbrochen wurden u. bis in erdgesch. jüngere Zeit bestanden haben. – Die starke Durchdringung holarkt. und neotrop. Florenelemente im S des Teilkontinents ist andererseits auf das Fehlen geogr. Barrieren zurückzuführen, andererseits aber auch auf die starken Florenverschiebungen während der tertiären Gebirgsfaltungen und in den Glazialzeiten des Pleistozäns. Die starke Verzahnung der Florenreiche macht es schwierig, eine eindeut. Grenze zw. der Holarktis u. der Neotropis anzugeben; immerhin wird ein Teil der Wüsten u. Halbwüsten des südlichen N. bereits so deutl. vom neotrop. Florenelement geprägt, daß man in diesem Bereich die Grenzlinie zw. den beiden Florenreichen ziehen muß. – Der auffallende Artenreichtum der nordam. Vegetation ist nicht allein durch die Tatsache bedingt, daß innerhalb des Teilkontinents alle Vegetationszonen v. der Hocharktis bis zur subtrop. Zone vertreten sind. Durch die zahlr. Gebirgsfaltungen gibt es außerdem innerhalb der einzelnen Vegetationszonen fast überall eine ausgeprägte Höhenstufendifferenzierung, die in vielen Fällen den gesamten Bereich zw. der planaren u. der alpinen Stufe umfaßt. Zu dieser topograph. Differenzierung kommen außerdem starke regionale Unterschiede der Niederschlagsmenge u. der Niederschlagsverteilung: so liegen z. B. durch die vorwiegend aus SO einwandernden Meeresluftmassen die Niederschläge im O und SO relativ hoch (bis 1500 mm); ihr Einfluß reicht wegen der hier weitgehend fehlenden Gebirgsbarrieren weit bis ins Landesinnere, nimmt aber nach NO doch allmählich so weit ab, daß schließl. die Trockengrenze des Waldes bzw. der Bereich natürl. Grasländer (Prärien) erreicht wird. Der W des Kontinents steht dagegen unter dem Einfluß zyklonaler Luftströmungen aus dem Pazif. Ozean, die v. a. während der Wintermonate sehr reichl. Niederschläge bringen (bis 2500 mm); ihre Wirkung bleibt jedoch wegen der küstenparallel verlaufenden Hochgebirgszüge auf einen relativ schmalen Küstenstreifen beschränkt. – Neben diesen klimat. und topograph. Gründen für die Vielfalt der nordam. Vegetation sind außerdem auch florengesch. Ursachen anzuführen. Während die wiederholten pleistozänen Eisvorstöße in Europa zu einer

deutl. Verarmung der Vegetation geführt haben, ist dies in N. aufgrund der guten Rückzugsmöglichkeiten v. Tier- und Pflanzensippen nicht im gleichen Ausmaß der Fall gewesen. Es fehlen hier, anders als in Europa, größere, quergestellte Gebirgsriegel, die eine N-S-Verschiebung der Areale während der Eisvorstöße behindern konnten. – Unter dem Einfluß des Menschen ist auch in N. die natürl. Vegetation fast überall stark verändert worden od. ganz verschwunden (heute ist N. eines der größten Agrargebiete der Erde); weitgehend unbeeinflußte Zonen gibt es nur noch im N des Kontinents u. in einigen Hochgebirgszügen. Diese Entwicklung hat jedoch in N. viel später eingesetzt als in Europa od. O-Asien, denn der Einfluß der Ureinwohner auf die Vegetation ihres Lebensraums war bei höchstens extensivem Ackerbau und fehlender Weideviehhaltung vergleichsweise gering. Erst nach der Entdeckung der Neuen Welt u. nach der Einfuhr v. Haustieren u. Bodenbearbeitungsgeräten (v. a. des Pfluges) kam es zu dramat. Veränderungen der ursprüngl. Verhältnisse.
Tundra: Große Gebiete im N Kanadas u. in Alaska sind v. baumloser Tundrenvegetation bedeckt. Sie sind Teil der großen, polumgreifenden arkt. Zone, die im S, jenseits einer oft mehrere hundert Kilometer breiten Übergangszone, der sog. Waldtundra, an den borealen Nadelwald grenzt u. im N allmählich in die arkt. Kältewüste übergeht. Während auf der eurasiat. Landmasse die arkt. Tundrenzone im wesentl. auf Gebiete nördl. des Polarkreises beschränkt bleibt, biegt die Grenze der Tundra in Kanada aufgrund des kalten Labrador-Stroms u. der starken Inlandsvereisung Grönlands im Bereich der Hudson-Bai weit nach S aus. Unmittelbar auf die polare Waldgrenze folgt nach N die v. Zwergsträuchern (v. a. Heidekrautgewächsen) beherrschte, meist auf Podsolböden wachsende sog. Zwergstrauchtundra. Sie wird nach N und auf höher gelegenen u. daher häufig reiner geblasenen Rücken v. einer Moos- u. Flechtentundra abgelöst, die sich mit kürzer werdender Vegetationsdauer in einzelne Pflanzenpolster auflöst und schließl. in die arkt. Kältewüste übergeht. Trotz der großen Zahl v. Sonderstandorten (Quellsümpfe, Moore, Windheiden, Schneeböden usw.) ist die arkt. Flora relativ artenarm, wegen der guten Ausbreitungsmöglichkeiten der Samen über die weiten, ebenen Schneeflächen aber auch sehr einheitlich. Ledigl. in Alaska gibt es ein Gebiet, das im Pleistozän vermutl. unvergletschert blieb u. sich durch seinen vergleichsweise großen Artenreichtum auszeichnet. Auffallend ist die große Ähnlichkeit der nordam. Tundrenflora mit der eur. und ostasiat. Tundrenvegetation; z. B. stimmen im Vergleich zw. Europa u. N. fast alle Gatt. und ein überwie-

gender Teil der Arten der Zwergstrauchtundra überein – eine Ähnlichkeit, die auf sehr lange bestehende Wanderungsmöglichkeiten zw. den Teilarealen hinweist.

Boreale Nadelwälder: Südlich der arkt. Tundrenzone folgt auf einen mehrere hundert Kilometer breiten Übergangsbereich (die sog. Waldtundra) die Zone der borealen Nadelwälder, die sich als geschlossenes Vegetationsgebiet über die gesamte Breite des Kontinents erstreckt. Sie ist ein Teilgebiet des großen, polumgreifenden Gürtels borealer Nadelwälder und umfaßt in N. eine Fläche von etwa 7 Mill. km^2; damit stellt sie gleichzeitig die größte Vegetationszone von N. dar. Trotz weitgehender florist. (ca. 80% der Gatt. und 20% der häufigen Arten stimmen in beiden Bereichen überein), edaphischer (Podsolierung, Permafrostböden bzw. Kryoturbationserscheinungen) und klimat. Übereinstimmungen mit den eurasiat. Nadelwäldern bestimmen in N. andere Baumarten das Bild der endlosen, v. Seen u. Mooren unterbrochenen Wälder, die geprägt sind v. langen, z.T. sehr kalten Wintern u. kurzen, aber einigermaßen warmen Sommern. Entscheidend für die Nordgrenze des Baumwuchses u. die Grenze zur arkt. Tundra sind weniger die Winter-Temp. als vielmehr die Zahl der Tage mit Temp. über 10°C während der Vegetationszeit (↗Asien, ↗Europa; Pflanzenwelt). Im Vergleich zu den sehr artenarmen borealen Wäldern in Europa erscheinen die Nadelwälder N.s (auch die in O-Asien) relativ artenreich, wobei allerdings auch in N. nur wenige Arten über das gesamte, unter dem Einfluß ganz unterschiedl. Temp.-Extreme u. Niederschlagsverhältnisse stehende Gebiet verbreitet sind. Dazu gehört bei den Baumarten ledigl. die Schimmel-Fichte *(Picea glauca)*. Sie ist über weite Strecken im Bereich der nördl. Waldgrenze die einzige Baumart u. wird hier nur gelegentl. (auf bes. armen Böden) v. Schwarz-Fichte *(Picea mariana)* od. Amerikanischer Lärche *(Larix laricina)* vertreten. In diesem nördl. Grenzbereich bleiben die Bäume sehr niedrig u. bilden weithin offene, lückige Bestände, die erst viel weiter im S in hochwüchsige, dicht geschlossene u. artenreichere Wälder übergehen. Neben der Balsam-Tanne *(Abies balsamea)* und dem Lebensbaum *(Thuja occidentalis)* tritt hier auch *Pinus banksiana* auf, eine Kiefernart ärmster Sandböden, die allerdings aufgrund ihrer vorzügl. Pioniereigenschaften vorübergehend im Falle v. Brand- od. Kahlflächen auch auf besseren Böden die Vorherrschaft übernehmen kann. Während die Wälder im nördl. Bereich der borealen Nadelwaldzone bisher keinem nachhaltigen menschl. Einfluß ausgesetzt waren, spielt heute im südl. Gebiet der Nadelwaldzone der Holzeinschlag eine wichtige Rolle: ca. 40% des gesamten Papierholzes der Welt stammt aus den borealen Nadelwäldern von N.

Prärien: Die ehemals riesigen natürl. Grasländer im Innern des nordam. Kontinents gehörten einst zu den größten Steppengebieten der Erde. Sie sind (od. waren) ähnl. artenreich wie die eurasiat. Steppen u. beherbergen nicht selten auf wenigen Ar Fläche 150 Arten od. mehr, v. denen zur Zeit der Hauptblüte im Frühsommer bis zu 70 Arten gleichzeitig in Blüte stehen können. Entspr. der von O nach W abnehmenden Niederschläge ist eine deutl. Differenzierung in verschiedene Prärietypen festzustellen, während sich die von S nach N stark zunehmende Winterkälte viel weniger auf das Bild der Vegetation auswirkt. Die östl. Prärien grenzen an das Gebiet der sommergrünen Laubwälder u. erhalten noch relativ hohe Niederschläge (500–800 mm). Sie gehören zum Typ der sog. Hochgrasprärien mit tiefgründ., dunkelbraunen Böden (Steppenschwarzerde) u. hochwüchs. Grasarten *(Andropogon gerardi, Sorghastrum nutans)*. Viele der beherrschenden Grasarten gehören zu trop. Verwandtschaftskreisen u. blühen deshalb, im Ggs. zu den Gräsern der eur. Steppen, relativ spät. Weiter im W treten mit abnehmenden Niederschlägen die Hochgräser immer stärker zurück. Sie werden in einer ausgedehnten Übergangszone (Mischgrasprärie) allmähl. von kleinwüchs. Grasarten wie *Buchloe dactyloides* (Buffalo Grass) u. *Bouteloua gracilis* (Blue Grama) abgelöst, die aufgrund geringerer Transpirationsverluste den abnehmenden Niederschlägen (300–500 mm) besser gewachsen sind. Aufgrund des außergewöhnl. Reichtums an Jagdtieren waren die Prärien einst ein bevorzugter Lebensraum der indian. Urbevölkerung. Man schätzt, daß urspr. 50–60 Mill. Bisons die Prärien bevölkert haben, u. sicher war der Beweidungseinfluß dieser gewalt. Großviehherden ein ebenso wicht. Faktor für die Entstehung u. Erhaltung der Prärievegetation wie die unregelmäßig auftretenden Trockenperioden u. die häufigen Präriebrände. V.a. im Übergangsbereich zum Laubwald spielen diese Brände vermutl. eine wicht. Rolle bei der Offenhaltung der Hochgrasprärie. Zwar ist die Anzahl der Brände zur Zeit der Indianer durch das planmäßige Anlegen v. Präriefeuern gegenüber den urspr. Verhältnissen sicherl. stark erhöht worden, man muß jedoch davon ausgehen, daß blitzgezündete Brände auch schon vor dem Eingriff des Menschen aufgetreten sind. – Die Besiedlung der Prärien durch die weißen Siedler erfolgte zunächst nur sehr zögernd. Nachdem jedoch der Wert insbes. der östl., niederschlagsreichen u. tiefgründ. Prärien erkannt war, erfolgte die weitere Umwandlung sehr rasch u. tiefgreifend, so daß heute der fruchtbare Ostteil bis auf ver-

NORDAMERIKA III

Als natürliches, klimabedingtes Grasland entsprechen die Prärien Nordamerikas den Steppen Eurasiens. Die ehemals riesigen Präriegebiete sind heute weitgehend in Ackerland umgewandelt.

Präriehuhn
(Tympanuchus cupido)

Amerikanischer Bison
(Bison bison)

Gabelbock
(Antilocapra americana)

Kojote
(Canis latrans)

Kokardenblume
(Gaillardia aristata)

Sonnenhut
(Rudbeckia laciniata)

Herbst-Sonnenbraut
(Helenium autumnale)

Kanincheneule
(Speotyto cunicularia)

Präriehund
(Cynomys ludovicianus)

Beifußhuhn
(Centrocercus urophasianus)

Truthuhn; Wildform
(Meleagris gallopavo)

Erdkuckuck
(Geococcyx californianus)

© FOCUS

NORDAMERIKA IV

Sommergrüne Wälder

Die Laubwälder im südlichen Teil der Appalachen haben bereits neotropische Züge. Viele Pflanzen und Tiere sind südamerikanischen Ursprungs.

Aureolaria flava

Rubinkehlkolibri (*Archilochus colubris*)

Mississippi-Alligator (*Alligator mississippiensis*)

Wassermokassinschlange (*Agkistrodon piscivorus*)

Moosphlox (*Phlox subulata*)

Dreimasterblume (*Tradescantia virginiana*)

Waschbär (*Procyon lotor*)

Amerikanischer Ochsenfrosch (*Rana catesbeiana*)

Wilder Wein (*Parthenocissus quinquefolia*)

Kupferkopf (*Agkistrodon contortrix*)

Nordopossum (*Didelphis marsupialis*)

Rotkehl-Anolis (*Anolis carolinensis*)

Chipmunk (*Tamias spec.*)

schwindend kleine Reste in Ackerland verwandelt ist. In den intensiv bewirtschafteten Gebieten des Maisgürtels (corn belt) in den östl. und zentralen Präriebereichen u. des Weizengürtels (wheat belt) in den nordwestl. und südwestl. Teilen erinnert heute nur noch wenig an die frühere Prärievegetation, zumal in den dreißiger Jahren in vielen Gebieten durch Winderosion erhebl. Teile der oberen Bodenschichten verlorengegangen sind. In den niederschlagsärmsten westl. Prärien wurde dagegen i. d. R. zunächst extensive Weidewirtschaft betrieben, die aber bei starker Überweidung ebenfalls einen nachhalt. Einfluß auf die Vegetation ausübt. Durch sie werden die hochwüchs. Grasarten benachteiligt, so daß sich der Aspekt bei Beweidung in eine Richtung verschiebt, wie er urspr. für trockenere Gebiete typ. war. In den trockenen Kurzgrasprärien kam es dagegen zur Ausbreitung stachelbewehrter oder ungenießbarer Weideunkräuter (z. B. Kakteen).

Sommergrüne Laubwälder: Der größte Teil des östl. und südöstl. N. gehört zum Gebiet der sommergrünen, laubwerfenden Wälder. Sie entspr. in Aspekt u. Struktur durchaus den eur. Laubwäldern, sind aber reicher an Arten; das gilt v. a. bezüglich der Gehölze u. der zahlr. Frühlingsgeophyten. Das Gebiet ist gekennzeichnet durch mittelmäßige Niederschläge (ca. 700–1300 mm) und recht hohe Sommer-Temp. und war urspr. überwiegend v. reinem Laubwald bedeckt. Nur auf sand., trockenen, sauren u. nährstoffarmen Standorten wurden diese Laubwälder durch Mischwälder od. Nadelwälder ersetzt. Diese Mischwälder lieferten z. T. besonders wertvolles Nutzholz (so z. B. die Weymouthkiefer, *Pinus strobus*) u. sind deshalb heute über weite Strecken völlig vernichtet. Selbstverständl. haben auch die reinen Laubwälder im Lauf der Siedlungsgeschichte starke Einbußen erlitten, doch sind große Waldgebiete v. a. im Bereich der Eichen-Tulpenbaum-Wälder (mit dem bis 60 m hohen Tulpenbaum, *Liriodendron tulipifera*), wesentl. kleinere aber auch im Bereich der nördl. gelegenen Buchen-Zuckerahorn-Wälder *(Fagus grandifolia* u. *Acer saccharum)* u. der westl. Hickory-Wälder erhalten geblieben. Die Ausläufer der Hickory-Wälder grenzen bereits an das Gebiet der Prärie, in deren Randbereich sie sich in offene, savannenähnl. Bestände auflösen. Im S des Gebiets werden die laubwerfenden Wälder immer stärker durch Eichen-Kiefern-Wälder od. ganz andersartige Sumpf- bzw. Auenwälder (z. B. Sumpfzypressen-Wälder) ersetzt; außerdem steigt der Anteil neotrop. Florenelemente.

Die Nadelwaldzone im westlichen N.: An der W-Küste des Kontinents zieht sich v. Alaska über Britisch-Kolumbien bis nach Kalifornien ein küstenparalleler Streifen ozean. Nadelwälder, die im N hohe Niederschläge mit einem ausgeprägten Wintermaximum erhalten u. weiter im S von abnehmender Niederschlagsmenge u. zunehmender Sommertrockenheit geprägt sind; doch werden die Auswirkungen der sommerl. Trockenheit bis weit in den Übergangsbereich zur kaliforn. Hartlaubzone durch hohe Luftfeuchtigkeit u. häufige Nebel gemildert. Kennzeichnend für das gesamte Gebiet ist außerdem ein recht ausgeglichener Jahresgang der Temp. bei vergleichsweise starken Tagesschwankungen. Ein derart. Klima ist selbst im globalen Vergleich ohne Parallele. Es bietet offenbar optimale Wuchsbedingungen für den Lebensformtyp des immergrünen Nadelbaums – manche Nadelhölzer erreichen hier enorme Wuchsleistungen u. gewaltige Stammhöhen. Bekanntestes Beispiel für diesen Tatbestand bilden die Küsten-Mammutbaum-Wälder Kaliforniens, deren namengebende Art (*Sequoia sempervirens* = Redwood) häufig als produktionskräftigstes Nadelholz gen. wird. Wegen starker Ausbeutung dieser forstwirtschaftl. wichtigen Bestände sind bis heute nur wenige der bis über 100 m hohen Baumriesen des Küsten-Mammutbaums erhalten geblieben; sie verdienen als einzigart. Naturdokumente unbedingten Schutz. Nördl. des küstennahen kaliforn. Mammutbaum-Gebiets werden die Nadelwälder von Riesen-Lebensbaum *(Thuja plicata),* Hemlock-Tanne *(Tsuga heterophylla),* Riesen-Tanne *(Abies grandis)* und der neuerdings auch in Europa angebauten Douglasie *(Pseudotsuga menziesii)* beherrscht. Obwohl auch hier in der Vergangenheit die größten Stämme als Bauholz geschlagen wurden, erreichen manche Wälder doch immerhin noch 70 bis 80 m Höhe, gleichzeitig aber auch eine hohe Bestandsdichte. Ähnliches gilt auch für die Sitka-Fichten-Wälder *(Picea sitchensis)* in unmittelbarer Küstennähe; sie werden jedoch weiter im N immer mehr v. Mooren, hochstaudenreichen Grasbeständen u. Auenwäldern durchsetzt.

Das Hartlaubgebiet im südwestlichen N.: Die kaliforn. Hartlaubzone bildet die südl. Fortsetzung des küstenparallelen Winterregengebiets. In ihrem nördl. Übergangsbereich zur bereits dargestellten Nadelwaldzone sind die Niederschläge noch recht hoch u. die Sommerdürre wenig ausgeprägt, so daß hier noch sklerophylle, immergrüne Eichen-Wälder *(Quercus agrifolia, Q. engelmannii)* zu gedeihen vermögen. Sie werden im mittel- und südkaliforn. Kernbereich v. einer als ↗Chaparral bezeichneten Gebüschformation abgelöst, die weitgehende physiognom. und ökolog. Übereinstimmungen mit der mediterranen Macchie erkennen läßt, im Ggs. zur Macchie jedoch die natürliche Vegetation darstellt. Wichtigster Standortfaktor (neben der sommerl. Trockenheit) sind blitzgezündete Brände, die für eine regelmäßige Verjüngung der regenerationsfähigen Bestände sorgen. Die Wurzeln der immergrünen Hartlaubsträucher dringen sehr tief in den Boden ein, weil der Oberboden sommers stark austrocknet. Während dieser Zeit ist ein großer Teil der Bodenoberfläche v. den vertrockneten Resten der kraut. Frühjahrsvegetation bedeckt. Wegen der geringen landw. Nutzungsmöglichkeiten wurde die Chaparral-Vegetation in der Vergangenheit wenig vom Menschen beeinträchtigt; der Anbau der großflächigen kaliforn. Spezialkulturen (Steinobst, Citrusfrüchte, Wein) konzentriert sich auf die weiten Bewässerungsflächen in den großen Tal-Landschaften.

Wüsten und Halbwüsten: Gebiete mit Wüstencharakter liegen im SW des Kontinents, v.a. im Regenschatten großer Gebirgszüge u. im Einflußbereich des kalten kaliforn. Küstenstroms. Bekanntestes Beispiel bildet die etwa 300 000 km^2 große Sonora-Wüste beiderseits des Golfs v. Kalifornien mit ihren beeindruckenden „Wäldern" aus Säulen- od. Kandelaber-Kakteen (z. B. *Carnegiea gigantea* und *Pachycereus pringlei*) u. den großen Beständen des Kresotbusches (*Larrea divaricata*). Die durch eine reiche Flora u. eine Anzahl alter Endemiten ausgezeichnete Sonora-Wüste ist nach ihrem florist. Gesamtcharakter bereits der Neotropis zuzurechnen, während die weiter nördl. gelegenen Halbwüsten (Mohave-Desert, Great Basin Desert) mit ihren recht niedrigen Winter-Temp. noch zum paläotrop. Florenreich gehören. – Bei Niederschlägen zw. 100 und 350 mm handelt es sich bei der Sonora-Wüste trotz der geringen Vegetationsdichte nicht um eine extreme Vollwüste, sondern über weite Strecken um eine Halbwüste mit vollständigem unterird. Vegetationsschluß. Flach streichende Wurzeln durchziehen die freien Flächen zw. den Halbsträuchern u. Riesenkakteen u. lassen nur ganz selten Jungwuchs aufkommen. Ein alter Säulenkaktus kann nach einer Blühphase bis zu 100 000 Samen erzeugen, aber nur sehr wenige Keimlinge werden älter als einige Jahre u. größer als einige Millimeter. Hat eine Jungpflanze aber nach einigen Jahrzehnten die Höhe v. einem Meter erreicht, dann verläuft das Wachstum wesentl. rascher, so daß die ältesten, meist über 10 m hohen Exemplare ein Alter zw. 150 und 200 Jahre aufweisen. – Mit dem Anstieg ins Gebirge ändert die Wüstenvegetation allmähl. ihren Charakter. Über die Strauchstufe (Chaparral) wird ohne scharfe Grenze die Stufe der immergrünen Eichen-Wälder (Encinal) erreicht. Sie gleichen in ihrer Struktur und florist. Zusammensetzung den Hartlaubwäldern der Winterregengebiete u. werden in größerer Höhe schließl. von Kiefern-Wäldern abgelöst.

Tierwelt

Über nahezu das gesamte Tertiär stellte das heutige Mittelamerika ein Archipel dar, das nur wenigen Arten (sog. „island-hoppers") den Weg aus S-Amerika nach N. und umgekehrt gestattete. Erst gg. Ende des Tertiärs stellte das auftauchende Mittelamerika eine feste Landverbindung her u. erlaubte einen gewissen Austausch der Faunen. Andererseits war die heute 90 km breite Beringstraße über das gesamte Tertiär durch eine zeitweise mehr als 1500 km breite Landverbindung zw. Alaska u. Sibirien überbrückt (Beringbrücke). Diese Landverbindung wurde dann durch Absenkung unterbrochen, jedoch während der pleistozänen Eiszeiten durch ↗ eustatische Meeresspiegelschwankung (↗ Europa) wiederholt wieder hergestellt, zuletzt noch im Würm-Glazial. Obwohl während der letzten Eiszeit weite Gebiete des nördl. Eurasien u. von N. bis an den Bereich des Mississippi vergletschert waren, blieben doch große Teile Alaskas, W-Kanadas u. Sibiriens eisfrei u. mit einer Tundrenvegetation bedeckt, so daß die Beringbrücke bestimmten Tiergruppen, denen Klima u. Biotop zusagten, als Wanderweg dienen konnten. In den nördl. Teilen von N. finden sich daher zahlr. holarktische Arten, d.h. solche, die sowohl in der Nearktis als auch in der ↗ Paläarktis verbreitet sind. Hierzu gehören u. a. der Elch, der Rothirsch (in N. als eigene Rasse *Cervus elephas canadensis* = Wapiti), das Rentier (in N. als Karibu), der Braunbär (der in einer nordam. Rasse als Grizzlybär eines der größten Säugetiere stellt). Freilich haben die klimat. und ökolog. Verhältnisse der Beringbrücke während der Eiszeit für andere Gruppen als Hindernis gewirkt (sie war eine „Filterbrücke"), so daß zahlr. in der Paläarktis verbreitete Tiergruppen in N. fehlen, wie z.B. Schleichkatzen, Hyänen, Schläferartige, Stachelschweine, echte Schweine (Suidae), Giraffen, Kamele u. Antilopen. Selbst im nördl. Eurasien so verbreitete Säugetiergruppen wie die echten (Langschwanz-)Mäuse u. die Igel fehlen in N. ebenso wie unter den Vögeln die Fasanen, Trappen, Grasmücken, Stare u. Pirole (↗ Europa). Manche heute fehlenden Gruppen, z. B. die Pferdeartigen, waren freilich im Tertiär vertreten, andere (z. B. der Star) wurden durch den Menschen eingebürgert. Während die engen biogeogr. Beziehungen von N. zu Eurasien von N nach S immer mehr abnehmen, macht sich vom S her der Einfluß der Neotropis bemerkbar, v. Arten also, die nach dem Auftauchen des mittelam. Landrückens aus S-Amerika in die Nearktis eingewandert sind. Hierher gehören unter den Vögeln die Tyrannen, Tangaren u. Kolibris, v. denen einige Arten

Einige Vertreter der nordamerikanischen Fauna

Polar- und Packeis

Eisbär (*Ursus maritimus*)
Polar-(Eis-)fuchs (*Alopes lagopus*) (südl. bis zur Baumgrenze)

Küsten des Polarmeeres

Ringelrobbe (*Phoca groenlandica*)
Elfenbeinmöwe (*Pagophila eburnea*)
Eismöwe (*Larus hyperboreus*)
Polarmöwe (*L. glaucoides*)
Küstenseeschwalbe (*Sterna macrura*)
Schmarotzerraubmöwe (*Stercorarius parasiticus*)

Baumlose Tundra

Grönland-Ren (*Rangifer tarandus groenlandicus*)
Eisfuchs (*Alopex lagopus*)
Polar-(Schnee-)hase (*Lepus timidus*)
Grönländ. Halsbandlemming (*Dicrostonyx groenlandicus*)
Brauner Lemming (*Lemmus nigripes*)
Bleßgans (*Anser albifrons*)
Schneegans (*Anser caerulescens*)
Zwergschwan (*Cygnus columbianus*)
Schneehuhn (*Lagopus mutus*)
Knutt (*Calidris canutus*)
Wassertreter (*Phalaropus*)
Schnee-Eule (*Nyctea scandiaca*)
Schneeammer (*Plectrophenax nivalis*)
Spornammer (*Calcarius lapponicus*)

NORDAMERIKA V

1 Gift-Sumach *(Rhus toxicodendrum)*
2 Kolben-Sumach, Essigbaum *(Rhus typhina)*
3 Tulpenbaum *(Liriodendron tulipifera)*
4 Schuppenrindenhickory *(Carya alba, C. ovata)*
5 Falsche Akazie, Robinie *(Robinia pseudoacacia)*
6 Virginischer Wacholder *(Juniperus virginiana)*
7 Spätblühende Traubenkirsche *(Prunus serotina)*
8 Weiß-Eiche *(Quercus alba)*

Spottdrossel *(Mimus polyglottus)*

Elfenbeinspecht *(Campephilus spec.)*

Wandertaube (†) *(Ectopistes migratorius)*

Roter Kardinal *(Cardinalis cardinalis)*

Wanderdrossel *(Turdus migratorius)*

Scharlachtangare *(Piranga olivacea)*

Rotkehl-Hüttensänger *(Sialia sialis)*

© FOCUS

NORDAMERIKA VI

Von den Meeresvögeln des Golfs von Mexiko sind besonders die Fregattvögel, Königsseeschwalben und die Tropikvögel bemerkenswert.

Graureiher
(*Ardea spec.*)

Amerika-Schlangenhalsvogel
(*Anhinga anhinga*)

Rosalöffler
(*Ajaja ajaja*)

Manglebaum
(*Rhizophora mangle*)

Brauner Pelikan
(*Pelecanus occidentalis*)

Weißer Sichler
(*Eudocimus albus*)

Prachtfregattvogel
(*Fregata magnificens*)

Schwalbenweih
(*Elanoides forficatus*)

Nordamerika-Großfischer
(*Megaceryle alcyon*)

Königsseeschwalbe
(*Sterna maxima*)

Weißschwanz-Tropikvogel
(*Phaëthon lepturus*)

Schwarzer Scherenschnabel
(*Rhynchops nigra*)

Truthahngeier
(*Cathartes aura*)

Weißkopftaube
(*Columba leucocephala*)

Gelbschnabelkuckuck
(*Coccyzus americanus*)

Papstfink
(*Passerina ciris*)

© FOCUS

Nordamerika

Waldtundra

Elch *(Alces alces)*
Waldrentier *(Rangifer tarandus caribou)*
Fichtenmarder *(Martes americana)*
Fischermarder *(Martes pannanti)*
Nordluchs *(Lynx lynx)*
Schneeschuhhase *(Lepus americanus)*
Kanad. Flughörnchen *(Glaucomys sabrinus)*
Kanada-Waldhuhn *(Canachites canadensis)*
Moorschneehuhn *(Lagopus lagopus)*
Alpenschneehuhn *(Lagopus mutus)*
Steinadler *(Aquila chrysaetos)*
Fischadler *(Pandion haliaetus)*
Weißkopfseeadler *(Haliaetus leucocephalus)*
Uhu *(Bubo virginianus)*
Bartkauz *(Strix nebulosa)*

Borealer Nadelwald

Nordluchs *(Lynx lynx)*
Mink *(Mustela vison)*
Wolf *(Canis lupus)*
Streifenskink *(Mephitis mephitis)*
Biber *(Castor fiber)*
Waldmurmeltier *(Marmota monax)*
Fischotter *(Lutra canadensis)*
Baumstachler *(Erethizon dorsatum)*

Prärie

Bison *(Bison bison)*
Gabelbock *(Antilocapra americana)*
Echter Präriehund *(Cynomys ludovicianus)*
Prärie-Taschenratte *(Geomys bursarius)*
Amerikan. Dachs *(Taxidea taxus)*
Großes Präriehuhn *(Tympanuchus cupido)*
Präriefalke *(Falco mexicanus)*
Kanincheneule *(Speotyto cunicularia)*
Klapperschlangen *(Crotalus viridis, C. atrox)*

sogar bis zu den Küsten Alaskas u. nach Labrador vorgedrungen sind u. im Herbst über weite Strecken nach S wandern. *Ursprüngliche „Südamerikaner"* unter den Säugern sind u. a. das zu den Beuteltieren gehörende Opossum, das bis nach Kanada vorgedrungen ist, sowie der Puma, der in weiten Teilen des Westens, in Florida u. am häufigsten in den Wüsten v. Arizona bis zu den südl. Rocky Mountains vorkommt. Von der Fam. der ↗Baumstachler hat sich eine Art, der ↗Urson, in N. bis nach Kanada ausgebreitet, wo er schon im Altquartär nachgewiesen u. heute in den Nadelwäldern der gemäßigten Zone verbreitet ist. Auch die ↗Gürteltiere, sonst ganz auf S-Amerika beschränkt, haben mit dem Neunbindengürteltier den S von N. erreicht. Wegen seiner jeweiligen Isolierung (einst von S-Amerika, heute von Eurasien) haben sich in N. jedoch einerseits einst weiter verbreitete u. heute in den meisten (od. allen) übrigen Regionen ausgestorbene Tiergruppen als Relikte gehalten, andererseits jedoch Entwicklungen zu Formen geführt, die in ihrer Verbreitung ganz auf diese Region (die Nearktis) beschränkt, für sie endemisch (↗Endemiten), sind. – Unter den *Süßwasserfischen* von N. findet man besonders altertüml. Formen. So ist der im O von N. vorkommende ↗Schlammfisch eine letzte lebende Art der Ord. Kahlhechte, deren Vertreter in früheren Erdperioden (seit dem Jura) weit verbreitet waren. Nahe Verwandte sind die Knochenhechte, die mit mehreren Arten v. a. in flachen Süßgewässern v. Kanada bis Panama vertreten sind. Der häufigste ist der Langnasen-Knochenhecht *(Lepisosteus osseus)*, der vom Mississippi-Bekken abwärts durch alle Küstenstaaten vorkommt, während der Kaimanfisch *(L. spatula)* auf die Südstaaten beschränkt ist. Ebenfalls urtüml. Vertreter der Knochenfische sind die Löffelstöre, von denen nur noch 2 Arten leben, der Löffelstör *(Polyodon spathula)*, heute auf wenige Abschnitte des Mississippi beschränkt, u. der Schwertstör *(Psephurus gladius)*, der sich weitab in China im Yangtsekiang als Relikt gehalten hat. – Die *Amphibien* haben in N. einige *Endemiten* aufzuweisen. Unter den *Schwanzlurchen* ist die Fam. ↗Aalmolche, die nur mit 1 Gatt. und 3 Arten umfaßt, und die Fam. ↗Armmolche mit ihren nur 3 Arten in 2 Gatt. ganz auf den SO von N. beschränkt. Typisch für N. sind auch die ↗Querzahnmolche, zu denen der im W von N. lebende Pazifiksalamander (↗*Dicamptodon ensatus*) gehört, der mit bis 30 cm Körperlänge der größte Landsalamander ist. Unter den *Froschlurchen* hat sich in N. mit dem zu den Urfröschen *(Ascaphidae)* gehörenden Schwanzfrosch *(Ascaphus truei,* ↗*Ascaphidae)* ein besonders urtüml. Vertreter gehalten; er lebt in den sehr kalten und reißenden Flüssen im NW von N.

bis hoch nach Kanada bei Wassertemp. unter 5 °C. Unter den *Reptilien* ist die mit den Blindschleichen verwandte Fam. Ringelechsen, die nur 2 Arten aufweist, mit der Kaliforn. Ringelechse *(Anniella pulchra)* ganz auf die Küstengebiete Kaliforniens beschränkt, wo diese beinlose Echse in sand. Böden eingegraben lebt. Die 2. Art *(A. geronimensis)* kommt außer in W-Kalifornien auch noch auf der vorgelagerten Insel Geronimo vor. Aus der Gruppe der Echsen ist die Fam. ↗Krustenechsen, die ebenfalls nur 2 Arten aufweist, die v. a. in den Trockengebieten u. Wüsten Mexikos verbreitet sind, mit der Gila-Krustenechse auch in die Wüsten im SW von N. vorgedrungen. Unter den Schlangen N.s sind die zu den Vipern gehörigen ↗Klapperschlangen, die auch in S-Amerika vorkommen, mit mehreren Arten in N. vertreten. Die Prärieklapperschlange, in mehreren Rassen in N. weitverbreitet, dringt v. allen am weitesten nach N, bis in die kanad. Provinzen Alberta u. Saskatchewan, vor. Die Diamantklapperschlange und die Texasklapperschlange können über 2 m lang werden. Unter den ↗Krokodilen kommt ein Vertreter der ansonsten v. a. in S-Amerika verbreiteten ↗Alligatoren im SO von N. in den Carolina-Staaten bis Texas vor, der Mississippi-↗Alligator. – Hinsichtlich der *Vögel* gehört die Nearktis mit ihren rund 800 Arten in Anbetracht ihrer Größe zu den relativ artenarmen Regionen (zum Vergleich: S-Amerika hat 2500 Vogelarten aufzuweisen). Die Vogelwelt N.s hat viele Beziehungen zu der Eurasiens, aber auch zu der S-Amerikas (s. o.). Typ. für die Nearktis sind die ↗Truthühner, die dort die auf die Alte Welt beschränkten Fasanen „vertreten". Das Truthuhn lebt in mehreren U.-Arten in den Laubwäldern in der Südhälfte von N. bis in das mexikan. Hochland. – Zahlr. auf N. *beschränkte (endemische) Gruppen* weisen die Säugetiere auf. So gibt es unter den ↗Spitzmäusen 2 endemische Gatt. (die Zwergspitzmaus *Microsorex* u. die Kurzschwanzspitzmaus *Blarina*). Die ↗Maulwürfe kommen in N. gleich in 6 endemischen Gatt. vor, unter denen die pazif. Maulwürfe (Gatt. *Scapanus*) an der Westküste, die Gatt. *Scalopus* in den Mittel- u. Oststaaten verbreitet sind (daneben noch die endemischen Gatt. *Neurotrichus, Condylura* u. *Parascalops*). Unter den ↗Fledermäusen weist die weltweit verbreitete Fam. ↗Glattnasen mehrere ganz auf die Nearktis beschränkte Gatt. auf (u. a. *Lasionycteris, Idionycteris, Corynorhinus*), während ↗Hufeisennasen in N. fehlen. Viele auf N. beschränkte Gruppen finden sich unter den Nagetieren. Bes. bemerkenswert ist hier der „Bergbiber" *(Aplodontia rufa)*, der in einigen engbegrenzten Gebieten an der Pazifikküste von N. in bergigen, feuchten Gebieten kolonieweise in unterird. Bauten

lebt. Er ist der einzige noch lebende Vertreter einer eigenen U.-Ord. (Protogomorpha) bzw. Fam. (Aplodontidae = ↗Stummelschwanzhörnchen) u. das vielleicht urtümlichste noch lebende Nagetier, von dem Verwandte im Tertiär über die Beringbrücke auch nach Europa vorgedrungen, aber inzwischen ausgestorben sind. Weitere für N. endemische Gatt. stellen die ↗Taschenratten mit den Gatt. *Geomys* und *Thomomys*, mit hamstergroßen, meist unterird. lebenden Arten. Unter den ↗Taschenmäusen sind die eigtl. Taschenmaus *(Perognathus)* u. die Taschenspringer *(Dipodomys)* auf N. beschränkt u. vertreten dort in Aussehen u. Lebensweise die Mäuse, Ratten u. Springmäuse der Alten Welt, die in N. fehlen. Zu den Wühlmäusen gehört die urspr. auf N. beschränkte ↗Bisamratte, die, an Wasser gebunden, dort ein riesiges Verbreitungsgebiet von 30° n. Br. bis nach Alaska u. vom Pazifik bis zum Atlantik einnimmt (auch in ↗Europa eingebürgert). – Die Huftiere weisen mit der ganz auf die Neotropis beschränkten Fam. ↗Gabelhorntiere mit nur 1 noch lebenden Art, dem ↗Gabelbock, einen bes. charakterist. Präriebewohner von N. auf; diese Art kommt nur in N. vor u. ist auch fossil nur von dort bekannt. Ebenfalls auf N. beschränkt ist der ↗Moschusochse, der heute nur noch in Restbeständen auf den kanad. Eismeerinseln u. in Grönland vorkommt, sowie die Schneeziege *(Oreamnos americanus)*, die in den westl. Hochgebirgen v. Alaska bis Montana die in N. fehlende Gemse, deren Verwandte sie ist, vertritt; dagegen kommt das in den Rocky Mountains v. W-Kanada bis Mexiko verbreitete ↗Dickhornschaf auch in Sibirien vor. Unter den Raubtieren sind der Schwarzbär od. Baribal *(Ursus americanus)*, der Amerikan. Dachs *(Taxidea taxus)* sowie der Streifenskunk *(Mephitis mephitis)*, eines der in mehreren Arten über das gemäßigte N. verbreiteten „Stinktiere", typ. Vertreter der Fauna von N. – Die Tatsache, daß in N. bestimmte Tiergruppen der Paläarktis nicht vorkommen, hat dazu geführt, daß vielfach Arten aus anderen systemat. Gruppen die ökolog. ↗Planstelle der fehlenden vertreten (↗Stellenäquivalenz), worauf bei den dargestellten Endemiten schon mehrfach verwiesen wurde. Dies gilt auch für manche für N. typische, jedoch nicht auf diese Region beschränkte Arten u. Gruppen, wofür noch 2 Beispiele angeführt seien: Unter den *Reptilien* fehlen in N. die in der Alten Welt verbreiteten ↗Agamen und werden in N. durch die auch in S-Amerika häufigen ↗Leguane vertreten, von denen etwa 40 Arten in N. leben.
Ein Beispiel für Stellenäquivalenz unter den Säugetieren bieten die Schweineartigen *(Suiformes)*. Die zur Fam. *Suidae* gehörigen Schweine, wie u. a. das eur. Wildschwein, fehlen in der Neuen Welt. Sie werden dort durch die Nabelschweine (Fam. *Tayassuidae*) ersetzt, zu denen die Pekaris gehören, die auch in S-Amerika vorkommen u. mit 1 Art, dem Halsbandpekari *(Tayassu tajacu)*, in Arizona u. Texas verbreitet sind. –

Die Klimazonen sind in N. in gleicher Weise wie in Eurasien ausgebildet (↗Europa), daher entsprechen sich auch die Bioregionen (Biome, vgl. die Vegetationszonen im Abschnitt „Pflanzenwelt"). In Ergänzung zu den schon gen. Arten werden im folgenden noch einige charakterist. Vertreter für die verschiedenen Regionen angeführt: Beispiele für die *Eis-* und *Tundrenregion* sowie einige typ. Vertreter des *borealen Nadelwaldes* finden sich in der Tab. Andere *Waldbewohner* haben ein ausgedehnteres Areal und dringen weiter nach S vor. Hierzu gehören der Waschbär, der v. Kanada bis Panama verbreitet ist, sowie der Präriewolf od. Kojote, der, auf N. beschränkt, v. Alaska u. Kanada bis in den äußersten S auch außerhalb v. Wäldern vorkommt. Das Rothörnchen *(Tamiasciurus hudsonicus)* u. das Grauhörnchen *(Sciurus carolinensis)* spielen in den Wäldern die Rolle des in N. fehlenden eur. Eichhörnchens. Im Nadelwald lebt auch als eigene Rasse der Waldbison *(Bison bison athabascae)*, der heute nur noch in den Schutzgebieten am S-Ufer des Großen Sklavensees erhalten ist. Der Wapiti, die nordam. Rasse des holarkt. Rothirschs, ist heute auf die Wälder der Rocky Mountains u. Kanadas beschränkt u. ein Vertreter der echten Hirsche *(Cervinae)*. Zu den Trughirschen *(Odocoilinae)* gehören dagegen der Weißwedel- od. Virginiahirsch *(Odocoileus virginianus)*, v. Alaska bis S-Amerika verbreitet, u. der Maultierhirsch *(Odocoileus hemionus)*, der auf die Berge u. Wüsten im W von N. beschränkt ist. – In den *Prärien* lebte einst zu Millionen der Präriebison *(Bison B. b.)*, dessen Bestand nur durch intensive Schutzmaßnahmen in einigen Reservaten erhalten werden konnte (↗Bison). Einige weitere typ. Präriebewohner sind in der Tab. aufgeführt. Die *Wüsten* und *Halbwüsten* bergen eine Fülle speziell angepaßter Reptilien, darunter die Gila-Krustenechse *(Heloderma suspectum)* u. die im Sand sich typisch fortbewegende Seitenwinderschlange *(Crotalus cerastes)*, eine der ca. 30 Klapperschlangenarten v. N. Von den Säugetieren sei nur der Antilopenhase *(Lepus alleni)* gen., dessen riesige Ohren ein Viertel der Körperoberfläche ausmachen (↗Allensche Proportionsregel), u. der Rotluchs *(Lynx rufus)*, der bis in die Wüsten u. Halbwüsten Mexikos verbreitet ist. Von der reichen Fauna in den *Seengebieten* u. *Flüssen* seien nur der ca. 18 cm lange Ochsenfrosch *(Rana catesbeiana)* sowie die in vielen Arten vertretenen Wasserschildkröten gen., darunter die bis 100 kg schwer werdende

Nordamerika

Wüsten und Halbwüsten

Eselhase *(Lepus californicus)*
Antilopenhase *(Lepus alleni)*
Springmaus *(Zapus princeps)*
Känguruhmäuse *(Microdipodops)*
Känguruhratte *(Dipodomys merriami, D. deserti)*
Weißkehlwüstenratte *(Neotoma albigula)*
Taschenmäuse *(Perognathus)*
Gila-Bindenspecht *(Centurus uropygialis)*
Kaktuskauz *(Macrathene whitneyi)*
Fransenzehenleguan *(Uma notata)*
Wüstenleguan *(Dipsosaurus dorsalis)*
Krötenechsen *(Phrynosoma)*
Rennechse *(Cnemidophorus tesselatus)*
Gila-Krustenechse *(Heloderma suspectum)*
Wüstenschildkröte *(Gopherus agassizii)*

1 Sumpf-Kiefer
  (Pinus palustris)
2 Palmettopalme
  (Sabal palmetto)
3 Sumpf-Zypresse
  (Taxodium distichum)
4 Königspalme
  (Roystonea regia)

Feuchte warm-temperierte Wälder

Der südöstliche Teil des Kontinents und das im Süden vorgelagerte Meer weisen subtropisches Klima auf. In den Mangrovewäldern leben viele Watvögel.

Schwarzbär *(Ursus americanus)*

Neunbinden-Gürteltier *(Dasypus novemcinctus)*

Puma *(Puma concolor)*

Weißwedelhirsch *(Odocoileus virginianus)*

Graufuchs *(Urocyon cinereoargenteus)*

Venusfliegenfalle *(Dionaea muscipula)*

Herbst-Aster *(Aster novi-belgii)*

Harlekin-Korallenschlange *(Micrurus fulvius)*

Waldklapperschlange *(Crotalus horridus)*

Dosenschildkröte *(Terrapene carolina)*

Schnappschildkröte *(Chelydra serpentina)*

Suppenschildkröte *(Chelonia mydas)*

© FOCUS

NORDAMERIKA VII – VIII

Heiße Halbwüsten und Wüsten

Charakteristische Gewächse der Halbwüsten- und Wüstengebiete Mexikos sind die Säulenkakteen. Bei der Tierwelt sind besonders die Reptilien erwähnenswert.

Riesen-Säulenkaktus *(Cereus giganteus)*

Washingtonia filifera

Palmlilie *(Yucca brevifolia)*

Ocotilla-Strauch *(Fouquieria splendens)*

Hellroter Ara *(Ara macao)*

Königsgeier *(Sarcorhamphus papa)*

Warzenkaktus *(Mammillaria spec.)*

Blattkaktus *(Epiphyllum crenatum)*

Dahlie *(Dahlia variabilis)*

Karakara *(Polyborus plancus)*

Schmuckkörbchen, Kosmee *(Cosmos bipinnatus)*

Kugelkaktus *(Lophophora williamsii)*

Zinnie *(Zinnia elegans)*

Ozelot *(Leopardus pardalis)*

Krustenechse, Gila-Tier *(Heloderma suspectum)*

Nordamerika

Geierschildkröte *(Macroclemys temminckii),* die sich im SO von N. vor allem im Mississippi u. seinen Nebenflüssen findet, die Schnappschildkröte *(Chelydra serpentina),* die v. Kanada bis nach Mexiko u. von den Rocky Mountains bis zum Atlantik verbreitet ist, sowie mehrere Arten der schön gefärbten Zierschildkröten *(Chrysemys),* die im S von N. von den nahe verwandten Schmuckschildkröten *(Pseudemys),* den häufigsten aller „Sumpfschildkröten", abgelöst werden. – Die *Meeresküsten* weisen je nach ihrer geogr. Lage eine unterschiedl. Tierwelt auf. An den Küsten im hohen N, die durch den Grönlandstrom aus dem Polarmeer mit Kaltwasser versorgt werden, leben zahlr. Fische, die die Nahrungsgrundlage für Robben, viele Wale u. Meeresvögel abgeben. Hier nisten an den Felsklippen Papageitaucher, Gryllteiste, Lummen, Tordalk und Baßtölpel – alles Fischfresser, die auch in den Nordmeeren der Alten Welt vorkommen. Vor den Küsten Neufundlands, Labradors u. Grönlands leben Wale u. Robben, darunter die Ringelrobbe *(Phoca hispida)* u. die Sattelrobbe *(Phoca groenlandica),* die im März zur Geburt ihrer Jungen zu Tausenden das Eis vor der Neufundland-Küste aufsuchen. Im Bering-Meer und Nordpazifik finden sich die pazif. Rassen des Walrosses *(Odobenus rosmarus divergens)* u. der Seeotter od. Kalan *(Enhydra lutris),* ein ganz an das Leben im Meer angepaßter Marder, der sich v. Muscheln und v. a. Seeigeln ernährt, deren harte Kalkschale er mit Hilfe eines Steines aufschlägt (Werkzeuggebrauch). Einst an der Pazifikküste von N. weit verbreitet, ist der Seeotter dank strenger Schutzbestimmungen heute auch wieder an der Küste von Kalifornien heimisch, wo man nahe Monterey 1938 eine Population von ca. 100 Tieren entdeckte, die sich inzwischen auf über 1000 Individuen vermehrt hat. – An der *Küste von Kalifornien* und den vorgelagerten Inseln leben als typische Robben der Kaliforn. Seelöwe *(Zalophus californianus)* und der bis 900 kg und über 5 m lange nördl. See-Elefant *(Mirounga angustirostris).* Neben vielen Delphinen kann man in Kalifornien die nahe an die Küste kommenden Grauwale *(Eschrichtius glaucus)* sehen, die regelmäßig zw. dem Eismeer u. dem Golf v. Niederkalifornien hin u. her wandern. Oft ist hier auch der Meerespelikan *(Pelecanus occidentalis)* zu beobachten, wenn er stoßtauchend nach Fischen jagt. Er geht am Pazifik nicht über die Nordgrenze Kaliforniens hinaus u. brütet dort an Felsen, kommt aber auch an der Pazifikküste, am Golf v. Mexiko vor, wo er seine Nester auf Bäume baut. – An der *Atlantikküste* von der Fundy-Bay bis nach Key West lebt ein urtüml. Vertreter der ↗ *Chelicerata,* der Schwert- oder Pfeilschwanz *(Limulus polyphemus),* ein Gliederfüßer, der im Frühjahr in Scharen die Strände aufsucht, wo die Weibchen in Gruben ihre Eier ablegen. – Die *Küste Floridas* weist, vom Golfstrom berührt, subtrop. bis trop. Einflüsse auf. An der Westküste kann man daher gelegentl. die zu den Seekühen gehörenden Manatis *(Trichechus manatus)* beobachten, die bis 3 m lang werden, sich v. Tang ernähren, u. deren Hauptverbreitungsgebiet die Karibik u. das nördl. S-Amerika ist. In Florida lebt auch der einst weit verbreitete Weißkopfseeadler *(Haliaeetus leucocephalus),* der als Wappenvogel der USA unter strengem Schutz steht u. in größerer Zahl noch in Alaska vorkommt. B .

Lit.: *Knapp, R.:* Die Vegetation von Nord- und Mittelamerika und der Hawaii-Inseln. Stuttgart 1965. *Walter, H.:* Vegetation und Klimazonen. Stuttgart ⁵1984. *de Lattin, G.:* Grundriß der Zoogeographie. Jena 1967. *Farb, P.:* Nordamerika, Flora und Fauna. Reinbek 1975. *Sanderson, I. T.:* Nordamerika (Kontinente in Farben). Zürich 1962. *Sedlag, U.:* Die Tierwelt der Erde. Leipzig – Jena – Berlin 1978. *Thenius, E.:* Grundzüge der Faunen- und Verbreitungsgeschichte der Säugetiere. Stuttgart ²1980.

A. B. / G. O.

Nordide, hellhäutige blonde Rasse der ↗ Europiden mit langen schmalen Schädeln u. hochwüchs. Körperbau; gehen stammesgeschichtl. auf die ↗ Aurignaciden zurück; urspr. Verbreitungsgebiet in NW- und N-Europa. B Menschenrassen.

Nordkaper *m* [ben. nach dem Nordkap], *Eubalaena glacialis,* ↗ Glattwale.

Nordseekrabbe, 1) *Nordseegarnele, Crangon crangon,* ↗ Crangonidae; **2)** *Carcinus maenas,* ↗ Strandkrabbe.

Norepinephrin *s,* das ↗ Noradrenalin.

Norgesalpeter *m* [v. norw. Norge = Norwegen, lat. sal = Salz, gr. petra = Stein], aus Calciumnitrat u. Ätzkalk zusammengesetztes (etwa $Ca(NO_3)_2 \cdot 2CaO$), bes. in Norwegen aus Kalk u. Salpeter gewonnenes Düngemittel. ↗ Kalksalpeter.

Normallinie, leichte Vertiefung od. Erhebung auf der Innenwand der Wohnkammer gestreckter (orthoconer) ↗ Nautiloidea.

Normallösung, *einnormale Lösung, 1-n-Lösung,* eine ↗ Lösung, die in 1 l (Lösung) 1 Grammäquivalent einer chem. Verbindung enthält; z. B. enthält eine einnormale Salzsäurelösung (Abk. n-HCl) 36,461 g Chlorwasserstoff in 1 l. N.en und ihre Verdünnungen sind als Maßflüssigkeiten bei der ↗ Maßanalyse v. Bedeutung.

Normandina *w* [ben. nach dem frz. Forscher C. Lenormand], ↗ Lichenes imperfecti.

Normoblasten [Mz.; v. *norm-, gr. blastos = Keim], unreife, kernhaltige, im Knochenmark gelegene Vorläuferzellen der ↗ Erythrocyten; ↗ Blutbildung.

Normogenese *w* [v. *norm-, gr. genesis = Entstehung], der normale Ablauf der ontogenet. Entwicklung, v.a. Embryonalentwicklung, im Ggs. zur pathologischen od. experimentell abgeänderten Entwicklung; z. T. eingeschränkt auf Entwicklung unter bestimmten Bedingungen

---

norm-, normal- [v. lat. norma = Richtschnur, Regel, Vorschrift; davon normalis = nach dem Winkelmaß gemacht, der Regel entsprechend].

not-, noto- [v. gr. nōton, nōtos = Rücken, Oberfläche].

noth- [v. gr. nothos = unecht, Bastard].

Nornicotin s, ↗Nicotianaalkaloide.
Norstictinsäure [Kw. v. *normal-, gr. stiktos = bunt] ↗Flechtenstoffe (☐).
Northrop [nå‘ɼrop], *John Howard*, am. Biochemiker, * 5. 7. 1891 Yonkers (N. Y.); Prof. in New York u. Berkeley; Arbeiten über Enzyme u. Proteinverdauung (1930 kristalline Darstellung v. Pepsin u. Trypsin); untersuchte den Einfluß der Metallionen, der Belichtung usw. auf die Enzymwirkung; stellte 1941 als ersten Antikörper das Diphtherieantitoxin dar; erhielt 1946 zus. mit J. B. Sumner und W. M. Stanley den Nobelpreis für Chemie.
Noscapin s, das ↗Narcotin.
Nosema s [gr., = Krankheit], Gatt. einzelliger Parasiten (↗Cnidosporidia, [T]), welche bei Honigbienen (↗N.seuche) u. Seidenraupen (↗Fleckenkrankheit) schwere Schäden verursachen können.
Nosemaseuche [v. gr. nosēma = Krankheit], seuchenart., oft mit dem Tod des Volkes endender Befall v. Honigbienen mit der Microsporidie *Nosema apis* (↗Cnidosporidia, [T]). Die widerstandsfähigen, mit Kot od. Waben übertragenen Sporen gelangen in den Darm; die aus ihnen schlüpfenden Trophozoite schädigen u. zerstören Darmzellen; Folgen sind durchfallart. Erkrankung mit Aufblähung des Hinterleibs und dünnflüss., gelb verfärbtem Kot, Schwäche, Flugunfähigkeit und krampfart. Bewegungen. *Nosema*-Befall gibt es auch bei anderen, z. T. medizinisch wicht. Insekten (z. B. Stechmücken), u. beim Seidenspinner durch *Nosema bombycis* (↗Fleckenkrankheit).
Nosodendridae [Mz.; v. gr. nosos = Krankheit, dendron = Baum] ↗Saftkäfer.
Nostoc m u. s [Wortschöpfung v. Paracelsus], *Schleimling, Zittertang*, Gatt. der *Nostocaceae* (oder Gatt. in der Sektion IV der ↗Cyanobakterien, [T]); die ca. 50 Arten haben rundl., eiförm. oder zylindr. Zellen, oft in rosenkranzförm., gewundenen Fäden innerhalb kugeliger od. formloser, blaubraungrüner Gallertlager (⌀ 1–10 cm), die eine festere Außenhülle besitzen können. *N.* lebt meist im Wasser od. an feuchten Stellen, kommt aber auch an extrem trockenen Standorten, in Lebermoos-Höhlungen, symbiont. in Wurzelknöllchen v. *Cycas* u. *Gunnera* vor u. bildet mit Pilzen ↗Gallertflechten. Zur Vermehrung werden ↗Hormogonien gebildet, die anfangs zu kleinen Filamenten heranwachsen, die terminal ↗Heterocysten ausbilden; in älteren, reifen Filamenten entstehen Heterocysten auch innerhalb der Zellfäden; oft werden auch Akineten (Dauerzellen) gebildet. [B] Bakterien u. Cyanobakterien.
Nostocaceae [Mz.], Fam. der ↗Oscillatoriales (od. *Nostocales*), in der fadenförm. Cyanobakterien ohne echte Verzweigung mit gleichmäßigem Zelldurchmesser u. ↗Heterocysten-Bildung eingeordnet werden; die meisten Vertreter weisen eine

Nostoc
Bekannte Arten:
N. zetterstedtii (in Seen planktisch)
N. commune (Sternschnuppe, „Tremella meteorica nigra", auf verschiedensten Böden verbreitet)
N. pruniforme (Wasserpflaume, am Grund v. Seen)
N. verrucosum (Gewässer, weit verbreitet)
N. sphaericum (u. *Anabaena*-Arten, in Atemhöhlen verschiedener Moose)
N. punctiforme (anfangs *Anabaena cycadeae* benannt, in Wurzelknöllchen v. *Cycas* u. *Gunnera*)

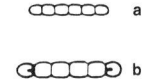

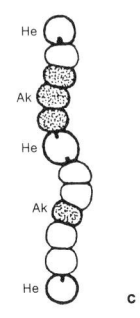

Nostoc
a Hormogonium;
b junges Trichom;
c reifes Trichom, Ak Akineten, He Heterocysten

Nostocaceae
Wichtige Gattungen:
↗ Anabaena
Anabaenopsis
Aphanizomenon
↗ Cylindrospermum
↗ Nodularia
↗ Nostoc

starke Gallertbildung auf; die *N.* entsprechen etwa der Sektion IV in neuer taxonom. Einteilung ([T] Cyanobakterien). [B] Bakterien u. Cyanobakterien.
Nostocales [Mz.], Ord. der Cyanobakterien. 1) Synonym für die Ord. ↗ *Oscillatoriales (Hormogonales)*, in der alle fädigen, unverzweigten od. unecht-verzweigten Formen mit u. ohne Heterocysten zusammengefaßt werden. 2) Ord. der II. Unterklasse ↗ *Hormogoneae*, in der nur die Arten eingeordnet werden, die ↗Heterocysten bei Stickstoffmangel ausbilden; entspr. der Fam. ↗ *Nostocaceae* in 1) ([T] Cyanobakterien).
Notacanthiformes [Mz.; v. *not-, gr. akantha = Stachel, lat. forma = Gestalt], die ↗Dornrückenaale.
Notaden m [v. *not-, gr. adēn = Drüse], ↗Katholikenfrosch.
Notandropora [Mz.; v. *not-, gr. andres = Männer, poros = Öffnung], die ↗Catenulida.
Notarchidae [Mz.; v. *not-, gr. archos = After], Fam. der *Anaspidea*, Hinterkiemerschnecken mit plumpem, ei- bis spindelförm. Körper (bis 12 cm lang); Schale sehr klein od. völlig verschwunden; kleiner Mantel, der die Kieme nicht bedeckt; die Parapodien können einen Kiemenraum bilden u. daraus durch Kontraktion Wasser ausstoßen, wodurch die *N.* kopffüßerartig schwimmen; 4 Gatt., v. a. in trop. Meeren.
Notaspidea [Mz.; v. *not-, gr. aspis = Schild], die ↗Flankenkiemer.
Nothobranchius m [v. *noth-, gr. bragchia = Kiemen], Gatt. der ↗Kärpflinge.
Nothofagus w [v. *noth-, lat. fagus = Buche], *Südbuche*, Gatt. der ↗Buchengewächse, mit ca. 45 Arten u. a. in den gemäßigten Breiten der S-Halbkugel u. wenigen trop. Arten. Von der Gatt. *Fagus* (↗Buche) ist *N.* durch einzeln od. zu dritt stehende Blüten u. den schuppigen Fruchtbecher unterschieden. Die Chromosomenzahl ist 2n = 26 (übrige Buchengewächse 2n = 24 oder 48), u. auch der Pollenbau weicht ab. Die Südbuchen bilden immergrüne Wälder *(N. dombeyi* und *N. betuloides)*, sommergrüne Wälder (z. B. *N. obliqua)* u. können als Krummholz bis an die Waldgrenze der Anden vordringen *(N. antarctica* und *N. pumilo)*. [B] Australien III.
Nothopsis w [v. *noth-, gr. opsis = Aussehen], Gatt. der ↗Höckernattern.
Nothosauria [Mz.; v. *noth-, gr. sauros = Eidechse], (Seeley 1882), † U.-Ord. vor allem an den Küsten des Muschelkalkmeeres (↗Trias) amphib. lebender ↗ *Sauropterygia*, die aus terrestr. lacertiformen Reptilien hervorgegangen sind u. sich dem Wasserleben angepaßt haben; Extremitäten noch weitgehend unverändert, jedoch wahrscheinl. mit Schwimmhäuten versehen. Vertreter der Typus-Gatt. *Nothosaurus* v. Münster 1834 erreichten 3 m Länge. Berühmtheit erlangt haben die Massenan-

Notidanoidei

Nothosauria
Nothosaurus, bis 3 m lang

häufungen des *Pachypleurosaurus* Broili 1927 aus dem Ladin des Monte San Giorgio (Tessiner Alpen).
Notidanoidei [Mz.; v. *not-, gr. idanos = ansehnlich], U.-Ord. der ↗Haie.
Notochord s [v. *noto-, gr. chordē = Darmsaite], die ↗Chorda dorsalis.
Notodontidae [Mz.; v. *not-, gr. odontes = Zähne], die ↗Zahnspinner.
Notogäa w [v. gr. notos = Südwind, Süden, gaia = Erde], biogeographisches Reich, das als einzige Region die ↗australische Region (↗Australis) umfaßt, die sich ihrerseits in 3 Subregionen gliedern läßt: die kontinentalaustralische Subregion (↗Australien), die ↗Neuseeländische Subregion u. die ↗Polynesische Subregion.
Notomastus m [v. *noto-, gr. mastos = Mutterbrust], Gatt. der ↗Capitellida.
Notonectidae [Mz.; v. *noto-, gr. nēktos = schwimmend], die ↗Rückenschwimmer.
Notoneuralia [Mz.; v. *not-, gr. neura = Sehne, Nerv], die ↗Deuterostomier; ↗Gastroneuralia.
Notophthalmus m [v. *not-, gr. ophthalmos = Auge], Gatt. der ↗Salamandridae, ↗Molche.
Notoplana w [v. *noto-, gr. planēs = umherschweifend], Strudelwurm-Gatt. der Ord. Polycladida, bis 3 cm lang; bekannte Art *N. atomata*.
Notopodium s [v. *noto-, gr. podion = Füßchen], dorsaler Abschnitt der ↗Extremität (↗Parapodien) der ↗Ringelwürmer, der den Dorsalcirrus u./od. Kiemen trägt.
Notoptera [Mz.; v. *noto-, gr. pteron = Flügel], Ord. der Insekten mit nur 6 bekannten Arten in der einzigen Fam. *Grylloblattidae*; die *N.* wurden erst um 1930 im Hochgebirge N-Amerikas entdeckt; die 1 bis 3 cm langen Tiere stehen aufgrund ihres Körperbaus systematisch zw. Heuschrecken u. Schaben.
Notopteroidei [Mz.; v. *noto-, gr. pteron = Flügel, Flosse], die ↗Messerfische 1).
Notoryctidae [Mz.; v. gr. notos = Süden, oryktēs = Gräber], die ↗Beutelmulle.
Notostigmata [Mz.; v. *noto-, gr. stigmata = Punkte, Flecke], U.-Ord. der Milben, gelten als urspr. Gruppe; Grenze zw. Pro- u. Opisthosoma erkennbar, Hysterosoma segmentiert (12 Segmente); 4 Paar Stigmen dorsal, Cheliceren dreigliedrig, wahrscheinl. Räuber; Herz vorhanden. Einzige Gatt. ist *Opilioacarus* mit 5 Arten, deren Vertreter in Mittelasien, S-Amerika u. im gesamten Mittelmeergebiet verbreitet sind; sie leben am Boden unter Steinen, 1,5–2,2 mm groß, bunt gefleckt.

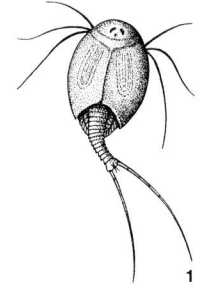

Notostraca

1 Dorsalansicht v. *Triops cancriformis* (5 cm lang); die gewundenen Maxillendrüsen sind durch den Carapax sichtbar; 2 das 6. Bein von *Triops cancriformis*

not-, noto- [v. gr. nōton, nōtos = Rücken, Oberfläche].

Notostigmophora [Mz.; v. *noto-, gr. stigmatophoros = gefleckt] ↗Hundertfüßer.
Notostraca [Mz.; v. *not-, gr. ostrakon = Schale], *Rückenschaler, Kiefenfüße*, Ord. der *Phyllopoda*. Große (bis 10 cm), altertüml. Krebstiere, deren Körper fast vollständig v. einem breiten, flachen, in der Mitte gekielten Carapax bedeckt ist, der vorn direkt in die Kopfduplikatur übergeht. Der fast wurmartig bewegl. Rumpf besteht aus bis zu 40 Segmenten, die dorsal nicht mit dem Carapax verwachsen sind. Antennen u. Mundwerkzeuge liegen unterhalb der Kopfduplikatur im Bereich der großen Unterlippe; beide Antennenpaare sind winzig u. bestehen nur aus wenigen Gliedern. Die ersten 11 Rumpfsegmente tragen je 1 Beinpaar. Am 1. Thorakopodenpaar sitzen mehrere lange, geißelart. Endite, die als Fühler dienen. Alle folgenden sind Blattfüße mit verbreitertem Exopodit und 5 medianen Enditen. Die darauf folgenden 12 (Gatt. *Lepidurus*) od. 17 (Gatt. *Triops*) Segmente tragen bis zu 6 ähnl. Beinpaare pro Segment, die nach hinten langsam kleiner werden. Diese Polypodie entsteht durch eine unvollkommene Segmenttrennung während der Entwicklung. Insgesamt können so bis zu 70 Beinpaare auftreten. Die letzten Rumpfsegmente sind als Abdomen beinlos; der Körper endet mit einer Furca mit langen, fühlerart. Furcalästen. – Auch in der inneren Anatomie sind die Tiere urtümlich. Das Herz ist lang u. hat 11 Ostienpaare. Der Mitteldarm gibt im Kopf verzweigte Mitteldarmdrüsen ab. Exkretionsorgane sind Maxillendrüsen, deren Kanal mit einer Windung in die Carapaxfalte zieht (Schalendrüse). Das Nervensystem ist ein langgestrecktes Strickleitersystem; das Tritocerebrum ist noch nicht dem Oberschlundganglion angeschlossen. Wichtige Sinnesorgane sind Komplex- u. Medianaugen. Dorsal auf dem Kopfschild erkennt man 4 dunkle Flecke. Die beiden seitl. sind in Gruben versenkte, gestielte Komplexaugen, die nahe zusammengerückt sind. Median davor liegt das Naupliusauge, das noch aus 4 Ocellen besteht, u. median dahinter ein aus 2 Ocellen bestehendes Frontalorgan. Primär sind die *N.* getrenntgeschlechtlich. Häufig ist geogr. Parthenogenese. Bei *Triops cancriformis* fehlen ♂♂ in N-Europa, in Mitteleuropa sind sie selten, in S-Europa und N-Afrika gibt es normale zweigeschlechtl. Populationen. Darüber hinaus finden sich bei einigen *Triops*- u. *Lepidurus*-Arten Populationen mit spermienproduzierenden Hodenabschnitten im Ovar, also Zwitter. Die Ovarien münden am 11. Thorakalsegment. Die Extremität dieses Segments ist modifiziert; Exopodit u. Epipodit sind gleich groß u. liegen übereinander wie eine flache Dose und ihr Deckel. In diesen Eibehältern werden die Eier nach der Eiablage bis zur nächsten Häutung getragen.

Die Eier können u. müssen austrocknen od. einfrieren. Die N. bewohnen, ähnlich wie die ↗ *Anostraca,* ephemere Gewässer, Schmelztümpel u. Teiche, die sich in regenreichen Sommern bilden. Am Boden wühlen sie mit ihren Beinen, über die ständig metachrone Bewegungswellen verlaufen, Sediment u. kleine Organismen auf, die über die ventrale Nahrungsrinne nach vorn unter die Oberlippe gebracht werden. Darüber hinaus auch räuberische Lebensweise; mit den harten Enditen können sie kleinere Organismen wie *Anostraca,* Chironomiden-Larven u.a. zerraspeln. Beim Schwimmen im freien Wasser wird meist der Rücken nach unten gekehrt. – Nur 1 Fam. und 9 bis 12 Arten, die sich auf die beiden Gatt. *Triops* u. *Lepidurus* verteilen. In Mitteleuropa ist *L. apus* (mit Furca bis 90 mm) eine Frühjahrsform (kommt Ende Jan. bis Ende Mai vor), deren Nauplien bald nach der Schneeschmelze schlüpfen u. sich innerhalb weniger Wochen u. über fast 40 Häutungen zum geschlechtsreifen Tier entwickeln; erträgt nur Temp. bis ca. 15 °C. *T. cancriformis* (mit Furca bis 100 mm), die Sommerart, bewohnt temporäre Tümpel u. Brackwasser von Mai bis Oktober. *P. W.*

Nototheca *w* [v. *noto-, gr. thēkē = Behälter], *Flectonotus,* Gatt. der ↗Beutelfrösche.

Notothenioidei [Mz.; v. spätgr. notothen = von Süden her], die ↗Antarktisfische.

Notothērium *s* [v. gr. notos = Süden, thērion = Tier], (Owen 1871), in die entfernte Verwandtschaft des rezenten Wombats u. zur † Fam. *Diprotodontidae* Gill 1872 gehörender Riesenbeutler v. plumper, Nashorn-Größe erreichender Gestalt u. grabender Lebensweise. Verbreitung: Pliozän bis Pleistozän, vielleicht noch bis ins Altholozän ausdauernd; Vorläuferformen ab Miozän; Australien.

Notothyladaceae [Mz.; v. *noto-, gr. thylades = Säcke], Fam. der ↗Anthocerotales.

Notothyrium *s* [v. *noto-, gr. thyrion = kleine Tür], *Stielloch,* dreieckiger Ausschnitt unter dem Wirbel der Armklappe mancher ↗Brachiopoden für den Durchtritt des Stiels. ↗Delthyrium.

Notoungulata [Mz.; v. gr. notos = Süden, ungulatus = mit Hufen ausgestattet], (Roth 1903), formenreiche Ord. †, im wesentl. auf S-Amerika beschränkte Huftiere *(Ungulata),* deren primitivste Vertreter deutl. Beziehungen zu den ↗ *Condylarthra* aufweisen. Infolge der geolog. Isolierung S-Amerikas während des Tertiärs erlangten die *N.* beträchtl. adaptive Radiation; konvergente Entwicklungen, z. B. zu Nagern od. Nashörnern, erschweren die klare systemat. Gliederung. Nach Entstehung einer Landverbindung zw. N- und S-Amerika im Pliozän wanderten Raubtiere u. Nahrungskonkurrenten ein, denen das Aussterben der *N.* zugeschrieben wird. Verbreitung: Paleozän bis Pleistozän von S-Amerika.

Notreife, Bez. für das vorzeitige Erhärten des noch nicht reifen Getreidekorns, das dabei mehr od. weniger stark schrumpft (sog. Kümmerkorn od. Schmachtkorn). Ursache ist eine vorzeitige Unterbrechung der Stoffzufuhr, die z. B. durch Trockenheit od. die Umlegung des Halms durch Wind od. Hagel hervorgerufen wird.

Notropis *w* [v. gr. nōtos = Rücken, tropis = Kiel], die ↗Orfen.

Notum *s* [v. *not-], ↗Insektenflügel.

Novobiocin, *Griseoflavin,* aus *Streptomyces niveus, S. spheroides* und *S. griseus* isoliertes Glykosid-Antibiotikum, das als Inhibitor der DNA-Gyrase (↗DNA-Topoisomerasen) wirkt (Wirkungsspektrum: B Antibiotika). N. wird therapeut. v. a. bei Staphylokokkeninfektionen angewandt.

Nowakien [Mz.], den † problemat. ↗Tentaculiten angehörende, sehr weit verbreitete Fam. *(Nowakiidae* Bouček u. Prantl 1960), deren konische Gehäuse eine Ring- u. Rippenskulptur aufweisen. Verbreitung: Obersilur bis Oberkarbon.

Noxe *w* [v. lat. noxa = Schaden, Verderben], Schädlichkeit, Krankheitsursache; ein Stoff od. ein äußerer Einfluß, der auf einen Organismus schädigend wirkt.

Noxine [Mz.; v. lat. noxa = Schaden], Bez. für gift. Stoffwechselprodukte, die sich in geschädigten u. zugrundegehenden Körpergeweben aus denaturierten Proteinen u. deren Zerfallsprodukten bilden.

n-RNA, Abk. für nucleare RNA, ↗Ribonucleinsäuren.

N-Terminus, der ↗Aminoterminus.

Nucella *w* [lat., = Nüßchen], Gatt. der Purpurschnecken. Die Nordische Purpurschnecke, *N. lapillus* (4 cm hoch), an Felsküsten von N-Atlantik u. Nordsee, bohrt mit der Reibzunge Seepocken u. Miesmuscheln an u. verzehrt diese.

Nucellarembryonie *w* [v. *nucell-, gr. embryon = Leibesfrucht], *Nucellarapogamie,* Bez. für die Erscheinung, daß aus diploiden somat. Nucelluszellen unter Umgehung des Generationswechsels, der Meiose u. Syngamie rein vegetativ Embryonen entstehen; diese Nucellarzellen reembryonalisieren gleichsam auf den Stand einer Zygote zurück; die Embryonen besitzen das gleiche Erbgut wie die Mutterpflanze (z. B. *Citrus*-Arten). ↗Apomixis.

Nucellus *m* [v. *nucell-], der von 1 oder 2 Integumenten umgebene Gewebekern der Samenanlage bei Höheren Pflanzen. Innerhalb des N. teilt sich die Megasporenmutterzelle (↗Embryosack-Mutterzelle) meiotisch in 4 Megasporenzellen (Embryosackzellen), von denen 3 i. d. R. degenerieren (B Bedecktsamer I). Der N. ist somit dem Megasporangium der heterosporen Farnpflanzen homolog. ↗Blüte (☐).

Nuchalorgane [Mz.; v. arab. nuqa = Rückenmark über mlat. nucha], Chemorezep-

not-, noto- [v. gr. nōton, nōtos = Rücken, Oberfläche].

nuc-, nucell- [v. lat. nux, Gen. nucis = Nuß; davon nucella = Nüßchen].

toren der ↗Ringelwürmer; in verschiedenart. Ausgestaltung sind es Felder bewimperter Zellen, die am Kopflappen od. im Bereich des Mundsegments gelegen sind; Hauptfunktion der N. ist das Überprüfen der Nahrung (Geschmackssinn).
Nucifraga w [v. *nuc-, lat. frangere = brechen], Gatt. der ↗Häher. [fend.
nucleär [v. *nucle-], den Zellkern betreff-
Nuclear-Gel s [v. *nucle-, lat. gelatus = erstarrt], *Nuclear-Matrix, Kernskelett,* strukturgebende Komponente der Kernmatrix aus mehreren Hauptproteinen, die ein lockeres Maschenwerk bilden, das für die Kernform (↗Zellkern) verantwortl. ist; spielt vermutl. außerdem bei der Replikation eine wichtige Rolle, da replizierende DNA und N.-G. eng assoziiert sind.
Nuclear-Sol s [v. lat. solutus = frei], lösl. Anteil der Kernmatrix mit zahlr. verschiedenen Proteinen; fr. auch als Karyolymphe bezeichnet.
Nucleasen [Mz.], *nucleolytische Enzyme, Phosphodiesterasen,* Gruppe v. Enzymen, durch die Internucleotidbindungen v. Nucleinsäuren, Oligo- u. Polynucleotiden hydrolyt. gespalten werden. N. sind in Zellen u. Organismen weit verbreitet und bes. am Katabolismus der Nucleinsäuren, aber auch in Teilschritten aufbauender Synthesewege (z.B. DNA-Replikation, DNA-Reparatur, RNA-Prozessierung) beteiligt. Produkte von N.-katalysierten Reaktionen sind Mono- od. Oligonucleotide mit den verbleibenden Phosphat-Resten entweder an der 3'- od. an der 5'-Position. Die Mehrzahl der N. spaltet bevorzugt einzelsträngige RNA od. DNA. Manche N. spalten dagegen vorzugsweise doppelsträngige Nucleinsäuren, wie z.B. die Restriktionsendo-N. Je nach Substratspezifität (DNA od. RNA) u. nach Abbaumodus unterscheidet man zw. ↗Desoxyribo-N., ↗Ribo-N., ↗Endo-N. und ↗Exo-N.
Nuclein s, die von J.F. ↗Miescher (1869) geprägte, heute nicht mehr gebräuchl. Bez. für Nucleinsäure-Histon-Komplexe. ↗Chromatin.
Nucleinsäurebasen, *Nucleobasen, Nucleotidbasen,* die in Nucleosiden, Nucleotiden u. Nucleinsäuren gebunden vorkommenden basischen Heterocyclen Adenin, Cytosin, Guanin u. Uracil (RNA) bzw. Thymin (DNA).
Nucleinsäuren, *Kernsäuren,* die ↗Desoxyribonucleinsäuren und die ↗Ribonucleinsäuren.
Nucleinsäurestoffwechsel, die Summe der Reaktionen, die zum Aufbau (DNA-Replikation, Transkription), Abbau, zur Reparatur (bei DNA) u. zur Übertragung der in Nucleinsäuren gespeicherten genet. Information (Transkription, RNA-Prozessierung, Translation) führen. ↗Desoxyribonucleinsäuren, ↗Ribonucleinsäuren; ↗Informationsstoffwechsel. [sen.
Nucleobasen [Mz.], die ↗Nucleinsäureba-

nuc-, nucell- [v. lat. nux, Gen. nucis = Nuß; davon nucella = Nüßchen].

nucle- [v. lat. nucleus = Nußkern, Kern; Diminutiv: nucleolus = kleiner Kern].

Nucleobionten [Mz.; v. gr. bioōn = lebend], die ↗Eukaryoten.
Nucleocapsid s [v. lat. capsa = Kapsel], grundlegendes Bauelement eines ↗Viruspartikels, setzt sich zus. aus der Virusnucleinsäure u. der Proteinhülle. ↗Capsid (☐), ↗Core.
Nucleocavia w [v. lat. cavus = hohl], (Richter u. Richter 1930), allg. Name für kleine, meist gewundene Kanäle, die sich in Form v. Furchen auf Oberflächen fossiler ↗Steinkerne finden. Als Urheber kommen Würmer, Arthropoden od. andere Tiergruppen in Betracht.
Nucleocentrosom s [v. gr. kentron = Mittelpunkt, sōma = Körper], innerhalb des Nucleus (Zellkern) befindl. ↗Centrosom.
Nucleofilamente [Mz.; v. lat. filamentum = Fadenwerk] ↗Chromatin; ↗Histone.
Nucleohiston s [v. gr. histion = Gewebe], DNA-Histon-Komplex im Zellkern, ältere, unkorrekte Bez. für ↗Chromatin.
Nucleoid s [v. *nucle-, gr. -eides = -artig], *Kernäquivalent, Karyoid, „Bakterienkern",* das dem Kern der Eukaryoten entspr. Kernmaterial (DNA) v. Prokaryoten (↗Bakterien), das aber nicht v. einer Kernmembran umgeben ist. Das N. läßt sich mit der ↗Feulgenschen Reaktion (nach Herauslösen der RNA) anfärben. Im Elektronenmikroskop erscheint die N.region weniger dicht als das umgebende Cytoplasma mit den Ribosomen (↗Bakterien, ☐). Normalerweise liegt das N. als ein einzelner geschlossener Faden vor, als ↗*Bakterienchromosom.* In wachsenden Zellen können aber mehrere N.e vorhanden sein (2 bis ca. 20). Die Genom-(N.)größe der Bakterien ist sehr unterschiedl., von $0{,}8 \cdot 10^6$ bis $8 \cdot 10^6$ Basenpaaren ([T] Desoxyribonucleinsäuren). Viele Bakterien enthalten neben der chromosomalen DNA des N.s noch ↗Plasmide (extrachromosomale DNA).
Nucleolarsubstanz, der ↗Nucleolus.
Nucleolarzone, veraltete Bez. für den Nucleolus-Organisator, unabhängig davon, ob diese Region morpholog. als Einschnürung *(Nucleolareinschnürung)* erkennbar ist od. nicht.
Nucleolus m [lat., = kleiner Kern], *Kernkörperchen, Nucleolarsubstanz, Nebenkern,* eine etwa kugelförm., 2–5 μm große, typ. Funktionsstruktur des Interphasekerns (↗Arbeitskern). Tier. Zellen enthalten meist nur einen N., pflanzl. Zellen meist mehrere. In Zellen mit intensiver Proteinsynthese ist der N. stets bes. groß; Zellkerne ohne N. finden sich fast nur in nicht Protein synthetisierenden Zellen (z.B. Skelettmuskelzellen). Während der ↗Mitose ([B]) wird der N. in den meisten Zellen zunächst kleiner u. löst sich dann ganz auf. In der Telophase entstehen neue Nucleolen an den *N.-Organisator-*Regionen (↗Chromosomen). Beim Menschen verschmelzen die 10 zunächst entstehenden kleinen Nu-

cleolen später zu einem großen N. Elektronenmikroskop. kann man 3 Komponenten im N. unterscheiden: eine nach Anfärbung hell erscheinende Zone, die die DNA der N.-Organisator-Region des Chromosoms enthält, eine periphere granuläre Zone mit Partikeln von 15–20 nm ⌀ (ribosomale Vorstufen) u. eine fibrilläre Zone aus dichtgepackten, 5–8 nm dicken Filamenten (Ribonucleoproteine). Der N. ist nicht v. einer Membran umgeben; der Zusammenhalt erfolgt wahrscheinl. durch spezif. Bindung der einzelnen Komponenten untereinander. Aufgrund des hohen Gehalts an Nucleinsäuren, bes. RNA, ist die Dichte des N. sehr hoch (in Säugerzellen $1{,}35\,g/cm^3$). Die Funktion des N. ist die Synthese der r-RNA in der zellulären Nucleoli in Form großer Präkursor-Moleküle durch die nucleoluseigene RNA-Polymerase I, die anschließende Prozessierung dieser RNA u. die Beladung mit speziellen Proteinen. Nach Hinzufügen einer kleineren, nicht im N. synthetisierten 5S-r-RNA entstehen die Vorstufen der zellulären Ribosomen, die über die Kernporen ins Cytoplasma transportiert werden. Erst hier bilden sich aus kleiner u. großer Untereinheit die eigtl. Ribosomen. ⃞B Photosynthese I, ⃞B Zelle, ⃞B Kerntransplantation.

Nucleoluschromosomen, Bez. für ↗Chromosomen, die den Nucleolus-Organisator enthalten.

Nucleoluskörperchen, Bez. für seitl. am ↗Nucleolus anliegendes Chromatin; bei abnehmender nucleolärer RNA-Synthese verdichtet sich das Chromatin der Nucleolus-Organisator-Region u. zieht sich dann aus dem Nucleolus zurück.

Nucleolus-Organisator ↗Chromosomen, ↗Nucleolus.

nucleolytische Enzyme, die ↗Nucleasen.

Nucleoplasma s [v. gr. plasma = Gebilde], das ↗Kernplasma.

Nucleoplasmin s [v. gr. plasma = Gebilde], ein aus 5 Untereinheiten bestehendes Protein, das im ↗Nuclear-Sol v. Amphibien, Vögeln u. Säugern vorkommt (bei ↗Amphibienoocyten ist es das Hauptprotein); die relative Molekülmasse der Untereinheiten beträgt 29 000. N. spielt vermutl. eine fundamentale Rolle, da es so weit verbreitet ist u. während der Phylogenese konserviert wurde.

Nucleoproteide, veraltete Bez. für ↗Nucleoproteine.

Nucleoproteine, die bes. in den Zellkernen enthaltenen, aus Nucleinsäuren u. Proteinen (↗Histone u. ↗Nicht-Histon-Proteine) aufgebauten Komplexe, wie die ↗Nucleosomen u. das ↗Chromatin. I. w. S. auch die in anderen Kompartimenten enthaltenen Komplexe zw. RNA (auch DNA in Chloroplasten u. Mitochondrien) u. Proteinen, wie z. B. die Ribosomen sowie die auch extrazellulär vorkommenden Phagen- u. Virenpartikel.

Nucleosidasen [Mz.], Enzyme, die die hydrolyt. oder phosphorolyt. Spaltung v. Nucleosiden in Nucleobase u. Ribose bzw. Desoxyribose katalysieren.

Nucleosid-5'-diphosphate, energiereiche Verbindungen, die als Zwischenprodukte bei der Synthese v. Nucleosid-5'-triphosphaten auftreten u. die sich dabei in zwei Phosphorylierungsschritten aus Nucleosiden über Nucleosid-5'-monophosphate als Zwischenstufe bilden. Zu den *Ribo-N.n* gehören ADP (↗Adenosin-5'-diphosphat, ⃞), CDP, GDP und UDP; die entspr. *Desoxyribo-N.* sind dADP, dCDP, dGDP und TDP.

Nucleosiddiphosphat-Zucker, die aktivierte Form v. Zuckern, die sich wie bei ↗UDP-Glucose, dem wichtigsten Vertreter der N., durch Koppelung eines Nucleosid-5'-diphosphats mit der halbacetalischen Hydroxylgruppe ringförm. Monosaccharide bilden; sie sind häufig die aktivierten Zwischenprodukte bei der wechselseit. Umwandlung v. Zuckern od. bei der Synthese v. Polysacchariden.

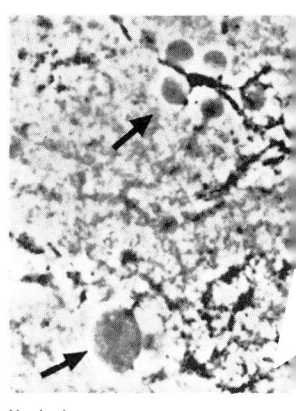

Nucleolus

Mit RNA gefüllte Nucleoli (Pfeile) an den Riesenchromosomen der Bohne nach Hormonbehandlung (Gibberellin)

Nucleosiddiphosphat-Zucker	
N. und ihre Beteiligung in Stoffwechselwegen:	
Uridindiphosphat-Glucose: allg. Kohlenhydratstoffwechsel, Glykogensynthese, Glucuronat-Weg, Cellulosesynthese	Aminozuckerstoffwechsel, Synthese v. Mucopolysacchariden u. Chitin *Adenosindiphosphat-Glucose:* Synthese v. Stärke u. Cellulose *Cytidindiphosphat-Ribitol:* Synthese v. Bausteinen der Bakterienzellwand
Uridindiphosphat-Galactose: Galactosestoffwechsel	*Guanosindiphosphat-Glucose:* Synthese v. Cellulose
Uridindiphosphat-Glucuronat: Glucuronat-Weg, Synthese v. Glucuroniden	*Guanosindiphosphat-Mannose:* Synthese v. Desoxyhexosen, Fucose u. Rhamnose
Uridindiphosphat-N-Acetylglucosamin:	*Desoxythymidindiphosphat-Glucose:* Synthese v. Rhamnose

Nucleosiddiphospho-Kinase *w*, Enzym, das die Übertragung eines Phosphatrestes v. ATP (aber auch v. anderen Nucleosid-5'-triphosphaten) auf Nucleosid-5'-diphosphate (NDP) katalysiert: ATP + NDP ⇌ ADP + NTP (NDP = ADP, CDP, GDP und UDP oder dADP, dCDP, dGDP und TDP). Auf diesem Weg werden in der Zelle alle erforderl. Nucleosid-5'-triphosphate (zur DNA- u. RNA-Synthese, zur Lipid-, Polysaccharid- u. Proteinsynthese) bereitgestellt.

Nucleoside [Mz.], die ↗Desoxyribonucleoside u. ↗Ribonucleoside.

Nucleosid-Kinase *w*, Enzym, das die Übertragung eines Phosphat-Rests v. ATP auf das 5'-ständige Sauerstoffatom v. Nucleosiden unter Ausbildung v. Nucleosid-5'-monophosphaten katalysiert: ATP + Nucleosid ⇌ ADP + Nucleosid-5'-monophosphat.

Nucleosidmonophosphate, die ↗2'-Desoxyribonucleosidmonophosphate u. ↗Ribonucleosidmonophosphate.

Nucleosidtriphosphate, die ↗2'-Desoxyribonucleosid-5'-triphosphate u. ↗Ribonucleosid-5'-triphosphate.

nucle- [v. lat. nucleus = Nußkern, Kern; Diminutiv: nucleolus = kleiner Kern].

Nucleosomen [Mz.; v. gr. sōma = Körper], engl. *n-bodies*, aus ↗Histonen u. DNA aufgebaute Struktur v. DNA eukaryotischer Zellen. N. bilden sich an den DNA-Ketten über deren ganze Länge in Abständen v. 140–200 Basenpaaren aus, wobei sich DNA jedesmal um das aus je 8 Histonmolekülen (4 Paare v. jeweils 2 identischen Histonen) bestehende globuläre Protein windet u. durch die resultierende Superspiralisierung eine Kondensation auf 1/7 ihrer Länge erfährt: das Ergebnis ist eine perlschnurartige Anordnung, wobei jedoch die „Perlschnur" (= DNA) *um* (nicht durch) die „Perlen" (= Histonkomplexe) gewunden ist. ☐ Chromatin.

Nucleotidasen [Mz.], *Nucleotidphosphatasen,* Gruppe v. weitverbreiteten, bes. in ↗Lysosomen enthaltenen Phosphatasen, die hydrolyt. Spaltung von 3'-Phosphat- (3'-N.) bzw. 5'-Phosphatgruppen (5'-N.) von Nucleosidmonophosphaten u. damit den Abbau von Mononucleotiden zu den entspr. Nucleosiden katalysieren.

Nucleotidbasen, die ↗Nucleinsäurebasen.

Nucleotid-Coenzyme [Mz.], ↗Coenzyme wie Coenzym A, NAD$^+$, NADP$^+$, FAD und Nucleosiddiphosphat-Zucker, die Nucleotide als kovalent gebundene Bausteine enthalten.

Nucleotide [Mz.], die aus einem stickstoffhalt. Heterocyclus (Nucleotidbase, Nicotinsäureamid, Flavin), einem Zucker (meist Ribose) u. einem Phosphatrest aufgebauten Verbindungen. Wichtige Vertreter sind die ↗2'-Desoxyribonucleosidmonophosphate u. die ↗Ribonucleosidmonophosphate sowie FMN und NMN (Mononucleotide, N. i. e. S.). Als aktivierte N. sind die ↗2'-Desoxyribonucleosid-5'-triphosphate bzw. die ↗Ribonucleosid-5'-triphosphate (aber auch die entspr. -diphosphate) aufzufassen. In gebundener Form sind N. Bestandteile der (auch als Polynucleotide bezeichneten) ↗Desoxyribonucleinsäuren u. ↗Ribonucleinsäuren sowie der Oligonucleotide (z. B. ↗Dinucleotide, ☐) u. der Nucleotid-Coenzyme.

Nucleotidsequenz *w* [v. lat. sequentia = Folge], die schriftart. Reihenfolge der Nucleotide in ↗Desoxyribonucleinsäuren bzw. ↗Ribonucleinsäuren; die N. als rein lineare Verknüpfung der Nucleotideinheiten ist ident. mit der Primärstruktur von DNA bzw. RNA. Da die Ribose-Phosphat-Einheiten der Nucleotidbausteine immer gleich sind, andererseits der schriftart. Charakter durch die Verschiedenheit der in den Nucleotiden enthaltenen ↗Nucleinsäurebasen bedingt ist, ist der Begriff N. bezügl. des Informationsgehalts v. Nucleinsäuren ident. mit ↗Basensequenz.

Nucleotidtriplett *s* [v. lat. triplex = dreifach], das ↗Basentriplett.

Nucleus *m* [lat., = Nußkern, Kern], **1)** der ↗Zellkern. **2)** *Nervenkern,* Anhäufung v. Nervenzellkörpern (Perikaryen) im Zentralnervensystem (ZNS) der Wirbeltiere. Die Nuclei sind Schaltstationen des Nervensystems, an denen zahlr. Nervenfasern aus verschiedenen Gebieten des ZNS oder der Peripherie zusammentreffen u. auf die Zellkörper anderer Nervenzellen umgeschaltet werden, die ihre Zellausläufer (Axone) in andere Gebiete des ↗Nervensystems entsenden.

Nucula *w* [lat., = Nüßchen], Gatt. der Nußmuscheln mit kleiner, im Umriß etwa dreieckiger Schale, innen perlmuttrig; Reihenzähner mit gebogenem Scharnierrand, tupfen mit großen Mundlappen Detritus auf. 3 Arten (bis 12 mm lang) der weitverbreiteten Gatt. leben oberflächl. eingegraben im sandigen Schlick auch der südl. Nordsee: die Große (*N. nucleus),* die Dünnschalige (*N. tenuis)* u. die Glänzende Nußmuschel (*N. nitida);* letztere ist die häufigste Muschel der Dt. Bucht; wichtige Plattfischnahrung.

Nuculana *w* [v. *nucul-], Gatt. der *Nuculanidae,* Fiederkiemer mit längl., oft hinten zugespitzter Schale; nur Jungmuscheln mit Byssus; Siphonen für Wasserein- u. -ausstrom. *N. pella* im O-Atlantik u. Mittelmeer. Im süddt. Dogger z. B. *N. rostralis* und *N. diana.* Verbreitung: Silur bis rezent.

Nuculidae [Mz.; v. *nucul-], die ↗Nußmuscheln.

Nuculoidea [Mz.; v. *nucul-], Überfam. der Fiederkiemer, Meeresmuscheln mit innerer Perlmutterschicht; etwa 150 Arten, die den Fam. ↗Nußmuscheln u. *Pristiglomidae* zugeordnet werden.

Nuda [Mz.; v. lat. nudus = entblößt], ältere Bez. für die ↗Atentaculata.

Nudelfische, *Salangidae,* Familie der ↗Hechtlinge.

Nudibranchia [Mz.; v. lat. nudus = nackt, gr. bragchia = Kiemen], die ↗Nacktkiemer.

nulliplex [v. lat. nullus = kein, -plex = -fach], bezeichnet bei ↗Autopolyploidie die für einen bestimmten Genlocus vollständig rezessive Form (z. B. aaaa); die Formen, die entspr. dominante Allel ein-, zweimal usw. aufweisen (z. B. Aaaa, AAaa), werden als *simplex, duplex* usw. bezeichnet.

Nullisomie *w* [v. lat. nullus = kein, gr. sōma = Körper], Form der ↗Aneuploidie, bei der ein Chromosomenpaar gänzl. fehlt (↗Chromosomenanomalien).

Numbat *m* [austr. Name], *Myrmecobius fasciatus,* ↗Ameisenbeutler.

Numenius *m* [v. gr. noumēnios = eine Art Brachläufer], die ↗Brachvögel.

numerische Apertur *w* [v. lat. numerus = Zahl, apertura = Öffnung], ↗Apertur, ↗Mikroskop.

numerische Taxonomie, *numerische Systematik, (numerische) Phänetik,* eine Arbeitsrichtung der ↗Systematik, die sich auf nach möglichst vielen Merkmalen berechnete Ähnlichkeitswerte (overall-similarity)

nucle- [v. lat. nucleus = Nußkern, Kern; Diminutiv: nucleolus = kleiner Kern].

nucul- [v. lat. nucula = Nüßchen].

numerische Taxonomie
Diese Schule der Systematik war in den 60er und 70er Jahren in den USA dominierend, weil sie im Ggs. zur herkömmlichen evolutionären ↗Systematik als modern (Computer!) und als objektiv galt. Inzwischen sind v. a. von der phylogenet. Systematik (↗Hennigsche Systematik) gravierende Einwände gemacht worden: die n. T. unterscheidet nicht zw. ursprünglichen (plesiomorphen) u. abgeleiteten (apomorphen) ↗Merkmalen; nur letztere sind für die Erschließung der verwandtschaftl. Beziehungen verwertbar. Manche Numeriker (Phänetiker) haben daraufhin ihre Auffassung modifiziert u. nehmen zumindest indirekt eine unterschiedl. Bewertung der einzelnen Merkmale vor (phänetische ↗Kladistik).

stützt. Urspr. gingen alle Merkmale mit gleichem Anteil in die mit Computern durchgeführten Berechnungen ein; es wurde nicht geprüft, ob z. B. Genitalsystem, Gehirn od. Blüte entscheidendere Merkmale liefern als Körperoberfläche, Herz od. Blätter. Bes. bekannt wurden die „Principles of numerical taxonomy" von Sokal u. Sneath (1963); vgl. Spaltentext.

Numididae [Mz.; v. lat. Numida = Numidier, avis Numidica = Perlhuhn], die ↗ Perlhühner.

Nummuliten [Mz.; v. lat. nummulus = kleine Münze], *Münzsteine, Nummulitidae* de Blainville 1825, Fam. vorwiegend großwüchsiger planspiraler ↗ Foraminifera von scheibenförm. bis kugeliger Gestalt; obwohl sie über 10 cm ⌀ erreichen können (↗ Großforaminiferen), werden sie dennoch den Mikrofossilien zugerechnet. Die Gehäuse sind kalkig u. perforat, leicht asymmetr. bis bilateralsymmetr., in- od. evolut; Kammern zahlreich, entweder einfach od. unterteilt in Kämmerchen; Verbindung innerhalb der Kammern durch komplizierte Kanalsysteme; wichtige Leitfossilien für Alttertiär. Die N. waren Bewohner warmer, flacher Meere, insbes. der Tethys; Massenanhäufungen bilden den *N.kalk,* aus dem z. B. die ägypt. Pyramiden erbaut sind. Die nächsten lebenden Verwandten der N. (Gatt. *Heterostegina*) geben Aufschluß über deren Lebensweise. Wahrscheinl. waren auch die N. Bewohner reinen, lichtdurchfluteten Meerwassers u. ernährten sich mit Hilfe v. Algen (Zooxanthellen), welche die Fähigkeit zur Photosynthese besaßen. Verbreitung: Oberkreide bis rezent, Hauptverbreitung im (mittleren) Eozän. Typus-Gatt. ist *Nummulites* Lamarck 1901.

Nuphar *w* [v. arab.-pers. nūfar (gekürzt aus nīnūfar) = Gelbe Teichrose], die ↗ Teichrose.

Nuß, *N.frucht,* Bez. für eine nicht zerfallende, d. h. einheitlich bleibende, trockenhäutige Schließfrucht. ↗ Fruchtformen (T), B Früchte.

Nußapfel, *Steinapfel,* Bez. für Apfelfrüchte, deren Fruchtwand dick u. steinhart wird. Beispiel: Weißdornmispel.

Nußbaum, 1) der Walnußbaum, ↗ Walnußgewächse. 2) Holz der Gemeinen Walnuß *(Juglans regia)* u. der am. Schwarznuß *(J. nigra,* Amerikanisch N.); feinfaserig, mit großen Poren u. nur schwach sichtbaren Markstrahlen, mittelhart, gelb, hellbraun od. schwarzbraun (je nach Standort); für Furniere u. Möbel verwendet.

Nußbohrer, *Curculio,* Gatt. der ↗ Rüsselkäfer.

Nüßchen ↗ Fruchtformen (T).

Nußmuscheln, *Nuculidae,* Fam. der Fiederkiemer mit eiförm. bis dreieck. Schale, hinten oft gestutzt; innen perlmuttrig; Schließmuskeln gleich- od. fast gleichgroß; ohne Mantelbucht; Scharnier reihenzähnig; Fuß kräftig, bei Jungtieren mit Byssus; getrenntgeschlechtlich. Bevorzugen sand. Schlick, aus dem sie mit den Mundlappen Detritus aufnehmen; rezent etwa 150 Arten, die meist zur kosmopolit. Gatt. ↗ *Nucula* gehören. [rer Unpaarhufer.

Nüstern, Nasenlöcher der Pferde u. ande-

Nutationsbewegungen [v. lat. nutatio = Schwankung], *Nutationen,* Wachstumsod. Windebewegungen (Circumnutationen) v. Pflanzen od. Pflanzenorganen, die auf zeitl. ungleichem Wachstum verschiedener Organflanken beruhen. ↗ autonome Bewegungen.

Nutria *m* [v. lat. lutra = Fischotter über span. nutria], *Biberratte, Sumpfbiber, Myocastor coypus,* relativ großes (Kopfrumpflänge 40–60 cm), urspr. an Flüssen u. Seen S-Amerikas vorkommendes Nagetier mit Schwimmhäuten zw. den Hinterzehen; Schwanz (30–40 cm lang) rund u. schuppenbedeckt. N.s werden in vielen Ländern (z. B. in Dtl. seit den dreißiger Jahren) in Pelztierfarmen gezüchtet. Aus entwichenen Farmtieren sind auch in Europa (u. a. in der Camargue) freilebende Populationen entstanden; strenge Winter führen zu hohen Verlusten. B Südamerika V.

Nutriment, *Nutrimentum* [lat., =], Nahrung, Nährstoff.

nutrimentäre Eibildung [v. lat. nutrimenta = Nahrung], Oogenesetyp, bei dem die ↗ Nährzellen Schwesterzellen der Oocyte sind. [↗ Ernährung.

Nutrition *w* [v. lat. nutritio = Nähren], die

Nützlinge, wildlebende Tiere, die dem Menschen in irgendeiner Form v. Nutzen sind, wie bei der ↗ biol. Schädlingsbekämpfung (z. B. viele Vögel, Igel, Ameisen, Marienkäfer, Schlupfwespen u. a.) od. bei der Verbesserung der Bodenstruktur (Regenwürmer u. a.).

Nutznießung, die ↗ Karpose.

Nutzpflanzen, Bez. für Pflanzen, die in irgendeiner Form vom Menschen genutzt werden; neben den ↗ Kulturpflanzen gehören hierzu auch viele Wildpflanzen, z. B. Sammelpflanzen, Holzlieferanten, Weidepflanzen usw.

Nutztiere, ↗ Haustiere, die für die Land- od. Forstwirtschaft u. a. Wirtschaftszweige v. Nutzen sind, z. B. Rinder (Milch, Fleisch, Arbeitstiere), Schafe (Wolle, Milch, Fleisch), Pferde, Esel, Kamele, Büffel, Elefanten (Arbeitstiere), Hühner (Eier, Fleisch), Bienen (Honig, Wachs) u. a.

Nutzwaldreservat, *Schonwald,* forstl. genutztes Waldschutzgebiet, in dem über einen längeren Zeitraum eine bestimmte Nutzungsart erhalten werden soll, z. B. ein Mittelwald.

Nutzzeit ↗ Chronaxie (☐).

Nuytsia *w,* Gatt. der ↗ Mistelgewächse.

Nyala *m* [afr. Name], zu den Waldböcken (U.-Fam. *Tragelaphinae*) rechnende afr. Antilope; Grundfärbung braun, am Rumpf weiße Querstreifen; Böcke mit schraubig gedrehten Hörnern. 2 Arten: Der eigtl. N.

Nummuliten
a Gesteinsplatte mit N., b Vertreter der Gatt. *Nummulites*

Nyctaginaceae

od. Tiefland-N. (*Tragelaphus angasi;* Kopfrumpflänge 135–155 cm) lebt gesellig im Flachland (dichter Busch, Grassteppe) SO-Afrikas. Der Berg-N. (*T. buxtoni;* Kopfrumpflänge 190–260 cm) kommt nur im südl. Äthiopien, in einem 150 km^2 großen Bergheidegelände oberhalb 2500 m Höhe, vor; er wurde erst 1908 entdeckt.

Nyctaginaceae [Mz.; v. *nyct-], die ↗Wunderblumengewächse.

Nyctalus *m* [v. *nyct-], der ↗Abendsegler.

Nyctea *w* [v. *nyct-], Gatt. der ↗Eulen.

Nyctereutes *m* [v. gr. nyktereutēs = Nachtjäger], ↗Marderhund.

Nycteribiidae [Mz.; v. gr. nykteris = Fledermaus, bioein = leben], Fam. der ↗Fledermausfliegen. [ger], ↗Haarfrosch.

Nyctibates *m* [v. *nyct-, gr. -batēs = -gän-

Nyctibiidae [Mz.; v. gr. nyktibios = bei Nacht lebend], die ↗Tagschläfer (Vögel).

Nycticorax *m* [v. gr. nyktikorax = Nachtrabe], Gatt. der ↗Reiher.

Nycticryphes *m* [v. *nyct-, gr. kryphē = verborgen], Gatt. der ↗Goldschnepfen.

Nyctimantis *m* [v. gr. nyktimantis = Nachtprophet], Gatt. der ↗Beutelfrösche ([T]).

Nyctimistes *m* [v. *nyct-, gr. mystēs = Geweihter], Gatt. der ↗Pelodryadidae.

Nyctotherus *m* [v. gr. nyktothēras = Nachtjäger], artenreiche Gatt. der ↗*Heterotricha*, Wimpertierchen, die im Darm v. Wirbeltieren u. Wirbellosen leben; sie haben einen abgeflachten, nierenförm. Körper u. einen tiefen Mundtrichter.

nyktinastische Bewegungen [v. *nyct-, gr. nastos = festgedrückt, gefüllt], mit dem natürl. Tag-Nacht-Wechsel synchronisierte Blüten- oder Laubblattbewegungen (sog. *Schlafbewegungen,* ↗Blattbewegungen), die meist auch autonom (↗autonome Bewegungen), endogen gesteuert, ablaufen können u. auf Turgorveränderungen spezieller Gewebe beruhen. ↗Nastie, ↗Chronobiologie ([]).

Nymphaea *w* [v. *nymph-], die ↗Seerose.

Nymphaeaceae [Mz.; v. *nymph-], die ↗Seerosengewächse. [rosenartigen.

Nymphaeales [Mz.; v. *nymph-], die ↗Seerosengewächse.

Nymphaeion albae *s* [v. gr. nymphaia = Seerose, lat. albus = weiß], ↗Potamogetonetea. [kenfalter.

Nymphalidae [Mz.; v. *nymph-], die ↗Fleckenfalter.

Nymphe *w* [v. *nymph-], im dt. Sprachgebrauch das (od. die) letzte, bereits Flügelanlagen tragende Jugendstadium der ↗*Hemimetabola* (insbes. ↗Neometabola) unter den Insekten. Häufig bezeichnet man imagoähnl. Jugendstadien als N., während imagounähnl. Larvalstadien *Larve* gen. werden. ↗Insektenlarven.

Nymphoides *m* [v. *nymph-], Gatt. der ↗Fieberkleegewächse.

Nynantheae [Mz.; v. gr. nyn = jetzt, anthos = Blüte], U.-Ord. der ↗Seerosen.

Nypa *w* [v. malaiisch nipah über span.-port. nipa], ↗Fiederpalme.

Nyssaceae [Mz.; ben. nach der gr. Nym-

nyct- [v. gr. nyx, Gen. nyktos = Nacht, Finsternis, Dunkel].

nymph- [v. gr. nymphē = junges Weib, dann auch Nympha = weibl. Gottheit der Quellen, Berge usw.; davon gr. nymphaia = Seerose (nach der gr. Mythologie aus einer Nymphe entstanden), lat. nymphalis = Quell-].

phe Nysa], Fam. der Hartriegelartigen mit 3 Gatt. und 8 Arten v. Holzgewächsen (östl. N-Amerika, China u. Tibet). Arten der Gatt. *Nyssa* (Tupelo) sind charakterist. Bestandteil der Sumpfwälder N-Amerikas. Die monotyp. Gatt. *Davidia* (Taubenbaum, Taschentuchbaum) stammt aus W-China. Die in Köpfchen stehenden, unscheinbaren Blüten sind umgeben v. 2 großen, weißen Hochblättern, die leicht bewegl. sind. In Mitteleuropa Ziergehölz.

Nystagmus *m* [v. gr. nystagmos = Nikken], „Augenzittern", unwillkürl. Bewegung der Augäpfel, bestehend aus einem period. Wechsel v. Saccaden (raschen Augenbewegungen; ↗Linsenauge, []) u. langsamen Augenfolgebewegungen durch Betrachtung bewegter Reizmuster (*optokinetischer N.*). Mit den Augenfolgebewegungen wird ein sich bewegender Gegenstand für kurze Zeit in der Fovea centralis (↗Netzhaut) fixiert (z.B. beim Blick aus einem fahrenden Zug, *Eisenbahn-N.*), anschließend springt das Auge zum nächsten Fixationspunkt (↗Bildwahrnehmung). Solche Augenbewegungen werden auch bei einer Drehung des Kopfes od. des ganzen Körpers reflektorisch ausgelöst, z.B. durch Drehung auf einem Drehstuhl; dieser *vestibuläre N.* ist von diagnost. Bedeutung. Ein N. kann aber auch durch Erwärmung bzw. Abkühlung der Endolymphe (durch Spülen der äußeren Gehörgänge mit kaltem od. warmem Wasser) ausgelöst werden *(kalorischer N.).*

Nystatin *s, Fungizidin, Mykostatin,* aus *Streptomyces noursei* isoliertes, ausschl. fungizid wirkendes ([B] Antibiotika) Polyen-Antibiotikum, das auf die Cytoplasmamembran schädigend wirkt. N. wird in der Medizin hpts. gg. Hefeinfektionen durch *Candida albicans* verwendet.

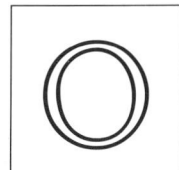

O, chem. Zeichen für ↗Sauerstoff.

O-Antigene [Mz.; v. gr. antigennan = dagegen erzeugen], *Körper-Antigene, somatische Antigene,* ↗Antigene, die durch die äußeren Oligosaccharidketten *(O-spezifische Seitenketten)* des ↗Lipopolysaccharids der ↗Bakterienzellwand gramnegativer Bakterien determiniert sind u. die Bildung O-spezifischer Antikörper im Makroorganismus hervorrufen, so daß eine (O-)Agglutination eintritt. Bakterienkapseln können diese Bakterien-Agglutination verhindern (↗*K-Antigene*). Wegen der großen Variationsmöglichkeit in der Zusammensetzung, Reihenfolge u. Bindung der Zucker der O-spezifischen Seitenketten ist die Zahl der spezifischen O-A. sehr groß u. wichtig in der serolog. Klassifikation v. ↗Bakterien, bes. der schnellen Identifizierung pathogener Stämme, z.B. v. *Salmo-*

nella u. Shigella (↗Kauffmann-White-Schema). Die Bez. O-A. leitet sich v. Kolonien „ohne Hauch" ab, als Ggs. zu hauchartigen Kolonien aus begeißelten (Proteus-)Zellen (↗H-Antigene).

Oase w [v. ägypt. wah = Ansiedlung, über kopt. ouahsi, gr. oasis], Wasserstelle in Wüsten od. Halbwüsten; häufig umgeben v. dichtem Pflanzenwuchs, dessen urspr. Bereich allerdings i. d. R. durch Bewässerungskulturen vergrößert wurde. O.n sind bedingt durch hohen Grundwasserstand (Grundwasser-O.), austretende od. erbohrte Quellen, Artes. Brunnen (Quell-O.) od. Flüsse (Fluß-O., z. B. das Niltal in Ägypten); charakterist. Kulturpflanze ist die Dattelpalme; Anbau v. Feldfrüchten u. Obst möglich.

obdiplostemon [v. lat. ob = entgegen-, gr. diplous = doppelt, stēmōn = Aufzug am Webstuhl], Bez., für Blüten mit 2 Staubblattkreisen, von denen die äußeren Staubblätter über den Kronblättern, die inneren über den Kelchblättern stehen. Ggs.: diplostemon.

Obelia w [v. gr. obelias = runder Kuchen], Gatt. der Eucopidae (Polypen: ↗Campanulariidae, ☐); Medusen mit flachen Schirmen (∅ ca. 6 mm), 8 Statocysten u. kurzen, dicken Tentakeln; das Velum ist reduziert. O. ist mit mehreren Arten an allen eur. Küsten häufig. Die entspr. Polypen werden zur Gatt. Laomedea gestellt. B Hohltiere I.

Obeliscus m [v. gr. obeliskos = Obelisk], Gatt. der Subulinidae, Landlungenschnekken mit schlankem, turmförm. Gehäuse (bis 8 cm hoch); ovovivipar; im trop. S-Amerika.

Oberarm ↗Stylopodium; ↗Extremitäten; O.bein (O.knochen) ↗Humerus.

Oberblatt, Bez. für den distalen Teil der beiden Untergliederungen, in die sich die junge ↗Blattanlage schon früh differenziert. ↗Blatt (☐). Ggs.: Unterblatt.

Oberboden, der ↗A-Horizont. ☐ Bodenprofil; B Bodentypen.

Oberea w, Gatt. der ↗Bockkäfer.

oberflächenaktive Stoffe, die ↗grenzflächenaktiven Stoffe; ↗Adsorption.

Oberflächenkultur, Deckenkultur, Emerskultur, Kultur v. Mikroorganismen auf der Oberfläche v. Nährlösungen od. festen Nährböden, so daß ein schneller Gasaustausch erfolgen kann; wichtig für viele obligate Aerobier mit hohem Sauerstoffbedarf. Um die Oberfläche zu vergrößern, werden oft besonders geformte Kulturgefäße verwendet, z. B. Fernbach-Kolben, Kolleschale, Petrischale, Penicillin-Kolben. Ggs.: ↗Submerskultur.

Oberflächenwasser ↗Bodenwasser.

obergärige Hefen, Oberhefen, ↗Bierhefe.

Obergräser, hochwüchsige, relativ halmreiche Gräser, die wenige Bodenblätter u. viele Halmblätter besitzen; sie sind gg. häufige Mahd u. Beweidung empfindl., da

Oberkiefer
Beim Menschen sind die beiden O.knochen ↗Praemaxillare u. ↗Maxillare zu einem einzigen Element verschmolzen, das die Humananatomie als ↗Maxille bezeichnet.

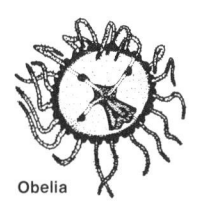

Obelia
O. geniculata (Meduse); Polyp: ☐ Campanulariidae

ihnen bei der Nutzung ein sehr großer Teil der Blattmasse genommen u. dadurch die Assimilation stark eingeschränkt wird; z.B. Glatthafer, Knäuelgras, Wiesenliesengras. ↗Untergräser.

Oberkiefer, 1) die *Mandibel* der *Mandibulata* (Krebstiere, Tausendfüßer, Insekten), ↗Mundwerkzeuge; ☐ Insekten, T Gliederfüßer; B Verdauung II. 2) oberer der beiden im ↗Kiefergelenk der Wirbeltiere u. des Menschen verbundenen Hebel; besteht entweder aus einem knorpeligen od. aus mehreren knöchernen Skelettelementen. ↗Kiefer.

Oberkiefertaster, der ↗Mandibulartaster.

Oberlippe, 1) *Labium superius*, ↗Lippen; 2) das ↗*Labrum*; ↗Mundwerkzeuge.

Oberschenkel ↗Stylopodium; ↗Extremitäten; O.bein (O.knochen) ↗Femur.

Oberschlundganglion, *Supraoesophagealganglion, Cerebralganglion*, der über dem Schlund (Pharynx) gelegene Gehirnteil des Zentral-↗Nervensystems der Gliedertiere. Bei den ↗Gliederfüßern setzt es sich aus 3 Abschnitten zus., dem ↗Proto-, ↗Deuto- u. ↗Tritocerebrum (↗Gehirn, ☐). Das *Protocerebrum* ist Verschmelzungsprodukt des Ganglions des ↗Akrons u. des 1. Kopf-Segments (*Prosocerebrum*). Funktionell bildet es eine völlige Einheit. Es ist das Verarbeitungszentrum aller höheren Sinnesfunktionen sowie das entscheidende Steuerzentrum der meisten komplexeren Verhaltensweisen. Es innerviert die Komplexaugen u. hat im ↗Lobus opticus 3 Verschaltungszentren (bei höheren Krebsen 4): von außen nach innen die *Lamina ganglionaris* (Periopticon, Ganglienplatte), *Medulla externa* (Epiopticon, äußeres Marklager) und *Medulla interna* (Lobula, Opticon, inneres Marklager). Rechter u. linker Lobus opticus sind über die Augenkommissur verbunden. Die 3 (od. selten 4) Stirnaugen (Ocellen, Naupliusaugen, Medianaugen) werden v. einem median gele-

Oberschlundganglion
Dorsalansicht eines schematisierten Insektengehirns. Das O. ist durchsichtig gedacht, um die Verschaltungszentren erkennen zu können. Angedeutet sind außerdem die wicht. Zuführungen zum ↗stomatogastrischen Nervensystem. ↗Gehirn (☐).

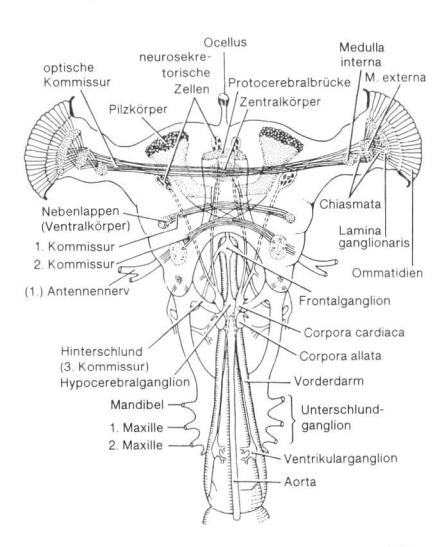

Labels in figure: optische Kommissur; neurosekretorische Zellen; Ocellus; Medulla interna; Protocerebralbrücke; M. externa; Pilzkörper; Zentralkörper; Nebenlappen (Ventralkörper); 1. Kommissur; 2. Kommissur; (1.) Antennennerv; Chiasmata; Lamina ganglionaris; Ommatidien; Frontalganglion; Corpora cardiaca; Corpora allata; Hinterschlund (3. Kommissur) Hypocerebralganglion; Vorderdarm; Mandibel; 1. Maxille; 2. Maxille; Unterschlundganglion; Ventrikularganglion; Aorta

Obesumbacterium

genen *Ocellarganglion* innerviert. Bei höheren ↗Insekten ist dieses nicht deutl. abgegrenzt. Weitere Verschaltungszentren im Protocerebrum sind die ↗*Pilzkörper* (Corpora pedunculata), die in Abhängigkeit v. der Größe der Komplexaugen u. der „Intelligenz" sehr verschieden groß sein können. Histologisch haben sie oft eine Pilzform (Name!). Ein Pilzkörper besteht aus einem od. mehreren Stielen *(Pedunculus),* die zum sog. Balken umbiegen. An der Spitze ist eine becherförm. Fasermasse (Becher, *Calix)* ausgebildet. Zwischen den beiden Pilzkörpern befinden sich die unpaare ↗*Protocerebralbrücke* (Pons protocerebralis) u. der ↗*Zentralkörper* (Corpus centrale) als weitere Glomeruli (Verschaltungszentren). Unter den Pilzkörpern liegen paarig kleinere Zentren, die *Ventralkörper,* die über die Protocerebralkommissur verbunden sind. Diese ist die 1. Kommissur, d.h. diejenige zw. den beiden Ganglien des 1. Segments des Kopfes *(Prosocephalon).* Über die genaueren Funktionen all dieser Zentren ist man bis heute kaum unterrichtet. – Das *Deutocerebrum,* das dem Protocerebrum eng angegliedert ist *(primäres Syncerebrum),* ist das Verschaltungszentrum für die 1. Antennen. Zwischen den beiden mächtigen Glomeruli verläuft die 2. Kommissur. – Das *Tritocerebrum* innerviert bei Krebstieren die 2. Antennen, bei Spinnentieren die Cheliceren. Bei den *Monantennata* (Tracheata) fehlt die zu innervierende Extremität (= 2. Antenne). Bei Insekten ist es der Ursprungsort für die Frontalkonnektive – Nerven, die den Labrumnerv abzweigen u. die Verbindung mit dem *Frontalganglion* herstellen. Letzteres kleine Ganglion liegt vor dem O. und ist das übergeordnete Zentrum des ↗*stomatogastrischen Nervensystems.* Das Tritocerebrum vereinigt sich ontogenet. erst mit dem primären Syncerebrum, wenn das Stomodaeum (Vorderdarm) bereits eingestülpt ist. Dementsprechend bleibt seine Tritocerebralkommissur (= 3. Kommissur) hinter dem Pharynx, den sie daher ventral als Schlinge umfaßt. Die vom Tritocerebrum abgehenden Konnektive stellen die Verbindung zum ↗Unterschlundganglion dar. ☐ Gehirn.   *H. P.*

Obesumbacterium *s* [v. lat. obesus = fett, gr. baktērion = Stäbchen], ↗Hafnia.

Obst

Erntemengen in der BR Dtl., in 1000 t (1984; in Klammer Durchschnitt 1978–83)

Äpfel	1799,3	(1722,9)
Birnen	448,9	(387,7)
Süß- u. Sauerkirschen	295,4	(241,8)
Pflaumen aller Art	488,2	(442,9)
Aprikosen u. Pfirsiche	33,6	(27,2)
Walnüsse	11,5	(10,1)
Erdbeeren	45,8	(37,4)

Obst

Samenobst (Auswahl)

a) nur Samen genutzt: Pinie, Araucarie; Paranuß, Haselnuß, Erdnuß, Mandel
b) Samenschale od. Arillus genutzt: Passionsblume, Durio, Litchipflaume, Granatapfel

Fruchtobst (Auswahl)

a) Beerenobst: Johannisbeere, Stachelbeere, Heidelbeere, Weinbeere, Melone, Dattel, Banane, Kiwi, Citrusfrüchte, Feigenkaktus
b) Steinobst: Süß- u. Sauerkirsche, Pflaume u. Zwetschge, Pfirsich, Aprikose, Mango
c) Sammelbalgfrüchte: Apfel, Birne
d) Sammelsteinfrüchte: Himbeere, Brombeere
e) Sammelnußfrüchte: Erdbeere, Mispel

Obione *w* [ben. nach dem sibir. Fluß Ob], die ↗Salzmelde.

obligate Parasiten [Mz.; v. *oblig-, gr. parasitos = Schmarotzer], *obligatorische Parasiten,* ohne Wirt (zumindest in bestimmten Lebensphasen) nicht lebensfähige Parasiten. ↗Parasitismus.

obligatorisches Lernen *s* [v. *oblig-], Lernvorgänge, die für ein Tier lebensnotwendig sind u. zu individuell erworbenen *Artmerkmalen* des Verhaltens führen, z.B. alle ↗Prägungen, Fähigkeiten der Jungenbetreuung bei Makaken usw. Ggs.: ↗fakultatives Lernen. ↗Lernen.

Obolellida [Mz.; v. gr. obolos = Obolus, eine Münze], (Rowell 1965), formenarme † Ord. inarticulater ↗Brachiopoden *(↗Inarticulata)* mit überwiegend kalkiger, bikonvexer, gerundeter bis ovaler Schale; Stielklappe mit deutl. Pseudo-↗Interarea; Lage der Stielöffnung variabel, Wirbel der Armklappe randlich. Verbreitung: Unter- bis Mittelkambrium. Typus-Gatt.: *Obolella* Billings 1861.

Obolus *m* [v. gr. obolos = Obolus, eine Münze], (Eichwald 1829); ungült. Name: *Obulus* Quenstedt 1868), † Gatt. inarticulater ↗Brachiopoden *(↗Inarticulata)* mit gerundeter, phosphat. Schale. Verbreitung: Kambrium bis (mittleres?) Ordovizium, kosmopolitisch. *O. apollinis* ist Leitfossil des unteren Ordoviziums (Tremadoc A_1), namengebend für den estnischen „Obolensandstein".

Obst, Sammelbegriff für die eßbaren Samen u. Früchte wildwachsender od. in Kultur genommener, i.d.R. mehrjähriger Gehölze *(↗O.gehölze).* Die verschiedenen O.sorten unterscheiden sich stark hinsichtl. des Gehalts ihrer Inhaltsstoffe; vielen gemeinsam ist ein hoher Wassergehalt (bis über 80%). Der Nährwert ist, abgesehen v. den Samen, relativ gering. Die Bedeutung des O.es für die Ernährung beruht auf dem Gehalt an Vitaminen, Spurenelementen, Fruchtsäuren u. Kohlenhydraten. Nach dem Zeitpunkt der Ernte bzw. des Verzehrs unterscheidet man *Sommer-, Herbst-* und *Winter-O.* Handelsübliche Bez. sind *Kern-O.* (z.B. Apfel, Birne), *Stein-O.* (z.B. Kirsche, Pflaume, Aprikose), *Schalen-O.* (z.B. Walnuß) u. *Südfrüchte* (z.B. Banane, Citrusfrüchte). Nach bot. Gesichtspunkten teilt man besser ein in: 1)

Nährstoffgehalt einiger Obstarten (bezogen auf 100 g Frischgewicht)

Art	Energie	Wasser	Rohprotein	verdaul. Kohlenhydrate	Rohfett	Rohfaser	Ca	P	Fe	Vit. A	Thiamin	Riboflavin	Niacin	Vit. C	Abfall vor Verzehr
	kJ	g	g	g	g	g	mg	mg	mg	I.E.	mg	mg	mg	mg	%
Ananas	230	86	0,4	13	0,1	0,5	13	17	0,4	100 (20–200)	0,08	0,03	0,1	30	40
Apfel	250	84	0,3	14	0,4	1,0	4	15	0,3	20	0,04	0,02	0,2	5	16
Aprikose	250	83	1,0	14	0,4	1,1	13	23	0,8	3000	0,03	0,03	0,6	5	9
Banane	460	75	1,2	20	0,3	0,3	7	18	0,5	400	0,05	0,05	0,7	10	33
Dattel (trocken)	1100	15	2,0	64	Spur	8,7	68	64	1,6	50	0,07	0,05	2,0	0	13
Litchi	250	84	0,8	14	0,2	0,5	8	22	0,4	0	0,04	0,04	0,3	50	40
Mango	210	87	0,4	11	0,7	0,7	14	10	0,4	1000	0,03	0,04	0,3	30	34
Orange	210	86	0,8	10	Spur	0,2	40	24	0,3	100	0,05	0,03	0,2	55	25

Samen-O., wobei unterschieden wird, ob nur der Samen od. die Samenschale bzw. der Arillus genutzt wird; 2) *Frucht-O.:* das fleischige Perikarp v. Schließfrüchten wird verzehrt. Weiterhin wird unterschieden, ob es sich um Einzelfrüchte (Beeren, Steinfrüchte) od. Sammelfrüchte (Sammelbalg-, Sammelstein- od. Sammelnußfrüchte) handelt. B Früchte, B Kulturpflanzen VI–VII.

Obstbau, fr. auch *Pomologie,* Pflanzung u. Pflege ↗Obst liefernder Dauerkulturen. Man unterscheidet Erwerbs-O. als Zweig der ↗Landwirtschaft und des ↗Gartenbaus u. Selbstversorger-O. Typische Maßnahmen des O.s, v. a. des Intensiv-Erwerbs-O.s, sind regelmäßiger Obstbaumschnitt u. Veredelung zur Erzielung einer gewünschten Kronenform u. Wuchshöhe u. zur Erhöhung der Fruchtbarkeit, Schädlingsbekämpfung, Bodenbearbeitung u. Düngung, Schutz vor Frost u. Wind. Die Anfänge des O.s reichen bis ins Neolithikum zurück (z. B. Kultivierung des Apfelbaums in Mitteleuropa od. der Dattelpalme in Mesopotamien).

Unterbrechung der Wasserzufuhr wachsen die Triebteile oberhalb der Befallsstelle schlechter od. verdorren *(Spitzendürre);* es kann sogar zum Absterben der Bäume kommen. Auf den befallenen Stellen treten im Sommer weißgelbe Konidienlager, im Herbst leuchtendrote Perithecien-Fruchtkörper mit Asci auf (Einzelfruchtkörper 0,2–0,3 mm, kugelig bis oval). Infektionsstellen für den Pilz sind Rindenrisse, frische Narben (während des Blattfalls) od. Schnittwunden; Frostrisse u. Hagelschlag begünstigen die Ausbreitung. Zur Bekämpfung können kleinere Wunden bis auf das gesunde Holz ausgeschnitten u. mit besonderem fungizidhalt. Baumwachs zugestrichen werden. Ähnl. Krankheitsbilder wie beim O. zeigen sich auch bei anderen Laubbäumen (z. B. Esche, Weide) sowie beim Blutlauskrebs (↗Blasenläuse) u. dem Wurzelkropf (Bakterienkrebs) an Pflanzen. ↗Pflanzentumoren, ↗*Agrobacterium.*

Obstfäule ↗Fruchtfäule (T); ↗Bitterfäule.
Obstfliegen, die ↗Drosophilidae.

oblig- [v. lat. obligatus = verbindlich, verpflichtet; obligatorius = verbindlich].

Obstbaumformen

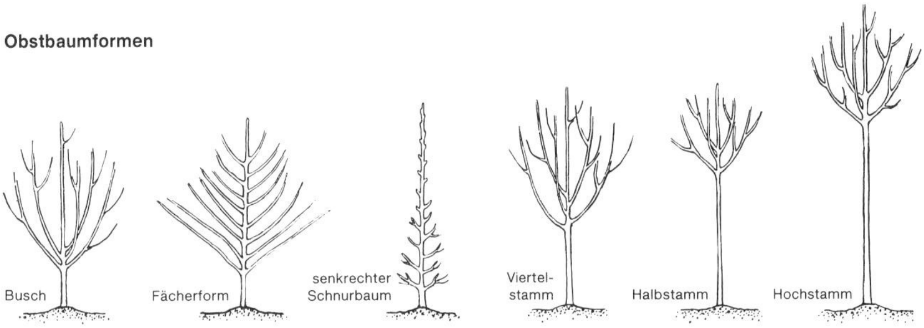

Busch   Fächerform   senkrechter Schnurbaum   Viertelstamm   Halbstamm   Hochstamm

Obstbaumformen, durch gezielten Baumschnitt erreichte unterschiedl. Kronenformen u. Wuchshöhen der ↗Obstgehölze. Je nach Stammlänge unterscheidet man Hochstamm (1,80–2 m), Dreiviertelstamm (1,60–1,80 m), Halbstamm (1,20–1,60 m), Viertel- od. Meterstamm (0,80–1,20 m) und Niederstamm (0,40–0,80 m; ↗Formobstbaum). An Kronenformen gibt es z. B. die Busch- u. Fächerform, den Spindelbaum, der an einem kräft. Mitteltrieb gleich lange, kurze Seitenäste trägt, u. den Schnurbaum, bei dem das ↗Fruchtholz direkt am Haupttrieb ansetzt. Die strauchart. Obstgehölze werden eingeteilt in Halbstämmchen (30–50 cm Höhe) u. Hochstämmchen (1–1,50 m).

Obstbaumkrebs, *Baumkrebs,* Pilzerkrankung v. Obstbäumen (z. B. Apfel, Birne); Erreger ist *Nectria galligena* (= *Cylindrocarpon mali),* der Gallische Pustelpilz. An erkrankten Stellen stirbt die Rinde ab u. sinkt ein; an größeren Befallsstellen entstehen durch Überwachsungen wulstige od. kugelige, offene Mißbildungen, bei denen der Holzkörper freigelegt ist *(= offener Krebs),* od. die Wunden werden völlig überwallt *(= geschlossener Krebs).* Durch

Obstgehölze, kultivierte od. wildwachsende, ↗Obst liefernde Holzgewächse (Bäume, Sträucher u. Zwergsträucher).
Obstmade, Larve des ↗Apfelwicklers.
Obstruktionsringe [v. lat. obstructio = Verschließung], ringförm. Kalkausscheidungen des ↗endosiphonalen Gewebes ↗annulosiphonater Nautiliden auf den Siphonalduten unter sekundärer Verengung der urspr. sehr weiten Siphonalröhre; O. dienten wahrscheinl. der Erhaltung des horizontalen Schwebgleichgewichts der stabförm., sich durch Wachstum verlängernden Gehäuse.
obvers [v. lat. obversus = entgegengewendet], Lagebez. bei 1) ↗Graptolithen: auf der Siculaseite liegend; 2) ↗Moostierchen: auf der porentragenden Seite eines Zooariums liegend. Ggs.: revers.
Oca w [v. Quechua okka], ↗Sauerklee.
Ocadia w, Gatt. der ↗Sumpfschildkröten.
Occipitale s [v. lat. occiput = Hinterkopf], *Os occipitale,* das ↗Hinterhauptsbein.
Occiput s [lat., =], *Hinterkopf, Hinterhaupt,* bei Tieren u. Mensch die hintere Region des ↗Kopfes; bei ↗Insekten (☐) Region am Kopf hinter dem Vertex (Scheitel) u. den Genae (Wangen); durch die Oc-

Oceanodroma

Oceanodroma *w* [v. gr. Ōkeanos = Ozean, dromas = laufend], Gatt. der ↗Sturmschwalben.

Oceanospirillum *s* [v. gr. Ōkeanos = Ozean, speira = Windung], ↗Spirillum.

Ocellarganglion *s* [v. lat. ocellus = Äuglein], Verschaltungszentrum im vorderen Protocerebrum (↗Gehirn, ↗Oberschlundganglion) der Gliederfüßer für die Medianaugen (Ocellen, Naupliusaugen, Stirnaugen).

Ocellen [Mz.; v. lat. ocellus = Äuglein], *Ocelli, Punktaugen,* punktförm. ↗Lichtsinnesorgane bei den verschiedensten Tieren, die schon früh in der Evolution aufgetreten sind. So haben bereits viele ↗Hohltiere O. Sie wurden immer wieder neu evolviert u. auf verschiedenste Weisen perfektioniert. Der einfachste Ocellus ist ein *Plattenauge,* das durch Einsenkung in den Epithelverband u. weitere Entwicklung v. dioptrischen Hilfsstrukturen komplexer wurde (↗Auge, □). O. i. e. S. finden sich v. a. bei ↗Gliederfüßern. Morpholog. haben sie meist eine ein-, selten eine mehrschicht. Retina, bestehend aus Retinulazellen, die entweder ein geschlossenes Rhabdom od. eine netzförm. Retina aufbauen. Meist sind auch lichtabschirmende Pigmente vorhanden. Je nach Leistungsfähigkeit ist auch eine Linse und gelegentl. ein Glaskörper (Spinnentiere) ausgebildet. Entwicklungsgesch. muß man bei den O. der Gliederfüßer *Median-* u. *Lateral-O.* unterscheiden. Letztere sind stets Abkömmlinge v. ↗Komplexaugen bzw. modifizierte Komplexaugen. So haben die Spinnentiere Lateral-O., die Reste eines in Einzelommatidien aufgelöstes Komplexauges sind. Echte Spinnen haben davon noch 3 auf jeder Prosomaseite. Auch die Tausendfüßer besitzen auf jeder Kopfseite Lateral-O., die modifizierte Reste v. Komplexaugen-Ommatidien darstellen. Gleiches gilt für die ↗Stemmata der Larven holometaboler Insekten. Median-O. finden sich bei fast allen Gliederfüßern u. sind vermutl. bereits v. Anneliden-Vorfahren übernommen. Urspr. treten sie in Vierzahl auf (*Pantopoda, urspr. Krebse, Collembola*) u. werden aber unabhängig bei Krebstieren u. Insekten auf jeweils 3, bei Spinnentieren auf 2 reduziert. Bei letzteren werden sie *Medianaugen,* bei Webspinnen *Hauptaugen,* bei Krebstieren ↗*Naupliusaugen* u. bei Insekten *Stirn-O.* genannt. Während sie bei Spinnentieren die Hauptsehorgane neben den Lateral-O. darstellen, sind sie bei Insekten Hilfsorgane der Komplexaugen. Wenn auch die genaue Funktion bis heute nicht geklärt ist, so kann man allg. sagen, daß sie eine Art Photometer darstellen, über das die Empfindlichkeit der Retinulazellen in den Ommatidien geregelt wird. Bei Hautflüglern ist ein Zshg. mit der Licht-↗Kompaßorientierung nachgewiesen. I. d. R. haben flugfähige gegenüber flugunfähigen Insekten häufiger Stirn-O. ausgebildet. Nachtaktive Insekten besitzen gegenüber tagaktiven Arten lichtstärkere O. Den Tausendfüßern u. holometabolen Insektenlarven fehlen Stirn-O. stets. ↗Einzelaugen; □ Insekten.

H. P.

Ocenebra *w*, *Tritonalia,* Gatt. der Purpurschnecken mit mäßig hohem Gewinde u. kleiner, eiförm. Mündung; Siphonalkanal meist geschlossen. *O. erinacea* (6 cm hoch) bohrt mit der Reibzunge u. auf chem. Wege besonders junge Austern an u. wird daher schädlich; dieser „Austernbohrer" lebt in nördl. Atlantik, Mittelmeer u. westl. Nordsee.

Ochnaceae [Mz.; v. gr. ochnē = Birnbaum], *Ochnagewächse, Grätenblattgewächse,* in den Tropen (insbes. S-Amerikas) heim. Fam. der *Theales* mit rund 600 Arten in etwa 40 Gatt. Meist Bäume od. Sträucher (seltener Kräuter) mit wechselständ., i. d. R. einfachen Blättern sowie Nebenblättern u. überwiegend rispig od. traubig angeordnet, meist 5zählig strahligen Blüten. Der oberständ. Fruchtknoten besteht im allg. aus 2–5 Fruchtblättern, die durch den Griffel mehr od. weniger locker zusammengehalten werden u. eine bis zahlr. Samenanlagen enthalten. Die Frucht zerfällt in mehrere Steinfrüchte, kann aber auch bisweilen eine Beere od. Kapsel sein. Bei einigen O.-Arten schwillt die Blütenachse zur Fruchtreife fleischig an; auch wurden Leitbündel in der Primärrinde beobachtet. Einige Arten der in Afrika und S-Asien heim. Gatt. *Ochna* werden als Zierbäume (-sträucher) geschätzt; hierzu gehört z. B. *O. atropurpurea* mit schwarzen Steinfrüchten auf einer fleischigen, leuchtend roten Blütenachse mit bleibendem Kelch. Der in Zentral- und W-Afrika weit verbreitete Bongos(s)ibaum *(Lophira alata)* besitzt sehr hartes, vielseitig verwendbares Nutzholz sowie ölhalt. Samen, aus denen das *Méni-Öl* gewonnen wird.

Ochoa [otschoa, oᵘtschoᵘä], *Severo,* span.-am. Biochemiker, * 24. 9. 1905 Luarca (Nordspanien); seit 1940 in den USA, ab 1946 Prof. in New York; wies nach, daß die durch Abbau v. Nahrungsstoffen gewonnene Energie in der Zelle in Form v. energiereichen Phosphatverbindungen gespeichert u. verfügbar gehalten wird; entdeckte u. isolierte 1955 aus Bakterien ein Enzym (Polynucleotid-Phosphorylase), mit dem ihm später die In-vitro-Synthese v. Ribonucleinsäure gelang; mitbeteiligt an der Entschlüsselung des genet. Codes (1961); erhielt 1959 zus. mit A. Kornberg den Nobelpreis für Medizin.

Ochotonidae [Mz.; v. mongol. ochodona = Pfeifhase], die ↗Pfeifhasen.

Ochrea *w* [v. lat. ocrea = Beinschiene], *Nebenblattscheide,* ↗Nebenblätter.

Ochre-Codon *s,* das Terminations-Codon

S. Ochoa

ochr- [v. gr. ōchros = blaß, bleich, gelb; davon abgeleitet: Ocker].

UAA (↗ genetischer Code, T). Das O. kann durch Punktmutation (sog. *Ochre-Mutation*), ausgehend v. den Codonen UA$_C^U$ (Tyr), UCA (Ser), UUA (Leu), AAA (Lys), GAA (Glu) und CAA (Gln), auch in die codierenden Bereiche von m-RNA eingeführt werden, wodurch es zum vorzeit. Kettenabbruch (↗ Termination) der Proteinsynthese an den betreffenden Positionen kommt und i. d. R. nur biol. inaktive Protein-Fragmente entstehen. Ein Organismus, der in einem od. mehreren Genen Ochre-Mutationen aufweist, wird *Ochre-Mutante* gen. Der durch Einführung einer Ochre-Mutation bewirkte vorzeit. Kettenabbruch der Proteinsynthese kann entweder durch eine echte Rückmutation zu einem der oben aufgeführten Aminosäure-Codonen od. durch eine an anderer Stelle des Genoms erfolgende *Ochre-Suppressor-Mutation* (auch kurz *Ochre-Suppressor* gen.) rückgängig gemacht werden. In beiden Fällen entstehen wieder vollständige u. daher biol. aktive Proteine, die je nach Art der Rückmutation bzw. der Ochre-Suppressor-Mutation entweder völlig ident. mit den Wildtyp-Proteinen sind od. diesen gegenüber nur in einer Position – der dem O. entsprechenden Position – einen Aminosäureaustausch aufweisen. Der Suppression von O. liegen mutierte t-RNA-Gene zugrunde. Die durch diese bedingte Veränderung einzelner t-RNA-Spezies besteht i. d. R. in einem Basenaustausch im Anticodon, wodurch dieses zum O. komplementär wird. Das O. kann dadurch mit der betreffenden t-RNA eine Codon-Anticodon-Paarung ausbilden u. wird so als Aminosäure-Codon (statt wie sonst als Signal für Kettenabbruch) abgelesen. – Die Bez. Ochre (dt. ocker) wurde willkürl. (als Ggs. zu Amber; ↗ Amber-Codon, später auch zu ↗ Opal-Codon) gewählt u. hat keinen direkten Bezug zur Eigenschaft od. Wirkung von Ochre-Codonen.

Ochridasee, *Ochridsee, Ohridsee,* See an der jugoslaw.-alban. Grenze, 695 m ü. d. M., 367 km² groß, bis 286 m tief; besteht permanent wahrscheinl. seit dem späten Pliozän; kennzeichnend das Fehlen etlicher weit verbreiteter Tiere sowie das Vorkommen zahlr. Endemiten, z. T. pliozänen Ursprungs (Reliktendemiten). Einige Formen, Relikte der pleistozänen Kaltwasserfaunen, haben nächste Verwandte im ↗ Baikalsee.

Ochridaspongia w [v. gr. spoggia = Schwamm], Gatt. der Schwamm-Fam. *Spongillidae;* Vorkommen nur im ↗ Ochridasee; bildet keine Gemmulae, vermutl. Reliktform.

Ochrolechia w [v. *ochr-, gr. lechos = Lager], Gatt. der ↗ Pertusariaceae.

Ochroma w [v. spätgr. ōchrōma = Blässe], Gatt. der ↗ Bombacaceae, die sich u. a. durch extrem leichtes Holz (↗ Balsaholz) auszeichnet.

ochr- [v. gr. öchros = blaß, bleich, gelb; davon abgeleitet: Ocker].

Ochridasee
Beispiele endemischer Gruppen:
Ochridaspongia (Schwämme)
Neodendrocoelum (Plattwürmer)
Ochridia (Fadenwürmer)
Pachylion (Fische)

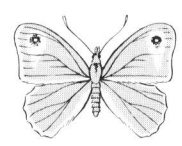

Ochsenauge
Weibchen des O.s
(Maniola jurtina)

Ochsenfrösche
Einige Ochsenfrösche:
Südafrikanischer Ochsenfrosch *(Pyxicephalus adspersus,* Fam. *Ranidae,* ↗ Grabfrosch)
Australischer Ochsenfrosch *(Limnodynastes dumerili,* Fam. *Myobatrachidae)*
Indischer Ochsenfrosch *(Kaloula pulchra,* Fam. ↗ Engmaulfrösche)
Nordamerikanischer Ochsenfrosch *(Rana catesbeiana,* Fam. ↗ *Ranidae)*
Südamerikanischer Ochsenfrosch *(Leptodactylus pentadactylus,* Fam. ↗ Südfrösche)

Ochromonadaceae [Mz.; v. *ochr-, gr. monas = Einheit], Fam. der ↗ *Chrysomonadales;* freilebende od. festsitzende Flagellaten (Goldalgen) mit dorsiventralem Zellbau; einige Arten koloniebildend. *Ochromonas* ist mit über 40 Arten meist im Süßwasser verbreitet; die Zellen sind leicht formveränderl. und bilden häufig Pseudopodien zur Aufnahme fester Nahrung; *O. danica* lebt im Licht phototroph, im Dunkeln phagotroph; *O. ludibunda* in Teichen; *O. fragilis* und *O. crenata* in Torfschlenken. Weitere Gatt. sind: *Monas,* ca. 20 Arten; plastidenfreie, farblose Flagellaten, ernähren sich phagotroph, bilden typische Kieselcysten. *Chrysodendron,* Zellen auf verzweigten Gallertstielen, bäumchenart. Kolonien. *Uroglena,* ca. 5 Arten; eiförm. Zellen auf verzweigten Gallertstielen, bilden kugel. Gallertkolonien; in kühleren Jahreszeiten häufig im Teich- u. Seenplankton; *U. volvox* und *U. americana.* *Chromulina* (Glanzalge), ca. 50 Arten; eine Geißel stark reduziert; in Teichen häufig in großen Mengen im Neuston; bilden goldschimmernde ↗ Wasserblüte; *C. rosanoffi* wird heute als *Chromophyton rosanoffi* bezeichnet. *Phaeaster pascheri,* häufiger im Seeplankton, ähnelt *Chromulina,* aber viel größer. *Anthophysa vegetans,* weltweit verbreitete farblose Art, insbes. in eisenhalt. Gewässern; auf Gallertstielen zu Kolonien vereint.

Ochse, das kastrierte männl. Hausrind.

Ochsenauge, 1) *Buphthalmum,* Gatt. der ↗ Korbblütler (T) mit 2, nur in Europa vorkommenden Arten. In Mitteleuropa ist ledigl. das Weidenblättrige O. *(B. salicifolium),* eine bis 70 cm hohe, wenig verzweigte Staude mit lanzettl. Blättern u. bis 6 cm breiten, einzeln stehenden, gelben Blütenköpfen aus Strahlen- u. Scheibenblüten anzutreffen. Standorte sind u. a. sonnige Kalkmagerrasen u. -weiden, Gebüschsäume u. lichte Wälder. **2)** *Kuhauge, Maniola (Epinephele) jurtina,* einer der häufigsten einheim. Tagfalter aus der Fam. ↗ Augenfalter, in verschiedenen Rassen in ganz Europa u. N-Afrika auftretend; Falter dunkelbraun mit Augenfleck auf den Vorderflügeln, diese beim Weibchen mit orangegelber Binde, Männchen mit dunklem Duftschuppenstreifen, Spannweite 40–50 mm, Hinterflügel unterseits mit einer variablen Anzahl v. Augenflecken, die zu umfangreichen populationsgenet. Studien Anlaß gaben; Falter fliegen v. Juni bis Sept. in einer langgestreckten Generation; im S legen die O.n teilweise eine Sommerruhe ein; eifrige Blütenbesucher auf Wiesen, Magerrasen, Ödland u. blumenreichen Waldwegen, auch in Gärten; die Eier werden verstreut od. an Gräsern abgelegt; die grüne, behaarte Raupe frißt an verschiedenen Grasarten u. überwintert. **3)** *Megalops cyprinoides,* ↗ Tarpune.

Ochsenfrösche, Bez. für meist große Frö-

Ochsenheimeriidae

sche aus verschiedenen Fam. (T 213), deren Ruf an das Brüllen v. Rindern erinnert; nur der Südamerikanische O. hat einen pfeifenden Ruf. In manchen Gegenden S-Amerikas werden auch ↗Hornfrösche wegen ihrer blökenden Rufe als O. bezeichnet.

Ochsenheimeriidae [Mz.; ben. nach dem dt. Entomologen F. Ochsenheimer, 1765 bis 1822], die ↗Bohrmotten.

Ochsenherz, *Glossus humanus*, Blattkiemenmuschel der Fam. *Glossidae*, im O-Atlantik u. Mittelmeer; 8 cm lang, mit festen, gewölbten Schalen, deren Wirbel nach vorn eingerollt sind; gräbt sich in Weichböden ein.

Ochsenzunge, 1) der ↗Leberpilz. **2)** *Anchusa*, in Europa, W-Asien sowie N- und S-Afrika beheimatete Gatt. der Rauhblattgewächse mit ca. 40 Arten. Ein- bis mehrjähr. Kräuter mit lanzettl. bis linealen, rauhhaarigen Blättern u. in meist dichten, beblätterten Wickeln stehenden Blüten; diese blau, violett, weiß od. gelb, mit kleinen Schlundschuppen. Die in Mitteleuropa zerstreut in sonn. Unkraut-Ges., an Wegen u. Schuttplätzen zu findende Gemeine O. (*A. officinalis*) blüht zunächst rot, dann dunkelblauviolett u. wird bisweilen als Zierpflanze gezogen. Sie wird überdies manchmal als Wildgemüse oder -salat od., wegen ihres Gehalts an Gerb- u. Schleimstoffen sowie Alkaloiden (*Cynoglossin, Consolidin*), als Heilpflanze genutzt.

Ochthiphilidae [Mz.; v. gr. ochthos = Hügel, philos = Freund], *Chamaemyiidae*, die ↗Blattlausfliegen.

Ocimum *s* [v. gr. ōkimon = Basilikum], Gatt. der Lippenblütler mit 50 bis 60 Arten v. a. im trop. Afrika, Amerika u. Asien. Von den weiß od. rosa blühenden, aromat. duftenden Kräutern (Halbsträuchern) ist *O. basilicum*, das ↗Basilienkraut, das bekannteste.

Ockenfuß, *Lorenz*, ↗Oken.

Ockerbakterium *s* [v. gr. baktērion = Stäbchen], Faden v. Scheidenbakterien, die durch Niederschläge v. Eisenoxid an od. in den Scheiden gelb-braun gefärbt sind; *Sphaerotilus natans* (↗„Abwasserpilz") bzw. ↗*Leptothrix ochraceae*.

Ockerstern [v. *ochr-], *Pisaster ochraceus*, bis 30 cm großer Seestern (Fam. *Asteriidae*), häufig an fels. Küstenabschnitten v. Alaska bis Südkalifornien. Kommt in drei Farbvarianten vor: gelb (Name!), braun u. violett; lebt in der Gezeitenzone u. ernährt sich v. a. von Miesmuscheln. *P. brevispinus* gräbt Muscheln u. Sanddollars aus dem Sand heraus.

Octoblepharum *s* [v. gr. blepharon = Lid], Gatt. der ↗Leucobryaceae.

Octobrachia [Mz.; v. gr. brachiōn = Arm], veraltete Bez. für ↗Kraken.

Octoclasium *s* [v. gr. lasios = dicht behaart], *Octolasium*, Ringelwurm-(Oligochaeten-)Gatt. der Fam. *Lumbricidae*. *O.*

ochr- [v. gr. ōchros = blaß, bleich, gelb; davon abgeleitet: Ocker].

oct-, octo- [v. gr. oktō = acht].

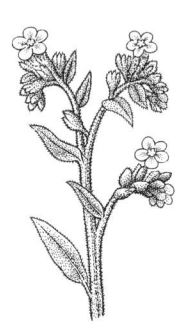

Gemeine Ochsenzunge (*Anchusa officinalis*)

Octocorallia

Ordnungen:
↗Alcyonaria
↗Blaukorallen (Helioporida)
↗Hornkorallen (Gorgonaria)
↗Seefedern (Pennatularia)

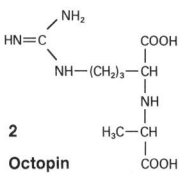

$$HN=C\begin{matrix}NH_2\\ \\NH-(CH_2)_3-CH\end{matrix}\begin{matrix}\\COOH\\ \\NH\\ \\H_3C-CH\\COOH\end{matrix}$$

2 **Octopin**

1 Synthese von O.,
2 Strukturformel

lacteum, bis 10 cm lang, v. a. in sog. fetten Böden, ausschl. parthenogenetisch.

Octocorallia [Mz.; v. gr. korallion = Koralle], *Achtstrahlige Korallen*, U.-Kl. der ↗*Anthozoa* mit ca. 2500 Arten in 4 Ord. (vgl. Tab.); große Arten erreichen bis 3 m Länge (z. B. ↗Hornkorallen). O. sind fast immer stockbildend. Die Polypen haben stets 8 Septen und 8 gefiederte Tentakel; diese tragen Nesselkapseln, welche jedoch die menschl. Haut nicht durchdringen können. Die Gonaden drücken die Septenwandungen nach innen u. hängen wie Trauben in den Gastralraum. Die Eier u. Spermien werden i. d. R. ins freie Wasser abgegeben, wo die Befruchtung abläuft u. sich Planulae entwickeln, die ca. 1 Woche planktonisch leben. Ektodermale Zellen, die in die Mesogloea einwandern, scheiden ein Skelett in Form v. kleinen Kalkskleriten od. hornart. Gebilden ab. Die Einzelelemente können auch verschmelzen u. massivere Skelette aufbauen (Riffbildung). Die einzelnen Polypen sind über ein Stolonennetz, das in der Mesogloea verläuft, miteinander verbunden. Aus diesen Stolonen sprossen neue Polypen (abweichende Verhältnisse bei ↗Seefedern). Neben den normalen Polypen (Anthozoide) treten bei vielen O. sog. Siphonozoide (Schlauchpolypen) auf, die Tentakel u. Mesenterialfilamente reduziert, die Wimperrinne im Schlundrohrwinkel aber stark entwickelt haben. Sie sorgen für die „Wasserspülung" in der Kolonie (Atmung, Exkretion). Die Erregungsleitung durch einen Stock ist bei Seefedern u. Orgelkorallen sehr gut ausgebildet (Leitungsgeschwindigkeit ca. 20 cm/s). Alle O. sind marin u. treten entweder als fleischige, lappige Gebilde od. als bizarre Zweige, Federn u. Fächer auf. Meist sind sie buntgefärbt, manche können leuchten (↗Leuchtorganismen).

Octodontidae [Mz.; v. *oct-, gr. odontes = Zähne], die ↗Trugratten.

Octopin *s*, ein Aminosäurederivat, Endprodukt des ↗Anaerobiose-Stoffwechsels (☐) im Muskel einiger Kopffüßer (*Loligo*) u. Weichtiere (*Pecten*). Das aus dem Energiespeicher Argininphosphat für die ATP-Bereitstellung anfallende Arginin wird mit Pyruvat aus der Glykolyse zu O. kondensiert, unter Oxidation des $NADH_2$ zu

$$\text{Arginin} + \text{Pyruvat} + NADH_2$$
$$\downarrow \text{Octopin-Dehydrogenase}$$
$$\text{Octopin} + NAD^+ + H_2$$

1

NAD^+, das wieder in den glykolytischen Abbau eingeschleust werden kann. Dadurch wird Pyruvat aus der Glykolyse gezogen u. der pH-Wert im Muskel stabilisiert. ↗*Agrobacterium*. [↗Kraken.

Octopoda [Mz.; v. gr. podes = Füße], die

Octopoteuthidae [Mz.; v. gr. oktṓpous = achtfüßig, teuthis = Tintenfisch], Fam. der *Oegopsida,* Kalmare mit kelchförm. Körper u. großen Flossen; Mantellänge bis knapp 60 cm; 1 Gatt. *Octopoteuthis* mit mindestens 3 Arten.

Octopus *m* [v. gr. oktṓpous = achtfüßig], Gatt. der *Octopodidae* (U.-Ord. *Incirrata*), Kraken mit sackart. Körper ohne Flossen, mit wohlentwickelten, hochgelegenen Augen. Der Gemeine Krake (*O. vulgaris*) erreicht 3 m Gesamtlänge u. 25 kg Gewicht; er ist weltweit in warmen u. gemäßigten Meeren im küstennahen Bereich anzutreffen (nicht unter 200 m), wo er als Einzelgänger an einem Ruheplatz (kleine Höhle od. selbstgebauter Steinwall) lebt u. auf Beute lauert (Krebse, Weichtiere, Fische) oder, v.a. nachts, sich kriechend u. tastend seine Opfer aus Felsspalten zieht. Gelegentl. packt er schwimmend seine Beute, wobei er auch vom Rückstoßprinzip Gebrauch macht, wie er das regelmäßig auf der Flucht vor seinen Feinden tut. Das Opfer wird mit den saugnapfbewehrten Armen gepackt, mit den kräft. Kiefern aufgebissen, bekommt eine Giftinjektion (aus den hinteren Speicheldrüsen), wird angedaut u. mit der Reibzunge aufgenommen. Angreifer werden durch Ausstoßen der Tinte abgelenkt od. ihre Sinnesorgane kurzzeitig desensibilisiert. Die Ganglien sind zu einem „Gehirn" konzentriert, das durch eine Knorpelkapsel geschützt wird. Der hohe Entwicklungsstand des Gehirns zeigt sich im Lernvermögen u. im Verhaltensinventar, das für ein Weichtier ungewöhnl. reichhaltig ist, bes. das weitgehend ritualisierte Balzverhalten. Die ♂♂ bilden Spermatophoren von beträchtl. Länge (*O. dofleini:* 1 m) u. speichern sie in einem Sack. Bei der Kopula sitzen ♂ und ♀ meist auf Armlängendistanz nebeneinander, der *↗ Hectocotylus* des ♂ dringt in die Mantelhöhle des ♀ ein, in seiner Samenrinne wird die Spermatophore zur ♀ Genitalöffnung befördert. Der Endabschnitt der Spermatophore enthält einen komplizierten ejakulatorischen Apparat, der die Spermien austreibt; diese dringen in den Eileiter ein. Ein ♀ legt bis 150 000 Eier in eine Höhle, in der es sie bewacht u. mit Frischwasser versorgt. Die Jugendstadien leben 4–8 Wochen planktisch. Die Kraken werden gegessen (1981 weltweit über 24 000 t, einschl. Verwandte 163 000 t). B Kopffüßer.

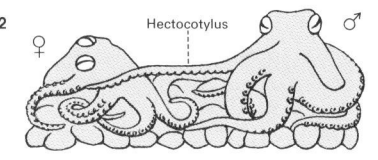

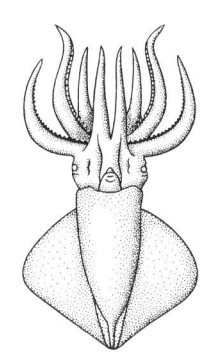

Octopoteuthidae
Octopoteuthis sicula, Ansicht v. unten (Mantellänge 3,2 cm)

Octopus
1 Gemeiner Krake (*O. vulgaris*);
2 Männchen (♂) und Weibchen (♀) in Paarungsstellung

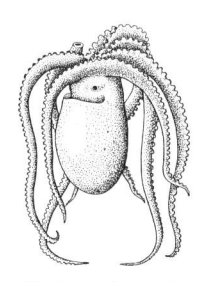

Ocythoe tuberculata (♀), an der Oberfläche treibend

Kleiner Odermennig (*Agrimonia eupatoria*)

Octorchis *w* [v. *oct-, gr. orchis = Hode], Gatt. der *↗ Eucopidae* (auch zu den *Campanulinidae* gestellt).

Oculomotorius *m* [v. lat. oculus = Auge, motorius = der Bewegung dienend], *Augenmuskelnerv,* Abk. für *Nervus oculomotorius,* den III. *↗ Hirnnerv* (☐); seine Ursprungszellen liegen im Mittelhirn; der O. enthält sowohl parasympathische Fasern für die inneren Augenmuskeln (Musculus sphincter pupillae, Verenger der Pupille, *↗ Iris;* M. ciliaris, Ciliarmuskel, *↗ Akkommodation*) als auch somatomotor. Fasern für die 4 vom O. versorgten (der insgesamt 6) äußeren Augenmuskeln (M. rectus superior, inferior u. medialis, M. obliquus inferior); er innerviert außerdem den Hebemuskel des Oberlids (M. levator palpebrae superioris). *↗ Linsenauge* (B).

Oculus *m* [lat., =], das *↗ Auge.*

Ocypode *m* [v. gr. ōkypōdēs = schnellfüßig], Gatt. der *Ocypodidae, ↗ Rennkrabben.*

Ocythoë *w* [v. gr. ōkythoos = schnelllaufend], einzige Gatt. der *Ocythoidae* (U.-Ord. *Incirrata*), pelag. Kraken in Pazifik, Atlantik u. Mittelmeer, mit ausgeprägtem Sexualdimorphismus: ♀ ca. 80 cm, ♂ bis 15 cm lang. Das ♂ bewohnt das leere Gehäuse eines Manteltiers; sein 3. rechter Arm entwickelt sich in einem gestielten Beutel zum Hectocotylus, der sich bei der Kopula ablöst. Befruchtung im Eileiter; in diesem u. in der Mantelhöhle entwickeln sich die Jugendstadien. Im Mittelmeer gerät gelegentl. *O. tuberculata* ins Planktonnetz.

Ocytocin *s* [v. gr. ōkytokos = die Geburt beschleunigend], das *↗ Oxytocin.*

Odermennig, *Agrimonia,* Gatt. der Rosengewächse mit ca. 20 Arten, hpts. in der nördl. gemäßigten Zone; typisch für diese ausdauernden Kräuter ist ein Kranz hakiger Stacheln, der sich nach dem Aufblühen aus den äußeren Kelchblättern bildet. Heimisch sind der Gewöhnliche od. Kleine O. (*A. eupatoria*) mit kleinen, goldgelben Blüten in langen, reichblüt. Ähren u. der ähnl. Große od. Wohlriechende O. (*A. procera*).

Odinshühnchen, *Phalaropus lobatus,* Art der *↗ Wassertreter.*

Ödland, nach der ökonom. orientierten Flächennutzungsstatistik alle Flächen, die land- und forstwirtschaftl. nicht genutzt werden, aber in anderer Weise Erträge bringen (Sand-, Kiesgruben, Steinbrüche, Torfstiche u. ä.) *oder* kultiviert werden könnten (Heide, Moorgebiete, Trockenrasen, u. ä.). Letztere Flächen ebenfalls als

Ödlandschrecken

Ö. zu bezeichnen, ist irreführend, da diese Flächen das biol. Potential einer Landschaft erhöhen und deswegen z.T. unter Naturschutz gestellt worden sind und nicht, wie der Begriff Ö. zum Ausdruck bringt, „nichts wert sind". Im Unterschied zu Ö. ist *Unland* überhaupt nicht nutzbar (Schutthalden, Gletscher, Felsgebiete u.ä.). Der Flächenanteil von Öd- und Unland beträgt in der BR Dtl. 3,4% (Stand 1981).

Ödlandschrecken, *Oedipoda*, Gatt. der ↗Feldheuschrecken.

Odobenidae [Mz.; v. gr. odōn = Zahn, bainein = herabsteigen], die ↗Walrosse.

Odocoileinae [Mz.; v. gr. odōn = Zahn, koilos = hohl], die ↗Trughirsche.

Odonata [Mz.; v. gr. odōn = Zahn], die ↗Libellen.

Odontaspidae [Mz.; v. *odont-, gr. aspis, Mz. aspides = Schild], die ↗Sandhaie.

Odontites *m* [v. gr. odontitis = Zahnkraut], der ↗Zahntrost.

Odontoblasten [Mz.; v. *odonto-, gr. blastos = Keim], die mesenchymat. Bildungszellen des Zahnbeins (↗Dentins) in der Zahnglocke bzw. der Pulpahöhle eines ↗Zahns.

Odontoceti [Mz.; v. *odonto-, gr. kētos = großes Meerestier, Wal], die ↗Zahnwale.

Odontogenie *w* [v. *odonto-, gr. gennan = erzeugen], die Zahnbildung; ↗Zähne.

Odontognathae [Mz.; v. *odonto-, gr. gnathos = Kiefer], (Wetmore 1930), *Zahnvögel*, † U.-Kl. der Vögel (Kl. *Aves*), deren Repräsentanten Kiefer mit konischen, in Rinnen sitzenden Zähnen besaßen; im Ggs. zu den bezahnten † Urvögeln (U.-Kl. *Sauriurae*) ohne freie Finger an den Flügeln u. ohne reptilhafte Schwanzwirbelsäule. Am vollständigsten belegt ist die Gatt. ↗*Hesperornis*. Verwandtschaftl. Beziehungen zu den rezenten Lappen- u. Seetauchern *(Podicipediformes* u. *Gaviiformes)* wurden erörtert. Verbreitung: obere Kreide von N- und S-Amerika.

Odontolejeunea *w* [v. *odonto-, ben. nach dem belg. Arzt A. L. S. Lejeune (lᵒschöhn), 1779–1858], Gatt. der ↗Lejeuneaceae.

Odontologie *w* [v. *odonto-, gr. logos = Kunde], die Lehre vom Zahnsystem der Wirbeltiere u. des Menschen.

Odontophrynus *m* [v. *odonto-, gr. phrynos = Kröte], Gatt. der ↗Südfrösche mit 6 Arten bis 6 cm großer, krötenart. Frösche in ariden u. semiariden Gebieten Argentiniens, Paraguays, Uruguays, Boliviens u. Brasiliens; während der Trockenzeit meist im Boden vergraben.

Odontopleurida [Mz.; v. *odonto-, gr. pleura = Rippen], (Whittington 1959), † Ord. meist stark bestachelter ↗opisthoparer Trilobiten. Verbreitung: oberes Mittelkambrium bis Oberdevon. Bekannteste Gatt.: *Odontopleura* u. *Acidaspis*.

Odontostomata [Mz.; v. *odonto-, gr. stomata = Münder], artenarme U.-Ord. der

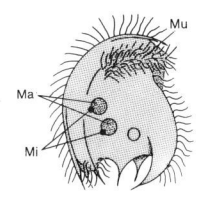

Odontostomata
Saprodinium dentatum
Ma Makronuclei,
Mi Mikronuclei,
Mu Mundbereich

Spirotricha, Wimpertierchen mit seitl. abgeflachtem u. in dornenart. Fortsätze ausgezogenem Körper; um den Mund stehen wenige Membranellen, die Körperbewimperung besteht nur aus einigen Wimpergruppen. Alle Vertreter leben im Faulschlamm u. fressen Bakterien. Eine bekannte limnische Art ist *Saprodinium dentatum;* 50–80 µm groß, kommt nur in H_2S-haltigen Gewässern vor; Leitorganismus der polysaproben Zone.

Odontostyl *s* [v. *odont-, gr. stylos = Pfeiler], schlanker Stachel (Stilett) in der Mundhöhle phytophager Vertreter der *Dorylaimida* (↗ *Dorylaimus);* eine konvergente Bildung ist das *Stomatostyl* der ↗ *Tylenchida* (☐). Beide Strukturen wirken wie der Saugrüssel der Blattläuse u.a. Pflanzensauger: wie durch eine Kanüle wird Phloëm-Saft aufgesogen.

Odontosyllis *w* [v. *odonto-, ben. nach der Nymphe Syllis], Ringelwurm-(Polychaeten-)Gatt. der Fam. *Syllidae*. *O. enopla*, 20 mm lang, tages- und lunarperiod. Fortpflanzungsrhythmus (↗Lunarperiodizität); schwärmen 55 Min. nach Sonnenuntergang v. a. an Abenden nach Vollmond; geschlechtsspezif. blau-grüne Lichtsignale erleichtern das Auffinden der Geschlechter. Vorkommen: Bermudas.

Odostomia *w* [v. gr. odōn = Zahn, stoma = Mund], Gatt. der ↗ *Pyramidellidae*, Meeresschnecken mit turmförm. Gehäuse (4–7 mm hoch), dessen Embryonalteil links-, dessen Adultteil rechtsgewunden ist. Die zahlr. Arten im nördl. Atlantik saugen mit ihrem langen Rüssel an Röhrenwürmern, Schnecken u. Muscheln.

Odynerus *m* [v. gr. odynēros = schmerzhaft], Gatt. der ↗Eumenidae.

Oecanthidae [Mz.; v. gr. oikos = Haus, anthos = Blume], die ↗Blütengrillen.

Oeceoptoma *s* [v. gr. oikeein = bewohnen, ptōma = Leichnam], Gatt. der ↗Aaskäfer.

Oecobiidae [Mz.; v. gr. oikobios = im Hause lebend], artenarme Fam. der Webspinnen, die in den Subtropen u. Tropen verbreitet ist; der einzige Vertreter in Mitteleuropa, *Oecobius annulipes* (2,5 mm), ist eingeschleppt u. lebt hier in Häusern; die *O.* besitzen ein Cribellum; neuere Untersuchungen sprechen für eine nahe Verwandtschaft mit der ecribellaten Fam. *Urocteidae*.

Oecophoridae [Mz.; v. gr. oikophoros = ein Haus tragend], den ↗Wicklern nahestehende Schmetterlingsfam. mit weltweit einigen tausend Arten, bei uns über 100 Vertreter; Falter klein, bis 30 mm Spannweite, Flügelspitze abgerundet, bei Weibchen Reduktionen der Flügel vorkommend; Labialpalpen lang aufgebogen, Rüssel vorhanden, Hinterleib bei der U.-Fam. *Depressariinae* abgeflacht; Falter dämmerungs- bis nachtaktiv; Larven leben zw. zusammengesponnenen Blättern, in

odont-, odonto- [v. gr. odous, Mz. odontes = Zahn].

od. an Früchten u. Samen, z.B. die Kümmelmotte *(Depressaria nervosa);* die U.-Fam. *Oecophorinae* (Faulholzmotten) sogar in morschem Holz lebend, z.B. die Gatt. *Borkhausenia* als Holzzersetzer auch von bodenbiol. Bedeutung; die Raupe der indischen Art *Holocera pulverea* frißt sogar Lackschildläuse, die Larve der Sängerin od. Buchenmotte *(Chimabacche fagella)* erzeugt bei Störung ein zirpendes Geräusch, indem sie mit den verdickten Metathorakalbeinen auf Laubblättern kratzt.

Oedemagena w [v. gr. oidēma = Geschwulst, gennan = erzeugen], Gatt. der ↗ Dasselfliegen ([T]).

Oedemeridae [Mz.; v. gr. oidan = schwellen, meros = Glied], *Engdeckenkäfer, Scheinböcke,* Fam. der polyphagen Käfer aus der Gruppe der ↗ *Heteromera;* weltweit über 600, in Mitteleuropa 29 Arten. Die Käfer sind mittelgroß (5–20 mm), schlank, Elytren an der Spitze meist etwas klaffend, Habitus Bockkäfer-ähnlich, Integument weichhäutig. Viele Arten sind bei uns metallisch grün gefärbt, aber auch braun od. schwarz. Zahlr. Arten haben schnauzenförm. verlängerten Kopf u. Mundwerkzeuge, da sie spezialisierte Pollenfresser auf Blüten sind. Bekannte Gatt.: Dickschenkelkäfer *(Oedemera),* Männchen mit verdickten Hinterschenkeln, die vermutl. bei der Paarung als Klammerbeine dienen. Bei anderen südeur. Gatt. können die Vorder- od. Mittelschenkel verdickt sein. Häufig ist der graugrünl. gefärbte *O. podagrariae,* im SW von Dtl. findet sich nicht selten der leuchtend metallisch grüne *O. nobilis.* Die bis 18 od. 20 mm großen *Calopus*- u. *Oncomera*-Arten sind rein nachtaktiv. Die Larven der *O.* leben in totem Holz od. in Stengeln kraut. Pflanzen.

Oedipina w [v. *oedi-, gr. pinein = trinken], Gatt. der ↗ Schleuderzungensalamander.

Oedipoda w [v. *oedi-, gr. podes = Füße], Gatt. der ↗ Feldheuschrecken.

Oedogoniales [Mz.; v. *oedo-, gr. gonē = Same], Ord. der Grünalgen; trichaler, mitunter verzweigter Thallus mit einkern. Zellen; abgeleitete Algengruppe mit charakterist. Zellteilung; begeißelte Fortpflanzungskörper mit apikalem Wimperkranz. Sexuelle Fortpflanzung durch Oogamie; bei einigen Arten „Zwergmännchenbildung" (Nannandrie), d.h., die ♂ Gametangien werden auf dreizelligen Fäden in der Nähe des Oogoniums gebildet; sie entwickeln sich aus festgesetzten Zoosporen. Die Gattung *Oedogonium* (Kappengrünalge) kommt mit ca. 380 Arten im Süß- u. Brackwasser weltweit vor, anfangs mit Basalzelle am Substrat festsitzend, später auftreibende Watten bildend. Die Gatt. *Bulbochaete,* ca. 90 Arten, besitzt verzweigte Fäden mit zwiebelförm. angeschwollenen Haaren; in Kleingewässern u. Mooren.

Oegopsida [Mz.; v. gr. oigein = öffnen,

Oegopsida
Wichtige Familien:
Chiroteuthidae
(↗ *Chiroteuthis*)
↗ *Cranchiidae*
Histioteuthidae
(↗ *Histioteuthis*)
↗ *Octopoteuthidae*
Onychoteuthidae
(↗ *Onychoteuthis*)
↗ Pfeilkalmare
(Ommastrephidae)
↗ Riesenkalmare
(Architeuthidae)

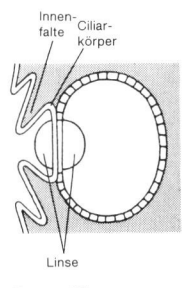

Oegopsida
Schnitt durch das Auge

oedi-, oedo- [v. gr. oidos = Schwellung].

oeno- [v. gr. oinos = Wein].

ōps = Auge], *Nacktaugenkalmare,* U.-Ord. der Kalmare mit Augen, deren Vorderkammer offen ist, so daß die Seewasser die Außenseite der Linse umspült. Viele *O.* sind hochspezialisierte Schwimmer, auch in großen Tiefen, u. oft mit Leuchtorganen. Einige der 23 Fam. (vgl. Tab.) werden jeweils nur durch 1 Art repräsentiert. Von wirtschaftl. Bedeutung sind v.a. die ↗ Pfeilkalmare, bes. groß die ↗ Riesenkalmare.

Oenanthe w [v. gr. oinanthē = Rebe; ein Vogel], 1) der ↗ Wasserfenchel; 2) die ↗ Steinschmätzer. [der ↗ Tauben.

Oenas w [v. gr. oinas = ein Vogel], Gatt.

Oeneis m [ben. nach dem myth. Königssohn Oineus], Gatt. der ↗ Augenfalter.

Oenin s [v. *oeno-], *Önin,* das *Cyclamin,* ↗ Alpenveilchen.

Oenocyten [Mz.; v. *oeno-, gr. kytos = Höhlung (heute: Zelle)], bei ↗ Insekten epidermale Zellen, die entweder im Bereich der Grundmembran oder v.a. bei den abdominalen Stigmen auch tiefer in der Leibeshöhle liegen. Bes. bei hemimetabolen Insekten (↗ Hemimetabola) finden sie sich im Abdomen oft streng segmental. O. sind sehr große Zellen mit relativ kleinem Kern; ihre weingelbe Farbe rührt v. gelben Pigmenten (v.a. Xanthopterin) her. Sie werden entweder während jeder Häutung neu gebildet (Wanzen), od. es treten 2 Zellgenerationen auf: eine larvale u. eine imaginale (Holometabola). Ihre Funktionen sind nur teilweise verstanden. Bei vielen Formen vergrößern sich die O. vor jeder Häutung stark, um danach wieder ihre normale Größe zu zeigen. Man nimmt an, daß die O. Organe des intermediären Stoffwechsels u. maßgeblich bei der Bildung der neuen Chitincuticula beteiligt sind, indem sie Material für die Cuticulin- u. Wachsschicht liefern. Vermutl. liefern sie im Ei bereits die Lipoide für das Chorion. Daneben spielen sie wahrscheinl. eine wicht. Rolle bei den Sklerotisierungsprozessen der ↗ Cuticula. Bei Blattläusen übernehmen sie die Funktion v. Exkretspeicherung. Man nimmt auch an, daß die O. Hormone bilden, die im Zshg. mit der Häutung stehen und z.B. zus. mit der Prothoraxdrüse die Häutungshormone synthetisieren.

Oenone w [ben. nach der phryg. Nymphe Oinōnē], Ringelwurm-(Polychaeten-)Gatt. der Fam. *Lysaretidae. O. fulgida,* bis 25 cm lang, freilebend od. kommensalisch mit Schwämmen.

Oenophilidae [Mz.; v. *oeno-, gr. philos = Freund], die ↗ Weinkellermotten.

Oenothera w [v. gr. oinothēras = ein Strauch, dessen Wurzel nach Wein schmeckt], die ↗ Nachtkerze.

Oenotheraceae [Mz.], die ↗ Nachtkerzengewächse.

Oerstedia w [ben. nach dem dän. Botaniker A. S. Oersted, 1816–73], Gatt. der Schnurwurm-Ord. ↗ *Hoplonemertea.*

Oesophagostomum s [v. gr. oisophagos = Speiseröhre, stoma = Mund], Gatt. der Fadenwurm-Ord. ↗ *Strongylida;* mehrere bis 25 mm lange Arten, parasit. im Dickdarm v. Rind, Schaf, Schwein u. a. Paarhufern; meist weltweit verbreitet.

Oesophagus m [v. gr. oisophagos =], *Speiseröhre,* Abschnitt des Vorder- ↗Darms der Wirbeltiere u. des Menschen, bei Anamniern ein kurzes Verbindungsstück zw. Kiemendarm u. Magen. Bei den luftatmenden Amnioten nimmt, insbes. bei Ausbildung eines ↗Halses, die relative Länge des O. zu, u. er bildet eine z. T. beträchtlich dehnbare Röhre (Schlangen, Vögel) zw. Schlundkopf (Pharynx) u. ↗Magen (□). Die innere Auskleidung besteht aus einem ein- bis mehrschicht. Epithel mit mukösen Speicheldrüsen. Ein schraubenartig angeordnetes Muskelsystem bewirkt die peristalt. Beförderung (↗Peristaltik) der Nahrung beim *Schlucken.* Bei Vögeln kann sich der vordere bis mittlere Teil des O. zu einem ↗ *Kropf* erweitern. Bei Wirbellosen ist der O. Teil des Vorderdarms ektodermaler Herkunft, der bei Gliederfüßern (□ Insekten) gehäutet wird. ↗Verdauung (B I).

Oestridae [Mz.; v. gr. oistros = Bremse], die ↗Dasselfliegen. [↗Silberfischchen.

Ofenfischchen, *Thermobia domestica,*

Öffnungsfrüchte, *Springfrüchte, Streufrüchte,* Bez. für die ursprünglicheren Fruchtformen, die sich bei der Reife zur Freigabe u. Verbreitung der Samen öffnen; diese Öffnung der Fruchtblätter geschieht meist durch Turgor- od. Quellungskräfte. Ggs.: Schließfrüchte. ↗Früchte (B), ↗Fruchtformen (T).

Ogcocephalidae [Mz.; v. gr. ogkos = Aufgetriebenheit, kephalē = Kopf], die ↗Seefledermäuse.

Ohnmacht, *Bewußtlosigkeit, Synkope,* tritt meist als Folge eines kurzzeit. Durchblutungsmangels im Gehirn bzw. bei Hypotonie auf.

Ohnsporn, *Aceras,* Gatt. der Orchideen mit der einzigen Art *A. anthropophorum;* diese wird aufgrund der Form der Blütenlippe auch als Männchen- od. Puppenorchis bezeichnet: die längl. Blütenlippe ist in 4 lineal. Zipfel ausgezogen („Arme und Beine") u. besitzt keinen Sporn; die restl. Blütenblätter neigen helmförmig zusammen. Die grünl.-gelben Blüten stehen in einer schmalen, reichblüt. Ähre. Der submediterran verbreitete O. findet sich v. a. in Kalkmagerrasen (Charakterart des Mesobrometum); nach der Roten Liste „stark gefährdet".

Ohr, *Auris,* paariges Gehörorgan v. Wirbeltieren u. Mensch, besteht nur bei den Säugern aus Außen-, Mittel- u. Innenohr. Zum *Außenohr* zählen die meist bei den Tieren bewegl. Ohrmuscheln u. der Gehörgang. Funktionell können die Ohrmuscheln (Auriculae) als Richtantennen aufgefaßt werden, deren Effizienz durch Beweglichkeit noch gesteigert wird (z. B. ↗Echoorientierung); außerdem wird durch ihre paarige Anordnung u. Lokalisation am Kopf häufig ein sehr genaues Richtungshören ermöglicht. Der *Gehörgang* (Meatus acusticus externus), der zum Mittelohr hin vom *Trommelfell* (Membrana tympani) begrenzt wird, dient der Schalleitung. In der Wand des Gehörgangs liegen die *Ohrenschmalzdrüsen* (Glandulae ceruminiferae) die, das Ohrenschmalz (Cerumen) absondern. Dieses bindet eingedrungene Schmutzpartikel u. sorgt für die Aufrechterhaltung der Elastizität des Trommelfells. Das *Mittelohr (Paukenhöhle)* ist ein luftgefüllter Hohlraum im ↗Felsenbein, in dem sich die ↗ *Gehörknöchelchen* (□) befinden. Über die

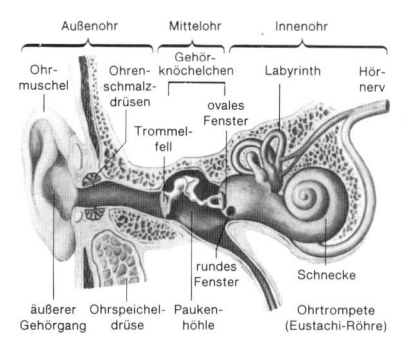

Oesophagus
Beim Menschen ist die *Speiseröhre* ein etwa 25 cm langer Muskelschlauch mit innerer Ring- u. äußerer Längsmuskelschicht u. einer v. Pflasterepithel geschützten Schleimhaut; sie leitet die Nahrung vom Schlund in den Magen.

Ohr
Querschnitt durch das menschliche O. (etwas auseinandergezogen und z. T. vergrößert, halbschematisch; vgl. B Gehörorgane)

↗ *Eustachi-Röhre (Ohrtrompete)* steht das Mittelohr mit der Rachenhöhle in Verbindung, wodurch ein Druckausgleich zw. Mittelohr u. Außenwelt ermöglicht wird (z. B. bei schneller Überwindung großer Höhenunterschiede). Das mit Perilymphe u. Endolymphe gefüllte Innenohr wird durch das ↗ *ovale* u. ↗ *runde Fenster* vom Mittelohr getrennt. Zum *Innenohr* selbst zählt das ↗ *Gleichgewichtsorgan* (Labyrinth, Bogengangsystem, Utriculus, Sacculus) u. die *Schnecke* (↗Cochlea) mit dem ↗ *Cortischen Organ.* Dessen auf der ↗Basilarmembran lokalisierte Rezeptoren (↗Haarzellen) setzen die aufgenommenen Schallwellen in elektr. Impulse um. Diese werden über den Nervus statoacusticus (↗Statoacusticus) verschiedenen Kerngebieten des ↗Gehirns zugeleitet, wobei die genaue Analyse von Klängen od. Lauten (↗Gehörsinn) wie auch die Richtungslokalisation zu einem großen Teil neurale Leistungen darstellen (↗Echoorientierung). ↗Gehörgane (□, B), ↗Gehörsinn (T), ↗Mechanorezeptoren, ↗mechanische Sinne (B II).

Ohr-Augen-Ebene ↗Anthropometrie.

Ohrbläschen, blasenförm. Einstülpung der Epidermis während der Embryonalentwicklung der Wirbeltiere; aus dieser geht nach vollständ. Abschnürung die *Ohrblase* hervor, die sich zum Innenohr mit ↗Gehör- u. ↗Gleichgewichtsorgan ausdifferenziert.

Ohrenfische, *Kneriidae,* Fam. der Sandfische mit 2 Gatt.; Elritzen-ähnl., kleinschupp. Fische schnellfließender, zentralafr. Gewässer mit unterständ. Maul; geschlechtsreife Männchen der Gatt. *Kneria* haben am Kiemendeckel einen napf- od. ohrenart. Aufsatz, der wahrscheinl. bei der Paarung zum Festhalten dient.

Ohrenfledermäuse, *Plecotus,* Gatt. der ↗ Glattnasen.

Ohrengeier, *Torgos tracheliotus,* ↗ Altweltgeier.

Ohrenigel, *Hemiechinus,* Gatt. der Igel mit 2 Arten: *H. auritus* (Langohrigel; 16 U.-Arten in N-Afrika, Vorder- u. Innerasien, SO-Europa) und *H. dauuricus* (östl. Gobi-Wüste v. Baikalsee bis N-China); Kopfrumpflänge 15–28 cm. Die O. sind nachtaktive Steppen- u. Wüstentiere; ihre großen, dünnhäutigen Ohrmuscheln dienen wahrscheinl. der Wärmeabstrahlung. Das „Selbstbespeien" (↗ Igel) wurde auch bei O.n beobachtet.

Ohrenmakis [Mz.; v. madagass. maky], die ↗ Galagos.

Ohrenqualle, *Aurelia aurita,* häufiger Vertreter der ↗ Fahnenquallen, weltweit in allen Meeren verbreitet; neigt zur Schwarmbildung. O.n erreichen 25–40 cm ⌀ und haben einen flachen, durchsicht. Schirm. Im Randbereich sind Sinnesorgane (Augen u. Statolithen) ausgebildet. Die vielen Randtentakel sind kurz, die 4 Mundarme kräftig u. bläulich od. gelblich gefärbt. Die Gonaden fallen als hufeisenförm., kompakte, oft violett gefärbte Gebilde in der Schirmgallerte auf. Die Nesselkapseln der O.n sind sehr schwach u. zeigen auf der menschl. Haut keine Wirkung. Die Nahrung besteht zum großen Teil aus Plankton, das v. den Wimpern der gesamten Oberfläche zum Schirmrand gebracht wird. Von dort holen es die Mundarme ab. Neben Plankton wird auch größere Beute verzehrt (z. B. Borstenwürmer, kleine Fische). Anfang des Jh. konnte an der W-Küste Schottlands die Entwicklung der O. im Detail erforscht werden: geschlechtsreife Medusen im Frühsommer, Ende Juni: freie Planulae zw. den Mundarmen, Anfang Aug.: Polypen auf *Laminaria,* Nov.–Jan.: Strobilation (Bildung v. Ephyra-Larven), Febr.: Polypen verschwinden, Ephyren u. kleine Medusen im Plankton, April: Medusen ⌀ 20 cm, Sommeranfang: Gonadenreifung, Tod der Quallen. Die Faktoren, welche die Strobilation auslösen, sind bis heute unbekannt. [B] Hohltiere II, III.

Ohrenratten, die ↗ Lamellenzahnratten.

Ohrenrobben, *Otariidae,* Fam. der Wasserraubtiere *(Pinnipedia);* anatom. den Landraubtieren näher stehend als die ↗ Hundsrobben (Fam. *Phocidae);* kleine Ohrmuscheln vorhanden (Name!). Durch Abwinkeln der Hinterfüße nach vorn u. gute Beweglichkeit der Vordergliedmaßen können sich O. an Land relativ geschickt fortbewegen. Hauptverbreitungsgebiet der O. ist die südl. Erdhalbkugel. Nach der Beschaffenheit des Haarkleids unterscheidet man ↗ Seebären u. ↗ Seelöwen.

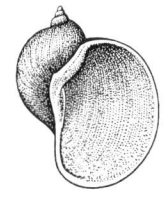

Ohrhöcker, der ↗ Darwinsche Ohrhöcker.

Ohrlappenpilze, *Auricularia,* Gatt. der ↗ Auriculariales.

Öhrlinge ↗ Otidea.

Ohrmuschel, *Auricula,* ↗ Ohr.

Ohrschlammschnecke, *Radix auricularia,* paläarkt. in pflanzenreichen, größeren Gewässern verbreitete Wasserlungenschnecke (Fam. Schlammschnecken) mit kleinem, spitzem Gewinde u. sehr großem letztem Umgang (Gesamthöhe ca. 3 cm, ⌀ 3 cm); formvariabel je nach Lebensraum.

Ohrspeicheldrüse, *Glandula parotis, Parotis,* paarige, acinöse ↗ Speicheldrüse der Wirbeltiere u. des Menschen v. rein serösem Sekretionstyp (↗ Drüsen). Die beiden O.n liegen beim Säuger beidseits in einem Bogen zw. Schläfenbein, Kaumuskel (Musculus masseter), dem Hinterende des Unterkiefers u. dem unteren Ohransatz u. münden über je einen Ausführgang jederseits in Höhe des zweiten oberen Backenzahns in die Backentasche zw. Zahnbogen u. Wange. Im Ggs. zu dem überwiegend schleim. (mucösen) Sekret der ↗ Unterkieferdrüse u. der ↗ Unterzungendrüse sezerniert die O. einen dünnflüss., albuminreichen Speichel, der v. a. kohlenhydratspaltende Enzyme (Ptyalin, Maltase), in geringen Mengen aber auch Lipasen u. Proteasen enthält. Häufigste Erkrankung der O. ist der ↗ Mumps.

Ohrsteinchen, *Gehörsteinchen,* in den ↗ Gleichgewichtsorganen der Wirbeltiere eingelagerte Kristalle aus $CaCO_3$; bei Knochenfischen sind diese große, konzentrisch geschichtete (Jahresringe) Steinchen, wohingegen die O. bei den übrigen Wirbeltieren aus einzelnen Kristallen bestehen. ↗ Gehörorgane, ↗ Otolithen, ↗ Statolithen.

Ohrtrompete, die ↗ Eustachi-Röhre.

Ohrwürmer, *Dermaptera,* Ord. der Insekten, mit ca. 1300 Arten hpts. in den Tropen, in Mitteleuropa nur 7. Der Körper ist je nach Art 0,5–5 cm groß, schlank, flach u. kräftig gebaut u. gelb bis schwarz gefärbt. Er weist die typ. Dreigliederung der Insekten auf: Der etwa herzförm., gut bewegl. Kopf trägt beißende, nach vorn gerichtete (prognathe) Mundwerkzeuge, aus 9 bis 50 Gliedern bestehende, perlschnurart. Antennen sowie mittelgroße Komplexaugen mit vermutl. geringer Sehschärfe. Am dreigliedr. Brustabschnitt fallen die zu derben Deckflügeln (Elytren) umgewandelten Vorderflügel auf, die die höchst kompliziert zu einem Paket zusammengefalteten, häutigen Hinterflügel über dem Brustabschnitt bedecken. Bei einigen Fam. sind die Flügel zurückgebildet, aber auch die meisten flugfähigen O. bewegen sich hpts. mit den 3 Paar wenig spezialisierten Laufbeinen. Da die Flügel den gut bewegl., am Brustabschnitt breit ansetzenden Hinterleib nicht

Ohrschlammschnecke *(Radix auricularia)*

Ohrenqualle *(Aurelia aurita)*

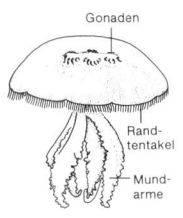

Ohrwürmer
Wichtige Familien und einheimische Arten:
Arixeniidae
Forficulidae
  Gemeiner Ohrwurm *(Forficula auricularia)*
  Waldohrwurm *(Chelidurella acanthopygia)*
  Zweipunkt-Ohrwurm *(Anechura bipunctata)*
Hemimeridae
Labiduridae
  Sandohrwurm *(Labidura riparia)*
Labiidae
  Kleiner Ohrwurm *(Labia minor)*

Oidien

bedecken, ist dessen Gliederung gut sichtbar. Auffälligstes Merkmal der meisten O. sind die kräft., beim Männchen größeren, v. umgebildeten Cerci ableitbaren Zangen am Hinterleibsende, die verschiedene Funktionen erfüllen: Abwehr, Ergreifen der Beute, Hilfe bei der Entfaltung der Hinterflügel u. bei der Kopulation; Menschen kann damit kein Schaden zugefügt werden. Viele O. haben Drüsen, aus denen Angreifern ein Sekret bis 10 cm weit entgegengesprüht werden kann. Das Männchen besitzt ausstülpbare Begattungsglieder zw. der 9. und 10., das Weibchen Geschlechtsöffnungen zw. der 7. und 8. Bauchplatte. Die Eier werden vom Weibchen häufig betreut u. bewacht; die Entwicklung verläuft hemimetabol mit 4–5 Larvenstadien. Die O. sind hpts. nachtaktiv u. suchen tagsüber dunkle Verstecke auf; sie ernähren sich je nach Art räuberisch od. von Pflanzenteilen. Die Herkunft des dt. Namens rührt vielleicht v. der irrigen Annahme her, die O. würden nachts das Trommelfell schlafender Menschen durchbeißen u. dort Eier ablegen. Genausowenig helfen O. gegen Taubheit, was noch im letzten Jh. in med. Büchern empfohlen wurde. Zur Fam. der *Forficulidae* gehört der häufige, bis 16 mm große, braun gefärbte Gemeine Ohrwurm *(Forficula auricularia)*, der bei Massenauftreten zuweilen Schäden an Pflanzen anrichten kann; ferner der in Gebirgsregionen lebende Zweipunkt-Ohrwurm *(Anechura bipunctata)* u. der Waldohrwurm *(Chelidurella acanthopygia)* mit zurückgebildeten Flügeln. Der Kleine Ohrwurm *(Labia minor, Fam. Labiidae)* wird ca. 5 mm groß u. hält sich gerne bei Komposthaufen auf. Eine kosmopolit. Art aus der ca. 200 Arten umfassenden Fam. *Labiduridae* ist der gelbe, schwarz gezeichnete, bis 3 cm lange Sandohrwurm *(Labidura riparia)*. Nur in den Tropen kommen die wenigen flügel- u. augenlosen Vertreter der Fam. *Arixeniidae* u. *Hemimeridae* vor. B Insekten I. G. L.

Oidien [Mz.; v. gr. ōidion = kleines Ei], die ↗ Arthrokonidien.

Oikopleura *w* [v. gr. oikos = Haus, pleura = Seite], Gatt. der ↗ Copelata (Fam. *Oikopleuridae*); Manteltiere mit kompliziertem Fangapparat u. tropfenförm. Gehäuse, das den Körper an Größe um ein Vielfaches übertrifft u. in Wohn- u. Schwanzkammer gegliedert ist; oft noch mit falltürart. Fluchtkammer, durch die das Gehäuse bei Gefahr verlassen wird. Das Tier sitzt im Gehäuse mit dem Mund an zweiflügeligem reusenart. Fangapparat fest, der die hintere Hälfte der Wohnkammer einnimmt; die Einstromöffnung ist vorne mit Gitter gg. Eindringen grober Partikel versehen; Schwanzschlag treibt Wasser v. der Einstromöffnung durch den Fangapparat in die Schwanzkammer; ruckart. Ausstoßen durch die Ausstromöffnung erlaubt Rückstoßschwimmen, entstehender Unterdruck läßt neues Wasser nachströmen; Nanoplankton wird an Reusen zurückgehalten u. sammelt sich an deren Boden. Von dort führt eine Rinne zur Mundöffnung. Manche Arten des Nanoplanktons sind nur aus den Reusen von O. bekannt.

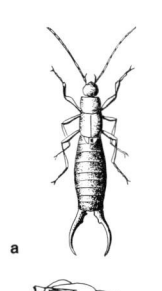

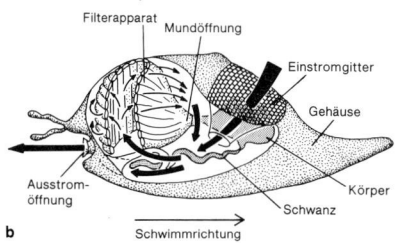

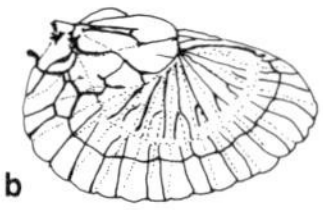

Oikopleuridae [Mz.; v. gr. oikos = Haus, pleura = Seite], Fam. der ↗ Copelata mit der Gatt. ↗ Oikopleura.

Okan, sehr hartes, dunkelrot-braunes, gg. Pilze widerstandsfähiges Holz des bis ca. 60 m hohen Baums *Cylicodiscus gabunensis* (Mimosengewächs des Regenwalds W-Afrikas); schweres Konstruktionsholz.

Okapi *s* [westafr.], *Waldgiraffe, Okapia johnstoni*, einzige rezente Art einer eigenen U.-Fam. der ↗ Giraffen, der Waldgiraffen *(Okapiinae)*; Kopfrumpflänge 2 m, Schulterhöhe 1,6 m, Rücken leicht abfallend; Fellfärbung kastanienbraun, Beine im oberen Teil schwarz-weiß quergestreift; 2 Stirnzapfen, nur bei männl. Tieren. O.s leben einzeln, scheu u. nachtaktiv in Lichtungen u. Buschgebieten des dichten Kongo-Urwalds und ernähren sich hpts. von Blättern. Den dortigen Pygmäen längst bekannt, wurde das O. von der Wiss. erst um die Jahrhundertwende entdeckt. Kenntnisse über das O. beruhen noch heute vorwiegend auf Zoobeobachtungen, da Freilandbeobachtungen kaum mögl. sind.

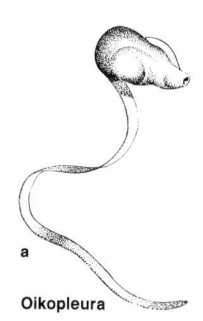

Okapiinae [Mz.], U.-Fam. der ↗ Giraffen, ↗ Okapi.

Okazaki-Fragmente, 1967 v. dem jap. Biochemiker Okazaki entdeckte Fragmente neusynthetisierter DNA mit einer Kettenlänge von ca. 1000 Nucleotiden, die sich als Zwischenstufen bei der DNA-↗ Replikation bilden.

Oken, Lorenz (eigtl. L. Ockenfuß), dt. Arzt u. Naturforscher, * 1. 8. 1779 Bohlsbach b. Offenburg, † 11. 8. 1851 Zürich; seit 1807 Prof. in Jena, verlor diese Professur u. a. wegen zu krit. Artikel in der Zeitschrift „Isis", die er seit 1817 (u. bis zu ihrem Ende 1848) herausgab; seit 1828 Prof. in München, 1832 Zürich; gründete 1822 die „Ges. Deutscher Naturforscher u. Ärzte". Obwohl durchaus exakt beobachtend u. beschreibend, ordnete O. die Welt in ein romant. spekulativ naturphilosoph. System Schellingscher Prägung ein, in dem einerseits der traditionelle Mikrokosmos-Makrokosmos-Gedanke seinen Platz hatte, andererseits Vorstellungen von einer gemeinsamen Lebenssubstanz (sog. „Urschleim") u. kleinsten Einheiten, die sich zu Organismen fügen („Infusorien"), die Überlegungen zur Protoplasma- u. Zelltheorie der 2. Hälfte des 19. Jh. ungemein befruchteten. Mit seiner Begr. der Wirbeltheorie des Schädels fand eine (später als unrichtig erwiesene) Idee weite Verbreitung, der bereits 30 Jahre zuvor ↗Goethe zugeneigt hatte. O. wurde damit zu einem der führenden Vertreter der ↗idealistischen Morphologie des 19. Jh. Seine Bücher „Abriß des Systems der Biologie" (1805), „Lehrbuch der Naturphilosophie" (1809), „Lehrbuch der Naturgeschichte" (1812–26) u. schließl. die „Naturgeschichte für alle Stände" (1833–45, 7 Teile in 13 Bde. + Atlasband) gehören zu den wichtigsten Werken der dt. Naturphilosophie jener Zeit.

Okklusion w [v. lat. occlusio = Verschließung], *Schlußbiß, Zahnschluß, Occlusio dentium,* das anatom. richtige Ineinandergreifen der Antagonisten beider Zahnreihen in der „O.sebene".

Ökoethologie w, die ↗Ethoökologie.

Ökologie w [Bw. *ökologisch*], *Umweltbiologie,* nach E. ↗Haeckel (1866) „die gesamte Wiss. von den Beziehungen des Organismus zur umgebenden Außenwelt", nach dem gleichen Autor (1870) „die Lehre von der Oeconomie, von dem Haushalt der thierischen Organismen". Die doppelte Definition demonstriert die Differenz zw. reduktionistischer und ganzheitlicher (holistischer) Auffassung des Gebietes. Beide lagen zeitweise im Streit, sind jedoch nicht unvereinbar. Das Gesamtgebiet der Ö. kann nach den Organismenreichen in *mikrobiologische Ö., Pflanzen-Ö.* und *Tier-Ö.* oder nach der Größenordnung der betrachteten Systeme in die Ö. des Individuums (↗*Autökologie*), die Ö. der Populationen (↗*Demökologie*) und die Ö. der Ökosysteme (↗*Synökologie*) gegliedert werden. Die ökolog. Unterschiede der drei großen Lebensbereiche der Biosphäre führen zu einer Unterscheidung der *terrestrischen Ö.* (Epeirologie), *limnischen Ö.* (↗Limnologie) und *marinen Ö.* (Ozeanologie; ↗Meeresbiologie, ↗Meereskunde). Nach der Beziehung zur Praxis werden *theoretische Ö.* (vorwiegend die Konstruktion mathemat. Modelle) und *angewandte Ö.* (z. B. ↗Fischereibiologie, Wild-Ö., ↗Human-Ö.) unterschieden. Schließl. gibt es eine vielfält. Unterteilung nach einzelnen Objektgruppen oder ökolog. Vorgängen (z. B. Pflanzensoziologie, Umweltparasitologie, Ausbreitungs-Ö., ↗Bestäubungs-Ö.). Die Ö. ist eine multidisziplinäre Wiss. und hat auch im Hinblick auf die unentbehrlichen Nachbarwiss. eigene Zweige entwickelt *(mathematische Ö., chemische Ö., geographische Ö., Paläo-Ö.,* ↗*Etho-Ö., Evolutions-Ö.).* Lange Zeit war die Ö. eine deskriptive, qualitativ arbeitende Disziplin, nicht fern von allg. Naturgeschichte. Die „Neue Ökologie" (E. P. Odum) integriert die reduktionistische und ganzheitliche (heutzutage durch ↗Systemanalyse gestützte) Arbeitsweise, bevorzugt quantitative, kausale und dynam. Betrachtung ökolog. Systeme und Vorgänge und hat das ökolog. Experiment in Freiland u. Labor als wicht. Komponente der Untersuchung einbezogen. ↗Biologie.

Lit.: *Kloft, W. J.:* Ökologie der Tiere. Stuttgart 1978. *May, R. M.* (Hg.): Theoretische Ökologie. Weinheim 1980. *Müller, H. J.:* Ökologie. Stuttgart 1984. *Odum, E. P.:* Grundlagen der Ö. 2 Bde. Stuttgart ²1983. *Osche, G.:* Ökologie. Freiburg ⁹1981. *Remmert, H.:* Ökologie. Berlin ²1980. *Schwerdtfeger, F.:* Lehrbuch der Tierökologie. Hamburg 1978. W. W.

ökologische Amplitude w [v. lat. amplitudo = Größe, Weite, Umfang], Bereich, in dem eine bestimmte Organismenart entspr. ihrer ↗ökolog. Potenz gegenüber einem bestimmten Umweltfaktor existenzfähig ist.

L. Oken

ökologische Effizienz

Schicksal der Nahrung (gemessen als Biomasse od. Energie) in einem Individuum od. einer Population. Das Größenverhältnis bestimmter Komponenten ergibt die jeweilige ökologische Effizienz.

ökologische Effizienz w [v. lat. efficientia = Wirksamkeit], *ökologischer Wirkungsgrad,* Ausdruck für das Größenverhältnis verschiedener Bilanzen bei der Nutzung der Nahrung in Individuen, Populationen u. Ökosystemen (↗Nahrungskette, ↗Nahrungspyramide). Die wichtigsten Berechnungsgrößen sind innerhalb einer trophischen Ebene (↗Trophie) das Verhältnis der Produktion zur Respiration (P/R) oder zur neugebildeten Biomasse (P/B), zw. verschiedenen trophischen Ebenen das Verhältnis der Produktionswerte (P_n/P_{n-1}), auch *Nahrungsketten-Effizienz* genannt (Beispiel: 10%-Regel bei ↗Energieflußdiagramm).

ökologische Faktoren, *Umweltfaktoren,* Gesamtheit der ↗abiotischen und ↗biotischen Faktoren.

ökologische Gilde, ein von R. B. Root (1967) eingeführter Begriff zur Kennzeichnung einer Gruppe v. Arten, die in einem Lebensraum (Biotop) dieselbe Klasse v. Umweltressourcen in ähnl. Weise ausbeu-

öko- [v. gr. oikos = Haus, Hauswesen].

ökologisch [v. gr. oikos = Hauswesen, logos = Kunde, Kenntnis].

ökologische Isolation

tet. Die in einer Lebensgemeinschaft (↗Biozönose) zusammenlebenden Arten lassen sich zunächst in verschiedene „Komponenten" gliedern, so z. B. in Laubfresser, Vogelräuber, Insektenparasiten u. -parasitoide (z. B. Schlupfwespen u. a.). Jede dieser Komponenten läßt sich dann in verschiedene Gilden unterteilen, so z. B. die Laub-fressenden Insekten in die Gilden der Saftsauger (z. B. Blattläuse), Minierer (Larven mancher Zweiflügler, Schmetterlinge) od. solche, die Randfraß (viele Raupen) od. Platzfraß (viele Käfer) durchführen. Entspr. kann man die Insektenparasiten (Entomophagen) in die Gilden der Ei-, Larven- und Puppen-Parasiten unterteilen. – Die Vertreter derselben Gilde weisen in Anpassung an ihre Lebensweise viele Übereinstimmungen (↗Konvergenz, ↗Lebensformtypus) auf (z. B. die Saftsauger einen Saugrüssel), sind aber jeweils unterschiedl. eingenischt (↗ökolog. Nische), z. B. die Larvalparasiten dadurch, daß sie auf jeweils verschiedene Wirtsarten spezialisiert sind.

Lit.: *Root, R. B.:* The niche exploitation pattern of the blue-gray gnatcatcher. Ecol. Monogr. *37*, 317–350, 1967.

ökologische Isolation *w* [v. it. isolazione = Absonderung], Bez. für die Tatsache, daß nahe verwandte Arten, die im gleichen Lebensraum leben, sich in irgendwelchen Lebensansprüchen unterscheiden, d. h. unterschiedl. ↗eingenischt sind. ↗ökologische Nische.

ökologische Lizenz *w*, von K. Günther (1949) eingeführter Begriff: die Summe der in einem Biotop bereitstehenden ↗ökologischen Faktoren, die v. den Angehörigen der dort lebenden Arten (↗Biozönose) noch nicht (od. nicht vollständig) genutzt werden, d. h. nicht in deren ↗ökologische Nische(n) einbezogen sind. Ö. L.en bieten daher Arten, die über die nötigen Voraussetzungen (Potenzen, ↗Präadaptation) zur Nutzung dieser Umweltangebote (Requisiten) verfügen, die Möglichkeit, durch Evolution ihre ökolog. Nische zu verändern u. sich so unter konkurrierenden Arten (↗Konkurrenz) „einzunischen" *(Einnischung)*. ↗ökologische Nische, ↗adaptive Radiation.

ökologische Nische, ein Ausdruck für die Wechselbeziehung zw. einer Art (od. einem Individuum) und den für diese relevanten Umweltfaktoren (↗ökologischen Faktoren). Bevorzugt unter den verschiedenen Definitionen (vgl. Spaltentext), v. a. auch in evolutionsökolog. Arbeiten, wird folgende: Die ö. N. beschreibt die Gesamtheit der Beziehungen zw. einer Art u. ihrer Umwelt, wobei sowohl biotische Umweltfaktoren (andere Organismen, z. B. Nahrung, Konkurrenten, Feinde, Symbionten, Parasiten) als auch abiotische Faktoren (physikalische Faktoren, wie Temp., Feuchtigkeit, Salinität u. a.) berücksichtigt

ökologisch [v. gr. oikos = Hauswesen, logos = Kunde, Kenntnis].

ökologische Nische
Für die Definition wurden zunächst nur die räuml. Ansprüche berücksichtigt (Grinnell 1917). Später hat Ch. Elton (1927) das Verhalten der Art zur Umwelt mit einbezogen u. definierte die ö. N. als Beschreibung der funktionellen Rolle, die eine Organismenart in einer Lebensgemeinschaft (↗Biozönose) spielt, bzw. der Stellung einer Art im ↗Ökosystem. Dabei stand zunächst die Beziehung zur Nahrung (trophische Beziehungen) im Vordergrund. Dementsprechend hat W. Kühnelt (1948) von der *ökologischen* ↗ *Planstelle* gesprochen, die eine Art innerhalb einer ↗Nahrungskette einnimmt. G. E. Hutchinson (1957) hat den Begriff ö. N. auf alle für die Existenz einer Art nötigen Umweltbeziehungen ausgedehnt. Verschiedene Autoren verwenden daher den Begriff ö. N. unterschiedlich.

werden. Die ö. N. ist also *kein Raum,* der besetzt, sondern ein *Beziehungsgefüge*, das im Verlauf der Evolution einer Art (in ↗Anpassung an ihre Umwelt) gebildet (hergestellt) wurde. Dabei müssen seitens der betrachteten Art u. seitens der Umwelt verschiedene „Dimensionen" unterschieden werden: Die Art bringt die durch ihre Organisation u. ihr Verhalten (also ihre Potenzen) gebotenen sog. *autozoischen Dimensionen* ein, denen als *ökische Dimensionen* das Angebot an Umweltfaktoren, das v. der Art genutzt wird, gegenübersteht (Günther: 1949/50). Der Bereich, in dem die autozoischen Dimensionen u. die ökischen Dimensionen „zur Deckung" gebracht werden, bildet die ö. N. Die ö. N. beschreibt somit die nach außen projizierten Umweltansprüche eines Organismus (einer Art). Da bei der Bildung der ö. n. N. demnach viele Dimensionen beteiligt sind, hat man sie auch als ein multidimensionales (viele Wechselbeziehungen umfassendes) Beziehungsgefüge bezeichnet, das mathemat. als Hypervolumen (Hyperraum) dargestellt werden kann (Hutchinson). Wichtig bei der Beschreibung der ö. N. einer Art ist daher nicht nur, zu erfassen, welche Umweltfaktoren eine Art benötigt (welche Ressourcen sie beansprucht), sondern auch, auf welche Weise diese Ressourcen genutzt werden (also das Verhalten der Art im Bezug zu ihrer Umwelt). Während der Biotop od. das Habitat einer Art der Ort ist, wo man sie findet, also ihre „Adresse", gibt die ö. N. den „Beruf" der Art an (Odum). Ein und dasselbe Strukturelement eines Biotops, z. B. ein Baum, kann dabei z. B. von verschiedenen Vogelarten in unterschiedl. Weise genutzt werden. Die Zahl der verschiedenen Dimensionen, die die ö. N. einer Art bestimmen, ist groß. Nahrung, Nistplätze, Überwinterungsquartiere, Versteckplätze, Aktivitätszeiten, Konkurrenten u. a. sind nur einige davon. Es ist daher nahezu ausgeschlossen, das Gesamtvolumen der ö. n N. einer Art zu erfassen u. zu beschreiben. Daher werden nur einzelne od. einige wenige Dimensionen herausgegriffen und z. B. als *Nahrungsnische* (also nur das Nahrungsangebot u. die Form seiner Nutzung im Verhältnis zu Nahrungskonkurrenten) beschrieben. – Wichtig für die Beschaffenheit der ö. n N. einer Art ist der Einfluß der *Konkurrenz* durch andere Arten. Nach Hutchinson (1957) spricht man von der *Fundamentalnische* einer Art, wenn diese, entspr. ihren Potenzen, in Abwesenheit v. Konkurrenten ihre Umwelt uneingeschränkt nutzen kann. Diese Situation ist in der Natur nie gegeben. Die *realisierte Nische* einer Art ist daher immer nur ein Ausschnitt der Fundamentalnische, eingeschränkt durch Konkurrenten u. Räuber. Zwischenartl. (interspezif.) ↗Konkurrenz liegt vor, sobald zwei (oder mehr) Arten gleiche Ressourcen, die nur begrenzt vorhanden sind, in gleicher Weise nutzen. Wenn zwei Arten, die im gleichen Biotop (in der gleichen Biozönose, also syntop) leben, ihre Umwelt in genau gleicher Weise nutzen würden, würde die konkurrenzstärkere Art die konkurrenzschwächere verdrängen (auskonkurrieren). Es gilt daher das ↗ *Konkurrenzausschlußprinzip,* wonach zwei Arten, die die gleiche ö. N. bilden, nicht nebeneinander coexistieren können (↗ *Coexistenz).* Jede Art bildet daher ihre eigene, artspezifische ö. N., die zumindest in den wesentl. Dimensionen von den ö.n N.n der anderen Arten ihres Biotops verschieden ist, was zu einer Aufteilung der Ressourcen unter den konkurrierenden Arten führt *(↗ ökologische Sonderung, Nischensonderung).* Schwierig zu entscheiden ist, welche maximale *Nischenüberlappung* v. konkurrierenden Arten toleriert wird. Eine Überlappung in einer Dimension (z. B. Brutplatz) kann durch klare Trennung in anderen Dimensionen „kompensiert" werden. Je mehr Dimensionen man betrachtet, um so geringer ist die Nischenüberlappung. Auch mit der Anzahl der konkurrierenden Arten nimmt die Nischenüberlappung ab. Zu einer größeren Nischenüberlappung kann es kommen, wenn die beteiligten Arten durch andere Faktoren (Klima, Parasiten, Räuber) in ihrer Individuenzahl (Populationsstärke, Dichte) so reduziert werden, daß die gemeinsam beanspruchten Ressourcen nicht ins Minimum geraten u. daher keine Konkurrenzsituation auftritt. Die Ausbildung unterschiedlicher ö.r N.n *(Einnischung)* ist das Produkt einer Evolution, in der die verschiedenen Arten in Anpassung an die jeweils unterschiedl. Umweltnutzung verschiedene Eigenschaften (Artcharakter) entwickelt haben *(Charakterdivergenz)* und dadurch dem Konkurrenzdruck, der v. anderen Arten ausgeht, ausweichen. Ein Teil der ↗ *Mannigfaltigkeit* (↗ *Diversität)* der verschiedenen Arten ist daher als Ergebnis einer unterschiedl. Nischenbildung zu verstehen. Bes. auffällig äußert sich diese unterschiedl. Einnischung (Nischensonderung) nächstverwandter Arten bei der ↗ *adaptiven Radiation* (B) und bei der *Kontrastbetonung* (↗ *Charakter-Displacement,* B). Im Ggs. dazu können Arten aus u. U. systematisch weit getrennten Gruppen, falls sie in geogr. getrennten Arealen leben (u. daher nicht konkurrieren), außerordentl. ähnliche ö. N.n bilden u. dementsprechend recht ähnliche *ökolog.* ↗ *Planstellen* in ihren Biozönosen einnehmen; man spricht dann von ↗ *Stellenäquivalenz* od. von vikariierenden Arten *(Vikarianz).* Da die Bildung sehr ähnlicher ö.r N.n gleichartige Anpassungen erfordert, gehören stellenäquivalente Arten oft dem gleichen ↗ *Lebensformtypus* an u. zeigen in ihrem Eigenschaftsgefüge ↗ *Konvergenz.* Die Einschränkung, die die Fundamentalnische erfährt, ist je nach Anzahl u. Wirksamkeit konkurrierender Arten verschieden; daher weist die realisierte Nische eine unterschiedl. Breite auf. Unter *Nischenbreite* versteht man die Summe der verschiedenen Ressourcen, die v. einer Art genutzt werden. Arten mit großer Nischenbreite nennt man *Generalisten,* solche mit geringer Nischenbreite *Spezialisten.* Ob sich eine bestimmte Art, z. B. im Hinblick auf die Nahrung, zum Spezialisten od. Generalisten entwickelt, hängt v. der Verfügbarkeit der Ressource (in diesem Falle der Nahrung) ab. Mit zunehmender Verfügbarkeit nimmt die Nischenbreite zu. Der Ausfall v. Konkurrenten in bestimmten Bereichen der Areale einer Art (z. B. auf Inseln, die der Konkurrent nicht erreicht hat) führt zur Nischenerweiterung *(Nischenexpansion),* da jetzt auch Ressourcen mitgenutzt werden können, die sonst der Konkurrent beansprucht. Umgekehrt führt die Einwanderung neuer Konkurrenten zu einer Einengung der Nische (zur Spezialisierung). Bei Arten mit großer Nischenbreite muß nicht unbedingt jedes einzelne Individuum der Population diese ganze Breite einnehmen, vielmehr kann eine entspr. große Variabilität dazu führen, daß die jeweils enger, aber geringfügig unterschiedl. eingenischten individuellen Varianten in ihrer Gesamtheit die größere Nischenbreite der Art ergeben. Durch eine solche unterschiedl. Einnischung der Individuen einer Art wird auch die innerartl. (intraspezif.) Konkurrenz reduziert. In bes. Fällen kann dies dadurch geschehen, daß die unterschiedl. gestalteten Geschlechter einer sexualdimorphen Art (↗ *Sexualdimorphismus)* verschiedene ö. N.n bilden (unterschiedl. *Geschlechternischen).* Beispiele dafür liefert der Hopflappenvogel *(Heteralocha acutirostris),* bei dem die Geschlechter verschiedene Schnäbel haben (vgl. Abb.), aber auch manche Greifvögel (z. B. Habicht und Sperber), bei denen die Weibchen erhebl. größer als die Männchen sind u. daher auch größere u. schwerere Beute überwältigen können. Auch Larven u. Imagines einer Art (z. B. Raupe u. Falter) können unterschiedl. ö. N.n bilden *(Stadiennischen).* – Wenn im Laufe der stammesgesch. Entwicklung (Evolution) neue Arten u. Organisationstypen entwickelt werden, ist dies jeweils mit der Bildung neuer ö.r N.n verbunden. Welche Möglichkeiten dabei einer sich entwickelnden Gruppe offenstehen, ist wesentl. davon abhängig, welche noch nicht genutzten Angebote an mögl. Ressourcen, also welche ↗ *ökologischen Lizenzen,* die Umwelt bietet u. welche Potenzen (↗ *ökologische Potenz)* eine Art aufweist (↗ *Präadaptation),* diese wenigstens in Ansätzen zu nutzen. Durch die Evolution v. Anpassungen, die eine entspr. Nutzung optimieren, können *Schlüsselmerkmale* entstehen, die u. U.

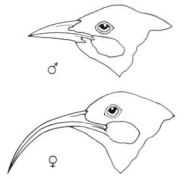

ökologische Nische

Beim Hopflappenvogel *(Heteralocha acutirostris)* Neuseelands weisen Männchen (♂) und Weibchen (♀) eine unterschiedl. Schnabelform auf, die Ausdruck einer unterschiedl. Nahrungsnische ist.

ökologische Plastizität

eine ökologische „Großnische" (↗ *Adaptationszone*) erschließen, die durch adaptive Radiation in mehrere „Artnischen" unterteilt werden kann.

Lit.: *Odum, E. P.*: Grundlagen der Ökologie, Band I. Stuttg. ²1983. *Osche, G.*: Grundzüge der allg. Phylogenetik, in *Bertalanffy, L.*: Hdb. der Biologie 3/2, S. 871–906. Frankfurt a.M. 1966. *Osche, G.*: Ökologie. Freiburg ⁹1981. *Pianka, E. R.*: Konkurrenz u. Theorie der ökolog. Nische, in *May, R. M.*: Theoret. Ökologie. Weinheim 1980. *Whittaker, R. H., Levin, S. A.*: Niche: Theory and Application. Benchmark Papers in Ecology 3, Stroudsburg, Pa. 1975. *G. O.*

ökologische Plastizität *w* [v. gr. plastos = geformt], die ↗ ökologische Potenz.

ökologische Potenz *w* [v. lat. potentia = Macht, Vermögen], *ökologische Toleranz, ökologische Plastizität, ökologische Reaktionsbreite*, Fähigkeit einer Organismenart, in bestimmten Bereichen eines od. mehrerer Umweltfaktoren über längere Zeit zu existieren. Die ö. P. kann aus der Verteilung der Art im Freiland, aber auch aus (möglichst naturnahen) Experimenten erschlossen werden. Die untere Existenzgrenze ist das Minimum, die obere das Maximum (vgl. Abb.), nahe den Grenzen werden oft Starrezustände (z. B. Kältestarre, Wärmestarre) beobachtet. Die ö. P. ist kein starres Kennzeichen der Art, sondern kann im Zshg. mit individueller Variabilität, Kondition, Entwicklungsstadium, Akklimatisation u. kompensatorischer Wirkung anderer Faktoren unterschiedl. sein; außerdem ist die Länge der Expositionszeit im Experiment wichtig. Im Verbreitungszentrum ist die ö. P. oft größer als in Randgebieten. I. ü. S. können ö. P.en auch für Aktivität, Fortpflanzung, Entwicklung usw. angegeben werden. ↗ ökologische Valenz, ↗ ökologische Nische.

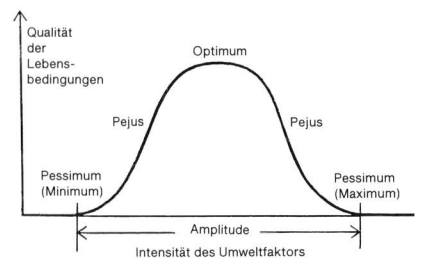

ökologische Rasse, ↗ Rasse (Population) einer Art, die im Vergleich zu anderen Populationen der gleichen Art eigene ökolog. Ansprüche stellt. Im Ggs. zu geogr. Rassen leben verschiedene ö. R.n einer Art im gleichen Areal nebeneinander (sympatrisch). Beispiele bieten sog. Wirtsrassen v. Parasiten, die jeweils auf bestimmte Wirtsarten spezialisiert sind, wie u. a. der ↗ Kuckuck.

ökologische Regelung, *ökologische Regulation,* Einstellen od. Einhalten ökolog. Gleichgewichtszustände (z. B. Individuenzahl, Artenzusammensetzung) in Populationen u. Ökosystemen. Es wird angenommen, daß bei der ö.n R. kybernetische Steuerprozesse (negative und positive Rückkopplungen) im Spiel sind. Der exakte Nachweis solcher Steuerungen ist jedoch wegen der Komplexität der Systeme nur im Falle einfacher übersichtl. Vorgänge gelungen (vgl. Abb.).

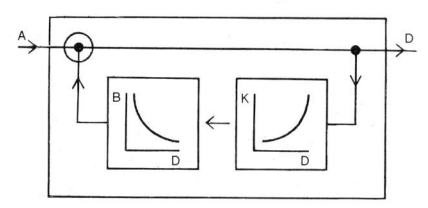

ökologische Regelung
Regelung der Individuendichte v. Libellenmännchen an einem Gewässer. Bei hoher Ankunftsrate (A) und hoher Individuendichte (D) kommt es zu zahlreichen Kämpfen (K), die die Besuchsdauer (B) verringern. Die Beziehungen von K und B zu D bestimmen als negatives Rückkopplungsglied die tatsächl. Individuendichte.

ökologische Potenz
Kenndaten der ö.n P. (schematisiert)

ökologisches Gleichgewicht, allgemeine Bez. für Gleichgewichtszustände in ökolog. Systemen, d. h. im ↗ Monozön, im Demozön (↗ Populationsgleichgewicht), in Bisystemen (z. B. ↗ Parasitismus) und im ↗ Ökosystem. ↗ dynamisches Gleichgewicht, ↗ biologisches Gleichgewicht, ↗ biozönotisches Gleichgewicht.

ökologische Sonderung, *ökologische Separation, ökologische Segregation,* zunehmende Divergenz der ökolog. Ansprüche bestimmter Organismenarten, meist unter dem Einfluß interspezif. ↗ Konkurrenz. Der Endzustand der ö.n S. wird als ↗ *ökologische Isolation* bezeichnet. ↗ ökologische Nische.

ökologische Valenz *w* [v. lat. valere = wert sein], Wertigkeit eines od. mehrerer ökolog. Faktoren gegenüber bestimmten Organismen. Die manchmal noch praktizierte Gleichsetzung der ö.n V. mit ↗ ökologischer Potenz des Organismus ist weniger sinnvoll.

ökologische Zone *w*, 1) Nach Simpson ein Beziehungsgefüge v. einer Art u. ihrer Umwelt, ähnl. der ↗ ökolog. Nische, jedoch mit der Möglichkeit einer weiteren Nischenaufteilung durch ↗ adaptive Radiation (↗ Adaptationszone, ↗ ökologische Nische). 2) ein Teil (eine Zone) der zonenartig nebeneinander angeordneten Lebensräume, z. B. entlang den Höhenstufen eines Gebirges od. am Ufersaum eines Sees.

Ökomone [Mz.; v. *öko-, gr. hormōn = antreibend], chem. Stoffe (z. B. Zucker, Glykoside, Alkaloide, Phenole), die v. Tieren od. Pflanzen ausgeschieden werden und ökolog. wichtige Informationen zw. Organismen vermitteln, entweder zw. Individuen der gleichen Art (↗ Pheromone) od. zw. Individuen verschiedener Arten (↗ Allomone, ↗ Kairomone).

öko- [v. gr. oikos = Haus, Hauswesen].

ökologisch [v. gr. oikos = Hauswesen, logos = Kunde, Kenntnis].

Ökomorphose *w* [v. gr. morphōsis = Gestaltung], i. w. S. gestaltliche Veränderung eines Organismus in Anpassung an Außenfaktoren (↗ ökologische Faktoren). Der Begriff Ö. sollte sinnvollerweise nur auf modifikatorische Änderungen angewendet werden. Hierher gehören ↗ Saisondiphänismus, ↗ Cyclomorphose oder allg. Anpassungsphänomene an spezif. Standorte.

Trennen sollte man Ö.n von ↗Ökotypen, die i. d. R. genetische Varianten einer Art darstellen und nicht durch abiotische, ökolog. wirksame Außenfaktoren bestimmt sind. ↗Periodomorphose, ↗Polymorphismus, ↗Rasse.

Ökoschema s [v. gr. schēma = Haltung, Stellung], Summe der für die ↗Habitatselektion u. Habitatbindung wicht. Signalfaktoren, an Hand derer ein Organismus den für ihn spezif. Lebensraum erkennen u. finden kann. Die Signalfaktoren können angeboren, erlernt od. geprägt sein (↗Prägung).

Ökospezies w [v. lat. species = Art], Organismenart, die weniger nach morpholog. als vielmehr nach ökolog. Charakteristika definiert ist.

Ökosphäre w [v. gr. sphaira = Kugel], die ↗Biosphäre.

Ökostratigraphie w [v. lat. stratum = Schicht, gr. graphein = (be)schreiben], 1) eine stratigraph. Methode, die auf der Ökologie v. Lebewesen beruht; sie wertet das stratigraph. Auftreten v. lokalen od. regionalen Faunen- u. Florengesellschaften aus, die für ökolog. Aussagen v. Bedeutung sind (Schindewolf 1950). – 2) Untersuchung u. Klassifizierung stratifizierter Gesteine im Hinblick auf ihre Entstehungsart od. ihr Ablagerungsmilieu (Hedberg 1958). – In Dtl. hat die Ö. bisher wenig Anhängerschaft gefunden.

Lit.: Boucot, A. J., Gray, J.: Ecostratigraphy. Geotimes 20; 14–15. 1975.

Ökosystem s [v. gr. systēma = zusammengesetztes Ganzes], Biogeozönose, Biohydrozönose, wichtigste Form biotischer Systeme (Biosysteme), Beziehungsgefüge der Lebewesen (Mikroorganismen, Pflanzen, Tiere, Mensch) untereinander u. mit einem Lebensraum (↗Biotop, ↗Biozönose) bestimmter Größenordnung (z. B. See, Wald, Wiese). Wie jedes ökolog. System (Monozön, Demozön, Bisystem) hat auch das Ö. formale (statische) und funktionelle Merkmale. Zu den ersteren gehören Größe, Art der abiot. Lebensbedingungen (anorgan. und organ. Substanzen, Klima, Artenzusammensetzung auf den Stufen der Produzenten (autotrophe Komponente) u. der Konsumenten u. Destruenten (heterotrophe Komponente), räuml. Verteilung dieser Komponenten. Funktionelle Merkmale sind zeitl. Veränderung in den Komponenten u. ihrer Verteilung, trophische Beziehungen (↗Nahrungskette, ↗Nahrungsnetz), energet. Beziehungen (↗Energieflußdiagramm, ☐), biogeochemische Zyklen, Entwicklungsprozesse (↗Sukzession), genet. Prozesse (Evolution), Regelprozesse (Selbstregulation). Ö.e sind offene Systeme, d. h., sie haben einen unabdingbaren Energietransfer (Sonne) u. oft auch Stofftransfer mit ihrer Umgebung (↗dynamisches Gleichgewicht, ↗Entropie). Ö. sind meist äußerst komplex u. können daher befriedigend nur durch ↗Systemanalyse, evtl. auch mit Hilfe vereinfachter Mikro-Ö.e im Labor, untersucht werden.

Ökoton m [v. gr. tonos = Spannung], Übergangszone zwischen zwei od. mehreren Pflanzengemeinschaften (Clemens 1929), z. B. der Waldrand zw. Wald und Wiese. Das Zusammentreffen unterschiedlichster Bedingungen auf engstem Raum (z. B. abwechslungsreich strukturierte Vegetationsdecke, Mannigfaltigkeit der kleinklima, Bedingungen u. des Nahrungsangebots) fördert die Vielfalt der Wechselbeziehungen zw. den Organismen u. ihrer Umwelt u. schafft so oftmals die Voraussetzung für Artenreichtum. Die Neigung zu größerer Mannigfaltigkeit u. Dichte in solchen Ö.en bezeichnet man als Randeffekt.

Ökotop m [v. gr. topos = Ort], a) i. e. S. spezifischer, durch ökolog. Bedingungen gegebener Platz einer Organismenart in einem ↗Ökosystem, wo sie zumindest regelmäßig anzutreffen ist (in diesem Sinne weitgehend gleichbedeutend zu ↗Monotop). b) i. w. S. Raumeinheit einer Landschaft.

Ökotyp m [v. gr. typos = Typ], Populationsteil, der durch Selektion unter bestimmten ökolog. Bedingungen eine genet. und physiol. Sonderstellung erreicht hat, die jedoch noch nicht Artrang hat. Begriff weitgehend ident. mit ↗ökologische Rasse. ↗Ökomorphose.

Okoumé s [aus einer afr. Sprache], ↗Gabun.

Okulation w [Ztw. okulieren; v. lat. oculus = Auge, Knospe], Augenveredelung, Veredelungstechnik, bei der v. einer hochwert. Sorte eine Knospe (↗Auge) mit dem dazugehörigen Rindenstück abgelöst u. in einen T-förmigen Rindenspalt der Unterlage eingeführt wird; angewendet v. a. bei Rosen u. ↗Obstgehölzen. ↗Veredelung.

Okuliermade, Thomasiniana oculiperda, Larve einer ↗Gallmücke.

Öl ↗Oleum, ↗Öle.

Olacaceae [Mz.; v. lat. olax = riechend], Olaxgewächse, Fam. der Sandelholzartigen mit 25 Gatt. und ca. 250 Arten, darunter auch einigen Halbparasiten; Verbreitung in trop. und subtrop. Gebieten. Blätter u. Früchte der Gatt. Olax u. Scorodocarpus riechen nach Knoblauch. Das Holz der letztgenannten Gatt. u. das der Gatt. Coula werden als Bauholz verwendet. Das Holz v. Ximenia americana dient als Sandelholzersatz.

Ölbaum, Olea, mit ca. 20 baum- od. strauchförm. Arten im Mittelmeergebiet, in Asien, Afrika u. Australien heim. Gatt. der Ölbaumgewächse. Wichtigste Art ist O. europaea (B Kulturpflanzen III, B Mediterranregion I), der vermutl. aus dem östl. Mittelmeerraum stammende Echte Ö. (Olivenbaum), ein bis 20 m hoch u. über 1000 Jahre alt werdender, immergrüner Baum

---

Ölbaum

Zur Gewinnung des im Fruchtfleisch der Olive befindlichen (grünl.-)gelben, fetten, nichttrocknenden ↗Olivenöls werden die bis Okt./Dez. gereiften Oliven vom Baum geschüttelt, zerkleinert u. ausgepreßt. Dabei ergibt leichtes, kaltes Pressen das „Jungfernöl" (Speiseöl feinster Qualität), während weiteres stärkeres, warmes Pressen das „Provenceöl" (Speiseöl minderer Qualität) u. heißes, sehr starkes Pressen schließlich das „Baumöl" liefert, das bei der Herstellung v. Seifen sowie als Schmier- u. Brennöl Verwendung findet. Der durch Extraktion weiter entölte Preßkuchen dient als Viehfutter od. Brennmaterial.

Blütenzweig des Ö.s (Olea europaea), links u. rechts Frucht, die letztere aufgeschnitten

Ölbaum

Erntemengen von Oliven und – in Klammern – Produktion von Olivenöl der wichtigsten Erzeugerländer 1984 (in Mill. t)

Welt	10,67 (2,09)
Spanien	3,34 (0,71)
Italien	2,52 (0,52)
Griechenland	1,40 (0,34)
Türkei	1,40 (0,20)

Ölbaumgewächse

mit knorrigem Stamm u. lichter, weit ausladender Krone. Seine längl.-lanzettl., ledrigen Blätter sind oberseits graugrün, unterseits silbrig weiß gefärbt, die kleinen weißl., traubig angeordneten Blüten besitzen eine 4zipfl. Krone. Aus dem oberständ., 2fächerigen Fruchtknoten geht eine ca. 2–4 cm lange, rundl. bis eilängl., grünl., rötl., violett od. blauschwarz gefärbte Steinfrucht, die *Olive,* mit sehr ölhalt. Fruchtfleisch (23–60%) u. Samen (12–15%) hervor. Der Ö. bringt erste Erträge im Alter v. etwa 10 Jahren u. kann über mehrere Jhh. ertragsfähig bleiben. Er ist seit Jtt. (Anbau im südl. Vorderasien seit dem 3. Jt. v. Chr.) eine der wichtigsten Kulturpflanzen der Mittelmeerregion u. wird heute wegen seiner großen Trockenresistenz u. seiner geringen Standortsansprüche in zahlr. Varietäten, oft großflächig (landschaftsbestimmend), angepflanzt. Hauptanbaugebiete vgl. Tab. Der überwiegende Teil der hier geernteten Oliven wird zur Herstellung v. ↗ *Olivenöl* genutzt (vgl. Spaltentext). Rund 10% der Ernte werden jedoch zu den bes. in der mediterranen Küche vielseitig verwendeten u. darüber hinaus weltweit als Delikatesse geschätzten Speiseoliven verarbeitet. Die größeren, fleischigeren u. weniger ölhalt. Speiseoliven werden reif od. unreif mit der Hand geerntet, um dann, zur Entfernung ihres auf Gallen- u. Tanninsäure beruhenden, stark bitteren Geschmacks, mit Natronlauge behandelt zu werden. Darauf folgt eine 3–10monatige Gärung in mit verschiedenen Gewürzen versetzter Salzlauge, welche die Früchte konserviert u. ihnen ihren charakterist. Geschmack verleiht. Neben den Früchten wird auch das hellgelbl.-braune, feinstrukturierte u. unregelmäßig gemaserte *Holz* des Echten Ö.s genutzt. Es eignet sich wegen seiner Härte (Dichte 0,92 g/cm^3) insbes. für Tischler- u. Drechslerarbeiten u. läßt sich gut polieren. – Mehrere weitere Arten der Gatt. Ö. liefern ebenfalls wertvolle Nutzhölzer. Zu nennen sind v. a. die in S-Afrika heim. Arten *O. capensis* (Bastard-Ebenholz) und *O. laurifolia* (Schwarzes Ebenholz).

Ölbaumgewächse, *Oleaceae,* in den trop., subtrop. und gemäßigten Zonen verbreitete, bes. stark jedoch in SO-Asien u. Ozeanien vertretene Fam. der Enzianartigen mit rund 600 Arten in 29 Gatt. (vgl. Tab.). Bäume u. Sträucher, seltener Halbsträucher mit einfachen od. gefiederten Blättern u. einzeln od. in verschiedenart. Blütenständen angeordneten, zwittrigen bzw. diklinen Blüten. Diese besitzen eine stielteller-, trichter- oder glockenförm. Krone mit i. d. R. 4–6zipfligem Saum. Der oberständ., aus 2 Fruchtblättern bestehende Fruchtknoten ist 2fächerig u. reift heran zu einer Beere, Kapsel, Stein- oder Spaltfrucht. Wirtschaftl. wichtigste Art der Ö. ist der ↗ *Ölbaum.* Daneben werden zahlr. Mitglie-

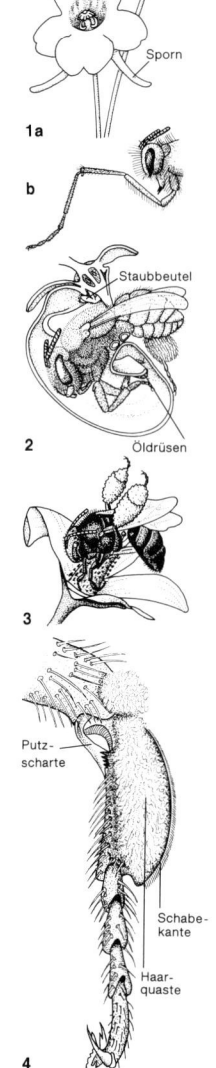

Ölbaumgewächse Wichtige Gattungen:
↗ Esche *(Fraxinus)*
↗ Flieder *(Syringa)*
↗ Forsythie *(Forsythia)*
Jasmin *(Jasminum)*
↗ Liguster *(Ligustrum)*
↗ Ölbaum *(Olea)*
Osmanthus
Phillyrea

Winterjasmin *(Jasminum nudiflorum)*

der der Fam. als Ziergehölze geschätzt, wie etwa die ↗ Forsythie, der ↗ Flieder, der Jasmin, die Duftblüte od. Arten der beiden, auch in Mitteleuropa heim. Gatt. ↗ Esche u. ↗ Liguster. Der Jasmin *(Jasminum,* B Asien III) ist mit ca. 200 Arten größte Gatt. der Ö. Viele seiner Arten besitzen angenehm duftende Blüten, die z. T. zur Gewinnung des v. der Parfüm-Ind. begehrten äther. ↗ *Jasminöls* benutzt werden (u. a. *J. sambac, J. officinale, J. odoratissimum*). In Mitteleuropa beliebte Ziersträucher sind der aus China stammende Winterjasmin *(J. nudiflorum),* mit rutenförm. Zweigen u. im zeitigen Frühjahr, vor den Blättern erscheinenden, kleinen gelben Blüten, u. der aus Persien u. dem Himalaya-Gebiet stammende Echte Jasmin *(J. officinale),* ein kletternder od. niederliegender, bei uns nicht ganz winterharter Strauch mit duftenden weißen Blüten. Letztere besitzt auch der in China heim., immergrüne Strauch *Osmanthus fragrans* (Duftblüte), dessen Blüten in China, wie auch die des Jasmins, zur Aromatisierung v. Tee verwendet werden. Die im Mittelmeergebiet beheimatete Gatt. *Phillyrea* (Steinlinde) umfaßt immergrüne Sträucher mit einfachen, ledrig-glänzenden Blättern u. unscheinbaren gelben Blüten; *P. angustifolia* ist eine charakterist. Art der mediterranen Hartlaubgebüsche u. Macchien.

Ölbaumpilz, Leuchtender Ö., *Omphalotus olearius* Sing. *(Clitocybe olearia),* gift. Blätterpilz, neuerdings bei den ↗ Kremplingen *(Paxillaceae)* eingeordnet; sein Fruchtkörper ist in allen Teilen orangegelb-orange; der Hut (8–12 cm ∅) leuchtet im Dunkeln (↗ Leuchtpilze); die Lamellen laufen weit am Stiel herab; wächst büschelig an Ölbäumen, Kastanien, Eichen: Mittelmeerraum, Niederlande, Oberrheingebiet, Südalpen u. Wiener Wald.

Ölblumen, Blüten, die aus speziellen Geweben *(Elaiophoren)* fette Öle statt Nektar sezernieren. Die Öle werden von spezif. Bienen mit kompliziert gebauten Beinen gesammelt und zus. mit Pollen anderer Blüten als Nahrung für die Larven eingetragen. Bisher sind über 2300 Ö. aus verschiedensten Pflanzenfamilien bekannt (vgl. Tab.). In Mitteleuropa gehört als bis-

Ölblumen
1a Blüte einer *Diascia*-Art mit den beiden langen Spornen; **b** Vorderbein der bestäubenden Biene (Gatt. *Rediviva*) zur Ausbeutung der Öldrüsen in den Spornen. **2** *Centris*-Weibchen beim Ausbeuten einer Pantoffelblume *(Calceolaria);* Blüte angeschnitten. **3** *Macropis europaea* beim Sammeln v. Öl am Gelbweiderich *(Lysimachia vulgaris);* charakterist. ist die Beinhaltung. **4** Tarsus eines Ölsammelbeins eines Vertreters der Gatt. *Paratetrapedia*

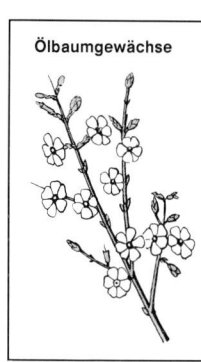

her einziger bekannter Vertreter der Gelbweiderich *(Lysimachia vulgaris)* in diese Gruppe; das Öl wird v. der Schenkelbiene *Macropis europaea* (Fam. *Melittidae)* gesammelt. [gewächse.

Oldfieldia w, Gattung der ↗Wolfsmilch-

Olduvai, Olduwai, Oldoway, Schlucht in Tansania (O-Afrika), berühmter Fundort verschiedener Urmenschen, z. B. *Australopithecus (Zinjanthropus) boisei, Homo habilis, Homo erectus leakeyi* u. *Homo s. sapiens* („Oldoway-Skelett"), dazu Steinwerkzeuge (u. a. ↗Geröllgeräte des Oldowan) sowie tierische u. pflanzl. Fossilien. Eingeschaltete vulkan. Ablagerungen erlauben absolute Datierungen. B Paläanthropologie.

Öle [Mz.; v. lat. oleum = Öl], Sammelbez. für chemisch unterschiedl., jedoch in ihrer physikal. Konsistenz ähnliche, wasserunlösl., bei Raumtemp. flüssige Gemische organ. Verbindungen. Man unterscheidet zw. *Mineral-Ö.n* (Hauptbestandteile bzw. -produkte des ↗Erdöls), *pflanzl.* und *tier. fetten Ö.n* (↗Fette) u. ↗*ätherischen Ö.n.* ↗Oleum.

Olea w [lat., =], der ↗Ölbaum.

Oleaceae [Mz.; v. lat. olea = Ölbaum], die ↗Ölbaumgewächse.

Oleacina w [v. lat. olea = Olive], Gatt. der *Oleacinidae*, Landlungenschnecken Mittelamerikas u. Haitis mit festschal., kurzspindelförm. Gehäuse (bis 6,5 cm hoch) u. hoher, einem schmaler Mündung; gut beweg., carnivore, am Boden lebende Tiere, die sich v. anderen Schnecken ernähren.

Oleander m [v. *oleand-], *Nerium*, Gatt. der Hundsgiftgewächse mit 3 vom Mittelmeergebiet über N-Indien bis nach SW-China verbreiteten Arten. Bekannteste Art ist der in Auen-Ges. heim. Echte O. oder Rosenlorbeer (*N. oleander,* B Mediterranregion I), ein bis 6 m hoher, immergrüner Strauch od. kleiner Baum mit schlanken, aufrechten Zweigen u. bis 15 cm langen, längl.-lanzettl., lederartigen Blättern (mit auffällig parallel verlaufenden Seitennerven, B Blatt III). Seine duftenden, in endständ., trugdoldigen Rispen angeordneten, rosafarbenen Blüten besitzen eine trichter- bis stieltellerförm. Krone mit 5 schief abgeschnittenen Zipfeln sowie gefransten Schlundschuppen. Die Frucht ist eine lange, schotenart. Balgkapsel. Der in warmen Sommern von Juni bis Sept. blühende Echte O. gehört in Mitteleuropa zu den ältesten u. beliebtesten Kübelpflanzen (Überwinterung im Haus). Bei Kultursorten sind neben einfachen auch gefüllte Blüten in Weiß, Gelb, Rosa oder Rot zu finden.

Oleandomycin s [v. *oleand-, gr. mykes = Pilz], aus *Streptomyces antibioticus* isoliertes ↗Makrolidantibiotikum, dessen Wirkungsspektrum B Antibiotika) weitgehend dem des ↗Erythromycins entspricht. Es findet auch ähnl. Anwendung wie dieses, ist jedoch schwächer wirksam.

Ölblumen
Einige Gattungen u. ihre Bestäuber (B):

Alte Welt

Diascia (Scrophulariaceae)
 (B.: *Rediviva*, Melittidae)
Momordica (Cucurbitaceae)
 (B.: *Ctenoplectra*, Ctenoplectridae)
Lysimachia (Gentianaceae)
 (B.: *Macropis*, Melittidae)

Neue Welt

Angelonia (Scrophulariaceae)
 (B.: *Centris*, Anthophoridae)
Stigmatophyllum (Malpighiaceae)
 (B.: *Centris*, Anthophoridae)
Calceolaria (Scrophulariaceae)
 (B.: *Centris, Paratetrapedia,* Anthophoridae)

Oleander

O. (*Nerium*) enthält in allen Teilen einen bitteren, seines Glykosid-Gehalts wegen stark gift. Milchsaft. Hauptwirkstoff ist das ↗Herzglykosid *Oleandrin,* das wegen seiner typ. Digitaliswirkung bisweilen med. Anwendung gefunden hat. Verzehr v. Pflanzenteilen sowie v. Honig des O. führt zu Übelkeit, Erbrechen, Koliken, Diarrhöen u. Kopfschmerz, gelegentl. auch zu starken Herzstörungen bis hin zum Tod durch Herzlähmung.

oleand- [v. mlat. oleander = Oleander, Rosenlorbeer; v. gr. rhododendron über lat. rodandrum, lorandrum zu (unter Anlehnung an lat. olea = Ölbaum) oleander].

oligo- [v. gr. oligos = wenig, gering, klein, selten].

Oleate [Mz.; v. lat. oleum = Öl], die Salze u. Ester der ↗Ölsäure.

Oleinsäure, veraltete Bez. für ↗Ölsäure.

Olenellus m [v. gr. ōlenē = Elle], (Billings 1861), † Gatt. relativ großwüchs. ↗Trilobiten, leitend für das Unterkambrium v. Europa, Grönland und N-Amerika.

Olenus m [v. gr. ōlenē = Elle], (Dalman 1827), † Trilobiten-Gatt., Leitfossil für das Oberkambrium von N-Amerika, N-Europa u. Asien.

Oleoresine [Mz.; v. lat. oleum = Öl, resina = Harz], die ↗Balsame.

Oleosomen [Mz.; v. lat. oleum = Öl, gr. sōma = Körper], *Sphärosomen,* Speicherfett (Tri-↗Acylglycerine) enthaltende Fetttröpfchen im Endosperm bzw. den Kotyledonen fettreicher pflanzl. Samen sowie in den Fettzellen der Tiere. O. entstehen auf noch nicht eindeutig geklärte Weise direkt am endoplasmat. Reticulum, dem wichtigsten Lipidsyntheseort der Zelle. Sie werden v. einer einfachen Hülle umschlossen, die als „halbe" Membran *(half unit membrane)* gedeutet wird.

Oleum s [lat., =], *Öl,* Med. und Pharmazie: Abk. *Ol.,* ölige Substanz (fette und ↗äther. Öle) tier. od. pflanzl. Ursprungs, die meist als Heilmittel verwendet wird (vgl. Tab.).

Oleum	
Offizinelle Bezeichnungen:	*O. foeniculi* = Fenchelöl
	O. jecoris aselli = Lebertran
	O. juglandis
O. amygdalarum = Mandelöl	= Nußöl
	O. lavandulae = Lavendelöl
O. camphoratum = Campheröl	*O. menthae piperitae* = Pfefferminzöl
O. carvi = Kümmelöl	*O. olivarum* = Olivenöl
O. caryophylli = Nelkenöl	*O. ricini* = Ricinusöl
O. citri = Zitronenöl	*O. sinapis* = Senföl
O. crotonis = Crotonöl	*O. terebinthinae* = Terpentinöl
O. eucalypti = Eucalyptusöl	*O. valerianae* = Baldrianöl

Olfactorius m [lat., = dem Riechen dienend], *Riechnerv, Geruchsnerv,* Abk. für *Nervus olfactorius,* den I. ↗Hirnnerv (☐). Der O. ist kein echter Hirnnerv, sondern ein Fortsatz der Sinneszellen der Riechschleimhaut, der zentralwärts zum Gehirn zieht; er bildet meist keinen einheitl. Strang, sondern besteht aus einzelnen Faserbündeln. Bei Tieren mit einem ↗Jacobsonschen Organ führt ein bes. Zweig zu diesem speziellen Organ.

olfaktorische Organe [v. lat. olfacere = riechen], die ↗Geruchsorgane.

Ölfische, 1) *Comephoridae,* Fam. der ↗Groppen; **2)** *Ruvettus,* Gatt. der ↗Schlangenmakrelen.

Ölfrüchte ↗Ölpflanzen. [genmakrelen.

Olibanumöl [v. gr. libanos = Weihrauch], *Weihrauchöl,* ↗Weihrauch.

oligarch [v. *oligo-, gr. archē = Leitung], *wenigstrahlig,* Bez. für Wurzeln mit weni-

Oligobrachia

oligo- [v. gr. oligos = wenig, gering, klein, selten].

Oligochaeta

Ordnungen und wichtige Familien:

Plesiopora
↗ *Aeolosomatidae*
↗ *Naididae*
↗ *Tubificidae*
↗ *Phreodrilidae*
↗ *Enchytraeidae*

Prosopora
↗ *Lumbriculidae*
↗ *Branchiobdellidae*

Opisthopora
↗ *Haplotaxidae*
Moniligastridae
↗ *Glossoscolecidae*
↗ *Lumbricidae*
↗ *Megascolecidae*
Eudrillidae

gen radialen (2 bis 5) Gefäßsträngen; typ. für Nadelhölzer u. Zweikeimblättrige. Ggs.: polyarch. ↗ diarch.

Oligobrachia *w* [v. *oligo-, gr. brachiōn = Arm], Gatt. der ↗ Pogonophora (Fam. Oligobrachiidae).

oligocarbophile Bakterien [Mz.; v. *oligo-, lat. carbo = Kohle, gr. philos = Freund, baktērion = Stäbchen], Bakterien, die zum Wachstum nur sehr geringe Konzentrationen an organ. Nährstoffen benötigen, z.T. sogar durch höhere Substratmengen gehemmt werden (Nährlösungen zur Anzucht enthalten z.B. nur 0,001–0,005% Pepton); Vorkommen bes. in nährstoffarmen Böden od. oligotrophen Gewässern, z.B. ↗ *Hyphomicrobium*-Arten od. *Seliberia stellata*.

Oligochaeta [Mz.; v. *oligo-, gr. chaitē = Borste], *Wenigborster*, U.-Kl. der ↗ Gürtelwürmer innerhalb der ↗ Ringelwürmer mit 3 Ord., 13 wichtigen Fam. (vgl. Tab.) und ca. 3500, v.a. limnisch u. terrestrisch, aber auch marin lebenden Arten, von denen die kleinsten weniger als 1 mm u. die größte *(Megascolides australis)* 3 m Länge erreichen. Die weiß, gelb, rötlich od. bräunlich gefärbten od. transparenten, langgestreckten, im Querschnitt runden od. auch leicht kantigen Tiere, zu denen als bekannteste die Regenwürmer zählen, sind weitgehend homonom segmentiert, ohne Parapodien und deren Anhänge (Kiemen, Cirren), jedoch mit wenigen (Name!), zahlenmäßig konstanten, in 4 Gruppen pro Segment angeordneten (Regenwurm z.B. 8, je 2 laterale und 2 × 2 ventrale) Haarod. ein- od. zweispitzigen Hakenborsten versehen, die in Borstensäcken in der Körperwand liegen u. durch bes. Muskeln bewegt werden. Das Prostomium ist meist sehr klein u. vorn abgerundet, bei wenigen Formen (z.B. *Stylaria*) zu einem Tastfortsatz fadenartig ausgezogen, das Peristomium vom Prostomium deutl. getrennt (prolobisch), mit ihm verschmolzen (zygolobisch) od. in seinem vorderen Teil von einer zungenart. dorsalen Erweiterung des Prostomiums bedeckt (epilobisch). Die Metameren sind im allg. durch Ringfurchen getrennt, doch tritt nicht selten eine sekundäre Ringelung (bis zu 7 Ringel pro Segment) auf. Die Anzahl der Metameren reicht von 7 *(Aelosoma)* bis über 600 *(Rhinodrilus)* u. ist auch innerhalb der Art nur in Ausnahmefällen konstant. Das Pygidium hat keine Anhänge und trägt nur bei wenigen Gatt. *(Aulophorus, Dero)* terminale Kiemen. – Wurmgestalt u. Bewegungsweise (☐ Fortbewegung) der *O.* werden vom mächtig ausgebildeten ↗ Hautmuskelschlauch u. dem gekammerten, flüssigkeitserfüllten Coelom als ↗ Hydroskelett bestimmt (↗ Biomechanik). Der Hautmuskelschlauch besteht aus einer Epidermis aus Stütz-, Pigment- u. Schleim (u.a. auch ein Alarm-Pheromon) liefernden Drüsenzellen u. einer ihr unterlagerten, meist dünnen, doch in sich geschlossenen Schicht Ring- und einer dickeren, in 1 dorsalen, 2 laterale und 1 oder 2 ventrale Stränge unterteilten Längsmuskulatur. Nach außen wird die Epidermis v. einer bei Wasserbewohnern zarten, bei terrestrischen Formen dicken Cuticula begrenzt. Bei den Erdbewohnern besteht sie aus Schichten von Kollagenfibrillen. Eine Sonderbildung der Epidermis ist das *Clitellum* (↗ Gürtelwirmer). Das Coelom ist wie bei den ↗ *Polychaeta* in hintereinandergeschaltete, durch Dissepimente u. Mesenterien begrenzte Säcke aufgeteilt, von denen jeweils ein rechter u. ein linker pro Metamer den Raum zw. Hautmuskelschlauch u. den Körper längs durchlaufenden Organsystemen, wie Darm-, Blutgefäß- u. Nervensystem, erfüllt. Die Dissepimente enthalten, bes. bei den grabenden Erdbewohnern, Muskulatur, die dem Hautmuskelschlauch entstammt. Das Coelompaar eines jeden Metamers arbeitet als weitgehend unabhängige hydraulische Einheit. Bei terrestrischen Formen stehen die Coelomräume über mediane, durch Muskeln verschließbare Rückenporen mit der Außenwelt in Verbindung u. können über sie Coelomflüssigkeit abgeben, was vermutl. dem Feuchthalten der Haut dient. Der *Darmtrakt* besteht aus der ektodermalen Mundhöhle, dem entodermalen Pharynx, Oesophagus u. Mitteldarm sowie dem ektodermalen Enddarm. Er beginnt mit der am ventralen Vorderrand des Peristomiums liegenden Mundöffnung u. endet mit dem terminal od. dorsal im Pygidium ausmündenden After. Die Wand des Mitteldarms ist dreischichtig: auf das Darmepithel folgt eine Ring- u. Längsmuskelschicht, die Peristaltik des Darms ermöglicht; ihr liegt das innere Blatt des Coelomepithels, das Peritoneum, an, dessen ↗ Chloragogzellen Ammoniak entgiften, indem sie aus ihm Harnstoff synthetisieren u. ablagern, sowie Glykogen u. Fett speichern. Als Folge des Übergangs vom Wasser- zum Landleben sind bei den meisten Erdbewohnern 3 Spezialanpassungen zu beobachten: Zwischen Oesophagus u. Mitteldarm ist ein Kropf u. ein Muskelmagen ausgebildet. Im Kropf werden feste Nahrungsstoffe gesammelt, um vom Muskelmagen zerkleinert u. in den Mitteldarm gepreßt zu werden. Ausbuchtungen des Oesophagus dienen als Kalkdrüsen *(Morrensche Drüsen)* dem Ionenausgleich zw. dem nahezu neutralen Milieu im Innern des Wurmkörpers u. der durch die Humusstoffe sauren Nahrung. Die für Substratfresser erforderl. große verdauende u. resorbierende Oberfläche wird durch Einfaltung des Mitteldarmdaches zu einer ↗ Typhlosolis erreicht. – Das geschlossene *Blutgefäßsystem* entspr. dem des Bauplans der Ringelwürmer. Das Rückengefäß ist kontraktil u. treibt das meist hämoglobinhaltige Blut v. hinten nach vorn zum Bauchgefäß, was bei einigen Arten durch muskulös gewordene Ringgefäße im vorderen Darmbereich (↗Lateralherzen) unterstützt wird. Von den wenigen Kiemenatmern abgesehen, sind keine bes. Atmungsorgane vorhanden (Hautatmung). Die Exkretion erfolgt im allg. über typische Metanephridien. Das *Nervensystem* ist zwar ein Strickleiternervensystem, erscheint aber bei makroskop. Betrachtung als mehr od. weniger einheitl. Strang, da Ganglien u. Konnektive nahezu voll ineinander übergehen. Freie Nervenendigungen dienen dem Tastsinn. Bes. im Bereich des Prostomiums ausgebildete Wimpergruben sind vermutl. Chemorezeptoren. Bei den linsenförmigen Einlagerungen in Gehirn od. Epidermis einiger Formen könnte es sich um Statocysten handeln. Lichtsinnesorgane kommen verhältnismäßig häufig als einfache Photorezeptor-Zellen auf der gesamten Körperoberfläche vor, Augen in Form v. Pigmentbecherocellen sind jedoch selten. – Die *Fortpflanzung* erfolgt ungeschlechtlich (v. a. bei *Aeolosomatidae* u. *Naididae*) durch Archi- u. Paratomie sowie durch Fragmentation mit anschließender Regeneration und geschlechtlich durch Fremd- u. in einem Fall *(Limnodrilus)* auch Selbstbefruchtung sowie durch Parthenogenese (einige *Tubificidae, Enchytraeidae, Megascolecidae, Lumbricidae*). In den meisten Fällen ist die geschlechtl. Fortpflanzung der zwittrigen O. mit einer Kopulation verbunden, bei der jedoch ledigl. Sperma wechselseitig in die Receptacula seminis des Partners übertragen wird, also keine Befruchtung stattfindet. Bei dieser Paarung sind die Tiere in der Geschlechts- u. Clitellarregion durch einen vom Clitellum abgeschiedenen Schleimgürtel miteinander verbunden. Nach der Paarung trennen sich die Tiere wieder. Eier u. Sperma werden erst nach einiger Zeit in einen vom Clitellum erneut abgegebenen Sekretgürtel entlassen, der zum Kokon wird, in dem nicht nur die Besamung u. Befruchtung, sondern auch die Embryonal- u. Larvalentwicklung (↗Gürtelwürmer) stattfinden. Wenn, wie bei den Regenwürmern nach 3–4 Wochen, der Jungwurm den Kokon verläßt, sind mit Ausnahme des Geschlechtsapparates alle Organe ausgebildet. Geschlechtsreife erlangt er nach 1–2 Jahren, was äußerl. am Auftreten des Clitellums erkennbar ist. *D. Z.*

Oligodendrocyten [Mz.; v. *oligo-, gr. dendron = Baum], *Oligodendroglia-Zellen*, relativ kleine ↗Glia-Zellen bei Wirbeltieren, die wie die ↗Astrocyten der Neuralleiste entstammen, also ektodermaler Herkunft sind, u. im Zentralnervensystem v. a. in der weißen Substanz, im Mark, gehäuft auftreten. Sie liegen häufig in Reihen entlang den Axonbündeln, u. ihre relativ wenig verzweigten Ausläufer bilden die Myelinscheiden (↗Markscheide) im Zentralnervensystem. Funktionell entspr. sie also den Schwannschen Zellen der peripheren Nerven (↗Nervenzelle).

Oligokyphus *m* [v. *oligo-, gr. kyphos = Höcker, Buckel], (Henning 1922), säugetierähnl. † Reptil-Gatt. (Therapside) von ca. 50 cm Länge, mit kurzen, dackelart. Extremitäten ohne die Anpassung der Monotremen zum Graben u. Schwimmen; Thorakalwirbel bereits rotationsfähig; Unterkiefergelenkung durch Quadratum u. Articulare; Bezahnung herbivor. Mit *Tritylodon* in den „Tritylodontiden" vereinigt u. den *Cynodontia* od. ↗*Ictidosauria* zugeordnet. Verbreitung: ? oberes Rhät von S-Dtl., Lias v. England.

oligolecithale Eier [Mz.; v. *oligo-, gr. lekithos = Eigelb, Dotter] ↗Eitypen.

Oligolophus *m* [v. *oligo-, gr. lophis = Haarschopf], Gatt. der ↗Phalangiidae.

oligomer [v. *oligo-, gr. meros = Teil], **1)** Bot.: Bez. für die meist durch Ausfall einiger Glieder bedingte Minderzähligkeit eines Blattkreises in der ↗Blüte. Ggs.: pleiomer. **2)** Zool.: Bez. für ein Entwicklungsstadium (meist bei Gliederfüßern), das weniger Segmente aufweist als der Grundtyp. **3)** Biochemie: ↗Oligomere.

Oligomere [Mz.; Bw. *oligomer;* v. *oligo-, gr. meros = Glied, Teil], aus zwei *(Dimere,* ↗Dimerisation) od. wenigen, meist ident. Grundeinheiten (↗*Monomere*) aufgebaute Moleküle, wie z. B. die durch Zusammenlagerung zweier od. mehrerer Untereinheiten sich bildenden oligomeren Proteine od. die Oligonucleotide, -peptide u. -saccharide. ↗Polymere.

Oligomycin *s* [v. *oligo-, gr. mykēs = Pilz], antibiot. Hemmstoff (aus *Streptomyces diastatochromogenes*) der mitochondrialen ATP-Synthase (↗mitochondrialer Kopplungsfaktor, ↗Mitochondrien, ↗Adenosintriphosphatasen). O. bindet an die Membran-assoziierten Teile des ATP-Synthase-Komplexes. Von dort wird die Antibiotikaempfindlichkeit durch das O.-Sensi-

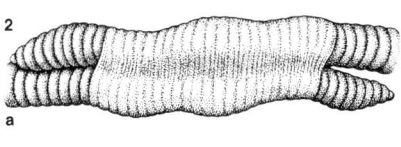

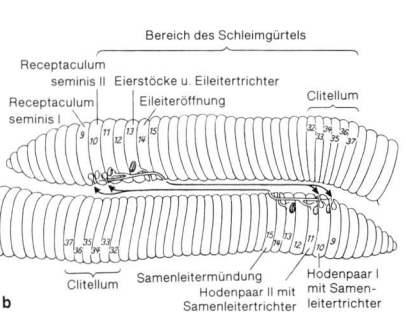

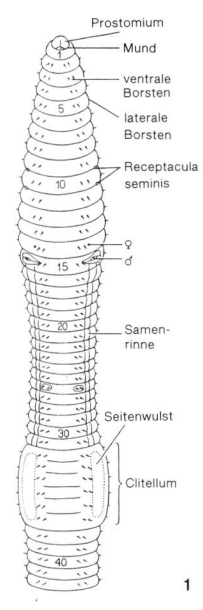

Oligochaeta

1 Ventralansicht des vorderen Körperabschnittes des Großen Regenwurms *(Lumbricus terrestris).* 2 Wechselseitige Begattung beim Regenwurm: **a** Die beiden Geschlechtspartner legen sich mit der Ventralseite ihres Vorderkörpers entgegengesetzt aneinander u. hüllen sich in diesem Bereich durch einen vom Clitellum abgeschiedenen Schleimgürtel ein. **b** Die in den Hoden der Segmente 10 und 11 produzierten und in den hier der Übersicht halber nicht gezeichneten Samenkapseln u. Samenblasen derselben Segmente herangereiften Spermatozoen beider Partner werden über die jeweiligen Samentrichter u. Samenleiter in einer bes. Samenrinne auf der Bauchseite (ebenfalls weggelassen) durch peristaltische Bewegungen des Hautmuskelschlauchs zu den Receptacula in den Segmenten 9 und 10 des Partners befördert. Die Pfeile geben den Weg der Spermatozoen an.

Oligonephria

tivität übertragende Protein (*O. sensitivity conferring protein*, OSCP, F_0-Teil des Komplexes) auf den F_1-Teil des Komplexes (die eigtl. ATP-Synthase) übertragen.

Oligonephria [Mz.; v. *oligo-, gr. nephros = Niere], Insekten mit 8 od. weniger Malpighi-Gefäßen.

Oligoneuriidae [Mz.; v. *oligo-, gr. neuron = Sehne, Nerv], die ↗ Büschelhafte.

Oligonucleotide [Mz.; v. *oligo-, lat. nucleus = Kern], Sammelbez. für Di-, Tri- usw. bis Decanucleotide; nicht scharf abgegrenzt gg. ↗ Polynucleotide. ↗ Dinucleotide.

Oligopause *w* [v. *oligo-, gr. pausis = Aufhören], Form der konsekutiven ↗ Dormanz bei Insekten, die bei Verschlechterung der Umweltbedingungen im Ggs. zur ↗ Quieszenz mit Verzögerung eintritt, wenn der auslösende Faktor lange genug suboptimal bleibt. Steuernder Faktor ist v. a. die Tageslänge; Temp., Feuchtigkeit u. Nahrung verstärken od. hemmen je nach Entwicklungszustand des Insekts die O.

Oligopeptide [Mz.; v. *oligo-, gr. peptos = verdaut], Sammelbez. für Di-, Tri- usw. bis Decapeptide; nicht scharf abgegrenzt gg. ↗ Polypeptide. ↗ Dipeptide.

oligophag [Hw. *Oligophagie;* v. gr. oligophagos = wenig essend], Bez. für Tierarten, die nur wenige Tier- od. Pflanzenarten als Nahrung wählen. Ggs.: ↗ monophag, ↗ polyphag. ↗ Ernährung.

oligophotische Region [v. *oligo-, gr. phōs, Gen. phōtos = Licht], *dysphotische Region*, ↗ Dämmerzone.

Oligopithecus *m* [v. ↗ Oligozän, gr. pithēkos = Affe], 1961 gefundenes Unterkieferbruchstück mit 4 Backenzähnen u. Eckzahn; gilt als ältester Hominoide aus dem Oligozän der Oase Fayum bei Kairo (N-Ägypten); Alter: ca. 35 Mill. Jahre.

oligopod [v. *oligo-, gr. podes = Füße], 1) Larvenform der holometabolen Insekten (↗ Holometabola) ohne abdominale Extremitätenabkömmlinge (außer Cerci od. Nachschieber), z. B. bei Käferlarven. 2) Embryonalstadium der Insekten, in dem zunächst embryonal alle abdominalen Extremitäten als Knospen angelegt werden *(polypode Phase)*, die sich später entweder bei polypoden Larven weiter entwikkeln od. bei o.en Formen wieder abgebaut werden.

oligopyren [v. *oligo-, gr. pyrēn = Kern] ↗ Paraspermien.

Oligosaccharide [Mz.; v. *oligo-, gr. sakcharon = Zucker], Sammelbez. für Di-, Tri- usw. bis aus ca. 10 Monosaccharideinheiten linear od. verzweigt aufgebaute Zucker (↗ Disaccharide); nicht scharf abgegrenzt gg. Polysaccharide (↗ Kohlenhydrate).

Oligosaprobien [Mz.; v. *oligo-, gr. sapros = faul, bios = Leben] ↗ Saprobiensystem.

Oligosarcus *m* [v. *oligo-, gr. sarx = Fleisch], Gatt. der ↗ Salmler.

oligostenotherm [v. *oligo-, gr. stenos = eng, thermos = warm], Bez. für Lebewesen, die nur in einem engen Bereich niedriger Temp. leben können, z. B. viele Bewohner des ↗ Bergbachs.

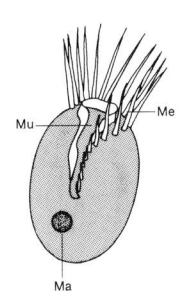

Oligotricha [Mz.; v. gr. oligothrix = mit wenig Haaren], U.-Ord. der ↗ Spirotricha; die Körperbewimperung dieser Wimpertierchen ist völlig reduziert; um die Mundbucht zieht sich ein Band mit kräft. Membranellen, die auch zum Schwimmen eingesetzt werden. Hierher gehören sowohl Arten ohne (*Strombidium, Halteria, Strombidinopsis, Strombidilidium*) als auch Arten mit zierl. Gehäusen (↗ *Tintinnida*).

oligotroph [Hw. *Oligotrophie;* v. gr. oligotrophos = wenig nährend], Bez. für Gewässer, die aufgrund ihres geringen Nährstoffangebots eine geringe organ. Produktion aufweisen. Organismen, die oligotrophe Standorte bzw. Biotope besiedeln, heißen *oligotraphent*. Ggs.: eutroph. ↗ Eutrophierung.

Oligozän *s* [v. *oligo-, gr. kainos = neu], (Beyrich 1854), mittlere Epoche des Tertiärs ([B] Erdgeschichte) zw. ↗ Eozän u. ↗ Miozän von ca. 11 Mill. Jahre Dauer; v. unten nach oben gegliedert in die Stufen Latdorfium, Rupelium u. Chattium.

Olindias *w* [ben. nach der brasil. Stadt Olinda], Gatt. der ↗ Limnohydroidae.

Oliva *w* [lat., = Olive], Gatt. der Olivenschnecken, Schmalzüngler mit dickschal., glattem u. glänzendem, farb. Gehäuse, dessen letzter Umgang dominiert; ohne Deckel. Etwa 60 Arten, auf u. in Sandböden warmer Meere; carnivor (Muscheln) u. nekrophag.

Olive *w* [v. lat. oliva = O., Ölbaum], 1) Bez. für die Frucht u. das Holz des ↗ Ölbaums. 2) *Oliva, Corpus olivarium*, beidseitig v. den Pyramiden im ↗ verlängerten Mark der Säugetiere u. des Menschen gelegenes, vielfach gefälteltes Gebiet grauer Nervenkerne; die O.n senden Bahnen in das cervicale Rückenmark u. das ↗ Kleinhirn u. fungieren mit anderen Schalt- u. Kerngebieten als Kontrollstation der extrapyramidalen Motorik.

Olivenfliege, *Dacus oleae*, ↗ Bohrfliegen.

Olivenlaus, *Aleurolobus olivinus*, ↗ Aleurodina.

Olivenöl, durch Auspressen der Früchte des ↗ Ölbaums gewonnenes, nicht trocknendes fettes Öl. 100 g O. enthalten je nach Alter u. Sorte der Bäume, Boden, Klima, Erntezeit usw. etwa 99,6 g Fett, 0,2 g Wasser, 0,2 g Kohlenhydrate und 13,7 mg Vitamin E. Die in Form v. Glycerinestern vorkommenden Fettsäuren sind bes. Ölsäure (80–85%), Palmitinsäure (8–15%) u. Linolsäure (5–10%) sowie Stearinsäure, Arachinsäure u. Myristinsäure; als Begleitstoff tritt v. a. Squalen (bis 1,5%) auf. O. wird als Speiseöl, zur Seifenherstellung u. für kosmet. und pharmazeut. Präparate verwendet; fr. auch in der Med. als Gallenheil- u. Abführmittel.

Oligotricha
Strombidium
Ma Makronucleus,
Me Membranellenzone, Mu Mundbereich

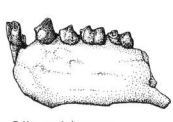

Oligopithecus, Unterkiefer v. außen

oligo- [v. gr. oligos = wenig, gering, klein, selten].

Olivenschnecken, *Olividae,* Fam. der Walzenschnecken mit festem, glänzend-glattem Gehäuse, dessen oft niedr. Gewinde bei einigen Gatt. von einer Schmelzschicht bedeckt ist, die durch die hochgeschlagenen Seitenlappen (s. u.) aufgelagert wird. Die längl. Mündung u. der vordere Siphonalkanal sind meist erweitert; Deckel sind nur bei ↗ *Ancilla* u. *Olivella* ausgebildet. Der große Fuß ist durch eine Querfurche in einen schildart. Vorderfuß (Propodium) u. den voluminösen Hinterfuß (Metapodium) unterteilt; letzterer ist zu ausstreckbaren Seitenlappen (Parapodien) ausgezogen. In der Mantelhöhle inserieren eine einseit. gefiederte Kieme, ein doppelseitig gefiedertes Osphradium u. eine Hypobranchialdrüse, die bei einigen Purpursekret bildet. Getrenntgeschlechtl.; aus den Eikapseln kommen im allg. pelagische Veliger. Schmalzüngler, die sich durch Sand graben u. sich v. Aas, Krebsen, Muscheln u. ä. ernähren. Weniger als 200, meist trop. Arten in 5 Gatt. (vgl. Tab.).

Ölkäfer, Pflasterkäfer, Blasenkäfer, *Meloidae,* Fam. der polyphagen Käfer aus der Verwandtschaft der ↗ *Heteromera.* Weltweit ca. 2700, in Mitteleuropa etwa 30 Arten, von denen die meisten Bewohner des östl. Mitteleuropa (pannonisches Österreich) sind. Mittelgroße (6–20 mm) bis stattl. (20–40 mm) Käfer unterschiedl. Gestalt u. Färbung. Gemeinsam ist ihnen u. a. ein relativ weiches Integument u. die Hypermetabolie in der Larvalentwicklung. Ihre Primärlarve wird als ↗ *Dreiklauer* od. *Triungulinus* bezeichnet, wenn auch nicht alle Arten 3 Klauen am Tibiotarsus besitzen. Bei einigen fehlen die sonst für die Ö. typischen klauenförm. Borsten der unpaaren Klaue *(Triungulinoid).* Typisch für die Ö. ist der hohe Gehalt des starken Giftes ↗ *Cantharidin* (☐) in ihrem Körper. Dieses Monoterpen kann bei Gefahr auch aus Öffnungen v. a. der Kniegelenke zus. mit einer gelbl. öligen Flüssigkeit abgegeben werden. Es ist zw. 0,2% und 2,3% in der Körpersubstanz der verschiedenen Arten enthalten. Als *Maiwürmer* werden v. a. die Weibchen der auch bei uns mit 13 Arten vertretenen Gatt. *Meloe* bezeichnet. Sie sind meist bläul. schwarz mit aufgetriebenem Hinterleib, verkürzten Elytren u. flugunfähig. Der Hinterleib ist mit 4000–10 000 Eiern gefüllt. Die meisten Arten sind ausgesprochen wärmeliebend u. laufen ständig auf der Suche nach Bienennestern umher, in denen die Larve ihre Entwicklung durchmacht. Aus den wahllos abgelegten Eiern schlüpfen sehr agile Triungulinus-Larven, die sofort auf Blüten kriechen, um dort auf geeignete Bienenweibchen als „Transporteure" (↗ *Phoresie*) zu warten. Sie klammern sich dann allerdings an alles Haarige, was zu ersten hohen Verlustraten führt, da die Entwicklung nur bei ganz bestimmten solitären Bienen mögl. ist. Bevor-

Olivenschnecken
Gattungen:
Agaronia
↗ *Ancilla*
↗ *Oliva*
Olivancillaria
Olivella

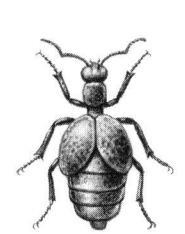

Ölkäfer
Maiwurm *(Meloe)*

zugt sind dies Arten der Bienen-Gatt. *Andrena, Eucera* u. *Anthophora.* Falls eine Larve dennoch in ein geeignetes Nest gelangt, muß sie eine Brutzelle vorfinden, die sowohl den kompletten Nahrungsvorrat an Pollen bzw. Nektar hat als auch gerade mit einem Ei belegt worden ist. Dieses Bienenei benötigt der Triungulinus sowohl als Landeplatz, um nicht im Nahrungsbrei zu ertrinken, als auch als erste Nahrung. Danach erfolgt die 1. Häutung zu einer madenartigen Sekundärlarve, die jetzt von dem Brutklumpen der Biene lebt. Nach weiteren Häutungen verläßt die Käfermade im Sommer die Brutzelle, um sich im benachbarten Erdreich zu einer Scheinpuppe (pharates Stadium) zu verwandeln. Nach der Überwinterung erfolgt die Puppenhäutung. Diese komplizierte Hypermetamorphose ist demnach sehr verlustreich, was die sehr hohen Eizahlen erklärt. Über die Wirtsspezifität der *Meloe*-Arten ist sehr wenig bekannt. Mit dem Seltenerwerden der Bienen sind allerdings auch unsere Maiwürmer rar geworden: sie stehen alle auf der ↗ Roten Liste. Phoresie tritt nicht bei allen Ö.n auf. Bei dem v. a. in S-Dtl. verbreiteten, bockkäferähnl. *Sitaris muralis* werden im Spätsommer die Eier in der Nähe v. Nestern der Pelzbienen (v. a. *Anthophora acervorum*) am Boden abgelegt. Die trianguloiden Larven haben eine unpaare Klaue u. überwintern im Boden, bevor sie im zeitigen Frühjahr entweder die frisch schlüpfenden Bienen befallen od. direkt in Nester, die bereits v. Weibchen versorgt werden, eindringen. Die weitere Larvalentwicklung erfolgt wie bei *Meloe.* Die Scheinpuppe überwintert allerdings in der Brutzelle u. verpuppt sich erst im Juni/Juli innerhalb der alten Larvalhaut (diphárate Puppe). Die Käfer erscheinen ab Ende August. Ähnl. verläuft auch die Entwicklung der metallisch grünen Spanischen Fliege *(Lytta vesicatoria,* ⓑ Insekten III). Dieser mehr südl. verbreitete Käfer ist 13–22 mm groß, kann gut fliegen u. trat fr. im Frühsommer gelegentl. sehr häufig an Esche, Flieder od. im S auch an Ölbäumen auf. Auch hier legt das Weibchen Eier in die Nähe bodenbrütender Solitärbienen (v. a. *Megachile, Colletes, Halictus* od. *An-*

Ölkäfer

Cantharidin wurde bereits v. den alten Griechen u. Römern als Droge verwendet. Bis in die neueste Zeit wurde es v. a. aus der Spanischen Fliege *(Lytta vesicatoria)* gewonnen u. als Hautreizmittel (blasenziehend), zum Entfernen v. Warzen u. Hühneraugen, aber auch als nicht ungefährl. Aphrodisiakum bis hin zu Giftmorden od. als Ersatz für den Schierlingsbecher bei den Griechen verwendet. Bereits Mengen von 0,1 mg verursachen auf der menschl. Haut Rötungen u. Schmerzempfindungen. Nach einigen Stunden kommt es zu Blasenbildungen der Epidermis. Der Genuß ruft schwere Erkrankungen hervor (Schluckbeschwerden, Magenkrämpfe, schwere Nierenschäden, starken Harndrang). Für den Menschen als tödl. wird eine Dosis von 0,03 g bzw. 0,5 mg/kg Körpergewicht genannt. Andere Warmblüter tolerieren höhere Dosen. So liegt beispielsweise die Letaldosis für Hühner bei 75 mg/kg, für Igel bei 140 mg/kg.

ombr- [v. gr. ombros = Regen, Regenguß, Nässe].

omega- [v. gr. ō mega (Ω, ω) = ō, der letzte Buchstabe im gr. Alphabet; als Zahlzeichen ω' = 800].

omm- [v. gr. omma, Gen. ommatos = Auge, Blick, Anblick].

thophora). Im Frühjahr wandern die Triungulinen in die Brutzellen, die wie im Falle von *Meloe* im passenden Zustand sein müssen. Andere Ö. entwickeln sich in Nestern der Grabwespen *Tachytes* od. *Tachysphex,* indem sie die v. den Wespen eingetragenen paralysierten Heuschrekken fressen. Die hpts. in S-Europa vorkommenden gelb/schwarz gezeichneten *Mylabris*-Arten u. die Arten der Gatt. *Epicauta* leben räuberisch v. den Eipaketen großer Feldheuschrecken.   *H. P.*

Ölkörper, die ↗Elaiosomen.

Ölkörperchen, die ↗Elaioplasten.

Olme [Mz.; v. ahd. olm, malm = Eidechse, Salamander], *Proteidae,* Familie der ↗Schwanzlurche mit dem ↗Grottenolm u. den ↗Furchenmolchen.

Ololygon *w* [v. gr. ololygōn = Käuzlein], Gatt. der ↗Laubfrösche (T).

Ölpalme, *Elaeis,* Gatt. der Palmen mit 8 im trop. W-Afrika u. in S-Amerika verbreiteten Arten. Die Afrikanische Ö. *(E. guineensis)* ist eine der weltwirtschaftl. wichtigsten Ölpflanzen. Ihr Ursprung wird in W-Afrika vermutet; heute wird sie in den Tropen der ganzen Welt kultiviert. Die Ö. erreicht eine Höhe bis 30 m; ihr im unteren Drittel v. alten Blattbasen bedeckter Stamm wird von ca. 25 rund 6 m langen Fiederblättern gekrönt. Schon im 5. Jahr trägt die Ö. Früchte; sie wird etwa 80 Jahre alt. Als ausgesprochene Tropenpflanze benötigt sie Jahresmitteltemp. um 25°C und ca. 100 mm Niederschlag pro Monat. Sie erträgt höchstens 3 Monate Trockenheit u. gedeiht nur auf tiefgründ., nährstoffreichen Böden. Jede Pflanze bringt in rhythm. Abständen ♂ und ♀ Blütenstände hervor. Diese sind kolbig ausgebildet u. die einzelnen Blüten in der Kolbenachse eingesenkt. Der aus 3 verwachsenen Fruchtblättern bestehende Fruchtknoten ist oberständig u. enthält 3 Samenanlagen, v. denen sich meist nur eine entwickelt. Bis zu 6000 der pflaumengroßen Steinfrüchte stehen in einem (bis über 50 kg schweren) Fruchtstand. Die Frucht ist v. einem glatten Exokarp umgeben. Das faserige, orangene Fruchtfleisch (Mesokarp) enthält 50–70% Fett u. liefert das *Palmöl.* Der ebenfalls fetthalt. Same ist vom verholzten Endokarp umgeben. Bei der Ernte werden die ganzen Fruchtstände abgehackt u. anschließend im Dampf erhitzt, um in der Frucht enthaltene, fettspaltende Enzyme (Lipasen) zu zerstören. Dann werden die Einzelfrüchte abgelöst u. gequetscht, um die Steinkerne abzutrennen. Aus dem Fruchtmus kann direkt das durch Carotinoide orangerot gefärbte Öl abgepreßt werden. Dieses ist bei Zimmertemp. fest u. enthält v. a. Öl- u. Palmitinsäure. Es wird hpts. zur Margarineherstellung verwendet. Die Preßrückstände dienen als Heizmaterial. Die dreikant. harten Steinkerne werden mit Spezialmaschinen geknackt. Die Samen *(Palmkerne)* werden getrocknet u. meist erst in Ölmühlen der Verbraucherländer weiterverarbeitet. Auch das weiße *Palmkernöl* ist bei Zimmertemp. fest; es enthält v. a. Laurin- u. Myristicinsäure u. dient hpts. zur Margarineherstellung. Bei höherem Anteil freier Fettsäuren wird es auch für die Seifen- (Kernseife) u. Kosmetikaproduktion verwendet. Die Preßrückstände *(Palmkuchen)* sind ein nahrhaftes Viehfutter. Aufgrund des Fettgehalts v. Fruchtwand wie auch Same liefert die Ölpalme bes. hohe „Prohektarerträge". B Kulturpflanzen III, B Afrika V.

Ölpest, Verseuchung v. Binnengewässern, Meeren u. Grundwasser durch Mineralölprodukte, wie z. B. Rohöl (↗Erdöl), das bei Tankerunfällen u. Bohrungen nach Erdöl ins Meerwasser gelangt, od. Altöl aus dem Bilgenwasser der Schiffe. Der Eintrag ölhalt. Substanzen v. Land über Regen- u. Abwässer beträgt etwa 54%, der durch Transporte auf dem Meer 35%. Die auslaufende Ölmasse bildet in gravierenden Fällen einen „Ölteppich", der den Gasaustausch im Wasser behindert, das Lichtklima verändert u. die Kiemen der Meerestiere u. das Gefieder der Vögel verklebt. Die schwerflücht. Bestandteile des Öls bilden mit Meerwasser eine zähflüssige braunschwarze Masse, die als Klumpen an die Strände gespült wird od. allmählich auf den Meeresboden absinkt. Der langsam verlaufende oxidative Abbau wird durch intensive Sonneneinstrahlung, hohe Luft- u. Wassertemp. sowie starke Strömungen beschleunigt. Pilze u. Bakterien (↗Erdölbakterien) bauen die Kohlenwasserstoffe ab. Die Gefahr einer Ö. an Küsten durch auslaufende Ölmassen, die sich z. B. gleichmäßig über die Wattgebiete verteilen u. ins Tiefensediment eindringen, ist groß. Dort kann das Öl jahrelang unverändert unter Sauerstoffabschluß überdauern.

Ölpflanzen, Bez. für Kulturpflanzen, deren Samen od. Früchte Öle liefern. Liefert der Samen das Öl, spricht man von *Ölsaaten,* wird das Öl aus dem Fruchtfleisch gewonnen, von *Ölfrüchten.* Zu den Ölsaaten gehören u. a. die Samen v. Erdnuß, Lein, Sonnenblume, Mohn, Raps, Rübsen, Sojabohne u. Senf. Zu den Ölfrüchten zählen die Früchte des Ölbaums u. der Ölpalme. Die pflanzl. Öle werden zur menschl. und tier. Ernährung genutzt, z. T. dienen sie med. Zwecken od. werden in der Technik verwendet.

Olpidium *s* [v. gr. olpē, olpis = lederne Ölflasche], Gatt. der *Chytridiales* (fr. in die Gruppe der *Myxochytridiales* od. der „*Archimycetes*" eingeordnet), pflanzenparasit. Pilze, deren Thallus seitl. in der pflanzl. Wirtszelle (ohne Zellwand) wächst. *O. brassicae,* Erreger v. Umfallkrankheiten, befällt Wurzel u. Hypokotyl v. Kreuzblütlern u. vielen anderen Pflanzenarten; er ist auch Überträger (Vektor) v. Viren, z. B. des

Aderchlorosevirus (Salat) od. des Tabaknekrosevirus (Bohnen). *O. viciae* ist Parasit in *Vicia unijuga*.

Ölraps ↗ Kohl.

Ölrauke, der ↗ Raukenkohl.

Ölrübsen ↗ Kohl.

Ölsaaten ↗ Ölpflanzen

Ölsäure, *Octadecensäure*, veraltete Bez. *Oleinsäure*, $C_{17}H_{33}COOH$, die in der Natur am weitesten verbreitete, aufgrund einer cis-Doppelbindung einfach ungesättigte ↗ Fettsäure ([T]); in reiner Form eine ölige, farb- u. geruchlose Flüssigkeit. Ö. kommt meist nicht frei, sondern gebunden in Form v. Glyceriden, d. h. als Bestandteil v. Fetten, fetten Ölen u. Phosphatiden, vor. Das trans-Isomere der Ö. ist die ↗ Elaidinsäure.

Oltmanns, *Friedrich*, dt. Botaniker, * 11. 7. 1860 Oberndorf, † 13. 12. 1945 Freiburg i. Br.; seit 1893 Prof. in Freiburg; bedeutender Algenforscher; bekannt sein Werk „Morphologie u. Biologie der Algen" (3 Bde., ²1922).

Oltmannsiella *w* [ben. nach ↗ F. Oltmanns], Algen-Gatt. der *Volvocaceae*, bilden vierzellige Kolonien.

Ölweide, *Elaeagnus*, Gatt. der Ölweidengewächse mit ca. 45, in N-Amerika, S-Europa u. Asien heim. Arten; immergrüne od. laubabwerfende Holzgewächse mit unterseits silbrig beschuppten Blättern. Viele Arten werden als Zierpflanzen gezogen, so auch die aus dem ostmediterranen Raum stammende Schmalblättrige Ö. *(E. angustifolia)*, deren fleischige gelbe Frucht (Nuß) eßbar ist.

Ölweidengewächse, *Elaeagnaceae*, Fam. der Silberbaumartigen mit 3 Gatt. und ca. 50 Arten; besiedeln Küsten- u. Steppengebiete in N-Amerika, Europa, S-Asien, Australien; v. a. dornige Sträucher, deren Zweige u. Blätter silbrige od. braune Schuppenhaare tragen; Blüten kronblattlos, Blütenhülle wird aus Kelchblättern gebildet. Weibl. Pflanzen einer der 3 Arten der Gatt. Büffelbeere *(Shepherdia)* bringen eßbare Früchte hervor. Die beiden Gatt. ↗ Ölweide u. ↗ Sanddorn gehen eine Symbiose mit Actinomyceten ein.

Olympsalamander, *Rhyacotriton olympicus*, kleiner (ca. 11 cm) lungenloser Vertreter der ↗ Querzahnmolche, der kühle, klare Gebirgsbäche im westl. N-Amerika bewohnt.

Omalonyx *m* [v. gr. homalos = gleichmäßig, glatt, onyx = Klaue], Gatt. der Bernsteinschnecken mit sehr flachem, fingernagelart. Gehäuse in S- und Mittelamerika u. der Karib. Region.

Omasus *m* [v. lat. omasum = Rinderkaldaunen], der ↗ Blättermagen.

ombrophil [v. *ombr-, gr. philos = Freund], *ombrophil*, regenliebend, Bez. für Organismen, die bes. in Gebieten mit hohen Niederschlagsmengen leben (z. B. trop. Regenwälder). Ggs.: *ombrophob*.

ombrophob [v. *ombr-, gr. phobos = Furcht], *ombriophob*, regenmeidend, Bez. für Organismen, die v. a. in trockenen Gebieten leben. Ggs.: *ombrophil*.

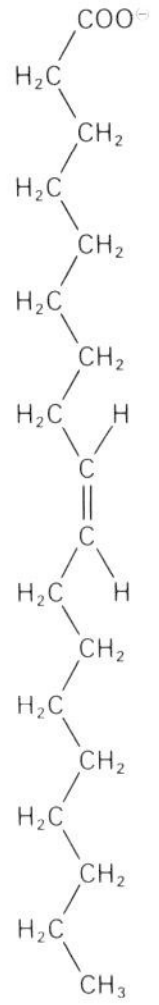

ombrotroph [v. *ombr-, gr. trophē = Ernährung], v. Niederschlagswasser abhängig, z. B. vom ↗ Hochmoor gesagt.

Omega-Protein, ω-*Protein*, ↗ DNA-Topoisomerasen.

Omegatier, rangniederstes Tier innerhalb einer linear vorgestellten ↗ Rangordnung, in der die Plätze mit griech. Buchstaben bezeichnet werden, ↗ Alphatier.

Ommastrephes *m* [v. *omm-, gr. strephein = drehen], *Ommatostrephes*, Gatt. der ↗ Pfeilkalmare mit weltweiter Verbreitung. Extrem schnelle Schwimmer, die in „Schulen" aus gleichgroßen Tieren (bis 50 Individuen) leben, die nachts zur Meeresoberfläche hochsteigen; dabei wird ein Abstand von 2–3 Körperlängen zu den Nachbarn eingehalten. Die *O.*-Arten wurden bis 1500 m Tiefe nachgewiesen; sie führen Laichwanderungen aus. *O. caroli* wird mit 40 (♀♀) bzw. 30 cm Mantellänge (♂♂) geschlechtsreif (maximale Größe 69 bzw. 36 cm); im N-Atlantik kommen 18 ♂♂ auf 46 ♀♀. Der hectocotylisierte Arm des ♂ plaziert die Spermatophore in die Buccalmembran (am Mund) des ♀; dieses legt ca. 360 000 Eier, aus denen als „Rhynchoteuthis" beschriebene Larven schlüpfen. Zu *O.* gehören 3 Arten (Jahresfang ca. 1 Mill. t), von denen der ↗ Fliegende Kalmar die bekannteste ist.

Ommatidium *s* [Mz. *Ommatidien*; v. spätgr. ommatidion = Äugelchen], ↗ Komplexauge ([ ]), ↗ Auge.

Ommatine [Mz.; v. *omm-], niedermolekulare ↗ Ommochrome.

Ommatophoren [Mz.; v. *omm-, gr. -phoros = -tragend], Stiele (auch Tentakel u. Antennen) mit distal befindl. Lichtsinnesorganen, z. B. bei ↗ Landlungenschnecken.

Ommine [Mz.; v. *omm-] ↗ Ommochrome.

Ommochrome [Mz.; v. *omm-, gr. chrōma = Farbe], Gruppe von natürl. vorkommenden gelben u. roten Phenoxazin-Farbstoffen, die bei Gliederfüßern (bes. Insekten u. Krebsen) als Augen-(Ommatidien-), Haut- u. Flügelpigmente sowie in Schlupfsekreten gefunden werden. O. entstehen im Stoffwechsel durch Abbau v. Tryptophan über Kynurenin ([B] Genwirkketten II). Man unterscheidet zw. den niedermolekularen, dialysierbaren *Ommatinen* (z. B. *Xanthommatin* aus dem Schlupfsekret des Kleinen Fuchses, *Vanessa urticae*) u. den hochmolekularen, kaum dialysierbaren *Omminen*, die vorwiegend als Augenpigmente auftreten. O. zeigen eine strukturelle Verwandtschaft mit dem Chromophor der ↗ Actinomycine.

Omnipotenz *w* [Bw. omnipotent; v. lat. omnipotentia = Allmacht], *Totipotenz*, Fähigkeit v. Zellen od. Zellkernen (bzw. deren Abkömmlingen), das ganze artspezif. Entwicklungsgeschehen verwirklichen bzw.

Ölsäure

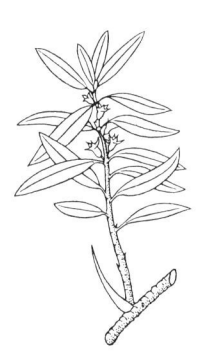

Ölweide
Schmalblättrige Ö. *(Elaeagnus angustifolia)*, Blütenzweig u. Blüte

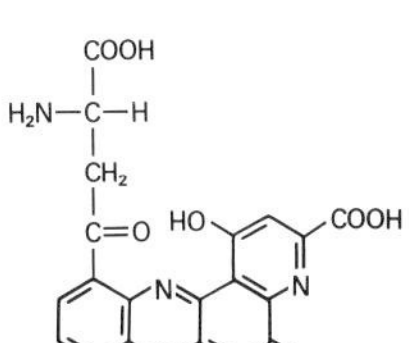

Ommochrome
Xanthommatin

Omnivoren

steuern zu können. Verlust der O. kann auf Veränderungen im Genom beruhen (selten: ↗Chromosomendiminution, evtl. auch Rearrangements in der DNA) od. auf stabilen Veränderungen auf der Protein- od. Strukturebene. Die O. wird geprüft u. a. durch Regenerationsversuche od. ↗Kerntransplantation (B).

Omnivoren [Mz.; Bw. *omnivor;* v. lat. omnivorus = alles verschlingend], *Omnivora, Allesfresser, polyphage Organismen,* haben ein weitestgehend unspezialisiertes Nahrungsspektrum (↗Ernährung); z. B. Schweine, Bären, Rabenvögel; auch der Mensch ist zu den O. zu rechnen.

Omocestus *m* [v. gr. ōmos = Schulter, kestos = Gürtel], Gatt. der ↗Feldheuschrecken.

Omo Kibish, *Schädelfunde von O. K.,* Schädelfunde (Omo I–III) aus der ca. 60 000–120 000 Jahre alten Kibish-Formation am Omofluß (Äthiopien); ähneln morphologisch teils dem ↗*Homo soloensis* v. Java (Omo II), teils bereits dem anatomisch modernen Menschen (Omo I).

Omphalina *w* [v. *omphal-], die ↗Nabelinge.

Omphalodes *m* [v. gr. omphalōdēs = nabelförmig], das ↗Nabelnüßchen.

omphalodisc [v. *omphal-, gr. diskos = Scheibe], bei Flechten: Apothecienscheibe in der Mitte mit nabelart. Auswuchs, z. B. Gatt. *Umbilicaria.*

Omphalotus *m* [v. *omphal-], Gatt. der ↗Kremplinge, ↗Ölbaumpilz.

Omphralidae [Mz.], die ↗Fensterfliegen.

Onager *m* [lat. (v. gr. onagros) = Wildesel], *Equus hemionus onager,* ↗Halbesel.

Onagraceae [Mz.; v. gr. oinagra, = eine Pflanze, deren Wurzel nach Wein schmecken soll], die ↗Nachtkerzengewächse.

Onchidella *w* [v. *onchi-], *Onchidiella,* Gatt. der Hinteratmer (Fam. *Onchidiidae*) an atlant. Küsten; ortstreue Schnecken, die den Algenbewuchs v. Steinen abweiden. In Europa nur *O. celtica* (bis 2,5 cm lang).

Onchidium *s* [v. *onchi-], Gatt. der Hinteratmer (Fam. *Onchidiidae*) an den Küsten des Indopazifik; auf dem warzigen Rücken stehen büschelige Atemorgane u. inverse Rückenaugen. Eine Art, *O. typhae,* lebt am Ufer ind. Flüsse zw. Blättern.

Onchocerca *w* [v. *oncho-, gr. kerkos = Schwanz], Gatt. der ↗Fadenwürmer (Superfam. *Filarioidea* = ↗Filarien) mit *O. volvulus,* dem Knotenwurm (Knäuelfilarie); die adulten Würmer (♀ bis 50 cm lang, ☐ Fadenwürmer) liegen bei Befall des Menschen als Knäuel im Unterhautbindegewebe u. erzeugen knotenförm. Geschwüre (↗*Onchocercose*). Die ♀♀ setzen jahrelang Mikrofilarien ab, die im Unterhautbindegewebe monatelang lebensfähig sind (Übertragung durch ↗Kriebelmücken). Ins Auge eindringende Mikrofilarien führen zu Schäden an Hornhaut u. Retina (↗Flußblindheit). Ursprünglich in W- und Zentralafrika, wohl mit Sklaven nach Mittel- und S-Amerika verschleppt.

Onchocercose *w* [v. *oncho-, gr. kerkos = Schwanz], *Onchocerciasis,* Bildung v. knotenförm. Geschwüren durch den Fadenwurm ↗*Onchocerca;* gefährl. Sonderfall der O. ist die ↗Flußblindheit.

Oncicola *w* [v. *onci-, lat. -cola = Bewohner], Gatt. der ↗Acanthocephala (Ord. ↗Archiacanthocephala) mit der Art. *O. canis,* die, v. a. in N-Amerika, als Darmparasit v. Hunden auftritt u. diese durch Massenbefall schwer schädigen kann. Als Hauptwirt gilt das Gürteltier.

Oncidium *s* [v. *onci-], Gatt. der Orchideen, bei der sich einige südam. Arten durch einen sehr ungewöhnl. Bestäubungsmechanismus auszeichnen: sie nutzen den Aggressionstrieb einiger Wespenarten bei der Verteidigung ihres Territoriums; genau so wie auf Insekten, die sie in ihrem Territorium entdecken, stürzen sich die Wespen auf die vom Wind bewegte Orchideenblüte; beim Aufprall auf die Blüte reißt die Wespe die Pollinien heraus bzw. überträgt diese.

Oncodidae [Mz.; v. gr. ogkōdēs = geschwulstartig], die ↗Kugelfliegen.

Oncomelania *w* [v. *onco-, gr. melania = schwarze Farbe], limn. Kleinschnecken (Fam. *Pomatiopsidae*) mit turmförm. Gehäuse u. kleiner, eiförm. Mündung, die durch einen Deckel verschlossen werden kann; gefürchtet als Überträger der Bilharziose in China, Taiwan u. Japan.

Oncomiracidium *s* [v. *onco-, gr. meirakidion = kleiner Knabe], *Hakenwimperlarve,* einziges Larvalstadium der ↗Monogenea, durch Kopfdrüsen, ventrale Mundöffnung, Pharynx u. sack- od. ringförmigen Darm sowie die Grundausstattung v. Protonephridial- u. Nervensystem sowie Gonadenanlagen ausgezeichnet. 2 Grundtypen (vgl. Abb.): Beim ersten (häufigeren) bedeckt das in 3 Zonen angeordnete Wimperepithel den Körper nur teilweise; es sind 2 Paar Augen u. am hinteren Haftorgan (Opisthaptor) 12, 14 oder 16 Haken ausgebildet. Beim 2. Larventyp, der nur bei einigen *Polyopisthocotylea* vorkommt, schließt das Wimperepithel die Larve nahezu vollständig ein; sie trägt ein Paar meist miteinander verschmolzener Augen und 10 Haken am Opisthaptor.

Oncopodium *s* [v. *onco-, gr. podion = Tritt, Balkon], ↗Extremitäten.

Oncorhynchus *m* [v. *onco-, gr. rhygchos = Rüssel], Gatt. der ↗Lachse.

Oncornaviren [Mz.; v. *onco- u. RNA] ↗RNA-Tumorviren.

Oncosphaera *w* [v. *onco-, gr. sphaira = Kugel], *Sechshakenlarve, Hexacanthus,* durch 6 Haken gekennzeichnetes, intrauterin in der Eischale sich entwickelndes, nicht freischwimmendes 1. Larvenstadium der ↗Bandwürmer. ↗Coracidium.

Ondatra *w* [huronisch], ↗Bisamratte.

---

omphal- [v. gr. omphalos = Nabel, Buckel].

onchi-, oncho-, onci-, onco-, onko- [v. gr. ogkos = Krümmung, Haken; Schwellung].

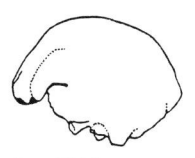

Omo Kibish
Schädel Omo II seitlich *(Homo sapiens)*

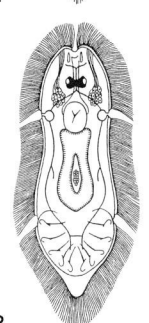

Oncomiracidium
1 häufigster Larventyp; 2 nur bei einigen *Polyopisthocotylea* vorkommender Larventyp

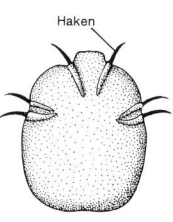

Haken

Oncosphaera

Oniscoidea [Mz.; v. gr. oniskos = Eselchen, Assel], *Oniscidea*, die ↗Landasseln.
Onithochiton *m*, Gatt. der *Chitonidae*, Käferschnecken an den Küsten S-Afrikas, Australiens u. Neuseelands.
Onkocyten [Mz.; v. *onko-, gr. kytos = Höhlung (heute: Zelle)], v.a. in Drüsengeweben auftretende alternde Zellen, die sich durch ihren aufgebläht erscheinenden Zelleib u. ihr stark acidophiles, mit sauren Farbstoffen (z. B. Eosin) stark anfärbbares Plasma vom umgebenden Gewebe abheben. ↗oxyphil.
Onkogene [Mz.; v. *onko-, gr. gennan = erzeugen], *Krebsgene, Tumorgene, onc-Gene,* die zunächst bei ↗Tumorviren, später aber auch im Kerngenom menschl. und tier. Zellen gefundenen Gene, die unter bestimmten Bedingungen die Ursache für die Transformation gesunder Zellen zu Tumorzellen sind (↗Krebs, B). Die *viralen O.* (Abk. *v-O.*) werden während des Infektionszyklus onkogener Viren zus. mit der übrigen Virus-DNA in das Genom der befallenen Zellen integriert. Bei den ↗DNA-Tumorviren besitzen die O. bzw. die v. ihnen codierten Proteine nicht nur tumorinduzierende Funktion für die infizierten Zellen, sondern sind auch an der Replikation der viralen DNA beteiligt. Die O. der ↗Retroviren sind dagegen nur für die Transformation der infizierten Zellen verantwortl. und spielen bei der Virus-Replikation keine Rolle. In einer Reihe v. Tumorzellen, darunter auch in zahlr. Tumorzellen des Menschen, wurden aktiv transformierende *zelluläre O.* (Abk. *c-O.*) gefunden, die sequenzhomolog mit bereits charakterisierten O.n aus Retroviren sind. Die aktiv transformierenden *viralen* (in Retroviren) u. *zellulären O.* leiten sich von sog. *Proto-O.n* ab, die stets als normaler, nicht pathogener Bestandteil im Genom gesunder Zellen vorliegen. Die Umwandlung von Proto-O.n zu aktiv transformierenden zellulären O.n erfolgt durch verschiedenartige somatische Mutationen. Z. B. kann das in einer gesunden Zelle in nur geringem Umfang transkribierte Proto-Onkogen durch Translokation innerhalb des Genoms (gefunden für das sog. c-myc-O.) od. durch Insertion v. Retrovirus-DNA, die selbst kein Onkogen trägt, unter die Kontrolle eines starken Promotors gelangen, so daß nun mehr Genprodukt gebildet wird. Auch die Amplifikation (↗Genamplifikation) eines Proto-Onkogens kann zu einer übermäßigen Expression des Gens u. somit zur Tumorinduktion führen. Eine weitere Möglichkeit wurde beim sog. c-ras-Onkogen aus dem menschl. EJ-Blasenkarzinom gefunden: das aktiv transformierende Onkogen unterscheidet sich v. dem in gesunden Zellen vorliegenden Proto-Onkogen durch einen einzigen Basenaustausch (eine Punktmutation; vgl. Abb.). Die Funktion der Onkogenprodukte im Zellstoffwechsel u. die Wirkung ihrer veränderten Expression nach dem Übergang vom Proto-Onkogen zum aktiv transformierenden viralen od. zellulären Onkogen sind in den meisten Fällen noch ungeklärt. Es erscheint jedoch sicher, daß die Genprodukte an der Regulation der Zellvermehrung beteiligt sind. Für einige virale O. konnte aufgrund ausgeprägter Sequenzverwandtschaften gezeigt werden, daß sie Abkömmlinge v. zellulären Wachstumsfaktoren bzw. von deren Rezeptoren sind (z. B. v-sis/platelet derived

Onkogene von Retroviren (Auswahl)

Onkogen	transduzierendes Virus	virusinduzierte Tumor-Art	Gen-Produkt	homologes zelluläres Onkogen
v-abl	Abelson Murine Leukemia Virus	Lymphom (Maus)	Tyrosin-spezif. Proteinkinase in der Cytoplasma-Membran	+
v-mos	Moloney Sarcoma Virus	Sarkome (Maus)	cytoplasmat. Protein unbekannter Funktion	–
v-Ha-ras	Harvey Rat Sarcoma Virus	Sarkome (Maus, Ratte)	GTP-bindendes Protein in der Cytoplasma-Membran	+
v-Ki-ras	Kirsten Rat Sarcoma Virus	Sarkome (Maus, Ratte)	GTP-bindendes Protein in der Cytoplasma-Membran	+
v-src	Rous Sarcoma Virus	Sarkome (Huhn)	Tyrosin-spezif. Proteinkinase in der Cytoplasma-Membran	+
v-fps	Fujinama Sarcoma Virus	Sarkome (Huhn)	Tyrosin-spezif. Proteinkinase in der Cytoplasma-Membran	+
v-fes	Snyder-Theilin Feline Sarcoma Virus	Sarkom (Katze)	Tyrosin-spezif. Proteinkinase in der Cytoplasma-Membran	+
v-myc	Avian Myelocytomatosis Virus	Leukämie, Sarkom, Karzinom (Huhn)	Protein unbekannter Funktion im Zellkern	+
v-myb	Avian Myeloblastosis Virus	Leukämie (Huhn)	Protein unbekannter Funktion im Zellkern	–
v-erb	Avian Erythroblastosis Virus	Leukämie (Huhn)	entspr. in seiner Struktur dem EGF-Rezeptor	–
v-sis	Simian Sarcoma Virus	Sarkome (Katze, Affe)	entspr. in seiner Struktur dem Wachstumsfaktor PDGF	–

```
DNA    { ...GGC GCC GGC GGT GTG ...
         ...CCG CGG CCG CCA CAC ...         } Proto-
m-RNA   ...GGC GCC GGC GGU GUG ...            Onkogen
Protein   Gly - Ala - Gly - Gly - Val
          ... 10 - 11 - 12 - 13 - 14 ...
                        ↓
DNA    { ...GGC GCC GTC GGT GTG ...
         ...CCG CGG CAG CCA CAC ...         } aktiv
m-RNA   ...GGC GCC GUC GGU GUG ...            transformieren-
Protein   Gly - Ala - Val - Gly - Val         des zelluläres
          ... 10 - 11 - 12 - 13 - 14 ...       Onkogen
```

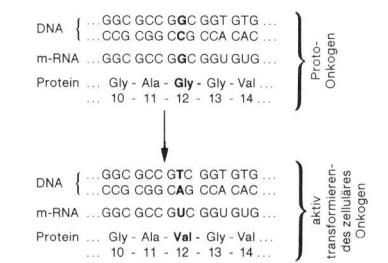

Onkogene

Das aktiv transformierende, *zelluläre* c-ras Onkogen in menschl. EJ-Blasenkarzinomzellen entsteht aus seinem *Proto-O.* durch einen einzigen Basenaustausch: anstelle eines Guanins *(G)* an der 2. Position des 12. Aminosäuren-Codons steht ein Thymin *(T),* so daß im zugehörigen Protein statt der Aminosäure Glycin die Aminosäure Valin vorliegt.

onkogene Viren

Onkogene

Aufnahme v. *Proto-Onkogenen* in das Genom v. Retroviren:

Zunächst integriert die DNA eines Retrovirus in der Nähe eines Proto-O.s in das Genom der infizierten Zelle; durch Deletion rückt daraufhin die Provirus-DNA in die Nähe des Proto-O.s, wobei mehr od. weniger große 3'-terminale Bereiche des Provirus u. 5'-terminale Bereiche des Proto-O.s verlorengehen. Das gemeinsame Transkriptionsprodukt des 5'-Anteils des Provirus u. des Proto-O.s können schließlich zus. mit intakter Virus-RNA in ein Virus-Partikel verpackt werden (jedes Retrovirus-Partikel enthält *zwei* RNA-Moleküle). Rekombination auf DNA-Ebene (bei einer späteren Infektion) kann dazu führen, daß das Proto-O. in ein bislang intaktes Virus-Genom aufgenommen wird. Da bei dieser Rekombination wesentliche Teile des Virus-Genoms verlorengehen, kann die Vermehrung dieses Virus nur noch mit Hilfe anderer, intakter Retroviren erfolgen, die noch sämtl. für die Replikation u. Verpackung der Virus-RNA notwend. Funktionen codieren *(Helfer-Viren)*. Wie die in das Virus-Genom integrierten Proto-O. zu aktiv transformierenden *viralen O.n* werden, ist nicht endgültig geklärt. Eine Möglichkeit ist, daß das Proto-O. unter der Kontrolle des in der LTR-Region des Retrovirus befindl. Promotors erhebl. stärker transkribiert wird. – Wellenlinien symbolisieren Wirts-DNA, AAA steht für das poly(A)-Ende der m-RNA; LTR = Abk. für *L*ong *T*erminal *R*epeat (↗Retroviren).

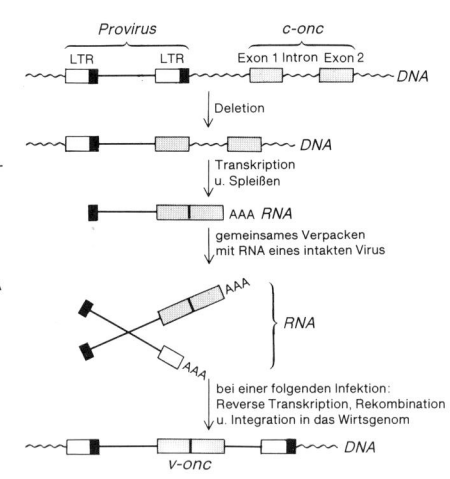

growth factor PDGF; v-erbB/epidermal growth factor-(EGF-)Rezeptor). In einigen Fällen handelt es sich bei den von O.n codierten Proteinen um Tyrosin-spezifische Proteinkinasen ([T] 235). Durch die Untersuchungen an O.n wurden Einblicke in *einen*, möglicherweise aber den auslösenden Teilschritt der Tumorentstehung gewonnen, näml. in die Veränderung der betroffenen Zellen aufgrund somatischer Mutationen v. Zellzyklus-regulierenden Genen. Nach wie vor geht man allerdings davon aus, daß zur Bildung eines Tumors mehrere Schritte nötig sind, daß also zur Entstehung eines aktiv transformierenden Onkogens weitere Änderungen (z.B. Induktion durch sog. ↗Tumorpromotoren) hinzukommen müssen. Eine vollständige Transformation v. Zellen in vitro (z. B. von embryonalen Rattenfibroblasten) erfordert meist eine Kooperation verschiedener O. Eine Gruppe v. O.n (dazu gehören: v- und c-myc, Adenovirus E1A, Polyoma large-T) führt zur Immortalisierung der Zellen, die dann durch die Einwirkung einer zweiten Gruppe von O.n (z. B. virale u. aktivierte zelluläre ras-Gene, Polyoma middle-T) vollständig transformiert werden können. – Zu menschl. Proto-O.n homologe DNA-Sequenzen wurden nicht nur in Wirbeltieren, sondern auch im Genom der Taufliege u. von Hefen identifiziert. O. sind offensichtl. im Organismenreich weit verbreitet u. strukturell stark konserviert, was ein weiterer Hinweis auf ihre zentrale Bedeutung für die Regulation des Wachstums gesunder Zellen ist. *G. St.*

onkogene Viren [Mz.; v. *onko-, gr. gennan = erzeugen], ↗Tumorviren, ↗DNA-Tumorviren, ↗RNA-Tumorviren; ↗Onkogene.

onkotischer Druck [v. *onko-], der ↗kolloidosmotische Druck.

Onobrychido-Brometum *s* [v. gr. onobrychis = schotentragende Pflanze, bromos = Windhafer], ↗Mesobromion.

Onobrychis *w* [gr., = eine schotentragende Pflanze], die ↗Esparsette.

Onogadus *m* [v. gr. onos = Esel; ein Meerfisch, auch gados genannt], Gatt. der ↗Seequappen. [hechel.

Ononis *w* [v. gr. onōnis =], die ↗Hau-

Onopordetalia [Mz.; v. gr. onopordon = Eselsdistel], *Eselsdistel-Gesellschaften,* Ord. der ↗ *Artemisietea vulgaris;* wärmeliebende, schwach bis mäßig nitrophile, ausdauernde Ruderalges. trockener Standorte. Das *Echio-Melilotetum,* die Natternkopfflur, besiedelt kalkhalt. Schotteraufschüttungen v. Dämmen, Lagerplätzen u. Wegrainen. Das *Dauco-Picridetum,* die Möhren-Bitterkrautges., bevorzugt feinerdereiche Böden, bes. brach gefallene Weinberge. [↗Eselsdistel.

Onopordum *s* [v. gr. onopordon =], die

Onosma *s* [gr., = ein wohlriechendes, stacheliges Kraut], Gatt. der ↗Rauhblattgewächse.

Onthophagus *m* [v. gr. onthos = Mist, phagos = Fresser], Gatt. der ↗Mistkäfer.

Ontogenie *w* [Bw. *ontogenetisch;* v. gr. ta onta = das Seiende, gennan = erzeugen], *Ontogenese,* die Individual-↗Entwicklung v. Organismen. Ggs.: Phylogenie (Stammesentwicklung).

ontologische Methode [v. gr. ta onta = das Seiende, logos = Kunde], (Joh. Walther 1893), heute meist durch den gleichbedeutenden Ausdruck „Aktualismus" ersetzt. ↗Aktualitätsprinzip.

Onuphidae [Mz.], Fam. der Ringelwürmer (Ord. *Eunicida*) mit 11 Gatt. (vgl. Tab.); Prostomium mit 5 Antennen, 2 kugelförm. ventralen und 2 ovalen frontalen Palpen;

Onuphidae Gattungen:	Epidiopatra Heptaceras Hyalinoecia Nothria Onuphis	Paradiopatra Paranorthia Paronuphis Rhamphobrachium
Americonuphis Diopatra		

Peristomium parapodienlos, jedoch mit od. ohne ein Paar Tentakelcirren; Parapodien einästig; mit, aber auch ohne fadenförm., kammartige od. spiralig filamentöse Kiemen über dem Parapodium; 5 Kiefer. Röhrenbewohner, carnivor. Wichtige Art *Onuphis conchilega,* bis 15 cm lang, Röhre platt, degenscheidenartig.

Onychiten [Mz.; v. *onycho-, gr. chitōn = Kleid, Hülle], (Quenstedt 1858), *Onychites,* paläontolog. Bez. für meist winzig kleine, schwarze, spitze Häkchen, die aus chitiniger Substanz bestehen u. oft zus. mit Überresten v. † *Belemnitida,* † *Phragmoteuthida* od. in Mageninhalten – z. B. von † Ichthyosauriern – gefunden wurden. Man deutet sie als Armhäkchen v. Belemniten, die in ähnl. Form auch bei rezenten Dibranchiaten – z. B. den Hakenkalmaren *(Onychoteuthidae)* – vorhanden u. aus dem Hornring ihrer Saugnäpfe hervorgegangen sind. Vorkommen ab Perm.

Onychiuridae [Mz.; v. *onycho-, gr. oura = Schwanz], die ↗Blindspringer.

Onychodactylus *m* [v. *onycho-, gr. daktylos = Finger], ↗Winkelzahnmolche.
Onychogomphus *m* [v. *onycho-, gr. gomphos = Nagel], Gatt. der ↗Flußjungfern.
Onychophora [Mz.; v. *onycho-, gr. -phoros = -tragend], die ↗Stummelfüßer.
Onychoteuthis *w* [v. *onycho-, gr. teuthis = Tintenfisch], *Haken- od. Krallenkalmar,* Gatt. der Kalmare (Fam. *Onychoteuthidae*), gute Schwimmer mit schlankem Körper; „Nacken"region mit 1 Quer- u. jederseits 3 Längsfalten. An den Armen 2, auf den Endkeulen der beiden Fangarme 4 Reihen kleiner Saugnäpfe, v. denen die mittleren zu Haken umgestaltet sind. Kein Hectocotylus. Die wahrscheinl. einzige Art, *O. banksi,* ist weltweit verbreitet; sie lebt bis 4000 m tief, steigt nachts an die Oberfläche empor u. „fliegt" auch über das Wasser. Die ♀♀ werden 29 cm lang (Mantel), die ♂♂ 9 cm. Der Biß ist giftig (wie Wespenstich). In Japan kommt O. getrocknet in den Handel.
Onygenales [Mz.; v. *onycho-, lat. -gena = -entstanden], Ord. der Ascomycetidae (auch als *Gymnoascales* ben.), Schlauchpilze („*Plectomycetes*") mit protunicaten Asci, die meist nur locker v. Hüllhyphen umgeben sind *(Protothecium)* od. in Kleistothecium-ähnlichen Fruchtkörpern stehen. O. leben saprophyt. im Boden, hpts. auf Keratin-haltigen Abfällen (z.B. Federn, Gewöllen), Hufen, Hörnern, aber auch Parasiten v. Mensch u. Tieren. In der Fam. *Gymnoascaceae* finden sich Erreger wicht. Dermatophytosen (↗Dermatophyten) u. tiefer Mykosen (vgl. Tab.); Vertreter der *Onygenaceae* besiedeln Knochen u. hornartige Substanzen, z.B. *Onygena corvia* auf Federn od. *O. equina* auf Hufen u. Hörnern v. Kühen u. Schafen.
Onza *w* [am.-span.], *Onze,* der ↗Jaguar.
Oocystaceae [Mz.; v. *oo-, gr. kystis = Blase], Fam. der ↗*Chlorococcales* (Grünalgen), unterschiedl. gestaltete Zellen, einzeln od. in Kolonien lebend. Hierzu die Gatt. *Chlorella* (10 Arten, B Algen II); die bis zu 10 μm großen Zellen vermehren sich nur vegetativ (Aplanosporen, B asexuelle Fortpflanzung I–II); häufigste Art im Sommerplankton leicht verschmutzter Teiche u. Tümpel ist *C. vulgaris;* bevorzugtes physiolog. Studienobjekt; Massenkulturen für Proteingewinnung. *Chlorella* ist leicht mit *Chloridella neglecta* (Ord. *Mischococcales*) zu verwechseln. Die 10 Arten v. *Lagerheimia,* mit langen Borsten auf der Zellwand, leben vereinzelt im Plankton v. Seen u. Teichen. Im gleichen Biotop kommen die ca. 20 Arten der Gatt. *Oocystis* vor, deren ovale Zellen häufig noch von der Mutterzellwand eingeschlossen sind. Die Gatt. *Kirchneriella* zeichnet sich durch sichelförm. Zellen aus, die zu mehreren in einer gemeinsamen Gallerthülle liegen; häufig im Sommerplankton kleiner Teiche; desgleichen auch die Gatt. *Tetraedron,* de-

onycho- [v. gr. onyx, Mz. onyches = Nagel, Kralle, Klaue, Huf].

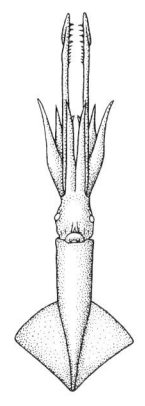

Onychoteuthis banksi, 11 cm lang (Mantel)

Onygenales
Wichtige Gattungen der Familie *Gymnoascaceae* (Name der Nebenfruchtform u. Krankheit):
Anixiopsis = *Keratinophyton* (*Chrysosporium;* Dermatophytose)
Arthroderma (*Trichophyton, Keratinomyces;* Dermatophytose)
Nannizzia (↗*Microsporum;* Dermatophytose)
Emmonsiella (↗*Histoplasma;* ↗Histoplasmose)
Ajellomyces (*Zymonema;* Blastomykose)

oo- [v. gr. ōon, ōion = Ei].

ren 3–5eckige Zellen meist Fortsätze tragen.
Oocyste *w* [v. *oo-, gr. kystis = Blase], cystenart. Ausprägung der Zygote parasitärer Protozoen. ↗ *Coccidia,* ↗ *Haemosporidae,* ↗Malaria (B).
Oocyte *w* [v. *oo-, gr. kytos = Höhlung (heute: Zelle)], *Eimutterzelle,* die ↗Eizelle vor Abschluß der ↗Meiose. ↗Oogenese; ↗Gametogenese (□), ↗Keimbläschen, ↗Amphibienoocyte.
Oodiniumkrankheit *w* [v. *oo-, gr. dinein = drehen], *Colisakrankheit,* Krankheit v. Aquarienfischen, die durch ein parasit. Geißeltierchen *(Oodinium pillularis)* hervorgerufen wird; Symptome: Einreißen der Flossen, braune Knötchen auf der Haut; bei Jungfischen tödl. Verlauf.
Ooecium *s* [v. *oo-, gr. oikion = Haus], *Oecium,* die ↗Ovicelle.
Ooeidozyga *w* [v. gr. ōoeidēs = eiförmig, zygon = Joch], Gatt. der ↗ *Ranidae;* mehrere Arten kleiner (3–5 cm), rein aquatischer Frösche in SO-Asien.
Oogametie *w* [v. *oo-, gr. gametēs = Gatte], *Oogamie,* ↗Gameten, ↗Befruchtung (□).
Oogenese *w* [v. *oo-, gr. genesis = Entstehen], *Eibildung,* Entwicklung der weibl. Keimzellen (↗Gameten) bei Tieren u. Mensch. Die O. vollzieht sich in 3 charakterist. Phasen. 1) *Vermehrungsphase* (dauert bei Säugern bis zur ↗Geburt): Durch vielfache Teilungen der ↗Keimbahn-Zellen (Urkeimzellen) im ↗Ovar (Eierstock) entstehen *Oogonien* (Ureizellen, beim Menschen etwa 400000), die sich ihrerseits mitotisch vermehren. 2) *Wachstumsphase:* Abschluß der Zellteilungen; die Oogonien wachsen, häufig unter Einlagerung v. Dottersubstanzen, zu den wesentl. größeren *Oocyten* (Eimutterzellen) heran; sie sind aber meist v. einer ein- (z.B. Insekten) bis mehrschicht. (Mensch) Follikelzellschicht umschlossen (↗Follikelzellen). Die Wachstumsphase kann Tage *(Drosophila)* od. Monate (Mensch) dauern. Die Oocyte tritt meist in ein Ruhestadium ein u. bedarf der Ei-↗Aktivierung. Der Übergang vom Oogonium zur *Oocyte I. Ordnung* wird durch Eintreten in die meiot. ↗Chromosomenpaarung od. durch Abschluß des Wachstums definiert. Beim Menschen verharren alle Oocyten I (bei der Geburt 700 000 bis 2 Mill.) von der Geburt bis zur Pubertät in Ruhe. Da in den Jahren vor der Geschlechtsreife die Mehrzahl der Oocyten atretisch wird (degeneriert u. abstirbt), sind zu Beginn der Pubertät nur noch etwa 40000 vorhanden. 3) *Reifungsphase, Eireifung:* Die (diploide) Oocyte I geht durch die 1. Reifeteilung (↗Meiose, B) in die (haploide) *Oocyte II. Ordnung* über, diese durch die 2. Reifeteilung in die ↗*Eizelle* (Ovum) (□ Gametogenese). Beim Menschen treten in jedem Ovarialzyklus einige Oocyten in die 2. Reifeteilung ein, die jedoch nur bei

Oogenese

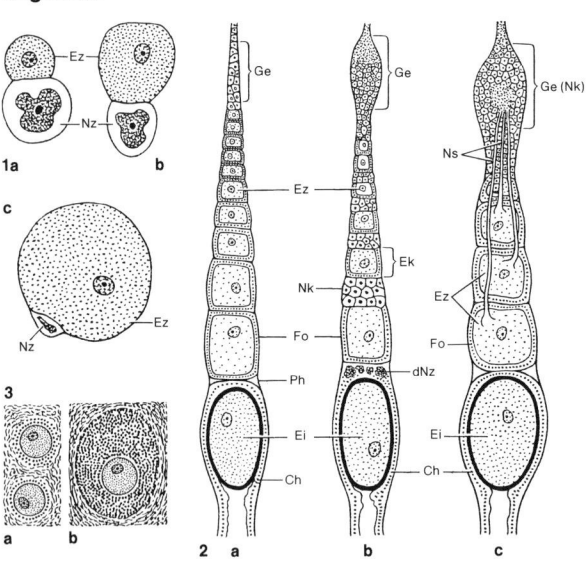

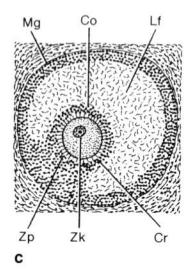

Oogenese

1 Ei-Nährzell-Verband beim Ringelwurm *Ophryotrocha*. Im Verlauf der O. vergrößert die zu Beginn der Oogenese kleinere Eizelle ihr Volumen auf Kosten der synthetisch hoch aktiven Nährzelle.
2 Drei Ovariolentypen bei Insekten: **a** panoistische Ovariole, **b** und **c** meroistische Ovariolen (b polytropher Typ, c telotropher Typ).
3 Oogenese beim Menschen: **a** Primär-, **b** Sekundär-, **c** Tertiärfollikel (= Graafscher Follikel). Ch Chorion, Co Cumulus oviger, Cr Corona radiata, dNz degenerierte Nährzellen, Ei Ei, Ek Eikammer, Ez Eizelle, Fo Follikelepithel, Ge Germarium, Lf Liquor folliculi, Mg Membrana granulosa, Nk Nährkammer, Ns Nährstränge, Nz Nährzellen, Ph Peritonealhülle, Zk Zellkern, Zp Zona pellucida

↗Besamung vollendet wird. – Die reife Eizelle enthält, abgesehen vom väterl. Genom, alle Informationen (in DNA und Cytoplasma) u. Energie (↗Dotter) für Wachstum u. Entwicklung des Embryos, bis dieser selbst Nahrung aufnimmt. Deshalb ist die O. (im Ggs. zur ↗*Spermatogenese*) mit einem teilweise dramat. Zuwachs an Zellvolumen verbunden. Die Größe der Eizelle hängt v. der Art der Entwicklung ab (größere Eier bei ↗Embryonalentwicklung außerhalb des mütterl. Körpers, z.B. Amphibien, Reptilien, Vögel – kleinere Eier, wenn der Embryo vom mütterl. Körper ernährt wird, z.B. Säuger). In einigen Fällen nehmen die Oogonien in der Wachstumsphase die Nährstoffe direkt aus ihrer Umgebung auf (*solitäre Eibildung*, z.B. einige Hohltiere, Strudelwürmer, Ringelwürmer, Weichtiere u. Stachelhäuter). Meist werden diese jedoch v. akzessorischen Zellen (Follikel- u./od. Nährzellen) zugeführt. *(alimentäre* od. *auxiliäre Eibildung)*. Die v. der Oocyte aufgenommenen Moleküle können auch außerhalb der Follikel- od. Nährzellen synthetisiert worden sein (z.B. als Vitellogenine, bei Säugern in der Leber, bei Insekten im Fettkörper); sie werden dann in die Körperflüssigkeit abgegeben u. durch ↗Pinocytose aufgenommen. Bei der *nutrimentären Eibildung* wird der Inhalt der ↗Nährzellen über Cytoplasmabrücken in die Oocyte überführt (z.B. bei Hohltieren, Insekten u. Ringelwürmern). Die Zahl der Nährzellen kann 1 (z.B. beim Ringelwurm *Ophryotrocha*), wenige (3 bei niederen Krebsen), 15 (bei *Drosophila*, □ Nährzellen) bis viele (z.B. Honigbiene) betragen. – Bei den *Insekten* kommen unterschiedl. Arten der O. in unterschiedl. ↗Ovariolen-Typen vor. Bei der ursprünglichsten Art der O. in der *panoistischen Ovariole* (z.B. bei Grillen) wird der wachsenden Oocyte Dottermaterial aus der Hämolymphe v. der die Oocyte umgebenden epithelialen Follikelzellschicht zugeführt, die Oocyte selbst ist ebenfalls synthet. aktiv. Diese O. im panoistischen Ovar dauert relativ lang (z.B. 14 Tage bei der Grille *Acheta*). Die Eier im *meroistischen Ovariolen*-Typ können sich bedeutend schneller entwickeln (etwa 3 Tage bei *Drosophila*), da hier neben den Follikelzellen u. evtl. der Oocyte zusätzl. noch Nährzellen einen großen Teil der Syntheseaktivität übernehmen. Beim *polytroph-meroistischen Ovariolen*-Typ synthetisieren die Nährzellen z.B. r-RNA, Zellorganelle und evtl. auch morphogenetische Substanzen u. überführen schließl. ihren gesamten Zellinhalt über Cytoplasmabrücken in die Oocyte (z.B. Schmetterlinge, viele Käfer, Zweiflügler, Läuse). Beim *telotroph-meroistischen Ovariolen*-Typ bleibt jede heranwachsende Oocyte über einen Nährstrang mit der gemeinsamen Nährkammer (↗Germarium) verbunden u. erhält so die Syntheseprodukte vieler Nährzellen. – Bei *Wirbeltieren* u. *Mensch* wird die heranwachsende Oocyte über ein ↗Follikel-Epithel versorgt. Beim *Primärfollikel* (= Oocyte I mit umgebenden Follikelzellen) ist es einschichtig u. beginnt ein aus Glykoproteinen bestehendes Material auf der Oberfläche der Oocyte abzulagern (Zona pellucida); Fortsätze der Follikelzellen bleiben jedoch mit der Oberfläche der Oocyte verbunden. Das Follikelepithel wird später vielschichtig *(Sekundärfollikel)*, wobei die Zellen kubisch und schließl. zylindrisch werden (Granulosaepithel, Membrana granulosa). Der Follikel ist jetzt v. Bindegewebshüllen (Theca folliculi) umgeben. Durch Bildung eines flüssigkeitsgefüllten Raumes (Follikelhöhle) bei einem Teil der Sekundärfollikel entstehen die reifen *Tertiärfollikel (Graafsche Follikel, Bläschenfollikel*, beim Menschen 6–12 mm ⌀; □ Eizelle). Die Follikelzellen, welche die Oocyte umgeben, bilden den Cumulus oophorus. Sobald der Follikel reif ist, setzt die Oocyte I ihre 1. Reifeteilung fort. Mit Sichtbarwerden der Spindel zur 2. Reifeteilung wird die Oocyte II durch den Vorgang der ↗Ovulation („Eisprung") freigesetzt u. beginnt ihre Wanderung durch den Eileiter zum Uterus (↗Gebärmutter; ↗Embryonalentwicklung, □, B III). Die 2. Reifeteilung wird bei der Besamung vollendet. Follikelreifung u. Ovulation werden hormonell gesteuert (↗Menstruationszyklus, B). Die Anzahl der jeweils vorhandenen reifen Follikel variiert bei verschiedenen Säugetieren entspr. der Wurfgröße. – Plattwürmer u. Rädertiere bilden in einem bes. Teil des Ovars (Vitellarium) nicht entwicklungsfähige ↗Abortiveier; ↗zusammengesetzte Eier. *K. N.*

Oogonium s [Mz. *Oogonien*; v. *oo-, gr. gonē = Nachkommenschaft*], **1)** Bot.: ♀ Geschlechtsorgan (Gametangium) bei Algen u. Pilzen, in dem unbewegl. Gameten (Eizellen) ausgebildet werden. 2) Zool.: die weibl. Keimbahnzellen in der mitot. Vermehrungsphase; ↗Oogenese.

Ookinet *m* [v. *oo-, gr. kinētēs = Beweger], bewegl. Zygote parasitärer Protozoen. ↗*Haemosporidae,* ↗*Malaria* (B).

Oolemma *s* [v. *oo-, gr. lemma = Rinde, Schale], das Plasmalemma der ↗Eizelle.

Oologie *w* [v. *oo-, gr. logos = Kunde], *Eierkunde,* Teilgebiet der Ornithologie, das sich mit der Charakterisierung v. ↗Vogeleiern (B I–II) befaßt (Abmessungen, Form u. Färbungsstruktur, Variationen). Die sich auf Eiersammlungen stützende klass. O. hat angesichts der Naturschutzgesetze heute keine wesentl. erkenntnisbringende Bedeutung mehr. Die heutige O. untersucht z.B. Eiveränderungen, die durch Umwelteinflüsse bedingt sind, so z.B. die Verringerung der Eischalendicke durch Pestizide.

Oolyse *w* [v. *oo-, gr. lysis = Lösung], Bez. für die Vergrünung der Samenanlagen; bei dieser Mißbildung wachsen die Samenanlagen zu teilweise ergrünenden blattart. Anhängen der Fruchtblätter aus.

Oomycetes [Mz.; v. *oo-, gr. mykētes = Pilze], *Eipilze,* Kl. der *Oomycota* (U.-Abt. *Mastigomycotina*) mit ca. 600 Arten; urspr. Formen sind Wasserbewohner, stark abgeleitete sind hochspezialisierte Parasiten höherer Pflanzen. Typisch ist die biflagellate ↗Begeißelung ( ) mit einer nach vorn schwingenden Flimmergeißel u. einer glatten Schubgeißel; einige O. bilden keine Zoosporen aus (z.B. *Peronosporales*). Die sexuelle Fortpflanzung ist eine Oogamie (Gametangiogamie); Fruchtkörper werden nicht gebildet. Der i.d.R. siphonale, mehrkernige, wahrscheinl. immer diploide Thallus ist ein einfacher Schlauch od. kann sich zu einem Mycel entwickeln. Die Zellwände enthalten Cellulose, nur die *Leptomitales* zusätzl. Chitin. Die 4 Ord. (vgl. Tab.) unterscheiden sich v.a. in der ungeschlechtl. Fortpflanzung. Die morpholog. Differenzierung der *O.* beim Aufstieg vom Wasser- zum Landleben ist begleitet v. einem schrittweisen Ersatz der Zoosporen durch Konidien (Luftverbreitung); parallel dazu erhöhen sich die Ansprüche an die Substratzusammensetzung. So sind die urspr. Formen Saprophyten; höchstentwickelte Landbewohner sind auf eine obligate, biotrophe, parasit. Lebensweise angewiesen. Die *O.* unterscheiden sich stark v. allen anderen Pilzen; wahrscheinl. stammen sie v. autotrophen, siphonalen Algen ab.

Oomycophyta [Mz.; v. *oo-, gr. mykēs = Pilz, phyton = Pflanze], die ↗Oomycota.

Oomycota [Mz.; v. *oo-, gr. mykēs = Pilz], *Oomycophyta, Algenpilze i.e.S.,* Abt. der pilzähnl. Protisten (Niedere Pilze) mit der einzigen Kl. ↗*Oomycetes;* fr. wurde auch die Kl. *Hypochytriomycetes* den *O.* zugeordnet (heute in eigener Abt. *Hypochytriomycota*).

Oomycetes
Ordnungen:
↗ *Saprolegniales*
 (Wasserschimmel)
↗ *Peronosporales*
 (Falsche Mehltaupilze)
↗ *Leptomitales*
↗ *Lagenidiales*

oo- [v. gr. ōon, ōion = Ei].

Oonopidae [Mz.; v. *oo-, gr. ōpē = Aussehen], die ↗Zwergsechsaugenspinnen.

Oopelta *w* [v. *oo-, gr. peltē = Schild], Gatt. der Wegschnecken, gehäuselose Landlungenschnecken S-Afrikas.

Ooplasma *s* [v. *oo-, gr. plasma = Gebilde], *Eiplasma,* das Cytoplasma der ↗Eizelle; ↗Eitypen.

Oosom *s* [v. *oo-, gr. sōma = Körper], Einschlußkörper (Polgranum) im Hinterpol des Insekteneies, der vermutl. die ↗Determinanten für die Entwicklung der ↗Polzellen enthält (↗Keimbahn).

Oosphäre *w* [v. *oo-, gr. sphaira = Kugel], nackte Eizelle der ↗*Oomycetes,* die einzeln *(Peronosporales)* od. zu mehreren *(Saprolegniales)* in einem Oogonium gebildet werden.

Oospore *w* [v. *oo-, gr. spora = Same], veraltete Bez. für die Zygoten der *Charales* u. *Oomycetes.*

oostatisches Hormon *s* [v. *oo-, gr. statikos = zum Stehen bringend, hormōn = antreibend], neben Antigonadotropin (T Insektenhormone) ein niedermolekulares Peptidhormon der Insekten, das in dünnen Gewebebrücken zw. Tergiten u. Sterniten der Segmente II–IV gebildet wird u. bei Hemmung der Juvenilhormonwirkung auf die Follikelzellen die Vitellogenese inhibiert.

Oostegite [Mz.; v. *oo-, gr. stegē = Decke], spezialisierte Epipodite an den Pereiopoden der Weibchen der ↗*Peracarida,* die das Marsupium bilden.

Oothēken [Mz.; v. *oo-, gr. thēkē = Behältnis], *Eikapseln, Eitaschen,* bei einigen Insekten von Weibchen angelegte Pakete v. Eiern, die durch ein erhärtetes Sekret zusammengehalten werden; bei Schaben u. Gottesanbeterinnen.

Ootiden [Mz.; v. *oo-], *Ovotiden,* bei der ↗Oogenese die durch Meiose entstehenden haploiden Teilungsprodukte der Oocyte, d.h. die Eizelle u. die Polkörperchen.

Ootyp *m* [v. *oo-, gr. typos = Typ], *Oogeneotyp,* erweiterter Anfangsteil des Uterus bei ↗Plattwürmern, in dem die zusammengesetzten, ektolecithalen Eier entstehen.

Ooviviparie *w* [v. *oo-, lat. viviparus = lebendgebärend], ↗Ovoviviparie.

Oozoid *m* [v. *oo-, gr. zōoeidēs = tierähnlich], ungeschlechtl. Generation der ↗Salpen.

Opal-Codon *s,* das Terminations-Codon UGA (↗genet. Code,). Die Einführung durch Punktmutationen, die Wirkungsweise als Kettenabbruchsignal der Translation u. die Suppression des O.s sind dem ↗Ochre-Codon u. ↗Amber-Codon analog; diesen analog sind auch die Begriffe *Opal-Mutation, Opal-Mutante* u. *Opal-Suppressor(-Mutation)* definiert. Die Bez. Opal wurde – wie die Bez. Amber u. Ochre – willkürl. nach der Farbe Opal gewählt; sie ist ohne Beziehung zu Eigenschaften od. Wirkungsweise des O.s.

Opalinina
Entwicklungszyklus v. *Opalina ranarum*:
a, b trophische Zelle im Enddarm des Frosches, Zweiteilung;
c Teilungsprodukte bilden Cysten;
d Cyste, gelangt ins Wasser, muß von Kaulquappe gefressen werden;
e, f im Darm der Kaulquappe schlüpft eine Zelle, die Zweiteilungen durchführt;
g es werden einkernige Anisogameten gebildet, die paarweise zu Zygoten verschmelzen; **i** Zygote, encystiert; Zygote gelangt ins Wasser u. muß v. einer 2. Kaulquappe gefressen werden; je nach Alter dieser Kaulquappe entwickelt sich die aus der Cyste schlüpfende Zelle zu einer normalen trophischen Zelle, welche die Metamorphose zum Frosch mitmacht (**i, k, a**), zu neuen asexuell entstehenden Cysten (**i, k, l**) od. zu einem Gamonten (**i, m**).

Opalia w [v. lat. opalus = Opal], Gatt. der Fam. Wendeltreppen, Mittelschnecken mit turmförm. Gehäuse; protandr. ⚥, die als ♂♂ typische u. atypische Spermien sowie Spermiozeugmen bilden; weitverbreitet mit Schwerpunkt im nördl. Atlantik; ernährt sich v. Seerosen.

Opalinina [Mz.; v. lat. opalus = Opal], Ord. der ↗Geißeltierchen, fr. zu den Wimpertierchen gerechnet, da sie allseits bewimpert sind. Sie haben aber keinen Kerndualismus u. keine Konjugation, sondern 2 bis mehrere gleiche Kerne u. Kopulation. Ein Zellmund ist nicht ausgebildet, die Nahrung wird über die gesamte Oberfläche aufgenommen. O.-Arten leben als Parasiten bes. im Darm v. Amphibien. Bekannteste Art ist *Opalina ranarum* im Darm des Grasfrosches. Die Fortpflanzung erfolgt durch schrägverlaufende Zweiteilung, die Geschlechtsvorgänge sind noch wenig bekannt. Der Entwicklungszyklus (vgl. Abb.) ist, hormonell gesteuert, auf den Zyklus des Wirtes abgestimmt.

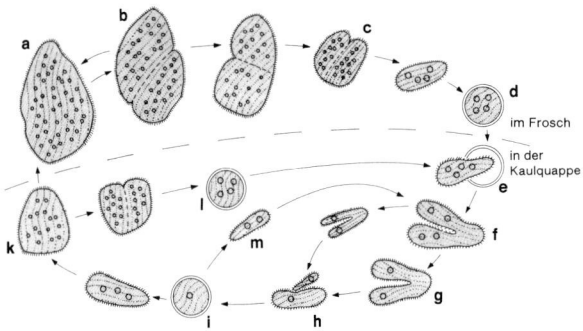

Oparin, Alexandr Iwanowitsch, sowjet. Biochemiker, * 4. 3. 1894 Uglitsch, † 21. 4. 1980 Moskau; seit 1929 Prof. in Moskau; Arbeiten über die Wirkungsmechanismen v. Enzymen; bedeutende Beiträge zur Erforschung der Entstehung des Lebens auf der Erde (↗Urzeugung).

Opeatostoma s [v. gr. opeas = Ahle, stoma = Mund], *Walroßschnecke,* Gatt. der Tulpenschnecken, marine Neuschnecken mit gedrungen-spindelförm. Gehäuse, meist mit Spiralreifen, Mündung mit Siphonalkanal; am unteren Mündungsrand ein zahnart. Fortsatz, mit dem Seepocken aufgehebelt werden. *O. pseudodon* (4,5 cm hoch) ist im O-Pazifik v. Kalifornien bis Peru verbreitet.

Opegraphaceae [Mz.; v. gr. opē = Öffnung, Loch, graphein = schreiben], Fam. der ↗*Arthoniales,* neuerdings auch zus. mit der Fam. *Roccellaceae* in der Ord. *Opegraphales* verselbständigt; ca. 17 Gatt., 800 Arten; primitive Krustenflechten mit rundl. Apothecien (so bei *Lecanactis* u. *Schismatomma,* je 80 Arten) od. unregelmäßigen, oft verlängerten bis verzweigten, mit einem Spalt sich öffnenden Apothecien mit verkohltem Gehäuse, sog. ↗*Lirellen* (so bei *Opegrapha,* 300 Arten); mit *Trentepohlia*-Algen. Bei *Chiodecton* (170 Arten) sind die lirellenart. Apothecien in Stromata vereinigt. Rinden- u. Gesteinsbewohner, hpts. in den Tropen, in Mitteleuropa (z. B. *Opegrapha, Lecanactis*) an schattigen, luftfeuchten Orten, z. B. *Opegrapha atra* mit schriftzeichenart. Apothecien.

Operator m [lat., = Arbeiter, Ausführender], DNA-Abschnitt eines ↗Operons, an dem regulatorisch wirkende Proteine (Repressoren od. Aktivatoren) binden, um dadurch die Aktivitäten der angrenzenden Strukturgene des betreffenden Operons zu blockieren (negative Regulation) od. zu aktivieren (positive Regulation). ↗Genregulation (B).

Opercularapparat [v. lat. opercularis = zum Deckel gehörig], mehrstückiger knochiger Kiemendeckel (↗Kiemen) der Fische mit Kammkiemen, der aus einer Hautfalte entsteht, die vom Hyoidbogen nach hinten wächst u. die nachfolgenden Kiemenbögen schützend bedeckt. Bei Ganoiden u. Teleosteern besteht der O. aus vier dem Hyomandibulare ansitzenden, aus Hautverknöcherung entstandenen Knochen, an die sich ventral eine Anzahl v. Knochenstrahlen anschließt, die durch die Kiemenhaut (Branchiostegalmembran) verbunden sind.

Opercularia w [v. lat. operculum = Deckel], Gatt. der ↗*Peritricha* (Wimpertierchen); die Einzeltiere sitzen auf verzweigten, oft quer geringelten Stielen. Neben Arten, die z. B. auf Wasserpflanzen leben, gibt es viele, die symphoriontisch auf Wasserasseln, Schwimmkäfern u. Wasserwanzen festsitzen. *O. stammeri* lebt auf den Kiemen einer Landassel.

Operculatae [Mz.; v. lat. operculatus = mit einem Deckel versehen], *Unitunicatae-O.,* Gruppe der Schlauchpilze; ↗*Eutunicatae,* ↗*Unitunicatae.*

Operculum s [lat., = Deckel], deckel- oder plattenartige, dem Verschluß v. Öffnungen dienende Gebilde, z. B. bei Fischen der Kiemendeckel (↗Opercularapparat), bei Schnecken der Dauer-↗Deckel, bei Pilzen der den Ascus (Sporenschlauch) verschließende Deckel.

Operon s [v. lat. operari = arbeiten], Einheit v. gemeinsam regulierten Genen (↗Genregulation, B). O.en sind ident. mit längeren DNA-Abschnitten, die die regulatorisch wirksamen Elemente (Operator, Promotor, CAP-Bindungsstelle, Terminator-Bereiche u. a.) und ein, meist aber mehrere Strukturgene umfassen. ↗Arabinose-O., ↗Galactose-O., ↗Lactose-O., ↗nif-O. ↗Gen.

Ophelida [Mz.; v. gr. ophis = Schlange, helos = Sumpf], die ↗*Opheliida.*

Opheliida [Mz.], *Ophelida,* Ord. der Ringelwürmer (Polychaeten) mit den beiden Fam. ↗*Opheliidae* u. ↗*Scalibregmidae;* Körper nicht od. in 2 bis 3 Abschnitte gegliedert; Prostomium mit (od. ohne) 1 bis 2 Anhängen, Peristomium mit od. ohne Parapodien; Borsten einfach; Rüssel vorstülpbar u. unbewaffnet.

Opheliidae [Mz.], Fam. der Ringelwurm-(Polychaeten-)Ord. ↗ *Opheliida* mit mehreren Gatt. (vgl. Tab.); Körper keulen- od. spindelförmig mit Bauchlängsfurche; Prostomium mit od. ohne distale Sinnespapillen; Parapodien ab 1. Segment zweiästig; cirren-, baum- od. kammartig verzweigte Kiemen über den Notopodien; Rüssel gelappt u. bei einigen Arten mit Mundpapillen; Substratfresser ohne feste Grabgänge. Bedeutendste Art *Ophelia acuminata*, Hinterende mit gezähntem, nach unten offenem Analrohr und geißelförm. Fortsatz; ganzes Tier bläulich, perlmutterartig schillernd; in den Laminarien sowie im Schlamm u. Sand auch tieferer Regionen der Nordsee.

Opheodrys *m* [v. *opheo-, gr. drys = Eiche], die ↗ Grasnattern.

Ophiceras *s* [v. gr. ophis = Schlange, keras = Horn], (Griesbach 1880), serpenticoner, schwach skulpturierter ↗ Ceratit mit hoher Nabelkante. Verbreitung: untere Trias (Skyth) von N-Amerika u. Asien.

Ophichthyidae [Mz.; v. gr. ophis = Schlange, ichthys = Fisch], Fam. der ↗ Aale 1).

Ophidia [Mz.; v. gr. ophidion = kleine Schlange], die ↗ Schlangen.

Ophidioidei [Mz.; v. gr. ophidion = kleine Schlange], die ↗ Eingeweidefische.

Ophidonaïs *w* [v. gr. ophidion = kleine Schlange, Naïs = Wassernymphe, Najade], Ringelwurm-(Oligochaeten-)Gatt. der Fam. *Naididae*. *O. serpentina* bildet Tierketten, grau bis bräunl., an Wasserpflanzen od. im Grundschlamm, Mitteleuropa; rollt sich bei Störung spiralig auf.

Ophiobolus *m* [v. gr. ophiobolos = Schlangen tötend], *O. graminis*, ↗ Gaeumannomyces.

Ophiocistioidea [Mz.; v. *ophio-, gr. kistoeidēs = kastenförmig], (Sollas 1899), formenarme † Kl. paläozoischer ↗ *Echinozoa* (Stachelhäuter) mit domartigem Körper; Mund, zuweilen mit Zähnen, im Zentrum der Unterseite; typ. sind Plattenstrukturen, die unterseits entspringen u. als Röhrenfüße od. Arme bezeichnet werden. Verbreitung: Ordovizium bis Devon v. Europa.

Ophioderma *s* [v. *ophio-, gr. derma = Haut], Gatt. der ↗ Schlangensterne.

Ophiodromus *m* [v. *ophio-, gr. dromos = Lauf], Ringelwurm-(Polychaeten-)Gatt. der ↗ *Hesionidae*. *O. flexuosus*, 7–70 mm lang, Rücken braun mit weißen od. blau schillernden Querstreifen; autotomiert sehr leicht; auf schlammigem Sand, an Seesternen und v.a. in Röhren v. Seewalzen u. ↗ *Terebellidae;* von der Niedrigwasserregion abwärts; Nordsee bis Öresund.

Opheliidae
Wichtige Gattungen:
Armandia
Euzonus
Ophelia
Ophelina
Polyophthalmus
Travisia

Ophryotrocha
Wichtige Arten:
O. geryonicola
O. gracilis
O. puerilis

opheo-, ophio- [v. gr. ophis, Gen. ophios od. opheōs = Schlange].

ophiur- [v. gr. ophiouros = schlangenschwänzig].

Ophioglossaceae [Mz.; v. *ophio-, gr. glōssa = Zunge], die ↗ Natternzungengewächse.

Ophioglossum *s* [v. *ophio-, gr. glōssa = Zunge], die ↗ Natternzunge.

Ophiomorpha *w* [v. spätgr. ophiomorphos = schlangenförmig], (Lundgren 1891), fossile Lebensspur in Form bis 1 m Tiefe dichotom sich verzweigender Röhrensysteme von 0,5 bis 3 cm ⌀; Wohnröhren innen glatt, außen mit diskoidalen oder eiförm. Sedimentkügelchen ausgekleidet u. deshalb buckelig (mamillat); O. werden genet. überwiegend auf grabende Decapoden zurückgeführt; rezente *Callianassidae* (Maulwurfskrebse) produzieren ähnl. Strukturen. O. gelten als Indikatoren für marines Milieu. Verbreitung: Unterperm bis Pleistozän, weltweit.

Ophiomorus *m* [v. *ophio-, gr. moros = Geschick, Tod], die ↗ Schlangenskinke.

Ophiophagus *m* [v. *ophio-, gr. phagos = Fresser], Gatt. der ↗ Giftnattern.

Ophiopholis *w* [v. *ophio-, gr. pholis = Schuppe], Gatt. der ↗ Schlangensterne.

Ophiopluteus *m* [v. *ophio-, lat. pluteus = Schirmdach], Larvenform der ↗ Schlangensterne; ↗ Pluteus.

Ophiostomataceae [Mz.; v. *ophio-, gr. stoma = Mund], Fam. der *Microascales* (Schlauchpilze), heute selbständige Ord. *Ophiostomatales;* wichtig ist die Gatt. ↗ *Ceratocystis* mit bedeutenden phytopathogenen Arten.

Ophiothrix *w* [v. gr. ophiothrix = schlangenhaarig], Gatt. der ↗ Schlangensterne.

Ophiotoxine [Mz.; v. *ophio-, gr. toxikon = (Pfeil-)gift], die ↗ Schlangengifte.

Ophisaurus *m* [v. *ophio-, gr. sauros = Eidechse], Gatt. der Krokodilschleichen; ↗ Glasschleichen.

Ophisops *m* [v. *ophio-, gr. ōps = Auge], Gatt. der Echten ↗ Eidechsen.

Ophiura *w* [v. *ophiur-], Gatt. der ↗ Schlangensterne.

Ophiurae [Mz.; v. *ophiur-], *Ophurida*, Ord. der ↗ Schlangensterne.

Ophiurites [Mz.; v. *ophiur-], paläontolog. Sammelbez. für generisch nicht genauer bestimmbare Schlangensterne (*Ophiuroidea*).

Ophiuroidea [Mz.; v. *ophiur-, gr. -eides = -artig], die ↗ Schlangensterne.

Ophryoscolex *m* [v. gr. ophrys = Braue, skōlēx = Wurm], Gatt. der ↗ Entodiniomorpha.

Ophryotrocha *w* [v. gr. ophrys = Braue, trochos = Rad, Scheibe], Ringelwurm-(Polychaeten-)Gatt. der *Dorvilleidae* (Ord. ↗ *Eunicida*) mit mehreren Arten (vgl. Tab.). *O. puerilis*, bei 10–13 mm Länge aus ca. 30 Segmenten aufgebaut; protandrischer Zwitter mit phänotyp. ↗ Geschlechtsbestimmung: bis zur Ausbildung des 20. Segments werden Spermatozoen, danach Eizellen produziert, doch können die Weibchen durch Hungern, Amputation auf 2 bis

Ophrys

opilio- [v. gr. oiopolos = lat. opilio = Schäfer, Hirt].

opisth-, opistho- [v. gr. opisthen = hinten, von hinten].

10 Segmente, Zugaben v. Kalium ins umgebende Wasser sowie durch paarweise Hälterung wieder zu Männchen werden; da nicht alle Weibchen sich dabei gleich verhalten, nimmt man an, daß im Erbgut der einzelnen Tiere unterschiedl. stark ausgeprägte weibl. (F-) und männl. (M-) ↗Geschlechtsrealisatoren mitwirken. *O. puerilis* lebt im allg. frei, kommt aber auch als fakultativer Parasit in der Leibeshöhle der Seewalze *Cucumaria planci* vor, während *O. geryonicola* sich als echter Endoparasit in der Kiemenhöhle der Krabbe *Geryon tridens* findet. ☐ Geschlechtsumwandlung.

Ophrys *w* [gr., = Braue], die ↗Ragwurz.

Opiate [Mz.; v. gr. opion = Mohnsaft, Opium], dem ↗Morphin, Hauptalkaloid des ↗Opiums, ähnl. wirkende chem. Verbindungen, zu denen neben vielen ↗Opiumalkaloiden u. deren halbsynthet. Derivaten (z. B. ↗Heroin) auch synthet. (z. B. Etorphin) u. die körpereigenen (endogenen) O. (↗Endorphine) zählen. Alle O. besitzen eine starre T-förmige Struktur, binden an ↗Opiatrezeptoren u. hemmen das Enzym ↗Adenylat-Cyclase. Sie wirken bereits in sehr geringen Konzentrationen u. unterdrücken den diffusen, dumpfen, mehr chron. und nicht lokalisierbaren Schmerz. Man unterscheidet zwei Typen von O.n, die Agonisten (z. B. Morphin u. Heroin) mit suchterzeugender Wirkung (s. u.) u. die Antagonisten (z. B. Nalorphin u. Naloxon), ebenfalls Inhibitoren der Adenylat-Cyclase, jedoch ohne die Eigenschaft, eine Neusynthese dieser Enzymmoleküle anzuregen. Antagonisten wirken daher schmerzstillend, aber nicht suchterzeugend, rufen jedoch Angstzustände, Aggressionen u. Halluzinationen hervor. *Suchtwirkung v. Morphin u. anderen O.n:* Im Normalzustand wird in der Zelle durch die Aktivität des Enzyms Adenylat-Cyclase ein bestimmter Spiegel von cyclo-AMP (c-AMP, ↗Adenosinmonophosphat, ☐) aufrechterhalten. Wird die Adenylat-Cyclase durch die Wirkung von O.n inhibiert, sinkt die c-AMP-Konzentration. Die Zelle kompensiert das Absinken des c-AMP-Spiegels durch eine gesteigerte Biosynthese v. Enzymmolekülen, so daß der normale c-AMP-Spiegel wieder hergestellt werden kann. Die Folge der Anpassung des Organismus an eine bestimmte Zufuhr von O.n ist jedoch, daß – um den urspr. Effekt zu erreichen – nun mehr Opiat benötigt wird, um auch die neu gebildeten Enzymmoleküle auszuschalten, wodurch wiederum der c-AMP-Spiegel absinkt usw. Bei Absetzen der Opiatzufuhr wird die Hemmung der Adenylat-Cyclase-Moleküle aufgehoben, so daß der c-AMP-Spiegel stark u. zu unphysiolog. Konzentrationen ansteigt, was zu entspr. Nachfolgereaktionen führt (Entzugserscheinungen). ↗Drogen und das Drogenproblem.

Opiatrezeptor *m* [v. gr. opion = Mohnsaft, lat. receptor = Aufnehmer], spezieller ↗Rezeptor im Gehirn u. Rückenmark der Säugetiere u. des Menschen (entspr. Untersuchungen an anderen Tieren stehen z. Z. noch aus) ; in den Arealen lokalisiert, in denen Schmerzempfindungen u. Gefühlsbewegungen wahrgenommen werden. An den O. binden neben den ↗Opium-Derivaten (↗Opiate, ↗Morphin) auch synthet. Produkte sowie die körpereigenen *Enkephaline* u. ↗ *Endorphine* (☐). Letztere wurden aus der Hypophyse isoliert; ihnen wird eine Funktion bei der körpereigenen Schmerzbekämpfung zugeschrieben. Man vermutet auch, daß die schmerzlindernde Wirkung der Akupunktur, Hypnose wie auch elektr. Hirnreizung auf einer vermehrten Ausschüttung der Enkephaline bzw. Endorphine beruht; die Wirkung dieser Behandlungen bleibt näml. aus, wenn gleichzeitig Naloxon appliziert wird, das den O. blockiert.

Opilio *m* [*opilio-], Gatt. der ↗Phalangiidae.

Opilioacarus *m* [v. *opilio-, gr. akari = Milbe], Gatt. der ↗Notostigmata.

Opiliones [Mz.; v. *opilio-], die ↗Weberknechte.

Opine [Mz.], die Aminosäuren ↗Octopin u. Nopalin, die v. Pflanzen nach einer Infektion mit ↗ *Agrobacterium tumefaciens* synthetisiert werden; die Enzyme für die Aminosäurebildung werden v. einer bakteriellen Plasmid-DNA codiert, die in das Pflanzenchromosom integriert wird. ↗Pflanzentumoren.

Opisthandropora [Mz.; v. *opisth-, gr. andres = Männer, poros = Öffnung], ältere Bez. für die ↗ *Macrostomida*.

Opisthobranchia [Mz.; v. *opistho-, gr. bragchia = Kiemen], die ↗Hinterkiemer.

Opisthocoela [Mz.; v. *opistho-, gr. koilos = hohl], U.-Ord. der ↗Froschlurche.

opisthocoele Wirbel [v. *opistho-, gr. koilos = hohl], Wirbel, die schwanzwärts konkav u. kopfwärts konvex gewölbt sind; Vorkommen bei Knochenhechten, manchen Amphibien u. einigen Reptilien.

Opisthocomidae [Mz.; v. gr. opisthokomos = hinten behaart], die ↗Schopfhühner.

opisthoglyph [v. *opistho-, gr. glyphis = Kerbe], *furchenzähnig;* zur Giftinjektion dienender Zahntyp (bei Trugnattern); Zähne am Hinterende des Oberkiefers gefurcht, stehen mit dem Ausführungsgang einer kleinen Giftdrüse in Verbindung. Ggs.: solenoglyph. ↗Giftzähne.

Opisthogoneata [Mz.; v. *opistho-, gr. gonē = Geburt], Teilgruppe der ↗ *Monantennata (Tracheata)* unter den Gliederfüßern, umfaßt die ↗Hundertfüßer u. ↗Insekten; für sie ist u. a. charakterist., daß die Geschlechtsöffnung am Hinterleibsende liegt. ↗ *Progoneata*.

Opisthonema *s* [v. *opistho-, gr. nēma = Faden], Gatt. der ↗Heringe.

Opisthonephros *m* [v. *opistho-, gr. nephros = Niere], Niere der adulten Fische u. Amphibien, homolog der ↗Urniere u. der ↗Nachniere der Amnioten.

opisthopar [v. *opistho-, lat. pareia = Wange], Bez. für eine vom Vorder- zum Hinterrand des Cephalons verlaufende Gesichtsnaht v. ↗Trilobiten.

Opisthopora [Mz.; v. *opistho-, gr. poros = Öffnung], Oligochaeten-Ord. der Ringelwürmer mit 9 Fam. (vgl. Tab.), entspr. den *Haplotaxida* u. *Lumbricida* neuerer Systeme. Kennzeichen: je 1 oder 2 Paar Hoden u. Ovarien; männl. Genitalporen im allg. in Metameren hinter den Hodensegmenten; Borsten zu 4 Paaren, als 4 Einzelborsten od. als Borstenkranz pro Metamer.

Opisthoproctidae [Mz.; v. *opistho-, gr. prōktos = Steiß], Fam. der ↗Glasaugen.

Opisthorchis *m* [v. *opisth-, gr. orchis = Hode], Gatt. der Saugwurm-Ord. *Digenea. O. felinus*, Katzenleberegel, bis 18 mm lang; 3-Wirte-Zyklus: 1. Zwischenwirt die Langfühlerschnecke *Bithynia leachi*, 2. Zwischenwirt Fisch, Endwirt Mensch od. Raubtiere; in N-Europa u. einigen Gebieten der UdSSR. *O. viverrini* in Thailand, Vietnam, Japan, Indien; 5–9 mm lang, unterscheidet sich von *O. felinus* lediglich durch seine etwas tiefergelappten Hoden. Nahe verwandt ist ↗*Clonorchis sinensis (= Opisthorchis sinensis)*.

Opisthosoma *s* [v. *opistho-, gr. sōma = Körper], Hinterleib der ↗Chelicerata.

Opisthoteuthis *w* [v. *opistho-, gr. teuthis = Tintenfisch], einzige Gatt. der *Opisthoteuthidae* (U.-Ord. *Cirrata*), Kraken mit scheibenförm. Körper, über den sich der Eingeweidesack buckelart. erhebt. Die Arme sind durch eine Haut (Velum) verbunden; die Saugnäpfe sind klein; ohne Reibzunge. 6 Arten, die quallenähnl. schwimmen können u. weltweit in der Tiefsee leben. *O. californiana* (40 cm lang) ist v. den Aleuten bis N-Kalifornien anzutreffen, bis 825 m tief; sie ernährt sich v. Ruderfußkrebsen u. Glaskrebsen.

Opisthothelae [Mz.; v. *opistho-, gr. thēlai = Brustwarzen], ältere Bez. für Webspinnen mit ungegliedertem Opisthosoma und bauchständ. Spinnwarzen (alle außer den ↗*Mesothelae*).

Opium *s* [v. gr. opion = Mohnsaft, Opium], veraltete Bez. *Mekonium* u. *Laudanum* (heute nur noch für O.-Tinktur verwendet), der aus den angeschnittenen unreifen, aber ausgewachsenen Früchten des Schlaf-↗Mohns *(Papaver somniferum)* gewonnene, an der Luft eingetrocknete braune Milchsaft (Latex). Pro Mohnkapsel erhält man ca. 20–50 mg *Roh-O.*, das sich aus den ↗*O.alkaloiden* (20–30%, hpts. ↗*Morphin*), Wasser (55%), Mineralbestandteilen (6%), Mekonsäure (4%) u. a. Inhaltsstoffen zusammensetzt. Gebräuchl. sind verschiedene Zubereitungen des Roh-O.s, z. B. gepulverte Form mit eingestelltem Morphingehalt, Trockenextrakt, O.-Tinktur od. das Rauch-O. (Tschandu, Chandu), ein kompliziert hergestelltes Konzentrat, das ausschl. zum O.rauchen verwendet wird. Die Wirkung des O.s wird weitgehend durch den Morphingehalt bestimmt, unterscheidet sich jedoch v. der des reinen Morphins durch den teils synergist., teils antagonist. Einfluß der Begleitalkaloide. In der Medizin hat O. von altersher als starkes Narkotikum u. Analgetikum (Morphinwirkung), als wirksames Mittel gg. Durchfälle u. aufgrund seiner hustenstillenden Eigenschaft (Narcotinwirkung) Bedeutung erlangt; es unterliegt wegen der Suchtgefahr dem Betäubungsmittelgesetz. Das Rauschmittel O., intravenös gespritzt, gegessen, geraucht od. in Form v. Tinktur tropfenweise getrunken, führt bei längerem Mißbrauch zu körperl. und seel. Zerstörung. ↗Opiate. ↗Drogen und das Drogenproblem.

Opiumalkaloide, Gruppe von ca. 40 verschiedenen im ↗Opium vorkommenden ↗Isochinolin-Alkaloiden (T Alkaloide), die entweder dem Morphin-Typ (Phenanthren-Grundgerüst) oder dem Papaverin-Typ (Benzylisochinolin-Grundgerüst) angehören. Im Opium liegen die O. meist als Salze der *Mekonsäure* u. anderer Säuren vor. Ihre Bedeutung für die Mohnpflanze ist unbekannt. O. finden Anwendung als Therapeutika u. Rauschmittel (↗Opiate, ↗Opium).

Opomyzidae [Mz.; v. gr. opos = Saft, myzan = saugen], die ↗Grasfliegen.

Opossum *s* [v. Algonkin oposon], *Didelphis*, bekannteste Gatt. der ↗Beutelratten mit 3 Arten u. vielen U.-Arten; Kopfrumpflänge 30–50 cm, Schwanzlänge 25–50 cm; Fell struppig u. von variabler Färbung; Ohrmuscheln u. Schwanz nackt. O.s bevorzugen Wald- u. Buschlandschaften als Lebensraum, sind hpts. nachtaktiv u. ernähren sich vielseitig. *D. albiventris* kommt v. Venezuela bis Zentralargentinien vor, *D. marsupialis* (B Nordamerika IV) von N-Argentinien bis nach O-Mexiko. *D. virginiana* war urspr. von New Hampshire bis Colorado u. von S-Ontario bis Costa Rica verbreitet; als „erfolgreichstes" Beuteltier konnte sich das Virgin. O. über weite Teile N-Amerikas (z. T. bis Kanada) ausbreiten. Auf Neuseeland u. Madagaskar wurden O.s eingebürgert. Junge O.s kommen nach 13 Tagen Tragzeit zur Welt, sind nur 10 mm groß u. wiegen 0,16 g. Sie klettern in den Beutel der Mutter u. saugen sich an den Zitzen fest. Nach 70 Tagen verlassen sie zeitweilig den Beutel; einige lassen sich dann auf dem Rücken der Mutter tragen; nach 3–4 Monaten sind sie entwöhnt. *D. virginiana* kann sich bei Gefahr vorübergehend bewegungslos verhalten („totstellen"). B Südamerika II.

Opossummäuse, *Spitzmaus-Opossums*,

---

opisth-, opistho- [v. gr. opisthen = hinten, von hinten].

Opisthopora
Wichtige Familien:
Eudrilidae
↗*Glossoscolecidae*
↗*Haplotaxidae*
↗*Lumbricidae*
↗*Megascolecidae*
Moniligastridae

Opiumalkaloide
Wichtige O.:
Morphin-Typ
↗Morphin, ↗Codein, Thebain
Papaverin-Typ
↗Papaverin, ↗Narcotin (Noscapin), ↗Narcein, ↗Laudanosin

Mekonsäure

Opossumratten

Caenolestidae, südam. Beuteltier-Fam.; Größe u. Gestalt spitzmausartig; adult ohne Beutel. Die O. leben in 3–7 Arten in den Anden v. Venezuela bis S-Chile: Ecuador-O. (*Caenolestes fuliginosus,* z.T. in bis zu 5 Arten aufgespalten), Peru-O. *(Lestoros inca),* Chile-O. *(Rhyncholestes raphanurus);* sie sind bodenlebend, nachtaktiv u. ernähren sich v. Wirbellosen u. kleineren Wirbeltieren. Die O. gelten als eine der urtümlichsten Beuteltiergruppen, deren Blütezeit im Tertiär lag.

Opossumratten, die austr. ↗ Rattenkänguruhs.

Oppelia w [ben. nach dem dt. Paläontologen A. Oppel, 1831–65], (Waagen 1869), Ammonit mit scheibenförm., involutem u. schwach gekieltem Gehäuse. Verbreitung: mittlerer bis oberer Jura v. Europa, Asien u. N-Afrika. *O. (Oxycerites) aspidoides* ist Leitfossil für den süddeutschen Dogger ε bzw. dg. 6.

Opponent m [v. lat. opponere = sich entgegenstellen], *Antagonist, Gegenspieler,* Begriff der Ökologie, der sinngemäß nicht nur Feinde (Räuber, Parasiten), sondern auch intra- und interspezif. Konkurrenten einschließen sollte. Ggs.: Synergist.

opponierbar [v. lat. opponere = gegenüberstellen], Bez. für einen Fingerstrahl, der nicht in derselben Ebene wie die anderen bewegl. ist, sondern diesen entgegengestellt werden kann; dabei berührt die Spitze des o.en Fingers die Unter- od. Innenseite der anderen Fingerspitzen. Der o.e Finger ist räuml. von den anderen Fingern abgesetzt; bei Primaten ist es der ↗ Daumen. Eine ↗ Hand mit Daumen ist eine ↗ Greifhand. Analog gibt es auch an der Hinterextremität o.e Fingerstrahlen, z.B. bei manchen Affen u. Vögeln, so daß hier ein ↗ Greiffuß vorliegt.

opponiert [v. lat. opponere = gegenüberstellen], allg.: entgegengestellt, gegenüberstehend; **1)** in der Bot. bes. bei der Blattstellung od. der Anordnung der Blütenorgane gebraucht; **2)** Zool.: ↗ opponierbar.

Opportunisten [Mz.; v. lat. opportunus = bequem, passend], Organismenarten, die jede Gelegenheit, einen Lebensraum durch entspr. Vermehrung zu nutzen, sofort wahrnehmen u. daher im Prozeß der ↗ Sukzession v. Lebensgemeinschaften zuerst, d.h. in der Phase der r-↗ Selektion, auftreten. Gegensatz: Gleichgewichtsarten (Equilibristen).

Opsanus m [v. gr. opsanon = Gesicht], Gatt. der ↗ Froschfische.

Opsin s [v. gr. opsis = Blick], Proteinkomponente des Sehpurpurs (↗ Rhodopsin).

Opsonine [Mz.; v. gr. opsōnion = Zukost], Antikörper, die an der ↗ Opsonisierung v. körperfremden Zellen beteiligt sind u. zu einer Steigerung der Phagozytose führen. ↗ Bakterizidine.

Opsonisierung, Mechanismus, durch den die Oberfläche v. in den Körper eingedrungenen Fremdzellen (z.B. Bakterien) mit ↗ Immunglobulinen *(Opsonine)* u. Faktoren des ↗ Komplement-Systems *(O.sfaktor)* bedeckt werden. Nach der O. können die Fremdzellen dann v. endocytierenden Zellen des Immunsystems (Makrophagen, neutrophile Granulocyten) aufgenommen u. eliminiert werden.

Opticon s [v. gr. optikos = das Sehen betr.], die *Medulla interna* des ↗ Lobus opticus der Gliederfüßer; ↗ Oberschlundganglion.

Opticus m [v. gr. optikos = das Sehen betreffend], *Sehnerv,* Abk. für *Nervus opticus,* den II. ↗ Hirnnerv (☐). Er ist kein typ. Nerv, sondern ein bes. Fasertrakt des Gehirns. Die beiden Optici ziehen v. der Ganglienzellschicht der ↗ Netzhaut (B) nach Überkreuzung (↗ Chiasma opticum, ☐) zu den Zentren im ↗ Mittelhirn-Dach, bei Säugern zum größeren Teil zu bes. Arealen der Hirnrinde (↗ Gehirn, B). B Linsenauge.

Optimumgesetz, auf E. Wollny (1877) u. G. Liebscher (1895) zurückgehendes Ertragsgesetz, wonach die Produktivität bei Unter- wie Überschreiten eines optimalen Nährstoffangebots abnimmt. Außerdem gilt ein im Minimum befindl. Faktor um so stärker ertragsmindernd, je mehr sich die anderen Faktoren im Optimum befinden. ↗ Minimumgesetz, ↗ Mitscherlich-Gesetz.

optische Aktivität, die Fähigkeit asymmetr. aufgebauter chem. Verbindungen (☐ Glycerinaldehyd) od. asymmetr. aufgebauter Kristalle, die Schwingungsebene polarisierten Lichts (↗ Polarisation) um einen bestimmten Winkel zu drehen. Die o.A. asymmetr. Kristalle, die z.B. durch Racemate, während bei enzymat. gesteuerten Reaktionen sowohl im Reagenzglas als auch innerhalb der lebenden Zelle vorwiegend opt. aktive Verbindungen entstehen. Letzteres beruht auf der Asymmetrie der Enzymmoleküle (sie sind aus vielen asymmetr. Aminosäuren aufgebaut) u. der dadurch bedingten Asymmetrie der Enzym-Substrat-Wechselwirkung. Durch diese wiederum verlaufen die Substratumsetzungen stereo-spezifisch, weshalb jeweils nur eines v. zwei mögl. Stereoisomeren als Substrat umgesetzt bzw. als Produkt gebildet wird.

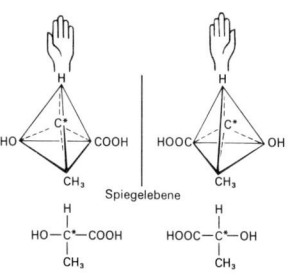

optische Aktivität

Chiralität als Ursache optischer Aktivität

Zu jeder opt. aktiven Verbindung gibt es eine isomere Verbindung mit genau den gleichen chem. und physikal. Eigenschaften, welche die Ebene des polarisierten Lichtes um den gleichen Betrag, aber in entgegengesetzter Richtung dreht *(opt. Isomerie).* Die Partner eines opt. isomeren Stoffpaares heißen *opt. Antipoden* oder *enantiomorphe Formen.* Ihre Strukturen verhalten sich zueinander wie Bild u. Spiegelbild u. können deshalb nicht zur Deckung gebracht werden (vgl. Abb. Milchsäure). Aufgrund dieser sog. Händigkeit – auch linke u. rechte Hand verhalten sich wie Bild u. Spiegelbild – werden opt. isomere Stoffpaare auch als *chiral* (Hw. *Chiralität,* v. gr. cheir = Hand) bezeichnet.
Ein Gemisch zweier opt. Antipoden, das zu gleichen Teilen aus der rechtsdrehenden (D-Form, von lat. dextra = rechts) u. der linksdrehenden (L-Form, von lat./aevus = links) Form besteht, ist opt. inaktiv und wird *Racemat* genannt. Bei organ.-chem. Synthesen entstehen i.d.R.

schraubenförm. Anordnung der Teilchen im Kristallgitter bedingt ist, tritt vorwiegend bei anorgan. Verbindungen auf; sie geht durch Zerstörung der Kristallform (z. B. Lösen. Verdampfen) verloren. Die durch Asymmetrie der Molekülform bedingte o. A. ist dagegen v. der Kristallförmigkeit unabhängig u. bleibt beim Lösen od. Verdampfen erhalten. Ursache der Asymmetrie organ. Verbindungen, darunter auch zahlr. natürlich vorkommender Verbindungen, wie Aminosäuren, Zucker, Nucleotide u. die v. diesen abgeleiteten Makromoleküle, sind ↗asymmetr. Kohlenstoffatome (☐). Die Größe des Drehwinkels des polarisierten Lichts ist eine Eigenschaft des betreffenden Stoffes, abhängig v. der Wellenlänge des verwendeten Lichtes, der Dicke der durchstrahlten Schicht u. ihrer Temp., falls der Stoff gelöst ist, v. der Konzentration der Lösung; eine Rechtsdrehung wird mit + (positiv), eine Linksdrehung mit − (negativ) bezeichnet. Da die spezif. Drehung einer opt. aktiven Verbindung exakt ermittelt werden kann, kann durch Messen des Drehwinkels einer gelösten opt. aktiven Verbindung (z. B. eines Zuckers) deren Konzentration bestimmt werden (Polarimetrie). B Kohlenstoff (Bindungsarten).

optische Artkennzeichen, der ↗Arterkennung dienende opt. Merkmale, bes. auffällig zur Unterscheidbarkeit nahe verwandter Arten v. Reptilien, Vögeln u. stark opt. orientierter Säugetiere (Affen, ☐ Meerkatzen).

optischer Test, optischer Enzymtest, ↗Absorptionsspektrum, ↗Nicotinamidadenindinucleotid (☐).

optische Täuschung, den objektiven Gegebenheiten widersprechende Wahrnehmung, die sowohl verursacht wird durch den Bau u. die Funktionsweise des Auges u. des verarbeitenden Zentralnervensystems (↗Irradiation, ☐; Hering-Gitter, ↗Kontrast, ☐) als auch durch Erfahrungen u. Vergleiche v. Konturen, Kontrasten u. Größenverhältnissen der Umgebung des zu schätzenden Gesichtseindrucks. So wird z. B. ein graues Feld mit hellem Hintergrund dunkler empfunden als mit dunklem Umfeld (Simultan-Kontrast, ☐ Kontrast),

---

optische Täuschung

1 gleich lange Strecken erscheinen verschieden lang, je nachdem, ob die Schenkel der begrenzenden Winkel nach innen od. außen gerichtet sind (Müller-Lyersche Täuschung); **2** parallele Linien mit schrägen Querstrichen erscheinen nicht parallel (Zöllnersche Täuschung); **3** zwei gleich große Kreise wirken unterschiedl. groß, wenn sie v. größeren bzw. kleineren Kreisen umgeben sind (Titchenersche Täuschung); **4** eine durch zwei od. mehrere Parallelen unterbrochene „Diagonale" erscheint in ihrem Verlauf versetzt (Poggendorfsche Täuschung); **5** die Diagonale AB erscheint kürzer als BC, obwohl beide gleich lang sind (Parallelogrammtäuschung nach F. Sander); **6** Größentäuschung durch perspektivische Zeichnung.

---

optomotorische Reaktion

a normale Körperhaltung, b optomotorische Reaktion (Pfeil deutet Bewegung des Streifenmusters an)

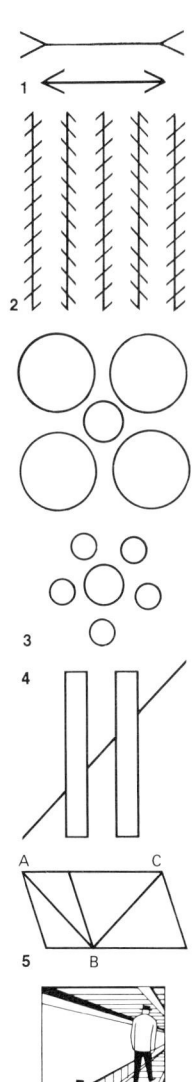

---

gleich große Gegenstände erscheinen durch perspektivische Zeichnung unterschiedlich lang (vgl. Abb.).

optomotorische Reaktion [v. gr. optikos = seh-, lat. motorius = voll Bewegung], v. Wirbeltieren, Insekten u. Krebsen bekannte Reaktion, die häufig mit einem ↗Nystagmus verbunden ist: Werden Tiere in einen Glaskäfig gesetzt, u. läßt man eine Trommel mit einem Streifenmuster um sie herum rotieren, so nehmen die Tiere häufig eine charakterist. Zwangshaltung des Rumpfes u. der Extremitäten ein, wobei die vorbeiziehenden Streifenmuster mit den Augen u. dem Kopf verfolgt werden.

Opuntia w [v. gr. Opountios = aus der (gr.) Stadt Opous], Gatt. der ↗Kakteengewächse. [↗Cyrtophora.

Opuntienspinne, Cyrtophora citricola, **oral** [v. lat. os, Gen. oris = Mund], den Mund betreffend, durch den Mund.

Orange w [v. pers. nārang = Apfelsine, über frz. orange], Citrus sinensis, ↗Citrus.

Orangenbecherling, Aleuria, Gatt. der Humariaceae, Schlauchpilze mit zieml. großem (1–10 cm), schalen- bis schüsselförm., lebhaft gelb od. orange gefärbtem Fruchtkörper (Apothecium), dessen Außenseite kahl od. fein mehlig-samtig erscheint. O.e wachsen auf dem Erdboden, in Wäldern u. an Wegrändern; z. B. der Gemeine O. (A. aurantia Fuck.); sein Apothecium hat einen ⌀ von 2–10 cm. [dina.

Orangenfliege, Dialeurodes citri, ↗Aleuro-**Orangenlaus,** Pseudococcus citri, Art der ↗Schmierläuse.

Orangenöl, 1) Orangenblütenöl, äther. Öl aus den Blüten der Pomeranze (↗Citrus, ↗Neroliöl); 2) Orangenschalenöl, äther. Öl aus den Schalen der Orange; enthält bis über 90% ↗Limonen; wird als Duft- u. Aromastoff verwendet. ↗Citrusöle.

Orang-Utan m [v. malaiisch orang hutan = Waldmensch], Pongo pygmaeus, heute nur noch in einigen Regenwaldgebieten auf Sumatra (P. p. abeli) u. auf Borneo (P. p. pygmaeus) wild vorkommende Art der ↗Menschenaffen, die nach Fossilfunden aus dem Pleistozän urspr. auch in S-China, N-Vietnam, Laos u. Java lebte. Kopfrumpflänge 125–150 cm, Körpergewicht 30–50 (♀) bzw. 75–100 kg (♂); Arme lang u. kräftig, Beine kurz; zottige, rot- bis dunkelbraune Körperbehaarung. O.s sind baumlebende Hangelkletterer. Ihre Hauptaktivität entfalten sie morgens u. spätnachmittags; nachts ruhen sie in (i. d. R. tägl. neuerrichteten) Baumnestern aus Zweigen. O.s leben allein od. in kleinen Trupps; als Nahrung dienen ihnen hpts. Früchte. Die Vermehrungsrate der O.s ist gering, da sie erst mit etwa 10 Jahren geschlechtsreif werden u. die Weibchen nur alle 3–4 Jahre 1 Junges zur Welt bringen; während das Junge gesäugt wird, ist die O.mutter nicht empfängnisfähig. Wild lebende O.s werden kaum älter als 30 Jahre. Ihr größter Feind

Orbignya

orchi- [v. gr. orchis, Gen. orcheōs = Hode; Knabenkraut].

Orang-Utan *(Pongo pygmaeus)*, Jungtier

Orchideen

Wichtige Gattungen:
- ↗ *Cattleya*
- ↗ *Coryanthes*
- ↗ *Dendrobium*
- ↗ Dingel *(Limodorum)*
- ↗ Elfenstendel *(Herminium)*
- ↗ Frauenschuh *(Cypripedium)*
- ↗ *Gongora*
- ↗ Händelwurz *(Gymnadenia)*
- ↗ Hohlzunge *(Coeloglossum)*
- ↗ Hundswurz *(Anacamptis)*
- ↗ Knabenkraut *(Orchis/Dactylorhiza)*
- ↗ Kohlröschen *(Nigritella)*
- ↗ Korallenwurz *(Corallorhiza)*
- ↗ Kriechstendel *(Goodyera)*
- ↗ Kugelorchis *(Traunsteinera)*
- ↗ Nestwurz *(Neottia)*
- ↗ Ohnsporn *(Aceras)*
- ↗ *Oncidium*
- ↗ *Paphiopedilum*
- ↗ Ragwurz *(Ophrys)*
- ↗ Riemenzunge *(Himantoglossum)*
- ↗ Schraubenstendel *(Spiranthes)*
- ↗ Stendelwurz *(Epipactis)*
- ↗ Vanille *(Vanilla)*
- ↗ Waldhyazinthe *(Platanthera)*
- ↗ Waldvögelein *(Cephalanthera)*
- ↗ Weißzüngel *(Leucorchis)*
- ↗ Widerbart *(Epipogium)*
- ↗ Zweiblatt *(Listera)*
- ↗ Zwergorchis *(Chamorchis)*

ist der Mensch, der sie seit Jahrtausenden verfolgt. Für Zool. Gärten bestimmte Jungtiere konnten fr. erst nach Abschuß des Muttertieres eingefangen werden. Der O. ist die heute am meisten gefährdete Menschenaffen-Art; ihr gesetzl. Schutz ist schwierig zu überwachen. Z. Z. (1986) soll es noch etwa 2000–3000 wildlebende O.s geben. B Asien VIII.

Orbignya w [orbinjia; ben. nach dem frz. Naturforscher A. D. d'Orbigny, 1802–57], die ↗ Babassupalme.

Orbiniida [Mz.], Ringelwurm-Ord. der *Polychaeta* mit 3 Fam. *(Orbiniidae, Paraonidae, Questidae)*; Körper in Abschnitte unterteilt; 1 od. 2 vordere Segmente ohne Parapodien u. ohne Anhänge; ventrale vorstülpbare Schlundtasche, ohne Kiefer.

Orbiniidae [Mz.], *Ariciidae*, Ringelwurm-Fam. der Ord. ↗ *Orbiniida*; Körper langgestreckt; Prostomium kegelförmig od. abgerundet, ohne Anhänge; Parapodien zweiästig; cirrenförm. Kiemen; Borsten einfach, haarförmig od. gegabelt od. hakenartig; überwiegend Grabtiere u. Substratfresser, pelagische u. benthonische Larven. Bekannte Gatt. sind ↗ *Scoloplos* u. die namengebende *Orbinia* (= *Aricia*) mit 4 Arten, die in der Nordsee vorkommen: *O. kupfferi* an der Küste u. in tieferem Wasser auf Schlamm und schlamm. Sand, *O. norvegica* auf schlamm. Böden, *O. cuvieri* in flachem Wasser auf Sand und schlamm. Sand, *O. latreilli* in flachem Wasser auf Sand oder schlamm. Sand, selten.

Orbivirus s, Gatt. der ↗ Reoviren.

Orca w [lat., = eine Art Wal], ↗ Schwertwale.

Orcein s, ↗ Flechtenfarbstoffe. [wale.

Orchestia w [v. gr. orchēstēs = Tänzer], Gatt. der ↗ Strandflöhe. [deen.

Orchidaceae [Mz.; v. *orchi-], die ↗ Orchi-

Orchidales [Mz.; v. *orchi-], die ↗ Orchideenartigen.

Orchideen, *Orchidaceae*, Fam. der *Orchidales*, mit ca. 750 Gatt. und über 20 000 Arten eine der größten Fam. des Pflanzenreichs. O. sind weltweit verbreitet, sie fehlen nur unter den extremsten Bedingungen. Während in Europa allein der Lebensformtyp der *Erd-O.* auftritt, überwiegen in den Tropen u. Subtropen die *epiphytischen Formen* (↗ Epiphyten). – Die Blätter der O. sind im allg. wechselständig, oft zweizeilig angeordnet, einfach, ungeteilt u. meist scheidig stengelumfassend. Als Speicherorgane dienen bei einigen terrestr. O. der gemäßigten Breiten Wurzelknollen, die oft paarig angelegt sind u. in ihrer Form Hoden ähneln; daher nannten die Griechen diese Pflanzen *Orchis* (= Hode). Bei epiphyt. O. treten statt dessen stark verdickte Sproßabschnitte (↗ *Luftknollen, Pseudobulben*) auf, die Wasser u. Nährstoffe speichern. Auch verdickte Blätter können die gleiche Funktion erfüllen. Häufig besitzen die Epiphyten ↗ Luftwurzeln, die mit einem spezialisierten,

schwamm. ↗ Absorptionsgewebe *(Velamen radicum)* aus der Luft Wasser u. Nährstoffe aufnehmen. Die epiphyt. Lebensweise erlaubt den Pflanzen, sich in Bereichen mit günstigerer Lichtversorgung anzusiedeln (bes. wichtig im dichten trop. Regenwald). Die hohe Luftfeuchtigkeit, die benötigt wird, um den Wasserbedarf zu sättigen, beschränkt die epiphyt. O. auf die Tropen u. Subtropen. Oft werden neben den Blättern auch Stengel, Wurzeln u. sogar Blüten in den Dienst der Photosynthese gestellt. – O. zeichnen sich durch stark abgeleitete Blüten mit hochspezialisierten Bestäubungseinrichtungen aus (B Zoogamie). Die Blüten sind fast immer monoklin u. bilateralsymmetrisch. Die 3 Kelch- und 2 der Kronblätter sind gleich gestaltet (Perigonblätter), während das dritte, obere Kronblatt, als *Lippe* od. ↗ *Labellum* bezeichnet, oft eine völlig andere Farbe, Form u. Ausgestaltung zeigt. Meist weist die Lippe nach unten, was durch die sog. ↗ *Resupination* (erreicht durch eine Torsion des Fruchtknotens, des Blütenstiels od. durch Kippung der Blüte) zustande kommt. Häufig ist sie stark geteilt, verlängert od. auffällig gefärbt bzw. mit Haaren od. Borsten versehen. Die Lippe steht im Dienst der Anlockung v. Bestäubern (↗ Ragwurz), sie stellt zudem eine Art Landeplattform dar. Nach hinten kann sie zu einem Zuckersaft enthaltenden Sporn ausgesackt sein. Bei den Knabenkräutern *(Orchis, Dactylorhiza)* ist dieser allerdings leer. Der unterständ., 3blättrige Fruchtknoten ist meist einfächrig. Griffel u. Staubfäden sind zu einem für die O. charakterist. Organ, der *Griffelsäule* (↗ *Gynostemium*), verwachsen. Das Andrözeum besteht nur aus 2 bzw. 1 fertilen Staubblatt (bei der U.-Fam. *Cypripedioideae* sind es die beiden seitl. des inneren Kreises, bei den *Orchidoideae* ist es das mittlere des äußeren Kreises). Die 3teilige Narbe hebt sich kaum v. der Säulenoberfläche ab. Der Pollen wird in den meisten Fällen durch Schleim zu einem Paket *(Pollinium)* verklebt, so daß er in seiner Gesamtheit verbreitet wird. So kann ein einziger Bestäubungsvorgang zur Befruchtung der großen Zahl v. Samenanlagen führen, die eine O. besitzt. Ein solches Pollinium ist häufig mit einem Stielchen u. einer Klebscheibe versehen (das ganze Gebilde wird als *Pollinarium* bezeichnet). Mit der Klebscheibe bleibt das Pollinarium an einem Bestäuber haften – das Stielchen welkt, biegt sich u. bringt dadurch das Pollinium in die richt. Lage, um an der Narbe einer weiteren, vom Bestäuber besuchten Blüte abgesetzt zu werden. – Die O. zeichnen sich durch die Produktion sehr vieler (bis über 1 Mill. pro Blüte) winziger Samen aus; der Embryo ist im reifen Samen noch wenigzellig u. weitgehend undifferenziert; es gibt kaum Nährgewebe. Bei der Reife hebt sich das äußere Integu-

ORCHIDEEN

Einheimische Orchideen: 1 Sumpfwurz *(Epipactis palustris)*, **2** Frauenschuh *(Cypripedium calceolus)*, **3** Ragwurz *(Ophrys attica)*, **4** Rotes Waldvögelein *(Cephalanthera rubra)*, **5** Riemenzunge *(Himantoglossum hircinum)*, **6** Purpurknabenkraut *(Orchis purpurea)*, **7** Mannsknabenkraut *(Orchis mascula)*. **Tropische Orchideen: 8** *Serapias neglecta*, **9** *Dendrobium nobile*, **10** *Sophronitis coccinea*, **11** *Maxillaria picta*, **12** *Masdevallia veitchiana*, **13** *Odontoglossum grande*, **14** *Cattleya aclandiae*, **15** *Laelia purpurata*, **16** *Zygopetalum mackaya*

Orchideenartige

Orchideen

a Blüte der Kugelorchis *(Orchis globosa)*, **1** von der Seite, **2** von vorn, die letztere auseinandergenommen, **3** einzelne Säule; **4** bestäubendes Insekt beim Verlassen der Blüte der Sumpfwurz *(Epipactis)*; durch die Berührung der Klebscheibe mit dem Kopf werden die Pollinien herausgezogen u. dienen zur Bestäubung der nächsten Blüte; **5** die durch Klebscheiben auf einem Insektenkopf festsitzenden Pollinien. fr Fruchtknoten, hü Hüllblatt, kl Klebscheibe, li Lippe, p_1, p_2 innere u. äußere Kronblätter, po Pollinium, st Stielchen.
b Orchideenblüten: **1** Bocksorchis, Riemenzunge *(Himantoglossum hircinum)*, **2** die einem „Zwergenkopf mit Kapuze und Bart" gleichende Blüte von *Masdevallia veitchiana*, **3** Hundswurz *(Anacamptis pyramidalis)*, **4** die fliegenähnl. Blüte der Fliegen-Ragwurz *(Ophrys insectifera, O. muscifera)* **5** Purpurorchis, Purpur-Knabenkraut *(Orchis purpurea)*.
c Entwicklung einer Orchidee *(Cattleya)*: **1** Same mit Keimen, **2** drei, **3** sechs, **4** neun, **5** sechzehn Monate alter Keimling

Orchinol

Orcin

orchi- [v. gr. orchis, Gen. orcheôs = Hode; Knabenkraut].

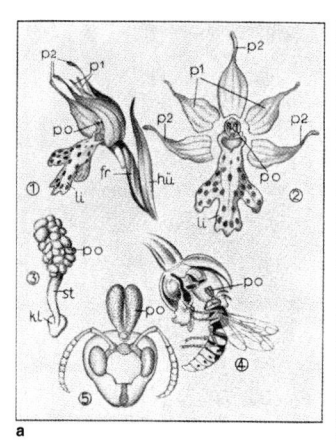

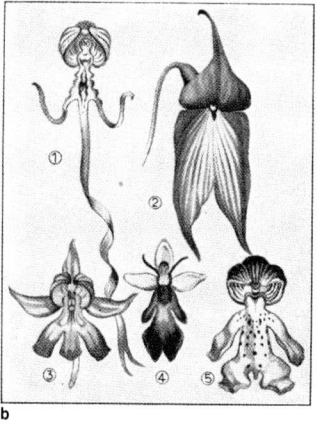

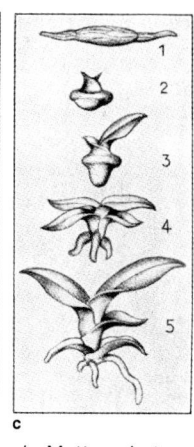

ment ab (Ausnahme z. B. ↗Vanille) u. bildet so einen Luftsack. Mit dessen Hilfe können die Samen über weite Strecken vom Wind verfrachtet werden. – Sämtliche O. sind auf die Symbiose mit speziellen Pilzarten angewiesen. Diese Pilze liefern als „Ammenpilze" schon dem Keimling (der ja kaum auf Endosperm zurückgreifen kann) Wasser, anorgan. und organ. Nährstoffe u. teilweise auch Wirkstoffe u. überbrücken so die Zeit, bis er zur Photosynthese fähig ist. Bei der erwachsenen Pflanze finden sich Pilzhyphen in den äußeren Zellen der Wurzelrinde (endotrophe ↗Mykorrhiza). Die sog. *saprophytischen O.* (↗Nestwurz, ↗Widerbart) sind völlig auf die Ernährung durch Pilze angewiesen; sie weisen keinerlei photosynthet. Pigmente auf. – O. gehören zu den beliebtesten Zierpflanzen. Bei vielen v. ihnen ist inzwischen die künstl. Züchtung auf Nährmedien ohne Mykorrhizapilz gelungen. Ständig werden durch Hybridisierung neue Sorten erzeugt u. weitergezüchtet. Auf der anderen Seite ist ein deutl. Anteil der O.arten vom Aussterben bedroht. Der Grund ist v. a. in der Zerstörung ihrer Lebensräume (des trop. Regenwaldes, aber auch z. B. der Feuchtwiesen u. Magerrasen in Mitteleuropa) zu suchen. – In der BR Dtl. sind sämtl. einheimische O. vollkommen geschützt. Die meisten Arten sind hier mehr od. weniger gefährdet u. stehen auf der ↗Roten Liste. [B] 247.   A. G.

Orchideenartige, *Orchidales, Gynandrae*, Ord. der *Liliidae*, mit der Fam. ↗Orchideen *(Orchidaceae)* u. der kleinen, in den Tropen u. Subtropen weitverbreiteten Fam. ↗*Burmanniaceae* (diese wird manchmal auch zu den *Liliales* gestellt).

Orchideen-Buchenwälder, der U.-Verb. ↗Cephalanthero-Fagion.

Orchinol s [v. *orchi-, lat. oleum = Öl], zu den ↗Phytoalexinen zählendes fungizides Phenanthrenderivat, das v. der Orchidee *Orchis militaris* (Helmknabenkraut) bei Infektion durch den Pilz *Rhizoctonia repens* gebildet wird.

Orchis m [*orchi-, **1)** Bot.: das ↗Knabenkraut; **2)** Zool.: der ↗Hoden.

Orcin s, 5-*Methylresorcin*, Muttersubstanz vieler ↗Flechtenfarbstoffe, z. B. Lackmus u. Orseille; Reagenz auf Lignin.

Orcinus m [v. lat. orca = eine Art Wal], ↗Schwertwale.

Orconectes m [v. lat. Orcus = Unterwelt, gr. nēktēs = Schwimmer], Gatt. der ↗Flußkrebse.

Orculidae [Mz.; v. lat. orcula = Tönnchen], die ↗Fäßchenschnecken.

Ordensband, *Catocala*, weltweit verbreitete Gatt. der ↗Eulenfalter; meist große nachtaktive Schmetterlinge mit schwarz gebänderten u. gesäumten roten, blauen od. gelben Hinterflügeln, Färbung wirkt als Schrecktracht gg. Freßfeinde, v. a. Vögel, Vorderflügel unscheinbar graubraun, verdecken die farb. Hinterflügel in Ruhe; sitzen tags hervorragend getarnt an Rinden, Raupen fressen an Laubhölzern. Beispiele: das Rote O. (*C. nupta*, [B] Insekten IV), im Sommer häufig in Gärten, Parks u. Auen, läßt sich gerne mit süßen Obstsäften anködern, Raupe an Weiden u. Pappeln; das Blaue O. (*C. fraxini*), seltener, im Sommer u. Herbst in Laubwäldern, größter einheim. Eulenfalter (bis über 100 mm Spannweite), Raupen an Pappeln, weniger an Eschen, nach der ↗Roten Liste „gefährdet"; „stark gefährdet" ist das Gelbe O., *Ephesia (Catocala) fulminea*, das im Sommer in warmen Gebieten mit der Raupenfutterpflanze Schlehe fliegt; nicht näher verwandt ist das Schwarze O., *Mormo (Mania) maura*, Vorderflügel dunkelbraun, mit schwärzl. Zeichnung, fliegt im Sommer in Auengebieten, Raupen an Kräutern wie Löwenzahn.

Ordnung, *Ordo*, Kategorie (Rangstufe) in der biol. ↗Klassifikation ([T]) zw. ↗Familie u. ↗Klasse; eine O. enthält 1 bis mehrere Fam. Da eine O. wie alle anderen Kategorien oberhalb der Rangstufe ↗Art nicht objektiv festlegbar ist, kann die Aufgliederung einer Kl. in O.en bei den einzelnen Wissenschaftlern sehr unterschiedl. sein: z. B. werden die ↗Fadenwürmer in Publikationen der letzten Jahre in 10, 11, 13, 14 oder 20 O.en eingeteilt. Für die bekannte-

Ordnung		
Beispiele für die Unterteilung von Klassen in Ordnungen	roptera, Primates, Carnivora, Lagomorpha, Proboscidea, Artiodactyla	mes), Cuculi (= Culiformes), Passeres (= Passeriformes)
Säugetiere: Die höheren Säugetiere (Eutheria = Placentalia) haben 17 O.en, u.a.: Insectivora, Chi-	Vögel: 28 O.en, u.a.: Struthioniformes, Casuarii (= Casuariiformes), Anseres (= Anseriformes)	Insekten: über 30 O.en, u.a.: Diplura, Odonata, Plecoptera, Heteroptera, Coleoptera, Diptera

ren Tiergruppen (vgl. Spaltentext) ist die Einteilung in O.en einigermaßen standardisiert. Die wiss. Namen der Pflanzen-O.en enden stets mit *-ales;* die 300–400 Fam. der *Angiospermae* (↗Bedecktsamer) werden in ca. 80 O.en zusammengefaßt, z.B. *Magnoliales, Laurales, Ranunculales, Rosales, Lamiales, Asterales, Liliales.* – O.en können wenige bis sehr viele Arten umfassen; Extreme sind einerseits die *Coleoptera* (↗Käfer) mit über 400 000 u. die *Asterales* (↗Korbblütler) mit 25 000 Arten, andererseits ↗monotypische O.en mit nur einer einzigen rezenten Art, wie z.B. die *Rhynchocephalia* (↗Brückenechse), *Tubulidentata* (↗Erdferkel) und *Ginkgoales* (↗Ginkgoartige).

Ordo *m* (lat., =), die ↗Ordnung.

Ordovizium *s* [ben. durch Ch. Lapworth 1879 nach dem kelt. Stamm der Ordovicae in N-Wales u. Powisland], *ordovizisches System,* 2. Periode des Paläozoikums [B] Erdgeschichte) von ca. 77 Mill. Jahren Dauer; Gesteinsfolge v. Sedgwick (1833) in Wales u. Welsh Borderland erstmals beschrieben (Typus-Gebiet) u. als Einheit dem Kambrium zugeordnet; 1835 v. Murchison als Untersilur eingestuft; als jüngstes stratigraph. System erst am 22. 8. 1960 offiziell anerkannt. Die Untergliederung in Serien (vgl. Abb.) geht zurück auf Sedgwick, Murchison, Mc Coy, Hicks u. Marr; Zonengliederung mit Graptolithen (Zone 1–15) nach Elles und Wood (1901–1918). Klassische Gebiete des O.s

oreo- [v. gr. *oros,* Gen. *oreos* = Berg, Gebirge; davon *oreios* = im Gebirge sich aufhaltend, gebirgig].

Ordovizium

Das ordovizische System

418 Mill. Jahre vor heute

oberes O		Ashgillium
		Caradocium
mittleres O		Llandeilium
		Llanvirnium
unteres O		Arenigium
		Tremadocium

495 Mill. Jahre vor heute

Die Lebewelt des Ordoviziums

Soweit bekannt, setzte sich die *Flora* ausschl. aus Thallophyten zus. (Kalkalgen, skelettlose Grünalgen). Die frühordovizische *Fauna* läßt gegenüber dem Kambrium einen beträchtl. evolutionären Sprung erkennen; die meisten paläozoischen Wirbellosen-Gruppen u. die Mehrzahl ihrer Kl. und Ord. sind bereits vorhanden. Unter den Protozoen treten die ersten *Fusulinina* an Stelle der kambr. *Archaeocyatha* entfalten sich die Kieselschwämme (*Astylospongia*). Korallen, im Kambrium noch sehr selten, werden häufiger. Kalkschalige Brachiopoden übernehmen die Vorherrschaft gegenüber den Hornschalern. Erstmals treten die Bryozoen ins Bild. Schnecken u. Muscheln entwickeln größeren Artenreichtum. Unter den Cephalopoden bringen Nautiliden (*Endoceras*) schon Riesenformen von 4,5 m Länge hervor u. erste Spiralschaler (*Lituites*). Trilobiten mit großem Kopf- u. Schwanzschild lösen die altertüml. Formen des Kambriums ab. Chelicerten (Eurypteriden, Xiphosuren) u. Ostracoden (*Beyrichia, Leperditia*) erlangen neben z. T. beträchtl. Größe ökolog. und stratigraph. Bedeutung. Unter den Echinodermen erscheinen neu die Crinoiden, Seeigel, Seesterne u. Schlangensterne. In den stratigraph. überaus bedeutungsvollen Graptolithen sind die Hemichordaten dokumentiert. Mit den ↗*Ostracodermata* aus russischem u. nordamerikan. O. sind die ersten, zwar spärlichen, aber sicheren Wirbeltiere nachgewiesen.

in Europa sind die Britischen Inseln, Ostseeländer (Oslo-Gebiet, S-Schweden, Estland) u. Böhmen. – *Grenzen:* derzeit bildet die Basis des Tremadoc mit dem Einsetzen des Graptolithen *Dictyonema* die Untergrenze; das O. endet beim ersten Auftreten des Graptolithen *Glyptograptus persculptus* der Zone 16. *Leitfossilien:* vorwiegend Graptolithen, Conodonten, Trilobiten, untergeordnet Brachiopoden, Echinodermen, Nautiliden, Chitinozoen u. Spuren (*Phycodes*). *Gesteine:* Schiefer, Kalke, Sandsteine, Grauwacken, Quarzite, überwiegend basische Vulkanite, Granite u. Eisenerze. *Paläogeographie:* Während auf der S-Halbkugel wahrschl. weiterhin die geschlossene Landmasse des Kambriums (Gondwana) persistierte (□ Kontinentaldrifttheorie), hatte sich nunmehr auch im N ein weitgehend geschlossener Kontinent (Laurasia) formiert; ein tiefer Ozean trennte beide Landmassen. Der N-Amerika v. Europa scheidende Uratlantik (Iapetus, kaledon. Geosynklinale) begann sich im Zuge der kaledon. Orogenese zu verengen. Weite Gebiete im W der osteur. Plattform u. Mitteleuropas zw. Baltischem Schild im N u. Alemannischem Land im S, die im Oberkambrium trocken gefallen waren, tauchten erneut unter. Das O. war eine Zeit lebhafter *Krustenbewegungen.* In den Geosynklinalen setzte die kaledon. Gebirgsbildung ein. Sie bewirkte die Entstehung vulkan. Inselbögen u. den reichen Wechsel der Gesteinsfazies. Ihren Höhepunkt erreichte die Transgression im Caradocium. Gg. Ende des O.s löste die altkaledon. (= taconische) Faltung umfassende Regressionen aus. *Klima:* Das O. war eine Zeit klimat. Gegensätze. Kalksteine u. Evaporite weisen für den Anfang warmes Klima aus, im Ashgillium herrschten im Bereich des damaligen Südpols (in NW-Afrika) eiszeitl. Bedingungen mit einer geschlossenen Eiskappe. Die Region des Paläoäquators erstreckte sich vom Rand der Antarktis über die Sibir. Plattform u. nordamerikan. Arktis zum NW-Rand N-Amerikas. Dieser trop. Gürtel brachte zahlr. neue Gruppen v. Wirbellosen, insbesondere Kalkschaler, hervor. *S. K.*

oreal [v. *oreo-*] ↗Höhengliederung.

Oreasteridae [Mz.; v. *oreo-,* gr. *astēr* = Stern], *Kissensterne,* Fam. der Seesterne mit massigem Rumpf u. 5 breit ansitzenden Armen; mehrere Gatt. mit farbenpräch. Arten, v.a. im Indopazifik. Extrem ist die Körperform beim ↗Kissen-Seestern (*Culcita,* □ Seesterne).

Orectolobidae [Mz.; v. gr. *orektos* = ausgestreckt, *lobos* = Lappen], die ↗Ammenhaie.

Oregon Pine [årigən pain; ben. nach dem US-Staat Oregon], Bez. für das Holz der ↗Douglasie.

Oreoglanis *m* [v. *oreo-,* lat. *glanis* = Art Wels], Gatt. der ↗Saugwelse.

Oreolax *m* [v. *oreo-, gr. lax = mit dem Fuß stoßend], Gatt. der ↗Krötenfrösche (T), fr. zu *Scutiger* gestellt.

Oreophryne *w* [v. *oreo-, gr. phrynē = Kröte], Gatt. der ↗Engmaulfrösche (T).

Oreophrynella *w*, Gatt. der Kröten mit 1 Art *(O. quelchii)* in O-Venezuela.

Oreophyten [Mz.; v. *oreo-, gr. phyton = Pflanze], Pflanzensippen, die i. d. R. die alpine Stufe der Hochgebirge besiedeln *(Gebirgspflanzen)*. O. sind einerseits während der Gebirgsbildungen in einem allmählichen Anpassungsprozeß aus Tieflandsippen hervorgegangen, andererseits durch Bastardierung u. Polyploidisierung aus anderen Hochgebirgspflanzen entstanden. Beide Prozesse dauern heute noch an. Global betrachtet, haben nur relativ wenige Fam. O. ausgebildet, so v. a. die Hahnenfußgewächse, Steinbrechgewächse, Primelgewächse, Enziangewächse, Süß- u. Sauergräser u. die Korbblütler. ↗Alpenpflanzen (B).

Oreopithecus *m* [v. *oreo-, gr. pithēkos = Affe], ca. 8–9 Mill. Jahre alter fossiler Primate; zahlr. Funde, darunter ein ganzes Skelett, aus obermiozänen Braunkohlen der Toskana (Italien). *O.* wird teils als aberranter Cercopithecoide (Hundsaffe) od. Hominoide, teils als Vertreter einer eigenen Fam. betrachtet, die auf ↗*Apidium* zurückgehen könnte.

Oreotragus *m* [v. *oreo-, gr. tragos = Bock], Gatt. der Böckchen (U.-Fam. *Neotraginae*), ↗Klippspringer.

Orestiidae [Mz.; v. gr. orestias = bergbewohnend], Fam. der ↗Kärpflinge.

Orfen [Mz.; v. gr. orphos = Nerfling, über ahd. orvo], 1) *Gold-Orfe, Leuciscus idus*, ↗Weißfische. 2) *Shiners, Notropis,* artenreiche, nordam. Gatt. kleiner Weißfische, mit endständ., bartellosem Maul u. großen Schuppen; hierzu bekannte Aquarienfische, wie die bis 10 cm lange, südostam. Längsband-O. *(N. hypselopterus)* mit schwarzer u. roter Längsbinde u. die bis 8 cm lange, z.T. stahlblaue Rotflossen-O. *(N. lutrensis)* mit roten Flossen aus sauberen südwestam. Bächen.

Organ *s, Organon, Organum*, ein aus mehreren ↗Geweben bestehender, abgegrenzter Teil des Pflanzen-, Tier- oder menschl. Körpers, der spezielle Aufgaben erfüllt; z.B. Wurzel, Sproß, Blatt, Blüte; Haut, Knochen, Niere, Auge usw. Die harmon. Zusammenarbeit der O.e macht die vielzellige höhere, „organisierte" Lebenseinheit, den *Organismus*, aus. ↗O. system.

Organart ↗Organgattung.

Organbildung, die ↗Organogenese.

Organelle [Mz.; Ez. *Organell*], *Organoide*, 1) Bez. für abgetrennte Kompartimente (↗Kompartimentierung) innerhalb einer ↗Zelle, denen eine spezielle Funktion zugeordnet werden kann, z. B. ↗Mitochondrien, ↗Chloroplasten, ↗Golgi-Apparat od. ↗endoplasmatisches Retikulum. O. sind

organisch

organische Verbindungen:
Die Einteilung der o.n Verbindungen in Stoffklassen kann anhand ↗ *funktioneller Gruppen* (B), aber auch unter Zugrundelegung anderer Kriterien, wie Vorkommen und allg. Eigenschaften, erfolgen. Die folgende, nicht widerspruchsfreie Grobklassifizierung (z. B. sind alle Nucleotide, Nucleinsäuren u. einzelne Aminosäuren gleichzeitig auch heterocyclische Verbindungen) orientiert sich vorwiegend an den Naturstoffklassen (↗Naturstoffe):
a) ↗ *aliphatische Verbindungen:* gerade od. verzweigte Kohlenstoffketten.
b) *alicyclische* u. *cycloaliphatische Verbindungen:* Kohlenstoffringe, die durch Cyclisierung v. aliphatischen Verbindungen entstehen.
c) ↗ *aromatische Verbindungen:* typ. Strukturmerkmal ist der ↗Benzol-Ring.
d) ↗ *heterocyclische Verbindungen* (☐): ringförm. Verbindungen, bei denen im Ring ein od. mehrere Kohlenstoffatome durch andere Atome (v. a. Stickstoff, Sauerstoff od. Schwefel) ersetzt sind.
e) ↗ *Terpene* u. ↗ *Steroide:* Naturstoffe, aus Isoprenmolekülen (↗Isoprenoide, T) aufgebaut (z. B. Menthol, α- und β-Pinen, Campher, Carotin, Naturkautschuk, Sterine, Gallensäuren, Sexualhormone u. Hormone der Nebennierenrinde).
f) ↗Lipide u. ↗Fettsäuren.
g) ↗Mono-, ↗Oligo- u. ↗Polysaccharide.
h) ↗Aminosäuren, ↗Peptide u. ↗Proteine.
i) ↗Mono-, ↗Oligo-, ↗Polynucleotide u. ↗Nucleinsäuren.

ein Charakteristikum eukaryot. Zellen (↗Eukaryoten, ↗Eucyte), bei Prokaryoten sind sie nicht vorhanden. ↗Endosymbiontenhypothese (☐). 2) Zelldifferenzierungen bei ↗Einzellern, die zu komplexen Gebilden zusammengetreten sind, z. B. Augenfleck, Geißel, Vakuole.

Organgattung, fr. in der Paläobotanik gebräuchl., mehr od. weniger künstl. Taxon zur hierarch. Erfassung v. fossilen Pflanzenfragmenten, die ihre Zugehörigkeit zu einer Fam. im natürl. System noch erkennen lassen; das gleiche gilt für die *Organart*. (Bei der *Formart* bzw. ↗*Formgattung* ist diese Zugehörigkeit zu einer Fam. nicht mehr erkennbar; so stellt ↗*Pecopteris* eine Formgattung, ↗*Palaeostachya* dagegen eine O. dar.) Unglücklicherweise ist in dem z. Z. gültigen „Int. Code der Bot. Nomenklatur" die Verwendung des Begriffs O. nicht mehr vorgesehen, während gleichzeitig die Formgattung in ihrer engen Umgrenzung beibehalten wurde.

Organisation, mehr od. weniger komplexer, räumlich u. funktionell geordneter, relativ stabiler Zustand eines Systems. In der Biol. B. auf der Ebene v. Makromolekülen (z. B. Kollagen), auf der Ebene einer Zelle, eines mehrzelligen Systems (Organismus, ↗Bauplan) oder auch auf überindividueller Ebene (z. B. Insektenstaat, Ökosystem).

Organisationsplan, der ↗Bauplan od. Typus; ↗idealistische Morphologie.

Organisator, *Organisationszentrum*, Bereich im sich entwickelnden Embryo, der die Differenzierung anderer Bereiche auslöst u. integriert. ↗O.effekt.

Organisatoreffekt, Beeinflussung der Differenzierung benachbarter Gewebe durch einen ↗*Organisator*, z. B. während der Gastrulation der Amphibien ↗Induktion des ↗Neuralrohrs im Ektoderm u. der ↗Somiten im benachbarten Mesoderm durch Material der oberen Urmundlippe. B Induktion.

organisch, 1) auf einen Organismus bezüglich, zu ihm gehörend od. nach Art v. Organismusgliedern (Organen) arbeitend, d. h. in ein harmon. Zusammenwirken eingefügt. 2) der belebten Natur angehörend.
organische Verbindungen: Sammelbez. für die v. Kohlenstoff abgeleiteten Verbindungen (mit Ausnahme der Kohlenstoffoxide CO_2 und CO sowie der Carbonate u. Carbide), deren Eigenschaften, Strukturen u. Umsetzungen Gegenstand der *o.en Chemie* u., soweit sie in der belebten Natur vorkommen, der ↗*Biochemie* sind. Die Mannigfaltigkeit der weit über 1 Mill. bekannten o.en Verbindungen beruht auf der Vierwertigkeit des Kohlenstoffatoms, bes. aber auf dessen Neigung, mit seinesgleichen in großer Zahl u. vielfältig variabler Verknüpfung (↗Isomerie) Ketten, Verzweigungen od. Ringe zu bilden (↗Kohlenstoff, B). Etwa 90% der o.en Verbindungen bestehen aus Kohlenstoff, Wasserstoff u.

Sauerstoff; seltener sind u.a. Stickstoff, Phosphor, Schwefel und die Halogene (↗Bioelemente, [T]). O.e Verbindungen mit Metallen werden als *metallorganische Verbindungen* bezeichnet, wovon als wicht. in der belebten Natur vorkommende Vertreter das Häm u. die Hämgruppen-tragenden Proteine, das Chlorophyll u. das Cobalamin, zu nennen sind. Die Bez. o.e V. geht auf die frühere Vorstellung zurück, daß diese nur v. Organismen aufgrund ihrer bes. ↗Lebenskraft erzeugt werden könnten, bis es F. ↗Wöhler gelang, 1824 Oxalsäure u. 1828 Harnstoff zu synthetisieren. Ggs.: ↗anorganisch.

Organismenkollektiv, allg. Begriff für die Gesamtheit bestimmter Organismen in einem bestimmen Raum. Das O. kann aus Individuen der gleichen Art (*homotypisches O.*, z.B. Population) od. verschiedener Arten (*heterotypisches O.*, z.B. Synusie, Biozönose) bestehen.

Organismus, 1) das Lebewesen, ↗Leben. 2) Gesamtheit der Organe des lebenden Körpers.

Organlehre, die ↗Organologie.

organogen [v. *organo-, gr. -genēs = entstanden], 1) von organ. Bestandteilen stammend (z.B. *o.e Sedimente*, ↗biogenes Sediment). 2) an der Bildung organischer Substanzen (↗organisch) beteiligt. 3) organbildend (↗Organogenese).

Organogenese *w* [v. *organo-, gr. genesis = Entstehung], *Organbildung, Organentwicklung,* Anlage u. Differenzierung eines Organs während der Embryonalentwicklung; z.B. Entstehung des Zentralnervensystems der Wirbeltiere aus dem Neuralrohr, dessen Gliederung in verschiedene Gehirnanlagen u. das Rückenmark u. die morphol. Differenzierung der einzelnen Hirnzentren.

organogenes Sediment *s* [v. *organo-, gr. -genēs = entstanden, lat. sedimentum = Bodensatz], das ↗biogene Sediment.

Organographie *w* [v. *organo-, gr. graphein = (be)schreiben], *Organlehre,* von A. P. de ↗Candolle eingeführter Begriff (*„Organographie végétale"*, Paris 1927); Aufgabe seiner O. sollte die ursächl. Beschreibung *(„description raisonnée")* der Pflanzenorgane sein. Die O. hat somit zwei Aufgaben zu bewältigen. Einmal sucht sie zu ermitteln, wie die mannigfalt. Gestaltungsverhältnisse zustandekommen u. wie sie untereinander zusammenhängen. Zweitens betrachtet sie die Glieder des Pflanzenkörpers als Organe, d.h. unter dem Gesichtspunkt der Leistung (Funktion), die sie im Lebensprozeß der Gesamtpflanze zu vollziehen haben.

organoid, a) organähnlich; b) Typ v. ↗Gallen ([T]), bei dem ganze Pflanzenorgane an der Entstehung beteiligt waren.

Organologie *w, Organlehre,* Lehre v. Bau u. Funktion der Organe, Teilgebiet der ↗Morphologie.

Organopelit *m* [v. *organo-, gr. pēlos = Lehm, Schlamm], (Potonié), organischer Schlamm mit den 3 Haupttypen ↗Sapropel, ↗Gyttja und ↗Dy.

organotrop [v. *organo-, gr. tropē = Hinwendung], auf ein Organ gerichtet; z.B. werden chem. Verbindungen, Arzneimittel od. Mikroorganismen, die eine Affinität zu einem bestimmten Organ haben, als o. bezeichnet.

organotroph [Hw. *Organotrophie;* v. gr. trophē = Ernährung], Bez. für Bakterien, die organ. Stoffe als Wasserstoff-Donatoren verwenden; abhängig vom Energiestoffwechsel kann zw. *chemoorganotrophen* (↗Chemoorganotrophie) u. *photoorganotrophen* (↗Photoorganotrophie) Organismen unterschieden werden (↗Ernährung, [T]). Ggs.: *lithotroph* (↗Chemolithotrophie, ↗Photolithotrophie).

Organsystem, Gruppe v. Organen, die in bezug auf eine bestimmte Leistung eng zusammenarbeiten. Der für O.e oft gebrauchte Ausdruck „Apparat" weist auf den jeweiligen spezif. Zweck hin. Die Teile eines O.s erfüllen entweder an verschiede-

oreo- [v. gr. oros, Gen. oreos = Berg, Gebirge; davon oreios = im Gebirge sich aufhaltend, gebirgig].

organ-, organo- [v. gr. organon = Werkzeug, Gerät, Organ; davon organikos = organisch; davon spätlat. organicus = wohlgeordnet], in Zss.: Organ-, organisch.

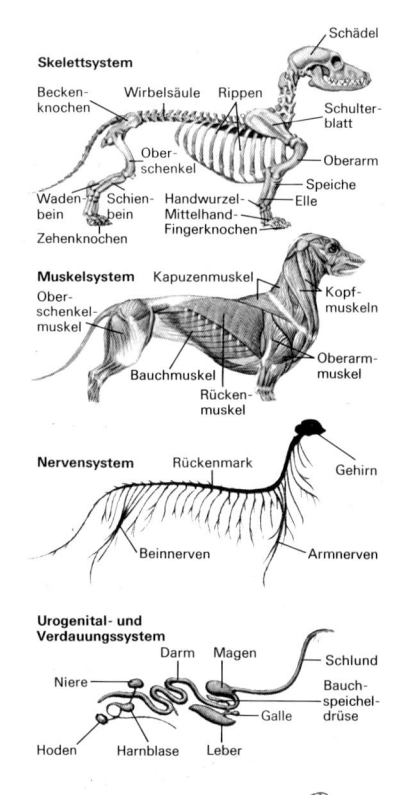

Organsystem

Schemat. Einzeldarstellung der wichtigsten O.e eines Säugers. Skelett- und Muskelsystem bilden den *Bewegungsapparat*, Verdauungs-, Blutgefäß- und Ausscheidungssystem den *Betriebsapparat*, das Nervensystem und die im Schema nicht eingezeichneten Sinneszellen und Sinnesorgane den *Koordinations-* oder *Integrationsapparat* und die Geschlechtsorgane einschl. der ebenfalls nicht dargestellten Hilfs- und Brutpflegeorgane den *Fortpflanzungsapparat*.

Orgelkorallen

nen Stellen des Körpers gleiche (ähnliche) Aufgaben (z. B. Stütz- u. Bewegungsapparat), od. sie führen koordinierte Bearbeitungs- od. Verarbeitungsschritte aus, um ein bestimmtes Endprodukt od. einen bestimmten Endzustand zu erreichen (z. B. Verdauungstrakt, Koordinationsapparat).

Orgelkorallen, *Tubiporidae,* Fam. der ↗ *Alcyonaria,* die bes. im Indopazifik verbreitet ist. Die Einzelpolypen sind an der Basis über ein Stolonennetz u. außerdem über querverlaufende Entodermkanäle in höheren Bereichen verbunden. Von dort aus wächst jeder Polyp empor u. scheidet in seiner Mesogloea (eingewanderte Epidermiszellen) röhrenförmig ein rotes Kalkgerüst ab, das v. Epidermis umgeben ist. Die grünen Polypen werden bei einem ⌀ von 2 mm über 20 cm lang. Von Zeit zu Zeit werden die unteren Teile des Polypen durch „Zwischenböden" abgetrennt u. sterben ab. O. bilden ca. kopfgroße Stöcke u. sind wichtige Riffbildner. Am bekanntesten ist die Gatt. *Tubipora,* die mit *T. hemprichii* auch im Roten Meer häufig auftritt.

Orgyia w [gr., = Klafter], Gatt. der ↗ Trägspinner.

Oribateï [Mz.; v. gr. oreibatēs = Bergsteiger], die ↗ Hornmilben.

Oribi s [v. hottentott. arab], *Ourebia ourebi,* ↗ Steinböckchen.

Orientalide [Mz.; v. lat. orientalis = morgenländisch], Rasse der ↗ Europiden, vermittelt zw. ↗ Mediterraniden u. ↗ Indiden; mittelgroß, grazil, langköpfig mit schwarzem, lockigem Haar u. hohem ovalem Gesicht; Nase leicht gebogen, mandelförm. Lidspalte. Verbreitet v. a. in Arabien, Mesopotamien und N-Afrika, daneben auch in Persien, Syrien u. Palästina. B Menschenrassen.

Orientalis w [lat., = morgenländisch, östlich], *orientalische Region,* tiergeographische Region bzw. Subregion (der ↗ Paläotropis). Die O. fällt weitgehend mit dem trop. ↗ Asien zus. und umfaßt Vorder- u. Hinterindien samt Ceylon (heute: Sri Lanka), das trop. S-China, Formosa (Taiwan), die Philippinen, die Halbinsel Malakka u. die Sundainseln bis einschl. Bali. Der größte Teil dieser Region ist tropisch. Die Abgrenzung gg. die nördl. an die O. anschließende ↗ Paläarktis wird wesentl. durch den als Ausbreitungshindernis wirkenden Himalaya gegeben, nach SW hin durch die Wüstengebiete Pakistans bis zum Indischen Ozean, ist aber v. a. nach NO (China) nicht scharf. Die Ostgrenze gegenüber der ↗ Australis (↗ australische Region, ↗ Australien) im Bereich der indones. Inselwelt ist „fließend", so daß man dort ein *indoaustralisches Zwischengebiet,* die sog. *Wallacea,* abtrennt (s. u.). (Zur Tier- u. Pflanzenwelt der O. allgemein ↗ Asien). – Die O. hat enge Beziehungen sowohl zur Paläarktis (↗ Europa und nicht trop. Asien) als auch zur ↗ Äthiopis (↗ Afrika). Die Be-

Orientalis
Karte der *Wallacea*

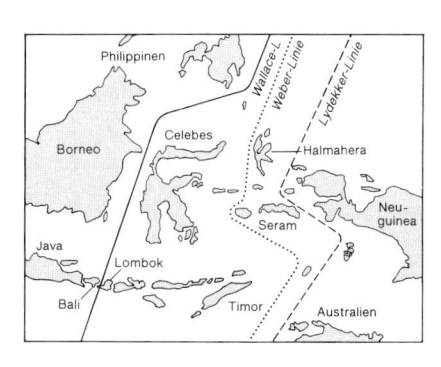

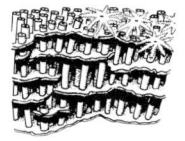

Orgelkorallen
Korallenblock v. *Tubipora*

Orientalis
Endemische Tiergruppen von höherem systemat. Rang (Auswahl): Endemiten unter den *Reptilien* sind die ↗ Taubwarane *(Lanthanotidae),* von denen nur 1 Art *(Lanthanotus borneensis)* bekannt ist, die zu den seltensten Wirbeltieren der Welt gehört; auf die NW-Küste Borneos beschränkt, wurde diese Art erst 1878 entdeckt u. ist bislang nur in wenigen Exemplaren wieder gefunden worden. Eine Fam. mit ebenfalls nur 1 Art *(Platysternon megacephalum),* die ↗ Großkopfschildkröten *(Platysternidae),* ist dagegen im ganzen indochines. Raum südwärts bis zur Insel Hainan verbreitet, wo sie in kühlen Gebirgsflüssen lebt. Die Fam. der urtüml. ↗ Schildschwanzschlangen *(Uropeltidae)* ist mit 45 Arten in 8 Gatt. auf S-Indien u. Sri Lanka beschränkt. Unter den in den Tropen weitverbreiteten Kroko-

ziehungen zur Paläarktis beruhen auf der Einwanderung v. Tiergruppen aus dieser Region gg. Ende des Tertiärs u. im Pleistozän. So hat die O. mehrere Tiergruppen mit der Paläarktis gemein, die jedoch in der Äthiopis fehlen, so z. B. Bären, Hirsche, Schafe u. Gemsenartige, die freilich in der O. jeweils in eigenen Arten differenziert sind. Eng war gg. Ende des Tertiär u. im Pleistozän auch der Zshg. mit Afrika. Die fossile Wirbeltierfauna Indiens weist daher mehr Beziehungen zu der Afrikas als zur heutigen (rezenten) indischen Fauna auf. In der rezenten Fauna äußert sich dieser Zshg. dadurch, daß eine Reihe v. Tiergruppen jeweils nahe verwandte Vertreter in der O. und in der Äthiopis aufweist, welche in der Paläarktis fehlen, so z. B. Menschenaffen (Orang Utan, Schimpanse, Gorilla), Elefanten, Nashörner, Schuppentiere, Hyänen, echte Webervögel, Nektarvögel, die in der Alten Welt die dort fehlenden Kolibris „vertreten", Nashornvögel u. a. Man faßt daher Äthiopis und O. vielfach auch als Unterregionen einer beide umfassenden Paläotropis zus. Bedingt durch die engen Beziehungen zu benachbarten tiergeogr. Regionen, ist die Anzahl der auf die O. beschränkten (endemischen) Tiergruppen (↗ Endemiten) v. höherem systemat. Rang (Fam., U.-Fam.) relativ gering (vgl. Spaltentext).

Das *indoaustralische Zwischengebiet,* nach A. R. ↗ Wallace *Wallacea* gen., umfaßt im wesentl. die kleinen Sundainseln, die Molukken, Celebes (heute: Sulawesi), Halmahera, Tanimbar (fr. Timorlaut) und Kai. Die Wallacea wird begrenzt von im allg. nordsüdlich verlaufenden tiergeogr. Trennlinien: im W von der *Wallace-Linie,* im O von der *Lydekker-Linie.* Die Wallace-Linie verläuft östl. der Philippinen (nach Huxley westl. davon) und dann südwärts zw. Borneo u. Celebes und zw. Bali u. Lombok. Die Lydekker-Linie verläuft östl. von Halmahera, Seram, Kai u. Tanimbar u. trennt diese noch zur Wallacea gehörenden Inseln v. Neuguinea und Austr., die die austr. Region bilden. Die Wallacea stellt ein Mischgebiet von austr. und oriental. Faunenelementen dar, wobei auf den verschiedenen Inseln die Anzahl der Vertreter der O. von W nach O, die der Australis von O

nach W abnimmt. Eine 3. Trennlinie, die *Weber-Linie*, die in N-S-Richtung zw. den Molukken u. Celebes sowie zw. Tanimbar u. den Kleinen Sundainseln verläuft, stellt die Faunenscheide dar; in ihrem Bereich ist der Anteil oriental. und austr. Tiergruppen ungefähr gleich. Die Wallace-Linie ist die Ausbreitungsgrenze v. Arten der Australis nach W, so z. B. des zu den Beuteltieren gehörenden Tüpfelkuskus *(Phalanger maculatus),* die Lydekker-Linie die O-Grenze oriental. Arten, so z. B. der zu den Agamen gehörenden ↗Flugdrachen *(Draco).* Obwohl die Wallace-Linie zw. Bali u. Lombok durch eine nur ca. 30 km breite Meeresstraße verläuft, ist sie für die Verbreitung zahlr. Tiergruppen eine scharfe Grenze. So gibt es auf Bali noch viele in der O. verbreitete Vogelgruppen, wie z. B. die Trogons *(Trogonidae),* Breitrachen *(Eurylaimidae),* Bartvögel *(Capitonidae)* u. Nashornvögel *(Bucerotidae),* die östl. der Wallace-Linie u. bereits auf Lombok fehlen, während umgekehrt hier die ersten austr. Vogelgruppen, so z. B. die Honigfresser *(Meliphagidae),* sowie Papageien der Gatt. *Trichoglossus* u. *Cacatua* auftreten, die westl. der Wallace-Linie völlig fehlen. – Die Erklärung für die Begrenzung der Wallacea im O wie im W liefert die paläogeogr. Situation: Während der pleistozänen Eiszeiten waren durch die Absenkung des Meeresspiegels (↗eustatische Meeresspiegelschwankung) die Inseln westl. der Wallace-Linie mit SO-Asien (so auch Borneo, Sumatra u. Java mit der Malaiischen Halbinsel zum sog. „Sundaland" u. Ceylon mit Indien), die östl. der Lydekker-Linie mit Neuguinea und Austr. landfest verbunden. Die dazwischenliegende Inselwelt der Wallacea war ein Archipel, das v. beiden Seiten nur v. bestimmten Tierarten (sog. „islandhoppers", ↗Inselbrücke) besiedelt werden konnte. Wallace- u. Lydekker-Linie entspr. also jeweils den Festlandküsten z. Z. der maximalen Vereisung. Die Weber-Linie markiert die Zone, in der die Inselwelt der Wallacea auch im Pleistozän durch die breiteste Meeresstraße getrennt war. Neben paläogeogr. sind auch ökolog. Gründe für manche Verbreitungsgrenzen wichtig: So endet die Verbreitung mancher typ. Säugetiere der O. bereits vor der Wallace-Linie auf Java, wo es noch Gibbons, Schuppentiere, Nashörner (Java-Nashorn = *Rhinoceros sondaicus),* Tiger sowie die Wildrinder Banteng *(Bos javanicus)* u. Arni *(Bubalus arnee)* gibt, die auf der noch zur O. zählenden, aber kleinen Insel Bali bereits fehlen. Obgleich die Wallacea ein „Zwischengebiet" ist, gibt es auch nur dort vorkommende *Endemiten,* so z. B. den ↗Hirscheber *(Babyrousa babyrussa)* auf Celebes, das noch weitere 13 endemische Säugetier-Gatt. (darunter 7 Nagetier-Gatt.) aufzuweisen hat, ferner sind mehrere Vogel-Gatt., so die Staren-Gatt. *Basileornis* u. dilen der Ganges-Gavial *(Gavialis gangeticus)* auf die O. beschränkt. –
Unter den *Vögeln* sind es die Fam. der ↗Blattvögel *(Irenidae)* mit 14 Arten meist grün, aber auch intensiv blau gefärbter Singvögel, ferner die nur 3 Arten umfassenden ↗Baumsegler *(Hemiprocnidae),* den Mauerseglern Europas verwandte Insektenjäger, die ihre Speichelnester in Astgabeln kleben, u. die Pfauen-Gatt. *Pavo.* –
Unter den *Säugetieren* sind Endemiten: die Ord. der ↗Riesengleiter *(Dermoptera),* eine schon im Paleozän gesonderte Gruppe mit heute 2 Arten, von denen der Temminck-Gleitflieger *(Cynocephalus temminckii)* in den Regenwäldern im südlichsten China, Hinterindien sowie auf Sumatra, Java u. Borneo verbreitet ist, während der Philippinen-Gleitflieger *(C. volans)* nur auf den Philippinen vorkommt. Die ↗Spitzhörnchen *(Tupaiidae)* sind mit 18 Arten in ganz SO-Asien u. auf dem Malaiischen Archipel verbreitet, während die eigenart. Gruppe der ↗Koboldmakis *(Tarsiidae)* im wesentl. auf Sumatra, Borneo, die südl. Philippinen u. Celebes beschränkt ist. Auch die ↗Gibbons *(Hylobatidae)* sind mit ihren 7 Arten auf Hinterindien u. den Malaiischen Archipel beschränkt. Eine endem. Nagetier-Fam. sind die Stachelbilche *(Platacanthomyidae)* mit nur 2 Arten, von denen die Zwergschlafmaus *(Typhlomys cinereus)* in dichten Bergwäldern Südchinas lebt, während der Stachelbilch *(Platacanthomys lasiurus)* auf den Bergwald entlang der Malabarküste S-Indiens beschränkt ist. Eine Säugetier-Ord. fehlt in der O. völlig: die ↗Robben *(Pinnipedia).* die Tauben-Gatt. *Turacoena,* auf die Wallacea beschränkt. Ein äußerst beschränktes Verbreitungsgebiet hat schließl. der Komodo-↗Waran *(Varanus komodoensis),* die größte aller lebenden Echsen; auf die Inseln Komodo, Rindja, Padar und das westl. Flores beschränkt, stellt dieser erst 1912 entdeckte Riese das einzige größere Raubtier dar, das Wildschweine u. Timorhirsche greift, aber auch Aas annimmt.

Lit.: *de Lattin, G.:* Grundriß der Zoogeographie. Jena 1967. *Mayr, E.:* Wallace's line in the light of recent zoogeographic studies. Quart. Rev. Biol. *19,* 1–14, 1944. *Rensch, B.:* Geschichte des Sundabogens. Berlin 1936. *Ripley, S. D.:* Tropisches Asien. Flora und Fauna. Reinbek 1975. *Thenius, E.:* Grundzüge der Faunen- u. Verbreitungsgeschichte der Säugetiere. Stuttgart 1980. *G. O.*

Orientbeule, Aleppo-, Bagdad-, Delhibeule, Hautleishmaniose, durch das Geißeltierchen ↗ *Leishmania tropica* hervorgerufene u. durch Insektenstiche *(Phlebotomus*-Mücken, ↗Mottenmücken) übertragene Infektionserkrankung (↗Leishmaniose); gekennzeichnet durch knotige rote Hautschwellung u. anschließende Geschwürbildung; Inkubationszeit 2 Wochen bis mehrere Monate; die Knoten können aufbrechen; Abheilung meist nach 1 Jahr unter Hinterlassung einer strahligen Narbe.

Orientierung *w* [v. lat. oriens = Sonnenaufgang], das Vermögen v. Pflanzen, Tieren u. Mensch, aufgrund physikal. (z. T. auch chem.) Reize (z. B. Licht, Schall, Temp., Schwerkraft, elektr. Felder) gerichtete ↗Bewegungen auszuführen (↗Taxien) od. Ziele über große Entfernungen hinweg genau anzusteuern. ↗Echo-O., ↗Kompaß-O., Magnetfeld-O. (↗magnetischer Sinn); ↗Navigation.

Orientierungsbewegungen, räuml. Einstellmechanismen od. Orientierungsreaktionen durch gerichtete (↗ *Taxien)* od. ungerichtete ↗Bewegungen (↗ *Kinesen)* freibeweglicher Organismen; gerichtetes Wachstum bzw. Lageveränderungen sessiler (festsitzender) Organismen werden ↗ *Tropismen* genannt.

Origanetalia vulgaris [Mz.; v. lat. origanum = Dost, vulgaris = gewöhnlich], Ord. der ↗Trifolio-Geranietea.

Origanum *s* [v. gr. origanon =], der ↗Dost.

Oriolidae [Mz.; v. lat. aureolus = golden über okzitan. auriol zu katalan. oriol = Goldamsel], die ↗Pirole.

Orlaya *w* [ben. nach dem ungar.-russ. Arzt J. Orlay, um 1770–1829], Gatt. der ↗Doldenblütler.

Orlean *m,* ↗Achote.

Orleanbaum [über frz. orléane ben. nach dem span. Entdecker F. de Orellana, 1511–49], ↗Achote.

Orneodidae [Mz.; v. gr. orneōdēs = vogelartig], *Alucitidae, Geistchen,* kleine Schmetterlingsfam. mit 6 einheim. Arten; ähnl. den ↗Federmotten sind die Vorder- u.

Ornis

Hinterflügel in je 6 behaarte Lappen zerteilt, Spannweite bis 20 mm; die Larven leben im Innern v. Blüten u. Stengeln. Bekanntester Vertreter ist das Geißblatt-Geistchen, *Orneodes (Alucita) hexadactyla*, gelbbraun, Spannweite 15 mm; nachts im Sommer fliegend, Raupen an Blütenknospen der Heckenkirsche.

Ornis *m* [gr., = Vogel], die Vogel-↗Fauna eines bestimmten Gebiets.

Ornithin *s* [v. *ornith-], α-, δ-*Diaminovaleriansäure*, Zwischenprodukt bei der Harnstoffbildung im ↗Harnstoffzyklus (□); bewirkt im Organismus der Vögel die Entgiftung der Benzoesäure durch Bildung v. *Ornithursäure*.

Ornithin-Transcarbamylase *w*, Enzym, das im ↗Harnstoffzyklus (□) die Umwandlung v. Ornithin in Citrullin katalysiert.

Ornithin-Translokator *m* [v. *ornith-, lat. translocare = hinübersetzen], spezif. ↗Membrantransport-System für den Einwärtstransport v. ↗Ornithin in der inneren Mitochondrienmembran v. Leberzellen ureotelischer Organismen. ↗Harnstoffzyklus.

Ornithinzyklus, der ↗Harnstoffzyklus.

Ornithischia [Mz.; v. *ornith-, gr. ischion = Hüftgelenk], (Seeley 1888 = *Orthopoda* Cope 1866), *Vogelbecken-Dinosaurier*, † Ord. herbivorer, 2- oder 4füßiger ↗Dinosaurier (T, B) mit tetraradiatem Becken (□ Dinosaurier); zentrale Gruppe: ↗Ornithopoda. Vorkommen: Trias bis Oberkreide. ↗Saurischia.

Ornithocerus *m* [v. *ornitho-, gr. keras = Horn], Gatt. der ↗Dinophysidales.

Ornithogalum *s* [v. gr. ornithogalon = eine Pfl.], der ↗Milchstern.

Ornithogamie *w* [v. *ornitho-, gr. gamos = Hochzeit], *Ornithophilie, Vogelbestäubung, Vogelblütigkeit*, die Übertragung des Pollens einer Blüte auf die Narbe einer artgleichen anderen Blüte durch Vögel (↗Bestäubung). Als Beköstigung für die ↗Bestäuber dient v.a. ↗Nektar, der in diesem Fall häufig außer Zuckern auch Proteine, Aminosäuren u. Vitamine enthält. Er ist dünnflüssig u. hat eine Zuckerkonzentration von 10–20%. O. kommt v.a. in den Tropen u. Subtropen vor, da nur dort ein ganzjähr. Blütenangebot für auf ↗Blütennahrung spezialisierte Bestäuber gewährleistet ist. Unter den ca. 300 Fam. der Angiospermen finden sich in 112 Fam. Vertreter mit Vogelbestäubung. Bes. hoch ist der Anteil vogelblütiger Pflanzen auf Hawaii (61%) u. in Austr. Typische *Vogelblumen* produzieren große Nektarmengen, duften nicht u. weisen häufig leuchtende Farben (v.a. Rot) auf. Werden sie im Schwirrflug ausgebeutet (Kolibris), ist kein Landeplatz (z.B. große Unterlippe) ausgebildet. Die Form der oft derb gebauten Vogelblumen ist unterschiedlich. Die bekanntesten ↗*Blumenvögel* sind die ↗Kolibris (Neue Welt), die auf Blütennahrung angewiesen sind u. die Blüten im Schwirrflug ausbeuten. Wegen ihres intensiven Stoffwechsels sind sie sehr effektive Bestäuber. Der Pollen wird auf dem Kopf, dem Schnabel od. der Brust des Vogels abgeladen. Auffallend sind die langen, spitzen, oft gekrümmten Schnäbel der Blumenvögel, die an die Form der hpts. besuchten Blüten in oft erstaunl. Weise angepaßt sind. Auch die Zungen zeigen Anpassungen an die Aufnahme v. Flüssigkeit (↗Kolibris). B Konvergenz, B Zoogamie.

ornith-, ornitho- [v. gr. ornis, Mz. ornithes = Vogel].

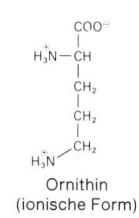

$$\begin{array}{c} COO^{\ominus} \\ | \\ H_3\overset{+}{N}-CH \\ | \\ CH_2 \\ | \\ CH_2 \\ | \\ CH_2 \\ | \\ H_3\overset{+}{N} \end{array}$$

Ornithin (ionische Form)

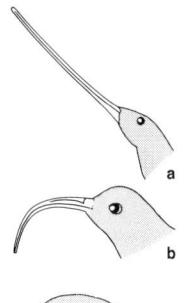

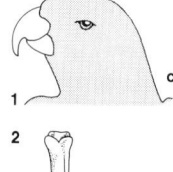

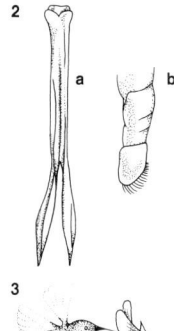

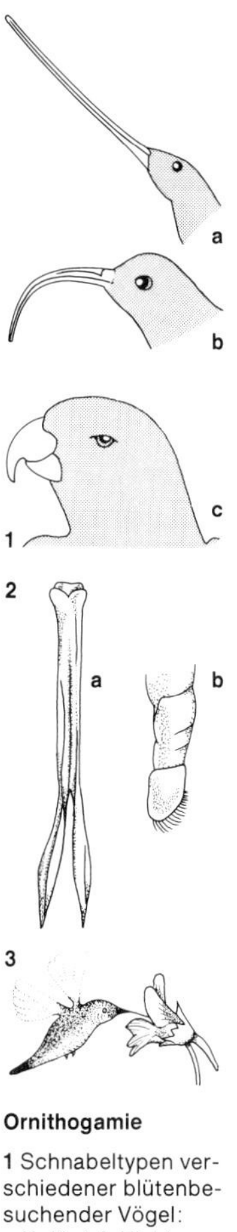

Ornithogamie

Blumenvögel

Artenzahl der Blütenbesucher u. Faunengebiete:

Kolibris (*Trochilidae*): 320 (S-Amerika, N-Amerika)	Nektarvögel (*Nectarinidae*): 108 (Afrika)
Zuckervögel (*Coerebidae*): 10 (S-Amerika)	Brillenvögel (*Zosteropidae*): 85 (Afrika, Asien, Australien)
Kap-Honigfresser (*Promeropinae*): 2 (Afrika)	Blütenpicker (*Dicaeidae*): 56 (Asien, Australien)
	Honigfresser (*Meliphagidae*): 160 (Australien, Hawaii)
	Pinselzungenpapageien (*Trichoglossinae*): 64 (Australien)
	Kleidervögel (*Drepanididae*): 22 (Hawaii)

Ornithogamie
1 Schnabeltypen verschiedener blütenbesuchender Vögel: **a** Kolibri, **b** Kleidervogel, **c** Pinselzungenpapagei. 2 Zunge **a** eines Kolibris, **b** eines Pinselzungenpapageis. 3 Kolibri an Blüte der Kapuzinerkresse Nektar saugend

ornithokoprophil [v. *ornitho-, gr. kopros = Kot, philos = Freund], bevorzugt an Standorten lebend, die mit Vogelkot gedüngt sind, v.a. an Vogelsitzplätzen auf Felsen, z.B. gelb bis rot gefärbte Flechten der Gatt. *Xanthoria* u. *Candelariella*.

Ornithologie *w* [v. *ornitho-, gr. logos = Kunde], die Vogelkunde.

Ornithophilie *w* [v. *ornitho-, gr. philia = Freundschaft], die ↗Ornithogamie.

Ornithopoda [Mz.; v. *ornitho-, gr. podes = Füße], (Marsh 1871, = *Iguanodontidae* Dollo 1888), *Vogelfuß-Dinosaurier*, zentrale U.-Ord. der ↗Ornithischia. Vorkommen: oberste Trias bis Oberkreide. Beispiel: ↗*Iguanodon* (□). ↗Dinosaurier (T, B).

Ornithoptera *w* [v. *ornitho-, gr. pteron = Flügel], Gatt. der ↗Ritterfalter.

Ornithopus *m* [v. *ornitho-, gr. pous = Fuß], der ↗Vogelfuß.

Ornithorhynchidae [Mz.; v. *ornitho-, gr. rhygchos = Schnabel], die ↗Schnabeltiere.

Ornithose *w* [v. *ornith-], die ↗Papageienkrankheit.

Ornithose-Virus, fälschl. Bez. für den Erreger der ↗Papageienkrankheit (Ornithose, Psittakose), heute als Bakterium (!) erkannt: *Chlamydia psittaci* (↗Chlamydien).

Orobanchaceae [Mz.; v. gr. orobagchē = Sommerwurz], die ↗Sommerwurzgewächse.

Orobranchialfenster [v. gr. oros = Berg, bragchia = Kiemen], *Orobranchialkammer*, kreisförm., zu Lebzeiten v. weicher Haut u. Hartteilen überspannter Ausschnitt auf der Unterseite des Kopfpanzers v. ↗Cephalaspiden; Öffnungen für Mund u. Kiemen schufen Verbindungen zum darüberliegenden O.

Orohippus *m* [v. gr. oros = Berg, hippos = Pferd], (Marsh 1872), hundegroßer † Equide (Fam. *Equidae*, ↗Pferde) aus dem mittleren Eozän v. N-Amerika, stammesgesch. Bindeglied zw. *Hyracotherium* u. *Mesohippus*. [B] Pferde (Evolution).

Orontium *s* [v. gr. orontion = eine Pfl.], Gatt. der ↗Aronstabgewächse.

Orotate [Mz.] ↗Orotsäure.

Orotidin-5'-phosphat, *Orotidylsäure,* Abk. *OMP,* Zwischenstufe bei der Synthese der ↗Pyrimidinnucleotide; dabei bildet sich O. aus ↗Orotsäure und 5-Phosphoribosyl-1-pyrophosphat; die Weiterreaktion zu Uridin-5'-phosphat erfolgt durch CO_2-Abspaltung.

Orotsäure, *6-Carboxyluracil,* Zwischenstufe bei der Synthese der ↗Pyrimidin-Nucleotide, wobei sich O. aus ↗Dihydro-O. durch Dehydrierung mit NAD^+ als Wasserstoffakzeptor bildet u. zu ↗Orotidin-5'-phosphat weiterreagiert; u. a. in Hefen u. Milch v. Säugern enthalten. Die anion. Form der O. ist das *Orotat.*

Oroyafieber *s* [ben. nach der peruan. Stadt Oroya], *Carrión-Krankheit, Peruwarze,* eine ↗Bartonellose, ↗Bartonellaceae.

Orphnephilidae [Mz.; v. gr. orphnē = Dunkelheit, philos = Freund], die ↗Dunkelmücken.

Orphon *s,* ein isoliert im Genom liegendes Mitgl. einer ↗Genfamilie.

Orseille *w* [orßäj^e; frz., v. mozarab. orchella = Flechte], *Orchilla,* ↗Flechtenfarbstoffe.

Ortalididae [Mz.; v. gr. ortalis = Vogeljunges], die ↗Schmuckfliegen.

Orterde, *Ortstein,* ↗Podsol; [B] Bodentypen.

Orthalicus *m* [v. gr. ortalichos = Vogeljunges], Gatt. der *Orthalicidae,* baumbewohnende Landlungenschnecken in trop. S-Amerika, in Mittelamerika u. Westindien; das eikegelförm. Gehäuse wird 10 cm hoch, ist oft schwach gehämmert u. braun gebändert.

Orthetrum *s* [v. *orth-, gr. ētron = Bauch], Gatt. der ↗Segellibellen.

Ortheziidae [Mz.; ben. nach dem frz. Naturforscher J. A. Dorthes (?), † 1794], die ↗Röhrenschildläuse.

Orthida [Mz.; v. *orth-], (Schuchert u. Cooper 1932), † Ord. articulater ↗Brachiopoden mit überwiegend bikonvexer, impunctater Schale; i. d. R. auf beiden Klappen eine spitzwinklige Interarea; Delthyrium u. Notothyrium meist durch ein Chilidium bzw. Homöodeltidium verschlossen. Die O. enthalten mit *Nisusia* Walcott die ältesten echten *Articulata (Testicardines).* Nominat-Gatt. ist *Orthis* Dalman 1829. Verbreitung: unteres Kambrium bis Perm.

Orthocerida [Mz.; v. *ortho-, gr. keras = Horn], (Kuhn 1940), *Michelinocerida* Flower 1950, *Geradhörner,* † Ord. der ↗Nautiloidea mit geraden, seltener leicht gekrümm-

Orthocerida
Rekonstruktion eines orthoceratiden Cephalopoden aus dem Ordovizium; das Gehäuse dieser Formen erreichte bis 3,8 m Länge

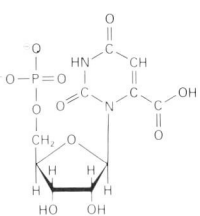

Orotidin-5'-phosphat

Orotsäure

orth-, ortho- [v. gr. orthos = gerade, aufrecht; richtig, recht].

ten Gehäusen von kreisförm. Querschnitt, Sipho relativ eng u. zentral gelegen; ortho-od. cyrtochoanitisch; Sipho u. Kammern z. T. mit sekundären Kalkausscheidungen. Da manche O. die hinteren Kammern abgestoßen u. die Bruchstellen durch Schalensubstanzanlagerung ausgeheilt haben, muß das Gehäuse hinten v. Mantel umgeben gewesen sein – vielleicht Ausdruck einer stammesgeschichtl., nur bei den Dibranchiaten erreichten Tendenz zur Verlagerung des Gehäuses nach innen. Vorderer Teil des Gehäuses gelegentl. mit dorsoventral unterschiedl. Farbspuren überliefert; O. dürften deshalb in horizontaler Orientierung geschwommen sein. Verbreitung: mittleres Ordovizium bis obere Trias, ca. 125 Gatt., Maximum im mittleren Silur.

orthoceroid [v. *ortho-, gr. keroeidēs = hornförmig], ↗orthocon.

orthochoanitisch [v. *ortho-, gr. choanos = Trichter], *orthochoanisch,* Bez. für Gehäuse v. ↗Nautiloidea, deren Siphonaldüten kurz u. gerade sind u. deren Siphonalhüllen eine zylindr. Röhre bilden.

Orthochronie *w* [v. *ortho-, gr. chronos = Zeit], die normale Abfolge in Anlage u. Entwicklung der Teile v. Organismen, z. B. bei ↗Ammonoidea die ungestörte Abfolge der Umschlagloben in der ↗Lobenlinie (☐): U_1, U_2, U_3 usw. – Ggs.: ↗Heterochronie.

Orthochronologie *w* [v. *ortho-, gr. chronologia = Zeitrechnung], (Teichert 1958), Teilgebiet der ↗Geochronologie, das auf einer Standardabfolge biostratigraph. signifikanter Faunen od. Floren od. auf irreversiblen Evolutionsprozessen beruht. Ideal wäre die Berufung auf eine stratigraph. Abfolge, „in der jede folgende Art direkt v. der stratigraph. voraufgegangenen abstammt". – Der Begriff O. deckt sich unter Berufung auf eine Abfolge v. biostratigraph. Zonen (-leitfossilien) weitgehend mit dem der „Orthostratigraphie" (Schindewolf 1944).

orthocon [v. *ortho-, gr. kōnos = Kegel], *orthoceroid,* Bez. für gerade gestreckte, schlanke, kegelförm. Gehäuse v. ↗Nautiloidea.

Orthodicranum *s* [v. *ortho-, gr. dikranos = zweiköpfig], Gatt. der ↗Dicranaceae.

Orthodistichie *w* [v. *ortho-, gr. distichia = Doppelreihe], Bez. für die ↗distiche Blattstellung.

Orthodontium *s* [v. *orth-, gr. odontes = Zähne], Gatt. der ↗Bryaceae.

Orthoevolution *w* [v. *ortho-, lat. evolutio = Entwicklung], beschreibt einen scheinbar v. der ↗Selektion unabhängigen „gesetzmäßig ablaufenden autonomen Entfal-

Orthogenese

tungsprozeß" (Schindewolf). Danach werden die Lebewesen durch eine nicht-physikal. bzw. nicht-materielle Wirkkraft zu immer größerer Vollkommenheit entwickelt *(Orthogenese)*. Die Theorie der O. ist eine der drei bekanntesten antidarwinistischen ↗Evolutionstheorien (↗Neolamarckismus, ↗Saltations-Theorie). Vor allem die Paläontologen sahen in sog. *orthogenetischen Entwicklungsreihen* (Pferdereihe; B Pferde, Evolution) autonome Entwicklungstrends realisiert. Die Theorie der O. trägt keinen erklärenden Mechanismus zum Verständnis dieser Entwicklungstrends bei. Solche Trends beruhen auf zwei Ursachen; 1. auf langfrist. Umweltänderungen u. damit auf einem lange andauernden Selektionsdruck in die gleiche Richtung (*Orthoselektion*, Plate 1903) und 2. auf genet. Zwängen. Die Erklärung v. evolutiven Trends ist durch die Selektionstheorie von Darwin möglich.

Orthogenese *w* [v. *ortho-, gr. genesis = Entstehung], *Orthogenie,* ↗Orthoevolution.

orthognath (Hw. *Orthognathie;* v. *ortho-, gr. gnathos = Kiefer], 1) Bez. für die normale, senkrechte Stellung der ↗Zähne im menschl. Kiefer; Ggs.: ↗prognath. 2) Kopfstellung bei Insekten, bei der die ↗Mundwerkzeuge nach unten gerichtet sind.

Orthognatha [Mz.; v. *ortho-, gr. gnathos = Kiefer], Teilgruppe der ecribellaten Webspinnen; characterist. sind die waagerecht nach vorne stehenden Cheliceren (parallel zur Körperlängsachse) und ein 2. Paar Fächerlungen. Das Kopulationsorgan der Männchen ist einfach gebaut, im weibl. Geschlecht gehen die Eingänge in die Receptacula v. der Vagina aus. I. d. R. große Tiere, mit einer Ausnahme (↗ *Atypus*) nur in wärmeren Ländern verbreitet.

Orthognathie *w*, ↗orthognath.

Orthogon *s* [v. gr. orthogōnos = rechtwinklig], ursprüngliche Form des ↗Nervensystems bei Plattwürmern, bestehend aus 8 gleichförm., vom vorderen zum hinteren Körperpol verlaufenden Nervensträngen, die durch zahlr. Kommissuren miteinander verbunden sind.

Orthogonoceros *s* [v. gr. orthogōnos = rechtwinklig, keras = Horn], (Kahlke 1952), *Steppenhirsch,* altpleistozäne Gatt. der Hirsche mit schaufelförm. verbreitertem Geweih, wurde urspr. mit den Riesenhirschen (als *Megaceros verticornis*) vereinigt; starb in Mitteleuropa während der Elsterkaltzeit aus.

Orthomyxoviren [Mz.; v. *ortho-, gr. myxa = Schleim], *Orthomyxoviridae,* ↗Influenzaviren.

Orthonectida [Mz.; v. *ortho-, gr. nēktēs = Schwimmer] ↗Mesozoa.

Orthoneurie *w* [v. *ortho-, gr. neuron = Nerv], ↗Geradnervige.

Orthonyx *m* [v. *orth-, gr. onyx = Kralle], Gatt. der ↗Timalien.

orth-, ortho- [v. gr. orthos = gerade, aufrecht; richtig, recht].

oscill- [v. lat. oscillare = schaukeln, schwanken; oscillum = Schaukel; oscillatio = Schaukelbewegung].

Orthognatha
Familien:
↗ Dipluridae
↗ Falltürspinnen *(Ctenizidae)*
↗ Tapezierspinnen *(Atypidae)*
↗ Vogelspinnen *(Theraphosidae = Aviculariidae)*

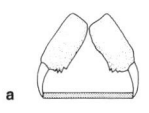

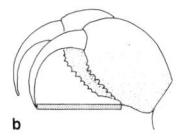

a

b
Orthognatha
Stellung u. Spreizweite der Cheliceren bei **a** Labidognathie und **b** Orthognathie

Orthurethra
Familien:
Achatinellidae (↗ *Achatinella*)
Amastridae
Cionellidae (↗Achatschnecken)
↗ *Enidae*
Partulidae (↗ *Partula*)
Pleurodiscidae
Pupillidae (↗Puppenschnecken)
Strobilopsidae
Valloniidae
Vertiginidae (↗Windelschnecken)

Oryzoideae
Wichtige Gattungen:
↗ *Leersia*
↗ Reis *(Oryza)*
↗ *Zizania* (Wasserreis)

Orthoperidae [Mz.; v. *ortho-, gr. pēra = Sack], die ↗Faulholzkäfer.

Orthoploidie *w* [v. *ortho-, gr. -ploos = -fach], im Ggs. zur ↗Anorthoploidie eine Form der ↗Autopolyploidie, bei welcher der einfache Chromosomensatz geradzahlig vervielfacht ist (Tetraploidie, Hexaploidie usw.).

Orthopoxvirus *s* [v. *ortho-, engl. pocks = Pocken], Gatt. der ↗Pockenviren.

Orthoptera [Mz.; v. gr. orthopteros = mit geradestehenden Flügeln], die ↗Geradflügler.

Orthopteroidea [Mz.; v. gr. orthopteros = mit geradestehenden Flügeln], Überord. der ↗Insekten mit den Ord. ↗Heuschrecken *(Saltatoria)* u. ↗Gespenstschrecken *(Phasmida).*

Orthopyxis *w* [v. *ortho-, gr. pyxis = Büchse], Gatt. der ↗Campanulariidae.

Orthorostrum *s* [v. *ortho-, lat. rostrum = Schnabel], nannte Schwegler (1961) das primäre Rostrum der Belemniten, das zus. mit dem später entstehenden Epirostrum das Holorostrum bildet. ↗Belemniten (☐).

Orthorrhapha [Mz.; v. *ortho-, gr. rhaphē = Naht], die ↗Spaltschlüpfer; ↗Fliegen.

Orthoselektion *w* [v. *ortho-, lat. selectio = Auslese], ↗Orthoevolution.

Orthospirale [v. *ortho-, gr. speira = Windung] ↗Anorthospirale.

Orthostichen [Mz.; v. *ortho-, gr. stichos = Zeile], die ↗Geradzeilen; ↗Blattstellung.

Orthotrichaceae [Mz.; v. *ortho-, gr. triches = Haare], Fam. der ↗ *Isobryales* mit 5 Gatt.; in den Tropen wie in gemäßigten Zonen verbreitete, häufig epiphytisch lebende Laubmoose. Die auf der N-Halbkugel verbreiteten Arten der Gatt. *Orthotrichum, Ulota* u. *Zygodon* bilden kurze, kriechende Sprosse; *U. phyllantha* wächst auf küstennahen Laubbäumen; es bildet blattbürtige Brutkörper aus. Die Arten trop. Gatt. bilden lange Kriechsprosse od. große Kriechpolster, so z. B. *Schlotheimia* u. *Macromitrium.* Zur letzteren Gatt. gehören monözische wie diözische Arten; dabei ist die Diözie – was bei Moosen selten ist – mit Heterosporie u. extremem Geschlechtsdimorphismus verbunden; der ♂ Gametophyt ist extrem klein (Zwergmännchen).

Orthotrichineae [Mz.; v. *ortho-, gr. triches = Haare], U.-Ord. der ↗ *Isobryales* mit der Fam. ↗ *Orthotrichaceae.*

orthotrop [v. *ortho-, gr. tropē = Wendung], Ausrichtung des Wachstums pflanzl. Organe parallel zur Richtung des Stimulus (z. B. Erdschwerkraft), wie z. B. beim Orthogeotropismus und -phototropismus.

Orthurethra [Mz.; v. *orth-, gr. ourēthra = Harnleiter], U.-Ord. der Landlungenschnecken mit 10 (bis 16) Fam. (vgl. Tab.), bei denen die Niere parallel zum Herzen liegt u. deren Harnleiter ohne Biegung zu seiner Mündung am Vorderrand der Lungenhöhle verläuft. Zu den *O.* gehören wahrscheinl. die ursprünglichsten Landlungenschnecken.

Ortolan *m* [v. lat. hortulanus = Garten-], *Emberiza hortulana,* ↗ Ammern.

Ortsprägung, unterschiedl. Formen v. ↗ Prägungen auf Merkmale einer geogr. Region, die bewirken, daß wandernde Tiere ihren früheren Lebensraum wieder aufsuchen *(Heimatprägung);* Beispiele sind v. Zugvögeln u. wandernden Fischen bekannt. Beim Lachs (↗ Lachse) beruht die O. z. B. auf dem Erlernen des typ. Geruchs der Heimatgewässer.

Ortstreue, umgangssprachl. Bez. für die Eigenschaft vieler Tiere, an einem bestimmten ↗ Aktionsraum festzuhalten, dessen Teile weit auseinanderliegen können (z. B. Winterquartier u. Brutort bei Zugvögeln), der aber auch aus einem einzigen ↗ Territorium bestehen kann. Ein freischweifendes Leben ohne O. scheint bei höheren Tieren sehr selten zu sein.

Orussidae [Mz.; v. gr. oryssein = graben], Fam. der ↗ Hautflügler.

Orycteropus *m* [v. gr. oryktēr = Gräber, pous = Fuß], ↗ Erdferkel.

Oryctes *m* [v. gr. oryktēs = der Gräber], Gatt. der ↗ Nashornkäfer.

Oryctolagus *m* [v. gr. oryktos = ausgegraben, lagōs = Hase], ↗ Wildkaninchen.

Oryktozönose *w* [v. gr. oryktos = gegraben, koinos = gemeinschaftlich], (J. A. Efremov 1950), jener Teil einer ↗ Grabgemeinschaft, der fossil erhalten geblieben od. überliefert ist.

Oryxantilopen [v. gr. oryx = Spitzeisen, Gazelle mit spitzen Hörnern], *Spießböcke, Oryx,* zu den Pferdeböcken *(Hippotraginae)* rechnende Gatt. afr. Antilopen, nach F. Walther 1 Art *(O. gazella)* mit 8 U.-Arten; etwa hirschgroß; Widerrist erhöht, Hörner gerade od. leicht gebogen. Die O. leben in Herden v. meist 6–40 Tieren; bei nahrungsbedingten Wanderungen schließen sich oft Hunderte v. Tieren zus. Durch Bejagung nahezu ausgerottet sind die Arab. od. Weißen O. *(O. g. leucoryx),* stark gefährdet die nur noch am S-Rand der Sahara vorkommenden Nordafrikan. od. Säbelantilopen, *O. g. dammah* (B Antilopen), die fr. in den Halbwüsten v. Marokko u. Senegal bis nach Ägypten u. dem Sudan verbreitet waren. Noch relativ zahlr. sind die Südafr. O., *O. g. gazella* (ausgerottet im Kapland), u. die Ostafrikan. O. oder Beisa-Antilope, *O. g. beisa* (B Antilopen). B Afrika VII.

Oryza *m* [gr., =], der ↗ Reis.

Oryzaephilus *m* [v. gr. oryza = Reis, philos = Freund], Gatt. der ↗ Plattkäfer.

Oryziatidae [Mz.; v. gr. oryza = Reis], Fam. der ↗ Kärpflinge.

Oryzoideae [Mz.; v. gr. oryza = Reis], U.-Fam. der Süßgräser mit 9 Gatt. (T 256). Die einblüt. Ährchen haben 4 reduzierte od. fehlende leere Hüllspelzen unter der Deckspelze. Die Mittelnerven v. Deck- u. Vorspelze sind verhärtet. 3, 6 oder zahlr. Staubbeutel; die Frucht hat einen langen Nabel u. kleine, zusammengesetzte Stärkekörner (zahlr. Kristallisationszentren) im Endosperm. Chromosomen x = 12.

Os *s* [lat., =], der ↗ Knochen.

Oscarellidae [Mz.; ben. nach dem dt. Zoologen Oskar Schmidt, 1823–86], eine Schwamm-Fam. der Kl. *Demospongiae;* ohne Skelett. *Oscarella lobularis,* dünnkrustenförmig, gelb bis braun, selten rot, grün od. blau; v. der Gezeitenzone bis ca. 150 m Tiefe; Atlantik, Mittelmeer, Antarktis.

Oscillatoria *w* [v. *oscill-], Gatt. der ↗ Oscillatoriaceae;* die etwa 100 Cyanobakterien-Arten pflanzen sich durch Hormogonien fort; die Trichome finden sich, v. diffusem Schleim zusammengehalten, in ruhigen Gewässern (Süß-, Salz-, Brackwasser), auf schlammigem od. festem Grund, meist an der Oberfläche schwefelwasserstoffhalt. Schlammes; die Zellen können Gasvakuolen enthalten. *O. limnicola* kann neben der normalen oxygenen Photosynthese eine ↗ anoxygene (anaerobe) Photosynthese mit H_2S durchführen (wie phototrophe Bakterien).

Oscillatoriaceae [Mz.], *Schwingfäden,* Fam. der ↗ *Oscillatoriales,* Cyanobakterien, die unverzweigte, scheidenlose, gerade Fäden bilden; höchstens die Endzellen sind etwas kopfartig verdickt; sie sind oft zu lockeren, strangartigen od. büschelförm. Lagern zusammengelagert. Charakterist. ist die kriech- od. pendelartige Schwingbewegung der Trichome. Heterocysten werden nicht gebildet.

Oscillatoriales [Mz.; v. *oscill-], *Schwingfadenartige,* 1) die ↗ *Hormogoneae (Hormogonales),* II. U.-Kl. der ↗ Cyanobakterien (T), auch als *Nostocales* bezeichnet. 2) Ord. der *Hormogoneae,* in der fädige Formen ohne Heterocystenbildung eingeordnet werden; entspr. der Fam. *Oscillatoriaceae* (wenn 1 als O. ben. wird).

Oscillochloris *w* [v. *oscill-, gr. chlōros = grüngelb], Gatt. der *Chloroflexaceae,* phototrophe Bakterien, die schnell gleitende, *Oscillatoria-*ähnliche Trichome ausbilden (⌀ 5 μm), daher früher für ein Cyanobakterium gehalten *(„Oscillatoria coerulescens");* der Stoffwechsel entspr. dem der Gattung *Chloroflexus* (↗ grüne Schwefelbakterien).

Oscillospira *w* [v. *oscill-, gr. speira = Windung], Gatt. der anaeroben endosporenbildenden Bakterien; *O. guilliermondi* ist ungewöhnl. groß (5 × 100 μm) u. zellig gegliedert; kommt im Verdauungstrakt v. Pflanzenfressern vor (urspr. im Blinddarm v. Meerschweinchen gefunden).

Oscinella *w* [v. lat. oscen, Gen. oscinis = Singvogel], Gatt. der ↗ Halmfliegen.

Oscines [Mz.; lat., =], die ↗ Singvögel.

Osculum *s* [lat., = Mündchen], Ausströmöffnung der ↗ Schwämme.

Oscillatoria

Einige Arten:

O. lacustris
O. redekei
(Plankter)
O. rubescens
(„Burgunderblut" – Wasserblüte)
O. borneti
(Ufer v. Alpenseen)
O. nigra
(schwärzl. Flocken in leicht verunreinigten Quellen u. Brunnen)
O. boryana
(in Thermen)

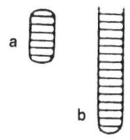

Oscillatoria

a Hormogonium,
b Teil eines Zellfadens

Oscillatoriales
(i. w. S. = *Hormogonales*)

Familien und einige Gattungen:

↗ *Oscillatoriaceae*
(*Oscillatoriales* i. e. S.)
  Lyngbya
  Microcoleus
  Oscillatoria
  Phormidium
  Spirulina
  Trichodesmium

↗ *Scytonemataceae*
  Plectonema
  Scytonema
  Tolypothrix

↗ *Rivulariaceae*
  Calothrix
  Gloeotrichia
  Rivularia

↗ *Nostocaceae*
  Anabaena
  Anabaenopsis
  Aphanizomenon
  Aulosira
  Cylindrospermum
  Nodularia
  Nostoc

* *Stigonemataceae*
  Fischerella
  Stigonema

* *Mastigocladaceae*
  Brachytrichia
  Mastigocladus

* meist von *O.* abgetrennt und in Ord. ↗ *Stigonematales* eingeordnet

Osmanthus

Osmanthus *m* [v. *osm-, gr. anthos = Blüte], Gatt. der ↗Ölbaumgewächse.

Osmaten [Mz.; v. *osm-], im Ggs. zu *Anosmaten* (↗Anosmie) Tiere mit Geruchssinn (↗chem. Sinne); man unterscheidet *Makrosmaten* u. *Mikrosmaten*. ↗Makrosmaten.

Osmaterium *s*, die ↗Nackengabel.

Osmeridae [Mz.; v. gr. osmērēs = riechend], die ↗Stinte.

Osmeterium *s* [v. *osm-], ↗Dufttasche.

Osmia *w* [v. *osm-], Gatt. der ↗Megachilidae.

Osmolarität *w* [v. *osmo-], ↗Osmose.

Osmophile [Mz.; v. *osmo-, gr. philos = Freund], Mikroorganismen, die vorwiegend in konzentrierten Zuckerlösungen mit hohem osmot. Wert wachsen (z.B. Blutungssaft v. Bäumen u. Marmelade bis ca. 50% Zuckerlösung); i.d.R. können sie sich gut in normalen Nährmedien vermehren (daher auch *osmotolerant* gen.); es sind v.a. Pilze der Gatt. *Aspergillus* u. *Penicillium* sowie Hefen, z.B. die in Honig u. Sirup lebende *Saccharomyces rouxii*; sie benötigt einen sehr geringen freien Wassergehalt (Wasseraktivität: a_w-Wert 0,62-0,65; ↗Hydratur, ↗Konservierung). Etwas höhere Wasseraktivitäten benötigen z.B. *Saccharomyces bisporus* var. *mellis*, *Hansenula anomala* u. *Pichia membranafaciens* (a_w: ca. 0,8). Die Vermehrung in Medien mit hoher Zuckerkonzentration ist gegenüber der Vermehrung in normalen Medien stark verlangsamt.

Osmophore [Mz.; v. *osm-, gr. -phoros = -tragend], die ↗Duftdrüsen 1); ↗Blütenduft.

Osmoregulation *w* [v. *osmo-, lat. regulare = regeln], bei verschiedenen Tieren (u. beim Menschen) unterschiedl. gut entwickelte Fähigkeit, ein stabiles ↗inneres Milieu aufrechtzuerhalten, das die Organe u. Gewebe gegenüber Schwankungen des Außenmediums abschirmt. Die hierzu notwendigen physiolog. Mechanismen sind meist aktive, energieverbrauchende Transportprozesse (↗aktiver Transport, ↗Ionentransport), die einerseits den Ionenhaushalt (↗Elektrolyte, ☐), andererseits (u. davon nicht zu trennen) den Wasserhaushalt regulieren u. sowohl zw. Körperwand u. Außenmedium als auch zw. Zelle u. interstitiellem bzw. extrazellulärem Flüssigkeitsraum (↗Flüssigkeitsräume) ablaufen. – Generell kann zw. *poikilosmotischen* (Osmokonformer) u. *homoiosmotischen* (Osmoregulatoren) Organismen unterschieden werden. *Osmokonformer* passen sich wechselnden Salzkonzentrationen des umgebenden Milieus passiv an, ihre ↗Körperflüssigkeiten sind isoosmotisch gegenüber der Umgebung, sie besitzen aber eine geringe Salztoleranz, d.h., sie sind *stenohalin*. Hierzu gehören die meisten marinen Wirbellosen, die in einem sehr konstanten äußeren Milieu leben.

osm- *(v. gr. osmē = Geruch, Duft).*

osmo- *[v. gr. ōsmos = Stoß].*

Osmoregulation

Das ↗Salinenkrebschen *(Artemia salina)* kann sowohl in nahezu konzentriertem Salzwasser als auch in Salzwasser, dessen Salzgehalt 2,6‰ beträgt, überleben. Es nimmt ständig Wasser auf (pro Stunde in einer Menge, die etwa 3% des eigenen Körpergewichts entspricht). NaCl wird aus dem Magen-Darm-Trakt resorbiert, u. Wasser folgt passiv ins Gewebe. Die übrigen Salze werden über den Darm ausgeschieden. Das überschüssige NaCl hingegen wird über die Kiemen ausgeschieden, benötigtes NaCl aus verdünnten Lösungen über die Kiemen aufgenommen.

Überführt man solche Tiere experimentell in wäßrige Lösungen mit verschiedener Salinität, so zeigen sich auch bei ihnen unterschiedlich ausgeprägte Fähigkeiten zur Volumen- u. Ionenregulation. Dabei werden häufig als Antwort auf einen osmot. Streß die Konzentrationen von organ. Molekülen – insbes. Aminosäuren – verändert (z.B. in salzarmer Umgebung verringert, was zu einer Verminderung des Wassereinstroms führt). Bei Tieren, die z.B. in der ↗Brackwasserregion leben od. in die Flüsse einwandern, ist der Salztoleranzbereich der Zellen wesentl. größer; sie sind *euryhalin*, z.B. die Wollhandkrabbe. – Zu den *Osmoregulatoren* (↗Homöosmie) gehören Wirbeltiere u. Wirbellose, deren Lebensbereich das Süß- od. das Salzwasser ist. Die Körperflüssigkeiten v. Tieren im Süßwasser sind hyperton (↗anisotonische Lösungen) gegenüber dem umgebenden Medium; durch eine hyperosmot. Regulation muß daher verhindert werden, daß sie durch Wassereinstrom an Volumen zunehmen (u. damit die Ionenkonzentration des extrazellulären Raums verringert wird) u. daß der Salzverlust an das Außenmedium kompensiert wird. Bereits bei Süßwasserprotozoen (↗Einzeller) gibt es mit den pulsierenden Vakuolen Einrichtungen, die eine Volumenregulation ermöglichen. Krebstiere u. Insektenlarven aus diesem Lebensbereich können entspr. den Verhältnissen im Salzwasser über die Variation der Aminosäurekonzentration u. Ionentransporte – speziell über die Kiemen od. bei Dipterenlarven über die Analpapillen – ihr inneres Milieu konstant halten. Die O. der Wirbeltiere im Süßwasser besteht in einer verstärkten Harnproduktion (Volumenregulation), einer erhöhten Salzabsorption in den Nierentubuli (↗Niere), so daß ein stark verdünnter Harn ausgeschieden wird, u. einem aktiven Salztransport über die Haut (Frosch) od. Kiemen (Süßwasserfische) ins Körperinnere. Eine geringe Permeabilität der Körperoberfläche (Fisch) unterstützt dabei die O. Die Situation im marinen Lebensraum wird auf unterschiedl. Weise gemeistert: Die Körperflüssigkeiten mariner Knochenfische (die aus dem Süßwasser eingewandert sind) sind hypoton gegenüber dem Meerwasser. Eine O. muß daher dem Wasserverlust (speziell über die Kiemen) u. dem Eindringen v. Salzen begegnen. Marine Teleosteer trinken daher Meerwasser, scheiden Ionen aktiv über die Kiemen aus, sezernieren bivalente Kationen aktiv in die Nierentubuli bei geringer Harnproduktion u. besitzen teilweise als morpholog. Anpassung aglomeruläre Nieren (↗Nephron) (hypoosmotische Regulation). Marine Knorpelfische hingegen trinken kein Salzwasser, sondern erreichen eine Wasserretention über hohe Harnstoff- und Trimethylaminkonzentrationen, die sie im Blut

Osmoregulation bei Wasser- und Landwirbeltieren

Tiere	Blutkonzentration gegenüber der Umgebung	Harnkonzentration gegenüber dem Blut	Besondere morphologische Anpassungen	Wasserversorgung
marine Knorpelfische	isoton	isoton	Rektaldrüsen zur Salzausscheidung	trinken kein Meerwasser
marine Knochenfische	hypoton	isoton	Salzsekretion über Kiemen, z. T. aglomeruläre Nieren	trinken Meerwasser
Süßwasserfische	hyperton	stark hypoton	Salzabsorption über Kiemen	trinken kein Wasser
Amphibien	hyperton	stark hypoton	Salzabsorption über die Haut	trinken kein Wasser
marine Reptilien	hypoton	isoton	Salzdrüsen, zur Salzausscheidung	trinken Meerwasser
marine Säuger	hypoton	stark hyperton	Henlesche Schleifen gut ausgebildet	trinken kein Meerwasser
marine Vögel		schwach hyperton	Salzdrüsen, zur Salzausscheidung	trinken Meerwasser
terrestrische Vögel		schwach hyperton		trinken Süßwasser
Wüstensäuger		stark hyperton	gut ausgebildete Henlesche Schleifen	nutzen ausschl. metabolisches Wasser

aufrechterhalten können; sie verfügen in den Rektaldrüsen über Einrichtungen zur aktiven Salzabgabe. – Auch Tiere, deren Nahrungsreservoir das Meer ist, wie marine Reptilien u. Vögel, sind in bes. Maße mit dem Problem der O. konfrontiert. Sie können Salzwasser trinken u. scheiden die „überflüssigen" Ionen in stark hyperosmot. Flüssigkeit über spezielle ↗ *Salzdrüsen* aus („Krokodilstränen"). Marine Säuger sind durch bes. gut entwickelte Henlesche Schleifen, die einen stark konzentrierten Harn produzieren können (↗ Niere), an eine vermehrte Ausscheidung v. Salzen ohne die Notwendigkeit zur vermehrten Wasseraufnahme angepaßt. Entspr. Anpassungen haben landbewohnende Vögel u. Säuger entwickelt, die Wasser sparen müssen (Wüstentiere, z. B. ↗ Dromedar). Katadrome u. ↗ anadrome Fische, wie die Aale, die im Salzwasser, u. Lachse, die im Süßwasser laichen, sind in bes. Maße zur O. befähigt; sie können je nach ihrem momentanen Lebensraum sowohl hyperosmot. als auch hypoosmot. regulieren, wobei die Möglichkeit zur Umkehrung v. Ionentransportprozessen den Hauptanteil an der O. hat. ↗ Homöostase, ↗ Exkretion, ↗ Exkretionsorgane. *K.-G. C.*

Osmorezeptoren [Mz.; v. *osmo-, lat. receptor = Empfänger], bei Wirbeltieren näher untersuchte (aber auch bei Wirbellosen vorkommende) u. bei ihnen im Bereich des Nucleus supraopticus und N. paraventricularis des ↗ Hypothalamus (T) vermutete ↗ Rezeptoren, die auf hypertone Lösungen (↗ Osmoregulation), speziell durch NaCl hervorgerufen, ansprechen u. eine Sekretion v. ↗ Adiuretin (ADH) auslösen. Möglicherweise sind es aber in den 3. Gehirnventrikel hereinragende Ganglienzellen, die als O. fungieren u. Synapsen mit den Zellen der gen. Hypothalamuskerne, in denen gleichzeitig die ADH-Bildung abläuft, bilden. Experimentelle Befunde sprechen ferner für die Existenz von O. in der Leber.

Osmose w [v. *osmo-], ↗ Diffusion v. gelösten Teilchen (↗ Lösung) eines Stoffes u. dem Lösungsmittel durch ↗ Membranen. Die Eigenschaft der Membranen bestimmt die Art der O. Trennt eine permeable Membran (↗ Permeabilität) reines Lösungsmittel v. der im Lösungsmittel gelösten Substanz, so diffundiert diese bis zum Konzentrationsausgleich in das reine Lösungsmittel. Biol. bedeutsam u. weit verbreitet sind *semipermeable Membranen,* die das reine Lösungsmittel vollständig, hingegen die gelöste Substanz nicht od. nur unvollständig passieren lassen. In diesem Fall diffundiert das Lösungsmittel so lange in das Kompartiment mit dem gelösten Stoff, bis ein Konzentrationsausgleich des Lösungsmittels erreicht ist. In diesem Zustand befinden sich aber mehr Lösungsmittelmoleküle als vorher im Kompartiment mit dem gelösten Stoff u. erzeugen daher einen hydrostat. Druck auf die semipermeable Membran (↗ osmotischer Druck), der um so größer ist, je konzentrierter die gelösten Teilchen sind, d. h., je mehr Lösungsmittel bis zum Konzentrationsausgleich hineindiffundieren muß. – Ein Maß für die osmot. Konzentration v. Lösungen ist die *Osmolarität.* Zwei Lösungen, die dieselbe Anzahl v. gelösten Teilchen enthalten, sind *isoosmotisch* (entsprechend: bei höherer Teilchenzahl *hyperosmotisch,* bei geringerer Zahl *hypoosmotisch*). *Isoton(isch)* dagegen ist eine Lösung, in der eine Zelle od. ein Organismus sein Volumen nicht verändert (↗ Osmoregulation) (entsprechend: *hyperton[isch],* die Zelle od. der Organismus schrumpfen durch Wasserausstrom; *hypoton[isch],* die Zelle od. der Organismus schwellen durch Wassereinstrom an). Eine isoosmot. Lösung einer Substanz, für die eine Zelle permeabel ist, die aber nicht in ihr vorhanden ist, kann daher nicht zellisoton sein. Eine 0,3molare Saccharoselösung ist isoton gegenüber roten Blutkörperchen, deren Membran für den Zucker impermeabel ist; in einer isoosmot. Harnstofflösung dagegen platzen sie, da Harnstoff in die Erythrocyten diffundiert u. Wasser nach sich zieht. Eine isoosmot. Harnstofflösung ist daher zellhypoton. – Zahlreiche physiolog. Prozesse sind an die O. gebunden, z. B. die Rückresorption v. Wasser in der ↗ Niere u. in den Malpighischen Gefäßen, die Aufrechterhaltung des Zell-↗ Turgors (speziell der Pflanzen) und allg. intrazelluläre Transportvorgänge, bei

Osmose

Das *Osmol* ist eine Maßeinheit für die osmotische Konzentration; es gibt die Anzahl der Mole gelöster Teilchen pro Liter Lösung an.

Osmotaxis

denen durch ⁊aktiven Transport v. Ionen (⁊Ionentransport) osmot. ⁊Gradienten erzeugt werden, denen Wasser passiv folgt.
B Wasserhaushalt (der Pflanze).

Osmotaxis *w* [v. *osmo-, gr. taxis = Anordnung], Orientierung freibewegl. Wasserorganismen durch einen osmotischen ⁊Gradienten, d.h. einen Gradienten im ⁊Wasserpotential; Sonderform der ⁊Chemotaxis.

osmotischer Druck [v. *osmo-], Bez. für den ⁊Druck, den in ein durch eine semipermeable Membran getrenntes Kompartiment hineindiffundierte (⁊Diffusion) Lösungsmittelteilchen bzw. die in diesem Kompartiment befindl. gelösten Teilchen auf die Wand des Kompartiments ausüben (⁊Osmose). Bei entspr. verdünnten Lösungen unterliegt der o. D. den gleichen physikal.-chem. Gesetzmäßigkeiten wie die idealen Gase, d.h., er ist unabhängig v. der Art des Lösungsmittels u. des darin gelösten Stoffes u. wird nur v. der Anzahl der gelösten Teilchen bestimmt. Sind gelöste Teilchen mehrerer verschiedener Stoffe in der Lösung vorhanden, so addieren sich deren osmot. Partialdrücke zu einem gesamtosmotischen Druck; dies gilt auch für dissoziierte Salze, deren Anionen u. Kationen bei entspr. Verdünnung unabhängig zum o.n D. beitragen. Quantitativ läßt sich daher der osmot. Druck p mit der „Zustandsgleichung für ideale Gase" beschreiben: $p \cdot V = n \cdot R \cdot T$, mit: n Zahl der gelösten Mole im Liter, V Volumen der Lösung, R Gaskonstante, T absolute Temp. (*van't Hoffsches Gesetz;* ⁊Hoff 1). Da die Gefrierpunktserniedrigung, Siedepunktserhöhung u. Dampfdruckerniedrigung verdünnter Lösungen nur v. der Zahl, aber nicht v. der Natur der gelösten Mole abhängen, läßt sich zum einen über den o.n D. die relative Molekülmasse einer Substanz u. zum anderen die osmot. Konzentration einer Lösung über deren Gefrierpunktserniedrigung bestimmen. Auf diesem Prinzip basieren die heute verwendeten *Osmometer;* die ersten quantitativen Messungen bestimmten den hydrostat. Druck mittels einer sog. *Pfefferschen Zelle* (vgl. Abb.). – Der effektive o. D. in pflanzl. und tier. Geweben ist meist deutl. geringer, als er nach dem van't Hoffschen Gesetz zu erwarten wäre, da innerhalb physiolog. Konzentrationen elektr. Anziehungskräfte dissoziierter Teilchen u. hydratisierte Zustände des Wassers (insbes. bei Makromolekülen) dem o.n D. entgegenwirken (colligative Eigenschaften der Lösung).

osmotische Resistenz [v. *osmo-, lat. resistere = Widerstand leisten], Toleranzbereich einer Zelle, in dem sie einen Wassereinstrom erträgt, ohne zu platzen, abhängig z.B. vom Alter der Zelle u. der Funktionsfähigkeit von Membranpumpen. Bei ⁊Erythrocyten spielt die Bestimmung

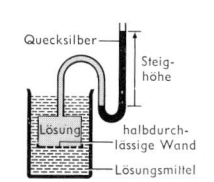

osmotischer Druck

Die *Pfeffersche Zelle* ist ein von W. ⁊Pfeffer konstruiertes Modell einer pflanzl. Zelle mit einer „Zellmembran" aus Kupferhexacyanoferrat (II), $Cu_2[Fe(CN)_6]$, die im Innern einer zylindr. Tonzelle auf deren poröser Wand aufliegt u. diese zu einer semipermeablen Membran macht. Durch Diffusion des Lösungsmittels in die Lösung wird das Quecksilber in den rechten Schenkel gedrängt, bis der Druck der Quecksilbersäule dem Druck, unter dem das Lösungsmittel in die Lösung hineingezogen wird, das Gleichgewicht hält. – In der Pflanzenzelle enthält der große Saftraum viel osmot. wirksame Substanz (Salze, Zucker), die durch semipermeable Plasma-Membranen begrenzt ist u. deren Konzentration meist osmot. Drücken v. 10–40 bar, bei Wüstenpflanzen über 50 bar entspricht. Auch menschl. u. tier. Zellen halten einen osmot. Druck v. etwa 7 bar aufrecht.

osmo- [v. gr. ōsmos = Stoß].

ossi- [v. lat. os, Gen. ossis = Knochen, Gebein; davon ossiculum = Knöchlein].

der o.n R. eine diagnost. Rolle, da sie bei verschiedenen Formen der Anämie vermindert ist. Beim gesunden Erwachsenen sind in einer 0,43prozentigen NaCl-Lösung 50% der Erythrocyten einer Probe geplatzt (hämolysiert, ⁊Hämolyse).

Osmotropismus [v. *osmo-, gr. tropē = Hinwendung], Wachstumsbewegungen bei Pflanzen, die durch lokale Unterschiede im osmotischen bzw. ⁊Wasser-Potential bedingt werden.

Osmundaceae [Mz.; v. mlat. osmunda = Königsfarn], die ⁊Königsfarngewächse.

Osmylidae [Mz.], die ⁊Bachhafte.

Osphradien [Mz.; v. gr. osphradion = Riechmittel], *Spengelsche Organe,* chem. und wahrscheinl. auch mechan. Sinnesorgane in der Mantelhöhle vieler wasserlebender Weichtiere, urspr. paarig. Bei den Wasserschnecken liegen die O. zw. Kiemen u. Mantelrand; bei Alt- u. Mittelschnecken bestehen sie aus kleinen Gruppen modifizierter Zellen. Das linke Organ wird vom Supra-, das rechte vom Subintestinalganglion innerviert. Mit der rechten Kieme wird auch das rechte der O. reduziert. Bei den Neuschnecken ist das eine Osphradium groß, besteht aus Achse und zweiseit. angeordneten Blättchen mit Cilienbändern; Haarzellen sind die primären Chemorezeptoren. Bei amphibischen Vorderkiemern sind die O. reduziert.

Ossein *s* [v. lat. osseus = knöchern], veraltete Bez. für den organ. Anteil der ⁊Knochen-Substanz, bestehend aus ⁊Kollagen-Fibrillen u. ⁊Mucopolysacchariden.

Ossicula [Mz.; Ez. *Ossiculum;* v. *ossi-], anatomische Bez. für Knöchelchen, z.B. Gehörknöchelchen (O. auditus).

Ossiculithen [Mz.; v. *ossi-, gr. lithos = Stein], (Frizzel u. Exline 1958), ellipsoidische, runde od. unregelmäßig gestaltete Kalkkörperchen von 0,05 bis 0,5 mm Größe, die in Verbindung mit rezenten u. eozänen ⁊Otolithen (Gehörsteinchen) gefunden wurden. Ihre Variabilität verhindert, sie taxonom. und stratigraph. zu nutzen.

Ossifikation *w* [v. *ossi-, lat. -ficare = machen], die ⁊Knochen-Bildung.

Ossifikationsalter [v. *ossi-, lat. -ficare = machen], Bestimmung des individuellen Alters bei menschl. Skelettresten aufgrund einer regelmäßigen Reihenfolge im Verschluß der Wachstumsfugen an ⁊Knochen bzw. aufgrund der Entwicklung u. Abnutzung des Gebisses *(„Zahnalter").*

Ostariophysi [Mz.; v. gr. ostarion = Knochen, physa = Blase], Sammelbez. für die ⁊Karpfenfische u. ⁊Welse.

Osteichthyes [Mz.; v. *osteo-, gr. ichthyes = Fische], die ⁊Knochenfische.

Osteoblasten [Mz.; v. *osteo-, gr. blastos = Keim], ⁊Knochen-, ⁊Bindegewebe.

Osteocephalus *m* [v. *osteo-, gr. kephalē = Kopf], Gatt. der ⁊Laubfrösche; 6 mittelgroße (5–7 cm) Arten in den amazon. Regenwäldern S-Amerikas; haben wie andere

↗ Panzerkopffrösche ein stark verknöchertes Schädeldach u. leben in Baumhöhlen u. Trichtern (Phytotelmen) v. Ananasgewächsen, wo sie auch ihre Eier ablegen. Larven z.T. kannibalisch; die zuerst geschlüpften fressen v. Eiern u. später schlüpfenden des gleichen Geleges.

Osteocranium s [v. *osteo-, gr. kranion = Schädel], *Knochenschädel,* Gesamtheit aller knöchernen Elemente, die den ↗ Schädel aufbauen, im Ggs. zum Knorpelschädel (↗ Chondrocranium) der Elasmobranchier u. der ontogenetisch zunächst knorpeligen Schädelanlage (Primordialcranium) der übrigen Wirbeltiere.

Osteocyten [Mz.; v. *osteo-] ↗ Knochen, ↗ Bindegewebe.

osteodontokeratische Kultur [v. *osteo-, gr. odontes = Zähne, keras = Horn], hypothet. Werkzeugkultur v. Urmenschen, basierend auf Knochen-, Gebiß- u. Horn-

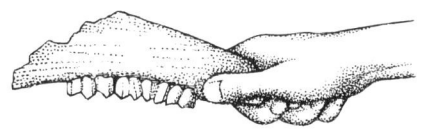

Antilopenunterkiefer als Säge

bruchstücken, mit der R. Dart die menschl. Natur der v. ihm entdeckten ↗ Australopithecinen beweisen wollte. Angebl. Werkzeuge werden heute meist als Nahrungsreste v. Raubtieren interpretiert.

Osteogeneiosus m [v. *osteo-, gr. geneion = Kinn, Bart am Kinn], Gatt. der ↗ Maulbrüterwelse.

Osteogenese w [v. *osteo-, gr. genesis = Entstehung], die ↗ Knochen-Bildung.

Osteoglossiformes [Mz.; v. *osteo-, gr. glōssa = Zunge, lat. forma = Gestalt], die ↗ Knochenzüngler.

Osteoklasten [Mz.; v. *osteo-, gr. klaein = brechen], ↗ Knochen, ↗ Bindegewebe.

Osteolaemus m [v. *osteo-, gr. laimos = Schlund], Gatt. der ↗ Krokodile.

Osteolepiformes [Mz.; v. *osteo-, gr. lepis = Schuppe, lat. forma = Gestalt], zu den *Rhipidistia* gehörende † Ord. (bzw. Überfam.) der ↗ Quastenflosser, aus der nach v. Huene mit Ausnahme der *Urodelomorpha* alle Tetrapoden hervorgegangen sind. Nominat-Gatt. *Osteolepis,* bes. gut belegt ↗ *Eusthenopteron.* Verbreitung: Mitteldevon bis Unterperm, vorwiegend in Kanada, Grönland, N-Europa u. N-Asien.

Osteologie w [v. gr. osteologia = Knochenkunde], Lehre vom Bau der Knochen.

Osteometrie w [v. *osteo-, gr. metran = messen], ↗ Anthropometrie.

Osteopilus m [v. *osteo-], Gatt. der ↗ Laubfrösche; 3 Arten auf Jamaika, Kuba, Hispaniola (fr. meist Haïti gen.) u.a. mittelam. Inseln. Dazu gehört einer der größten Laubfrösche, der Kuba-Laubfrosch *O.* (früher *Hyla*) *septentrionalis,* der 14 cm erreicht.

Osteosklerose w [v. *osteo-, gr. sklēros = hart], Verdichtung des spongiösen ↗ Knochens u. Verdickung der Substantia compacta (Hyperostose) durch Schwund der Havers-Kanäle u. der Markräume; daraus entstehen elfenbeinart. Beschaffenheit (Eburnität) u. erhöhte Bruchanfälligkeit des Knochens. ↗ Pachyostose.

Osteostraci [Mz.; v. *osteo-, gr. ostrakon = Schale], ↗ Cephalaspiden-artige ↗ *Ostracodermata* mit abgeflachtem, v. einem Knochenpanzer umgebenen Körper; auf der Oberseite des Kopfpanzers die Sinnesorgane: Augen, unpaares Nasohypophysenloch (ohne Verbindung zur Rachenhöhle), Foramen pineale und sog. „elektr. Felder", die neuerdings als stato-akust. Organe gedeutet werden; Labyrinth mit nur 2 Bogengängen, 10 (11?) Paar Kiemenöffnungen am Rande des ↗ Orobranchialfensters, postkranialer Körper mit Schuppen bedeckt; 1 Paar „Brustflossen", Schwanzflosse heterozerk, 1 bis 3 (?) Rückenflossen. Verbreitung: Obersilur bis Mitteldevon. Bekannteste Gatt.: *Kiaeraspis.* [↗ Narzisse.

Osterglocke, *Narcissus pseudonarcissus,*

Osterluzei w [v. gr. aristolochia = O.], *Aristolochia,* Gatt. der ↗ Osterluzeigewächse mit ca. 500 Arten in den Tropen, Subtropen u. im mediterranen Gebiet. Die zygomorphe, 3–60 cm lange Kesselfallenblüte ist typ. für die Gatt. (↗ Gleitfallenblumen, □). Über dem unterständ. Fruchtknoten ist ein kleiner kugeliger „Kessel" entwickelt, der sich zu einer Blütenröhre verengt. Diese mündet in einen schiefen Trichter, der auf der Rückseite zungenförmig ausgezogen ist. Durch den meist aasart. Geruch der Blüte (↗ Aasblumen) u. die oft weißl. purpurn marmorierte Trichteröffnung (fleischfarbig) werden kleine Fliegen angelockt, die in die Röhre hineinkriechen. Wegen der Reusenhaare („Sperrhaare") auf der Innenseite der Blütenröhre können die Insekten nicht mehr zurück. In der Umgebung des Gynostemiums (Verwachsung der Staubblätter u. Griffel) enthalten die Zellen oft kein Chlorophyll. Durch das einfallende Licht erscheint die Umgebung für das Insekt wie ein helles Fenster (*Fensterblüte,* ↗ Gleitfallenblumen), auf das es zustrebt. Dadurch kommt es in unmittelbaren Kontakt mit den Narben u. den nach vorangegangener Bestäubung geöffneten Staubbeuteln. Anschließend welken die Reusenhaare, u. das mit Pollen beladene Insekt fliegt zur nächsten Blüte. – Die Frucht der O. ist eine Kapsel, bei der die Fruchtblätter zur Zeit der Reife an der Spitze zusammenhängen. In der Nähe des Blütenstiels lösen sie sich in Einzelfasern auf, so daß die reife Frucht wie eine Ampel am Stiel hängt. In Mitteleuropa ist die Gewöhnliche O. (*A. clematitis*) ein Unkraut in den Weinbergen; durch ihr tiefliegendes, gut regenerierbares Rhizom ist sie nur

osteo- [v. gr. osteon = Knochen].

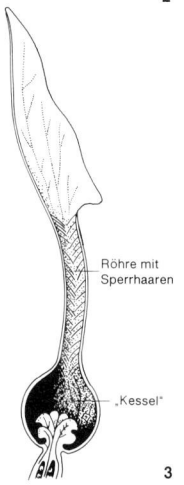

Röhre mit Sperrhaaren

„Kessel"

Osterluzei

1 Gewöhnliche O. (*Aristolochia clematitis*). 2 Kapselfrüchte einer tropischen O. 3 Kesselfallenblüte der O. im Längsschnitt (□ Gleitfallenblumen)

Osterluzeiartige

schwer zu bekämpfen. Viele Arten hatten fr. Bedeutung in der Heilkunde (↗Aristolochiasäuren). *A. brasiliensis* wurde z. B. zur Herstellung v. Schlangenseren kultiviert.

Osterluzeiartige, *Aristolochiales*, Ord. der *Magnoliidae* mit ca. 3 Fam.; alle Vertreter dieser Ord. sind stark abgeleitet; sie umfaßt sowohl normal assimilierende Pflanzen mit komplizierten Bestäubungsmechanismen (↗Osterluzei, ↗Kannenpflanzengewächse) als auch parasit. lebende Pflanzen (↗*Rafflesiaceae*, ↗*Hydnoraceae*). Osterluzeigewächse u. *Rafflesiaceae* haben ein Gynostemium, eine Säule, die aus der Verwachsung zw. Staubblättern u. Griffel hervorgeht.   [terfalter.

Osterluzeifalter, *Zerynthia polyxena*, ↗Rit-

Osterluzeigewächse, *Aristolochiaceae*, Fam. der Osterluzeiartige mit 7 Gatt. und ca. 625 Arten, hpts. in den Tropen u. Subtropen, aber auch in gemäßigten Breiten, vorwiegend in Wäldern. Wichtigste Gatt. mit ca. 500 Arten ist die ↗Osterluzei *(Aristolochia)* mit vielen Lianen, Sträuchern u. krautigen Arten. In dieser Fam. stehen die meist handnervigen Blätter wechselständig. Die monoklinen (zwittrigen) Blüten sind blattachselständig od. bilden racemöse od. cymöse Blütenstände. Der Kelch ist meist radiär 3- oder 4lappig, die Krone oft verkümmert, od. sie fehlt ganz. Die 6–40 Staubblätter stehen in 1 oder 2 Kreisen u. sind entweder frei od. mit dem Griffel zu einem Gynostemium (↗Osterluzeiartige) verwachsen. Aus dem gewöhnlich unterständ. Fruchtknoten entwickelt sich eine vielsamige Kapsel. Der mit reichl. Endosperm ausgestattete Samen enthält einen Embryo. Eine weitere wichtige mitteleur. Gatt. ist die ↗Haselwurz.

Osteuropide, Menschenrasse der ↗Europiden; mittelgroß, gedrungen, aschblondes bis -braunes Haar, fahlrötl. Haut u. graue Augen; schmale, mitunter schrägstehende Lidspalte, mäßig kurzer kantiger Kopf mit breitem Gesicht u. niedriger konkaver Nase („Stupsnase"). Verbreitung v. a. in Großrußland, Weißrußland u. Mittelpolen sowie angrenzenden Gebieten. [B] Menschenrassen.

Ostien [Mz.; Ez. *Ostium*; v. lat. ostium = Eingang], seitl. Öffnungen am dorsalen Herzschlauch der Gliederfüßer; ↗Blutkreislauf, ↗Herz.   [cium.

Ostiolum *s* [lat., = kleine Tür], ↗Perithe-

Ostium *s* [lat., = Eingang], anatomische Bez. für Öffnung od. Mündung; z. B. *O. uteri* (Muttermund). ↗Ostien.

Ostomidae [Mz.; v. lat. os = Mund, gr. tomē = Schnitt], die ↗Flachkäfer.

Ostraciontidae [Mz.; v. *ostrac*-], die ↗Kofferfische.   [schelkrebse.

Ostracoda [Mz.; v. *ostrac*-], die ↗Mu-

Ostracodermata [Mz.; v. *ostrac*-, gr. derma = Haut], *Schalenhäuter*, † Taxon kieferloser, an ↗Fische ([T]) erinnernder Wirbelloser (*Agnatha*, ↗Kieferlose), die ge-

ostrac- [v. gr. ostrakon = Schale (v. Muscheln, Krebsen, Schildkröten), Gehäuse; davon ostrakion = Schalentier].

ostre- [v. gr. ostreon bzw. ostreion (lat. ostrea bzw. ostreum) = Auster, Muschel].

östr- [v. gr. oistros = Pferdebremse, Stich, Leidenschaft, Brunst].

ota-, oti-, oto- [v. gr. ous, Gen. ōtos = Ohr, Gehör; davon ōtion bzw. ōtarion = Öhrchen, ōtoeidēs = ohrförmig].

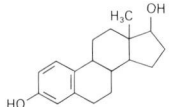

Östrogene

Östradiol (Östratrien-3,17-diol), neben *Östron* das physiolog. wichtigste Östrogen

Östrogene

Wirkungen:
Aufbau der Uterusschleimhaut
Bildung der Endometriumdrüsen in der Proliferationsphase
Erniedrigung der Viskosität des Cervicalsekrets
Vergrößerung der subcutanen Fettdepots
Verringerung v. Wachstum u. Produktion der Talgdrüsen
Retention von NaCl und Wasser
Wahrscheinlich wenig Bedeutung für das Sexualverhalten der Frau

meinsam über ein knöchernes, Kopf u. Brust bedeckendes Außenskelett verfügten, deren Achsenskelett jedoch unbekannt war, weil es nicht erhaltungsfähig war. Im Bau des Gehirns u. im Fehlen paariger Flossen ähneln sie den ↗Rundmäulern *(Cyclostomata);* wie diese besaßen auch manche O. nur 1 äußere Nasenöffnung *(Monorhina)*, andere 2 *(Diplorhina)*. – Als träge Bodenlieger dürften sie sich v. feinem Schlamm od. Geschwebe des Süßwassers ernährt haben. – Meist teilt man die *O.* in 3 bis 4 Taxa (vielfach unterschiedl. Ranges) ein. 1. ↗*Osteostraci*, 2. *Anaspida*, 3. ↗*Heterostraci* und 4. evtl. die unvollkommen bekannten *Thelodonti* od. ↗*Coelolepida.* Früher hat man die *O.* den Panzerfischen (↗*Placodermi*) zugerechnet. Silur u. Devon lieferten zahlr. Funde; alle älteren Zeugnisse blieben spärl., obwohl ihnen bereits eine lange Evolution vorausgegangen sein muß. – Verbreitung: Oberkambrium bis Oberdevon von N-Amerika, Europa, Spitzbergen u. Asien.

Ostracum *s* [v. *ostrac*-], die Schale der ↗Weichtiere; besteht aus organ. Lamellen (↗Conchin) u. Schichten von $CaCO_3$ in verschiedenen Kristallisationsformen (meist Aragonit u. Calcit); es wird überwiegend vom Mantelepithel *(Palliostracum)*, zum Teil auch abweichend strukturiert an den Muskelansatzflächen gebildet (*Myostracum:* Mantellinie, Schließmuskel-„Eindrücke") ; die Innenschicht des O.s ist bei altertüml. Weichtieren als ↗Perlmutter konstruiert.

Ostracumlamelle [v. *ostrac*-, lat. lamella = Blättchen], (Jeletzky 1948), in den Alveolarschlitz des Rostrums v. ↗Belemniten der Gatt. *Belemnitella* eingelagerte Kalklamelle unklarer Entstehung u. Funktion.

Östradiol *s* [v. *östr*-, gr. di- = zwei-, lat. oleum = Öl], *Östratrien-3,17-diol*, Hauptvertreter der ↗Östrogene.

Ostrea *w* [v. *ostre*-], Gatt. der ↗Austern.

Ostreidae [Mz.; v. *ostre*-], die ↗Austern.

Ostreobdella *w* [v. *ostre*-, gr. bdella = Egel], Gatt. der ↗Piscicolidae.

Ostrinia *w* [v. lat. ostrinus = purpurn], Gatt. der ↗Zünsler; ↗Maiszünsler.

Östriol *s* [v. *östr*-, lat. oleum = Öl], ↗Östrogene.

Östrogene [Mz.; v. *östr*-, gr. gennan = erzeugen], *Follikelhormone*, Gruppe v. ↗Sexualhormonen der Wirbeltiere u. des Menschen, die in den ↗Graafschen Follikeln (↗Oogenese, □) u. dem ↗Gelbkörper des Ovars während der Schwangerschaft zu einem großen Teil in der Placenta u. in geringen Mengen auch in der Nebennierenrinde u. den Hoden gebildet werden. Man unterscheidet die drei Steroidhormone *Östron, Östriol* u. das *Östradiol* [17(β-)Östradiol], die sich v. dem tetracyclischen C_{18}-Steroid *Östran* ableiten u. einen aromat. A-Ring sowie eine phenolische OH-Gruppe in 3-Stellung besitzen.

(Östron wurde 1929 v. ↗Doisy u. ↗Butenandt kristallin dargestellt.) Ö. sind typische weibl. Geschlechtshormone ([T] Hormone), die für die Ausbildung der sekundären weibl. Geschlechtsmerkmale verantwortl. sind u. bei der Koordination der Sexualzyklen eine Rolle spielen: Während der Poliferationsphase des ↗Menstruationszyklus (☐, [B]) steigen die Ö.-Spiegel bis zur ↗Ovulation an, sinken dann u. erreichen ein 2. Maximum in der Sekretionsphase. Bei Eintreten einer ↗Schwangerschaft steigt die Ö.-Menge auf Werte von 2 Zehnerpotenzen über die vor der Ovulation. Bildung u. Freisetzung der Ö. werden durch Hormone des Hypophysenvorderlappens reguliert. In der Leber werden sie durch Konjugation mit Glucuronsäure od. Sulfat inaktiviert u. über die Niere ausgeschieden. Die Halbwertszeit im Plasma beträgt etwa 50 min.

Östron s [v. *östr-], ↗Östrogene.

Ostropales [Mz.], Ord. der *Ascomycetes*, z.Z. sehr verschieden aufgefaßt; i.e.S. ca. 150 Arten in 3 Fam. umfassend, hpts. Saprophyten u. Parasiten auf Grashalmen, Rinde u. Holz; i.w.S. weit über 1000 hpts. lichenisierte Arten enthaltend, Krustenflechten mit bitunicaten Asci u. meist mehrfach querseptierten bis mauerförm. Sporen, v.a. die Fam. ↗*Graphidaceae* u. ↗*Thelotremataceae*.

Östrus m [v. *östr-], ↗Brunst.

Ostrya w [gr., = Baum mit hartem Holz], die ↗Hopfenbuche.

Ostseegarnele, *Palaemon adspersus*, *P. squilla*, ↗Natantia.

Ostwald, *Wilhelm*, dt. Chemiker, * 2. 9. 1853 Riga, † 4. 4. 1932 Großbothen bei Leipzig; Prof. in Riga u. Leipzig; grundlegende Arbeiten über Katalyse, chem. Gleichgewichte, Elektrochemie (*O.sches Verdünnungsgesetz*, 1888), Thermodynamik (*O.sche Stufenregel*), Farbenlehre (*O.scher Farbkörper*) u. Ammoniakverbrennung (*O.-Verfahren*) zu Salpetersäure. Seine „Energetik" führte ihn zu naturwissenschaftl. Auffassungen (Monismus), derentwegen er stark angegriffen wurde; erhielt 1909 den Nobelpreis für Chemie.

Oszillation w [Ztw. *oszillieren*; v. lat. *oscillare* = schaukeln, schwanken], die Schwingung (↗biologische O.en, ↗biochemische O.en, ↗Chronobiologie); in der Ökologie: regelmäßige Schwankung der Populationsdichte (↗Massenwechsel, ☐).

Otala w [v. *ota-], Gatt. der *Helicidae*, Landlungenschnecken mit festem, gedrückt-rundl. Gehäuse (bis 5 cm ⌀), dessen gewölbte Umgänge oft fein gehämmert sind; weißlich, oft mit braunen Spiralbändern; ungenabelt; Mündung schief mit verdicktem Rand, bei manchen Arten durch 2 Zähne verengt (Schutz gg. Laufkäfer, *Cychrus*); in SW-Europa u. NW-Afrika.

Otariidae [Mz.; v. gr. ōtarion = kleines Ohr], die ↗Ohrenrobben.

Otidea
Hasenohr (*O. leporina* Fuckel)

W. Ostwald

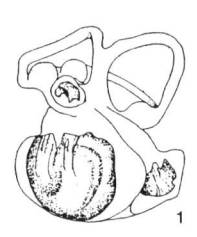

Otolithen
1 Die geschwärzten Zonen der flüssigkeitserfüllten Ausweitungen des Innenohrs (stark vergrößert) des Umberfisches *Aplodinotus* deuten die Lage der O. an. 2 Zwei Ansichten eines O. aus dem unteren Eozän; sie gehören zum Grätenfisch *Albula* und sind in natürlicher Größe abgebildet.

Otidea w [v. gr. ōtoeidēs = ohrförmig], *Öhrlinge*, Gatt. der *Pezizaceae* (Schüsselbecherlinge), Schlauchpilze mit mittelgroßen, ungestielten, spitz ohrförm. oder einseitig verlängerten od. eingeschnittenen (u. dann am Rand eingerollten) Fruchtkörpern; über 10 Arten. Auffällig ist das Hasenohr (*O. leporina* Fuckel) mit seinem hasenohrförm., rostgelben, gelbbraunen od. zimtbraunen Apothecien-Fruchtkörper (2–5 cm hoch, bis 3 cm breit); es wächst im Nadelwald, bes. in Berglagen. Orangefarbig ist dagegen das Hymenium des Eselsohrs (*O. onotica* Fuckel), dessen Fruchtkörper (3–5 cm hoch, 1,5–3 cm breit) einen längs aufgerollten Rand aufweist; es kommt im Nadelwald, seltener im Laubwald vor. [pen.

Otidae [Mz.; v. gr. ōtides =], die ↗Trap-

Otina w [v. *oti-], Gatt. der *Otinidae*, Altlungenschnecken mit der einzigen Art *O. otis*: ohrförm., bis 2,5 cm langes Gehäuse, das den Weichkörper nicht ganz aufnehmen kann; protandrische ⚥, die Eikapseln absetzen. O. lebt in der Gezeitenzone W-Europas auf Steinen u. Algen.

Otiorrhynchus m [v. *oti-, gr. rhygchos = Rüssel], Gatt. der ↗Rüsselkäfer.

Otis w [v. gr. ōtis = Trappe], Gatt. der ↗Trappen. [↗Schmuckfliegen.

Otitidae [Mz.; v. gr. ōtitēs = Ohr-], die

Otocinclus m [v. *oto-, gr. kigklis = Gitter], Gatt. der ↗Harnischwelse.

Otocolobus m [v. *oto-, gr. kolobos = verstümmelt], ↗Manul.

Otocyon m [v. *oto-, gr. kyōn = Hund], ↗Löffelhund.

Otocysten [Mz.; v. *oto-, gr. kystis = Blase], *Hörbläschen*, veraltete Bez. für Statocysten (↗Gleichgewichtsorgane, ↗mechanische Sinne, [B] II), auch Bez. für die embryonale Anlage des Labyrinths.

Otolithen [Mz.; v. *oto-, gr. lithos = Stein], *Gehörsteinchen*, konzentr., in Rhythmen wachsende Kalkkörperchen v. eigentüml. Gestalt in Ausweitungen des flüssigkeitserfüllten Labyrinths (↗mechanische Sinne, [B] II) v. ↗Fischen ([B]). Sie wirken als ↗*Statolithen* auf Sinnesfelder ein u. ermöglichen räuml. Orientierung u. Wahrnehmung v. Beschleunigungen (↗Gleichgewichtsorgane, ☐). Jedes Labyrinth erzeugt 3 verschiedene Typen von O.: 2 kleinere (*Astericus* u. *Lapillus*) u. einen relativ großen (*Sagitta*), der außerdem reich an Merkmalen ist u. deshalb oft als eigentlicher O. bezeichnet wird. Da die meisten Fische formspezifische O. ausbilden, dienen sie hilfsweise der Artbestimmung. Vorkommen: Perm bis heute.

Ototyphlonemertes m [v. *oto-, gr. typhlos = blind, ben. nach der Nereide Nēmertēs], Schnurwurm-Gatt. der ↗*Monostilifera* (Ord. ↗*Hoplonemertea*); ihre Arten sind weitverbreitet, so *O. spiralis* im Pazifik, *O. evelinae* im Atlantik, *O. antipai* im Schwarzen Meer und *O. duplex* im Mittelmeer.

Ottelia w [aus einer Drawidasprache Indiens], Gatt. der ↗Froschbißgewächse.

Otter, *Wassermarder, Lutrinae,* U.-Fam. der Marder mit deutl. Anpassungen an das Wasserleben, z. B. flach walzenförm. Körper, kurze Beine mit Schwimmhäuten zw. den Zehen, verschließbare Ohren, wasserundurchlässiges Fell. 6 Gatt. (vgl. Tab.) mit 18 Arten; Alte u. Neue Welt.

Ottern ↗Vipern.

Otterspitzmäuse, *Potamogalidae,* den ↗Tanreks nahestehende Fam. der Insektenfresser; 3 Arten, v. otterähnl. Aussehen. Die O. leben an Gewässern des westl. u. mittl. Äquatorialafrika, sind nachtaktiv u. ernähren sich v. Krebsen u. Fischen; beim Tauchen verschließen sie ihre Nasenlöcher mit einem verhornten Nasenschild. Die Große Otterspitzmaus *(Potamogale velox)* erreicht eine Kopfrumpflänge von 30–35 cm. Nur halb so groß werden die Zwerg- *(Micropotamogale lamottei)* u. die Ruwenzori-Otterspitzmaus *(M. ruwenzorii);* nur letztere hat Schwimmhäute zw. den Zehen.

Otterzivette w [v. arab. zabād = Moschus, über frz. civette = Zibetkatze], *Mampalon, Cynogale bennetti,* am Wasser lebende Schleichkatze SO-Asiens mit Schwimmhäuten zw. den Zehen, nach oben verlagerten Nasenöffnungen u. otterähnl. Fell. Verbreitung: N-Vietnam, Malaya, U.-Arten auf Borneo, Java u. Sumatra.

Ottonia w, Egel-Gatt. der ↗*Piscicolidae.* Bekannte Art: *O. brunnea* (Brauner Fischegel), 25 mm lang, 1,5–2 mm breit; Mundsaugnapf zu einer großen, kreisförm. Scheibe ausgebreitet; auf dem Seeskorpion *(Cottus scorpius)* u. frei unter Algen; kann nicht schwimmen; Nordsee, westl. Ostsee [↗Strophanthine.

Ouabaïn s [aus der Somali-Sprache],

Ouchterlony-Test [ben. nach dem schwed. Bakteriologen Ö. Ouchterlony, * 1914] ↗Agardiffusionstest.

Oudin-Test ↗Agardiffusionstest.

Ouranopithecus m [v. Ouranos = altgr. Regengott, pithēkos = Affe], ca. 10–12 Mill. Jahre alte Gebißreste eines fossilen Hominoiden aus N-Griechenland; teils als ↗*Sivapithecus,* teils als Vorfahr des ↗*Gigantopithecus* angesehen.

Ourapteryx m [v. gr. oura = Schwanz, pteryx = Flügel], Gatt. der ↗Spanner.

Output [aut-; engl., = Ertrag] ↗Black-box-Verfahren. [weiß], das ↗Eieralbumin.

Ovalbumin s [v. *ov-, lat. albumen =

ovales Fenster, *Vorhoffenster, Fenestra ovalis,* Abschluß der Scala vestibuli im inneren ↗Gehörorgan (B) der Säuger, mit deren Abschlußmembran der Steigbügel (↗Gehörknöchelchen, □) verwachsen ist. □ Ohr.

Ovar s [v. lat. ovarius = Eier-], *Ovarium,* **1)** Bot.: der ↗Fruchtknoten. **2)** Zool.: *Eierstock,* Keimdrüse (Gonade) beim weibl. Geschlecht, in der sich die Eizellen (↗Ei-

---

Otter
Gattungen:
↗Fischotter *(Lutra)*
↗Riesenotter *(Pteronura)*
↗Fingerotter *(Amblonyx, Aonyx, Paraonyx)*
↗Meerotter *(Enhydra)*

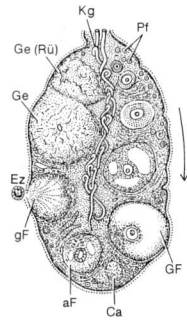

Ovar
Eierstock der Frau im Längsschnitt; rechts v. oben nach unten Eireifung (Oogenese), links Follikelsprung u. Gelbkörper (Corpus luteum), unten verschiedene Rückbildungsstadien eines Follikels.
aF atretischer Follikel, Ca Corpus albicans, Ez Eizelle, Ge Gelbkörper, gF geplatzter Follikel, GF Graafscher Follikel, Kg Knäuelgefäße, Pf Primärfollikel, Rü Rückbildung des Gelbkörpers

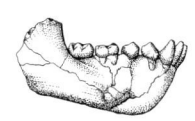

Ouranopithecus, Unterkiefer, seitlich

ov- [v. lat. ovum = Ei; davon ovarius = Eier-, ovatus u. spätlat. ovalis = eiförmig].

---

zelle, □) entwickeln (↗Oogenese, □). Das O. entsteht aus somat. Gewebe (z. B. ↗Follikelzellen), in das anschließend die ↗Keimbahn-Zellen einwandern. Schwämme besitzen noch kein eigtl. O.; Keimzellen differenzieren sich in der Nähe der Geißelkammern aus. Bei Hohltieren liegen die Keimzellen im Ektoderm od. im Entoderm (B Hohltiere I). Bei vielen ↗Plattwürmern (B) u. Rädertieren bildet ein Teil des O.s einen ↗Dotterstock *(Vitellarium),* der nur ↗Abortiveier liefert; im anderen Teil *(Germarium)* bilden sich entwicklungsfähige Eizellen; bei vielen Plattwürmern sind Germarium u. Vitellarium räuml. getrennt; diese Formen bilden ↗zusammengesetzte Eier. Bei Coelomaten entwickeln sich die Keimzellen generell urspr. an bestimmten Stellen außerhalb des Coeloms, werden dann ins Coelom abgegeben u. über Coelomodukte (urspr. Metanephridien) nach außen geleitet. – Wirbeltiere (außer Vögel) und Mensch haben i. d. R. paarige O.ien. Die reifen Eizellen fallen auch hier ins Coelom, werden vom ↗Ovidukt (Eileiter) aufgenommen und – im Ggs. zur Situation im männl. Geschlecht – unabhängig v. der Niere ausgeleitet (↗Nierenentwicklung). Neben ↗Östrogenen produziert das O. noch die Sexualhormone ↗Progesteron u. ↗Relaxin (↗Hormone, T). – Die O.ien der Weichtiere sind urspr. paarig angelegt; sie stehen mit einem Rest des Coeloms in Verbindung. Bei den Schnecken sind O. und Hoden sekundär zur ↗Zwitterdrüse (Ovariotestis) vereinigt. Insekten besitzen paarige O.ien; jedes ist in mehrere ↗Ovariolen (↗Oogenese) unterteilt; die Ovariolen je eines O.s münden in einen gemeinsamen Eileiter (Ovidukt). ↗Geschlechtsorgane (□), ↗Menstruationszyklus (□, B), □ Ovidukt, B Embryonalentwicklung III.

Ovarialhormone [Mz.; v. *ov-, gr. hormōn = antreibend], *Eierstockhormone,* Sammelbez. für die vom ↗Ovar produzierten weibl. ↗Sexualhormone, v. a. ↗Östrogene u. Gestagene (↗Gelbkörperhormone). T Hormone.

Ovariolen [Mz.; v. *ov-], *Eiröhren, Eischläuche,* Bestandteile v. Ovarien. Bei Insekten finden sich entweder ein Paar O. (manche Urinsekten, Blattläuse), nur eine einzige (einige Mistkäfer) od. im Regelfall viele O. (bei Termitenköniginnen bis zu 2000). Jede O. hat eine dünne, gelegentl. muskulöse Peritonealhülle u. gliedert sich im typ. Fall in 4 Abschnitte: 1. Endfaden *(Terminalfilum)* als proximale Fortsetzung der Peritonealhülle; bei vielen O. vereinigen sich alle Endfäden einer Ovarhälfte zu einem Endstrang; 2. Endkammer *(Germarium)* zur Bildung der Eizellen; 3. *Vitellarium,* in dem diese Eizellen heranwachsen; 4. Eiröhrenstiel *(Ovariolenstiel),* der in den Eileiter mündet. Je nach Entwicklungs- u. Ernährungsmodus der Eizellen in den O. unterscheidet man bei Insekten panoistische u. meroistische O., letztere unterteilt in polytroph- u. telotroph-meroistische O. (↗Oogenese, ☐). Wenn das ↗Ovar nicht in O. unterteilt ist, spricht man vom ↗*dieroistischen Ovar*.

Ovariotestis *m* [v. *ov-, lat. testis = Hode], die ↗Zwitterdrüse.

Ovarium *s* [v. lat. ovarius = Eier-], **1)** der ↗Fruchtknoten; **2)** das ↗Ovar.

Ovatella *w* [v. *ov-], die ↗Mausohr-Schnecken.

Ovibos *m* u. *w* [v. lat. ovis = Schaf, bos = Rind], ↗Moschusochse.

Ovibovini [Mz.; v. lat. ovis = Schaf, bovinus = Rinder-], die ↗Schafochsen.

Ovicelle *w* [v. *ov-, lat. cella = Kammer], *O(o)ecium*, die äußere Brutkammer bei Meeres-↗Moostierchen (☐), die jeweils ein befruchtetes Ei aufnehmen kann; im Ggs. zu ↗Avicularien u. ↗Vibracularien handelt es sich nicht um ↗Heterozoide; eine O. ist demnach kein Gonozoid, sondern nur ein mit Kalk überzogener Auswuchs des Cystids.

Ovidukt *m* [v. *ov-, lat. ductus = Führung, Leitung], *Eileiter*, Ableitungskanal der weibl. Gonaden, der die ↗Eizellen aus dem ↗Ovar (Eierstock) aufnimmt u. nach außen leitet. Bei den meisten Wirbellosen (z. B. Plattwürmer, Insekten; ☐ Oogenese) u. bei den Knochenfischen ist der O. direkt mit dem Ovar verbunden. Bei vielen Ringelwürmern (z. B. Regenwurm) u. Wirbeltieren (außer Knochenfische) werden die reifen Eizellen zunächst ins Coelom abgegeben u. danach vom O. aufgenommen. Die O.e der Ringelwürmer sind ursprünglich selbständige Geschlechtstrichter *(Coelomodukte)*, die mit den ursprünglich der Exkretion u. Osmoregulation dienenden ↗Nephridien zu *Nephromixien* (Mixonephridien) zusammentreten können. Der O. der Wirbeltiere (*Müllerscher Gang*, ☐ Nierenentwicklung) nimmt die reifen Eizellen über eine trichterförmige Öffnung *(Ostium tubae, Infundibulum)* auf, die sich dem Ovar direkt anlegen kann (viele Säuger). In seinem weiteren Verlauf kann der O. unterschiedliche Drüsen differenzieren, die um die Eizelle Nährmaterial u. Eihüllen ablagern (z. B. Eiweiß-, Schalen- u. Kalkdrüsen bei Vögeln, Gallertdrüsen bei Amphibien). Bei Säugern untergliedert sich der O. (i. w. S.) in den O. i. e. S. (Eileiter, Tuba uterinae), die ↗*Gebärmutter* (Uterus), welche die sich entwickelnden Embryonen enthält, u. die Scheide (Vagina). ↗Geschlechtsorgane (☐); ↗Embryonalentwicklung (☐, **B** III).

Oviparie *w* [Bw. *ovipar*; v. oviparus = Eier legend], Ablage v. Eiern vor der Befruchtung od. in einem frühen Entwicklungsstadium des Embryos; die weitere Entwicklung erfolgt außerhalb des mütterl. Körpers. Voraussetzung für die O. ist ein ↗Dotter-Vorrat zum Aufbau des embryonalen Körpers. Weichschal. Eier können

ov- [v. lat. ovum = Ei; davon ovarius = Eier-, ovatus u. spätlat. ovalis = eiförmig].

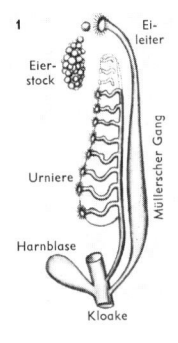

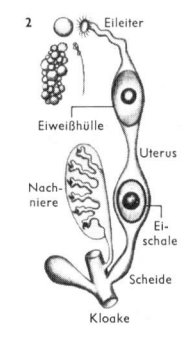

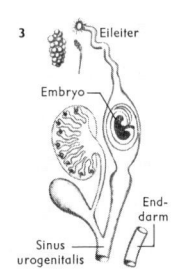

Eileiter
Eierstock
Müllerscher Gang
Urniere
Harnblase
Kloake

2 Eileiter
Eiweißhülle
Uterus
Nachniere
Eischale
Scheide
Kloake

3 Eileiter
Embryo
Enddarm
Sinus urogenitalis

Ovidukt

Eileiter im Urogenitalsystem bei **1** Amphibien, **2** Kriechtieren u. Vögeln (☐ Hühnerei), **3** Säugern

nach der Ablage außerhalb des mütterl. Körpers befruchtet werden (z. B. Fische, Amphibien; ↗äußere Besamung, ☐ Besamung); hartschal. Eier werden entweder beim Vorgang des Ablegens im mütterl. Körper über eine Öffnung in der Eischale (↗Mikropyle, z. B. Insekten) od. vor Bildung der ↗Eihüllen besamt (z. B. viele Reptilien, Vögel). ↗Ovoviviparie.

Ovipositor *m* [v. *ov-, lat. positor = Leger], der ↗Eilegeapparat.

Oviruptor *m* [v. *ov-, lat. ruptor = Zerbrecher], der ↗Eizahn.

Ovis *w* [v. lat., = Schaf], die ↗Schafe.

Ovizide [Mz.; v. *ov-, lat. -cidus = tötend], chem. Schädlingsbekämpfungsmittel, die speziell gg. Eier v. Insekten u. Milben eingesetzt werden. ↗Pestizide.

Ovoplasma *s* [v. *ov-, gr. plasma = Gebilde], Cytoplasma der ↗Eizelle.

Ovotestis *m* [v. *ov-, lat. testis = Hode], Gonade, die sowohl Hoden- als auch Ovargewebe enthält, z. B. bei manchen Fischen im Stadium der ↗Geschlechtsumwandlung od. bei ↗Zwittern.

Ovovitellin *s* [v. *ov-, lat. vitellus = Dotter], ein Protein des Eidotters, ↗Vitellin.

Ovoviviparie *w* [Bw. ovovivipar; v. lat. oviparus = Eier legend, viviparus = lebendgebärend], *Ooviviparie*, „verzögerte Eiablage" gg. Ende der ↗Embryonalentwicklung (☐) des Jungtieres, so daß dieses bei od. kurz nach der Eiablage schlüpft (z. B. Feuersalamander, Kreuzotter, manche Haie). Während der verlängerten Entwicklung im mütterl. Körper ist der Embryo gg. äußere Einflüsse geschützt; die Anzahl der Jungen ist deshalb, wie auch bei viviparen Formen, meist geringer als bei vergleichbaren oviparen Formen. O. stellt oft einen Zwischenzustand zw. ↗Oviparie u. ↗Viviparie dar. ↗Larviparie.

Ovula *w* [v. *ov-], Gatt. der *Ovulidae*, Mittelschnecken mit kauriähnl. Gehäuse mit weißer, glänzender Porzellanschicht; 2 Arten in Korallenriffen des Indopazifik, v. denen *O. ovum* 10 cm hoch wird.

Ovulation *w* [v. *ov-], *Follikelsprung*, „Eisprung", Aufplatzen (Ruptur) des Tertiär-↗Follikels (Graafscher Follikel) u. Freiwerden der besamungsbereiten Oocyte II. Ord. (noch keine Eizelle, da die 2. Reifeteilung erst *nach* der Besamung beendet wird; ↗Oogenese, ☐ Gametogenese). Das Follikelepithel wird resorbiert; nur im Falle einer Schwangerschaft bleibt es erhalten u. vergrößert sich zum ↗Gelbkörper. ↗Empfängnisverhütung, ↗O.shemmer, ↗Menstruationszyklus (☐, **B**), ☐ Embryonalentwicklung.

Ovulationshemmer [v. *ov-], ugs. Bez. *Antibabypille*, hormonelle Kontrazeptiva, die, in Pillenform zw. dem 5. und 24. Zyklustag (↗Menstruationszyklus, ☐, **B**) oral, z. T. aber auch intrauterin od. intramuskulär appliziert, der ↗Empfängnisverhütung (**T**) v. a. beim Menschen dienen. Sie bestehen

Ovulum

aus einer zu Beginn der Zyklusphase verabreichten Kombination aus Gestagenen (↗Gelbkörperhormone) u. ↗Östrogenen, wodurch die negative Rückkopplung dieser Hormone auf die Releasing-Faktoren (↗hypothalamisch-hypophysäres System, ☐) v. ↗follikelstimulierendem Hormon u. ↗luteinisierendem Hormon etwas über das physiolog. Maß hinaus gesteigert wird, so daß Follikelsprung u. ↗Ovulation u. damit die Befruchtungsfähigkeit verhindert werden. Anstelle natürl. Hormone werden deren Derivate verwendet, die auch bei oraler Applikation in der Leber nicht abgebaut werden. Dem Vorteil hoher Zuverlässigkeit bei der Geburtenkontrolle steht der Nachteil zahlr. Nebenwirkungen gegenüber, deren Art u. Schwere (v. a. bei langfrist. Anwendung der O.) z. T. kontrovers diskutiert werden.

Ovulum s [v. *ov-], die ↗Samenanlage.
Ovum s [lat., = Ei], die ↗Eizelle.
Owen, Sir *Richard,* engl. Arzt, Zoologe u. Paläontologe, * 20. 7. 1804 Lancaster, † 18. 12. 1892 London; seit 1835 Prof. in London; zahlr. systemat. Arbeiten über fossile Tiere, anhand derer er die Begriffe Analogie u. Homologie (1847) prägte, ohne sie jedoch phylogenet. zu interpretieren u. zu benutzen, da er noch v. der Konstanz der Arten überzeugt war („Alle existierenden Tiere sind Varietäten der v. Gott geschaffenen idealen Form"); schlug (1842) den Begriff „Dinosaurier" vor u. erkannte die Bedeutung des ↗*Archaeopteryx*; wertete neben zahlr. anderen Wissenschaftlern die Funde der Weltumseglung Darwins aus u. gehörte mit diesem (sowie mit Henslow u. a.) einer Kommission zur Ordnung der zool. Nomenklatur im Sinne Linnés an; war für den Neubau des Brit. Museums (1856–83) verantwortlich, dessen erster Dir. er wurde. B Biologie I.
Oweniida [Mz.; ben. nach R. ↗Owen], Ringelwurm-Ord. der *Polychaeta* mit nur 1 Fam. ↗*Oweniidae;* Körper ohne deutl. verschiedene Abschnitte; Prostomium meist mit dem Peristomium verschmolzen; Parapodien reduziert; kein vorstülpbarer Rüssel.
Oweniidae [Mz.; ben. nach R. ↗Owen], Ringelwurm-Fam. der ↗*Oweniida* mit 5 Gatt. (vgl. Tab.); Parapodien zu Wülsten umgestaltet, Notopodien mit einfachen haarart. Borsten, Neuropodien mit meist langschäft. Haken; bewohnen Röhren, die mit Sand u. Schill inkrustiert u. an den Enden zugespitzt sind; Strudler. Bekannte Art *Owenia fusiformis* mit 30 Borstensegmenten, bis 10 cm lang; Röhre wird wie ein Köcher mitgetragen.
Oxalacetat s [v. lat. acetum = Essig], die anionische Form der *Oxalessigsäure* (Ketobernsteinsäure), Zwischenprodukt im ↗Citratzyklus (☐), ↗Glyoxylatzyklus (☐) sowie bei der ↗Gluconeogenese (☐); durch Transaminierung kann O. zu Asparaginsäure umgewandelt u. damit in den Aminosäurestoffwechsel (☐ Aminosäuren) eingeschleust werden. [↗Oxalsäure.
Oxalate [Mz.], die Salze u. Ester der **Oxalbernsteinsäure** ↗Oxalsuccinat.
Oxalessigsäure ↗Oxalacetat.
Oxali-Abietetum s [v. *oxal-, lat. abies = Tanne], ↗Weißtannenwälder.
Oxalidaceae [Mz.; v. *oxal-], die ↗Sauerkleegewächse.
Oxalis w [*oxal-], der ↗Sauerklee.
Oxalsäure, *Kleesäure, Äthandisäure,* HOOC-COOH · 2 H$_2$O; zweibasige organ. ↗Dicarbonsäure, bildet in reiner Form farblose Kristalle; in Form v. Salzen *(Oxalate)* kommt sie in kleinen Mengen im ↗Harn (T) der Tiere u. des Menschen u. in größeren Mengen in Pflanzen vor (z. B. Sauerklee, Sauerampfer u. Rübenblättern); größere Mengen von O. sind bei Mensch u. Tieren aufgrund der Ca^{2+}-bindenden Wirkung giftig, bes., da sie im menschl. Organismus nicht abgebaut u. daher nur durch Ausscheidung (maximal 10–30 mg tägl.) entfernt werden kann; bei höheren Durchsatzraten können sich in der Niere Oxalatsteine (↗Harnsteine) bilden. Durch Mikroorganismen kann O. über Oxalyl-CoA nach folgender Bruttogleichung zu Kohlendioxid u. Glyoxylsäure metabolisiert werden: 2 HOOC-COOH →
2 CO$_2$ + O=CH-COOH + H$_2$O
Oxalsuccinat s [v. lat. sucinum = Bernstein], die anionische Form der *Oxalbernsteinsäure,* Zwischenprodukt im ↗Citratzyklus (☐).
Oxidasen [Mz.], Sammelbez. für ↗Enzyme, die die Übertragung v. Elektronen bzw. Wasserstoff v. Substraten direkt auf molekularen Sauerstoff katalysieren, wobei als Produkte das oxidierte Substrat und H$_2$O oder H$_2$O$_2$ entstehen. O. sind eine Untergruppe der ↗*Oxidoreduktasen* (T Enzyme); sie sind vorwiegend ↗Flavinenzyme u. enthalten oft komplex gebundene Schwermetallionen. Wichtige O. sind die Aminosäure-, Ascorbinsäure-, Cytochrom-, Diphenol- u. Xanthin-O. sowie die Laccasen.
Oxidation w [Ztw. *oxidieren*], 1) urspr. Bez. für langsame, schnelle od. explosionsartig verlaufende direkte Vereinigung v. Sauerstoff mit anderen Elementen od. Verbindungen; später erfolgte eine Erweiterung des Begriffs, indem alle Vorgänge, die unter Sauerstoffaufnahme bzw. Wasserstoffabgabe verlaufen, als O. bezeichnet werden. Aufgrund der elektrochem. Deutung chem. Prozesse läßt sich die Erscheinung der O. und ↗*Reduktion* auf eine noch breitere Grundlage stellen. Heute versteht man unter O. den Entzug v. Elektronen aus den Atomen eines chem. Elements od. einer Verbindung. Die oxidierende Wirkung eines *O. smittels* beruht demnach auf seiner Fähigkeit, Elektronen (↗Elektron) zu entziehen. Außer Sauerstoff haben dieses Bestreben auch andere Elemente (z. B.

---

ov- [v. lat. ovum = Ei; davon ovarius = Eier-, ovatus u. spätlat. ovalis = eiförmig].

oxal- [v. gr. oxalis = Sauerampfer].

oxy- 1) [v. gr. oxys = scharf, spitz, herb, heftig].
oxy- 2) [v. gr. oxys = sauer, dann oxos = Essig, säuerliches Getränk], in Zss.: sauer-, Säure-.
oxy- 3) [v. nlat. oxygenium = Sauerstoff].

Oweniidae
Gattungen:
Galathowenia
Myriochele
Myrioglobula
Myriowenia
Owenia

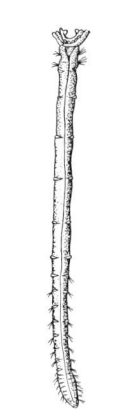

Oweniidae
Owenia fusiformis

```
COO⁻
 |
 C=O
 |
 CH₂
 |
COO⁻
```
Oxalacetat

Fluor u. Chlor), geladene Ionen (z. B. 3fach geladenes Eisen oder 7fach geladenes Mangan) u. Verbindungen (z. B. Wasserstoffperoxid od. Salpetersäure); auch kann die O. ohne chem. Stoffe elektrolyt. mittels einer Anode erfolgen *(anodische O.)*. O.-prozesse spielen in Natur u. Technik eine außerordentl. wichtige Rolle. **2)** *biologische O.,* die Energiegewinnung durch stufenweise O. energiereicher organ. Stoffe, katalysiert durch ↗Oxidoreductasen (T Enzyme) v. a. innerhalb der ↗Atmungskette (☐). **3)** *Beta-O., β-O.,* beim Abbau v. ↗Fettsäuren (☐) die sukzessive Abspaltung v. Gliedern aus 2 C-Atomen, wobei β-Hydroxy- und β-Ketosäuren als Zwischenprodukte in (an CoA) gebundener Form auftreten. [lierung.

oxidative Decarboxylierung ↗Decarboxy-
oxidative Phosphorylierung ↗Atmungskettenphosphorylierung.
Oxide [Mz.], Verbindungen eines chem. Elements mit Sauerstoff (↗Oxidation), z. B. die O. des Kohlenstoffs (Kohlenmonoxid, CO; Kohlendioxid, CO_2), Wasserstoffs (Wasser, H_2O; Wasserstoffperoxid, H_2O_2), Schwefels (Schwefeldioxid, SO_2) u. der Metalle (Natriumoxid, Na_2O; Calciumoxid, CaO; Aluminiumoxid, Al_2O_3). Die meisten O. der Nichtmetalle bilden mit Wasser Säuren (z. B. Kohlensäure), während Metall-O. mit Wasser zu Laugen (z. B. Natriumoxid → Natronlauge; Calciumoxid → Kalkwasser) reagieren.

Oxidoreductasen [Mz.; v. lat. reductus = zurückgeführt], *Redoxasen,* die 1. Haupt-Kl. der ↗Enzyme (T). Da O. ↗Redoxreaktionen katalysieren, wirken sie gleichzeitig oxidierend (näml. auf den Elektronendonor) u. reduzierend (auf den Elektronenakzeptor). Je nach Gleichgewichtslage der betreffenden Reaktionen bzw. Reaktionsketten katalysieren O. Teilreaktionen oxidativer (z. B. in der ↗Atmungskette) od. reduktiver (z. B. bei der Fettsäuresynthese, ↗Fettsäuren) Stoffwechselwege.

Oxiran *s* [v. *oxy- 3], das ↗Äthylenoxid.
Oxyaeninae [Mz.; v. *oxy- 1), gr. hyaina = Hyäne], (Trouessart 1885), † U.-Fam. katzenähnl. Urraubtiere (↗ *Creodonta),* deren ↗Brechschere von M^1 und M_2 gebildet wurde. Hand u. Fuß mesaxonisch, Endphalangen gespalten. *Oxyaena* erreichte die Größe des Vielfraßes. Mit *Oxyaenoides* aus dem Geiseltal bei Halle sind die O. erstmals in Europa nachgewiesen. *Patriofelis* mit otternartigem Habitus gilt als Aasfresser. Verbreitung: oberes Paleozän bis oberes Eozän, zeitweise in Asien, Europa und N-Amerika.

Oxybelis *w* [v. gr. oxybelēs = scharfgespitzt], Gatt. der ↗Trugnattern.
Oxybiose *w* [v. *oxy- 3), gr. biōsis = Leben], die ↗Aerobiose.
Oxychilus *m* [v. *oxy- 1), gr. cheilos = Lippe], Gatt. der Glanzschnecken, Landlungenschnecken mit flachgewundenem,

Oxidoreductasen
O. katalysieren Redoxreaktionen
1) mit NAD^+ oder $NADP^+$ als Akzeptor:
   Alkohol-, Malat-Lactat-, Isocitrat-, Glucose-6-phosphat-, Glycerinaldehyd-3-phosphat-Dehydrogenase
2) mit Sauerstoff als Akzeptor:
   Glucose-, Aminosäure-, Xanthin-, Cytochrom-, Monoaminooxidase
3) mit Cytochrom als Akzeptor:
   Pyruvatdehydrogenase, Cytochrom-b_5-Reductase
4) mit H_2O_2 als Akzeptor:
   Peroxidase, Katalase
5) mit anderen Akzeptoren:
   Succinatdehydrogenase, Hydrogenase
6) unter Einbau von Sauerstoff:
   Dopaminhydroxylase, Lipoxygenase

Oxyaeninae
Patriofelis, erreichte die Größe eines Löwen

Oxycocco-Sphagnetea
Ordnungen und Verbände:
Sphagnetalia magellanici (Hochmoor-Bultges.)
  Sphagnion magellanici
Sphagnetalia compacti (Heidemoor- u. Anmoorges.; früher *Erico-Sphagnetalia)*
  Ericion tetralicis

dünnem, glänzendem Gehäuse (bis 15 mm ⌀), in Europa mit 12 Arten vertreten, davon 7 in Dtl. *O. alliarius,* die Knoblauch-Glanzschnecke, riecht bei Berührung (S-haltige Proteide); sie ist an feuchten Stellen in Wäldern, Gebüsch, Wiesen anzutreffen. Dort sowie in Höhlen, Schuppen u. ä. findet sich *O. cellarius,* die Keller-Glanzschnecke. Die isoliert vorkommende Flache Glanzschnecke, *O. depressus,* ist nach der ↗Roten Liste „potentiell gefährdet".

Oxyclaeninae [Mz.; v. *oxy- 1)], (Matthew 1937), formenreiche U.-Fam. der † *Arctocyonoidea* (↗ *Arctocyoninae),* Urraubtiere mit trituberculären, an Lemuren erinnernden Molaren, omnivor, z. T. arboricol (?) lebend. Bekannteste der ca. 14 Gatt.: *Oxyclaenus* u. *Deltatherium.* Älteste O. *(Loxolophus)* gelten als die Vorfahren der Arctocyoniden. Verbreitung: unteres Paleozän bis unteres Eozän von N-Amerika, oberes Paleozän von Europa.

Oxycocco-Sphagnetea [Mz.; v. *oxy- 2), gr. kokkos = Beere, sphagnos = langhaariges Baummoos], holarkt. *Hochmoor-, Bult- und Heidemoorgesellschaften,* Kl. der Pflanzenges. Die durch Nährstoff- u. Sauerstoffmangel gekennzeichneten Standorte können nur wenige Pflanzenarten besiedeln: Torfmoos-Arten, mykorrhizabildende Heidekrautgewächse, Insectivoren wie Sonnentau, anspruchslose Sauergräser u. a. Wichtige Ges. sind die Rote Hochmoor-Bultges. *(Sphagnetum magellanici),* das Glockenheide-Anmoor *(Ericetum tetralicis),* eine durch Brennen u. Plaggenhieb entstandene Feuchtheide, u. das Rasenbinsen-Anmoor *(Sphagno-Trichophoretum germanici)* auf ehemal. Weideplätzen.

Oxycoccus *m* [v. *oxy- 2), gr. kokkos = Beere], die ↗Moosbeere.
oxycon [v. *oxy- 1), gr. kōnos = Kegel], Bez. für scheibenförm., extern zugeschärfte Ammonitengehäuse (↗ *Ammonoidea)* mit engem od. überdecktem Nabel.
Oxygenasen [Mz.; v. *oxy- 3)], *Oxigenasen,* eine Untergruppe der ↗Oxidoreductasen (T Enzyme) u. damit Sammelbez. für Enzyme, die die direkte Übertragung v. molekularem Sauerstoff auf Substrate katalysieren; z. B. wird ↗Homogentisinsäure (☐) durch eine O. unter Ringöffnung zu einem Produkt oxidiert, das die beiden Sauerstoffatome der molekularen Sauerstoffs enthält. ↗Hydroxylasen.
oxygene Photosynthese *w,* ↗anoxygene Photosynthese; ↗Phototrophie.
Oxygenium *s* [v. *oxy- 2), gr. gennan = erzeugen], *Oxygen,* der ↗Sauerstoff.
Oxyhämoglobin *s* [v. *oxy- 3), gr. haima = Blut, lat. globus = Kugel], ↗Hämoglobine (☐), ↗Blutgase (☐).
Oxyloma *w* [v. *oxy- 1), gr. lōma = Saum], Gatt. der Bernsteinschnecken, Landlungenschnecken mit zartem, durchscheinen-

Oxymitraceae

oxy- 1) [v. gr. oxys = scharf, spitz, herb, heftig].
oxy- 2) [v. gr. oxys = sauer, dann oxos = Essig, säuerliches Getränk], in Zss.: sauer-, Säure-.
oxy- 3) [v. nlat. oxygenium = Sauerstoff].

oxyur- [v. gr. oxys = spitz, oura = Schwanz].

Gly—NH$_2$
|
Leu
|
Pro
|
Cys—Asn
S |
| Gln
S |
| Ile
Cys — Tyr

Oxytocin

dem, hoch gewundenem Gehäuse mit großer Mündung. Die holarkt. Schlanke Bernsteinschnecke *(O. elegans)* wird selten über 12 mm hoch; das Tier ist dunkel pigmentiert, es lebt in der Krautschicht am Rande v. Gewässern. Nach der Anatomie des Genitaltraktes sind v. ihr die nach der ↗Roten Liste „gefährdete" Rötliche Bernsteinschnecke *(O. sarsii)* und *O. dunkeri* zu unterscheiden.

Oxymitraceae [Mz.; v. *oxy- 1), gr. mitra = Kopfbinde, Mütze], Fam. der ↗Marchantiales mit 1 artenarmen Gatt. *Oxymitra;* diese Lebermoose besitzen einfach gebaute Thalli, die wahrscheinl. Reduktionsformen sind.

Oxynoë w [v. gr. oxynein = schärfen], Gatt. der *Oxynoidae,* Schlundsackschnekken mit dünnem, eiförm. Gehäuse mit weiter Mündung. Im Mittelmeer lebt die 35 mm lange *O. olivacea* an *Caulerpa.*

Oxynoticeras s [v. *oxy- 1), gr. nōtos = Rücken, keras = Horn], (Hyatt 1875), Ammonit mit flach-scheibenförm., enggenabeltem Gehäuse, in der Jugend mit scharfem Hohlkiel. Verbreitung: Lias (Sinemurium) v. Europa, Asien, N-Afrika und S-Amerika. *O. oxynotum* ist Leitfossil des Lias β$_2$.

Oxynotidae [Mz.; v. *oxy- 1), gr. nōtos = Rücken], die ↗Meersauhaie.

Oxyopidae [Mz.; v. gr. oxyōpēs = scharfsichtig], die ↗Luchsspinnen.

oxyphil [v. *oxy- 2), gr. philos = Freund], Eigenschaft v. Zellen, spezif. saure Farbstoffe selektiv aufzunehmen u. zu speichern. ↗acidophil, ↗basophil.

Oxyphotobacteria [Mz.; v. *oxy- 3), gr. phōs = Licht], U.-Kl. phototropher Prokaryoten, in die ↗Cyanobakterien u. ↗Prochlorales eingeordnet werden. Die 2. U.-Kl. bilden die *Anoxyphotobacteria* (↗phototrophe Bakterien).

Oxyptila w [v. *oxy- 1), gr. ptilon = Feder], Gatt. der ↗Krabbenspinnen.

Oxyria w [v. *oxy- 2)], der ↗Säuerling.

Oxyruncidae [Mz.; v. *oxy- 1), lat. runcinare = hobeln], die ↗Flammenköpfe.

Oxystomata [Mz.; v. gr. oxystomos = mit spitzem Mund], U.-Sektion der ↗Brachyura (T).

Oxytetracyclin s [v. *oxy- 3), gr. tetra- = vier-, kyklos = Kreis], *Terramycin,* ↗Tetracycline.

Oxytocin s [v. gr. oxytokos = schnell gebärend], *Ocytocin,* zykl. Nonapeptid aus Zellen im Nucleus paraventricularis des ↗Hypothalamus (T) der Wirbeltiere, das im Bereich des Hypophysenhinterlappens gespeichert u. auf neurale Reize freigesetzt wird (↗Neuropeptide). Die Synthese erfolgt wie beim ↗Adiuretin, von dem es sich nur durch den Austausch zweier Aminosäuren unterscheidet, über ein Prohormon, das bei der Freisetzung in Hormon u. Restprotein (Neurophysin) gespalten wird. O. führt als Hormon bei der ↗Lactation durch den Saugreflex zum Milcheinschuß (↗Milch); außerdem bewirkt es eine Uteruskontraktion u. wird klinisch zur Einleitung der Wehen eingesetzt. Darüber hinaus vermutet man eine Neurotransmitterfunktion im Zentralnervensystem. T Hormone, ☐ hypothalamisch-hypophysäres System.

Oxytonostoma s [v. gr. oxytonoun = spitz auslaufend, stoma = Mund], Gatt. der Egel-Familie ↗*Piscicolidae. O. typica,* 20–30 mm lang, Rücken des Hinterkörpers mit 6 Reihen kleiner Warzen, Rücken weiß mit roten Querbändern; auf *Raja radiata* (Sternrochen) in der westl. Ostsee, sehr selten.

Oxytropis w [v. *oxy- 1), gr. tropis = Schiffskiel], die ↗Fahnenwicke.

Oxyura w [v. *oxyur-], die ↗Ruderenten.

Oxyuranus m [v. *oxyur-], die ↗Taipans.

Oxyuriasis w [v. *oxyur-], ↗Enterobiasis.

Oxyurida [Mz.; v. *oxyur-], Ord. der ↗Fadenwürmer mit ca. 140 Gatt., ausschl. parasitisch; fr. als Superfam. *Oxyuroidea* zur Ord. ↗*Ascaridida* gestellt. Ben. nach dem Pferde-Madenwurm, *Oxyuris equi* (♂ 1 cm, ♀ 4–15 cm lang, im Blind- u. Dickdarm v. Pferd, Esel, Maultier u. a. Equiden. Verwandte Gatt. sind: *Enterobius* (↗Madenwurm) in Primaten, *Passalurus* in Hasen u. Kaninchen, *Syphacia* u. *Aspiculuris* in Nagetieren, *Pharyngodon* in Reptilien. Sämtliche Gatt. leben im hinteren Darmabschnitt der jeweiligen Wirte u. verursachen kaum Schaden, da sie nur Darminhalt fressen (Sonderform des ↗Kommensalismus, „Raum-Parasitismus"). – Zu den *O.* gehören auch die einen bis wenige mm großen Vertreter der *Thelastomatidae* u. *Rhigonematidae;* sie leben im Enddarm v. Arthropoden des Bodens (z. B. Tausendfüßer, Schaben) od. Schlammes (Schnaken-Larven). Große Wirte beherbergen oft Tausende v. Individuen aus verschiedenen Gatt. dieser beiden Fam.

Ozaena w [v. gr. ozaina = stark riechender Polyp], ↗Moschuspolyp.

Ozeanographie, die Wiss. u. Lehre vom ↗Meer; befaßt sich mit der Physik u. Chemie der Meere, ihrer Gliederung, der Erforschung der Schichtung des Meerwassers, der Entstehung v. Meeresströmungen, Gezeiten u. Wellen sowie mit maritim-meteorolog. Vorgängen. ↗Meereskunde.

Ozelot m [v. aztek. ocelotl = gefleckte Raubkatze], *Pardel, Panthekatze, Leopardus pardalis,* gelbl.-braun gefleckte Kleinkatze ausgedehnter Wald- u. Buschlandschaften der südl. USA, Mittel- und S-Amerikas; Kopfrumpflänge 65–100 cm, Schwanzlänge 30–45 cm; Haarwirbel am Widerrist. O.s sind gute Baumkletterer; ihre Beute, kleinere Säugetiere (v. a. Nager) u. Vögel, erjagen sie hpts. nachts. Durch den Pelzhandel ist der O.-Bestand heute in vielen Gebieten stark gefährdet. B Nordamerika VIII.

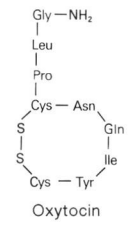

Ozelotverwandte, *Leopardus,* Gatt. gefleckter Kleinkatzen S- und Mittelamerikas; Chromosomenzahl (2n = 36) geringer als bei allen Altweltkatzen (2n = 38); Pupillen kontrahieren spindelförmig; 5 Arten (vgl. Tab.).

Ozobranchus m [v. gr. ozein = riechen, bragchos = Kiemen], Gatt. der ↗Piscicolidae.

Ozon s [v. gr. ozōn = riechend], chem. Formel O_3, dreiatomige Form des ↗Sauerstoffs, Spurenbestandteil der Luft; im Gaszustand blau, als Flüssigkeit schwarzblau, noch in einer Verdünnung von 1:500 000 deutl. riechbar; zerfällt leicht unter Bildung v. O_2-Sauerstoff; stärkstes Oxidationsmittel, wirkt in größerer Konzentration verätzend auf die Atmungsorgane, tötet Mikroorganismen ab (bakterizid); Verwendung: zur Luftreinigung, Entkeimung v. Trinkwasser (Ozonisierung) u. Entfernung v. Gerüchen. – Der natürliche O.gehalt der ↗Atmosphäre liegt im Bereich von etwa 10^{-6}% (einige ppb); 85–90% sind in der Stratosphäre (etwa 12–50 km Höhe) ent-

Ozelotverwandte
Arten:
↗Ozelot (*L. pardalis*)
↗Baumozelot (*L. wiedi*)
Kleinfleckkatze (*L. geoffroyi*)
Ozelotkatze (*L. tigrinus*)
Chilen. Waldkatze (*L. guigna*)

Ozon

Ozonbildung

1. UV ($\lambda < 242$ nm) + $O_2 \rightarrow O + O$
2. $O_2 + M \rightarrow O_3 + M$
(M = Stoßpartner aus Impulserhaltungsgründen)
Nettobilanz: UV + 3 $O_2 \rightarrow$ 2 O_3

Ozonabbau

1. Licht + $O_3 \rightarrow O + O_2$
2. $O_3 + O \rightarrow O_2 + O_2$
Nettobilanz: Licht + 2 $O_3 \rightarrow$ 3 O_2

In der *Ozonschicht* der Atmosphäre besteht ein temperatur- u. strahlungsabhängiges photochemisches Gleichgewicht von Ozon-bildenden u. Ozon-abbauenden Reaktionen:

$$2\,O_2 \rightleftharpoons O, O_3$$

Der solare UV-Fluß ist der Motor photochem. Reaktionen.

Trends der Ozon-Konzentration aus Modellrechnungen (↑Zunahme, ↓Abnahme):

Überschallflugverkehr oberhalb 15 km Höhe (NO_x): Ozon↑
Flugverkehr unterhalb 15 km Höhe (NO_x): Ozon↓
photochem. Smog in unterer Troposphäre (CO, NO): Ozon↑
Düngung (N_2O), Effekt in 20–30 km Höhe: Ozon↓
Fluor-Chlor-Methane (Freone), in Stratosphäre: Ozon↓
↗Kohlendioxid-Anstieg, temperaturbedingt: Ozon↑

---

halten; Maximum der *O.schicht* bei etwa 25 km Höhe. Der gesamte O.gehalt einer Luftsäule ergäbe unter Normalbedingungen (1013,25 Hektopascal, $0\,°C$) eine reine O.schicht v. nur etwa 3 mm Dicke. – Oberhalb 35 km Höhe herrscht bei kurzer Relaxationszeit ein photochem. Gleichgewicht (vgl. Spaltentext), u. die O.-Konzentration nimmt entspr. der solaren Einstrahlung v. hohen Werten über dem Äquator mit zunehmender geogr. Breite ab. Unterhalb 20 km Höhe bewirkt die allg. Zirkulation der Atmosphäre einen polwärts gerichteten Transport, dem wetterlagenabhängige Vertikaltransporte überlagert sind, über die O. bis in die untere Troposphäre gelangt. Damit wird die räuml. und zeitl. Verteilung des O.s mit einem Maximum im Frühjahr u. Minimum im Herbst bestimmt. In der Zwischenschicht von 20 bis 35 km Höhe besitzen photochem. und dynam. Prozesse etwa die gleiche Bedeutung. Die O.schicht enthält 30% weniger O., als nach reinen Sauerstoff-Reaktionen erwartet werden muß, da einige andere Spurengase (NO_x, ClO_x, HO_x) an katalyt. O.-Abbaureaktionen beteiligt sind (↗Luftverschmutzung). So greifen auch die langlebigen Fluor-Chlor-Methane (Freone), die als Treibgas in Sprühdosen, aus Kälte- u. Klimaanlagen u. bei Schäumungsprozessen in die Atmosphäre gelangen (↗Aerosol, □), nach Photolyse in der Stratosphäre durch UV-Strahlung ($\lambda < 220$ nm) mit Abspaltung von Cl als Katalysator in die O.-Chemie ein. In der Troposphäre nimmt das durch Vertikaltransporte bedingte O.-Mischungsverhältnis v. oben nach unten ab. Daneben wird O. aber auch durch Radikalreaktionen gebildet u. abgebaut. Die Hauptrichtung des Reaktionsablaufs hängt dabei vom Verhältnis der Konzentrationen von NO und O_3 ab. Bei hohen ↗Stickoxid-Werten (z. B. durch Autoabgase) führt die Oxidation von CO (↗Kohlenmonoxid) in mehreren Stufen zur photochem. Bildung von O. (↗Photooxidantien). – Die O.-Absorption ist dafür verantwortlich, daß nur solare Strahlung mit Wellenlängen $\lambda > 290$ nm bei deutl. Abschwächung bis zu 340 nm die Erdoberfläche erreicht. Die O.schicht gewährleistet damit den Schutz der auf der Erde existierenden Lebewesen vor der letalen UV-Strahlung der Sonne – sie war überhaupt erst eine der Voraussetzungen für die Entstehung v. Leben auf unserem Planeten. Eine Abnahme der O.-Konzentration hätte daher schwerwiegende Folgen: so rechnet man bei einer O.-Abnahme um 1% mit einer Zunahme der Hautkrebs-Erkrankungen um 2–5%. – Integrierte Modelle, die auch die Wechselwirkungen zw. den einzelnen Reaktionszyklen bei Bildung und Abbau von O., die Dynamik der Atmosphäre und anthropogene Einflüsse berücksichtigen, sind noch sehr unzulänglich. Nach den bisherigen Ergebnissen (vgl. Spaltentext) scheint eine O.-Abnahme in der Stratosphäre durch die O.-Zunahme in der Troposphäre kompensiert zu werden, so daß die Frage der Gesundheitsschädlichkeit höherer O.-Dosen für viele Lebewesen an Bedeutung gewinnt. Im Wärmehaushalt der Stratosphäre durch Strahlungsabsorption spielt O. neben ↗Kohlendioxid u. Wasserdampf eine gleichgewichtige Rolle, so daß bei Änderung der O.-Verteilung fühlbare Veränderungen des Wettergeschehens sowie des ↗Klimas nicht ausgeschlossen werden können.

Lit.: *Fabian, P.:* Atmosphäre und Umwelt. Berlin 1984. *Feister, U.:* Zum Stand der Erforschung des atmosphär. Ozons. Veröff. des Met. Dienstes der DDR. Berlin 1985. *G. J.*

Ozonschicht ↗Ozon.

P, 1) chem. Zeichen für ↗Phosphor; **2)** Abk. für ↗Parentalgeneration.

P$_i$, Abk. für anorganisches Phosphat (engl. inorganic phosphate).

Paarbildung, Entstehen einer ↗Paarbindung, meist im Zshg. mit der ↗Balz; die Initiative geht fast immer vom Männchen aus (Ausnahme z.B. Kampfwachtel u.a. Vögel).

Paarbindung, ↗Bindung von zwei Geschlechtspartnern aneinander, die im Unterschied zur ↗Promiskuität längere Zeit andauert, i.d.R. die Kopulation mit anderen Partnern ausschließt u. auf individuellem Kennen des Partners beruht. P. ist bei Vögeln die Regel, bei Säugetieren häufig, ansonsten sehr selten: Man unterscheidet eine P. für eine Fortpflanzungsperiode v. der sog. ↗Dauerehe (↗Monogamie), die über die Fortpflanzungszeit hinaus weitergeführt wird (Graugans, Schakal, Kolkrabe usw.). Auch eine vorübergehende P. kann lange vor der Kopulation entstehen, z.B. bei Stockenten im Herbst vor der Brutphase im Frühjahr. P. ist fast immer mit einer gemeinsamen ↗Brutpflege von Männchen u. Weibchen verbunden.

Paarhufer, *Paarzeher, Artiodactyla, Paraxonia,* die den ↗Unpaarhufern gegenübergestellte ↗Huftier-Ord. mit den 3 U.-Ord.: Nichtwiederkäuer (Schweine und Flußpferde), Schwielensohler (Kamele) u. Wiederkäuer. Mit 81 rezenten Gatt. stellen die P. heute die Hauptmasse der Huftiere u. zugleich der Großsäuger; ihnen gehören die bedeutendsten Beute- u. Haustiere des Menschen an. – P. sind Zehenspitzengänger. Allen rezenten P.n fehlt die 1. Zehe (Reduktion). Mit 4 Zehen (pro Fuß) treten nur die Flußpferde auf. Bei allen übrigen heute lebenden P.n berühren normalerweise nur die 3. und 4. Zehe den Boden; die 2. und 5. Zehe sind unterschiedl. weit (bei Kamelen u. Giraffen sogar völlig) reduziert (↗Afterklauen, ☐); das Schlüsselbein fehlt. Die Körpergröße der P. reicht vom nur hasengroßen Hirschferkel bis zu Flußpferd u. Giraffe. Stets vorhandene Hautdrüsen dienen der innerartl. Verständigung. Waffen (verlängerte Eckzähne, Geweihe, Hörner) werden fast nur bei innerartl. Auseinandersetzungen eingesetzt. P. besitzen ein stark differenziertes Großhirn u. zeigen gute Sinnesleistungen. Die meisten P. leben ausschl. von pflanzl. Nahrung; bes. Anpassungen der Bezahnung (z.B. ↗Diastema zw. Schneide- u. Backenzähnen) u. des Magens (z.B. Unterteilung, Pansensymbiose) haben die wiederkäuenden Kamele und eigtl. Wiederkäuer *(Ruminantia)* entwickelt. – Stammesgeschichte: Die frühestbekannten P. (z.B. *Diacodexis*) stammen aus dem Alteozän von N-Amerika u. Europa. In Bau ihrer Gliedmaßen erinnern sie an Urraubtiere (↗*Creodonta*), im Zahnbau jedoch an „Urhuftiere" (↗*Condylarthra*), von denen Simpson sie – nicht unumstritten – gemeinschaftl. mit den Unpaarhufern abgeleitet hat; Bindeglieder fehlen bisher. Im Alttertiär herrschten bunodonte und bunoselenodonte P. vor; im Jungtertiär überwogen die selenodonten, unter denen gegenwärtig die geolog. jüngste Gruppe der Rinderartigen (Boviden) zahlenmäßig hervortritt. Von den Nichtwiederkäuern kennt man ab dem unteren Eozän ca. 172 † Gattungen. Schweineartige *(Suina),* die vermutl. in Asien beheimatet waren, setzten im Oligozän ein. Unter den Bunoselenodontiern (ab mittlerem Eozän) erreichten die „Kohlentiere" (↗Anthracotherien), aus denen die späteren Flußpferde hervorgegangen sein könnten, sogar Nashorngröße. Schwielensohler (ca. 34 † Gatt.) existierten mindestens seit dem mittleren Eozän als selbständige Gruppe; N-Amerika gilt als ihr Ursprungsland. Die Wiederkäuer (ab dem oberen Eozän mit ca. 296 † Gatt.) erreichten ihren zahlenmäßigen Entwicklungshöhepunkt erst im Pleistozän. Vieles spricht dafür, daß Schwielensohler u. Wiederkäuer ihre gemeinsame Fähigkeit zum doppelten Kauen der Nahrung auf verschiedenen Wegen erreichten.

Paarkernphase, die ↗Dikaryophase.

Paarkiemer, *Zeugobranchia, Pleurotomarioidea,* Überfam. der Altschnecken mit 2 Fiederkiemen u. weiteren, urspr. Merkmalen: Herz mit 2 Vorhöfen, Hauptkammer vom Enddarm durchzogen, 2 Nieren; Schale innen mit Perlmutterschicht, mit Schlitz od. Löchern; Fächer- od. Bürstenzüngler. Die P. sind getrenntgeschlechtl.; die Keimdrüse öffnet sich in den rechten Renopericardialgang; keine Kopulationsorgane; nach äußerer Befruchtung entwickeln sich planktische Larven. Zu den P.n gehören 3 Fam. (vgl. Tab.); oft werden auch die ↗Lochschnecken dazugerechnet.

Paarung, 1) die ↗Begattung; **2)** ↗Chromosomenpaarung.

PAB, Abk. für p-Aminobenzoesäure.

Pachastrellidae [Mz.; v. *pachy-, gr. astron = Stern], Schwamm-Fam. der *Demospongiae;* bekannte Art *Poecillastra compressa.*

Pachydactylus *m* [v. *pachy-, gr. daktylos = Finger], die ↗Dickfingergeckos.

Pachydrilus *m* [v. *pachy-, gr. drilos = Regenwurm], Ringelwurm-(Oligochaeten-) Gatt. der *Enchytraeidae. P. lineatus,* bis 20 mm lang, gelbl. bis braunrot; Uferzone v. Gewässern aller Art, auch Brackwassertümpel; Nord- u. Ostsee.

Pachygastria *w* [v. *pachy-, gr. gastēr = Magen, Bauch], Gatt. der ↗Glucken.

Pachygrapsus *m* [v. *pachy-, gr. grapsaios = Krabbe], Gatt. der ↗Felsenkrabben.

Pachymatisma *w* [v. *pachy-, gr.], Gatt. der Schwamm-Fam. *Geodiidae. P. johnstonia,* halbkugelig od. lappenförmig, ⌀ bis 15 cm, im Litoral, aber auch tiefer; Litoralbewohner, die dem Licht ausgesetzt sind,

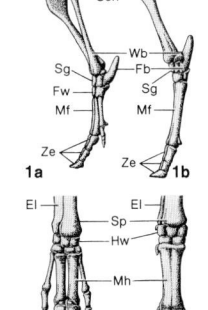

Paarhufer

1 Skelett der Hinterextremität v. Schwein (a) u. Rind (b) in Seitenansicht; 2 Skelett der Hand v. Schwein (a) und Rind (b) in Vorderansicht. El Elle, Fb Fersenbein, Fi Finger, Fw Fußwurzelknochen, Hw Handwurzelknochen, Ks Kniescheibe, Mf Mittelfußknochen, Mh Mittelhandknochen, Os Oberschenkel, Sch Schienbein, Sg Sprunggelenk, Sp Speiche, Wb Wadenbein, Ze Zehen

Paarkiemer

Familien:
↗Meerohren *(Haliotidae)*
↗Rißschnecken *(Scissurellidae)*
↗Schlitzkreiselschnecken *(Pleurotomariidae)*

an der Oberfläche weiß-bläul., Tiefenformen rosa od. rot; Nordsee, N-Atlantik bis zu den Azoren.

Pachymedusa w [v. *pachy-, gr. Medousa = schlangenhaarige Gorgone], Gatt. der ⌐Makifrösche.

Pachyodonta [Mz.; v. *pachy-, gr. odontes = Zähne], (Steinmann 1903), † Ord. spezialisierter Muscheln mit einem Schloß, das aus 1–2 zapfenart., asymmetr. Zähnen besteht („pachyodont"); v. manchen Autoren als Synonym für ⌐„Hippuritoida" angesehen. Verbreitung: mittleres Silur bis Oberkreide.

Pachyostose w [v. *pachy-, gr. osteon = Knochen], allg. Dickenzunahme der Knochen durch Anlagerung v. periostaler Knochensubstanz; fossil z.B. bei Sauriern u. Sirenen (Seekühen) nachgewiesen.

Pachypalaminus m [v. *pachy-, gr. palamē = Kraft], Gatt. der ⌐Winkelzahnmolche.

Pachysandra w [v. *pachy-, gr. andres = Männer], Gattung der ⌐Buchsbaumgewächse. [ten.

Pachysoeca w, Gatt. der ⌐Kragenflagella-

Pachystega [Mz.; v. *pachy-, gr. stegē = Decke, Hülle], Cancellata, U.-Ord. der ⌐Moostierchen.

Pachytän s [v. *pachy-, gr. tainia = Band], Stadium von Prophase I der ⌐Meiose ([B]).

Pachytriton m [v. *pachy-, ben. nach dem gr. Meeresgott Tritōn], Gatt. der ⌐Salamandridae mit dem ⌐Kurzfußmolch.

Pacini [patschini], Filippo, it. Anatom, * 25. 5. 1812 Pistoia, † 9. 7. 1883 Florenz (?); seit 1849 Prof. in Florenz; gilt als Entdecker (1835) der P.schen Körperchen der Nervenendigungen, die aber schon A. Vater (1684–1751, Prof. der Anatomie in Wittenberg) gefunden hatte.

Pacinische Körperchen [patschi-; ben. nach F. ⌐Pacini], ⌐Mechanorezeptoren (☐); [B] mechanische Sinne I, [B] Wirbeltiere II.

Pacus m, Gatt. der ⌐Salmler. [ken.

Padda w [v. Javan.], Gatt. der ⌐Prachtfin-

Paddy soils [päddi ßoils; engl., =], Reisböden; diese ausgeprägt anthropogenen Böden der Tropen u. Subtropen bilden sich auf Reisanbauterrassen unter dem Einfluß intensiver Bewirtschaftung, wie z.B. monatelanger Überflutung bei anaeroben Bedingungen, starker, meist manueller Bearbeitung usw.

Pademelons [Mz.; austr. Name], Filander, Thylogale, Gatt. hasengroßer ⌐Känguruhs; 4 Arten, davon 1 Art (T. brunii) in Neuguinea.

Padina w [v. lat. Padus = Fluß Po], Gatt. der ⌐Dictyotales.

Pädogamie w [v. gr. pais, Gen. paidos = Kind, gamos = Hochzeit], i. e. S. eine Form der ⌐sexuellen Fortpflanzung bei manchen Heliozoen (Actinophrys, Actinosphaerium). Hier entstehen aus einer diploiden Zelle nach ⌐Encystierung u. Mitose 2 diploide Geschwisterzellen, die jetzt ⌐Gamonten sind. Da sie unabhängig voneinander Meiose durchführen (wobei 3 der 4 ⌐Gonen-Kerne degenerieren), sind die so entstandenen ⌐Gameten genet. nicht identisch. Ihre Verschmelzung zur Zygote ergibt daher eine gegenüber den diploiden Geschwisterzellen (Gamonten) veränderte Genkombination. Häufig wird die P. auch als eine Form der ⌐Autogamie bezeichnet. Bei der Autogamie der Protozoen (⌐Einzeller) verschmelzen jedoch Gameten desselben Gamonten, während bei der P. die Gameten v. verschiedenen Gamonten stammen. Eine bes. Situation liegt bei den ⌐Wimpertierchen vor, wo bei der Autogamie Gametenkerne verschmelzen, die durch Mitose aus einem bereits haploiden Kern hervorgegangen u. daher genet. identisch sind.

Pädogenese w [v. gr. pais, Gen. paidos = Kind, genesis = Entstehung], Form der ⌐Parthenogenese, bei der sich bereits im Jugendstadium eines Tieres Eizellen ohne Befruchtung entwickeln, z.B. bei der Gallmücke Heteropeza pygmaea.

Padouk s [-dauk; v. Birmes.], Padauk, Edelhölzer der Gatt. ⌐Pterocarpus.

Paecilomyces m [v. gr. poikilos = bunt, mykēs = Pilz], Nebenfruchtform des Schlauchpilzes ⌐Byssochlamys (Ord. Eurotiales) mit Penicillium-ähnl. Konidien; erträgt relativ hohe Temp. und ist Verderber v. Lebensmitteln u. Fruchtsäften. In der Biotechnologie werden P. varioti u. a. P.-Formen zur Herstellung v. Trockenfutter aus pentosehalt. Sulfitablaugen der Papier- u. Zellstoff-Ind., von Epoxybernsteinsäure aus Saccharose u. zur Antibiotikaproduktion (Variotin) eingesetzt.

Paedophoropus m [v. gr. paidophorein = Kinder tragen, pous = Fuß], Gatt. der Mittelschnecken (Fam. Paedophoropodidae, Überfam. Zungenlose) mit 1 Art, P. dicoelobius; unter 1 cm lang, lebt sie in den Polischen Blasen der Seewalze Eupyrgus pacificus in der Japansee, 40–1500 m tief; der Oesophagus endet in einem Blindsack. Getrenntgeschlechtl.; die ♀♀ sind größer als die ♂♂, mit Brutsack; Entwicklung über Veliger. Bei den Adulten werden Mantel, Fuß, Deckel, Kiefer, Reibzunge, Osphradien, Kiemen u. Augen völlig rückgebildet.

Paenungulata [Mz.; v. lat. paene = beinahe, ungulatus = mit Hufen versehen], Fasthuftiere, Überord. der ⌐Huftiere.

Paeoniaceae [Mz.; v. gr. paiōnia = Pfingstrose], die ⌐Pfingstrosengewächse.

Paeonidin s [v. gr. paiōnia = Pfingstrose], zu den Anthocyanidinen (⌐Anthocyane) zählender, in der Natur weit verbreiteter Flavonoid-O-Methyläther, der zuerst aus der Pfingstrose (Paeonia) isoliert wurde.

Pagellus m, Gatt. der ⌐Meerbrassen.

Pagodenschnecken [v. Sanskrit bhagavatī über port. pagode = fernöstl. Tempel], Columbariidae, Fam. der Stachelschnecken, marine Neuschnecken mit langspin-

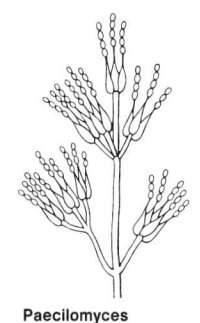

Pagodenschnecken

pachy- [v. gr. pachys = dick].

Paecilomyces

P. farinosus, Konidienträger mit Konidien

Pagodulina pagodula

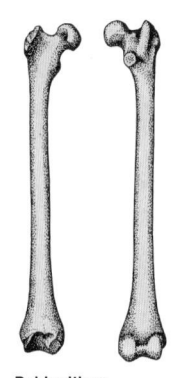

Paidopithex
rechter Oberschenkelknochen v. vorn u. v. hinten

palä-, palae-, pale-
[v. gr. palaios = alt, bejahrt; ehemalig, früher].

delförm. Gehäuse (meist unter 5 cm) mit langem Siphonalkanal u. gekielten Umgängen; 6 Gatt. mit etwa 50 Arten, die kosmopolit. bis 730 m tief vorkommen; am bekanntesten sind die ↗Taubenschnecken.

Pagodulina w, *Pagodenschnecke,* Gatt. der Landlungenschnecken (Fam. Fäßchenschnecken) mit walzenförm. Gehäuse (bis 4 mm hoch); 4 alpin-südosteur. Arten, v. denen *P. pagodula* an feuchten, schattigen Habitaten in Wäldern u. an Felsen in SO-Bayern vorkommt.

Pagophilus *m* [v. gr. pagos = Eis, philos = Freund], ↗Sattelrobbe.

Paguma *w* [v. gr. pagos = Bergspitze, Höhe], Gatt. der ↗Palmenroller.

Paguridae [Mz.; v. gr. pagouros = Taschenkrebs], Fam. der ↗Einsiedlerkrebse.

Paguroidea [Mz.], Überfam. der ↗*Anomura*, umfaßt, entgegen früheren Darstellungen, alle Fam. der ↗Einsiedlerkrebse, die also nicht di- oder polyphyletisch sind, u. die ↗Steinkrabben.

Pahmi ↗Dachse.

Paidopithex *m* [v. gr. pais = Kind, pithēx = Affe], rechter Oberschenkelknochen eines Hominoiden, 1820 in obermiozänen Sanden bei Eppelsheim (Rheinhessen) gefunden u. 1895 v. Pohlig beschrieben; stammt wahrscheinlich v. ↗*Dryopithecus*.

Pakaranas [Mz.], *Dinomyidae,* Fam. der Meerschweinchenverwandten; einzige Art: die Pakarana *(Dinomys branickii),* nach Capybara u. Biber das drittgrößte heute lebende Nagetier (Kopfrumpflänge etwa 75 cm). P. kommen an den urwaldbestandenen östl. Vorbergen der Anden vor; aufgrund ihrer Seltenheit ist über ihre Lebensweise wenig bekannt.

Pakas, *Cuniculinae,* U.-Fam. der ↗Agutis.

Pako, das ↗Alpaka.

Paläanthropine [Mz.; v. *palä-, gr. anthrōpinos = menschlich], *Paläoanthropine, Altmenschen,* frühe Vertreter des fossilen ↗*Homo sapiens* (einschließl. der ↗Neandertaler), die morphologisch zwischen den ↗Archanthropinen u. den ↗Neanthropinen vermitteln.

Paläanthropologie *w* [v. *palä-, gr. anthrōpos = Mensch, logos = Kunde], *Paläoanthropologie,* Wiss. vom fossilen (prähistorischen) Menschen, insbes. seiner Evolution. Das Bild v. der ↗Abstammung des ↗Menschen hat sich in jüngerer Zeit erhebl. gewandelt. Noch vor kurzem glaubte man, die stammesgesch. Abspaltung der zum Menschen führenden Linie v. derjenigen zu den heutigen ↗Menschenaffen vor mehr als 15 Mill. Jahren *(↗Präbrachiatorenhypothese)* od. sogar vor mehr als 30 Mill. Jahren *(↗Protocatarrhinenhypothese)* annehmen zu müssen. Heute gibt man dagegen ein Alter der Hominiden (Menschenartige, ↗*Hominidae*) von höchstens 5–8 Mill. Jahren an. – Neben einer so späten Datierung durch die Biochemie („Protein-

uhr", „DNA-Uhr"; ↗Geochronologie) sind zwei Punkte in diesem Zshg. von bes. Bedeutung: Zum einen die Erkenntnis, daß die 8–12 Mill. Jahre alten ↗Ramapithecinen keine Hominiden, sondern fossile Vorfahren bzw. frühe Verwandte der ↗Orang-Utans sind, zum anderen die Tatsache, daß die ↗Australopithecinen als bislang älteste echte Hominiden um so schimpansenähnlicher werden, je älter sie datiert sind. Zur ersten Erkenntnis haben insbes. die Schädelfunde v. ↗*Sivapithecus* in der Türkei (1980), in Pakistan (1979) u. in ↗Lufeng/China (1978) geführt. Auch der erste vollständige ↗*Ramapithecus*-Schädel stammt aus Lufeng (1980). Er bestätigt sowohl die große Ähnlichkeit v. *Ramapithecus* u. *Sivapithecus* untereinander als auch beider mit dem heutigen Orang-Utan. Auf der anderen Seite weist der 3–4 Mill. Jahre alte *Australopithecus afarensis* (↗Australopithecinen), insbes. das Skelett der ca. 3,2 Mill. Jahre alten „Lucy", noch deutl. Anpassungen an ein Leben auf Bäumen auf (↗Herrentiere), während in der Konstruktion v. Becken u. Beinen bereits die biomechan. Bedingungen (↗Biomechanik) für einen ständig ↗aufrechten zweibeinigen Gang (↗Bipedie) erfüllt sind. So erfahren die ↗Semibrachiatoren- u. ↗Pongidenhypothese der Abstammung des Menschen eine starke Unterstützung. Fußspuren, wie sie in 3,6–3,8 Mill. Jahre alten Vulkanaschen bei ↗Laetoli (Tansania) entdeckt wurden, lassen keinen Zweifel daran, daß es zu dieser Zeit bereits gänzlich aufrecht gehende frühmenschl. Wesen gab. Das ↗Gehirn dieser *Prähomininen* ähnelte noch sehr demjenigen heutiger Menschenaffen ([T] Mensch), wie aus Ausgüssen fossiler Schädelkapseln zu erkennen ist. Die Evolution führte demnach vor u. im ↗Tier-Mensch-Übergangsfeld (TMÜ) v.a. zur Herausbildung des dauernd aufrechten Ganges, nach dem TMÜ hingegen im wesentl. zur menschl. Ausbildung v. Schädel u. Gehirn. – Zahlr. Übereinstimmungen vom Körperbau über den Feinbau der Chromosomen bis hin zur Molekularstruktur der Proteine sprechen für eine engere „Verwandtschaft" des Menschen mit den afr. Menschenaffen. Zus. mit der zunehmenden Schimpansenähnlichkeit der ältesten Australopithecinen deutet dies mit hoher Wahrscheinlichkeit auf eine Entstehung des Menschen in Afrika hin. Nicht nur die bei weitem ältesten menschl. Fossilien stammen mit rund 4 Mill. Jahre alten Funden aus dem mittleren Awash-Tal (Äthiopien) in Afrika, auch die ältesten Steinwerkzeuge (↗Geröllgeräte) hat man in ca. 2,3–2,6 Mill. Jahre alten Schichten in der Omoschlucht (Äthiopien) entdeckt. – Man nimmt heute an, daß sich aus den Australopithecinen über den ↗*Homo habilis* u. den ↗*Homo erectus* der ↗*Homo sapiens* entwickelt hat. Dabei denkt man an eine poly-

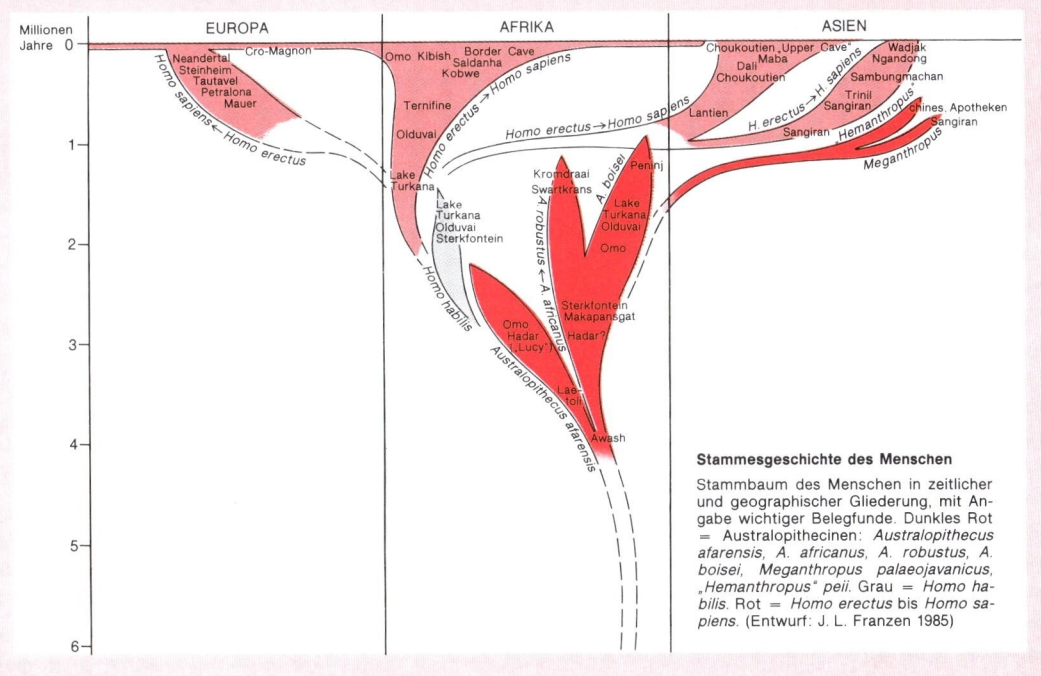

PALÄANTHROPOLOGIE

Stammesgeschichte des Menschen

Stammbaum des Menschen in zeitlicher und geographischer Gliederung, mit Angabe wichtiger Belegfunde. Dunkles Rot = Australopithecinen: *Australopithecus afarensis, A. africanus, A. robustus, A. boisei, Meganthropus palaeojavanicus, „Hemanthropus" peii*. Grau = *Homo habilis*. Rot = *Homo erectus* bis *Homo sapiens*. (Entwurf: J. L. Franzen 1985)

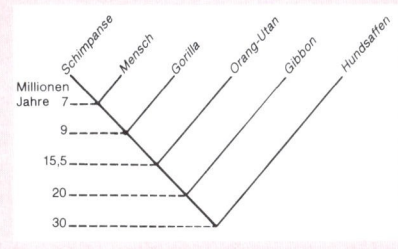

Abb. oben: Kladogramm der stammesgeschichtlichen Verwandtschaftsbeziehungen der *Hominoidea* auf der Basis der DNA-Hybridisationsmethode mit Datierung der Verzweigungspunkte (nach P. Andrews 1985).

Photo rechts unten: Gebiet östlich des Lake Turkana (früher Rudolphsee) mit Funden von *Homo habilis*, *Homo erectus* und *Australopithecus boisei*

Wichtige Fundstellen. Abb. oben: Fundorte von Urmenschen, die älter sind als der Neandertaler: **1** Hadar (Äthiopien), **2** Omo (Äthiopien), **3** Lake Turkana (Kenia), **4** Olduvai (Tansania), **5** Makapansgat (Südafrika), **6** Sterkfontein, Swartkrans, Kromdraai (Südafrika), **7** Taung (Südafrika), **8** Tschad, **9** Ternifine (Algerien), **10** Trinil, Sangiran, Sambungmachan, Ngandong, Modjokerto (Java), **11** Choukoutien (China), **12** Lantien, Dali (China), **13** Montmaurin (Südfrankreich), **14** Tautavel (Südfrankreich), **15** Vértesszöllös (Ungarn), **16** Steinheim (Deutschland), **17** Mauer (Deutschland), **18** Bilzingsleben (Deutschland), **19** Swanscombe (England)

Photo links: Schlucht von Olduvai (Tansania), aus der viele wichtige Urmenschenfunde („*Zinjanthropus*" = *Australopithecus boisei*, *Homo habilis*, *Homo erectus leakeyi*) sowie verschiedenaltrige Steinwerkzeuge und reiche Begleitfaunen stammen. Eingeschaltete vulkanische Ablagerungen erlauben absolute Datierungen.

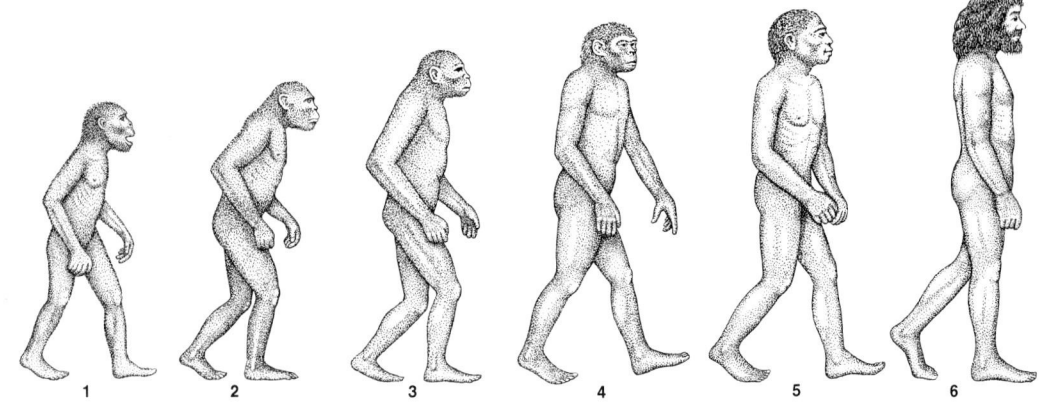

Paläanthropologie

Die Entwicklung zum anatomisch modernen Menschen *(Homo sapiens sapiens)*
1 *Australopithecus afarensis* („Lucy"),
2 *Australopithecus africanus*, **3** *Homo habilis*, **4** *Homo erectus*, **5** Neandertaler *(Homo sapiens neanderthalensis)*, **6** Cro-Magnon-Mensch *(Homo sapiens sapiens)*

---

palä-, palae-, pale-
[v. gr. palaios = alt, bejahrt; ehemalig, früher].

---

zentrische Entstehung des anatomisch modernen Menschen *(Homo sapiens sapiens)*. ↗Europide u. ↗Negride (↗Menschenrassen, [T], [B]) würden gemeinsam innerhalb des *Homo erectus* auf eine afr. Wurzel, ↗Mongolide u. ↗Australide hingegen getrennt auf ost- bzw. südostasiat. Vertreter dieser Art zurückgehen. Streng genommen dürfte demnach der *Homo erectus* gar nicht als eigene Art bezeichnet werden, da sich bekanntlich alle heutigen Menschenrassen fruchtbar miteinander fortpflanzen können. Eine bodenständige eur. Entwicklung des fossilen Menschen stellen offenbar die ↗Neandertaler dar, die über Formen wie Mauer (↗*Homo heidelbergensis)*, ↗Tautavel, ↗Petralona, Steinheim (↗*Homo steinheimensis)*, ↗Swanscombe u. ↗Weimar-Ehringsdorf unter eiszeitl. Klimaverhältnissen entstanden. Sie wurden erst vor 35 000–30 000 Jahren vom anatomisch modernen Menschen *(Homo sapiens sapiens)* verdrängt. Wie Funde aus dem Nahen Osten zeigen (z. B. Skhul, Tabun), kam es dabei offenbar zu Vermischungen zw. ortsansässigen Neandertaler-Populationen u. dem aus Afrika vordringenden anatomisch modernen Menschen. ↗Anthropologie, ↗Hominisation, ↗Mensch und Menschenbild. [B] 273.

Lit.: Amer. J. Phys. Anthropol., 57 (4): Pliocene Hominid Fossils From Hadar, Ethiopia. New York 1982. *Andrews, P., Franzen, J. L.:* The Early Evolution of Man. Cour. Forsch.-Inst. Senckenberg, 69, Frankfurt a. M. 1984. *Ciochon, R. L., Corruccini, R. S.:* New Interpretations of Ape and Human Ancestry. New York and London 1983. *Delson, E.:* Ancestors: The Hard Evidence. New York 1985. *Smith, F. H., Spencer, F.:* The Origins of Modern Humans. New York 1984. *J. F.*

Paläarktis *w* [v. *palä-, gr. arktos = Norden], paläarktische Region,* tiergeographische Subregion der ↗Holarktis. Die P. umfaßt den nicht-tropischen Teil der Alten Welt, d. h. Eurasien (einschl. Island, Spitzbergen, Nowaja Semlja, die Neusibirischen Inseln, Korea, Japan) und N-Afrika bis zur Südgrenze der Sahara. Im N und in weiten Teilen im O ist die P. vom Meer begrenzt. Die südl. Begrenzungen sind ökolog. Natur: gegenüber der ↗Äthiopis (Afrika) die Wüsten der Sahara u. Arabiens (dessen nördl. Teil entspr. zur P. gehört), gegenüber der ↗Orientalis die Gebirgsbarriere des Himalaya. Im äußersten SO, gegenüber China, ist die Grenze weniger scharf u. verläuft im wesentl. am Nordrand des trop. Waldes. Die P. weist, außer unbedeutenden Anteilen im Randbereich der Sahara u. Arabiens, keine trop. Gebiete auf; diese bleiben in der Alten Welt der ↗Paläotropis vorbehalten. Die P. hat enge biogeogr. Beziehungen zur ↗Nearktis, mit der sie während des Tertiärs u. der pleistozänen Eiszeiten über die sog. Beringbrücke (↗Brückentheorie) landfest verbunden war (↗Nordamerika) u. mit der zus. sie die Holarktis bildete. Durch die Absenkung des Meeresspiegels während dieser Eiszeiten (↗eustatische Meeresspiegelschwankung) waren durch Trockenfallen v. Meeresteilen auch die Brit. Inseln u. in O-Asien Sachalin, Hokkaido u. Taiwan mit dem Festland sowie die japan. Inseln Honshu u. Kyushu untereinander u. über Quelpart auch mit dem korean. Festland verbunden. Das Übergreifen der P. auf das nördl. Afrika ist im wesentl. ebenfalls eine Auswirkung der Eiszeiten, die eine Erniedrigung der Durchschnitts-Temp. dieser Region um ca. 6 °C brachten u. ein Vordringen paläarkt. Arten bis zum Südrand der heutigen Sahara ermöglichten. In diesem zur P. zählenden Teil N-Afrikas kommen mehrere in Europa u./od. Asien verbreitete Arten vor, die südl. der Sahara (in der Äthiopis) fehlen, so z. B.: Hummeln (Gatt. *Bombus*) u. Laufkäfer der Gatt. *Carabus* (beides artenreiche Gatt. in der P., jedoch ohne einen Vertreter in der Äthiopis), Feuersalamander (ein Vertreter der Schwanzlurche, die in der Äthiopis völlig fehlen), Erdkröte, Wechselkröte, Seefrosch, Laubfrosch, Buchfink, Grünfink, Kernbeißer, Kohl- u. Blaumeise, Gartenbaumläufer, Baumfalke u. Steinadler, Rotfuchs, Atlashirsch (während Vertreter der echten Hirsche in der Äthiopis fehlen) und eur. Wildschwein. Im Vergleich zu anderen tiergeogr. Regionen (auch gegenüber der Nearktis) weist die P. weniger Arten auf.

Dies ist eine Folge der pleistozänen Eiszeiten (↗Europa), die in Eurasien zu einer Dezimierung der ehemaligen Fauna geführt haben (↗arktotertiäre Formen). Dies gilt bes. für die Süßwasserfische, die nur mit relativ wenigen Arten vertreten sind (im Ggs. zu ↗Nordamerika). In klimat. bevorzugten ↗Eiszeitrefugien haben terrestrische u. aquatile Tierarten die Eiszeiten überdauert (↗Europa), auch einige schon ins Tertiär zurückreichende Seen sind über die Eiszeiten erhaltengeblieben u. haben Relikte des Tertiärs, die sich heute als sog. Reliktendemismen nur noch dort finden, erhalten (↗Baikalsee, ↗Ochridasee). Die P. teilt viele Tiergruppen mit der Nearktis, weist aber unter den Wirbeltieren einige ausschl. auf die P. beschränkte (endemische) Gruppen auf (↗Endemiten): Unter den *Amphibien* die Fam. Winkelzahnmolche u. Scheibenzüngler; unter den *Reptilien* die U.-Fam. Schleichen. Von den in der P. verbreiteten 53 Fam. von Vögeln (ohne Meeresvögel) ist nur 1 endemisch, die Braunellen. Unter den *Säugetieren* sind endemisch: die Fam. Blindmäuse, Salzkrautbilche, mit nur einer, erst 1938 entdeckten Art *(Selevinia betpakdalaensis)* aus den Trockengebieten Kasachstans; die Fam. Springmäuse, Bewohner der Wüsten u. Steppen Vorder- u. Innerasiens, N-Afrikas u. Arabiens. Endemische U.-Fam. sind die Bisamrüßler *(Desmaninae)*, Schläfer *(Glirinae)*, Streifenhüpfmäuse *(Sicistinae)*, Moschushirsche *(Moschinae)*, Wasserhirsche *(Hydropotinae)* u. die Saigaantilopen *(Saiginae)*, Gazellenverwandte mit aufblasbarer Nase. Von den beiden Arten dieser Gruppe lebt der Orongo *(Pantholops hodgsoni)* im Hochland v. Tibet, während die bekannte Saiga *(Saiga tatarica)* heute westl. der Wolga u. in Kasachstan wieder in riesigen Herden vorkommt. An Säugetier-Gattungen sind auf die P. beschränkt: *Neomys* (Wasserspitzmaus), *Capreolus* (Reh), *Capra* (Wildziege u. Steinböcke), *Rupicapra* (Gemse), *Meles* (Dachs), *Camelus* – die dem heute nur noch in der Gobi in Restbeständen lebenden, einst in den Trockengebieten Innerasiens weit verbreiteten Wildkamel *(Camelus ferus)*. ↗Europa, ↗Asien.

Lit.: de Lattin, G.: Grundriß der Zoogeographie. Jena 1967. Thenius, E.: Grundzüge der Faunen- u. Verbreitungsgeschichte der Säugetiere. Stuttgart 1980. G. O.

Palade [p^eleid], *George Emil*, rumän.-am. Biochemiker, * 19. 11. 1912 Jassy (Rumänien); Prof. in Bukarest, New York u. seit 1972 an der Yale-Univ.; erschloß mit dem Elektronenmikroskop die Feinstruktur der Mitochondrien, des endoplasmat. Reticulums u. der Ribosomen u. erkannte diese als Orte der Proteinsynthese in der Zelle; erhielt 1974 zus. mit A. Claude u. Ch. de Duve den Nobelpreis für Medizin.

Palade-Körner, die ↗Ribosomen.

Palädemographie w [v. *palä-, gr. dēmos = Volk, graphein = (be)schreiben], *Paläodemographie,* versucht anhand menschl. Skelettreste aus Siedlungen, Friedhöfen u. Einzelgräbern Aussagen über Sterbealter, Größe u. soziale Differenzierung früherer Bevölkerungsgruppen zu gewinnen.

Palaeacanthocephala [Mz.; v. *palae-, gr. akantha = Stachel, kephalē = Kopf], Ord. der ↗Acanthocephala. Zeichnen sich durch das Fehlen eines Exkretionssystems u. den Besitz eines einfachen Ligamentsacks aus, der beim ♂ zu einem Bindegewebsstrang reduziert ist, beim ♀ vor der Geschlechtsreife zerreißt. Gruppe phylogenet. ursprünglicher Formen, die überwiegend im Darm v. Fischen, Wasser- u. Raubvögeln parasitieren, selten in Säugetieren (vgl. Spaltentext).

Palaeanthropus javanicus m [v. *palae-, gr. anthrōpos = Mensch, ben. nach der Insel Java], nicht mehr gebräuchl. Bez. für den ↗Homo soloensis.

Palaeencephalon s [v. *palae-, gr. egkephalon = Hirn], *Althirn,* ein in der Anatomie der Säugetiere gebräuchl. Begriff für jene Abschnitte des ↗Gehirns, die als phylogenet. ursprünglich gegenüber den neuen säugertyp. Abschnitten (Neencephalon, Neuhirn; Neopallium, Pyramidenbahn) abgegrenzt werden können. Anteile des P.s und des Neencephalons durchdringen sich intensiv, so daß eine morpholog. Trennung häufig unmöglich, eine funktionelle sehr schwierig ist. ↗Telencephalon.

Palaemon m [ben. nach dem gr. Meeresgott Palaimōn], Gatt. der ↗Natantia.

Palaeoammonoidea [Mz.; v. palae-, ben. nach dem widderhörnigen Gott Zeus Ammōn], (Wedekind 1918), *Altammoniten,* durch überwiegend glatte Gehäuse und goniatit. ↗Lobenlinien (☐) charakterisierte ↗Ammonoidea (☐) des Devons u. Karbons.

Palaeobatrachus m [v. *palae-, gr. batrachos = Frosch], (Tschudi 1838), Nominat-Gatt. der einzigen gänzl. ausgestorbenen Anuren-Familie *(Palaeobatrachidae)* mit zahlr. primitiven Skelettmerkmalen. Verbreitung: Eozän bis Miozän v. Europa, evtl. schon im obersten Jura.

Palaeocerebellum s [v. *palae-, lat. cerebellum = kleines Gehirn], ↗Kleinhirn.

Palaeoconcha [Mz.; v. *palae-, gr. kogchē = Muschel], *Cryptodonta,* die ↗Verstecktzähner.

Palaeocopida [Mz.; v. *palae-, gr. kōpē (?) = Griff, Stiel], (Henningsmoen 1953), † Ord. der ↗Muschelkrebse; Verbreitung: Ordovizium bis Jura.

Palaeocortex m od. w [v. *palae-, lat. cortex = Rinde], zweischicht. Rinde des Althirnmantels (↗Palaeopallium). ↗Telencephalon.

Palaeocoxopleura [Mz.; v. *palae-, lat. coxa = Hüfte, gr. pleura = Rippen], (Ver-

---

Palaeacanthocephala
Wichtigste in Europa verbreitete Vertreter: *Acanthocephalus anguillae* im Darm v. Aal u. Barschen, *A. lucii* in Hecht, Barsch u. Schleie, *A. ranae* in Fröschen; Zwischenwirte: Wasserasseln, Flohkrebse u. Insektenlarven. *Centrorhynchus leguminosum* und *C. bipartitus* in Eulen, Greifvögeln, Krähen u. verschiedenen Wasservögeln; Zwischenwirte: Insekten, in Fröschen als 2. Zwischenwirten häufig Cystacantha-Larven. *Filicollis anatis* (3 cm) in ganz Europa verbreitet u. häufig in Wasservögeln u. Hausgeflügel, wo der Parasit in Extremfällen Massensterben v. Enten u. Gänsen verursachen kann (Perforation der Darmwand); Zwischenwirt: Wasserasseln. *Polymorphus boschadis* und *P. minutus* (2,5 mm) verbreitet in Hühnern, Enten, Gänsen u. a. Wasservögeln (Darmentzündungen); Zwischenwirt: Flohkrebse der Gatt. *Gammarus; P.* (= *Echinorhynchus*) *truttae* in Forellen (Schäden in Fischzuchten); Zwischenwirt: Flohkrebse u. Asseln, die unter Einwirkung des Parasiten unfruchtbar bleiben; *P. gadi* in Dorschen; Zwischenwirt: Einsiedlerkrebse. *Pomphorhynchus laevis* mit typischer ballonart. Anschwellung der Halsregion häufig in zahlr. Süßwasserfischen, bes. Barben, verursacht durch tiefes Einbohren in die Darmwand Darmperforationen; Zwischenwirt: Flohkrebse u. Asseln. *Bolbosoma* mit verschiedenen Arten in Nordsee u. Mittelmeer, verbreitet im Darm v. Robben u. Walen.

Palaeocribellatae

palä-, palae-, pale-
[v. gr. palaios = alt, bejahrt; ehemalig, früher].

Palaeoloxodon, Schulterhöhe bis über 4 m

Palaeomastodon

hoff 1928), *Archipolypoda,* formenarme † Kl. primitiver ↗Tausendfüßer; Verbreitung: Obersilur bis Unterkarbon.

Palaeocribellatae [Mz.; v. *palae-, lat. cribellum = kleines Sieb], Gruppe der Webspinnen (↗ *Cribellatae*); da die Cheliceren nach vorn gerichtet (orthognath) u. die Geschlechtsorgane einfach sind, werden die P. als relativ ursprünglich angesehen; einzige Fam. ↗ *Hypochilidae*.

Palaeodictyoptera [Mz.; v. *palae-, gr. diktyon = Netz, pteron = Flügel], (Goldenberg 1854), † Ord. großer, bis 75 cm Spannweite (!) erreichender primitiver Insekten mit starren, nur vertikal bewegl. Flügeln; auf dem Prothorax oft 1 Paar flügelart. Fortsätze. P. ernährten sich wahrscheinl. nur v. Pflanzensäften. Verbreitung: Karbon bis Perm.

Palaeoheterodonta [Mz.; v. *palae-, gr. heteros = anderer, odontes = Zähne], (Newell 1965), U.-Kl. der Muscheln mit gleichklappigen, innen aus Perlmutter bestehenden Schalen, Ligament amphi- od. opisthodet; Scharnier in Gestalt einiger vom Wirbel her divergierenden Zähne (ausnahmsweise auch taxodont); Lateralzähne, falls vorhanden, getrennt durch ein zahnfreies Intervall. Dazu gehören v. a. die *Unionoida* u. *Trigonionoida*. Verbreitung: mittleres Kambrium bis rezent.

Palaeoloricata [Mz.; v. *palae-, lat. loricatus = gepanzert], (Bergenhayn 1955), † Ord. primitiver Chitonen (Käferschnecken) ohne Articulamentum; Verbreitung: Oberkambrium bis Oberkreide.

Palaeoloxodon *m* [v. *palae-, gr. loxos = schief gebogen, odōn = Zahn], (Matsumoto 1924), *Hesperoloxodon* (Osborn), *Waldelefant;* Stoßzähne des † Elefanten fast gerade, Kaufläche der Molaren „bandartig", Zahl der hohen u. schmalen Schmelzbüchsen im M3 inferior = 15 bis 20; Bewohner v. Waldgebieten Mitteleuropas in den Wärmezwischenzeiten des Pleistozäns bis ins Eem-Interglazial; in S-Europa auch während der Kaltzeiten heimisch. Auf der Ägäis-Insel Tilos wurden verzwergte Nachkommen noch in holozänen neolithischen Sedimenten angetroffen. Verbreitetste Art: *P. antiquus* (Falconer u. Cautley).

Palaeomastodon *m* [v. *palae-, gr. mastos = Brustwarze, odōn = Zahn], (Andrews 1901), bis 2,30 m Widerristhöhe erreichender † Altelefant mit einfachen Tapir-artigen Molaren; v. ihm nahmen die Zygolophodonten (z. B. Gatt. *Zygolophodon*) ihren Ausgang; 3 Arten. Verbreitung: unteres Oligozän des Fayûm v. Ägypten.

Palaeomeryx *m* [v. *palae-, gr. mēryx = ein wiederkäuender Fisch], (H. v. Meyer 1834), † Typus-Gatt. der U.-Fam. *Palaeomerycinae* Matthews 1904, welche die primitivste Gruppe der *Cervoidea* (Hirschartige) darstellt; Schädel geweihlos, untere Molaren mit einer Schmelzfalte (= P.- Falte, P.-Wulst) an der Außenseite des vorderen Halbmondes. Verbreitung: mittleres bis oberes Miozän v. Europa.

Palaeometabola [Mz.; v. *palae-, gr. metabolē = Veränderung], Teilgruppe der ↗ Hemimetabola (im weitesten Sinne), die sehr imagoähnl. Jugendstadien und urspr. Gliedmaßenreste od. deren Abwandlungen am Abdomen besitzen; der entspr. postembryonale Entwicklungsmodus wird *Palaeometabolie* gen. Man unterscheidet die Epimetabola (alle Urinsekten) u. die Prometabola (nur die Eintagsfliegen).

Palaeometabolie ↗Palaeometabola.

Palaeonemertea [Mz.; v. *palae-, ben. nach der Nereide Nēmertēs], *Palaeonemertini,* Ord. der Schnurwürmer innerhalb der Kl. *Anopla;* durch einen Hautmuskelschlauch aus äußerer Ring- u. innerer Längsmuskulatur gekennzeichnet; Nervensystem in der Längsmuskulatur od. in der Epidermis bzw. in der dieser unterlagerten Dermis; ausschl. marin u. benthisch. Bekannteste Art: ↗ *Cephalothrix rufifrons*.

Palaeonisciformes [Mz.; v. *palae-, gr. oniskos = kabeljauartiger Fisch, lat. forma = Gestalt], *Heterocerci,* † Ord. vielgestalt. Knorpelganoiden (↗ *Chondrostei*) v. meist kleiner, schlanker Gestalt; Chorda persistent, Flossenträger u. Rippen verknöchert, Schwanzflosse heterozerk; ihr dorsaler Lappen immer, meist auch der ganze Körper von rhomb. Ganoidschuppen bedeckt. Für den mitteleur. Zechstein charakterist.: *Palaeoniscus freieslebeni*. Verbreitung: mittleres Devon bis Unterkreide, Höhepunkt im Unterkarbon (31 Gatt.).

Palaeopallium *s* [v. *palae-, lat. pallium = Mantel], *Althirnmantel,* ein sehr basales, aber ursprünglich übergeordnetes Zentrum des Vorderhirns (↗ *Gehirn*) der Wirbeltiere. Das P. ist ein Teil des Grundbauplans der Wirbeltiere, hat aber in den verschiedenen Klassen starke Abwandlungen erfahren. Histolog. Charakteristikum des P.s ist ein Schichtenbau aus zwei Zellagen *(Palaeocortex)*. ↗Telencephalon.

Palaeoptera [Mz.; v. *palae-, gr. pteron = Flügel], Gruppe der ↗ Insekten (☐), denen das 4. Pterale im Flügelgelenk (↗ Insektenflügel) noch fehlt u. die daher ihre Flügel nicht nach hinten über das Abdomen legen können; hierher die Libellen u. Eintagsfliegen. ↗Neoptera.

Palaeostachya *w* [v. *palae-, gr. stachys = Ähre], Gatt.-Name für bestimmte Sporophyllzapfen der ↗ *Calamitaceae*.

Palaeotaxodonta [Mz.; v. *palae-, gr. taxis = Anordnung, odontes = Zähne], (Korobkow 1954), U.-Kl. der Muscheln mit der einzigen Überfam. ↗ *Nuculoidea*. Verbreitung: Ordovizium bis rezent.

Palaeoteuthis *w* [v. *palae-, gr. teuthis = Tintenfisch], (d'Orbigny), kreidezeitl. Cephalopoden-Kiefer, wahrscheinl. v. Nautiliden herrührend.

Palaeotheriidae [Mz.; v. *palae-, gr. thērion = Tier], (Bonaparte 1850), Seitenzweig (Fam.) alttertiärer Pferdeverwandter mit pferdeart. Schnauze, sonst v. Tapir-artigem Aussehen; Schweine- bis Nashorn-Größe; Molaren lophoselenodont mit deutl. ausgeprägter Hypsodontie; vermutl. bereits im Paleozän v. den *Equidae* u. ihren direkten Vorläufern getrennt. Gatt.: *Palaeotherium* Cuvier 1804, *Plagiolophus* Pomel, *Paraplagiolophus* Depéret 1917 u. *Leptolophus* Remy 1965. Verbreitung: mittleres Eozän bis oberes Oligozän von W-Europa.

Palaeotraginae [Mz.; v. *palae-, gr. traginos = Bocks-], (Pilgrim 1911), *Urgiraffen*, † U.-Fam. altertüml. Kurzhalsgiraffen v. Rothirschgröße mit paarigen, hautumkleideten Schädelfortsätzen, die im mittleren u. jüngeren Miozän in Europa (Gatt. *Palaeotragus, Samotherium*) u. Asien verbreitet waren. Das rezente Okapi wird nicht mehr den *P.* zugewiesen.

Palaeotremata [Mz.; v. *palae-, gr. tremata = Löcher], (Thomson 1927), † Ord. primitiver ⁊Brachiopoden mit hornigen, kalkigphosphat. bis kalkigen Schalen; Inhalt u. systemat. Abgrenzung sind umstritten. Verbreitung: unteres bis mittleres Kambrium.

Paläeuropa s, (H. Stille 1920), *Paläoeuropa, Alteuropa,* der durch die kaledonische Faltung „konsolidierte", d. h. an den Kern ⁊Archäeuropa herangefaltete Festlandsblock des heutigen N- und O-Europa.

Paläichnologie w [v. *palä-, gr. ichnos = Spur, logos = Kunde], die ⁊Palichnologie.

Paläoanthropologie w, die ⁊Paläanthropologie.

Paläobiologie w [v. *palä-], (O. Abel 1912), Naturwiss. v. den Lebenserscheinungen u. ihren Gesetzmäßigkeiten in der Vorzeit. 1924 definierte O. ⁊Abel die P. als „Forschungszweig, der sich mit der Ermittlung der Lebensweise der vorzeitl. Lebewesen u. ihrer gesamten Beziehungen zur Umwelt beschäftigt". Er erkannte die Notwendigkeit, die ⁊Paläontologie aus ihrer hist. bedingten Rolle als Hilfswiss. der ⁊Geologie u. einer „rein stratigraph. Zwecken dienenden Petrefaktenkunde" zu befreien u. zumindest gleichrangig biologisch zu orientieren. P. bezeichnet also den biol. Aspekt der Paläontologie, für den stratigraphischen ist der Ausdruck „Geobiologie" geprägt worden. [schichte.

Paläoböden [v. *palä-], ⁊Bodenge-

Paläobotanik w [v. *palä-, gr. botanikē = Pflanzenkunde], ⁊Botanik, ⁊Paläontologie.

Paläoendemismus m [v. *palä-, gr. endēmos = einheimisch], ⁊Endemiten.

Paläoeuropa ⁊Paläeuropa.

Paläogen s [v. gr. palaiogenēs = vor langer Zeit entstanden], (C. F. Naumann 1866), *Palaeogen, Alttertiär,* Zusammenfassung der 3 ältesten Epochen des ⁊Tertiärs (B Erdgeschichte): Paleozän, Eozän u. Oligozän; Dauer ca. 42 Mill. Jahre. In Fkr. als *Nummulitique* bezeichnet. ⁊Neogen.

Paläolithikum s [v. *palä-, gr. lithikos = Stein-], die ⁊Altsteinzeit.

Paläontologie w, (A. ⁊Brongniart), *Petrefaktenkunde, Petrefaktologie*. P. ist als Wiss. v. den vorzeitl. Lebewesen ebenso Teildisziplin der ⁊Biologie wie die ⁊Neontologie. Studiengegenstand der P. sind ⁊Fossilien u. die sie umschließenden Gesteine. Im Ggs. zu lebenden Wesen sind Fossilien im Gestein konservierte Leichen v. höchst unterschiedl. chronolog. Alter u. in verschiedener, meist noch nach dem Tode stark veränderter Erhaltung u. Umgebung. Lebensort, Todesort u. Fundort müssen nicht identisch gewesen sein („Fossilien lügen!"). Um alle naturgegebenen Informationen über Fossilien zu erfassen u. Irrtümer zu vermeiden, beginnt die Arbeit der P. am Fundort mit der Sicherung aller Daten zur Bio-⁊Stratigraphie u. ⁊Fazies-Kunde. Im Ergebnis sollte die Ermittlung des relativen chronolog. Alters (⁊Geochronologie) und ggf. der fossilen Umwelt stehen (⁊Paläökologie). Auf dem Wege zur Rekonstruktion der urspr. Gestalt des Fossils sind ferner jene Einflüsse zu ermitteln, die in der Phase zw. postmortaler ⁊Einbettung in das Muttergestein u. dem Endzustand bei der Bergung eingetreten sind (⁊Fossildiagenese). Die Aufklärung aller Veränderungen des Fossils zw. dem Zeitpunkt des Todes u. dem der Einbettung (z. B. Verwesung, Mazeration, Verfrachtung) ist Aufgabe der ⁊Biostratonomie. Der Restaurierung (Präparation) folgt die Rekonstruktion mit den Mitteln der vergleichenden ⁊Anatomie. – Zu den Eigenheiten der P. gehört ihr Unvermögen, Arten (Spezies) biol. zu definieren. Anstelle des Nachweises v. Fertilität bei spezif. gleichen Individuen setzt sie auf Ähnlichkeit. Entscheidungen über die Artzugehörigkeit sind jedoch erschwert durch die Möglichkeit, daß über den Rahmen synchroner Variabilität hinaus unerkannte diachrone, d. h. phylogenet. bedingte Abweichungen zu registrieren sind. Diese Unsicherheit in systemat. Fragen ist der P. abwertend als „deskriptive P." angelastet worden. Aber Systematik, die das richtige Einordnen der Fossilien nach Verwandtschaft in das „natürl. System" anstrebt, erfordert Berücksichtigung der Tatsache, daß jedem erdgeschichtl. Stratum ein eigenes System des jeweiligen erdgeschichtl. Augenblicks zukommt (⁊Erdgeschichte, B). Alle diese unterschiedl. Systeme in chronolog. Ord. zur Deckung gebracht, würden ein komplettes Abbild der ⁊biol. Evolution ergeben: P. vermag also die Geschichte des ⁊Lebens auf der Erde zu ermitteln. Dies gilt sowohl für die Pflanzen *(Paläobotanik)* wie für die Tiere *(⁊Paläozoologie)*. – Wissenschaftsgeschichtl. gesehen, erfuhr die P. ihre bedeutendsten Impulse in der Ge-

Paläontologie

Palaeotheriidae
Palaeotherium, erreichte Nashorngröße

palä-, palae-, pale- [v. gr. palaios = alt, bejahrt; ehemalig, früher].

meinschaft mit der ↗ *Geologie* („Geobiologie"), der sie mit Hilfe der empir. ermittelten ↗Leit- u. ↗Faziesfossilien z.B. bei der Anfertigung geolog. Karten im Gelände v. eminentem Nutzen ist. Diese mit dem freien Auge erkennbaren Makrofossilien beschäftigen speziell die *Makro-P.* Mikroskop. kleine Fossilien (↗Mikrofossilien) hingegen sind – gleichgültig, ob Tier od. Pflanze, ob Ein- od. Vielzeller – Gegenstand der *Mikro-P.* Diese vermag selbst in dünnen, mitunter kilometerlangen Bohrkernen umfangreiche Faunen- u. Florenfolgen in überaus reicher Individuenzahl zu ermitteln u. eine Fülle v. stratigraphischen Daten bei der Suche nach wirtschaftl. nutzbaren Lagerstätten (Erdöl, Salz, Erz usw.) zu liefern. Tierischen Resten gebührt dabei der Vorzug, weil gerade sie in marinen Faziesbereichen überwiegen. – Die stets zunehmende Zahl rein biol. Beobachtungen u. Fragestellungen abseits der Geologie führte im 1. Drittel unseres Jh.s zur Etablierung einer eigenständigen ↗ *Paläobiologie*. In ihrem Rahmen konnten Spezialisten in Bereiche vordringen, die der P. schon v. der Überlieferungsqualität der Fossilien her verschlossen schienen: *Paläopathologie, Paläoneurologie, Paläohistologie, Paläophysiologie* u. *Paläoontogenie.* ↗ *Paläopalynologie* (↗Palynologie) ist eine bes. für die jüngeren Zeiträume der Erdgeschichte erfolgreich angewendete Disziplin der Paläobotanik. Die ↗ *Palichnologie* vermag noch Spuren tier. Lebens (↗Lebensspuren) in Gesteinen festzustellen, die zuvor als fossilleer galten. Die *Paläobiogeographie* erforscht die vorzeitl. Verbreitung fossiler Taxa. – Als Begründer der P. gilt G. ↗Cuvier.

Lit.: *Moore, R. C.*: Treatise on Invertebrate Paleontology. Z. Z. 30 Bde, seit 1948. *Müller, A. H.*: Lehrbuch der Paläozoologie. 3 Bde. in 7 Teilen; seit 1957. *Piveteau, J.*: Traité de Paléontologie. 7 Bde. 1952–64. *Zittel, K. A. v.*: Grundzüge der P.; seit 1910. Mehrere Aufl. und verbesserte Nachdrucke.
S. K.

Paläoökologie *w* [v. *palä-, gr. oikos = Hauswesen, logos = Kunde], (R. Richter 1928), *Palökologie,* Lehre v. der Lebensweise der fossilen Organismen u. den Beziehungen zur Umwelt.

Paläopalynologie *w* [v. *palä-, gr. palynein = streuen, logos = Kunde], Wiss. von den Sporen u. Pollen (↗Pollenanalyse) der Vorzeit. ↗Palynologie.

Paläopathologie *w* [v. *palä-, gr. pathologikē = Lehre von Krankheiten], (Moodie 1923), Lehre v. den Krankheiten der fossilen Organismen.

Paläophytikum *s* [v. *palä-, gr. phytikos = Pflanzen-], die Altzeit der Pflanzenentwicklung zw. Obersilur u. Unterperm, Zeitalter der ↗Farnpflanzen.

Paläoproteine, die aus Körperfossilien, bes. aus den Exoskeletten fossiler Mollusken, isolierbaren Proteine. Das am besten untersuchte P. ist das aus fossilen Molluskenhartteilen des unteren Tertiärs, des Jura u. des Silurs isolierbare ↗ *Conchin* (Conchiolin), ein fibrilläres Skleroprotein.

Paläosole [Mz.; v. *palä-, lat. solum = Boden], die *Paläoböden;* ↗Bodengeschichte.

Paläotropis *w* [v. *palä-, gr. tropikos = Wendekreis], 1) *paläotropisches Florenreich,* ↗Florenreich, welches das gesamte Gebiet der altweltl. Tropen umfaßt; unterscheidet sich v. der ↗Neotropis durch einen sehr deutl. abweichenden Florenbestand, z.B. *Pandanaceae* (Schraubenpalmen), *Zingiberaceae* (Ingwergewächse), *Moraceae* (Maulbeerbaumgewächse), *Dipterocarpaceae* (Flügelfruchtgewächse) und viele weitere Taxa unterschiedl. Ranghöhe. Bemerkenswert ist die konvergente Entwicklung sehr ähnl. Lebensformen bei den stammsukkulenten *Euphorbiaceae* (Wolfsmilchgewächse) in der Alten Welt und den *Cactaceae* (Kakteengewächse) der Neotropis. Die P. wird gewöhnl. untergliedert in ein Afrikanisches, ein Indomalayisches und ein Polynesisches Unterreich, die aufgrund ihrer lange bestehenden Trennung bereits deutl. Unterschiede ihres Florenbestands erkennen lassen. 2) *paläotropische Region,* tiergeographische Region, die die Tropengebiete der Alten Welt umfaßt u. in die beiden Subregionen ↗Äthiopis (der Großteil ↗Afrikas einschl. Madagaskars) und ↗Orientalis (im wesentl. das tropische ↗Asien) unterteilt wird. Der P. werden die Tropengebiete der Neuen Welt als ↗Neotropis gegenübergestellt.

Paläozän *s* [v. *palä-, gr. kainos = neu], das ↗Paleozän.

Paläozoikum *s* [v. *palä-, gr. zōikos = Tier-], („paleozoic" in J. D. Dana 1862), Erdaltertum, paläozoische Ära, auf dem Wandel in der Tierwelt begr. älteste Ära des ↗Phanerozoikums; charakterisiert als „Zeitalter der Trilobiten, Fische u. Amphibien"; Dauer ca. 285 Mill Jahre ≙ 6,3% der ↗Erdgeschichte (B). Das P. wird unterteilt in die Perioden: Kambrium, Ordovizium, Silurium, Devon, Karbon, Perm.

Paläozoologie *w* [v. *palä-, gr. zōon = Tier, logos = Kunde], Lehre v. den Tieren der Vorzeit; Teilgebiet der ↗Paläontologie. Ggs.: Neozoologie. ↗Paläanthropologie.

Palaquium *s* [v. philippin. palak-palak], Gatt. der ↗Sapotaceae.

Palatinum *s* [v. lat. palatum = Gaumen], *Os palatinum,* das ↗Gaumenbein.

Palatoquadratum *s* [v. lat. palatum = Gaumen, quadratum = Quadrat], *Palatoquadratknorpel,* Oberkieferknorpel, einziges Element des Oberkiefers bei ↗Knorpelfischen *(Chondrichthyes),* bildet mit dem ↗Mandibulare das urspr. ↗Kiefergelenk (T). Auf dem vorderen Teil des P.s entstanden stammesgesch. die Deckknochen ↗Praemaxillare u. ↗Maxillare; der hintere Teil bildete die Ersatzknochen Quadratum u. Epipterygoid. ↗Kiefer, ↗Schädel.

Palatum *s* [lat., =], der ↗Gaumen.

---

palä-, palae-, pale- [v. gr. palaios = alt, bejahrt; ehemalig, früher].

Palcephalopoda [Mz.; v. *palä-, gr. kephalē = Kopf, podes = Füße], (U. Lehmann 1964), Sammelbez. für alle altpaläozoischen Cephalopoden: die heterogene Gruppe der ↗ *Nautiloidea* einschl. *Endoceratoidea*, ↗ *Actinoceratoidea* u. *Bactritoidea* (↗ Bactriten).

Palechinoidea [Mz.; v. *pale-, gr. echinos = Seeigel, -oeides = -artig], (Haeckel 1866), † Ord. primitiver Seeigel mit nicht streng dachziegelart. Anordnung der Platten; Interambulacra aus einer od. mehr als 2 Plattenreihen. Verbreitung: Silurium bis Perm.

Paleen [Mz.; v. lat. palea = Spreu], spezialisierte, zu Kämmen od. Fächern vereinigte Borsten bei röhrenbewohnenden ↗ *Polychaeta;* dienen zum Nahrungserwerb u. zum Verschluß der Röhre.

Paleosuchus *m* [v. *pale-, gr. souchos = Nilkrokodil], Gatt. der ↗ Alligatoren.

Paleozän *s* [v. *pale-, gr. kainos = neu], (Schimper 1874, v. Koenen 1885), nec: *Paläozän*, erste Epoche des ↗ Tertiärs ([B] Erdgeschichte) von ca. 12 bis 14 Mill. Jahre Dauer mit den Altern (von unten nach oben): Danium, Montium, Thanetium („Sparnacium"); Klima relativ kühl; im Danomontium überflutete eine Transgression die Dän. Inseln und NW-Dtl.; beginnende Vorherrschaft der ↗ *Eutheria*. In Fkr. statt P. auch: *Eonummulitique*.

Pales *w*, Gatt. der ↗ Tipulidae.

Pali [Mz.; Ez. *Palus;* lat., = Pfähle], *Pfählchen*, sekundäre Bildungen der Septen v. ↗ Hexacorallia in Form v. Stäbchen od. Lamellen, die i. d. R. in ein od. zwei Kreisen vor den inneren Rändern der Septen u. um die zentrale Columella stehen.

Palichnologie *w* [v. *pale-, gr. ichnos = Spur, logos = Kunde], (Seilacher 1953), *Paläichnologie*, die Lehre v. den Lebensspuren fossiler Organismen. ↗ Ichnologie.

Palimpsest *m* [v. gr. palimpsēstos = wieder abgekratzt], ein nach Tilgung der alten Schrift überschriebenes Pergament. – *P.struktur:* in der Paläontologie (R. Richter 1925) eine meist in Schiefern auftretende Erhaltungsweise v. Fossilien, bei der sich Merkmale v. Ober- u. Unterseite infolge von Zusammendrückung (Überprägung) durchdringen; in der Geologie: alte Strukturen der Erdkruste, die nach (gedankl.) Eliminierung jüngerer Umformungen erkennbar werden. – *P.theorie* (W. K. Gregory 1947): Theorie, nach der die aufgrund gewisser Ähnlichkeiten angenommenen verwandtschaftl. Beziehungen zw. Kletterbeutlern u. Kloakentieren bei letzteren durch deren jetzige Lebensweise überprägt worden sein sollen.

Palindrom *s* [v. gr. palindromos = zurücklaufend], DNA-Abschnitt, der in jedem der beiden Stränge in jeweils entgegengesetzte Richtung orientiert die gleiche Basensequenz enthält $\left(\text{z. B.} \quad \begin{matrix} -\text{AGGCCT} \rightarrow \\ \leftarrow \text{TCCGGA}- \end{matrix}\right)$,

Palindrom

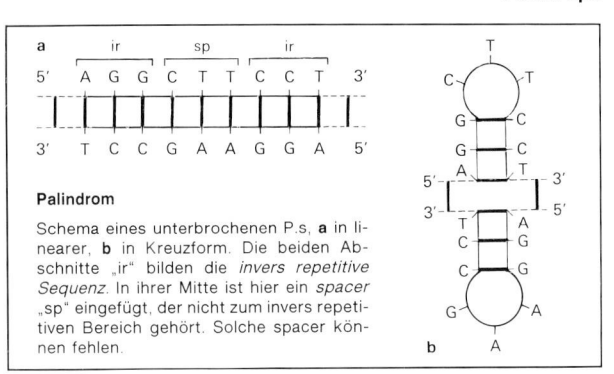

Schema eines unterbrochenen P.s, **a** in linearer, **b** in Kreuzform. Die beiden Abschnitte „ir" bilden die *invers repetitive Sequenz*. In ihrer Mitte ist hier ein *spacer* „sp" eingefügt, der nicht zum invers repetitiven Bereich gehört. Solche spacer können fehlen.

also rotationssymmetr. ist. Dies bedeutet auch, daß sich innerhalb eines P.s die gleiche Sequenz in umgekehrter Richtung, jedoch bezogen auf beide Stränge, wiederholt ($<\frac{\text{AGG}}{\text{TCC}}\bigg|\frac{\text{CCT}}{\text{GGA}}>$ = *invers repetitive Sequenz*). Zw. die beiden Kopien invers repetitiver Sequenzen können nichtrepetitive Abschnitte, sog. *spacer*, eingeschoben sein; das P. ist dann unterbrochen. P.e können eine Kreuzform bilden, denn palindromische Sequenzen rufen immer auch eine Komplementarität der Einzelstränge mit sich selbst hervor. Aus dem gleichen Grund sind diejenigen Bereiche von RNA, die v. palindromischen DNA-Bereichen transkribiert werden, mit sich selbst komplementär u. können durch intramolekulare Basenpaarung Schleifenstrukturen (sog. hairpins) ausbilden. Die Erkennungssequenzen u. auch die Schnittstellen v. ↗ Restriktionsenzymen sind meist P.e.

Palingenese *w* [v. gr. paliggenesia = Wiedergeburt], ↗ Rekapitulation der Stammesgeschichte: in der Embryonal- od. Jugendentwicklung die vorübergehende Ausbildung v. Strukturen, physiolog. Vorgängen oder Verhaltensweisen, welche einem Ahnenzustand entsprechen. Palingenesen erlauben, gestützt auf andere Fakten, Rückschlüsse auf die phylogenet. Entwicklung einer Art (↗ Biogenetische Grundregel, [B]). Beispiele: Anlage v. Extremitätenknospen bei Walen, Zahnanlagen bei Bartenwalen, Kiemenanlagen bei Tetrapoden; N_2-Exkretion bei Vogelembryonen zuerst in Form von NH_3, dann als Harnstoff und erst in der 2. Hälfte der Embryonalentwicklung in Form v. Harnsäure; junge Lerchen, obwohl bodenlebend, bewegen sich erst hüpfend fort (charakterist. für baumlebende Vögel), danach Laufen als charakterist. Fortbewegung bodenlebender Vögel. Ggs: ↗ Caenogenese.

Palingeniidae [Mz.; v. gr. palin = wieder, genesis = Entstehung], Fam. der ↗ Eintagsfliegen.

Palintrope *w* [v. gr. palintropos = zurückgewandt], (Thomson 1927), der umgebogene u. nach vorn weisende Abschnitt am Hinterende der Klappe(n) mancher ↗ Brachiopoden.

Palinura [Mz.; v. gr. Palinouros = Steuermann des Aeneas], Abt. der *Reptantia* (↗*Decapoda*) mit 3 Fam., den ↗*Polychelidae*, ↗Langusten u. ↗Bärenkrebsen.

Palinuridae [Mz.], die ↗Langusten.

Palisadenparenchym *s* [v. frz. palissade = Hecke, gr. paregchyma = Danebengegossenes, Füllsel], *Palisadengewebe*, ↗Blatt (B I), ↗Grundgewebe; ☐ Lichtblätter, B Wasserhaushalt (der Pflanze).

Palisadenwurm, *Riesen-P.*, *Dioctophyme renale*, ↗Dioctophyme.

Palisander *m* [v. einer Indianersprache Guayanas über niederländ. palissander], *P.holz*, Sammelbez. für Hölzer gleicher Eigenschaften v. Bäumen der Gatt. ↗*Terminalia*, ↗*Dalbergia* u. *Jacaranda* (↗*Bignoniaceae*); ein hartes, stark arbeitendes, dunkel- bis schwarzbraunes Holz (Dichte ca. 0,9 g/cm^3) mit gelbl. Splint; verwendet werden die gut polierbaren Hölzer u. a. für Furniere, Kunsttischlerarbeiten u. Musikinstrumente.

Paliurus *w* [v. gr. paliouros = ein Dornstrauch], Gatt. der ↗Kreuzdorngewächse.

Pallaskatze [ben. nach dem dt. Zoologen P. S. Pallas, 1741–1811], der ↗Manul.

Pallavicinia *w* [ben. nach dem it. Adelsgeschlecht Pallavicino], Gatt. der ↗Pelliaceae.

Pallene *w*, Gatt. der ↗Asselspinnen (T).

Pallialeindrücke [v. *palli-], spezif. ausgebildete u. daher taxonom. bedeutungsvolle Eindrücke v. verzweigten Mantelkanälen (Pallialsinus) auf den Innenseiten der Klappen mancher ↗Brachiopoden.

Pallialganglion *s* [v. *palli-], das ↗Parietalganglion.

Pallialkomplex *m* [v. lat. pallium = Mantel, Hülle, complexus = Umfassen], Sammelbez. für eine Gruppe v. Organen bzw. Organteilen in der Mantelhöhle der Weichtiere, umfaßt Kiemen, Hypobranchialdrüsen, Osphradien, Darm-, Geschlechts- u. Exkretionsöffnungen. – Manche Autoren bezeichnen auch den ↗Eingeweidesack selbst als P.

Pallium *s* [lat., = Mantel, Hülle], 1) der ↗Mantel (bei Weichtieren). 2) der Hirnmantel des Endhirns der Wirbeltiere. Bei urspr. Wirbeltierformen (z. B. Amphibien) nimmt das P. die dorsalen Bezirke der beiden Endhirnhemisphären ein (Septum u. Basalganglion die ventralen). Das P. wird untergliedert in das jeweils medial gelegene *Archi-P.* und das jeweils lateral gelegene ↗*Palaeo-P.* Bei solch urspr. Formen wie den Amphibien (auch Lungenfischen; Knochenfische zeigen einen stark abweichenden Bau) liegen die Perikaryen der Nervenzellen um den zentralen Endhirnventrikel herum gelagert. Bei Reptilien, Vögeln u. Säugern kommt es durch Auswandern der Perikaryen zur Bildung einer echten zweischicht. Rinde (Cortex) von Archi-P. u. Palaeo-P. (↗Telencephalon). ↗Gehirn (☐).

palli- [v. lat. pallium = Mantel, Hülle, Decke].

Palmen

Wichtige Arten und Gattungen:
↗Babassupalme *(Orbignya)*
↗Betelnußpalme *(Areca catechu)*
↗Carnaubapalme *(Copernicia)*
Ceroxylon andicola
↗Dattelpalme *(Phoenix)*
↗Dumpalme *(Hyphaene thebaica)*
Fiederpalme *(Nipa fruticans)*
↗Kokospalme *(Cocos nucifera)*
↗Ölpalme *(Elaeis guineensis)*
↗Palmyrapalme *(Borassus flabellifer)*
↗*Phytelephas*
↗Raphiapalme *(Raphia)*
↗Rotang-Palmen *(Calamus)*
↗Sagopalme *(Metroxylon sagu)*
↗Seychellenpalme *(Lodoicea callypige)*
↗Talipotpalme *(Corypha umbraculifera)*
Zuckerpalme *(Arenga pinnata)*
Zwergpalme *(Chamerops humilis)*

Palma Christi *w* [lat., = Christuspalme], ↗Rizinus.

Palmae [Mz.; lat., =], die ↗Palmen.

Palmales [Mz.; v. lat. palma = Palme], die ↗Palmenartigen.

Palmares [Mz.; v. lat. palmaris = Palmen-], Bez. für Palmensavanne in Südamerika.

Palmarosaöl *s* [v. lat. palma = Palme, ben. nach dem ind. Rusagras], nach Rosen duftendes äther. Öl aus den Blättern des Süßgrases *Cymbopogon martini*; enthält Geraniol (75–95%), Citronellal (5–10%), Geranylacetat u. Geranylcapronat u. wird u. a. zur Parfümierung v. Seifen u. Kosmetika verwendet.

Palmatogecko *m* [v. lat. palmatus = palmzweigartig, malaiisch gēhoq], Gatt. der ↗Geckos.

Palmellastadium *s* [v. gr. pallein = schütteln], geißelloses Ruhestadium einiger Flagellaten, z. B. *Chlamydomonas* od. *Euglena*; hierbei scheiden die Zellen als Schutz gg. Austrocknung eine dicke Gallerthülle aus; die Zellen können in diesem Stadium noch assimilieren u. sich vegetativ fortpflanzen.

Palmen [Mz.; v. lat. palma = flache Hand; Palme], *Palmae*, *Arecaceae*, einzige Fam. der Palmenartigen, mit mehr als 200 Gatt. und ca. 2500 Arten (vgl. Tab.) pantropisch verbreitet. P. besiedeln die unterschiedlichsten Standorte. In Europa heimisch sind nur *Chamerops humilis* (Zwergpalme; in SW-Europa) u. *Phoenix theophrastii* (eine auf Kreta endemische Verwandte der Dattelpalme). Die P. zeigen meist recht einheitl. Wuchsformen: sie besitzen im allg. unverzweigte, gleichmäßig dicke Stämme (sekundäres Dickenwachstum fehlt), die an der Spitze einen Blattschopf tragen. Manche Arten zeigen gabel. Verzweigungen. Die Blätter können fieder- od. fächerartig (mit gestauchter Achse) ausgebildet sein. Die Blattspreite wird ungeteilt, aber gefältelt angelegt; sie zerteilt sich durch nachträgl. Absterben od. Verschleimen v. Zellen. Der Bau der Blütenstände variiert v. stark zerteilten Rispen bis zu einfachen Ähren. Meist werden die Blütenstände seitenständig, selten auch endständig angelegt. Im letzteren Fall fruchtet der Baum nur einmal u. stirbt danach ab (↗Sagopalme). Die Blüten sind zwittrig od. diklin; sie stehen monözisch od. diözisch verteilt. Die meisten P. werden vom Wind bestäubt, es kommt jedoch auch Insektenbestäubung vor. Die Blüten besitzen je 3 freie od. verwachsene Kelch- u. Kronblätter. Normalerweise werden 2 × 3 Staubblätter angelegt; ihre Zahl kann jedoch erhöht od. reduziert sein. Die 3 Fruchtblätter stehen einzeln od. verwachsen; die Fruchtknoten sind oberständig. Bei den Früchten handelt es sich meist um einsam. Beeren od. Steinfrüchte. Der Blütenstand wird v. Hüllbättern umgeben; diese treten auch innerhalb der Infloreszenz auf. Die P. gelten als sehr alte Verwandtschaftsgruppe: es treten vielfach Gatt. mit nur 1 Art auf; zudem zeigen viele Arten ein sehr begrenztes Verbreitungsgebiet. Einige P.arten sind v. großer wirtschaftl. Bedeutung: so sind ↗Ölpalme, ↗Kokospalme u. ↗Babassupalme wicht. Fettlieferanten, die ↗Sagopalme dient der Stärkegewinnung, aus den Blütenständen der ↗Palmyrapalme sowie der in Malaysia u. Indonesien vorkommenden Zuckerpalme (*Arenga pinnata*, B Kulturpflanzen II) wird der sog. Palmzucker gewonnen. – Die größte lebende P.art ist *Ceroxylon andicola;* sie erreicht über 60 m Höhe u. wurde zum Wahrzeichen v. Kolumbien.

Palmenartige, *Arecales, Palmales,* Ord. der *Arecidae* mit der einzigen Fam. ↗Palmen.

Palmendieb, *Diebskrabbe, Kokoskrebs, Birgus latro,* größter u. am besten ans Landleben angepaßter Vertreter der ↗Landeinsiedlerkrebse *(Coenobitidae).* Er lebt auf vielen Inseln des westl. indopazif. Raumes u. erreicht bis 30 cm Länge. Im Ggs. zu anderen Landeinsiedlerkrebsen trägt er als Adultus kein Schneckenhaus u. ist, v. oben gesehen, bilateralsymmetrisch gebaut. Die Entwicklung weist ihn aber als Landeinsiedlerkrebs aus. Wie bei anderen ↗Einsiedlerkrebsen folgt auf das planktische Zoëa-Stadium die Glaucothoë, die zum Bodenleben übergeht. Die darauffolgenden Stadien besitzen zunächst ein asymmetr. Pleon, das sie in einer Schneckenschale verbergen. Sie leben schon auf dem Land. Nach einem halben Jahr, wenn die Tiere 10 bis 12 mm lang sind, wird das Schneckenhaus zu klein u. abgeworfen; das Pleon wird jetzt wieder fast symmetrisch. Gleichzeitig wächst das 4. Pereiopodenpaar, das bisher klein war u. zum Tragen der Schale diente, rasch heran u. wird bei der Fortbewegung eingesetzt. Ebenso wachsen die Branchiostegite u. wölben sich nach außen vor. Auf diese Weise werden die Kiemenräume vergrößert. Die Kiemen selbst werden zu kleinen Rudimenten; die Innenwände der Branchiostegite werden stark gefältet u. durchblutet, u. die Kiemenhöhlen dienen nun als Lungen. Die Innenwände dieser Lungen werden durch Drüsensekrete feucht gehalten. Zur Deckung des Wasserbedarfs trinkt der P., indem er die große Schere ins Wasser taucht u. dann an den Mund führt. Auf menschenleeren Inseln ist der P. tagaktiv, sonst nachtaktiv. Er ist Allesfresser, der Aas annimmt, aber auch anderen Landkrabben nachjagt u. verschiedene Früchte einschl. denen der Kokospalme aufsammelt od. direkt v. den Bäumen holt, wobei die Tiere bis zu 20 m hoch klettern. Kokosnüsse können allerdings nur v. ganz großen P.en geöffnet werden. Bei Gefahr verbergen sich die Tiere in Höhlen v. Koral-

Palmendieb *(Birgus latro)*

Palmenroller

Arten:
Fleckenmusang
(Paradoxurus hermaphroditus)
Goldmusang
(P. zeylonensis)
Jerdon-Musang
(P. jerdoni)
Larvenroller
(Paguma larvata)
Streifenroller
(Arctogalidia trivirgata)
Celebes-Roller
(Macrogalidia musschenbrocki)
↗Binturong
(Arctictis binturong)
↗Pardelroller
(Nandinia binotata)

lenfelsen od. unter Baumwurzeln. Dort verankern sie sich mit ihrem Pleon so fest, daß es kaum mögl. ist, sie ohne Verletzung herauszuziehen. Paarung u. Eiablage finden ebenfalls auf dem Land statt. Die Eier werden, wie bei anderen Decapoden, an die Pleopoden des Weibchens geklebt u. mit Hilfe des 5. Pereiopodenpaares durch Drüsensekret u. Wasser feucht gehalten. Erst, wenn die Zoëen fertig entwickelt sind, wandert das Weibchen zum Wasser, oft viele km weit, u. schüttelt die Larven ab. Danach geht es sofort wieder aufs Trockene; sonst gehen die Tiere nicht freiwillig ins Wasser.

Palmenhörnchen, *Palmhörnchen, Funambulini,* Gatt.-Gruppe ind. und afr. Hörnchen, die neben anderer Pflanzenkost (u. Insekten) die Früchte v. Palmen verzehren. 4 Gatt.: Gestreiftes P. (*Funambulus palmarum;* Vorderindien), Rotschenkelhörnchen (*Funisciurus;* 2 Arten in Afrika), Afr. Buschhörnchen (*Paraxerus;* 11 Arten), Afr. Zwerghörnchen (*Myosciurus pumilio*).

Palmenroller, *Paradoxurinae,* U.-Fam. der Schleichkatzen; hauskatzen- bis fuchsgroße, nachtaktive Baumtiere; Allesfresser; 6 Gatt., davon 5 in Indien u. Indonesien und 1 in Afrika (↗Pardelroller), mit zus. 8 Arten (vgl. Tab.). Zu den P.n i. e. S. od. Musangs (Gatt. *Paradoxurus*) zählen 3 Arten; als Kulturfolger verhält sich bes. der in 31 U.-Arten vorkommende Malaiische P. od. Fleckenmusang *(P. hermaphroditus).* Die am Rumpf einheitl. rot- bis graubraun gefärbten Larvenroller *(Paguma larvata)* tragen am Kopf eine auffällige schwarzweiße ↗Maske („Larve"; unterschiedl. bei den 14 U.-Arten), die als Warnfärbung gedeutet wird: Larvenroller bespritzen Angreifer mit einem Analdrüsen-Sekret. Der naheverwandte Streifenroller *(Arctogalidia trivirgata)* umfaßt 11 U.-Arten. Noch wenig erforscht ist der seltene Celebes-Roller *(Macrogalidia musschenbrocki).* Die einzige Schleichkatze mit einem Greifschwanz ist der ↗Binturong.

Palmentang, *Laminaria hyperborea,* ↗Laminariales.

Palmfarne, die ↗Cycadales.

Palmfett, *Palmöl, Palmbutter,* in den Früchten der ↗Ölpalme *(Elaeis guineensis)* zu 20–35% enthaltenes u. durch Auskochen od. Auspressen des Fruchtfleisches gewinnbares, nach Veilchen riechendes Fett. Hauptinhaltsstoffe des P.s sind Glycerinester der Palmitinsäure (35–40%), Ölsäure (43%), Linolsäure (10%), Stearinsäure (5%) u. Myristinsäure (1,5%). P. findet Verwendung bei der Herstellung v. Speisefetten, Seifen, Kerzen u. Schmierfetten sowie in Pharmazie u. Kosmetik.

Palmietschilf [v. port./span. palmito = kleine Palme, über Afrikaans palmiet], *Prionium serratum,* ↗Binsengewächse.

Palmitinsäure [v. lat. palma = Palme], *n-Hexadecansäure, Cetylsäure,* chemi-

Palmitoleinsäure

sche Formel $C_{15}H_{31}COOH$, eine höhere ↗Fettsäure (T), die neben Stearinsäure zu den am häufigsten vorkommenden Fettsäuren zählt u. in gebundener Form Bestandteil aller Naturfette u. Phospholipide ist. *Palmitin* ist der Triester der P. mit Glycerin, $(C_{15}H_{31}COO)_3 \cdot C_3H_5$ (B Lipide). In freier Form kommt P. im Palmöl (↗Palmfett) vor. Industriell wird P. als Rohstoff zur Herstellung v. Seifen, Detergentien u. Kerzen verwendet. Die Salze u. Ester der P. werden *Palmitate* genannt. [säure (T)].
Palmitoleinsäure, eine ungesättigte ↗Fett-
Palmitylalkohol, der ↗Cetylalkohol.
Palmkätzchen, Blütenstand der Salweide; ↗Weiden.
Palmkernöl, *Palmkernfett,* ↗Ölpalme.
Palmlilie, *Yucca,* Gatt. der Agavengewächse mit ca. 35 Arten hpts. im S der USA, die heute in wärmeren Gebieten häufig als Zierpflanzen kultiviert werden; mit holzigem Stamm u. schmalen, steifen, scharf zugespitzten Blättern, die eine Rosette bilden. Manche Arten haben einen reich verzweigten oberird. Stamm, wie z. B. *Y. elephantipes* aus Mexiko, od. einen unverzweigten, wie *Y. gloriosa,* die bei uns oft als Kübelpflanze gehalten wird. Bei anderen P.n bleibt der Stamm fast ganz unter der Erde, so z. B. bei der relativ frostunempfindl. *Y. filamentosa* aus dem südöstl. Nordamerika. Alle Arten sind durch eine rispige Blütenähre mit glockenförm. weißen od. grünl.-weißen Blüten gekennzeichnet. Die Bestäubung erfolgt ausschl. durch die ↗Yuccamotte. Aus den Blättern einiger P.n-Arten werden Fasern *(Yuccafasern)* für Seile u. Flechtwerk gewonnen. Die Blüten u. Früchte sind z. T. eßbar. B Nord-
Palmöl, das ↗Palmfett. [amerika VIII.
Palmschmätzer, *Dulidae,* Fam. geselliger Singvögel mit 1 Art *(Dulus dominicus)* auf Haiti; olivgrün, 18 cm groß; ernährt sich v. Blüten u. Beeren; 1–5 Paare bauen, meist auf der Königspalme, aus dünnen Zweigen ein großes Gemeinschaftsnest, in dem jedes Paar sein eigenes Abteil besitzt; außerhalb der Brutzeit dient das Nest der Gruppe als Schlaf- u. Ruheplatz.
Palmyrapalme [ben. nach der altsyr. Stadt Palmyra], *Borassus flabellifer,* v. a. in SW-Asien verbreitete, bis 25 m hohe Fächerpalme mit vielseit. Verwendbarkeit: aus den Blättern wird die 30–50 cm lange *Palmyrafaser* (für Matten, Pinsel, Besen) gewonnen; neben älterem Holz liefert die P. außerdem Zuckersaft (bis zu 2 l pro Tag), der hpts. der Zuckergewinnung dient, z. T. aber auch frisch getrunken od. zu *Palmwein* (Toddy) vergoren wird.
Palmzucker ↗Palmen.
Palolowürmer [polynes., = Platzender], zur Ringelwurm-Fam. ↗*Eunicidae* gehörende Arten der Gatt. *Eunice. E. schemacephala (E. fucata),* Floridanischer od. Atlantischer Palolo, bis 70 cm lang, in den Riffen der Bermudas und Westind. Inseln.

palp- [v. lat. palpare = streicheln, betasten; palpus = Taster].

Palmlilie *(Yucca)*

Palpatores
Familien:
↗Brettkanker *(Trogulidae)*
↗*Phalangiidae*
↗Schneckenkanker *(Ischyropsalididae)*

Palpeneulen
Eine bekannte P. ist die Nesselschnabeleule *(Hypena proboscidalis),* häufig in Gärten, Parks, Wäldern u. Auen; Vorderflügel graubraun mit 2 dunklen Querlinien, Hinterflügel grau, Spannweite um 40 mm; Raupe grün mit weißl.-gelber Seitenlinie u. dunkler Rückenlinie, erstes Bauchfußpaar reduziert; lebt an Nesseln, Hopfen u. a.

E. viridis, Pazifischer Palolo, bis 40 cm lang, in den Riffen der Samoa- u. Fidschi-Inseln. Beide Arten sind durch ↗Epitokie u. ↗Lunarperiodizität (↗Chronobiologie) gekennzeichnet, d. h., in Abhängigkeit v. der Stellung des Mondes (Mondphasen) werden die auf Licht reagierenden, v. Gameten erfüllten epitoken Hinterenden der getrenntgeschlechtl. Tiere (graugrün die weibl., gelbl. die männl. Körperhinterenden) abgestoßen u. steigen zur Meeresoberfläche auf, wo die verschiedengeschlechtl. Partner sich mit Hilfe v. Pheromonen finden u. durch Platzen ihre Gameten freisetzen. Bei *E. viridis* sollen die Schwärme solche Ausmaße erreichen, daß die Boote der Eingeborenen, die die P. während eines eigens hierfür veranstalteten Volksfestes als Delikatesse ernten, geradezu in ihnen steckenbleiben. *E. viridis* schwärmt nur einmal im Jahr innerhalb weniger Stunden in den ersten 3 Nächten vor dem letzten Mondviertel zw. Mitte Okt. und Mitte Nov., *E. schemacephala* ebenfalls innerhalb von 3 Tagen vor dem letzten Mondviertel zw. dem 29. Juni u. dem 28. Juli. Die atoken Vorderenden bleiben in den Korallenriffen zurück u. regenerieren ein neues Hinterende.
Palpatores [Mz.; lat., = Taster], U.-Ord. der Weberknechte mit 3 Fam. (vgl. Tab.) u. über 1000 Arten; die Pedipalpen sind tasterförmig; bei vielen Arten ist der Körper weichhäutig u. die Geschlechtsöffnung unter dem Genitaldeckel verborgen.
Palpebrallobus *m* [v. lat. palpebralis = Lider-, gr. lobos = Lappen], *Augenhügel,* auf den festen Wangen des Trilobiten-Cephalons liegende Aufbiegungen zur Aufnahme der Augen, mediad begrenzt durch die *Palpebralfurche.*
Palpen [Ez. *Palpus;* v. *palp-], *Palpi, Taster,* Anhänge am Kopf (meist in Mundnähe) mancher Wirbelloser, die dem Tasten (auch dem Schmecken u. Riechen) dienen. Bei Polychaeten bestehen die P. aus zwei Gliedern (meist birnenförm. Basalglied u. kugeliges Endglied), bei Gliederfüßern sind es an den ↗Mundwerkzeugen (☐) befindl. mehrgliedr. Teile; z. B. Pedipalpen der Spinnentiere, Oberkiefertaster der Krebse, Unterkiefer- u. Lippentaster der Insekten. ☐ Insekten.
Palpeneulen, *Schnauzeneulen, Schnabeleulen, Hypeninae,* U.-Fam. der ↗Eulenfalter, deren kleine bis mittelgroße Vertreter sehr lange Labialtaster besitzen, Habitus ähnl. den ↗Zünslern od. ↗Spannern („Spannereulen"); Vorderflügel breit, dreieckig u. zugespitzt, meist düster graubraun mit dunklen Querlinien gezeichnet, Männchen bei einigen Arten mit knotig verdickten Fühlern u. Haarpinseln an den Vorderbeinen (↗Duftbeine); Larven einiger Vertreter mit reduzierter Bauchfußzahl, Verpuppung in leichtem Gespinst am Boden.

Palpenkäfer [v. *palp-], *Pselaphidae,* Familie der polyphagen Käfer aus der Verwandtschaft der Kurzflügler, in Mitteleuropa ca. 125 Arten; kleine u. sehr kleine (1–2 mm), gelbbraune Käfer mit mehr od. weniger verkürzten Elytren; charakterist. sind die sehr langen Kiefertaster *(Palpen),* die oft an ihrer Spitze sehr auffällig gestaltet sind; Larven u. Käfer bodenlebend, gelegentl. bei Ameisen; über die Nahrung ist wenig bekannt (Milben?).

Palpenmotten, *Tastermotten, Gelechiidae,* Schmetterlingsfam. mit einigen tausend, weltweit verbreiteten kleinen Arten, Spannweite bis 25 mm, Kopf mit langen sichelförmig aufgebogenen Labialpalpen, Vorderflügel schmal, oft zugespitzt, Hinterflügel trapezförmig, am Außenrand eingebuchtet; Larven mit vielfält. Lebensweise: als Blattroller, Minierer u. Gallenerzeuger, an Früchten, Samen, Moosen u. Flechten, mehrere Arten sind wichtige Schädlinge. Beispiel: Getreidemotte *(Sitotroga cerealella),* weltweit verschleppt, lehmgelb, dunkel gefleckt, um 15 mm, Raupen fressen in Getreidekörnern; Baumwollmotte *(Pectinophora gossypiella),* zerstört Baumwollsamen; Kartoffelmotte, *Gnorimoschema (Phthorimaea) operculella,* kosmopolitisch, gelborange mit dunkler Zeichnung, um 15 mm, Larve an Stengeln, Blättern, in Früchten u. Knollen v. Nachtschattengewächsen, schädl. an Kartoffelpflanze u. Knollen u. an Tabak.

Palpifer *m* [v. *palp-, lat. -fer = -tragend], Träger der Lippentaster bei den ↗Mundwerkzeugen der Insekten.

Palpiger *m* [v. *palp-, lat., -ger = versehen mit], Träger der Kiefertaster bei den ↗Mundwerkzeugen der Insekten.

Palpigradi [Mz.; v. *palp-, lat. gradi = schreiten], *Beintaster, Tasterläufer,* Ord. der Spinnentiere unsicherer verwandtschaftl. Stellung, ca. 50 Arten; kleinste, pigmentlose Spinnentiere (größte Art *Koenenia draco,* 2,8 mm); ohne Kreislauf- u. Atmungsorgane; dorsal ist das Prosoma in ein Propeltidium u. 2 freie Tergite gegliedert; das Opisthosoma setzt sich aus einem Mesosoma u. einem kleinen Metasoma zus.; letzteres trägt eine vielgliedrige Schwanzgeißel; die 3gliedrigen Cheliceren sind lang u. dünn, das 1. Laufbein ist vielgliedrig u. wird als Tastbein eingesetzt. Die Tiere laufen auf den Tastern und den 2., 3. und 4. Laufbeinpaaren; der Mund liegt fast terminal. P. leben unter Steinen u. im Boden; sie sind ausgesprochen lichtscheu u. benötigen stets eine hohe Luftfeuchtigkeit. Über die Biol. und Embryologie ist nichts bekannt. P. sind weltweit verbreitet; im Mittelmeergebiet leben *Koenenia mirabilis* u. *austriaca;* letztere ist 1,5 mm groß; sie wurde auch in den Höhlen der Steiermark u. bei Innsbruck gefunden.

Palpus *m* [lat., = Taster], ↗Palpen.

Palsenmoore, circumpolar verbreitete

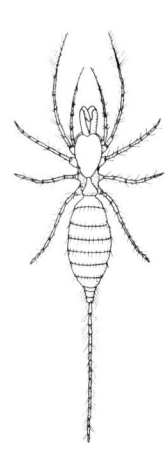

palp- [v. lat. palpare = streicheln, betasten; palpus = Taster].

Palpigradi

Koenenia spec.

Moore in Gebieten mit mittlerer Jahrestemp. unter −1°C. Die *Palsen,* Torfhügel v. bis zu 35 m Länge, 20 m Breite und 3 m Höhe, sind Frostbildungen; an Stellen geringerer Schneebedeckung dringt der Frost rascher in den Boden ein; entstehende Eislinsen heben den Torf empor.

Paludicella *w* [v. lat. paludicola = Sumpfbewohner], Gatt. der Moostierchen-Ord. *Ctenostomata;* hat früher bisweilen Wasserleitungen verstopft („Leitungsmoos"). Namengebend für die U.-Ord. *Paludicellea* (T) Moostierchen), die als einzige Gruppe der „Meeres-Moostierchen" auch im Süß- u. Brackwasser vorkommt. Im Herbst werden verkalkte *Hibernacula* (Winterknospen) gebildet, analog zu den ↗Statoblasten der eigtl. Süßwasser-Moostierchen, zu den ↗Gemmulae der Süßwasser-Schwämme u. zum ↗Ephippium der Wasserflöhe.

Paludicola *m* [lat., = Sumpfbewohner], *Süßwasserplanarien,* ↗Landplanarien.

Paludina *w* [v. lat. palus = Sumpf], veralteter Gatt.-Name der ↗Sumpfdeckelschnecken.

Palynologie *w* [v. gr. palynein = streuen, logos = Kunde], i.e.S. das Studium fossiler u. subfossiler Pollen u. Sporen in Böden, Sedimenten u. Lockergesteinen; im weitesten Sinne umfaßt die P. alle Probleme im Zshg. mit Struktur, Bildung, Vorkommen u. Verbreitung der *Palynomorphen* (d.h. Pollen, Sporen, Dinoflagellaten, Diatomeen u.a.). Die P. ist eine wichtige Methode der relativen Altersbestimmung (geeignet zur Datierung v. ordovizischen bis hin zu archäolog. Fundschichten) u. erlaubt ferner, insbes. im eur. Quartär, die Rekonstruktion der Ausbreitungs- u. Entwicklungsgeschichte v. Pflanzenarten sowie der Vegetations- u. Klimageschichte. Darüber hinaus findet sie Anwendung bei der Untersuchung der Luft *(Aero-P.),* des Honigs *(Melisso-P.)* u. in der Kriminologie bei der Analyse v. Bodenproben; große wirtschaftl. Bedeutung besitzt sie in der Kohle- u. Erdölprospektion. Nach verschiedenen Ansätzen im 19. Jh. (z.B. durch H. R. Göppert, C. A. Weber) erfuhr die P. ihre wiss. Begründung erst durch den schwed. Geologen L. v. Post zu Beginn des 20. Jh. Schwerpunkt war anfangs die Analyse quartärer Hochmoortorfe u. Ablagerungen zur Erhellung der Vegetationsgeschichte. Dieser auch methodisch eigenständige Teilbereich der P. wird als ↗Pollenanalyse bezeichnet. Erst später erfolgte eine Ausdehnung der P. auf alle Sedimentgesteine, wobei sie hier v.a. zur Altersbestimmung (Biostratigraphie) eingesetzt wird. – Grundlage der P. ist die Tatsache, daß die Wand der Palynomorphen, welche die für die Bestimmung entscheidenden Merkmale trägt, chem. sehr widerstandsfähig ist. Daher kann bei Einbettung der Pollen u. Sporen unter weitgehendem

Pamirschaf

Sauerstoffabschluß die äußere, aus Sporopollenin bestehende Wandung (↗Exine, ↗Exospor) selbst über einige Hundert Millionen Jahre erhalten bleiben, während nur die innere Wand (↗Intine, ↗Endospor) u. der lebende Zellinhalt zugrundegeht. Wegen ihrer Widerstandsfähigkeit lassen sich die Palynomorphen auch gut aus Torf- u. Sedimentproben anreichern u. isolieren. Dazu wird die einbettende Matrix zunächst aufgelöst (durch Salzsäure bei kalkhaltigen, durch Flußsäure bei kieselsäurehaltigen Gesteinen u. durch Kalilauge, Salpetersäure o. ä. bei humus- od. kohlereichen Proben) u. die Palynomorphen durch Zentrifugation, feinmaschige Siebe od. Schweretrennung abgetrennt. Bei der Auswertung präquartärer, insbes. mesozoischer u. paläozoischer Proben, bleibt die bot. Zugehörigkeit der Pollen- u. Sporenformen i. d. R. unklar. Hier wird daher meist auf eine quantitative Erfassung der Palynomorphen verzichtet u. nur das Formenspektrum festgehalten, das, ausgehend v. Leitformen u. characterist. Vergesellschaftungen, zumindest eine zeitl. Einstufung der Proben erlaubt (↗Leitfossilien). Dagegen können bei der Analyse quartärer (in gewissem Umfang auch tertiärer) Schichten die Pollen u. Sporen durch Vergleich unmittelbar rezenten Arten od. Gattungen zugeordnet werden, so daß eine wesentl. detailliertere Auswertung in Form eines Pollendiagramms möglich ist (↗Pollenanalyse).

Lit.: *Kaiser, H., Ashraf, A.*: Gewinnung und Präparation fossiler Sporen und Pollen sowie anderer Palynomorphae unter bes. Betonung der Siebmethode. Geol. Jb. A 25 : 85–114. Hannover 1974. V. M.

Pamirschaf [ben. nach dem Pamir-Gebirge], *Ovis ammon polii*, nach seinem Entdecker (Marco Polo) ben., besonders große Form des ↗Argali.

Pampa *w* [v. Quechua pampa = Ebene], *Pampas*, ebene, von natürl. Grasland bedeckte Großlandschaft im O Argentiniens; umfaßt etwa 500 000 km² und erstreckt sich etwa zw. 32° und 38° s. Br. Die natürl. Vegetation des Gebietes ist auf großer Fläche durch Ackerbau u. Rinderhaltung, v. a. aber durch die Einsaat eur. Grasarten stark verändert od. ganz beseitigt worden. Die Artenzusammensetzung der wenigen unbeweideten Restflächen zeigt, daß fr. im feuchteren nordöstl. Teil *Stipa*- und *Bothriochloa*-Arten vorherrschend gewesen sind, die im trockeneren südwestl. Teil v. anderen, büschelförmig wachsenden *Stipa*-Arten abgelöst wurden (Tussock-Grasland). Ein Ausläufer der Steppenvegetation zieht sich im W von Patagonien als schmaler Streifen im Lee der Andenkette bis weit nach Süden. ↗Südamerika.

Pampasgras, *Cortaderia argentea*, *Gynerium argenteum*, ein bis 3 m hohes Süßgras, das wegen seiner seidig-silbrigen Rispe („Silbergras") als Ziergras kultiviert

Pamphiliidae
Fichtengespinstblattwespe
(Cephaleia abietis)

Pamphiliidae
Wichtige Arten mit ihren Wirtspflanzen:
Birnblattwespe
(Neurotoma saltuum), auch an Pflaumenbäumen u. Weißdorn
Fichtengespinstblattwespe *(Cephaleia abietis)*
Kieferngespinstblattwespe *(Acantholyda nemoralis)*
Pamphilius silvaticus an Pappeln, Hainbuche u. Weiden

pan-, pant- [v. gr. pas, pasa, pan, Mz. pantes = alles, ganz].

u. für Trockensträuße verwendet wird. Die Gatt. *Cortaderia* ist mit 15 Arten in S-Amerika u. Neuseeland beheimatet. Zur Gatt. *Gynerium* gehört ein ebenfalls hohes Rohrgras der Flußufer *(G. sagittarum)*, das v. Indien bis S-Brasilien verbreitet ist.

Pampashasen, die ↗Maras.

Pampashirsch, *Kamphirsch*, *Odocoileus (Blastoceros) bezoarticus*, südam. Trughirsch (Kopfrumpflänge 110–130 cm, Schulterhöhe 70–75 cm), der paarweise od. in kleinen Fam.-Verbänden in trockenen, offenen Steppen lebt. Männl. P.e sondern aus den Zwischenzehendrüsen ein stark nach Knoblauch riechendes Sekret ab. Alle 3 U.-Arten sind vom Aussterben bedroht. B Südamerika V.

Pampaskatze, *Lynchailurus pajeros*, hauskatzengroße Wildkatze der offenen Landschaft (baumarme Hochebenen u. Pampas) S-Amerikas; den ↗Ozelotverwandten nahestehend (Chromosomenzahl 2n = 36, spindelförm. Pupille); spitze Ohren, Rückenmähne. Die zahlr. U.-Arten variieren in Färbung u. Musterung.

Pampelmuse *w* [v. niederländ. pompel = dick, limoes = Zitrone], *Citrus grandis*, ↗Citrus.

Pamphagus *m* [v. gr. pamphagos = Allesfresser], Gatt. der ↗Testacea.

Pamphiliidae [Mz.; v. gr. pamphilos (?) = von allen geliebt], *Lydiidae*, *Gespinstblattwespen*, *Kotsack-Gespinstblattwespen*, Fam. der Hautflügler, zus. mit anderen Fam. als ↗Blattwespen bezeichnet; insgesamt ca. 200 bekannte Arten (vgl. Tab.), in Mitteleuropa ca. 40. Die Imagines der P. sind je nach Art 9 bis 15 mm groß; der breite Kopf trägt 14- bis 36gliedrige Antennen; der Hinterleib ist flach mit oft scharfkant. Rändern. Die Eier werden an die Wirtspflanze geklebt, v. der die Larven leben; die Larven vieler Arten sind Afterraupen mit characterist. ↗Afterfüßen ([ ]) u. tragen Fühler sowie gegliederte Cerci am Hinterleibsende; sie entwickeln sich meist zus. mit den anderen Larven eines Geleges in einem selbst hergestellten Gespinst, in dem sich oft große Mengen v. Kot ansammeln. Viele Arten der P. werden durch Kahlfraß an Wald- u. Obstbäumen schädlich. – Verwandt mit den P. ist die Fam. *Megalodontidae;* in Mitteleuropa nur ca. 6 Arten; etwa 10 mm groß, gelb-schwarz gezeichnet; die Larven besitzen keine ↗Afterfüße u. ernähren sich in einem gemeinsamen Gespinst v. Blättern.

Pan *m* [ben. nach dem gr. Waldgott], Gatt. der ↗Menschenaffen; ↗Schimpanse, ↗Bonobo.

Panaeolus *m* [v. *pan-, gr. aiolos = schillernd], Gatt. der ↗Tintlingsartigen Pilze.

Panagrellus *m* [v. gr. panagros = alles umgarnend], Gatt. der Fadenwurm-Ord. ↗Rhabditida. Die 1 mm langen Würmer sind saprozoisch. Die Gatt. ist dadurch bekannt geworden, daß einige ihrer über 10

Arten in Extrembiotopen festgestellt wurden, z.B. im Baumfluß (↗Baumflußfauna), im Leim u. sogar in verschmutzten Bierdeckeln sowie in den Behältern („Kannen") der insektenfressenden Kannenpflanze *Nepenthes*.

Panama-Kautschuk ↗Castilloa.

Panamarinde, *Quillajarinde*, Rinde v. *Quillaja saponaria*, ↗Rosengewächse.

Panaschierung *w* [v. frz. panacher = bunt machen], *Weißbuntscheckung*, ↗Buntblättrigkeit.

Panaspis *w* [v. *pan-, gr. aspis = Schlangenart], Gatt. der ↗Schlankskinkverwandten. [↗Efeugewächse.

Panax *m* [gr., = Allheilmittel], Gatt. der

Panda *m* [nepal.], *P.bär*, 1) *Großer P.*, der ↗Bambusbär; 2) *Kleiner P.*, der ↗Katzenbär.

Pandaceae [Mz.; v. afr. Sprache in Gabun], Fam. der Wolfsmilchartigen mit 3 Gatt. und ca. 28 Arten im trop. W-Afrika, Asien u. Indomalesien; eng mit den Wolfsmilchgewächsen verwandt. Die monotyp., westafr. Gatt. *Panda* zeigt das Phänomen der ↗Cauliflorie. Ihre kugeligen Steinfrüchte haben einen hohen Ölgehalt u. werden örtl. genutzt.

Pandaka, Gatt. der ↗Grundeln.

Pandanaceae [Mz.], die ↗Schraubenbaumgewächse.

Pandanales [Mz.], die ↗Schraubenbaumartigen.

Pandanus *m* [v. malaiisch pandang =], der ↗Schraubenbaum.

Pandeidae [Mz.], Fam. der ↗*Athecatae (Anthomedusae)*; die Polypen werden in der Gatt. *Perigonimus* zusammengefaßt (teilweise auch den ↗*Bougainvilliidae* zugerechnet); zu den Medusen, die am Aboralpol eine abgesetzte Kuppel haben, gehören die Gatt. *Neoturris* u. *Leuckartiara* (manchmal in einer eigenen Fam. Tiaridae). *L. octona* (2 cm hoch) ist eine häufige Nordseeart, die bes. in der Dämmerung an die Oberfläche kommt; die Gonaden leuchten.

Pandemie *w* [Bw. *pandemisch;* v. gr. pandēmia = das ganze Volk], weit verbreitete Erkrankung (Seuche) des Menschen; ↗Epidemie.

Pander, *Christian Heinrich,* balt. Mediziner u. Zoologe, * 12. 7. 1794 Riga, † 10. 9. 1865 (alter Zählung) St. Petersburg; zunächst Arbeiten zur vergleichenden Anatomie der Wirbeltierknochen, später geolog., paläontol. und entwicklungsgesch. Untersuchungen; versuchte schon vor Darwin, fossile Funde phylogenet. zu interpretieren u. wurde mit der Ableitung der Organe des Hühnerembryos v. Keimblättern (1817) u. der Verallgemeinerung v. deren Lage für alle Wirbeltiere zum Mitbegr. der Entwicklungsgeschichte, die dann von K. E. v.↗Baer weitergeführt wurde (die Präformationstheorie war damit endgültig widerlegt).

Pandersches Organ [ben. nach C. H. ↗Pander (1857 Entdecker)], zusammenfassende Bez. für sog. Pander-Vorsprünge u. Pander-Öffnungen auf dem Panzer v. ↗Trilobiten, die wahrscheinl. in keinem funktionellen Zshg. stehen. *Pander-Vorsprünge* sind gerundet-ellipt. bis längl. Erhebungen auf den festen Wangen u. Pleuren, die wahrscheinl. als Widerlager bei der Einrollung dienten. *Pander-Öffnungen* liegen in Gestalt kleiner rundl. Vertiefungen direkt hinter den Pander-Vorsprüngen; sie könnten Ausgänge metamerer Organe (Nephridien?) darstellen.

Pandinus *m*, Gatt. der ↗Skorpione.

Pandionidae [Mz.; ben. nach Pandiōn, myth. König v. Athen], die ↗Fischadler.

Pandora *w* [ben. nach Pandōra, schenkt in der gr. Mythologie die Unheil-Büchse], Gatt. der ↗Büchsenmuscheln.

Pandorina *w*, Gatt. der ↗Volvocaceae.

Pangaea *w* [v. *pan-, gr. gaia = Erde], *Pangäa*, ↗Kontinentaldrifttheorie (□).

Pangenesistheorie [v. *pan-, gr. genesis = Entstehung], „provisorische Hypothese" von C. Darwin zur Erklärung der Vererbungserscheinungen, nach der die Zellen aller Körperteile winzige „Keimchen" (gemmulae) abgeben sollen, die in die Keimzellen gelangen u. die betreffenden Körperteile der nächsten Generation gestalten. Die P. gestattet eine Vererbung erworbener Eigenschaften, im Ggs. zur ↗Keimplasmatheorie von A. Weismann.

Pangoline [Mz.; v. malaiisch pĕngguling (guling = überrollen)], die ↗Schuppentiere.

Panicoideae [Mz.; v. lat. panicum = Kolbenhirse], U.-Fam. der Süßgräser mit ca. 100 Gatt. (vgl. Tab.). Das Ährchen hat 2 Hüll- und 2 (selten einfach) unbegrannte Deckspelzen; die untere Deckspelze trägt eine ♂ Blüte od. ist leer, die obere eine ⚥ Blüte; die verhärtete Vorspelze bildet eine Scheinfrucht; Chromosomen 2 n = 18.

Panico-Setarion *s* [v. lat. panicum = Kolbenhirse, setaria = Borstenhirse], Verb. der ↗Polygono-Chenopodietalia.

Panicum *s* [lat., = Kolbenhirse], die ↗Hirse 2).

Pankrazlilie [v. gr. pagkration = Allkampf, Beiname der Zichorie; volksetym. lat. Name auf den hl. Pankratius bezogen], *Pancratium*, Gatt. der ↗Amaryllisgewächse.

Pankreas *s* [v. gr. pagkreas =], *Bauchspeicheldrüse,* allen Wirbeltieren u. dem Menschen gemeinsame, im Magen-Leber-Bereich gelegene tubulo-azinöse ↗Drüse, die durch einen bis mehrere Ausführgänge neben od. durch den Gallengang in den vorderen Abschnitt des ↗Dünndarms mündet. Das P. entsteht meist aus einer dorsalen u. zwei ventralen Ausstülpungen des Darmrohres (B Darm). Neben seiner inkretorischen Funktion bei der ↗Insulin- und ↗Glucagon-Bildung (↗Langerhans-

---

pan-, pant- [v. gr. pas, pasa, pan, Mz. pantes = alles, ganz].

Panicoideae

Wichtige Gattungen:

↗Borstenhirse *(Setaria)*
↗Fingergras *(Digitaria)*
↗Hirse *(Panicum)*
↗Hühnerhirse *(Echinochloa)*
↗Pennisetum

Pankreas

Neben den Insulin u. Glucagon produzierenden Zellen des P. (↗Langerhanssche Inseln) gibt es weitere spezialisierte Zellbezirke, in denen vasoaktive Substanzen (Kallikrein) u. ↗Neuropeptide (Somatostatin bzw. „Growth-inhibiting-hormone", VIP) gebildet werden.

Pankreozymin

sche Inseln) ist es Hauptbildungsort der Verdauungssekrete (*P.saft, Bauchspeichel*, beim Menschen 1–1,5 l pro Tag), die neben zuckerabbauenden Amylasen, fettabbauenden Lipasen und z. T. nucleinsäurespaltenden Nucleasen die für die Proteinverdauung als Zymogene abgegebenen Proteasen Trypsinogen u. Chymotrypsinogen umfassen ([B] Verdauung I). Daneben enthält sein Sekret hohe Konzentrationen an $NaHCO_3$ zur Neutralisation des aus dem Magen austretenden sauren Chymus. Die P.sekretausschüttung wird nervös (Vagus – Sympathikus) u. über eine Wirkkette mit negativer Rückkopplung gesteuert, indem das unter dem Einfluß der Magensäure gebildete Duodenumhormon ↗Sekretin das P. zu einer verstärkten Hydrogencarbonatausschüttung anregt. ☐ Organsysteme, [T] Hormone, [B] Hormone, [B] Wirbeltiere I.

Pankreozymin s [v. gr. pagkreas = Bauchspeicheldrüse, zymē = Sauerteig], das ↗Cholecystokinin; [T] Hormone.

Panmixie w [v. *pan-, gr. mixis = Mischung], Bez. für die zufällige Paarung v. zwei verschiedengeschlechtl. Individuen einer ↗Population (↗Hardy-Weinberg-Regel). In sehr großen Populationen haben zwei beliebige verschiedengeschlechtl. Individuen die gleiche Paarungswahrscheinlichkeit. Einschränkung der P. führt zunächst zur Bildung v. ↗Rassen und schließl. zur ↗Artbildung (↗Deme).

Pannariaceae [Mz.; v. lat. pannus = Lappen, Tuch], Fam. der ↗Lecanorales mit 5 Gatt. und 185 Arten; braune, graue bis bläul. Flechten mit kleinschuppigem, selten blättrigem Lager, mit orangeroten, braunen od. schwarzen Apothecien u. meist einzell., farblosen Sporen. Photobiont *Nostoc, Scytonema* oder einzell. Grünalgen. Flechten humider Regionen, feuchter Standorte, auf Rinde, Gestein, Erde. *Pannaria* (80 Arten, mit lecanorinen Apothecien, *Nostoc*), *Parmeliella* (50 Arten, mit biatorinen Apothecien, *Nostoc*), *Psoroma* (35 Arten, lecanorine Apothecien, zugleich mit Grünalgen u. – meist in Cephalodien – *Nostoc*, hpts. auf der Südhalbkugel).

pannonisches Florengebiet [v. lat. Pannonicus = pannonisch (= ungarisch)], von Alpen, Karpaten u. illyrischen Gebirgen begrenzte Florenprovinz innerhalb der ↗pontisch-südsibir. Region; umfaßt das Trockengebiet des ungar. Beckens u. seine umliegenden Randhügel.

Panolis w [v. gr. panōlēs = Verderben bringend], Gatt. der ↗Eulenfalter; ↗Forleule.

Panopea w [ben. nach der Meernymphe Panopeia], Gatt. der Felsenbohrer, bis 28 cm lange und 9 kg schwere Meeresmuscheln mit längl., an den Enden klaffenden Klappen u. verwachsenen Siphonen, die dreimal so lang wie die Schale sein kön-

pan-, pant- [v. gr. pas, pasa, pan, Mz. pantes = alles, ganz].

pansen- [v. lat. pantex = Wanst, über altfrz. pance], in Zss.: erster Abschnitt des Wiederkäuer-Vormagensystems.

Pansensymbiose

Organische Säuren als Endprodukte des Abbaus polymerer Kohlenhydrate im *Pansen*

nen; getrenntgeschlechtl., mit einfacher Brutpflege (larvipar). *P. japonica* lebt bis 40 m tief, eingegraben in Sand u. Schlamm des NW-Pazifik.

Panorpatae [Mz.; v. *pan-, gr. harpē = Sichel], die ↗Schnabelfliegen.

Panorpidae [Mz.; v. *pan-, gr. harpē = Sichel], die ↗Skorpionsfliegen.

Pansen m [v. lat. pantex = Wanst], *Rumen, Zottenmagen*, erster Abschnitt des Vormagensystems (↗Magen, ☐) der Wiederkäuer (↗Wiederkäuer-Magen), ontogenet. Teil der Speiseröhre (↗Oesophagus). Er bildet zus. mit dem ↗Netzmagen eine große ↗Gärkammer, deren Volumen beim Rind etwa 100 l beträgt. Hier erfolgt die Durchmischung der grob zerkauten u. mit Speichel durchsetzten Nahrung u. ihre chem. Aufarbeitung durch symbiontische Mikroorganismen (↗celluloseabbauende Mikroorganismen, ↗P.bakterien, ↗P.symbiose). Das innere Milieu des P.s wird durch den Hydrogencarbonat- u. Phosphatgehalt des Speichels auf einen pH-Wert zw. 5,8 und 7,3 gepuffert (bei einer konstanten Temp. von 37–39 °C), was für die dort vorkommenden Mikroorganismen lebensnotwendig ist.

Pansenbakterien, spezifische, hpts. obligat anaerobe Bakterien, die in stabiler Symbiose im ↗Pansen leben (↗Pansensymbiose); außerhalb des Pansens weniger verbreitet. Als weitere Pansenmikroorganismen *(Panseninfusorien)* sind Protozoen, bes. stärke- u. celluloseabbauende Ciliaten (↗celluloseabbauende Mikroorganismen, ↗Cellulase), zu finden (☐ Entodiniomorpha, [B] Verdauung III). Hefen u. a. Pilze liegen nur in geringer Anzahl vor. Bemerkenswert ist das Vorkommen v. anaeroben Niederen Pilzen (z. B. *Neocallimastix frontalis*), die den ↗Chytridiomycetes zugeordnet werden; diese taxonom. Einordnung ist umstritten.

Pansenciliaten [Mz.; v. lat. cilium = Wimper], die ↗Entodiniomorpha.

Pansensymbiose w [v. gr. symbiōsis = Zusammenleben], ↗Endosymbiose von ↗Wiederkäuern *(Ruminantia)* mit Mikroorganismen, die den *Pansen* besiedeln. Durch P. kann cellulosehalt. Futter (Gras, Heu, Silage) vom Wirt, der selber keine ↗Cellulase synthetisiert, verwertet werden. Im Pansen, der als ↗„Gärkammer" fungiert, liegen für die Mikroorganismen optimale Wachstumsbedingungen vor (↗Pan-

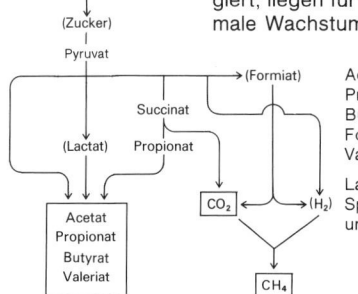

Cellulose, Stärke u. a. Kohlenhydrate
↓
(Zucker)
↓
Pyruvat
↓
Succinat → (Formiat)
(Lactat) Propionat
↓
Acetat
Propionat
Butyrat
Valeriat
CO_2 ↔ (H_2)
↓
CH_4

Acetat	(50–70%)
Propionat	(17–21%)
Butyrat	(14–20%)
Formiat	(wenig)
Valeriat	(wenig)

Lactat und Succinat sind nur in Spuren vorhanden, da sie weiter umgesetzt werden.

Pansensymbiose

Schemat. Darstellung der mikrobiellen Umsetzungen im Pansen

Pansensymbiose

Gasproduktion:
ca. 900 l pro Tag (Rind), davon:
65% Kohlendioxid
27% Methan
7% Stickstoff
0,18% Wasserstoff
Spuren v. Schwefelwasserstoff

Pansensymbiose

Einige *Pansenbakterien* u. wichtige Gär-Endprodukte*:

Cellulosezersetzer

Bacteroides succinogenes (Succinat, Acetat, Formiat)
Ruminococcus albus, *R. flavefaciens* (Acetat, Formiat, Äthanol, Succinat [H_2, CO_2, Lactat])
Butyrivibrio fibrisolvens, *Clostridium lochheadii* (Acetat, Formiat, Lactat, Butyrat, Äthanol, H_2, CO_2)

Stärkeabbauer

Bacteroides-, *Selenomonas-*Arten, *Streptococcus bovis* u. a. (Acetat, Formiat, Lactat, Succinat, Propionat)

Lactatabbauer

Megasphaera (*Peptostreptococcus*) *elsdenii* (Lactat → Acetat [Propionat, Butyrat]), *Veillonella alcalescens* (Acetat, Propionat, CO_2, H_2)

Pectinabbauer

Lachnospira multiparis (Pectin → Acetat, Formiat, Lactat, H_2, CO_2)

Succinatabbauer

Veillonella alcalescens (Succinat → Propionat + CO_2)

Methanbildner

Methanobacterium ruminantium ($H_2 + CO_2$ → Methan)

* Einige Endprodukte (z. B. H_2) treten in der Pansen-Mischkultur nur in Spuren auf, da sie sofort wieder verbraucht od. durch die im Vergleich zur Reinkultur veränderten Umweltbedingungen nicht mehr gebildet werden (↗Interspezies-Wasserstoff-Transfer, □)

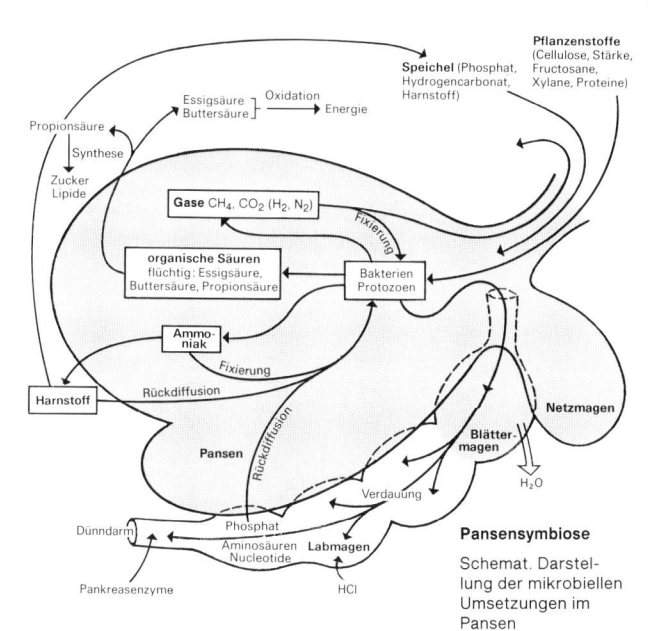

sen), so daß die Zellzahl der Symbionten außerordentl. hoch ist. In 1 ml Pansenflüssigkeit befinden sich 1–100 Mrd. Bakterienzellen (entspr. 5–10% der Trockenmasse des Panseninhalts). Die Zahl der Protozoen, hpts. cellulose- oder stärkeabbauende Ciliaten, beträgt ca. 1 Mill. pro ml; in freier Natur kommen diese Formen praktisch nicht vor. Die Protozoen sind im Ggs. zu den Bakterien für den Wirt nicht lebensnotwendig: experimentell v. Protozoen befreite Tiere zeigen keine Schädigungen. Hefen u. a. Pilze sind nur in geringer Anzahl vorhanden, interessanterweise auch anaerobe Arten. Die funktionell wichtigsten Pansenmikroorganismen sind Bakterien (↗*Pansenbakterien*). Die wichtigsten, spezif. Arten sind streng anaerob; etwa 5–15% der Gesamtbakterien sind Celluloseverwerter, die Cellulose über Cellobiose zu Glucose abbauen; die Glucose wird von ihnen u. a. Bakterien weiter vergoren. Ein effektiver Celluloseabbau ist wahrscheinl. vom Zusammenwirken verschiedener physiolog. Bakteriengruppen abhängig. Als Gär-Endprodukte reichern sich bevorzugt niedere Fettsäuren an, die auch aus der Vergärung anderer Substrate, z.B. polymerer Kohlenhydrate (Stärke, Fructosane, Xylane), Pektine, Proteine u. Lipide, entstehen. Nur Lignin wird nicht od. nur minimal abgebaut. Neben den Fettsäuren (vgl. Abb.) entstehen in hohen Mengen Gase, CO_2 und Methan (beim Rind ca. 900 l pro Tag). Methan wird nicht direkt durch die Cellulosevergärung, sondern durch *Methanobacterium ruminantium* (↗methanbildende Bakterien) aus den Gärprodukten H_2 und CO_2 anderer Bakterien gebildet. Manchmal treten auch Spuren v. Schwefelwasserstoff (H_2S) auf, die durch eine Sulfatreduktion (↗*Desulfotomaculum ruminis*) entstehen. Die Gärgase liegen zus. mit dem aus der Außenluft stammenden molekularen Stickstoff (N_2) als Gasblase über dem flüssigen Panseninhalt. Von Zeit zu Zeit steigen die Gase die Speiseröhre empor in den Nasen-Rachen-Raum; durch Einatmen (nach Verschließen v. Mund- u. Nasenöffnung) gelangen sie in die Lunge, wo sie schließl., mit der Alveolarluft vermischt, ausgeatmet werden. – Die Mikroorganismen decken einen großen Teil ihres Stickstoffbedarfs durch Harnstoff, der durch die Ammoniakentgiftung im Wirt entsteht u. über den Speichel od. direkt durch die Pansenwand in den Pansen gelangt. Harnstoff wird schnell zu Ammoniak (NH_3) und CO_2 abgebaut. Dafür scheinen hpts. fakultativ anaerobe Bakterien verantwortl. zu sein, die auch den durch die Pansenwand eindiffundierenden Sauerstoff verbrauchen. NH_3 wird v. den Bakterien in Zellsubstanz eingebaut. – Der Wiederkäuer erhält durch den Stoffwechsel der Mikroorganismen niedere Fettsäuren, die alle zum Energiegewinn veratmet werden können. Acetat u. Butyrat können auch in Fette umgewandelt u. gespeichert werden. Propionat ist das einzige Gär-Endprodukt, das dem Tier zum Aufbau v. Kohlenhydraten dient, Methan wird nicht verwertet. Die fortlaufend in den Verdauungstrakt gelangenden Mikroorganismen-Zellen werden zusätzl. als Kohlenstoff- und bes. als Stickstoffquelle genutzt; außerdem erhalten die Tiere hohe Mengen an Vitaminen, bes. Vitamin K und B-Vitamine. – Die P. ist auch für die Mikroorganismen vorteilhaft: sie haben einen geschützten Lebensraum, in dem optimale Wachstumsbedingungen vorherrschen. Auch wenn fortlaufend ein großer Teil der Symbionten in den Verdauungstrakt gelangt, bleiben die Arten in einer sicheren ökolog. Nische erhalten. *G. S.*

Panspermielehre [v. gr. panspermia = Mischung aller Samen], v. a. von ↗Buffon u. ↗Arrhenius vertretene Vorstellung, daß unsichtbare „Keime" aller Lebewesen *überall*

Pantachogon

im Kosmos vorkommen, sich aber nur bei geeigneten Bedingungen zu einem Organismus entwickeln.

Pantachogon s [v. gr. pantachou = überall, gōnia = Winkel, Ecke], Gatt. der ↗Trachymedusae.

Panthalassa w [v. *pan-, gr. thalassa = Meer], ↗Kontinentaldrifttheorie (☐).

Panther m [v. gr. panthēr = P.], *Panthera pardus,* der ↗Leopard.

Panthera w [lat., v. gr. panthēr = Panther], Gatt. der ↗Großkatzen; ↗Leopard.

Pantherkatze, der ↗Ozelot.

Panthernatter, *Drymobius bifossatus*, ↗Rennattern.

Pantherpilz, *Amanita pantherina* Secr., ↗Wulstlingsartige Pilze.

Pantodon m [v. *pant-, gr. odōn = Zahn], Gatt. der ↗Knochenzüngler.

Pantodonta [Mz.; v. *pant-, gr. odontes = Zähne], (Cope 1873), † Ord. archaischer Säugetiere (Über-Ord. *Paenungulata*) v. Schweine-artigem Habitus, die auch Flußpferd-Größe erreichten; erschienen mit Schaf-großen Formen im mittleren Paleozän, breiteten sich im frühen Eozän über N-Amerika u. Europa aus, verschwanden aber schon im mittleren Eozän; Asien erreichten sie wahrscheinl. etwas später u. überlebten hier bis ins Oligozän.

Pantoffelblume, *Calceolaria*, Gatt. der ↗Braunwurzgewächse.

Pantoffelschnecken, 1) *Calyptraeoidea*, Überfam. der Mittelschnecken mit spiral. oder kappenförm. Gehäuse, oft mit einer Querwand (Septum) an der Spindelseite der Mündung; Bandzüngler, oft mit reduzierter Reibzunge; protandr. ⚥; meist festsitzende Filtrierer mit Kristallstiel im Magen. 2) *Crepidula*, Gatt. der Haubenschnecken, mit wenigen Arten in warmen u. gemäßigten Meeren verbreitet; auf Steinen, auf u. in Schneckenhäusern; wichtige Nahrungskonkurrenten der Austern. Die nordwestatlant. Gemeinen P. *(C. fornicata)* wurden 1880 mit Austernbrut nach England eingeschleppt u. 1934 erstmals bei Sylt festgestellt; z.Z. (1985) gehen die Bestände wieder zurück. Auffällig sind die „Fortpflanzungsketten" aus aufeinandersitzenden Individuen (vgl. Abb.), v. denen die unteren als ♀♀, die obersten als ♂♂ fungieren, während die mittleren infertil sind.

Pantoffeltierchen, *Paramecium, Paramaecium*, artenreiche Gatt. der ↗*Holotricha* (U.-Ord. ↗*Hymenostomata*); Wimpertierchen mit längl. ovalem Körper; gehören zu den bekanntesten u. bestuntersuchten ↗Einzellern. Der Körper hat eine seitl. Eindellung, die in ein mit komplizierten Leisten u. Wimperstraßen versehenes Vestibulum führt; leben in meist stark verschmutzten Gewässern, bes. von Bakterien. *P. caudatum* ist ein leicht zu züchtendes ↗Aufgußtierchen (☐); *P. bursaria* ist durch Einschluß von symbiontischen Grünalgen

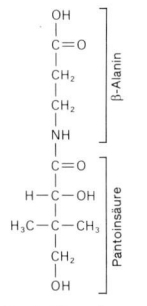

Pantothensäure

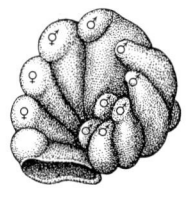

Pantoffelschnecken *(Crepidula)*
Tierkette, die sich auf einem leeren Schneckengehäuse (links unten) gebildet hat. Die beiden auf diesem sitzenden Tiere fungieren als ♀♀, die jüngsten sind ♂♂.

Pantoffelschnecken
Familien der *Calyptraeoidea*:
↗Haubenschnecken *(Calyptraeidae)*
↗Kappenschnecken *(Capulidae)*
↗*Trichotropidae*

Pantoffeltierchen
P. *(Paramecium)* mit Nahrungsvakuolen u. anderen Zellorganellen.
aNv sich abschnürende Nahrungsvakuole, Ci Cilien, kV kontraktile Vakuole, Ma Makronucleus, Mf Mundfeld, Mi Mikronucleus, Nv Nahrungsvakuole, Zm Zellmund

(Zoochlorellen) grün gefärbt. P. können auch Bakterien (z. B. Gatt. *Caedobacter*) als Endosymbionten beherbergen.

Pantolestes m [v. *pant-, gr. lēstēs = Räuber], (Cope 1872), ausgezeichnet dokumentierter, Igel-artiger † Insectivore v. der Größe des Fischotters; Wasserbewohner, wahrscheinl. Muschelfresser. Verbreitung: mittleres Eozän von N-Amerika.

Pantopoda [Mz.; v. *pant-, gr. podes = Füße], die ↗Asselspinnen.

Pantothensäure [v. gr. pantothen = von überall her], ein zum Vitamin-B$_2$-Komplex gehörendes Vitamin, das sich aus β-*Alanin* (entstehend aus Asparaginsäure) u. *Pantoinsäure* (entstehend aus Valin) zusammensetzt u. Bestandteil von Coenzym A (☐ Acetyl-Coenzym A) ist. Mangelerscheinungen für die in Pflanzen u. Tieren weitverbreitete P. sind beim Menschen nicht bekannt, da sie durch die Nahrung in ausreichender Menge zugeführt wird.

Pantotheria [Mz.; v. *pant-, gr. thēria = Tiere], (Marsh 1880), † Infra-Kl. mesozoischer ↗*Theria* mit den beiden Ord. ↗*Symmetrodonta* u. ↗*Eupantotheria*. Aus ihnen gingen die *Metatheria* (↗Beuteltier) u. ↗*Eutheria* hervor. P. waren Maus- bis Ratten-große insektenfressende Säuger mit der urspr. Gebißformel für den Unterkiefer: 4·1·4·7–8. Ihre Molaren stellen die Vorläufer tribosphenischer Molaren dar, die bei ↗Okklusion sowohl scherend-schneidende als auch quetschend-mahlende Funktion ausübten. – Marsh erkannte bereits die *P.* als Ahnformen der Beutel- u. Placentatiere. Verbreitung: obere Trias bis Oberkreide, zeitweilig in Europa, Asien, N-Amerika u. evtl. O-Afrika. ↗*Spalacotheriidae*, ↗*Kuehneotheriidae*, ↗*Dryolestidae*, ↗*Paurodontidae*, ↗*Amphitheriidae*.

pantropisch [v. *pan-, gr. tropē = Wendung (der Sonne)], Bez. für Lebewesen, die auf der ganzen Erde in den Tropen verbreitet sind.

Panurgus m [v. gr. panourgos = geschickt, gewandt], Gatt. der ↗*Andrenidae*.

Panurus m [v. *pan-, gr. oura = Schwanz], Gatt. der ↗Papageischnabelmeisen.

Panus m [lat., = Büschel], die ↗Knäuelinge.

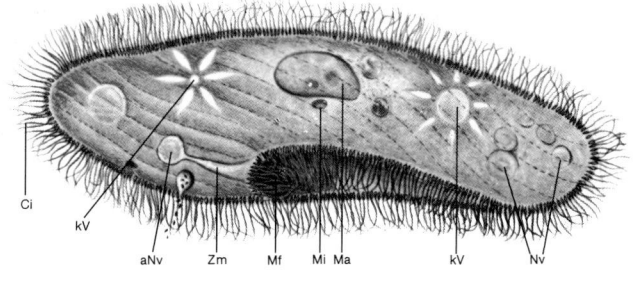

Panzer, bei Wirbeltieren die Gesamtheit bes. großer, massiver od. starrer Horn- od. Knochenplatten außer den Schädelknochen. Als P. bezeichnet man die Hornschuppen der Schuppentiere u. die Knochenschuppen der Gürteltiere u. Krokodile; der P. der Schildkröten setzt sich aus Hornplatten zus., unter denen die Deckknochen zu einer geschlossenen „Schale" verwachsen sind. Der P. des P.nashorns besteht aus großflächigen, stark verhornten Bereichen, die durch elast. Hautfalten miteinander verbunden sind. Bei den † Urpanzerfischen (↗ *Ostracodermata*) und P.fischen (↗ *Placodermi*) bildeten alle Deckknochen gemeinsam einen starren P. um den Vorderkörper. Der Name der ↗ P.welse (*Callichthyidae*) stammt von zwei Reihen großer Knochenplatten (P.platten) auf jeder Körperseite. Bei Wirbellosen bezeichnet man gelegentl. die chitinhaltige Cuticula der Gliederfüßer als P., bes. wenn sie, wie bei Krebsen, mit Kalk inkrustiert ist. Chitin-P. werden beim Wachstum gehäutet. ↗ Exoskelett, ↗ Cuticula.

Panzerechsen, die ↗ Krokodile.
Panzerfisch, *Peristedion cataphractum*, ↗ Knurrhähne.
Panzerfische, die ↗ Placodermi.
Panzerflagellaten [Mz.; v. lat. flagellum = Geißel], *Panzergeißler,* die ↗ Pyrrhophyceae.
Panzerkopffrösche, *Panzerkopf-Laubfrösche,* Bez. für verschiedene südam. ↗ Laubfrösche (T) mit stark verknöchertem Schädeldach u. ebenfalls teilweise verknöcherter u. mit dem Schädeldach verwachsenen Kopfhaut. Dazu gehören die Gatt. *Aparasphenodon, Osteocephalus, Tetraprion, Trachycephalus* u. *Triprion.* Die meisten P. halten sich tagsüber in Baumhöhlen od. Trichtern v. Ananasgewächsen auf, deren Öffnung sie mit ihrem harten Schädeldach verschließen; auf diese Weise wird die Verdunstung herabgesetzt. Manche P., bes. *Aparasphenodon* u. *Triprion,* haben merkwürdig kantige u. mit Leisten versehene Köpfe. P. sind keine monophylet. Gruppe, sondern mehrfach unabhängig aus anderen Laubfröschen evolviert.
Panzerkrebse, die ↗ Reptantia.
Panzerlurche, die ↗ Labyrinthodontia.
Panzernashorn, *Rhinoceros unicornis,* ↗ Nashörner.
Panzerratte, *Coryphaenoides rupestris,* ↗ Grenadierfische.
Panzerwangen, *Scorpaeniformes,* vielgestaltige Ord. der Knochenfische mit 6 U.-Ord. (vgl. Tab.) und 21 Fam., die viele Gemeinsamkeiten mit den ↗ Barschartigen Fischen hat. Kennzeichnend ist eine große Knochenplatte an den Wangen aus verschmolzenen Unteraugenknochen. P. haben meist einen großen, stacheltragenden Kopf, 2 Rückenflossen, brustständ. Bauchflossen u. Brustflossen mit breiter Basis, wobei einzelne vordere Stachelstrahlen frei bewegl. sein können. Viele der überwiegend marinen Arten sind giftig. Zu der U.-Ord. P. i. e. S. (*Scorpaenoidei*) gehören

pan-, pant- [v. gr. pas, pasa, pan, Mz. pantes = alles, ganz].

papagei- [v. arab. babaghâ = Papagei, über altokzitan. papagai].

Panzerwangen
Wichtige Unterordnungen und Familien:
Panzerwangen i. e. S. (*Scorpaenoidei*)
↗ Drachenköpfe (*Scorpaenidae*)
↗ Knurrhähne (*Triglidae*)
↗ Pelzgroppen (*Caranthidae*)
↗ Steinfische (*Synancejidae*)
↗ Flachköpfe (*Platycephaloidei*)
↗ Groppen (*Cottoidei*)
↗ Grünlinge (*Hexagrammoidei*)

Papageien
1 Ararauna (*Ara ararauna*),
2 Gelbhaubenkakadu (*Kakatoe galerita*)

u. a. die bekannten ↗ Knurrhähne (vgl. Tab.).
Panzerwelse, *Callichthyidae,* Fam. kleiner Welse mit 10 Gatt.; leben meist am Boden schlamm. Gewässer des nördl. u. mittleren S-Amerika u. können z. T. durch respirator. Darmepithel geschluckte Luft veratmen;. haben an den Körperseiten 2 Reihen V-förmig angeordneter Knochenplatten, kleines, unterständ. Maul mit mehreren Barteln u. kleine, durch einen Dorn gestützte Fettflosse. Hierzu die bis 25 cm langen Schwielenwelse (*Callichthys*), deren Männchen Schaumnester über der Brut bauen, u. die oft metall. glänzenden, als Zierfische gehaltenen, ca. 10 cm langen Glanzwelse (*Brochis*), der bis 6 cm lange Metall-P. (*Corydoras aeneus,* B Aquarienfische I) u. der nur 4 cm lange Zwerg-P. (*C. pygmaeus*), der als Schwarmfisch im freien Wasser lebt.
Panzootie w [v. *pan-, gr. zōotēs = Tierwelt], weit verbreitete Tierseuche, z. B. Rinderpest.
Papageien, *Psittacidae,* stammesgesch. alte, einheitl. Vogel-Fam. mit 80 Gatt. und 316 Arten; Baumvögel in trop. Waldgebieten der Alten u. Neuen Welt, kommen auch bis ins Hochgebirge vor, wie der Kea (*Nestor notabilis,* B Australien IV) Neuseelands. 10–100 cm groß, 20–850 Gramm schwer; Gefieder oft bunt, großer Kopf, kurze kräft. Füße mit 2 nach vorne und 2 nach hinten gerichteten Zehen. Hakiger Oberschnabel, der als Besonderheit ein gg. den Schädel bewegl. Gelenk besitzt. Zum Klettern wird auch der Schnabel als zusätzl. Greiforgan benutzt. Spitze Flügel; der vor dem Aussterben stehende neuseeländ. Eulenpapagei (*Strigops habropticus*) ist fast flugunfähig u. sucht seine Nahrung zu Fuß auf dem Boden. Die P. ernähren sich v. Pflanzenteilen, hpts. Knospen sowie Beeren, Früchten, Sämereien u. Blüten; Spezialanpassungen sind ein Kropf u. die Struktur v. Ober- u. Unterschnabel, die sich – unter Benutzung der dicken Zunge – gut z. B. zum Schälen v. Nüssen eignet; größere Nahrungsbrocken werden mit dem Fuß zum Schnabel geführt. Die Loris (*Trichoglossus*) besitzen eine an der Spitze pinselförm. ausgefranste Zunge, mit der Blütenstaub, Saft v. Früchten u. Nektar aufgeleckt wird. Viele Arten sind gesellig u. ziehen zur Nahrungssuche geräuschvoll in großen Trupps umher. Fast alle P. leben in strenger Dauerehe; sie brüten in Baumhöhlen, die vorgefunden od. selbst gezimmert werden. Einige nisten auch in Felsen, am Boden od. auch in freistehenden Gemeinschaftsnestern aus Reisig, wie die südam. Mönchssittiche (*Myiopsitta*). Die Stimme ist meist rauh u. krächzend od. kreischend. Die angeborene Fähigkeit einiger Arten zu spotten, d. h. zur Imitation anderer Laute, wird bei gekäfigten P. zur Andressur v. „Sprache" u. Geräuschen ge-

Papageienblatt

nutzt; zu bes. Leistungen ist hierbei z. B. der Graupapagei *(Psittacus erithacus;* B Afrika V) fähig. P. sind schon seit der Antike sehr beliebte ↗Käfigvögel, am verbreitetsten ist heute der in austr. Trockengebieten lebende ↗Wellensittich *(Melopsittacus undulatus;* B Käfigvögel). Häufig gehalten werden auch die südam. Amazonen-P. *(Amazona)* u. die afr. Unzertrennlichen *(Agapornis),* unter den größeren Arten etwa der Gelbhaubenkakadu *(Kakatoe galerita,* B Australien II) u. die langschwänzigen a. Aras (z. B. der Hellrote Ara, *Ara macao,* B Nordamerika VIII) u. der Ararauna *(Ara ararauna,* B Südamerika III). P. können ein sehr hohes Alter erreichen; in Gefangenschaft wurden Graupapageien 45 bis 50 Jahre alt, einzelne Kakadus sogar bis 120 Jahre. Das 1934 erlassene Einfuhrverbot für Papageien ist heute weitgehend gelockert. Der Grund dafür war die gefährl. ↗P.krankheit, die aber auch v. anderen Vögeln übertragen wird („Vogelseuche", Ornithosis). M. N.

Papageienblatt, *Alternanthera,* Gatt. der ↗Fuchsschwanzgewächse.

Papageienkrankheit, Vogelkrankheit, Psittakose, Ornithose, meldepflicht., weltweit verbreitete Erkrankung durch *Chlamydia psittaci* (↗Chlamydien), die bei vielen Vögeln (v. a. *Psittacinae* = Mehrzahl der Papageien sowie Tauben, aber auch bei Enten u. Truthühnern) vorkommt; Symptome sind u. a. Freßunlust, Schläfrigkeit, gesträubtes Gefieder, Federausfall u. Darmkatarrh. Die P. ist auch auf den Menschen übertragbar; bes. betroffen sind Vogelzüchter. Befallen wird v. a. der obere Atemtrakt („atypische Lungenentzündung"); Symptome typhusartig (Fieber, Schwäche, Hustenreiz), Komplikation durch bakterielle Sekundärinfektionen (Lungeninfarkte, Thrombosen); Therapie mit Tetracyclinen; ohne Behandlung beim Menschen in etwa 20–50% der Fälle tödl. Verlauf.

Papageifische, *Scaridae,* Fam. trop. ↗Lippfische mit ca. 10 Gatt. und 80 Arten; haben endständ. Maul mit schnabelart. verwachsenen Zähnen, mit denen sie v. Korallenriffen Algen abschaben od. Zweigstückchen abbrechen, die von mühlsteinart. Schlundzähnen zu feinem Sand vermahlen werden. Die langgestreckten, nicht selten um 1 m langen P. v. a. der Gatt. *Scarus* (B Fische VIII) sind meist prächtig gefärbt (oft unterschiedl. in der Jugend u. im Alter). Mehrere Arten scheiden abends einen dicken Schleimkokon aus, in dem sie schlafen.

Papageischnabelmeisen, *Paradoxornithidae,* Fam. gesellig lebender Singvögel, mit 10 Arten der Gatt. *Paradoxornis* in Zentral- und O-Asien und 1 Art der Gatt. *Panurus* in Eurasien; seitl. zusammengedrückter kurzer Schnabel, meist langer Schwanz; bewohnen Schilf, hohes Gras u. Gebüsch.

Papageien
Unterfamilien mit typ. Gattungen:
Borstenköpfe *(Psittrichasinae: Psittrichas)*
Echte Papageien *(Psittacinae: Agapornis, Amazona, Ara, Lorius, Melopsittacus, Platycercus, Psittacus)*
Eulenpapageien *(Strigopinae: Strigops)*
Kakadus *(Kakatoeinae: Kakatoe)*
Loris *(Trichoglossinae: Trichoglossus, Charmosyna)*
Nestorpapageien *(Nestorinae: Nestor)*
Spechtpapageien *(Micropsittinae: Micropsitta)*

Papageitaucher *(Fratercula arctica)*

papagei- [v. arab. babaghā = Papagei, über altokzitan. papagai].

papaver- [v. lat. papaver = Mohn].

Große Schilfbestände benötigt die auch in Dtl. an wenigen Plätzen vorkommende, nach der ↗Roten Liste „potentiell gefährdete", 16,5 cm große Bartmeise *(Panurus biarmicus),* zimtbraun, Männchen mit schwarzem Bartstreif; brütet in napfförm. Nest am Grunde des Schilfwaldes.

Papageitaucher, *Fratercula arctica,* 32 cm großer, schwarzweißer nord. ↗Alken-Vogel mit gedrungenem Körper u. scharfkantigem, seitl. abgeflachtem, hohem Schnabel, der unverkennbar rot, blau u. gelb gezeichnet ist; nistet kolonieweise an Küsten u. auf Inseln in N-Atlantik u. in der Nordsee, brütet in meist selbstgegrabenen, bis 5 m langen Erdhöhlen.

Papageivögel, *Psittaciformes,* Vogel-Ord. mit 1 Fam., den ↗Papageien.

Papageiwürger, *Cyclarhidae,* Singvogel-Fam. mit 2 mittel- u. südam. Arten der Gatt. *Cyclarhis,* die auch als U.-Fam. zu den Vireos gerechnet werden; Charaktervögel der offenen Landschaft, Insektenfresser; bauen feines Beutelnest in Astgabel.

Papain s [aus einer karib. Sprache über span./port. papaya = Melonenbaum], proteolyt. Enzym aus dem Milchsaft (Latex) des ↗Melonenbaums *(Carica papaya).* P. ist ein aus 212 Aminosäuren aufgebautes, kohlenhydratfreies Einkettenprotein (relative Molekülmasse 21000) mit 3 Disulfidbrücken zw. den Positionen 22–65, 56–98 und 156–207 sowie einer freien Sulfhydryl-Gruppe (Position 25) im aktiven Zentrum des Enzyms. Bei der von P. katalysierten Peptidhydrolyse wird vorübergehend zw. der SH-Gruppe des aktiven Zentrums u. einer Acylgruppe im Substrat eine kovalente Thioesterbindung ausgebildet. Die Endopeptidase P. besitzt eine breite Spezifität. Sie spaltet vorwiegend Peptidbindungen, an denen bas. Aminosäuren beteiligt sind, hydrolysiert aber auch Ester u. Amide. Durch P. werden Antikörpermoleküle in spezif. Fragmente gespalten (↗Immunglobuline, ☐). P. findet Anwendung in der Proteinchemie zur Peptidanalyse (↗Myosin, ☐), in der Medizin in verschiedenen Magen-Darm-wirksamen Präparaten (Unterstützung der enzymat. Verdauung) u. zur enzymat. Wundreinigung, ferner als Zusatz zu Reinigungsmitteln, in der Lebensmittel-Ind. zum „Weichmachen" v. Fleisch, in der Textil-Industrie, um das Schrumpfen u. Verfilzen v. Wolle u. Seide zu verhindern, in der Gerberei zur Enthaarung u. zum Gerben v. Häuten u. bei der ↗Bier-Herstellung zum Entfernen v. das Bier trübenden Proteinspuren.

Papaver s [lat., =], der ↗Mohn.

Papaveraceae [Mz.], die ↗Mohngewächse. [↗Mohnartigen.

Papaverales [Mz.; v. *papaver-], die

Papaverin s [v. *papaver-], ein im ↗Opium zu 0,8–1,5% enthaltenes ↗Isochinolin-Alkaloid (↗Opiumalkaloide), das erstmals 1848 v. Merck isoliert wurde. P. wirkt lähmend auf die glatte Muskulatur des Magens, Darms u. der Galle u. besitzt im Ggs. zu ↗Morphin keine zentralanalget. und süchtigmachenden Eigenschaften. Aufgrund seiner spasmolyt. Wirkung wird P. (heute weitgehend synthet. gewonnen) in Kombination mit Analgetika, Herz-Kreislauf-Präparaten u. Asthmamitteln verwendet. Ein ebenfalls natürlich im Opium vorkommendes Derivat des P.s ist das ↗Laudanosin.

Papayabaum [v. span./port. papaya =], der ↗Melonenbaum.

Paphiopedilum s [ben. nach Paphia (Beiname der Aphrodite), v. gr. pedilon = Schuh], *Venusschuh*, in SO-Asien vorkommende Gatt. der Orchideen (nahe mit dem Frauenschuh verwandt); Rosettenpflanzen feuchter Wälder, v. denen viele in Kultur genommen wurden; zahlr. kontrastreich gefärbte Hybriden sind als Schnittblumen beliebt.

Papierboot, *Papiernautilus, Argonauta,* Gatt. der Kraken (Fam. *Argonautidae*) mit 2 Reihen Saugnäpfe an den Armen; die beiden oberen Arme des ♀ sind lappenart. verbreitert u. halten eine v. ihnen erzeugte, dünne, kahnförm., nichtgekammerte Sekundärschale, die als hydrostat. Apparat (↗Auftrieb), Schutz u. Brutkammer dient. Der 3. rechte Arm des ♂ ist hectocotylisiert, löst sich bei der Kopula vom ♂ und dringt mit der Spermatophore in die Mantelhöhle des ♀ ein, wo er sich eine Zeitlang aktiv bewegt (zunächst hielt man ihn für ein parasit. Wurm). Das ♀ legt zahlr. kleine Eier in die Schale, wo sie sich entwickeln. Ausgeprägter Sexualdimorphismus: die ♀♀ werden (ohne Arme) 30 cm lang, die ♂♂ nur 1,5 cm mit 3 cm langem Hectocotylus; letzteren fehlt eine Schale. 6 Arten, die pelagisch in trop. Meeren vorkommen (*A. argo* auch im Mittelmeer) u. sich v. Planktern ernähren (z. B. Flügelschnecken, Kielfüßer). B Kopffüßer.

Papierchromatographie ↗Chromatographie.

Papierelektrophorese, ↗Elektrophorese-Verfahren zur Trennung v. Gemischen niedermolekularer, ionisch aufgebauter Stoffe (Aminosäuren, Mononucleotide, Peptide, Oligonucleotide) in ihre einzelnen Komponenten. Beruht auf der verschieden gerichteten (Anionen zum Plus-Pol, Kationen zum Minus-Pol) bzw. verschieden schnellen Wanderung ionischer Verbindungen im elektr. Feld, wobei mit Puffer getränktes Papier od. modifizierte Cellulose (z. B. Cellulose-Acetat, DEAE-Cellulose; ☐ Anionenaustauscher) als feste Matrix verwendet wird, auf welche die Stoffgemische aufgetragen werden u. in der die einzelnen Komponenten nach Anlegen v. elektr. Spannung wandern. Die P. findet weite Anwendung in der Biochemie u. in der klin. Labordiagnostik. [sonetia]

Papiermaulbeerbaum, die Gatt. ↗Brous-

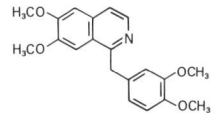

Papaverin

Papierboot
(*Argonauta*)

Papillomviren

Einige humanpathogene Papillomviren (HPV) u. ihre Assoziation mit Tumoren:

HPV 1, 4
Plantarwarzen (Verrucae plantares)
  Fußsohle

HPV 2, 4
gewöhnliche Warzen (Verrucae vulgares)
  Hand

HPV 3, 10
flache Warzen (Verrucae planae)
  Arm, Gesicht, Knie

HPV 3, 5, 8, 9, 10, 12, 14, 15, 17, 19–26
Epidermodysplasia verruciformis
  Gesicht, Rumpf, Extremitäten

HPV 5, 8
Hautkarzinome bei Epidermodysplasia verruciformis
  dem Sonnenlicht ausgesetzte Körperpartien

HPV 7
Handwarzen bei Schlachtern (Metzgern)

HPV 6, 11
Genitalwarzen (Condylomata acuminata)
  Anogenitalregion
Papillome des Kehlkopfes

HPV 16, 18
Karzinome der Genitalregion
  Cervix uteri, Vulva, Penis

Papiernester, von einigen Insekten aus papierähnl. Baumaterial (meist aus zerkautem, mit Speichel verklebtem Holz) gefertigte Nester; zu ihnen gehören v. a. die ↗Vespidae (Soziale Faltenwespen), einige Termiten sowie manche Ameisen. ↗Kartonnester.

Papierschupper, *Grammicolepidae,* Fam. der ↗Petersfischartigen.

Papierwespen ↗Vespidae.

Papilio m [lat., = Schmetterling], Gatt. der ↗Ritterfalter; ↗Schwalbenschwanz.

Papilionaceae [Mz.; v. lat. papilio = Schmetterling], ↗Hülsenfrüchtler.

Papilionidae [Mz.], die ↗Ritterfalter.

Papillarleisten [v. lat. papilla = Brustwarze], die ↗Hautleisten.

Papille w [v. lat. papilla = Brustwarze], *Papilla,* warzenart. Erhebung der Haut, Schleimhaut od. der Organe (z. B. Geschmacks-P. auf der Zunge, P. des Augenhintergrunds, Brustwarze u. a.).

Papillomviren, *Warzenviren, Papillomavirus,* Gatt. der ↗Papovaviren, human- und tierpathogene DNA-Viren (↗DNA-Tumorviren), die in ihren natürl. Wirten (u. a. Mensch, Rind, Kaninchen, Hund) meist gutartige Tumoren der Haut u. Schleimhaut hervorrufen. Unter dem Einfluß von genet. oder Umweltfaktoren besitzen einige dieser Tumoren die Fähigkeit zur malignen Entartung. Die humanpathogenen P. (Abk. HPV) bilden eine besonders heterogene Gruppe: es konnten bislang 38 verschiedene Virustypen (HPV1–38) charakterisiert werden, die sich in der Basensequenz ihrer Nucleinsäuren, in den induzierten Tumorformen an Haut od. Schleimhaut u. in ihrem onkogenen Potential unterscheiden (vgl. Tab.). Beim Rind sind 6 verschiedene Virustypen bekannt (BPV1–6), von denen BPV1 für die molekular-biol. Analyse von P. große Bedeutung erlangt hat. Das Papillomvirus des Kaninchens (Shope Papillomvirus, engl. cottontail rabbit papillomavirus, Abk. CRPV), das als eines der ersten, bei Säugern krebserzeugenden Viren identifiziert wurde, verursacht in wildlebenden Kaninchen (cottontail rabbits) gutartige Hautpapillome, die gelegentl. zu malignen Tumoren entarten. Beim Hauskaninchen hingegen tritt eine maligne Konversion der CRPV-induzierten Papillome sehr häufig auf. Infektiöses Virus kann nur aus den Papillomen der Wildkaninchen isoliert werden. Die Papillomvirus-Partikel (ikosaederförmig, ⌀ 55 nm) enthalten eine ringförmige, doppelsträngige DNA (relative Molekülmasse $5,2 \cdot 10^6$, entspr. ca. 8000 Basenpaaren). Von mehreren P. (u. a. HPV1, 6, 11, 16, BPV1 und CRPV) wurden die vollständ. Nucleotidsequenzen der DNA bestimmt u. daraus die für P. typische Genomorganisation abgeleitet (☐ 292). Die Vermehrung der P. ist abhängig vom Differenzierungsgrad der infizierten Epithelzellen u. findet ausschl. in den ober-

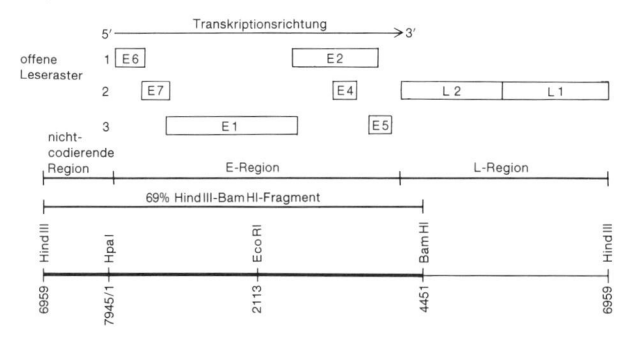

Papillomviren

Papillomviren

Genomorganisation von P. am Beispiel des Rinderpapillomvirus BPV1

Die ringförmig-geschlossene BPV1-DNA (7945 Basenpaare) ist in geöffneter, linearisierter Form dargestellt. Das Genom läßt sich in drei Bereiche unterteilen:
1) nicht-codierende Region, enthält Regulationselemente für Transkription u. Replikation.
2) E-(early-)Region, enthält verschiedene Protein-codierende Abschnitte E1, E2, E4–E7 (offene Leseraster), denen z.T. die folgenden Funktionen zugeschrieben werden konnten: E1: DNA-Replikation, E2: Aktivierung der Transkription, E5: Transformation, E6: Transformation, E7: Kontrolle der DNA-Kopienzahl. Sämtl. zur Transformation v. Nagetierzellen notwend. Funktionen sind bei BPV1 in einem HindIII-BamHI Restriktionsfragment enthalten, das 69% des gesamten Virusgenoms umfaßt.
3) L-(late-)Region: enthält zwei große offene Leseraster L1 und L2, die für Strukturkomponenten des Viruscapsids codieren.
Die Information für alle Virusproteine ist bei P. auf einem DNA-Strang enthalten – im Unterschied zu ⁊Polyomaviren.

flächlichen keratinisierenden u. schließlich absterbenden Zellen v. Haut od. Schleimhaut statt. Die Virus-DNA persistiert in den Zellen der Basalschicht. P. lassen sich nicht in Zellkultur vermehren. Das Rinderpapillomvirus BPV1 ist jedoch in der Lage, Nagetierzellen in vitro zu transformieren; die virale DNA ist in den transformierten Zellen als extrachromosomales Plasmid in 20–200 Kopien pro Zelle enthalten. Mit Hilfe dieses experimentellen Systems ließen sich die an Transformation, DNA-Replikation u. Genregulation beteiligten Virusfunktionen charakterisieren (vgl. Abb.). Bei einigen ⁊Krebs-Arten des Menschen, bes. jedoch beim Genitalkrebs, besteht eine Assoziation mit bestimmten Papillomvirus-Infektionen, so daß einige menschl. Papillomvirustypen als eindeutige Risikofaktoren bei der Krebsentstehung angesehen werden können. Dies gilt in bes. Weise für die beiden Virustypen HPV16 und HPV18, deren DNAs in der Mehrzahl (ca. 70%) der untersuchten Gebärmutterhalskarzinomen, weiterhin in Vulva- und Peniskarzinomen sowie in Karzinom-Vorstufen nachgewiesen werden konnten, jedoch nur sehr selten in gutart. Genitaltumoren. Hingegen finden sich die verwandten Virustypen HPV6 und HPV11 in ca. 90% der gutartigen Genitalwarzen, aber nur äußerst selten in malignen Tumoren. Die virale DNA liegt in den benignen Läsionen u. Karzinom-Vorstufen in Form v. extrachromosomalen Molekülen vor; in den Karzinomen ist sie jedoch in das Genom der Wirtszelle integriert. E. S.

Pappel

Schwarz-P. (Populus nigra), Wuchs- u. Blattform; F Frucht

Papio m [latinisiert aus dt. Pavian], die ⁊Paviane.

Papovaviren, Papovaviridae, Fam. der ⁊DNA-Tumorviren, die in die beiden Gatt. Papillomavirus (⁊Papillomviren) u. Polyomavirus (⁊Polyomaviren) unterteilt wird. Die Bez. „Papova" leitet sich ab v. den Namen der in dieser Fam. zusammengefaßten Viren: Papillomviren, Polyomavirus u. vacuolating agent (SV40). Gemeinsamkeiten v. Papillom- u. Polyomaviren sind eine ähnl. Größe u. Morphologie der Viruspartikel sowie eine ringförmig-geschlossene, doppelsträngige DNA als Genom. Der Aufbau des Genoms mit der Verteilung der genet. Information auf nur einem bzw. auf beiden DNA-Strängen ist jedoch grundlegend verschieden. Viren beider Gatt. können Zellen in vitro transformieren, aber nur Papillomviren erzeugen in ihren natürl. Wirten Tumoren.

Pappatacifieber [-tatschi-; v. it. pappataci = (Stech-)Mücke], das ⁊Dreitagefieber.

Pappatacimücke [-tatschi-; v. it. pappataci = (Stech-)Mücke], Papatacimücke, Phlebotomus papatasii, ⁊Mottenmücken.

Pappel, Populus, Gatt. der Weidengewächse mit rund 100, z.T. sehr formenreichen, schwer zu unterscheidenden Arten in der nördl.-gemäßigten Zone, insbes. in O-Asien, dem Mittelmeergebiet sowie dem atlant. und pazif. N-Amerika. Fast ausschl. raschwüchsige, oft sehr hohe, sommergrüne Bäume mit dreieckigen oder rundl.-eiförm. bis (seltener) lanzettl., häufig am Rande gezähnten od. gelappten Blättern mit meist langem Stiel. Die vor den Blättern erscheinenden, sehr kleinen, unscheinbaren, zweihäusig verteilten Blüten sind in hängenden Kätzchen angeordnet. Ihre Bestäubung wie auch die Verteilung der zahlr., mit einem Haarschopf versehenen Samen erfolgen durch den Wind. P.n wachsen häufig als durch Wurzelbrut sich vermehrende Pionierpflanzen auf sickerfrischen bis nassen Böden u. sind somit ein wicht. Bestandteil v. Auwaldgesellschaften. Einheim. Arten sind die Silber- oder Weiß-P. (P. alba) mit weißl.-grauer Rinde u. unterseits dicht filzig behaarten, rundl.-eiförm., z.T. gelappten Blättern; die Schwarz-P. (P. nigra) mit schwärzl., tiefrissiger Borke u. mehr od. weniger dreieckigen Blättern sowie die in lichten Wäldern, auch auf etwas trockeneren Böden anzutreffende Zitter-P., Aspe oder Espe, P. tremula (B Europa IV), mit eiförm. bis kreisrunden, schon bei der geringsten Luftbewegung zitternden Blättern. In Kultur häufig anzutreffen sind die bes. als Allee- u. Parkbaum geschätzte Pyramiden-P. (P. nigra var. italica) mit einer schlanken, sehr hohen, zypressenähnl. Krone u. die in der Sammelart „Bastard-P." oder Kanadische P. (P. × canadensis) zusammengefaßten Kreuzungen zwischen P. nigra und P. deltoides (Virginia-P.). Besonders letztere sind wegen ihrer raschen Holzproduktion von wirtschaftl. Bedeutung. Ihr sehr weiches (Dichte ca. 0,4 g/cm^3), langfaseriges u. leicht spaltbares *Holz* besitzt eine weißl. bis hellbräunl. Farbe u. wird u. a. als Blind- u. Möbelholz sowie zur Herstellung v. Kisten, Spankörben, Zündhölzern u. Papier verwendet.

Pappelbock, *Saperda,* Gatt. der ↗ Bockkäfer, deren Arten an Pappeln leben. Kleiner P. (Kleiner Espenbock, *S. populnea*), 9–14 mm, grau behaart mit gelbl.-weißen Punkten auf den Elytren; die Käfer sitzen v. a. auf Zitterpappeln; Eiablage an ca. 2 cm dicken Ästen, wobei zunächst hufeisenförm. Furchen in die Rinde genagt werden; darunter wird ein Ei in ein tiefer genagtes Loch geschoben; das Loch wird mit einem Sekret verschlossen, das außerdem das Gewebe zum Absterben bringt; dabei entsteht an diesen Nagestellen eine Gewebewucherung im Ast, in der die Larve frißt; der Befall ist an den gallenart. Anschwellungen der Äste leicht zu sehen; Verpuppung im Frühjahr im 2. Jahr der Entwicklung; Käfer im Mai/Juni. Großer P. (Walzenbock, *S. carcharias*), fein bräunl.-ocker marmoriert gefärbt, ca. 22–30 mm; im Sommer auf den Blättern v. Pappeln, selten an Weiden; Eiablage in an der Stammbasis genagten Löchern in der Rinde; die Larve frißt zunächst unter der Rinde, später dringt sie tief ins Holz ein u. schädigt dadurch gelegentl. den Baum; Entwicklung 2–3jährig.

Pappelschwärmer, *Laothoe (Amorpha) populi,* häufige, eurosibir. verbreitete Art der Schmetterlingsfam. ↗ Schwärmer; Flügel graubraun, breit, am Innenwinkel des Hinterflügels ein rostbrauner Fleck, Spannweite bis 100 mm, ähnelt in Ruhestellung an Baumstämmen od. am Boden einem trockenen Blatt, fliegt nachts in 1–2 Generationen in Gärten, Parks, Auenwäldern u. Pappelpflanzungen; Larve frißt bevorzugt an jungen Pappeln u. Weiden, bis 70 mm lang, grün, hell gepunktet, mit gelben Schrägstreifen an der Seite, Puppe überwintert in der Erde.

Pappelspinner, *Leucoma salicis,* ↗ Trägspinner.

Pappus *m* [v. gr. pappos = grauer Haarkranz, Federkrone], *Haarkelch, Haarkrone,* an der Frucht verbleibender, zu einem Flug- od. Klammerorgan umgewandelter, haar- oder borstenförmiger Blütenkelch der ↗ Korbblütler (z. B. beim Löwenzahn, ☐ Flughaare); dient der Samenverbreitung durch Tiere od. Wind.

Paprika *w* [serb., v. gr. peperi = Pfeffer], *Capsicum,* Gatt. der Nachtschattengewächse mit rund 30, in Mittel- u. S-Amerika heim. Arten. Bei weitem wichtigste u. formenreichste Art ist *C. annuum* (B Kulturpflanzen V), ein 1jähr., 20–50 cm hohes, sparrig verzweigtes Kraut mit eiförm. bis lanzettl. Blättern und 5zähl., weißl.-gelben

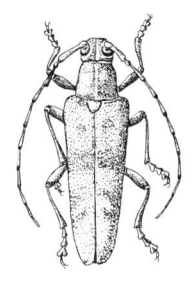

Pappelbock
Großer P. *(Saperda carcharias)* und Larve

Paprika
Das scharf schmeckende ↗ *Capsaicin* erzeugt schon in geringen Mengen Brennen, Hitzegefühl u. Schmerz an den Schleimhäuten bzw. auf der Haut (therapeut. Anwendung bei Rheuma). Innerl. regt es in sehr kleinen Mengen den Appetit an u. fördert die Verdauungsvorgänge; in großen Mengen genossen (z. B. bei chron. Mißbrauch von scharfem P.) kann es allerdings zu Appetitlosigkeit, chron. Gastritis sowie Leber- u. Nierenschäden führen.

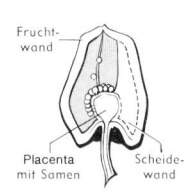

Paprika
Längsschnitt durch eine reife Frucht von *Capsicum annuum*

od. violetten, radförm. Blüten. Die Frucht ist eine an Vitamin C u. Carotinoiden sehr reiche, dünnwandige Beere. Ihre außen glatte, glänzende Fruchtwand ist derb ledrig u. umschließt einen großen, durch unvollständ. Scheidewände gekammerten Hohlraum, an dessen Basis eine kugelig aufgewölbte, mit zahlr. flachen, runden Samen besetzte Placenta sitzt. *C. annuum* gehört zus. mit einigen anderen *C.*-Arten, etwa *C. frutescens,* zu den ältesten Kulturpflanzen der Indianer (Anbau in Peru bereits 2000 v. Chr.). Nach der Entdeckung Amerikas gelangte die Art zunächst nach Spanien u. von dort aus in andere Länder Europas, Asiens u. Afrikas, wo ihr Anbau z. T. schon im 16. Jh. begann. In Europa werden verschiedene *C.*-Arten v. a. in Ungarn, S-Fkr. und It. angebaut. Die heute sehr zahlr. Varietäten von *C. annuum* unterscheiden sich v. a. in der Gestalt (kugelig bis schotenförmig, daher „Paprika-Schote"), Farbe (olivgrün, gelb, orange, rot, violett od. schwarz), Größe (etwa 1 bis 30 cm Länge) u. „Schärfe" ihrer Früchte. Letztere ist zurückzuführen auf das in der Placenta gebildete, brennend scharfe Alkaloid ↗ *Capsaicin.* P.-Schoten mit einem hohen Gehalt an Capsaicin (Chillies) werden ihres pfefferart. Geschmacks wegen als Gewürz geschätzt. In frischem Zustand konserviert od. getrocknet u. gemahlen (*Cayenne-, Chili-* oder *Span. Pfeffer*), finden sie vielseit. Anwendung (in Fleischgerichten, Eintöpfen usw.). Große, fleischige, mild schmeckende P.-Schoten werden hingegen in reifem od. unreifem Zustand roh als Salat od. gedünstet bzw. mariniert als Gemüse verzehrt. Einige *C.*-Arten mit kleinen, bunten Früchten haben auch als Zierpflanzen Bedeutung erlangt.

PAPS, Abk. für das ↗ *P*hospho*a*denosin*p*hospho*s*ulfat.

Papstkrone, *Papstmitra, Mitra papalis,* marine Neuschnecke (Fam. Bischofsmützen) mit spindelförm., bis 16 cm hohem, weißem Gehäuse, das rotbraun gefleckt ist; an der Spindelwand 5–6 Falten; lebt auf Sandböden des Indopazifik.

Papua-Weichschildkröten, *Carettochelyidae,* Fam. der Halsberger-Schildkröten mit nur 1 Gatt., den Neuguinea-Weichschildkröten *(Carettochelys)* u. der Art *C. insculpta* (Papua-Weichschildkröte); Panzerlänge bis 50 cm; meist zahlr. am Grunde in den Flußunterläufen im südl. Neuguinea u. in N-Australien lebend; gehen nur zur Eiablage an Land. Kompletter Knochenpanzer anstelle der Hornschilder v. einer lederart. Haut bedeckt; Nase in kurzen Rüssel auslaufend, der zum Atmen kurz über der Wasserfläche erscheint; Hornkiefer freiliegend; Vorderbeine zu langen, abgeflachten Schwimmflossen ausgebildet, nur 2 freie Krallen; Hinterbeine ebenfalls ähnl. verbreitert. Ernähren sich v. a. von Weichtieren; schwimmen gut. Ihr

Papuina

Fleisch ist bei den Eingeborenen sehr begehrt.

Papuina w [ben. nach Papua (Volk u. Gebiet auf Neuguinea)], Gatt. der *Camaenidae*, Landlungenschnecken mit dünnem, linsen- bis kegelförm. Gehäuse; auf Bäumen v. den Molukken bis zu den Salomonen.

Papula w [Mz. *Papulae;* lat., = Blatter, Bläschen], kleine, zarthäutige Bläschen auf der Körperoberfläche v. ↗Seesternen (☐), Vorwölbungen des dünnen Coelom-Epithels, die nur v. der ebenfalls einschicht. Epidermis überzogen sind; hier findet Gasaustausch statt, bisweilen auch Exkretion: nach Platzen der Epithelien können die mit Abfallstoffen beladenen Coelom-Zellen ausgeschleust werden.

Papyrusstaude [v. gr. papyros = P.], *Cyperus papyrus,* ↗Zypergras.

Parabasale s [v. *para-, gr. basis = Grundlage], das ↗Parasphenoid.

Parabasalkörper [v. *para-, gr. basis = Grundlage], *Parabasalapparat,* charakterist. Organell der Einzeller-Ord. ↗*Polymastigina;* besteht aus zusammengelagerten Golgi-Apparaten.

Parabiose w [v. *para-, gr. biōsis = Leben], Zusammenleben zweier miteinander verwachsener Organismen *(Parabionten),* z.B. nach operativer Vereinigung zweier Versuchstiere (z. B., um Probleme der Hormonwirkung zu untersuchen) od. als Mißbildung (Siamesische Zwillinge). P. ist der Normalzustand beim geschlechtsreifen ↗Tiefseeangler *Edriolychnus,* bei dem Zwerg-Männchen mit den Weibchen verwachsen u. über deren Blutkreislauf ernährt werden (vgl. Abb.).

Parablastoidea [Mz.; v. *para-, gr. blastos = Keim, Sproß], (Hudson 1907), † Kl. altertüml. Stachelhäuter mit deutl. 5strahliger Symmetrie u. Blastoideen-artiger Theca mit vielen regelmäßig angeordneten Platten; biserial angeordnete Ärmchen (Brachiolen) begrenzen die Ambulacralfelder, Lanzettstücke sind nicht vorhanden. Verbreitung: unteres bis mittleres Ordovizium.

Parabraunerde [v. *para-], *Lessivé,* verbreiteter ↗Bodentyp (T) des gemäßigthumiden Klimas Eurasiens u. Amerikas, vorwiegend unter Laub- u. Mischwaldvegetation. Entwicklung aus ↗Pararendzina od. ↗Braunerde nach Entkalkung u. schwacher Versauerung. Kennzeichnend ist die unter diesen Bedingungen stattfindende Verlagerung von Ton aus dem A- und dem oberen B-Horizont (↗Auswaschungshorizonte) in einen tiefergelegenen ↗Einschwemmungshorizont. Profilaufbau: A_h-B_l-B_t-C (T Bodenhorizonte). Bei stark ausgeprägter Tonverlagerung erscheint der B_l-Horizont stark gebleicht (↗Fahlerde). B Bodenzonen.

Paracelsus [latinisiert aus Hohenheim], *Philippus Theophrastus Bombastus v. Ho-*

para- [v. gr. para = neben, über, bei, über ... hinaus; gemeinsam, miteinander; daneben, abseitig].

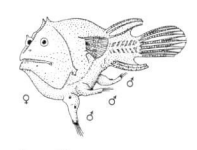

Parabiose
Beispiel für natürliche P.: Weibchen des Tiefseeanglers *Edriolychnus schmidti* mit 3 festgewachsenen Zwerg-Männchen

Paracelsus

Paracoccus
Denitrifikation (Nitratatmung) bei *P. denitrificans* mit molekularem Wasserstoff (H_2) als Elektronendonor:

$5H_2 + 2H^+ + 2NO_3^- \rightarrow N_2 + 6H_2O$

henheim, dt. Arzt, Alchimist und Philosoph, * 10. 11. 1493 Einsiedeln (Schweiz), † 24. 9. 1541 Salzburg; Arzt in Salzburg, Straßburg u. 1527 Stadtarzt u. Prof. in Basel, wo er aber schon nach wenigen Monaten vertrieben wurde; durchwanderte sodann ganz Dtl. P. verwarf den erstarrten Autoritätsglauben u. die spekulativ. Lehren seiner Zeit, die er durch eigene Naturbeobachtung, Erfahrung u. Experimente ersetzte. Führte chem. Heilmittel in die Medizin ein (Abkehr v. Galen u. Avicenna, deren Werke er öffentlich verbrannte; Vorläufer der Iatrochemie); zu seinen chem. Entdeckungen gehören das Zink, das Kalomel u. viele andere Quecksilberverbindungen, Schwefelblüte u.a.; das Arsen wurde v. ihm in die Therapie der Syphilis eingeführt. Schrieb med. u. theosophisch-mystische Werke u. betrieb daneben astronom. u. alchimist. Studien.

Paracentrotus m [v. *para-, gr. kentrōtos = gestachelt], der ↗Steinseeigel.

Paracheirodon m [v. *para-, gr. cheir = Hand, odōn = Zahn], Gatt. der ↗Neonfische.

Parachordalia [Mz.; v. gr. chordē = Saite], mesodermale, paarige, knorpelige Stäbe, die in der Ontogenie des Wirbeltier-↗Schädels neben dem Vorderende der Chorda entstehen. Die P. verschmelzen mit den Trabeculae u. den Sinnesknorpeln zur ersten knorpeligen Schädelanlage (Primordialcranium). Ob die hinteren Bereiche der P. in Wirbelanlagen eingehen, ist unklar.

Parachronologie w [v. *para-, gr. chronologia = Zeitrechnung], *Parastratigraphie,* (Schindewolf 1944), relative Zeitbestimmung (↗Geochronologie) an Sedimenten, die aufgrund abweichender Fazies keine Zonenleitfossilien enthalten u. deshalb nicht orthochronologisch (↗Orthochronologie) datierbar sind. Die Verknüpfung ortho- u. parachronologisch ermittelter Daten ist problematisch. Da alle erdgesch. Systeme per Übereinkunft mit Meeresfossilien gegliedert werden (sollten), fallen z. B. die Landablagerungen in den Bereich der P.

Paracoccus m [v. *para-, gr. kokkos = Beere], Gatt. der gramnegativen Kokken u. Kokkenbacillen (neuerdings der Sektion „gramnegative aerobe Stäbchen u. Kokken" zugeordnet, ↗gramnegative Bakteriengruppen, T); fakultativ anaerobe Bakterien (rundlich, ∅ $1-1,5 \times 1-2,5$ µm) mit chemo-organotrophem Stoffwechsel; die Atmungskette gleicht fast vollständig der der Mitochondrien. Anaerob können sie eine Nitratatmung (↗Denitrifikation) ausführen, *P. (Micrococcus) denitrificans* auch mit molekularem Wasserstoff (H_2) als Elektronendonor. *P. denitrificans* kann auch mit H_2 und CO_2, bei Abwesenheit von organ. Substraten, autotroph leben; CO_2 wird dann im ↗reduktiven Citratzyklus assimiliert. *P. halodenitrificans* benötigt mindestens 3% NaCl zum Wachsen u. kann bis zu 20% NaCl ertragen; er läßt sich aus Salzlake und salzhalt. Gewässern isolieren. *P.* zeigt sehr große Ähnlichkeit mit einigen phototrophen Bakterien.

Paracrinoidea [Mz.; v. *para-, gr. krinon = Lilie], (Regnéll 1945), kleine Gruppe („Klasse") † Crinoiden-artiger Stachelhäuter mit bilateraler Symmetrie u. 4 Seelilienartigen, mit Pinnulae besetzten Armen; bei einigen Formen Platten dünn u. gefaltet, vermutl., um die Atmung durch den Panzer zu ermöglichen. Verbreitung: mittleres Ordovizium.

Paradidymis *w* [v. *para-, gr. didymos = doppelt], *Beihoden,* bei Amnioten die zw. Hoden u. funktioneller Niere (Metanephros = Nachniere; ⁊ Nierenentwicklung, ☐) neben dem Samenleiter (Vas deferens, stammesgesch. primärer Harnleiter = Wolffscher Gang) liegenden Rudimente des Mesonephros (Urniere). Entspr. Rudimente im ♀ sind das *Epoophoron* (⁊ Nebeneierstock) u. *Paroophoron* (Beieierstock). – Auch die Epididymis (Nebenhoden, ⁊ Hoden) entsteht aus dem Mesonephros, ist jedoch im Ggs. zur P. ein funktionelles Derivat. ⁊ Urogenitalsystem (☐). [⁊ Makropoden.

Paradiesfisch, *Macropodus opercularis,*
Paradiesnüsse ⁊ Lecythidales.

Paradiesvögel, *Paradisaeidae,* Fam. der Singvögel mit 43 urwaldbewohnenden Arten auf Neuguinea, den Molukken und in N-Australien; Staren- bis Krähen-groß; nahe verwandt mit den ⁊ Laubenvögeln. Männchen (manche nur zur Brutzeit) mit buntem glänzendem Gefieder u. bizarren langen Schwanzfedern, die sie bei eindrucksvollen Balzspielen an ausgewählten Balzplätzen aufgerichtet zur Schau tragen; Weibchen u. Jungvögel unscheinbar gefärbt. Ernähren sich v. Früchten, Insekten, kleinen Reptilien u.a., die krächzenden Rufe erinnern an Krähen. Das Weibchen baut ein napf-, selten kugelförm. Nest in Bäumen u. legt 1–2 Eier. Der Königsparadiesvogel (*Cicinnurus regius,* B Australien I) ist mit 16 cm Länge der kleinste, der am weitesten verbreitete u. einer der schönsten P. Früher blühte ein schwunghafter Handel mit Bälgen u. Federn von P.n (heute verboten). B Selektion III.

Paradieswitwen, *Steganura,* ⁊ Witwenvögel.

Paradigma *s* [v. gr. paradeigma = Beispiel, Muster], seit Aristoteles als 3. Argumentationsart der ⁊ Deduktion u. Induktion gegenübergestellt, wobei seit Th. Kuhn P. nicht synonym für *Theorie* ist, sondern auch exemplar. Anwendung einer Theorie, u. einen Kanon v. Methoden mit einbeziehet. Verschwindet das Vertrauen in ein P. (z. B. weil Phänomene, die bislang als Anomalien abgetan wurden, sich plötzl. als bedeutungsvoll erweisen), beginnt die Suche nach Alternativen: *Paradigmenwechsel* (z. B. Ersetzen des geozentrischen Weltbildes durch das heliozentrische, Kopernikanische Wende).

Lit.: *Kuhn, Th.:* The Structure of Scientific Revolutions. Chicago ²1970.

paradies- [v. gr. paradeisos (Sanskrit para-déza = vorzügliche Gegend) = Tiergarten, Park].

Großer Paradiesvogel *(Paradisaea apoda)*

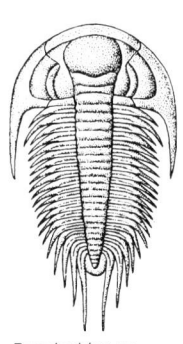

Paradisaeidae [Mz.; v. *paradies-], die ⁊ Paradiesvögel.

Paradoxides *m* [v. gr. paradoxos = sonderbar], (Brongniart 1822), † Trilobit, Leitfossil für das mittlere Kambrium der atlant. Faunenprovinz, mehrere Arten.

Paradoxornithidae [Mz.; v. gr. paradoxos = sonderbar, ornithes = Vögel], die ⁊ Papageischnabelmeisen.

Paradoxurinae [Mz.; v. gr. paradoxos = sonderbar, oura = Schwanz], die ⁊ Palmenroller.

paraffinabbauende Bakterien, eine Reihe aerober Bakterien, z.B. Mykobakterien, Nocardien, Corynebakterien, die langkettige Kohlenwasserstoffe (Paraffine = ⁊ Alkane) abbauen können. 1. Schritt des Abbaus ist eine Oxidation mit molekularem Sauerstoff O_2 (durch eine *Monooxigenase* katalysiert); es entsteht der entspr. Alkohol, der dann durch normale β-Oxidationen vollständig abgebaut wird.

Paraflagellarkörper [v. *para-, lat. flagellum = Geißel], ⁊ Euglenophyceae (☐).

Paradoxides, ca. 14 cm lang

Paraffin
+
O_2
+
$NADH_2$
↓
Paraffinalkohol
+
NAD
+
H_2O

paraffinabbauende Bakterien
1. Schritt (Monooxigenase-Reaktion) beim mikrobiellen Abbau v. Paraffin

Paraganglien [Mz.; v. *para-], leiten sich vom peripheren ⁊ Nervensystem (Sympathikus, Parasympathikus) ab u. stellen neben den autonomen Ganglien kleine bis große Knoten hormonal aktiver Parenchymzellen mit reichl. Blutgefäßen u. Bindegewebskapsel dar. Die vom Parasympathikus abstammenden P. (Paraganglion caroticum u. Paraganglion supracardiale) fungieren als Chemorezeptoren, die auf Veränderungen des CO_2- bzw. O_2-Gehaltes des Blutes reagieren, u. beeinflussen über afferente Fasern (Nervus glossopharyngeus bzw. N. vagus) das Atemzentrum. Die vom Sympathikus abstammenden P. sind in mehr od. weniger großer Anzahl über den ganzen Organismus (v. Tier zu Tier verschieden) verteilt u. bilden, wie das Nebennierenmark, Adrenalin bzw. Noradrenalin. Daher ertragen Tiere mit zahlr. P. (z. B. Ratte) den Verlust des Nebennierenmarks. Beim Menschen bilden sich die P. größtenteils in der Kindheit zurück.

Paraglossa *w* [v. *para-, gr. glōssa = Zunge], *Nebenzunge,* paramedianer Fortsatz (Lade) am Labium der Insekten; ⁊ Mundwerkzeuge.

Paragonimose *w* [v. ⁊ Paragonimus], *Paragonimiasis, Lungenegelkrankheit, Lungendistomatose,* Befall des Menschen und zahlr. anderer Säuger (z. B. Katze, Hund, Schwein, Opossum) mit verschieden Arten der lungenegel-Gatt. ⁊ *Paragonimus*. Verbreitung: O-Asien (Korea, Japan, Taiwan, China, Philippinen), Afrika (Kamerun, Nigeria), N-Amerika und (seltener) S-Amerika; Infestationswahrscheinlichkeit überall dort

Paragonimus

para- [v. gr. para = neben, über, bei, über ... hinaus; gemeinsam, miteinander; daneben, abseitig].

parallel- [v. gr. parallēlos = nebeneinandergestellt, gleichlaufend].

hoch, wo Krabben od. Flußkrebse (2. Zwischenwirte) roh gegessen werden. Symptome oft tuberkuloseartig (Schmerzen, Hustenreiz, Auswurf), gefährlich v. a. das gelegentl. Vordringen des Parasiten in Niere od. Zentralnervensystem.

Paragonimus m [v. *para-, gr. gonimos = lebenskräftig], Lungenegel, Saugwurm-Gatt. der ↗ Digenea. P. westermanni in Indien und O-Asien, P. africanus und P. uterobilateralis in Afrika, P. kellicotti in N- und S-Amerika. Adulte Egel sind bohnenförmig, 7–12 mm lang, 4–7 mm breit und 3–5 mm dick; leben v. a. in der Lunge ihrer Haupt- (Raubtiere) und Nebenwirte (Mensch), häufig zu zweien; 1. Zwischenwirt sind Wasserschnecken, 2. Zwischenwirt Süßwasserkrabben, Wollhandkrabben od. Flußkrebse. ↗ Paragonimose.

Paragorgia w [v. *para-, ben. nach der schreckenerregenden Gorgō], Gatt. der ↗ Hornkorallen.

Parahippus m [v. *para-, gr. hippos = Pferd], (Leidy), stammesgeschichtlich zw. Mio- und Merychippus vermittelnder Equide aus dem oberen Miozän von N-Amerika. ⒷPferde (Evolution).

Parainfluenzaviren [Mz.; v. *para-, it. influenza = Grippe], ↗ Paramyxoviren.

parakarp [v. *para-, gr. karpos = Frucht], Bez. für synkarpe Gynözeen, die nicht od. allenfalls durch nachträglich ausgebildete („falsche") Scheidewände gegliedert sind. ↗ Blüte (☐).

Parakautschukbaum [v. *para-, Quechua cauchuc über frz. caoutchouc = Gummi], Hevea brasiliensis, ↗ Hevea.

Parakorolle w [v. *para-, lat. corolla = kleiner Kranz], Paracorolla, die ↗ Nebenkrone.

Paralaeospira w [v. *para-, gr. laios = links, speira = Windung], Gatt. der ↗ Spirorbidae.

Paralcyonium s [v. *para-, gr. alkyonion = ein Meereshohltier], Gatt. der ↗ Weichkorallen.

Paralepididae [Mz.; v. *para-, gr. lepis = Schuppe], Fam. der ↗ Laternenfische.

Paralichthinae [Mz.; v. gr. paralos = See-, ichthys = Fisch], U.-Fam. der ↗ Butte.

paralisch [v. gr. paralos = am, im Meere lebend], (Naumann 1845), Bez. für Sedimentablagerungen in flachen Küstenländern, insbes. für Kohlenbildungen (p.e Kohlen) mit marinen Einschaltungen.

Paralleladerung, die Parallel-↗ Nervatur.

Parallelentwicklung, Geitonogenese, die parallele Entstehung v. ↗ Merkmalen bei mehr od. weniger nahe verwandten Arten. Solche P.en können auf sehr verschiedenen Ursachen beruhen: 1. auf gleicher genet. Grundlage bei gleichartiger Selektion (führt oft zu ↗ Homoiologie), 2. auf „gleicher" Selektion an analogen Merkmalen (↗ Analogie, ↗ Konvergenz). – Als heterochrone P. (Iteration, iterative Evolution) bezeichnet man die phylogenet. Aufspaltung v. Entwicklungsreihen aus einem persistenten (vermeintl. orthogenetischen) Stamm in verschiedenen, zeitversetzten Entwicklungsstufen. ↗ Coevolution.

Parallelkonjugation [v. lat. coniugatio = Verbindung], die ↗ Chromosomenpaarung.

Parallelmutationen [v. lat. mutatio = Veränderung], bei verwandtschaftl. nahestehenden Arten auftretende Mutationen mit übereinstimmender Wirkung. Bekannte Beispiele von P. bei Pflanzen sind die Kräuselung der Blätter bei Kohl, Petersilie u. Sellerie sowie bespelzte u. nackte Formen bei Roggen, Weizen u. Hafer. Bei Tieren stellen z. B. das Angorahaar bei Kaninchen, Meerschweinchen u. Katzen, die Hornlosigkeit bei Rindern, Schafen u. Ziegen sowie die Kräuselung des Haarkleides bei Schafen, Schweinen, Pferden u. Hunden Beispiele für P. dar. Das v. Wawilow für die Pflanzenzüchtung aufgestellte *Gesetz der homologen Reihen* besagt, daß man aus dem Auftreten bestimmter Merkmale (Mutationen) bei einer Pflanzenart darauf schließen kann, daß ähnl. Abänderungen auch bei anderen, mit dieser Art nahe verwandten Formen vorkommen werden.

Paramecium s [v. paramēkēs = länglich], Paramaecium, die ↗ Pantoffeltierchen.

Parameren [Mz.; v. *para-, gr. meros = Teil, Glied], **1)** bei Lebewesen mit Bilateralsymmetrie die beiden spiegelbildlich gleichen Hälften. **2)** Greifapparat am ↗ Aedeagus der Insekten; ☐ Geschlechtsorgane.

Paramesotriton m [v. *para-, gr. mesos = mittlerer, Triton = Meeresgott], Warzenmolche, Gatt. der ↗ Salamandridae; 3 Arten mit auffallend warziger Haut in SO-Asien; leben vorwiegend aquatisch in Bächen.

Parametabola [Mz.; v. *para-, gr. metabolē = Veränderung], Teilgruppe der ↗ Neometabola der hemimetabolen Insekten (↗ Hemimetabola); gelegentl. wird die Bez. P. synonym mit der Bez. ↗ Paraneoptera gebraucht.

Páramo m [span., v. lat. paramus = öde Hochebene], Bez. für die alpine Stufe der feuchten Tropen; urspr. für die Hochgebirge ↗ Südamerikas verwendet, heute zunehmend auch im umfassenden Sinn gebraucht. Kennzeichnend sind scharfe tageszeitl. Temp.-Wechsel bei recht niedr. Durchschnitts-Temp. Typisch für die Vegetation sind Büschelgräser, Polster- u. Rosettenpflanzen, v. a. aber die eigentümlichen, kerzenartig. Schopfbäume der Gatt. *Espeletia, Puja* und *Lupinus* in Südamerika sowie *Dendrosenecio* und *Lobelia* in Afrika. Wahrscheinl. stellt diese ungewöhnl. Wuchsform eine (konvergent entstandene) Anpassung an das ausgeprägte Tageszeitenklima der trop. Hochgebirgsstufe dar.

Paramuricea w [v. *para-, lat. murices = Purpurschnecken], Gatt. der ↗ Hornkorallen, die mit P. chamaeleon im Mittelmeer vertreten ist; ihre bunt gefärbten, bis ca. 1 m hohen Stöcke sind in einer Ebene reich verzweigt; die Färbung kann rote u. violette Töne annehmen; oft sind die Spitzen der Kolonie leuchtend gelb; die Art lebt in den tieferen Zonen ab 20 m.

Paramylon s [v. *para-, gr. amylon = Mehl, Stärke], *Paramylum*, ein v. Augenflagellaten gebildetes, stärkeähnl. Speicherkohlenhydrat, das in Form v. Körnern od. Scheiben im Plasma abgelagert wird; P. ist ein β-1,3-Glucan u. läßt sich nicht durch Iod blau färben. ↗ *Euglenophyceae* (□).

Paramyosin s [v. *para-, gr. mys = Muskel], wasserunlösl., filamentäres Protein (relative Molekülmasse 117 000), das z. B. am Aufbau der ↗ Myosinfilamente in den sog. catch- oder Sperr-Muskeln mancher ↗ Muscheln beteiligt ist. P. ist im Innern der betreffenden Myosinfilamente lokalisiert und vermag in bis jetzt noch nicht bekannte Weise das Öffnen der Actomyosin-Bindungen im kontrahierten Muskel zu blockieren u. diesen so ohne zusätzl. Energieaufwand über längere Zeit in Dauerkontraktion zu halten (Schließmuskel bei Muscheln).

Paramyxoviren [Mz.; v. *para-, gr. myxa = Schleim], *Paramyxoviridae*, Fam. von human- u. tierpathogenen ↗ RNA-Viren, die in die 3 Gatt. *Paramyxovirus, Morbillivirus* u. *Pneumovirus* unterteilt wird (vgl. Tab.). Beim Menschen rufen P. ↗ Masern, ↗ Mumps, respirator. und neurolog. Erkrankungen hervor (vgl. Tab.). Das Newcastledisease-Virus ist der Erreger der atypischen Geflügelpest. P. unterscheiden sich v. den verwandten Orthomyxoviren (↗ Influenzaviren) u. a. dadurch, daß sie ein unsegmentiertes RNA-Genom besitzen, die RNA-Synthese u. der Zusammenbau der Nucleocapside im Cytoplasma stattfindet u. Hämagglutinin- u. Neuraminidase-Aktivitäten in einem Hüllprotein vereinigt sind. Die Viruspartikel haben eine pleomorphe, meist runde Gestalt (⌀ 150–250 nm) u. sind aus einem inneren Nucleocapsid (mit helikaler Symmetrie, ⌀ 12–18 nm je nach Gatt.) und einer äußeren Lipoprotein-Hülle aufgebaut. Die Hülle besteht aus Membranlipiden der Wirtszelle u. verschiedenen Virusproteinen: 1) M, nicht-glykosyliertes *M*embran- od. *M*atrixprotein, das die Innenseite der Hülle auskleidet. 2) HN, *H*ämagglutinin-*N*euraminidase-Glykoprotein; der Hämagglutinin-Anteil des Proteins bewirkt die Anheftung der Viruspartikel an N-Acetylneuraminsäure-haltige Rezeptoren v. Wirtszellen u. Erythrocyten (↗ Hämagglutination) sowie die ↗ Hämadsorption; die ↗ Neuraminidase ist wahrscheinl. dafür verantwortl., die Aggregation v. Virionen zu verhindern. Respiratory Syncytial Virus, Masernvirus u. andere P. der Gatt. Morbilli- u. Pneumovirus besitzen keine Neuraminidase-Aktivität. 3) F, *F*usionsglykoprotein, zur Aktivierung ist eine proteolyt. Spaltung in zwei Untereinheiten F_1 und F_2 notwendig. Bei der Penetration der P. vermittelt das aktivierte F-Protein die Fusion der Virushülle mit der Membran der Wirtszelle u. damit die Freisetzung des Nucleocapsids in das Zellinnere. Außerdem ist es verantwortl. für die Lyse v. Erythrocyten (Hämolyse) sowie für die Fusion v. Zellen, welche die Bildung v. Syncytien (mehrkernigen Riesenzellen) in infizierten Wirtsgeweben (z. B. bei einer Masernvirus-Infektion) u. in Zellkulturen zur Folge hat. Die Fähigkeit von P. (v. a. des Sendai-Virus) zur Zellfusionierung wird für die Herstellung v. Zellhybriden zur genet. Analyse somat. Zellen verwendet. Im elektronenmikroskop. Bild sind HN- und F-Proteine als 8 nm lange Fortsätze an der Oberfläche der Virushülle erkennbar. Das Genom der P. besteht aus einer einzelsträngigen nicht-infektiösen RNA (Negativstrang-Polarität, relative Molekülmasse $5-7 \cdot 10^6$, entspr. ca. 15 000–22 000 Basen), auf der 6 oder mehr Gene angeordnet sind (vgl. Tab.). Die Synthese der zur Genom-RNA komplementären, monocistronischen m-RNAs sowie die RNA-Replikation werden v. einer viruscodierten RNA-abhängigen RNA-Polymerase (Transkriptase) durchgeführt, die in den Virionen enthalten ist. Die Lage eines Gens im Genom bestimmt die Effizienz seiner Transkription, wobei mit wachsender Entfernung vom 3'-Ende die Transkriptionsrate sinkt. Bei der RNA-Replikation wird zuerst eine vollständige Plusstrang-RNA synthetisiert, v. der dann die neuen Genom-RNAs abgelesen werden. Transkription u. Replikation von P. verlaufen ähnl. wie bei ↗ Rhabdoviren. Als funktionelles „template" für beide Prozesse dient das Paramyxovirus-Nucleocapsid. Die Virionen werden durch ↗ budding aus der Wirtszelle freigesetzt. Die meisten P. können persistierende Infektionen in Zellkulturen od. im Wirtsorganismus hervorrufen. Als seltene Spätfolge einer akuten Masernvirusinfektion (nach durchschnittl. 6–8 Jahren) kann bei Kindern u. Jugendlichen eine tödl. verlaufende degenerative

Paramyxoviren

Gatt. *Paramyxovirus*:
Mumpsvirus
Newcastle-disease-Virus (ND-Virus)
Parainfluenzavirus Typ 1 (Subtyp: Sendai-Virus der Mäuse)
Parainfluenzaviren Typ 2–5

Gatt. *Morbillivirus*:
Masernvirus
Hundestaupe-Virus
Rinderpest-Virus

Gatt. *Pneumovirus*:
Respiratory Syncytial Virus (RS-Virus)
Pneumonievirus der Mäuse

Paramyxoviren

Durch P. hervorgerufene Erkrankungen des Menschen:

Mumpsvirus:
↗ Mumps
Meningo-↗ Encephalitis

Masernvirus:
↗ Masern
Masern-Encephalitis
subakute sklerosierende Panencephalitis (SSPE)

Parainfluenzaviren, Respiratory-Syncytial-Virus:
milde bis schwere respiratorische Erkrankungen bei Säuglingen u. Kindern, z. B. Lungenentzündung, Bronchiolitis, Krupp

---

Paramyxoviren

Gene und ihre Anordnung im Genom (in 3'–5'-Richtung) bei *Parainfluenzaviren*

Gene	Genprodukt	Lokalisierung im Virion
NP	Nucleoprotein	Nucleocapsid
P/C*	Phosphoprotein mit Polymerase-Aktivität (?) Nicht-Strukturprotein	Nucleocapsid
M	Matrixprotein	Innenseite der Hülle
F_0	Fusionsglykoprotein	Hülle
SH	kleines hydrophobes Protein unbekannter Funktion	?
HN	Hämagglutinin-Neuraminidase-Glykoprotein	Hülle
L	Polymerase (?)	Nucleocapsid

* die für die P- und C-Proteine codierenden Gene überlappen im Sendai-Virus-Genom

Paranaïs

Erkrankung des Gehirns (subakute sklerosierende Panencephalitis, Abk. SSPE) auftreten. P. besitzen 3 verschiedene Antigene (HN- oder H-, F-Protein u. NP-Nucleoprotein), gg. die bei einer Infektion Antikörper gebildet werden. Im Vergleich zu ↗Influenzaviren (mit segmentiertem Genom, Antigendrift und -shift) ist die Antigenvariabilität von P. äußerst gering. Bei Masern- u. Mumpsvirus ist jeweils nur ein einziger Antigentyp vorhanden, so daß eine Infektion od. Immunisierung eine lebenslängl. Immunität hinterläßt. Bei Parainfluenzaviren können Reinfektionen auch in Ggw. von Antikörpern auftreten. *E. S.*

Paranaïs *w* [v. *para-, gr. Nais = Najade], Ringelwurm-(Oligochaeten-)Gattung der Fam. *Naididae. P. litoralis,* 5–14 mm lang; im Grundschlamm u. Angespül der Nord- u. Ostseeküsten, aber auch im Brack- u. Süßwasser.

Paranaplasma *s* [v. *para-, gr. anaplasma = Umbildung], Gatt. der Rickettsien, deren Arten als obligate Blutparasiten in Rindern leben; ähnl. den *Anaplasma*-Arten (↗*Anaplasmataceae*).

Paraneoptera [Mz.; v. *para-, gr. neos = neu, pteron = Flügel], Teilgruppe der hemimetabolen Insekten (↗Hemimetabola), zu der die Schnabelkerfe, aber auch die sog. Läuse (i. w. S.) gehören. ↗Parametabola.

Paranoplocephala *w* [v. *para-, gr. anoplos = unbewaffnet, kephalē = Kopf], Bandwurm-Gatt. der ↗*Cyclophyllidea*. *P. mamillana,* bis 5 cm lang, 4–6 mm breit; am Skolex 2 Saugnäpfe mit schlitzförm. Öffnungen; im Darmtrakt, mitunter auch im Magen v. Pferden.

Paranotum *s* [v. *para-, gr. nōton = Rücken], Bez. für die Tergum-(Notum-)Duplikatur des flügellosen Prothorax mancher ↗Insekten; aus solchen seitlich hervorragenden Falten des Tergums entstehen an den Pterothoraxsegmenten (Meso- u. Metathorax) die ↗Insektenflügel (P.theorie). ☐ Gliederfüßer.

Paranthropus *m* [v. *para-, gr. anthrōpos = Mensch], nicht mehr gebräuchl. Gattungs-Bez. für robuste ↗Australopithecinen, wie z.B. *A. robustus, A. boisei.*

Parantipathes *m* [v. *para-, gr. antipathēs = entgegengesetzt], Gatt. der ↗Dörnchenkorallen.

Paranucleus *m* [v. *para-, lat. nucleus = Kern], der ↗Nebenkern 3).

Paranuß [nach der brasil. Hafenstadt Pará (Belém)], *Brasilnuß,* Samen v. *Bertholletia excelsa,* eines zu den Deckeltopfbäumen (↗*Lecythidales*) gehörigen, im brasilian. Amazonasregenwald heim., bis 50 m hohen Baums mit großen, längl.-ovalen Blättern u. gelben Blüten; diese 4zählig u. dorsiventral mit einem unterständ. Fruchtknoten, aus dem sich als Frucht eine rundl., dickwandig-verholzte, bis 30 cm breite und 2–3 kg schwere Deckelkapsel entwickelt. Die in ihr fächerig angeordneten, ca. 10–20 dunkelbraunen Samen sind 5–6 cm lang, 3kantig, leicht gekrümmt u. besitzen eine runzlige, ebenfalls verholzte, sehr harte Schale (daher die Bez. „Nuß", obwohl es sich bei der P. nicht um eine Nußfrucht handelt). Der Sameninhalt besteht im wesentl. aus dem festfleischigen, als Speicherorgan ausgebildeten Hypokotyl des Embryos. Er enthält neben ca. 15% Protein rund 70% fettes Öl (reich an Glyceriden der Öl- u. Linolsäure) u. wird seines Wohlgeschmacks wegen entweder roh verzehrt od. zur Gewinnung v. Speiseöl ausgepreßt. In den Handel kommen sowohl wild wachsende wie auch in Plantagen gezüchtete Paranüsse. ☐B Kulturpflanzen III.

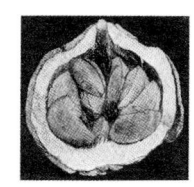

Paranuß
Paranüsse in der Frucht

Paraonidae [Mz.], Ringelwurm-(Polychaeten-)Fam. der *Orbiniida.* Namengebende Gatt. *Paraonis* mit *P. fulgens* in der westl. Ostsee, allerdings selten; Körper im allg. von feiner Sandhülle umgeben; leuchtet.

Paraonyx *m* [v. *para-, gr. onyx = Klaue, Huf], Gatt. der ↗Fingerotter.

Parapause *w* [v. *para-, gr. pausis = Beendigung], Form der prospektiven ↗Dormanz bei Insekten, die obligatorisch vor Eintreten ungünst. Umweltbedingungen beginnt; endet mit dem Eintritt des sie auslösenden Faktors in einen das nächste Entwicklungsstadium fördernden Bereich.

paraphyletisch [v. *para-, gr. phyle = Stamm] ↗monophyletisch (☐).

Paraphysen [Mz.; v. gr. paraphysis = Auswuchs, Nebenschößling], *Saftfäden,* sterile (haploide) Hyphen in der Fruchtschicht v. Schlauchpilzen. Sterile (diploide) Hyphen in Ständerpilzen werden oft auch P. genannt; besser ist die Bez. *Pseudo-P.* (od. *Cystiden,* ↗Hymenium).

Parapithecus *m* [v. *para-, gr. pithēkos = Affe], fossiler Primate aus dem Oligozän der Oase Fayum bei Kairo, ca. 30–35 Mill. Jahre alt; zahlr. Gebißreste, als früher Cercopithecoide od. Hominoide interpretiert; Gebißformel wie bei Platyrrhinen: $\frac{2\ 1\ 3\ 3}{2\ 1\ 3\ 3}$.

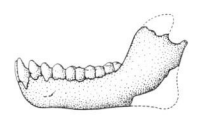

Parapithecus, Unterkiefer seitlich

Paraplasma *s* [v. gr. paraplasma = Gebilde], Stoffwechselprodukte im Cytoplasma, z. B. Fette, Kohlenhydrate, Exkrete u. a., die teils Abbauprodukte, teils Reservestoffe sind. ↗Deutoplasma.

Parapodien [Ez. *Parapodium;* v. *para-, gr. podion = Füßchen], **1)** bei Weichtieren seitl., lappenartige Fortsätze des Fußes; v. a. bei Hinterkiemern, bei denen sie zum Schwimmen benutzt od. um das Gehäuse herumgeschlagen werden u. verwachsen können. **2)** lateral gelegene ↗Extremitäten der ↗Ringelwürmer, die im Grundbauplan aus dem dorsalen *Notopodium* u. dem ventralen *Neuropodium* bestehen.

Parapophyse *w* [v. *para-, gr. apophysis = Auswuchs], unterer der beiden Gelenkköpfe am Querfortsatz (Processus transversus) eines Schwanzlurch-Wirbels; dient

para- [v. gr. para = neben, über, bei, über … hinaus; gemeinsam, miteinander; daneben, abseitig].

dem Rippenansatz; bei Amnioten liegt die P. direkt am Wirbelkörper.

Parapoxvirus s [v. *para-, engl. pocks = Pocken], Gatt. der ↗Pockenviren.

Paraproct m [v. *para-, gr. pröktos = Steiß, After], paarige ventrolaterale Sklerite am 11. Abdominalsegment der Insekten, die meist den After umschließen. Bei urspr. Insekten sind sie meist gut ausgebildet; bei den Larven der Wasserjungfern (zygoptere ↗Libellen) sind sie zus. mit dem ↗Epiproct zu blattförm. Kiemenblättern verlängert. ↗Analklappen.

parapsider Schädeltyp [v. *para-, gr. apsis = Gewölbe], ↗Schläfenfenster.

Pararendzina w [v. *para-], Boden auf kalkhalt. Lockergestein wie Löß, Geschiebemergel, sandigem Dolomit, Kalksandstein o.ä. Schotter. Profilaufbau: A_h–C, ggf. mit AC-Übergangshorizont. Im Ggs. zur ↗Rendzina ist dieser Boden tiefgründiger u. ackerbaulich teilweise gut nutzbar.

Pararge w [v. *para-, gr. argēs = weiß], Gatt. der ↗Augenfalter; ↗Mauerfuchs, ↗Braunauge, ↗Waldbrettspiel.

Parasexualität w [v. *para-, lat. sexualis = geschlechtlich], der bei ↗Bakterien auf verschiedene Arten zustande kommende Austausch u. die Rekombination genet. Information ohne die für die ↗Sexualität typischen Prozesse der Gametenkopulation und Meiose. Parasexuelle Prozesse sind ↗F-Duktion, ↗Konjugation, ↗Transduktion u. ↗Transformation.

Parasitämie w [v. *parasit-, gr. haima = Blut], Vorhandensein v. Parasiten, insbes. Protozoen, im Blut des Wirtes.

parasitäre Intersexualität ↗Parasitismus.

Parasiten, *Schmarotzer*, Organismen, die aus anderen Organismen Nahrung beziehen, sie aber höchstens zu spätem Zeitpunkt töten. Als *Phyto-P.* werden meist P. an Pflanzen, als *Zoo-P.* solche an Tieren bezeichnet; die gleichen Bez. werden aber gelegentl. auch für parasitäre Pflanzen bzw. parasitäre Tiere gebraucht. P. können für den Menschen schädl. sein (Human-P., P. von Nutztieren), können ihm aber auch nützen, indem sie ↗Schädlinge des Menschen vernichten (↗biol. Schädlingsbekämpfung). Der Nachweis von P. in einem Wirtsorganismus kann direkt durch Sektion, Kot- od. Sputumuntersuchung, aber auch indirekt durch Nachweis v. Antikörpern (Hauttest, Komplementbindungsreaktion) geführt werden. Die Bekämpfung von P. kann am Endwirt ansetzen (z. B. Chemotherapie b. Menschen), kann aber auch auf Vernichtung der Zwischenwirte zielen (z. B. Mückenbekämpfung gg. Malaria). ↗Ekto-P., ↗Endo-P. ↗Parasitismus.

Parasitenkette, *Parasitenfolge, Parasitenreihe*, Folge verschiedener, oft sich ablösender Parasitenarten, die auf bestimmte Entwicklungsstadien des Wirtes spezialisiert sind (z. B. Ei-, Larven-, Puppen- u. Imagoparasiten v. Insekten).

Parasitenwelse, *Trichomycteridae*, Fam. langgestreckter, teils wurmförmiger kleiner Welse ohne Fettflosse aus dem nordöstl. S-Amerika, die z. T. an den Kiemen anderer Fische Blut saugen. Der nur 2,5 cm lange, glasige Candiru *(Vandellia cirrhosa)* dringt manchmal auch in die Harnröhre v. Badenden ein u. verankert sich hier (sehr schmerzhaft) mit seinen nach hinten gerichteten Kiemendeckelstacheln. Die nichtschmarotzenden Freiwasserarten werden Schmerlenwelse genannt.

Parasitidae [Mz.; v. *parasit-], Fam. der ↗Parasitiformes.

Parasitiformes [Mz.; v. *parasit-, lat. forma = Gestalt], artenreiche U.-Ord. der Milben; bei Nymphen u. Adulten ist 1 Paar Stigmen ausgebildet; Enddarm u. After sind vorhanden, die Mitteldarmdivertikel bes. gut entwickelt; Exkretion erfolgt über 1 Paar lange Malpighische Gefäße; ein Herz ist meist vorhanden. Zu den P. gehören eine Reihe wichtiger Fam., deren Vertreter u. a. als Fleischfresser u. Parasiten (Blutsauger) leben. – *Parasitidae:* die oft über 1 mm großen, meist goldbraun gefärbten Arten leben frei als Boden- u. Streubewohner; ihre Nahrung sind meist andere Bodentiere; die Deutonymphen lassen sich v. Insekten verschleppen (Phoresie); bekannteste Gatt. ist *Parasitus* (= *Gamasus*) mit der Hummelmilbe *(P. fucorum)* u. der Käfermilbe *(P. coleoptratorum)*. – *Poecilochiridae:* die Deutonymphe v. *Poecilochirus necrophori* lebt auf Totengräbern (Gatt. *Necrophorus*) u. frißt an der Beute des Käfers (Fliegenmaden) mit. – *Laelaptidae:* umfaßt räuberisch u. parasitisch lebende Arten, z. B. die Gatt. *Dermanyssus* (↗Vogelmilbe), *Varroa, Halarachne* (↗Robbenmilbe) u. Fledermausmilben *(Spinturnicidae)*. – *Uropodidae* (Schildkrötenmilben): leben meist als Bewohner der Bodenstreu, in Dung, Faulschlamm, Pilz- u. Schimmelrasen u. ernähren sich v. toter organ. Substanz u. deren Pilzflora (ähnl. ↗*Macrochelidae*); ihr Rumpf ist schildkrötenartig gestaltet mit spiegelglattem Dorsal- u. Ventralschild; die Beine sind in Nischen des Panzers zurückziehbar. Bei frei lebenden Arten (manche Arten auch in Ameisenbauten) betreiben die Deutonymphen oft Phoresie, z. B. auf Käfern; manche Arten scheiden dabei einen Klebstoff durch die Analöffnung aus, der zu einem Stiel erhärtet. Die Vertreter der ↗Zecken *(Ixodidae)* u. ↗Lederzecken *(Argasidae)* sind Blutsauger.

parasitische Schleimpilze, die ↗Plasmodiophoromycetes.

Parasitismus, *Schmarotzertum*, Wechselwirkung zweier Organismenarten in einem *Parasit-Wirt-System* (einer Form der „Bisysteme"). ↗*Parasit* u. ↗*Wirt* haben im allg. direkten Körperkontakt (↗Somatoxenie), der Parasit entzieht dem Wirt Nahrung, schädigt ihn dadurch (Ggs. zur ↗Karpose),

parasit- [v. gr. parasitos = Schmarotzer; davon parasitikos = schmarotzend].

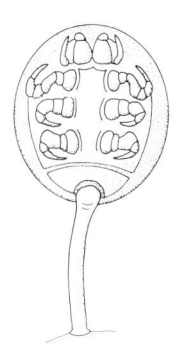

Parasitiformes

Deutonymphe der *Uropodidae* auf Stiel

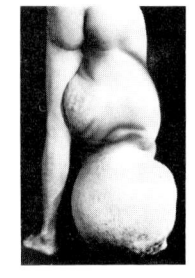

Parasitismus

Beispiel für eine Schädigung durch Parasiten:

↗*Elephantiasis* des rechten Beins; Spätfolge des Befalls mit der Filarie *Wuchereria bancrofti*

PARASITISMUS I

Der *Wachtelweizen (Melampyrum arvense)* zapft als Halbparasit mit Hilfe von Haustorien die Wurzeln von Wiesenpflanzen an (Abb. unten).

Ein Vollparasit ist die zu den Windengewächsen gehörende *Kleeseide (Cuscuta europaea)*, der Blätter, Blattgrün und Wurzeln fehlen; sie umwindet ihre Wirtspflanze mit ihrem bleichen Sproß und zapft die Leitbahnen mit Haustorien an und entzieht auf diesem Weg dem Wirt Wasser, Nährsalze und organische Substanzen (Abb. rechts).

Junge Mistelpflanze auf dem Ast des Wirts

reduziertes Blättchen
Blatt des Wirts

Höhere Pflanzen als Parasiten
Besitzen die parasitierenden Pflanzen noch grüne Blätter, so können sie noch selbst assimilieren und entziehen ihren Wirten daher nicht ihren gesamten Nährstoffbedarf; solche Pflanzen heißen *Halbparasiten*. Hierzu gehört z. B. die *Mistel (Viscum album)*.

Stengel des Wirts — Stengel des Schmarotzers — Haustorien — Leitbündel

Eichengallwespe (ca. 4 mm lang)

Heckenrose mit Rosengalle

Schnitt durch eine Rosengalle

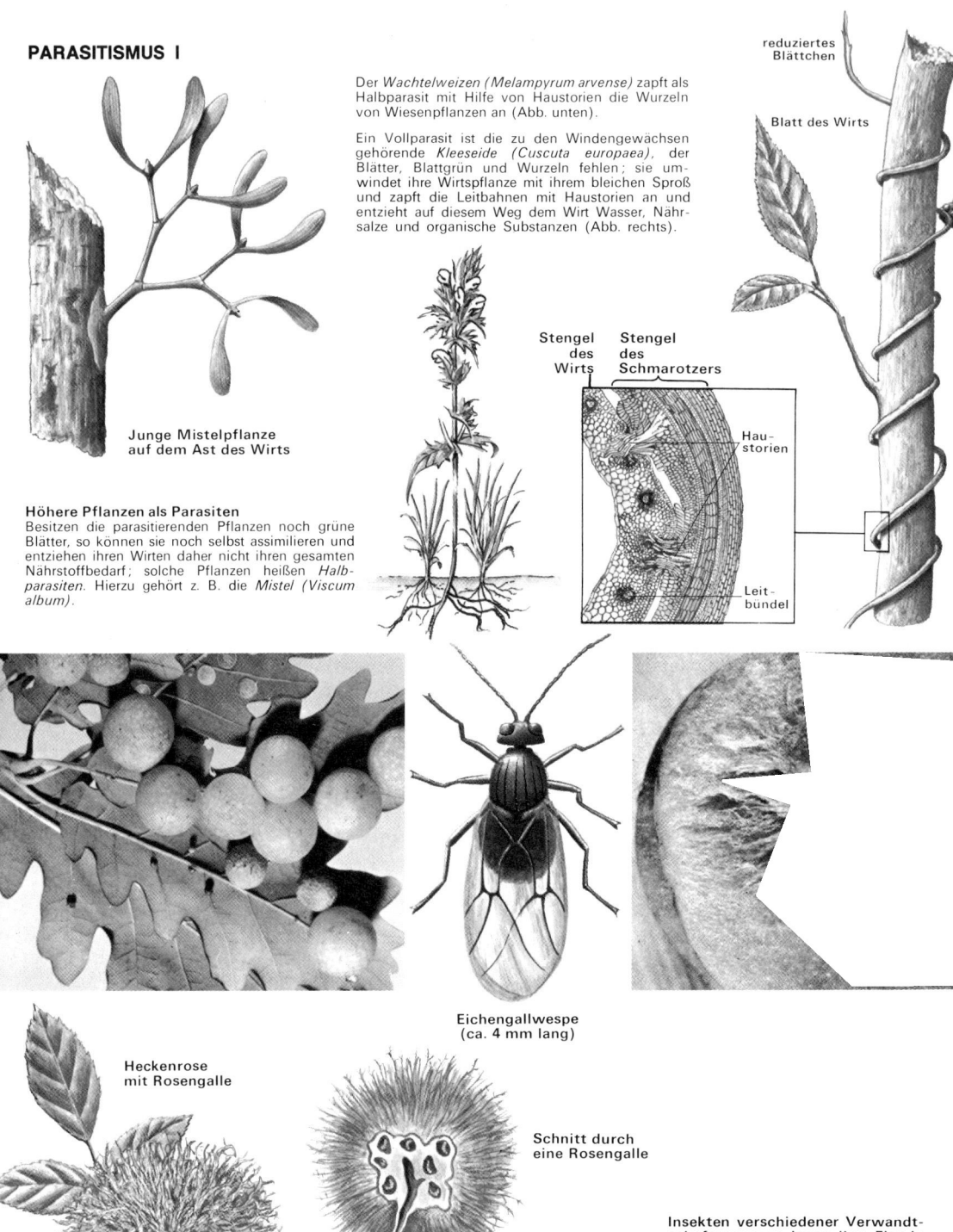

Rosengallwespe (ca. 3 mm lang)

Insekten verschiedener Verwandtschaftsgruppen legen ihre Eier in Pflanzengewebe, wodurch Gallen erzeugt werden, in denen die Larven dieser Insekten leben.

Photo links oben zeigt ein Eichenblatt mit *Galläpfeln* (Blattgallen) von einer Eichengallwespe *(Cynips [Diplolepis] quercus-folii;* Abb. Mitte), das Photo rechts einen Schnitt durch eine Eichengalle. Die Abb. links zeigt eine *Rosengallwespe (Rhodites rosae)*, die in Blattknospen der Heckenrosen die *Rosengallen* *(Bedeguare, Rosenapfel, Schlafapfel)* erzeugt; diese bis zu 5 cm dicken Gallen sind mehrkammerig.

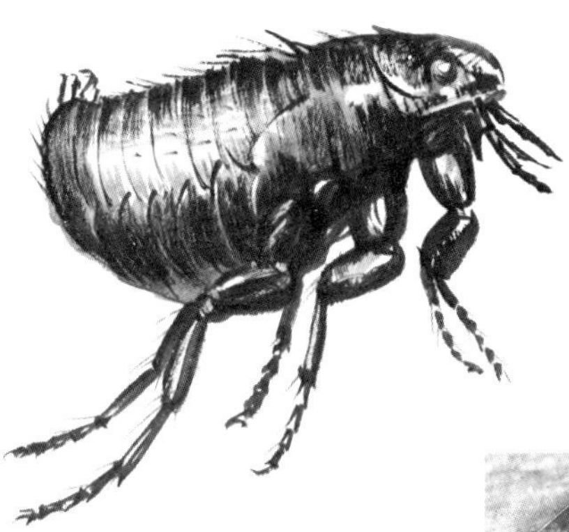

PARASITISMUS II

Ektoparasitismus

Zwei typische Ektoparasiten des Menschen. Links der *Menschenfloh (Pulex irritans)*. Er sucht den Menschen nur zum Saugen auf, seine Larven leben nicht parasitisch: *periodischer Ektoparasit*. Die *Bettwanze (Cimex lectularius*, Photo unten) sucht den Menschen zum Blutsaugen auf, auch die Larven leben parasitisch. Auch Floh und Wanze haben in Anpassung an ihre parasitische Lebensweise ihre Flügel völlig rückgebildet.

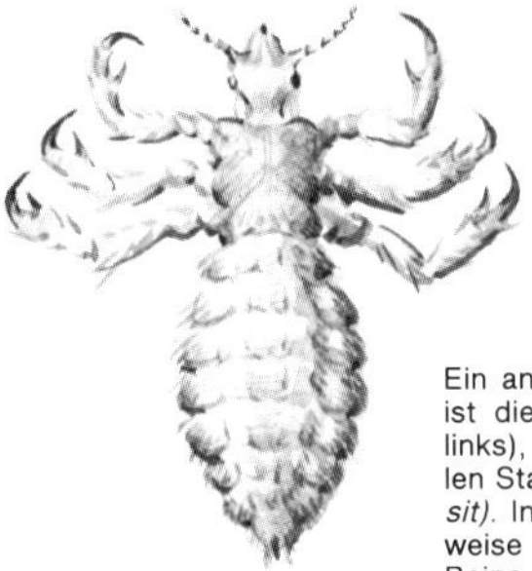

Ein anderer typischer Ektoparasit des Menschen ist die *Menschenlaus (Pediculus humanus*, Abb. links), die als *Kopf-* oder *Kleiderlaus* ständig in allen Stadien parasitisch lebt *(stationärer Ektoparasit)*. In Anpassung an diese parasitische Lebensweise hat sie die Flugorgane zurückgebildet, die Beine wurden dafür vornehmlich zu Klammerorganen entwickelt, womit sich der Parasit fest an seinem Wirt festklammern kann.

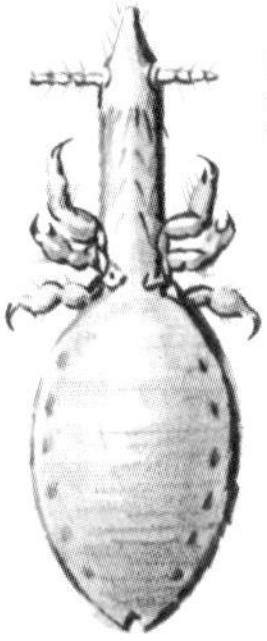

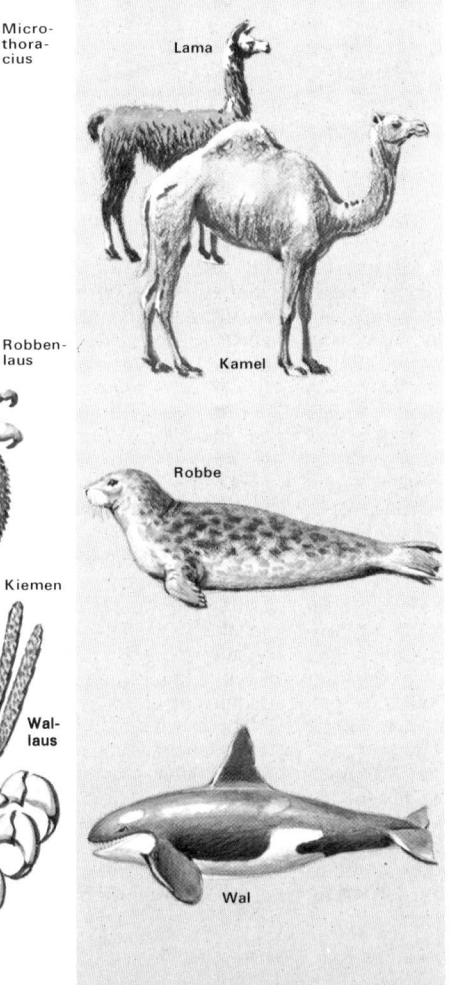

Das stammesgeschichtliche Alter der Parasiten. Viele Parasiten sind stammesgeschichtlich alte Formen, die die Evolution ihrer Wirte als deren Schmarotzer »miterlebt« haben. Die heute nur in Südamerika vorkommenden Lamas und die nur in Asien und Afrika verbreiteten Kamele gehen auf *gemeinsame* Ahnen zurück. Auf diesen mussen bereits spezifische Läuse gelebt haben, da sich heute noch bei beiden Wirtsgruppen Läuse der Gattung *Microthoracius* finden, die es sonst nirgends gibt, Lamas und Kamele jedoch heute weit voneinander getrennte Verbreitungsgebiete haben.

Läuse sind typische Parasiten von Landsäugetieren. Die *Robben* (z. B. Seelöwen und Seehunde) stammen von Landraubtieren ab, die bereits mit Läusen befallen waren. Diese haben die Anpassung der Robben an das Meeresleben mit vollzogen. Die *Robbenläuse (Echinophthiridae)* haben auf Rücken und Bauchseite Schuppen entwickelt, zwischen denen sie Luft mit unter Wasser nehmen können, die ihnen eine Atmung ermöglicht. Die *Wale* sind ebenfalls Meeressäuger, die jedoch im Gegensatz zu den Robben nie mehr das Land aufsuchen und das Haarkleid rückgebildet haben. Sie bieten somit keine Lebensmöglichkeit für Läuse mehr. An deren Stelle parasitieren auf der Walhaut durch Kiemen atmende Krebse, die man ob ihrer äußerlichen Lausähnlichkeit *Walläuse (Cyamidae)* nennt.

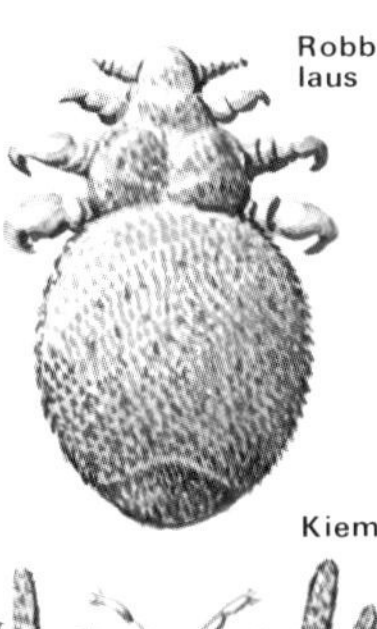

Ein höchst eigenartiger Parasitismus findet sich bei manchen Tiefseefischen aus der Gruppe der Angler. Bei ihnen (Beispiel *Edriolychnus*) beißen sich die Männchen im Larvenstadium an den Weibchen fest, verwachsen schließlich völlig mit ihnen und werden über Blutgefäße des Weibchens mit ernährt. Sie degenerieren weitgehend und wirken nur noch wie ein »Anhängsel« des Weibchens.

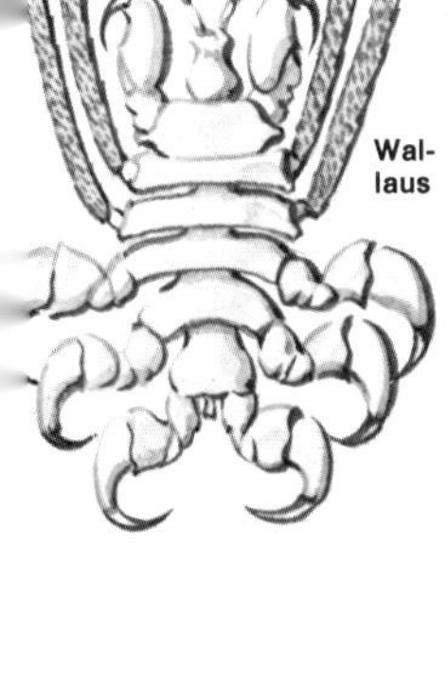

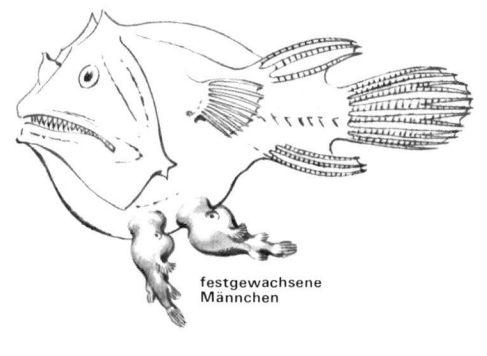

PARASITISMUS III

zweizelliges Ei (a)
vierzelliges Ei (b)
Ei mit Larve (c)
Larve beim Schlüpfen (d)
Häutung der Larve (e)
infektionsreife Larve (f)

© FOCUS/HERDER
11-L:16

Endoparasitismus

Entwicklungsgang des Hakenwurms Ancylostoma duodenale

Der *Hakenwurm* gehört zu den *Fadenwürmern (Nematoda)* und hat einen direkten Entwicklungsgang mit im Freien lebenden Entwicklungsstadien.
Die geschlechtsreifen Würmer leben, Blut saugend, im Dünndarm. Die Eier (a) gehen mit dem Kot ab, furchen sich (b), entwickeln eine Larve (c), diese schlüpft (d) und macht einen Teil der Entwicklung mit Häutungen (e) im Freien durch. Die infektionsreife Larve (f) bohrt sich aktiv in die Haut (1) eines Menschen, gelangt in die Blutgefäße (2) und mit dem Blutstrom über das Herz in die Lunge (3). Dort bohrt sie sich aus den Gefäßen heraus und gelangt über die Bronchien und die Luftröhre in den Rachen (4), wird unbemerkt verschluckt und beendet ihre Wanderung im Darm, wo sie sich an der Darmwand »festbeißt« und zum geschlechtsreifen Wurm heranreift.

♀ normal
♀ Intersex
♂ Intersex
♂ normal   *Chironomus*

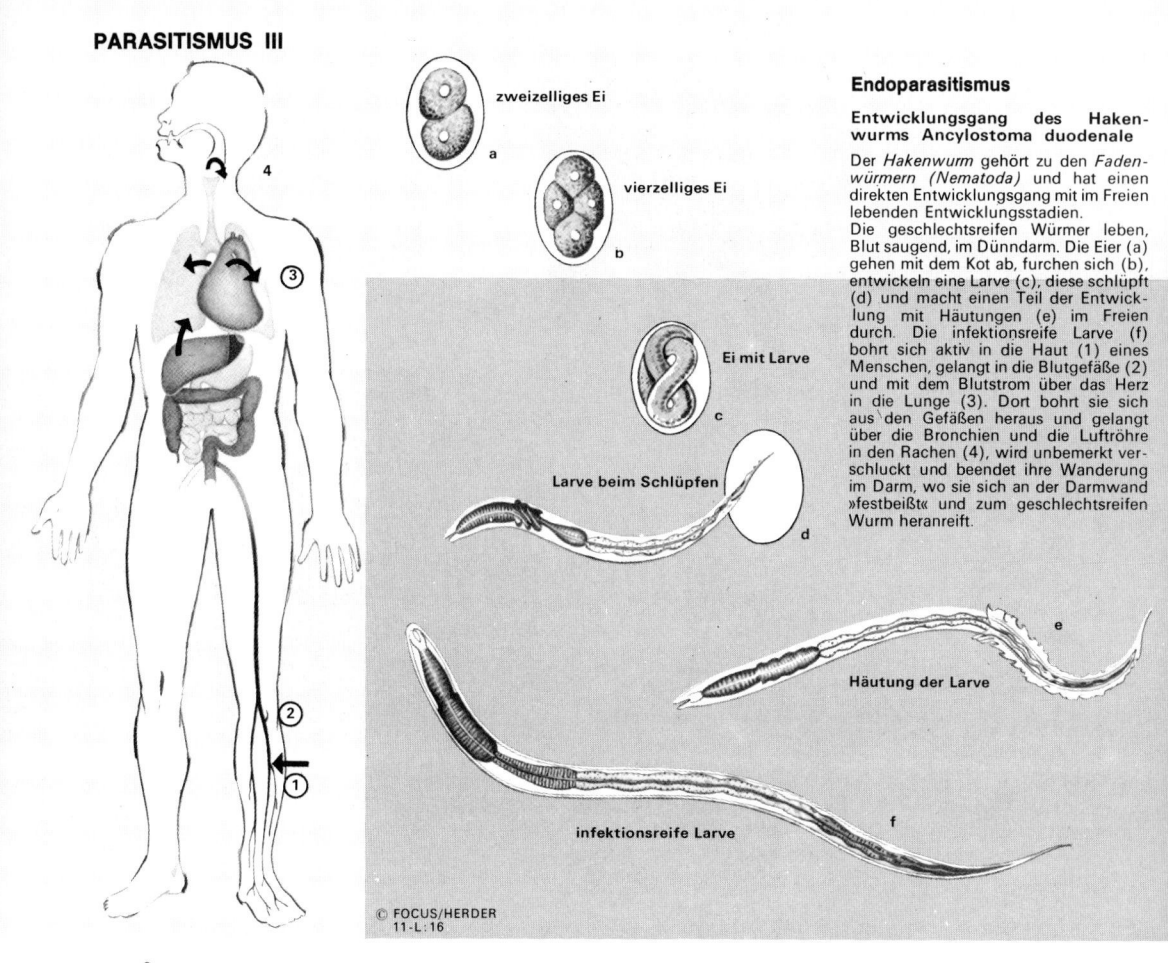

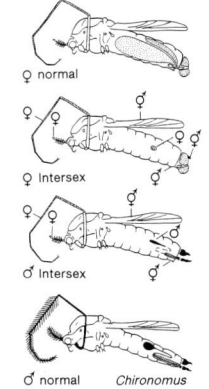

Parasitismus

Parasitäre ↗Intersexualität der Zuckmücke *Chironomus* nach Befall der Larve durch ↗Mermithiden (Fadenwürmer) der Gatt. *Limnomermis*. Das intersexe Weibchen (♀) hat vorwiegend weibl. und wenige intersexe Merkmale, beim intersexen Männchen (♂) sind Beine u. Fühler meist typ. weiblich.

tötet ihn aber nicht (Ggs. zu ↗Parasitoiden). Er ist kleiner als der Wirt (Ggs. zum ↗Episitismus) und hat ökolog. im Ggs. zu allen anderen Organismen eine „doppelte" Umwelt (1. Körper des Wirtes; 2. dessen Umwelt). – Der P. ist *phylogenetisch* sehr alt; die ältesten Zeugnisse sind ↗*Myzostomida* auf crinoiden Stachelhäutern (Paläozoikum), die ältesten Zeugnisse für P. beim Menschen reichen fast 10 000 Jahre zurück (Eier des ↗Madenwurms in ↗Koprolithen aus nordam. Höhlen). Die *Entstehung* des P. vollzog sich auf verschiedenen Wegen (z. B. vom Episitismus, v. saproben Substraten, v. harmlosem Leben im Darm), im Falle saprozoischer Fadenwürmer, die in Käfer einwandern, vollzieht sie sich sozusagen vor den Augen des Beobachters. Es gibt keine größere Tiergruppe *ohne* parasitäre Feinde, umgekehrt hat prakt. jede große Tiergruppe Parasiten hervorgebracht (Ausnahme z. B. Kopffüßer); Wirbeltiere sind höchstens ektoparasitär (Rundmäuler, Fledermäuse). Manche Tiergruppen (Sporozoen, Saugwürmer, Bandwürmer) enthalten ausschl. parasitär lebende Arten. Die *Bildung* des Parasit-Wirt-Systems vollzieht sich oft in vielen aufeinanderfolgenden, sich bedingenden Schritten: Die Partner müssen im allg. räumlich u. zeitlich koinzidieren (↗Koinzidenz). Lokal ist oft das Auffinden des Wirtshabitats nötig; in ihm muß das Wirtsindividuum zufällig od. gezielt geortet werden *(Wirtsfindung)*, Wirt u. Parasiten müssen sich „annehmen", d. h. nicht mechanisch od. chemisch abweisen *(Wirtsannahme)*, der Parasit muß Mittel finden, am Wirt angeheftet zu bleiben *(Fixation,* ↗Anheftungsorgane), in ihn einzudringen *(Penetration,* ↗*Invasion)*, im od. am Wirt zu überleben, zu wachsen, sich zu vermehren u. ihn zu günst. Zeitpunkt wieder zu verlassen *(↗Evasion)*. Nicht immer sind alle diese Abläufe nötig, u. nicht immer werden sie aktiv vollzogen (z. B. kann aktives Eindringen durch passiv zufällige Aufnahme v. Parasiteneiern ersetzt sein). Die *Spezifität* der Vergesellschaftung bestimmter Parasitenarten mit bestimmten Wirtsarten (im Extremfall nur einer, monoxen) beruht jedoch immer darauf, daß einer od. mehrere dieser Schritte im ↗*Fehlwirt* nicht vollzogen werden können. Manche Parasiten entwickeln sich direkt u. leben nur in einer Wirtsart (z. B. ↗Hakenwurm des Menschen), andere sind durch regelmäßige Generationswechsel und *Wirtswechsel* gekennzeichnet (↗Metagenese beim Bandwurm ↗*Echinococcus*, ↗Heterogonie beim Zwergfadenwurm

302

Strongyloides, ↗ *Strongylida*) mit dem Vorteil „doppelter Sicherung" der Fortpflanzung durch verschiedene Vermehrungsarten u. größerer Verbreitungsmöglichkeiten durch Wirtsarten mit verschiedenen Lebensweise. Im ↗ *Endwirt* vollzieht sich die geschlechtliche, in *Zwischenwirten* ausschließl. die ungeschlechtliche Entwicklung. Die *Wechselwirkung* beider Partner ist im kleinsten Maßstab auf molekularbiol. Ebene an der Grenzfläche (↗ interface) zw. Parasit u. Wirt erkennbar. In größerem Maßstab ist sie z. B. aus der Tatsache ersichtl., daß Wirte ihre Parasiten hormonell beeinflussen können (Kaninchen–Kaninchenfloh) wie auch umgekehrt (Mikrosporidie *Nosema*-Käfer *Tribolium*). Langfristig hat die Wechselwirkung die auffallende ↗ Coevolution zw. Parasiten- u. Wirtsarten bewirkt (↗ parasitophyletische Regeln). Die *Schädigung des Wirtes* ist oft schon cytologisch definierbar; insbes. im Falle *intrazellulären P.*: Biomembranen ändern ihre Permeabilität, im Cytoplasma wird rauhes durch glattes endoplasmat. Reticulum ersetzt, Cristae v. Mitochondrien gehen verloren, der Zellzyklus wird verlangsamt od. beschleunigt, Zellkerne werden pyknotisch (↗ Pyknose), od. die ganze Zelle verändert sich lytisch od. degenerativ. Organe können direkt (durch Einwandern v. Parasiten) od. indirekt (durch Entzug v. Nährstoffen, toxisch) geschädigt werden. Sind lebenswicht. Organe betroffen (z. B. Herz bei ↗ Chagas-Krankheit, Zentralnervensystem bei ↗ Schlafkrankheit u. ↗ Malaria), stirbt der Wirt. Da der Parasit sich mit dem Tode des Wirtes die eigene Lebensgrundlage entzieht, wird angenommen, daß der Wirt nur in nicht eingespielten Parasit-Wirt-Systemen getötet wird. Eine ungewöhnl. Parasitierungsfolge bei Gliederfüßern ist die parasitäre Kastration u. Intersexualität: Befall v. Insekten mit ↗ Mermithiden oder v. Krebsen mit parasitären ↗ Rankenfüßern hemmt das Wachstum der Gonaden u. ändert die äußeren Geschlechtsmerkmale, v. a. der Männchen, in Richtung auf das andere Geschlecht (↗ Intersexualität, ☐ 302). *Stoffwechselstörungen* im Wirt sind vielfältig; der tägliche Zuckerverbrauch afr. Trypanosomen beträgt z. B. das Doppelte ihres Körpergewichts. Auch das *Verhalten des Wirtes* kann unter Parasiteneinfluß geändert sein (↗ Ethoparasitologie), oft in der Richtung, daß der Parasit leichter zur nächsten Station des Lebenszyklus (nächster Wirt, freies Wasser usw.) gelangt (Beispiel für fremddienl. Zweckmäßigkeit). Der Wirtsorganismus hat zahlr. Möglichkeiten, den Parasiten auch nach dessen Eindringen noch *abzuwehren* (↗ Abwehr), unspezifisch z. B. durch Phagocyten, Lysozyme, antibakterielle Proteine, zelluläre u. humorale Einkapselung, spezifisch (bei Wirbeltieren) durch ↗ Immunglobuline und spezif. ↗ Immunzellen. Das Vorhandensein

v. ↗ Antikörpern im Blut parasitierter Wirte gibt die Möglichkeit zur Immundiagnostik parasitärer Krankheiten. Parasit-Wirt-Systeme sind wichtige, jedoch komplexe Modelle der immunolog. Forschung; die praktische Konsequenz der Impfstoffentwicklung (↗ aktive Immunisierung) gg. Parasiten begegnet der Schwierigkeit, daß das Antigenspektrum an ihrer Oberfläche verhältnismäßig kompliziert, stark variabel (↗ Antigenvariation, ↗ molekulare Maskierung) u. in den verschiedenen Stadien des Entwicklungszyklus unterschiedl. sein kann. Derzeit gibt es nur wenige zuverlässige Impfstoffe gg. tierische Parasiten. Auch der Körper der *Parasiten* läßt vielfältige Folgen des Zusammenlebens mit dem Wirtstier erkennen. Hierzu gehören morphologisch ↗ Anheftungsorgane, mangelnde Ausbildung v. Sinnesorganen u. Darm, starke Ausbildung der Geschlechtsorgane; physiolog. Folgen sind Nahrungsaufnahme durch die Körperoberfläche (↗ aktiver Transport, ↗ Endocytose), Vorhandensein spezif. Abbauenzyme (z. B. für Chitin), Fehlen anderer Abbauenzyme (die der Wirt liefert), weite Verbreitung des anaeroben Kohlenhydratabbaues (↗ Anaerobiose) und ungewöhnl. Stoffwechselwege (u. a. ↗ Glyoxylatzyklus). Das Verhalten der Parasiten kann sehr spezialisiert sein (z. B. Bewegung der Sporocyste des Saugwurms ↗ *Leucochloridium* (☐) im Schneckenfühler); das zykl. Auftreten vieler ihrer Lebensäußerungen (z. B. Wanderung v. ↗ Fadenwürmern ins periphere Blut) ist nicht in allen Fällen befriedigend geklärt. – Die *Bedeutung* des P. für den *Menschen* ist groß. Obschon seine Gefahren in gemäßigten Breiten einigermaßen eingedämmt sind, nimmt die Zahl parasitär Erkrankter in trop. Ländern eher zu als ab. Intensive Bemühungen der Weltgesundheitsorganisation gelten der Erforschung u. Bekämpfung der 6 wichtigsten Tropen-*Parasitosen* („big six"): ↗ Lepra, ↗ Leishmaniose, ↗ Trypanosomiasis, ↗ Malaria, ↗ Schistosomiasis und ↗ Filariasis; andere Großprojekte beschäftigen sich auch mit der Bekämpfung der Parasiten v. Nutztieren (z. B. ↗ Piroplasmosen). ↗ Parasitologie. ☐ 300–302.

Lit.: *Brand, T. v.:* Parasitenphysiologie. Stuttgart 1972. *Cox, F. E. G.:* Modern Parasitology. Oxford 1982. *Dönges, J.:* Parasitologie. Stuttgart 1980. *Frank, W.:* Parasitologie. Stuttgart 1976. *Mehlhorn, H., Piekarski, G.:* Grundriß der Parasitenkunde. Stuttgart 1985. *W. W.*

Parasitoide, *Raubparasiten,* parasitär lebende Organismen, die ihren Wirt schon während ihrer Entwicklung töten; z. B. Larven v. Haut- u. Zweiflüglern in Schadinsekten (↗ biol. Schädlingsbekämpfung). Die Grenze zu den ↗ Parasiten ist naturgemäß fließend.

Parasitologie, Teilgebiet der ↗ Ökologie, zielt demgemäß bevorzugt auf die Erforschung der Wechselwirkungen parasitärer Organismen (↗ Parasiten) mit ihrer Umwelt

Parasitologie

Parasitismus

Einteilung u. Benennung v. P.-Formen.

Nach dem Anteil heterotroph parasitär u. autotropher Nährstoffgewinnung (bei pflanzl. Parasiten):
↗ Hemi-(Halb-) Parasiten, ↗ Holo-(Voll-)Parasiten
(B Parasitismus I)

Nach der Notwendigkeit der parasitären Nahrungsgewinnung:
↗ fakultativer P., obligatorischer (obligater) P.

Nach der P.-Dauer:
temporärer P., periodischer P., stationärer (permanenter) P.

Nach der Lokalisation in bezug auf den Wirtsorganismus:
↗ Ekto-P. (B Parasitismus II), ↗ Endo-P. (B Parasitismus III)

Nach der Lokalisation in bezug auf die Wirtszelle:
extrazellulärer P., intrazellulärer P.

Nach dem befallenen Organ:
Wurzel-P., Blüten-P. usw.; Darm-P., Blut-P. usw.

Nach dem Entwicklungsstadium des Parasiten:
↗ Embryonal-P., Larval-P. (↗ Larvalparasiten), Pupal-P., Imaginal-P. (↗ Imaginalparasiten)

Nach dem Entwicklungsstadium des Wirtes:
Ei-P., Larven-P., Puppen-P., Imago-P.

Nach der Individuenzahl der Parasiten in einem Wirtstier:
Solitär-P., ↗ Gregär-P. (ohne interspezif. Konkurrenz), Super-P. (mit interspezif. Konkurrenz)

Im Falle zahlr. Parasitenarten in einem Wirtstier:
Multi-P.

Im Falle des P. an einem Parasiten:
Hyper-P.

Nach der Art des Gewinns (P. i. w. S., da keine Somatoxenie):
Raum-P., Beute-P. (↗ Beuteparasiten), ↗ Brut-P., Etho-P. (↗ Ethoparasit)

parasitophore Vakuole

(dem Wirt). Auf Basis der Definition des ↗Parasitismus wären neben pflanzl. und tier. Organismen auch Bakterien und evtl. sogar Viren (wenngleich keine Organismen) in die P. einzubeziehen. In der Praxis werden jedoch Bakterien u. Viren als „Pathogene" und manchmal auch parasitäre Pflanzen aus der P. i. e. S. ausgeklammert. Die P. ist eine multidisziplinäre Wiss., die Aspekte der Biologie, Human- u. Veterinärmedizin sowie theoret. und prakt. Aspekte in sich vereint u. Kenntnisse zahlr. Nachbarwiss. (z. B. Physik, Biochemie, Immunologie) voraussetzt. Parasitolog. Befunde sind schon aus altägypt. (Papyrus Ebers) und griech. (Aristoteles) Schriften bekannt. Die P. als eigenständige Wiss. geht auf R. ↗Leuckart zurück.

parasitophore Vakuole w [v. *parasit-, gr. -phoros = -tragend, lat. vacuus = leer], flüssigkeitsgefüllter Hohlraum um Zellparasiten (↗Apicomplexa, ↗Microsporidia), im Prinzip offenbar Nahrungsvakuole des Wirtes, deren Inhalt nicht abgebaut wird.

parasitophyletische Regeln [v. *parasit-, gr. phyletikos = zum Stamm gehörend], *parasitogenetische Korrelationsregeln,* Regeln, die sich aus der Parallelentwicklung (↗Coevolution) v. Parasiten u. ihren Wirten ergeben (↗Parasitismus). Nach der Beobachtung Fuhrmanns (1908), daß jede Ord. der Vögel ihre eigene Bandwurm-Fauna hat, wurden 4 allg. Regeln formuliert: 1. Aus den Verwandtschaftsverhältnissen (permanenter) Parasiten läßt sich auf die Verwandtschaft ihrer Wirte schließen *(Fahrenholzsche* od. *Nitzsch-Kelloggsche Regel).* 2. Aus der Organisationshöhe (permanenter) Parasiten läßt sich meist unmittelbar auf das phylogenet. Alter der Wirte schließen *(Szidatsche Regel).* 3. Wenn die Wirte systemat. stark aufgespalten sind, sind es auch deren Parasiten *(Eichlersche Entfaltungsregel).* 4. Je größer die Wirte eines begrenzten Verwandtschaftsbereichs, desto größer sind auch ihre Parasiten *(Harrisonsche Regel).*

Parasitose, Befall od. Erkrankung durch ↗Parasiten; Begriff meist nur für tier. Parasiten u. Wirte angewandt.

Parasitozönose w [v. *parasit-, gr. koinos = gemeinschaftlich], *Parasitengemeinschaft,* Gesamtheit der ↗Endoparasiten eines Wirtsindividuums (Je. N. Pawlowski 1937), später auch auf alle Parasiten eines Wirtsindividuums od. auf Parasiten eines Organs bezogen. Die Dimension der Betrachtung muß sich danach richten, wo Gesetzmäßigkeiten des Zusammenlebens v. Parasiten od. gemeinsame Beziehungen zum Wirt tatsächl. nachweisbar sind.

Parasitus m, Gatt. der ↗Parasitiformes; ↗Käfermilbe.

Parasol m [v. it. parasole = Sonnenschirm], *P.pilz, Macrolepiota procera* Sing., ↗Riesenschirmlinge.

Parasorbinsäure [v. *para-, lat. sorbus =

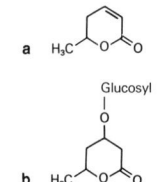

Parasorbinsäure
a Parasorbinsäure,
b glykosidische Form der Parasorbinsäure

parasit- [v. gr. parasitos = Schmarotzer; davon parasitikos = schmarotzend].

para- [v. gr. para = neben, über, bei, über ... hinaus; gemeinsam, miteinander; daneben, abseitig].

Eberesche], in der Natur in glykosid. Form als Bitterstoff in den Früchten v. *Sorbus aucuparia* vorkommende Lactonform der ↗Sorbinsäure.

Paraspermien [Mz.; v.*para-, gr. sperma = Same], die bei Spermiendimorphismus (od. -polymorphismus) regelmäßig gebildeten befruchtungs*un*fähigen Spermien. Sie haben eine andere Gestalt als die normalen Spermien *(↗Euspermien),* u. ihr Chromatingehalt ist abnormal *(dyspyren): oligopyren* (weniger als der haploide Chromosomensatz) od. sogar *apyren* (ohne Chromatin), selten wohl auch *hyperpyren* (mehr als haploid). Die Begriffe Euspermien u. Paraspermien wurden vor wenigen Jahren geprägt, da die Bez. typische u. atypische ↗Spermien zu vieldeutig waren. ↗Spermiendimorphismus.

Parasphenoid s [v. *para-, gr. sphēnoeidēs = keilförmig], *Parabasale,* unpaarer Deckknochen der Schädelbasis v. Wirbeltieren; bei Säugern ins Keilbein eingegangen.

Parastacidae [Mz.; v. *para-, gr. astakos = eine Krebsart], Fam. der ↗Flußkrebse.

Parastichen [Mz.; v. *para-, gr. stichos = Zeile, Reihe], *Nebenzeilen, Schrägzeilen,* Bez. für die gekrümmten Linien, die sich bei schraubiger (= zerstreuter) ↗Blattstellung an gestauchten Sproßachsen durch die Kontakte der jüngeren Blätter zu den benachbarten Blättern älterer Umläufe der Grundspirale ergeben. Dasselbe gilt für die in den Achseln dieser Blätter stehenden Seitensproßsysteme, wie die Samenschuppen an Koniferenzapfen od. die Blüten bzw. Früchte in den Blütenköpfchen der Korbblütler. Die Art der Kontakte unter diesen Organen bestimmt die Anzahl der P., ist selber aber wieder abhängig v. der Größenrelation zw. Blattanlagen u. Umfang des Vegetationskegels. ↗Geradzeilen.

Parasymbiont m [v. *para-, gr. symbioein = zusammenleben], Pilz, der als zweiter Mykobiont auf einer Flechte lebt u. von der Flechtenalge miternährt wird.

Parasympathikomimetika [Mz.; v. ↗Parasympathikus, gr. mimētikos = nachahmend], *Parasympathomimetika,* therapeut. eingesetzte Pharmaka, die am Parasympathikus angreifen. Unterschieden werden *direkte P.* (z. B. ↗Pilocarpin, ↗Muscarin), die wie ↗Acetylcholin die parasympathischen Rezeptoren erregen, von *indirekten P.* (z. B. ↗Physostigmin), die die ↗Acetylcholin-Esterase hemmen. Letztere sind zum einen Carbaminsäurederivate, zum anderen Phosphorsäureester, wobei beiden Substanzgruppen der gleiche Wirkungsmechanismus zugeschrieben wird: sie hemmen die Spaltung des Acetylcholins, indem sie selbst mit dem aktiven Zentrum der Acetylcholin-Esterase reagieren u. dieses für Acetylcholin blockieren (reversible Esterasehemmer: Physostigmin, Neostigmin; irreversible Hemmer: verschiedene Insektizide, wie E 605). Die therapeut. Bedeutung der P. beruht auf der weit längeren Wirkungsdauer gegenüber dem im Körper schnell abbaubaren Acetylcholin; sie werden angewandt z. B. bei der Star-(Glaukom-)behandlung od. bei Muskelerkrankungen (↗Myasthenie 2).

Parasympathikus *m* [v. *para-, gr. sympathikos = mitleidend], *parasympathisches System*, bildet zus. mit dem *Sympathikus* das vegetative od. autonome ↗Nervensystem ([B] II).

Parasyndese *w* [v. *para-, gr. syndesis = Verbindung], die ↗Chromosomenpaarung.

Parataxonomie *w* [v. *para-, gr. taxis = Anordnung, nomos = Gesetz], bes. in der Paläontologie gebräuchl. Ordnungsprinzip (↗Taxonomie), das bei unvollständig, d. h. nur in Teilen od. Entwicklungsstadien überlieferten Arten zur Anwendung gelangt. Beispiele: ↗Otolithen, ↗Conodonten, Kopfschilder v. Trilobiten, Sporen, Blattreste usw. Solche „Parataxa" behandelt die P. nach den Regeln der zool. und bot. Nomenklatur. Man hat dafür auch den Namen „utilitaristische Nomenklatur" vorgeschlagen, deren „Formspezies" in einer „militärischen" Klassifikation geordnet werden sollten (Miles, Centuria usw.). Ggs.: Orthotaxonomie.

Paratelmatobius *m* [v. *para-, gr. telma = Sumpf, bios = Leben], Gatt. der ↗Südfrösche; 2 Arten im Küstenbereich SO-Brasiliens; Lebensweise unbekannt.

paratenischer Wirt [v. gr. parateinein = hinziehen], *Stapelwirt, Sammelwirt, Ruhewirt*, Wirtsorganismus od. -art, in der ein Parasit keine wesentl. Fortentwicklung vollzieht u. der für den Lebenszyklus evtl. auch entbehrl. ist, z. B. Raubfisch für Plerocercoid des Bandwurms ↗*Diphyllobothrium*.

Parathion *s* [v. gr. theion = Schwefel], das ↗E 605.

Parathormon *s* [v. gr. para-, gr. hormōn = antreibend], *Parathyreoidhormon, Parathyrin*, Abk. PTH, Polypeptidhormon der ↗Nebenschilddrüse (Parathyreoidea) mit 84 Aminosäuren (relative Molekülmasse 8600) der tetrapoden Wirbeltiere u. des Menschen, das über das cAMP-System induziert wird. Das P. stimuliert die Phosphatausscheidung, die Ca^{2+}-Rückresorption in der Niere, die Ca^{2+}-Mobilisation im Knochen u. senkt damit den Phosphatspiegel u. erhöht den Ca^{2+}-Spiegel im Blut. Bei ungenügender Hormonproduktion wird infolge abnehmender Ca^{2+}-Konzentration die Reizschwelle neuraler u. muskulärer Membranen herabgesetzt, mit nachfolgender Tetanie. Antagonist des P.s ist das von den Ultimobranchialkörpern gebildete ↗Calcitonin. [T] Hormone.

Parathyreoidea *w* [v. *para-, gr. thyreoeidēs = schildartig], *Glandula parathyreoidea*, die ↗Nebenschilddrüse.

Paratomie *w* [v. *para-, gr. tomē = Schnitt], eine polycytogene ungeschlechtl. Form der Fortpflanzung, bei der das Muttertier in Tochterindividuen aufgeteilt wird, nachdem die Neubildung der Organe erfolgt ist. Beispiel: der Strudelwurm *Microstomum lineare*. ↗Architomie.

Paratyphus *m* [v. *para-, gr. typhos = Rauch, Nebel], durch Salmonellen *(Salmonella paratyphi A* und *B)* hervorgerufene, meldepflicht., Typhus-ähnl. Infektionskrankung, durch Schmierinfektion übertragen, Inkubationszeit: Stunden bis zu 8 Tagen. Die klin. Symptomatik besteht in raschem Fieberanstieg, Schüttelfrost, Leibschmerzen, Erbrechen, Durchfall; Dauer bis zu 4 Wochen. Die Diagnose erfolgt durch Nachweis des Erregers aus Blut, Stuhl od. Urin bzw. serolog. durch Nachweis v. Antikörpern gg. O- und H-Antigene (↗Salmonellen); Therapie u. a. mit Chloramphenicol. – P. tritt auch bei Haustieren auf *(Salmonellose)*.

Paratypus *m* [v. *para-], fr. *Paratypoid*, jedes Exemplar einer Typus-Serie außer dem ↗Holotypus.

Paraustralopithecus *m* [v. *para-, ben. nach ↗*Australopithecus*], *P. aethiopicus*, Unterkiefer u. Einzelzähne aus ca. 2,6–1,8 Mill. Jahre alten Schichten der Omoschlucht in S-Äthiopien; robuster ↗Australopithecine ähnl. *Zinjanthropus boisei*.

Paravespula *w* [v. *para-, lat. vespa = Wespe], Gatt. der ↗Vespidae.

Paraxonia [Mz.; v. gr. paraxonios = neben der Achse befindlich], *Doppelachsentiere*, Über-Ord. der ↗Huftiere mit der einzigen Ord. ↗Paarhufer *(Artiodactyla)*.

Parazoa [Mz.; v. *para-, gr. zōa = Tiere], v. Sollas 1884 eingeführte u. bis vor wenigen Jahren noch übliche Bez. für die Schwämme, um ihre u. a. im Mangel an Organen u. Geweben begr. Sonderstellung als eigene Abt. (Divisio) gegenüber den *Eumetazoa* (*Histozoa*, Gewebetiere) zum Ausdruck zu bringen. Da jedoch nach neueren Untersuchungen die Epithelien der Pinakocyten alle Kriterien eines Gewebes mit Desmosomen u. Basallamelle erfüllen u. zudem bei den Choanocyten u. Spermatozoen sowie in der Embryonalentwicklung charakterist. Metazoenmerkmale aufgezeigt wurden, sind die Schwämme heute nicht mehr als eigene Abt., sondern als Stamm der *Metazoa* zu betrachten.

Parazoanthus *m* [v. *para-, gr. zōon = Tier, anthos = Blume], Gatt. der ↗Krustenanemonen.

Pärchenegel, *Schistosoma haematobium*, ↗Schistosomatidae.

Pärchenzüchtung, Methode der ↗Kreuzungszüchtung bei Fremdbefruchtern.

Pardel *m* [v. gr. pardalis = Panther, P.], der ↗Ozelot.

Pardelroller, *Nandinia binotata*, einzige in Afrika beheimatete Art der zu den Schleichkatzen rechnenden ↗Palmenroller; Kopfrumpflänge etwa 80 cm; Verbrei-

para- [v. gr. para = neben, über, bei, über ... hinaus; gemeinsam, miteinander; daneben, abseitig].

Pardosa

tung: trop. Afrika v. Senegal u. dem südl. Sudan bis N-Angola und O-Simbabwe. P. sind nachtaktive baumlebende Allesfresser. Die Territorien männl. P. (etwa 100 ha) überlappen die Territorien mehrerer Weibchen (etwa 45 ha).

Pardosa w [v. gr. pardos = gefleckter Panther], Gatt. der ⌐Wolfspinnen.

Pareas m [v. *parei-], Gatt. der ⌐Schnekkennattern.

Pareiasaurier [Mz.; v. *parei-, gr. sauros = Eidechse], *Pareiasauridae* (Cope 1896), † Fam. bis 3 m Länge erreichender ⌐Cotylosaurier mit sehr plumper Gestalt, aber – ähnl. den Säugetieren – senkrecht unter dem Körper stehenden Extremitäten (Konvergenz). Verbreitung: mittleres Perm bis untere Trias v. Eurasien u. Afrika, bes. S-Afrika. – P. haben stratigraph. Bedeutung erlangt („P.-Stufe").

Pareinae [Mz.; v. *parei-], die ⌐Schnekkennattern.

Parencephalon s [v. *para-, gr. egkephalos = im Kopf (= Gehirn)], der ⌐Dorsalsack.

Parenchym s [v. gr. paregchyma = Nebenhineingegossenes, Füllsel], **1)** Bot.: das ⌐Grundgewebe. **2)** Zool.: bei niederen Wirbellosen (P.tiere) differenzierte, die Körperhöhle ausfüllende multifunktionelle Gewebe meist bindegewebigen Charakters, bei höher organisierten Tieren differenzierte Gewebe kompakter Organe (Niere, Leber, Milz u.a.) im Ggs. zu den bindegewebigen Organhüllen u. den ⌐Binde- u. Stützgeweben, ebenso Gefäßen im Organinnern, die an der Organfunktion nicht unmittelbar beteiligt sind.

Parenchymula w [v. gr. paregchyma = Nebenhineingegossenes], *Parenchymella,* aus einer Sterroblastula sich entwickelnde diploblast. Larve bei Schwämmen, z. B. vielen ⌐Ceractinomorpha u. einigen anderen ⌐Demospongiae, bei denen sie ihre ersten Entwicklungsstadien stets im mütterl. Organismus durchläuft. Wenn sie dann über das Osculum den Mutterorganismus verläßt, ist nahezu ihre gesamte Oberfläche mit Geißeln bedeckt. Nach dem Festsetzen der Larve wandern die Geißelzellen einzeln od. in Gruppen ins Innere u. formieren sich zu Geißelkammern. Überraschenderweise werden die Geißeln eingeschmolzen u. bei der Bildung der Krägen neu aufgebaut. Bei Süßwasserschwämmen geht die Entwicklung der Larve im mütterl. Organismus bis zur Ausbildung v. Geißelkammern, so daß das entlassene Tier, streng genommen, keine Larve mehr ist, sondern bereits einen Jungschwamm darstellt. [tella-Theorie.

Parenchymula-Theorie, die ⌐Phagocy-

parental [v. lat. parentalis = elterlich], die Eltern betreffend, z. B. Parentalgeneration (Elterngeneration); v. der Elternzelle stammend.

Parentalgeneration [v. lat. parentalis = el-

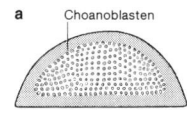

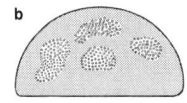

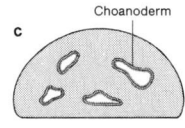

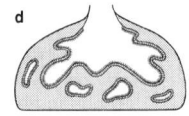

Parenchymula

Metamorphose der P. von *Halisarca*: **a** frühes sessiles Stadium, **b** Konzentrierung der Choanoblasten, **c** frühe Choanoderm-Anlage, **d** Rhagon-Stadium

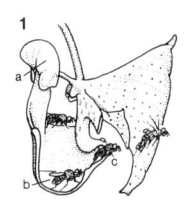

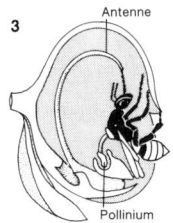

terlich], *P-Generation,* die *Elterngeneration* einer Kreuzungsnachkommenschaft. ⌐Filialgeneration.

Parergodrilidae [Mz.; v. gr. parergōs = oberflächlich, drilos = Regenwurm], Familie der Ringelwürmer *(Polychaeta),* im allg. den ⌐Cirratulida zugeordnet, Stellung jedoch unsicher. Nur 2 Gattungen, *Parergodrilus* und *Stygocapitella*. Die beiden vorderen und ggf. auch die beiden hinteren Segmente borstenlos, alle anderen Segmente mit je 1 Paar Borstenbündeln, die direkt in der Körperwand sitzen; Borsten einfach; keine Kiemen; getrenntgeschlechtlich. Bekannte Art *Parergodrilus heideri*, mit 8–9 Borstensegmenten bis 1 mm lang, lebt terrestr. in Buchenlaubstreu; aus den Eiern schlüpfen Jungtiere ohne Larvenmerkmale.

Parerythropodium s [v. *para-, gr. erythropous = rotfüßig], Gatt. der Hornkorallen mit der ⌐Trugkoralle.

Parfümblumen, Blüten, die durch Produktion eines artspezif. Stoffgemisches stark duftender (⌐Blütenduft, □) äther. Substanzen (z. B. ⌐1,8-Cineol, Benzylacetat, ⌐α-Pinen) duftstoffsammelnde Bienen-Männchen anlocken, welche die Blüten bestäuben. Dieses ⌐Bestäubungs-Prinzip kommt in den Tropen der Neuen Welt vor u. ist v. a. von einigen Orchideen-Gatt. und Prachtbienen *(Euglossini)* bekannt. Die Männchen streifen mit den speziell dafür umgebildeten Vorderbeinen an den ⌐Duftorganen (Osmophoren) der Blüten den Duftstoff ab u. ⌐höseln ihn in speziell dafür ausgebildete Taschen in den stark vergrößerten Hintertibien. Man vermutet, daß der Duftstoff im Sexualleben der Bienen eine Rolle spielt. Der Blütenbesuch erfolgt weitgehend spezifisch, d.h., eine Orchideen-Art wird nur von einer oder wenigen Bienen-Arten besucht. Die Blüten sind äußerst kompliziert gebaut u. so konstruiert, daß eine Biene entweder innerhalb der Blüte abrutscht *(Stanhopea),* einen Pollinienschleudermechanismus auslöst *(Catasetum)* od. durch einen Wasserbehälter schwimmen muß (⌐*Coryanthes)*. Dabei werden jeweils die Pollinien an streng umrissenen Körperstellen abgesetzt od. bereits vorhandene Pollinien in die Narbengrube eingeführt.

Pariahunde, verwilderte Haushunde; unterschiedl. Aussehen, da v. verschiedenen Hunderassen abstammen. Aus P.n wurden die ⌐Nackthunde gezüchtet.

Parfümblumen

1 *Coryanthes:* der Weg des Bestäubers führt vom Ort der Duftproduktion (a) in den Wasserbehälter (b) zum Ausgang (c), wo sich die Pollinien bzw. die Narbe befinden. **2** *Stanhopea:* beim Verlassen der Blüte bleiben die Pollinien am Bestäuber hängen bzw. werden die Pollinien in die Narbe abgegeben. **3** *Catasetum:* in der staminaten Blüte wird bei Berührung der Antenne ein Schleudermechanismus ausgelöst u. das Pollinium auf der Biene festgeklebt.

Paridae [Mz.; v. lat. parus = Meise], die ↗Meisen.

Paries *m* [Mz. *Parietes;* lat., = Wand], 1) radiale Wand im Intervallum zw. Außen- u. Innenwand v. ↗Archaeocyathiden. 2) verdickter Mittelteil der Kalkplatten v. ↗Rankenfüßern.

parietal [v. lat. parietalis = Wand-], 1) zum Scheitelbein gehörig; 2) seitlich, wandständig.

Parietalaugen [v. *parietal-] ↗Pinealorgan.

Parietale *s* [v. *parietal-], *Os parietale,* das ↗Scheitelbein.

Parietalganglion *s* [v. *parietal-, gr. gagglion = Geschwulst, später Nervenknoten], *Pallialganglion,* nach seiner Lage bezeichnete Ansammlung der Zellkörper von Nervenzellen im ↗Nervensystem der ↗Weichtiere, v.a. Schnecken; versorgt Körperwand u. Eingeweide. ↗Gehirn (☐).

Parietalorgan [v. *parietal-] ↗Pinealorgan.

Parietaria *w* [lat., =], das ↗Glaskraut.

Parietarietea judaicae [Mz.; v. lat. parietaria = Glaskraut, Iudaicus = jüdisch], *Glaskraut-Mauerfugen-Ges.,* wärmeliebende Mauerunkrautfluren, Kl. der Pflanzenges.; bes. im Mittelmeerraum artenreich u. üppig entwickelter Krautbewuchs siedlungsnaher Mauern u. Felsen mit hohem Nährstoffangebot. In Mitteleuropa sind die *P.* nur fragmentarisch, z.B. in Form der Zimbelkraut-Ges. *(Cymbalarietum muralis),* ausgebildet. [↗Flechtenstoffe.

Parietin *s* [v. lat. parietinus = Wand-],

Paris *w* [ben. nach dem trojan. Königssohn Paris], die ↗Einbeere.

Parkeriaceae [Mz.; ben. nach dem Forscher C. S. Parker, 19. Jh.], auf die Tropen u. Subtropen beschränkte Fam. leptosporangiater Farne (↗*Leptosporangiatae,* Ord. ↗*Filicales*) mit der einzigen Art *Ceratopteris (Parkeria) thalictroides;* einjährige(!), freischwimmende oder wurzelnde Wasserpflanze mit starker vegetativer Vermehrung durch Brutknospen an den Blatträndern; Blätter bis 80 cm lang, gefiedert; Sporophylle mit stark reduzierter Spreite u. fast sitzenden, nicht zu Sori vereinigten Sporangien. [käfer.

Parkettkäfer, *Lyctus linearis,* ↗Splintholz-

Parkia *w* [ben. nach dem schott. Forscher M. Park, 1771–1806], Gatt. der ↗Hülsenfrüchtler.

Parkinsonia *w* [ben. nach dem engl. Paläontologen J. Parkinson, 1755–1824], (Bayle 1878), † altweltl. Ammonit des Dogger, Leitfossil des südt. Dogger ε bzw. 5.

Parkinsonsche Krankheit [parˈkɪnsən-; ben. nach dem engl. Arzt J. Parkinson, 1755–1824], *Paralysis agitans, Schüttellähmung,* Nervenkrankheit, äußert sich in Ruhezittern, Herabsetzung der physiolog. Mitbewegungen der Arme beim Gehen, monotoner Sprache, allg. psych. Verlangsamung u. vegetativen Störungen, wie vermehrtem Speichelfluß u. Schweißausbrüchen. Ursache ist eine chronisch-degene-

para- [v. gr. para = neben, über, bei, über ... hinaus; gemeinsam, miteinander; daneben, abseitig].

parei- [v. gr. pareias = eine braune, dem Asklēpios (= Äskulap) heilige Schlange].

parietal- [v. lat. parietalis = Wand- (v. paries, Gen. parietis = Wand, Mauer)].

parm- [v. lat. parma = (kleiner Rund-) Schild].

Parmeliaceae
Wichtige Gattungen:
Alectoria
Bryoria
↗*Cetraria*
Cornicularia
Evernia
↗*Hypogymnia*
Lethraria
Menegazzia
↗*Parmelia*
Parmeliopsis
Platismatia
↗*Pseudevernia*
Usnea

rative Erkrankung im Bereich des extrapyramidalen Systems. Bei der postencephalit. Form beginnen degenerative Hirnveränderungen im Anschluß oder u. U. auch noch Jahrzehnte nach einer ↗Encephalitis; die primär degenerative Form ist erblich.

Parklandschaft, ebenes Gelände innerhalb des trop. Sommerregengebiets mit laubabwerfenden Wäldern, dessen tiefere Teile während der Regenzeit überschwemmt u. von Grasland eingenommen werden. Eine bes. Ausbildung ist die Termitensavanne. Aus weiten grasbedeckten Senken ragen während der Überschwemmung breite Termitenhaufen heraus, auf denen sich Bäume ansiedeln können.

Parmacella *w* [v. *parm-], Gatt. der *Parmacellidae,* terrestr. Nacktschnecken des Mittelmeergebietes; Gehäuserest als Schälchen im Rücken; nachtaktive Pflanzenfresser.

Parmelia *w* [v. *parm-], *Schüsselflechte,* Gatt. der ↗*Parmeliaceae,* i.w.S. mit ca. 550 Arten, in Mitteleuropa ca. 60, neuerdings in zahlr. Gatt. aufgegliedert; hochentwickelte, mit Rhizinen festgeheftete Laubflechten sehr unterschiedl. Färbung, v.a. graue, grüngelbl. und braune Arten, weltweit verbreitet. Zu *P.* gehören einige der bekanntesten Laubflechten, z.B. *P. acetabulum* (Essigflechte, dunkel blaugrün, auf Rinde), *P. tiliacea* (weiß, dicht mit grauen Isidien besetzt, v.a. auf Rinde), *P. sulcata* (weißgrau, mit strichförm. Soralen, einer der häufigsten Epiphyten). [B] Flechten II.

Parmeliaceae [Mz.; v. *parm-], Fam. der ↗*Lecanorales,* 25–35 Gatt., ca. 1300 Arten, hochentwickelte Laub- u. Strauchflechten mit allseits berindetem Thallus, lecanorinen, gewöhnl. braunen bis schwarzen Apothecien, 8 einzelligen, farblosen Sporen u. Grünalgen *(Trebouxia, Pseudotrebouxia).* Laubflechten mit Rhizinen festgeheftet, Strauchflechten locker aufliegend od. mit Haftscheibe angewachsen (so die Bartflechten). Fortpflanzung bei vielen Arten nur noch vegetativ mit Soredien u. Isidien. Weltweit verbreitet, auf verschiedensten Substraten lebend, in Mitteleuropa wesentl. am Aufbau der Rindenflechtenvegetation beteiligt. Wichtige Gatt.: ↗*Parmelia* (Laubflechten mit laminal stehenden Apothecien und Pyknidien); ↗*Cetraria* (Laub- u. Strauchflechten mit marginal stehenden Apothecien und Pyknidien); *Parmeliopsis* (3 Arten mit kleinem, schmallappigem Lager; *P. ambigua* v.a. am Grunde v. Bäumen in montanen Lagen); *Platismatia* (10 Arten, breitlappige, oft blaugraue Lager mit Pseudocyphellen; *P. glauca* häufig in Bergwäldern); ↗*Hypogymnia* (grauweiße bis bräunl. Laubflechten mit stellenweise hohlen Lagerlappen u. rhizinenfreier Unterseite); *Menegazzia* (50 Arten, hpts. auf der Südhemisphäre verbreitet, ähnl. *Hypogymnia,* aber mit durchlöcherter Oberseite);

Parmeliella

Evernia (10 Arten, blaß gelbgrünl. bis graue, an einer Stelle festgewachsene Bandflechten; ↗Eichenmoos); ↗*Pseudevernia* (5 Arten, graue, gabelig geteilte Bandflechten); *Letharia* (2 Arten, gelbe Bandflechten; ↗Wolfsflechte); *Cornicularia* (11 Arten, Lager braun bis braunschwarz, starr, aufrecht strauchig); *Alectoria* (8 Arten, gelbl. bis schwärzl., bärtig bis strauchig aufrecht; z. B. *A. ochroleuca* in alpinen Windheiden); *Bryoria* (50 Arten, graue, braune bis schwarze Bartflechten ohne Zentralstrang, fr. zu *Alectoria* gestellt; z. B. *B. fuscescens*, in Bergwäldern verbreitet); ↗*Usnea* (400–600 Arten, grau- bis grüngelbl. ↗Bartflechten mit zentralem, zugfestem Hyphenstrang). [nariaceae.
Parmeli̱ella w [v. *parm-], Gatt. der ↗Pan-
Parmeli̱opsis w [v. *parm-, gr. opsis = Aussehen], Gatt. der ↗Parmeliaceae.
Pa̱rmula w [lat., = kurzer, runder Schild], die Gatt. ↗Drulia.
Parmulari̱aceae [Mz.; v. lat. parmularius = Schildträger], Fam. der ↗*Dothideales* (Schlauchpilze), vorwiegend in den Tropen als Blattparasiten auf Farnen u. a. Pflanzen; die Fruchtkörper sind krusten- od. schildförmig (Gatt. *Parmularia* u. *Polycyclus*).
Parna̱ssia w [ben. nach dem gr. Berg Parnassos], das ↗Herzblatt.
Parna̱ssius m [ben. nach dem gr. Berg Parnassos, Sitz der Musen], Gatt. der ↗Ritterfalter; ↗Apollofalter.
Paro̱aria w [v. gr. parõos = kupferrot], Gatt. der ↗Kardinäle.
Parodo̱ntium s [v. *para-, gr. odontes = Zähne], *Paradentium*, Zahnbett, Zahnhalteapparat; ↗Zähne.
Paröki̱e w [v. gr. paroikeein = Nachbar sein], *Nachbarschaftsverhältnis*, zu den ↗Karposen rechnende Form des Zusammenlebens artverschiedener Tiere, wobei sich die eine Art in unmittelbarer Nähe einer anderen aufhält, ohne (im Ggs. zur ↗Synökie) deren Wohnung zu teilen. Oft erhält der eine Partner dadurch Schutz od. Nahrung. So folgen z. B. Kuhreiher weidenden Großsäugern, die ihnen Nahrung aufscheuchen, suchen manche Fische die schützende Nähe v. Nesseltieren od. Seeigeln. P. kann Ausgangsbasis für engere (wechselseit.) Beziehungen (z. B. ↗Putzsymbiose) sein.
Parony̱chien [Mz.; v. *para-, gr. onyx, Mz. onyches = Kralle, Klaue], *Nebenklauen*, Teil des Krallenapparates der ↗Extremitäten mancher Insekten.
Paro̱tis w [v. *para-, gr. ous, Gen. õtos = Ohr], *Glandula parotis*, die ↗Ohrspeicheldrüse.
Paroti̱ddrüse [v. *para-, gr. ous, Gen. õtos = Ohr], *Ohrdrüse*, große Drüse jederseits am Kopf hinter den Augen, v. a. bei vielen ↗Kröten u. bei Feuer- u. Alpensalamandern, aber auch bei manchen Laubfröschen; sondert bei Gefahr Gift ab.
Pars intercebra̱lis w [v. lat. pars = Teil,

Parotoiddrüse
a Parotoiddrüsen bei einer Kröte, b Parotoid- u. andere Giftdrüsen beim Feuersalamander (*Salamandra salamandra*)

para- [v. gr. para = neben, über, bei, über … hinaus; gemeinsam, miteinander; daneben, abseitig].

parm- [v. lat. parma = (kleiner Rund-) Schild].

partheno- [v. gr. parthenos = Jungfrau].

inter = zwischen, cerebralis = Hirn-], Region zw. den beiden Hemisphären des Protocerebrums (↗Gehirn, ⬚) der Insekten, die zahlr. neurosekretor. Nervenzellen beinhaltet. ↗Nervensystem, ↗Oberschlundganglion (⬚), ↗stomatogastrisches Nervensystem.
Parthe̱nium s [v. gr. parthenion = Jungfernkraut], Gatt. der ↗Korbblütler.
Parthenoci̱ssus m [v. *partheno-, gr. kissos = Efeu], Gatt. der ↗Weinrebengewächse.
Parthenogene̱se w [v. *partheno-, gr. genesis = Erzeugung], *Jungfernzeugung*, eingeschlechtliche (unisexuelle) ↗Fortpflanzung (↗Apomixis), bei der die Nachkommen aus unbefruchteten Eiern entstehen. – Nach den Chromosomenverhältnissen in den Eiern unterscheidet man haploide u. diploide P. Bei der *haploiden P.* entwickeln sich die Eier nach Ablauf der normalen Reifeteilungen; somatische Gewebe solcher Tiere können jedoch durch ↗Endomitose diploidisiert werden (z. B. Drohnen); Beispiele: ♂♂ bei Rotatorien, Bienen (Drohnen) und anderen Hymenopteren. *Diploide P.* (somatische P.) wird auf unterschiedl. Weise herbeigeführt, z. B. durch Ausfall der Reifeteilungen (Gallwespe *Neuroterus*) od. nur der Reduktionsteilung (Blattläuse), durch Ablauf beider Reifeteilungen als Äquationsteilung (*Carausius*), durch Verschmelzen des Eikerns mit dem 2. Richtungskörper (⬚ Gametogenese) od. durch Verschmelzen der ersten Furchungskerne. – Bei *fakultativer P.* können sich die Eier in befruchtetem od. in unbefruchtetem Zustand entwickeln. Oft wird dabei das Geschlecht der Nachkommen determiniert: Bei der *Arrhenotokie* gehen aus den sich parthenogenet. entwickelnden Eiern ♂ Nachkommen hervor (z. B. Honigbiene u. a. Hautflügler; aus den befruchteten Eiern entstehen ♀♀). Als *Thelytokie* bezeichnet man die parthenogenet. Entstehung von ♀ Nachkommen (Insektenarten, bei denen ♂♂ fehlen od. selten sind, z. B. *Carausius*, Schlupfwespen). Bei der *Amphitokie* entstehen parthenogenetisch Nachkommen beiderlei Geschlechts (Schmetterlings-Fam. *Psychidae*). – Bei *obligatorischer P.* entwickeln sich die Eier (fast) stets od. nur in bestimmten Generationen ohne Befruchtung. *Konstante P.* liegt in solchen Fällen vor, in denen über viele Generationen ♂♂ nicht oder selten auftreten (einige Rädertiere u. Fadenwürmer, Muschelkrebse, *Carausius morosus*, Schlupfwespen, Wasserflöhe). Tritt P. im Wechsel

mit ↗asexueller Fortpflanzung nur in bestimmten Generationen auf (↗Generationswechsel), spricht man v. *zyklischer P.* (↗Heterogonie, z. B. ↗Blattläuse, ↗Gallwespen). Wasserflöhe u. Rädertiere bilden je nach Art der Fortpflanzung unterschiedl. Eier: ↗Dauer- od. Wintereier sind befruchtungsbedürftig, dotterreich u. entwickeln sich langsam, während ↗Subitaneier dotterarm sind, sich ohne Befruchtung schnell entwickeln u. in großer Zahl abgelegt werden. Eine parthenogenet. Entwicklung v. Eiern in Larvenstadien (↗Pädogenese) kommt bei Gallmückenlarven vor *(Heteropeza pygmaea).* K. N.

parthenogenetische Eier [v. *partheno-, gr. genesis = Entstehung], die ↗Jungferneier.

Parthenokarpie w [v. *partheno-, gr. karpos = Frucht], *Jungfernfrüchtigkeit,* ↗Fruchtbildung.

Parthenospore w [v. *partheno-, gr. spora = Same], ↗Azygospore.

Partialdruck [v. lat. pars, Gen. partis = Teil], *Teildruck,* der Druck eines Gases in einem Gasgemisch, den es nach dem Henry-Daltonschen Gesetz (1807) auch hätte, wenn es sich allein im gleichen Volumen befinden würde: Der Gesamtdruck des Gemisches ist gleich der Summe der P.e. In der Biol. spielt der P. u. a. bei den physikal. Austauschvorgängen der ↗Atmung eine Rolle.

Partialname [v. lat. pars, Gen. partis = Teil], Name für Organismen, die nur aus (häufig anfallenden) Einzelteilen bekannt sind. ↗Parataxonomie.

Partnerschaft; ein wesentl. Aspekt der menschl. Existenz ist das Mann-Sein u. das Frau-Sein. Im Rahmen einer Biol. des Menschen ist die ↗Geschlechtsdifferenzierung in ihrer Einbindung in die ↗Sexualität ein Kernthema der menschl. P. (biol.: ↗Bindung, ↗Paarbindung, ↗Dauerehe, ↗Monogamie, ↗Polygamie). Die Partnerwahl (biol.: ↗Gattenwahl) schafft u. a. die Voraussetzungen für die zwischengeschlechtl. Wahl, die einer Familiengründung (biol.: ↗Familienverband) bzw. Eheschließung vorausgehen u. entscheidend v. den Normen u. Wertvorstellungen einer Ges. bestimmt werden: Nur beim Menschen sind die Strukturen der Sozialverb. durch *gedankliche Konstruktionen* mitbestimmt (↗Mensch u. Menschenbild). Entscheidende polit. und soziale Veränderungen bzw. Strömungen der Ggw. spielen eine formende Rolle in der heutigen Diskussion der P.:
– die mehr od. weniger fortgeschrittene Enttabuisierung des Sexuellen („Sexuelle Menschenrechte")
– die fast beliebig praktizierbaren Möglichkeiten der ↗Empfängnisverhütung
– die zunehmende altersmäßige Vorverlegung v. sexuellen Kontakten zw. Jugendlichen (↗Geschlechtsreife)

Parthenogenese
Bei Eiern, die sich sonst nur nach Befruchtung entwickeln, kann u. U. künstlich eine parthenogenet. Entwicklung herbeigeführt werden (↗Aktivierung); selten entwickeln sich auch besamte Eier ohne Teilnahme des Spermakerns (↗Merospermie).

Partnerwechsel
Multivalent dreier homologer Chromosomen mit Partnerwechsel

partheno- [v. gr. parthenos = Jungfrau].

parv- [v. lat. parvus = klein, gering].

– die Entkriminalisierung der ↗Homosexualität
– die Diskussion über Pornographie-Erlaubnis u. -Verbot
– der schulische Sexualunterricht
– die Emanzipationsbestrebungen mit ihren Implikationen auf das Rollenverständnis v. Mann u. Frau
– die zunehmende Schwächung der Institution Ehe.
Überlagert werden alle diese Aspekte durch die Wirkung, die die Psychoanalyse auf das gegenwärtige Menschenbild genommen u. ausgeübt hat, weil die Psychoanalyse entscheidende Schritte der geist. Entwicklung jedes Einzelmenschen von dessen Sexualität her versteht.

Partnerwahl, die ↗Gattenwahl.

Partnerwechsel, bei Autopolyploiden (↗Autopolyploidie) Wechsel der Paarungspartner während der ↗Chromosomenpaarung innerhalb eines ↗Multivalents; P. ist hier mögl., da jedes Chromosom mehr als zweimal vorhanden ist, aber in jedem Abschnitt nur 2 homologe Chromosomen miteinander gepaart sein können.

Partula w [ben. nach der röm. Geburtsgöttin P.], einzige Gatt. der Fam. *Partulidae,* polymorphe Landlungenschnecken mit eikegelförm., rechts- od. linksgewundenem Gehäuse (meist unter 3 cm hoch); Lippe verdickt u. zurückgebogen; ovovivipare ☿ auf pazif. Inseln.

Parulidae [Mz.; v. lat. parus = Meise], die ↗Waldsänger. [sen.

Parus m [lat., = Meise], Gatt. der ↗Mei-

Parvancorina w [v. *parv-, lat. ancora = Anker], (Glaessner 1958), Abdrücke kleiner schildart. Körper v. ovalem Umriß; Länge bis 25 mm, Zentralbereich T-förmig, unsegmentiert, Seitenfelder durch 7 od. mehr Linien geteilt; Fossil der präkambr. ↗Ediacara-Fauna; systemat. Stellung ungewiß; Deutungen als Larvenstadien, Siphonophoren, zuletzt als Arthropoden.

Parvimolge w [v. *parv-], Gatt. der ↗Schleuderzungensalamander.

Parvoviren [Mz.; v. *parv-], *Parvoviridae,* Fam. von kleinen und außergewöhnl. stabilen ↗DNA-Viren, die in die 3 Gatt. *Parvovirus, Dependovirus* u. *Densovirus* unterteilt werden. Viren der Gatt. Parvo- u. Dependovirus infizieren Wirbeltiere. Dependoviren (auch als *Adeno-assoziierte Viren,* Abk. AAV, oder defekte P. bezeichnet) sind zur Vermehrung auf die Anwesenheit eines Helfervirus (↗Adenoviren, ↗Herpesviren) angewiesen (↗Helferviren). Die Replikation der autonomen, nicht-defekten P. (Gatt. Parvovirus) erfordert kein Helfervirus, ist jedoch abhängig v. Wirtszellfaktoren, die während der S-Phase des Zellteilungszyklus gebildet werden. Deshalb vermehren sich diese P. bevorzugt in schnell wachsenden Zellen bzw. Geweben. Als Erreger der bei Kindern auftretenden Erkrankung Erythema infectiosum

Parvoviren

(Ringelröteln, engl. fifth disease) konnte das autonome Parvovirus B19 identifiziert werden, das auch bei aplast. Krisen bei hämolyt. Anämie eine Rolle zu spielen scheint. Mit rheumatoider Arthritis wird das autonome Parvovirus RA-1 in Verbindung gebracht. Infektionen mit den defekten P. AAV-Typ 1, 2, 3 und 5 sind beim Menschen sehr häufig, konnten bislang jedoch nicht mit bestimmten Krankheitsbildern in Zshg. gebracht werden; sie erfolgen in Verbindung mit Adenovirus-Infektionen. Veterinärmed. wichtige, durch autonome P. hervorgerufene Erkrankungen sind u. a. die Aleutenkrankheit der Nerze (Aleutian mink disease virus), die zu Nierenversagen u. zum Tod der Tiere führt, Panleukopenie u. Ataxie bei Katzen sowie Dünndarmentzündung bei Hunden. Die Viruspartikel (∅ 18–26 nm, Ikosaedersymmetrie, keine lipidhaltige Hülle) enthalten eine lineare, einzelsträngige DNA (relative Molekülmasse $1{,}5–2{,}0 \cdot 10^6$, entspr. ca. 4500–6000 Nucleotiden). Von einigen P. sind die vollständigen Nucleotidsequenzen bestimmt worden, z. B. AAV-2: 4675 Nucleotide, H-1 (Gatt. Parvovirus): 5176 Nucleotide. Bei den autonomen P. besitzt die Virion-DNA meist Negativstrang-Polarität, d. h., sie ist komplementär zur m-RNA (der Anteil der Partikel mit Plusstrang-DNA kann jedoch zw. 1% und 50% variieren), während reife Dependovirus-Partikel DNA mit Plusstrang- od. Minusstrang-Polarität in gleicher Häufigkeit enthalten. Das Genom der P. enthält Gene, die für Replikationsfunktionen bzw. für Capsidproteine codieren. Charakterist. sind die Palindromsequenzen an den Genomenden, die eine doppelsträngige T- oder Y-Form bilden können. Bei den autonomen P. unterscheiden sich die Palindromsequenzen am 3'- und 5'-Ende sowohl in der Nucleotidsequenz als auch in ihrer Länge (ca. 115 Basen am 3'-Ende bzw. 200–250 Basen am 5'-Ende); bei Dependoviren liegt die gleiche Sequenz (145 Nucleotide, v. denen die ersten 125 ein Palindrom bilden) in umgekehrter Orientierung an beiden Genomenden vor. Die Replikation von P. erfolgt im Zellkern. Dabei wird die einzelsträngige DNA zunächst in eine doppelsträngige replikative Form (RF) überführt, wobei die 3'-terminalen Palindromsequenzen wahrscheinl. als Primer dienen. Die neusynthetisierten einzelsträngigen DNA-Moleküle werden anschließend in vorgeformte Capside verpackt. Bei den defekten P. ist sowohl die DNA-Replikation als auch die m-RNA-Synthese v. Helfervirus-Funktionen abhängig. Die Synthese von ↗Defekten interferierenden Partikeln ist ein regelmäßiges Phänomen bei der Vermehrung von P. in der Zellkultur. In Abwesenheit eines Helfervirus kann es bei den defekten P. zu einer latenten Infektion kommen. Die AAV-DNA liegt dann ins Wirtszellgenom integriert vor; Veränderungen der Zellen sind nicht erkennbar. Anschließende Infektion mit einem Helfervirus ermöglicht die AAV-Vermehrung. Interessant ist ferner der Antitumor-Effekt, den P. zeigen; so wird z. B. in Versuchstieren die Induktion v. Tumoren durch die beiden Helferviren (Adenoviren, Herpesviren) durch gleichzeitige AAV-Infektion erhebl. herabgesetzt. *E. S.*

Paryphanta w [v. gr. paryphantos = gesäumt], Gatt. der *Rhytididae,* Landlungenschnecken in Neuseeland u. Australien.

PAS, Abk. für die ↗p-Aminosalicylsäure.

Pascherina w [ben. nach dem dt. Botaniker A. Pascher, 1881–1945], Gatt. der ↗Spondylomoraceae.

Pascichnia [Mz.; v. gr. paskos = Lehm, Ton, ichnion = Spur], (Seilacher 1953), meist mäanderförm. Weidespuren, die beim Kriech- u. Wühlfressen vagiler Sedimentfresser entstanden sind; z. B. *Nereites.* ↗Lebensspuren.

Passage w [-asch^e; frz., = Durchgang], vielfaches, regelmäßiges Überimpfen v. Mikroorganismen od. Viren in frische Nährböden, Gewebekulturen od. Wirtsorganismen (Pflanzen, Tiere); P.n dienen zum Erhalt der Kulturen (Kultursammlung) od. zur Veränderung der Zelleigenschaften, z. B. Steigerung od. Abschwächung der Virulenz pathogener Keime. Der Begriff wird in der Parasitologie auch auf höher organisierte Parasiten angewandt.

Passalidae [Mz.; v. gr. passalos = Haken, Pflock], die ↗Zuckerkäfer.

Passer m [lat., = Sperling], Gatt. der ↗Sperlinge.

Passeriformes [Mz.; v. lat. passer = Sperling], die ↗Sperlingsvögel.

Passerina w [v. lat. passerinus = Sperlings-], Gatt. der ↗Kardinäle.

Paßgang, ↗Gangart vierfüßiger Tiere (Tetrapoden), bei der beide Beine einer Seite gleichzeitig angehoben werden, natürl. bei Kamelen, Giraffen u. Elefanten, tritt spontan auch bei einigen Pferderassen auf (Islandponys). Ggs.: ↗Kreuzgang.

Passifloraceae [Mz.; v. lat. passio = Leiden (Passion), flos, Gen. floris = Blume], die ↗Passionsblumengewächse.

Passionsblumengewächse, *Passifloraceae,* v. a. in den Tropen u. Subtropen Amerikas, aber auch Asiens u. Afrikas heim. Fam. der Veilchenartigen mit rund 600 Arten in 20 Gatt. Aufrechte od. kletternde Kräuter od. (Halb-)Sträucher, seltener Bäume, mit ganzrand. oder gelappten bis gefiederten Blättern sowie kleinen, oft hinfälligen Nebenblättern. Nicht selten sind am Blattstiel od. Blattgrund kugelige oder napfförm. Nektarien ausgebildet. Die fast stets großen u. recht auffälligen Blüten sind radiär, i. d. R. 5zählig u. werden an der Basis von einem 3teil. Hüllkelch umgeben; die Kelchblätter sind häufig kronblattähnl. ausgebildet. Die meist fleischige Blüten-

Passionsblumengewächse

Insbes. die Blüte der Passionsblume *(Passiflora)* wird seit dem 17. Jh. in symbolischem Zshg. mit der Passion (Name!) Christi gebracht. Dabei sollen z. B. die Nebenkrone den Dornenkranz u. die drei Griffel die Nägel darstellen, mit denen Christus ans Kreuz genagelt wurde.

achse ist oft schüssel- bis röhrenförm. eingesenkt, wobei der Stempel (Gynophor) od. Stempel u. Staubblätter (Androgynophor) durch einen Stiel aus dem Achsenbecher emporgehoben sein können. Innerhalb des Kronblattkreises ist eine ein- od. mehrfache, strahlenkranzart. Nebenkrone aus oft intensiv gefärbten u. bisweilen streifig gemusterten Fäden od. Schuppen ausgebildet. Der oberständ., 3(–5)blättrige Fruchtknoten ist 1fächerig u. enthält zahlr. randständige Samenanlagen. Er reift heran zu einer Kapsel od. Beere mit vielen, von einem fleischig-saftigen Arillus umgebenen Samen. – Wichtigste u. mit fast 400 Arten umfangreichste Gatt. der P. ist die überwiegend im trop. und subtrop. Amerika heim. Passionsblume (*Passiflora*, B Südamerika II). Viele ihrer Arten besitzen eßbare, z.T. sehr saftige u. wohlschmeckende Früchte *(Granadillen* od. *Grenadillen)*, von denen jedoch nur wenige überregionale Bedeutung haben. Hierzu gehört v.a. die aus Brasilien stammende, heute in den Tropen weltweit verbreitete Maracujá od. Purpurgranadille *(P. edulis)* mit großen weiß-violetten Blüten und eiförm.-rundl., 5–7 cm langen, außen purpurvioletten (var. *purpurea*) oder aber gelben (var. *flavicarpa*) Früchten. Ihr gelbes, geleeartig-verschleimtes, saft. Fruchtfleisch hat einen sehr aromat., süß-säuerl. Geschmack u. wird entweder als Obst verzehrt od. zu Saft u. Kompott verarbeitet. Eine weitere in den Tropen ebenfalls wirtschaftl. wichtige Frucht ist die Riesen- od. Melonengranadille *(P. quadrangularis)* mit grünl.-gelben oder rötl., bis ca. 30 cm langen Früchten. Etwa 20 Arten der Passionsblume werden auch wegen ihrer schönen Blüten als Zierpflanzen kultiviert. Bekannteste Art ist die aus S-Brasilien stammende Blaue P. *(P. coerulea)* mit duftenden, bis 10 cm breiten, weißl.-bläul. Blüten. Sie wird sowohl im Zimmer als auch (im Sommer) als Kübelpflanze im Freien gezogen. Zweitgrößte Gatt. der P. ist ↗ *Adenia*.

N. D.

passive Immunisierung, Verabreichung spezif. ↗ Antikörper, die gg. die eine bestimmte Infektionskrankheit hervorrufenden ↗ Antigene (z.B. Bakterien) gerichtet sind. Im Ggs. zur prophylakt. ↗ aktiven Immunisierung (Impfung) wird die p. I. erst dann durchgeführt, wenn der Kontakt mit dem betreffenden Antigen bereits stattgefunden hat bzw. mit einer gewissen Wahrscheinlichkeit bevorsteht. ↗ Immunserum, ↗ Immunisierung, ↗ Immunität.

passiver Transport, *erleichterte Diffusion, katalysierte Diffusion,* eine Form des Teilchentransports, der wie die freie ↗ Diffusion im Ggs. zum energieverbrauchenden ↗ aktiven Transport nur zu einem Konzentrationsausgleich zw. 2 Kompartimenten führen kann, d.h., Nettotransport ist nur bei Vorliegen eines Konzentrations- ↗ Gra-

dienten möglich. Den p. T. besorgen allerdings spezif. Translokatoren in der ↗ Membran. ↗ Membrantransport.

Pasteur [paßtör], *Louis,* frz. Chemiker u. Bakteriologe, * 27.12.1822 Dôle, † 28.9.1895 Villeneuve-l'Étang bei Paris; Prof. in Dijon (seit 1848), Straßburg, Lille u. ab 1857 in Paris; nach weiteren Ämtern in Paris seit 1888 Leiter des für ihn aus öffentl. Sammlungen geschaffenen Institut Pasteur ebd.; neben R. ↗ Koch der erste bedeutende Erforscher der Infektionskrankheiten u. ihrer Bekämpfungsmethoden; entdeckte 1848 an Tartraten die opt. Isomerie, widerlegte die angebl. Urzeugung in faulenden Substanzen, erkannte 1865 lebende Hefezellen u. andere Mikroorganismen als Ursache der Gärung (Nachweis v. Glycerin u. Bernsteinsäure als Gärungszwischenprodukte) u. Fäulnis, entdeckte die Anaerobiose, die Vermeidung unerwünschter Gärungen u. Zersetzungen von z.B. Wein u. Milch durch mäßiges Erhitzen (Pasteurisierung) u. begr. ab 1881 auf der v. ihm festgestellten immunisierenden Wirkung abgeschwächter Krankheitserreger die Schutzimpfung gg. Milzbrand, Tollwut u.a. B Biologie.

Pasteur-Effekt, Unterdrückung der ↗ alkohol. Gärung durch molekularen Sauerstoff (durch L. ↗ Pasteur entdeckt); diese Hemmung der Gärung (alkohol. Gärung bzw. ↗ Glykolyse) durch die Atmung wird am Schlüsselenzym der Glykolyse, der ↗ Phosphofructokinase, allosterisch reguliert (↗ Allosterie, ☐). In der ↗ Backhefe wird das Enzym durch ATP gehemmt u. durch AMP wieder aktiviert; bei *Escherichia coli* ist ADP der positive Effektor. Negativ auf die Aktivität des Enzyms wirkt auch Citrat.

Pasteurella w, Gatt. der ↗ *Pasteurellaceae,* fakultativ anaerobe, gramnegative, rundl. bis stäbchenförm. (0,3–1 × 1–2 μm), unbewegl. Bakterien mit chemoorganotrophem Atmungs- u. Gärungs-Stoffwechsel; aus Kohlenhydraten werden anaerob Säuren gebildet; Nitrat wird zu Nitrit reduziert. Die 6 Arten sind Kommensalen od. Parasiten auf der Mucosamembran des oberen Atmungs- u. Verdauungstrakts v. Säugern (selten des Menschen) und v. Vögeln. Einige Serotypen sind Krankheitserreger bei Haus- u. Versuchstieren. *P. multocida,* normalerweise Kommensale, ist auch fakultativer od. opportunistischer Krankheitserreger beim Menschen; bes. nach Verletzungen durch Katzen od. Hunde kann es zu lokalen Wundinfektionen kommen. *P. urea* ist bisher nur aus dem Atmungstrakt des Menschen isoliert worden. Einige wicht. Krankheitserreger, früher *P.* zugeordnet (z.B. *P. pestis, P. pseudotuberculosis*), werden heute in die Gatt. ↗ *Yersinia* od. ↗ *Francisella* gestellt.

Pasteurellaceae [Mz.], Fam. der fakultativ anaeroben gramnegativen Stäbchen-Bakterien (↗ gramnegative Bakteriengruppen,

Pasteurellaceae

L. Pasteur

Pasteurellaceae

Gattungen:
↗ *Pasteurella*
↗ *Haemophilus*
↗ *Actinobacillus*

pasteur- [paßtör-; ben. nach dem frz. Bakteriologen L. Pasteur, 1822–95].

Pasteuria

pasteur- [paßtör-; ben. nach dem frz. Bakteriologen L. Pasteur, 1822–95].

Pastinak
Kulturform des Pastinaks *(Pastinaca sativa)*

pathogen- [v. gr. pathos = Leiden, Schmerz, Krankheit; -genēs = hervorbringend, verursachend; auch: hervorgebracht, verursacht].

T) mit 3 Gatt. (T 311); die Zellen sind kokken- bis stäbchenförmig (0,2–0,3 × 0,3–2 μm), pleomorph u. unbeweglich; organ. Substrate werden aerob im Atmungsstoffwechsel, anaerob im Gärungsstoffwechsel abgebaut. Die Nährstoffansprüche sind sehr unterschiedl.; einige Arten benötigen komplexe Zusätze (z. B. Vitamine, Blut).

Pasteuria w, rundl., sprossendes Bakterium (1–5 × 3–6 μm; Gruppe: knospende Bakterien) auf u. in *Daphnia*-Arten; wahrscheinl. pathogen.

Pasteurisierung [Ztw. *pasteurisieren*], *Pasteurisation,* nach L. ↗Pasteur ben. Verfahren zum Haltbarmachen hitzeempfindl., flüssiger Lebensmittel durch schonendes Erhitzen auf Temp. unter 100 °C (↗Konservierung). Im Ggs. zur ↗Sterilisation werden nur vegetative Zellen, einschl. fast aller pathogenen Keime, aber keine Bakteriensporen (↗Endosporen) abgetötet (Teilentkeimung). Bei der P. von ↗Milch, ↗Bier u. Most zur Herstellung v. ↗Wein u. a. Getränken werden heute relativ kurze Erhitzungszeiten angewandt: bei *Hocherhitzung* 85–87 °C (2–5 s), bei *Kurzzeiterhitzung* 71,5–74 °C (15–20 s); veraltet ist die *Dauererhitzung* auf 63 °C (30 min).

Pastinak *m* [v. lat. *pastinaca* = Pastinake, Karotte], *Pastinaca,* Gatt. der Doldenblütler mit ca. 14 eurasiat. Arten; 2jähr. oder ausdauernde Kräuter mit fiederspalt. Blättern; gelbe, selten rote Blüten in Dolden 1. und 2. Ord. zusammengefaßt; Früchte scheibenförm. flach. Die Wildform von *P. sativa* ist in Unkrautfluren verbreitet. Die ehemals als Gemüse angebaute Kulturform (B Kulturpflanzen IV) hat eine knollig verdickte, weiße Wurzel; sie wird heute nur noch vereinzelt gezogen.

Patagium *s* [v. gr. *patageion* = Borte, Saum], 1) die ↗Flughaut; 2) *Schulterklappe, Halskragen,* bei vielen Schmetterlingen oben am Prothorax ausgebildete, paarige Hautduplikatur, dicht mit Schuppen u. Schuppenhaaren besetzt.

Patas [Mz.; v. Wolof-Sprache], *Erythrocebus patas patas,* U.-Art der ↗Husarenaffen.

Patau-Syndrom *s* [ben. nach dem am. Kinderarzt K. Patau, v. gr. *syndromōs* = zusammenlaufend], D_1-Trisomie-Syndrom, das beim Menschen durch Trisomie der ↗Chromosomen-Gruppe D (13–15) erbl. bedingte Syndrom, das u. a. zu Schwachsinn, Taubheit, Apnoe- u. Krampfanfällen, Hirnfehlbildungen (Arrhinencephalie, Mikrophthalmie), Lippen-Kiefer-Gaumenspalte, Herzmißbildungen u./od. Polydaktylie führt; die Häufigkeit des P.s steigt mit dem Alter der Mutter.

Patching *s* [pätsching; v. engl. *patch* = Flicken, Pflaster], bei Lymphocyten od. anderen Zellen beobachtetes Phänomen, das die sog. laterale Diffusion v. ↗Membranproteinen (☐) im Lipid-Bilayer (↗Membran) veranschaulicht. Es wird durch zur Quervernetzung befähigte, mit einem Fluoreszenzfarbstoff markierte Liganden (z. B. Antikörper mit 2 bzw. Lectine mit 2 oder mehr Bindungsstellen) induziert u. führt zur „Clusterung" bestimmter Membranprotein-Spezies. Verwendet man nur monovalente Antikörper, unterbleibt das P., da keine Querbrückenbildung zu anderen Proteinen mehr mögl. ist. In einem anschließenden Prozeß werden solche *„Patches"* aktiv an einem Zellpol zusammengeführt *(„Capping")* u. dann endocytiert.

Patella *w* [lat., = Napf, Schale], 1) Gatt. der ↗Napfschnecken. 2) *Kniescheibe,* ↗Kniegelenk.

Patellarsehnenreflex [v. lat. *patella* = Napf, Schale], der ↗Kniesehnenreflex.

Patellina *w* [v. lat. *patella* = Napf, Schale], Gatt. der ↗*Foraminifera* mit Gamontogamie: zwei od. mehrere Gamonten lagern sich zus. und geben ein organ. Häutchen ab, das sie verbindet; die Plasmakörper schlüpfen aus u. vollziehen in dem v. den leeren Schalen überdachten Raum die weiteren Fortpflanzungsprozesse.

Patenz *w* [v. lat. *patens* = sich erstreckend], *P.periode,* Zeitraum, in dem Parasiten im Blut, Kot, Urin od. Sputum eines Wirtes nachweisbar sind.

Paterinida [Mz.], (Rowell 1965), formenarme † Ord. inarticulater ↗Brachiopoden mit phosphat. Schale; Noto- u. Delthyrium z. T. sekundär verschlossen. Verbreitung: Kambrium bis Ordovizium.

Paternia [Mz.; v. lat. *paternus* = väterlich], ↗Auenböden (T).

Pathogenese *w* [v. *pathogen-], *Pathogenie,* Entstehung einer Krankheit.

Pathogenie *w* [v. *pathogen-], 1) die ↗Pathogenese. 2) Besiedlung (↗Infektion) eines Lebewesens durch Mikroorganismen u. Parasiten, die zu einer Schädigung des Wirtsorganismus führt.

Pathogenität *w* [v. *pathogen-], Eigenschaft v. Substanzen, Mikroorganismen u. Parasiten, Krankheiten hervorzurufen.

Pathologie *w* [Bw. *pathologisch;* v. gr. *pathologikē* = Lehre von den Krankheiten], Wiss. von der Ursache, Entstehung u. Manifestation v. ↗Krankheiten bei Mensch, Tieren u. Pflanzen. Die Grundlagen der modernen Human-P. wurden v. a. von ↗Morgagni u. ↗Virchow geschaffen.

patroklin [v. gr. *patēr* = Vater, *klinein* = neigen], Bez. für erbl. Merkmale, die ausschl. oder vorwiegend vom väterl. Organismus vererbt werden.

Patschuliöl *s* [v. Tamil *pacculi* über engl. *patchouly*], *Patchouliöl,* ↗Lippenblütler.

Paukenbein, *Tympanicum,* Deckknochen des Säugerschädels, homolog dem ↗Angulare, einem Unterkieferknochen des Nichtsäuger. Das P. bildet den Hauptteil der *Paukenhöhle* (Cavum tympani, Teil des Mittel-↗Ohres; ↗Bulla ossea der Wale), in der die ↗Gehörknöchelchen liegen (B Gehörorgane, ☐ Ohr). In der Öffnung des P.s, die den Übergang zum äußeren Gehörgang bildet, ist das ↗Trommelfell aufgespannt. Das P. ist mit dem Squamosum (Schuppenbein) u. kleineren anderen Elementen zum ↗Schläfenbein (Os temporale) verschmolzen. Es bildet bei den meisten Säugern zus. mit dem Squamosum auch den äußeren Gehörgang.

Paukenhöhle, Teil des Mittel-↗Ohres (☐).

Pauling [poling], *Linus Carl,* am. Chemiker, * 28. 2. 1901 Portland; Prof. in Pasadena, San Diego u. Palo Alto; durch seine quantenmechan. Untersuchungen der chem. Bindungstypen Mit-Begr. der Quantenchemie, prägte den Begriff der Elektronegativität; entdeckte mittels Röntgenstrukturanalyse die Schraubenstruktur (α-Helix) bestimmter Proteinmoleküle; Arbeiten über Immunitätsreaktionen u. Strukturen v. anomalen Hämoglobinarten; erhielt 1954 den Nobelpreis für Chemie u. 1962 (überreicht 1963) den Friedensnobelpreis für seinen Einsatz gg. die Anwendung v. Kernwaffen.

Paullinia *w* [ben. nach dem dt. Arzt C. F. Paullini, 1643–1712], Gatt. der ↗Seifenbaumgewächse.

Paulownia *w* [ben. nach der russ. Großfürstin Anna Pawlowna, später Königin der Niederlande, 1795–1865], Gatt. der ↗Bignoniaceae.

Paurodontidae [Mz.; v. gr. pauros = klein, wenig, odontes = Zähne], Fam. mesozoischer ↗Eupantotheria.

Paurometabola [Mz.; v. gr. pauros = wenig, metabolē = Veränderung], Teilgruppe der ↗Heterometabola der Insekten.

Pauropoda [Mz.; v. gr. pauros = wenig, podes = Füße], Teilgruppe der dignathen Tausendfüßer, die ↗Wenigfüßer.

Paussinae [Mz.], die ↗Fühlerkäfer.

Paviane [Mz.; v. frz. babouin = Affe], *Papio,* zu den ↗Meerkatzenartigen rechnende Gatt. der ↗Hundsaffen mit 5 Arten in Afrika und S-Arabien; Kopfrumpflänge 50 bis 100 cm; Schnauze lang u. eckig, mit starkem Gebiß u. langen Eckzähnen; kleine Augen unter ausgeprägten Überaugenwülsten; Körper gedrungen, mit gleichlangen, stämmigen Gliedmaßen; auffallende Gesäßschwielen. – P. leben in Herden von durchschnittl. 40–80 Tieren mit ausgeprägter Sozialstruktur. Ihr Lebensraum sind Steppen u. Savannen. Als ausgesprochene Bodentiere suchen P. Bäume i. d. R. nur bei Gefahr u. als nächtl. Schlafplätze auf. P. sind überwiegend Pflanzenfresser; daneben werden auch Insekten u. kleinere Wirbeltiere erbeutet. Fehlt ihr natürl. Feind, der Leopard, können P. überhandnehmen u. beträchtl. Schaden in Pflanzungen anrichten. – Der durch seine bes. große Schultermähne sich auszeichnende Mantelpavian *(P. hamadryas;* Äthiopien, Somalia, S-Arabien) wird auch als eigene U.-Gatt. *(Comopithecus)* den 4 Babuinen od. ↗Steppen-

L. C. Pauling

I. P. Pawlow

Paviane
Mantelpavian
(Papio hamadryas)

Paviane
Arten:
↗Anubispavian
(Papio anubis)
Gelber Babuin
(P. cynocephalus)
Bärenpavian
(P. ursinus)
Sphinxpavian
(P. papio)
Mantelpavian
(P. hamadryas)

P.n gegenübergestellt. Am weitesten verbreitet ist der ↗Anubispavian. Vom Kongo bis nach S-Somalia reicht das Verbreitungsgebiet des Gelben Babuins *(P. cynocephalus).* Der Bärenpavian *(P. ursinus)* lebt in S- und SW-Afrika. Westlichste Art ist der Guinea- od. Sphinxpavian *(P. papio).* Während der Eiszeit gab es P. auch in Indien u. China u. in S-Afrika den fast gorillagroßen *Dinopithecus.* ⬚B Mediterranregion IV.

Pavo *m* [lat., = Pfau], die ↗Pfauen.

Pawlow, *Iwan Petrowitsch,* russ.-sowjet. Physiologe, * 14. 9. 1849 (alte Zählung) Rjasan, † 27. 2. 1936 Leningrad; seit 1890 Prof. in Petersburg (heute Leningrad); grundlegende Forschungen über die ↗bedingten Reflexe, die Funktion der Verdauungsorgane u. den Mechanismus der Drüsen; erhielt 1904 den Nobelpreis für Medizin.

Pawlowscher Hund [ben. nach I. P. ↗Pawlow] ↗Lernen (⬚B).

Paxillaceae [Mz.; v. lat. paxillus = kleiner Pfahl, Pflock], die ↗Kremplinge.

Paxillen [Mz.; v. lat. paxillus = kleiner Pfahl], *Paxillae,* Strukturen auf der Oberseite (≙ aboral) bestimmter Seesterne (nur bei der Ord. *Phanerozonia):* von der Skelett-Platte erhebt sich ein säulenart. Fortsatz, auf dem ein Kranz kleiner bewegl. Stacheln steht.

paxillos [v. lat. paxillus = Pflock], pflockförmig, bes. auf ↗Belemniten bezogen.

Paxillus *m* [lat., = kleiner Pfahl, Pflock], Gatt. der ↗Kremplinge.

Pazifide [Mz.; ben. nach dem Pazifik], Rasse der ↗Indianiden aus den westkanad. Gebirgs- u. Küstenwäldern. ⬚B Menschenrassen.

Pazifiksalamander, *Dicamptodon ensatus,* ↗Dicamptodon.

Pb, chem. Zeichen für ↗Blei.

P-Bindungsstelle, *Peptidyl-t-RNA-Bindungsstelle, Donorstelle,* der zur ↗A-Bindungsstelle benachbarte Bereich auf der Ribosomenoberfläche, an dem Peptidyl-t-RNA während der Elongationsphase der ↗Translation gebunden ist. Die P.-B. erstreckt sich über beide ribosomale Untereinheiten: auf der P.-B. der kleinen ribosomalen Untereinheit (30S bzw. 40S) findet die Wechselwirkung zwischen m-RNA und Anticodon v. Peptidyl-t-RNA statt; die P.-B. der großen ribosomalen Untereinheit (50S bzw. 60S) tritt mit dem Peptidylrest v. Peptidyl-t-RNA in Wechselwirkung u. katalysiert dessen Übertragung auf den Aminoacylrest der in der benachbarten A-Bindungsstelle gebundenen Aminoacyl-t-RNA. ↗Puromycin.

PCB, Abk. für ↗*polychlorierte Biphenyle,* ↗Chlorkohlenwasserstoffe.

Peachia *w,* Gatt. der ↗Abasilaria.

pea enation mosaic virus group [pi eneˈ-schᵉn meßeˈik vaires grup], *Erbsenenationenmosaik-Virusgruppe,* Pflanzenvirusgruppe mit dem Erbsenenationenmosaikvirus als einzigem Vertreter. Die isometr. Viruspartikel (⌀ ca. 28 nm) enthalten zwei einzelsträngige RNA-Moleküle (zweiteil. Genom, Plusstrang-Polarität, relative Molekülmassen 1,7 und $1,3 \cdot 10^6$, entspr. ca. 5300 bzw. 4000 Nucleotiden). Die Vermehrung erfolgt im Zellkern; Symptome sind Scheckungen u. Enationen (Auswüchse an der Oberfläche der pflanzl. Organe). Das Virus besitzt einen engen Wirtskreis u. ist persistent durch Blattläuse übertragbar.

Pearson [pi'ßⁿn], *Charles,* engl. Mathematiker u. Eugeniker, * 27. 3. 1857 London, † 27. 4. 1936 ebd.; seit 1884 Prof. in London; statist. Arbeiten zur Deszendenztheorie (beeinflußt von C. ↗Darwin u. F. ↗Galton) und mathemat.-statist. Grundlagen der Biol.; gründete (1901) die Zeitschrift „Biometrika".

Pebrine *w* [v. okzit. pebrino = Flecksucht der Seidenraupen], die ↗Fleckenkrankheit.

Pechlibellen, *Ischnura,* Gattung der ↗Schlanklibellen.

Pechnelke, *Viscaria,* Gatt. der Nelkengewächse, mit 5 Arten in Eurasien u. Amerika verbreitet; ausdauernde Kräuter, oft mit unterhalb der Knoten klebr. Stengel (Schutz vor heraufsteigenden Kleininsekten); z. B. bei der einheim., rotblühenden Gewöhnl. P. *(V. vulgaris)* mit klebr. Ringen; die Art wächst z. B. in Magerrasen subkontinental getönter Gebiete. Einen mehr kopfigen Blütenstand besitzt *V. alpina,* eine Art mit arkt.-alpiner Verbreitung. B Europa XIX, B Polarregion II.

Pecopteris *w* [v. gr. pekein = kämmen, pteris = Farn], Gatt.-Name für bestimmte fossile Wedelblatt-Bautypen, wie sie v. a. bei ↗*Marattiales,* aber z. B. auch bei ↗*Schizaeaceae* auftreten.

Pecora [Mz.; lat., = Vieh, bes. Kleinvieh], die ↗Stirnwaffenträger.

Pecten *m* [lat., = Kamm, Kammuschel], **1)** Gatt. der ↗Kammuscheln; ↗Jakobsmuschel. **2)** kamm-, fächer- od. gelegentlich zapfenart. Vorsprung an der Austrittsstelle des Sehnervs im Vogelauge; der P. ist stark durchblutet u. besteht aus Gliagewebe. Da im Ggs. zum Säugerauge (↗Linsenauge, ☐) das Vogelauge keine ↗Aderhaut besitzt, wird dem P. eine Ernährungsfunktion für die Netzhaut (Retina) zugeschrieben. Weiterhin sollen die P. eine Erhöhung der Sehschärfe bewirken, da deren Schatten auf der Retina eine Gitterrasterwirkung erzeugen u. der Vogel kleine od. sehr weit entfernte, sich bewegende Gegenstände besser wahrnimmt, deren Bilder v. einer Gitterkomponenten zur nächsten wandern.

Pectinariidae [Mz.; v. lat. pectinarius = Wollkrempler], Ringelwurm-(Polychaeten-) Fam. der Ord. *Terebellida;* Körper kurz u. in 3 Regionen gegliedert; Vorderkörper mit ↗Paleen tragendem Segment, borstenlosen Kiemensegmenten u. einigen Borsten-

pedicell- [v. lat. pedicellus = kleiner Stiel].

Pedicellarien
P. kommen nur bei Seesternen u. in bes. Vielfalt bei Seeigeln vor. Das Fehlen bei den übrigen Stachelhäutern ist verständlich: Seelilien u. Schlangensternen können für die „Körperpflege" ihre sehr bewegl. Arme einsetzen. Bei den Seewalzen besteht kaum eine Gefahr der Aufwuchsbildung, da sie sich durch den Meeresboden wühlen; es gab also bei ihnen keinen Selektionsdruck, P. zu entwickeln (bzw. beizubehalten, sofern die wahrscheinlich Seeigel-ähnlichen Vorfahren der Seewalzen P. besessen hatten).

segmenten ohne ventrale Haken; Hinterkörper mit dorsalen Borsten u. ventralen Haken; Schwanzregion aus borstenlosen, rudimentären Segmenten. Leben in kegelförm. Röhren aus offenbar systemat. ausgewählten u. fein miteinander verkitteten Sandkörnchen u. Schillteilchen; die Röhren werden wie ein Köcher mit umhergetragen. Bekannteste Art *Pectinaria koreni* (= *Lagis koreni),* der Köcherwurm; steckt kopfüber schräg im Sand, so daß nur das schornsteinartig verlängerte Röhrenende mit dem Hinterende des bis etwa 7 cm langen Tieres etwas über die Sandoberfläche herausragt; mit den am Vorderende des Körpers sitzenden Paleen wird der Sand vor der Röhrenmündung gelockert u. mit Hilfe v. Tentakeln auf Kleinlebewesen u. Detritus durchsucht; durch Kontraktionen des Hautmuskelschlauchs wird ein kräft. Atemwasserstrom v. hinten her durch die Röhre gepumpt.

Pectinatella *w* [v. lat. pectinatus = kammförmig], Gatt. der *Phylactolaemata* (Süßwasser-↗Moostierchen), bildet große gallertige Aggregate v. Kolonien (eine Art in Japan sogar 2 m lange Bänder).

Pectobacterium *s* [v. gr. pēktos = fest verbunden, dicht], ↗Erwinia (T).

Pedalganglion *s* [v. lat. pedalis = Fuß-], das ↗Fußganglion; ↗Gehirn (☐).

Pedaliaceae [Mz.; v. gr. pēdalion = Steuerruder], *Sesamgewächse,* Fam. der Braunwurzartigen mit 12 Gatt. und 50 in Afrika u. Madagaskar sowie v. Vorderindien über Indomalesien bis nach Austr. verbreiteten Arten. Vor allem in Trockengebieten (Wüsten) u. an Meeresküsten wachsende, dicht mit Schleimdrüsenhaaren besetzte Kräuter, seltener Sträucher mit einfachen, ganzrand. oder gelappten Blättern u. einzeln od. zu wenigen büschelig in den Blattachseln stehenden Blüten. Letztere 5zählig, zygomorph, mit breitröhriger Krone u. oberständ., 2blättrigem, 2- oder (durch falsche Scheidewände) 4fächerigem Fruchtknoten, aus dem sich eine Kapsel od. Nuß entwickelt. Wirtschaftl. wichtigste Art der Fam. ist ↗Sesam. Die nur 4 Arten umfassende Gatt. *Josephinia* besiedelt niederschlagsarme Küstengebiete von O-Afrika bis N-Australien.

Peddigrohr ↗Rotang-Palmen.

Pedetidae [Mz.; v. gr. pēdētēs = Springer, Hüpfer], die ↗Springhasen.

Pediastrum *s* [v. gr. pedion = Feld, astron = Stern], Gatt. der ↗Hydrodictyaceae.

Pedicellarien [Mz.; v. *pedicell-],* kleine Greiforgane bei Stachelhäutern; dienen der „Körperpflege", d. h. dem Freihalten der Körperoberfläche v. Aufwuchs (Seepocken, sessile Polychaeten, Algen usw.). Eine analoge Struktur sind die ↗*Avicularien* der Moostierchen. Die P. sind bei Seesternen meist zwei-, bei Seeigeln dreiklappig; sie sind gerade oder überkreuzt. Die P. bestehen aus den eigentl. Greifelementen (Kalk), Muskulatur, Mesenchym, Sinnes- u. Nervenzellen u. sind – wie die gesamte Schale – von lebender Epidermis überzogen. ⒝ Stachelhäuter.

Pedicellina w [v. *pedicell-], Gatt. der ↗ Kamptozoa (Fam. Pedicellinidae), mit einer Reihe v. koloniebildenden Arten (☐ Kamptozoa); P. cernua und P. nutans sind an allen eur. Küsten überaus häufig auf Muschelschalen, Tangen, Moostierchen- u. Hydroidenkolonien als Epizoen (↗ Epökie) zu finden.

Pedicellinopsis w [v. *pedicell-, gr. opsis = Aussehen], Gatt. der ↗ Kamptozoa (Fam. Barentsiidae); größte u. am stärksten abgeleitete Kamptozoenart, die an südaustr. Küstengewässern etwa 30 cm hohe u. bis 10 mm dicke verzweigte Stämmchen mit Tausenden spiralig angeordneter Zooide bildet; einzige Art P. fruticosa.

Pedicellus m [v. *pedicell-], Wendeglied, das 2. Fühlerglied der Insekten mit Geißel- ↗ Antenne, das v.a. das ↗ Johnstonsche Organ enthält. ↗ Gehörorgane (☐).

Pedicularis w [lat., =], das ↗ Läusekraut.

Pediculidae [Mz.; v. *pedicul-], Fam. der ↗ Anoplura; blutsaugende Läuse auf Affen u. Menschen. Zu letzteren gehören die ↗ Filzlaus (Phthirus pubis), die ↗ Kleiderlaus (Pediculus corporis) u. die ↗ Kopflaus (Pediculus capitis).

Pedigreezüchtung [pedigri-; engl., =], Stammbaumzüchtung, Linienzüchtung, Methode der ↗ Kreuzungszüchtung bei Selbstbefruchtern.

Pedinellaceae [Mz.; v. *pedin-], Fam. der ↗ Kragenflagellaten, marine od. limn. Flagellaten mit meist gelbbraunen Plastiden; Zelle radialsymmetrisch, 1 Geißel; viele Arten mit zusätzl. apikalen tentakelart. Pseudopodien; ernähren sich bevorzugt mixotroph. Dazu die Gatt. Pedinella; die 8 Arten besitzen neben Geißel 3–12 Pseudopodien; sitzen mittels kontraktilen Stiels fest u. ernähren sich phagotroph; P. hexacostata ist in eutrophierten Binnengewässern verbreitet.

Pedinomonas w [v. *pedin-, gr. monas = Einheit], Gatt. der ↗ Prasinophyceae.

Pedinophyllum s [v. *pedin-, gr. phyllon = Blatt], Gatt. der ↗ Plagiochilaceae.

Pediococcus m [v. gr. pedion = Feld, kokkos = Kern, Beere], Pediokokken, Gatt. der Streptococcaceae, grampositive, unbewegl., mikroaerophile Kokken (∅ 0,6–1,0 μm), paarig od. in Tetraden, selten einzeln od. in Ketten. Die Arten sind Saprophyten; sie führen eine homofermentative Milchsäuregärung aus. P.-Arten sind mitbeteiligt an der Säuerung v. Gemüse (z.B. Sauerkraut, saure Gurken) u. Oliven, v. Soja-Sauce (Miso) u. Soja-Paste (P. halophilus, P. sojae) u. werden als Starterkulturen zur Herstellung v. Rohwurst eingesetzt; sie können aus Weinen u. Pansen isoliert werden. P. halophilus toleriert 15%ige Kochsalzlösungen u. kommt auch in Feinmarinaden (Fischmarinaden) vor. P. cerevisiae (= Bier-Sarcina, ⒯ Bier) war ein gefürchteter Bierschädling, der durch seine Kapselbildung das Bier schleimig macht u. durch Ausscheidung v. Diacetyl geschmackl. verdirbt.

Pedionomidae [Mz.; v. gr. pedionomos = Felder bewohnend], die ↗ Steppenläufer.

Pedipalpen [Mz.; v. lat. pedes = Füße, palpus = Taster], zweites Extremitätenpaar der ↗ Chelicerata; können als normale Laufbeine ausgebildet sein (z. B. bei Xiphosura), sind aber häufig zu Tast- od. Greiforganen umgebildet (z. B. Taster der Weberknechte, Greif-P. bei Geißelspinnen, „Scheren" der Skorpione) u. dienen dem Tasten u. Ergreifen der Nahrung, bei ♂ Webspinnen als Gonopoden der Übertragung des Spermas. ⒝ Gliederfüßer II.

Pedipalpi [Mz.; v. lat. pedes = Füße, palpus = Taster], Ord. der Spinnentiere, deren als Tastbein eingesetztes 1. Laufbein einen sekundär untergliederten Tarsus besitzt; die Pedipalpen sind zu großen Fangwerkzeugen ausgebildet; das 7. Segment formt eine Taille. Die P. umfassen die ↗ Geißelspinnen u. die ↗ Geißelskorpione.

Pedobiologie w [v. *pedo-], die ↗ Bodenbiologie.

Pedogenese w [v. *pedo-, gr. genesis = Entstehung], die ↗ Bodenentwicklung.

Pedologie w [v. *pedo-, gr. logos = Kunde], die ↗ Bodenkunde.

Pedosphäre w [v. *pedo-, gr. sphaira = Kugel], der ↗ Boden.

Pedostibes m [v. gr. pedostibēs = den Boden betretend], Gatt. der ↗ Baumkröten.

Pedunculus m [v. lat. pediculus = kleiner Fuß, Fruchtstiel), a) der ↗ Hirnstiel; b) der Stiel der Pilzkörper im ↗ Oberschlundganglion der Gliederfüßer.

Pegantha w [v. gr. pēgē = Quelle, anthos = Blume], Gatt. der ↗ Narcomedusae.

Peganum s [v. gr. pēganon = Raute], Gatt. der ↗ Jochblattgewächse.

Pegasiformes [Mz.; v. gr. Pēgasos = myth. Flügelroß, lat. forma = Gestalt], die ↗ Flügelroßfische. [roßfische.

Pegasusfisch, Pegasus volitans, ↗ Flügel-

Pegomyia w [v. gr. myia = Fliege], Gatt. der ↗ Blumenfliegen.

Peinomorphose w [v. gr. peinan = hungern, morphōsis = Gestaltung], Hungerbildung, nach Walter durch Stickstoff- od. Phosphormangel hervorgerufene anatom. morpholog. Veränderung bei Pflanzen, die abzugrenzen sind v. den Veränderungen durch Wassermangel (Xeromorphie).

Peitschennattern, Ahaetulla, Gattung der ↗ Trugnattern. [↗ Zornnattern.

Peitschenschlange, Coluber flagellum,

Peitschenwurm, Trichuris trichiura, Trichocephalus, bis 5 cm langer Fadenwurm, parasit., im Blind- u. Dickdarm des Menschen, v.a. in trop. Ländern. Die Würmer bohren sich mit ihrem schlanken Vorder-

Pedicellinopsis
Stämmchen von P. fruticosa

pedicell- [v. lat. pedicellus = kleiner Stiel].

pedicul- [v. lat. pediculus = kleine Laus].

pedin- [v. gr. pedinos = eben, flach].

pedo- [v. gr. pedon = Boden].

Pejus

Peitschenwurm

Die Entwicklung verläuft *ohne Zwischenwirt*. Eine sofortige Autoinfektion ist aber nicht mögl., weil sich die Eier erst Wochen bzw. Monate draußen entwickeln müssen. Beim ↗Madenwurm *Enterobius* (↗Enterobiasis) gibt es ebenfalls keinen Wirtswechsel; Autoinfektion ist dort aber häufig, weil die Eier nur wenige Stunden Entwicklung im Afterbereich od. unter den Fingernägeln benötigen, um infektiös zu werden.

Pekaris

Weißbartpekari, Bisamschwein
(Tayassu albirostris)

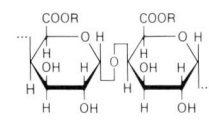

Pektine

Ausschnitt aus der Molekülkette
(R = H oder CH$_3$)

Pelagohydra

ende (urspr. als Schwanz betrachtet, deshalb der wiss. Name: „fadenschwänziger Fadenschwanz") in die Darmschleimhaut u. verdauen dort Gewebe, meist ohne viel Schaden anzurichten. Erst ein Massenbefall führt zu Beschwerden (*Trichuriasis*: Durchfall, Anämie, z. T. lokale Schmerzen wie bei Blinddarmentzündung). Die Weibchen legen 4–5 Monate lang tägl. Hunderte bis Tausende v. Eiern, in denen sich draußen (z. B. auf mit Fäkalien gedüngten Gemüsepflanzen) nach einigen Wochen (falls Temp. über 20 °C) bzw. nach einigen Monaten (falls kälter) schlüpfreife Larven entwickeln. Mit verschmutzter Nahrung gelangen die Eier in den Dünndarm; dort schlüpft die Larve u. wandert später zum Blind- u. Dickdarm. – Von anderen Säugetieren sind ca. 20 weitere *Trichuris*-Arten bekannt, z. B. die 8 cm lange *T. ovis* aus Schaf, Ziege u. a. Wiederkäuern. *Trichuris* ist namengebend für eine ganze Überfam. *Trichuroidea* (T Fadenwürmer), zu der auch ↗*Capillaria* u. die ↗Trichine gehören.

Pejus *s* [v. lat. peius = das Schlechtere], Bereich zw. Optimum u. beiden Pessima der Existenzfähigkeit einer Organismenart gegenüber bestimmten Umweltfaktoren. ↗Lebensansprüche, ↗ökolog. Potenz (☐).

Pekannuß [v. Algonkin über engl. pecan = P.], *Carya illinoensis*, ↗Walnußgewächse.

Pekaris [Mz.; karib.], *Nabelschweine, Tayassuidae*, in Mittel- und S-Amerika lebende Fam. der Paarhufer; Kopfrumpflänge 75–110 cm. P. sehen den altweltl. Schweinen äußerl. ähnlich (Rüssel, Borstenkleid); zugleich weisen anatom. Merkmale (Gebiß, Magen, Fuß) auf verwandtschaftl. Nähe zu den Wiederkäuern hin. Eine Drüse am Rücken („Nabelschwein") sondert ein moschusähnl. Sekret ab. Die oberen Eckzähne sind raubtierähnl. nach unten gerichtet. P. leben gesellig in deckungsreichen Landschaften u. ernähren sich v. Pflanzenkost u. Kleintieren. Ihr Fleisch u. ihre Haut werden genutzt. Nur 2 Arten: Halsbandpekari, *Tayassu tajacu* (B Südamerika II), gelbweißes Band v. Widerrist zur Kehle; Weißbartpekari, Moschus- od. Bisamschwein, *T. albirostris*, leuchtend weißer Kehlfleck.

Pekingkohl ↗Kohl.

Pekingmensch ↗*Homo erectus pekinensis.* [wächse.

Pekoe *m* [piko; chin.], ↗Teestrauchge-

Pektine [Mz.; v. *pekt-], pflanzl. Polysaccharide, die vorwiegend aus ↗Galacturonsäure (☐) u. deren Methylester aufgebaut sind; ihre Vielzahl ist durch unterschiedl. Polymerisierungs- u. Veresterungsgrade bedingt. Die durch Spaltung der Methylestergruppen der P. entstehenden polymeren Säuren sind die *Pektinsäuren*. P. kommen als Begleitstoffe der ↗Cellulose in pflanzl. Zellwänden, bes. in den Mittellamellen v. Primärzellwänden, vor; auch in fleischigen Früchten, Blättern, Stengeln u.

Wurzeln sind sie reichl. enthalten. Die hydrophilen Gruppen verleihen den P.n hohes Wasserbindungsvermögen, was die Grundlage der Gelierfähigkeit (↗Gele) von P. ist. P. finden daher vielfache Verwendung in der Nahrungsmittel-Ind. als Geliermittel sowie in der Medizin, Pharmazie u. Kosmetik. Die techn. Gewinnung erfolgt durch Extraktion aus Zuckerrübenschnitzeln u. aus Preßrückständen der Apfel- u. Citrussaftherstellung. [↗Pektine.

Pektinsäuren, *Polygalacturonsäuren*,

Pelagia *w* [v. *pelag-], Gatt. der ↗Fahnenquallen; ↗Leuchtqualle.

Pelagial *s* [v. *pelag-], der *Freiwasserraum* eines Gewässers; die ihn bewohnenden Organismen bezeichnet man als *Pelagos*. In der Meereskunde wird das P. untergliedert in eine obere durchlichtete Zone *(Epi-P.)*, das sich anschließende *Meso-P.* u. eine darauffolgende lichtlose Zone (*Bathy-P.*, ↗Bathyal). Die untere Grenze des Bathy-P.s verläuft entlang der 4 °C-Isotherme. Darauf folgt das *Abysso-P.* bis ca. 6000 m Tiefe. Der unterste Bereich wird als *Hado-P.* bezeichnet. ↗bathymetrische Gliederung, ↗Meeresbiologie (☐).

pelagisch [v. *pelag-], das ↗Pelagial betreffend.

Pelagohydra *w* [v. *pelag-, gr. hydra = Seeschlange], Gatt. der ↗*Margelopsidae*. *P. mirabilis* ist bes. gut an das pelagische Leben angepaßt: der Polyp ist nur wenige mm groß u. treibt mit der Oralseite nach unten dicht an der Meeresoberfläche. Sein mit kurzen Stolonen u. Tentakeln besetztes aborales Ende ist zu einem blau gefärbten kugeligen Floß (2,5 cm ⌀) aufgetrieben; zw. Gastralraum u. Lumen des Floßes liegt ein Septum. Der Gastralraum entsendet viele Kanäle, die ein Netz um dieses Lumen bilden, u. auch in die Stolonen, an denen die Medusen geknospt werden. P. kann als Modell für eine Entstehung der ↗Staatsquallen aus einem Hydroidpolypen dienen.

Pelagonemertes *m* [v. *pelag-, ben. nach der Nereïde Nēmertēs], Schnurwurm-Gatt. der ↗*Hoplonemertea* (U.-Ord. *Polystilifera*); bis 4 cm lang, bathypelagisch.

Pelagosphaera-Larve [v. *pelag-, gr. sphaira = Kugel], freischwimmend lebender, planktotropher Larventyp der ↗*Sipunculida*, der nach Ansicht vieler Zoologen v. einer ↗Trochophora abzuleiten ist. Die P. ist glockenförmig, besitzt als umgewandelte Hyposphäre einen Kopffortsatz mit einer angedeuteten cilienbesetzten Kriechsohle u. einem als rudimentärer Prototroch angesehenen dorsalen Wimpernband sowie an der Grenze zur Episphäre einen Wimperngürtel, der als Metatroch gedeutet wird.

Pelagothuria *w* [v. *pelag-, gr. holothourion = Meerlebewesen zw. Tier u. Pflanze], Gatt. der ↗Seewalzen (☐), die durch ihre pelagische Lebensweise v. fast allen anderen Seewalzen abweicht. Sie schwimmt mit dem Mund nach oben; hinter den Mundtentakeln spannt sich waagerecht zw. ca. 15 radiär (strahlenförmig) angeordneten Tentakeln eine ca. 20 cm große Membran (Schirm-Prinzip, ähnl. bei den Medusen, dort jedoch Mund nach unten).

Pelamis w [v. gr. pĕlamis = Thunfisch], Gatt. der ↗Seeschlangen.

Pelargonidin [v. *pelarg-], ↗Anthocyane.

Pelargonium s [v. *pelarg-], *Pelargonie*, Gatt. der Storchschnabelgewächse mit ca. 250 Arten, hpts. in Kapland beheimatet. Kräuter od. Holzpflanzen mit knollig verdickten Wurzelstücken, einfachen runden od. gelappten Blättern, 5blättr., dorsiventralen, oft roten Blüten. Hierzu die „*Geranien*", beliebte Zierpflanzen; seit dem 18. Jh. Bastardzüchtung innerhalb der Gattung. Scharlach-Pelargonie (*P.-zonale*-Hybriden) mit aufrechtem Stengel, Drüsenbehaarung, strengem Duft u. dunklen Blättern; Blüten einfach od. gefüllt. Efeu-Pelargonie (*P.-peltatum*-Hybriden) mit schlaffem Stengel u. kahlen, glänzenden Blättern. Die Edel-Pelargonie (*P.-grandiflorum*-Hybriden) hat große Blüten mit dunkler Zeichnung. Rosengeranien (*P. radula* und *P. graveolens*) werden zur Gewinnung v. *Geraniumöl* angebaut. Vermehrung der Sorten durch Stecklinge im Frühjahr od. Spätsommer. B Afrika VII. [säure.

Pelargonsäure [v. *pelarg-], die ↗Nonan-

Pelawachs, *chin. Wachs, Chinawachs*, v. der in China u. Japan auf der chin. Esche (*Fraxinus chinensis*) lebenden Wachsschildlaus (*Coccus ceriferus, C. pelae*) abgeschiedenes Wachs; Hauptbestandteil sind Cerotinsäureester des Cerylalkohols ($C_{25}H_{51}COOC_{26}H_{53}$). P. wird zur Herstellung teurer Kerzen, Lederpflegemittel, Schuhpolituren u. zum Wachsen v. Seide, Papier u. Baumwolle verwendet.

Pelea w [v. gr. peleios = schwarz], ↗Rehantilope. [kane.

Pelecanidae [Mz.; v. *pelecan-], die ↗Peli-

Pelecaniformes [Mz.; v. *pelecan-, lat. forma = Gestalt], die ↗Ruderfüßer.

Pelecanoides m [v. *pelecan-], Gatt. der ↗Tauchsturmvögel.

Pelecanoididae [Mz.; v. *pelecan-], die ↗Tauchsturmvögel. [likane.

Pelecanus m [v. *pelecan-], Gatt. der ↗Pe-

Pelecus m [v. gr. pelekys = Beil], die Fisch-Gatt. ↗Ziege.

Pelecypoda [Mz.; v. gr. pelekys = Beil, podes = Füße], die ↗Muscheln.

P-Element, *P-Faktor*, ein bei der Taufliege (*Drosophila melanogaster*) vorkommendes, maximal 2900 Basenpaare langes, ↗transponierbares Element, das in unterschiedl. Anzahl u. an verschiedenen Positionen des Genoms eingebaut sein kann. Werden Männchen, die das P-E. tragen, mit bestimmten Weibchen gekreuzt, so entstehen sterile Nachkommen (*Hybrid-*

pekt- [v. gr. pēktos = fest verbunden, steif, geronnen].

pelarg- [v. gr. pelargos = Storch].

Pelargonium
a Scharlach-Pelargonie (*P.-zonale-*Hybrid), „Geranien"-Sorte; b Edelpelargonie (*P.-grandiflorum*-Hybrid)

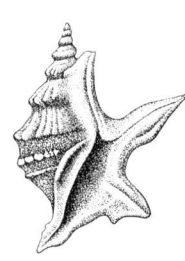

Pelikansfuß (*Aporrhais pespelecani*)

pelecan- [v. gr. pelekan = Baumspecht, Pelikan].

Dysgenese); die reziproke Kreuzung führt dagegen zu fertilen Nachkommen.

Pelikanaale, *Saccopharyngoidei*, U.-Ord. der ↗Aalartigen Fische.

Pelikane [Mz.; v. gr. pelekan = Baumspecht, P.], *Pelecanidae*, Fam. der Ruderfüßer mit 7 Arten in 1 Gatt. (*Pelecanus*). Große Wasservögel mit langem, geradem Schnabel u. dehnbarem Hautsack am Unterschnabel; Gefieder überwiegend weiß; gute Schwimmer u. kraftvolle Flieger; bewohnen Gewässer in wärmeren Gebieten, gesellig, leben ausschl. von Fischen, die in gemeinschaftl. Jagd in seichtes Wasser getrieben u. dort gefangen werden. Brüten am Ufer v. Süßwasserseen auf Schilf- od. Reisigunterlage; Kolonien oft mit Tausenden v. Paaren; beide Partner bebrüten ca. 30–40 Tage lang abwechselnd die 1–4 weißl. Eier; lange Nestlingszeit; die Jungen sind noch etwa 3 Monaten flügge u. werden im 4. Jahr geschlechtsreif. 2 Arten kommen auch im SO Europas vor: der bis 1,6 m große und 10 kg schwere Rosapelikan (*P. onocrotalus*, B Afrika I) u. der etwas größere u. grauer gefärbte Krauskopfpelikan (*P. crispus*). Abweichend v. den übrigen P.n ist der am. Braunpelikan (*P. occidentalis*, B Nordamerika VI), der braun gefärbt ist u. seine Nahrung durch Stoßtauchen erbeutet; er ist ein wichtiger Guano-Lieferant.

Pelikansfuß, *Aporrhais pespelecani*, Flügelschnecke der Fam. *Aporrhaidae* mit dikkem, turmförm. Gehäuse (bis 5 cm hoch); der Mündungsrand der Adulten ist zu 4 fingerartigen Fortsätzen ausgezogen. Bandzüngler, die sich in sandig-schlammigem Meeresboden eingraben u. sich als Strudler v. Detritus u. Mikroorganismen ernähren; N-Atlantik bis Mittelmeer.

Pelikansfüße, *Aporrhaidae*, Fam. der Flügelschnecken mit den Gatt. *Arrhoges* (Küsten N-Amerikas) u. *Aporrhais* (↗Pelikansfuß).

Pellagra w [v. gr. pella = Haut, (pod-)agra = (Fuß-)Gicht], eine multiple ↗Vitamin-Mangelkrankheit, die v. a. in Gebieten mit vorwiegender Hirse- u. Maisernährung auftritt (u. a. in den Mittelmeerländern sowie im trop. Afrika, Asien u. Amerika). Hauptsymptome sind Müdigkeit u. Schwäche, chron. Hautentzündungen u. Durchfall, Merksschwäche u.a. geistige Störungen. Offensichtl. beruht die P. auf einem Mangel an Vitaminen der B_2-Gruppe, v.a. an ↗Nicotinsäureamid; sie kann durch Verabreichung dieser Vitamine geheilt, jedoch nicht durch eine Vitamin-B_2-freie Diät experimentell erzeugt werden, da die Vitamine Nicotinsäureamid u. Riboflavin normalerweise durch Bakterien des menschl. Dickdarms (↗Darmflora) produziert werden; offenbar enthalten Hirse u. Mais eine Substanz, welche diese Darmbakterien schädigt.

Pelletier [-t¹e], *Pierre Joseph*, frz. Chemi-

Pelletiërin

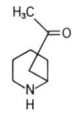

Pelletiërin

ker u. Apotheker, * 22. 3. 1788 Paris, † 19. 7. 1842 Clichy; seit 1815 Prof. in Paris; entdeckte zus. mit J. B. ↗Caventou um 1820 Strychnin, Chinin, Bruzin u. a. Alkaloide u. untersuchte Curare.

Pelletiërin s [ben. nach P. J. ↗Pelletier], *1-(2-Piperidyl)-2-propanon,* giftiges, aus der Rinde des Granatapfelbaums *(Punica granatum)* gewonnenes Piperidin-Alkaloid; fr. als Bandwurmmittel verwendet.

Pelliaceae [Mz.; v. gr. pellos = schwärzlich], Fam. der ↗*Metzgeriales* mit 3 Gatt.; Lebermoose mit gelapptem Thallus. Die Gatt. *Pellia* ist mit 3 Arten auf der N-Halbkugel verbreitet, z. B. *P. epiphylla* auf schatt. Mineralböden und *P. endiviifolia* in Kalkgebieten. Die Arten der Gatt. *Pallavicinia* u. *Symphyogyna* besitzen dickwandige, xylemart., wasserleitende Zellstränge.

Pellicula w [lat., = Häutchen), 1) Bot.: der ↗Periplast; 2) Zool.: kompliziert aufgebaute Zellhülle der ↗Einzeller.

Pellina w [v. lat. pellinus = aus Fell], Gatt. der Schwamm-Fam. *Haliclonidae; P. semitubulosa,* massige Basis u. röhrenförmige Fortsätze, auf Sedimentböden in 20–30 m Tiefe, Adria.

Pelmatochromis w [v. gr. pelma = Stiel, chromis = Knurrhahn], die ↗Prachtbarsche.

Pelmatohydra w [v. gr. pelma = Stiel, hydra = Wasserschlange], Gatt. der ↗Süßwasserpolypen.

Pelmatozoa [Mz.; v. gr. pelma = Stiel, zōa = Tiere], *Crinozoa, Gestielte Stachelhäuter,* der relativ ursprüngl. der beiden U.-Stämme der ↗Stachelhäuter (Ggs. ↗*Eleutherozoa*); sie sind ständig od. zumindest in der Jugend festsitzend (☐ Haarsterne). Die *P.* umfassen 6–8 Kl., rezent nur die *Crinoidea* (↗Seelilien u. ↗Haarsterne); fossil u. a. ↗*Blastoidea* (Knospenstrahler) u. ↗*Cystoidea* (Seeäpfel). Die fr. ebenfalls dazugerechneten ↗*Carpoidea* gelten jetzt als ↗*Homalozoa* od. sogar als ↗*Calcichordata*.

Pelobatidae [Mz.; v. gr. pēlobatēs = Kottreter], die ↗Krötenfrösche.

Pelochelys w [v. *pelo-, gr. chelys = Schildkröte], Gatt. der ↗Weichschildkröten.

Pelochromatium s [v. *pelo-, gr. chrōmation = Färbemittel], Gatt. der grünen Bakterien (phototrophe Bakterien); ↗Consortium.

Pelodictyon s [v. *pelo-, gr. diktyon = Netz], Gatt. der ↗grünen Schwefelbakterien (phototrophe Bakterien).

Pelodrilus m [v. *pelo-, gr. drilos = Regenwurm], Gatt. der ↗Haplotaxidae.

Pelodryadidae [Mz.; v. *pelo-, gr. Dryades = Baumnymphen], *australische Laubfrösche,* Fam. der Froschlurche. Die austr. Laubfrösche werden v. vielen Herpetologen den Laubfröschen u. der U.-Fam. *Hylinae* zugerechnet, andere trennen sie als eigene Fam. ab. Sie unterscheiden sich v. den ↗Laubfröschen jedoch fast nur in ihrer Verbreitung; hier werden sie aus prakt. Gründen gesondert behandelt. Die meisten Arten gehören der Gatt. *Litoria* (fr. *Hyla*) an. Viele sind typ. Baumfrösche u. äußerlich von südam. Laubfröschen kaum zu unterscheiden. *L. caerulea,* der Korallenfingerlaubfrosch, der bis 10 cm Größe erreicht, ist ein beliebtes Terrarientier. *L. aurea* hält sich dagegen vorwiegend am Rand von od. in Gewässern auf u. ähnelt unseren Wasserfröschen. Die Gatt. *Litoria* ist mit vielen Arten in Austr. und Neuguinea verbreitet. Die Gatt. *Nyctimystes* mit senkrechten Pupillen hat ihren Verbreitungsschwerpunkt in Neuguinea. Zu den austr. Laubfröschen werden neuerdings auch die Wasserreservoirfrösche der Gatt. ↗*Cyclorana* gestellt, die äußerl. gar nicht an Laubfrösche erinnern und fr. zu den ↗*Myobatrachidae* gerechnet wurden.

Pelodytidae [Mz.; v. *pelo-, gr. dytēs = Taucher], die ↗Schlammtaucher.

Pelomedusen-Schildkröten [v. *pelo-, gr. Medousa = schlangenhaarige Gorgone], *Pelomedusidae,* Fam. der Halswender-Schildkröten mit 3 Gatt. und 13 Arten; meist Süßwasserbewohner, in den trop. und subtrop. Gebieten Afrikas, S-Amerikas sowie auf Madagaskar beheimatet; können Hals nicht senkrecht in den Panzer zurückziehen, sondern legen ihn s-förmig gekrümmt in die vordere Panzeröffnung. Einzige Art der Gatt. *Pelomedusa* ist die afr. Starrbrust-P. (*P. subrufa;* Panzer bis 30 cm lang, dunkelgrau); lebt in seichten, schlamm. Gewässern (während der Trockenzeit im Grundschlamm eingegraben) od. feuchten Wäldern; ernährt sich v. Insekten, Weichtieren, kleinen Fischen u. Krebsen. Im Ggs. zu den 5 Arten der Klappbrust-P. (Gatt. *Pelusios;* Panzer 15–45 cm lang, bis 9 kg schwer, oberseits dunkelbraun bis schwarz) besitzt sie kein Quergelenk im Bauchpanzer u. ist somit auch nicht imstande, wie diese das untere Vorderteil hochzuklappen u. so Kopf u. Vorderbeine im Panzer einzuschließen. V. a. im trop. S-Amerika sind die Schienenschildkröten (Gatt. *Podocnemis*) beheimatet; Hinterrand der Beine mit je 1 Reihe schienenartig verbreiterter Schuppen; nehmen meist tier. Nahrung zu sich, die ↗Arrauschildkröte *(P. expansa)* jedoch v. a. vegetarisch lebend. – Fam. seit der Kreidezeit bekannt, lebte fr. über die ganze Erde verbreitet.

Pelomyxa w [v. *pelo-, gr. myxa = Schleim], Gatt. der ↗Nacktamöben, große Wurzelfüßer mit breiter, stumpfer Körperform, die meist keine Pseudopodien bilden, sondern „rollend" dahingleiten. Hierher die größte Süßwasseramöbe, *P. palustris* (Schweinchenamöbe), die 2 mm (selten bis 5 mm) erreicht; das Entoplasma enthält große Mengen Einschlüsse sowie über 100 Kerne; lebt auf schlamm. Grund (bes. im Frühjahr) in kühlen Waldteichen.

pelo- [v. gr. pēlos = Ton, Lehm, Kot].

Pelophryne w [v. *pelo-, gr. phrynē = Kröte], Gatt. der Kröten; 6 kleine (bis 4 cm) Arten im indomalaiischen Bereich u. auf den Philippinen („Philippinen-Kröten"); schlanke Tiere, die sich am Boden u. auf niedrigen Sträuchern aufhalten u. in ihrer Fortpflanzung von größeren Wasseransammlungen unabhängig sind; wenige dotterreiche Eier werden in kleinste Wasseransammlungen, auch Phytothelmen, abgelegt; die Larven leben weitgehend v. ihrem Dottervorrat.

Pelorie w [v. gr. pelōrios = ungeheuer], monströse, radiärsymmetr. Blüte, die durch Mißbildung aus zygomorphen Blüten entsteht; teilweise als ↗Atavismus ( ) zu verstehen. Gelegentl. zu beobachtende Beispiele sind die Gipfelblüte des Fingerhuts od. die Blüten des Leinkrauts.

Pelos m [v. *pelo-], *Schlickbewohner*, Bez. für die Lebensgemeinschaft des schlickigen Bodens (↗Schlick) in Salz- u. Süßgewässern.

Peloscolex m [v. *pelo-, gr. skōlēx = Wurm], Ringelwurm-(Oligochaeten-)Gatt. der *Tubificidae*. *P. ferox* (Papillenwurm) mit ca. 50 Segmenten 15–40 mm lang, grau, Haut mit Ausnahme des Clitellums dicht mit Papillen besetzt; in Seen, aber auch in Flüssen.

Pelosol s [v. *pelo-, lat. solum = Boden], *Ton-, Mergel-* od. *Lettenboden*, ↗Bodentyp (T), dessen Entwicklung durch die Schrumpfungs- u. Quellfähigkeit des tonreichen Ausgangsmaterials geprägt wird. Im Oberboden bilden sich typische, relativ feine Absonderungsgefüge (↗Gefügeformen,), die zum Ausgangsmaterial hin gröber werden. Profilaufbau: A–C; ein dazwischenliegender AC-Übergangshorizont wird gelegentlich auch als P-Horizont (von Pelosol) bezeichnet. Zuweilen entstehen bei hohem Quellungsdruck glänzende Scherflächen (Stresscutanen oder sliken sides).

Pelseneeria w, Gatt. der *Pelseneeridae*, parasit. Schnecken (Zungenlose) mit kleinem, kugel. Gehäuse (unter 1 cm), das z. T. von Falten der Kopf-Fuß-Region bedeckt ist; kleine Kieme. *P. stylifera* mit kleinen, *P. profunda* ohne Augen; ☿, die an Seeigeln des O-Atlantik leben.

Peltaspermales [Mz.; v. *pelt-, gr. sperma = Same], von Grönland bis S-Afrika nachgewiesene, im wesentl. auf die Obertrias beschränkte Ord. der ↗Farnsamer mit der wichtigsten Gatt. *Lepidopteris* (*L. ottonis* ist ein Leitfossil des Rhät = oberste Trias); die sterilen Blätter sind typ. farnartige Wedel, die Samenanlagen stehen an tischchenförm. Sporangiophoren, die fiederartig angeordnet sind. Zu den *P.*, die vermutl. von Cupula-tragenden Farnsamern, wie den ↗*Lyginopteridales*, abzuleiten sind, gehört wahrscheinl. auch die permische Gatt. *Callipteris*.

Peltigera w [v. *pelt-, lat. -ger = -tragend], *Schildflechte*, Gatt. der ↗*Peltigeraceae* mit ca. 30, in Mitteleuropa 20 Arten; großblättrige, teils über 40 cm ⌀ erreichende, graue bis braune Laubflechten, deren Apothecien sich an den Thallusrändern entwickeln. Mit Blau- *(Nostoc)* od. Grünalgen *(Coccomyxa)*, die Grünalgenflechten zusätzl. mit *Nostoc* in Cephalodien. In feuchtem Zustand sind die Lager je nach Photobiont hellgrün (so *P. aphthosa* und *P. leucophlebia*, Apfelflechte) od. dunkel-(blau-)grün bis schwärzl. (z. B. die Hundsflechten *P. canina* und *P. praetextata*, die häufigste *P.*-Art in Mitteleuropa).

Peltigeraceae [Mz.; v. *pelt-, lat. -ger = -tragend], Fam. der ↗*Peltigerales* (↗*Lecanorales*), ca. 5 Gatt. mit 50 Arten; meist relativ große Laubflechten mit Blau- od. Grünalgen (dann oft mit Cephalodien), mit filziger, meist geaderter u. mit Rhizinen versehener Unterseite, hemiangiokarpen Apothecien u. septierten, meist braunen Sporen. Außer ↗*Peltigera* v. a. *Solorina* (10 Arten), mit flächenständ. Apothecien, auf Erde u. Moosen, z. B. *S. saccata* mit in Gruben sitzenden Apothecien, in Kalkgebieten an schattigen Felsen, und *S. crocea* mit eingesenkten Apothecien u. ziegelroter Unterseite, in Schneetälchen. *Nephroma* wird teils zu den *P.*, teils in eine separate Fam. (↗*Nephromataceae*) gestellt.

Peltigerales [Mz.; v. *pelt-, lat. -ger = -tragend], Ord. lichenisierter Ascomyceten (↗Ascomyceten-Flechten), auch zu den ↗*Lecanorales* gestellt, mit den Fam. ↗*Peltigeraceae*, ↗*Nephromataceae*, ↗*Lobariaceae*, ↗*Placynthiaceae* (= *Lecotheciaceae*), meist Blaualgen (Cyanobakterien) enthaltende, große Laubflechten, selten kleinstrauchige od. kleinblättrige Arten.

Peltoceras s [v. *pelt-, gr. keras = Horn], (Waagen 1871), zur † Oberfam. *Perisphinctaceae* gehörender Ammonit (↗*Ammonoidea*) des Dogger/Malm; Leitfossil für den süddt. Malm α: *P. transversarium*.

Peltodoris w [v. *pelt-, ben. nach der Meeresnymphe Dōris], Gatt. der Fam. *Discodorididae* (Ord. *Doridacea*), Nacktkiemer warmer Meere v. ovalem Umriß. *P. atromaculata*, bis 9 cm lang, mit kleinen Tuberkeln auf dem Rücken; weiß mit braunen Flecken; lebt im Mittelmeer an Schwämmen *(Petrosia)*.

Peltolepis w [v. *pelt-, gr. lepis = Schuppe], Gatt. der ↗*Cleveaceae*.

Pelusios m [v. gr. Pēlousios = aus der Stadt Pelusion in Unterägypten], Gatt. der ↗Pelomedusen-Schildkröten.

Pelvetia w [ben. nach dem frz. Naturforscher Pelvet, 19. Jh.], Gatt. der ↗*Fucales*.

Pelycosauria [Mz.; v. gr. pelyx = Becken, sauros = Eidechse], (Cope 1878), † Ord. synapsider Reptilien, die im Unterperm zu den beherrschenden Landtieren wurden; sie bildeten die erste Station im Übergangsfeld zw. Reptilien u. Säugern; Gebiß bereits deutl. differenziert. Manche *P.* er-

pelo- [v. gr. pēlos = Ton, Lehm, Kot].

pelt- [v. gr. peltē bzw. lat. pelta = (kleiner, meist geflochtener) Schild].

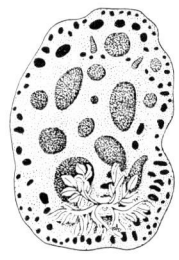

Peltodoris atromaculata

Pelzbienen

reichten nahezu 4 m Länge. Bekannteste Gatt.: ↗*Dimetrodon* (☐) u. ↗*Edaphosaurus* (☐). Verbreitung: Oberkarbon bis Untertrias. [dae.

Pelzbienen, *Anthophora,* Gatt. der ↗Apidae.

Pelzflatterer, die ↗Riesengleiter.

Pelzflohkäfer, *Leptinidae,* Fam. der polyphagen Käfer aus der Verwandtschaft der *Staphyliniformia* (*Staphylinidae* = ↗Kurzflügler). Kleine (2–3 mm), braungelbe od. braune Käfer, die stets mit Kleinsäugern (U.-Fam. *Leptininae*) od. mit dem Biber (U.-Fam. *Platypsyllinae*) vergesellschaftet sind. Die Fam. ist weltweit mit nur 10–12, bei uns mit nur 2–3 Arten vertreten. Bei uns findet sich v.a. der Mausefloh *(Leptinus testaceus)*; lebt als Käfer u. Larve v.a. auf dem Fell, seltener auch nur im Nest v. Mäusen (v.a. Gatt. *Apodemus*), seltener auch v. anderen Kleinsäugern; vermutl. leben sie v. Hautresten. Ungewöhnl. ist die Körperform der Biberlaus *(Platypsyllus castoris),* die stark abgeplattet u. dem Leben im Fell des Bibers gut angepaßt ist; die Art ist mit den Bibern über die gesamte Paläarktis verbreitet u. findet sich seit der Neuansiedlung des Bibers in Bayern auch wieder in Dtl.; Larve u. Käfer leben v. Hautresten, angebl. auch v. im Fell lebenden Milben; Eiablage auf der Haut des Wirtes, nach anderen Autoren im Nest, in dem auch die Verpuppung stattfindet.

Pelzgroppen, *Caracanthidae,* Fam. der Panzerwangen; seitl. abgeflachte, hohe, nur ca. 5 cm lange Korallenfische mit schuppenlosem, von häut. Wärzchen pelzart. überzogenem Körper u. winzigen Bauchflossen.

Pelzkäfer, *Attagenus pellio,* ↗Speckkäfer.

Pelzmilben, die ↗Fellmilben.

Pelzmotte, *Tinea pellionella,* ↗Tineidae.

Pelzrobben, die ↗Seebären.

Pelztiere, Säugetiere, deren dichtes (meist Winter-)Haarkleid (↗Fell) der Mensch zur Herstellung v. Kleidungsstücken verwendet. P. (v.a. Nagetiere) werden z.T. in Farmen gezüchtet.

Pemphigidae [Mz.; v. gr. pemphix = Blase], die ↗Blasenläuse.

Pemphix *w* [gr., = Blase], (H. v. Meyer), † Gatt. im German. Muschelkalk gut dokumentierter höherer Krebse *(Malacostraca).*

Penaeus *m* [ben. nach dem thessal. Flußgott Pēneios], Gatt. der Fam. *Penaeidae,* ↗Natantia.

Penares, Gatt. der Schwamm-Fam. *Stellettidae; P. helleri,* krustenbildend od. zylinderförmig, gelbbraun bis schwarz, an schatt. Felsen u. in Höhlen; Mittelmeer.

Peneroplis, Gatt. der ↗Foraminifera (☐); ☐ Einzeller.

Penetranten [Mz.; v. lat. penetrare = eindringen], Nesselkapseltyp; ↗Cniden.

Penetranz *w* [v. lat. penetrare = durchdringen], Wahrscheinlichkeit od. Häufigkeit, mit der sich eine bestimmte Allelkombination eines Gens in einem qualitativen Merkmal (z.B. Polydaktylie) phänotypisch manifestiert. *Vollständige* P. liegt vor, wenn das betreffende Merkmal in allen Fällen ausgebildet wird; von *unvollständiger* P. spricht man hingegen, wenn ein mehr od. weniger großer Anteil v. Organismen, die die Allelkombination tragen, das Merkmal nicht zeigt. Die P. kann durch andere Gene desselben Organismus (*P.modifikatoren*) sowie durch Umweltfaktoren beeinflußt werden. ↗Expressivität.

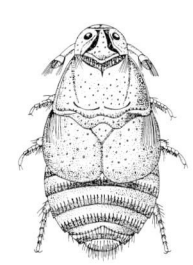

Penetration *w* [v. lat. penetrare = eindringen], **1)** aktives Eindringen eines Parasiten in seinen Wirt. ↗Invasion. **2)** Eindringen der an die Zelloberfläche adsorbierten Viren (↗Adsorption) in die Zelle. Bei Viren, die mit einer Hülle umgeben sind, erfolgt die P. meist durch Fusion der Virushülle mit der Zellmembran. Nicht v. einer Hülle umschlossene Virionen werden meist vollständig durch Phagocytose in die Zelle aufgenommen. ↗Virusinfektion.

Penicillinase *w, β-Lactamase, β-Lactam-Amidohydrolase,* ein von zahlr. Bakterien gebildetes Enzym, das die Hydrolyse des β-Lactamrings v. ↗Penicillinen (↗Ampicillin) u. ↗Cephalosporinen (☐) katalysiert und damit diese ↗Antibiotika unwirksam macht. Auf diesem Mechanismus beruht die Resistenz vieler Bakterien gg. β-Lactam-Antibiotika. Das entspr. Resistenzgen (Gen für P.) kann sowohl chromosomal als auch extrachromosomal auf Plasmiden lokalisiert sein (↗Ampicillin).

Penicilline, Gruppe von β-Lactam-Antibiotika, die v. ↗*Penicillium*-Arten (z.B. *P. chrysogenum* und *P. notatum*) gebildet werden. Ihre bakterizide Wirkung beruht auf

Pelzflohkäfer
Biberlaus, Biberflohkäfer *(Platypsyllus castoris)*

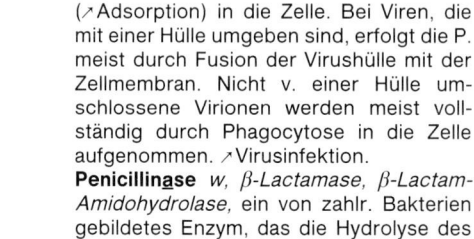

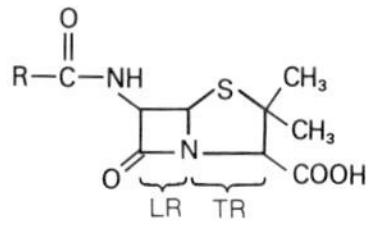

Penicilline
Grundgerüst der Penicilline; LR = β-Lactam-Ring, TR = Thiazolidin-Ring

penicill- [v. lat. peniculus = Schwänzchen, Pinsel].

Name	Seitenkette —R
Penicillin G (Benzylpenicillin) natürl. Penicillin	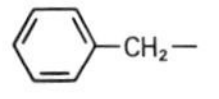
Penicillin V (Phenoxymethylpenicillin), biosynthet. Penicillin	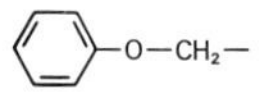
Propicillin (Phenoxypropylpenicillin), halbsynthet. Penicillin	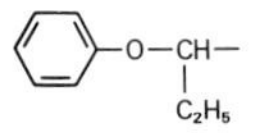
Methicillin, halbsynthet. Penicillin	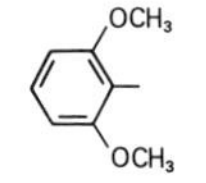
Oxacillin, halbsynthet. Penicillin	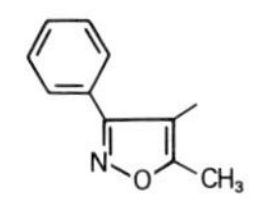
Ampicillin, halbsynthet. Penicillin	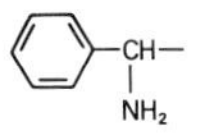

der Blockierung der Synthese der ↗Bakterienzellwand (☐): durch Inaktivierung des Enzyms Transpeptidase wird die Quervernetzung der Polysaccharidketten des ↗Mureins (☐) verhindert. P. können somit nur auf wachsende Bakterien wirken. Die einzelnen Vertreter der P. leiten sich vom gemeinsamen Grundgerüst der *6-Aminopenicillansäure,* einem β-Lactam-Thiazolidin-Ringsystem, ab u. unterscheiden sich in ihrer Seitenkette (vgl. Abb.). Obwohl P. auch synthet. zugänglich sind, erfolgt ihre großtechn. Gewinnung auf biol. Wege (↗Biotechnologie). Von den natürl. vorkommenden P.n hat *Penicillin G* (Benzylpenicillin) die größte therapeut. Bedeutung. Es wirkt hpts. gg. grampositive, aber auch einige gramnegative Bakterien (B Antibiotika). u. zeichnet sich durch minimale Toxizität u. hohe Wirkungsintensität aus. Als Nebenwirkungen können jedoch lokale Unverträglichkeit u. Penicillin-Allergie auftreten. Penicillin G ist das Mittel der Wahl bei schweren Infektionen durch bekannte Erreger mit guter Empfindlichkeit (v. a. Staphylokokken, Streptokokken, Pneumokokken u. Meningokokken) u. wird z. B. bei Wundinfektion, Pneumonie, Meningitis, Peritonitis, Diphtherie, Milzbrand, Gasbrand, Tetanus angewandt. Aufgrund nachteiliger Eigenschaften des Penicillin G, wie z. B. die Säurelabilität (saurer pH-Wert des Magens inaktiviert Penicillin G; es ist daher oral verabreicht kaum wirksam), die rasche Elimination aus dem Organismus (Halbwertszeit nur 30–40 Min.), die ungenügende Wirksamkeit im gramnegativen Bereich u. die Ausbreitung resistenter Bakterienstämme (↗Penicillinase), werden vielfach Penicillinderivate eingesetzt, die durch die veränderte Seitenkette eine verbesserte Wirkung zeigen. Solche Penicillinderivate können auf biosynthet. oder halbsynthet. Wege gewonnen werden. Biosynthet. Penicillinderivate (z. B. Penicillin V) erhält man, wenn zur Fermentation andere als die natürl. Vorstufen des Penicillins angeboten werden. Die Darstellung halbsynthet. Penicillinderivate erfolgt aus 6-Aminopenicillansäure, die durch Abspaltung v. Phenylessigsäure aus Penicillin G gebildet wird. Relativ säurestabile u. damit in Tablettenform anwendbare P. sind z. B. *Penicillin V, Phenethicillin* u. *Propicillin,* die u. a. bei Angina, Scharlach u. Rheumat. Fieber Verwendung finden. Andere Derivate, z. B. *Methicillin* u. *Oxacillin,* besitzen Seitengruppen, die das Enzym Penicillinase sterisch daran hindern, den β-Lactamring hydrolyt. zu spalten; sie sind damit auch gg. Penicillinase-bildende Staphylokokken wirksam. Jedoch sind auch hier bereits Formen der Resistenz gefunden worden. Ein Depotpenicillin ist z. B. das *Procain-Penicillin,* das Salz des Penicillins mit der Procainbase. Es besitzt eine längere Wirkungsdauer u. wird z. B. zur Therapie der Syphilis eingesetzt. Ein Breitspektrumpenicillin, das auch gg. viele gramnegative Bakterien wirkt, ist das ↗*Ampicillin.* – Die Entdeckung des Penicillins erfolgte 1928 mit der Beobachtung A. ↗Flemings, daß auf Kulturplatten um Pilzkolonien staphylokokkenfreie Zonen auftraten; er nannte das wirksame Prinzip „Penicillin". Zehn Jahre später wurde P. von H. W. ↗Florey u. Mitarbeitern isoliert u. (auch durch E. B. ↗Chain) seine Bedeutung für die Humanmedizin erkannt. 1942 wurde es in die klin. Praxis eingeführt. Penicillin war das erste Antibiotikum, das industriell gewonnen wurde u. große Bedeutung in der Medizin erlangte. Auch heute noch gehört es zu den am häufigsten verwendeten Antibiotika.   *E. F.*

Penicillium *s* [v. *penicill-], *Pinselschimmel,* Formgatt. der ↗*Fungi imperfecti (Moniliales);* für diejenigen Arten, deren Hauptfruchtform (sexuelle Vermehrungsform) bekannt ist, nur die Benennung der Nebenfruchtform (Konidienform); die Hauptfruchtformen gehören den ↗*Eurotiales* (Schlauchpilzen), z. B. Gatt. *Talaromyces* od. *Eupenicillium,* an. Charakteristisch für P. sind die meist grünlichen, pinselart. Konidienträger mit Konidienketten (Blastokonidien, Phialokonidien; ↗Konidien); sie entwickeln sich vom wattig-filzigen Mycel. P.-Arten leben meist saprophytisch, einige verursachen Pflanzenkrankheiten (bes. ↗Fruchtfäulen), zersetzen Lebensmittel u. können dabei ↗Mykotoxine bilden od. werden zur Herstellung v. Lebensmitteln eingesetzt (↗Käse). Sie zerstören Textilien, Polyurethan u. Leder. In der ↗Biotechnologie sind P.-Arten wichtige ↗Antibiotika-Bildner (↗Penicilline, ↗Griseofulvin), werden zur Herstellung organ. Säuren (z. B. Glucuronsäure), Enzymgewinnung (z. B. Glucoseoxidase) oder in der ↗Biotransformation eingesetzt. B Pilze I.

Penicillus *m* [v. *penicill-], Gattung der ↗Gießkannenmuscheln.

Penis *m* [lat., = männl. Glied], der röhrenod. rinnenförmige, Sperma-ausleitende Abschnitt bei ♂ (bzw. ⚥) direkt im Anschluß an den Samenleiter (Vas deferens bzw. Ductus ejaculatorius); als P. gelten also nur *primäre* ↗Kopulationsorgane im Ggs. zu ↗Genitalfüßen u. a. sekundären Kopulationsorganen (ein Grenzfall ist das ↗Gonopodium der Knochenfische). Der P. ist im allg. unpaar, nur ausnahmsweise paarig (z. B. Eintagsfliegen, manche Reptilien). Er ist mehr od. weniger zylindrisch; seine Länge entspr. meist der Länge des untersten Abschnitts der ♀ Geschlechtsorgane, der ↗Vagina. Bei einigen Tiergruppen ist der P. stilettförmig (Kanülen-Prinzip) u. wird nicht in die ♀ Geschlechtsöffnung, sondern in eine beliebige Körperstelle hineingestoßen (dermale Sperma-Injektion = hypodermale Kopulation, z. B. bei manchen Strudelwürmern). Zum Vorstrecken des P. über die Körperperipherie gibt es drei verschiedene Prinzipien (z. T. miteinander kombiniert): a) Umstülpung des Endteils eines schlauchförmigen Leitungsweges (z. B. Plattwürmer: „Cirrus",

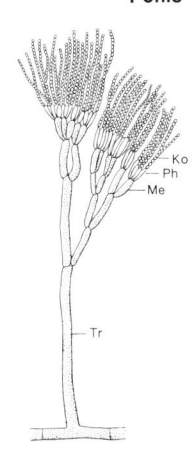

Penicillium

Konidienträger;
Ko Konidien, Me Metulae, Ph Phialiden,
Tr Traghyphe

Penicillium

Wichtige Arten (hergestellte Produkte od. verursachte Krankheiten):

P. camemberti
(= *P. caseicolum*)
(Weißschimmelkäse)
P. roqueforti
(= *P. casei*)
(Blauschimmelkäse)
P. chrysogenum,
P. notatum
(Penicilline)
P. digitatum,
P. expansum,
P. italicum
(Fruchtfäulen)
P. griseofulvum,
P. urticae
(Griseofulvin)
P. nalgiovensis
(Salami-Pilzbelag)

Penium

↗Cirren 2); b) Vorschieben eines starren Rohres durch Muskeltätigkeit (z. B. viele Gliederfüßer); c) Anschwellung durch Körperflüssigkeit (z. B. Säugetiere, ↗Erektion). – Bisweilen trägt die P.-Oberfläche Schuppen od. Widerhaken (z. B. manche Reptilien, Nagetiere, Primaten), die der Befestigung der Kopulationspartner u./od. der sexuellen Stimulation dienen. Der P. des Menschen (☐ Geschlechtsorgane) enthält zwei *Schwellkörper* (↗Erektion) u. trägt vorn die *Eichel* (Glans penis) mit der rückziehbaren *Vorhaut* (Praeputium). Den längsten P. (über 2 m) hat der Blauwal. Bei vielen Säugetieren gibt es im P. einen *P.knochen* (Baculum, Os penis, Os priapi). ↗Begattungsorgane, ↗Phallus 2).

Penium *s* [v. gr. pēnion = Spule, Weberschiffchen], Gatt. der ↗Desmidiaceae.

Pennae [Mz.; lat., = Federn], die ↗Konturfedern.

Pennales [Mz.; v. lat. penna = Feder], Ord. der ↗Kieselalgen, häufig in 4 U.-Ord. aufgeteilt (vgl. Tab.); Valvarseiten linear, lanzettl. oder oval, meist mit bilateralsymmetr. „gefiederten" Strukturen; Valvae mit Raphe od. Mittelrippe (taxonom. Merkmal). P. sind meist Süßwasserbewohner u. bilden häufig bandart. Kolonien, so z. B. die 7 Arten der Gatt. *Diatoma*. Sexuelle Fortpflanzung durch Isogamie (B Algen IV); dabei lagern sich 2 geschlechtsreife, diploide Zellen aneinander; nach Ablauf der Meiose degenerieren in jeder Zelle 2 der 4 haploiden Kerne, die verbliebenen werden zu Geschlechtszellkernen; die Geschlechtszellen verschmelzen mit jeweils 1 Geschlechtszelle der anderen Zelle zu einer Zygote, die sich vergrößert (Auxozygote). Es können auch 3 der 4 haploiden Kerne absterben, so daß als Kopulationsprodukt zweier Individuen nur ein neues entsteht. Auch Autogamie kommt vor.

Pennariidae [Mz.; v. lat. penna = Feder], Fam. der ↗Athecatae (Anthomedusae); die Polypen sind dadurch ausgezeichnet, daß auf einem verlängerten Mundrohr geknöpfte Tentakel stehen, die v. einem Kranz fadenförm. Tentakel umgeben sind; manche Polypenstöckchen erinnern an aufrecht stehende Vogelfedern. Die Medusen der P. tragen nur 4 rudimentäre Tentakel. *Pennaria* (= *Halocordyle*) *disticha*, eine Art der südl. Meere, zeigt diesen Wuchs. *Acaulis primarius* ist eine Art mit einzeln lebenden Polypen (ca. 7 mm), die leuchtend orange gefärbt sind u. um den Stiel eine Sandröhre ausbilden; sie kommt in der westl. Ostsee vor.

Pennatularia *w* [v. lat. pennatus = gefiedert], die ↗Seefedern.

Pennisetum *s* [v. lat. penna = Feder, seta = Borste], *Perlhirse, Negerhirse,* Gatt. der Süßgräser (U.-Fam. *Panicoideae*) mit ca. 140 trop. und subtrop. Arten bes. in Afrika. Die Perlhirse i. e. S. (*P. spicatum*), seit ca. 800 v. Chr. in Indien in Kultur, ist neben wei-

Penis

Ein P. tritt selbstverständl. nur bei Tieren mit *innerer* ↗ *Besamung* auf. Aber nicht alle Tiere mit innerer Besamung besitzen einen P. Sie können statt dessen sekundäre ↗Kopulationsorgane haben (z. B. ↗Genitalfüße bei Gliederfüßern). Auch bei manchen anderen Tiergruppen fehlt ein P.: die Kopulationspartner schlingen sich umeinander u. pressen ihre Geschlechtsöffnungen aufeinander (z. B. Neunaugen u. a. Rundmäuler, die meisten Vögel, die Fadenwürmer); auch beim Regenwurm u. a. Oligochaeten fehlt ein P. – Die innere Besamung evolvierte bei den Metazoen etwa 25mal konvergent. Der P. in verschiedenen Tiergruppen v. den Strudelwürmern bis hin zu den Amnioten (einschl. Mensch) ist demnach keine homologe, sondern eine analoge Struktur.

Pennales

Unterordnungen und Familien:

Araphidineae
↗ *Fragilariaceae* (Brechbandalgen, auch als eigene Ord. ↗ *Fragilariales* geführt)

Biraphidineae
↗ *Epithemiaceae*
↗ *Naviculaceae*
↗ *Nitzschiaceae*
↗ *Surirellaceae*

Monoraphidineae
↗ *Achnanthaceae*

Raphidioidineae
↗ *Eunotiaceae*

penta-, pente- [v. gr. pente = 5].

teren Arten ein wicht. Getreide arider Gebiete Afrikas u. Vorderindiens. Das Mehl ist nicht backfähig; die Körner werden als Brei gegessen. Der Blütenstand ist eine Rispe mit der Form eines zylindr. Kolbens.

Penstemon *m* [v. *pente-, gr. stēmōn = Aufzug am Webstuhl], Gatt. der ↗Braunwurzgewächse.

Pentacoela [Mz.; v. *penta-, gr. koilos = hohl], Bez. für Tiere mit fünfkammeriger Leibeshöhle. Zu den *P.* werden die ↗ *Hemichordata* u. von manchen Zoologen die ↗ *Pogonophora* gerechnet. Die Verwandtschaft der letzteren mit den *Hemichordata* erscheint heute aber sehr zweifelhaft; damit wäre der Name *P.* unnötig, weil deckungsgleich mit *Hemichordata*.

Pentacrinoid-Stadium [v. *penta-, gr. krinon = Lilie], Jugend-Stadium der ↗Haarsterne (☐), urspr. als eigene Art ↗ *Pentacrinus (europaeus)* beschrieben.

Pentacrinus *m* [v. *penta-, gr. krinon = Lilie], (Miller), geläufiger Name einer Seelilien-Gatt., die inzwischen zugunsten zahlr., nomenklatorisch schwer zu überschauender Teil-Gatt. aufgeteilt ist. Fossile Repräsentanten bes. häufig u. gut erhalten im Lias (ε) Schwabens u. Englands; an Treibholz angeheftete, pseudoplankton. verdriftete Individuen gehören zu den eindrucksvollsten Fossilien überhaupt (F. A. Quenstedt: „Schwabens Medusenhaupt"); Stiellänge über 16 m, Körper aus über 5 Mill. Plättchen zusammengesetzt. Verbreitung: Trias bis rezent.

Pentactula *w* [v. *penta-, gr. aktis = Strahl], spätes Larven-Stadium der *Holothuroidea* (↗Seewalzen) mit 5 Tentakeln (Name!). ☐ Stachelhäuter.

pentacyclisch [v. *penta-, gr. kyklos = Kreis], *fünfwirtelig,* Bez. für Zwitterblüten mit 5 Wirteln: 2 Kreisen an Perianth-, 2 Kreisen an Staub- und 1 Kreis an Fruchtblättern. ↗Blüte.

Pentaen-Antibiotika [Mz.; v. *penta-, gr. antibios = dagegen kämpfend], fünf Doppelbindungen enthaltende ↗Polyen-Antibiotika.

Pentakontidae [Mz.; v. gr. pentakonta = 50], *Semnoderidae,* Fam. der ↗Kinorhyncha, Ord. ↗ *Conchorhagae*.

pentamer [v. gr. pentamerēs = fünfteilig], fünfteilig bzw. ein Vielfaches von fünf; z. B. Bez. für die 5gliedrigen Tarsen bei Insekten; die *Pentamerie* der ↗Stachelhäuter ist eine fünfstrahlige Radiärsymmetrie.

Pentamerus *m* [v. *penta-, gr. meros = Teil, Glied], (Sowerby 1812), † Gatt. articulater ↗Brachiopoden mit sehr ungleichklappiger Schale u. langen ↗Cruren; Leitu. Faziesfossil des Siluriums u. Devons v. Europa u. N-Amerika.

Pentanymphon *s* [v. *penta-, gr. nymphōn = Brautgemach], Gatt. der ↗Asselspinnen.

Pentaploidie *w* [v. gr. pentaploos = fünffach], Form der ↗Polyploidie, bei der Zel-

Pentastomiden

len, Gewebe od. Individuen 5 vollständige Chromosomensätze aufweisen.

pentarch [v. gr. pentarchēs = Fünfherrscher], *polyarch, fünfstrahlig,* Bez. für ein radiales ↗Leitbündel mit 5 Xylemstrahlen und 5 dazwischenliegenden Phloëmstrahlen.

Pentasomie w [v. *penta-, gr. sōma = Körper], Form der ↗Hyperploidie, bei der 1 Chromosom eines diploiden Organismus nicht zwei-, sondern fünffach vorliegt.

Pentastomiden [Mz.; v. gr. pentastomos = fünfmündig], *Pentastomida, Linguatulida, Zungenwürmer,* eine v. a. in den Tropen vorkommende, artenarme Gruppe parasit. Arthropoden mit umstrittener systemat. Stellung; oft als eigener „Stamm" zw. die Proarthropoden (↗Bärtierchen u. ↗Stummelfüßer) u. die eigtl. ↗Gliederfüßer (Euarthropoden) gestellt ([T] Gliedertiere). – *Lebensweise u. Anatomie:* Die erwachsenen P. leben als Endoparasiten in den Atmungsorganen carnivorer Tetrapoden (insbes. Schlangen, Krokodile, Schildkröten; die Gatt. *Reighardia* in Meeresvögeln, einige P. nach neuesten Berichten auch in Amphibien). Sie ernähren sich dort v. Blut od. auch v. Nasenschleim u. Lymphe. Der Körper ist 1 cm bis 16 cm lang u. wurmförmig; die in Nase u. Stirnhöhle parasitierenden Arten der Gatt. *Linguatula* sind stark abgeflacht (daher der Name „Zungenwürmer"). Die ♂♂ sind kleiner als die ♀♀, bisweilen sind es sogar Zwergmännchen. Vorn am Kopf stehen 2 Paar winziger Sinnespapillen, dahinter 2 Paar chitiniger *Klammerhaken,* mit denen sich die P. im Wirt festheften; diese Haken stehen auf Extremitäten-Stummeln hinter dem Mund od. ohne bes. Erhebung (vgl. Abb.) neben dem Mund (daher: P. = „Fünfmünder"). Der *Rumpf* („Abdomen") ist geringelt: 16–230 Rumpfringe bei den verschiedenen Gatt.; innen ist die quergestreifte Muskulatur entspr. „segmentiert". In der Embryonalentwicklung werden 4 Paar Coelom-Bläschen im späteren Kopfbereich angelegt, postembryonal wächst der Rumpf mit einer Sprossungszone; die Leibeshöhle der erwachsenen Tiere wird als Mixocoel gedeutet. Das *Nervensystem* besteht bei urspr. Vertretern deutl. aus paarigen ventralen Ganglien. An *Sinnesorganen* gibt es die chemo- u. mechanorezeptor. Apikal- u. Frontalpapillen, außerdem seitl. die Lateralpapillen; Genitalpapillen liegen neben der unpaaren Geschlechtsöffnung. Es fehlen Augen, Atmungs-, Kreislauf- u. Exkretionsorgane. Die *Geschlechtsorgane* sind, wie allgemein bei Parasiten, relativ groß. Urspr. liegt die Geschlechtsöffnung bei ♂ und ♀ ventral vor dem 7. und 8. Segment (Apikalpapille als 1. Extremität gezählt); bei den meisten Vertretern der Ord. *Porocephalida* ist die ♀ Geschlechtsöffnung weit nach hinten verlagert. – *Entwicklung:* Die (sekundär?) relativ dotterarmen Eier furchen sich total, selten superfiziell. Die Bildung eines ventralen Keimstreifs ist umstritten. Eine große unpaare dorsale Drüse (↗Dorsalorgan 1) scheidet um den Embryo herum eine Schleimhülle ab, die nach Platzen der Eischale die ins Freie abgegebenen Larven schützt u. zugleich mehrere Larven zusammenhält. Der Embryo hat 4 Paare v. Coelom-Bläschen, Ganglien u. *Extremitätenknospen* (die erste ungegliedert, die drei weiteren in Basi- u. Telopodit gegliedert). Aus den beiden ersten bilden sich die Apikal- u. Frontalpapillen, aus den beiden anderen die stummelförm. Fortsätze mit jeweils 2 Haken; eine Homologisierung mit 1., 2. Antenne, Mandibel u. Maxille wurde vorgeschlagen. Die Erstlarve wird mit der Schleimhülle vom Endwirt beim Niesen freigesetzt u. von Zwischenwirten (z. B. Huftiere, für bestimmte P. sogar Fische od. Schaben) gefressen. Im Darm des Zwischenwirtes verläßt die Erstlarve die Hülle u. dringt aktiv mit Hakenextremitäten u. Bohrapparat in die Darmwand u. von dort in die Mesenterien od. sogar bis in Lunge, Leber u. Niere weiter. Der Bohrapparat wird zurückgebildet, die Rumpfsegmente sprossen, die Haken an den Extremitäten-Stummeln werden umgestaltet; über mehrere Häutungen wird das subadulte Tier gebildet. Wird der Zwischenwirt gefressen, so wandern die subadulten P. im Endwirt (Raubtier usw.) vom Darm über den Oesophagus in die Lunge bzw. die Nasen- u. Stirnhöhlen, machen eine letzte Häutung, kopulieren u. setzen sich fest. Der Mensch wird selten befallen v. *Linguatula* u. *Armillifer;* er ist dann aber ↗Fehlwirt. – *Verwandtschaftl. Beziehungen:* Die Analyse der Embryonalentwicklung (Extremitätenknospen, Dorsalorgan u. a.) u. die vergleichende Bewertung vieler anderer Merkmale (z. B. die aus 3 Hauptschichten aufgebaute Chitin-Cuticula, die Querstreifung der Muskulatur, Auflösung des Coeloms zum Mixocoel, das Fehlen v. Nephridien u. Cilien, Gonaden-Struktur) sprechen für die Zugehörigkeit der P. zu den Euarthropoden. Mehrere Merkmale und v. a. das Wirtsspektrum (Endwirte sind fast nur terrestrische Amnioten) sprechen für die Einordnung in die *Tracheata* (Ableitung von Myriapoden-artigen Vorfahren). Angesichts der fast ident. Feinstruktur der Spermien von P. und

penta-, pente- [v. gr. pente = 5].

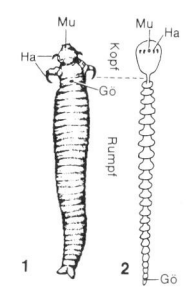

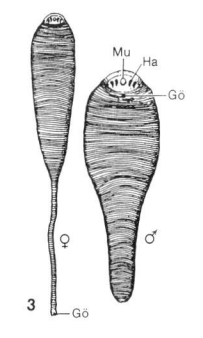

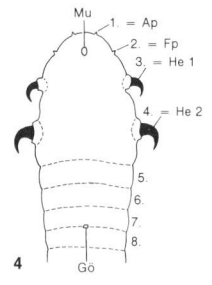

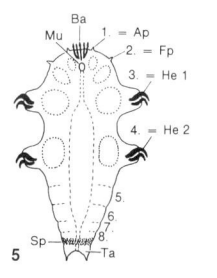

Pentastomiden (Ventralansicht)
1 *Raillietiella* (♀, ca. 1 cm lang); 2 *Cubirea* (♀, ca. 10 cm lang); 3 *Linguatula* (♂ je nach Art 2 mm bis 2 cm lang; ♀ bis über 10 cm lang); 4 Vorderende (schematisch); 5 Erstlarve (schematisch): gestrichelt = Darm, punktiert = 4 Paar Coelombläschen (tatsächl. nur embryonal).
1.–8. = 1.–8. Segment, Ap Apikalpapille (≙ 1. Antenne), Ba Bohrapparat, Fp Frontalpapille (≙ 2. Antenne), Gö Geschlechtsöffnung, Ha Haken, He 1 = 1. Hakenextremität (≙ Mandibel), He 2 = 2. Hakenextremität (≙ 1. Maxille), Mu Mund, Sp Sprossungszone, Ta Terminalanhang

Pentatomidae

Pentastomiden

Ordnungen und wichtige Gattungen:
Cephalobaenida (relativ ursprünglich, ca. 35 Arten in 3 Gatt.)
  Cephalobaena
  ↗ *Raillietiella*
  ↗ *Reighardia*

Porocephalida (ca. 65 Arten in 15 Gatt.)
  Armillifer
  Cubirea
  Linguatula (↗ Nasenwurm)
  ↗ *Porocephalus*
  Sambonia
  Sebekia
  Waddycephalus

Fischläusen *(Branchiura)* wurde auch wieder die Verwandtschaft mit den maxillipoden Krebsen diskutiert. *U. W.*

Pentatomidae [Mz.; v. *penta-, gr. tomē = Abschnitt], die ↗ Schildwanzen.

Penton s [v. *pente-], Baustein von Viruscapsiden, ↗ Capsid.

Pentosane [Mz.; v. *pente-], die aus Pentosen aufgebauten Polysaccharide, z.B. Araban u. Xylan; sie sind im Pflanzenreich als Zellwand- u. Speichersubstanzen, z.B. in Pflanzengummi, Holz, Stroh, Samenschalen, Seetang, aber auch in Flechten weitverbreitet.

Pentosen [Mz.; v. *pente-], die aus 5 Kohlenstoffatomen aufgebauten Einfachzucker (Monosaccharide) mit der Bruttoformel $C_5H_{10}O_5$; wichtigste Vertreter sind Arabinose, Xylose u. Ribose. ↗ Kohlenhydrate (B I).

Pentosephosphatzyklus, Hexosemonophosphat-Weg, oxidativer Phosphogluconat-Weg, Warburg-Dickens-Horecker-Weg, eine bei Mikroorganismen, Pflanzen u. Tieren vorkommende vielstufige, zyklische Reaktionsfolge, durch die Glucose-6-phosphat unter Bildung v. Reduktionsäquivalenten in Form v. NADPH nach folgender Bruttogleichung zu CO_2 abgebaut werden kann:

$C_6H_{11}O_6 \sim PO_3^{2-} + 7\,H_2O + 12\,NADP^+ \rightarrow 6\,CO_2 + 12\,NADPH + 12\,H^+ + HPO_4^{2-}$.

Die Bedeutung des P. liegt v. a. in der Bereitstellung von NADPH für reduktive biosynthet. Reaktionen der Zelle. Dementsprechend laufen die Reaktionen des P. kaum in arbeitenden Muskelzellen – hier wird Energie vorwiegend durch Veratmung (↗ Atmungskette) der durch ↗ Glykolyse u. ↗ Citratzyklus entstehenden NADH- bzw. $FADH_2$-Reduktionsäquivalente gewonnen –, dagegen bevorzugt in Bindegewebszel-

Pentosephosphatzyklus

Wiedergegeben sind alle Reaktionen des P. ohne Berücksichtigung v. Ringformen einzelner Zuckerphosphate u. ohne Berücksichtigung der Stöchiometrie zw. den drei Hauptteilen des Zyklus. Um die Stöchiometrie zu berücksichtigen, müßte im oxidativen Teil der Umsatz von 6 Molekülen Glucose-6-phosphat (= 36 C-Atome) zu 6 Molekülen CO_2 (= 6 C-Atome) u. Ribulose-5-phosphat (= 30 C-Atome) aufgeführt werden. Von letzteren müßten im nichtoxidativen Teil 4 Moleküle zu Xylulose-5-phosphat (= 20 C-Atome) und 2 Moleküle zu Ribose-5-phosphat (= 10 C-Atome) isomerisiert werden u. diese zus. dann zu 4 Molekülen Fructose-5-phosphat (= 24 C-Atome) und 2 Molekülen Glycerinaldehyd-3-phosphat (= 6 C-Atome) umgelagert werden; beide zus. können dann zu 5 Molekülen Glucose-6-phosphat (= 30 C-Atome) zurückverwandelt werden. Als Summe ergibt sich daraus der Abbau eines Moleküls Glucose-6-phosphat zu 6 CO_2 nach der Bruttogleichung (vgl. Grundtext), wobei jedoch

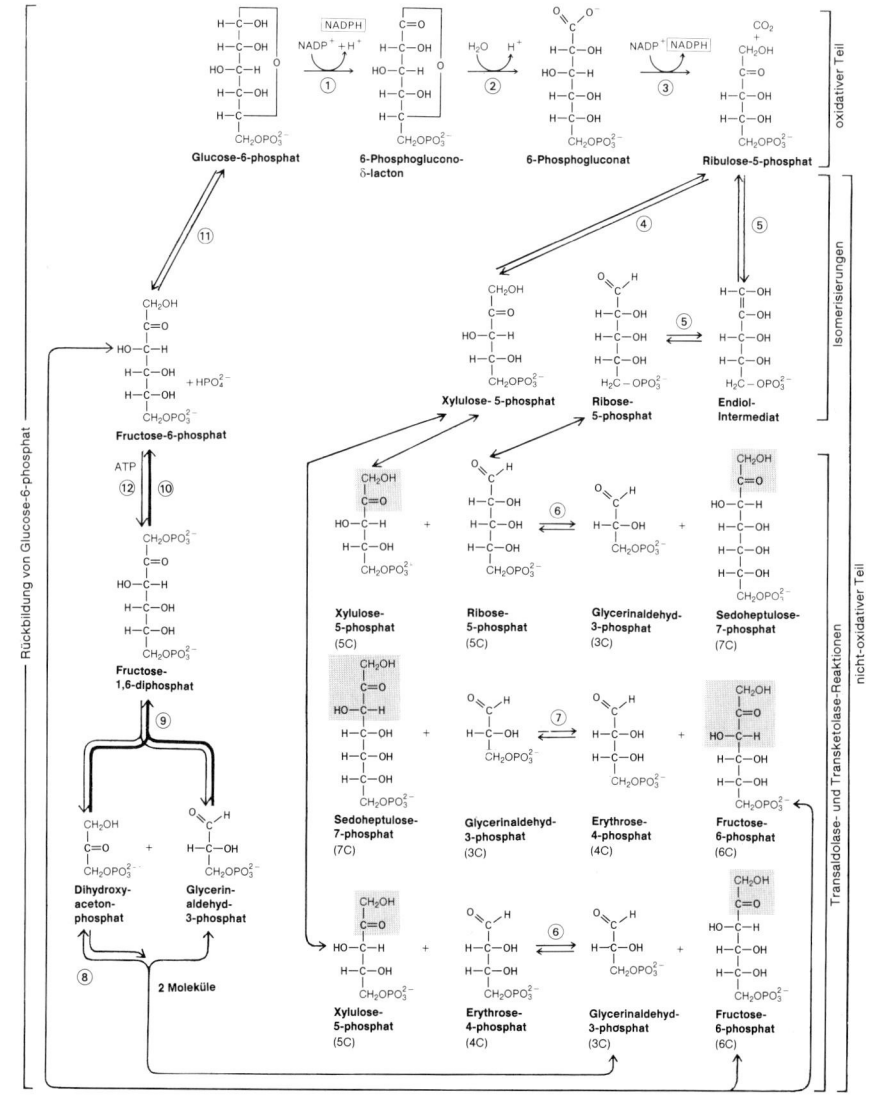

324

len ab. Große Bedeutung hat der P. durch die Bildung der verschiedenen Zuckerphosphate (Tetrose-, Pentose-, Heptosephosphate), da diese vielfach, wie z. B. Ribose-5-phosphat als Vorstufe der Nucleotide u. Nucleinsäuren od. Ribulose-5-phosphat als CO_2-Akzeptor bei der Photosynthese (↗ Calvin-Zyklus), zentrale Rollen im Stoffwechselgeschehen spielen. Der P. unterteilt sich in den oxidativen Teil, der mit der Bildung v. Ribulose-5-phosphat und 2 Mol NADPH abschließt, u. den nichtoxidativen Teil, in dem durch Isomerisierungs-, Transaldolase- u. Transketolase-Reaktionen lediglich intra- u. intermolekulare Umlagerungen ohne Austausch v. Wasserstoffatomen ablaufen. Die Bilanz des nichtoxidativen Teils besteht in der Umwandlung von 3 Pentosephosphaten (2 Xylulose-5-phosphate und 1 Ribose-5-phosphat) in 2 Hexosephosphate (= 2 Fructose-6-phosphate) und 1 Triosephosphat (Glycerinaldehyd-3-phosphat), was bezügl. der Kohlenstoffatome durch die Gleichung $3 \times 5C \rightleftarrows 2 \times 6\,C + 1 \times 3\,C$ wiedergegeben wird. In einem letzten Teil des Zyklus erfolgt schließl. die Umwandlung v. Fructose-6-phosphat bzw. von 2 Molekülen Glycerinaldehyd-3-phosphat zu Glucose-6-phosphat, womit der Zyklus geschlossen ist; die Teilschritte des letzten Teils sind ident. mit Teilschritten der ↗ Gluconeogenese bzw. mit Umkehrreaktionen der ↗ Glykolyse. Das Gleichgewicht der beiden Oxidationsreaktionen des ersten Teils liegt weitgehend auf seiten der Oxidationsprodukte, weshalb der oxidative Teil praktisch irreversibel abläuft. Dagegen sind alle Teilreaktionen des nichtoxidativen Teils reversibel u. damit die Grundlage für die wechselseit. Umwandlung der Zucker mit unterschiedl. langem Kohlenstoffrückgrat (Triosen, Tetrosen, Pentosen, Hexosen, Heptosen) in Form ihrer Phosphate.

H. K.

Pentoxylales [Mz.; v. *pente-, gr. xylon = Holz], Ord. „problematischer" Gymnospermen des Jura, die mit den ↗ Bennettitales zur Kl. Bennettitatae zusammengefaßt; Achsen im Querschnitt mit 4–10 (meist 5; Name!) mesarchen Leitbündeln mit allseitig gebildetem coniferoidem Holz, außen mit den Basen der lang-zungenförm. Blätter vom Typ *Nipaniophyllum* (Spaltöffnungen syndetocheil wie den *Bennettitales*) gepanzert; Samenanlagen in dichten Maulbeeren-artigen Zapfen (*Carnoconites*-Typ), Pollenorgane (*Sahnia*-Typ) ähnl. dem *Weltrichia*-Bautyp der *Bennettitales*.

Pentremites m [v. *pente-, gr. trēma = Loch], (Say 1820), zu den ↗ Blastoidea gehörender † primitiver Stachelhäuter mit subkonischer od. birnenförm. Krone auf kurzem Stiel; Mund von 4 äußeren Spiracula u. der Afteröffnung (Anispiraculum im hinteren Deltoidstück) umgeben; Hydro-

alle 6 CO_2-Moleküle nicht v. einem einzigen, sondern von 6 verschiedenen Glucose-6-phosphat-Molekülen, u. zwar v. deren C_1-Positionen, stammen. Bei den Transaldolase- u. Transketolase-Reaktionen zeigen die grau unterlegten Teile die transferierten Reste der Zukkerphosphate an. Die einzelnen Reaktionen werden durch folgende Enzyme katalysiert:
1 Glucose-6-phosphat-Dehydrogenase, **2** Lactonase, **3** 6-Phosphogluconat-Dehydrogenase, **4** Phosphopentose-Isomerase, **5** Phosphopentose-Epimerase, **6** Transketolase, **7** Transaldolase, **8** Triosephosphat-Isomerase, **9** Fructose-1,6-diphosphat-Aldolase, **10** Fructose-1,6-diphosphatase, **11** Phosphogluco-Isomerase, **12** Phosphofructokinase.

Peperomiaceae
Peperomia

penta-, pente- [v. gr. pente = 5].

pepto- [v. gr. peptos = gekocht, verdaut; verdaulich].

spirenfalten stark eingetieft. Verbreitung: Karbon von N- und S-Amerika.

PEP, Abk. für ↗ Phospho*enol*pyruvat.

Peperomiaceae [Mz.; v. gr. peperi = Pfeffer, homoios = ähnlich], Fam. der Pfefferartigen, mit ca. 4 Gatt. und 1000 Arten in den Tropen u. Subtropen verbreitet; krautige, z.T. epiphytische Pflanzen mit teilweise sehr großen Blättern, meist wechselständig. Die kleinen unscheinbaren Blüten bestehen nur aus 2 Staubblättern u. Fruchtknoten; der Blütenstand ist eine dichte Ähre. Umfangreichste Gatt. ist *Peperomia* (ca. 1000 Arten), die zerstreute, aber offene Leitbündel besitzt; manche Arten werden als Zierpflanzen gezogen (Zwergpfeffer).

Pepino m [span., = Gurke], *Solanum muricatum*, ↗ Nachtschatten.

Peplis w [gr., = Art Wolfsmilch], der ↗ Sumpfquendel.

Pepsin s [v. gr. pepsis = Verdauung], ein Verdauungsenzym (↗ Endopeptidase) des Magensaftes (↗ Magen, ☐) der Wirbeltiere, das in Ggw. von Salzsäure (↗ Magensäure) od. durch bereits vorhandenes P. aus dem v. der Magenschleimhaut abgesonderten *Pepsinogen* (das Zymogen des P.s) gebildet wird u. Proteine zu kurzkettigen Peptiden abbaut. Die katalyt. Aktivität des P.s ist optimal im stark sauren Bereich (pH 1–4) ausgeprägt, was den Bedingungen des Magensafts entspricht, während es bei neutralen od. alkalischen pH-Werten (Darmmilieu) denaturiert wird. Das neben P. durch Spaltung des Pepsinogens freiwerdende Spaltpeptid wirkt auf P. inhibitorisch, weshalb es zur vollen Entfaltung der P.-Aktivität weiter abgebaut werden muß. Die Proteinspaltungen durch P. erfolgen vorzugsweise an den Positionen der aromat. Aminosäuren, bes., wenn diese gehäuft (z. B. Phe-Phe, Phe-Tyr, Tyr-Phe, Tyr-Tyr) od. von hydrophoben Aminosäuren flankiert (z. B. Phe-Leu, Tyr-Ile) auftreten. Aufgrund dieser Spezifität ist P. ein wichtiges Hilfsmittel zur Charakterisierung und Sequenzierung von Proteinen. B Verdauung I.

Pepsinogen s [v. gr. pepsis = Verdauung, gennan = erzeugen], ↗ Pepsin.

Pepsis w [gr., = Verdauung], Gatt. der ↗ Wegwespen.

Peptid-Antibiotika [Mz.; v. *peptid-, gr. antibios = dagegen kämpfend], antibiot. wirksame (↗ Antibiotika), meist zykl. und häufig D-Aminosäure-haltige Polypeptide; ihre Synthese ist oft mit der Bildung bakterieller ↗ Endosporen verbunden. P. werden nicht über den Mechanismus der Proteinbiosynthese, sondern ähnl. der Fettsäuresynthese v. einer spezif. Synthetase gebildet. Die wichtigsten P. sind ↗ Bacitracin, ↗ Gramicidine, ↗ Nisin, ↗ Polymyxine, ↗ Tyrocidin u. ↗ Valinomycin.

Peptidasen [Mz.], die ↗ Endopeptidasen u. ↗ Exopeptidasen.

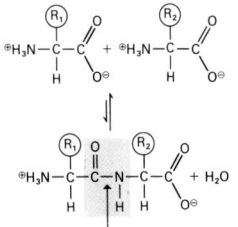

Peptidbindung

Peptidbindung

1 Bildung einer P.; der linksstehende Aminosäurerest des Dipeptids enthält eine freie Aminogruppe (in der protonierten Form $^{\oplus}H_3N-$) u. bildet daher den ↗Aminoterminus; der rechtsstehende Aminosäurerest mit der freien Carboxylgruppe bildet den ↗Carboxylterminus. 2 Dimensionen der P. (in nm = 10^{-9} m); die sechs Atome in dem grauen Feld liegen in einer Ebene. 3 Ausschnitt aus einer Polypeptidkette; die Glieder der Hauptkette sind nur eingeschränkt drehbar, jede P. ist starr.

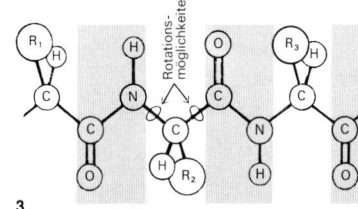

peptid- [v. gr. peptos = gekocht, verdaut; verdaulich].

Peptidbindung ↗Peptide; B Proteine.
Peptide [Mz.; v. *peptid-], durch Verknüpfung v. zwei od. mehreren ↗Aminosäuren (☐) aufgebaute, meist lineare, gelegentl. auch ringförmige Kettenmoleküle. Die die Verknüpfung benachbarter Aminosäuren bewirkende *Peptidbindung* erfolgt über die Carboxyl-(COOH-)Gruppe der einen Aminosäure mit der α-Amino-(NH$_2$-)Gruppe (B funktionelle Gruppen) der anderen Aminosäure unter Wasserabspaltung, wobei sich die Amidgruppe $-\overset{\overset{O}{\|}}{C}-NH-$ ausbildet, die für den Aufbau der natürl. ↗Proteine charakterist. ist. Die Zahl der Aminosäuren in P.n geht bis in die Tausende (*Oligo-P.* = 2–9, *Poly-P.* 10–100 u. *Makro-P.* über 100 Aminosäuren; keine scharfe Abgrenzung zw. Poly-P.n, Makro-P.n und einkettigen Proteinen). Der biol. Aufbau erfolgt – mit Ausnahme bestimmter kurzkettiger P. wie den ↗Peptid-Antibiotika – an den Ribosomen u. ist durch m-RNA programmiert (↗Translation). Bei Verdauung durch Peptidasen u. Proteasen od. durch Einwirkung starker Säure (Säurehydrolyse) zerfallen längerkettige P. in kurzkettige P. und einfache Aminosäuren unter Spaltung der Peptidbindungen. Die ↗Aminosäuresequenzen von P.n werden in der nomenklaturgerechten Kurzschreibweise mit der Aminosäure, die die freie Aminogruppe trägt, am linken Ende (↗Aminoterminus) u. der Aminosäure, die die freie Carboxylgruppe trägt, am rechten Ende (↗Carboxylterminus) notiert. So zeigt z. B. die Aminosäuresequenz des Tetrapeptids Ala–Lys–Phe–Leu (in ausführl. Bez. Alanyl-lysyl-phenylalanyl-leucin bzw. unter Verwendung der Einbuchstabensymbole A-K-F-L) an, daß ein Alaninrest den N-Terminus, ein Leucinrest den C-Terminus bildet, während Lysin u. Phenylalanin die beiden mittleren Positionen einnehmen; Entsprechendes gilt für längerkettige Peptide, Proteine mit anderen Aminosäuren. ↗Dipeptide (☐); B Proteine.

Peptidhormone [Mz.; v. *peptid-, gr. hormōn = antreibend], bei Wirbeltieren u. Mensch die Peptidstruktur aufweisenden Hormone des Hypothalamus, der Hypophyse, der Nebenschilddrüsen u. der Langerhansschen Inseln des Pankreas, bei Wirbellosen solche aus dem Gehirn u. seinen Anhangsdrüsen, wie Corpora cardiaca, C. allata, Prothoraxdrüse, aber auch aus dem Genitalsystem, die, in die Hämolymphe entlassen, ähnl. Funktionen wie die der Wirbeltiere ausüben. An der äußeren Zellmembran gebunden, werden sie über intrazelluläre „second messenger" wirksam. ↗Hormone (T, ☐), ↗Insektenhormone (T), ↗Neuropeptide.

Peptidoglykan s [v. *peptid-, gr. glykys = süß], das ↗Murein.

Peptidyl-Puromycin s, Derivat des ↗Puromycins, das sich bei dessen Wirkung während des Translationsprozesses als Produkt des vorzeit. Kettenabbruchs bildet.

Peptidyl-Transferase w [v. *peptid-, lat. transferre = übertragen], in der Oberfläche der großen ribosomalen Untereinheit (50S bzw. 60S) als integraler Bestandteil lokalisiertes Enzym, das beim ↗Translations-Prozeß den Transfer v. Peptidyl-Resten (v. Peptidyl-t-RNA) auf die Aminogruppe der jeweils benachbarten ↗Aminoacyl-t-RNA (☐) katalysiert; die Reaktionsprodukte sind freie t-RNA (die das Ribosom anschließend verläßt) u. eine (noch gebundene) ↗Peptidyl-t-RNA, deren Peptidrest um eine Aminosäure verlängert ist. Bei der Synthese eines aus n Aminosäuren aufgebauten Proteins wird diese Reaktionsfolge zus. mit einer Aminoacyl-t-RNA-↗Bindereaktion u. einer Translokationsreaktion n-mal zyklisch durchlaufen.

Peptidyl-t-RNA, Zwischenprodukt bei der Proteinsynthese, das sich aus einer bei jedem ↗Elongations-Schritt der ↗Translation um einen Aminosäurerest wachsenden Peptidkette u. der t-RNA, die der jeweils zuletzt eingebauten Aminosäure entspricht, zusammensetzt; der Peptidylrest ist dabei analog wie der Aminosäurerest bei ↗Aminoacyl-t-RNA (☐) über die C-terminale Carboxylgruppe mit einer Hydroxylgruppe des 3'-terminalen Adenosinrests von t-RNA verestert. ↗Peptidyl-Transferase (☐).

Peptidyl-Transferase
Bildung der Peptidbindung an der Oberfläche des Ribosoms

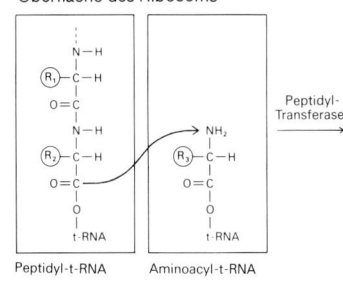

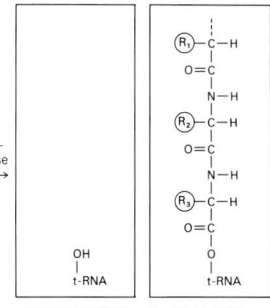

Peptococcaceae [Mz.; v. *pepto-, gr. kokkos = Kern, Beere], Fam. der anaeroben, grampositiven Kokken (↗ Bakterien, ↗ grampositive Bakteriengruppen) mit 4 Gatt. (vgl. Tab.); kokkenförmige, unbewegl., sporenlose Zellen ($\varnothing$ 0,5–2,5 µm), die einzeln auftreten od. in verschiedenen Formen zusammenbleiben können (Paare, Tetraden, Kokken u.a.); sie wachsen anaerob auf komplexen Nährböden (Blutagar); die organ. Substrate werden im Gärungsstoffwechsel unter Gasbildung abgebaut. Sie kommen in Mund, Intestinal-, Urogenital- u. Respirationstrakt v. Mensch u. Tier, im Erdboden, auf Getreidekörnern u. in Pansen vor. Einige sind Krankheitserreger.

Peptococcus *m* [v. *pepto-, gr. kokkos = Kern, Beere], Gattung der ↗ Peptococcaceae, grampositive, anaerobe Kokken ($\varnothing$ 0,5–1,0[1,6] µm), einzeln, paarweise in unregelmäßigen Haufen, seltener Tetraden auftretend. Sie besitzen einen anaeroben, chemoorganotrophen Gärungsstoffwechsel, in dem sie auch Protein-Abbauprodukte (Pepton, Aminosäuren) als einzige Energiequelle nutzen können; Hauptendprodukte sind niedere Fettsäuren, CO_2, H_2 und Ammonium. Milchsäure ist normalerweise nicht Hauptendprodukt, auch wenn Glucose als Substrat vorliegt. Vorkommen im weibl. Genitaltrakt u. Darm v. Mensch u. Tier, außerdem aus verschiedenen Wundinfektionen u. tiefen Abszessen isoliert. – Ähnlich *P.* ist die Gatt. *„Gaffkya"*, die sich im Kohlenhydratabbau unterscheidet; die am häufigsten isolierte Art, *G. anaerobia*, kommt in der Vagina vor.

Peptolide [Mz.; v. *pepto-], die ↗ Depsipeptide.

Peptone [Mz.; v. *pepto-], Gemische v. Polypeptiden, die bei der limitierten Spaltung v. Proteinen durch Pepsin u.a. Proteasen od. durch Säurehydrolyse entstehen. P., die durch Autolyse v. Hefe u. nachfolgende Trypsinbehandlung entstehen, enthalten außerdem Vitamine u. Wachstumsfaktoren. In der Medizin werden P. als Hemmer der Blutgerinnung u. als lymphtreibende Mittel verwendet, in der Mikrobiologie als Nährbodensubstanz.

Peptonisierung *w* [v. *pepto-], *Peptonisation*, enzymat. Hydrolyse v. Protein zu niedermolekularen Peptonen, speziell der Abbau v. koaguliertem Milchprotein durch Bakterien; dadurch entsteht eine gelbl. klare Flüssigkeit (diagnost. Merkmal v. Bakterien).

Peptostreptococcus *m* [v. *pepto-, gr. streptos = gedreht, kokkos = Kern, Beere], Gatt. der grampositiven Kokken (Fam. ↗ Peptococcaceae), obligat anaerobe Bakterien; kokkenförmige Zellen ($\varnothing$ 0,7–1,0 µm), einzeln, paarig od. längere Ketten; sie besitzen einen chemoorganotrophen Gärungsstoffwechsel u. können i.d.R. Kohlenhydrate abbauen; als End-

Peptococcaceae
Gattungen:
↗ *Peptococcus*
↗ *Peptostreptococcus*
↗ *Ruminococcus*
↗ *Sarcina*

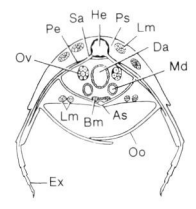

Peracarida
Schemat. Querschnitt durch das Pereion einer Assel mit ausgebildeten Oostegiten.
As Arteria subneuralis, Bm Bauchmark, Da Darm, Ex Extremität, He Herz, Lm Längsmuskulatur, Md Mitteldarmdrüse, Oo Oostegit, Ov Ovar, Pe Perikardialseptum, Ps Perikardialsinus, Sa Seitenarterie

pepto- [v. gr. peptos = gekocht, verdaut; verdaulich].

pera- [v. gr. pēra (lat. pera) = Ranzen, Quersack].

produkte treten Säuren, aber keine Milchsäure, u. Gas auf. *P.*-Arten kommen im weibl. Genitaltrakt, Respirations- u. Darmtrakt v. Mensch u. Tier vor; werden auch aus Wundinfektionen u. verschiedenen Abszessen isoliert.

Peracarida [Mz.; v. *pera-, gr. karides = kleine Seekrebse], *Ranzenkrebse*, Überord. der ↗ *Malacostraca*. Die über 10000 Arten umfassende Gruppe enthält so unterschiedl. Gestalten wie die garnelenart. *Mysidacea* einerseits u. die carapaxlosen Asseln u. Flohkrebse andererseits. Das charakterist. Merkmal der *P.* ist das Marsupium (↗ Brutbeutel), ein Brutraum unter dem Bauch des Weibchens. Er wird v. den Oostegiten gebildet, großen, plattenart. Anhängen an den Basen aller od. einiger Pereiopoden. Diese Platten werden Epipoditen homologisiert, die sekundär nach innen verlagert worden sind. Bei den meisten Arten sind die Oostegite nur bei eitragenden Weibchen ausgebildet. Sie erscheinen bei der der Eiablage vorangehenden Häutung, der Parturialhäutung, u. bilden unter dem Bauch des Weibchens einen Raum, in den die Eier gelegt werden. Die Entwicklung ist immer direkt, ohne Zoëa- od. ähnliche Larven. In einigen Ord. schlüpft aus dem Ei jedoch ein Manca-Stadium. Es ähnelt den Adulten, ihm fehlt aber noch das letzte Pereiopodenpaar. Nur die parasit. Asseln (↗ *Epicaridea*) haben sekundäre Larven – Larven, die noch wie Asseln aussehen. In der auf das Schlüpfen der Jungtiere folgenden Häutung werden die Oostegite, wenn sich nicht eine weitere Eiablage anschließt, wieder zurückgebildet. Das Marsupium war die Präadaptation, die den Landasseln u. Strandflöhen die Besiedlung des Landes ermöglichte. Bei ihnen schließen die Oostegite so dicht aneinander, daß die Embryonen wie in einem Aquarium mitgetragen werden können. Die Flüssigkeit, in der sie sich entwickeln, wird vom Weibchen sezerniert. Ein weiteres charakterist. Merkmal (aber wohl keine Synapomorphie, denn es findet sich auch bei *Thermosbaenacea*) ist ein bewegl. Anhang an der Mandibel, die Lacinia mobilis, die zw. der Pars incisiva u. der Pars molaris inseriert. Die ursprünglichsten *P.* sind die Garnelen- od. Euphausiaceen-ähnlichen *Mysidacea* (Ord.) mit voll entwickeltem Carapax u. Stielaugen, Antennen- u. Maxillendrüsen als Exkretionsorganen u. a. primitiven Merkmalen. Konvergent sind in zwei Entwicklungslinien Carapax u. Augenstiele reduziert worden. Die eine Linie umfaßt die Ord. ↗ *Cumacea*, ↗ *Spelaeogriphacea*, *Tanaidacea* (↗ Scherenasseln) u. *Isopoda* (↗ Asseln). Sie behalten die Maxillendrüsen als primäre Atmungsorgane, die als Kiemen fungierenden Epipodite an den Pereiopoden u. die Carapaxinnenwände, werden zunehmend reduziert, bis bei den Asseln die Pleopo-

Peramelidae

den zu Atmungsorganen werden. Ihre Embryonen sind dorsad eingekrümmt. Die zweite Reihe wird nur durch die Ord. *Amphipoda* (↗Flohkrebse) repräsentiert. Ihre Exkretionsorgane sind die Antennendrüsen, ihre Embryonen sind ventrad eingekrümmt. P. W.

Peramelidae [Mz.; v. *pera-, lat. meles = Marder], die ↗Nasenbeutler.

Peramuridae [Mz.; v. *pera-, lat. mures = Mäuse], allein auf der Typus-Gatt. *Peramus* Owen 1871 beruhende † Fam. der ↗*Eupantotheria*, die wahrscheinl. Vorfahren der heute vorherrschenden Marsupialier u. Placentalier einschloß. *Peramus* gilt als ein Nachkomme eines *Kuehneotherium*-artigen Vorläufers (↗*Kuehneotheriidae*). Zahnformel: $I\frac{?}{2+}, C\frac{1}{1}, P\frac{4}{4}, M\frac{4}{4}$.
Verbreitung: oberer Jura v. Europa.

Peranematales [Mz.; v. *pera-, gr. nemata = Fäden], Ord. der ↗*Euglenophyceae*, 1- oder 2geißelige farblose Flagellaten mit Pharyngialapparat, d. i. ein spezielles Organell mit Staborgan zur Nahrungsaufnahme. *Peranema trichophorum* lebt im Bodenschlamm v. Teichen.

Perca w [lat., = Barsch], Gatt. der ↗Barsche. [barsche.

Percalates w [v. *perc-], Gatt. der ↗Säge-

Percidae [Mz.; v. *perc-], die ↗Barsche.

Perciformes [Mz.; v. *perc-, lat. forma = Gestalt], die ↗Barschartigen Fische.

Percoidei [Mz.; v. *perc-], die ↗Barschfische.

Percopsiformes [Mz.; v. *perc-, gr. opsis = Aussehen, lat. forma = Gestalt], die ↗Barschlachse.

Percursariaceae [Mz.; v. lat. percursare = umherstreifen], Fam. der ↗*Ulotrichales;* Zellfäden ähneln ↗*Ulothrix*, bilden aber doppelreihiges Band; *Percursaria percursa* ist eine fädige, marine Grünalge, die häufig in kleineren Becken der oberen Gezeitenzone blaßgrüne Watten bildet; der Thallus besteht aus zwei aneinandergelagerten Zellreihen. [ner.

Perdix w [gr., = Rebhuhn], die ↗Rebhüh-

Pereion s [v. gr. peraios = jenseitig], *Peraeon, Peräon*, bei ↗Krebstieren der Abschnitt des Thorax, der die Pereiopoden (↗Extremitäten) trägt (Thorakopoden, die der Lokomotion dienen u. nicht als Maxillipeden den Mundwerkzeugen angeschlossen sind).

Pereiopoden [Mz.; v. gr. peraios = jenseitig, podes = Füße] ↗Pereion.

perennierend [v. lat. perennare = überdauern] ↗ausdauernd.

Pereskia w [ben. nach dem frz. Gelehrten N. C. Fabri de Peiresc, 1580–1637], *Peireskia*, Gatt. der ↗Kakteengewächse.

Perforatella w [v. lat. perforatus = durchlöchert], ↗Laubschnecken.

Perfusion w [v. lat. perfundere = durchströmen], Passage einer Flüssigkeit durch die Gefäße eines Organs; auch experimen-

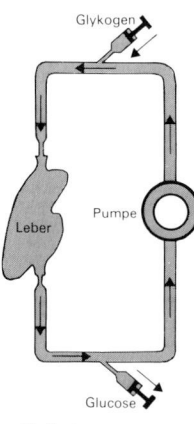

Perfusion
Ein Organ, z. B. die Leber, wird an einen vom Körper getrennten Kreislauf angeschlossen und dann mit einer ↗Blutersatzflüssigkeit durchströmt. Es kann geprüft werden, wie die Leber dem Kreislauf zugesetzte Stoffe im Stoffwechsel umwandelt. Zugeführtes Glykogen z. B. wird zu Glucose abgebaut.

pera- [v. gr. pēra (lat. pera) = Ranzen, Quersack].

perc- [v. lat. perca (gr. perkē) = Barsch].

peri- [v. gr. peri = um ... herum, ringsum, über ... hinaus, ungefähr].

tell zur Durchströmung v. exstirpierten od. in situ belassenen Organen angewandt, um mittels in die P.sflüssigkeit eingebrachter Substanzen (Pharmaka, Metabolite) die Fähigkeit der Organe zum Ab- od. Umbau der Substanzen zu prüfen; v. großer Bedeutung in der Nierenphysiologie.

Pergamentspinner, *Hybocampa milhauseri*, ↗Zahnspinner.

Pergamentwurm, *Chaetopterus variopedatus*, Borstenwurm der Fam. ↗*Chaetopteridae*; lebt in pergamentart., U-förmigen, bis 40 cm langen Röhren im Sand, häufig aber auch angeheftet an Steinen im seichten wie im tiefen Wasser; Mittelmeer, Atlantik, Ärmelkanal, Nordsee.

Pergesa w, Gatt. der Schwärmer, ↗Weinschwärmer.

Perianth m [v. gr. perianthēs = rings umher blühend], die Blütenhülle, ↗Blüte (B).

Periblast m [v. *peri-, gr. blastos = Keim], peripher an die ↗Keimscheibe angrenzende syncytiale Plasmaschicht, die den ↗Dotter umgibt; nur bei frühen Stadien extrem dotterreicher Eier mit ↗diskoidaler Furchung (B Furchung). Der P. versorgt den Keim mit Nahrungs- u. Baustoffen aus dem Dotter.

Periblem s [v. gr. periblēma = Umhüllung], Bez. für die in Bildung begriffene jugendl. Rinde im Vegetationskegel der Wurzel; dort läßt sich die Sonderung des Gewebes in künftigen Zentralzylinder *(Plerom)* u. in künftige Rinde (P.) bereits am Vegetationspunkt beobachten, von wo aus sie durch die Wachstumszone hindurch bis zur Ausdifferenzierung zu verfolgen ist. ↗Wurzel.

Peribranchialraum [v. *peri-, gr. bragchia = Kiemen], bei ↗Salpen, ↗Seescheiden u. ↗Schädellosen entwickelte ektodermale Einstülpung, die den ↗Kiemendarm umgibt. Über den P. werden der über den Mund eingestrudelte Wasserstrom, Exkrete sowie Geschlechtsprodukte nach außen abgeleitet (Egestionsöffnung bzw. Peribranchialporus). Bei Salpen u. Seescheiden entsteht der P. aus 2 dorsalen Einstülpungen, die nur im Bereich der Kloake u. der Egestionsöffnung verwachsen, während bei den Schädellosen die Bildung auf den beiden Seiten einsetzt, die Duplikaturen ventral verwachsen u. nur den Peribranchialporus offen lassen. □ Manteltiere; B Chordatiere.

Perichaena w [v. *peri-, gr. chainein = klaffen], die ↗Deckelstäublinge.

Perichondrium s [v. *peri-, gr. chondrion = Knorpel], *Knorpelhaut*, faserig bindegewebige u. gefäßführende Außenschicht knorpeliger Skelettelemente der Wirbeltiere, v. der das Knorpelwachstum u. die Knorpelregeneration ausgeht u. die dem Einbau des ↗Knorpels in die umgebenden Gewebe dient.

Perichromatin-Granula [Mz.; v. *peri-, gr. chrōma = Farbe, lat. granulum = Körnchen], durch Kontrastierung mit Uranylionen auf elektronenmikroskop. Dünnschnitten darstellbare Partikel im Zellkern (⌀ 30–50 nm), die als nucleäre Informator-Komplexe angesehen werden (hn-RNP-Partikel, hn = heterogenous nuclear; ↗ hn-RNA); diese stellen mit spezif. Proteinen beladene Primärtranskripte dar, in denen die Reifung der m-RNA erfolgt.

Periderm s [v. *peri-, gr. derma = Haut], **1)** Bot.: ↗ Kork. **2)** Zool.: a) *Perisark*, bei Hohltieren, bes. ↗ *Hydrozoa*, vom Ektoderm („Epidermis") abgeschiedenes, zuweilen derbes, zu Stachelbildungen verdicktes (*Hydractinia*) od. Gehäuse bildendes (*Hydroidea, Scyphozoa*), erhärtendes Sekret. b) Skelett der ↗ Graptolithen aus horniger Substanz (Skleroprotein) mit einer inneren, aus Halbringen bestehenden (fusellaren) Schicht u. einer äußeren (corticalen) Rindenschicht.

Peridie w [v. gr. pēridion = Ränzlein], *Peridium*, 1) äußere Fruchtkörperhülle od. -wand aus verflochtenen Pilzhyphen, z. B. bei Perithecien v. Schlauchpilzen; die P. kann mehrschichtig ausgebildet sein, dann wird zw. der inneren *Endo-* u. der äußeren *Exo-P.* unterschieden (z. B. Weichboviste, Nestpilze); Exo-P. und Endo-P. können noch geschichtet sein (↗ Erdsterne, ⬜). 2) Bei Sporangien der Schleimpilze die den sporentragenden Teil umhüllende Wand (z. B. aus Cellulose).

Peridinales [Mz.], die ↗ Peridiniales.

Peridiniales [Mz.; v. gr. peridinein = sich im Kreis drehen], *Peridinales*, Ord. der ↗ *Pyrrhophyceae*, zweigeißelige Flagellaten mit deutl. ausgebildeter Quer- u. Längsfurche; Zelle stets v. derber Hülle od. Plakoderm umhüllt. Die 4 Arten der Gatt. *Glenodinium* besitzen eine derbe, ungleich gefelderte Hülle; *G. cinctum* häufig im Süßwasser. Die Gatt. *Peridinium* umfaßt ca. 200 Süß- u. Meerwasserarten mit z. T. artspezifisch ausgebildetem Plakoderm u. Fortsätzen an den Zellpolen, insbes. bei marinen Arten; häufige marine Art *P. divergens*, im Süßwasser *P. bipes, P. quadridens*; fossile Funde aus der Kreide bekannt. ↗ *Gonyaulax* (B Chronobiologie I) mit ca. 40 meist marinen Arten ähnelt *P*. Die Gatt. *Ceratium* umfaßt ca. 80 meist marine Arten; Zellen mit Plakoderm u. charakterist. hornart. Fortsätzen, 1 längeres Apikalhorn, dem gegenüber 1–2 Antapikalhörner; im Süßwasser häufig *C. hirundinella* (B Algen I), im Meer u. a. *C. tripos, C. furca, C. fusus*.

Peridiole w [v. gr. pēridion = Ränzlein, über lat. peridiolum], selbständige, v. einer Wand umschlossene ↗ Gleba-Kammer mit Basidien; Vorkommen bei Bauchpilzen, z. B. *Cyathus striatus* (*Nidulariaceae*, ↗ Nestpilze). [↗ Peridie.

Peridium s [v. gr. pēridion = Ränzlein], die **periglaziale Gebiete** [v. *peri-, lat. glacialis = voller Eis], zum subnivalen Klimabereich gehörende Gebiete, die sich in unmittelbarer Nachbarschaft einer Vereisung befinden; in polaren u. subpolaren Zonen sowie im Hochgebirge (während der Eiszeiten weit verbreitet); typ. für p. G. sind ↗ Frostböden u. ↗ Bodenfließen.

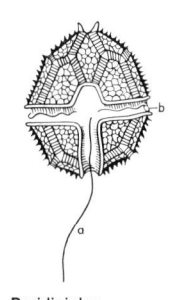

Perigon s [v. *peri-, gr. gonē = Same], Bez. für eine Blütenhülle, die aus lauter gleichgestalteten Blättern besteht, also nicht in Kelch u. Blütenkrone differenziert ist (↗ *homoiochlamydeische* Blüte). Das P. ist entweder *sepaloid*, d. h. kelchblattähnlich, od. *petaloid (korollinisch)*, d. h. blütenblattähnlich. Die Blätter eines P.s heißen *Tepalen*. ↗ Blüte (B).

Perigonimus m [v. *peri-, gr. gonimos = lebenskräftig], Gatt. der ↗ *Athecatae (Anthomedusae)*, die teils den ↗ *Bougainvilliidae*, teils den ↗ *Pandeidae* zugestellt wird.

perigyn [v. *peri-, gr. gynē = Frau] ↗ Blüte.

Perikambium s [v. *peri-, lat. cambiare = wechseln], ↗ Perizykel. [↗ Herzbeutel.

Perikard s [*perikard-], *Pericardium*, der **Perikardialdrüsen** [v. *perikard-], zu einem Drüsenkomplex vereinigte ↗ Perikardialzellen neben der Kopfaorta einiger Insekten u. a. Gespenstschrecken).

Perikardialmembran [v. *perikard-, lat. membrana = Häutchen], *dorsales Diaphragma, dorsales Perikardialseptum*, waagerecht aufgespannte Membran (↗ Diaphragma 4) im Abdomen der Gliederfüßer, die im Zshg. mit dem ↗ Blutkreislauf (⬜) die Leibeshöhle in Hämolymph-Druckräume gliedert. Die P. teilt den dorsalen ↗ Perikardialsinus v. der darunterliegenden eigtl. Leibeshöhle ab.

Perikardialsinus m [v. *perikard-, lat. sinus = Bucht], *Dorsalsinus*, der durch die ↗ Perikardialmembran abgetrennte dorsale Hohlraum in der Leibeshöhle der Gliederfüßer, in dem sich das Rückengefäß (dorsales ↗ Herz) mit den ↗ Flügelmuskeln befindet. ↗ Blutkreislauf.

Perikardialzellen [v. *perikard-], einzeln od. in Gruppen röhrenförmig um das Herz der Insekten u. Weichtiere liegende, v. einer faserigen Basallamina umgebene, rundl. bis ovale Zellen mit Vakuolen, Granula u. oft mehreren Kernen. Zahlr. enge Einfaltungen des Plasmalemmas (Stachelsaum) nehmen über Bläschen mikrophagocytotisch (ähnl. den ↗ Nephrocyten) Substanzen wie Proteine u. Farbstoffe aus dem Hämolymphstrom in die Zelle auf. Ferner setzen die P. auf Hormonstimulus aus den Corpora cardiaca das die Herzfrequenz steigernde Indoläthylamin frei.

Perikarp s [v. gr. perikarpion = Samenkapsel, Fruchtblatt], die Fruchtwand, ↗ Frucht.

Perikaryon s [v. *peri-, gr. karyon = (Nuß-) Kern], Zellkörper der ↗ Nervenzelle.

periklin [v. gr. periklinēs = ringsum anliegend], Bez. für die parallele Lage der Zellteilungsebene u. damit der neuen Zellwand einer Pflanzenzelle zur Oberfläche des betreffenden Gewebes od. Organs.

Peridiniales
Peridinium tabulatum mit a Schlepp- und b Gürtelgeißel

peri- [v. gr. peri = um … herum, ringsum, über … hinaus, ungefähr].

perikard- [v. gr. perikardios = in Herznähe].

peri- [v. gr. peri = um ... herum, ringsum, über ... hinaus, ungefähr].

perilecithale Eier [v. *peri-, gr. lekithos = Eigelb] ↗zusammengesetzte Eier.

Perilla w [Diminutiv v. lat. pera = Ranzen], Gatt. der ↗Lippenblütler.

Perilymphe w [v. *peri-, lat. lympha = klares Wasser], Flüssigkeit im ↗Gleichgewichts- u. ↗Gehörorgan der Wirbeltiere u. des Menschen (↗Ohr), wobei das Labyrinth (↗mechanische Sinne, B II) selber u. die Scala media der Cochlea mit Endolymphe gefüllt sind, die umgebenden Hohlräume aber mit P. Die P. stellt vermutl. ein Ultrafiltrat der Blutflüssigkeit dar u. gleicht in ihrer chem. Zusammensetzung weitgehend der extrazellulären Flüssigkeit.

Perimysium s [v. *peri-, gr. mys = Muskel], locker-faserige, gefäßreiche Bindegewebsschicht, die die Skelettmuskeln (↗Muskulatur) der Wirbeltiere umhüllt u. nach innen hin in die gefäß- u. nervenführenden innermuskulären Bindegewebshüllen der einzelnen Muskelfaserbündel (Endomysium), nach außen in die derb-faserige ↗Faszie übergeht.

Perinealdrüsen [v. gr. perineon = Damm], bei vielen Säugetieren Drüsen im Bereich des Perineums (Damm), die meist als Duftdrüsen (↗Duftorgane) fungieren, z. B. bei Nagetieren, Pferden, Schweinen, Affen, Fledermäusen u. a.

Perinereis w [v. *peri-, gr. Nēréis = Nereide], Ringelwurm-(Polychaeten-)Gatt. der *Nereidae; P. cultrifera,* bis 8,5 cm lang.

Perineum s [v. gr. perineon =], der ↗Damm.

Perineuralseptum s [v. *peri-, gr. neura = Nerven, lat. saeptum = Scheidewand], *ventrales Diaphragma,* membranöses Septum (↗Diaphragma 4) bei Gliederfüßern, das im Zshg. mit dem ↗Blutkreislauf (☐) den ventral gelegenen ↗Perineuralsinus (Ventralsinus) von der eigtl. Leibeshöhle (Periviszeralsinus) trennt.

Perineuralsinus m [v. *peri-, gr. neura = Nerven, lat. sinus = Bucht], *Ventralsinus,* der durch das ↗Perineuralseptum abgetrennte Hohlraum im Abdomen der Gliederfüßer, in dem das ventrale Strickleiternervensystem liegt.

Perineurium s [v. *peri-, gr. neuron = Nerv], *Nervenscheide,* gefäßreiche Bindegewebshülle um Bündel v. Nervenfasern.

Perinotum s [v. *peri-, gr. nōton = Rücken], der ↗Gürtel 1).

perinucleärer Raum [v. *peri-, lat. nucleus = Kern] ↗Kernhülle.

Periode w [Bw. *periodisch;* v. gr. periodos = Umlauf, Wiederkehr], **1)** Physik: bei zeitl. oder räuml. periodischen (sich regelmäßig wiederholenden) Vorgängen (Schwingungen, Wellen) der zeitl. bzw. räuml. Abstand zw. zwei gleichen aufeinanderfolgenden Zuständen des betreffenden Systems. ↗Chronobiologie. **2)** Biol.: die ↗Menstruation.

periodische Gewässer ↗temporäre Gewässer.

Periodomorphose w [v. gr. periodos = Umlauf, morphōsis = Gestaltung], bei Ringelwürmern, Doppelfüßern u. Springschwänzen period. Wechsel zw. geschlechtsaktiven u. -inaktiven Stadien; diese sehen auch verschieden aus, da dazwischen stets Häutungen stattfinden. Die geschlechtsinaktiven Männchen werden bei Doppelfüßern „Schaltmännchen" gen.; ihre Gonopoden sind reduziert, u. die Geschlechtsöffnung ist sogar verschlossen. Ähnl. Phänomene treten bei Polychaeten auf (↗Epitokie). ↗Ökomorphose.

Periophthalmus m [v. gr. periophthalmos = in Augennähe], Gatt. der ↗Schlammspringer.

Periost s [v. *peri-, gr. osteon = Knochen), an Gefäßen, Nerven, freien Nervenendigungen u. Lamellenkörperchen (↗Mechanorezeptoren) reiche Bindegewebshülle aller Knochen (↗Knochenhaut); P. i. e. S. ist die grobfaserige Außenzone der Knochenhaut, in die Kollagenfaserzüge aus Sehnen ebenso wie aus der Corticalis des Knochens einstrahlen u. die somit der Zugübertragung v. der Sehne auf den Knochen dient. ↗Endost.

Periostrakum s [v. *peri-, gr. ostrakon = Schale], die aus ↗Conchin bestehende ↗Schalenhaut der Weichtiere.

Perioticum s [v. *peri-, gr. ōtikos = das Ohr betreffend], das ↗Felsenbein.

Peripatus m [v. gr. peripatos = Spaziergang], Gatt. der ↗Stummelfüßer.

peripheres Nervensystem s [v. gr. peripherēs = rings umgeben], leitet über afferente (↗Afferenz) Fasern Meldungen aus der Körperperipherie dem ↗Zentralnervensystem zu, die v. diesem ausgewertet u. über efferente Fasern des p. N.s an die Erfolgsorgane übermittelt werden. ↗Nervensystem.

Periphylla w [v. *peri-, gr. phyllon = Blatt], Gatt. der ↗Tiefseequallen.

Periphysen [Mz.; v. gr. periphysis = Auswuchs, Umwachsung], sterile ↗Hyphen, die v. den Wänden des Mündungskanals (Ostiolum) u./od. des oberen Teils eines Peritheciums entspringen.

Periphyton s [v. gr. periphytos = ringsum bepflanzt], der ↗Aufwuchs.

Periplaneta w [v. *peri-, gr. periplanēs = umherschweifend], Gatt. der ↗Hausschaben; B Darm.

Periplasma s [v. *peri-, gr. plasma = das Gebildete], **1)** Mykologie: im Oogonium v. *Oomycetes* (Eipilze, z. B. *Peronosporales*) das zw. Oogoniumwand u. Oosphäre (Eizelle) liegende Cytoplasma. **2)** Zool.: ungenaue Bez. *Keimhaut,* äußere, dotterfreie Plasmaschicht v. centrolecithalen Eiern (z. B. Vögel, Insekten, B Furchung), enthält oft ↗Determinanten, die die Differenzierungsschicksal der Furchungskerne ortsgemäß bestimmen (z. B. bei Insekten). ↗Eitypen, B Embryonalentwicklung II.

Periplast m [v. gr. periplastos = darum

gebildet], *Pellicula*, feste, vielfach durch Proteinfibrillen versteifte Außenmembran vieler Einzeller (z. B. *Euglena*).

peripneustisch [v. *peri-, gr. pneustikos = zum Atmen gehörend], Bez. für Insekten (*Peripneustia*, Teilgruppe der ↗ Hemipneustia) mit rudimentären metathorakalen (und gelegentl. auch ersten abdominalen) Tracheenöffnungen. Die mesothorakalen Stigmen sind dabei oft in Richtung Prothorax verschoben; so bei vielen terrestr. Larven (Käfer, Schmetterlinge).

Periprokt m [v. *peri-, gr. pröktos = After, Steiß], *Periproct, Afterfeld*, ein um den After liegendes Feld; 1) bei Insekten das den After tragende letzte, unechte Segment (Telson) des Abdomens (Endring, Aftersegment), das nicht selten noch 3 kleine Sklerite, die Laminae anales, trägt. 2) bei Seeigeln das den After umgebende, aus etlichen, mehr od. weniger unregelmäßigen Kalkplatten bestehende Analfeld.

Peripylea [Mz.; v. *peri-, gr. pylē = Tür], *Spumellaria*, artenreiche U.-Ord. der ↗ Radiolaria (Strahlentierchen); die Vertreter sind durch eine runde, allseits v. Poren durchbrochene Zentralkapsel charakterisiert. Neben solitär lebenden Gatt. (*Actinosphaera, Hexacontium* u. a.) gibt es auch Gatt., die Kolonien bilden, indem viele Zentralkapseln in einer gemeinsamen Gallerte liegen (*Sphaerozoum, Collozoum*), u. solche ohne Skelett (*Thallasicola*); letztere besitzen Leuchtvermögen.

Perisark s [v. gr. perisarkos = von Fleisch umgeben], das ↗ Periderm der ↗ *Hydrozoa*.

Perischoechinoidea [Mz.; v. gr. perissos = ungerade, echinos = Seeigel], (M'Coy 1849), U.-Kl. der Seeigel, die alle paläozoischen *Echinoidea* u. die postpaläozoische Fam. der *Cidaroida* (Lanzenseeigel) umfaßt; bekannter eur. Vertreter der ↗ Lanzenseeigel: *Cidaris cidaris*. Verbreitung: Ordovizium bis rezent.

Periseptalblasen [v. *peri-, lat. saeptum = Scheidewand], (Birenheide 1961), den Septenflanken v. ↗ *Rugosa* angelagerte, radiär angeordnete ↗ Dissepimente.

Perisoreus m, Gatt. der ↗ Häher.

Perispatium s [v. *peri-, lat. spatium = Raum], (Teichert 1933), bei ↗ *Actinoceratoidea* ein Ringkanal (pro Kammer), in den die vom ↗ Endosiphonalkanal abzweigenden Radiärkanäle einmünden.

Perisperm s [v. *peri-, gr. sperma = Same], Nähr- u. Speichergewebe, das sich bei einigen Bedecktsamer-Gruppen aus dem ↗ Nucellus entwickelt. Dabei kann es zusätzl. zum sekundären ↗ Endosperm gebildet werden (z. B. *Nymphaeaceae, Piperaceae, Zingiberales*) od. auch das alleinige Nährgewebe darstellen (z. B. *Caryophyllales*).

Perisphinctes m [v. gr. perisphigktos = ringsum geschnürt], (Waagen 1869), zur † Oberfam. *Perisphinctaceae* gehörender Ammonit (↗ *Ammonoidea*) des Weißen Jura (oberes Oxford); Name fr. als „Sammelgatt." verwendet, heute stark aufgegliedert; im strengen Sinne nur noch auf weitnabelige, groß- bis riesenwüchsige Formen bezogen.

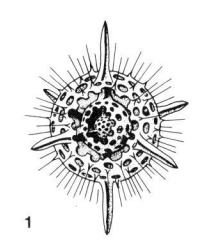

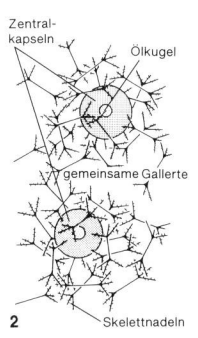

Perispor s [v. *peri-, gr. spora = Same], *Perisporium*, die bei einigen ↗ Farnpflanzen (z. B. Schachtelhalme, einige leptosporangiate Farne, *Salviniales*) vorhandene äußerste Sporenwand; wird v. umgewandelten Tapetumzellen (Periplasmodium) dem ↗ Exospor aufgelagert.

Perissodactyla [Mz.; v. gr. perissodaktylos = mit unpaarigen Fingern], die ↗ Unpaarhufer.

Peristaltik w [v. gr. (dynamis) peristaltikē = zusammendrückende Kraft des Magens], rhythm. Kontraktionswellen v. (meist mit glatter Muskulatur ausgestatteten) Hohlorganen; wird durch Muskelkontraktionen bewirkt, die entlang des im Querschnitt flexiblen muskulösen Hohlorgans (Rohr) verlaufen – derart, daß jede Kontraktionswelle der Längs-, Ring- oder/ und queren Muskulatur v. einer Phase der Erschlaffung gefolgt wird, häufig kombiniert mit einer Kontraktion der antagonist. wirkenden Muskulatur. P. ist ein wicht. Transportmechanismus des Inhalts von z. B. Speiseröhre, Magen, Darm, Harnleiter der Wirbeltiere u. des Menschen. – Bei vielen wirbellosen Tieren („Würmer") dient P. der ↗ Fortbewegung (□). Verläuft die peristalt. Welle gleichgerichtet mit der Bewegung, spricht man von *direkter P.*, verläuft sie entgegengesetzt, von *retrograder P.*

Peristedion s, Gatt. der ↗ Knurrhähne.

Peristom s [v. gr. peristomios = in Mundnähe], 1) Bot.: a) Bez. für die Öffnung der Endoperidie der ↗ Bauchpilze. b) Bez. für den Zähnchensaum, der nach dem Abfallen des Kapseldeckels die Sporenkapselöffnung bei den ↗ Laubmoosen umgibt. Diese P.-Zähnchen haben in Anzahl, Form, Farbe u. Struktur große Bedeutung für die Laubmoos-Systematik. Bei einigen Laubmoosgruppen ist dieser Zähnchenkranz doppelt angelegt u. gliedert sich in ein äußeres P. (*Exostom*) u. in ein inneres P. (*Endostom*). Hygroskop. Bewegungen dieser Zähnchen ermöglichen nur bei Trokkenheit ein Ausstreuen der Sporen. 2) Zool.: *Mundfeld*, Umgebung des ↗ Mundes vieler Tiere; z. B. die durch bes. Cilien-Anordnung gekennzeichnete Umgebung des „Mundes" vieler Wimpertierchen, der Bereich innerhalb der Tentakel bei Nesseltieren, das Mundfeld der Seeigel (weichhäutige *Peristomialmembran* mit 10 Mundfüßchen). Das P. der Polychaeten entsteht durch Verschmelzen der Buccal-(Mund-) Region mit anschließenden larvalen Segmenten (im allg. 2); es trägt die Tentakel- (Peristomial-)Cirren.

Perithecium s [v. *peri-, gr. thēkion = kleiner Behälter], birnen-, flaschen- oder kugelförm. Fruchtkörper (Ascokarp, As-

---

Peripylea
1 *Hexacontium*, Gehäuse mit mehreren Gitterkugeln
2 *Sphaerozoum*, Ausschnitt aus einer Kolonie mit 2 Zentralkapseln

peri- [v. gr. peri = um ... herum, ringsum, über ... hinaus, ungefähr].

Peritonealhöhle

coma) einiger Schlauchpilze *("Pyrenomycetes")* u. Flechten, in denen die Asci zw. sterilen Hyphen *(Paraphysen)* ausgebildet werden. Die Ascosporen aus den Asci gelangen durch Zerfall des P.s oder durch bes. Öffnungen, z. B. scheitelständige Poren od. ein *Ostiolum* (flaschenförm. Öffnung), nach außen. ↗Apothecium, ↗Kleistothecium; ↗Ascoma (☐).

Peritonealhöhle [v. gr. peritoneion = Bauchfell], die ↗Bauchhöhle.

Peritrema s [v. *peri-, gr. trēma = Loch], eine etwas vorragende Stigmenöffnung des Tracheensystems der Insekten.

peritrich [v. *peri-, gr. triches = Haare], ↗Bakteriengeißel (☐).

Peritricha [Mz.; v. *peri-, gr. triches = Haare], *Glockentierchen i. w. S.,* artenreiche Ord. der Wimpertierchen mit 2 U.-Ord., den festsitzenden ↗*Sessilia* u. sekundär frei lebenden ↗*Mobilia* (vgl. Tab.). Das Vorderende der Zelle ist zu einer Scheibe (Peristom) erweitert, auf der 2 links gewundene, spiralige Wimpernreihen in ein tiefes Vestibulum u. zum Zellmund führen. Der Körper ist mit einem kontraktilen Fibrillensystem (Myoneme) überzogen, das ein Zurückziehen des Peristoms u. Abkugeln des Körpers, bei einem Teil der gestielten Arten ein Einziehen des Stiels ermöglicht. Ungeschlechtl. Vermehrung in Form einer Längsteilung. Bei solitären Arten wird eine Tochterzelle zu einem Schwärmer, der sich erneut festsetzt. Geschlechtl. Fortpflanzung ist eine Konjugation, die zu einer einseit. Befruchtung abgewandelt ist. Die Gamonten sind ungleich groß (Anisogamontie). Es kommt nur im größeren Gamonten (Makrogamont) zur Kernverschmelzung, der kleinere (Mikrogamont) wird während der Paarung v. Makrogamonten resorbiert. Mikrogamonten entstehen durch inäquale Teilung, bilden einen Wimpernkranz aus u. sind frei beweglich. Makrogamonten lösen sich nicht ab. *P.* haben ihre Hauptverbreitung im Süßwasser, sie sind v. a. Bakterienfresser. Viele Arten sind Symphorionten auf Wassertieren. ↗Glockentierchen (☐).

peritrophische Membran w [v. *peri-, gr. trophē = Ernährung, lat. membrana = Haut], Funktionsform der ↗Glykokalyx, eine aus Proteinen u. einem Netz feinster Chitinfasern bestehende Membran, die bei vielen Gliederfüßern den Nahrungsbrei im ↗Mitteldarm umgibt. Die p. M. wird entweder vom gesamten Mitteldarmepithel, vom vorderen Darmabschnitt od. nur von einigen Zellen am Beginn des Mitteldarms (Valvuladrüse, Valvula cardiaca) erzeugt. P. M.en finden sich bei fast allen *Monantennata* u. einigen Krebstieren, aber auch bei Stummelfüßern; sie fehlen jedoch bei allen Spinnentieren, Zungenwürmern u. Bärtierchen. ☐ Insekten; B Verdauung I.

Periviseralsinus m [v. *peri-, lat. viscera = Eingeweide, sinus = Bucht], bei Glie-

Peritricha
Einige Gattungen:
Mobilia:
↗ *Trichodina*
↗ *Urceolaria*
Sessilia:
↗ *Ballodora*
↗ *Carchesium*
↗ *Epistylis*
↗ *Lagenophrys*
↗ *Opercularia*
↗ *Vaginicola*
Vorticella
(↗Glockentierchen)
↗ *Zoothamnium*

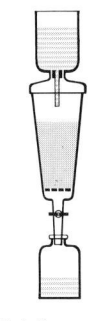

Perkolation
Der *Perkolator* ist ein hohes, enges Extraktionsgefäß, in dem das Lösungsmittel zuerst aufweichend wirkt u. dann langsam durch das auszulaugende Gut (z. B. gepulverte Pflanzenteile) hindurchsickert; dient u. a. zur Herstellung v. Tinkturen

peri- [v. gr. peri = um ... herum, ringsum, über ... hinaus, ungefähr].

derfüßern der Leibeshöhlenraum zw. dorsalem Diaphragma (↗Perikardialmembran) u. ventralem ↗Diaphragma (↗Perineuralseptum), in dem sich Darmsystem u. Gonaden befinden.

Perizonium s [v. *peri-, gr. zōnē = Gürtel], dehnbare Pektinhülle der Auxosporen u. Auxozygoten der ↗Kieselalgen.

Perizykel m [v. gr. perikyklos = Umkreis], *Perikambium,* Bez. für die äußerste restmeristematische Zellschicht des Zentralzylinders der ↗Wurzel, d. i. die Schicht unmittelbar innerhalb der Endodermis; sie kann eine bis mehrere Zellen dick sein. Vom P. geht die nachträgl. Bildung neuer Zellen, bes. die Entstehung v. Seitenwurzeln u. eines sekundären Abschlußgewebes beim sekundären Dickenwachstum der Wurzel aus. B Sproß und Wurzel.

Perkolation w [v. lat. percolare = durchsickern lassen], 1) Wasserversickerung im Boden. 2) Pharmazie: Verfahren zur Gewinnung v. Pflanzen-↗Extrakten *(Perkolaten)* aus Pflanzenteilen durch ↗Extraktion in einem *Perkolator* (vgl. Abb.).

Perlariae [Mz.; v. dt. Perle], Fam. der ↗Steinfliegen. [ternenfische.

Perlaugen, *Scopelarchidae,* Fam. der ↗La-

Perlbinde, *Hamearis lucina,* ↗Nemeobiidae.

Perlboote, *Nautilida,* Ord. der ↗Kopffüßer (U.-Kl. ↗*Nautiloidea*) mit äußerem, gekammertem Gehäuse (bis 27 cm ⌀), das spiralig nach vorn gewunden ist; in der jüngsten Kammer ist der Körper befestigt. Dieser ist durch einen Gewebsstrang (Siphunculus, ↗Sipho) mit den älteren Kammern verbunden; wo der Strang durch die jeweilige Querwand tritt, bildet er ein kurzes, calcitisches Rohr (Siphonaldüte). Die älteren Kammern sind gasgefüllt, so daß das Gehäuse als „Boje" fungiert (↗Auftrieb). Etwa 90 Arme stehen in 2 Kränzen um die Mundöffnung, basal sind sie dick, am Ende fadenart. Cirren. Aus verschmolzenen Armbasen wird die Kopfkappe gebildet, welche die Gehäusemündung verschließen kann. Die P. haben je 2 Paar Kiemen, Herzvorhöfe u. Nieren; das Nervensystem ist einfacher als bei anderen Kopffüßern u. umfaßt mehrere zentrale Markstränge im Kopf. Auffälligste Sinnesorgane sind die (Lochkamera-) Augen. Getrenntgeschlechtlich; 4 innere Arme des ♂ sind zum ↗Spadix verschmolzen, der die Spermatophore überträgt; die birnförm. Eier werden am Substrat angeklebt, ihre Entwicklung ist unbekannt. Rezent nur die Gatt. ↗*Nautilus* (☐). B Kopffüßer, B Weichtiere, B Lebende Fossilien.

Perlen [v. lat. pirula = Birnchen oder v. dt. Beerlein], von zahlr. Weichtieren an der Schaleninnenseite *(Schalen-P.)* od. im Gewebe *(freie P.)* gebildete, kalkhaltige, mehr od. weniger runde Körper, die zur Abkapselung eingedrungener Fremdkörper (auch Parasiten, z. B. Cercarien) dienen.

Diese, als Kern (Nucleus) bezeichnet, werden v. den benachbarten Zellen mit konzentr. u. radiären Lamellen (↗Conchin) umgeben; in den so entstandenen Taschen kristallisiert CaCO₃, oft als Calcit (P. stumpf aussehend), bei einigen Arten als ↗Perlmutter. Aussehen u. Haltbarkeit u. damit der Wert der P. hängen vom Perlmuttergehalt ab (bei Perlmuscheln bis 92%, Pink-P. der Steckmuscheln nur 73%). P. sind empfindl. gegen Säuren (Schweiß!). Perlmutter-P. werden v. See- u. Flußperlmuscheln, Meerohren, Kreisel- u. Turbanschnecken sowie v. Perlbooten erzeugt. Form u. Aussehen können im selben Tier verschieden sein, je nach Entstehungsort. Je höher der organ. Anteil, um so dunkler die P. („Schwarze" P.). Im Schließmuskel- u. Scharnierbereich finden sich oft unregelmäßig geformte („Barock"-)P., im Bereich des Scharnierbandes entstehen die überwiegend aus organ. Material bestehenden, bläulich-grünen „Pfauensteine". Seeperlmuscheln lagern ca. 0,3 mm Perlmutter, Flußperlmuscheln nur 0,05 mm/Jahr auf die P. auf. Natur-P. werden in allen warmen Meeren erzeugt, kommerziell genutzt u. a. in Austr., Sri Lanka u. der Südsee. ↗P.zucht, ↗Perlmuscheln. [B] Weichtiere.

Perlenzucht, Erzeugung v. Perlen durch Einpflanzen v. „Kernen" (↗Perlen, [B] Weichtiere) in ↗Perlmuscheln, die dem natürl. Lebensraum entnommen sind; v. a. in Japan, Polynesien u. Austr. Bildung v. Schalenperlen wurde bereits von den Chinesen im 2. Jt. v. Chr. induziert; ein praktikables Verfahren für „freie Perlen" hat der Japaner K. Mikimoto (1858–1954) um die Jahrhundertwende entwickelt. In Japan (um Toba) werden im Sommer Ansatzmaterialien (Kollektoren) ausgebracht, an denen sich die zur Jungmuschel metamorphosierenden Larven festheften. Diese werden ca. 10 Tage später erstmals u. dann regelmäßig weiter in Kunststoffnetze umgesetzt, damit sie genug Nahrung filtrieren u. schnell wachsen können. Nach 2 Jahren (5 cm ⌀) wird ihnen in das Bindegewebe um die Keimdrüse ein kugel. Kern eingepflanzt, der aus der Schale einer Süßwassermuschel gedreht worden ist. Dabei wird der Kern mit einem Stück Mantelepithel versehen, das um den Kern einen Perlsack bildet; durch Auflagern konzentr. Aragonitschichten entsteht die „Zuchtperle", die äußerl. nicht v. einer natürl. induzierten Perle zu unterscheiden ist (der Kern ist jedoch geschichtet!). Nach 5–7 Jahren ist die Perle marktfähig u. wird der Muschel entnommen. Zur Zucht werden in Japan vorwiegend *Pinctada martensi* (↗Seeperlmuscheln) sowie im Biwa-See die Süßwassermuschel *Hyriopsis schlegeli* (Fam. Flußmuscheln) benutzt, die auch kernlose Perlen liefert. Japan hat 1979 Zuchtperlen für ca. 430 Mill. DM exportiert.

Perlfisch, *Rutilus frisii,* ↗Rotaugen.
Perlgras, *Melica,* Gatt. der Süßgräser (U.-Fam. *Pooideae*) mit ca. 90 Arten in den gemäßigten Gebieten der N-Halbkugel, in S-Amerika und S-Afrika. In Europa wicht. ährchenarme, ausdauernde Rispengräser der Laubmischwälder sind das Einblütige P. (*M. uniflora*) mit aufrechten Ährchen u. einem kleinen Sporn gegenüber dem Blattgrund u. das Nickende P. (*M. nutans*) mit nickenden Ährchen u. braun-violetten Hüllspelzen.
Perlgras-Buchenwald, *Melico-Fagetum,* Assoz. des ↗Asperulo-Fagion.
Perlgrasfalter, *Coenonympha arcania,* ↗Augenfalter. [setum.
Perlhirse, *Pennisetum spicatum,* ↗Penni-
Perlhühner, *Numididae,* Fam. kurzflügeliger afr. Hühnervögel mit heller Perlfleckung auf dunklem Gefieder; 6 Arten, 43–72 cm groß, kräftige Füße zum Scharren am Boden; Nahrung besteht aus Insekten, Würmern, Schnecken u. a. Bewohnen die Savannen, legen 10–20 Eier, die ca. 1 Monat lang brütet werden. Die Jungen sind Nestflüchter. Der Kopf des Geierperlhuhns (*Acryllium vulturinum,* [B] Afrika IV) ist weitgehend unbefiedert. Das Helmperlhuhn (*Numida meleagris*) ist die Stammform des in Europa gehaltenen Haus-Perlhuhns.
Perlmuscheln, *Flügelmuscheln,* mehrere, nicht verwandte Muschelgruppen, deren innere Schalenschicht aus ↗Perlmutter besteht u. die daher ↗Perlen v. Handelswert erzeugen können. Zu den ↗See-P. gehören u. a. die Gatt. *Pinctada* (fr. *Meleagrina*) u. *Pteria* (fr. *Avicula*). ↗Fluß-P.
Perlmutter *w, Perlmutt,* Schalenschicht urspr. Weichtiere (Schnecken, Muscheln, Perlboote) aus polygonal-tafelig kristallisierendem Aragonit (CaCO₃); die Kristalle sind in parallel zur Schalenoberfläche verlaufenden Schichten angeordnet u. in ↗Conchin-Taschen eingeschlossen; durch Interferenz entsteht der typ. Glanz (Lüster) der ↗Perlen.
Perlmutterfalter, *Argynninae,* v. a. auf der Nordhalbkugel verbreitete U.-Fam. der Tagfalter-Fam. ↗Fleckenfalter, fr. in der Sammelgatt. *Argynnis* vereinigt; Falter mittelgroß mit orangebraunen, dunkel gefleckten Flügeln, Unterseite der Hinterflügel meist mit silbrig glänzender, perlmuttfarbener Fleckenzeichnung; Raupen nachtaktiv, leben vorwiegend an Veilchen; in Mitteleuropa 22 Arten (vgl. Tab.). Beispiele: Kaisermantel od. Silberstrich (*Argynnis paphia*), eurasiatisch, größter heimischer P. (Spannweite um 65 mm); Hinterflügel unterseits grünl. mit silbrig glänzenden Querbinden; Männchen mit hellerer Oberseite u. kräftigen schwarzen Duftschuppenstreifen auf 4 Vorderflügeladern, das Weibchen tritt auch in einer schwarzgrün verdunkelten Form *valesina* auf; der Kaisermantel fliegt häufig im Som-

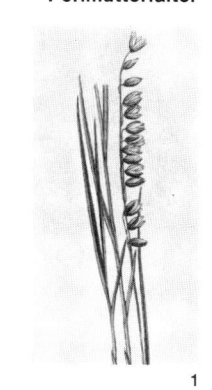

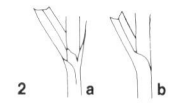

Perlmutterfalter

Perlgras

1 Nickendes P. (*Melica nutans*); 2 Blattgrund vom **a** Einblütigen P. (*M. uniflora*), Sporn gegenüber dem Blattgrund, **b** vom Nickenden P.

Geierperlhuhn (*Acryllium vulturinum*)

Perlmutterfalter

Auswahl einheimischer Arten:

Kaisermantel (*Argynnis paphia*)
Großer P. (*Mesoacidalia aglaia*)
Märzveilchen-P. (*Fabriciana adippe*)
Stiefmütterchen-P. (*F. niobe*)
Kleiner P. (*Issoria lathonia*)
Violetter P. (*Brenthis ino*)
Moosbeeren-P. (*Boloria aquilonaris*)
Braunfleckiger P. (*Clossiana selene*)
Veilchen-P. (*C. euphrosyne*)
Hainveilchen-P. (*C. dia*)
Alpen-P. (*C. thore*)

mer auf Waldlichtungen, Waldwegen u. Schlägen; die Falter saugen gerne an Hochstauden wie Disteln u. Wasserdost, die Larve ist eine typische ↗Dornraupe (☐). Kleiner P. *(Issoria lathonia),* Spannweite bis 40 mm, Unterseite der Hinterflügel mit auffälligen, großen Silberflecken; fliegt in 2–3 Generationen auf trockenem Ödland, ungeteerten Wegen, Wiesen u. ist ein Wanderfalter. Moosbeeren-P. *(Boloria aquilonaris),* Spannweite um 35 mm; fliegt im Juni-Juli in einer Generation in Hochmooren; Larve an Moosbeere u. Sumpfveilchen, bedroht durch Biotopzerstörung u. nach der ↗Roten Liste „stark gefährdet"; ebenso der Alpen-P. *(Clossiana thore),* Spannweite um 40 mm, oberseits stark verdunkelt; in den Alpen von 700–2000 m im Sommer auf buschigen, blumenreichen Wiesen.

Perlpilz, Amanita rubescens Gray, ↗Wulstlingsartige Pilze.

Perlzwiebel ↗Lauch.

Perm s [ben. von Murchison (1841) nach dem russ. Gouvernement Perm am Westhang des Ural], jüngste Periode des ↗Paläozoikums von ca. 45 Mill. Jahre Dauer (↗Erdgeschichte, B). Aufgrund deutl. Zweigliedrigkeit in Mitteleuropa (*Rotliegendes* = Paläodyas, *Zechstein* = Neodyas) v. Marcou (1859) und Geinitz (1861) im Ggs. zur hangenden Trias als ↗„*Dyas*" bezeichnet. (Fkr. unterteilt dreigliedrig: Autunien, Saxonien, Thuringien.) Stratigraph. Typusregion ist das Gebiet der perm. Uralgeosynklinale (Cis-Ural), die das arkt. Meer mit der Tethys verband. Als geokrater Zeitraum ist das P. chronostratigraphisch schwierig zu gliedern; eine weltweit gültige Gliederung existiert noch nicht. Auch die *Grenzen* liegen nicht fest. Als Untergrenze wurde z. B. das Einsetzen der Fusulinen-Gatt. *Schwagerina* vorgeschlagen u. als Obergrenze – zugleich Grenze zw. Paläo- u. Mesozoikum – die Basis der *Otoceras*-Zone. Neuerdings weiß man, daß das dt. „Perm" vom Oberkarbon (mittleres Gzhelian) bis nahe an die Obergrenze des unteren Buntsandsteins reicht. – *Leitfossilien:* In der marinen Gliederung spielen Fusulinen, Ammoniten u. Conodonten die Hauptrolle, untergeordnet auch Korallen, Bryozoen, Brachiopoden u.a., im terrestr. Bereich Pflanzen, Arthropoden, Fische u. Niedere Tetrapoden. – *Gesteine:* Kalke, Dolomite, Evaporite, Sandsteine, Fanglomerate, Arkosen (Molassen), Steinkohlen, Vulkanite. – *Paläogeographie:* Im Vergleich zum ↗Karbon hat sich die Lage der zur Pangaea vereinigten Kontinente wenig verändert (☐ Kontinentaldrifttheorie). Der Nordpol lag bei Kamtschatka, der Südpol inmitten der Antarktis, der Äquator querte die westl. Tethys, N-Afrika und das Gebiet des nordam. Golfs. Die Gliederung Mitteleuropas in südwestl.-nordöstl. gerichtete Schwellen u. Tröge bestand weiterhin; in vielen dieser limnischen Becken dauerte die Kohlebildung an. Mächtige Schuttmassen (Molassen) sorgten im Gefolge zunehmender Trockenheit durch Windtransport u. episodische Schichtfluten für allmähl. Einebnung zur Fastebene; die Gesteine nahmen tiefrote Farbe an. Ausgedehnte Senkungen führten zur Bildung des German. Beckens, in das am Beginn der Zechstein-Zeit von N her das Meer vorstieß. Salzwasserzuflüsse im Wechsel mit Perioden der Austrocknung führten zur Ablagerung von zykl. gegliederten Salzserien, denen hohe wirtschaftl. Bedeutung zukommt. Sie haben Entsprechungen in anderen Gebieten der Erde. Nahe der Zechstein-Basis bildete sich der bergbaul. geschätzte Kupferschiefer. – *Krustenbewegungen:* Mit der Saalischen u. Pfälzischen Phase erreichte die Variskische Gebirgsbildung im P. ihren Abschluß. Beide Phasen waren v. Meeresrückzügen begleitet. Lebhafte vulkan. Tätigkeit mit vorwiegend porphyr. Eruptionen kennzeichnet das Rotliegende. Mit dem Zechstein begann für Mitteleuropa eine lange,

---

Die Lebewelt des Perm

Pflanzen
An der Wende Rotliegendes/Zechstein vollzog sich der Übergang v. der Vorherrschaft der Sporenpflanzen (Pteridophyten) zur Herrschaft der Nacktsamer (Gymnospermen); er bezeichnet zugleich den Florenschnitt zw. ↗Paläophytikum u. ↗Mesophytikum. Unter den Schachtelhalmen spielen im Rotliegenden *Calamites* und *Sphenophyllum* eine Rolle, auf der S-Halbkugel *Phyllotheca* u. *Schizoneura;* Bärlappe †, letzte Nachkommen v. Sigillarien. Pteridospermen beinhalten wicht. Leitfossilien: *Callipteris* auf der N-, *Glossopteris, Gangamopteris* u. *Gigantopteris* auf der S-Halbkugel (↗„Gondwanaflora"). Typ. Nadelhölzer waren *Lebachia* (= *Walchia*) im Rotliegenden, *Ullmannia* u. *Pseudovoltzia* im Zechstein; erste Ginkgo-Gewächse *(Sphenobaiera).*

Tiere
In der Tierwelt vollzog sich zumeist deutl. Wandel („Faunenschnitt") an der Grenze Perm/Trias: Er verlief nicht katastrophisch, sondern graduell; dennoch war er eher Aussterben als Neubeginn. Mit durchschnittlich 2 Fam. pro 1 Mill. Jahre war die Aussterberate gegenüber gewöhnlich 0,83 Fam. relativ hoch. Gleiche Gruppen starben in verschiedenen Gebieten zu verschiedener Zeit aus; auch der Aussterbemodus war in verschiedenen Typen und Kl. von Tieren unterschiedlich. Nur wenige Vertreter der paläozoischen marinen Faunen überlebten in der borealen Region bis Ende Perm, einige bis untere Trias. Ein scharfer Einschnitt vollzog sich im Post-Kazan. In der Tethys starben paläozoische Elemente später aus: Fusulinen u. rugose Korallen erreichten noch das absolute Perm-Ende. – Leitwert unter den Fusulinen haben die „Gatt." *Pseudoschwagerina, Pseudofusulina, Parafusulina* u. *Neoschwagerina.* Tabulaten u. Stromatoporen verschwanden weitgehend; aus den Rugosen gingen 6strahlige Korallen hervor. Zechsteinriffe setzten sich vorwiegend aus Schwämmen u. Bryozoen zus. *(Fenestella* u.a.). Brachiopoden waren zahl- u. formenreich (Productiden, *Richthofenia*). Muscheln erreichten in der Tethys beträchtl. Größe. Schnecken sind aufgrund ihrer Häufigkeit wichtige Leitfossilien in den S-Alpen (*Bellerophon*-Schichten). Mit dem Aussterben paläozoischer Goniatiten geht die Entstehung v. Ammonoideen mit ceratit. ↗Lobenlinie einher (*Medlicottia, Waagenoceras*). Nach erneuter Blüte starben die *Blastoidea* aus. An die Stelle der karbon. Insekten traten Libellen, Schnabelkerfe, Netzflügler u. Käfer. Knorpelfische kennzeichnen das dt. Perm: *Amblypterus* im Rotliegenden u. *Palaeoniscus* im Zechstein. Amphibien hatten ihren Höhepunkt bereits überschritten, waren aber noch zahlreich (*Eryops, Branchiosaurus*). Aus ihnen hatten sich polyphyletisch unter voller Anpassung an das Landleben die Reptilien entwickelt. Neben der Stammgruppe der Cotylosaurier (*Seymouria, Labidosaurus, Pareiasaurus*) erlangten im Perm 2 zukunftsweisende Gruppen Bedeutung: die Sauromorphen, aus denen die heutigen Kriechtiere u. Vögel hervorgingen, und die Theromorphen, Ahnen der Säuger. In den terrestrischen Tetrapoden spiegelt sich der permotriad. Faunenschnitt nicht wider.

das ganze Mesozoikum umfassende Zeit vulkan. Ruhe. – *Klima:* Den perm. Tropengürtel im Bereich der Tethys kennzeichnet die Fülle an Korallenriffen, Fusulinen und z. T. riesenhaften Muscheln. Nach N und S schlossen sich aride Klimazonen an. Die S-Kontinente weisen deutl. Vereisungsspuren auf (permokarbon. Eiszeit, ↗Permokarbon). Tillite in Wechselfolge mit Schmelzwasserabsätzen gelten als Hinterlassenschaft v. Inlandgletschern u. können stellenweise Mächtigkeiten über 1000 m erreichen. Darüber folgende Kohlenlager zeigen spätere Erwärmung an; sie sind gekennzeichnet durch eine *Glossopteris-Gangamopteris*-Flora (↗*Glossopteridales*). S. K.

Permafrostböden [v. lat. permanens = dauernd], *Dauerfrostböden,* Böden, die unter den Klimabedingungen der arkt. oder der Hochgebirgsregionen dauernd tiefgründig gefroren sind (↗Frostböden). Traten die arkt. Temperaturen erst als Folge einer drastischen Klimaänderung nach einer vorangegangenen Warmzeit auf, so können unter bes. günstigen Bedingungen im Eis Tier- u. Pflanzenreste konserviert sein (z. B. ↗Mammut).

Permanenzgebiet [v. lat. permanens = dauernd], ein ↗Areal, in dem eine Organismenart (z. B. Schädling) ständig u. in erhebl. Anzahl auftritt. ↗Latenzgebiet.

Permeabilität *w* [Bw. *permeabel;* v. lat. permeabilis = durchlässig], Durchlässigkeit v. Materialien für bestimmte Stoffe, z. B. Wasserdurchlässigkeit des Bodens (↗Bodenwasser) od. die Durchlässigkeit von z. B. Bio-↗Membranen für bestimmte Moleküle. ↗Membrantransport (☐); ↗Osmose.

Permeasen [Mz.; v. lat. permeare = durchdringen], die als Translokatoren bzw. ↗Carrier beim spezifischen Transport durch Bio-↗Membranen wirkenden Proteine (↗Membranproteine, ☐). Die Endung „-ase" weist darauf hin, daß Transportvorgänge ebenso wie enzymat. Reaktionen durch K_M- und v-Werte charakterisiert werden. Nur handelt es sich hier um einen osmot., im anderen Fall um einen chem. Prozeß. ↗Membrantransport (☐).

Permeation *w* [v. lat. permeare = durchdringen], unspezif. Durchtritt v. Molekülen durch Bio-↗Membranen; dieser freien P. od. ↗Diffusion (nonmediated transport) steht der katalysierte Transport über spezif. Translokatoren gegenüber (↗Membrantransport).

Permigration *w* [v. lat. per = hindurch, migratio = Wanderung], ↗Migration.

permissive Zellen [v. lat. permissus = zugelassen], Zellen, in denen nach einer ↗Virus-Infektion der vollständige Vermehrungszyklus des Virus mit Bildung infektiöser Nachkommenviren ablaufen kann.

Permokarbon *s* [ben. nach ↗Perm, v. lat. carbo = Kohle], gelegentl. verwendete

Perm
Das permische System (* Perm-Gliederung UdSSR, ** Perm-Gliederung Deutschland)

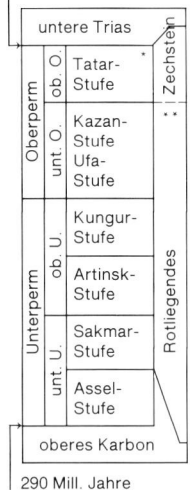

245 Mill. Jahre vor heute

			untere Trias	
Oberperm	ob. O		Tatar-Stufe	* Zechstein
	unt. O		Kazan-Stufe Ufa-Stufe	**
Unterperm	ob. U		Kungur-Stufe	Rotliegendes
			Artinsk-Stufe	
	unt. U		Sakmar-Stufe	
			Assel-Stufe	
		oberes Karbon		

290 Mill. Jahre vor heute

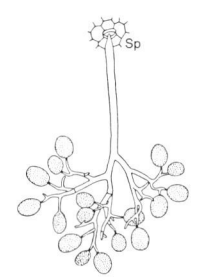

Peronospora
Konidienträger u. Konidien von *P. ranunculi;*
Sp = Spaltöffnung

Peronosporales
Familien und Gattungen:
Albuginaceae
  ↗ *Albugo*
Peronosporaceae
  ↗ *Bremia*
  ↗ *Peronospora*
  ↗ *Plasmopara*
  ↗ *Pseudoperonospora*
  ↗ *Sclerospora*
Phytophthoraceae
  ↗ *Phytophthora**
Pythiaceae
  Pythium

* auch bei den *Pythiaceae* eingeordnet

Bez. für Gesteinsfolgen im Grenzbereich der Systeme ↗Karbon u. ↗Perm ohne scharf markierte Grenze (z. B. Rußland, Indien, S-Afrika, aber auch in Dtl.). Ähnliches gilt für die Grenzschichten zw. Perm u. ↗Trias *(Permotrias).* Kaltzeitl. Klimazeugnisse des P.s im Gebiet des ↗Gondwanalands werden einer *permokarbonischen Eiszeit* zugerechnet.

Pernambukholz [ben. nach der brasil. Stadt Pernambuco (heute: Recife)], *Fernambukholz, Rotholz, Brasilholz,* braungelbes bis dunkelrot-violettes, hartes Holz des südam., bis 8 m hohen Pernambukbaums *(Caesalpinia echinata);* für Drechsler- u. Schreinerarbeiten sowie Geigenbögen; liefert den – nicht lichtechten – Farbstoff *Brasilin.*

Pernis *m* [v. gr. pernēs, pternis = ein Raubvogel], die ↗Wespenbussarde.

Peronia *w* [v. gr. peronē = Spange, Spitze], Gatt. der ↗*Eunotiaceae*.

Peronospora *w* [v. gr. peronē = Spitze, Stachel, spora = Same], Gatt. der ↗*Peronosporales* mit zahlr. Arten (T *Falsche Mehltaupilze);* Pflanzenparasiten, die sich als weißl. bis weißl.-grauer, zarter Rasen, meist auf der Blattunterseite, zeigen. Das Mycel wächst in den Zwischenzellräumen der Wirtspflanzen, mit Saughyphen in die Zellen eindringend. Die Sporangienträger sind baumartig verzweigt; im Wirtsgewebe werden dickwandige braune Oosporen gebildet.

Peronosporales [Mz.; v. gr. peronē = Spitze, Stachel, spora = Same], höchstentwickelte Ord. der *Oomycetes (Oomycota,* Eipilze), in der sich der Übergang vom Wasser- zum Landleben vollzogen hat. Nur noch wenige Arten leben im Wasser; im Laufe der Evolution sind die meisten zum Landleben übergegangen; die einfacheren Formen sind als Wasser- od. Bodenpilze Saprophyten od. fakultative Parasiten; die höheren Formen hochspezialisierte, obligate Parasiten. Viele P. sind gefährl. Erreger v. Pflanzenkrankheiten, die nach dem Schadensbild als *Falscher Mehltau* bezeichnet werden (↗Falsche Mehltaupilze, T). Der Thallus der *P.* ist ein gut entwickeltes, reich verzweigtes Hyphenmycel, i. d. R. ohne Querwände. Die (Zoo-)Sporangien der ungeschlechtl. Vermehrung sind rundl. und deutl. vom Sporangienträger (Sporangiophor) abgesetzt, von dem sie sich leicht ablösen od. abgeschleudert werden. Mit zunehmender Anpassung an das Landleben werden die Zoosporen rückgebildet, und die Sporangien keimen wie Konidien mit Keimhyphen aus. Die geschlechtl. Fortpflanzung ist eine Oogamie; das Oogonium enthält nur eine einzige Oosphäre (Eizelle), umgeben vom Periplasma (Entwicklung: ↗Kraut- u. Knollenfäule, ☐). Die *P.* werden nach Art der Sporangien u. Sporangienträger meist in 4 Fam. (vgl. Tab.) unterteilt. B Pilze I.

Peroxidanten

Peroxidanten [Mz.; v. lat. per = durch, gr. oxys = sauer], ↗Essigsäurebakterien.

Peroxidasen [Mz.], eine Untergruppe der ↗Oxidoreductasen (T Enzyme), durch die H_2O_2 als Akzeptor v. Wasserstoffmolekülen organ. Verbindungen (schematisch XH_2) zu 2 Mol H_2O reduziert wird;

$$XH_2 + H_2O_2 \rightarrow X + 2H_2O.$$

P. sind ↗Häm-Enzyme u. kommen zus. mit ↗Katalase bes. in den ↗Peroxisomen vor; am bekanntesten ist die aus Meerrettich leicht isolierbare Peroxidase.

Peroxisomen [Mz.; v. gr. sōma = Körper], *Peroxysomen,* Gruppe der microbodies (↗Cytosomen) mit ↗Katalase, die bis zu 40% des Gesamtproteins der P. ausmachen kann, als Leitenzym. Ansonsten kann die Zusammensetzung der P., die auch ↗Peroxidasen enthalten, stark variieren. Kleine P. (0,15–0,25 μm) sind in allen Säugetierzellen vorhanden, die großen P. (bis ca. 1,5 μm) sind hpts. in Leber u. Niere zu finden, wo sie an ↗Entgiftungs-Reaktionen beteiligt sind; z. B. wird Sauerstoff über Flavin-haltige Oxidasen zu H_2O_2 reduziert, das dann durch Katalase zu O_2 und H_2O abgebaut wird. P. verschiedener Gewebe enthalten noch Dehydrogenasen, Enzyme der Fettsäureoxidation, Amino-Transferasen u. Enzyme des Glykolat-Zyklus (↗Photorespiration). Vermutl. sind die P. sehr alte Organellen, die ausgebildet wurden, als in der Atmosphäre Sauerstoff gebildet wurde. ↗Glyoxisomen.

Perrostral-Sutur w [v. lat. per = durch, rostrum = Schnabel, sutura = Naht], (R. Richter), *ventromarginale Sutur,* zw. beiden Wangenecken des Cephalons v. Olenelliden (↗Trilobiten) ventral fast halbkreisförmig verlaufende, randnahe Naht.

Persea w [gr., ägypt. Baumart], ↗Avocadobirne.

Persicula w [v. lat. Persicus = persisch], Gatt. der Randschnecken mit ovalem Gehäuse u. abgeflachtem Gewinde; einige Arten, die auf Sandböden der Karibik u. des südl. Atlantik leben.

Persio ↗Flechtenfarbstoffe.

Persistenz w [Bw. *persistent,* Ztw. *persistieren;* v. lat. persistere = beharren], allgemein: Dauerhaftigkeit, Beständigkeit; 1) *persistente Virusinfektion,* Verbleib eines Virus über einen längeren Zeitraum (Monate bis Jahre) im Wirtsorganismus od. in der Zellkultur (↗Virusinfektion); 2) Fortbestehen einer Empfindung über den Reiz hinaus; 3) Beständigkeit von chem. Substanzen gg. Umwelteinflüsse (z. B. Widerstandsfähigkeit v. Pestiziden gg. den ↗Abbau); 4) Überdauern eines Allels in mehreren Generationen, ehe es durch Tod vor der Fortpflanzung od. bei Nachkommenlosigkeit des Trägers aus der Population ausscheidet.

Personen, Bez. für Polypen od. Medusen, die bei der ↗Arbeitsteilung (□) in einem Hydrozoenstock (bes. bei Staatsquallen) ihrer Aufgabe entspr. stark abgewandelt sind; z. B. wandelt sich bei der Segelqualle *(Velella)* der Primärpolyp zu einer riesigen, zentralen „Nährperson" (Trophozoid).

Persorption w [v. lat. persorbere = einschlürfen], Aufnahme feinster unlöslicher Partikel über das Darmepithel. ↗Resorption.

Perspektivschnecken [v. lat. perspicere = genau sehen], *Sonnenuhrschnecken, Architectonicidae,* Fam. der Mittelschnekken mit flachkegel. Gehäuse (bis 7 cm ⌀) u. sehr weitem Nabel; der Kopf trägt breite, oft unten gefurchte Fühler, daran außen die Augen. Junge P. fungieren als ♂♂, die Adulten sind ♀. Die ♂♂ haben keinen Penis; sie erzeugen 2 Sorten Spermien, die in Spermatophoren übertragen werden; die Larven leben lange planktisch u. können daher weit verdriftet werden. P. haben eine Bandzunge v. abweichendem Bau u. ernähren sich v. Nesseltieren. 7 Gatt. mit einigen Arten, die bis 2000 m tief, doch vorzugsweise in flacheren, warmen Meeren leben.

Perspiration w [v. lat. perspirare = durchatmen], med. Bez. für die Haut-↗Atmung (des Menschen), wobei zw. einer *Perspiratio insensibilis* u. einer *P. sensibilis* unterschieden wird; erstere umfaßt die normalen (v. der Temp. abhängigen), aber nicht wahrgenommenen Wasserverluste über Haut u. Atmung (0,5–1 l/Tag beim Erwachsenen), letztere den Vorgang der wahrgenommenen Transpiration unter Beteiligung der Schweißdrüsen, die u. U. bis zu 10 l pro Tag betragen kann.

Perthophyten [Mz.; v. gr. perthein = zerstören, phyton = Gewächs], ↗Saprophyten.

Pertusariaceae [Mz.; v. lat. pertusus = durchbohrt], Fam der ↗Pertusariales mit 4 Gatt. und 295 Arten; Krustenflechten mit lecanorinen od. zeorinen Apothecien u. meist sehr großen, ein- bis zweizell. Sporen, die oft zu weniger als 8 im Ascus liegen. Kosmopolitisch, v. a. in gemäßigten bis kalten Zonen der Nord- u. Südhalbkugel; auf Gestein, Rinde, Erde, Pflanzenresten; häufig nur steril auftretend u. sich mit Isidien od. Soredien fortpflanzend. *Pertusaria* (250, in Mitteleuropa 30 Arten) mit am Rande oft zoniertem, gewöhnl. grauweißem od. blaß gelbl. Lager u. oft in Warzen eingesenkten Apothecien mit punktförm. bis weit offen liegender Scheibe; z. B. *P. amara* mit weißen Soralen (auf Rinde), *P. corallina* mit Isidien (auf Gestein); *Ochrolechia* (40, in Mitteleuropa ca. 14 Arten) mit weißgrauem Lager u. orange bis gelbl. gefärbten Apothecienscheiben, z. B. *O. androgyna* mit weißl. Soralen.

Pertusariales [Mz.; v. lat. pertusus = durchbohrt], Ord. lichenisierter Ascomyceten mit 2 Fam. (wichtig ↗*Pertusariaceae*), 6 Gatt. und 305 Arten; Krustenflechten mit Grünalgen als Phycobiont; fr. zu

---

Pest

Pestepidemien:
Justinianische Pest im 6. Jh., dauerte etwa von 532 bis 595. 1347–52 Große Pest in Europa, durch genues. Galeeren aus dem Orient eingeschleppt, verheerte ganz Europa. Es werden 25–43 Mill. Tote geschätzt (bei zw. 100 und 160 Mill. Gesamtbevölkerung).

Weitere Seuchenzüge im 15., 16. und 17. Jh.; die „Pest"-Seuchen im 30jähr. Krieg waren überwiegend Fleckfieberepidemien.

Die letzte große Pestepidemie begann 1896 in Indien; hier starben noch 1907 bis 1,2 Mill. Menschen an Pest.

Während des Korea-Krieges 1952 Einschleppung der Pest aus China nach Nordkorea.

den ↗Lecanorales gestellt, v. diesen durch die Ascusstruktur unterschieden.

Perubalsam [ben. nach Peru], *Balsamum peruvianum,* aus den Stämmen v. *Myroxylon balsamum* var. *pereirae* gewonnener, braunroter bis gelbbrauner, nach Vanille u. Benzoe riechender Balsam (↗Balsame). Hauptinhaltsstoffe sind Benzoesäurebenzylester (25–40%) u. Zimtsäurebenzylester (10–25%) sowie Nerolidol u. geringe Mengen Vanillin. P. wird in der Mikroskopie als Einbettungsmittel, aufgrund der antisept. Wirkung der Ester in Form v. Salben od. alkohol. Lösung u. in Parfümerie u. Kosmetik verwendet.

Perückenstrauch, *Cotinus coggygria,* ↗Sumachgewächse.

Perutz, *Max Ferdinand,* östr.-engl. Chemiker, * 19. 5. 1914 Wien; seit 1936 in Engl., ab 1947 Dir. der Abt. für Molekularbiologie des Medical Research Council in Cambridge; erhielt 1962 zus. mit J. C. Kendrew den Nobelpreis für Chemie für seine röntgenograph. Strukturuntersuchungen v. Proteinmolekülen (bes. Analyse der Tertiärstruktur v. Hämoglobin u. Myoglobin).

Perzeption *w* [Ztw. *perzipieren;* v. lat. perceptio = Wahrnehmung], Wahrnehmung v. Reizen durch Sinneszellen od. Sinnesorgane (Rezeptoren).

Pes *m* [lat., =], der ↗Fuß 1).

Pessimum *s* [lat., = das Schlechteste], Bereich nahe dem Minimum od. Maximum der ↗ökologischen Potenz (☐) einer Organismenart, in dem die Lebensbedingungen am schlechtesten sind. Ggs.: Optimum.

Pest *w* [v. lat. pestis = ansteckende Krankheit, Seuche, Pest], 1) *Pestis,* eine vom P.bakterium ↗*Yersinia pestis* verursachte, meldepflichtige Infektionskrankheit des Menschen u. verschiedener Nagetiere. Sie tritt in 4 Formen auf: als *Drüsen-* oder *Beulen-P. (Bubonen-P.)* mit hohem Fieber, Delirien u. Vereiterung der Lymphknoten meist in der Leiste; nach Infektion durch Stich des ↗P.flohs; als *Lungen-P.* mit schwerster hämorrhagischer Lungenentzündung u. tödl. Ausgang in meist 2 bis 3 Tagen nach Einatmung von P.bakterien; als *Haut-P.* infolge vereiterter Flohstiche u. Kratzwunden; als *P.sepsis* infolge Überschwemmung des Blutes mit P.bakterien. Meist tritt die P. in Form der weniger gefährl. Beulen-P. auf. Endem. *P.herde,* v. denen aus immer wieder Epidemien aufflackerten ([T] 336), liegen in der östl. Mongolei, in der südchin. Prov. Yünnan, am NW-Hang des Himalaya, in Mesopotamien, Zentralafrika u. in der Kirgisensteppe; ihr Reservoir hat sie in verseuchten Nagetierarten (Ratte, Erdhörnchen u. a.). Durch Verbesserung der hygien. Verhältnisse u. die Entwicklung v. Antibiotika stellt die P. heute kein Problem mehr dar. 2) Sammelbez. für durch Viren hervorgerufene, meist tödl. Tierseuchen, z. B. Geflügel-P., Schweine-P. 3) Massenentwicklung

M. F. Perutz

Pestizide
Einige Gruppen:
↗Bakterizide
↗Fungizide
↗Herbizide
↗Akarizide
↗Nematizide
↗Molluskizide
↗Insektizide
↗Rodentizide

Pestwurz
Die Echte P. *(Petasites hybridus)* wird in der Volksheilkunde als hustenlindernde sowie schweiß- u. harntreibende Heilpflanze geschätzt

petal- [v. gr. petalon = Blatt; Platte].

v. Pflanzen od. Tieren, die den Interessen des Menschen schadet (↗Pestizide).

Pestfloh, *Rattenfloh, Xenopsylla cheopis,* Art der Flöhe (Familie *Pulicidae*); ca. 2–3 mm großes, weltweit verbreitetes Insekt mit characterist. Körperbau u. Lebensweise der ↗Flöhe. Der P. befällt nur ausnahmsweise den Menschen, kann dann aber durch seine blutsaugende Ernährung den Erreger der ↗Pest *(Yersinia pestis)* von wildlebenden Nagetieren u. anderen Kleinsäugern auf den Menschen übertragen. Bei der Auslösung einer Epidemie kann der Erreger auch durch den ↗Menschenfloh *(Pulex irritans)* übertragen werden. Durch Bekämpfung des P.s und der Ratten tritt die Pest heute in Europa nicht mehr auf.   [Gatt. der ↗Togaviren.

Pestivirus *s* [v. lat. pestis = Seuche].

Pestizide [Mz.; v. lat. pestis = Seuche, -cidus = -tötend], aus dem engl. Sprachgebrauch kommende Bez. für chem. Schädlingsbekämpfungs- u. Pflanzenschutzmittel (Einteilung nach Zielgruppen vgl. Tab.); Stoffe, die für die Interessen des Menschen schädl. oder unerwünschte Mikroorganismen, Pflanzen od. Tiere töten od. ihr Keimen, ihr Wachstum od. ihre Vermehrung hemmen. Historisch ist einer ersten „Generation" von P.n (Naturstoffen wie Arsen, Kupfer, Nicotin) eine zweite (↗Chlorkohlenwasserstoffe, Organophosphate, Carbamate [↗Carbaminsäure]) und eine dritte (die chem. Mittel der ↗biotechnischen Schädlingsbekämpfung) gefolgt. Vor allem unter den ersten beiden P.-Gruppen sind viele in ihrer Umweltwirkung problemat. ↗Breitbandpestizide.

Pestratten, allg. Bez. für Ratten, die als Überträger der Pest eine Rolle spielen, z. B. Wanderratte, ↗Maulwurfsratten.

Pestwurz, *Petasites,* über die nördl. gemäßigte und subarkt. Zone (insbes. N-Asien) verbreitete Gatt. der Korbblütler. Stauden mit grundständ., rundl., herz- oder nierenförm., z. T. sehr großen (bis über 1 m breiten) Blättern u. vor den Blättern erscheinenden, überwiegend diklinen Blüten mit röhriger, 5zähliger Krone. Letztere in kleinen Köpfchen vereint, die ihrerseits wiederum einen an einem schuppig beblätterten Schaft stehenden, dicht eiförm. bis locker traubigen Gesamtblütenstand bilden. In Mitteleuropa v. a. die rötl. blühende, am Ufer v. Flüssen sowie in Naßwiesen, feuchten Gebüschen u. Wäldern häufig herdenweise wachsende Echte oder Gewöhnl. P. *(P. hybridus = P. officinalis),* die ebenfalls rötl. blühende Alpen-P. *(P. paradoxus,* in Steinschutt- od. Flußgeröllfluren der [sub-]alpinen Stufe) u. die gelbl.-weiß blühende Weiße P. *(P. albus,* in krautreichen Mischwäldern u. Schluchtwäldern).   [↗Blüte ([B]).

Petalen [Mz.; v. *petal-], die Blütenblätter,

Petalichthyida [Mz.; v. *petal-, gr. ichthys = Fisch], (Jaeckel 1911), *Makropetalich-*

Petalodien

petal- [v. gr. petalon = Blatt; Platte].

thyida Moy-Thomas 1939, † Ord. der ↗ *Placodermi;* Verbreitung: Devon; 7 Gatt. in Europa, N-Amerika, Spitzbergen, Asien, Australien.

Petalodien [Mz.; v. gr. petalōdēs = blattartig], blütenblattähnl. Kiemenfelder bei ↗ Irregulären Seeigeln (☐).

petaloid [v. gr. petalōdēs = blattartig], *corollinisch,* Bez. für den Kelch apetaler Blüten, wenn dieser blütenblattartig ausgebildet ist, od. für eine Blütenhülle aus gleichartigen, blütenblattartig gestalteten Blättern.

Petalomonadales [Mz.; v. *petal-, gr. monas, Mz. monades = Einheit], Ord. der ↗ *Euglenophyceae,* 1- oder 2geißelige, farblose, plattgedrückte Flagellaten, ernähren sich phagotroph od. durch Aufnahme gelöster organ. Substanzen. *Petalomonas mediocanellata* kommt in bewachsenen Gräben od. Teichen vor.

Petalonamae [Mz.; v. *petal-, ben. nach dem Namaland, S-Afrika], (H. D. Pflug 1974), präkambrischer Formenkreis tier. ↗ Petalo-Organismen; verzweigte Trichter-Kolonien mit zentralem (Verdauungs-) Hohlraum, Skelett aus kalk. Nadeln; Ernährung gemischt photo-autotroph (außen) u. digestiv-heterotroph (innen); meist sessil.

Petalonia *w* [v. *petal-], Gatt. der ↗ *Dictyosiphonales* (T), fr. den *Ectocarpales* zugeordnet.

Petalo-Organismen [v. *petal-], (H. D. Pflug 1974), kleine bis Dezimeter-große, vielzellige Organismen mit fiedriger Verzweigung, z.T. v. metazoischem (↗ *Petalonamae*), teils von metaphytischem, an Rotalgen erinnerndem Charakter; bekannt aus dem Jungpräkambrium (↗ Ediacara-Fauna). [↗ Pestwurz.

Petasites *m* [v. gr. petasitēs =], die

Petasitetum paradoxi *s* [v. gr. petasitēs = Pestwurz, paradoxus = seltsam], ↗ Thlaspietalia rotundifolii.

Petasma *s* [gr., = ausgebreitete Decke], paariges Begattungsorgan der ↗ *Decapoda,* gebildet aus den beiden ersten Pleopodenpaaren; der vordere Pleopode bildet eine Art Rinne, in der der zweite vor- u. zurückbewegt werden kann.

Petauristidae [Mz.; v. gr. petauristēs = Seiltänzer], die ↗ Wintermücken.

Petaurus *m* [v. gr. petauron = Balancierstange], Gatt. der ↗ Gleitbeutler.

Petermännchen, *Trachinus draco,* ↗ Drachenfische 1).

Petersfischartige, *Zeiformes,* Ordnung der Knochenfische mit nur 3 Fam. und ca. 10 Gatt.; sie haben meist einen abgeplatteten, scheibenförm. Körper, große hochstehende Augen, 2 getrennte, teilweise hartstrahl. Rückenflossen, 1–4 vordere, harte Strahlen in der langgestreckten Afterflosse u. ein weit vorstreckbares Maul. Viele sind Tiefseebewohner, wie die Papierschupper *(Grammicolepidae),* die pergamentartige, lange, senkrecht aufgerichtete Schuppen haben. Weitere Fam. sind die ↗ Petersfische *(Zeidae)* u. ↗ Eberfische *(Caproidae).*

Petersfische, *Zeidae,* artenarme Fam. der ↗ Petersfischartigen; bekannteste Art ist der bis 60 cm lange, als Speisefisch geschätzte Petersfisch od. Heringskönig *(Zeus faber,* B Fische VI), der im östl. Atlantik v. Schottland bis S-Afrika u. im Mittelmeer verbreitet ist.

Petersilie [v. lat.:], *Petroselinum,* Gatt. der ↗ Doldenblütler mit 4 ursprünglich im Mediterrangebiet verbreiteten, 1- und 2jähr., weiß, gelbgrün od. rosa blühenden Arten. Hierzu gehört auch die Garten-P. *(P. hortense = P. crispum,* B Kulturpflanzen VIII), die in Europa seit dem Spätneolithikum in mehreren Sorten (Schnitt-P., Wurzel-P.) als Gewürz-, Heil- u. Gemüsepflanze angebaut wird. Garten-P. enthält in allen Teilen (v.a. in den Früchten u. der Wurzel) P.nöl, daneben nicht unbeträchtl. Mengen an Vitaminen (v.a. Vitamin C). Die Pflanze gedeiht am besten auf frischen, nährstoffreichen Lehmböden u. wird heute vielfach feldmäßig angebaut. Nicht zu verwechseln mit der gift. ↗ Hunds-P.!

Petiolus *m* [lat., = Füßchen, Fruchtstiel], bei apocriten ↗ Hautflüglern *(↗ Apocrita)* das stark verengte 2. Abdominalsegment, das hier oft zus. mit dem 3. Segment (als *Post-*P. bezeichnet) die „Wespentaille" bildet. Bei den Mottenläusen *(↗ Aleurodina)* ist der P. eine stielart. Verengung des 1. Abdominalsegments. Bei Webspinnen die „Spinnentaille", eine stielart. Verbindung zw. Pro- u. Opisthosoma; entspr. dem 1. Opisthosoma-Segment, ermöglicht die große Beweglichkeit des Hinterleibs (Spinnwarzen!).

Petite-Mutanten [Mz.; v. frz. petit = klein, lat. mutans = sich verändernd], Hefe-Stämme, in denen durch Mutation der entspr. Gene einige od. sämtliche der in den Mitochondrien lokalisierten Enzyme der Atmungskette fehlen od. defekt sind, wodurch die Atmungskette ausfällt. Die betreffenden Zellen können Energie nur noch durch den weniger effizienten anaeroben Abbau v. Nährstoffen (↗ Gärung) gewinnen. Bei gleicher Zellengröße wird dadurch die Teilungsrate herabgesetzt, u. die Kolonien der P. M. sind klein (fr. „petit") im Vergleich zu den Kolonien des Wildtyps. Der Petite-Phänotyp kann durch Mutationen im Kern (werden nach den Mendelschen Regeln vererbt) od. durch eine mehr od. weniger ausgedehnte Deletion mitochondrialer DNA-Abschnitte (führt zu einer nicht-mendelnden Vererbung des Merkmals) zustande kommen. ↗ Mitochondrien.

Petitgrainöle [v. frz. petitgrain (ptigrä) = kleines Korn], aus den Blättern v. *Citrus-*Arten gewonnene äther. Öle (↗ Citrusöle), bes. Pomeranzenblätteröl (Estergehalt 50–70%, hpts. Linalylacetat), Bergamottblätteröl, Zitronenblätteröl und P. aus der bittersüßen Orange; finden in der Parfümerie Verwendung.

Petralona, *Mensch von P.,* 1960 entdeckter Oberschädel eines Urmenschen in einer Höhle bei Petralona südöstl. von Thessaloniki (N-Griechenland); Datierung unsicher, ca. 400 000 Jahre. Ähnl. dem Schädelfund v. ⇗Tautavel; zunächst als Neandertaler, heute als archaischer *Homo sapiens* interpretiert.

Petrefakte [Mz.; v. *petro-, lat. factus = gemacht], die ⇗Fossilien.

petricol [v. *petro-, lat. colere = bewohnen], Bez. für Organismen, die auf Gestein, Mauern, Felsen u. ä. leben; ⇗petrophil.

Petricola *w* [v. *petro-, lat. -cola = -bewohner], ⇗Amerikanische Bohrmuschel.

Petri-Schale [ben. nach dem dt. Bakteriologen R. J. Petri, 1852–1921], flache Glas- od. Kunststoffschale mit übergreifender Deckelschale, meist ca. 1 cm hoch, ⌀ 8–12 cm; angewandt zur Kultur v. Mikroorganismen od. Zellgewebe auf festem, künstl. Nährboden.

Petrobiona *w* [v. *petro-, gr. bioein = leben], Gatt. der ⇗Murrayonidae.

Petrocelis *w* [v. *petro-, gr. kēlis = Fleck, Mal], Gatt. der ⇗Gigartinales.

Petrocephalus *m* [v. *petro-, gr. kephalē = Kopf], Gatt. der ⇗Nilhechte.

Petromuridae [Mz.; v. *petro-, lat. mures = Mäuse], die Afrikanischen ⇗Felsenratten.

Petromyzonidae [Mz.; v. *petro-, gr. myzan = saugen], die ⇗Neunaugen.

Petropedetes *m* [v. *petro-, gr. pedētēs = fesselnd], Gatt. der ⇗Ranidae; 6 Arten mittelgroßer (5–8 cm) Frösche in W- und Zentral-Afrika; mehrere Arten leben an Bergbächen u. sind hervorragende Springer, Kletterer u. Schwimmer; Larven mit großem Saugmaul, aber ohne Flossensäume; nur als Junglarven im Wasser, später auf feuchten od. überspülten Felsen springend.

petrophil [v. *petro-, gr. philos = Freund], Bez. für Lebewesen, die Gestein, Mauern, Felsen u. ä. als Aufenthalts- bzw. Standort bevorzugen, z. B. ⇗Gesteinspflanzen; ⇗petricol.

Petrophyten [Mz.; v. *petro-, gr. phyton = Gewächs], die ⇗Gesteinspflanzen.

Petroselinum *s* [v. gr. petroselinon =], die ⇗Petersilie.

Petrosia *w* [v. lat. petrosus = felsig, steinig], Gatt. der ⇗Renieridae.

Petrosum *s* [v. lat. petrosus = Felsen-], *Os petrosum,* das ⇗Felsenbein.

Pettenkofer, *Max Josef* von, dt. Hygieniker u. Chemiker, * 3. 12. 1818 Lichtenheim (Einöde bei Neuburg a. d. Donau), † 10. 2. 1901 München; seit 1847 Prof. in München; neben rein chem. Arbeiten zunächst Untersuchungen über Galle u. Harn (1844 Entdeckung des Kreatinins), ferner zur Respiration v. Mensch u. Tier u. deren Beziehung zur Ernährung; wurde durch experimentelle Untersuchungen des Bodens (Zshg. zw. Grundwasser u. Cholera bzw. Typhus), der physikal. Bedingungen der Kleidung u. der Wohnräume zum Begr. der wiss. ⇗Hygiene.

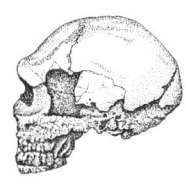

Petunie *w* [v. Tupí-Guarani petyn = Tabak], *Petunia,* in S-Brasilien u. Argentinien heim. Gatt. der Nachtschattengewächse mit ca. 25 Arten. Ausdauernde, bis 50 cm hohe, meist klebrig-drüsig behaarte Kräuter mit einfachen Blättern u. großen, duftenden, trichterförm. Blüten. Die aus der Art *P. axillaris* durch Züchtung hervorgegangenen Kulturformen sind polyploid u. besitzen z. T. über 10 cm breite, weiße, rosa, purpurne od. violette, gefleckte od. gestreifte Blüten mit einfacher od. gekräuselter Krone. Sie werden i. d. R. 1jährig gezogen u. gehören zu den beliebtesten Balkon- u. Terrassenpflanzen. B Südamerika IV.

Peucedanum *s* [v. gr. peukedanon = Roßkümmel], die Pflanzen-Gatt. ⇗Haarstrang.

Peyotl *m* [aztek.], *Lophophora,* Gatt. der ⇗Kakteengewächse.

Peyritschiellaceae [Mz.], Fam. der ⇗Laboulbeniales (Schlauchpilze) mit vorwiegend trop. Arten. [Gatt. der ⇗Stärlinge.

Pezites *m* [v. gr. pezitēs = Fußgänger],

Pezizaceae [Mz.; v. lat. pezicae = stiellose Pilze], *Schüsselbecherlinge,* Fam. der ⇗Becherpilze *(Pezizales),* saprophyt. Schlauchpilze mit schüssel-, becher- oder scheibenförm. Apothecien-Fruchtkörper, oft mehrere cm groß, sitzen dem Substrat direkt auf od. sind an der Basis kurz stielart. zusammengezogen; die Außenseite ist unbehaart u. manchmal mit kleinen Schüppchen besetzt; das Hymenium mit den unitunicaten-operculaten Asci ist meist braun, gelbl. oder violett gefärbt. Die P. werden in 8 Gatt. unterteilt (vgl. Tab.). Über 70 Arten umfaßt die Gatt. *Peziza* (Becherlinge), deren Apothecien, anfangs kugelförmig, sich schüsselförmig öffnen; einige Vertreter: *P. vesiculosa* wächst auf Misthaufen, *P. varia* auf feuchtem Holz, *P. nivalis* bis ca. 2600 m hoch an od. unter Schnee, *P. aurantia* an Waldwegen.

Pezizales [Mz.; v. lat. pezicae = stiellose Pilze], die ⇗Becherpilze.

Pfaffenhütchen, *Pfaffenkäppchen, Euonymus* ⇗Spindelstrauch.

Pfahlmuscheln, Vulgärname für ⇗Miesmuscheln u. ⇗Schiffsbohrer.

Pfahlrohr, *Arundo donax,* ⇗Arundo.

Pfahlstellung, Tarnhaltung der schilfbewohnenden ⇗Rohrdommeln u. ⇗Zwergdommeln bei drohender Gefahr mit senkrecht nach oben gestrecktem Schnabel u. Bewegungslosigkeit; Tarneffekt durch Verschwimmen der Körperfärbung u. -konturen vor dem Hintergrund.

Pfahlwurm ⇗Schiffsbohrer.

Pfahlwurzel, Bez. für die ⇗*Hauptwurzel (Primärwurzel)* der Nadelhölzer u. Dikotyle-

---

Petralona
P. schädel seitlich („archaischer" *Homo sapiens*)

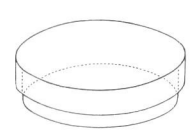

Petri-Schale

M. von Pettenkofer

Petunie *(Petunia)*

Pezizaceae
Wichtige Gattungen:
⇗ *Otidea*
 Peziza
⇗ *Plicaria*
⇗ *Pustularia*
⇗ *Sarcosphaera*

petro- [v. gr. petros (auch petra, petrē) = Stein, Fels, Klippe].

Pfannen

donen, wenn sie durch sekundäres Dikkenwachstum verstärkt wird. Dadurch setzt sie als weiterentwickelte ↗Keimwurzel den Hauptstamm nach unten fort u. wächst, sofern es die Bodenverhältnisse erlauben, senkrecht in den Boden. Die von ihr ausgehenden Seitenwurzeln 1. Ord. wachsen mehr waagerecht, bringen aber Seitenwurzeln höherer Ord. hervor, die nun in allen Richtungen das Erdreich durchwachsen. Wird die P. (oder doch zumindest Teile von ihr) als Speicherorgan stark verdickt, so spricht man v. einer ↗Rübe. [B] Bedecktsamer II.

Pfannen, abflußlose Bodensenken arider Gebiete mit spezif. Vegetation. Nach sporad. Regen sammelt sich hier das Oberflächenwasser. Mitgeführter Ton u. Schluff werden abgelagert. Werden auch gelöste Stoffe mit eingeschwemmt, so blühen sie nach dem Verdunsten des Wassers als Salzkrusten aus *(Salzpfannen).*

Pf<u>au</u>en [Mz.; v. lat. pavo = Pfau], *Pavo,* Gatt. der Fasanenvögel mit 2 asiat. Arten. Männchen mit stark verlängerten, prächtig gefärbten Oberschwanzdecken, die während der ↗Balz in Anwesenheit mehrerer Weibchen zu einem „Rad" aufgestellt werden. Die hierbei zutagetretenden „Augen" sollen symbolisierte Körner darstellen, wie sie bei anderen Hühnern als echtes Futter vor der Paarung präsentiert werden. Der Blaue Pfau (*P. cristatus,* [B] Asien VII) wird einschl. Schwanz bis zu 2 m lang u. lebt im Dschungel Indiens meist in Wassernähe. Nest mit 3–5 weißen Eiern in Büschen. Wird wegen seines imposanten Aussehens schon seit 4000 Jahren als Ziervogel in Europa gehalten u. in verschiedenen Farbvarianten gezüchtet. Hierfür weniger geeignet, da klimaempfindlicher u. unverträglicher, ist der hochbeinigere Ährenträger-Pfau *(P. muticus).* [B] Ritualisierung.

Pfauenauge, Name für einige Schmetterlinge mit auffälligen Augenmustern (↗Augenfleck) auf den Flügeln; ↗Abend-P., ↗Nacht-P., ↗Tag-P., ↗Pfauenspinner.

Pfauenspinner, *Augenspinner, Saturniidae (Attacidae),* weltweit, v. a. tropisch verbreitete Schmetterlingsfam. mit etwa 1300 Arten, in Mitteleuropa nur wenige Vertreter; prachtvolle mittelgroße bis sehr große Falter (Spannweite bis 250 mm) mit breiten, großflächigen Flügeln (bis 300 cm²); sie gehören damit zu den größten Insekten; Flügel meist mit Augenzeichnung (↗Augenfleck), die als Schrecktracht dienen kann (z.B. *Automeris*-Arten, [B] Mimikry II), od. mit unbeschuppten, durchsicht. „Fensterflecken", Hinterflügel bei einigen Vertretern geschwänzt (z. B. beim Mondspinner, *Actias selene,* [B] Insekten IV, u. beim ↗Kometenfalter, *Argema mittrei*), Vorderflügelspitzen mitunter sichelförmig vorgezogen, Rüssel reduziert; die Falter, v. a. die Männchen, sind kurzlebig; Fühler insbes. im männl. Geschlecht stark gekämmt;

pfeffer- [v. Sanskrit pippali = Pfefferkorn, über gr. peperi = Pfeffer].

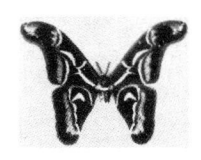

Pfauenspinner
Ailanthusspinner
(Samia cynthia)

Pfefferartige
Familien:
↗Pfeffergewächse
(Piperaceae)
↗Peperomiaceae
Saururaceae

Männchen orten die trägeren, dickleibigen Weibchen oft über viele Kilometer in hektischem Zickzackflug mit Hilfe des ausgezeichneten Geruchssinns. Die Falter sind vorwiegend nachtaktiv; sie werden infolge ihrer Größe, Form- u. Farbenpracht häufig gezüchtet. Die Raupen sind zieml. fleischig, oft mit beborsteten Warzen, z.T. auch mit stechenden Dornen u. Brennhaaren (z. B. Vertreter der amerikan. Gatt. *Automeris spec.);* sie fressen an Blättern v. Gehölzen; Verpuppung in der Erde od. in Kokon aus Seidenfäden. Neben dem eigtl. ↗Seidenspinner *(Bombyx mori)* wurden daher auch verschiedene Vertreter v. a. aus der Gatt. *Antheraea* (Eichenseidenspinner) kommerziell gezüchtet (Tussah-, Schantung-, Mugaseide u.a.) u. aus ihrer asiat. Heimat z.T. weltweit verschleppt. So wurde z. B. der südostasiat. Ailanthusspinner *(Samia cynthia, Philosamia cynthia)* nach Nordamerika u. Europa gebracht, wo der bis 150 mm spannende Falter in Warmtrockengebieten, wie dem Elsaß u. Nieder-Östr., verwilderte u. sich vermehrt; seine Raupen leben am Götterbaum. Einer der größten Falter der Erde ist der bis 250 mm spannende Atlasspinner *(Attacus atlas,* [B] Insekten IV), Heimat Südchina bis Indien; seine Larve lebt am Götterbaum u. liefert die Fagaraseide. Heimische Arten sind die ↗Nachtpfauenaugen u. der ↗Nagelfleck

Pfauenstein ↗Perlen. [*(Aglia tau).*

Pfaufasanen, zu den Fasanenvögeln gehörende mittelgroße südasiat. Hühnervögel (Gatt. *Argusianus, Polyplectron, Rheinartia*) mit auffälliger „Augenzeichnung" im Gefieder; Gelege umfaßt lediglich. 2 Eier. Das Männchen des bis 2 m großen Argusfasans *(Argusianus argus)* besitzt außerordentl. verlängerte Armschwingen, die gemeinsam mit den Schwanzfedern bei der Balz ausgebreitet werden. [B] Ritualisierung.

Pfeffer, *Wilhelm,* dt. Botaniker, * 9. 3. 1845 Grebenstein, † 31. 1. 1920 Leipzig; zuletzt Prof. in Leipzig; neben J. ↗Sachs Begr. der modernen Pflanzphysiologie, erarbeitete bes. die physikal.-chem. Grundlagen der Reiz- u. Bewegungsvorgänge; trug durch seine Osmoseforschungen mit semipermeablen Membranen (*P.sche Zelle,* 1877) wesentl. zur Schaffung der Grundlagen der allg. Physiologie bei.

Pfeffer, *Piper,* Gatt. der ↗Pfeffergewächse.

Pfefferartige, *Piperales,* Ord. der *Magnoliidae* mit 3 Fam. (vgl. Tab.); die Blätter sind i.d.R. wechselständig; die hüllblattlosen Blüten stehen in Ähren od. Trauben. Die kleine Fam. der *Saururaceae* (5 Gatt. und 7 Arten), heimisch in O-Asien u. N-Amerika, enthält kraut. Pflanzen mit z.T. noch freien Fruchtblättern; der Blütenstand wird v. den farb. Tragblättern der untersten Blüten kronblattartig umgeben u. wirkt daher wie eine Einzelblüte; *Houttuyia cordata* wird in Vietnam als Salatpflanze kultiviert; bei uns z.T. als Bodendecker.

Pfefferbaum, *Schinus molle,* ↗Sumachgewächse.

Pfefferfresser, die ↗Tukane.

Pfeffergewächse, *Piperaceae,* Fam. der Pfefferartigen mit 5 Gatt. und 2000 Arten (z. T. weniger unterschieden), pantropisch verbreitet. Die aufrechten od. kletternden Holzpflanzen kommen v.a. in Regenwäldern vor. Die einfachen Blätter sind wechselständig u. besitzen Drüsen mit scharfen äther. Ölen; traub. oder ähr. Blütenstände aus hüllblattlosen, unscheinbaren Blüten. Die Frucht, eine fleischige, einsamige Steinfrucht, entsteht aus dem verwachsenblättr. Fruchtknoten. Charakterist. innerer Bau der P.: außerhalb u. innerhalb des zentralen Sklerenchymzylinders sind kreisförmig einzelne Leitbündel angeordnet. Größte Gatt. ist der Pfeffer *(Piper)* mit ca. 2000 Arten, wichtigste Art: *P. nigrum,* der Schwarze Pfeffer, eine Liane SO-Asiens, liefert schwarzen (unreife Früchte) u. weißen Pfeffer (reife, geschälte Früchte); wicht. Inhaltsstoffe sind u. a. die Alkaloide ↗Piperin u. Chavicin; auch *P. longum* liefert Früchte, die als Gewürz genutzt werden. Aus *P. methysticum* wird auf einigen pazif. Inseln das berauschende Kawa-Getränk hergestellt; die Wurzeln werden gekaut u. dann ein wäßriger Auszug bereitet; neben der Wirkung auf das Zentralnervensystem treten bei übermäßigem Genuß u. a. Bindehautentzündungen auf. Die Blätter des Betelpfeffers *(P. betle = Chavica b.)* werden zur Bereitung des Betelbissens genutzt (↗Betelnußpalme). **B** Kulturpflanzen IX.

Pfefferminze, *Mentha piperita,* ↗Minze.

Pfefferminzöl, *Oleum menthae piperitae,* durch Wasserdampfdestillation aus den Blättern verschiedener *Mentha*-(↗Minze-)Arten gewonnenes äther. Öl, das v.a. ↗Menthol (50–78%), ↗Menthon (10–20%), Menthylacetat (5–20%) u. Menthofuran (2,5–5%) enthält. Seine Verwendung entspr. weitgehend der des ↗Menthols, das aus P. hergestellt wird.

Pfeffermuscheln, *Scrobiculariidae* u. *Semelidae,* Fam. der U.-Ord. Verschiedenzähner, Meeresmuscheln mit rundl.-eiförm., dünnen, abgeflachten Klappen. Die P. graben sich in Weichböden der Gezeitenzone ein; sie haben 2 lange Siphonen; mit dem Einfuhrsipho pipettieren sie Sedimentoberfläche nach organ. Material ab. Die Großen P., *Scrobicularia plana* (Fam. *Scrobiculariidae*), u. die Kleinen P., *Abra alba* (Fam. *Semelidae*), leben auch in Nord- u. Ostsee. Die Großen P. werden 6 cm lang u. sind auf den dt. Schlickwatten bes. häufig. Die Kleinen P. (bis 2,5 cm) stellen ein wicht. Nahrung für Plattfische u. Dorsche.

Pfeffersche Zelle [ben. nach W. ↗Pfeffer] ↗osmotischer Druck (□).

Pfeffinger Krankheit [ben. nach dem Ort Pfeffingen bei Basel], Viruserkrankung des Kirschbaums, durch die der ganze Baum absterben kann; Symptome: gelbgrüne Scheckung der Blätter, Triebstauchung (dadurch rosettig gefaltete Blattspreiten), Zellwucherungen an der Mittelrippe.

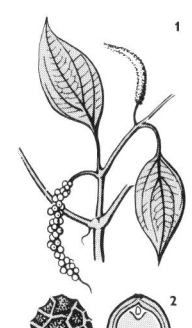

Pfeifenfische, *Fistulariidae,* die ↗Flötenmäuler.

Pfeifengras, *Besenried, Molinia,* Gatt. der Süßgräser (U.-Fam. *Pooideae*) mit 3–4 Arten in zahlr. Varietäten auf der N-Halbkugel. Neben dem Japanischen P. *(M. japonica)* ist das europäische Blaue P. *(M. coerulea)* die wichtigste Art. Der Halm dieses 50–90 cm hohen Rispengrases ist oben (zu ca. ⅔ bis ¾ der Länge) knotenlos; die Knoten sind am Stengelgrund gehäuft; der Halm wurde fr. zum Pfeifenreinigen benutzt (Name!); die 1–6blütigen Ährchen sind blauviolett. Das ausdauernde Horstgras ist ein wicht. Streugras bes. wechselfeuchter Standorte, trockengelegter Moore u. rohhumusreicher Schläge. Es ist ein Torfzerstörer u. Zeiger für Grund-/Stauwasserschwankungen u. eine Charakterart der P.wiesen (Molinion coeruleae, ↗Molinietalia).

Pfeifengraswiesen, *Pfeifengras-Streuwiesen, Molinion coeruleae,* Verb. der ↗Molinietalia.

Pfeifenstrauch, *Falscher Jasmin, Philadelphus coronarius,* ↗Steinbrechgewächse.

Pfeiffer, *Richard Friedrich,* dt. Bakteriologe, * 27. 3. 1858 Zduny (Prov. Posen), † 15. 9. 1945 Bad Landeck (Schlesien); Prof. in Berlin, Königsberg u. Breslau; entdeckte neben dem Influenzabazillus (1892) die spezif. bakteriolyt. Abwehrstoffe (Bakteriolysine, 1896) u. verbesserte mit deren Hilfe die Diagnose der Cholera.

Pfeiffrösche, die ↗Südfrösche.

Pfeifhasen, *Ochotonidae,* im Tertiär weitverbreitete u. häufige Fam. der Hasentiere *(Lagomorpha),* v. der allein die Gatt. *Ochotona* in etwa 15 meerschweinchengroßen Arten die Ggw. erreicht hat. Diese bewohnen Gebiete Asiens bis Osteuropa u. N-Amerika. Mindestens 16 † Gatt. waren fr. auch in Europa u. Afrika heimisch. In Sardinien u. Korsika überlebte ↗*Prolagus* bis ins Holozän. Stammesgeschichtl. leiten sich die *O.* von den eozänen Urhasen *(Palaeolaginae)* her.

Pfeilerzellen, auf der ↗Basilarmembran in den ↗Gehörorganen (□) v. a. der Säuger (↗Cortisches Organ) in 2 Reihen angeordnete, langgestreckte Zellen, in denen die Enden der Hörsinneszellen (Haarzellen, ↗Mechanorezeptoren) eingefügt sind.

Pfeilgifte, aus gift. Pflanzen od. Tieren gewonnene Extrakte, meist Gemische verschiedener Verbindungen, die bes. in Afrika und S-Amerika v. Eingeborenen zum Bestreichen v. Pfeilen, Speeren, Blasrohrgeschossen usw. bei Jagd u. Kampf verwendet werden, um eine Lähmung od. Tötung v. Beutetieren bzw. Feinden herbeizuführen. Während afr. P. hpts. aus

Pfeffergewächse

Pfeffer *(Piper):* 1 Zweig mit Fruchtstand, 2 Pfefferkörner, **a** ungeschältes, **b** durchschnittenes Korn

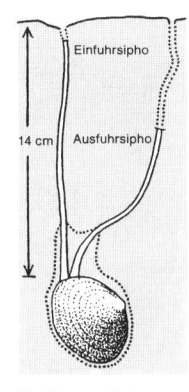

Pfeffermuscheln

Große Pfeffermuschel *(Scrobicularia plana),* im Sediment eingegraben, mit Einfuhr- (links) u. Ausfuhrsipho (rechts)

Pfeifhasen

P. sind kleine, kurzohrige, schwanzlose Steppen- u. Gebirgstiere; Vorder- u. Hinterbeine sind fast gleich lang. Häufig ist der Sibirische od. Altai-Pfeifhase *(Ochotona alpina),* der koloniweise in Höhlen wohnt; pfeift bei der nächtl. Futtersuche

Pfeilgiftfrösche

*Acocanthera-, Strophanthus-, Strychnos-, Periploca-*Arten u. anderen Pflanzen bereitet werden, ist in S-Amerika die Verwendung v. ↗ Curare u. von P.n aus ↗ Farbfröschen verbreitet. Die tox. Bestandteile der P. sind vorwiegend herzwirksame Glykoside (z.B. Ouabain = g-Strophanthin, ↗ Strophanthine) sowie Alkaloide (z.B. ↗ Strychnin, Curare, ↗ Batrachotoxine).

Pfeilgiftfrösche, die ↗ Farbfrösche.

Pfeilgiftkäfer, Vertreter der südafr. Blattkäfer-Gatt. *Diamphidia (D. simplex* und *D. locusta)* und *Blepharida evanida,* aus denen v. den Buschmännern der Giftstoff Sapotoxin (Toxalbumin) gewonnen wird, indem sie die Pfeilspitze in den Körpersaft der Larven eintauchen. Dieses Gift nehmen das Gift vermutl. aus ihrer Futterpflanze *(Commiphora africanum,* Fam. *Burseraceae)* auf. Die Giftwirkung kann bereits durch feines Anritzen der Haut eintreten.

Pfeilhechte, Barrakudas, *Sphyraenoidei,* U.-Ord. der Barschartigen Fische mit 1 Fam. *Sphyraenidae* u. 18 Arten. Räuberische Küstenfische v. a. in trop. Meeren, die bei ausgedehnten Nahrungswanderungen im Sommer in gemäßigte Meere vordringen; haben langen, hechtart. Körper, große, mit kräft. Zähnen bewehrte Kiefer u. 2 weit auseinanderstehende Rückenflossen. Hierzu der bis 1,7 m lange Atlantische od. Große Barrakuda *(Sphyraena barracuda,* B Fische VI) aus dem Atlantik u. dem westl. Pazifik, der – gereizt – auch Menschen angreift; sein Fleisch ist durch Beutefische manchmal giftig; u. der im O-Atlantik u. Mittelmeer heimische, bis 1,3 m lange Eur. B. *(S. sphyraena),* der gelegentl. Badende verletzt.

Pfeilkalmare, *Omma(to)strephidae,* Fam. der *Oegopsida,* Kalmare von mittlerer bis beträchtl. Länge (bis 4 m), mit Längs- u. Ringfalten in der Nackenregion, 8 Armen und 2 Fangarmen; die Arme tragen 2, die Endkeulen der Fangarme 4 Reihen Saugnäpfe; beim ♂ sind 1–2 Arme hectocotylisiert. Die P. sind hervorragende Schwimmer der Hochsee (bis 1500 m Tiefe); sie ernähren sich v. Krebsen u. Fischen. Die Entwicklung verläuft über die Rhynchoteuthis-Larve. Zu den P.n gehören 23 Arten in 10 Gatt. (vgl. Tab.); einige Arten sind häufig u. werden wirtschaftl. genutzt, insbes. der Japanische Kalmar, *Todarodes pacificus* (1980: ca. 380 000 t), u. der Pazif. Riesenkalmar, ↗ *Dosidicus gigas.*

Pfeilkraut, *Sagittaria,* Gatt. der Froschlöffelgewächse, mit ca. 20 Arten in Amerika u. Eurasien verbreitet; wachsen in flachen, höchstens langsam fließenden Gewässern; die pfeilförm. Blätter ragen über die Wasseroberfläche hinaus. Bei uns einheimisch: das Gemeine Pfeilkraut *(S. sagittifolia),* selten in Röhricht-Ges. Die stärkehalt. Knollen mancher Arten werden in Asien bzw. auch v. Indianern als Nahrungsmittel verwendet.

Pfeilkalmare
Wichtige Gattungen:
↗ *Dosidicus*
Illex
(↗ Kurzflossenkalmar)
↗ *Ommastrephes*
(↗ Fliegender Kalmar)

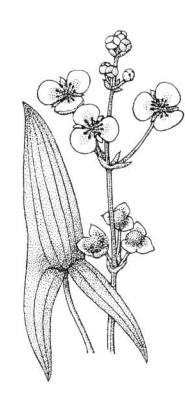

Gemeines Pfeilkraut
(Sagittaria sagittifolia)

Pferde
Rezente Arten der
Gatt. *Equus:*
Bergzebra
(E. zebra; ↗ Zebras)
Steppenzebra
(E. quagga;
↗ Zebras)
Grévyzebra
(E. grevyi; ↗ Zebras)
Afr. Wildesel
(E. asinus; ↗ Esel)
Asiat. Wildesel
(E. hemionus; ↗ Esel)
Wildpferd
(E. ferus przewalskii)

Pfeilkresse, *Cardaria,* weltweit verbreitete Gatt. der Kreuzblütler. In Mitteleuropa nur die aus dem Mittelmeergebiet stammende, heute in der gesamten gemäßigten Zone anzutreffende Art *C. draba (Lepidium draba),* eine bis 50 cm hohe, grau behaarte Staude mit einfachen, am Rande gezähnten Blättern u. kleinen, weißen, in doldigen Trauben stehenden Blüten. Standorte der seit 1728 als Neophyt im Gebiet lebenden Pflanze sind Unkraut-Ges. an Wegen, Schuttplätzen u. Dämmen.

Pfeilnatter, *Coluber jugularis,* ↗ Zornnattern.   [ottern.

Pfeilotter, *Causus rhombeatus,* ↗ Kröten-

Pfeilschnäbler, die ↗ Stachelaale.

Pfeilschwanzkrebse, die ↗ Xiphosura.

Pfeilwürmer, die ↗ Chaetognatha.

Pfeilwurzgewächse, *Marantaceae,* Fam. der Blumenrohrartigen, mit ca. 30 Gatt. und 350 Arten weltweit verbreitet; ausdauernde Kräuter mit zweizeilig angeordneten Blättern, die stets eine Blattscheide besitzen; der Grund des Blattstiels ist im allg. gelenkartig ausgebildet. Die monoklinen, asymmetr. Blüten stehen meist paarweise in den Achseln der Hochblätter. Die Blüten zeigen stark abgeleitete Merkmale: Die 3 Kelchblätter sind unverwachsen, die 3 Kronblätter jedoch zu einer Röhre verschmolzen; nur eines der Staubblätter ist fertil (1 fertile Theke), die restl. sind meist zu kronblattartigen Staminodien umgewandelt. Der Fruchtknoten ist unterständig. Zu den P.n gehören beliebte Zierpflanzen: v. a. Arten der in Mittel- und S-Amerika beheimateten Gatt. *Calathea* (ca. 150 Arten) u. *Maranta* (ca. 30 Arten), die interessant gefärbte Blätter aufweisen. Die Pfeilwurz *(M. arundinacea,* B Südamerika II), in den Tropen der ganzen Welt angebaut, ist eine bis zu 3 m hohe Staude, die 50 cm lange Ausläufer mit hohem Stärkegehalt hervorbringt. Zur Erntezeit enthalten die etwa 3 Wochen lagerbaren Rhizome 20–25% Stärke. Zur Gewinnung der Stärke werden diese zermahlen, danach wird die Stärke mit Wasser ausgeschwemmt. Das so gewonnene „Westindische Arrowroot" ist bes. leicht verdaulich u. daher als Kleinkinder- u. Diätnahrung bes. geeignet.

Pfeilzüngler, die ↗ Giftzüngler.

Pfennigkraut, *Lysimachia nummularia,* ↗ Gelbweiderich.

Pferde, *Equidae,* Fam. der Unpaarhufer; einzige Gruppe der P. verwandten (U.-Ord. ↗ Hippomorpha), die nach ihrer Blütezeit im Miozän nur mit 1 Gatt. *(Equus)* und 6 Arten überlebt hat, v. denen jedoch heute nur noch das afr. Steppenzebra in größerer Anzahl wildlebend vorkommt. Alle rezenten P. sind hochbeinige Säugetiere, die nur mit der Spitze ihrer Mittelzehe auftreten (Einhufer); Reste der 2. und 4. Zehe sind als sog. Griffelbeinknochen noch erhalten (↗ Griffelbeine). Schädel längl., mit nach hinten verlagerten Augenhöhlen; Eck-

Pferde

zähne rückgebildet od. fehlend, Mahlzähne hochkronig u. mit harten Schmelzfalten auf der Kaufläche (Zahnformel: 3 · 0–1 · 3 · 3). Die P. bewohnen als schnelle u. ausdauernde Läufer vorwiegend Steppen- u. Wüstengebiete. Die hohe Wachsamkeit der meist in Herden lebenden P. beruht auf ihrem ausgeprägten Geruchs- u. Gehörsinn. P. sind Pflanzenfresser mit einem (im Ggs. zu den Wiederkäuern) einhöhligen, relativ kleinen Magen. – Die P. sind die stammesgeschichtl. am vollständigsten dokumentierten Säugetiere („Paradepferd der Paläontologen" nach E. Haeckel). Ursprüngl. waren P. fuchs- bis rehgroße, laubfressende Waldtiere (z. B. *Propalaeotherium* aus der eozänen Ölschiefergrube in ↗ Messel, mit strukturell gut erhaltenem Mageninhalt). Mit der Entwicklung vom Waldtier zum schnellaufenden Steppentier (↗ Leserichtung) wandelt sich der mehrstrahlige Fuß durch Betonung der Mittelzehe u. Reduktion der anderen Zehen allmähl. zum Einhuf; mit dem Übergehen v. Laub- zu Grasnahrung werden die urspr. niedrigen, vierhöckerigen Backenzähne hochkronig u. wird die Kaufläche durch Verdichtung der Schmelzfalten widerstandsfähiger. Die *Stammesgeschichte* der P. spielt sich hpts. in N-Amerika ab. Von dort aus gelan-

Pferde

1 Wildpferde, **2** Shetlandpony, **3** Araberhengst, **4** Trakehnerhengst, **5** Oldenburger Hengst, **6** Westfälische Kaltblutstute

EVOLUTION DER PFERDE I

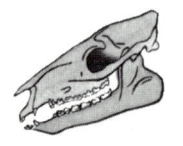

Hyracotherium

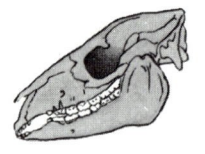

Mesohippus

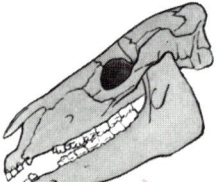

Parahippus

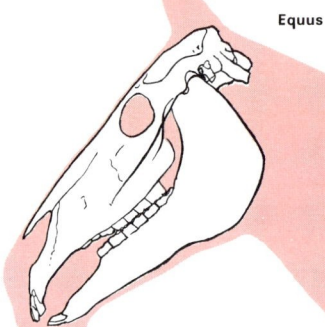

Equus

Die Geschichte der Pferde im Tertiär und Quartär ist besonders gut bekannt und eignet sich vor allem als Beispiel für die Arbeitsweise der paläontologischen Evolutionsforschung. Ernst Haeckel bezeichnete diese Entwicklungsreihe als »Paradepferd« der Paläontologie. Die Reihe nimmt ihren Ausgang vom kleinen, untereozänen Hyracotherium (Eohippus). Seine Vorfahren sind primitive Säuger, die etwa vom Paleozän bis zum Ende des Eozäns lebten. Aus den nächsten Abschnitten des Tertiärs sind die fossilen Reste des Mesohippus (Unteroligozän) und des Parahippus (Untermiozän) bekannt. Die Reihe wird abgeschlossen durch das heutige Pferd (Equus), das seit dem letzten Abschnitt des Tertiärs (Pliozän) lebt.

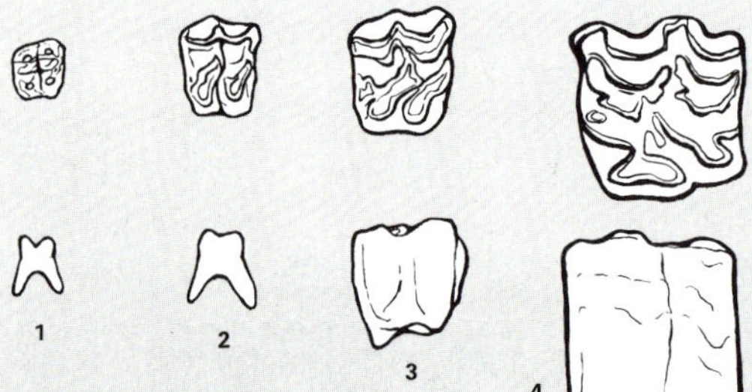

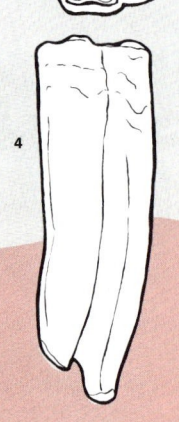

Das **Gebiß** zeigt die Entwicklungslinie Allesfresser. — Laubfresser — Grasfresser. Die Ahnen des *Hyracotherium* waren Allesfresser (unspezialisiertes Gebiß). *Hyracotherium*, ein Laubfresser, hatte einfache vierhöckerige Backenzähne (1). Im Oligozän *(Mesohippus)* werden die Höcker flacher (2). Durch Verbindung der Höcker mit Leisten vergrößert sich die Kaufläche. *Merychippus* (Miozän, 3) hat höhere Kronen, in Falten gelegten Schmelz. Der Zahn ist mit Zement umhüllt. Beim heutigen Pferd (4) ist eine wirksame Mahleinrichtung für das harte Gras vorhanden.

Der Wandel vom »geruhsamen« Waldtier zum schnell laufenden Steppentier läßt sich vor allem an der Umbildung der Extremitäten verfolgen. Der Urtyp des »Lauffußes« ist 5strahlig. Bereits bei *Hyracotherium* (U-Eozän) ist bei der Vorderextremität eine Zehe reduziert, bei *Orohippus* (M-Eozän) völlig verschwunden (1). Bei *Mesohippus* (Oligozän) beginnt die Betonung der Mittelzehe (2); *Hipparion* (Pliozän) ist funktionell bereits ein Einhufer (3). Bei der Gattung *Equus* schließlich (4) liegt auch anatomisch der typische »einzehige Springfuß« vor.

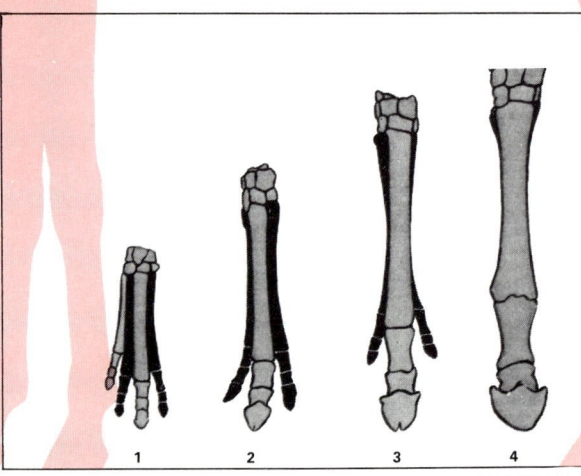

Mit der zunehmenden Höhe der Backenzähne hängt u. a. auch die Umbildung des *Schädels* zusammen. Der Unterkiefer wird höher, der Gesichtsschädel länger. Auch die vor allem im Eozän sich vollziehende Vergrößerung des Gehirns wirkt sich als verändernder Faktor auf die Proportionen des Schädels aus.

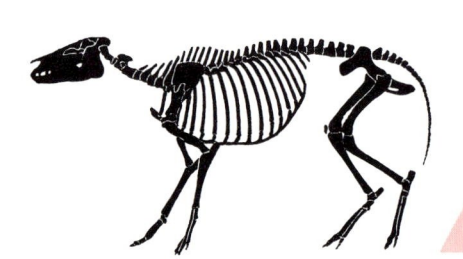

EVOLUTION DER PFERDE II

Stammesgeschichte der Pferde
(nach J.L. Franzen 1984)

SÜDAMERIKA: Onohippidion, Hippidion
NORDAMERIKA: Nannippus, Calippus, Neohipparion, Equus, Dinohippus, Merychippus, Mesohippus, Orohippus, Hyracotherium
EURASIEN: Hipparion, Anchitherium, Propalaeotherium, Pachynolophus, Lophiotherium, Anchilophus
AFRIKA: Stylohipparion

grasäsend / laubäsend

| 65 | 55 | 37 | 23 | 5,2 | 1,8 | 0 Mill. Jahre |
| Paleozän | Eozän | Oligozän | Miozän | Pliozän | Pleistozän + Holozän | |

Aus Studien der Merkmalsabwandlungen und unter Einbeziehung aller fossilen Funde der *Equiden* kommt man zu einem sehr aufschlußreichen Bild von der Evolution dieser Gruppe. Besonders interessant ist, daß sich die Phylogenie der Pferde seit dem Obereozän ausschließlich in Nordamerika abspielte. Die in Europa gefundenen Gattungen sind jeweils über die damals landfeste Beringstraße nach Asien und Europa eingewandert, z. B. *Anchitherium* (Miozän), *Hipparion* (Pliozän), *Equus* (Pleistozän). Die Einbeziehung solcher Wanderungen ist unerläßlich, um zu einem realistischen Bild der Phylogenie zu gelangen. Für die Gruppe der Pferde bedeutet dies, daß nur in Nordamerika eine echte Phylogenese vorliegt. In der Alten Welt sind dagegen große Lücken vorhanden: es handelt sich hier nur um eine *scheinbare Phylogenese*, eine *Stufenleiter*.

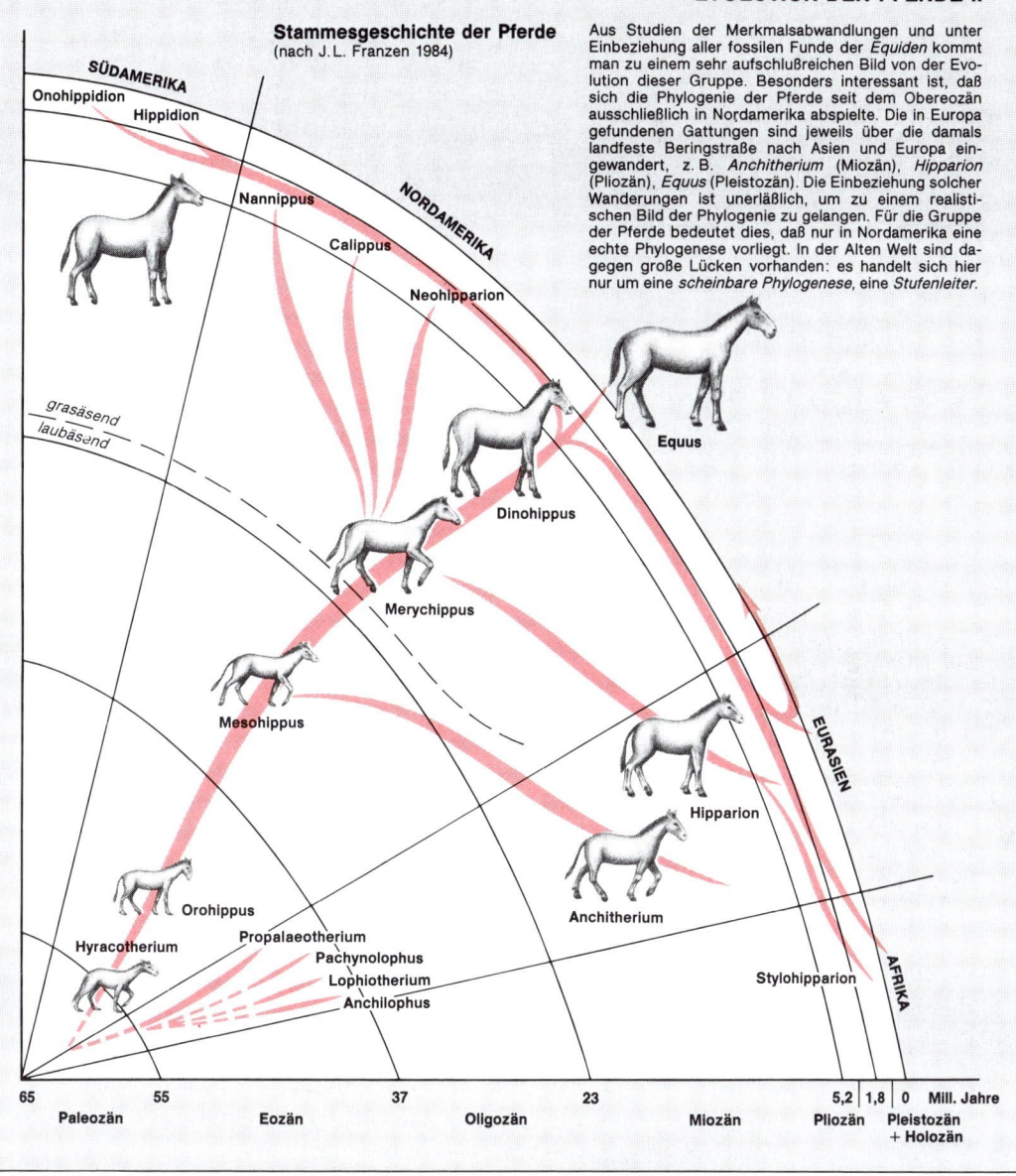

Die Reduktion der 5zähligen Extremität zur 3zähligen Form *(Unpaarzeher)* ist auch bei anderen Gruppen der Säuger vor sich gegangen. Sie alle sind auf zunächst allesfressende, dann schon typisch pflanzenfressende Stammformen zurückzuführen. Anders als die *Equiden* sind die *Tapiridae (Tapire)* Laubfresser geblieben, während die *Chalicotheriidae* (Füße mit Krallen, vielleicht zum Ausgraben von Pflanzenknollen) oder die *Rhinocerotidae (Nashörner)* besondere Spezialisierungen des gesamten Körperbaues erfahren haben. Das Beispiel der Unpaarzeher ist somit eine sehr einleuchtende Darstellung einer Spezialisationsentwicklung, wie sie für fast alle Säuger typisch ist.

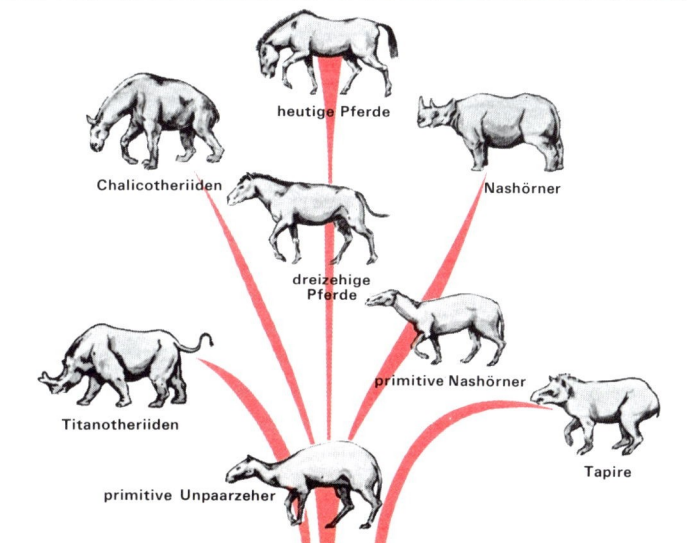

heutige Pferde — Chalicotheriiden — Nashörner — dreizehige Pferde — primitive Nashörner — Titanotheriiden — Tapire — primitive Unpaarzeher

Pferde

Pferde

Umwandlung v. Schädelform, Backenzähnen u. Fußskelett während der Stammesgeschichte der Pferde. Der Unterkiefer wird höher, der Gesichtsschädel länger. Aus niederen, vierhöckerigen Backenzähnen (Seiten- u. Aufsicht) werden hochkronige mit verdichteten Schmelzleisten. Der 5strahlige „Lauffuß" wird zum einhufigen „Springfuß".

gen mehrmals P. in die Alte Welt (gg. Ende des Tertiärs auch nach S-Amerika: ↗ *Hippidion*). Bereits in der 2. Hälfte des Paleozäns wandern kleinwüchsige „Urpferdchen", Abkömmlinge v. ↗ *Hyracotherium (Eohippus)*, über die Nordatlantik-Landbrücke nach Eurasien ein; sie sterben dort Ende des Eozäns wieder aus. (Aus dem Oligozän findet man keine P. in der Alten Welt.) Erst wieder zu Beginn des Miozäns wandert ein mittelgroßes, dreizehiges Pferd (*Anchitherium*; Backenzähne noch niederkronig) von N-Amerika über die damals landfeste Beringstraße nach Asien u. Europa ein. Während seine Nachfahren in Europa im oberen Miozän wieder aussterben, gelangt ein anderes dreizehiges Pferd (↗ *Hipparion*; Backenzähne hochkronig) aus N-Amerika in die Alte Welt. Die Gatt. *Equus* erreicht erst kurz vor Beginn des Pleistozäns (vor etwa 3 Mill. Jahren) aus N-Amerika über die Bering-Landbrücke Asien u. Europa. Während diese Gatt. in Amerika im Postglazial ausstirbt, überlebt sie in der Alten Welt. Dort gewinnt der Mensch aus dem Wildpferd das Hauspferd, das die Europäer nach der Entdeckung Amerikas in die Neue Welt bringen, wo es z.T. wieder verwildert (↗ *Mustangs*). – Stammform des *Hauspferdes* ist das Wildpferd *(Equus ferus)*, das in mehreren U.-Arten während des Pleistozäns in Eurasien (u. auch noch in N-Amerika) weit verbreitet u. eine wicht. Jagdbeute späteiszeitl. Jäger war (Höhlen-Wandzeichnungen). Noch in geschichtl. Zeit gab es 3 U.-Arten in der Alten Welt. Der in Waldgegenden Mittel- u. O-Europas heimische Waldtarpan *(E. f. silvaticus)* war schon im frühen MA nahezu u. zu Ende des 18. Jh.s endgültig ausgerottet. Das Südruss. Steppenwildpferd od. Steppentarpan *(E. f. gmelini)* wurde im 18./19. Jh. ausgerottet. (Am 25. 12. 1879 starb, zu Tode gehetzt, das letzte freilebende Tier.) Bis heute überlebt hat nur das Östl. Steppenwildpferd od. Przewalski-Pferd *(E. f. przewalskii;* Kopfrumpflänge 220–280 cm, Widerristhöhe 120–145 cm; B Asien II), das früher vom Ural u. Kasachstan über ganz Mittelasien bis zur Mongolei verbreitet war. Da die letzten wildlebenden Tiere der Transaltaischen Gobi inzwischen ebenfalls ausgerottet sein dürften, existiert das Przewalski-Pferd heute nur noch in Tiergärten, wo es (nach dem Int. Zuchtbuch in Prag) erfolgreich weitergezüchtet wird. Bei dem in Tiergärten zu sehenden „Tarpan" handelt es sich dagegen um

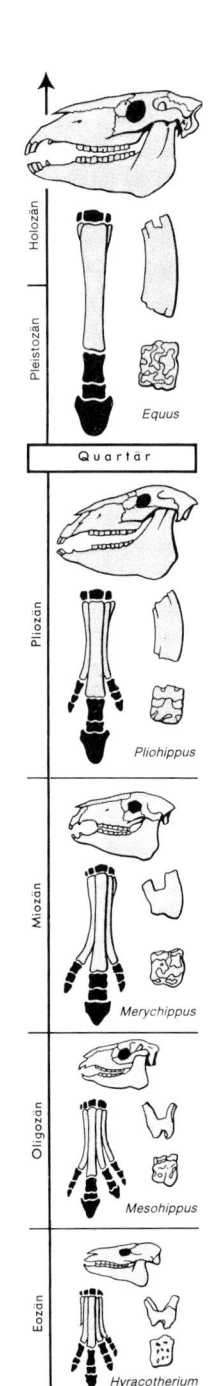

Rückzüchtungen aus tarpanähnl. Haus-P.n, die uns ledigl. eine Vorstellung v. Aussehen des ausgestorbenen Tarpans vermitteln können. – Alle 3 U.-Arten (sowie noch weitere) waren an der Entstehung des Haus-P.s als Jagd- u. Kampfgenosse des Menschen beteiligt. Schon im 4. Jt. v. Chr. wurden in Mesopotamien u. China Przewalski-P. zu Haus-P.n gemacht (↗ Haustierwerdung). Im asiat. Teil der Sowjetunion gibt es noch heute Haus-P. vom Przewalski-Typ. Die Araber-P. (Oriental. Vollblut; Widerristhöhe 135–150 cm) gelten als Abkömmlinge vom Tarpan-Typ; sie gelangten aus dem Iran u. Kleinasien nach Arabien u. breiteten sich über Vorderasien und N-Afrika aus; erst die Kreuzzüge brachten sie nach Europa. Aus der Kreuzung eines Araber-P.s mit brit. Insel-P.n entstanden die Engl. Vollblut-P., die v.a. für den P.-Rennsport eingesetzt werden. Bekannte dt. Warmblut-P. (Int. Bez.: Halbblut) für den Reitsport sind z.B. die Trakehner-P. (nach dem v. Friedrich Wilhelm I. 1732 in Trakehnen/Ostpr. gegr. Gestüt) u. die Hannoveraner-P. (Gestüt in Celle, gegr. 1735). Als Arbeits-P. (z.B. Acker-P., Brauerei-P.) dien(t)en die schwerer gebauten, sog. ↗ Kaltblut-P. (nach ihrem ruhigeren Temperament). Die Nord-P. (z.B. Fjord-P., Shetland-Pony) gehen wahrscheinl. auf ein kleineres eiszeitl. Wildpferd *(E. f. gracilis)* zurück, in das später auch andere Rassen eingekreuzt wurden. Auch die als recht ursprüngl. angesehenen Camargue-P. sind Nachkommen eiszeitl. Wild-P., in die später Berber-P. eingekreuzt wurden. B Homologie, B 343–345. *H. Kör.*

Pferdeaktinie

w [v. gr. aktis = Strahl], *Purpurrose, Erdbeerrose, Actinia equina*, zur Gruppe der ↗ *Endomyaria* gehörige ↗ Seerose, eine der häufigsten Seerosen im Gezeitenbereich der Mittelmeer-, Atlantik- u. Nordseeküste. Sie erreicht einen ⌀ von ca. 6 cm bei etwa gleicher Höhe. Der mit einer breiten Fußscheibe dem harten Untergrund aufsitzende Körper ist je nach Belichtung des Standorts verschieden gefärbt (hell- u. braunrot bei starkem Licht, sonst braungrün, grün). Bis ca. 200 Tentakeln sind in 6 Kreisen am Rand der Mundscheibe angeordnet; tagsüber u. bei Trockenfallen sind die Tentakel eingezogen. Zwischen dem äußersten Tentakelkranz u. der Rumpfwand befinden sich blaue „Randsäckchen", die mit Nesselkapseln beladen sind. Diese dienen (außer zum Beutefang) auch dazu, einen sich zu dicht festsetzenden Artgenossen zu vertreiben, im Extremfall zu töten. P.n können sich mit Hilfe wellenart. Kontraktionen der Fußscheibe bis zu 50 cm/Tag fortbewegen. Im Aquarium konnte ein Lebensalter von 66 Jahren festgestellt werden. Die Eier von P.n werden im Gastralraum befruchtet. Die jungen Polypen werden erst ausgestoßen, wenn sie bereits 12 Tentakel haben.

Pferde

Anstelle von *Equus ferus* (Wildpferd) findet man in der Lit. auch die Bez. *E. przewalskii* u. alle anderen U.-Arten hiernach benannt.

Die P. wird an der Adria gebraten gegessen. ▢ asexuelle Fortpflanzung I, ▢ Hohltiere III.

Pferdeantilope, *Roßantilope, Roan, Hippotragus equinus,* zu den Pferdeböcken *(Hippotraginae)* gehörende große Antilope des afr. Buschwaldes südl. der Sahara; Nackenmähne; von den 7 U.-Arten wurde die südlichste, der Blaubock *(H. e. leucophaeus),* schon 1799 v. den Buren ausgerottet. Der P. nahe verwandt ist die im südl. O-Afrika vorkommende, dunkler gefärbte Rappenantilope *(Hippotragus niger).* ▢ Antilopen.

Pferdeböcke, *Laufantilopen, Hippotraginae,* U.-Fam. der Hornträger *(Bovidae)* mit 2 Gatt.-Gruppen: Eigtl. P. (↗Pferdeantilope) u. Spießböcke (↗Oryxantilopen); hirsch- bis pferdegroße, wehrhafte afr. Antilopen mit geraden od. nach hinten gebogenen Hörnern bei beiden Geschlechtern; Widerrist erhöht; Schwanz lang, mit dunkler Endquaste. P. leben in kleinen Herden in offener Landschaft od. in lichten Buschwäldern.

Pferdeegel, *Haemopis sanguisuga,* [↗Haemopis.
Pferdeencephalitis-Viren ↗Togaviren.
Pferdeesel, die ↗Halbesel.
Pferdehirsche, *Rusa,* die ↗Sambarhirsche.
Pferdehufmuschel, *Hippopus hippopus,* Art der Riesenmuscheln mit oval-rhomb. Klappen mit ca. 14 radiären Hauptrippen, auf u. zw. denen kleinere Leisten verlaufen; weißl. mit roten Flecken; bis 39 cm lang. Der Byssus u. der vordere Schließmuskel werden beim Heranwachsen rückgebildet, der hintere Muskel rückt in die Mitte. Die einzige Art der Gatt. lebt im Indopazifik u. gräbt sich mit dem Fuß in Sand od. Korallensand ein.

Pferdemagenbremse, *Gasterophilus intestinalis,* ↗Gasterophilidae.

Pferderettich, *P.baum, Meerrettichbaum, Moringa oleifera,* ↗Moringaceae.

Pferdeschwamm, *Hippospongia communis,* ↗Badeschwämme.

Pferdespringer, *Allactaga jaculus (= saliens),* südruss.-innerasiatische Art der ↗Springmäuse; hält Winterschlaf.

Pferdestaupe, *Pferdegrippe, Pferderotlaufseuche,* gutart. verlaufende Viruserkrankung der Pferde mit Fieber, Husten, Schleimhautentzündungen, Schwellungen des Kehlkopfs u. der Augenpartien, Lichtempfindlichkeit; dauert meist nicht länger als 5 Tage an.

Pfifferlinge [v. lat. piper = Pfeffer, über mhd. pfifferlinc], *Cantharellus,* Gatt. der ↗Leistenpilze.

Pfingstrose, *Paeonia,* Gatt. der ↗Pfingstrosengewächse.

Pfingstrosengewächse, *Paeoniaceae,* Fam. der *Dilleniales* mit der einzigen, etwa 33 Arten umfassenden, fr. den Hahnenfußgewächsen zugeordneten Gatt. Pfingstrose *(Paeonia).* In der nördl.-gemäßigten Zone heimische, bes. aber in S-Europa,

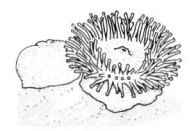

Pferdeaktinie

P. *(Actinia equina);* das linke Tier ist zusammengezogen.

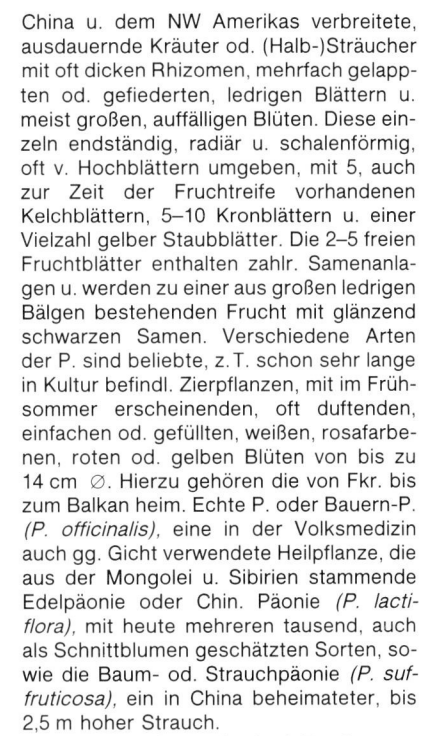

Pfingstrosengewächse

Echte Pfingstrose *(Paeonia officinalis)*

China u. dem NW Amerikas verbreitete, ausdauernde Kräuter od. (Halb-)Sträucher mit oft dicken Rhizomen, mehrfach gelappten od. gefiederten, ledrigen Blättern u. meist großen, auffälligen Blüten. Diese einzeln endständig, radiär u. schalenförmig, oft v. Hochblättern umgeben, mit 5, auch zur Zeit der Fruchtreife vorhandenen Kelchblättern, 5–10 Kronblättern u. einer Vielzahl gelber Staubblätter. Die 2–5 freien Fruchtblätter enthalten zahlr. Samenanlagen u. werden zu einer aus großen ledrigen Bälgen bestehenden Frucht mit glänzend schwarzen Samen. Verschiedene Arten der P. sind beliebte, z.T. schon sehr lange in Kultur befindl. Zierpflanzen, mit im Frühsommer erscheinenden, oft duftenden, einfachen od. gefüllten, weißen, rosafarbenen, roten od. gelben Blüten von bis zu 14 cm ⌀. Hierzu gehören die von Fkr. bis zum Balkan heim. Echte P. oder Bauern-P. *(P. officinalis),* eine in der Volksmedizin auch gg. Gicht verwendete Heilpflanze, die aus der Mongolei u. Sibirien stammende Edelpäonie oder Chin. Päonie *(P. lactiflora),* mit heute mehreren tausend, auch als Schnittblumen geschätzten Sorten, sowie die Baum- od. Strauchpäonie *(P. suffruticosa),* ein in China beheimateter, bis 2,5 m hoher Strauch.

Pfirsichbaum [v. lat. (malum) Persicum = pers. Apfel, Pfirsich], *Prunus persica,* ↗Prunus.

Pfirsichmehltau, *Sphaerotheca pannosa* var. *persicae,* ↗Rosenmehltau.

Pflanzen [Mz.; v. lat. planta = Setzling, Schößling], früher systemat. Begriff vom Rang eines Reichs (*P.reich,* „regnum vegetabile"), heute Sammelbez. für primär photoautotrophe (↗Autotrophie, ⊤ Ernährung), überwiegend sessile Organismen, deren Entwicklung meistens über einen heterophasischen ↗Generationswechsel (↗diphasischer Generationswechsel) verläuft. Nach konventioneller, heute gelegentl. noch gebräuchl. Definition werden die P. in folgende Abt. gegliedert: „Schizophyta" (↗Bakterien, ↗Cyanobakterien), ↗Algen, ↗Pilze, ↗Moose, ↗Farn-P. u. ↗Samen-P.; z.T. werden auch die ↗Flechten als eigene Abt. geführt. Farn- u. Samen-P. werden als *Höhere P.* od. ↗Kormophyten bezeichnet im Ggs. zu den *Niederen P.* od. ↗Thallophyten. Die *Bakterien* u. *Cyanobakterien* werden heute aufgrund ihrer prokaryot. Organisation (↗Prokaryoten) meist v. den P. abgetrennt. Die systemat. Stellung der *Pilze* ist umstritten. Für eine Einordnung bei den P. spricht die Abstammung einiger Gruppen v. photoautotrophen Ahnen u. der für P. typische heterophasische Generationswechsel, dagegen spricht die heterotrophe Ernährungsweise, das Vorkommen v. ↗Chitin (statt ↗Cellulose) u. die Speicherung v. ↗Glykogen anstelle v. ↗Stärke, wie sonst bei P. üblich. Neuerdings werden die Höheren Pilze in ein eige-

STAMMBAUM DER PFLANZEN

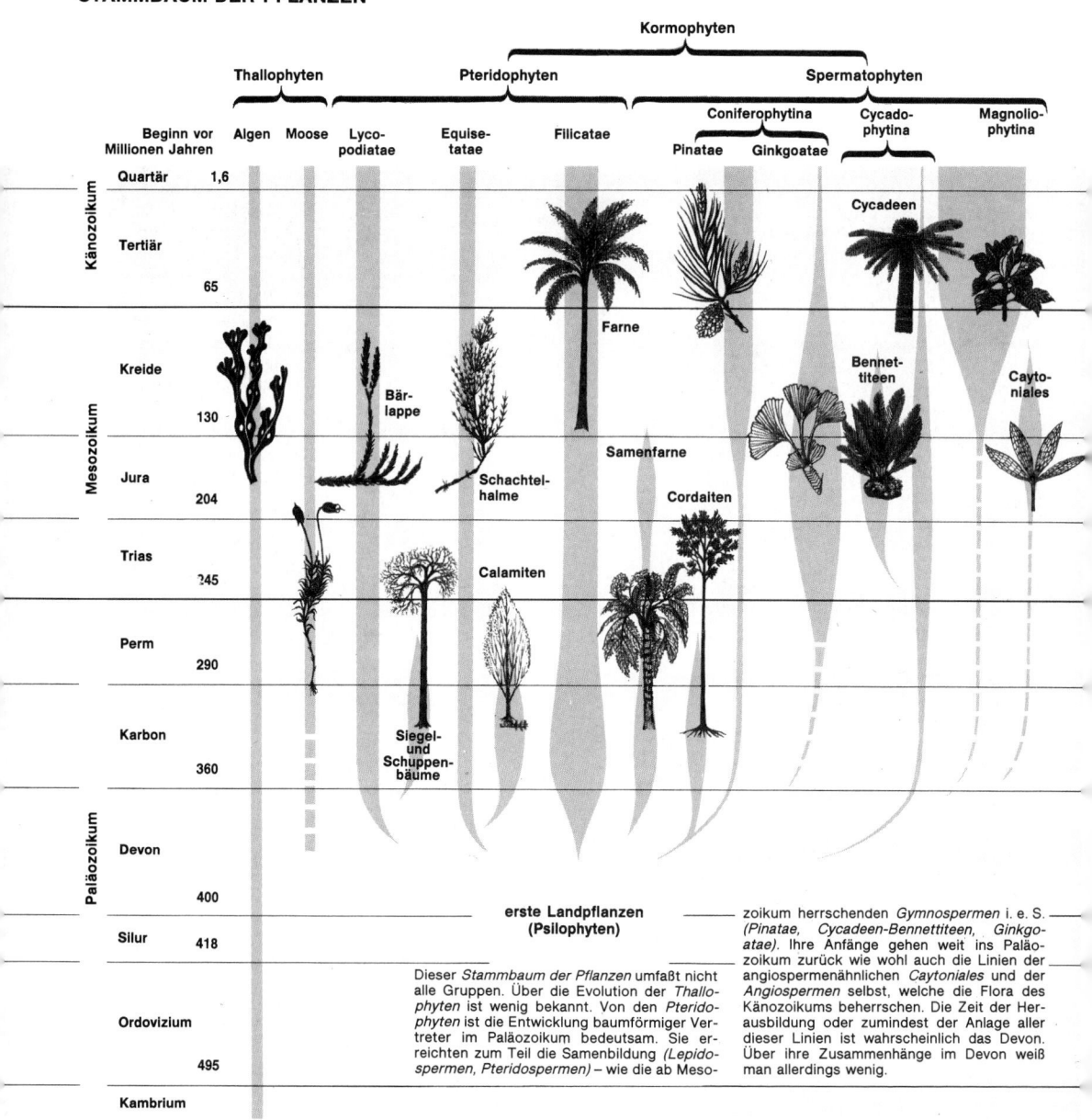

Beginn vor Millionen Jahren	Thallophyten		Pteridophyten			Spermatophyten			
						Coniferophytina		Cycadophytina	Magnoliophytina
	Algen	Moose	Lycopodiatae	Equisetatae	Filicatae	Pinatae	Ginkgoatae		

Känozoikum
- Quartär — 1,6
- Tertiär — 65

Mesozoikum
- Kreide — 130
- Jura — 204
- Trias — 245

Paläozoikum
- Perm — 290
- Karbon — 360
- Devon — 400
- Silur — 418
- Ordovizium — 495
- Kambrium

Plants shown: Farne, Bärlappe, Schachtelhalme, Samenfarne, Cordaiten, Cycadeen, Bennettiteen, Caytoniales, Calamiten, Siegel- und Schuppenbäume, erste Landpflanzen (Psilophyten).

Dieser *Stammbaum der Pflanzen* umfaßt nicht alle Gruppen. Über die Evolution der *Thallophyten* ist wenig bekannt. Von den *Pteridophyten* ist die Entwicklung baumförmiger Vertreter im Paläozoikum bedeutsam. Sie erreichten zum Teil die Samenbildung (*Lepidospermen, Pteridospermen*) – wie die ab Mesozoikum herrschenden *Gymnospermen* i. e. S. (*Pinatae, Cycadeen-Bennettiteen, Ginkgoatae*). Ihre Anfänge gehen weit ins Paläozoikum zurück wie wohl auch die Linien der angiospermenähnlichen *Caytoniales* und der *Angiospermen* selbst, welche die Flora des Känozoikums beherrschen. Die Zeit der Herausbildung oder zumindest der Anlage aller dieser Linien ist wahrscheinlich das Devon. Über ihre Zusammenhänge im Devon weiß man allerdings wenig.

nes Reich (↗Fungi) gestellt, die Niederen Pilze aber davon abgetrennt. An der Basis des P.- wie des Tierreichs (↗Tiere) stehen begeißelte ↗Einzeller. Die Abgrenzung gg. das Tierreich ist auf dieser Stufe oft schwierig (↗Geißeltierchen). Von den Einzellern ausgehend, kam es zu einer polyphylet. Entwicklung der Algen u. Pilze. Von den ↗Grünalgen gehen Entwicklungslinien zu den Psilophyten (↗Urfarne), welche im Obersilur das Land eroberten (↗Land-P., ↗Kormus), u. von diesen lassen sich die Moose sowie die Farn- u. Samen-P. ableiten. – Die typische *P.zelle* ([B] Photosynthese I) besitzt eine ↗Zellwand mit Cellulose als Hauptbestandteil, sie fehlt jedoch einigen Flagellaten u. den meisten Niederen Pilzen. Weitere Kennzeichen sind ↗Plastiden (u.a. die ↗Chloroplasten, welche die Photosynthesepigmente enthalten) u. eine od. mehrere ↗Vakuolen. Allg. ist der Differenzierungsgrad auf zellulärer Ebene bei den P. geringer als bei den Tieren; so werden z. B. keine Nerven- u. Muskelzellen gebildet. Ebenso fehlen ein Kreislaufsystem u. Exkretionsorgane. Sie werden bei den P. ersetzt durch das interzelluläre Durchlüftungsgewebe (↗Interzellularen) bzw. das ↗Absonderungsgewebe. Die für das Wachstum notwendigen Nährstoffe (↗Mineralstoffe, ↗Nährsalze) werden i. d. R. in ion. Form dem Boden entnommen (↗Nährstoffhaushalt). Auf Umweltreize können viele P. mit Wachstumsprozessen u. aktiven Bewegungen (↗Nastien, ↗Tropismen) reagieren. Freie Ortsveränderungen (↗Taxien) kennt man nur v. Flagellaten u. einigen Niederen Pilzen sowie begeißelten Fortpflanzungszellen. Bei P. treten neben der ↗sexuellen Fortpflanzung (↗Fortpflanzung) verschiedene Formen der ↗asexuellen Fortpflanzung (B) auf (z. B. Zweiteilung u. multiple Teilung bei Einzellern, ↗Apomixis bei Farn- u. Samen-P.). – Den P. kommt bzgl. ihrer biosynthet. Leistungsfähigkeit eine herausragende Stellung zu. Die grünen P. synthetisieren mit dem Sonnenlicht als Energiequelle aus anorganischen Substanzen (CO_2, H_2O) energiereiche Kohlenhydrate (↗Photosynthese). Man schätzt, daß jährlich auf diese Weise eine Kohlenstoffmenge von über 50 Mrd. Tonnen fixiert wird (B Kohlenstoffkreislauf), davon ⅔ auf dem Festland, ⅓ in den Ozeanen. 96–99% der gesamten ↗Biomasse sind P.masse. Die grünen P. stehen als Primärproduzenten am Beginn der ↗Nahrungsketten u. ↗Nahrungspyramide, ☐ Energieflußdiagramm). Wenige P. sind sekundär zur heterotrophen (↗Heterotrophie) Ernährung im Zshg. mit einer parasit. Lebensweise übergegangen. – P. wurden schon früh in Kultur genommen (↗Kultur-P.) u. in verschiedenster Weise genutzt, so als Futter- u. Nahrungsmittel, als ↗Heil-P. u. als Rohstofflieferanten (↗P.fasern) für Textilien (↗Faser-P.) u. Baumaterialien. Genutzt werden v. a. Stärke, Fette, Cellulose, aber auch die Vielzahl an sekundären ↗P.stoffen (z. B. ↗Alkaloide, ↗Gummi, ↗Gerbstoffe, ↗Harze). ↗Leben. Ch. H.

Pflanzenasche ↗Aschenanalyse.

Pflanzenbau, landw. Teildisziplin, deren zentrale Aufgabe in der Erzeugung v. Nahrungsmitteln liegt; z. T. wird dieses Ziel auch über die Gewinnung v. Futter u. die Verwertung in der tier. Produktion erreicht. Von untergeordneter Bedeutung ist die Produktion v. Fasern, Öl, Farben u. ä. technisch weiter zu verarbeitenden Erzeugnissen. ↗Ackerbau, ↗Kulturpflanzen.

Pflanzenbeschau, int. aufeinander abgestimmte Maßnahmen zur Verhinderung der Verschleppung v. Krankheiten u. Schädlingen auf Pflanzen u. Vorräte, die in der Bundesrepublik Deutschland auf der Grundlage des Pflanzenschutzgesetzes geregelt werden.

Pflanzenfarbstoffe, pflanzl. ↗Naturfarbstoffe, die je nach Vorkommen in Blüten-, Blatt-, Holzfarbstoffe (↗Farbhölzer) usw. eingeteilt werden können u. in den Pflanzenzellen meist in ↗Chromatophoren (↗Chloroplasten, ↗Chromoplasten) od. im Zellsaft der Vakuole gelöst (Vakuolenfarbstoffe, ↗chymotrope Farbstoffe) vorliegen. Zu den wichtigsten P.n zählen die ↗Anthrachinone, ↗Anthocyane, ↗Betalaine, ↗Ca-

Pflanzen
Anzahl rezenter Arten in verschiedenen Pflanzengruppen (teilweise geschätzt; Angaben in der Lit. sehr unterschiedlich)

Bakterien u. Cyanobakterien	3600
Algen	33 000
Grünalgen	7000
Kieselalgen	6000
Rotalgen	4000
Braunalgen	1500
Moose	26 000
Pilze (einschl. Schleimpilze)	120 000
Flechten	16 000
Farnpflanzen	15 000
Bärlappgewächse	400
Schachtelhalmgewächse	32
Samenpflanzen	236 000
Nacktsamer	800
Bedecktsamer	235 000

rotinoide, ↗Chlorophylle u. ↗Flavonoide. In früheren Zeiten spielten viele P. (z. B. ↗Curcumin, Saflor (↗Carthamin), ↗Blauholz, ↗Gelbholz, Kermes, ↗Krappfarbstoffe, ↗Indigo, ↗Waid u. Wau) eine wichtige Rolle in der Färberei. Die P. ↗Lackmus, Henna u. Safran (↗Crocin) sind auch heute noch geschätzt.

Pflanzenfasern, dickwandige, langgestreckte, an den Enden zugespitzte, abgestorbene Sklerenchymzellen (↗Festigungsgewebe, ☐) in Blättern (↗Blattfasern), Stengeln (Stengelfasern), Wurzeln u. Fruchtwänden (↗Fruchtfasern). P. bestehen hpts. aus ↗Cellulose (B Kohlenhydrate II) u. sind mehr od. weniger stark verholzt. Die oft ungewöhnl. langen (beim Ramie-Strauch bis über 50 cm) u. nur 5 bis 35 μm dicken Zellen sind meist zu Sklerenchymsträngen u. -schichten vereinigt u. tragen wesentl. zur Biege- u. Zugfestigkeit der pflanzl. Organe bei. Den P. kommt eine relativ große wirtschaftl. Bedeutung als Textilrohstoffe zu. ↗Fasern, ↗Faserpflanzen (T); ↗Biegefestigkeit (☐).

Pflanzenfresser, die ↗Phytophagen, ↗Herbivoren.

Pflanzengeographie, *Phytogeographie,* durch A. von ↗Humboldt geprägter Begriff (1805, „Essai sur la géographie des plantes"); die P. untersucht die *Verbreitung* u. *Ausbreitung* v. Pflanzensippen. ↗Biogeographie.

Pflanzengesellschaft, *Phytozönose,* Begriff aus der Vegetationskunde für die Gesamtheit bzw. den Typus v. Pflanzenbeständen, die sehr ähnl. Artenzusammensetzung (Kennartenkombination) haben. P.en entstehen, weil unter bestimmten Standortsbedingungen sich nur eine spezif. Gruppe v. Pflanzenarten ansiedeln u. halten kann. Die Arten stehen in Wechselbeziehung zueinander (↗Bestandsklima, ↗Konkurrenz). Bei Änderung v. Standortsfaktoren od. durch Eigendynamik gehen P.en in andere über (↗Sukzession). Grundeinheit eines hierarchischen Systems der P. ist die ↗Assoziation.

Pflanzengifte, 1) die toxisch wirkenden, chem. meist unterschiedl. Inhaltsstoffe v. Pflanzen; treten bei den verschiedensten Pflanzen-Fam. auf. Als Hauptgruppen der P. sind die ↗Alkaloide (z. B. Aconitin, Atropin, Coniin, Curare, Morphin, Nicotin, Solanin, Strychnin usw.) u. die herzwirksamen Glykoside (↗Herzglykoside, ↗Digitalisglykoside u. ↗Strophanthine) sowie ↗cyanogene Glykoside u. ↗Saponine zu nennen. Seltener findet man gift. pflanzl. Proteine (↗Phytotoxine) u. gift. ↗Bitterstoffe (z. B. das Xylosterin des Pfaffenhütchens u. das Lactupikrin des Giftlattichs). Neben ihrer Verwendung als ↗Pfeilgifte od. in fr. Zeiten auch als polit. Waffe (Giftmorde im alten Rom), Aphrodisiakum od. Abtreibungsmittel haben viele P. auch als Heilmittel Bedeutung erlangt (↗Giftpflanzen, ↗Heil-

PFLANZENKRANKHEITEN I–II

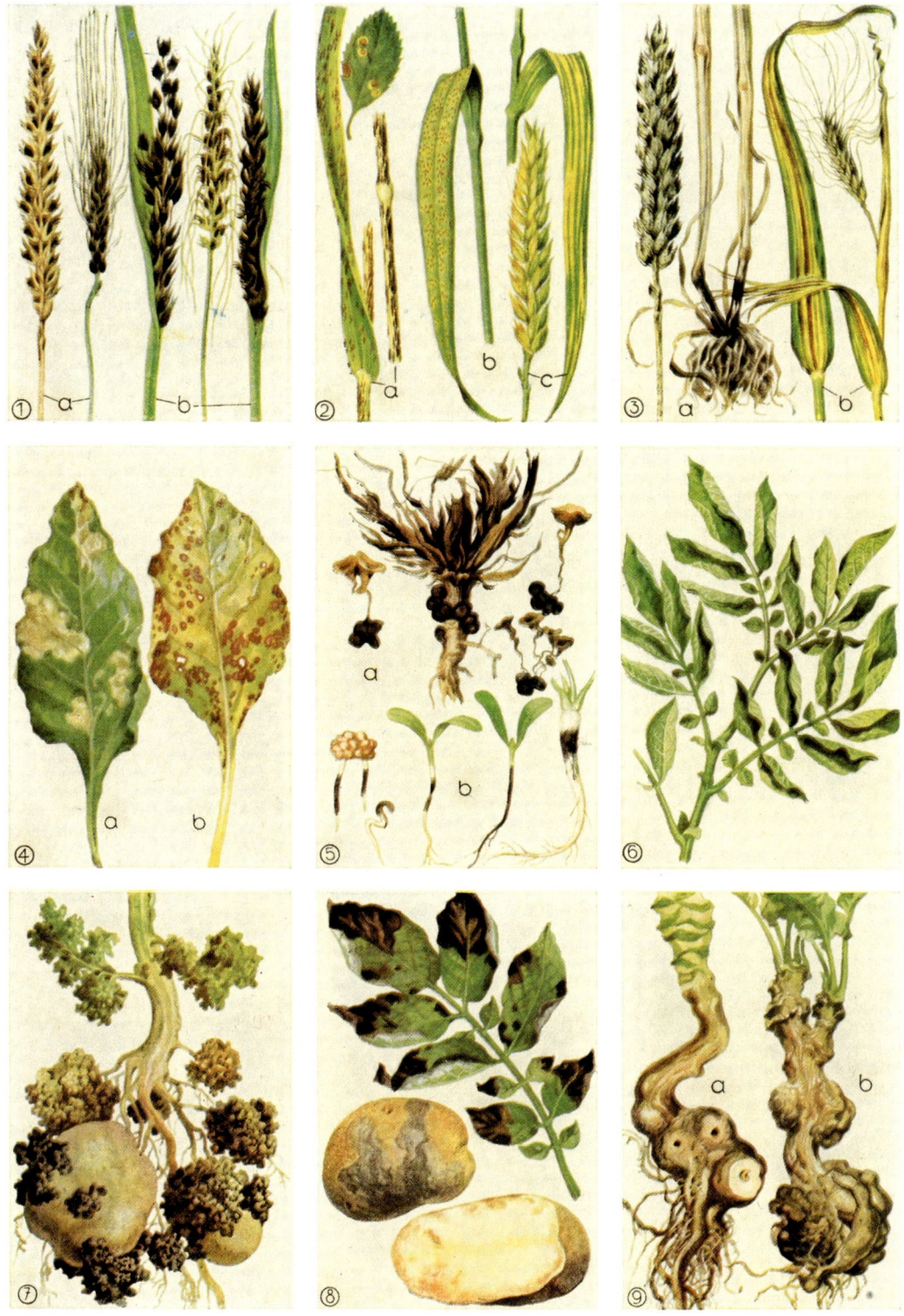

1 Brandkrankheiten des Getreides: **a** Steinbrand des Weizens und Hartbrand der Gerste; **b** Flugbrand des Hafers, der Gerste und des Weizens. **2** Rostkrankheiten des Getreides: **a** Schwarzrost des Roggens (links Sommersporenlager, rechts Wintersporenlager, oben Aecidiosporenlager auf Berberitzenblatt als Zwischenwirt); **b** Braunrost des Weizens; **c** Gelbrost des Weizens. **3a** Fußkrankheit (*Fusarium*-Arten) des Weizens (links taube Ähre mit Schwärzepilzbesatz, rechts kranker Halmgrund); **b** Streifenkrankheit der Gerste (Helminthosporiose, *Pyrenophora graminea*). **4a** Rübenfliegenbefall (Minen) an Zuckerrüben; **b** Blattfleckenkrankheit *(Cercospora beticula)* der Zuckerrübe. **5a** Kleekrebs: Kranke Rotkleepflanze mit Sklerotien (Dauerformen des Pilzes) an der Hauptwurzel, daneben gekeimte Sklerotien mit Apothecien (Fruchtkörpern); **b** Wurzelbrand *(Pleospora björlingii)* der Rüben an Keimlingen und Jungpflanzen. **6** Blattrollkrankheit (Kartoffelblattrollvirus) der Kartoffel. **7** Kartoffelkrebs *(Synchytrium endobioticum).* **8** Kraut- und Knollenfäule der Kartoffel.

9a Vom Kohlgallenrüßler befallener Wurzelhals des Blumenkohls; **b** Kohlhernie an Steckrübe. **10a** Schorf *(Venturia pirina)* an Birnenfrüchten; **b** Rost an Blättern von Schwarzen Johannisbeeren. **11** Monilia: **a** Fruchtfäule an Pflaumen und Apfel; **b** Zweig- oder Spitzendürre an Sauerkirsche. **12** Amerikanischer Stachelbeermehltau *(Sphaerotheca mors uvae)*. **13** Peronospora- oder Blattfallkrankheit der Rebe *(Plasmopara viticola)*: **a** Pilzrasen auf der Unterseite eines Rebblattes; **b** Lederbeeren; **c** vom Pilz befallenes Träubchen. **14** Grauschimmel *(Botrytis cinerea)* an Weinrebe. **15** Samtfleckenkrankheit der Tomate *(Cladosporium fulvum)*. **16** Gurkenkrätze *(Cladosporium cucumerinum)*. **17** Älchenkrankheit an Chrysanthemum-Blättern. **18** Brennfleckenkrankheit der Bohne *(Colletotrichum lindemuthianum)* und Erbse *(Ascochyta pisi)*.

Pflanzenheilkunde

pflanzen). **2)** auf Pflanzen giftig wirkende Substanzen, z. B. ↗Herbizide.

Pflanzenheilkunde, die ↗Heilpflanzenkunde.

Pflanzenhormone, die ↗Phytohormone.

Pflanzenkäfer, *Alleculidae, Cistelidae,* Fam. der polyphagen Käfer aus der Verwandtschaft der Schwarzkäfer; weltweit über 2200, in Mitteleuropa 33 Arten. Kleine bis mittelgroße Tiere (4–16 mm) mit gestrecktem Körper, Cuticula oft etwas weichhäutig; neben den Merkmalen der ↗Heteromera an den gezähnten Krallen erkennbar; Lebensweise sehr verschieden, oft auf Blüten (z. B. der Schwefelkäfer *Cteniopus sulphureus*), unter der Rinde, in verpilzten Bäumen. Die Mehlwurm-ähnlichen Larven entwickeln sich an Wurzeln v. niederen Pflanzen, in morschem Holz od. in Baumschwämmen.

Pflanzenkrankheiten, Erkrankungen v. Pflanzen durch abiotische Ursachen od. biotische Krankheitserreger, wie Viren *(Virosen),* Bakterien *(Bakteriosen),* Pilze *(Mykosen)* u. parasitische Blütenpflanzen (vgl. Tab.), i. w. S. auch Schadsymptome durch tierische ↗Schädlinge. Der Übergang v. unbedeutenden Schädigungen bis zu deutlichen physiol. oder morpholog. Veränderungen, die zum Absterben der Pflanzen führen können, ist fließend, so daß der Begriff P. nicht genau definiert werden kann. Bei der Krankheitsentwicklung spielt nicht nur die Wirt-Parasit-Beziehung (Anfälligkeit bis Resistenz des Wirts, bzw. Virulenzgrad des Erregers) eine Rolle, sondern auch der Mensch (durch seine Kulturmaßnahmen) und allg. die gesamten Umweltbedingungen, die Anfälligkeit u. Krankheitsverlauf beeinflussen. Die Ertragsverluste durch P. liegen durchschnittl. bei unterschiedl. Produkten zw. ca. 10 und über 20% der mögl. Ernteerträge; zusätzl. treten noch krankheitsbedingte Nacherntverluste auf, die in vielen Gebieten zw. 10 und 30% betragen. Wichtigste Erreger sind Pilze (↗Pilzkrankheiten). ↗Pflanzenschutz. B 350–351.

Pflanzenkrebs ↗Pflanzentumoren, ↗Obstbaumkrebs.

Pflanzenkunde, die ↗Botanik.

Pflanzenläuse, *Sternorrhyncha,* Ord. der Insekten, mit den ↗Zikaden *(Auchenorrhyncha)* zu den ↗Pflanzensaugern *(Homoptera)* zusammengefaßt. Zu den P.n werden 4 U.-Ord. der hemimetabolen, meist kleineren, pflanzensaftsaugenden Insekten gerechnet.

Pflanzenmäher, *Phytotomidae,* zu den Schreivögeln gehörende Sperlingsvögel mit 1 Gatt. *(Phytotoma)* u. 3 Arten im südwestl. S-Amerika; 16–20 cm groß, finkenähnl. Aussehen. Der kurze kräft. Kegelschnabel besitzt an den Rändern „Sägezähne", mit denen Knospen, Laub, Früchte u. Triebe abgesägt werden. Legen 3–4 Eier in ein napfförm. Nest im Gebüsch.

Pflanzenmedizin, die ↗Phytomedizin.

Pflanzennährstoffe ↗Nährsalze, ↗Mineralstoffe, ↗Makronährstoffe, ↗Mikronährstoffe, ↗Dünger.

Pflanzenpathologie *w* [v. gr. *pathologikē* = Krankheitslehre], *Phytopathologie,* ↗Phytomedizin.

Pflanzenphysiologie *w* [v. lat. *physiologia* = Naturkunde], beschäftigt sich als Teilgebiet der ↗Botanik mit den allg. Funktionsabläufen der Pflanze (↗Physiologie) im Bereich: a) des Stoffwechsels *(Stoffwechselphysiologie),* d. h. mit Aufnahme (Physiologie der Ionenaufnahme u. des Wassers), Transport (v. Wasser, Ionen u. Molekülen), Aufbau (↗Photosynthese), Umbau (sekundärer Pflanzenstoffwechsel, ↗Pflanzenstoffe), Abbau (↗Dissimilation, ↗Energiestoffwechsel) und Abgabe gasförmiger (↗Transpiration, ätherische Öle), flüssiger (↗Guttation, ↗Nektar, Salzsekretion bei ↗Halophyten, ↗Toxine, u. a.) und fester (↗Blattfall u. ä.) Stoffe; b) des Formenwechsels *(Entwicklungsphysiologie),* d. h. mit der Physiologie des Wachstums (irreversible Volumen- u. Substanzzunahme v. Pflanzen, deren Organen u. Zellen) u. der Differenzierung (Ablauf des funktionellen u. strukturellen Verschiedenwerdens der Zellen, Gewebe u. Organe in der ↗Ontogenie; ↗Embryologie, ↗Regeneration, ↗Determination, ↗Modulation, ↗Polarität, ↗Morphogenese, u. a.) sowie der Regulation dieser Prozesse durch organismuseigene Faktoren (↗Phytohormone u. a.) od. modifizierende Außenfaktoren wie Licht (↗Lichtfaktor, ↗Photomorphogenese, ↗Photoperiodismus, ↗Phytochrom-System, u. a.), Temperatur (↗Vernalisation, ↗Thermoperiodismus, Thermo-↗Morphosen, u. a.), Schwerkraft (Geo-↗Morphosen) und anderer Außenfaktoren (Xero-, Hydro- u. Tropho-↗Morphosen u. a.); ebenso gehören hierzu die Physiologie der ↗Seneszenz, der ↗Sexualität u. des ↗Generationswechsels; c) der ↗Bewegung *(Bewegungsphysiologie),* d. h. mit den Orts- u. Lageveränderungen der Pflanzen, ihrer Organe od. Organellen; ↗Taxien (z. B. Chemo-, Photo-, Magnetotaxis), ↗Tropismen (Photo-, Geo-, Chemo-, Thermo- u. a. Tropismen), ↗Nastien (z. B. Photo-, Chemo-, Thermo- und Seismonastie), Turgorbewegungen, hygroskop. Bewegungen, Kohäsions- u. a. Bewegungen. – Die Physiologie ist im Unterschied zur Biochemie in ihrer Arbeitsweise tendenziell systemerhaltend (in vivo-Experiment). Ihr Auftrag lautet: Erklärung der biolog. Systeme durch quantitative Systemmodelle, deren Elemente molekularisiert sind u. deren Systemeigenschaften die in vivo-Komplexität berücksichtigen.

Pflanzenreich ↗Pflanzen.

Pflanzensaftsauger, Insekten (vgl. Tab.), die sich v. Pflanzensäften ernähren, welche sie mit Hilfe ihrer stechend-saugenden

---

Pflanzenkrankheiten

abiotische Ursachen:
a) Klima- u. Witterungsfaktoren (z. B. Temperatur, Niederschläge)
b) Bodeneigenschaften (z. B. Struktur, chem. Zusammensetzung)
c) Kultur- u. Agrarmaßnahmen (z. B. Bodenbearbeitung, Dünger u. Pflanzenschutzmittel)
d) Immissionen (z. B. Smog, Stäube)

biotische Ursachen:
a) Viren u. Viroide
b) Bakterien (Eubakterien, Mycoplasma-ähnliche Organismen, Rikkettsien-ähnliche Organismen)
c) Pilze (Schleimpilze, Niedere Pilze, Höhere Pilze)
d) parasitische Grünalgen
e) parasitische Blütenpflanzen

Pflanzenkrankheiten

Den ersten Nachweis, daß P. durch Infektionen erfolgen können, erbrachte M. Tillet (1755) am Weizen-↗Steinbrand. Aber erst mit den Untersuchungen an der ↗Kraut- u. Knollenfäule durch Berkeley (1845) setzte sich die Erkenntnis durch, daß P. durch Krankheitserreger verursacht werden.

↗Mundwerkzeuge aufnehmen. Die meisten P. stechen die Leitbündel an *(Systembibitoren)* u. saugen Phloëmsaft *(Phloëmsauger)*; nur wenige Zikaden saugen Xylemsaft *(Xylemsauger)*. Phloëm- u. Xylemsauger leben in obligater Symbiose mit Bakterien u./od. Hefen (↗Endosymbiose; T, B). Zellsaft aus nichtleitendem Gewebe saugen die P. unter den Wanzen, die meisten Blasenfüße, einige Blatt- u. Schildläuse sowie die Typhlocybinen unter den Zikaden *(Zellsaftsauger)*. Viele P. sind Vektoren für Mykoplasmen u. Viren u. damit Überträger v. Pflanzenkrankheiten. ↗Pflanzensauger; B Symbiose.

Pflanzensauger, *Gleichflügler, Homoptera,* Bez. für die 2 Ord. (↗Pflanzenläuse, *Sternorrhyncha,* u. ↗Zikaden, *Auchenorrhyncha,* vgl. Tab.) der hemimetabolen Insekten, die sich mit einem Saugrüssel von zuckerhalt. Pflanzensäften (Phloëmsäften) ernähren. Der dt. Name Gleichflügler bezieht sich auf die in sich gleichmäßige Stärke der 2 Paar dünnhäutigen, in der Ruhe übereinander gelegten Flügel; anders gestaltet sind die Flügel der z. T. auch pflanzensaftsaugenden ↗Wanzen *(Heteroptera),* die mit den P.n zur Überord. Schnabelkerfe *(Rhynchota)* zusammengefaßt werden. Die Pflanzenläuse sind meist kleiner als die Zikaden; ihr Saugrüssel setzt meist weiter hinten am Körper an. Die weibl. Imagines vieler Fam. der P. sind unter Zurückbildung v. Flügeln, Beinen, Augen u.a. zur halbsessilen od. sessilen Lebensweise an den Wirtspflanzen übergegangen. Sie weisen im Ggs. zu den Zikaden häufig einen komplizierten Generationswechsel auf. ↗Pflanzensaftsauger.

Pflanzenschädlinge, Organismen, welche die land- u. forstwirtschaftl. Kulturen des Menschen beeinträchtigen. ↗Schädlinge, ↗Pflanzenkrankheiten.

Pflanzenschutz, 1) alle direkten u. vorbeugenden Maßnahmen chem., physikal. und biol. Art zum Schutz v. ↗Nutzpflanzen (↗Kulturpflanzen) u. ihren Erzeugnissen vor Schädlingen, Krankheitserregern, Konkurrenten u. ungünstigen ↗abiotischen Faktoren. Die vorbeugenden Maßnahmen *(Pflanzenhygiene, Phytohygiene,* ↗Phytomedizin) umfassen ein weites Spektrum (u. a. Sorten- u. Standortswahl, Pflegemaßnahmen, Einsatz v. ↗P.mitteln), während die direkten Maßnahmen, die erst beim Auftreten v. Schaderregern ergriffen werden, meist auf den Einsatz chem. P.mittel beschränkt sind. Die Verwendung chem. Schädlingsbekämpfungsmittel steht nach wie vor an erster Stelle des P.es. Allein in der BR Dtl. sind z. Z. mehr als 1800 P.mittel zugelassen; deren Absatz betrug 1982 ca. 30 000 t (Angabe in t Wirkstoff). Aufgrund der Problematik des chem. P.es (Rückstände in Nahrungsmitteln, schwere Abbaubarkeit, Gefährdung v. Nutztieren) werden nun auch vermehrt ↗biol. u. ↗bio-

Pflanzensaftsauger
Blattläuse
(Aphidina)
Schildläuse
(Coccina)
Mottenschildläuse
(Aleurodina)
Blattflöhe
(Psyllina)
Zikaden
(Cicadina)
Wanzen (z. T.)
(Heteroptera)
Blasenfüße (z. T.)
(Thysanoptera)

Pflanzensauger
Ordnungen und
Unterordnungen:
↗Pflanzenläuse
(Sternorrhyncha)
↗*Aleurodina*
(Mottenläuse,
Schmetterlingsmotten)
↗Blattläuse
(Aphidina)
↗*Psyllina* (Blattflöhe, Springläuse)
↗Schildläuse
(Coccina)
↗Zikaden
(Auchenorrhyncha, Cicadina)

techn. Schädlingsbekämpfung betreiben. Der *integrierte P.* kombiniert diese Methoden mit denen der chem. Schädlingsbekämpfung (↗integrierte Schädlingsbekämpfung). Die wiss. Betreuung erfolgt durch die Biol. Bundesanstalt für Landwirtschaft. **2)** Schutz v. Wildpflanzen u. Pflanzengesellschaften vor ihrer Ausrottung.

Pflanzenschutzmittel, im Sinne des Pflanzenschutzgesetzes Stoffe u. Zubereitungen aus Stoffen, die dazu bestimmt sind, Pflanzen u. Pflanzenerzeugnisse vor ↗Schädlingen zu schützen (↗Pflanzenschutz) od. das Keimen v. Pflanzen zu verhindern.

Pflanzensekrete ↗Sekrete.
Pflanzensoziologie ↗Botanik.
Pflanzenstoffe, *sekundäre P.,* Inhaltsstoffe v. Pflanzen, die nur in bestimmten Geweben od. Organen u. in bestimmten Entwicklungsstadien gebildet werden, d. h. dem Sekundärstoffwechsel (im Ggs. zum Primärstoffwechsel = Grundstoffwechsel) des Organismus angehören. Biochem. leiten sich die P. von den Verbindungen des Grundstoffwechsels ab. Oft werden sie in größeren Mengen in den Zellen, Zellwänden, Vakuolen oder bes. Exkretzellen od. -räumen angereichert, wobei der Ort der Biosynthese nicht mit dem der Akkumulation übereinstimmen muß. Während sich höhere Pflanzen in ihrem Grundstoffwechsel kaum unterscheiden, zeigen sie häufig spezif. Muster an P.n, die als taxonom. Merkmal verwendet werden können (Chemotaxonomie). Wichtige Gruppen von P.n sind z. B. die ↗Alkaloide, die ↗Isoprenoide (Terpene u. Steroide), Phenolderivate wie ↗Cumarine, ↗Lignin, ↗Flavonoide u. ↗Gerbstoffe, aber auch ↗cyanogene Glykoside, ↗Fette u. ↗Öle, ↗Herzglykoside, pflanzl. Farbstoffe (↗Pflanzenfarbstoffe, ↗Naturfarbstoffe) u. ↗Pigmente, ↗Harze, ↗Balsame, ↗Bitterstoffe usw. Häufig übernehmen P. in der Pflanze wichtige Funktio-

---

Pflanzenschutz

Pflanzenquarantäne:
 Import- u. Exportkontrolle

Kulturmaßnahmen:
 Verbesserung der Standortbedingungen, Bodenbearbeitung, Düngung, Züchtung u. Anbau resistenter Sorten, verschiedene Anbautechniken, Fruchtfolgen

Physikal. Maßnahmen:
 Mechan. Beseitigung v. Schädlingen u. befallenen Pflanzen, thermische Bodenentseuchung

Chem. Maßnahmen:
 Saatgutbehandlung (↗Beize), ↗Bodendesinfektion, Anwendung von Wachstumsregulatoren, ↗Fungiziden, ↗Herbiziden, ↗Insektiziden, ↗Akariziden, ↗Mollusikiziden, ↗Rodentiziden u. a.

Biol. Maßnahmen:
 Einsatz v. pathogenen Viren, Bakterien, Pilzen u. Nutzarthropoden

Biotechn. Maßnahmen:
 Fernhalten v. Schädlingen durch opt. und akust. Signale, Einsatz v. Attraktantien, Repellentien, Hormonen u. Pheromonen.

nen z. B. als Hormone (↗Phytohormone), Speicherstoffe, Duft- u. Lockstoffe, Abwehrstoffe (↗Phytoalexine), Gifte als Schutz gg. Tierfraß, Pigmente bei der Photosynthese usw. In vielen Fällen ist die Bedeutung der P. für die Pflanze unbekannt.

Pflanzentumoren, zeichnen sich wie alle Tumoren (↗Krebs) durch ungeordnetes u. ungehemmtes Wachstum aus (= Hyperplasie; unkontrollierte Proliferation v. Zellen); als Auslöser für P. (Pflanzenkrebs) kommen bestimmte Bakterien („Bakterienkrebs", ↗*Agrobacterium tumefaciens*), Pilze (↗Obstbaumkrebs), einige Pflanzenviren (Virus-induzierter Wundtumor) u. genetische Faktoren (interspezif. Bastardierung) in Frage. – Bestuntersuchter pflanzl. Tumor ist der sog. *Wurzelhalstumor* (Wurzelhalsgalle, crown gall-tumor), der durch gramnegative Bodenbakterien der Art *A. tumefaciens* hervorgerufen wird. Viele Arten höherer Pflanzen sind gg. diesen Erreger anfällig, der über Wundmale ins Gewebe eindringt u. zur Tumorinduktion u. Transformation der Zellen führt. Als tumorinduzierender Faktor wurde das in virulenten Stämmen von *A. tumefaciens* enthaltene, 140–235 Kilobasen große *Ti-Plasmid* identifiziert. Ein Teil davon, die sog. *T-Region* (14–23 Kilobasen), wird in die pflanzl. Kern-DNA integriert. Einige Gene der T-Region codieren für ↗Opine, eigenartige Verbindungen, die sonst in höheren Pflanzen fehlen. Allerdings scheinen die Opingene nicht direkt an der Tumorinduktion beteiligt zu sein; hierfür sind offenbar außerhalb der T-Region im Ti-Plasmid befindl. Gene verantwortl. Die Aufrechterhaltung des transformierten Zustands hängt allein v. der ins Pflanzengenom inkorporierten T-Region ab, die permanente Anwesenheit der Bakterienzelle ist dazu nicht nötig. Die crown gall-Tumoren sind sog. autonome P., da sie für ihr Wachstum in Gewebekulturen weder Auxin noch Cytokinine im Medium benötigen. Die diese P. induzierenden Agrobakterien finden neuerdings als „genetic engineering" ausführende Organismen (Übertragung u. stabile Integration v. Fremd-DNA in ein Eukaryotengenom) großes molekularbiol. Interesse (↗Genmanipulation, ↗Gentechnologie). – Zu den P. gehören auch durch ein Pflanzenvirus (Wundtumorenvirus, Gatt. *Phytoreovirus* der ↗Reoviren) verursachte Wundtumoren. Mit der Transformation einher geht die Fähigkeit der Tumorzellen, auf einem Minimalmedium zu wachsen; man nimmt eine bleibende Aktivierung des Wirtszellgenoms für die Synthese v. Faktoren an, die für Zellwachstum u. -teilung essentiell sind (Auxin, Cytokinin, Inosit, Glutamin u. a.), die unter normalen Bedingungen wachstumsbegrenzend wirken. – Schließl. beobachtet man bei gewissen interspezif. Bastarden (Gattungen: *Brassica, Datura, Lilium, Nicotiana*) die Ausbildung sog. *genetischer Tumoren,* deren Ausprägung auf der Unverträglichkeit einzelner Chromosomen bei der interspezif. Kreuzung zu beruhen scheint. B. L.

Pflanzenvermehrung, im prakt. Pflanzenbau Bez. für die Vermehrung des Saatgutes einer Sortenzüchtung durch Vermehrungsanbau od. für die vegetative Vermehrung durch Stecklinge u. Ableger od. für die vegetative Vermehrung über Gewebekultur-Techniken. Als eine Spezialform der P. kann man die ↗Veredelung ansehen.

Pflanzenviren, *pflanzen-* oder *phytopathogene Viren,* Viren, denen Pflanzen als Wirtsorganismen zur Infektion u. Vermehrung dienen. Anhand des Genom-Nucleinsäuretyps u. der Gestalt der Viruspartikel werden die P. in mehr als 20 Gruppen unterteilt (vgl. Tab.). Nur ein kleiner Anteil der P. besitzt ein DNA-Genom (ca. 5%) oder ein doppelsträngiges RNA-Genom (ca. 3%), während bei 92% aller P. ein einzelsträngiges RNA-Genom vorliegt, das aus 1, 2 oder 3 Teilen besteht u. meist Plusstrang-(m-RNA-)Polarität aufweist. P. sind die Erreger zahlr. Pflanzenkrankheiten (Virosen) u. können z. T. große, wirtschaftl. bedeutsame Schäden an Kulturpflanzen verursachen (vgl. Tab.). Einige P. sind mit Satelliten-Viren oder -RNAs (↗Satelliten) assoziiert, deren Vermehrung in völliger Abhängigkeit v. den ↗Helferviren erfolgt. Satelliten interferieren normalerweise mit der Synthese ihrer Helferviren u. können die Ausprägung der Krankheitssymptome an den Wirtspflanzen beeinflussen. Von den P. und ihren mögl. Satelliten zu unterscheiden sind die ↗*Viroide,* die aus „nackter" RNA ohne Capsid bestehen u. ebenfalls Pflanzenkrankheiten verursachen können. P. können nicht aktiv in die Pflanzenzellen eindringen. Die Übertragung u. Ausbreitung erfolgt durch verletztes Pflanzengewebe, durch tierische Vektoren (besonders Insekten mit stechendsaugenden Mundwerkzeugen wie Blattläuse u. Zikaden, aber auch Käfer u. Nematoden) oder selten durch phytopathogene Pilze. Die P. können passiv durch den Insektenstich bzw. während der Saug- od. Fraßtätigkeit übertragen werden (*nichtpersistente Viren,* haptive Übertragung). In anderen Fällen werden die P. vom Vektor aufgenommen, zirkulieren im Insektenkörper, vermehren sich auch meist im Vektor (zirkulative bzw. propagative Übertragung) u. werden mit dem Speichelsekret wieder abgegeben *(persistente Viren);* während einer Stunden bis Tage andauernden Latenzzeit ist der Vektor nicht zur Virusübertragung befähigt. *Semipersistente Viren* benötigen für ihre Übertragung längere Akquisitions- u. Infektionssaugzeiten als nichtpersistente Viren. Die Viruspartikel werden dann durch einen pinocytoseähnl. Vorgang durch die Zellmembran in die Pflanzenzelle einge-

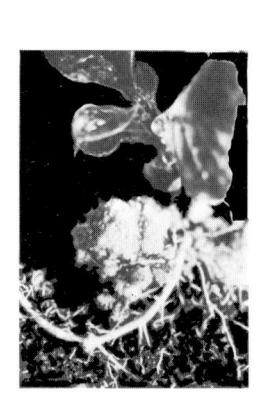

Pflanzentumoren

Genet. Tumoren an der Basis der Hybride *Nicotiana glauca langsdorfii*

Pflanzenviren

Viren mit einteiligem, einzelsträngigem RNA-Genom:
  stäbchenförmige Virionen:
    Tobamovirus-Gruppe (↗Tabakmosaik-Virusgruppe)
    Potexvirus-Gruppe (↗Kartoffel-X-Virusgruppe)
    Carlavirus-Gruppe (↗Latente-Nelkenvirus-Gruppe)
    Closterovirus-Gruppe (↗Nekrotische-Rübenvergilbungs-Virusgruppe)
  isometrische Virionen:
    Tymovirus-Gruppe (↗Wasserrübengelbmosaik-Virusgruppe)
    Luteovirus-Gruppe (↗Gerstengelbverzwergungs-Virusgruppe)
    Tombusvirus-Gruppe (↗Tomatenzwergbusch-Virusgruppe)
    Sobemovirus-Gruppe (↗Südliches-Bohnenmosaik-Virusgruppe)
    Tobacco necrosis virus group (↗Tabaknekrose-Virusgruppe)
    Maize chlorotic dwarf virus group

Viren mit zweiteiligem, einzelsträngigem RNA-Genom:
  stäbchenförmige Virionen:
    Tobravirus-Gruppe (↗Tabakmauche-Virusgruppe)
  isometrische Virionen:
    Dianthovirus-Gruppe (Nelkenringflecken-Virusgruppe)
    Nepovirus-Gruppe (↗Tabakringflecken-Virusgruppe)
    ↗Pea enation virus group (Erbsenenationenmosaik-Virusgruppe)
    Comovirus-Gruppe (Kundebohnenmosaik-Virusgruppe)

Viren mit dreiteiligem, einzelsträngigem RNA-Genom:
  stäbchenförmige Virionen:
    Hordeivirus-Gruppe (↗Gerstenstreifenmosaik-Virusgruppe)
  isometrische Virionen:
    Cucumovirus-Gruppe (↗Gurkenmosaik-Virusgruppe)
    Bromovirus-Gruppe (↗Trespenmosaik-Virusgruppe)
    Ilarvirus-Gruppe (↗Tabakstrichel-Virusgruppe)
  isometrische u. bazillenförmige Virionen:
    Alfalfa mosaic virus group (↗Luzernenmosaik-Virusgruppe)

Viren mit einzelsträngiger RNA und Hüllmembran:
  Tomato spotted wilt virus group (↗Tomatenbronzeflecken-Virusgruppe)
  Pflanzenrhabdovirus-Gruppe (↗Rhabdoviren)

Viren mit doppelsträngiger RNA (Fam. Reoviridae):
  Gatt. Phytoreovirus (↗Reoviren)
  Gatt. Fijivirus (↗Reoviren)

Viren mit einzelsträngiger DNA:
  Geminivirus-Gruppe (↗Geminiviren, Maisstrichel-Virusgruppe)

Viren mit doppelsträngiger DNA:
  Caulimovirus-Gruppe (↗Blumenkohlmosaik-Virusgruppe)

---

schleust. Die Virusvermehrung führt häufig zu Virusaggregaten, die als Einschlußkörper in den Pflanzenzellen erkennbar sind. Durch Plasmodesmen wandern Viruspartikel in benachbarte Zellen, in denen wiederum eine Virusvermehrung stattfindet. Einige P. verursachen eine systemische Infektion, bei der die gesamte Pflanze infiziert ist, während bei anderen P. die Infektion v. bestimmte Pflanzenteile beschränkt bleibt. Als Symptome einer Virusinfektion können an den Pflanzen Veränderungen v. Farbe u. Form, Nekrosen u. Fertilitätsstörungen auftreten. Farbveränderungen sind lokal begrenzte Chlorosen (Verminderung des Chlorophyllgehalts), die als Mosaike od. Ringflecken sichtbar werden, Vergilbungen v. Blättern od. Blattadern, Rotfärbung der Blätter sowie Farbänderungen der Blüten (z.B. Flammung der Tulpen durch das Tulpenmosaikvirus). Formveränderungen betreffen v.a. die Blätter (z.B. ↗Blattrollkrankheit). Häufig tritt als Symptom eine Verzwergung auf, bei der alle Pflanzenteile verkleinert sind. P. können in infizierten Wirtspflanzen, in Nebenwirten od. Vektoren oft mehrere Jahre überdauern. – Zum Nachweis einer Pflanzenvirusinfektion stehen verschiedene Methoden zur Verfügung, u.a. die Infektion v. Indikatorpflanzen; dabei wird der Preßsaft einer virusverdächtigen Pflanze auf geeignete Indikatorpflanzen übertragen. Dieses Verfahren ist mögl. bei P., die sich mechan. auf andere Pflanzen übertragen lassen, ist jedoch recht langwierig, da meist mehrere Tage vergehen, bis die Indikatorpflanzen eindeutige u. auswertbare Symptome aufweisen. Schneller sind immunolog. Verfahren zum Virusnachweis mit Hilfe v. spezifischen Antikörpern. Häufig wird ein *ELISA-Test* (Abk. von engl. *e*nzyme-*l*inked *i*mmuno*s*orbent *a*ssay) angewandt, bei dem der Virusnachweis durchgeführt wird durch Inkubation des Preßsafts einer infizierten Pflanze mit virusspezif. Antikörpern, an die ein Enzym (meist alkalische Phosphatase) gekoppelt ist, u. anschließende enzymat. Reaktion. *E. S.*

Pflanzenwachs, *Cuticularwachs,* wasserabstoßende Oberflächenschicht auf Blättern u. Früchten v. Pflanzen. ↗Cuticula, ↗Cutin.

Pflanzenwespen, *Symphyta,* U.-Ord. der ↗Hautflügler (T).

Pflanzenviren

Einige durch P. verursachte Krankheiten:

Krankheit	wichtigste Wirtspflanze	Virus (Virusgruppe)
Gelbverzwergung	Weizen	Gerstengelbverzwergungsvirus (Luteo-)
Gelbmosaik	Gerste	Gerstengelbmosaikvirus (Poty-)
Gurkenmosaik	Gurke	Gurkenmosaikvirus (Cucumo-)
Grünscheckungsmosaik	Gurke	Gurkengrünscheckungsmosaikvirus (Tobamo-)
Blattrollkrankheit	Kartoffel	Kartoffelblattrollvirus (Luteo-)
Strichelkrankheit	Kartoffel	Kartoffel-Y-Virus (Poty-)
Ringflecken	Kirsche	Nekrotisches Ringfleckenvirus (Ilar-)
Scharka	Pflaume	Scharkavirus, engl. plum pox virus (Poty-)
Salatmosaik	Salat	Salatmosaikvirus (Poty-)
Tabakmosaik	Tabak	Tabakmosaikvirus (Tabakmosaikvirus-)
Vergilbung	Zuckerrübe	Nekrot. Rübenvergilbungsvirus (Clostero-)

Pflanzenwuchsstoffe

Pflanzenwuchsstoffe, die ↗Phytohormone, ↗Auxine.

Pflanzenzelle, unterliegt wie auch die tierische ↗Zelle als eukaryotisch organisierte Zelle (↗Eukaryoten, ↗Eucyte) einer ausgeprägten ↗Kompartimentierung in zahlr. Reaktionsräume. Ausgewachsene P.n werden aber mit 0,1–0,3 mm Länge sehr viel größer – mit entspr. höherer Zellmasse (10–100 ng) – als tierische Zellen (mittlere Länge 8–20 µm, Zellmasse 2 ng), wobei der Großteil der Masse einer P. auf den wäßrigen Vakuoleninhalt entfällt. Der zelluläre Aufbau aller Organismen wurde wohl deshalb zuerst an pflanzl. Geweben entdeckt (R. ↗Hooke, 1667). Charakterist. für die P. ist der Besitz eines großen zentralen Zellsaftraums *(Vakuole),* der wegen des Fehlens v. Lysosomen wohl auch als lysosomales Kompartiment fungiert. Umkleidet u. vom Cytoplasma getrennt wird diese Vakuole v. der sog. *Tonoplastenmembran.* Weiterhin zeichnet sich die P. durch den Besitz v. ↗*Plastiden* aus: in grünen Blättern sind dies die typischen ↗Photosynthese-aktiven ↗*Chloroplasten* [B], die die Enzyme des ↗Calvin-Zyklus (Kohlenstoff-Fixierung) enthalten, in den Blättern vieler Blüten u. Früchte ↗*Chromoplasten* u. in nicht-gefärbten Pflanzenteilen eine Vielzahl spezialisierter ↗*Leukoplasten.* In den Zellen der Pilze fehlen Plastiden dagegen völlig. Charakteristischerweise findet die Synthese langkettiger Fettsäuren (konstitutive Bausteine aller Membranlipide) in der P. im Plastiden-Kompartiment statt u. nicht, wie bei tierischen Zellen, im Cytoplasma. Schließl. besitzen P.n als wicht. Strukturelement eine hochgradig reißfeste u. elastische ↗*Zellwand;* dieses Saccoderm dient der Formgebung u. Zellstabilisierung u. wirkt dem Vakuolendruck (Turgor) entgegen. Der eigtl. Cytoplasmabereich (↗*Protoplast)* bildet nur noch einen dünnen, geschlossenen Wandbelag. In diesem Plasmaschlauch befinden sich alle Organelle u. Kompartimente der P., die mit benachbarten Zellen über spezif. Plasmakanäle *(Plasmodesmen,* ⌀ 60 nm) in Verbindung steht. Über diese Plasmodesmen bilden alle lebenden Zellen einer Pflanze ein Kontinuum, den *Symplasten* (↗Apoplast, ☐). Als wichtigstes Reservepolysaccharid der P. ist das Glucan ↗Stärke zu nennen, das mit Ausnahme der Rotalgen ausschl. in Plastiden vorkommt, während Pilze u. Tiere ↗Glykogen im Cytoplasma speichern. In P.n finden sich meist zahlr. Dictyosomen über das gesamte Cytoplasma verteilt („disperser" ↗Golgi-Apparat). Auch die microbodies (↗Cytosomen) haben in P.n gegenüber der tier. Zelle bes. Funktionen: zum einen sind sie als Blatt-Peroxisomen an der ↗Photorespiration (Glykolatzyklus bei C_3-Pflanzen) beteiligt, in fettreichen Geweben führen sie als ↗Glyoxisomen die β-Oxidation der Fettsäuren durch (in Tieren auch in Mitochondrien) u. schleusen das gebildete Acetyl-Coenzym A über die Enzyme des ↗Glyoxylatzyklus der Gluconeogenese zu. [B] Photosynthese I. B. L.

Pflanzenzüchtung, *Pflanzenzucht,* Maßnahmen zur Erhaltung od. Verbesserung der genetisch fixierten Eigenschaften v. ↗Kulturpflanzen. Ursprünglich wohl ausschließl. durch unbewußte Auslese vorangetrieben, steht der modernen P. eine ganze Reihe hoch entwickelter Verfahren zur Verfügung, die alle darauf abzielen, die genet. bedingte Variabilität des Ausgangsmaterials zu erweitern. Grundlage jeder züchter. Arbeit ist die gezielte Auslese (↗Selektion, [B] II) neu auftretender Formen mit günstigeren Eigenschaften; die Wahrscheinlichkeit ihrer Entstehung kann heute durch planmäßige Einkreuzung (↗Kreuzungszüchtung) u. die künstl. Erhöhung der sehr geringen spontanen Mutationsrate (↗Mutationszüchtung) deutl. erhöht werden. Ausgangsmaterial für die Züchtung sind i.d.R. bereits vorhandene Formen od. Varietäten v. Kulturpflanzen, in Einzelfällen jedoch auch Wildpflanzen, da diese nicht selten Träger wicht. Resistenzeigenschaften sind. ↗Auslesezüchtung, Erhaltungszüchtung, ↗Hybridzüchtung; ↗Genzentrentheorie; ↗Gentechnologie.

Pflanzschnitt, Pflegemaßnahme bei Gehölzpflanzen zum Zeitpunkt der Pflanzung. Durch den P. wird das Mißverhältnis zw. Wurzel u. Sproßmasse weitgehend behoben u. der Austrieb angeregt. Beim P. erfolgt die erste Erziehung der Krone, indem nicht nur ein Rückschnitt der Jungtriebe erfolgt, sondern die Anzahl der Seitenäste erster Ord. u. ihre Stellung zur Mittelachse u. zueinander endgültig festgelegt wird. ↗Erziehungsschnitt.

Pflasterkäfer, die ↗Ölkäfer.

Pflasterzähne, an das Zermahlen harter Nahrung (Korallen, Muscheln, Schnecken) angepaßte Zähne mit halbkugeliger od. plattenart. Krone bei Fischen u. Reptilien; bes. eindrucksvoll bei den ↗Placodontia ausgeprägt.

Pflaumenbaum [v. lat. prunum = Pflaume, über ahd. pfruma], *Prunus domestica,* ↗Prunus.

Pflaumenstecher, *Rhynchites cupreus,* ↗Stecher.

Pflaumenwickler, *Laspeyresia (Grapholita) funebrana,* wicht. Obstbaumschädling aus der Schmetterlingsfam. ↗Wickler. Falter graubraun mit dunklerer Zeichnung u. weißgrauem Saumfeld, Spannweite um 15 mm, fliegt in 2 Generationen; die karminrote Raupe („Made") mit dunklem Kopf, befällt in der ersten Generation die jungen Früchte, in der zweiten Generation das Fleisch der reifen Frucht, wo sie sich zur Verpuppung an der Borke od. im Boden mit einem Spinnfaden abseilt; schädl. an Pflaumen, Zwetschgen u. anderem

---

Pflanzenzüchtung

Die ökonom. und ernährungspolit. Bedeutung der P. kann kaum überschätzt werden; sie hat entscheidend dazu beigetragen, daß bisher die Nahrungsmittelproduktion einer sprunghaft ansteigenden Weltbevölkerung wenigstens einigermaßen zu folgen vermochte (↗Bevölkerungsentwicklung). Von der P. wird es auch in erster Linie abhängen, ob es gelingt, den Bedarf an Nahrungsmitteln auch in der Zukunft zu befriedigen u. die bestehenden, großen Nahrungslücken zu schließen.

Steinobst durch Zerstörung der unreifen Frucht u. durch Bohrlöcher, Kot- bzw. Fraßreste um die Steine der vorzeitig reifenden Früchte.

Pflüger, *Eduard Friedrich Wilhelm,* dt. Physiologe, * 7. 6. 1829 Hanau, † 16. 3. 1910 Bonn; Schüler v. Du Bois-Reymond, seit 1859 Prof. in Bonn; wichtige u. vielseitige Arbeiten über Muskel-, Verdauungs- u. Stoffwechselphysiologie, sensor. Funktionen des Rückenmarks, Atmungsphysiologie, Physiologie des Elektrotonus *(P.-Zuckungsgesetz)* u.v.a.; gründete 1868 „P.s Archiv für die gesamte Physiologie".

Pflugscharbein, der ↗Vomer.

Pfortadersystem, allg. Bez. für ein Venensystem der Wirbeltiere u. des Menschen, das Blut in das Kapillarbett eines anderen Organs führt, anstatt es direkt dem Herzen zurückzuleiten. Beispiele sind das Kapillarnetz in der Leber aller Wirbeltiere (Vena portae hepatis) u. der Niere (V. portae renis) vieler Wirbeltiergruppen. Das hypophysäre P. (↗hypothalamisch-hypophysäres System) bildet die Verbindung zw. der Eminentia mediana am Zwischenhirnboden u. den Sinuskapillaren in der Pars distalis der ↗Adenohypophyse (↗Hypophyse). Es dient dem Transport v. ↗Neurosekreten aus dem ↗Hypothalamus zur Hypophyse. ↗Leber (☐).

Pfriemengras [v. Pfriem = Ahle], das ↗Federgras.

Pfriemenmücken, die ↗Fenstermücken.

Pfriemenschnecken, *Eulima,* Gatt. der *Eulimidae,* marine Schnecken mit oft leicht gebogenem, turmförm., weißem Gehäuse mit glänzend-glatter Oberfläche; leben ektoparasit. an Schlangen- u. Haarsternen.

Pfrille, die ↗Elritze.

Pfropfbastard, *Pfropfchimäre,* ↗Chimäre.

Pfropfung, Bez. für die Veredelungstechnik, bei der v. einer hochwert. Sorte ein knospentragendes u. damit kronenbildendes Sproßstück *(= Reis)* auf eine gutwüchsige u. als *Unterlage* bezeichnete Pflanze transplantiert wird. Dazu wird das untere Ende des ↗Edelreises ein- od. beidseitig abgeschrägt u. hinter die Rinde des Unterlagenkopfes gesteckt od. in einen keilförm. Einschnitt des Unterlagenkopfes eingepaßt. In dem sich zunächst bildenden Wundkallus entstehen bald Leitelemente, die dann Reis u. Unterlage verbinden. Durch gegenseit. hormonelle Beeinflussung wird beim Reis eine regenerative Wurzelbildung u. bei der Unterlage eine Sproßbildung meist unterbunden. P.en gelingen am leichtesten bei gleichart. oder eng verwandten Partnern. ↗Veredelung.

pF-Wert, ein Maß für die Wasserspannung (Saugspannung) im Boden (Definition: pF = lg cm Wassersäule); gibt an, wie stark das Wasser durch Adsorption u. Kohäsion an die Bodenpartikel gebunden wird (↗Bodenwasser). Sind alle Bodenporen mit Wasser gefüllt, ist die Wasserspannung gleich Null. Eine (geringe) Wasserspannung von 1 at (= 1 kp/cm^2 = 98066,5 Pascal; ↗Druck) entspricht einem pF = 3 (10^3 cm Wassersäule); trockene Böden können Wasser mit einer Spannung von 1000 u. mehr at (pF = 6) halten. ↗Wasserpotential.

pH ↗pH-Wert.

Phacelia *w* [v. gr. phakelos = Büschel], das ↗Büschelschön.

Phacellaria *w* [v. gr. phakelos = Bündel, Büschel], Gatt. der ↗Sandelholzgewächse.

Phacidiales

Familien:
Phacidiaceae
↗*Cryptomycetaceae*
↗*Hypodermataceae*

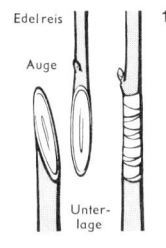

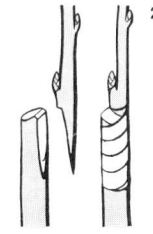

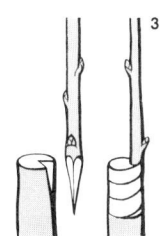

Pfropfung
1 Anschäften, 2 Anblatten, 3 Pfropfen in den Kerb

phaeo- [v. gr. phaios od. phaiódēs = grau, bräunlich, dunkel, schwärzlich].

Phacidiales [Mz.; v. gr. phakos = Linse], Ord. der *Ascomycetes* mit 3 Fam. (vgl. Tab.), Schlauchpilze (↗„*Discomycetes*") mit rundl. bis langgestreckten, dunklen, meist schwarz gefärbten, apothecienart. Fruchtkörpern, die sich meist in od. unter der Epidermis v. Blütenpflanzen entwikkeln. Die unituniceten-inoperculaten, keulenförm. bis zylindr. Asci sind hymeniumartig angeordnet; die Ascosporen haben unterschiedl. Gestalt. Der Fruchtkörper öffnet sich durch lappiges Aufklappen des dunklen Deckgewebes od. mit einem Längsspalt. P. sind vorwiegend Pflanzenparasiten, z.T. mit wirtschaftl. Bedeutung, einige leben saprophyt. auf Blättern u. Zweigen. Die Vertreter der Fam. *Phacidiaceae* haben einen rundl., bläschenförm. Fruchtkörper mit lappig aufreißendem, schwarzem Deckgewebe. Bekannte Parasiten sind: *Phacidium infestans,* der Schneepilz, der junge Tannen unter dem Schnee schädigen kann u. *P. vaccinii* parasitiert an Blättern v. *Vaccinium vitis-idaea* (Preiselbeere), *Lophophacidium hyperboreum* auf Fichtennadeln, *Cryptomycina pteridis* an Wedeln des Adlerfarns.

Phacochoerus *m* [v. gr. phakos = Linse, choiros = Ferkel], die ↗Warzenschweine.

Phacopida [Mz.; v. gr. phakos = Linse, ōps = Auge], (Salter 1864), † Ord. überwiegend proparer, seltener opisthoparer ↗Trilobiten, die wahrscheinl. auf *Ptychopariida* zurückgehen; Glabella vorn meist verbreitert, Thorax mit 8 bis 19 Segmenten; Pygidium überwiegend mittelgroß bis groß. Verbreitung: unteres Ordovizium bis Oberdevon.

Phacotaceae [Mz.; v. gr. phakos = Linse], Fam. der ↗*Volvocales;* einzellige, begeißelte Grünalgen mit fester, oft kalkhalt. Zellwand. Bei der Gatt. *Phacotus* besteht die Zellwand aus 2 uhrglasförm., aneinanderliegenden Teilen. Sedimente aus Kalkschalen aus Miozän u. Diluvium bekannt.

Phacus *m* [v. gr. phakos = Linse], Gatt. der ↗*Euglenales.*

Phaeaster *m* [v. *phaeo-,* gr. astēr = Stern], Gatt. der ↗*Ochromonadaceae.*

Phaedusa *w,* artenreiche Gatt. der Schließmundschnecken in O-Asien.

Phaeoceros *s* [v. *phaeo-,* gr. keras = Horn], Gatt. der ↗*Anthocerotales.*

Phaeocystis *w* [v. *phaeo-,* gr. kystis = Blase], Algen-Gatt. der *Chrysocapsales,*

Phaeodaria

phaeo- [v. gr. phaios od. phaiōdēs = grau, bräunlich, dunkel, schwärzlich].

phago- [v. gr. phagos = Fresser].

phallo- [v. gr. phallos = männl. Glied].

mit einer Art *(P. pouchettii)* im marinen Plankton vorkommend; die Zellen sind zu Vierergruppen zusammengelagert, die zu mehreren größere, gallert. Kolonien bilden.

Phaeodaria [Mz.; v. *phaeo-], die ↗Tripylea.

Phaeognathus *m* [v. *phaeo-, gr. gnathos = Kiefer], ↗Bachsalamander.

Phaeophyceae [Mz.; v. *phaeo-, gr. phykos = Tang], die ↗Braunalgen.

Phaeoplasten [Mz.; v. *phaeo-, gr. plastos = gebildet], die ↗Chloroplasten der ↗Braunalgen; diese photosynthetisch aktiven Plastiden sind durch das Überwiegen des Carotinoids ↗Fucoxanthin bräunl. gefärbt (Name!).

Phaeothamniales [Mz.; v. *phaeo-, gr. thamnos = Strauch, Busch], Ord. der ↗Chrysophyceae, trichal od. einfach verzweigte Goldalgen, oft dem Substrat anliegend u. scheibenförmige pseudoparenchymat. Polster bildend. Bekannte Gatt. *Phaeothamnion*, 3 Arten im Süßwasser, Thallus trichal verzweigt, mit keulenförm. Zellen; verbreitetste Art: *P. confervicola*. Ähnl. wie eine unverzweigte P.-Alge ist *Nematochrysis* gebaut; *N.* lebt marin.

Phaëthontidae [Mz.; ben. nach Phaëthōn, Sohn des Sonnengottes], die ↗Tropikvögel.

Phagen [Mz.; v. *phago-], die ↗Bakteriophagen.

Phago *m* [*phago-], Gatt. der ↗Salmler.

Phagocata *w* [v. *phago-, gr. kata = durch], Strudelwurm-Gatt. der *Tricladida;* ungeschlechtl. Fortpflanzung durch Fragmentation; bekannte Art: *P. gracilis*.

Phagocytella-Theorie [v. *phago-, gr. kytos = Höhlung (heute: Zelle)], *Parenchymella-Theorie (-Hypothese), Parenchymula-Theorie (-Hypothese)*, eine der 5 diskutierten Theorien bzw. Hypothesen (↗Bilaterogastraea-Theorie, ↗Coelomtheorien), die ontogenet. Stadien rezenter Tierformen als Denkmodelle verwenden, um die phylogenet. Entstehung der Grundorganisation des Metazoenkörpers, d. h. die Differenzierung des Entoderms, zu erklären. Die von E. J. Metschnikow (1877, 1886) formulierte P. geht v. einer bei Schwämmen auftretenden ↗Parenchymula-(Parenchymella-)Larve als Denkmodell aus u. nimmt als Entstehung des Entoderms eine multipolare Einwanderung (↗Immigration) v. Zellen aus der äußersten Zellschicht ins Innere der ↗Blastaea an. Sie sollen hier eine solide parenchymat. Zellmasse bilden, aus der das Entoderm u. auch das damals Mesenchym gen. Füllgewebe zw. Ekto- u. Entoderm hervorgehen. Dieses hypothet. Urstadium, zunächst in Anlehnung an das Denkmodell *Parenchymula-* od. *Parenchymella*-Stadium bezeichnet, wurde später v. Metschnikow in *Phagocytella* umbenannt, da er annahm, daß im Laufe der Phylogenese Freßzellen (Phagocyten) aus der u. a. der Bewegung dienenden äußeren Zellschicht, dem Kinoblasten, ins Innere gewandert sind u. hier die obengenannte Zellmasse, den Phagocytoblasten, gebildet haben. ↗Planula-Theorie.

Phagocyten [Mz.; v. *phago-], *Freßzellen*, allg. Zellen, die durch ↗Endocytose (↗Phagocytose) partikuläres Material internisieren u. verdauen. Die P. des menschl. Organismus sind spezialisierte Zellen des Immunsystems, die bei der Infektionsabwehr eindringende Mikroorganismen direkt od. nach Opsonisierung Antigen-Antikörper-Komplexe od. z. B. auch körpereigene Zellen wie die seneszenten Erythrocyten durch Phagocytose eliminieren, z. B. ↗Makrophagen, neutrophile (= Mikrophagen) u. eosinophile ↗Granulocyten.

Phagocytose *w* [v. *phago-], Aufnahme v. partikulärem Material in die Zelle, im Ggs. zur Aufnahme gelösten Materials *(Pinocytose)*. Diese an sich künstl. Unterscheidung beruht auf älteren lichtmikroskop. Befunden u. wird heute zunehmend durch den Überbegriff ↗Endocytose ersetzt.

Phagodeterrents [Mz.; v. *phago-, lat. deterrens = abschreckend], *Phagodeterrentien*, Substanzen in der Schädlingsbekämpfung, die den Biß, Einstich od. die Eiablage an der Nutzpflanze u. deren Erzeugnissen hemmen, ohne den Schädling zu vernichten.

Phagosom *s* [v. *phago-, gr. sōma = Körper], Verdauungsvakuole, in der durch ↗Phagocytose aufgenommene, mikroskop. sichtbare Nahrungspartikel durch lytische Enzyme abgebaut werden. Diese Enzyme stammen aus primären ↗Lysosomen, die mit dem P. zu einem sog. sekundären Lysosom fusionieren (↗Endocytose, □). ↗Endosom.

Phagostimulants [Mz.; v. *phago-, lat. stimulans = anstachelnd], *Phagostimulantien*, Substanzen in der Schädlingsbekämpfung, die den Biß, Einstich od. die Eiablage an Nutzpflanzen u. deren Erzeugnissen anregen.

Phagotrophie *w* [v. *phago-, gr. trophē = Ernährung], Aufnahme, Verdauung u. Resorbierung v. geformter organ. Nahrung durch Protozoen.

Phakellia *w* [v. gr. phakelos = Bündel, Büschel], Schwamm-Gatt. der *Axinellidae;* bekannteste Art: *P. ventilabrum*, 15 cm hoher, kurz gestielter Trichter; Nordsee (Helgoland) u. Atlantik.

Phalacridae [Mz.; v. gr. phalakros = kahl], die ↗Glattkäfer.

Phalacrocoracidae [Mz.; v. gr. phalakrokorax = Wasserrabe], die ↗Kormorane.

Phalangen [Mz.; v. gr. phalagges =] ↗Finger, ↗Hand.

Phalanger *m* [v. gr. phalagx = Gelenk, Glied, lat. -ger = -tragend], 1) *Phalangerinae*, U.-Fam. der ↗Kletterbeutler; 2) Gatt. der *Phalangerinae*, die ↗Kuskuse.

Phalangeridae [Mz.], die ↗Kletterbeutler.

Phalangiidae [Mz.; v. gr. phalaggion = Spinne], Familie der Weberknechte mit über 1000 Arten; typisch sind die extrem verlängerten Beine (sekundäre Erhöhung der Gliederzahl des Tarsus); alle Vertreter haben je 1 Stigma zw. der letzten Beincoxa u. dem Opisthosoma sowie sekundäre (akzessorische) Stigmen an den Tibien. Unter den P. gibt es boden- u. baumlebende Arten, wobei letztere die längeren Beine ausbilden. Diese ermöglichen es ihnen, in der Vegetation von Halm zu Halm od. von Blatt zu Blatt zu gelangen, indem die bewegl. Tarsen spiralig um Vegetationsteile gewickelt werden können. Die Beine können an einer präformierten Stelle abgeworfen werden (Autotomie). Im basalen Teil des Femurs liegt ein autonomes Nervenzentrum, so daß auch ein abgeworfenes Bein noch Zuckungen (bis 30 Min.) vollführt. Dies wird als Schutzmechanismus gg. Feinde verstanden. Die Beine können nicht regeneriert werden. Balzverhalten ist nicht bekannt. Die Kopula erfolgt, indem sich die Tiere frontal gegenüberstehen u. das Männchen den Penis zw. den Cheliceren des Weibchens hindurch in die weibl. Geschlechtsöffnung einführt. Die Eier werden in den Boden od. unter lose Rinde usw. abgelegt. Dabei wird die lange Legeröhre, die an der Spitze mit vielen Sensillen besetzt ist, eingesetzt. Der Habitus der ausgeschlüpften Jungen ist milbenartig. Erst im Verlauf der postembryonalen Entwicklung entsteht nach mehreren Häutungen der typische „Weberknechthabitus". Bei der Häutung hängen sich die P. mit dem Rücken nach unten in der Vegetation auf u. zerren mit den Pedipalpen die langen Beine aus der alten Haut. Die mitteleurop. P. (vgl. Tab.) sind wahrscheinl. einjährig.

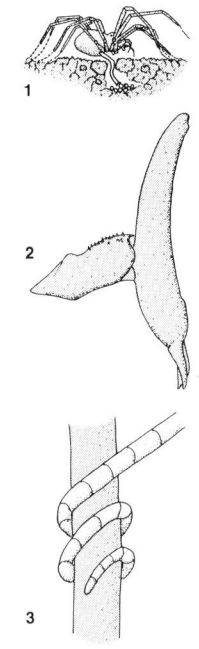

Phalangiidae
1 Weibchen bei der Eiablage in den Boden; 2 Chelicere v. *Phalangium opilio*; 3 mit der vielgliedrigen Beinspitze können Halme u. ä. umwickelt werden

Phalänophilie w [v. gr. phalaina = Motte, philia = Freundschaft], ↗Schmetterlingsblütigkeit.

Phalaridetum arundinaceae s [v. gr. phalaris = Glanzgras, lat. arundinaceus = rohrähnlich], Assoz. des ↗Sparganio-Glycerion.

Phalaris [gr., =], das ↗Glanzgras.

Phalaropodidae [Mz.; v. gr. phalaros = glänzend, podes = Füße], die ↗Wassertreter.

Phalium s [v. gr. phalios = hell], Gatt. der ↗Helmschnecken (☐) mit niedrigem Gewinde u. weiter Endwindung, deren Mündung außen verdickt u. oft gezähnt ist; zahlr. Arten auf Sand- u. Weichböden warmer Meere.

Phallaceae [Mz.; v. *phallo-], die ↗Stinkmorchelartigen Pilze.

Phallobasis w [v. *phallo-, gr. basis = Grundlage], unpaarer Basalabschnitt des ↗Aedeagus der Insekten.

Phalloidin s [v. *phallo-], ↗Phallotoxine.

Phallonemertes m [v. *phallo-, ben. nach der Nereide Nemērtēs], Schnurwurm-Gatt. der ↗*Hoplonemertea* (U.-Ord. ↗*Polystilifera*); *P. murrayi*, im Nord-Atlantik in 1500–2000 m Tiefe.

Phallostethidae [Mz.; v. *phallo-, gr. stēthos = Brust] ↗Ährenfische.

Phallotoxine [Mz.; v. *phallo-, gr. toxikon = Gift], zus. mit den ↗Amatoxinen (☐) in verschiedenen ↗Knollenblätterpilzen (z. B. *Amanita phalloides*) vorkommende giftige bicycl. Heptapeptide (↗Pilzgifte). Ihre cytotox. Wirkung beruht auf einem Angriff an den intrazellulären Mikrofilamenten. Hauptvertreter der P. ist das *Phalloidin* (ca. 10 mg pro 100 g frischen Knollenblätterpilz), weitere P. sind *Phalloin, Phallacidin, Phallisin* u. *Phallin*. Manche P. werden für Untersuchungen in der Zellforschung verwendet.

Strukturformel von *Phalloidin*

Phallotrema s [v. *phallo-, gr. trēma = Öffnung], Mündung des Ductus ejaculatorius am Mittelstück des ↗Aedeagus der Insekten.

Phallus m [v. *phallo-], **1)** Bot.: Gatt. der *Phallaceae;* ↗Stinkmorchelartige Pilze. **2)** Zool.: a) der ↗Genitalhöcker; b) der (erigierte) ↗Penis, auch Penis bei Insekten.

Phalangiidae

Einige häufige mitteleur. Arten:

Phalangium opilio: eine der wenigen Arten, die offene Biotope mit hoher Besonnung bevorzugen; Männchen mit Chelicerenhörnern, die bei Kämpfen um die Weibchen eingesetzt werden sollen; Verbreitung paläarktisch, nach N-Amerika u. Neuseeland eingeschleppt; leicht an der kalkweißen Unterseite zu erkennen.

Opilio parietinus: in Vorder- u. Zentralasien u. ganz Europa, in USA u. Tasmanien verbreitet; in Mitteleuropa in anthropogen geprägten Landschaften, teils rein synanthrop.

Opilio saxatilis: im gesamten gemäßigten Klimabereich Europas verbreitet; häufige Art offenen Geländes (Steppenheiden, Trockenrasen, Ruderalflächen usw.), auch synanthrop.

Rilaena triangularis: in Europa weit verbreitet, liebt verschiedenste Laub- u. Nadelwaldges. mit relativ hoher Luftfeuchtigkeit; hat einen hellen Körper u. stark kontrastierende dunkle Augen.

Oligolophus tridens: in Mitteleuropa weit verbreitet; bevorzugt bes. die aufgelockerten Ränder v. Laub- u. Nadelwäldern, Gehölze u. Gebüsche, aber auch schattige Obstwiesen, Parks usw.; lebt in der Streu, unter Steinen u. Holz, wo die Luftfeuchtigkeit relativ hoch ist.

Lacinius horridus: rötlichbraune Tiere, Körper u. Beine stark bedornt; an xerothermen Standorten vom Mittelmeergebiet bis Mitteleuropa verbreitet; Lebensweise rein terricol.

Mitopus morio: in Mitteleuropa weit verbreitete mittelgroße Art mit auffallender, abhängig v. der Höhe des Biotops variierender Sattelzeichnung; die Art ist euryök, d. h., sie besiedelt verschiedene Biotope, am häufigsten aber Wälder; in gemäßigtem Klima nachtaktiv, im Gebirge u. im hohen Norden tagaktiv.

Leiobunum rotundum: häufig u. weitverbreitet in Mitteleuropa, Körper des Männchens einfarbig ziegelrot, des Weibchens gelbrot mit dunklem Sattel, sehr lange schwärzl. Beine; euryök, häufig in anthropogen geprägten Biotopen; Jugendstadien leben in der Bodenschicht, ältere Tiere in der Vegetation, nachtaktiv; ähnlich ist *L. blackwalli*, lebt aber mehr in schattigen Biotopen.

Phallusia

phallo- [v. gr. phallos = männl. Glied].

phanero- [v. gr. phaneros = offenbar, sichtbar].

phäno- [v. gr. phainesthai = sichtbar werden, erscheinen].

Phallusia w [v. *phallo-], Gatt. der ↗Seescheiden, ↗Monascidien.

Phän s [v. *phäno-], sichtbare od. auf andere Weise erkennbare Eigenschaft (↗Merkmal) eines Organismus, die im Zusammenwirken v. Erbanlage(n) (↗Gen) und Umwelteinflüssen ausgebildet wird (↗Phänogenese). *Monogenische Phäne* werden durch 1 Gen, *polygenische Phäne* durch das Zusammenwirken mehrerer Gene gesteuert. Die genet. Information legt dabei nur eine bestimmte Reaktionsbreite (↗Reaktionsnorm) fest, innerhalb derer die auf das sich entwickelnde Individuum einwirkenden Umwelteinflüsse die endgültige Ausprägung des Phäns bestimmen. Organismen weisen daher bezügl. vieler ihrer Eigenschaften (Phäne) eine gewisse Umweltvariabilität (↗Modifikation) auf. Die Gesamtheit der Phäne, das Erscheinungsbild eines fertig entwickelten Organismus, nennt man nach W. L. ↗Johannsen den ↗*Phänotyp(us)* und stellt ihn der Gesamtheit der Erbanlagen in der Zelle, dem ↗*Genotyp(us)* oder ↗*Idiotyp(us)*, gegenüber.

Phanerochaete w [v. *phanero-, gr. chaitē = Mähne, Borste], Gatt. der Nichtblätterpilze *(Aphyllophorales,* Fam. *Corticiaceae). P. chrysosporium* (imperfekte Form = *Sporotrichum pulverulentum),* ein Weißfäuleerreger, lebt auf totem Holz, bei dessen Zersetzung er Enzyme zum Abbau des Lignins ausscheidet. Diese Enzyme vermögen auch komplexe, gefährl. Umweltgifte, z. B. Dioxine, PCB, DDT, Lindan, in ungefährl. Bruchstücke zu zerlegen (z. Z. erst in Laborversuchen); möglicherweise können diese Pilze in Zukunft zur Beseitigung v. verschiedenen Chemiegiften eingesetzt werden.

Phanerogamen [Mz.; v. *phanero-, gr. gamos = Hochzeit] ↗Kryptogamen.

Phanerophyten [Mz.; v. *phanero-, gr. phyton = Gewächs], *Luftpflanzen,* Bez. für höhere Pflanzen (Kormophyten), die die ungünst. Jahreszeiten, wie Trocken- u. Kälteperioden, mit oberird. Sprossen überdauern, so daß die teils ohne, teils mit Knospenschuppen versehenen Erneuerungsknospen sich im ungünst. Luftraum befinden. ↗Lebensformen (□).

Phaneropteridae [Mz.; v. *phanero-, gr. pteron = Flügel], die ↗Sichelschrecken.

Phanerozoikum s [v. *phanero-, gr. zōikos = Tier-], Großabschnitt (Äon, Superära) der ↗Erdgeschichte (B); Zeit des „deutl. erkennbaren Tierlebens", also der Zeitraum – od. seine Ablagerungen – vom Beginn des Kambriums bis heute (= ca. 530 Mill. Jahre). Ggs.: ↗Kryptozoikum.

Phanerozonia [Mz.; v. *phanero-, gr. zōnē = Gürtel], *Phanerozonida, Randplatten-Seesterne,* relativ ursprüngl. Ord. der ↗Seesterne, ben. nach den an den Kanten der Arme sichtbaren Skelett-Platten (□ Kamm-Seestern).

Phänetik w [v. *phäno-], die ↗numerische Taxonomie.

Phänogenese w [v. *phäno-, gr. genesis = Entstehung], ein von V. ↗Haecker (1918) geprägter Begriff, unter dem man die im Verlauf der Embryonalentwicklung (Ontogenese) durch das Zusammenspiel v. Erbanlagen (Genen) und Umwelteinflüssen bedingte Ausbildung bestimmter Eigenschaften (↗Phän) versteht. Bezogen auf die ontogenet. Entwicklung ganzer Organe spricht man auch v. *Organmorphogenesen.* ↗Phänogenetik.

Phänogenetik w [v. *phäno-, gr. gennan = erzeugen], von V. ↗Haecker (1918, 1925) begr. Forschungsgebiet, das sich mit der ↗Phänogenese v. Organismen befaßt, wobei genet., ontogenet. und phylogenet. Gesichtspunkte verbunden werden. P. spielt in der Entwicklungsbiologie eine Rolle (↗phänokritische Phase), wird aber v. a. als vergleichende Ontogeneseforschung betrieben, d. h., die Abläufe während der Embryonalentwicklung nächstverwandter Arten oder v. Wildform u. Mutante werden bezügl. bestimmter Eigenschaften verglichen. Dabei wird bes. untersucht, zu welchem spezif. Zeitraum die verglichenen Phänogenesen differieren. Das Entwicklungsstadium bzw. der Zeitraum, in dem die bis dahin weitgehend ident. Ontogeseabläufe zweier Arten voneinander abzuweichen beginnen, wird als *phänokritisches Stadium* bzw. *Phänokrise* bezeichnet. Das phänokrit. Stadium liegt für verschiedene ↗Phäne zu verschiedenen Zeiten. Danach kann man für verschiedene Arten unterschiedl. *biometabolische Modi* (Sewertzoff, 1931) unterscheiden. Treten die Abweichungen in der frühen Embryonalentwicklung auf, spricht man v. initialer Differenz *(Archibolie),* treten sie im späteren Verlauf auf, spricht man v. ↗ *Deviation.* Kommt es bei einer Art zur „Verlängerung" der Ontogenese dergestalt, daß an das Endstadium der Vergleichsart weitere Differenzierungen angeschlossen werden, so liegt der Modus der „Addition v. Endstadien" *(Anabolie)* vor. Wird die Phänogenese vor dem Erreichen des Endstadiums der Vergleichsart abgeschlossen, so handelt es sich um „Subtraktion von Endstadien", die zu ↗Neotenie führt.

Lit.: *Haecker, V.:* Entwicklungsgeschichtl. Eigenschaftsanalyse Phänogenetik. Jena 1918. *Rensch, B.:* Die phylogenet. Abwandlung der Ontogenese. In *Heberer, G.:* Die Evolution der Organismen. Stuttgart 1959. *Sewertzoff, A. N.:* Morpholog. Gesetzmäßigkeiten der Evolution. Jena 1931.

Phänokopie w [v. *phäno-, lat. copia = Menge], ein von R. ↗Goldschmidt (1935) eingeführter Begriff zur Kennzeichnung v. Bildungsabweichungen (Anomalien, Mißbildungen) eines Individuums, die durch äußere Einflüsse während der Embryonalentwicklung hervorgerufen wurden u. daher nicht erblich (sondern modifikatorisch) sind, die jedoch anderen Bildungsabweichungen, die durch Erbänderungen (Mutationen) bedingt sind, weitgehend gleichen (sie „kopieren"). Eine P. im engsten Sinne liegt vor, wenn zur Entwicklung der Anomalie der Umweltreiz in derselben „kritischen od. sensiblen Phase" der Embryonalentwicklung einwirken muß *(Phasenspezifität)*, in dem sich im Vergleichsfall das bewirkende Gen zu manifestieren beginnt (⇗ Phänogenese, ⇗ Phänogenetik). Beispiele: Sauerstoffmangel zu einem bestimmten Zeitpunkt der Embryonalentwicklung der Maus führt zur Bildung v. Gaumenspalten, die man auch als erbl. Mißbildung kennt. Entsprechendes gilt für durch die Einwirkung v. Insulin, Pilocarpin od. Borsäure auf Hühnerembryonen ausgelöste Defekte am Schädel u. am Skelett der Beine. Einige der durch äußere Einflüsse bedingten Mißbildungen des Menschen (⇗ Embryopathie, ⇗ Fehlbildung, ⇗ Fehlbildungskalender, ☐) sind auch als erbl. Anomalien bekannt, phänokopieren diese also. ⇗ Phänokritische Phase.

phänokritische Phase *w* [v. *phäno-, gr. kritikos = entscheidend], Abschnitt der ⇗ Ontogenie, in dem ein bestimmtes Gen den ⇗ Phänotyp bzw. ein einzelnes ⇗ Merkmal beeinflußt. Beginnt mit der Transkription, ist i. d. R. aber erst erkennbar anhand a) des Einsetzens der abnormen Entwicklung bei mutanten Individuen, b) der temperatursensitiven (TS-)Phase bei TS-Mutanten, c) der mögl. Auslösephase bei ⇗ Phänokopien. Z. B. einzelne *bithorax*-Gene v. *Drosophila*, die Unterschiede zw. Meso- u. Metathorax bestimmen; ihre Transkription und TS-Phasen beginnen im ⇗ Blastoderm; Phänokopien können nur im Blastodermstadium ausgelöst werden (durch Hitze- od. Ätherschock).

Phänologie *w* [v. *phäno-, gr. logos = Kunde], Lehre v. der Zeit des Auftretens bestimmter, meist witterungs- bzw. klimaabhängiger Lebensäußerungen v. Organismenarten od. bestimmter ökolog. Bedingungen. Es kann sich z. B. um das oberird. Erscheinen, Knospung, Blütenbildung od. Laubfall bei Pflanzen, das Auftreten fliegender Imagines bei Insekten, Paarungszeiten u. Zug bei Vögeln oder Winterschlaf bei Säugern handeln, summarischer auch um den Eintritt v. Jahreszeiten (z. B. Frühlingseinzugskarte). ⇗ Isophänen.

Phänotyp *m* [v. *phäno-, gr. typos = Typ], *Phänotypus*, die Gesamtheit der ⇗ Merkmale (⇗ Phän) des vollentwickelten Individuums (sein „Erscheinungsbild"), als Ergebnis der Wechselwirkungen von erbl. (genet.) Information (⇗ Genotyp des Individuums) u. inneren u. äußeren (Umwelt-)Einflüssen während der Ontogenese. Bei einzell. Organismen (bes. in der Mikrobiol.) wird der Begriff P. auch auf die Eigenschaften der Gesamtheit der Individuen eines Stammes (Klon) bezogen. ⇗ Phänogenese,

⇗ Induktion, ⇗ Modifikation, ⇗ Mendelsche Regeln (B II).

phänotypische Geschlechtsbestimmung ⇗ Geschlechtsbestimmung.

phänotypische Mischung, nach Infektion einer Zelle durch zwei verschiedene, meist miteinander verwandte Viren (z. B. Poliovirus Typ 1 und 2, Adenoviren, Retroviren) kann es beim Zusammenbau der Virionen (⇗ assembly) zur p.n M. kommen, indem das Genom des einen Virus mit dem Capsid des anderen Virus od. mit einem Capsid, das aus den Komponenten beider Viren besteht, kombiniert wird. Bei Viren mit Hülle wird das Nucleocapsid des einen Virus v. der für das andere Virus spezif. Hülle umschlossen (auch als Pseudotyp-Bildung bezeichnet), od. die Hülle ist aus den Hüllproteinen beider Viren zusammengesetzt. P. M. kann bei Viren mit Hülle sogar zw. nichtverwandten Viren (z. B. Rhabdo- u. Retroviren) stattfinden. Durch p. M. entstandene Viren sind genet. nicht stabil; nach erneuter Infektion entspr. der Phänotyp (d. h. die Proteinzusammensetzung) der Nachkommenviren dem Genotyp (d. h. der Nucleinsäure) des infizierenden Virions.

Phäophytine [Mz.; v. *phäo-, gr. phyton = Gewächs], *Phaeophytine*, durch Abspaltung des Mg-Zentralatoms (z. B. bei vorsicht. Säurebehandlung) gebildete Abbauprodukte der ⇗ Chlorophylle. Eine Entfernung des Phytylrestes (⇗ Phytol) aus den P.n (z. B. durch konzentrierte Säure) führt zu den entsprechenden *Phäophorbiden (Phaeophorbiden).*

Phaosom *s* [v. gr. phaos (= phōs) = Licht, sōma = Körper], von einer hyalinen Masse erfüllte Vakuole in den einzelnen wie den zu Augen vereinigten Sehzellen mancher Anneliden (z. B. Lumbriciden u. Hirudineen) u. Schnecken (z. B. *Potamides*). Die Vakuolenwand trägt an ihrer Innenseite zahlr. Mikrovilli (⇗ Mikrovillisaum), die an die hyaline Masse grenzen od. in sie hineinragen. Da die Mikrovilli denen der Rhabdomere im ⇗ Komplexauge (B) gleichen, werden sie als Orte der Lichtabsorption gedeutet, die durch „Einstülpungen" in das Innere der Sinneszelle gelangt sind. Die hyaline Masse gilt als photosensibel, d. h., man nimmt an, daß sie unter Lichteinfluß reversibel verändert wird.

Pharaonenameise, *Monomorium pharaonis*, ⇗ Knotenameisen. [neumons.
Pharaoratte, *Herpestes ichneumon*, ⇗ Ich**pharat** [v. gr. pharan = pflügen], Häutungsstadium bei ⇗ Insektenlarven, bei dem die neue Cuticula ausgebildet ist, ohne daß es zur ⇗ Häutung gekommen ist u. daher die alte Cuticula noch als Schutzhaut vorhanden ist. Bei einem Puppenstadium wird dieser Zustand als ⇗ *coarctat* bezeichnet.

Pharetronida [Mz.; v. gr. pharetra = Köcher], Ord. der Kalkschwämme mit 5 Fam.

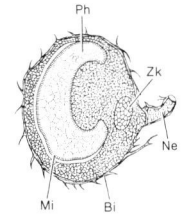

Phaosom

Sehzelle des Medizinischen Blutegels *(Hirudo medicinalis)*. Bi Bindegewebshülle, Mi Mikrovillisaum, Ne Nerv, Ph Phaosom, Zk Zellkern

phäo- [v. gr. phaios od. phaiodēs = grau, bräunlich, dunkel, schwärzlich].

Pharmakodynamik

(u. a. ↗ *Minchinellidae* u. ↗ *Murrayonidae*); massiges Skelett durch dicht gepackte, manchmal sogar zusammenzementierte Sklerite verstärkt.

Pharmakodynamik w [v. *pharmako-, gr. dynamikos = wirksam], Lehre v. den Wirkungsmechanismen der Arzneimittel im Organismus v. Tieren u. Mensch; untersucht werden Änderungen, die chem. Substanzen im Stoffwechsel der Zellen u. in der Funktion der Organe hervorrufen, indem sie an bestimmte Rezeptoren chem. binden. ↗ Pharmakokinetik.

Pharmakogenetik w [v. *pharmako-, gr. gennan = erzeugen], Teilgebiet der Pharmakologie, das die genet. bedingten Ursachen v. gruppenspezifischen u. individuellen Reaktionen auf Arzneimittel erforscht; untersucht werden genetisch bedingte Unterschiede in der Wirkung sowie genverändernde Wirkungen v. Pharmaka.

Pharmakognosie w [v. *pharmako-, gr. gnōsis = Kenntnis], *pharmazeutische Biologie, Drogenkunde*, Lehre v. den Arzneimittelgrundstoffen, deren Herkunft, chem. Struktur u. Gewinnung.

Pharmakokinetik w [v. *pharmako-, gr. kinētikos = in Bewegung setzend], Lehre vom zeitl. Ablauf der Wirkung v. Arzneimitteln im Organismus; untersucht wird, wann das Arzneimittel im Organismus resorbiert wird, wie es sich in den verschiedenen Geweben u. Organen verteilt u. wann es „eliminiert" wird (metabolischer Abbau, ↗ Exkretion, Speicherung). ↗ Biotransformation, ↗ Entgiftung, ↗ endoplasmat. Reticulum; ↗ Pharmakodynamik.

Pharmakologie w [v. *pharmako-, gr. logos = Kunde], Lehre vom Aufbau u. den Wirkungen (u. Nebenwirkungen) chem. Stoffe (i.e.S. Arzneimittel) auf den Organismus v. Tieren u. Mensch. Die Erprobung v. Arzneimitteln erfolgt meist im Tierversuch *(experimentelle P.);* mit der Anwendung beim Menschen befaßt sich die *klinische P.* Die P. ist Grundlage der *Pharmakotherapie,* der Lehre v. der Krankheitsbehandlung mit Arzneimitteln. ↗ Pharmakodynamik, ↗ Pharmakokinetik.

Pharmakon s [Mz. *Pharmaka;* gr., = Heilmittel, Gift], das Arzneimittel.

pharmazeutische Biologie [v. *pharmazeut-], neuere Bez. für die ↗ Pharmakognosie.

pharmazeutische Chemie [v. *pharmazeut-], Spezialgebiet der organ. Chemie, das sich mit der Entwicklung, Herstellung und chem. Analyse v. Arzneimitteln befaßt.

Pharmazie w [v. *pharmako-], *Pharmazeutik,* die Wiss. von den Arzneimitteln, umfaßt Drogenkunde, Arzneimittelgewinnung, -synthese u. -prüfung sowie den sachgemäßen Umgang mit Arzneimitteln.

Pharomachrus m [v. gr. pharos = Mantel, makros = groß], Gatt. der ↗ Trogons.

Pharus m [v. gr. pharos = Mantel], Gatt. der Kurzen Scheidenmuscheln mit langge-

pharmako-, pharmazeut- [v. gr. pharmakon = Heilmittel, Gift; davon: pharmakeuein = Heilmittel anwenden; pharmakeia = Gebrauch von Heilmitteln, Giftmischerei].

Pharyngobdelliformes

Familien:
↗ Erpobdellidae
↗ Semiscolecidae
↗ Xerobdellidae

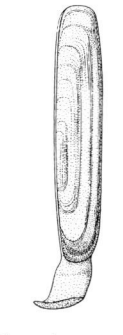

Pharus legumen, mit ausgestrecktem Fuß

streckten Klappen, deren Wirbel nahe der Mitte liegt. Einzige Art ist die bis 13 cm lange Taschenmessermuschel *(P. legumen);* sie gräbt sich in Sandböden v. Mittelmeer u. O-Atlantik senkrecht ein.

Pharyngidea [Mz.; v. *pharyng-], Ord. der Ringelwurm-Kl. ↗ *Myzostomida* mit 6 Fam. ([T] Myzostomida) u. etwa 20 Arten; Rüssel vom Vorderdarm gebildet od. fehlend; Cirren am Körperrand selten vorhanden.

Pharyngobdelliformes [Mz.; v. gr. *pharyng-, bdella = Egel, lat. forma = Gestalt], ältere Bez. *Pharyngobdellodea, Schlundegel,* Ord. der ↗ Hirudinea mit 3 Fam. (vgl. Tab.); Körper abgeflacht, gewöhnl. ein vorderer u. ein hinterer Saugnapf ausgebildet; Rüssel u. Kiefer reduziert, in einigen Fällen Rudimente noch vorhanden; stark muskulöser, im Querschnitt y-förmiger Pharynx durchzieht den gesamten Körper.

Pharynx m [v. gr. pharygx =], *Schlund, Rachen,* zw. Mundhöhle (↗ Mund) u. Vorderdarm gelegener Abschnitt des Verdauungstrakts ([B] Darm) der Bilateria, oft durch Engstellen abgegrenzt. Die P.wand ist zum Zweck des Verschlingens u. Schluckens v. Nahrung sehr muskulös u. meist zum P.lumen hin mit Schleimhaut ausgekleidet. Aufbau u. ontogenet. Entstehung des P. sind verschieden. So ist er z. B. bei manchen Strudelwürmern u. bei Schlundegeln ausstülpbar, bei vielen Polychaeten ist er mit cuticularen Kieferstrukturen versehen. Bei Wirbeltieren entsteht der P. aus dem vorderen Bereich des Kiemendarms. Die Kiemen der Fische liegen in der P.wand, bei Tetrapoden kreuzen sich im P. die Nahrungs- u. Atemwege. Nach vorn hat der P. Verbindung zur Mundhöhle u. durch die ↗ Choanen zur Nase, nach hinten hat er Verbindung zu Speiseröhre u. Luftröhre. Im Bereich des P. liegen die ↗ branchiogenen Organe, das ↗ Kehlkopf-Skelett, das ↗ Zungenbein u. die ↗ Rachenmandel. In der P.wand mündet die ↗ Eustachi-Röhre. – Bei Wirbeltieren ist der P. stets *ento*dermaler, bei Wirbellosen dagegen *ekto*dermaler Herkunft.

Pharynxpumpe [v. *pharyng-], bei Gliederfüßern zum Einsaugen meist flüss. Nahrung vorhandenes Saugorgan, das über einerseits am Pharynx in Form v. Ring- u. Längsmuskeln, andererseits durch an den Kopfinnenwänden u. am Tentorium ansitzende Muskeln Unterdruck in der Präoralhöhle (↗ Cibarium) erzeugt. Eine spezielle P. stellt die ↗ Cibarialpumpe der Schnabelkerfe dar.

Phascogalinae [Mz.; v. gr. phaskōlos = Beutel, galē = Wiesel, Marder], die ↗ Beutelmäuse.

Phascolarctinae [Mz.; v. gr. phaskōlos = Beutel, arktos = Bär], die ↗ Koalaverwandten.

Phascolion s [v gr. phaskōlion = Beutelchen], Gatt. der ↗ Sipunculida mit mehreren Arten, deren eine *(P. strombi)* weltweit verbreitet u. bevorzugt auf detritusreichen Böden v. Küstengewässern in leeren Polychaetenröhren od. Schalen v. Kahnfüßern u. Schnecken häufig zu finden ist.

Phascolosoma s [v. gr. phaskōlos = Beutel, sōma = Körper], *Physcosoma*, Gatt. der ↗ Sipunculida mit zahlr., überwiegend trop. Arten, deren drei *(P. granulatum, P. vulgare* und *P. elongatum)* in der Ebbe- u. Litoralzone aller eur. Küsten, v. a. in den oberen Schichten sand. Böden zw. Seegraswurzeln u. Muschelschill, häufig vorkommen.

Pha**scum** s [v. gr. phaskon = langhaariges Baummoos], Gatt. der ↗ Pottiaceae.

Phasenkontrastmikroskopie, Verfahren der Lichtmikroskopie (↗ Mikroskop) zur kontrastreichen Darstellung durchsicht. und ungefärbter Objekte, etwa lebender Zellen. Im Ggs. zu gefärbten Objekten, die einen Großteil des sie durchdringenden Lichtes absorbieren u. so in der Bildebene ein ihnen gleichendes Licht-Schatten-Muster entstehen lassen, erzeugen farblos durchsichtige Objekte nur geringe, v. ihrer Dichte u. Dicke (= Brechkraft) abhängi-

pharyng- [v. gr. pharygx, Gen. pharyggos = Schlund, Speiseröhre, Kehle].

Grundprinzip der Phasenkontrastmikroskopie

Die außerordentl. komplexen wellenopt. Vorgänge, die der P. zugrundeliegen, sind nur annäherungsweise anschaulich zu beschreiben. – Nach der Abbeschen Abbildungstheorie entstehen Abbilder durchstrahlter Objekte aufgrund v. ↗ Interferenz (☐) zw. den primären Beugungsbildern der Lichtquelle, d. h. den Interferenz-Haupt- u. Nebenmaxima der Beugungswellenfronten, die vom Objekt erzeugt werden (↗ Mikroskop). Beugungsnebenmaxima sind jedoch nur deutl. und kontrastreich sichtbar, wenn das Objekt – im einfachsten Fall etwa ein schwarz-weißer Streifenraster – aufgrund unterschiedl. Lichtabsorption in verschiedenen Objektbereichen ein Licht-Schatten-Muster (Absorptionsmuster) erzeugt, in dem Dunkelpartien die lichtschwachen Seitenmaxima sich genügend hell abheben *(Amplituden- od. Absorptionsobjekt).* Hellt man die dunklen Streifen des Rasters mehr u. mehr auf, so nimmt der Bildkontrast entspr. ab. Ersetzt man schließl. die schwarzen Rasteranteile durch glasklar durchsicht. Streifen, die sich nur in ihrer Dicke od. Dichte von den „hellen" Rasterstreifen unterscheiden *(Phasenobjekte)* – etwa alternierende Glas- u. Plexiglas-Streifen – so überlagern sich in diesem Falle alle v. den verschiedenen Objektpartien hervorgerufenen gleichhellen Beugungsbilder der Lichtquelle zu einer fast kontinuierl. hellen Fläche; es entsteht im weiteren Strahlenverlauf bestenfalls eine flaue, kaum erkennbare u. kontrastlose Objektabbildung. Nun erfahren Lichtwellen beim Durchtritt durch ein Medium je nach dessen Dicke od. Dichte eine mehr oder weniger starke Verzögerung, die eine geringe *Phasenverschiebung* der aus verschieden dichten Objektpartien austretenden Lichtanteile zur Folge hat. Während diese Phasenverschiebung die große Lichtmenge der vom Objekt erzeugten Beugungshauptmaxima nicht nennenswert verändert, vermag sie sehr wohl die Seitenmaxima selektiv zu beeinflussen. Das das Objekt durchdringende Licht setzt sich primär aus allerlei gegeneinander phasenverschobenen Anteilen zusammen. „Strahlengruppen", die durch die Phasenverschiebung in unterschiedl. dichten Objektpartien in Gegenphase (180° Gangunterschied) geraten, löschen sich aus. Lichtanteile dagegen, die durch eben diese Objektdichte eine relative Phasenverschiebung das Objekt phasengleich, also ohne Gangunterschied, verlassen, weisen in den seitl. Beugungsbündeln (Nebenmaxima) eine Phasendifferenz von λ/2 (λ = Wellenlänge) auf u. löschen sich ebenfalls aus. In dem Maße, wie die relative Phasenlage der Lichtanteile in den verschieden dichten Objektpartien v. einem der beiden vorgenannten Extreme, Phasengleichheit u. Gegenphase, abweicht, verringert sich die gegenseit. Abschwächung durch Interferenz, d. h., der geringe Lichtanteil, der v. beiden Extremen gleich weit entfernt ist, dessen Phasenverschiebung also λ/4 beträgt, wird noch ein sehr lichtschwaches seitl. Beugungs-Nebenmaximum ausbilden können. Wegen seiner im Vergleich zum Hauptmaximum geringen Helligkeit u. zudem einer Phasenverschiebung gegenüber diesem um λ/4 reicht seine Wechselwirkung mit dem Hauptmaximum jedoch nicht aus, ein kontrastreiches Bild entstehen zu lassen. Gelingt es nun, das Hauptmaximum selektiv zu dämpfen u. dieses zugleich um λ/4 zu verschieben, so kommt es zu maximaler Interferenz zw. Haupt- u. Nebenmaximum. Da in der hinteren Brennebene des Objektivs Haupt- u. Nebenmaxima mehr od. weniger räuml. getrennt sind, kann man an dieser Stelle durch Einbringen eines sog. *Phasenplättchens* in den Strahlengang das Hauptmaximum in der gewünschten Weise selektiv verändern, ohne die Nebenmaxima zu beeinträchtigen. Ein solches Phasenplättchen entspr. in Größe, Form u. Lage dem Hauptmaximum u. besteht entweder aus einer Aussetzung in einer Linsenoberfläche od. Planglasplatte in der hinteren Brennebene des Objektivs, die das Hauptmaximum um λ/4 „beschleunigt", od. aus einer um den gleichen Betrag verzögernden Verdickung. Im ersten Fall wird die Phasenverschiebung zw. Haupt- u. Nebenmaxima auf λ/2 erhöht u. damit im Endbild wieder Phasengleichheit u. eine positive Interferenz erreicht; dünne Objektpartien erscheinen gegenüber dicken aufgehellt *(positiver Phasenkontrast),* während sich im zweiten Fall durch Verzögerung des Hauptmaximums Phasengleichheit zw. diesem u. den Nebenmaxima u. somit im Endbild ein umgekehrter, *negativer Phasenkontrast* ergibt. Durch Aufdampfen einer Filterschicht auf das Phasenplättchen läßt sich das Hauptmaximum zusätzl. noch im erforderl. Maße dämpfen. Hauptgebot zur Erzielung eines guten Phasenkontrasts ist eine möglichst saubere Trennung bzw. eine geringe Überlappung v. Haupt- u. Nebenmaxima, eine Bedingung, die bei einer möglichst kleinflächigen Lichtquelle (= geringe Öffnung der Kondensorblende) am ehesten erfüllt wäre – allerdings auf Kosten v. Auflösung u. Bildhelligkeit. Als praktikabler hat sich bewährt, die Irisblende des Kondensors gg. eine Zentralblende mit einem peripheren Ringspalt auszuwechseln u. somit eine ringförm. Kondensoröffnung (= Lichtquelle) zu schaffen. Diese findet dann ihre Entsprechung in einem passend dimensionierten *Phasenring* im Objektiv. So ist einerseits eine große Leuchtfläche u. damit eine ausreichende Lichtmenge gewährleistet, u. die mögl. Überlappungsflächen zw. Haupt- u. Nebenmaxima (in diesem Fall nur Schnittflächen der Lichtringe) werden dennoch gering gehalten, andererseits erlauben die große Kondensoröffnung (= Apertur, ↗ Mikroskop) u. die rotationssymmetr. Schrägbeleuchtung eine hohe Bildauflösung. Die Phasenringe v. Kondensor u. Objektiv müssen genau zueinander zentriert u. miteinander zur Deckung gebracht werden. Dazu lassen sich die Blenden-Beugungsbilder u. der Objektiv-Phasenring entweder nach Entfernen des Okulars durch den leeren Mikroskoptubus oder – besser – durch eine spezielle, gg. das Okular zu vertauschende Phaseneinstell-Lupe, ein sog. Phasen-Hilfsmikroskop, beobachten. Da die Größe der Phasenringe v. der Objektivapertur abhängig ist, müssen auch die Phasenblenden im Kondensor jeweils dem Objektiv angepaßt werden. In der Praxis hat es sich bewährt, Revolverkondensoren mit i. d. R. 3 verschiedenen starren Phasenblenden zu benutzen, die mit entspr. bezifferten Phasenkontrast-Objektiven abgestimmt sind u. an jedem Mikroskop verwendet werden können. Sie sind gewöhnl. mit einem „Ph" gekennzeichnet. Zusätzlich enthalten solche Mehrfachkondensoren gewöhnl. noch einen wahlweise einschaltbaren Normalkondensor mit Irisblende, der einen raschen Wechsel zw. P. und Durchlicht-Hellfeldmikroskopie erlaubt, was zur richtigen Beurteilung v. Objektstrukturen oft unerläßlich ist. Die P. eignet sich vornehmlich zur Beobachtung sehr dünner Objekte, da in dicken Objekten alle Strukturen durch Überlagerung verschiedener Bildebenen v. störenden Lichthöfen (Halo) umgeben sind.

Lit.: Hansen, H. G., Rominger, A., Michel, K.: Das Phasenkontrastverfahren in der Medizin. Göttingen 1960. Keuning, F. J.: Das Phasenkontrastverfahren in der Mikroskopie – Theoret. Grundlagen und prakt. Anwendung. Mikroskopie 5, 49–61 (1950). Zernike, F.: Das Phasenkontrastverfahren bei der mikroskop. Beobachtung. Z. techn. Physik 16, 454–455 (1935); Phys. Zeitschr. 36, 848–851 (1935). *P. E.*

Phaseolin

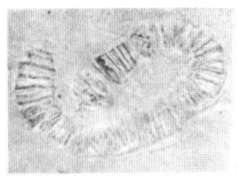

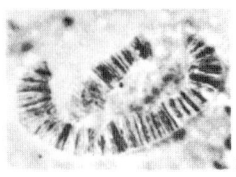

Phasenkontrast-
mikroskopie

a Speicheldrüsen-
chromosom in einer
Hellfeld- (a) und in ei-
ner Phasenkontrast-
aufnahme (b)

α-Phellandren

Phenol

Phenanthren

PHB-Ester

Natürl. vorkom-
mende P. findet man
in den Pygidialdrüsen
v. Schwimmkäfern,
aus denen sie über
die Flügeldecken
verteilt werden, wo
sie ihre antimikro-
bielle Wirkung entfal-
ten sowie die Flügel-
decken unbenetzbar
machen. Ohne diese
„Reinigung" wären
die Käfer nicht in der
Lage, ihre physikal.
Kieme zu erneuern.

gige relative Phasenverschiebungen der sie durchdringenden Lichtwellen. Solche Phasenverschiebungen können nicht unmittelbar wahrgenommen od. registriert werden, durch einen Eingriff in den mikroskop. Strahlengang jedoch in Intensitätsunterschiede umgewandelt u. so zur Erzeugung v. Bildkontrast ausgenutzt werden (vgl. Kleindruck). – Die P. wurde 1935–1942 von F. ↗Zernike entwickelt u. eröffnete v. a. in der biol. Mikroskopie völlig neue Möglichkeiten zur mikroskop. Beobachtung lebender Objekte.

Phaseolin s, *Phaseollin,* ein v. Bohnen *(Phaseolus vulgaris)* nach Infektion durch phytopathogene Mikroorganismen gebildetes ↗Phytoalexin. [↗Linamarin.

Phaseolunatin s [v. ↗Phaseolus], das

Phaseolus m [v. gr. phásēlos = Schwertbohne], die ↗Bohne.

Phasianella w [v. gr. phasianos = Fasan], Gatt. der Fasanenschnecken mit längl.-eiförm., buntem Gehäuse u. dickem, weißem Deckel; einige Arten leben im Indopazifik.

Phasianidae [Mz.], die ↗Fasanenvögel.

Phasianus m [v. gr. phasianos = Fasan], Gatt. der ↗Fasanen.

Phasin s, giftiges Protein roher Gartenbohnen *(Phaseolus vulgaris),* das Übelkeit u. Benommenheit hervorruft; wird beim Kochen zerstört.

Phasmida [Mz.; v. gr. phasma = Gespenst], die ↗Gespenstschrecken.

Phasmidia [Mz.; v. gr. phasma = Gespenst], für einige Jahrzehnte eingebürgerter Name für die U.-Klasse der Fadenwürmer, die *Phasmiden* (1 Paar postanale, wohl chemorezeptor. wirkende Drüsenzellen, ☐ Fadenwürmer) besitzt im Ggs. zur U.-Kl. *Aphasmidia* (= *Adenophorea).* Inzwischen durch den Namen ↗*Secernentea* ersetzt, um Verwechslungen mit den *Phasmida* (= ↗Gespenstschrecken) auszuschließen.

Phasmoptera [Mz.; v. gr. phasma = Gespenst, pteron = Flügel], die ↗Gespenstschrecken. [↗Leuchtkäfer.

Phausis w [gr., = Licht], Gattung der

Phaxas m, Gatt. der *Cultellidae* (U.-Ord. *Adapedonta),* Meeresmuscheln mit langgestreckten, dünnen Klappen, deren Wirbel dem Vorderrand genähert ist. Der bis 3 cm lange *P. pellucidus* lebt im sandig-schlammigen Boden von nördl. Atlantik, Nord- u. Ostsee sowie Mittelmeer u. wird von Plattfischen verzehrt.

PHB-Ester, *para-Hydroxybenzoesäureester, 4-Hydroxybenzoesäureester,* Äthyl- u. Propylester der p-Hydroxybenzoesäure, die als ↗Konservierungs-Mittel verwendet werden.

Phe, Abk. für ↗Phenylalanin.

Pheidole w [v. gr. pheidōlós = karg, sparsam], Gatt. der ↗Knotenameisen.

Phellandren s [v. gr. phellandrion = Pflanze mit Efeublättern], monocycl. Monoterpen, das in vielen äther. Ölen (z. B. in Campheröl, Terpentinöl u. Eucalyptusöl) vorkommt u. in der Parfüm-Ind. Verwendung findet.

Phellem s [v. gr. phellos =], der ↗Kork.

Phellinus m [v. gr. phellinos = aus Kork], die ↗Feuerschwämme.

Phelloderm s [v. gr. phellos = Kork, derma = Haut], die ↗Kork-Rinde.

Phellogen s [v. gr. phellos = Kork, gennan = erzeugen], das ↗Kork-Kambium.

Phelloid s [v. gr. phelōdēs = korkartig], *unechter Kork,* Bez. für die unverkorkt bleibenden Gewebepartien im ↗Kork, die das leichtere Ablösen v. Korkteilen ermöglichen.

Phellorinia w [v. gr. phellos = Kork], Gatt. der ↗Stielbovistartigen Pilze.

Phelsuma, Gatt. der ↗Geckos.

Phenacodus m [v. gr. phenax = Betrüger, odous = Zahn], (Cope 1873), zur † Ord. ↗*Condylarthra* gehörender Säuger v. Schafsgröße mit langem Schwanz; im Habitus mehr einem Carnivoren ähnl. als einem Ungulaten; Hand u. Fuß digitigrad, 1. und 5. Finger reduziert, Hufphalangen ungespalten. *P.* lebte wahrscheinl. als Pflanzenfresser in Wäldern, u. Steppen. Verbreitung: oberes Paleozän bis unteres Eozän v. Amerika, unteres bis mittleres Eozän v. Europa.

Phenacogrammus m [v. *phenaco-, gr. grammē = Strich], Gatt. der ↗Salmler.

Phenacolimax m [v. *phenaco-, gr. leimax = Wegschnecke], Gatt. der Glasschnecken, in W- und Mitteleuropa mit 3 Arten vertreten, davon 2 in Dtl.: die Große (*P. major,* bis 7 mm ⌀) u. die Alpen-Glasschnecke (*P. annularis,* 5 mm ⌀); erstere bevorzugt feuchtere Habitate im allg. unter 1000 m Höhe, letztere ist meist hochalpin.

Phenanthren s [v. gr. phainein = glänzen, anthrax = Kohle], eine im Steinkohlenteer enthaltene tricyclische aromat. Verbindung, die in hydrierter Form als Grundgerüst in vielen wicht. Naturstoffen (z. B. Geschlechtshormone, Cholesterin, Gallensäuren, Morphin) enthalten ist.

Phengodidae [Mz.; v. gr. pheggos = Licht, Schimmer], Fam. der ↗Leuchtkäfer.

Phenol s, *Hydroxybenzol, Carbolsäure,* C_6H_5OH, in reiner Form farblose, an der Luft sich rötl. färbende Kristalle von typ. Carbol-artigem Geruch u. mit schwach sauren Eigenschaften; wirkt ätzend u. als starkes Zellgift. Größere Mengen im Körper schädigen das Zentralnervensystem. Vorkommen u. Gewinnung aus dem Steinkohlenteer. Verwendung: 50%ige wäßrige Lösung als Desinfektionsmittel; 80%ige wäßrige Lösung als Extraktionsmittel für Proteine, insbes. zur Trennung v. Protein/Nucleinsäure-Gemischen (sog. *Phenolisieren* v. Nucleinsäuren), wobei Proteine in die phenolische Phase wandern, Nucleinsäuren dagegen in der wäßrigen Phase bleiben. – Als *Phenole* bezeichnet man allg. Verbindungen mit einer od. mehreren

Hydroxylgruppen an aromat. Ringen, wozu zahlr. Naturstoffe zählen, wie z. B. die Anthocyanidine (↗Anthocyane), ↗Flavone, das ↗Tyrosin u. ↗Thyroxin. Je nach Zahl der OH-Gruppen unterscheidet man ein-, zwei- u. dreiwertige Phenole. B funktionelle Gruppen.

Phenol-Oxidase w, *Tyrosinase, Phenolase*, Enzym, das die Oxidation v. ↗Tyrosin durch Luftsauerstoff zu ↗Dihydroxyphenylalanin (DOPA) u. weiteren Folgeprodukten (z. B. Melanine) katalysiert. P.-O.n sind im Pflanzenreich weit verbreitet u. bewirken das Nachdunkeln der Schnittflächen v. Pflanzenteilen u. Früchten. Bei Gliedertieren u. v. a. Tieren (auch beim Menschen) katalysieren P.n ebenfalls die Melaninbildung („Braunfärbung") u. sind bei ersteren zusätzl. für die Härtung (Sklerotisierung) der Cuticula von Bedeutung.

Phenolphthalein, zur Gruppe der Phthaleine zählender synthet. Farbstoff, der als Säure-Base-↗Indikator (im sauren bis neutralen pH farblos, mit Alkalien im pH-Bereich 8,2–10 Farbumschlag nach carminrot) u. in der Medizin als Abführmittel verwendet wird.

Phenoxyessigsäure, aus Phenol u. Chloressigsäure dargestellte Verbindung, die als Herbizid u. als Ausgangssubstanz für die Synthese v. Pharmazeutika, Pestiziden, Farbstoffen usw. verwendet wird. ↗Dichlor-P.

Phenylalanin s, Abk. *Phe* oder *F, α-Amino-β-phenylpropionsäure*, eine in fast allen Proteinen vorkommende ↗Aminosäure (B), die aufgrund ihres Seitenrests zu den aromat. Aminosäuren gezählt wird; ein essentieller Nahrungsbestandteil. Die Synthese erfolgt auf dem ↗Shikimisäure-Weg. ↗Genwirkketten (□), ↗Allosterie, ↗Lignin, □ Phenylbrenztraubensäure.

Phenylalanin-Ammonium-Lyase w, Abk. *PAL*, pflanzl. Enzym, das den ersten Schritt der Umwandlung v. ↗Phenylalanin zu den ↗Anthocyanen (↗Genwirkketten, B II) u. zum ↗Lignin (□), näml. die Freisetzung v. Ammoniak aus Phenylalanin unter Bildung v. Trans-Zimtsäure, katalysiert. PAL zählt zu den lichtregulierten Enzymen; seine Synthese wird durch Dunkelrotlicht über das Phytochromsystem induziert.

Phenylalaninhydroxylase, Enzym, das die Hydroxylierung v. Phenylalanin zu Tyrosin katalysiert. ↗Phenylbrenztraubensäure.

Phenylbrenztraubensäure, Umwandlungsprodukt v. ↗Phenylalanin; bildet sich aus diesem durch Transaminierung, wenn der Abbau v. Phenylalanin über Tyrosin durch einen genet. Defekt v. ↗Phenylalaninhydroxylase blockiert ist (↗Enzymopathien, T). P. wird dann im Harn zus. mit Phenylessigsäure, dem Produkt der oxidativen Decarboxylierung von P., ausgeschieden (Brenztraubensäureschwachsinn, ↗Phenylketonurie; □ Genwirkketten). Die Salze u. Ester der P. sind die *Phenylpyruvate*.

Phenylendiamin, *p-P., Diaminobenzol*, $H_2NC_6H_4NH_2$, in der Flechten-Lit. mit *PD* oder *P* abgekürzt, Reagenz zur Identifizierung v. ↗Flechtenstoffen, die mit P. gefärbte Reaktionsprodukte liefern. Positive Reaktionen (gelbe bis rote Farbtöne) ergeben sich bei Verbindungen, die aromatisch gebundene Aldehydgruppen besitzen, z. B. Atranorin (□ Flechtenstoffe). Wichtiges Hilfsmittel zur Bestimmung v. Flechten; wird in Form einer 0,1%igen alkohol. Lösung verwendet.

Phenylessigsäure, *α-Tolylsäure*, in Form ihrer honigartig riechenden Ester in äther. Ölen (z. B. Neroliöl u. Pfefferminzöl) vorkommende Carbonsäure; dient als Ausgangssubstanz für zahlr. Synthesen, z. B. für Arzneimittel, Pflanzenschutzmittel, Duft- u. Aromastoffe.

Phenylgruppe, *Phenyl-*, C_6H_5-, einwertiger Rest des Benzols, aus dem ein Wasserstoffatom entfernt wurde. B funktionelle Gruppen.

Phenylisothiocyanat s, *Phenylsenföl*, Reagenz zum ↗Edmanschen Abbau bei der Sequenzermittlung v. Peptiden u. Proteinen.

Phenylketonurie w, *Brenztraubensäureschwachsinn, Fölling-Krankheit*, eine erbliche Stoffwechselstörung (ein Fall auf ca. 8000 Neugeborene), die schon kurz nach der Geburt mittels eines einfach durchführbaren Farbtests des Harns erkennbar ist (s. u.). Unbehandelt führt sie zu leichtem bis schwerem Schwachsinn. Infolge eines Enzymdefekts (↗Enzyme, ↗Enzymopathien) wird die Aminosäure *Phenylalanin* nicht in Tyrosin übergeführt, sondern verbleibt in erhöhter Konzentration im Blut u. im Liquor v. Gehirn u. Rückenmark. Der statt dessen erfolgende Abbau des Phenylalanins führt zur Ausscheidung v. ↗Phenylbrenztraubensäure (□) mit dem Harn. ↗Genwirkketten (□).

Phenylpyruvate [Mz.] ↗Phenylbrenztraubensäure.

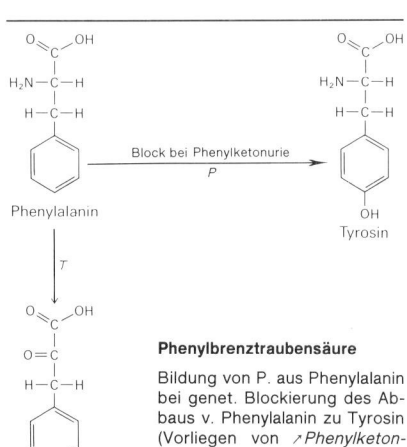

Phenylbrenztraubensäure
Bildung von P. aus Phenylalanin bei genet. Blockierung des Abbaus v. Phenylalanin zu Tyrosin (Vorliegen von ↗Phenylketonurie)
P = Phenylalaninhydroxylase,
T = Transaminase

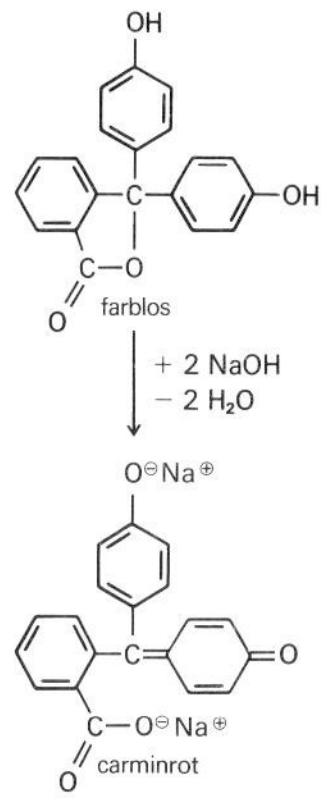

Phenolphthalein

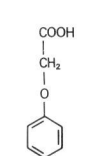

Phenoxyessigsäure

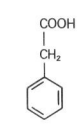

Phenylessigsäure

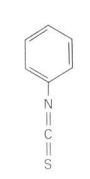

Phenylisothiocyanat

phenaco- [v. gr. phenax, Gen. phenakos = Betrüger, Fälscher].

phenol-, phenyl- [v. gr. phainein = leuchten, glänzen, lat. oleum = Öl, über frz. phénole].

Pheosia w [v. gr. pheōs = stachlige Pflanze], Gatt. der ↗Zahnspinner.

Pheretima w [ben. nach dem gr. Frauennamen Pheretimē], Ringelwurm-(Oligochaeten-)Gatt. der ↗Megascolecidae mit einigen Arten, die dorsoventral abgeflacht, auf dem Rücken bunt gefärbt u. ventral mit einer Kriechsohle versehen sind; kriechen wie Landplanarien an Stämmen u. Zweigen v. Bäumen; auf Borneo.

Pheromone [Mz.; v. gr. pherein = tragen, hormōn = antreibend], *Ektohormone*, chem. Botenstoffe mit Signalcharakter innerhalb einer Gruppe v. Individuen einer Art. Sie dienen der Integration der Einzelindividuen innerhalb der Population. Von den eigtl. ↗Hormonen unterscheiden sie sich dadurch, daß sie v. exokrinen Drüsen (Pheromon-Drüsen, ↗Duftorgane) in die Umgebung abgegeben werden und wesentl. stärker artspezifisch sind. Ebenso wie Metaboliten eines Hormons als P. wirken können, dient u. U. eine Substanz in *einem* Individuum als Hormon u. *zwischen* den Individuen dieser Art als P. Nach ihrer physiolog. Wirkung unterscheidet man schnell wirkende *Signal-P.* von *Primer-P.n*, die längerfristige Umstellungen im Hormon- u. Nervensystem bewirken. Beispiele für Primer-P. sind die ↗Königinsubstanz (☐) z. B. der Honigbiene, welche die Ovarialentwicklung der Arbeiterinnen hemmt, als ↗Sexuallockstoff auf Drohnen wirkt u. das Schwarmverhalten reguliert, ferner die „Kastendeterminatoren" der Termiten, die je nach Populationszusammensetzung die Entwicklung männl. oder weibl. Geschlechtstiere unterdrücken, und die P. der Wirbeltiere, die vermutlich als Androgenmetaboliten den Östruszyklus beeinflussen. Der Sexuallockstoff des ↗Seidenspinners wurde erstmals 1959 von ↗Butenandt u. Mitarbeitern isoliert u. rein dargestellt (↗Bombykol, ☐). Bei vielen anderen Insekten handelt es sich um artspezif. Duft*gemische*. Seitdem sind über 100 derartige Stoffe bei Insekten nachgewiesen worden, wobei Biosynthese, Rezeption u. zentralnervöse Verarbeitung bisher wenig bekannt sind. ↗Alarmstoffe, ↗chemische Sinne, ↗Dufoursche Drüse; [T] Insektenhormone.

Pheronema s [v. gr. pherein = tragen, nēma = Faden], Gatt. der ↗Hyalonematidae.

Pherusa w [v. gr. pherousa = die Tragende], Ringelwurm-(Polychaeten-)Gatt. der ↗Flabelligeridae. *P. plumosa*, mit 70 Segmenten bis 6 cm lang, graubraun od. braun-grünlich, Kopf mit 2 gekerbten, rosafarbenen Fühlern u. 8 oder 10 grasgrünen Kiemen; Schleimhülle mit Fremdkörpern, lebt v. a. im Schlamm, gräbt sich schräg in den Boden ein u. tastet den Untergrund nach Nahrung ab; Nordsee, westl. Ostsee.

ΦX 174 ↗einzelsträngige DNA-Phagen.

phil- [v. gr. philos = Freund; lieb, angenehm; philia = Freundschaft; philein = lieben].

Phialide w [v. gr. phialē = Tasse, Schale], bei Pilzen Sporenmutterzelle, die am Scheitel ungeschlechtl. ↗Konidien (= *Phialokonidien, Phialosporen*) enteroblastisch abschnürt, die als unverzweigte Sporenkette miteinander verbunden bleiben od. zu einem schleimigen Köpfchen verkleben.

Phialidium s [v. gr. phialē = Tasse, Schale], Gatt. der ↗Campanulariidae.

Phialosporen [Mz.; v. gr. phialē = Tasse, Schale, spora = Same] ↗Phialide.

Philadelphus m [v. gr. philadelphos = Strauch mit wohlriechenden Blüten], Gatt. der ↗Steinbrechgewächse.

Philaenus m [v. *phil-, gr. ainos = Rede], Gatt. der ↗Schaumzikaden.

Philanthus m [v. gr. philanthēs = Blumen liebend], Gatt. der ↗Grabwespen.

Philepittidae [Mz.; v. *phil-, drawidisch pitta = Vogel], die ↗Lappenpittas.

Philetairus m [v. gr. philetairos = gesellig], Gatt. der ↗Webervögel. [deln.

Philine w [v. *phil-], Gatt. der ↗Seeman-

Philinoglossa w [v. *phil-, gr. glōssa = Zunge], Gatt. der *Philinoglossidae* (Ord. *Acochlidiacea*), marine Hinterkiemer von wurmförm. Gestalt (unter 3 mm lang), ohne Gehäuse u. Kiemen; ☿. Wenige Arten in Sandlückensystemen von Mittelmeer, Nordsee u. O-Atlantik.

Phillyrea w [gr., = ein Baum (wohl v. philyra = Linde)], Gatt. der ↗Ölbaumgewächse.

Philodendron s [v. *phil-, gr. dendron = Baum], mit ca. 250 Arten im trop. Amerika verbreitete Gatt. der Aronstabgewächse, die v. a. strauchige u. kletternde Pflanzen umfaßt. Jeder Seitentrieb der sympodialen Hauptachse bildet meist nur ein Laubblatt u. ein Niederblatt. Philodendren werden v. den Indianern vielfältig genutzt: so sind die Fruchtstände mancher Arten eßbar; andere Arten dienen der Arzneimittelherstellung (z. B. entzündungshemmend od. mit kontrazeptiver Wirkung). Wegen der formschönen, oft bunt gefärbten Blätter sind viele *P.*-Arten als Zierpflanzen geschätzt.

Philodromidae [Mz.; v. gr. philodromos = lauffreudig], *Laufspinnen*, Fam. der Webspinnen mit ca. 400 Arten (in Mitteleuropa ca. 25), die einen ähnl. Habitus haben wie Krabbenspinnen, jedoch wahrscheinl. eher mit den Wolfspinnen verwandt sind. *P.* sind laufaktive, ca. 1 cm große Jäger, die keinerlei Gespinste (außer Einestern) bauen. Die Vertreter der Gatt. *Tibellus* haben einen längl. Körper u. nehmen, ähnl. den Streckerspinnen, eine Tarnhaltung ein, indem sie je 2 Beinpaare nach vorn u. hinten ausstrecken. Bei den Arten der Gatt. *Philodromus* sind die beiden 1. Laufbeinpaare verlängert, u. der Körper ist abgeflacht; sie lauern gut getarnt in der Vegetation auf Beute. Die Gatt. *Thanatus* ist durch einen dunklen Rautenfleck auf dem Opisthosoma gekennzeichnet.

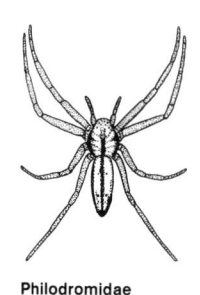

Philodromidae
Vertreter der Gatt. *Tibellus*

Philomachus *m* [v. gr. philomachos = kriegerisch] ↗Kampfläufer.

Philomycus *m* [v. *phil-, gr. mykēs = Pilz], Gatt. der *Philomycidae* (U.-Ord. *Sigmurethra*), Landlungenschnecken ohne Gehäuse, oft bunt gefärbt; ☿ mit einem Pfeilsack (↗Liebespfeil). *P.* ist in Feuchtgebieten von O-Asien, Mittel- u. dem nördl. S-Amerika verbreitet u. wurde nach Hawaii eingeschleppt.

Philonotis *w* [v. *phil-, gr. notis = Nässe], Gatt. der ↗Bartramiaceae.

Philopotamidae [Mz.; v. *phil-, gr. potamos = Fluß], Fam. der ↗Köcherfliegen.

Philoria *w* [v. *phil-, gr. oreios = auf Bergen lebend], Gatt. der *Myobatrachidae*, 1 kleine (3 cm) Art in SO-Australien im Gebirge u. in *Sphagnum*-Mooren; spezialisierte Fortpflanzung: wenige große Eier werden in Erdlöcher od. in Moos gelegt; ihnen entschlüpfen fertig entwickelte Jungfrösche.

Phiomia *w* [v. kopt. ph-iom = der See], (Andrews u. Beadwell 1902), † Proboscidier (Rüsseltier) von ca. 1,50 m Widerristhöhe aus dem Unteroligozän des Fayûm in Ägypten. *P.* gilt als Stammform aller bunomastodonten Elefanten; alle Backenzähne zugleich in Funktion; die beiden Incisiven des Oberkiefers stark abwärts gekrümmt u. mit Schmelzband versehen, die beiden unteren auf der Innenseite konkav u. gerade nach vorn gerichtet; Unterkiefer mit der Tendenz zur Verlängerung.

Phlebia *w* [v. gr. phlebion = Äderchen], Gatt. der ↗Fältlinge.

Phlebotomenkrankheit [v. gr. phlebotomos = zur Ader lassend], meist Bez. für die v. ↗Mottenmücken der Gatt. *Phlebotomus* übertragenen ↗Leishmaniosen; die Mücken übertragen aber auch andere Krankheiten, z. B. das ↗Dreitagefieber.

Phlebotomus *m* [v. gr. phlebotomos = zur Ader lassend], Gatt. der ↗Mottenmücken.

Phlegmacium *s* [v. gr. phlegma = Schleim], *Schleimköpfe,* U.-Gatt. der Gatt. *Cortinarius* (↗Schleierlinge); mittelgroße bis große Hutpilze, meist mit klebrigschleimigem Hut (⌀ 5–15 cm), aber nie mit schmierigem Stiel, der gleichmäßig bis stark knollig (Klumpfüße) ausgebildet ist. Die ca. 200 Arten in Europa sind oft lebhaft gefärbt (blau, rot, gelb, grün); zumindest im Jugendstadium ist ein deutlicher, nie verschleimender Schleier (Cortina) zu erkennen; das Velum universale ist meist leicht vergängl.; die Sporen sind mandelzitronenförmig, meist mehr od. weniger warzig, der Sporenstaub rostgelb bis rostbraun od. tabakbraun. *P.*-Arten gehören zu den Mykorrhizapilzen, einige Arten sind eßbar. Die frühere U.-Gatt. Dickfüße *(Inoloma)* wird heute z. T. *P.,* z. T. der U.-Gatt. *Cortinarius* zugeordnet. [↗Lieschgras.

Phleum *s* [v. gr. phleōn = strotzend], das

Phlobaphene [Mz.; v. *phlo-, gr. baphē = Farbe], *Gerbstoffrot, Gerberrot,* u. a. das ↗Kernholz u. den ↗Kork dunkel färbende Oxidationsprodukte v. ↗Gerbstoffen.

Phloëm *s* [v. *phloë-], Bez. für den *Siebteil* (Bastteil, Kribralteil) des ↗Leitbündels (☐); ↗Kambium (☐). **B** Sproß und Wurzel.

Phloëmparenchym *s* [v. *phloë-], Bez. für das Parenchymgewebe (↗Grundgewebe) im Siebteil (Phloëm) des ↗Leitbündels.

Phloëmsauger [v. *phloë-] ↗Pflanzensaftsauger.

Phloeomyinae [Mz.; v. *phloë-, gr. myinos = Mäuse,] die ↗Borkenratten.

Phloridcin *s* [v. *phlo-, gr. rhiza = Wurzel], *Phlorizin, Phlorrhizin,* $C_{21}H_{24}O_{10}$, giftig. Glucosid aus der Rinde v. Apfel-, Kirsch- u. anderen Obstbäumen; Aglucon ist das *Phloretin;* *P.* ruft Zuckerausscheidung im Harn (bei Tieren u. Mensch) hervor.

Phloroglucin *s* [v. *phlo-, gr. rhiza = Wurzel, glykys = süß], *1,3,5-Trihydroxybenzol,* Abbauprodukt vieler Pflanzenstoffe, bes. der Flavon- u. Flavyliumfarbstoffe; wird als Reagenz zum Nachweis v. Lignin u. Pentosen u. zum Nachweis freier Salzsäure im Magensaft sowie zur Verlängerung der Lebensdauer v. Schnittblumen verwendet.

Phlox *w* [gr., = Flamme], *Flammenblume,* Gatt. der *Polemoniaceae,* mit rund 60, fast ausschl. in N-Amerika heim. Arten. Überwiegend ausdauernde Stauden mit einfachen Blättern u. einzeln stehenden od. rispig bzw. straußartig angeordneten Stieltellerblüten mit enger, langer Kronröhre u. flachem, 5spalt. Kronsaum. Einige Arten sind beliebte Gartenzierpflanzen. Hierzu gehört v. a. die Staudenphlox *(Phlox paniculata),* eine im Spätsommer u. Herbst blühende Staude mit 30–120 cm hohen, unverzweigten Trieben. Die Blüten der Wildform sind purpurn, die der zahlr. Kultursorten auch weiß, rosa, karmin, rot u. violett. Bes. für Steingärten geeignet ist die im Frühsommer blühende Polsterphlox *(P. subulata),* eine niedrige, rasenartig wachsende Pflanze mit kleinen, linealen Blättern sowie zahlr. weißen, rosa- bis purpurfarbenen od. bläulich-violetten Blüten.

Phobotaxis *w* [v. gr. phobos = Furcht, taxis = Anordnung], bei frei bewegl. Organismen die Änderung der Bewegungsrichtung aufgrund einer durch die Intensitätsänderung v. äußeren Reizen ausgelösten Schreckreaktion (phobische Reaktion). Bei Lichtreizen spricht man v. *Photophobotaxis* od. (besser) v. einer *photophobischen Reaktion,* da im Ggs. zur ↗Taxis nicht die Richtung des Lichtes, sondern nur eine plötzl. Änderung des Lichtflusses für eine Änderung des Bewegungsablaufs v. Bedeutung ist. Sowohl zeitl. als auch räuml. Unterschiede des Lichtflusses, die durch die Eigenbewegung der Organismen in zeitl. Unterschiede umgesetzt werden, sind oberhalb einer bestimmten Schwelle wirksam. Die photophobische Reaktion wird direkt

phlo-, phloë- [v. gr. phloios, phloos = Rinde, Bast, Borke, Kork].

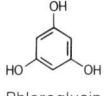

Phloroglucin

Staudenphlox *(Phlox paniculata)*

Phoca

durch den photosynthet. Elektronentransport gesteuert. Je nachdem, ob Organismen auf eine Erhöhung od. Erniedrigung des Lichtflusses mit einer phobischen Reaktion reagieren, akkumulieren sie in einem Lichtfleck („Lichtfalle") od. meiden ihn. ↗Phototaxis.

Phoca w [v. *phoc-], Gatt. der ↗Seehunde.
Phocaenidae [Mz.; v. gr. phōkaina = eine Walart], die ↗Schweinswale.
Phocarctos m [v. *phoc-, gr. arktos = Norden], Gatt. der ↗Seelöwen.
Phocidae [Mz.; v. *phoc-], die ↗Hundsrobben.
Phocinae [Mz.; v. *phoc-], die ↗Seehunde.
Phoebetria w [v. lat. Namen Phoebe (gr. Phoibē)], Gatt. der ↗Albatrosse.
Phoenicircus m [v. gr. phoinix = purpurrot, lat. circus = Kreis], Gatt. der ↗Schmuckvögel.
Phoenicopteriformes [Mz.; v. gr. phoinikopteros = Rotfeder, lat. forma = Gestalt], die ↗Flamingos.
Phoeniculus m [v. gr. phoinix = purpurrot], Gatt. der ↗Hopfe.
Phoenicurus m [v. gr. phoinikouros = Rotschwanz], die ↗Rotschwänze.
Phoenix m [v. gr. phoinix =], die ↗Dattelpalme.
Pholadomya w [v. gr. phōlas = Muschelart, mys = Muschel], Gattung der Rippenmuscheln mit gleichklappiger, dünner Schale; selten, in der Tiefsee lebend.
Pholas w [v. gr. phōlas = eine Muschelart], Gatt. der ↗Bohrmuscheln.
Pholcidae [Mz.; v. gr. pholkos = schielend], die ↗Zitterspinnen.

Phoma
Arten u. Krankheiten (Auswahl):
P. betae (Wurzelbrand an Beta-Rüben; Hauptfruchtform: *Pleospora*)
P. exigua var. *foveata* (P.-Trockenfäule an Kartoffeln)
P. lingam (P.-Wurzelhals- u. Stengelfäule an Kreuzblütlern, z. B. Kohlarten; Hauptfruchtform: *Leptosphaeria maculans*)
P. herbarum var. *medicaginis* = *Ascochyta imperfecta* (Stengelschwärze der Luzerne)
P. medicaginis var. *pinodella* = *Ascochyta pinodella* (Fuß- u. Brennfleckenkrankheit an Erbsen)

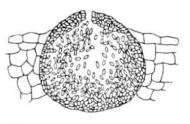

Phoma
Pyknidium mit Sporen (3–5 × 3–4 μm) im Pflanzengewebe

Pholidae [Mz.; v. gr. phōlis = Schleimfisch], die ↗Butterfische.
Pholidota [Mz.; v. gr. pholidōtos = geschuppt], die ↗Schuppentiere.
Pholiota w [v. gr. pholis = Schuppe], *Schüpplinge* u. *Flämmlinge,* Gatt. der *Strophariaceae* (Träuschlingsartige Pilze), mittelgroße bis große Hutpilze; ca. 33 Arten in Europa, meist Holzbewohner, z. T. Parasiten; Huthaut teils sparrig schuppig, z. B. bei den büscheligen, an Laubholz wachsenden, sparrigen Schüpplingen (*P. squarrosa* Kumm.), die oft für Stockschwämmchen gehalten werden. Die Gatt. *P.* enthält die meisten Arten der früheren Gatt. *Flammula* (= Gruppe Flammula), die Flämmlinge, die im Ggs. zu den Schüpplingen einen kahlen Hut besitzen. Das Sporenpulver ist rostbraun, seltener rostgelb; die Sporen sind glatt, mit Keimporus.
Phoma w [v. gr. phōis = Blase], artenreiche Form-Gattung der *Fungi imperfecti* (Form-Ord. *Sphaeropsidales*) mit wicht. Erregern v. Pflanzenkrankheiten; das Mycel wächst im Gewebe v. Stengeln, Früchten, Knollen, Wurzeln u. Nadelholzzapfen. Die rundl. bis kugelförm. Fruchtlager (Pyknidien, vgl. Abb.) sind dunkel gefärbt; ihre Mündungen durchbrechen das Gewebe der Wirtspflanze u. ragen manchmal etwas über die Oberfläche heraus. Von einigen P.-Arten ist die Hauptfruchtform bekannt (vgl. Tab.). [↗Kammspinnen.
Phoneutria w [gr., = Mörderin], Gatt. der
Phonotaxis w [v. gr. phōnē = Stimme, taxis = Anordnung], *Phonotaxie,* ↗Taxis.
Phorbia w [gr., = Nahrung], Gatt. der ↗Blumenfliegen.
Phoresie w [v. gr. phoresia = Tragen], Form einer ↗Karpose, wobei eine Tierart aktiv eine andere zum vorübergehenden Transport benutzt. So dienen Schiffshalterfischen Haie u. Rochen als schnelle Transportmittel. Manche Käfer (z. B. Ölkäfer- u. Fächerkäferlarven, Schimmelkäfer) u. Pseudoskorpione gelangen durch P. in die Nester sozialer Hymenopteren. Saprobionte Milben u. Fadenwürmer lassen sich v. ebenfalls saprobionten Käfern zu den nur kurzzeitig existierenden Nährsubstraten befördert. Durch P. finden weniger bewegl. Tiere zielsicher ihren spezif. Lebensraum (z. B. Bienenwabe, Kothaufen). Als Anpassungen haben die betreffenden Tiere u. a. Klammerbeine (Ölkäferlarve), Saugscheiben (Schiffshalterfische) od. Winkverhalten (Fadenwürmer) entwickelt.
Phoridae [Mz.; v. gr. phoris = trächtig], die ↗Buckelfliegen.
P-Horizont ↗Pelosol.
Phormidium s [v. gr. phormidion = kleine Matte], *Wattenfaser,* Gatt. der ↗*Oscillatoriaceae* (oder in der LPP-Gruppe in Sektion III der ↗Cyanobakterien, [T]), deren Arten blaugrüne bis schwärzl. Lager aus gallertartig-verklebten Trichomen bilden; die Zellfäden sind undifferenziert, einzeln mit einer

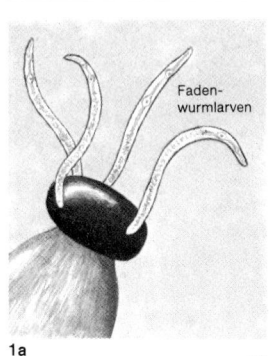

Phoresie
1 Kotbewohnende (saprophage) Fadenwürmer (Nematoden) bilden, wenn das Substrat verbraucht ist, sog. „Dauerlarven" aus. Diese erheben sich mit dem Vorderkörper über das Substrat (a) und kommen so leicht mit einem Mistkäfer in Kontakt, unter dessen Flügeldecken sie Schutz suchen (b) und sich von ihm in ein frisches Substrat tragen lassen.

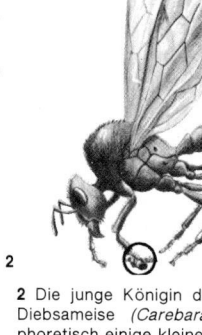

2 Die junge Königin der afrikanischen Diebsameise *(Carebara vidua)* nimmt phoretisch einige kleine Arbeiter (Kreis) aus dem Stock mit auf den Hochzeitsflug. Diese helfen ihr bei der Gründung des neuen Stockes.

Scheide umgeben; hautartige dünne Lager bildet *P. papyraceum* in kühleren Gewässern, verkalkte Lager *P. favosum* in meist kühlen Gewässern, an Krustensteinen in Seen u. Flüssen; in Thermen wächst *P. laminosum*.

Phormium s [v. gr. phormion = Flechtwerk, Matte], Gatt. der ↗Liliengewächse.

Phoronida [Mz.; ben. nach der myth. Phorōnis], *Phoronidea, Hufeisenwürmer,* artenarme Gruppe mariner wurmförm. Organismen von orange bis braunroter Färbung, die v.a. in den Küstengewässern aller gemäßigten und trop. Meere bis zu einer Tiefe von 400 m zerstreut, aber regelmäßig vorkommen. Sie sind meist unter 10 cm lang u. leben – oft in dichten Kolonien – in selbstgebauten, chitinigen Röhren, die sie entweder nach dem Eingraben in Weichböden um sich abscheiden od. an Muschelschalen u. Steinen festheften. Einige Arten können sich auch minierend in Kalkstein od. Molluskenschalen einbohren, vermutl. durch Abscheidung saurer Körpersekrete. In ihren Wohnröhren vermögen sie sich frei zu bewegen, verlassen diese aber normalerweise nicht, sondern strecken nur ihr tentakeltragendes Vorderende aus ihrer Röhre zum Nahrungsfang hervor. Ihr drehrunder, zuweilen äußerl. geringelter Körper ist am Hinterende zu einer Verdickung aufgebläht, mit der sie sich in ihrer engen Röhre, v.a. bei raschem Zurückziehen, festhalten können. Das Vorderende trägt eine hufeisenförmige (dt. Name), nach dorsal offene Tentakelkrone *(Lophophor)* mit 2 Reihen von insgesamt 20–500 cilienbesetzten schlanken und bewegl. Tentakeln, mit denen die Nahrung (Kleinplankton) herbeigestrudelt wird. Ventral zw. den beiden Tentakelreihen liegt die Mundöffnung, von einer halbmondförm. Falte (↗Epistom) überdeckt, während der gleichfalls am Vorderende gelegene After ebenso wie die Öffnungen der paarigen Exkretionsorgane außerhalb der Tentakelreihen dorsal zw. beiden Lophopharmen münden. – Die *Körperwand,* bestehend aus einer bes. am Vorderkörper drüsenreichen (Sekretion der Wohnröhre), einschichtigen u. zellulären Epidermis, darunter einer derben Basalmembran u. einer äußeren Ring- u. inneren Längsmuskelschicht schräggestreifter ↗Muskulatur, umgibt ein echtes ↗*Coelom,* das in 3 Kammern unterteilt ist, das geräumige Rumpfcoelom od. Metacoel im Metasoma, das Mesocoel in Vorderkörper, Lophophor u. Tentakeln (Mesosoma) u. das winzige Pro(to)coel od. Prosoma-Coelom im Epistom (↗Archimetamerie, ↗Enterocoeltheorie, □). Der Darm, ein cilienloses Epithelrohr, umgeben von einem Mantel aus Ring- u. Längsmuskulatur, ist in seiner ganzen Länge in 2 vertikalen u. beidseits je 1 horizontalen Mesenterium aufgehängt u. durchzieht in einer langen Schleife das gesamte Metasoma. Sein absteigender Schenkel (Oesophagus) weitet sich vor der U-Krümmung zum Magen u. biegt dann in den aufsteigenden Mittel- u. Enddarm um. Die *P.* besitzen ein *geschlossenes Blutgefäßsystem,* in dem farbloses Blut mit hämoglobinhalt. Blutzellen zirkuliert: ein muskulöses Dorsalgefäß („Vene") zw. den beiden Darmschenkeln treibt das vom Darm kommende Blut kopfwärts u. bildet in der Lophophorbasis eine den Oesophagus umgreifende Schlinge. Diese wird durch eine Längsfalte in 2 unvollständig voneinander getrennte Etagen unterteilt, u. von ihr zweigen in gleicher Weise unterteilte Blindgefäße zu den einzelnen Tentakeln (Kiemenfunktion) ab, in deren aufsteigendem Schenkel venöses Blut zur Tentakelspitze fließt, das dann, mit O_2 angereichert, durch den absteigenden Kiemengefäßschenkel über die untere Etage des Ringgefäßes u. paarige, aus ihr entspringende „Arterien"stämme in eine unpaare, links vom ventralen Darmschenkel verlaufende Lateral-„Arterie" geleitet wird. Letztere führt das Blut über zahlr. lakunenartige Querverbindungen in der Magenwand in die Dorsalvene zurück. Das sehr einfach gebaute *Zentralnervensystem* bildet einen basiepithelialen Nervenring in der Epidermis der Lophophorbasis. Von ihm ziehen einige Nervenstränge zu den Tentakeln u. zur Körperlängsmuskulatur sowie dünnere Faserverbindungen zu einem subepidermalen Nervengeflecht, das die Sinneszellen der gesamten Körperoberfläche u. die äußere Ringmuskulatur innerviert. Zusätzlich entsendet es – je nach Art – ein oder mehrere, rasch leitende motorische Riesenaxone, die v.a. an der linken Körperseite zw. Epidermis u. Basalmembran verlaufen, zur Körperlängsmuskulatur. Sie sind verantwortl. für deren synchrone Kontraktion bei blitzschnellem Zurückziehen in die Wohnröhre nach mechan. Reizung der Tentakelsinnesorgane. Die meisten *P.* sind *Zwitter;* Hoden u. Ovarien entstehen räuml. getrennt als diffuse Keimgewebe im Coelomepithel entlang der Lateralarterie. Die Geschlechtsprodukte gelangen über die Leibeshöhle durch die paarigen Nephridientrichter u. die beidseits des Afters mündenden Exkretionsporen ins freie Wasser. Dort findet die Besamung statt. Die mehr od. weniger dotterreichen Eier entwickeln sich in Bruttaschen im mütterl. Lophophor (Lophophororgan, ↗Nidamentaldrüsen) über eine totale, fast äquale Radiärfurchung zu – je nach Art – lecitho- od. planktotrophen, trochophoraähnlichen, aber bereits tentakeltragenden Wimpernlarven *(Actinotrocha-Larve).* Der Urmund wird zum definitiven Mund (↗Protostomier). Die Actinotrochae sinken nach meist kurzem planktischem Leben zum Grund, graben sich nach einer in wenigen Stunden ablaufenden Metamorphose als

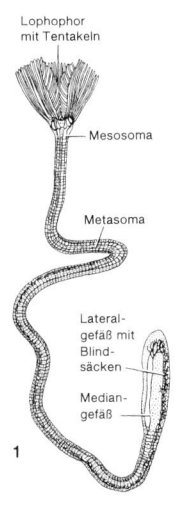

phoc- [v. gr. phōkē = Seehund, Robbe].

Phoronida

1 *Phoronis hippocrepia;* 2 die aus ihren Wohnröhren hervorgestreckten Vorderenden von 4 Individuen mit entfalteter Tentakelkrone

junge Würmer in den Boden ein u. beginnen bereits, ihre Wohnröhre abzuscheiden. Die P. können verletzte Körperteile regenerieren, u. manche Arten besitzen die Fähigkeit zur vegetativen Fortpflanzung durch Knospung an der Rumpfwand. – Bisher sind 10 z. T. weltweit verbreitete Arten bekannt, die sich auf zwei Gatt., *Phoronis* u. *Phoronopsis*, verteilen. Als archimere Protostomier mit einer dem Nahrungserwerb dienenden, hufeisenförm. Tentakelkrone zeigen die P. große Ähnlichkeiten mit den *Bryozoa* (↗Moostierchen) u. den ↗*Brachiopoden* (Armfüßer) u. werden v. den meisten Zoologen als eigene u. ursprünglichste Kl. mit diesen zum Stamm der ↗*Tentaculata* (im engl. Sprachbereich auch ↗*Lophophorata*) zusammengefaßt. Gleichzeitig sieht man in ihnen ein Bindeglied zu den ↗*Pterobranchia* (Flügelkiemern) innerhalb der ↗*Hemichordata* (Kragentiere). *P. E.*

Phorozoïde [Mz.; v. gr. -poros = -tragend, zōeidēs = tierartig], Morphen der polymorphen Blastozoidengeneration der ↗*Cyclomyaria*.

Phosphagene, energiereiche Phosphatverbindungen, wie u. a. ↗Argininphosphat (das wichtigste P. der Wirbellosen), ↗Kreatinphosphat (das P. des Wirbeltiermuskels), in denen Phosphatgruppen an Guanidinium- bzw. Amidiniumgruppen gebunden vorkommen; die so gebundenen Phosphatgruppen können aufgrund ihrer höheren ↗Gruppenübertragungs-Potentiale auf ADP übertragen werden, wodurch ATP regeneriert wird. P. wirken daher – bes. im Muskel – als Energie-Depots. ☐ energiereiche Verbindungen.

Phosphatasen [Mz.], *Phosphomonoesterasen*, zur Kl. der Hydrolasen bzw. Gruppe der Esterasen zählende Enzyme, durch die Phosphorsäuremonoester z. B. von Zuckerphosphaten, Nucleosidmonophosphaten od. als terminale Phosphatgruppen v. Nucleinsäuren hydrolyt. abgespalten werden. Je nach dem pH-Bereich, in dem P. optimale Wirksamkeit entfalten, unterscheidet man zw. *sauren P.* (z. B. aus Leber u. Prostata) u. *alkalischen P.* (z. B. aus Dünndarmschleimhaut). Einzelne P. haben diagnost. Bedeutung, z. B. erhöhte saure Serum-P. als Indikatoren für Prostatakrebs od. alkalische P. als Indikatoren für Skelett-Erkrankungen.

Phosphatdünger, Gruppe v. Düngemitteln (↗Dünger, [T]), die das Nährelement ↗Phosphor in Form aufnehmbarer Phosphat-Anionen enthalten (↗Nährsalze) od. diese nach Umsetzung im Boden liefern. Reine P. sind z. B. Superphosphat, Doppelphosphat, Triplephosphat, Rhenaniaphosphat, Thomasphosphat (Thomasmehl), Glühphosphat u. Novaphos. Sie enthalten meist ↗Calciumphosphate, seltener ↗Ammoniumphosphat, sowie Nebenbestandteile wie Silicat, Kalk, Gips usw.

phosphat-, phospho- [v. gr. phósphoros = lichttragend], in Zss. Hinweis auf das chem. Element Phosphor.

Phosphatidyl-Cholin
1-Palmityl-2-Oleinyl-Phosphatidyl-Cholin (Lecithin)

Phosphoadenosinphosphosulfat (PAPS)

Phosphate [Mz.], die Salze (↗Phosphatdünger) und Ester (u. a. ↗Desoxyribonucleosidmono-P., ↗Ribonucleosidmono-P., ↗Zucker-P.) der ↗Phosphorsäure. – P. finden sich außer in Düngern auch in Wasch-, Reinigungs-, Rostschutz- u. Schädlingsbekämpfungsmitteln sowie als Komponenten der Tierernährung. P. sind im Grundwasser häufig nicht anzutreffen; der oft hohe Phosphorgehalt in Gewässern muß folgl. über das ↗Abwasser zugeführt worden sein. Der Phosphat-Eintrag in das Abwasser setzt sich etwa zu je einem Drittel aus Fäkalien, Düngemittelabschwemmung u. Wasch- u. Reinigungsmitteln zusammen. ↗Eutrophierung, ↗Kläranlage.

Phosphatgruppe ↗Phosphorylgruppe.
Phosphatgruppenübertragung ↗Gruppenübertragung, ↗Phosphorylierung.
Phosphatidasen, die ↗Phospholipasen.
Phosphatide, die ↗Phospholipide.
Phosphatidsäuren ↗Phospholipide.

Phosphatidyl-Choline [Mz.], *Lecithine*, wichtige Untergruppe der ↗Phospholipide, die sich v. ↗Glycerin-3-phosphat durch Veresterung des Phosphatrests mit ↗Cholin u. des Glycerinrests in den Positionen 1 und 2 mit jeweils einer gesättigten bzw. ungesättigten ↗Fettsäure ableiten. Die Vielfalt der P.e ist durch die Variationsmöglichkeiten der beiden Fettsäurereste bedingt. Aufgrund der positiven Ladung am Stickstoff u. der negativen Ladung am Phosphat sind P.e Zwitterionen. Wie andere Phospholipide weisen sie neben dem polaren „Kopf" unpolare „Schwänze" auf, weshalb sie als ↗Emulgatoren (☐) bzw. Lösungsvermittler wirken. P.e sind im Pflanzen- u. Tierreich weit verbreitet. Bes. reichlich kommen sie in Ölhalt. Pflanzensamen (z. B. Rapssamen, Sojabohnen, Getreide u. Erdnüssen, aber auch im Herzmuskel, Blutplasma, in Hirn- u. Nervengewebe, Sperma, Eigelb u. Hefen vor. Sie finden vielseitige Verwendung als Pharmaka sowie in der Lebensmittel-, Textil-, Leder- u. Seifenindustrie. ☐ Membran.

Phosphationen [Mz.], *Phosphatanionen*, die Anionen der ↗Phosphorsäure (H_3PO_4): $H_2PO_4^-$, HPO_4^{2-} und PO_4^{3-}. P. sind die in Körperflüssigkeiten, Geweben u. in der anorgan. Knochenmasse häufigsten ↗Anionen (↗Elektrolyte, ☐). In Form v. ↗Estern sind P. Bestandteile zahlr. Naturstoffe, wie z. B. der Nucleinsäuren, Phospholipide u. Zuckerphosphate; im Energiestoffwechsel der Zelle werden P. in Form energiereicher Phosphate (↗energiereiche Verbindungen, ☐) umgesetzt. Das P.-System $H_2PO_4^- / HPO_4^{2-}$ wirkt im Blut als Puffer (↗Blutpuffer) zur Aufrechterhaltung eines pH-Werts um 7; dasselbe System wird auch in vielen biochem. in-vitro-Reaktionen als ↗Puffer eingesetzt.

Phosphattranslokator [v. lat. trans- = jenseits, locare = stellen], *Phosphat-Triosephosphat-Phosphoglycerat-Translokator*,

Phosphoglycerinsäuren

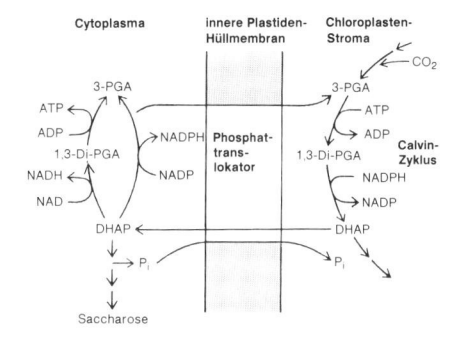

spezif. ↗Antiport-System (↗Membrantransport, ☐) der inneren Plastidenmembran, das für den Transport der im ↗Chloroplasten-Stroma gebildeten Energie, der Reduktionsäquivalente u. des fixierten Kohlenstoffs verantwortl. ist. Der P. liegt als dimeres integrales ↗Membranprotein vor (relative Molekülmasse des Monomeren 29000) u. konnte bereits isoliert u. in künstl. ↗Membranen (↗Liposomen, ☐ Membran) rekonstituiert werden. Ähnl. dem ↗Adenylattranslokator der inneren ↗Mitochondrien-Membran, der während der oxidativen Phosphorylierung erzeugtes ATP in das Cytoplasma ausschleust, transportiert auch der P. während der Photosynthese-Reaktionen erzeugte Energie in das Cytoplasma der Pflanzenzelle. Die molekulare Aktivität (Wechselzahl, ↗Enzyme) des P.s ist enorm hoch (etwa 5000 pro Min.) u. damit rund 10mal höher als die des mitochondrialen Adenylattranslokators. Dieses System verbindet Plastiden u. Cytoplasma in äußerst ökonom. Weise (gleichzeitiger Transport v. energiereichen Kohlenstoffverbindungen u., indirekt, v. Reduktionsäquivalenten). P. kann offenbar auch in nicht-grünen, Kohlenstoff- u. Energie-heterotrophen Plastiden arbeiten, um die dort ablaufenden Syntheseleistungen zu ermöglichen.

Phosphatverbindungen, Sammelbez. für die von ↗Phosphorsäure bzw. von ↗Phosphationen durch Veresterung (z.B. Zuckerphosphate, Mononucleotide, Nucleinsäuren, Phospholipide, Amidbindung (z.B. Kreatinphosphat) u. Anhydridbindungen (z.B. ADP, ATP) abgeleiteten Verbindungen. Im Energiestoffwechsel sind die energiereichen P. (↗energiereiche Verbindungen) von bes. Bedeutung.

Phosphoadenosinphosphosulfat, *3'-Phosphoadenosin-5'-phosphosulfat, Adenosin-3'-phosphat-5'-phosphosulfat,* Abk. *PAPS,* aktiviertes Sulfat, in 3'-Stellung phosphoryliertes ↗Adenosinphosphosulfat (☐); energiereiches Zwischenprodukt (↗Aktivierung, T) bei der Bildung v. Sulfatestern u. bei der assimilat. Sulfatreduktion zur Stufe des Sulfids (☐ assimilatorische Nitrat- u. Sulfatreduktion). ☐ 370.

Phosphodiester, *Phosphorsäurediester,* ↗Ester (☐).

Phosphattranslokator
Der Transport v. ↗Photosynthese-↗Energie erfolgt nicht direkt über ATP, sondern die entscheidende Verbindung ist Dihydroxyacetonphosphat (DHAP), das im Calvin-Zyklus aus 3-Phosphoglycerat (3-PGA), dem Primärprodukt der Kohlenstofffixierung, unter ATP- u. NADPH-Verbrauch entsteht u. im Antiport gegen 3-PGA od. anorganisches Phosphat (P_i) ausgetauscht u. so ins Cytoplasma geschafft wird. Dort kann dreierlei geschehen: entweder wird das Triosephosphat der Saccharose-Synthese zugeführt, od. aber es wird wieder in 3-PGA zurückverwandelt. Hier sind 2 Wege möglich: eine Umwandlung von DHAP unter Gewinnung von NADH und ATP oder – alternativ – eine Reaktion, bei der kein ATP, dafür aber für Biosyntheseprozesse erforderliches NADPH entsteht. Beide Varianten führen wieder zu 3-PGA, das formal wieder ins Stroma zurücktransportiert werden kann.
1,3-Di-PGA = 1,3-Diphosphoglycerat.

Phosphoenolbrenztraubensäure (anionische Form, Phosphoenolpyruvat)

6-Phosphogluconat

Phosphodiesterasen ↗Nucleasen.
Phosphoenolbrenztraubensäure, energiereiche Phosphatverbindung (↗energiereiche Verbindungen), die im Zellstoffwechsel bes. als Zwischenprodukt der ↗Glykolyse (B) u. der ↗Gluconeogenese (☐) sowie im ↗Hatch-Slack-Zyklus (☐) der C_4-Pflanzen u. bei Bakterien als Vorstufe der ↗Murein-Synthese vorkommt.
Phosphoenolpyruvat *s,* Abk. *PEP,* Salz od. Ester der ↗Phosphoenolbrenztraubensäure.
Phosphoenolpyruvat-Carboxykinase *w,* Enzym, das bei der ↗Gluconeogenese die Umwandlung v. Oxalessigsäure und GTP in ↗Phosphoenolpyruvat, CO_2 u. GDP (sowie die Umkehrreaktion) katalysiert. Bei ↗Insulin-Mangel wird P. in erhöhtem Maße synthetisiert, was eine der Ursachen für die erhöhte Gluconeogenese ist (↗Diabetes).
Phosphoesterasen, Sammelbez. für die Phosphodiesterasen (↗Nucleasen) u. Phosphomonoesterasen (↗Phosphatasen).
Phosphofructokinase *w,* Enzym, das bei der ↗Glykolyse (B) die Überführung v. ↗Fructose-6-phosphat u. ATP in ↗Fructose-1,6-diphosphat u. ADP katalysiert. P. ist ein regulator. Enzym; es wird bei einem hohen ATP:ADP-Verhältnis (gleichbedeutend mit hoher ATP-Bildungsrate durch Oxidation v. im Citratzyklus freiwerdenden Reduktionsäquivalenten) inaktiviert u. bei einem niedrigen ATP:ADP-Verhältnis aktiviert. Diese Regulation bildet die Grundlage für den ↗Pasteur-Effekt. ↗Energieladung.
Phosphoglucomutase *w,* ein Enzym der ↗Glykolyse (B); ☐ Glykogen, ☐ Glucose-1,6-diphosphat.
6-Phosphogluconat *s,* anion. Form der *6-Phosphogluconsäure;* Zwischenprodukt bei der Umwandlung v. ↗Glucose-6-phosphat (☐) zu ↗Ribose-5-phosphat (u.a. Zuckerphosphaten) im Rahmen des ↗Pentosephosphatzyklus.
Phosphogluconat-Dehydrogenase *w,* ein Enzym des ↗Pentosephosphatzyklus (☐).
Phosphoglycerate [Mz.], die anion. Formen der ↗Phosphoglycerinsäuren.
Phosphoglycerat-Kinase *w,* ein Enzym, das die reversible Umwandlung von 3-Phosphoglycerat (↗Phosphoglycerinsäuren, ☐) u. ATP zu 1,3-Diphosphoglycerat (↗1,3-Diphosphoglycerinsäure, ☐) und ADP katalysiert. Die physiolog. Bedeutung liegt v.a. in der Umkehrreaktion, durch die die Energie des bei der ↗Glykolyse (B) anfallenden 1,3-Diphosphoglycerats in Form von ATP für energieverbrauchende Stoffwechselreaktionen bereitgestellt wird.
Phosphoglyceride, Hauptgruppe der ↗Phospholipide.
Phosphoglycerinsäuren, die durch Veresterung u./od. Anhydridbildung mit Phosphorsäure v. Glycerinsäure abgeleiteten Verbindungen (anionische Formen: *Phos-*

Phosphoketolase

phoglycerate; vgl. Abb.). P. sind Zwischenprodukte im Kohlenhydratstoffwechsel, wie z. B. bei den Stoffwechselwegen der ↗Glykolyse (☐B), ↗Gluconeogenese (☐) u. Photosynthese (↗Calvin-Zyklus).

Phosphoketolase, Enzym, das die Spaltung v. ↗Xylulose-5-phosphat in ↗Glycerinaldehyd-3-phosphat u. ↗Acetylphosphat unter Verbrauch v. Thiaminpyrophosphat katalysiert. P. ist das Schlüsselenzym des *Phosphoketolase-Wegs*, eines in verschiedenen Mikroorganismen, bes. in *Lactobacillus*, ablaufenden Abbaumodus für Kohlenhydrate. Dabei wird das über die Anfangsschritte des ↗Pentosephosphatzyklus anfallende Xylulose-5-phosphat durch P. gespalten; v. den beiden Spaltprodukten wird Glycerinaldehyd-3-phosphat wie im Rahmen der ↗Glykolyse (☐B) zu Lactat umgewandelt, während Acetylphosphat entweder durch Übertragung der Phosphatgruppe auf ADP zu Acetat od. durch Überführung in Acetyl-Coenzym A u. dessen Reduktion zu Äthanol umgewandelt wird. [↗Kreatin (☐).

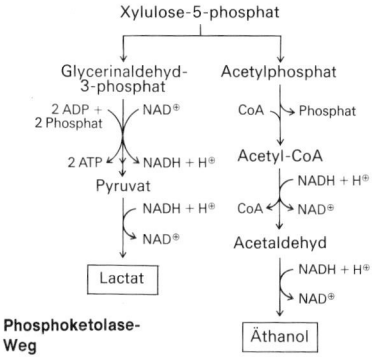

Phosphokreatin s, das Kreatinphosphat,

Phospholipasen [Mz.], *Phosphatidasen,* Gruppe v. Enzymen (↗Lipasen), durch die Fettsäureester- od. Phosphorsäureestergruppen v. ↗Phospholipiden hydrolyt. gespalten werden (vgl. Abb.). P. sind bes. in Leber u. Pankreas (*Phospholipase A_1*), in Bienen- u. Schlangengift (*Phospholipase A_1 und A_2,* ↗Lysolecithine) sowie in Mikroorganismen *(Phospholipasen C)* u. Pflanzen *(Phospholipasen D)* enthalten.

Phospholipid-Doppelschichten, die aus ↗Phospholipiden sich spontan bildenden Doppelschichten, die die Grundlage für biol. Membranstrukturen sind. ↗Membran.

Phospholipide [Mz.], *Phosphatide,* veraltete Bez. *Phospholipoide,* eine Untergruppe der polaren ↗Lipide (☐B), für die eine Phosphorsäureester-Gruppierung charakterist. ist. Zus. mit den anderen polaren Lipiden, den ↗Glykolipiden u. ↗Cholesterin, sind P. wesentl. am Aufbau biol. ↗Membranen beteiligt *(Membranlipide)* u. zählen daher zu den sog. Strukturlipiden. In unterschiedl. Mengen sind P. in allen Organismen verbreitet; bes. reichlich kom-

2-Phosphoglycerat

3-Phosphoglycerat

1,3-Diphosphoglycerat

Phosphoglycerinsäuren

Anionische Formen der P.:
2-Phosphoglycerat,
3-Phosphoglycerat,
1,3-Diphosphoglycerat

Phospholipasen

Spaltungsspezifitäten der Phospholipasen A_1, A_2, C und D an Phospholipiden vom Lecithin-Typ

5-Phosphoribosyl-1-pyrophosphat

phosphat-, phospho- [v. gr. phósphoros = lichttragend], in Zss. Hinweis auf das chem. Element Phosphor.

men sie im Gehirn u. in den Markscheiden der Nerven vor. P. unterteilen sich in die v. ↗Glycerin abgeleiteten Phosphoglyceride u. die v. ↗Sphingosin abgeleiteten Sphingosinphosphatide. Die Fettsäureketten (↗Fettsäuren) sind bei beiden Typen in der Zahl der C-Atome i. d. R. geradzahlig u. unverzweigt; neben gesättigten sind bes. in den C_2-Positionen der Phosphoglyceride auch ungesättigte Fettsäurereste mit cis-Doppelbindungen enthalten (☐ Membran). a) *Phosphoglyceride (Glycerophosphatide, Glycerinphosphatide):* in dieser Gruppe sind die Positionen C_1 und C_2 des Glycerins mit Fettsäuren, die C_3-Position mit Phosphorsäure verestert, wodurch als gemeinsames Grundgerüst der Phosphoglyceride die *Phosphatidsäuren* entstehen (☐ Acylglyceride). Die einzelnen Phosphoglycerid-Klassen (↗*Phosphatidyl-Choline,* ↗*Kephaline, Phosphatidyl-Inosite*) unterscheiden sich durch die alkohol. Gruppen (R), durch welche die Phosphatgruppe der Phosphatidsäure weiter verestert ist. Die sog. *Plasmalogene* (auch *Acetalphosphatide*) weichen v. der allg. Phosphoglycerid-Struktur ab durch die enolartige Bindung eines langkettigen Fettaldehyds (statt einer Fettsäure) an der C_1-Position des Glycerins. b) *Sphingosinphosphatide (Sphingomyeline, Ceramidphosphoryl-Choline):* diese leiten sich (wie die ↗Cerebroside) vom Grundgerüst des ↗Ceramids ab; im Ggs. zu den Cerebrosiden ist hier die C_3-Position mit Cholinphosphorsäure verestert. ☐ 373.

Phosphomonoesterasen, die ↗Phosphatasen.

4′-Phosphopantethein s, Bestandteil v. Coenzym A u. der prosthetischen Gruppe v. ↗Acyl-Carrier-Protein (☐).

Phosphoproteine, veraltete Bez. *Phosphoproteide,* Sammelbegriff für Proteine, die an einzelnen Positionen phosphorylierte Serin- (seltener Threonin- od. Tyrosin-)Reste enthalten. Zu den P.n zählen z. B. Casein, Ovalbumin, Pepsin u. Vitellin. Die esterartig gebundenen Phosphatreste werden durch meist hochspezif. Proteinkinasen von ATP als Phosphatgruppen-Donor übertragen, womit häufig funktionelle Änderungen der betreffenden Proteine (z. B. Aktivitätsverminderung od. -erhöhung bei Enzymproteinen) einhergehen, wie z. B. bei der durch Adrenalin ausgelösten Kaskade des ↗Glykogen-Abbaus.

Phosphor *m* [v. gr. phósphoros = lichttragend], chem. Zeichen P, chem. Element, das zu den ↗Bioelementen (☐T) zählt (↗Ernährung, ↗Makronährstoffe). In reiner Form kommt P. in der Natur nicht vor. In oxidierter Form als ↗Phosphate ist P. sowohl in Mineralien (Gneis, Granit), in Böden (durch Gesteinsverwitterung od. Düngung), bes. aber in der belebten Natur als ↗Elektrolyt (☐) u. als Bestandteil zahlr.

Phosphorylierung

Phospholipide

1 Phosphoglyceride

Phosphatidyl-Choline (Lecithine):

$R = -CH_2-CH_2-\overset{+}{N}(CH_3)_3$

Phosphatidyl-Äthanolamine (Colamin-Kephaline):

$R = -CH_2-CH_2-NH_2$

Phosphatidyl-Serine (Serin-Kephaline):

$R = -CH_2-CH-COOH$
          $|$
         NH_2

Phosphatidyl-Inosite

Plasmalogene:

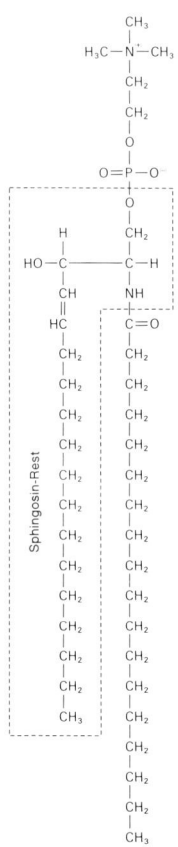

$R = -CH_2-CH_2-\overset{+}{N}(CH_3)_3$

$R = -CH_2-CH_2-NH_2$

2 Sphingosinphosphatide

Sphingomyelin

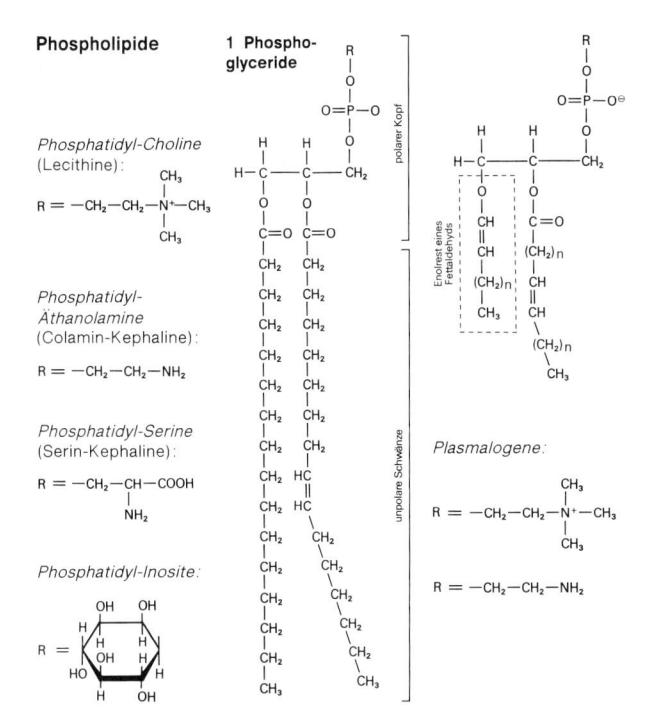

Naturstoffe (Nucleotide, Nucleinsäuren, Phospholipide, Phosphoproteine, Zuckerphosphate) u. des Knochengerüsts weit verbreitet.

Phosphoreszenz, eine Form der ↗Lumineszenz, bei der im Ggs. zur ↗Fluoreszenz die Emission v. Licht mit einer zeitl. Verzögerung erfolgt (Nachleuchten). Durch Bestrahlung einer phosphoreszierenden Verbindung mit UV-Licht, Röntgen- od. Elektronenstrahlen werden Elektronen auf höhere Energieniveaus angehoben (Anregung), v. denen sie mit Verzögerung auf die urspr. Energiestufen zurückkehren, wobei Energie in Form v. Strahlung meist größerer Wellenlänge abgegeben wird. Auf P. beruht z. B. die Wirkung v. Leuchtschirmen.

5-Phosphoribosyl-1-pyrophosphat s, Abk. *PRPP, 5-Phosphoribosyl-1-diphosphat*, bildet sich in einer v. ATP abhängigen Reaktion aus Ribose-5-phosphat (Pyrophosphatübertragung von ATP); PRPP ist Ausgangsprodukt für die Biosynthese der Mononucleotide, zu denen es den Ribosephosphatanteil beisteuert; außerdem ist PRPP Vorstufe bei der Tryptophansynthese. ☐ 372.

Phosphorolyse w [v. gr. lysis = Auflösung], 1) i. w. S. die Spaltung v. Stoffwechselprodukten mit Hilfe v. Phosphat unter der katalyt. Wirkung v. *Phosphorylasen* (Enzyme), wobei Phosphatreste in die Produkte eingebaut werden. 2) i. e. S. die schrittweise Abspaltung endständ. Glucosemoleküle beim Stärkeabbau in Pflanzen durch *Stärke-Phosphorylase* u. beim Glykogenabbau (☐ Glykogen) in der Leber durch *Glykogen-Phosphorylase*, wobei Phosphorsäure an die abgespaltenen Glucose-Reste angelagert u. in Form v. Glucose-1-phosphat freigesetzt wird. B Hormone.

Phosphorsäure, *Ortho-P.*, H_3PO_4, in reiner Form farblose, an der Luft zerfließende Kristallmasse; eine mittelstarke dreibasige Säure, die in der Natur in Form ihrer Anionen, den ↗Phosphationen, weit verbreitet ist (↗Phosphor). Techn. wird P. zur Herstellung künstl. ↗Dünger verwendet.

Phosphorsäureester, Sammelbez. für die Phosphorsäuremonoester und Phosphorsäurediester; ↗Ester (☐).

Phosphorylase-Kinase, die ↗Kinase (Enzym), die bei der Aktivierung des Glykogenabbaus die Phosphorylierung v. Glykogen-Phosphorylase b zur enzymatisch aktiven Glykogen-Phosphorylase a katalysiert. ↗Glykogen (☐), ↗Phosphorylase-Phosphatase; B Hormone.

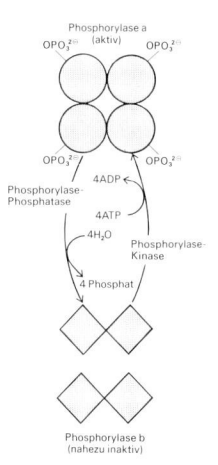

Phosphorylase-Kinase – Phosphorylase-Phosphatase

Steuerung der Glykogen-Phosphorylase-Aktivität durch Phosphorylierung:

Die beiden Enzyme *Phosphorylase-Kinase* u. *Phosphorylase-Phosphatase* werden ihrerseits durch die Stoffwechsellage der Zelle im Verhältnis der Konzentrationen von ADP und ATP (durch das cyclo-AMP) gesteuert, dazu aber noch von außen her, durch den Einfluß von Hormonen.

Phosphorylasen ↗Phosphorolyse.

Phosphorylase-Phosphatase w, das zum Enzym ↗Phosphorylase-Kinase antagonist. wirkende Enzym, durch das die Phosphatgruppen aktiver Glykogen-Phosphorylase a hydrolyt. abgespalten werden, wodurch die inaktive Glykogen-Phosphorylase b entsteht u. der ↗Glykogen-Abbau (☐) gedrosselt wird.

Phosphorylgruppe, *Phosphorylrest*, der

Rest:
$$-\overset{\overset{O}{\|}}{\underset{\underset{OH}{|}}{P}}-OH$$
od. dessen anionische Formen (Phosphatgruppe, Phosphatrest):

$$-\overset{\overset{O}{\|}}{\underset{\underset{OH}{|}}{P}}-O^{\ominus} \quad \text{und} \quad -\overset{\overset{O}{\|}}{\underset{\underset{O^{\ominus}}{|}}{P}}-O^{\ominus}$$

Phosphorylierung w, *Phosphatgruppenübertragung, Phosphorylgruppenübertragung*, allg. die Einführung eines od. mehrerer Phosphorsäurereste in organ. Moleküle od. Makromoleküle (z. B. Nucleinsäuren u. Proteine) unter der Wirkung

Phosphorylierungspotential

phosphat-, phospho-
[v. gr. phósphoros = lichttragend], in Zss. Hinweis auf das chem. Element Phosphor.

Phosphoserin (zwitterionische Form)

Photobiologie
Beispiele für photobiol. Vorgänge:
Photodinese
  Auslösung bzw. Beschleunigung v. Plasmaströmungen od. Zelleinschlüssen durch Licht
Photokinese
  Auslösung od. Beschleunigung v. Bewegungen freibewegl. Organismen durch Licht
↗ Photomorphogenese
↗ Photoperiodismus
↗ Photorespiration
↗ Photorezeption
↗ Photosynthese
Photo-↗ Tropismus
Photo-↗ Nastie
↗ Biolumineszenz
(↗ Leuchtorganismen, ↗ Photoproteinsystem)
Sehvorgang
(↗ Netzhaut, ↗ Sehfarbstoffe)

v. Enzymen (meist Kinasen); häufig erfolgen P.en durch Übertragung v. Phosphatresten energiereicher Phosphate (ATP, PEP, Kreatinphosphat u. a.) auf die entspr. Moleküle. Die Bildung von ATP (↗ Adenosintriphosphat, ▢) in der ↗ Atmungskette (▢) erfolgt aus ADP durch die sog. ↗ *Atmungsketten-P. (oxidative P.)*, bei der Photosynthese durch ↗ *Photo-P.*

Phosphorylierungspotential, die freie ↗ Enthalpie der ↗ Hydrolyse v. ↗ Phosphorylverbindungen. Das P. ist ein Maß für die Bereitschaft der betreffenden Moleküle, Phosphatgruppen auf Wasser (Hydrolyse), aber auch auf andere, geeignete Akzeptormoleküle im Rahmen v. Stoffwechselreaktionen zu übertragen (↗ Gruppenübertragung); je negativer das P., desto höher ist diese Bereitschaft. ⊤ Hydrolyse.

Phosphorylverbindungen, chem. Verbindungen, die eine od. mehrere ↗ Phosphorylgruppen in Form v. Phosphatestern od. -amiden bzw. Phosphatanhydriden enthalten. ⊤ Hydrolyse.

Phosphoserin, in freier Form Zwischenprodukt bei der Biosynthese v. Serin aus 3-Phosphoglycerinsäure, in gebundener Form Baustein der ↗ Phosphoproteine.

Phosphotransferasesystem, Transportsystem in der Plasma-↗ Membran v. Bakterien, das den aktiven Transport v. Zuckern vermittelt (Gruppentranslokation).

Phosphuga w [v. gr. phōs = Licht, lat. -fuga = -fliehend], Gatt. der ↗ Aaskäfer.

Photoautotrophie w [Bw. *photoautotroph;* v. gr. autotrophos = sich selbst nährend], verkürzte Bez. für die *Photolithoautotrophie* (↗ Photolithotrophie).   [terien.

Photobacterium s, Gatt. der ↗ Leuchtbak-

Photobiologie w, interdisziplinäres Teilgebiet der Chemie u. Biologie, das die Wechselwirkungen zw. dem ↗ Licht (im sichtbaren u. UV-Bereich) u. Organismen untersucht (Beispiele vgl. Tab.). ↗ Lichtfaktor.

photobiologische Wasserstoffbildung, biol. Erzeugung v. molekularem Wasserstoff (H_2) mit Hilfe der Sonnenenergie als (mögliche) regenerative ↗ Bioenergie. Eine H_2-Bildung kann durch bes. Kulturmethoden od. bei Zugabe v. Stoffwechselgiften bei bestimmten Mikroorganismen erreicht werden: a) ↗ Phototrophe Bakterien entwickeln H_2 aus organ. Stoffen (z. B. Lactat) im Licht durch die Nitrogenase, wenn ihnen keine Stickstoffquelle (auch kein N_2) zur Verfügung steht. b) Die Photosynthese der ↗ Cyanobakterien kann experimentell so umgesteuert werden, daß (über die Nitrogenase) aus Wasser H_2 entsteht. c) Bei Grünalgen kann eine H_2-Bildung aus Wasser in der Photosynthese über die Elektronentransportkette (Endkomponenten sind Ferredoxin u. Hydrogenase) erhalten werden. d) Auch in zellfreien Systemen mit Komponenten der Photosynthese u./od. Elektronentransportkette bakterieller Systeme sowie teilweise künstl. Elektronen-

überträgern wird versucht, eine effektive lichtgetriebene H_2-Bildung zu erreichen. Z. Z. ist die p. W. (noch) nicht wirtschaftlich (a), od. die Systeme entwickeln nur kurzfristig bzw. nicht genügend H_2.

Photochemie w, Teilgebiet der Chemie, befaßt sich mit Reaktionen, die bei Energiezufuhr in Form v. Licht (i. w. S. auch anderer elektromagnet. Strahlung) ablaufen *(Photoreaktionen)*. Dabei löst nur das vom belichteten Stoff absorbierte Licht eine physikal. oder chem. Wirkung aus, indem es die Atome bzw. Moleküle mit der Grundenergie E_1 in einen Zustand höherer Energie E_2 hebt: $E_2 - E_1 = h \cdot v$ (h Plancksches Wirkungsquantum, v Frequenz des eingestrahlten Lichtes). Bei der Wechselwirkung zw. Materie u. Licht gilt das *photochem. Äquivalenzgesetz*: 1 Atom oder Molekül kann nur mit 1 Lichtquant (oder einem ganzzahligen Vielfachen davon) in Reaktion treten u. umgekehrt. Die wichtigsten photochem. Prozesse sind in der Natur die Assimilation (↗ Photosynthese) u. in der Technik die Veränderung des Bromsilbers bei Belichtung (Photographie).

Photoelektronenmikroskopie, *Immun-P.*, der Auflicht-Immunfluoreszenzmikroskopie (↗ Fluoreszenzmikroskopie) in der Lichtmikroskopie vergleichbare neue und z. Z. noch in Entwicklung begriffene elektronenmikroskop. Technik zur ultrastrukturellen Darstellung speziell antikörpermarkierter Zellstrukturen. Bei der P. wirkt das von UV-Licht bestrahlte Objekt selbst als Elektronenquelle u. Kathode. Das UV-Licht bewirkt eine Emission niederenerget. Photoelektronen aus antigengekoppelten geeigneten Objektmarkern, wie kolloidalem Gold. Diese Photoelektronen werden unter einer Anodenspannung von 30–50 kV beschleunigt u. entwerfen durch eine konventionelle Elektronenoptik (↗ Elektronenmikroskop, B) auf einem Bildschirm ein Abbild der markierten Strukturen. Die P. bildet mit einem praktischen Auflösungsvermögen von 10–20 nm eine wertvolle Ergänzung zur lichtmikroskop. ↗ Immunfluoreszenz.

Photoinduktion w [v. lat. inductio = Veranlassung], durch ↗ Licht (↗ Lichtfaktor) bedingte Auslösung lichtgeregelter Prozesse, wie z. B. bei der ↗ Blütenbildung (▢) durch Produktion eines Blütenstimulus in den Blättern od. bei der Auslösung der Samen-↗ Keimung v. ↗ Lichtkeimern. ↗ Phytochrom-System.

Photokinese w [v. gr. kinēsis = Bewegung], *Photokinesis,* ↗ Photobiologie (⊤).

Photolithoautotrophie w [v. gr. lithos = Stein, autotrophos = sich selbst nährend], ↗ Photolithotrophie.

Photolithotrophie w [Bw. *photolithotroph;* v. gr. lithos = Stein, trophē = Ernährung], eine Form des phototrophen Energiestoffwechsels (↗ Phototrophie, ↗ Photosynthese), in dem biochemisch gebundene

Energie (ATP) durch Umwandlung v. elektromagnet. Strahlung (Licht) gewonnen wird und anorgan. Verbindungen als Wasserstoff- bzw. Elektronendonatoren (für Reduktionsvorgänge) verwertet werden. Grüne Pflanzen, ↗ *Prochlorales* u. ↗ Cyanobakterien nutzen Wasser (H_2O), verschiedene ↗ phototrophe Bakterien reduzierte Schwefelverbindungen (z. B. H_2S, S) oder Wasserstoff (H_2) als Wasserstoffdonatoren. Die P. ist i. d. R. mit einer *autotrophen* ↗ Kohlendioxidassimilation gekoppelt. Der Gesamtstoffwechsel kann somit als photolitho-autotroph *(Photolithoautotrophie)*, abgekürzt photoautotroph *(Photoautotrophie)*, charakterisiert werden. CO_2 wird bei grünen Pflanzen, Cyanobakterien u. den meisten phototrophen Bakterien im ↗ Calvin-Zyklus, bei den grünen phototrophen Bakterien über den ↗ reduktiven Citratzyklus assimiliert. Ggs.: ↗ Photoorganotrophie. [T] Ernährung. [Reparatur.

Photolyase *w* [v. gr. lyein = lösen], ↗ DNA-
Photolyse *w* [v. gr. lysis = Lösung], chem. Spaltreaktion eines Stoffes, die als unmittelbare Folge einer Absorption v. Licht abläuft. Durch die Energie zugeführter Lichtquanten können Moleküle in Radikale, Ionen od. Atome zerlegt werden. Biochemisch wichtig ist die P. des Wassers bei der ↗ Photosynthese.

Photomorphogenese *w* [v. gr. morphē = Gestalt, genesis = Entstehung], lichtabhängige (↗ Lichtfaktor) Steuerung der Entwicklung (↗ Morphogenese) v. Pflanzen v. der Embryonalphase über die Juvenil- u. adulte Phase bis zur Seneszenz im Rahmen des genet. festgelegten Kompetenzmusters. Für die Auslösung photomorphogenet. Reaktionen spielen als Rezeptorpigmente das ↗ Phytochrom-System sowie im Blau und UV absorbierende Pigmente (↗ Kryptochrom; ↗ Flavinenzyme, ↗ Carotinoide) eine Rolle. Die Perzeption der Lichtsignale überführt das jeweilige Rezeptorpigment in eine physiolog. aktive Form, die über eine Transduktionskette die Zellfunktionen u. die genet. Information so beeinflußt, daß eine spezif. *Photo-*↗ *Morphose* (Gestaltsausprägung) entsteht. Bei den molekularen Mechanismen der Signaltransduktion sind Regelvorgänge auf der Ebene der Transkription, Translation u. Enzymaktivität beteiligt.

Photonastie *w*, ↗ Nastie ([T]).
Photonen [Mz.; v. *photo-], die Licht-↗ Quanten.
Photoorganoheterotrophie *w* [v. gr. organon = Werkzeug, heterotrophos = von anderen ernährt], ↗ Photoorganotrophie.
Photoorganotrophie *w* [v. gr. organon = Werkzeug, trophē = Ernährung], eine Form des phototrophen Energiestoffwechsels (↗ Phototrophie, ↗ Photosynthese), in dem biochemisch gebundene Energie (ATP) durch Umwandlung von elektromagnet. Strahlung (Licht) gewonnen wird und organ. Substrate (z. B. Succinat) als Wasserstoffdonatoren für Reduktionen dienen; Vorkommen bei ↗ phototrophen Bakterien. Als Kohlenstoffquelle zum Aufbau v. Zellsubstanzen nutzen diese Bakterien auch organ. Substrate (= *C-heterotroph*, ↗ Heterotrophie); der Gesamtstoffwechsel kann somit als photoorganoheterotroph *(Photoorganoheterotrophie)* oder – verkürzt – photoheterotroph *(Photoheterotrophie)* charakterisiert werden. Ggs.: ↗ Photolithotrophie. [T] Ernährung.

Photooxidantien [Mz.; v. nlat. oxygenium = Sauerstoff]; bei sommerl. Hochdruckwetterlagen mit hoher Strahlungsintensität (Wellenlänge $\lambda < 420$ nm) reagieren die in ↗ Abgasen enthaltenen ↗ Stickoxide u. ↗ Kohlenwasserstoffe mit dem Luftsauerstoff, und es bilden sich P. als ein Gemisch v. sekundären Luftverunreinigungen mit stark oxidierenden Eigenschaften aus Salpetersäure, Peroxiacetylnitrat (PAN), organ. Säuren u. Aldehyden mit dem mengenmäßig dominierenden ↗ Ozon als Leitkomponente *(photochemischer* oder „*Los-Angeles-*↗*Smog")*. P. scheinen für Waldschäden (↗ Waldsterben) mit verantwortl. zu sein. Höhere Konzentrationen bewirken beim Menschen Augenreizungen, Husten, Asthmaanfälle u. Bronchialschäden. ↗ Luftverschmutzung.

Photoperiode *w* [v. gr. periodos = Umlauf, Wiederkehr], Länge der tägl. Belichtungszeit (= Tageslänge) bzw. das Muster des tägl. Beleuchtungswechsels, z. B. 16 h Licht : 8 h Dunkel (L:D = 16:8). ↗ Chronobiologie ([T]), ↗ Blütenbildung (☐), ↗ Photoperiodismus.

Photoperiodismus *m*, Abhängigkeit des Wachstums, der Entwicklung u. des Verhaltens v. Pflanzen u. Tieren v. bestimmten Tages- bzw. Nachtlängen (↗ Lichtfaktor, [T] Chronobiologie). Durch die Länge der tägl. Beleuchtungsdauer *(Photoperiode)* gesteuerte Reaktionen besitzen eine genet. determinierte, kritische Tageslänge, die über Ablauf od. Hemmung der Reaktion entscheidet. Tageslängen unterhalb der kritischen Tageslänge heißen *Kurztag,* oberhalb derselben *Langtag.* Bei der photoperiod. Steuerung der ↗ Blütenbildung (☐) unterscheidet man z. B. zwischen Kurztag- u. Langtagpflanzen. Grundlage der photoperiod. Steuerung ist das Zusammenwirken v. ↗ Photorezeptoren (↗ Phytochrom-System) mit einem endogenen Zeitmeßvorgang, der circadianen Rhythmik od. physiolog. Uhr. P. bei Tieren: ↗ Diapause. ↗ Chronobiologie ([B]).

photophil [v. gr. philos = Freund], lichtliebend, sich an Stellen mit Licht aufhaltend, lichtarme Bereiche meidend. Ggs.: *photophob,* lichtscheu, Helligkeit meidend, sich im Dunkeln aufhaltend.

Photophore [Mz.; v. gr. phōtophoros = Licht tragend], die *Leuchtorgane;* ↗ Leuchtorganismen, ↗ Leuchtsymbiose.

photo- [v. gr. phõs, Gen. phõtos = Licht].

Photophosphorylierung w [v. ↗Phosphor], die lichtabhängige Bildung von ATP (↗Adenosintriphosphat, ☐) durch ↗Phosphorylierung von ADP bei der ↗Photosynthese.

photopisches System s [v. *photo-, gr. ōps = Auge], photo(o)ptisches System, umfaßt die für das sog. *photopische Sehen* (Tagessehen, Helligkeitssehen; ↗Auge) verantwortl. Photorezeptoren (v. a. Zapfen, ↗Netzhaut). Ggs.: skotopisches System bzw. skotopisches Sehen (Nachtsehen, ↗Dämmerungssehen).

Photoproteinsystem s, einer bes. Form der ↗Biolumineszenz zugrundeliegendes chem. Reaktionssystem. Biolumineszenz wird biochem. auf zwei verschiedenen Wegen erzeugt: vorwiegend nach dem Luciferin-Luciferase-System, seltener nach dem P. Bei ersterem handelt es sich bei dem Leuchtvorgang um eine durch ↗Luciferasen katalysierte Oxidation v. ↗Luciferinen bzw. ↗Luciferyladenylat. Beim P. dagegen liegt keine enzymat. katalysierte Reaktion vor, sondern bei der Leuchtreaktion werden ausschl. ein *Photoprotein* u. Ionen benötigt; hier zerfällt das Photoprotein unter Lichtemission. Das P. ist nur bei der Hydromeduse *Aequorea* (↗Aequoreidae), dem Polychaeten *Chaetopterus* (↗Chaetopteridae) u. dem Planktonkrebs *Meganyctiphanes* (↗Euphausiacea) beobachtet worden. Photoproteine u. Ionen sind bei den verschiedenen Tiergruppen unterschiedlich.

photoreaktive Zentren, die Reaktionszentren bei der ↗Photosynthese.

Photoreaktivierung w, ↗DNA-Reparatur.

Photorespiration w [v. lat. respiratio = Atemholen], *Lichtatmung,* Oxidation v. Reduktionsäquivalenten, die in den grünen Pflanzen durch eine Ausweichreaktion des ↗Calvin-Zyklus in Ggw. von Sauerstoff u. Licht entstehen. Dabei reagiert Ribulose-1,5-diphosphat – statt wie im Calvin-Zyklus mit Kohlendioxid unter Bildung von 2 Molekülen Phosphoglycerinsäure – mit Sauerstoff unter Bildung von je 1 Molekül Phosphoglycerinsäure (C_3-Einheit) u. Glykolsäure (C_2-Einheit). Nach dem Transport v. Glykolsäure in Peroxisomen bilden sich aus 2 Molekülen Glykolsäure (2 C_2-Einheiten) 1 Molekül Phosphoglycerinsäure (C_3-Einheit) u. Kohlendioxid (C_1-Einheit). Die P. bewirkt so einen „Kurzschluß" der durch die ↗Photosynthese bereitgestellten Reduktionskraft. Die biol. Bedeutung der P., durch die bis zu 50% der Photosyntheseleistung „verschwendet" werden, ist unklar.

Photorezeption w [v. lat. receptio = Aufnahme], Strahlungsabsorption durch Pigmente, entweder zur Energiegewinnung od. zur Steuerung bzw. Lichtwahrnehmung. Bei *Pflanzen* sind die ↗Photorezeptoren, die als Sensorpigmente tierischen Augen vergleichbar sind, nicht in speziellen Lichtsinnesorganen zusammengefaßt. Dennoch liegt der Signalwandlung u. -verarbeitung eine hochgeordnete molekulare Struktur zugrunde, ganz bes. im Falle der ↗Photosynthese-Pigmente, die als Energiewandler fungieren. Bei der Lichtwahrnehmung v. *Tieren* u. *Mensch* mit Hilfe v. Photorezeptoren arbeiten die Lichtsinneszellen (↗Lichtsinnesorgane) als Verstärker. Die Erregung dieser Rezeptoren wird zwar durch den Lichtreiz ausgelöst, die Energie aber, die für den Vorgang der ↗Erregung u. die ↗Erregungsleitung benötigt wird, stammt aus dem Zellstoffwechsel. Die Energie eines Lichtreizes kann bei höchster Empfindlichkeit einer Lichtsinneszelle bis millionenfach geringer sein als der durch diesen Reiz ausgelöste Energieumsatz der betreffenden Zelle. Diese Energiemenge wird hpts. für die Aufrechterhaltung des ↗Membranpotentials u. bei Reizung für die Aus- bzw. Rückbildung des ↗Rezeptorpotentials benötigt. Die Steuerung bei der Entstehung der Rezeptorpotentiale, ausgelöst durch die Absorption eines Lichtquants durch die ↗Sehfarbstoffe, ist bisher noch weitestgehend unklar u. bei den Lichtsinneszellen der Wirbellosen u. Wirbeltiere sehr verschieden. Allg. wird postuliert, daß durch die Absorption v. Lichtquanten (Photonen) in den Membranen gelegene Ionenkanäle („Lichtkanäle") für bestimmte Ionen geöffnet werden, woraus Veränderungen des Membranpotentials resultieren. Auch die Öffnungs- u. Schließmechanismen dieser Lichtkanäle sowie deren Steuerung sind bisher hypothetisch. Der Rücktransport der durch die Lichtkanäle diffundierten Ionen wird durch die energieabhängigen Natrium-Kalium-Pumpen bewerkstelligt. In den Photorezeptoren der Lichtsinnesorgane v. Wirbeltieren sind die Sehfarbstoffe in Membranstapeln (Discs) lokalisiert (↗Netzhaut, ☐ Membranproteine), die elektr. und topographisch v. der Außenmembran, an der die ionalen Veränderungen stattfinden, getrennt sind. Das bedeutet, daß die Wirkung der Photonenabsorption über eine bestimmte Distanz übermittelt werden muß (*Calcium-Hypothese* vgl. Spaltentext).

Photorezeptoren [Mz.; v. lat. receptor = Empfänger], a) ↗Rezeptoren im ↗Auge, die der ↗Licht-Wahrnehmung dienen, z. B. die *Stäbchen* u. *Zapfen* der ↗Netzhaut des ↗Linsenauges; ↗Komplexauge. b) Bei Pflanzen gibt es eine Reihe v. *Sensorpigmenten* (z. B. ↗Phytochrom, ↗Flavinenzyme), die auf verschiedene Spektralbereiche spezialisiert sind u. dadurch Entwicklung u. Verhalten pflanzl. Systeme an die natürl. Licht-Umwelt anpassen. Im Ggs. zu den Sensorpigmenten dient das sog. Massenpigment ↗Chlorophyll als Energiewandler. ↗Lichtfaktor, ↗Photorezeption.

Photosensibilisatoren [Mz.; v. lat. sensibi-

Photorezeption

Nach der sog. *Calcium-Hypothese* v. Hagins u. Yoshikami soll die Übermittlung der Wirkung der Photonenabsorption durch die lichtinduzierte Freisetzung von Ca-Ionen (↗Calcium) durch die Discs erfolgen. Obgleich durch den Einsatz von Ca-Chelatbildnern, mit denen Ca-Konzentrationen v. Lösungen definiert eingestellt werden können, die v. dieser Hypothese vorausgesagten Effekte nachgewiesen werden konnten, ließ sich bisher jedoch weder eine hinreichend hohe noch hinreichend schnelle Freisetzung von Ca-Ionen in lebenden Zellen als auch in Suspensionen isolierter Discs überzeugend nachweisen. Man vermutet heute eher, daß bei der Überbrückung der Distanz Discs – Außenmembran ein antagonist. Zusammenspiel von Ca-Ionen und zykl. Guanosinmonophosphat (cGMP) vorliegt.

---

photo- [v. gr. phōs, Gen. phōtos = Licht].

lis = empfindsam], *lichtsensibilisierende Stoffe, Photosensitizer,* natürl. od. synthet. Substanzen (i. d. R. Farbstoffe), die bei Belichtung in einen photochem. angeregten Zustand versetzt werden u. Folgeprozesse (photodynam. Reaktionen) mit meist schädigender Wirkung auf den Organismus auslösen, z. B. Atriplexismus (↗Melde), Fagopyrismus (↗Buchweizen), Photodermatose usw. Als P. können z. B. Chlorophyll a, Hämatoporphyrin, Hypericin, Fagopyrin, Eosin, Riboflavin, Acridinorange, Methylenblau u. Psoralen wirken.

Photosynthese *w* [v. gr. *synthesis* = Zusammensetzung], die Synthese energiereicher organ. Verbindungen aus energiearmen anorgan. Molekülen mit Hilfe der in elektrochem. Potential transformierten Strahlungsenergie des Sonnenlichts (↗Licht, ↗Lichtfaktor, ↗Energieflußdiagramm, ☐). Ausgangssubstanzen der P. sind bei den *grünen Pflanzen* (s. u.) CO_2 und H_2O, aus denen unter Abgabe von O_2 Glucose bzw. polymere Glucose (= Stärke) aufgebaut wird. Die entspr. Summenformel der P. lautet:
$12\ H_2O + 6\ CO_2 \rightarrow C_6H_{12}O_6 + 6\ O_2\uparrow + 6\ H_2O$; $\Delta G^{\circ\prime} = -2880$ kJ/Mol Glucose. Die Stöchiometrie dieser Summenformel bestätigen Messungen des Gaswechsels photosynthet. aktiver Pflanzen, der i. d. R. einen *assimilatorischen Quotienten* (= Mol O_2 aufgenommen/Mol CO_2 abgegeben) von 1 aufweist. Die P. kann in die beiden Teilprozesse Lichtreaktion u. Dunkelreaktion untergliedert werden. Im Rahmen der *Lichtreaktion* wird H_2O unter Elektronenabgabe zu $1/2\ O_2$ und $2\ H^+$ gespalten *(Photolyse des Wassers).* Während O_2 nach außen abgegeben wird, werden die Elektronen durch Lichtabsorption in zwei sog. *Photosystemen* in ihrem Energieniveau angehoben u. über Elektronentransportketten $NADP^+$ zugeführt, das hierdurch zu $NADPH_2$ reduziert wird. Bei diesem *Elektronentransport* wird gleichzeitig Energie frei u. durch Bildung von ATP *(Photophosphorylierung)* chem. gebunden. In der *Dunkelreaktion* wird diese Energie dazu eingesetzt, um aus energiearmen anorgan. Molekülen (z. B. CO_2) energiereiche organ. Verbindungen zu synthetisieren, wobei gleichzeitig die Reduktionsäquivalente des $NADPH_2$ einfließen. Organismen, die über die P. Lichtenergie in chem. gebundene Energie umwandeln können, sind alle grünen Pflanzen (Samen- u. Farnpflanzen, Moose u. Algen), die ↗Cyanobakterien (☐) u. einige Bakteriengruppen (↗phototrophe Bakterien). Letztere betreiben allerdings eine sog. ↗*anoxygene P.,* da sie andere Substanzen als H_2O als Elektronendonoren verwenden u. daher nicht O_2 freisetzen. Die P. findet bei den grünen Pflanzen in speziellen Organellen, den ↗Chloroplasten (☐B), statt, wobei die verschiedenen Prozesse der Lichtreaktion in bzw. an den ↗Thylakoidmembranen, die der Dunkelreaktion dagegen im Stroma ablaufen.

Lichtreaktion: Die ↗*Absorption der Lichtquanten* erfolgt durch verschiedene *P. pigmente,* die – meist an Proteine gebunden – in die Thylakoidmembranen eingelagert sind. Alle P. pigmente verfügen über jeweils charakterist. ↗Absorptionsspektren (☐). Hauptpigment der P. ist, außer bei den ↗Bakterien, die sog. ↗Bakteriochlorophylle (☐) besitzen, das Chlorophyll a (↗Chlorophylle, ☐); daneben sind ↗Carotinoide, Chlorophyll b oder c und bei ↗Rotalgen u. ↗Cyanobakterien Phycobiline (↗Phycobiliproteine) vertreten. Die Absorption eines Lichtquants bewirkt, daß ein Elektron des betreffenden Chlorophyllmoleküls aus einem energiearmen Grundzustand in einen energiereichen Zustand (= Anregungszustand, da weiter außen gelegene Elektronenbahn) übergeht, aus dem es leicht abgegeben werden kann. Nach Abgabe des energiereichen Elek-

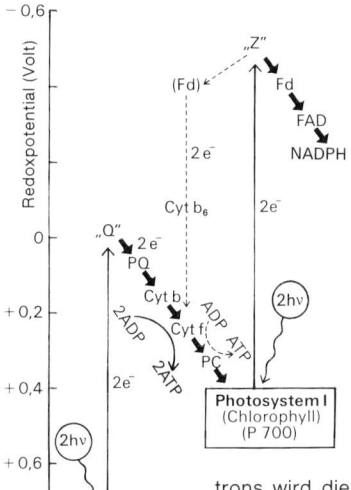

Photosynthese

Elektronentransport und *Photophosphorylierung* in der aeroben Photosynthese. Die gestrichelten Linien zeigen den möglichen *zyklischen Elektronentransport,* bei dem nur ATP gebildet wird.
(PQ = Plastochinon, Cyt b, Cyt f = Cytochrome b, f; PC = Plastocyanin, Fd = Ferredoxin, „Q" und „Z" sind unbekannt.)

trons wird die Elektronenlücke durch ein aus der Photolyse des H_2O stammendes Elektron aufgefüllt, wodurch das Chlorophyllmolekül in den Grundzustand zurückkehrt; d. h., nicht angeregtes Chlorophyll kann ein Elektron v. einem Donor mit relativ niedrigem Energiepotential aufnehmen, aber nach Anregung an einen Akzeptor mit hohem Energiepotential abgeben. Primärer Elektronendonor mit niedrigem Energiepotential ist H_2O, Endakzeptor mit hohem Energiepotential $NADP^+$. Zwischengeschaltet sind verschiedene Redoxsysteme, über die das entspr. Elektron transportiert wird. Die Lichtabsorption durch Chlorophyll u. die damit verbundene Anhebung im Energieniveau erfolgen im Rahmen des Elektronentransports 2mal (B 379: Lichtreaktion II und I) in 2 verschiedenen Photosystemen *(Photosystem II* und *Photosystem I,* Benennung nach der Reihenfolge der Entdeckung); daraus ergibt sich für den Elektronentransport im

PHOTOSYNTHESE I

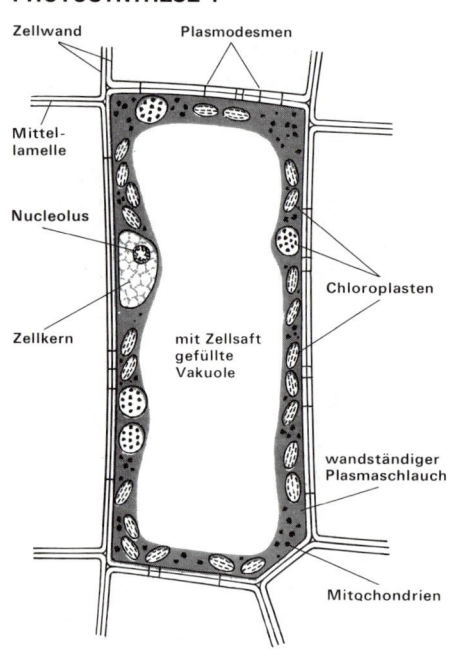

Die Vorgänge der Photosynthese spielen sich in speziellen Zellorganellen, den Chloroplasten, ab.

Die wichtigsten Strukturelemente der Chloroplasten sind in sich geschlossene Doppelmembranen, die *Thylakoide*. In den Thylakoidmembranen sind die Photosynthesepigmente (Chlorophylle, Carotinoide) lokalisiert. Die Absorption von Lichtquanten erfolgt also nur in den Membranen. Die membranfreie Matrix der Chloroplasten enthält die Enzyme für die Synthese von Kohlenhydraten aus CO_2.

Abb. links: lichtmikroskopisches Modell einer Zelle (Längsschnitt) aus dem Assimilationsparenchym eines Blatts von *Vallisneria spiralis* (Froschbißgewächs). Abb. unten: Ultradünnschnitt durch einen Chloroplasten von *Antirrhinum majus* (Löwenmaul).

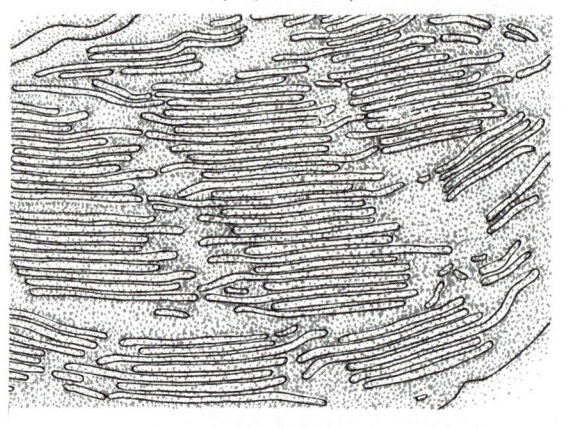

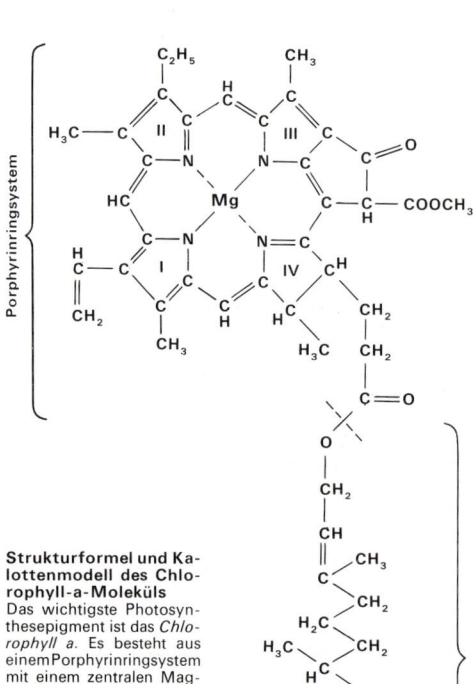

Strukturformel und Kalottenmodell des Chlorophyll-a-Moleküls

Das wichtigste Photosynthesepigment ist das *Chlorophyll a*. Es besteht aus einem Porphyrinringsystem mit einem zentralen Magnesiumatom und einem kettenförmigen Phytolrest. Das System der konjugierten Doppelbindungen im Ringsystem ermöglicht die Absorption von Lichtquanten. Die Chlorophyllmoleküle sind in den Chloroplasten an Proteine der sogenannten *Thylakoidmembranen* gebunden, in denen auch die anderen Glieder des Photosynthesesystems verankert sind.

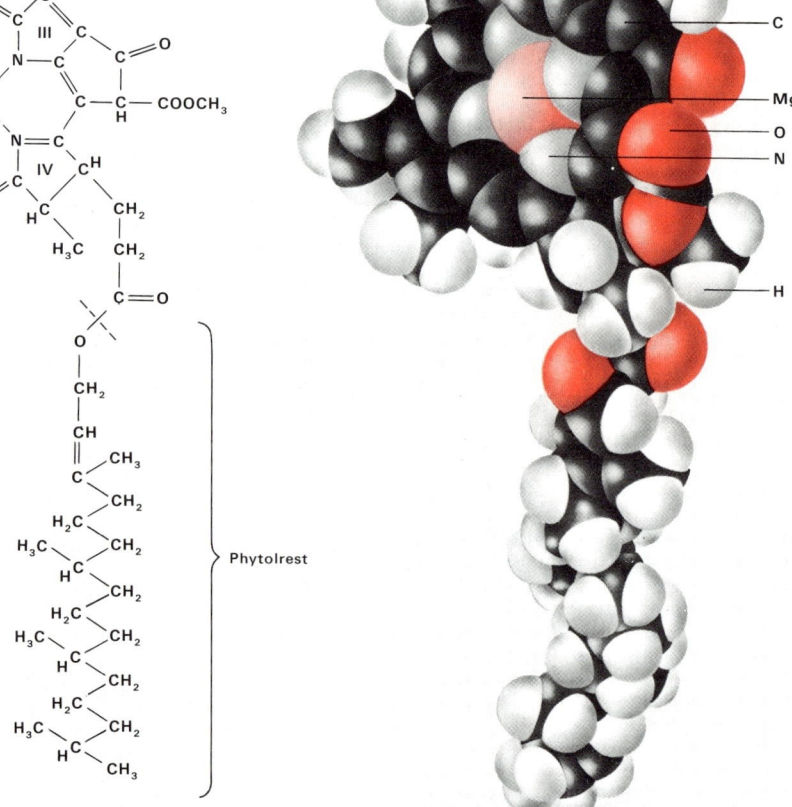

PHOTOSYNTHESE II

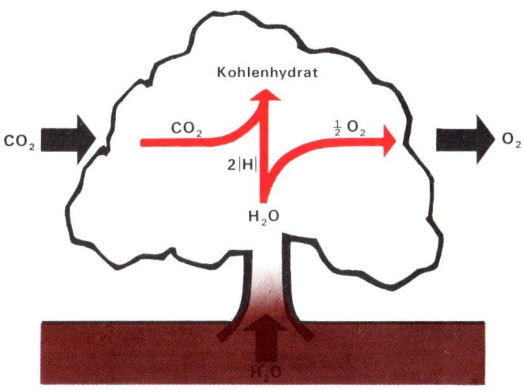

Bei der Lichtreaktion wird die Energie der Lichtquanten in Form von NADPH$_2$ und ATP aufgefangen (Abb. unten). Die in Serie geschalteten Lichtreaktionen II und I laufen an Chlorophyll-a-Molekülen ab, die in den Reaktionszentren lokalisiert sind. Die Lichtenergie gelangt zu den Reaktionszentren und kann dort für die Anregung der Chlorophyll-a-Moleküle verbraucht werden. Alle Elektronen werden auf ihrem Weg vom H$_2$O zum NADPH$_2$ zweimal durch die Energie eines vom Chlorophyll a absorbierten Lichtquants energetisch angehoben. Ihre Energie wird unterwegs für die Synthese von ATP verwendet, und schließlich dient das noch immer „energiereiche" Elektron zur Bildung von NADPH$_2$.

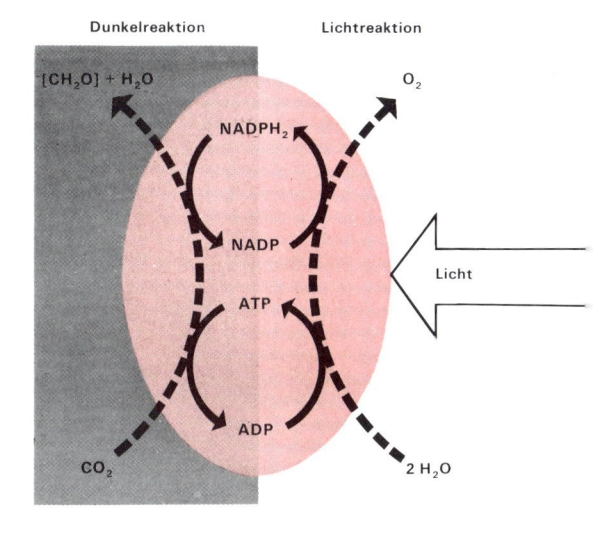

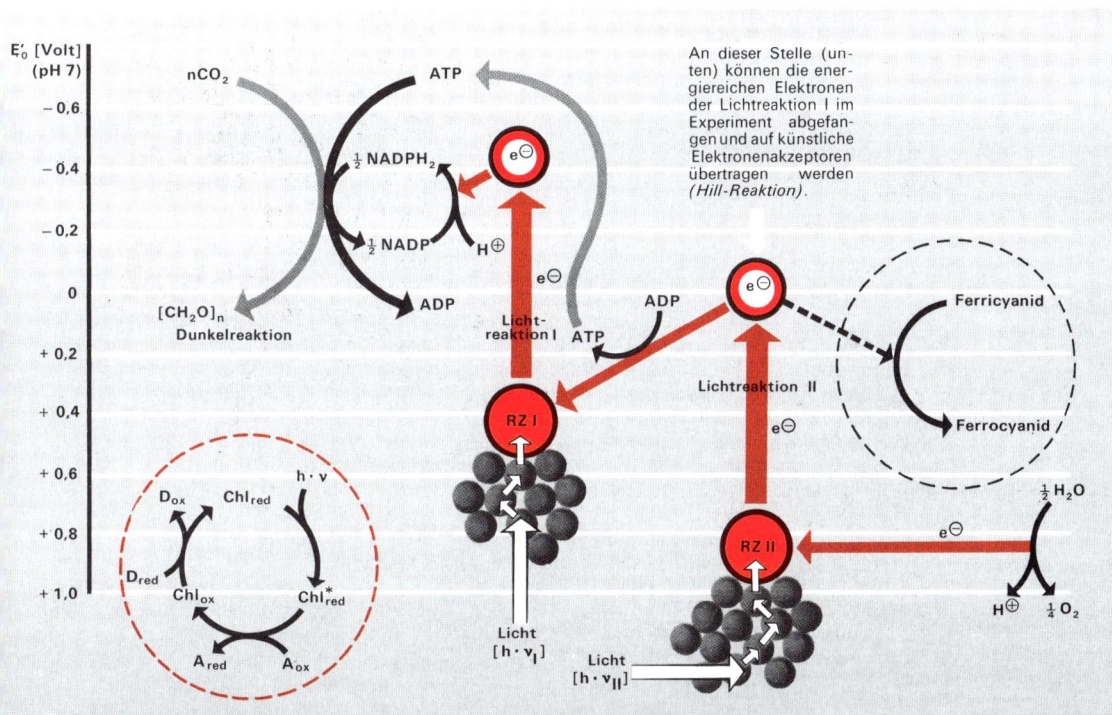

Die Photosynthese ist der wichtigste biosynthetische Prozeß. Nicht nur das Leben der grünen Pflanzen, sondern auch die Existenz aller heterotrophen Organismen hängt davon ab, daß im Rahmen der Photosynthese energiereiche organische Verbindungen und Sauerstoff durch die autotrophen Pflanzen erzeugt werden.

In den *Chloroplasten* wird das Sonnenlicht durch Pigmente absorbiert. Die Energie der Lichtquanten setzt aktiven (d. h. energiereichen) Wasserstoff aus Wasser frei *(Wasserspaltung)*. Dabei wird O$_2$ als »Abfallprodukt« erzeugt (Abb. oben). Dieser erste Abschnitt der Photosynthese heißt *Lichtreaktion*. Der aktive Wasserstoff dient in der sich anschließenden *Dunkelreaktion* zur Reduktion von CO$_2$ auf die Reduktionsstufe der Kohlenhydrate.

Summenformel der Lichtreaktion
2 NADP + 2 ADP + 2 P + 2 H$_2$O →
2 NADPH$_2$ + 2 ATP + O$_2$

Summenformel der Dunkelreaktion
CO$_2$ + 2 NADPH$_2$ + 2 ATP →
(CH$_2$O) + H$_2$O + 2 NADP + 2 ADP + 2 P

An dieser Stelle (unten) können die energiereichen Elektronen der Lichtreaktion I im Experiment abgefangen und auf künstliche Elektronenakzeptoren übertragen werden *(Hill-Reaktion)*.

Das Chlorophyll des Reaktionszentrums (RZ) macht einen Kreislauf: Das angeregte Molekül (Chl*$_{red}$) gibt ein energiereiches Elektron an einen Akzeptor A (z. B. „Q") ab und wird anschließend wieder durch einen Elektronendonator D (z. B. H$_2$O) reduziert.

© FOCUS/HERDER
11-G:3

Photosynthese

Photosynthese

Experimente, mit deren Hilfe der Ablauf der P. aufgeklärt werden konnte:

Die Summenformel der P. eines Kohlenhydrats war schon im letzten Jh. bekannt; Einzelschritte der P. werden bes. seit ca. 1940 aufgeklärt.

Der Calvin-Zyklus wurde durch Einsatz von radioaktiv markiertem CO_2 aufgeklärt ([T] Biochemie).

Daß der bei der P. freiwerdende O_2 aus der Photolyse des H_2O u. nicht, wie früher angenommen, aus dem CO_2 stammt, konnte ebenfalls durch Einsatz radioaktiver Isotope gezeigt werden: Pflanzen, die in mit $H_2^{18}O$ angereichertem Wasser gezogen werden, geben $^{18}O_2$ nach außen ab.

Isolierte ↗Chloroplasten (☐) können in vitro den P.prozeß durchführen, sind also die P.organelle der Pflanzenzelle.

Daß die Pigmente der Chloroplasten an der P. beteiligt sind, belegt die Übereinstimmung ihrer Absorptionsspektren mit dem Wirkungsspektrum der P. (= Abhängigkeit der Quantenwirksamkeit v. der Wellenlänge des eingestrahlten Lichts).

Lichtquanten, die bei 700 nm Wellenlänge absorbiert werden, bewirken nur dann eine hohe P.ausbeute, wenn gleichzeitig Licht der Wellenlänge um 650 nm und 720 nm zugeführt wird (↗ Emerson-Effekt); diese Erscheinung weist auf die Existenz von 2 Photosystemen hin.

Die ↗Hill-Reaktion (Reduktion v. Ferricyanid zu Ferrocyanid, wie heute bekannt v. Photosystem II durchgeführt) zeigt ebenfalls, daß der freiwerdende O_2 aus der Photolyse des Wassers stammt, v. a. aber, daß der wesentl. Teil der Lichtreaktion ein Elektronentransport ist.

Die spezif. Anregung v. Photosystem II bewirkt die Reduktion v. ↗Cytochrom, die v. Photosystem I die Oxidation v. Cytochrom, was nahelegt, daß die beiden Photosysteme über Redoxsysteme gekoppelt sind.

Die Reaktionszentren v. Photosystem II u. Photosystem I konnten mit Hilfe der Blitzlichtspektroskopie, der Messung v. Absorptionsänderungen, die ein kurzer Lichtblitz auslöst, identifiziert werden.

Energiediagramm ein sog. Zickzack-Schema. Der *Elektronentransport* erfolgt im Detail folgendermaßen (☐ 377): Photosystem II – noch nicht angeregt, aber aufgrund einer vorhergehenden Anregung defizient für ein Elektron, d. h. oxidiert – akzeptiert über ein assoziiertes H_2O-spaltendes System [Mn^{2+}-haltiges Enzym (↗Mangan) u. weitere, z. T. wenig charakterisierte Komponenten] ein aus der Photolyse des H_2O stammendes Elektron. Nach Anregung durch ein Lichtquant erreicht das Photosystem II ein Redoxpotential von ca. 0 Volt u. gibt über eine Kaskade hintereinandergeschalteter Redoxsysteme (☐ 377) ein Elektron an das Photosystem I ab (Redoxpotential im nicht angeregten Zustand +0,46 Volt). Durch anschließende Anregung wird nun Photosystem I im Energieniveau angehoben (Redoxpotential im angeregten Zustand –0,44 Volt) u. reduziert durch Übertragung des angeregten Elektrons $NADP^+$ zu $NADPH_2$. Zw. Photosystem II und Photosystem I ist die Redoxkette „Q" (nicht identifiziert) → Plastochinon (evtl. besitzen mehrere Redoxketten gemeinsamen Plastochinon-Pool) → Cytochrom b → Cytochrom f → Plastocyanin eingeschaltet; zw. Photosystem I und Endakzeptor $NADP^+$ liegen die Redoxsysteme „Z" (nicht identifiziert) u. Ferredoxine. Um ein Elektron zu transportieren, müssen also 2 Lichtquanten (eines von Photosystem II u. eines von Photosystem I) absorbiert werden. Daraus ergibt sich nach der formalen Gleichung $2 H_2O \rightarrow O_2 + 4 H^+ + 4 e^-$ ein *Quantenbedarf* (Anzahl v. Lichtquanten, die zur Bildung eines Moleküls O_2 nötig ist) von 8. Beim „Abfallen" der Elektronen vom Energieniveau des angeregten Photosystems II auf das Energieniveau des nicht angeregten Photosystems I wird Energie frei u. zur Bildung von ATP aus ADP + P genutzt (*Photophosphorylierung*, ☐ Adenosintriphosphat). Neben diesem irreversiblen Elektronentransport auf $NADP^+$ existiert die Möglichkeit eines zykl. *Elektronentransports* (☐ 377), wenn Ferredoxin nicht $NADP^+$ reduziert, sondern sein Elektron zurück in die intermediäre Redoxkette geleitet wird. Dieser zyklische Transport erfolgt, wenn bei CO_2-Mangel ein $NADPH_2$-Stau auftritt, u. ermöglicht ebenfalls die Bildung von ATP (*zyklische Photophosphorylierung*). Der molekulare Mechanismus der Photophosphorylierung besteht wahrschl. in der chemiosmot. Koppelung v. Elektronentransport u. Phosphorylierung, analog der ATP-Bildung in der ↗Atmungskette (Mitchell-Hypothese). Die Redoxenergie wird in einen elektrochem. Protonengradienten umgesetzt, dieser seinerseits in Phosphatgruppen-Transferpotential (↗Gruppenübertragung). Dieser Mechanismus hat zur Vorstellung einer funktionellen Ausrichtung der beiden Photosysteme in der Thylakoidmembran geführt. Eine wirklich strukturell zusammenhängende Elektronentransportkette konnte jedoch bisher nicht nachgewiesen werden. Ergebnisse der Gefrierbruch- u. Gefrierätz-Elektronenmikroskopie weisen eher auf eine ungleichmäßige Verteilung der beiden Photosysteme in der Thylakoidmembran hin, was mit der Hypothese einer lateralen Elektronenvermittlung zw. den beiden Systemen in Einklang steht.

Dunkelreaktion: Die energiereichen Produkte der Lichtreaktion, ATP u. $NADPH_2$, stehen für endergonische Reaktionen im Stroma der Chloroplasten zur Verfügung, die somit nur mittelbar lichtabhängig sind u. deshalb als Dunkelreaktion der P. bezeichnet werden. Je nach Entwicklungsstadium der Chloroplasten werden verschiedene P.produkte synthetisiert; im reifen Chloroplasten sind die mengenmäßig wichtigsten die ↗Kohlenhydrate ([B]) (daher die klass. Formulierung der Summenformel, S. 377). Die Fixierung u. Reduzierung von CO_2 zu Kohlenhydraten (↗Kohlendioxidfixierung, ↗Kohlendioxidassimilation) vollzieht sich nach dem Mechanismus des ↗*Calvin-Zyklus* (☐). CO_2 wird an Ribulose-1,5-diphosphat fixiert, das in 2 Moleküle 3-Phosphoglycerat zerfällt; diese werden zu Glycerinaldehyd-3-phosphat (Triose-Phosphat) reduziert. Verschiedene Zwischenprodukte des Calvin-Zyklus gehen in die Synthese verschiedener P.produkte ein. Polysaccharide u. Aminosäuren können im Chloroplasten selbst synthetisiert werden. Dabei ist Fructose-6-phosphat das Ausgangsmolekül für die Stärke-Synthese, Phosphoenolpyruvat für die der Aminosäuren (die dazu erforderl. ↗Stickstoffassimilation ist ebenfalls P.energie-abhängig). Triose-Phosphate (nicht Hexosen, wie fr. angenommen) sind die Transportmetabolite des Calvin-Zyklus ins Cytoplasma, wo Glucose u. Saccharose synthetisiert werden. Ribulose-1,5-diphosphat-Carboxylase, das Schlüsselenzym des Calvin-Zyklus, zeigt auch Oxygenase-Aktivität, so daß sich in Anwesenheit von O_2 aus Ribulose-1,5-diphosphat auch Glykolat (↗Glykolsäure) bilden kann, das in den Zyklus der ↗Photorespiration eingeht. Die Photorespiration bringt eine Einbuße der Energieausbeute der P. mit sich: ↗Brutto-P. − Photorespiration = Netto-P. Ihre physiolog. Rolle ist ungeklärt; evtl. mußte sie mit steigender O_2-Konzentration der Atmosphäre „in Kauf genommen werden".

Bedeutung der P.: Die P. ist der grundlegende bioenerget.-synthet. Prozeß, von dem − mit Ausnahme der chemoautotrophen Bakterien (↗Chemolithotrophie, ↗Schwefelreduzierer) − alles ↗Leben auf der Erde abhängt. Nur durch die P. kann die Strahlungsenergie des Sonnenlichts in chem. gebundene Energie umgewandelt werden. Die P. liefert die energiereichen Substrate sowohl für den Stoffwechsel der photoautotrophen Organismen selbst (↗Autotrophie) als auch aller heterotrophen Lebewesen (↗Heterotrophie) u. stellt gleichzeitig O_2 für die ↗Dissimilation (B) dieser Substrate bereit. Im Lauf der Evolution hat der P.apparat folgende Entwicklung erfahren: Als ursprünglicheres System wird das Photosystem I angenommen, mit dessen Hilfe für autotrophes Leben Elektronendonoren mit relativ niedrigem Redoxpotential genutzt werden können. Mit der Evolution des Photosystems II wurde später das universell vorhandene H_2O als Elektronendonor nutzbar u. damit die Produktion v. molekularem O_2 möglich, was wiederum die Grundlage zur Entwicklung aerober Organismen (↗Aerobier) bildete. Der P.apparat der heutigen Pflanzen ist ihren äußeren u. inneren Bedingungen angepaßt u. mehrfach, v. a. bezügl. Lichtausnutzung und CO_2-Fixierung, optimiert worden. Z. B. liegt bei *Starklichtpflanzen* (od. auch in den ↗Lichtblättern einer Pflanze) die P.intensität bei ↗Lichtsättigung höher als bei *Schwachlichtpflanzen* (od. Schattenblättern), während letztere z. B. durch morpholog. Anpassung ihren ↗Lichtkompensationspunkt u. maximale P.leistung schon bei niedrigerer Lichtintensität als die Starklichtpflanzen erreichen. Für Pflanzen, die an Standorten mit hohem Lichtangebot wachsen, wird die CO_2-Konzentration der Luft zum limitierenden Faktor der P. Hier ermöglichen bes. Mechanismen der CO_2-Fixierung eine Steigerung der P.intensität: Im ↗Assimilationsgewebe von sog. *C_4-Pflanzen* liegen um die Leitbündel Scheidenzellen, die wie-

Photosynthese
Messungen der *Quantenausbeute* (je Lichtquant erbrachte photosynthet. Leistung) der P. zeigen, daß zur Lichtabsorption verschiedene Pigment-Protein-Komplexe zusammenarbeiten: In einem sog. *Licht-Sammel-Komplex* (engl. light harvesting complex = LHC) liegen photochemisch aktive Chlorophyll-Protein-Komplexe („*Reaktionszentrum*", ca. 1% der Chlorophyllmoleküle) u. photochemisch inaktive, aber absorbierende Pigmente (↗„*Antennenpigmente*", restl. Chlorophyll u. Carotinoide) dicht gepackt nebeneinander. Über die Antennenpigmente wird die Energie jedes im Bereich des LHC absorbierten Lichtquants dem Reaktionszentrum zugeleitet. Dies ist u. a. durch den energetisch niedrigeren Anregungszustand des reaktiven Chlorophylls gegenüber dem höheren Anregungszustand der Antennenpigmente möglich. Als Reaktionszentrum des *Photosystems I* wurde das Chlorophyll a_I od. P700 (= Pigment 700, mit Hauptabsorption bei der Wellenlänge 700 nm) identifiziert; Reaktionszentrum v. *Photosystem II* ist das Chlorophyll a_{II} od. P680 (= Pigment 680, mit Hauptabsorption bei der Wellenlänge 680 nm).
☐ Cyanobakterien.

photo- [v. gr. phõs, Gen. phõtos = Licht].

derum v. Mesophyllzellen umgeben sind. In den Chloroplasten der Mesophyllzellen wird CO_2 in C_4-Dicarbonsäuren eingebaut (daher die Bez. C_4-Pflanzen im Ggs. zu den nur nach dem Calvin-Zyklus arbeitenden *C_3-Pflanzen*, bei denen das primäre Produkt der CO_2-Assimilation eine C_3-Säure, 3-Phosphoglycerinsäure, ist), welche anschließend in die Chloroplasten der Scheidenzellen transportiert werden, wo durch Decarboxylierung CO_2 wieder freigesetzt u. dem Calvin-Zyklus zugeführt wird (↗*Hatch-Slack-Zyklus* = C_4-Dicarboxylat-Zyklus). Wie effizient dieser Mechanismus ist, zeigen die bes. niedrige *CO_2-Kompensationskonzentration* (= CO_2-Konzentration des Gleichgewichts zw. P. und Atmung, ↗Kompensationspunkt) von C_4-Pflanzen gegenüber C_3-Pflanzen sowie die bes. hohe photosynthet. Stoffproduktion, die z. B. Mais od. Zuckerrohr erreichen. Auch Pflanzen arider Standorte profitieren vom C_4-Dicarboxylatzyklus, denn die effektivere CO_2-Fixierung erlaubt ein schnelleres Schließen der Stomata u. somit geringeren Wasserverlust, als dies C_3-Pflanzen möglich ist. Nicht eine räuml., sondern eine zeitl. Trennung von CO_2-Fixierung u. -Reduzierung nutzen die *CAM-Pflanzen* (CAM = *C*rassulacean *a*cid *m*etabolism), ebenfalls Pflanzen arider Standorte (viele Sukkulenten), die nachts, wenn bei Stomata-Öffnung kein Wasserverlust droht, CO_2 an Säuren fixieren, das dann tags bei geschlossenen Stomata in den Calvin-Zyklus eingeschleust wird (↗diurnaler Säurerhythmus). ↗Kohlendioxid, ↗Kohlenstoffkreislauf (B), ↗Sauerstoff, T Ernährung. B 378–379.   *D. W.*

Photosynthesezyklus, der ↗Calvin-Zyklus.

Photosysteme, allg. biolog. Systeme, durch welche die Umwandlung v. Lichtenergie in andere Energieformen (z. B. ↗Photosynthese, Reparatur v. UV-Schäden) oder in Signale zur Auslösung bestimmter Differenzierungsvorgänge (z. B. ↗Phytochrom-System) bewirkt wird. Bei der Photosynthese existieren P. I und P. II nebeneinander; sie unterscheiden sich durch verschiedene Akzeptoren für die durch Licht erzeugten aktivierten Elektronen.

Phototaxis w [Bw. *phototaktisch;* v. gr. taxis = Anordnung], *Phototaxie,* durch Licht bewirkte, gerichtete ortsverändernde Bewegung freibewegl. Organismen. Man unterscheidet die Phobo-P. und Topo-P. *Phobo-P.* liegt vor, wenn Organismen bei einem plötzl. Wechsel der Strahlungs-*Intensität* ihre Bewegungsrichtung ändern, die in keiner Beziehung zur Strahlungs-Richtung steht. Die meist ziemlich abrupte Richtungsänderung wird *Schreck-(Phobo-)Reaktion* genannt (↗Phobotaxis). *Topo-P.* liegt vor, wenn die Bewegung der Organismen durch die Strahlungs-*Richtung* bestimmt wird. Bei *positiver P.*

phototrophe Bakterien

phototrophe Bakterien

Photosynthesegleichungen des Schwefelpurpurbakteriums *Chromatium*:

$$CO_2 + 2H_2S \xrightarrow{Licht} <CH_2O> + H_2O + 2S$$
Zellsubstanz

$$2CO_2 + H_2S + 2H_2O \xrightarrow{Licht} 2<CH_2O> + H_2SO_4$$

bewegt sich der Organismus auf die Lichtquelle zu, bei *negativer P.* von ihr weg. – P. kommt v. a. bei Purpurbakterien, Geißeltierchen u. Algen vor. Bes. eingehend untersucht wurde die P. beim „Augentierchen" *Euglena*, einer Geißelalge (☐ Euglenophyceae). ↗Taxien.

phototrophe Bakterien [Mz.; v. gr. trophē = Ernährung], physiol. Gruppe gramnegativer ↗Bakterien, die Licht in einer ↗anoxygenen Photosynthese als Energiequelle zum Wachstum nutzen. Sie besitzen nur Photosystem I (↗Photosynthese) u. können daher, im Ggs. zu grünen Pflanzen u. ↗Cyanobakterien, Wasser nicht als Wasserstoffdonor verwerten, sondern sind auf stärker reduzierte Verbindungen (z. B. H_2S, H_2 oder einfache organ. Stoffe) angewiesen; folgl. wird kein O_2 entwickelt. P. B. sind typische Wasserbakterien in Süß-, Brack- u. Salzwasser sowie feuchten Böden u. überfluteten Feldern; bewegl. oder unbewegl., grün, gelbl., braun oder rötl. (purpur) gefärbt; viele enthalten ↗Gasvakuolen (z. B. *Lamprocystis, Thiodictyon, Pelodictyon, Ancalochloris*). Bei einigen Gruppen, bes. unter Bedingungen, wo Licht einfällt u. organ. Stoffe unter sauerstofffreien od. -limitierten Bedingungen abgebaut werden, kann eine grünl. oder rötl. ↗„Wasserblüte" auftreten. Schwefelverwertende p. B. leben oft in enger Stoffwechselgemeinschaft mit chemoorganotrophen Sulfat- u. Schwefelreduzierern (↗Consortium). Große Bedeutung haben p. B. in der ↗Kohlendioxidassimilation unterhalb der Oberfläche meromiktischer Seen (20–85% der Gesamt-Tagesproduktion) als Nahrungsquelle für Zooplankton u. zur gleichzeitigen Beseitigung des tox. Schwefelwasserstoffs aus dem Faulschlamm. Nach Pigmentzusammensetzung, morpholog. und physiolog. Merkmalen werden 2 Gruppen, die *grünen Bakterien* u. die *Purpurbakterien*, mit je 2 Fam. unterschieden (vgl. Tab.). Es lassen sich verschiedene Zellformen: Kokken, lange u. kurze Stäbchen, Spirillen, netz- u. plattenförmige Aggregate sowie Consortien (↗Purpurbakterien); die Größe beträgt 1–2 µm bis 3,5 × 50 µm. Typische Pigmente des phototrophen Stoffwechsels sind ↗Bakteriochlorophylle (☐) u. bestimmte ↗Carotinoide. Die Pigmente sind bei den Purpurbakterien hpts. an ↗intracytoplasmatischen Membranen (Thylakoide, Chromatophoren) verschiedener Form lokalisiert, bei den grünen Bakterien das Reaktionszentrum des phototrophen Energiegewinns in der Cytoplasmamembran u. die ↗Antennenpigmente auf bes. Proteinstrukturen, den ↗Chlorosomen. Es gibt auch p. B. ohne ausgeprägte innere Membranen u. ohne Chlorosomen, z. B. *Heliobacterium*. Die ↗grünen Schwefelbakterien u. die Schwefelpurpurbakterien verwenden in der Photosynthese vorwiegend reduzierte Schwefelverbindungen (H_2S, S^o, $S_2O_3^{2-}$) zur Bildung v. Reduktionsäquivalenten (NADH). Die schwefelfreien Purpurbakterien benötigen i. d. R. organische Substrate (Säuren, Zucker) für Reduktionen u. als Kohlenstoffquelle. Sie können aber auch, wie die Vertreter der beiden anderen Fam., mit Wasserstoff u. Kohlendioxid photolithoautotroph (↗Photolithotrophie) wachsen. Viele benötigen aber den Zusatz v. Vitaminen. Die Kohlendioxidassimilation wird v. den Purpurbakterien im ↗Calvin-Zyklus, v. den grünen Schwefelbakterien im ↗reduktiven Citratzyklus durchgeführt. Während alle grünen u. purpurfarbenen Schwefelbakterien einen obligaten (anaeroben) phototrophen Stoffwechsel besitzen, können einige Arten der schwefelfreien Purpurbakterien u. der glei-

---

Elektronentransport und zyklische Photophosphorylierung bei phototrophen Bakterien

Der Photosyntheseapparat der Bakterien enthält ↗Carotinoide, ↗Bakteriochlorophylle (☐) u. einige Redoxkomponenten als Elektronen- bzw. Wasserstoffüberträger. Der größte Teil der photosynthetischen Pigmente, die Antennenpigmente (Carotinoide, B-Bakteriochlorophyll), absorbiert das Licht u. leitet die Anregungsenergie auf das aktive Zentrum (Reaktionszentrum Bakteriochlorophyll, P 870). Das aktive Zentrum ist auch ein Bakteriochlorophyll (a), das ein Elektron von hohem Reduktionspotential frei machen u. damit einen geeigneten Akzeptor (X), wahrscheinlich ein Ubichinon-FeS-Protein, reduzieren kann. Das Elektronenloch im aktiven Zentrum wird durch ein Elektron v. einem Cytochrom c_2 wieder aufgefüllt. Vom reduzierten X mit hohem Reduktionspotential (d. h. sehr großem Gehalt an freier Energie) fließen die Elektronen dann über Ubichinon u. Cytochrom b auf das oxidierte Cytochrom c_2 zurück. Es liegt somit ein *zyklischer Elektronentransport* vor, der durch das Licht kontinuierl. angetrieben wird. Während des Abfalls der Elektronen auf die Stufe des Cytochroms c_2, abwechselnd über Elektronen- u. Wasserstoffüberträger, werden Protonen aus dem Cytoplasma in die Kette aufgenommen u. in den Innenraum der Vesikel abgegeben, so daß ein Protonengradient über der Thylakoidmembran entsteht (ähnlich wie bei der ↗Atmungskette). Der Protonengradient dient direkt als Energiequelle (z. B. für Geißelbewegung, einige Substrataufnahmen) od. wird zur ATP-Bildung über das ATPase-System (ATP-Synthetase) genutzt. Dieser ATP-Gewinn wird als *zyklische ↗Photophosphorylierung* bezeichnet, da er an einen zyklisch verlaufenden Elektronentransport gekoppelt ist (Photosystem I). Die Bildung v. Reduktionsäquivalenten (NADH) zur Reduktion v. Kohlendioxid im phototrophen Stoffwechsel ist noch nicht genau bekannt. Es ist möglich, daß NADH, zumindest bei den ↗grünen Schwefelbakterien, auch in einer direkten Lichtreaktion gebildet wird. Reduzierte Schwefelverbindungen od. Wasserstoff würden in diesem Fall die Elektronen zur Reduktion von NAD^+ bereitstellen. Bei der NADH-Bildung wäre somit ein nicht-zyklischer, also ein offenkettiger Elektronentransport beteiligt (durch gestrichelte Linien markiert), an dem aber keine ATP-Bildung stattfindet. Es gibt einige Hinweise, daß zumindest bei den *Rhodospirillaceae*, die eine Atmungskette besitzen, Reduktionskraft (NADH) anaerob auch durch einen rückläufigen Elektronentransport an der Atmungskette gebildet werden kann (wie bei ↗nitrifizierenden Bakterien). Licht würde bei diesem Syntheseweg nur noch die notwendige Energie (ATP) liefern.

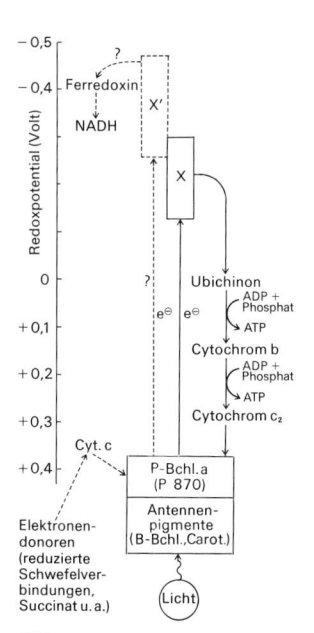

phototrophe Bakterien
Taxonomische Unterteilung*:
U.-Kl. *Anoxybacteria*
Ord. *Rhodospirillales*
I. U.-Ord. *Rhodospirillineae* (↗Purpurbakterien)
 1. Fam. *Rhodospirillaceae* (*Athiorhodaceae*, schwefelfreie Purpurbakterien)
 2. Fam. *Chromatiaceae* (*Thiorhodaceae*, Schwefelpurpurbakterien)
II. U.-Ord. *Chlorobiineae* (grüne Bakterien)
 1. Fam. *Chlorobiaceae* (↗grüne Schwefelbakterien)
 2. Fam. *Chloroflexaceae* (gleitende grüne Bakterien)

* Neuere molekulare Untersuchungen haben zu einer neuen Unterteilung der p.n B. geführt (↗Purpurbakterien). Aus praktischen Gründen ist die obige Unterteilung aber noch üblich.

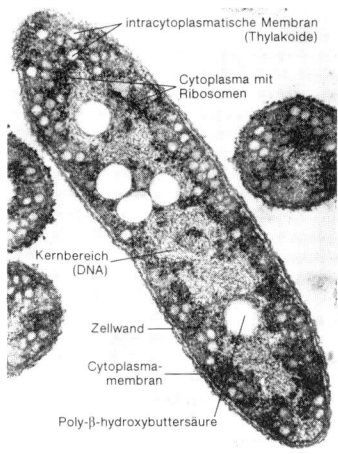

Elektronenmikroskop. Aufnahme (Dünnschnitt) einer Zelle v. *Rhodopseudomonas capsulata (Rhodobacter capsulatus)*. – Neben Poly-β-hydroxybuttersäure finden sich in den Zellen p.r B. noch Polysaccharide, Polyphosphate u. bei Schwefelpurpurbakterien auch Schwefeleinschlüsse (☐ Bakterien).

intracytoplasmatische Membran (Thylakoide)
Cytoplasma mit Ribosomen
Kernbereich (DNA)
Zellwand
Cytoplasmamembran
Poly-β-hydroxybuttersäure

tenden p.n B. fakultativ aerob im Dunkeln organ. Substrate veratmen u. wachsen; im Atmungsstoffwechsel wird kein Photosyntheseapparat ausgebildet. Wenige Arten vermögen zusätzl. im Dunkeln bei Fehlen v. Sauerstoff organ. Stoffe zu vergären. Die meisten p.n B. können anaerob im Licht molekularen Luftstickstoff fixieren. Bei einem Überschuß an Energie- u. Reduktionskraft u. einem Mangel an Stickstoffverbindungen (auch N_2) entsteht über das ↗Nitrogenase-System H_2, das zur ↗„photobiologischen Wasserstoffbildung" genutzt werden könnte. G. S.

Phototrophie w [Bw. *phototroph;* v. gr. trophē = Ernährung], Form des Energiegewinns (↗Ernährung, [T]), bei der elektromagnet. Strahlung (Licht) als Energiequelle genutzt u. in biochemisch gebundene Energie (ATP) umgewandelt wird (↗Photosynthese); bei grünen Pflanzen, *Prochlorales*, Cyanobakterien, phototrophen Bakterien u. Halobakterien. Nach der Art der Wasserstoffdonatoren wird zw. ↗Photolithotrophie u. ↗Photoorganotrophie unterschieden. Ist der Wasserstoffdonator Wasser, entsteht molekularer Sauerstoff (O_2). Dieser phototrophe Stoffwechsel v. grünen Pflanzen, Cyanobakterien u. *Prochlorales* kann als *oxygene* ↗*Photosynthese* bezeichnet werden. Phototrophe Bakterien haben im Ggs. dazu eine *anoxygene Photosynthese*, da sie Wasser nicht als Wasserstoffdonator nutzen können u. somit kein O_2 im Lichtstoffwechsel entsteht.

Phototropismus m [v. gr. tropos = Wende], *Heliotropismus*, zur Richtung des Lichtes orientierte Krümmung v. Pflanzenorganen od. -zellen durch differentielles

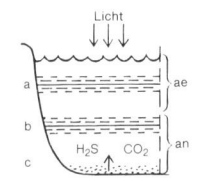

phototrophe Bakterien
Verteilung p.r B. (Schwefelpurpurbakterien) in einem See. a) oxygene Phototrophe (Algen, Cyanobakterien); b) anoxygene Phototrophe (Schwefelpurpurbakterien, grüne Schwefelbakterien); c) Sediment mit chemoorganotrophen Gärern (Faulschlammbakterien). ae = aerobe Zone mit gelöstem O_2; an = anaerobe Zone ohne gelösten O_2, aber mit gelöstem Schwefelwasserstoff (H_2S) und CO_2 aus dem Faulschlamm

phragm- [v. gr. phragma, Gen. phragmatos = Zaun, Verhau, Trennwand; davon phragmitēs = dünnes Rohr, an Zäunen wachsend, als Zaun dienend].

Phototropismus
1 Phototrop. Wachstumsreaktion einer zweikeimblättrigen Pflanze: Die Wirkung der einfallenden Lichtstrahlung auf die Wachstumsrichtung der Sprosse und Wurzeln läßt sich einfach mit folgendem Experiment demonstrieren: Eine junge Keimpflanze wird, durch einen Korken schwimmend gehalten, auf einer Nährlösung gezogen. Bei schräg einfallendem Licht richtet sich der Sproß in Richtung des einfallenden Lichts *(positive Reaktion)* aus, die Wurzel wächst in genau entgegengesetzter Richtung weiter *(negative Reaktion)*. 2 Phototrop. Reaktion der Sporangienträger des Jochpilzes ↗*Pilobolus* („Pillenwerfer"): Die Sporangienträger erheben sich bis zu 5 cm über das Substrat. Bei Sporenreife schwillt der obere Teil des Sporangienträgers unterhalb des Sporangiums an. Gleichzeitig krümmt sich dieser Teil des Sporangienträgers in Richtung des einfallenden Lichts (Wachstumsreaktion). Die angeschwollene Blase platzt ab und schleudert die Sporenmasse bis über 1 m in Richtung des einfallenden Lichts ab.

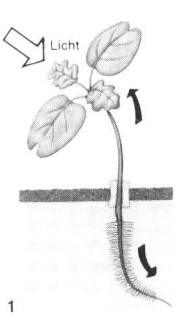

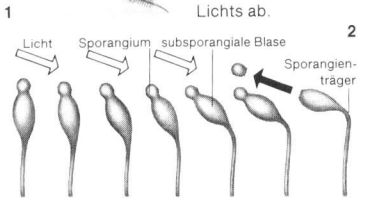

Wachstum od. durch Turgorreaktionen gegenüberliegender Organflanken. Sproßachsen zeigen meist einen *positiven P.* (Krümmung zur Lichtquelle hin), Wurzeln hingegen sind meist indifferent, zeigen aber ggf. einen *negativen P.* (Krümmung in entgegengesetzter Richtung). Blätter richten sich oft schräg od. senkrecht zum einfallenden Licht aus (*Transversal-* bzw. *Dia-P.*, z. B. bei ↗Kompaßpflanzen). Beim *Polarotropismus* erfolgt das Krümmungswachstum in der Ebene senkrecht zum elektr. Vektor linear polarisierten Lichtes. Als Photorezeptoren kommen vorwiegend Flavine in Frage, während Carotine möglicherweise als Schirmpigmente wirken. ↗Tropismen. [fisch], Elritze.

Phoxinus m [v. gr. phoxinos = ein Meer-

Phractolaemidae [Mz.; v. gr. phraktos = gepanzert, laima = Schlund], *Phractolaemiidae*, die ↗Schlammfische.

Phragmatopoma s [v. *phragm-*, gr. pōma = Deckel], Ringelwurm-(Polychaeten-) Gatt. der ↗*Sabellariidae* mit 8 Arten; bekannte Art *P. caudata*.

Phragmidium s [v. *phragm-*], Gatt. der ↗Rostpilze. [rohr.

Phragmites m [v. *phragm-*], das ↗Schilf-

Phragmitetea [Mz.; v. *phragm-], *Süßwasserröhrichte* u. *Großseggensümpfe*, Kl. der Pflanzenges. (vgl. Tab.), besiedeln Ufer v. Fließ- u. Stillgewässern u. Sümpfe in der ganzen Holarktis. Den Aspekt beherrschen hoch aufragende, herdenbildende Monokotylen (Schilf, Rohrkolben, Seggen, Igelkolben, Iris u. a.). Heute sind die P. durch Uferverbau, Schiffsverkehr u. Überdüngung gefährdet.

Phragmitetum communis *s* [v. *phragm-, lat. communis = gemein], ⌐ Phragmition.

Phragmition *s* [v. *phragm-], *Stillwasserröhrichte*, Verb. der ⌐ Phragmitetea; umfaßt Ges. im Verlandungsgürtel von Seen: das seewärts am weitesten vordringende Seebinsenröhricht *(Scirpetum lacustris)*, das zum Land hin anschließende Schilfröhricht *(Phragmitetum communis)* u. a.

Phragmobasidie *w* [v. *phragm-, gr. basis = Grund-], *Heterobasidie*, septierte ⌐ Basidie (Meiosporangium) der Ständerpilze *(Basidiomycetes);* die Septierung kann quer od. parallel zur Längsachse verlaufen (vgl. Abb.); die Wandbildung erfolgt unmittelbar nach der Meiose; es entstehen dabei 4, seltener mehr Zellen. Pilze mit P.n werden in einigen taxonom. Einteilungen als ⌐ Phragmobasidiomycetidae zusammengefaßt. Ggs.: ⌐ Holobasidie.

Phragmobasidiomycetidae [Mz.; v. *phragm-, gr. basis = Grund-, mykētes = Pilze], U.-Kl. der Ständerpilze *(Basidiomycetes)*, in der die Ord., deren Vertreter ⌐ Phragmobasidien ausbilden, zusammengefaßt werden (vgl. Tab.). Die *Tilletiales*, die fr. zu den P. gestellt wurden, besitzen Holobasidien, auch wenn z. T. Querwandbildungen eintreten können. – In neueren systemat. Einteilungen, in denen nicht die Basidienentwicklung, sondern die Basidienkeimung als wichtigeres taxonom. Merkmal dient, werden diese Ord. in der Großgruppe *Heterobasidiomycetes* (⌐ Heterobasidiomycetidae) eingeordnet.

Phragmocon *m* [v. *phragm-, gr. kōnos = Kegel], (Owen 1832), der gekammerte Teil eines Cephalopodengehäuses einschl. der ⌐ Anfangskammer und ausschl. der ⌐ Wohnkammer bzw. des ⌐ Proostrakums. ⌐ Luftkammer; □ Belemniten.

Phragmoplast *m* [v. *phragm-, gr. plastos = geformt], ⌐ Cytokinese.

Phragmosomen [Mz.; v. *phragm-, gr. sōma = Körper], Bez. für die mit Zellwandmaterial gefüllten Golgi-Vesikel, die in der späten Anaphase u. in der Telophase in den *Phragmoplasten* (⌐ Cytokinese) einwandern, sich in der Ebene des ehemaligen Spindeläquators anordnen u. dort zu einem flachen Membransack verschmelzen. Dabei bildet sich die Zellplatte als erste Wandanlage.

Phragmoteuthida [Mz.; v. *phragm-, gr. teuthis = Tintenfisch], (Jeletzky 1965), † Ord. der *Dibranchiata* (⌐ Coleoidea, Kopffüßer); Proostrakum dreiteilig u. viel kürzer als das kurzkammerige ⌐ Phragmocon; Kiefer ähnl. dem der rezenten *Teuthida;* Arme wahrscheinl. mit Häkchen versehen. Verbreitung: oberes Perm bis untere Trias, ?Lias.

Phreatoicidea [Mz.; v. gr. phrear, Gen. phreatos = Brunnen], U.-Ord. der ⌐ Asseln mit den Fam. *Amphisopidae, Phreatoicidae* u. *Nichollsiidae;* kleine Asseln (5 bis 10 mm, seltener bis 45 mm), die äußerl. wie Flohkrebse aussehen; leben im Süßwasser, in Sümpfen, einige im Grundwasser, wenige an feuchten Stellen auf dem Land in S-Afrika, Neuseeland, Austr. und Indien.

Phreatoicopsis *w* [v. gr. phrear = Brunnen, oikos = Haus, opsis = Aussehen], Strudelwurm-Gatt. der ⌐ *Temnocephalida;* P. terricola in Australien.

Phreodrilidae [Mz.; v. gr. phrear = Brunnen, drilos = Regenwurm], Ringelwurm-(Oligochaeten-)Fam. mit 4 Gatt., davon die wichtigste die namengebende *Phreodrilus;* dorsal Haar- od. einspitzige Hakenborsten, ventral ein- od. gabelspitzige Hakenborsten; Oesophagus ohne Kaumagen, Gonaden im 11. und 12. Segment; Fortpflanzung ausschl. geschlechtl.; im Meer u. im Süßwasser.

Phreoryctes *m* [v. gr. phreoryktēs = Brunnengräber], Synonym für die Gatt. *Haplotaxis,* ⌐ Haplotaxidae. [stermücken.

Phryneidae [Mz.; v. *phryn-], die ⌐ Fen-

Phrynichus *m* [v. *phryn-], Gatt. der ⌐ Geißelspinnen.

Phrynobatrachus *m* [v. *phryno-, gr. batrachos = Frosch], Gatt. der ⌐ Ranidae.

Phrynocephalus *m* [v. *phryno-, gr. kephalē = Kopf], die ⌐ Krötenkopfagamen.

Phrynohyas *w* [v. *phryn-, gr. Hyas = Hyade (Tochter des Riesen Atlas)], *Giftlaubfrösche*, Gatt. der ⌐ Laubfrösche; 5 mittelgroße bis große (bis 10 cm) Arten in trop. Regenwäldern S-Amerikas; sondern, wenn man sie anfaßt, milchigen, sehr gift. Schleim ab; am weitesten verbreitet ist P. venulosa.

Phrynomeridae [Mz.; v. *phryno-, gr. meros = Teil], *Wendehalsfrösche*, Fam. der Froschlurche, heute meist als U.-Fam. *Phrynomerinae* der ⌐ Engmaulfrösche (T) geführt.

Phrynorhombus *m* [v. *phryno-, gr. rhombos = Rochen, Butt], Gatt. der ⌐ Butte.

Phrynosoma *s* [v. *phryno-, gr. sōma = Körper], Gatt. der ⌐ Leguane.

Phtheirichthys *m* [v. gr. phtheir = Laus, ichthys = Fisch], Gatt. der ⌐ Schiffshalter.

Phthiraptera [Mz.; v. gr. phtheir = Laus, apteros = flügellos], die ⌐ Tierläuse.

Phthirus *m* [v. gr. phtheir = Laus], Gatt. der ⌐ Pediculidae; ⌐ Filzlaus.

pH-Wert [Abk. v. nlat. potentia (= Wirksamkeit) hydrogenii (= des Wasserstoffs)], *pH-Zahl*, Abk. *pH*, der negative dekad. Logarithmus der Wasserstoffionenkonzentration (Hydroniumionenkonzentration): $pH = -\lg c_{H^+}$; dient zur Angabe

---

Phragmitetea

Ordnung und Verbände:

Phragmitetalia
⌐ *Sparganio-Glycerion* (Fließwasserröhrichte)
⌐ *Phragmition* (Stillwasserröhrichte)
⌐ *Magnocaricion* (Großseggenrieder)

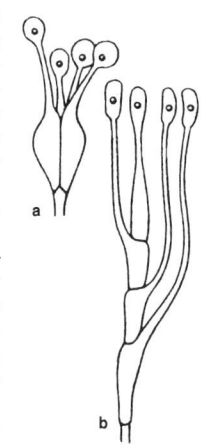

Phragmobasidie
a Phragmobasidie vom *Tremella*-,
b vom *Auricularia*-Typ

Phragmobasidiomycetidae

Ordnungen:
⌐ *Tremellales**
⌐ *Auriculariales**
⌐ *Septobasidiales**
Uredinales
(⌐ Rostpilze)
Ustilaginales
(⌐ Brandpilze)

* auch innerhalb der Ständerpilze *(Basidiomycetes)* als Großgruppe ⌐ *Heterobasidiomycetidae* (Gallertpilze) mit den Ord. ⌐ *Dacrymycetales,* ⌐ *Exobasidiales* u. *Tulasnellales* (diese Ordnungen aber Holobasidiomycetes) zusammengefaßt.

pH-Wert
Verlauf u. Regulation einer Fülle von physiolog. Prozessen sind pH-Wert-abhängig. Hierzu gehören die Beeinflussung der Nettoladung v. Zwitterionen (Aminosäuren u. Proteine) in Abhängigkeit vom umgebenden Milieu, die Regulation über verschiedene ↗Puffer-Systeme (anorganische und organische), insbes. in der Niere u. beim Atemgastransport (↗Hämoglobin, ↗Atmungsregulation), Messung des pH-Wertes in der Cerebrospinalflüssigkeit u. Beeinflussung der Atmung, Aktivitätsbeeinflussung v. ↗Enzymen – insbesondere unter K_m-Bedingungen (niedrige Substratkonzentrationen), aber auch „Grobbeeinflussung" des Reaktionsweges (↗Verdauung), pH-abhängige Transportprozesse innerhalb u. außerhalb der Zelle (Atmungskette, Gegenstrommultiplikatoren). Schließl. spielt die Temperaturabhängigkeit des pH-Wertes eine nicht zu unterschätzende Rolle bei der Temp.-Adaptation v. Poikilothermen.

der Wasserstoff- od. Hydroxidionenkonzentration in wäßrigen Lösungen u. ist damit ein Maß für deren ↗Acidität (pH = 0–7) bzw. Basizität (pH = 7–14) (vgl. Abb.). Die Messung erfolgt durch elektr. pH-Meßgeräte (Abhängigkeit der elektr. Leitfähigkeit v. der Ionenkonzentration) od. – weniger genau – durch Farbindikatoren, deren Farbumschlag in einem schmalen pH-Bereich erfolgt. ↗Indikator (T).

Phycis *m* [v. *phyco-], Gatt. der ↗Dorsche.
Phycobiline ↗Phycobiliproteine.
Phycobiliproteine [Mz.; v. *phyco-, lat. bilis = Galle], Gruppe v. membranassoziierten ↗Antennenpigmenten, die nur bei ↗Cyanobakterien (Blaualgen), Rotalgen u. Cryptophyceen vorkommen (Pigmente der ↗Algen). Man unterscheidet rote *Phycoerythrine*, blaue *Phycocyanine* u. blaue *Allophycocyanine*. P. sind hydrophile ↗Chromoproteine (relative Molekülmasse zw. 50 000 u. 270 000), die im grünen bis hellroten Spektralbereich (zw. 500 u. 650 nm Wellenlänge) absorbieren, einem Wellenlängenbereich, der v. den meisten anderen Pflanzen wenig genutzt werden kann (sog. „Grünfenster" des Chlorophylls). Algen, die P. besitzen, sind somit in der Lage, auch das Licht in größeren Wassertiefen (hpts. grünes Licht) od. im Schatten anderer Algen auszunutzen. Als ↗chromophore Gruppen enthalten die P. offenkettige Tetrapyrrole, die *Phycobiline*, die mit den

Phycocyanobilin

Phycoerythrobilin

↗Gallenfarbstoffen strukturell verwandt sind. Die häufigsten Vertreter der Phycobiline sind *Phycocyanobilin* u. *Phycoerythrobilin*. Sie sind mit den Proteinkomponenten der P. kovalent verknüpft. In der Zelle liegen die P. in Form v. supramolekularen Komplexen, Partikeln v. 40 nm ⌀, den sog. *Phycobilisomen*, vor, die in regelmäßigem Muster der Photosynthesemembran aufliegen. Das Verhältnis der verschiedenen P. in den Phycobilisomen wird durch Licht gesteuert: Hellrot fördert eine vermehrte Phycocyanin-, Grün eine bevorzugte Phycoerythrin-Bildung (↗chromatische Adaptation). Die Funktion der P. als akzessor. Pigmente ist die Lichtabsorption u. Energiefortleitung durch Resonanztransfer vom Phycoerythrin zu Phycocyanin u. weiter zu Allophycocyanin u. schließlich Weitergabe der Anregungsenergie an Chlorophyll-a-Antennenpigmente. ↗Chlorophylle, ↗Photosynthese; T Algen, ☐ Cyanobakterien.

Phycobilisomen [Mz.; v. *phyco-, lat. bilis = Galle, gr. sōma = Körper] ↗Phycobiliproteine.

Phycobiont *m* [v. *phyco-, gr. bioōn = lebend], die Alge in einer ↗Flechte.

Phycocyanine [Mz.; v. *phyco-, gr. kyanos = blaue Farbe], *Phycocyane*, ↗Phycobiliproteine.

Phycoden [Ez. *Phycodes*; v. gr. phykodēs = tangartig], (Richter 1850), besenart. gebündelte Röhrenausfüllungen auf der Unterseite von Quarzitlagen, gedeutet als Freßbauten von Ringelwürmern. Typus-„Art": *Phycodes circinnatum* Richter 1853. P.-Dachschiefer, P.-Schiefer, P.-Quarzit sind Glieder des thüring. Tremadoc (↗Ordovizium). [lesseriaceae.

Phycodris *w* [v. *phyco-], Gatt. der ↗De-

Phycoerythrine [Mz.; v. *phyco-, gr. erythros = rot] ↗Phycobiliproteine.

Phycokolloide [Mz.; v. *phyco-, gr. kollōdēs = leimartig], veraltete Bez. für Polysaccharide aus ↗Algen, wie z.B. ↗Agar, ↗Alginsäure u. ↗Carrageenan.

Phycologie *w* [v. *phyco-], die Algenkunde; ↗Algologie, ↗Algen.

Phycomyces *m* [v. *phyco-, gr. mykēs = Pilz], Gatt. der ↗Mucorales; saprophyt. Niedere Pilze mit auffälligen, bis 20 cm langen Sporangienträgern, an denen Phototropismus nachgewiesen wurde.

Phycomycetes [Mz.; v. *phyco-, gr. mykētes = Pilze], fälschl. Bez. *Phycomyces*, die ↗Algenpilze 1).

Phycopeltis *w* [v. *phyco-, gr. peltē = leichter Schild], Gatt. der ↗Trentepohliaceae. [Pflanze], die ↗Algen.

Phycophyta [Mz.; v. *phyco-, gr. phyton =

Phylactolaemata [Mz.; v. gr. phylaktos = beschützt, laima = Schlund], *Süßwassermoostierchen*, die relativ ursprüngliche u. artenarme der beiden U.-Kl. der ↗Moostierchen.

phyletische Evolution *w* [v. gr. phylon = Familie, Stamm], die graduelle Veränderung der Individuen (Populationen) einer Art im Verlauf der Generationenfolge bis zu einer Verschiedenheit, daß die Endpopulationen gegenüber den Anfangspopulationen innerhalb eines solchen zeitl. Gradienten so verschieden geworden

	[H⁺]	pH
stark	10^0	0
	10^{-2}	2
sauer		3
schwach	10^{-4}	4
		5
neutrale Lösung	10^{-6}	6
oder reines Wasser	10^{-8}	7
		8
schwach		9
	10^{-10}	10
		11
alkalisch	10^{-12}	12
		13
stark	10^{-14}	14

pH-Wert
pH-Werte von Säuren und Laugen

pH-Werte einiger Lösungen

sauer	pH
1n-Salzsäure	0
Magensalzsäure	0,9–1,5
gewöhnl. Essig	3,1
saure Milch	4,4
reinstes Wasser	7

alkalisch	pH
Blutflüssigkeit	7,36
Darmsaft	8,3
Seewasser	8,3
¹⁄₁₀ n-Sodalösung	11,3
Kalkwasser	12,3
1n-Natronlauge	14

phryn-, phryno- [v. gr. phrynē = Kröte].

phyco- [v. gr. phykos = Tang, Seegras].

Phylica

sind, daß sie als ↗Chronospezies beschrieben werden können.

Phylica w [v. gr. phylikē = Art Rhamnus], Gatt. der ↗Kreuzdorngewächse.

Phyllactinia w [v. *phyll-, gr. aktines = Strahlen], Gatt. der Echten Mehltaupilze *(Erysiphales),* deren Vertreter neben dem gut entwickelten ektotrophen Mycel noch ein schwaches Mycel im Innern der Wirtspflanze mit Haustorien in den Mesophyllzellen entwickeln. *P. guttale* ist Erreger des Echten Mehltaus an Rotbuchen, Birke, Hasel u. a. Laubhölzern.

Phyllanthus m [v. gr. phyllanthēs = Pflanze mit stachligen Blättern], Gatt. der ↗Wolfsmilchgewächse.

Phylliroë w [v. *phyll-, gr. rhoē = Fließen], *Phyllirrhoe,* Gatt. der *Phylliroidae,* marine Nacktkiemer, die pelagisch leben u. bei denen Fuß, Augen u. Reibzunge rückgebildet

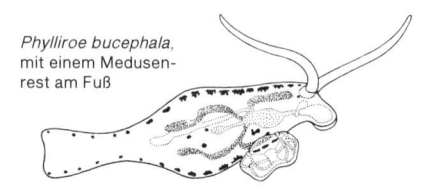

Phylliroe bucephala, mit einem Medusenrest am Fuß

sind; der seitl. abgeflachte Körper ist transparent. *P. bucephala* wird 4 cm lang; Schlundkopf u. Enddarm scheinen rotviolett, der Genitalbereich hellrot durch; rote, gelbe u. silbrige Punkte u. Leuchtorgane liegen im Epithel. Jungtiere heften sich an die innere Glockenwand einer Meduse *(Zanclea costata),* v. der sie sich ernähren; die Adulten leben von Hydrozoen, auch v. Staatsquallen.

Phyllitis w [gr., =], die ↗Hirschzunge.

Phyllium s [v. gr. phyllion = Blättchen], Gatt. der ↗Gespenstschrecken.

Phyllobates m [v. *phyllo-, gr. -batēs = -läufer], Gatt. der ↗Farbfrösche (☐).

Phyllobius m [v. *phyllo-, gr. bios = Leben], Gatt. der ↗Rüsselkäfer.

Phyllocarida [Mz.; v. *phyllo-, gr. karides = kleine Seekrebse], (Packard 1879), Überord. der ↗*Malacostraca* mit der einzigen rezenten Ord. ↗*Leptostraca* (Clauss 1889). Rezent selten, im frühen u. mittleren Paläozoikum häufig, früheste Zeugnisse aus dem Burgess-Schiefer (mittleres Kambrium.)

Phyllocaulis w [v. *phyllo-, gr. kaulos = Stengel], Gatt. der *Veronicellidae,* gehäuselose Landschnecken S-Amerikas; 5 Arten, die in Wäldern u. auf Weiden unter Steinen, Holz u. Kuhfladen leben.

Phylloceratida [Mz.; v. *phyllo-, gr. kerata = Hörner], (Arkell 1950), † Ord. dünnscheibenförm. ↗*Ammonoidea* (☐, ☐) mit glatter od. schwach skulpturierter Schale; ↗Lobenlinie mit ↗phylloider Zerschlitzung der Sättel und zahlr. Loben (= 36 in Dogger u. Malm). Verbreitung: untere Trias bis obere Kreide; ca. 34 Gatt., am bekannte-

phyll-, phyllo- [v. gr. phyllon = Blatt].

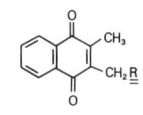

Grundkörper

$$R = \begin{array}{c} CH \\ | \\ CH_3 \end{array} \begin{array}{c} H_3C \\ \end{array} CH_3$$

Vitamin K_2 (Farnochinon, Menochinon)

$R = H$: *Vitamin K_3* (Menadion)

Phyllochinon

Phyllodocida
Wichtige Familien:
↗ Alciopidae
↗ Aphroditidae
↗ Glyceridae
↗ Hesionidae
↗ Nephthyidae
↗ Nereidae
↗ Phyllodocidae
Pisionidae
↗ Polynoidae
Sigalionidae
↗ Syllidae
↗ Tomopteridae

sten: *Phylloceras* Suess 1865 u. *Monophyllites* Mojsisovics 1879.

Phyllochaetopterus m [v. *phyllo-, gr. chaitē = Borste, pteron = Flügel], Ringelwurm-(Polychaeten-)Gattung der ↗*Chaetopteridae* mit 17 Arten; bekannteste Art *P. gracilis.*

Phyllochinon s [v. *phyllo-, Quechua quina quina = Chinarinde], *Vitamin K_1, antihämorrhagisches Vitamin, Koagulationsvitamin,* Gruppe von fettlösl., vom ↗Naphthochinon abgeleiteten Vitaminen. Vitamin K_1 ist bes. in Pflanzen enthalten, während

$$R = \begin{array}{c} CH \\ | \\ CH_3 \end{array} \begin{array}{ccc} CH_3 & CH_3 & CH_3 \\ \end{array} CH_3$$
(Phytyl)
Vitamin K_1

Vitamin K_2 (auch *Farnochinon* u. *Menochinon* gen.) von Bakterien, auch Bakterien der ↗Darmflora, synthetisiert werden kann. Der Grundkörper, das 2-Methyl-1,4-Naphthochinon (= *Menadion,* häufig auch Vitamin K_3), wirkt als Provitamin. Der Mangel von P. führt zur verringerten Bildung v. Prothrombin (Verringerung der ↗Blutgerinnung), da Vitamin K bei der Carboxylierung einer Glutamatseitenkette der inaktiven Prothrombinvorstufe zum aktiven Prothrombin als Cofaktor erforderl. ist. Wegen der Synthese von P. durch die Darmbakterien sind jedoch Avitaminosen beim Menschen selten. P. ersetzt bei manchen Bakterien das Ubichinon in der Atmungskette.

Phyllocladus m [v. *phyllo-, gr. klados = Zweig], Gatt. der ↗Podocarpaceae.

Phyllocnistidae [Mz.; v. *phyllo-, gr. knizein = ritzen], die ↗Saftschlürfermotten.

Phyllodactylus m [v. *phyllo-, gr. daktylos = Finger], die ↗Blattfingergeckos.

Phyllodie w [v. gr. phyllōdēs = blattartig], *Phyllomorphie,* Bez. für die Mißbildung, bei der Laubblätter an Stelle anderer Organe im Blütenbereich auftreten.

Phyllodistomum s [v. gr. phyllōdēs = blattartig, stoma = Mund], Saugwurm-Gatt. der ↗*Digenea. P. folium,* bis 2 mm groß, Hinterende blattartig verbreitert; in der Harnblase v. Raubfischen.

Phyllodium s [v. gr. phyllōdēs = blattartig], *Blattstielblatt,* Bez. für blattartig verbreiterte Blattstiele, welche die Assimilationsfunktion der Blattspreite übernehmen, während letztere rückgebildet ist. Beispiel: ↗Akazie (☐), Wegerich-Arten. ↗Blatt.

Phyllodocida [Mz.; v. *phyllo-, gr. dokē = Schein], Ringelwurm-Ord. der *Polychaeta* mit 27 Fam. (vgl. Tab.); Kennzeichen: Prostomium gut entwickelt, meist mit mehreren Antennen u. Palpen; ein od. mehrere vordere Segmente ohne od. mit reduzierten Parapodien; Parapodien der anderen Segmente häufig dorsal reduziert; vorstülpbarer muskulöser Rüssel mit od. ohne Kiefer.

Phyllodocidae [Mz.; v. *phyllo-, gr. dokē = Schein], Ringelwurm-(Polychaeten-)Fam. der *Phyllodocida* mit 28 Gatt. (vgl. Tab.). Prostomium mit 4 frontalen u. bei einigen Formen noch einer 5. Antenne auf dem Scheitel; keine Palpen; vordere 1 bis 3 Segmente miteinander verschmolzen, mit 2 bis 4 Tentakelcirren; keine Kiemen; Parapodien einästig; vorstülpbarer Rüssel mit Papillen, in Ausnahmefällen mit Kiefern; Fleischfresser. Namengebende Gatt. *Phyllodoce* mit 48 Arten; bekannteste Art *P. laminosa*, 15–75 cm lang, Rücken stahlblau schillernd mit grünen od. braunen Querbändern; in flachem Wasser unter Steinen od. in Felsspalten; nachtaktiv; Nordsee.

Phyllodytes *m* [v. *phyllo-, gr. dytēs = Taucher], veralteter Name *Amphodus*, Gatt. der ↗Laubfrösche; etwa 5 kleine (2–4 cm) Arten gelblichgrüner Frösche in SO-Brasilien, deren ganzes Leben sich in Phytotelmen v. Ananasgewächsen *(Bromeliaceae)* abspielt; in Regen- u. Nebelwäldern, aber auch in Dünen u. auf Granitfelsen, wie dem Zuckerhut, mitten in den Städten. Paarung u. Eiablage in Bromelien; jedes Gelege besteht nur aus 3 bis 5 Eiern, und für aufeinanderfolgende Gelege werden andere Bromelien aufgesucht. Larven Allesfresser, aber auch kannibalistisch; in jeder Blattachsel entwickelt sich nur eine Larve.

Phyllogoniaceae [Mz.; v. *phyllo-, gr. gonē = Nachkommenschaft], Fam. der ↗*Isobryales*, fels- u. baumbewohnende Laubmoose in den Tropen u. Subtropen der S-Halbkugel; der gelbglänzende, bandförm. Thallus ist zweizeilig beblättert u. wächst mittels zweischneid. Scheitelzelle.

phylloid [v. gr. phyllōdēs = blattartig], blattförmig, Bez. meist angewandt auf die feinen, blattförm. Sattelenden ammonit. ↗Lobenlinien.

Phylloid *s* [v. gr. phyllōdēs = blattartig], Bez. für blattähnliche, noch wenig differenzierte Assimilationsorgane bei niederen Pflanzen, z.B. bei den hochentwickelten marinen Braun- u. Rotalgen. [B] Algen III.

Phyllokladium *s* [v. *phyllo-, gr. kladion = kleiner Zweig], 1) bei Strauchflechten (Gatt. *Stereocaulon*) Bez. für körnige, warzige, schuppige bis koralloid geteilte Thallusteile (z.B. Auswüchse der Pseudopodetien), die die Algen enthalten. 2) bei Kormophyten ↗Platykladium.

Phyllomedusa *w* [v. *phyllo-, gr. Medousa = schlangenhaarige Gorgone], Gatt. der ↗Makifrösche (☐).

Phyllomenia *w* [v. *phyllo-, gr. mēnē = Mond], Gatt. der ↗Furchenfüßer, deren Körper nur eine dünne Cuticula aufweist; ohne dorsoterminales Sinnesorgan; ☿ mit paar. Genitalöffnung mit Kopulationsstacheln. *P. austrina,* in antarkt. Meeren lebend, hat im Ggs. zu anderen Furchenfüßern v. den Herzbeutelgängen getrennte Ausführgänge aus den Keimdrüsen u. ist daher von bes. phylogenet. Interesse.

Phyllopertha *w* [v. *phyllo-, gr. perthein = zerstören], Gatt. der ↗Blatthornkäfer.

Phyllophagen [Mz.; Bw. *phyllophag;* v. *phyllo-, gr. phagos = Fresser], blätterfressende Tiere.

Phyllophora *w* [v. gr. phyllophoros = Blätter tragend], Gatt. der ↗Gigartinales.

Phyllopoda [Mz.; v. *phyllo-, gr. podes = Füße], *Blattfußkrebse,* U.-Kl. der ↗Krebstiere ([T]), oft mit den ↗*Anostraca* zu den ↗*Branchiopoda* zusammengefaßt; umfaßt 2 Ord., die ↗*Notostraca* u. die *Onychura* mit den U.-Ord. *Conchostraca* (↗Muschelschaler) u. *Cladocera* (↗Wasserflöhe). Charakterist. Merkmal sind die Blattfüße od. ↗Blattbeine, flächig ausgebildete Turgor-Extremitäten mit Filterborsten u. gut ausgebildeten Enditen. Sie dienen primär der Lokomotion u. dem Nahrungserwerb. Dabei schlagen die Beine eines Paares synchron, u. über die hintereinanderliegenden Beinpaare laufen metachrone Schlagwellen hinweg. Diese Bewegungen treiben das Tier vorwärts u. filtrieren gleichzeitig feines Geschwebe od. aufgewirbeltes Material, das sich in einer ventralen Nahrungsrinne sammelt u. nach vorn unter die große Oberlippe geschoben wird. Bei den *Onychura* (↗Muschelschaler u. ↗Wasserflöhe) dienen die Beine nur noch dem Nahrungserwerb, die Lokomotion wird von den 2. Antennen übernommen. Im Ggs. zu den *Anostraca* besitzen die *P.* einen gut ausgebildeten Carapax, der bei den ↗*Notostraca* flach u. breit ist, bei den *Onychura* dagegen eine zweiklappige Schale bildet, die durch einen Carapax-Adductor geschlossen werden kann. Die gestielten Komplexaugen werden bei den *P.* zunehmend in Augenhöhlen verlagert. Bei den *Notostraca* sind sie noch paarig u. liegen in flachen Gruben, bei den *Onychura* sind sie median zu einem unpaaren Komplexauge verwachsen u. in eine nur noch mit einem kleinen Porus mit der Außenwelt kommunizierende Höhle versenkt. – Die *Notostraca* sind eine Primitivgruppe mit zahlr., z.T. sekundär vermehrten Beinpaaren. Die *Onychura* sind durch das Beibehalten larvaler Merkmale gekennzeichnet. Die Vertreter beider U.-Ord., der Muschelschaler u. Wasserflöhe, benutzen wie ein später Metanauplius die 2. Antennen als Lokomotionsorgane, u. die Wasserflöhe sind mit ihrer reduzierten Segmentzahl u. dem nicht den Kopf einschließenden Carapax wahrscheinl. durch Vorverlagerung der Geschlechtsreife aus Muschelschaler-ähnlichen Vorfahren hervorgegangen.

Phyllopodien [Mz.; v. *phyllo-, gr. podion = Füßchen], Gatt. der ↗Blattbeine.

Phylloporus *m* [v. *phyllo-, gr. poros = Öffnung, Pore], ↗Goldblatt-Röhrling.

Phyllopteryx *w* [v. *phyllo-, gr. pteryx = Feder, Flügel], Gatt. der ↗Seenadeln.

Phyllodocidae
Wichtige Gattungen:
↗*Anaitides*
Chaetoparia
Cirrodoce
↗*Eteone*
↗*Eulalia*
Eumida
Genetyllis
Hesionura
Lugia
Mysta
Notophyllum
Paranaitis
Phyllodoce

phyll-, phyllo- [v. gr. phyllon = Blatt].

Phylloscopus

Phylloscopus *m* [v. *phyllo-, gr. skopos = Späher], die ↗Laubsänger.

Phyllosiphonaceae [Mz.; v. *phyllo-, gr. siphōn = Röhre], Fam. der ↗*Bryopsidales*, Grünalgen mit dichotom verzweigtem, siphonalem Thallus, leben endophytisch od. endozoisch. *Phyllosiphon arisarii* kommt endophyt. in verschiedenen Aronstabgewächsen vor, *Phytophysa* endophyt. in javan. Brennesselgewächsen, *Ostreobium* endozoisch in Muschelschalen u. Korallen.

Phyllosoma *s* [v. *phyllo-, gr. sōma = Körper], *P.larve, Blattkrebs*, Larve der *Palinura* (↗Bärenkrebse u. ↗Langusten); entspricht etwa einer Zoëa, unterscheidet sich v. dieser aber durch den breiten, flachen Carapax u. andere Anpassungen an die pelag. Lebensweise.

Phyllospondyli [Mz.; v. *phyllo-, gr. spondylos = Wirbelknochen], *Blattwirbler*, umstrittenes, zumeist nicht mehr aufrecht erhaltenes Taxon (U.-Ord.) der Amphibien, in dem ↗Stegocephalen mit „*phyllospondylem*" Wirbelbau vereinigt wurden. Diesen hatte Credner 1891 an ↗Branchiosauriern beobachtet: Er besteht aus 4 Elementen, von denen 2 das Neuralrohr und 2 die Chorda dorsalis umgeben. Von jüngeren Bearbeitern wurde die Existenz dieses Wirbeltyps bestritten, 1954 v. Heyler jedoch erneut bestätigt.

Phyllostachys *w* [v. *phyllo-, gr. stachys = Ähre], Gatt. der ↗Bambusgewächse.

Phyllosticta *w* [v. *phyllo-, gr. stiktos = punktiert, bunt gefleckt], Gatt. der Formord. *Sphaeropsidales (Fungi imperfecti)*, deren Arten Pflanzenkrankheiten verursachen (↗Blattfleckenkrankheiten, ⊤).

Phyllostomidae [Mz.; v. *phyllo-, gr. stoma = Mund], die ↗Blattnasen.

Phyllotaxis *w* [v. *phyllo-, gr. taxis = Anordnung], *Blattstellungslehre*, ↗Blattstellung.

Phyllothalliaceae [Mz.; v. *phyllo-, gr. thallos = Sprößling], Fam. der ↗*Metzgeriales* (Lebermoose); dazu nur 1 Gatt. *Phyllothallia; P. nivicola* wurde 1964 in Neuseeland entdeckt, die Gestalt ähnelt dem Pfennigkraut *(Lysimachia nummularia);* 1967 wurde eine 2. Art, *P. fuegiana,* auf Feuerland entdeckt.

Phyllothecaceae [Mz.; v. *phyllo-, gr. thēkē = Behältnis], vom Oberkarbon bis Jura vorkommende Fam. der ↗Schachtelhalmartigen mit der wichtigsten Gatt. *Phyllotheca;* der Verbreitungsschwerpunkt liegt in der Gondwana, doch treten die *P.* auch in Europa u. in der Flora des ↗Angara-Landes (Sibirien) auf. Die wirtelig stehenden, linealischen Blättchen sind wie beim rezenten Schachtelhalm an der Basis scheidenartig verwachsen, in den Sporophyllzapfen wechseln aber mehrere fertile Wirtel mit einem sterilen Brakteenwirtel ab. Über die permokarbon. Gatt. *Koretrophyllites* lassen sich die *P.* an die *Archaeocalamitaceae (Archaeocalamites)* anschließen.

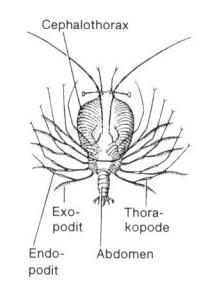

Phyllosoma
P.larve in einem späten Stadium

phyll-, phyllo- [v. gr. phyllon = Blatt].

phylogen- [v. gr. phylon = Stamm, Geschlecht, gennan = erzeugen bzw. genea = Entstehung].

physa- [v. gr. physa = Blasebalg, Blase, Blähung; davon physalis, Gen. physalidos = Blase].

Phyllotracheen [Mz.; v. *phyllo-, gr. trachys = rauh], die ↗Fächerlungen.

Phyllotreta *w* [v. *phyllo-, gr. trētos = durchbohrt], Gatt. der ↗Erdflöhe.

Phylloxeridae [Mz.; v. *phyllo-, gr. xēros = trocken], die ↗Zwergläuse.

Phyllurus *m* [v. *phyll-, gr. oura = Schwanz], die ↗Blattschwanzgeckos.

Phylogenetik *w* [v. *phylogen-], i.w.S. die ↗Abstammungslehre, weitgehend ident. mit Evolutionsforschung (↗Evolution); i.e.S. die Wiss. von den jeweils speziellen stammesgesch. Verwandtschaftsverhältnissen entweder aller Organismen od. bestimmter Verwandtschaftsgruppen (Taxa), wobei auch die Erforschung der ↗Artbildung in den Bereich der P. fällt.

phylogenetische Systematik *w* [v. *phylogen-], die ↗Hennigsche Systematik (↗Kladistik).

Phylogenie *w* [Bw. *phylogenetisch;* v. *phylogen-], *Phylogenese, Stammesentwicklung, Stammesgeschichte,* die stammesgesch. Entwicklung der Lebewesen (Organismen) entweder in ihrer Gesamtheit od. (meist) bezogen auf bestimmte Verwandtschaftsgruppen (Taxa), also z.B. die P. der Wirbeltiere od. der Pferdeartigen od. des Menschen. Zur Rekonstruktion der P. einer Gruppe dienen Untersuchungen der Erbeigenschaften (Eigenschaftsanalyse) der lebenden (rezenten) Arten od. der fossilen (versteinerten) Vertreter (↗Homologieforschung). Die Rekonstruktion der P. einer Gruppe klärt gleichzeitig die Verwandtschaftsverhältnisse ihrer verschiedenen Arten auf u. ermöglicht so die Erstellung eines phylogenetischen (↗„natürlichen") Systems (↗Systematik, ↗Taxonomie). Eine verbreitete Form der Darstellung der phylogenet. Zusammenhänge ist der ↗Stammbaum. ↗Abstammung, ↗Evolution.

Phylum *s* [v. gr. phylon =], der ↗Stamm.

Phymatidae [Mz.; v. gr. phymata = Auswüchse, Geschwüre], Fam. der ↗Wanzen.

Physa *w* [gr., = Blase], Gatt. der ↗Blasenschnecken (].

Physalaemus *m* [v. *physa-, gr. laima = Schlund], *Engystomops, Eupemphix, Paludicola, Lidblasenfrösche,* Gatt. der ↗Südfrösche. Etwa 34 kleine bis mittelgroße (2–5 cm) Arten, v. Mittelamerika bis Argentinien verbreitet. Besiedeln die Laubstreu v. Primär- u. Sekundärwäldern, andere Arten in offenem Gelände. Manche sind recht bunt, u. alle erinnern wegen ihrer spitzen Schnauzen an die Engmaulfrösche. Einige haben Augenflecken am Hinterkörper (↗Augenkröten). Eier werden in Schaumnestern abgelegt, wobei das Männchen einen vom Weibchen abgegebenen Schleim mit den Hinterbeinen zu Schaum schlägt. Manchen Arten genügen zur Eiablage kleinste Wasseransammlungen, z.B. Straßenpfützen. *P. pustulosus,* in Panama, hat einen Ruf, der aus zwei gleichzeitig produzierten Tönen besteht, und kann seinen Ruf variieren: in Nächten, in denen die Tiere v. akustisch jagenden Fledermäusen bejagt werden, wird ein einfacherer Ruf produziert. [sche Galeere.

Physalia w [v. *physa-], die ⟶Portugiesi-
Physalin s [v. *physa-], ⟶Zeaxanthin.
Physalis w [gr., = Pflanze mit blasenartiger Fruchthülle], die ⟶Judenkirsche.
Physaloptera w [v. *physa-, gr. pteron = Flügel], Gatt. der Fadenwurm-Ord. ⟶Spirurida. Namengebend für die Fam. *Physalopteridae* (bisweilen sogar Super-Fam. *Physalopteroidea*) mit ca. 15 Gatt.; mehrere mm bis einige cm groß, im Magen (u. seltener im Darm) v. Wirbeltieren; der Kopf ist im Ggs. zu fast allen anderen Fadenwürmern nicht radiär-, sondern bilateralsymmetrisch.

Physaraceae [Mz.; v. *physa-], *Blasenstäublinge*, Fam. der *Physarales* (Echte Schleimpilze) mit mehreren Gatt. (vgl. Tab.), deren Vertreter sehr dunkle bis schwarze Sporen ausbilden; die Sporangienwand (Peridie) enthält Kalkablagerungen in amorphen od. kristallinen Körnchen, oft in blasenförm. Anschwellungen des Capillitiums, im Stiel od. in der Columella; die Sporangien stehen meist getrennt, seltener zu Äthalien vereinigt. – Artenreichste Gatt. (ca. 70 Arten) ist *Physarum*, der Blasenstäubling (i. e. S.); die Arten entwickeln als Fruchtkörper kugelige Sporangien, sitzend od. mit Stiel, seltener ein Plasmodiokarpium. Die Peridie enthält Kalkkörnchen, das Capillitium ist farblos mit kalkhalt. Netzknötchen. Weltweit verbreitet sind *P. nutans* (auf alten Stubben) und *P. viride* (auf faulendem Holz). Ähnlich *Physarum* ist die Gatt. *Craterium*, deren Arten gestielte, becher- od. verkehrt eiförm. Sporangien ausbilden, die sich mit einem mehr od. weniger abgesetzten Deckel am Scheitel öffnen; das Capillitium enthält sehr große Kalkknoten; die Arten wachsen auf Holz, faulendem Laub u. Waldboden. Die Arten der Gatt. *Diderma* entwickeln gestielte od. ungestielte, kugelige bis abgeflachte Sporangien; es werden auch Plasmodiokarpe gebildet. Die weißl. od. blaß-braune Peridie hat oft eine abblätternde, brüchige Außenschicht aus rundl. Kalkgranulaten; das Capillitium enthält dagegen keine Kalkknoten. Bei einigen Arten kann die Peridie sternartig aufreißen, so daß sie blumen- od. erdsternartig aussehen.

Physarales [Mz.; v. *physa-], Ord. der ⟶Echten Schleimpilze *(Myxomycetes)* mit den Fam. ⟶Physaraceae u. ⟶Didymiaceae; die Fruchtkörper dieser Schleimpilze enthalten Kalkausscheidungen. [raceae.

Physarum s [v. *physa-], Gatt. der ⟶Physa-
Physcia w [v. *physc-], Gatt. der ⟶Physciaceae mit ca. 150 Arten; grauweiße, graue u. graubräunl. Laubflechten, kosmopolit., in Mitteleuropa ca. 30, teilweise sehr häufige Arten, v. a. auf Gestein u. Rinde; z. B. *P. orbicularis* (graues Lager mit Flecksoralen), *P. adscendens* (weißl. Lager mit Soralen unter helmförmig aufgebogenen Lappenenden). Von *P.* abgetrennt wurde die Gatt. *Physconia* (ca. 20 Arten) mit abweichender Sporenstruktur, z. B. *P. pulverulenta* mit graubraunem, apothecientragendem Lager.

Physciaceae [Mz.; v. *physc-], Fam. der *Lecanorales* (U.-Ord. *Lecanorineae*) mit ca. 20 Gatt. und 900 Arten; Krusten-, Laub- u. Strauchflechten mit zwei-, selten mehrzelligen, grünen bis dunkelbraunen Sporen, die oft regelmäßig bis unregelmäßig verdickte Wände u. Septen v. komplexer Struktur besitzen; kosmopolit., auf sehr unterschiedl., meist nährstoffreichen Substraten. ⟶*Physcia* umfaßt Laubflechten mit lecanorinen Apothecien mit hellem Rand u. dunkler Scheibe, *Rinodina* (ca. 200 Arten) Krustenflechten mit meist lecanorinen Apothecien u. Sporen mit Wandverdickungen, *Buellia* (ca. 400 Arten) Krustenflechten mit schwarzen, lecideinen Apothecien und einheitl. dünnwandigen Sporen.

Physconia w [v. *physc-], Gatt. der Physciaceae, ⟶*Physcia*.

Physeteridae [Mz.; v. gr. physētēr = blasender Wal], die ⟶Pottwale.

Physignathus m [v. *physo-, gr. gnathos = Kiefer], Gatt. der ⟶Agamen.

physikalische Kieme ⟶Atmungsorgane, ⟶Kiemen.

Physiognomie w [v. gr. physiognōmonia = Beurteilung nach den Gesichtszügen], das menschl. ⟶Gesicht u. i. w. S. der gesamte Körper als Ausdrucksträger in Ruhe (ohne ⟶Mimik).

Physiologie w [v. gr. physiologia = Naturkunde], Teilgebiet der Biologie, das sich mit den Lebensvorgängen u. Lebensäußerungen der Pflanzen *(⟶Pflanzen-P.)*, der Tiere *(⟶Tier-P.)* u. des Menschen *(Human-P.)* befaßt. Ziel der P. ist, möglichst auf molekularer Ebene die Reaktionen u. Abläufe v. Lebensvorgängen (Stoffwechsel, Bewegung, Keimung, Wachstum, Entwicklung, Fortpflanzung u. a.) bei den Organismen bzw. ihren Zellen, Geweben od. Organen so zu beschreiben, daß im Sinne einer Gesetzes-Wiss. Funktionstheorien in generellen Sätzen mit Gesetzescharakter formuliert u. somit Prognosen über das Verhalten eines „Systems" gestellt werden können. Die Methoden physiolog. Arbeitens im Sinne einer Kausalanalyse v. Lebensvorgängen umfassen physikal., chem. und biochem. Experimente. Innerhalb der P. haben sich Disziplinen etabliert, die spezielle Leistungen des Organismus zum Gegenstand haben; so die *Stoffwechsel-P.*, *Sinnes-P.*, *Nerven-P.*, *Keimungs-P.*, *Entwicklungs-P.*, *Bewegungs-P.*, *P. des Alterns*, *Zell-P.* u. a. Krankheitsbedingte Veränderungen der Lebensvorgänge sind Gegenstand der *Patho-P*.

Physaraceae
Wichtige Gattungen:
Craterium (Becherstäublinge)
Diderma (Doppelhäutlinge)
Fuligo (⟶Lohblüte)
⟶*Leocarpus* (Löwenfrüchtchen, Glanzstäublinge)
Physarum (Blasenstäublinge)

---

physa- [v. gr. physa = Blasebalg, Blase, Blähung; davon physalis, Gen. physalidos = Blase].

physc- [v. gr. physkē = Blase, Schwiele; auch physkōn = Dickbauch].

physiolog- [v. gr. physiologia = Lehre von der Beschaffenheit der natürlichen Körper].

physiologische Chemie, die ↗Biochemie.
physiologische Kochsalzlösung, 0,9%ige ↗Natriumchlorid-Lösung in Wasser, die denselben ↗osmot. Druck wie das menschl. Blut hat. Sie wird in der Medizin bei großen Flüssigkeitsverlusten zur kurzfrist. Auffüllung der Blutmenge gegeben (ist aber als ↗Blutersatzflüssigkeit wegen des unphysiolog. Ionenmilieus wenig geeignet) od. dient in der experimentellen Physiologie als Lösungsmittel für in die Blutbahn zu applizierende Wirkstoffe.
physiologische Ökologie, Ökologie des Einzelindividuums; ↗Autökologie.
physiologische Rasse, Bez. für eine ↗Rasse, die sich durch physiolog. oder biochem. Eigenschaften v. anderen Rassen unterscheidet, nicht aber durch morpholog. Merkmale.
physiologische Uhr ↗biologische Uhr.
Physiologus *m* [v. gr. physiologos = Naturforscher], ein wahrscheinl. schon in der 2. Hälfte des 2. Jh.s (zunächst in griech. Sprache verfaßtes) u. dann bes. im MA weite Verbreitung genießendes Tierbuch („Bestiarium") mit aus der Antike überlieferten Tiergeschichten. Diese wurden aber weniger um der naturwiss. Belehrung willen, sondern vielmehr als Mittler frühchristl. Gedankengutes „populärwissenschaftlich" geschrieben u. allegorisch gedeutet. Neben der Bibel war der P. das meistübersetzte Buch seiner Zeit u. fand sich demgemäß sowohl im Orient als auch in allen damaligen westl. und nord. Ländern. Den 48 Kapiteln der urspr. Fassung sind später zahlr. Erweiterungen angefügt worden. Der P. übte ferner großen Einfluß auf die christl. Ikonographie des MA aus.
physisch [v. gr. physikos = natürlich], in der Natur begründet; körperlich.
Physocarpus *m* [v. *physo-, gr. karpos = Frucht], Gatt. der ↗Rosengewächse.
Physoderma *s* [v. *physo-, gr. derma = Haut], Gatt. der ↗Blastocladiales.
Physodsäure [v. gr. physōdēs = blähend] ↗Flechtenstoffe.
Physogastrie *w* [v. *physo-, gr. gastēr = Magen, Bauch], durch extrem starke Füllung bedingte Anschwellung des Hinterleibs v. Insekten; entweder bedingt durch starke Entwicklung der Keimdrüsen (bei Weibchen, die sehr viele Eier legen, z.B. Termitenkönigin), durch übermäßige Darmfüllung („Honigtöpfe" mancher trop. ↗Ameisen, ☐) od. stark entwickelte Sekretdrüsen (bei ↗Ameisengästen, ☐).
Physoklisten [Mz.; v. *physo-, gr. kleistos = verschließbar], *Physoclisti*, Bez. für Knochenfische, bei denen die ↗Schwimmblase geschlossen, also (im Ggs. zu den ↗Physostomen) nicht durch einen Gang (Ductus pneumaticus) mit dem Darm verbunden ist; z.B. bei Dorschfischen und Barschartigen Fischen. ☐ Lunge.
Physonecta [Mz.; v. *physo-, gr. nēktos = schwimmend], älterer systemat. Begriff für

physiolog- [v. gr. physiologia = Lehre von der Beschaffenheit der natürlichen Körper].

physo- [v. gr. physa = Blasebalg, Blase].

phyto- [v. gr. phyton = Gewächs, Pflanze].

Physostigmin

eine Teilgruppe der ↗Staatsquallen, die einen Gasbehälter an der Spitze und Schwimmglocken besitzen (z.B. Gatt. *Agalma;* ↗Physophorae).
Physophorae [Mz.; v. *physo-, gr. -phoros = -tragend], *Pneumatophora,* artenarme Abt. der ↗Siphonanthae; ↗Staatsquallen, die an der aboralen Spitze des Stockes stets eine Gasflasche (Schwimmkörper) tragen. Bekannteste Art ist die ↗Portugiesische Galeere *(Physalia). Agalma elegans,* eine langgestreckte girlandenart. Kolonie (20 cm) mit kleinem Gasbehälter u. vielen Schwimmglocken, kommt im Mittelmeer u. den wärmeren Teilen des Atlantik vor. Dasselbe Verbreitungsgebiet hat die nur wenige cm große *Physophora hydrostatica* (B Hohltiere III), deren Kolonie senkrecht im Wasser hängt. *Forskalia contorta* ist rosa gefärbt u. erreicht 1 m Länge. Die rotgefärbte, auch 1 m lange *Halistemma (= Stephanomia) rubra* u. *Nanomia bijuga,* die durch Auspressen v. Gas ihr spezif. Gewicht verändern kann, sind Arten der Adria. Die Arten der Gatt. *Rhodalia* sind Tiefseebewohner; sie besitzen, wie auch die Vertreter der Gatt. *Stephalia,* einen sehr großen Pneumatophor.
Physopoda [Mz.; v. *physo-, gr. podes = Füße], die ↗Blasenfüße.
Physostegia *w* [v. *physo-, gr. stegē = Decke], Gatt. der ↗Lippenblütler.
Physostigma *s* [v. *physo-, gr. stigma = Stich, Fleck], Gatt. der ↗Hülsenfrüchtler.
Physostigmin *s* [v. *physo-, gr. stigma = Stich, Fleck], *Eserin,* giftiges Indolalkaloid aus den Samen der afr. Schlingpflanze Kalabarbohne *(Physostigma venenosum,* ↗Hülsenfrüchtler), die fr. v. Eingeborenen als „Beweisgift" („Gottesurteilsbohne") verwendet wurde. P. wirkt durch Hemmung der ↗Acetylcholin-Esterase als ↗Parasympathikomimetikum, regt die glatte Muskulatur des Magen-Darm-Kanals an, verengt die Pupille u. setzt den intraokularen Druck herab. P. wird heute nur noch in der Augenheilkunde zur Behandlung des grünen Stars (Glaukom) verwendet. – Als Nebenalkaloid tritt in der Kalabarbohne das N-Oxid des P.s, das *Geneserin,* auf.
Physostomen [Mz.; v. *physo-, gr. stoma = Mund], *Physostomi,* Bez. für Knochenfische, bei denen die ↗Schwimmblase durch einen Gang (Ductus pneumaticus) mit dem Darm verbunden ist; z.B. bei Karpfen- u. Lungenfischen, Welsen, Heringen. Ggs.: ↗Physoklisten. ☐ Lunge.
Phytal *s* [v. *phyto-], Pflanzenbestand im Küstenbereich des Meeres, der sich aus wenigen Blütenpflanzen *(Zostera, Posidonia)* u. vielen Grün- u. Rotalgen zusammensetzt. Die artenreiche und typ. Fauna im pflanzl. Aufwuchs bezeichnet man als *Phyton.*
Phytase *w* [v. *phyto-], ↗Inosit.
Phytelephas *m* [v. *phyto-, gr. elephas = Elefant], Gatt. der Palmen, kommt im nördl. S-Amerika vor u. steht systematisch iso-

liert; kurzstämm. Fiederpalmen mit zweihäusig verteilten Blüten; die ♀ Blüten stehen in kopfigen Blütenständen, die ♂ in hängenden Kolben. 2 Arten, *P. microcarpa* und *P. macrocarpa,* werden genutzt: ihr Same erreicht die Größe eines Hühnereies u. besitzt ein sehr hartes Endosperm (Polysaccharid aus Mannose), das sich zum Schnitzen eignet; dieses sog. „*Vegetabilische Elfenbein*" wird v.a. von Ecuador exportiert. [die ↗Teufelskralle].

Phyteuma s [gr., = Gewächs; Kreuzwurz], **Phytinsäure** [v. *phyto-] ↗Inosit.

Phytoalexine [Mz.; v. *phyto-, gr. alexis = Schutz, Hilfe], antimikrobiell wirkende Verbindungen, die v. Pflanzen nach Infektion durch Mikroorganismen gebildet werden u. verschiedenen Naturstoffgruppen angehören können. Einige Vertreter der P., von denen bisher etwa 100 Verbindungen aus Pflanzen isoliert wurden, sind in der Tab. aufgeführt. Häufig sind P. aus bestimmten Naturstoffgruppen für bestimmte Pflanzen-Fam. charakterist., z.B. Sesquiterpene für Nachtschattengewächse, Isoflavonoide für Hülsenfrüchtler, Polyacetylene für Korbblütler u. Dihydrophenanthrene für Orchideen. Auch bei Süßgräsern wurden P. gefunden, z.B. Diterpene (Momilactone) bei Reis u. Styrylbenzoxazinone (Avenalumine) bei Hafer. Außer durch Infektion kann die Bildung von P.n auch durch unspezif. Streßbedingungen (z.B. Verletzung, UV-Bestrahlung, extreme Temp., Gifte usw.) ausgelöst werden. Verbindungen wie ↗Kaffeesäure u. ↗Chlorogensäure, die auch unter normalen Bedingungen in Pflanzen vorkommen, besitzen nur dann P.-Charakter, wenn nach Infektion durch Parasiten eine vermehrte Synthese stattfindet. P. sind wirtsspezif. Verbindungen, die z.B. durch Pilze induziert werden und gg. Viren od. Bakterien gerichtet sind. Die Moleküle mikrobiellen Ursprungs, welche die Akkumulation von P.n in pflanzl. Gewebe induzieren, heißen ↗*Elicitoren*.

Phytocecidien [Mz.; v. *phyto-, gr. kēkidion = Gallapfel] ↗Gallen.

Phytochemie w [v. *phyto-], *Pflanzenchemie,* Chemie der ↗Pflanzenstoffe.

Phytochrom-System s [v. *phyto-, gr. chrōma = Farbe], *reversibles Hellrot-Dunkelrot-System,* ein Sensorpigment-System, das es Pflanzen (Algen, Moosen, Farnen, Höheren Pflanzen) ermöglicht, sich durch Steuerung molekularer Regelungsabläufe an ihre Lichtumwelt (↗Lichtfaktor) anzupassen (z.B. ↗Photomorphogenese, Samen-↗Keimung, vegetatives Wachstum, ↗Photoperiodismus, ↗Blütenbildung). *Phytochrom* (P) ist ein Chromoprotein mit photochromen Eigenschaften, d.h., es läßt sich durch ↗Licht verschiedener Wellenlänge reversibel in 2 Formen mit unterschiedl. Absorptionsmaxima (bzw. Farben) umwandeln (photoisomerisieren). Eine blaue Form mit einem Absorptionsmaximum im hellroten Spektralbereich bei 660 nm Wellenlänge (P_{660} oder P_r) kann durch Hellrot in eine Dunkelrot absorbierende Form (blaugrün) mit einem Absorptionsmaximum bei 730 nm (P_{730} oder P_{fr}; fr = far-red) überführt werden. Das isolierte u. gereinigte native Chromoprotein hat eine relative Molekülmasse von 124 000. Der Chromophor ist ein offenkettiges Tetrapyrrolderivat (vgl. Abb.). P liegt im Cytoplasma von etiolierten Geweben (↗Etiolement) diffus verteilt vor. Bei Belichtung mit Hellrot wird P in zahlr. Areale der Zelle abgeschieden; der Vorgang läßt sich durch Dunkelrot umkehren (Reversion). Belichtung mit Hellrot führt zur physiologisch aktiven Form (P_{730}). Das Pigmentsystem verhält sich wie ein molekularer Schalter. Die zuletzt eingestrahlte Lichtqualität entscheidet über die Reaktion der Pflanze, z.B. die Auslösung der Samenkeimung v. ↗Lichtkeimern. Im Weißlicht stellt sich ein Photogleichgewicht zw. beiden Formen ein, d.h., das Pigmentsystem kann die Lichtqualität registrieren (↗Photorezeptoren). Mit empfindl. Spektralphotometern kann die Umwandlung in vivo in nicht grünen Geweben gemessen werden. – In seiner einfachsten Form kann das P. mit folgendem kinet. Modell (vgl. Abb.) beschrieben werden. Im Dunkeln liegt als Speicherform nur P_r vor. Es wird aus einer Vorstufe P'_r mit einer Kinetik 0. Ordnung gebildet. Die physiologisch aktive Form P_{fr} entsteht im Licht in einer reversiblen photochem. Reaktion mit Kinetiken 1. Ordnung. Im Dunkeln ist P_r stabil, P_{fr} dagegen nicht. Es zerfällt i.d.R. nach einer Kinetik 1. Ordnung in die Form P'_{fr} od. wandelt sich in einer sog. Dunkelreversion in P_r zurück. Das Modell beschreibt näherungsweise das Verhalten des P.s bei Pulsbestrahlungen im Minutenbereich. Im Dauerlicht u. in grünen Geweben ist das Reaktionsgeschehen komplexer; möglicherweise ist P_{fr} nicht der alleinige Effektor. Bei der Alge *Mogeotia* u. bei Farn-Chloronemen liegt das Pigmentsystem in hochgeordneter Form, vermutl. an das Plasmalemma gebunden, vor. *E.W.*

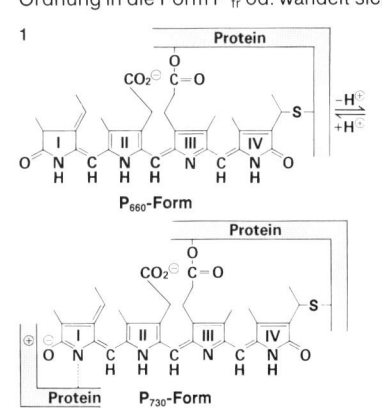

Phytoalexine

Rishitin ist ein zu den Terpenoiden zählendes Phytoalexin, das in gg. den Erreger der Kartoffelfäule (*Phytophthora infestans,* □ Kraut- und Knollenfäule) resistenten Kartoffeln auf eine Infektion mit dem Pilz hin gebildet wird.

Phytoalexine

Einige Vertreter der P., nach Stoffgruppen geordnet:

Sesquiterpene: Rishitin, Phytuberin, Lubimin, Capsidol

Isoflavonoide: ↗Phaseolin, ↗Pisatin, Glykeolin, Medicarpin

Polyacetylene: Wyeron, Wyeronsäure, Wyeronepoxid

Dihydrophenanthrene: ↗Orchinol, Hircinol

Phytochrom-System

1 Die beiden Zustandsformen des *Phytochroms* (P_{660} = P_r und P_{730} = P_{fr}). Beim Übergang von P_{660} zu P_{730} findet eine Protonenabgabe ($-H^+$), beim umgekehrten Übergang eine Protonenaufnahme ($+H^+$) statt.

2 Kinetisches Modell des P.s

Phytoepisiten [Mz.; v. *phyto-, gr. episitizomai = sich verproviantieren], die ↗ Herbivoren.
Phytoflagellaten [Mz.; v. *phyto-, lat. flagellare = geißeln] ↗ Geißeltierchen (T).
phytogen [v. *phyto-, gr. gennan = erzeugen] ↗ biogenes Sediment.
Phytogeographie w [v. *phyto-, gr. geōgraphia = Erdbeschreibung], die ↗ Pflanzengeographie.
Phytohämagglutinine [Mz.; v. *phyto-, gr. haima = Blut, lat. agglutinare = ankleben], *Phythämagglutinine,* die ↗ Lectine.
Phytohormone [Mz.; v. *phyto-, gr. hormōn = antreibend], *Pflanzenhormone, Pflanzenwuchsstoffe,* natürl. endogene Regulatorsubstanzen (↗Hormone), die steuernd auf pflanzl. Entwicklungsvorgänge (z. B. Wachstum, Reife, Blattabwurf usw.; ↗ Abscission, ↗ Blattfall, ↗ Blütenbildung) wirken. Zu den P.n zählen die ↗ *Abscisinsäure,* die ↗ *Cytokinine* u. die ↗ *Gibberelline,* die sich biogenet. vom Isopren ableiten, sowie die ↗ *Auxine* u. das ↗ *Äthylen,* deren Vorstufen aus dem Aminosäurehaushalt stammen. Der Syntheseort der P. ist v. ihrem Wirkort verschieden. Im Ggs. zu tier. Hormonen besitzen P. nur geringe Organ- u. Wirkungsspezifität; sie zeigen multiple Wirkungen, an denen häufig mehrere P. beteiligt sind. Meist spielt beim Zusammenwirken von P.n das Mengenverhältnis der P. zueinander eine größere Rolle als ihre absolute Konzentration, die im allg. sehr gering ist (10^{-6} mol/l u. weniger).
Phytohygiene w [v. *phyto-, gr. hygieinos = gesund], *Pflanzenhygiene,* ↗Phytomedizin, ↗ Pflanzenschutz.
Phytokinine [Mz.; v. *phyto-, gr. kinein = bewegen], die ↗Cytokinine.
Phytol s [v. *phyto-, lat. oleum = Öl], einfach ungesättigter acycl. Diterpenalkohol, der in veresterter Form a!; Bestandteil *(P.rest, Phytylrest)* der ↗ Chlorophylle (☐) u. der Vitamine E (↗Tocopherol) und K_1 (↗Phyllochinon) vorkommt. B Photosynthese I.
Phytolaccaceae [Mz.; v. *phyto-, mlat. lacca = Lack], die ↗Kermesbeerengewächse.
Phytolith m [v. *phyto-, gr. lithos = Stein], vorwiegend aus Pflanzenresten bestehendes (phytogenes) Sediment (↗biogenes Sediment), z. B. Torf.
Phytologie w [v. *phyto-, gr. logos = Kunde], die ↗Botanik.
Phytomastigophora [Mz.; v. *phyto-, gr. mastigophoros = eine Peitsche tragend], *Phytoflagellata,* ↗Geißeltierchen (T).
Phytomedizin w [v. *phyto-, lat. medicina = Heilkunst], *Pflanzenmedizin, Pflanzenheilkunde,* Wiss., die sich mit der kranken Pflanze (Krankheitsursache, -erscheinungsform u. -verlauf) befaßt. Man unterscheidet verschiedene Teilgebiete: a) *Phytopathologie,* die Lehre v. den ↗Pflan-

phyto- [v. gr. phyton = Gewächs, Pflanze].

Phytophthora
Einige Arten u. Pflanzenkrankheiten:
P. infestans (Kraut- u. Knollenfäule)
P. nicotianae (Umfallkrankheiten an Gemüse)
P. pori (Papierfleckenkrankheit an Lauch)
P. cactorum (Kragenfäule an Obstbaumrinde, Rhizomfäule u. Lederfäule an Erdbeeren)
P. fragariae (Rote Wurzelfäule der Erdbeere)
P. cinnamomi (*P.*-Fäule der Scheinzypresse)

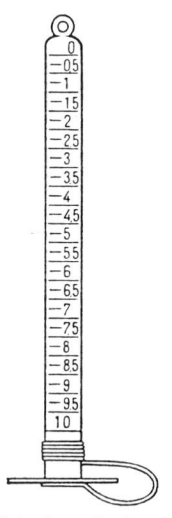

Piche-Evaporimeter
Ein oben geschlossenes, mit Wasser gefülltes, graduiertes Rohr wird unten mit einer Fließpapierscheibe, die in der Mitte mit einer Nadel durchstochen wurde, abgedichtet. Die runde Scheibe von 3 cm ⌀ verdunstet das Wasser, dessen Menge an der Skala der Glaswand abgelesen werden kann.

zenkrankheiten u. ihren Ursachen, v. ihrer wirtschaftl. und geschichtl. Bedeutung; b) *Phytohygiene,* die Lehre v. den Maßnahmen für einen gesunden Pflanzenaufwuchs, wie Kulturverfahren, Sortenwahl, Saatgutbeizung und -reinigung, Verwendung keimfreien Pflanzguts, ↗Pflanzenbeschau u. ↗Erhaltungszüchtung; c) *Phytopharmazie,* die Lehre v. Aufbau, Anwendung u. Wirkungsweise chem. Pflanzenschutzmittel.
Phytomonadina [Mz.; v. *phyto-, gr. monas = Einheit], Sammel-Bez. für pflanzl. ↗Geißeltierchen, die sich photoautotroph, seltener chemotroph ernähren; leben einzeln (u. a. ↗ *Chlamydomonadaceae,* ↗ *Euglenophyceae*) od. in Zellverbänden (↗ *Volvocaceae*).
Phytonzide [Mz.; v. *phyto-, lat. -cidus = tötend], *Phytoantibiotika,* wenig gebräuchl. Bez. für antibiot. wirksame Substanzen aus Pflanzen, z. B. Senfölglykoside, Phytoalexine, äther. Öle usw.
Phytoparasiten [Mz.; v. *phyto-, gr. parasitos = Schmarotzer] ↗Parasiten.
Phytopathologie [v. *phyto-, gr. pathologikē = Krankheitslehre] ↗Phytomedizin.
Phytophagen [Mz.; v. *phyto-, gr. phagos = Fresser], *Pflanzenfresser,* Tiere, die sich v. Pflanzen od. abgestorbenen Pflanzenteilen ernähren: ↗ *Herbivoren* von Kräutern, ↗ *Fruktivoren* von Früchten, ↗ *Mycetophagen* v. Pilzen, Algenfresser, Flechtenfresser, *Phytonekrophagen* wie die holzfressenden *Xylophagen* od. die mulmfressenden *Phytosaprophagen.* Als Pflanzenparasiten i. e. S. sind alle die Insekten aufzufassen, die Pflanzensäfte saugen (↗Pflanzensaftsauger). In der Praxis lassen sich spezialisierte monophage P. gegen Unkräuter einsetzen: so wurde in Austr. die zur Landplage gewordene Opuntie mit der Raupe des Schmetterlings *Cactoblastis cactorum* bekämpft.
Phytophthora w [v. *phyto-, gr. phthora = Verderben], Gatt. der *Peronosporales* (↗Falsche Mehltaupilze); Erreger wicht. Pflanzenkrankheiten (vgl. Tab.); ihr Mycel wächst im Innern der Wirtspflanze, die Sporangienträger, ca. 1 mm lang, dringen durch die Spaltöffnungen nach außen u. bilden auf der Blattunterseite einen weißl. Rasen (Entwicklung ↗Kraut- u. Knollenfäule, ☐).
Phytoplankton s [v. *phyto-, gr. plagktos = umherirrend], ↗Plankton.
Phytosauria [Mz.; v. *phyto-, gr. sauros = Eidechse], (H. v. Meyer 1861), † U.-Kl. der ↗ *Archosauria* (Ord. ↗ *Thecodontia),* deren Angehörige in Habitus u. Lebensweise große Ähnlichkeit mit den *Crocodilia* aufweisen, die sie – obwohl nicht direkt verwandt – in der Trias auch ökolog. vertraten. P. lebten halbaquatisch an Flüssen u. Seen u. ernährten sich (entgegen ihrem Namen) carnivor. Verbreitung: ? oberes Perm, Trias. Bekannteste Gatt.: *Phytosaurus* Jae-

ger 1828, *Belodon* H. v. Meyer 1842 (= *Mystriosaurus* E. Fraas 1896), beide aus dem oberen Keuper (Stubensandstein).

Phytotelmen [Mz.; v. *phyto-, gr. telma = Sumpf], zu den Mikrogewässern zählende kleine Wasseransammlungen in Pflanzenteilen (z. B. Blütenständen, Höhlungen v. Baumstämmen, Blattachseln v. Bananen u. a.), im trop. Regenwald verbreitet; meist Regenwasser, manchmal wäßr. Sekrete; P. enthalten charakterist. Lebensgemeinschaften *(Phytotelmon)* mit Algen, Wimpertierchen, Rädertierchen, Insektenlarven, aber auch kleinen Fröschen.

Phytotherapie *w* [v. *phyto-, gr. therapeia = Heilung eines Kranken], die ↗Heilpflanzenkunde.

Phytotomidae [Mz.; v. *phyto-, gr. tomē = Schnitt], die ↗Pflanzenmäher (Vögel).

Phytotomie *w* [v. *phyto-, gr. tomē = Schnitt], ältere Bez. für Pflanzenanatomie.

Phytotoxine [Mz.; v. *phyto-, gr. toxikon = Gift], für Menschen u. Tiere toxische, allerg. Reaktionen auslösende Proteine aus höheren Pflanzen, z. B. das ↗Abrin der Paternostererbse, ↗Phasin der Gartenbohne, ↗Ricin aus Ricinus, die Viscotoxine der Mistel u. einige Vertreter der ↗Lectine ([T]).

Phytotron *s* [v. *phyto-], Kulturraum (Klimakammer) zur Simulation natürl. Umweltbedingungen für pflanzenphysiolog. und pflanzenökolog. Versuche durch programmierbare Regelung der Beleuchtungsstärke, Temp. und Luftfeuchte, gelegentl. auch des Windes.

Phytozönologie *w* [v. *phyto-, gr. koinos = gemeinsam, logos = Kunde], ↗Botanik.

Phytozönose *w* [v. *phyto-, gr. koinos = gemeinsam], Gesamtheit der Pflanzen in einer ↗Biozönose. Ggs.: Zoozönose.

Phytylrest ↗Phytol.

Pia mater *w* [lat., = weiche Mutter], gefäßreiche Bindegewebsschicht mit weiten faserhaltigen Interzellularräumen im Zentralnervensystem der Säuger. ↗Hirnhäute.

Piassave *w* [v. Tupi-Guarani piasaba = Faserpalme, über port.], *Piassava*, Sammelbez. für Pflanzenfasern, die aus Blattscheide, -stiel u. -rippe verschiedener Palmenarten gewonnen werden. Die biegsamen, kräftigen P.fasern werden v. a. zur Herstellung v. Besen, Bürsten, Seilen u. Matten genutzt. Wirtschaftl. wichtige P.lieferanten sind u. a. die ↗Raphiapalme (Raphia-P., afrikanische P.) u. die ↗Palmyrapalme (Palmyrafaser).

Pica *w* [lat., =], ↗Elster.

Picassofisch [ben. nach dem span. Maler P. Picasso, 1881–1973], *Rhineacanthus aculeatus*, ↗Drückerfische.

Picathartes *w* [v. lat. pica = Elster], Gatt. der ↗Timalien. [↗Fichte.

Picea *w* [lat., = Pechföhre], ↗

Piceion *s* [v. lat. picea = Pechföhre], *Fichten-Wälder*, U.-Verb. des *Vaccinio-Piceion;* natürl. Fichtenwälder sind in der subalpinen Stufe der Alpen, Karpaten u. Mittelgebirge, in den inneren Alpentälern u. an Sonderstandorten, wie Blockhalden, Kaltlufttälern u. Moorrändern, auch weiter herab verbreitet. Gemeinsam ist ihnen das immergrüne Kronendach, das schwer zersetzl. Nadelstreu liefert u. säureertragende Moose, Zwergsträucher u. Sauerklee begünstigt. Im Schwarzwald, den Nordalpen u. im Alpenvorland findet man den Peitschenmoos-Fichtenwald *(Bazzanio-Piceetum).*

Piche-Evaporimeter, von Piche standardisiertes Gerät (↗Evaporimeter) zur Messung der ↗Evaporation. ☐ 392.

Pichia *w*, Gatt. der ↗Echten Hefen *(Saccharomycetaceae);* die Zellen sind oval bis zylindr. und vermehren sich durch multilaterale Sprossung; sie können Pseudomycelien bilden; echte Mycelien werden selten beobachtet. Im Ascus entwickeln sich 1–4 hutförmige Ascosporen i. d. R. mit Öltropfen. Es gibt zahlr. Arten, meist aerob wachsend, aber mit (schwachem) Gärmögen. Auf Flüssigkeiten wächst *P.* meist mit trockener Kahmhaut (= ↗Kahmhefe). *P. alcoholophila* kann alkohol. Gärungen stören. Viele Arten sind vergesellschaftet mit Borkenkäfern (z. B. *Dendroctonus*) od. *Drosophila*-Arten, die sich v. zersetzendem Pflanzenmaterial ernähren. Sie sind im Saftfluß v. Bäumen u. spezifisch an bestimmten faulenden Kakteen sowie anderen verwesenden Pflanzen zu finden.

Picidae [Mz.; v. lat. picus = Specht], die ↗Spechte.

Piciformes [Mz.; v. lat. picus = Specht, forma = Gestalt], die ↗Spechtartigen.

Picodnaviren [v. it. piccolo = klein u. DNA], seltene Bez. für ↗Parvoviren.

Picornaviren, *Picornaviridae,* umfangreiche Fam. von kleinen RNA-Viren (picorna, zusammengesetzt aus *pico* [v. it. piccolo] = klein und *RNA,* bzw. Acronym aus Poliovirus, *i*nsensitivity to ether, Coxsackievirus, Orphanvirus, Rhinovirus, RNA), die in die 4 Gatt. *Enterovirus* (von gr. enteron = Darm), *Cardiovirus* (von gr. kardia = Herz), *Rhinovirus* (v. gr. rhis, Gen. rhinos = Nase) und *Aphthovirus* (von gr. aphtha = Mundbläschen) unterteilt werden (vgl. Tab.). Zu den P. gehören einige bedeutende Krankheitserreger v. Mensch u. Tier, u. a. Polioviren als Erreger der ↗Poliomyelitis, das ↗Hepatitis-A-Virus u. das Maul- und Klauenseuche-Virus (Abk. MKS-Virus) als Erreger der ↗Maul- und Klauenseuche. Da Polioviren, ↗ECHO-Viren und ↗Coxsackieviren den Magen-Darm-Trakt des Menschen infizieren, wurden sie urspr. unter der Bez. ↗Enteroviren zusammengefaßt; es können jedoch auch Erkrankungen der Atmungsorgane u. des Zentralnervensystems hervorgerufen werden. Rhinoviren infizieren hpts. den Nasen-Rachen-Raum; sie sind häufige Erreger v. Erkältungskrankheiten bei Kindern u. Erwachsenen. Cardioviren sind hpts. mäusepatho-

Picornaviren

Gattungen, Virusarten u. (in Klammern) Anzahl der Serotypen:

Enterovirus
  Polioviren (3)
  Coxsackieviren A (23)
  Coxsackieviren B (6)
  ECHO-Viren (32)
  Enteroviren 68–71 (4)
  Hepatitis-A-Virus = Enterovirus Typ 72 (1)
  Enteroviren der Affen (18)
  Enteroviren der Rinder (7)
  Enteroviren der Schweine (11)
  Enteroviren der Mäuse (1)

Cardiovirus
  Encephalomyocarditis-Virus (Abk. EMC-Virus) der Mäuse (1)
  Mengovirus
  Columbia SK-Virus
  Mäuseencephalomyelitis-(ME-)Virus

Rhinovirus
  Rhinoviren des Menschen (113)
  Rhinoviren der Rinder (2)

Aphthovirus
  Maul- und Klauenseuche-(MKS-)Virus (7)

Noch nicht in Gatt. eingeordnete P.:
  Rhinoviren der Pferde
  Drosophila C-Virus

Noch nicht klassifizierte Viren:
  kleine RNA-Viren v. Insekten

Picornaviren

gen; eine Übertragung auf den Menschen ist sehr selten. Bei Picornavirusinfektionen des Menschen besteht oft keine eindeutige Korrelation zw. klinischem Syndrom u. verursachendem Virus. So kann ein bestimmtes Krankheitsbild durch verschiedene P. hervorgerufen werden; andererseits kann das gleiche Picornavirus zu verschiedenen Erkrankungen führen. In den meisten Fällen verläuft jedoch eine Picornavirusinfektion beim Menschen ohne Krankheitssymptome. Bei den meisten P. lassen sich verschiedene Serotypen voneinander unterscheiden ([T] 393), da die Viren unterschiedl. Antigenspezifitäten aufweisen. Eine vollständige Neutralisierung der Virusinfektiosität wird nur durch das jeweilige homologe, typenspezifische Antiserum erreicht. In den Viruspartikeln ($\varnothing$ 22–30 nm, Ikosaedersymmetrie) umschließt ein aus 60 Untereinheiten aufgebautes Capsid eine lineare einzelsträngige RNA (relative Molekülmasse ca. $2{,}5 \cdot 10^6$). Das Fehlen einer lipidhaltigen Hülle bedingt die Resistenz der P. gegenüber organ. Lösungsmitteln, z. B. Äther. Die Genom-RNA besitzt Plusstrang-(=m-RNA-)Polarität u. ist infektiös; sie trägt am 3'-Ende eine Polyadenylsäuresequenz (durchschnittl. Länge 35–100 Nucleotide) u. am 5'-Ende ein kovalent gebundenes Protein (VPg, ca. 20–24 Aminosäuren). Von einigen P. wurden die vollständigen Nucleotidsequenzen der Genom-RNAs bestimmt (Poliovirus: 7433 Nucleotide, Encephalomyocarditis-Virus: 7840 Nucleotide, MKS-Virus: 8450 Nucleotide). Die RNA von Cardio- u. Aphthoviren enthält eine Polycytidylsäuresequenz (80–250 Nucleotide) unklarer Funktion in der nichtcodierenden Region am 5'-Ende. Nach Adsorption der Virionen an Plasmamembranrezeptoren der Wirtszelle u. Freisetzen der Nucleinsäure in das Cytoplasma dient die Virion-RNA als monocistronische m-RNA zur Synthese eines Polyproteins (relative Molekülmasse ca. 210000), das die Information für sämtl. viruscodierten Proteine enthält u. durch stufenweise proteolytische Spaltungen erst in 3 Vorläuferproteine P1-3 und dann in die eigtl. Virusproteine (u. a. Capsidproteine, Polymerase, Polymerasefaktoren, Protease, VPg) zerlegt wird. Die virale RNA-Synthese beginnt mit der Bildung der zur Virion-RNA komplementären Minusstrang-(−)RNA, die dann als „template" zur Synthese neuer Plusstrang-(+)RNAs dient. Replikative Intermediate (RI) bestehen aus einer vollständigen (−)RNA und mehreren inkompletten, in Synthese befindlichen (+)RNAs; sie sind mit dem glatten endoplasmat. Reticulum assoziiert. Die neugebildeten (+)RNAs werden zur Translation, zur Synthese zusätzlicher (−)RNAs oder zur Verpackung in Virionen verwendet. Als m-RNA dienende (+)RNAs tragen am 5'-Ende weder das VPg-Protein noch die für eukaryotische m-RNAs typische Cap-Struktur (↗Capping). Die Virion-Morphogenese verläuft stufenweise unter proteolytischer Spaltung eines Protein-Vorläufermoleküls in die Capsidproteine VP1, 2, 3 und 4 (je 60 Moleküle pro Virion). Die meisten P. verursachen charakterist. morphologische Veränderungen der Wirtszellen. Es kommt zur Hemmung der zellulären DNA-, RNA- und Proteinsynthese. Bei Doppelinfektion einer Zelle können genet. Rekombination u. phänotypische Mischung auftreten. P. der Gatt. Enterovirus sind säurestabil, während Rhino- und Aphthoviren ihre Infektiosität bei pH-Werten <5–6 verlieren. *E. S.*

Picornaviren
Verlauf einer *Poliovirusinfektion:* Nach der Virusaufnahme über den Mund findet die Virusvermehrung zuerst im Nasen-Rachen-Raum u. Darm statt, danach in den Tonsillen, den Peyerschen Plaques sowie den Lymphknoten des Rachens u. Mesenteriums. Das Virus tritt dann in die Blutbahn ein; es kommt zu einer meist vorübergehenden Virämie, bei der das *Poliovirus* andere suszeptible Gewebe erreichen kann. Bei weiterem Fortschreiten der Infektion u. persistenter Virämie kann das Zentralnervensystem befallen werden, in das das Virus außerdem entlang der Nervenfasern eindringen kann. Es werden meist bestimmte Nervenzelltypen (Vorderhornzellen des Rückenmarks) befallen u. geschädigt bzw. zerstört. Bei einer Poliovirusinfektion ist das Virus für mehrere Wochen im Stuhl nachweisbar. In den ersten Tagen nach Infektion wird es auch über den Rachen ausgeschieden. Zur aktiven Impfung werden attenuierte Virusstämme ohne Neurovirulenz verwendet. ↗Poliomyelitis.

Picris *w* [v. gr. pikris =], das ↗Bitterkraut.
Picus *m* [lat., = Specht], ↗Spechte.
Pieper [Mz.; v. dt. piepen], *Anthus,* Singvogel-Gatt., die zus. mit den ↗Stelzen die Fam. *Motacillidae* bildet. Schlanke insektenfressende Vögel, bräunl. gefärbt mit meist dunkel gestreifter Brust; im Verhalten lerchenähnlich. 39 Arten weltweit verbreitet, an der Stimme oft leichter als am Aussehen unterscheidbar; einsilbiger Flugruf; im Brutgebiet steigen die P. zu einem auffälligen Revierfluggesang auf. Nest am Boden aus dürrem Gras u. mit Haaren ausgepolstert; 2–6 braune od. graue Eier, die v. Weibchen brütet werden. Der 15 cm große Baum-P. *(A. trivialis)* bewohnt Waldränder u. -lichtungen u. offenes Gelände mit Büschen u. Baumgruppen, in Dtl. von Ende März bis Okt. Ganzjährig anzutreffen sind die Wiesen-P. *(A. pratensis)* u. der etwas größere Wasser-P. *(A. spinoletta,* nach der ↗Roten Liste „potentiell gefährdet"); der Wiesen-P. besiedelt weite Wiesen-, Heide- u. Moorgebiete, außerdem Bergwiesen, wo auch der Wasser-P. vorkommt, dieser in einer anderen Rasse auch an der Felsküste; winters sind beide Arten in Trupps v. a. auf feuchten Wiesen anzutreffen. Der unterseits nicht gefleckte Brach-P. *(A. campestris,* nach der ↗Roten Liste „vom Aussterben bedroht") bevorzugt sand. Ödland u. Dünen.

Pieridae [Mz.; v. gr. Pierides = die Musen], die ↗Weißlinge.
Piesmidae [Mz.; v. gr. piezein = drücken], die ↗Meldenwanzen.
Pigmentbakterien [Mz.; v. gr. baktērion = Stäbchen], *Farbstoffbildner,* farbstoffbildende Bakterien aus verschiedenen Gatt. ([T] 395), die Pigmente in den Zellen einlagern od. ins Medium abgeben; oft ist die Pigmentbildung v. Licht abhängig. Die Pigmente dienen zur Lichtabsorption bei der Photosynthese (z. B. bei ↗Cyanobakterien, ↗phototrophen Bakterien) od. als Schutzpigmente (meist Carotinoide) gg. Photooxidationen (viele Luftkeime, z. B. *Micrococcus*). Manche Pigmente haben antibiot. Eigenschaften, v. vielen ist die Bedeutung für die Bakterien nicht bekannt.

Pieper
Oben singender Wasser-P. *(Anthus spinoletta)* im abwärtsgleitenden Balzflug

Pigmentbecherocellen [v. lat. ocellus = Äuglein] ↗Auge.

Pigmente [Mz.; v. lat. pigmentum = Farbe, Farbstoff], *Pigmentfarbstoffe, Biochrome,* natürl. vorkommende tier. und pflanzl. ↗Farbstoffe (T), die meist in ↗Chromatophoren lokalisiert sind. P. können als die strukturgebundenen (an Proteine, Membranen gebundene) ↗*Naturfarbstoffe* gg. die lösl. Naturfarbstoffe (z.B. Vakuolenfarbstoffe, ↗chymotrope Farbstoffe) abgegrenzt werden. Zu den P.n zählen z.B. die ↗Carotinoide, ↗Chlorophylle, ↗Echinochrome, ↗Melanine, ↗Ommochrome, ↗Phycobiliproteine, das ↗Phytochrom, die ↗Pteridine usw. Die Funktion der P. ist meist mit ihrer Fähigkeit zur ↗Absorption bestimmter Wellenlängenanteile des ↗Lichts (↗Lichtfaktor) u. deren Umwandlung in photochem. Prozessen verbunden. P. spielen eine wichtige Rolle als ↗Photorezeptoren, bei der ↗Photosynthese, beim Sehvorgang (↗Augen-P., ↗Sehfarbstoffe, ↗Auge, ↗Linsenauge, ↗Komplexauge (B), ↗Netzhaut (B), ↗Farbensehen (B)) u. als Schutzeinrichtung gg. schädl. Strahlung (z.B. Absorption von UV-Licht; ↗Lichttoleranz, ↗Melanine, ↗Hautfarbe). Andere P. fungieren als opt. Signale (z.B. Lockwirkung) od. als Tarnung (↗Farbwechsel, ☐). Zu den P.n zählen auch die ↗Atmungs-P., obwohl ihre Funktion im Transport v. Sauerstoff liegt, also nicht i.e.S. an die Farbigkeit (Pigmentcharakter) gekoppelt ist. ↗Farbe.

Pigmentfarbstoffe, die ↗Pigmente.

Pigmenthormon *s,* das ↗Melanotropin.

Pigmentzellen ↗Chromatophoren.

pikieren [v. frz. piquer = (vor)stechen], zu dicht stehende Sämlinge u. Jungpflanzen verziehen („ausdünnen"), damit sich die einzelnen Pflanzen besser entwickeln können.

Pikromycin *s* [v. gr. pikros = bitter, mykēs = Pilz], ↗Makrolidantibiotika.

Pikrotoxin *s* [v. gr. pikros = bitter, toxikon = Gift], *Kokkulin,* Molekülverbindung zw. *Pikrotoxinin* ($C_{15}H_{16}O_6$, giftig) u. *Pikrotin* ($C_{15}H_{18}O_7$, ungiftig), die aus den Kokkelskörnern (↗Fischkörner, ↗Menispermaceae) gewonnen wird; Krampfgift.

Pila *w* [lat., = Mörser, Trog], Gatt. der *Ampullariidae,* Mittelschnecken mit rundl. Gehäuse u. verkalktem Deckel; leben in u. an Flüssen SO-Asiens, des trop. Afrika u. Madagaskars.

Pilae [Mz.; engl. *pillars;* v. lat. pila = Pfeiler], senkrecht zur Oberfläche v. ↗Stromatoporen verlaufende u. die Laminae stützende Skelettelemente; erscheinen im Anschliff als kleine Säulen.

Pilchard *m* [piltsch{e}d; engl.], *Sardina pilchardus,* ↗Sardinen.

Pilea *w* [v. lat. pileus = Filzkappe, Mütze], Gatt. der ↗Brennesselgewächse.

Pileus *m* [lat., = Filzkappe, Mütze], Teil des Fruchtkörpers v. Schlauch- u. Ständerpilzen, der das Hymenium (Fruchtschicht) trägt.

Pilgermuschel, die ↗Jakobsmuschel.

Pili [Mz.; lat., = Körperhaare], fädige Zellanhänge v. ↗Bakterien (⌀ 3–25[40] nm, Länge 1–3 [20] μm); im Ggs. zu ↗Bakteriengeißeln sind sie gerader, steifer, meist kürzer u. oft in hoher Anzahl vorhanden u. auch mit spezif. Färbemethoden nicht lichtmikroskop. erkennbar; hpts. bei gramnegativen Bakterien, aus Protein *(Pilin)* aufgebaut, oft eine Röhre bildend (Innen-⌀ ca. 2–3 nm); allg. synonym mit der Bez. ↗*Fimbrien* gebraucht. Als P. (i.e.S.) werden heute meist nur die Zellanhänge ben., die auf irgendeine Weise an der Übertragung von genet. Material (DNA, RNA) beteiligt sind; z.B. als Sex-Pili (lange ↗F-Pili, bis 20 μm lang, od. kurze I-Pili, ca. 2 μm lang, die genetisch unterschiedlich determiniert sind), als Bakteriophagenrezeptor od. auch indirekt bei der Zellanheftung (↗Zelladhäsion) während einer ↗Konjugation.

Pilidium *s* [v. gr. pilidion = Filzhütchen], *P.-larve,* Grundform unter den 4 Larventypen der Schnurwürmer *(Nemertini);* aufgrund ihrer helmart. Form u. der beiden ohrenklappenähnl. Fortsätze auch *Fechterhutlarve* gen. Durch die Ausbildung v. Wimperschnüren u. einer Scheitelplatte mit Wimperschopf erinnert die ca. 1 mm große P.larve an die Trochophora-Larve; es fehlen ihr aber Protonephridien u. ein After. Sie lebt pelagisch planktotroph.

Pilina *w* [v. gr. pilos = Filz, Filzhut], (Koken 1925), zur † Fam. *Tryblidiidae* gehörende Gatt. der ↗*Monoplacophora* mit mützenförm. Schale, innen 8 Paar Muskeleindrücke, ähnl. der rezenten ↗*Neopilina.* Verbreitung: mittleres Silur v. Europa.

Pillendreher, Gruppe der ↗Mistkäfer unter den ↗Blatthornkäfern. Hierher gehören v.a. die vielen Arten der Gatt. *Scarabaeus,* bei uns aber auch *Sisyphus* u. *Gymnopleurus* als weitere Vertreter der *Scarabaeinae.* Für sie ist charakteristisch, daß sie in Weiterentwicklung des Brutfürsorgeverhaltens der Mistkäfer für jedes Ei eine einzelne Brutbirne aus Dung herstellen. Diese wird entweder aus einer größeren Dungmenge herausgeschnitten od. aus mehreren kleineren Kotbällchen geknetet. Diese Pillen werden nach rückwärts weggewälzt, indem der Käfer (meist das Weibchen) seine Vorderbeine am Boden, die beiden Hinterbeinpaare auf der Brutpille hat u. nun im Rückwärtsgang läuft („pushing position"). Wenn beide Partner eine Pille transportieren, nimmt meist das Männchen eine „pulling position" ein, indem es auf der Pille mitreitet u. sie mit Hilfe der Vorder- u. Mittelbeine im Vorwärtsgang unter sich nach hinten wälzt (so bei *Sisyphus*). Die Brutpille wird dabei v. *Sisyphus* bis 9 m, bei *Scarabaeus* bis 15 m weit gerollt u. dann vergraben. Dabei wird im-

---

Pigmentbakterien
Wichtige Farbstoffe, Gattungen u. Arten:
Carotinoide (*Micrococcus, Mycobacterium* u.a.)
Bakteriochlorophyll (phototrophe Bakterien)
Chlorophyll (Cyanobakterien)
Bakteriorhodopsin (Halobakterien)
Prodigiosin (*Serratia marcescens*)
Indigoidin (*Pseudomonas indigofera* u.a.)
Violacein (*Chromobacterium violaceum*)
Phenazinfarbstoffe (*Pseudomonas aeruginosa* u.a.)

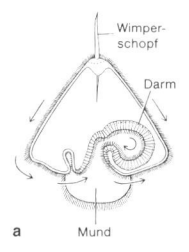

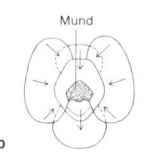

Pilidium
P.larve, **a** Seitenansicht, **b** von vorn (oral); Pfeile geben den Weg der Nahrung an.

pigment- [v. lat. pigmentum = Farbe, Schminke].

Pillenfarngewächse

Pillendreher

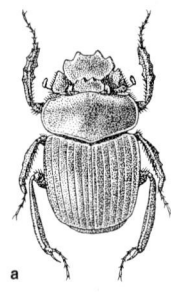

a Pillendreher *(Scarabaeus sacer)*, b beim Rollen einer Brutpille

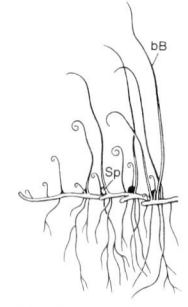

Pillenfarngewächse

Pillenfarn *(Pilularia globulifera)*; bB binsenartige, in der Jugend eingerollte Blätter, Sp Sporokarpium

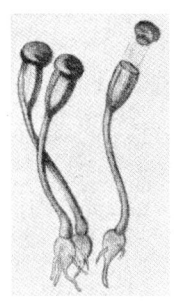

Pilobolus

P. crystallinus, ggf. das einfallende Licht hin gekrümmt, rechts das Sporangium abschleudernd

Pilocarpin

mer nur v. einem Käfer die Erde unter der Pille weggeschafft, wodurch diese (ggf. mit daraufsitzendem Partner) allmähl. im Erdreich verschwindet. Neben solchen Brutpillen werden v. beiden Geschlechtern auch Futterpillen weggerollt u. vergraben, die jedoch nur der eigenen Ernährung dienen. In Dtl. ist v. diesen P.n nur die nach der ↗Roten Liste „stark gefährdete" Art *Sisyphus schaefferi* im S lokal verbreitet. Die eigtl. P. der Gatt. *Scarabaeus* sind v. a. im Mittelmeerraum u. in der südl. Paläarktis verbreitet. Eine Art, *Scarabaeus sacer* (B Insekten III), gilt als der „Heilige P." der alten Ägypter, die in dem Käfer u. seinem Rollen der Dungkugel ein Sinnbild des Sonnengottes Re sahen. Die Pille galt als Sinnbild der Sonne. Nachbildungen des *Scarabaeus* sind seit mindestens 3000 v. Chr. bekannt. Der *Scarabaeus*-Kult war im Mittelmeerraum weit verbreitet, wobei gelegentl. auch andere Mistkäfer als Vorbild dienten. So gibt es bei den kretischen Minoern Mondhornkäfer *(Copris hispanus)* als „Heilige Scarabaeen".

Pillenfarngewächse, *Pilulariaceae*, Fam. der ↗Wasserfarne (Ord. ↗*Marsileales*) mit der einzigen Gatt. *Pilularia* und 6 v. a. in den gemäßigten Zonen verbreiteten Arten. Bau u. Entwicklungsgang sehr ähnl. denen der ↗Kleefarngewächse, die bis 10 cm hohen Blätter aber einfach binsenartig mit nur 1 Sporokarpium an der Basis; Sporokarpien mit 2–4 Sori (Fächer), jeder mit Mikro- u. Megasporangien; die Sporokarpien öffnen sich bei Reife durch Klappen, u. die Sporangien treten in einem Gallerttropfen aus, in dem die weitere Entwicklung abläuft; ♀ Gametophyt ergrünend u. stärker entwickelt als bei den Kleefarngewächsen. – Einzige in Mitteleuropa heim. Art ist der sehr seltene, nach der ↗Roten Liste „stark gefährdete" Pillenfarn *(P. globulifera)*, der in Strandlings-Ges. (Verb. *Litorellion*) an den zeitweise überschwemmten Rändern oligo- bis mesotropher Teiche u. Seen vorkommt.

Pillenkäfer, *Byrrhidae*, Fam. der polyphagen Käfer, kleine u. mittelgroße, pillenförm. Tiere, die eine Trutzform einnehmen können, indem sie ihre Extremitäten in Vertiefungen des Körpers einlegen. Die meisten Vertreter sind erdfarben, einige aber auch metallisch grün. Weltweit ca. 260, in Mitteleuropa 35 Arten; fast alle Arten sind als Larve u. als Käfer Moosfresser. Bei uns häufig ist der ca. 1 cm große *Byrrhus pilula*.

Pillenwespen, *Eumenes*, Gatt. der ↗Eumenidae.

Pillotina w, *P. calotermitidis*, spirochätenähnl. Organismus im Darm v. Termiten.

Pilobolus m [v. lat. pila = Kugel, gr. -bolos = -werfer], *Pillenwerfer, Hutwerfer*, Gatt. der Jochpilze (Ord. *Mucorales*, Fam. *Pilobolaceae*); die Arten entwickeln ein spärliches, vegetatives Mycel (v. a. aus Nährhyphen) im Kot v. Pflanzenfressern. Von kleinen plasmareichen „Blasen" (= *Trophocyste*) an den Hyphen entspringen die bis ca. 1 cm hohen Sporangienträger, die mit einer Columella in das an der Spitze sitzende Sporangium hineinragen. Die Sporangienträger richten sich zum Licht aus (Phototropismus); durch Lichteinfluß u. Turgormechanismen (↗Explosionsmechanismen) reißt die unter dem Sporangium angeordnete Blase plötzl. auf, u. das Sporangium wird dadurch (bis über 1 m weit) dem Licht entgegengeschleudert; an den getroffenen Gegenständen werden viele eiförm. Sporen entleert. Bekannte Arten auf Pferdemist sind *P. crystallinus* u. *P. kleinii*. □ Phototropismus.

Pilocarpin s [v. lat. pilus = Haar, gr. karpos = Frucht], Hauptalkaloid der Jaborandiblätter des Rautengewächses *Pilocarpus* mit muscarinartiger Wirkung; das Parasympathikomimetikum P. wird als pupillenverengendes Mittel in der Augenheilkunde verwendet.

Piltdown-Mensch [piltdaun-], *Eoanthropus dawsoni*, Fälschung eines Urmenschenschädels, angebl. zus. mit tier. Knochen u. Steinwerkzeugen aus einer Sandgrube bei Piltdown (S-England) stammend; als Fälschung u. a. aufgrund der Fluorgehalte aufgeklärt durch Weiner, Oakley u. Le Gros Clark 1953, 1954. Die Schädelknochen stammen v. einem subfossilen Menschen, der Unterkiefer v. einem heutigen Orang-Utan; die angebl. begleitende Fauna u. Steinwerkzeuge sind v. verschiedensten anderen Fundorten zusammengetragen. ↗Lügensteine.

Pilularia w [v. lat. pilula = Kügelchen], Gatt. der ↗Pillenfarngewächse.

Pilze, *Pilze i. w. S., Mycota, Mycophyta*, eukaryotische, kohlenstoff-heterotrophe (chlorophyllfreie) Organismen, die i. d. R. einen wenig differenzierten Thallus (Lager) besitzen, aber mindestens in einem Lebensabschnitt Zellwände ausbilden u. sich geschlechtl. und/oder ungeschlechtl. mit Sporen (als Verbreitungs- u. Dauerorganen) fortpflanzen. Meist wird die Nahrung in gelöster Form aus der Umgebung absorbiert; einige Schleimpilze nehmen statt dessen od. zusätzlich Nahrungspartikel auf. Von den autotrophen Pflanzen unterscheiden sie sich hpts. durch die heterotrophe (↗Heterotrophie) Lebensweise (keine Plastiden, keine Photosynthese), von den i. d. R. zellwandlosen Protozoen u. Tieren durch ihre Zellwände u. von den prokaryotischen Bakterien u. Cyanobakterien durch ihre eukaryotische Zellorganisation mit echtem (membranumgebenem) Zellkern, Mitochondrien u. a. Organellen; wenn Geißeln vorhanden sind, entsprechen sie dem eukaryotischen Typ (9 + 2 Fibrillen, ↗Begeißelung). – Die P. werden in 2 Gruppen unterteilt (T 397), die sehr heterogenen *pilzähnlichen Protisten* (= *pilzähnliche Protoctista* = ↗Niedere P.) und

Pilze

Pilze

Systemat. Gliederung der P. nach Müller u. Loeffler 1982 (Artenzahlen in Klammern):

I pilzähnliche Protisten *(Protoctista)*
1. *Myxomycota*
   Myxomycetes (600)
   Acrasiomycetes (10)
2. *Plasmodiophoromycota* (60)
3. *Labyrinthulomycota* (40)
4. *Oomycota* (600)
5. *Hyphochytriomycota* (20)
6. *Chytridiomycota* (600)

II *Fungi* (Pilze i. e. S.)
7. *Zygomycota* (650)
8. *Ascomycota*
   Endomycetes (1000)
   Ascomycetes (einschl. Flechtenpilze 45 000)
9. *Basidiomycota*
   Ustomycetes (500)
   Basidiomycetes (30 000)
10. *Fungi imperfecti* (30 000)

1–6 = „Niedere Pilze"
7–10 = „Höhere Pilze"

1–6 auch als Stämme im Reich „Protista" eingeordnet: 1 als *Eumycetozoa (Myxomycetes)* u. *Acrasia (Acrasiomycetes)* und 2 als *Plasmodiophorea* in die Gruppe der Rhizopoden (I); 3 als *Labyrinthulea* in eigene Gruppe Labyrinthomorphe (IX) und 4–6 unter gleicher Benennung in die Gruppe *Mastigomycetes* (II).

---

echte Anaerobier scheinen dagegen äußerst selten zu sein (↗Pansenbakterien). Bes. wichtig für den ↗Kohlenstoffkreislauf (B) in der Natur sind sie durch ihre Beteiligung am Aufschluß v. polymeren Naturstoffen (Cellulose, Lignin, Proteine, Pektine, Lipide, Keratin u. a.). Die organ. Substrate dienen als Energie- u. Kohlenstoffquelle. Die Mehrzahl der Saprobier (wie auch viele Parasiten) lassen sich auf geeigneten Nährböden kultivieren. Es wird geschätzt, daß die jährliche CO_2-Produktion aller P. ca. 6% (= $3 \cdot 10^9$ t) der Gesamtproduktion aller C-heterotrophen Organismen beträgt (= $50 \cdot 10^9$ t). P. sind in Gestalt u. Entwicklung außerordentl. mannigfaltig u. noch unzureichend erforscht. Viele wachsen unauffällig u. sind nur mikroskop. zu erkennen (Größe wenige μm); andere bilden metergroße Fruchtkörper (ugs. die „Pilze" schlechthin vom unscheinbaren, den Boden durchziehenden Mycel aus (z. B. ↗Ständerpilze). In der vegetativen Phase können zellwandlose (ungegliederte) Protoplasten, vielkernige Plasmodien, Sproßzellen, Einzel-Hyphen, Mycelien od. andere Hyphengeflechte mit differenzierten Hyphen ausgebildet sein (aber keine echten Gewebe). Starke Differenzierungen u. vielfältige Formen finden sich oft bei den fruktifizierenden Organen (z. B. Fruchtkörper von ↗Bauchpilzen und ↗Blätterpilzen, ☐). Wichtiges taxonom. Merkmal ist der Aufbau der Zellwände, die meist als Hauptkomponente Chitin enthalten (Ggs. zu ↗Pflanzen), seltener Cellulose (↗*Oomycetes*) u. a. Glucane od. Polysaccharide. Als Speicherstoffe werden hpts. Glykogen u. Fett angehäuft, aber keine Stärke (Ggs. Pflanzen). – *Fortpflanzung:* P. können sich geschlechtl. fortpflanzen (= sexuelle Fruktifikation, Teleomorph, Hauptfruchtform, perfektes Stadium) und/oder ungeschlechtl. vermehren (= asexuelle Fruktifikation, Anamorph, ↗Nebenfruchtformen). Bei der sexuellen Entwicklung kann zw. Haplophase, Dikaryophase (Besonderheit!) u. Zygophase (diploide Phase) unterschieden werden (z. B. ↗Hefen; ↗Generationswechsel). Es gibt bei P.n vielfältige Formen der Sexualität (z. B. Iso- u. Anisogamie, Oogamie, Gametangiogamie, Somatogamie). Neben der chromosomalen Vererbung sind auch extrachromosomale Vererbung u. Parasexualität nachgewiesen worden. – *Krankheitserreger* u. *wirtschaftl. Bedeutung:* P. können bei Mensch u. Tier schwerste Erkrankungen verursachen (↗Mykosen), tödl. Vergiftungen treten gelegentl. nach Verzehr v. ↗Giftpilzen oder v. mit ↗Mykotoxinen vergifteten Nahrungsmitteln auf (↗Nahrungsmittelvergiftungen, T). Durch die Aufnahme v. Sporen (Konidien) können auch schwere Allergien ausgelöst werden. Die meisten Pflanzenkrankheiten werden durch P. verursacht (↗Pilzkrankheiten). P.

---

die „echten" P. (= ↗*Fungi*, P. i. e. S.). – *Vorkommen* u. *Stoffwechsel:* P. gehören zu den am weitesten verbreiteten Organismen auf der Erde. Sie leben als Saprophyten (Saprobier), als Parasiten od. Perthophyten (nekrophile P.; ↗Pilzkrankheiten). Außerdem bilden sie eine Reihe wichtiger symbiont. Lebensgemeinschaften. Es sind ca. 120 000 P. bekannt; man schätzt aber, daß mindestens 250 000–300 000 Arten (etwa soviel wie Samenpflanzen) vorkommen. P. sind weltweit verbreitet; sie leben v. a. (im Ggs. zu den Algen) auf dem Lande; nur ca. 2% sind Wasserbewohner, meist im Süßwasser, seltener im Meerwasser. Sie sind überall anzutreffen – vorausgesetzt, es leben gleichzeitig od. es lebten dort vorher andere Organismen. P. lassen sich in warmer (bis ca. 60 °C) und in kalter Umgebung (bis –3 °C) nachweisen. Die Mehrzahl findet man unter sauren Bedingungen (pH 6,5–3,5, z. B. Waldböden, saure Äcker). Allg. bevorzugen sie feuchte Bedingungen, einige kommen aber auch mit geringem Wassergehalt aus (↗Osmophile). In Symbiose mit ↗Algen, als ↗Flechten, sind sie sogar befähigt, extreme „Standorte" zu besiedeln – in arktischer Kälte, tropischer Hitze, selbst in Wüsten u. auf nacktem Gestein. – P. nehmen eine Schlüsselstellung im Haushalt der Natur ein. Als Saprobier sind sie entscheidend an der Zersetzung (↗Mineralisation) einer Vielzahl von organ., besonders pflanzl. Stoffen beteiligt, die vorwiegend im aeroben Atmungsstoffwechsel abgebaut werden (↗Aerobier); es gibt auch fakultative ↗Anaerobier, die besonders Zucker vergären (z. B. viele Hefen);

Pilze

Nutzung:
Wild-Speisepilze
Pilzzucht
Herstellung v. Nahrungs- u. Genußmitteln (z. B. Bier, Wein, Schimmelkäse)
Backhefe
Einzellerprotein (z. B. Futterhefe)
Fermentationen (Enzyme, Säuren, Alkohol, Antibiotika, Vitamine u. a. Stoffwechselprodukte; ↗Biotechnologie)

Schadwirkung:
Lebensmittelverderber (z. B. Fruchtfäulen, Schimmelbildung)
Holzzerstörer (Braun-, Weiß-, Moderfäule)
Textilienzersetzung
Pflanzenkrankheiten
Mykosen
Mycetismus (Pilzvergiftung)
mykogene Allergien
Mykotoxikose (↗Mykotoxine)

Wichtige Pilzsymbiosen:
Mykorrhiza (Pflanzen und P.)
Flechten (Algen oder Cyanobakterien und P.)
Tiersymbiosen (Blattschneiderameise, Holzwespen, Termiten, Ambrosiakäfer, Werftkäfer u. a.)

Pilze

Systemat. Gliederung der P. *(Mycota)* in Abt., U.-Abt. und Kl. nach Ainsworth, James u. Hawksworth, 1971:

Myxomycota
  Myxomycophytina
  Plasmodiophorophytina

Eumycota
  Mastigomycotina
    Chytridiomycetes
    Oomycetes
  Zygomycotina
    Zygomycetes
  Ascomycotina
    Hemiascomycetes
    Ascomycetes
  Basidiomycotina
  Deuteromycotina
    (Fungi imperfecti)

PILZE I

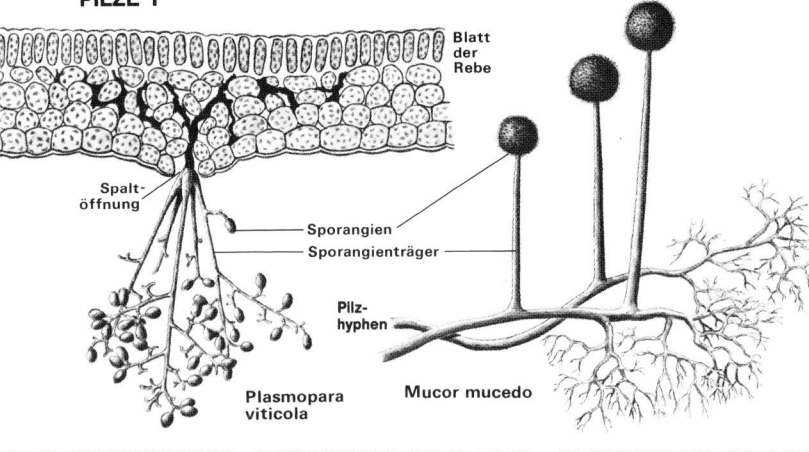

Die Falschen Mehltaupilze *(Peronosporaceae)* gedeihen als Parasiten in den Geweben höherer Pflanzen, so z.B. der Falsche Mehltau des Weines *(Plasmopara viticola)* in den Blättern der Rebe. Diese Pilze vermehren sich durch Sporen, die aus Sporenbehältern (Sporangien) schlüpfen. Die Sporangien sitzen an speziellen *Hyphen* (Sporangienträgern), die durch die Spaltöffnungen des Wirtsgewebes herauswachsen und so dicht angeordnet sind, daß sie einen weißen Belag auf dem Wirtsgewebe bilden.
Andere Pilze, wie der Köpfchenschimmel *(Mucor mucedo)*, können auf totem Substrat leben und ernähren sich von den darin enthaltenen organischen Substanzen. Sie entwickeln auch Sporangienträger, die einen dichten „Rasen" (Schimmel) bilden können.

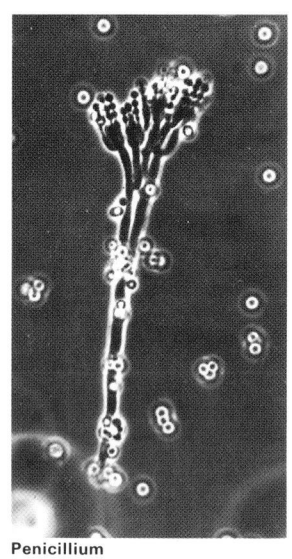

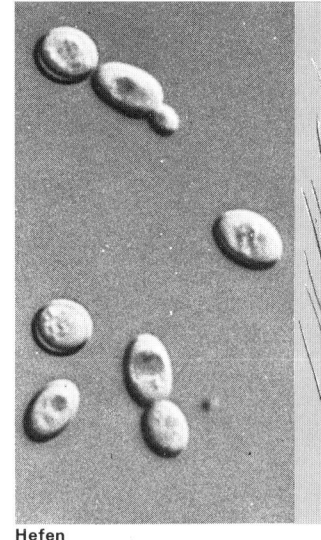

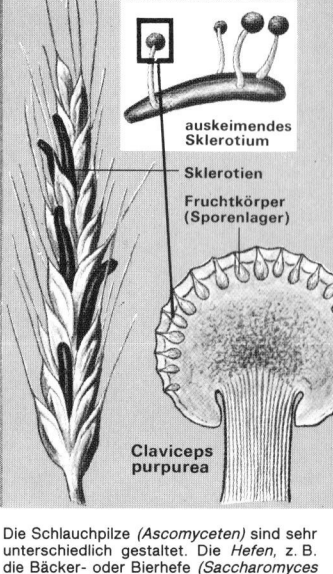

Plasmopara viticola — **Mucor mucedo**

Morchel — Penicillium — Hefen — **Claviceps purpurea**

Hutpilz — Teil einer Lamelle mit Basidien — Basidie mit Sporen

Die Schlauchpilze *(Ascomyceten)* sind sehr unterschiedlich gestaltet. Die *Hefen*, z.B. die Bäcker- oder Bierhefe *(Saccharomyces cerevisiae)*, sind einzellig. Typisch für Hefen ist die ungeschlechtliche Vermehrung durch Zellsprossung. Nur selten treten Querteilungen (Spaltung) der Zellen ein. Andere Arten, so der Pinselschimmel *(Penicillium,* Photo Mitte), bilden ungeschlechtlich Konidien an Konidienträgern aus, die als dichter (oft grüner) Belag das Substrat (z. B. Brot) überziehen. Die höher entwickelten Ascomyceten, wie die Eßmorchel *(Morchella esculenta)*, bilden einen Fruchtkörper aus, an dem die Sporen gebildet werden.
Der Mutterkornpilz *(Claviceps purpurea)* wächst in den Blüten von Getreidepflanzen und bildet da 2–3 cm lange hornartige Gebilde (Sklerotien). Diese bestehen aus trockenen, festen Pilzhyphen. Am Boden wachsen daraus im Frühjahr mehrere gestielte Köpfchen hervor, in denen sich zahlreiche Sporenlager *(Perithecien)* entwickeln.

Puccinia graminis

Die Ständerpilze *(Basidiomyceten)* bilden oft einen typisch gegliederten Fruchtkörper (Abb. oben) aus. Auf der Unterseite des Hutes werden auf lamellen- oder porenartig ausgebildeten Hyphengeweben die *Basidien* angelegt. Diese gliedern nach außen je vier oder acht Sporen ab, die wieder zu neuen Pilzhyphen auswachsen. Die Sporen werden durch den Wind verbreitet. Der auf höheren Pflanzen, z.B. zeitweise auf der Berberitze parasitisch lebende Getreiderostpilz *(Puccinia graminis)* bildet keine Fruchtkörper mehr aus. Er lebt im Wirtsgewebe und bildet an dessen Außenseiten die Sporenlager, deren Inhalt durch Wind oder Insekten verbreitet wird.

PILZE II

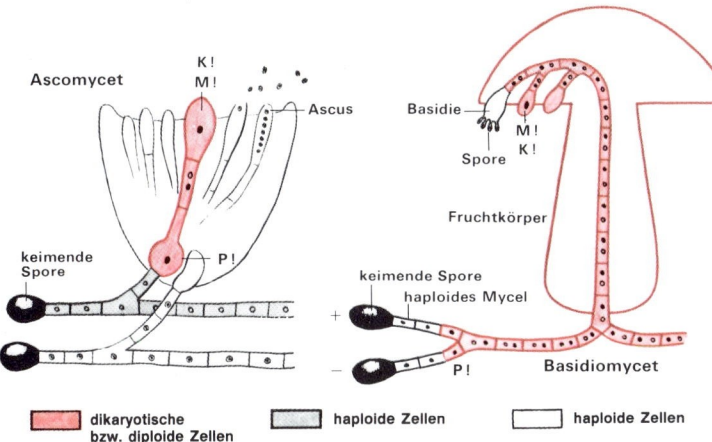

Entwicklung der Pilze

Die meisten Schlauchpilze *(Ascomyceten)* und Ständerpilze *(Basidiomyceten)* besitzen einen *Generationswechsel*. Aus den Pilzsporen entwickelt sich eine haploide Generation (haploides Mycel), und nach der Verschmelzung der Geschlechtszellen (oder -organe) schließt sich eine dikaryotische Generation an, da auf die Zellverschmelzung (P!) nicht unmittelbar eine Kernverschmelzung (K!) folgt: die beiden Geschlechtszellkerne liegen paarweise in den Zellen (Paarkernstadium, Dikaryophase). Bei einer Zellteilung teilen sich die Kerne gleichzeitig, so daß die neu gebildete Zelle ein Kernpaar mitbekommt. Erst in den sporenbildenden Zellen (Ascus, Basidie) erfolgt die Kernverschmelzung. Unmittelbar darauf erfolgt die Meiose (M!) und die Abgliederung der haploiden Kerne als innere (Endo-)Sporen (Ascomyceten) oder Exosporen (Basidiomyceten). Während die dikaryotischen Zellen der Ascomyceten ständig durch das haploide (Gametophyten-)Mycel ernährt werden müssen, ist es bei den Basidiomyceten in der Ernährung selbständig und kann jahrelang weiterwachsen (und Fruchtkörper bilden), während bei den Ascomyceten die Einleitung der Dikaryophase sofort zur Entwicklung eines einzigen Fruchtkörpers führt.

Der Köpfchenschimmel *(Mucor mucedo)*, ein Vertreter der Niederen Pilze *(Zygomyceten)*, ist ein Haplont. Die Sporen keimen zu einem verzweigten, haploiden, querwandlosen *Mycel* aus, das sich durch Ausbildung von Sporen stark vegetativ vermehren kann. Der Sexualvorgang beginnt mit dem Aneinanderlegen zweier geschlechtlich unterschiedlicher (+ und −) Pilzhyphenenden. Jede *Hyphe* gliedert den vorderen Teil durch eine Querwand von der übrigen Pilzhyphe ab; er wird so zum *Gametangium*. Die beiden sich berührenden Gametangien entlassen keine Einzelgameten, sondern verschmelzen beide zu einer vielkernigen (Sammel-)*Coenozygote* (Zygosporangium), die sich mit einer mehrschichtigen Wand umgibt und damit gleichzeitig Überdauerungsfunktion hat. In ihr liegen die konträrgeschlechtlichen Kerne vorerst paarig einander zugeordnet; später verschmilzt ein Teil der Kernpaare. In der Regel lösen sich bis auf einen alle Zygotenkerne auf. Die Zygote keimt mit einem Keimschlauch aus; hierbei erfolgt die Meiose (M!) des überlebenden Zygotenkerns; anschließend laufen mehrmals mitotische Kernteilungen ab. Die haploiden Abkömmlinge wandern in den Keimschlauch der Zygote. Am Ende des Keimschlauchs bildet sich ein Sporangium, aus dem haploide Sporen entlassen werden, die wieder zu einer neuen haploiden Hyphe auskeimen.

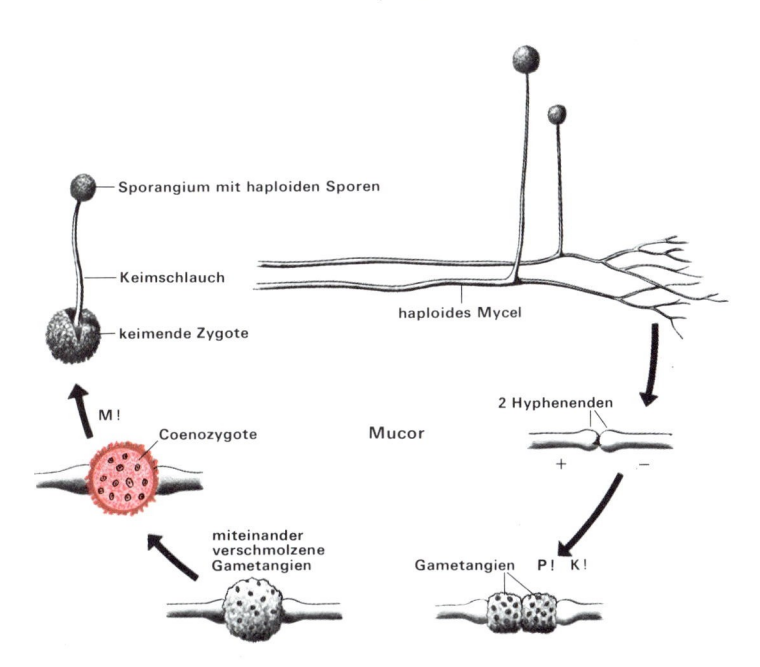

sind auch die wichtigsten Zersetzer v. Holz (↗Braun-, ↗Weiß-, ↗Moderfäule). Alljährlich entstehen Milliardenschäden durch die Zerstörung v. Holz, Leder, Textilien u. Papier sowie den Verderb v. Lebensmitteln (↗Fruchtfäulen, [T]; ↗Schimmelpilze). Andererseits werden sie seit Jtt. zur Herstellung v. Genuß- u. Nahrungsmitteln genutzt u. gehören zu den wichtigsten Mikroorganismen in der ↗Biotechnologie zur Herstellung verschiedener Produkte. – *Systemat. Einteilung* u. *Abstammung:* P. sind keine homogene Verwandtschaftsgruppe. Die pilzl. Protisten, die in ihrer Entwicklung amöboid oder durch Geißeln bewegl. Formen (Zoosporen, Planosporen) ausbilden, werden heute in 6 phylogenetisch voneinander unabhängigen Abt. eingeordnet ([T] 397), die zum „Reich" der Protisten *(„Protoctista")* gehören. Es sind ca. 2000 Arten bekannt – vielfältige Lebensformen, die meisten bereits zu Landbewohnern entwickelt. Sie stammen wahrscheinl. von verschiedenen Ahnen ab. Diskutiert werden pflanzl. und tier. Flagellaten, Amöben u. chlorophyllose Abkömmlinge v. Grün- u. Braunalgen. Die ↗„Höheren P.", Organismen, die keine bewegl. Stadien mehr ausbilden, werden als Abstammungsgemeinschaft angesehen u. heute im Reich der ↗*Fungi* (P. i. e. S.) zusammengefaßt. Sie haben sich im Laufe der Evolution aus wasserbewohnenden, pilzähnl. Protisten entwickelt. Möglicherweise stammen sie v. Vorfahren der ↗*Chytridiomycetes* ab, zu denen sie biochem. große Ähnlichkeit zei-

399

PILZE III

1 Butterpilz (*Suillus luteus* S. F. Gray, eßbar); **2** Steinpilz (*Boletus edulis* Bull., eßbar); **3** Maronen-Röhrling (*Xerocomus badius* Kühn, eßbar); **4** Birkenreizker, Giftreizker (*Lactarius torminosus* S. F. Gray, ungenießbar); **5a** Nelkenschwindling (*Marasmius oreades* Fr., eßbar); **5b** Eierbovist (*Bovista nigrescens* Pers., jung eßbar); **6a** Pfifferling (*Cantharellus cibarius* Fr., eßbar); **6b** Semmelporling (*Polyperus confluens* Fr. *[Albatrellus c.]* Kotl. u. Ponz.); **7a** Grünblättriger Schwefelkopf (*Hypholoma fasciculare* Kummer, giftig?); **7b** Stockschwämmchen (*Kuehneromyces mutabilis* Sing. u. Smith, eßbar); **8** Echter Reizker (*Lactarius deliciosus* Fr., eßbar); **9** Hallimasch (*Armillariella mellea* Karst., bedingt eßbar)

Pilze

P. werden nach den int. Nomenklaturregeln der Botanik ben. (↗Nomenklatur). Es finden relativ häufig Umbenennungen statt; dabei kann sowohl der Gattungs- als auch der Artname verändert werden. Zur genauen Identifizierung muß daher dem wiss. Pilz-Namen der Name des Autors beigefügt werden: in Klammern der Autor des eigtl. Artnamens (Epithetons) und ohne Klammern der Autor, von dem die gebräuchl. Kombination v. Art- u. Gattungsnamen stammt; z. B. für den Feldegerling (Ackerchampignon) *Agaricus campester* (Linné) Fries. In diesem Lexikon wurde – soweit dem Pilz-Namen der Autor beigefügt ist – nur der Autor zitiert, der die gebräuchl. Kombination v. Gattungs- u. Artnamen einführte (meist auch die Abk. der Namen nach Moser; vgl. Lit. Pilze).

gen. Die systemat. Gliederung und Ord. der P. ist immer noch Gegenstand intensiver Forschung u. wird in vielen Bereichen intensiv diskutiert (eine aus prakt. Gründen noch vielfach benutzte Einteilung u. eine moderne systemat. Gliederung sind in ⊤ 397 aufgeführt). Die früheren Klassen Urpilze *(Archimycetes)* u. Algenpilze *(Phycomycetes)* wurden aufgegeben, da die dort zusammengefaßten Ord. keine verwandtschaftl. Beziehungen untereinander haben. Traditionsgemäß wurden die P. bis vor einiger Zeit den Pflanzen (i. w. S.) zugeordnet, doch in ihrer Gesamtheit nehmen sie eine Sonderstellung ein (wie auch molekular-biochem. Untersuchungen zeigen), die sie deutl. vom Pflanzenreich abgrenzt, wenn vielleicht auch einzelne Formkreise v. Algen abstammen könnten. – Fossile P. sind selten zu finden. Eindeutige P.formen (Chytridiomyceten-ähnlich) lassen sich bereits im Kambrium (vor ca. 500 Mill. Jahren) in Schalen v. Meerestieren nachweisen. Endosymbiontische Mykorrhiza-Symbiosen scheinen bereits im Devon (vor ca. 400 Mill. Jahren) ausgebildet worden zu sein (↗*Endogonales*). Rostpilz-ähnliche Formen sind auf Farnen aus dem Karbon (ca. 300 Mill. Jahre alt) gefunden worden, u. im „Steinkohlenwald" traten bereits Schnallenmycelien auf, die denen heutiger Basidiomyceten entsprechen. Im Jura (vor ca. 200 Mill. Jahren) gab es vermutlich schon hoch entwickelte Schlauchpilze. Ⓑ 398–401.

Lit.: *Jülich, W.:* Nichtblätterpilze. Stuttgart 1984. *Michael, E., Hennig, B., Kreisel, H.:* Handbuch für Pilzfreunde. 6 Bde. Jena, Bd. I ⁵1983. *Moser, M.:* Die Röhrlinge u. Blätterpilze. Stuttgart ⁵1983. *Müller, E., Loeffler, W.:* Mykologie. Stuttgart ⁴1982. *Webster, J.:* Pilze. Berlin ²1983. G. S.

Pilzfäden, die ↗Hyphen.
Pilzgärten, von sozialen Insekten (z. B. ↗Blattschneiderameisen, ↗Holzwespen, ↗Werftkäfer, ↗Termiten) in bes. Gängen od. Kammern *(Pilzkammern)* angelegte

PILZE IV

1 Satanspilz (*Boletus satanas* Lenz., giftig); **2** Grüner Knollenblätterpilz (*Amanita phalloides* Secr., tödl. giftig); **3** Fliegenpilz (*Amanita muscaria* Hooker, tödl. giftig); **4** Weißer und Gelber Knollenblätterpilz (*Amanita verna* Pers., tödl. giftig; *A. citrina* S. F. Gray, giftig); **5** Krause Glucke (*Sparassis crispa* Wulf., eßbar); **6** Wiesenchampignon, Feldegerling (*Agaricus campester [A. campestris]* Fr., eßbar); **7** Speisemorchel (*Morchella esculenta* Pers., eßbar); **8a** Kartoffelbovist (*Scleroderma aurantium* Pers., ungenießbar); **8b** Wintertrüffel (*Tuber brumale* Vitt., Würzpilz); **9** Frühjahrslorchel (*Gyromitra esculenta* Fr., giftig)

Pilzkulturen *(Pilzzucht),* die auf Klumpen zerkleinerter pflanzl. Nahrung gedeihen; gefressen werden dann die proteinreichen ↗Bromatien. Auch ↗Ambrosiakäfer (↗Ambrosia) legen P. an. ↗Mycetophagen. ↗Ektosymbiose. ☐ Blattschneiderameisen, B Ameisen II.

Pilzgifte, die tox. Inhaltsstoffe der ↗Giftpilze (T), deren chem. Konstitution in vielen Fällen noch unbekannt ist. Zu den P.n zählen die ↗Amatoxine u. ↗Phallotoxine des Knollenblätterpilzes, das ↗Muscarin der Rißpilze u. Trichterlinge, *Ibotensäure* u. *Muscimol* des Fliegenpilzes (↗Fliegenpilzgifte), das *Gyromitrin* der Frühjahrslorchel (*Gyromitra esculenta,* ↗Mützenlorcheln) u. die *Cortinarine* der Schleierlinge. Manche Kleinpilze enthalten halluzinogene Verbindungen, z. B. ↗Psilocybin u. *Psilocin, ↗Mutterkornalkaloide* usw. Die Giftstoffe niederer Pilze sind die ↗Mykotoxine.

Pilzgrind, der ↗Favus.

Pilzkorallen, Vertreter der Gatt. *Fungia* (Steinkorallen); im Ggs. zu den meisten anderen Korallen leben die bis zu 25 cm ⌀ erreichenden Einzelpolypen (größte Einzelkorallen) nicht festgewachsen, sondern liegen locker auf dem Untergrund. Die Planulalarve setzt sich allerdings fest. Aus ihr entsteht ein ca. 8 mm hoher Polyp (Trophozoid), der in die Breite wächst. Unter Auflösung des Kalkes löst sich der orale Abschnitt ab, wird v. der Strömung verdriftet u. beginnt ein Leben als solitärer Polyp. Der Restkörper bildet eine neue Mundscheibe nach der anderen. Dieser Vorgang kann als Metagenese aufgefaßt werden (ungeschlechtl. Generation = Trophozoid, geschlechtl. Generation = abgelöster Polyp) u. ähnelt der Strobilation eines Scyphopolypen. P. besitzen eine hohe Zahl v. Sklerosepten, zw. die sich der zarte, bunte Weichkörper zurückziehen kann. Die gesamte Mundscheibe ist mit zahlr. Tentakeln besetzt u. dicht bewimpert. Dank der starken Bewimperung kann sich der Polyp

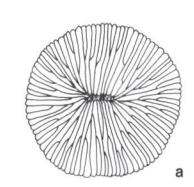

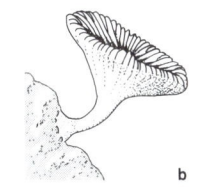

Pilzkorallen

a Aufsicht auf die Fußplatte des älteren Polypen; **b** Skelett des jungen, noch festgewachsenen Polypen

Pilzkörper

v. herabrieselndem Sediment befreien. Deshalb können P. auch in schwebstofffreicheren Gewässern leben. Sie kommen im Flachwasser bis 80 m Tiefe vor u. sind ausschl. in den trop. Teilen des Indopazifik beheimatet.

Pilzkörper, *pilzförmige Körper, Corpora pedunculata,* Verschaltungszentren verschiedener sensorischer Eingänge im Protocerebrum des ↗Oberschlundganglions (☐) der Gliederfüßer. ↗Gehirn (☐).

Pilzkrankheiten, durch Pilze verursachte Krankheiten bei Mensch, Tieren (↗Mykosen, ↗Mykotoxine, ↗Pilzgifte) u. Pflanzen (↗Pflanzenkrankheiten). Nach Schätzungen werden ca. 10–20% der mögl. Pflanzenerträge durch Pilze vernichtet. Von 162 wichtigen Infektionskrankheiten der in Mitteleuropa genutzten Pflanzen werden über 80% durch Pilze, die übrigen durch Bakterien od. Viren verursacht. Die Pilze leben als Ekto- od. Endoparasiten. Die obligaten Parasiten (obligat biotrophen Pilze) sind in der Natur auf lebende Pflanzen angewiesen. Fakultative Parasiten befallen lebendes Pflanzengewebe, können aber auch abgestorbenes Gewebe verwerten; nekrophile Pilze (Perthophyten) können nicht in gesundes Gewebe eindringen; von abgestorbenen Zellen aus werden angrenzende Zellen durch Toxine u./od. hydrolytische Enzyme abgetötet. In einigen Fällen werden die Toxine durch die Gefäße an weit entfernte Stellen der Pflanze transportiert, wo sie z. B. Blattnekrosen bewirken od. Welken hervorrufen.

Pilzmücken, *Fungivoridae, Mycetophilidae,* Fam. der Mücken mit insgesamt ca. 2000, in Mitteleuropa mehrere hundert Arten. Die Imagines der P. sind ca. 5 mm große, unscheinbare, gelb bis braun gefärbte Insekten. Die wurmart., oft auch gedrungenen, weißl.-gelben, eucephalen Larven bewegen sich schlängelnd od. mit Hilfe v. Spinnfäden fort, die viele Arten auch zum Bau v. Fangnetzen, Fangfäden od. Kokons zur Verpuppung benutzen. Die Nacktschnecken-ähnl. Larve der Gatt. *Phronia* ist v. einem Schild aus Schleim u. Kot bedeckt. Die Larven einiger Arten besitzen Leuchtorgane od. leuchtende Fangnetze, so die in Neuseeland vorkommende P. *Bolitophila luminosa.* Die Imagines kommen am schatt. Stellen mit hoher Luftfeuchtigkeit vor, die Larven ernähren sich teils v. modernden Stoffen, teils v. Pilzen (Mycetophagen, Name), es gibt aber auch räuber. und parasit. Arten. Bei uns kommen u. a. die Gatt. *Ceroplatus* u. *Mycetophila* vor.

Pilzmückenblumen, Blüten od. Blütenstände, die durch Geruch, Form, Gewebestruktur u. Feuchtigkeit ↗Pilzmücken anlocken, sie zur Eiablage stimulieren u. dabei bestäubt werden. Beispiele sind u. a. die mediterrane *Arisarum proboscideum* (Aronstabgewächs), die mexikan. *Aristolochia arborea* (Osterluzeigewächs) sowie

Pilzkrankheiten

P. an Pflanzen (Auswahl):

Falscher Mehltau
Echter Mehltau
Brand(krankheiten)
Rost(krankheiten)
Keimlingskrankheiten
Wurzelkrankheiten
Fußkrankheiten
Schorfkrankheiten
Welkekrankheiten
Umfallkrankheiten
Obstbaumkrebs
Fruchtfäulen
Wurzelfäulen

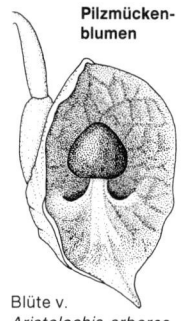

Pilzmückenblumen

Blüte v. *Aristolochia arborea*

Pilzviren

Beispiele für Pilzwirte:

Agaricus bisporus (Champignon)
Penicillium chrysogenum (Penicillin-Bildner)
Helminthosporium victoriae (Pflanzenparasit am Hafer)

Pilzviren mit doppelsträngigem RNA-Genom:

1. Fam.: Pilzviren mit einteiligem ds-RNA-Genom
   Saccharomyces cerevisiae-Virusgruppe
   Helminthosporium maydis-Virusgruppe
2. Fam.: Pilzviren mit zweiteiligem ds-RNA-Genom
   Penicillium stoloniferum
   PsV-S Gruppe
   Gäumannomyces graminis Virusgruppe I
   Gäumannomyces graminis Virusgruppe II
3. Fam.: Pilzviren mit dreiteiligem ds-RNA-Genom
   Penicillium chrysogenum Virusgruppe

einige Vertreter der Gatt. *Masdevallia* (Orchidee). Die schlüpfenden Larven finden keine ihnen entsprechende Nahrung und sterben ab.

Pilzorgane, die ↗Mycetome.

Pilzringfäule, *Wirtelpilzwelkekrankheit,* Welkeerkrankung der Kartoffel, Luzerne u. a. Pflanzen, verursacht durch den Fadenpilz *Verticillium albo-atrum* (Fam. *Moniliaceae);* weltweit verbreitet, in Mitteleuropa v. geringerer Bedeutung. Die Blätter welken, vergilben u. sterben ab; der Gefäßbündelring ist gebräunt; die Ausbreitung des Pilzes erfolgt im Gefäßsystem der Pflanze (Tracheomykose); Übertragung vom Boden.

Pilztreiben, 1) in fließenden, abwasserbelasteten Gewässern treibende Fäden u. Büschel des ↗„Abwasserpilzes", eines Bakteriums *(Sphaerotilus natans).* 2) losgerissene Mycelbüschel in verschmutztem Wasser bei einer Massenentwicklung echter Abwasserpilze, z. B. *Leptomitus lacteus* (↗Leptomitales).

Pilzviren, *Mykoviren,* Viren, die sich in Pilzen als Wirtsorganismen vermehren. Die meisten P. besitzen ein doppelsträngiges RNA-Genom (ds-RNA); die Viruspartikel sind Polyeder mit einem ⌀ von 30–48 nm. Nach der Anzahl der zur Replikation benötigten RNA-Segmente (1, 2 oder 3) werden die P. mit ds-RNA-Genom in 3 Fam. eingeteilt (vgl. Tab.). Die Größen der RNA-Segmente betragen bei den P. mit einteiligem Genom ca. 4600–6500 bzw. ca. 8800 Basenpaare; bei den P. mit segmentiertem Genom liegen die Größen der einzelnen Segmente zw. ca. 1500 und ca. 2500 Basenpaare. Die Replikation erfolgt im Cytoplasma. Die Viruspartikel werden oft in geordneten Aggregaten in Vesikeln u. Vakuolen gelagert. Bei P. mit mehrteiligem Genom werden die RNA-Segmente getrennt voneinander in Viruspartikel verpackt. Die Übertragung der Viren erfolgt durch sexuelle u. asexuelle Fortpflanzung (Sporen, Konidien) u. „Hyphenanastomose". Oft sind zusätzliche (Satelliten od. defekte) doppelsträngige RNA-Segmente in den Virusisolaten vorhanden. Einige Killerproteine v. Pilzen (= Analoge zu den ↗Bakteriocinen) werden v. Satelliten-RNAs codiert; ihre Vermehrung u. Verpackung sind abhängig v. Helferviren.

Pilzzucht ↗Pilzgärten.

Pilzzungensalamander, die ↗Schleuderzungensalamander.

Pimaricin *s* [Kw. v. lat. pinus maritima = Meereskiefer], *Natamycin,* zu den Polyenantibiotika zählendes Antimykotikum, das zur lokalen Behandlung v. ↗*Candida*-Infektionen der Haut verwendet wird.

Pimarsäure [Kw. v. lat. pinus maritima = Meereskiefer], *Lävopimarsäure,* chem. Formel $C_{19}H_{29}$–COOH, eine Harzsäure (↗Resinosäuren), die z. B. im Kolophonium vorkommt.

Pimelodidae [Mz.; v. gr. pimelṓdēs = fettig], die ↗Antennenwelse.

Piment m [v. span. pimiento = Pfeffer], *Pimenta dioica*, ↗Myrtengewächse.

Pimpernußgewächse [v. dt. pimpern = klappern], *Staphyleaceae*, Fam. der Seifenbaumartigen mit 5 Gatt. u. 60 Arten, einige als Zierpflanzen; Holzgewächse der nördl.-gemäßigten und trop. Zone; meist unscheinbare, 5zähl. Blüten in traub. oder risp. Blütenständen; unpaarige gefiederte Blätter; der bis erbsengroße, runde Samen klappert in der trockenen Frucht (daher auch „Klappernuß" gen.). Die Pimpernuß *(Staphylea pinnata)* ist in S-Dtl. wild nur in wärmsten Lagen anzutreffen, sonst. Verbreitung ostmediterran; auffällig ist die häutige, aufgeblasene Kapselfrucht; nach der ↗Roten Liste „gefährdet".

Pimpinella w [v. mlat. piperinella = Bibernelle (wohl zu lat. piper = Pfeffer) über it. pimpinella], die ↗Bibernelle.

Pimpla w [v. gr. pimplan = anfüllen], Gatt. der ↗Ichneumonidae.

Piña, die ↗Ananas.

Pinaceae [Mz.; v. *pin-], die ↗Kieferngewächse.

Pinakocyten [Mz.; v. gr. pinax = Tafel, kytos = Höhlung (heute: Zelle)], flache, polygonale u. kontraktile Zellen, die die Grenzepithelien tier. Schwämme aufbauen. Es werden *Exo-P.* und *Endo-P.* unterschieden. Die Epidermis (↗Pinakoderm, Dermalmembran) besteht aus einer äußeren Lage von Exo-P. und einer inneren Lage von Endo-P., die Kanalwände im Innern der Schwämme nur aus Endo-P. |B| Schwämme.

Pinakoderm s [v. gr. pinax = Tafel, derma = Haut], *Dermalmembran*, Epidermis tier. Schwämme, besteht aus 2 Zellagen von ↗Pinakocyten; gilt als einziges echtes Epithel der Schwämme. ↗Dermallager.

Pinatae [Mz.; v. *pin-], Kl. der ↗*Coniferophytina;* kennzeichnend sind kätzchen- oder zapfenart. Blüten, wobei die ♀ Blüten oft zu dichten, ebenfalls zapfenart. Blütenständen zusammengefaßt sind.

Pinchéäffchen, *Perückenäffchen*, *Oedipomidas*, einzige ↗Krallenaffen westl. der Anden; Gatt. mit 3 Arten.

Pinctada w [v. span. pintada = Perlhuhn], Gatt. der ↗Seeperlmuscheln.

Pinealorgan [v. lat. pinea = Tannenzapfen], eine unpaare Ausstülpung des Zwischenhirndachs, die bei niederen Wirbeltieren (Neunaugen, einigen Fischen, Eidechsen u. den Brückenechsen) auftritt u. dort zu einem Lichtsinnesorgan mit mehr od. weniger gut entwickelter Cornea, Linse u. Retina (Netzhaut) entwickelt sein kann *(Pinealauge)*, bei Vögeln zu einem lichtempfindlichen neurosekretorischen Organ wird (↗Chronobiologie, |B| I) u. bei Säugern die Zirbeldrüse (↗Epiphyse, *Pinealdrüse)* – nach Descartes der Sitz der Seele – bildet. Eine zweite, mit dem P. zusammenhängende, aber v. ihm eindeutig zu unterscheidende Zwischenhirnausstülpung ist das *Parietalorgan* (Para-P.), das ebenfalls Einzelaugen (Medianaugen, Dorsalaugen) bilden kann und z. B. bei der Brückenechse das funktionelle Dorsalauge *(Parietalauge)* stellt, wogegen bei Neunaugen die Augenbildung aus dem P. überwiegt. Die anatomischen Verhältnisse legen den Schluß nahe, daß die Dorsalaugen der Wirbeltiervorfahren (wie die Lateralaugen) paarig waren, was durch Untersuchungen speziell an fossilen Plakodermen gestützt wird. Ostrakodermen u. Crossopterygier besaßen ebenfalls durchweg Dorsalaugen.

Pinen s [v. *pin-], ein bicyclisches ↗Monoterpen, Hauptbestandteil des ↗Terpentinöls.

Pinguicula w [v. lat. pinguiculus = recht fett], das ↗Fettkraut.

Pinguine [v. kelt. pen = Kopf, gwyn = weiß, über engl. penguin], *Spheniscidae*, einzige Fam. der Pinguinvögel mit 6 Gatt. und 18 Arten auf der Südhalbkugel, hpts. im Südpolargebiet, einige an den Südküsten v. Afrika, Austr. und S-Amerika. 40–120 cm groß, 1–30 kg schwer. Hervorragend schwimmende u. tauchende, aber flugunfähige Meeresvögel mit flossenart. Flügeln; gehen aufrecht u. stützen sich dabei mit dem Schwanz. Nahrungserwerb ausschl. im Meer (Fische, Mollusken, Krebse) bei Tauchtiefen zw. 10 und 20 m. Verwandtschaft am ehesten zu Sturmvögeln u. Albatrossen erkennbar, stammen v. flugfähigen Vorfahren ab. Körperbau ist an das Leben im Wasser u. an die meist tiefen Umgebungs-Temp. angepaßt. Schwimmen mit Hilfe der Flügel u. Füße, deren Zehen durch Schwimmhäute verbunden sind. Dachziegelartig sich deckende Federn ergeben eine glatte, wasserdichte Oberfläche; Daunen u. eine Fettschicht verhindern Wärmeverlust. Füße u. Innenseiten der Flossenflügel können zur Thermoregulation bei höheren Außen-Temp. eingesetzt werden. Bei großer Kälte od. in Eisstürmen rücken die Vögel in großen Gruppen dicht zus. und bilden so einen „sozialen Kälteschutz". Die jährl. ↗Mauser muß relativ rasch erfolgen; während der 2–5 Wochen bleiben die Vögel dann an Land u. fasten. P. leben in Kolonien, die Hunderte u. Tausende v. Individuen umfassen. Der Jahreszyklus ist an das period. sich verändernde Nahrungsangebot angepaßt. Der ↗Kaiserpinguin *(Aptenodytes forsteri*, |B| Polarregion IV) fastet während der Brutzeit mehrere Wochen lang u. zehrt vom vorher angelegten Fettpolster. Ähnl. verliert der Adeliepinguin *(Pygoscelis adeliae)* bis 40% seines Gewichts. Die P. brüten in Höhlen (z.B. Zwergpinguin, *Eudyptula minor*, |B| Australien IV; und Magellanpinguin, *Spheniscus magellanicus*, |B| Südamerika VIII) u. Nestern aus

---

pin- [v. lat. pinus = Föhre, Kiefer].

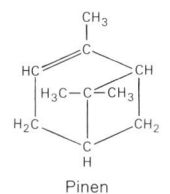

Pinen

Pinguine
Gattungen:
Aptenodytes
(Groß-P., z. B.
↗Kaiserpinguin)
Eudyptes
(Schopf-P.)
Eudyptula
(Zwerg-P.)
Megadyptes
(Gelbaugen-P.)
Pygoscelis
(Esels-P.)
Spheniscus
(Brillen-P.)

Pinguinus

Gras u. Steinen od. legen die Eier (2–3) auf den flachen Boden; größere Arten, wie der Königspinguin (*Aptenodytes patagonica*, B Polarregion IV), legen nur 1 Ei u. brüten dieses in einer Bruttasche am Bauch aus. Die Jungen werden in „Kindergärten" zusammengetrieben u. bewacht, bis sie selbständig sind. Relativ warmes Klima verträgt der südafr. Brillenpinguin (*Spheniscus demersus*, B Afrika VI), man sieht ihn deshalb am häufigsten in Zoos. Der nur 53 cm große Galapagospinguin *(Spheniscus mendiculus)* ist als der seltenste Pinguin stark bestandsgefährdet u. existiert nur noch in wenigen hundert Paaren. B Konvergenz. [↗ Riesenalk.

Pinguinus *m* [v. lat. pinguis = fett], der

Pinguinvögel, *Sphenisciformes*, Vogel-Ord. mit einer einzigen Fam., den ↗ Pinguinen *(Spheniscidae)*.

Pinidae [Mz.; v. *pin-], die ↗ Nadelhölzer.

Pinie *w* [v. lat. pinea = Schirmkiefer, P.], *Pinus pinea*, ↗ Kiefer.

Pinna *w* [gr., = Steckmuschel], Gatt. der ↗ Steckmuscheln.

Pinnae [Mz.; lat., =], die ↗ Flossen.

Pinnipedia [Mz.; v. lat. pinnipes = an den Füßen geflügelt], die ↗ Robben.

Pinnotheres *m* [v. gr. pinna = Steckmuschel, tērein = bewachen], Gatt. der ↗ Muschelwächter.

Pinnulae [Mz.; lat., = Federn, Fittiche], a) bewimperte Filamente auf den Tentakeln (Radioli) bestimmter Ringelwürmer *(↗ Sabellidae)*. b) die feinen Seitenäste der Arme der ↗ Haarsterne 2) und ↗ Seelilien; stehen in großer Zahl alternierend auf beiden Seiten der Arme.

Pinnularia *w* [v. lat. pinnula = kleine Feder], Gatt. der ↗ Naviculaceae.

Pinocytose *w* [v. gr. pinein = trinken, kytos = Höhlung (heute: Zelle)], endocytotische Aufnahme v. gelöstem Material durch einen Vesikulationsvorgang der Plasma-↗ Membran. ↗ Endocytose (☐), ↗ Einzeller.

Pinoideae [Mz.; v. *pin-], U.-Fam. der ↗ Kiefergewächse mit der ↗ Kiefer (*Pinus*) als einziger Gatt.; die Nadelblätter stehen ausschl. an Kurztrieben.

Pinseläffchen ↗ Marmosetten.

Pinselfüßer, *Pselaphognatha*, *Polyxenida*, eine Teilgruppe der ↗ Doppelfüßer, weltweit verbreitete Tausendfüßer-Gruppe mit knapp 100 Arten; mit kleinem Körper (bis 4 mm), unverkalkter Cuticula, getrenntem Clypeus u. Labrum, 13–17 Beinpaaren und v. a. zu großen Trichomen vereinigten gezackten Borsten, die wie Pinselbüschel vom Körper abstehen. Die Tiere haben nur 6 ommatidienähnl. Lateralaugen u. dicht daneben 3 Trichobothrien auf jeder Kopfseite. Bei uns kommt nur *Polyxenus lagurus* vor, v. a. unter der Rinde von mit feinen Flechten u. Algen besetzten Bäumen, aber auch in der Bodenspreu. Die Art tritt in einer bisexuellen u. einer parthenogenet. „Rasse" auf, v. denen letztere nach N hin immer häufiger wird; in Dtl. lebt vermutl. nur die parthenogenet. Form. Es findet indirekte Spermienübertragung statt, indem das Männchen in Anwesenheit eines Weibchens zunächst mit Gespinstfäden ein Zickzackband anlegt, auf dem Spermatropfen angeheftet werden; dann wird senkrecht dazu eine doppelte Leitfadenstraße, mit Pheromontröpfchen versehen, gezogen, auf der das Weibchen entlangläuft u. so zu den Spermatropfen gelangt; diese werden dann mit der Geschlechtsöffnung aufgenommen.

Pinselkäfer, *Trichius*, Gatt. der ↗ Blatthorn-
Pinselschimmel ↗ Penicillium. [käfer.
Pinselschweine, die ↗ Buschschweine.
Pinus *w* [lat., =], die ↗ Kiefer.
Pinzettfisch, *Chelmon rostratus*, ↗ Borstenzähner.

pinzieren [v. frz. pincer = kneifen, mit der Zange fassen], Entfernen der krautigen Pflanzenendtriebe; bewirkt z. B. bei Gemüsepflanzen eine reichl. Seitenverzweigung u. bei Gehölzen eine verstärkte Blütenknospenbildung nahe den Haupttästen.

Pionierbaumarten, schnellwüchsige, widerstandsfähige, lichtbedürftige (↗ Lichthölzer) Bäume mit intensiver Wurzelbildung zur Bodenerschließung. P. eignen sich zur natürl. Kahlflächenverjüngung, ersten Aufforstung unkultivierter Standorte u. zur Anlage eines *Vorwaldes*, d. h. eines vorläufig angelegten Baumbestandes, in dessen Schutz empfindl. Baumarten, wie Tanne u. Buche, nachgezogen werden. Beispiele: Birke, Wald- u. Bergkiefer, Robinie, Grünerle.

Pioniergesellschaften ↗ Sukzession.

Pionierpflanzen, Erstbesiedler (↗ Erstbesiedlung) vegetationsfreier Flächen; mit bes. Anpassungen, z. B. zahlr. Diasporen mit guter Ausbreitungsfähigkeit, Ausläuferbildung, gute Regeneration aus Teilen der Pflanze.

Piophilidae [Mz.; v. gr. pion = Fett, philos = Freund], Fam. der Fliegen mit ca. 70, in Mitteleuropa etwa 15 Arten. Die Imagines der *P.* sind ca. 5 mm groß u. meist dunkel gefärbt. Bei uns kommt die weltweit verbreitete, glänzend gelb od. schwarz gefärbte, 4 mm große Käsefliege (*Piophila casei*) vor, die ihre Eier bevorzugt an verschiedene organ. Stoffe, so auch Lebensmittel, legt. Die schlanken, weißl. Larven ernähren sich davon; bemerkenswert ist deren Sprungvermögen v. bis zu 20 cm durch plötzl. Krümmung des ca. 10 mm großen Körpers. Nach Aufnahme v. mit Larven befallenen Lebensmitteln können sich die Larven im menschl. Darm weiterentwickeln u. zu heft. Beschwerden führen.

Pipa *w* [karaibisch], Gatt. der *Pipidae*, ↗ Wabenkröten. [gewächse.

Piper *s* [lat., = Pfeffer], Gatt. der ↗ Pfeffer-

Piperaceae [Mz.; v. lat. piperacius = pfefferartig], die ↗ Pfeffergewächse.

pin- [v. lat. pinus = Föhre, Kiefer].

piper- [v. lat. piper = Pfeffer; davon piperinus = pfefferig].

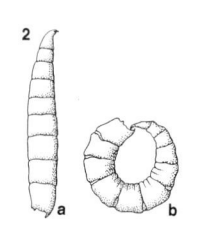

Piophilidae
1 Käsefliege *(Piophila casei)*, 2 a Larve gestreckt, b Larve vor dem Springen

Piperales [Mz.; v. *piper-], die ↗Pfefferartigen.

Piperidin s [v. *piper-], *Hexahydropyridin*, stickstoffhaltige Base, zu deren natürl. vorkommenden Derivaten die ↗Betalaine u. die *P.alkaloide* ↗Arecaalkaloide, ↗Coniumalkaloide, Lobeliaalkaloide (Lobelin), Punicaalkaloide (↗Pelletierin) u. Sedumalkaloide zählen. [T] Alkaloide.

Piperin s [v. *piper-], Hauptalkaloid des schwarzen Pfeffers (*Piper nigrum*, ↗Pfeffergewächse), Ursache für dessen scharfen Geschmack.

Piperonal s [v. *piper-], *Heliotropin*, in äthér. Ölen vorkommender Riechstoff.

Pipidae [Mz.; v. ↗Pipa, Fam. der ↗Froschlurche; umfaßt die afr. ↗Krallenfrösche u. die südam. ↗Wabenkröten.

Pipistrellus *m* [v. it. pipistrello = Fledermaus], Gatt. der ↗Glattnasen.

Pippau *m* [v. frz. pipeau (?) = Rohr, Schalmei], *Crepis*, überwiegend in der gemäßigten und subtrop. Zone Europas u. Asiens heim. Gatt. der Korbblütler mit rund 200 Arten. Meist kraut. Pflanzen mit einer grundstänl. Rosette aus längl.-lanzettl., am Rande gezähnten bis fiederschnitt. Blättern u. einzeln od. zu mehreren an einem i. d. R. beblätterten Stengel stehenden Blütenköpfen. Letztere klein bis relativ groß, aus gelben (seltener orangeroten, rosa- oder lilafarbenen), an der Spitze 5zähnigen Zungenblüten. In Mitteleuropa sind rund 20 Arten der P. zu finden, darunter der Wiesen-P., *C. biennis* (u.a. in Fettwiesen u. an Wegen), der Grüne P., *C. capillaris* (in mageren Fettwiesen u. -weiden, Parkrasen u. Unkrautfluren an Wegen u. Schuttplätzen), der Weichhaarige P., *C. mollis* (in Fettwiesen u. -weiden des Gebirges) sowie der Sumpf-P., *C. paludosa* (in Naßwiesen u. Quellmooren des Gebirges). Der in Weiden, Schneeböden u. Läger-Ges. der alpinen Stufe anzutreffende Gold-P. *(C. aurea)* wird wegen seiner großen, orangerot gefärbten Blütenköpfe bisweilen auch in Steingärten kultiviert.

Pipridae [Mz.; v. gr. pipra = Baumhacker], die ↗Schnurrvögel.

Piptoporus *m* [v. gr. piptein = fallen lassen, poros = Pore], *Hautporling, Zungenporling*, Gatt. der *Polyporaceae;* die Arten haben nicht-ausdauernde Fruchtkörper, die eine papierartige, später leicht ablösbare Huthaut besitzen. Häufig an lebenden u. toten Laubbäumen, bes. Birken, wächst der Birken-Porling *(P. betulinus)*.

Pipunculidae [Mz.; v. lat. pipulus = das Gepiepe], die ↗Augenfliegen.

Piranga *w*, Gatt. der ↗Tangaren.

Piranhas [-njas; Mz.], brasil.-port. Bez. für ↗Pirayas. [↗Wolfspinnen.

Pirata *m* [lat., = Seeräuber], Gatt. der **Piratenbarsche,** *Aphredoderidae,* Fam. der ↗Barschlachse.

Pirayas [Mz.; aus dem Tupi-Guarani], *Piranhas, Serrasalmus,* Gatt. der Scheiben-

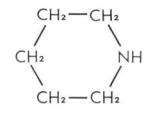

Piperidin

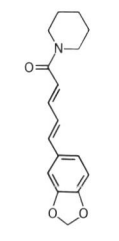

Piperin

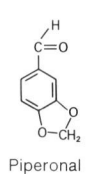

Piperonal

Wiesen-Pippau
(Crepis biennis)

Piraya
(Serrasalmus piraya)

Pirol *(Oriolus oriolus)*

od. Säge-↗Salmler in südam., trop. Gewässern; haben große, dreieckige, in Reihen angeordnete, sehr scharfe Zähne in kräft. Kiefern, seitl. abgeflachten Körper mit langer Rückenflosse, Fettflosse u. sägeart. Bauchkiel aus Schuppen vor der großen Afterflosse. Hierzu der Piraya (*S. piraya*, [B] Fische XII) u. Natterers Sägesalmler *(S. nattereri),* die bis ca. 30 cm lang werden und v. a. im Amazonasgebiet vorkommen; sie fressen vorwiegend verletzte Fische, greifen bei dichter Besiedlung aber auch große Säugetiere (sogar Menschen) an; viele durch den Blutgeruch angelockte P. können die Beute innerhalb weniger Minuten völlig skelettieren.

Pirole [Mz.; v. vulgärlat. pyrrhulus = rötlichgelb], *Oriolidae,* Singvogel-Fam. mit 2 Gatt., der eigtl. P.n *(Oriolus)* u. der austr. Feigen-P.n *(Sphecotheres),* insgesamt 26 Arten v. a. in trop. Gebieten v. Indien bis Austr. und in Afrika, 1 Art auch in Europa. Ausgeprägter Geschlechtsdimorphismus, Männchen auffällig gelb-schwarz, rotschwarz od. silbrig weiß, Weibchen unscheinbar graugrün. Baumbewohner in Wäldern, Parkanlagen u. Obstgärten, wo sie sich v. Insekten, Beeren u. a. Früchten ernähren. Geflochtenes Nest in einer Astgabel mit 2–5 Eiern. Der auch in Dtl. heimische, 24 cm große Pirol *(O. oriolus;* [B] Europa XV, [B] Vogeleier I) bewohnt die Baumkronen, ist scheu und v. a. durch seinen flötenden Ruf „düdelio" zu bemerken; er brütet in tieferen Lagen u. klimat. begünstigten Flußtälern, zieht bereits im August ins trop. Afrika u. kehrt Ende April zurück.

Piroplasmen [Mz.; v. lat. pirum = Birne, gr. plasma = Gebilde], nur wenige μm große, einzellige Parasiten (↗Apicomplexa); befallen v. a. rote Blutkörperchen v. Wirbeltieren u. werden v. Zecken übertragen. P. sind für den Menschen nicht bedeutend, rufen aber u. a. gefährl. Rinderkrankheiten hervor, z. B. *Babesia bigemina* und *Theileria parva* (↗Piroplasmosen).

Piroplasmosen [Mz.; v. lat. pirum = Birne, gr. plasma = Gebilde], Sammelbez. für wirtschaftl. wichtige Erkrankungen vieler trop. Nutztiere durch parasitäre ↗Piroplasmen; bes. gefährlich sind das Texasfieber (durch *Babesia bigemina*), Ostküstenfieber *(Theileria parva),* die trop. Theileriose *(T. annulata)* bei Rind, Büffel, Zebu, das Gallenfieber *(Babesia canis)* bei Hundeartigen. ↗Babesiosen, ↗Theileriosen.

Pirquet [pirkä], *Clemens,* Frh. von, östr. Kinderarzt, * 12. 5. 1874 Hirschstetten, † 28. 2. 1929 Wien; Prof. in Baltimore, Breslau u. Wien; erfand 1907 eine Methode zur Erkennung der Tuberkulose (Tuberkulin-Hautreaktion, *P.sche Reaktion)*; Begr. der Lehre der Allergie.

Pisa, Gatt. der ↗Seespinnen.

Pisania *w,* Gatt. der Wellhornschnecken mit eispindelförm. Gehäuse u. glatter od.

Pisatin spiral u. axial gerippter Oberfläche; Außenlippe verdickt u. innen gezähnelt. Etwa 30 Arten in subtrop. und trop. Meeren. *P. striata* (3 cm hoch) ist im Mittelmeer an algenbewachsenen Felsen der Gezeitenzone häufig.

Pisatin s [v. lat. pisum = Erbse], ein v. der Erbse *(Pisum sativum)* gebildetes ↗Phytoalexin.

Pisatin

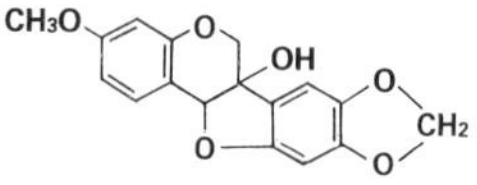

Pisaura m [ben. nach Pisaurum, lat. Name der it. Stadt Pesaro], Gatt. der ↗Raubspinnen. Einzige Art in Mitteleuropa ist die 1,5 cm große *P. mirabilis (= P. listeri).* Diese häufige, bunt gemusterte Spinne (beige, braun, gelb) lebt in der Vegetation bes. der Ebene u. bevorzugt offenes u. halbschattiges Gelände. Sie zeigt ein bes. interessantes Balzverhalten: bevor ein Männchen etwa im Mai auf Brautschau geht, fängt es eine Beute, spinnt diese ein u. präsentiert dieses Geschenk während der Balz. Ist das Weibchen paarungsbereit, ergreift es die Beute u. saugt sie während der Kopulation aus. Die Weibchen tragen ihre Kokons mit den Chelizeren herum u. bauen, sobald das Schlüpfen naht, ein Gespinstzelt, in dem der Kokon u. die Jungen bewacht werden.

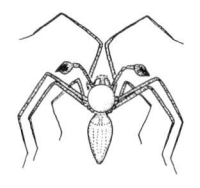

Pisauridae [Mz.], die ↗Raubspinnen.

Pisces [Mz.; lat., =], die ↗Fische.

Piscicolidae [Mz.; v. lat. piscis = Fisch, -cola = -bewohner], frühere Bez. *Ichthyobdellidae,* Fam. der ↗Hirudinea (Egel) mit 43 Gatt. (vgl. Tab.); Kennzeichen: zylindr. Körper, v. dem der vordere Saugnapf meist, der hintere immer abgesetzt ist; vorwiegend marin, einige im Süßwasser; temporäre od. permanente Ektoparasiten. Bekannteste Art *Piscicola geometra,* der Fischegel; 2–5 cm lang, drehrund; grün bis bräunl. und weiß gefleckt bzw. gebändert; schwimmt gut, in Ruhestellung Körper schräg ins Wasser vorgestreckt; parasitiert an Weißfischen, Hecht, Barsch u.a. *Cystobranchus respirans,* der Platte Fischegel, ist 30–40 mm lang und 4–5 mm breit; vordere Haft(Mund-)scheibe mit 4 Augen, hintere Haftscheibe doppelt so breit wie die vordere; gefährl. Parasit an Flußbarbe, Forelle u. Äsche, doch relativ selten. [↗Erbsenmuscheln.

Pisidium s [v. lat. pisum = Erbse], die

Pisiforme s [v. lat. pisum = Erbse, forma = Gestalt], *Os p.,* das ↗Erbsenbein.

Pisonia w [ben. nach dem niederländ. Botaniker W. Piso, 1611–78], Gatt. der ↗Wunderblumengewächse.

Pisoodonophis w [v. gr. pison = Erbse, odōn = Zahn, ophis = Schlange], Gatt. der ↗Aale 1).

Pistazie w [v. gr. pistakia = Pistazienbaum], *Pistacia,* Gatt. der Sumachgewächse mit 5 im Mittelmeergebiet u. Asien heim. Arten; Holzgewächse mit meist fiedr., immergrünen Blättern; dikline Blüten in risp. Blütenständen, 2häusig verteilt; Steinfrucht. Die Echte P. *(P. vera),* bis 10 m hoch, kultiviert man zur Gewinnung der ölhalt., proteinreichen, aromat. schmeckenden Samen, den der Steinkern bei Reife freigibt (P.nmandel, Alepponuß); dieser spaltet sich v. der Spitze her, u. man sieht die chlorophyllhaltigen, bereits grünen (!) Kotyledonen. Aus dem rotblüt. Mastixstrauch *(P. lentiscus)* wird der ↗Mastix gewonnen; Art der Macchie, mancherorts bestandbildend. Der Samen der Terebinthe *(P. terebinthus)* liefert Öl.

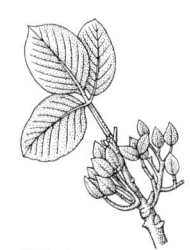

Pistia w [v. gr. pistos = flüssig], Gatt. der ↗Aronstabgewächse.

Pistill s [v. lat. pistillum = Mörserkeule, Stößel], *Pistillum,* der Stempel der ↗Blüte.

pistillat [v. lat. pistillum = Mörserkeule, Stößel], Bez. für ↗Blüten, die nur Fruchtblätter ausbilden.

Pistolenkrebs, die ↗Knallkrebse.

Pisum s [lat., =], die ↗Erbse.

Pitar s [v. gr. pitharion = Fäßchen], Gatt. der Venusmuscheln mit nach vorn gerichteten Wirbeln u. glatter od. konzentr. gerippter Oberfläche, die bei einigen Arten hinten bestachelt ist; zahlr. Arten in warmen Meeren.

Pitch Pine w [pitsch pain; engl., = Pechföhre], *Parkettkiefer, Pechkiefer,* Holz der Sumpf-↗Kiefer *(Pinus palustris).* B Holzarten.

Pithecanthropus m [v. *pithec-, gr. anthrōpos = Mensch], nicht mehr gebräuchl. Gatt.-Bez. für die ↗Homo-erectus-Funde v. Java, urspr. von E. Haeckel für eine von ihm theoret. postulierte Übergangsform zw. Menschenaffen u. Menschen aufgestellt („*P. alalus",* der „noch nicht sprachbegabte Affenmensch").

Pithecellobium s [v. *pithec-, gr. ellobion = Ohrring], Gatt. der ↗Hülsenfrüchtler.

Pitheciinae [Mz.; v. *pithec-], die ↗Sakiaffen.

Pithecopus m [v. *pithec-, gr. pous = Fuß], *Phyllomedusa,* Gatt. der ↗Makifrösche.

Pittas [Mz.; v. drawid. pitta = Vogel], *Pittidae,* farbenprächtige Vogel-Fam. aus der Gruppe der Schreivögel mit 1 Gatt. *(Pitta)* u. 24 Arten; leben im Bodenbereich trop. Wälder der Alten Welt; 15–28 cm groß, plumpe Gestalt, großer Kopf, lange Beine u. sehr kurzer Schwanz; suchen in der Bodenstreu nach Insekten, Würmern, Schnecken, gelegentl. kleinen Wirbeltieren; kugelförm. Nest aus Laub u. Wurzeln mit 2–5 Eiern. Mehrere Arten sind Zugvögel.

Pittidae [Mz.], die ↗Pittas.

Pittosporaceae [Mz.; v. gr. pitta = Harz, Pech, spora = Same], *Klebsamengewächse,* Fam. der Rosenartigen mit 9 Gatt. und ca. 240 Arten; Verbreitungsschwerpunkt in Austr., Vorkommen auch im trop.

Pisaura
Männchen in Balzstellung; in den Chelizeren wird das Brautgeschenk präsentiert

Piscicolidae
Wichtige Gattungen:
Branchellion
Carcinobdella
Crangonobdella
Cystobranchus
Hemibdella
Johanssonia
Mysidobdella
Myzobdella
Ostreobdella
Ottonia
Oxytonostoma
Ozobranchus
Platybdella
Pontobdella
Trachelobdella

Pistazie
Zweig der Echten Pistazie *(Pistacia vera)* mit Blättern u. Früchten

pithec- [v. gr. pithēkos = Affe].

Afrika u. Asien. Sträucher od. kleine Bäume mit immergrünen Blättern, meist radiäre, zwittr., 3zähl. Blüten, oft in Dolden od. risp. Blütenständen zusammengefaßt. Ein dunkler, klebr. Schleim umgibt die Samen; die Frucht ist eine Beere od. fruchtspalt. Kapsel. Aus der namengebenden u. artenreichsten (140–200) Gatt. *Pittosporum* (Klebsame) stammen einige Zierpflanzen, die im Mittelmeergebiet u. im Kalthaus wegen ihres glänzenden Laubes u. der wohlriechenden, schönen Blüten gezogen werden.

Pituitaria *w* [v. lat. pituita = zähe Flüssigkeit, Schleim], *Glandula pituitaria,* die ↗Hypophyse.

Pityogenes *m* [v. gr. pitys = Fichte, genēs = erzeugt], Gatt. der ↗Borkenkäfer.

Pityrosporum *s* [v. gr. pityron = Kleie, spora = Same], *Malassezia,* Formgatt. der ↗imperfekten Hefen. *M. furfur* tritt weltweit auf, Erreger der *Pityriasis (Tinea) versicolor,* der häufigsten Dermatomykose in warmen Ländern (Befall bis zu 100%); die Übertragung erfolgt vermutl. durch pilzhaltige Hautschuppen in Bettwäsche u. Kleidung. *P. pachydermatis* ist Krankheitserreger bei Tieren (z.B. Hund, Rind, Schwein).

Placenta *w* [lat., = Kuchen], **1)** veralteter Gatt.-Name der ↗Fensterscheibenmuschel. **2)** Bot.: Bez. für den Bereich der Ansatzstellen der Samenanlagen auf dem Fruchtblatt (↗Blüte), der meist als leistenförm. Gewebewucherung ausgebildet ist. Die Lage dieser Placenten bezügl. des Fruchtblatts (↗randständig = *marginal,* ↗flächenständig = *laminal*) oder bezügl. des synkarpen Fruchtknotens (wandständig = *parietal, zentralwinkelständig,* auf einem vom Grund des Fruchtknotens aus frei in dessen Höhlung hineinragenden Placentargewebezapfens = *zentral*) wird durch den Begriff „*Placentation*" gekennzeichnet und ist v. großem systemat. Wert. ☐ Blüte. **3)** Zool.: *Mutterkuchen, Fruchtkuchen,* Verbindungsorgan zw. Embryo (bzw. Fetus) und dem mütterl. Organismus bei höheren Säugetieren (selten bei Nicht-Säugern), in dem der Stoff- u. Gasaustausch zw. mütterl. Blut u. dem Blut des sich entwickelnden Embryos stattfindet. Außerdem bildet die P. Hormone. P.bildung erlaubt eine verlängerte intrauterine Entwicklung des Embryos (↗Embryonalentwicklung, ☐). – Beuteltiere bilden i.d.R. eine P. aus Dottersack u. Chorion (Dottersack-P.), *Eutheria* dagegen aus Allantois u. Chorion (Allantois-P.). – Neben den Säugetieren haben auch andere Gruppen viviparer Tiere verschiedene P.formen entwickelt, z.B. lebendgebärende Haie, einige Reptilien u. unter den Wirbellosen Onychophoren u. Skorpione (↗Viviparie). – *Pseudo-Placenten* kommen als Schwellungen des Follikelepithels bei einigen viviparen Insekten vor; sie dienen vermutl. der Ernährung des Embryos (z.B.

placenta- [v. lat. placenta = Kuchen], in Zss.: Mutterkuchen-.

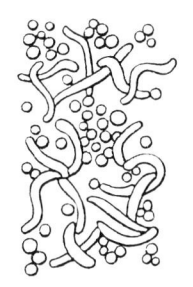

Pityrosporum

Sproßzellen u. gekrümmte Fäden von *P.* (= *Malassezia*) *furfur*

Arixenia, u. *Hemimerus,* Vertreter der Ohrwürmer). – *Ausbildung der P. beim Menschen:* Die P. baut sich aus einem mütterl. Anteil (Teile der Gebärmutterschleimhaut, ↗Endometrium) und einem embryonalen Anteil auf (Zotten der ↗Chorioallantois). Die Ausbildung der P. beginnt mit der ↗Nidation: der Keim im ↗Blastocysten-Stadium löst die obersten Schichten der vorbereiteten Gebärmutterschleimhaut (↗Menstruation, ↗Menstruationszyklus) auf u. sinkt am 10. Tag der Entwicklung in sie ein bzw. wird v. ihr umwachsen. In diesem Stadium ernährt sich der Keim v. der ↗Embryotrophe. Zu Beginn der 3. Woche bildet der ↗Trophoblast des Keims die ersten Zotten, fingerförmige Ausstülpungen, die durch weiteren Abbau der mütterl. Schleimhaut tiefer eindringen u. mit der Zottenhaut (↗Chorion) die ↗Chorionplatte als fetalen Anteil der P. bilden. Die Histolyse der Gebärmutterschleimhaut schreitet bis zu den Spiralarterien fort, deren Wände ebenfalls aufgelöst werden, so daß mütterl. arterielles Blut in Lakunen austritt u. von den ebenfalls offenen Uterus-Venen wieder aufgenommen wird. Zu Beginn des 2. Monats entstehen in den Zotten bluthaltige Hohlräume, die Anschluß an das extraembryonale Blutgefäßsystem erhalten. Die Zotten verankern sich als *Haftzotten* in der

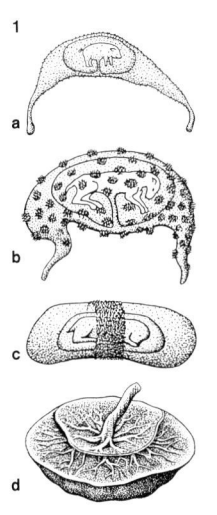

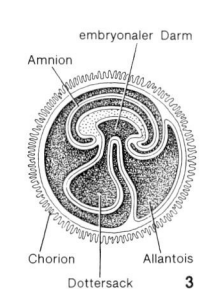

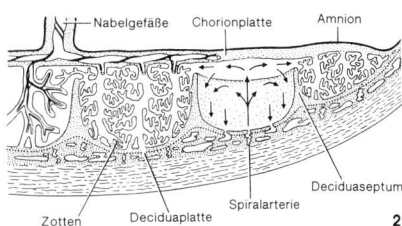

Placenta

1 Nach der Verteilung der Chorionzotten unterscheidet man verschiedene P.-Formen: **a** *P. diffusa* (z.B. Schwein, Pferd), **b** *P. cotyledonaria* (z.B. Rind), **c** *P. zonaria* (z.B. Katze), **d** *P. discoidalis* (Mensch).

2 Schema der P. des Menschen in der 2. Hälfte der Schwangerschaft. Der mütterl. Teil der P. (Deciduaplatte) bildet eine flache Schale, ihr Innenraum ist durch Septen gekammert. Das mütterl. Blut tritt durch offene Spiralarterien in diese Kammern ein, zirkuliert dort frei u. kehrt über ebenfalls offene Venen wieder in den mütterl. Kreislauf zurück (2. Kammer von rechts). Der embryonale Teil der P. liegt als Chorionplatte wie ein Deckel über der mütterl. Basalplatte u. wird durch Haftzotten darin verankert (3. Kammer von rechts). Die frei flottierenden Äste der Zottenbäume enthalten das fetale Gefäßsystem, das vom mütterl. Blutraum getrennt bleibt (linke Kammer).

3 P.-Bildung bei Säugetieren (Schema eines Säugerembryos mit Embryonalhüllen): Die P. der höheren Säugetiere *(Placentalia)* entsteht aus dem Chorion u. der dicht anliegenden Allantois; über diese *Allantois-P.* wird der Keim während seiner gesamten Embryonalentwicklung ernährt. Bei den Beuteltieren *(Monotremata)* entsteht die P. i.d.R. aus Chorion u. Dottersack; diese *Dottersack-P.* ernährt den Embryo nur in der ersten Phase der Entwicklung, die weitere Entwicklung findet im Brutbeutel statt (↗Beuteltiere).

Placentalia

Basalplatte (basaler Hauptteil der mütterl. P.), ihre Verzweigungen flottieren in den zw. Chorion u. Basalplatte freibleibenden Räumen, die mit mütterl. Blut gefüllt sind. Mütterl. und fetaler Blutkreislauf bleiben getrennt. Die mütterl. P. (↗ Decidua basalis) hat die Form einer flachen Schale, auf der die vom Embryo gebildete Chorionplatte wie ein Deckel aufliegt. Gegen Ende der ↗ Schwangerschaft ist die P. scheibenförmig, beim Menschen: 3 cm dick, ⌀ 15–25 cm, Gewicht 500–600 g. Bei der ↗ Geburt löst sich die P. von der Uteruswand u. wird etwa 30 Min. später als ↗ Nachgeburt ausgestoßen. – *Funktion der P.:* 1) Bildung einer Schranke *(P.schranke)*, die den Austausch v. Gasen, Nahrungs- u. Stoffwechselprodukten zw. mütterlichem u. fetalem Blut erlaubt, gleichzeitig aber beide Kreisläufe voneinander trennt. Durch diese P.schranke können Krankheitserreger (z.B. Rötelnvirus), Schutzstoffe (manche Antikörper), Medikamente u. Drogen in den Embryo gelangen und ggf. zu Mißbildungen (↗ Embryopathie, ↗ Fehlbildung) führen. 2) Bildung v. ↗ Hormonen (T): Beim Menschen bildet die P. ↗ Progesteron, daneben zunehmend auch ↗ Östrogene und ↗ gonadotrope Hormone (Gonadotropine). – *Formen der P.:* Echte Säugetiere *(Placentalia = ↗ Eutheria)* bilden unterschiedl. P.formen. Bei der diffusen P. *(P. diffusa)* sind die Zotten über die gesamte Oberfläche des Chorions verteilt (z.B. Wale, Unpaarhufer, viele Paarhufer). Bei der Büschel-P. *(P. cotyledonaria)* werden die Zotten auf mehrere bis viele Stellen der P. (Kotyledonen) beschränkt (z.B. Wiederkäuer). Bei diesen beiden P.formen besteht nur ein lockerer Zshg. zwischen mütterl. und fetalem P.-Anteil; sie lösen sich bei der Geburt ohne Verletzung des Uterus *(adeciduate Säugetiere).* Bei den *deciduaten Säugetieren* (↗ Deciduata) verwachsen beide Anteile der P. eng, das Zottenchorion löst sich bei der Geburt nicht aus dem uterinen Anteil der P. (↗ Decidua), sondern wird mit dieser unter Blutungen als ↗ Nachgeburt abgestoßen. Bei der Gürtel- od. Zonen-P. *(P. zonaria)* sind die Zotten in einem Ring angeordnet (z.B. Raubtiere), bei der Disko- od. Scheiben-P. *(P. discoidalis)* auf 1 (Mensch) oder 2 (manche Neuweltaffen) begrenzt. B Embryonalentwicklung III–IV, B Menstruationszyklus. *H. L./K. N.*

Placentalia [Mz.; v. *placenta-], *Placentaria, Placentale Säugetiere, Placentatiere,* **Placentation** ↗ Placenta. [die ↗ Eutheria.

Placentonema *s* [v. *placenta-, gr. nēma = Faden], Gatt. der Superfam. *Habronematoidea* (Ord. ↗ *Spirurida*) mit *P. gigantissimum,* dem größten Fadenwurm: ♂ 4 m lang, ♀ 8 m (⌀ 25 mm); lebt in der Placenta v. Pottwalen; wurde erst 1951 beschrieben; weicht durch den Besitz v. 32 Uteri v. den anderen Fadenwürmern ab.

placenta- [v. lat. placenta = Kuchen], in Zss.: Mutterkuchen-.

placo- [v. gr. plax, Gen. plakos = Fläche, Platte].

Placiphorella *w* [v. *placo-, gr. -phoros = -tragend], Gatt. der *Mopaliidae,* Käferschnecken nördl. Meere mit vorn zu einem Kopflappen verbreitertem Gürtel, der angehoben u. bei Reizung schnell heruntergeklappt werden kann, wobei kleine Krebse gefangen werden.

Placiphorella velata, mit erhobenem Kopflappen, ca. 5 mm lang

Placobdella *w* [v. *placo-, gr. bdella = Egel], Gatt. der Ringelwurm-(Blutegel-)-Familie ↗ *Glossiphoniidae. P. costata* (Schildkrötenegel), 2–7 cm lang, saugt an *Emys orbicularis* (Eur. Sumpfschildkröte), befällt aber auch die Beine im Wasser watender Menschen; kann sich durch Farbwechsel dem Untergrund anpassen, erscheint folglich auf Pflanzen grün, auf dem Panzer der Schildkröten dagegen braun bis schwarz. Weitere Arten sind *P. fimbriata, P. ornata* und *P. parasitica.*

Placodermi [Mz.; v. *placo-, gr. derma = Haut], (McCoy 1848), *Panzerfische, Plattenhäuter,* † Kl. an ↗ *Ostracodermata* erinnernder (u. früher mit ihnen vereinigter) fischähnl. Wirbeltiere (↗ Fische, T) mit knöchern-gepanzertem Vorderkörper, die sich v. diesen durch gut entwickelte Kiefer, große Augen u. die Gliederung des Panzers in je einen Kopf- u. Schulterabschnitt unterscheiden. Ihr Gehirn weist so große Ähnlichkeit zu dem der Haie auf, daß in ihnen die knöchernen Vorläufer der späteren ↗ Knorpelfische zu vermuten sind. Da Verbindungsglieder fehlen, faßt man sie in einer separaten Kl. zusammen. Wichtigste Taxa sind die ↗ *Arthrodira* u. ↗ *Antiarchi.* Verbreitung: Devon, evtl. auch Obersilur u. Unterkarbon.

Placodontia [Mz.; v. *placo-, gr. odontes = Zähne], (H. v. Meyer 1863), † Ord. mit 9 Gatt. sekundär an das Leben im Meer angepaßter durophager Reptilien mit der Tendenz, einen den Schildkröten ähnl. Hautpanzer auszubilden. Heute werden die *P.* nicht mehr den *Sauropterygia* angeschlossen, sondern aufgrund ihrer bes. osteolog. Merkmale als eigene Ord. betrachtet, die vermutl. aus der gleichen Wurzel hervorgegangen ist wie die *Notosauria* u. *Plesiosauria.* Verbreitung: untere bis obere Trias im Bereich des gesamten German. Beckens n. der Alpen.

Placodus gigas *m* [v. *placo-, gr. odous = Zahn, gigas = Riese], (Agassiz), † Placodontier v. plumper, etwa schildkrötenart. Gestalt, Schädel bis 24 cm lang, Praemaxillaria mit 6 starken, nach vorn gerichteten

Placodus gigas

Schneidezähnen; Maxillaria u. Palatina mit breiten ↗Pflasterzähnen besetzt. Ein fast vollständ. Exemplar wurde bei Heidelberg im oberen Muschelkalk gefunden.

Placophora [Mz.; v. *placo-, gr. -phoros = -tragend], die ↗Käferschnecken.

Placopsis w [v. *placo-, gr. opsis = Aussehen], Gatt. der ↗Trapeliaceae.

Placostegus m [v. *placo-, gr. stegē = Bedeckung], eine Ringelwurm-(Polychaeten-)Gatt. der *Serpulidae* mit 18 Arten. *P. tridentatus*, 10–30 mm lang, 2–3 mm breit; Kiemen rot mit 2 braunen Bändern; Röhre glashell od. milchglasartig durchscheinend, oben mit 2 od. 3 Längskielen, an der Mündung in 3 Zähnen endend; Nordsee.

Placozoa [Mz.; v. *placo-, gr. zōa = Tiere], von K. G. Grell (1971) begr., im Hinblick auf die äußere Körperform u. in Anlehnung an Bütschlis (1884) Placula (bzw. ↗Placula-Theorie) ben. Tierstamm aus dem Übergangsfeld zw. Protozoen u. Metazoen und folgl. von bes. Bedeutung für das Verständnis der Phylogenese der *Metazoa*. Umfaßt mit der im Litoral warmer Meere (z. B. Mittelmeer, Rotes Meer, Karibisches Meer) v. a. auf Algen lebenden, im ⌀ nur ca. 2 mm großen *Trichoplax adhaerens* u. der 1897 im Golf von Neapel nachgewiesenen *Treptoplax reptans* lediglich 2 Arten. Da *Treptoplax* seit ihrer Entdeckung nicht wiedergefunden wurde, bezieht sich die derzeitige Kenntnis der *P.* so gut wie ausschl. auf *Trichoplax adhaerens*. – Diese Art ist ein abgeplatteter Vielzeller mit monaxoner Dorso-Ventral-Polarität, jedoch ohne Symmetrie und v. unregelmäßigem Umriß, der zudem veränderl. ist, weil das Tier bei der gleitend-kriechenden Fortbewegung amöbenart. Gestaltveränderungen unterliegt. *Trichoplax* hat weder Organe noch Muskel- u. Nervenzellen. Sie besteht aus einem dünnen, als Epidermis gedeuteten, dorsalen Plattenepithel, einem dicken, der Aufnahme v. extrasomatisch durch abgeschiedene Exoenzyme vorverdauten Protozoen dienenden u. demzufolge als Gastrodermis bezeichneten, ventralen Zylinderepithel (Phagocytose wurde nie beobachtet) u. einem Faserzellen führenden, flüssigkeitserfüllten Spaltraum zw. beiden Epithelien. Am Körperrand stoßen Epidermis u. Gastrodermis aneinander. Die Epidermis setzt sich aus mit je einer Geißel u. einer Reihe bes. Vesikel ausgestatteter Deckzellen zusammen, zw. denen sog. Glanzkugeln, fettartige Einschlüsse degenerierender Zellen unbekannter Funktion, lagern. Die Gastrodermis besteht aus ebenfalls begeißelten u. mit Mikrovilli versehenen zylinder- und keulenförm. Drüsenzellen. Alle Epithelien sind durch Desmosomen miteinander verbunden, haben aber keine Basalmembran. Ihre Kerne enthalten 12 Chromosomen, doch der DNA-Gehalt ist der geringste, der bisher bei Metazoen gefunden wurde: er ist nur 10mal so hoch wie der des *Escherichia coli*-Chromosoms. Die Kerne des Deckepithels liegen in Perikaryen, die in den Spaltraum versenkt sind. Die tetraploiden Faserzellen, die durch verästelte Fortsätze u. über bes. Kontaktstellen untereinander in Verbindung stehen, sind durch einen aus Mitochondrien u. Vesikeln bestehenden Komplex, eine Konkrementvakuole sowie Zisternen des endoplasmat. Reticulums, die immer Bakterien, offensichtl. als Endosymbionten, enthalten, gekennzeichnet. Kontraktionen der Faserzellen bewirken die obengen. Formveränderungen des Tieres. – Die Fortpflanzung vollzieht sich im allg. durch Zweiteilung. Auch kommt Knospung vor, bei der ein kugeliger od. ovaler Schwärmer abgeschnürt wird, dessen begeißeltes Dorsalepithel außen, das ebenfalls begeißelte Ventralepithel innen liegt. Die Metamorphose des Schwärmers ist unbekannt. Geschlechtlich pflanzt sich *Trichoplax* durch Oogametie fort, indem sie meist eine, manchmal auch mehrere Eizellen bildet, die wahrscheinl. aus dem Ventralepithel hervorgehen u. mit Hilfe v. Faserzellen als Trophocyten im Spaltraum heranwachsen. Spermatozoen wurden noch nicht gefunden. Eine Befruchtung der Eizellen ist jedoch zu erwarten, da einerseits die Eizellen nur die halbe DNA-Menge enthalten u. andererseits sich nur solche Eizellen furchen, die eine Befruchtungsmembran ausgebildet haben. Die Furchung ist totaläqual. Wie bei den Schwämmen u. einigen Nesseltieren regeneriert *Trichoplax* nach chem. Dissoziieren ihrer Epithelien wieder ein vollständiges Tier. – Aufgrund v. Größe, Bau und DNA-Gehalt muß *Trichoplax adhaerens* als das einfachste derzeit bekannte Metazoon gelten. Daß diese Einfachheit kaum sekundär erworben sein kann, ergibt sich aus den Organisationseigentümlichkeiten: 1. keine Symmetrie, nur Dorsoventralität, wobei das Dorsalepithel dem animalen, das Ventralepithel dem vegetativen Pol homolog sein dürfte; 2. keine

placo- [v. gr. plax, Gen. plakos = Fläche, Platte].

Placozoa

Trichoplax adhaerens wurde 1883 von F. E. Schulze in mit Wasser aus der Bucht von Triest beschickten Seewasseraquarien des Grazer Zool. Instituts entdeckt und, obgleich noch gar nicht ausführl. beschrieben – dies erfolgte erst 1891 durch Schulze – bereits ein Jahr später von O. Bütschli für das ursprünglichste Metazoon gehalten u. als Modell für die ↗Placula-Theorie herangezogen. T. Krumbach (1907) jedoch sah *Trichoplax* als abgewandelte Planula-Larve der Hydromeduse *Eleutheria krohni*. Da diese Deutung Eingang in die Lehrbücher der Speziellen Zool. fand, war *Trichoplax* im herkömmlichen System untergebracht u. verlor an Beachtung, bis Grell sie 1969 in Algenproben aus dem Roten Meer wiederentdeckte u. einer genauen Analyse unterzog.

Placozoa

Schema des histolog. Aufbaus v. *Trichoplax adhaerens* (nach Grell). Ba Bakterium in Zisterne des endoplasmat. Reticulums, De Dorsalepithel, Dz Drüsenzellen, Fz Faserzellen, Ge Geißel, Gk Glanzkugeln, Kv Konkrementvakuole, Mk Mitochondrien-Komplex, Ve Ventralepithel, Vk Vesikel, Zw Zwischenschicht

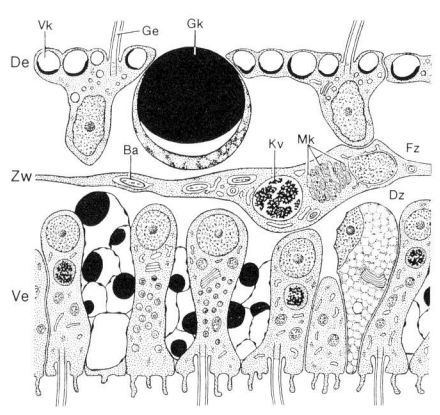

Placula-Theorie

Organe, nur 2 Epithelien u. eine Zwischenschicht; 3. nur 5, unter Einbeziehung der Spermatozoen 6 Zelltypen gegenüber 12 und mehr bei den Schwämmen.
Lit.: *Grell, K. G.:* Trichoplax adhaerens F. E. Schulze und die Entstehung der Metazoen. Naturw. Rdsch. 24, 160–161. 1971. *Grell, K. G.:* 2. Stamm Placozoa. In: Kaestner, A., Gruner, H. E. (Hg.): Lehrbuch der Spez. Zoologie, Bd. I: Wirbellose Tiere. 1. Teil. Stuttgart ⁴1980. *D. Z.*

Placula-Theorie [v. *placo-], *Placula-Hypothese,* eine der 6 heute diskutierten Theorien bzw. Hypothesen, die phylogenet. Entstehung der *Metazoa* zu erklären (↗Gastraea-Theorie). 1884 von O. ↗Bütschli formuliert, der als hypothet. Urstadium der Metazoa eine zunächst einschichtige Flagellatenkolonie annahm, die sich durch Delamination zu einer zweischichtigen, dorsoventralen, auf dem Boden kriechenden Platte, einer *Placula,* entwickelte u. dadurch, daß sie eine ihrer beiden Zellschichten dem Boden als dem nährenden Substrat zukehrte, die Voraussetzung für eine Differenzierung in ein Ventralepithel als künftig nutritorisches Entoderm u. ein Dorsalepithel als künftig protektorisches Ektoderm erfüllte. Rezentes Modell war die damals ein Jahr zuvor entdeckte *Trichoplax adhaerens.* Die P. hat nach der Wiederentdeckung der *Trichoplax* durch K. G. Grell (1971) u. den Nachweis einer ausschließlich extrazellulären Verdauung durch das Ventralepithel derzeit an Bedeutung gewonnen. ↗ *Placozoa.*

Placuna w [v. gr. plakous = flacher Kuchen], Gatt. der Sattelmuscheln, ↗Fensterscheibenmuschel.

Placynthiaceae [Mz.; v. gr. plakountion = kleiner Kuchen], Fam. der ↗*Peltigerales* mit 7 Gatt. und 40 Arten, meist kleine, oliv bis dunkelbraun gefärbte Flechten mit krustigem, schuppigem od. selten kleinstrauchigem Lager, mit lecideinen, braunen od. schwarzen Apothecien u. einzelligen bis septierten, farblosen Sporen; Fels- u. Erdbewohner, oft an sickerfeuchten Orten. Namengebende Gatt. *Placynthium* (25 Arten), häufig v. a. *P. nigrum* mit grünschwarzem Vorlager, auf Kalkgestein.

Plaggen [Mz.; v. ndt. plagge = Rasenstück, Soden], Heide- od. Grassoden, mit Hacke od. Spaten flach abgehobene Stücke v. humosem, gut durchwurzeltem Oberboden (↗Plaggenesch). ↗Nardo-Callunetea.

Plaggenesch, *Plaggenboden, Eschboden,* in Sand- u. Heidelandschaften NW-Europas durch die dort seit etwa 1000 Jahren ausgeübte, heute jedoch veraltete *Plaggenwirtschaft* entstandener Boden. Die ↗*Plaggen* wurden als Einstreu für das Vieh verwendet u. anschließend zur Düngung auf der ortsnahen Eschflur aufgetragen. So entstanden über den armen Sandböden künstl., bis zu 1 m mächtige fruchtbare A-Horizonte. ↗Nardo-Callunetea. [T] Bodentypen.

placo- [v. gr. plax, Gen. plakos = Fläche, Platte].

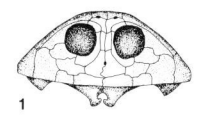

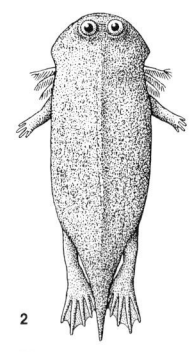

plagio- [v. gr. plagios = schief, quer, schräg].

Plagiosauridae
1 Schädel des kurzschnauzigen triassischen Labyrinthodonten *Plagiosaurus,* Schädellänge 15 cm. 2 *Gerrothorax rhaeticus* Nilsson

Plagiaulacidae [Mz.; v. *plagio-, gr. aulakes = Furchen], (Gill 1872), ausgestorbene Familie der *Multituberculata* mit reduzierter Zahnzahl. Zahnformel des Unterkiefers v. *Plagiaulax:* 1 · 0 · 3 · 2; die vergrößerten Schneidezähne u. das nachfolgende ↗Diastema erinnern an Nagetiere, denen sie ökolog. wohl auch entsprochen haben. Verbreitung: Rhät bis Unterkreide v. Europa und N-Amerika.

Plagiochasma s [v. *plagio-, gr. chasmē = Klaffen], Gatt. der ↗Aytoniaceae.

Plagiochilaceae [Mz.; v. *plagio-, gr. cheilos = Lippe], Fam. der ↗*Jungermanniales* mit 3 Gatt. Die Gatt. *Plagiochila* ist mit ca. 1200 Arten die artenreichste u. schwierigst zu bestimmende Gatt. der Lebermoose; sie sind in ozeanischen u. wärmeren Gebieten verbreitet, meiden aride u. kontinentale Regionen. *P. porelloides* kommt z. B. auf der N-Halbkugel bis zum Polarkreis vor, *P. circinalis* lebt xerophytisch in wärmeren Regionen. Ähnl. wie *P.* sind die Arten der Gatt. *Pedinophyllum* gestaltet, sie sind aber monözisch; *P. interruptum* ist in Europa auf Kalkfelsen verbreitet. Zu der Gatt. *Plagiochilion* gehören 11, meist paläotrop. Arten.

Plagiogeotropismus m [v. *plagio-, gr. geō- = Erd-, tropē = Wendung], Krümmungsbewegung, die ein Pflanzenorgan (Seitenwurzel, -sproß, Blatt) in einem bestimmten Winkel zur Richtung der Schwerkraft ausrichtet. ↗Tropismus.

Plagionotus m [v. *plagio-, gr. nōtos = Rücken], Gatt. der ↗Wespenböcke.

Plagiopus m [v. *plagio-, gr. pous = Fuß], Gatt. der ↗Bartramiaceae.

Plagiosauridae [Mz.; v. *plagio-, gr. sauros = Eidechse], † Fam. (von T. Nilsson 1937 aufgewertet zur U.-Ord.) extrem spezialisierter ↗*Labyrinthodontia* meist mittlerer Größe mit sehr verbreitertem u. verkürztem Schädel (ca. 1:2,5) u. abgeflachtem Rumpf. Der Besitz v. Seitenlinienorganen (nicht generell bekannt) spricht für aquat. Lebensweise; wahrscheinl. Dauerkiemer (perennibranchiat). Verbreitung: mittlere bis obere Trias v. Schonen, Fkr., Dtl. u. N-Amerika. Gatt. *Plagiosaurus* Jaekel mit halbmondförm. Schädel u. schlanken, kaum gefältelten Zähnen (obere Trias). Der neotenische *Gerrothorax* Nilsson, ca. 1 m groß, aus dem Rhät v. Schonen, gilt als letzter Vertreter der P. und zugleich der stegocephalen Amphibien.

Plagiostomidae [Mz.; v. *plagio-, gr. stoma = Mund], Strudelwurm-Fam. der ↗*Prolecithophora. Plagiostomum lemani,* bis 15 mm lang, milchigweiß, Rücken netzartig braun bis schwarz gemustert, Mundöffnung am Körpervorderende, großer sackförm. Darm; im Schlamm flacher stehender u. fließender Gewässer.

Plagiotheciaceae [Mz.; v. *plagio-, gr. thēkion = kleines Behältnis], Fam. der ↗*Hypnobryales;* häufige Laubmoose der

Mittelgebirge u. der subalpinen Bereiche mit flach beblätterten, niederliegenden Thalli. *Plagiothecium undulatum* besitzt gg. die Bakterien *Gaffkya tetragena* u. *Staphylococcus aureus* stark antibakterielle Wirkung.

Plagiotropismus *m* [v. *plagio-, gr. tropē = Wendung], Ausrichtung der Wachstumsrichtung v. Pflanzenorganen (Seitenwurzeln od. -sprossen, Blättern) in einem bestimmten Winkel zur Reizrichtung (z. B. Licht od. Schwerkraft); bei 90° liegt *Transversaltropismus (Diatropismus)* vor. ↗ Tropismus, ↗ Plagiogeotropismus.

Plakinidae [Mz.; v. gr. plakinos = brettförmig], Schwamm-Fam. der Kl. *Demospongiae* mit ca. 8 Gatt.; Skelett aus Triactinen ohne Spongin. *Plakina monolopha* bildet dünne Krusten, v. a. auf Gestein u. *Posidonia*-Rasen; Mittelmeer.

Plakoden [Mz.; v. *plako-], Areale der embryonalen Epidermis mit hochprismat. Zellen, die bestimmte Strukturen differenzieren; z. B. werden bei Wirbeltieren die v. der Epidermis nach innen abgeschnürte Augenlinse als Linsenplakode (B Induktion), die Sinneszellen des Innenohres als Ohrplakode angelegt.

Plakoderm *s* [v. *plako-, gr. derma = Haut], aus einzelnen Teilen zusammengesetzte Zellwand einiger Algen, z. B. der ↗ Kieselalgen u. der ↗ Peridiniales.

Plakodermen [Mz.; v. *plako-, gr. derma = Haut], die ↗ Placodermi.

plakoid [v. *plako-], Bez. für krustiges, am Rand gelapptes, rhizinenloses Flechtenlager; Übergangsform zw. Krusten- u. Laubflechten.

Plakoidschuppen [v. *plako-] ↗ Schuppen.

Plakortis *w* [v. *plako-], Gattung der Schwamm-Fam. *Plakinidae. P. simplex*, meist gelbe Krusten bildend, im Litoral, Mittelmeer.

planare Stufe [v. lat. planaris = ebenerdig] ↗ Höhengliederung.

Planarien [Mz.; v. *plana-], eingedeutschte Bez. für die Arten der Strudelwurm-Ord. ↗ *Tricladida*, umfaßt Meer-P. (↗ *Maricola*), Süßwasser-P. *(Paludicola)* und ↗ Land-P. *(Terricola)*.

Planariidae [Mz.; v. *plana-], Strudelwurm-Fam. der ↗ *Tricladida* (Gatt. vgl. Tab.); Süßwasserbewohner.

Planation *w* [v. *plana-], Bezeichnung für einen der 6 Elementarprozesse bei der Phylogenese des ↗ Kormus (↗ Landpflanzen) aus Telomständen, nämlich die Einordnung solcher Telome in eine flache Ebene (= Blattphylogenese) od. Zylinderebene (= Sproßachsenphylogenese). ↗ Telomtheorie.

Planaxidae [Mz.; v. *plana-, lat. axis = Achse], die ↗ Flachspindelschnecken.

Planctonemertes *m* [v. gr. plagktos = umherschweifend, ben. nach der Nereide Nēmertēs], Schnurwurm-Gatt. der ↗ *Hoplonemertea* (U.-Ord. ↗ *Polystilifera)*; *P. agassizi,*

plako- [v. gr. plax, Gen. plakos = Fläche, Platte; davon plakōdēs = plattenartig].

plana-, plani-, plano- [v. lat. planus = flach, eben, glatt, platt].

Planariidae
Wichtige Gattungen:
↗ *Crenobia*
↗ *Dugesia*
Planaria
↗ *Polycelis*

Plankton
Prozentualer Anteil wicht. Tiergruppen an der Zusammensetzung des Zooplanktons im zentralen Pazifik (Oberfläche/Tiefe):

Copepoda (65,3/59,0)
Foraminifera (11,7/5,6)
Eier, z. B. v. Fischen (10,3/10,7)
Tunicata (4,3/0,9)
Gastropoda (2,7/1,9)
Chaetognatha (2,0/2,3)
Radiolaria (0,6/5,3)
Larven von *Crustacea* (1,0/1,2)
Ostracoda (0,1/7,2)
Euphausiacea (0,9/2,6)
Siphonophora (0,5/0,4)
Amphipoda (0,1/0,4)
Sonstige (0,4/2,5)

Äquatorregion des östlichen Pazifik; in 1000–3000 m Tiefe.

Planctosphaeroidea [Mz.; v. gr. plagktos = umherschweifend, sphairoeidēs = kugelförmig], Gruppe mariner Tiere mit bis jetzt nur 1 bekannten Art, deren planktische Larve 1932 im Golf von Biscaya in wenigen Exemplaren entdeckt und urspr. als selbständiger Organismus unter dem Namen *Planctosphaera pelagica* beschrieben wurde. Diese Larve, eine stachelbeergroße gallertige Kugel, erinnert in ihrem Bauplan ebenso wie in dem Besitz eines in zahlr. Schleifen den Körper überziehenden doppelten Wimpernbandes sehr an die sog. *Tornaria*-Larve der ↗ Enteropneusten. Da die zugehörige Adultform noch unbekannt ist, wurde diese, in zahlr. Eigentümlichkeiten v. der typ. Tornaria abweichende Larvenform einstweilen als hypothet., den Enteropneusten nahestehende Kl. unter dem Namen *P.* den ↗ *Hemichordata* zugeordnet.

Planidiumlarve [v. *plani-], Bezeichnung für eine meist beinlose Primärlarve einiger Erzwespen-Familien *(Eucharitidae, Perilampidae)*, die frei beweglich auf einen Wirt wartet, um sich dann mit Hilfe von Ansaugvorrichtungen od. Klammerapparaten an diesem festzuheften; danach oft Häutung zu einer einfachen, parasit. Larve (Hypermetamorphose).

Planipennia [Mz.; v. *plani-, lat. penna = Feder, Flügel], die ↗ Netzflügler.

Plankter *m* [v. gr. plagktēr = irrend], ↗ Plankton.

Plankton *s* [v. gr. plagktos = umherschweifend], von V. Hensen (1887) geprägter Begriff für die Gesamtheit der meist kleinen bis kleinsten, im freien Raum v. Süß- u. Meerwasser dahintreibenden od. schwebenden Lebewesen *(Plankter, Planktonten)*, die zu eigenständigen, horizontalen Ortsbewegungen nicht od. nur unzureichend befähigt sind, vielfach aber durchaus ihren Aufenthalt in der vertikalen Ebene bestimmen können. Als heterogene, doch infolge v. Anpassung (Konvergenz) einander ähnl. Glieder einer Gemeinschaft aus juvenilen (Ei- u. Larvalstadien) u. adulten Individuen unterschiedl. Arten stellt das P., das auch als *Eu-P.* gegen das ↗ *Pseudo-P.* abgegrenzt wird, zus. mit dem ↗ Nekton das *Pelagos* (↗ Pelagial) dar. – *Einteilung:* Je nachdem, ob das P. aus Bakterien, Pflanzen od. Tieren besteht, spricht man v. *Bakterio-, Phyto-* od. *Zoo-P.* Pelagische Bakterien u. einzellige Pflanzen u. Tiere werden auch als *Proto-P.* zusammengefaßt. Als *Holo-P.* bezeichnet man all jene Formen, deren gesamtes Leben v. der Eizelle bis zum geschlechtsreifen Individuum sich planktonisch vollzieht, als *Mero-P.* solche, die nur einen Teil ihres Individualzyklus als bestimmte Entwicklungsstadien, z. B. Larven, im P. verbringen, im übrigen dem *Benthos* (↗ Benthal)

Plankton

Plankton

Einteilung der P.organismen nach der Größe:

Mega- od. *Megaloplankton* >5 mm
Makroplankton 1–5 mm
Mesoplankton 500–1000 µm
Mikroplankton 50–500 µm
Nanoplankton 5–50 µm
Ultraplankton <5 µm

Der Begriff *Nanoplankton* wurde von Lohmann 1911 eingeführt, aber fälschlich mit zwei n geschrieben, so daß man auch nicht selten *Nannoplankton* liest.

Plankton

Tiefenverteilung beim Plankton:

Epiplankton: obere 200 m
Bathyplankton: unterhalb 200 m
Hypoplankton: über dem Meeresboden

Plankton

Qualitative Artzusammensetzung des Planktons:

monoton: über 75% einer Art
praevalent: um 50% einer Art
polymiktisch: mehrere Arten vorherrschend
pantomiktisch: keine Art vorherrschend

Plankton

Tagesperiod. Vertikalwanderung dreier wichtiger P.arten:
◊ *Calanus* (Copepode),
• *Cosmetira* (Meduse),
– *Mysidee* (Glaskrebs)

od. *Nekton* zuzurechnen sind. Nach der Größe der P.organismen unterscheidet man 6, nach der qualitativen Artzusammensetzung 4 Kategorien (vgl. Tab.). Das P. des Meeres wird *Hali-,* das des Brackwassers *Hyphalmyro-* u. das des Süßwassers *Limno-P.* genannt. Beim Meeres-P. wird das der Hochsee als *ozeanisches P.* von dem der Küstenmeere als *neritischem P.* abgetrennt und nach der Tiefenverteilung von *Epi-, Bathy-* und *Hypo-P.* gesprochen (vgl. Tab.). Das Limno-P. läßt sich in ein *Seen-* od. *Eulimno-,* ein *Teich-* od. *Helo-* u. in ein *Fluß-* od. *Potamo-P.* unterteilen. Das – ggf. sogar formenreiche – P. der Fließgewässer setzt sich jedoch nur aus Arten zus., die auch in stehenden Gewässern vorkommen. Die Entwicklung eines Potamo-P.s ist nur dort mögl., wo die Fließzeit des Wassers nicht kürzer ist als die Verdoppelungszeit der Plankter. Eine solche Fließzeit wird im allg. bereits im Unterlauf der Gebirgsflüsse erreicht u. erlaubt z. B. die Vermehrung plankt. Kieselalgen in der Werra („Werra-Blüte"). Ober- u. Mittelläufe der Flüsse sind planktonfrei od. verfrachten eingeschwemmte Organismen, ohne daß diese sich innerhalb der Transportzeit vermehren können *(Tycho-P.).* – *Fangmethoden:* P. wird mit Hilfe v. Gaze-Netzen aus Seide, Nylon od. Polyesterfasern mit einer lichten Maschenweite zw. 0,05 und 0,35 mm (↗ Meeresbiologie, ☐) gefangen. Kleinst-P. *(Nano-* und bes. *Ultra-P.),* das auch durch die feinsten Netzmaschen schlüpft, wird durch P.-Pumpen an Bord gebracht, hier in Durchlaufzentrifugen konzentriert u. häufig mit Hilfe von Druckfiltrationsgeräten abfiltriert. *Mega-P.* der Oberfläche (bis 1,5 m Tiefe; z. B. Medusen, Rippenquallen, Staatsquallen, Salpen) wird unversehrt durch Schöpfen mit Hilfe von 2–3 l fassenden Glas- od. Plastikgefäßen vom Boot aus erhalten. – *P.zählung* kann auf in Quadrate unterteilten Objektträgern unter dem Mikroskop erfolgen, wird heute aber vielfach mit Geräten (z. B. Coulter Counter) durchgeführt, die auf der Leitfähigkeitsmessung in einer Kapillare beruhen und urspr. für die Blutkörperchenzählung entwickelt wurden. – *Anpassungserscheinungen:* Äußerer u. innerer Bau der Planktonten stehen in direkter Beziehung

zu Dichte u. Viskosität des Wassers. Die Dichte der Organismen ist immer größer als 1 g/cm³, so daß die Planktonten langsam im Wasser absinken. Nach dem Stokesschen Gesetz für die Sinkgeschwindigkeit v. Kugeln sinken kleine Körper langsamer ab als größere gleicher Form. Vereinfacht ergibt sich nach Stokes für Planktonten die Beziehung:

$$\text{Sinkgeschwindigkeit} = \frac{\text{Übergewicht}}{\text{Formwiderstand} \cdot \text{Viskosität}},$$

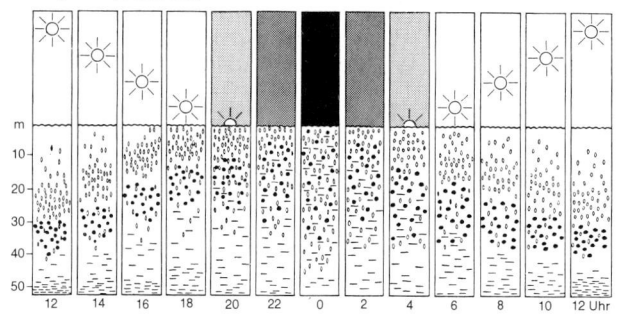

wobei „Übergewicht" das Produkt aus Dichtedifferenz zw. Körper (Planktont) u. Medium (Wasser) u. dem Volumen des Körpers ist. Um nicht in ökologisch ungünstige Tiefen abzusinken, müssen die Planktonten die Sinkgeschwindigkeit verringern. Wie die Stokessche Formel zeigt, geht das nur durch Erhöhung des Formwiderstands od. durch Verminderung des Übergewichts. Eine Erhöhung des Formwiderstands wird erreicht durch die Kleinheit des Körpers (ideale Schweber sind Bakterien u. die kleinsten Algen aus dem Nano-P.), durch Abflachung *(Disko-P.)* od. Streckung, durch Borsten u. andere Schwebefortsätze, durch Bänder- u. Kettenbildung aneinandergelagerter Individuen; Verminderung des Übergewichts dagegen durch Einlagerung v. Luft od. Gasen, Fetten od. Ölen, durch Kalkreduktion in Skeletten, Schalenrückbildungen, Aufbau v. Gallerten, Erhöhung des Wassergehalts od. Austausch schwerer gg. leichte Ionen. – Einige Phytoplankter (z. B. *Ceratium*) u. viele Zooplankter (z. B. Wasserflöhe) zeigen zykl. Formveränderungen *(↗ Cyclomorphosen* od. *Temporalvariationen).* Sie werden wohl v. Licht, Turbulenzen od. Futter ausgelöst u. als Schwebeanpassungen an die geringere Viskosität des Wassers im Sommer gedeutet. Durch ihre Sperrigkeit dienen sie offensichtl. der Feindvermeidung. Die bei den meisten tierischen Planktern zu beobachtende Transparenz wird als Schutztracht erklärt, die ihre Träger für optisch orientierte Feinde schwer erkennbar macht. – *Vertikalwanderungen:* Einige Algen u. viele Zooplankter der Süßgewässer wie des Meeres führen ↗ Vertikalwanderungen durch, die exogen v. Licht (↗ Lichtfaktor) u. Temperatur (↗ Temperaturfaktor) ausgelöst u. in ihrer Richtung bestimmt werden. Dabei muß unterschieden werden zw. tagesperiod. Wanderungen u. solchen, die Folge der Individualentwicklung des Plankters sind, der, wie z. B. viele Ruderfußkrebse, juvenil in den Oberflächenschichten, adult aber in größeren Tiefen lebt. Die Gründe für die Tag-Nacht-Wanderungen, bei denen viele Arten in der Abenddämmerung zur Oberfläche wandern u. in den Morgenstunden mit zunehmendem Licht wieder absinken, sind noch keineswegs klar. Einige Arten können offenbar ein Übermaß an Licht nicht vertragen, andere meiden bei Tag aktive Räuber. Phytoplanktonfresser nehmen nachts an der Oberfläche Nahrung auf u. reichern am Tag durch ihre Stoffwechselausscheidungen tiefere Wasserschichten mit Nährstoffen an. Da die Oberflächen- u. Tiefenströme ungleich verlaufen, gelangen die Tiere in der nächsten Nacht selten od. nie in den gleichen Wasserkörper. Dadurch wird die Ausbreitung der Art gefördert. Es kann aber auch, insbes. im Küstenbereich, genau das Umgekehrte eintreten. Bei kaltem Wetter sinkt das abgekühlte Wasser samt seinem P. in küstenferne Bereiche ab, das P. aber wandert nachts wieder an die Oberfläche, treibt zur Küste u. wird so im selben Gebiet gehalten. – *Nahrungsketten:* Alle Planktonten, v. den Phytoplanktern als Primärproduzenten über die zooplanktischen Mikro- u. Makrophagen als Konsumenten u. Sekundärproduzenten sind wichtige Glieder im Gefüge der ↗Nahrungsketten (☐ Nahrungspyramide) u. bilden z. B. im Süß- wie im Meerwasser die Ernährungsgrundlage aller Fische, obgleich sich nur wenige vom P. direkt ernähren. ↗Meeresbiologie.   *D. Z.*

Planktonten [Mz.] ↗Plankton.

Planocera *w* [v. *plano-, gr. keras = Horn], Strudelwurm-Gatt. der Ord. *Polycladida* (Fam. *Planoceridae*). *P. pellucida*, durchsichtig, dünn u. annähernd breitoval (10 × 6 mm); im Pelagial trop. und subtrop. Meere.

Planococcus *m* [v. *plano-, gr. kokkos = Kern, Beere], Gatt. der ↗*Micrococcaceae;* die Bakterienzellen sind grampositiv, kokkenförmig (⌀ 1,0–1,2 μm) u. besitzen einen chemoorganotrophen, aeroben Atmungsstoffwechsel; *P. citreus* lebt im Meerwasser.

Planogameten [v. gr. planēs = umherschweifend], *Zoogameten,* begeißelte Geschlechtszellen (Gameten).

Planorbarius *m* [v. *plano-, lat. orbis = Kreis], Gatt. der Tellerschnecken, ↗Posthornschnecke.

Planorbidae [Mz.; v. *plano-, lat. orbis = Kreis], die ↗Tellerschnecken.

Planorbis *w* [v. *plano-], Gatt. der ↗Tellerschnecken.

Planosporen [Mz.; v. gr. planēs = umherschweifend], *Zoosporen, Schwärmsporen,* begeißelte, einzellige Fortpflanzungskörper (Sporen) der Algen u. Pilze.

Planozygote *w* [v. gr. planēs = umherschweifend, zygōtos = verbunden], das bewegl. Verschmelzungsprodukt begeißelter Gameten bei Algen, wird nach Geißelverlust zur unbewegl. *Aplanozygote,* die sich insbes. bei Süßwasseralgen durch Ausscheidung einer widerstandsfähigen Wand zu einem Dauerstadium, der *Dauer-* od. ↗*Hypnozygote,* umbildet.

Planstelle, *ökologische P.,* von W. Kühnelt (1948) eingeführter Begriff, der die Stellung einer Art in der ↗Nahrungskette kennzeichnet. I. w. S. wird darunter auch die

Plankton
Produktivität:
Der Zuwachs an ↗Biomasse des P.s, seine ↗Produktivität, letztl. also die Vermehrungsrate, wird heute weltweit in den Binnengewässern wie im Meer untersucht (↗Produktionsbiologie, ↗Bruttophotosynthese), um das Nahrungspotential sinnvoll nutzen zu können. Erste Ergebnisse zeigen, daß die P.-Produktion in den gemäßigten Breiten höher ist als in den tropischen. Die kälteren Meere weisen, insbes. im Küstenbereich, ein dichteres P. auf, das im Frühjahr u. Herbst eine Produktionszunahme *(P. blüte)* zeigt, was wohl auf den jahreszeitl. bedingten Nährstoffanstieg zurückzuführen ist. Die geringe Biomasse in Arktis u. Antarktis (↗Polarregion) – auf das Gesamtjahr bezogen – ist im wesentl. auf die kurze Vegetationsperiode zurückzuführen. Von Bedeutung sind auch Winde (Passate, Monsune) u. Strömungen, die die Wasserkörper durchmischen u. so zu saisonbedingten P.anhäufungen beitragen.

plana-, plani-, plano-
[v. lat. planus = flach, eben, glatt, platt].

Stellung einer Art als Angehörige eines bestimmten ↗Lebensformtyps in einem ↗Ökosystem verstanden. Falls verschiedene Arten in geogr. (meist weit) getrennten Gebieten die gleiche P. einnehmen, spricht man v. ↗Stellenäquivalenz. ↗ökologische Nische; ↗ökologische Gilde.

Plantage *w* [frz., = Pflanzung], ein auf den Anbau mehrjähriger Nutzpflanzen spezialisierter landw. Großbetrieb der Tropen u. Subtropen. ↗Landwirtschaft.

Plantaginaceae [Mz.], die ↗Wegerichgewächse.

Plantaginales [Mz.] ↗Wegerichgewächse.

Plantago *w* [lat., = Wegerich], Gatt. der ↗Wegerichgewächse.

Plantigrada [Mz.; v. lat. planta = Fußsohle, gradi = schreiten], *Sohlengänger,* Sammelbez. für Säuger, die bei der Fortbewegung die gesamte Fläche des ↗Autopodiums (Hand, Fuß) auf den Boden setzen, also Phalangen, Metacarpalia/-tarsalia u. Carpalia/Tarsalia (↗Extremitäten). Zu den P. gehören die Beuteltiere, Großbären *(Ursidae)* u. Primaten. ↗Digitigrada.

Planula *w* [v. *plano-], *P. larve,* Larvenstadium der Hohltiere; entsteht durch Entodermbildung (Delamination, polare bzw. multipolare Einwanderung) aus der Blastula, ca. 0,15 mm groß, längl.-oval u. bewimpert.

Planula-Theorie, *Planula-Hypothese,* eine der 5 diskutierten Theorien bzw. Hypothesen (↗Bilaterogastraea-Theorie, ↗Coelomtheorien), die ontogenet. Stadien rezenter Tierformen als Denkmodelle verwenden, um die phylogenet. Entstehung der Grundorganisation des primär zweischichtigen (diploblastischen) Metazoenkörpers, d. h. die Differenzierung des Entoderms, zu erklären. Die P., von E. Ray Lankester 1877 formuliert, nimmt an, daß das Entoderm phylogenet. auf ähnl. Weise entstanden ist, wie es sich ontogenet., v. a. bei den Hydrozoen u. einigen Scyphozoen, entwickelt u. zur Planula-Larve führt, d. h. durch gleichzeitige Quertellung (↗Delamination) aller Zellen der ↗Blastaea.

Plaque *w* [plak; frz. = Scheibe], das auf einem ↗Bakterienrasen durch Infektion u. Vermehrung v. ↗Bakteriophagen entstehende, aufgrund v. ↗Lyse bakterienfreie u. daher durchsichtige Loch. Jede einzelne P. eines Bakterienrasens ist i. d. R. durch Vermehrung einer einzelnen, als solcher nicht sichtbaren Phagenpartikel bedingt u. enthält den aus vielen Mill. Nachkommen bestehenden Klon derselben. Das Auszählen von P.s, die man nach Beimpfen (↗Impfung) eines Bakterienrasens mit einer Phagensuspension (nach geeigneter Verdünnung, da diese bis zu 10^{11} Phagenpartikel pro ml enthalten kann) erhält, ist die wichtigste Methode zum Nachweis u. zur quantitativen Analyse v. Bakteriophagen (Bestimmung des Bakteriophagen-Titers). Aufgrund visueller Eigenschaften wie

Plaque-Test

Plaque

Virus- bzw. Phagenpartikel werden als *plaquebildende Einheiten* (engl. plaque forming units, Abk. pfu) gemessen (1 plaquebildende Einheit = 1 infektiöses Partikel). Plaques entstehen nur, wenn eine Ausbreitung der Vireninfektion über die gesamte Kultur verhindert wird. Dies wird erreicht, indem man die Wirtszellen nach Adsorption der Viren direkt in einem Weichagar wachsen läßt (bei Bakteriophagen) od. mit Weichagar bzw. Methylcellulose überschichtet (bei Tierviren). Auf diese Weise können die aus einer infizierten Primärzelle freigesetzten Viren nur die Nachbarzellen erreichen u. infizieren. Die zur P.-Bildung erforderl. Infektionszeiten variieren je nach Virus erhebl.; sie betragen bei Bakteriophagen mehrere Stunden bzw. bei Tierviren 1 Tag bis zu 3 Wochen.

plasma-, plasmo- [v. gr. plasma = das Gebilde, das Geformte].

Größe, Form der Ränder, Sprenkelung, Trübung (sog. P.-Morphologie) können P.s häufig einzelnen Bakteriophagenstämmen bzw. deren Mutanten zugeordnet werden u. erlauben so Rückschlüsse auf Art od. Zusammensetzung der betreffenden Bakteriophagen-Suspensionen.

Plaque-Test [plak-; v. frz. plaque = Platte, Scheibe], ein von N. K. ↗Jerne und A. A. Nordin (1963) eingeführtes Testsystem zum spezif. Nachweis Antikörper-produzierender Plasmazellen. In einer dünnen Agarschicht werden diese Zellen (sie stammen aus einem gg. Schafserythrocyten immunisierten Tier) zus. mit Schafserythrocyten als Antigen u. ↗Komplement inkubiert. Nach einer Weile werden diese Zellen v. einem Lysehof (*„Plaque"*) umgeben, da durch die in die Umgebung diffundierenden Antikörper in Zusammenwirkung mit den Komplementfaktoren die Erythrocyten zerstört wurden (Komplementlyse).

Plasma s [gr., = Gebilde], 1) ↗Cytoplasma, ↗Protoplasma; 2) ↗Blutplasma.

Plasmafaktoren, 1) Sammelbez. für cytosymbiontisch existierende, genet. Information tragende Einheiten, wie z.B. Mitochondrien, Chloroplasten u. Kappa-Faktoren in eukaryoten Zellen od. Plasmide in prokaryoten Zellen; die durch P. in eukaryoten Zellen codierten Merkmale werden *nicht* nach den Mendelschen Regeln vererbt. ↗cytoplasmatische Vererbung. **2)** Substanzen bzw. Enzyme im Blutplasma, die als Faktoren der ↗Blutgerinnung (T) eine Rolle spielen.

Plasmafilamente [Mz.; v. lat. filamentum = Netzwerk], die ↗Mikrofilamente.

Plasmakinine [Mz.; v. gr. kinein = bewegen], gefäßaktive hormonähnl. Substanzen der Wirbeltiere u. des Menschen, die durch Vasodilatation den Blutdruck senken u. die Gefäßpermeabilität erhöhen; zudem verursachen sie eine Kontraktion der glatten Muskulatur. Gebildet werden P. unter enzymat. Spaltung des Plasmaproteins Kininogen durch das Enzym Kallikrein zu einem Oligopeptid (Kallidin); dieses kann zu dem ebenfalls biol. wirksamen ↗*Bradykinin* abgebaut werden. Die Inaktivierung erfolgt durch Carboxypeptidasen. ↗Gewebshormone, ↗Renin-Angiotensin-Aldosteron-System.

Plasmalemma s [v. gr. lemma = Rinde], die Plasma-↗Membran.

Plasmalogene [Mz.; v. *plasma-, gr. gennan = erzeugen], die ↗Acetalphosphatide, ↗Phospholipide, ↗Membran.

Plasmamembran, *Plasmalemma*, ↗Membran.

Plasmaproteine, die im Blutplasma enthaltenen Proteine; ↗Blutproteine.

Plasmaströmung, *Protoplasmaströmung*, ↗Bewegung des ↗Protoplasmas in pflanzl. Zellen; verantwortl. dafür sind vermutl. cytoplasmat. Actinfilamente, die in Algenzellen auch bereits nachgewiesen werden konnten. Bei Zellen, die nur einen wandständ. Plasmaschlauch besitzen, strömt das Plasma in einer Richtung an der Zellwand entlang (*Rotationsströmung*). Ist die Strömungsrichtung in den verschiedenen Plasmasträngen u. den plasmat. Wandbelägen dagegen unterschiedl., spricht man v. *Zirkulationsströmung*. Die P. dient der Verteilung v. Substraten, Cofaktoren, Enzymen u.a. im ↗Cytoplasma. Auch die Wanderung v. Chloroplasten als Reaktion auf unterschiedl. Beleuchtungsverhältnisse beruht auf der P. (↗Chloroplastenbewegungen).

plasmatische Vererbung, *Plasmavererbung*, die ↗cytoplasmatische Vererbung.

Plasmaviren, *Plasmaviridae*, Familie der ↗Bakteriophagen, infizieren ↗Mycoplasmen. Die pleomorphen, v. einer Hülle umgebenen Viruspartikel ($\emptyset$ 50–120 nm) enthalten eine ringförmige, doppelsträngige DNA (relative Molekülmasse $7{,}6 \cdot 10^6$, entspr. 11700 Basenpaaren). Die reifen Viren werden durch ↗budding freigelassen; dabei kommt es nicht zur Lyse der infizierten Zellen, sondern diese überleben als lysogene Zellen.

Plasmazellen, meist im Knochenmark vorkommende ovale Zellen ($\emptyset$ etwa 14–20 μm) mit exzentrisch gelegenem Kern. P. werden nach Stimulation durch ein Antigen aus B-Lymphocyten gebildet u. haben die Funktion der Antikörperproduktion (↗Lymphocyten, □). Bei patholog. bösartiger Vermehrung der P. entsteht das sog. *Plasmocytom* (Kahler-Krankheit), das durch monoklonale Vermehrung v. Proteinen der γ-Fraktion (↗Blutproteine, T; ↗Immunglobuline, T) gekennzeichnet ist.

Plasmide [Mz.; v. *plasma-], ↗Episomen, bei ↗Bakterien (□) und z.T. bei ↗Hefen kleine (1–2% des Gesamtgenoms) zirkuläre doppelsträngige, im Cytoplasma vorkommende (extrachromosomale) DNA, die nur wenige Gene enthält u. als unabhängige genet. Einheit repliziert wird, da sie jeweils mindestens einen Replikationsursprung besitzt. Bei Bakterien unterscheidet man, je nach den auf ihnen codierten Genen, hpts. 3 Typen von P.n. 1) *F-Faktoren (Fertilitätsfaktoren, F-Episomen, Fertilitätsepisomen, Geschlechtsfaktoren, Sexualfaktoren):* das Vorhandensein bzw. Nicht-Vorhandensein von F-Faktoren unterscheidet $[F^+]$-Zellen (↗Donorzellen) u. $[F^-]$-Zellen (Rezeptorzellen) bei der ↗Konjugation (□) v. Bakterien (↗Parasexualität). Auf den F-Faktoren sind Gene lokalisiert, unter deren Kontrolle auf der Außenseite von $[F^+]$-Zellen ↗F-Pili (Geschlechtspili) ausgebildet werden, die die Kontaktaufnahme zw. $[F^+]$- und $[F^-]$-Zellen vermitteln. F-Faktoren können frei im Cytoplasma vorliegen od. in das ↗Bakterienchromosom integriert sein. Die Integration kann dazu führen, daß sie bei einer folgenden Konjugation Teile des Bakterienchromosoms in die [F⁻]-Zellen übertragen. Wird ein F-Faktor durch Rekombination wieder aus dem Bakterienchromosom eliminiert, so kann er Teile des Bakterienchromosoms, die der Integrationsstelle benachbart waren, mit sich führen, wodurch ein sog. F'-Faktor entsteht. Bei Paarungen mit [F⁻]-Zellen kann der F'-Faktor diese Teile des Bakterienchromosoms in die [F⁻]-Zellen übertragen (↗ F-Duktion, ein Spezialfall der Konjugation). 2) *Colicinogene Faktoren* enthalten Gene für die Bildung v. Proteinen, die andere ↗ *Escherichia-coli*-Bakterien abtöten; zudem codieren sie meist auch für die Ausbildung von F-Pili. 3) *Resistenzfaktoren (R-Faktoren)* besitzen Gene für die Ausbildung v. Resistenzen gg. Pharmaka (meist ↗ Antibiotika) od. Umweltchemikalien (z. B. Quecksilber); gleichzeitig codieren sie Gene für den Transfer der Faktoren in andere Zellen. Die med. Bedeutung der Resistenzfaktoren beruht darauf, daß es durch die Einnahme v. Antibiotika (z. B. bei einer Therapie od. durch den Verzehr v. Fleisch Antibiotika-behandelter Tiere) zur Selektion u. damit zur Anreicherung resistenter Bakterien in der normalen ↗ Darmflora kommen kann. Pathogene Bakterien können bei einer anschließenden Infektion die Resistenzfaktoren aus den Darmbakterien übernehmen, wodurch eine Behandlung mit Antibiotika erschwert wird. Inzwischen sind eine Reihe v. pathogenen Bakterien bekannt, die bereits Mehrfachresistenzen tragen. – Wegen ihrer geringen Größe u. der Möglichkeit ihrer Einschleusung in Zellen durch Transformation sind P. als sog. ↗ Vektoren für die ↗ Klonierung v. Genen in der ↗ Gentechnologie (↗ Genmanipulation) von bes. Bedeutung; i. d. R. werden Vektoren mit Antibiotika-Resistenzgenen verwendet, um transformierte Zellen gegenüber nichttransformierten selektionieren zu können. ↗ Desoxyribonucleinsäuren (T), ↗ Agrobacterium, ↗ Knöllchenbakterien; B Gentechnologie. *G. St.*

Plasmin s [v. *plasma-], *Fibrinolysin*, eine spezif. ↗ Endopeptidase, die ↗ Fibrin abbaut u. damit die Endphase des Blutgerinnungsvorgangs einleitet, andererseits aber auch das Gleichgewicht zw. ↗ Blutgerinnung und ↗ Fibrinolyse mitbedingt. Die inaktive Vorstufe des P.s ist das aus einer Peptidkette aufgebaute *Plasminogen* (T Globuline), das durch spezif. Aktivatoren des Blutes u. des extravaskulären Gewebes an einer einzigen, definierten Peptidbindung gespalten wird u. so in das aktive, aus 2 durch Sulfidbrücken zusammengehaltene Peptidketten bestehende P. übergeht. P. und Plasminogen sind Glykoproteine mit ca. 10% Kohlenhydratanteil.

Plasminogen ↗ Plasmin.

Plasmodesmen [Mz.; v. *plasmo-, gr. desma = Band], relativ breite cytoplasmat. Kanäle (30–50 nm ⌀), durch die alle lebenden Zellen einer höheren Pflanze untereinander verbunden sind (↗ Symplast). Bereits bei der Kolonien bildenden Grünalge *Volvox* (B Algen I) stehen die Einzelzellen durch P. untereinander in Kontakt. Neben dem Informationsaustausch zw. den Zellen (bei den tierischen Zellen durch ↗ gap-junctions vermittelt) erfüllen die P. eine weitere Funktion – die des Stofftransports zur Ernährung der Zellen; denn die Organisation einer ↗ Pflanzenzelle mit ihren rigiden Zellwänden hat die Differenzierung interzellulärer Räume zu Transportbahnen wie bei den Tieren nicht erlaubt. Eine Weiterentwicklung dieses intrazellulären Transportprinzips stellen die Siebröhren des Phloëms (Leitbündel) dar. Apoplast, B Photosynthese I.

Plasmodiophoromycetes

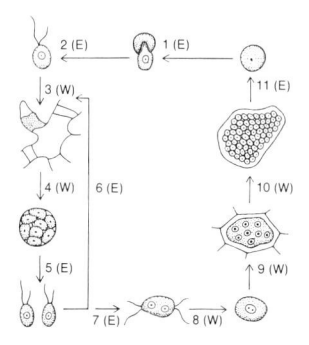

Entwicklung von *Plasmodiophora brassicae*, dem Erreger der ↗ Kohlhernie (E = im Erdboden, W = in der Wurzel):

Im Erdboden schlüpft aus der haploiden Dauerspore je eine Zoospore aus (1), die zwei ungleich lange Geißeln besitzt (2). Nach Auffinden einer geeigneten Wirtspflanze setzen sich die Schwärmer an den Wurzelhaaren fest, ziehen die Geißeln ein u. bilden ein stilettartiges Zellorganell zum Eindringen in die Pflanze aus. Nachdem die Zellwand mit diesem „Stachel" durchbohrt wurde, gelangt der Inhalt der Pilzzelle in die Wirtszelle (3). Der nackte Protoplast ernährt sich vom Wirtscytoplasma u. wächst unter Kernteilung zu einem vielkernigen Plasmodium heran, das sich teilen u. von Zelle zu Zelle weiter vordringen kann. Befallene Wurzeln zeigen typische Wucherungen. Nach einiger Zeit gliedert sich das Plasmodium in einkernige Portionen, die sich abrunden u. mit dünner Zellwand umgeben (= Sommersporangium). Die Kerne teilen sich noch 2–3mal, das Plasma teilt sich dementsprechend portionsweise auf, und es entstehen birnenförm. Zoosporen (4, 5), die nach dem Freiwerden entweder als Zoosporen erneut Pflanzen infizieren (6) od. als Gameten miteinander kopulieren (7). Vor der Vereinigung der beiden Zellkerne kann bereits ein neuer Wirt befallen werden. Nach Verschmelzen der Zellkerne (8) wächst die nackte Zygote zu einem vielkernigen (diploiden) Plasmodium heran (9), das sich am Ende der Entwicklung (nach Reduktionsteilungen) in eine große Zahl haploider Dauersporen umwandelt (10, 11), die den Winter überdauern u. im Frühjahr auskeimen (1).

Plasmodiophoromycetes [v. *plasmo-, gr. -phoros = -tragend, mykētes = Pilze], Klasse der parasitischen Schleimpilze *(Plasmodiophoromycota);* obligate Parasiten in Algen, Pilzen u. höheren Pflanzen. Wirtschaftl. wichtig ist *Plasmodiophora brassicae,* der Erreger der ↗ Kohlhernie (Wurzelkropf) von Kohlarten. *Spongospora subterranea* verursacht die Kartoffelräude (↗ Pulverschorf).

Plasmodium s [v. *plasmo-], **1)** Mykologie: eine nackte (zellwandlose), vielkernige Protoplasmamasse, die sich amöboid bewegt u. ernährt; Form u. Größe des P.s sind sehr variabel; die Mehrkernigkeit entsteht durch wiederholte mitotische Kernteilungen, ohne daß sich die Zelle teilt (Entwicklung: ↗ *Myxomycetidae,*).

plasma-, plasmo- [v. gr. plasma = das Gebilde, das Geformte].

Plasmogamie

Plasmogamie

Vor der P. laufen Vorgänge ab, bei denen Gamone (↗Befruchtungsstoffe) eine Rolle spielen.
a) *Anlockung* der ♂ Gameten durch ♀ Sexuallockstoffe (Sirenine, fr. Gynogamon I) mittels positiver ↗Chemotaxis: bei pflanzl. Spermatozoiden, z. B. bei Farnen u. Braunalgen (↗Ectocarpen); bei Tieren bisher nur bei Hydrozoen, Manteltieren, Stachelhäutern u. einigen Mollusken sicher nachgewiesen. –
b) *Vorläufige Anheftung* der Spermien an der Eihülle mittels Fertilisin (am Ei, fr. Gynogamon II) u. Antifertilisin (am Spermium, Bindin, fr. Androgamon I). Diese Deutung in Analogie zu einer Antigen-Antikörper-Reaktion ist umstritten. –
c) *Penetration der Eihüllen* im Zshg. mit der Akrosom-Reaktion (☐ Spermien): die Akrosom-Vakuole entläßt lytische Enzyme (Lysine, fr. Androgamon II), bei vielen Tiergruppen mechan. unterstützt durch das Vorstoßen des Akrosom-Filaments. –

Die z. Z. sehr intensive Forschung zu b) wird vielleicht die chem. ↗Empfängnisverhütung auf seiten des Mannes ermöglichen. Da die Spermien-Oberfläche während des langen Aufenthalts im Neben-↗Hoden ihre wesentl. Eigenschaften erhält, wäre dort der Ansatzpunkt.

plasma-, plasmo- [v. gr. plasma = das Gebilde, das Geformte].

Pseudoplasmodien (↗Aggregationsplasmodien) sind im Ggs. zu Plasmodien Zellanhäufungen, bei denen die Zellgrenzen erhalten bleiben (z. B. bei ↗*Dictyostelium*, ☐). ↗Fusions-P. **2)** Zool.: Gatt. der ↗*Haemosporidae;* einzellige Blut- u. Gewebeparasiten der Ord. *Sporozoa,* bei denen die Schizogonie in Reptilien, Vögeln od. Säugern verläuft. Eine Infektion ruft die ↗Malaria hervor; Überträger sind ↗Stechmücken. Für den Menschen gefährl. sind 4 P.-Arten, die alle v. ↗*Anopheles*-Mücken übertragen werden. [B] Malaria.

Plasmogamie *w* [v. *plasmo-, gr. gamos = Hochzeit], Vereinigung des Cytoplasmas zweier Zellen, v. a. bei der ↗Gametogamie. Handelt es sich um Oogamie (☐ Befruchtung), ist P. identisch mit ↗Besamung; dabei fusioniert die Cytoplasmamembran des Spermiums mit dem Oolemm (Eizellen- bzw. Oocyten-Membran). Die eigtl. ↗Befruchtung (↗Karyogamie) findet erst später statt. Ein Extremfall sind die Basidiomyceten (Ständerpilze): bei ihnen sind P. und Karyogamie durch eine oft viele Jahre dauernde ↗Dikaryophase getrennt.

Plasmolyse *w* [v. *plasmo-, gr. lysis = Lösung], Ablösen der semipermeablen Plasmamembran pflanzl. Zellen v. der umgebenden durchlässigen Zellwand aufgrund einer Schrumpfung des Zellkörpers durch Auspressen v. frei permeationsfähigen Wassermolekülen in hypertonischen Außenmedien durch deren erhöhten Teilchendruck auf die Zellmembran. Die Umkehrung dieser Reaktion in hypotonischen Medien wird als *Deplasmolyse* bezeichnet, der Gleichgewichtszustand bei Innen-Außen-Isotonie als *Grenzplasmolyse*. ↗Osmose.

Plasmon *s* [v. *plasmo-], *Plasmotyp,* die Gesamtheit der extrachromosomalen, plasmat. Erbfaktoren einer Zelle od. eines Organismus; zum P. werden das ↗Chondrom, das ↗Plastom (bei Pflanzen) sowie die Erbanlagen anderer ↗Plasmafaktoren gezählt.

Plasmopara *w* [v. *plasmo-, lat. parere = hervorbringen], Gatt. der ↗Falschen Mehltaupilze (↗*Peronosporales);* hochspezialisierte Pflanzenparasiten. *P. viticola* (*Peronospora v.*) ist Erreger des Falschen Mehltaus der Weinreben *(Peronosporakrankheit),* 1878 mit reblausresistenten Rebensorten aus Amerika eingeschleppt. Am Laub erscheinen zunächst Aufhellungen (sog. Ölflecke), an der Unterseite ein weißer Belag (Sporangienträger); die Blätter sterben später ab; befallene Beeren schrumpfen („Lederbeeren"). Die Übertragung erfolgt durch Sporangien (bzw. Zoosporen), die Überwinterung als Dauerspore (= Oospore, ↗*Peronosporales).* In Pflanzenresten. Zur Bekämpfung wird vorbeugend mit Kontaktfungiziden (Kupfermittel) od. systemischen Fungiziden gespritzt. [B] Pilze I.

Plasmotomie *w* [v. *plasmo-, gr. tomē = Schnitt], ältere Bez. für die Zweiteilung od. – häufiger – simultane Mehrfachteilung mehrkerniger Zellen, i. d. R. einzelliger Organismen, ohne unmittelbar vorausgehende mitotische Kernteilung. P. ist bei *Opalina* (↗Opalinina, ☐) die Regel, ebenso bei der einer ↗Autogamie vorausgehenden progamen Teilung der ↗Sonnentierchen. Grundsätzl. Unterschiede zwischen P. und postmitotischer ↗Cytokinese bestehen nicht.

Plasmotyp *m* [v. *plasmo-], das ↗Plasmon.

Plasten [Mz.; v. *plasto-], Zellorganellen, die nur aus sich selbst durch Teilung hervorgehen, wie ↗Mitochondrien u. ↗Plastiden (↗Chloroplasten).

Plastiden [Mz.; v. *plasto-], semiautonome Zellorganelle, die integraler Bestandteil einer jeden ↗Pflanzenzelle sind. Nur wenige hochspezialisierte Zellen höherer Pflanzen, verschiedene sog. apoplastische Algen sowie die Pilze enthalten keine P. Nach meist funktionellen Aspekten unterscheidet man verschiedene Typen von P., die im Prinzip aber ineinander umwandelbar sind (reversible P.metamorphose). Allerdings ist in einer bestimmten Pflanzenzelle nur ein einziger P.typ realisiert. – P. sind relativ große Organelle (Chloroplasten der Mesophyllzellen ca. $2–10 \times 1–5$ µm), weshalb sie früh entdeckt u. bereits in den 80er Jahren des vorigen Jh.s vor allem v. A. F. W. Schimper und A. Meyer eingehend beschrieben wurden. Wie die ↗Mitochondrien vermehren sich die P. durch Zweiteilung, sind also sui generis. Pro Zelle können eine einzige (viele Algen) bis mehrere hundert (Mesophyllzellen höherer Pflanzen) P. enthalten sein. Zum Cytoplasma hin werden die P. durch eine äußere u. eine innere *Hüllmembran* (Doppelmembran) begrenzt. Der v. diesen beiden Membranen eingeschlossene Raum entspr. nach der ↗Kompartimentierungsregel einer nicht-cytoplasmat. Phase, während die innere Membran das *P.-Stroma (Plastoplasma)* umgibt. Diese innere Membran stellt auch die eigtl. osmotische Barriere zum Cytoplasma dar; sie ist Sitz einiger spezif. Translokatorsysteme (wichtigster Translokator: ↗Phosphattranslokator) für den Metabolitenaustausch mit dem Cytoplasma u. enthält außerdem wichtige enzymat. Aktivitäten des Lipidstoffwechsels. Die äußere Membran enthält wie die äußere Mitochondrienmembran porenbildende Proteine (Porine). Im P.-Stroma können je nach P.typ Stärkekörner, Lipidglobuli (Plastoglobuli), Speicherprotein sowie interplastidäre Membranen vorkommen, deren prominentester Vertreter die ↗Thylakoidmembran der Chloroplasten ist. Außerdem liegen im Stroma die plastideneigene DNA (↗Plastom), die ↗Plastoribosomen u. die Kom-

Plastizität

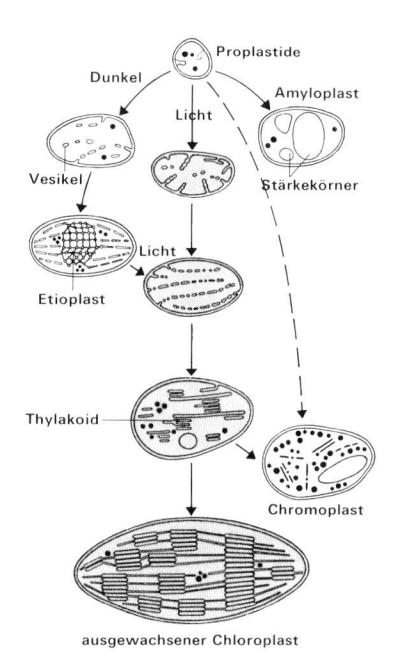

Entwicklung verschiedener Plastidenformen aus Proplastiden

Bei den höheren Pflanzen (Samenpflanzen) entwickeln sich aus den *Proplastiden* junger Zellen während der Zelldifferenzierung je nach Lichtverhältnissen und nach Lage im Pflanzenkörper unterschiedliche *Plastiden*. In den *Chloroplasten* grüner Pflanzenteile bilden die inneren Membranen eine hoch geordnete Feinstruktur aus parallelgelagerten Membrantaschen, den *Thylakoiden*. Im Dunkeln werden bei den Plastiden der ergrünungsfähigen Gewebe die inneren Membranen in Form von gitterartig vernetzten Röhren angeordnet, die sich im Zentrum zu einem kristallgitterartigen Prolamellarkörper zusammenlagern. Bei Belichtung gestalten sich diese *Etioplasten* zu funktionstüchtigen Chloroplasten um (Grünwerden der Kartoffelkeime und -schalen). Das innere Membransystem wird bei den durch Carotinoide gelb oder rot gefärbten *Chromoplasten* der Blütenblätter und Früchte weitgehend hinfällig, ebenso bei den von pigmentlosen *Leukoplasten* abstammenden *Amyloplasten*, die in Speichergeweben Stärke einlagern. Es sind zahlreiche Fälle bekannt, daß sich die verschiedenen Plastidenformen nahezu beliebig ineinander umwandeln können. Die eingezeichneten Pfeile sind daher auch umkehrbar. Die Vermehrung der Plastiden erfolgt bei den Samenpflanzen durch Teilung der *Proplastiden* in den embryonalen (meristematischen) Zellen. Sie werden bei der Zellteilung zufallsgemäß auf die Tochterzellen verteilt.

ponenten der plastidären Replikation, Transkription u. Translation. Da jedoch nur relativ wenige Proteine auf der pt-DNA codiert sind, müssen die weitaus meisten P.proteine an freien cytoplasmat. 80S-Ribosomen synthetisiert werden (meist in Form v. Vorstufen mit einer zusätzl. Aminosäuresequenz [relative Molekülmasse 4000–8000] am NH_2-Terminus, die durch eine „Maturase" im Stroma abgespalten wird) und dann in einem komplizierten Prozeß (posttranslationales Processing) in die P. eingeschleust werden. – Die wenig differenzierten farblosen P. meristemat. Zellen nennt man ↗ *Pro-P.;* in allen Photosynthese-aktiven Pflanzenzellen findet man als charakterist. P.typ ↗ *Chloroplasten*. Im Dunkeln gewachsene Gewebe besitzen ↗ *Etioplasten*, mit typischen parakristallinen Binnenstrukturen (Prolamellarkörper). In Blüten u. Früchten findet man durch Carotinoide gelb bis rot gefärbte ↗ *Chromoplasten*, die meist außerordentl. lipidreich sind. Allg. nennt man die farblosen P. Photosynthese-inaktiver Gewebe ↗ *Leukoplasten*. Meist haben sie Speicherfunktion u. werden dann ↗ *Amyloplasten* (Stärkekörner enthaltend), ↗ *Proteinoplasten* (Speicherprotein) od. ↗ *Elaioplasten* (Speicherlipid) genannt. Die P. in vergilbenden Blättern (Herbstlaub, ↗ Herbstfärbung) bezeichnet man auch als *Gerontoplasten* (↗ Chromoplasten). ☐ Endosymbiontenhypothese, [B] Chloroplasten, [B] Photosynthese I. B. L.

Plastiden-DNA [v. *plasto-] ↗ Plastom.
Plastidenvererbung [v. *plasto-], bei Pflanzen die Weitergabe v. ↗ Plastiden u. somit der darin lokalisierten Erbanlagen auf Nachkommensgenerationen. I. d. R. werden Plastiden (d. h. die darin enthaltene genet. Information) ausschl. oder vorwiegend durch die Eizelle weitervererbt (↗ maternale Vererbung). Eine wesentl. Rolle bei der P. spielt die *Plastidenentmischung*, d. h. die Trennung genet. und phänotyp. unterschiedl. Plastiden bei den Zellteilungen der Ontogenese od. der Makro- u. Mikrosporogenese. Liegen aufgrund v. Plastidenmutationen verschieden gefärbte (weiße od. grüne) Plastiden vor, so führt die Plastidenentmischung im Verlauf der Ontogenese zu Pflanzen mit Scheckungsmuster (Panaschierung, ↗ Buntblättrigkeit): neben rein grünen entstehen auch rein weiße u. hellgrüne Sektoren; die hellgrünen Sektoren bestehen aus Mischzellen, die sowohl grüne als auch weiße Plastiden enthalten. Bei der Bildung v. Geschlechtszellen können aus unterschiedl. Sektoren Gonen entstehen, die nur grüne, nur weiße od. beide Typen v. Plastiden besitzen. Aufgrund der vorwiegend maternalen Vererbung der v. plastidärer DNA codierten Eigenschaften führen die Eizellen mit nur weißen Plastiden zu nicht lebensfähigen Nachkommen.

Plastidom s [v. *plasto-], Bez. für die Gesamtheit der Plastiden in der Pflanzenzelle.
Plastidotyp m [v. *plasto-], das ↗ Plastom.
Plastination w [v. *plasto-], ↗ Präparationstechniken.
Plastizität w [v. gr. plastikos = formend], Fähigkeit v. Lebewesen, unter verschiedenen Umwelteinflüssen ihre morpholog., physiolog., ökolog. u./od. etholog. Eigenschaften *individuell* so zu modifizieren (↗ Modifikation), daß sie den herrschenden Umweltbedingungen angepaßt sind (↗ Anpassung, ↗ Adaptation). Arten mit geringer

plasto- [v. gr. plastos = geformt].

Plastochinon

Plastochinon
Oxidierte Form von P. (n = 6 – 10)

plasto- [v. gr. plastos = geformt].

plat- [v. gr. platys = flach, breit].

P. nennt man *stenoplastisch*, solche mit großer P. *euryplastisch*. ↗ökologische Potenz.

Plastochinon s [v. *plasto-, Quechua quina quina = Rinde der Rinde], Abk. *PQ*, in der Thylakoidmembran von ↗Chloroplasten enthaltenes ↗Chinon, das als Glied in der Elektronentransportkette des Photosystems II wirksam ist. ↗Photosynthese (□).

Plastocyanin s [v. *plasto-, gr. kyanos = blaue Farbe], in der Thylakoidmembran v. ↗Chloroplasten enthaltenes kupferhalt. Protein, das als letztes Glied der Elektronentransportkette des Photosystems II wirkt u. dabei die Übertragung v. Elektronen v. Photosystem II auf Photosystem I vermittelt. ↗Photosynthese (□).

Plastoglobuli [Mz.; v. *plasto-, lat. globulus = Kügelchen], im Stroma aller ↗Plastiden-Typen anzutreffende Lipidtröpfchen, den ↗Oleosomen des Cytoplasmas analog; P. können Triacylglycerine, Carotinoide, Plastochinone, Phospho- u. Galactolipide sowie geringe Mengen an Protein enthalten.

Plastom s [v. *plasto-], *Plastidotyp*, Gesamtheit der in den ↗Plastiden einer Pflanze lokalisierten Erbanlagen. Pro Plastid liegen zw. 10 und 1000 ident. Kopien eines ca. 85–190 Kilobasenpaare langen, zirkulären, doppelsträngigen DNA-Moleküls vor, weshalb Plastiden hochgradig polyploid sind. Die Zahl der Plastiden pro Pflanzenzelle schwankt v. Art zu Art u. hängt zudem vom Entwicklungszustand ab. Die *Plastiden-DNA* (T Desoxyribonucleinsäuren) codiert für eine Reihe v. Proteinen (z.B. die große Untereinheit der Ribulose-1,5-diphosphat-Carboxylase u. einige Untereinheiten der plastidären ATPase), sehr wahrscheinl. für sämtl. zur plastidären Proteinbiosynthese notwendigen t-RNAs und für alle am Aufbau der plastidären 70S-Ribosomen beteiligten r-RNAs (bei höheren Pflanzen: 23S-, 16S-, 5S- und 4,5S-r-RNA). Die Codierungskapazität der Plastiden-DNA ist die molekulare Grundlage für die ↗maternale Vererbung bestimmter Merkmale u. verleiht den Plastiden genet. einen semiautonomen Charakter. Kennzeichnend für die Struktur der Plastiden-DNA der meisten bisher untersuchten Pflanzen (Ausnahmen: *Euglena* u. Hülsenfrüchtler) ist, daß sie eine 20–28 Kilobasenpaare umfassende invertierte Sequenzwiederholung besitzt, auf der die r-RNA-Gene in Form eines Operons zus. mit einigen t-RNA-Genen enthalten sind. In einigen Genen des P.s wurden wie in Genen des Kerngenoms eukaryotischer Zellen intervenierende Sequenzen (Introns, ↗Genmosaikstruktur, □) gefunden. Die Anordnung sowie die Sequenzen aller bisher untersuchten r-RNA-Gene sowie die Sequenzen der bisher bekannten Signalstrukturen der Genexpression auf dem P.

haben prokaryot. Charakter, wodurch die ↗Endosymbiontenhypothese unterstützt wird. ↗Idiotyp.

Plastoplasma s [v. *plasto-, gr. plasma = Gebilde], *Plastidenstroma*, Bez. für das Plasma der ↗Plastiden (↗Chloroplasten) innerhalb der inneren Hüllmembran; das P. kann je nach Differenzierungszustand der Plastiden Stärkekörner, Lipidglobuli u. Membranen enthalten.

Plastoponik w [v. *plasto-, gr. ponein = arbeiten], Maßnahmen im Rahmen v. Pflanzenanzucht u. Pflanzenbau zur Verbesserung verdichteter, mangelhaft durchlüfteter u. vernäßter Böden (↗Bodenverbesserung) mit Hilfe v. Schaumstoffen, die Nährstoffe u. Spurenelemente tragen.

Plastoribosomen [Mz.; v. *plasto-, gr. sōma = Körper], die ↗Ribosomen des ↗Plastiden-Stromas. Die P. stehen in ihrer strukturellen Organisation den Prokaryoten-Ribosomen sehr nahe, was durch die ↗Endosymbiontenhypothese (□) leicht erklärt wird. Sie gehören wie die ↗Mitoribosomen dem sog. 70S-Typ (Untereinheiten 50S/30S) an, werden durch typ. prokaryotische Translationsinhibitoren (↗Chloramphenicol, ↗Erythromycin, ↗Lincomycin) gehemmt, u. der Tanslationsstart beginnt wie bei *E. coli* mit ↗N-Formyl-Methionin. Die ribosomalen RNAs der ↗Chloroplasten (Mais) sind über weite Bereiche sequenzhomolog mit r-RNAs aus *E. coli*. P. können auch bakterielle t-RNAs für die Proteinsynthese verwerten; man kann sogar funktionstüchtige Hybrid-Ribosomen aus z.B. einer kleinen Untereinheit von P. und einer großen ribosomalen Untereinheit von *E. coli* herstellen.

Plastosol m [v. *plasto-, lat. solum = Boden], Böden der Tropen u. Subtropen auf silicathalt. Ausgangsmaterial mit A-B-C-Profil. P.e stehen den ↗Latosolen nahe, sind jedoch aufgrund weniger intensiver Verwitterung reicher an Zweischicht-Tonmineralen (Kaolinit) u. daher plastisch. Je nach Entwicklung u. Färbung als ↗Braun-, ↗Grau- od. ↗Rotlehm bezeichnet.

Plastotypus m [v. *plasto-], (Schuchert), künstl., durch Abguß hergestelltes Ebenbild eines Typus; z.B. Plasto-↗Holotypus.

Plastron s [plastrõn; frz., = Brustharnisch], **1)** Teil des Panzers der ↗Schildkröten. **2)** dünner, nahezu inkompressibler Luftmantel, der sich zw. stark wasserabstoßenden, cuticularen Härchen (ca. $2{,}5 \cdot 10^8$ Haare/cm^2) an der Körperoberfläche verschiedener Wasserkäfer (*Haemonia; Elmis*, ↗Hakenkäfer) u. -wanzen (*Aphelocheirus*, ↗Grundwanzen) ausspannt, über Stigmen mit dem Tracheensystem kommuniziert u. seinen Trägern als physikalische Kieme (↗Atmungsorgane) dient, die im Ggs. zur einfachen, am Körper haftenden Luftblase nicht erneuert zu werden braucht. Das Chorion der ins Wasser abgelegten Eier verschiedener Fliegen ist ebenfalls morpholog. als P. gestaltet. Bei einigen Wasserkäfern übernimmt das P. zusätzlich die Funktion eines „gasförmigen Statolithen", indem es sich bei Körperbewegungen auf der Oberfläche verschiebt u. dadurch verschiedene Mechanorezeptoren alternierend gereizt werden.

Platalea w [lat., = Kropfgans], Gatt. der ↗Löffler.

Platanaceae, die ↗Platanengewächse.

Platane w [v. gr. platanos = P.], *Platanus*, Gatt. der ↗Platanengewächse.

Platanengewächse, *Platanaceae*, Fam. der Zaubernußartigen mit der einzigen Gatt. Platane *(Platanus)* und ca. 10 vorwiegend nordam. Arten. Die P. sind 30–50 m hohe Bäume mit heller Plattenborke, ahornähnl., etwas ledrigen, sternhaarigen Blättern (B Blatt III) u. kugeligen Blütenständen, die an langen Stielen hängen. Die Nußfrüchte werden mit Hilfe des bleibenden Griffels windverbreitet. Die Knospen sind vom Grund des Blattstiels umschlossen. Das harte, feinporige *Holz* (Dichte 0,7 g/cm^3) dient als Werk-, Furnier- u. Brennholz. Der Hybrid der bis 50 m hohen nordamerikanischen *P. orientalis* u. der *P. occidentalis,* = *P.* × *acerifolius*, ist ein beliebter Park- u. Alleebaum. B Mediterranregion II.

Platanistoidea [Mz.; v. gr. platanistēs = bei Plinius gen. Fisch], die ↗Flußdelphine.

Platanthera w [v. *plat-, gr. antherós = blühend], die ↗Waldhyazinthe.

Platanus w [v. gr. platanos = Platane], Gatt. der ↗Platanengewächse.

Plataspidae [Mz.; v. *plat-, gr. aspis = Schild], die ↗Kugelwanzen.

Platasterias w [v. *plat-, gr. astēr = Stern], *P. latiradiata*, an der mittelam. Pazifikküste in 2–5 m Tiefe lebender Seestern mit kleiner Rumpfscheibe u. flachen, blattartig breiten Armen (darin ein fiederförm. Armskelett); ohne Pedicellarien; Ambulacralfüßchen ohne Saugscheiben. Wegen dieser urspr. Merkmale gilt *P.* als einziger Überlebender (lebendes Fossil) der *Somatasteroidea* (insbes. Ordovizium bis Devon, Stammgruppe der ↗Asterozoa, zugleich auch zu den ↗Pelmatozoa vermittelnd). [↗Fledermausfische.

Platax m [gr., = schwarzer Seefisch], die

Plate, Ludwig, dt. Zoologe, * 16. 8. 1862 Bremen, † 16. 11. 1937 Jena; Schüler v. ↗Haeckel und R. Hertwig, seit 1898 Prof. in Berlin, 1909 in Jena und Dir. (als Nachfolger Haeckels) am Phyletischen Museum; Arbeiten über Mollusken u. Rotatorien sowie Abstammungs- u. Vererbungslehre in streng darwinistischem Sinne; zahlr. Reisen (Südamerika, Westindien, Sinai).

Platemys w [v. *plat-, gr. emys = Schildkröte], Gatt. der ↗Schlangenhalsschildkröten.

Plateosaurus m [v. gr. plateion = Platte, sauros = Eidechse], (H. v. Mayer 1837), *Platysaurus* Agassiz 1846, † Gatt. bis zu 8 m Länge und 5,5 m Höhe erreichender ↗*Archosauria* aus dem oberen Keuper v. Europa; ca. 10 Arten. ↗Dinosaurier (T).

Plateumaris w [v. *plat-, gr. eumaris = oriental. Sandale], Gatt. der ↗Schilfkäfer.

Plathelminthes [Mz.; v. *plat-, gr. helminthes = Würmer], die ↗Plattwürmer.

Plathelminthomorpha [Mz.; v. *plat-, gr. helminthes = Würmer, morphē = Gestalt], von P. Ax (1984) eingeführtes Taxon, in dem die ↗ *Gnathostomulida* u. die *Plathelminthes* (↗Plattwürmer) als rangleiche Schwestergruppen vereinigt werden.

Platichthys m [v. *plat-, gr. ichthys = Fisch], ↗Flunder. [liaceae.

Platismatia w [v. *plat-], Gatt. der ↗Parme-

Platodes [Mz.; v. *plat-], die ↗Plattwürmer. [libellen.

Plattbauch, *Libellula depressa*, ↗Segel-

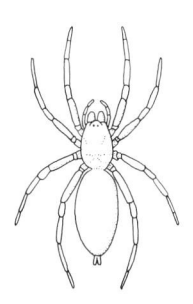

Plattbauchspinnen, *Glattbauchspinnen*, *Gnaphosidae*, artenreiche Fam. der Webspinnen (gelegentl. werden einige Gatt. als eigene Fam. *Drassodidae* abgetrennt, manchmal wird *Drassodidae* synonym verwendet). P. sind fast alle nachtaktiv u. machen ohne Fanggewebe am Boden Beute, am Tag ruhen sie in Verstecken; viele bauen ein Wohngespinst. Oft werden auch für Kopula, Häutung u. Eiablage Säckchen gesponnen. Die Männchen halten sich neben den Wohngespinsten der noch subadulten Weibchen auf u. begatten diese, sobald sie adult sind; soweit bekannt, findet keine Balz statt. Der Körper ist meist dunkel gefärbt, einige Arten haben helle Flecken. Die vorderen Spinnwarzen sind stets zylindrisch u. stehen parallel zueinander. P. sind weltweit verbreitet. Von den ca. 1500 Arten kommen über 50 in Mitteleuropa vor. Wichtige Gattungen und Arten: *Gnaphosa*, graue, braune od. schwarze mittelgroße (bis 2 cm) Spinnen, deren Opisthosoma meist mit grauen oder gelbl. Haaren dicht besetzt ist (seidiger Glanz); am Tag unter Steinen u. Holz versteckt, ohne Gespinst; die linsenförm. Eikokons werden vom Weibchen bewacht; sehr häufig ist die in Wäldern lebende *G. lugubris*. *Drassodes*, meist gelbl. gefärbte, 1–2 cm große Tiere, mit kräft., abstehenden Cheliceren; größte Art ist *D. lapidosus*, die tagsüber in einem Gespinst ruht, das auch als Paarungs- u. Häutungsgespinst dient; sie ist eine Art des offenen Geländes, häufig u. weit verbreitet. *Zelotes*, kleinere, tiefschwarze Spinnen, mit nach vorne schmalem Prosoma und längl. Körper; artenreiche Gatt., Arten nur an den Genitalien zu unterscheiden; halten sich tagsüber v. a. unter Steinen auf; der Kokon ist linsenförmig. *Callilepis nocturna,* mit dunkelbraunem, 5–6 mm langem Körper und 5 hellen Flecken auf dem Opisthosoma; spezialisierter Ameisenfresser, der die Beute

Plättchenschlange

mit gezieltem Biß in das Antennengrundglied überwältigt (↗Ameisenspinnen); leben unter Rinde, in der Streu u. unter Steinen eher offener Gebiete; weben einen weißen, dichten Wohnsack. *Micaria,* tagaktive kleine, sehr lebhafte, bis 7 mm große Arten mit Ameisenhabitus (↗Ameisenspinnen), manchmal auch zu den Sackspinnen gestellt; charakterist. ist die senkrechte Stellung des Opisthosomas beim Herumlaufen u. die irisierende Körperoberfläche (Schuppenhaare); fertigen ein Wohngewebe mit 2 Öffnungen.

Plättchenschlange, *Pelamis platurus,* ↗Seeschlangen.

Plattendiffusionstest ↗Agardiffusionstest.

Plattengußverfahren, das ↗Kochsche Plattengußverfahren.

Plattenhäuter, die ↗Placodermi.

Plattenkiemer, *Elasmobranchii,* U.-Kl. der ↗Knorpelfische.

Platterbse, *Lathyrus,* Gatt. der Hülsenfrüchtler; wärmeliebende Kräuter mit meist wenigen od. einem Fiederpaar als Blatt. Die Frühlings-P. *(L. vernus,* B Europa IX) ist ein Mullboden- u. Kalkzeiger; Blätter aus bis 8 breiten Fiederblättern zusammengesetzt, haben eine borstige Spitze; Blüten violett, später blaugrün, in bis 7blüt. Trauben. Die Wildart der Gartenwicke *(L. odoratus)* ist in ihrer Heimat Sizilien nahezu ausgestorben; diese einjährige Rankenpflanze, deren wohlriechende Blüten in vielen Farben von Juni–Sept. u. erscheinen, benötigt reichl. Dünger- u. Wassergabe. Bei der Ranken-P. *(L. aphaca)* sind die Blätter in Ranken umgebildet, ihre Funktion übernehmen die laubblattart. Nebenblätter; gelbe Blüten stehen einzeln od. zu zweit; Samen giftig; die Art, die v. a. in Winterweizenfeldern vorkommt, ist nach der ↗Roten Liste "gefährdet". In Indien wird die Saat-P. *(L. sativus)* als Nahrungspflanze angebaut, in Europa ist sie Bestandteil v. Futtermischungen; die Samen enthalten gift. Aminosäuren; bei häufigem Verzehr kommt es zum *Lathyrismus,* einer Krankheit, bei der Knochen u. Nerven angegriffen werden. Stengel u. Blattstiele der Wald-P. *(L. sylvestris)* sind breitgeflügelt, die Blattstiele etwas schmäler; das Fiederblatt hat eine endständige, verzweigte Ranke; Blüten rötl.-violett, in langgestieltem Blütenstand. Auf Fett- u. Moorwiesen wächst die Wiesen-P. *(L. pratensis);* das Blatt wird aus 2 parallelnervigen Fiederblättern mit Endranke gebildet; bis zu 10 gelbe Blüten sind in einer lockeren Traube vereint.

Plattfische, *Pleuronectiformes,* Ord. der Knochenfische mit 3 U.-Ord. und ca. 600 Arten. Seitlich stark abgeplattete, scheibenförm., asymmetr. Bodenfische, die mit einer Körperseite (der "Blindseite") v. a. auf sand. Grund liegen; diese ist meist weiß, wenig muskulös, augenlos, u. ihre Kiemenöffnung ist zurückgebildet; die Ge-

Platterbse
Gartenwicke *(Lathyrus odoratus)*

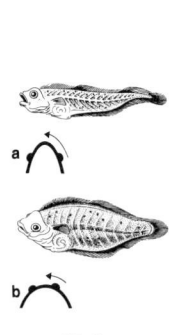

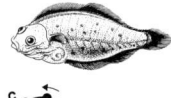

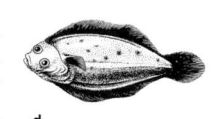

Plattfische
Ausbildung der Asymmetrie (Verlagerung v. Augen, Nase u. Mund) bei P.n. **a** bilateralsymmetr. (frisch geschlüpfte) Fischlarve zu Beginn der Verlagerung; **b** nach zwei, **c** nach vier, **d** nach sechs Wochen Entwicklungszeit. Zusätzl. zur Seitenansicht ist die "Wanderung" der Augen im Querschnitt (v. vorn gesehen) dargestellt.

genseite (physiolog. Oberseite) hat beide, stark vorragende Augen, oft beide Nasenöffnungen, einen voll funktionsfähigen Kiemenkanal u. oft grobschupp., dunkelpigmentierte Haut, deren Färbung sich dem Untergrund anpassen kann (Tarnfärbung). P. haben eine weit vorn liegende, kleine Leibeshöhle, meist schiefes, vorstülpbares Maul, saumart. Rücken- u. Afterflosse, brustständ. Bauchflossen u. (außer als Larven) keine Schwimmblase. Frisch geschlüpfte P. sind freischwimmend und bilateralsymmetrisch; erst während der Larvenzeit wird die Asymmetrie ausgebildet; dabei wandert u. a. das Auge der späteren Blindseite über die Stirn zur Oberseite; Links- od. Rechtsäugigkeit ist i. d. R. artgebunden (↗Butte, ↗Schollen). Die räuber. P. leben v. a. in flachen Meeresgebieten v. der Arktis bis zur Antarktis, nur wenige steigen zum Fressen in Flüsse auf (↗Flunder). – Die U.-Ord. Ebarmenartige *(Psettodoidei)* umfaßt die ursprünglichsten P., die im Ggs. zu anderen P.n hartstrahlige Rücken- u. Bauchflossen haben; ihr linkes od. rechtes Wanderauge erreicht nur den Kopfscheitel; hierzu gehört eine indopazif. und eine trop., westatlant. Art. zur U.-Ord. Schollenartige *(Pleuronectoidei)* gehören v. a. die ↗Butte u. ↗Schollen; sie haben ein endständ. Maul mit vorragendem Unterkiefer. Die U.-Ord. Zungenartige *(Soleoidei)* wird v. den ovalen, extrem abgeflachten ↗Zungen u. Hundszungen gebildet; bei ihnen überragt die Schnauze die nach unten gebogene Maulspalte.

Plattfüßer, die ↗Tummelfliegen.

Plattkäfer, *Schmalkäfer, Cucujidae,* Fam. der polyphagen Käfer aus der Gruppe der *Clavicornia* (T Käfer), meist kleine (2–5 mm), abgeplattete, längl. Käfer, die als Imago u. Larve meist unter Rinden leben. Von den weltweit ca. 1100 Arten leben bei uns 50. Larve u. Imago meist räuberisch, einige aber auch phytophag und an Lebensmittelvorräten. Zu letzteren gehört z. B. der Getreide-P. oder Getreide-Schmalkäfer *(Oryzaephilus surinamensis),* der weltweit an Getreidevorräten zu finden ist; er lebt dort aber vorwiegend v. anderen Insekten u. deren Resten (z. B. vom Kornkäfer *Calandra),* kann aber auch rein vegetarisch v. Körnern leben, die allerdings bereits geöffnet sein müssen; diese Art wird heute auch als Labortier gehalten. Weitere auffällige Arten sind der extrem abgeplattete, langfühlerige *Ulejota planata* (4–5 mm), gelbbraun, unter Rinde u. der nach der ↗Roten Liste "vom Aussterben bedrohte" Scharlachkäfer *Cucujus cinnaberinus* (11–15 mm, purpurrot). ☐ 421.

Plattmuscheln, *Tellmuscheln, Tellinidae,* Familie der U.-Ord. Verschiedenzähner, Blattkiemenmuscheln mit dünnen, eiförm., oft nach hinten ausgezogenen und gelegentl. asymmetr. Klappen, deren Oberfläche meist glatt ist; der vordere Schließmuskel ist oft größer als der hintere. Der Mantel bildet hinten 2 lange, getrennte u. sehr bewegl. Siphonen. Der Enddarm durchzieht das Herz; getrenntgeschlechtl. oder protandr. ⚥. Die P. leben im Meer u. in Flußmündungsgebieten, wo sie sich aktiv durch Sand u. Schlamm graben u. Detritus aufpipettieren; sie liegen oft horizontal im Sediment, mit der rechten Klappe nach unten. Zu den P. gehören ca. 20 Gatt. mit 350 Arten (vgl. Tab.).

Plattschildkröten, *Platemys,* Gatt. der ↗Schlangenhalsschildkröten.

Plattschwänze, *Laticauda,* Gatt. der ↗Seeschlangen.

Plattwanzen, *Cimicidae,* weltweit verbreitete Fam. der Wanzen mit nur ca. 20, in Mitteleuropa 4 bis 5 Arten. Die P. sind 3–6 mm lang, der mäßig behaarte, dunkel gefärbte Körper ist oval u. abgeplattet. Die Flügel sind fast vollständig reduziert, der breite, kurze Kopf trägt nur kleine Augen. Imagines u. Larven ernähren sich ausschl. von Blut, das sie nachts mit stechend-saugenden Mundwerkzeugen v. Säugetieren od. Vögeln aufnehmen. Die Wirtsfindung erfolgt über Temperatur- u. Geruchssinn; P. können bis zu einem halben Jahr hungern u. weite Wanderungen vollführen. Auf bemerkenswerte Weise erfolgt die Begattung: Der Samen wird vom Männchen in eine seitl., am 4. Hinterleibssegment des Weibchens liegende Tasche, das *Ribagasche (Berlese-) Organ,* übertragen; die Samenzellen durchwandern die Leibeshöhle zu den weibl. Samenbehältern bzw. Eierstöcken. Als lästiger Parasit des Menschen ist die Bettwanze *(Cimex lectularius,* B Insekten I, B Parasitismus II) bekannt, ugs. oft fälschl. als „Wanze" bezeichnet. Bettwanzen halten sich im Wohnbereich des Menschen in Ritzen u. Fugen auf, wo sie auch ihre Entwicklung durchlaufen. Sie kommen v.a. nachts hervor, um Blut zu saugen; die kleinen, kaum juckenden Stiche bluten oft leicht nach u. bilden Quaddeln auf der Haut. Der unangenehme Geruch wird durch ein Sekret aus Stinkdrüsen am Hinterleib verursacht. Bettwanzen können sich nur in mangelhaft gepflegten Wohnungen längere Zeit halten. Als U.-Art der Bettwanze wird oft die auch bei Hühnern vorkommende Taubenwanze *(Cimex columbarius)* angesehen.

Plattwürmer, *Plathelminthes, Platodes,* Stamm der *Metazoa* mit etwa 16 100 Arten, die bisher den freilebenden *Turbellaria* (↗Strudelwürmer), den endo- und ektoparasit. *Trematoda* (↗Saugwürmer) u. den ausschließlich endoparasit. *Cestoda* (↗Bandwürmer) zugeordnet wurden. Aufgrund konsequenter Anwendung der Hennigschen Methode zur Systematisierung der lebenden Natur (↗Hennigsche Systematik) vereinigt nunmehr Ax (1984) die *Plathelminthes* mit den ↗*Gnathostomulida* zu den ↗*Plathelminthomorpha,* löst die Kl.

Plattmuscheln
Wichtige Gattungen:
↗ *Angulus*
↗ *Arcopagia*
↗ *Macoma*
↗ *Tellina*

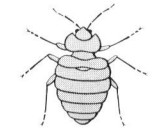

Plattwanzen
Bettwanze *(Cimex lectularius)*

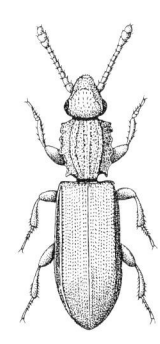

Getreide-Plattkäfer *(Oryzaephilus surinamensis)*

der *Turbellaria* in eine Reihe systematisch unterschiedl. zu wertender Gruppen *(Catenulida, Nemertodermata, Acoela, Macrostomida, Polycladida, Seriata* u.a.) auf, betrachtet als *Trematoda* ledigl. die *Aspidobothrii* u. die *Digenea* u. faßt *Monogenea* u. *Cestoda* im Taxon *Cercomeromorpha* zusammen. – Ungeachtet der dieserart in Diskussion befindl. Klassifikation sind die P., von denen die kleinsten nur in wenigen Fällen unter 0,5 mm Länge bleiben, die größten freilebenden etwas mehr als 0,5 m *(Bipalium javanum* 0,6 m) u. die größten parasitischen 20 m *(Diphyllobothrium latum)* messen, bilateralsymmetrische, ungegliederte *Spiralia,* deren Leibeshöhle v. einem parenchymatösen Mesoderm mit Spalträumen (↗Schizocoel) ausgekleidet ist, also kein Coelom darstellt. Wenn sie, wie es vielfach geschieht (↗*Bilateria),* als *Coelomata* gedeutet werden, dann aufgrund der allerdings rein hypothet. Annahme eines ursprünglich vorhandenen u. im Laufe der Phylogenese zu einem Parenchym abgeänderten Coeloms. – Der meist durch eine deutl. abgegrenzte Kopf- u. Schwanzregion gekennzeichnete Körper ist langgestreckt, bei den kleinen, freilebenden Formen zylindrisch bis spindelförmig, bei den größeren und v. a. den parasit. Arten dorsoventral abgeflacht (Name!) u. in Folge hiervon blatt- od. bandförmig. Seine Form erhält der Körper durch einen ihn nach außen begrenzenden *Hautmuskelschlauch* u. das Parenchym, das als verformbare Zellmasse ähnlich dem Flüssigkeitskissen eines Coeloms als Binnenskelett wirkt. Der Hautmuskelschlauch besteht aus einer zellulären od. syncytialen Epidermis, der eine Ring- u. eine Längsmuskelschicht unterlagert sind, die nicht selten v. Diagonalmuskeln ergänzt werden. – Der *Verdauungstrakt* beginnt mit einer ventral od. endständig am Kopf gelegenen Mundöffnung. An sie schließt sich ein ektodermaler Pharynx an, der direkt od. über einen Oesophagus in den entodermalen stabförmigen, gegabelten od., v. a. bei den großen Formen, zu einem Gastrovaskularsystem reich verzweigten Mitteldarm übergeht (B Darm). Enddarm u. After fehlen fast immer. Temporäre od. ständig offene Analporen treten bei wenigen Strudelwürmern auf, auch einige Trematoden haben einen od. gar zwei After. Bei den *Acoela* stellt der Darm eine Zellmasse ohne Lumen dar. Keinen Darm haben die Bandwürmer. Atmungsorgane u. Blutgefäßsystem fehlen allen P.n. Der Gasaustausch erfolgt über die Körperoberfläche. Transportfunktion erfüllt u. a. die Schizocoelflüssigkeit. Bei einigen Trematoden wurden verzweigte od. unverzweigte Längskanäle gefunden, deren enger Kontakt mit dem Darm u. anderen Organen sowie die Bewegung der Flüssigkeit im Kanalinnern an ein Nährstoff-Transportsystem (Lymphsy-

PLATTWÜRMER

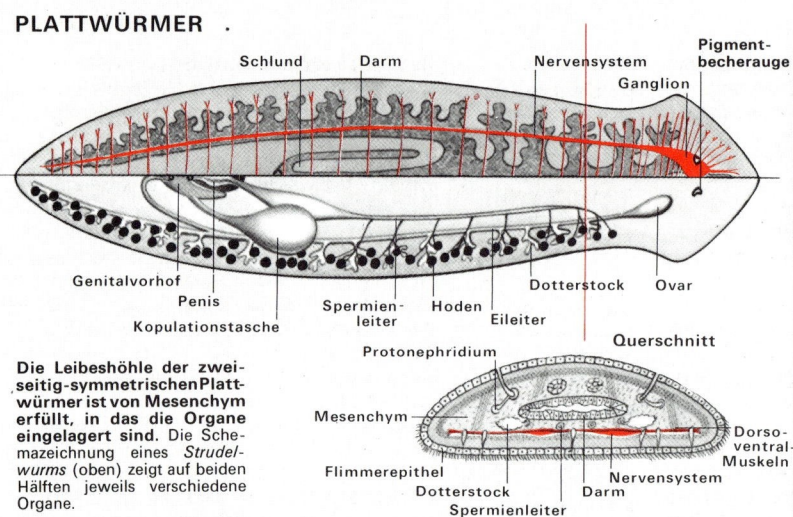

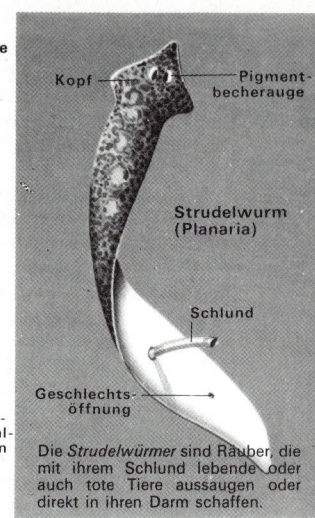

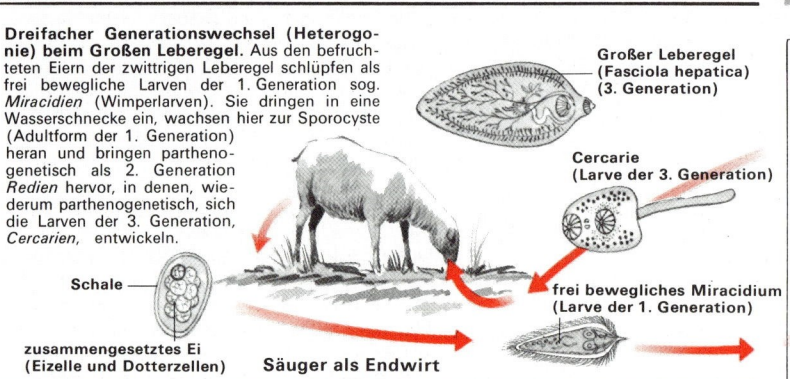

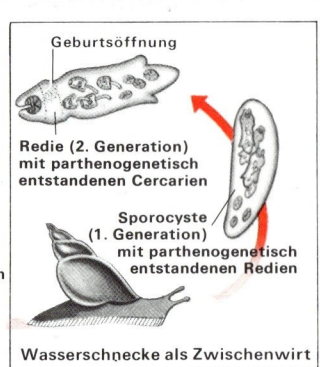

Die Leibeshöhle der zweiseitig-symmetrischen Plattwürmer ist von Mesenchym erfüllt, in das die Organe eingelagert sind. Die Schemazeichnung eines *Strudelwurms* (oben) zeigt auf beiden Hälften jeweils verschiedene Organe.

Labels (oben): Schlund, Darm, Nervensystem, Ganglion, Pigmentbecherauge, Genitalvorhof, Penis, Kopulationstasche, Spermienleiter, Hoden, Eileiter, Dotterstock, Ovar

Querschnitt-Labels: Protonephridium, Mesenchym, Flimmerepithel, Dotterstock, Spermienleiter, Darm, Nervensystem, Dorsoventral-Muskeln

Strudelwurm (Planaria) – Labels: Kopf, Pigmentbecherauge, Schlund, Geschlechtsöffnung

Die *Strudelwürmer* sind Räuber, die mit ihrem Schlund lebende oder auch tote Tiere aussaugen oder direkt in ihren Darm schaffen.

Dreifacher Generationswechsel (Heterogonie) beim Großen Leberegel. Aus den befruchteten Eiern der zwittrigen Leberegel schlüpfen als frei bewegliche Larven der 1. Generation sog. *Miracidien* (Wimperlarven). Sie dringen in eine Wasserschnecke ein, wachsen hier zur Sporocyste (Adultform der 1. Generation) heran und bringen parthenogenetisch als 2. Generation *Redien* hervor, in denen, wiederum parthenogenetisch, sich die Larven der 3. Generation, *Cercarien*, entwickeln.

Labels: Großer Leberegel (Fasciola hepatica) (3. Generation), Cercarie (Larve der 3. Generation), Schale, zusammengesetztes Ei (Eizelle und Dotterzellen), Säuger als Endwirt, frei bewegliches Miracidium (Larve der 1. Generation), Geburtsöffnung, Redie (2. Generation) mit parthenogenetisch entstandenen Cercarien, Sporocyste (1. Generation) mit parthenogenetisch entstandenen Redien, Wasserschnecke als Zwischenwirt

Der Entwicklungsgang des Schweinebandwurms ist mit einem Wirtswechsel, nicht jedoch mit einem Generationswechsel verbunden. Der im Dünndarm des Menschen schmarotzende *Schweinebandwurm* entläßt mit dem Kot reife Glieder, deren Eier bereits kleine Larven enthalten.

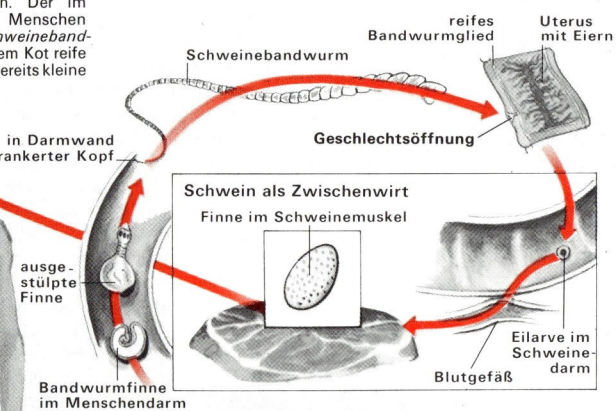

Photo rechts: abgetriebener Schweinebandwurm (*Taenia solium*), der in der Regel ca. 3 m lang ist, aber auch eine Länge von 8 m erreichen kann.

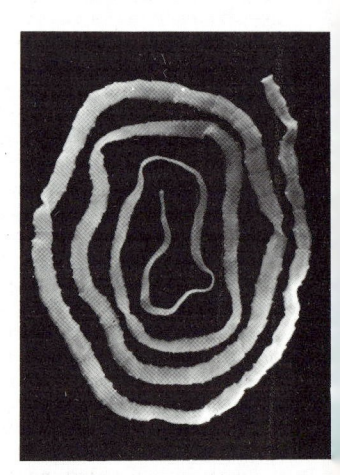

Labels: Schweinebandwurm, reifes Bandwurmglied, Uterus mit Eiern, Geschlechtsöffnung, in Darmwand verankerter Kopf, Schwein als Zwischenwirt, Finne im Schweinemuskel, ausgestülpte Finne, Bandwurmfinne im Menschendarm, Eilarve im Schweinedarm, Blutgefäß

Die Larven schlüpfen im Schweinedarm, durchbohren die Darmwand und gelangen mit dem Blut in Muskeln, wo sie sich als *Finnen* abkapseln. Erst im Menschendarm kann die Finne wieder zum Bandwurm auswachsen.

Köpfe von drei im Menschendarm parasitierenden *Bandwürmern*; ihr Name gibt jeweils den wichtigsten Zwischenwirt an: a) *Schweinebandwurm*, b) *Rinderbandwurm*, c) *Fischbandwurm*.

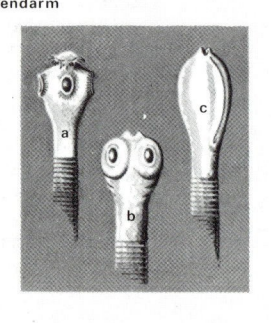

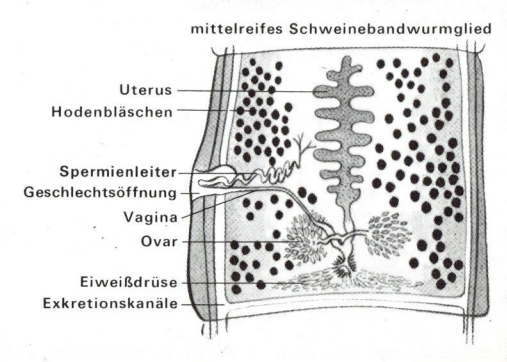

mittelreifes Schweinebandwurmglied – Labels: Uterus, Hodenbläschen, Spermienleiter, Geschlechtsöffnung, Vagina, Ovar, Eiweißdrüse, Exkretionskanäle

© FOCUS/HERDER

stem) denken läßt. Exkretion u. Osmoregulation werden v. einem das Parenchym verästelt durchziehenden Protonephridialsystem besorgt. Das *Nervensystem* besteht aus zu Paaren angeordneten Marksträngen, die durch ringförmige Kommissuren miteinander verbunden sind (↗ Orthogon, ↗ Nervensystem) u. sich rostral zu einem kleinen Gehirn (Cerebralganglion) vereinigen. Unmittelbar unter der Körperoberfläche gehen die Kommissuren in einen peripheren Nervenplexus über (B Nervensystem I). An Sinnesorganen finden sich im allg. freie Nervenendigungen u. primäre Sinneszellen, bei freilebenden Arten u. den ebenfalls freilebenden Larven parasit. Formen Augen u. in einigen Fällen auch Statocysten. In geradezu verblüffendem Ggs. zu dieser einfachen Grundorganisation der P. steht ein hochkomplizierter u. zudem umfangreicher *Geschlechtsapparat* (☐ Geschlechtsorgane). Er ist fast immer zwittrig u. sichert in jedem Fall eine innere Besamung mit meist wechselseitiger Begattung. Autokopulation ist v. Bandwürmern bekannt. Während die Hoden noch verhältnismäßig einfach gebaut sind, zeigt das Ovarium eine Tendenz zur Aufteilung in einen Keimstock (Germarium) u. einen Dotterstock (Vitellarium). Neben Oviparie findet sich Viviparie, so bei Bandwürmern u. einigen *Mono-* u. *Digenea.* Ovoviviparie kommt bei Bandwürmern, z.B. den *Cyclophyllidea,* vor. Ungeschlechtl. Fortpflanzung in Form v. Architomie ist bei den Strudelwürmern z.B. von Tricladen u. der Landplanarie *Bipalium,* Paratomie von *Microstomum* u. *Paratomella* bekannt. Die parasit. Saug- u. Bandwürmer sind durch einen, nicht selten mehrfachen Wirtswechsel, die Saugwürmer u. unter den Bandwürmern *Echinococcus* zudem durch einen Generationswechsel gekennzeichnet. – Die *Entwicklung* beginnt im allg. mit einer typischen Spiralquartett-4d-Furchung, die aber als Duettfurchung od. Blastomerenanarchie (↗Strudelwürmer) beachtl. Abwandlungen erfahren kann, u. wird ohne Metamorphose od. über bes. Larvenstadien fortgesetzt. Bei den ursprünglichen P. sind die Larven trochoraähnlich, auch sonst in den meisten Fällen freischwimmend u. bewimpert: ↗Müllersche Larve, ↗Goettesche Larve, ↗Oncomiracidium, ↗Lycophora-Larve, ↗Coracidium, ↗Miracidium, Cotylocidium. Bei den ↗Bandwürmern u. den meisten Saugwürmern werden 2–3 Larvenstadien durchlaufen.

Lit.: *Ax, P.:* Das Phylogenetische System. Stuttgart 1984. *Odening, K.:* 7. Stamm Plathelminthes. In: A. Kaestner: Lehrbuch der Spez. Zoologie. Stuttgart 1984. *Siewing, R.:* Lehrbuch der Zoologie. Bd. 2, Systematik. Stuttgart ³1985. *D. Z.*

Platy *m* [*platy-], *Spiegelkärpfling, Xiphophorus maculatus,* bis 6 cm langer, oberseits olivgrüner, bauchwärts gelbl., dunkel-

Plattwürmer

Die *phylogenet.* Herkunft der P. u. ihre Stellung im System der *Metazoa* sind problematisch, was wird dadurch deutl. wird, daß nicht weniger als 10 verschiedene Theorien sich um Klärung ihres Ursprungs bemühen. Die Kombination höchst einfacher Merkmale (z. B. kein Coelom u., von Ausnahmen abgesehen, kein After) mit ebenso höchst komplizierten Geschlechtsorganen u. in deren Folge einer inneren Besamung läßt erstere als sekundäre Abwandlungen, Reduktionen, erscheinen. Dies wird v.a. dadurch unterstützt, daß innerhalb der *Metazoa* jeweils dort, wo die schlängelnde durch eine andere, z. B. die gleitend-kriechende Fortbewegungsweise ersetzt ist, das Coelom als hydrostat. Skelett aufgelöst u. in ein parenchymatöses Mesoderm (Mesenchym) umgewandelt wurde, wie z. B. bei den auf einem Fuß kriechenden Schnecken od. den spannerartig sich fortbewegenden u. zudem zweifelsfrei v. coelomhaltigen Vorfahren abstammenden ↗ *Hirudinea.*

platy- [v. gr. platys = platt, breit, flach, eben].

gefleckter Zahnkärpfling meist stehender Süßgewässer des westl. Mittelamerika, der wie der vorwiegend orangefarbene, aber durch dunkle Anteile sehr variabel gefärbte Papageien-P. (*X. variatus,* B Aquarienfische I) v.a. aus Mexiko ein beliebter Zierfisch ist.

platybasischer Schädel [v. *platy-, gr. basis = Grundlage], breit u. flach gebauter Schädel alter Fischgruppen (Knorpelfische, *Amia, Polypterus, Acipenser*) bis rezenter Amphibien. Ggs.: ↗tropibasischer Schädel.

Platybdella *w* [v. *platy-, gr. bdella = Egel], Gatt. der ↗Piscicolidae.

Platybelodon *m* [v. *platy-, gr. belos = Pfeil, odōn = Zahn], (Borissiak 1928), zur † U.-Ord. ↗Mastodonten (*Mastodontoidea*) gehörender Proboscidier (Rüsseltier) mit stark reduzierten, schräg nach vorn-unten gerichteten oberen Stoßzähnen; der schmale Unterkiefer verbreiterte sich zu einer aus 2 flachen Incisiven bestehenden konkaven Schaufel; 2 Molaren tetralophodont. 2 Arten; *P. danovi* hatte ca. 1,65 m Widerristhöhe. Verbreitung: oberes Miozän der Mongolei u. des Kubangebietes.

Platycephaloidei [Mz.; v. gr. platykephalos = flachköpfig], die ↗Flachköpfe.

Platycerium *s* [v. *platy-, gr. kērion = Wabe], Gatt. der ↗Tüpfelfarngewächse.

Platycerus *m* [v. *platy-, gr. keras = Horn], Gatt. der ↗Hirschkäfer.

Platycnemididae [Mz.; v. *platy-, gr. knēmides = Beinschienen], die ↗Schlanklibellen.

platycon [v. *platy-, gr. kōnos = Kegel], Bez. für flache, diskusförm. Gehäuse von bestimmten Anforderungen an die Gestalt v. Nabel u. Rücken; meist auf ↗ *Ammonoidea* bezogen.

Platyctenidea [Mz.; v. *platy-, gr. ktenes = Kämme], artenarme Ord. der Rippenquallen, deren Vertreter zur kriechenden Lebensweise übergegangen sind. Sie haben freischwimmende Larven, die zunächst wie „normale" Rippenquallen aussehen. Dann wächst die Tentakelebene viel stärker als die Schlundebene (Körper erscheint seitl. zusammengedrückt). Die Tiere lassen sich nun auf Krustenalgen, Hornkorallen u. ä. nieder, wobei sie den distalen Teil des Pharynx erweitern u. ausstülpen, so daß er zur „Ventralseite" des Organismus wird. Mit dem bewimperten Epithel des Pharynx können sie auf dem Untergrund kriechen. Da die *P.* mit ihrer Körperform u. ihrem stark verästelten Darmkanalsystem Plattwürmern gleichen, hielt man sie lange Zeit für eine Übergangsgruppe zw. Hohltieren u. Plattwürmern u. nicht – wie heute – für extrem spezialisierte Rippenquallen. Die Gatt. *Ctenoplana* (⌀ 5–8 mm) ist v. Hinterindien bis nach Japan verbreitet; die Arten haben noch Wimperplättchen, mit denen sie auch

Platygyra

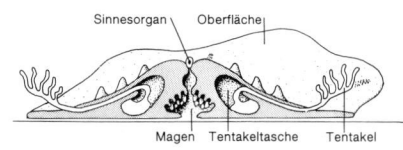

schwimmen können. Den Arten der Gatt. *Coeloplana* fehlen diese dagegen völlig; sie sitzen auf *Octocorallia* u. fressen deren Coenosark; *C. metschnikowi* lebt u. a. im Roten Meer; *C. willeyi*, die in Fluttümpeln an Japans Küsten vorkommt, wird ausgestreckt bis 6 cm lang u. schrumpft bei Beunruhigung auf wenige mm zusammen.

Platygyra w [v. *platy-, gr. gyros = Kreis], *Platygīra*, Gatt. der ↗Mäanderkorallen.

Platykladium s [v. *platy-, gr. kladion = kleiner Zweig], *Flachsproß*, Bez. für eine abgeflachte bis blattförm. Sproßachse bei einer Reihe v. Trockenpflanzen (Xerophyten). Handelt es sich dabei um einen Langtrieb, so wird er auch *Kladodium* (Cladodium) gen. (z. B. beim Feigenkaktus); liegen Kurztriebe vor, so nennt man sie auch *Phyllokladien* (z. B. beim ↗Mäusedorn). Platykladien können Blättern sehr ähnl. sehen, aber dennoch als Sproßachsen identifiziert werden, da sie in Blattachseln entspringen und selber z. T. Blätter od. Blüten tragen.

Platymantis w [v. *platy-, gr. mantis = Wahrsager; grüner Laubfrosch], *Runzelfrösche*, Gatt. der *Ranidae* mit etwa 30 Arten auf den Philippinen, Salomoninseln, Neuengland, Fidschiinseln u. Neuguinea. Manche Arten leben am Boden trop. Wälder, andere klettern auf Büsche u. Bäume; sie haben Haftscheiben an Fingern u. Zehen u. erinnern auch in der Gestalt an Laubfrösche; in der Fortpflanzung v. Wasser unabhängig: in den wenigen, großen Eiern erfolgt die Entwicklung bis zum Schlüpfen kleiner Jungfrösche.

Platymonas w [v. *platy-, gr. monas = Einheit], Gatt. der ↗Prasinophyceae.

Platynereis w [v. *platy-, gr. Nēreis = Nereide], Ringelwurm-(Polychaeten-)Gatt. der *Nereidae*. *P. dumerilii*, mit 90 Segmenten bis 10 cm lang; Kennzeichen: lunarperiod. Schwärmen u. ausgeprägte ↗Epitokie. In atoker Phase nicht von *P. massiliensis* zu unterscheiden, diese ein protandrischer Zwitter und ohne Heteronereis-Stadium; hin u. wieder kommt bei ihr Selbstbefruchtung mit Viviparie vor.

Platyparea w [v. *platy-, gr. pareia = Wange], Gatt. der ↗Bohrfliegen.

Platypezidae [Mz.; v. *platy-, gr. peza = Fuß], die ↗Tummelfliegen.

Platypodidae [Mz.; v. *platy-, gr. platypous = breitfüßig], die ↗Kernkäfer.

Platyproctidae [Mz.; v. *platy-, gr. prōktos = After], Fam. der ↗Glattkopffische.

Platypsyllus m [v. *platy-, gr. psylla = Floh], Gatt. der ↗Pelzflohkäfer.

Platyrrhina [Mz.; v. *platy-, gr. platyrrhin = breitnasig], die ↗Breitnasen.

Platyctenidea
Vertreter der Gatt. *Coeloplana*

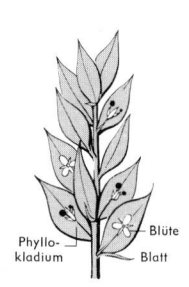

Platykladium
Phyllokladium beim Mäusedorn *(Ruscus)*

Plectomycetes
Ordnungen:
Ascosphaerales
Elaphomycetales
Eurotiales
Microascales
Onygenales
Ophiostomatales

platy- [v. gr. platys = platt, breit, flach, eben].

pleco- [v. gr. plekos = Geflecht].

plectro- [v. gr. plēktron = Stange, Stäbchen, Schlägel, Griffel].

Platysaurus m [v. *platy-, gr. sauros = Eidechse], Gatt. der ↗Gürtelechsen.

Platysma s [gr., = Platte], im Halsbereich der Säuger gelegener Teil der Hautmuskelscheide (Panniculus carnosus), die bei Warmblütern große Bereiche v. Kopf u. Rumpf umhüllt; ermöglicht Bewegungen (Zucken) einzelner Hautbereiche, beim Pferd z. B. zum Verscheuchen v. Fliegen.

Platysternidae [Mz.; v. *platy-, gr. sternon = Brust], die ↗Großkopfschildkröten.

Platystomidae [Mz.; v. *platy-, gr. platystomos = breitmäulig], *Platystomatidae*, Fam. der Fliegen mit ca. 20 Arten in Mitteleuropa; klein bis mittelgroß, Flügel oft dunkel gezeichnet; bei uns kommen gelegentl. Arten der Gatt. *Rivellia* u. *Platystoma* vor, letztere zuweilen in verpilzten Spargelwurzeln.

Platyzoma s [v. *platy-, gr. zōma = Unterkleid], heterospore (!) Gatt. der ↗*Filicales* mit haplodiözischen Gametophyten. Nur 1 Art *(P. microphyllum)* in N-Australien auf sandigen, zeitweise überfluteten Böden; systemat. Stellung unklar, heute aber meist zu den Tüpfelfarngewächsen, seltener zu den *Pteridaceae* gestellt.

Plautus m [lat., = plattfüßig], Gatt. der ↗Alken.

Plecoglossidae [Mz.; v. *pleco-, gr. glōssa = Zunge], Fam. der ↗Lachsähnlichen; ↗Ayu.

Plecoptera [Mz.; v. *pleco-, gr. pteron = Flügel], die ↗Steinfliegen.

Plecostomus m [v. *pleco-, gr. stoma = Mund], Gatt. der ↗Harnischwelse.

Plecotus m [v. *pleco-, gr. ōtes = Ohren], Gatt. der ↗Glattnasen (T).

Plectambonites m [v. *plecto-, gr. ambōn = Rand], (Pander 1830), † Gatt. articulater Brachiopoden des Ordoviziums v. Europa und N-Amerika.

Plectomycetes [Mz.; v. *plecto-, gr. mykētes = Pilze], *Plectomyceten*, Gruppe der Schlauchpilze (Ord. vgl. Tab.) mit protunicaten, regellos angeordneten Asci in Kleistothecium-Fruchtkörpern.

Plectonema s [v. *plecto-, gr. nēma = Faden], Gatt. der *Oscillatoriales* (oder LPP-Gruppe [*Lyngbya, Phormidium, Plectonema*] der Sektion III, T Cyanobakterien); fädige Cyanobakterien ohne Heterocysten; die Trichome mit dünner fester Scheide, teilweise scheinverzweigt. Die Arten leben in fließenden u. stehenden Gewässern.

Plectrohyla w [v. *plectro-, gr. hylē = Wald], Gatt. der ↗Laubfrösche (T).

Plectroninia w [v. *plectro-], Gatt. der Schwamm-Fam. *Minchinellidae*. *P. hindei*, 1–2 mm dicke Krusten bildend, hellgelb; in Höhlen, Mittelmeer.

Plectrophenax m [v. *plectro-, gr. phenax = Betrüger], Gatt. der ↗Ammern.

Plectropterus m [v. *plectro-, gr. pteron = Flügel], Gatt. der ↗Glanzenten.

Plectrum s [lat., = Stäbchen für Saiteninstrument], *Schrilleiste, Schrillkante*, Teil des ⤢Stridulations-Organs vieler Gliederfüßer.

Plectus *m* [v. gr. plektos = gedreht], Gatt. der Fadenwürmer, ca. 1 mm lang; die im Süßwasser u. feuchtem Boden lebenden Arten sind v. allen Erdteilen beschrieben, auch aus Arktis u. Antarktis. P. zeigt ⤢Anabiose, u. zwar extreme Austrocknungs- u. Kälteresistenz (nach Wasserabgabe: „Anhydrobiose"); im Experiment wurden stundenlanger Aufenthalt in flüss. Luft (−195 °C) und flüss. Helium (−272 °C) lebend überstanden. Phylogenetik: vgl. Spaltentext. [der ⤢Ibisse.

Plegadis *w* [v. gr. plēgas = Sichel], Gatt.

Pleidae [Mz.; v. gr. pleein = schwimmen], die ⤢Zwergrückenschwimmer.

Pleiochasium *s* [v. *pleio-, gr. chasis = Spaltung], *Trugdolde, Scheindolde,* Bez. für einen zymösen Blütenstand, bei dem die Hauptachse in einer Blüte endet u. mehr als 2 unterhalb der Endblüte ansetzende u. durch Stauchung der Internodien stark genäherte Seitenachsen die Verzweigung fortsetzen.

pleiocyclische Pflanzen [v. *pleio-, gr. kyklos = Kreis], *polycyclische Pflanzen, plurienne Pflanzen,* Bez. für Pflanzen, die nur einmal, aber erst nach mehrjähriger vegetativer Phase blühen u. fruchten.

pleiomer [v. *pleio-, gr. meros = Teil, Glied], Bez. für ⤢heteromere Blüten, d. h. Blüten mit ungleichzähligen Quirlen, bei denen einzelne u. evtl. alle Quirle eine erhöhte Gliederzahl aufweisen.

Pleiospilos *m* [v. *pleio-, gr. spilos = Schmutz, Fleck], Gatt. der Mittagsblumengewächse, mit ca. 30 Arten in S-Afrika verbreitet; die sukkulenten Pflanzen ahmen die kant. Formen und z. T. auch die Farbe v. Steinen nach (Mimikry als Fraßschutz); außerhalb der Blütezeit daher schwer zu entdecken. [dung], die ⤢Polyphänie.

Pleiotropie *w* [v. *pleio-, gr. tropē = Wen-

Pleistozän *s* [v. gr. pleiston = das meiste, kainos = neu], (Ch. Lyell 1839), *Eiszeit* (Schimper 1833), *Diluvium* (W. Buckland 1823), *„Eiszeitalter",* ältere erdgesch. Epoche des ⤢Quartärs von ca. 2 Mill. Jahre Dauer (B Erdgeschichte). Noch vor wenigen Jahrzehnten auf 600 000 Jahre geschätzt, haben sich die Vorstellungen über die Dauer des P.s seither – nicht zuletzt durch Herabsetzung der Plio-P.-Grenze – beträchtl. verschoben. In den USA gilt gegenwärtig die Zahl von 1,6 Mill. Jahren; in Dtl. wird vielfach mit 2,5 Mill. Jahren gerechnet. – Es scheint, als werde die pleistozäne Eiszeit in der Erinnerung der Menschheit als Katastrophe großer Überschwemmungen (⤢Diluvium, Sintflut) bewahrt. Erst aus vergleichenden Beobachtungen mit rezenten Gletschergebieten (Alpen, Skandinavien) hat sich die Vorstellung v. einem gänzl. durch das *Klima* geprägten eiszeitl. Zeitabschnitt zw. Pliozän und Jetztzeit entwickelt (erratische

Plectus
P. ist ein Vertreter der relativ ursprüngl. Ord. *Chromadorida* innerhalb der U.-Kl. *Adenophorea* (T Fadenwürmer); in einer Kombination der Merkmale von *P.* und *Rhabditis* (Ord. ⤢*Rhabditida* in der U.-Kl. *Secernentea*) sah man ein *Modell für den „Ur-Nematoden".*

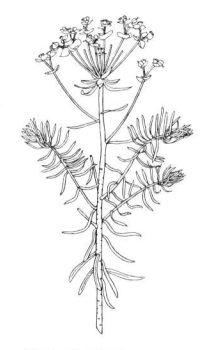

Pleiochasium
P. bei *Euphorbia cyparissias*. Bei diesem Blütenstand setzen mehr als 2 distale Seitenachsen, die unterhalb der Endblüte durch Stauchung der Internodien einander stark genähert der Hauptachse entspringen, die Verzweigung fort.

pleio- [v. gr. pleios = voll].

Blöcke, Gletscherschrammen, Moränen usw.). Anfangs dachte man an nur *eine* Vereisungsphase *(Monoglazialismus);* aus vielen Einzelbeobachtungen u. zuletzt durch die klass. Arbeit v. Penck u. Brückner („Die Alpen im Eiszeitalter", 1901–09) ergab sich das Bild einer 4phasigen Vereisung *(Polyglazialismus).* Die Autoren benannten die 4 *Glaziale* (⤢Eiszeit) nach Flüssen des Voralpengebietes: *Günz, Mindel, Riß, Würm;* die ⤢Interglaziale entsprechend: Günz/Mindel-Interglazial usw. Prä-Günz-Glazialen kamen (mehr od. weniger umstritten) hinzu. Derzeit formt sich die Vorstellung, daß die 4 klass. Vereisungen der Alpen nur den jüngeren Teil des P.s erfassen, der den älteren überdeckt od. dessen Spuren ausgelöscht wurden. Weitere Möglichkeiten der *Gliederung* des P.s im Kontinentalbereich ergaben sich aus der glazialmorpholog. Bestandsaufnahme in N-Dtl., aus der Abfolge von Flora u. Fauna – insbes. der Säugetiere – u. der kulturellen Hinterlassenschaft des Menschen. Im mitteleur. Küstenbereich (N-Dtl., v. a. Niederlande) dokumentieren sich die Interglaziale als Meeressedimente im Gefolge weiträumiger Überflutungen. Im Mittelmeerraum entstand eine – später auf alle Küsten der Welt ausgedehnte – Gliederung mit Hilfe v. Brandungsterrassen. Eine befriedigende Synthese aller Chronologien ist bisher nicht gelungen. Richtschnur künftiger P.-Stratigraphie werden Meeressedimente sein mit ihren Folgen v. Mikrofaunen u. -floren, Paläotemperaturbestimmungen u. Paläomagnetik. Int. Übereinkunft legte als Stratotyp der P.-Untergrenze eine Folge mariner Sedimente in S-Italien fest (Santa Maria di Catanzaro u. Le Castella); Alter: 1,61 bis 1,82 Mill. Jahre vor heute. Die Grenze berücksichtigt nicht die erste deutl. Abkühlungsphase, da diese in spätmiozäne Zeit fallen würde. – Die Obergrenze des P.s entspr. der Untergrenze des ⤢Holozäns (ca. 8000 Jahre v. Chr., ☐ Holozän). – Als *Leitfossilien* dienen angesichts der Sedimentvielfalt im marinen Bereich v. a. Nanno- u. Mikrofossilien, im kontinentalen Bereich Säugetiere. Diesen stand jedoch zur Ausformung deutl. Unterscheidungsmerkmale wenig Zeit zur Verfügung. – *Gesteine:* Glazigene Schotter u. Sande, Tone, Löß, Torf. – *Paläogeographie:* Ablagerungen des P.s bedecken große Teile der Erdoberfläche. Ausgedehnte Kuchen v. Inlandeis, deren Mächtigkeit zw. 200 und 300 m und über 3000 m geschätzt wird, schoben sich in N-Amerika und N-Eurasien während der Glaziale aus der Arktis nach S vor. Im „großen" Riß-Glazial erreichte das Eis in Dtl. die Leipziger Bucht. Alpen u. Mittelgebirge trugen Gletscher, die z. T. weit ins Vorland eindrangen. In den trockenen, vegetationsarmen Tundren der nicht vereisten Gebiete persistierte ⤢Permafrostbo-

Pleistozän

Die Lebewelt des Pleistozäns

war der jetztzeitlichen bereits sehr ähnl. Seit dem Beginn des relativ kurzen P.s blieben viele Organismen-Gruppen fast od. gänzl. unverändert.

Pflanzen

Die Pflanzengesellschaften hat der mehrfache Wechsel von Kalt- u. Warmzeiten im transalpinen Europa beträchtl. verarmt, weil sie durch die O-W-gerichteten Faltengebirge gehindert waren, sich ihm zu entziehen. Glazial unbeeinflußte Gebiete konnten dagegen ihren tertiären Floren-Charakter bewahren. Mit den Klimazonen verschoben sich auch die nun schärfer ausgeprägten Vegetationsgürtel. Während der (letzten) Kaltzeiten bestand in Mitteleuropa baumlose Tundra, der sich nach S die Region der Wälder anschloß; Warmzeiten bewirkten entspr. Verschiebung der Gürtel nach N. Zu den ↗arktisch-alpinen Pflanzengesellschaften der Tundra gehörten u. a. die buschförmig wachsende Polarweide *(Salix polaris)* u. die Zwergbirke *(Betula nana)*, ferner die Silberwurz *(Dryas octopetala)*, nach der diese Gesellschaft „Dryasflora" gen. wird (↗Dryaszeit). Den subarkt. Bereich charakterisierten Birke *(Betula pubescens)* u. Kiefer *(Pinus silvestris)*. Mit zunehmenden Temperaturen fanden sich u.a. die Hainbuche, danach Eiche, Ulme, Linde, Ahorn, Haselnuß u. Erle ein. Der Ggw. hat das P. zahlreiche Disjunktionen v. Pflanzengesellschaften hinterlassen (↗Arealaufspaltung, ↗Eiszeitrelikte, ↗Glazialflora).

Tiere

In der Tierwelt spielten Säugetiere die bestimmende Rolle, v.a. Nager, Raub-, Rüssel- und Huftieren und neben ihnen der prähistor. Mensch (↗Paläanthropologie, B). – Die Hinterlassenschaft an Lemmingen *(Lemmus)*, Wühlmäusen *(Microtinae)* u. Murmeltieren *(Marmota)* hat gute Leitfossilien geliefert. Unter den Carnivoren gehört der ↗Höhlenbär *(Ursus spelaeus)* zu den bekanntesten u. bestbelegten † Säugern überhaupt; er starb ebenso wie der ↗Höhlenlöwe *(Panthera spelaea)* u. die ↗Höhlenhyäne *(Hyaena spelaea)* im P. aus, während der Wolf *(Canis lupus)* überlebte. Wärmegewohnte Nachzügler aus dem Tertiär wie Elefanten, Nashörner u. Flußpferde haben im eiszeitbestimmten Teil Europas erstaunl. lange ausgehalten. ↗Mammute, ausgehend vom ältestpleistozänen ↗*Mammuthus meridionalis*, erreichten über *M. trogontherii* in *M. primigenius* perfekte Kälteanpassung. Der Waldelefant *(Elephas antiquus)* fand sich nur in den Warmzeiten in Mitteleuropa ein, um sich dann wieder nach S-Europa zurückzuziehen. Verzwergte Nachkommen überlebten deshalb bis ins Holozän (Insel Tilos [Griechenland]). Von den 5 Nashorn-Arten *(Dicerorhinus etruscus, „D. mercki", D. kirchbergensis, D. hemitoëchus* u. *Coelodonta antiquitatis)* überlebten die 3 letztgenannten noch bis ins Jung-P., *C. antiquitatis* unter vollkommener Kälteanpassung. Das Flußpferd *(Hippopotamus antiquus)* breitete sich im Alt-P. ostwärts bis nach Thüringen u. nordwestl. bis nach England aus, wo es noch in der ↗Cromerwarmzeit nachgewiesen werden konnte. Zeugen kalten Klimas in Mitteleuropa waren ↗Moschusochse *(Ovibos moschatus)* und ↗Rentier *(Rangifer tarandus)*. ↗Rothirsch *(Cervus elaphus)* u. ↗Auerochse *(Bos primigenius)* waren Waldbewohner, der ↗Bison *(Bison bison)* gilt artspezif. als Bewohner v. Wald od. Steppe. – Neuere Untersuchungen haben gezeigt, daß entgegen dem Anschein Warmzeit-Faunen im P. nicht verarmt sind; Aussterben, evolutive Umwandlung u. Zuwanderung führten jedoch zu einer Modernisierung. Der Bestand v. 87 Säugetierarten in der Tegelenwarmzeit stieg kontinuierl. bis auf 141 Arten im ↗Eem-Interglazial an. Den Zuwachs brachten v.a. Nager u. Fledermäuse. Das nördl. Mittelmeergebiet diente den Warmzeit-Faunen als Refugium (↗Eiszeitrefugien). ↗Glazialfauna.

Abb. rechts:

Einige Pleistozän-Gliederungen im mittleren Europa (K = Kaltzeiten, W = Warmzeiten; Tyrr. = Tyrrhenium)

Mill. Jahre vor heute	Meer	N-Dtl.	Alpen	Säuger
	HOLOZÄN	=	POSTGLAZIAL	
0,01	Tyrr.	Weichsel-K.	Würm-K.	
		Eem-W.	Riß/Würm-W.	
0,1		Saale-K.	Riß-K.	Oldenburgium
	Milazzium	Holstein-W.	Mindel/Riß-W.	
		Elster-K.	Mindel-K.	
0,5	Sicilium	Cromer-W. (3, B, 2, A, 1)	Günz/Mindel-W.	Biharium
	Emilian.	Menap-K.	Günz-K. (2, 1)	
1,0	Calabrium	Waal-W.	Donau/Günz-W.	Villafranchium
1,5		Eburon-K.	Donau-K.	
1,8		Tegelen-W.	Biber/Donau-W.	
1,9	PLIOZÄN	Brüggen-K. = Prätegelen-K.	Biber-K.	
3,3				

den; Wind lagerte v. den Inlandeisrändern her mächtige ↗Löß-Decken ab. Während der Interglazialzeiten zog sich das Eis unter Hinterlassung seiner Gesteinsfracht zurück; Wälder konnten nach N vordringen. Abschmelzendes Eis erhöhte den Meeresspiegel gebietsweise beträchtlich. Strandterrassen liegen heute mehr als 200 m über u. mehr als 100 m unter dem Meeresspiegel. Im Bereich heutiger Tropen u. Subtropen äußerte sich die pleistozäne Klimafluktuation (↗Klima) in unterschiedl. Feuchtigkeit (↗Pluvial, ↗Interpluvial), die auch das Bild der Landschaft geprägt hat. – *Krustenbewegungen:* Gravierender als epirogenet. Ereignisse wirkten sich isostat. Veränderungen als Folge der Eislast aus (z.B. Absinken u. späteres Aufsteigen Skandinaviens), die v. ↗eustatischen Meeresspiegelschwankungen begleitet od. überlagert wurden. *S. K.*

pleistozäne Böden, die ↗Diluvialböden.

Plektenchym *s* [v. gr. plektos = geflochten, gedreht], *Merenchym, Pseudoparenchym, Flechtgewebe, Filzgewebe, Scheingewebe,* Bez. für die bei Thallophyten, hpts. bei den Rotalgen u. den Fruchtkörpern der Pilze, durch Verflechtung v. reichverzweigten, dichten Zellfadensystemen und u.U. durch nachträgl. Verwachsung der Zellfäden entstandenen, höher organisierten Verbände, die – oberflächlich betrachtet – die Organisationsstufe der aus echten Geweben aufgebauten Pflanzenkörper vortäuschen können. Im Ggs. zu echten Geweben bestehen zw. den Zellen Tüpfelverbindungen nur innerhalb ein und desselben Zellfadens. Der gewebeähnl. Zusammenhalt der Zellfäden wird im einfachsten Fall durch Verquellen der Zellwände zu wasserunlösl. Gallerten erreicht, im fortgeschritteneren Fall durch Wasserverlust, Verdickung und nachträgl. Verwachsung der Zellwände zu Pseudoparenchym gesteigert.

plektonemische Aufwindung [v. gr. plektos = gedreht, nēma = Faden], Form der helikalen Verdrillung der beiden Stränge in nativer DNA; für die p. A. ist charakterist., daß die beiden Einzelstränge nicht ohne Aufspulung getrennt werden können.

Plektridien [Mz.; v. gr. plēktron = Griffel, Kiel], *Plectridium,* Trivialname für sporenbildende Bakterien *(Bacillaceae),* die durch die ↗Endospore trommelschlegelartig aufgetrieben sind.

Plenterwald [v. altfrz. plentier = vollständig], forstwirtschaftl. ↗Betriebsart; durch einzelstammweise Nutzung *(Plenterhieb)* entsteht ein Wald, in dem Bäume verschiedenen Alters u. verschiedener Höhe nebeneinander wachsen. Jede Hiebmaßnahme dient nicht nur der Ernte, sondern sie ist zugleich Pflege- u. Verjüngungsmaßnahme. Besondere Gesichtspunkte bei der Durchführung des *Plenterbetriebs* sind: Erhaltung od. Wiederherstellung des stufigen Aufbaus, Gesundheitspflege in allen Stufen, Verteilung der Hauptzuwachsträger u. Lenkung des Zuwachses auf bestveranlagte Stämme, Mischwuchsregelung, Förderung der natürl. Verjüngung. — Fichten-Tannen-Buchenwälder eignen sich bes. für die P.-Bewirtschaftung. In der BR Dtl. wird ca. 1% der gesamten Holzbodenfläche als P. bewirtschaftet.

pleodont [v. *pleo-, gr. odontes = Zähne], heißen Reptilzähne mit massiger, nicht hohler Basis. Ggs.: ↗coelodont.

Pleodorina *w* [v. *pleo-, gr. doros = Schlauch], Gatt. der *Volvocaceae* mit der Charakterform *P. californica;* die Grünalge wird häufig der Gatt. *Eudorina* zugeordnet, unterscheidet sich aber v. dieser durch wesentl. kleinere Zellen.

Pleomer *s* [v. *pleo-, gr. meros = Teil, Glied], Segment des ↗Pleons der Krebstiere.

Pleometrose *w* [v. *pleo-, gr. mētra = Gebärmutter], *Polygynie,* bei sozialen Insekten das Vorhandensein v. mehreren eierlegenden Königinnen. Ggs.: Haplometrose.

pleomorph [v. *pleo-, gr. morphē = Gestalt], Bez. für in verschiedenen u./od. unregelmäßigen Formen auftretende Mikroorganismen, die z. B. als junge Zellen stäbchenförmig u. im Alter kokkenförmig wachsen od. im Lebenszyklus verschiedene Sporentypen ausbilden (z. B. ↗Rostpilze).

Pleon *s* [v. *pleo-], Abdomen der ↗Krebstiere (☐), das nur bei den ↗*Malacostraca* in der Zahl der Segmente *(Pleomere)* auf 7 (↗*Leptostraca; Lophogastrida,* ↗*Mysidacea)* od. 6 (alle übrigen *Malacostraca)* fixiert ist. Nur bei ihnen finden sich hier ↗Extremitäten, die *Pleopoden,* von denen maximal 5 Paare als Schwimmbeine dienen. Das 6. Paar bildet als Uropoden zus. mit dem Telson einen Schwanzfächer, der als Höhensteuer beim Schwimmen dient. Verschmilzt das letzte sichtbare Pleomer mit dem Telson, spricht man v. einem *Pleotelson.* Das P. der Nicht-*Malacostraca (Entomostraca)* hat keine Extremitäten. Das Telson trägt als Anhänge die ↗Furca. Im Ggs. zu dieser hier klass. Ansicht finden sich neuerdings Überlegungen, nach denen das P. primär ohne Extremitäten u. nur bei den *Entomostraca* erhalten ist. Das P. der *Malacostraca* wäre dann ein Teil des Thorax, während das eigtl. P. hier reduziert ist. Die Pleopoden der *Malacostraca* wären dann Thorakopoden.

Pleopoden [Mz.; v. *pleo-, gr. podes = Füße], Extremitäten (maximal 5 Paar und 1 Paar Uropoden) am Hinterleib der ↗*Malacostraca.* ↗Extremitäten, ↗Pleon; ☐ Krebstiere.

Pleospongea [Mz.; v. *pleo-, gr. spoggia = Schwamm], (Okulitch 1937), *Pleospongia,* Synonym für *Archaeocyatha* Vologdin 1937 (↗Archaeocyathiden).

Pleosporaceae [Mz.; v. *pleo-, gr. spora = Same], Fam. der bitunicaten Schlauchpilze (↗ *Bitunicatae),* meist in der Ord. *Pseudosphaeriales,* neuerdings in der Sammel-Ord. ↗*Dothideales* eingeordnet, od. eigene Ord. *Pleosporales;* vorwiegend Pflanzenparasiten (vgl. Tab.), i. d. R. mit zieml. großen Fruchtkörpern (pseudothecienartig), die sich im Innern des Substrats od. oberflächlich entwickeln, oft auf einem Basalstroma.

Pleotelson *s* [v. *pleo-, gr. telson = Grenze], Teil des Schwanzfächers der ↗*Malacostraca;* ↗Pleon.

Plerocercoid *m* [v. gr. plērēs = voll, kerkos = Schwanz], *Sparganum,* 3. Larvenstadium der ↗*Pseudophyllidea* (↗Bandwürmer) im 2. Zwischenwirt, geht aus einem Procercoid hervor; durch einen Skolex mit 2 Sauggruben u. beginnende Strobilation gekennzeichnet.

Plerocercus *m* [v. gr. plērēs = voll, kerkos = Schwanz], 3. Larvenstadium bei ↗Bandwürmern, v. a. den ↗*Cyclophyllidea,* im 2. Zwischenwirt; durch einen Skolex mit Saugnäpfen gekennzeichnet.

Plerom *s* [v. gr. plērōma = Füllung], Bez. für den in Bildung begriffenen jugendl. Zentralzylinder im Vegetationskegel der Wurzel. ↗Periblem.

Plesianthropus *m* [v. *plesio-, gr. anthrōpos = Mensch], nicht mehr gebräuchl. Gatt.-Bez. für *Australopithecus africanus* (↗Australopithecinen) v. Sterkfontein.

Plesictis *w* [v. *plesio-, gr. iktis = eine Wieselart], (Pomel 1846), primitiver † Raubmarder, verbreitet im ? Eozän bis Aquitan v. Europa u. im ? unteren Oligozän von N-Amerika; im eur. Aquitan *P. lemanensis* Filhol.

Plesiogale *w* [v. *plesio-, gr. galeē = Wiesel], (Pomel 1847), relativ großer † Raub-

---

pleo- [v. gr. pleos = voll].

Pleosporaceae

Einige wichtige pflanzenpathogene Arten
(In Klammern Name der Konidienform u. Krankheit)

Cochliobolus sativus
(Helminthosporium sativum; Helminthosporiose an Weizen u. Gerste)

Leptosphaeria coniothyrium
(Rutensterben [Triebsterben] der Himbeeren)

Leptosphaeria maculans
(Phoma lingam; Stengelfäule bei Kohl-Arten)

Pyrenophora graminea
(Helminthosporium gramineum; Streifenkrankheit der Gerste)

Pleospora björlingii
[*P. betae*]
(Phoma betae; Wurzelbrand der Rüben)

Leptosphaeria nodorum
(Septoria nodorum; Blatt- u. Spelzendürre des Weizens)

Pleospora trifolii
[*Leptosphaeria t.*]
(Blattbrand an Leguminosen)

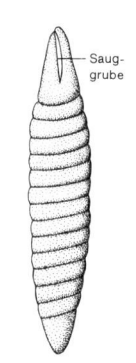

Sauggrube

Plerocercoid

plesio- [v. gr. plēsios = benachbart, nahe].

Plesiomorphie

marder aus dem Oligozän bis unteren Miozän v. Europa.

Plesiomorphie w [v. *plesio-, gr. morphē = Gestalt], im Sinne der ↗Hennigschen Systematik eine ursprüngliche *(plesiomorphe, ancestrale)* Merkmals-Ausprägung (= Merkmals-Zustand); Ggs.: *Apomorphie* = abgeleiteter Merkmals-Zustand. Eine *Sym*plesiomorphie ist eine Übereinstimmung in plesiomorphen Merkmals-Zuständen, z. B. das Fehlen v. Wirbeln bei den Stachelhäutern, Manteltieren u. a. Wirbellosen (im Vergleich zum Vorhandensein v. Wirbeln bei den Wirbeltieren), der pentadaktyle Bau der Extremitäten bei Eidechsen, Mäusen, Mensch u. a. (im Vergleich zum Huf der Pferde), das Vorhandensein v. Beinen bei Eidechsen, Krokodilen u. Schildkröten (im Vergleich zur Beinlosigkeit bei Schlangen). Zusammenfassung aufgrund solcher Symplesiomorphien führt zu paraphyletischen Gruppen; nur ↗Synapomorphien führen zu ↗monophyletischen Gruppen. – *P.* und *Apomorphie* sind relative Begriffe, die stets nur im Zshg. verwendet werden sollten; dies zeigt der Besitz v. Flügeln bei den ↗Fluginsekten *(Pterygota):* er ist *apomorph* im Vergleich zur Flügellosigkeit der ↗Springschwänze u. anderer *Apterygota* (↗Urinsekten); er ist aber nur noch *plesiomorph* im Vergleich zur Flügellosigkeit bei Flöhen, Frostspanner-Weibchen u. a. sekundär flügellosen *Pterygota.* ↗*Merkmal,* ↗*Systematik.*

Plesiopora [Mz.; v. *plesio-, gr. poros = Öffnung, Pore], Ord. der Ringelwürmer (U.-Kl. *Oligochaeta*) mit 5 wichtigen Fam. (vgl. Tab.), entspr. den *Tubificida* neuerer Systeme. Kennzeichen: je ein Paar Hoden u. Ovarien, männl. Genitalporen im Segment direkt hinter dem Hodensegment. Meist sehr kleine, vorwiegend aquatisch lebende u. weltweit verbreitete Formen. Manchmal werden die ↗*Enchytraeidae* als eigene Ord. *Plesiopora prosotheca* von den übrigen Fam. abgetrennt, die dann als *Plesiopora plesiotheca* benannt werden.

Plesiosaurier [v. *plesio-, gr. sauros = Eidechse], *Plesiosauria,* (de Blainville 1835), † U.-Ord. überwiegend an das Leben im Meer angepaßter *Sauropterygia* mit zu Ruderflossen umgestalteten Extremitäten; der kurze Schwanz – wahrscheinl. ohne Flossenbesatz – wird der Fortbewegung wenig genützt haben. Knochen des Schulter- u. Beckengürtels mit der Tendenz, sich zu einem Plastron zu verbreitern; Lebensweise wohl ähnl. der v. Robben mit zeitweisen Landaufenthalten; einige Gatt. stammen aus Süßwasserablagerungen; erwiesene Nahrung: *Pterosauria,* Fische u. Cephalopoden. Verbreitung: mittlere Trias bis Oberkreide v. Europa und N-Amerika; ca. 43 Gatt.

Plesiosaurus m [v. *plesio-], (Conybeare 1821), bekannteste Gatt. der ↗Plesiosaurier mit über 90 (!) beschriebenen „Arten",

Plesiomorphie
P. ist oft gleichbedeutend mit „einfach" od. „primitiv" (u. entsprechend *Apomorphie* gleichbedeutend mit „kompliziert" od. „höherentwickelt"), z. B.: einschichtige Epidermis der Wirbellosen (mehrschichtige Epidermis der Wirbeltiere), Schuppen der Reptilien (Feder der Vögel). Daß dies aber keineswegs immer gilt, zeigen alle Beispiele v. Vereinfachungen u. Reduktionen: z. B. ist das Vorhandensein komplizierter Augen bei den meisten Fischen eine P. im Vergleich zur Augenlosigkeit bei manchen Höhlenfischen.

Plesiopora
Wichtige Familien:
↗ Aeolosomatidae
↗ Enchytraeidae
↗ Naididae
↗ Phreodrilidae
↗ Tubificidae

plesio- [v. gr. plèsios = benachbart, nahe].

pletho- [v. gr. plēthos = Menge, Haufen].

die vermutl. in 3 Spezies zusammengefaßt werden können; Gesamtlänge bis 5 m, Schädel klein, 30–40 Halswirbel, 20 Rücken-, 2 Sakral- und 30–40 Schwanzwirbel; vordere Extremitäten viel stärker als hintere. Bes. gut bekannt durch Funde aus dem Lias ε von Holzmaden u. Boll. Verbreitung: ? obere Trias, Lias v. Europa.

Plesiotypus m [v. *plesio-], (Schuchert 1905), *Plesiotypoid,* (R. Richter 1925), das durch einen anderen als den Autor einer Art beschriebene od. abgebildete Stück aus dem Kreis der Typen; v. der Int. Kommission für zool. Nomenklatur nicht übernommen.

Plete w, (R. Brinkmann 1929), *Schichtpopulation,* die im Gestein überlieferten Glieder einer (vermuteten) Population, sofern sie ihrer urspr. Zusammensetzung infolge selektiver Zerstörung evtl. nicht mehr entspricht. ↗Oryktozönose.

Plethodontidae [Mz.; v. *pletho-, gr. odontes = Zähne], *lungenlose Salamander,* mit 23 Gatt. (vgl. Tab.) und über 180 Arten umfang- und erfolgreichste Familie der ↗Schwanzlurche; enthält mehr als 60% aller Schwanzlurcharten. Kennzeichnend sind das Fehlen v. Lungen – nur die Bachsalamander haben noch Reste davon – u. eine mit Drüsen ausgekleidete Rinne, die vom Nasenloch zur Oberlippe zieht u. bei einigen Arten an der Oberlippe zu einem kleinen Cirrus ausgezogen ist; dient wahrscheinl. dazu, Geruchsstoffe vom Boden an die Nasenöffnungen zu leiten. Viele Arten haben geschlechtsspezif. Balzdrüsen, die bei den komplizierten Paarungsmärschen eingesetzt werden; bei einigen Arten haben die Männchen vergrößerte Zähne im Oberkiefer, die ebenfalls bei der Balz eingesetzt werden. P. sind meist schlanke, mittelgroße bis kleine, äußerst agile Salamander; manche können sogar springen, andere klettern, u. die wasserlebenden Arten sind schnelle Schwimmer. Mit ihren großen Augen u. den vorschnellbaren Zungen können viele Vertreter auch flinke Insekten wahrnehmen u. erbeuten.

Plethodontidae

Unterfamilien, Tribus und Gattungen:

Desmognathinae
(↗Bachsalamander)
 Desmognathus
 Leurognathus
 Phaeognathus

Plethodontinae
 Hemidactylini
  Gyrinophilus
  (↗Porphyrsalamander)
  Pseudotriton
  (↗Schlammsalamander)
  Stereochilus
  (↗Streifensalamander)
  Eurycea (= *Manculus*)
  (↗Wassersalamander)
  Typhlotriton
  (↗Grottensalamander)
  Typhlomolge
  (↗Brunnenmolche)
  Haideotriton
  (↗Blindsalamander)
  Hemidactylium
  (↗Vierzehensalamander)

 Plethodontini
  Plethodon
  (↗Waldsalamander)
  Ensatina
  Aneides
  (↗Baumsalamander)

 Bolitoglossini
  (↗Schleuderzungensalamander)
  Hydromantis
  (↗Höhlensalamander)
  Batrachoseps
  (↗Wurmsalamander)
  Bolitoglossa
  Oedipina
  Pseudeurycea
  Chiropterotriton
  Lineatriton
  Thorius
  Parvimolge

Die Bachsalamander, die keine weit vorstreckbare Zunge besitzen, haben einen bes. Kiefermechanismus entwickelt: sie heben den Oberkiefer u. halten den Unterkiefer starr. Die olfaktor. Orientierung ist ebenfalls gut ausgebildet; manche Arten bilden Territorien u. können die anderer Artgenossen vom eigenen am Geruch unterscheiden. Die oberird. lebenden Arten sind nachtaktiv, Hauptaktivitätszeiten der meisten Arten sind Frühjahr u. Herbst; hohe Temp. vertragen nur einige Schleuderzungensalamander. Bei Gefahr können einige Arten giftigen u. sehr klebrigen Schleim absondern, der z. B. einer kleinen Schlange den Mund so verkleben kann, daß sie erstickt. Andere Arten können den Schwanz autotomieren. – Die P. sind ökolog. sehr vielgestaltig. Sie besiedeln alle für Salamander geeigneten Lebensräume. Neben permanent wasserlebenden Vertretern, wie manche ↗Bachsalamander der Gatt. *Desmognathus* und v. a. *Leurognathus,* gibt es unterird. lebende, wie *Gyrinophilus palleucus* u. die ↗Brunnenmolche, ↗Grotten- u. ↗Blindsalamander, sowie terrestrische (die Mehrzahl) u. sogar baumlebende Arten (↗Baumsalamander). Ihr Verbreitungsschwerpunkt ist N-Amerika. Von dort haben die ↗Schleuderzungensalamander über Mittelamerika die südam. Tropen bis zum 20. Breitengrad erobert u. dabei eine reiche adaptive Radiation durchgemacht: mehr als die Hälfte der *P.*-Arten gehört zu den Schleuderzungensalamandern. Nur die ↗Höhlensalamander der Gatt. *Hydromantis,* ebenfalls Schleuderzungensalamander, fallen aus dem Rahmen: sie haben Vertreter in Kalifornien (heute als *Hydromantoides* abgetrennt) u. in S-Europa. – Die *P.* waren wahrscheinlich urspr. Bewohner kühler, sauerstoffreicher Bergbäche, ähnl. wie heute noch der Bachsalamander *Leurognathus.* Hier haben sie die Lungen verloren, die, weil sie Auftrieb verleihen, in rasch fließendem Wasser wegen der Gefahr der Abdriftung nachteilig sind. Ihre Evolution begann vermutl. im O von N-Amerika. Sie führte einerseits zur Entwicklung unterird. Arten, andererseits zu immer weitergehender Unabhängigkeit vom Wasser. Die Bachsalamander und die *Hemidactylini* (T 428) haben noch aquatische Larven, u. Arten wie *Gyrinophilus palleucus* u. die Grotten- u. Blindsalamander, als Höhlenbewohner, sowie manche ↗Wassersalamander behalten zeitlebens larvale Merkmale, wie äußere Kiemen, u. bleiben im Wasser. Manche Bachsalamander legen ihre Eier schon am Land ab, am Ufer v. Bächen, u. das Weibchen bewacht diese; die Larven schlängeln sich später v. dort ins Wasser. Die Wald-, Baum- u. Schleuderzungensalamander schließl. legen wenige große Eier unter Steinen, in feuchtem Fallaub od. in Baumlöchern ab; diesen Eiern entschlüp-

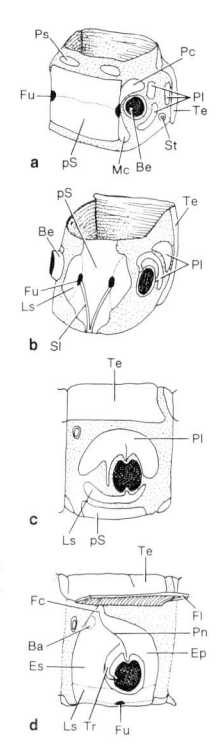

fen fertig verwandelte Jungsalamander. Bei vielen Arten bewacht das Weibchen die Eier u. hält sie feucht. Gleichzeitig mit der Evolution zu mehr terrestrischen Formen erfolgte eine Ausbreitung nach W. Die Bachsalamander bewohnen nur den O N-Amerikas, ebenso die meisten *Hemidactylini.* Wald- und Baumsalamander haben Vertreter im O und W N-Amerikas, der Eschscholtz-Salamander *(Ensatina eschscholtzii)* u. die Schleuderzungensalamander fehlen im O; sie haben sich vom W aus weiter nach S bis in die Tropen ausgebreitet. – *P.* sind in N-Amerika beliebte Objekte wiss. Forschungen (die Einnischung verschiedener sympatrischer Arten, die sexuelle Selektion, die Habitatselektion, der Energiehaushalt, die „optimal foraging Theorie" u. a.). *P. W.*

Plethopneuston *s* [v. pletho-, gr. pneustos = geatmet], (H. Schmidt 1935), Biofaziesbereich mit guter Sauerstoffversorgung.

Plethozone *w* [v. *pletho-, gr. zōnē = Gürtel], (Pia 1930), der Überlappungsbereich zw. 2 sich nicht genau deckenden stratigraph. Artzonen.

Pleura *w* [gr., = Rippe, Seite], **1)** Bot.: die seitl. Gürtelseite der ↗Kieselalgen-Zelle. **2)** Zool.: a) das Brustfell, ↗Brust; b) *Pleuralregion, Pleuralbereich,* bei ↗Gliederfüßern die Seitenwand eines Segments, in der die ↗Extremität eingelenkt ist. Wenn diese sklerotisiert ist, spricht man v. *Pleurum* od. *Pleurit.* Meist ist ein Pleurit keine einheitl. Platte, sondern besteht aus einer Reihe isoliert stehender Sklerite, die als Muskelansätze im Innern des Segments dienen. Insbes. bei *Tracheata* finden sich ventrad der Beineinlenkung gelegene Sklerite, v. denen man fr. annahm, sie seien Reste der urspr. Beinbasis, der Praecoxa. Diese gliedern sich bei ↗Insekten als Laterosternit dem eigtl. Sternit an u. bilden dann ein sekundäres Sternum. Da dieser Laterosternit urspr. ein ventrales Coxalgelenk ausgebildet hatte, haben die Insekten dieses durch Abgliederung des Pleuriten neu gebildet. Der Pleurit behielt sein urspr. dorsales Coxalgelenk bei. Die Abgliederung des Pleuriten für das sekundäre Coxalgelenk ist der *Trochantinus.* Bei geflügelten Insekten wird zumindest im Pterothorax eine stabile sklerotisierte Pleurumverbindung zw. Sternum u. Tergum hergestellt (↗Flugmuskeln, □). Vom primären pleuralen Coxalgelenk reicht eine Versteifungsleiste nach dorsal zum als primäres Flügelgelenk fungierenden Fulcrum (↗Insektenflügel, □). Diese ist als *Pleuralnaht* v. außen sichtbar u. teilt den Pleuriten in ein vorderes ↗Episternum u. ein hinteres ↗Epimeron. Die Verbindungen zum Sternum werden als *Coxalbrücken* bezeichnet (Prae- u. Postcoxalbrücke). c) *Pleuron, Epimera,* stets paarig vorhandener lateraler Teil eines Körper- od. Schwanzschildsegments v. Trilobiten.

Pleura

P. der Insekten:
a Segment eines Hundertfüßers, von ventral-seitlich; **b** Prothorax einer Steinfliege; **c** Bildung der Sterno-Pleuralregion bei Insekten (hypothetisch); **d** Schema der Pleuralregion am Mesood. Metathorax eines geflügelten Insekts.
Ba Basalare, Be Beinansatz, Ep Epimeron, Es Episternum, Fc Fulcrum, Fl Flügel, Fu Ansatz der Furca, Ls Laterosternit, Mc Metacoxale, Pc Praecoxale, Pl Pleurite, Pn Pleuralnaht, Ps Praesternit, pS primäres Sternum, Sl Sternalleiste, St Stigma, Te Tergum, Tr Trochantinus

pleur-, pleuro-
[v. gr. pleuron, pleura = Rippe, Seite].

Pleuracanthodii

Pleuracanthodii [Mz.; v. *pleur-, gr. akanthōdēs = stachelig] ↗Xenacanthidae.

Pleuralarm, Verlängerung der ↗Pleuralleiste nach innen; ↗Insektenflügel.

Pleuralfurche [v. *pleur-], *Nahtfurche, Schienenfurche,* engl. *pleural furrow,* Vertiefung auf der Dorsalseite jeder ↗Pleura (Pleurotergit) v. Trilobiten, die meist v. vorn-innen nach hinten-außen verläuft.

Pleuralganglien [Mz.; v. *pleur-], im ↗Nervensystem (B l)der Weichtiere an den vorderen Körperseiten gelegene Ganglien.

Pleuralleiste, Versteifungsleiste auf der Innenseite der ↗Pleura bei geflügelten Insekten. [flügel (☐).

Pleuralnaht, Teil der ↗Pleura; ↗Insekten-
Pleurapophysen [Mz.; v. *pleur-, gr. apophysis = Auswuchs], bei Säugern an den Hals- u. Lendenwirbeln auftretende Verschmelzungen der Querfortsätze der Wirbelkörper (Processus transversus, ↗Diapophyse) mit Rippenrudimenten.

Pleuridium s, Gatt. der ↗Ditrichaceae.

Pleurit m [v. *pleur-], sklerotisierter Teil der ↗Pleura der Insekten.

Pleurobrachia w [v. *pleuro-, gr. brachiōn = Arm], die ↗Seestachelbeere.

Pleurobranchus m [v. *pleuro-, gr. bragchos = Kiemen], Gatt. der *Pleurobranchidae* (Ord. Flankenkiemer), Hinterkiemer mit vom Mantel völlig umschlossener Schale. *P. membranaceus* wird ca. 12 cm lang, ist blaßbraun mit dunkelbraunen Flekken; in Epithelzellen bildet er schweflige Säure, die bei Verletzung frei wird u. ihn gg. angreifende Fische schützt; *P.* kann schwimmen, wobei die Seitenlappen des Fußes alternierend arbeiten; als Nahrung dienen Seescheiden.

Pleurocapsales [Mz.; v. *pleuro-, lat. capsa = Kapsel], *Rippenkapselartige, pleurocapsale Gruppe* (= Sektion II neuer Einteilung, T Cyanobakterien); der Thallus besteht aus kurzen Pseudofilamenten, krustenförm. Verbänden od. halbkugeligen Lagern aus Einzelzellen mit dicker (schleimiger) Zellwand. Die Vermehrung erfolgt durch Zweiteilung od. durch Vielteilung mit ↗Baeocyten (= Endosporen). Die Cyanobakterien leben auf Steinen u. Wasserpflanzen in stehendem u. fließendem, meist nährstoffarmem Süß- u. Salzwasser. *P.* werden in 1 bis zu 7 Fam. (wenige bis 75 Gatt.) unterteilt. Bekannt sind die Fam. ↗*Hyellaceae* u. die *Pleurocapsaceae.* Weit verbreitet sind die Arten der Gatt. *Pleurocapsa,* der „Rippenkapsel". Auffällige kupferrote Überzüge an Steinen bildet in schnellfließenden, klaren Gebirgsbächen *P. cuprea.* Die meisten Vertreter der Fam. ↗*Dermocarpaceae* (frühere Ord. *Chamaesiphonales* od. *Dermocarpales*) werden in neueren taxonom. Einteilungen wegen ihrer multiplen Zellteilung u. der Kolonienbildung wie die *P.* in die Sektion II der Cyanobakterien eingeordnet (z.B. Gatt. *Dermocarpa* u. *Xenococcus*).

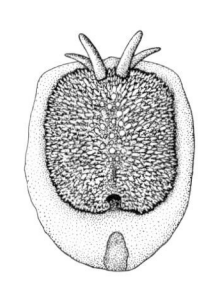

Pleurobranchus membranaceus in Aufsicht

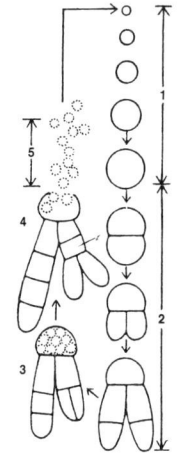

Pleurocapsales

Ein Entwicklungstyp (Untergruppe I):
1 Baeocyten (Endosporen) wachsen heran; **2** es erfolgen mehrmals Zweiteilungen in verschiedenen Ebenen; **3** Vielteilungen in einigen Zellen; **4** Freisetzung der Baeocyten; **5** bewegliche Baeocyten

Pleuromeiales

Wuchsform von *Pleuromeia sternbergii*

Pleurochloris w [v. *pleuro-, gr. chlōros = gelbgrün], Gatt. der ↗Eustigmatophyceae.

Pleurodeles m [v. *pleuro-, gr. dēlos = offenbar], Gatt. der *Salamandridae,* ↗Rippenmolche.

Pleurodema s [v. *pleuro-, gr. demas = Körperbau], Gatt. der Südfrösche mit 10 mittelgroßen (3 bis 5 cm), kröten- od. unkenartigen Arten in S-Amerika; träge, kaum springende Bodenbewohner, in den Anden bis 4500 m, andere in baumarmen, steppenart. Regionen. *P. bibroni,* die Vieraugenkröte (↗Augenkröten), zeigt bei Beunruhigung Augenflecken am Körperende.

Pleurodictyum s [v. *pleuro-, gr. diktyon = Netz], (v. Goldfuß 1829), † Bödenkoralle (↗*Tabulata*) mit aus ca. 50 Zellen bestehendem halbkugeligem Corallum, das meist einer Unterlage verhaftet ist; Umriß rund bis oval; häufig mit einem wurmart. Tier *(Hicites)* vergesellschaftet; v. Schindewolf als Raumparasitismus gedeutet. Verbreitung: Silur bis unteres Karbon, charakterist. für die sandige Fazies des Unterdevons.

Pleurodira [Mz.; v. *pleuro-, gr. deira = Hals], die ↗Halswender-Schildkröten.

pleurodont [v. *pleur-, gr. odontes = Zähne], Zahntyp mancher Stegocephalen, Eidechsen u. Schlangen, bei dem die Zahnbasis einseitig mit dem erhöhten Innenrand des Kieferknochens verwachsen ist.

Pleurodonte m [v. *pleur-, gr. odontes = Zähne], Gatt. der *Camaenidae,* Landlungenschnecken mit gedrückt-rundl. Gehäuse u. schiefer, meist gezähnter Mündung; einige Arten in Westindien.

pleurokarp [v. *pleuro-, gr. karpos = Frucht], Bez. für Laubmoose, deren Stämmchen plagiotrop u. zugleich meist fiedrig verzweigt sind u. die Archegonien u. später die Sporogone auf kurzen Seitenzweigen ausbilden. Ggs.: akrokarp.

Pleuromeiales [Mz.; v. *pleur-], Ord. fossiler ↗Bärlappe (T) des Mesozoikums mit der einzigen Fam. *Pleuromeiaceae. Pleuromeia,* die wichtigste Gatt., ist eine charakterist. Pflanze des Buntsandsteins u. zeigt in Habitus u. Bau deutl. Anklänge an die karbon. Sigillarien: die aufrechten, bis 2 m hohen u. unverzweigten Stämme tragen apikal einen Blattschopf u. einen endständ. heterospor-monoklinen Sporophyllzapfen; die knollenförmig-vierlappige Stammbasis trägt die Wurzeln in spiraliger Anordnung u. ist offenkundig den Stigmarien homolog. Unklar bleibt, ob *Pleuromeia* noch sekundäres Dickenwachstum besaß. Die aus der Unter-Kreide (Neokom-Sandstein) bekannte Gatt. *Nathorstiana,* die z.T. auch zu den ↗Brachsenkrautartigen *(Isoëtales)* gestellt wird, ist grundsätzlich ähnl. gebaut, aber mit einer Gesamthöhe von nur 20 cm in allen Teilen wesentl. kleiner; Sporophyllzapfen sind bisher nicht sicher nachgewie-

Sporophyllzapfen

sen; die die Wurzeln tragende Stammbasis ist zwei- bis vierlappig. – Den *P.* wurde lange Zeit große phylogenet. Bedeutung beigemessen, da man annahm, daß sich aus den Sigillarien durch Reduktion über *Pleuromeia* u. *Nathorstiana* schließl. die rezenten Brachsenkrautartigen mit *Isoëtes* (↗Brachsenkraut) entwickelten. Daß es sich hierbei aber nicht um eine echte, durchgehende phylogenet. Reihe handelt, zeigt der Nachweis von *Isoëtes*-ähnlichen Formen bereits in der Trias (also noch vor *Nathorstiana*).

Pleuronectidae [Mz.; v. *pleuro-, gr. nēktēs = Schwimmer], die ↗Schollen.

Pleuronectiformes [Mz.], die ↗Plattfische.

pleuroplast [v. *pleuro-, gr. plastos = geformt], heißt das Wachstum der Blattanlage, wenn die Mittelrippenregion in der Entwicklung vorauseilt u. die Spreitenflügel sich erst später ausbilden, z. B. bei den meisten Zweikeimblättrigen Pflanzen. ↗akroplast, ↗basiplast.

Pleurosigma *s* [v. *pleuro-, gr. sigma = Abzeichen], Gatt. der ↗Naviculaceae.

Pleurospermum *s* [v. *pleuro-, gr. sperma = Same], der ↗Rippensame.

Pleurostigmophora [Mz.; v. *pleuro-, gr. stigma = Fleck, -phoros = -tragend] ↗Hundertfüßer.

Pleurotaenium *s* [v. *pleuro-, gr. tainia = Band], Gatt. der ↗Desmidiaceae.

Pleurotergite [Mz.; v. *pleuro-, lat. tergum = Rücken, Hinterseite], die ↗Epimere 2).

Pleurotomarioidea [Mz.; v. *pleuro-, gr. tomarion = kleine Pergamentrolle], die ↗Schlitzkreiselschnecken.

Pleurotremata [Mz.; v. *pleuro-, gr. trēma = Loch, Öffnung], die ↗Haie.

Pleurotus *m* [v. *pleur-, gr. ōtes = Ohren], *Seitlinge*, Gatt. der *Polyporaceae*, deren Arten ein lamelliges Hymenophor ausbilden; meist holzbewohnende Pilze. Wichtigste Art: der ↗Austernseitling.

Pleurozium *s* [v. *pleuro-], Gatt. der ↗Entodontaceae.

Pleurum *s* [v. *pleur-], sklerotisierter Teil der ↗Pleura der Insekten.

Pleuston *s* [v. gr. pleustikos = schwimmend], Lebensgemeinschaft an der Wasseroberfläche treibender Organismen.

plexodont [v. gr. plexis = Geflecht, odontes = Zähne], Bez. für Zähne, die stets komplizierter aufgebaut sind als einfache Spitzkegel (= ↗haplodonte Zähne).

Plexus *m* [lat., =], das ↗Geflecht.

Plica *w* [lat. = Falte], Längsfalten im ↗Insektenflügel.

Plicaria *w* [v. lat. plica = Falte], Gatt. der ↗Pezizaceae (Becherpilze); einige Arten wachsen an Brandstellen, z.B. *P. anthracina*, ein Kohlenbecherling, der zuerst einen becherförm., dann ausgebreiteten, dunkelbraunen bis schwärzl. Fruchtkörper (⌀ 10–30 mm) ausbildet.

Plicatulidae [Mz.; v. lat. plicatus = gefaltet], Fam. der Faltenmuscheln *(Plicatuloidea)* mit der einzigen Gatt. *Plicatula*: mit abgeflachten, oft unregelmäßigen Klappen, v. denen die rechte ans Substrat geklebt wird; Fuß u. Byssus werden während des Heranwachsens rückgebildet; die *P.* sind getrenntgeschlechtlich; zu ihnen gehören etwa 10 Arten, die in warmen Meeren weit verbreitet sind.

plicident [v. lat. plicare = falten, dentes = Zähne], heißen Backenzähne, deren Krone mehrere senkrechte Schmelzfalten aufweist (z. B. beim Pferd).

Plicidentin *s* [v. lat. plicare = falten, dentes = Zähne], ↗Dentin, das die Pulpahöhle der *Crossopterygii* (↗Quastenflosser) u. ↗*Labyrinthodontia* in radiären mäandrischen Falten umgibt. ↗labyrinthodont.

Plinius, *Gajus P. Secundus* (Maior), röm. Gelehrter, * 23 n.Chr. Comum (heute Como), † 79 (beim Vesuv-Ausbruch); in hohen kaiserl. Ämtern stehend, entfaltete er eine umfängl. schriftstellerische Tätigkeit, v. der nur seine „Historia naturalis" in 37 Büchern erhalten ist, ein Kompendium des gesamten naturwiss. Wissens der Zeit, allerdings kritiklos gesammelt, unplanmäßig angeordnet u. daher mehr als Material-Slg. denn als originäres Werk zu werten. Mehrfache Textauszüge versorgten die Reisenden im 4. Jh. mit entspr. Information.

Pliohippus *m* [v. *plio-, gr. hippos = Pferd], (Marsh 1874), aus ↗*Merychippus* hervorgegangener Equide des Pliozäns v. N-Amerika, der einerseits zu ↗*Equus*, andererseits zur ↗*Hippidion*-Gruppe hinführte. [B] Pferde (Evolution).

Pliohyrax *m* [v. *plio-, gr. hyrax = (Spitz-) Maus], (Osborn 1899), einzige † Gatt. der Schliefer *(Hyracoidea)*, die v. Afrika aus – wahrscheinl. schon im Miozän – Europa erreicht hat. Verbreitung: O-Afrika, Mio-Pliozän (Vallesium bis Turolium) v. Spanien, Fkr., Griechenland.

Pliopithecus *m* [v. *plio-, gr. pithēkos = Affe], Gatt. kleiner fossiler ↗*Hominoidea*, als Gibbons gedeutet, obgleich die Arme (noch) nicht verlängert sind; Verbreitung Mittel- bis Obermiozän v. Europa, Alter ca. 20–10 Mill. Jahre.

Pliozän *s* [v. *plio-, gr. kainos = neu], (Ch. Lyell 1832), letzte Epoche des ↗Tertiärs ([B] Erdgeschichte) von ca. 3,7 Mill. Jahre Dauer mit den Altern: Pontium (≙ Pannonium), Piacentium u. Astium. Nach schärferer Unterscheidung zw. dem marinen und terrestr. Bereich wird meist gegliedert in: Zanklium (Tabanium), Piacentium (Plaisancium), Astium (= marin) od. in Ruscinium, partim u. Villafranchium, partim (= terrestrisch, Säugetiere).

Plistophora-Krankheit [v. gr. pleistophoros = sehr viel tragend], *Neonkrankheit*, Erkrankung v. Meeres- u. Süßwasser- u. Aquarienfischen durch Microsporidien der Gatt. *Plistophora* (korrekter *Pleistophora*). Bes. bekannt ist die Erkrankung der Neon-

pleur-, pleuro- [v. gr. pleuron, pleura = Rippe, Seite].

plio- [v. gr. pleios = voll].

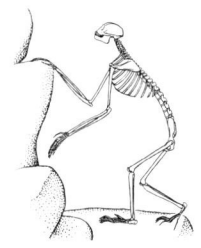

Pliopithecus, Skelettrekonstruktion (nach Zapfe)

Plocamium

fische durch *P. hyphessobryconis;* es bilden sich weiße, nicht hervorstehende, sporenhalt. Knötchen unter der Haut; die befallenen Fische magern ab, haben zerfaserte Flossen, evtl. Gleichgewichtsstörungen u. gehen nicht selten zugrunde.

Plocamium *s* [v. gr. plokamos = Flechte], Gatt. der ↗ Gigartinales.

Ploceidae [Mz.; v. gr. plokeus = Flechter], die ↗ Webervögel. [ploidiegrad.

Ploidiegrad [v. gr. -ploos = -fach] ↗ Poly-

Plotonemertes *m* [v. gr. plōtos = schwimmend, ben. nach der Nereide Nēmertēs], Schnurwurm-Gatt. der ↗ Hoplonemertea (U.-Ord. ↗ Polystilifera).

Plotosidae [Mz.; v. gr. plōtos = schwimmend], Fam. der ↗ Welse.

Plötze, *Rutilus rutilus,* ↗ Rotaugen.

Plötzenschnecke, *Valvata piscinalis,* ↗ Federkiemenschnecken.

PLP, Abk. für ↗ Pyridoxalphosphat.

PLT, Abk. für *P*sittakose-*L*ymphogranuloma-*T*rachomgruppe, die ↗ Chlamydien.

Plumaria *w* [v. lat. plumarius = Federn-], Gatt. der ↗ Ceramiaceae.

Plumatella *w* [v. lat. plumatus = gefiedert], häufigste Gatt. der *Phylactolaemata* (Süßwasser-↗ Moostierchen); in ruhigem Wasser an Stengeln, Pfählen u. Blättern (☐ Moostierchen). Bei manchen Arten hängen die Kolonien geweihartig verzweigt bis 20 cm vom Substrat herab. Namengebend für die Fam. *Plumatellidae,* zu der auch noch ↗ *Hyalinella, Stolella* u. *Stephanella* gehören.

Plumbaginaceae [Mz.], die Bleiwurzgewächse, ↗ Bleiwurzartige. [gen.

Plumbaginales [Mz.], die ↗ Bleiwurzarti-

Plumbago *w* [lat., =], die ↗ Bleiwurz.

Plumpbeutler, die ↗ Wombats.

Plumula *w* [lat., = Flaumfederchen], Sproßknospe, die Gipfel- od. Stammknospe der jungen Keimpflanze, die zw. den Keimblättern bzw. neben dem Keimblatt angelegt ist u. häufig ein federart. Aussehen hat.

Plumulae [Mz.; lat., = die Flaumfederchen], *Plumae,* die ↗ Dunen.

Plumulariidae [Mz.; v. lat. plumula = Flaumfederchen], Fam. der ↗ *Thekaphorae (Leptomedusae),* deren Stöcke meist in einer Ebene verzweigt sind. Die Theken sitzen ausschl. an den Seitenzweigen u. schmiegen sich mit einer Wand der Achse an. Bei den *P.* sind keine freien Medusen bekannt. *P.* sind weitverbreitet u. mit vielen Gatt. in den eur. Meeren, bes. im Mittelmeer, vertreten. Die kleine, federförm. *Aglaophenia pluma* hat einen gebogenen Stamm u. bildet in 1–2 m Tiefe Rasen auf freistehenden Felsen. Ähnl. gebaut sind *Plumularia setacea* und *Litocarpia myriophyllum,* die aber bis 50 cm Höhe erreichen. Bei *Kirchenpaueria pinnata* treten neben normalen Polypen amöbenartig bewegl. Polypen auf, welche die Kolonie v. Fremdorganismen freihalten. *Ventromma*

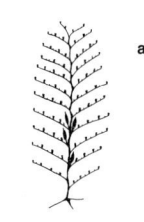

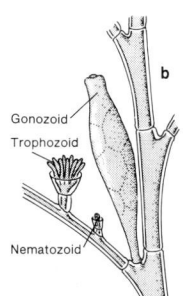

Plumulariidae
a Übersicht, b Ausschnitt aus einer Kolonie mit Tropho-, Nemato- u. Gonozoid

halecioides, Antenella spec. und *Thecocaulus diaphanus* bewohnen extrem schattige Plätze in der Adria. *Monotheca spec.* lebt als Aufwuchs auf den Blättern v. *Posidonia.* Bei der häufigen *Nemertesia antennina* zweigen die Seitenäste in Wirteln vom Hauptstamm ab.

plurienne Pflanzen [v. lat. pluri- = mehr-, -ennis = -jährig], die ↗ pleiocyclischen Pflanzen.

Pluripotenz *w* [Bw. *pluripotent;* v. lat. pluri- = mehr-, potentia = Kraft], von V. ↗ Haekker (1914, 1925) geprägter Begriff: die Summe der normalerweise in der Entwicklung (Ontogenie) eines Individuums nicht realisierten, jedoch latent (virtuell) vorhandenen Potenzen, die nur gelegentl. bei einzelnen Individuen als Bildungsabweichungen (↗ Aberrationen) zur Ausbildung gelangen. Solche Bildungsabweichungen gleichen vielfach Merkmalsausprägungen, wie sie bei verwandten Arten als „normale" Artcharaktere auftreten. Daraus wird geschlossen, daß gewisse genet. (im ↗ Genotyp als Information vorliegende) und entwicklungsphysiolog. Bedingungen bei den verschiedenen Arten eines Verwandtschaftskreises (Taxons) als gemeinsame P. vorliegen u. sich je nach Zusammenwirken dieser Bedingungen entweder als „Artmerkmal" od. als Aberration manifestieren od. „latent" bleiben. Das hat zur Folge, daß bestimmte ↗ Merkmale bei den verschiedenen Arten eines Taxons unabhängig voneinander („parallel") realisiert werden können. Sie treten dann innerhalb eines Taxons diskontinuierl. verteilt (d. h., sie fehlen u. U. den nächstverwandten Schwesterarten) als *Parallelbildungen* auf. Wawilow (1949/50) sprach in ähnlichem Zshg. vom *Gesetz der parallelen Variation.* Osche (1950) hat die (im ↗ Phänotyp) normalerweise nicht in Erscheinung tretenden „latenten Potenzen" im Anschluß an Saller als *Kryptotypus* bezeichnet. – In der Sicht der Molekularbiologie läßt sich ein Teil der Fälle, in denen es zur Realisation latenter Potenzen kommt, als Reaktivierung bislang reprimierter Gene verstehen (↗ Genregulation), doch spielen auch entwicklungsphysiolog. Wechselwirkungen während der Embryonalentwicklung eine Rolle. In den Fällen v. ↗ Atavismus u. beim Auftreten von ↗ Rudimenten äußert sich die P. in der Individualentwicklung; in der Parallelbildung verschiedener Arten zeigt sich die Bedeutung der P. für die Evolution.

Lit.: *Haecker, V.:* Entwicklungsgeschichtl. Eigenschaftsanalyse. Jena 1925. *Osche, G.:* Über latente Potenzen und ihre Rolle in Evolutionsgeschehen. Zool. Anzeiger *174,* 411–440 (1965). *Vavilov (Wawilow), N.:* The law of homologous series in variation. Chronica botanica *13,* 56–94 (1949/50).

plurivoltin [v. lat. pluri- = mehr-, it. volta = Mal] ↗ polyvoltin.

Plusbaum [v. lat. plus = mehr], nach morpholog. Gesichtspunkten ausgewählter

Baum aus einem regional bewährten Forstbestand mit mehreren für den forstl. Anbau günst. Eigenschaften, wie schnelles Wachstum, Widerstandsfähigkeit u. gerade Schaftform. Bei der *P.analyse* wird vom Phänotyp auf den Genotyp geschlossen, wobei der tatsächl. Zuchtwert jedoch durch eine gesonderte Prüfung festgestellt werden muß. Plusbäume dienen der Saatgutgewinnung.

Plusiinae [Mz.; v. gr. plousios = reich], die ↗Goldeulen.

Plutellidae [Mz.; v. lat. pluteus = Schirmdach], den ↗Gespinstmotten nahestehende, weltweit verbreitete Schmetterlings-Fam. mit etwa 200 Arten, in Mitteleuropa ca. 26 Vertreter; Falter mit lanzettl. Flügeln, oft bunt gezeichnet, Spannweite 12–15 mm; Fühler in Ruhe nach vorne gestreckt, Labialtaster aufgebogen, Rüssel gut entwickelt; Larven leben meist als Blattminierer, manche Arten sind bedeutende Schädlinge, z.B. die Kohlmotte, fälschl. auch Kohl„schabe" gen. *(Plutella maculipennis),* Kosmopolit, Wanderfalter, bei uns in 2–3 Generationen, Falter variabel aschgrau bis dunkelbraun, Hinterrand der Vorderflügel hellgelb, Spannweite um 14 mm; hellgrüne Larve lebt gesellig an Kreuzblütlern u. wird an Kohlarten schädl.; die Räupchen fressen zunächst v. der Unterseite, wobei die obere Blatthaut fensterartig stehen bleibt, später Lochfraß, bei Massenbefall Totalfraß; stark befallene Flächen sind mit einem Gespinstschleier überzogen („Schleiermotten"), Verpuppung in Gespinst an der Erde. Die Lauchod. Zwiebelmotte *(Acrolepia assectella)* ist graubraun, bis 15 mm spannend; grüngelbe Räupchen minieren in Blättern v. Zwiebeln, Lauch u. Porree, durch Fensterfraß u. folgende Fäulnis schädl., Verpuppung an Blättern der Wirtspflanze.

Pluteus *m* [lat., = Schirmdach], **1)** die ↗Dachpilze. **2)** planktotrophe Larvenform bei ↗Stachelhäutern mit seitl. Wimperfortsätzen, die durch feinste innere Skelettstäbe stabilisiert wird. Als ↗*Echinopluteus* bei den *Echinoidea* (↗Seeigel); (konvergent?) als *Ophiopluteus* bei den *Ophiuroidea* (= ↗Schlangensterne). ☐ Metamorphose, B Larven I.

Pluvial *s* [v. lat. pluvialis = Regen-], (E. Hull 1884), *P.zeit, Regenzeit,* nach klass. Auffassung den pleistozänen Glazialen (↗Pleistozän, ↗Eiszeit) synchrone Zeitabschnitte in damaligen Wärmegebieten (z.B. Mittelmeer, N-Afrika). P.e galten als regenreiche Phasen im Ggs. zu den trockenen *Interpluvialen.* Oft wurden ein 1. und 2. P. unterschieden u. mit dem Riß- bzw. Würmglazial korreliert. Höhere Niederschläge galten als Ursache für kräftigere Erosionswirkung (z.B. Wadis in heutigen Wüstengebieten, höhere Wasserstände v. Seen u. größerer Ausdehnung v. Gebirgsgletschern). Neuere Untersuchungen (u.a. Totes Meer, Kasp. Meer, Insel Kreta) zeigen jedoch, daß eine generelle Parallelität nicht besteht.

Pluvialis *m* [v. lat. pluvialis = Regen-], Gatt. der ↗Regenpfeifer.

Pluvianus *m* [v. lat. pluvia = Regen], ↗Krokodilwächter.

PMP, Abk. für ↗Pyridoxaminphosphat.

Pneumathoden [Mz.; v. *pneuma-, gr. hodos = Weg], Bez. für die Öffnungen in den Abschlußgeweben der Pflanzen, über die das Durchlüftungsgewebe mit der Außenluft in Verbindung steht u. über die die Pflanze den Gasaustausch (Wasserdampf, CO_2, O_2) durchführt. Die verbreitetsten Formen der P. sind die *Spaltöffnungen* (↗Blatt) u. die *Lentizellen* (↗Kork). Ggs.: ↗Hydathoden.

pneumatische Knochen [v. *pneuma-], Knochen des Skeletts mancher fossiler Dino- u. Pterosaurier, v.a. aber der Vögel, deren Hohlräume luftgefüllt sind u. entweder unmittelbar mit der Nasenhöhle od. mit den Luftsäcken der Lunge in Verbindung stehen (B Atmungsorgane III). Durch die Pneumatisierung wird das Körpergewicht erhebl. verringert u. die Flugfähigkeit erhöht.

Pneumatophor *m* [v. *pneuma-, gr. -phoros = -tragend], **1)** Bot.: die ↗Atemwurzel. **2)** Zool.: Gasbehälter mancher Staatsquallen; ↗*Siphonanthae.*

Pneumatophora [Mz.; v. *pneuma-, gr. -phoros = -tragend], ältere Bez. für die ↗*Physophorae.*

Pneumatophorus *m* [v. *pneuma-, gr. -phoros = -tragend], Gatt. der ↗Makrelen.

Pneumocystose *w* [v. *pneumo-, gr. kystis = Blase], Erkrankung durch den in seiner systemat. Zugehörigkeit (Protozoa?, ↗*Haplosporida*) z.Z. noch ungeklärten Lungenparasiten *Pneumocystis carinii,* verursacht bei Säuglingen und immungeschwächten Erwachsenen (AIDS, ↗Immundefektsyndrom) die sog. *interstitielle Pneumonie.* Die Cysten und sog. Trophozoiten des Parasiten besetzen die Lungenalveolen u. -bronchiolen u. führen zum Erstickungstod. Zur weiteren Analyse ist die Übertragbarkeit auf Ratten wichtig.

Pneumoderma *s* [v. *pneumo-, gr. derma = Haut], Gatt. der *Pneumodermatidae,* Ruderschnecken mit rundl. oder hinten zugespitztem Körper, v. dem der Kopf deutl. abgegliedert ist; Herz u. Niere liegen rechts; ☿; 4 Arten in warm-gemäßigten Meeren.

Pneumogaster *w* [v. *pneumo-, gr. gastēr = Magen], der ↗Kiemendarm.

Pneumokokken [Mz.; v. *pneumo-] ↗Streptococcus.

Pneumothorax *m* [v. *pneumo-, gr. thōrax = Brust], *Pneu, Gasbrust, Luftbrust,* Ansammlung v. Luft od. Gas zw. innerem u. äußerem Blatt des ↗Brust-Fells. Die elast. Lunge wird durch Luftleere des Brustraums u. Luftdruck in den Atemwegen ent-

---

pneuma-, pneumo- [v. gr. pneuma, Gen. pneumatos = Hauch, Wind, Atem, Luft; auch pneumōn = Lunge].

Pneumovirus

faltet, sie sinkt bei Lufteintritt in den Brustraum in sich zus. Der P. tritt z. B. auf als Folge v. Stichverletzungen, durch geplatzte Emphysemblasen, bei Tuberkulose u. Abszessen. [↗Paramyxoviren].
Pneumovirus s [v. *pneumo-], Gatt. der
Poa w [gr., = Gras], das ↗Rispengras.
Poaceae [Mz.; v. gr. poa = Gras], die ↗Süßgräser. [minales.
Poales [Mz.; v. gr. poa = Gras], die ↗Gra-
Pochkäfer, die ↗Klopfkäfer.
Pocken [Mz.; v. niederdt. pocke = Blatter, Pustel], *(Schwarze) Blattern, Variola*, gefährl. u. höchst ansteckende, durch ↗P.viren (über Tröpfcheninfektion u. Staub) hervorgerufene, meldepflicht. Infektionskrankheit, Sterblichkeit der Ungeimpften 25–30%; eine der verheerendsten Seuchen der Menschheitsgeschichte. Die Inkubationszeit beträgt um 12 (6–15) Tage, doch können infizierte Personen die Erkrankung schon vor dem Ausbruch weiter übertragen; auch infizierte Gegenstände sind längere Zeit infektiös. Die P. beginnen mit Schüttelfrost, hohem Fieber, Übelkeit, Erbrechen, Kopf- u. Gliederschmerzen, Husten. Nach kurzem Fieberrückgang tritt das Eruptionsstadium auf: die gesamte Haut wird schubweise mit zunächst roten Flecken, die sich zu eiterhaltigen Pusteln entwickeln, übersät. Nach Abheilung hinterlassen die Pusteln die typischen P.narben. Nachweis der P. durch serolog. Untersuchung, Anzüchtung (od. elektronenmikroskop. Nachweis) des Virus. – Endemische P.herde befanden sich um 1973 noch in Indien, Pakistan u. Äthiopien. Durch konsequente *P.schutzimpfung* (eingeführt von E. ↗Jenner) gelten die P. heute als besiegt: der letzte an P. Erkrankte wurde 1978 v. der WHO registriert.
Pockenkrankheit, 1) die ↗Filzkrankheit; 2) die ↗Wurzeltöterkrankheit.
Pockenläuse, *Asterolecaniidae,* Fam. der ↗Schildläuse.
Pockenseuche, Viruskrankheit bei Schafen (bes. gefährdet, Meldepflicht), Rindern u. Schweinen; zunächst rotgelbe Knötchen auf unbehaarten Hautstellen, nach ca. 10 Tagen größere, eintrocknende Pusteln.
Pockenviren, *Poxviren, Poxviridae,* große Fam. von human- u. tierpathogenen DNA-Viren, die Wirbeltiere u. Wirbellose infizieren u. dementsprechend in 2 U.-Fam., *Chordopoxvirinae* (Chordopoxviren) u. *Entomopoxvirinae* (Entomopoxviren), eingeteilt werden. Die Wirbeltier-P. werden weiter in 6 Gatt. gegliedert (vgl. Tab.); Viren der gleichen Gatt. besitzen einen ähnl. Wirtsbereich (Ausnahme: Gatt. *Orthopoxvirus*), ähnl. Morphologie u. Antigenverwandtschaften. Erkrankungen beim Menschen können durch 9 verschiedene P. hervorgerufen werden (T 435); das weitaus wichtigste ist bzw. war das Variolavirus als Erreger der ↗Pocken (*Variola major*,

pneuma-, pneumo-
[v. gr. pneuma, Gen. pneumatos = Hauch, Wind, Atem, Luft; auch pneumōn = Lunge].

engl. smallpox). Eine Infektion mit dem verwandten Kuhpockenvirus (↗Kuhpocken) führte zur späteren Immunität gg. Pocken (Ausgangsbeobachtung zur Verwendung v. Kuhpocken- bzw. Vacciniavirus zur Pokkenschutzimpfung; ↗Pocken, ↗Jenner). Die Abstammung des Vacciniavirus (entweder vom Kuhpocken- od. Variolavirus, od. anderes) ist unbekannt. Der Mensch ist der einzige natürl. Wirt für das Variolavirus u. das Molluscum contagiosum-Virus. Untersuchungen in Tiersystemen (z. B. ↗Mäusepocken, Affen- bzw. Kaninchenpocken) trugen zum Verständnis der Pa-

Pockenviren

P. der *Wirbeltiere* (U.-Fam. *Chordopoxvirinae*):

Gemeinsames, gruppenspezif. Antigen, Fähigkeit zur Reaktivierung von hitzeinaktivierten P. (nicht-genet. Reaktivierung)

Gatt. *Orthopoxvirus*
DNA ca. $160 \cdot 10^6$ (relative Molekülmasse), Virusinfektiosität ätherresistent, Produktion eines Lipoprotein-Hämagglutinins, das in die Zellmembran der Wirtszelle eingebaut wird.
  Vacciniavirus
  Variolavirus
  Kuhpockenvirus
  Affenpockenvirus
  Ektromelie-(Mäusepocken-)Virus
  Kaninchenpockenvirus
  Kamelpockenvirus
  Büffelpockenvirus

Gatt. *Parapoxvirus*
P. von Huftieren, können gelegentl. den Menschen infizieren, DNA ca. $85 \cdot 10^6$, äußere Hülle der Virionen dicker als bei Vacciniavirus, charakterist. Aussehen der Virionen durch fadenförmige, spiralig aufgerollte Oberflächenstrukturen, Virusinfektiosität ätherempfindlich.
  Orfvirus (Dermatitis-pustulosa-Virus) der Schafe
  Paravacciniavirus (Melkerknotenvirus, Pseudokuhpockenvirus)
  Virus der pustulären Stomatitis der Rinder

Gatt. *Avipoxvirus*
P. der Vögel, DNA ca. $200 \cdot 10^6$, mechan. Übertragung durch Arthropoden übl., Virusinfektiosität ätherresistent.
  Hühnerpockenvirus
  Taubenpockenvirus
  Kanarienpockenvirus
  Wachtelpockenvirus
  Sperlingspockenvirus
  Starpockenvirus
  Truthahnpockenvirus

Gatt. *Capripoxvirus*
P. der Huftiere, Virionen länger u. schmaler als bei Vacciniavirus, mechan. Übertragung durch Arthropoden mögl., Virusinfektiosität ätherempfindlich.
  Schafpockenvirus
  Ziegenpockenvirus

Gatt. *Leporipoxvirus*
P. von Hasen u. Eichhörnchen, DNA ca. $150 \cdot 10^6$, mechan. Übertragung

durch Arthropoden häufig, Virusinfektiosität ätherempfindl., Bildung gutart. Tumore.
  Myxomvirus
  Hasenfibromvirus
  Kaninchenfibromvirus
  Eichhörnchenfibromvirus

Gatt. *Suipoxvirus*
P. der Schweine, in infizierten Zellen verschiedenart. Einschlüsse u. Vakuolisierung der Kerne.
  Schweinepockenvirus

Noch nicht in Gatt. eingeordnete P.:
  Raubtierpockenvirus (Carnivorepoxvirus)
  Elefantenpockenvirus
  (beide Viren verwandt mit Kuhpockenvirus)
  Molluscum contagiosum-Virus
  Waschbärpockenvirus (vermutlich Orthopoxvirus)
  Tanapoxvirus
  Yaba-Affentumorpockenvirus
  (beide Viren serologisch miteinander verwandt)

P. der *Insekten* (U.-Fam. *Entomopoxvirinae*):

Insektenviren, die sich in Wirbeltieren wahrscheinl. nicht vermehren; keine serolog. Verwandtschaften zwischen Viren der 3 Gatt. bzw. zwischen P. von Insekten u. Wirbeltieren; Virionen mit globulären Oberflächenstrukturen, die ein maulbeerart. Aussehen verleihen; Viruspartikel oft eingelagert in kristalline Protein-Einschlußkörper; Virusvermehrung v. a. in Leukozyten u. Fettzellen.

Gatt. *A*:
Typ. Art: *Melolontha melolontha*-Entomopoxvirus; ähnl. Viren auch in anderen Käferarten, DNA 170 bis $240 \cdot 10^6$, 1 Lateralkörper, globuläre Oberflächenstrukturen, $\varnothing$ 22 nm.

Gatt. *B*:
Typ. Art: *Amsacta moorei*-Entomopoxvirus; ähnl. Viren auch in anderen Schmetterlingsarten, DNA 132 bis $142 \cdot 10^6$, 1 Lateralkörper, globuläre Oberflächenstrukturen, $\varnothing$ 40 nm.

Gatt. *C*:
Typ. Art: *Chironomus luridus*-Entomopoxvirus; ähnl. Viren auch in anderen Zweiflügler-Arten, DNA $165–250 \cdot 10^6$, Virionen ziegelsteinförmig (320 nm × 230 nm × 110 nm), 2 Lateralkörper.

thogenese menschl. Pockenerkrankungen bei. – P. sind die größten Tierviren u. unter bestimmten Umständen sogar im Lichtmikroskop erkennbar. Die komplex aufgebauten Virionen sind ei- oder quaderförmig (220–450 × 140–260 nm, keine Ikosaedersymmetrie). Ein innerer Kern (↗Core; oft hantelförmig) enthält ein einzelnes Molekül einer linearen doppelsträngigen DNA (relative Molekülmasse $85–250 \cdot 10^6$, entspr. ca. 130 000–380 000 Basenpaaren). Die Virionen enthalten meist zwei ellipt. Proteinkörper (Lateralkörper) unbekannter Funktion. Core u. Lateralkörper werden v. einer Lipoprotein-haltigen Hülle od. Membran umschlossen, deren Oberfläche eine gefurchte Struktur aufweist. Das Virion ist aus mehr als 30 Strukturproteinen aufgebaut; im Core sind mehrere virale Enzyme, bes. für die Synthese früher m-RNAs, enthalten. Die Struktur des DNA-Genoms ist hpts. bei Vacciniavirus untersucht worden. Die Genomenden werden v. einer unterschiedl. langen Sequenz (ca. 10 000 Basenpaare bei Vacciniavirus) gebildet, die in umgekehrter Orientierung an beiden Enden vorliegt (inverted terminal repetition). Die Enden der beiden DNA-Stränge sind über eine Schleife (loop) kovalent miteinander verbunden. Im Ggs. zu anderen DNA-Viren läuft der Replikationszyklus von P. (hpts. bei Orthopoxviren, bes. Vacciniavirus, untersucht) ausschl. im Cytoplasma der Wirtszelle ab. Nach Adsorption u. Penetration (entweder durch Fusion der äußeren Virushülle mit der Zell-Plasmamembran od. durch Phagocytose u. anschließende Membranfusion) erfolgt in einem Zweistufenprozeß erst die Freisetzung des Virus-Core u. dann der Virus-DNA. Die Transkription u. Prozessierung (↗Capping, Methylierung, Polyadenylierung, wahrscheinl. aber generell kein Spleißen) der frühen (immediate early) m-RNAs findet in den intakten Cores statt. Nach dem Aufbrechen der Cores erfolgt die Transkription weiterer früher Gene (delayed early; das Vacciniavirus-Genom enthält insgesamt ca. 100 frühe Gene) u. die DNA-Replikation (ab ca. 1,5 Stunden nach Infektion), danach die Transkription der späten Gene. Die DNA-Replikation erfolgt an bestimmten Stellen im Cytoplasma („Virusfabriken", engl.: viral factories; als Einschlußkörper vom Typ B od. Guarnieri-Körper erkennbar); der Mechanismus ist z.T. ungeklärt, die Initiation erfolgt wahrscheinl. an den Genomenden. Der Zusammenbau der Viruspartikel erfordert proteolyt. Spaltungen v. Strukturprotein-Vorläufermolekülen u. eine fortlaufende Proteinbiosynthese. Reife Virionen werden z.T. über Mikrovilli od. durch Zellzerstörung freigesetzt. Intrazelluläre u. ausgeschleuste extrazelluläre Virionen (die v. einer zusätzl. Lipoprotein-Hülle umschlossen sind) besitzen unterschiedl. Antigeneigenschaften.

Pockenviren

Pockenviren, die Erkrankungen des Menschen hervorrufen können:

Gatt. *Orthopoxvirus*

Variolavirus
↗Pocken

Affenpockenvirus
Krankheitsbild den echten Pocken sehr ähnl.; seltene Zoonose, in W- und Zentralafrika; Übertragung zw. Personen sehr selten

Vacciniavirus
lokalisierte Hautläsionen, zur Pockenschutzimpfung verwendet

Kuhpockenvirus
lokalisierte Hautläsionen; seltene Zoonose, v. Kühen od. Nagetieren (wahrscheinlich eigtl. Wirt des Virus) auf den Menschen übertragbar

Gatt. *Parapoxvirus*

Orfvirus
von infizierten Schafen u. Ziegen auf den Menschen übertragbar; selten

Paravacciniavirus
Melkerknoten, von den Zitzen infizierter Kühe auf den Menschen übertragbar; selten

Noch nicht klassifiziert:

Tanapoxvirus
akute, fieberhafte Erkrankung mit pockenart. Hautläsionen; seltene Zoonose

Yabapoxvirus
lokalisierte Läsionen; sehr seltene, akzidentelle Infektionen

Molluscum contagiosum-Virus
weltweit verbreitete Erkrankung, bes. bei Kindern; Hautläsionen (warzenähnl. Tumoren) im Gesicht, an Armen, Rücken u. Gesäß; Virusvermehrung weder in Zellkulturen noch in Versuchstieren möglich

Eine Infektion mit Orthopoxviren führt in der Wirtszelle zur Abschaltung der zellulären DNA-, RNA- u. Proteinsynthese sowie zu starken ↗cytopathogenen Effekten. Im Ggs. zu den zellzerstörenden Auswirkungen einer Orthopoxvirus-Infektion kommt es bei einigen P. (z. B. Hühnerpockenvirus, Fibromvirus, Yaba-Virus, Molluscum contagiosum-Virus) zu Hyperplasien u. zur Bildung gutart. Tumoren. *E. S.*

Pockholz [v. niederdt. pocke = Blatter, Pustel], *Guajakholz*, ↗Jochblattgewächse.

Podalonia *w*, Gatt. der ↗Grabwespen.

Podargidae [Mz.; v. gr. podargos = schnellfüßig], die ↗Schwalme.

Podarium *s* [v. gr. podarion = Füßchen], ↗Kakteengewächse.

Podetium *s* [v. gr. podion = Füßchen], stift-, strauch- od. becherförm. Teil eines Flechtenlagers, der aus einem blättrigschuppigen bis krustigen, hpts. horizontal orientierten Thallus hervorwächst. Das P. ist entwicklungsgeschichtl. Teil des Fruchtkörpers; an ihm entstehen Hymenien. Häufig übernimmt es die Funktion des eigtl. Thallus, der ganz reduziert werden kann, wie bei den Rentierflechten. Podetien sind typisch für die Gatt. *Cladonia* u. *Baeomyces*. P.-artige Gebilde, die entwicklungsgeschichtl. ein (vegetativer) Teil des Thallus sind, werden *Pseudopodetien* gen. (z. B. bei *Stereocaulon*).

Podicipediformes [Mz.; v. lat. podex = Hintern, pedes = Füße, forma = Gestalt], die ↗Lappentaucher.

Podium *s* [lat., = Gestell, Untersatz], der Fuß der Weichtiere, der im typ. Fall aus dreidimensional-scherengitterartig verflochtener Muskulatur u. Lakunen besteht, wodurch er sehr bewegl. ist; oft enthält er Teile des Verdauungs- u. Genitalsystems; er wird v. den Pedalganglien gesteuert. Das P. kann gegliedert sein in Vorder- (*Propodium*) u. Hinterfuß (*Metapodium*), kann im oberen Teil eine ringförm. Leiste

Pockenviren

Gentechnologische Verwendung v. *Vacciniavirus*:

Vacciniavirus läßt sich als Vektor zur molekularen Klonierung u. Expression fremder Gene einsetzen. Die Insertion sehr großer DNA-Stücke (mehr als 25 000 Basenpaare) ist mögl. ohne Verlust der Virusinfektiosität. Nach Vakzinierung mit Vaccinia-Hybriden, die z. B. das Gen für das Oberflächen-Antigen von Hepatitis-B-Virus enthielten, konnten in Versuchstieren hohe Antikörperspiegel gg. das Fremd-Antigen gemessen werden. Ein Einsatz v. gentechnologisch konstruierten, infektiösen Vaccinia-Hybridviren zur Entwicklung v. Impfstoffen in Human- u. Veterinärmedizin wird z. Z. diskutiert.

Podocarpaceae

tragen *(Epipodium)* od. im unteren Teil lappenart. verbreitert sein *(Parapodien)*. Bei den Kopffüßern verschmilzt es mit dem Kopf zum Kopffuß *(Cephalopodium)*.

Podocarpaceae [Mz.; v. *podo-, gr. karpos = Frucht], *Stieleibengewächse,* Fam. der ↗Nadelhölzer mit 8 Gatt. und ca. 140 Arten in den trop. und subtrop. Gebieten (v. a. der Südhemisphäre), wo sie überwiegend auf Rohhumusböden u. in Gebirgslagen gedeihen. Große, bis 60 m hohe Bäume, seltener Sträucher, mit meist schraubig angeordneten, schuppen-, nadelförm. oder lanzettl. Blättern, bei *Phyllocladus* mit blattähnl. Kurztrieben; ♂ Blüten end- oder achselständig mit zahlr. Staubblättern mit je 2 Pollensäcken; ♀ Blütenstände bilden keine Holzzapfen; sie bestehen aus meist mehreren Deckschuppen; diese tragen basal eine Samenanlage mit einem Samenwulst (reduzierte Samenschuppe), der später auswächst u. die Samenanlage als ↗Epimatium umhüllt, so daß Frucht-analoge Gebilde entstehen. – *Podocarpus* (Steineibe) ist mit ca. 100 Arten die bei weitem wichtigste Gatt., die auch die größte Verbreitung aufweist; ihr Areal reicht von Mittel- u. S-Amerika über das trop. Afrika, S-Afrika, Indien bis nach Japan, Austr. und Neuseeland. Die Blätter sind meist groß u. mehr od. weniger lanzettl. Das Epimatium überragt die Deckschuppe weit, hüllt den Samen vollkommen ein u. verwächst mit der Samenschale; die äußere Schicht bleibt fleischig und ist bei *P. dacrydioides* eßbar. Die neukaledon. Art *P. ustus* ist bemerkenswert durch ihre fleischigen Zweige u. ihre zumindest gelegentlich parasit. Lebensweise. Die Gatt. *Dacrydium* (Harzeibe) kommt mit 23 Arten v. Neuseeland bis zur malayischen Halbinsel u. Indochina u. mit 1 Art auch in Chile vor; sie besitzt meist Schuppenblätter; das Epimatium ist nicht mit der Samenschale verwachsen. Die Gatt. *Phyllocladus* (7 Arten auf Neuseeland, Borneo u. Philippinen) ist durch blattähnl. Kurztriebe *(Phyllokladien)* gekennzeichnet, die z. T. noch stark reduzierte Blättchen tragen; die Samenanlagen besitzen kein Epimatium, statt dessen an der Basis einen Diskus, der zu einem lappigen Arillus auswächst. – Einige *P.* besitzen als Nutzhölzer auch wirtschaftl. Bedeutung. So liefern die neuseeländ. *Podocarpus totara* u. *Dacrydium cupressinum* (letzere auch forstl. kultiviert) sehr dauerhaftes Holz, das für Eisenbahnschwellen, Wasserbauten u. im Schiffsbau Verwendung findet. – Fossil reichen die *P.,* die vermutl. unmittelbar v. den ↗*Voltziales* abzuleiten sind, bis in die Trias zurück (*Rissikia* aus Afrika und Austr.); sie besaßen ihren Entwicklungshöhepunkt etwa in der Kreide u. waren, wie vereinzelte Pollen- u. Blattfunde vermuten lassen, im Tertiär auch in Asien, Europa und N-Amerika vertreten. Ob die

podo- [v. gr. pous, Gen. podos, Mz. podes = Fuß, Stiel].

poecil- [v. gr. poikilos = bunt, gefleckt; mannigfach, abweichend; davon poikilia = Buntheit, farbige Verzierung, Mannigfaltigkeit].

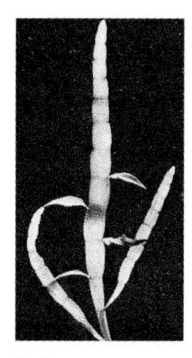

Podocarpaceae
Bei der Gatt. *Phyllocladus* übernehmen Phyllokladien, die z. T. noch kleine Blättchen tragen, die Funktion der Blätter.

Podocarpaceae
Podocarpus:
a Zweig mit ♂ Sporangienständen,
b Same im Längsschnitt (Ep Epimatium), **c** reifer Same

Podophyllotoxin

überwiegend südhemisphär. Verbreitung der *P.* darauf zurückzuführen ist, daß sie auf einem weitgehend geschlossenen ↗Gondwanaland entstanden, bleibt umstritten. *V. M.*

Podoceridae [Mz.; v. *podo-, gr. keras = Horn], Fam. der ↗Flohkrebse ([T]) mit den Gatt. *Podocerus* an der nordam. Pazifikküste u. *Dulichia* an beiden Seiten des N-Atlantik sowie in der Nord- u. Ostsee. *D. porrecta, D. monacantha* und *D. falcata* bilden einfache Sozialverbände. Die Tiere besiedeln den Meeresboden in ca. 20 bis 100 m Tiefe im Bereich v. Strömungen. Sie leben paarweise u. in Familienverbänden auf dünnen Stielchen, die aus Detritus u. Kotbrocken hergestellt werden. Dazu werden Detrituspartikel zw. den Gnathopoden aufeinandergehalten u. mit Fäden dicht ver- u. überspannen; die Spinnfäden entstammen Spinndrüsen, die auf den zu Spinngriffeln modifizierten 3. und 4. Pereiopoden münden. Ernährung filtrierend; bei der Nahrungsaufnahme klammern sich die Tiere mit den hinteren 3 Pereiopodenpaaren an ihren Stielen fest u. halten die mit Filterborsten versehenen Antennen in die Strömung. Ein Sozialverband besteht aus je einem ♂ und ♀ sowie aus Jungtieren von bis zu 4 aufeinanderfolgenden Bruten. Subadulte Jungtiere werden vom gleichgeschlechtl. Elterntier vom Stiel vertrieben. Sie versuchen, einen anderen Stiel zu erobern, was i. d. R. nur gelingt, wenn dort ein gleichgeschlechtl. Tier fehlt, od. sie bauen ein neues, eigenes Stielchen.

Podocnemis *w,* Gatt. der ↗Pelomedusen-Schildkröten.

Podocoryne *w* [v. *podo-, gr. koryne = Keule], Medusen der Gatt. ↗Hydractinia.

Podocyte *w* [v. *podo-], *Füßchenzelle,* Zelltyp der *Coelomata* mit vielen Füßchen u. daran ansitzenden seitl. Ausläufern. P. sind Zellen für die ↗Exkretion u./od. ↗Osmoregulation; als Filtrationsstrukturen besitzen sie z. B. eingefaltete Membransysteme. P. stehen stets in enger funktioneller Verbindung mit Gefäßwänden. So umkleiden sie in der Bowmanschen Kapsel eines ↗Nephrons der Niere der Wirbeltiere die gefensterten Glomerulus-Kapillaren. Sie sind ebenso in funktionell vergleichbaren Nierenorganen weit verbreitet, so im Axialorgan der Echinodermen, im sog. Glomerulus der Hemichordaten, in den Antennendrüsen vieler Krebstiere od. im Sacculus der Stummelfüßer.

Podophyllotoxin *s* [v. *podo-, gr. phyllon = Blatt, toxikon = Gift], zus. mit α- und β-*Peltatin* (strukturverwandt mit P.) im Harz (= *Podophyllin*) der Fußblattwurzel *(Podophyllum peltatum)* vorkommendes Lignan. P. liegt in der Pflanze in glykosid. gebundener Form vor. Es besitzt abführende, galletreibende u. cytotoxische Wirkungen. Partialsynthet. Derivate des P.s werden als ↗Cytostatika ([T]) eingesetzt.

Podosphaera w [v. *podo-, gr. sphaira = Kugel], Gatt. der ↗Echten Mehltaupilze *(Erysiphales); P. leucotricha* ist Erreger des ↗Apfelmehltaus.

Podostemaceae [Mz.; v. *podo-, gr. stēmōn = Kette am Webstuhl], *Podostemonaceae, Stielfadengewächse, Blütentange,* einzige Fam. der *Podostemales* mit 45 Gatt. und ca. 130 Arten; v.a. in trop., rasch fließenden Wasserläufen u. Wasserfällen; erinnern in ihren morpholog. Merkmalen eher an Moose od. Tange als an Kormophyten. Die Haftorgane, die die Pflanze an den Untergrund oft mittels einer Kittsubstanz ankleben, entstehen aus einer dem Hypokotyl des Keimlings entspringenden Wurzel, die aber auch den gesamten assimilierenden Pflanzenkörper ausbildet u. darüber hinaus bei niedrigem Wasserstand auch die radiären Zwitterblüten hervorbringt (sog. regressive Entwicklung des ↗Kormus). Die P. haben den Grundbauplan der ↗Kormophyten (Wurzel – Sproßachse – Blatt) sekundär aufgegeben. Befruchtung der einzeln od. in Ständen stehenden Blüten erfolgt durch Insekten od. Selbstbestäubung. Die schnell verschleimenden Samen werden v. Wasservögeln u. vom Wasser verbreitet.

Podostemales [Mz.], *Podostemonales,* Ord. der *Rosidae* mit der einzigen Fam. ↗*Podostemaceae;* Vegetationskörper thallusähnl. vereinfacht, systemat. Stellung daher unklar; embryolog. Studien zeigen eine Verwandtschaft zu den *Rosales.*

Podoviridae [Mz.; v. *podo-], Fam. der ↗Bakteriophagen, ↗T-Phagen.

Podsol m [v. russ. podsole = Aschenboden], *Bleicherde, Aschenboden,* verbreiteter ↗Bodentyp (T) des kalt- bis gemäßigt-humiden Klimas (südliche Tundra, Taiga) auf silicatreichem Substrat. Profilaufbau: $L–O–A_h–A_e (=E)–B_h–B_{fe,al}–C$ (↗Bodenhorizonte, T). Unter einer Vegetation, die überwiegend saure Streu abwirft (Nadel- od. Mischwald, Heide), bei niedrigen Temp. und bei guter Durchfeuchtung ist die Zersetzung des organ. Materials gehemmt; Rohhumus reichert sich an. Aus dem Oberboden werden Humus-, Eisen- und Aluminiumverbindungen ausgewaschen (↗Bleich- od. ↗Auswaschungshorizont = Eluvialhorizont A_e oder E) u. in den Unterboden eingeschwemmt (↗Einschwemmungshorizonte = Illuvialhorizonte B_h und $B_{fe,al}$). Über den Prozeß der *Podsolierung* ↗Bodenentwicklung. Bei mäßiger ↗Eisen- und Humusverlagerung ist der ↗Anreicherungshorizont weich u. durchlässig (Orterde), bei stärkerer Eisen-Akkumulation bilden sich verhärtete, wasserkapillar leitungsunfähige Eisenkrusten (Ortstein, ↗Eisenhumusortstein). Solche Eisenkonkretionen können auch sekundär wieder gelöst werden u. im geneigten Gelände mit dem Hangzugwasser in tieferliegenden Senken an der Bodenoberfläche erscheinen (Raseneisen).

---

pogon- [v. gr. pōgōn, Gen. pōgōnos = (Backen-)Bart; Schweif].

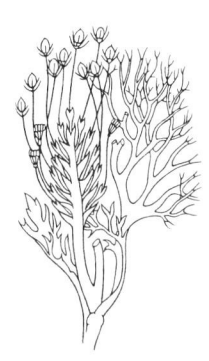

Podostemaceae
Stielfaden *(Podostemon chamissoi)*

Poecilosclerida
Wichtige Familien:
↗ Clathriidae
↗ Esperiopsidae
↗ Latrunculiidae
↗ Mycalidae
↗ Myxillidae

Pogonophora
Ordnungen, Unterordnungen und wichtige Gattungen (Artenzahlen in Klammern):
Vestimentifera (= Obturata, Afrenulata)
  Lamellibrachia (1)
  Riftia (1)
Perviata (= Frenulata)
  Athecanephria
    Oligobrachia (1)
    Nereilinum
    Birsteinia
    Crassibrachia
    Unibrachium
    Siboglinum (3)
    Siboglinoides
  Thecanephria
    Polybrachia
    Diplobrachia
    Galathealinum
    Choanophoros
    Heptabrachia
    Cyclobrachia
    Zenkevitchiana
    Sclerolinum
    Lamellisabella
    Siphonobrachia
    Spirobrachia

Ausbildungsformen: *Humus-P.* (ausgeprägter B_h-Horizont), *Eisen-P.* (ausgeprägter B_{fe}-Horizont), *Eisenhumus-P.* (B_h- und B_{fe}-Horizont gleichermaßen stark ausgebildet), *Ortstein-P.* (B_{fe}-Horizont verhärtet), *Bändchen-P.* (wellig-bändchenförm. Eisenkrusten im B_{fe}-Horizont). P.e eignen sich wenig zur Kultivierung. ☐ Bodenprofil, B Bodentypen, B Bodenzonen.

Poduridae [Mz.; v. *podo-, gr. oura = Schwanz], Fam. der Urinsekten-Ord. ↗Springschwänze; kleine (1–1,5 mm), blauschwarze Insekten mit gutem Sprungvermögen. Bei uns häufig der Schwarze Wasserspringer *(Podura aquatica),* der auf der Oberfläche v. Klein- u. Kleinstgewässern (langlebige Pfützen) vorkommt u. dort v.a. von Pollenkörnern lebt. Er neigt gelegentl. zu Massenvermehrung; durch Tausende v. Individuen erscheint die Pfützenfläche wie schwarz berußt. Indirekte Spermatophorenübertragung über komplexes Paarungsverhalten. Das Männchen baut auf einer Seite des Weibchens einen „Zaun" aus gestielten Spermatophoren auf, in den es dann das Weibchen v. der anderen Seite her hineinschiebt.

Poeciliidae [Mz.; v. gr. poikilias = ein Fisch], Fam. der ↗Kärpflinge.

Poecillastra w [v. *poecil-, gr. astēr = Stern], Gatt. der Schwamm-Fam. *Pachastrellidae;* bekannte Art *P. compressa.*

Poecilobrycon m [v. *poecil-, gr. brykein = beißen], Gatt. der ↗Salmler.

Poecilochaetidae [Mz.; v. *poecil-, gr. chaitē = Borste], Ringelwurm-(Polychaeten-)Fam. der ↗ *Spionida* mit den beiden Gatt. *Poecilochaetus* u. *Elicodasia.*

Poecilochirus m [v. *poecil-, gr. cheir = Hand], Gatt. der ↗Parasitiformes.

Poecilosclerida [Mz.; v. *poecil-, gr. sklēros = trocken, hart], Ord. der Schwamm-Kl. *Demospongiae* mit insgesamt 13 Fam. (vgl. Tab.); Skelett aus Kieselskleriten u. Spongin. [lytrichaceae.

Pogonatum s [v. *pogon-], Gatt. der ↗Po-
Pogonias w [v. gr. pōgōnias = bärtig], Gatt. der ↗Umberfische.

Pogonomyrmex m [v. *pogon-, gr. myrmēx = Ameise], Gatt. der Knotenameisen; ↗Ernteameisen.

Pogonophora [Mz.; v. gr. pōgōnophoros = barttragend], *Bartwürmer, Bartträger,* ausschl. marine, meist fadendünne Würmer, die in selbstgebauten Wohnröhren ortsfest u. ohne ein der Ausbreitung dienendes freischwimmendes Larvenstadium bevorzugt in kälteren Tiefengewässern v. Atlantik u. Pazifik leben. Als einzige geschlossene nichtparasit. Tiergruppe besitzen sie weder einen Darm noch Mund noch After. Die ersten Vertreter dieser Tiergruppe *(Siboglinum)* wurden bereits 1914 während der niederländ. „Siboga"-Expedition bei Tiefseenetzfängen in malaiischen Gewässern gefunden. Anfangs nur für abgerissene Netzgarnstücke

Pogonophora

pogon- [v. gr. pōgōn, Gen. pōgōnos = (Backen-)Bart; Schweif].

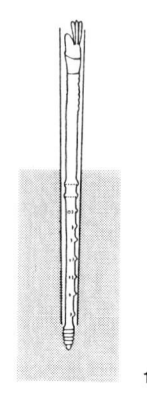

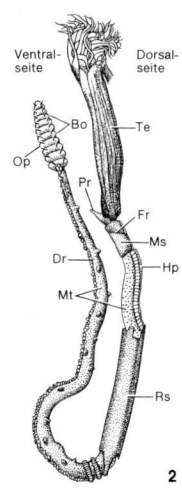

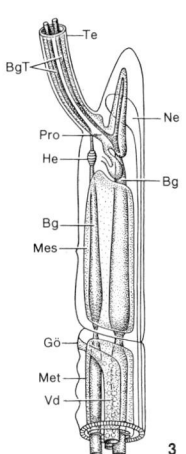

gehalten, wurden sie schließlich aber als Tiere erkannt und als Ringelwürmer angesehen. Später fiel dem schwed. Zoologen K. E. Johansson bei der ebenfalls den ↗Ringelwürmern *(Annelida)* zugerechneten, im Ochotskischen Meer gefangenen Art *Lamellisabella zachsi* deren vom Anneliden-Bauplan abweichende Anatomie auf, u. er maß der Art den Wert einer eigenen Klasse *(Pogonophora)* bei, bis 1951 der sowjet. Zoologe A. W. Iwanow erkannte, daß es sich bei den bisher entdeckten Formen um einen völlig neuart. Organisationstyp u. damit um einen neuen Tierstamm handeln mußte. Heute kennt man etwa 120 Arten, v. a. aus kälteren Meeren (Tiefengewässer des Nord- u. Südatlantik, Pazifik), aber auch von den eur. Kontinentalabhängen u. selbst aus der Flachsee nord- und mittelamerikan. Küsten (Florida, Karibik) und aus dem Kattegatt. Größtenteils unter 1 mm dick, erreichen sie Längen von 70 cm und mehr. In den 70er Jahren wurden im Pazifik zwei weitere, abweichend gebaute Arten entdeckt, ↗*Lamellibrachia* u. *Riftia,* deren letztere es etwa 2500 m Tiefe bei den Galapagosinseln in der H_2S-Atmosphäre am Rande unterseeischer Vulkanspalten lebt u. etwa Aalgröße erreicht. Alle *P.* bauen aufrecht im Boden steckende u. beidseits offene Glykoproteinröhren (Chitin!) u. leben gewöhnl. in dichten Ansammlungen von bis zu 200 Tieren/m². Ihre Ernährung erfolgt wahrscheinl. durch Aufnahme im Wasser gelöster Stoffe (Aminosäuren, Kohlenhydrate) über die ganze Körperoberfläche, u. U. mit Hilfe symbiont. Bakterien. Äußerl. zeigt der Körper der *P.* eine Gliederung in vier Abschnitte: Das kurze, kegelförm. *Prosoma* trägt ein bartart. Büschel (Name) von, je nach Art, 1–250 langen, dünnen, gewöhnl. gestreckt gehaltenen, bei manchen Formen auch korkenzieherartig einrollbaren Tentakeln, die im Kreis od. spiralig angeordnet sind. Sie sind nach innen zu mit Cilienreihen u. einzelligen Zotten (Pinnulae) besetzt. Gegen das Prosoma kaum abgesetzt, folgt ein ebenso kurzes *Mesosoma,* wegen eines beidseits schräg v. dorsal nach ventral verlaufenden borstenbesetzten Cuticularleistenpaares (Frenulum, Zügel) auch *Frenularregion* gen., und an diese schließt nach einer Ringfalte das sehr lange *Metasoma* an. Zwei Reihen v. Haftpapillen in seinem vorderen Ab-

schnitt mit einer bewimperten Rinne dazwischen erleichtern das Kriechen, zwei mit gezähnten Borstenplättchen besetzte Ringwülste (Gürtel od. Anulum) das Feststemmen in der Wohnröhre. Die hintere Metasomaregion trägt unregelmäßig verteilte Drüsenpapillen (Röhrendrüsen) u. vereinzelte Borsten. Erst 1964 wurde ein weiterer, kurzer, geringelter u. an Ringelwürmer erinnernder Endabschnitt, das *Opisthosoma* od. *Telosoma,* aus bis zu 20 Segmenten bei je einem dorsalen u. ventralen Borstenpaar entdeckt, das bei allen früher gefangenen Tieren abgerissen war, da es gewöhnl. unten aus der Röhre hervorragt u. die Tiere im Boden verankert. Tentakel- u. Rumpfcilien erzeugen einen Wasserstrom durch die Wohnröhre entlang dem Körper, aus dem durch die v. Gefäßschlingen durchzogenen Tentakelpinnulae wohl hpts. O_2, über die gesamte Körperoberfläche dann Nährstoffe aufgenommen werden. *Anatomie:* Der äußeren Körpergliederung entspr. ist die Leibeshöhle, ein echtes Coelom, durch Quersepten in ein bis in die Tentakel reichendes Procoel u. je paarige Meso- u. Metacoele unterteilt. Die durch Sprossung entstandenen Endsegmente des Opisthosomas umschließen zusätzliche, meist paarige Coelomräume. Die Muskulatur besteht aus einem subepidermalen Längsmuskelschlauch, teils auch aus dorsalen u. ventralen Längsmuskelsträngen schräggestreifter Muskulatur und – im Prosoma – Transversalmuskeln. Das Blutgefäßsystem ist geschlossen u. führt kernlose, hämoglobinhalt. Erythrocyten. Es besteht aus je einem Dorsal- u. Ventralgefäß (dorsal u. ventral, vgl. unten), welche im Opisthosoma durch segmentale Querschlingen, im Prosoma über die Tentakelgefäßschlingen verbunden sind. An der Prosoma-Mesosoma-Grenze wirkt ein muskulöser, v. einer Coelomepitheltasche (Perikard) umgebener Abschnitt des Dorsalgefäßes als Herz. Als Exkretionssystem fungieren Protonephridien (Ord. *Perviata*) od. Coelomodukte (Ord. *Obturata = Vestimentifera*) im Prosoma. Das überaus einfache Nervensystem besteht aus einem subepidermalen Nervennetz u. einem ventralen *unpaaren* Nervenstrang, der bei den *Obturata* einen Zentralkanal besitzt. Die Gonaden der getrenntgeschlechtl. Tiere erfüllen das Metasomacoelom u. münden über Genitalporen an dessen Vorderende. *Entwicklung:* Die dotterreichen Eier werden in der Wohnröhre des ♀ besamt u. entwickeln sich direkt ohne echtes Larvenstadium, anfangs über eine Spiralfurchung, später über bilaterale Furchung unmittelbar zu jungen Würmern. Die Dorso-Ventral-Orientierung, wegen des fehlenden Darms, Mundes und Afters anfangs umstritten, konnte nach bisher allerdings noch recht spärlichen embryolog. Beobachtungen aus der Lage

---

Pogonophora

1 Tier in der Röhre. **2** *Siboglinum ekmani* (Ord. *Athekanephria*). **3** Organisationsschema des Vorderendes eines Pogonophoren.
Bg Blutgefäß, BgT Blutgefäß der Tentakel, Bo Borsten, Dr Drüsen, Fr Frenulum, Gö Geschlechtsöffnung, He Herz, Hp Haftpapillen, Mes Mesocoel, Met Metacoel, Ms Mesosoma, Mt Metasoma, Ne Nervensystem, Op Opisthosoma, Pr Prosoma, Pro Procoel, Rs Röhrenstück, Te Tentakel, Vd Vas deferens mit Spermatophoren

des Darm-äquivalenten Dottergewebes im Keim und des vermutlichen, rudimentären Urmundes derart festgelegt werden, daß der Tentakelansatz die Dorsal-, der Nervenstrang die Ventralseite kennzeichnet. Die Coelombildung erfolgt anscheinend durch Enterocoelie (↗Archicoelomata, ↗Archicoelomatentheorie); mesoteloblastische Segmentbildung konnte bisher selbst im Opisthosoma nicht nachgewiesen werden. Die in den 70er Jahren entdeckten Gatt. *Spirobrachia* u. *Riftia* unterscheiden sich in den Körperproportionen u. einigen anatom. Details, z. B. dem Besitz lateraler u. über dem Rücken zusammengefalteter getragener Mesosomafalten (Name: *Vestimentifera*) von allen übrigen P., den *Perviata* od. *Frenulata*, und wurden deshalb als eigene Ord. betrachtet, z. T. aber auch als mit den P. nicht näher verwandte Ringelwürmer angesehen.

Lit.: *Nørrevang, A.* (Hg.): The Phylogeny and Systematic Position of Pogonophora. Hamburg 1975. *Southward, A. J.*, et. al.: Bacterial symbionts and low $^{13}C/^{12}C$-ration in tissues of Pogonophora indicate unusual nutrition and metabolism. Nature *293*, 1–5 (1981). P.E.

Pogostemon *m* [v. *pogon-, gr. stēmōn = Kette am Webstuhl], Gatt. der ↗Lippenblütler.

Pohlia *w* [ben. nach dem böhm. Botaniker J. E. Pohl, 1782–1834], ↗Bryaceae.

Poiana *w*, Gatt. der ↗Linsangs.

poikilohydre Pflanzen [v. *poikil-, gr. hydōr = Wasser], ↗homoiohydre Pflanzen.

poikiloosmotisch [v. *poikil-, gr. ōsmos = Stoß, Druck], *poikilosmotisch*, ↗Osmoregulation.

Poikilothermie *w* [Bw. *poikilotherm;* v. *poikil-, gr. thermos = warm], nicht vorhandene od. nur begrenzt ausgebildete Fähigkeit der „wechselwarmen" Organismen (Kaltblüter), ihre ↗Körper-Temp. auf einem konstanten Wert zu halten (Ggs. ↗Homoiothermie). Da diese Organismen den größten Teil ihrer Wärmeenergie aus der Umgebung beziehen müssen, bezeichnet man sie auch als *ektotherm* im Ggs. zu den endothermen (homoiothermen) Tieren, die körpereigene Wärme produzieren. Für viele ektotherme Organismen ist die Sonne der Wärmelieferant, sie sind *heliotherm;* andere, *thigmotherme* Tiere, nutzen die Wärme des Untergrundes od. des umgebenden Mediums. Sowohl poikilotherme als auch homoiotherme Tiere können *heterotherm* werden, wenn sie (z. B. homoiotherme Tiere im Winterschlaf) ihre Körper-Temp. auf einen neuen Sollwert einstellen od. (bei poikilothermen Wirbeltieren u. Gliederfüßern) durch Stoffwechselwärme eine partielle Homoiothermie erreichen. ↗Temperaturregulation.

Poion alpinae *s* [v. gr. poa = Gras, lat. Alpinus = alpin], ↗Trifolio-Cynosuretalia.

Poiretia *w*, Gatt. der *Oleacinidae,* Landlungenschnecken mit spindelförm. Gehäuse (bis 4,5 cm hoch); wenige Arten im Mittelmeergebiet u. Kaukasus. *P. algira,* in Mittelmeerländern häufig, packt Regenwürmer, Schließmundschnecken u. ä. mit dem Fuß, raspelt mit der dolchartig bezahnten Reibzunge eine Öffnung hinein u. frißt das Opfer aus.

Pökeln [v. mittelniederdt. pekel = Salzlake], ↗Konservierung v. Fleisch u. Fleischwaren durch physikal.-chem. Methoden u. die Tätigkeit bes. Mikroorganismen, die auch zum charakterist. „Pökelaroma" beitragen. Zum P. werden Kochsalz, Salpeter (Nitrat), Nitrit, Zucker (Stärkezucker od. Stärkesirup) u. a. Pökelhilfsstoffe sowie bei bestimmten Produkten auch Rauch u. Hitze verwendet. Es werden verschiedene Pökelverfahren unterschieden: Beim *Trokken-P.* werden die Fleischrohlinge mit „Pökelsalz" (hpts. Kochsalz, Nitrat, Nitrit) eingerieben, beim *Naß-P.* mit der „Pökellake" übergossen od. einige Zeit eingelegt; zur Beschleunigung des P.s kann die Salzlösung auch in das Fleisch eingespritzt werden *(Spritzverfahren)*. Die mikrobiellen Vorgänge bei allen Verfahren sind im Prinzip gleich. Durch eine fleischeigene Milchsäuregärung (Glykogenabbau) erniedrigt sich der Säurewert (pH-Wert) des Fleisches; ein weiterer pH-Abfall erfolgt durch die Gärung verschiedener Milchsäurebakterien (pH bis ca. 5), deren Aktivität durch Zuckergaben beschleunigt wird. Neben Milchsäure bilden die Bakterien noch Aromastoffe. Aus dem Nitrat, das durch nitratreduzierende Bakterien (↗Denitrifikation) zu ↗Nitrit umgewandelt wird, u. dem zugesetzten Nitrit entsteht Stickoxid (NO), das eine „Umrötung", die beständige Rot-

---

Pogonophora

Die *Verwandtschaft* der *P.* bleibt vorerst umstritten. Sie vereinen in sich typ. Archicoelomateneigenschaften (Trimerie im Vorderende, Enterocoelie, Fehlen der mesoteloblastischen Segmentbildung, Perikardbildung) mit Spiralier-Merkmalen (anfängl. Spiralfurchung, ↗Metamerie im Opisthosoma, ventraler Nervenstrang, Besitz von Anneliden-typischen Borsten, die v. *einer* Borstenbildungszelle gebildet u. durch antagonist. Muskelpaare bewegt werden). Die *P.* werden infolgedessen einstweilen zumeist als an der Basis der ↗Spiralier stehende Archicoelomaten betrachtet.

---

poikil- [v. gr. poikilos = bunt, gefleckt; mannigfach, abweichend; davon poikilia = Buntheit, farbige Verzierung, Mannigfaltigkeit].

Pökeln

Mikroorganismen:

Durch Zugabe v. Kochsalz, Nitrat, Nitrit u. a. Zusatzstoffen, Verminderung des Luftsauerstoffs, v. relativer Luftfeuchte, Temp. und pH-Wert wird am Fleisch eine bestimmte Mikroorganismenflora herausgebildet. Die beiden wichtigsten physiolog. Bakteriengruppen sind:
a) Milchsäurebakterien (z. B. *Lactobacillus-, Streptococcus-, Staphylococcus-*Arten), die den Säurewert absenken, und
b) Nitrat-/Nitrit-reduzierende Bakterien, die das „Umröten" des Fleisches u. den Abbau des Rest-Nitrits bewirken (↗Denitrifikation). Die Vertreter beider Bakteriengruppen bilden auch Aromastoffe, wahrscheinlich hpts. aus dem Fettabbau. In hoher Anzahl findet man *Micrococcus-* u. viele weitere Bakterienarten. Oft treten auch bestimmte osmotolerante Hefen (z. B. *Debaryomyces hanseni*) auf, die einen positiven Einfluß auf Aroma- u. Geschmacksstoffe haben.

„Umrötung":

a) $2KNO_3 \rightarrow 2KNO_2$
b) $2KNO_2 \rightarrow 2HNO_2$
c) $2HNO_2 \rightarrow N_2O_3 + H_2O$
d) $N_2O_3 \rightarrow NO + NO_2$
e) $NO_2 \rightarrow NO + 0,5 O_2$
f) Myoglobin + NO $\rightarrow$ NO-Myoglobin

Durch nitratreduzierende Bakterien entsteht Nitrit (a), das sich unter sauren Bedingungen (pH ca. 5,0) in die freie Säure umwandelt (b), die spontan das Muskel-Metmyoglobin zu Myoglobin oxidiert u. selbst zu Distickstofftrioxid (c) u. dann zu Stickoxid (NO) reduziert wird (d); dabei entsteht auch Stickstoffdioxid, aus dem gleichfalls chemisch oder im Energiestoffwechsel der Bakterien NO entsteht (e). NO wird dann in ähnl. Weise wie Sauerstoff an das Myoglobin angelagert; es entsteht NO-Myoglobin (Stickoxidmyoglobin, „Nitrosomyoglobin", f), das leuchtend rot gefärbt u. sehr beständig ist. Beim Erhitzen denaturiert NO-Myoglobin zum sog. „Nitrosomyochromogen"; die rote Färbung bleibt aber erhalten.

polar-diblastisch

polar- [v. gr. polos = Drehpunkt, Pol; Himmelsgewölbe].

färbung des Fleisches, durch Bildung von Nitrosomyoglobin bewirkt (vgl. Kleindruck). Nitrit ist zu Beginn des P.s auch für die Hemmung v. *Clostridium botulinum* wichtig. Nitrit darf nur in begrenzter Menge (maximal 0,4%) zugegeben werden, um Vergiftungen zu vermeiden; im Magen könnten auch aus Nitrit u. biogenen Aminen (aus dem Fleisch) cancerogene ↗Nitrosamine entstehen. Geringe Nitritmengen werden dagegen im Pökelfleisch bereits durch eine weitergehende Denitrifikation der Bakterien bis zum molekularen Stickstoff (N_2) reduziert u. somit entgiftet.

polar-diblastisch [v. gr. di- = zwei-, blastos = Keim], *bipolar*, Bez. für eine zweizellige Spore mit dicker Scheidewand, die v. dünnem, die beiden Zellen verbindendem Kanal durchzogen ist, z. B. bei lichenisierten Ascomyceten der Fam. *Teloschistaceae*.

Polarfuchs, der ↗Eisfuchs.

Polargrenze, klimat. bedingte Verbreitungsgrenze v. Tier- od. Pflanzenarten im Bereich Arktis bzw. Antarktis (↗Polarregion). [↗optische Aktivität.

Polarimetrie w [v. gr. metran = messen],

Polarisation, 1) *P. des Lichts*, ↗Auge, ↗Komplexauge, ↗P.ssehen. 2) Genetik: a) Ausrichtung der Chromosomenenden auf den Centrosom-nahen Teil der Kernmembran während des Zygotäns von Prophase I der ↗Meiose (Bukettstadium). b) Ausrichtung der Centromere bzw. proximalen Chromosomenbereiche auf die Polseiten des Zellkerns zu Beginn der Telophase v. ↗Mitose (B) u. ↗Meiose (B), die durch die Bewegung der Chromosomen zu den Zellpolen während der Anaphase verursacht wird.

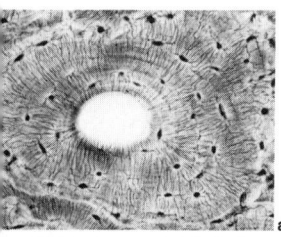

Polarisationsmikroskopie, Verfahren der Lichtmikroskopie (↗Mikroskop) zur Untersuchung doppelbrechender Strukturen in der Biol., mehr noch in der Mineralogie u. Petrographie. Zur polarisationsmikroskop. Untersuchung wird das Präparat durch ein in den Filterring unter dem Mikroskopkondensor eingelegtes Nicolsches Prisma od. einen Filterpolarisator (Polarisator) mit polarisiertem Licht beleuchtet. Ein zweites, gleiches Filter (Analysator) wird um 90° gegenüber dem Polarisator gekreuzt auf das Okular aufgesetzt od. in einen Filterhalter im Tubus eingeschoben u. löscht alle unbeeinflußt die Objektebene durchdringenden polarisierten Lichtstrahlen aus. In diesen Strahlengang eingebrachte, aufgrund einer Eigen- od. Strukturdoppelbrechung die Polarisationsebene des durchtretenden Lichts verändernde Strukturen, etwa Kristalle, Cellulose- oder Kollagenfasern, leuchten im Bild je nach Stärke der Polarisationsänderung mehr od. weniger hell auf, u. ihre Ausrichtung od. ihr Verlauf (submikroskop. Kollagenfasern in Knochen u. Knorpel, Cellulosefasern in Pflanzenzellwänden) kann so mittelbar sichtbar gemacht werden, selbst wenn die Einzelstrukturen unterhalb des Auflösungsbereichs des Lichtmikroskops liegen (mittelbare Feinstrukturanalyse). Auch zu mikroosmometrischen Messungen des osmot. Binnenmilieus einzelner Zellen mittels der Gefrierpunkterniedrigung bedient man sich der P., da sich bildende Mikro-Eiskristalle Doppelbrechung zeigen u. so als Indikator zur Gefrierpunktbestimmung dienen. Zu einfachen polarisationsmikroskop. Untersuchungen eignet sich jedes Mikroskop.

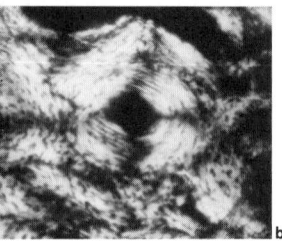

Polarisationssehen, Fähigkeit vieler Arthropoden- u. Cephalopoden-Augen zur Wahrnehmung der Schwingungsrichtung des polarisierten Lichtes (↗Auge, ↗Komplexauge). ↗Bienensprache, ↗Kompaßorientierung.

Polarität w [v. *polar-], Bez. für eine Asymmetrie entlang einer Raumachse, z. B. Unterschiede in der Ladungsverteilung, in der Konzentration v. Stoffen u./od. in der Anordnung v. Struktureigenschaften zwischen 2 verschiedenen *Polen* eines Systems. P. ist eine grundlegende Eigenschaft der lebenden Systeme. Auch auf molekularer Ebene zeigen viele Bestandteile der Zelle polare Eigenschaften, so z. B. die Lipide, Proteine, Nucleinsäuren, Kohlenhydrate u. das Wassermolekül. Die einzelne Zelle ist bis auf wenige Ausnahmen polar organisiert, was sich z. B. in der Festlegung der Teilungsebene, in der graduellen Stoffverteilung, in der Anordnung der Zellorganellen u. in einer regional unterschiedl. Zusammensetzung u. damit unterschiedl. physiolog. Eigenschaften der Zellmembran zeigt. Die „überzellige" P. von Geweben (z. B. orientierte Haare od. Schuppen in der Epidermis), von Organen (proximaler u. distaler od. apikaler u. basaler Pol) u. von Organismen (vorderer u. hinterer Körperpol, Sproß- u. Wurzelpol) ist wohl letztl. das Resultat von P.en der sie aufbauenden Zellen. Auffällige Erscheinungen der P. sind z. B. die polare Regenerationsfähigkeit u. der polare Transport v. Hormonen im mehrzelligen Pflanzenkörper. Zell-P. ist auch eine wichtige Voraussetzung zur arbeitsteiligen Differenzierung (Diversifizierung) in Gewebe u. Organe während der Ontogenese vielzelliger Organismen, da die Kernteilung bis auf wenige Ausnahmen äqual verläuft. Wenn aufgrund der Zell-P. das Cytoplasma auf die Tochterzellen ungleich verteilt wird (inäquale Zellteilung), gelangen die genetisch gleichen Tochterkerne in verschiedene „Milieus", so daß in den beiden Tochterzellen unterschiedl. Gene aktiviert u. damit verschiedene Zellphänotypen ausgebildet werden können. Die Ursachen der P.serscheinungen (der Plural ist berechtigt, denn es kann kaum eine einzige Ursache hinter den im einzelnen ganz verschiedenen polarisierten Systemen stehen) sind meistens expe-

Polarisationsmikroskopie

a Schnitt durch Knochengewebe, ein Osteon quergeschnitten, Lamellen erkennbar; b Aufnahme eines Osteons (ungefärbt) in polarisiertem Licht; das Polarisationskreuz gibt den zirkulären Verlauf der mikroskopisch nicht sichtbaren Kollagenfaserwicklungen an.

rimentell nicht leicht zu klären, da man immer wieder findet, daß ein polarisiertes System seine P. seinen Produkten aufprägt. Eizellen etwa sind vielfach deswegen polarisiert, weil sie um polar gebauten Embryosack bzw. Ovar liegen, u. diese Strukturen wiederum, weil sie v. polar gebauten Geweben umgeben werden usw. Nur in günst. Ausnahmefällen sind Eizellen od. Zygoten zunächst unpolarisiert bzw. labil polarisiert, u. Umweltfaktoren legen erst später eine P.sachse fest. Als ausrichtende Faktoren wurden z. B. der Lichtgradient, die Schwerkraft bzw. durch die Schwerkraft verursachte Stoffgradienten, das Eindringen der Spermienzelle u. a. gefunden. Wie die P. sich nach Einwirken dieser polarisierenden Faktoren aufbaut, ist bisher Forschungsziel geblieben. ↗Symmetrie. H. L.

Polarkoordinatenmodell [v. lat. co- = zusammen-, ordinare = ordnen], ↗Zifferblattmodell.

Polarregion w, *Polargebiet*, Sammelbez. für die innerhalb der Polarkreise um die beiden Erdpole liegenden Land- u. Meeresräume. Die nördliche P. wird Arktis, die südliche Antarktis genannt.

Arktis

Die Arktis umfaßt eine z. T. vom Polareis bedeckte Meeresfläche v. rund 12 Mill. km², die v. den nördlichsten Gebieten der ↗Holarktis umrahmt wird. Die Südgrenze der Arktis wird v. verschiedenen Autoren unterschiedl. festgelegt. Als klimatolog. Grenze wird die 10°C-Isotherme des wärmsten Monats (Juli) genannt od. die 0°C-Isotherme der Jahresdurchschnittstemp. Vielfach wird auch die Baumgrenze als Grenzlinie angenommen u. damit die Polarsteppe der *Tundra* (↗Europa) zur Arktis gerechnet, während wieder andere erst die Kälte- u. Eiswüsten nördl. des Tundrengürtels zur Arktis zählen. Remmert bevorzugt als Grenze der Arktis den Polarkreis (66,5° n. Br.). Da die arkt. Teile der Holarktis in direktem Kontakt mit den großen, südl. davon sich erstreckenden Gebieten dieser Region stehen, konnten dort lebende Vertreter in die Arktis einwandern, so daß wir in der Arktis eine arten- u. formenreiche Pflanzen- u. Tierwelt antreffen. – Die *Tierwelt* der hocharkt. Gebiete ist in ihrer Ernährungsgrundlage wesentl. vom Eismeer abhängig, das aufgrund seiner hohen Phytoplanktonproduktion dafür günstige Voraussetzungen bietet. Über Fische u. Robben führt die Nahrungskette zum ↗Eisbären, als dem typ. Großräuber im nördl. Eismeer (auch auf dem Packeis) u. zu den arten- u. individuenreichen Fischfressern unter den Vögeln, voran den ↗Kormoranen, ↗Alken u. Lummen, die die dortigen Steilküsten besiedeln (Vogelberge, ↗Europa). Die Tundrenregion bietet mit ihrer Vegetation nicht nur großen Pflanzenfressern, wie Rentier, Moschusochse, Schneehase, Lemming, Gänsen u. a., eine Nahrungsgrundlage, sondern im Sommer wegen ihres Insektenreichtums auch mehreren insektenfressenden Vogelarten, die im Winter das Gebiet wieder verlassen. Dieser Reichtum an Pflanzenfressern bietet wiederum auch einigen Landraubtieren eine Existenzgrundlage, so etwa dem Polarfuchs u. der Schnee-Eule. Mehrere Vertreter der arkt. Fauna haben eine *circumpolare Verbreitung* (↗Europa, ↗Paläarktis, ↗Nordamerika). Durch die pleistozänen Eiszeiten ist es auch zu einem gewissen Austausch zw. arktischer u. alpiner Flora u. Fauna gekommen (arktoalpine Disjunktion; ↗arktoalpine Formen, ↗Europa). Weiteres über die Tier- u. Pflanzenwelt der Arktis ↗Asien, ↗Europa, ↗Nordamerika, ↗Holarktis, ↗Paläarktis.

Antarktis

Im Ggs. zur Arktis liegt in der Antarktis ein einheitl. Kontinent vor, den man biogeogr. als *Antarktika (Archinotis)* bezeichnet. Der antarkt. Kontinent umfaßt (ohne Inseln u. Schelfeis) rund 12 Mill. km², mit Schelfeis rund 14 Mill. km², ist also doppelt so groß wie Austr. und anderthalbmal so groß wie Europa. Vielfach nimmt man als Grenze der antarkt. Region die *antarktische Konvergenz*, einen Bereich, in dem Oberflächenwasser der nördlicheren (subantarkt.) Meeresbereiche, mit einer Sommertemp. von 5°C bis 6°C, auf das um ca. 3°C kältere u. an Salzgehalt ärmere arkt. Oberflächenwasser trifft. Die antarkt. Konvergenz verläuft etwa zw. dem 50. und 60. Breitengrad, wodurch außer dem antarkt. Kontinent zahlr. Inseln (z. B. gerade noch die Kerguelen, weiter aber die Süd-Sandwich-Inseln, Süd-Orkney- und Süd-Shetland-Inseln u. a.) zur Antarktika gerechnet werden. Auch sie sind noch weitgehend vergletschert u. tragen dadurch polare Züge, weisen aber doch schon eine gewisse Vegetation auf u. sind v. weiteren Tierarten besiedelt, die dem antarkt. Kontinent fehlen. Dieser ist zu 98% ganz mit einer bis zu 3000 m mächtigen Eiskappe bedeckt, aus der v. a. im Bereich des Gebirges an der Küste zum Ross-Meer eisfreie Berggipfel (sog. *Nunatakker*) von über 2000 m Höhe u. selbst eisfrei bleibende Süßwasserseen („Oasen") herausragen. – Die Antarktis ist nicht nur der kälteste, sondern auch der sturmreichste Kontinent – zwei Faktoren, welche die Besiedlung mit Pflanzen u. Tieren wesentl. erschweren. Nach den heutigen Vorstellungen der Paläogeographie (Plattentektonik, ↗Kontinentaldrifttheorie) war der antarkt. Kontinent wohl bis in das frühe Tertiär mit Austr. und Südamerika (Feuerland) verbunden. Die Antarktis war lange Zeit ein Bestandteil eines heute „zerbrochenen" großen Südkontinents (↗Gondwanaland),

Polarregion

polar- [v. gr. polos = Drehpunkt, Pol; Himmelsgewölbe].

Polarregion

Die Forschung in den Polargebieten (Arktis u. Antarktis) wird in der BR Dtl. durch das Alfred-Wegener-Inst. für Polarforschung in Bremerhaven koordiniert u. durchgeführt. Ihm steht seit 1982 mit der „Polarstern" ein modern eingerichtetes Forschungsschiff zur Verfügung.

POLARREGION I

Grönland

In Grönland sind während der Sommerzeit die Küstengebiete von farbenprächtigen Tundragewächsen bedeckt. In einigen Gebieten ziehen Herden von Moschusochsen umher; sie stehen heute unter Naturschutz.

Schmarotzerraubmöwe
(*Stercorarius parasiticus*)

Gerfalk
(*Falco rusticolus*)

Polarmöwe
(*Larus glaucoides*)

Eisbär
(*Ursus maritimus*)

Moschusochse
(*Ovibos moschatus*)

Schnee-Eule
(*Nyctea scandiaca*)

Nonnengans
(*Branta leucopsis*)

Eisfuchs
(*Alopex lagopus*)

Krabbentaucher
(*Plautus alle*)

Dreizehenmöwe
(*Rissa tridactyla*)

Säuerling
(*Oxyria digyna*)

Wolliges Läusekraut
(*Pedicularis lanata*)

Kraut-Weide (*Salix herbacea*)

Breitblättriges Weidenröschen
(*Epilobium latifolium*)

Rosenwurz
(*Sedum rosea*)

© FOCL

POLARREGION II

Polarländer außerhalb Grönlands
Die Vegetation ähnelt der in den kontinentalen Tundren, ist aber – wie auch die Fauna – artenärmer.

Schneegans
(Anser caerulescens)

Polarwolf
(Canis lupus tundrarum)

1 Schnee-Hahnenfuß
  (Ranunculus nivalis)
2 Alpen-Pechnelke
  (Viscaria alpina)
3 Borstgras
  (Nardus stricta)
4 Scheuchzers Wollgras,
  Moor-Wollgras
  (Eriophorum scheuchzeri)
5 Alpen-Rispengras
  (Poa alpina)
6 Alpen-Mohn
  (Papaver alpinum)

Wollhaarige Weide
(Salix lanata)

Alpen-Ehrenpreis
(Veronica alpina)

Schwedischer Hartriegel
(Cornus suecica)

Alpen-Bärlapp
(Lycopodium alpinum)

Immergrüne Bärentraube
(Arctostaphylos uva-ursi)

Riesenalk (ausgerottet)
(Pinguinus impennis)

Odinshühnchen
(Phalaropus lobatus),
im Sommerkleid

© FOCUS

Polarregion

Polarregion

Brutvögel des antarkt. Kontinents (einschl. antarkt. Halbinsel = Graham-Land):

1) Fam. Sturmvögel *(Procellariidae):*
Südl. Riesensturmvogel *(Macronectes giganteus),* Flügelspannweite ca. 210 cm
Silbersturmvogel *(Fulmarus glacialoides),* Flügelspannweite ca. 110 cm
Kapsturmvogel *(Daption capensis),* Flügelspannweite ca. 90 cm
Weißflügel. Sturmvogel *(Thalassoica antarctica),* Flügelspannweite ca. 90 cm
Schneesturmvogel *(Pagodroma nivea)*
Taubensturmvogel *(Pachyptila desolata)*

2) Fam. Sturmschwalben *(Hydrobatidae):*
Buntfuß-Sturmschwalbe *(Oceanites oceanicus)*

3) Fam. Raubmöwen *(Stercorariidae):*
Skua *(Stercorarius skua),* Flügelspannweite ca. 150 cm

4) Fam. Scheidenschnäbel *(Chionididae):*
Weißgesicht-Scheidenschnabel *(Chionis alba)*

5) Fam. Seeschwalben *(Sternidae):*
Antipoden-Seeschwalbe *(Sterna vittata)*

6) Fam. Möwen *(Laridae):*
Dominikanermöwe *(Larus dominicanus)*

7) Fam. Kormorane *(Phalacrocoracidae):*
Blauaugenscharbe *(Phalacrocorax atriceps)*

8) Fam. Pinguine *(Spheniscidae):*
Kaiserpinguin *(Aptenodytes forsteri)*
Adélie-Pinguin *(Pygoscelis adeliae)*

Weitere Vogelarten brüten außerhalb des antarkt. Kontinents auf den antarkt. Inseln

der außer Südamerika und Austr. auch Afrika einschloß. Die heutigen Temp.-Verhältnisse herrschen in der Antarktis wohl erst seit dem Pliozän, wie der Nachweis v. fossilen Pflanzen u. Tieren, die ein wärmeres Klima (u. Süßwasser) beanspruchen, zeigt. So enthält noch die tertiäre *Fossilflora* der antarkt. Halbinsel Farne *(Asplenium, Dryopteris),* Nacktsamer *(Araucaria),* Stieleibengewächse *(Podocarpaceae)* u. Bedecktsamer (Sauergräser, Buchengewächse mit der Südbuche = *Nothofagus).* Im Unterperm war in der Antarktis (u. dem gesamten, damals noch zusammenhängenden Gondwanaland) eine typ. Flora v. Farnpflanzen und Farnsamern *(Glossopteris*-Flora; ↗Glossopteridales, ↗Gondwanaflora) verbreitet. In diesem Zshg. interessante *fossile Tiere* sind z. B.: Die Reptilien *Lystrosaurus, Thrinaxodon* u. *Procolophon* aus der älteren Trias (die man auch von Südafrika bzw. Südamerika fossil kennt), ferner Beuteltiere aus der Fam. der *Polydolopidae* aus dem Alttertiär. Der Nachweis fossiler Beuteltiere spricht dafür, daß diese heute nur in Südamerika (und mit den Opossums in ↗Nordamerika) und Austr. verbreitete Tiergruppe v. Südamerika aus über die „Antarktisbrücke" nach Austr. gelangt ist, wo sie wegen fehlender Konkurrenz durch Höhere Säugetiere *(Placentalia)* eine ↗adaptive Radiation erfahren hat (Thenius). Bezügl. der rezenten (heutigen) Flora u. Fauna ist der antarkt. Kontinent der artenärmste unter allen biogeogr. Regionen. – An *Landpflanzen* finden sich an eisfreien Stellen bes. in Küstennähe Moose (u.a. *Bryum)* und v.a. Flechten (häufig Gatt. *Usnea),* worunter viele endemische Arten (↗Endemiten) sind. Von Gefäßpflanzen kommen (nur auf der antarkt. Halbinsel an wenigen Stellen und auf den vorgelagerten Inseln) nur 2 Arten vor, *Deschampsia antarctica* (Fam. Gräser) u. *Colobanthus crassifolius* (Fam. Nelkengewächse). Beide sind mehrjährig u. pflanzen sich im wesentl. vegetativ fort, doch kommt es gelegentl. auch zur Blüte *[Deschampsia* hat kleistogame Blüten [↗Kleistogamie] und kann so auf Bestäuber verzichten). Bäume u. Sträucher fehlen auf dem antarkt. Kontinent völlig; ebenso eine für die Arktis so typ. Tundrenvegetation. Daher fehlt hier die Grundlage für pflanzenfressende Wirbeltiere u. damit für deren Räuber völlig. Nur winzigen Gliedertieren kann die dürftige Flechten- u. Moosvegetation als Nahrung dienen. Gemessen an dem Reichtum dieser artenreichen Tiergruppe in anderen Gebieten, ist sie hier nur spärl. vertreten. An Insekten kennt man nur 12 Arten, darunter v. a. Springschwänze, u. a. als Vertreter als Gatt. *Isotoma* (von der Vertreter als „Gletscherflöhe" auch in den Alpen vorkommen), u. eine Mückenart, *Belgica antarctica* (U.-Fam. *Clunioninae),* die auch auf den ant-

arkt. Inseln vorkommt u. völlig flügellos ist – eine Anpassung an das stürmische Wetter. Von den antarkt. Inseln, z. B. Kerguelen, sind zahlr. flügellose Insektenarten bekannt, sowohl Fliegen als auch Schmetterlinge (☐ Flügelreduktion). An freilebenden Milben kennt man 42 Arten. Dazu kommen Gliederfüßer, die an u. in (Nasenhöhlen von) Vögeln u. Robben parasitieren, so Federlinge, Läuse, ein Vogelfloh u. parasitische Milben. Im Kontakt mit ihren warmblüt. Wirten entgehen diese Parasiten der Kälte. In den nur im Sommer kurzfristig eisfreien *Süßgewässern* treten als Primärproduzenten v. a. Blaualgen (Cyanobakterien) auf, ferner Grünalgen, die sich auch auf gerade anschmelzendem Schnee als sog. „Schnee- und Eis-Algen" finden, darunter Vertreter der weltweit verbreiteten Gatt. *Chlorella, Chlamydomonas* und *Pleurococcus.* Sie liefern die Nahrungsgrundlage für einige Süßwassertiere, so für Bärtierchen, Fadenwürmer, Rädertiere u. kleine Süßwasserkrebse (Wasserflöhe, Hüpferlinge, Muschelkrebse und Kiemenfußkrebse). – Alle *Landwirbeltiere* des antarkt. Kontinents erhalten ihre Ernährungsgrundlage letztlich vom Meer. Das marine *Phytoplankton* wird im wesentl. von ↗Kieselalgen (Diatomeen) gestellt, die sogar das Packeis selbst an seiner Unterseite und im Innern in großer Dichte besiedeln. Diese „Eisalgen" werden von zahlr. Wimpertieren, Kleinkrebsen u. Jungfischen abgeweidet. Da auf den Kontinent auftreffende Meeresströmungen Nährstoff- (Stickstoff- und Phosphor-)reiches Tiefenwasser an die Oberfläche (in die belichtete, trophogene Schicht) bringen, erreicht in der Antarktis die Phytoplanktonproduktion stellenweise u. zu günstigen Zeiten der höchsten Werte aller Meere. Vor der Küste der antarkt. Halbinsel hat man zu Zeiten der höchsten Produktion (im Januar) eine solche von 2,70 g C (Kohlenstoffäquivalent, ↗Bruttophotosynthese) pro Tag gemessen. Das ist der 18fache Wert der durchschnittl. Phytoplanktonproduktion in den Weltmeeren. Diese Phytoplanktonproduktion ist die Nahrungsgrundlage für eine enorme Entwicklung des *Zooplanktons,* das hpts. durch Salpen *(Salpa fusiformis)* und v.a. ↗Krill *(Euphausia superba)* gestellt wird. Krill kommt in Schwärmen vor, die u. U. ein Gesamtgewicht von mehreren Mill. Tonnen erreichen können, u. übertrifft im Gewicht der Gesamtpopulation alle anderen Tierarten der Erde. Der Krill ist auch die Nahrungsgrundlage für alle Warmblüter der Antarktis, v.a. für die Wale, Robben u. Pinguine. Die ↗Nahrungskette in der Antarktis besteht oft nur aus 3 Gliedern: Phytoplankton (Diatomeen) – Krill – Endkonsument (z.B. Bartenwale). In der Fauna des antarkt. Meeres fehlen manche Krebsgruppen völlig, v.a. die bodenbewohnenden Krabben, Hummer u. Fangschreckenkrebse. Ansonsten sind jedoch Grundbewohner (Benthos) mit vielen endemischen Arten vertreten, v. a. Schwämme, Moostierchen, Seegurken u. Krebse aus den Gruppen der Asseln u. Amphipoden sowie Pantopoden u. Schnecken. Die *Fische* sind an die niedrigen Wassertemp. ($-1\,°C$ bis $-2\,°C$) angepaßt u. verfügen über Enzyme, die bei diesen Temp. ihr Aktivitätsoptimum haben. Protein-Kohlenhydrat-Verbindungen (↗Gefrierschutzproteine) verhindern als „Frostschutzmittel" das Gefrieren der Tiere. Eine Besonderheit bieten die 18 Arten der Eisfische (*Chaenichthyidae, Channichthyidae;* ↗Antarktisfische), die auf die antarkt. Meere beschränkt sind. Ihr Blut ist in Ermangelung v. Hämoglobin farblos. Bei den niedrigen Temp. reicht das Blutplasma für den Sauerstofftransport aus. Die *Landwirbeltiere* des antarkt. Kontinents sind in ihrer Ernährung ganz auf das Meer angewiesen. Die *Vogelfauna* des Kontinents (einschl. antarkt. Halbinsel) umfaßt nur 12 Arten, die dort brüten (vgl. Tab.). Nahezu alle verbringen den Großteil ihres Lebens auf See u. fressen Krill, einige aber auch Fische u. Tintenfische. Der ↗Kaiserpinguin (die größte Pinguinart) ist der einzige davon, der auf den antarkt. Kontinent u. den Eisgürtel davor beschränkt ist u. das einzige Wirbeltier, das den antarkt. Winter an Land überdauert, ja in dieser Zeit sogar brütet. Der Adélie-↗Pinguin, von dem man Kolonien mit mehr als 1 Mill. Individuen kennt, weicht dagegen im Winter nach N auf das Eis aus, verbleibt aber im Bereich der Antarktis. Er brütet außer auf dem antarkt. Kontinent auch an den Küsten der antarkt. Inseln. Bezieht man die antarkt. Inselwelt bis zur antarkt. Konvergenz mit ein, so erhöht sich die Zahl der Brutvögel auf 43 Arten, darunter jetzt auch 1 Entenart auf den Kerguelen *(Anas estini)* – eine Verwandte der eur. Spießente *(A. acuta).* Auf Südgeorgien kommt sogar ein Singvogel, der Pieper *Anthus antarcticus,* u. auf den Macquarie-Inseln (Richtung Neuseeland) der eur. Birkenzeisig *(Acanthis flammea)* u. der eur. Star *(Sturnus vulgaris)* vor – 2 Arten, die durch den Menschen in Neuseeland eingebürgert wurden (wie andere eur. Tiere auch, ↗Neuseeländische Subregion) u. von dort aus selbst die Macquaries erreicht haben. Die *Säugetiere* des antarkt. Kontinents sind ausnahmslos ans Meer gebunden. Die *Robben* sind mit mehreren Arten vertreten, jedoch fehlen die Walrosse, die ganz auf die arkt. Meere beschränkt sind (↗Nordamerika). Ganz an die Antarktis gebunden ist die Weddell-Robbe (*Leptonychotes weddelli,* ↗Südrobben), die das Schelfeis vor der Küste besiedelt. Sie verschafft sich Zugang zum Meer, indem sie mit den Zähnen Löcher in das Eis „gräbt", die ihr auch als Atemlöcher dienen. Sie ist Fischfresser u. taucht unter dem Schelfeis

bis 100 m tief. Ein typ. Seehund des Packeisgebietes ist die Krabbenfresserrobbe *(Lobodon carcinophagus),* die sich v.a. vom Krill ernährt. Auch der ↗Seeleopard nutzt den Krill, doch jagt er auch Fische, Tintenfische, Pinguine u. sogar Jungtiere anderer Robbenarten. Als seltene Robbenart, die noch wenig erforscht ist, sei noch die Ross-Robbe *(Ommatophoca rossi)* erwähnt. Von den *Walen* sind v.a. die ↗Bartenwale in ihrer Ernährung wesentl. vom Krill abhängig. Diese Wale leben zur Fortpflanzungszeit außerhalb der Antarktis, in wärmeren Meeren, ziehen aber zu Beginn des arkt. Sommers in die Antarktis, um sich am Krill zu mästen – als Vorrat für die „magere" Zeit außerhalb dieser Gewässer, in der sie bis zu 50% ihres Gewichts verlieren. Der ↗Pottwal, ein Vertreter der Zahnwale, lebt hpts. von Tintenfischen u. ist der einzige Wal, der zu allen Jahreszeiten in der Antarktis anzutreffen ist. Die Waljagd durch den Menschen hat die Bestände gerade der großen Wale außerordentl. dezimiert, womit sie auch wesentl. weniger Krill konsumieren. Die dadurch entstandenen Überschüsse scheinen den Pinguinen u. Robben zugute zu kommen, deren Bestände in Zunahme begriffen sind. B 442–443, 446–447.

Lit.: *Hempel, G.:* Probleme u. Ziele der Antarktisforschung. Verhandl. der Ges. Dt. Naturf. u. Ärzte 1982, 265–279. *Hempel, G.:* On the Biology of Polar Seas. In *Gray* and *Christiansen:* Marine Biol. of Polarregion. London 1985. *Miegheim, J. v.* and *P. van Oye:* Biogeography and Ecology in Antarctica. Den Haag 1965. *Remmert, H.:* Arctic Animal Ecology. Heidelberg, New York 1980. *Stonehouse, B.:* Tiere der Antarktis. München 1974. *Thenius, E.:* Die Grundlagen der Faunen- u. Verbreitungsgeschichte der Säugetiere. Stuttgart 1980. G. O.

Polderböden, die ↗Marschböden.

Polemoniaceae [Mz.; v. *polemon-], *Himmelsleitergewächse, Sperrkrautgewächse,* fast ausschl. in Amerika (insbes. im westl. N-Amerika) heim. Fam. der *Polemoniales* mit rund 300 Arten in 18 Gatt. Kräuter, (Kletter-)Sträucher od. auch kleine Bäume mit oft drüsig behaarten Blättern und 5zähl., meist radiären Blüten. Diese mit rad- od. stielteller- bis glockenförm. Krone und oberständ., i.d.R. aus 3 verwachsenen Fruchtblättern bestehendem Fruchtknoten, der zu einer Kapsel mit zahlr. Samen heranreift. Viele der häufig saponinhaltigen *P.* werden ihrer farbenpracht. Blüten wegen als Gartenpflanzen kultiviert. Hierzu gehört v. a. die ↗Phlox, aber auch die aus Mexiko stammende Glockenrebe *(Cobaea scandens),* ein bei uns nur 1jähr. gezogener, mit Blattranken kletternder Strauch mit gefiederten Blättern u. großen, im Spätsommer erscheinenden, zunächst grünl., später violetten Blüten. Aus der mit vielen 1jähr. Kräutern bes. in den (Halb-)Wüsten der SW-Staaten N-Amerikas vertretenen Gatt. *Gilia* wird *G. tricolor* als Gartenzierpflanze verwendet. Sie besitzt in endständ. Büscheln stehende, weitglok-

Polemoniaceae

polemon- [v. gr. polemōnion = Griechischer Baldrian].

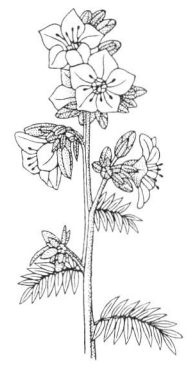

Polemoniaceae

Blaue Himmelsleiter *(Polemonium coeruleum)*

Polemoniaceae

Wichtige Gattungen:

Cobaea
Gilia
↗ *Phlox*
Polemonium

POLARREGION III

Eissturmvogel
(Fulmarus glacialis)

Nordpolarmeer (Arktis)

Im allgemeinen haben sich die Wirbeltiere im Eismeerbereich dem Leben im Wasser angepaßt; verschiedene Arten sind heute vom Aussterben bedroht.

Kormoran *(Phalacrocorax carbo)*

Finnwal *(Balaenoptera physalus)*

Walroß *(Odobenus rosmarus)*

Bartrobbe *(Erignathus barbatus)*

Ringelrobbe *(Phoca hispida)*

Eistaucher *(Gavia immer)*

Prachteiderente *(Somateria spectabilis)*

Klappmütze *(Cystophora cristata)*

Sattelrobbe *(Phoca groenlandica)*

© FOCUS

POLARREGION IV

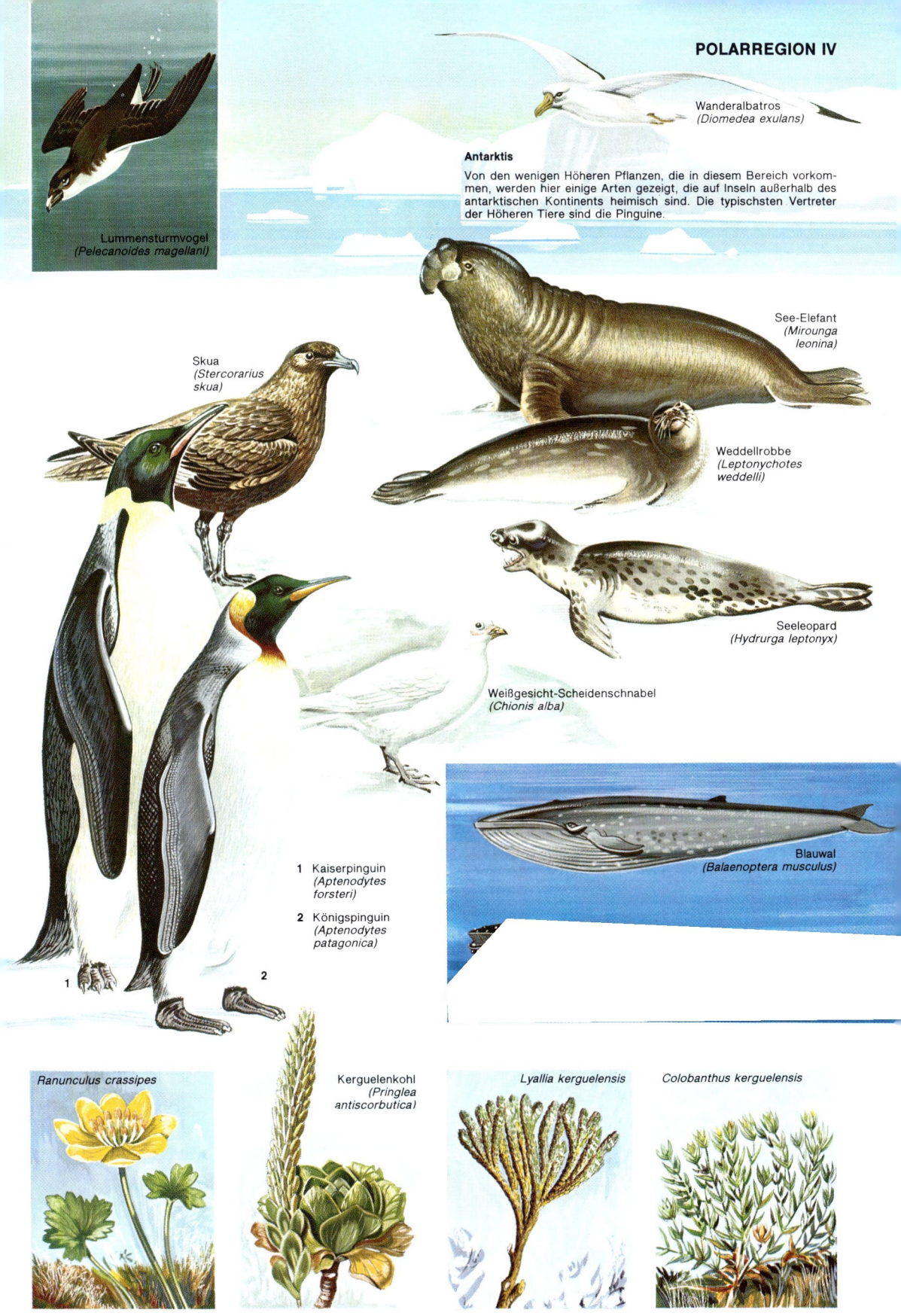

Wanderalbatros
(Diomedea exulans)

Lummensturmvogel
(Pelecanoides magellani)

Antarktis
Von den wenigen Höheren Pflanzen, die in diesem Bereich vorkommen, werden hier einige Arten gezeigt, die auf Inseln außerhalb des antarktischen Kontinents heimisch sind. Die typischsten Vertreter der Höheren Tiere sind die Pinguine.

See-Elefant
(Mirounga leonina)

Skua
(Stercorarius skua)

Weddellrobbe
(Leptonychotes weddelli)

Seeleopard
(Hydrurga leptonyx)

Weißgesicht-Scheidenschnabel
(Chionis alba)

1 Kaiserpinguin
(Aptenodytes forsteri)

2 Königspinguin
(Aptenodytes patagonica)

Blauwal
(Balaenoptera musculus)

Ranunculus crassipes

Kerguelenkohl
(Pringlea antiscorbutica)

Lyallia kerguelensis

Colobanthus kerguelensis

© FOCUS

Polemoniales

kige, weiß od. rosa bis dunkelviolett gefärbte Blüten. Einzige, vereinzelt auch in Mitteleuropa auftretende Art der P. ist die aus der kühlgemäßigten Zone Eurasiens stammende, nach der ↗Roten Liste „gefährdete" und gesetzl. geschützte Blaue Himmelsleiter (Blaues Sperrkraut, *Polemonium coeruleum*). Sie besitzt glockige, himmelblaue Blüten u. befindet sich seit langem in Kultur, aus der sie bisweilen auch verwildert.

Polemoniales [Mz.; v. *polemon-], *Sperrkrautartige*, Ord. der *Dicotyledonae* (U.-Kl. *Asteridae*) mit rund 300 Gatt. u. fast 8000 Arten in 9 Fam. (vgl. Tab.). Kennzeichnend sind radiäre, 4–5zähl. Blüten mit 4–5 Staubblättern u. einem 2–3blättrigen Fruchtknoten mit wenigen bis zahlr. Samenanlagen.

Polemonium s [v. *polemon-], Gatt. der ↗Polemoniaceae.

Polfäden, spiralig aufgewickelte, schlauchartige Strukturen, die in Ein- od. Mehrzahl in den Sporen der ↗Cnidosporidia ([T]) liegen. Bei der Übertragung v. *Microsporidia* auf einen anderen Wirt wird der Polfaden ausgestülpt, dringt in Epithelien ein u. injiziert den infektiösen Amöboidkern direkt in die Zelle. Bei den *Myxosporidia* ist jeder Polfaden v. einer *Polkapsel* (mit eigenem Kern) umgeben; die P. dienen hier nur zur Verankerung der Sporen im Wirt.

Polgrana [Mz., v. lat. granum = Korn], im Hinterpol des Insekteneies lokalisierte, elektronendichte (elektronenmikroskopisch dunkel erscheinende) Körnchen, die aus RNA und Proteinen bestehen und vermutl. ↗Determinanten für die Entwicklung der ↗Polzellen enthalten (↗Keimbahn, ↗Oosom).

Polianthes m [v. gr. polion = starkriechendes Kraut, anthos = Blüte], Gatt. der ↗Agavengewächse.

Polinices m [ben. nach Polyneikēs, Sohn des Oidipous], Gatt. der Bohrschnecken mit eikegelförm. Gehäuse, das offen genabelt ist, eine Spindelschwiele u. einen conchinösen Deckel hat; die Oberfläche ist meist glatt od. axial gestreift u. einfarbig; zahlr. Arten in warmen Meeren. In der Laminarienzone des Mittelmeeres ist *P. josephina* häufig, mit abgeflachtem Gehäuse (bis 4 cm ⌀).

Poliomyelitis w [v. gr. polios = grau, myelos = Mark], 1) *P. epidemica, P. anterior acuta, Polio, epidem.* oder *spinale Kinderlähmung, Heine-Medin-Krankheit*, meist durch das Poliomyelitis-(Typ I-)virus (Polioviren, ↗Picornaviren) hervorgerufene Infektionskrankheit des Zentralnervensystems, meist des Rückenmarks; sporadisch, manchmal epidemisch (bes. im Sommer u. Herbst) auftretend; häufig bei Kleinkindern, aber auch bei Erwachsenen; Übertragung durch Tröpfchen- u. Schmierinfektion. Nach einer Inkubationszeit v. 7–20 Tagen Beginn mit leichtem Fieber, Schnupfen, Magen-Darm-Beschwerden,

polemon- [v. gr. polemōnion = Griechischer Baldrian].

Polemoniales
Wichtige Familien:
↗ Ehretiaceae
↗ Fieberkleegewächse (*Menyanthaceae*)
↗ Hydrophyllaceae
↗ Nachtschattengewächse (*Solanaceae*)
↗ Polemoniaceae
↗ Rauhblattgewächse (*Boraginaceae*)
↗ Windengewächse (*Convolvulaceae*)

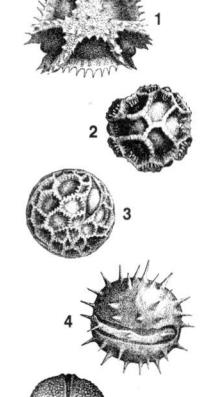

Pollen
P. von Blüten mit Tier- u. Windbestäubung. In Anpassung an die Tierbestäubung ist die Exine komplexer strukturiert.

Pollen mit *Tierbestäubung*:
1 Bocksbart (*Tragopogon*), **2** Stokesie (*Stokesia*), **3** Knöterich (*Polygonum*), **4** Seerose (*Nymphaea*)

Pollen mit *Windbestäubung*:
5 Amerikanische Buche (*Fagus grandifolia*), **6** Schwarznuß (*Juglans nigra*)

Muskelschmerzen u. Blasenstörungen (Dauer: 2 Stunden bis 2 Wochen). Nach kurzzeitiger Besserung Übergang in das präparalyt. Stadium mit Fieber, Muskelschwäche, Kopfschmerzen. In 0,5–1% der Fälle kommt es zum paralyt. Stadium mit schlaffen Lähmungen der Beine, des Zwerchfells u. der Intercostalmuskulatur, selten mit Hirnbeteiligung (*Polioencephalitis*). Meist spontane Heilung mit bleibender Muskelatrophie u. Wachstumsstörungen. Bei Lähmung der Atemmuskulatur u. Befall des Atemzentrums tödl. Verlauf. Die einzig wirksame Prophylaxe ist die Impfung. Die aktive Schutzimpfung erfolgt durch Einspritzung v. Impfstoff aus abgetöteten Polioviren (nach Salk) od. als Schluckimpfung mit abgeschwächten lebenden Polioviren (nach Sabin). 2) *cerebrale Kinderlähmung, infantile Cerebralparese*, Folge eines während der Schwangerschaft od. der Geburt aufgetretenen Sauerstoffmangels des Kindes; manifestiert sich als schlaffe od. spastische Lähmung vielfältiger Art, z.T. mit Schwachsinn.

Polioviren [Mz.; v. gr. polios = grau], Erreger der ↗Poliomyelitis, ↗Picornaviren.

Polische Blasen [ben. nach dem neapolitan. Naturforscher G. S. Poli, 1746–1825], ein od. mehrere Anhänge am Ringkanal v. Seesternen, Schlangensternen u. Seewalzen; gehören als Flüssigkeitsreservoir zum ↗Ambulacralgefäßsystem (Hydrocoel).

Polistes m [v. gr. polistēs = Stadtgründer], Gatt. der ↗Vespidae.

Polistotrema w [v. gr. polistēs = Stadtgründer, trēma = Loch, Öffnung], Gatt. der ↗Inger.

Polkappen, hyaline Bereiche im Cytoplasma, die bei den meisten Samenpflanzen an den Polregionen der Zellkerne in der Prophase ([B] Mitose, [B] Meiose) sichtbar werden, wenn die Bildung des ↗Spindelapparates beginnt. ↗Centriol.

Polkerne ↗Embryosack.

Polkörper, *Polkörperchen*, die ↗Richtungskörper.

Pollachius m [v. engl. pollack], Gatt. der Dorschfische; ↗Köhler, ↗Pollack.

Pollack m [engl.], *Steinköhler, Pollachius pollachius*, bis 1,2 m langer Dorschfisch v. a. der ostatlant. Küstengebiete v. Norwegen bis Spanien u. des westl. Mittelmeeres; ohne Bartfaden u. mit vorspringendem Unterkiefer. [B] Fische II.

pollakanthe Pflanzen [v. gr. pollakis = vielfach, anthos = Blüte], Bez. für mehrfach blühende u. fruchtende Pflanzenarten; es sind ausdauernde Gewächse, die längere Zeit benötigen, bis sie zum ersten Mal blühen u. fruchten; dann aber wiederholt sich die Blüten- u. Fruchtbildung über viele Jahre hinweg. Ggs.: ↗hapaxanthe Pflanzen. ↗Altern.

Pollappen, bei Spiraliern Zellbereich am vegetativen Eipol, der bei den ersten Teilungen jeweils nur einer Tochterzelle zugeschlagen wird u. so in den D-Quadranten (↗Spiralfurchung) gelangt, z. B. bei *Dentalium*.

Pollen [Mz.; lat., = Staubmehl, feiner Staub], *P.körner*, Bez. für die haploiden ↗Mikrosporen der Samenpflanzen. Sie gehen innerhalb der P.säcke aus den diploiden *P.mutterzellen (Mikrosporenmutterzellen)* durch meiotische Teilung hervor. Die P. besitzen eine doppelte Wandung: eine innere Celluloseschicht (↗*Intine* = Endospor), die noch stark wachstumsfähig ist, u. eine äußere, sehr widerstandsfähige Sporopolleninwand (↗*Exine* = Exospor), die zudem sippen- u. sogar z. T. artspezifische Oberflächenstrukturen besitzt. Dabei ist die Vielfalt der P.korntypen bei den Bedecktsamern unter anderem in Anpassung an die Tier-↗Bestäubung (↗Zoogamie) wesentl. größer als bei den Nacktsamern und systemat. höchst bedeutungsvoll. Wegen der Dauerhaftigkeit u. der sippenspezif. Struktur der Exine sind P. sehr aussagekräftig für die Paläobotanik (↗Palynologie, ↗P.analyse). – Noch während der P. im P.sack (Lokulament) heranreift, entsteht durch Zellteilung der haploiden P.zelle innerhalb der P.wandung der stark reduzierte ♂ Gametophyt (↗Mikrogametophyt). Bei den ↗Bedecktsamern bildet sich während der Reifezeit des P.s aus dem Tapetum eine bes. lipoid- u. carotinoidhaltige, klebrige Substanz, das *P.kitt*. Dieser wird auf die P.oberfläche abgesetzt u. ermöglicht ein gruppenweises Zusammenkleben der P.körner in Anpassung an die Tierbestäubung. Reste von P.kitt bei windblütigen Bedecktsamern (↗Anemogamie) zeigen an, daß es sich um eine sekundäre Windblütigkeit handelt. – Gelangt der P. bei den Bedecktsamern auf eine ihm zusagende ↗Narbe bzw. bei den ↗Nacktsamern in eine ihm zusagende Mikropyle od. P.kammer innerhalb der Samenanlage (Bestäubung), so keimt er unter Bildung eines *P.schlauches* aus, der durch polares Wachstum der Intine entsteht *(P.keimung).* Ursprünglich wohl als Verankerungs- u. Ernährungsgebilde des ♂ Gametophyten entstanden (z. B. bei *Ginkgo, Cycas*-Arten), dient der P.schlauch bei den meisten Nacktsamern u. bei den Bedecktsamern der Übertragung der Spermazellen zur Ei-

Pollen

P.keimung bei Bedecktsamern:

P.schlauchbildung in verschiedenen Stadien; aus der generativen Zelle (g) bilden sich die beiden Spermazellen, von denen eine die Eizelle befruchtet. Der vegetative Kern (v) geht später zugrunde.

Pollenanalyse

Bei der Anfertigung eines *Pollendiagramms* wird zunächst festgelegt, welche Arten bei der Berechnung der prozentualen Häufigkeiten berücksichtigt werden sollen. Dies sind i. d. R. nur die Baumpollen (v. a. Kiefer, Fichte, Pappel, Birke, Erle, Buche, Hainbuche, Ulme, Linde, Eiche, Esche; die Hasel wird oft getrennt berücksichtigt). Der prozentuale Anteil dieser Pollenarten wird dann auf ein Diagramm übertragen, auf dessen Abszisse die relative Häufigkeit aufgetragen wird u. dessen Ordinate das Schichtprofil wiedergibt, aus dem die Proben stammen. Aus der Zu- u. Abnahme der Pollenhäufigkeiten über eine bestimmte Schichtenfolge kann auf die Vegetationsentwicklung geschlossen werden.

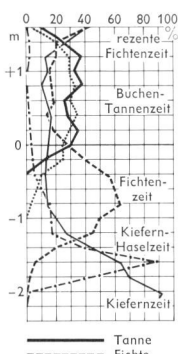

Die Abb. zeigt ein stark vereinfachtes Pollendiagramm für die Waldentwicklung der letzten 10000 Jahre, repräsentiert in einem Schichtprofil von etwa 4 m Torf.

pollen- [v. lat. pollen, Gen. pollinis = Staub, Staubmehl].

zelle. – Bei den Bedecktsamern treten die P.körner nicht immer vereinzelt *(Monaden)* auf. So bleiben häufiger die Tochterzellen einer P.mutterzelle dauernd im *Tetraden*-Verband u. werden als solche übertragen (z. B. bei *Ericales*). Auch beobachtet man, daß die aus mehreren P.mutterzellen entstandenen P. zu Paketen vereinigt bleiben *(Polyaden, = Massulae;* z. B. bei *Mimosaceae*). Sogar der gesamte Inhalt eines P.sackes kann zu einem *Pollinium* u. der aus 2 und mehr P.säcken mit zusätzl. Hilfseinrichtungen zu einem *Pollinarium* vereinigt bleiben (z. B. bei *Orchidaceae*). ☐ 448. ↗Befruchtung, ↗Blüte (☐), ↗Bedecktsamer (B I), ↗Nacktsamer (B). *H. L.*

Pollenanalyse, methodisch eigenständ. Teilbereich der ↗Palynologie, der sich mit der Analyse fossiler u. subfossiler Pollen u. Sporen aus quartären Ablagerungen (insbes. Torfen) befaßt; begr. durch L. v. Post zu Beginn des 20. Jh.s; Ziel der P. ist einerseits die zeitl. Einstufung der Proben (sie findet daher auch in der Archäologie Anwendung), v. a. aber die Rekonstruktion der Vegetations- u. Klimaentwicklung (z. B. im eur. Postglazial) sowie der Ausbreitungs- u. Entwicklungsgeschichte von Pflanzenarten (z. B. von Kulturpflanzen). Die Bearbeitung dieser weiten Aufgabenstellung ist mögl., da sich quartäre Pollen u. Sporen durch Vergleich meist direkt rezenten Gatt. oder Arten zuordnen lassen. Die Probenentnahme wird i. d. R. mit Sediment- od. Torfbohrern durchgeführt. Die Aufbereitung der einzelnen Proben wird grundsätzlich ähnl. wie bei präquartären Ablagerungen durchgeführt (↗Palynologie), die Auswertung erfolgt stets in Form eines *Pollendiagramms* (vgl. Abb.), das die relative Häufigkeit der einzelnen Pollenarten wiedergibt. Dieses kann als realist. Abbild der Vegetationsentwicklung gelten, wenn folgende Bedingungen erfüllt sind: 1. die Pollen sind in der Atmosphäre gleichmäßig verteilt; 2. die Pollenmenge pro Fläche bleibt unabhängig vom Klima annähernd gleich; 3. die prozentuale Häufigkeit einer Pollenart entspr. der relativen Häufigkeit der entspr. Art in der Vegetation; 4. im Schichtprofil liegen die älteren Schichten unter den jüngeren, u. die einzelnen Schichten repräsentieren hinreichend kurze Zeiträume. Da die Bedingungen 1–3 am ehesten bei Windblütlern (↗Anemogamie) gegeben sind, eignen sich die P. und das Pollendiagramm v. a. zu Erforschung der Entwicklung anemogamer Vegetationskomplexe, wie der eur. Wälder (↗Mitteleuropäische Grundsukzession). Bedingung 4 macht deutlich, warum sich die Pollenanalyse v. a. mit der Untersuchung v. Hochmoortorfen befaßt: der verhältnismäßig rasch u. kontinuierlich in die Höhe wachsende Torf gewährleistet, daß zeitl. aufeinanderfolgende Vegetationseinheiten auch im Schichtprofil getrennt ab-

Pollenblumen

gebildet werden; darüber hinaus sind natürl. auch die Erhaltungsbedingungen für Pollen hier bes. günstig.

Lit.: *Faegri, K., Iversen, J.:* Textbook of Pollen analysis. Oxford ³1975. *Firbas, F.:* Spät- und nacheiszeitl. Waldgeschichte Mitteleuropas nördl. der Alpen. 2 Bde. Jena 1949, 1952. *Moore, P. D., Webb, G. A.:* An Illustrated Guide to Pollen Analysis. London ²1983. V. M.

Pollenblumen, Blüten, die ausschl. oder vorwiegend ↗Pollen als Nahrung (↗Blütennahrung) für Blütenbesucher anbieten. Sie besitzen stets viele Staubgefäße, die reichl. Pollen produzieren, u. bieten diese meist leicht zugänglich (offen) dar. Typische P. sind z. B. der Klatschmohn (pro Blüte werden 2,6 Mill. Pollen produziert), Wilde Rose u. viele Hahnenfuß-Arten. Zu den P. gehören auch die Blüten ursp. Pflanzen (Magnolien, Tulpenbaum), die in der stammesgesch. Entwicklung der Angiospermen noch keinen Nektar als Beköstigung entwickelt haben. ↗Bestäubung.

Pollenbürste ↗Pollensammelapparate.

Pollenhöschen ↗Höseln.

Pollenine [Mz.] ↗Sporopollenine.

Pollenkamm, Vorrichtung am Hinterbein vieler beinsammelnder Bienen (↗Beinsammler) zum Abstreifen des Pollens. ↗Pollensammelapparate.

Pollenkeimung ↗Pollen.

Pollenkitt ↗Pollen.

Pollenmale ↗Blütenmale.

Pollenmutterzelle ↗Pollen.

Pollensack ↗Pollen, ↗Blüte (☐).

Pollensammelapparate, Vorrichtungen zum Sammeln u. Eintragen v. ↗Pollen bei den Weibchen v. a. der ↗Apoidea (Bienen i. w. S.); der Pollen dient zur Ernährung der Larven. Die urspr. Form stellen die bei den Holzbienen (Fam. ↗Apidae) u. den Maskenbienen (Fam. ↗Seidenbienen) vertretenen *Kropfsammler* dar, die Pollen in einer Art Kropf verschlucken u. zum Nest transportieren. An behaarten Flächen (↗Bauchbürste) tragen die ↗Bauchsammler (Bauchsammelbienen der Fam. ↗Megachilidae, ☐) Pollen ein. Hoch spezialisierte P. haben die ↗Beinsammler. Der Pollen wird meist an den Hinterbeinen verklebt eingetragen; z. B. bei den Sandbienen u. den Zottelbienen (Fam. ↗Andrenidae) v. a. am Schenkel *(Schenkelsammler),* bei den Pelzbienen u. den Langhornbienen (Fam. ↗Apidae) v. a. an der Schiene *(Schienensammler).* Die konkave, äußere Seite der Schiene der ↗Körbchensammler (Schienenkörbchensammler) bei der Honigbiene, den Hummeln u. den Stachellosen Bienen (↗Meliponinae) bildet zus. mit nach innen gerichteten Haaren das ↗Körbchen, in dem der gesammelte Pollen durch bes. Putzbewegungen der Beine *(↗Höseln)* zu Paketen *(Höschen)* verklebt wird: Dabei streichen die behaarten Fersen den Pollen aus der Körperbehaarung, der *Pollenkamm* am distalen Ende der Schiene des anderen Beins entnimmt ihn aus der *Pollenbürste* (Fersenbürste). Der *Pollenschieber (Fersenhenkel, Traductor)* am 1. Fußglied drückt den Pollen schließl. im Körbchen zus. Keine P. besitzen die brutparasitierenden Kuckucksbienen.

Pollenschieber ↗Pollensammelapparate.

Pollenschlauch ↗Pollen, ↗Befruchtung.

Pollentäuschblumen, Blüten, die durch bes. Zeichnungen (Pollenmale, ↗Blütenmale) od. Strukturierungen (Staubfadenhaare, verbreiterte Konnektive, Staminodien, halbplastische od. plastische Bildungen auf den Kronblättern) einem Besucher Pollen als Blütennahrung vortäuschen. Dabei werden Teile des Andrözeums (Antheren, Theken), das ganze Andrözeum u. auch Pollen selbst durch Form u. Farbe imitiert. Beispiele sind *Verbascum phoeniceum, Commelina, Melampyrum pratense, Calopogon pulchellus, Eichhornia crassipes.* ↗Blütennahrung; ☐ Heteranthie.

Pollex *m* [lat., =], der ↗Daumen.

Pollinarium *s* [v. lat. pollinarius = Staub-], ↗Pollen.

Pollination *w* [v. *pollen-], die Blüten-↗Bestäubung.

Pollinium *s* [v. *pollen-], ↗Pollen.

Pollution [polluschen; engl.; v. lat. pollutio = Verunreinigung], im ags. Sprachgebrauch Bez. für Umweltverschmutzung, z. B. Air-P. für ↗Luftverschmutzung.

Polocyten [Mz.; v. gr. polos = Pol], die ↗Richtungskörper.

Polplasma *s,* an einem Eipol lokalisierter Plasmabereich, der bestimmte ↗Determinanten enthält. ↗Keimbahn, ↗Oosom.

Polstermilbe, Hausmilbe, *Glyciphagus domesticus,* zu den ↗Vorratsmilben gehörende Art, die sich in feuchten, sonnenarmen Wohnungen, bes. in alten Polstermöbeln, sehr stark vermehren kann. Die Tiere leben v. Schimmelpilzen. Bei Massenauftreten können, ähnl. wie bei der ↗Hausstaubmilbe, durch Kot, Häute u. Panzerteile Reizungen der Schleimhäute, chron. Schnupfen u. Asthma auftreten.

Polstermoore, finden sich auf den der Südspitze S-Amerikas westl. vorgelagerten Inseln; florist. als antarkt. Tundra anzusprechen; ähnl. in den Bergen Tasmaniens u. Neuseelands. ↗Polsterpflanzen sind bezeichnend, die Gatt. *Sphagnum* spielt keine Rolle.

Polsterpflanzen, Gruppe krautiger od. holziger ↗Chamaephyten (☐ Lebensformen), die sich durch eine niedrige, dem Boden anliegende, mehr od. weniger halbkugelige Wuchsform mit stark verkürzten u. verzweigten Sprossen auszeichnet *(Polsterwuchs).* P. besiedeln meist Extremstandorte in polnahen Tundrengebieten (↗Polstermoore), in der alpinen u. nivalen Stufe der Hochgebirge u. in Trockengebieten. Der Polsterwuchs gilt als Schutz vor Wind u. hoher Ein- u. Ausstrahlung. Im Innern der Polster herrscht ein relativ gemäßigtes ↗Mikroklima, außerdem werden hier kleine

---

pollen- [v. lat. pollen, Gen. pollinis = Staub, Staubmehl].

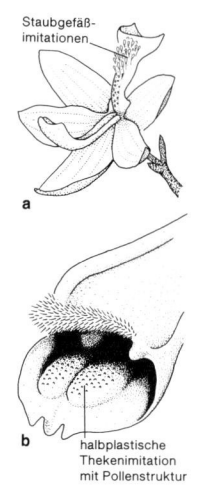

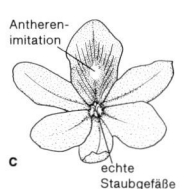

Staubgefäßimitationen

a

b halbplastische Thekenimitation mit Pollenstruktur

Antherenimitation

c echte Staubgefäße

Pollentäuschblumen

a *Calopogon* (Fam. Orchidaceae), b *Melampyrum pratense* (Fam. Scrophulariaceae), c *Eichhornia crassipes* (Fam. Pontederiaceae)

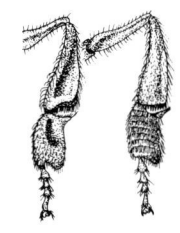

Pollensammelapparate

Sammelbein (Hinterbein) der Honigbiene *(Apis mellifera),* links Außenseite, rechts Innenseite

Pflanzenreste u. Bodenpartikel gesammelt, so daß eine allmähl. Humusbildung einsetzen kann. Beispiele: Schweizer Mannsschild, Trauben-Steinbrech, mehrere Hauswurz-Arten. [B] Alpenpflanzen.
Polsterseggenrasen ↗Seslerion variae.
Polstrahlen, die ↗Asteren.
Polyacrylamidgel s, *Acrylamidgel,* Gel, dessen feste Phase durch Polymerisation v. Acrylamid u. gleichzeitige Quervernetzung mit Bisacrylamid zu einem Netzwerk entsteht. P. e werden bei der ↗Gelelektrophorese zur Auftrennung v. Protein- u. Nucleinsäuregemischen eingesetzt.
Polyadenylierung w [v. gr. adēn = Drüse], Bez. für die posttranskriptionelle Addition von ca. 200 AMP-Resten an das 3′-Ende von ↗hn-RNA im Kern eukaryoter Zellen durch das matrizenunabhängige, aber Primer-abhängige Enzym *poly(A)-Polymerase* (poly(A)-Synthetase); nahezu die gesamte aus hn-RNA durch Prozessierung entstehende m-RNA ist polyadeniliert *(poly(A$^+$)-RNA),* eine Ausnahme stellt jedoch Histon-m-RNA dar. Im Cytoplasma wird die poly(A)-Kette durch Endonuclease-Wirkung verkürzt. Die Bedeutung der P. liegt sehr wahrscheinl. in einer Stabilisierung von m-RNA.
Polyaminosäuren, synthet., vereinzelt aber auch natürl. vorkommende, aus ↗Aminosäuren peptidartig aufgebaute polymere Verbindungen, die im Ggs. zu Proteinen aus nur einer (od. wenigen) Aminosäuren aufgebaut sind u. auch – wie bei der aus Milzbrandbakterien isolierbaren Poly-γ-D-Glutaminsäure – Isopeptidbindungen enthalten können. Synthet. P. eignen sich bes. zu physikochem. Modelluntersuchungen u. Proteineigenschaften.
Polyandrie w [v. gr. andres = Männer], *Vielmännerei,* ↗Polygamie.
Polyangiaceae [Mz.; v. gr. aggeion = Gefäß], Fam. der ↗Myxobakterien *(Myxobacterales),* neuerdings wieder als ↗*Sporangiaceae* (mit anderer Gatt.-Zusammensetzung) benannt. Die vegetativen Zellen sind zylindr. mit abgerundeten Enden; die Myxosporen sind ihnen ähnl. Die Sporangien sitzen einzeln od. in Gruppen (Sori), v. einer Membran umgeben, auf dem Substrat *(Polyangium,* ↗*Nannocystis)* od. stehen auf Stielen *(Chondromyces).* Unter den Kolonien wird der Agar zersetzt; einige bauen Cellulose ab; Kongorot wird v. den Zellen nicht absorbiert. – Die Fruchtkörper der Gatt. *Polyangium* bestehen aus mehr od. weniger rundl., gelben, orangefarbigen, braunen od. grauen Sporangiolen, die zu mehreren von einer gemeinsamen Schleimhülle umgeben sind. *P. vitellinum* ist das als erstes beschriebene Myxobakterium (aber anfangs für einen Pilz gehalten); *P. parasiticum* scheint auf Süßwasseralgen zu parasitieren. *Chondromyces*-Arten entwickeln sehr komplexe Fruchtkörper mit verzweigtem od. unverzweig-

Polsterpflanzen
Sympodialer Aufbau einer Polsterpflanze (schematisch)

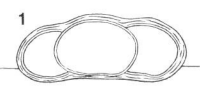

Polyangiaceae
1 *Polyangium*-Sporangium, Größe 5–400 μm;
2 *Chondromyces apiculatus,* Sporangium 25–40 × 35–50 μm, Stiel ca. 700 μm;
3 *Chondromyces crocatus,* Sporangium 10–25 × 15–30 μm, Stiel ca. 700 μm

Polychaeta
Ordnungen:
Amphinomida
(↗*Amphinomidae*)
↗*Archiannelida*
↗*Capitellida*
↗*Cirratulida*
↗*Eunicida*
↗*Flabelligerida*
↗*Opheliida*
↗*Orbiniida*
↗*Oweniida*
↗*Phyllodocida*
↗*Psammodrilida*
↗*Sabellariida*
↗*Sabellida*
↗*Spintherida*
↗*Spionida*
↗*Sternaspida*
↗*Terebellida*

poly- [v. gr. polys (pollē, poly) = viel, häufig].

tem Schleimstiel, der mehrere leuchtend orangefarbige Sporangiolen trägt.
poly(A)-Polymerase ↗Polyadenylierung.
polyarch [v. gr. polyarchos = vielherrschend] ↗pentarch.
poly(A$^+$)-RNA ↗Polyadenylierung.
Polyborus m [v. gr. polyboros = Vielfraß], Gatt. der ↗Falken.
Polybrachia w [v. gr. brachiōn = Arm], Gatt. der ↗Pogonophora.
Polycarpicae [Mz.; v. gr. polykarpos = vielfrüchtig], die ↗Magnoliidae.
Polycelis w [v. gr. kēlis = Fleck], Strudelwurm-Gatt. der *Tricladida* (Fam. *Planariidae*). *P. nigra,* bis 26 mm lang u. bis 6 mm breit, Farbe gelb, rotbraun bis grau u. schwarz; Kopf abgestutzt, in der Mitte ein wenig vorgewölbt; zahlr. Augen an den Flanken des Vorderendes; in stehenden u. fließenden Gewässern Mitteleuropas. *P. cornuta,* bis 18 mm lang u. bis 2 mm breit, grau, braun od. schwarz; Kopf mit einem Paar Tentakeln und zahlr. Augen an Vorderrand u. Flanken; eurytherm im wärmeren Unterlauf mitteleur. Bäche.
Polycephalus m [v. gr. polykephalos = vielköpfig], ↗Multiceps.
Polycera w [v. gr. polykerōs = vielhörnig], Gatt. der ↗Hörnchenschnecken (□).
Polycercus m [v. gr. kerkos = Schwanz], bes. Form eines ↗Cysticercus der ↗Bandwürmer, bildet bei einigen Arten mehrere ↗Cysticercoide, z. B. bei *Paricterotaenia paradoxa.*
Polychaeta [Mz.; v. gr. polychaitēs = mit vielen Borsten], *Vielborster,* Kl. der ↗Ringelwürmer mit im allg. 17 Ord. (vgl. Tab.), etwa 51 wichtigen Fam. und ca. 13 000 Arten, von denen die meisten marin, einige im Brack- u. wenige im Süßwasser od. terrestrisch leben. Gewöhnl. sind sie zw. 0,2 und 10 cm lang, doch gibt es nicht wenige Arten, die unter 1 mm Länge bleiben, z. B. *Troglochaetus beranecki* mit 0,7 mm, wie andere Formen mehrere m Länge erreichen; der größte Polychaet, *Eunice aphroditois,* wird 3 m lang. – Die nicht selten farbenprächtigen, langgestreckten u. segmentierten Tiere bestehen aus dem Prostomium, der Buccalregion (Metastomium) mit der Mundöffnung, einer je nach Art unterschiedl. Anzahl v. Metameren u. dem aftertragenden Pygidium. Die Zahl der Metamere ist nur selten konstant, schwankt sogar innerhalb einer Art u. ist nicht immer mit der Länge des Tieres korreliert. Entspr. dem Bauplan der Ringelwürmer enthält jedes Metamer je ein Paar Coelomsäcke, Nephridien, Gonaden u. Ganglien u. trägt als typisches Polychaeten-Merkmal ein Paar Parapodien, die als ektodermale, seitl. Ausstülpungen der Körperwand entstehen, v. Muskeln durchzogen u. von Stützborsten (Aciculae) verfestigt werden. Im Grundplan des Parapodiums, wie man ihn noch bei einigen ↗*Hesionidae* (z. B. ↗*Ophiodromus*) findet,

Polychaeta

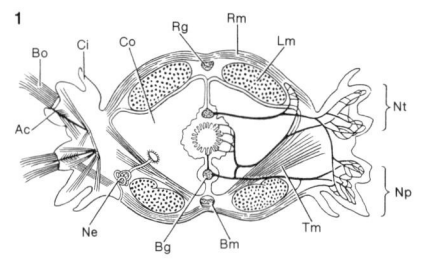

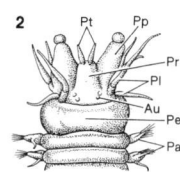

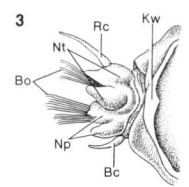

Polychaeta

1 Schemat. Querschnitt v. *Nereis*; rechts die Hauptstämme des Blutgefäßsystems eingezeichnet, links Borsten u. Muskeln des Parapodiums u. ein Metanephridium.
2 Kopf von *N. pelagica* in Dorsalansicht; auf dem Prostomium 4 Augen.
3 Parapodium von *N. pelagica*.
Ac Acicula, Au Augen, Bc Bauchcirrus, Bg Bauchgefäß, Bm Bauchmark, Bo Borsten, Ci Cirrus, Co Coelom, Kw durchschnittene Körperwand, Lm Längsmuskelband, Ne Nephridium, Np Neuropodium, Nt Notopodium, Pa Parapodien, Pe Peristomium, Pl Peristomialtentakel, Pp Palpus, Pr Prostomium, Pt Prostomialtentakel, Rc Rückencirrus, Rg Rückengefäß, Rm Ringmuskulatur, Tm Transversalmuskeln

Polychaeta

Ernährungstypen:
Makrophagen
  Fleischfresser
  Pflanzenfresser
Mikrophagen
  Substratfresser
  Sandlecker
  Taster
  Strudler u.
  Filtrierer
  Netzfänger
Kommensalen
Parasiten:
Ekto- u. Endoparasiten

läßt sich ein dorsaler Ast (Notopodium) v. einem ventralen (Neuropodium) unterscheiden. Jeder Ast trägt ein Borstenbündel (Name: Polychaeta!) sowie einen Cirrus, das Notopodium einen Dorsal-, das Neuropodium einen Ventralcirrus. – In der Abwandlung v. Prostomium, Buccalregion u. der Parapodien samt ihrer Borsten ist im wesentl. die Mannigfaltigkeit der P. begründet u. hat zu einer Vielzahl v. Bewegungs- und in Zshg. mit einem Umbau des Vorderdarms auch zu einer großen Zahl v. Ernährungstypen geführt. Das Prostomium kann mit Sinnesorgane tragenden Antennen u. Palpen sowie Augen u. Chemorezeptoren (Nuchalorgane) versehen, es kann aber auch zu einem winzigen, häufig schildart. Überbleibsel reduziert sein. Die Buccalregion ist häufig mit einem od. zwei Segmenten zu einem Peristomium verschmolzen. Die Parapodien dieser Folgesegmente sind fast immer bis auf die Cirren (Peristomial- od. Tentakelcirren) rückgebildet. Diese Tendenz zur ↗ Cephalisation kann dadurch fortgesetzt werden, daß die Grenze zw. Pro- u. Peristomium nahezu vollständig verschwindet. An den Parapodien können ebenso zusätzliche Lappenbildungen od. dorsale Kiemen auftreten, wie die Zahl der Borsten verändert u. die Cirren rückgebildet werden können. In wenigen Fällen sind die Parapodien gänzlich verschwunden, so daß die Borsten direkt in der Körperwand stehen. Bei einigen Gatt., wie *Aphrodite* od. *Lepidonotus*, sind die Dorsalcirren kurze kegel- od. säulenförmige Gebilde (Elytrophoren) u. tragen Schuppen (Elytren), die sich dachziegelartig übereinander legen u. auf diese Weise Schutz gewähren. Die Mannigfaltigkeit der glatten, gezähnten, nadel-, kamm-, schaufel- u. andersförmigen Borsten scheint schier unbegrenzt. Sie dienen u.a. als Ruder, Grab-, Stemm- u. Steiggeräte. Mit den Neuropodien bewegen sich die *P.*, den Tausendfüßern ähnlich, schlängelnd fort; die Notopodien dienen mit ihren Harpunenborsten hpts. der Verteidigung. – Die freilebenden *P.* (↗ *Errantia*) verfügen über ein gut entwickeltes Prostomium mit Sinnesorganen (Augen, Tentakel) u. gleichartig gebaute Parapodien (homonome Segmentierung). Bei den sessil od. halbsessil, eingegraben od. in Gängen u. Röhren lebenden *P.* (↗ *Sedentaria*) ist das Prostomium sehr klein u. der Körper aufgrund unterschiedl. Gestaltung der Parapodien in Tagmata unterteilt (heteronome Segmentierung), die zwar als „Thorax" u. „Abdomen" bezeichnet werden, jedoch den ebenso benannten Körperregionen der ↗ Gliederfüßer nicht homolog sind. – Wie bei den ↗ *Oligochaeta* stellt die Körperwand der *P.* einen Hautmuskelschlauch dar, der als funktionelle Einheit zus. mit dem gekammerten Coelom als Hydroskelett die Wurmgestalt beim ruhenden wie beim sich bewegenden Tier formt. Er besteht aus einer einschichtigen, zellulären Epidermis, aus Ring-, Diagonal- u. einer in 4 Stränge unterteilten Längsmuskelschicht. Die Epidermis enthält neben den Deck- viele Schleim- und ggf. auch Pigmentzellen (Chromatophoren). Sie scheidet eine dünne Cuticula aus sich schichtweise kreuzenden Kollagenfibrillen od. einer einheitl. Lage aus Proteinen u. Albuminoiden ab. Eine teilweise od. vollständig bewimperte Epidermis findet sich bei einigen kleinen Formen (z. B. *Ophryotrocha*) u. wird als verharrendes Larvalmerkmal (Neotenie) gedeutet. Darüber hinaus treten Cilien lokal auch bei vielen anderen Formen an Kiemen, Tentakeln od. in Kotrinnen auf und erzeugen od. fördern den Atem-, Nahrungs- od. Kotstrom. – Der Darmkanal durchzieht meist geradlinig den gesamten Körper. Der ektodermale Vorderdarm setzt sich aus Mundhöhle, Pharynx u. Oesophagus zus. Es folgt der lange entodermale Mitteldarm, der durch ein dorsales u. ein ventrales Mesenterium in seiner Lage gehalten wird. Seine Peristaltik wird durch eine Muskelschicht aus dem Darmepithel anliegenden Ring- u. Längsmuskeln bewirkt. Der ektodermale Enddarm ist kurz. Mit Ausnahme der strudelnden Mikrophagen (*Sabellida*) u. der tentakeltragenden Taster (*Spionida*) kann bei den *P.* die Mundhöhlenwand umgestülpt u. als Rüssel, in dem dann der Pharynx verläuft, nach außen geschoben werden. Bei den *Errantia* trägt der Pharynx paarige Einzelkiefer od., wie bei den *Eunicida*, einen differenzierten Kieferapparat, die Mundhöhle bei den Nereiden zudem cuticuläre Zähnchen (Paragnathen). Die Kiefer dienen zum Ergreifen u. Festhalten der Nahrung, werden aber auch zum Scharren im Boden verwendet. Bei einigen Glyceriden stehen die Kiefer mit einer Giftdrüse in Verbindung, deren Sekret bes. auf Krebse toxisch wirkt. – Das geschlossene Blutgefäßsystem besteht im wesentl. aus einem Rücken- u. einem Bauchgefäß, die durch segmentale, in die Körperwand eingelassene Ringgefäße sowie durch ein dem Darm anliegendes Gefäßnetz miteinander verbunden sind. Das kontraktile Rückengefäß treibt das Blut v. caudal nach rostral. Dieses Grundschema des Blutgefäßsystems wird bei den einzelnen Familien z.T. beachtlich abgeändert. Respirator. Farbstoffe sind neben Hämoglobin auch Hämerythrin u. Chlorocruorin. – Die Atmung erfolgt im allg. über die Haut, aber auch über Kiemen an der Basis der Notopodien od. über den Darm. Exkretion u., wo erforderlich, auch Osmoregulation, werden bei den meisten *P.* von Metanephridien, bei einigen Formen (z. B. *Phyllodocidae, Tomopteridae, Nephthyidae*) jedoch v. Protonephridien besorgt. – Das Nervensystem ist ein typisches Strickleiternervensystem. Weit verbreitet an Palpen, Antennen, Tentakel- u. Parapodialcirren sind Tastorgane. Seismische Organe wurden an verschiedenen Cirren v. *Harmothoë* entdeckt. Die Papillen auf den Antennen u. anderen Anhängen sowie die Nuchalorgane am Prostomium sind Chemorezeptoren. Statocysten sind nur bei wenigen Fam. (z. B. *Arenicolidae, Terebellidae, Sabellidae*) nachgewiesen. Lichtsinnesorgane kommen als Pigmentbecher-, Gruben- od. Blasenaugen vor. Als Sinnesorgane unbekannter Funktion werden die Lateralorgane angesehen, die bei vielen *Sedentaria* zw. dem Dorsal- u. Ventralast der Parapodien liegen. – Im Ggs. zu den *Oligochaeta* sind die meisten *P.* getrenntgeschlechtlich; Sexualdimorphismus jedoch ist sehr selten. Zwergmännchen sind v. *Dinophilus gyrociliatus* bekannt. Protandrische Zwitter treten in einigen Fam. auf (z. B. *Hesionidae, Nereidae, Spionidae, Serpulidae*). Simultanes Zwittertum ist von einigen *Ophryotrocha*-Arten, konsekutives von *O. puerilis* u. *Brania clavata* bekannt. – Die im allg. wenig differenzierten Gonaden nehmen Teile des Coeloms ein u. waren urspr. in allen Metameren vorhanden. Die Keimzellen gelangten durch Aufplatzen der Körperwand, durch Abtrennen u. anschließendes Aufreißen v. Segmenten (↗Epitokie, ↗Palolowürmer) od. am häufigsten über Ausführgänge ins freie Wasser, wo folgl. äußere Besamung stattfindet. Die Ausführgänge beginnen mit einem großen Genitaltrichter, der direkt nach außen mündet od. – was öfters der Fall ist – sich mit einem Protonephridium zu einem Protonephromixium od. mit einem Metanephridium zu einem Metanephromixium vereinigt, so daß die Geschlechtszellen durch ein Urogenitalsystem ausgeleitet werden. Der Fortpflanzungserfolg der äußeren Besamung ist durch die Kopplung der Gametenreifung an einen endogenen Rhythmus sichergestellt, der durch exogene Faktoren (Belichtung, Temp.) synchronisiert wird (↗Lunarperiodizität). *P.*, die zeitlebens im Sediment bleiben, besitzen Kopulationsorgane u. übertragen folgl. die Spermatozoen direkt auf das weibl. Tier. Viele schließen die Eier in Schleimkokons ein u. treiben Brutpflege. Eingeschlechtl. Fortpflanzung (Parthenogenese) kommt bei wenigen Arten (z. B. *Typosyllis vivipara*) vor u. ist mit Viviparie verbunden. Unge-

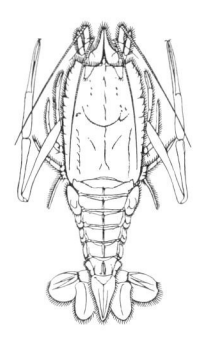

Polychelidae
Polycheles sculptus, 14,5 cm lang

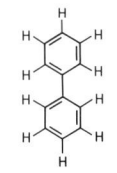

polychlorierte Biphenyle
Strukturformel des *Biphenyls.* Aus dem Grundgerüst des Biphenyls entstehen durch Substitution der H-Atome durch Cl-Atome die 209 mögl. polychlorierten Biphenyle.

poly- [v. gr. polys (polē, poly) = viel, häufig].

schlechtlich durch caudale od. laterale Sprossung pflanzen sich einige *Syllidae* fort. Autotomie mit anschließender Regeneration ist z. B. für *Eurythoë, Pygospio* u. *Dodecaceria* beschrieben. Bei *Autolytus prolifer* liegt Metagenese vor. – Die Entwicklung beginnt mit einer Spiralfurchung und führt zu einer Trochophora-Larve, die bei den verschiedenen Taxa vielfältig abgewandelt werden kann, z. B. zur Mitraria-Larve. Aus der Trochophora geht die Metatrochophora hervor, die als Nectochaeta, Polytrocha od. Aulophora auftreten kann. Im Stadium der Metatrochophora beginnt die Metamorphose zum Adultus durch Teloblastie. *D. Z.*

Polychelidae [Mz.; v. gr. chēlē = Krebsschere], Fam. der *Palinura;* im Habitus an ↗Bärenkrebse erinnernde, mittelgroße (10 bis 20 cm) Krebse, deren vordere 4 Beinpaare Scheren tragen; der erste Scherenfuß ist lang u. dünn. *P.* sind offenbar eine Reliktgruppe, die sich nur in der Tiefsee erhalten hat, wo die beiden augenlosen Gatt. (fossile Gatt. besaßen Augen) *Polycheles* u. *Willemoesia* eingegraben im Schlamm leben u. sich v. Aas ernähren. Im Mittelmeer *Polycheles typhlops* (ca. 10 cm) in 200 bis 2000 m Tiefe.

polychlorierte Biphenyle, Abk. *PCB,* eine Gruppe von synthet., zu den ↗Chlorkohlenwasserstoffen zählenden Verbindungen, die sich durch Substitution v. Wasserstoffatomen des Biphenyls durch Chloratome ableiten; theoret. sind je nach Anzahl u. Position der eingeführten Chloratome 209 verschiedene PCB möglich. Aufgrund vielfacher techn. Anwendungen (z. B. in sog. offenen Systemen als Weichmacher in Kunststoffen u. als wasserabstoßender Lackzusatz od. in sog. geschlossenen Systemen als Transformatorenflüssigkeit u. als feuerfestes Hydraulikóẅl) sind PCB in der Umwelt, wenngleich in meist niedriger Konzentration (z. B. 0,002 µg/l in der Nordsee), weitverbreitet u. stellen wegen der Anreicherung in der Nahrungskette – ähnl. wie bei anderen ↗Chlorkohlenwasserstoffen (□) – ein ernsthaftes Umweltproblem dar. In den USA wurde daher die Herstellung von PCB völlig eingestellt; in der BR Dtl. unterliegen Herstellung u. Handel von PCB gesetzl. Vorschriften. In den EG-Ländern werden PCB seit etwa 10 Jahren nur noch zur Anwendung in sog. geschlossenen Systemen (Hydraulikwerkzeuge u. Kleinkondensatoren) produziert, was jedoch wegen der Durchlässigkeit dieser Systeme nur abschwächend wirkt. ⊤ MAK-Wert.

Polychorie w [v. gr. chorizein = verbreiten], Verbreitung v. Früchten od. Samen durch *mehrere* Ausbreitungsmechanismen; ↗Allochorie.

Polycirrus *m* [v. lat. cirrus = Franse], Ringelwurm-(Polychaeten-)Gatt. der ↗*Terebellidae;* bekannte Art *P. medusa.*

polycistronisch, Eigenschaft von RNAs, die kovalent verbundene Transkripte v. mehreren Genen darstellen. Allg. werden die in Form v. ⁊Operonen gemeinsam regulierten Gene als p.e m-RNA, aber auch als p. aufgebaute t-RNA- bzw. r-RNA-Präkursoren transkribiert.

Polycladida [Mz.; v. gr. polyklados = reich verzweigt], Strudelwurm-Ord. mit 24 Fam. (vgl. Tab.); große u. häufig bunt gefärbte Arten. Kennzeichen: Pharynx plicatus, verzweigter, bewimperter Darm; primär männl. und weibl. Geschlechtsöffnung getrennt; Spermium biflagellat (9+„1"-Muster); typische Spiralfurchung; Müllersche u. Goettesche Larve. Viele leben kommensalisch; nur marin, bes. in Korallenriffen.

Polycnemum *s* [v. gr. polyknēmon = eine unbekannte Pflanze], das ⁊Knorpelkraut.

Polycrossmethode [v. engl. cross = kreuzen], pflanzenzüchterisches Massenkreuzungs-Testverfahren, mit dem die allg. ⁊Kombinationseignung der eingesetzten Linien sowie deren Eignung zur Herstellung sog. synthetischer Sorten festgestellt werden kann. Prinzip der P. ist, daß alle beteiligten Pflanzen die gleiche Chance erhalten, v. jeder anderen bestäubt zu werden. Meist werden von 60–80 zur Prüfung ausgelesenen Pflanzen Klone mit je 100 Individuen hergestellt. Von diesen werden 20mal je 5 (= 20 sog. Wiederholungen) zufallsmäßig auf der Versuchsfläche verteilt, so daß jeder Klon mit einem Pollengemisch aller anderen Klone bestäubt werden kann. Die Samen aller 20 Wiederholungen eines Klons werden zus. geerntet u. die Nachkommen geprüft, entweder im Hinblick auf die allg. Kombinationseignung dieses Klons zur Weiterzüchtung od. auf die Eignung zur Beteiligung an einer synthet. Sorte. Zur Herstellung einer synthet. Sorte werden die Samen der Klone mit den günstigsten Eigenschaften gemischt. ⁊Topcrossmethode.

polycyclische Pflanzen [v. gr. polykyklos = vielkreisig], die ⁊pleiocyclischen Pflanzen.

Polycystidae [Mz.; v. gr. kystis = Blase], *cephale Gregarinen,* Fam. der *Gregarinida;* Einzeller (⁊*Sporozoa*), deren Zellkörper durch ein ektoplasmat. Septum in einen vorderen *(Protomerit)* u. hinteren Teil *(Deutomerit)* gegliedert ist. Der Protomerit mancher Arten trägt, wenn er jung ist, einen Fortsatz *(Epimerit)* zur Verankerung in der Wirtszelle; er wird später abgeworfen. *P.* leben im Darm v. Arthropoden. Bekannteste Gattung ist ⁊ *Gregarina* (☐). *Nematopsis ostrearum* ist eine Gregarine mit Wirtswechsel zw. Austern u. Krabben; bei Massenbefall treten Epidemien bei den Muscheln auf.

polycytogene Fortpflanzung, die stets ⁊asexuelle Fortpflanzung mit *mehrzelligen* Fortpflanzungskörpern (⁊Brutknospen, ⁊Brutkörper, ⁊Knospung, ⁊Sprossung, ⁊Strobilation) od. Überdauerungsstadien (z.B. ⁊Gemmula, ⁊Statoblasten). Ggs.: monocytogene Fortpflanzung.

Polydactylus *m* [v. gr. polydaktylos = vielfingerig], Gatt. der ⁊Fadenfische.

Polydaktylie *w* [v. gr. polydaktylos = vielfingerig], *Vielfingrigkeit, Mehrfingrigkeit,* Bildung v. überzähligen Fingern u. Zehen, beim Menschen dominant erblich.

Polydesmidae [Mz.; v. gr. desma = Band], die ⁊Bandfüßer.

Polydesoxyribonucleotide, *Polydesoxyribonucleotide,* ⁊Polynucleotide.

Polydora *w* [v. gr. doros = Schlauch, Sack], Ringelwurm-(Polychaeten-)Gatt. der Ord. ⁊*Spionida* mit 65 Arten. Bekannteste Art *P. ciliata,* 20–30 mm lang, gelbl.-braun od. strohfarben mit rotem Rückengefäß, lebt auf allen Böden u. meist in selbst gebohrten Gängen u. Röhren in Kalkstein, Holz, Torf und v.a. in Molluskenschalen; treibt Brutpflege, indem sie 12–21 Eikapseln mit je 15–80 Eiern bis zum Schlüpfen der Nectochaeta-Larven in ihrer Wohnröhre hält. Wohndichte in Kalkfelsen: bis 200 000 Tiere auf 1 m². Nordsee, westl. Ostsee.

Polyederkrankheit [v. gr. polyedros = vieleckig], seuchenhafte, tödl. Krankheit der Seidenraupe, verursacht durch das Virus *Botelina bombycis.*

Polyembryonie *w* [v. gr. embryon = Leibesfrucht], **1)** Bot.: bei einigen Nadelhölzern (z.B. Kiefer) die Ausbildung mehrerer Proembryonen in einer Samenanlage; hierbei entwickeln sich aus einer befruchteten Eizelle (Zygote) 4 Proembryonen *(zygotische P.);* jedes Megaprothallium (♀ Gametophyt) einer Samenanlage kann bis zu 4 Eizellen besitzen, die alle befruchtet werden können u. mit je 4 Proembryonen auswachsen *(gametophytische P.);* aber nur 1 Proembryo entwickelt sich pro Samenanlage zu einem Embryo; die übrigen degenerieren; bei einigen Angiospermen (z.B. *Citrus*) Ausbildung mehrerer Adventivembryonen (⁊Adventivembryonie) pro Samenanlage (⁊Apomixis). **2)** Zool.: eine Art der vegetativen (ungeschlechtl.) Fortpflanzung. Mehrere Embryonen entstehen, indem sich Zellen (⁊Blastomeren) eines frühen Furchungsstadiums voneinander trennen. Jede dieser neu entstandenen Embryoanlagen wächst zu einem selbständigen Individuum heran. Alle durch P. entstandenen Individuen sind genet. identisch, da sie auf dieselbe befruchtete Eizelle zurückgehen. Sie sind *eineiige Mehrlinge,* stellen also einen ⁊Klon dar. P. tritt häufig auf bei Moostierchen, Schlupfwespen u. Gürteltieren. Der einfachste Fall einer P. ist die auch beim Menschen auftretende Bildung eineiiger ⁊Zwillinge. B asexuelle Fortpflanzung II.

Polyenantibiotika, konjugierte Doppelbindungen enthaltende ⁊Antibiotika, die v. verschiedenen *Streptomyces*-Arten gebil-

---

Polycladida

Wichtige Familien:
Callioplanidae
Cestoplanidae
Discocelidae
Euryleptidae
Hoploplanidae
Latocestidae
Leptoplanidae
Planoceridae
Pseudoceridae
Polyposthiidae
Stylochidae
Taenioplanidae

poly- [v. gr. polys (pollē, poly) = viel, häufig].

det werden. Nach Anzahl (N) der konjugierten Doppelbindungen unterscheidet man *Tetraen-Antibiotika* (N = 4), z.B. ↗*Nystatin*, Antimykoin, Fumagillin u. Protozidin, *Pentaen-Antibiotika* (N = 5), z.B. Eurozidin u. Filipin, *Hexaen-Antibiotika* (N = 6), z.B. Flavazid u. Medoizidin, u. ↗*Heptaen-Antibiotika* (N = 7).

Polyene [Mz.], chem. Verbindungen, die eine längere Folge konjugierter Kohlenstoff-↗Doppelbindungen (☐) im Molekül besitzen; allg. Summenformel: $CH_2=CH-(CH=CH)_n-CH=CH_2$. Zu den P.n zählen Naturstoffe wie Carotinoide u. Vitamin A.

polyenergide Zelle [v. gr. *energēs* = wirksam], Bez. für eine Zelle mit mehreren ↗Zellkernen (↗*Energide*). Ggs.: monoenergide Zelle.

Polyethismus *m* [v. gr. *ethos* = Gewohnheit, Brauch], *Verhaltenspolymorphismus*, gleichzeitiges Auftreten v. Individuen einer Art (Population), die sich regelmäßig in jeweils für sie charakterist. Verhaltensweisen unterscheiden. Die Unterschiede können erbl. bedingt sein (wie z.B. unterschiedl. Verhalten der Geschlechter, ↗Sexualdimorphismus), sie können durch ↗Prägung bedingt sein, wie z.B. in manchen Fällen bei der ↗Habitatselektion (↗*Ökoschema*), od. ihnen können bestimmte Umwelteinflüsse zugrunde liegen, wie z.B. das unterschiedl. Verhalten der verschiedenen ↗Kasten bei staatenbildenden Insekten, bedingt durch unterschiedl. Ernährung od. durch Pheromone. ↗Polymorphismus.

Polygalaceae [Mz.; v. gr. *polygalon* = Milchkraut], die ↗Kreuzblumengewächse.

Polygalales [Mz.], die ↗Kreuzblumenartigen.

Polygamie *w* [v. gr. *polygamia* = Vielweiberei], **1)** Bot.: bei höheren Pflanzen das Auftreten von „eingeschlechtlichen" (staminaten ♂ oder karpellaten ♀) ↗Blüten neben Zwitterblüten (⚥) bei der gleichen Art; z.B. andromonözisch (♂, ⚥) bei *Veratrum album* (↗*Andromonözie*), gynodiözisch (♀, ⚥) bei *Thymus serpyllum* (↗*Gynodiözie*) oder triözisch (♀, ♂, ⚥) bei *Fraxinus*. **2)** Zool.: *Vielehe*, sexuelle Beziehung eines Individuums zu mehreren Partnern des anderen Geschlechts (↗*Paarbindung*), v.a. *Polygynie*, d.h. die sexuelle Partnerschaft eines ♂ mit mehreren ♀♀. Die *Polyandrie* (sexuelle Partnerschaft eines ♀ mit mehreren ♂♂) ist sehr selten u. nur von einigen Vogelarten bekannt. P. kommt im Ggs. zur ↗Monogamie v.a. bei Arten vor, bei denen sich das polygame Geschlecht nicht an der ↗Brutpflege beteiligt. Es kann dann Zeit u. Energie auf die Verteidigung der Partner (meist der ♀♀) u. eines ausreichenden Territoriums verwenden. Zeitl. gesehen, geht ein ♂ entweder eine dauerhafte Bindung mit mehreren ♀♀ ein (↗*Harem*), oder es kopuliert nacheinander mit mehreren ♀♀. Es gibt auch fakultative P. unter bes. günstigen Umständen, z.B. beim Zaunkönig od. der Prärieammer: in diesen Fällen gelingt es dem ♂, ein für zwei Nester mit zwei ♀♀ geeignetes Revier zu besetzen. Arten mit P. zeigen meist einen ausgeprägten ↗Sexualdimorphismus, wobei das polygame Geschlecht größer ist u./od. die auffälligeren Merkmale zeigt. Beispiele sind bei Säugetieren sehr zahlreich, z.B. der dauerhafte Harem der Mantelpaviane od. der kurzzeitig bestehende Harem des Rothirschs, die Paarung mit mehreren Ricken nacheinander beim Rehbock usw. Man beachte: Während bei Monogamie beide Geschlechter monogam sind, bezieht sich der Begriff P. immer auf ein Geschlecht; Arten ganz ohne Partnerbindung zeigen ↗Promiskuität. ↗Familienverband.

Polygene ↗*Polygenie*.

polygenes Merkmal, Merkmal, an dessen Ausbildung mehrere Gene beteiligt sind. ↗*Polygenie*.

Polygenie *w* [v. gr. *polygenēs* = aus vielen Geschlechtern], Bez. für die Beteiligung mehrerer Gene *(Polygene)* an der Ausbildung eines ↗Merkmals. Dabei kann es zur Ausbildung des Merkmals auch durch jedes beteiligte Gen allein kommen *(isophäne P.)*, od. die beteiligten Gene ergänzen sich komplementär *(anisophäne P.)*. Isophäne P. wird als *additive P.* od. *Polymerie* bezeichnet, wenn sich die Einzelwirkungen der beteiligten Gene *(Polymergene)* addieren. Polymerie kann als *Homomerie* od. *Heteromerie* vorliegen, je nachdem, ob die Wirkung der einzelnen Gene quantitativ gleichwertig od. unterschiedlich ist. Im Fall anisophäner P. können sich die einzelnen Gene gleichberechtigt ergänzen od. neben einem Hauptgen existieren. ↗*Modifikationsgene*. Ggs.: Polyphänie.

Polygonaceae [Mz.; v. gr. *polygonon* = Knöterich], Fam. der ↗Knöterichartigen.

Polygonales [Mz.], die ↗Knöterichartigen.

Polygonatum *s* [v. gr. *gony*, Gen. *gonatos* = Knie, Knoten], die ↗Weißwurz.

Polygonboden [v. gr. *gōnia* = Winkel, Ecke], Form v. Trockenböden mit netzart. Vieleckmuster; entsteht 1) durch Austrocknung von Feinerde- u. Salzböden (Trockenrisse), bes. in Trockengebieten; 2) in arkt. u. Hochgebirgsregionen als Frostgefügeboden mit Frostspalten od. materialsortierten Erdwällen od. Steinringen.

Polygonia *w* [v. gr. *gōnia* = Winkel, Ecke], Gatt. der ↗Fleckenfalter, ↗C-Falter.

Polygono-Chenopodietalia [Mz.; v. gr. *polygonon* = Knöterich, *chēn* = Gans, *podion* = Füßchen], *Hackfrucht-Unkrautges., Ackermelde-Fluren,* Ord. der ↗*Stellarietea mediae* mit mehreren Verb. (vgl. Tab.); charakterist. Ges. der Kartoffel-, Rüben- u. Maisäcker, der Weinberge u. Gärten; bestimmt v. Wärmekeimern, da diese Flächen noch im späten Frühjahr bearbei-

---

poly- [v. gr. *polys* (*pollē, poly*) = viel, häufig].

Polygono-Chenopodietalia

Wichtige Verbände:
Fumario-Euphorbion peplus (basiphyt. Hackfrucht-Unkrautfluren, Erdrauch-Fluren)
Spergulo-Oxalidion strictae (frische, acidophyt. Hackfrucht-Unkrautfluren, Sauerklee-Fluren)
Panico-Setarion (trockene, acidophyt. Hackfrucht-Unkrautfluren, Hirse-Fluren)

poly- [v. gr. polys (pollē, poly) = viel, häufig].

tet werden. Die Arten der P. (z. B. Purpur-Taubnessel, Persischer Ehrenpreis) werden durch Stickstoffgaben gefördert. Die rebspezif. Weinbergslauch-Ges. (Assoz. *Geranio-Allietum*) ist reich an Zwiebelgeophyten.

Polygono-Poetea annuae [Mz.; v. gr. polygonon = Knöterich, poa = Gras, lat. annuus = jährlich], *Einjährigen-Trittges.*, Kl. der Pflanzenges.; an stark betretenen od. befahrenen Stellen, wo der Boden verdichtet ist u. Pflanzen häufig mechan. verletzt werden. Die Arten der P. sind inzwischen mit dem Menschen weltweit verbreitet worden. [↗ Knöterich.

Polygonum s [v. gr. polygonon =], der ↗

Polygordiidae [Mz.; ben. nach dem – durch einen Knoten bekannten – phryg. König Gordios], Ringelwurm-(Polychaeten-)Fam. der Ord. ↗ *Archiannelida;* keine Parapodien; Geschlechtsprodukte gelangen durch Aufreißen des Integuments ins Freie; im Sandlückensystem. Wichtigste Art *Polygordius appendiculatus,* 50 mm lang, fadenförmig, nur Längsmuskulatur ausgebildet, dicke Cuticula, Bewegung durch Schlängelkriechen; in sublitoralen Schill- u. Grobsedimenten.

Polygynie w [v. gr. polygynaix = mit vielen Frauen], **1)** die ↗ Pleometrose. **2)** *Vielweiberei,* ↗ Polygamie.

Polygyratia w [v. gr. gyros = Kreis], Gatt. der *Camaenidae,* Landlungenschnecken mit festem, scheibenförm. Gehäuse (bis 5 cm ⌀) u. schiefer Mündung, deren Rand schmal umgeschlagen ist. Die einzige Art, *P. polygyrata,* lebt in Brasilien.

Polygyroidea [v. gr. gyroeidēs = kreisförmig], **1)** [Mz.], Überfam. der U.-Ordnung *Sigmurethra,* Landlungenschnecken mit scheibenförm. bis kugeligem Gehäuse; die Mündung ist oft verdickt u. gezähnt. Zu den P. gehören 3–4 Fam., darunter die Fam. *Polygyridae,* die in N-Amerika u. Westindien weit verbreitet ist; viele zugehörige Arten leben in feuchten Wäldern u. ernähren sich v. Pilzen. **2)** w, Gatt. der *Camaenidae,* Landlungenschnecken mit flachgewundenem Gehäuse; 1 Art in Kalifornien.

Polyhaploidie w [v. gr. haploïs = einfach], ↗ Monohaploidie.

polyhybrid [v. lat. hibrida = Bastard], Bez. für Kreuzung od. Erbgang, bei dem sich die Eltern in mehreren Allelpaaren unterscheiden, bzw. für Bastarde, die für mehrere Gene heterozygot sind. [B] Mendelsche Regeln.

Poly-β-hydroxybuttersäure, Abk. *PHBS,* Bakterienfett, chloroformlösl., ätherunlösl. Polyester aus ↗ β-Hydroxybuttersäure (ca. 60 Einheiten); nur v. Prokaryoten gespei-

Poly-β-hydroxybuttersäure
P. kommt bei aeroben Bakterien (z. B. *Azotobacter, Rhizobium, Bacillus*), phototrophen Bakterien (z. B. Purpurbakterien) u. Cyanobakterien vor.

cherte Reservesubstanz, die bei Bedarf als Kohlenstoff- u. Energiequelle dient. P. kann bis zu 80% der Zelltrockensubstanz ausmachen; lichtmikroskop. als helle Granula, elektronenmikroskop. als „leere" Stellen zu erkennen; oft Bildung vor dem Auftreten v. Endosporen od. Cysten. ☐ Bakterien, ☐ phototrophe Bakterien.

Polyideaceae [Mz.; v. gr. polyeidēs = vielgestaltig], Fam. der ↗ *Cryptonemiales; Polyides rotundus,* Rotalge mit stielrundem, knorpeligem, wiederholt gabelig verzweigtem Thallus, bis 15 cm hoch; N-Atlantik, Nordsee im Sublitoral.

polykarp [v. gr. polykarpos = vielfrüchtig], Bez. für ein Gynözeum, das aus mehreren freien Fruchtblättern besteht. ↗ Blüte.

polykarpisch [v. gr. polykarpos = vielfrüchtig], heißen mehrmals blühende u. fruchtende, mehrjährige Pflanzenarten; Ggs. *monokarpisch:* nur einmal blühende u. fruchtende, mehrjährige Pflanzenarten.

Polyklon m [v. gr. polyklōnos = mit vielen Schößlingen], Population benachbarter, genealogisch nicht direkt verwandter Gründerzellen für ein ↗ Kompartiment.

Polykorm m [v. gr. kormos = abgehauenes Stück], *Polykormon,* eine durch vegetative Vermehrung entstandene u. (noch) miteinander morpholog. und damit funktional verbundene Gruppe von Kormophyten. Diese besteht also nicht aus mehreren „Individuen", sondern ist ein „Dividuum". Folgende Entstehungsweisen sind mögl.: Verzweigung v. Rhizomen (z. B. Schilfrohr, Maiglöckchen, Adlerfarn); Bildung unter- bzw. oberird. Ausläufer, sog. Stolonen (z. B. Quecke, Erdbeere); Horstbildung (z. B. Rasenschmiele, Sumpfsegge); Einwurzeln v. Trieben, also Absenker-Bildung (z. B. Stechpalme, Brombeere); Austrieb v. Knospen an Wurzeln, also Wurzelbrut-Bildung (z. B. Schlehe, Acker-Winde). Der „biologische Sinn", d. h. der Vorteil für die Art, ist ein zweifacher: 1. Es muß zur Vermehrung nicht das bes. gefährdete Keimlingsstadium durchlaufen werden. 2. Die Mutterpflanze trägt über längere Zeit hin zur Ernährung der Jungpflanze bei. Dies erklärt, daß P.-Bildner an bestimmten Standorten bes. reichlich auftreten, etwa als Pioniere auf nackten Böden od. als Unkräuter auf nicht allzuoft bearbeiteten Böden.

Polykotyledonie [v. gr. kotyledōn = Näpfchen], *Vielkeimblättrigkeit,* Bez. für den Besitz von mehr als 2 Keimblättern, z. B. bei Nadelbäumen (bis zu 18).

Polykrikos m [v. gr. krikos = Kreis, Ring], Gatt. der ↗ *Gymnodiniales,* vielkernige, marine Flagellaten mit vielen Furchen u. Geißeln; meist bilden 8 Zellen einen Verband; zur Abwehr werden Nematocysten ausgeschleudert. Einzige Art *P. schwartzi.*

polylecithale Eier [Mz.; v. gr. lekithos = Dotter] ↗ Eitypen.

Polymastigina [Mz.; v. gr. mastix = Gei-

$(C_4H_6O_2)_n$ $n \approx 60$

ßel], Ord. der ↗Geißeltierchen mit 4 oder vielen Geißeln u. charakterist. Organellen (↗Axostyl, ↗Parabasalkörper). Manche Arten haben komplizierte Sexualprozesse. Fast alle leben als Kommensalen od. Symbionten (B Endosymbiose) im Darm v. Schaben u. Termiten. P. werden in die 4 U.-Ord. ↗Pyrsonymphida, ↗Trichomonadina, ↗Calonymphida u. ↗Hypermastigida eingeteilt. Teilweise werden diese Gruppen auch als eigenständige Ord. betrachtet.

Polymastiidae [Mz.; v. gr. mastos = Brustwarze], Fam. der Schwamm-Kl. *Demospongiae* mit 8 Gatt.; massig, aber auch krustenförmig mit häufig fingerförm. Papillen, auf denen die Oscular-Öffnungen liegen. Wichtige Arten: *Polymastia mamillaris*, krustenförmig, Flachwasserform im Küstenbereich v. Mittelmeer, Atlantik u. Nordpazifik. ↗Radiella.

Polymerasen [Mz.], Gruppe v. zu den Transferasen gehörenden ↗Enzymen (T), die die Synthese v. Polynucleotiden aus Nucleosidtriphosphaten als monomere Vorstufen katalysieren. Die wichtigsten Vertreter sind die ↗DNA-P., ↗RNA-P., ↗reverse Transkriptase und poly(A)-Polymerase (↗Polyadenylierung).

Polymere [Mz.; Bw. *polymer*; v. *polymer-*], Makromoleküle (↗makromolekulare chem. Verbindungen), die durch Verknüpfung vieler gleicher oder ähnl. Grundbausteine (↗Monomere) aufgebaut sind. Biol. wichtige P. sind die Nucleinsäuren, Polysaccharide, Proteine sowie Murein u. Lignin (↗Biopolymere). Die Struktur von P.n kann kettenförmig linear (z.B. die ↗Nucleinsäuren) od. verzweigt (z.B. ↗Glykogen) od. zwei- u. dreidimensional vernetzt (z.B. ↗Murein u. ↗Lignin) sein. Chem. Reaktionen, die zur Bildung von P.n aus den Grundeinheiten führen, werden als *Polymerisationen* bezeichnet. Mit Ausnahme der nichtenzymat. ablaufenden ↗Lignin-Polymerisation werden in der Zelle alle Polymerisationen durch Enzyme (wie z.B. ↗Polymerasen) od. komplexere Enzymsysteme (wie z.B. bei der Translation) gesteuert, wobei die Bausteinmoleküle in Form energiereicher Zwischenstufen (z.B. Nucleosidtriphosphate bei Nucleinsäuren, Aminoacyl-t-RNA bei Proteinen) umgesetzt werden.

Polymergene [Mz.] ↗Polygenie.
Polymerie w [v. *polymer-*], ↗Polygenie.
Polymerisation w, ↗Polymere.
Polymetabola [Mz.; v. gr. metabolē = Umwandlung] ↗Holometabola.
Polymetamorphose w [v. gr. metamorphōsis = Umwandlung], bei den ↗Holometabola unter den Insekten der Larvalentwicklungsmodus, der die Polymetabola kennzeichnet.

polymiktisch [v. gr. polymiktos = vielfach gemischt], Bez. für Seen mit mehrmaliger Vollzirkulation pro Jahr; es werden unterschieden: *warm polymiktische Seen* (Tropenseen mit häufiger Vollzirkulation bei starker nächtl. Abkühlung) u. *kalt polymiktische Seen* (trop. Hochgebirgsseen mit fast ständiger Vollzirkulation, z.B. Titicacasee). ↗Zirkulation.

Polymita w [v. gr. polymitos = vielfädig], die ↗Buntschnecken.
Polymitarcidae, Fam. der ↗Eintagsfliegen.
Polymitose w, abnorme Folge v. ↗Mitosen, die im Anschluß an die beiden meiotischen Teilungen im Pollen abläuft, wodurch die Pollen funktionsunfähig werden u. zugrunde gehen; P. wurde v.a. bei Mais u. Hirse beobachtet.
Polymixioidei [Mz.; v. gr. polymixia = vielfache Mischung], U.-Ord. der ↗Schleimkopfartigen Fische.
Polymnia w [ben. nach der Muse Poly(hy)mnia], Gatt. der Ringelwurm-(Polychaeten-)Fam. *Terebellidae*. *P. nebulosa*, unter Steinen, Röhre mit Sand u. Muschelschill beklebt; Mittelmeer.

Polymorphismus m [v. gr. polymorphos = vielgestaltig], *Polymorphie, Heteromorphie,* diskontinuierl. Vielgestaltigkeit der Individuen einer lokalen Population, also am gleichen Ort. Darin besteht der Unterschied zur *polytypischen Art,* d.h. einer Spezies, die in verschiedenen Teilen ihres Verbreitungsgebiets in unterschiedl. geographischen Rassen (Subspezies) auftritt (↗Rasse). Wichtig ist, daß beim P. die betroffenen ↗Merkmale bei den Individuen diskontinuierlich, also in deutl. voneinander verschiedenen Phänotypen (verschiedenen ↗Morphen) auftreten. Dabei muß die Häufigkeit der seltensten Morphe größer sein, als daß sie sich durch wiederholte Mutationen aufrechterhalten ließe. Mißbildungen (seltene Aberrationen), die sofort durch Selektion ausgeschieden werden, sind daher keine Form des P. – Urspr. war der Begriff nahezu ausschl. auf sichtbare Merkmale beschränkt, u. in diesem Bereich finden sich auch die bekanntesten Beispiele. Eine verbreitete Form des P. (und ein Grenzfall, da nur zwei Morphen vorliegen, ↗Dimorphismus) ist der ↗Sexualdimorphismus, wobei die in ihren sekundären ↗Geschlechtsmerkmalen unterschiedl. Geschlechter die beiden Morphen darstellen. *Sozialer P.* findet sich bei vielen staatenbildenden Insekten (z.B. Termiten, Bienen, Ameisen), wo innerhalb eines Staates verschiedene Morphen als ↗Kasten differenziert sind. Ein zeitl. oder *Saison-P.* liegt vor, wenn die zu verschiedenen Zeiten im Jahr auftretenden Generationen einer Population unterschiedl. Morphen ausbilden, wie dies z.B. bei manchen Schmetterlingen vorkommt (↗Landkärtchen, ↗Saisondimorphismus). Bei mehreren Tieren kommen gleichzeitig u. nebeneinander Individuen in verschiedenen Farbphasen *(Farb-P.)* vor, so z.B. verschieden gefärbte u. gebänderte Individuen bei ↗Schnirkelschnecken, rote u.

poly- [v. gr. polys (pollē, poly) = viel, häufig].

polymer- [v. gr. polymerēs = vielteilig; polymereia = Vielteiligkeit].

Polymorphismus

schwarze Eichhörnchen, braune u. graue Farbphasen bei Waldkauz u. Kuckuck (hier nur die Männchen dimorph). Auch *Verhaltens-P.* (↗ Polyethismus) kommt vor. – Von *kryptischem P.* spricht man, wenn das polymorphe Merkmal nicht unmittelbar sichtbar ist, sondern erst durch chem., mikroskopische u. a. Untersuchungen sichtbar gemacht werden kann. Hierzu gehören z. B. die verschiedenen ↗ Blutgruppen des Menschen od. der ↗ Chromosomen-P. – Ein *stabiler P.* liegt vor, wenn die verschiedenen Typen (Morphen) eine mehr od. weniger konstante Häufigkeit über die Generationenfolge hinweg beibehalten. Das setzt voraus, daß jede der beteiligten Morphen unter bestimmten (zeitlich od. räumlich verschiedenen) Umweltbedingungen einen Selektionsvorteil hat, oder daß ↗ balancierter P. vorliegt. Von *transientem (vorübergehendem) P.* spricht man, wenn unter bestimmten Umweltbedingungen eine der beiden Morphen benachteiligt ist u. daher durch ↗ Selektion langsam verdrängt wird, bis sie schließl. ganz verschwindet u. eine monomorphe Population (mit nur einer Morphe) vorliegt. Ein Beispiel dafür bietet der ↗ Industriemelanismus mancher Schmetterlinge. Von *neutralem P.* spricht man, wenn das polymorph ausgebildete Merkmal keine selektive Bedeutung hat, also „neutral" ist, und sich die Häufigkeitsverteilung der verschiedenen Morphen allein durch Zufall (↗ Gendrift) einstellt. Dies mag beim Auftreten eines P. der ↗ Isoenzyme in Populationen gelegentl. der Fall sein. – *Genetischer P.* liegt vor, wenn das Auftreten der verschiedenen Morphen auf genet. Unterschieden beruht, also mehrere ↗ Allele eines ↗ Gens in einer Population vorliegen. Dies ist in der Tat für einen großen Prozentsatz (bis zu 40%) der Gene einer Art der Fall. Hier wird die Grenze zur genet. ↗ Variabilität (↗ genet. Flexibilität) unscharf, bei der die verschiedenen Varianten im Ggs. zum P. jedoch kontinuierl. ineinander „übergehen". Das gilt v. a. für quantitative Merkmale (Körpergröße, Gewicht u. a.), die durch das Zusammenwirken vieler Gene bedingt sind, v. denen jedes wiederum in mehreren Allelen in der Population vertreten ist. Sind Merkmale dagegen durch nur ein Gen od. wenige Gene bedingt, dann sind die Unterschiede der Morphen diskret u. können daher dem P. zugeordnet werden. Die zu beobachtenden unterschiedl. Morphen in einer Population sind nicht in allen Fällen genet. bedingt. Vielfach sind es unterschiedl. Umweltbedingungen, die im Rahmen der durch die Gene abgesteckten Reaktionsnorm (↗ Phän) die Ausbildung der einen od. anderen Morphe alternativ festlegen. Im Fall des Saisondimorphismus des Landkärtchens sind es die unterschiedl. Tageslängen, im Falle der Ausbildung v. Königin od. Arbeiterin bei der Honigbiene unterschiedl. Ernährungsbedingungen. Auch die ↗ Cyclomorphose (☐) mancher Kleinkrebse wird durch Umweltbedingungen ausgelöst. Um diese durch Umwelteinflüsse (modifikatorisch, ↗ Modifikation) bedingten Fälle von den genet. bedingten (z. B. Farb-P. v. Schnecken u. Vögeln) zu trennen, hat man den Begriff *Polyphänismus* eingeführt. Die genet. bedingten Fälle werden dann als P. i. e. S. betrachtet. *G. O.*

polymorphkernige Leukocyten, die ↗ Granulocyten.

Polymorphus *m* [v. gr. polymorphos = vielgestaltig], Gatt. der ↗ Palaeacanthocephala.

poly- [v. gr. polys (pollē, poly) = viel, häufig].

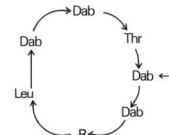

Polymyxine [Mz.; v. gr. myxa = Schleim], v. *Bacillus polymyxa* gebildete ↗ Peptidantibiotika, deren bakterizide Wirkung auf einer Schädigung der Cytoplasmamembran (Erhöhung der Permeabilität u. damit Aufheben der osmot. Barriere) beruht. P. sind cycl. Heptapeptide mit einem Tripeptid als Seitenkette, an deren Ende sich eine verzweigte Fettsäure (Isocaprylsäure = Isooctansäure = 6-Methyl-heptansäure) befindet. Die wichtigsten Vertreter sind

$$\text{O} \atop \|$$
$$-C-(CH_2)_4-CH-CH_2-CH_3$$
$$\hspace{3cm}|$$
$$\hspace{3cm}CH_3$$

Polymyxine

Dab = L-α,γ-Diaminobuttersäure (charakterist. Bestandteil der Polymyxine)
Polymyxin B₁: R = D-Phe
Colistin A: R = D-Leu

Cyclus: Dab → Thr → Dab ← Dab ← Thr ← Dab ← C(=O)... ; Leu, Dab, R

Polymyxin B und *Colistin* (= Polymyxin E). Ihr Wirkungsspektrum (⊞ Antibiotika) ist annähernd gleich u. richtet sich vorwiegend gg. gramnegative Bakterien, wie *Pseudomonas, E. coli, Salmonella, Shigella* u. andere. Aufgrund tox. Nebenwirkungen (Nephrotoxizität u. Neurotoxizität) ist die therapeut. Anwendung von P.n sehr begrenzt.

Polynecta [Mz.; v. gr. nēktos = schwimmend], ältere systematische Bez. für eine Teilgruppe der ↗ Staatsquallen, mit mehreren Schwimmglocken, jedoch ohne Gasbehälter; hierher z. B. die Gatt. *Galeolaria* (↗ Calycophorae).

Polynemoidei [Mz.; v. gr. nēma = Faden], die ↗ Fadenfische 2).

Polynephria [Mz.; v. gr. nephros = Niere], Insekten mit mehr als 8 Malpighi-Schläuchen.

Polyneside [Mz.; v. *poly-, gr. nēsos = Insel], menschl. Rasse v. Südseebewohnern, zu den ↗ Europiden gerechnet („Alteuropide"); gekennzeichnet durch großen u. kräftigen Körperwuchs, ein mittelhohes, leicht eckiges Gesicht mit mäßig breiter Nase; Augen, Haut u. welliges Haar dunkel. Lokal vermischt mit ↗ Australiden u. ↗ Melanesiden, möglicherweise auch ↗ Mongoliden. ⊞ Menschenrassen.

Polynesische Subregion, Ozeanien, eine tiergeographische Subregion (nach anderen Autoren eine „Region") der ↗ Australis (od. Notogäa). Die P. S. wird vielfach noch in die *ozeanische* u. *hawaiische Region* unterteilt u. umfaßt die zahllosen pazif. Inseln

Polynesiens u. Mikronesiens einschl. Neukaledonien, die Fidschi- u. Hawaii-Inseln (letztere von manchen als eigene Region betrachtet). Nur wenige Inseln der P.n S. haben alte Festlandskerne, u. es ist umstritten, welche v. ihnen ehemals Verbindung zum Festland hatten. Die Tierwelt dieser pazif. Inseln besteht daher weitestgehend aus zufälligen Einwanderern od. aus eingeschleppten Tieren (wie die ostasiat. Ratte, *Rattus concolor*). Flugfähige Tiere, wie Vögel, Fledermäuse u. manche Insekten, konnten aktiv, bzw. durch Stürme verdriftet, manche Inseln erreichen (↗Inselbesiedlung, ↗Inselbiogeographie). Die Inseln der P.n S. weisen daher eine artenarme, mehr od. weniger „zufällig" zusammengesetzte Fauna auf, wobei sich mit wachsender Entfernung abnehmende Beziehungen zum jeweils nächstgelegenen Festland ergeben. So kommen z. B. auf den Inseln Westpolynesiens Vertreter der austr. Großfußhühner u. Papageien (Fam. *Loridae*) vor. Honigfresser, in Austr. und den Tropen der Alten Welt verbreitete, Nektar fressende Vögel (dort die Kolibris der Neuen Welt vertretend), sind in der P.n S. mit mehreren Arten vertreten u. haben sogar Hawaii erreicht. Auch einige Reptiliengruppen sind, z. T. vielleicht mit andriftendem Pflanzenmaterial, auf einige der Inseln gelangt, so z. B. Geckos auf die Fidschi- u. Tonga-Inseln. Schlangen der Gatt. *Engyrus*, die sog. Pazifikboas, u. Landschnecken der Gatt. *Placostylus* erreichen auf den Fidschis die Ostgrenze ihrer Verbreitung. Am extremsten ist die Verarmung der Fauna in Mikronesien u. Ost-Polynesien, ozean. Inseln, die niemals Festlandkontakt hatten u. auf denen selbst landlebende Vogelarten nur sehr spärl. vertreten sind, v. denen es auf Tahiti noch 17, auf den Marquesas-Inseln noch 11 u. auf Pitcairn gar nur noch 4 Arten gibt. Unter den Insekten sind die Rüsselkäfer, die im Holz driftender Baumstämme offenbar große Strecken zurücklegen können, bis zu den Osterinseln gelangt. Da diejenigen Tierarten, denen eine Besiedlung der Inseln der Region gelang, v. ihren Ausgangspopulationen auf dem Festland jeweils separiert waren, bestand die Möglichkeit zur allopatrischen ↗Artbildung. Auf einigen Inseln finden sich daher ausschl. dort vorkommende Arten (↗Endemiten). So kommt nur auf den Fidschiinseln der Kurzkammleguan *(Brachylophus fasciatus)* vor, ein Vertreter der mit fast allen Arten in der Neuen Welt verbreiteten Leguane, dessen nächste Verwandte die Meerechsen u. der Drusenkopf von den ↗Galapagosinseln sind. Auch die Gatt. *Ogmodon* der Giftnattern ist ein Endemit der Fidschiinseln. Ganz auf Neukaledonien beschränkt ist die Fam. der ↗Kagus, die als einzige Art den dort in den Bergwäldern lebenden, nahezu flugunfähigen Kagu *(Rhynochetos jubatus)* aufweist. – Das Fehlen vieler Tiergruppen auf manchen Inseln der P.n S. hat einigen dort lebenden Gruppen eine Evolution in mehrere Arten erlaubt, die mangels Konkurrenten verschiedene Lebensformtypen (↗Lebensformtypus) entwickelt u. so eine ↗adaptive Radiation erfahren haben. Ein Paradebeispiel dafür ist die auf die 3500 km vom nächsten Festland entfernten *Hawaii-Inseln* beschränkte Fam. der ↗Kleidervögel, die dort in 11 Gatt. mit 21 Arten differenziert ist, darunter Samenfresser, Insektenfresser u. Nektarsauger. Auch die Fruchtfliegen *(↗Drosophilidae)* haben auf Hawaii eine adaptive Radiation erfahren u. sind dort mit insgesamt ca. 400 zum großen Teil endemischen Arten verbreitet. Unter anderen gibt es auch 2 auf Hawaii beschränkte Fam. von Landschnecken, die *Achatinellidae* u. die *Amastridae*. Allg. sind die auf den Hawaii-Inseln lebenden Insekten-, Landschnecken- u. Vogelarten zu rund 99% endemisch.

Lit.: *Carlquist, S.*: Island Life. New York, 1965. *G. O.*

Polynoidae [Mz.; ben. nach dem gr. Frauennamen Polynoë], *Schuppenwürmer*, Fam. der Ord. ↗*Phyllodocida* (Kl. ↗*Polychaeta*) mit 86 Gatt. (vgl. Tab.). Ihr Körper ist längl.-oval u. trägt wie der der ↗*Aphroditidae* Schuppen (Elytren), im Ggs. zu ihnen jedoch keinen Borstenfilz. Sie haben keine Kiemen u. atmen über die Haut in gleicher Weise wie die *Aphroditidae*, indem sie durch rhythm. Heben u. Senken der Elytren Wasser zw. den Parapodien unter die gewölbte Bauchseite einsaugen u. wieder ausstoßen. Ihr Rüssel ist mit 4 Kiefern ausgestattet. Sie sind Fleischfresser; einige leben als Kommensalen.

Polynucleotide [Mz.], die aus ↗Mononucleotiden in schriftartiger u. daher informationstragender Reihenfolge aufgebauten polymeren Kettenmoleküle der ↗Desoxyribonucleinsäuren, ↗Ribonucleinsäuren sowie auch die in monotoner Basensequenz aufgebauten, vielfach als Modellverbindungen eingesetzten ↗*Homo-P.* (z. B. polyU = U_n, polyT = T_n usw.) u. die repetitiv (z. B. polydAT = $(AT)_n$) od. mit statist. Basensequenz aufgebauten Nucleinsäuren. Kurzkettige P. (Kettenlänge ≈ 10) sind nicht scharf v. ↗Oligonucleotiden abgrenzbar. P. können einzelsträngig (z. B. polyU) od. doppelsträngig (z. B. polydAT od. eine Mischung aus polydT und polydA) sein. *Polyribonucleotide* sind aus Ribomononucleotid-Resten, *Polydesoxyribonucleotide* aus Desoxyribomononucleotid-Resten aufgebaut.

Polynucleotid-Phosphorylase w, Enzym, das den phosphorolyt. Abbau v. Ribonucleinsäuren, aber auch die Rückreaktion, den Aufbau v. Ribonucleinsäuren aus Nucleosid-5'-diphosphaten, katalysiert:

$$nppN \underset{Abbau}{\overset{Aufbau}{\rightleftarrows}} (pN)_n + np$$

poly- [v. gr. polys (pollē, poly) = viel, häufig].

Polynoidae

Wichtige Gattungen:
Acholoë
Arctonoë
↗*Gattyana*
Halosydna
↗*Harmothoë*
Lagisca
↗*Lepidonotus*
Macellicephala
Polynoë
Subadyte

Polyodontidae

poly- [v. gr. polys (pollē, poly) = viel, häufig].

Aufgrund der aufbauenden Reaktion war P. von Bedeutung als Hilfsmittel zur in-vitro-Synthese von RNA und zur Ermittlung des genet. Codes.

Polyodontidae [Mz.; v. gr. polyodous = vielzähnig], Fam. der ↗Störe.

Polyomaviren [v. *poly-, -oma = Suffix zur Bez. einer Geschwulst], *Polyomavirus*, Gatt. der ↗Papovaviren, kleine DNA-Viren, die in ihren natürl. Wirten (Mensch, Affe, Nagetier u. a.) meist unauffällige u. latente Infektionen verursachen ([T] 461) u. nicht onkogen sind, jedoch nach Injektion in geeignete Versuchstiere (Hamster, Maus, Ratte) Tumoren erzeugen u. verschiedene Zellen in vitro transformieren können (↗DNA-Tumorviren). Die Gatt. erhielt ihren Namen v. dem Polyomavirus, einem in Mäusen weitverbreiteten Virus, das nach Injektion in suszeptible Versuchstiere eine Vielzahl verschiedenartiger Tumoren erzeugt (Name!). Wegen ihrer zelltransformierenden Eigenschaften u. der geringen Genomgröße werden P. (bes. SV40 u. Polyomavirus) seit Jahren sehr intensiv untersucht. P. werden z.Z. noch mit den ↗Papillomviren als zwei Gatt. in der Fam. *Papovaviridae* zusammengefaßt. Es hat sich jedoch gezeigt, daß die biol. und molekularbiol. Unterschiede zw. beiden Gatt. erheblich größer sind als die Gemeinsamkeiten (ähnl. Größe u. Morphologie der Viruspartikel, ringförm. doppelsträngige DNA als Genom), so daß eine Umklassizierung in der Zukunft sinnvoll erscheint. Vom Menschen sind 2 P. isoliert worden, das *JC*- und *BK*-Virus ([T] 461). Die Primärinfektion erfolgt in der Kindheit, i. d. R. ohne Krankheitserscheinungen. Die Viren persistieren im Körper u. können unter be-

Polyomaviren

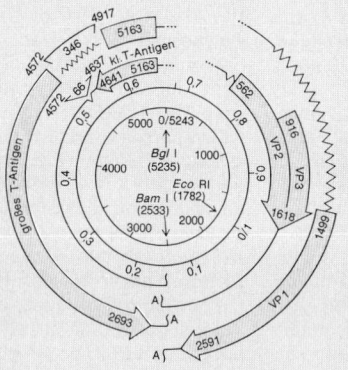

Genomorganisation u. *Genexpression* von Polyomaviren:

Im Genom der P. (Beispiel: die 5243 Basenpaare umfassende *SV40-DNA*) ist die genet. Information auf beide DNA-Stränge verteilt (im Ggs. zu ↗Papillomviren). Frühe u. späte Gene (s. u.) sind in 2 getrennten Transkriptionseinheiten jeweils blockweise zusammengefaßt; die Gene jeder Region sind überlappend angeordnet. Frühe u. späte Region sind durch eine nichtcodierende Region getrennt, in der Signalstrukturen für die Regulation der Transkription u. DNA-Replikation in komplexer u. überlappender Weise angeordnet sind: 1) Replikationsursprung (O_R oder ori, v. engl. origin of replication), dort erfolgt der Start der DNA-Replikation; 2) Promotoren für die Transkription der frühen u. späten Gene; 3) Bindungsstellen für virale u. zelluläre Proteine, welche die Transkription positiv od. negativ regulieren; 4) Verstärkerelemente der Transkription (engl. enhancer, bei SV40 in einer repetierten Sequenz von 72 Basenpaaren lokalisiert). – Die Transkription der frühen u. späten Gene beginnt jeweils im ori-Promotor-Bereich u. verläuft in entgegengesetzter Richtung. Durch differentielles Spleißen (herausgeschnittene Intronsequenzen sind durch Zickzack-Linien gekennzeichnet) werden die für die verschiedenen Virusproteine codierenden m-RNAs erzeugt (die Protein-codierenden Abschnitte sind als graue offene Pfeile in $5'\rightarrow 3'$-Richtung der m-RNA dargestellt). Alle frühen bzw. späten m-RNAs besitzen jeweils identische 3'-Enden u. Polyadenylierungsstellen (A). Für das in der Abb. dargestellte SV40-Genom sind die Positionen der Schnittstellen von 3 Restriktionsenzymen angegeben. Die Zahlenangaben von 0–5243 im inneren Kreis beziehen sich auf die Nucleotidsequenz; außerdem ist das Genom in relative Einheiten von 0–1 unterteilt.

Produktive Infektion: Nach Anheftung an die Zelloberfläche (attachment, ↗Adsorption) werden die Viruspartikel durch Pinocytose aufgenommen u. in den Zellkern transportiert; dort finden die Replikation u. der Zusammenbau der neugebildeten Viruspartikel (↗assembly) statt, deren Freisetzung durch Zerstörung der Zelle erfolgt. Nach dem ↗Uncoating beginnt die Expression der frühen Virusgene; es werden 2 (bei SV40) bzw. 3 (bei Polyomavirus) frühe Virusproteine (T-Antigene) produziert. Das große (large) T-Antigen ist ein multifunktionales Phosphoprotein (hpts. im Zellkern lokalisiert), das bei der DNA-Replikation, der Regulation der Transkription u. der Zelltransformation (s. u.) eine essentielle Rolle spielt. In dieser frühen Phase der Infektion, d. h. vor Beginn der DNA-Replikation, kommt es zur Induktion v. Wirtszellfunktionen; die zelluläre DNA-, RNA- und Proteinsynthese wird stimuliert. Die überspiralige (engl. supercoiled) Virus-DNA liegt im Zellkern als mit Nucleosomen besetztes sog. Minichromosom vor. Bindung des großen T-Antigens an spezif. Bindungsstellen im ori-Bereich (O_R) ist erforderlich, um die Replikation der viralen DNA-Moleküle zu initiieren; sie verläuft bidirektional. Mit Beginn der DNA-Synthese (ca. 12–15 Stunden nach Infektion) setzt auch die Transkription der späten Gene ein (späte Phase der Infektion). Es werden 4 Virionproteine synthetisiert: VP 1 (Hauptstrukturprotein des Viruscapsids), VP2 und VP3 (Nebenstrukturproteine) und ein sog. Agnoprotein unklarer Funktion. In der späten Phase wird die Transkription der frühen Gene durch Bindung des großen T-Antigens in der ori-Promotor-Region herabgesetzt, aber nicht völlig abgeschaltet (↗Autoregulation). Eine weitere Funktion des großen T-Antigens ist die Aktivierung der späten Transkription. Die Funktionen des kleinen T-Antigens in der produktiv-infizierten Zelle sind nicht geklärt. – In für Adenoviren nichtpermissiven Affenzellen kann SV40 die Replikation dieser Viren ermöglichen, entweder durch Coinfektion od. durch genet. Rekombination (↗Adenovirus-SV40-Hybride).

Zelltransformation: Geeignete semi- od. nichtpermissive Zellen können durch P. transformiert werden. Entwicklung u. Aufrechterhaltung des transformierten Zustands sind v. der Expression der frühen Virusgene abhängig. Bei Polyomavirus, dessen DNA die Information für 3 T-Antigene (groß–large, mittel–middle, klein–small) enthält, bewirkt das große T-Antigen die Immortalisierung der Zellen (permanentes Wachstum in der Zellkultur). Für die vollständige Transformation der Zellen ist die Aktivität des mittleren T-Antigens (Phosphoprotein, in Plasmamembran lokalisiert) erforderlich. Bei SV40, das kein mittleres T-Antigen bildet, sind die getrennten Funktionen des großen u. mittleren T-Antigens v. Polyomavirus in einem Molekül, dem großen T-Antigen, vereinigt. Die Rolle des kleinen T-Antigens bei der Transformation ist sowohl bei SV40 als auch bei Polyomavirus nicht vollständig geklärt. In den transformierten Zellen ist die Virus-DNA in das Genom der Wirtszelle integriert. Die Integration findet unspezif. in beliebige Stellen des Wirtsgenoms statt; spezif. Integrationsstellen im Virusgenom liegen ebenfalls nicht vor. Es existieren keine Homologien zw. viralen u. zellulären Sequenzen an den Integrationsstellen. Bei od. infolge der Integration kann es zu Deletionen, Duplikationen, Insertionen u. Inversionen kommen; die integrierte Virus-DNA enthält jedoch immer die frühe Promotorregion sowie die frühe Genregion (bei Polyomavirus-transformierten Zellen kann u. U. der 3'-terminale Bereich der frühen Region deletiert sein; in den Zellen wird ein intaktes mittleres und kleines T-Antigen synthetisiert). Enthält eine transformierte Zelle mehrere integrierte Kopien der Virus-DNA, so liegen sie oft in tandem in Kopf-Schwanz-Anordnung vor. Bei Fusionierung von SV40-transformierten Zellen mit permissiven Affenzellen kann es zur Reaktivierung u. Bildung infektiöser Viruspartikel kommen.

stimmten Umständen (bei Beeinträchtigung des Immunsystems, Schwangerschaft, Diabetes) reaktiviert u. dann im Urin ausgeschieden werden. Das JC-Virus besitzt einen ausgeprägten Neurotropismus; es ist der Erreger der progressiven multifokalen Leukoencephalopathie (Abk. PML), einer seltenen, meist tödl. verlaufenden Erkrankung des Zentralnervensystems, die bei Patienten mit Immundefizienzen, lymphoproliferativen od. chronischen Erkrankungen auftreten kann. Im Gehirn von PML-Patienten sind große Mengen an Partikeln u. DNA des JC-Virus vorhanden. Das Virus infiziert u. zerstört hpts. Oligodendrocyten. JC- und BK-Virus sind onkogen bei Inokulation in neugeborene Hamster. Es gibt jedoch keine Hinweise dafür, daß P. bei Tumorerkrankungen des Menschen eine Rolle spielen (im Ggs. zu ↗ Papillomviren). P. besitzen sphär. Virionen ($\varnothing$ 45 nm, Ikosaedersymmetrie, keine lipidhaltige Hülle) u. als Genom eine ringförm., doppelsträngige DNA (relative Molekülmasse $3{,}2 \cdot 10^6$, entspr. ca. 5200 Basenpaaren). Ein allen P. gemeinsames, gruppenspezif. Antigen ist im Viruscapsid lokalisiert. Von einigen P. wurden die vollständigen Nucleotidsequenzen der DNA bestimmt (vgl. Tab.); die Genomorganisation ist sehr genau bekannt (☐ 460). P. besitzen ein sehr eingeschränktes Wirtsspektrum; ein Virus kann meist nur eine Tierart od. sehr nahe verwandte Arten infizieren. In der Zellkultur verläuft eine Infektion mit P. in Abhängigkeit v. Herkunft u. Zustand der Wirtszelle entweder produktiv od. nichtproduktiv: a) permissive Zellen (SV40: Affenzellen, Polyomavirus: Mäusezellen) produzieren infektiöses Virus u. werden durch die Infektion zerstört; b) nichtpermissive Zellen (SV40: Mäusezellen, Polyomavirus: menschl. u. Affenzellen) werden transformiert, es findet keine Virusproduktion statt; c) in semipermissiven Kulturen (SV40: Zellen v. Mensch, Ratte, Hamster; Polyomavirus: Hamster- u. Rattenzellen) erfolgt eine Virusvermehrung nur in sehr wenigen Zellen, während die anderen Zellen entweder vorübergehend od. bleibend transformiert werden (abortive bzw. stabile Transformation). Der Ablauf einer produktiven Infektion oder Zelltransformation u. die Expression der viralen Gene in den verschiedenen Wirtszellen sind detailliert untersucht worden (☐ 460). *E. S.*

Polyophthalmus *m* [v. gr. polyophthalmos = vieläugig], Gatt. der ↗ Opheliidae (☐T☐).

Polyopisthocytea [Mz.; v. gr. opisthen = hinten, kotylos = Näpfchen], je nach systemat. Auffassung U.-Kl. oder Ord. der *Monogenea* (Hakensaugwürmer), Opisthaptor aus mehreren kleinen Saugnäpfen, die durch Haken ergänzt sein können; Prohaptor im allg. ohne Kopfdrüsen; Mund v. einem Saugnapf umgeben od. ein paar Saugnäpfe od. Drüsen in der Mundhöhle

Polyomaviren	P. der Affen	P. der Rinder
P. und die durch sie verursachten Infektionen	SV 40 (simian virus 40): natürl. Infektion bei Makaken in Afrika, Virus persistiert in den Nieren, kann PML-artige Erkrankung in immungeschwächten Makaken hervorrufen; DNA 5243 Basenpaare	Rinder-Polyomavirus (BPoV): häufige Infektion bei Rindern, Virus persistiert wahrscheinl. in den Nieren
P. des Menschen		P. der Nagetiere u. Hasenartigen
BK-Virus (BKV): häufige Infektion in der Kindheit, Virus persistiert in den Nieren, wurde urspr. isoliert aus dem Urin eines unter immunsuppressiver Therapie stehenden Nierentransplantat-Empfängers; DNA 5153 Basenpaare	SA 12 (simian agent 12): natürl. Infektion bei Pavianen in Afrika	Polyomavirus: natürl. Infektion bei wildlebenden Mäusen, ebenfalls Infektion v. Labormäusen, Virus persistiert in den Nieren; DNA 5292 Basenpaare
	LPV (lymphotropes Papovavirus): Virus von afr. grünen Meerkatzen, Wirtsbereich in vitro auf immortalisierte u. transformierte B-Lymphocyten v. Affe u. Mensch beschränkt, Transformation v. Hamsterzellen; DNA 5270 Basenpaare	K-Virus: natürl. Infektion bei Mäusen, Virus infiziert Lungenendothel
JC-Virus (JCV): häufige Infektion in der Kindheit, Virus persistiert in den Nieren, verursacht progressive multifokale Leukoencephalopathie (PML) in immungeschwächten Patienten, wurde aus dem Gehirn eines PML-Patienten isoliert		Hamster-Papovavirus (HaPV): verursacht Hauttumoren bei Hamstern

entwickelt; Ductus genito-intestinalis vorhanden. ↗ *Monoopisthocytylea.*

Polyoxine [Mz.; v. gr. oxys = sauer], Gruppe v. fungizid wirkenden ↗ Antibiotika, die v. *Streptomyces cacaoi* gebildet werden und bes. im Pflanzenschutz zur Bekämpfung v. *Alternaria-, Botrytis-, Cercospora-,* echten Mehltau-, *Pellicularia-* u. *Sclerotinia*-Arten an Äpfeln, Birnen, Stachelbeeren, Tomaten, Gurken, Karotten u. Reis Verwendung finden.

Polyp *m* [v. gr. polypous = vielfüßig; P.], 1) Morphe der ↗ Hohltiere (☐B☐ I–II), tritt bei ↗ *Hydrozoa* u. ↗ *Scyphozoa* im Wechsel mit ↗ Medusen, bei ↗ *Anthozoa* als einzige Morphe auf. ☐ Arbeitsteilung. 2) volkstüml., irreführende Bez. für ↗ Kraken.

Polypenfloh, *Anchistropus,* Gatt. der Wasserflöhe. *A. emarginatus* in Europa und *A. minor* in N-Amerika (Fam. *Chydoridae*) (ca. 0,5 mm) leben ektoparasit. an Süßwasserpolypen *(Hydra).* Mit den unteren Schalen-(Carapax-)rändern wird ein Stückchen Haut der *Hydra* eingeklemmt; daraus werden mit den Krallen des 2. und 3. Beinpaares Epidermiszellen losgekratzt, die dann in den Wasserstrom geraten u. ausfiltriert werden.

Polypenlaus, *Trichodina pediculus,* Wimpertierchen der Ord. *Peritricha* (U.-Ord. *Mobilia);* lebt an Süßwasserpolypen *(Hydra);* der Körper ist kurz u. zylindrisch mit einem Mundfeld u. runder, basaler Haftscheibe, die mit Membranellen u. Cilien besetzt ist. *T. domerguei* ist parasit. auf Fischen.

Polypenlaus *(Trichodina)*

Polypeptide, die längerkett. ↗ Peptide.

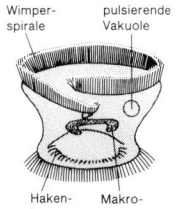

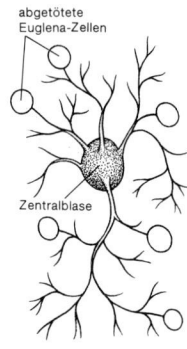

Polyphagus

P. euglenae vermag mit seinen verzweigten Rhizoiden mehrere (bis ca. 50!) Wirtszellen zu befallen

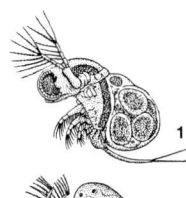

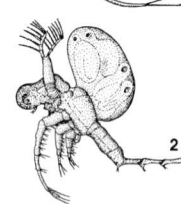

Polyphemidae

1 *Polyphemus pediculus;* 2 *Bythotrephes longimanus* (♀), räuber. lebende Wasserflöhe im rucksackart. Carapax, Embryonen durchschimmernd

Polyphosphat-Struktur

Das Zeichen ~ symbolisiert energiereiche Bindungen

polyphag [v. gr. polyphagos = viel essend], *multivor*, von vielen verschiedenen Nahrungs-(Organismen-)Arten lebend. Ggs.: oligophag, monophag. ↗Ernährung.

Polyphaga [Mz.; v. gr. polyphagos = Vielfraß], U.-Ord. der ↗Käfer (vgl. Spaltentext).

Polyphagus *m* [v. gr. polyphagos = Vielfraß], Gatt. der ↗*Chytridiales* (Pilze); *P. euglenae* besitzt ein einzelliges, einkerniges Rhizoidmycel, eine Zentralblase mit Rhizoidausläufern; Sporangien bilden sich durch Ausknospung; freilebend, mit Rhizoidausläufern an *Euglena*-Arten parasitierend.

Polyphalloplana *w* [v. gr. phallos = männliches Glied, planēs = umherschweifend], Gatt. der Strudelwurm-Ord. *Polycladida*. *P. bocki* mit 135 Kopulationsorganen (Gatt.-Name!).

Polyphänie *w* [v. gr. phainein = erscheinen], *Pleiotropie*, die Erscheinung, daß ein Gen die Ausbildung mehrerer Merkmale steuert bzw. beeinflußt.

Polyphänismus *m* [v. gr. phainein = erscheinen], eine Form des ↗Polymorphismus i.w.S., bei dem die Ausbildung der unterschiedl. Morphen nicht genet., sondern durch Umwelteinflüsse bedingt ist.

Polyphemidae [Mz.; ben. nach dem einäugigen Zyklopen Polyphēmos], Fam. der Wasserflöhe; unterscheiden sich v. anderen Wasserflöhen in folgenden Merkmalen: der Carapax bildet keine den Körper einhüllende, zweiklappige Schale, sondern ist zu einer rucksackart. Struktur reduziert, die als Brutkammer dient. Die 4 Paar Thorakopoden sind schlanke, gegliederte Beine, die zus. einen Fangkorb bilden. Das Naupliusauge fehlt, das Komplexauge ist riesig. Die *P.* sind räuberisch. *Polyphemus pediculus* (ca. 2 mm) besiedelt Süßwasserseen in Eurasien und N-Amerika. *Bythotrephes* hat einen langen, schwanzart. Schwebefortsatz. *Podon* u. *Evadne* sind die einzigen wirklich marinen Wasserflöhe.

Polyphosphat *s*, Speicherform v. Phosphat u. Energie bei bestimmten Mikroorganismen (↗Cyanobakterien); *P.* ist ein lineares Polymer nicht genau definierter Kettenlänge, das in den sog. metachromatischen Granula (↗Volutin) gespeichert wird.

polyphotische Region [v. gr. polyphōtos = lichtreich], die ↗euphotische Region.

polyphyletisch [v. gr. polyphylos = vielstämmig] ↗monophyletisch (□).

Polyphylla *w* [v. gr. polyphyllos = vielblättrig], Gatt. der ↗Blatthornkäfer.

Polyphyllie *w* [v. gr. polyphyllos = vielblättrig], *Vielblättrigkeit*, 1) Bez. für die abnorme Vermehrung der Gliederzahl eines Wirtels, bes. im Blütenbereich; 2) Bez. für die z.T. erblich bedingte Erhöhung der Fiederblättchenzahl, z.B. bei Kleearten.

polyphyodont [v. gr. polyphyēs = vielfältig, odontes = Zähne], Bez. für ein ↗Gebiß mit mehrfachem Zahnwechsel (z.B. bei Fischen, Amphibien, Reptilien). Ggs.: monophyodont.

Polyphysia *w* [v. gr. physa = Blase], *Eumenia*, Gatt. der Polychaeten-Fam. ↗*Scalibregmidae;* in der Nordsee verbreitet *P. crassa*.

Polypid *s* [v. gr. polypous = vielfüßig; Polyp], der obere Körperabschnitt der ↗Moostierchen (□), der v.a. aus Tentakelapparat u. Darm besteht; kann in den übrigen Körperabschnitt, das ↗Cystid, zurückgezogen werden.

Polyplacophora [Mz.; v. gr. plax = Platte, -phoros = -tragend], die ↗Käferschnecken.

Polyploidie *w* [Bw. *polyploid;* v. gr. polyploos = vielfach], Form der ↗Euploidie, die (im Unterschied zur ↗Haploidie u. ↗Diploidie) durch das Vorliegen v. mehr als 2 kompletten Chromosomensätzen in allen Zellen eines Organismus gekennzeichnet ist (z.B. *Triploidie:* 3 Chromosomensätze, *Tetraploidie:* 4, *Pentaploidie:* 5 usw.). Je nachdem, ob der arteigene Chromosomensatz vervielfacht ist od. Chromosomensätze, die aus verschiedenen Arten stammen, werden ↗Auto-P. und ↗Allo-P. unterschieden. Zellen u. Gewebe mit vervielfachtem Chromosomensatz *(*↗*Endo-P.)* entstehen, wenn der normale Mitose-Ablauf unterbrochen wird u. sich die ↗Chromosomen nach Reduplikation nicht auf Tochterkerne verteilen (↗Endomitose). Aus vegetativen Zellen mit vervielfachtem Chromosomensatz od. der Verschmelzung unreduzierter Gameten (↗Meiose) können autopolyploide Organismen hervorgehen; allopolyploide Organismen entstehen, wenn zuvor die Genome verschiedener Arten im Rahmen einer ↗Bastardierung vereinigt worden sind. Mit Hilfe v. ↗Mitosegiften, z.B. ↗Colchicin, kann P. künstlich induziert werden, was in der *P.züchtung* (↗Mutationszüchtung) genutzt wird. *P.* ist bei Tieren selten, bei Pflanzen häufig u. auch eine der Grundlagen der ↗Artbildung. Polyploide Organismen können durch die Möglichkeit erhöhter ↗Heterozygotie unter extremen Umweltbedingungen Selektionsvorteile besitzen.

Polyploidiegrad *m, Ploidiegrad*, Grad der ↗Polyploidie eines Organismus, ausgedrückt in der Anzahl der je Zellkern vorhandenen Chromosomensätze; z.B. entsprechen triploide bzw. tetraploide Organismen mit 3 bzw. 4 Chromosomensätzen je Zellkern verschiedenen P.en. Der P. einer Pflanze kann z.B. durch Auszählen der Chromosomen v. Zellen, die gerade eine ↗Mitose od. ↗Meiose durchlaufen (z.B. Zellen meristemat. Gewebe od. Sporen), bestimmt werden.

Polyploidiezüchtung ↗Mutationszüchtung.

polypod [v. gr. polypous = vielfüßig], Bez. für Insektenlarven mit der vollen Zahl an

Segmenten (eumer) u. abdominalen Gliedmaßen bzw. deren Umbildungen. ⁊protopod, ⁊oligopod, ⁊apod.

Polypodiaceae [Mz.; v. gr. polypodion = Art Farn], die ⁊Tüpfelfarngewächse.

Polypodium s, **1)** [v. gr. polypodion = Art Farn], Gatt. der ⁊Tüpfelfarngewächse. **2)** [v. gr. podion = Füßchen], Gatt. der ⁊Narcomedusae, Hohltiere, deren wimperlose Larven in den Oocyten eines Störs (Sterlet, Acipenser ruthenus) parasitieren. Wie die Larven, die man im Juli findet, dorthin gelangen, ist nicht geklärt. Sie fressen Dottermaterial u. entwickeln sich zu einem 1,5 cm langen Stolo mit ca. 30 Knospen (Sept.). Dieses Gebilde kommt bei der Eiablage ins Wasser (Frühjahr). Zuvor haben die Knospen bereits Tentakel gebildet. Im Wasser trennen sie sich vom Stolo u. führen jede für sich ein Eigenleben. Vegetative Fortpflanzung ist möglich (Längsteilung). Im Sommer reifen die Gonaden.

Polyporaceae [Mz.; v. *polypor-], **1)** i. e. S. Fam. der ⁊Polyporales; **2)** i. w. S. Pilze mit poriger Fruchtschicht (⁊Porlinge).

Polyporales [Mz.; v. *polypor-], (nach Gäumann, Moser, 1983), Ord. der Ständerpilze mit i. d. R. einjährigem Fruchtkörper, zentral, exzentrisch od. seitlich gestielt (bis ansitzend), frisch fleischig, trocken oft zäh u. fast holzig. Fruchtschicht (Hymenophor) porig (⁊Porlinge) bis lamellig; Sporenpulver weiß, cremefarben od. lila (grau). Meist an Holz od. anderen Pflanzenresten, auch an lebenden Pflanzen. Holzkohle. Mit 1 Fam. Polyporaceae; in einigen Einteilungen wird auch die Fam. Schizophyllaceae (Gatt. Schizophyllum) bei den P. eingeordnet (vgl. Tab.). [linge.

Polyporus m [v. *polypor-], die ⁊Stielporlinge.

Polyprenolzyklus, hat die Aufgabe, Monoood. Oligosaccharide aus dem Cytoplasma durch die Plasmamembran bei Bakterien bzw. durch die Membran des endoplasmat. Reticulums bei Eukaryoten zu transportieren, wo sie zur Synthese v. Wandbestandteilen u. Glykoproteinen benötigt werden. Die am P. beteiligten langkettigen Polyprenole (Dolichole) sind bei Bakterien aus 11 (Undecaprenol), häufig jedoch aus bis zu 20 Isoprenoideinheiten aufgebaut. Im P. fungiert die Polyprenoidkette als membrangebundener lipophiler Carrier. Wie der eigtl. Membrantransfer einer an den Dolicholrest kovalent gebundenen polaren Zucker-Diphosphatgruppe erfolgt, ist noch nicht restlos geklärt. o. ohne die Katalyse spezif. Membranproteine nicht vorstellbar.

Polyprion m [v. gr. priōn = Säge], die ⁊Wrackbarsche.

Polypteri [Mz.; v. gr. polypteros = mit vielen Flossen], Über-Ord. der ⁊Knochenfische.

Polypteridae [Mz.], die ⁊Flösselhechte.

Polypteriformes [Mz.], Ord. der ⁊Knochenfische.

Polyribosomen
Die elektronenmikroskop. Aufnahme zeigt 5 Ribosomen, die durch m-RNA – als Faden zw. den Ribosomen erkennbar – zusammengehalten werden. Das Präparat stammt aus Erythrocyten; die m-RNA codiert für eine der Globinketten des Hämoglobins. Die an jedem einzelnen Ribosom haftenden, im Aufbauprozeß befindlichen Proteinketten sind allerdings in dieser Auflösung nicht erkennbar.

Polyporales
Familien und Gattungen:
Polyporaceae
 Polyporus
 (⁊Stielporlinge, Porlinge i. e. S.)
 Phyllotopsis
 ⁊Pleurotus
 (Seitlinge)
 Panus
 (⁊Knäuelinge)
 Lentinus
 (⁊Sägeblättlinge)
 Geopetalum
 (Kohlenleistling)
 [⁊Piptoporus *
 (Zungen-Porling)]
Schizophyllaceae
 ⁊Schizophyllum
 (Spaltblättlinge)

* auch bei den Poriales eingeordnet

poly- [v. gr. polys (pollē, poly) = viel, häufig].

polypor- [v. gr. polyporos = mit vielen Poren].

Polyribonucleotide [Mz.] ⁊Polynucleotide.

Polyribosomen [Mz.], Polysomen, m-RNA-Ketten, die während des Prozesses der ⁊Translation gleichzeitig an verschiedenen Stellen v. mehreren ⁊Ribosomen besetzt sind, wodurch an jeder m-RNA-Kette gleichzeitig mehrere Peptidketten gebildet werden. Die einzelnen Ribosomen wirken dabei unabhängig voneinander u. bilden unter Wanderung vom 5'- zum 3'-Ende von

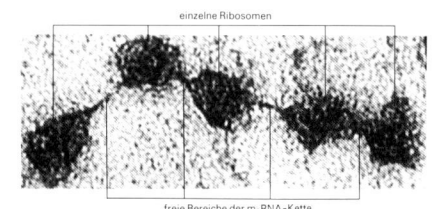

einzelne Ribosomen

freie Bereiche der m-RNA-Kette

m-RNA die immer länger werdenden Polypeptidketten aus. Die Ablösung der Ribosomen u. der fertigen Proteinketten erfolgt in der Nähe des 3'-Endes von m-RNA unter der Wirkung v. Terminations-Codonen.

Polysaccharide [Mz.; v. gr. sakcharon = Zucker], Glykane, Vielfachzucker, Bez. für die aus 10 u. mehr Monosaccharid-Einheiten (⁊Monosaccharide) aufgebauten, gg. ⁊Oligosaccharide nicht scharf abgrenzbaren, polymeren Zucker (⁊Biopolymere), wie z. B. ⁊Cellulose, ⁊Chitin, ⁊Glykogen u. ⁊Stärke. Die Kettenmoleküle der P. enthalten entweder nur eine Art v. Monosacchariden als Baustein (Homo-P., ⁊Homoglykane), wie z. B. Glucose-Einheiten, die durch unterschiedl. Verknüpfungsarten zum Aufbau v. Cellulose u. Stärke führen, od. sie sind aus mehreren, oft zwei alternierenden Monosaccharid-Arten aufgebaut (Hetero-P., ⁊Heteroglykane), wie z. B. die ⁊Muco-P. Letztere enthalten, wie z. B. auch das Chitin, modifizierte, v. Aminozuckern abgeleitete Monosaccharid-Einheiten. P. können sowohl aus unverzweigten (Cellulose, ⁊Amylose) als auch aus verzweigten (⁊Amylopektin, Glykogen) Ketten aufgebaut sein. [B] Kohlenhydrate II.

Polysaprobionten [Mz.; v. gr. sapros = faulend, biōn = lebend] ⁊Saprobionten.

Polysarcus m [v. gr. polysarkos = sehr fleischig], Gatt. der ⁊Sichelschrecken.

Polysiphonia w [v. gr. siphōn = Röhre], Gatt. der ⁊Rhodomelaceae.

Polysomatie w [v. gr. polysōmatos = vielleibig], gleichzeit. Vorkommen von polyploiden u. diploiden Zellen in einem Organismus.

Polysomen [Mz.; v. gr. sōma = Körper], die ⁊Polyribosomen.

Polysomie w [v. gr. sōma = Körper], Sammelbegriff für die Formen der ⁊Hyperploidie (⁊Aneuploidie), bei denen ein od. mehrere, aber nicht alle Chromosomen eines diploiden Chromosomensatzes mehr als 2fach vorhanden sind. ⁊Chromosomenanomalien.

Polyspermie

Polyspermie

Bei den meisten Tiergruppen wird durch einen zweistufigen *P.-Block* (sofort bei Beginn der ↗ Plasmogamie wird das Membranpotential der Eizelle verändert, etwas später hebt sich die ↗ Befruchtungsmembran ab) verhindert, daß nach dem ersten noch ein weiteres Spermium eindringt. Versagt dieser P.-Block (od. wird er experimentell ausgeschaltet), kommt es zur *pathologischen P.* („Polyandrie") u. als deren Folge zu vielpoligen Furchungsspindeln. Meist endet die Entwicklung im Blastula-Stadium; selten entstehen triploide Embryonen.

poly- [v. gr. polys (pollē, poly) = viel, häufig].

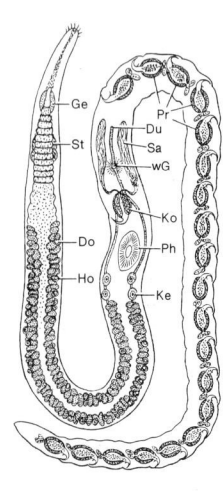

Polystyliphoridae

Bauplan v. *Polystyliphora filum* (nach Ax)
Do Dotterstöcke, Du Ductus genito-intestinalis, Ge Gehirn, Ho Hoden, Ke Keimstock, Ko Kopulationsorgan, Ph Pharynx, Pr Prostatoidorgane, Sa Samenblasen, St Stäbchendrüsen, wG weibliche Geschlechtsöffnung

Polyspermie *w* [v. gr. polyspermos = vielsamig], *Mehrfachbesamung* (ungenau: *Mehrfachbefruchtung*), das Eindringen *mehrerer* Spermien in ein Ei. Die *physiologische P.* findet sich v. a. bei großen dotterreichen Eiern, z. B. bei manchen Insekten u. wohl bei allen Elasmobranchiern (Knorpelfischen), Urodelen (Schwanzlurchen) u. Sauropsiden (Reptilien, Vögeln). Die eigtl. ↗ Befruchtung (Karyogamie) wird nur v. einem einzigen Spermakern vollzogen, die übrigen degenerieren bald od. wirken noch einige Zeit als Merocyten-Kerne am Dotterabbau mit. ↗ Dispermie, ↗ Monospermie.

Polystele *w* [v. gr. stēlē = Säule], ↗ Stele.

Polystichum *s* [v. gr. polystichos = vielzeilig], der ↗ Schildfarn.

Polystilifera [Mz.; v. lat. stilus = Griffel, -fer = -tragend], U.-Ord. der Schnurwurm-Ord. ↗ *Hoplonemertea;* Rüssel mit mehreren Stiletten auf sichelförm. Basis; Mund u. Rhynchodaeum-Öffnung häufig getrennt. Bekannte Gatt.: ↗ *Drepanophorus,* ↗ *Pelagonemertes,* ↗ *Nectonemertes,* ↗ *Tetrastemma.*

Polystoma *w* [v. gr. polystomos = vielmündig], *Polystomum,* Saugwurm-Gatt. der ↗ *Monogenea.* Bekannte Art der Froschsaugwurm *(P. integerrimum),* 10 mm lang, weltweit als Endoparasit in der Harnblase v. Fröschen verbreitet. Seine Entwicklung verläuft jedoch über freischwimmende Larven, ist also an Wasser gebunden u. vollzieht sich im Regelfall wie folgt: Im Frühjahr werden zur Laichzeit der Frösche die Eier ins Wasser abgegeben, aus denen nach 4–6 Wochen – zu einem Zeitpunkt, zu dem bereits kiementragende Kaulquappen vorhanden sind – Oncomiracidien schlüpfen u. sich an den Kiemen eben dieser Kaulquappen festsetzen. Wenn die Kiemen während der Metamorphose zurückgebildet werden, gelangen die Oncomiracidien – offenbar vom Rachen aus über den Darmtrakt – in die Harnblase des Frosches, in der sie heranwachsen u. nach 2–3 Jahren, folgl. wiederum zeitgleich mit dem Frosch, geschlechtsreif werden. Vermutl. wird diese Synchronisation durch die zur Laichzeit im Blut des Frosches auftretenden Sexualhormone bewirkt. Außerhalb der Laichzeit entwickeln sich auch im Parasiten keine Eier.

Polystomella *w* [v. gr. polystomos = vielmündig], Gatt. der ↗ *Foraminifera* (T, ☐).

Polystyliphoridae [Mz.; v. gr. stylos = Griffel, -phoros = -tragend], eigens für die 1958 entdeckte Art *Polystyliphora filum* eingerichtete Strudelwurm-Fam. der ↗ *Proseriata.* Der fadenförm., mehrere mm lange Körper von *P. filum* weist als Besonderheiten einen chordoiden Kopfdarm (↗ *Chorda dorsalis*) sowie 21 Kopulationsorgane auf, von denen allerdings nur das erste mit Samenblasen verbunden ist und folgl. auch nur dieses Organ die Spermatozoen in den Geschlechtspartner überträgt. Funktion u. Bedeutung der Vervielfachung der Kopulationsorgane sind unbekannt.

Polysymbiosen [v. gr. symbiōsis = Zusammenleben], symbiont. Vergesellschaftungen, bei denen mehrere verschiedene Symbiontentypen gleichzeitig in einem Wirtsorganismus vorkommen (Ggs. Monosymbiosen), wie z. B. bei vielen Pflanzensaftsaugern unter den Insekten. ↗ Endosymbiose. [mosomen.

Polytänchromosomen, die ↗ Riesenchro-

Polytänie *w* [v. gr. tainia = Band], eine v. a. in Speicheldrüsenzellen v. Dipteren vorkommende Spezialform der ↗ Endopolyploidie. Durch wiederholte Replikation der Chromosomen ohne darauffolgende Verteilung auf Tochterkerne (↗ Endomitose) entstehen lichtmikroskop. gut erkennbare, verdichtete Chromosomen (↗ Riesenchromosomen), die aus einer Vielzahl (ca. 1000) parallel nebeneinander liegender Chromatiden bestehen.

polythalam [v. gr. thalamos = Lager], *multilokular,* mehr- od. vielkammerig. Ggs.: ↗ monothalam.

Polytoma *w* [v. gr. tomē = Schnitt], Gatt. der ↗ Chlamydomonadaceae.

polytrich [v. gr. polytrichos = reich behaart], *multitrich,* Bez. für eine Begeißelung, bei der die Zellen (Bakterien) mehr als eine Geißel besitzen; wichtiges system. Merkmal zur Differenzierung v. Bakterien; die Geißeln sind entweder über die ganze Zelle verteilt *(peritrich),* od. entspringen an den Zellpolen *(lophotrich).* ↗ Bakteriengeißel (☐).

Polytrichaceae [Mz; v. *polytrich-], *Polytrichiaceae, Bürstenmoose,* Fam. der *Polytrichales* (U.-Kl. ↗ *Polytrichidae*); 15 Gatt. mit ca. 350 Arten, v. a. in kühlen, gemäßigten Zonen verbreitet. Die Arten v. *Polytrichum* (Widertonmoos) sind hoch differenzierte, diözische Moose mit Assimilationslamellen sowie Leit- u. Festigungselementen (Hydroide, Skleroide, Leptoide); *P. commune* (B Moose I) und *P. formosum* wachsen häufig auf feucht-schatt. und sauren Böden. Nahe verwandt ist die artenreiche Gatt. *Pogonatum,* deren Sporogon im Ggs. zu *Polytrichum* keine Hypophyse aufweist u. Spaltöffnungen besitzt; *P. aloides* ist u. a. an Wegböschungen weit verbreitet. Bis 40 cm hoch wird das in der austr.-antarkt. Region verbreitete, bäumchenart. *Dendroligotrichum dendroides.* Auf schwach sauren, humusreichen Waldböden insbes. der Eichen-Hainbuchenwälder ist *Atrichum undulatum* verbreitet.

Polytrichales [Mz.; v. *polytrich-], Ord. der ↗ *Polytrichidae;* hierzu gehören die Fam. ↗ *Polytrichaceae* u. ↗ *Dawsoniaceae.*

Polytrichidae [Mz.; v. *polytrich-], U.-Kl. der ↗ Laubmoose mit nur 1 Ord. *(Polytrichales)* und 2 Fam. (↗ *Polytrichaceae* u. ↗ *Dawsoniaceae);* bilden meist dichte, z. T. über 10 cm hohe Scheinrasen; im aufrechten Stämmchen ein zentral gelegener

Pontederiaceae

Strang wasserleitender Zellen (Hydroide; Leitungsgeschwindigkeit bis 200 cm/h) u. reservestoffleitende Zellen (Leptoide; Leitungsgeschwindigkeit bis 30 cm/h); daneben noch Stützzellen (Sklereide) mit verdickten Zellwänden. Die Blättchen mit freiliegenden Assimilationslamellen auf der Oberseite rollen sich bei Trockenheit ein (Verdunstungsschutz); die Rhizoide sind meist zu stärkeren Strängen vereinigt. Extrakte einiger P. haben bakterizide od. fungizide Wirkung. [↗ Polytrichaceae.

Polytrichum s [v. *polytrich-], Gatt. der **polytypische Arten** ↗ Formenkreis, ↗ Art.

Polyuridylsäure, Abk. *polyU*, ein synthet., ausschl. aus Uridylsäureresten aufgebautes Polyribonucleotid. Die Beobachtung, daß polyU in einem zellfreien System die Synthese v. Polyphenylalanin stimuliert, hat 1961 die Ermittlung des ↗ genet. Codes mit Hilfe synthet. Polyribonucleotide eingeleitet. Mit Hilfe von polyU als künstl. (ohne Start- bzw. Stop-Codon) m-RNA werden vielfach auch heute noch zellfreie Proteinbiosynthese-Systeme getestet.

polyvoltin [v. it. volta = Mal], *plurivoltin*, Bez. für Tiere, bes. Insekten, die viele Generationen im Jahr produzieren; ↗ monovoltin, ↗ bivoltin.

Polyxenus *m* [v. gr. polyxenos = sehr gastfrei], Gatt. der ↗ Pinselfüßer.

polyzentrisch, Bez. für ↗ Chromosomen mit mehreren Centromeren, z. B. bei Wanzen.

Polyzoa [Mz.; v. gr. polyzōos = langlebig], fr. Bez. für die ↗ Moostierchen.

Polyzoniidae [Mz.; v. gr. zōnē = Gürtel], die ↗ Saugfüßer.

Polzellen, kugelige Zellen, die bei höheren Insekten (u. a. Käfer, Dipteren) frühzeitig am Hinterpol der Eizelle abgeschnürt werden. Ihre Abkömmlinge besiedeln die Gonaden u. liefern dort die Gameten (↗ Keimbahn). Die Polzellbildung beruht auf ↗ Determinanten im Eihinterpol (↗ Oosom, ↗ Polplasma).

Pomacanthus *m* [v. *poma-, gr. akantha = Stachel], Gatt. der ↗ Borstenzähner.

Pomacea *w* [v. *poma-], jetzt *Ampullarius*, die ↗ Apfelschnecken.

Pomacentridae [Mz.; v. *poma-, gr. kentron = Stachel, Sporn], die ↗ Riffbarsche.

Pomadasyidae [Mz.; v. *poma-, gr. dasys = dicht], die ↗ Süßlippen.

Pomatias *w* [v. gr. pōmatias = Deckelschnecke], Gattung der *Pomatiasidae*, ↗ Kreismundschnecke.

Pomatoceros *s* [v. *poma-, gr. keras = Horn], Ringelwurm-(Polychaeten-)Gatt. der ↗ Serpulidae mit 13 Arten. Bekannteste Art *P. triqueter*, der Dreikantwurm; bis 2,5 cm lang, bewohnt selbstgebaute, schneeweiße, dreikant. Kalkröhren mit bes. bei Einzelröhren deutl. ausgeprägtem, kielart. First; 3 halbkreisförm., rot, blau od. gelb gefärbte Tentakelkränze werden bei Gefahr in die Röhre eingezogen u. diese

polytrich- [v. gr. polytrichon = eine Wasserpflanze mit zahlreichen Blättern].

poma- [v. gr. pōma, Gen. pōmatos = Deckel].

Polytrichaceae
Widertonmoos
(Polytrichum)

Pongidenhypothese
Pongiden- oder *Menschenaffenhypothese* (nach Franzen 1972):
Stadien **a–f** von arboreal-bimanueller bis terrestrisch-bipeder Fortbewegung überspannt der heutige Schimpanse *(Pan troglodytes)* als Modell bislang nicht gefundener stammesgeschichtl. Vorfahren des Menschen. Stadien **g–h** entsprechen Rekonstruktionen v. *Australopithecus* **(g)** u. *Homo erectus* **(h)**.

pongid- [v. nlat. pongo (v. kongoles. mpongi, mpungu) = Orang Utan, Menschenaffen; davon pongidae = Menschenaffen].

mit einem klöppelart., dreidornigen, verkalkten Operculum verschlossen. Gezeitenzone u. tiefer; häufig in der Nordsee, in der westl. Ostsee als Gastform.

Pomatochelidae [Mz.; v. *poma-, gr. chelys = Schildkröte], die ↗ Pylochelidae.

Pomatomidae [Mz.; v. *poma-, gr. tomos = schneidend], die ↗ Blaubarsche.

Pomatoschistus *m* [v. *poma-, gr. schistos = gespalten], Gatt. der ↗ Grundeln.

Pomeranze *w* [v. it. pomo = Apfel, arancia = Orange], *Citrus aurantium* ssp. *aurantium*, ↗ Citrus.

Pomeranzenöl ↗ Citrus.

Pomolobus *m* [v. *poma-, gr. lobos = Lappen], Gatt. der ↗ Heringe.

Pomologie *w* [v. lat. pomum = Obstfrucht], die Lehre vom Obstbau u. den Obstsorten.

Pomoxis *m* [v. *poma-, gr. oxys = scharf], Gatt. der ↗ Sonnenbarsche.

Pomphorhynchus *m* [v. gr. pomphos = Blase, rhygchos = Rüssel], Gatt. der ↗ Palaeacanthocephala.

Pompilidae [Mz.; v. gr. pompilos = Fisch, der Schiffe begleitet], die ↗ Wegwespen.

Pondaungia *w* [ben. nach dem birman. Ort Pondaung], Gatt. fossiler Primaten aus dem Obereozän v. Burma; aufgrund ihrer Gebißmorphologie als mögl. Vorform der ↗ Hominoidea angesehen.

Poneridae [Mz.; v. gr. ponēros = lästig], die ↗ Stechameisen. [schenaffen.

Pongidae [Mz.; v. *pongid-], die ↗ Men-

Pongiden [Mz.; v. *pongid-], *Pongidae*, die ↗ Menschenaffen.

Pongidenhypothese, *Pongidentheorie, Menschenaffentheorie*, betrachtet die heutigen großen ↗ Menschenaffen *(Pongidae)*, insbes. die Schimpansen, mit ihren im Verhältnis zu den Beinen verlängerten Armen modellartig als Ausgangsform für die Entwicklung der ↗ Hominidae. ↗ Paläanthropologie (B).

Pongo *m* [v. *pongid-], Gatt. der ↗ Menschenaffen, ↗ Orang-Utan.

Pons *m* [lat., = Brücke], *P. Varolii*, die ↗ Brücke; ↗ Gehirn (, B).

Pontederiaceae [Mz.; ben. nach dem it. Botaniker G. Pontedera, 1688–1757], kleine, pantrop. verbreitete Fam. der Lilienartigen mit 9 Gatt. und ca. 34 Arten, die alle Sumpf- od. Süßwasserpflanzen sind. Der rispige Blütenstand mit zygomorphen blauen, weißen od. gelben Blüten ist v. einem Hochblatt umgeben. Die 6 Perigon-

Pontia

blätter sind unten röhrig verwachsen, ↗Blütenformel: P 3+3, A 3+3, G (3). Nach Befruchtung krümmt sich der Blütenstand nach unten (Hydrokarpie), u. unter Wasser reifen Kapsel- od. Schließfrüchte. Viele Arten der P. sind wirtschaftl. wichtige ↗aquatic weeds, insbes. *Eichhornia* (↗Wasserhyazinthe) mit luftgefüllten Blattstielen, in Reisfeldern auch *Heteranthera*-Arten u. *Pontederia cordata* (südam. Hechtkraut). *Eichhornia*- u. *Pontederia*-Arten werden auch als Zierpflanzen in Kleingewässern gehalten. *Monochoria*-Arten dienen in Asien als Frischgemüse.

Pontia w, Gatt. der ↗Weißlinge.

pontische Faunen- und Florenelemente [v. gr. Pontos = das Schwarze Meer], Tiere u. Pflanzen mit Verbreitungsschwerpunkt in der pontischen Region, d. h. nördl. u. östl. des Schwarzen Meeres. Im W reicht das Gebiet bis an den pannonischen Raum heran (↗pannonisches Florengebiet). P. umfassen v. a. Arten der Steppen-, Waldsteppen- u. Wüstengebiete. Der pontische Raum war während der letzten Eiszeit ein bedeutendes Glazialrefugium (↗Eiszeitrefugien), u. a. für viele Vertreter der limnischen Fauna. Postglazial wurden von hier aus weite Teile O- u. Mitteleuropas besiedelt, so daß sich zahlreiche florist. und faunist. Übereinstimmungen finden. Beispiele: Hamster, Steppen-Weihe; Frühlings-Adonisröschen, Kalk-Aster, Federgras-Arten. ↗Faunenelemente, ↗Florenelemente. ↗Europa.

pontisch-südsibirische Region [v. gr. Pontos = das Schwarze Meer], durch kontinentales Klima geprägtes, eurasiat. ↗Florengebiet; erstreckt sich vom ungar. Becken (↗pannonisches Florengebiet) über die südosteur. Steppengebiete bis in den zentralasiat. Raum (↗Asien, Pflanzenwelt). Ihre Grenzen decken sich weitgehend mit den Arealgrenzen der dominierenden Federgras-*(Stipa-)*Arten. Als Leitarten gelten außerdem *Adonis vernalis* (Adonisröschen), *Oxytropis pilosa* u. *Prunus fruticosa* (Zwerg-Weichsel).

Pontobdella w [v. gr. pontos = Meer, bdella = Egel], Gatt. der ↗Piscicolidae.

Pontoscolex m [v. gr. pontos = Meer, skōlēx = Wurm], Ringelwurm-(Oligochaeten-)Gatt. der Fam. ↗Glossoscolecidae. Bekannte Art *P. corethrurus*, auch „Bürstenschwanz" gen., weil die Borsten am Hinterkörper stark vergrößert sind; Körperlänge 12 cm.

Pontosphaera w [v. gr. pontos = Meer, sphaira = Kugel], Gatt. der ↗Kalkflagellaten ([T]).

Pony m, s [engl.], Bez. für mehrere Hauspferd-Rassen mit einer Widerristhöhe unter 145 cm.

Pooideae [Mz.; v. gr. poōdēs = grasartig], größte U.-Fam. der Süßgräser mit ca. 250 Gatt. (vgl. Tab.). Die ein- bis vielblüt. Ährchen sind meist zwittrig, selten einge-

Pooideae
Wichtige Gattungen:
↗ Aegilops
↗ Arundo
↗ Blaugras (*Seslaria*)
↗ Borstgras (*Nardus*)
↗ Dreizahn (*Danthonia, Sieglingia*)
↗ Federgras (*Stipa*)
↗ Fuchsschwanz (*Alopecurus*)
↗ Gerste (*Hordeum*)
↗ Glanzgras (*Phalaris*)
↗ Glatthafer (*Arrhenatherum*)
↗ Goldhafer (*Trisetum*)
↗ Haargerste (*Elymus*)
↗ Hafer (*Avena*)
↗ Honiggras (*Holcus*)
↗ Kammgras (*Cynosurus*)
↗ Knäuelgras (*Dactylis*)
↗ Lagurus
↗ Lieschgras (*Phleum*)
↗ Lolch (*Lolium*)
↗ Pampasgras (*Cortaderia, Gynerium*)
↗ Perlgras (*Melica*)
↗ Pfeifengras (*Molinia*)
↗ Quecke (*Agropyron*)
↗ Quellgras (*Catabrosa*)
↗ Reitgras (*Calamagrostis*)
↗ Rispengras (*Poa*)
↗ Roggen (*Secale*)
↗ Ruchgras (*Anthoxanthum*)
↗ Salzschwaden (*Puccinellia*)
↗ Schilfrohr (*Phragmites*)
↗ Schillergras (*Koeleria*)
↗ Schlickgras (*Spartina*)
↗ Schmiele (*Deschampsia*)
↗ Schwingel (*Festuca*)
↗ Straußgras (*Agrostis*)
↗ Trespe (*Bromus*)
↗ Waldhirse (*Milium*)
↗ Wasserschwaden (*Glyceria*)
↗ Weizen (*Triticum*)
↗ Windhalm (*Apera*)
↗ Zittergras (*Briza*)
↗ Zwenke (*Brachypodium*)

population- [v. lat. populus = Volk; populatio = Bevölkerung].

schlechtig; die 5 oder mehrnervigen Deckspelzen können grannenlos sein, eine Endgranne od. eine gekniete Rückengranne tragen. Die P. haben meist 3 Staubblätter.

Pool m [puhl; engl., = Teich, Sammelbecken], als Reservoir fungierende Anhäufung v. Stoffen, die bei Bedarf in den Stoffwechselprozeß aktiv einbezogen werden können. ↗Genpool, ↗Populationsgenetik.

Population, Gesamtheit der Individuen einer Organismenart in einem bestimmten Raum, die über mehrere Generationen genet. verbunden sind. I. d. R. auf Organismen mit ↗sexueller Fortpflanzung bezogen u. dann auch als ↗Mendel-Population bezeichnet. – Der gleichsinnige Begriff ↗Bevölkerung wird bevorzugt auf den Menschen angewandt.

Populationsbiologie, die ↗Demökologie.

Populationsdichte, *Abundanz, Besiedlungsdichte, Individuendichte,* Anzahl der Individuen einer Organismenart in einem bestimmten Raum, beim Menschen *Bevölkerungsdichte* genannt. Kann bei Tieren durch Auszählen ermittelt, aber auch an ihren Lebensäußerungen (z. B. Spuren, abgeworfenen Geweihen, Gesang), bei stark bewegl. (z. B. fliegenden) Tieren durch die *Fang-Wiederfang-Methode* (Rückfangmethode) abgeschätzt werden. ↗Artmächtigkeit ([T]).

Populationsdichte

Beispiel für *Fang-Wiederfang-Methode:* An einem Tage werden zufallsmäßig möglichst viele fliegende Individuen einer Schmetterlingsart gefangen, markiert u. wieder ausgesetzt. An späteren Tagen ermittelt man den Anteil markierter Tiere an der Zahl der insgesamt gefangenen.

Beispiel: 50 Tiere markiert, später 50 gefangen, 10 davon waren markiert; (50 · 50):10 = 250 Tiere in der fliegenden Population *(Lincoln-Index).* Auswertung auf verschiedene Tagesmarken u. Summation vieler späterer Flugtage verbessern die Zuverlässigkeit des Ergebnisses.

Populationsdynamik, Gesamtheit der Veränderungen aller Merkmale der ↗Populationsstruktur in bestimmten Zeitabschnitten. Oft werden nur Änderungen der Individuenzahl (*Abundanzdynamik*, ↗Massenwechsel) u. Änderungen der Verteilung (*Dispersionsdynamik*, ↗Ausbreitung) berücksichtigt. Ursachen der P. können abiotische wie biotische, äußere wie innere u. ↗dichteunabhängige wie ↗dichteabhängige Faktoren sein.

Populationsgenetik, *Evolutionsgenetik,* Forschungszweig der ↗Genetik, der sich nicht mit dem Individuum, sondern mit den Vererbungsvorgängen innerhalb einer ↗Population befaßt. Während das Individuum nur ein kurzzeitig existierendes „Gefäß" für seinen ↗Genotyp darstellt, kommt es in der Population (↗Mendel-Population) in der Generationenfolge zu immer wieder neuen Kombinationen der Erbanlagen (Gene u. Allele), wobei die Gesamtheit derselben in einer Population als deren *Genpool* bezeichnet wird. Die P. untersucht die Häufigkeit (Frequenz) bestimmter Allele (od. auch Genotypen) in einer Population u. die Änderung der Allelenfrequenzen (↗Allelhäufigkeit) in der Zeit (Generationenfolge). Da die ↗Evolution durch den Wandel der Genfrequenzen (und damit der genet. bedingten Eigenschaften) bedingt wird (↗Evolutionseinheit), spielt die P. eine große Rolle in der Evolutionsforschung, aber auch in der Tier- u. Pflanzenzucht, die ja ebenfalls auf Veränderungen im Genpool der beteiligten Populationen beruht. Da die Kenntnis der Verbreitung u.U. auch schädl. Gene (Erbdefekte) in menschl. Populationen u. die Frage nach mögl. Beeinflussung derselben v. Bedeutung ist (↗Erbkrankheiten, ↗Eugenik), bestehen enge Beziehungen der P. auch zur ↗Humangenetik u. ↗Anthropologie. – Die P. untersucht die Veränderungen des Genpools in der Zeiteinheit u. die Faktoren, die diese bedingen. Als solche kommen alle ↗Evolutionsfaktoren in Betracht, so v. a. Mutation, Selektion, Separation (Abtrennung v. Teilen der Population), aber auch Inzucht, Fortpflanzungstyp u. der ↗Zufall, der (ohne Beteiligung der Selektion) zur ↗Gendrift führt. Die *experimentelle P.* arbeitet mit sog. Experimentalpopulationen, d. h. mit im Labor gehaltenen „Populationen" v. Arten (z. B. *Drosophila*), deren Genotypenzusammensetzung vom Experimentator vorgegeben u. in ihrem weiteren zeitl. Verlauf unter bestimmten Haltungsbedingungen verfolgt wird. Da in der natürl. (und künstl.) Populationen die Verteilung u. Häufigkeit v. Erbanlagen wesentl. auch v. Zufällen abhängen (bei der ↗Elimination bestimmter Genotypen od. auch bei der Neukombination durch Sexualität), lassen sich die diesbezügl. in einer Population ablaufenden dynam. Prozesse durch mathemat. Modelle darstellen. Theoret. Ausgangspunkt dafür ist vielfach eine sog. *ideale Population,* deren genetisches Verhalten durch die ↗Hardy-Weinberg-Regel darstellbar ist.

Lit.: Sperlich, D.: Populationsgenetik. Stuttgart 1973.   G. O.

Populationsgleichgewicht ↗Populationswachstum, ↗Massenwechsel.

Populationsgrenzen, räuml. Grenzen einer ↗Population; Anwendung des Begriffs auf die Grenzen des ↗Populationswachstums ist weniger sinnvoll.

Populationsgröße, Individuenzahl einer ↗Population ohne Bezug auf den besiedelten Raum.

Populationsökologie, die ↗Demökologie.

Populationsschwankungen ↗Massenwechsel, ↗Populationsdynamik.

Populationsstruktur, Gesamtheit der Merkmale einer ↗Population. 1. formale (statische), zu einem bestimmten Zeitpunkt meßbare Merkmale, z. B. Größe, Dichte, Begrenzung, Altersaufbau (↗Altersgliederung), ↗Geschlechtsverhältnis, ↗Verteilung, Vitalität. 2. funktionelle, d. h. von innen das Schicksal der Population bestimmende, nur über bestimmte Zeiträume meßbare Merkmale, z. B. Natalität (↗Fruchtbarkeit), ↗Mortalität, Fähigkeit zur ↗Migration, Wachstumsrate (↗Populationswachstum). Die P. des Menschen wird v. der ↗Demographie beschrieben.

Populationswachstum, Zunahme der Individuenzahl in einer ↗Population, abhängig v. inneren Faktoren (Natalität, Mortalität, Einwanderung) u. Faktoren der äußeren Umwelt. Bei ökolog. nicht begrenztem P. ist die Änderung der Individuenzahl (dN) in einer bestimmten Zeit (dt) abhängig v. der schon vorhandenen Individuenzahl (N) und der für jede Organismenart typ. inneren Wachstumspotenz (intrinsic rate of natural increase = r); in vereinfachter Modellvorstellung ergibt sich eine Exponentialkurve (vgl. Abb.). Der Rüsselkäfer *Calandra* könnte in dieser Weise bei 29 °C 1,58 · 10^{16} Nachkommen jährl. hervorbringen. Unter natürl. Verhältnissen nähert sich die Individuenzahl nach anfängl. steilem Anstieg eher dem durch die Umweltbedingungen gegebenen „Sättigungswert" (höchstmögl. Populationsgröße) K, die Kurve ist S-förmig (sog. *logistische* P.skurve). Der im Modell hinzugefügte Term $(K–N)/K$ läßt erkennen, daß v. der Individuenzahl N abhängige (also ↗dichteabhängige) Faktoren bei der Begrenzung eine große Rolle spielen. Das P. ist daher wahrscheinl. ein kybernet. Regelprozeß. – P. beim Menschen ↗Bevölkerungsentwicklung (☐). ↗Wachstum, ↗mikrobielles Wachstum.

Populationswelle ↗Massenwechsel.

Populationszyklen, zykl. Wiederkehren v. ↗Massenvermehrungen, z. B. ↗Lemming alle 3–4 Jahre, Schneehase *Lepus americanus* alle 9–10 Jahre. Länge u. Synchronität von P. können von Schwankungen des Nahrungsangebots, der Räuberpopulationen, der Wetterbedingungen, der intraspezif. Aggression od. der genet. Konstitution abhängig sein. Ein Urteil über die Beteili-

Populationszyklen

Populationsgenetik

Die Frequenz bestimmter Allele kann in verschiedenen, geogr. getrennten Populationen derselben Art durch Zufall bedingt (↗Gendrift) od. unter dem Einfluß lokaler Selektionsbedingungen unterschiedl. sein. Für den Menschen sind diesbezüglich v. a. die ↗Blutgruppen (☐) u. ↗Haptoglobine gut untersucht. Unterschiede in den Polypeptidketten der Haptoglobine werden durch ein Paar v. Allelen (Hp^1 und Hp^2) bedingt. Die prozentuale Häufigkeit (Frequenz) dieser Allele in verschiedenen Populationen (u. Rassen) des Menschen ist sehr unterschiedlich. So ist z. B. die Frequenz von Hp^1 in Indien mit 14% sehr niedrig, bei den Ureinwohnern (Indianern) Amerikas steigt sie dagegen von 35% bei den Bewohnern Alaskas auf 75% bei den Bewohnern Chiles an. Bei den Bewohnern Deutschlands ist das Allel Hp^1 mit 39% vertreten. ⊤ Menschenrassen.

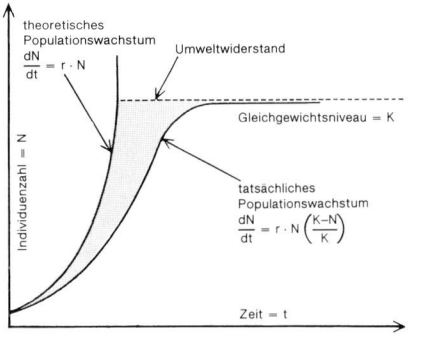

Populationswachstum

Schema des theoret. möglichen u. des durch Umweltfaktoren begrenzten Populationswachstums

Populus

Porphobilinogen

Porphyrine

1 *Porphin*, das Grundgerüst der P.
2 *Protoporphyrin IX*, die gemeinsame Vorstufe der natürlichen P. Bei den *Metallo-P.n* sind die beiden H-Atome im Zentrum durch Metallionen ersetzt, wodurch sich eine teils ionische, teils komplexartige Bindung mit allen vier N-Atomen des Zentrums ausbildet.
☐ Chlorophylle,
☐ Cytochrome.

Porenvolumen

P. verschiedener Böden:
Sandboden ca. 40%
Schluffboden ca. 45%
Tonboden ca. 50%
Hochmoorboden ca. 90%

Poriales

Wichtige Gattungen (Fam. *Poriaceae*):
↗ *Abortiporus*
↗ *Daedalia*
Fomes (↗ Schichtporlinge)
Fomitopsis (↗ Schichtporlinge)
↗ *Gloeophyllum*
Gloeoporus (↗ Schleimporlinge)
↗ *Poria*
↗ *Trametes*

gung dieser Faktoren ist ohne gezielte Experimente kaum möglich. ↗ Massenwechs.
Populus w [lat., =], die ↗ Pappel. [sel.
P/O-Quotient ↗ Atmungskette.
Porcellanidae [Mz.; v. it. porcellana = Porzellan], die ↗ Porzellankrabben.
Porcellio m [lat., = Assel], Gatt. der ↗ Landasseln (T).
Porellaceae [Mz.; v. *por-, davon lat. Diminutivform porella], Fam. der *Jungermanniales*, Lebermoose mit nur 1 Gatt. *Porella* und ca. 180 Arten, die in den Tropen als Fels- u. Rindenmoose vorkommen.
Poren [Mz.; v. gr. poroi = P.], allg.: kleine Hohlräume, Kanäle od. Öffnungen in Körpern od. Gebilden, z. B. Haut-P., Membran-P., Boden-P.
Porenkapsel, Bez. für Streufrüchte, die zur Freigabe der Samen lokal begrenzt Poren öffnen; z. B. bei Mohnarten.
Porenplatte, **1)** die ↗ Riechplatte; **2)** das ↗ Cribellum.
Porentierchen, die ↗ Foraminifera.
Porenvolumen, gibt (in Prozent ausgedrückt) den Anteil der Hohlräume am gesamten Volumen eines Bodens an, in die Wasser (↗ Bodenwasser) od. Luft (↗ Bodenluft) eindringen kann. *Poren* existieren zw. den mineralischen Bodenpartikeln; ihre Form u. Größe richten sich nach der vorherrschenden Körnung des Bodens (↗ Bodengefüge, ↗ Bodentextur, ↗ Gefügeformen). Je feiner das Bodenskelett, desto größer das P. Andere Hohlräume, wie Aggregatlücken, Schrumpfungsrisse, Wurzelröhren, Tiergänge, Lockerungen durch wühlende Bodentiere od. Bodenbearbeitung, die ebenfalls dem P. zugerechnet werden, existieren meist nur vorübergehend. Durch Tritt, Befahren od. Wasserschlag werden sie relativ leicht zerstört. Das P. und ebenso die Porengrößenverteilung (↗ Porung) sind physikal. ↗ Bodeneigenschaften, welche die Durchlüftung u. die Wasserleitfähigkeit des Bodens wesentl. beeinflussen.
Poria w [v. *por-], *Porenschwämme,* Gatt. der *Poriaceae,* deren Arten einen flach ausgebreiteten Fruchtkörper mit anliegendem Rand ausbilden (resupinat), meist nur eine dünne Mycelschicht u. Porenschicht; etwa 70 Arten beschrieben, in Mitteleuropa 20–30 (mit unterschiedl. Gatt.-Namen). Naßfäuleerreger in Gebäuden ist *P. vaporaria*, der Weiße Porenschwamm, der im Freien an Nadelholz eine Braunfäule verursacht; *P. taxicola* wächst an *Pinus* (Kiefer) u. *Taxus* (Eibe). [linge.
Poriaceae [Mz.; v. *por-], ↗ Poriales, ↗ Por-
Poriales [Mz.], 1) i.w.S. die ↗ Nichtblätterpilze. 2) die ↗ Porlinge (i.w.S.), provisorische Ord. oder Fam. *(Poriaceae)* der Nichtblätterpilze, in die Pilze mit langlebigem, gymnokarpem Fruchtkörper mit meist porenartigem (auch lamellig-labyrinthischem), frei-liegendem Hymenium eingeordnet werden. Das Hymenium wird frühzeitig gebildet u. erhält mit Vergrößerung des Fruchtkörpers immer neuen Zuwachs. Die am Hutrand weiterwachsenden Hyphen konsolenart. Fruchtkörper wachsen um Hindernisse herum, so daß häufig eingewachsene Zweige od. Halme bei diesen P. zu beobachten sind. Sehr umfangreiche Ord. bzw. Fam. mit mehr als 20 Gatt. (vgl. Tab.) und ca. 170 Arten in Europa.
Porichthys m [v. *por-, gr. ichthys = Fisch], Gatt. der ↗ Froschfische.
Porifera [Mz.; v. *por-, lat. -fer = -tragend], die ↗ Schwämme.
Porin s [v. *por-], porenbildendes ↗ Membranprotein in der äußeren ↗ Membran gramnegativer Bakterien. Die P.e sind als Trimer angeordnet, die Poren von ca. 1 nm $\varnothing$ bilden u. kleine hydrophile Moleküle (relative Molekülmasse bis ca. 700) passieren lassen. Die Existenz ähnlicher P.e wurde auch für die äußere Membran der Mitochondrien u. erst in jüngster Zeit für die äußere Plastidenhüllmembran gezeigt. ↗ Membrantransport.
Porites m [v. *por-], Gatt. der Steinkorallen mit dickäst. Kolonien, die einen $\varnothing$ von 6 m erreichen können (Größe eines Einzelpolypen 1–2 mm); das Alter solcher Kolonien wird auf ca. 200 Jahre geschätzt.
Porlieria w [ben. nach dem span. Gesandten A. Porlier de Baxamar], Gatt. der ↗ Jochblattgewächse.

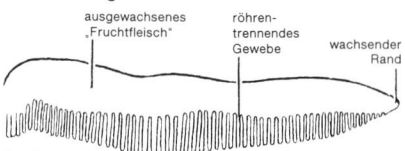

Porlinge
Typischer fächer-konsolenförmiger Fruchtkörper ohne Stiel (Querschnitt)

Porlinge [v. *por-], *Löcherpilze,* **1)** allg. alle Ständerpilze mit poriger, löchriger Fruchtschicht (Hymenium), die sich kaum od. nur sehr schwer vom übrigen Fruchtkörper ablösen läßt; fr. gemeinsam in die Fam. *Polyporaceae* (i. w. S.) eingeordnet; in neueren Systemen über mehrere Fam. verteilt, da die Porenbildung sich wahrscheinl. mehrmals (unabhängig voneinander) bei Pilzen entwickelt hat. Der Umfang u. die Definition der Fam. (u. Ord.) sind noch unklar, so daß die Umordnung noch nicht abgeschlossen ist u. in der Lit. unterschiedl. gehandhabt wird. Meist werden die langlebigen P. in die Fam. *Poriaceae* (od. eigene Ord. ↗ *Poriales*) bei den Nichtblätterpilzen *(Aphyllophorales)* u. die einjährigen P., die in Wachstum u. anatom. Entwicklung den Blätterpilzen u. Röhrlingen nahestehen, in die Fam. *Polyporaceae* der ↗ *Polyporales* eingeordnet. **2)** Bez. für viele Pilzarten mit poriger Fruchtschicht, unabhängig v. der systemat. Einordnung.
Porocephalus m [v. *poro-, gr. kephalē = Kopf], Gatt. der ↗ Pentastomiden; die ca. 5 Arten parasitieren in der Lunge trop.

Schlangen: in afr. Vipern u. in am. Klapperschlangen. Die Typus-Art *P. crotali* wurde von A. von Humboldt 1809 beschrieben u. zunächst als eine Art der Leberegel angesehen. [Hohlraum] ⁊ Schwämme.

Porocyten [Mz.; v. *poro-, gr. kytos =
Porogamie w [v. *poro-, gr. gamos = Hochzeit], bei der ⁊ Befruchtung einer Angiospermenblüte das Eindringen des Pollenschlauches durch die Mikropyle einer Samenanlage. ⁊ Aporogamie, ⁊ Chalazogamie.

Porolepiformes [Mz.; v. *poro-, gr. lepis = Schuppe, lat. forma = Gestalt], zu den *Rhipidistia* gehörende † Ord. (bzw. Überfam.) der ⁊ Quastenflosser, aus der nach Jarvik und v. Huene die Gruppe der Schwanzlurche *(Urodelomorpha)* hervorgegangen ist. Nominat-Gatt.: *Porolepis* A. S. Woodward, v. der nur Schädel u. Schuppen bekannt sind; gut belegt ist *Holoptychius* Egerton. Verbreitung: Devon, z.T. weltweit.

Poromya w [v. *poro-, gr. mys = Muschel], Gatt. der *Poromyidae* (Ord. Verwachsenkiemer), grabende Muscheln der Tiefsee mit dünner, innen perlmuttriger Schale; Septum mit 2 Paaren v. Kiemensieben; P. ernährt sich vorwiegend v. Ringelwürmern. *P. granulata* im nördl. Atlantik ist fast kugelig (1,5 cm $\varnothing$).

Porospora w [v. *poro-, gr. spora = Same], Gatt. der ⁊ Eugregarinida.

Porphin s [v. *porphyr-], ⁊ Porphyrine.

Porphobilinogen s [v. *porphyr-, lat. bilis = Galle], Monopyrrol-Derivat, das die Grundeinheit des Protoporphyrins bzw. durch weitere Folgeschritte der ⁊ Porphyrine insgesamt darstellt. P. bildet sich in mehreren Reaktionsschritten aus Bernsteinsäure u. Glycin über δ-Aminolävulinsäure als Zwischenstufe. ☐ 468.

Porphyra w [gr., = Purpur], Gatt. der ⁊ Bangiales. [⁊ Strobilomycetaceae.

Porphyrellus m [v. *porphyr-], Gatt. der

Porphyridiales [Mz.; v. *porphyr-], Ord. der ⁊ Rotalgen (U.-Klasse *Bangiophycidae*); einzellige Algen, oft durch Gallerthüllen zu Kolonien vereinigt; sexuelle Fortpflanzung unbekannt, 4-5 Arten; *Porphyridium purpureum* auf feuchten Böden od. Mauern.

Porphyrie w [v. *porphyr-], ⁊ Porphyrine.

Porphyrine [Mz.; v. *porphyr-], die v. *Porphin* (☐ 468) als Grundgerüst abgeleiteten metallfreien Tetrapyrrol-Ringsysteme. Aus diesen bilden sich durch Einlagerung v. Metallkationen die *Metallo-P.*, wozu bes. die Häme *(Eisen-P.,* ⁊ *Cytochrome,* ⁊ *Hämoglobine)* u. ⁊ Chlorophylle *(= Magnesium-P.)* zählen. Die Synthese der P. erfolgt, ausgehend von 4 ⁊ Porphobilinogen-Molekülen, über Protoporphyrin IX als Zwischenstufe. Aus diesem bilden sich durch Abwandlung der Seitenketten, Einlagerung der Metallionen sowie bei den Chlorophyllen durch Hydrierung eines Pyr-

---

Porphyrine
Porphyrien sind Hämsynthesestörungen, die sich durch Ausscheidung v. Koproporphyrin I und/ oder III sowie Uroporphyrin I und III u. anderen Vorstufen im Harn manifestieren. Der Harn verfärbt sich nach mehreren Stunden dunkel od. rot. Unterformen sind:
a) die *Porphyria erythropoietica*; klinische Symptomatik: hämolyt. Anämie, Lichtempfindlichkeit der Haut, Milzvergrößerung;
b) *P. hepatica*; durch Hemmung der Porphyrindecarboxylierung hervorgerufen, führt zu Störungen der Leberfunktion, bes. Überempfindlichkeit gg. Medikamente u. Alkohol; eine Sonderform ist die akute Porphyrie, die durch anfallsweise kolikartige Bauchschmerzen u. intermittierende Lähmungen gekennzeichnet ist;
c) *P. cutanea tarda*; auffallend durch Blasen- u. Krustenbildung auf lichtexponierten Stellen des Körpers (Gesicht, Handrücken). Mischformen sind beschrieben worden.

---

rolrings u. Bildung eines zusätzl. Pentanonrings die in der Natur vorkommenden P. Der Abbau von P.n erfolgt in der Leber über ⁊ Bilirubin u. Biliverdin (⁊ Gallenfarbstoffe). Als *Porphyrie (Hämatoporphyrie, Porphyrinurie)* bezeichnet man die erhöhte Ausscheidung von P.n im Harn (vgl. Spaltentext). Sie ist entweder durch genet. Defekte einzelner Stufen des P.-Abbauwegs (genet. bedingte Porphyrie) od. durch Vergiftungen, wie z.B. Hexachlorbenzol- oder chron. Bleivergiftungen (erworbene od. sekundäre Porphyrie), bedingt. ⁊ Koproporphyrine. ☐ 468.

Porphyrinurie w [v. *porphyr-, gr. ouron = Harn], Porphyrie, ⁊ Porphyrine.

Porphyrio m [v. gr. porphyriōn = Wasserhuhn], Gatt. der ⁊ Teichhühner.

Porphyrröhrlinge [v. *porphyr-], *Porphyrellus*, Gatt. der ⁊ Strobilomycetaceae.

Porphyrsalamander m [v. *porphyr-, gr. salamandra = Salamander], *Quellensalamander, Gyrinophilus,* Gatt. der *Plethodontidae* mit 2 Arten im östl. N-Amerika; mittelgroße (18 bis 20 cm) Tiere mit seitl. zusammengedrücktem Schwanz u. kurzen Beinen. Der eigtl. P. *(Gyrinophilus porphyriticus)* ist orange- bis lachsfarben u. lebt an u. in Quellen u. Bächen. *G. palleucus* behält zeitlebens Larvalmerkmale, wie äußere Kiemen, hohe Flossensäume, lidlose, reduzierte Augen; eine pigmentlose od. bräunlich getupfte U.-Art lebt in Höhlengewässern. [⁊ Teichhühner.

Porphyrula w [v. *porphyr-], Gatt. der

Porpita w [v. gr. porpē = Spange, Schnalle], Gatt. der ⁊ Disconanthae. Die Staatsqualle *P. porpita* erreicht 5 cm $\varnothing$ und kommt im Atlantik, Mittelmeer u. Indischen Ozean vor; das Schwimmfloß ist kreisrund, ohne Segel u. mit ca. 100 konzentr. Luftkammern ausgestattet. *P.* tritt oft in großen Schwärmen auf; sie wird vom Wind an der Oberfläche des Meeres verdriftet; die ganze Kolonie ist blau gefärbt.

Porree m [v. lat. porrum = Lauch, über frz. porreau], *Allium porrum,* ⁊ Lauch.

Porrhomma w, Gatt. der ⁊ Baldachinspinnen.

Porst m [v. mhd. borse], *Ledum,* mit 4-5 Arten in Eurasien und N-Amerika verbreitete Gatt. der Heidekrautgewächse. In

---

por-, poro- [v. gr. poros = Öffnung, Durchgang, Pore].

porphyr- [v. gr. porphyra = Purpur, Purpurschnecke].

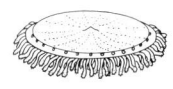

Porpita

Porst

Sumpf-P. *(Ledum palustre)* enthält neben Arbutin, Gerbstoff u.a. vor allem stark duftendes, scharf-bitter schmeckendes äther. Öl, als dessen wichtigster Bestandteil das *Ledol,* der sog. P.-Campher, gilt. Verzehr kann zu Vergiftungserscheinungen sowie auch zu Rauschzuständen, Betäubung (Narkotikum) u. Kollaps führen. Die Pflanze fand fr. vielseitige Anwendung in der Heilkunde u. galt zudem als Insektenmittel („Mottenkraut", „Wanzenkraut").

Porter

Mitteleuropa nur der Sumpf-P., *L. palustre* (B Europa VIII), ein aromat. duftender („Wilder Rosmarin"), 50 bis 150 cm hoher, immergrüner Strauch mit ledrigen, sehr schmalen, unterseits rotfilzigen u. bei Trockenheit am Rande eingerollten Blättern sowie sternförm., in reichblütigen Doldentrauben angeordneten Blüten mit 5 freien, weißen od. rosafarbenen Kronblättern. Standorte der sehr seltenen, nach der ↗Roten Liste „stark gefährdeten" u. daher gesetzl. geschützten Pflanze sind v. a. Kiefernmoore.

Porter [po'r^{ter}], **1)** Sir *George*, brit. Chemiker, * 6. 12. 1920 Stainforth (Yorkshire); Prof. in Sheffield u. London; wichtige Beiträge zur Reaktionskinetik u. Photochemie; untersuchte zus. mit Norrish den Ablauf extrem schneller chem. Reaktionen mit speziellen spektroskop. Methoden; erhielt 1967 zus. mit R. G. W. Norrish und M. Eigen den Nobelpreis für Chemie. **2)** *Rodney Robert*, brit. Biochemiker, * 8. 10. 1917 Ashton, † 7. 9. 1985 England; Prof. in London u. Oxford; verdient um die Aufklärung der Struktur d. Immunglobulinen, die als Antikörper für die Immunreaktionen im Körper verantwortl. sind; wies nach, daß das IgG-Globulinmolekül aus zwei y-förmig angeordneten Kettenpaaren besteht; erhielt 1972 zus. mit G. M. Edelman den Nobelpreis für Medizin.

Porthesia *w* [v. gr. porthēsis = Zerstörung], Gatt. der ↗Trägspinner.

Portlandia *w* [ben. nach der Isle of Portland in S-England], Gatt. der *Nuculanidae*, Fiederkiemer-Muscheln mit dünnen, längl.-ovalen, ventral leicht klaffenden Schalen; die zahlr. Arten leben eingegraben vorwiegend in kalten Meeren u. ernähren sich v. Detritus. P. (früher: *Yoldia*) *arctica* ist Leitform in bestimmten arkt. Brackwasser-Biozönosen u. kennzeichnend für ein Entwicklungsstadium der Ostsee („Yoldia-Meer").

Portmann, *Adolf*, schweizer. Biologe, * 27. 5. 1897 Basel, † 28. 6. 1982 Binningen bei Basel; seit 1931 Prof. in Basel; zunächst meeresbiol. Untersuchungen an verschiedenen marinen Stationen, später zahlr. und vielfältige Arbeiten zur vergleichenden Morphologie u. Entwicklungsgeschichte, insbes. auch allg. biol. Studien, die zudem interdisziplinär ausgerichtet waren (Anknüpfungen zur Soziologie u. Philosophie); hob in seinen anthropolog. Arbeiten die Sonderstellung des Menschen sowohl in phylogenet. wie ontogenet. Sicht („extrauterines Erstjahr") hervor. WW: „Biolog. Fragmente zu einer Lehre vom Menschen" (1944). „Das Tier als soziales Wesen" (1953). „Neue Wege der Biologie" (1960). „Entläßt die Natur den Menschen?" (1970).

Portugiesische Galeere, Seeblase, *Physalia physalis*, Gatt. der Staatsquallen; weltweit verbreitete, kompliziert gebaute Hydrozoenkolonie, die häufig in Schwärmen

Sumpf-Porst *(Ledum palustre)*

A. Portmann

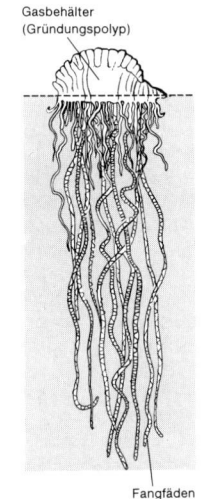

Gasbehälter (Gründungspolyp)

Fangfäden

Portugiesische Galeere *(Physalia physalis)*

porzellan- [v. lat. porcellus = Ferkel, über it. porcellino zu it. porcellana = Porzellan].

auftritt. Der Gründungspolyp wächst bis zu einer Größe von 30 cm heran u. verwandelt sich in eine Gasflasche (v. a. Stickstoff, wenig Sauerstoff u. Argon), die horizontal auf der Wasseroberfläche liegt. Ins Wasser hinein ragen zwei Reihen Cormidien, die Trophozoide, Gonophoren (bis zu 2400) u. Fangfäden tragen. Letztere können bis zu 50 m (!) lang sein u. besitzen große Mengen v. Nesselkapseln mit einem starken Nesselgift. Mit dem Wind wird die Kolonie davongetrieben. Dabei zieht sie die Fangfäden wie einen Vorhang hinter sich her u. fischt den Wasserraum ab. Es können auch große Fische überwältigt werden, die mit den sich zusammenziehenden Fangfäden zu den Freßpolypen hochgezogen werden. Die Giftwirkung der P.n G. ist selbst für den Menschen sehr stark u. geht auch v. abgerissenen Fäden aus, die häufig im Wasser driften; es treten starke Schmerzen u. Herz-Kreislauf-Schocks auf. Die P. G. ist blau gefärbt; die Gasflasche ist silbern mit einem leichten Purpurhauch.

Portulacaceae [Mz.; v. lat. portulaca = Portulak], die ↗Portulakgewächse.

Portulakgewächse [v. lat. portulaca = Portulak], *Portulacaceae*, Fam. der Nelkenartigen, mit 19 Gatt. und ca. 500 Arten fast weltweit verbreitet (Schwerpunkt südl. Afrika). Die kraut., meist sukkulenten P. besitzen einfache, ganzrand. Blätter; die radiären Blüten sind meist unscheinbar, ↗Blütenformel im allg. K2 C5 A5 G($\underline{3}$); z. T. werden die Kelchblätter als Hochblätter angesehen. Die Gatt. *Lewisia* wächst dichtrasig, die Pflanzen besitzen dickliche, linealische Blätter u. einen kräft. Wurzelstock. *L. rediviva* (Kaliforn. Auferstehungspflanze) übersteht mehrmalige Austrocknung; heimisch zw. Brit. Kolumbien und N-Kalifornien. Die trop.-subtrop. Gatt. Por-

Portulakgewächse

Wichtige Gattungen:
Anacampseros
Claytonia
Lewisia
Portulak *(Portulaca)*
Quellkraut *(Montia)*

1 Gemüse-Portulak *(Portulaca oleracea)*, 2 *Montia fontana*

tulak *(Portulaca)* umfaßt über 100 Arten niederliegender Kräuter. *P. oleracea*, der Gemüse-Portulak, ein kosmopolit. Unkraut, auch bei uns z. B. auf feuchten Äkkern, wird bes. in den Tropen in einer Kulturform als Salatpflanze genutzt. Der bei uns nur 1jährige Großblütige Portulak *(P. grandiflorum)* ist eine recht beliebte Zierpflanze, z. B. für Balkons; Heimat S-Afrika. Von den 20 Arten der Gatt. *Claytonia*, heimisch in N-Amerika, wurde der Kubaspinat *(C. perfoliata)* fr. bei uns als Salatpflanze genutzt, heute z. T. verwildert.

Nahe verwandt sind die über 50 Arten v. Quellkräutern *(Montia); M. fontana,* eine bei uns heimische Sammelart, hat auch in N-Amerika einen Verbreitungsschwerpunkt. Die Gatt. *Anacampseros* umfaßt niedrige, sukkulente Stauden u. Sträucher; auffallend die großen häut. Nebenblätter, die die eigtl. Blätter überragen.

Portunidae [Mz.; ben. nach dem röm. Hafengott Portunus], die ↗ Schwimmkrabben.

Porung, Porengrößenverteilung im Boden; Porengrößen u. -formen hängen in erster Linie v. der Körnung (↗ Bodentextur) bzw. Kornform und dem ↗ Bodengefüge ab (↗ Gefügeformen, T, ▭). In grobkörnigen Böden (z. B. Sand) überwiegt der Anteil der Grobporen, in Tonböden der der Feinstporen. Innerhalb des ↗ Bodenprofils kann die P. stark variieren. Die Einteilung der Porengrößen richtet sich nach dem Einfluß auf den Wasserhaushalt. ↗ Porenvolumen.

Porzana *w* [it., = Schnarre (Vogel)], Gatt. der ↗ Sumpfhühner.

Porzellankrabben, *Porcellanidae,* Fam. der ↗ *Anomura* (T), unterscheiden sich v. den Echten Krabben (↗ *Brachyura*) durch den Besitz v. unter den Cephalothorax eingeschlagenen Uropoden u. dadurch, daß das 5. Pereiopodenpaar als Putzbeinpaar ausgebildet ist, das unter dem Körper od. in den Kiemenhöhlen verborgen werden kann. Alle P. sind kleine (bis 2 cm) Krebse, die das Litoral bewohnen u. sich filtrierend ernähren. Filterapparat ist das 3. Maxillipedenpaar, dessen lange Borsten einen umfangreichen Filterkorb bilden können. Die beiden Maxillipeden werden meist alternierend ausgebreitet, dann wieder eingefaltet, u. die Filterborsten werden mit Hilfe des 2. Maxillipedenpaares abgekämmt. *Porcellana* (ca. 40 Arten) lebt im Litoral unter Steinen, *Petrolisthes* (ca. 80 Arten) besiedelt Korallenriffe; manche Arten verbergen sich zw. den Fangtentakeln großer Seeanemonen. *Polyonyx* lebt in den Röhren des Polychaeten *Chaetopterus, Pseudoporcellanella* an Seefedern.

Porzellankrebs, *Porcellanopagurus,* Gatt. der ↗ Einsiedlerkrebse mit fast symmetr. Hinterleib; 4 Arten im Sublitoral des Indopazifik; verbirgt seinen Hinterleib in Schalen v. *Patella* (Napfschnecke) od. *Cardium* (Muschel).

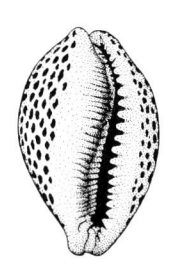

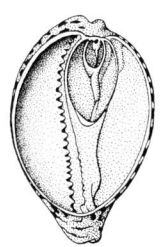

Porzellanschnecken, Kaurischnecken, *Cypraeidae* (Überfam. ↗ *Cypraeoidea*), marine Mittelschnecken mit eiförm. bis halbkugel. Gehäuse ohne Deckel; das kurze Gewinde wird bei Adulten vom jüngsten Umgang umschlossen (vgl. Abb.), die langgestreckte Mündung ist auf der Spindel- u. der Außenseite gezähnt u. hat an beiden Enden eine Rinne. Mantellappen umschließen das Gehäuse u. lagern ihm eine glänzend-glatte Porzellanschicht auf. Der Kopf trägt lange, fadenförm. Fühler mit Augen an der Außenbasis. In der Mantelhöhle liegen eine gebogene Kieme sowie ein meist

Porung
Einteilung der Porengrößen (Porendurchmesser u. Einfluß auf den Wasserhaushalt):

Grobporen
⌀ >50 μm, schnell dränend

Mittelporen
⌀ 50–10 μm, langsam dränend

Feinporen
⌀ 10–0,2 μm, Wasser noch pflanzenverfügbar

Feinstporen
⌀ <0,2 μm, Totwasser, nicht pflanzenverfügbar

Porzellankrabben
Petrolisthes galathinus

Porzellanschnecken
Blick auf die Mündungsseite und ins Innere

posidon- [ben. nach dem gr. Meeresgott Poseidōn].

dreistrahliges Osphradium u. eine große Hypobranchialdrüse. P. sind Bandzüngler ohne Kiefer u. getrenntgeschlechtlich, oft mit Sexualdimorphismus. Die Eier werden in Kapseln an Hartsubstrat geklebt u. von den ♀♀ behütet. P. sind meist nachtaktive Allesfresser in trop. Flachmeeren u. Korallenriffen. Die ca. 190 Arten werden entweder in der Groß-Gatt. *Cypraea* zusammengefaßt od. auf zahlr. Gatt. verteilt, die im ersteren Falle nur als U.-Gatt. gewertet werden. Die P. sind attraktive Sammlerobjekte u. daher alle im Bestand gefährdet. Bekannt sind u. a. die ↗ Geldschnecke u. im Mittelmeer *C. lurida* mit bräunl., quergebändertem Gehäuse (6 cm hoch) u. je 2 braunen Flecken oben u. unten; die Tigerschnecke, *C. tigris* (bis 15 cm hoch), trägt braune Flecken auf weiß. Grund, lebt unter Korallen des Indopazifik.

Porzellanspinner, *Pheosia tremula,* Art der ↗ Zahnspinner.

Posidonia [v. *posidon-*], (Bronn 1828), *Poseidonsmuschel, Posidonomya* (Bronn 1837), † Muschel-Gatt. mit fast gleichklappiger, dünner Schale; Umriß schiefoval, Oberfläche mit konzentr. Rippen. Verbreitung: Silur bis Jura; ca. 50 Arten, einige sind leitend: *P. venusta* im Oberdevon, *P. becheri* in der ↗ Kulm-Fazies des Unterkarbons, *P. bronni* im Lias ε (↗ Posidonienschiefer) und *P. suessi* im Dogger α.

Posidoniaceae [Mz.; v. *posidon-*], *Neptunsgräser,* Fam. der *Najadales,* mit 1 Gatt. (*Posidonia*) u. 3 Arten an den austr. und den Mittelmeerküsten verbreitet. Die P. wachsen untergetaucht mit monopodialem Rhizom und lineal. Blättern; Blüten stark reduziert. Abgestorbene Teile der *P.* findet man in Spülsäumen, im Mittelmeer z. T. als Verpackungsmaterial verwendet.

Posidonienschiefer, Ablagerung des in seinen tieferen Teilen schlecht durchlüfteten Jurameeres von S-Dtl. (Lias ε); ben. nach der häufig auftretenden Leitmuschel ↗ *Posidonia bronni.* Obwohl der P. 7 bis 8% Erdöl enthält, wird er z. Z. nur noch zur Gewinnung der Tafelfleins (geschliffene Schieferplatten für Tischplatten u. ä.) abgebaut. Sein Reichtum an hervorragend erhaltenen Fossilien – insbes. Crinoiden, Ammoniten, Fische u. Meeresreptilien – hat ihn weltberühmt gemacht (Museum Hauff in Holzmaden, Slg. in Stuttgart u. Tübingen).

Positionseffekt [v. lat. positio = Lage], der durch die Lokalisation innerhalb des Genoms zustandekommende Einfluß auf die Wirkungsweise bestimmter Gene. Die Wirkung solcher Gene wird verändert, wenn sie durch Chromosomenmutationen in eine neue Position, d. h. in die Nachbarschaft anderer Gene od. Signalstrukturen, gelangen, die auf meist noch ungeklärte Weise P.e ausüben (z. B. beruht die Aktivierung v. ↗ Onkogenen nach Translokation auf einem P.). Die durch P.e bedingten

Positionsinformation

Veränderungen sind i. d. R. reversibel, d. h., wenn das betreffende Gen wieder in seine ursprüngliche Position zurückgebracht wird, zeigt es auch die ursprüngliche Wirkungsweise wieder.

Positionsinformation [v. lat. positio = Lage], *Lageinformation, positional information,* in der Entwicklungsbiol. Signal (z. B. die örtl. Konzentration einer gradientenartig verteilten Substanz), das eine Zelle über ihre gegenwärtige Position im Gesamtsystem informiert. Die von L. Wolpert (1969) vorgeschlagene, sehr fruchtbare Modellvorstellung postuliert, daß die Zellen sich entwickelnder Systeme anhand solcher Signale jeweils ihrer Lage gemäße *Positionswerte* (als bleibende u. auf Tochterzellen vererbbare Eigenschaft) annehmen, die ihr weiteres Entwicklungsschicksal determinieren. Alle Zellen in einem ↗ morphogenet. Feld gehorchen demselben System von P.; sie „interpretieren" diese Information durch Bildung eines sichtbaren räuml. Musters (↗ Musterbildung).

Positionswert [v. lat. positio = Lage], *positional value,* ↗ Positionsinformation.

positive Verstärkung ↗ Belohnung, ↗ Lernen.

Postabdomen *s* [v. lat. abdomen = Bauch], der teleskopartig ein- u. ausziehbare hintere Teil des Hinterleibs (Abdomen) mancher Insektengruppen, der als Eilegeröhre dient; der vordere Hinterleibsabschnitt wird dann *Präabdomen* genannt.

Postadaptation *w* [v. lat. adaptare = anpassen], ↗ Präadaptation.

Postantennalorgan [v. lat. antenna = Segelstange], ↗ Feuchterezeptor.

Postclipeus *m* [v. lat. clipeus = Schild], *Postclypeus,* Bez. für den hinteren Abschnitt des Clipeus, wenn dieser zweigeteilt ist; v. a. bei Schnabelkerfen. ↗ Mundwerkzeuge der Insekten.

Postcubitus *m* [v. lat. cubitus = Ellenbogen], *Postcubitalader,* Teil des ↗ Insektenflügels (☐).

Postelsia *w,* Gatt. der ↗ Laminariales.

postembryonale Entwicklung, die ↗ Jugendentwicklung.

Postformationstheorie [v. lat. formatio = Bildung], die ↗ Epigenese.

Postfrontale *s* [v. lat. frontale = Stirnblatt], *Hinterstirnbein,* bei primitiven Tetrapoden auftretender paariger, kleiner (Deck-)Knochen des Schädeldaches, seitl. hinter dem Frontale (↗ Stirnbein) gelegen; rezent nur bei Schlangen, Eidechsen u. der Brückenechse vorhanden.

Postgena *w* [v. lat. gena = Wange], Region des unteren Occiputs am Kopf der ↗ Insekten (☐); bei Verlängerung rechts u. links nach ventral wird durch die P. bei Hautflüglern das Hinterhauptsloch verschlossen; diese Verbindungsbrücke wird dann *Postgenalbrücke* genannt.

postgenital [v. lat. postgenitus = nachgeboren] ↗ kongenitale Verwachsung.

post- [v. lat. post = nach, später, hinter, nachfolgend].

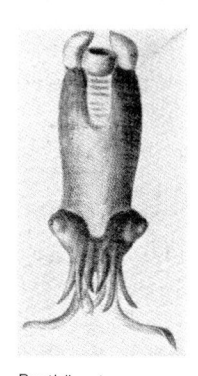

Posthörnchen
(Spirula spirula)

Posthornschnecke
(Planorbarius corneus)

Posthornwickler
(Rhyacionia buoliana)

Postglazial *s* [v. lat. glacialis = Eis-], (G. de Geer 1890), *Nacheiszeit,* das ↗ Holozän.

Posthörnchen, 1) der ↗ Postillon. **2)** *Spirula spirula,* einzige Art der Fam. *Spirulidae* (Überfam. *Sepioidea*), Kopffüßer mit bis zu 6 cm langem, zylindr. Körper mit 8 Armen und 2 Fangarmen, die durch eine breite Haut verbunden sind; 2 Ventralarme des ♂ sind hectocotylisiert. Die gekammerte Schale ist bauchwärts (endogastrisch) spiralig eingerollt u. völlig vom Körper umschlossen; sie dient als Schwebvorrichtung. Am Körperende stehen 2 runde Flossen neben einem Leuchtorgan, das gelbgrünes Licht abstrahlt. Eine Reibzunge fehlt den P., die in „Schulen" in warmen Meeren schweben, mit den Armen nach unten, u. sich v. Plankton ernähren. Die leeren Schalen sind häufig im Angespül trop. Meeresküsten zu finden.

Posthornschnecke, *Planorbarius corneus,* Art der Fam. Tellerschnecken, Wasserlungenschnecke mit scheibenförm., linksgewundenem Gehäuse (bis 3,5 cm ⌀) mit deutl. Wachstumsstreifen u. gerundeter Endwindung; dunkelbraun; lebt in ruhigen, pflanzenreichen Gewässern Europas und N-Asiens.

Posthornwickler, *Kiefernknospentriebwickler, Rhyacionia (Evetria) buoliana,* wicht. Forstschädling aus der Schmetterlingsfam. ↗ Wickler, eurasiat. verbreitet, nach Amerika verschleppt; Falter um 20 mm spannend, bunt orangerot mit silbr. Querlinien, Hinterflügel graubraun; die Raupen befressen Knospen u. Triebe v. Kiefern, was zur Wertminderung durch astiges u. krummschäftiges (markante „Posthorn"-Bildung) Wachstum führt. Natürl. Feinde sind v. a. Schlupfwespen, Raupenfliegen u. Ohrwürmer.

Postillon *m* [-ljŏn; frz., = Postkutscher], *Posthörnchen, Wandergelbling, Orangeroter Kleefalter, Colias crocea,* um 50 mm spannender, von N-Afrika, Europa bis Afghanistan verbreiteter u. bekannter Vertreter der ↗ Weißlinge; Flügel leuchtend orange mit breitem, schwärzl. Saum, schwarzem Fleck auf dem Vorderflügel u. orangerotem Doppelfleck, der unterseits weiß ist, auf dem Hinterflügel; Wanderfalter, der jährl. in stark wechselnder Zahl im Frühsommer einzeln aus dem S nördlich der Alpen zufliegt u. sich vermehrt, hier aber nicht bodenständig ist, da die Raupen u. Puppen der Folgegenerationen den Winter nicht überleben; die Falter fliegen um Klee- u. Luzernefelder, blumenreiche Trockenrasen u. Ödländereien. Die Raupe ist grün mit hellgelbem Seitenstreifen, in dem rote u. schwarze Flecken stehen; sie lebt an Schmetterlingsblütlern wie Hornklee, Esparsette u. Luzerne.

Postiodrilus *m* [v. gr. drilos = Wurm], Ringelwurm-(Oligochaeten-)Gattung der ↗ *Tubificidae. P. sonderi,* ca. 35 mm lang, Brackwasserbewohner.

Postkommissuralorgan [v. lat. commissura = Fuge, Verbindung], bei dekapoden Krebstieren ein paariges ⇗Neurohämalorgan in der dem Tritocerebrum (⇗Oberschlundganglion, ☐) zugehörigen Kommissur; es liegt daher direkt hinter dem Pharynx. Seine neurosekretbildenden Zellen sitzen im Tritocerebrum und vermutl. auch direkt im Schlundkonnektiv. Durch Abgabe v. Neurohormonen in den direkt benachbarten Blutsinus findet eine Steuerung des Farbwechsels, aber auch der Retinapigmentwanderung statt.

Postlabium s [v. lat. labium = Lippe], das ⇗Postmentum.

Postmentum s [v. lat. mentum = Kinn], veraltete Bez. *Postlabium*, basaler Abschnitt der Unterlippe der ⇗Insekten; häufig ist das P. zweigeteilt in Mentum u. Submentum. ⇗Mundwerkzeuge.

Postparietale s [v. lat. parietalis = Wand-], paariger Deckknochen des Schädeldaches der Wirbeltiere, hinter dem Parietale (⇗Scheitelbein) gelegen. Während das P. bei rezenten Fischen, fossilen Quastenflossern und urspr. Tetrapoden vorhanden ist, fehlt es bei den rezenten Amphibien. In der Sauropsidenlinie (Reptilien, Vögel) ist es nicht sicher nachweisbar; vermutl. ist es wie bei den Säugern in das Os occipitale (⇗Hinterhauptsbein) eingegangen. [⇗Nachschieber.

Postpedes [Mz.; v. lat. pedes = Füße], die

Postpetiolus m [v. lat. petiolus = Füßchen], das verengte 3. Abdominalsegment der ⇗Apocrita; ⇗Petiolus.

Postreduktion w [v. lat. reductio = Zurückführung], ⇗Präreduktion.

Postscutellum s [v. lat. scutum = Schild], das ⇗Hinterschildchen.

postsynaptische Membran [v. gr. synaptikos = verbindend], unter einer ⇗Synapse liegender Membranausschnitt der nachfolgenden Zelle; diese wird durch den synapt. Spalt v. der *präsynaptischen Membran* getrennt, welche die „Unterseite" der Synapse darstellt. ☐ Acetylcholinrezeptor.

Potamal s [v. *potam-], *Flußbereich*, ⇗Fließwasserorganismen, [T] Flußregionen.

Potamalosa w [v. *potam-], Gatt. der ⇗Heringe.

Potamanthidae [Mz.; v. *potam-, gr. anthos = Blüte], Fam. der ⇗Eintagsfliegen.

Potamethus, *Potamis*, Ringelwurm-(Polychaeten-)Gatt. der ⇗*Sabellidae*, 10 Arten.

Potamidae [Mz.; v. *potam-], *Potamonidae*, die ⇗Süßwasserkrabben.

Potamididae [Mz.; v. *potam-], die ⇗Brackwasser-Schlammschnecken.

Potamochoerus m [v. *potamo-, gr. choiros = Ferkel], die ⇗Buschschweine.

Potamogalidae [Mz.; v. *potamo-, gr. galē = Wiesel, Marder], die ⇗Otterspitzmäuse.

Potamogetonaceae [Mz.; v. gr. potamogeitōn = eine Wasserpflanze], die ⇗Laichkrautgewächse.

Potamogetonetea [Mz.], *Laichkraut- u. Schwimmblattgesellschaften*, Kl. der Pflanzenges.; besiedeln stehende bis schnell fließende Gewässer; die Arten – mit submersen od. Schwimmblättern – sind mit Wurzeln verankert. In Stillgewässern findet man bis etwa 2 m Wassertiefe Seerosendecken (Verb. *Nymphaeion*), bis etwa 7 m Laichkrautwiesen (Verband *Potamogetonion*), in Fließgewässern Ges. des ⇗*Ranunculion fluitantis*.

Potamolepidae [Mz.; v. *potamo-, gr. lepides = Schuppen], Schwamm-Fam. der Kl. *Demospongiae* (Ord. ⇗*Haplosclerida*); Süßwasserschwämme aus dem Kongogebiet mit den Gatt. *Potamolepis* u. *Potamophloios*, die eine bes. Form. v. Gemmulae bilden, die an die Statoblasten der Moostierchen erinnern.

Potamologie w [v. *potamo-], *Flußkunde*, Lehre v. den fließenden Gewässern.

Potamon s [v. *potam-], Biozönose des Potamals, ⇗Fließwasserorganismen.

Potamonidae [Mz.; v. *potamo-], *Potamidae*, die ⇗Süßwasserkrabben.

Potamophloios m [v. *potamo-, gr. phloios = Rinde], Gatt. der ⇗Potamolepidae.

Potamopyrgus m [v. *potamo-, gr. pyrgos = Burg], Gatt. der *Hydrobiidae* mit eikegelförm. Gehäuse mit gewölbten Umgängen, die manchmal geschultert u. beborstet sind. *P. jenkinsi*, die Kleine Süßwasserturmschnecke, wird 5 mm hoch; aus ihrer Heimat Neuseeland wurde sie Ende des vorigen Jh.s zunächst nach England u. ab 1887 nach Dtl. eingeschleppt (durch Zugvögel ?), wo sie in Brack- u. Süßwasser lebt u. sich parthenogenetisch u. ovovivipar vermehrt.

Potamorrhaphis w [v. *potamo-, gr. rhaphis = Nadel], Gatt. der ⇗Hornhechte.

Potamotherium s [v. *potamo-, gr. thērion = Tier], (Geoffroy 1833), während des Oberoligo- bis Untermiozäns in Europa verbreitete † Gatt. der Fischotter (U.-Fam. *Lutrinae*); Schädellänge ca. 12 cm, Gebiß deutl. primitiver als bei *Lutra* (z.B. sind der untere P_1 u. der obere M^2 noch vorhanden). Einige Spezialisierungen machen eine direkte Nachkommenschaft v. *Lutra* unwahrscheinl. Im Aquitan: *P. valetoni* Geoffroy.

Potential s [v. lat. potentia = Fähigkeit], 1) allg.: Arbeits-, Leistungsfähigkeit. 2) Physik: *P. eines Kraftfelds*, eine Ortsfunktion, welche die potentielle ⇗Energie eines Körpers v. vereinbarter Beschaffenheit (z.B. im Gravitationsfeld die Masseneinheit, im elektr. Feld die positive Ladungseinheit [⇗elektrische Ladung]) in Abhängigkeit v. dessen Lage im Kraftfeld angibt. Ein willkürl. gewählter Punkt wird als Nullpunkt der potentiellen Energie festgesetzt. Punkte gleichen P.s liegen auf Äquipotentialflächen. Der P.unterschied zw. 2 Äquipotentialflächen heißt *P.differenz;* sie entspr. beim elektr. Feld der elektr. *Spannung*. ⇗Membran-P., ⇗Gruppenübertragungs-P., ⇗Redox-P.

potam-, potamo- [v. gr. potamos = Fluß].

potentielle natürliche Vegetation ↗ natürliche Vegetation.

Potentilla w [v. lat. potentia = Macht], das [↗ Fingerkraut.

Potentilletalia caulescentis [Mz.; v. ↗ Potentilla, lat. caulescens = Stengel treibend], Ord. der ↗ Asplenietea rupestria.

Potenz w [Bw. potent; v. lat. potentia = Macht, Vermögen], allg.: Leistungsfähigkeit. 1) *Potentia*, Zeugungsfähigkeit *(P. generandi)* u. Empfängnisfähigkeit *(P. concipiendi)*, i.e.S. Fähigkeit des Mannes zur Peniserektion *(P. erigendi)* bzw. zur Vollziehung des Geschlechtsverkehrs *(P. coeundi)*; Ggs.: ↗ Impotenz. 2) ↗ Homöopathie. 3) Biol.: ↗ bisexuelle P., ↗ prospektive P., ↗ Omnipotenz, ↗ ökologische P.

Potex-Virusgruppe [Kw. aus engl. potato (= Kartoffel) und x], die ↗ Kartoffel-X-Virus-Gruppe.

Potometer s [v. gr. potos = Trank, metran = messen], *Potetometer,* Gerät zur Messung des (transpiratorischen) Wasserverbrauchs v. Pflanzenorganen. Das zu untersuchende Organ steckt luftdicht in einem mit Wasser gefüllten Gefäß, das mit einer seitl. horizontal angeschlossenen, wassergefüllten Kapillare (Pipette) versehen ist. An der zur Atmosphäre offenen Kapillare kann man den Wasserverbrauch direkt ablesen.

Potonieä w [ben. nach dem dt. Paläobotaniker H. Potonié, 1857–1913], glockenförm., aus zahlr. länglichen Sporangien bestehender fossiler Mikrosporangienstand der ↗ Medullosales.

Potoroinae [Mz.; v. austr. potoroo], die ↗ Rattenkänguruhs. [↗ Rosenkäfer.

Potosia w [v. gr. potos = Trank], Gatt. der

Pottiaceae [Mz.; ben. nach dem dt. Botaniker J. F. Pott, † 1805], Fam. der ↗ Pottiales; die Arten der gattungsreichen Laubmoos-Fam. sind in den wärmeren u. gemäßigten Zonen weit verbreitet. Auf Kalkböden bilden sie häufig Massenvegetationen; andere sind an Trockenstandorte angepaßt. Die ca. 50 Arten der artenreichsten Gatt. *Pottia* wachsen auf vegetationsarmen Böden od. in Erdspalten; viele davon sind Standortanzeiger; so ist *P. lanceolata* kalkliebend, *P. truncata* bevorzugt Lehmböden, *P. heimii* gedeiht auf salzhalt. Böden. Verwandte Gatt. sind *Phascum* u. *Acaulon;* auf schwerem, unbebautem Gartenland ist häufig *P. cuspidatum* zu finden. Andere Gatt., z.B. *Aloina*, sind trockenen u. warmen Standorten angepaßt; sie können ihre Blätter einrollen, od. sie besitzen, wie die Gatt. *Pterygoneurum* u. *Crossidium*, als Schutz vor starker Sonneneinstrahlung lange, lufterfüllte „Glashaare". Diese sind auch typ. für *Tortula muralis,* ein nahezu weltweit verbreitetes Moos an trockenen, lichtexponierten Standorten; andere *Tortula*-Arten leben epiphytisch auf der Borke v. Laubbäumen. Vertreter der artenreichen Gatt. *Barbula* (↗ Bartmoos) bilden zus. mit *Streblotrichum convolutum,*

Pottiales
Familien:
↗ Calymperaceae
↗ Encalyptaceae
↗ Pottiaceae

Ceratodon purpureus u.a. die „Trittmoosgesellschaft".

Pottiales [Mz.; ben. nach dem dt. Botaniker J. F. Pott, † 1805], Ord. der Laubmoose (U.-Kl. ↗ *Bryidae*), umfaßt 3 Fam. (vgl. Tab.); meist lichtliebende Moose mit mehrzeilig am Stämmchen angeordneten lanzettl. bis spatelförm. Blättchen, häufig mit deutl. Mittelrippe; Sporogon mit langer Seta u. meist einfachem Peristom.

Potto m [einheim. Name aus Niger-Kongo-Gebiet], *Perodicticus potto,* zu den ↗ Loris rechnende Halbaffe des west- bis zentralafr. Regenwaldes; Kopfrumpflänge etwa 35 cm, Schwanzlänge 6 cm; 2. Finger stummelförmig verkürzt; 5 U.-Arten. Die verlängerten Dornfortsätze der letzten Hals- u. ersten Brustwirbel bilden Nackenhöcker mit spitzen Dornkappen; sie dienen der Verteidigung (Hauptfeind: Pardelroller) u. während der Ruhephasen der Verankerung zw. Baumästen. Die nachtaktiven P.s klettern langsam u. vorsichtig im Blätterdach des Urwaldes; ihre Nahrung sind Pflanzenteile u. Kleintiere. ☐ Loris.

Pottwale [Mz.; v. niederdt. pott = Topf], *Physeteridae,* mit den Schnabelwalen verwandte Fam. der Zahnwale, mit 2 Arten in den gemäßigten u. warmen Meeren zw. 40° n.Br. und 40° s.Br.; Zähne nur im Unterkiefer durchbrechend. 3–4 m lang wird der Zwergpottwal *(Kogia breviceps).* Der Pottwal *(Physeter catodon)* erreicht eine Gesamtlänge von 12 m (♀) bis 20 m (♂).

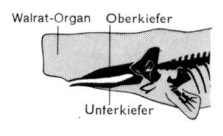

Pottwale
Pottwal *(Physeter catodon)* u. Schädel

Nach ihrer Nahrung (Kopffüßer) tauchen P. über 1000 m tief. Ihre eigentüml. Kopfform rührt v. einem mächtigen Gewebepolster her. Es enthält das sog. *Walrat,* eine ölige, bei unter 31 °C wachsartige Masse, fr. für Spermaflüssigkeit („Spermaceti"; Spermwal) gehalten, ihre Bedeutung ist noch unbekannt (Auftriebsregulierung?). Im bis 160 m langen Darm von P.n findet man als (krankhafte?) Absonderung die ↗ Ambra.

Poty-Virusgruppe [Kw. aus engl. potato (= Kartoffel) und y], die ↗ Kartoffel-Y-Virus-Gruppe.

Pourtalesiidae [Mz.], Fam. der ↗ Herzseeigel (☐) mit den Gatt. *Pourtalesia* u. *Echinosigra* (☐ Irreguläre Seeigel); weichen mit ihrer längl. Gestalt v. allen anderen Seeigeln ab; leben v.a. in der Tiefsee.

Pouteria w, Gatt. der ↗ Sapotaceae.

Poxviren [v. engl. pocks = Pocken], *Poxviridae,* die ↗ Pockenviren.

PP, Abk. für ↗ Pyrophosphat.

ppb ↗ ppm.

PP-Faktor, Abk. für *Pellagra Preventive Factor,* das Nicotinsäureamid (↗ Nicotinamid).

PPLO ↗Mykobakterien.

ppm, Abk. für *parts per million* (= Teile auf 1 Million), ein Konzentrationsmaß, das den Anteil einer Substanz in 1 000 000 Teilen der Gesamtsubstanz angibt (auf die Masse od. auf das Volumen bezogen); Beispiele: 1 ppm ≙ 1mg/kg od. 1 mm^3/l. Niedrigere Konzentrationsbereiche werden entspr. mit *ppb* (*parts per billion* = Teile auf 1 Milliarde – in den USA: Billion = Milliarde; Beispiel: 1 ppb ≙ 1 µg/kg) oder *ppt* (*parts per trillion* = Teile auf 1 Billion – in den USA: Trillion = Billion; Beispiel: 1 ppt ≙ 1 ng/kg) angegeben.

ppt ↗ppm.

Präabdomen *s* [v. *prä-, lat. abdomen = Bauch], ↗Postabdomen.

Präadaptation *w* [v. *prä-, lat. adaptare = anpassen], *Prädisposition,* eine ↗Anpassung, die Organismen einen Lebensraumwechsel (z.B. Wasser–Land) ermöglicht. P.en müssen bereits im urspr. Lebensraum einen ↗Adaptationswert haben. P.en beruhen nicht auf einem finalist. Prinzip, sondern sind durch die Selektionstheorie widerspruchsfrei erklärbar.

Präalare *s* [v. *prä-, lat. alarius = zum Flügel gehörend], *Praealare, Präalararm,* seitl. Verlängerung am Praescutum des Pterothorax der geflügelten Insekten. ↗Insektenflügel.

Präantennalsegment *s* [v. *prä-], das ↗Prosocephalon der ↗Gliederfüßer (T).

Präboreal *s* [v. *prä-, lat. borealis = nördlich], (A. Blytt um 1876), älteste Klimaphase des ↗Holozäns (T).

Präbrachiatorenhypothese [v. *prä-, ↗Brachiatoren], leitet die ↗Hominidae v. hominoiden Vorfahren (↗Hominoidea) ab, die in ihrem Skelettbau noch nicht speziell an schwinghangelnde Fortbewegung angepaßt waren; steht damit in Ggs. zur ↗Brachiatoren- u. zur ↗Pongidenhypothese.

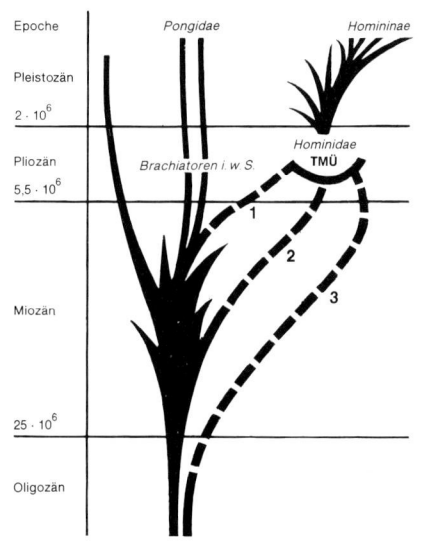

Präbrachiatorenhypothese

Stammbaumschema verschiedener Hypothesen der Evolution des Menschen: **1** ↗Brachiatorenhypothese, **2** Präbrachiatorenhypothese, **3** ↗Protocatarrhinenhypothese (nach Heberer). TMÜ = Tier-Mensch-Übergangsfeld.

prä-, prae- [v. lat. prae, prae- = vor, vorher].

Prachtfinken

Bekannte Arten mit Vorkommen:

Amadina fasciata (Bandfink), Afrika (☐ Käfigvögel)
Amandava amandava (Tigerfink), Vorderindien (☐ Käfigvögel)
Chloebia gouldiae (Gouldamadine), Australien (☐ Käfigvögel)
Estrilda astrild (Wellenastrild), Afrika
E. erythronotos (Elfenastrild), Afrika
E. melpoda (Orangebäckchen), Afrika
Lagonosticta senegala (Amarant), Afrika
Lonchura malacca (Schwarzbauchnonne), Indien bis Bali
L. punctulata (Muskatfink), Indien, Taiwan
L. striata (Spitzschwanz-Bronzemännchen), Stammform des „Japan. Möwchens"); Indien bis Sumatra
Neochmia phaeton (Sonnenastrild), Australien (☐ Käfigvögel)
Padda oryzivora (Reisfink), Indonesien (☐ Käfigvögel)
Taeniopygia guttata (Zebrafink), Australien (☐ Käfigvögel)
Uraeginthus bengalus (Schmetterlingsfink), Afrika

Prachtbarsche, *Pelmatochromis,* Gatt. afr. ↗Buntbarsche; hierzu der als Zierfisch beliebte, bis 9 cm lange, vorwiegend dunkelgefärbte Purpur-P. *(P. pulcher)* mit großen, violettroten Bauchflecken u. oft hellgesäumter Rückenflosse; baut Laichhöhlen; beide Eltern betreuen die Brut. [dae.

Prachtbienen, *Euglossa,* Gatt. der ↗Api-

Prachtfinken, *Estrildidae,* mit den Webervögeln verwandte Singvogel-Fam. mit 35 Gatt. u. 125 Arten (vgl. Tab.); bewohnen offene Gras-, Busch- u. Baumsteppen meist in Afrika, einige Arten in S-Asien und Austr.; sehr gesellig; zaunkönig- bis hänflinggroß, oft auffallend bunt gefärbt, deshalb u. wegen der ansprechenden Stimme u. ihrer guten Widerstandsfähigkeit gehören sie zu den beliebtesten ↗Käfigvögeln (☐). Viele etholog. Untersuchungen wurden an ihnen vorgenommen. Ernähren sich vorwiegend v. Grassamen; viele nehmen auch – bes. während der Brutzeit – Kerbtiere auf; dementsprechend ist der Schnabel v. grasmückenart. schlank bis kernbeißerart. dick geformt. Überdachtes Grasnest in Zweigen, manchmal mit Eingangsröhre. Leben häufig in Dauerehe; 4–6 Eier, die v. beiden Partnern in 11–17 Tagen bebrütet werden. Die Jungen haben eine auffällige Zungen- u. Gaumenzeichnung; diese dient als Fütterungsauslöser, ist artcharakterist. und wird v. den Jungen der ↗Witwenvögel, die bei den P. als Brutparasiten (↗Brutparasitismus) auftreten, imitiert (B Mimikry I). Die Anpassungen der Witwenvögel an Brutschmarotzertum sind so weitgehend, daß manche Arten als P. betrachtet wurden, z.B. Atlasfinken/-witwen *(Hypochoere, Hypochoera).* Das ↗Bettelverhalten der jungen P. ist einmalig unter den Singvögeln: sie strecken den Eltern nicht den Hals aufwärts entgegen, sondern legen ihn flach auf den Nestboden u. drehen nur die Schnabelöffnung nach oben.

Prachtkäfer, *Buprestidae,* Fam. der polyphagen Käfer aus der Gruppe der *Dascilliformia;* weltweit über 14 000, bei uns etwa 110 Arten. Der dt. Name bezieht sich v.a. auf die oft metallisch-bunt gefärbten, prächtigen trop. Vertreter (B Insekten III, B Käfer II). Bei uns sind die meisten häufigeren Arten eher düster u. unscheinbar. Die Käfer sind sehr stark gepanzert, länglich u. durch eine starre Verbindung zw. Halsschild u. Mittelbrust gekennzeichnet. Die Fühler sind kurz fadenförmig od. leicht gesägt. Körpergröße von 2 mm bis über 10 cm (bei trop. Arten, z.B. der südam. *Euchroma gigantea* od. den südostasiat. *Megaloxantha*-Arten). Alle Arten leben als Larve in Holz, Pflanzenstengeln od. (seltener) als Minierer in Blättern, wie die einheim. *Habroloma nana* (schwarz, 2–3 mm) in Blättern des Blutroten Storchschnabels od. die *Trachys*-Arten in Malvengewächsen, Rosengewächsen od. in Weidenblät-

Prachtkärpflinge

tern. Viele Arten sind bei uns sog. Urwaldrelikte, die mit dem Verschwinden alter Wälder od. auch einzelner alter Parkbäume recht selten geworden sind. Daher stehen viele P. auf der ↗Roten Liste. Hierher gehören bei uns so stattl. Vertreter wie der metallisch-grüne, bis 25 mm große, „vom Aussterben bedrohte" *Eurythyrea quercus*, der ausschl. an alten Eichen lebt u. bei uns nur noch bei Wien u. im Raum Darmstadt-Karlsruhe vorkommt. In Kiefern lebt der bis 33 mm große, erzfarbene Marien-P. (*Chalcophora mariana*, B Käfer I), der in manchen Gegenden (ausgedehntere Kiefernwälder) gar nicht so selten ist. In montanen Nadelwäldern finden sich bei uns die dunkel metallisch-grün gefärbten, etwa 20 mm großen Arten *Buprestis rustica* und *B. haemorrhoidalis* (letztere Art „stark gefährdet"), die bei starkem Sonnenschein auf geschlagenem Holz auf Partnersuche gehen od. bei der Eiablage sind. Wie viele P. sind sie sehr scheu. Die Larven fressen zunächst unter der Rinde, dringen dann aber auch in das tote Holz ein. Auch die zahlr. schlanken, etwa 5–13 mm großen *Agrilus*-Arten leben als Larve unter der Rinde, allerdings nur v. Laubhölzern; hierbei kann z. B. *A. viridis* an Buchen schädl. werden. Einige Gatt. der P. sind als Imagines Blütenbesucher. So findet sich der metallisch-grüne *Anthaxia nitidula*, dessen Weibchen einen goldgrünen Halsschild hat, bevorzugt auf Blüten v. Rosengewächsen. Andere Imagines sitzen entweder auf den Bruthölzern od. auf Blättern, wie der „gefährdete", ca. 15 mm große, metallisch-grüne Linden-P. (*Lampra rutilans*). B Käfer II.

Prachtkärpflinge, *Aphyosemion,* trop.-afr. Gatt. der Eierlegenden Zahnkärpflinge; meist nur ca. 7 cm lang; leben oft in Gräben u. Tümpeln, die während der Trockenzeit versiegen; die Altfische sterben dann (↗Saisonfische), während die Eier mit gestoppter Embryonalentwicklung (ähnl. der ↗Diapause bei Wirbellosen) im Boden überdauern; bei einsetzendem Regen schlüpfen innerhalb weniger Stunden die Jungfische (fr. als „Fischregen" gedeutet). Hierzu zahlr. Aquarienfische, wie der bis 6 cm lange, blaue, rotgepunktete Niger-P. (*A. nigerianum*) mit gelben Flossensäumen; der westafr., bis 5 cm lange, rötl. Gebänderte P. (*A. bivittatum*) mit 2 dunklen Längsbinden, u. der in stark austrocknenden, westafr. Gewässern heimische, bis 5,5 cm lange Kap Lopez od. Bunte P. (*A. australe*, B Aquarienfische I), der seine Eier an Wasserpflanzen anheftet.

Prachtkleid, auffällige Form- u. Farbmerkmale (↗Farbe) bei einem Geschlecht, meist beim männl. Tier, die im Zshg. mit der ↗Balz u. der Verteidigung eines Territoriums stehen. Ein P. tritt bevorzugt bei Arten mit ↗Polygamie auf, die einen starken ↗Sexualdimorphismus zeigen. Es kann beim adulten Tier ständig vorhanden sein od. nur zur Fortpflanzungszeit ausgebildet werden (*Hochzeitskleid*). Beispiele sind die Hochzeitskleider der Männchen des Dreistachligen Stichlings, vieler Molche u. der Erpel vieler Entenarten. Die Ausbildung des P.s wird durch Hypophysenhormone gesteuert. Ggs.: Schlichtkleid. B Rassen- und Artbildung II.

Prachtlibellen, *Schönjungfern, Agriidae, Calopterygidae,* Fam. der ↗Libellen (Kleinlibellen) mit in Mitteleuropa nur 2 Arten. Der Körper der P. ist bis 4 cm lang, schmal u. blaugrün-metallisch gefärbt. Die Imagines sind wenig flugaktiv u. halten sich meist in der Nähe v. Fließgewässern auf, in denen sich die Larven entwickeln. Die Flügel des Männchens der Glänzenden Schönjungfer (Gebänderte Prachtlibelle, *Calopteryx splendens*) sind mit Ausnahme der Spitze u. Basis blau gefärbt, während die des Weibchens ganz transparent-grünlich sind. Das Männchen der Gemeinen Seejungfer (Blauflügel-Prachtlibelle, *Calopteryx virgo*) hat blau bis grün schillernde Flügel, die des Weibchens sind bräunl. gefärbt. B Insekten I.

Prachtschmerlen, *Botia,* Gatt. südostasiat. Schmerlen; meist mit langgestrecktem, seitl. abgeflachtem, beschupptem Körper, mehreren Mundbarteln u. kurzen, gekrümmten Unteraugenstacheln. Hierzu verschiedene Aquarienfische, wie die auf Sumatra u. Borneo heimische, bis 30 cm lange P. (*B. macracantha*), die auf orangegelbem Grund 3 schwarze Querbänder hat, u. die südchines., nur 4 cm lange, torpedoförm., gelbl. Zwerg-P. (*B. sidthimunki*) mit 2 schwarzen, z. T. unterbrochenen Längsstreifen. Ähnlich prächtig gefärbte Schmerlen sind die entfernt verwandten Dornaugen (*Acanthophthalmus*), die v. Asien bis zum westl. Europa vorkommen; ein häufig gehaltenes Zierfisch ist das bis 12 cm lange Maskendornauge (*A. kuhli*, B Aquarienfische I) mit kurzen Unteraugenstachlen, das v. a. in Sumatra u. Java klare Bäche bewohnt. [die ↗Räuber.

Prädatoren [Mz.; v. lat. praedatores =],
Prädetermination w [v. *prä-, lat. determinatio = Bestimmung], Festlegung bestimmter Eigenschaften (z. B. Windungssinn bei Schnecken) durch den Genotyp der Mutter (↗maternaler Effekt, ☐); nicht zu verwechseln mit ↗cytoplasmatischer Vererbung (↗maternale Vererbung).

Prädisposition w [v. *prä-, lat. dispositio = Anordnung, Einstellung], die ↗Präadaptation.

Prachtschmerle
(*Botia macracantha*)

prä-, prae- [v. lat. prae, prae- = vor, vorher].